# MICROBIOLOGIA DE BROCK

## Revisão técnica desta edição

Flávio Guimarães da Fonseca
Professor associado do Departamento de Microbiologia da Universidade Federal de Minas Gerais (UFMG).
Doutor em Microbiologia pela UFMG.

## Equipe de tradução

Alice Freitas Versiani (Capítulos 28 e 29)
Doutoranda do Curso de Pós-Graduação em Microbiologia da Universidade Federal de Minas Gerais (UFMG).
Mestre em Microbiologia pela UFMG.

Aline Aparecida Silva Barbosa (Capítulos 5, 8 e 9)
Pesquisadora do Laboratório Nacional Agropecuário (LANAGRO - Ministério da Agricultura, Pecuária e Abastecimento).
Mestre em Microbiologia pela UFMG.

Danielle Soares de Oliveira Daian (Iniciais, Capítulos 1 a 4, 23, 24, 25, 27, 30, 31, Apêndices, Créditos e Glossário)
Doutoranda do Curso de Pós-Graduação em Microbiologia da UFMG.
Mestre em Microbiologia pela UFMG.

Flávio Guimarães da Fonseca (Capítulos 26 e 32)
Professor associado do Departamento de Microbiologia da UFMG.
Doutor em Microbiologia pela UFMG.

Lorena Falabella Daher de Freitas (Capítulos 6 e 7)
Doutoranda do Curso de Pós-Graduação em Microbiologia da UFMG.
Mestre em Microbiologia pela UFMG.

Mateus Laguardia Nascimento (Capítulos 14 a 16 e 22)
Pesquisador do Laboratório Nacional Agropecuário (LANAGRO - Ministério da Agricultura, Pecuária e Abastecimento).
Mestre em Microbiologia pela UFMG.

Susana Johann (Capítulos 17 a 21)
Professora adjunta do Departamento de Microbiologia da UFMG.
Doutora em Microbiologia pela UFMG.

Tânia Murta Apolinário (Índice)
Consultora. Doutora em Microbiologia pela UFMG.

Thiago Lima Leão (Capítulos 10 a 13)
Doutorando do Curso de Pós-Graduação em Microbiologia da UFMG.
Mestre em Microbiologia pela UFMG.

14ª EDIÇÃO

# MICROBIOLOGIA DE BROCK


MICHAEL T. MADIGAN
Southern Illinois University Carbondale

JOHN M. MARTINKO
Southern Illinois University Carbondale

KELLY S. BENDER
Southern Illinois University Carbondale

DANIEL H. BUCKLEY
Cornell University

DAVID A. STAHL
University of Washington Seattle



Reimpressão 2019

artmed

2016

Obra originalmente publicada sob o título *Brock biology of microorganisms*, 14th edition
ISBN 9780321897398



Gerente editorial: *Letícia Bispo de Lima*

**Colaboraram nesta edição:**

Editora: *Simone de Fraga*

Arte sobre capa original: *Márcio Monticelli*

Preparação de originais: *Carla Romanelli e Marquieli Oliveira*

Leitura final: *Carine Garcia Prates*

Editoração: *Techbooks*



M626 Microbiologia de Brock / Michael T. Madigan ... [et al.] ; [tradução : Alice Freitas Versiani ... [et al.] ; revisão técnica: Flávio Guimarães da Fonseca]. – 14. ed. – Porto Alegre : Artmed, 2016.
xxvi, 1006 p. ; il. color. ; 28 cm.

ISBN 978-85-8271-297-9

1. Biologia. 2. Microbiologia. I. Madigan, Michael T.

CDU 579

Catalogação na publicação: Poliana Sanchez de Araujo CRB-10/2094

Reservados todos os direitos de publicação, em língua portuguesa, à
ARTMED EDITORA LTDA., uma empresa do GRUPO A EDUCAÇÃO S.A.
Av. Jerônimo de Ornelas, 670 – Santana
90040-340 – Porto Alegre – RS
Fone: (51) 3027-7000 Fax: (51) 3027-7070

Unidade São Paulo
Av. Embaixador Macedo Soares, 10.735 – Pavilhão 5 – Cond. Espace Center
Vila Anastácio – 05095-035 – São Paulo – SP
Fone: (11) 3665-1100 Fax: (11) 3667-1333

SAC 0800 703-3444 – www.grupoa.com.br



IMPRESSO NO BRASIL
*PRINTED IN BRAZIL*

# Sobre os autores

**Michael T. Madigan** recebeu o título de bacharel em Biologia e Educação pela Wisconsin State University, em Stevens Point (1971), e os graus de mestre (1974) e Ph.D. (1976) em Bacteriologia pela University of Wisconsin-Madison. Sua pesquisa de pós-graduação abordou o estudo das bactérias termais *Chloroflexus* no laboratório de Thomas Brock. Após três anos de pós-doutorado na Indiana University, mudou-se para a Southern Illinois University Carbondale, onde atuou como professor de Microbiologia Introdutória e Diversidade Bacteriana por 33 anos. Em 1988, Mike foi eleito professor destaque do College of Science e, em 1993, pesquisador de excelência. Em 2001, ele recebeu o SIUC Outstanding Scholar Award. Em 2003, ele recebeu o Carski Award for Distinguished Undergraduate Teaching da American Society for Microbiology, e é *fellow* eleito da American Academy of Microbiology. Sua pesquisa tem como foco as bactérias que habitam ambientes extremos, e durante os últimos 15 anos ele tem estudado a microbiologia da Antártida. Além de pesquisador, Mike foi coeditor de um importante tratado sobre bactérias fototróficas e trabalhou por 10 anos como editor-chefe da revista *Archives of Microbiology*. Atualmente, faz parte do conselho editorial das revistas científicas *Environmental Microbiology* e *Antonie van Leeuwenhoek*. Outros interesses de Mike são a silvicultura, a natação e a leitura, além de cuidar de seus cachorros e cavalos. Ele vive em um lago tranquilo com sua esposa, Nancy, quatro cães (Gaino, na frente na foto, falecido em 30 de setembro de 2013; Pepto, atrás na foto; Peanut e Merry) e três cavalos (Eddie, Gwen e Festus).

**John M. Martinko** recebeu o título de bacharel em Biologia pela Cleveland State University. Em seguida, trabalhou na Case Western Reserve University, desenvolvendo pesquisas sobre a sorologia e a epidemiologia de *Streptococcus pyogenes*. Seu trabalho de doutorado na State University of New York, em Buffalo, abordou a especificidade e o idiótipos de anticorpos. Como pós-doutor, trabalhou na Albert Einstein College of Medicine, em New York, estudando a estrutura das proteínas do complexo de histocompatibilidade principal. Desde 1981, atua no Departamento de Microbiologia da Southern Illinois University Carbondale, onde já foi professor associado e diretor do Programa de Pós-Graduação em Biologia Molecular, Microbiologia e Bioquímica. Seus interesses de pesquisa estão centrados nas relações estrutura-função das proteínas do sistema imune, incluindo imunoglobulinas, os receptores de células T e as proteínas de histocompatibilidade principais. Sua atuação acadêmica inclui um curso avançado em imunologia, bem como instruções sobre imunologia e inflamação para estudantes de medicina. Em 2007, recebeu o Southern Illinois University Outstanding Teaching Award, por sua contribuição à educação. É ativo em uma série de programas para estudantes pré-universitários e professores. Também é membro do corpo docente da Bard College, em seu programa inovador Citizen Science, um laboratório interativo, informatizado, voltado para problemas de aprendizagem do currículo de ciências, que introduz aos alunos calouros o pensamento crítico por meio da descoberta e aplicação de princípios científicos. Foi presidente do Institutional Animal Care and Use Committee da SIUC e atua como consultor na área de cuidados com os animais. É também é um ávido jogador de golfe e ciclista. John vive em Carbondale com sua esposa, Judy, professora de ciências no Ensino Médio.

**Kelly S. Bender** recebeu o título de bacharel em Biologia pela Southeast Missouri State University (1999) e o Ph.D. (2003) em Biologia Molecular, Microbiologia e Bioquímica pela Southern Illinois University Carbondale. Sua dissertação teve foco na genética de bactérias redutoras de perclorato. Durante seu pós-doutorado, Kelly trabalhou na regulação genética de bactérias redutoras de sulfato no laboratório de Judy Wall, na University of Missouri-Columbia. Ela também completou um programa em Biotecnologia Transatlântica na Uppsala University, Sweden, pesquisando pequenos RNAs reguladores em bactérias. Em 2006, Kelly voltou à sua instituição de origem, Southern Illinois University Carbondale, como professora assistente do Departamento de Microbiologia, sendo efetivada e promovida à professora associada em 2012. Entre os diferentes assuntos a que seu laboratório se dedica, incluem-se a regulação das respostas de estresse por pequenos RNAs, dinâmica de comunidades microbianas de sítios impactados pela drenagem ácida de mina e biorremediação de urânio por bactérias redutoras de metal e sulfato. Kelly ministra cursos em genética microbiana e biologia molecular, atuou em vários painéis de revisão de verbas federais e é membro ativo da American Society for Microbiology. Ciclismo, culinária e passar o tempo com a família, os amigos e seu schnauzer miniatura, Pepper, são outros de seus interesses.

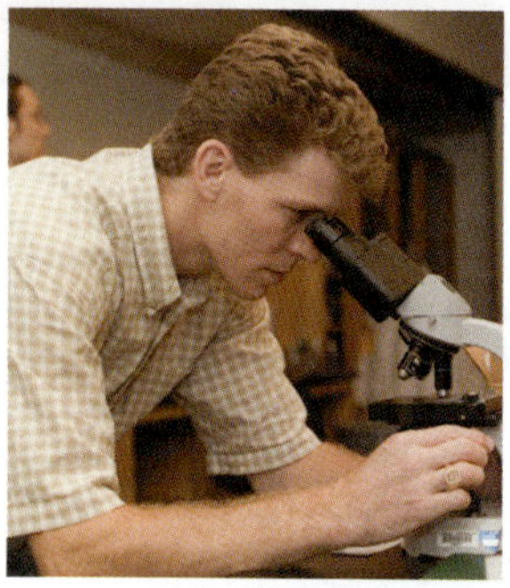

**Daniel H. Buckley** é professor associado da Cornell University, no Department of Crop and Soil. Recebeu seu título de bacharel em Microbiologia (1994) pela University of Rochester, e seu Ph.D. em Microbiologia (2000) pela Michigan State University. Sua pesquisa de pós-graduação teve foco na ecologia de comunidades microbianas do solo e foi conduzida no laboratório de Thomas M. Schmidt, afiliado com o MSU Center for Microbial Ecology. A pesquisa de pós-doutorado de Dan avaliou as ligações entre a diversidade microbiana e a biogeoquímica em tapetes microbianos marinhos e estromatólitos, e foi realizada no laboratório de Pieter T. Visscher na University of Connecticut. Dan ingressou no corpo docente da Cornell em 2003. Seu programa de pesquisa investiga a ecologia e a evolução de comunidades microbianas em solos, com foco nas causas e consequências da diversidade microbiana. Lecionou cursos introdutórios e avançados em Microbiologia, Diversidade Microbiana e Genômica Microbiana. Recebeu um prêmio em 2005, National Science Foundation Faculty Early Career Development (CAREER), pela excelência na integração da pesquisa e da educação. Atuou como Diretor do Graduate Field of Soil an Crop Sciences da Cornell University, e como Codiretor do Marine Biological Laboratory Microbial Diversity Summer Course, em Woods Hole, Massachusetts. Atualmente, ele atua nos conselhos editoriais das revistas científicas *Applied and Environmental Microbiology* e *Environmental Microbiology.* Dan vive em Ithaca, New York, com sua esposa, Merry, e os filhos, Finn e Colin. Dan aprecia corrida e uma variedade de esportes ao ar livre, mas, acima de tudo, gosta de pescar com seus meninos.

**David A. Stahl** recebeu o título de bacharel em Microbiologia pela University of Washington, Seattle, e concluiu seus estudos de pós-graduação em Filogenia Microbiana e Evolução com Carl Woese, no Departamento de Microbiologia da University of Illinois, em Urbana-Champaign. Os trabalhos posteriores como pós-doutor e pesquisador associado com Norman Pace, no National Jewish Hospital, no Colorado, envolveram aplicações iniciais de análises de sequências, baseadas no RNAr 16S, para o estudo de comunidades microbianas naturais. Em 1984, Dave se juntou ao corpo docente da University of Illinois, inicialmente nos departamentos de Medicina Veterinária, Microbiologia e Engenharia Civil. Em 1994, mudou-se para o Departamento de Engenharia Civil da Northwestern University, e, em 2000, retornou à University of Washington como professor nos departamentos de Microbiologia e Engenharia Ambiental e Civil. Dave é conhecido por seu trabalho em evolução microbiana, ecologia e sistemática e recebeu o Bergey Award de 1999 e o ASM Procter & Gamble Award 2006 em Microbiologia Aplicada e Ambiental. É *fellow* da American Academy of Microbiology e membro da National Academy of Engineering. Seus principais interesses de pesquisa envolvem a biogeoquímica do nitrogênio e do enxofre e as comunidades microbianas que sustentam os ciclos de nutrientes associados. Seu laboratório foi o primeiro a cultivar arqueias oxidantes de amônia, um grupo que se acredita ser o mediador-chave desse processo no ciclo do nitrogênio. Dave lecionou vários cursos de Microbiologia Ambiental, foi um dos editores fundadores da revista científica *Environmental Microbiology* e atuou em vários comitês de consultoria. Fora do laboratório, Dave gosta de caminhar, andar de bicicleta, passar o tempo com a família, ler bons livros de ficção científica e, com sua esposa Lin, reformar uma antiga casa de fazenda em Bainbridge Island.

# Dedicatória

## Michael T. Madigan
Dedico este livro à memória de meu velho amigo, Snuffy. Eu certamente sinto saudades daquelas longas caminhadas, só você e eu.

## John M. Martinko
Dedico este livro à minha mãe, Lottie, que inspirou todos os seus filhos a se realizarem e se sobressaírem.

## Kelly S. Bender
Dedico este livro à memória de minha avó, Alberta, cujo maior arrependimento na vida foi não ter conseguido frequentar a escola além da 5ª série.

## Daniel H. Buckley
Dedico este livro a Merry. Obrigado por compartilhar desta aventura e de todas as outras.

## David A. Stahl
Dedico este livro à minha mulher, Lin, meu amor e aquela que me ajuda a manter as coisas importantes em perspectiva.

# Agradecimentos

Um livro é uma entidade complexa e emerge das contribuições de uma grande equipe. Além dos autores, a equipe é composta por pessoas de dentro e de fora da Pearson. A editora de aquisições, Kelsey Churchman, e a editora associada, Nicole McFadden, ambas da Pearson, foram as "mãos na roda" do editorial. Kelsey preparou o caminho para a 14ª edição do *Microbiologia de Brock* e habilmente conduziu o livro em torno dos desafios inerentes a todo grande projeto de livro acadêmico. Nicole ficou responsável pelas operações rotineiras da equipe, processando os originais e mantendo o cronograma em dia. Agradecemos a Kelsey e a Nicole por sua dedicação e profissionalismo ao acompanhar a 14ª edição desta obra até a sua conclusão.

A equipe de *design* e produção em San Francisco foi composta por Michele Mangelli (Mangelli Productions), Yvo Riezebos (Tandem Creative, Inc.) e Elisheva Marcus (Pearson). Michele gerenciou a equipe de produção e a manteve focada na missão e no orçamento. A magia artística de Yvo é evidente nos belos *designs* de texto e na capa desta edição. Elisheva (Ellie) foi nossa editora de desenvolvimento da arte e criou o novo projeto gráfico, que os leitores irão imediatamente apreciar por sua clareza, consistência e modernidade. Ellie e sua ampla experiência na ciência e na arte são evidentes em todo o livro, e suas contribuições aperfeiçoaram esta edição. Obrigado, Michele, Yvo e Ellie. Agradecemos também à equipe de arte da Imagineering (Toronto), por ajudar os autores a tornarem a obra ainda mais didática e por suas excelentes sugestões em relação ao projeto gráfico.

Outras pessoas importantes na equipe de produção são Karen Gulliver, Jean Lake, Kristin Piljay, Betsy Dietrich e Martha Ghent. Karen foi uma editora de produção excelente e muito eficiente: ela fez com que o projeto evoluísse de forma harmoniosa e tolerou os muitos pedidos dos autores. Jean coordenou a arte, intermediando as interações entre estúdio, revisores de arte e autores, para garantir o controle de qualidade e os prazos. Betsy e Martha trabalharam com Jean e Karen para garantir um programa de arte e texto livre de erros. Kristin foi nossa pesquisadora fotográfica e ajudou os autores a adquirir fotos que atendessem aos padrões exigidos nesta obra. Somos extremamente gratos a Karen, Jean, Kristin, Betsy e Martha, por terem literalmente transformado milhares de páginas de texto e originais de arte na excelente ferramenta de aprendizagem que você tem em mãos.

Agradecimentos especiais vão para dois outros membros da equipe de produção: Anita Wagner foi nossa absolutamente espetacular revisora de texto; os autores não poderiam ter contado com uma pessoa mais hábil e eficaz nesta posição-chave. Ela aprimorou a precisão, a clareza e a coerência do texto, atuando sempre de forma prestativa e ágil. Elizabeth McPherson (University of Tennessee) foi nossa verificadora de precisão; seus olhos de águia, amplo conhecimento de todas as áreas da Microbiologia e pronto serviço asseguraram a qualidade do produto final.

Agradecimentos também são devidos a Joe Mochnick, da equipe de mídia da Pearson, assim como a Ashley Williams, responsável pelos apêndices, glossário e índice desta obra. E, uma vez que o livro precisa ir bem para o mercado, muitos agradecimentos vão para Neena Bali, responsável pelo *marketing* deste título.

Por fim, um agradecimento especial à Nicolás Pinel (Institute for Systems Biology), por produzir as belíssimas figuras que sintetizam a diversidade dos principais hábitats microbianos.

Nenhum livro-texto em Microbiologia poderia ser publicado sem uma revisão do original e de novas fotos de especialistas neste campo. Assim, sentimo-nos gratos pela gentil colaboração das muitas pessoas que realizaram comentátios e forneceram novas fotos para esta edição:

A.D. Grossman, *Massachusetts Institute of Technology*
Alicia María Muro-Pastor, *Instituto Bioquímica Vegetal y Fotosíntesis, Spain*
Alison E. Murray, *Desert Research Institute*
Andreas Teske, *University of North Carolina*
Angel White, *Oregon State University*
Ann G. Matthysse, *University of North Carolina at Chapel Hill*
Ann V. Paterson, *Williams Baptist College*
Bernhard Schink, *University of Konstanz, Germany*
C. O. Patterson, *Texas A&M University*
Carmody McCalley, *University of Arizona*
Cheryl Drake, *Memorial Health System, Springfield, Illinois*
Christine Sharp, *Wairakei Research Center, New Zealand*
Claire Vieille, *Michigan State University*
Clara Chan, *University of Delaware*
Claudia Gravekamp, *Albert Einstein College of Medicine*
D. Rudner, *Harvard Medical School*
Daniel P. Haeusser, *University of Houston–Downtown*
David Emerson, *Bigelow Laboratory*
David P. Clark, *Southern Illinois University*
David Ward, *Montana State University*
Davide Zannoni, *University of Bologna, Italy*
Dennis A. Bazylinski, *University of Nevada Las Vegas*
Derek J. Fisher, *Southern Illinois University*
Derek R. Lovely, *University of Massachusetts*
Don Bryant, *Penn State University*
Eric Grafman, *Centers for Disease Control Public Health Image Library*
F. C. Boogerd, *VU University Amsterdam, The Netherlands*
F. Leng, *Florida International University*
Fritz E. Lower, *Southern Illinois University School of Medicine*
Gerald Schönknecht, *Oklahoma State University*
Gerard Muyzer, *University of Amsterdam, The Netherlands*
Huub Loozen, *Merck Sharp & Dohme, The Netherlands*
J. Collier, *Université de Lausanne*
J. Thomas Beatty, *University of British Columbia*
James Little, *Emory University*
James Weisshaar, *University of Wisconsin*

Jayne Belnap, *US Geological Survey*
Jed Fuhrman, *University of Southern California*
Jeff Errington, *Newcastle University, England*
Jeffrey Nash, *Udon Thani Rajabhat University, Thailand*
Jennifer Pett-Ridge, *Lawrence Livermore National Laboratory*
Jill Banfield, *University of California, Berkeley*
K.O. Stetter, *Universität Regensburg, Germany*
Karim Benzerara, *Centre National de la Recherche Scientifique, France*
Karin Sauer, *Binghamtom University*
Katharina Ettwig, *Radboud University, The Netherlands*
Kenneth H. Williams, *Lawrence Berkeley National Laboratory*
Kimberley D. Ellis, *Tufts University School of Medicine*
Kimberley Seed, *Tufts University School of Medicine*
Lanying Zeng, *Texas A & M University*
Lars Peter Nielsen, *Aarhus University, Denmark*
Laura van Niftrik, *Radboud University, The Netherlands*
Mark Young, *Montana State University*
Markus Huettel, *Florida State University*
Mary Ann Moran, *University of Georgia*
Matt Schrenk, *East Carolina University*
Matthew Stott, *GNS Science, New Zealand*
Matthew Sullivan, *University of Arizona*
Megan Kempher, *Southern Illinois University*
Michael Ibba, *The Ohio State University*
Michael Wagner, *University of Vienna, Austria*
Nancy L. Spear, *Murphysboro, Illinois*
Nicole B. Lopanik, *Georgia State University*
Niels Peter Revsbech, *University of Aarhus, Denmark*
Norman Pace, *University of Colorado*
Odile Berge, *INRA-PACA, France*
Patricia Dominguez-Cuevas, *Newcastle University, England*
Peter K. Weber, *Lawrence Livermore National Laboratory*
Phil Kirchberger, *University of Alberta, Canada*
Rachel Foster, *Max Planck Institute for Marine Microbiology, Germany*
Ricardo Guerrero, *University of Barcelona, Spain*
Richard W. Castenholz, *University of Oregon*
Robert Blankenship, *Washington University St. Louis*
S. R. Spilatro, *Marietta College*
Sandra Gibbons, *University of Illinois at Chicago* and *Moraine Valley Community College*
Sean O'Connell, *Western Carolina University*
Shawna Johnston, *University of Calgary, Canada*
Steve Giovannoni, *Oregon State University*
Steve Zinder, *Cornell University*
Susan C. Wang, *Washington State University*
Susan Koval, *University of Western Ontario, Canada*
Teresa Fischer, *Indian River State College*
Thomas C. Marlovits, *Research Institute of Molecular Pathology, Austria*
Tim Tolker-Nielsen, *University of Copenhagen, Denmark*
Tjisse van der Heide, *University of Groningen, The Netherlands*
Todd Ciche, *Michigan State University*
Vaughn Iverson, *University of Washington*
Verena Salman, *University of North Carolina*
Vicky McKinley, *Roosevelt University*
Virginia Rich, *University of Arizona*
Yan Boucher, *University of Alberta, Canada*

Por maior que seja o esforço de uma equipe editorial, nenhum livro consegue ser publicado completamente livre de erros. Embora estejamos confiantes de que o leitor terá dificuldades para encontrá-los aqui, quaisquer que possam existir, de redação ou omissão, são de responsabilidade dos autores. Em edições anteriores, os leitores foram bastante gentis ao entrar em contato conosco quando se depararam com algum erro, para que pudéssemos corrigi-lo em uma impressão subsequente. Também para esta edição, fiquem à vontade para contatar-nos, indicando-nos quaisquer erros, preocupações, dúvidas ou sugestões. Ficamos felizes em ouvir a opinião dos leitores: seus comentários tornam esta obra cada vez mais relevante.

**Michael T. Madigan**
**John M. Martinko**
**Kelly S. Bender**
**Daniel H. Buckley**
**David A. Stahl**

# Prefácio

Assim como a aprendizagem evolui, nós também evoluímos. Otimizada e completamente atualizada, escrita de maneira honrosa à história da Microbiologia e com entusiasmo para o futuro, a 14ª edição do *Microbiologia de Brock* está mais forte ainda: por três gerações, estudantes e professores têm contado com sua precisão, autoridade, consistência e atualização para aprender os princípios fundamentais da Microbiologia e despertar o seu interesse no futuro da disciplina. A partir desta edição, os estudantes irão se beneficiar com a ênfase do livro na pesquisa de ponta, a sua perfeita integração e introdução à microbiologia molecular moderna e um projeto visual impressionante. Os experientes autores Madigan, Martinko e Stahl deram as boas-vindas a dois novos autores nesta edição: Kelly S. Bender e Daniel H. Buckley. Revisando significativamente a abrangência da biologia molecular e da genética microbiana, Kelly tem sido bastante elogiada por sua atuação no ensino na graduação quanto pela orientação a estudantes de pós-graduação na Southern Illinois University. Em Cornell, Dan participa do Cornell Institute for Biology Teachers, ministrando oficinas de verão para professores de ciências do Ensino Médio, e dirige o mundialmente famoso Summer Course in Microbial Diversity, em Woods Hole. Os novos coautores reforçaram a missão principal do *Microbiologia de Brock*: continuar a ser o melhor recurso de aprendizado em Microbiologia para estudantes e professores da atualidade.

## Novidades desta edição

Reorganizada e reinventada, a 14ª edição orienta os estudantes através dos seis grandes temas da Microbiologia no século 21, conforme descrito pela American Society of Microbiology Conference on Undergraduate Education (ASMCUE): evolução, estrutura e função celular, vias metabólicas, fluxo da informação e genética, sistemas microbianos e o impacto dos microrganismos. Com ilustrações revistas e aprimoradas e quase 200 novas fotos coloridas, *Microbiologia de Brock* apresenta a Microbiologia como a ciência visual que é. As novas aberturas de capítulo, intituladas "Microbiologia hoje", envolvem os estudantes na vanguarda de pesquisas relevantes para o conteúdo de cada capítulo. As Seções "Explore o mundo microbiano" se concentram em temas específicos, que auxiliam os estudantes a terem uma "visão geral" em Microbiologia, alimentando ao mesmo tempo a sua curiosidade científica.

A genômica e todas as diversas "ômicas" que têm sido criadas apoiam o conteúdo em cada capítulo do *Microbiologia de Brock*, refletindo como a revolução ômica transformou toda a Biologia. Foi-se o dia em que a Microbiologia era uma ciência descritiva. Dominar os princípios do campo dinâmico da Microbiologia hoje requer a compreensão da biologia molecular subjacente. Como autores, estamos bem cientes disso, e escrevemos *Microbiologia de Brock* de uma forma que proporciona tanto o embasamento para a ciência quanto a ciência em si. O resultado é um tratamento verdadeiramente robusto e moderno da Microbiologia.

## Destaques

### Capítulo 1

- O Capítulo 1 foi revisto, iniciando com uma introdução geral à Microbiologia, incluindo elementos básicos da estrutura celular e da árvore filogenética da vida.
- O poder da genômica para resolver mistérios em microbiologia é revelado na seção Explore o mundo microbiano, com o novo tema "A Peste Negra decifrada", que reúne estudos forenses de vítimas do surto de peste negra na Europa há mais de 650 anos.

### Capítulo 2

- A abordagem da estrutura e função da célula microbiana agora combina o conteúdo sobre bactérias e arqueias com o de eucariotos microbianos, fornecendo aos estudantes uma introdução completa à estrutura celular comparativa e oferecendo ao professor todas as ferramentas necessárias para apresentações eficazes em sala de aula.

### Capítulo 3

- As características essenciais do metabolismo microbiano, necessárias para a compreensão de como os microrganismos transformam a energia, são definidas em uma sequência lógica, com nível adequado de detalhes sobre a diversidade metabólica para estudantes iniciantes. A arte recém-reformulada transforma os metabolismos-chave em uma experiência visual muito mais atraente.

### Capítulo 4

- Os princípios básicos de microbiologia molecular são revistos e bem-apresentados no início do texto, fornecendo um embasamento útil para os estudantes à medida que avançam pelo livro.
- A nova arte salienta coerência e simplicidade, transformando conceitos moleculares complexos em conceitos fáceis de serem aprendidos, retidos e aplicados.

### Capítulo 5

- Para encerrar a Unidade 1, este capítulo se baseia nos quatro capítulos anteriores, descrevendo o resultado final da biologia molecular e da fisiologia: divisão celular e crescimento populacional.
- O capítulo agora incorpora a essência do controle do crescimento microbiano, permitindo aos professores unir o importante conteúdo prático à ciência básica do processo de crescimento.

## Capítulo 6

- A genômica microbiana e a revolução "ômica", que está dirigindo a ciência da Microbiologia, são abordadas muito mais cedo neste livro do que na edição anterior. A tecnologia, a biologia e a evolução dos genomas são abordadas de forma nova e interessante.
- Descubra o poder da genômica em um novo Explore o mundo microbiano sobre genômica unicelular: "Genômica, uma célula de cada vez".

## Capítulo 7

- O Capítulo 7 contém as principais atualizações sobre a regulação da expressão gênica – uma das áreas em evidência em microbiologia –, incluindo uma cobertura ampliada das capacidades de sensoriamento celular e transdução de sinal.
- Explore novos aspectos da regulação gênica, incluindo a importância de pequenos RNAs e a regulação de eventos especiais em bactérias-modelo, como a esporulação em *Bacillus*, diferenciação celular em *Caulobacter* e formação de heterocisto na cianobactéria *Anabaena* fixadora de nitrogênio.

## Capítulo 8

- Os princípios básicos da Virologia são apresentados sem detalhes extrínsecos e utilizam o bacteriófago T4 como modelo para descrever conceitos-chave em Virologia.
- A nova abordagem da virosfera e da ecologia viral revela a surpreendente diversidade genética dos vírus.

## Capítulo 9

- Os genomas virais e a diversidade agora são discutidos logo após o capítulo de virologia básica, para uma melhor ligação desses temas estreitamente relacionados.
- A nova abordagem da evolução dos genomas virais e uma nova organização, que contrasta mais diretamente a biologia dos vírus DNA e RNA, proporcionam uma compreensão mais consistente e conceitual da diversidade viral.

## Capítulo 10

- A abordagem dos fundamentos da genética de bactérias e arqueias agora está estrategicamente localizada no livro, a fim de reunir de forma clara conceitos de apoio da microbiologia molecular, crescimento, regulação e virologia.

## Capítulo 11

- A cobertura completa da biologia molecular da clonagem gênica e outras grandes manipulações genéticas constitui um prelúdio para a abordagem da aplicação desses métodos no campo altamente avançado da Biotecnologia.
- Entre no mundo da biologia sintética e aprenda como esta nova área em evidência promete mais uma revolução na Biologia.

## Capítulo 12

- As evoluções e a sistemática microbiana beneficiaram-se de uma revisão detalhada, sobre os mecanismos da evolução microbiana, incluindo a importância da evolução genômica e da transferência horizontal de genes.
- Saiba como as interdependências metabólicas em comunidades microbianas evoluíram em um novo e fascinante Explore o mundo microbiano, "A hipótese da Rainha Negra".

## Capítulo 13

- A diversidade metabólica microbiana é agora apresentada em um único capítulo, permitindo uma melhor comparação e contraste dos metabolismos-chave de bactérias e arqueias, e mostrando como "a unidade da bioquímica" penetrou no metabolismo microbiano.
- A diversidade metabólica foi estrategicamente posicionada para anteceder o novo capítulo sobre diversidade funcional bacteriana.

## Capítulos 14 e 15

- O Capítulo 14, "Diversidade funcional de bactérias", explora a diversidade bacteriana no que diz respeito às características ecológicas, fisiológicas e morfológicas de bactérias conhecidas.
- O Capítulo 15, "Diversidade de bactérias", apresenta a diversidade da vida bacteriana em um contexto verdadeiramente filogenético. Árvores filogenéticas novas, coloridas e fáceis de serem compreendidas, resumem a diversidade bacteriana em ambos os capítulos.

## Capítulo 16

- A diversidade de arqueias é revista em uma linha filogenética, mais forte e com nova abordagem dos filos de *Archaea* mais recentemente descobertos: Thaumarchaeota, Nanoarchaeota e Korarchaeota.
- Aprenda como os Thaumarchaeota, até então não reconhecidos, são provavelmente as arqueias mais comuns na Terra; reveja os limites físico-químicos para a vida, os quais atualmente são bem-definidos por espécies de arqueias.

## Capítulo 17

- A diversidade microbiana eucariótica se beneficia de uma nova abordagem filogenética, e o capítulo faz um prelúdio sobre a importância da endossimbiose na evolução das células eucarióticas.
- Muitas novas micrografias coloridas retratam a beleza e a diversidade da vida microbiana eucariótica.

## Capítulo 18

- As ferramentas modernas do ecologista microbiano são descritas com exemplos de como cada uma tem moldado a ciência. Além disso, saiba como a revolução "ômica" tem proporcionado uma nova janela para a simplificação de problemas complexos em ecologia microbiana.

- No novo Explore o mundo microbiano, "Cultivando o incultivável", descubra como novos métodos ecológicos têm se rendido às culturas de laboratório da bactéria marinha *Pelagibacter*, o organismo mais abundante na Terra.

## Capítulo 19

- As propriedades e a diversidade dos principais ecossistemas microbianos são comparadas e contrastadas de forma nova e interessante.
- Novos dados do censo ambiental para os hábitats de água doce e para a ecologia microbiana de paisagens áridas são os destaques deste capítulo, juntamente com a abordagem renovada da ligação entre microrganismos marinhos e mudanças climáticas.

## Capítulo 20

- O Capítulo 20 inclui uma nova abordagem das notáveis habilidades dos microrganismos em respirar óxidos metálicos sólidos nos ciclos do ferro e do manganês.
- Saiba como os seres humanos estão afetando profundamente os ciclos do nitrogênio e do carbono, incluindo sobrecargas de nutrientes inorgânicos e outras formas de poluição, e como isso tudo realimenta a mudança climática.

## Capítulo 21

- Um novo capítulo sobre o "ambiente construído" mostra como os seres humanos criam novos hábitats microbianos por meio da construção de edifícios, infraestrutura de apoio e modificação do hábitat.
- Testemunhe os efeitos positivos e negativos que os microrganismos têm em importantes infraestruturas humanas, incluindo o tratamento de águas residuais, mineração microbiana e drenagem ácida de mina, corrosão de metais, a biodeterioração de pedra e concreto e o problema dos patógenos na água potável.

## Capítulo 22

- Aqui você vai encontrar um enfoque ampliado de como os microrganismos afetam profundamente a fisiologia das plantas e dos animais, através de associações simbióticas, incluindo o dinâmico tópico do microbioma humano e sua relação com a saúde e doença.
- Descubra como um mecanismo comum, utilizado por bactérias e fungos para formar associações simbióticas com as raízes das plantas, fornece a elas nutrientes essenciais.

## Capítulo 23

- Os principais tópicos em microbiologia humana, incluindo a microbiota normal, patogênese e fatores do hospedeiro em infecções e doenças, são apresentados em um estilo que une esses conceitos e revela de qual forma eles fazem a balança pender para a saúde ou para a doença.

## Capítulo 24

- O Capítulo 24 foi projetado para ser um resumo simples e conciso de Imunologia, a fim de que professores possam utilizá-lo para ensinar os conceitos fundamentais da ciência.
- Este capítulo contém informações práticas sobre vacinas, inflamações e respostas alérgicas, sempre em formato didático.

## Capítulo 25

- Construído sobre os alicerces do capítulo anterior, o Capítulo 25 oferece um panorama dos mecanismos imunes, com ênfase nas interações celulares e moleculares que controlam a imunidade inata e adaptativa.

## Capítulo 26

- Este é um capítulo curto, que considera a Imunologia de uma perspectiva totalmente molecular, incluindo as importantes interações receptor-ligante que desencadeiam a resposta imune e a genética das proteínas-chave, as quais impulsionam a imunidade adaptativa.

## Capítulo 27

- Reorganizado e atualizado, o Capítulo 27 descreve o papel do microbiologista clínico e introduz as ferramentas utilizadas para identificar e controlar doenças infecciosas em laboratórios clínicos.
- Um novo enfoque sobre os agentes antimicrobianos e seu uso clínico ressalta o importante papel da terapia medicamentosa e da resistência a fármacos na medicina atual.

## Capítulo 28

- Uma revisão do tema epidemiologia foi realizada, introduzindo-se o conceito do número de reprodução ($R$) e suas implicações para a disseminação de doenças e controle por imunidade de rebanho.
- Encontre a cobertura atualizada de doenças infecciosas emergentes e pandemias atuais, incluindo as de HIV/Aids, cólera e *influenza*, e o papel do epidemiologista na microbiologia de saúde pública.

## Capítulo 29

- A abordagem de doenças transmitidas de pessoa para pessoa é reorganizada e ilustrada com dezenas de novas fotos coloridas que mostram sintomas e tratamentos. As doenças infecciosas neste, e em cada um dos próximos três capítulos, são apresentadas por taxonomia, facilitando o entendimento do que é comum a elas.

## Capítulo 30

- Doenças bacterianas e virais transmitidas por insetos vetores ou através do solo são discutidas em conjunto e ilustradas por dezenas de novas fotos coloridas.
- Este capítulo contém uma nova abordagem de importantes doenças virais, como a febre amarela e a febre da dengue, e de doenças bacterianas, como antraz, tétano e gangrena gasosa.

## Capítulo 31

- Doenças de fontes comuns ligadas a alimentos e água contaminados são agora reunidas para melhor enfatizar o seu modo similar de transmissão. A abordagem no capítulo é por taxonomia – bacteriana *versus* viral – e ilustrada com quase 30 novas fotos coloridas.
- Discute novas abordagens sobre a infecção de origem alimentar potencialmente fatal, causada pela bactéria intracelular *Listeria*.

## Capítulo 32

- Todas as doenças infecciosas causadas por microrganismos eucarióticos – fungos e parasitas – são mantidas em um único capítulo, mais uma vez utilizando a taxonomia na microbiologia médica. A experiência visual é reforçada por 35 novas fotos coloridas, que apresentam os patógenos e os sintomas da doença. A abordagem de fungos e doenças parasitárias microbianas é expandida; o capítulo também inclui, como novidade, a abordagem das principais infecções helmínticas.

## Recursos adicionais

- Dois apêndices, um com cálculos bioenergéticos e outro com uma lista dos táxons de ordem superior descrita no *Bergey's Manual of Systematic Bacteriology*, além do glossário e índice detalhado, complementam o pacote de aprendizagem desta nova edição.

# Sumário resumido


## UNIDADE 1 As bases da microbiologia

**CAPÍTULO 1** Microrganismos e microbiologia
**CAPÍTULO 2** Estruturas celulares microbianas e suas funções
**CAPÍTULO 3** Metabolismo microbiano
**CAPÍTULO 4** Microbiologia molecular
**CAPÍTULO 5** Crescimento e controle microbiano

## UNIDADE 2 Genômica, genética e virologia

**CAPÍTULO 6** Genômica microbiana
**CAPÍTULO 7** Regulação metabólica
**CAPÍTULO 8** Vírus e virologia
**CAPÍTULO 9** Genomas virais e diversidade
**CAPÍTULO 10** Genética de bactérias e arqueias
**CAPÍTULO 11** Engenharia genética e biotecnologia

## UNIDADE 3 Diversidade microbiana

**CAPÍTULO 12** Evolução e sistemática microbiana
**CAPÍTULO 13** Diversidade metabólica dos microrganismos
**CAPÍTULO 14** Diversidade funcional das bactérias
**CAPÍTULO 15** Diversidade das bactérias
**CAPÍTULO 16** Diversidade das arqueias
**CAPÍTULO 17** Diversidade dos microrganismos eucariotos

## UNIDADE 4 Ecologia microbiana e microbiologia ambiental

**CAPÍTULO 18** Métodos em ecologia microbiana
**CAPÍTULO 19** Ecossistemas microbianos
**CAPÍTULO 20** Ciclos de nutrientes
**CAPÍTULO 21** Microbiologia dos ambientes construídos
**CAPÍTULO 22** Simbioses microbianas

## UNIDADE 5 Patogenicidade e imunologia

**CAPÍTULO 23** Interações dos microrganismos com o homem
**CAPÍTULO 24** Imunidade e defesas do hospedeiro
**CAPÍTULO 25** Mecanismos imunes
**CAPÍTULO 26** Imunologia molecular
**CAPÍTULO 27** Microbiologia diagnóstica

## UNIDADE 6 Doenças infecciosas e sua transmissão

**CAPÍTULO 28** Epidemiologia
**CAPÍTULO 29** Doenças virais e bacterianas de transmissão interpessoal
**CAPÍTULO 30** Doenças virais e bacterianas transmitidas por vetores e pelo solo
**CAPÍTULO 31** Água e alimentos como veículos de transmissão de doenças bacterianas
**CAPÍTULO 32** Patógenos eucarióticos: doenças fúngicas e parasitárias

# Sumário detalhado

## Unidade 1 AS BASES DA MICROBIOLOGIA


CAPÍTULO 1

### Microrganismos e microbiologia 1

microbiologia**hoje**
A vida microbiana está presente em todo lugar 1

I **Introdução e temas principais da microbiologia 2**
1.1 Do que trata a microbiologia e por que ela é importante? 2
1.2 Estrutura e funções das células microbianas 2
1.3 Evolução e diversidade das células microbianas 5
1.4 Os microrganismos e seus respectivos ambientes 6
1.5 O impacto dos microrganismos nos seres humanos 8

II **A microbiologia no contexto histórico 13**
1.6 A descoberta dos microrganismos 13
1.7 Pasteur e a geração espontânea 13
1.8 Koch, doença infecciosa e culturas puras 16

EXPLORE O MUNDO MICROBIANO
A Peste Negra decifrada 19

1.9 A ascensão da diversidade microbiana 20
1.10 Microbiologia moderna e genômica 22

CAPÍTULO 2

### Estruturas celulares microbianas e suas funções 25

microbiologia**hoje**
A tartaruga e a lebre arqueais 25

I **Microscopia 26**
2.1 Descobrindo as estruturas celulares: microscópio óptico 26
2.2 Otimização do contraste na microscopia óptica 27
2.3 Visualizando as células em três dimensões 29
2.4 Descobrindo as estruturas celulares: microscopia eletrônica 31

II **Células de bactérias e arqueias 32**
2.5 Morfologia celular 32
2.6 Tamanho celular e a importância de ser pequeno 33

III **Membrana citoplasmática e transporte 35**
2.7 Estrutura da membrana 35
2.8 Função da membrana 36
2.9 Transporte de nutrientes 39

IV **Parede celular de bactérias e arqueias 41**
2.10 Peptideoglicano 41
2.11 LPS: membrana externa 44
2.12 Paredes celulares de arqueias 45

V **Outras estruturas celulares de superfície e inclusões 47**
2.13 Estruturas de superfície celular 47
2.14 Inclusões celulares 49
2.15 Vesículas de gás 51
2.16 Endósporos 52

VI **Locomoção microbiana 56**
2.17 Flagelos e motilidade natatória 56
2.18 Motilidade por deslizamento 59
2.19 Quimiotaxia e outras taxias 61

VII **Células microbianas eucarióticas 64**
2.20 O núcleo e a divisão celular 64
2.21 Mitocôndria, hidrogenossomos e cloroplastos 66
2.22 Outras estruturas de importância das células eucarióticas 67

CAPÍTULO 3

### Metabolismo microbiano 73

microbiologia**hoje**
Uma surpresa metabólica 73

I **Cultura laboratorial dos microrganismos 74**
3.1 Química e nutrição celular 74
3.2 Meios e cultura de laboratório 76

II **Reações energéticas, enzimáticas e redox 79**
3.3 Classes energéticas dos microrganismos 79
3.4 Bioenergética 80
3.5 Catálise e enzimas 81
3.6 Doadores e aceptores de elétrons 82
3.7 Compostos ricos em energia 84

III **Fermentação e respiração 86**
3.8 A glicólise 86
3.9 Diversidade fermentativa e a opção respiratória 88
3.10 Respiração: carreadores de elétrons 89
3.11 Respiração: a força próton-motiva 91
3.12 Respiração: ciclos do ácido cítrico e do glioxilato 93
3.13 Diversidade catabólica 95

IV Biossíntese 96
3.14 Açúcares e polissacarídeos 97
3.15 Aminoácidos e nucleotídeos 98
3.16 Ácidos graxos e lipídeos 99
3.17 Fixação de nitrogênio 100

CAPÍTULO 4

## Microbiologia molecular 107

microbiologiahoje
A essência da vida: microbiologia molecular 107

I O código da vida: estrutura do genoma bacteriano 108
4.1 Macromoléculas e genes 108
4.2 A dupla-hélice 109
4.3 Elementos genéticos: cromossomos e plasmídeos 111

II Transmissão da informação genética: replicação do DNA 115
4.4 Moldes e enzimas 115
4.5 A forquilha de replicação 116
4.6 Replicação bidirecional e o replissomo 118

III Síntese de RNA: transcrição 120
4.7 Transcrição 121
4.8 A unidade de transcrição 123
4.9 Transcrição em arqueias e eucariotos 125

IV Síntese de proteínas 127
4.10 Polipeptídeos, aminoácidos e a ligação peptídica 127
4.11 Tradução e o código genético 128
4.12 RNA transportador 131
4.13 Síntese de proteínas 132
4.14 Dobramento e secreção de proteínas 135

CAPÍTULO 5

## Crescimento e controle microbiano 143

microbiologiahoje
As primeiras células na Terra possuíam parede celular? 143

I Divisão celular bacteriana 144
5.1 Fissão binária 144
5.2 Proteínas Fts e divisão celular 144
5.3 MreB e morfologia celular 147
5.4 Biossíntese de peptideoglicano 148

II Crescimento populacional 149
5.5 Aspectos quantitativos do crescimento microbiano 149
5.6 O ciclo de crescimento 151
5.7 Cultura contínua 152

III Mensurando o crescimento microbiano 154
5.8 Contagens microscópicas 154
5.9 Contagem de células viáveis 155
5.10 Espectrofotometria 157

IV Efeito da temperatura no crescimento microbiano 158
5.11 Classes térmicas de microrganismos 158

EXPLORE O MUNDO MICROBIANO
Grudar ou nadar 159

5.12 Vida microbiana em baixas temperaturas 161
5.13 Vida microbiana em altas temperaturas 163

V Outros fatores ambientais no crescimento microbiano 165
5.14 Efeitos do pH no crescimento microbiano 165
5.15 Osmolaridade e crescimento microbiano 167
5.16 Oxigênio e crescimento microbiano 169

VI · Controle do crescimento microbiano 171
5.17 Princípios gerais e controle do crescimento pelo calor 171
5.18 Outros métodos de controle físico: radiação e filtração 173
5.19 Controle químico do crescimento microbiano 176

# Unidade 2 GENÔMICA, GENÉTICA E VIROLOGIA

CAPÍTULO 6

## Genômica microbiana 183

microbiologiahoje
Genômica e novas arqueias 183

I Investigando genomas 184
6.1 Introdução à genômica 184
6.2 Sequenciamento genômico 184
6.3 Bioinformática e anotação genômica 189

II Genomas microbianos 191
6.4 O tamanho do genoma e o seu conteúdo 191
6.5 Genomas de organelas 194
6.6 Genomas de microrganismos eucarióticos 197

III Genômica funcional 198
6.7 Microarranjos e o transcriptoma 198
6.8 Proteômica e o iteratoma 201
6.9 Metabolômica e biologia de sistemas 203
6.10 Metagenômica 204

EXPLORE O MUNDO MICROBIANO
Genômica, uma célula de cada vez 205

IV A evolução dos genomas 206
6.11 Famílias gênicas, duplicações e deleções 206
6.12 Transferência horizontal de genes e estabilidade do genoma 208
6.13 Genoma cerne *versus* pangenoma 209

CAPÍTULO 7

## Regulação metabólica 215

microbiologia**hoje**
Luminescência ou letalidade? 215

I Visão geral da regulação 216
7.1 Principais mecanismos de regulação 216

II Proteínas de ligação ao DNA e regulação da transcrição 217
7.2 Proteínas de ligação ao DNA 217
7.3 Controle negativo da transcrição: repressão e indução 219
7.4 Controle positivo: ativação 220
7.5 Controle global e o óperon *lac* 222
7.6 Controle da transcrição em arqueias 224

III Sensoriamento e transdução de sinal 225
7.7 Sistemas reguladores de dois componentes 225
7.8 Regulação da quimiotaxia 226
7.9 *Quorum sensing* 228
7.10 Outras redes de controle global 230

IV Regulação do desenvolvimento em bactérias-modelo 232
7.11 Esporulação em *Bacillus* 232
7.12 Diferenciação em *Caulobacter* 233
7.13 Fixação do nitrogênio, nitrogenase e normação de heterocisto 234

V Regulação baseada no RNA 236
7.14 RNAs reguladores: pequenos RNAs e RNA antissenso 236
7.15 *Riboswitches* 237
7.16 Atenuação 238

VI Regulação de enzimas e outras proteínas 240
7.17 Inibição por retroalimentação 240
7.18 Regulação pós-traducional 241

CAPÍTULO 8

## Vírus e virologia 245

microbiologia**hoje**
De onde vieram os vírus? 245

I A natureza dos vírus 246
8.1 O que é um vírus? 246
8.2 Estrutura do vírion 247
8.3 Visão geral do ciclo de vida viral 249
8.4 Cultivando, detectando e contando vírus 250

II Ciclos de vida dos bacteriófagos 251
8.5 Ligação e penetração viral do bacteriófago T4 251
8.6 O genoma de T4 252
8.7 Replicação do bacteriófago T4 253
8.8 Bacteriófagos temperados e lisogenia 255

III Diversidade e ecologia viral 257
8.9 Visão geral dos vírus bacterianos 257
8.10 Visão geral dos vírus de animais 258
8.11 A virosfera e a ecologia viral 260

CAPÍTULO 9

## Genomas virais e diversidade 265

microbiologia**hoje**
Diversidade viral sempre em expansão 265

I Genomas virais e evolução 266
9.1 Tamanho e estrutura dos genomas virais 266
9.2 Evolução viral 268

II Vírus com genoma de DNA 270
9.3 Bacteriófagos de DNA de fita simples: $\phi$X174 e M13 270
9.4 Bacteriófagos de DNA dupla-fita: T7 e Mu 271
9.5 Vírus de arqueias 273
9.6 Vírus de DNA de animais com replicações incomuns 274
9.7 Vírus de DNA tumorais 276

III Vírus com genoma de RNA 277
9.8 Vírus de RNA de fita positiva 277
9.8 Vírus de RNA de fita negativa que infectam animais 279
9.10 Vírus de RNA de dupla-fita 281
9.11 Vírus que utilizam a transcriptase reversa 282

IV Agentes subvirais 285
9.12 Viroides 285
9.13 Príons 286

CAPÍTULO 10

## Genética de bactérias e arqueias 291

microbiologia**hoje**
Vírus arcaicos ou agentes secretos de transferência gênica 291

I Mutação 292
10.1 Mutações e mutantes 292
10.2 Bases moleculares das mutações 293
10.3 Reversões e taxas de mutação 295
10.4 Mutagênese 297

II **Transferência gênica em bactérias** 299
10.5 Recombinação genética 300
10.6 Transformação 301
10.7 Transdução 303
10.8 Conjugação 305
10.9 Formação de linhagens Hfr e mobilização do cromossomo 307

III **Transferência gênica em arqueias e outros eventos genéticos** 309
10.10 Transferência horizontal de genes em arqueias 309
10.11 DNA móvel: elementos transponíveis 310
10.12 Preservação da integridade do genoma: sistema CRISPR de interferência 312

CAPÍTULO 11

## Engenharia genética e biotecnologia 315

microbiologia**hoje**
De patógeno a tumor assassino 315

I **Ferramentas e técnicas de engenharia genética** 316
11.1 Enzimas de restrição e modificação 316
11.2 Hibridização de ácidos nucleicos 318
11.3 Amplificação de DNA: a reação em cadeia de polimerase 319
11.4 Fundamentos da clonagem molecular 321
11.5 Métodos moleculares de mutagênese 323
11.6 Fusões gênicas e genes repórteres 325

II **Clonagem gênica** 326
11.7 Plasmídeos como vetores de clonagem 326
11.8 Hospedeiros para vetores de clonagem 328
11.9 Vetores bifuncionais e vetores de expressão 329
11.10 Outros vetores de clonagem 331

III **Produtos da engenharia genética de microrganismos** 333
11.11 Expressão de genes de mamíferos em bactérias 333
11.12 Somatotrofina e outras proteínas de mamíferos 335
11.13 Organismos transgênicos na agricultura e na aquacultura 337
11.14 Vacinas produzidas por engenharia genética 339
11.15 Mineração genômica (garimpagem de genomas) 341
11.16 Modificação de vias metabólicas por engenharia genética 342
11.17 Biologia sintética 342

# Unidade 3 Diversidade microbiana

CAPÍTULO 12

## Evolução e sistemática microbiana 347

microbiologia**hoje**
Troca gênica e evolução da bactéria marinha *Vibrio* 347

I **A Terra remota e a origem e diversificação da vida** 348
12.1 Formação e história remota da Terra 348
12.2 A fotossíntese e a oxidação da Terra 351
12.3 Origem endossimbiótica de eucariotos 353

II **Fósseis vivos: registros de DNA da história da vida** 355
12.4 Filogenia molecular e a árvore da vida 355
12.5 Filogenia molecular: métodos analíticos de sequências moleculares 359

III **Evolução microbiana** 363
12.6 O processo evolutivo 363
12.7 A evolução dos genomas microbianos 366

EXPLORE O MUNDO MICROBIANO
A hipótese da Rainha Negra 368

IV **Sistemática microbiana** 369
12.8 Conceito de espécie em microbiologia 369
12.9 Métodos taxonômicos na sistemática 370
12.10 Classificação e nomenclatura 374

CAPÍTULO 13

## Diversidade metabólica dos microrganismos 379

microbiologia**hoje**
Desvendando os metabolismos microbianos 379

I **Fototrofia** 380
13.1 Clorofilas e fotossíntese 380
13.2 Carotenoides e ficobilinas 383
13.3 Fotossíntese anoxigênica 384
13.4 Fotossíntese oxigênica 387
13.5 Vias autotróficas 390

II **Quimiolitotrofia** 392
13.6 Compostos inorgânicos como doadores de elétrons 393
13.7 Oxidação do hidrogênio 394
13.8 Oxidação de compostos sulfurados reduzidos 395
13.9 Oxidação do ferro 396
13.10 Nitrificação e anamox 398

III **Fermentações** 401
13.11 Considerações sobre energética e redox 401
13.12 Fermentações lácticas e ácidas mistas 402
13.13 Fermentações por clostridioses propiônicas 404
13.14 Fermentações sem a fosforilação em nível de substrato 407
13.15 Sintrofia 408

IV **Respiração anaeróbia** 410
13.16 Respiração anaeróbia: princípios gerais 410
13.17 Redução de nitrato e desnitrificação 411
13.18 Redução de sulfato e enxofre 413
13.19 Acetogênese 415
13.20 Metanogênese 417
13.21 Outros aceptores de elétrons 421

V **Metabolismo e hidrocarbonetos** 424
13.22 Metabolismo aeróbio de hidrocarbonetos 424
13.23 Metanotrofia aeróbia 425
13.24 Metabolismo anóxico de hidrocarbonetos 427

CAPÍTULO 14

## Diversidade funcional das bactérias 433

microbiologia**hoje**
A uma cultura de distância 433

I **Conceito de diversidade funcional** 434
14.1 Entendendo a diversidade microbiana 434

II **Diversidade de bactérias fototróficas** 435
14.2 Visão geral das bactérias fototróficas 435
14.3 Cyanobacteria 436
14.4 Bactérias púrpuras sulfurosas 440
14.5 Bactérias púrpuras não sulfurosas e fototróficos aeróbios anoxigênicos 442
14.6 Bactérias verdes sulfurosas 443
14.7 Bactérias verdes não sulfurosas 444
14.8 Outras bactérias fototróficas 446

III **Diversidade bacteriana no ciclo do enxofre** 447
14.9 Bactérias dissimilativas redutoras de sulfato 447
14.10 Bactérias dissimilativas redutoras de enxofre 448
14.11 Bactérias dissimilativas oxidantes de enxofre 449

IV **Diversidade bacteriana no ciclo do nitrogênio** 452
14.12 Diversidade das bactérias fixadoras de nitrogênio 453
14.13 Diversidade de bactérias e arqueias nitrificantes e desnitrificantes 454

V **Diversidade de outras bactérias quimiotróficas distintas** 456
14.14 Bactérias dissimilativas redutoras de ferro 456
14.15 Bactérias dissimilativas oxidantes de ferro 457
14.16 Bactérias metabolizadoras de hidrogênio 458
14.17 Bactérias metanotróficas e metilotróficas 459
14.18 Bactérias do ácido acético e acetogênicos 461
14.19 Bactérias predadoras 463

VI **Diversidade morfológica das bactérias** 465
14.20 Espiroquetas e espirilos 465
14.21 Bactérias com brotamento e prosteca/pedúnculo 468
14.22 Bactérias com bainhas 472
14.23 Bactérias magnéticas 472
14.24 Bactérias bioluminescentes 474

CAPÍTULO 15

## Diversidade das bactérias 479

microbiologia**hoje**
Descobrindo novos filos microbianos 479

I **Proteobacteria** 480
15.1 Alphaproteobacteria 481
15.2 Betaproteobacteria 484
15.3 Gammaproteobacteria – Enterobacteriales 486
15.4 Gammaproteobacteria – Pseudomonadales e Vibrionales 488
15.5 Deltaproteobacteia e Epsilonproteobacteria 489

II **Firmicutes, Tenericutes e Actinobacteria** 491
15.6 Firmicutes – Lactobacillales 491
15.7 Firmicutes – Bacillales e Clostridiales não esporulados 493
15.8 Firmicutes – Bacillales e Clostridiales esporulados 494
15.9 Tenericutes: os micoplasmas 497
15.10 Actinobacteria: bactérias corineformes e propiônicas 499
15.11 Actinobacteria: *Mycobacterium* 500
15.12 Actinobacteria filamentosas: *Streptomyces* e organismos relacionados 501

III **Bacteroidetes** 504
15.13 Bacteroidales 504
15.14 Cytophagales, Flavobacteriales e Sphingobacteriales 505

IV **Chlamydiae, Planctomycetes e Verrucomicrobia** 506
15.15 Chlamydiae 506
15.16 Planctomycetes 508
15.17 Verrucomicrobia 509

V **Bactérias hipertermófilas** 510
15.18 Thermotogae e Thermodesulfobacteria 510
15.19 Aquificae 511

VI **Outras bactérias** 512
15.20 Deinococcus-Thermus 512
15.21 Outros filos notáveis de *Bacteria* 513

CAPÍTULO 16

## Diversidade das arqueias 517

microbiologiahoje
As arqueias e o aquecimento global 517

I **Euryarchaeota 518**
16.1 Arqueias extremamente halófilas 518
16.2 Arqueias metanogênicas 522
16.3 Thermoplasmatales 525
16.4 Thermococcales e *Methanopyrus* 526
16.5 Archaeoglobales 527

II **Thaumarchaeota, Nanoarchaeota e Korarchaeota 528**
16.6 Thaumarchaeota e a nitrificação em arqueias 528
16.7 Nanoarchaeota e a "bola de fogo hospitaleira" 529
16.8 Korarchaeota e o "filamento secreto" 530

III **Crenarchaeota 531**
16.9 Hábitats e metabolismo energético dos Crenarchaeota 531
16.10 Crenarchaeota de hábitats vulcânicos terrestres 532
16.11 Crenarchaeota de hábitats vulcânicos submarinos 534

IV **Evolução e a vida em altas temperaturas 537**
16.12 Limite superior de temperatura para a vida microbiana 537
16.13 Adaptações moleculares à vida em altas temperaturas 538
16.14 Arqueias hipertermofílicas, $H_2$ e a evolução microbiana 540

CAPÍTULO 17

## Diversidade dos microrganismos eucariotos 543

microbiologiahoje
Transferência horizontal de genes em um eucarioto extremófilo 543

I **Organelas e filogenética dos microrganismos eucariotos 544**
17.1 Endossimbiose e a célula eucariótica 544
17.2 Linhagem filogenética de *Eukarya* 545

II **Protistas 547**
17.3 Diplomonadídeos e parabasalídeos 547
17.4 Euglenozoários 548
17.5 Alveolados 549
17.6 Estramenópilos 551
17.7 Cercozoários e radiolários 552
17.8 Amoebozoários 553

III **Fungos 555**
17.9 Fisiologia fúngica, estrutura e simbiose 556
17.10 Reprodução e filogenia dos fungos 557
17.11 Chytridiomycetes 558
17.12 Zygomycetes e Glomeromycetes 559
17.13 Ascomycetes 560
17.14 Cogumelos e outros Basidiomycetes 561

IV **Algas verdes e vermelhas 562**
17.15 Algas vermelhas 562
17.16 Algas verdes 563

# Unidade 4 Ecologia microbiana e microbiologia ambiental

CAPÍTULO 18

## Métodos em ecologia microbiana 567

microbiologiahoje
Costurando genomas 567

I **Análises de comunidades microbianas dependentes de cultivo 568**
18.1 Enriquecimento 568
18.2 Isolamento 572

EXPLORE O MUNDO MICROBIANO
Cultivando o incultivável 574

II **Análises microscópicas de comunidades microbianas independentes de cultivo 575**
18.3 Métodos gerais de coloração 575
18.4 Hibridização fluorescente *in situ* (FISH) 577

III **Análises genéticas de comunidades microbianas independentes de cultivo 579**
18.5 Método de PCR na análise de comunidades microbianas 579
18.6 Microarranjos para análise da diversidade filogenética e funcional de microrganismos 582
18.7 Métodos relacionados com a genômica ambiental 584

IV **Medida das atividades microbianas na natureza 587**
18.8 Ensaios químicos, métodos radioisotópicos e microssensores 587
18.9 Isótopos estáveis 588
18.10 Ligando genes e funções a organismos específicos: SIMS, citometria de fluxo e FISH-MAR 590
18.11 Funções e genes ligados a organismos específicos: sondas de isótopos estáveis e genômica de células individuais 593

CAPÍTULO 19

## Ecossistemas microbianos 597

microbiologia**hoje**
Vivendo em um mundo com extrema limitação de energia 597

I **Ecologia microbiana 598**
19.1 Conceitos de ecologia geral 598
19.2 Serviços de ecossistemas: biogeoquímica e ciclos dos nutrientes 599

II **O ambiente microbiano 600**
19.3 Ambientes e microambientes 600
19.4 Biofilmes e superfícies 602
19.5 Tapetes microbianos 605

III **Ambientes terrestres 607**
19.6 Solos 607
19.7 A subsuperfície 611

IV **Ambientes aquáticos 613**
19.8 Água doce 613
19.9 O ambiente marinho: fototróficos e a relação com o oxigênio 615
19.10 Principais fototróficos marinhos 617
19.11 Bactéria pelágica, arqueias e vírus 619
19.12 O mar profundo e seus sedimentos 622
19.13 Fontes hidrotermais 625

CAPÍTULO 20

## Ciclos de nutrientes 631

microbiologia**hoje**
Linhas elétricas microbianas 631

I **Os ciclos do carbono, nitrogênio e enxofre 632**
20.1 O ciclo do carbono 632
20.2 Sintrofia e metanogênese 634
20.3 O ciclo do nitrogênio 636
20.4 O ciclo do enxofre 638

II **Os ciclos de outros nutrientes 639**
20.5 Os ciclos do ferro e manganês 639

EXPLORE O MUNDO MICROBIANO
Fios microbiológicos 641

20.6 Os ciclos do fósforo, do cálcio e da sílica 642

III **A ciclagem de nutrientes e os seres humanos 645**
20.7 Transformações do mercúrio 645
20.8 Impactos humanos sobre o ciclo do carbono e do nitrogênio 646

CAPÍTULO 21

## Microbiologia dos ambientes construídos 649

microbiologia**hoje**
No seu sistema de metrô: o que há no ar? 649

I **Recuperação mineral e drenado ácido de mina 650**
21.1 Mineração com microrganismos 650
21.2 Drenado ácido de mina 652

II **Biorremediação 653**
21.3 Biorremediação de ambientes contaminados com urânio 653
21.4 Biorremediação de poluentes orgânicos: hidrocarbonetos 654
21.5 Biorremediação de poluentes orgânicos: pesticidas e plásticos 655

III **Água de rejeitos e tratamento de água potável 657**
21.6 Tratamento primário e secundário de água de rejeitos 657
21.7 Tratamento avançado do esgoto 659
21.8 Purificação e estabilização de água potável 661
21.9 Sistemas de distribuição de águas municipais 663

IV **Corrosão microbiana 664**
21.10 Corrosão microbiana de metais 665
21.11 Biodeterioração de pedra e concreto 666

CAPÍTULO 22

## Simbioses microbianas 669

microbiologia**hoje**
Um trio simbiótico sustenta os ecossistemas de algas marinhas 669

I **Simbioses entre microrganismos 670**
22.1 Líquens 670
22.2 "*Chlorochromatium aggregatum*" 671

II **As plantas como hábitats microbianos 672**
22.3 A simbiose do nódulo radicular das leguminosas 672
22.4 *Agrobacterium* e a doença da galha-da-coroa 678
22.5 Micorrizas 679

III **Os mamíferos como hábitats microbianos 682**
22.6 O trato gastrintestinal dos mamíferos 682
22.7 O rúmen e os animais ruminantes 683
22.8 O microbioma humano 687

**IV · Os insetos como hábitats microbianos 691**
22.9 Simbiontes hereditários de insetos 691

EXPLORE O MUNDO MICROBIANO
Os simbiontes microbianos múltiplos das formigas que cultivam fungos 693

22.10 Cupins 694

V **Invertebrados aquáticos como hábitats microbianos** 696

22.11 A lula havaiana de cauda ondulada 696
22.12 Invertebrados marinhos em fendas hidrotermais e fontes de gás 697
22.13 Sanguessugas 699
22.14 Corais construtores de recifes 700

# Unidade 5 Patogenicidade e imunologia

CAPÍTULO 23

## Interações dos microrganismos com o homem 705

microbiologiahoje
O microbioma fúngico da pele 705

I **Interações normais entre homem e microrganismos** 706

23.1 Interações benéficas entre o homem e os microrganismos 706
23.2 Microbiota da pele 707
23.3 Microbiota da cavidade oral 708
23.4 Microbiota do trato gastrintestinal 709

EXPLORE O MUNDO MICROBIANO
Probióticos 711

23.5 Microbiota dos tecidos mucosos 712

II **Patogênese** 714

23.6 Patogenicidade e virulência 714
23.7 Adesão 715
23.8 Invasão, infecção e fatores de virulência 717
23.9 Exotoxinas 720
23.10 Endotoxinas 724

III **Fatores do hospedeiro na infecção e doença** 725

23.11 Resistência inata à infecção 725
23.12 Fatores de risco para infecção 727

CAPÍTULO 24

## Imunidade e defesas do hospedeiro 731

microbiologiahoje
Uma cura para a alergia a amendoim? 731

I **Imunidade** 732

24.1 Células e órgãos do sistema imune 732
24.2 Imunidade inata 735
24.3 Imunidade adaptativa 735
24.4 Anticorpos 737

II **Defesas do hospedeiro** 739

24.5 Inflamação 739
24.6 Imunidade e imunização 741
24.7 Estratégias de imunização 744

EXPLORE O MUNDO MICROBIANO
Vacinas e saúde pública 746

III **Doenças da resposta imune** 747

24.8 Alergias, hipersensibilidade e autoimunidade 747
24.9 Superantígenos: superativação de células T 750

CAPÍTULO 25

## Mecanismos imunes 753

microbiologiahoje
Por que há alume na sua vacina?

I **Mecanismos imunes básicos** 754

25.1 Mecanismos imunes inatos 754
25.2 Propriedades da resposta adaptativa 756

II **Antígenos e apresentação antigênica** 757

25.3 Imunógenos e antígenos 757
25.4 Apresentação de antígenos a células T 759

III **Linfócitos T e imunidade** 761

25.5 Células T citotóxicas e células *natural killer* 761
25.6 Células T auxiliares 762

IV **Anticorpos e imunidade** 764

25.7 Estrutura dos anticorpos 764
25.8 Produção de anticorpos 767
25.9 Anticorpos, complemento e destruição do patógeno 769

CAPÍTULO 26

## Imunologia molecular 773

microbiologiahoje
Antigos hominídeos ajudaram a moldar a imunidade moderna 773

I **Receptores e imunidade** 774

26.1 Imunidade inata e reconhecimento de padrões 774

EXPLORE O MUNDO MICROBIANO
Receptores Toll de *Drosophila* – uma antiga resposta a infecções 775

26.2 Imunidade adaptativa e a superfamília das imunoglobulinas 776

**II O complexo principal de histocompatibilidade 778**

26.3 Proteínas do MHC 778
26.4 Polimorfismo do MHC, poligenia e ligação ao antígeno peptídico 780

**III Anticorpos e receptores de células T 781**

26.5 Anticorpos e ligação a antígenos 781
26.6 Genes codificadores de anticorpos e diversidade 782
26.7 Receptores de células T: proteínas, genes e diversidade 784

**IV Mudanças moleculares na imunidade 785**

26.8 Seleção clonal e tolerância 785
26.9 Ativação das células T e B 787
26.10 Citocinas e quimiocinas 788

**CAPÍTULO 27**

## Microbiologia diagnóstica 793

microbiologia**hoje**
Antibióticos e abelhas 793

**I O ambiente clínico 794**

27.1 Segurança no laboratório de microbiologia 794
27.2 Infecções associadas aos cuidados de saúde 795

**II Identificação microbiológica dos patógenos 797**

27.3 Detecção direta de patógenos 797
27.4 Métodos de identificação dependentes de cultivo 801
27.5 Teste de sensibilidade a fármacos antimicrobianos 802

**III Métodos diagnósticos independentes de cultivo 803**

27.6 Imunoensaios para doenças infecciosas 804
27.7 Aglutinação 805
27.8 Imunofluorescência 806
27.9 Ensaios imunoenzimáticos, testes rápidos e imunoblots 807
27.10 Amplificação de ácidos nucleicos 810

**IV Fármacos antimicrobianos 811**

27.11 Fármacos antimicrobianos sintéticos 811
27.12 Fármacos antimicrobianos de ocorrência natural: antibióticos 813
27.13 Antibióticos β-lactâmicos: penicilinas e cefalosporinas 814
27.14 Antibióticos de bactérias 815
27.15 Fármacos antivirais 816
27.16 Fármacos antifúngicos 817

**V Resistência a fármacos antimicrobianos 819**

27.17 Mecanismos de resistência e disseminação 819
27.18 Novos fármacos antimicrobianos 822

# Unidade 6 Doenças infecciosas e sua transmissão

**CAPÍTULO 28**

## Epidemiologia 827

microbiologia**hoje**
MERS-CoV: uma doença emergente 827

**I Princípios da epidemiologia 828**

28.1 Fundamentos da epidemiologia 828
28.2 A comunidade do hospedeiro 830
28.3 Transmissão de doenças infecciosas 831
28.4 Reservatórios de doenças e epidemias 834

EXPLORE O MUNDO MICROBIANO
SARS – Um modelo de sucesso epidemiológico 835

**II Epidemiologia e saúde pública 836**

28.5 Saúde pública e doenças infecciosas 836
28.6 Considerações sobre a saúde mundial 839

**III Doenças infecciosas emergentes 840**

28.7 Doenças infecciosas emergentes e reemergentes 840
28.8 Guerras biológicas e armas biológicas 844

**IV Pandemias atuais 847**

28.9 A pandemia de HIV/Aids 847
28.10 A pandemia de cólera 848
28.11 A pandemia de gripe 849

**CAPÍTULO 29**

## Doenças virais e bacterianas de transmissão interpessoal 853

microbiologia**hoje**
Há outra pandemia de gripe a caminho? 853

**I Doenças bacterianas transmissíveis pelo ar 854**

29.1 Patógenos transmitidos pelo ar 854
29.2 Doenças estreptocóccicas 855
29.3 Difteria e coqueluche 858
29.4 Tuberculose e hanseníase 859
29.5 Meningite e meningococcemia 861

**II Doenças virais transmissíveis pelo ar 862**

29.6 Vírus e as infecções respiratórias 862
29.7 Resfriados 864
29.8 Gripe 865

III · **Doenças transmissíveis por contato direto** 868
29.9 Infecções por *Staphylococcus aureus* 868
29.10 *Helicobacter pylori* e as úlceras gástricas 870
29.11 Os vírus da hepatite 870

IV **Doenças sexualmente transmissíveis** 872
29.12 Gonorreia e sífilis 872
29.13 Clamidiose, herpes e papilomavírus humano 875
29.14 HIV/Aids 877

**CAPÍTULO 30**

## Doenças virais e bacterianas transmitidas por vetores e pelo solo 885

microbiologia**hoje**
Morcegos vampiros e a raiva 885

I **Doenças virais transmitidas por animais** 886
30.1 Vírus da raiva e a raiva 886
30.2 Hantavírus e síndromes por hantavírus 887

II **Doenças virais e bacterianas transmitidas por artrópodes** 888
30.3 Doenças por riquétsias 888

EXPLORE O MUNDO MICROBIANO
Manipulando vírus de febres hemorrágicas 889

30.4 Doença de Lyme e *Borrelia* 891
30.5 Febre amarela e febre da dengue 893
30.6 Febre do Oeste do Nilo 895
30.7 Peste 896

III **Doenças bacterianas transmitidas pelo solo** 898
30.8 Antraz 898
30.9 Tétano e gangrena gasosa 899

**CAPÍTULO 31**

## Água e alimentos como veículos de transmissão de doenças bacterianas 903

microbiologia**hoje**
O risco à vida do vinho prisional 903

I **A água como veículo de transmissão de doenças** 904
31.1 Agentes e fontes de doenças transmissíveis pela água 904
31.2 Saúde pública e qualidade da água 905

II **Doenças transmissíveis pela água** 906
31.3 *Vibrio cholerae* e cólera 906
31.4 Legionelose 907
31.5 Febre tifoide e doença por norovírus 908

III **Os alimentos como veículo de transmissão de doenças** 909
31.6 Deterioração e conservação dos alimentos 909
31.7 Doenças transmissíveis por alimentos e epidemiologia alimentar 911

IV **Intoxicação alimentar** 913
31.8 Intoxicação alimentar por estafilococos 913
31.9 Intoxicação alimentar por clostrídios 914

V **Infecção alimentar** 915
31.10 Salmonelose 915
31.11 *Escherichia coli* patogênica 916
31.12 *Campylobacter* 917
31.13 Listeriose 918
31.14 Outras doenças infecciosas transmitidas por alimentos 919

**CAPÍTULO 32**

## Patógenos eucarióticos: doenças fúngicas e parasitárias 923

microbiologia**hoje**
Fungos mortais 923

I **Infecções fúngicas** 924
32.1 Fungos de importância médica e mecanismos de doença 924
32.2 Micoses 926

II **Infecções parasitárias viscerais** 927
32.3 Amebas e ciliados: *Entamoeba*, *Naegleria* e *Balantidium* 928
32.4 Outros parasitas viscerais: *Giardia*, *Trichomonas*, *Cryptosporidium*, *Toxoplasma* e *Cyclospora* 928

III **Infecções parasitárias do sangue e tecidos** 931
32.5 *Plasmodium* e malária 931
32.6 Leishmaniose, tripanosomíase e doença de Chagas 932
32.7 Helmintos parasíticos: esquistossomose e filarioses 933

**Apêndice 1** Cálculos de energia na bioenergética microbiana 937
**Apêndice 2** *Manual de Bergey de Bacteriologia Sistemática*, segunda edição 941
**Glossário** 943
**Créditos das fotografias** 961
**Índice** 965

CAPÍTULO

# 1 Microrganismos e microbiologia

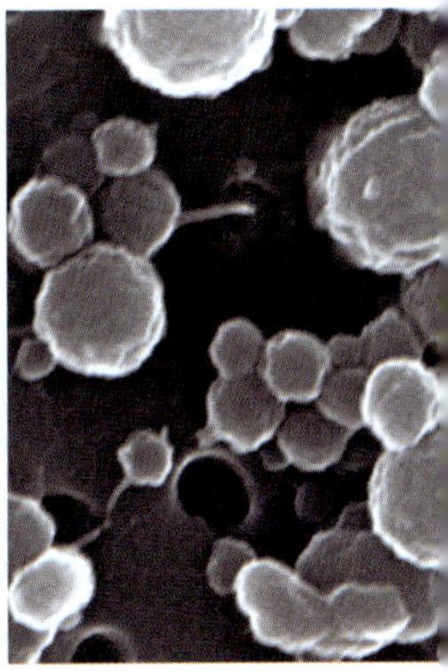

## microbiologia**hoje**

### A vida microbiana está presente em todo lugar

Ao embarcar nesta jornada pelo mundo microbiano, você será surpreendido ao descobrir onde os microrganismos vivem na natureza. Em resumo, eles vivem em todo lugar, incluindo locais muito extremos até para a sobrevivência de macro-organismos. Por exemplo, uma equipe de pesquisa que estuda o Lago Vida, nos vales secos McMurdo da Antártida (foto superior), que é permanentemente coberto de gelo, descobriu vida bacteriana imersa em uma solução salina de subcongelamento a −13°C! Esses corajosos microrganismos foram descobertos por microbiologistas que usavam roupas protetoras, para prevenir contaminação durante o processo de perfuração (fotos inferiores).

As bactérias do Lago Vida, um grupo metabólico chamado de psicrófilos (expressão que significa "amantes do frio"), demonstraram ser capazes de realizar várias reações metabólicas à temperatura ambiente do seu gélido hábitat natural. Genes específicos isolados de várias bactérias do Lago Vida foram utilizados para classificar os organismos, e estudos futuros de seus respectivos arcabouços genéticos – seus genomas – servirão de auxílio para desvendar os segredos genéticos que possibilitam a esses microrganismos prosperarem no frio constante.

O Lago Vida é incomum até mesmo para os demais lagos da Antártida, uma vez que a sua cobertura de gelo se estende por todo o caminho até a sua porção inferior. A luz do sol, disponível apenas durante seis meses por ano, não consegue penetrar profundamente no lago. Dessa forma, as bactérias do Lago Vida estão metabolizando e se multiplicando, ainda que de maneira extremamente lenta, por meio do carbono orgânico que ficou preso na camada de gelo no momento em que o lago foi selado, há milênios.

Os microbiologistas estudam bactérias de ambientes extremos a fim de desvendarem quais são os limites ambientais para a vida, e para procurar por produtos únicos que podem beneficiar os seres humanos e o planeta. Todavia, além de contribuir para os estudos de ciência básica e aplicada, as bactérias do Lago Vida são modelos para os tipos de formas de vida que poderiam habitar outros mundos gelados como Marte, ou a lua de Júpiter, Europa.

Murray AE, *et al.* 2012. Microbial life at −13°C in the brine of an ice-sealed Antarctic lake. *Proc. Natl. Acad. Sci. (USA). 109:* 20626–20631.

I Introdução e temas principais da microbiologia 2
II A microbiologia no contexto histórico 13

# I • Introdução e temas principais da microbiologia

## 1.1 Do que trata a microbiologia e por que ela é importante?

A ciência da microbiologia é inteiramente destinada ao estudo dos **microrganismos** e do modo como eles funcionam, especialmente as bactérias, um grupo extenso de células muito pequenas (**Figura 1.1**) que possuem grande importância básica e prática. A microbiologia também trata da diversidade e evolução das células microbianas, abrangendo o porquê e como os diferentes tipos de microrganismos surgiram. A microbiologia compreende ainda a ecologia, por isso também trata do local onde os microrganismos vivem na Terra, como eles se associam e cooperam uns com os outros, e o que eles fazem no mundo em geral, no solo, na água, em animais e plantas.

A ciência da microbiologia gira em torno de dois temas que estão interconectados: (1) o entendimento da natureza e funcionamento do mundo microbiano, e (2) a aplicação do nosso entendimento acerca da microbiologia para benefício da humanidade e do planeta Terra. Como uma ciência biológica *básica*, a microbiologia utiliza células microbianas para analisar os processos fundamentais da vida. Os microbiologistas desenvolveram um conhecimento sofisticado sobre as bases química e física da vida, e descobriram que todas as células compartilham muitas características em comum. Como uma ciência biológica *aplicada*, a microbiologia está na linha de frente de vários avanços importantes na medicina humana e veterinária, agricultura e indústria. De doenças infecciosas, para a fertilidade do solo, até o combustível que você coloca no seu automóvel, os microrganismos afetam a vida cotidiana dos seres humanos tanto de forma benéfica quanto de forma prejudicial.

Os microrganismos já existiam na Terra há bilhões de anos antes do surgimento das plantas e dos animais, e será visto em capítulos posteriores que a diversidade genética e fisiológica da vida microbiana é significativamente maior do que aquela de plantas e animais. Embora os microrganismos sejam as menores formas de vida (Figura 1.1), coletivamente eles constituem a maior parte da biomassa da Terra e executam muitas reações químicas essenciais para os organismos superiores. Na ausência dos microrganismos, as formas de vida superiores nunca teriam surgido e não poderiam ser sustentadas. De fato, o próprio oxigênio que respiramos é o resultado de atividade microbiana precedente. Além disso, seres humanos, plantas e animais são intimamente dependentes da atividade microbiana para a reciclagem de nutrientes-chave e para a degradação de matéria orgânica. É, portanto, seguro dizer que nenhuma outra forma de vida é tão importante para o suporte e manutenção da vida na Terra quanto os microrganismos.

Este capítulo dá início à nossa jornada pelo mundo microbiano. Aqui começa-se a descobrir o que os microrganismos são e o que eles fazem, bem como a explorar sua história evolutiva e impacto no planeta Terra. Além disso, a microbiologia será situada em um contexto histórico, como um processo de descoberta científica. A partir das marcantes contribuições de ambos, microbiologistas e cientistas praticantes, hoje, o mundo microbiano começará a ser revelado.

**MINIQUESTIONÁRIO**

- Se a vida microbiana não tivesse evoluído, você estaria aqui hoje? Dê uma boa justificativa para a sua resposta.
- Por que as células microbianas são ferramentas úteis para a ciência básica? Por que os microrganismos são importantes para os seres humanos?

## 1.2 Estrutura e funções das células microbianas

As células microbianas são compartimentos vivos que interagem com o meio circundante e com outras células de forma dinâmica. No Capítulo 2, será estudada em detalhes a estrutura das células e serão relacionadas estruturas específicas com suas funções correspondentes. Aqui apresenta-se uma visão geral da estrutura microbiana e suas funções. Os vírus foram propositalmente excluídos desta discussão porque, embora eles se assemelhem a células de diversas maneiras, vírus não

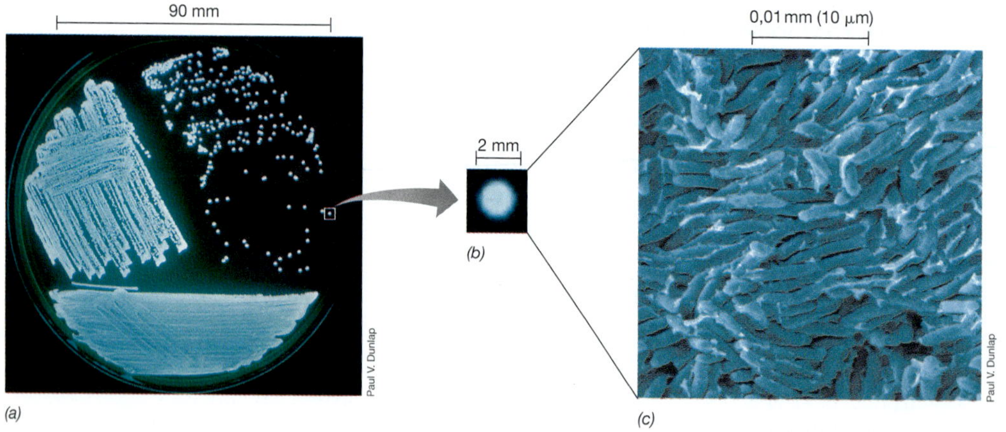


**Figura 1.1 Células microbianas.** *(a)* Colônias bioluminescentes (que emitem luz) da bactéria *Photobacterium* cultivadas em cultura laboratorial em uma placa de Petri. *(b)* Uma única colônia pode conter mais de 10 milhões ($10^7$) de células individuais. *(c)* Micrografia eletrônica de varredura das células de *Photobacterium*.

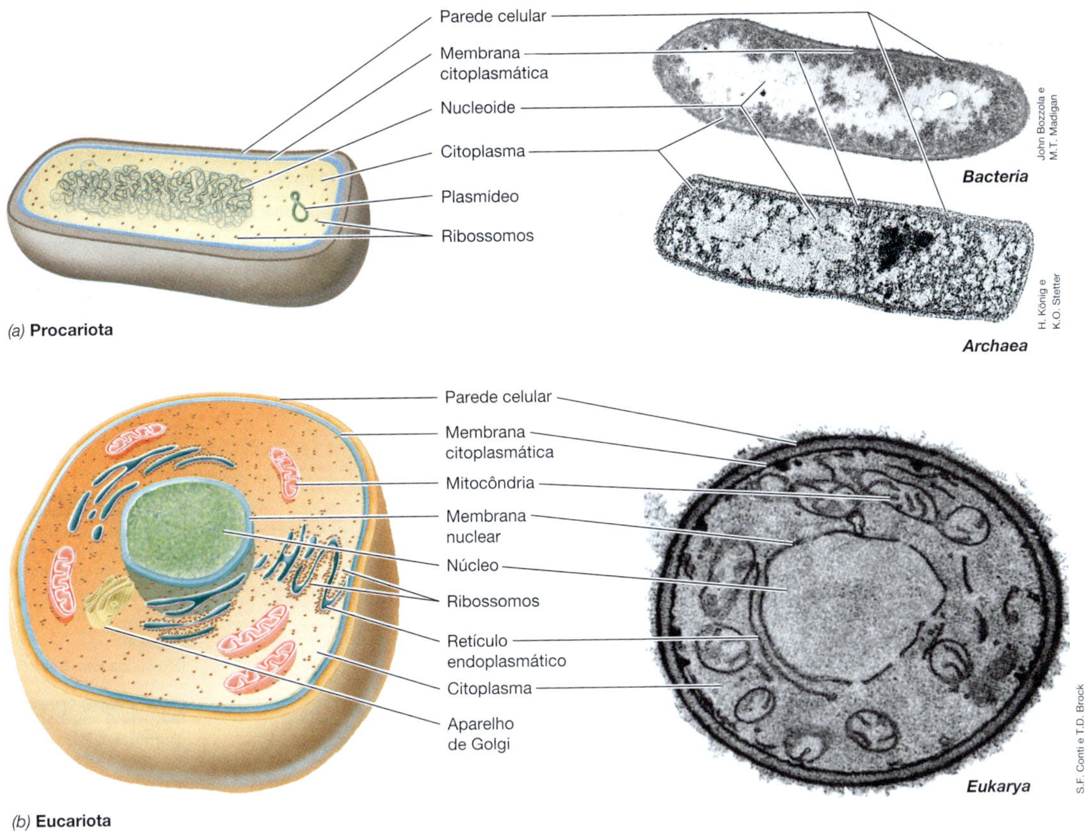


**Figura 1.2** **Estrutura da célula microbiana.** *(a)* Diagrama de uma célula procariota (à esquerda). Micrografia eletrônica de *Heliobacterium modesticaldum* (*Bacteria*, a célula tem em torno de 1 μm de diâmetro) e de *Thermoproteus neutrophilus* (*Archaea*, a célula tem em torno de 0,5 μm de diâmetro) (à direita). *(b)* Diagrama de uma célula eucariota (à esquerda). Micrografia eletrônica de uma célula de *Saccharomyces cerevisiae* (*Eukarya*, a célula tem em torno de 8 μm de diâmetro) (à direita).

são células e representam uma categoria especial de microrganismos. Serão consideradas a estrutura, diversidade e função dos vírus nos Capítulos 8 e 9.

## Elementos da estrutura microbiana

Algumas características e determinados componentes podem ser observados em vários tipos de células (**Figura 1.2**). Todas as células possuem uma barreira de permeabilidade chamada de **membrana citoplasmática** que separa o interior da célula, o **citoplasma**, do ambiente externo. O citoplasma é uma mistura aquosa de **macromoléculas** – proteínas, lipídeos, ácidos nucleicos e polissacarídeos – moléculas orgânicas menores (principalmente precursores de macromoléculas), diversos íons inorgânicos, e **ribossomos**, as estruturas sintetizadoras de proteínas das células. A **parede celular** confere resistência estrutural à célula; é uma estrutura relativamente permeável localizada exteriormente à membrana plasmática além de ser uma camada muito mais forte do que a membrana em si. Células de plantas e a maioria dos microrganismos possuem parede celular, enquanto as células animais, com raras exceções, não possuem.

A análise da estrutura interna da célula revela dois padrões, chamados de **procariota** e **eucariota**. Os procariotas incluem os reinos *Bacteria* e *Archaea* e consistem em células pequenas e estruturalmente bastante simples (Figura 1.2*a*). Os eucariotas são caracteristicamente maiores que os procariotas e contêm uma variedade de estruturas citoplasmáticas envoltas em membranas chamadas de **organelas** (Figura 1.2*b*). Essas incluem, mais proeminentemente, o núcleo que contém o DNA, mas também mitocôndrias e cloroplastos, organelas especializadas no fornecimento de energia para a célula, além de diversas outras organelas. Os microrganismos eucariotas incluem algas, protozoários e outros protistas, bem como os fungos. As células de plantas e animais também são eucarióticas. Apesar das diferenças *estruturais* claras entre procariotos e eucariotos (Figura 1.2), a palavra "procariota" não implica um parentesco *evolutivo*. Como será visto na próxima seção, embora espécies de bactérias e arqueias possam *parecer* similares, elas não estão intimamente relacionadas do ponto de vista evolutivo.

## Genes, genoma, núcleo e nucleoide

Os processos vitais das células são controlados pelo seu conjunto de genes, o **genoma**. Um gene é um segmento de DNA que codifica proteínas ou moléculas de RNA. O genoma é o projeto de vida de um organismo; as características, atividades, e sobrevivência de uma célula são controladas pelo seu genoma. Os genomas de procariotos e eucariotos são organizados diferentemente. Em eucariotas, o DNA está presente na forma molecular linear, dentro de uma membrana fechada, chamada de **núcleo**. Em contrapartida, o genoma de bactérias e arqueias está presente na forma de um cromossomo circular fechado (alguns procariotas apresentam cromossomo linear). O cromossomo se agrega dentro da célula para formar o **nucleoide**, uma massa visível ao microscópio eletrônico (Figura 1.2*a*). A maioria dos procariotas possui apenas um cromossomo, mas muitos podem apresentar, também um ou mais pequenos círculos de DNA diferentes do DNA cromossômico, chamados de *plasmídeos*. Os plasmídeos contêm genes que conferem determinada propriedade especial à célula (como um metabolismo diferenciado ou resistência a antibiótico) em vez de genes essenciais indispensáveis em todas as condições de crescimento. Essas características contrastam com os genes cromossômicos, a maioria dos quais são necessários para a sobrevivência básica.

Quantos genes uma célula possui? Sabe-se que este é um número bastante variável devido à quantidade de genomas que já foram sequenciados. O genoma do modelo bacteriano *Escherichia coli* possui um tamanho bastante característico; é um cromossomo circular único formado por 4.639.221 pares de bases de DNA agrupadas em 4.288 genes. Os genomas de alguns procariotos são três vezes este tamanho, enquanto os genomas de outros contêm quantidades tão pequenas quanto um vigésimo de muitos genes. Células eucarióticas normalmente possuem genomas muito maiores do que as procarióticas. Uma célula humana, por exemplo, contém 1.000 vezes mais DNA que uma célula de *E. coli* e cerca de sete vezes mais genes.

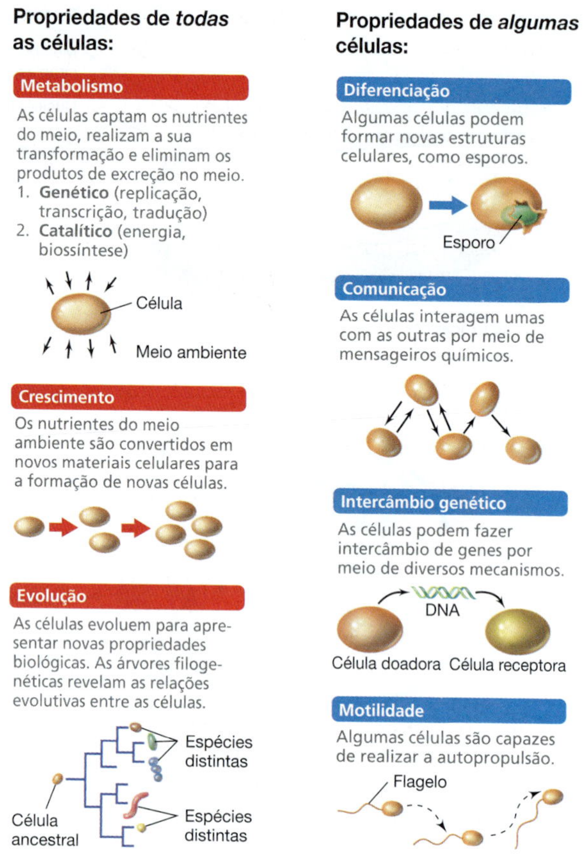


**Figura 1.3 Propriedades das células microbianas.** As principais atividades em curso nas células em uma comunidade microbiana são retratadas.

## Atividades das células microbianas

Quais atividades as células microbianas são capazes de realizar? Vê-se que, na natureza, as células microbianas vivem comumente em grupos, chamados de *comunidades microbianas*. A **Figura 1.3** considera algumas das atividades celulares em curso dentro da comunidade microbiana. Todas as células apresentam algum tipo de **metabolismo** por meio da retirada de nutrientes do meio ambiente e transformação dos mesmos em novos materiais e resíduos celulares. Durante essas transformações, a energia é conservada para que esta possa ser utilizada pela célula para suportar a síntese de novas estruturas. A produção dessas novas estruturas leva à divisão celular e formação de duas novas células. Em microbiologia, utiliza-se a palavra **crescimento** em referência a um aumento no número de células em consequência da divisão celular.

Durante o metabolismo e crescimento, ambos os eventos, genético e catalítico, acontecem na célula; o fluxo de informação biológica é iniciado e há o envolvimento de diversas vias metabólicas. Do ponto de vista genético, o genoma da célula é replicado, e as proteínas necessárias para o suporte do crescimento sob determinadas condições são biossintetizadas nos processos sequenciais de *transcrição* e *tradução* (Figura 1.3). Esses eventos requerem que a maquinaria catalítica da célula – as **enzimas** – execute reações que forneçam energia, além dos precursores necessários para a biossíntese de todos os componentes celulares. Os eventos catalíticos e genéticos em uma célula microbiana são coordenados e altamente regulados, de forma a garantir que os novos materiais celulares sejam produzidos na ordem e concentração adequadas, e que a célula permaneça em sintonia ótima com o meio exterior.

Muitas células microbianas apresentam **motilidade**, basicamente por meio de autopropulsão (Figura 1.3). A motilidade permite que as células consigam se afastar de condições desfavoráveis e possam explorar novos recursos ou oportunidades de crescimento. Algumas células microbianas sofrem **diferenciação**, o que pode resultar na formação de células modificadas especializadas em crescimento, dispersão ou sobrevivência. As células respondem aos sinais químicos do ambiente, incluindo aqueles produzidos por outras células da sua própria espécie ou de espécies diferentes, e esses sinais muito frequentemente desencadeiam novas atividades celulares. Assim, as células microbianas exibem **comunicação** intercelular; elas estão "conscientes" da presença das células vizinhas e conseguem então responder de acordo. Muitas células procariotas podem também transferir genes ou aceitar genes oriundos das células vizinhas, sejam elas da mesma espécie ou de espécies diferentes, em um processo chamado de **intercâmbio genético**.

**Evolução** (Figura 1.3) é o processo de geração de descendentes com modificações, nos quais variantes genéticos (mutantes) são selecionados baseados na sua aptidão reprodutiva. Embora se aprenda na biologia básica que a evolução é um processo bastante lento, a evolução nas células microbianas pode ser bem acelerada quando a pressão seletiva é forte. Por exemplo, como comprovação desse fato, hoje há os genes que codificam resistência a antibióticos em bactérias patogênicas (que causam doenças), que foram selecionados e amplamente distribuídos por meio do uso indiscriminado de antibióticos na medicina humana e veterinária. O intercâmbio genético entre células procarióticas, o qual é independente da evolução (Figura 1.3), pode também acelerar de forma significativa a adaptação das células a novos hábitats ou a mudanças rápidas do meio circundante.

Nem todos os processos retratados na Figura 1.3 acontecem em todas as células. Metabolismo, crescimento e evolução, no entanto, são universais. Agora, verifica-se os resultados da evolução microbiana, que resultou na enorme diversidade do mundo microbiano, a qual tem sido revelada pela microbiologia moderna.

**MINIQUESTIONÁRIO**

- Quais funções importantes para a célula são executadas pelas organelas a seguir: membrana citoplasmática, ribossomos, parede celular?
- Quais tipos celulares possuem um núcleo? Nucleoide? O que é um genoma celular e qual a sua importância?
- O que os termos "crescimento" e "motilidade" significam em microbiologia?

## 1.3 Evolução e diversidade das células microbianas

Os microrganismos foram os primeiros seres na Terra que demonstraram propriedades passíveis de serem relacionadas com a vida. Como se originaram as células microbianas e como essas células estão relacionadas umas com as outras?

### As primeiras células e os primórdios da evolução

Uma vez que todas as células são construídas de maneira similar, é provável que todas elas tenham descendido de uma célula ancestral comum, o *último ancestral universal comum* (LUCA, *last universal common ancestor*). Após o surgimento das primeiras células a partir de matérias inanimadas, um processo que ocorreu ao longo de centenas de milhões de anos, seu crescimento subsequente originou populações de células, e estas começaram a interagir com outras populações celulares, formando comunidades microbianas. Ao longo do caminho, a evolução e o intercâmbio genético produziram variantes, que puderam ser selecionadas pelos aperfeiçoamentos que tornaram seu sucesso e sua sobrevivência mais prováveis. Hoje, pode-se observar o resultado grandioso desses processos, que vêm acontecendo há quase 4 bilhões de anos.

### A vida na Terra ao longo das eras

A idade da Terra é de 4,6 bilhões de anos, e as evidências demonstram que as células microbianas surgiram inicialmente na Terra entre 3,8 e 3,9 bilhões de anos atrás (**Figura 1.4**). Durante os primeiros 2 bilhões de anos de existência da Terra, a atmosfera apresentava-se anóxica ($O_2$ estava ausente), estando presentes apenas nitrogênio ($N_2$), dióxido de carbono ($CO_2$) e alguns outros poucos gases. Somente os microrganismos capazes de realizar um metabolismo anaeróbio poderiam sobreviver nessas condições. A evolução dos microrganismos fototróficos – organismos que armazenam energia a partir da luz solar – ocorreu durante um período de 1 bilhão de anos desde a formação da Terra. Os primeiros fototróficos eram relativamente simples, como as bactérias púrpuras ou as bactérias verdes, e outros anoxigênicos (que não utilizam oxigênio) fototróficos (**Figura 1.5*a***). As cianobactérias (fototróficos que utilizam o oxigênio) (Figura 1.5*b*) evoluíram a partir dos fototróficos anoxigênicos cerca de 1 bilhão de anos depois, e iniciaram o longo processo de oxigenação da atmosfera. Em decorrência

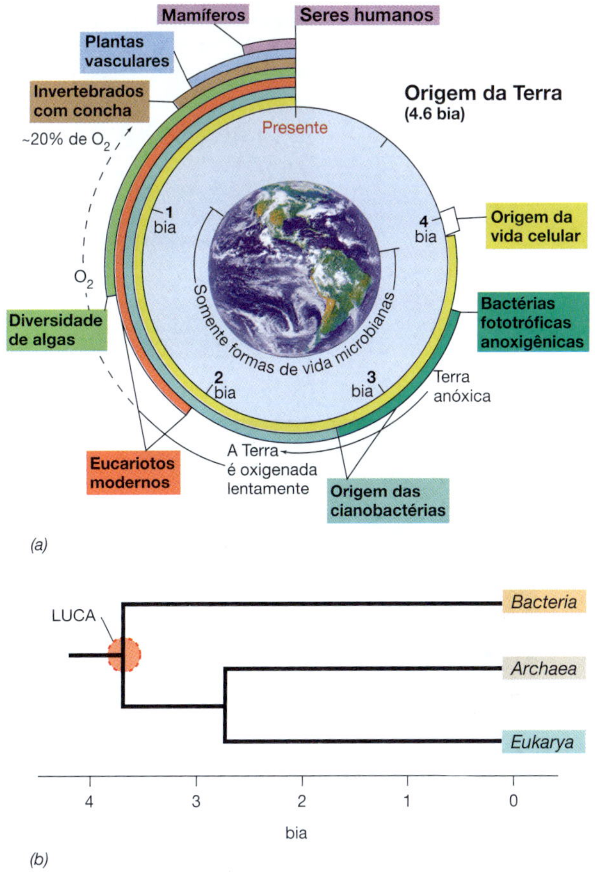


**Figura 1.4 Resumo da vida na Terra por meio do tempo e origem dos domínios celulares.** *(a)* A vida celular encontrava-se presente na Terra há cerca de 3,8 bilhões de anos (bia). As cianobactérias iniciaram a lenta oxigenação da Terra há cerca de 3 bia, porém os atuais níveis de $O_2$ na atmosfera não foram alcançados antes dos últimos 500 a 800 milhões de anos. Os eucariotos são células nucleadas (Figura 1.2*b*) e incluem organismos microbianos e multicelulares. *(b)* Os três domínios dos organismos celulares são: *Bacteria*, *Archaea* e *Eukarya*. *Archaea* e *Eukarya* divergiram muito antes de as células nucleadas com organelas (em parte "eucariotos modernos") aparecerem no registro fóssil. LUCA (do inglês, *last universal common ancestor*, ou último ancestral universal comum).

do aumento da concentração de $O_2$ na atmosfera, as formas de vida multicelulares eventualmente evoluíram e começaram a ficar mais complexas, originando as plantas e os animais que conhecemos atualmente. Contudo, plantas e animais apenas começaram a existir na Terra há cerca de meio bilhão de anos. A linha do tempo da vida na Terra (Figura 1.4*a*) mostra que 80% da história da vida foi exclusivamente microbiana, dessa forma, em muitos aspectos, a Terra pode ser considerada um planeta microbiológico.

Com o desenrolar dos eventos evolutivos, três linhagens principais de células microbianas – *Bacteria*, *Archaea* e *Eukarya* (Figura 1.4*b*) – foram distintas; as células da *Eukarya* microbiana foram as ancestrais das plantas e animais. Essas três linhagens celulares principais são chamadas de **domínios**. Durante um grande período de tempo, a seleção natural preencheu cada ambiente na Terra que apresentava condições adequadas com microrganismos cuja ancestralidade pode ser rastreada até um desses três domínios.

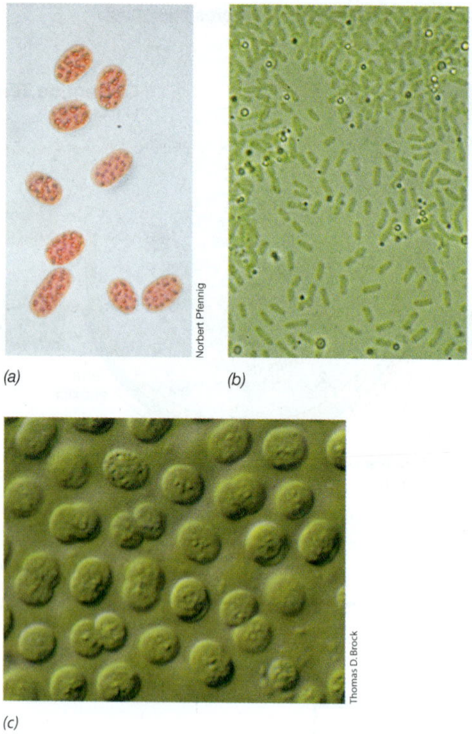


**Figura 1.5** **Microrganismos fototróficos.** *(a)* Bactéria púrpura sulfurosa e *(b)* bactéria verde sulfurosa (ambas fototróficos anoxigênicos). *(c)* Cianobactérias (fototróficos oxigênicos). As bactérias púrpura e verde apareceram na Terra muito antes dos fototróficos oxigênicos evoluírem (ver Figura 1.4*a*).

## Diversidade microbiana

A avaliação da história filogenética do mundo microbiano – que revelou assim a sua verdadeira diversidade – só foi possível após o surgimento de ferramentas que permitissem a execução desse trabalho. Diferentemente de plantas e animais para os quais ossos, fósseis, folhas e similares podem ser utilizados na reconstrução de filogenias, esses restos não estavam disponíveis para orientar a construção de uma árvore evolutiva microbiana. No entanto, as descobertas realizadas nos últimos 40 anos ou mais têm demonstrado claramente que cada célula contém um registro de sua história evolutiva incorporado em seus genes. Por razões que serão abordadas nos capítulos posteriores, genes que codificam *RNAs ribossomais* aparecem como excelentes indicadores da diversidade microbiana. Os RNAs ribossomais são componentes dos ribossomos (Figura 1.2), as estruturas que sintetizam novas proteínas como parte do processo de tradução. A tecnologia para revelar a filogenia de um microrganismo a partir dos seus genes de RNA ribossomal já se encontra bem desenvolvida, e, a partir de apenas algumas células, uma árvore filogenética que mostra a posição de qualquer organismo em relação aos seus adjacentes pode ser construída (**Figura 1.6*a***).

A medida que a árvore filogenética da vida vai sendo construída a partir dos genes do RNA ribossomal (Figura 1.6*b*), esta tem demonstrado a existência de milhares de espécies de bactérias e arqueias, bem como centenas de espécies de eucariotos microbianos (a árvore da Figura 1.6*b* mostra apenas algumas linhagens de referência). A árvore da vida também revelou dois fatos importantes que não eram esperados: (1) bactérias e arqueias são filogeneticamente distintas apesar de compartilharem muitos aspectos estruturais (Figura 1.2*a*), e (2) arqueias são mais estreitamente relacionadas com eucariotos do que com bactérias. Do último ancestral universal comum de todas as células (Figura 1.4*b*), a evolução prosseguiu por dois caminhos para formar os domínios *Bacteria* e *Archaea*. Em algum momento posterior, o domínio *Archaea* divergiu para distinguir *Eukarya* de *Archaea* (Figuras 1.4*b* e 1.6*b*).

As ferramentas para a geração de filogenias microbianas em culturas puras de microrganismos (Figura 1.6*a*) foram adaptadas para uso em ambientes naturais, a fim de investigar a diversidade das comunidades microbianas. Essas técnicas têm melhorado significativamente nossa imagem da diversidade microbiana, e levaram à impressionante conclusão de que a maioria dos microrganismos que existem na Terra ainda não foi cultivada em laboratório! Parece agora que a nossa compreensão da diversidade microbiana ainda está apenas começando. No entanto, a árvore universal da vida nos oferece um roteiro de orientação para os futuros trabalhos sobre diversidade microbiana, além de revelar o conceito anteriormente desconhecido dos três domínios evolutivos da vida.

**MINIQUESTIONÁRIO**

- Qual é a idade da Terra e quando as células apareceram primeiramente no planeta?
- Por que as cianobactérias foram tão importantes na evolução da vida na Terra?
- Como a história filogenética dos microrganismos pode ser determinada?
- Nomeie os três domínios da vida.

# 1.4 Os microrganismos e seus respectivos ambientes

Na natureza, as células microbianas vivem em associação com outras células. Uma *população* é um grupo de células originadas de uma única célula parental a partir de sucessivas divisões celulares. O ambiente propriamente dito no qual uma população microbiana vive é chamado de **hábitat**. Populações de células interagem com outras populações em **comunidades microbianas** (**Figura 1.7**). A abundância e diversidade de qualquer comunidade microbiana são fortemente controladas pelos *recursos* (alimento) disponíveis e pelas *condições* (temperatura, pH, presença ou ausência de oxigênio, e assim por diante) que prevalecem naquela comunidade.

## Ecossistemas microbianos

As populações microbianas podem interagir umas com as outras de várias maneiras, sendo elas benéficas, neutras ou prejudiciais. Por exemplo, os resíduos metabólicos de alguns organismos podem ser nutrientes ou mesmo tóxicos para outros grupos de organismos. Os hábitats diferem acentuadamente em suas características, e um hábitat que é favorável para o crescimento de um organismo pode, na realidade, ser nocivo para outro. Coletivamente, denomina-se todos os seres vivos, juntamente com os constituintes físicos e químicos de seu meio ambiente, um **ecossistema**. Os principais ecossistemas microbianos são *aquáticos* (oceanos, lagoas, lagos, riachos, gelo, fontes termais), *terrestres* (solos superficiais, subsolo profundo) e *organismos superiores* (dentro de ou sobre plantas e animais).

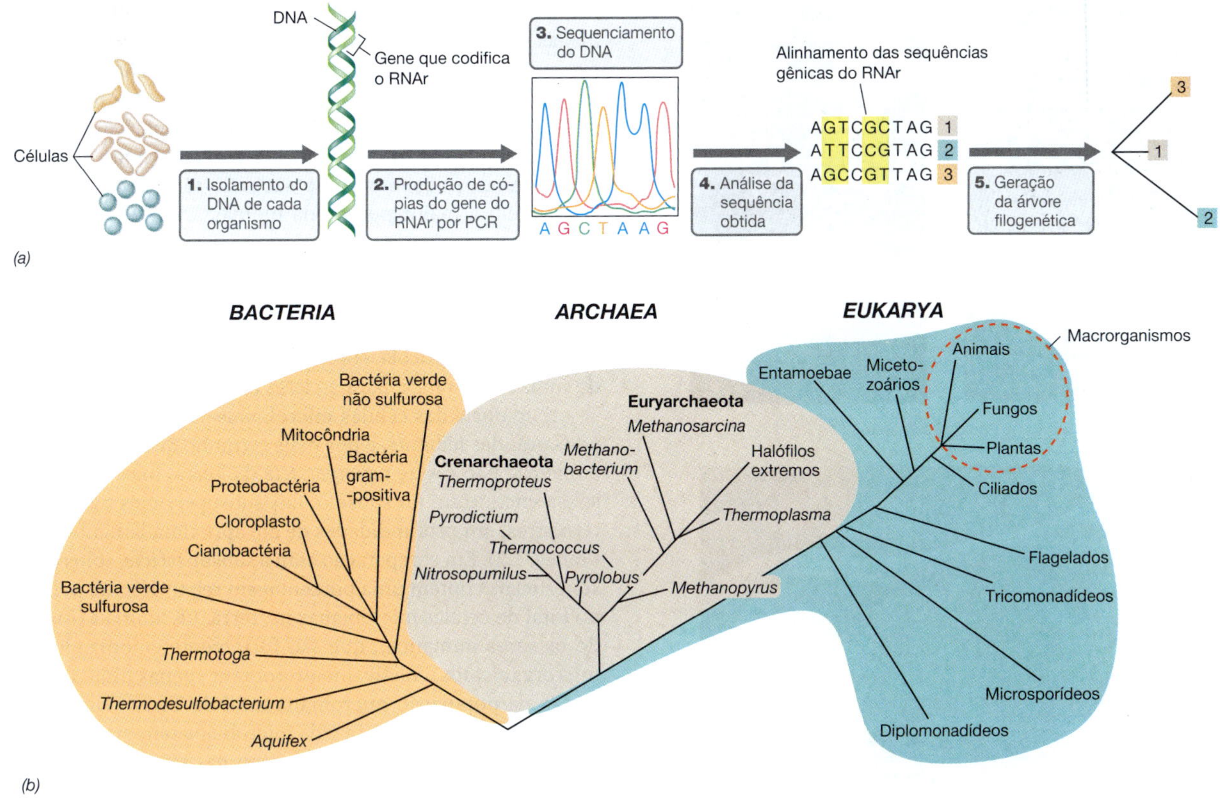


**Figura 1.6 Relações evolutivas e a árvore da vida filogenética.** *(a)* A tecnologia por trás da filogenia do gene do RNA ribossomal. 1. O DNA é extraído das células. 2. Cópias do gene que codifica o RNAr são produzidas por meio da reação em cadeia da polimerase (PCR; Seção 11.3). 3,4. O gene é sequenciado e a sequência obtida é alinhada com sequências de outros organismos. Um algoritmo de computador realiza comparações de pares em cada base e gera uma árvore filogenética, 5, que retrata as relações evolutivas. No exemplo mostrado, as diferenças na sequência são destacadas em amarelo, sendo as seguintes: organismo 1 *versus* organismo 2, três diferenças; 1 *versus* 3, duas diferenças; 2 *versus* 3, quatro diferenças. Além disso, os organismos 1 e 3 possuem parentesco mais próximo do que 2 e 3 ou 1 e 2. *(b)* A árvore filogenética da vida. A árvore mostra os três domínios dos organismos e alguns grupos representativos em cada domínio.

Um ecossistema é fortemente influenciado pelas atividades microbianas. Os microrganismos que realizam processos metabólicos removem nutrientes do ecossistema utilizando-os para a construção de novas células. Simultaneamente, eles devolvem os produtos de excreção ao ambiente. Dessa forma, os ecossistemas microbianos expandem-se e contraem-se, dependendo dos recursos e das condições disponíveis, bem como das diferentes populações de organismos que eles podem suportar. Ao longo do tempo, as atividades metabólicas dos microrganismos alteram de forma gradativa esses ecossistemas, tanto química quanto fisicamente. Por exemplo, o oxigênio molecular ($O_2$) é um elemento vital para alguns microrganismos, porém tóxico para outros. Se microrganismos aeróbios (consumidores de oxigênio) removem o $O_2$ de um hábitat, tornando-o anóxico (desprovido de $O_2$), as condições modificadas podem então favorecer o crescimento de microrganismos anaeróbios que se encontravam presentes no hábitat, mas que estavam anteriormente impossibilitados de se desenvolver. Em outras palavras, à medida que os recursos e as condições dos hábitats microbianos se modificam, populações celulares surgem e decaem, alterando a composição da comunidade e redefinindo o ecossistema. Em capítulos posteriores, retorna-se à discussão sobre as formas nas quais os microrganismos afetam animais, plantas e todo o ecossistema global. Essa é a ciência da **ecologia microbiana**, talvez a subdisciplina mais emocionante da microbiologia da atualidade.

## Microrganismos em ambientes naturais

Os microrganismos estão presentes em qualquer lugar da Terra capaz de dar suporte à vida. Esses incluem os hábitats que já somos familiarizados – solo, água, animais e plantas –, bem como praticamente todas as estruturas feitas pelos seres humanos. No corpo humano, por si só, as células microbianas superam o número de células do nosso corpo em um fator de dez. A esterilidade (ausência de formas de vida) em qualquer amostra natural é extremamente rara.

Em alguns hábitats microbianos, os organismos superiores não conseguem sobreviver devido ao fato de o hábitat ser muito quente ou muito frio, muito ácido ou muito cáustico, muito salgado ou com uma forte tensão osmótica, ou ainda apresentar pressões enormes. Embora se possa prever que esses "ambientes extremos" representem um desafio para qualquer forma de vida, esses hábitats punitivos são muitas vezes repletos de microrganismos. Estes microrganismos são chamados de **extremófilos** e compreendem um grupo grande e notável, principalmente de bactérias e arqueias, cujas propriedades coletivas definem os limites físico-químicos da vida (Tabela 1.1).

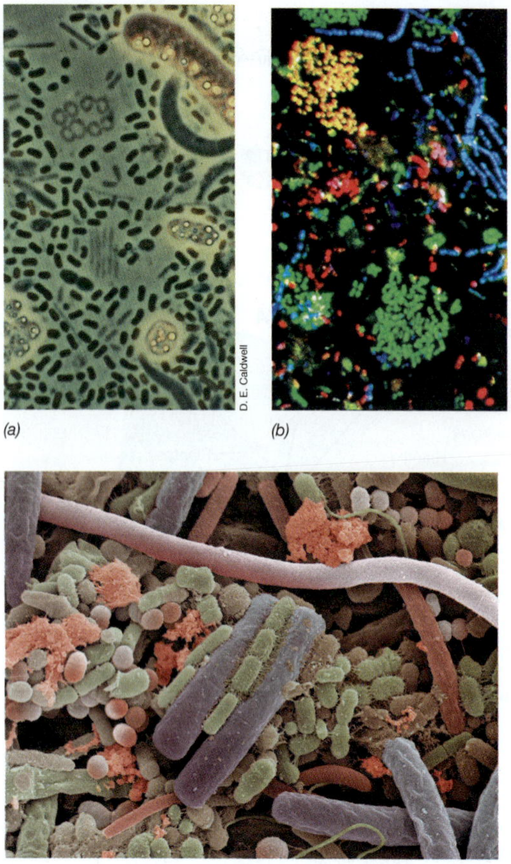


(a) (b) (c)

**Figura 1.7 Comunidades microbianas.** *(a)* Uma comunidade bacteriana que se desenvolveu no fundo de um pequeno lago em Michigan, revelando células de várias bactérias fototróficas verdes e púrpuras (células grandes com grânulos sulfurosos). *(b)* Uma comunidade bacteriana em uma amostra de lodo de esgoto. A amostra foi corada com uma série de corantes, cada um corando um grupo bacteriano específico. De *Journal of Bacteriology 178*: 3496-3500, Fig. 2b. © 1996 American Society for Microbiology. *(c)* Micrografia eletrônica de varredura de uma comunidade microbiana raspada de uma língua humana.

Os extremófilos são abundantes nesses ambientes hostis como fontes vulcânicas termais; dentro ou sobre os lagos cobertos de gelo (ver página 1), geleiras ou os mares polares; em corpos d'água extremamente salgados; em solos e águas que possuem um pH tão baixo quanto 0 ou tão elevado quanto 12; e no fundo oceânico ou no fundo da Terra, onde as pressões podem exceder a pressão atmosférica em mais de 1.000 vezes. Interessantemente, esses procariotas não apenas *toleram* seu ambiente particular extremo, mas na verdade *requerem* esses extremos para que possam crescer. É exatamente por isso que são chamados de extremófilos (o sufixo *-filo* significa "que gosta de"). A Tabela 1.1 resume os atuais extremófilos "recordistas", lista os termos utilizados para descrever cada classe, e fornece exemplos de seus hábitats. Serão analisados muitos desses organismos em capítulos posteriores, assim como suas propriedades estruturais e bioquímicas especiais que lhes permitem prosperar sob condições extremas.

As estimativas do número total de células microbianas na Terra são da ordem de $2{,}5 \times 10^{30}$ células (**Tabela 1.2**). A quantidade total de carbono presente em todas essas células microbianas equivale àquela presente em todas as plantas da Terra, e o carbono das plantas excede significativamente o carbono dos animais. Além disso, o conteúdo coletivo de nitrogênio e fósforo presente nas células microbianas supera em mais de 10 vezes aquele de toda a biomassa vegetal. Assim, as células microbianas, pequenas como são, não são inconsequentes; constituem a maior porção da biomassa na Terra e são reservatórios-chave dos nutrientes essenciais à vida. Será visto posteriormente que este grande número de células muito pequenas também desempenha um papel importante em muitas questões globais polêmicas, como as alterações climáticas, a produtividade agrícola, combustíveis e muitas outras questões de suma importância para os seres humanos.

A maioria das células microbianas reside em apenas alguns grandes hábitats, e por mais estranho que possa parecer, a maioria não reside na *superfície* da Terra, mas em vez disso, se encontram no subsolo, nas subsuperfícies oceânicas e terrestres, em profundidades de até aproximadamente 10 km (Tabela 1.2). Em comparação com a subsuperfície, solos e água superficiais contêm uma porcentagem relativamente pequena do total de células microbianas na Terra. Os animais (incluindo os seres humanos), que são fortemente colonizados por microrganismos, coletivamente contêm apenas uma pequena fração da população microbiana total da Terra (Tabela 1.2). Como tudo que se sabe da vida microbiana tem origem no estudo dos microrganismos que vivem nas superfícies, muitas outras descobertas ainda estão guardadas para os futuros microbiologistas que investigam a fundo os hábitats microbianos mais povoados da Terra – aqueles que não podem ser vistos.

**MINIQUESTIONÁRIO**

- De que forma uma comunidade microbiana difere de uma população microbiana?
- O que é um hábitat? Como os microrganismos modificam as características de seus hábitats?
- O que é um extremófilo?
- Onde a maioria dos microrganismos vive na natureza?

## 1.5 O impacto dos microrganismos nos seres humanos

Ao longo dos anos, os microbiologistas tiveram grandes progressos na descoberta de como os microrganismos atuam, e a aplicação deste conhecimento trouxe grandes avanços à saúde e ao bem-estar dos seres humanos. Além de entender os microrganismos como agentes causadores de doenças, a microbiologia tem avançado bastante na compreensão do importante papel que esses microrganismos desempenham na alimentação e agricultura, de modo que os microbiologistas têm sido capazes de explorar as atividades microbianas para a produção de artigos valiosos para os seres humanos, para a geração de energia e limpeza do meio ambiente.

### Microrganismos como agentes causadores de doenças

As estatísticas resumidas na **Figura 1.8** revelam como os microbiologistas e a medicina clínica combinaram-se para controlar as doenças infecciosas nos últimos 100 anos. No início

**Tabela 1.1 Classes e exemplos de extremófilos[a]**

| Extremo | Termo descritivo | Gênero/espécie | Domínio | Hábitat | Mínimo | Ótimo | Máximo |
|---|---|---|---|---|---|---|---|
| Temperatura | | | | | | | |
| Alta | Hipertermófilo | *Methanopyrus kandleri* | *Archaea* | Fontes hidrotermais submarinas | 90°C | 106°C | 122°C[b] |
| Baixa | Psicrófilo | *Psychromonas ingrahamii* | *Bacteria* | Geleiras | - 12°C | 5°C | 10°C |
| pH | | | | | | | |
| Baixo | Acidófilo | *Picrophilus oshimae* | *Archaea* | Fontes termais ácidas | - 0,06 | 0,7[c] | 4 |
| Alto | Alcalífilo | *Natronobacterium gregoryi* | *Archaea* | Lagos ricos em carbonato de sódio | 8,5 | 10[d] | 12 |
| Pressão | Barófilo (piezófilo) | *Moritella yayanosii* | *Bacteria* | Sedimentos oceânicos profundos | 500 atm | 700 atm[e] | > 1.000 atm |
| Sal (NaCl) | Halófilo | *Halobacterium salinarum* | *Archaea* | Salinas | 15% | 25% | 32% (saturação) |

[a]Os organismos listados são os atuais "recordistas" de crescimento em cultura de laboratório na condição extrema listada.
[b]Anaeróbio mostrando crescimento a 122°C apenas sob diversas atmosferas de pressão.
[c]*P. oshimae* também é um termófilo, apresentando crescimento ótimo a 60°C.
[d]*N. gregoryi* também é um halófilo extremo, apresentando crescimento ótimo em NaCl 20%.
[e]*M. yayanosii* também é um psicrófilo, apresentando crescimento ótimo em temperaturas próximas de 4°C.

do século XX, as principais causas de morte humana correspondiam às doenças infecciosas provocadas por bactérias e **patógenos** virais. Naquela época, um grande número de crianças e idosos, particularmente, sucumbiram devido às doenças microbianas. Atualmente, no entanto, as doenças infecciosas são muito menos letais, principalmente nos países desenvolvidos. O controle das doenças infecciosas é o resultado de uma combinação de avanços incluindo um maior entendimento a respeito dos processos das doenças, melhoria das práticas sanitárias e de saúde pública, campanhas de vacinação ativas, e do uso disseminado de agentes antimicrobianos, como os antibióticos. Como será visto posteriormente na segunda parte deste capítulo, o desenvolvimento da microbiologia como ciência pode ser atribuído aos estudos pioneiros das doenças infecciosas.

Embora várias doenças infecciosas estejam sob controle atualmente, muitas outras ainda podem ser uma grande ameaça à vida, especialmente em países em desenvolvimento. Por exemplo, doenças como a malária, tuberculose, cólera, doença do sono africana, sarampo, pneumonia e outras doenças respiratórias, bem como síndromes diarreicas, ainda são comuns em países em desenvolvimento. Além disso, os seres humanos ao redor do mundo estão sob ameaça de doenças que poderiam emergir subitamente, como a gripe aviária ou suína, ou a febre hemorrágica do Ebola; essas são fundamentalmente doenças de animais que sob determinadas circunstâncias podem ser transmitidas para os seres humanos e disseminadas rapidamente por uma população. Assim, os microrganismos ainda constituem graves ameaças à saúde humana em todas as partes do mundo.

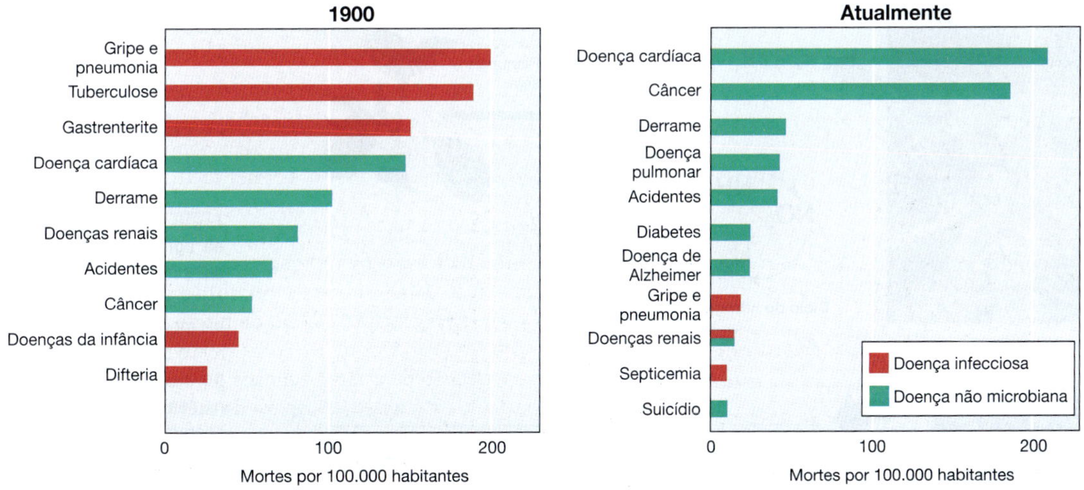


**Figura 1.8 Taxas de mortalidade para as principais causas de morte nos Estados Unidos: em 1900 e atualmente.** Em 1900, as doenças infecciosas eram as principais causas de morte, ao passo que, atualmente, elas são responsáveis relativamente por poucos óbitos. As doenças renais podem ser causadas por infecções microbianas ou fontes sistêmicas (diabetes, câncer, toxicidade, doenças metabólicas, entre outras). Dados obtidos do United States National Center for Health Statistics e do Centers for Disease Control and Prevention.

**Tabela 1.2** Distribuição dos microrganismos dentro e fora da superfície da Terra[a]

| *Hábitat* | *Porcentagem total* |
|---|---|
| Subsuperfície marinha | 66 |
| Subsuperfície terrestre | 26 |
| Solo superficial | 4,8 |
| Oceanos | 2,2 |
| Todos os outros hábitats[b] | 1,0 |

[a]Dados compilados por William Whitman, University of Georgia, USA; referem-se aos números totais (estima-se que cerca de 2,5 × $10^{30}$ células) de bactérias e arqueias. Esse enorme grupo de células contém, coletivamente, cerca de 5 × $10^{17}$ gramas de carbono.

[b]Incluem, em ordem decrescente de números: lagos de água doce e salgada, animais domésticos, geleiras, cupins, seres humanos e aves domésticas.

Embora devamos considerar a poderosa ameaça representada pelos microrganismos, na realidade, a maioria deles não é prejudicial aos seres humanos. De fato, a maioria dos microrganismos não acarreta danos, sendo, em vez disso, benéficos, e em muitos casos até mesmo essenciais ao bem-estar humano e ao funcionamento do planeta. Voltaremos nossa atenção para esses microrganismos agora.

## Microrganismos, agricultura e nutrição humana

A agricultura se beneficia da ciclagem de nutrientes pelos microrganismos. Por exemplo, um grande número de espécies vegetais que alimentam os seres humanos e animais domésticos são as leguminosas. As leguminosas vivem em estreita associação com bactérias que formam estruturas denominadas *nódulos* em suas raízes. Nesses nódulos, essas bactérias convertem o nitrogênio atmosférico ($N_2$) em amônia ($NH_3$, o processo de *fixação de nitrogênio*), que as plantas utilizam como fonte de nitrogênio para seu crescimento (**Figura 1.9**). A fixação de nitrogênio também elimina a necessidade de utilização por parte dos agricultores de fertilizantes nitrogenados dispendiosos e poluentes. Outras bactérias do ciclo do enxofre oxidam compostos tóxicos de enxofre como o sulfeto de hidrogênio ($H_2S$) em sulfato ($SO_4^{2-}$), que não apresenta toxicidade e é um nutriente essencial para a planta (Figura 1.9*c*).

Também de grande importância agrícola são os microrganismos que habitam o *rúmen* de animais ruminantes, como o gado bovino e o ovino. O rúmen é um ecossistema microbiano no qual densas populações de microrganismos realizam a digestão e fermentação do polissacarídeo celulose, o principal componente das paredes celulares vegetais (Figura 1.9*d*). Na ausência desses microrganismos simbióticos, os ruminantes não poderiam desenvolver-se a partir de substâncias ricas em celulose (porém pobres em nutrientes), como capim e feno. Muitos mamíferos domésticos e herbívoros selvagens – incluindo veados, bisões, camelos, girafas e cabras – também são ruminantes.

O trato gastrintestinal humano (GI) não possui um rúmen, e uma quantidade de microrganismos comparável com aquela presente no rúmen (cerca de $10^{11}$ células microbianas por grama de conteúdo) é encontrada apenas no colo (intestino grosso). O colo (**Figura 1.10**) segue o estômago e o intestino delgado no trato digestório, mas diferentemente do rúmen, o colo carece de uma quantidade significativa de microrganismos capazes de degradar a celulose. O número de células microbianas é baixo no ambiente altamente ácido (pH 2) do estômago (cerca de $10^4$ por grama), porém aumenta para cerca de $10^8$ por grama próximo ao final do intestino delgado (pH 5), até atingir números máximos no colo (pH 7) (Figura 1.10). Os microrganismos no colo auxiliam nos processos digestores sintetizando certas vitaminas e outros nutrientes essenciais, todavia também competem por espaço e recursos com microrganismos patogênicos que podem entrar no trato GI por meio de alimentos e água contaminados. Dessa forma, a microbiota do colo por si só ajuda a prevenir que os microrganismos patógenos se estabeleçam.

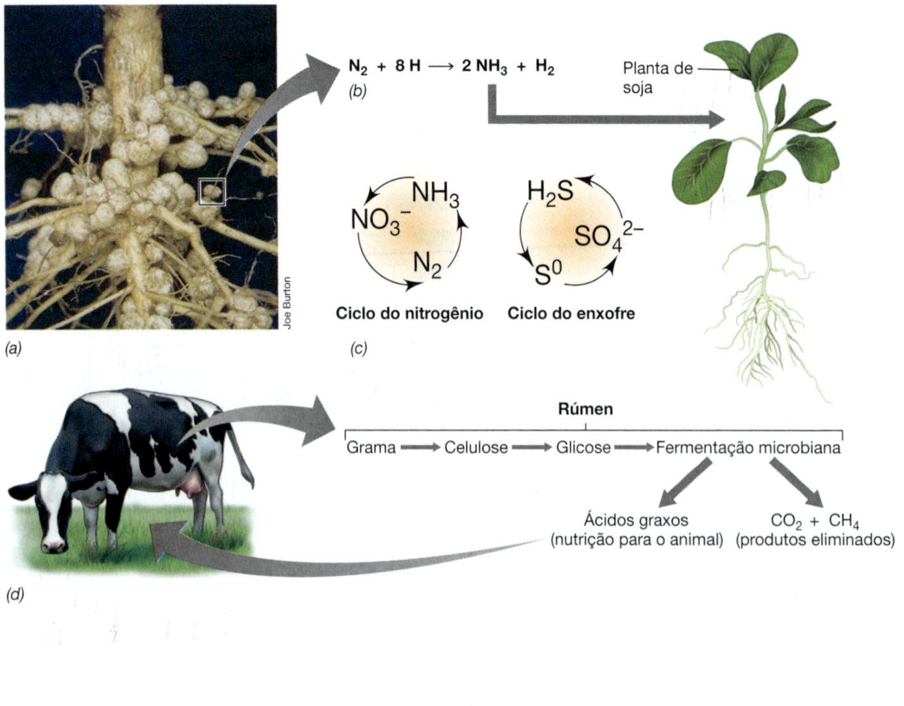


**Figura 1.9 Os microrganismos na agricultura moderna.** *(a,b)* Nódulos radiculares nessa planta de soja contêm bactérias que fixam o nitrogênio molecular ($N_2$) para uso da planta. *(c)* Os ciclos do nitrogênio e do enxofre, ciclos de nutrientes fundamentais na natureza. *(d)* Animais ruminantes. Microrganismos no rúmen da vaca convertem a celulose da grama em ácidos graxos que podem ser utilizados pelo animal. Os outros produtos não tão desejáveis, como o $CO_2$ e o $CH_4$, são os principais gases responsáveis pelo aquecimento global.

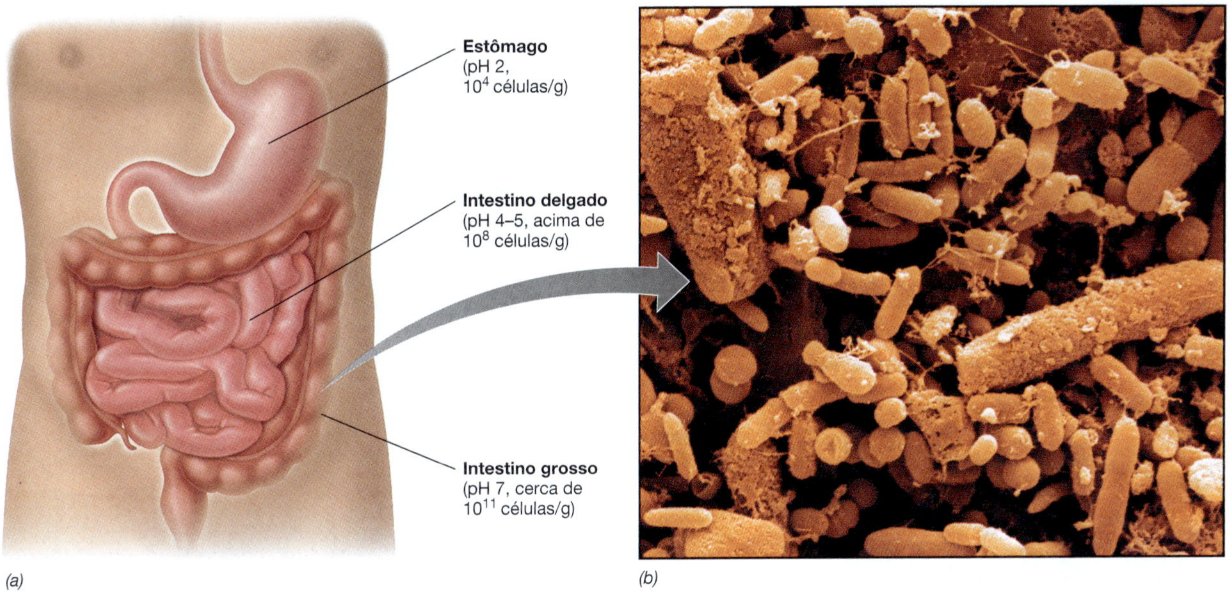


**Figura 1.10** **O trato gastrintestinal humano.** *(a)* Diagrama do trato GI humano mostrando os principais órgãos. *(b)* Micrografia eletrônica de varredura de células microbianas no colo humano (intestino grosso). O número de células no colo pode ser maior do que $10^{11}$ por grama. Assim como o número de células, a diversidade microbiana no colo também é bastante elevada.

Além dos benefícios à agricultura, os microrganismos também podem exibir efeitos negativos na indústria agrícola. Doenças microbianas de plantas e animais utilizados na alimentação humana causam grandes perdas econômicas todos os anos. Ocasionalmente, um produto alimentar provoca sérias doenças em seres humanos, como quando *Escherichia coli* ou *Salmonella* patogênicas são transmitidas a partir de carne contaminada, ou quando patógenos microbianos são ingeridos com frutas frescas e vegetais contaminados. Dessa forma, os microrganismos impactam significativamente a indústria agrícola em ambos os sentidos, positivo e negativo.

## Microrganismos e alimentos, energia e o meio ambiente

Os microrganismos desempenham papéis importantes na indústria alimentícia, incluindo na deterioração de alimentos, segurança e produção. A deterioração de alimentos, por si só, resulta todos os anos em grandes perdas econômicas, de modo que as indústrias de enlatados, alimentos congelados e alimentos desidratados surgiram para preservar os alimentos que, de outra maneira, sofreriam deterioração microbiana. A segurança alimentar requer o monitoramento constante dos produtos alimentícios para garantir que os mesmos se encontrem livres de patógenos, bem como o rastreamento dos surtos de doenças para a identificação das fontes desses patógenos. Alimentos frescos como carnes, frutas e legumes são mais vulneráveis à contaminação microbiana e normalmente possuem uma "meia-vida" curta justamente pelo fato de a contaminação ser praticamente impossível de ser evitada.

Embora a segurança alimentar seja um grande problema na indústria alimentícia, nem todos os microrganismos encontrados em alimentos provocam efeitos danosos nesses produtos, ou naqueles que os ingerem. Muitos são desejáveis e até mesmo essenciais, como aqueles que crescem em alimentos fermentados (**Figura 1.11**). Por exemplo, vários laticínios dependem da atividade de microrganismos para a produção dos principais ácidos característicos daquele produto, como nas fermentações que produzem queijos, iogurte e manteiga. Chucrute, picles e algumas salsichas também estão sujeitos à fermentação microbiana. Além disso, produtos de panificação e bebidas alcoólicas dependem das atividades fermentativas

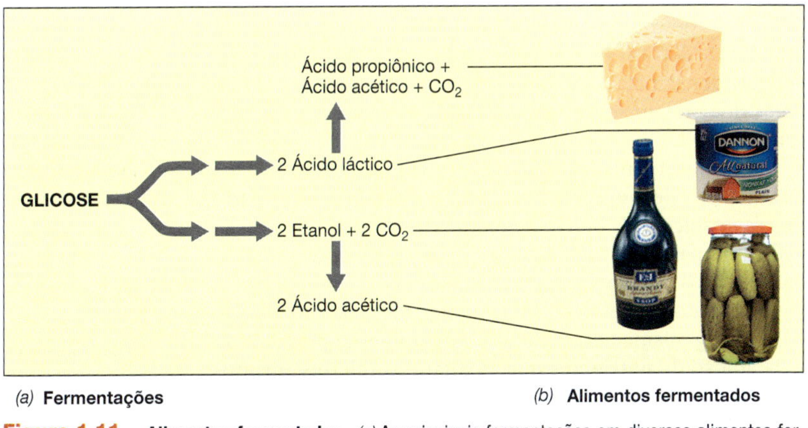


**Figura 1.11** **Alimentos fermentados.** *(a)* As principais fermentações em diversos alimentos fermentados. É o produto de fermentação (etanol, ou ácido láctico, propiônico, ou acético) que preserva o alimento e confere a ele um sabor característico. *(b)* Foto de vários alimentos fermentados mostrando o produto de fermentação característico de cada um.

(a) (b)

**Figura 1.12 Etanol como biocombustível.** *(a)* Principais safras de plantas utilizadas como matéria-prima para a produção do etanol biocombustível. Foto superior: gramíneas, uma fonte de celulose. Foto inferior: milho, uma fonte de amido de milho. Amido e celulose são compostos por glicose, a qual é fermentada em etanol por leveduras. *(b)* Uma usina de etanol nos Estados Unidos. O etanol produzido por fermentação é destilado e, então, estocado nos tanques.

de leveduras, que originam dióxido de carbono ($CO_2$), para o crescimento da massa do pão, e álcool como um ingrediente essencial, respectivamente (Figura 1.11). Esses produtos da fermentação, além de serem compostos químicos desejáveis, também desempenham a função de preservar o produto alimentar do crescimento microbiano deletério.

Alguns microrganismos produzem *biocombustíveis*. Por exemplo, o gás natural (metano, $CH_4$) é um produto do metabolismo anaeróbio de um grupo de arqueias, chamadas de *metanogênicas*. O álcool etílico (etanol), produzido pela fermentação microbiana da glicose a partir de matérias-primas como cana-de-açúcar, milho ou gramíneas de crescimento rápido, é um dos principais combustíveis para motores ou suplementos de combustíveis (**Figura 1.12**). Resíduos como lixo doméstico, detritos de animais e celulose também podem ser convertidos em etanol e metano; a soja (Figura 1.9) contém óleos que podem ser convertidos em combustível para motores a diesel.

Os microrganismos podem também ser utilizados na degradação de poluentes em um processo denominado *biorremediação*. Na biorremediação, os microrganismos são utilizados para consumir óleo derramado, solventes, pesticidas, e outros poluentes tóxicos ao ambiente. A biorremediação acelera o processo de limpeza por meio da introdução de microrganismos específicos a um ambiente poluído, ou pela adição de nutrientes que auxiliam os microrganismos nativos a degradarem os contaminantes. Em ambos os casos, o objetivo é acelerar o desaparecimento do poluente do meio ambiente.

Os microrganismos também podem ser aproveitados para a fabricação de produtos comercialmente valiosos. Na *microbiologia industrial*, microrganismos naturais são cultivados em larga escala para a produção de grandes quantidades de artigos de valor relativamente baixo, como antibióticos, enzimas e vários compostos químicos. Em contrapartida, a *biotecnologia* emprega microrganismos geneticamente modificados para sintetizar produtos de elevado valor comercial, como a insulina ou outras proteínas humanas, normalmente em menor escala. A genômica melhorou de forma gigantesca a microbiologia industrial e a biotecnologia, tornando possível pesquisar o genoma de praticamente qualquer organismo na busca por genes de potencial interesse comercial.

Como mostra a discussão anterior, a influência dos microrganismos em seres humanos é grande, e suas atividades são essenciais para o funcionamento do planeta. Ou, como o químico francês eminente e microbiologista pioneiro Louis Pasteur colocou tão bem: "O papel do infinitamente pequeno na natureza é infinitamente grande". A introdução ao mundo microbiano continua na segunda metade deste capítulo, com uma visão histórica das contribuições de Pasteur e alguns outros cientistas-chave, que foram de suma importância no desenvolvimento da ciência da microbiologia.

**MINIQUESTIONÁRIO**

- Liste duas formas nas quais os microrganismos são importantes na indústria agrícola e alimentícia.
- Dê exemplos de biocombustíveis. Como a fixação de nitrogênio nos nódulos radiculares auxilia na produção de biocombustíveis?
- O que é a biotecnologia e de que forma ela pode melhorar a vida dos seres humanos?

# II • A microbiologia no contexto histórico

O futuro de qualquer ciência está enraizado em suas realizações passadas. Embora a microbiologia possua raízes muito antigas, a ciência na realidade não se desenvolveu de forma sistemática até o século XIX, devido ao fato de que tecnologias como microscópios e técnicas de cultura precisaram acompanhar a intensa curiosidade científica da época. Nos últimos 150 anos ou mais, a microbiologia avançou de forma sem precedentes sobre qualquer outra ciência biológica e tem gerado vários campos novos na biologia moderna. Serão apresentados alguns destaques da história da microbiologia hoje e descritos alguns dos seus principais contribuintes.

## 1.6 A descoberta dos microrganismos

Embora a existência de criaturas pequenas, invisíveis a olho nu, tenha sido especulada há muitos anos, sua descoberta está associada à invenção do microscópio. O matemático e historiador natural inglês Robert Hooke (1635-1703) era um excelente microscopista. Em seu famoso livro, *Micrographia* (1665), o primeiro livro dedicado às observações microscópicas, Hooke ilustrou, entre vários outros temas, as estruturas de frutificação de bolores (**Figura 1.13**). Essa foi a primeira descrição conhecida dos microrganismos.

A primeira pessoa a visualizar bactérias, as menores células microbianas, foi o comerciante holandês e microscopista amador Antoni van Leeuwenhoek (1632-1723). Van Leeuwenhoek construiu microscópios extremamente simples, contendo uma única lente, para examinar o conteúdo microbiano de uma variedade de substâncias naturais (**Figura 1.14**). Esses microscópios eram rudimentares quando comparados aos padrões atuais, mas por meio da manipulação e focalização precisas, van Leeuwenhoek foi capaz de visualizar bactérias. Ele descobriu as bactérias em 1676 enquanto estudava infusões aquosas de pimenta, e relatou suas observações em uma série de cartas enviadas à influente Royal Society of London, que as publicou em 1684 em uma versão em inglês. Desenhos de alguns dos "pequenos animálculos" de van Leeuwenhoek, como ele se referia, estão ilustrados na Figura 1.14*b*, e uma foto tirada por um microscópio de van Leeuwenhoek é mostrada na Figura 1.14*c*.

Como as ferramentas experimentais para o estudo dos microrganismos eram rudimentares nesta época, pouco progresso no entendimento sobre a natureza e importância das bactérias foi feito nos 150 anos seguintes. No entanto, em meados do século XIX, a microbiologia despertou. Um dos principais contribuintes durante este período foi o cientista alemão-polonês Ferdinand Cohn (1828-1898), que especializou-se como botânico, e seus interesses na microscopia o conduziram ao estudo de algas unicelulares e posteriormente de bactérias, incluindo a grande bactéria sulfurosa *Beggiatoa* (**Figura 1.15**). Cohn estava particularmente interessado na resistência térmica apresentada por bactérias, o que o levou a descobrir que algumas bactérias formam *endósporos*. Atualmente, sabe-se que os endósporos bacterianos são formados por diferenciação da célula-mãe (vegetativa) e são estruturas extremamente resistentes ao calor. Cohn descreveu o ciclo de vida da bactéria formadora de endósporos *Bacillus* (célula vegetativa → endósporo → célula vegetativa) e descobriu que as células vegetativas de *Bacillus*, mas não seus endósporos, eram mortas pela água em ebulição.

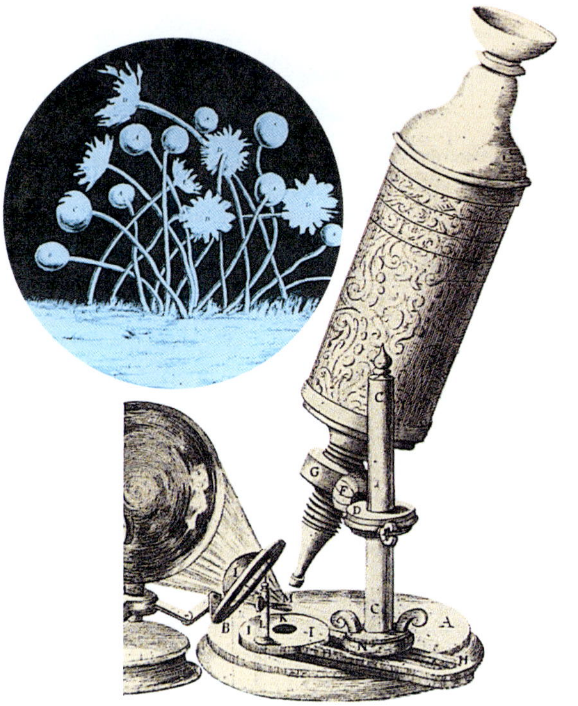

**Figura 1.13 Robert Hooke e um microscópio antigo.** Ilustração do microscópio utilizado por Robert Hooke em 1664. As lentes objetivas eram adaptadas na extremidade de um fole ajustável (G), com a iluminação focalizada no espécime a partir de uma lente separada (1). Detalhe: o desenho de Robert Hooke de um bolor azulado que ele encontrou degradando uma superfície de couro; as estruturas arredondadas contêm os esporos do bolor.

Cohn também introduziu os fundamentos para um sistema de classificação bacteriana e desenvolveu muitos métodos altamente eficazes para prevenir a contaminação de meios de cultura, como a utilização de algodão para fechar os frascos e tubos. Esses métodos foram posteriormente adotados por Robert Koch, o primeiro microbiologista médico, e o permitiram progredir rapidamente no isolamento e na caracterização de várias bactérias causadoras de doenças. Cohn também foi um contemporâneo de Louis Pasteur, e consideraremos as contribuições de Pasteur e Koch nas próximas duas seções.

**MINIQUESTIONÁRIO**

- O que impediu o desenvolvimento da ciência da microbiologia antes da era de Hooke e van Leeuwenhoek?
- Qual descoberta importante surgiu a partir dos estudos de Cohn sobre a resistência térmica dos microrganismos?

## 1.7 Pasteur e a geração espontânea

Grandes avanços em microbiologia foram feitos no século XIX devido ao interesse em duas questões principais da época: (1) a geração espontânea acontece? E, (2) qual é a natureza das doenças infecciosas? As respostas para essas perguntas surgiram

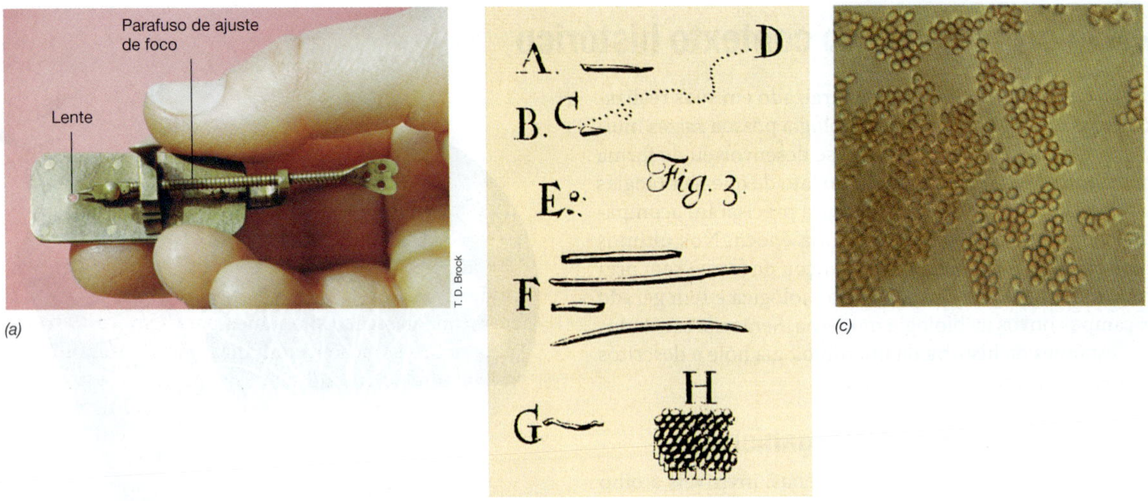


**Figura 1.14** **O microscópio de van Leeuwenhoek.** *(a)* Uma réplica do microscópio de Antoni van Leeuwenhoek. *(b)* Desenhos de van Leeuwenhoek representando bactérias, publicados em 1684. Mesmo a partir desses desenhos relativamente rudimentares, pode-se reconhecer vários tipos morfológicos de bactérias comuns: A, C, F e G, bactérias em forma de bastonete; E, em forma esférica ou de cocos; H, grupos de cocos. *(c)* Fotomicrografia de um esfregaço de sangue humano tirada por meio de um microscópio de van Leeuwenhoek. As hemácias estão claramente aparentes.

a partir do trabalho de dois gigantes no até então novo campo da microbiologia: o químico francês Louis Pasteur e o médico alemão Robert Koch. Começaremos com o trabalho de Pasteur.

## Isômeros ópticos e fermentações

Pasteur especializou-se em química e foi um dos primeiros cientistas a reconhecer a importância dos *isômeros ópticos*. Uma molécula é opticamente ativa se uma solução pura, ou um cristal da molécula, desvia a luz em uma única direção. Pasteur estudou os cristais de ácido tartárico que separou manualmente naqueles que desviam um feixe de luz polarizada para a esquerda e naqueles que desviam o feixe para a direita.

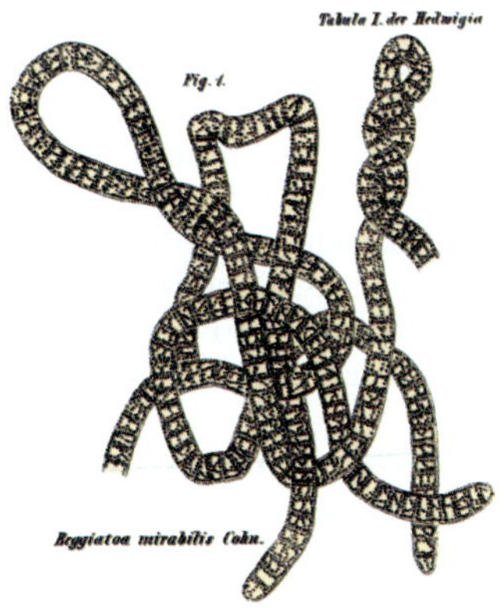


**Figura 1.15** **Desenho feito por Ferdinand Cohn da grande bactéria filamentosa oxidante de enxofre, *Beggiatoa*.** Os pequenos grânulos no interior da célula consistem em enxofre elementar, produzido a partir da oxidação do sulfeto de hidrogênio ($H_2S$). Cohn foi o primeiro a identificar os grânulos de enxofre, em 1866. Uma célula de *Beggiatoa* apresenta cerca de 15 $\mu$m de diâmetro. A *Beggiatoa* se locomove sobre superfícies sólidas por um mecanismo de deslizamento, e, fazendo isso, as células frequentemente se torcem umas sobre as outras. Compare esta ilustração de *Beggiatoa* com aquelas feitas por Winogradsky, na Figura 1.24*b*.

Pasteur descobriu que o bolor *Aspergillus* metaboliza o D-tartarato, que desvia o feixe de luz para a direita, mas não metaboliza o seu isômero óptico L-tartarato (**Figura 1.16**). O fato de que um organismo vivo poderia discriminar entre os isômeros ópticos não passou despercebido por Pasteur, e ele começou a suspeitar que algumas atividades químicas seriam realmente catalisadas por microrganismos, e que essas poderiam ser distintas de reações puramente químicas.

Pasteur iniciou estudos sobre o mecanismo de fermentação alcoólica, que em meados do século XIX era considerado um processo exclusivamente químico. As células de levedura presentes no caldo em fermentação correspondiam a um determinado tipo de substância química formada pelo processo de fermentação. No entanto, observações microscópicas e outros experimentos simples, porém rigorosos, convenceram Pasteur de que a fermentação alcoólica era catalisada por microrganismos vivos, as células de levedura. A partir desses estudos fundamentais, Pasteur iniciou uma série de experimentos clássicos abordando a geração espontânea, experimentos esses que serão eternamente vinculados a seu nome e à ciência da microbiologia.

## Geração espontânea

O conceito de **geração espontânea** existe desde os tempos bíblicos, e seu princípio básico pode ser facilmente compreendido. Se um alimento ou algum outro produto perecível for deixado de lado por algum tempo, apodrecerá. Quando examinado microscopicamente, o material putrefato estará repleto de microrganismos. De onde surgiram esses organismos? Algumas pessoas afirmavam que eles se desenvolveram a partir de sementes ou germes que penetraram no alimento pelo ar. Outras diziam que eles surgiram espontaneamente, a partir de matérias inanimadas, isto é, por *geração espontânea*. Quem estava correto? Essa controvérsia requeria uma percepção aguçada para sua solução, e este foi exatamente o tipo de problema que atraiu o interesse de Louis Pasteur.

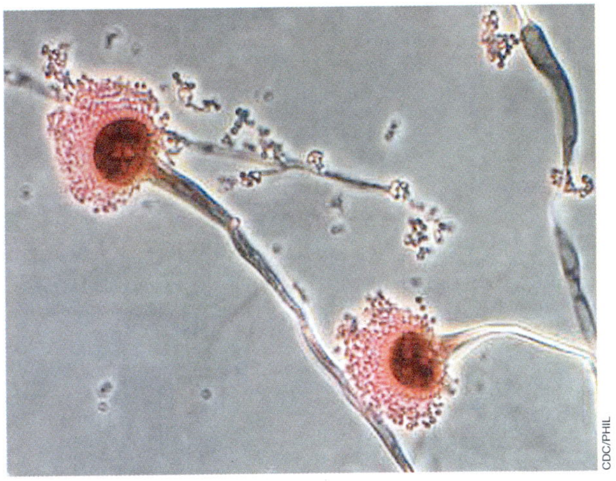


(a)

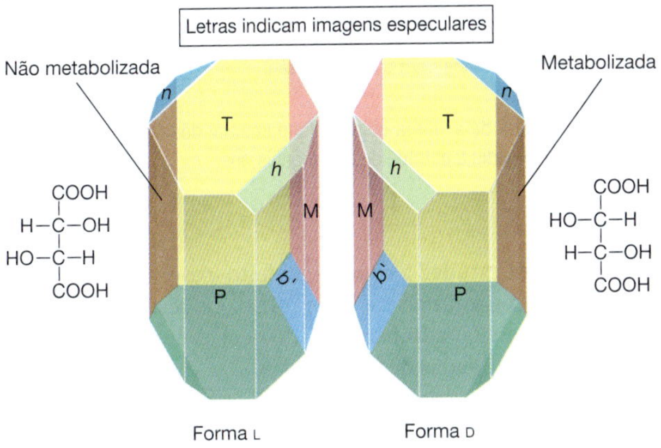


(b)

**Figura 1.16** **Louis Pasteur e os isômeros ópticos.** *(a)* Micrografia óptica de células do bolor *Aspergillus*. *(b)* Ilustrações de Pasteur de cristais de ácido tartárico. Cristais levógiros (formas L) desviam a luz para a esquerda, e cristais dextrógiros (formas D) desviam a luz para a direita. Observe que os dois cristais correspondem a imagens especulares um do outro, uma marca de isômeros ópticos. Pasteur descobriu que apenas D-Tartarato foi metabolizado pelo *Aspergillus*.

Pasteur se tornou um oponente poderoso à teoria da geração espontânea. Após suas descobertas sobre o ácido tartárico e a fermentação alcoólica, Pasteur previu inicialmente que microrganismos em materiais putrefatos eram descendentes de células que entraram a partir do ar, ou de células que estariam depositadas em materiais em decomposição. Pasteur considerou que, se o alimento fosse tratado de modo a destruir todos os organismos vivos presentes – isto é, se fosse tornado **estéril** – e então protegido da contaminação adicional, ele não apodreceria.

Pasteur utilizou o calor para eliminar os microrganismos contaminantes e descobriu que o aquecimento extensivo de uma solução nutriente, seguido pela sua vedação, impediria que a mesma entrasse em putrefação. Os defensores da geração espontânea criticavam esses experimentos declarando que o "ar fresco" era necessário para a ocorrência do fenômeno. Em 1864, Pasteur contestou esta objeção de forma simples e brilhante, ao construir um frasco com pescoço de cisne, atualmente denominado *frasco de Pasteur* (**Figura 1.17**). Nesse tipo de frasco, as soluções nutrientes podiam ser aquecidas até a ebulição, e, então, esterilizadas. No entanto, após o resfriamento do frasco, a reentrada de ar era permitida, porém as curvas no gargalo (o formato em "pescoço de cisne") impediam a entrada de matéria particulada (incluindo microrganismos) na solução nutriente, o que causaria a putrefação. As soluções nutrientes presentes em tais frascos permaneciam estéreis indefinidamente.

O crescimento microbiano foi observado apenas após a matéria particulada do gargalo do frasco entrar em contato com o líquido no interior deste (Figura 1.17*c*), finalizando a controvérsia da geração espontânea para sempre. O trabalho de Pasteur sobre geração espontânea levou naturalmente ao desenvolvimento de procedimentos eficientes de esterilização, os quais foram eventualmente padronizados e estendidos às pesquisas microbiológicas, tanto básicas quanto aplicadas, bem como para a medicina clínica. A indústria alimentícia também se beneficiou do trabalho de Pasteur, uma vez que seus princípios foram rapidamente adaptados para a preservação do leite e muitos outros alimentos por tratamento térmico (pasteurização).

## Outras realizações de Louis Pasteur

Pasteur passou de seu famoso trabalho sobre a geração espontânea para muitos outros triunfos na microbiologia e medicina. Alguns destaques incluem o desenvolvimento de vacinas contra as doenças antraz, cólera aviária e raiva. O trabalho de Pasteur envolvendo a raiva foi seu êxito mais famoso, culminando em julho de 1885, com a primeira administração de uma vacina antirrábica em um ser humano, um jovem rapaz francês, Joseph Meister, que havia sido mordido por um cão raivoso. Naquela época, a mordida de um animal raivoso era invariavelmente fatal. A notícia sobre o sucesso da vacinação de Meister, e de uma administração pouco depois a um jovem pastor, Jean-Baptiste Jupille, se espalhou rapidamente (**Figura 1.18*a***). No decorrer de um ano, milhares de pessoas mordidas por animais raivosos viajaram a Paris para serem tratadas com a vacina antirrábica de Pasteur.

A fama de Pasteur decorrente de sua pesquisa sobre a raiva foi legendária, e levou o governo francês a construir o Instituto Pasteur, em Paris, em 1888 (Figura 1.18*b*). Originalmente concebido como um centro clínico para tratamento da raiva e de outras doenças contagiosas, o Instituto Pasteur é, atualmente, o principal centro de pesquisa biomédica voltado à pesquisa e produção de antissoro e vacinas. As descobertas de Pasteur na medicina e na veterinária não foram importantes apenas por si só, mas também auxiliaram a solidificar o conceito da teoria que associava os germes às doenças, cujos princípios estavam sendo desenvolvidos nesse mesmo período por um segundo gigante dessa era, Robert Koch.

**MINIQUESTIONÁRIO**

- Defina o termo estéril. Como o experimento com o frasco com pescoço de cisne de Pasteur demonstrou que o conceito de geração espontânea era inválido?
- Além de acabar com as controvérsias sobre a geração espontânea, que outras realizações podem ser creditadas a Pasteur?

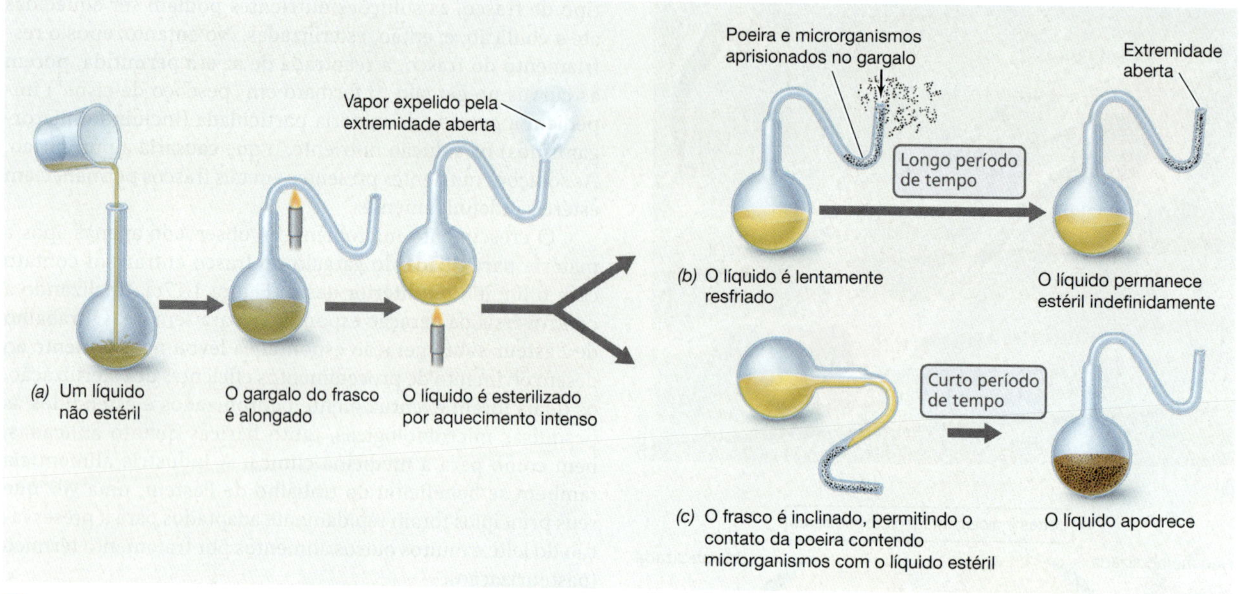


**Figura 1.17** **Derrota da geração espontânea: o experimento de Pasteur empregando o frasco com pescoço de cisne.** Em *(c)* o líquido apodrece porque os microrganismos entram com a poeira. A curvatura da garrafa permitiu a entrada de ar (uma objeção fundamental dos frascos selados de Pasteur), mas impediu a entrada de microrganismos.

## 1.8 Koch, doença infecciosa e culturas puras

A comprovação de que alguns microrganismos causam doenças foi o maior impulso no desenvolvimento da ciência da microbiologia como uma ciência biológica independente. Já no século XVI, acreditava-se que algo que causasse uma doença poderia ser transmitido de um indivíduo doente a um indivíduo sadio. Após a descoberta dos microrganismos, acreditava-se amplamente que eles eram os responsáveis, embora faltasse uma prova definitiva. Melhorias nas medidas sanitárias promovidas pelo médico húngaro Ignaz Semmelweis (tentativa de controlar as infecções associadas aos hospitais, 1847) e pelo médico britânico Joseph Lister (introdução de técnicas assépticas para cirurgias, 1867) forneceram evidências indiretas da importância dos microrganismos como agentes causadores de doenças humanas. Porém, somente após os trabalhos de um médico alemão, Robert Koch (1843-1910) (**Figura 1.19**), que o conceito de doenças infecciosas foi desenvolvido e recebeu uma fundamentação experimental direta.

### A teoria do germe da doença e os postulados de Koch

Em seu trabalho inicial, Koch estudou o antraz, uma doença do gado e, ocasionalmente, de seres humanos. O antraz é causado por uma bactéria formadora de endósporos, denominada *Bacillus anthracis.* A partir de análises microscópicas cuidadosas e utilizando corantes especiais, Koch verificou que as bactérias sempre se encontravam presentes no sangue de um animal que estava morrendo da doença. Entretanto, Koch ponderou que a mera *associação* da bactéria com a doença não era prova real de *causa e efeito*, assim, Koch aproveitou a oportunidade para estudar a causa e o efeito experimentalmente, usando antraz e animais de laboratório. Os resultados desses estudos geraram o padrão a partir do qual as doenças infecciosas têm sido estudadas desde então.

Koch utilizou camundongos como animais experimentais. Empregando todos os controles apropriados, Koch demonstrou que, quando uma pequena quantidade de sangue de um camundongo doente era injetada em um camundongo sadio, este último rapidamente desenvolvia o antraz. Ele coletou sangue deste segundo animal e, após injetá-lo em outro, novamente verificou os sintomas característicos da doença. No entanto, Koch introduziu uma etapa adicional a esse experimento, a qual teve importância fundamental. Ele descobriu que as bactérias do antraz podiam ser cultivadas em fluidos nutrientes *fora do corpo do animal* e que, mesmo após várias transferências em meio de cultura laboratorial, as bactérias ainda causavam a doença quando inoculadas em um animal sadio.

Com base nesses experimentos e em experimentos relacionados com o agente causador da tuberculose, Koch formulou um conjunto de critérios rigorosos, atualmente conhecidos como **postulados de Koch**, para associar definitivamente causa e efeito em uma doença infecciosa. Os postulados de Koch, resumidos na **Figura 1.20**, salientaram a importância da *cultura laboratorial* do provável agente infeccioso, seguida pela introdução do agente suspeito em animais sadios, e a então recuperação do patógeno dos animais doentes ou mortos. Utilizando esses postulados como guia, Koch, seus alunos, e aqueles que os seguiram descobriram os agentes causadores da maioria das doenças infecciosas importantes de seres humanos e de animais domésticos. Essas descobertas também levaram ao desenvolvimento de tratamentos eficazes para a prevenção e cura de várias dessas

(a)

(b)

**Figura 1.18 Louis Pasteur e os símbolos de suas contribuições à microbiologia.** *(a)* Uma cédula de cinco francos franceses em homenagem a Pasteur. O menino pastor, Jean-Baptiste Jupille, é ilustrado afugentando um cão raivoso que havia atacado um grupo de crianças. A vacina antirrábica de Pasteur salvou a vida de Jupille. Na França, o franco precedeu o euro como moeda. *(b)* Parte do Pasteur Institute, Paris, França. Atualmente, essa estrutura, construída para Pasteur pelo governo francês, abriga um museu onde estão expostos alguns dos frascos com pescoço de cisne originais utilizados em seus experimentos e uma capela contendo a cripta de Pasteur.

doenças, trazendo, assim, grande avanço às bases científicas da medicina clínica e à saúde e ao bem-estar dos seres humanos (Figura 1.8).

A era da genômica moderna também teve sua influência na questão da causa e efeito das doenças infecciosas por meio do desenvolvimento de métodos moleculares para a identificação de potenciais patógenos. Pela utilização desses métodos, um patógeno pode ser identificado mesmo se não puder ser cultivado, ou até mesmo se o próprio patógeno já estiver morto há muito tempo (ver Explore o mundo microbiano, "A Peste Negra decifrada"). Esses métodos têm revolucionado o diagnóstico e o tratamento das doenças infecciosas.

## Koch, culturas puras e taxonomia microbiana

O segundo postulado de Koch afirma que um patógeno suspeito deve ser isolado e crescido longe de outros microrganismos em uma cultura laboratorial (Figura 1.20); em microbiologia, se diz que tal tipo de cultura é *pura*. Para atingir esse importante objetivo, Koch e seus associados desenvolveram

**Figura 1.19 Robert Koch.** O médico microbiologista alemão recebe os créditos por fundar a microbiologia médica e formular seus famosos postulados.

uma série de métodos simples, mas engenhosos, para obtenção e crescimento de bactérias em **culturas puras**, e muitos desses métodos são utilizados até hoje.

Koch iniciou seus trabalhos utilizando superfícies naturais, como uma fatia de batata, para a obtenção de culturas puras, entretanto, rapidamente desenvolveu meios de cultura mais confiáveis e reproduzíveis utilizando soluções nutrientes líquidas solidificadas com gelatina, e posteriormente com ágar, um polissacarídeo de algas com excelentes propriedades para esses fins. Junto com seu colega Walther Hesse, Koch observou que, quando uma superfície sólida era incubada exposta ao ar, massas de células bacterianas, chamadas de *colônias*, se desenvolviam, cada uma exibindo cores e formas características (Figura 1.21). Ele deduziu que cada colônia teria surgido a partir de uma única célula bacteriana que cresceu, e assim uma massa de células foi obtida. Koch argumentou que cada colônia correspondia a uma população de células idênticas ou, em outras palavras, a uma *cultura pura*, e Koch rapidamente percebeu que meios sólidos forneciam uma maneira fácil de obtenção de culturas puras. Richard Petri, outro associado de Koch, desenvolveu as placas transparentes de dupla face chamadas de "placas de Petri" em 1887, e esta se tornou rapidamente a ferramenta-padrão para obtenção de culturas puras.

Koch estava consciente das implicações que seus métodos para a obtenção de culturas puras apresentavam no estudo da

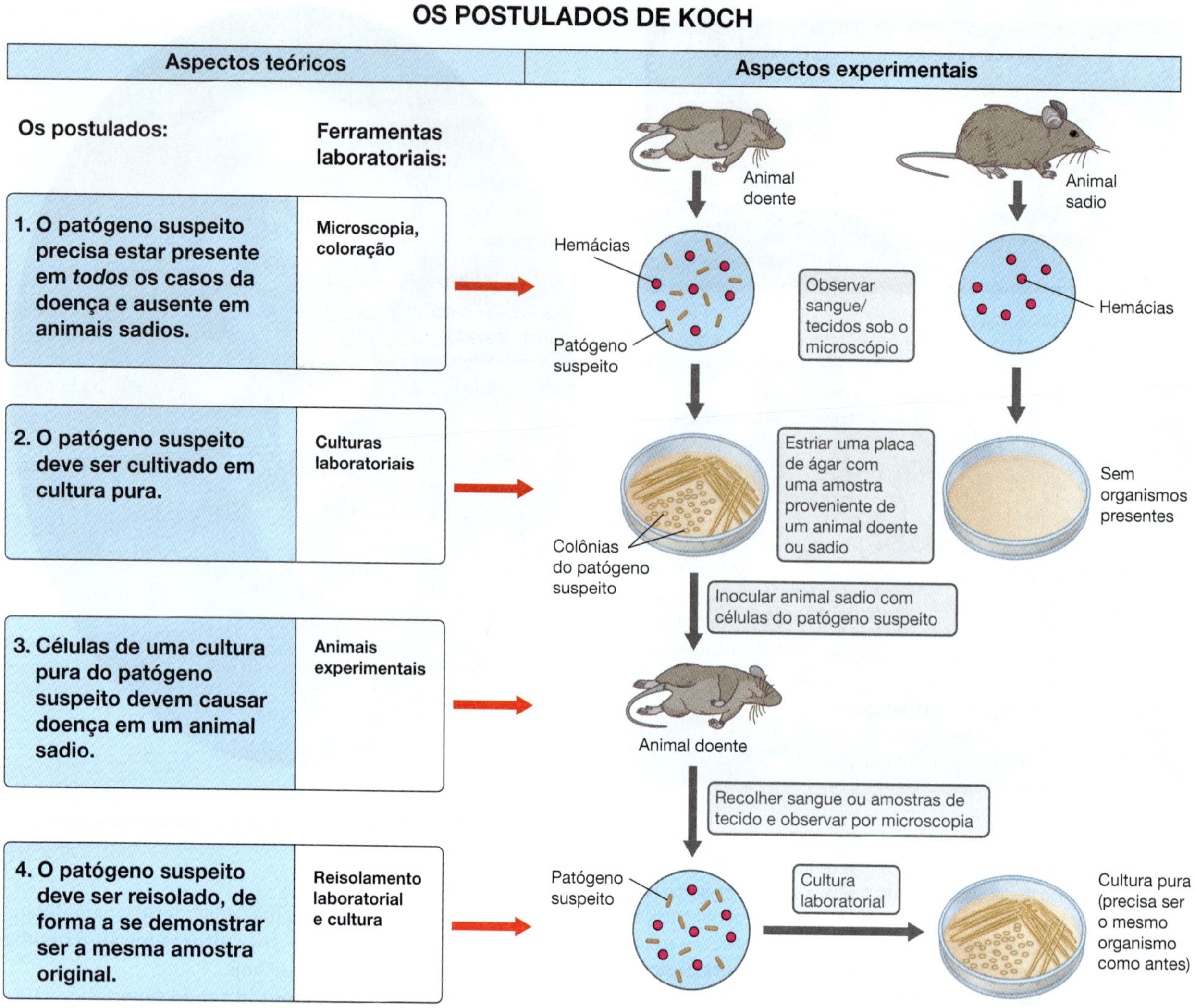
OS POSTULADOS DE KOCH
Aspectos teóricos
Aspectos experimentais
Os postulados:
Ferramentas laboratoriais:
1. O patógeno suspeito precisa estar presente em *todos* os casos da doença e ausente em animais sadios.
Microscopia, coloração
2. O patógeno suspeito deve ser cultivado em cultura pura.
Culturas laboratoriais
3. Células de uma cultura pura do patógeno suspeito devem causar doença em um animal sadio.
Animais experimentais
4. O patógeno suspeito deve ser reisolado, de forma a se demonstrar ser a mesma amostra original.
Reisolamento laboratorial e cultura
Animal doente
Animal sadio
Hemácias
Patógeno suspeito
Observar sangue/ tecidos sob o microscópio
Hemácias
Estriar uma placa de ágar com uma amostra proveniente de um animal doente ou sadio
Sem organismos presentes
Colônias do patógeno suspeito
Inocular animal sadio com células do patógeno suspeito
Animal doente
Recolher sangue ou amostras de tecido e observar por microscopia
Patógeno suspeito
Cultura laboratorial
Cultura pura (precisa ser o mesmo organismo como antes)

**Figura 1.20 Postulados de Koch para provar a causa e o efeito em doenças infecciosas.** Observe que após o isolamento do patógeno suspeito em uma cultura pura, uma cultura laboratorial do organismo deve ser capaz tanto de iniciar a doença quanto de ser recuperada do animal doente. O estabelecimento das condições corretas para o cultivo do patógeno é essencial, pois, do contrário, este será perdido.

sistemática microbiana. Ele observou que colônias que diferiam na coloração e tamanho (Figura 1.21) eram puras e que estas células de diferentes colônias normalmente diferiam em tamanho e morfologia e, muito frequentemente, também em suas necessidades nutricionais. Koch percebeu que essas diferenças eram equivalentes aos critérios taxonômicos para a classificação de organismos superiores, como espécies de plantas e animais, e sugeriu que os diferentes tipos de bactérias deveriam ser considerados como "espécies, variedades, formas ou outra designação apropriada". Essa observação criteriosa foi importante na aceitação relativamente rápida da microbiologia como uma ciência biológica independente, enraizada, assim como a biologia estava na classificação durante a era de Koch.

## Koch e a tuberculose

A realização científica que coroou Koch foi a sua descoberta do agente causador da tuberculose. Quando Koch iniciou esse trabalho (1881), um sétimo de todas as mortes humanas notificadas era causado pela tuberculose (Figura 1.8). Havia uma grande suspeita de que a tuberculose era uma doença contagiosa, porém seu agente etiológico nunca havia sido detectado, nem em tecidos doentes, nem em meios de cultura. Após seus estudos bem-sucedidos de antraz, Koch estava determinado a demonstrar o agente causador da tuberculose e, para isso, empregou todos os métodos que havia cuidadosamente desenvolvido em seus estudos anteriores com o antraz: microscopia, coloração, isolamento em cultura pura e um sistema de modelo animal (Figura 1.20).

A bactéria causadora da tuberculose, *Mycobacterium tuberculosis*, é de difícil coloração devido ao fato de que as células de *M. tuberculosis* apresentam grandes quantidades de um lipídeo céreo em sua parede celular. Entretanto, Koch desenvolveu uma metodologia de coloração para as células de *M. tuberculosis* em amostras de tecidos pulmonares. Com esse método, ele observou as células azuis em forma de bastonetes de

# EXPLORE O MUNDO MICROBIANO

## A Peste Negra decifrada



Às vezes é impossível satisfazer aos postulados de Koch, e, nesses casos, a genômica pode ser capaz de fazer a ligação entre causa e efeito de forma diferente. Milhares de genomas microbianos foram sequenciados e revelaram que os patógenos frequentemente contêm genes "assinaturas", que podem ser utilizados para identificá-los positivamente em uma amostra clínica sem a necessidade de se realizar uma cultura de laboratório. Essa tecnologia aprimorou de forma significativa a rapidez e acurácia do diagnóstico das doenças. Embora tais métodos genômicos estejam sendo utilizados principalmente para o diagnóstico das enfermidades em pacientes doentes, porém ainda vivos, a tecnologia também tem sido utilizada na resolução de antigos enigmas médicos em que os pacientes doentes e o patógeno recuperável já não estão mais presentes. Um excelente exemplo é a pesquisa que revelou o agente causador da "Peste Negra".

A Peste Negra se disseminou pela Europa em meados do século XIV, com origem próxima à península da Crimeia (atual Ucrânia). Há muito tempo se pensou que a Peste Negra foi um surto maciço de peste bubônica, uma doença normalmente fatal, cujo agente causador, *Yersinia pestis* (**Figura 1**), foi descoberto pelo microbiologista suíço Alexandre Yersin em 1894 e posteriormente associado à doença por meio de estudos em modelo animal. No entanto, no caso da Peste Negra, a conexão com *Y. pestis* era incerta por pelo menos duas razões principais. Em primeiro lugar, esse surto disseminado e fatal da doença (a Peste Negra matou cerca de um terço da população europeia) ocorreu há 660 anos, e, em segundo lugar, as descrições históricas dos sintomas das vítimas eram frequentemente ambíguas, deixando em aberto a possibilidade de que outro patógeno pudesse ter sido o responsável. Estudos genômicos confirmaram que a Peste Negra foi um grave surto de peste bubônica, e o estudo[1] publicado se tornou um modelo de como a genômica pode contribuir para a investigação de doenças.

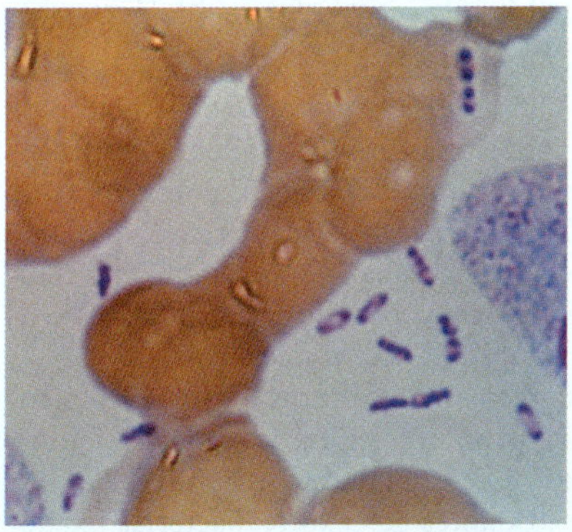

**Figura 1** **Micrografia óptica de células da bactéria *Yersinia pestis* em um esfregaço de sangue. Esta bactéria é o agente causador da peste bubônica.**

Como a ligação da Peste Negra-Peste Bubônica foi confirmada? No auge do surto da Peste Negra no ano de 1349, um novo cemitério foi escavado em East Smithfield, Inglaterra. De acordo com registros de sepultamento, o cemitério foi preparado especificamente para as vítimas da Peste Negra, e em um pouco mais de um ano, o local estava cheio, preenchido com cerca de 2.500 cadáveres. Nenhum outro enterro ocorreu. Um grupo de cientistas examinou os cadáveres retirados do cemitério de East Smithfield, sabendo previamente que todos os corpos eram vítimas da Peste Negra. Devido a isso, os cientistas puderam descartar outras causas de morte[1].

A peste bubônica é uma infecção do sistema linfático causada por células de *Y. pestis* transmitidas para uma pessoa pela picada de uma pulga infectada. A bactéria se multiplica nos nódulos linfáticos, formando inchaços dolorosos chamados de *bulbões*, e por meio deles as células conseguem percorrer todo o corpo, causando hemorragia e escurecimento dos tecidos (por isso o termo "Peste Negra") (**Figura 2**). Utilizando amostras de dentes e ossos dos cadáveres retirados de East Smithfield, e empregando um método de "captura de DNA" para *Y. pestis* desenvolvido a partir de estudos genômicos prévios do patógeno, a equipe de pesquisa internacional[1] conseguiu "pescar" DNA antigo suficiente para reconstituir o genoma da bactéria que causou a Peste Negra. Comparando esse genoma com os isolados de *Y. pestis* obtidos de surtos localizados recentes, o mistério por trás dessa doença medieval devastadora foi resolvido: a Peste Negra foi, de fato, a peste bubônica.

Análises posteriores do genoma de *Y. pestis* da Peste Negra demonstraram que essa linhagem foi ancestral de todas as linhagens modernas de *Y. pestis*, e que os genomas das linhagens modernas evoluíram muito pouco da linhagem da Peste Negra durante os 660 anos intermediários. Isso aponta para a crucial importância de outros fatores – condições sanitárias extremamente precárias, um influxo de ratos (ratos abrigam as pulgas que carregam *Y. pestis*) e nutrição pobre – na intensificação dos surtos de Peste Negra em comparação com ondas de peste menos generalizadas que visitaram a Europa em épocas anteriores. De fato, a Peste Negra foi a praga pandêmica mais devastadora que o mundo já viu. E devido ao fato de que a Peste Negra atingiu uma ampla área geográfica, a linhagem de *Y. pestis* da Peste Negra foi capaz de infectar uma grande população de pulgas e ratos. A partir dessas fontes, esse patógeno feroz se tornou firmemente estabelecido e periodicamente ressurge desencadeando surtos localizados de peste bubônica, todos os quais podem ser rastreados de volta à bactéria da Peste Negra que provocou um estrago terrível mais de meio século atrás.

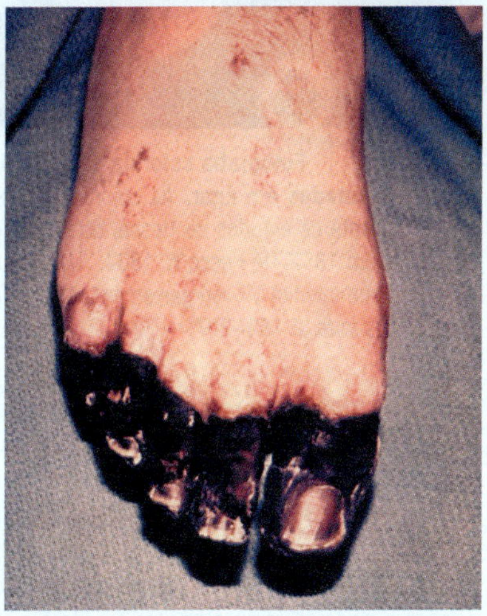

**Figura 2** **Sintomas da peste bubônica.** **Pele enegrecida dos dedos de vítimas da peste advém de sangramento interno (hemorragia) devido a uma infecção sistêmica por *Yersinia pestis*.**

Nos Estados Unidos, alguns casos de peste são observados a cada ano. No entanto, a doença hoje traz duas preocupações. Além de lidar com a doença natural, precisamos estar atentos contra a utilização de *Y. pestis* como agente de bioterrorismo.

[1]Bos K.I., et al. 2011. A draft genome of *Yersinia pestis* from victims of the Black Death. *Nature 478*: 506–510.

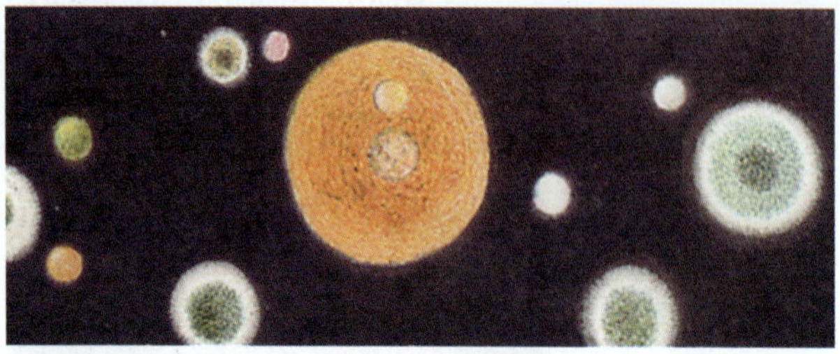

**Figura 1.21** **Fotografia colorida à mão, feita por Walther Hesse, de colônias formadas em ágar.** As colônias incluem os bolores e bactérias obtidas durante os estudos de Hesse, do teor microbiano do ar em Berlim, Alemanha, em 1882. De Hesse W. 1884. "Ueber quantitative Bestimmung der in der Luft enthaltenen Mikroorganismen". *Mittheilungen aus dem Kaiserlichen Gesundheitsamte.* 2: 182–207.

*M. tuberculosis* nos tecidos tuberculosos, mas não em tecidos saudáveis (**Figura 1.22**). A obtenção de culturas de *M. tuberculosis* não foi uma tarefa simples, mas, finalmente, Koch obteve sucesso no desenvolvimento de colônias desse organismo em uma solução nutriente solidificada contendo soro. Nas melhores condições, *M. tuberculosis* cresce lentamente em cultura, porém a persistência e paciência de Koch eventualmente o levaram à obtenção de culturas puras desse organismo, a partir de fontes humanas e animais.

A partir disso, Koch utilizou dos seus postulados (Figura 1.20) para obter a prova definitiva de que o organismo que ele havia isolado correspondia à verdadeira causa da tuberculose. Cobaias podem ser facilmente infectadas com *M. tuberculosis* e, ocasionalmente, morrem de tuberculose sistêmica. Koch demonstrou que as cobaias doentes apresentavam massas de células de *M. tuberculosis* em seus tecidos pulmonares, e que culturas puras obtidas a partir desses animais transmitiam a doença a animais não infectados. Dessa forma, Koch satisfez plenamente seus quatro postulados e a causa da tuberculose foi então compreendida. Koch anunciou sua descoberta da causa da tuberculose em 1882, e por essa realização ele foi premiado em 1905 com o Prêmio Nobel de Fisiologia ou Medicina. Koch teve muitos outros triunfos no campo crescente das doenças infecciosas, incluindo a descoberta do agente causador da cólera (a bactéria *Vibrio cholerae),* e o desenvolvimento de métodos para diagnóstico da infecção por *M. tuberculosis* (o teste cutâneo da tuberculina).

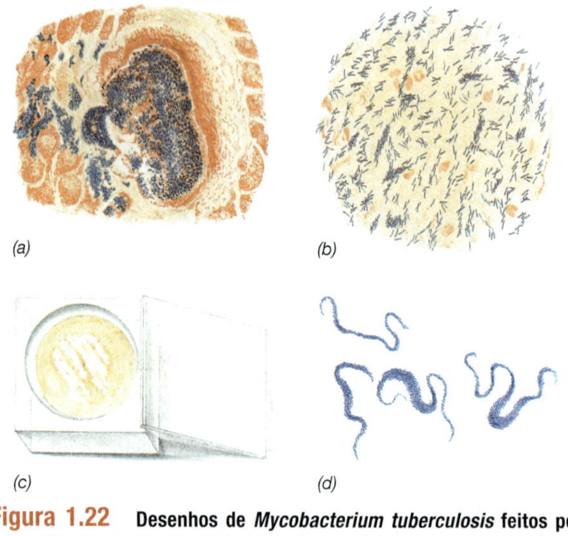


**Figura 1.22** **Desenhos de *Mycobacterium tuberculosis* feitos por Robert Koch.** *(a)* Secção de tecido pulmonar infectado mostrando células de *M. tuberculosis* (em azul). *(b)* Células de *M. tuberculosis* em uma amostra de escarro obtida de um paciente com tuberculose. *(c)* Crescimento de *M. tuberculosis* em uma placa de vidro contendo soro coagulado, armazenado no interior de uma caixa de vidro para prevenir a contaminação. *(d)* Células de *M. tuberculosis* retiradas da placa *(c)* e observadas microscopicamente; as células aparecem como formas longas, semelhantes a cordas. Desenhos originais de Koch, R. 1884. "Die Aetiologie der Tuberkulose." *Mittheilungen aus dem Kaiserlichen Gesundheitsamte* 2: 1-88.

**MINIQUESTIONÁRIO**

- Como os postulados de Koch asseguram que a causa e o efeito de uma determinada doença são claramente diferenciados?
- Quais vantagens o meio sólido oferece para o isolamento de microrganismos?
- O que é uma cultura pura?

## 1.9 A ascensão da diversidade microbiana

Com o avanço da microbiologia no século XX, o seu foco inicial nos princípios básicos, métodos e aspectos médicos foi ampliado, passando a incluir estudos sobre a diversidade microbiana do solo e da água, bem como dos processos metabólicos realizados pelos organismos nesses hábitats. Os principais contribuintes dessa era foram o holandês Martinus Beijerinck e o russo Sergei Winogradsky.

### Martinus Beijerinck e a técnica de cultura de enriquecimento

Martinus Beijerinck (1851–1931) era um professor na Delft Polytechnic School, na Holanda, especializou-se inicialmente em botânica, tendo começado sua carreira na microbiologia com o estudo das plantas. A maior contribuição de Beijerinck à microbiologia foi sua clara formulação do conceito da **técnica de cultura de enriquecimento**. Nas culturas de enriquecimento, os microrganismos são isolados a partir de amostras naturais, utilizando nutrientes e condições de incubação altamente seletivas para favorecer um grupo metabólico particular de organismos. A técnica de Beijerinck com o método de enriquecimento foi prontamente demonstrada quando, após a descoberta de Winogradsky do processo de fixação de nitrogênio, ele isolou a bactéria aeróbia fixadora de nitrogênio *Azotobacter* do solo (**Figura 1.23**). Bactérias fixadoras de nitrogênio podem utilizar nitrogênio atmosférico ($N_2$) para a produção de substâncias nitrogenadas importantes na célula, como os aminoácidos para a produção de proteínas e os nucleotídeos para a produção de ácidos nucleicos.

A partir do uso da técnica de culturas de enriquecimento, Beijerinck isolou as primeiras culturas puras de muitos microrganismos terrestres e aquáticos, incluindo bactérias redutoras de sulfato e oxidantes de enxofre, bactérias fixadoras de nitrogênio presentes nos nódulos radiculares (Figura 1.9), bactérias produtoras de ácido láctico, algas verdes, várias bactérias anaeróbias, e muitos outros microrganismos. Além disso, em seus estudos sobre a doença do mosaico do tabaco,

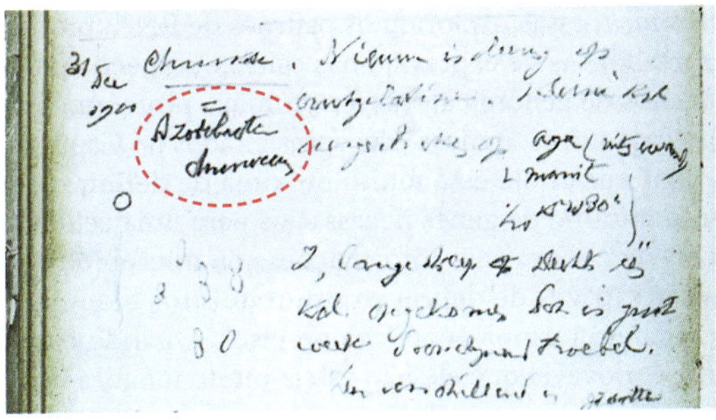

(a)

Lesley Robertson e Kluyver Laboratory Museum, Delft University of Technology

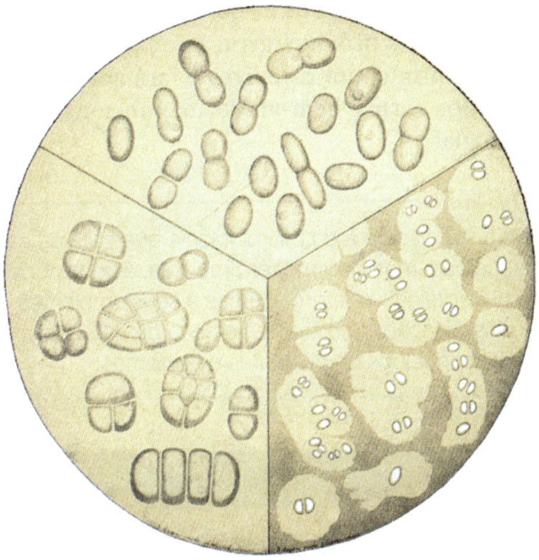

(b)

Lesley Robertson e Kluyver Laboratory Museum, Delft University of Technology

**Figura 1.23** **Martinus Beijerinck e *Azotobacter*.** *(a)* Parte de uma página do protocolo de laboratório de M. Beijerinck, datado de 31 de dezembro de 1900, descrevendo suas observações sobre a bactéria aeróbia fixadora de nitrogênio, *Azotobacter chroococcum* (nome assinalado pelo círculo vermelho). Compare os desenhos de Beijerinck dos pares de células de *A. chroococcum* com a fotomicrografia de células de *Azotobacter*, apresentada na Figura 14.32. *(b)* Uma pintura feita pela irmã de M. Beijerinck, Henriëtte Beijerinck, mostrando células de *Azotobacter chroococcum*. Beijerinck utilizou essas pinturas para ilustrar suas aulas.

Beijerinck utilizou filtros seletivos para demonstrar que o agente infeccioso nesta doença (um vírus) era menor do que uma bactéria e que, de alguma forma, ele incorporava-se às células da planta hospedeira viva. Nesse importante trabalho, Beijerinck não somente descreveu o primeiro vírus, mas também os princípios básicos da virologia, os quais serão apresentados no Capítulo 8.

## Sergei Winogradsky, quimiolitotrofia e fixação de nitrogênio

Assim como Beijerinck, Sergei Winogradsky (1856–1953) estava interessado na diversidade bacteriana dos solos e das águas, obtendo grande sucesso no isolamento de várias bactérias de importância a partir de amostras naturais. Winogradsky estava particularmente interessado nas bactérias que realizavam os ciclos de compostos nitrogenados e sulfurosos, como bactérias nitrificantes e bactérias sulfurosas (**Figura 1.24**). Ele demonstrou que essas bactérias catalisam transformações químicas específicas na natureza, e propôs o importante conceito de **quimiolitotrofia**, a oxidação de compostos *inorgânicos* para geração de energia. Posteriormente, Winogradsky demonstrou que esses organismos, os quais ele chamou de *quimiolitotróficos* (significando, literalmente, "comedores de terra"), estão disseminados na natureza e obtêm seu carbono do $CO_2$. Winogradsky revelou ainda que, assim como os organismos fotossintéticos, as bactérias quimiolitotróficas são *autotróficas.*

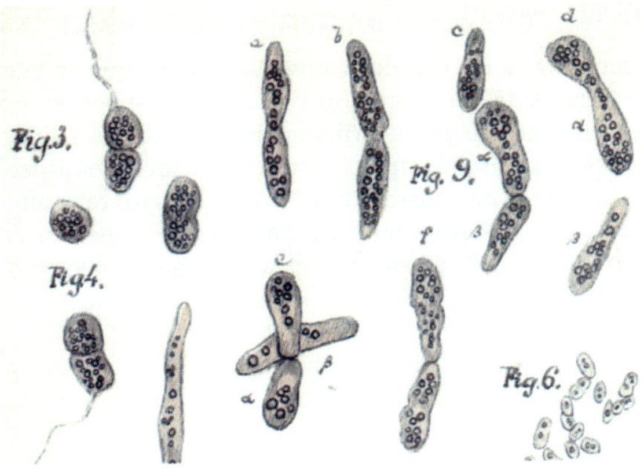


(a)

De *Microbiologie du Sol*, utilizado com permissão

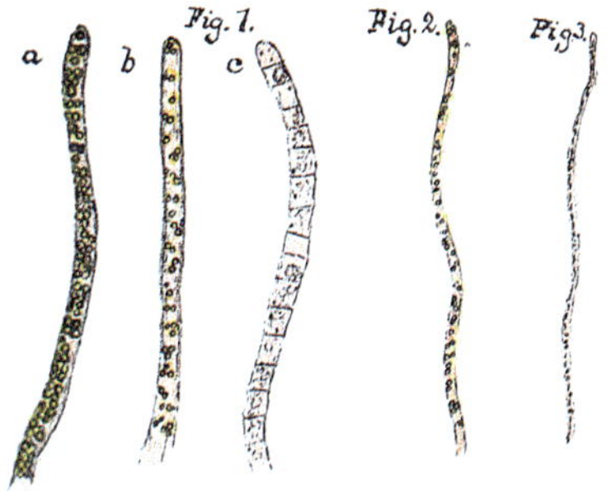


(b)

De Winogradsky, S. 1949. *Microbiologie du Sol.* Masson, Paris.

**Figura 1.24** **Bactéria sulfurosa.** Os desenhos originais foram feitos por Sergei Winogradsky no final de 1880, posteriormente copiados e coloridos à mão por sua esposa Hèléne. *(a)* Bactéria fototrófica púrpura sulfurosa. As Figuras 3 e 4 mostram células de *Chromatium okenii* (compare com as fotomicrografias de *C. okenni*, nas Figuras 1.5*a* e 1.7*a*). *(b) Beggiatoa*, um quimiolitotrófico sulfuroso (compare com as Figuras 1.15 e 14.27).

Winogradsky realizou o primeiro isolamento de uma bactéria fixadora de nitrogênio, a bactéria anaeróbia *Clostridium pasteurianum*, e como já foi mencionado, Beijerinck utilizou essa descoberta para guiar o seu isolamento de bactérias aeróbias fixadoras de nitrogênio anos depois (Figura 1.23). Winogradsky viveu até quase os 100 anos, publicando muitos artigos científicos e uma importante monografia, *Microbiologie du Sol* (*Microbiologia do Solo*). Esse trabalho, um verdadeiro marco da microbiologia, contém desenhos de muitos dos organismos estudados por Winogradsky durante sua longa carreira (Figura 1.24).

**MINIQUESTIONÁRIO**

- O que significa o termo "cultura de enriquecimento"?
- O que significa o termo "quimiolitotrofia"? De que forma os quimiolitotróficos se assemelham às plantas?

## 1.10 Microbiologia moderna e genômica

No século XX, a microbiologia desenvolveu-se rapidamente, novas ferramentas de laboratório tornaram-se disponíveis, e a ciência amadureceu para a formação de novas subdisciplinas. A maioria dessas subdisciplinas apresentava ambos os aspectos, referentes às descobertas (básica), e os aspectos referentes à solução de problemas (aplicada) (**Tabela 1.3**). Em meados do século XX, uma nova ênfase emocionante surgiu na microbiologia com estudos das propriedades genéticas dos microrganismos. A partir dessas raízes na genética microbiana, os campos da biologia molecular, engenharia genética e genômica se desenvolveram. Essas subdisciplinas moleculares revolucionaram as ciências da vida, e originaram novas gerações de ferramentas experimentais para solucionar os mais persuasivos e complexos problemas da biologia.

Muitos avanços em microbiologia hoje são alimentados pela **genômica**, mapeamento, sequenciamento e análise de genomas. Novos métodos para sequenciamento de DNA e o aprimoramento das capacidades computacionais desencadearam enormes quantidades de dados genômicos a fim de solucionar problemas na medicina, agricultura e meio ambiente. O campo da genômica vem se desenvolvendo em ritmo acelerado e tem, por si só, gerado novas subdisciplinas altamente específicas, como *transcriptômica*, *proteômica* e *metabolômica*; essas exploram os padrões de RNA, proteínas e vias metabólicas de expressão nas células, respectivamente. Os conceitos de genômica, transcriptômica, proteômica, metabolômica e outras "ômicas" são apresentados no Capítulo 6.

A genômica hoje está muito próxima de definir o complemento mínimo de genes necessários para uma célula permanecer viva. Com tais informações, os microbiologistas devem ser capazes de definir os pré-requisitos bioquímicos para a vida em termos genéticos precisos. Quando esse dia chegar, e é provável que ele não esteja muito longe, a criação em laboratório de uma célula viva a partir de componentes não vivos – em essência, geração espontânea – deve ser possível. Obviamente, muitas outras descobertas científicas estão reservadas para a próxima geração de microbiologistas, e sua jornada contínua por este livro o fará compreendê-las e apreciá-las. Boa sorte e bem-vindo ao emocionante campo da microbiologia!

**MINIQUESTIONÁRIO**

- Identifique a subdisciplina da microbiologia que trata de cada um destes temas: metabolismo, enzimologia, ácidos nucleicos e síntese de proteínas, microrganismos e seus ambientes naturais, classificação microbiana, herança de características, complementos gênicos de diferentes organismos.

**Tabela 1.3** As principais subdisciplinas da microbiologia

| *Subdisciplina* | *Foco* |
|---|---|
| I. Ênfases básicas[a] | |
| Fisiologia microbiana | Nutrição, metabolismo |
| Genética microbiana | Genes, hereditariedade e variação genética |
| Bioquímica microbiana | Enzimas e reações químicas nas células |
| Sistemática microbiana | Classificação e nomenclatura |
| Virologia | Vírus e partículas subvirais |
| Biologia molecular | Ácidos nucleicos e proteínas |
| Ecologia microbiana | Diversidade microbiana e atividade em hábitats naturais; biogeoquímica |
| Genômica | Sequenciamento genômico e análises comparativas |
| II. Ênfases aplicadas[a] | |
| Microbiologia médica | Doenças infecciosas |
| Imunologia | Sistema imune |
| Microbiologia agrícola/do solo | Diversidade microbiana e processos no solo |
| Microbiologia industrial | Produção em larga escala de antibióticos, álcool e outros produtos químicos |
| Biotecnologia | Produção de proteínas humanas por microrganismos geneticamente modificados |
| Microbiologia aquática | Processos microbianos em águas e efluentes, segurança da água potável |

[a]Nenhuma destas subdisciplinas é dedicada inteiramente a ciência básica ou aplicada. No entanto, as subdisciplinas listadas em I tendem a ser mais focadas nas descobertas em si, e aquelas listadas em II, mais focadas na resolução de problemas ou na produção de produtos comerciais.

## CONCEITOS IMPORTANTES

**1.1** • Os microrganismos são organismos microscópicos unicelulares essenciais para o bem-estar e funcionamento de outras formas de vida, bem como do planeta. Como ciência, a Microbiologia possui componentes básicos e aplicados, capazes de gerar novos conhecimentos e solucionar questões, respectivamente.

**1.2** • Como as casas, as células são formadas de muitas partes, de modo que todas interagem para produzir um organismo vivo intacto. Células procarióticas e eucarióticas diferem em sua arquitetura celular, e as características de um organismo são definidas pelo seu complemento de genes – seu genoma. Muitas atividades são realizadas por todas as células, incluindo metabolismo, crescimento e evolução.

**1.3** • Populações microbianas diversas foram disseminadas na Terra bilhões de anos antes dos organismos superiores aparecerem, e as cianobactérias eram particularmente importantes por oxigenarem a atmosfera. *Bacteria*, *Archaea* e *Eukarya* são as principais linhagens filogenéticas (domínios) das células.

**1.4** • Microrganismos vivem em populações que interagem com outras populações formando comunidades microbianas. As atividades dos microrganismos em comunidades microbianas podem afetar consideravelmente as propriedades químicas e físicas de seus hábitats. A biomassa microbiana na Terra excede aquela dos organismos superiores, embora a maioria das células microbianas surpreendentemente residir na subsuperfície profunda terrestre e oceânica.

**1.5** • Os microrganismos podem ser tanto benéficos quanto prejudiciais para os seres humanos, embora a quantidade de microrganismos benéficos (ou até mesmo essenciais) seja bem maior do que os prejudiciais. Agricultura, alimentação, energia e meio ambiente são todos impactados de diversas maneiras pelos microrganismos.

**1.6** • Robert Hooke foi o primeiro a descrever os microrganismos, e Antoni van Leeuwenhoek foi o primeiro a descrever as bactérias. Ferdinand Cohn fundou o campo da bacteriologia e descobriu os endósporos bacterianos.

**1.7** • Louis Pasteur criou experimentos engenhosos provando que organismos vivos não surgem espontaneamente a partir de matéria inanimada. Pasteur desenvolveu muitos conceitos e técnicas centrais para a ciência da microbiologia, incluindo a esterilização, além de ter desenvolvido um número fundamental de vacinas para seres humanos e outros animais.

**1.8** • Robert Koch desenvolveu um conjunto de critérios denominados postulados de Koch para conectar causa e efeito nas doenças infecciosas. Koch também desenvolveu os primeiros meios confiáveis e reproduzíveis para obtenção e manutenção de microrganismos em cultura pura.

**1.9** • Martinus Beijerinck e Sergei Winogradsky exploraram o solo e a água em busca de microrganismos capazes de realizar processos naturais importantes, como a ciclagem de nutrientes e a biodegradação de substâncias específicas. Fora do seu estudo veio a técnica de cultura de enriquecimento e os conceitos de quimiolitotrofia e fixação de nitrogênio.

**1.10** • Da metade até a última parte do século XX, surgiram várias subdisciplinas básicas e aplicadas da microbiologia. Essas abriram caminho para a era contemporânea da microbiologia molecular, com as ciências genômicas atualmente no centro desse palco.

## REVISÃO DOS TERMOS-CHAVE

**Citoplasma** porção fluida de uma célula, limitada pela membrana celular.

**Comunicação** interação entre as células por meio de sinais químicos.

**Comunidade microbiana** duas ou mais populações de células que coexistem e interagem em um hábitat.

**Crescimento** em microbiologia, um aumento no número de células com o tempo.

**Cultura pura** cultura contendo um único tipo de microrganismo.

**Diferenciação** modificação dos componentes celulares para formar uma nova estrutura, como um esporo.

**Domínio** uma das três linhagens evolucionárias principais das células: *Bacteria*, *Archaea* e *Eukarya*.

**Ecologia microbiana** estudo dos organismos em seus ambientes naturais.

**Ecossistema** associação entre os organismos e seu meio ambiente abiótico.

**Enzima** catalisador proteico (ou, em alguns casos, RNA) que atua aumentando a velocidade das reações químicas.

**Estéril** ausência de todos os organismos vivos (células) e vírus.

**Eucariota** uma célula contendo um núcleo envolvido por membrana e diversas outras organelas também envolvidas por membrana; *Eukarya*.

**Evolução** descendência com modificação que leva à geração de novas formas ou espécies.

**Extremófilos** microrganismos que habitam ambientes inóspitos para formas de vida superiores, como ambientes que são extremamente quentes ou frios, ou que são ácidos, alcalinos, ou extremamente salgados.

**Genoma** o conjunto completo dos genes de um organismo.

**Genômica** o mapeamento, sequenciamento e análise de genomas.

**Geração espontânea** hipótese de que os organismos vivos poderiam ser originados a partir de matéria inanimada.

**Hábitat** ambiente onde uma população microbiana é encontrada.

**Intercâmbio genético** a transferência gênica ou o recebimento de genes entre células procarióticas.

**Macromoléculas** um polímero de unidades monoméricas que inclui as proteínas, os ácidos nucleicos, os polissacarídeos e os lipídeos.

**Membrana citoplasmática** barreira semipermeável que separa o interior da célula (citoplasma) do meio ambiente.

**Metabolismo** todas as reações bioquímicas que ocorrem em uma célula.

**Microrganismo** organismo microscópico, consistindo de única célula, ou conjunto de células, incluindo os vírus.

**Motilidade** o movimento das células por meio de alguma forma de autopropulsão.

**Núcleo** estrutura envolvida por membrana nas células eucarióticas que contém o DNA do genoma da célula.

**Nucleoide** massa agregada de DNA que compõe o cromossomo das células procarióticas.

**Organelas** estrutura envolvida por membrana dupla, como as mitocôndrias, encontrada nas células eucariotas.

**Parede celular** uma rígida parede presente fora da membrana citoplasmática; confere força estrutural à célula e previne a lise osmótica.

**Patógeno** microrganismo causador de doença.

**Postulados de Koch** conjunto de critérios para provar que um determinado microrganismo causa uma determinada doença.

**Procariota** célula que carece de uma membrana envolvendo o núcleo e outras organelas; bactéria ou arqueia.

**Quimiolitotrofia** forma de metabolismo na qual a energia é gerada por meio da oxidação dos compostos inorgânicos.

**Ribossomos** estruturas compostas por RNAs e proteínas, nos quais novas proteínas são sintetizadas.

**Técnica de cultura de enriquecimento** método de isolamento de microrganismos específicos a partir da natureza, utilizando-se meios de cultura e condições de incubação específicas.

## QUESTÕES PARA REVISÃO

1. Quais são os dois temas principais da microbiologia e como eles diferem em seus respectivos focos? (Seção 1.1)
2. Como as células procarióticas e eucarióticas podem ser diferenciadas? Liste as principais atividades executadas pelas células e, em cada caso, descreva porque essa atividade ocorre. (Seção 1.2)
3. Por que o surgimento das cianobactérias alterou definitivamente as condições na Terra? Quantos domínios da vida existem na Terra e como eles estão relacionados? (Seção 1.3)
4. O que é um ecossistema? Que efeitos os microrganismos podem exercer em seus ecossistemas? (Seção 1.4)
5. Como você poderia convencer um amigo de que os microrganismos são muito mais que meros agentes causadores de doenças? (Seção 1.5)
6. Por quais contribuições Robert Hooke e Antoni van Leeuwenhoek são lembrados na microbiologia? Em que época esses cientistas estavam ativos? (Seção 1.6)
7. Explique o princípio associado ao uso do frasco de Pasteur nos estudos sobre a geração espontânea. Por que os resultados desse experimento foram inconsistentes com a teoria da geração espontânea? (Seção 1.7)
8. O que se entende por uma cultura pura e como esta pode ser obtida? Por que as culturas puras são importantes para a microbiologia médica e outras áreas da microbiologia? (Seção 1.8)
9. O que são os postulados de Koch e como eles influenciaram o desenvolvimento da microbiologia? Por que eles ainda são relevantes atualmente? (Seção 1.8)
10. Qual foi o interesse microbiológico principal de Martinus Beijerinck e Sergei Winogradsky? Pode-se dizer que ambos descobriram a fixação de nitrogênio. Explique. (Seção 1.9)
11. Selecione uma subdisciplina principal da microbiologia de cada uma das duas categorias principais da Tabela 1.3. Por que você acredita que a subdisciplina é "básica" ou "aplicada"? (Seção 1.10)

## QUESTÕES APLICADAS

1. Os experimentos de Pasteur envolvendo a geração espontânea contribuíram para a metodologia da microbiologia, a compreensão da origem da vida e para as técnicas de preservação de alimentos. Explique, resumidamente, como os experimentos de Pasteur afetaram cada um desses tópicos.
2. Descreva as linhas de evidências que Robert Koch utilizou para associar definitivamente a bactéria *Mycobacterium tuberculosis* à doença tuberculose. Como a sua prova poderia ter falhado, se qualquer uma das ferramentas por ele desenvolvidas para o estudo das doenças bacterianas não estivesse disponível para seu estudo da tuberculose?
3. Imagine que todos os microrganismos desaparecessem subitamente da Terra. Com base no que você aprendeu neste capítulo, por que você suporia que todos os animais acabariam desaparecendo da Terra? Por que as plantas desapareceriam? Se, ao contrário, todos os organismos superiores desaparecessem subitamente, qual aspecto da Figura 1.4*a* sugere que um destino similar não ocorreria aos microrganismos?

CAPÍTULO

# 2 Estruturas celulares microbianas e suas funções

## microbiologia**hoje**

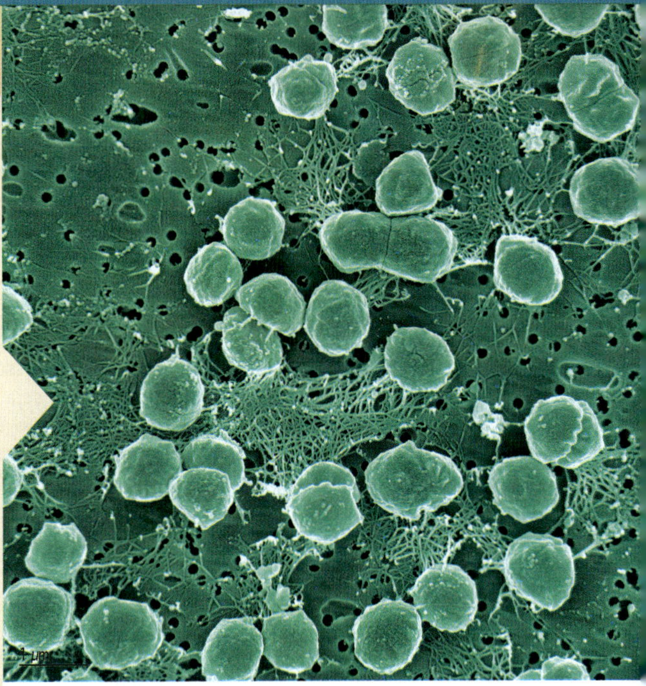

### A tartaruga e a lebre arqueais

A motilidade é importante para os microrganismos uma vez que a habilidade de se locomover permite às células explorarem novos hábitats e, consequentemente, seus recursos. A motilidade vem sendo estudada por mais de 50 anos na bactéria flagelada *Escherichia coli*. Foi justamente com a *E. coli* que os cientistas descobriram pela primeira vez que os flagelos bacterianos funcionam por rotação, e que quando a velocidade é expressa em termos de comprimento corporal percorrido por segundo, as células de *E. coli* em natação estão realmente se movendo mais rapidamente do que os animais mais velozes.

Estudos da bactéria arqueia *Halobacterium* demonstraram que seu flagelo também seria rotacional, porém, ele seria mais fino do que o seu correspondente bacteriano e seria composto por uma proteína distinta da flagelina, a proteína bacteriana que compõe os flagelos. Além disso, observações de células em natação mostraram que a *Halobacterium* era bem lenta, movendo-se a menos de um décimo da velocidade de *E. coli*. Este fato levantou a interessante questão de se isso seria verdade para todos as arqueias; elas são naturalmente praticantes de caminhadas em vez de corredoras?

Os microbiologistas recentemente começaram os estudos sobre os movimentos de arqueias nadadoras e demonstraram que a *Halobacterium* seria a espécie mais lenta de todas as avaliadas.[1] Em contrapartida, células da arqueia *Methanocaldococcus* (as células com tufos flagelares na foto) são capazes de nadar cerca de 50 vezes mais rápido do que as células de *Halobacterium* e 10 vezes mais rápido do que as células de *E. coli*. Surpreendentemente, *Methanocaldococcus* move-se cerca de 500 comprimentos celulares por segundo, o que o torna o organismo mais rápido da Terra!

O diâmetro fino do flagelo de arqueia obviamente não impõe uma velocidade de natação lenta, como alguns previam a partir do trabalho sobre *Halobacterium*. Em vez disso, as velocidades de natação de arqueias podem e variam de forma gigantesca.[1] De fato, a existência de ambas, a "tartaruga" e a "lebre", dentro de arqueias mostra que ainda há muito o que se aprender sobre a estrutura e função das células microbianas.

[1]Herzog, B., e R. Wirth. 2012. Swimming behavior of selected species of *Archaea*. *Appl. Environ. Microbiol.* *78:* 1670–1674.


**I Microscopia 26**

**II Células de bactérias e arqueias 32**

**III Membrana citoplasmática e transporte 35**

**IV Parede celular de bactérias e arqueias 41**

**V Outras estruturas celulares de superfície e inclusões 47**

**VI Locomoção microbiana 56**

**VII Células microbianas eucarióticas 64**

# I • Microscopia

Historicamente, a ciência da microbiologia deu o seu maior salto com o desenvolvimento de novas ferramentas para o estudo dos microrganismos e com o aperfeiçoamento das tecnologias já existentes. O microscópio é a ferramenta mais básica e antiga utilizada pelo microbiologista no estudo das estruturas microbianas. Vários tipos de microscópios são utilizados e alguns são extremamente potentes. Assim, como um prelúdio para o nosso estudo de estruturas celulares, primeiramente serão analisadas algumas ferramentas comuns para a observação de células, com o objetivo de entender como elas funcionam e o que elas podem nos dizer.

## 2.1 Descobrindo as estruturas celulares: microscópio óptico

Para a observação dos microrganismos, é necessária a utilização de um microscópio de qualquer tipo, seja *óptico* ou *eletrônico*. Em geral, microscópios ópticos são utilizados para a observação de células em ampliações relativamente baixas, e os microscópios eletrônicos são utilizados para a observação de células e estruturas celulares em ampliações relativamente altas.

Todos os microscópios empregam lentes que ampliam a imagem original. A amplitude, no entanto, não é o fator limitante na nossa capacidade de observar objetos pequenos. Em vez disso, é a **resolução** – a capacidade de distinguir dois objetos adjacentes como distintos e separados – que comanda a nossa habilidade de observar o muito pequeno. Embora a ampliação possa ser praticamente aumentada de forma ilimitada, isso não é possível no caso da resolução, uma vez que ela é uma função determinada pelas propriedades físicas da luz.

Inicia-se com o microscópio óptico, para o qual os limites de resolução são de aproximadamente 0,2 μm (μm é a abreviação de micrômetro, $10^{-6}$ m). Em seguida, será considerado o microscópio eletrônico, no qual a resolução é consideravelmente maior.

### Microscópio óptico composto

O microscópio óptico utiliza a luz visível para iluminar as estruturas celulares. Vários tipos de microscópios ópticos são utilizados em microbiologia: de *campo claro*, de *contraste de fase*, de *contraste de interferência diferencial*, de *campo escuro* e de *fluorescência*.

No microscópio de campo claro, os espécimes são visualizados em razão das discretas diferenças de contraste existentes entre eles e o meio circundante, diferenças que existem porque as células absorvem ou dispersam a luz em graus variáveis. O moderno microscópio de campo claro possui duas lentes, a *objetiva* e a *ocular*, que funcionam em combinação para formar a imagem. A fonte luminosa é focalizada sobre o espécime por uma terceira lente, o condensador (**Figura 2.1**). As células bacterianas são normalmente de difícil visualização ao microscópio de campo claro devido à ausência de contraste em relação ao meio circundante. Células visualizadas sob uma forma de microscopia óptica chamada de contraste de fase (Seção 2.2; ver caixa Figura 2.1) superam essas limitações. Microrganismos pigmentados são uma exceção, pois a própria coloração do organismo gera o contraste, otimizando, assim, a visualização por microscopia óptica de campo claro (**Figura 2.2**). No caso de células desprovidas de pigmentos, existem formas de aumentar o contraste, e esses métodos serão discutidos na próxima seção.

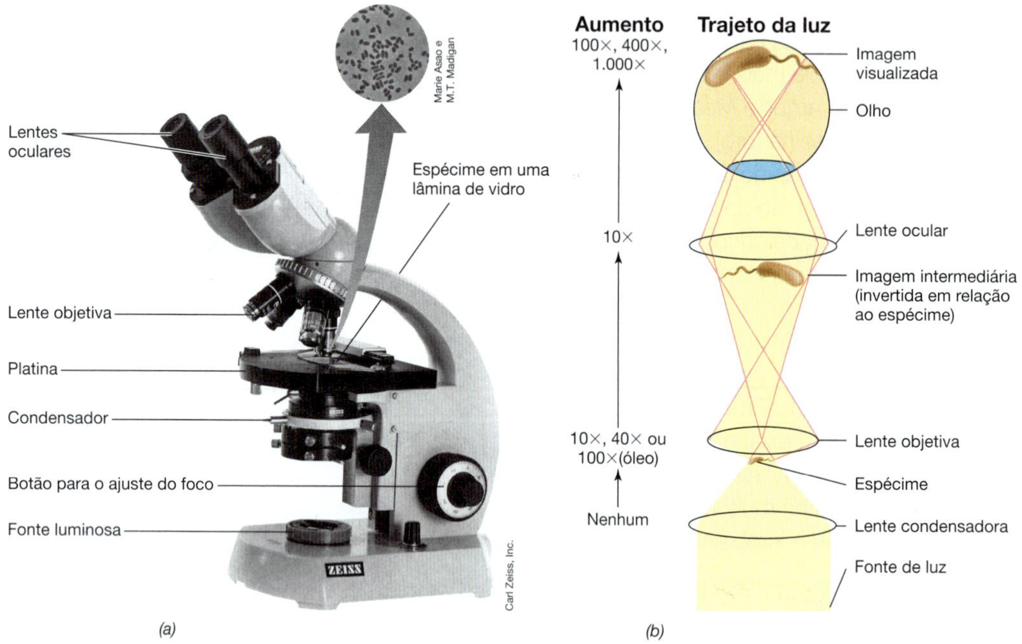


**Figura 2.1 Microscopia.** *(a)* Microscópio óptico composto (no detalhe, fotomicrografia de células não coradas feita por meio de um microscópio óptico de contraste de fase). *(b)* Trajetória da luz por meio de um microscópio óptico composto. Além das oculares de 10×, existem outras lentes (oculares) com aumentos de 15 a 30×. A Figura 2.5 compara células visualizadas em microscópio de campo claro com estas observadas em microscópio de contraste de fase.

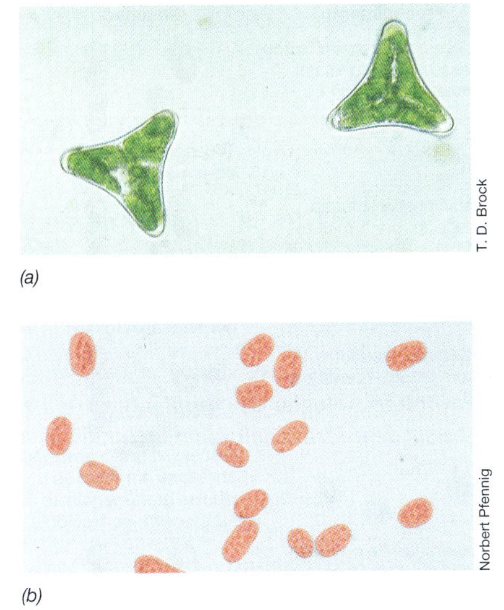


**Figura 2.2 Fotomicrografias de campo claro de microrganismos pigmentados.** *(a)* Uma alga verde (eucarioto). As estruturas verdes são cloroplastos. *(b)* Bactérias púrpuras fototróficas (procarioto). A célula da alga apresenta aproximadamente 15 μm de largura, e as células bacterianas, cerca de 5 μm.

### Aumento e resolução

O aumento total de um microscópio composto corresponde ao *produto* do aumento obtido com as lentes objetiva e ocular (Figura 2.1*b*). Aumentos de aproximadamente 2.000× são o limite máximo para um microscópio óptico, de modo que, acima desse limite, a resolução não é melhorada. A resolução é uma função do comprimento de onda da luz utilizada e de uma característica das lentes objetivas, conhecida como *abertura numérica*, uma medida da capacidade de captação de luz. Há uma correlação entre o aumento de uma lente e sua abertura numérica; lentes de maior aumento normalmente apresentam aberturas numéricas maiores. O diâmetro do menor objeto que pode ser distinguido por qualquer lente é igual a 0,5λ/abertura numérica, em que λ é o comprimento de onda da luz utilizada. Com base nessa fórmula, a resolução é maior quando a luz azul é empregada para iluminar um espécime (a luz azul exibe comprimento de onda menor do que a luz branca ou vermelha), e a objetiva utilizada possui alta abertura numérica.

Como mencionado, a maior resolução possível em um microscópio óptico composto é de aproximadamente 0,2 μm. Isso significa que dois objetos posicionados a uma distância inferior a 0,2 μm não podem ser determinados como distintos e separados. Os microscópios utilizados em microbiologia possuem lentes oculares com aumento de 10 a 20×, e lentes objetivas com aumento de 10 a 100× (Figura 2.1*b*). Com um aumento de 1.000×, os objetos com 0,2 μm de diâmetro podem ser distinguidos. Com a objetiva de 100× e com algumas outras objetivas de abertura numérica muito elevada, um óleo óptico especial é colocado entre a lâmina do microscópio e a objetiva. Lentes em que utiliza-se este óleo são denominadas lentes de *óleo de imersão*. O óleo de imersão aumenta a capacidade de concentração de luz de uma lente, permitindo que alguns dos raios que emergem do espécime formando ângulos (que de outra forma seriam perdidos pela lente objetiva) sejam coletados e visualizados.

**MINIQUESTIONÁRIO**

- Defina os termos aumento e resolução.
- Qual o limite superior de aumento para um microscópio óptico de campo claro? Por que isso acontece?

## 2.2 Otimização do contraste na microscopia óptica

Na microscopia óptica, o aumento do contraste melhora a imagem final observada. A técnica de coloração é uma forma rápida e simples de melhorar o contraste, embora existam outras formas de fazê-lo.

### Coloração: aumentando o contraste na microscopia de campo claro

Os corantes podem ser utilizados para corar as células e aumentar o seu contraste, facilitando sua visualização ao microscópio de campo claro. Os corantes são compostos orgânicos, sendo que cada classe de corantes apresenta afinidade específica por determinados compostos celulares. Vários corantes utilizados em microbiologia são carregados positivamente, sendo, por essa razão, denominados *corantes básicos*. Exemplos de corantes básicos incluem o azul de metileno, o cristal violeta e a safranina. Corantes básicos se ligam fortemente aos constituintes celulares carregados negativamente, como ácidos nucleicos e polissacarídeos ácidos. Uma vez que as superfícies celulares tendem a ser carregadas negativamente, esses corantes também combinam-se com elevada afinidade à superfície das células, sendo, assim, excelentes corantes de uso geral.

A realização de uma coloração simples deve ser iniciada a partir de preparações celulares secas (**Figura 2.3**). Uma lâmina de microscopia limpa contendo uma suspensão de células secas é recoberta com uma solução diluída de um corante básico, por um minuto ou dois, sendo então lavada várias vezes em água, e seca ao ar. Pelo fato de as células serem tão diminutas, é comum observar-se preparações secas e coradas de bactérias ou arqueias utilizando-se uma lente de grande aumento (objetiva de imersão).

### Colorações diferenciais: coloração de Gram

Corantes que conferem diferentes cores a diferentes tipos de células são denominados corantes *diferenciais*. Um importante procedimento de coloração diferencial, amplamente utilizado em microbiologia, é a **coloração de Gram** (**Figura 2.4**). De acordo com sua reação à coloração de Gram, bactérias podem ser divididas em dois grupos principais: **gram-positivas** e **gram-negativas**. Após a coloração de Gram, as bactérias gram-positivas coram-se em roxo-violeta, enquanto as bactérias gram-negativas, em cor-de-rosa (Figura 2.4*b*). Essa diferença de reação à coloração de Gram deve-se às diferenças na estrutura da parede celular das células gram-positivas e gram-negativas, um tópico que será considerado posteriormente. Após a coloração com um corante básico, como o cristal violeta que confere às células uma coloração roxa, o tratamento com o etanol descora as células gram-negativas, mas não as gram-positivas. Após a coloração de contraste com um corante de cor diferente, normalmente a safranina, os dois tipos de células podem ser distinguidos microscopicamente por suas cores diferenciadas (Figura 2.4*b*).

UNIDADE 1

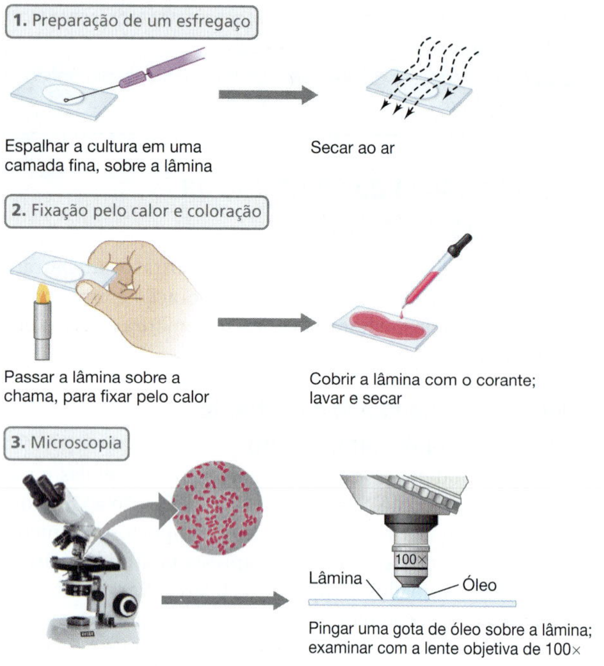


**Figura 2.3 Coloração de células para a observação microscópica.** Os corantes aumentam o contraste entre as células e o plano de fundo. Centro: as mesmas células mostradas no detalhe da Figura 2.1, porém marcadas com um corante básico.

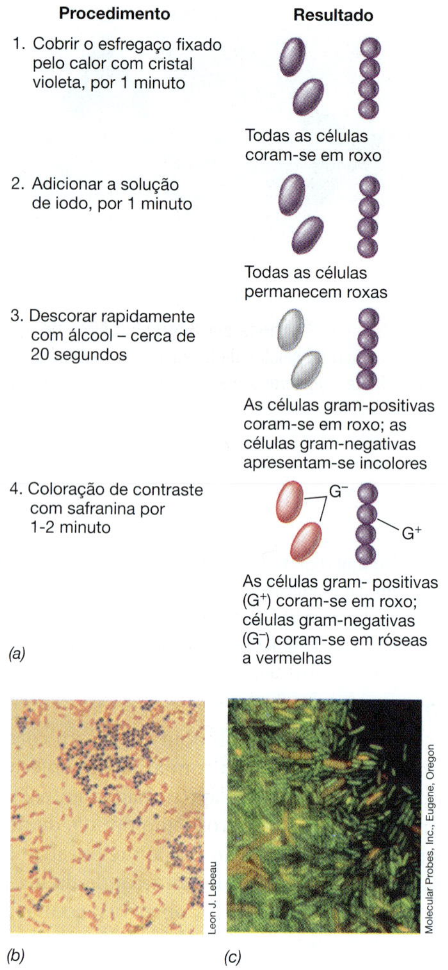


**Figura 2.4 Coloração de Gram.** *(a)* Etapas do procedimento de coloração de Gram. *(b)* Observação microscópica de bactérias gram-positivas (roxo) e gram-negativas (cor-de-rosa). Os organismos são, respectivamente, *Staphylococcus aureus* e *Escherichia coli*. *(c)* Células de *Pseudomonas aeruginosa* (gram-negativas, em verde) e *Bacillus cereus* (gram-positivas, em cor-de-laranja), submetidas a um método de coloração fluorescente de etapa única. Esse método permite a diferenciação de células gram-positivas e gram-negativas em uma única etapa de coloração.

A coloração de Gram é o procedimento de coloração mais utilizado na microbiologia, sendo frequentemente utilizado para iniciar a caracterização de uma bactéria recentemente isolada. Se houver a disponibilidade de um microscópio fluorescente, a coloração de Gram pode ser reduzida a um procedimento de uma etapa; as células gram-positivas e gram-negativas fluorescem em diferentes cores quando tratadas com um produto químico especial (Figura 2.4*c*).

## Microscopia de contraste de fase e de campo escuro

Embora seja um procedimento amplamente utilizado na microscopia, a coloração mata as células e pode alterar suas características. Duas formas de microscopia óptica aumentam o contraste da imagem de células não coradas (assim, vivas). São a microscopia de contraste de fase e a microscopia de campo escuro (**Figura 2.5**). O microscópio de contraste de fase, particularmente, é amplamente utilizado em ensino e pesquisa para a observação de preparações vivas.

A microscopia de contraste de fase é baseada no princípio de que as células diferem de seu meio circundante quanto ao índice de refração (um fator pelo qual a luz sofre um retardo ao atravessar um material). A luz que atravessa uma célula apresenta uma diferença na fase em relação à luz que atravessa o líquido circundante. Essa diferença sutil é amplificada por um dispositivo presente na lente objetiva do microscópio de contraste de fase, denominado *anel de fase*, resultando em uma imagem escura sobre um fundo claro (Figura 2.5*b*; ver também detalhe na Figura 2.1). O anel consiste em uma placa de fase, que amplifica a variação de fase para produzir uma imagem de maior contraste.

No microscópio de campo escuro, o espécime é atingido apenas lateralmente pela luz. A única luz que atinge a lente corresponde àquela desviada pelo espécime e, dessa forma, o espécime aparece claro em um fundo escuro (Figura 2.5*c*). A resolução na microscopia de campo escuro é muitas vezes melhor que aquela da microscopia óptica, frequentemente permitindo a resolução, por campo escuro, de objetos não distinguidos em microscópios de campo claro ou mesmo de contraste de fase. A microscopia de campo escuro é também uma forma excelente de observar a motilidade microbiana, uma vez que os feixes de flagelos (estruturas responsáveis pela motilidade em natação) são frequentemente distinguidos por essa técnica (ver Figura 2.50*a*).

## Microscopia de fluorescência

O microscópio de fluorescência é utilizado para visualizar espécimes que fluorescem, isto é, que emitem luz de uma cor, após absorção de luz de outra cor (**Figura 2.6**). As células fluorescem, seja porque contêm substâncias naturalmente fluores-

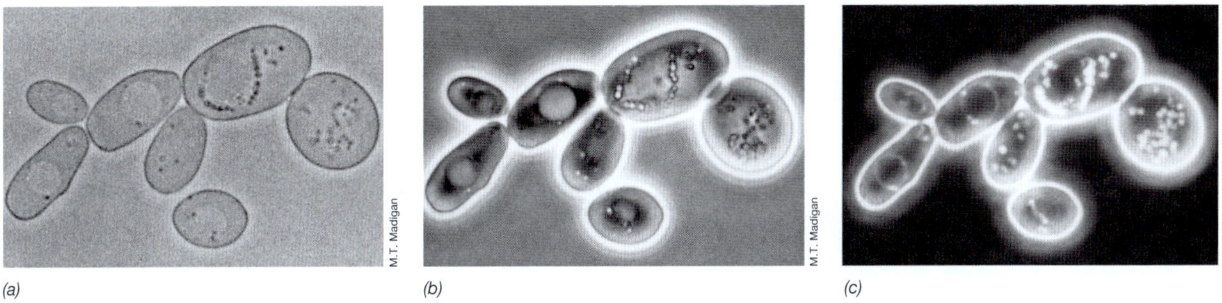


**Figura 2.5 Células observadas por diferentes tipos de microscopia óptica.** O mesmo campo de células da levedura *Saccharomyces cerevisiae* visualizado por meio de *(a)* microscopia de campo claro, *(b)* microscopia de contraste de fase e *(c)* microscopia de campo escuro. Largura média das células de 8 a 10 μm.

centes, como a clorofila ou outros componentes fluorescentes (autofluorescência) (Figura 2.6*a, b*), ou porque as células foram tratadas com um corante fluorescente (Figura 2.6*c*). O DAPI (4′,6-diamidino-2-fenilindol) é um corante fluorescente amplamente utilizado. O DAPI cora as células em azul-brilhante, uma vez que forma complexos com o DNA da célula (Figura 2.6*c*). O DAPI pode ser utilizado para a visualização de células em seus hábitats naturais, como solo, água, alimento ou um espécime clínico. A microscopia de fluorescência utilizando o DAPI é amplamente empregada na microbiologia diagnóstica clínica e também na ecologia microbiana, para enumerar as bactérias presentes em um ambiente natural ou em uma suspensão celular.

**MINIQUESTIONÁRIO**

- Que cor uma célula gram-negativa irá adquirir após a coloração de Gram por método convencional?
- Qual a principal vantagem que a microscopia de contraste de fase possui sobre a coloração?
- Como células podem se tornar fluorescentes?

## 2.3 Visualizando as células em três dimensões

Até o momento, discutiu-se as formas de microscopia nas quais as imagens obtidas são bidimensionais. Como é possível superar essa limitação? Será visto na próxima seção que o microscópio eletrônico de varredura oferece uma solução para esse problema, porém outras formas de microscopia óptica também são capazes de melhorar a perspectiva tridimensional de uma imagem.

### Microscopia de contraste por interferência diferencial

A microscopia de contraste por interferência diferencial (CID) é uma forma de microscopia óptica que emprega um polarizador no condensador para gerar luz polarizada (luz em um único plano). A luz polarizada então atravessa um prisma, que gera dois feixes distintos. Esses feixes atravessam o espécime e penetram na lente objetiva, onde são recombinados em um único feixe. Como os dois feixes atravessam substâncias que apresentam diferenças no índice de refração, os raios combinados não se encontram totalmente em fase, mas, em vez disso, interferem um com o outro, e esse efeito intensifica diferenças sutis na estrutura celular. Desse modo, por meio da microscopia CID, estruturas como o núcleo de células eucarióticas (**Figura 2.7**), assim como endósporos, vacúolos e inclusões de células bacterianas, adquirem um aspecto tridimensional. A microscopia CID é particularmente utilizada na observação de células não coradas, por sua capacidade de revelar estruturas celulares internas, as quais são quase invisíveis pelo microscópio de campo claro sem a necessidade de coloração (compare a Figura 2.5*a* com a Figura 2.7).

### Microscopia *laser* de varredura confocal

O microscópio *laser* de varredura confocal (MLVC) é um microscópio computadorizado, que acopla uma fonte de raio *laser* a um microscópio fluorescente. O *laser* gera uma imagem clara tridimensional e permite ao observador acessar vários

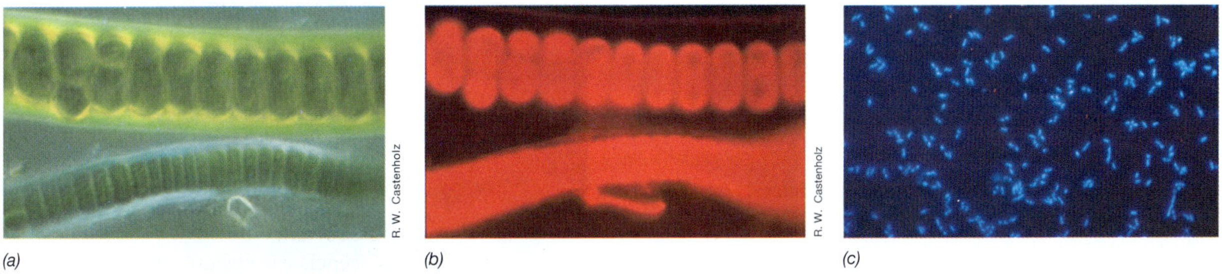


**Figura 2.6 Microscopia de fluorescência.** *(a, b)* Cianobactérias. As mesmas células são observadas por microscopia de campo claro *(a)* e por microscopia de fluorescência *(b)*. As células fluorescem em vermelho porque contêm clorofila *a* e outros pigmentos. *(c)* Fotomicrografia de fluorescência de células de *Escherichia coli* tornadas fluorescentes pelo tratamento com o corante fluorescente DAPI, que se liga ao DNA.

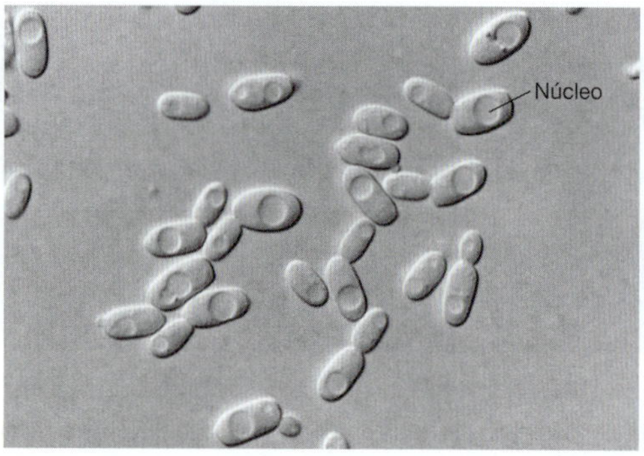


**Figura 2.7 Microscopia de contraste de interferência diferencial.** Células da levedura *Saccharomyces cerevisiae* exibem um efeito tridimensional por meio dessa forma de microscopia. As células possuem aproximadamente 8 μm de largura. Observe como o núcleo encontra-se claramente visível e compare com a imagem das células de levedura obtida pela microscopia de campo claro na Figura 2.5*a*.

planos de foco no espécime (**Figura 2.8**). Para isso, o raio *laser* é ajustado precisamente, de modo que somente uma determinada camada do espécime esteja no foco perfeito de uma só vez. A iluminação precisa de somente um único plano de foco pelo MLVC elimina a luz difusa pelos outros planos focais. Desse modo, ao observar-se um espécime relativamente espesso, como um biofilme microbiano (Figura 2.8*a*), não somente as células da superfície do biofilme tornam-se aparentes, como ocorreria no caso da microscopia óptica convencional, mas as células nas várias camadas também podem ser observadas ao ajustar-se o plano de foco do feixe de *laser*. Utilizando o MLVC, tem sido possível melhorar a resolução de 0,2 μm do microscópio óptico composto a um limite de aproximadamente 0,1 μm.

As preparações celulares para MLVC podem ser tratadas com corantes fluorescentes, tornando-as mais facilmente distinguíveis (Figura 2.8*a*). Alternativamente, uma falsa coloração pode ser adicionada a preparações não coradas, de forma que diferentes camadas do espécime assumam cores distintas (Figura 2.8*b*). O MLVC vem equipado com um computador que organiza as imagens digitais para posterior processamento. As imagens obtidas das diferentes camadas podem ser então digitalmente reconstruídas para uma imagem tridimensional do espécime completo.

O MLVC é amplamente utilizado na ecologia microbiana, especialmente na identificação de populações celulares específicas presentes em um hábitat microbiano, ou na resolução dos diferentes componentes de uma comunidade microbiana estruturada, como um biofilme (Figura 2.8*a*) ou um tapete microbiano. Em geral, o MLVC é particularmente útil em qualquer lugar que espécimes espessos necessitem ser examinados quanto ao seu conteúdo microbiano em profundidade.

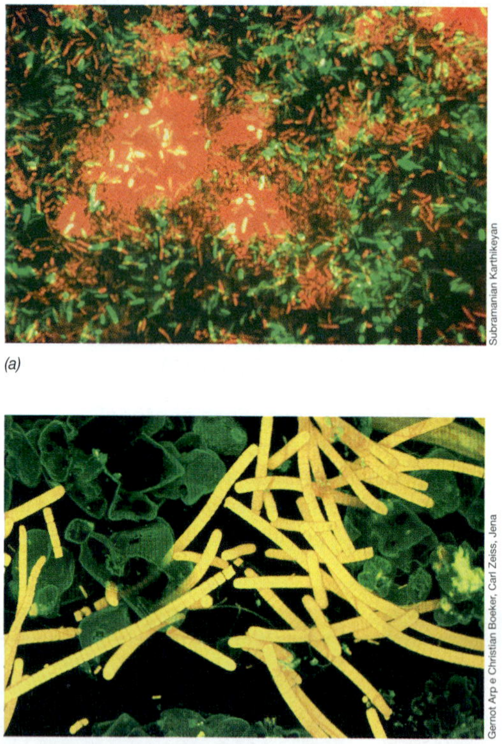


**Figura 2.8 Microscopia *laser* de varredura confocal.** *(a)* Imagem confocal de uma comunidade microbiana de um biofilme. As células bacilares verdes correspondem a *Pseudomonas aeruginosa*, introduzidas experimentalmente no biofilme. Outras células, de colorações distintas, encontram-se em diferentes profundidades do biofilme. *(b)* Imagem confocal de uma cianobactéria filamentosa crescendo em um lago rico em carbonato de sódio. As células apresentam aproximadamente 5 μm de largura.

**MINIQUESTIONÁRIO**

- Qual estrutura na célula eucariótica é mais facilmente vista em CID do que na microscopia de campo claro? (*Dica*: compare as Figuras 2.5*a* e 2.7)
- Por que o MLVC permite a visualização de diferentes camadas em preparações espessas enquanto a microscopia de campo claro não permite?

**Figura 2.9 Microscópio eletrônico.** Este instrumento abrange as funções de microscópio eletrônico de transmissão e de varredura.

## 2.4 Descobrindo as estruturas celulares: microscopia eletrônica

Os microscópios eletrônicos utilizam elétrons, em vez de luz visível (fótons), para a visualização de células e estruturas celulares. No microscópio eletrônico, eletroímãs atuam como lentes, e todo o sistema opera em vácuo (**Figura 2.9**). Os microscópios eletrônicos são adaptados com câmeras, permitindo a obtenção de uma fotografia, denominada *micrografia eletrônica*. Dois tipos de microscópio eletrônico são rotineiramente utilizados na microbiologia: de transmissão e de varredura.

### Microscópio eletrônico de transmissão

O *microscópio eletrônico de transmissão* (MET) é utilizado para examinar células e estruturas celulares, em um aumento e resolução muito elevados. O poder de resolução de um MET é significativamente maior que aquele do microscópio óptico, permitindo até a visualização de estruturas em nível molecular (**Figura 2.10**). Isso se deve ao fato de que o comprimento de onda dos elétrons é muito menor que o comprimento de onda da luz visível, e, como visto, o comprimento de onda afeta a resolução (Seção 2.1). Por exemplo, enquanto o poder de resolução de um microscópio óptico é de aproximadamente 0,2 *micrômetros*, o poder de resolução de um MET é de aproximadamente 0,2 *nanômetros*, um aumento de mil vezes. Com uma resolução tão alta, moléculas tão pequenas quanto proteínas individuais e ácidos nucleicos podem ser visualizadas pelo microscópio eletrônico de transmissão (Figura 2.10).

No entanto, contrariamente aos fótons, os elétrons apresentam baixa penetrabilidade; mesmo uma única célula é muito espessa para ser penetrada por um feixe de elétrons. Consequentemente, para a visualização de estruturas internas de uma célula, *cortes finos* dessa célula são necessários, e esses cortes precisam estar estabilizados e corados com vários químicos para torná-los visíveis. Uma única célula bacteriana, por exemplo, é cortada em várias secções muito finas (20-60 nm), as quais são então examinadas individualmente por MET (Figura 2.10*a*). Para obtenção de contraste suficiente, as preparações são tratadas com corantes como ácido ósmico, ou sais de permanganato, urânio, lantânio ou chumbo. Como essas substâncias são compostas por átomos de alta massa atômica, dispersam bem os elétrons, melhorando, assim, o contraste. Quando se deseja observar somente as características *externas* de um organismo, as secções finas são desnecessárias. Células intactas ou componentes celulares podem ser observados diretamente por MET, utilizando-se uma técnica denominada *coloração negativa* (Figura 2.10*b*).

### Microscopia eletrônica de varredura

Para imagens tridimensionais ótimas das células, um *microscópio eletrônico de varredura* é utilizado (MEV) (Figura 2.9). Na microscopia eletrônica de varredura, o espécime é recoberto com uma fina camada de um metal pesado, normalmente o ouro. Um feixe de elétrons então realiza a varredura percorrendo o espécime para trás e para frente. Os elétrons dispersos pela cobertura de metal são coletados e projetados em um monitor para gerar a imagem (Figura 2.10*c*). Com o MEV, até mesmo espécimes relativamente grandes podem

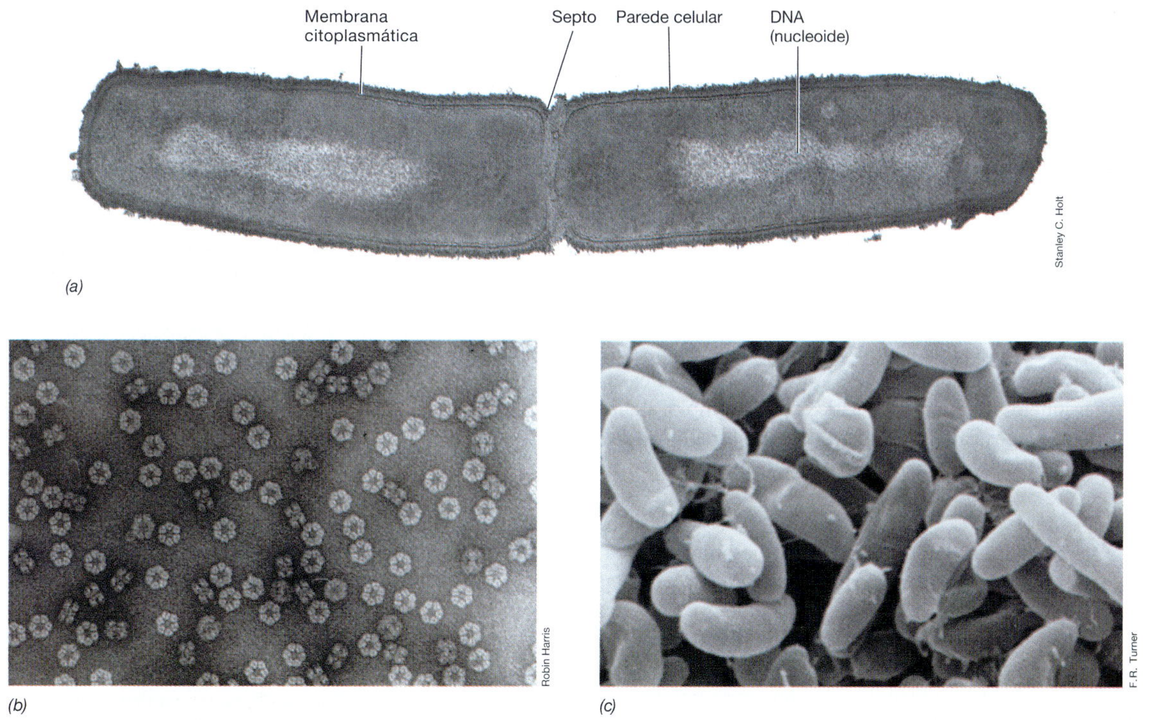


**Figura 2.10 Micrografias eletrônicas.** *(a)* Micrografia de uma secção fina de uma célula bacteriana em divisão, tirada por microscopia eletrônica de transmissão (MET). A célula tem aproximadamente 0,8 μm de largura. *(b)* MET de moléculas de hemoglobina coradas negativamente. Cada molécula hexagonal tem aproximadamente 25 nanômetros (nm) de diâmetro e consiste em dois anéis em forma de arruela, com largura total de 15 nm. *(c)* Micrografia eletrônica de varredura de células bacterianas. Cada célula tem aproximadamente 0,75 μm de largura.

ser observados, sendo a profundidade do campo (a porção da imagem que permanece em foco) bastante satisfatória. Uma grande faixa de aumentos pode ser obtida com o MEV, baixas desde 15× até cerca de 100.000×, mas apenas a *superfície* do objeto é normalmente visualizada.

As micrografias eletrônicas obtidas por MET ou MEV são originalmente imagens em preto e branco. Embora a imagem original contenha o máximo de informação científica disponível, a cor é frequentemente adicionada à micrografia eletrônica por manipulação digital da imagem. No entanto, a colorização artificial não melhora a resolução da micrografia. Seu principal objetivo é aumentar o valor artístico da imagem para consumo público nos meios de comunicação de massa. O conteúdo científico máximo que é detalhado em uma micrografia eletrônica é definido no momento da captura da imagem e, portanto, a coloração artificial será utilizada com moderação nas micrografias eletrônicas deste livro de forma a apresentá-las em seu contexto científico original.

**MINIQUESTIONÁRIO**

- O que é uma micrografia eletrônica? Por que micrografias eletrônicas possuem uma melhor resolução do que as micrografias ópticas?
- Que tipo de microscópio eletrônico seria utilizado para observar um grupo de células? Que tipo seria utilizado para observar estruturas celulares internas?

# II • Células de bactérias e arqueias

Duas características das células procarióticas que ficam imediatamente evidentes sob observação ao microscópio é a sua forma e o seu pequeno tamanho. Uma variedade de formas é possível, e, no geral, as células procarióticas são extremamente pequenas quando comparadas às eucarióticas. A forma da célula pode ser utilizada para se distinguir células diferentes e sem sombra de dúvidas possui alguma importância ecológica, embora a forma celular raramente possua relevância filogenética. Em contrapartida, o tamanho frequentemente pequeno dos procariotos afeta muitos aspectos de sua biologia.

## 2.5 Morfologia celular

Em microbiologia, o termo **morfologia** se refere à forma celular. São conhecidas várias morfologias entre os procariotos, sendo as mais comuns descritas por termos que são parte do vocabulário essencial do microbiologista.

### Principais morfologias celulares

Exemplos de morfologias bacterianas são apresentados na **Figura 2.11**. Uma célula que é esférica ou ovalada em sua morfologia é denominada *coco* (plural, cocos). Uma célula exibindo forma cilíndrica é denominada um *bastonete* ou um *bacilo*. Alguns bacilos assumem formas espiraladas e são denominados *espirilos*. As células de alguns procariotos permanecem unidas em grupos ou conjuntos após a divisão celular, e os arranjos são frequentemente característicos. Por exemplo, alguns cocos formam longas cadeias (p. ex., a bactéria *Streptococcus*), outros são encontrados como cubos tridimensionais (*Sarcina*), e ainda outros, em conjuntos semelhantes a um cacho de uvas (*Staphylococcus*).

Alguns grupos de bactérias são imediatamente reconhecíveis em virtude das formas incomuns de suas células individuais. Os exemplos incluem as espiroquetas, bactérias intensamente espiraladas; as bactérias apendiculadas, que apresentam extensões celulares na forma de longos tubos ou pedúnculos; e as bactérias filamentosas, que apresentam longas células ou cadeias celulares delgadas (Figura 2.11).

As morfologias celulares descritas aqui devem ser consideradas apenas representativas; muitas variações destas morfologias são conhecidas. Por exemplo, há bacilos largos, finos, curtos e longos, sendo um bacilo simplesmente uma célula mais longa em uma dimensão que em outra. Como será visto, há até mesmo bactérias quadradas e em forma de estrela! As morfologias celulares, portanto, formam uma série contínua, como os bacilos que são bastante comuns, e enquanto outras são mais incomuns.

### Morfologia e biologia

Embora a morfologia celular seja facilmente reconhecida, geralmente este é um indicador inadequado das demais propriedades de uma célula. Por exemplo, ao microscópio, várias arqueias bacilares mostram-se idênticas às bactérias bacilares, embora saibamos que pertencem a domínios filogenéticos distintos (Seção 1.3). Assim, com raríssimas exceções, é impossível prever-se a fisiologia, ecologia, filogenia, potencial patogênico ou praticamente qualquer outra propriedade de uma célula procariótica simplesmente conhecendo-se sua morfologia.

O que determina a morfologia de uma espécie em particular? Embora saibamos alguma coisa sobre *como* a forma celular é controlada, sabemos pouco do *porquê* uma célula em particular desenvolveu sua respectiva morfologia. Indiscutivelmente, várias forças seletivas auxiliaram na definição da morfologia de uma determinada espécie. Alguns exemplos disso incluem a otimização da captação de nutrientes (células pequenas, e aquelas com elevadas proporções entre superfície e volume, como as células apendiculadas), mobilidade natatória em ambientes viscosos ou próximos a superfícies (células helicoidais ou espiraladas), motilidade por deslizamento (bactérias filamentosas), e assim por diante. A morfologia não corresponde a uma característica trivial de uma célula microbiana, mas sim a uma propriedade geneticamente codificada, que maximiza a adequação do organismo para o sucesso em seu hábitat particular.

**MINIQUESTIONÁRIO**

- Como os cocos e os bacilos diferem em sua morfologia?
- A morfologia celular é um bom indicador de outras propriedades da célula?

## 2.6 Tamanho celular e a importância de ser pequeno

Os procariotos variam em tamanho, desde células muito pequenas, com diâmetro de aproximadamente 0,2 μm, até aquelas com mais de 700 μm de diâmetro (**Tabela 2.1**). A vasta maioria dos procariotos bacilares cultivados em laboratório exibe de 0,5 a 4 μm de largura, e menos de 15 μm de comprimento. Porém, alguns procariotos, como *Epulopiscium fichelsoni*, são muito grandes, e apresentam células com mais de 600 μm (0,6 milímetros) (**Figura 2.12**). Essa bactéria, filogeneticamente relacionada com a bactéria formadora de endósporos *Clostridium*, e encontrada no intestino do peixe marinho tropical, conhecido como peixe-cirurgião, possui múltiplas cópias de seu genoma. As várias cópias parecem ser necessárias porque o volume celular de *Epulopiscium* é tão grande (Tabela 2.1) que uma única cópia de seu genoma não seria suficiente para atender às suas necessidades transcricionais e traducionais.

As células do maior procarioto conhecido, o quimiolitotrófico sulfuroso *Thiomargarita* (Figura 2.12*b*), são ainda maiores do que as de *Epulopiscium*, com cerca de 750 μm de diâmetro; tais células são quase visíveis a olho nu. Não se sabe ainda porque essas células são tão grandes, embora, no caso das bactérias sulfurosas, um grande tamanho celular possa corresponder a um mecanismo de armazenamento de

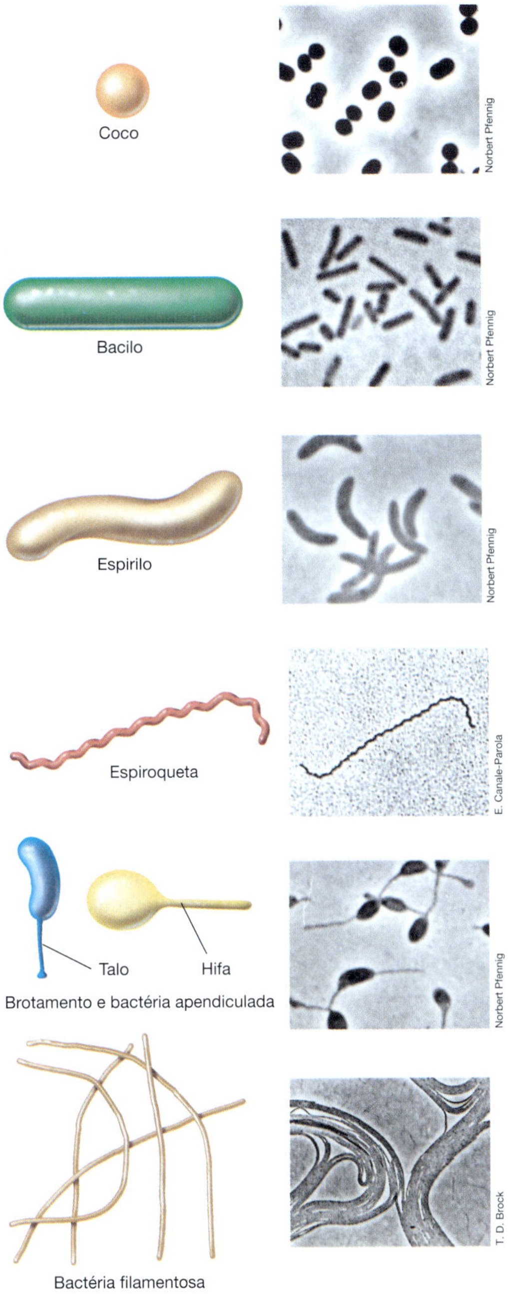


**Figura 2.11 Morfologia celular.** Ao lado de cada desenho das células existe uma fotomicrografia de contraste de fase demonstrando a morfologia. Coco (diâmetro celular na fotomicrografia, 1,5 μm); bacilo (1 μm); espirilo (1 μm); espiroqueta, (0,25 μm); bactérias com brotamento (1,2 μm); bactérias filamentosas (0,8 μm). Todas as fotomicrografias são de espécies de bactérias. Nem todas estas morfologias são conhecidas entre as arqueias.

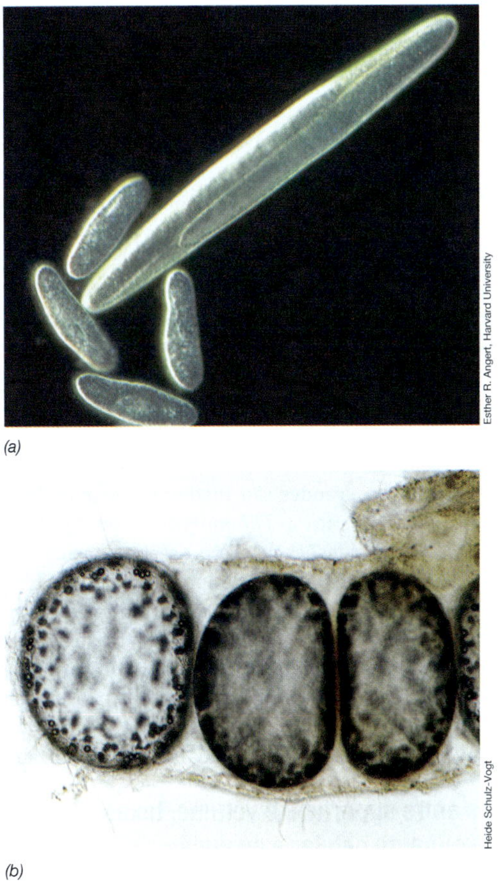


**Figura 2.12 Alguns procariotos são muito grandes.** Fotomicrografia de campo escuro de dois procariotos gigantes, espécies de bactérias. *(a) Epulopiscium fishelsoni.* A célula bacilar exibe aproximadamente 600 μm (0,6 mm) de comprimento e 75 μm de largura, sendo apresentada com quatro células do protista (eucarioto) *Paramecium*, cada uma medindo cerca de 150 μm de comprimento. *(b) Thiomargarita namibiensis*, um grande organismo quimiolitotrófico de enxofre, sendo atualmente o maior procarioto conhecido. Cada célula apresenta cerca de 400 a 750 μm de largura.

**Tabela 2.1 Tamanho e volume celular de algumas células de bactérias, da maior para a menor**

| *Organismo* | *Características* | *Morfologia* | *Tamanho*[a] *(μm)* | *Volume celular (μm³)* | *Volumes de* E. coli |
|---|---|---|---|---|---|
| *Thiomargarita namibiensis* | Quimiolitotrófica de enxofre | Cocos em cadeias | 750 | 200.000,000 | 100.000.000 |
| *Epulopiscium fishelsoni*[a] | Quimiorganotrófica | Bacilos com extremidades afiladas | 80 × 600 | 3.000,000 | 1.500.000 |
| Espécies de *Beggiatoa*[a] | Quimiolitotrófica de enxofre | Filamentos | 50 × 160 | 1.000,000 | 500.000 |
| *Achromatium oxaliferum* | Quimiolitotrófica de enxofre | Cocos | 35 × 95 | 80.000 | 40.000 |
| *Lyngbya majuscula* | Cianobactéria | Filamentos | 8 × 80 | 40.000 | 20.000 |
| *Thiovulum majus* | Quimiolitotrófica de enxofre | Cocos | 18 | 3.000 | 1.500 |
| *Staphylothermus marinus*[a] | Hipertermófila | Cocos em agrupamentos irregulares | 15 | 1.800 | 900 |
| *Magnetobacterium bavaricum* | Bactéria magnetotática | Bacilos | 2 × 10 | 30 | 15 |
| *Escherichia coli* | Quimiorganotrófica | Bacilos | 1 × 2 | 2 | 1 |
| *Pelagibacter ubique*[a] | Quimiorganotrófica marinha | Bacilos | 0,2 × 0,5 | 0,014 | 0,007 |
| *Mycoplasma pneumoniae* | Bactéria patogênica | Pleomórfica[b] | 0,2 | 0,005 | 0,0025 |

[a]Quando apenas um número é apresentado, ele corresponde ao diâmetro de células esféricas. Os valores apresentados referem-se ao maior tamanho celular observado em cada espécie. Por exemplo, em *T. namibiensis*, o tamanho celular médio é de aproximadamente 200 μm de diâmetro. Porém, ocasionalmente, são observadas células gigantes, de 750 μm. Da mesma forma, uma célula média de *S. marinus* apresenta aproximadamente 1 μm de diâmetro. As espécies de *Beggiatoa* aqui não são claras, e *E. fishelsoni, Magnetobacterium bavaricum* e *P. ubique* não são nomes formalmente reconhecidos na taxonomia.

[b]*Mycoplasma* é uma bactéria desprovida de parede celular, que pode assumir várias formas (*pleomórfico* significa "muitas formas").

*Fonte*: Dados obtidos de Schulz, H.N., e B.B. Jørgensen. 2001. *Ann. Rev. Microbiol.* *55*: 105-137.

inclusões de enxofre (uma fonte de energia). Acredita-se que o limite de tamanho superior para células procarióticas resulta da capacidade decrescente de células cada vez maiores em transportar nutrientes (sua proporção entre superfície e volume é muito pequena; ver a próxima subseção). Uma vez que a taxa metabólica de uma célula varia inversamente em relação ao quadrado de seu tamanho, para células muito grandes, a captação de nutrientes eventualmente limita o metabolismo a um ponto em que a célula não é mais competitiva em relação às células menores.

Células muito grandes são incomuns no mundo procariótico. Contrariamente à *Thiomargarita* ou *Epulopiscium* (Figura 2.12), as dimensões de um procarioto bacilar médio, a bactéria *E. coli*, por exemplo, são de aproximadamente 1 × 2 μm; essas dimensões são típicas das células da maioria dos procariotos. Em contrapartida, as células eucarióticas podem apresentar de 2 a mais de 600 μm de diâmetro, embora procariotos muito pequenos sejam raros, a maioria apresenta 8 μm de diâmetro ou mais. No geral, dessa forma, pode-se dizer que os procariotos são células muito pequenas quando comparadas aos eucariotos.

## Razões entre superfície e volume, taxas de crescimento celular e evolução

Há vantagens significativas em ser uma célula pequena. As células pequenas apresentam maior área superficial, em relação ao volume celular, do que as células grandes; isto é, estas apresentam maior *razão superfície–volume*. Considere um coco. O volume de um coco é uma função do cubo de seu raio ($V = \frac{4}{3}\pi r^3$), enquanto sua área superficial é uma função do quadrado do raio ($S = 4\pi r^2$). Portanto, a razão *S/V* de um coco é $3/r$ (**Figura 2.13**). À medida que a célula aumenta em tamanho, sua razão *S/V* diminui. Para ilustrar este fato, considere a razão *S/V* de algumas das células de diferentes tamanhos listadas na Tabela 2.1: *Pelagibacter ubique*, 22; *E. coli*, 4,5; e *E. fishelsoni* (Figura 2.12*a*), 0,05.

A razão *S/V* de uma célula afeta vários aspectos de sua biologia, incluindo a sua evolução. Uma vez que a taxa de crescimento celular depende, entre outras coisas, da taxa de troca de nutrientes, a razão *S/V* maior das células menores permite uma troca de nutrientes mais rápida por unidade de volume celular, em comparação com células maiores. Como resultado, as células menores geralmente crescem mais rapidamente que as células maiores, e uma determinada quantidade de recursos (os nutrientes disponíveis para promover o crescimento) sustentará uma população maior de células pequenas que de células grandes. Isso, por sua vez, pode afetar a evolução.

Toda vez que uma célula se divide, seu cromossomo também é replicado. Quando o DNA é replicado, podem ocorrer

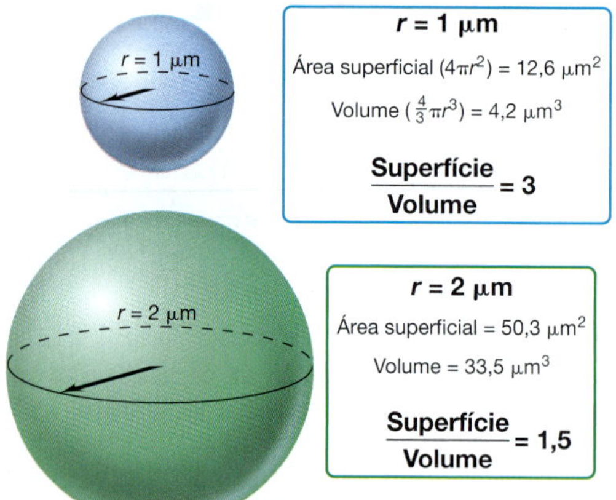


**Figura 2.13 Relações entre a área superficial e o volume nas células.** À medida que uma célula aumenta em tamanho, sua razão *S/V* diminui.

erros ocasionais, denominados *mutações*. Como a taxa de mutações parece relativamente igual em todas as células, grandes ou pequenas, quanto maior o número de replicações cromossômicas, maior será o número total de mutações na população celular. As mutações correspondem à "matéria-prima" da evolução; quanto maior o conjunto de mutações, maiores as possibilidades evolutivas. Assim, pelo fato de as células procarióticas serem bastante pequenas e também geneticamente haploides (permitindo a expressão imediata de mutações), elas geralmente exibem uma capacidade de crescimento e evolução mais rápidos do que as células maiores, geneticamente diploides. Nas células diploides maiores, não somente a razão *S/V* é menor, mas os efeitos de uma mutação em um único gene podem ser mascarados por uma segunda cópia não mutada do gene. Essas diferenças fundamentais em tamanho e genética, entre as células procarióticas e eucarióticas, são as principais razões de o porquê os procariotos se adaptam mais rapidamente às mudanças nas condições ambientais, sendo capazes de explorar mais facilmente novos hábitats, que as células eucarióticas. Será vista a aplicação desse conceito em capítulos posteriores, quando serão abordadas, por exemplo, a enorme diversidade dos procariotos (Capítulos 13 a 16) e a rapidez de sua evolução (⇄ Seção 12.6).

### Limites inferiores do tamanho celular

A partir da discussão anterior, pode parecer que quanto menores forem as bactérias, maiores serão as vantagens seletivas na natureza. No entanto, isso não é verdade, uma vez que existem limites inferiores para o tamanho celular. Se considerarmos o volume necessário para abrigar os componentes essenciais de uma célula de vida livre – proteínas, ácidos nucleicos, ribossomos, e assim por diante – uma estrutura de 0,1 μm ou menor é insuficiente para fazer o trabalho, estando as estruturas de 0,15 μm de diâmetro no limite em relação a essa questão. Assim, estruturas observadas em amostras naturais que possuem 0,1 μm de diâmetro ou menos "parecem" células bacterianas, mas quase certamente não o são. Apesar disso, são conhecidas inúmeras células procarióticas muito pequenas, muitas das quais cultivadas em laboratório. Por exemplo, em águas de mar aberto, existem $10^5$ a $10^6$ células procarióticas por mililitro, e elas tendem a ser células muito pequenas, com diâmetro de 0,2 a 0,4 μm. Será visto posteriormente que várias bactérias patogênicas também são muito pequenas. Quando o genoma desses patógenos é estudado, verifica-se que eles são altamente simplificados, e contam com a ausência de muitos genes cujas funções são fornecidas a eles pelos seus hospedeiros.

**MINIQUESTIONÁRIO**

- Que propriedade física das células aumenta à medida que as células se tornam menores?
- Como o tamanho pequeno e o estado haploide dos procariotos acelera o seu processo de evolução?
- Quais são os limites aproximados do quão pequena uma célula pode ser? Por que isso acontece?

# III • Membrana citoplasmática e transporte

Será considerada agora a estrutura e função de uma das partes mais importantes da célula, a membrana citoplasmática. A membrana citoplasmática desempenha muitas funções, a principal delas funcionando como um "porteiro" de substâncias dissolvidas que entram e saem da célula.

## 2.7 Estrutura da membrana

A **membrana citoplasmática** circunda o citoplasma e o separa do ambiente externo. Se a membrana citoplasmática estiver comprometida, a integridade celular será destruída, havendo extravasamento do citoplasma para o ambiente, provocando a morte da célula. A membrana citoplasmática é estruturalmente fraca e confere pouca proteção contra a lise osmótica, contudo, é a estrutura ideal para executar a sua principal função na célula: permeabilidade seletiva.

### Composição das membranas

A estrutura geral da membrana citoplasmática corresponde a uma bicamada fosfolipídica. Os fosfolpídeos são formados de componentes hidrofóbicos (ácidos graxos) e hidrofílicos (glicerol-fosfato) (**Figura 2.14**). Como os fosfolipídeos agregam-se em uma solução aquosa, eles naturalmente formam estruturas em bicamadas. Em uma membrana fosfolipídica, os ácidos graxos direcionam-se para o interior, voltados uns para os outros, originando um ambiente hidrofóbico, enquanto as porções hidrofílicas permanecem expostas ao ambiente externo ou ao citoplasma (Figura 2.14*b*). Ácidos graxos comuns na membrana citoplasmática incluem aqueles com 14 a 20 átomos de carbono.

A membrana citoplasmática apresenta apenas 8 a 10 nanômetros de espessura, mas ainda pode ser visualizada ao microscópio eletrônico de transmissão, onde aparece como duas linhas escuras, separadas por uma linha clara (Figura 2.14*c*). Essa *unidade de membrana*, como é denominada (porque cada folha fosfolipídica forma metade da "unidade"), consiste em uma bicamada fosfolipídica contendo proteínas embebidas (**Figura 2.15**). Embora em um diagrama a membrana citoplasmática possa aparentar ser bastante rígida, na realidade ela é relativamente fluida, apresentando consistência próxima àquela de um óleo de baixa viscosidade. Além disso, certa liberdade de movimentos existe para as proteínas incorporadas na membrana. As membranas citoplasmáticas de algumas bactérias são reforçadas por moléculas semelhantes a esteróis, chamadas de *hopanoides*. Esteróis são moléculas rígidas e planas que atuam reforçando as membranas de células eucarióticas, sendo que os hopanoides desempenham função similar em bactérias.

### Proteínas de membrana

O conteúdo proteico da membrana citoplasmática é bastante elevado, e as proteínas de membrana normalmente apresentam superfícies hidrofóbicas nas regiões que atravessam a membrana, e superfícies hidrofílicas nas regiões que estabelecem contato com o ambiente e com o citoplasma (Figuras 2.14 e 2.15). A superfície *externa* da membrana citoplasmática volta-se para o ambiente e, em bactérias gram-negativas, interage com uma variedade de proteínas de ligação a substratos ou proteínas que processam grandes moléculas, transportando-as para o interior da célula (proteínas periplasmáticas,

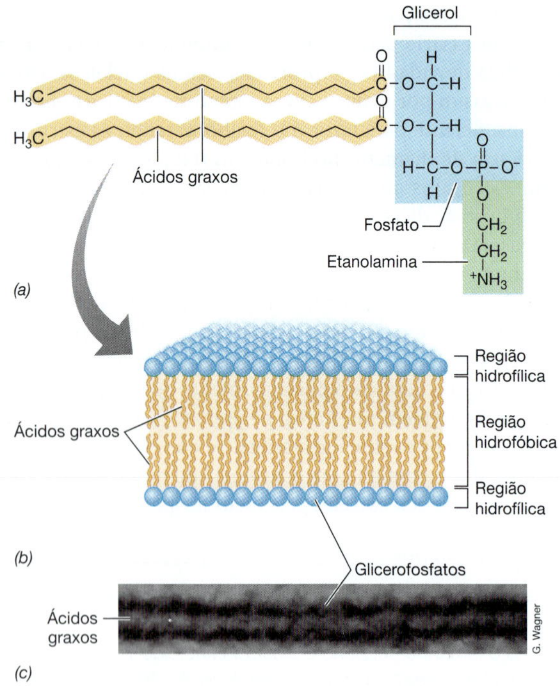


**Figura 2.14** **Estrutura de uma bicamada fosfolipídica.** *(a)* A estrutura do fosfolipídeo fosfatidiletanolamina. *(b)* Arquitetura geral de uma membrana em bicamada; as esferas azuis retratam o glicerol com o fosfato e/ou outros grupos hidrofílicos. *(c)* Micrografia eletrônica de transmissão de uma membrana. A área interna escura corresponde à região hidrofóbica do modelo de membrana apresentado em *(b)*.

Seção 2.11). A face *interna* da membrana citoplasmática está voltada para o citoplasma, e interage com proteínas e outras moléculas presentes nesse meio.

Muitas proteínas de membrana encontram-se firmemente embebidas na membrana, sendo denominadas proteínas *integrais* de membrana. Outras proteínas exibem uma porção ancorada na membrana, e regiões extramembranosas voltadas para o interior ou exterior da célula (Figura 2.15). Ainda, outras proteínas denominadas proteínas *periféricas* de membrana não estão embebidas na membrana, mas encontram-se firmemente associadas às suas superfícies. Algumas dessas proteínas periféricas de membrana são lipoproteínas, moléculas que contêm uma cauda lipídica que faz a ancoragem à membrana. Normalmente, essas proteínas interagem com as proteínas integrais de membrana em importantes processos celulares, como metabolismo energético e transporte. As proteínas de membrana que necessitam interagir umas com as outras em determinados processos são geralmente agrupadas em conjunto, permitindo que elas permaneçam adjacentes no meio semilíquido da membrana.

### Membranas de arqueias

Contrariamente aos lipídeos de bactérias e eucariotos, em que os ácidos graxos são unidos ao glicerol por ligações *éster*, os lipídeos de arqueias apresentam ligações *éter* entre o glicerol e suas cadeias hidrofóbicas laterais (**Figura 2.16**). Os lipídeos de arqueias, dessa forma, são desprovidos de ácidos graxos, por si só, embora a cadeia hidrofóbica lateral desempenhe o mesmo papel funcional que os ácidos graxos. Os lipídeos de arqueias são formados de múltiplas unidades do hidrocarboneto de cinco carbonos, isopreno (Figura 2.16*c*).

A membrana citoplasmática de arqueias é formada ou de glicerol diéter, que apresenta cadeias laterais de 20 carbonos (a unidade 20-C é denominada grupo *fitanil* composto por 5 unidades de isopreno), ou de diglicerol tetraéter, que apresenta cadeias laterais de 40 carbonos (**Figura 2.17**). Em um lipídeo tetraéter, as cadeias laterais de fitanil que apontam para o interior de cada molécula de glicerol são covalentemente ligadas. Essa estrutura origina uma membrana lipídica em *monocamada*, em vez de uma *bicamada* lipídica (Figura 2.17*d*, *e*). Contrariamente às bicamadas lipídicas, as monocamadas lipídicas são bastante resistentes ao calor e, dessa forma, são amplamente distribuídas entre arqueias hipertermófilas, organismos capazes de crescer otimamente em temperaturas acima de 80°C. Membranas com uma mistura de características de bicamada e monocamada também são possíveis, com alguns dos grupos hidrofóbicos opostos covalentemente ligados e outros não.

Muitos dos lipídeos de arqueias contêm anéis no interior das cadeias laterais de hidrocarbonetos. Por exemplo, o *crenarchaeol*, um lipídeo disseminado entre as espécies de Thaumarchaeota, um grande filo de arqueias, contém quatro anéis de 5-carbonos (ciclopentil) e um anel de 6-carbonos (ciclohexil) (Figura 2.17*c*). Anéis nas cadeias laterais de hidrocarbonetos afetam as propriedades químicas dos lipídeos e, assim, no geral, a função da membrana. Açúcares também podem estar presentes nos lipídeos de arqueias. Por exemplo, os lipídeos de membrana predominantes de muitos Euryarchaeota, um grande grupo de arqueias que inclui os metanógenos e os halófilos extremos (⇆ Figura 1.6*b*), são glicolipídeos glicerol diéter.

Apesar das diferenças químicas entre as membranas citoplasmáticas de arqueias e organismos em outros domínios, a construção fundamental da membrana citoplasmática de arqueias – superfícies hidrofílicas internas e externas e um interior hidrofóbico – é a mesma das membranas de bactérias e eucariotos. A evolução selecionou esse modelo como a melhor solução para a principal função da membrana citoplasmática – permeabilidade – e esta questão será considerada agora.

**MINIQUESTIONÁRIO**

- Desenhe a estrutura básica de uma bicamada lipídica e aponte as regiões hidrofílicas e hidrofóbicas.
- Quais são as semelhanças e diferenças dos lipídeos de membrana de *Bacteria* e *Archaea*?

## 2.8 Função da membrana

A membrana citoplasmática desempenha várias funções. Em primeiro lugar, a membrana atua como uma barreira de permeabilidade, impedindo o extravasamento passivo de substâncias para dentro ou para fora da célula (**Figura 2.18**). Segundo, a membrana corresponde a um sítio de ancoragem para várias proteínas. Dessas, algumas são enzimas que atuam na conservação de energia, e outras estão envolvidas no transporte de substâncias para dentro e para fora da célula. A membrana citoplasmática é um importante sítio celular de conservação de energia na célula procariótica. A membrana

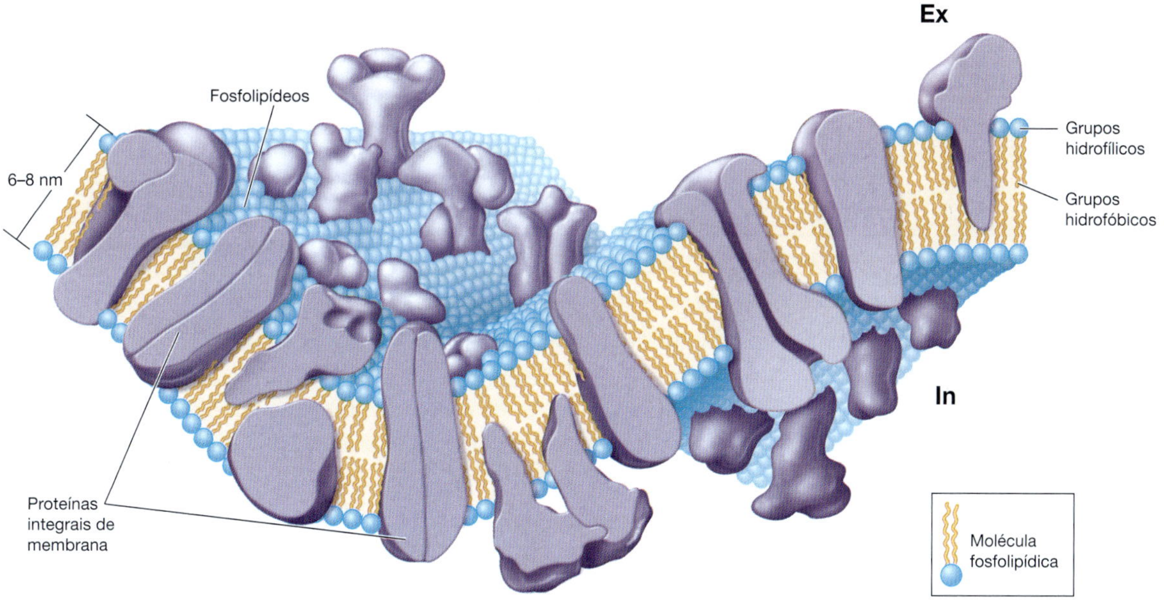


**Figura 2.15** **Estrutura da membrana citoplasmática.** A superfície interna (**In**) está voltada para o citoplasma, enquanto a superfície externa (**Ex**) volta-se para o ambiente. Os fosfolipídeos compõem a matriz da membrana citoplasmática, com proteínas embutidas ou associadas à superfície. A arquitetura geral da membrana citoplasmática ilustrada é semelhante em procariotos e eucariotos, embora existam diferenças químicas.

pode existir em uma forma energeticamente carregada, na qual os prótons ($H^+$) são separados dos íons hidroxil ($OH^-$) por meio de sua superfície (Figura 2.18*c*). Essa separação de cargas forma um estado energizado, análogo à energia potencial presente em uma bateria carregada. Essa fonte de energia, denominada *força próton-motiva*, é responsável pela realização de muitas atividades celulares que requerem energia, incluindo alguns tipos de transporte, natação, motilidade e biossíntese de ATP.

## Permeabilidade

O citoplasma é uma solução de sais, açúcares, aminoácidos, nucleotídeos e muitas outras substâncias. A porção hidrofóbica da membrana citoplasmática (Figuras 2.14 e 2.15) é uma forte barreira à difusão destas substâncias. Embora algumas pequenas moléculas hidrofóbicas atravessem a membrana por difusão, moléculas polares e carregadas não são capazes de se difundir e necessitam ser transportadas. Mesmo uma substância tão pequena como um próton ($H^+$) é incapaz de difundir-se através da membrana. A permeabilidade relativa da membrana a algumas substâncias biologicamente relevantes é demonstrada na **Tabela 2.2**. Como pode-se observar, a maioria das substâncias não pode difundir-se para dentro da célula e assim deve ser transportada.

Uma substância capaz de atravessar livremente a membrana nas duas direções é a água, uma molécula que possui porções polares, mas é suficientemente pequena para passar entre as moléculas de fosfolipídeos presentes na bicamada lipídica (Tabela 2.2). Além da água que entra na célula por difusão, proteínas de membrana denominadas *aquaporinas* aceleram a circulação da água através da membrana. Por exemplo, a aquaporina AqpZ de *Escherichia coli* importa ou exporta água do citoplasma, dependendo das condições osmóticas.

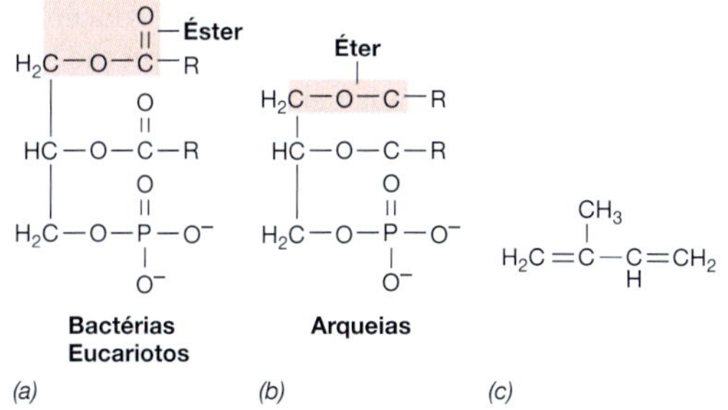


**Figura 2.16** **Estrutura geral de lipídeos.** *(a)* Ligação éster e *(b)* a ligação éter. *(c)* Isopreno, estrutura parental das cadeias laterais hidrofóbicas de lipídeos de arqueias. Em contraposição, os lipídeos de bactérias e eucariotos apresentam cadeias laterais compostas por ácidos graxos (ver Figura 2.14*a*).

**Tabela 2.2 Permeabilidade comparativa da membrana a várias moléculas**

| *Substância* | *Grau de permeabilidade*[a] | *Potencial de difusão para o interior de uma célula* |
|---|---|---|
| Água | 100 | Excelente |
| Glicerol | 0,1 | Bom |
| Triptofano | 0,001 | Moderado/Fraco |
| Glicose | 0,001 | Moderado/Fraco |
| Íon cloreto ($Cl^-$) | 0,000001 | Muito fraco |
| Íon potássio ($K^+$) | 0,0000001 | Extremamente fraco |
| Íon sódio ($Na^+$) | 0,00000001 | Extremamente fraco |

[a]Escala relativa – o grau de permeabilidade em relação à permeabilidade da água, considerada 100. A permeabilidade da membrana à água pode ser afetada pelas aquaporinas.

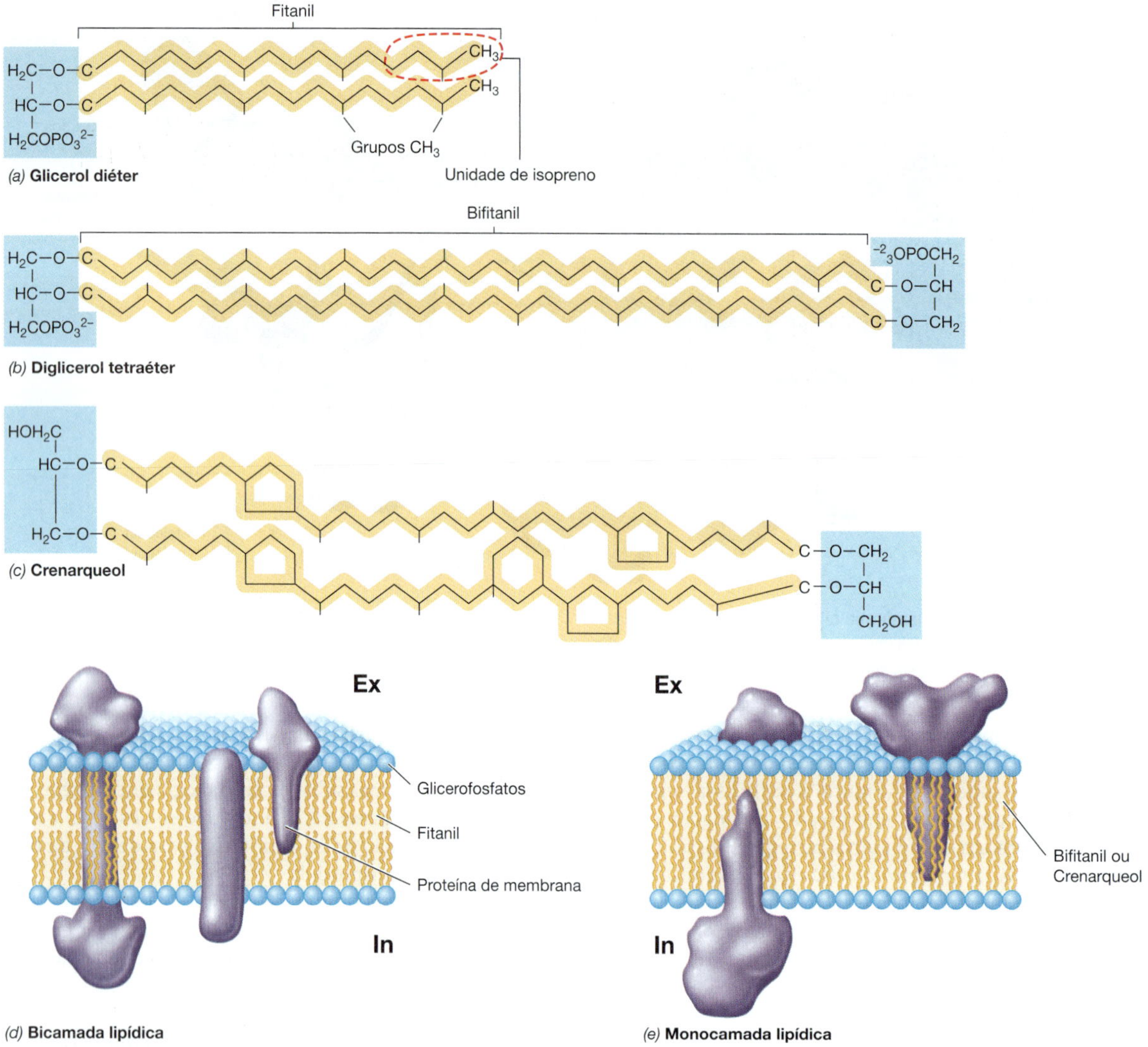


**Figura 2.17 Principais lipídeos de arqueias e a estrutura das membranas citoplasmáticas de arqueias.** *(a, b)* Observe que o hidrocarboneto do lipídeo está ligado ao glicerol por uma ligação éter em ambos os casos. O hidrocarboneto em *(a)* é o fitanil ($C_{20}$) e em *(b)*, bifitanil ($C_{40}$). *(c)* O principal lipídeo de Thaumarchaeota é o crenarqueol, um lipídeo contendo anéis de 5 e 6-carbonos. *(d, e)* Estrutura de membrana em arqueias pode ser em bicamada ou monocamada (ou uma mistura de ambos).

## Proteínas transportadoras

As proteínas transportadoras realizam mais que o mero transporte de solutos através da membrana – elas *acumulam* solutos contra um gradiente de concentração. A necessidade do transporte mediado por carreadores é de fácil entendimento. Se a difusão fosse a única forma de entrada de solutos nas células, a concentração intracelular de nutrientes jamais excederia a concentração externa, o que para a maioria dos nutrientes na natureza frequentemente é bastante baixa (**Figura 2.19**). Isso seria insuficiente para as células realizarem reações bioquímicas. Reações de transporte deslocam os nutrientes de concentrações mais baixas para concentrações mais altas, e como será visto na próxima seção, isso possui um custo energético para a célula.

Os sistemas de transporte exibem várias propriedades características. Primeiro, contrariamente à difusão, os sistemas de transporte exibem um *efeito de saturação*. Se a concentração do substrato for elevada o suficiente para saturar o carreador, o que geralmente ocorre em concentrações muito baixas de substratos, a velocidade de captação torna-se máxima, não sendo aumentada pela adição de mais substrato (Figura 2.19). Essa característica de proteínas transportadoras é essencial na concentração de nutrientes a partir de ambientes muito diluídos. Uma segunda característica do transporte mediado por carreadores é a *alta especificidade*. Muitas proteínas carreadoras transportam somente um único tipo de molécula, enquanto outras exibem afinidades por uma classe de moléculas estreitamente relacionadas, como diferentes tipos de açúcares ou aminoácidos. Essa economia na captação reduz a necessidade de proteínas transportadoras distintas para cada aminoácido ou açúcar diferente. Outra terceira grande característica dos sistemas transportadores

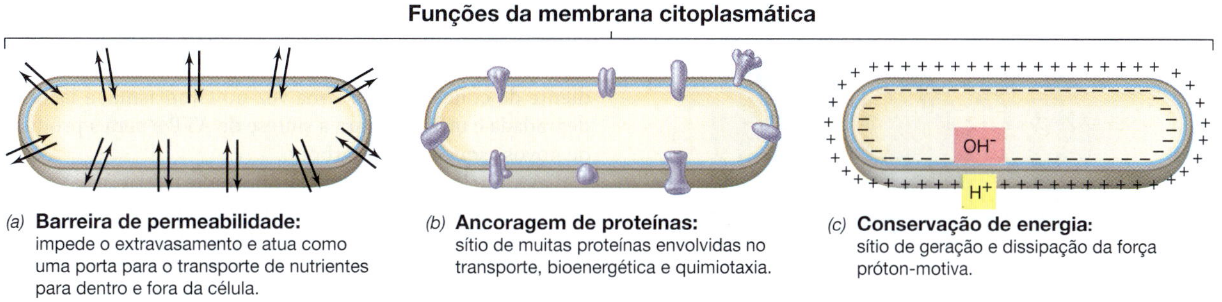

Funções da membrana citoplasmática
OH⁻
H⁺
(a) Barreira de permeabilidade: impede o extravasamento e atua como uma porta para o transporte de nutrientes para dentro e fora da célula.
(b) Ancoragem de proteínas: sítio de muitas proteínas envolvidas no transporte, bioenergética e quimiotaxia.
(c) Conservação de energia: sítio de geração e dissipação da força próton-motiva.


**Figura 2.18** **As principais funções da membrana citoplasmática.** Embora estruturalmente frágil, a membrana citoplasmática desempenha várias funções celulares importantes.

está no fato de que a sua síntese geralmente é *altamente regulada* pela célula. Isto é, o conjunto específico de transportadores presentes na membrana citoplasmática de uma célula é uma função dos recursos presentes no ambiente, bem como de suas concentrações. Alguns nutrientes são transportados por apenas um carreador quando presentes em alta concentração, e por um carreador independente, comumente um carreador de alta afinidade, quando presente em concentração muito baixa.

**MINIQUESTIONÁRIO**

- Por que uma célula não pode depender apenas da difusão simples como mecanismo de captação de nutrientes?
- Por que um dano físico à membrana citoplasmática é potencialmente letal para a célula?

## 2.9 Transporte de nutrientes

Para abastecer o metabolismo e suportar o crescimento, as células precisam importar nutrientes e exportar seus resíduos em uma base contínua. Para preencher essas condições, existem diversos mecanismos de transporte em procariotos, cada um com suas próprias características peculiares.

### Eventos de transporte e transportadores

Pelo menos três sistemas de transporte são bem caracterizados em procariotos. O **transporte simples** consiste somente em uma proteína transportadora transmembrânica, a **translocação de grupo** envolve uma série de proteínas no evento de transporte, e o **sistema de transporte ABC** consiste em três componentes: uma proteína de ligação ao substrato, um transportador integrado à membrana e uma proteína que hidrolisa ATP (**Figura 2.20**). Todos esses sistemas de transporte conduzem o evento em si utilizando a energia da força próton-motiva, do ATP, ou de algum outro composto orgânico rico em energia.

Os transportadores de membrana são normalmente compostos por 12 polipeptídeos que se dobram para trás e para frente através da membrana, formando um canal; é por meio desse canal que o soluto é de fato transportado para o interior da célula. O evento de transporte requer uma alteração conformacional da proteína transportadora após sua ligação ao soluto. Como um portão que se abre e fecha, a alteração conformacional conduz o soluto para o interior da célula.

Independente do *mecanismo* de transporte, os *eventos* reais de transporte são de três tipos – *uniporte, simporte*

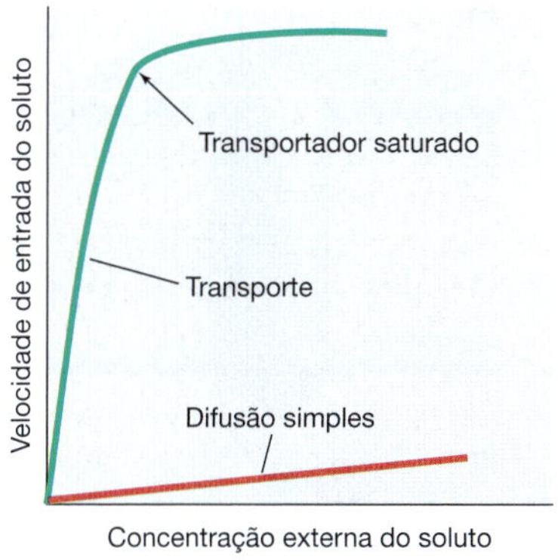


**Figura 2.19** **Transporte *versus* difusão.** No transporte, a velocidade da captação revela uma saturação em concentrações externas relativamente baixas.

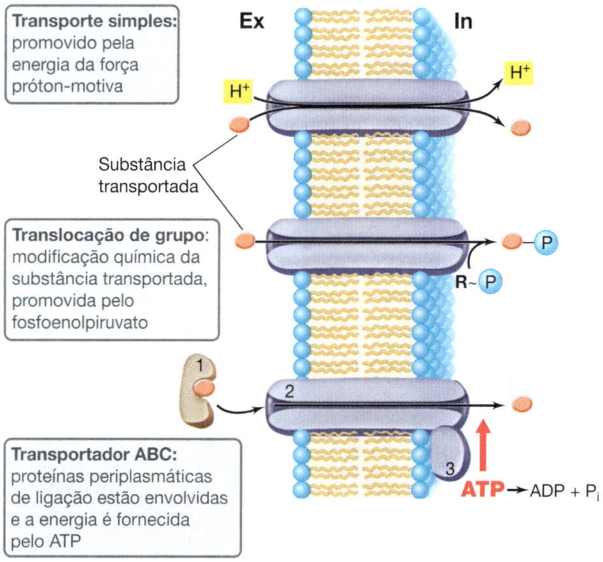


**Figura 2.20** **As três classes de sistemas transportadores.** Observe como os transportadores simples e o sistema ABC transportam substâncias sem modificá-las quimicamente, enquanto a translocação de grupo resulta na modificação química (neste caso, a fosforilação) da substância transportada. As três proteínas do sistema ABC estão identificadas por 1, 2 e 3.

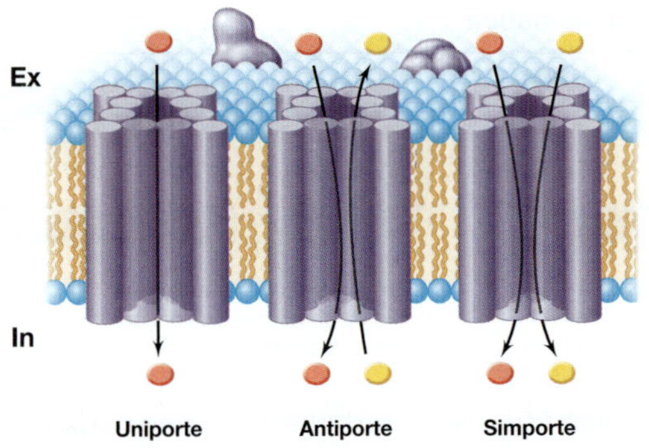


**Figura 2.21 Estrutura de transportadores transmembrânicos e tipos de eventos de transporte.** Transportadores transmembrânicos contêm 12 α-hélices (aqui ilustradas como um cilindro) que se agregam, formando um canal através da membrana. Aqui são apresentados exemplos de três eventos de transporte distintos: uniporte, antiporte e simporte. Os discos em vermelho representam as moléculas transportadas; os discos amarelos representam as moléculas cotransportadas.

e *antiporte* – e cada evento é catalisado por uma proteína chamada de *transportadora* (Figura 2.21). Uniportadoras são proteínas que transportam uma molécula de maneira unidirecional através da membrana, para dentro ou para fora da célula. Simportadoras são proteínas que atuam como cotransportadores; elas transportam uma molécula em conjunto com outra substância, normalmente um próton. Antiportadoras são proteínas que transportam uma substância para dentro da célula, enquanto, simultaneamente, transportam uma segunda substância para fora da célula.

## Transporte simples e translocação de grupo

A bactéria *Escherichia coli* metaboliza o açúcar dissacarídeo lactose, e a lactose é transportada ao interior das células de *E. coli* pela atividade de um transportador simples denominado *lac permease*, um tipo de simportador. À medida que cada molécula de lactose é transportada ao interior da célula, a energia da força próton-motiva diminui ligeiramente, devido ao cotransporte de um próton para o interior do citoplasma (Figura 2.21). A membrana é reenergizada por meio de reações de conservação de energia que serão descritas no Capítulo 3. O resultado líquido da atividade da lac permease é a acumulação energia-dirigida de lactose no citoplasma contra o gradiente de concentração. Uma vez no citoplasma, a lactose é degradada e utilizada para a síntese de ATP e para a produção de novos esqueletos de carbono.

A translocação de grupo difere do transporte simples de duas maneiras: (1) a substância transportada é quimicamente modificada durante o processo de transporte, e (2) um composto orgânico rico em energia em vez da força próton-motiva conduz o evento de transporte. Um dos sistemas de translocação de grupo mais bem estudados transporta os açúcares glicose, manose e frutose em *E. coli*. Durante o transporte, esses compostos são fosforilados pelo *sistema fosfotransferase*. O sistema fosfotransferase consiste em uma família de proteínas que funcionam em conjunto; cinco proteínas são necessárias para o transporte de qualquer açúcar. Antes de o açúcar ser transportado, as próprias proteínas do sistema fosfotransferase são alternadamente fosforiladas e desfosforiladas em uma cascata, até que o real transportador, a Enzima $II_c$, fosforila o açúcar durante o evento de transporte (Figura 2.22). Uma proteína denominada *HPr*, a enzima que fosforila HPr (Enzima I), e a Enzima $II_a$ são todas proteínas citoplasmáticas. Em contrapartida, a Enzima $II_b$ localiza-se na face interna da membrana, e a Enzima $II_c$ é uma proteína integral de membrana.

HPr e a Enzima I são componentes inespecíficos do sistema fosfotransferase e participam da captação de vários açúcares diferentes. Existem várias versões diferentes da Enzima II, uma para cada tipo diferente de açúcar transportado (Figura 2.22). A energia do sistema fosfotransferase é oriunda do fosfoenolpiruvato, um intermediário na glicólise rico em energia (⇄ Seção 3.8).

## Proteínas periplasmáticas de ligação e o sistema ABC

Será visto em breve que as bactérias gram-negativas contêm uma região denominada *periplasma*, situada entre a membrana citoplasmática e uma segunda camada membranosa, denominada *membrana externa*, parte da parede celular

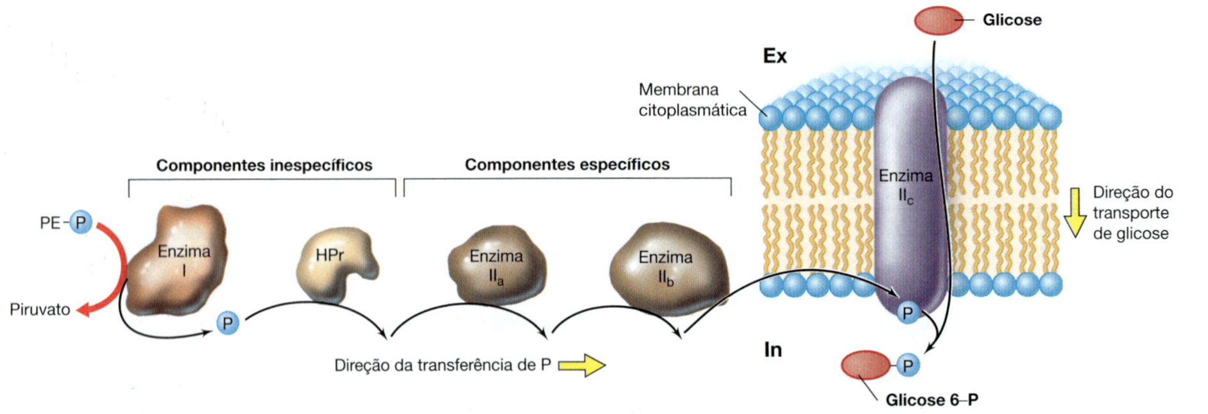


**Figura 2.22 Mecanismo do sistema fosfotransferase de *Escherichia coli*.** Para a captação de glicose, o sistema consiste em cinco proteínas: Enzima I, Enzimas $II_a$, $II_b$ e $II_c$, e HPr. Uma cascata de fosfato ocorre do fosfoenolpiruvato (PEP) até a Enzima $II_c$ que, de fato, transporta e fosforila o açúcar. As proteínas HPr e Enzima I são inespecíficas e transportam qualquer açúcar. Os componentes Enzima II são específicos para cada açúcar em particular.

gram-negativa (Seção 2.11). O periplasma contém muitas proteínas diferentes, várias das quais atuam no transporte, sendo denominadas *proteínas periplasmáticas de ligação*. Sistemas de transporte que contêm proteínas periplasmáticas de ligação, bem como um transportador de membrana e proteínas que hidrolisam ATP, são denominados sistemas de transporte ABC, sendo "ABC" um acrônimo de *ATP-binding-cassette* (cassete de ligação a ATP), uma propriedade estrutural de proteínas que se ligam a ATP (**Figura 2.23**). Mais de 200 sistemas de transporte ABC diferentes foram identificados em procariotos. Os transportadores ABC são responsáveis pela captação de compostos orgânicos como açúcares e aminoácidos, nutrientes inorgânicos como sulfato e fosfato, e certos metais.

Uma propriedade característica das proteínas periplasmáticas de ligação é a sua elevada afinidade pelo substrato. Essas proteínas podem ligar-se a seu substrato mesmo que ele esteja presente em concentrações extremamente baixas; por exemplo, mais baixas que 1 micromolar ($10^{-6}$ M). Uma vez que seu substrato esteja ligado, a proteína periplasmática de ligação interage com seu respectivo transportador de membrana, carreando o substrato para dentro da célula, sendo o processo conduzido pela energia do ATP (Figura 2.23).

Embora as bactérias gram-positivas não apresentem periplasma, elas também possuem sistemas de transporte ABC. Em bactérias gram-positivas, no entanto, proteínas de ligação ao substrato (o equivalente funcional das proteínas periplasmáticas de ligação) estão ancoradas à superfície externa da membrana citoplasmática. Uma vez que elas se ligam ao seu substrato, essas proteínas interagem com um transportador de membrana para catalisar a captação ATP-dirigida do substrato.

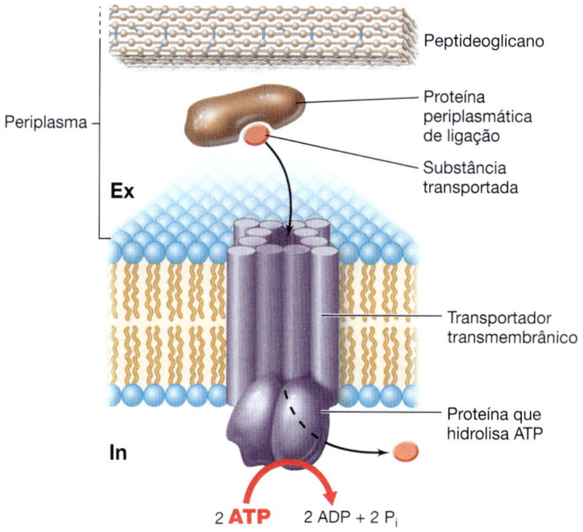


**Figura 2.23** **Mecanismo de um transportador ABC.** A proteína periplasmática de ligação exibe alta afinidade pelo substrato, as proteínas transmembrânicas formam o canal de transporte, e as proteínas citoplasmáticas que hidrolisam ATP fornecem energia para o evento de transporte.

**MINIQUESTIONÁRIO**

- Compare e diferencie os transportadores simples, o sistema fosfotransferase e transportadores ABC em termos de: (1) fonte de energia, (2) alterações químicas do soluto durante o transporte e (3) número de proteínas envolvidas.
- Qual a principal característica das proteínas periplasmáticas de ligação que as torna ideal para os organismos que vivem em ambientes muito pobres em nutrientes?

# IV • Parede celular de bactérias e arqueias

O citoplasma das células procarióticas mantém uma concentração elevada de solutos dissolvidos, o que cria uma significativa pressão osmótica – cerca de 2 atm (203 kPa) – em uma célula típica. Trata-se da mesma pressão em um pneu de automóvel. Para resistir a essa pressão e evitar uma explosão (lise celular), a maioria das células de bactérias e arqueias possui uma parede. Além de proteger contra a lise osmótica, as paredes celulares conferem forma e rigidez à célula. O conhecimento da estrutura e função da parede celular é importante não apenas para o entendimento de como as células procarióticas funcionam, mas também devido ao fato de que muitos antibióticos têm como alvo a síntese da parede celular, deixando a célula suscetível à lise. Uma vez que as células humanas carecem de parede celular, esses antibióticos são obviamente vantajosos no tratamento de infecções bacterianas.

## 2.10 Peptideoglicano

Como visto anteriormente, as espécies de bactérias podem ser divididas em dois grupos principais, chamados *gram-positivos* e *gram-negativos*. A distinção entre estes dois grupos é baseada na reação de coloração de Gram (Seção 2.2), e diferenças na estrutura da parede celular representam o centro desta reação. A superfície das células gram-positivas e gram-negativas como vista no microscópio eletrônico possui diferenças marcantes, como mostrado na **Figura 2.24**. A parede celular gram-negativa, ou *envelope celular*, como é muitas vezes denominada, é constituída por pelo menos duas camadas, enquanto a parede celular gram-positiva é geralmente muito mais espessa, sendo constituída principalmente por um único tipo de molécula.

Salienta-se aqui o componente polissacarídico da parede celular de bactérias, tanto gram-positiva quanto gram-negativa. Na próxima seção, serão descritos os componentes de parede especiais presentes em bactérias gram-negativas. Na Seção 2.12, será descrita a parede celular de arqueias.

### Química do peptideoglicano

As paredes celulares de bactérias apresentam uma camada rígida, que é a principal responsável pela rigidez da estrutura. Essa camada rígida, denominada **peptideoglicano**, é um polissacarídeo composto por dois derivados de açúcares – *N-acetilglicosamina* e *ácido N-acetilmurâmico* – além de alguns aminoácidos, incluindo L-alanina, D-alanina, ácido D-glutâ-

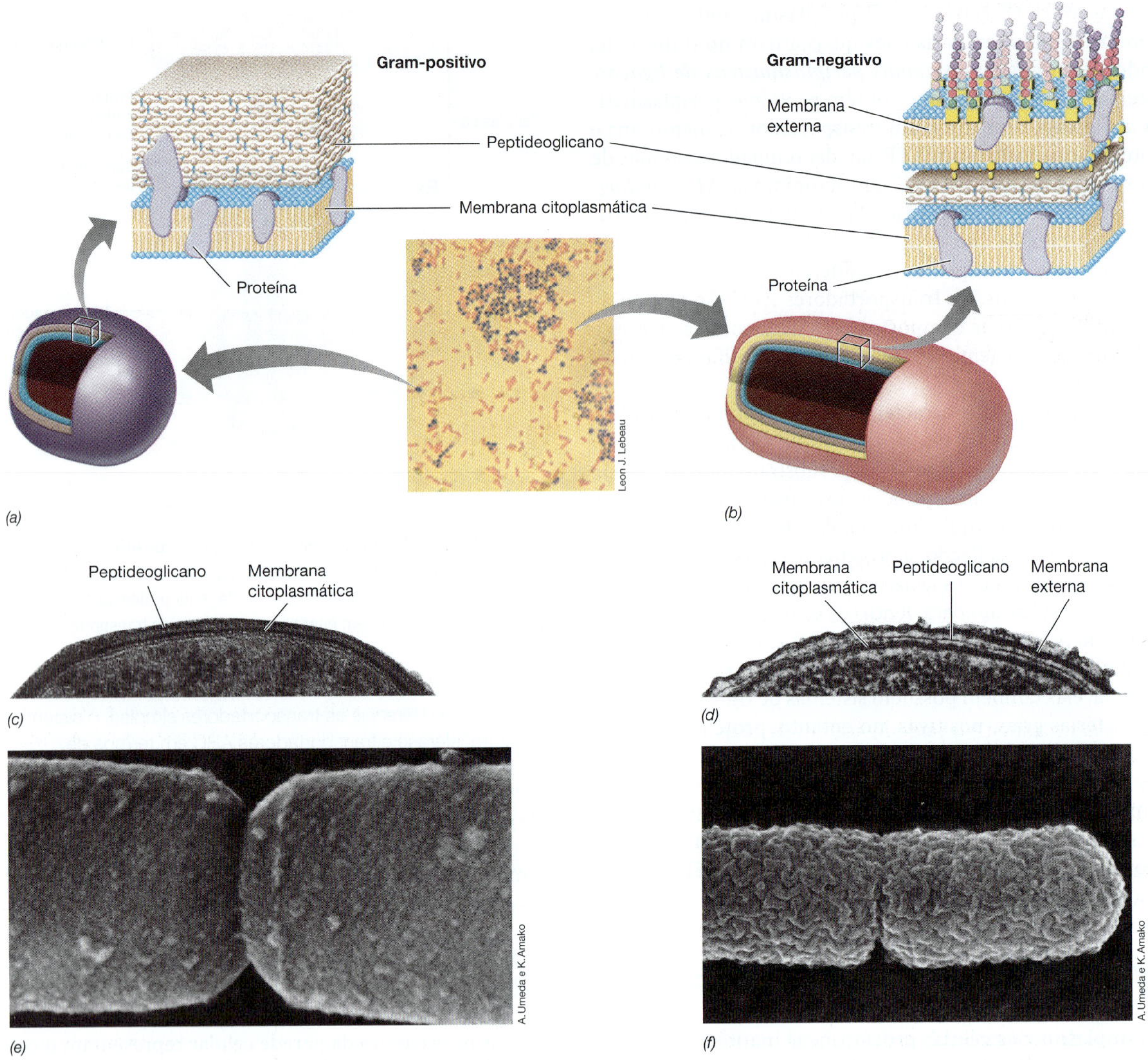


**Figura 2.24** **Paredes celulares de bactérias.** *(a, b)* Diagramas esquemáticos de paredes celulares gram-positivas e gram-negativas. A foto da coloração de Gram no centro mostra células de *Staphylococcus aureus* (roxa, gram-positiva) e *Escherichia coli* (cor-de-rosa, gram-negativa). *(c, d)* Micrografias eletrônicas de transmissão (MET) apresentando a parede celular de uma bactéria gram-positiva e de uma bactéria gram-negativa. *(e, f)* Micrografias eletrônicas de varredura de bactérias gram-positivas e gram-negativas, respectivamente. Observe as diferenças na textura da superfície das células apresentadas. Cada célula em MET tem aproximadamente 1 μm de largura.

mico e, ou L-lisina ou uma molécula estruturalmente similar, ácido diaminopimélico (DAP). Esses componentes estão associados para originar uma estrutura repetitiva chamada de *tetrapeptídeoglicano* (**Figura 2.25**).

As cadeias longas de peptideoglicanos são biossintetizadas adjacentes entre si, formando uma folha circundando a célula. As cadeias individuais são interligadas por meio de ligações cruzadas dos aminoácidos. As ligações glicosídicas que unem os açúcares das fitas de glicano são ligações covalentes, porém essas conferem rigidez à estrutura apenas em uma direção. Somente após a realização das ligações cruzadas, o peptideoglicano mostra-se rígido nas direções X e Y (**Figura 2.26**). As ligações cruzadas ocorrem em graus distintos nas diferentes espécies de bactérias, sendo que quanto maior a quantidade de ligações cruzadas, maior a rigidez.

Em bactérias gram-negativas, a ligação cruzada do peptideoglicano é formada de uma ligação peptídica entre o grupo amino do DAP de uma cadeia de glicano e o grupo carboxil da D-alanina terminal da cadeia de glicano adjacente (Figura 2.26). Em bactérias gram-positivas, a ligação cruzada ocorre frequentemente por meio de uma curta ponte interpeptídica, sendo os tipos e o número de aminoácidos presentes nessa ponte variáveis de espécie para espécie. Na bactéria gram-positiva *Staphylococcus aureus*, cuja química da parede celular é bem-estudada, a ponte interpeptídica consiste em cinco resíduos de glicina (Figura 2.26*b*). A estrutura geral do peptideoglicano é apresentada na Figura 2.26*c*.

O peptideoglicano pode ser destruído por determinados agentes. Um desses agentes é a enzima *lisozima*, uma proteína que cliva as ligações glicosídicas β-1,4 entre a

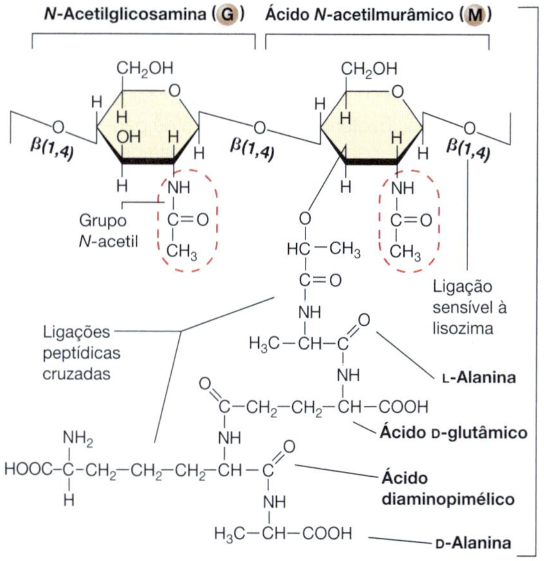


**Figura 2.25 Estrutura da unidade repetitiva do peptideoglicano, o tetrapeptídeo glicano.** A estrutura apresentada é aquela encontrada em *Escherichia coli* e na maioria das outras bactérias gram-negativas. Em algumas bactérias, outros aminoácidos são encontrados, como discutidos no texto.

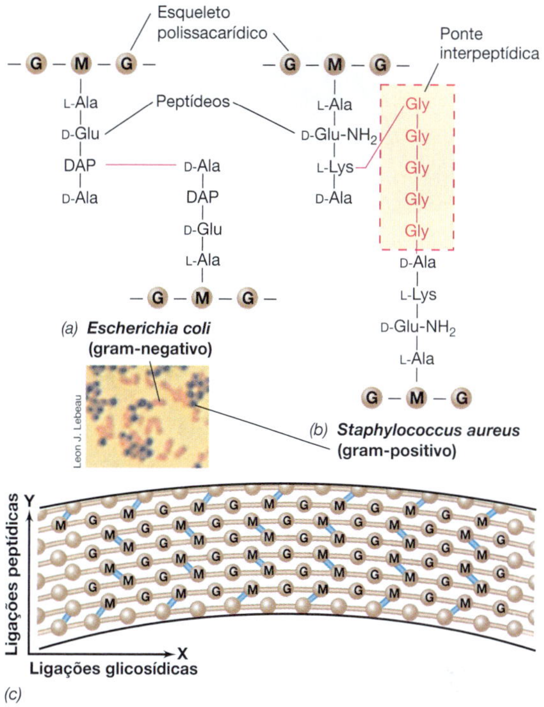


**Figura 2.26 Peptideoglicano em *Escherichia coli* e *Staphylococcus aureus*.** *(a)* Nenhuma ponte interpeptídica está presente no peptideoglicano de *E. coli* e de outras bactérias gram-negativas. *(b)* Ponte interpeptídica de glicina, presente em *S. aureus* (gram-positivo). *(c)* Estrutura geral do peptideoglicano. G, *N*-acetilglicosamina; M, ácido *N*-acetilmurâmico. Observe como as ligações glicosídicas conferem rigidez ao peptideoglicano na direção X, enquanto as ligações peptídicas conferem rigidez na direção Y.

*N*-acetilglicosamina e o ácido *N*-acetilmurâmico do peptideoglicano (Figura 2.25), enfraquecendo, assim, a parede. Quando isso acontece, a água consegue penetrar na célula e causar lise celular. A lisozima é encontrada em secreções animais incluindo lágrimas, saliva e outros fluidos corporais, e atua como uma importante linha de defesa contra infecções bacterianas. Quando for considerada a biossíntese do peptideoglicano no Capítulo 5, será visto que o antibiótico penicilina também possui como alvo o peptideoglicano, porém de forma diferente da lisozima. Enquanto a lisozima destrói o peptideoglicano preexistente, a penicilina impede a sua biossíntese levando à formação de uma molécula enfraquecida e lise osmótica.

O peptideoglicano encontra-se presente apenas em espécies de bactérias; o ácido *N*-acetilmurâmico e o análogo de aminoácido DAP nunca foram encontrados em paredes celulares de arqueias ou eucariotos. Entretanto, nem todas as bactérias examinadas apresentam DAP em seu peptideoglicano; algumas apresentam lisina em vez de DAP. Uma característica pouco comum do peptideoglicano refere-se à presença de dois aminoácidos na configuração do estereoisômero D, a D-alanina e o ácido D-glutâmico. As proteínas, em contrapartida, são sempre formadas de L-aminoácidos. Mais de 100 tipos quimicamente diferentes de peptideoglicano já foram descritos, que variam em suas ligações cruzadas e/ou pontes interpeptídicas. Em contrapartida, a porção glicano de todos os peptideoglicanos é constante; somente os açúcares *N*-acetilglicosamina e ácido *N*-acetilmurâmico encontram-se presentes e são conectados por uma ligação β-1,4 (Figuras 2.25 e 2.26).

## A parede celular gram-positiva

Em bactérias gram-positivas, cerca de 90% da parede celular é composta por peptideoglicano. E, embora algumas bactérias apresentem somente uma única camada de peptideoglicano, muitas bactérias gram-positivas exibem várias camadas sobrepostas (Figura 2.26*a*). Acredita-se que o peptideoglicano é sintetizado pela célula como se fossem "cabos" de cerca de 50 nm de largura, com cada cabo apresentando diversos fios de glicano interligados (**Figura 2.27*a***). À medida que o peptideoglicano é sintetizado, os cabos se interligam para formar uma estrutura de parede celular mais forte.

Muitas bactérias gram-positivas apresentam moléculas ácidas, denominadas **ácidos teicoicos**, embebidas em sua parede celular. O termo "ácido teicoico" refere-se a toda a parede celular, a membrana citoplasmática e polímeros capsulares compostos por glicerol-fosfato ou ribitol fosfato. Esses polialcoóis estão conectados por ésteres fosfato, e geralmente apresentam açúcares e D-alanina associados (Figura 2.27b). Os ácidos teicoicos são ligados covalentemente ao ácido murâmico no peptideoglicano da parede celular. Devido ao fato de os fosfatos serem carregados negativamente, os ácidos teicoicos são parcialmente responsáveis pela carga elétrica negativa geral da superfície celular. Os ácidos teicoicos também captam $Ca^{2+}$ e $Mg^{2+}$ para o eventual transporte ao interior da célula. Determinados ácidos teicoicos são ligados covalentemente a lipídeos de membrana, e esses são denominados ácidos *lipoteicoicos*. A Figura 2.27 resume a estrutura da parede celular de bactérias gram-positivas, e ilustra o arranjo dos ácidos teicoicos e ácidos lipoteicoicos na estrutura global da parede.

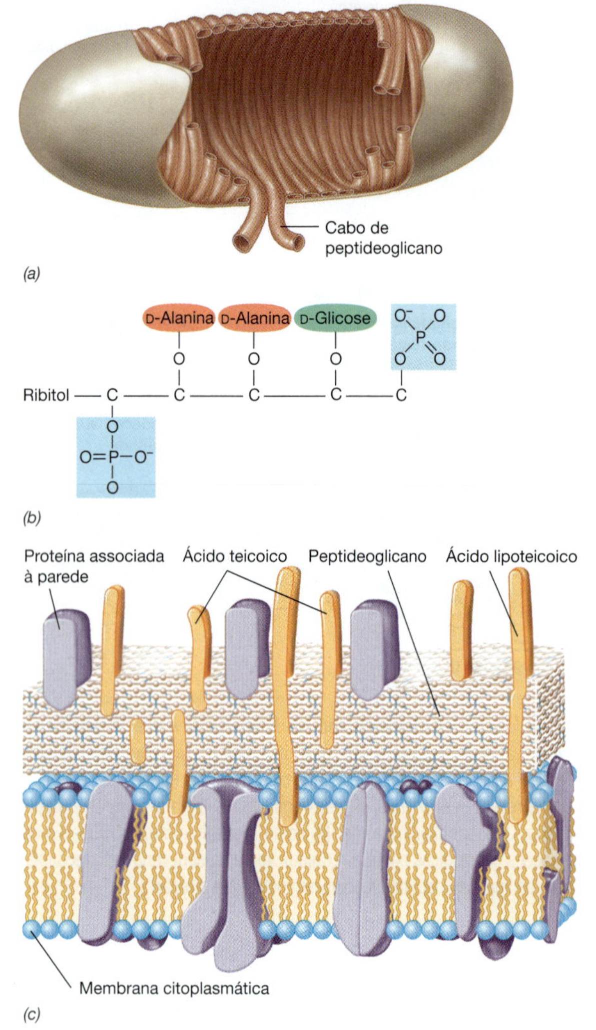


**Figura 2.27 Estrutura da parede celular de bactérias gram-positivas.** *(a)* Desenho esquemático de um bacilo gram-positivo demonstrando a estrutura interna dos "cabos" de peptideoglicano. *(b)* Estrutura do ácido teicoico ribitol. O ácido teicoico consiste em um polímero de unidades repetitivas de ribitol, aqui apresentado. *(c)* Diagrama resumido da parede celular bacteriana gram-positiva.

Embora a maioria dos procariotos seja incapaz de sobreviver na natureza sem suas paredes celulares, vários exibem essa capacidade. Esses incluem os micoplasmas, bactérias patogênicas relacionadas com bactérias gram-positivas que causam diversas doenças infecciosas em seres humanos e outros animais, e o grupo *Thermoplasma* e seus relacionados, espécies de arqueias naturalmente desprovidas de parede celular. Esses organismos são capazes de sobreviver sem a presença da parede celular porque ou eles contêm membranas citoplasmáticas extraordinariamente resistentes, ou porque vivem em hábitats osmoticamente protegidos, como o corpo de um animal. A maioria dos micoplasmas apresenta esteróis em suas membranas citoplasmáticas, e essas moléculas conferem maior resistência e rigidez à membrana, assim como o fazem nas membranas citoplasmáticas de células eucarióticas. As membranas de *Thermoplasma* contêm moléculas denominadas *lipoglicanos,* que possuem uma função de reforço semelhante.

**MINIQUESTIONÁRIO**

- Por que as células bacterianas necessitam de paredes celulares? Todas as bactérias apresentam parede celular?
- Por que o peptideoglicano é uma molécula tão resistente?
- Qual a ação da enzima lisozima?

## 2.11 LPS: membrana externa

Em bactérias gram-negativas, apenas uma pequena quantidade da parede celular total consiste em peptideoglicano, enquanto a maior parte é composta pela **membrana externa**. Essa camada corresponde efetivamente a uma segunda bicamada lipídica, porém não é composta somente por fosfolipídeos e proteínas, como ocorre na membrana citoplasmática (Figura 2.15). Em vez disso, a membrana externa também contém polissacarídeos, de modo que o lipídeo e o polissacarídeo estão ligados formando um complexo. Por essa razão, a membrana externa é frequentemente denominada camada **lipopolissacarídica** ou simplesmente **LPS**.

### Química e atividade do LPS

A estrutura do LPS de várias bactérias é conhecida. Como pode ser observado na **Figura 2.28**, a porção polissacarídica do LPS consiste em dois componentes, o *polissacarídeo cerne* e o *polissacarídeo O-específico*. Em espécies de *Salmonella*, em que o LPS tem sido bem estudado, o polissacarídeo cerne consiste em cetodesoxioctonato (CDO), vários açúcares contendo sete carbonos (heptoses), glicose, galactose e *N*-acetilglicosamina. Conectado ao polissacarídeo cerne, está o polissacarídeo O-específico, geralmente contendo galactose, glicose, ramnose e manose (todos hexoses), além de um ou mais dideoxiaçúcares, como a abequose, colitose, paratose ou tivelose. Esses açúcares estão ligados em sequências de quatro ou cinco membros, que muitas vezes são ramificados. A repetição das sequências origina o longo polissacarídeo O.

A relação da camada LPS com o restante da parede celular gram-negativa é apresentada na **Figura 2.29**. A porção lipídica do LPS, denominada *lipídeo A*, não corresponde a um típico lipídeo de glicerol (ver Figura 2.14*a*), em vez disso, os ácidos graxos são unidos por meio de grupos amino de um dissacarídeo composto por glicosamina fosfato. O dissacarídeo liga-se ao polissacarídeo cerne por meio do CDO (Figura 2.28). Os ácidos graxos comumente encontrados no lipídeo A incluem os ácidos caproico ($C_6$), láurico ($C_{12}$), mirístico ($C_{14}$), palmítico ($C_{16}$) e esteárico ($C_{18}$). O LPS substitui a maioria dos fosfolipídeos na metade externa da membrana externa, e funciona como uma âncora entre a membrana externa e o peptideoglicano. Portanto, embora a membrana externa seja tecnicamente considerada uma bicamada lipídica, sua estrutura é diferente daquela da membrana citoplasmática.

Além do seu papel em fornecer rigidez à parede das células gram-negativas, uma importante propriedade biológica do LPS está relacionada com sua toxicidade aos animais. Patógenos gram-negativos comuns para o homem incluem espécies de *Salmonella*, *Shigella* e *Escherichia*, entre muitas outras, e alguns dos sintomas gastrintestinais provocados por esses

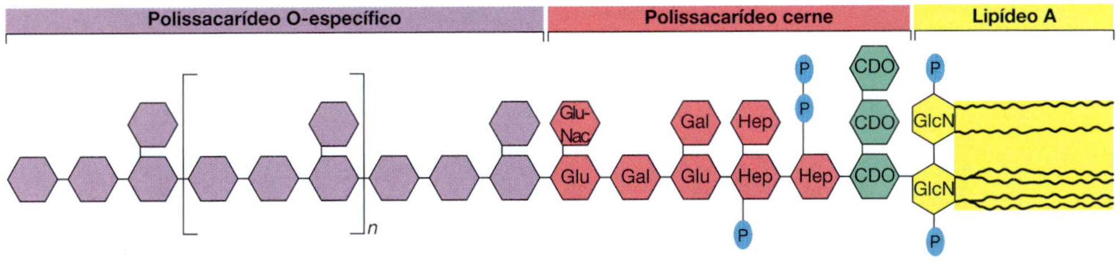


**Figura 2.28 Estrutura do lipopolissacarídeo de bactérias gram-negativas.** A composição química do lipídeo A e dos componentes polissacarídicos é variável entre as espécies de bactérias gram-negativas, contudo os principais componentes (lipídeo A-CDO-cerne-O-específico) normalmente são os mesmos. O polissacarídeo O-específico é altamente variável entre as espécies. CDO, cetodesoxioctonato; Hep, heptose; Gli, glicose; Gal, galactose; Nac-Gli, *N*-acetilglicosamina; GlcN, glicosamina; P, fosfato. A glicosamina e os ácidos graxos do lipídeo A são ligados por intermédio dos grupos amino. A porção do lipídeo A do LPS pode ser tóxica aos animais, e abrange o complexo endotoxina. Compare esta figura com a Figura 2.29, acompanhando os componentes do LPS com base no código de cores.

patógenos são decorrentes dos componentes tóxicos da membrana externa. A toxicidade é associada à camada LPS, particularmente, ao lipídeo A. O termo *endotoxina* refere-se a esse componente tóxico do LPS. Algumas endotoxinas provocam sintomas violentos em seres humanos, incluindo gases, diarreia e vômitos, e as endotoxinas produzidas por *Salmonella* e linhagens enteropatogênicas de *E. coli* transmitidas por meio de alimentos contaminados são exemplos clássicos disso (⇄ Seções 23.10 e 31.10).

## O periplasma e as porinas

Embora permeável a pequenas moléculas, a membrana externa é impermeável à proteinase de outras moléculas grandes. De fato, uma das principais funções da membrana externa consiste em impedir que proteínas cujas atividades aconteçam fora da membrana citoplasmática se difundam para longe da célula. Essas proteínas são encontradas em uma região denominada **periplasma**. Esse espaço, situado entre a superfície externa da membrana citoplasmática e a superfície interna da membrana externa, apresenta cerca de 15 nm de espessura (Figura 2.29). O periplasma tem consistência semelhante a um gel, devido à alta concentração de proteínas presentes.

Dependendo do organismo, o periplasma pode conter diversas classes diferentes de proteínas. Essas incluem enzimas hidrolíticas, que promovem a degradação inicial das moléculas de alimento; proteínas de ligação, que iniciam o processo de transporte de substratos (Seção 2.9); e quimiorreceptores, que são proteínas envolvidas na resposta quimiotática (Seção 2.19). A maioria dessas proteínas é transportada ao periplasma por um sistema de exportação de proteínas, presente na membrana citoplasmática (⇄ Seção 4.14).

A membrana externa é relativamente permeável a moléculas pequenas (até mesmo moléculas hidrofílicas) devido à presença de proteínas, denominadas *porinas*, que atuam como canais, permitindo a entrada e saída de solutos (Figura 2.29*a,c*). Vários tipos de porinas são conhecidos, incluindo as classes específicas e inespecíficas. As porinas inespecíficas formam canais preenchidos por água, pelos quais qualquer substância pequena consegue passar. Em contrapartida, as porinas específicas possuem um sítio de ligação para somente uma ou um pequeno grupo de substâncias estruturalmente relacionadas. Estruturalmente, as porinas são proteínas transmembrânicas formadas por três subunidades idênticas. Além do canal presente em cada barril de porina, os barris das três proteínas porinas associam-se de tal forma que um pequeno orifício com cerca de 1 nm de diâmetro é formado na membrana externa, através do qual substâncias muito pequenas conseguem passar (Figura 2.29*c*).

## Relação entre a estrutura da parede celular e a coloração de Gram

As diferenças estruturais entre as paredes celulares de bactérias gram-positivas e gram-negativas são responsáveis pelas diferenças obtidas na coloração de Gram. Relembrando que, em uma coloração de Gram, um complexo insolúvel de cristal violeta-iodo se forma no interior da célula. Esse complexo é extraído pelo tratamento com álcool em bactérias gram-negativas, mas não em gram-positivas (Seção 2.2). Como mencionado, as bactérias gram-positivas apresentam paredes celulares muito espessas, consistindo principalmente em peptideoglicano. Durante a reação de Gram, a parede celular gram-positiva é desidratada pelo álcool, promovendo o fechamento dos poros na parede e impedindo a remoção do complexo insolúvel de cristal violeta-iodo. Por outro lado, nas bactérias gram-negativas, o álcool penetra rapidamente na membrana externa rica em lipídeos, extraindo o complexo cristal violeta-iodo da célula. Após o tratamento com álcool, as células gram-negativas tornam-se praticamente invisíveis, exceto quando contracoradas com um segundo corante, um procedimento-padrão na coloração de Gram (Figura 2.4).

**MINIQUESTIONÁRIO**

- Que componentes químicos são encontrados na membrana externa de bactérias gram-negativas?
- Qual a função das porinas e onde elas se localizam em uma parede celular gram-negativa?
- Que componente celular das células gram-negativas apresenta propriedades de endotoxina?
- Por que o álcool promove o rápido descoramento das bactérias gram-negativas, mas não das gram-positivas?

## 2.12 Paredes celulares de arqueias

O peptideoglicano, um biomarcador-chave de bactérias, está ausente das paredes celulares de arqueias. Uma membrana externa também é comumente ausente em arqueias. Em vez disso, vários tipos de paredes celulares são encontrados em

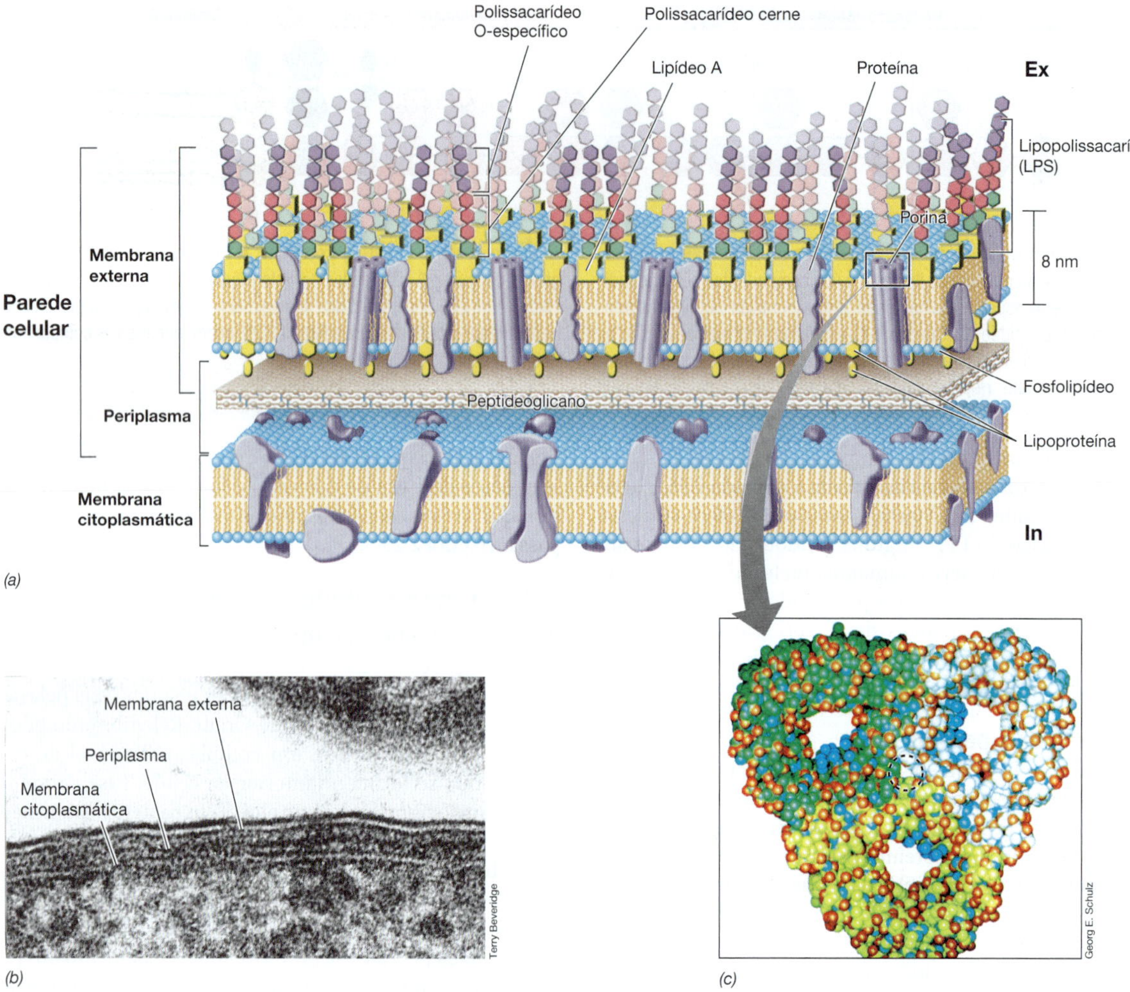


**Figura 2.29 Parede celular gram-negativa.** *(a)* Arranjo do lipopolissacarídeo, lipídeo A, fosfolipídeos, porinas e lipoproteínas na membrana externa. Para mais detalhes sobre a estrutura do LPS, ver Figura 2.28. *(b)* Micrografia eletrônica de transmissão de uma célula de *Escherichia coli* mostrando a membrana citoplasmática e a parede celular. *(c)* Modelo molecular de proteínas do tipo porinas. Observe os quatro poros presentes, um no interior de cada proteína que forma uma molécula de porina, e um poro central menor (circulado) entre as proteínas porinas. A visão é perpendicular ao plano da membrana.

arqueias, incluindo aquelas contendo polissacarídeos, proteínas ou glicoproteínas.

## Pseudomureína e outras paredes celulares polissacarídicas

As paredes celulares de determinadas arqueias metanogênicas contêm uma molécula bastante similar ao peptideoglicano, um polissacarídeo denominado *pseudomureína* (o termo "mureína" vem da palavra latina "parede", e consiste em uma antiga terminologia para peptideoglicano) (**Figura 2.30**). O esqueleto da pseudomureína é composto por repetições alternadas de *N*-acetilglicosamina (também encontrada no peptideoglicano) e ácido *N*-acetiltalosaminurônico; este último substitui o ácido *N*-acetilmurâmico do peptideoglicano. A pseudomureína também se distingue do peptideoglicano pelo fato de as ligações glicosídicas entre os derivados de açúcares serem do tipo β-1,3 em vez de β-1,4, e os aminoácidos serem todos estereoisômeros L (Figura 2.30). Acredita-se que o peptideoglicano e a pseudomureína ou surgiram por evolução convergente após a separação de *Bacteria* e *Archaea* ou, mais possivelmente, pela evolução a partir de um polissacarídeo comum presente nas paredes celulares do ancestral comum dos domínios *Bacteria* e *Archaea*.

As paredes celulares de algumas outras arqueias não apresentam pseudomureína e são constituídas por outros polissacarídeos. Por exemplo, espécies de *Methanosarcina* possuem espessas paredes polissacarídicas constituídas por polímeros de glicose, ácido glicurônico, ácido urônico galactosamina e acetato. Arqueias halófilas extremas (com alta afinidade por sal), como *Halococcus*, que são relacionadas com *Methanosarcina*, apresentam paredes celulares semelhantes que também são altamente sulfatadas. As cargas negativas no íon sulfato ($SO_4^{2-}$) ligam-se ao $Na^+$ presente nos hábitats de *Halococcus* – nas lagoas de evaporação de sal, assim como em mares e lagos salgados – em níveis elevados. O complexo sódio-sulfato auxilia na estabilização da parede celular de *Halococcus* em ambientes fortemente iônicos.

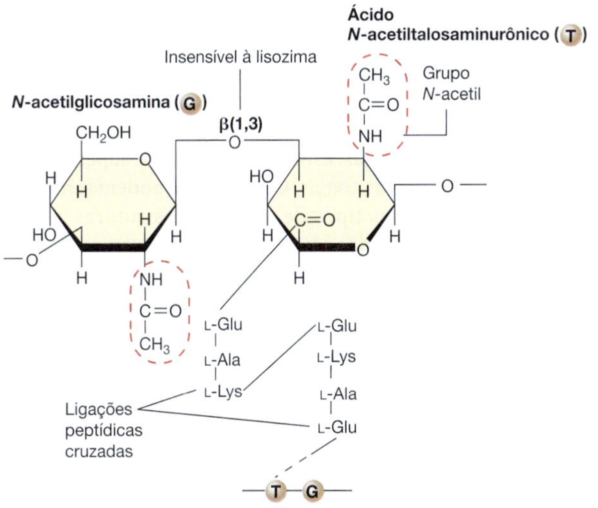


**Figura 2.30** **Pseudomureína**. Estrutura da pseudomureína, o polímero da parede celular de espécies de *Methanobacterium*. Observe as semelhanças e diferenças entre a pseudomureína e o peptideoglicano (Figura 2.25).

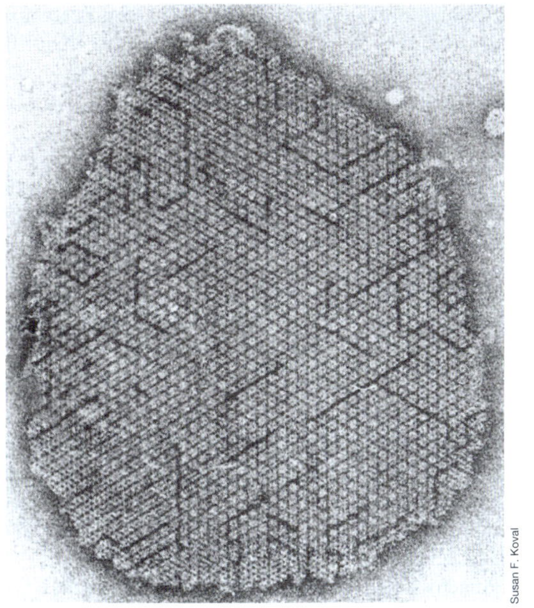


**Figura 2.31** **A camada S.** Micrografia eletrônica de transmissão de porção de uma camada S revelando a estrutura paracristalina. A camada S de *Aquaspirillum* (uma espécie de bactéria) é apresentada, e esta camada S exibe simetria hexagonal, uma configuração comum em camadas S de arqueias.

## Camadas S

O tipo mais comum de parede celular em arqueias corresponde a uma camada superficial paracristalina, ou **camada S**, como é chamada. As camadas S consistem em moléculas entrelaçadas de proteínas ou glicoproteínas (**Figura 2.31**). A estrutura paracristalina das camadas S pode organizar-se em várias simetrias, como hexagonal, tetragonal ou trimérica, dependendo do número e estrutura das subunidades a partir das quais são formadas. Camadas S foram detectadas em representantes de todas as principais linhagens de arqueias, e também em diversas espécies de bactérias (Figura 2.31).

As paredes celulares de algumas arqueias, como, por exemplo, aquela do organismo metanogênico *Methanocaldococcus jannaschii*, consistem em somente uma camada S. Portanto, as camadas S são suficientemente resistentes para suportar pressões osmóticas sem qualquer outro tipo de componente de parede. No entanto, em muitos organismos, as camadas S encontram-se presentes em adição a outros componentes da parede celular, geralmente polissacarídeos. Por exemplo, em *Bacillus brevis*, uma espécie de bactéria uma camada S está presente juntamente com o peptideoglicano. Contudo, quando uma camada S está presente em conjunto com outros componentes da parede, a camada S corresponde sempre à camada *mais externa* da parede, aquela que está em contato direto com o ambiente.

Além de atuar na proteção contra a lise osmótica, as camadas S podem apresentar outras funções. Por exemplo, com a interface entre a célula e seu ambiente, é provável que a camada S atue como uma barreira seletiva, permitindo a passagem de solutos de baixa massa molecular e excluindo moléculas e estruturas grandes (como os vírus). A camada S pode também atuar na retenção de proteínas próximo à superfície celular, como a membrana externa (Seção 2.11) o faz em bactérias gram-negativas.

Portanto, podemos observar diversas estruturas de parede celular em espécies de arqueias, variando desde aquelas que se assemelham aos peptideoglicanos, até aquelas que não possuem nenhum polissacarídeo. Contudo, a não ser em raras exceções, todas as arqueias possuem algum tipo de parede celular e, como nas bactérias, a parede celular das arqueias age na prevenção da lise osmótica e no estabelecimento da forma da célula. Como as arqueias não possuem peptideoglicanos, elas são naturalmente resistentes à ação da lisozima (Figura 2.30) e do antibiótico penicilina, agentes que destroem os petideoglicanos ou que interrompem sua biossíntese (Seção 2.10).

**MINIQUESTIONÁRIO**

- Como a pseudomureína assemelha-se ao peptideoglicano? Como as duas moléculas diferem?
- Qual a composição de uma camada S?
- Por que arqueias são insensíveis à penicilina?

# V • Outras estruturas celulares de superfície e inclusões

Além das paredes celulares, as células de bactérias e arqueias podem apresentar outras camadas ou estruturas em contato com o ambiente e, frequentemente, contêm um ou mais tipos de inclusões celulares. Serão analisadas algumas dessas estruturas.

## 2.13 Estruturas de superfície celular

Vários procariotos secretam substâncias limosas ou viscosas em sua superfície celular, que consistem em polissacarídeos ou proteínas. Essas substâncias não são consideradas parte da parede celular, uma vez que não conferem significativa resistência estrutural à célula. Os termos "cápsula" e "camada limosa" são empregados para descrever essas camadas.

## Cápsulas e camadas limosas

Os termos cápsula e camada limosa são frequentemente utilizados indistintamente, porém os dois termos não se referem à mesma coisa. Tradicionalmente, se a camada é organizada em uma matriz compacta, que exclui partículas pequenas, como a tinta nanquim, é denominada **cápsula**. Essa estrutura é facilmente visível por microscopia óptica se as células forem tratadas com tinta nanquim e também podem ser vistas ao microscópio eletrônico (Figura 2.32). Em contrapartida, se a camada é mais facilmente deformável, ela não excluirá as partículas e será de visualização mais difícil; essa forma é denominada *camada limosa*. As cápsulas normalmente aderem firmemente à parede celular, e algumas são até mesmo ligadas covalentemente ao peptideoglicano. As camadas limosas, contrariamente, ligam-se frouxamente, podendo ser perdidas da superfície celular.

Camadas superficiais externas têm várias funções. Os polissacarídeos de superfície auxiliam na ligação dos microrganismos às superfícies sólidas. Como será visto posteriormente, os microrganismos patogênicos, que penetram no corpo por vias específicas, geralmente realizam esse processo ligando-se inicialmente a componentes de superfície específicos dos tecidos do hospedeiro; essa ligação frequentemente é mediada por polissacarídeos de superfície da célula bacteriana (Seção 23.1). Quando surge a oportunidade, bactérias de todos os tipos normalmente se ligam a superfícies sólidas, algumas vezes formando uma espessa camada de células, denominada *biofilme*. Os polissacarídeos extracelulares também desempenham um papel essencial no desenvolvimento e na manutenção dos biofilmes.

Além da ligação, as camadas de superfície externas também podem desempenhar outras funções. Estas incluem a atuação como fatores de virulência em certas doenças bacterianas, e a prevenção da desidratação das células. Por exemplo, os agentes causadores das doenças antraz e pneumonia bacteriana – *Bacillus anthracis* e *Streptococcus pneumoniae*, respectivamente – apresentam, cada um, uma cápsula espessa de proteína (*B. anthracis*) ou polissacarídeo (*S. pneumoniae*). As células encapsuladas dessas bactérias evitam a sua eliminação pelo sistema imune do hospedeiro devido ao fato de que as células imunes, que, caso contrário, reconheceriam esses patógenos como invasores e provocariam a sua destruição, são impedidas de fazê-lo devido à presença da cápsula bacteriana. Adicionalmente a esse papel na doença, as camadas de superfície externas, praticamente de qualquer tipo, são capazes de se ligar a água e são passíveis de proteger a célula da dessecação em períodos de seca.

## Fímbrias e *pili*

As fímbrias e os *pili* são proteínas filamentosas que se projetam a partir da superfície de uma célula, podendo apresentar muitas funções. As *fímbrias* (Figura 2.33) conferem às células a capacidade de adesão a superfícies, incluindo tecidos animais no caso de algumas bactérias patogênicas, ou de formação de películas (camadas delgadas de células sobre uma superfície líquida) ou biofilmes em superfícies sólidas. Patógenos humanos notórios nos quais essas estruturas auxiliam no processo da doença incluem espécies de *Salmonella* (salmonelose), *Neisseria gonorrhoeae* (gonorreia) e *Bordetella pertussis* (coqueluche).

Os ***pili*** assemelham-se às fímbrias, porém são estruturas normalmente mais longas, estando presentes na superfície celular em uma ou poucas cópias. Como os *pili* podem ser receptores de determinados tipos de vírus, tais estruturas podem ser mais bem visualizadas ao microscópio eletrônico quando se encontram revestidas por partículas virais (Figura 2.34). São conhecidas várias classes de *pili*, diferenciadas por sua estrutura e função. Duas funções bastante importantes dos *pili* incluem facilitar a troca genética entre as células em um processo chamado de *conjugação*, e impedir a adesão de patógenos a tecidos específicos do hospedeiro que eles venham a invadir. A

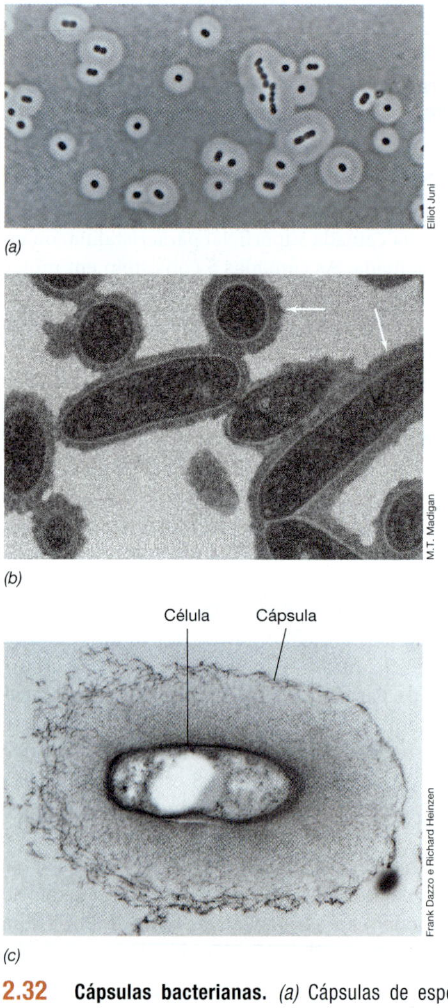


**Figura 2.32** **Cápsulas bacterianas.** *(a)* Cápsulas de espécies de *Acinetobacter*, observadas após coloração negativa com tinta nanquim em microscópio de contraste de fase. A tinta nanquim não penetra na cápsula e, consequentemente, a cápsula aparece como uma região clara circundando a célula, a qual se apresenta escura. *(b)* Micrografia eletrônica de transmissão de uma secção fina de células de *Rhodobacter capsulatus*, revelando as cápsulas (setas) claramente evidentes; o diâmetro da célula é de aproximadamente 0,9 μm. *(c)* Micrografia eletrônica de transmissão de uma secção fina de *Rhizobium trifolii*, corada com vermelho de rutênio, revelando a cápsula. A célula possui aproximadamente 0,7 μm de largura.

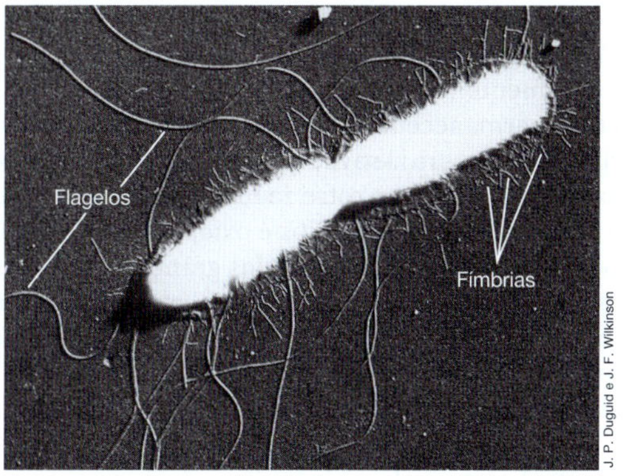


**Figura 2.33** **Fímbrias.** Micrografia eletrônica de uma célula de *Salmonella typhi* em divisão, revelando flagelos e fímbrias. Uma única célula exibe largura de aproximadamente 0,9 μm.

última função tem sido bem estudada em patógenos gram-negativos como as *Neisseria*, espécies que causam a gonorreia e a meningite, porém os *pili* também estão presentes em determinados patógenos gram-positivos como *Streptococcus pyogenes*, a bactéria que causa a faringite estreptocócica e a escarlatina.

Uma classe importante de *pili*, denominada *pili tipo IV*, auxilia a adesão celular, mas também permite uma forma incomum de motilidade celular, denominada *motilidade pulsante*. Os *pili* tipo IV estão presentes apenas nos pólos dessas células em forma de bastonete que os contêm. A motilidade pulsante é um tipo de motilidade por deslizamento, um movimento ao longo de uma superfície sólida (Seção 2.18). Na motilidade pulsante, a extensão dos *pili*, seguida de sua retração, arrasta a célula ao longo de uma superfície sólida, com energia proveniente do ATP. Determinadas espécies de *Pseudomonas* e *Moraxella* são bem conhecidas por sua motilidade pulsante.

Os *pili* tipo IV também foram implicados como fatores essenciais de colonização para determinados patógenos de seres humanos, incluindo *Vibrio cholerae* (cólera) e *Neisseria gonorrhoeae* (gonorreia). Possivelmente, a motilidade pulsante desses patógenos auxilia os organismos a localizarem sítios específicos para a adesão, para então dar início ao processo de doença. Acredita-se que os *pili* tipo IV também atuem como mediadores na transferência genética, por meio do processo de transformação em algumas bactérias, o qual, juntamente com a conjugação e a transdução, são os três meios mais conhecidos de transferência gênica horizontal em procariotos (Capítulo 10).

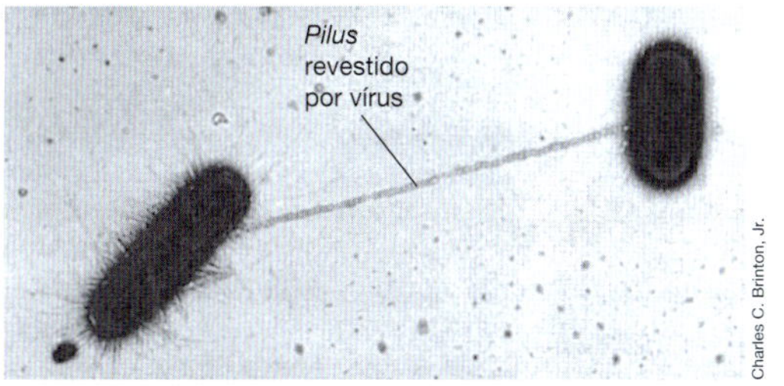


**Figura 2.34** ***Pili.*** O *pilus* de uma célula de *Escherichia coli*, que está realizando conjugação (uma forma de transferência genética) com uma segunda célula, é revelado pelos vírus que se aderiram a ele. As células apresentam cerca de 0,8 μm de largura.

**MINIQUESTIONÁRIO**

- Uma célula bacteriana poderia dispensar uma parede celular caso possuísse uma cápsula? Por que sim ou por que não?
- Como as fímbrias distinguem-se dos *pili*, tanto estrutural quanto funcionalmente?

## 2.14 Inclusões celulares

Inclusões estão frequentemente presentes em células procarióticas. As inclusões funcionam como reservas de energia e/ou como reservatórios de carbono, ou desempenham funções especiais. As inclusões podem ser visualizadas diretamente ao microscópio óptico, sendo normalmente envoltas por membranas de camada única (sem unidade) que as isolam no interior da célula. O armazenamento de carbono ou de outras substâncias em uma forma insolúvel é vantajoso para a célula, pois reduz o estresse osmótico que existiria caso a mesma quantidade da substância fosse dissolvida no citoplasma.

### Polímeros de armazenamento de carbono

Um dos corpos de inclusão mais comuns em organismos procarióticos corresponde ao **ácido poli-β-hidroxibutírico (PHB)**, um lipídeo formado por unidades de ácido β-hidroxibutírico. Os monômeros de PHB polimerizam-se por ligações do tipo éster, e em seguida o polímero se agrega em grânulos; estes últimos podem ser vistos por microscopia óptica ou eletrônica (**Figura 2.35**).

O monômero no polímero normalmente é o hidroxibutirato ($C_4$), contudo o comprimento desse monômero pode variar consideravelmente, desde $C_3$ até $C_{18}$. Dessa forma, o termo mais genérico, *poli-β-hidroxialcanoato* (PHA), é geralmente empregado para descrever essa classe de polímeros de armazenamento de carbono e energia. PHAs são sintetizados pelas células quando há um excesso de carbono, e são clivados para uso como fontes de carbono ou energia quando as condições o permitem. Muitas bactérias e arqueias produzem PHAs.

Outro produto de armazenamento é o *glicogênio*, que corresponde a um polímero de glicose e, assim como os PHAs, é um reservatório de carbono e energia, produzido quando há excesso de carbono no ambiente.O glicogênio assemelha-se ao amido, a principal reserva energética armazenada por plantas, porém difere do mesmo na forma pela qual as unidades de glicose são ligadas entre si.

### Polifosfato, enxofre e minerais carbonatos

Muitos microrganismos acumulam fosfato inorgânico ($PO_4^{3-}$) na forma de grânulos de *polifosfato* (**Figura 2.36*a***). Esses grânulos podem ser degradados e utilizados como fontes de fosfato na biossíntese de ácidos nucleicos e fosfolipídeos e, em alguns organismos, podem ser utilizados diretamente na produção do composto rico em energia, ATP. Frequentemente, o fosfato é um nutriente limitante em ambientes naturais. Portanto, caso uma célula encontre-se e em uma situação em que há excesso de fosfato, é vantajoso o armazenamento deste na forma de polifosfato para uso futuro.

Muitos procariotos gram-negativos são capazes de oxidar compostos sulfurados reduzidos, como o sulfeto de hidrogênio ($H_2S$); esses organismos correspondem às

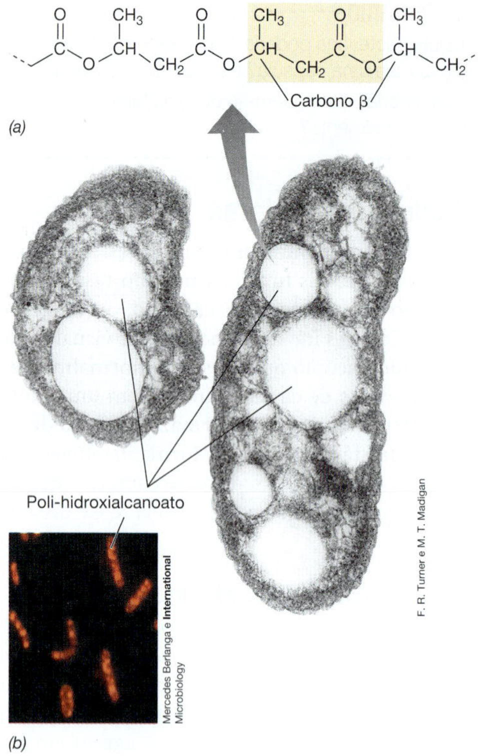


**Figura 2.35** **Poli-β-hidroxialcanoatos.** *(a)* Estrutura química do poli-β-hidroxibutirato, um PHA comum. Uma unidade monomérica é ilustrada colorida. Outros PHAs são sintetizados pela substituição das longas cadeias de hidrocarboneto pelo grupo $-CH_3$, no carbono β. *(b)* Micrografia eletrônica de uma secção fina de células de uma bactéria contendo grânulos de PHB. Foto colorida: células de uma bactéria contendo PHA coradas com vermelho do Nilo.

"bactérias sulfurosas", descobertas pelo grande microbiologista Sergei Winogradsky (Seção 1.9). A oxidação de sulfeto está associada à necessidade de elétrons para conduzir as reações do metabolismo energético (quimiolitotrofia) ou de fixação de $CO_2$ (autotrofia). Em ambos os casos, pode haver o acúmulo de *enxofre elementar* ($S^0$) nas células, proveniente da oxidação do sulfeto, em grânulos visíveis microscopicamente (Figura 2.36*b*). Esses glóbulos de enxofre elementar permanecem enquanto a fonte de enxofre reduzido de onde eles são derivados estiver presente. Entretanto, quando a fonte de enxofre reduzido torna-se limitante, o enxofre presente nos grânulos é oxidado a sulfato ($SO_4^{2-}$), com o desaparecimento gradual dos grânulos à medida que essa reação ocorre. Interessantemente, embora os glóbulos de enxofre aparentemente residam no citoplasma, eles estão presentes, na realidade, no periplasma (Seção 2.11). Nessas células, o periplasma expande-se a fim de acomodar os glóbulos, à medida que $H_2S$ é oxidado a $S^0$, e então contrai-se à medida que $S^0$ é oxidado a $SO_4^{2-}$.

Cianobactérias filamentosas (ver Figura 2.55) são conhecidas por formar minerais carbonatos na superfície externa de suas células. No entanto, algumas cianobactérias também formam minerais carbonatos *dentro* das células, como inclusões celulares. Por exemplo, a cianobactéria unicelular *Gleomargarita* forma grânulos intracelulares de bentonita, um mineral carbonato que contém bário, estrôncio e magnésio (**Figura 2.37**). O processo microbiológico de formação de minerais é chamado de *biomineralização*. Ainda não está claro exatamente o porquê desse mineral em particular ser formado por essa cianobactéria, embora possa servir como um fator de resistência para a manutenção das células em seu hábitat, no fundo de um lago alcalino no México. A biomineralização de diversos minerais diferentes é catalisada por vários procariotos (Seção 13.21), contudo apenas no caso da *Gleomargarita* e dos magnetossomos (que serão discutidos a seguir) é que há o desenvolvimento de inclusões intracelulares.

## Inclusões magnéticas de armazenamento: magnetossomos

Algumas bactérias são capazes de orientar-se especificamente em um campo magnético pelo fato de conterem **magnetossomos**. Essas estruturas são partículas intracelulares compostas pelo mineral óxido de ferro magnetita – $Fe_3O_4$ (**Figura 2.38**). Em algumas bactérias magnetotáticas é formado

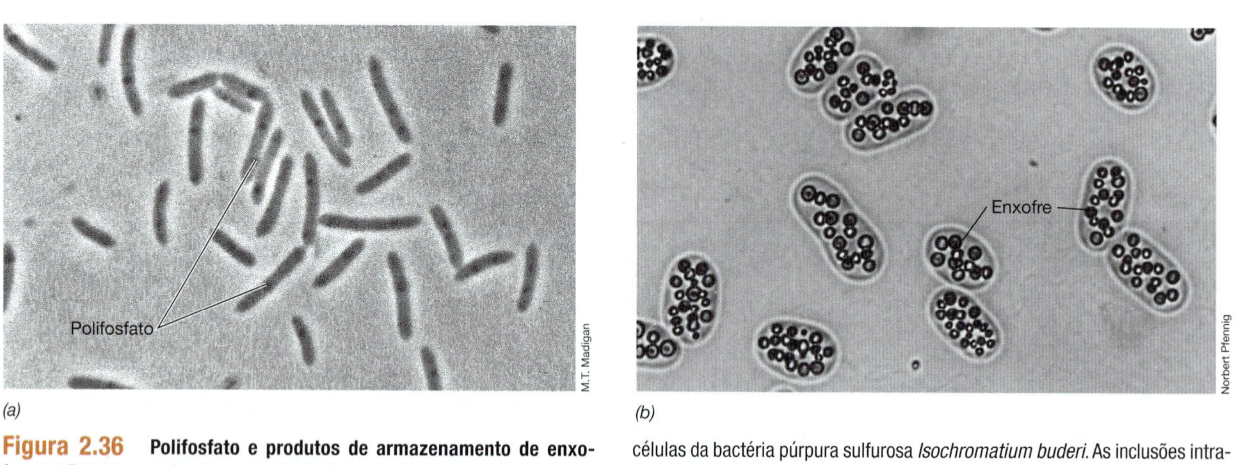


**Figura 2.36** **Polifosfato e produtos de armazenamento de enxofre.** *(a)* Fotomicrografia de contraste de fase de células de *Heliobacterium modesticaldum* mostrando polifosfato e grânulos escuros; a célula possui aproximadamente 1 μm de diâmetro. *(b)* Fotomicrografia de campo claro de células da bactéria púrpura sulfurosa *Isochromatium buderi*. As inclusões intracelulares são glóbulos de enxofre formados pela oxidação de sulfeto de hidrogênio ($H_2S$). Uma célula mede aproximadamente 4 μm de largura.

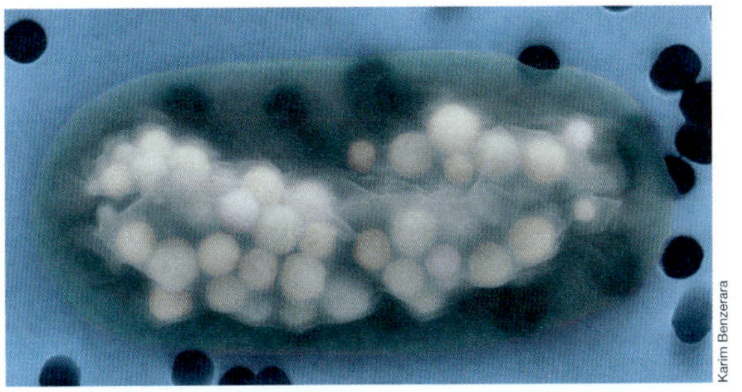

**Figura 2.37** **Biomineralização por uma cianobactéria.** Micrografia eletrônica de uma célula da cianobactéria *Gleomargarita* contendo grânulos do material bentonita [(Ba, Sr, Ca)$_6$Mg(CO$_3$)$_{13}$]. A célula mede aproximadamente 2 μm de largura.

o mineral contendo enxofre greigite ($Fe_3S_4$). Tanto a magnetita quanto o greigite são minerais magnetotáticos. Os magnetossomos geram um dipolo magnético na célula, permitindo-a orientar-se em um campo magnético. Bactérias que produzem magnetossomos exibem *magnetotaxia*, um processo de orientação ao longo das linhas do campo magnético da Terra. Os magnetossomos foram encontrados em vários organismos aquáticos, os quais, em culturas laboratoriais, apresentam melhor crescimento em baixas concentrações de $O_2$. Assim, surgiu a hipótese de que uma das funções dos magnetossomos seja guiar essas células aquáticas para baixo (a direção do campo magnético da Terra) em direção aos sedimentos onde as concentrações de $O_2$ são menores. Um produtor de greigite é uma bactéria redutora de sulfato, e esses organismos são anaeróbios obrigatórios. Permanecer em zonas anóxicas seria especialmente importante para essas espécies magnetotáticas.

Um magnetossomo individual é envolto por uma fina membrana composta por fosfolipídeos, proteínas e glicoproteínas (Figura 2.38*b*, *c*). Embora essa membrana não corresponda a uma unidade de membrana real (bicamada), como a membrana citoplasmática, as proteínas da membrana do magnetossomo são funcionais, uma vez que catalisam a precipitação de $Fe^{3+}$ no magnetossomo em desenvolvimento. Uma membrana similar também circunda os grânulos de PHA e os glóbulos de enxofre. A morfologia dos magnetossomos parece ser espécie-específica, variando em forma desde quadrada a retangular até afilada. Nenhuma arqueia contendo magnetossomos foi descoberta até o momento.

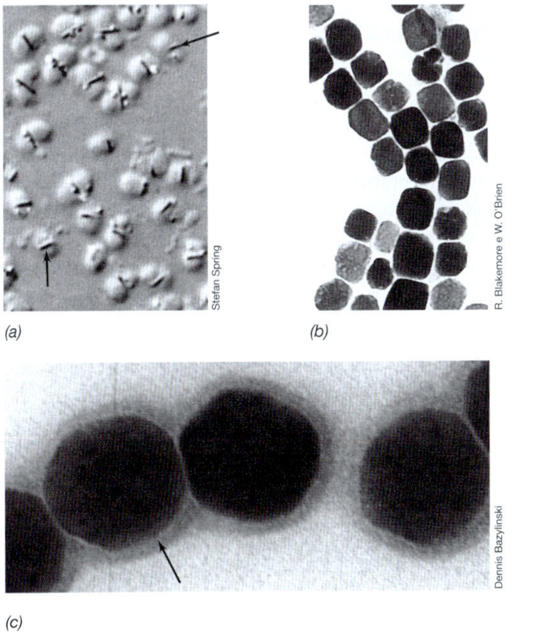


**Figura 2.38** **Bactérias magnetotáticas e magnetossomos.** *(a)* Micrografia de contraste por interferência diferencial de bactérias cocoides magnetotáticas; observe os magnetossomos (setas). Uma célula apresenta 2,2 μm de largura. *(b)* Magnetossomos isolados da bactéria magnetotática *Magnetospirillum magnetotacticum*; cada partícula apresenta cerca de 50 nm de comprimento. *(c)* Micrografia eletrônica de transmissão de magnetossomos de um coco magnético. A seta indica a membrana que envolve cada magnetossomo. Um único magnetossomo apresenta cerca de 90 nm de largura.

**MINIQUESTIONÁRIO**

- Em que condições de crescimento você esperaria a produção de PHAs ou glicogênio?
- Por que seria impossível o armazenamento de enxofre por bactérias gram-positivas, como é observado em bactérias gram-negativas quimiolitotróficas oxidantes de enxofre?
- Em que os magnetossomos e as inclusões de *Gleomargarita* se assemelham e de que forma se diferem?

## 2.15 Vesículas de gás

Alguns procariotos são *planctônicos*, ou seja, apresentam uma existência flutuante na coluna de água de lagos e oceanos. Muitos organismos planctônicos são capazes de flutuar porque contêm **vesículas de gás**, estruturas que conferem flutuabilidade às células, permitindo que se posicionem em uma coluna de água de um determinado local.

Os exemplos mais impressionantes de bactérias apresentando vesículas de gás correspondem às cianobactérias, que formam grandes acúmulos denominados *florescências*, em lagos ou outros corpos de água (**Figura 2.39**). As cianobactérias são bactérias fototróficas oxigênicas (Seções 1.3, 13.4 e 14.3). As células contendo vesículas de gás ascendem até a superfície do lago e são então empurradas pelos ventos, originando massas densas. Diversos outros procariotos predomi-

**Figura 2.39** **Cianobactérias flutuantes.** Flutuação de cianobactérias contendo vesículas de gás em um florescimento formado em um lago de água doce, Lago Mendota, Madison, Wisconsin (Estados Unidos).

nantemente aquáticos apresentam vesículas de gás, sendo essa propriedade encontrada em bactérias e arqueias, mas não em eucariotos microbianos.

## Estrutura das vesículas de gás

As vesículas de gás são estruturas cônicas constituídas de proteínas; elas são ocas, rígidas, de comprimento e diâmetro variáveis (**Figura 2.40**). As vesículas de gás em diferentes espécies variam em comprimento de cerca de 300 a mais de 1.000 nm, e em largura variando de 45 a 120 nm, contudo as vesículas de gás de uma determinada espécie apresentam tamanho relativamente constante. O número de vesículas de gás pode variar de poucas a centenas delas por célula, que são impermeáveis à água e a solutos, mas permeáveis aos gases. A presença das vesículas de gás nas células pode ser detectada tanto por microscopia óptica, onde grupos de vesículas, denominados *vacúolos de gás,* aparecem como inclusões irregulares brilhantes (Figura 2.40*a*), ou por meio de microscopia eletrônica de transmissão de cortes celulares finos (Figura 2.40*b*).

As vesículas de gás são compostas por duas proteínas diferentes. A principal proteína, denominada *GvpA,* corresponde ao envoltório impermeável da vesícula de gás em si e é uma proteína pequena, hidrofóbica e muito rígida, cujas cópias se alinham para formar as "nervuras" paralelas da vesícula. A rigidez é essencial na resistência da estrutura às pressões externas. A segunda proteína, denominada *GvpC,* atua reforçando o envoltório da vesícula de gás por meio de ligações cruzadas com as "nervuras" paralelas, formando um ângulo capaz de agrupar várias moléculas de GvpA (**Figura 2.41**).

A composição e pressão do gás no interior de uma vesícula de gás é aquela na qual o organismo está suspenso.

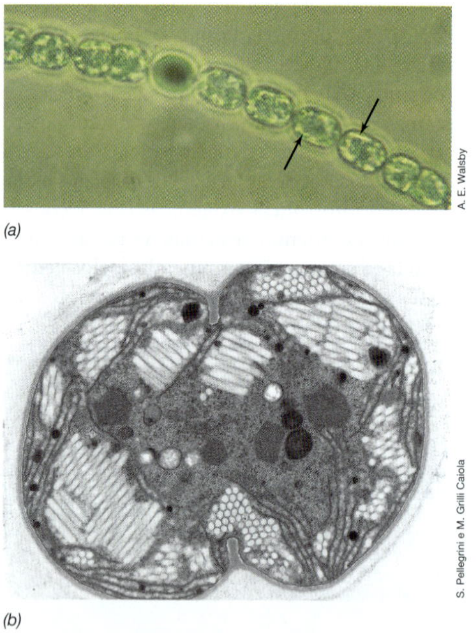


**Figura 2.40 Vesículas de gás das cianobactérias *Anabaena* e *Microcystis*.** *(a)* Micrografia de contraste de fase de *Anabaena*. Grupos de vesículas de gás formam vacúolos de gás de fase brilhante. *(b)* Micrografia eletrônica de transmissão de *Microcystis*. As vesículas de gás arranjam-se em feixes, aqui observadas em secções longitudinais e transversais. Ambas as células medem aproximadamente 5 μm de diâmetro.

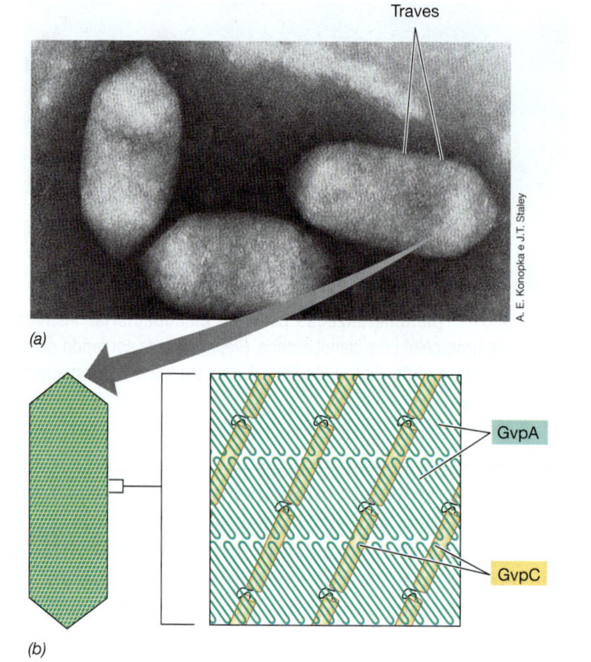


**Figura 2.41 Estrutura das vesículas de gás.** *(a)* Micrografia eletrônica de transmissão de vesícula de gás purificadas da bactéria *Ancylobacter aquaticus* e visualizadas em preparações coradas negativamente. Uma única vesícula apresenta 100 nm de diâmetro. *(b)* Modelo apresentando como as duas proteínas que formam a vesícula de gás, GvpA e GvpC, interagem, originando uma estrutura impermeável à água, porém permeável ao gás. GvpA, uma folha β pregueada rígida, compõe a trave, enquanto GvpC, uma estrutura em α-hélice, é responsável pelas ligações cruzadas.

Como uma vesícula de gás inflada apresenta uma densidade de apenas um décimo em relação à própria célula, as vesículas de gás reduzem a densidade total da célula, consequentemente aumentando a sua flutuabilidade; então, quando as vesículas de gás entram em colapso, a flutuabilidade é perdida. Procariotos fototróficos são particularmente beneficiados pelas vesículas de gás, pois permitem que as células realizem o ajuste vertical de seu posicionamento em uma coluna de água para afundarem ou ascenderem, dirigindo-as para regiões onde as condições (p. ex., a intensidade luminosa) são ótimas à fotossíntese.

**MINIQUESTIONÁRIO**

- Qual gás está presente em uma vesícula de gás? De que forma uma célula pode se beneficiar ao controlar a sua flutuabilidade?
- De que modo as duas proteínas que compõem a vesícula de gás, GpvA e GpvC, são arranjadas, originando uma estrutura tão impermeável à água?

## 2.16 Endósporos

Determinadas espécies de *Bacteria* produzem estruturas denominadas **endósporos** (**Figura 2.42**), durante um processo denominado *esporulação.* Os endósporos (o prefixo *"endo"* significa "no interior") são células altamente diferenciadas que exibem extrema resistência ao calor, produtos químicos fortes e radiação. Os endósporos atuam como estruturas de

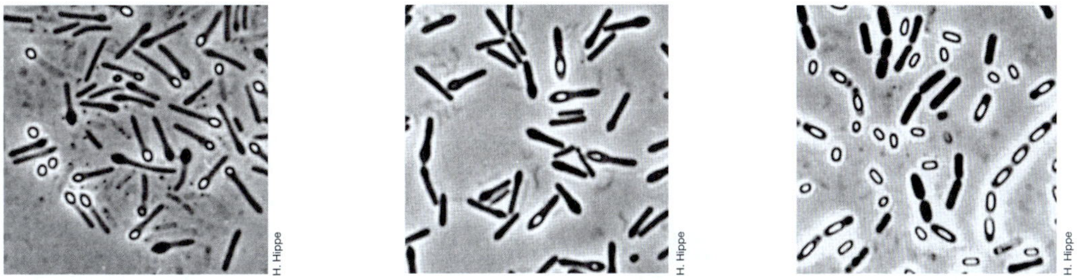


*(a)* **Endósporos terminais** *(b)* **Endósporos subterminais** *(c)* **Endósporos centrais**

**Figura 2.42 O endósporo bacteriano.** Fotomicrografias de contraste de fase ilustrando tipos morfológicos e localizações intracelulares dos endósporos, em diferentes espécies de bactérias formadoras de endósporos. Os endósporos aparecem brilhantes pela microscopia de contraste de fase.

sobrevivência e permitem ao organismo resistir a condições de crescimento adversas, incluindo, mas não limitadas, a extremos de temperatura, dessecamento ou carência nutricional. Desse modo, os endósporos podem ser considerados como o estágio latente de um ciclo de vida bacteriano: célula vegetativa → endósporo → célula vegetativa. Os endósporos também são facilmente dispersos pela ação do vento, da água ou por meio do trato gastrintestinal de animais. As bactérias formadoras de endósporo são encontradas predominantemente no solo, sendo as espécies de *Bacillus* os representantes mais bem estudados.

## Formação e germinação do endósporo

Durante a formação do endósporo, uma célula vegetativa é convertida a uma estrutura resistente ao calor, refringente à luz, e que não exibe crescimento (**Figura 2.43**). As células não esporulam quando se encontram em crescimento ativo, mas somente quando o crescimento cessa devido à exaustão de um nutriente essencial. Assim, células de *Bacillus*, uma típica bactéria formadora de endósporo, interrompem o crescimento vegetativo, iniciando o processo de esporulação quando, por exemplo, um nutriente essencial, como carbono ou nitrogênio, torna-se limitado.

Um endósporo pode permanecer dormente durante anos, porém pode converter-se novamente em uma célula vegetativa de forma relativamente rápida. Esse processo envolve três etapas: *ativação*, *germinação* e *extrusão* (**Figura 2.44**). A ativação acontece quando os endósporos são aquecidos por alguns minutos, a uma temperatura elevada, porém subletal. Em seguida, os endósporos ativados são estimulados a germinar quando colocados na presença de nutrientes específicos, como determinados aminoácidos. A germinação, um processo geralmente rápido (da ordem de alguns minutos), envolve a perda da refringência microscópica do endósporo, maior capacidade de coloração por corantes, e perda da resistência ao calor e produtos químicos. O estágio final, a extrusão, envolve um intumescimento visível decorrente da captação de água, e síntese de RNA, proteínas e DNA. A célula vegetativa emerge a partir do endósporo rompido iniciando seu crescimento, mantendo-se em crescimento vegetativo até que os sinais ambientais novamente desencadeiem a esporulação.

## Estrutura do endósporo

Os endósporos são visualizados ao microscópio óptico como estruturas altamente refringentes (Figura 2.42). Os endósporos são impermeáveis à maioria dos corantes, sendo ocasionalmente observados como regiões não coradas no interior de células coradas com corantes básicos, como o azul de metileno. Corantes e procedimentos especiais devem ser utilizados para corar os endósporos. No protocolo clássico de coloração de endósporos, o verde malaquita é utilizado como corante, sendo infundido no esporo por meio de vapor.

A estrutura do esporo, quando observada ao microscópio eletrônico, apresenta-se completamente distinta daquela

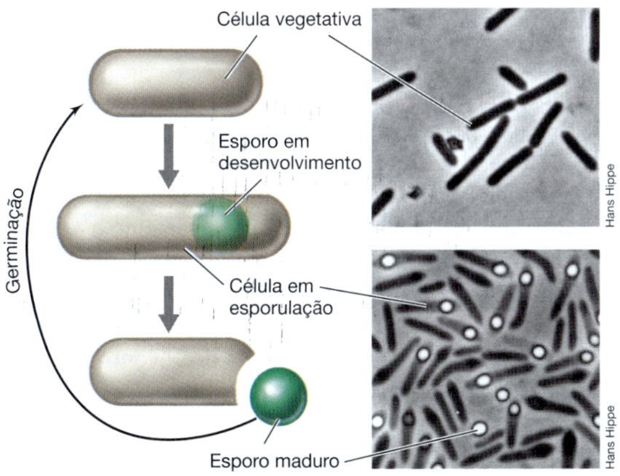


**Figura 2.43 Ciclo de vida de uma bactéria formadora de endósporos.** Fotomicrografias de contraste de fase de células de *Clostridium pascui*. Uma célula apresenta cerca de 0,8 μm de largura.

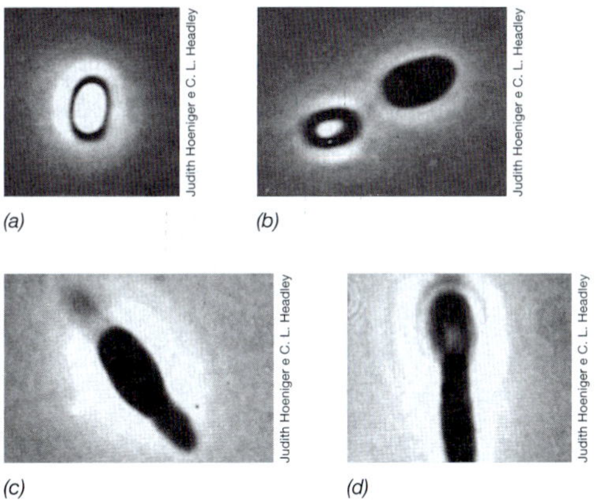


**Figura 2.44 Germinação de um endósporo em *Bacillus*.** Conversão de um endósporo em uma célula vegetativa. A série de fotomicrografias de contraste de fase revela a sequência de eventos, iniciando por *(a)* um endósporo maduro altamente refringente. *(b)* Ativação: a refringência está sendo perdida. *(c, d)* Extrusão: a nova célula vegetativa está emergindo.

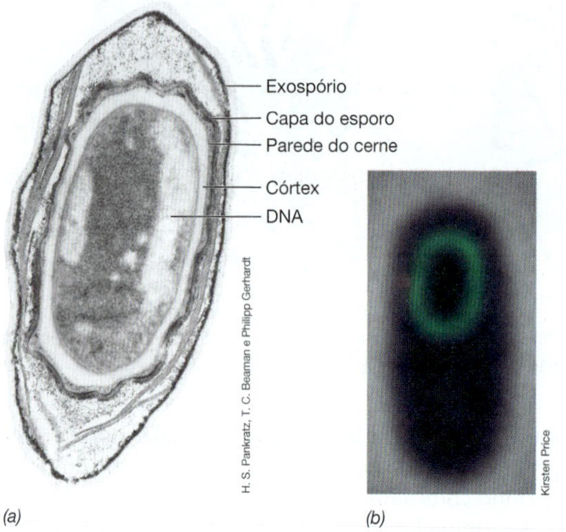


**Figura 2.45 Estrutura do endósporo bacteriano.** *(a)* Micrografia eletrônica de transmissão de uma secção fina de um endósporo de *Bacillus megaterium*. *(b)* Fotomicrografia de fluorescência de uma célula de *Bacillus subtilis* em processo de esporulação. A área em verde deve-se a um corante que cora especificamente uma proteína de esporulação presente na capa do esporo.

da célula vegetativa (**Figura 2.45**). O endósporo apresenta várias camadas que não são encontradas nas células vegetativas. A camada mais externa é o *exospório*, um envoltório proteico delgado. No seu interior, encontram-se as *capas do esporo*, compostas por camadas de proteínas específicas do esporo (Figura 2.45*b*). Abaixo da capa do esporo há o *córtex*, que consiste em peptideoglicano exibindo ligações cruzadas frouxas, e no interior do córtex encontra-se o *cerne*, o qual contém a parede do cerne, a membrana citoplasmática, o citoplasma, o nucleoide, os ribossomos e outros constituintes celulares essenciais. Dessa forma, o endósporo difere estruturalmente de uma célula vegetativa, principalmente em relação aos tipos de estruturas encontradas externamente à parede do cerne.

Uma substância química característica de endósporos, mas ausente em células vegetativas, é o **ácido dipicolínico** (**Figura 2.46**), que se acumula no cerne. Os endósporos são também ricos em cálcio ($Ca^{2+}$), estando a maioria deles complexada ao ácido dipicolínico (Figura 2.46*b*). O complexo cálcio-ácido dipicolínico do cerne representa cerca de 10% do peso seco do endósporo e atua reduzindo a disponibilidade de água no interior do endósporo, auxiliando assim a sua desidratação. Além disso, o complexo insere-se entre as bases de DNA, estabilizando o mesmo contra a desnaturação térmica.

O cerne de um endósporo difere consideravelmente do citoplasma da célula vegetativa que o originou. O cerne de um endósporo contém menos de 1/4 do teor de água encontrado na célula vegetativa e, portanto, a consistência do citoplasma do cerne é similar a um gel. A desidratação do cerne aumenta significativamente a resistência térmica das macromoléculas presentes no interior do esporo. Alguns endósporos bacterianos sobrevivem ao aquecimento a temperaturas de até 150°C, embora 121°C, o padrão de esterilização microbiológica (121°C corresponde à temperatura da autoclave, Seção 5.71), seja letal aos endósporos da maioria das espécies. Foi demonstrado que a desidratação também confere ao endósporo resistência a químicos tóxicos, como peróxido de hidrogênio ($H_2O_2$), e promove a inativação das enzimas que permanecem no cerne. Além da pequena quantidade de água no endósporo, o pH do cerne é de cerca de uma unidade inferior ao pH do citoplasma de uma célula vegetativa.

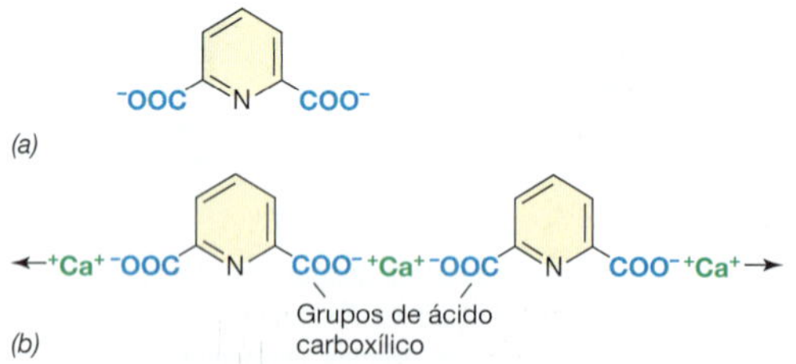


**Figura 2.46 Ácido dipicolínico (DPA).** *(a)* Estrutura do DPA. *(b)* Maneira pela qual o $Ca^{2+}$ se associa a moléculas de DPA, formando um complexo.

O cerne do endósporo contém altas concentrações de *pequenas proteínas ácido-solúveis* (PPASs). Essas proteínas são sintetizadas apenas durante o processo de esporulação, possuindo pelo menos duas funções. As PPASs ligam-se fortemente ao DNA do cerne, protegendo-o contra potenciais danos causados pela radiação ultravioleta, pelo dessecamento e pelo calor seco. A resistência à radiação ultravioleta é conferida quando as PPASs modificam a estrutura molecular do DNA da forma "B" comum para a forma "A" mais compacta. O DNA na forma A é mais resistente à formação de dímeros de pirimidina pela radiação UV, um tipo de mutação (Seção 10.4), e aos efeitos desnaturantes do calor seco. Além disso, as PPASs atuam como fontes de carbono e energia na extrusão de uma nova célula vegetativa a partir do endósporo durante a germinação.

## O processo de esporulação

A esporulação é um exemplo de diferenciação celular (Figura 1.3); e muitas alterações celulares conduzidas geneticamente ocorrem durante a conversão do crescimento vegetativo em esporulação. As alterações estruturais que ocorrem em células de *Bacillus* em esporulação são apresentadas na **Figura 2.47**. A esporulação pode ser dividida em vários estágios. Em *Bacillus subtilis*, em que foram realizados estudos detalhados, o processo completo de esporulação dura aproximadamente 8 horas, sendo iniciado por uma divisão celular assimétrica (Figura 2.47). Estudos genéticos de mutantes de *Bacillus*, em que cada mutante foi bloqueado em um dos estágios da esporulação, indicam que mais de 200 genes são específicos ao processo.

A esporulação requer uma síntese de proteínas diferencial. Esse processo é realizado pela ativação de diversas famílias de genes específicos do endósporo e pelo desligamento de várias funções celulares da célula vegetativa. As proteínas codificadas por esses genes catalisam a série de eventos que transformam uma célula vegetativa, úmida e com metabolismo ativo, em um endósporo relativamente seco, metabolicamente inerte, porém extremamente resistente (**Tabela 2.3**). Na Seção 7.11 serão analisados alguns dos eventos moleculares que controlam o processo de esporulação.

## Diversidade e aspectos filogenéticos da formação de endósporos

Aproximadamente 20 gêneros de bactérias são capazes de formar endósporos, embora o processo tenha sido estuda-

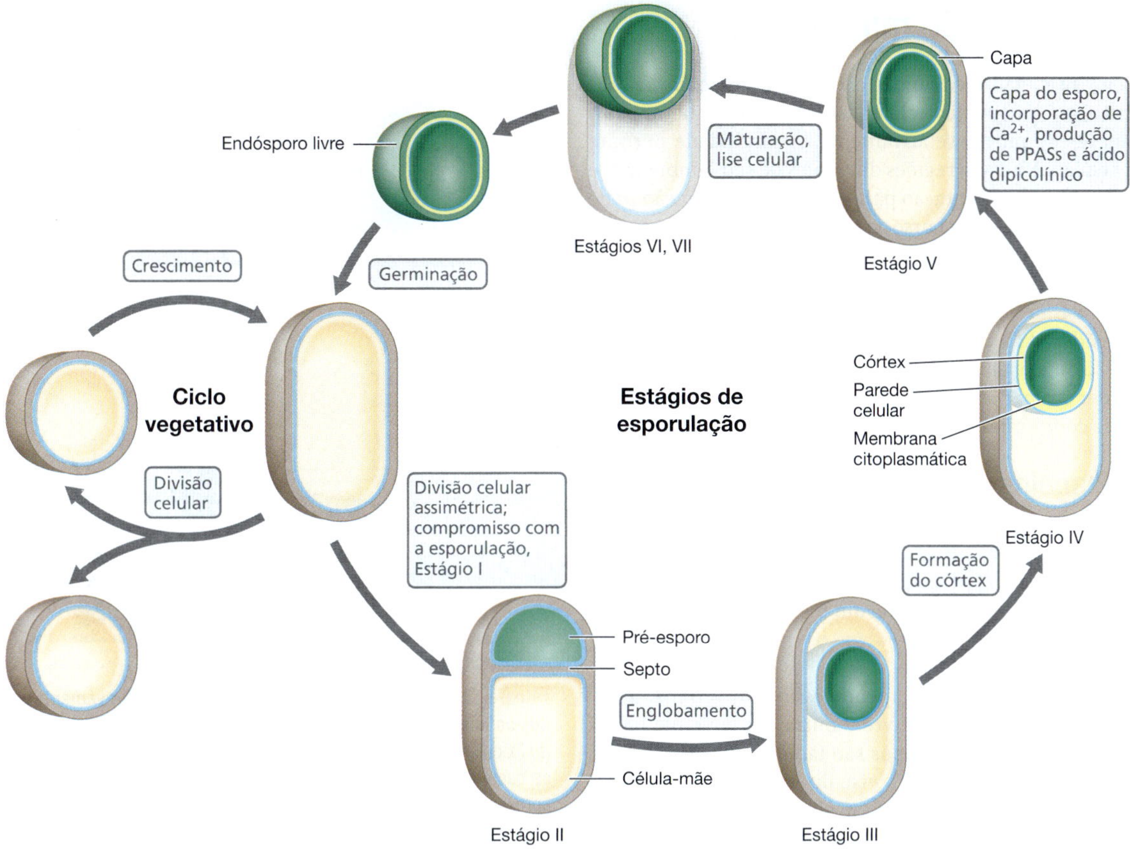


**Figura 2.47** **Estágios da formação de um endósporo.** Os estágios são definidos com base em estudos genéticos e análises microscópicas da esporulação em *Bacillus subtilis*, o organismo-modelo para estudos de esporulação.

**Tabela 2.3 Diferenças entre endósporos e células vegetativas**

| *Característica* | *Célula vegetativa* | *Endósporo* |
|---|---|---|
| Aspecto microscópico | Não refringente | Refringente |
| Teor de cálcio | Baixo | Elevado |
| Ácido dipicolínico | Ausente | Presente |
| Atividade enzimática | Elevada | Baixa |
| Captação de $O_2$ | Elevada | Baixa ou ausente |
| Síntese de macromoléculas | Presente | Ausente |
| Resistência ao calor | Baixa | Elevada |
| Resistência a radiações | Baixa | Elevada |
| Resistência a agentes químicos | Baixa | Elevada |
| Ação da lisozima | Sensível | Resistente |
| Teor de água | Elevado, 80-90% | Baixo, 10-25% no cerne |
| Pequenas proteínas ácido-solúveis do esporo | Ausentes | Presentes |

do detalhadamente em apenas algumas espécies de *Bacillus* e *Clostridium*. No entanto, muitos dos segredos da sobrevivência dos endósporos, como a formação de complexos cálcio-dipicolinato e a produção de PPASs, parecem universais. A partir de uma perspectiva filogenética, a capacidade de produzir endósporos é encontrada somente em uma sublinhagem particular de bactérias gram-positivas. Apesar desse fato, a fisiologia das bactérias formadoras de endósporo é bastante diversa, incluindo anaeróbios, aeróbios, fototróficos e quimiolitotróficos. Considerando essa diversidade fisiológica, os reais desencadeadores da formação de endósporos podem variar nas diferentes espécies, podendo incluir outros sinais além da mera carência nutricional, o principal desencadeador da formação de endósporos em espécies de *Bacillus*. Não foram descritas espécies de arqueias capazes de formar endósporos, sugerindo que essa capacidade evoluiu algum tempo após a divergência das principais linhagens de procariotos, há cerca de 3,5 bilhões de anos (Figura 1.4*b*).

**MINIQUESTIONÁRIO**
- O que é o ácido dipicolínico e onde ele é encontrado?
- O que são PPASs e qual sua função?
- O que é formado quando um endósporo germina?

# VI • Locomoção microbiana

Conclui-se a análise da função e estrutura microbianas examinando a locomoção celular. Muitas células microbianas são capazes de mover-se ativamente. A motilidade permite que as células alcancem regiões diferentes de seus ambientes, e na natureza, a movimentação para uma nova localização pode oferecer à célula novos recursos e oportunidades, representando a diferença entre viver e morrer.

Agora, serão examinados os dois principais tipos de movimento celular procariótico, *natatório* e *deslizante*. Em seguida, será considerada a capacidade das células móveis de aproximarem-se ou afastarem-se de determinados estímulos (fenômenos denominados *taxias*), apresentando exemplos dessas respostas comportamentais simples.

## 2.17 Flagelos e motilidade natatória

Muitos procariotos são capazes de deslocar-se por movimento natatório, devido à presença de uma estrutura denominada **flagelo** (Figura 2.48). O flagelo atua por rotação, empurrando ou puxando a célula por meio de um meio líquido.

### Flagelos de bactérias

Os flagelos bacterianos são apêndices longos e finos, apresentando uma extremidade livre e outra extremidade ligada à célula. Os flagelos bacterianos são tão delgados (15-20 nm, dependendo da espécie) que a visualização de um único flagelo ao microscópio óptico é possível somente após procedimentos de coloração especiais que aumentam o seu diâmetro (Figura 2.48). No entanto, os flagelos são facilmente visualizados ao microscópio eletrônico (Figura 2.49).

Os flagelos podem ligar-se às células em diferentes padrões. Na **flagelação polar**, os flagelos encontram-se ligados a uma ou ambas as extremidades da célula. Ocasionalmente, um conjunto (*tufo*) de flagelos pode ser encontrado em uma das extremidades celulares, um tipo de flagelação polar denominada *lofotríquia* (Figura 2.48*c*). Tufos de flagelos desse tipo podem frequentemente ser observados em células não coradas, por microscopia de campo escuro ou de contraste de fase (Figura 2.50). Quando um tufo de flagelos emerge a partir de ambos os polos da célula, a flagelação é denominada *anfitríquia*. Na **flagelação peritríquia** (Figuras 2.48*a* e 2.49*b*), os flagelos encontram-se inseridos em vários pontos ao redor da superfície celular. O tipo de flagelação – polar ou peritríquia – é uma característica utilizada para a classificação de bactérias.

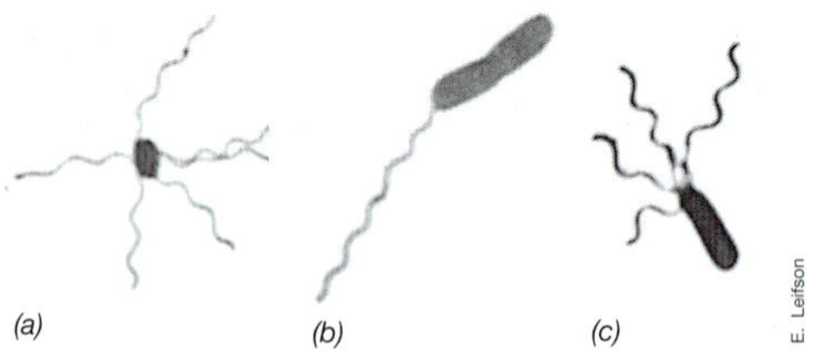


**Figura 2.48 Flagelos bacterianos.** Fotomicrografias ópticas clássicas, tiradas por Einar Leifson, de bactérias apresentando diferentes arranjos flagelares. As células foram coradas pelo método de Leifson de coloração de flagelos. *(a)* Peritríquio. *(b)* Polar. *(c)* Lofotríquio.

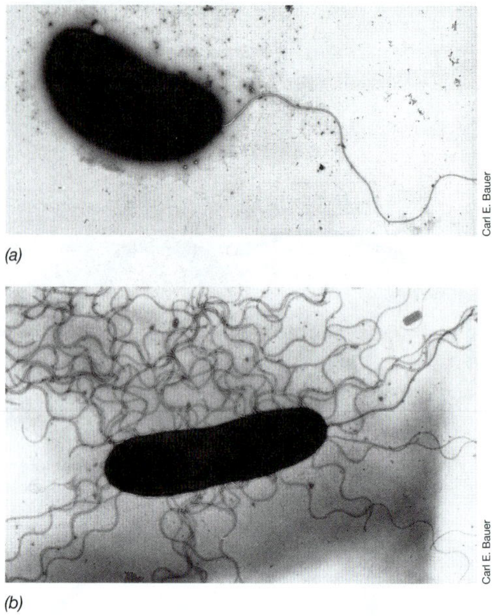


**Figura 2.49 Flagelos bacterianos corados negativamente, observados ao microscópio eletrônico de transmissão.** *(a)* Um único flagelo polar. *(b)* Flagelos peritríquios. Em ambas as micrografias são apresentadas células da bactéria fototrófica *Rhodospirillum centenum*, que apresentam largura de aproximadamente 1,5 μm. As células de *R. centenum* geralmente exibem flagelação polar, mas, sob certas condições de crescimento, passam a apresentar um padrão de flagelação peritríquia. Ver também a Figura 2.59*b* para uma foto de colônias de *R. centenum* que se movem em direção a um gradiente crescente de luz (fototaxia).

### Estrutura flagelar

Os flagelos não são retos, exibindo morfologia helicoidal. Quando achatados, os flagelos apresentam uma distância constante entre duas curvas adjacentes, denominada *comprimento de onda*, sendo esse comprimento de onda característico aos flagelos de uma determinada espécie. O filamento dos flagelos bacterianos é composto por várias cópias de uma proteína denominada *flagelina*. A forma e o comprimento de onda do flagelo são determinados, em parte, pela estrutura da flagelina e também pela direção de rotação do filamento. A sequência de aminoácidos da flagelina é altamente conservada em espécies de bactérias, sugerindo que a motilidade flagelar evoluiu cedo e possui raízes profundas neste domínio evolutivo.

Um flagelo consiste em vários componentes e movimenta-se por rotação, muito similar à hélice de um barco a motor. A base do flagelo é estruturalmente distinta do filamento. A base do flagelo apresenta uma região mais larga, denominada *gancho*. O gancho é composto por um único tipo de proteína e conecta o filamento à porção motora do flagelo na base (Figura 2.51).

A porção motora do flagelo é ancorada na membrana citoplasmática e na parede celular. O motor é formado por um bastão central que passa por meio de uma série de anéis. Em bactérias gram-negativas, um anel externo, chamado de *anel L*, é ancorado na camada lipopolissacarídica. Um segundo anel, chamado de *anel P*, é ancorado na camada de peptideogli-

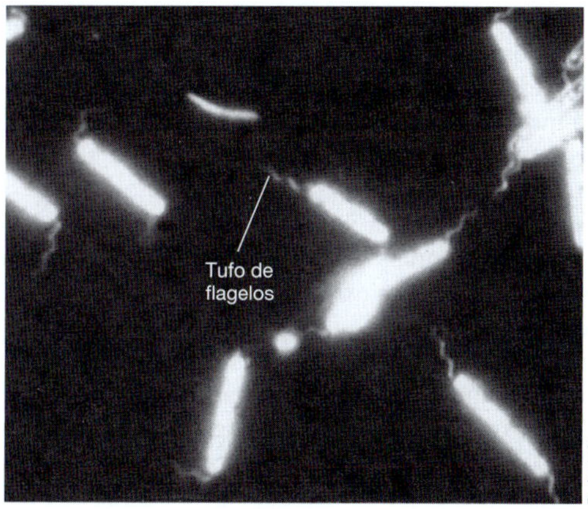


(a)

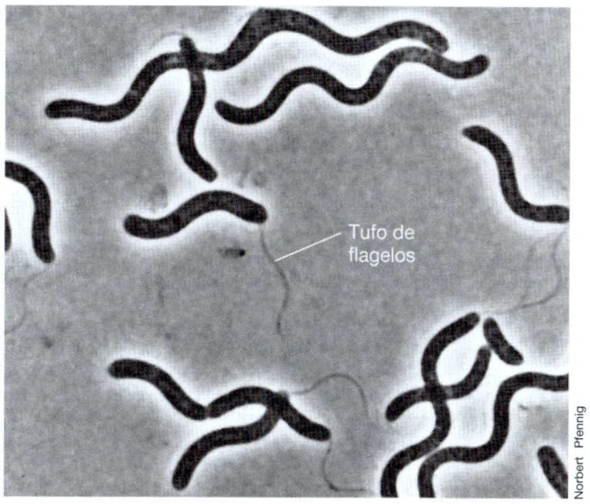


(b)

**Figura 2.50** **Flagelos bacterianos observados em células vivas.** *(a)* Fotomicrografia de campo escuro de um grupo de grandes bactérias em forma de bacilo, apresentando tufos de flagelos em cada um dos polos (flagelação anfitríquia). Um única célula apresenta cerca de 2 μm de largura. *(b)* Fotomicrografia de contraste de fase de células da grande bactéria púrpura fototrófica, *Rhodospirillum photometricum*, exibindo um tufo de flagelos lofotríquios que se projetam de um dos polos. Um única célula mede cerca de 3 × 30 μm.

cano da parede celular. Um terceiro conjunto de anéis, chamados de *MS* e *anéis C*, está localizado dentro da membrana citoplasmática e do citoplasma, respectivamente (Figura 2.51*a*). Em bactérias gram-positivas, que não possuem membrana externa, apenas o par interior de anéis se mostra presente. Ao redor do anel interior e ancorado na membrana citoplasmática, está uma série de proteínas denominadas *proteínas Mot.* Um conjunto final de proteínas, denominadas *proteínas Fli* (Figura 2.51*a*), funciona como o interruptor do motor, invertendo a direção da rotação dos flagelos em resposta a sinais intracelulares.

## Movimento flagelar

O flagelo é um pequeno motor rotatório. Como este motor atua? Normalmente, os motores rotatórios contêm dois componentes principais: o *rotor* e o *estator*. No motor flagelar, o rotor corresponde ao bastão central e aos anéis L, P, C, e MS. Em conjunto, essas estruturas constituem o **corpo basal**. O estator consiste nas proteínas Mot, que circundam o corpo basal e atuam gerando o torque.

O movimento de rotação do flagelo é conferido pelo corpo basal. A energia necessária à rotação do flagelo é oriunda da força próton-motiva (Seção 2.8). O movimento de prótons através da membrana citoplasmática ao longo do complexo Mot promove a rotação do flagelo, e cerca de 1.000 prótons são translocados a cada rotação flagelar; um modelo de como isso funciona é demonstrado na Figura 2.51*b*. Nesse modelo de "turbina de prótons", o fluxo de prótons que passa por meio dos canais nas proteínas Mot exerce forças eletrostáticas sobre as cargas arranjadas de forma helicoidal nas proteínas do rotor. As atrações entre as cargas positivas e negativas promovem a rotação do corpo basal à medida que os prótons fluem por entre as proteínas Mot.

## Flagelos de arqueias

Como nas bactérias, a motilidade flagelar é amplamente disseminada entre as espécies de arqueias; os principais gêneros de metanógenos, halófilos extremos, termoacidófilos e hipertermófilos (Figura 1.6*b*) são capazes de apresentar motilidade natatória. Os flagelos de arqueias são significativamente mais delgados que os flagelos bacterianos, exibindo somente 10 a 13 nm de espessura (**Figura 2.52**), porém conferem movimento de rotação à célula como observado em bactérias. De modo diverso ao observado em bactérias, onde há uma única proteína no filamento flagelar, várias flagelinas diferentes são encontradas em arqueias sendo que as sequências de aminoácidos e os genes que codificam as flagelinas de arqueias não exibem qualquer relação com aquelas da flagelina bacteriana.

Estudos realizados com células natatórias do halófilo extremo *Halobacterium* revelam que elas nadam a velocidades de somente cerca de um décimo daquela de células de *Escherichia coli*. Não se sabe se isso é típico de arqueias, porém o diâmetro significativamente menor do flagelo de arqueias, comparado ao flagelo bacteriano, possivelmente reduz o torque e, consequentemente, a potência do motor flagelar, de modo que velocidades natatórias menores não seriam surpreendentes. Além disso, a partir de experimentos bioquímicos com *Halobacterium*, é possível inferir que os flagelos de arqueias são alimentados diretamente por ATP e não pela força próton-motiva, a fonte de energia dos flagelos de bactérias (Figura 2.51*b*). Se este conceito for válido para todos os flagelos de arqueias, significaria que os motores flagelares de arqueias e bactérias empregariam mecanismos fundamentalmente diferentes para acoplar energia. Em combinação com as claras diferenças na estrutura da proteína flagelar entre arqueias e bactérias, isso sugere que, assim como para os endósporos, a motilidade flagelar evoluiu separadamente com a divergência dos procariotos há mais de 3,5 bilhões de anos (Figura 1.4*b*).

## Síntese flagelar

Vários genes codificam as proteínas da motilidade em bactérias. Em *Escherichia coli* e *Salmonella entérica* sorotipo *Typhimurium*, para os quais muitos estudos de motilidade foram realizados, mais de 50 genes estão envolvidos na motilidade. Esses genes codificam as proteínas estruturais do flagelo e de seu aparato motor, mas também codificam proteínas que exportam os componentes flagelares através da membrana citoplasmática para o exterior da célula, e proteínas que regulam vários eventos bioquímicos envolvidos na síntese de novos flagelos.

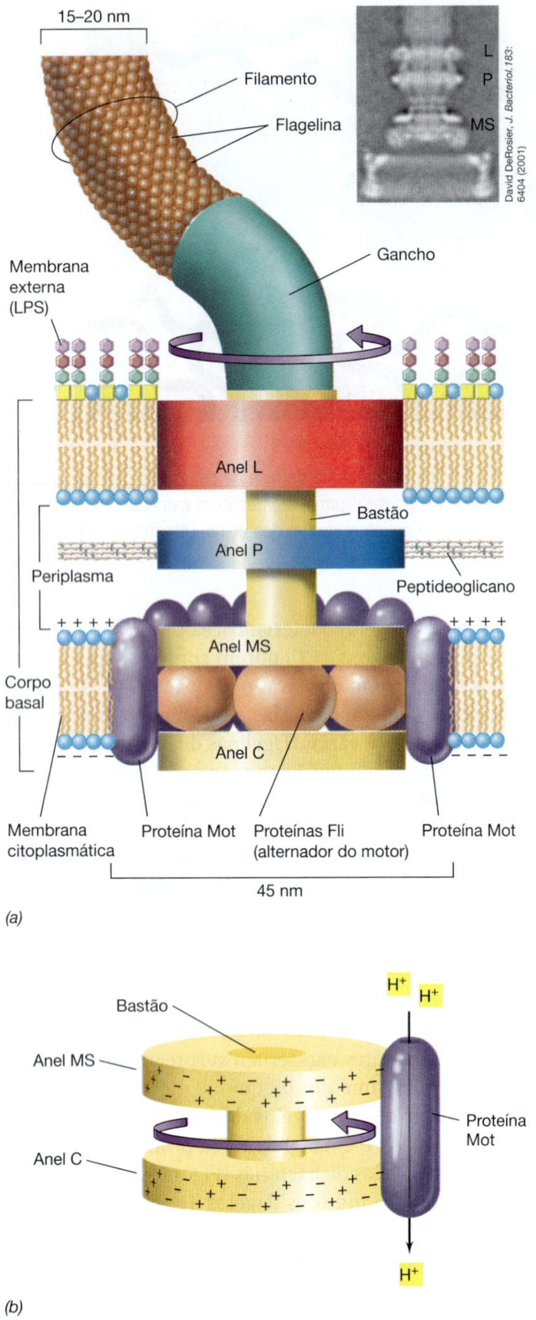


**Figura 2.51 Estrutura e função do flagelo em bactérias gram-negativas.** *(a)* Estrutura. O anel L está embebido no LPS, e o anel P no peptideoglicano. O anel MS está embebido na membrana citoplasmática, e o anel C, no citoplasma. Um canal estreito é formado no bastão e no filamento, por meio do qual as moléculas de flagelina difundem-se para atingir o sítio de síntese flagelar. As proteínas Mot atuam como o motor flagelar, enquanto as proteínas Fli atuam como o alternador do motor. O motor flagelar gira o filamento, propelindo a célula pelo meio. No detalhe: micrografia eletrônica de transmissão de um corpo basal flagelar de *Salmonella enterica*, onde os vários anéis estão identificados. *(b)* Função. Um modelo de "turbina de prótons" foi proposto para explicar a rotação do flagelo. Os prótons, fluindo por meio das proteínas Mot, podem exercer forças sobre as cargas presentes nos anéis C e MS, consequentemente girando o rotor.

Um filamento flagelar não cresce a partir de sua base, como os pelos de um animal, mas sim a partir de sua ponta. O anel MS é o primeiro componente a ser sintetizado, sendo inserido na membrana citoplasmática. Em seguida, outras proteínas de ancoragem são sintetizadas juntamente com o gancho, antes da formação do filamento (**Figura 2.53**). As moléculas de flagelina sintetizadas no citoplasma passam por meio de um canal de 3 nm presente no interior do filamento e são adicionadas à extremidade, formando o flagelo maduro. A proteína "*cap*" está presente na extremidade do flagelo em crescimento. As proteínas *cap* auxiliam as moléculas de flagelina que difundiram-se pelo canal do filamento a organizarem-se na extremidade do flagelo (Figura 2.53). Aproximadamente 20.000 moléculas de flagelina são necessárias para formar um filamento. O crescimento do flagelo ocorre de maneira relativamente contínua, até que a estrutura atinja seu comprimento final. Flagelos quebrados ainda são capazes de rotacionar, e podem ser reparados pela adição de novas unidades de flagelina, que são transportadas pelo canal do filamento para repor as unidades perdidas.

## Velocidade e movimentação celular

Em bactérias, os flagelos não exibem velocidade constante de rotação, podendo aumentá-la ou diminuí-la de acordo com a intensidade da força próton-motiva. Os flagelos são capazes de girar a até 300 revoluções por segundo, deslocando as células por um meio líquido com velocidades de até 60 comprimentos celulares/segundo. Em contrapartida, o animal mais veloz conhecido, o guepardo, é capaz de correr a uma velocidade máxima de aproximadamente 25 comprimentos corporais/segundo. Assim, levando-se em consideração o tamanho, células bacterianas movendo-se a cerca de 60 comprimentos/segundo estão, na realidade, deslocando-se mais rapidamente que o organismo superior mais rápido conhecido!

A movimentação natatória de organismos com flagelação polar e lofotríquia é diferente daquela observada em organismos com flagelos peritríquios, que podem ser distinguidos pela observação de células natatórias ao microscópio (**Figura 2.54**). Organismos com flagelação peritríquia normalmente deslocam-se em linha reta, de forma lenta e intencional. Organismos com flagelação polar, ao contrário, movem-se mais rapidamente, girando ao redor de si mesmos e aparentemente "correndo" de um local a outro. As diferenças

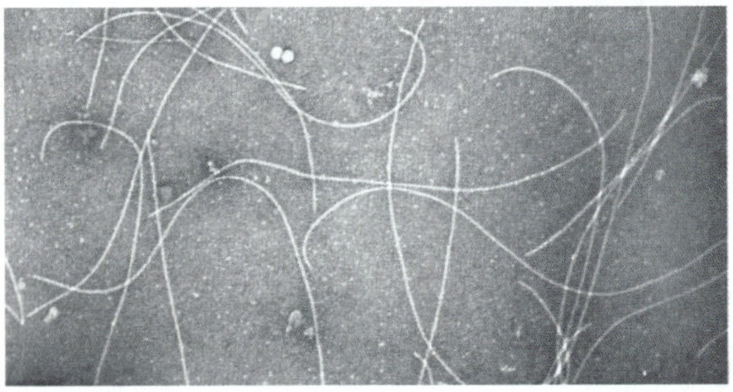


**Figura 2.52 Flagelos de arqueias.** Micrografia eletrônica de transmissão de flagelos isolados de células do metanógeno *Methanococcus maripaludis*. Um único flagelo apresenta cerca de 12 nm de largura.

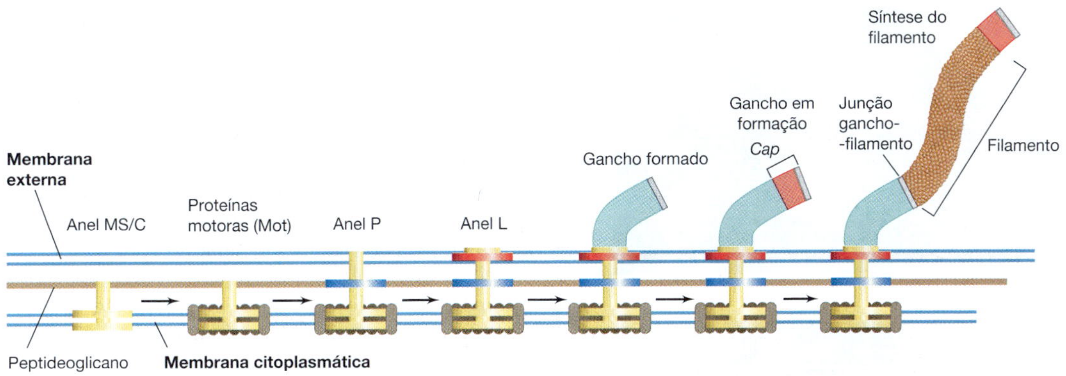


**Figura 2.53** **Biossíntese de flagelos.** A síntese é iniciada pela montagem dos anéis MS e C na membrana citoplasmática, em seguida, são formados os outros anéis, o gancho e o *cap*. A proteína flagelina passa por meio do gancho, originando o filamento, sendo então posicionada com o auxílio das proteínas *cap*.

de comportamento observadas entre organismos de flagelação polar e peritríquia, incluindo as diferenças em relação à reversibilidade do flagelo, são ilustradas na Figura 2.54.

A velocidade natatória é uma característica dirigida geneticamente, uma vez que diferentes espécies móveis, mesmo espécies diferentes exibindo o mesmo tamanho celular, são capazes de nadar a velocidades máximas distintas. Além disso, ao analisar-se a capacidade de uma cultura laboratorial de bactéria quanto à motilidade e velocidade natatória, as observações devem ser realizadas somente em culturas jovens. Em culturas antigas, as células móveis frequentemente param de nadar e a cultura pode parecer como de natureza imóvel.

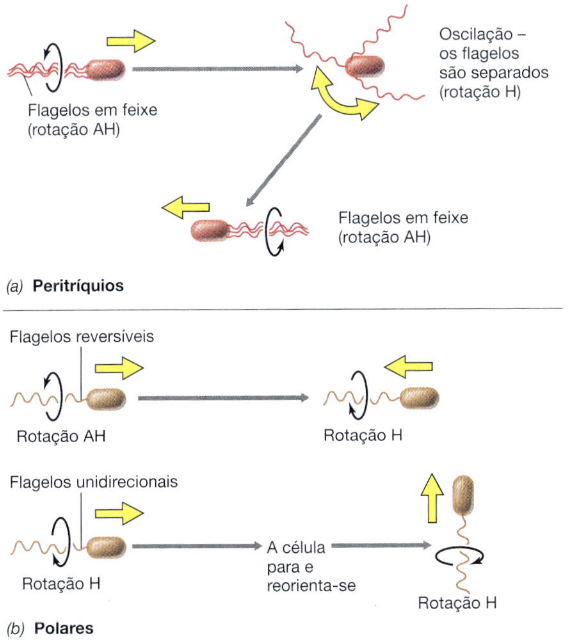


**Figura 2.54** **Tipos de movimentação em procariotos com flagelação peritríquia e polar.** *(a)* Peritríquios: a movimentação para frente é promovida por todos os flagelos girando no sentido anti-horário (AH), formando um feixe. A rotação no sentido horário (H) promove a oscilação da célula, e o retorno à rotação em sentido anti-horário leva a célula a mover-se em uma nova direção. *(b)* Polares: as células alteram a direção revertendo a rotação flagelar (o que puxa a célula, em vez de empurrá-la) ou, no caso de flagelos unidirecionais, parando periodicamente para a reorientação, e então movimentando-se para frente pela rotação dos flagelos em sentido horário. As setas amarelas indicam a direção de movimentação da célula.

**MINIQUESTIONÁRIO**

- As células de *Salmonella* possuem flagelos peritríquios, as de *Pseudomonas* possuem flagelação polar, e as de *Spirillum* possuem flagelos lofotríquios. Utilizando um esquema, mostre como cada flagelo apareceria em uma coloração.
- Compare os flagelos de bactérias e arqueias em termos de estrutura e função.

## 2.18 Motilidade por deslizamento

Alguns procariotos são móveis, porém não apresentam flagelos. A maioria dessas bactérias não natatórias, porém móveis, são capazes de deslocar-se por meio de um processo denominado *deslizamento*. Ao contrário da motilidade flagelar, em que as células param e, em seguida, movem-se em uma direção diferente, a motilidade deslizante corresponde a um tipo de movimento mais lento e suave, geralmente ocorrendo ao longo do eixo da célula.

### Diversidade da motilidade deslizante

A motilidade por deslizamento é amplamente distribuída em bactérias, sendo, no entanto, bem estudada somente em alguns poucos grupos. O movimento deslizante em si é consideravelmente mais lento – 10 μm/segundo em algumas bactérias deslizantes – que a propulsão por flagelos, porém, ainda assim, permite à célula locomover-se em seu hábitat.

Os procariotos deslizantes compreendem células filamentosas ou bacilares, e o processo de deslizamento requer o contato das células com uma superfície sólida (**Figura 2.55**). A morfologia de colônias de uma típica bactéria deslizante é distintiva, uma vez que as células deslizam, afastando-se do centro da colônia (Figura 2.55*c*). Provavelmente, as bactérias deslizantes mais bem conhecidas sejam as cianobactérias filamentosas (Figura 2.55*a*, *b*), determinadas bactérias gram-negativas, como *Myxococcus* e outras mixobactérias, além

**Figura 2.55** **Bactérias deslizantes.** *(a, b)* A grande cianobactéria filamentosa *Oscillatoria* apresenta cerca de 35 μm de largura. *(b)* Filamentos de *Oscillatoria* deslizando na superfície de um ágar. *(c)* Massas da bactéria deslizante *Flavobacterium johnsoniae*, afastando-se do centro da colônia (a colônia apresenta cerca de 2,7 mm de largura). *(d)* Linhagem mutante não deslizante de *F. johnsoniae* exibindo morfologia colonial típica de bactérias não deslizantes (as colônias apresentam cerca de 0,7-1 mm de diâmetro). Ver também Figura 2.56.

de espécies de *Cytophaga* e *Flavobacterium* (Figura 2.55*c*, *d*). Nenhuma arqueia deslizante é conhecida.

## Mecanismos da motilidade deslizante

Mais de um mecanismo pode ser responsável pela motilidade deslizante. As cianobactérias realizam o deslizamento secretando um polissacarídeo limoso de seus poros na superfície externa da célula. Esse composto limoso estabelece o contato entre a superfície celular e a superfície sólida contra a qual a célula se move. À medida que o polissacarídeo limoso excretado adere à superfície, a célula é gradativamente puxada. A bactéria não fototrófica deslizante *Cytophaga* também se movimenta à custa da excreção de composto limoso, girando ao longo de seu eixo maior enquanto secreta o produto.

Células que apresentam "motilidade pulsante" também exibem um tipo de motilidade por deslizamento, empregando um mecanismo pelo qual a extensão e retração repetidas dos *pili* tipo IV (Seção 2.13) impulsionam a célula ao longo de uma superfície. A mixobactéria deslizante *Myxococcus xanthus* exibe duas formas de motilidade deslizante. Uma forma é conduzida pelo *pili* tipo IV, enquanto a outra é distinta tanto dos processos mediados pelos *pili* tipo IV como pela extrusão limosa. Nessa forma de motilidade de *M. xanthus*, um complexo proteico de adesão é formado em um dos polos da célula bacilar, permanecendo em uma posição fixa na superfície à medida que a célula desliza para frente. Isso significa que o complexo de adesão desloca-se na direção oposta àquela da célula, provavelmente impulsionado por algum tipo de mecanismo de motilidade citoplasmático.

Nem extrusão de compostos limosos ou a motilidade pulsante correspondem aos mecanismos de deslizamento de outras bactérias deslizantes. No gênero *Flavobacterium* (Figura 2.55*c*), por exemplo, não há a excreção de composto limoso e as células são desprovidas de *pili* tipo IV. Em vez de usar qualquer um destes mecanismos deslizantes, o movimento das proteínas na superfície celular de *Flavobacterium* sustenta a motilidade deslizante nesses organismos. Acredita-se que proteínas de motilidade específicas estão ancoradas nas membranas citoplasmática e externa, e realizam a propulsão das células de *Flavobacterium* para frente por um mecanismo de catraca (**Figura 2.56**). O movimento das proteínas específicas de deslizamento presentes na membrana citoplasmática é promovido pela liberação de energia oriunda da força próton-motiva que, de alguma maneira, é transmitida às proteínas de deslizamento complementares presentes na membrana externa. O movimento dessas proteínas da membrana externa contra uma superfície sólida literalmente empurra a célula para frente (Figura 2.56).

Assim como outras formas de motilidade, a motilidade por deslizamento apresenta grande relevância ecológica. O deslizamento permite que a célula explore novos recursos e interaja com outras células. Por exemplo, as mixobactérias, como *Myxococcus xanthus*, apresentam um tipo de comportamento altamente social e cooperativo, e a motilidade deslizante pode desempenhar importante papel nas interações intercelulares, necessárias para completar seu ciclo de vida (Seção 14.19).

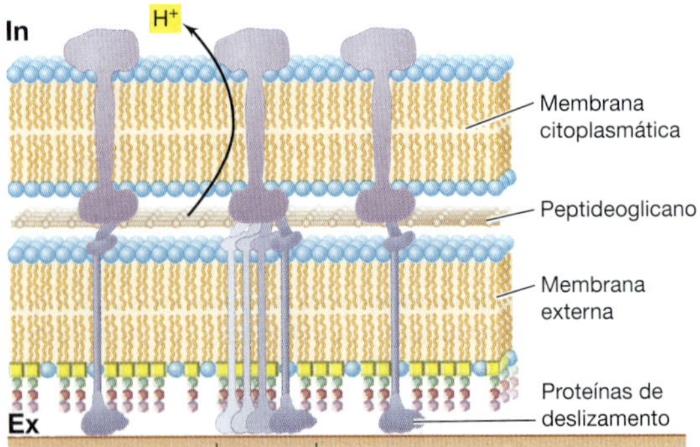


**Figura 2.56** **Motilidade por deslizamento de *Flavobacterium johnsoniae*.** Existem trilhas (em amarelo) no peptideoglicano conectando as proteínas citoplasmáticas às proteínas de deslizamento da membrana externa, propelindo as proteínas da membrana externa ao longo da superfície sólida. Observe que as proteínas de deslizamento e a célula deslocam-se em direções opostas.

**MINIQUESTIONÁRIO**

- Como a motilidade por deslizamento diferencia-se da motilidade natatória em relação ao mecanismo e às exigências?
- Diferencie o mecanismo de motilidade deslizante de uma cianobactéria filamentosa daquele de *Flavobacterium*.

## 2.19 Quimiotaxia e outras taxias

Frequentemente, os procariotos encontram gradientes de agentes físicos ou químicos na natureza, tendo desenvolvido mecanismos para responder a esses gradientes, aproximando-se ou afastando-se do agente. Este tipo de movimento direcionado é denominado *taxia* (plural, taxias). A **quimiotaxia**, uma resposta a agentes químicos, e a **fototaxia**, uma resposta à luz, são duas formas de taxia bastante estudadas. Aqui, vamos discutir essas taxias de modo geral. Na Seção 7.8, serão examinados o mecanismo molecular da quimiotaxia e sua regulação, utilizando *Escherichia coli* como um modelo de taxias para todas as bactérias.

A quimiotaxia foi bastante estudada em bactérias natatórias, sendo bem conhecido, em nível genético, de que modo o estado químico do meio ambiente é transmitido ao aparelho flagelar. Dessa forma, nesta seção serão abordadas somente as bactérias natatórias. No entanto, algumas bactérias deslizantes (Seção 2.18) são também quimiotáticas, havendo movimentos fototáticos em cianobactérias filamentosas (Figura 2.55*a*, *b*). Além disso, muitas espécies de arqueias também são quimiotáticas, e muitas das proteínas que controlam a quimiotaxia em bactérias estão também presentes nessas arqueias móveis.

### Quimiotaxia em bactérias apresentando flagelos peritríquios

Foram realizadas muitas pesquisas sobre quimiotaxia com a bactéria flagelada peritríquia *E. coli*. Para entender como a quimiotaxia afeta o comportamento de *E. coli*, considere a situação na qual uma célula encontra um gradiente de algum composto químico em seu ambiente (**Figura 2.57**). Na ausência desse gradiente, as células movem-se de maneira aleatória, incluindo *corridas*, em que a célula nada para frente de forma suave, e *oscilações*, em que a célula para e permanece bamboleando. Durante o movimento para frente em uma corrida, o motor flagelar gira em sentido anti-horário. Quando os flagelos giram em sentido horário, o feixe de flagelos é separado, a movimentação para frente é interrompida, e a célula passa a oscilar (Figura 2.57).

Após uma oscilação, a direção da próxima corrida é aleatória. Assim, por intermédio de corridas e oscilações, a célula move-se aleatoriamente por todo o ambiente, sem chegar a um destino determinado. Entretanto, na presença de um gradiente químico de um agente atrativo, esses movimentos aleatórios passam a ser tendenciosos. Quando o organismo percebe que está se movendo em direção a concentrações maiores do agente atrativo, as corridas tornam-se mais longas, e as oscilações, menos frequentes. Como resultado dessa resposta comportamental, o organismo desloca-se em direção ao gradiente de concentração do agente atrativo (Figura 2.57*b*). Se o organismo perceber a presença de um agente repelente, o mesmo mecanismo geral será acionado, embora, nesse caso, a *diminuição* da concentração do repelente (em lugar do *aumento* na concentração do agente atrativo) é o responsável pelas corridas.

Como os gradientes químicos são sentidos? As células procarióticas são muito pequenas para perceber o gradiente de um composto químico ao longo do comprimento de uma única célula. Em vez disso, enquanto se movimenta, a célula monitora seu ambiente, comparando seu estado químico àquele percebido poucos momentos antes. Assim, as células bacterianas respondem a diferenças *temporais*, em vez de *espaciais*, na concentração de um composto químico, à medida que se deslocam. Essa informação sensorial é transmitida por meio de uma elaborada cascata de proteínas, que eventualmente afeta a direção de rotação do motor flagelar. Os agentes atrativos e repelentes são percebidos por uma série de proteínas de membrana, denominadas *quimiorreceptores*. Essas proteínas ligam-se aos compostos químicos, iniciando o processo de transdução sensorial ao flagelo (⇄ Seção 7.8). De certa forma, a quimiotaxia pode ser considerada como um sistema de resposta sensorial análogo às respostas sensoriais do sistema nervoso de animais.

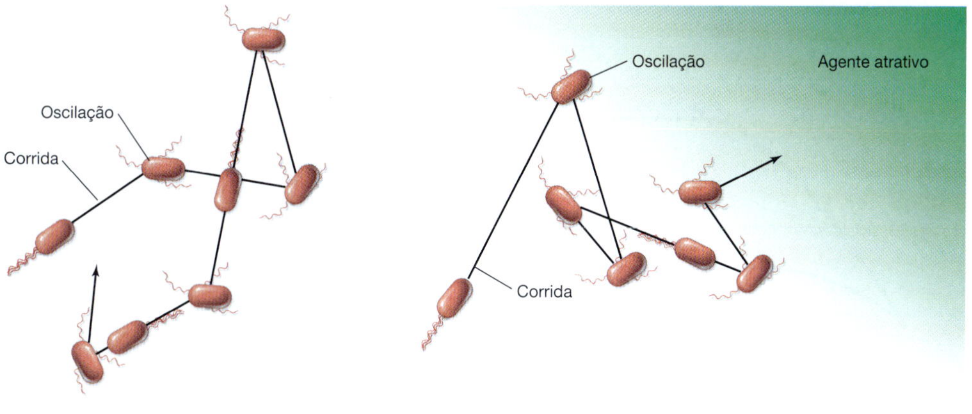


(*a*) Nenhum agente atrativo presente: movimento aleatório (*b*) Agente atrativo presente: movimento direcionado

**Figura 2.57 Quimiotaxia em uma bactéria flagelada peritríquia, como *Escherichia coli*.** *(a)* Na ausência de um agente químico atrativo, a célula nada de maneira aleatória em corridas, mudando sua direção durante as oscilações. *(b)* Na presença de um agente atrativo, as corridas passam a ser influenciadas e a célula move-se em direção ao gradiente do atrativo. O agente atrativo é destacado em verde, com a concentração mais alta sendo apresentada onde a coloração é mais intensa.

## Quimiotaxia em bactérias apresentando flagelação polar

A quimiotaxia em células com flagelação polar apresenta semelhanças e diferenças em relação àquela de células com flagelos peritríquios, como *E. coli*. Muitas bactérias com flagelos polares, como as espécies de *Pseudomonas*, podem reverter a direção de rotação de seus flagelos, revertendo, assim, imediatamente a direção de seu movimento (Figura 2.54*b*). No entanto, algumas bactérias com flagelação polar, como a bactéria púrpura fototrófica *Rhodobacter sphaeroides*, apresentam flagelos que giram somente no sentido horário. Como essas células alteram sua direção, e são elas quimiotáticas?

Em células de *R. sphaeroides*, que apresentam um único flagelo de inserção subpolar, a rotação flagelar é interrompida periodicamente. Quando a rotação se interrompe, a célula volta a se reorientar aleatoriamente (Figura 2.54*b*). Quando o flagelo volta a girar, a célula move-se em uma nova direção. Contudo, as células de *R. sphaeroides* exibem alta atividade quimiotática para determinados compostos orgânicos, exibindo também respostas táticas ao oxigênio e à luz. *R. sphaeroides* é incapaz de reverter seu motor flagelar e oscilar como *E. coli*, porém as células mantêm as corridas enquanto perceberem uma concentração crescente do agente atrativo. O movimento cessa quando as células percebem uma diminuição na concentração do agente atrativo. Por meio da reorientação aleatória, a célula eventualmente encontra uma via de concentração crescente do atrativo, mantendo uma corrida até que seus quimiorreceptores encontrem-se saturados ou que perceba uma diminuição na concentração do agente atrativo.

## Medida da quimiotaxia

A quimiotaxia bacteriana pode ser demonstrada pela imersão de um pequeno capilar de vidro contendo um agente atrativo em uma suspensão de bactérias móveis desprovida do agente. Há a formação de um gradiente no meio circundante, a partir da ponta do capilar, com a concentração do agente diminuindo gradualmente em relação a distância da ponta do capilar (**Figura 2.58**). Quando um agente atrativo encontra-se presente, as bactérias quimiotáticas irão deslocar-se em sua direção, formando um "enxame" ao redor da ponta aberta (Figura 2.58*c*), com muitas bactérias encaminhando-se ao interior do capilar em si. Obviamente, devido aos movimentos aleatórios, algumas bactérias quimiotáticas irão se dirigir para o interior do capilar, mesmo que ele contenha uma solução de mesma composição que o meio (solução controle, Figura 2.58*b*). Entretanto, quando o agente atrativo está presente, a concentração de bactérias no interior do capilar pode ser muitas vezes superior à concentração externa. Se o capilar é removido após um período de tempo, e as células em seu interior contadas e comparadas ao controle, os agentes atrativos podem ser identificados facilmente (Figura 2.58*e*).

Se o capilar inserido contiver um repelente, o oposto acontece; a célula percebe um gradiente crescente do repelente e os quimiorreceptores apropriados afetam gradualmente a rotação flagelar, afastando a célula do repelente. Nesse caso, a concentração bacteriana no interior do capilar será consideravelmente inferior à concentração observada no controle (Figura 2.58*d*). Utilizando-se o método do capilar, é possível realizar uma avaliação de diferentes agentes químicos, verificando se correspondem a um agente atrativo ou repelente para uma determinada bactéria.

A quimiotaxia pode também ser observada microscopicamente. Utilizando-se uma câmera de vídeo que capture a posição das células bacterianas ao longo do tempo e que revele o trajeto percorrido pelas células individualmente, é possível observar os movimentos quimiotáticos das células (Figura 2.58*f*). Esse método foi adaptado aos estudos de quimiotaxia de bactérias em ambientes naturais. Acredita-se que, na natureza, os principais agentes quimiotáticos para as bactérias sejam os nutrientes excretados por células microbianas maiores ou

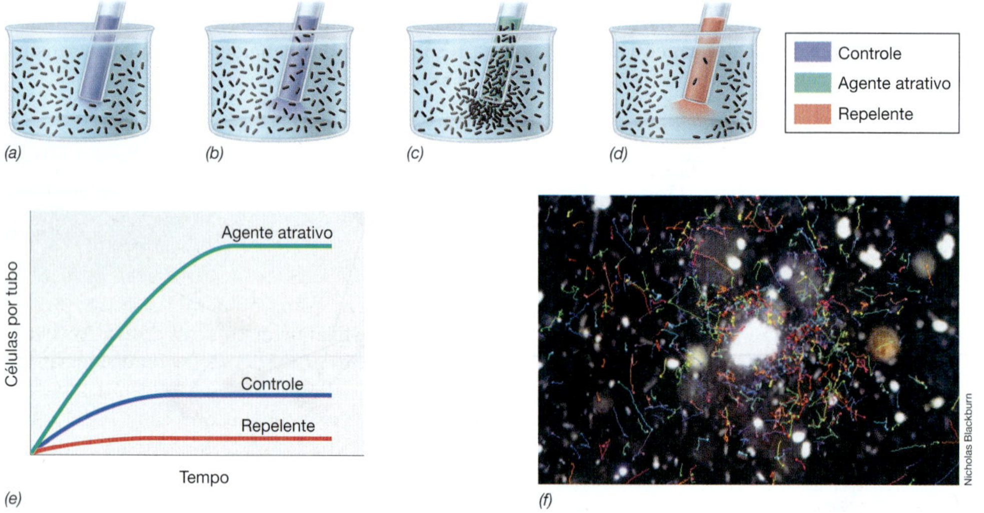


**Figura 2.58** **Medida da quimiotaxia utilizando um ensaio de capilar.** *(a)* Inserção do capilar em uma suspensão bacteriana. Quando o capilar é inserido, forma-se um gradiente do composto químico. *(b)* Capilar-controle contendo uma solução salina que não é atrativa, nem repelente. A concentração celular no interior do capilar é equivalente à concentração no meio externo. *(c)* Acúmulo de bactérias em um capilar contendo um agente atrativo. *(d)* Repulsão de bactérias por um repelente. *(e)* Análise temporal do número de células em capilares contendo diferentes agentes químicos. *(f)* Rastros de bactérias móveis na água do mar, movendo-se ao redor de uma célula de alga (grande ponto branco, ao centro), capturados por um sistema de câmera de vídeo acoplada a um microscópio. As células bacterianas exibem aerotaxia positiva, movendo-se em direção à célula da alga produtora de oxigênio. A alga tem aproximadamente 60 μm de diâmetro.

por macro-organismos vivos ou mortos. As algas, por exemplo, produzem compostos orgânicos e oxigênio ($O_2$, pela fotossíntese) que podem desencadear movimentos quimiotáticos em bactérias, direcionando-as a uma célula de alga (Figura 2.58*f*).

## Fototaxia

Muitos microrganismos fototróficos podem mover-se em direção à luz por um processo denominado *fototaxia*. A fototaxia tem como vantagem permitir que um organismo fototrófico oriente-se de maneira mais adequada para receber a luz e realizar a fotossíntese. Esse fenômeno pode ser observado quando um espectro luminoso incide sobre uma lâmina de microscopia contendo bactérias púrpuras fototróficas móveis. Nessa lâmina, as bactérias acumulam-se nos comprimentos de onda absorvidos por seus pigmentos fotossintéticos (**Figura 2.59**; Seções 13.1 a 13.4, para uma discussão sobre fotossíntese). Esses pigmentos incluem, particularmente, bacterioclorofilas e os carotenoides.

Dois diferentes tipos de taxias mediadas pela luz são observados em bactérias fototróficas. Um deles, denominado *escotofobotaxia*, observado somente ao microscópio, ocorre quando uma bactéria fototrófica move-se para fora do campo iluminado do microscópio, situando-se no escuro. A entrada em uma área escura afeta negativamente a fotossíntese, e, dessa forma, o estado energético da célula, enviando um sinal para que ela oscile, reverta a direção e novamente desloque-se em uma corrida, reentrando, assim, na área iluminada. A escotofobotaxia é presumidamente um mecanismo pelo qual bactérias púrpuras fototróficas conseguem evitar ambientes escurecidos ao se moverem por ambiente iluminados, e isso provavelmente aumenta o seu sucesso competitivo.

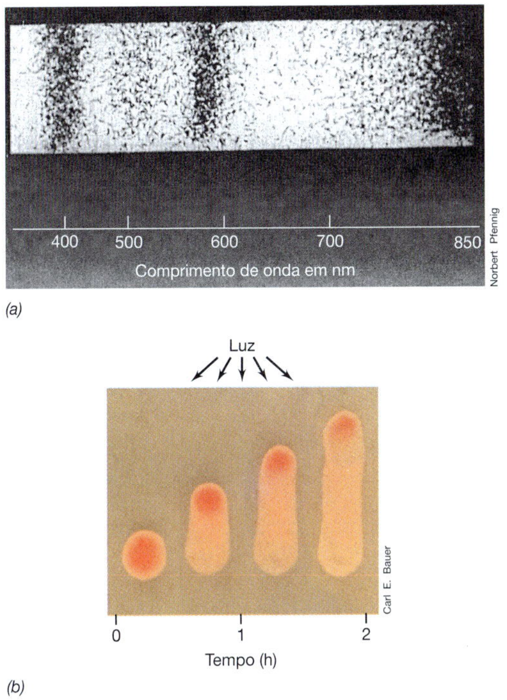


**Figura 2.59 Fototaxia de bactérias fototróficas.** *(a)* Acúmulo escotofóbico da bactéria púrpura fototrófica, *Thiospirillum jenense*, em comprimentos de onda de luz absorvidos por seus pigmentos. Um espectro luminoso foi incidido sobre uma lâmina de microscopia contendo uma suspensão densa de bactérias; após um intervalo de tempo, as bactérias acumularam-se seletivamente, e a fotomicrografia foi tirada. Os comprimentos de onda nos quais as bactérias se acumularam correspondem àqueles onde o pigmento fotossintético bacterioclorofila *a* absorve (comparar com a Figura 13.3*b*). *(b)* Fototaxia de uma colônia inteira da bactéria púrpura fototrófica *Rhodospirillum centenum*. Essas células, fortemente fototáticas, movem-se simultaneamente em direção à fonte luminosa situada no topo. Ver Figura 2.49 para micrografias eletrônicas de células de *R. centenum*.

A fototaxia propriamente dita difere da escotofobotaxia; na fototaxia, as células se movem de um gradiente de luz de baixa intensidade para um de alta intensidade. A fototaxia é análoga à quimiotaxia, excetuando-se pelo fato de o agente atrativo ser a luz, em vez de algum composto químico. Em algumas espécies, como a bactéria púrpura fototrófica altamente móvel *Rhodospirillum centenum* (Figura 2.49), colônias celulares inteiras exibem fototaxia, movendo-se simultaneamente em direção à luz (Figura 2.59*b*).

Vários componentes do sistema regulador que controlam a quimiotaxia também controlam a fototaxia. Essa conclusão surgiu a partir do estudo de mutantes de bactérias fototróficas, defectivas na fototaxia; tais mutantes também apresentaram defeitos nos sistemas de quimiotaxia. Um *fotorreceptor*, uma proteína que atua de forma similar a um quimiorreceptor, mas capaz de perceber um gradiente de luz em vez de agentes químicos, corresponde ao sensor inicial da resposta fototática. O fotorreceptor então interage com as mesmas proteínas citoplasmáticas que controlam a rotação flagelar na quimiotaxia, mantendo a célula em uma corrida, caso esteja movendo-se em direção a intensidades luminosas crescentes. Assim, embora os estímulos na quimiotaxia e fototaxia sejam diferentes – compostos químicos *versus* luz –, a resposta após a recepção do estímulo é controlada por uma série de proteínas em comum. A Seção 7.8 discute as atividades dessas proteínas com mais detalhes.

## Outras taxias

Outras taxias bacterianas, como o movimento de aproximação ou afastamento do oxigênio (*aerotaxia*, ver Figura 2.58*f*), ou de condições de alta força iônica (*osmotaxia*), são conhecidas em vários procariotos natatórios. Em algumas cianobactérias deslizantes, uma taxia incomum, a *hidrotaxia* (movimento em direção à água), também foi observada. Esse fenômeno permite que cianobactérias deslizantes desenvolvendo-se em ambientes secos, como os solos desérticos, deslizem em direção a um gradiente de hidratação crescente.

A partir da nossa abordagem sobre as taxias microbianas, é evidente que os procariotos móveis estão "sintonizados" com os estados químico e físico de seus hábitats. E do ponto de vista mecanístico, é interessante que essas células processem os resultados de suas "avaliações" ambientais por meio de um sistema comum que finalmente controla a atividade flagelar. Pelo fato de serem capazes de aproximar-se ou distanciar-se de vários estímulos, as células procarióticas aumentam as possibilidades de competir de forma bem-sucedida por recursos, e evitam efeitos nocivos de substâncias que poderiam danificá-las ou matá-las.

### MINIQUESTIONÁRIO

- Defina o termo quimiotaxia. Como a quimiotaxia se diferencia da aerotaxia?
- O que promove uma corrida ou uma oscilação?
- Como a quimiotaxia pode ser medida quantitativamente?
- Qual a diferença entre escotofobotaxia e fototaxia?

# VII • Células microbianas eucarióticas

Comparado às células procarióticas, os eucariotos microbianos normalmente possuem células estruturalmente maiores e mais complexas (⇄ Figura 1.2). Conclui-se o estudo da célula microbiana com algumas considerações sobre a questão da estrutura/função em eucariotos microbianos, modelos comuns para o estudo da biologia eucariótica. Os eucariotos microbianos incluem os fungos, as algas, os protozoários e outros protistas. A diversidade microbiana de eucariotos será abordada no Capítulo 17.

## 2.20 O núcleo e a divisão celular

As células eucarióticas variam em seu complemento de organelas, mas, apesar disso, um núcleo envolvido por uma unidade de membrana é característica universal e uma marca das células eucarióticas. As mitocôndrias são praticamente universais nas células eucarióticas, enquanto os cloroplastos pigmentados são encontrados somente em células fototróficas. Outras estruturas internas normalmente incluem o aparelho de Golgi, os lisossomos, o retículo endoplasmático, assim como os microtúbulos e os microfilamentos (**Figura 2.60**). Algumas células eucarióticas apresentam flagelos ou cílios – organelas de motilidade –, enquanto outras não os apresentam. As células eucarióticas podem também apresentar componentes extracelulares, como uma parede celular, no caso de fungos e algas (não observada na maioria dos protozoários).

### Núcleo

O **núcleo** contém os cromossomos da célula eucariótica. Em eucariotos, o DNA presente no núcleo encontra-se enrolado ao redor de proteínas básicas (carregadas positivamente) denominadas **histonas**, as quais auxiliam no empacotamento do DNA de carga negativa, formando nucleossomos (**Figura 2.61*b***) e, a partir destes, os cromossomos. O núcleo é envolto por um par de membranas, cada uma com sua própria função e todas separadas entre si por um espaço. A membrana interna é um saco simples, enquanto a membrana externa, em vários locais, é contínua ao retículo endoplasmático. As membranas nucleares interna e externa são especializadas nas interações com o nucleoplasma e o citoplasma, respectivamente. A membrana nuclear contém poros (Figuras 2.60 e 2.61*a*) constituídos por orifícios situados nos locais em que as membranas interna e externa se unem. Os poros permitem que um complexo de proteínas importe e exporte outras proteínas e ácidos nucleicos para dentro e para fora do núcleo, um processo denominado *transporte nuclear*.

No interior do núcleo é encontrado o *nucléolo* (Figura 2.60), o sítio de síntese de RNA ribossomal (RNAr). O nucléolo é rico em RNA, e as proteínas ribossomais sintetizadas no citoplasma são transportadas para o nucléolo e combinam-se com o RNAr, originando as subunidades menor e maior do ribossomo eucariótico. Elas são então exportadas para o citoplasma, onde se

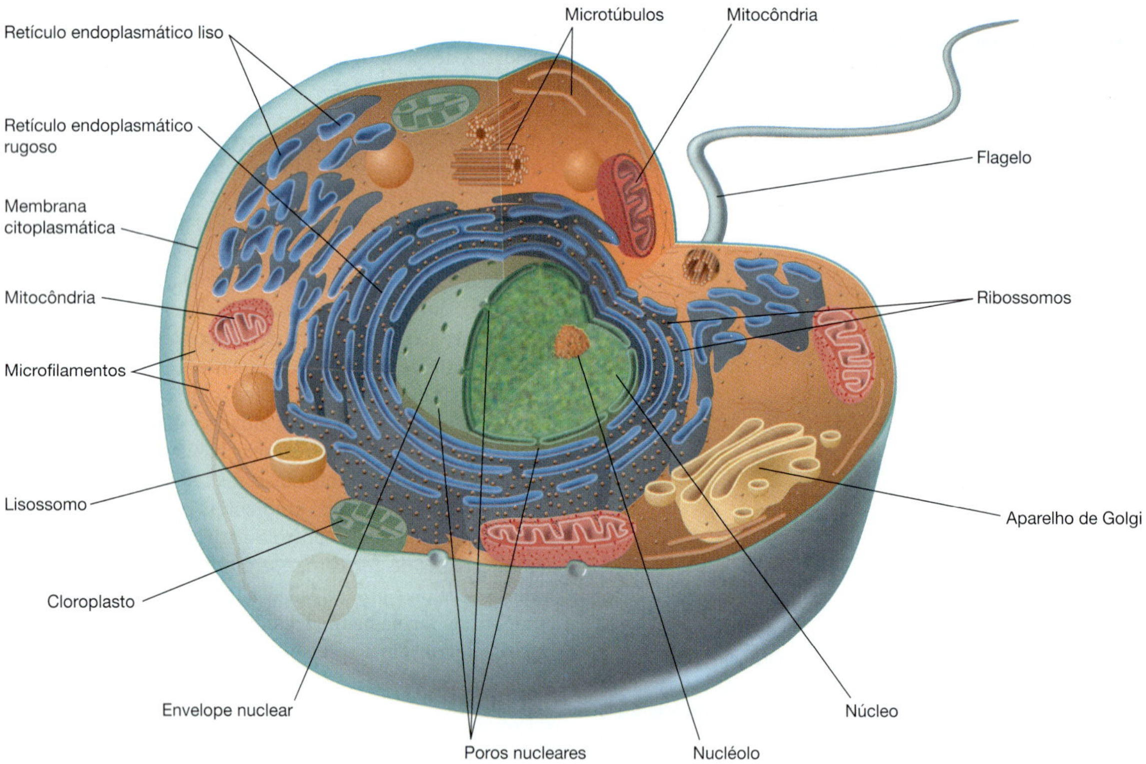


**Figura 2.60 Ilustração esquemática de um corte de uma célula eucariótica.** Embora todas as células eucarióticas contenham núcleo, nem todas as organelas e outras estruturas apresentadas estão presentes em todos os eucariotos microbianos. Não é apresentada a parede celular, encontrada em fungos, algas, plantas e alguns protistas.

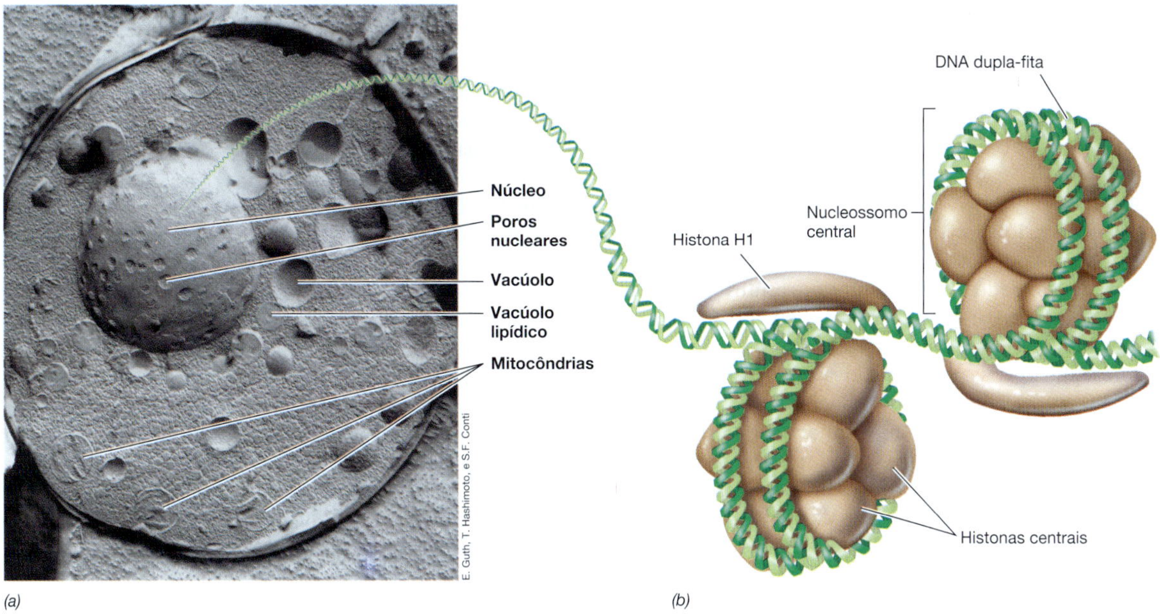


**Figura 2.61 O núcleo e o empacotamento do DNA em eucariotos.** *(a)* Micrografia eletrônica de uma célula de levedura, preparada de forma a revelar uma visão superficial do núcleo. A célula tem largura aproximada de 8 $\mu$m. *(b)* O empacotamento do DNA em torno das proteínas histonas forma um nucleossomo. Os nucleossomos são organizados ao longo da fita de DNA como contas em um colar, e se agregam formando os cromossomos durante o processo de mitose (ver Figura 2.62).

associam, originando o ribossomo intacto, e atuam na síntese proteica.

## Divisão celular

As células eucarióticas se dividem por meio de um processo no qual os cromossomos são replicados, o núcleo é desconectado, os cromossomos são segregados em dois conjuntos, e um núcleo é reagrupado em cada célula-filha. Muitos eucariotos microbianos podem existir em qualquer um dos dois estados genéticos: *haploide* ou *diploide*. As células diploides possuem duas cópias de cada cromossomo, enquanto as células haploides só possuem uma. Por exemplo, a levedura de cerveja *Saccharomyces cerevisiae* pode existir no estado haploide (16 cromossomos), bem como no estado diploide (32 cromossomos). No entanto, independente de seu estado genético, durante a divisão celular o número de cromossomos é primeiramente duplicado e posteriormente dividido, para fornecer a cada célula-filha o complemento correto de cromossomos. Este é o processo de **mitose**, único para células eucarióticas. Durante a mitose, os cromossomos se condensam, dividem-se, e são separados em dois conjuntos, um para cada célula-filha (**Figura 2.62**).

Contrariamente à mitose, a **meiose** é o processo de conversão do estágio diploide para o estágio haploide. A meiose consiste em duas divisões celulares. Na primeira divisão meiótica, os cromossomos homólogos são segregados em células separadas, mudando o estado genético de diploide para haploide. A segunda divisão meiótica é essencialmente a mesma da mitose, com duas células haploides dividindo-se para formar um total de quatro células haploides denominadas *gametas*. Nos organismos superiores, estes são os óvulos e os espermatozoides; em microrganismos eucarióticos, estes são os esporos ou estruturas relacionadas.

**MINIQUESTIONÁRIO**

- Como o DNA é organizado nos cromossomos eucarióticos?
- O que são as histonas e qual a sua função?
- Quais são as principais diferenças entre mitose e meiose?

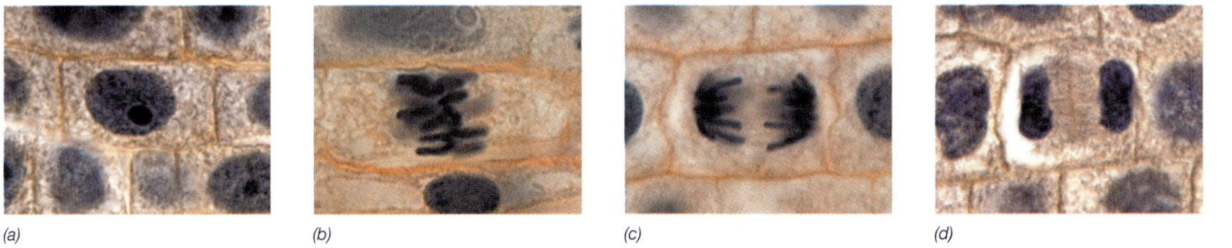


**Figura 2.62 Microscopia óptica de células de plantas passando pelo processo de mitose.** *(a)* Intérfase, cromossomos distintos não são aparentes. *(b)* Metáfase. Os cromossomos homólogos estão se alinhando ao longo do centro da célula. *(c)* Anáfase. Os cromossomos homólogos são separados. *(d)* Telófase. Os cromossomos foram separados nas duas células-filhas recém-formadas.

## 2.21 Mitocôndria, hidrogenossomos e cloroplastos

As organelas especializadas no metabolismo energético em eucariotos incluem a mitocôndria ou o hidrogenossomo, e em eucariotos fototróficos, os cloroplastos.

### Mitocôndria

Em células eucarióticas aeróbias, o processo de respiração ocorre nas mitocôndrias. As **mitocôndrias** possuem dimensões bacterianas, podendo apresentar diferentes morfologias (**Figura 2.63**). O número de mitocôndrias por célula depende, em parte, do tipo e tamanho celulares. Uma célula de levedura pode apresentar apenas um pequeno número de mitocôndrias por célula (Figuras 2.60 e 2.61*a*), enquanto uma célula animal pode apresentar milhares. As mitocôndrias são envoltas por um sistema de duas membranas. Assim como a membrana nuclear, a membrana externa é relativamente permeável e contém poros que permitem a passagem de pequenas moléculas. A membrana interna é menos permeável, e sua estrutura é mais intimamente associada à da membrana citoplasmática de bactérias.

As mitocôndrias também possuem uma série de membranas internas convolutas, denominadas **cristas**. Essas membranas, formadas pela invaginação da membrana interna, contêm as enzimas envolvidas na respiração e na produção de ATP, a principal função das mitocôndrias. As cristas também contêm proteínas de transporte que regulam a passagem de moléculas essenciais, como o ATP, para dentro e para fora da *matriz* mitocondrial, o compartimento mais interno da mitocôndria (Figura 2.63*a*). A matriz contém enzimas envolvidas na oxidação de compostos orgânicos, em particular, as enzimas do ciclo do ácido cítrico, a principal via para a combustão de compostos orgânicos em $CO_2$ (⇄ Seção 3.12).

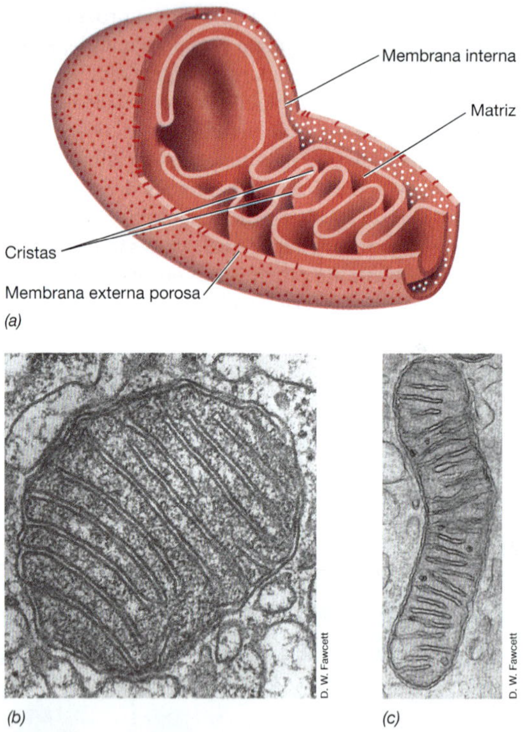


**Figura 2.63** **Estrutura da mitocôndria.** *(a)* Diagrama ilustrando a estrutura geral da mitocôndria; observe as membranas interna e externa. *(b, c)* Micrografias eletrônicas de transmissão de mitocôndrias de tecido de rato, ilustrando a variabilidade morfológica; observe as cristas.

### Hidrogenossomo

Alguns microrganismos eucarióticos não sobrevivem na presença de $O_2$ e, como muitos procariotos, vivem um estilo de vida anaeróbio. Essas células são desprovidas de mitocôndrias, e algumas dela, contêm estruturas denominadas **hidrogenossomos** (**Figura 2.64**). Embora de tamanho similar a uma mitocôndria, o hidrogenossomo é desprovido das enzimas do ciclo do ácido cítrico e também não apresenta cristas. Vários eucariotos microbianos que contêm hidrogenossomos apresentam um metabolismo estritamente fermentativo. Os exemplos incluem o parasita de seres humanos *Trichomonas* (⇄ Seções 17.3 e 32.4) e diversos protistas que habitam o rúmen de animais ruminantes (⇄ Seções 1.5 e 22.7), ou lodos anóxicos e sedimentos lacustres.

A principal reação bioquímica que ocorre no hidrogenossomo é a oxidação do composto piruvato a $H_2$, $CO_2$ e acetato (Figura 2.64*b*). Alguns eucariotos anaeróbios apresentam organismos metanogênicos consumidores de $H_2$ em seu citoplasma. Essas arqueias consomem o $H_2$ e $CO_2$ produzidos pelo hidrogenossomo, originando metano ($CH_4$). Pelo fato de os hidrogenossomos não realizarem a respiração celular, eles não são capazes de oxidar o acetato produzido pela oxidação do piruvato, como as mitocôndrias o fazem. Por esse motivo, o acetato é excretado pelo hidrogenossomo no citoplasma da célula hospedeira (Figura 2.64*b*).

### Cloroplastos

Os **cloroplastos** são organelas contendo clorofila, encontradas em eucariotos fototróficos, e sua função é realizar a fotossíntese. Os cloroplastos são relativamente grandes e prontamente visíveis ao microscópio óptico (**Figura 2.65**), e o número destas organelas por célula varia entre as espécies.

Assim como as mitocôndrias, os cloroplastos apresentam uma membrana externa permeável e uma membrana interna menos permeável. A membrana interna circunda o **estroma**, análogo à matriz da mitocôndria (Figura 2.65*c*). O estroma dos cloroplastos contém a enzima *ribulose bifosfato carboxilase* (RubisCO), enzima essencial do **ciclo de Calvin**, a série de reações biossintéticas pela qual a maioria dos organismos fototróficos converte $CO_2$ a compostos orgânicos (⇄ Seção 13.5). A permeabilidade da membrana externa do cloroplasto permite que a glicose e o ATP produzidos durante a fotossíntese difundam-se para o citoplasma celular, onde podem ser utilizados na biossíntese de novos compostos.

A clorofila e todos os demais componentes necessários às reações de luz da fotossíntese estão localizados em uma série de discos membranosos achatados denominados **tilacoides** (Figura 2.65c). Como a membrana citoplasmática, a membrana tilacoide é altamente impermeável, e sua principal função é o estabelecimento da força próton-motiva luz-dirigida (Figura 2.18*c*) que resulta na síntese de ATP.

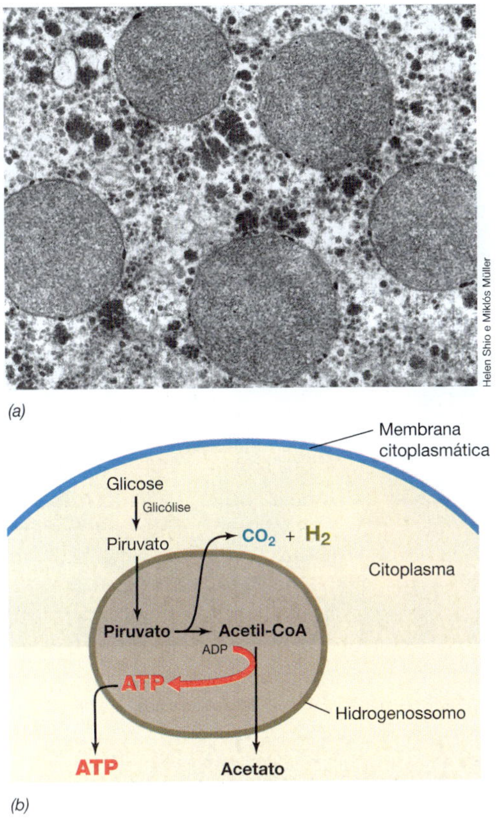


**Figura 2.64 O hidrogenossomo.** *(a)* Micrografia eletrônica de uma secção fina de uma célula do protista anaeróbio *Trichomonas vaginalis*, revelando cinco hidrogenossomos em secção transversal. Compare sua estrutura interna com aquela de mitocôndrias, apresentada na Figura 2.63. *(b)* Bioquímica do hidrogenossomo. O piruvato é captado pelo hidrogenossomo e são produzidos $H_2$, $CO_2$, acetato e ATP.

## Organelas e endossimbiose

Com base em sua relativa autonomia, seu tamanho e sua semelhança morfológica com bactérias, sugeriu-se, há mais de 100 anos, que as mitocôndrias e os cloroplastos seriam descendentes de células procarióticas respiratórias e fotossintéticas, respectivamente. Em associação com hospedeiros eucariotos não fototróficos, estes últimos adquiriram uma nova forma de metabolismo energético, enquanto as células bacterianas simbiontes receberam em troca um ambiente de crescimento estável dentro do hospedeiro. Gradualmente, ao longo do tempo, esses simbiontes originalmente de vida livre tornaram-se parte íntima da célula eucariótica. Esta ideia de bactérias simbióticas como ancestrais das mitocôndrias, hidrogenossomos e cloroplastos é chamada de **hipótese endossimbiótica** ("endo" significa "dentro") de origem da célula eucariótica (Seções 12.3 e 17.1), e atualmente é bem aceita na biologia.

Diversas linhas de evidências suportam a hipótese endossimbiótica. Estas incluem, em particular, o fato de que mitocôndrias, hidrogenossomos e cloroplastos possuem seus próprios genomas e ribossomos. Os genomas são dispostos de modo circular como em cromossomos bacterianos, e a sequência de genes que codifica o RNA ribossomal (Figura 1.6*a*)

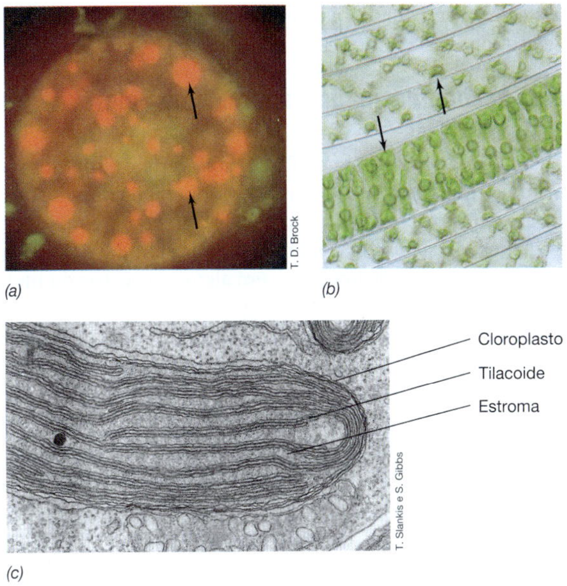


**Figura 2.65 Cloroplastos de diatomáceas e de uma célula de alga verde.** *(a)* Fotomicrografia de fluorescência de uma diatomácea mostrando a fluorescência da clorofila (comparar com a Figura 2.6); setas, cloroplastos. A célula tem largura aproximada de 40 μm. *(b)* Fotomicrografia de contraste de fase da alga verde filamentosa *Spirogyra*, revelando os cloroplastos (setas) em espiral, característicos deste organismo fototrófico. Uma célula tem largura aproximada de 20 μm. *(c)* Micrografia eletrônica de transmissão mostrando o cloroplasto de uma diatomácea; observe os tilacoides.

das organelas claramente aponta para a sua origem bacteriana. Assim, a célula eucariótica é uma quimera genética contendo genes de dois domínios da vida: genes da célula hospedeira (*Eukarya*) e genes endossimbiontes (*Bacteria*).

**MINIQUESTIONÁRIO**

- Quais reações essenciais ocorrem na mitocôndria e nos cloroplastos, e quais produtos essenciais são produzidos nestas organelas?
- Compare e diferencie o metabolismo do piruvato na mitocôndria e nos hidrogenossomos.
- O que é a hipótese endossimbiótica e que evidências a suportam?

## 2.22 Outras estruturas de importância das células eucarióticas

Além do núcleo e da mitocôndria (ou hidrogenossomo), e dos cloroplastos nas células fotossintéticas, outras estruturas citoplasmáticas podem estar presentes em eucariotos microbianos. Essas incluem o retículo endoplasmático, o aparelho de Golgi, os lisossomos, uma variedade de estruturas tubulares e de estruturas que conferem motilidade. No entanto, ao contrário das mitocôndrias e dos cloroplastos, essas estruturas são desprovidas de DNA e não possuem origem endossimbiótica. As paredes celulares também estão presentes em determinados eucariotos microbianos e funcionam da mesma forma que em células procarióticas, fornecendo forma e proteção à célula contra a lise osmótica. A estrutura exata da parede celular varia de acordo com o organismo, mas diversos polissacarídeos e proteínas são comumente observados.

## Retículo endoplasmático, aparelho de Golgi e os lisossomos

O retículo endoplasmático (RE) é uma rede de membranas contínua à membrana nuclear. São conhecidos dois tipos de retículo endoplasmático: *rugoso*, que apresenta ribossomos associados, e *liso*, que não os contêm (Figura 2.60). O RE liso participa da síntese de lipídeos e em alguns aspectos do metabolismo de carboidratos. O RE rugoso, por meio das atividades de seus ribossomos, é o principal produtor de glicoproteínas, produzindo também novos componentes de membrana que são transportados por toda a célula, a fim de aumentar os vários sistemas membranosos antes da divisão celular.

O aparelho de Golgi é um conjunto de membranas empilhadas (**Figura 2.66**), que surge a partir de corpúsculos de Golgi preexistentes e atua em conjunto com o RE. No aparelho de Golgi, os produtos do RE são modificados quimicamente e classificados em dois grupos: naqueles que serão secretados e naqueles que irão atuar em outras estruturas membranosas da célula. Muitas das modificações são glicosilações (adição de resíduos de açúcar), que convertem as proteínas em glicoproteínas específicas que podem então ser direcionadas para locais específicos na célula.

Os **lisossomos** (Figura 2.60) são compartimentos envoltos por membrana que contêm diversas enzimas digestivas que hidrolisam proteínas, gorduras e polissacarídeos. O lisossomo funde-se aos vacúolos alimentares, liberando suas enzimas digestivas, as quais clivam essas macromoléculas para utilização na biossíntese celular e geração de energia. Os lisossomos também atuam na hidrólise de componentes celulares danificados e na reciclagem desses materiais para novas biossínteses. Desse modo, o lisossomo permite a realização de atividades líticas fora do citoplasma da célula propriamente dito. Após a hidrólise das macromoléculas no lisossomo, os nutrientes resultantes passam dessa organela para o citoplasma, para serem utilizados pelas enzimas citoplasmáticas.

**Figura 2.66 O aparelho de Golgi.** Micrografia eletrônica de transmissão de uma porção de uma célula eucariótica mostrando o aparelho de Golgi (colorido em dourado). Observe as múltiplas membranas dobradas que o compõem (as pilhas de membranas apresentam diâmetro de 0,5-1,0 $\mu$m).

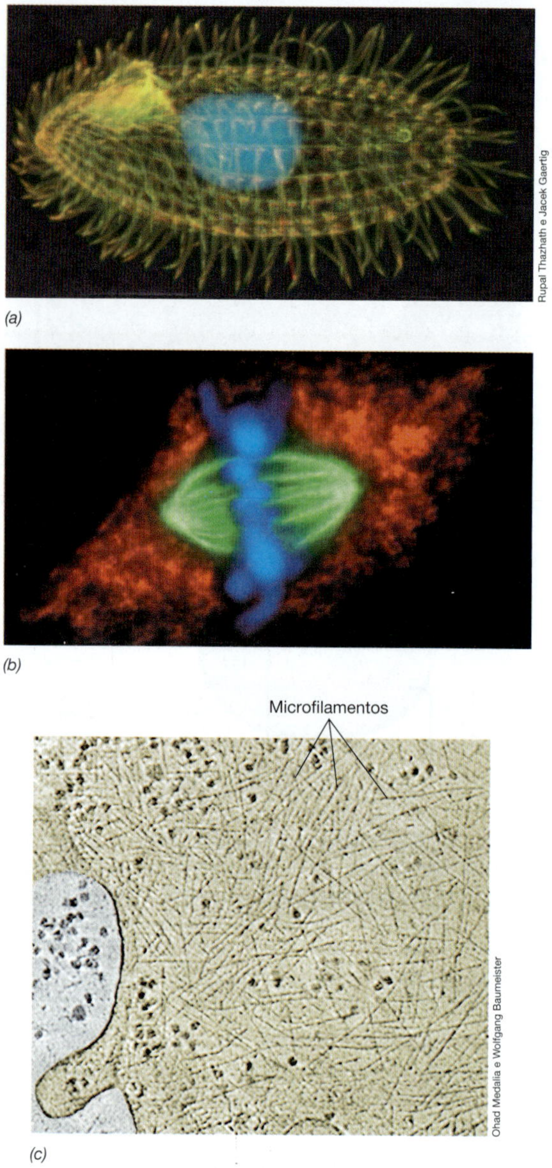


**Figura 2.67 Tubulina e microfilamentos.** *(a)* Fotomicrografia fluorescente de uma célula de *Tetrahymena*, marcada com anticorpos antitubulina (vermelho/verde) e com DAPI que cora DNA (azul, núcleo). Uma célula tem largura aproximada de 10 $\mu$m. *(b)* Uma célula animal mostrando o papel da tubulina (verde) na separação de cromossomos durante a metáfase da mitose. *(c)* Imagem de microscopia eletrônica do bolor limoso celular *Dictyostelium discoideum*, revelando a rede de microfilamentos de actina que, juntamente com os microtúbulos, atua como citoesqueleto celular. Os microfilamentos têm diâmetro aproximado de 7 nm. Homólogos de tubulina e microfilamentos são apresentados em bactérias na forma das proteínas FtsZ e MreB, respectivamente (seção 5.3).

## Microtúbulos, microfilamentos e filamentos intermediários

Assim como os prédios são sustentados por um reforço estrutural, o grande tamanho das células eucarióticas e sua capacidade de movimentação requerem um reforço estrutural. Essa rede estrutural interna consiste nos *microtúbulos, microfilamentos* e *filamentos intermediários*; em conjunto, essas estruturas constituem o **citoesqueleto** celular (Figura 2.60).

Os **microtúbulos** são tubos com diâmetro aproximado de 25 nm, contendo um cerne oco e compostos pelas proteínas *α-tubulina* e *β-tubulina*. Os microtúbulos possuem muitas funções, incluindo a manutenção da forma celular, motilidade da célula realizada pelos cílios e flagelos (**Figura 2.67*a***), na movimentação dos cromossomos durante a mitose (Figura 2.67*b*), e na movimentação das organelas dentro da célula. Os **microfilamentos** (Figura 2.67*c*) são filamentos menores, com cerca de 7 nm de diâmetro, e correspondem a polímeros de duas fitas entrelaçadas da proteína actina. Os microfilamentos atuam na manutenção e modificação da forma celular, na motilidade celular por pseudópodes, e durante a divisão celular. Os **filamentos intermediários** são proteínas fibrosas de queratina, enoveladas em fibras mais espessas, com diâmetro de 8 a 12 nm, que atuam na manutenção da forma celular e no posicionamento das organelas no interior da célula.

## Flagelos e cílios

Os flagelos e cílios encontram-se presentes em vários microrganismos eucarióticos e funcionam como organelas de motilidade, permitindo que as células desloquem-se por natação. A motilidade possui valor de sobrevivência, uma vez que a capacidade de locomoção permite aos organismos móveis se deslocarem por seu hábitat e explorarem novos recursos. Os *cílios* são essencialmente flagelos curtos, que batem em sincronia para propelir a célula – geralmente de forma bastante rápida – pelo meio. Os *flagelos*, em contrapartida, são apêndices longos, presentes de forma isolada ou em grupos, que propelem a célula – geralmente de forma mais lenta do que os cílios – por meio de um movimento semelhante a um chicote (**Figura 2.68*a***). Os flagelos das células eucarióticas são estruturalmente bastante diferentes dos flagelos bacterianos (Seção 2.17) e não realizam a rotação. Em uma secção transversal, os cílios e flagelos são muito similares. Cada um contém um feixe de nove pares de microtúbulos, circundando um par central (Figura 2.68*b*). Uma proteína, denominada *dineína*, liga-se aos microtúbulos e utiliza o ATP para gerar a energia necessária à motilidade. A movimentação dos flagelos e cílios é similar. Em ambos os casos, o movimento envolve o deslizamento coordenado dos microtúbulos entre si, em uma direção de aproximação ou afastamento em relação à base da célula. Esse movimento confere ao flagelo ou cílio uma ação semelhante a um chicote, resultando na propulsão da célula.

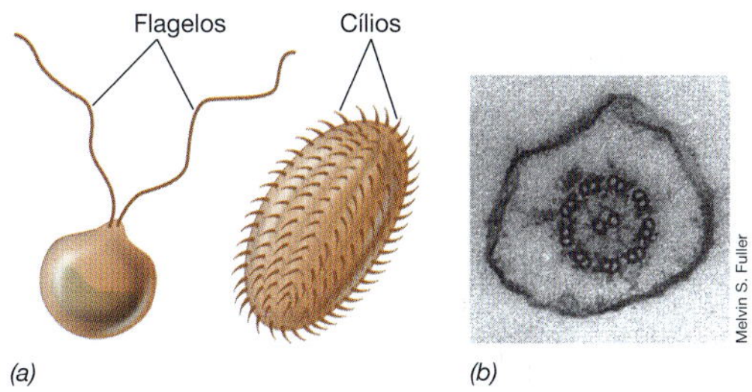


**Figura 2.68 Organelas de motilidade de células eucarióticas: flagelos e cílios.** *(a)* Os flagelos podem estar presentes como filamento único ou filamentos múltiplos. Os cílios são estruturalmente muito similares aos flagelos, porém mais curtos. Os flagelos eucarióticos exibem movimento similar a um chicote. *(b)* Secção transversal de um flagelo do fungo *Blastocladiella*, revelando a bainha externa, os nove pares de microtúbulos externos e o par central de microtúbulos.

**MINIQUESTIONÁRIO**

- Por que as atividades que ocorrem no lisossomo devem ser isoladas do próprio citoplasma?
- Como o citoesqueleto da célula se mantém unido?
- Do ponto de vista funcional, como se diferem os flagelos das células eucarióticas e procarióticas?

# CONCEITOS IMPORTANTES

**2.1 •** Os microscópios são essenciais para o estudo dos microrganismos. A microscopia de campo claro, a forma mais comum de microscopia, emprega um microscópio com uma série de lentes para ampliar e definir a imagem.

**2.2 •** Uma limitação inerente à microscopia de campo claro é a falta de contraste entre a célula e o meio circundante. Este problema pode ser solucionado com o uso de coloração ou de formas alternativas de microscopia óptica, como a de contraste de fase ou de campo escuro.

**2.3 •** A microscopia de contraste de interferência diferencial (CID) e a microscopia *laser* de varredura confocal produzem imagens tridimensionais avançadas, ou permitem a visualização por meio de espécimes espessas.

**2.4 •** Microscópios eletrônicos têm um poder de resolução muito maior do que os microscópios ópticos, com limites de resolução de cerca de 0,2 nm. As duas formas principais de microscopia eletrônica são de transmissão, utilizada principalmente para a observação de estruturas celulares internas, e de varredura, utilizada na análise da superfície dos espécimes.

**2.5 •** As células procarióticas podem apresentar diversas formas diferentes; bacilos, cocos e espirilos são morfologias celulares comuns. A morfologia é um indicador ruim de outras propriedades celulares e é uma característica geneticamente dirigida, que evoluiu para servir melhor à ecologia da célula.

**2.6 •** Os procariotos são geralmente menores que os eucariotos, embora alguns procariotos maiores sejam conhecidos. O típico tamanho pequeno das células procarióticas afeta a sua fisiologia, taxa de crescimento, ecologia e evolução. O limite inferior para o diâmetro de uma célula em forma de coco é de cerca de 0,15 μm.

**2.7** • A membrana citoplasmática é uma barreira de permeabilidade altamente seletiva, constituída de lipídeos e proteínas que formam uma bicamada, internamente hidrofóbica e externamente hidrofílica. Em contrapartida a bactérias e eucariotos, em que os ácidos graxos são ligados ao glicerol por uma ligação éster, arqueias contêm lipídeos unidos por ligações éter e algumas formam uma membrana em monocamada, em vez de em bicamada.

**2.8** • A principal função da membrana citoplasmática é a permeabilidade, transporte e conservação de energia. Para acumular nutrientes contra um gradiente de concentração, sistemas de transporte são utilizados e caracterizados por sua especificidade e efeito de saturação.

**2.9** • Pelo menos três tipos de transporte de nutrientes são conhecidos: simples, translocação de grupo e sistema ABC. O transporte requer energia de um composto rico em energia como o ATP, ou da força próton-motiva para realizar a acumulação de solutos contra um gradiente de concentração.

**2.10** • O peptideoglicano é um polissacarídeo encontrado apenas em bactérias que consiste em uma repetição alternada de *N*-acetilglicosamina e ácido *N*-acetilmurâmico, o último ligado por ligações cruzadas por meio de tetrapeptídeos em filamentos adjacentes. A enzima lisozima e o antibiótico penicilina possuem como alvo o peptideoglicano, levando à lise celular.

**2.11** • Bactérias gram-negativas possuem uma membrana externa que consiste em LPS, proteína e lipoproteína. As porinas conferem permeabilidade através da membrana externa. O espaço entre a membrana externa e a membrana citoplasmática é chamado de periplasma e contém proteínas envolvidas no transporte, sensoriamento químico e outras funções celulares importantes.

**2.12** • As paredes celulares de arqueias podem ser de diferentes tipos, incluindo pseudomureína, vários polissacarídeos e camadas S, que são compostas por proteínas ou glicoproteínas. Assim como em bactérias, as paredes de arqueias protegem a célula contra a lise osmótica.

**2.13** • Muitas células procarióticas contêm cápsula, camadas limosas, *pili*, ou fímbrias. Essas estruturas possuem diversas funções, incluindo ligação, intercâmbio genético e motilidade pulsante.

**2.14** • Células procarióticas contêm inclusões de enxofre, polifosfato, polímeros de carbono ou minerais que formam partículas magnéticas (magnetossomos). Estas substâncias funcionam como materiais de armazenamento ou na magnetotaxia.

**2.15** • As vesículas de gás são estruturas preenchidas por gás que conferem flutuabilidade à célula. As vesículas de gás são compostas por duas proteínas diferentes, organizadas de modo a formar uma estrutura permeável ao gás, mas impermeável à água.

**2.16** • O endósporo é uma célula bacteriana altamente resistente e diferenciada produzida por determinadas bactérias gram-positivas. Os endósporos são desidratados e contêm dipicolinato de cálcio e pequenas proteínas ácido-solúveis, ausentes em células vegetativas. Os endósporos podem permanecer dormentes indefinidamente, mas podem germinar rapidamente quando as condições forem favoráveis.

**2.17** • A motilidade de natação acontece devido à presença dos flagelos. O flagelo é composto por diversas proteínas e é ancorado na parede celular e na membrana citoplasmática. Em bactérias, o filamento flagelar é constituído da proteína flagelina e rotaciona com a energia fornecida pela força próton-motiva. O flagelo de arqueias e bactérias difere na estrutura e na forma como a energia é acoplada à rotação.

**2.18** • As bactérias que se movem por deslizamento não utilizam a rotação dos flagelos, mas, em vez disso, se arrastam ao longo de uma superfície sólida empregando um dos diferentes mecanismos, incluindo excreção polissacarídica, pulsação ou proteínas de deslizamento rotativo.

**2.19** • Bactérias móveis respondem a gradientes químicos e físicos em seus ambientes, controlando o comprimento das corridas e a frequência das oscilações. As oscilações são controladas pela direção de rotação do flagelo, que, por sua vez, é controlada por uma rede de proteínas sensoriais e de resposta.

**2.20** • Eucariotos microbianos contêm várias organelas, incluindo o núcleo que é universal; mitocôndrias ou hidrogenossomos; e cloroplastos. O núcleo contém o cromossomo celular na forma de DNA linear envolto em torno de proteínas histonas. Eucariotos microbianos dividem-se seguindo o processo de mitose, e podem realizar meiose se um ciclo de vida haploide/diploide ocorrer.

**2.21** • A mitocôndria e o hidrogenossomo são organelas geradoras de energia das células eucarióticas. A mitocôndria realiza a respiração aeróbia, enquanto os hidrogenossomos fermentam o piruvato a $H_2$, $CO_2$ e acetato. Os cloroplastos são os sítios de produção de energia fotossintética e fixação de $CO_2$ nas células eucarióticas. Essas organelas eram originalmente bactérias de vida livre, que estabeleceram residência permanente no interior das células de eucariotos (endossimbiose).

**2.22** • Os retículos endoplasmáticos são estruturas membranosas em eucariotos que ou contêm ribossomos associados (RE rugoso) ou não (RE liso). Os flagelos e os cílios conferem motilidade às células, enquanto os lisossomos são especializados na degradação de macromoléculas. Microtúbulos, microfilamentos e filamentos intermediários atuam como reforço celular interno.

## REVISÃO DOS TERMOS-CHAVE

**Ácido dipicolínico** substância única aos endósporos que confere resistência térmica a essas estruturas.
**Ácido poli-β-hidroxibutírico (PHB)** material de reserva comum de células procarióticas, consistindo de um polímero de β-hidroxibutirato ou outro ácido β–alcanoico, ou misturas de ácidos β–alcanoicos.
**Ácido teicoico** poliálcool fosforilado encontrado na parede celular de algumas bactérias gram-positivas.
**Camada S** camada de superfície celular mais externa, composta por proteínas ou glicoproteínas presentes em algumas bactérias e arqueias.
**Cápsula** camada mais externa de polissacarídeo ou proteína, geralmente bastante viscosa, presente em algumas bactérias.
**Ciclo de Calvin** série de reações biossintéticas, pelas quais a maioria dos organismos fotossintéticos converte $CO_2$ em compostos orgânicos.
**Citoesqueleto** arcabouço celular, típico de células eucarióticas, onde microtúbulos, microfilamentos e filamentos intermediários definem a forma celular.
**Cloroplasto** a organela fotossintética de eucariotos fototróficos.
**Coloração de Gram** técnica de coloração diferencial, na qual as células coram-se em rosa (gram-negativas) ou em roxo (gram-positivas).
**Corpo basal** a porção "motora" dos flagelos bacterianos, incorporada na membrana citoplasmática e parede.
**Cristas** membranas internas de uma mitocôndria.
**Endósporo** estrutura altamente resistente, de parede espessa e diferenciada produzida por certas bactérias gram-positivas.
**Estroma** o lúmen do cloroplasto, circundado pela membrana interna.
**Filamento intermediário** um polímero filamentoso de proteínas fibrosas de queratina, superenovelado em fibras mais espessas, que atua na manutenção da forma celular e no posicionamento de certas organelas na célula eucariótica.
**Flagelação peritríquia** quando os flagelos estão localizados em vários locais em torno da superfície celular.
**Flagelação polar** quando os flagelos emanam de um ou ambos os polos de uma célula.
**Flagelo** apêndice celular longo e fino, rotacional (em células procarióticas), que é responsável pela motilidade em natação.
**Fototaxia** movimento de um organismo em direção à luz.
**Gram-negativa** célula bacteriana com uma parede celular contendo pequenas porções de peptideoglicano, e uma membrana externa contendo lipopolissacarídeo, lipoproteína e outras macromoléculas complexas.
**Gram-positiva** célula bacteriana cuja parede celular consiste principalmente em peptideoglicano; não possui a membrana externa das células gram-negativas.
**Hidrogenossomo** organela de origem endossimbiótica, presente em certos microrganismos eucarióticos, que oxida o piruvato a $H_2$, $CO_2$ e acetato, juntamente com a produção de uma molécula de ATP.
**Hipótese endossimbiótica** a ideia de que mitocôndrias e cloroplastos originaram-se de bactérias.
**Histonas** proteínas altamente básicas que compactam e enrolam o DNA no núcleo de células eucarióticas.
**Lipopolissacarídeo (LPS)** uma combinação de lipídeos, polissacarídeos e proteína que forma a porção principal da membrana externa de bactérias gram-negativas.
**Lisossomo** organela contendo enzimas digestivas para a hidrólise de proteínas, gorduras e polissacarídeos.
**Magnetossomo** partícula de magnetita ($Fe_3O_4$) envolvida por uma membrana que não corresponde a uma unidade de membrana real, no citoplasma de bactérias magnetotáticas.
**Meiose** divisão nuclear que reduz pela metade o número diploide de cromossomos para o estágio haploide.
**Membrana citoplasmática** a barreira de permeabilidade da célula, separando o citoplasma do ambiente externo.
**Membrana externa** unidade de membrana que contém fosfolipídeos e polissacarídeos, que se encontra externamente à camada de peptideoglicano em células de bactérias gram-negativas.
**Microfilamento** polímero filamentoso da proteína actina que auxilia na manutenção da forma de uma célula eucariótica.
**Microtúbulo** polímero filamentoso das proteínas α-tubulina e β-tubulina envolvido na forma e motilidade da célula eucariótica.
**Mitocôndria** organela respiratória de organismos eucarióticos.
**Mitose** divisão nuclear em células eucarióticas, na qual os cromossomos são replicados e segregados em duas células-filhas durante a divisão celular.
**Morfologia** a *forma* de uma célula – bacilo, coco, espirilo, e assim por diante.
**Núcleo** a organela que contém os cromossomos de células eucarióticas.
**Peptideoglicano** polissacarídeo composto por repetições alternadas de *N*-acetilglicosamina e ácido *N*-acetilmurâmico, disposto em camadas adjacentes e com ligações cruzadas por meio de peptídeos curtos.
**Periplasma** região semelhante a um gel, entre a superfície externa da membrana citoplasmática e a superfície interna da camada lipopolissacarídica de bactérias gram-negativas.
***Pili*** estruturas finas e filamentosas que se estendem da superfície de uma célula e, dependendo do tipo, facilitam a ligação celular, intercâmbio genético e a motilidade pulsante.
**Quimiotaxia** movimento direcionado de um organismo para se aproximar (quimiotaxia positiva) ou se afastar (quimiotaxia negativa) de um gradiente químico.
**Resolução** habilidade de distinguir dois objetos distintos ou separados, quando visualizados ao microscópio.
**Sistema de transporte ABC (cassete de ligação a ATP)** um sistema de transporte de membrana que consiste em três proteínas, uma das quais hidrolisa ATP; o sistema transporta nutrientes específicos dentro da célula.
**Sistema de transporte simples** consiste somente em uma proteína transportadora transmembrânica e é comumente dirigida pela energia da força próton-motiva.
**Tilacoide** camada membranosa, contendo os pigmentos fotossintéticos presentes em cloroplastos.
**Translocação de grupo** sistema de transporte dependente de energia, no qual a substância transportada é quimicamente modificada durante o processo por uma série de proteínas.
**Vesículas de gás** estruturas citoplasmáticas preenchidas por gás, delimitadas por proteínas, que conferem flutuabilidade às células.

## QUESTÕES PARA REVISÃO

1. Qual a diferença entre aumento e resolução? Um pode aumentar sem o outro? (Seção 2.1)

2. Qual a função da técnica de coloração na microscopia óptica? Qual a vantagem de um microscópio de contraste de fase em relação ao microscópio de campo claro? Qual a vantagem da microscopia de contraste por interferência diferencial em relação ao microscópio de campo claro? (Seções 2.2 e 2.3)

3. Qual a principal vantagem dos microscópios eletrônicos em relação aos microscópios ópticos? Qual tipo de microscópio eletrônico deveria ser utilizado para visualizar as propriedades tridimensionais de uma célula? (Seção 2.4)

4. Quais são as principais morfologias dos procariotos? Desenhe células para cada morfologia que você descrever. (Seção 2.5)

5. Qual o tamanho máximo de um procarioto? E o mínimo? Por que é que, provavelmente, se conhece o limite inferior de forma mais precisa do que o limite superior? Quais são as dimensões da bactéria em forma de bastonete *Escherichia coli*? (Seção 2.6)

6. Descreva em uma única sentença a estrutura de uma unidade de membrana. (Seção 2.7)

7. Descreva as principais diferenças estruturais entre as membranas de bactérias e arqueias. (Seção 2.7)

8. Explique em uma única sentença por que moléculas ionizadas não se movem passivamente através da membrana citoplasmática. Como essas moléculas passam pela membrana citoplasmática? (Seção 2.8)

9. Células de *Escherichia coli* captam a lactose por meio do sistema lac permease, glicose por meio do sistema fosfotransferase, e maltose por meio de um transportador tipo ABC. Para cada um destes açúcares descreva: (1) os componentes do sistema de transporte e (2) a fonte de energia que dirige o evento de transporte. (Seção 2.9)

10. Por que a camada rígida da parede celular bacteriana é chamada de peptideoglicano? Quais são as razões estruturais para a rigidez que é conferida à parede celular pelo peptideoglicano? (Seção 2.10)

11. Liste diversas funções da membrana externa em bactérias gram-negativas. Qual a composição química dessa membrana? (Seção 2.11)

12. Qual polissacarídeo de parede celular comum em bactérias está ausente em arqueias? O que é incomum sobre a camada S comparada a outras paredes celulares de procariotos? Quais tipos de parede celular são encontrados em arqueias? (Seção 2.12)

13. Quais funções as camadas polissacarídicas dispostas fora da parede celular desempenham em procariotos? (Seção 2.13)

14. Quais tipos de inclusões citoplasmáticas são formados pelos procariotos? Como uma inclusão de ácido poli-β-hidroxibutírico difere-se de um magnetossomo em composição e papel metabólico? (Seção 2.14)

15. Qual a função das vesículas de gás? Como essas estruturas são moldadas, de forma que possam manter o gás armazenado? (Seção 2.15)

16. Em poucas linhas, indique como os endósporos bacterianos diferem-se das células vegetativas em estrutura, composição química e habilidade de resistência em condições ambientais extremas. (Seção 2.16)

17. Defina os seguintes termos: endósporo maduro, célula vegetativa e germinação. (Seção 2.16)

18. Descreva a estrutura e função de um flagelo bacteriano. Qual a fonte de energia de um flagelo? Como os flagelos de bactérias diferem-se daqueles de arqueias em tamanho e composição? (Seção 2.17)

19. Diferencie os mecanismos de motilidade de *Flavobacterium* dos de *Escherichia coli*. (Seções 2.17 e 2.18)

20. Em poucas linhas, explique como uma bactéria móvel é capaz de sentir a direção de um agente atrativo e se mover em direção a ele. (Seção 2.19)

21. No experimento descrito na Figura 2.58, o que é o controle e por que ele é essencial? (Seção 2.19)

22. Liste pelo menos três características das células eucarióticas que claramente as diferenciam das células procarióticas. O que são histonas e qual a sua função? (Seção 2.20)

23. Como as mitocôndrias e os hidrogenossomos são similares estruturalmente? Em que eles se diferem? Como eles se diferem metabolicamente? (Seção 2.21)

24. Quais os principais processos fisiológicos que ocorrem nos cloroplastos? (Seção 2.21)

25. Que evidências suportam a ideia de que as principais organelas de eucariotos já foram bactérias? (Seção 2.21)

26. Quais as funções das estruturas de células eucarióticas a seguir: retículo endoplasmático, aparelho de Golgi e lisossomos? (Seção 2.22)

## QUESTÕES APLICADAS

1. Calcule o tamanho do menor objeto que pode ser distinguido quando um espécime é observado com uma luz de 600 nm (vermelha), utilizando-se objetiva de imersão de 100×, com abertura numérica de 1,32. Como a resolução poderia ser melhorada, utilizando-se esta mesma lente?

2. Calcule a relação de superfície-volume de uma célula esférica de 15 μm de diâmetro e de uma célula de 2 μm de diâmetro. Quais são as consequências dessas diferenças de relação superfície-volume para a função celular?

3. Suponha que sejam fornecidas a você duas culturas, uma de espécies de bactérias gram-negativas e uma de espécies de arqueias. Discuta pelo menos quatro formas diferentes pelas quais você poderia associar as culturas aos respectivos domínios.

4. Calcule a quantidade de tempo necessária para que uma célula de *Escherichia coli* (1 × 2 μm), deslocando-se em natação a uma velocidade máxima (60 comprimentos celulares por segundo), percorra todo o caminho ascendente em um tubo capilar de 3 cm de comprimento contendo um atrativo químico.

5. Suponha que sejam fornecidas a você duas culturas de bactérias em forma de bastonetes, uma gram-positiva e outra gram-negativa. Como você poderia diferenciá-las utilizando (a) microscopia óptica; (b) microscopia eletrônica; (c) análises químicas das paredes celulares; e (d) análises filogenéticas?

CAPÍTULO

# 3 Metabolismo microbiano

## microbiologiahoje

### Uma surpresa metabólica

Os estudantes frequentemente têm a impressão de que quando se trata de metabolismo, tudo já é conhecido e nada de novo nunca será descoberto na área. Isso é especialmente verdade quando eles estudam as vias metabólicas clássicas, como o ciclo do ácido cítrico (ciclo de Krebs), uma importante série de reações encontrada em todas as células e cujos detalhes serão abordados neste capítulo. É apenas "outra via metabólica chata" cuja bioquímica foi elaborada anos atrás, certo?

Errado. Por anos, os microbiologistas ficaram perplexos com a ausência de duas enzimas essenciais do ciclo do ácido cítrico (CAC) em determinados procariotos, em particular, as cianobactérias. As cianobactérias (foto) são organismos fototróficos oxigênicos, cujas atividades biossintéticas oxigenaram a Terra bilhões de anos atrás, e tornaram possível a evolução de formas de vida superiores. Porém, a ausência em cianobactérias das enzimas do CAC $\alpha$-cetoglutarato desidrogenase e succinil-CoA sintase (enzimas que trabalham em conjunto na conversão do $\alpha$-cetoglutarato em succinato) foi durante muito tempo associada a esses organismos como "incompletos no CAC". Isto é realmente verdade?

Um grupo de microbiologistas da Penn State University (EUA) investigou novamente essa intrigante situação e, utilizando uma combinação de genômica e bioquímica, descobriu um novo paradigma do CAC.[1] Acontece que as cianobactérias realizam, *sim*, um CAC completo, mas convertem o $\alpha$-cetoglutarato em succinato utilizando duas enzimas diferentes até então desconhecidas para a biologia. Por alguma(s) razão(ões), a evolução selecionou essas enzimas, em vez daquelas canônicas, para completar o CAC em cianobactérias, e em alguns poucos procariotos em que os genes codificadores dessas enzimas também foram descobertos.

Além de resolver o maior mistério metabólico, esse estudo mostra o poder da combinação das análises genômicas e bioquímicas com uma boa intuição científica. O estudo também nos lembra da importância de se compreender o metabolismo clássico como uma base para a descoberta de novos metabolismos no mundo microbiano.

[1]Zhang, S., e D.A. Bryant. 2011. The tricarboxylic acid cycle in cyanobacteria. *Science 334*: 1551–1553.

I Cultura laboratorial dos microrganismos 74

II Reações energéticas, enzimáticas e redox 79

III Fermentação e respiração 86

IV Biossíntese 96

# I • Cultura laboratorial dos microrganismos

Para se cultivar microrganismos em laboratório é necessário supri-los com todos os nutrientes que eles requerem. A exigência de nutrientes varia muito, e um conhecimento acerca dos princípios da nutrição microbiana é necessário para o sucesso de uma cultura de microrganismos. Serão analisados alguns princípios gerais da nutrição microbiana e, em seguida, esses princípios serão expandidos no Capítulo 13, no qual a ampla diversidade metabólica do mundo microbiano será evidenciada.

## 3.1 Química e nutrição celular

Organismos diferentes necessitam de complementos nutricionais distintos, e nem todos os nutrientes são exigidos na mesma quantidade. Alguns nutrientes, denominados *macronutrientes*, são necessários em grandes quantidades, enquanto outros, denominados *micronutrientes*, são necessários apenas em quantidades traço.

### Composição química de uma célula

Todos os nutrientes microbianos são originados dos elementos químicos. Contudo, somente alguns poucos elementos dominam os sistemas vivos e são essenciais: hidrogênio (H), oxigênio (O), carbono (C), nitrogênio (N), fósforo (P), enxofre (S) e selênio (Se). Adicionalmente a estes, pelo menos 50 outros elementos químicos, embora não sejam requisitados, são metabolizados de alguma forma pelos microrganismos (**Figura 3.1**).

Além da água, que corresponde a 70 a 80% do peso de uma célula microbiana (uma única célula de *Escherichia coli* pesa apenas $10^{-12}$ g), as células consistem principalmente de macromoléculas – proteínas, ácidos nucleicos, lipídeos e polissacarídeos; os blocos de construção (monômeros) dessas macromoléculas são os aminoácidos, nucleotídeos, ácidos graxos e açúcares, respectivamente. As proteínas dominam a composição molecular de uma célula, correspondendo a 55% do peso seco total celular. Além disso, a diversidade de proteínas excede aquela de todas as macromoléculas combinadas. Interessantemente, embora o DNA seja tão importante para uma célula, esse contribui com uma pequena porcentagem do peso seco celular; o RNA é muito mais abundante (Figura 3.1*c*).

Os dados demonstrados na Figura 3.1 são de análises atuais de células de *E. coli*; dados comparáveis variam um pouco de um microrganismo para outro. Contudo, em qualquer célula microbiana, carbono e nitrogênio são macronutrientes importantes, por isso, inicia-se o estudo sobre nutrição microbiana com esses elementos essenciais.

### Carbono, nitrogênio e outros macronutrientes

Todas as células requerem carbono, e a maioria dos procariotos necessita de compostos *orgânicos* (que contêm carbono) como sua fonte de carbono. Cerca de 50% do peso seco de uma célula bacteriana é composto por carbono (Figura 3.1*b*). O carbono é

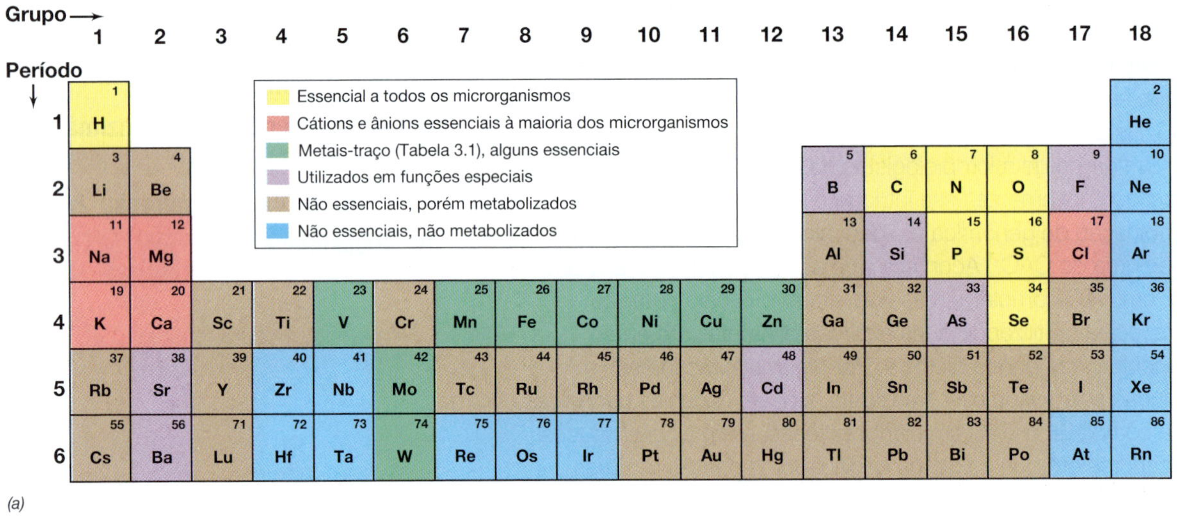


(a)

**Elementos essenciais como uma porcentagem do peso seco da célula**

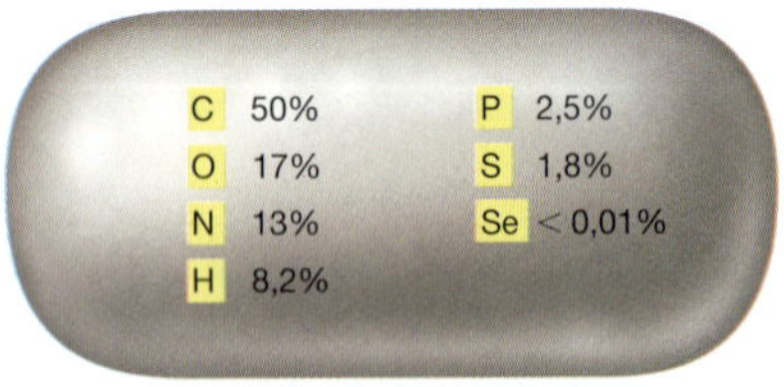


(b)

**Composição macromolecular de uma célula**

| Macromolécula | Porcentagem do peso seco |
|---|---|
| Proteína | 55 |
| Lipídeo | 9,1 |
| Polissacarídeo | 5,0 |
| Lipopolissacarídeo | 3,4 |
| DNA | 3,1 |
| RNA | 20,5 |

(c)

**Figura 3.1 Composição elementar e macromolecular de uma célula bacteriana.** *(a)* Tabela periódica microbiana dos elementos. Com exceção do urânio, que pode ser metabolizado por alguns procariotos, os elementos do período 7 ou além, na tabela periódica completa dos elementos, não são metabolizados. *(b)* Contribuição dos elementos essenciais para o peso seco da célula. *(c)* Abundância relativa das macromoléculas em uma célula bacteriana. Dados em *(b)* de *Aquat. Microb. Ecol. 10:*15–27 (1996) e em *(c)* de *Escherichia coli* e *Salmonella typhimurium*: *Cellular and Molecular Biology*. ASM, Washington, DC (1996).

obtido de aminoácidos, ácidos graxos, ácidos orgânicos, açúcares, bases nitrogenadas, compostos aromáticos e outros inúmeros compostos orgânicos. Alguns microrganismos são autótrofos, sendo capazes de sintetizar as suas próprias estruturas celulares a partir do dióxido de carbono ($CO_2$).

Uma célula bacteriana é composta por cerca de 13% de nitrogênio, presente em proteínas, ácidos nucleicos e vários outros compostos celulares. O volume de nitrogênio disponível é encontrado na natureza na forma de amônia ($NH_3$), nitrato ($NO_3^-$) ou em gás nitrogênio ($N_2$). Praticamente todos os procariotos são capazes de utilizar o $NH_3$ como sua fonte de nitrogênio, embora outros possam também utilizar o $NO_3^-$, e alguns conseguem ainda utilizar fontes orgânicas de nitrogênio, como os aminoácidos. O $N_2$ só consegue ser utilizado como uma fonte de nitrogênio por procariotos fixadores de nitrogênio (Seção 3.17).

Seguindo C, N e O e H (da água, $H_2O$), muitos outros macronutrientes são necessários às células, mas geralmente em quantidades menores (Figura 3.1*b*). O fósforo é requerido pela célula para a síntese de ácidos nucleicos e fosfolipídeos, e geralmente é fornecido à célula na forma de fosfato ($PO_4^{2-}$). O enxofre está presente nos aminoácidos cisteína e metionina e também em uma série de vitaminas, como tiamina, biotina, ácido lipoico, e geralmente é fornecido à célula na forma de sulfato ($SO_4^{2-}$). O potássio (K) é necessário para a atividade de diversas enzimas, enquanto o magnésio (Mg) é necessário para a estabilização dos ribossomos, membranas e ácidos nucleicos, sendo também necessário à atividade de muitas enzimas. O cálcio (Ca) e o sódio (Na) são nutrientes essenciais para apenas alguns organismos, o sódio em particular para os microrganismos marinhos.

## Micronutrientes: metais-traço e fatores de crescimento

Os microrganismos requerem vários metais para o crescimento, geralmente em pequenas quantidades, e esses fazem parte dos *micronutrientes* que são necessários (Figura 3.1*a*). Entre esses, o principal é o ferro, que desempenha um importante papel na respiração celular. O ferro é um componente essencial de citocromos e das proteínas que contêm ferro e enxofre envolvidas nas reações de transporte de elétrons (Seção 3.10). Além do ferro, vários outros metais são necessários ou metabolizados pelos microrganismos (Figura 3.1*a*). Coletivamente, esses micronutrientes são denominados *elementos-traço* ou *metais-traço*. Os elementos-traço, normalmente, desempenham o papel de cofatores para enzimas. A **Tabela 3.1** lista os principais elementos-traço e exemplos de enzimas em que cada um desempenha um papel.

*Fatores de crescimento* são micronutrientes orgânicos (Tabela 3.1). Os fatores de crescimento comuns incluem as vitaminas, porém aminoácidos, purinas, pirimidinas ou diversas outras moléculas orgânicas podem ser fatores de crescimento para um ou outro organismo. As vitaminas correspondem ao fator de crescimento mais comumente requerido, sendo alguns outros igualmente comuns listados na Tabela 3.1. A maioria das vitaminas atua como coenzimas, que são componentes não proteicos das enzimas (Seção 3.5). As necessida-

**Tabela 3.1 Micronutrientes requeridos pelos microrganismos**[a]

I. Elementos-traço

| *Elemento* | *Função* |
|---|---|
| Boro (B) | Autoindutor de *quorum sensing* (comunicação célula-célula) em bactérias; também encontrado em alguns antibióticos policetídeos |
| Cobalto (Co) | Vitamina $B_{12}$; transcarboxilase (apenas em bactérias do ácido propiônico) |
| Cobre (Cu) | Na respiração, citocromo *c* oxidase; na fotossíntese, plastocianina, presente em alguns superóxido dismutases |
| Ferro (Fe)[b] | Citocromos; catalases; peroxidases; proteínas de ferro e enxofre; oxigenases; todas as nitrogenases |
| Manganês (Mn) | Ativador de muitas enzimas; componente de algumas superóxido dismutases e da enzima que quebra a molécula de água em fototrófos oxigênicos (fotossistema II) |
| Molibdênio (Mo) | Certas enzimas contendo flavina; algumas nitrogenases, nitrato redutases, sulfito oxidases, DMSO-TMAO redutases; algumas formato--desidrogenases |
| Níquel (Ni) | Maioria das hidrogenases; coenzima $F_{430}$ dos metanógenos; monóxido de carbono desidrogenase; urease |
| Selênio (Se) | Formato desidrogenases; algumas hidrogenases; o aminoácido selenocisteína |
| Tungstênio (W) | Algumas formato-desidrogenases; oxotransferases dos hipertermófilos |
| Vanádio (V) | Vanádio nitrogenase; bromoperoxidase |
| Zinco (Zn) | Anidrase carbônica; polimerases de ácido nucleico; muitas proteínas de ligação ao DNA |

II. Fatores de crescimento

| *Fator de crescimento* | *Função* |
|---|---|
| PABA (ácido *p*-aminobenzoico) | Precursor do ácido fólico |
| Ácido fólico | Metabolismo de um carbono; transferência de grupos metil |
| Biotina | Biossíntese de ácidos graxos; algumas reações de fixação de $CO_2$ |
| $B_{12}$ (Cobalamina) | Metabolismo de um carbono; síntese de desoxirribose |
| $B_1$ (Tiamina) | Reações de descarboxilação |
| $B_6$ (Piridoxal) | Transformações de aminoácidos e cetoácidos |
| Ácido nicotínico (Niacina) | Precursor de $NAD^+$ |
| Riboflavina | Precursor de FMN, FAD |
| Ácido pantotênico | Precursor da coenzima A |
| Ácido lipoico | Descarboxilação de piruvato e $\alpha$-cetoglutarato |
| Vitamina K | Transporte de elétrons |

[a]Nem todos os elementos-traço ou fatores de crescimento são requeridos por todos os organismos.
[b]O ferro é normalmente requerido em quantidades maiores do que os outros metais-traço apresentados.

des vitamínicas diferem entre os microrganismos, variando de nenhuma a muitas. As bactérias lácticas, que incluem os gêneros *Streptococcus*, *Lactobacillus* e *Leuconostoc* (Seção 15.6), são conhecidas por suas várias necessidades vitamínicas, as quais superam inclusive as necessidades dos seres humanos (ver Tabela 3.2).

**MINIQUESTIONÁRIO**

- Quais os quatro elementos químicos que constituem a maior parte do peso seco de uma célula?
- Quais as duas classes de macromoléculas que contêm a maior quantidade de nitrogênio em uma célula?
- Diferencie "elementos-traço" e "fatores de crescimento".

## 3.2 Meios e cultura de laboratório

Um **meio de cultura** é uma solução nutriente utilizada para promover o crescimento de microrganismos. Pelo fato de a cultura em laboratório ser requerida para o estudo detalhado de qualquer microrganismo, é necessária atenção criteriosa na seleção e no preparo dos meios para que o cultivo seja bem-sucedido.

### Classes de meios de cultura

Duas grandes classes de meios de cultura são utilizadas em microbiologia: meios definidos e meios complexos. Os **meios definidos** são preparados pela adição de quantidades precisas de compostos químicos inorgânicos ou orgânicos à água destilada. Portanto, a *composição química exata* de um meio definido (de forma qualitativa e quantitativa) é conhecida. A fonte de carbono é de importância fundamental em qualquer meio de cultura, uma vez que todas as células necessitam de grandes quantidades de carbono a fim de sintetizarem novo material celular (Figura 3.1). A natureza da fonte de carbono e sua concentração dependem do organismo a ser cultivado. A **Tabela 3.2** lista fórmulas para quatro meios de cultura. Alguns meios definidos, como aquele listado para *Escherichia coli*, são considerados "simples", uma vez que apresentam apenas uma única fonte de carbono. Nesse meio, as células de *E.coli* produzem todas as moléculas orgânicas a partir da glicose.

Para o cultivo de muitos microrganismos, o conhecimento da composição exata de um meio não é essencial. Nessas situações, meios complexos podem ser suficientes ou até mesmo vantajosos. Os **meios complexos** empregam componentes de produtos microbianos, animais ou vegetais, como a caseína (proteína do leite), carne (extrato de carne), soja (caldo tríptico de soja), células de leveduras (extrato de levedura), ou várias outras substâncias altamente nutritivas. Esses produtos de digestão encontram-se disponíveis comercialmente na forma desidratada, e necessitam apenas de hidratação para originar um meio de cultura. Entretanto, a desvantagem no uso de um meio complexo consiste no fato de que a sua composição nutricional não é precisamente conhecida. Um *meio enriquecido*, utilizado na cultura de microrganismos nutricionalmente exigentes (fastidiosos), muitos dos quais são patógenos, começa como um meio complexo e, em seguida, é suplementado com substâncias adicionais altamente nutritivas como o soro ou sangue.

Em situações particulares, especialmente na microbiologia diagnóstica, frequentemente os meios de cultura são produzidos de modo a tornarem-se seletivos ou diferenciais (ou ambos). Um *meio seletivo* contém compostos que inibem seletivamente o crescimento de alguns microrganismos, mas não o de outros. Por exemplo, meios seletivos estão disponíveis para o isolamento de determinados patógenos, como

**Tabela 3.2** Exemplos de meios de cultura para microrganismos com requerimentos nutricionais simples e exigentes[a]

| *Meio de cultura definido para* Escherichia coli | *Meio de cultura definido para* Leuconostoc mesenteroides | *Meio de cultura complexo para* E. coli *ou* L. mesenteroides | *Meio de cultura definido para* Thiobacillus thioparus |
|---|---|---|---|
| $K_2HPO_4$ 7 g<br>$KH_2PO_4$ 2 g<br>$(NH_4)_2SO_4$ 1 g<br>$MgSO_4$ 0,1 g<br>$CaCl_2$ 0,02 g<br>Glicose 4–10 g<br>Elementos-traço (Fe, Co, Mn, Zn, Cu, Ni, Mo) 2–10 μg cada<br>Água destilada 1.000 mL<br>pH 7<br><br>*(a)* | $K_2HPO_4$ 0,6 g<br>$KH_2PO_4$ 0,6 g<br>$NH_4Cl$ 3 g<br>$MgSO_4$ 0,1 g<br>Glicose 25 g<br>Acetato de sódio 25 g<br>Aminoácidos (alanina, arginina, asparagina, aspartato, cisteína, glutamato, glutamina, glicina, histidina, isoleucina, leucina, lisina, metionina, fenilalanina, prolina, serina, treonina, triptofano, tirosina, valina) 100–200 μg cada<br>Purinas e pirimidinas (adenina, guanina, uracila, xantina) 10 mg cada<br>Vitaminas (biotina, folato, ácido nicotínico, piridoxal, piridoxamina, piridoxina, riboflavina, tiamina, pantotenato, ácido *p*-aminobenzoico) 0,01–1 mg cada<br>Elementos-traço (como na primeira coluna) 2–10 μg cada<br>Água destilada 1.000 mL<br>pH 7 | Glicose 15 g<br>Extrato de levedura 5 g<br>Peptona 5 g<br>$KH_2PO_4$ 2 g<br>Água destilada 1.000 mL<br>pH 7<br><br>*(b)* | $KH_2PO_4$ 0,5 g<br>$NH_4Cl$ 0,5 g<br>$MgSO_4$ 0,1 g<br>$CaCl_2$ 0,05 g<br>KCl 0,5 g<br>$Na_2S_2O_3$ 2 g<br>Elementos-traço (como na primeira coluna)<br>Água destilada 1.000 mL<br>pH 7<br>Fonte de carbono: $CO_2$ do ar |

[a]As fotos são tubos do *(a)* meio definido descrito e do *(b)* meio complexo descrito. Observe como o meio complexo é colorido devido aos vários extratos orgânicos e restos digestivos que ele contém. Créditos da foto: Cheryl L. Broadie e John Vercillo, Southern Illinois University em Carbondale.

linhagens de *Salmonella* ou *Escherichia coli* que causam intoxicação alimentar. Um *meio diferencial* corresponde àquele ao qual um indicador, normalmente um corante, é adicionado, revelando por meio de uma mudança de coloração se uma reação metabólica em particular ocorreu durante o crescimento. Os meios diferenciais são bastante úteis na distinção de espécies bacterianas, e são amplamente utilizados no diagnóstico clínico e na microbiologia sistemática. Os meios diferenciais e seletivos serão discutidos no Capítulo 27.

## Necessidades nutricionais e capacidade biossintética

Das quatro fórmulas de meios de cultura apresentadas na Tabela 3.2, três são de meios definidos e um é complexo. O meio complexo é mais facilmente preparado e permite o crescimento de *Escherichia coli* e *Leuconostoc mesenteroides*, os exemplos utilizados na tabela. No entanto, o meio definido simples permite o crescimento de *E. coli*, mas não o de *L. mesenteroides*. O crescimento deste último organismo em um meio definido requer a adição de vários nutrientes não requeridos por *E. coli*. As necessidades nutricionais de *L. mesenteroides* podem ser supridas pela preparação de um meio definido altamente suplementado, um procedimento bastante trabalhoso devido aos vários nutrientes individuais que devem ser adicionados (Tabela 3.2), ou pela preparação de um meio complexo, um procedimento muito menos complicado.

O quarto meio apresentado na Tabela 3.2 suporta o crescimento da bactéria sulfurosa *Thiobacillus thioparus*; esse meio não suporta o crescimento de nenhum dos outros organismos. Isso se deve ao fato de que *T. thioparus* é um organismo quimiolitotrófico e autotrófico e, portanto, não necessita de carbono orgânico. *T. thioparus* deriva todo seu carbono a partir de $CO_2$ e obtém sua energia pela oxidação do composto sulfuroso tiossulfato ($Na_2S_2O_3$). Assim, *T. thioparus* exibe a maior capacidade biossintética entre todos os organismos listados na tabela, superando até mesmo *E. coli* nessa questão.

A lição que deve-se levar da Tabela 3.2 é que diferentes microrganismos podem exibir exigências nutricionais extremamente distintas. Para obter-se sucesso no cultivo de qualquer microrganismo, é necessário o conhecimento de suas necessidades nutricionais, a fim de que os nutrientes sejam fornecidos na forma e proporções adequadas.

## Cultivo laboratorial

Uma vez que um meio de cultura tenha sido preparado e esterilizado, a fim de torná-lo desprovido de qualquer forma de vida, organismos podem ser inoculados, e a cultura incubada em condições que permitam o crescimento (**Figura 3.2**). Em um laboratório, normalmente a inoculação será de uma cultura pura em um meio de cultura líquido ou sólido. Os meios de cultura líquidos são solidificados com ágar, normalmente a 1 a 2%. Os meios sólidos imobilizam as células, permitindo que elas cresçam e originem massas isoladas e visíveis, denominadas *colônias* (Figura 3.2). As colônias bacterianas podem exibir várias formas e vários tamanhos, dependendo do organismo, das condições de cultivo, dos nutrientes fornecidos, além de vários outros parâmetros fisiológicos. Alguns microrganismos produzem pigmentos que tornam toda a colônia colorida (Figura 3.2). As colônias permitem ao microbiologista

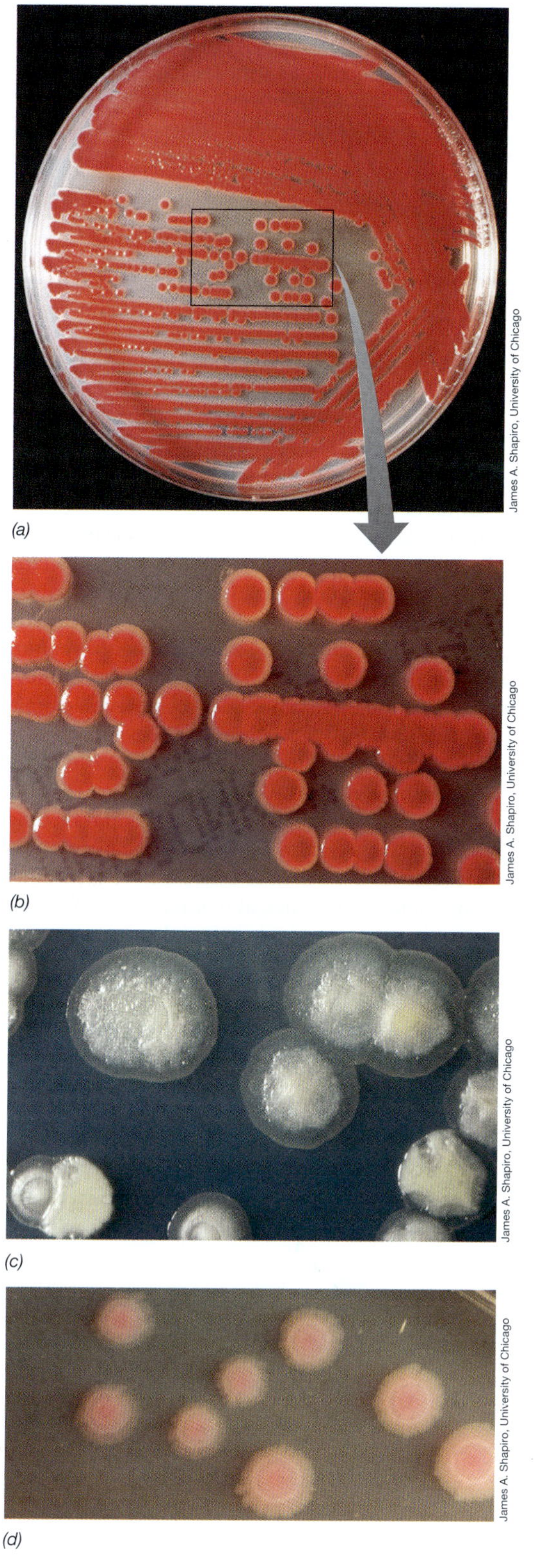


**Figura 3.2** **Colônias bacterianas.** Colônias são massas visíveis de células originadas de sucessivas divisões de uma ou poucas células, podendo conter mais de um bilhão ($10^9$) de células individuais. *(a) Serratia marcescens*, cultivada em ágar MacConkey. *(b)* Ampliação das colônias apresentadas em *(a)*. *(c) Pseudomonas aeruginosa* cultivada em ágar tripticase soja. *(d) Shigella flexneri* cultivada em ágar MacConkey.

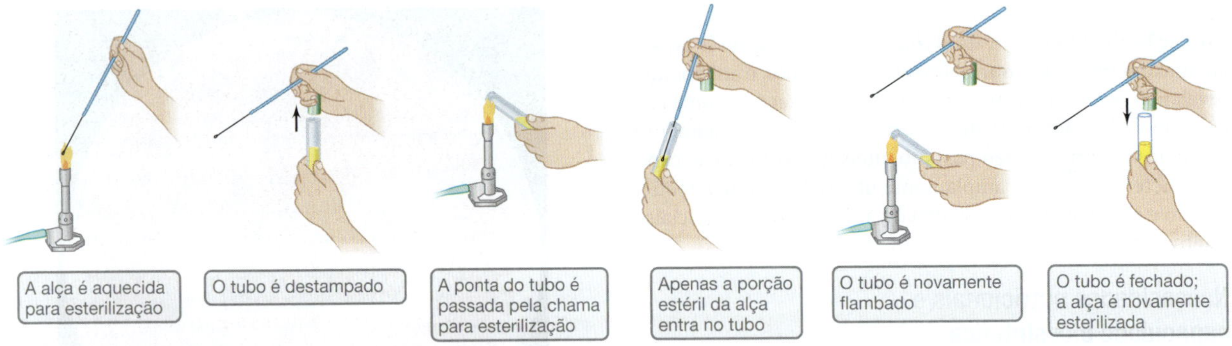
A alça é aquecida para esterilização
O tubo é destampado
A ponta do tubo é passada pela chama para esterilização
Apenas a porção estéril da alça entra no tubo
O tubo é novamente flambado
O tubo é fechado; a alça é novamente esterilizada

**Figura 3.3** **Transferência asséptica.** Após o tubo ser vedado no final, a alça é novamente esterilizada antes de ser dispensada.

observar a composição e pureza presumida da cultura. Placas contendo mais de um tipo de colônia são indicativas de uma cultura contaminada.

Os meios de cultura precisam ser esterilizados antes do uso, e o processo de esterilização é obtido pelo aquecimento do meio em uma *autoclave*. Serão discutidos a operação e os princípios da autoclave na Seção 5.17, juntamente com outros métodos de esterilização. Uma vez que um meio de cultura estéril tenha sido preparado, o mesmo se encontra pronto para inoculação. Essa manipulação requer o emprego de uma **técnica asséptica** (Figuras 3.3 e 3.4), uma série de etapas que visam prevenir a contaminação durante a manipulação de culturas e de meios de cultura estéreis. O domínio da técnica asséptica é necessário para a manutenção de culturas puras, uma vez que os contaminantes transmitidos pelo ar estão presentes em todo lugar (Figuras 3.3 e 3.4). A coleta e nova semeadura de uma colônia isolada é o principal método para a obtenção de culturas puras, a partir de amostras líquidas contendo diferentes organismos, e é um procedimento comum nos laboratórios de microbiologia. Outras técnicas para a obtenção de culturas puras foram desenvolvidas especialmente para grupos específicos de bactérias com necessidades nutricionais incomuns, e essas serão discutidas na Seção 18.2.

**MINIQUESTIONÁRIO**

- Por que um meio de cultura complexo para *Leuconostoc mesenteroides* seria mais facilmente preparado do que um meio quimicamente definido?
- Em qual meio apresentado na Tabela 3.2, definido ou complexo, você acredita que *E. coli* cresceria mais rapidamente? Por quê? *E. coli* não é capaz de crescer no meio descrito para *Thiobacillus thioparus*. Por quê?
- Qual o significado da palavra estéril? Por que a técnica asséptica é necessária para um cultivo bem-sucedido de culturas puras em laboratório?

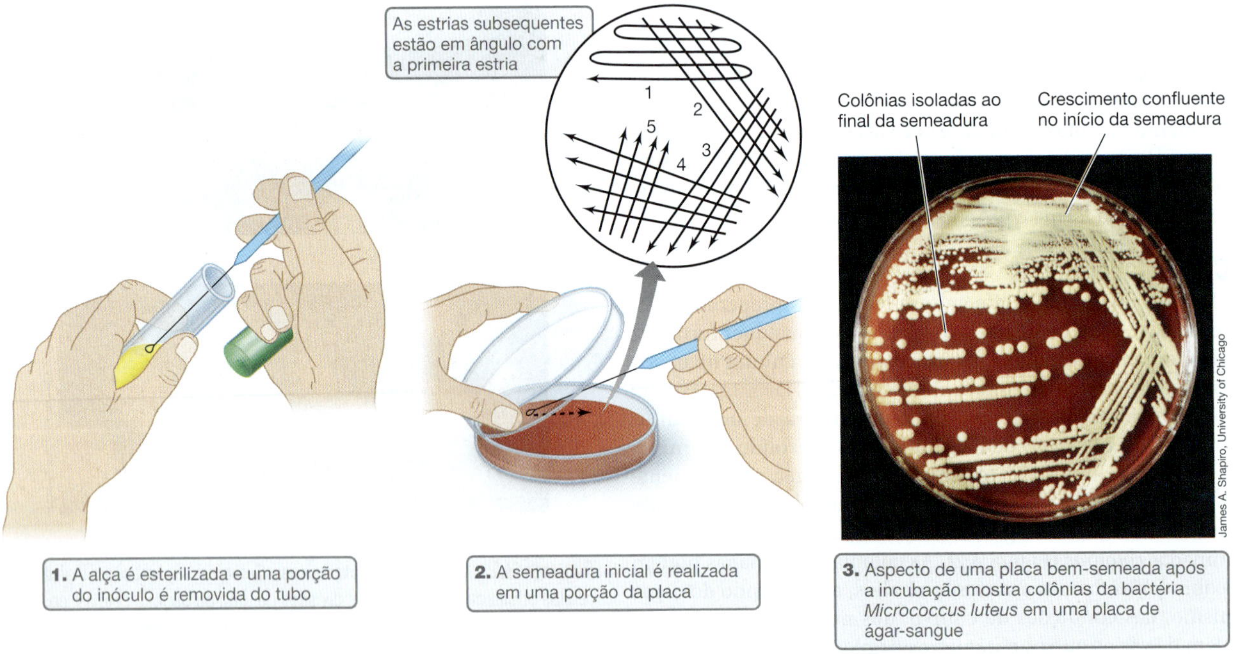
As estrias subsequentes estão em ângulo com a primeira estria
1
2
3
4
5
Colônias isoladas ao final da semeadura
Crescimento confluente no início da semeadura
James A. Shapiro, University of Chicago
1. A alça é esterilizada e uma porção do inóculo é removida do tubo
2. A semeadura inicial é realizada em uma porção da placa
3. Aspecto de uma placa bem-semeada após a incubação mostra colônias da bactéria *Micrococcus luteus* em uma placa de ágar-sangue

**Figura 3.4** **Técnica de semeadura por esgotamento, para a obtenção de culturas puras.** A cobertura da placa deve ser aberta apenas o suficiente para permitir a manipulação para o estriamento.

# II • Reações energéticas, enzimáticas e redox

Todos os microrganismos devem ser capazes de conservar parte da energia liberada nas reações que geram energia, para que possam crescer. Agora, serão discutidos os princípios de conservação de energia, incluindo as diferentes classes energéticas dos microrganismos, utilizando algumas leis simples da química e física para guiar nosso raciocínio sobre bioenergética.

## 3.3 Classes energéticas dos microrganismos

Reações que liberam energia fazem parte de um metabolismo denominado **catabolismo**. Serão analisados as várias classes energéticas dos microrganismos, apontando suas diferenças e similaridades. Os termos utilizados para descrever as classes energéticas dos microrganismos são muito importantes e aparecerão diversas vezes ao longo deste livro.

### Quimiorganotróficos e quimiolitotróficos

Os organismos que conservam energia a partir de compostos químicos são denominados *quimiotróficos*, e aqueles que utilizam compostos químicos *orgânicos* são denominados **quimiorganotróficos** (Figura 3.5). A maioria dos microrganismos que são cultivados em culturas de laboratório é quimiorganotrófico. Milhares de compostos químicos orgânicos diferentes podem ser utilizados por um ou outro microrganismo, e em praticamente todos os casos a energia é obtida a partir da *oxidação* do composto. A energia conservada é retida na célula na forma de ligações ricas em energia do composto trifosfato de adenosina (ATP).

Alguns microrganismos podem obter energia a partir de compostos orgânicos somente na presença de oxigênio; esses organismos são denominados *aeróbios*. Outros extraem a energia somente na ausência de oxigênio (*anaeróbios*). Há ainda outros que podem metabolizar compostos orgânicos tanto na presença quanto na ausência de oxigênio (*anaeróbios facultativos*). Mais detalhes sobre esta questão na Seção 5.16.

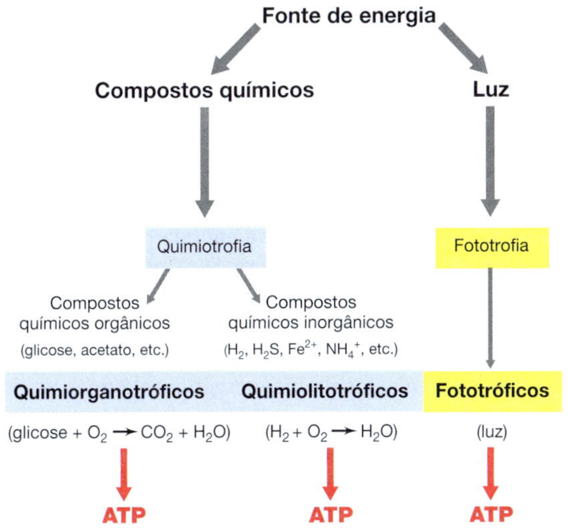


**Figura 3.5 Opções metabólicas para conservação de energia.** Todos os três metabolismos conservadores de energia são encontrados no mundo microbiano.

Muitas bactérias e arqueias são capazes de utilizar a energia disponível por meio da oxidação de compostos *inorgânicos*. Essa forma de metabolismo é denominada *quimiolitotrofia* e foi descoberta pelo microbiologista russo Sergei Winogradsky (⇄ Seção 1.9). Os organismos que realizam a quimiolitotrofia são denominados **quimiolitotróficos** (Figura 3.5). Diversos compostos inorgânicos podem ser oxidados, como, por exemplo, $H_2$, $H_2S$ (sulfeto de hidrogênio), $NH_3$ (amônia) e $Fe^{2+}$ (ferro ferroso). Grupos próximos de quimiolitotróficos normalmente se especializam na oxidação de grupos relacionados de compostos inorgânicos, e, dessa forma, há a bactéria "sulfurosa", a bactéria do "ferro", a bactéria "nitrificante", e assim por diante.

A capacidade de conservar energia a partir da oxidação de compostos químicos inorgânicos é uma boa estratégia metabólica, uma vez que a competição com os quimiorganotróficos não seria uma preocupação. Além disso, muitos dos compostos inorgânicos oxidados pelos quimiolitotróficos, por exemplo, $H_2$ e $H_2S$, correspondem, na realidade, a produtos de excreção de organismos quimiorganotróficos. Assim, muitos quimiolitotróficos desenvolveram estratégias para a exploração de recursos que os quimiorganotróficos não são capazes de utilizar, e, por isso, não é incomum para espécies desses dois grupos fisiológicos viverem em associação íntima um com o outro.

### Fototróficos

Os microrganismos fototróficos contêm pigmentos que os permitem converter a energia luminosa em energia química e, portanto, diferentemente dos quimiotróficos, não necessitam de compostos químicos como uma fonte de energia. Essa propriedade é uma significativa vantagem metabólica, uma vez que a competição entre os **fototróficos** e quimiotróficos pelas fontes de energia não representa uma preocupação, e a luz solar está disponível na maioria dos hábitats microbianos.

Duas formas principais de fototrofia são conhecidas em procariotos. Em uma forma, denominada fotossíntese *oxigênica*, há a produção de oxigênio ($O_2$). Entre os microrganismos, a fotossíntese oxigênica é característica de cianobactérias, que são procariotos, e algas, que são eucariotos. A outra forma, fotossíntese *anoxigênica*, é realizada por bactérias púrpuras e verdes e pelas heliobactérias (todas as bactérias), e não resulta na produção de $O_2$. No entanto, ambos os grupos de fototróficos apresentam grandes semelhanças em seus mecanismos de síntese de ATP, resultado do fato de que a fotossíntese oxigênica evoluiu da forma anoxigênica mais simples há cerca de 3 bilhões de anos (⇄ Seções 1.3 e 12.2).

### Heterotróficos e autotróficos

Independente de como um microrganismo conserva a energia, temos visto que todas as células necessitam de grandes quantidades de carbono para a produção de novos materiais celulares (Figura 3.1). Se um organismo é **heterotrófico**, o carbono celular é obtido a partir de algum composto químico orgânico. Um organismo **autotrófico**, em contrapartida, utiliza dióxido de carbono ($CO_2$) como sua fonte de carbono. Por definição, os organismos quimiorganotróficos são também heterotróficos. Os organismos autotróficos são também denominados *produtores primários*, uma vez que sintetizam nova matéria orgânica a partir de $CO_2$. Praticamente toda a matéria orgânica presente na Terra foi sintetizada por produtores primários, particularmente, por fototróficos.

**MINIQUESTIONÁRIO**

- Em termos de geração de energia, como um quimiorganotrófico se difere de um quimiolitotrófico? E um quimiotrófico de um fototrófico?
- Em termos de aquisição de carbono, como um autótrofo se difere de um heterótrofo?

## 3.4 Bioenergética

*Energia* é definida como a capacidade de realizar trabalho. Em microbiologia, as transformações de energia são mensuradas em unidades de quilojoules (kJ), uma unidade de energia térmica. Todas as reações químicas em uma célula estão associadas a *alterações* de energia, sendo a energia requerida ou liberada durante a reação. Para identificar quais reações liberam energia e quais requerem energia, precisa-se entender alguns princípios bioenergéticos clássicos, e estes serão analisados aqui.

### Energética básica

Embora em qualquer reação química parte da energia seja perdida na forma de calor, em microbiologia há o interesse na **energia livre** (abreviada por *G*), a qual é definida como a energia liberada, disponível para a realização de trabalho. A *variação* na energia livre durante uma reação é expressa em $\Delta G^{0\prime}$, em que o símbolo $\Delta$ deve ser lido como "variação em". O "0" e o "apóstrofo" sobrescritos significam que o valor de energia livre refere-se às condições-padrão: pH 7, 25°C, 1 atmosfera de pressão, com todos os reagentes e produtos em concentrações molares.

Considere a reação:

$$A + B \rightarrow C + D$$

Se o $\Delta G^{0\prime}$ desta reação apresentar o sinal aritmético *negativo*, a reação ocorrerá com *liberação* de energia livre, a qual poderá ser conservada pela célula na forma de ATP. Tais tipos de reação, em que há liberação de energia, são denominadas **exergônicas**. Ao contrário, se o $\Delta G^{0\prime}$ for *positivo*, a reação *requer* o aporte de energia para ocorrer. Tais reações são denominadas **endergônicas**. Assim, as reações exergônicas *liberam* energia, enquanto as reações endergônicas *requerem* energia.

### Energia livre de formação e cálculo da variação de energia livre ($\Delta G^{0\prime}$)

Para calcular-se a energia livre gerada em uma reação, é necessário primeiramente conhecer a energia livre de seus reagentes e produtos. Isso corresponde à energia livre de formação ($G_f^0$), a energia liberada ou requerida durante a formação de uma dada molécula, a partir de seus elementos. A **Tabela 3.3** apresenta alguns exemplos de $G_f^0$. Por convenção, a energia livre de formação dos *elementos* em sua forma elementar e eletricamente neutra (p. ex., C, $H_2$, $N_2$) é igual à zero. As energias livres de formação dos *compostos*, no entanto, não correspondem a zero. Se a formação de um composto a partir de seus elementos ocorre de forma exergônica, o $G_f^0$ do composto é negativo (energia é liberada). Se a reação for endergônica, o $G_f^0$ do composto é positivo (energia é requerida).

Para a maioria dos compostos, o $G_f^0$ é negativo. Isso reflete o fato de os compostos tenderem a formar-se espontaneamente (i.e., com liberação de energia) a partir de seus elementos. Por outro lado, o $G_f^0$ positivo para o óxido nitroso ($N_2O$) (+ 104,2 kJ/mol, Tabela 3.3) indica que esse composto não se forma espontaneamente. Em vez disso, irá se decompor espontaneamente com o tempo em $N_2$ e $O_2$. As energias livres de formação de alguns compostos de interesse microbiológico são apresentadas no Apêndice 1.

**Tabela 3.3** Energia livre de formação para alguns compostos de interesse biológico

| *Composto* | *Energia livre de formação* ($G_f^0$)[a] |
|---|---|
| Água ($H_2O$) | −237,2 |
| Dióxido de carbono ($CO_2$) | −394,4 |
| Gás hidrogênio ($H_2$) | 0 |
| Gás oxigênio ($O_2$) | 0 |
| Amônio ($NH_4^+$) | −79,4 |
| Óxido nitroso ($N_2O$) | +104,2 |
| Acetato ($C_2H_3O_2^-$) | −369,4 |
| Glicose ($C_6H_{12}O_6$) | −917,3 |
| Metano ($CH_4$) | −50,8 |
| Metanol ($CH_3OH$) | −175,4 |

[a]Os valores de energia livre de formação estão em kJ/mol. Ver Tabela A 1.1 no Apêndice 1 para uma lista mais completa das energias livres de formação.

A partir das energias livres de formação, é possível calcular o $\Delta G^{0\prime}$ de uma determinada reação. Para a reação $A + B \rightarrow C + D$, o $\Delta G^{0\prime}$ é calculado pela subtração da soma das energias livres de formação dos reagentes (A + B), daquela dos produtos (C + D). Assim:

$$\Delta G^{0\prime} = G_f^0\,[C + D] - G_f^0\,[A + B]$$

O valor de $\Delta G^{0\prime}$ obtido revela se a reação é exergônica ou endergônica. A expressão "produtos menos reagentes" corresponde a uma maneira simples de recordar como calcular as variações de energia livre durante as reações químicas. Todavia, inicialmente é necessário balancear a reação, antes que os cálculos de energia livre sejam realizados. O Apêndice 1 traz os detalhes das etapas envolvidas nas reações de balanceamento e do cálculo das energias livres para qualquer reação hipotética.

### $\Delta G^{0\prime}$ *versus* $\Delta G$

Embora os cálculos de $\Delta G^{0\prime}$ geralmente correspondam a boas estimativas das reais variações de energia livre, em algumas circunstâncias isso não é verdadeiro. Será visto posteriormente neste livro que as reais concentrações de produtos e reagentes na natureza, os quais raramente encontram-se em concentrações molares, utilizadas nos cálculos de $\Delta G^{0\prime}$ podem alterar o resultado dos cálculos de bioenergética, algumas vezes de forma significativa. Portanto, o $\Delta G^{0\prime}$ não é o mais relevante em um cálculo de bioenergética, mas sim o $\Delta G$, a variação de energia livre que ocorre nas *condições reais* nas quais o organismo está crescendo. A equação para o $\Delta G$ leva em consideração as reais concentrações dos reagentes e os produtos no hábitat do organismo, sendo calculada por:

$$\Delta G = \Delta G^{0\prime} + RT \ln K$$

em que *R* e *T* são constantes físicas e *K* é a constante de equilíbrio para a reação em questão (Apêndice 1). Será abordada a distinção entre $\Delta G$ e $\Delta G^{0\prime}$ em aspectos importantes no Capítulo 13, no qual considera-se a diversidade metabólica em mais detalhes. Porém, para os nossos propósitos neste momento, a expressão $\Delta G^{0\prime}$ nos revelará se determinada reação química produz ou requer energia, e o conhecimento disso é o suficiente para um entendimento básico do fluxo de energia em sistemas microbianos. Somente reações exergônicas são capazes de gerar energia que pode ser conservada pela célula, e esse será o nosso foco nas próximas seções.

**MINIQUESTIONÁRIO**

- O que é energia livre?
- A formação de glicose a partir dos elementos libera ou requer energia?
- Utilizando a Tabela 3.3, calcule o $\Delta G^{0\prime}$ para a reação $CH_4 + \frac{1}{2} O_2 \rightarrow CH_3OH$

## 3.5 Catálise e enzimas

Os cálculos de energia livre revelam apenas se a energia é liberada ou consumida em uma determinada reação. O valor obtido não nos fornece qualquer informação sobre a *velocidade* da reação. Se a velocidade de uma reação for muito baixa, pode não ter valor para uma célula. Por exemplo, considere a formação de água a partir do $O_2$ e $H_2$. A energética dessa reação é bastante favorável: $H_2 + \frac{1}{2} O_2 \rightarrow H_2O$, $\Delta G^{0\prime} = -237$ kJ. Entretanto, se misturássemos $O_2$ e $H_2$ em um frasco selado, não observaríamos formação mensurável de água, mesmo após anos. Isso ocorre porque a ligação dos átomos de $O_2$ e $H_2$, na formação de $H_2O$, requer inicialmente a quebra de ligações químicas dos reagentes. A quebra dessas ligações requer energia, sendo essa energia denominada **energia de ativação**.

A energia de ativação representa a quantidade de energia necessária para conduzir todas as moléculas de uma reação química a um estado reativo. A **Figura 3.6** apresenta o diagrama de uma reação que ocorre com liberação líquida de energia livre (i.e., uma reação exergônica). Embora a barreira da energia de ativação seja praticamente intransponível na ausência de catalisadores, na presença do catalisador apropriado essa barreira é significativamente reduzida. O conceito de energia de ativação naturalmente nos leva a considerar o tema da catálise e enzimas.

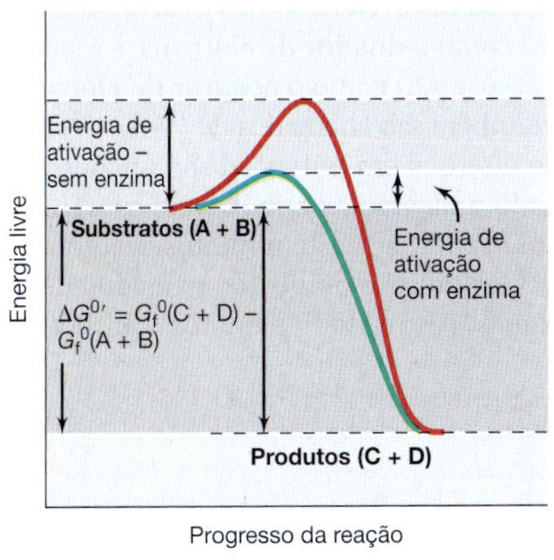


**Figura 3.6 Energia de ativação e catálise.** Mesmo reações químicas que liberam energia podem não ocorrer espontaneamente, uma vez que os reagentes devem ser primeiramente ativados. Havendo a sua ativação, a reação ocorre espontaneamente. Catalisadores, como as enzimas, diminuem a energia de ativação requerida.

### Enzimas

Um **catalisador** corresponde a uma substância que diminui a energia de ativação de uma reação (Figura 3.6), aumentando, assim, a velocidade da reação. Os catalisadores facilitam as reações, mas não são consumidos ou transformados por elas. Além disso, os catalisadores não afetam a energética ou o equilíbrio de uma reação; os catalisadores afetam somente a *velocidade* de ocorrência das reações. Os catalisadores biológicos são denominados **enzimas**.

A maioria das reações celulares não ocorreria em velocidades significativas na ausência da catálise. As enzimas são proteínas (ou, em alguns poucos casos, RNAs) altamente específicas quanto às reações que catalisam. Ou seja, cada enzima catalisa somente um único tipo de reação química ou, no caso de certas enzimas, uma única classe de reações estreitamente relacionadas. Essa especificidade está relacionada com a estrutura tridimensional precisa da molécula enzimática. Em uma reação catalisada por enzima, a enzima (E) combina-se com o reagente, denominado *substrato* (S), formando um complexo enzima-substrato (E—S). Em seguida, com o progresso da reação, o *produto* (P) é liberado e a enzima retorna a seu estado original:

$$E + S \leftrightarrows E\text{—}S \leftrightarrows E + P$$

A enzima geralmente é muito maior que o(s) substrato(s), e a porção da enzima à qual o substrato se liga é denominada *sítio ativo*; toda a reação enzimática, desde a ligação do substrato até a liberação do produto, pode durar somente poucos milissegundos.

Muitas enzimas contêm pequenas moléculas não proteicas que participam da catálise, mas que não são consideradas substratos. Essas pequenas moléculas podem ser divididas em duas classes, com base na natureza de sua associação à enzima: os *grupos prostéticos* e as *coenzimas*. Os grupos prostéticos ligam-se fortemente às suas enzimas, geralmente de forma covalente e permanente. O grupo heme presente em citocromos, como o citocromo *c* (Seção 3.10), é um exemplo de grupo prostético. As **coenzimas**, por outro lado, ligam-se mais fracamente às enzimas, e uma única molécula de coenzima pode associar-se a várias enzimas diferentes. A maioria das coenzimas é derivada de vitaminas, e o $NAD^+$, um derivado da vitamina niacina (Tabela 3.1), é um bom exemplo.

### Catálise enzimática

Para catalisar uma reação específica, uma enzima deve exercer duas atividades: (1) ligar-se a seu substrato, e (2) posicionar o substrato em relação aos aminoácidos específicos no sítio ativo da enzima. O complexo enzima-substrato (**Figura 3.7**) alinha os grupos reativos e introduz uma tensão em ligações específicas do(s) substrato(s). Isso reduz a energia de ativação necessária para que ocorra a reação a partir do(s) substrato(s) ao(s) produto(s). Essas etapas são apresentadas na Figura 3.7, para a enzima lisozima, uma enzima na qual o substrato é o esqueleto polissacarídico do polímero da parede celular bacteriana, o peptideoglicano (⇄ Figura 2.25).

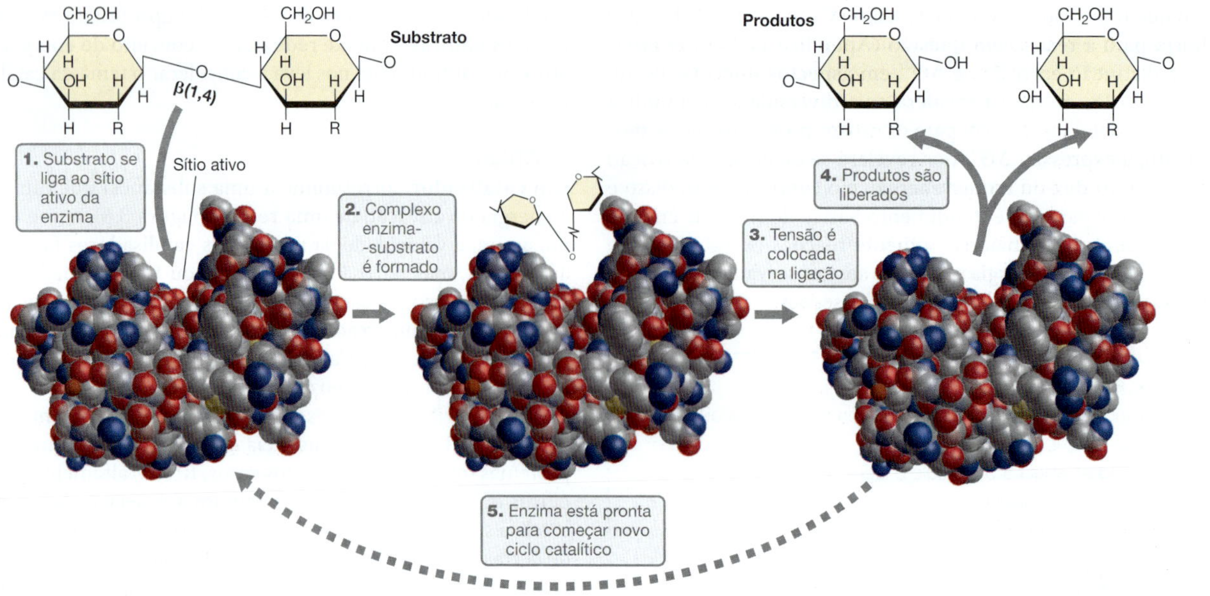


**Figura 3.7** **O ciclo catalítico de uma enzima.** A enzima aqui ilustrada catalisa a quebra da ligação glicosídica β-1,4 no esqueleto polissacarídico do peptideoglicano. Após a ligação no sítio ativo da enzima, uma tensão é colocada na ligação, e isso favorece a quebra. Modelo compilado da lisozima, cortesia de Richard Feldmann.

A reação ilustrada na Figura 3.7 é exergônica, uma vez que a energia livre de formação dos substratos é maior que aquela dos produtos. No entanto, algumas enzimas podem também catalisar reações que requerem energia, convertendo efetivamente substratos de baixa energia em produtos ricos em energia. Nesses casos, contudo, além da transposição da barreira da energia de ativação (Figura 3.6), é necessário que seja introduzida energia livre suficiente na reação, a fim de aumentar o nível de energia dos substratos em relação ao dos produtos. Esse processo é realizado *associando-se* a reação que requer energia a uma que libere energia, tal como a hidrólise de ATP, de modo que a reação global prossiga com uma variação de energia livre negativa ou próxima de zero.

Em teoria, todas as enzimas exibem uma ação reversível. No entanto, as enzimas que catalisam reações altamente exergônicas ou altamente endergônicas são comumente unidirecionais em sua atividade. Se uma reação particularmente exergônica ou endergônica deve ser revertida, geralmente uma enzima diferente catalisa a reação reversa.

**MINIQUESTIONÁRIO**

- Qual é a função de um catalisador? Qual a composição das enzimas?
- Em que local da enzima o substrato se liga?
- O que se entende por energia de ativação?

## 3.6 Doadores e aceptores de elétrons

A célula conserva a energia liberada pelas reações catabólicas acoplando esse processo à síntese de compostos ricos em energia, como o ATP. Reações que liberam energia suficiente para a formação de ATP são normalmente reações do tipo oxidação-redução. Uma *oxidação* corresponde à remoção de um (ou mais elétrons) de uma substância, e a *redução* corresponde à adição de um (ou mais elétrons) a uma substância. O termo *redox* é comumente utilizado como uma abreviação de oxidação-redução.

### Reações redox

As reações redox ocorrem aos pares. Por exemplo, o hidrogênio gasoso ($H_2$) pode liberar elétrons e prótons, tornando-se oxidado (**Figura 3.8**). Entretanto, os elétrons não podem ficar livres em solução; eles devem existir como parte de átomos ou moléculas. Assim, a oxidação do $H_2$ corresponde apenas a uma *meia reação*, um termo que implica a necessidade de uma segunda meia reação. Isso porque, para qualquer substância ser oxidada, outra substância deve ser reduzida.

A oxidação de $H_2$ pode ser acoplada à redução de várias substâncias diferentes, incluindo o oxigênio ($O_2$), em uma segunda meia reação. Essa meia reação, quando acoplada à oxidação de $H_2$, origina a reação global balanceada (Figura 3.8). Em reações desse tipo, referimo-nos à substância *oxidada* (neste caso, o $H_2$) como o **doador de elétrons**, e à substância *reduzida* (neste caso, o $O_2$) como o **aceptor de elétrons.** Doadores de elétrons também são chamados de *fontes de energia*. Muitos doadores de elétrons em potencial são encontrados na natureza, incluindo uma ampla variedade de compostos orgânicos e inorgânicos. Também existem muitos aceptores de elétrons, incluindo o $O_2$, muitos compostos oxidados de nitrogênio e enxofre, como o $NO_3^-$ e $SO_4^{2-}$, e muitos compostos orgânicos.

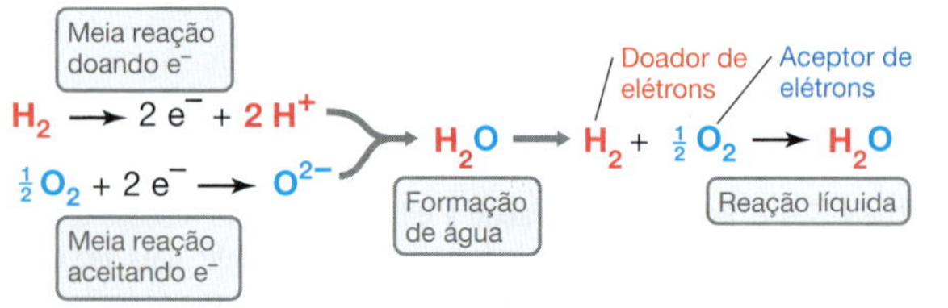


**Figura 3.8** **Exemplo de uma reação de oxidação-redução.** Cada meia reação torna-se metade da reação líquida.

Se uma reação redox está acontecendo, a presença de um aceptor de elétrons adequado é tão importante quanto a presença de um doador de elétrons adequado. Na ausência de um ou de outro, a reação global não pode ocorrer. Será examinado que os conceitos de doador e aceptor de elétrons são muito importantes na microbiologia e fundamentam praticamente todos os aspectos do metabolismo energético.

## Potenciais de redução e pares redox

As substâncias variam quanto à tendência de doarem ou aceitarem elétrons. Essa tendência é expressa como o **potencial de redução** ($E_0'$, condições-padrão), sendo medido em volts (V), em relação a uma substância-padrão, o $H_2$ (**Figura 3.9**). Por convenção, os potenciais de redução são expressos para as meias reações como *reduções*, com reações ocorrendo em pH 7, uma vez que o citoplasma da maioria das células é neutro ou quase neutro.

As substâncias podem atuar como doadoras ou como aceptoras de elétrons em diferentes circunstâncias, dependendo das substâncias com as quais reagem. Os constituintes químicos de cada lado da seta em meias reações são chamados de *par redox*, como $2\ H^+/H_2$, ou $\frac{1}{2}\ O_2/H_2O$ (Figura 3.8). Por convenção, quando escrevemos um par redox, a forma *oxidada* do par sempre é posicionada à esquerda, antes da barra, seguido pela forma *reduzida* após a barra. No exemplo da Figura 3.8, o $E_0'$ do par $2\ H^+/H_2$ é $-0{,}42$ V, e aquele do par $\frac{1}{2}\ O_2/H_2O$ é $+\ 0{,}82$ V. Será determinado em breve que estes valores significam que o $O_2$ é um excelente *aceptor* de elétrons e o $H_2$ é um excelente *doador* de elétrons.

Em reações entre dois pares redox, a substância *reduzida* do par, na qual o $E_0'$ é mais *negativo*, doa elétrons para a substância *oxidada* do par, na qual o $E_0'$ é mais *positivo*. Assim, no par $2\ H^+/H_2$, o $H_2$ apresenta uma tendência maior de doar elétrons do que a tendência do $2\ H^+$ em recebê-los, e no par $\frac{1}{2}\ O_2/H_2O$, o $H_2O$ apresenta uma tendência fraca de doar elétrons, enquanto o $O_2$ apresenta uma grande tendência em recebê-los. Por conseguinte, em uma reação envolvendo $H_2$ e $O_2$, o $H_2$ será o *doador* de elétrons, tornando-se oxidado, e o $O_2$ será o *aceptor* de elétrons, tornando-se reduzido (Figura 3.8).

Como mencionado anteriormente, por convenção, todas as meias reações são escritas como reduções. No entanto, em uma reação real entre dois pares redox, a meia reação apresentando $E_0'$ mais negativo ocorre como uma oxidação, sendo por isso escrita na direção oposta. Por exemplo, na reação entre $H_2$ e $O_2$ apresentada na Figura 3.8, o $H_2$ se torna oxidado e encontra-se escrito no sentido inverso em relação a sua meia reação formal.

## A torre redox e sua relação com $\Delta G^{0\prime}$

Uma maneira conveniente de visualizar as reações de transferência de elétrons consiste em imaginar uma torre vertical (Figura 3.9). A torre representa a faixa de potenciais de redução possível de pares redox na natureza, com aqueles com $E_0'$ mais negativo no topo, e aqueles com $E_0'$ mais positivo na base, portanto, uma *torre redox*. A substância *reduzida* no par redox, situado no topo da torre, apresenta a maior tendência de doar elétrons, enquanto a substância *oxidada* do par redox, situado na base da torre, apresenta maior tendência em receber elétrons.

Empregando a analogia da torre, imagine que os elétrons de um doador situado próximo ao topo da torre estejam caindo

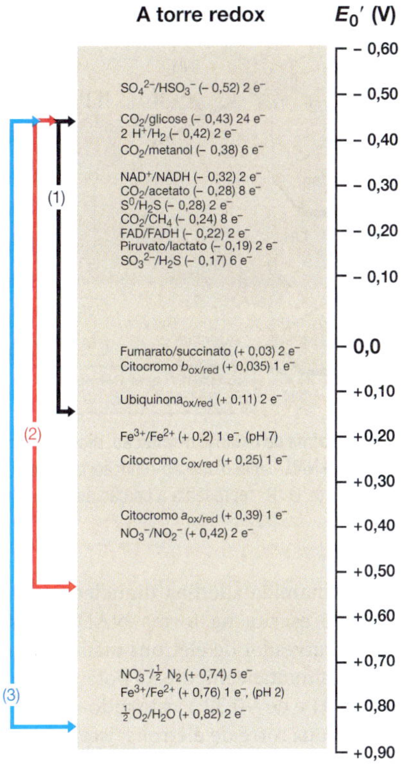


(1) $H_2$ + fumarato $\longrightarrow$ succinato $\quad \Delta G^{0\prime} = -86$ kJ

(2) $H_2 + NO_3^-$ $\longrightarrow$ $NO_2^- + H_2O$ $\quad \Delta G^{0\prime} = -163$ kJ

(3) $H_2 + \frac{1}{2}\ O_2$ $\longrightarrow$ $H_2O$ $\quad \Delta G^{0\prime} = -237$ kJ

**Figura 3.9 A torre redox.** Os pares redox estão dispostos com os doadores de elétrons mais fortes situados no topo e os aceptores de elétrons mais fortes na base. Os elétrons podem ser "capturados" por aceptores em qualquer nível intermediário, desde que o par doador seja mais negativo do que o par aceptor. Quanto maior a diferença no potencial redutor entre o doador de elétrons e o aceptor de elétrons, maior a quantidade de energia liberada. Observe as diferenças na energia liberada quando $H_2$ reage com três diferentes aceptores de elétrons, fumarato, nitrato e oxigênio.

e sendo "capturados" pelos aceptores de elétrons em diferentes níveis. A diferença de potencial redutor entre os pares redox doadores e aceptores é expressa na forma de $\Delta E_0'$. Quanto maior a distância de queda dos elétrons, a partir de um doador até sua captura por um aceptor, maior o $\Delta E_0'$ entre os dois pares redox, e maior é a quantidade de energia liberada na reação líquida. Ou seja, $\Delta E_0'$ é proporcional a $\Delta G^{0\prime}$ (Figura 3.9). O oxigênio ($O_2$), situado na base da torre redox, corresponde ao aceptor de elétrons mais forte de importância na natureza. Na metade da torre redox, os pares redox podem atuar como doadores ou aceptores de elétrons, dependendo com que par redox eles reagem. Por exemplo, o par $2\ H^+/H_2$ ($-0{,}42$ V) pode reagir com os pares fumarato/succinato ($+\ 0{,}03$ V), $NO_3^-/NO_2^-$ ($+\ 0{,}42$ V), ou $\frac{1}{2}\ O_2/H_2O$ ($+\ 0{,}82$ V), com quantidades crescentes de energia sendo liberadas, respectivamente (Figura 3.9).

## Carreadores de elétrons e ciclo do NAD/NADH

As reações redox em células microbianas são mediadas por moléculas pequenas. Um intermediário redox muito comum

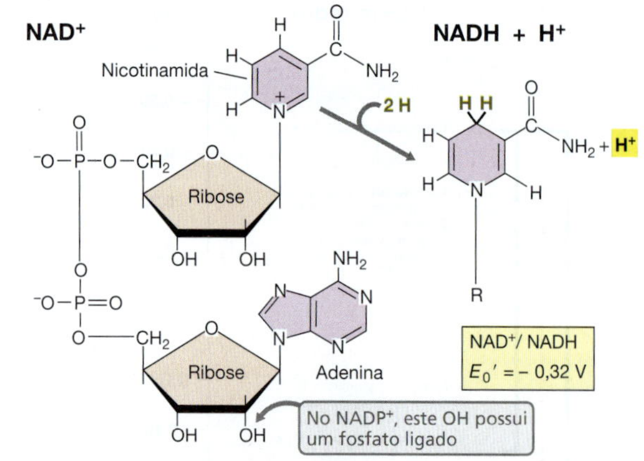


**Figura 3.10** **A coenzima de oxidação-redução, nicotinamida adenina dinucleotídeo ($NAD^+$).** O $NAD^+$ sofre oxidação-redução, conforme apresentado, e difunde-se livremente. O "R" representa a porção adenina dinucleotídeo de $NAD^+$.

é a coenzima nicotinamida adenina dinucleotídeo ($NAD^+$); a forma reduzida é escrita na forma NADH (**Figura 3.10**). O $NAD^+$/NADH é carreador de elétrons mais prótons, transferindo 2 $e^-$ e 2 $H^+$, simultaneamente. O potencial de redução do par $NAD^+$/NADH é de −0,32 V, situando-o em uma posição bastante elevada na torre de elétrons; isto é, NADH é um bom doador de elétrons, enquanto o $NAD^+$ é um fraco aceptor de elétrons (Figura 3.9).

As coenzimas como $NAD^+$/NADH aumentam a diversidade das reações redox possíveis em uma célula, ao permitirem a interação de doadores e aceptores de elétrons quimicamente diferentes, com a coenzima atuando como intermediário. Por exemplo, os elétrons removidos de um doador de elétrons podem reduzir $NAD^+$ a NADH, e este último pode ser novamente convertido em $NAD^+$ pela doação de elétrons ao aceptor de elétrons. A **Figura 3.11** apresenta um exemplo de transferência de elétrons por $NAD^+$/NADH. Nessa reação, $NAD^+$ e NADH facilitam a reação redox sem serem consumidos no processo, como acontece com o doador e o aceptor terminal original. Em outras palavras, embora a célula necessite de quantidades relativamente grandes do doador primário de elétrons (a substância que foi oxidada para produzir NADH) e do aceptor terminal de elétrons (como o $O_2$), ela necessita apenas de uma pequena quantidade de $NAD^+$ e NADH, uma vez que eles estão sendo constantemente reciclados (Figura 3.11).

O $NADP^+$ é uma coenzima redox relacionada na qual um grupo fosfato é adicionado ao $NAD^+$. $NADP^+$/NADPH normalmente participam de reações redox distintas daquelas que utilizam $NAD^+$/NADH, mais frequentemente em reações anabólicas (biossintéticas) nas quais oxidações e reduções ocorrem (Seções 3.14 a 3.16).

**MINIQUESTIONÁRIO**

- Na reação $H_2 + \frac{1}{2} O_2 \rightarrow H_2O$, quem é o doador de elétrons e quem é o aceptor de elétrons?
- Por que o nitrato ($NO_3^-$) é melhor aceptor de elétrons que o fumarato?
- O $NAD^+$ é melhor doador de elétrons que o $H_2$? O $NAD^+$ é melhor aceptor de elétrons do que 2 $H^+$? Como você determina isso?

## 3.7 Compostos ricos em energia

A energia liberada das reações redox deve ser conservada pela célula, caso seja utilizada para dirigir atividades celulares que demandem energia. Nos organismos vivos, a energia química liberada pelas reações redox é conservada principalmente em compostos fosforilados. A energia livre liberada durante a remoção (hidrólise) do fosfato presente nesses *compostos ricos em energia* é significativamente maior do que aquela de uma típica ligação covalente presente na célula, e é essa energia liberada que é utilizada pela célula.

O fosfato poder estar ligado aos compostos orgânicos por meio de ligações *éster* ou *anidrido*, conforme ilustrado na **Figura 3.12**. No entanto, nem todas as ligações fosfato são ricas em energia. Como se pode observar na figura, o $\Delta G^{0\prime}$ da hidrólise da ligação fosfato do tipo *éster* na glicose-6-fosfato é de somente −13,8 kJ/mol. Por outro lado, o $\Delta G^{0\prime}$ da hidrólise da ligação fosfato do tipo anidrido no fosfoenolpiruvato é de −51,6 kJ/mol, correspondendo a cerca de quatro vezes

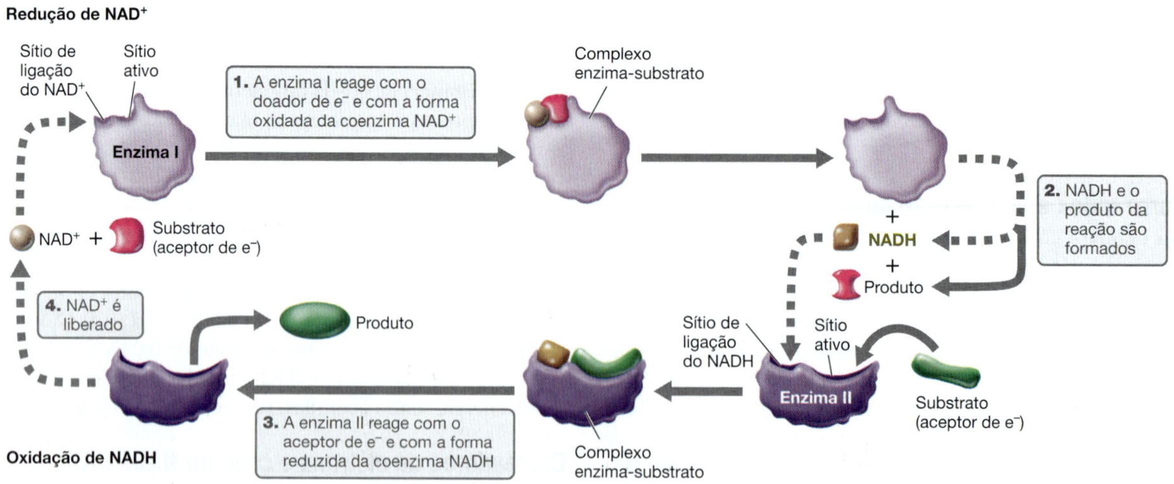


**Figura 3.11** **Ciclo $NAD^+$/NADH.** Exemplo esquemático de uma reação redox envolvendo duas enzimas diferentes, associadas pelo uso de $NAD^+$ ou NADH.

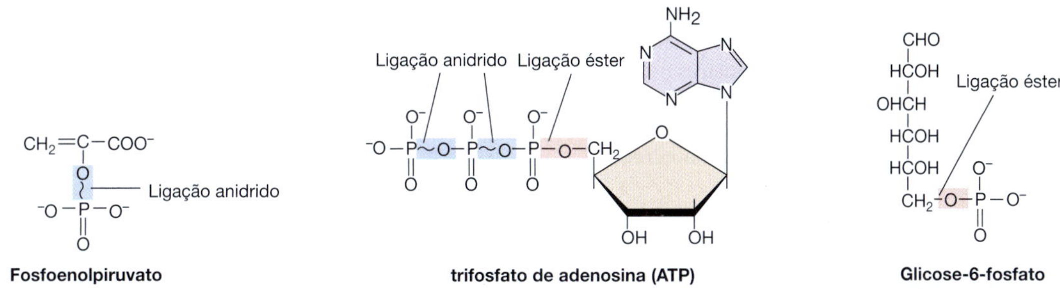


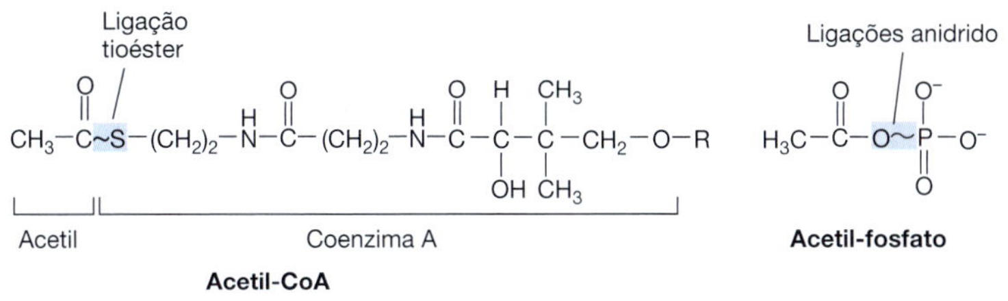


| Composto | $G^{0'}$ kJ/mol |
|---|---|
| **$\Delta G^{0'}$ > 30kJ** | |
| Fosfoenolpiruvato | −51,6 |
| 1,3-Bifosfoglicerato | −52,0 |
| Acetil-fosfato | −44,8 |
| ATP | −31,8 |
| ADP | −31,8 |
| Acetil-CoA | −35,7 |
| **$\Delta G^{0'}$ < 30kJ** | |
| AMP | −14,2 |
| Glicose-6-fosfato | −13,8 |

**Figura 3.12 Ligações fosfato em compostos que conservam energia no metabolismo bacteriano.** Observe, referindo-se à tabela, a variação na energia livre de hidrólise das ligações fosfato em destaque nos compostos. O grupo "R" do acetil-CoA é um grupo 3′-fosfoADP.

mais que aquela da glicose-6-fosfato. Embora teoricamente qualquer um dos compostos possa ser hidrolisado no metabolismo energético, as células habitualmente utilizam um pequeno grupo de compostos cujos $\Delta G^{0\prime}$ de hidrólise sejam superiores a −30 kJ/mol, como "moedas" energéticas na célula. Assim, o fosfoenolpiruvato é rico em energia, ao contrário da glicose-6-fosfato.

## Trifosfato de adenosina (ATP)

O mais importante composto de fosfato rico em energia presente nas células é o **trifosfato de adenosina (ATP)**. O ATP consiste no ribonucleosídeo de adenosina, ao qual três moléculas de fosfato estão ligadas em série. O ATP é a principal moeda energética em todas as células, sendo gerado durante reações exergônicas e consumido em reações endergônicas. A partir da estrutura do ATP (Figura 3.12), pode-se verificar que apenas duas das ligações fosfato (ATP → ADP + $P_i$ e ADP → AMP + $P_i$) são do tipo fosfoanidrido, apresentando energia livre de hidrólise superior a −30 kJ. Contrariamente, o AMP não é rico em energia, uma vez que sua energia livre de hidrólise é somente metade daquela de ADP ou ATP (Figura 3.12).

Embora a energia liberada na hidrólise de ATP seja de −32 kJ, uma observação deve ser feita para definir mais precisamente as exigências energéticas para a síntese de ATP. Em uma célula em crescimento ativo de *Escherichia coli*, a proporção de ATP em relação ao ADP é mantida próxima a 7:1, e isso influencia as necessidades energéticas em relação à síntese de ATP. Em uma célula em crescimento ativo, o gasto energético real (i.e., o $\Delta G$, Seção 3.4) para a síntese de um mol de ATP é da ordem de −55 a −60 kJ. Todavia, para fins de aprendizado e aplicação dos princípios básicos de bioenergética, considera-se as reações como ocorrendo em "condições-padrão" ($\Delta G^{0\prime}$) e, portanto, a energia necessária à síntese ou hidrólise de ATP é de 32 kJ/mol.

## Coenzima A

As células podem utilizar a energia livre disponível na hidrólise de compostos ricos em energia, com exceção de compostos fosforilados. Esses incluem, em particular, derivados da *coenzima A* (p. ex., acetil-CoA; ver sua estrutura na Figura 3.12). Os derivados da coenzima A contêm ligações *tioéster*. Quando hidrolisados, geram energia livre suficiente para promover a síntese de uma ligação fosfato rica em energia. Por exemplo, na reação

$$\text{Acetil-S-CoA} + H_2O + \text{ADP} + P_i \rightarrow \text{acetato}^- + \text{HS-CoA} + \text{ATP} + H^+$$

a energia liberada na hidrólise da coenzima A é conservada na síntese de ATP. Os derivados da coenzima A (o acetil-CoA é apenas um entre vários) são especialmente importantes na energética de microrganismos anaeróbios, particularmente naqueles cujo metabolismo energético depende da fermentação (ver Tabela 3.4). Será discutida a importância dos derivados da coenzima A na bioenergética bacteriana no Capítulo 13.

## Armazenamento de energia

O ATP é uma molécula dinâmica na célula; ele é continuamente clivado para conduzir as reações anabólicas, sendo ressintetizado à custa das reações catabólicas. Para o armazenamento de energia de longo prazo, os microrganismos produzem polímeros insolúveis, que podem ser posteriormente catabolizados para a produção de ATP.

Exemplos de polímeros de armazenamento de energia em procariotos incluem o glicogênio, poli-β-hidroxibutirato e outros poli-hidroxialcanoatos, além do enxofre elementar, armazenado por quimiolitotróficos sulfurados a partir da oxidação de $H_2S$. Esses polímeros são depositados no interior das células como grânulos, que podem ser observados ao microscópio óptico ou eletrônico (Seção 2.14). Em microrganismos eucarióticos, o amido (poliglicose) e as gorduras simples são os principais materiais de reserva. Na ausência de uma fonte externa de energia, as células podem clivar esses polímeros para sintetizar novos compostos celulares ou para fornecer a quantidade diminuta de energia necessária para manter a integridade celular, denominada *energia de manutenção*, quando se encontram em um estado de não crescimento.

**MINIQUESTIONÁRIO**

- Quanta energia é liberada por mol de ATP convertido a ADP + $P_i$ em condições-padrão? Por mol de AMP convertido à adenosina e $P_i$?
- Durante os períodos de abundância de nutrientes, como as células podem preparar-se para os períodos de carência nutricional?

# III • Fermentação e respiração

A fermentação e a respiração são as duas principais estratégias para conservação de energia em quimiorganotróficos. A **fermentação** é a forma de catabolismo anaeróbio na qual um composto orgânico é tanto doador quanto aceptor de elétrons. Contrariamente, a **respiração** é a forma de catabolismo aeróbio ou anaeróbio na qual um doador de elétrons é oxidado com $O_2$ ou um substituto do $O_2$, como o aceptor terminal de elétrons.

Pode-se considerar a fermentação e a respiração como opções metabólicas alternativas. Quando o $O_2$ estiver disponível, ocorrerá respiração, uma vez que muito mais ATP é produzido na respiração do que na fermentação. Contudo, se as condições não suportarem a respiração, a fermentação pode fornecer energia suficiente para que um organismo possa se desenvolver. Começa-se examinando a principal via metabólica para fermentações microbianas, a via glicolítica.

## 3.8 A glicólise

Uma via quase universal para o catabolismo da glicose é a **glicólise**, que quebra a glicose em piruvato. A glicólise também é denominada *via de Embden-Meyerhof-Parnas*, em homenagem aos seus principais descobridores. Independentemente de a glicose passar pelo processo de respiração ou pelo de fermentação, ela percorre essa via. O ATP é sintetizado por **fosforilação em nível de substrato**. Nesse processo, o ATP é sintetizado diretamente a partir de intermediários ricos em energia durante etapas do catabolismo do substrato fermentável (**Figura 3.13*a***). Esse processo contrapõe-se à **fosforilação oxidativa**, que ocorre na respiração, na qual o ATP é produzido à custa da força próton-motiva (Figura 3.13*b*).

O substrato fermentável em uma fermentação é tanto doador quanto aceptor de elétrons; nem todos os compostos podem ser fermentados, mas os açúcares, especialmente as hexoses como a glicose, são excelentes substratos fermentáveis. A fermentação da glicólise por meio da via glicolítica pode ser dividida em três estágios, cada um envolvendo uma série de reações enzimáticas independentes. O Estágio I envolve as reações "preparatórias"; elas não são reações redox e não liberam energia, mas levam à produção de um intermediário-chave da via. No Estágio II, ocorrem as reações redox, a energia é conservada, e duas moléculas de piruvato são formadas. No Estágio III, o equilíbrio redox é atingido e os produtos de fermentação são formados (**Figura 3.14**).

### Estágio I: reações preparatórias

No Estágio I, a glicose é fosforilada pelo ATP, originando glicose-6-fosfato. Esta última é então convertida em frutose-6-fosfato, e uma segunda fosforilação leva à produção de frutose-1,6-bifosfato. A enzima aldolase cliva a frutose-1,6-bifosfato em duas moléculas contendo três carbonos, o *gliceraldeído-3-fosfato* e seu isômero, *di-hidroxiacetona-fosfato*, que pode ser convertido em gliceraldeído-3-fosfato. Observe que, até o momento, todas as reações, incluindo o consumo de ATP, ocorreram sem quaisquer alterações redox.

### Estágio II: a produção de NADH, ATP e piruvato

A primeira reação redox da glicólise ocorre no Estágio II, durante a oxidação do gliceraldeído-3-fosfato em ácido 1,3-bifosfoglicérico. Nessa reação (que ocorre duas vezes, uma para cada molécula de gliceraldeído-3-fosfato produzida a partir da glicose), a enzima gliceraldeído-3-fosfato desidrogenase reduz a coenzima $NAD^+$ a NADH. Simultaneamente, cada molécula de gliceraldeído-3-fosfato é fosforilada pela adição de uma molécula de fosfato inorgânico. A reação em que um fosfato inorgânico é convertido à forma orgânica prepara as condições para a conservação de energia. A formação de ATP é possível, pois o ácido 1,3-bifosfoglicérico é um composto rico em energia (Figura 3.12). A síntese de ATP ocorre então quando (1) cada molécula de ácido 1,3-bifosfoglicérico é convertida em ácido 3-fosfoglicérico, e (2) cada molécula de fosfoenolpiruvato é convertida em piruvato (Figura 3.14).

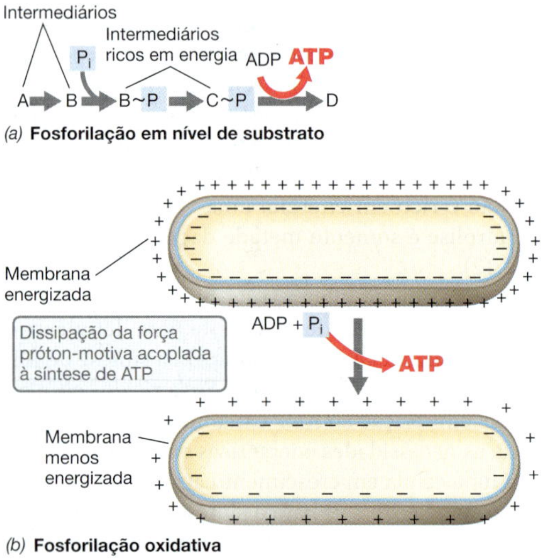


**Figura 3.13** **Conservação de energia na fermentação e respiração.** (*a*) Na fermentação, a fosforilação em nível de substrato origina ATP. (*b*) Na respiração, a membrana citoplasmática, energizada pela força próton-motiva, dissipa energia na formação de ATP a partir de ADP + $P_i$, por fosforilação oxidativa.

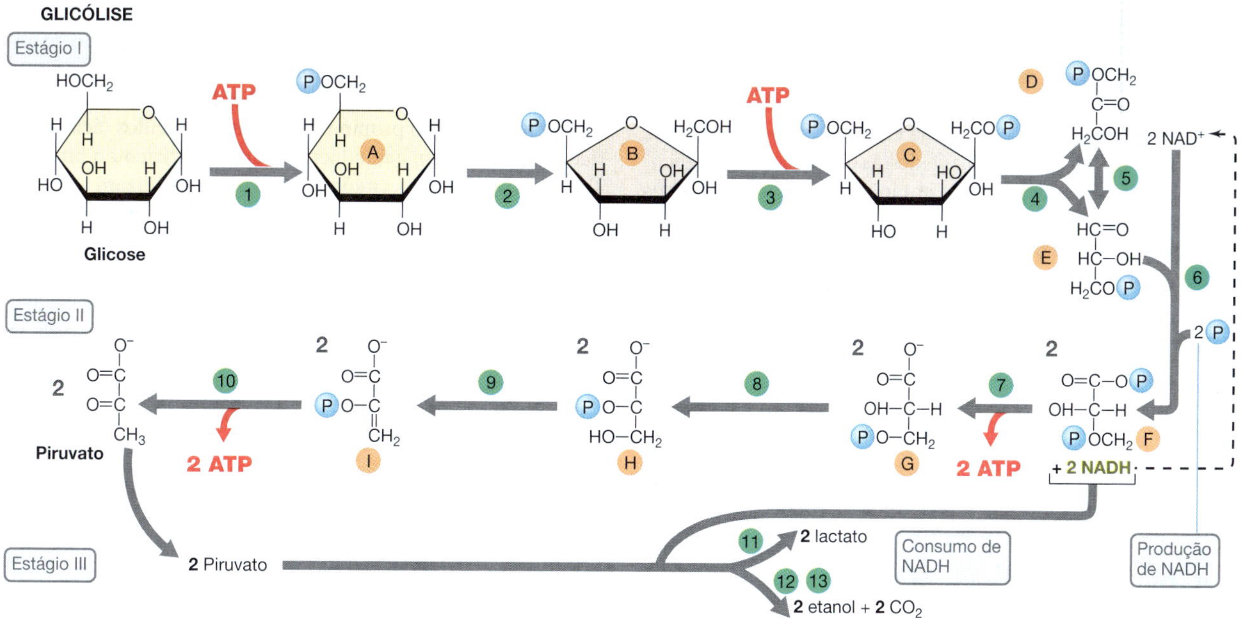


**INTERMEDIÁRIOS GLICOLÍTICOS E ENZIMAS**

**Intermediários**

- A Glicose-6-P
- B Frutose-6-P
- C Frutose-1,6-P
- D Di-hidroxiacetona-P
- E Gliceraldeído-3-P
- F 1,3-Bifosfoglicerato
- G 3-P-Glicerato
- H 2-P-Glicerato
- I Fosfoenolpiruvato

**Enzimas**

1. Hexocinase
2. Isomerase
3. Fosfofrutocinase
4. Aldolase
5. Triosefosfato isomerase
6. Gliceraldeído-3-P desidrogenase
7. Fosfoglicerocinase
8. Fosfogliceromutase
9. Enolase
10. Piruvatocinase
11. Lactato desidrogenase
12. Piruvato descarboxilase
13. Álcool desidrogenase

**Energética**

| | | |
|---|---|---|
| Levedura | Glicose ⟶ 2 etanol + 2 $CO_2$ | −239 kJ |
| Bactéria láctica | Glicose ⟶ 2 lactato | −196 kJ |

**Figura 3.14** **Via de Embden-Meyerhof-Parnas (glicólise).** (Superior) A sequência de reações no catabolismo de glicose a piruvato e, em seguida, aos produtos de fermentação. O piruvato é o produto final da glicólise, e todos os produtos de fermentação são originados a partir dele. (Inferior) Intermediários, enzimas e diferenças nos balanços de fermentação de leveduras e bactérias lácticas.

Durante os Estágios I e II da glicólise, *duas* moléculas de ATP são consumidas e *quatro* moléculas de ATP são sintetizadas nas reações (Figura 3.14). Assim, a energia líquida produzida na glicólise corresponde a *duas moléculas de ATP para cada molécula de glicose fermentada.*

## Estágio III: equilíbrio redox e a formação dos produtos de fermentação

Durante a formação das duas moléculas de ácido 1,3-bifosfoglicérico, duas moléculas de $NAD^+$ são reduzidas a NADH (Figura 3.14). Entretanto, não esqueça que o $NAD^+$ corresponde somente a um transportador de elétrons e não a um aceptor terminal de elétrons. Assim, o NADH produzido durante a glicólise deve ser novamente oxidado a $NAD^+$ a fim de que a glicólise prossiga, e isso é conseguido por meio da redução do piruvato pelo NADH a produtos de fermentação (Figura 3.14). Por exemplo, na fermentação realizada por leveduras, o piruvato é reduzido a etanol (álcool etílico), com a subsequente produção de dióxido de carbono ($CO_2$). Por outro lado, as bactérias lácticas reduzem o piruvato a lactato. Existem outras vias de redução do piruvato dependendo do organismo (ver próxima seção), porém no fim o resultado será sempre o mesmo: o NADH é reoxidado a $NAD^+$ durante o processo, e isso permite que as reações anteriores da via que requerem $NAD^+$ prossigam.

## Catabolismo de outros açúcares e polissacarídeos

Muitos microrganismos podem fermentar dissacarídeos. Por exemplo, a lactose (açúcar do leite) e a sacarose (açúcar de mesa) são dissacarídeos comuns amplamente utilizados pelos anaeróbios fermentativos. Com qualquer substrato, o primeiro passo para a sua fermentação é quebrar o dissacarídeo em seus componentes. Para a lactose, os componentes são a glicose e a galactose como um resultado da atividade da enzima β-galactosidase, e para a sacarose, são a glicose e a frutose resultantes da atividade da enzima invertase. Frutose e galactose são então convertidos em glicose por enzimas isomerase e fermentados pela via glicolítica.

Os polissacarídeos são importantes componentes estruturais das paredes celulares microbianas, cápsulas, camadas limosas e produtos de armazenamento, e muitos polissacarídeos podem ser fermentados. A celulose e o amido são dois dos polissacarídeos naturais mais abundantes. Embora estes polissacarídeos sejam polímeros da glicose, as unidades de glicose no polímero são ligadas diferentemente. Isso torna a celulose mais insolúvel do que o amido e a sua digestão mais lenta. A celulose é degradada pela enzima celulase e o amido, pela enzima amilase. A atividade destas enzimas libera a glicose do polímero; a glicose pode então ser fermentada. Muitos outros açúcares também podem ser fermentados. Porém, uma vez que a glicose é o substrato inicial da via glicolítica, esses açúcares precisam ser convertidos em glicose primeiro antes de entrarem na via.

**MINIQUESTIONÁRIO**

- Qual ou quais reações da glicólise envolvem oxidações e reduções?
- Qual o papel de $NAD^+$/NADH na glicólise?
- Por que os produtos de fermentação são formados durante a glicólise?

## 3.9 Diversidade fermentativa e a opção respiratória

Além de utilizar a via glicolítica para fermentar a glicose em etanol e $CO_2$, como em leveduras, ou em ácido láctico, como em bactérias do ácido láctico (Figura 3.14), muitas outras bactérias fermentativas utilizam a via glicolítica como um mecanismo de conservação de energia e geração de produtos de fermentação. Conclui-se o foco em fermentações considerando brevemente a diversidade fermentativa, e então introduzindo uma segunda opção para o catabolismo da glicose – respiração –, contrastando os padrões metabólicos da levedura de padeiro comum, um organismo que pode tanto fermentar quanto respirar, dependendo de suas condições ambientais.

### Diversidade fermentativa

As fermentações são classificadas pelo substrato fermentado ou pelos produtos formados, e, com raras exceções, todas produzem ATP por fosforilação em nível de substrato. A **Tabela 3.4** lista alguns dos principais processos de fermentação da glicose com base nos produtos formados, incluindo a produção de álcool ou ácido láctico, como já detalhado. Outras categorias incluem o ácido propiônico, mistura de ácidos (ácido acético, ácido fórmico, ácido láctico), ácido butírico ou butanol. Todos os organismos citados na Tabela 3.4 utilizam a via glicolítica para catabolizar a glicose, a principal diferença entre as fermentações está no que acontece de fato com o piruvato (Figura 3.14). O mecanismo para a redução do piruvato em cada organismo é o que leva aos diferentes produtos de fermentação (Tabela 3.4).

Além dos dois ATPs produzidos na glicólise, algumas das fermentações citadas na Tabela 3.4 permitem que ATPs adicionais sejam formados. Isso ocorre quando o produto de fermentação é um ácido graxo, uma vez que este último é formado por um precursor da coenzima-A. Lembre-se de que os derivados CoA de ácidos graxos, como o acetil-CoA, são ricos em energia (Seção 3.7 e Figura 3.12). Assim, quando *Clostridium butyricum* produz ácido butírico, a reação final é:

$$\text{Butiril-CoA} + \text{ADP} + P_i \rightarrow \text{ácido butírico} + \text{ATP} + \text{CoA}$$

Isso pode aumentar significativamente a produção de ATP a partir da fermentação da glicose, embora o rendimento caia de forma bem discreta daquilo que é possível na respiração da glicose.

Algumas fermentações são classificadas com base no substrato fermentado em vez de nos produtos de fermentação produzidos, e essas fermentações ocorrem por meio de vias diferentes da glicólise. Por exemplo, algumas bactérias anaeróbias formadoras de endósporos (gênero *Clostridium*) fermentam aminoácidos, os produtos de degradação de proteínas, ao passo que outras fermentam purinas e pirimidinas, os produtos de degradação dos ácidos nucleicos. Alguns anaeróbios fermentativos podem até mesmo fermentar compostos aromáticos. Em muitos casos, essas fermentações são realizadas por um único grupo de bactérias anaeróbias; em alguns casos, apenas uma única bactéria é conhecida por fermentar uma substância em particular. Essas bactérias são especialistas

**Tabela 3.4** Fermentações bacterianas comuns e alguns dos organismos que as realizam

| *Tipo* | *Reação* | *Organismo* |
|---|---|---|
| Alcoólica | Hexose[a] $\rightarrow$ 2 etanol + 2 $CO_2$ | Levedura, *Zymomonas* |
| Homoláctica | Hexose $\rightarrow$ 2 lactato$^-$ + 2 $H^+$ | *Streptococcus*, alguns *Lactobacillus* |
| Heteroláctica | Hexose $\rightarrow$ lactato$^-$ + etanol + $CO_2$ + $H^+$ | *Leuconostoc*, alguns *Lactobacillus* |
| Ácido propiônico | 3 Lactato$^-$ $\rightarrow$ 2 propionato$^-$ + acetato$^-$ + $CO_2$+ $H_2O$ | *Propionibacterium, Clostridium propionicum* |
| Ácidos mistos[b,c] | Hexose $\rightarrow$ etanol + 2,3-butanodiol + succinato$^{2-}$ + lactato$^-$ + acetato$^-$ + formato$^-$ + $H_2$ + $CO_2$ | Bactérias entéricas incluindo *Escherichia, Salmonella, Shigella, Klebsiella, Enterobacter* |
| Ácido butírico[c] | Hexose $\rightarrow$ butirato$^-$ + 2 $H_2$ + 2 $CO_2$ + $H^+$ | *Clostridium butyricum* |
| Butanol[c] | 2 Hexose $\rightarrow$ butanol + acetona + 5 $CO_2$+ 4 $H_2$ | *Clostridium acetobutylicum* |
| Caproato/Butirato | 6 Etanol + 3 acetato$^-$ $\rightarrow$ 3 butirato$^-$ + caproato$^-$ + 2 $H_2$ + 4 $H_2O$ + $H^+$ | *Clostridium kluyveri* |
| Acetogênica | Frutose $\rightarrow$ 3 acetato$^-$ + 3 $H^+$ | *Clostridium aceticum* |

[a]Glicose é o substrato inicial para a glicólise. No entanto, diversos outros açúcares $C_6$ (hexoses) podem ser fermentados após sua conversão para glicose.
[b]Nem todos os organismos produzem todos os produtos. Particularmente, a produção de butanodiol é limitada a apenas determinadas bactérias entéricas. A reação não é balanceada.
[c]Outros produtos incluem acetato e pequena quantidade de etanol (apenas fermentação de butanol).

Barton Spear

**Figura 3.15** **Alimento e bebidas comuns que resultam da fermentação alcoólica de *Saccharomyces cerevisiae*.**

metabólicos, tendo desenvolvido a capacidade de fermentar um substrato não catabolizado por outras bactérias. Embora elas possam parecer metabolicamente exóticas, essas e outras bactérias fermentativas são de grande importância ecológica na degradação dos restos de plantas mortas, animais e outros microrganismos em ambientes anóxicos na natureza. Os princípios por trás de algumas dessas fermentações incomuns serão analisados no Capítulo 13.

### *Saccharomyces cerevisiae*: fermentação ou respiração?

Durante a glicólise, a glicose é consumida, o ATP é produzido, e os produtos de fermentação são gerados. Para o organismo, o produto crucial é o ATP; os produtos de fermentação são apenas resíduos. No entanto, os produtos de fermentação não são resíduos para os seres humanos. Em vez disso, eles são a base da panificação e da indústria de bebidas fermentadas (**Figura 3.15**), e são ingredientes essenciais em muitos alimentos fermentados. Na panificação e na indústria alcoólica, as capacidades metabólicas do organismo-chave, a levedura cervejeira e de pão *Saccharomyces cerevisiae*, estão no centro do palco. Entretanto, *S. cerevisiae* pode realizar duas formas de catabolismo da glicose, *fermentação*, como já foi discutido, e *respiração*, que será considerada em seguida.

Como regra geral, as células realizam a forma de metabolismo que mais as beneficia energeticamente. A energia disponível a partir de uma molécula de glicose é muito maior se esta passar pelo processo de respiração, sendo convertida a $CO_2$, do que se for fermentada. Isso ocorre porque, diferentemente do $CO_2$, a fermentação de produtos orgânicos, como o etanol, ainda contêm uma quantidade significativa de energia livre. Assim, quando o $O_2$ está disponível, a levedura prefere respirar a glicose a fermentá-la, e o principal produto é o $CO_2$ (oriundo de atividades do ciclo do ácido cítrico, ver Figura 3.22). Somente quando as condições são anóxicas as leveduras optam pela fermentação.

Esse fato possui prática significativa. Uma vez que os cervejeiros e os padeiros necessitam dos *produtos* de fermentação das leveduras, em vez das células leveduriformes em si, um cuidado adicional precisa ser tomado para se assegurar que a levedura optará pelo estilo de vida fermentativo. Por exemplo, quando uvas são espremidas para a produção de vinho, as leveduras em primeira instância respiram, tornando o suco anóxico. Em seguida, o recipiente é vedado contra entrada de ar e a fermentação se inicia. As leveduras também funcionam como o fermento no pão, embora nesta reação não seja o álcool o produto de importância, mas sim o $CO_2$, o *outro* produto da fermentação alcoólica (Tabela 3.4). O $CO_2$ aumenta a massa, e o álcool produzido em conjunto com ele é volatilizado durante o processo de cozimento. Discute-se alimentos fermentados em mais detalhes no Capítulo 31.

**MINIQUESTIONÁRIO**

- Quais produtos de fermentação são produzidos pelas espécies de *Lactobacillus* e de *Clostridium*? O que você encontraria em produtos lácteos fermentados, como o iogurte?
- Qual o produto de fermentação de leveduras é o agente desejado no pão e qual a sua função na panificação?

## 3.10 Respiração: carreadores de elétrons

A fermentação é um processo anaeróbio e libera somente uma quantidade relativamente pequena de energia. Por outro lado, se o piruvato é totalmente oxidado a $CO_2$ em vez de reduzido a algum produto de fermentação, um rendimento muito maior de ATP é possível. A oxidação utilizando $O_2$ como aceptor terminal de elétrons é denominada *respiração aeróbia*; a oxidação utilizando outros aceptores sob condições anóxicas é denominada *respiração anaeróbia* (Seção 3.13).

Nossa discussão sobre a respiração abordará tanto as transformações do carbono quanto as reações redox, enfocando dois aspectos: (1) a forma pela qual os elétrons são transferidos do doador primário de elétrons ao aceptor terminal de elétrons, e como esse processo é acoplado à conservação de energia, e (2) a via pela qual o carbono orgânico é convertido em $CO_2$. Inicia-se com uma discussão sobre o transporte de elétrons, a série de reações que originam a força próton-motiva.

### NADH desidrogenases e flavoproteínas

O transporte de elétrons ocorre na membrana, e diversos tipos de enzimas de oxidação-redução participam do transporte de elétrons. Entre elas incluem-se as *NADH-desidrogenases*, *flavoproteínas*, *proteínas contendo ferro e enxofre* e *citocromos*. Também participam carreadores de elétrons não proteicos chamados de *quinonas*. Os carreadores estão arranjados nas membranas de acordo com seus potenciais redutores positivos crescentes, sendo a NADH-desidrogenase a primeira, e os citocromos os últimos (Figura 3.9).

As NADH-desidrogenases são proteínas ligadas à face interna da membrana citoplasmática e possuem um sítio ativo que se liga a NADH. Os $2\ e^- + 2\ H^+$ do NADH são então transferidos das desidrogenases às flavoproteínas, o carreador seguinte na cadeia. Esse processo forma $NAD^+$ que é liberado da desidrogenase e pode reagir com outra enzima (Figura 3.11).

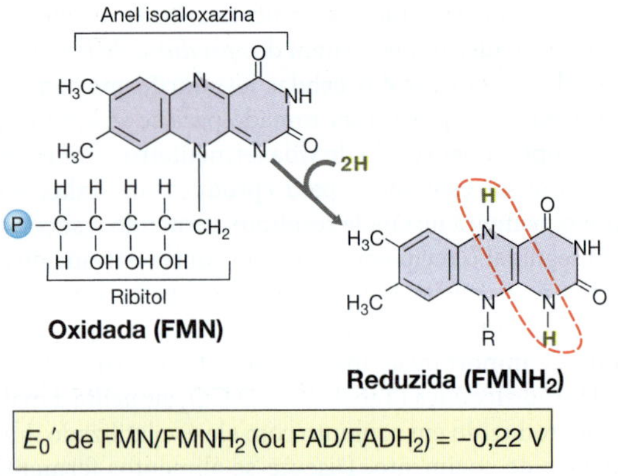


**Figura 3.16 Flavina mononucleotídeo (FMN), um carreador de átomos de hidrogênio.** O sítio de oxidação-redução (círculo vermelho tracejado) é o mesmo na FMN e na coenzima relacionada flavina-adenina dinucleotídeo (FAD, não mostrada). FAD contém um grupo adenosina ligado por meio do grupo fosfato em FMN.

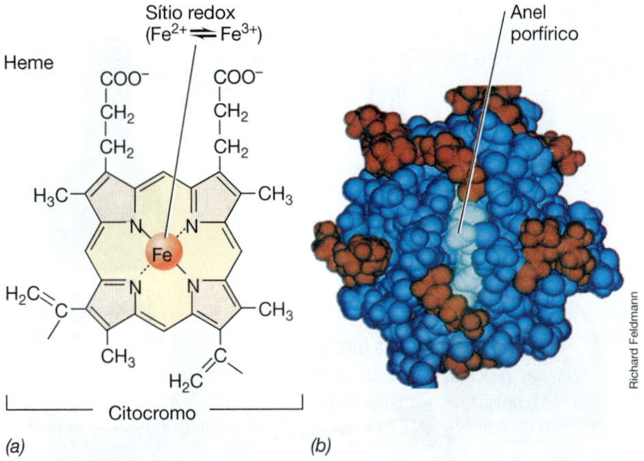


**Figura 3.17 Citocromo e sua estrutura.** (*a*) Estrutura do grupo heme, a porção dos citocromos que contém ferro. Os citocromos carreiam apenas elétrons, e o sítio redox corresponde ao átomo de ferro, que pode alternar entre os estados de oxidação $Fe^{2+}$ e $Fe^{3+}$. (*b*) Modelo espacial do citocromo *c*; heme (azul-claro) é covalentemente ligado via ligação dissulfeto a resíduos de cisteína na proteína (azul-escuro). Os citocromos são tetrapirrólicos, compostos por quatro anéis pirrólicos.

As flavoproteínas contêm um derivado da vitamina riboflavina (Figura 3.16). A porção flavina ligada a uma proteína corresponde a um grupo prostético (Seção 3.5), que é reduzido quando recebe 2 $e^-$ + 2 $H^+$ e oxidado quando 2 $e^-$ são transferidos ao próximo carreador da cadeia. Observe que as flavoproteínas *recebem* 2 $e^-$ + 2 $H^+$, porém *doam* somente elétrons.O destino dos 2 $H^+$ será discutido posteriormente. Dois tipos de flavina são comuns nas células, a flavina mononucleotídeo (FMN, Figura 3.16), e a flavina adenina dinucleotídeo (FAD). Nessa última, a FMN encontra-se ligada à ribose e à adenina por meio de um segundo grupo fosfato. A riboflavina, também denominada vitamina $B_2$, é uma fonte da molécula parental de flavina nas flavoproteínas, sendo necessária como fator de crescimento para alguns organismos (Tabela 3.1).

## Citocromos, outras proteínas do ferro e quinonas

Os citocromos são proteínas que contêm grupos prostéticos heme (Figura 3.17). Os citocromos sofrem oxidação e redução pela perda ou pelo ganho de um único elétron pelo átomo de ferro localizado no grupo heme do citocromo:

$$\text{Citocromo—Fe}^{2+} \leftrightarrows \text{citocromo—Fe}^{3+} - e^-$$

Várias classes de citocromos são conhecidas, diferindo amplamente em relação aos potenciais de redução (Figura 3.9). As diferentes classes de citocromos são designadas por letras, como citocromo *a*, citocromo *b*, citocromo *c*, e assim por diante, dependendo do tipo de grupo heme que contêm. Os citocromos de uma determinada classe em um organismo podem apresentar discretas variações em relação àqueles de outro organismo, havendo, por isso, designações como citocromo $a_1$, $a_2$, $a_3$, e assim por diante, para citocromos de uma mesma classe. Citocromos de diferentes classes também diferem em seus potenciais de redução (Figura 3.9). Ocasionalmente, citocromos formam complexos com outros citocromos, ou com proteínas contendo ferro e enxofre. Um exemplo importante é o complexo do citocromo $bc_1$, que contém dois citocromos *b* diferentes e um citocromo *c*. O complexo do citocromo $bc_1$ desempenha importante papel no metabolismo energético, conforme será visto posteriormente.

Além dos citocromos, nos quais o ferro está ligado ao grupo heme, uma ou mais proteínas contendo ferro não ligado ao grupo heme estão normalmente presentes em cadeias de transporte de elétrons. Essas proteínas contêm grupos prostéticos feitos de agrupamentos de átomos de ferro e enxofre, sendo os agrupamentos $Fe_2S_2$ e $Fe_4S_4$ os mais comuns (Figura 3.18). A *ferredoxina*, uma proteína de ferro-enxofre comumnão ligada ao grupo heme, apresenta a configuração $Fe_2S_2$. Os potenciais de redução das proteínas de ferro-enxofre são muito variáveis, dependendo do número de átomos de ferro e enxofre presentes, e de como os centros de ferro estão embebidos na proteína.Assim, diferentes proteínas de ferro-enxofre podem atuar em localizações distintas no processo de transporte de elétrons.Como os citocromos, as proteínas de ferro-enxofre não ligadas ao grupo heme carreiam apenas elétrons.

As quinonas (Figura 3.19) são moléculas hidrofóbicas que não possuem um componente proteico. Por serem pequenas e hidrofóbicas, as quinonas são livres para movimentarem-se dentro da membrana. Assim como as flavinas (Figura 3.16), as quinonas recebem 2 $e^-$ + 2 $H^+$, mas transferem apenas 2 $e^-$ ao carreador seguinte da cadeia; as quinonas normalmente participam fazendo a conexão entre as proteínas de ferro e enxofre e os primeiros citocromos na cadeia de transporte de elétrons.

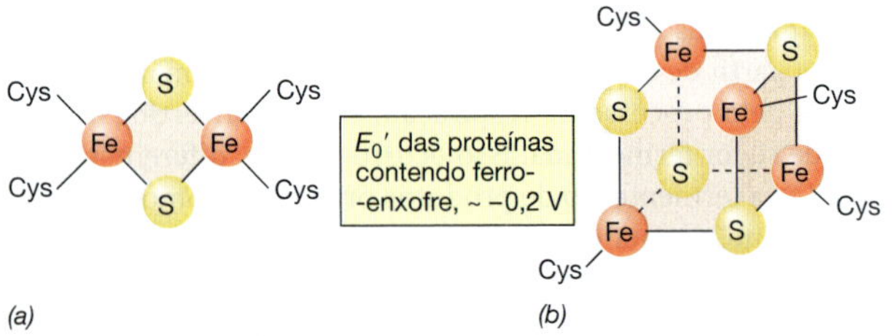


**Figura 3.18 Arranjo dos centros de ferro-enxofre de proteínas não heme contendo ferro e enxofre.** (*a*) Centro $Fe_2S_2$. (*b*) Centro $Fe_4S_4$. As ligações de cisteína (Cys) são oriundas da porção proteica da molécula.

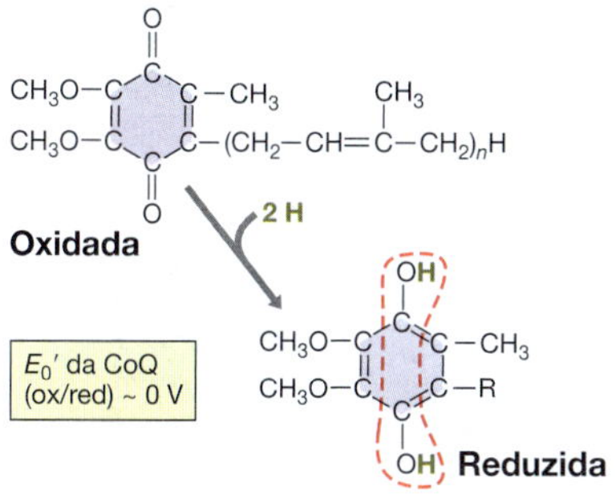


**Figura 3.19 Estrutura das formas oxidada e reduzida da coenzima Q, uma quinona.** A unidade de cinco carbonos na cadeia lateral (um isoprenoide) ocorre em múltiplos, normalmente de 6 a 10. A quinona oxidada requer 2 $e^-$ tracejados e 2 $H^+$ para tornar-se completamente reduzida (círculos em vermelho).

**MINIQUESTIONÁRIO**

- Qual a principal diferença entre as quinonas e os demais carreadores de elétrons associados à membrana?
- Que carreadores de elétrons descritos nesta seção recebem 2 $e^-$ + 2 $H^+$? Quais recebem somente elétrons?

## 3.11 Respiração: a força próton-motiva

A conservação de energia na respiração está associada a um estado energizado da membrana (Figura 3.13*b*), e esse estado é estabelecido pelo transporte de elétrons. Para entender como o transporte de elétrons está ligado à síntese de ATP, é necessário entender, inicialmente, a maneira como o sistema de transporte de elétrons está organizado na membrana citoplasmática. Os carreadores de elétrons já discutidos (Figuras 3.16 a 3.19) orientam-se na membrana de tal maneira que, à medida que os elétrons são transportados, os prótons são separados dos elétrons. Dois elétrons mais dois prótons, oriundos do NADH, entram na cadeia de transporte de elétrons (por meio da enzima NADH desidrogenase), iniciando o processo. Os carreadores presentes na cadeia de transporte de elétrons são arranjados na membrana de acordo com seus potenciais redutores *positivos crescentes*, com o carreador final da cadeia doando os elétrons e prótons a um aceptor terminal de elétrons, como $O_2$.

Durante o transporte de elétrons, $H^+$ são extrudados na superfície externa da membrana. Esses prótons são oriundos de duas fontes: (1) NADH e (2) dissociação da $H_2O$ em $H^+$ e $OH^-$, no citoplasma. A extrusão de $H^+$ para o meio resulta em um acúmulo de $OH^-$ na face interna da membrana. No entanto, apesar de seu pequeno tamanho, $H^+$ e $OH^-$ não são capazes de difundir-se através da membrana em virtude da presença de cargas, e por serem altamente polares (Seção 2.8). Como resultado da separação de $H^+$ e $OH^-$, os dois lados da membrana diferem-se em carga e pH; isso forma um *potencial eletroquímico* através da membrana. Esse potencial, juntamente com a diferença de pH através da membrana, é chamado de **força próton-motiva (fpm)** e torna a membrana energizada, como acontece com uma bateria (Figura 3.13*b*). Parte da energia potencial na fpm é então conservada na formação de ATP. No entanto, além de conduzir a síntese de ATP, a fpm pode também ser aproveitada para realizar outras formas de trabalho para a célula, como reações de transporte, rotação flagelar, além de várias outras reações que demandam energia na célula.

A Figura 3.20 mostra uma cadeia de transporte de elétrons bacteriana, uma das muitas sequências carreadoras distintas conhecidas. No entanto, três propriedades são características de *todas* as cadeias de transporte de elétrons independente dos carreadores específicos que contêm: (1) os carreadores são arranjados em ordem crescente de $E_0'$ mais positivo, (2) há uma alternância entre carreadores de elétrons e carreadores de elétrons e prótons na cadeia, e (3) o resultado líquido é a redução de um aceptor terminal de elétrons e geração de força próton-motiva.

### Geração da força próton-motiva: complexos I e II

A força próton-motiva desenvolve-se a partir das atividades das enzimas flavina, das quinonas, do complexo citocromo $bc_1$ e do citocromo oxidase terminal. Após a oxidação de NADH + $H^+$ para formar $FMNH_2$, 4 $H^+$ são liberados para a superfície externa da membrana quando $FMNH_2$ doa 2 $e^-$ a uma série de proteínas de ferro não heme (Fe/S), formando o grupo de proteínas transportadoras de elétrons denominado *Complexo I* (Figura 3.20). Esses grupos são chamados de *complexos*, uma vez que consistem em várias proteínas que funcionam como uma unidade. Por exemplo, o Complexo I de *Escherichia coli* contém 14 proteínas distintas. O Complexo I é também denominado *NADH: quinona óxido-redutase*, pois, na reação global, NADH é oxidado e a quinona é reduzida. Dois $H^+$ do citoplasma são captados pela coenzima Q quando esta é reduzida pela proteína Fe/S no Complexo I (Figura 3.20).

O *Complexo II* simplesmente desvia-se do Complexo I, transferindo elétrons do $FADH_2$ diretamente ao grupo de quinonas. O Complexo II é também denominado *complexo succinato desidrogenase*, em virtude do substrato específico, o succinato (um produto do ciclo do ácido cítrico, Seção 3.12), que ele oxida. No entanto, pelo fato de o Complexo II desviar-se do Complexo I (onde os elétrons entram em um potencial de redução mais negativo), menos prótons são bombeados a cada 2 $e^-$ que entram no Complexo II e então no Complexo I (Figura 3.20); isso reduz o rendimento de ATP em um ou dois elétrons consumidos.

### Complexos III e IV: citocromos do tipo $bc_1$ e *a*

A coenzima Q reduzida ($QH_2$) transfere elétrons sucessivamente ao complexo citocromo $bc_1$ (*Complexo III*, Figura 3.20). O Complexo III consiste em várias proteínas que contêm dois tipos diferentes de grupo heme do tipo *b* ($b_L$ e $b_H$), um heme do tipo *c* ($c_1$), e um centro de ferro–enxofre. O complexo $bc_1$ é encontrado na cadeia de transporte de elétrons da maioria dos organismos capazes de respirar, e também desempenha um papel no fluxo de elétrons fotossintético em organismos fototróficos (Seções 13.3 e 13.4).

A principal função do complexo citocromo $bc_1$ consiste em transferir $e^-$ das quinonas ao citocromo *c*. Os elétrons deslocam-se do complexo $bc_1$ para uma molécula de citocromo *c*, localizada no periplasma. O citocromo *c* atua como um transportador, transferindo $e^-$ aos citocromos *a* e $a_3$, de maior potencial redox (*Complexo IV*, Figura 3.20). O Complexo IV corresponde à oxidase terminal, reduzindo $O_2$ a $H_2O$ na etapa final da cadeia de transporte de elétrons. O Complexo IV também bombeia prótons para a face externa da membrana, aumentando a intensidade da força próton-motiva (Figura 3.20).

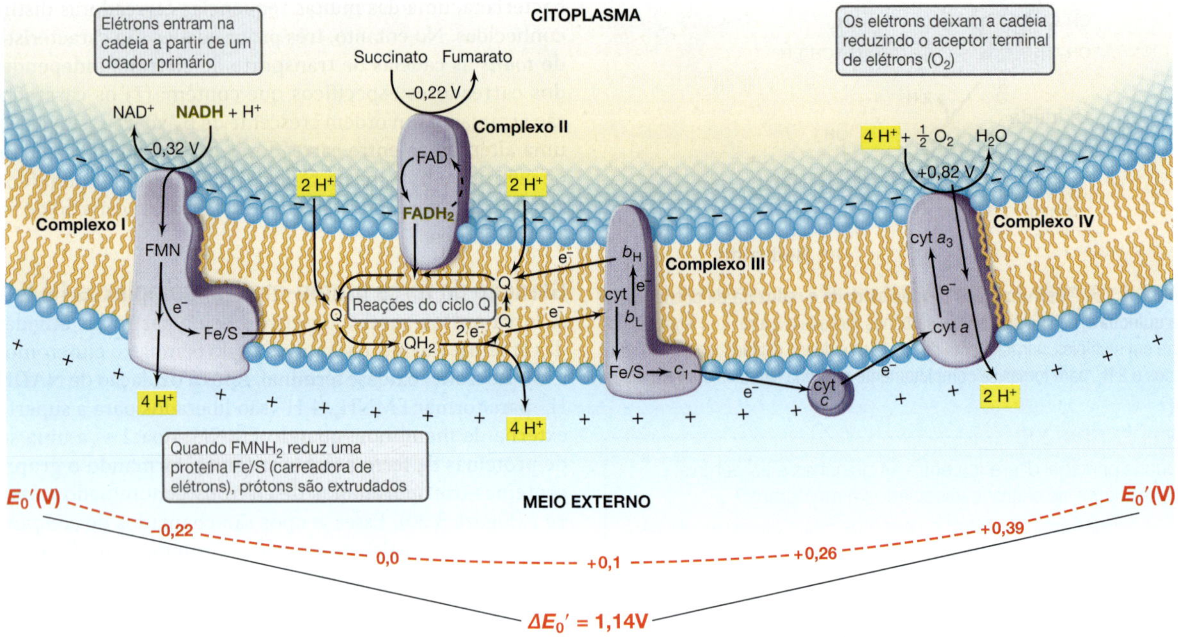


**Figura 3.20 Geração da força próton-motiva durante a respiração aeróbia.** Orientação dos carreadores de elétrons na membrana de *Paracoccus denitrificans*, um modelo nos estudos de respiração. As cargas + e – ao longo da membrana representam $H^+$ e $OH^-$, respectivamente. Abreviações: FMN, flavina mononucleotídeo; FAD, flavina-adenina dinucleotídeo; Q, quinona; Fe/S, proteína contendo ferro e enxofre; cit *a*, *b*, *c*, citocromos ($b_L$ e $b_H$, citocromos do tipo *b* de baixo e alto potencial, respectivamente). No sítio da quinona, ocorre uma reciclagem dos elétrons de Q para $bc_1$, durante as reações do ciclo Q. Elétrons de $QH_2$ podem ser separados no complexo $bc_1$, entre a proteína Fe/S e os citocromos do tipo *b*. Os elétrons que são transportados por meio dos citocromos reduzem Q (em duas etapas, cada uma com um elétron) novamente a $QH_2$, aumentando assim o número de prótons bombeados no sítio Q-$bc_1$. Os elétrons que atingem a proteína Fe/S reduzem o citocromo $c_1$, e a partir daí o citocromo *c*. O Complexo II, complexo da succinato-desidrogenase, desvia-se do Complexo I, fornecendo elétrons diretamente ao grupo de quinonas em um $E_0'$ mais positivo do que o NADH (ver torre de elétrons na Figura 3.9).

Além de transferir $e^-$ ao citocromo *c*, o complexo citocromo $bc_1$ pode também interagir com quinonas de tal maneira que dois $H^+$ adicionais são bombeados no sítio Q-$bc_1$. Isso ocorre por meio de uma série de trocas de elétrons entre o citocromo $bc_1$ e Q, denominada *ciclo Q*. Uma vez que a quinona e $bc_1$ apresentam aproximadamente o mesmo $E_0'$ (próximo a 0 V, Figura 3.9), moléculas de quinona podem alternadamente tornar-se oxidadas e reduzidas, utilizando elétrons retroalimentados para quinonas a partir do complexo $bc_1$. Esse mecanismo permite, em média, o bombeamento de um total de 4 $H^+$ (em vez de 2 $H^+$) para a face externa da membrana no sítio Q–$bc_1$, para cada 2 $e^-$ que entram na cadeia no Complexo I (Figura 3.20). Isso reforça a força próton-motiva, e como será visto a seguir, é a força próton-motiva que promove a síntese de ATP.

## ATP sintase

Como a força próton-motiva gerada pelo transporte de elétrons (Figura 3.20) promove, de fato, a síntese de ATP? Curiosamente, há um forte paralelo entre o mecanismo de síntese de ATP e o mecanismo do motor que promove a rotação do flagelo bacteriano (Seção 2.17). De modo similar à forma pela qual a fpm transmite o torque que rotaciona o flagelo bacteriano, a fpm também aplica torque sobre um grande complexo proteico de membrana que sintetiza ATP. Esse complexo é denominado **ATP sintase,** ou **ATPase**, de forma abreviada.

As ATPases consistem em dois componentes, um complexo multiproteico, denominado $F_1$, voltado para o citoplasma e que realiza a síntese de ATP, e um componente integrado a membrana, denominado $F_o$, que realiza a função de translocação de íons (**Figura 3.21**). A ATPase catalisa uma reação reversível entre ATP e ADP + $P_i$, como ilustrado na figura. A estrutura das proteínas ATPase é altamente conservada entre todos os domínios da vida, sugerindo que esse mecanismo de conservação de energia foi uma invenção evolutiva muito precoce.

$F_1$ e $F_o$ são, na verdade, dois motores de rotação. A movimentação de $H^+$ por meio de $F_o$ no citoplasma está associada à rotação de suas proteínas *c*. Isso gera um torque, o qual é transmitido a $F_1$ por meio das rotações acopladas das subunidades $\gamma\varepsilon$ (Figura 3.21). A rotação promove alterações conformacionais nas subunidades $\beta$ de $F_1$, o que lhes permite ligar ADP + $P_i$. O ATP é sintetizado quando as subunidades $\beta$ retornam à sua conformação original. Enquanto isso ocorre, a energia livre de seu estado rotacional é liberada e acoplada à síntese de ATP. Medidas quantitativas do número de $H^+$ consumidos pela ATPase, por ATP produzido, geram um número entre 3 e 4.

## Reversibilidade da ATPase

A ATPase é reversível. A hidrólise de ATP fornece torque para a rotação de $\gamma\varepsilon$ na direção oposta àquela em que

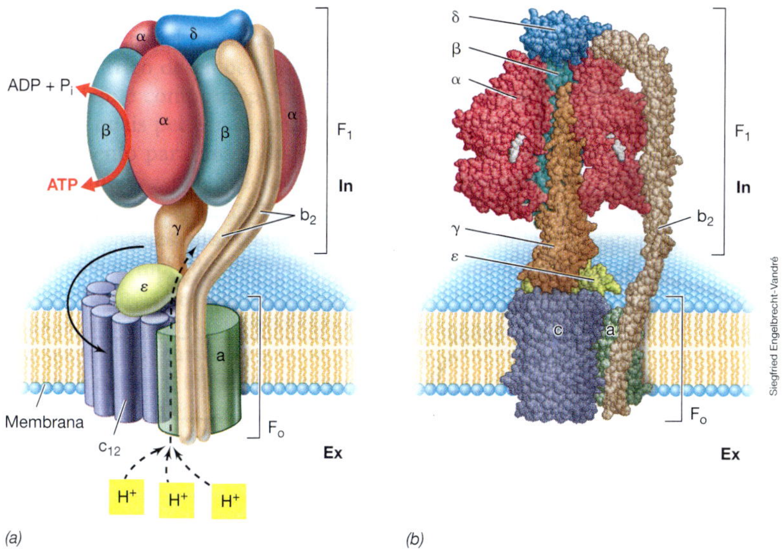


**Figura 3.21 Estrutura e função da ATP-sintase (ATPase) reversível em *Escherichia coli*.** *(a)* Esquema. $F_1$ consiste em cinco polipeptídeos diferentes, formando um complexo $\alpha_3\beta_3\gamma\varepsilon\delta$, o estator. $F_1$ é o complexo catalítico responsável pela interconversão entre ADP + $P_i$ e ATP. $F_o$, o rotor, encontra-se integrado à membrana e consiste em três polipeptídeos, formando um complexo $ab_2c_{12}$. À medida que os prótons entram, a dissipação da força próton-motiva conduz a síntese de ATP (3 $H^+$/ATP). *(b)* Modelo espacial. O código de cores corresponde àquele da parte *(a)* da figura. Como a translocação de prótons do exterior para o interior da célula leva à síntese de ATP pela ATPase, segue-se que essa translocação de prótons na cadeia de transporte de elétrons (Figura 3.20) representa o trabalho feito no sistema e uma fonte potencial de energia.

ocorre a síntese de ATP, e isso bombeia $H^+$ do citoplasma para o meio ambiente por $F_o$ (Figura 3.21). O resultado líquido nesse caso é a *geração* em vez da *dissipação* de força próton-motiva. A reversibilidade da ATPase explica por que bactérias estritamente fermentativas, desprovidas de cadeias de transporte de elétrons e incapazes de realizar fosforilação oxidativa, contêm ATPases. Várias reações celulares importantes na célula, como a rotação flagelar e algumas formas de transporte, requerem a energia da força próton-motiva em vez daquela vinda diretamente do ATP. Assim, a ATPase em organismos que não respiram, como as bactérias lácticas estritamente fermentativas, por exemplo, atua de forma unidirecional, gerando a força próton-motiva necessária a partir do ATP formado durante a fosforilação em nível de substrato na fermentação.

**MINIQUESTIONÁRIO**

- Como as reações de transporte de elétrons geram a força próton-motiva?
- Qual a proporção de $H^+$ deslocados por NADH oxidado ao longo da cadeia de transporte de elétrons de *Paracoccus*, apresentada na Figura 3.20? Em que sítios da cadeia a força próton-motiva está sendo estabelecida?
- Que estrutura celular converte a força próton-motiva em ATP? Como essa estrutura atua?

## 3.12 Respiração: ciclos do ácido cítrico e do glioxilato

Agora que se sabe como a síntese de ATP é acoplada ao transporte de elétrons, deve-se considerar outro aspecto importante da respiração – a produção de $CO_2$. O enfoque será no ciclo do ácido cítrico (ciclo de Krebs), uma via fundamental encontrada em praticamente todas as células, e no ciclo do glioxilato, uma variação no ciclo do ácido cítrico necessária quando dois carbonos doadores de elétrons são utilizados na respiração.

### A respiração de glicose

As etapas bioquímicas iniciais da respiração de glicose envolvem as mesmas etapas descritas na glicólise; todas as etapas da glicose ao piruvato (Figura 3.14) são as mesmas. No entanto, enquanto na fermentação o piruvato é reduzido e convertido a produtos de fermentação que são subsequentemente excretados, na respiração o piruvato é oxidado a $CO_2$. A via pela qual o piruvato é oxidado a $CO_2$ é denominada **ciclo do ácido cítrico** (Figura 3.22).

No ciclo do ácido cítrico, inicialmente, o piruvato é descarboxilado, levando à produção de $CO_2$, NADH e a substância rica em energia, *acetil-CoA*. Em seguida, o grupo acetil da acetil-CoA combina-se ao composto de quatro carbonos, oxalacetato, formando o composto de seis carbonos, ácido cítrico. Uma série de reações acontece em seguida, e duas moléculas adicionais de $CO_2$ mais três de NADH e uma de FADH são formadas. Finalmente, o oxalacetato é regenerado, e retorna como um aceptor de acetil, completando, assim, o ciclo (Figura 3.22).

### Liberação de $CO_2$ e transporte de elétrons: a conexão

Como as reações do ciclo do ácido cítrico e da cadeia de transporte de elétrons estão conectadas? A oxidação do piruvato a $CO_2$ requer a atividade conjunta do ciclo do ácido cítrico e da cadeia de transporte de elétrons. Para cada molécula de piruvato oxidada por meio do ciclo do ácido cítrico, três moléculas de $CO_2$ são produzidas (Figura 3.22). Os elétrons liberados durante a oxidação dos intermediários no ciclo do ácido cítrico são transferidos para o $NAD^+$, formando NADH, ou em uma reação, para FAD, formando $FADH_2$. As reações combinadas do ciclo do ácido cítrico e da cadeia de transporte de elétrons permite a completa oxidação da glicose a $CO_2$, com uma produção de energia muito maior. Enquanto somente *2 ATPs* são produzidos por glicose fermentada nas fermentações alcoólica ou do ácido láctico (Figura 3.14 e Tabela 3.4), um total de *38 ATPs* podem ser produzidos pela respiração aeróbia da mesma molécula de glicose, levando a $CO_2$ + $H_2O$ (Figura 3.22*b*).

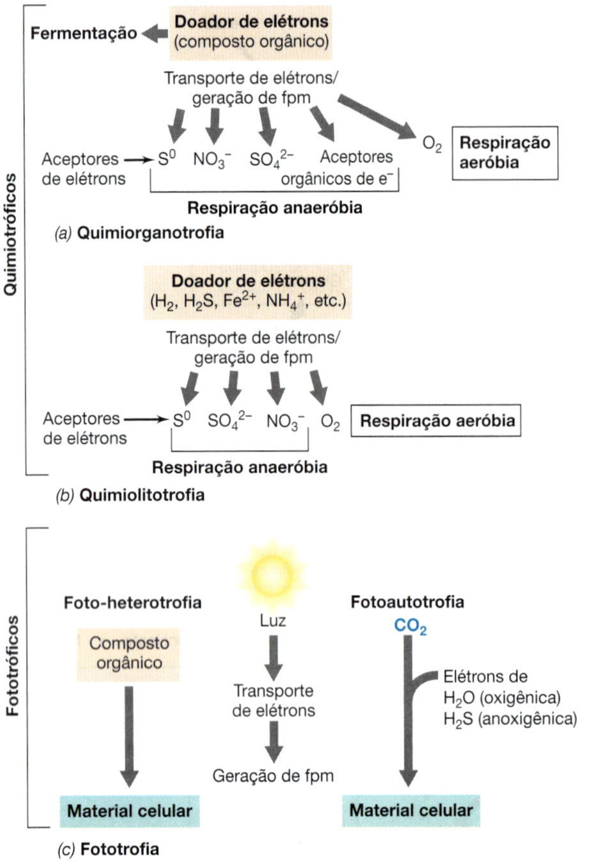


**Figura 3.24** **Diversidade catabólica.** *(a)* Quimiorganotróficos. *(b)* Quimiolitotróficos. *(c)* Fototróficos. Observe a importância do transporte de elétrons na formação da força próton-motiva, em cada caso de respiração e na fotossíntese.

Devido às posições desses aceptores de elétrons alternativos na torre redox (nenhum desses aceptores apresenta $E_0'$ tão positivo como o par $O_2/H_2O$; Figura 3.9), menos energia é conservada quando esses aceptores são reduzidos, em comparação à redução do $O_2$ (não esqueça que o $\Delta G^{0\prime}$ é proporcional ao $\Delta E_0'$; Seção 3.4 e Figura 3.9). No entanto, pelo fato de o $O_2$ ser frequentemente limitante ou até mesmo totalmente ausente em muitos hábitats microbianos, as respirações anaeróbias representam meios muito importantes de geração de energia. Assim como na respiração aeróbia, a respiração anaeróbia depende do transporte de elétrons, da geração de uma força próton-motiva, e da atividade da ATPase para a produção de ATP (Seções 3.10 a 3.12).

## Quimiolitotrofia e fototrofia

Os organismos capazes de utilizar compostos *inorgânicos* como doadores de elétrons são denominados *quimiolitotróficos* (Seção 3.3). Exemplos relevantes de doadores inorgânicos de elétrons incluem $H_2S$, hidrogênio gasoso ($H_2$), $Fe^{2+}$ e $NH_3$.

O metabolismo quimiolitotrófico é normalmente aeróbio, e inicia-se com a oxidação do doador inorgânico de elétrons, por uma cadeia de transporte de elétrons. Isso resulta em uma força próton-motiva, como já considerado para a oxidação dos doadores de elétrons orgânicos pelos quimiorganotróficos (Figura 3.20). Contudo, uma importante distinção entre quimiolitotróficos e quimiorganotróficos refere-se às fontes de carbono utilizadas para a biossíntese. Os quimiorganotróficos são heterotróficos e, assim, utilizam compostos orgânicos (glicose, acetato e similares) como fontes de carbono. Contrariamente, os quimiolitotróficos utilizam o dióxido de carbono ($CO_2$) como uma fonte de carbono, sendo, portanto, autotróficos.

No processo de fotossíntese, realizado pelos *fototróficos*, a luz é utilizada no lugar de um agente químico para gerar força próton-motiva. Durante o metabolismo fototrófico, ATP é sintetizado pela atividade da ATPase durante a **fotofosforilação**, o análogo dirigido pela luz da fosforilação oxidativa (Seção 3.8). A maioria dos fototróficos assimila $CO_2$ como fonte de carbono e são denominados *fotoautotróficos*. Entretanto, alguns fototróficos utilizam compostos orgânicos como fontes de carbono, tendo a luz como fonte de energia; esses são denominados *foto-heterotróficos* (Figura 3.24).

## FPM e diversidade catabólica

Com exceção das fermentações, em que ocorre a fosforilação em nível de substrato (Seção 3.8), todos os outros mecanismos para conservação de energia utilizam a força próton-motiva. Independentemente dos elétrons serem originados a partir da oxidação de compostos orgânicos ou inorgânicos, ou a partir de processos dirigidos pela luz, em todas as formas de respiração e fotossíntese, a conservação de energia está associada ao estabelecimento de uma força próton-motiva e à sua dissipação pela ATPase gerando ATP (Figura 3.24). Respiração e respiração anaeróbia podem ser consideradas, assim, variações em relação a *diferentes aceptores de elétrons*. Da mesma forma, a quimiorganotrofia, quimiolitotrofia e a fotossíntese são variações em relação a *diferentes doadores de elétrons*. O transporte de elétrons e a fpm vinculam todos estes processos, trazendo estas formas de metabolismo energético aparentemente bastante diferentes a um enfoque em comum. Este tema será abordado de forma mais ampla no Capítulo 13.

**MINIQUESTIONÁRIO**

- Em termos de doadores de elétrons, como os quimiorganotróficos podem ser diferenciados dos quimiolitotróficos?
- Qual é a fonte de carbono dos organismos autotróficos?
- Porque pode-se dizer que a força próton-motiva é um tema unificador na maioria dos metabolismos bacterianos?

# IV • Biossíntese

Encerra-se este capítulo com uma breve consideração sobre biossíntese. O enfoque será uma visão geral da biossíntese das unidades individuais que constituem as quatro classes de macromoléculas – açúcares (polissacarídeos), aminoácidos (proteínas), nucleotídeos (ácidos nucleicos) e ácidos graxos (lipídeos). Coletivamente, esses processos biossintéticos fazem parte de um metabolismo denominado **anabolismo**. Será considerada também a biossíntese dos polissacarídeos e dos lipídeos, e será analisado como os procariotos podem assimilar nitrogênio gasoso ($N_2$) como fonte de nitrogênio celular.

## 3.14 Açúcares e polissacarídeos

Os polissacarídeos são constituintes essenciais das paredes celulares microbianas, e as células frequentemente armazenam carbono e reservas energéticas sob a forma dos polissacarídeos glicogênio ou amido (Capítulo 2). Como moléculas tão grandes são produzidas?

### Biossíntese de polissacarídeos e gliconeogênese

Os polissacarídeos são sintetizados a partir de formas *ativas* de glicose, de uridina difosfoglicose (UDPG; **Figura 3.25*a***) ou de adenosina-difosfoglicose (ADPG). UDPG é o precursor de vários derivados de glicose, necessários à biossíntese de polissacarídeos celulares estruturais, como *N*-acetilglicosamina e ácido *N*-acetilmurâmico no peptideoglicano, ou o componente lipopolissacarídico da membrana externa de gram-negativos (Seções 2.10 e 2.11). Polissacarídeos de armazenamento são produzidos por meio da adição de glicose ativada a um polímero preexistente. Por exemplo, o glicogênio é sintetizado como ADPG + glicogênio → ADP + glicogênio-glicose.

Quando uma célula está crescendo na presença de uma hexose, como a glicose, a obtenção de glicose para a síntese de polissacarídeos obviamente não representa um problema. Por outro lado, quando a célula está crescendo na presença de outros compostos contendo carbono, a glicose deve ser sintetizada. Esse processo, denominado *gliconeogênese*, utiliza o fosfoenolpiruvato, um dos intermediários da glicólise, como composto inicial, e se desloca de forma retrógrada por meio da via glicolítica para formar glicose (Figura 3.14). O fosfoenolpiruvato pode ser sintetizado a partir do oxalacetato, um intermediário do ciclo do ácido cítrico (Figura 3.22). Uma visão geral da gliconeogênese é apresentada na Figura 3.25*b*.

### Metabolismo de pentoses e a via das pentoses-fosfato

As pentoses são formadas pela remoção de um átomo de carbono de uma hexose, normalmente na forma de $CO_2$. As pentoses necessárias à síntese de ácidos nucleicos, a ribose (no RNA) e a desoxirribose (no DNA), são formadas conforme apresentado na Figura 3.25*c*. A enzima ribonucleotídeo redutase converte a ribose em desoxirribose pela redução do grupo hidroxila (—OH) do carbono 2′ do anel de pentose de 5 carbonos. Essa reação ocorre após a síntese dos nucleotídeos e não antes dela. Assim, os *ribo*nucleotídeos são biossintetizados, e, posteriormente, alguns são reduzidos a *desoxi*rribonucleotídeos, sendo utilizados como precursores de DNA.

As pentoses são formadas a partir de açúcares de hexoses, e ao principal via para esse processo é a **via das pentoses-fosfato** (**Figura 3.26**). Nessa via, a glicose é oxidada a $CO_2$, NADPH, e ao intermediário essencial, *ribulose-5-fosfato*; a partir deste último, vários derivados de pentoses são formados. Quando pentoses são utilizadas como doadores de elétrons, elas se alimentam diretamente na via das pentoses-fosfato, em geral tornando-se fosforiladas para formar ribose-fosfato ou um composto relacionado, antes de continuarem seu catabolismo (Figura 3.26).

Além de sua importância no metabolismo de pentoses, a via das pentoses-fosfato também é responsável pela produção de muitos açúcares não pentoses importantes na célula, incluindo os açúcares $C_4$—$C_7$. Esses açúcares podem eventualmente ser convertidos em hexoses para fins catabólicos ou para biossíntese (Figura 3.26). Um aspecto final importante da via das pentoses-fosfato é que essa gera NADPH, uma coenzima utilizada em muitas biossínteses redutoras e, em particular, como um agente redutor para a produção de desoxirribonucleotídeos (Figura 3.25*c*). Embora muitas células possuam um mecanismo de troca para a conversão de NADH em NADPH, a via das pentoses-fosfato é o principal meio para a síntese direta dessa importante coenzima.

**MINIQUESTIONÁRIO**

- Que forma de glicose ativada é utilizada na biossíntese do glicogênio por bactérias?
- O que é gliconeogênese?
- Qual a função da via das pentoses-fosfato na célula?

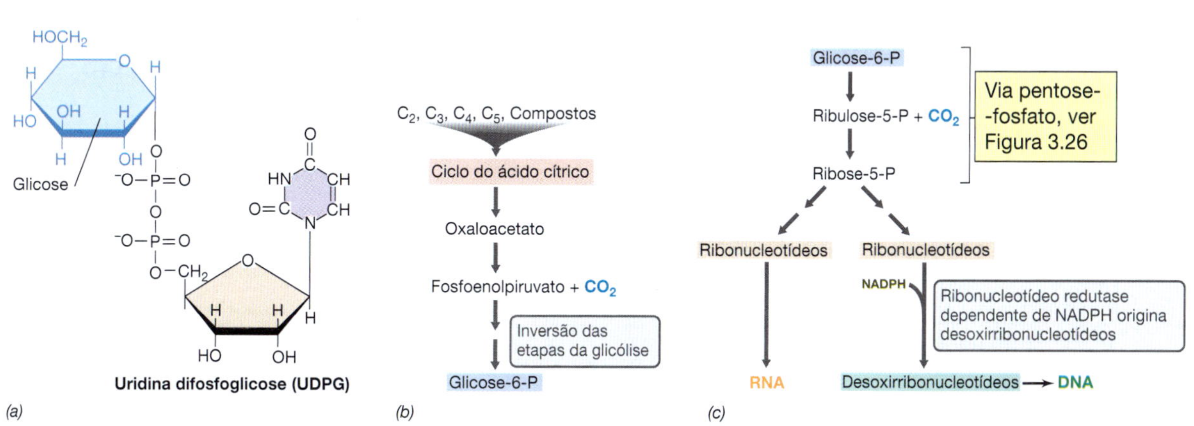


**Figura 3.25 Metabolismo de açúcares.** *(a)* Os polissacarídeos são sintetizados a partir de formas ativadas de hexoses, como UDPG. *(b)* Gliconeogênese. Quando há necessidade de glicose, esta pode ser biossintetizada a partir de outros compostos contendo carbono, geralmente pela inversão das etapas da glicólise. *(c)* As pentoses utilizadas na síntese de ácidos nucleicos são formadas pela descarboxilação de hexoses, como a glicose-6-fosfato. Observe como os precursores de DNA são produzidos a partir dos precursores de RNA, pela ação da enzima ribonucleotídeo redutase.

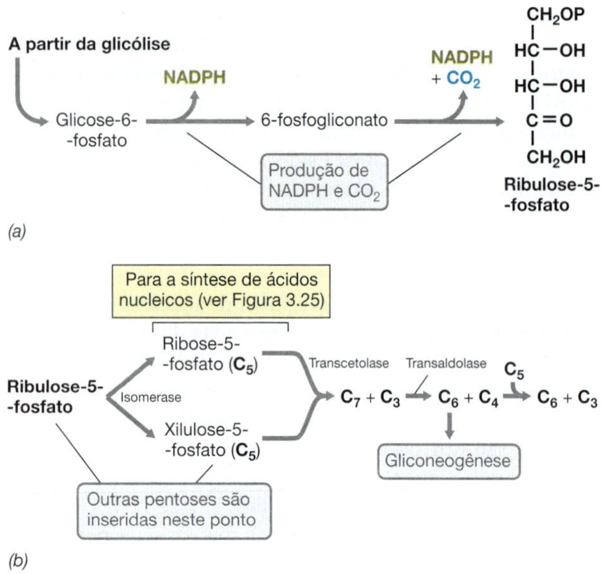


**Figura 3.26** **Via das pentoses-fosfato.** Essa via produz pentoses para biossíntese a partir de outros açúcares e também atua no catabolismo de pentoses. *(a)* Produção do intermediário essencial, ribulose-5-fosfato. *(b)* Outras reações na via das pentoses-fosfato.

## 3.15 Aminoácidos e nucleotídeos

Os constituintes monoméricos de proteínas e ácidos nucleicos são os aminoácidos e nucleotídeos, respectivamente. A biossíntese desses compostos envolve vias bioquímicas de múltiplas etapas, que não serão consideradas aqui. Em vez disso, identifica-se os esqueletos de carbono essenciais necessários para a biossíntese de aminoácidos e nucleotídeos, e resume-se o mecanismo pelos quais eles são produzidos.

### Monômeros de proteínas: aminoácidos

Organismos incapazes de obter alguns ou todos os seus aminoácidos pré-formados a partir do meio ambiente devem sintetizá-los a partir de glicose ou outras fontes. Os aminoácidos são agrupados em *famílias* estruturalmente relacionadas, que compartilham diversas etapas biossintéticas. Os esqueletos de carbono dos aminoácidos provêm quase que exclusivamente dos intermediários da glicólise ou do ciclo do ácido cítrico (**Figura 3.27**).

O grupamento amino dos aminoácidos é normalmente derivado de alguma fonte de nitrogênio inorgânico presente no ambiente, como a amônia ($NH_3$). A amônia é mais frequentemente incorporada na formação dos aminoácidos glutamato ou glutamina, pelas enzimas *glutamato desidrogenase* e *glutamina sintase*, respectivamente (**Figura 3.28**). Quando $NH_3$ encontra-se presente em altas concentrações, a glutamato desidrogenase ou outras aminoácido desidrogenases são utilizadas. No entanto, quando $NH_3$ apresenta-se em baixas concentrações, a glutamina sintase, com seu mecanismo de reação envolvendo consumo de energia (Figura 3.28*b*) e alta afinidade pelo substrato, é utilizada.

Uma vez que a amônia é incorporada ao glutamato ou à glutamina, o grupo amino pode ser transferido para formar outros compostos nitrogenados. Por exemplo, o glutamato pode doar seu grupo amino ao oxalacetato, em uma reação de transaminase, originando α-cetoglutarato e aspartato (Figura 3.28*c*). Alternativamente, a glutamina pode reagir com α-cetoglutarato, formando duas moléculas de glutamato, em uma reação de aminotransferase (Figura 3.28*d*). O resultado final destes tipos de reações corresponde à transferência da amônia a vários esqueletos de carbono, a partir dos quais outras reações biossintéticas ocorrem, gerando todos os 22 aminoácidos necessários à síntese das proteínas (⇄ Figura 4.30) e outras biomoléculas nitrogenadas.

### Monômeros de ácidos nucleicos: nucleotídeos

A bioquímica envolvida na biossíntese de purinas e pirimidinas é bastante complexa. As purinas são literalmente construídas átomo por átomo, a partir de diferentes fontes de carbono e nitrogênio, incluindo $CO_2$ (**Figura 3.29**). A primeira purina-chave, o ácido inosínico (Figura 3.29*b*), é precursora dos nucleotídeos purínicos, adenina e guanina. Uma vez sintetizados (na forma de trifosfato) e ligados à ribose, eles estão prontos para serem incorporados ao DNA (após atividade da enzima ribonucleotídeo redutase, Figura 3.25*c*) ou RNA.

Assim como o anel da purina, o anel das pirimidinas também é construído a partir de várias fontes (Figura 3.29*c*). A primeira pirimidina-chave é o composto uridilato (Figura 3.29*d*), a partir do qual as pirimidinas timina, citosina e uracila são derivadas. As estruturas de todas as purinas e pirimidinas são demonstradas no próximo capítulo (⇄ Figura 4.1).

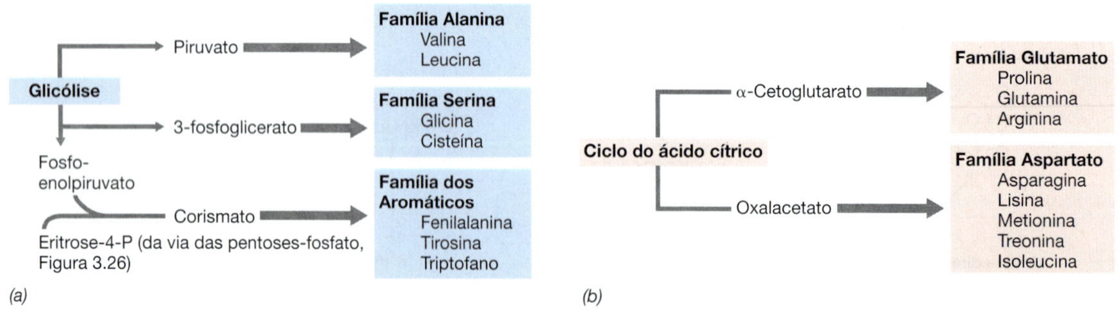


**Figura 3.27** **Famílias de aminoácidos.** Glicólise *(a)* e o ciclo do ácido cítrico *(b)* fornecem os esqueletos de carbono para a maioria dos aminoácidos. A síntese dos vários aminoácidos de uma família frequentemente requer muitas etapas distintas, iniciadas a partir do aminoácido parental (apresentado em negrito como o nome da família).

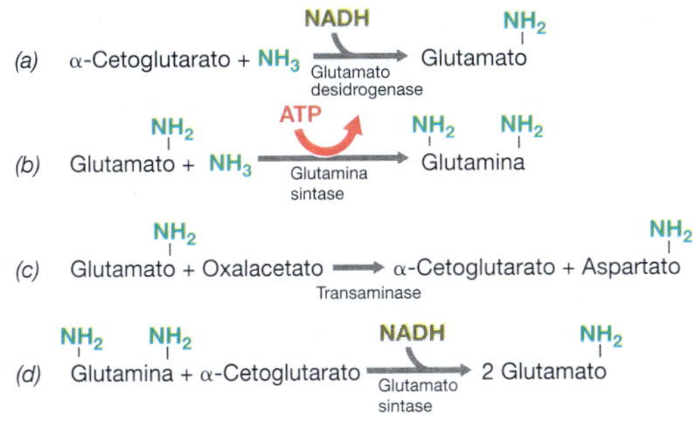


**Figura 3.28** **Incorporação de amônia em bactérias.** A amônia ($NH_3$) e os grupos amino de todos os aminoácidos são apresentados em verde. As duas principais vias de assimilação de $NH_3$ nas bactérias são aquelas catalisadas pelas enzimas *(a)* glutamato desidrogenase e *(b)* glutamina sintase. *(c)* As reações de transaminase transferem um grupo amino de um aminoácido para um ácido orgânico. *(d)* A enzima glutamato sintase forma dois glutamatos a partir de uma glutamina e um α-cetoglutarato.

**MINIQUESTIONÁRIO**

- O que é uma família de aminoácidos?
- Liste as etapas necessárias para a célula incorporar $NH_3$ em aminoácidos.
- Quais bases nitrogenadas são purinas e quais são pirimidinas?

## 3.16 Ácidos graxos e lipídeos

Os lipídeos são os principais constituintes da membrana citoplasmática de todas as células e da membrana externa de bactérias gram-negativas; os lipídeos podem também corresponder a reservatórios de carbono e energia (Figura 2.35). Os ácidos graxos são os principais componentes dos lipídeos microbianos. No entanto, eles são encontrados apenas em bactérias e eucariotos. Arqueias não contêm ácidos graxos em seus lipídeos, mas, em vez disso, apresentam cadeias laterais isoprenoides hidrofóbicas que possuem papel estrutural similar (Figura 2.17). A biossíntese dessas cadeias laterais é distinta da dos ácidos graxos e não será abordada aqui.

### Biossíntese de ácidos graxos

A biossíntese de ácidos graxos ocorre com a participação de dois átomos de carbono em cada etapa, com o auxílio de uma proteína denominada *proteína carreadora de acil* (ACP, *acyl carrier protein*). A ACP liga-se ao ácido graxo em crescimento à medida que é sintetizado, liberando-o quando atinge seu comprimento final (**Figura 3.30**). Curiosamente, embora os ácidos graxos sejam sintetizados pela adição sequencial de *dois* carbonos por vez, cada unidade contendo dois carbonos ($C_2$) é originada a partir do composto de *três* carbonos malonato, que se liga à ACP formando malonil-ACP. À medida que cada resíduo de malonil é doado, uma molécula de $CO_2$ é liberada (Figura 3.30).

A composição de ácidos graxos nas células varia entre as diferentes espécies, podendo também variar em uma cultura pura, devido às diferenças de temperatura de crescimento. O crescimento em baixas temperaturas promove a biossíntese de ácidos graxos de cadeias mais curtas, enquanto o crescimento em temperaturas mais elevadas promove a síntese de ácidos graxos de cadeia mais longa (Seções 5.12 e 5.13). Os ácidos graxos mais comuns encontrados em lipídeos de bactérias contêm ácidos graxos de comprimento $C_{12}$-$C_{20}$.

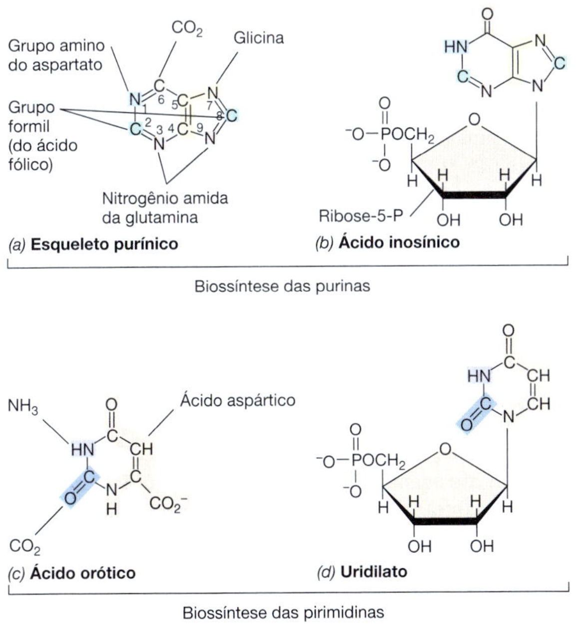


**Figura 3.29** **Biossíntese de purinas e pirimidinas.** *(a)* Componentes do esqueleto da purina. *(b)* Ácido inosínico, o precursor de todos os nucleotídeos purínicos. *(c)* Componentes do esqueleto de pirimidina, ácido orótico. *(d)* Uridilato, o precursor de todos os nucleotídeos pirimidínicos. O uridilato é formado a partir do oroato, após uma descarboxilação e a adição de ribose-5-fosfato.

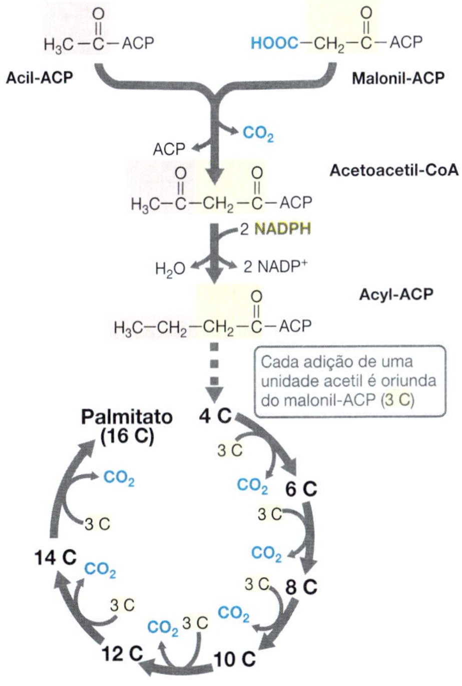


**Figura 3.30** **A biossíntese do ácido graxo $C_{16}$ palmitato.** A condensação de acetil-ACP e malonil-ACP forma acetoacetil-CoA. Cada adição sucessiva de uma unidade acetil é oriunda do malonil-ACP.

Além de saturados, ácidos graxos contendo número par de carbonos, há também ácidos graxos insaturados, ramificados, ou que apresentam número ímpar de átomos de carbono. Ácidos graxos insaturados contêm uma ou mais ligações duplas na longa porção hidrofóbica da molécula. O número e a posição dessas ligações duplas frequentemente são espécie-específico ou grupo-específico, sendo as ligações duplas comumente formadas pela dessaturação de um ácido graxo saturado. Os ácidos graxos de cadeia ramificada são biossintetizados utilizando uma molécula iniciadora que contém um ácido graxo de cadeia ramificada, e ácidos graxos com número ímpar de carbonos (p. ex., $C_{13}$, $C_{15}$, $C_{17}$, etc.) são biossintetizados utilizando uma molécula iniciadora que contém o grupo propionil ($C_3$).

## Biossíntese de lipídeos

Na montagem final dos lipídeos em células de bactérias e eucariotos, os ácidos graxos são primeiramente adicionados a uma molécula de glicerol. No caso dos triglicerídeos simples (gorduras), os três carbonos do glicerol são esterificados com ácidos graxos. Para formar lipídeos complexos, um dos átomos de carbono do glicerol é ornado com uma molécula de fosfato, etanolamina, carboidrato, ou outra substância polar (Figura 2.14*a*). Embora em arqueias os lipídeos de membrana sejam construídos a partir do isopreno para formar cadeias laterais de fitanil ($C_{15}$) ou bifitanil ($C_{30}$), o esqueleto de glicerol dos lipídeos de membrana de arqueias normalmente também contém um grupo polar (açúcar, fosfato, sulfato ou composto orgânico polar). Os grupos polares são importantes em lipídeos para a formação da arquitetura de membrana-padrão: um interior hidrofóbico com superfícies hidrofílicas (Figura 2.17).

**MINIQUESTIONÁRIO**

- Explique por que, na síntese dos ácidos graxos, estes são construídos com dois átomos de carbono por etapa, embora o doador imediato desses carbonos seja um composto de três carbonos.
- Quais diferenças existem nos lipídeos dos três domínios da vida?

## 3.17 Fixação de nitrogênio

Conclui-se a abordagem sobre biossíntese considerando a formação de amônia ($NH_3$) a partir de nitrogênio gasoso ($N_2$), um processo denominado **fixação de nitrogênio**. A amônia produzida é assimilada em uma forma orgânica em aminoácidos e nucleotídeos. A habilidade de fixar nitrogênio libera o organismo da dependência de nitrogênio fixado no ambiente e confere uma vantagem ecológica significativa quando o nitrogênio fixado é limitante. O processo de fixação de nitrogênio também é de grande importância na agricultura, uma vez que suporta a necessidade de nitrogênio de culturas essenciais, como a soja.

Apenas determinadas espécies de bactérias e arqueias podem fixar nitrogênio, e uma lista de alguns organismos fixadores de nitrogênio é fornecida na **Tabela 3.5**. Algumas bactérias fixadoras de nitrogênio são de *vida livre* e realizam o processo de forma completamente independente. Em contrapartida, outras são *simbióticas* e fixam o nitrogênio apenas em associação com determinadas plantas (Seção 22.0). No entanto, na fixação de nitrogênio simbiótica é a bactéria, e não a planta, que fixa $N_2$; não é conhecido nenhum organismo eucarioto capaz de fixar nitrogênio.

**Tabela 3.5 Alguns organismos fixadores de nitrogênio**[a]

| Aeróbios de vida livre | | |
|---|---|---|
| **Quimiorganotróficos** | **Fototróficos** | **Quimiolitotróficos** |
| *Azotobacter, Azomonas, Azospirillum, Klebsiella,*[b] *Methylomonas* | Cianobactéria (p. ex., *Anabaena, Nostoc, Gloeothece, Aphanizomenon*) | *Alcaligenes* *Acidithiobacillus* |
| **Anaeróbios de vida livre** | | |
| **Quimiorganotróficos** | **Fototróficos** | **Quimiolitotróficos**[c] |
| *Clostridium* *Desulfotomaculum* | Bactéria púrpura (p. ex., *Chromatium, Rhodobacter*) Bactéria verde (p. ex., *Chlorobium*) *Heliobacteria* | *Methanosarcina* *Methanococcus* *Methanocaldococcus* |
| **Simbióticos** | | |
| **Com plantas leguminosas** | **Com plantas não leguminosas** | |
| Soja, ervilha, trevo, etc. com *Rhizobium, Bradyrhizobium, Sinorhizobium* | Amieiro, faia da terra, oliveira outono, diversas outras plantas de cerrado, com o actinomiceto *Frankia*. | |

[a]Apenas alguns gêneros mais comuns são listados em cada categoria; diversos outros gêneros fixadores de nitrogênio são conhecidos.
[b]A fixação de nitrogênio ocorre apenas sob condições anóxicas.
[c]Todos são arqueias.

## Nitrogenase

A fixação de nitrogênio é catalisada por um complexo enzimático denominado **nitrogenase**. Nitrogenase consiste em duas proteínas, *dinitrogenase* e *dinitrogenase redutase*. Ambas as proteínas contêm ferro, e a dinitrogenase contém ainda molibdênio. O ferro e o molibdênio na dinitrogenase fazem parte do cofator enzimático denominado *cofator ferro-molibdênio (FeMo-co)*, e a redução do $N_2$ ocorre nesse sítio. A composição do FeMo-co é $MoFe_7S_8 \cdot$ homocitrato (**Figura 3.31**). São conhecidas duas nitrogenases "alternativas" que não possuem molibdênio. Essas nitrogenases contêm vanádio (V) e ferro, ou apenas ferro em seus cofatores, e são produzidas por certas bactérias fixadoras de nitrogênio quando o molibdênio está ausente de seu ambiente (Seção 14.12).

Com uma exceção, arqueias fixadoras de nitrogênio produzem nitrogenases, com ferro sendo o único metal presente na enzima. Arqueias fixadoras de nitrogênio parecem limitadas a poucas espécies produtoras de metano (metanógenas), sendo que pelo menos uma dessas é capaz de crescer e fixar $N_2$ em temperaturas muito elevadas. A espécie *Methanosarcina barkeri*, um metanógeno metabolicamente versátil (Seção 16.2), contém genes que codificam nitrogenases de molibdênio e vanádio, bem como uma única nitrogenase de ferro, e por isso provavelmente contém o conjunto completo de proteínas nitrogenase.

A fixação de nitrogênio é inibida por oxigênio ($O_2$), uma vez que a dinitrogenase redutase é irreversivelmente inativada

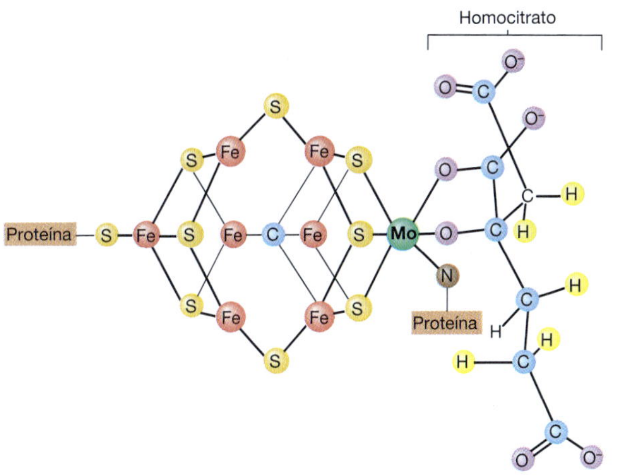


**Figura 3.31 FeMo-co, o cofator ferro-molibdênio da nitrogenase.** Do lado esquerdo está o cubo $Fe_7S_8$ que se liga ao Mo juntamente com átomos de O do homocitrato (lado direito, todos os átomos de O são mostrados em roxo), e átomos de N e S da dinitrogenase.

por $O_2$. Entretanto, muitas bactérias fixadoras de nitrogênio são aeróbios obrigatórios. Nesses organismos, a nitrogenase é protegida da inativação pelo oxigênio por meio de uma combinação da rápida remoção de $O_2$ pela respiração, e da pro-

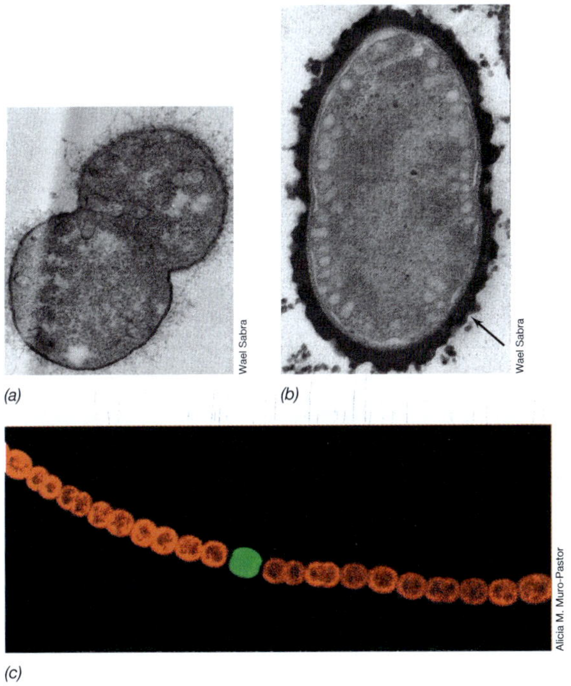


**Figura 3.32 Proteção da nitrogenase em *Azotobacter vinelandii* e na cianobactéria *Anabaena*.** *(a)* Micrografia eletrônica de transmissão de células de *A. vinelandii* fixadoras de nitrogênio crescidas com 2,5% $O_2$; muito pouco limo é evidente. *(b)* Células crescidas em ar (21% $O_2$). Observe a extensa camada de limo de coloração escura (seta). O limo retarda a difusão do $O_2$ no filamento, prevenindo assim a inativação da nitrogenase pelo $O_2$. *(c)* Fotomicrografia de fluorescência de uma célula da cianobactéria filamentosa *Anabaena* mostrando um único heterocisto (verde). O heterocisto é uma célula diferenciada que se especializa na fixação de nitrogênio e protege a nitrogenase da inativação pelo $O_2$.

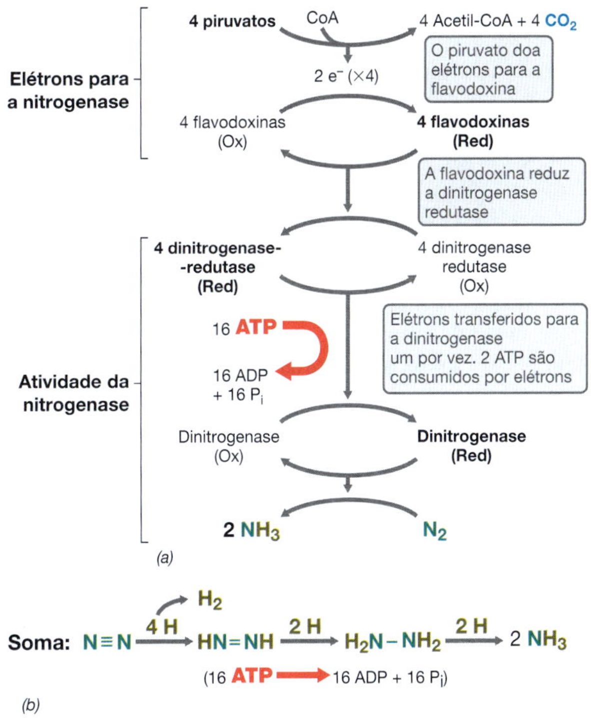


**Figura 3.33 Fixação de nitrogênio biológica pela nitrogenase.** O complexo nitrogenase é composto pela dinitrogenase e pela dinitrogenase redutase.

dução de camadas limosas retardantes de $O_2$ (**Figura 3.32*a, b***). Em cianobactérias heterocísticas, a nitrogenase é protegida por sua localização em uma célula diferenciada denominada *heterocisto* (Figura 3.32*c*; Seção 14.3). No interior do heterocisto as condições são anóxicas, enquanto nas células vegetativas vizinhas as condições são opostas, uma vez que está ocorrendo fotossíntese oxigênica. A produção de oxigênio é encerrada no heterocisto, protegendo-o, e, dessa forma, tornando-o um sítio dedicado a fixação de nitrogênio.

## Fluxo de elétrons na fixação de nitrogênio

Devido à estabilidade da ligação tripla no $N_2$, sua ativação e redução demandam muita energia. Seis elétrons são necessários para reduzir o $N_2$ a $NH_3$, e as etapas de redução sucessivas ocorrem diretamente sobre a nitrogenase sem a acumulação de intermediários livres (**Figura 3.33**). Embora apenas *seis* elétrons sejam necessários para reduzir o $N_2$ a $NH_3$, *oito* elétrons são efetivamente consumidos durante o processo, sendo dois elétrons perdidos como $H_2$ para cada mol de $N_2$ reduzido. Por razões desconhecidas, a evolução de $H_2$ é uma etapa obrigatória na fixação de nitrogênio e ocorre na primeira rodada do ciclo de redução da nitrogenase. Em seguida, o $N_2$ é reduzido em etapas sucessivas e amônia é liberada como produto final (Figura 3.33).

A sequência de transferência de elétrons na nitrogenase ocorre como se segue: doador de elétrons → dinitrogenase redutase → dinitrogenase → $N_2$. Os elétrons para a redução do $N_2$ são transferidos para a dinitrogenase redutase a partir das proteínas de baixo potencial de ferro-enxofre, ferredoxina ou flavodoxina (Seção 3.10); essas proteínas são reduzidas durante a oxidação do piruvato (Figura 3.33). Além de elétrons,

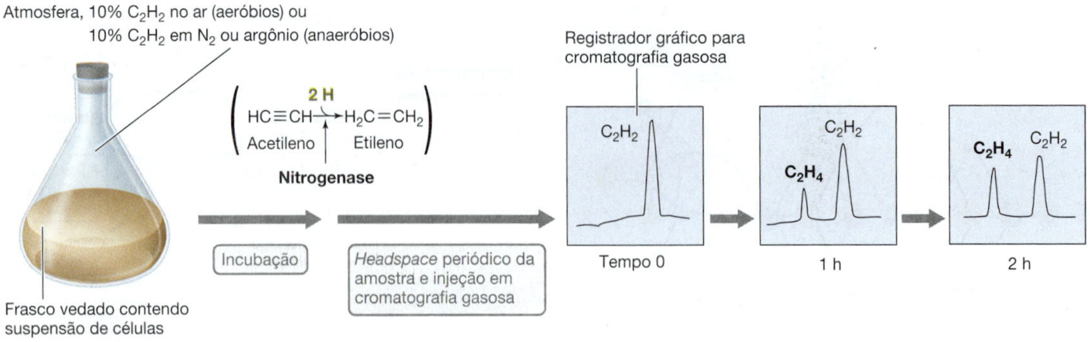


**Figura 3.34 Ensaio de redução do acetileno, da atividade da enzima nitrogenase em bactérias fixadoras de nitrogênio.** Os resultados mostram nenhum etileno ($C_2H_4$) no tempo 0, mas um aumento da produção à medida que o ensaio avança. À medida que $C_2H_4$é produzido, uma quantidade correspondente de $C_2H_2$ é consumida.

é necessário ATP para a fixação de nitrogênio. O ATP se liga a dinitrogenase-redutase, e, após sua hidrólise à ADP, diminui o potencial de redução da proteína. Isso permite que a dinitrogenase-redutase interaja e reduza a dinitrogenase. Os elétrons são transferidos da dinitrogenase-redutase para a dinitrogenase um por vez, e cada ciclo de redução requer dois ATP. Assim, um total de 16 ATP são necessários para a redução de $N_2$ a 2 $NH_3$ (Figura 3.33).

## Analisando a nitrogenase: redução de acetileno

As nitrogenases não são inteiramente específicas para $N_2$ e também reduzem outros compostos com ligações triplas, como o acetileno (HC≡CH). A redução do acetileno pela nitrogenase é um processo que requer apenas dois elétrons, e o *etileno* ($H_2C{=}CH_2$) é o produto final. No entanto, a redução do acetileno a etileno fornece um método simples e rápido para a mensuração da atividade da nitrogenase (**Figura 3.34**). Essa técnica, conhecida como *ensaio de redução do acetileno*, é amplamente utilizada em microbiologia para detectar e quantificar a fixação de nitrogênio.

Embora a redução do acetileno seja uma forte evidência da fixação de $N_2$, provas concretas requerem um isótopo do nitrogênio, $^{15}N_2$, como marcador. Se uma cultura ou uma amostra natural é enriquecida com $^{15}N_2$ e incubada, a produção de $^{15}N_3$ é uma evidência sólida da fixação de nitrogênio. Contudo, a redução do acetileno consiste em um método mais rápido e sensível para a mensuração da fixação de $N_2$, e pode facilmente ser utilizado em estudos laboratoriais de culturas puras, ou ainda estudos ecológicos de bactérias fixadoras de nitrogênio diretamente em seus hábitats. Para isso, uma amostra, que pode ser de solo, água ou uma cultura, é incubada em um recipiente com HC≡CH, e a fase gasosa é analisada posteriormente por cromatografia gasosa para a presença de $H_2C{=}CH_2$ (Figura 3.34).

**MINIQUESTIONÁRIO**

- Escreva uma equação balanceada para a reação catalisada pela nitrogenase.
- O que é o FeMo-co e qual a sua função?
- Como o acetileno pode ser útil em estudos de fixação de nitrogênio?

## CONCEITOS IMPORTANTES

**3.1** • As células são compostas principalmente pelos elementos H, O, C, N, P e S. Os compostos encontrados em uma célula são obtidos ou formados a partir de nutrientes presentes no meio ambiente. Os nutrientes requeridos pelas células em grandes quantidades são denominados macronutrientes, enquanto aqueles requeridos em quantidades muito pequenas, como elementos-traço ou fatores de crescimento, são os micronutrientes.

**3.2** • Os meios de cultura conseguem suprir as necessidades nutricionais dos microrganismos e podem ser definidos ou complexos. Outros meios, como os seletivos, diferenciais e enriquecidos, são utilizados com propósitos específicos. Muitos microrganismos conseguem crescer em meios de cultura líquidos ou sólidos, e culturas puras podem ser mantidas se técnicas assépticas forem utilizadas.

**3.3** • Todos os microrganismos conservam energia a partir da oxidação de compostos químicos ou por meio da luz. Quimiorganotróficos utilizam compostos químicos orgânicos como doadores de elétrons, enquanto os quimiolitotróficos utilizam compostos químicos inorgânicos. Organismos fototróficos convertem energia luminosa em energia química (ATP), e incluem tanto os fototróficos oxigênicos quanto os anoxigênicos.

**3.4** • As reações químicas na célula são acompanhadas por mudanças de energia, expressas em quilojoules. As reações podem liberar ou consumir energia livre, ou ainda podem ser neutras. $\Delta G^{0\prime}$ é a medida da energia liberada ou consumida em uma reação sob condições-padrão, e revela quais reações podem ser utilizadas por um organismo para conservar energia.

**3.5** • Enzimas são proteínas catalíticas que aceleram a velocidade das reações bioquímicas ativando os substratos que se ligam ao seu sítio ativo. Enzimas são altamente específicas nas reações que catalisam, e essa especificidade reside na estrutura tridimensional dos polipeptídeos que formam as proteínas.

**3.6** • Reações de oxidação-redução requerem doadores e aceptores de elétrons. A tendência de um composto em aceitar ou doar elétrons é expressa pelo seu potencial de redução ($E_0'$). Reações redox em uma célula utilizam intermediários como $NAD^+$/NADH como transportadores de elétrons.

**3.7** • A energia liberada em reações redox é conservada em compostos que contêm ligações fosfato ou enxofre, ricas em energia. O composto mais comum é o ATP, o carreador energético primário na célula. Armazenamento energético de longo prazo está ligado à formação de polímeros, que podem ser consumidos para produção de ATP.

**3.8** • A via glicolítica é utilizada na degradação da glicose a piruvato, e é um mecanismo generalizado de conservação de energia dos anaeróbios fermentativos. A via libera apenas uma pequena quantidade de ATP e gera produtos de fermentação (etanol, ácido láctico, e assim por diante) característicos do organismo. Para cada glicose fermentada por leveduras na glicólise, 2 ATP são produzidos.

**3.9** • Vários tipos diferentes de fermentação de glicose utilizam a via glicolítica, sendo que as diferenças encontram-se na natureza dos produtos de fermentação. ATP adicionais podem ser obtidos por meio da fermentação da glicose, se ácidos graxos originados de derivados da coenzima A forem os produtos de fermentação. As leveduras possuem duas opções para o catabolismo da glicose: fermentação e respiração.

**3.10** • Cadeias de transporte de elétrons são compostas por proteínas associadas à membrana, que são organizadas em ordem crescente de seus valores de $E_0'$, e funcionam de forma integrada carreando elétrons dos doadores primários até os aceptores terminais ($O_2$ na respiração aeróbia).

**3.11** • Quando elétrons são transportados por meio de uma cadeia de transporte de elétrons, prótons são extrudados para o exterior da membrana, produzindo a força próton-motiva. Carreadores de elétrons essenciais incluem as flavinas, as quinonas, o complexo do citocromo *bc*1 e outros citocromos. A célula utiliza a força próton-motiva para produzir ATP por meio da atividade da ATPase.

**3.12** • A respiração oferece um rendimento energético muito maior do que o da fermentação. O ciclo do ácido cítrico gera $CO_2$ e elétrons para a cadeia de transporte de elétrons, sendo também uma fonte de intermediários biossintéticos. O ciclo do glioxilato é necessário para o catabolismo de doadores de elétrons de dois carbonos, como o acetato.

**3.13** • Quando as condições são anóxicas, diversos aceptores terminais de elétrons podem substituir o $O_2$ na respiração anaeróbia. Quimiolitotróficos utilizam compostos inorgânicos como doadores de elétrons, enquanto os fototróficos utilizam energia luminosa. A força próton-motiva suporta a geração de energia por ATPase em todas as formas de respiração e fotossíntese.

**3.14** • Polissacarídeos são componentes estruturais importantes das células, e são biossintetizados a partir de formas ativadas de seus monômeros. A gliconeogênese é a produção de glicose a partir de precursores não açúcar.

**3.15** • Aminoácidos são formados de esqueletos de carbono aos quais é adicionado amônia a partir do glutamato, glutamina, ou alguns outros aminoácidos. Os nucleotídeos são biossintetizados utilizando carbono de diversas fontes diferentes.

**3.16** • Ácidos graxos são sintetizados a partir do precursor de três carbonos malonil-ACP, e as moléculas totalmente formadas são ligadas ao glicerol para formar lipídeos. Apenas os lipídeos de bactérias e eucariotos contêm ácidos graxos, em geral com comprimento de $C_{12}$-$C_{18}$.

**3.17** • A redução de $N_2$ a $NH_3$ é chamada de fixação de nitrogênio e é catalisada pela enzima nitrogenase. A nitrogenase é composta por duas proteínas, dinitrogenase e dinitrogenase redutase. A nitrogenase pode ser detectada utilizando o composto de ligações triplas acetileno, como um substituto do $N_2$, o qual a nitrogenase reduz a etileno.

## REVISÃO DOS TERMOS-CHAVE

**Aceptor de elétrons** substância que aceita elétrons de um doador, tornando-se reduzida no processo.

**ATPase (ATP sintase)** complexo enzimático multiproteico embebido na membrana citoplasmática, que catalisa a síntese de ATP associada a dissipação da força próton-motiva.

**Autotrófico** organismo capaz de biossintetizar todo o material celular, tendo o $CO_2$ como única fonte de carbono.

**Catalisador** substância que acelera uma reação química, porém não é consumido na reação.

**Ciclo do ácido cítrico** séries de reações cíclicas resultando na conversão de acetato a duas moléculas de $CO_2$.

**Ciclo do glioxilato** uma modificação do ciclo do ácido cítrico, no qual o isocitrato é quebrado para formar succinato e glioxilato durante o crescimento, em doadores de elétrons de dois carbonos como o acetato.

**Coenzima** molécula não proteica, pequena e fracamente ligada que participa de uma reação como parte de uma enzima.

**Doador de elétrons** substância que doa elétrons para um aceptor, tornando-se oxidada no processo.

**Endergônica** requer energia

**Energia de ativação** energia necessária para colocar o substrato de uma enzima em estado reativo.

**Energia livre (*G*)** energia disponível para realizar trabalho; $\Delta G^{0\prime}$ é a energia livre sob condições-padrão.

**Enzima** proteína que pode acelerar (catalisar) uma reação química específica.

**Exergônica** libera energia.

**Fermentação** catabolismo anaeróbio no qual um composto orgânico é tanto doador quanto aceptor de elétrons, e ATP é produzido por fosforilação em nível de substrato.

**Fixação de nitrogênio** redução de $N_2$ a $NH_3$ pela enzima nitrogenase.

**Força próton-motiva (fpm)** fonte de energia resultante da separação dos prótons de íons hidroxila através da membrana citoplasmática, gerando um potencial de membrana.

**Fosforilação em nível de substrato** produção de ATP, pela transferência direta de uma molécula de fosfato rica em energia, de um composto orgânico fosforilado ao ADP.

**Fosforilação oxidativa** produção de ATP a partir de uma força próton-motiva, formada pelo transporte de elétrons, advindos de doadores de elétrons orgânicos ou inorgânicos.

**Fotofosforilação** produção de ATP a partir de uma força próton-motiva, produzida pelo transporte de elétrons luz-dirigido.

**Fototróficos** organismos que utilizam a luz como fonte de energia.

**Glicólise** a via bioquímica na qual a glicose é fermentada, gerando ATP e diversos produtos de fermentação; também chamada de via de Embden-Meyerhof-Parnas.

**Heterotrófico** organismo que utiliza compostos orgânicos como fonte de carbono.

**Meio complexo** meio de cultura composto por substâncias químicas indefinidas como extratos de leveduras e de carne.

**Meio de cultura** solução aquosa de vários nutrientes, adequada ao crescimento de microrganismos.

**Meio definido** meio de cultura cuja composição química precisa é conhecida.

**Nitrogenase** complexo enzimático necessário para reduzir $N_2$ a $NH_3$ na fixação de nitrogênio biológica.

**Potencial de redução ($E_0{}'$)** tendência inerente, medida em volts sob condições-padrão, de um composto para doar elétrons.

**Quimiolitotrófico** organismo que consegue crescer tendo compostos inorgânicos como doadores de elétrons no metabolismo energético.

**Quimiorganotrófico** organismo que obtém sua energia da oxidação de compostos orgânicos.

**Reações anabólicas (anabolismo)** a soma total de todas as reações biossintéticas na célula.

**Reações catabólicas (catabolismo)** reações bioquímicas que levam à conservação de energia (geralmente ATP) pela célula.

**Respiração** processo no qual um composto é oxidado, tendo $O_2$ (ou um substituto do $O_2$) como aceptor terminal de elétrons, geralmente acompanhado pela produção de ATP por meio da fosforilação oxidativa.

**Respiração anaeróbia** forma de respiração na qual o oxigênio está ausente e aceptores de elétrons alternativos são reduzidos.

**Técnica asséptica** técnicas para prevenir contaminações de objetos estéreis ou culturas microbianas durante a manipulação.

**Trifosfato de adenosina (ATP)** nucleotídeo que é a forma primária na qual energia química é conservada e utilizada nas células.

**Via das pentoses-fosfato** série de reações na qual as pentoses são catabolizadas, para gerar precursores para a biossíntese de nucleotídeos ou para a síntese de glicose.

## QUESTÕES PARA REVISÃO

1. Por que o carbono e o nitrogênio são macronutrientes, mas o cobalto é um micronutriente? (Seção 3.1)
2. Por que o meio seguinte não pode ser considerado um meio quimicamente definido: glicose, 5 gramas (g); $NH_4Cl$, 1 g; $KH_2PO_4$, 1 g; $MgSO_4$, 0,3 g; extrato de levedura, 5 g; água destilada, 1 litro? (Seção 3.2)
3. O que é técnica asséptica e por que ela é necessária? (Seção 3.2)
4. A qual classe energética *Escherichia coli* pertence? *Thiobacillus thioparus*? Como o conteúdo da Tabela 3.2 mostra isso? (Seção 3.3)
5. Descreva como você calcularia $\Delta G^{0\prime}$ para a reação: glicose + 6 $O_2$ $\rightarrow$ 6 $CO_2$ + 6 $H_2O$. Se fosse dito a você que esta reação é altamente *exergônica*, qual seria o sinal aritmético (negativo ou positivo) do $\Delta G^{0\prime}$ que você esperaria para esta reação? (Seção 3.4)
6. Diferencie entre $\Delta G^{0\prime}$, $\Delta G$, e $G_f^0$. (Seção 3.4)
7. Por que as enzimas são necessárias para a célula? (Seção 3.5)
8. O que se segue é uma série de doadores e aceptores de elétrons acoplados (descritos como doadores/aceptores). Utilizando apenas os dados da Figura 3.9, ordene esta série do maior rendimento energético para o menor: $H_2/Fe^{3+}$, $H_2S/O_2$, metanol/$NO_3^-$ (produzindo $NO_2^-$),$H_2/O_2$, $Fe^{2+}/O_2$, $NO_2^-/Fe^{3+}$ e $H_2S/NO_3^-$. (Seção 3.6)
9. Qual o potencial de redução do par $NAD^+/NADH$? (Seção 3.6)
10. Por que o acetil fosfato é considerado um composto rico em energia, mas a glicose-6-fosfato não? (Seção 3.7)
11. Como o ATP é produzido na fermentação e na respiração? (Seção 3.8)

12. Onde na glicólise o NADH é produzido? Onde o NADH é consumido? (Seção 3.8)

13. Além do ácido láctico e do etanol, liste outros produtos de fermentação que podem ser produzidos quando a glicose é fermentada pela glicólise. (Seção 3.9)

14. Liste alguns dos carreadores de elétrons de importância encontrados na cadeia de transporte de elétrons. (Seção 3.10)

15. O que significa força próton-motiva e como ela é gerada? (Seção 3.11)

16. Como a energia rotacional na ATPase é utilizada na produção de ATP? (Seção 3.11)

17. Quanto de ATP é possível ser produzido a mais na respiração do que na fermentação? Escreva uma sentença que explique essa diferença. (Seção 3.12)

18. Por que se pode dizer que o ciclo do ácido cítrico desempenha dois papéis principais na célula? (Seção 3.12)

19. Qual a principal diferença entre respiração e respiração anaeróbia? Qual opção metabólica tem o melhor rendimento energético, e por quê? (Seção 3.13)

20. Quais as duas vias catabólicas principais que fornecem esqueletos de carbono para a biossíntese de açúcares e aminoácidos? (Seções 3.14 e 3.15)

21. Descreva o processo pelo qual um ácido graxo, como o palmitato (um ácido graxo saturado de cadeia linear $C_{16}$), é sintetizado na célula. (Seção 3.16)

22. Qual a reação catalisada pela enzima nitrogenase? Como a habilidade de fixar nitrogênio auxilia uma bactéria a ser mais competitiva em seu meio ambiente? (Seção 3.17)

## QUESTÕES APLICADAS

1. Projete um meio de cultura definido para um organismo que é capaz de crescer aerobiamente utilizando o acetato como fonte de carbono e energia. Certifique-se de que todas as necessidades nutricionais do organismo sejam contabilizadas e colocadas em sua proporção relativa correta.

2. *Desulfovibrio* é capaz de crescer anaerobiamente tendo o $H_2$ como doador de elétrons e o $SO_4^{2-}$ como aceptor de elétrons (que é reduzido a $H_2S$). Baseado nesta informação e nos dados da Tabela A1.2 (Apêndice 1), indique quais dos componentes seguintes não poderiam existir na cadeia de transporte de elétrons deste organismo e por quê: citocromo *c*, ubiquinona, citocromo $c_3$, citocromo $aa_3$, ferredoxina.

3. Novamente, utilizando os dados da Tabela A1.2, preveja a sequência dos carreadores de elétrons na membrana de um organismo em crescimento aeróbio e que esteja produzindo os seguintes carreadores: ubiquinona, citocromo $aa_3$, citocromo *b*, NADH, citocromo *c*, FAD.

4. Explique a observação seguinte sob a ótica da torre redox: células de *Escherichia coli* que fermentam glicose crescem rapidamente quando $NO_3^-$ é fornecido à cultura ($NO_2^-$ é produzido), e crescem ainda mais rapidamente (e interrompem a produção de $NO_2^-$) quando a cultura é altamente aerada.

CAPÍTULO

# 4 Microbiologia molecular

## microbiologia**hoje**

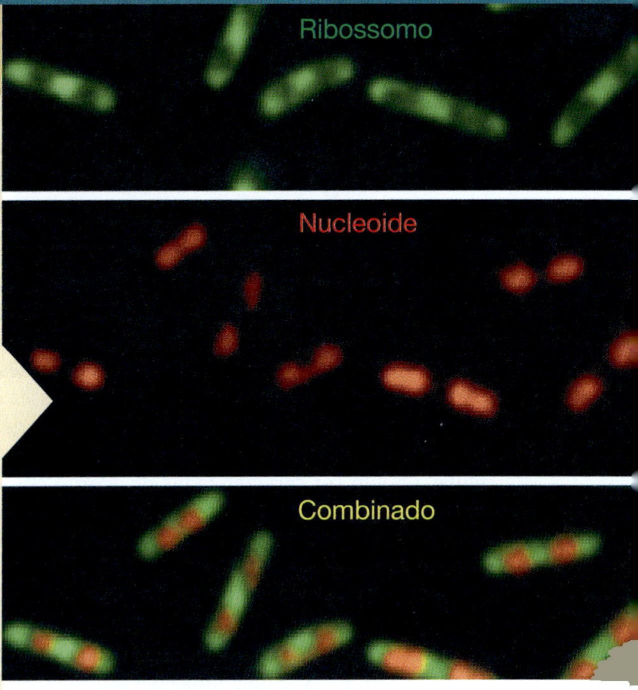


### A essência da vida: microbiologia molecular

Como você certamente já descobriu, os microrganismos possuem uma variedade surpreendente de capacidades metabólicas. O código genético das células individuais é responsável pelas características distintas observadas em todas as formas de vida. Embora esse depósito de informações necessite ser protegido e passado de geração em geração, a informação também precisa "ganhar vida" para permitir que as células executem esse engenhoso conjunto de atividades fascinantes. Esse fluxo de informação biológica essencial – de DNA relativamente inerte até a síntese de proteínas e enzimas críticas para a sobrevivência celular – é conhecido como o dogma central da vida.

A microbiologia molecular tem sido a base para a compreensão das etapas individuais do dogma central: replicação do DNA, transcrição do DNA em RNA, e tradução do RNA em proteínas. Com o advento das técnicas de ponta, novas descobertas em relação a esses processos biológicos essenciais ainda estão em andamento. Por exemplo, os microbiologistas podem agora identificar a localização de moléculas específicas em células vivas, utilizando marcadores fluorescentes e microscópios de fluorescência de alta resolução. A foto ao lado ilustra o uso do microscópio de fluorescência e a marcação de proteínas em células de *Escherichia coli* em crescimento ativo, para visualização real de RNA-polimerases e ribossomos, duas maquinarias celulares essenciais para o dogma central, em ação. A imagem resultante demonstra que a maioria dos ribossomos, as "fábricas proteicas", estão localizadas nas porções terminais da célula e em regiões onde ocorre a formação do septo durante a divisão celular (foto superior, em verde), enquanto as RNA-polimerases estão associadas ao DNA cromossômico na região do nucleoide, que está localizado no centro da célula (foto do meio, em vermelho). A sobreposição das duas imagens (foto inferior) nos permite observar que a organização espacial do fluxo de informação biológica, de fato, existe em células bacterianas, apesar da ausência de organelas.

Bakshi, S., A. Siryaporn, M. Goulian, e J. C. Weisshaar. 2012. Superresolution imaging of ribosomes and RNA polymerase in live *Escherichia coli* cells. *Molecular Microbiology 85:* 21–38.

**I O código da vida: estrutura do genoma bacteriano 108**
**II Transmissão da informação genética: replicação do DNA 115**
**III Síntese de RNA: transcrição 120**
**IV Síntese de proteínas 127**

Central para a vida é o fluxo de informações. O que instrui a célula a se reproduzir e sobreviver em um determinado ambiente, e quais os processos que prescrevem a produção de células? As células podem ser consideradas máquinas químicas e dispositivos de codificação. Como máquinas químicas, as células são capazes de transformar sua vasta variedade de macromoléculas em novas células. Como dispositivos de codificação, elas armazenam, processam e fazem uso da informação genética. Os genes, os mecanismos pelos quais são transferidos para novas células, e sua expressão são as bases da biologia molecular e do dogma central da vida. Este capítulo ressalta o código genético celular e as etapas que as células percorrem para transformar essa informação em macromoléculas que desempenham funções celulares. Neste capítulo, será analisado como os processos ocorrem em bactérias, particularmente *Escherichia coli*, o membro do domínio *Bacteria* que é o organismo-modelo para a biologia molecular. Essa bactéria ainda é o organismo mais bem caracterizado entre procariotos ou eucariotos.

# I • O código da vida: estrutura do genoma bacteriano

## 4.1 Macromoléculas e genes

A unidade funcional da informação genética corresponde ao **gene**.Todas as formas de vida, incluindo os microrganismos, contêm genes. Fisicamente, os genes estão localizados nos cromossomos ou em outras moléculas grandes, referidas coletivamente como **elementos genéticos**. Esses elementos compõem o complemento total da informação genética, ou **genoma**, em uma célula ou vírus. Na biologia moderna, as células podem ser caracterizadas de acordo com seu complemento de genes. Assim, se deseja-se entender como os microrganismos funcionam, deve-se compreender como os genes codificam a informação.

A informação genética nas células está contida nos **ácidos nucleicos**, DNA ou RNA. O **ácido desoxirribonucleico, DNA**, carrega o código genético da célula, enquanto o **ácido ribonucleico, RNA**, é uma molécula intermediária que converte esse código em sequências definidas de aminoácidos em proteínas. A informação genética reside na sequência de monômeros nos ácidos nucleicos. Assim, ao contrário dos polissacarídeos e lipídeos que são normalmente compostos por longas unidades repetidas, os ácidos nucleicos são **macromoléculas informacionais**. Uma vez que a sequência de monômeros nas proteínas é determinada pela sequência dos ácidos nucleicos que a codificam, as proteínas também são macromoléculas informacionais.

Os monômeros dos ácidos nucleicos são denominados **nucleotídeos**, consequentemente, DNA e RNA são **polinucleotídeos**. Um nucleotídeo é composto por três componentes: um açúcar-pentose (ribose no RNA ou desoxirribose no DNA), uma base nitrogenada e uma molécula de fosfato, $PO_4^{3-}$. As estruturas gerais dos nucleotídeos de DNA e RNA são muito similares (**Figura 4.1**). As bases nitrogenadas são **purinas** (*adenina* e *guanina*), que contêm dois anéis heterocíclicos fundidos, ou **pirimidinas** (*timina, citosina* e *uracila*), que contêm um único anel heterocíclico de seis membros (Figura 4.1*a*). Guanina, adenina e citosina estão presentes tanto no DNA quanto no RNA. Com poucas exceções, a timina está presente apenas no DNA e a uracila presente apenas no RNA.

As bases nitrogenadas estão ligadas ao açúcar-pentose por meio de uma ligação glicosídica entre o átomo do carbono 1 do açúcar e o átomo de nitrogênio na base, o nitrogênio 1 (nas bases pirimidínicas) ou 9 (nas bases purínicas). Uma base nitrogenada ligada ao seu açúcar, mas sem a presença do fosfato, é denominada **nucleosídeo**. Nucleotídeos são nucleosídeos com a adição de um ou mais fosfatos (Figura 4.1*b*). Os nucleotídeos desempenham outras funções, além de seu papel nos ácidos nucleicos. Os nucleotídeos, especialmente o trifosfato de adenosina (ATP) e o trifosfato de guanosina (GTP), são moléculas importantes na conservação de energia (Seção 3.7). Outros nucleotídeos ou derivados atuam em reações redox, como carreadores de açúcares na síntese de polissacarídeos ou como moléculas reguladoras.

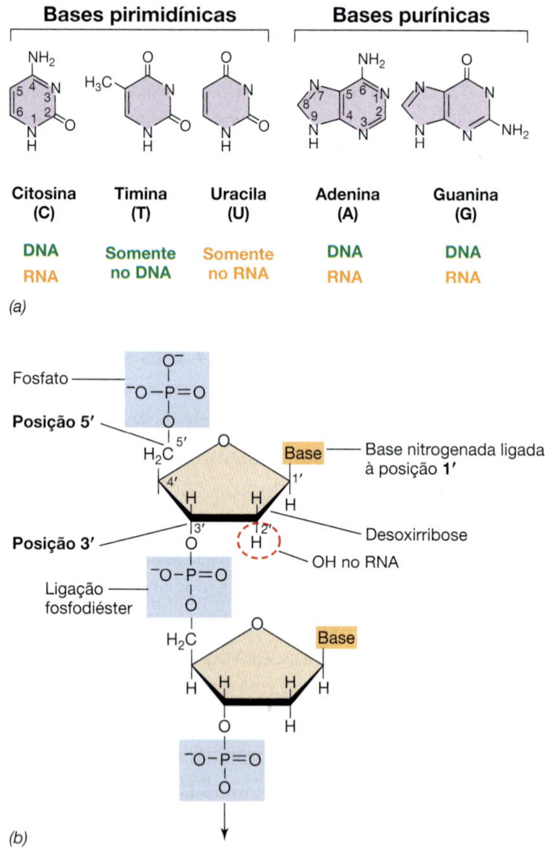


**Figura 4.1 Componentes dos ácidos nucleicos.** *(a)* As bases nitrogenadas do DNA e do RNA. Observe o sistema de numeração dos anéis. Ao ligar-se ao carbono 1′do açúcar-fosfato, uma base pirimidínica liga-se por meio de N-1 e uma base purínica liga-se por meio de N-9. *(b)* Parte de uma cadeia de DNA. Os números no açúcar do nucleotídeo contêm uma apóstrofe (′) após os mesmos, uma vez que os anéis das bases nitrogenadas também são numerados. No DNA, um hidrogênio está presente no carbono 2′ do açúcar-pentose. No RNA, um grupo OH ocupa essa posição. Os nucleotídeos são unidos por uma ligação fosfodiéster.

## Os ácidos nucleicos: DNA e RNA

O esqueleto dos ácidos nucleicos é um polímero de moléculas de açúcar e fosfato alternadas. Os nucleotídeos são covalentemente ligados por meio do fosfato entre o carbono 3′ (3 linha) de um açúcar e o carbono 5′do açúcar seguinte. (Números com marcas de primeira linha referem-se a posições no anel de açúcar; números sem essas marcas referem-se a posições no anel das bases.) A ligação fosfato é denominada **ligação fosfodiéster**, uma vez que o fosfato se conecta a duas moléculas de açúcar por meio de uma ligação éster (Figura 4.1*b*). A *sequência* de nucleotídeos em uma molécula de DNA ou RNA corresponde a sua **estrutura primária**, e a sequência de bases constitui a informação genética.

No genoma das células, o DNA é *dupla-fita*. Cada cromossomo consiste em duas fitas de DNA, cada fita contendo centenas de milhares a vários milhões de nucleotídeos ligados por ligação fosfodiéster. As fitas são mantidas unidas por meio de ligações de hidrogênio que se formam entre as bases de uma fita e aquelas da outra fita. Quando localizadas adjacentes umas às outras, bases purínicas e pirimidínicas podem formar ligações de hidrogênio (**Figura 4.2**). As ligações de hidrogênio são mais estáveis termodinamicamente quando a guanina (G) se liga à citosina (C) e a adenina (A) se liga à timina (T). O pareamento de bases específicas, A com T e G com C, garante que as duas fitas de DNA sejam *complementares* em sua sequência de bases; isto é, onde se encontra G em uma fita, encontra-se C na outra fita, e onde se encontra T em uma fita, sua fita complementar apresenta um A.

## Genes e etapas do fluxo informacional

Quando os genes são expressos, a informação genética armazenada no DNA é transferida ao ácido ribonucleico (RNA). Enquanto várias classes de RNA existem nas células, três tipos principais atuam na síntese de proteínas. O **RNA mensageiro** (**RNAm**) é uma molécula de fita simples que carrega a informação genética do DNA ao ribossomo, a máquina de síntese proteica. Os **RNAs transportadores** (**RNAts**) convertem a informação genética nas sequências nucleotídicas do RNA em uma sequência definida de aminoácidos em proteínas. Os **RNAs ribossomais** (**RNArs**) são importantes componentes catalíticos e estruturais dos ribossomos. Os processos moleculares do fluxo da informação genética podem ser divididos em três estágios (**Figura 4.3**):

1. **Replicação**. Durante a replicação, a dupla-hélice do DNA é duplicada, produzindo duas cópias. A replicação é realizada por uma enzima denominada *DNA-polimerase.*
2. **Transcrição**. A transferência da informação genética do DNA para o RNA é denominada transcrição. A transcrição é realizada por uma enzima denominada *RNA-polimerase.*
3. **Tradução**. A síntese de uma proteína, utilizando a informação genética contida no RNAm, é denominada tradução.

As três etapas apresentadas na Figura 4.3 são características de todas as células e constituem o dogma central da biologia molecular: DNA → RNA → proteína. Muitas moléculas distintas de RNA são transcritas a partir de uma região relativamente curta da longa molécula de DNA. Em eucariotos, cada gene é transcrito, originando um único RNAm, enquanto em procariotos, uma única molécula de RNAm pode carrear a informação genética de vários genes; isto é, de mais de uma região codificadora de proteínas. Existe uma correspondência linear entre a sequência de bases de um gene e a sequência de aminoácidos de um polipeptídeo. Cada grupo de três bases em uma molécula de RNAm codifica um único aminoácido, e cada tripleto de bases é chamado de **códon**. Os códons são traduzidos em sequências de aminoácidos pelos ribossomos (que consistem em proteínas e RNA) RNAt, e proteínas auxiliares denominadas *fatores de tradução*. Enquanto o dogma central é invariável em células, será visto posteriormente que alguns vírus (que não são células, Seção 1.2) violam esse processo de forma interessante (Capítulos 8 e 9).

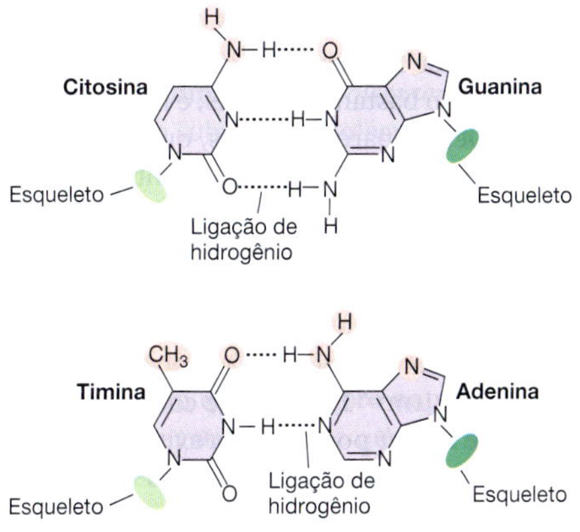


**Figura 4.2** **Pareamento específico entre guanina (G) e citosina (C) e entre adenina (A) e timina (T), por meio de ligações de hidrogênio.** Esses são os típicos pares de bases encontrados no DNA de dupla-fita. Os átomos encontrados no sulco maior da dupla-hélice, que interagem com as proteínas, encontram-se assinalados em cor-de-rosa. Os esqueletos de desoxirribose-fosfato das duas fitas de DNA são também indicados. Observe as diferentes tonalidades de verde assinalando as duas fitas do DNA, uma convenção utilizada ao longo deste livro.

**MINIQUESTIONÁRIO**

- O que é um genoma?
- Quais componentes são encontrados em um nucleotídeo? De que forma um nucleo*sídeo* se difere de um nucleo*tídeo*?
- Quais as três macromoléculas informacionais envolvidas no fluxo da informação genética?
- Em todas as células, há três processos envolvidos no fluxo da informação genética. Quais são esses processos?

# 4.2 A dupla-hélice

Em todas as células, o DNA existe como uma molécula de dupla-fita, com duas fitas polinucleotídicas cujas sequências de bases são **complementares**. A complementaridade do DNA ocorre a partir do pareamento específico de bases por meio das ligações de hidrogênio: adenina sempre se liga à timina, e a guanina sempre se liga à citosina. Cada par de bases adenina-timina apresenta *duas* ligações de hidrogênio, enquanto cada par de bases guanina-citosina apresenta *três* ligações. Isso torna os pares GC mais fortes do que os pares AT. As duas fitas da molécula de DNA estão organizadas de forma **antiparalela** (**Figura 4.4**; as fitas de DNA aparecem ao longo da figura em dois tons de verde). Dessa forma, a fita da esquerda aparece no sentido 5′-3′ de cima para baixo, enquanto a fita complementar aparece no sentido 5′-3′ de baixo para cima. Embora codificadas para a sua replicação. A maioria dos plasmídeos é geralmente dispensável, uma vez que raramente possuem genes necessários para o crescimento em todas as condições. Em contrapartida, os genes essenciais se encontram nos cromossomos. Ao contrário dos vírus, os plasmídeos não possuem uma forma extracelular e existem dentro das células como DNA livre. Milhares de plasmídeos diferentes são conhecidos. Na verdade, mais de 300 plasmídeos diferentes, de ocorrência natural, foram isolados de linhagens de *Escherichia coli* por si só.

A maioria dos plasmídeos é constituída por DNA de dupla-fita. A maioria exibe configuração circular, porém muitos de configuração linear são conhecidos. Os plasmídeos de ocorrência natural variam em tamanho, de aproximadamente 1 kpb a mais de 1 Mpb. Plasmídeos típicos são moléculas de DNA circular dupla-fita que apresentam menos de 5% do tamanho dos cromossomos (**Figura 4.9**). A maioria dos plasmídeos de DNA isolados de células é superenovelado, que corresponde à forma mais compacta do DNA quando no interior de uma célula (Figura 4.6). Algumas bactérias podem conter diversos tipos diferentes de plasmídeos. Por exemplo, *Borrelia burgdorferi* (o patógeno da doença de Lyme, Seção 30.4) contém 17 plasmídeos circulares e lineares diferentes!

As enzimas de replicação celular também replicam plasmídeos. Assim, os genes carreados pelo plasmídeo estão envolvidos principalmente no controle da iniciação da replicação e na partição dos plasmídeos replicados para as células-filhas. Diferentes plasmídeos também encontram-se presentes em células em números distintos denominados *número de cópias*. Alguns plasmídeos são encontrados em apenas 1 a 3 cópias por célula, enquanto outros podem estar presentes em mais de 100 cópias. O número de cópias é controlado por genes plasmidiais e por interações entre o hospedeiro e o plasmídeo.

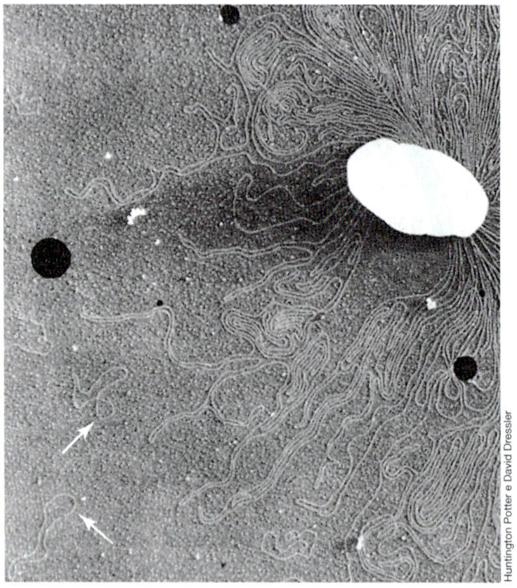


**Figura 4.9 O cromossomo bacteriano e os plasmídeos bacterianos, vistos ao microscópio eletrônico.** Os plasmídeos (setas) são as estruturas circulares e são muito menores do que o DNA cromossômico principal. A célula (estrutura grande, branca) foi cuidadosamente degradada para que o DNA permanecesse intacto.

## Tipos de plasmídeos

Embora, por definição, os plasmídeos não codifiquem funções essenciais para o hospedeiro, esses podem carrear genes que influenciam profundamente na fisiologia celular do hospedeiro. Entre os grupos de plasmídeos mais estudados e amplamente distribuídos em células, encontram-se os plasmídeos de resistência, geralmente denominados *plasmídeos R*, que conferem resistência a antibióticos ou vários outros inibidores de crescimento. No geral, os genes de resistência codificam proteínas que inativam os antibióticos ou protegem a célula por algum outro mecanismo. Vários genes de resistência a antibióticos podem ser codificados por um único plasmídeo R; alternativamente, uma célula com múltipla resistência pode conter vários plasmídeos R diferentes. O plasmídeo R100, por exemplo, com 94,3 kpb (**Figura 4.10**), codifica genes que conferem resistência a sulfonamidas, estreptomicina, espectinomicina, ácido fusídico, cloranfenicol e tetraciclina. O plasmídeo R100 contém ainda vários genes que conferem resistência ao mercúrio. Bactérias patogênicas resistentes a antibióticos são de importância médica considerável, e sua incidência crescente está correlacionada ao uso crescente de antibióticos para o tratamento de doenças infecciosas em seres humanos e animais (Seção 27.17).

Microrganismos patogênicos possuem uma variedade de características que os permitem colonizarem hospedeiros e estabelecer infecções. As duas principais características envolvidas na virulência (capacidade de provocar doenças) de patógenos são frequentemente codificadas por plasmídeos: (1) a capacidade de o patógeno ligar-se a e colonizar tecidos específicos do hospedeiro, e (2) a produção de toxinas, enzimas e outras moléculas que promovem danos ao hospedeiro. Muitas bactérias produzem ainda proteínas que inibem ou matam espécies estreitamente relacionadas, ou mesmo linhagens diferentes da mesma espécie. Estes agentes, denominados

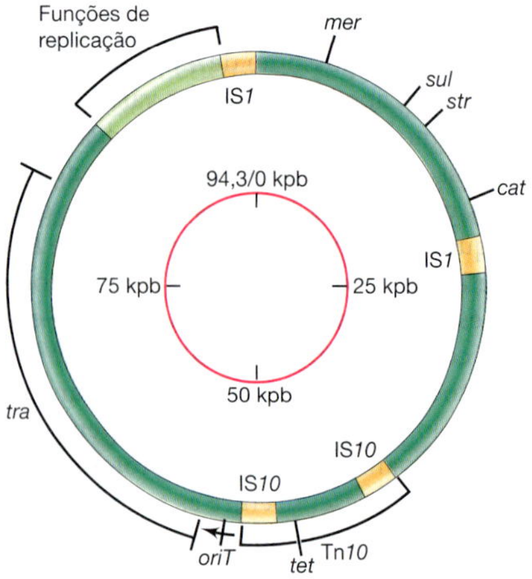


**Figura 4.10 Mapa genético do plasmídeo de resistência R100.** O círculo interno mostra o tamanho em pares de quilobases. O círculo externo mostra a localização dos principais genes de resistência a antibióticos e outras funções-chave: *mer*, resistência ao íon mercúrio; *sul*, resistência à sulfonamida; *str*, resistência à estreptomicina; *cat*, resistência ao cloranfenicol; *tet*, resistência à tetraciclina; *oriT*, origem de transferência conjugativa; *tra*, funções de transferência. As localizações das sequências de inserção (IS) e o transposon Tn10 também são mostrados. Os genes para a replicação plasmidial são encontrados na região de 88 a 92 kpb.

**bacteriocinas**, são análogos dos antibióticos, porém apresentam um espectro de ação mais restrito do que estes. Os genes que codificam as bacteriocinas e as proteínas necessárias ao seu processamento e transporte, e que conferem imunidade ao organismo produtor, são frequentemente carreados por um plasmídeo. Por exemplo, *E.coli* produz bacteriocinas denominadas *colicinas*, que ligam-se a receptores específicos, situados na superfície das células suscetíveis, e promovem a morte celular interrompendo a função da membrana. Outras colicinas exibem atividade de nuclease, degradando DNA ou RNA de linhagens suscetíveis.

Em alguns casos, os plasmídeos codificam propriedades fundamentais para a ecologia da bactéria. Por exemplo, a capacidade de *Rhizobium* em interagir com plantas e formar nódulos radiculares fixadores de nitrogênio necessita de determinadas funções plasmidiais (Seção 22.3). Outros plasmídeos conferem propriedades metabólicas especiais às células bacterianas, como a capacidade de degradar poluentes tóxicos. Algumas características especiais conferidas pelos plasmídeos estão resumidas na **Tabela 4.2**.

**MINIQUESTIONÁRIO**

- O que define um cromossomo em procariotos?
- O que são vírus e plasmídeos?
- O quão grande, aproximadamente, é o genoma de *Escherichia coli* em pares de bases? Quantos genes ele contém?
- Quais propriedades um plasmídeo R confere à sua célula hospedeira?

**Tabela 4.2 Exemplos de características atribuídas por plasmídeos em procariotos**

| *Características* | *Organismos* |
|---|---|
| **Produção de antibiótico** | *Streptomyces* |
| **Conjugação** | Vasta variedade de bactérias |
| **Funções metabólicas** | |
| Degradação de octano, cânfora, naftaleno | *Pseudomonas* |
| Degradação de herbicidas | *Alcaligenes* |
| Formação de acetona e butanol | *Clostridium* |
| Utilização de lactose, sacarose, citrato ou ureia | Bactérias entéricas |
| Produção de pigmento | *Erwinia, Staphylococcus* |
| Produção de vesícula de gás | *Halobacterium* |
| **Resistência** | |
| Resistência a antibiótico | Vasta variedade de bactérias |
| Resistência a metais tóxicos | Vasta variedade de bactérias |
| **Virulência** | |
| Produção de tumor em plantas | *Agrobacterium* |
| Nodulação e fixação de nitrogênio simbiótica | *Rhizobium* |
| Produção de bacteriocina e resistência | Vasta variedade de bactérias |
| Invasão de célula animal | *Salmonella, Shigella, Yersinia* |
| Coagulase, hemolisina, enterotoxina | *Staphylococcus* |
| Toxinas e cápsula | *Bacillus anthracis* |
| Enterotoxina, antígeno K | *Escherichia coli* |

# II • Transmissão da informação genética: replicação do DNA

A replicação do DNA é necessária para que as células dividam-se, seja na reprodução, originando novos organismos, como no caso de microrganismos unicelulares, seja na produção de novas células em um organismo multicelular. Para transmitir com sucesso a informação genética de uma célula-mãe para uma célula-filha idêntica, a replicação do DNA precisa ser altamente precisa. Esse processo requer a atividade de uma série de enzimas especiais.

## 4.4 Moldes e enzimas

Como visto anteriormente, o DNA encontra-se nas células como uma dupla-hélice, exibindo pareamento de bases complementares (Figuras 4.3 e 4.4). Quando a dupla-hélice do DNA é aberta, uma nova fita pode ser sintetizada como complemento de cada uma das fitas parentais. Conforme apresentado na **Figura 4.11**, a replicação é um processo **semiconservativo**, significando que as duas duplas hélices resultantes consistem em uma fita recém-sintetizada e uma fita parental. A fita de DNA que é utilizada como molde na produção de uma fita complementar é denominada molde, e na replicação do DNA, cada fita parental corresponde a um molde para uma fita-filha recém-sintetizada (Figura 4.11).

O precursor de cada novo nucleotídeo na fita de DNA corresponde a um desoxinucleosídeo 5′-trifosfato. Durante a inserção, dois fosfatos terminais são removidos, e o fosfato interno é então ligado covalentemente à desoxirribose da cadeia em crescimento (**Figura 4.12**). A adição do nucleotídeo à fita em crescimento requer a presença de um grupo hidroxil livre, o qual encontra-se disponível somente na extremidade 3′ da molécula. Isso leva a um importante princípio, de que a replicação do DNA sempre ocorre *a partir da extremidade 5′, em direção à extremidade 3′*, com o grupo 5′-fosfato do nucleotídeo a ser adicionado à cadeia sendo ligado ao grupo 3′-hidroxil do nucleotídeo previamente adicionado.

As enzimas que catalisam a adição dos desoxinucleotídeos são denominadas **DNA-polimerases**. Existem diversos ti-

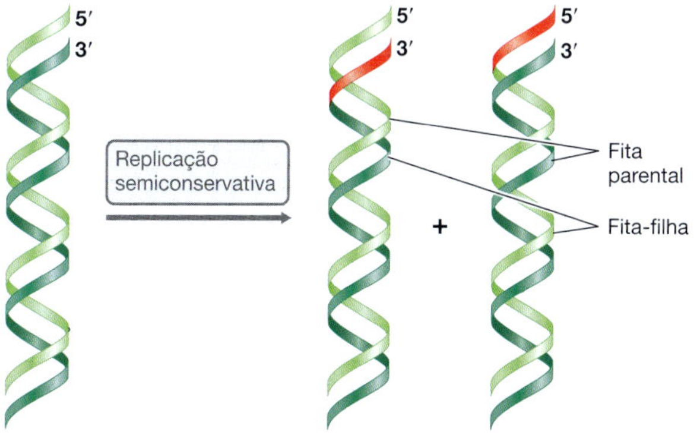


**Figura 4.11 Visão geral da replicação do DNA.** A replicação do DNA é um processo semiconservativo em todas as células. Observe que cada uma das novas duplas-hélices contêm uma fita nova (ilustrada em vermelho, no alto) e uma fita parental.

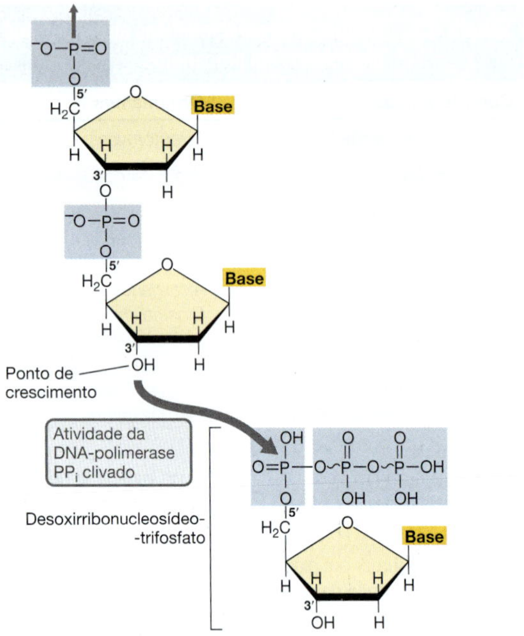


**Figura 4.12** **Extensão de uma cadeia de DNA por meio da adição de um desoxirribonucleosídeo-trifosfato à extremidade 3′ da cadeia.** O crescimento ocorre a partir do 5′-fosfato, em direção à extremidade 3′-hidroxila. A enzima DNA-polimerase catalisa a reação de adição. Os quatro precursores são a desoxitimidina-trifosfato (dTTP), desoxiadenosina-trifosfato (dATP), desoxiguanosina trifosfato (dGTP) e desoxicitidina-trifosfato (dCTP). Na inserção do nucleotídeo, os dois fosfatos terminais do trifosfato são clivados na forma de pirofosfato ($PP_i$). Assim, duas ligações-fosfato ricas em energia são consumidas na adição de cada nucleotídeo.

pos de tais enzimas, cada uma apresentando uma função específica. Existem cinco tipos de DNA-polimerases distintas em *Escherichia coli*, denominadas DNA-polimerases I, II, III, IV e V. A DNA-polimerase III (DNA Pol III) é a principal enzima envolvida na replicação do DNA cromossômico. A DNA-polimerase I (DNA Pol I) também está envolvida na replicação cromossômica, embora em menor grau (ver a seguir). As demais DNA-polimerases auxiliam no reparo de DNA danificado (Seção 10.4).

Todas as DNA-polimerases conhecidas sintetizam DNA na direção 5′ → 3′. No entanto, nenhuma DNA-polimerase conhecida é capaz de iniciar a síntese de uma nova cadeia; todas essas enzimas somente são capazes de adicionar um nucleotídeo a um grupo 3′-OH preexistente. Dessa forma, para iniciar uma nova cadeia, é necessário um **iniciador**, uma molécula de ácido nucleico à qual a DNA-polimerase pode adicionar o primeiro nucleotídeo. Na maioria dos casos, este iniciador consiste em um pequeno segmento de RNA em vez de DNA (**Figura 4.13**).

Quando a dupla-hélice é aberta no início da replicação, uma enzima de polimerização de RNA sintetiza o RNA iniciador. Essa enzima, denominada **primase**, sintetiza um pequeno segmento de RNA (cerca de 11-12 nucleotídeos) que é complementar à fita de DNA-molde quanto ao pareamento de bases. Ao final dessa molécula de RNA iniciador, no ponto de crescimento, há um grupo 3′-OH ao qual a DNA-polimerase adiciona o primeiro desoxirribonucleotídeo. Desse modo, a

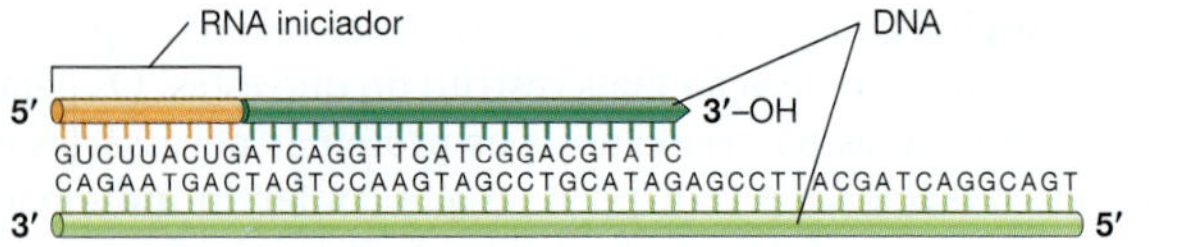


**Figura 4.13** **O RNA iniciador.** Estrutura da combinação RNA-DNA, formada na iniciação da síntese de DNA. O RNA iniciador está destacado em cor de laranja.

extensão continuada da molécula ocorre sob a forma de DNA, em vez de RNA. A molécula recém-sintetizada apresenta uma estrutura semelhante àquela ilustrada na Figura 4.13. Eventualmente, o iniciador será removido e substituído por DNA, conforme descrito na próxima seção.

**MINIQUESTIONÁRIO**

- A qual extremidade (5′ ou 3′) de uma fita de DNA recém-sintetizada a polimerase adiciona uma base?
- Por que há a necessidade de um iniciador na replicação do DNA? De que o iniciador é constituído?

## 4.5 A forquilha de replicação

Grande parte de nosso conhecimento sobre o mecanismo de replicação do DNA foi obtido de estudos realizados com a bactéria *Escherichia coli*; no entanto, é provável que o processo de replicação seja bastante similar em todas as bactérias. Ao contrário, embora a maioria das espécies de arqueias possua cromossomos circulares, muitos dos eventos da replicação do DNA são mais semelhantes àqueles observados em células eucarióticas que em *Bacteria*, um reflexo da filiação filogenética entre *Archaea* e *Eukarya* (Figura 1.6*b*).

### Iniciação da síntese de DNA

Antes da DNA-polimerase ser capaz de sintetizar novo DNA, a dupla-hélice preexistente deve ser desenovelada para expor as fitas-molde. A região de DNA desenovelado, onde ocorre a replicação, é denominada de **forquilha de replicação**. A enzima **DNA-helicase** desenovela a dupla-hélice do DNA, utilizando energia oriunda do ATP, expondo uma pequena região de fita simples (**Figura 4.14**). As helicases deslocam-se ao longo do DNA e separam as fitas, imediatamente à frente da forquilha de replicação. A região de fita simples é imediatamente complexada a cópias de uma proteína de ligação à fita simples, para estabilizar o DNA na forma de fita simples, e prevenir a reversão à dupla-hélice. O desenovelamento da dupla-hélice pela helicase origina superenovelamentos positivos à frente da forquilha de replicação. Para compensar, a DNA-girase desloca-se ao longo do DNA à frente da forquilha de replicação, e insere superenovelamentos negativos para cancelar o superenovelamento positivo.

Bactérias possuem um único local no cromossomo onde a síntese de DNA é iniciada, a origem de replicação (*oriC*). A oriC consiste em uma sequência específica de DNA, com cerca de 250 bases, que é reconhecida por proteínas de iniciação específicas, particularmente uma proteína denominada DnaA (**Tabela 4.3**), que se liga a essa região e promove a abertura da dupla-hélice. A próxima enzima na cadeia de replicação é a helicase (também conhecida por DnaB), cuja ligação

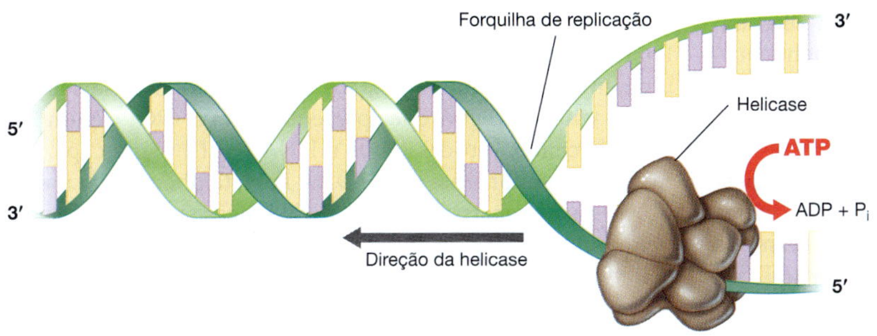


**Figura 4.14 Uma DNA-helicase desenrolando uma dupla-hélice.** Nesta figura, a helicase está desnaturando ou separando as duas fitas antiparalelas de DNA, começando pela extremidade direita e seguindo para a esquerda.

ao DNA é auxiliada pela proteína carregadora de helicase (DnaC). Duas helicases são carregadas, uma em cada fita, voltadas em direções opostas. Em seguida, duas primases, e então duas enzimas DNA-polimerases são carregadas no DNA, atrás das helicases. A iniciação da replicação do DNA é então iniciada nas duas fitas simples. À medida que a replicação prossegue, a forquilha de replicação parece mover-se ao longo do DNA (Figura 4.14).

**Tabela 4.3 Principais enzimas envolvidas na replicação do DNA em bactérias**

| *Enzima* | *Genes codificadores* | *Função* |
|---|---|---|
| DNA-girase | *gyrAB* | Desenrola superenovelamentos à frente do replissomo |
| Proteína de ligação à origem | *dnaA* | Liga-se à origem de replicação para abrir a dupla-hélice |
| Carregador de helicase | *dnaC* | Carrega a helicase na origem |
| Helicase | *dnaB* | Desenrola a dupla-hélice na forquilha de replicação |
| Proteína de ligação à fita simples | *ssb* | Impede o anelamento das fitas simples |
| Primase | *dnaG* | Fornece o iniciador para novas fitas de DNA |
| DNA-polimerase III | | Principal enzima de polimerização |
| Braçadeira deslizante | *dnaN* | Mantém a Pol III no DNA |
| Carregador da braçadeira | *holA-E* | Carrega a Pol III na braçadeira deslizante |
| Subunidade de dimerização (Tau) | *dnaX* | Mantém as duas enzimas cerne unidas nas fitas contínua e descontínua |
| Subunidade da polimerase | *dnaE* | Elongação da fita |
| Subunidade de revisão | *dnaQ* | Mecanismo de revisão |
| DNA-polimerase I | *polA* | Realiza a excisão do iniciador de RNA e o preenchimento das lacunas |
| DNA-ligase | *ligA, ligB* | Sela as quebras no DNA |
| Proteína Tus | *tus* | Liga-se à terminação, bloqueando o avanço da forquilha de replicação |
| Topoisomerase IV | *parCE* | Separação dos círculos interligados |

## Fitas contínua e descontínua

A **Figura 4.15** apresenta detalhes da replicação do DNA na forquilha de replicação. Uma importante distinção na replicação das duas fitas de DNA pode ser feita, devido ao fato de a replicação sempre ocorrer no sentido 5′-3′ (5′ → 3′, havendo sempre a adição de um novo nucleotídeo à extremidade 3′-OH da cadeia em crescimento). Na fita que cresce a partir do 5′-$PO_4^{2-}$ em direção ao 3′-OH, denominada **fita contínua**, a síntese de DNA ocorre *ininterruptamente*, uma vez que sempre há uma extremidade 3′-OH livre na forquilha de replicação, à qual um novo nucleotídeo pode ser adicionado. Ao contrário, na fita oposta, denominada **fita descontínua**, a síntese de DNA ocorre de forma *descontínua*, porque não há uma extremidade 3′-OH livre na forquilha de replicação, à qual um novo nucleotídeo possa ser adicionado (Figura 4.15). A extremidade 3′-OH livre dessa fita está localizada na extremidade oposta, distante da forquilha de replicação. Portanto, na fita descontínua, é necessário que a primase sintetize iniciadores de RNA repetidas vezes, para fornecer os grupos 3′-OH livres para a DNA Pol III. Por outro lado, a fita contínua recebe um iniciador somente uma vez, na origem. Como resultado, a fita descontínua é sintetizada como segmentos curtos, denominados *fragmentos*

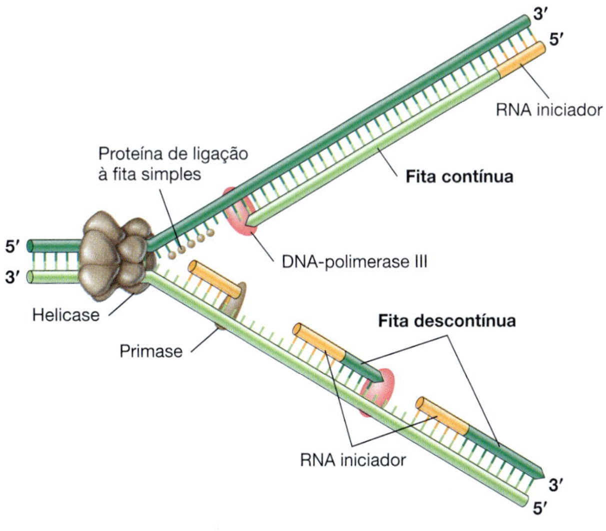


**Figura 4.15 Eventos que ocorrem na forquilha de replicação do DNA.** Observe a polaridade e a natureza antiparalela das fitas de DNA.

*de Okazaki*, em homenagem a seu descobridor, Reiji Okazaki. Esses fragmentos da fita descontínua são posteriormente unidos, originando uma fita contínua de DNA.

## Síntese de novas fitas de DNA

Após sintetizar o RNA iniciador, a primase é substituída pela DNA Pol III. Essa enzima consiste em um complexo de várias proteínas (Tabela 4.3), incluindo a própria enzima cerne da polimerase. Cada molécula de polimerase é mantida no DNA por uma braçadeira deslizante, que circunda e desliza ao longo das fitas simples de DNA que atuam como molde. Consequentemente, a forquilha de replicação contém duas polimerases cerne e duas braçadeiras deslizantes, um conjunto para cada fita. Entretanto, há apenas um único complexo carregador de braçadeira, que atua na montagem das braçadeiras deslizantes no DNA. Após a montagem na fita descontínua, a atividade elongadora da DNA Pol III, catalisada pela DnaE, promove, então, a adição sequencial dos desoxirribonucleotídeos até que atinja o segmento de DNA previamente sintetizado (**Figura 4.16**). Nesse momento, cessa a atividade da DNA Pol III.

A próxima enzima a participar, a DNA Pol I, possui mais de uma atividade enzimática. Além de promover a síntese de DNA, a Pol I exibe atividade de exonuclease 5′ → 3′, que remove o iniciador de RNA que o precede (Figura 4.16). Após a remoção do iniciador e sua substituição por DNA, a DNA Pol I é liberada. A última ligação fosfodiéster é produzida por uma enzima denominada **DNA-ligase**. Essa enzima sela os cortes feitos no DNA que apresentam um 5′-$PO_4^{2-}$ e um 3′-OH adjacentes (processo que a DNA Pol III não é capaz de realizar) e, juntamente com a DNA Pol I, também participa de processos de reparo de DNA. A DNA-ligase também desempenha importante papel na selagem de DNAs manipulados geneticamente, durante o processo de clonagem molecular (Seção 11.4).

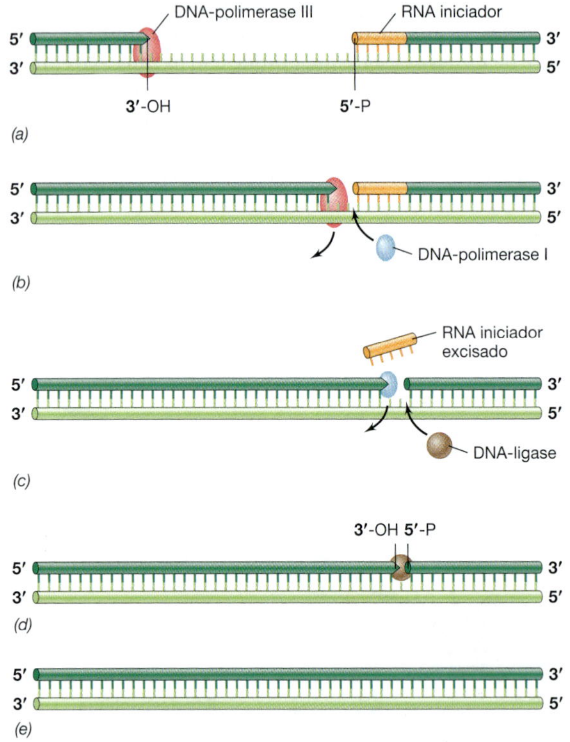


**Figura 4.16** **União de dois fragmentos na fita descontínua.** *(a)* A DNA-polimerase III promove a síntese de DNA no sentido 5′ → 3′, em direção ao iniciador de RNA presente em um fragmento previamente sintetizado na fita descontínua. *(b)* Ao alcançar esse fragmento, a DNA-polimerase III é substituída pela DNA-polimerase I. *(c)* A DNA-polimerase I continua a síntese de DNA, enquanto retira o iniciador de RNA do fragmento prévio, e a DNA-ligase substitui a DNA-polimerase I após a remoção do iniciador. *(d)* A DNA-ligase une os dois fragmentos. *(e)* O produto final, DNA dupla-fita complementar e antiparalelo.

**MINIQUESTIONÁRIO**

- Por que existem as fitas contínua e descontínua?
- Como a origem de replicação é reconhecida?
- Que enzimas participam na união dos fragmentos da fita descontínua?

## 4.6 Replicação bidirecional e o replissomo

A natureza circular do cromossomo procariótico cria uma oportunidade de aceleração do processo de replicação. Em *Escherichia coli*, e provavelmente em todos os procariotos contendo cromossomos circulares, a replicação é *bidirecional* a partir da origem de replicação, conforme apresentado na **Figura 4.17**. Existem, desse modo, *duas* forquilhas de replicação em cada cromossomo, movendo-se em direções opostas. Essas forquilhas são mantidas unidas por duas subunidades da proteína Tau. No DNA circular, a replicação bidirecional leva à formação de estruturas características, denominadas estruturas teta (Figura 4.17).

Durante a replicação bidirecional, a síntese ocorre de modo contínuo e descontínuo em cada fita-molde, permitindo que o DNA se replique o mais rápido possível (Figura 4.17). Embora a DNA Pol III seja capaz de adicionar nucleotídeos a uma fita de DNA em crescimento a uma velocidade de 1.000 por segundo, a replicação do cromossomo de *E. coli* ainda demanda cerca de 40 min. Curiosamente, nas melhores condições de crescimento, *E. coli* é capaz de crescer com um tempo de geração de cerca de 20 min. A solução para esse enigma está no fato de as células de *E. coli*, crescendo com tempos de geração inferiores a 40 min, conterem múltiplas forquilhas de replicação. Isto é, um novo ciclo de replicação do DNA é iniciado antes do ciclo anterior ter sido completado. Esse problema será abordado em mais detalhes no Capítulo 5 (Figura 5.4).

### O replissomo

A Figura 4.15 ilustra as diferenças na replicação das fitas contínua e descontínua e as enzimas que participam do processo. A partir desse diagrama simplificado, pode parecer que cada forquilha de replicação contém diversas proteínas distintas, atuando de forma independente. Na realidade, esse não é o caso. Em vez disso, as proteínas de replicação agregam-se, formando um grande complexo de replicação denominado **replissomo** (**Figura 4.18**). A fita descontínua do DNA forma uma alça, permitindo que o replissomo mova-se suavemente ao longo de ambas as fitas, e o replissomo literalmente puxa o DNA-molde à medida que a replicação se processa. Assim, é o DNA, e não a DNA-polimerase, que se movimenta durante a replicação. Observe também como a helicase e a primase formam um sub-

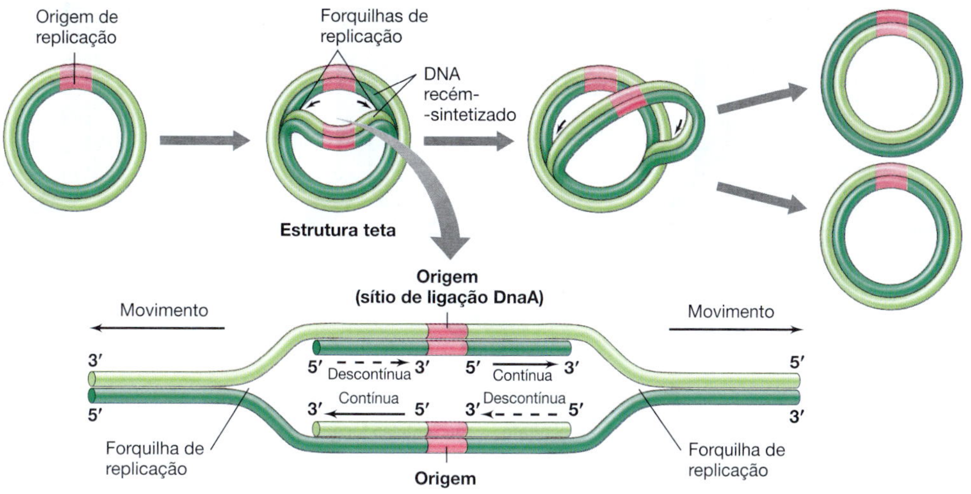


**Figura 4.17 Replicação de DNA circular: a estrutura teta.** Em um DNA circular, a replicação bidirecional a partir de uma origem leva à formação de uma estrutura intermediária, semelhante à letra grega teta ($\theta$). A inserção mostra duas forquilhas de replicação no cromossomo circular. Em *Escherichia coli*, a origem de replicação é reconhecida por uma proteína específica, DnaA. Observe que a síntese de DNA está ocorrendo tanto na fita contínua quanto na descontínua em cada uma das novas fitas-filhas. Compare esta figura com a descrição de replissomo mostrada na Figura 4.18.

complexo, denominado *primossomo*, que auxilia sua ação em estreita associação durante o processo de replicação.

Em resumo, além da DNA Pol III, o replissomo contém várias proteínas essenciais de replicação: (1) DNA-girase, que remove os superenovelamentos; (2) DNA-helicase e primase (o primossomo), que desenovela e adiciona um iniciador no DNA; e (3) a proteína de ligação à fita simples, que impede as fitas-molde separadas de formarem novamente uma dupla-hélice (Figura 4.18). A Tabela 4.3 resume as propriedades das proteínas essenciais à replicação do DNA em bactérias.

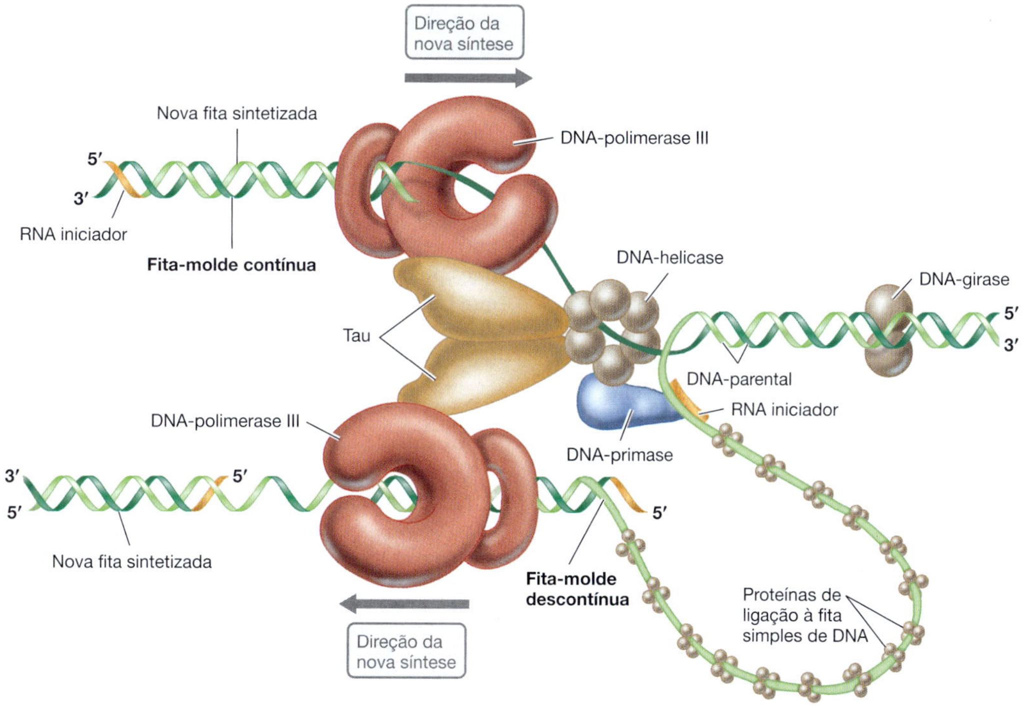


**Figura 4.18 O replissomo.** O replissomo consiste em duas cópias de DNA-polimerase III e DNA-girase, além de helicase e primase (que em conjunto formam o primossomo), e muitas cópias da proteína de ligação à fita simples de DNA. As subunidades Tau mantêm os conjuntos de DNA-polimerases e helicase unidos. Imediatamente a montante do restante do replissomo, a DNA-girase remove os superenovelamentos no DNA que será replicado. Observe que as duas polimerases estão replicando as duas fitas individuais de DNA em direções opostas. Consequentemente, a fita-molde descontínua forma uma alça de modo que todo o replissomo se mova na mesma direção ao longo do cromossomo.

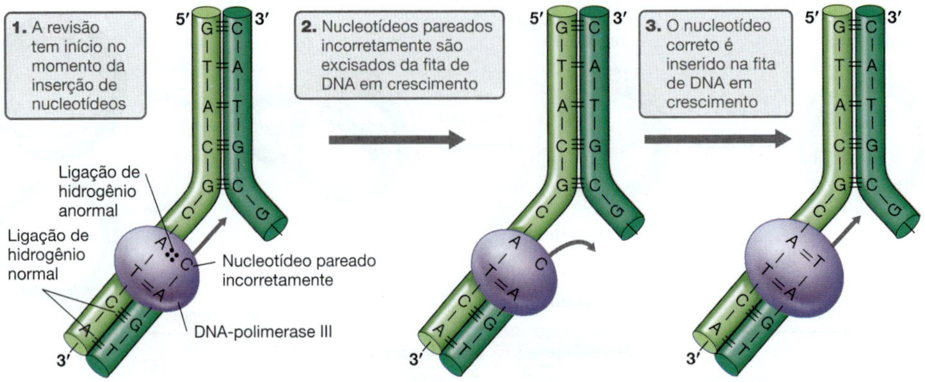


**Figura 4.19 Mecanismo de revisão mediado pela atividade de exonuclease 3′→ 5′ da DNA-polimerase III.** Um pareamento incorreto no par de bases terminal induz a polimerase a realizar uma breve pausa. Esse é o sinal para que o mecanismo de revisão promova a excisão do nucleotídeo incorreto, após o qual a base correta é inserida pela atividade da polimerase.

## Fidelidade da replicação do DNA: revisão

O DNA replica com uma taxa de erro extremamente baixa. No entanto, quando os erros ocorrem, existe um mecanismo para detectá-los e corrigi-los. Erros durante a replicação de DNA introduzem *mutações*, alterações na sequência do DNA. As taxas de mutação nas células são extremamente baixas, entre $10^{-8}$ a $10^{-11}$ erros por par de bases inserido. Essa precisão é possível, em parte, porque as DNA-polimerases têm duas oportunidades para incorporar a base correta em um determinado sítio. A primeira oportunidade ocorre após a inserção de bases complementares às bases opostas da fita-molde pela DNA Pol III, de acordo com as regras de pareamento de bases, A com T e G com C.A segunda oportunidade depende de uma segunda atividade enzimática da DNA Pol I e Pol III, denominada *mecanismo de revisão* (**Figura 4.19**). No caso da DNA Pol III, uma subunidade proteica distinta, DnaQ, é responsável pela revisão, enquanto na DNA Pol I, uma única proteína realiza a polimerização e a revisão.

A atividade de revisão ocorre quando uma base incorreta foi inserida, uma vez que isso origina um pareamento incorreto de bases. Tanto a DNA Pol I quanto a DNA Pol III possuem atividade exonuclease 3′ → 5′ que consegue remover os nucleotídeos inseridos de forma incorreta. A polimerase percebe esse fato porque um nucleotídeo inserido incorretamente acarreta uma discreta distorção na dupla-hélice. Após a remoção do nucleotídeo pareado incorretamente, a polimerase tem uma segunda oportunidade de inserir o nucleotídeo correto (Figura 4.19). A atividade exonucleásica de revisão é distinta da atividade de exonuclease 5′ → 3′ da DNA Pol I, utilizada para remover o iniciador de RNA das fitas contínua e descontínua. Apenas a DNA Pol I possui essa última atividade. A revisão por exonuclease ocorre em sistemas de replicação de DNA em procariotos, eucariotos e vírus. Todavia, muitos organismos apresentam mecanismos adicionais para reduzir os erros realizados durante a replicação de DNA, que operam após a passagem da forquilha de replicação. Serão discutidos alguns desses mecanismos no Capítulo 10.

## Terminação da replicação

Eventualmente, o processo de replicação do DNA é concluído. Como o replissomo reconhece o momento de parar? No lado oposto, em relação à origem, de um cromossomo circular, há um sítio denominado *terminação da replicação*. Nesse ponto, as duas forquilhas de replicação colidem, à medida que os novos círculos de DNA são completados. Na região de terminação encontram-se várias sequências de DNA, denominadas sítios *Ter*, que são reconhecidas por uma proteína denominada Tus, cuja função é bloquear o avanço das forquilhas de replicação. Quando a replicação de um cromossomo circular chega ao fim, as duas moléculas circulares encontram-se ligadas, como elos de uma corrente. Sua separação é catalisada por outra enzima, a topoisomerase IV. Obviamente, é importante que após a replicação do DNA este seja segregado de maneira que cada célula-filha receba uma cópia do cromossomo. Esse processo pode ser auxiliado por FtsZ, uma importante proteína de divisão celular, que auxilia na coordenação de vários eventos essenciais da divisão celular (Seção 5.2).

**MINIQUESTIONÁRIO**

- O que é o replissomo e quais são seus componentes?
- Como a atividade de revisão é realizada durante a replicação do DNA?
- Como as atividades do replissomo são interrompidas?

# III • Síntese de RNA: transcrição

Transcrição é a síntese de ácido ribonucleico (RNA) utilizando DNA como molde. Existem três diferenças essenciais na química do RNA e do DNA: (1) o RNA contém o açúcar-ribose em vez de desoxirribose; (2) o RNA contém a base uracila no lugar de timina; e (3) exceto no caso de alguns vírus, o RNA não é encontrado na forma de dupla-fita. A substituição da desoxirribose pela ribose afeta as propriedades químicas de um ácido nucleico; as enzimas que atuam sobre o DNA geralmente não exibem qualquer efeito no RNA, e vice-versa. Entretanto, a substuição da timina pela uracila não afeta o pareamento das bases, uma vez que essas bases pareiam-se com a adenina com a mesma eficiência.

Enquanto o RNA existe predominantemente na forma de fita simples, as moléculas normalmente se dobram sobre si mesmas, em regiões onde o emparelhamento de bases complementares é possível. O termo **estrutura secundária** refere-se a esse processo de dobragem, e o termo *estrutura primária* refere-se à sequência nucleotídica, da mesma forma que no DNA. A estrutura secundária origina moléculas de RNA altamente dobradas e torcidas, cuja função biológica depende criticamente da sua forma tridimensional final.

O RNA desempenha diversos papéis importantes na célula. Como visto anteriormente (Figura 4.3), três tipos principais de RNA estão envolvidos na síntese proteica: RNA *mensageiro* (RNAm), RNA *transportador* (RNAt) e RNA *ribossomal* (RNAr). Vários outros tipos de RNA são também conhecidos, estando a maioria envolvida na regulação (Capítulo 7). Todas as moléculas de RNA são produtos da transcrição do DNA. Deve-se enfatizar que o RNA atua em dois níveis, genético e funcional. No nível genético, o RNAm carreia a informação genética do genoma para o ribossomo. Em contrapartida, o RNAr desempenha papel funcional e estrutural nos ribossomos, e o RNAt desempenha um papel ativo no transporte de aminoácidos para a síntese proteica. Além disso, algumas moléculas de RNA, incluindo RNAr, podem apresentar atividade enzimática. Nesta seção, será analisado como o RNA é sintetizado em espécies de bactérias, utilizando novamente *Escherichia coli* como nosso organismo-modelo.

## 4.7 Transcrição

A transcrição da informação genética é realizada pela enzima **RNA-polimerase**. Assim como a DNA-polimerase, a RNA-polimerase catalisa a formação de ligações fosfodiéster, porém, nesse caso, entre ribonucleotídeos rATP, rGTP, rCTP e rUTP, em vez de desoxirribonucleotídeos. A polimerização é conduzida pela energia liberada a partir da hidrólise de duas ligações fosfato ricas em energia, presentes nos ribonucleosídeos trifosfato que estão sendo adicionados. O mecanismo de síntese de RNA é muito semelhante àquele da síntese de DNA (Figura 4.12): durante a elongação de uma cadeia de RNA, os ribonucleosídeos-trifosfato são adicionados ao grupo 3′-OH da ribose do nucleotídeo precedente. Assim, a direção global do crescimento da cadeia ocorre a partir da extremidade 5′ em direção à extremidade 3′, e a fita recém-sintetizada é antiparalela à fita-molde de DNA, a partir da qual o RNA foi transcrito. O processo global da síntese de RNA é ilustrado na Figura 4.20.

A RNA-polimerase utiliza DNA dupla-fita como molde, porém apenas uma das duas fitas é transcrita para cada gene. No entanto, genes estão presentes em ambas as fitas do DNA e, portanto, as sequências de DNA das duas fitas são transcritas, embora em localizações distintas. Contrariamente à DNA-polimerase, a RNA-polimerase é capaz de iniciar novas fitas de nucleotídeos de forma independente; consequentemente, não há a necessidade de um iniciador. À medida que o RNA recém-sintetizado dissocia-se do DNA, o DNA aberto fecha-se de volta para a dupla-hélice original. A transcrição é interrompida em sítios específicos denominados *terminadores de transcrição*. Diferentemente da replicação do DNA, que copia genomas inteiros, a transcrição copia unidades de DNA muito menores, frequentemente correspondendo a um único gene. Esse sistema permite à célula transcrever genes diferentes, em frequências diferentes, dependendo das necessidades da célula para diferentes proteínas. Em outras palavras, a expressão gênica é regulada. Como será visto no Capítulo 7, a regulação da transcrição é um processo importante e elaborado, que utiliza muitos mecanismos diferentes, e é de extrema eficiência no controle da expressão gênica e conservação dos recursos celulares.

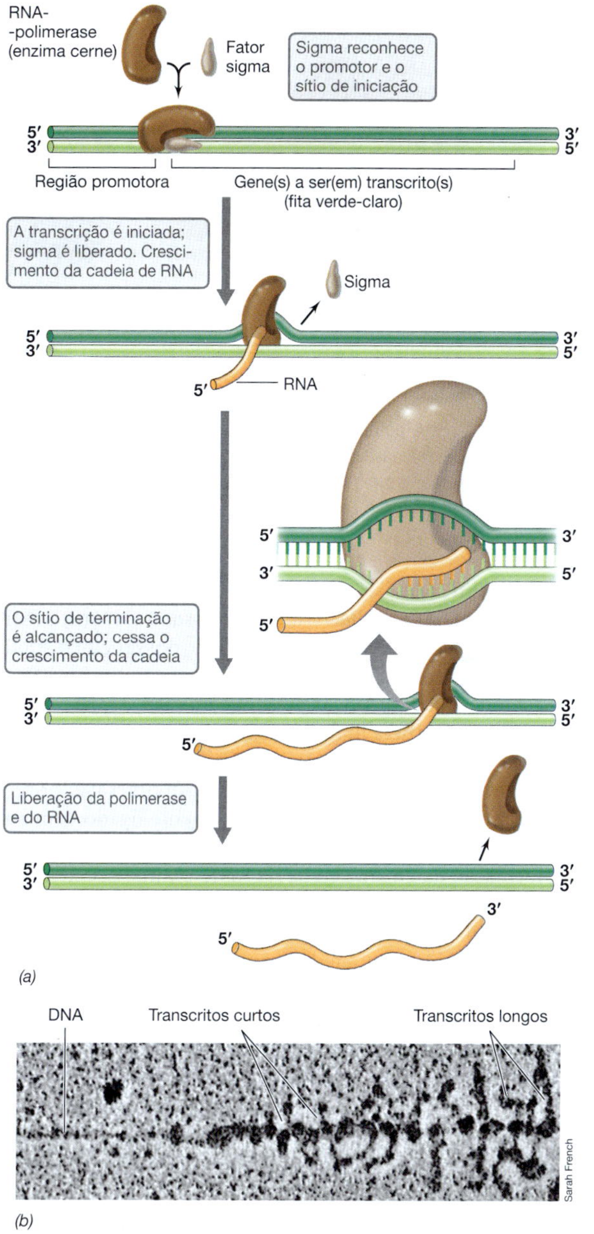


**Figura 4.20 Transcrição.** *(a)* Etapas da síntese de RNA. Os sítios de iniciação (promotor) e de terminação correspondem a sequências nucleotídicas específicas no DNA. A RNA-polimerase move-se ao longo da cadeia de DNA, promovendo a abertura temporária da dupla-hélice, transcrevendo uma das fitas do DNA. *(b)* Micrografia eletrônica ilustra a transcrição de um gene do cromossomo de *Escherichia coli*. A transcrição está ocorrendo da esquerda para a direita, com os transcritos mais curtos, à esquerda, tornando-se mais longos à medida que a transcrição prossegue.

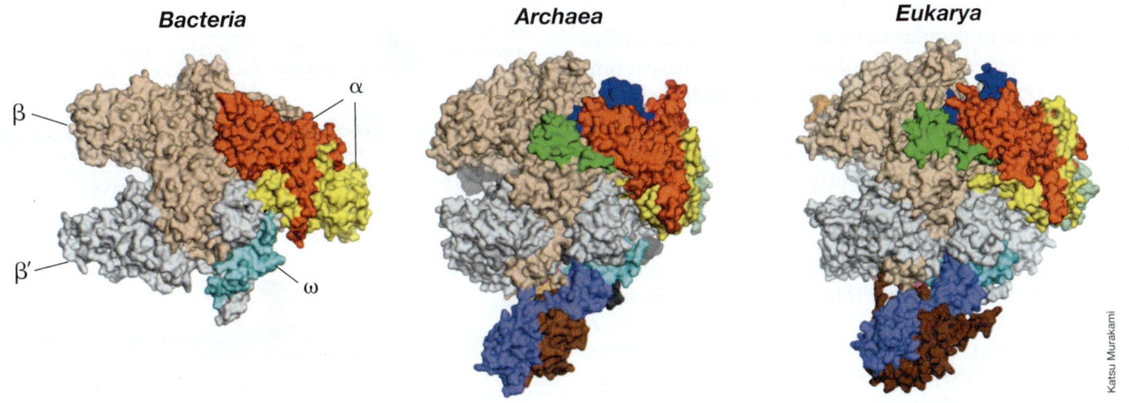


**Figura 4.21 RNA-polimerase dos três domínios.** Representação da superfície das multissubunidades das estruturas da RNA-polimerase celular de *Bacteria* (esquerda, enzima cerne de *Thermus aquaticus*), *Archaea* (centro, *Sulfolobus solfataricus*) e *Eukarya* (direita, RNA Pol II de *Saccharomyces cerevisiae*). Subunidades ortólogas são destacadas pela mesma coloração. Uma subunidade específica na RNA-polimerase de *S. solfataricus* não é demonstrada nesta figura.

## RNA-polimerase

A RNA-polimerase de *Bacteria*, que possui a estrutura mais simples e sobre a qual muito é conhecido, possui cinco subunidades diferentes, denominadas β, β′, α, ω (ômega) e σ (sigma), estando a subunidade α presente em duas cópias. As subunidades β e β′ (beta linha) são similares, mas não idênticas (**Figura 4.21**). As subunidades interagem, formando a enzima ativa, denominada holoenzima da RNA-polimerase, porém o fator sigma não se encontra tão fortemente ligado como as demais subunidades, podendo dissociar-se facilmente, levando à formação da enzima cerne da RNA-polimerase, $\alpha_2\beta\beta'\omega$. A enzima cerne sozinha sintetiza o RNA, enquanto o fator sigma reconhece o sítio apropriado para a o início da síntese de RNA, no DNA. A subunidade ômega é necessária à montagem da enzima cerne, porém não é requerida para a síntese de RNA. Em *Bacteria*, o fator sigma dissocia-se da holoenzima da RNA-polimerase bacteriana, logo que um segmento pequeno de RNA tenha sido formado (Figura 4.20). A elongação da molécula de RNA é então catalisada pela enzima cerne sozinha. A subunidade sigma somente é necessária para a formação do complexo inicial RNA-polimerase-DNA no promotor.

## Promotores

Para iniciar a síntese de RNA corretamente, é necessário que a RNA-polimerase, primeiramente, reconheça os sítios de iniciação no DNA, denominados **promotores** (Figura 4.20). Em bactérias, os promotores são reconhecidos pela subunidade sigma da RNA-polimerase. Uma vez que a RNA-polimerase encontra-se ligada ao promotor, a transcrição pode ocorrer (Figura 4.20). Nesse processo, a dupla-hélice de DNA na região do promotor é aberta pela RNA-polimerase, originando uma bolha de transcrição. À medida que a RNA-polimerase se desloca, desenrola o DNA em curtos segmentos. Esse desenovelamento transitório expõe a fita-molde e permite que ela seja copiada no complemento de RNA. Dessa forma, os promotores podem ser considerados como "direcionadores" da RNA-polimerase para uma direção ou outra ao longo do DNA. Quando uma região do DNA apresenta dois promotores próximos, com direções opostas, a transcrição a partir de um dos promotores ocorre em uma direção (em uma das fitas de DNA), enquanto a transcrição a partir do outro promotor ocorre na direção oposta (na outra fita).

## Fatores sigma e sequências-consenso

Os promotores são sequências específicas de DNA às quais a RNA-polimerase se liga, e a **Figura 4.22** apresenta a sequência de alguns promotores de *Escherichia coli*. Todas essas sequências são reconhecidas pelo mesmo fator sigma em *E. coli*, denominado $\sigma^{70}$ (o número 70 sobrescrito indica o tamanho dessa proteína, 70 quilodaltons); embora essas sequências não sejam idênticas, a subunidade sigma reconhece duas sequências menores altamente conservadas nos promotores. Essas sequências conservadas estão a montante do sítio onde a transcrição é iniciada. Uma está localizada 10 bases antes do sítio de início da transcrição, a região −10, ou "*caixa de Pribnow*". Embora os promotores sejam ligeiramente diferentes, a comparação de muitas regiões −10 nos fornece a sequência-consenso: TATAAT. A segunda região conservada no promotor encontra-se a aproximadamente 35 bases a montante do sítio de início da transcrição. A sequência-consenso na região −35 corresponde a TTGACA (Figura 4.22). Novamente, a maioria dos promotores é ligeiramente diferente, mas são muito próximos à sequência-consenso.

Em *E. coli*, os promotores que apresentam maior similaridade com a sequência-consenso são geralmente mais eficientes na ligação à RNA-polimerase. Esses promotores mais eficientes são denominados *promotores fortes*, sendo de grande utilidade na engenharia genética, conforme discutido no Capítulo 11. Embora a maioria dos genes de *E. coli* necessitem do fator sigma padrão, $\sigma^{70}$ (RpoD), para a transcrição, existem diversos fatores sigma alternativos que reconhecem diferentes sequências-consenso (**Tabela 4.4**). Cada fator sigma alternativo é específico para um grupo de genes necessários em circunstâncias especiais e, portanto, essenciais para a regulação da expressão gênica. Consequentemente, é possível controlar a expressão de diferentes famílias gênicas regulando a presença ou ausência do fator sigma correspondente, e isso ocorre alterando a taxa de síntese ou degradação do fator sigma.

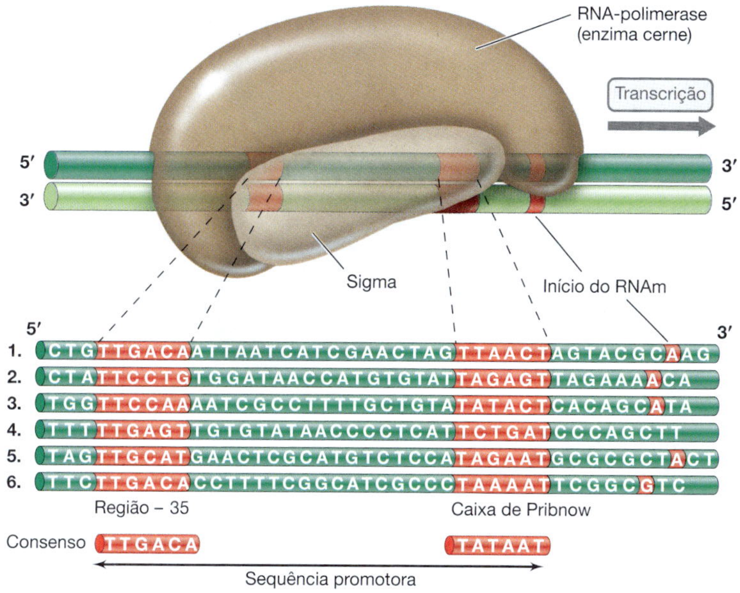


**Figura 4.22** **A interação da RNA-polimerase com um promotor bacteriano.** Apresentadas abaixo da RNA-polimerase e do DNA encontram-se seis sequências promotoras diferentes identificadas em *Escherichia coli*. São apresentados os contatos da RNA-polimerase com a região – 35 e com a caixa de Pribnow (sequência – 10). A transcrição inicia-se em uma base específica, imediatamente a jusante à caixa de Pribnow. Abaixo das sequências reais das regiões – 35 e da caixa de Pribnow estão as sequências-consenso, derivadas de comparações realizadas entre muitos promotores. Observe que, embora sigma reconheça as sequências do promotor na fita $5' \rightarrow 3'$ do DNA (em verde-escuro), a enzima cerne da RNA-polimerase transcreve, de fato, a fita em verde-claro, com sentido $3' \rightarrow 5'$, uma vez que a enzima cerne atua apenas na direção $5' \rightarrow 3'$.

### Terminação da transcrição

Em uma célula bacteriana em crescimento, apenas aqueles genes que necessitam ser expressos são normalmente transcritos. Portanto, é importante que a transcrição seja concluída no local correto. A **terminação** da síntese de RNA é governada por sequências de bases específicas presentes no DNA. Em bactérias, um sinal comum de terminação no DNA corresponde a uma sequência rica em GC, contendo uma repetição invertida com um segmento central não repetido. Quando tal tipo de sequência de DNA é transcrita, o RNA forma uma estrutura em haste-alça, devido a pareamento intrafita de bases. Essas estruturas em haste-alça, seguidas por uma série de adeninas no DNA-molde (e consequentemente, por várias uridinas no RNAm), consistem em eficientes terminadores transcricionais. Esse fato deve-se à formação de um segmento de pares de bases U:A que mantém o RNA e o DNA-molde unidos. Essa estrutura é bastante fraca, pois os pares de bases U:A possuem apenas duas ligações de hidrogênio cada. A RNA-polimerase realiza uma pausa na estrutura em haste-alça, havendo a separação do DNA e do RNA na região contendo a série de uridinas, terminando a transcrição.

O outro mecanismo para a terminação da transcrição em bactérias utiliza um fator proteico específico, conhecido como Rho. O fator Rho não se liga à RNA-polimerase ou ao DNA, porém liga-se fortemente ao RNA e desloca-se para baixo na cadeia em direção ao complexo RNA-polimerase-DNA. Quando a RNA-polimerase realiza uma pausa no sítio de terminação Rho-dependente (uma sequência específica no DNA-molde), esse fator causa a liberação do RNA e da RNA-polimerase do DNA, finalizando a transcrição.

**Tabela 4.4 Fatores sigma em *Escherichia coli***

| *Nome*[a] | *Sequência de reconhecimento a jusante*[b] | *Função* |
|---|---|---|
| $\sigma^{70}$ RpoD | TTGACA | Para a maioria dos genes, o fator sigma principal para o crescimento normal |
| $\sigma^{54}$ RpoN | TTGGCACA | Assimilação de nitrogênio |
| $\sigma^{38}$ RpoS | CCGGCG | Fase estacionária, além de estresse oxidativo e osmótico |
| $\sigma^{32}$ RpoH | TNTCNCCTTGAA | Resposta de choque térmico |
| $\sigma^{28}$ FliA | TAAA | Para genes envolvidos na síntese flagelar |
| $\sigma^{24}$ RpoE | GAACTT | Resposta a proteínas dobradas incorretamente no periplasma |
| $\sigma^{19}$ FecI | AAGGAAAAT | Para determinados genes no transporte de ferro |

[a]O número sobrescrito indica o tamanho da proteína em quilodáltons. Muitos fatores também possuem outros nomes, por exemplo, $\sigma^{70}$ também é chamado de $\sigma^{D}$.
[b]N = qualquer nucleotídeo.

**MINIQUESTIONÁRIO**

- Em qual direção ao longo da fita-molde de DNA a transcrição ocorre, e qual enzima catalisa essa reação?
- O que é um promotor? Qual proteína reconhece os promotores em *Escherichia coli*?
- De que forma a expressão de famílias gênicas pode ser controlada grupalmente?
- Quais tipos de estruturas podem levar ao término da transcrição?

## 4.8 A unidade de transcrição

A informação genética é organizada em unidades de transcrição. Essas unidades são segmentos de DNA que são transcritos em uma única molécula de RNA. Cada unidade de transcrição está conectada por sítios onde a transcrição é iniciada e terminada. Algumas unidades de transcrição contêm apenas um único gene. Outras contêm dois ou mais genes. Esses últimos são referidos como *cotranscritos*, originando uma única molécula de RNA.

### RNA ribossomal e transportador e a longevidade do RNA

A maioria dos genes codifica proteínas, porém outros codificam RNA que não são traduzidos, como o RNA ribossomal ou o RNA transportador. Existem vários tipos diferentes de RNAr em um organismo. Bactérias e arqueias possuem três tipos: RNAr 16S, RNAr 23S e RNAr 5S (com um ribossomo apre-

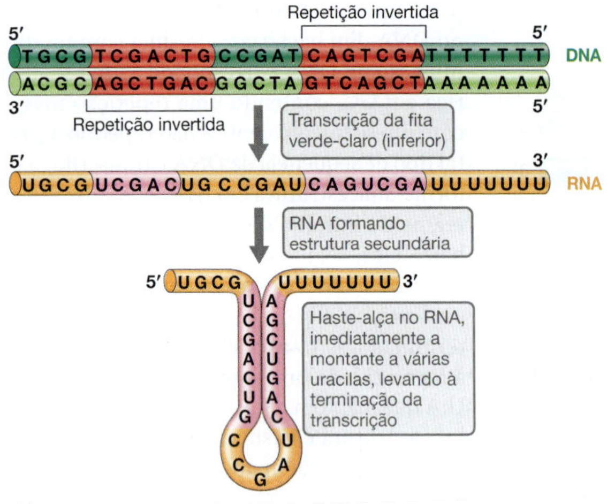


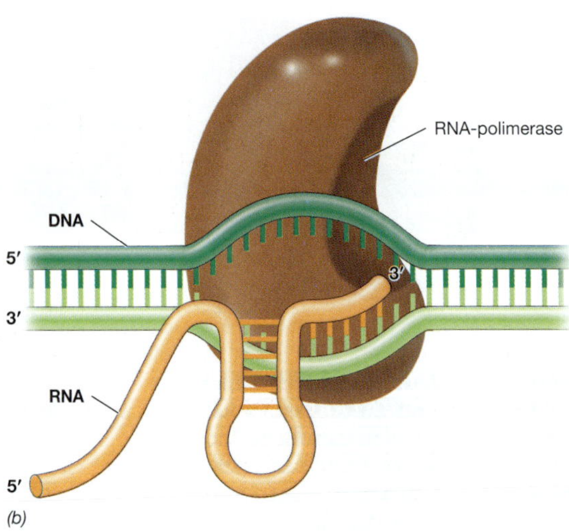


**Figura 4.23 Repetições invertidas e a terminação da transcrição.** *(a)* As repetições invertidas no DNA transcrito promovem a formação de uma estrutura em haste-alça no RNA, que promove a terminação da transcrição, quando seguida por uma série de uracilas. *(b)* Diagrama indicando a formação da haste-alça terminadora no RNA dentro da RNA-polimerase.

sentando um cópia de cada; Seção 4.14). Conforme ilustrado na **Figura 4.24**, existem unidades de transcrição que contêm um gene de cada um desses RNA, sendo esses genes cotranscritos. Dessa forma, a unidade de transcrição da maioria dos RNArs é mais extensa que um único gene. Em procariotos, os genes de RNAt são frequentemente cotranscritos entre si, ou mesmo com genes de RNAr, conforme apresentado na Figura 4.24. Esses cotranscritos são processados por proteínas celulares específicas, que os clivam em unidades individuais, gerando RNArs ou RNAt maduros (funcionais).

Em procariotos, a maioria dos RNA mensageiros possui meia-vida curta (da ordem de poucos minutos), após a qual são degradados por enzimas denominadas *ribonucleases*. Isso

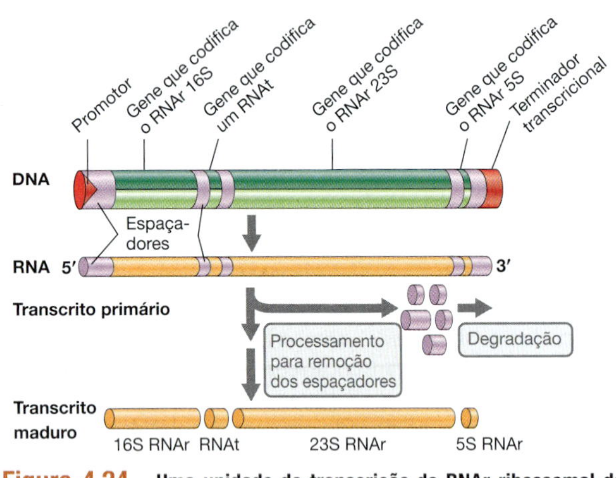


**Figura 4.24 Uma unidade de transcrição do RNAr ribossomal de *Bacteria* e seu processamento subsequente.** Em bactérias, todas as unidades de transcrição de RNAr possuem os genes de RNAr na ordem RNAr 16S, RNAr 23S e RNAr 5S (apresentados aproximadamente em escala). Observe que, nessa unidade de transcrição em particular, o "espaçador" entre os genes de RNAr 16S e 23S contém um gene de RNAt. Em outras unidades de transcrição, esta região pode conter mais de um gene de RNAt. Frequentemente, um ou mais genes de RNAt também encontram-se após o gene do RNAr 5S, sendo cotranscritos. *Escherichia coli* possui sete unidades de transcrição de RNAr.

não é observado nos RNAr e RNAt, que são RNA estáveis. Essa estabilidade pode ser atribuída às estruturas secundárias dos RNAt e RNA que os impedem de serem degradadas por ribonucleases. Por outro lado, o RNAm normal não forma tais estruturas, sendo suscetível ao ataque por ribonucleases. A rápida reciclagem dos RNAms procarióticos permite à célula adaptar-se rapidamente a novas condições ambientais, e interrompe a tradução de RNAms cujos produtos não são mais necessários.

## RNAm policistrônico e o óperon

Em procariotos, os genes que codificam diversas enzimas de uma via metabólica em particular, por exemplo, a biossíntese de um determinado aminoácido, são geralmente agrupados. A RNA-polimerase move-se ao longo de tais agrupamentos e transcreve toda a série de genes, originando uma única longa molécula de RNAm. Um RNAm que codifica tal grupo de genes cotranscritos é denominado *RNAm policistrônico* (**Figura 4.25**). RNAm policistrônicos possuem múltiplas *janelas abertas de leitura*, porções do RNAm que de fato codificam aminoácidos (Seção 4.11). Quando esse RNAm é traduzido, vários polipeptídeos são sintetizados, um após o outro, pelo mesmo ribossomo.

Um grupo de genes relacionados, transcritos em conjunto, gerando um único RNAm policistrônico, é referido como um óperon. A organização de genes de uma mesma via bioquímica ou de genes necessários, sob as mesmas condições, em um óperon, permite sua expressão coordenada. Frequentemente, a transcrição de um óperon é controlada por uma região específica do DNA, situada imediatamente a montante à região codificadora de proteínas do óperon. Esse assunto será abordado em mais detalhes no Capítulo 7.

**MINIQUESTIONÁRIO**

- Qual o papel do RNA mensageiro (RNAm)?
- O que é uma unidade de transcrição? O que é um RNAm policistrônico?
- O que são óperons e por que eles são úteis aos procariotos?

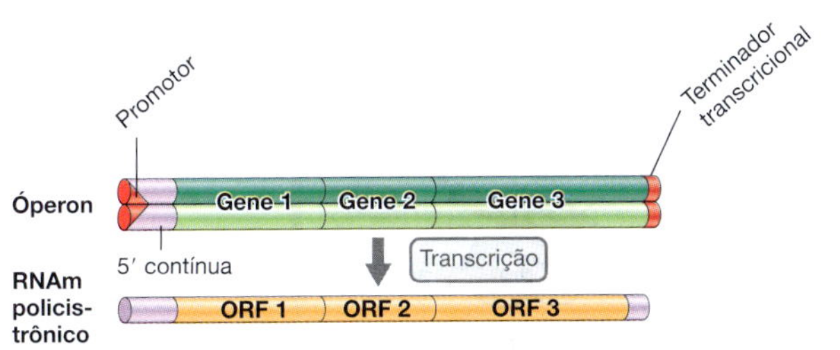


**Figura 4.25 Óperon e estrutura do RNAm policistrônico em procariotos.** Observe que um único promotor controla os três genes dentro do óperon e que a molécula de RNAm policistrônico contém uma fase de leitura aberta (ORF) correspondente para cada gene.

## 4.9 Transcrição em arqueias e eucariotos

Até agora analisou-se a transcrição em bactéria utilizando *Escherichia coli* como sistema-modelo. Embora em arqueias e eucariotos o fluxo geral da informação genética do DNA ao RNA seja o mesmo observado em bactérias, alguns detalhes diferem, e nas células eucarióticas a presença do núcleo complica o encaminhamento da informação genética. Embora arqueias careçam de um núcleo, muitas de suas propriedades moleculares assemelham-se mais a eucariotos do que a bactérias. Essas características do dogma central compartilhadas confirmam que esses dois domínios são mais estreitamente relacionados entre si, do que qualquer um é com bactérias (⇄ Seção 1.3). No entanto, arqueias também compartilham similaridades transcricionais com bactérias, como os óperons. Unidades de transcrição em eucariotos incluem apenas um gene. Aqui, são discutidos elementos de transcrição essenciais em arqueias e eucariotos que diferem daqueles de bactérias.

### RNA-polimerase de arqueias e eucariotos

As RNA-polimerases de arqueias e eucariotos são mais similares e estruturalmente mais complexas do que as de bactérias. As arqueias possuem apenas uma única RNA-polimerase, muito semelhante à RNA-polimerase II de eucariotos. A RNA-polimerase de arqueias normalmente é composta por 11 ou 12 subunidades, enquanto a RNA-polimerase II de eucariotos apresenta 12 ou mais subunidades. Isso está em nítido contraste com a RNA-polimerase de bactérias, que possui apenas quatro subunidades diferentes, além da subunidade sigma (de reconhecimento) (Figura 4.21).

Aprendeu-se na Seção 4.7 a importância do promotor para a transcrição. A estrutura dos promotores de arqueias assemelha-se mais aos promotores eucarióticos, reconhecidos pela RNA-polimerase II eucariótica, do que aos promotores de bactérias. Eucariotos difere-se de arqueias e bactérias por apresentarem múltiplas RNA-polimerases. Existem no núcleo três RNA-polimerases separadas, que transcrevem diferentes categorias de genes. As mitocôndrias e os cloroplastos também apresentam RNA-polimerases específicas, mas não surpreendentemente, considerando as conexões filogenéticas entre bactérias e organelas celulares eucarióticas (⇄ Figura 1.6*b*), essas estão mais estritamente relacionadas com a RNA-polimerase de bactérias.

### Promotores e terminadores em arqueias e eucariotos

Três sequências de reconhecimento principais são encontradas em ambos os domínios procarióticos, e essas sequências são reconhecidas por uma série de proteínas denominadas *fatores transcricionais*, similares em eucariotos e arqueias. A sequência de reconhecimento mais importante de promotores de arqueias e eucariotos consiste no "TATA" *box*, de 6 a 8 pares de bases, localizando 18 a 27 nucleotídeos a montante do sítio de início da transcrição (**Figura 4.26**). Esse é reconhecido pela *proteína de ligação ao TATA* (TBP, *TATA-binding protein*). A montante ao TATA *box* está a sequência do *elemento de reconhecimento B* (BRE, *B recognition element*), que é reconhecida pelo fator transcricional B (TFB, *transcription factor B*). Além disso, uma sequência de elemento iniciador se encontra localizada no ponto de início da transcrição. Uma vez que TBP tenha se ligado ao TATA *box* e TFB tenha se ligado ao BRE, a RNA-polimerase de arqueias pode ligar-se, iniciando a transcrição. Esse processo é similar ao observado em eucariotos, exceto pelo fato desses organismos utilizarem diversos fatores transcricionais adicionais.

Pouco é conhecido sobre a terminação da transcrição em arqueias e eucariotos, com relação ao que se conhece sobre bactérias (Seção 4.7). Alguns genes de arqueias possuem repetições invertidas seguidas por uma sequência rica em AT, similares àquelas observadas em muitos terminadores transcricionais bacterianos. Todavia, essas sequências terminadoras não são encontradas em todos os genes de arqueias. Um tipo possível de terminador transcricional é desprovido das repetições invertidas, porém contém segmentos repetidos de timinas. De alguma forma, essa sequência sinaliza à maquinaria de terminação de arqueias a necessidade de interromper o processo de transcrição. Em eucariotos, a terminação difere dependendo da RNA-polimerase, e frequentemente requer um fator proteico de terminação específico. Proteínas do tipo Rho (Seção 4.7) não foram identificadas em arqueias ou eucariotos.

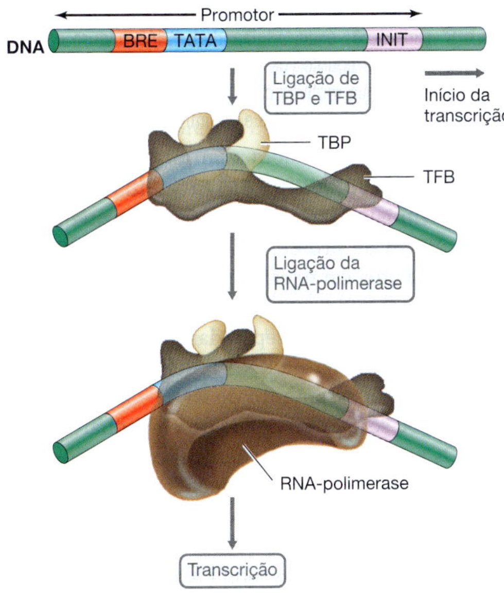


**Figura 4.26 Arquitetura do promotor e transcrição em arqueias.** Três elementos promotores são cruciais para o reconhecimento do promotor em arqueias: o elemento iniciador (INIT), o TATA *box*, e o elemento de reconhecimento B (BRE). A proteína de ligação ao TATA (TBP) se liga ao TATA *box*; o fator transcricional B (TFB) se liga a BRE e INIT. Uma vez que TBP e TFB estejam posicionadas, a RNA-polimerase se liga.

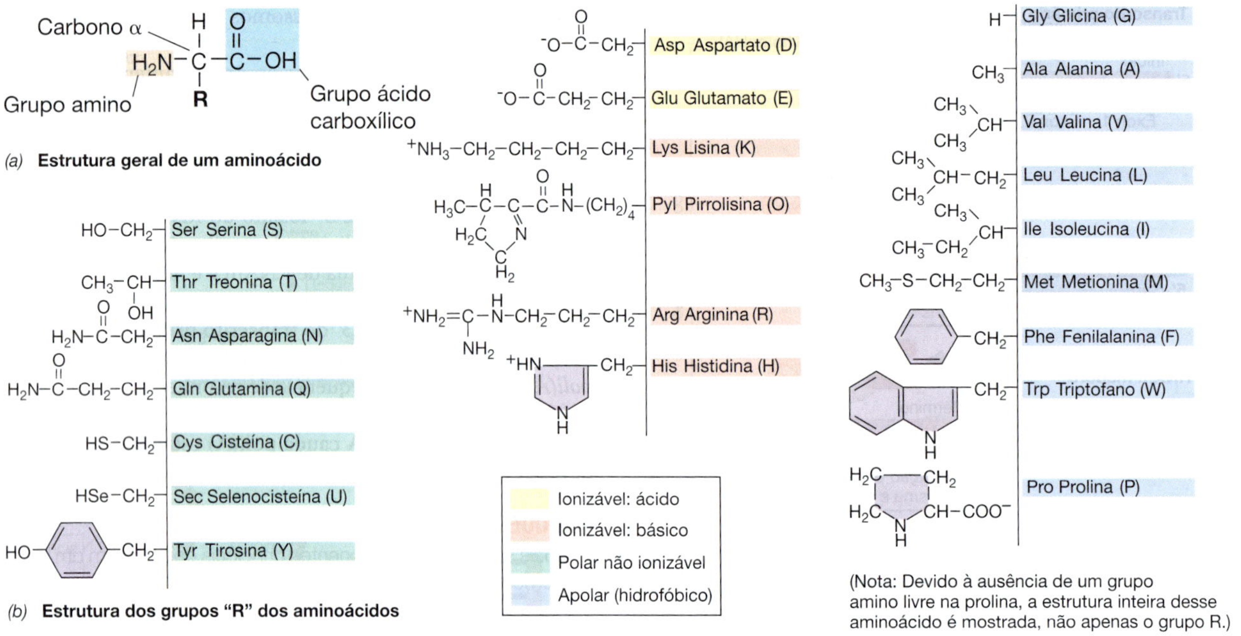


**Figura 4.30 Estrutura dos 22 aminoácidos geneticamente codificados.** *(a)* Estrutura geral. *(b)* Estrutura do grupo R. Os códigos de três letras para os aminoácidos estão dispostos à esquerda dos nomes, e os códigos de uma letra estão dispostos entre parênteses à direta dos nomes. A pirrolisina, até agora, tem sido encontrada apenas em determinadas arqueias metanogênicas (Seção 16.2).

zando os seus grupos sulfidrila, duas cisteínas podem formar uma ligação dissulfeto (R—S—S—R) que conecta duas cadeias polipeptídicas.

A diversidade de aminoácidos quimicamente distintos torna possível a produção de um número enorme de proteínas exclusivas, com propriedades bioquímicas amplamente diferentes. Se supusermos que um polipeptídeo médio contém 300 aminoácidos, então $22^{300}$ sequências polipeptídicas diferentes são teoricamente possíveis. Nenhuma célula apresenta nem de perto esta enorme quantidade de proteínas distintas. Uma célula de *Escherichia coli* contém cerca de 2.000 tipos diferentes de proteínas, com o número exato sendo altamente dependente dos recursos (nutrientes) e das condições de crescimento empregadas.

A sequência linear de aminoácidos em um polipeptídeo é a sua *estrutura primária*. Esta última determina o dobramento futuro do polipeptídeo, o que, por sua vez, determina a sua atividade biológica (Seção 4.14). As duas extremidades de um polipeptídeo são denominadas como "C-terminal" e "N-terminal", dependendo se um grupo ácido carboxílico livre ou grupo amino livre é encontrado (Figura 4.31).

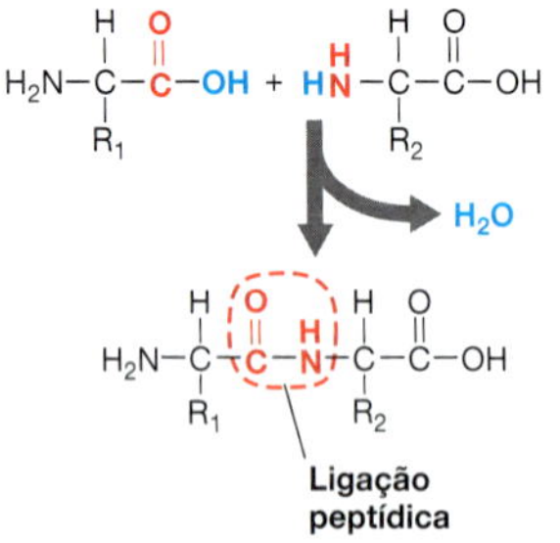


**Figura 4.31 Formação da ligação peptídica.** R1 e R2 referem-se às cadeias laterais dos aminoácidos. Observe na formação da ligação peptídica que um grupo OH livre está presente na porção C-terminal para formação da próxima ligação peptídica.

**MINIQUESTIONÁRIO**

- Desenhe a estrutura de um dipeptídeo contendo os aminoácidos alanina e tirosina. Trace a ligação peptídica.
- Qual forma enantiomérica dos aminoácidos é encontrada nas proteínas?
- A glicina não apresenta dois enantiômeros distintos. Por quê?

## 4.11 Tradução e o código genético

Como visto anteriormente, nas duas primeiras etapas de transferência da informação biológica – replicação e transcrição –, ácidos nucleicos são sintetizados em moldes de ácido nucleico. A última etapa, *tradução*, também utiliza um ácido nucleico como molde, porém neste caso o produto é um polipeptídeo em vez de um ácido nucleico. O centro da transferência da informação biológica é a correspondência entre o molde de ácido nucleico e a sequência de aminoácidos do polipeptídeo formado. Essa correspondência está baseada no **código genético**. Um triplete de RNA de três bases, chamado de *códon*, codifica cada aminoácido específico. Os 64 códons possíveis (quatro bases utilizadas em grupos de três = $4^3$) de RNAm são apresentados na **Tabela 4.5**. O código genético é escrito como RNA em vez de DNA, uma vez que é o RNAm que é de fato traduzido. Observe que, além dos códons que especificam os vários aminoácidos, há também códons específicos para o início e o término da tradução. Aqui será abordada a tradução em bactérias, contudo é importante ressaltar que a maquinaria traducional de arqueias e eucariotos é mais estreitamente relacionada entre si do que de bactérias.

**Tabela 4.5 O código genético, expresso por sequências de três bases de RNAm**

| Códon | Aminoácido | Códon | Aminoácido | Códon | Aminoácido | Códon | Aminoácido |
|---|---|---|---|---|---|---|---|
| UUU | Fenilalanina | UCU | Serina | UAU | Tirosina | UGU | Cisteína |
| UUC | Fenilalanina | UCC | Serina | UAC | Tirosina | UGC | Cisteína |
| UUA | Leucina | UCA | Serina | UAA | Nenhum (sinal de término) | UGA | Nenhum (sinal de término) |
| UUG | Leucina | UCG | Serina | UAG | Nenhum (sinal de término) | UGG | Triptofano |
| CUU | Leucina | CCU | Prolina | CAU | Histidina | CGU | Arginina |
| CUC | Leucina | CCC | Prolina | CAC | Histidina | CGC | Arginina |
| CUA | Leucina | CCA | Prolina | CAA | Glutamina | CGA | Arginina |
| CUG | Leucina | CCG | Prolina | CAG | Glutamina | CGG | Arginina |
| AUU | Isoleucina | ACU | Treonina | AAU | Asparagina | AGU | Serina |
| AUC | Isoleucina | ACC | Treonina | AAC | Asparagina | AGC | Serina |
| AUA | Isoleucina | ACA | Treonina | AAA | Lisina | AGA | Arginina |
| AUG (início)[a] | Metionina | ACG | Treonina | AAG | Lisina | AGG | Arginina |
| GUU | Valina | GCU | Alanina | GAU | Ácido aspártico | GGU | Glicina |
| GUC | Valina | GCC | Alanina | GAC | Ácido aspártico | GGC | Glicina |
| GUA | Valina | GCA | Alanina | GAA | Ácido glutâmico | GGA | Glicina |
| GUG | Valina | GCG | Alanina | GAG | Ácido glutâmico | GGG | Glicina |

[a]AUG codifica uma *N*-formilmetionina no início das cadeias polipeptídicas de bactérias.

## Propriedades do código genético

Existem 22 aminoácidos que são codificados pela informação genética carreada no RNAm (alguns outros aminoácidos são formados pela modificação destes após a tradução). Consequentemente, como existem 64 códons, muitos aminoácidos podem ser codificados por mais de 1 códon. Embora conhecer um códon de um determinado local possa identificar inequivocamente o seu aminoácido correspondente, o inverso não é verdadeiro. Tal tipo de código, em que não existe a correlação unívoca entre a "palavra" (ou seja, o aminoácido) e o código (códon), é denominado *código degenerado*. No entanto, conhecendo-se a sequência de DNA e a fase de leitura correta, é possível especificar-se a sequência de aminoácidos presente na proteína. Isso permite a determinação de sequências de aminoácidos a partir de sequências de bases do DNA, o que corresponde ao coração da genômica (Capítulo 6).

Um códon é reconhecido pelo pareamento específico de bases com uma sequência complementar de três bases, denominada **anticódon**, que é parte dos RNAt. Se esse pareamento ocorresse sempre de acordo com o pareamento-padrão de A com U e G com C, pelo menos um RNAt específico seria necessário para reconhecer cada códon. Em alguns casos, esse fato é verdadeiro. Por exemplo, *Escherichia coli* apresenta seis RNAts diferentes que carreiam o aminoácido leucina, um para cada códon (Tabela 4.5). Em contrapartida, alguns RNAts podem reconhecer mais de um códon. Assim, embora existam dois códons para a lisina em *E. coli*, há somente um RNAt lisil, cujo anticódon pode parear-se com AAA ou AAG. Nesses casos especiais, as moléculas de RNAt realizam pareamentos-padrão somente nas duas primeiras posições do códon, tolerando um pareamento irregular na terceira posição. Esse fenômeno é denominado **oscilação**, sendo ilustrado na Figura 4.32, onde um pareamento entre G e U (em lugar de G com C) é ilustrado na posição oscilante.

Vários aminoácidos são codificados por múltiplos códons, e, na maioria dos casos, os múltiplos códons são estreitamente relacionados em sua sequência de bases (Tabela 4.5). Poderia-se presumir que esses códons múltiplos fossem utilizados com frequência equivalente. No entanto, esse não é o caso, e dados de sequência genômica revelam um importante **uso preferencial de códons** organismo-específico. Em outras palavras, alguns códons são preferencialmente utilizados em relação a outros, embora codifiquem o mesmo aminoácido. O uso preferencial de códons está correlacionado a uma preferência correspondente na concentração de diferentes moléculas de RNAt. Assim, um RNAt correspondente a um códon raramente utilizado estará presente em quantidade relativamente pequena. O uso preferencial de códons deve ser levado em consideração durante a engenharia genética. Por exemplo, um gene de um organismo, cujo uso de códons seja surpreendentemente diferente daquele de outro, pode não ser traduzi-

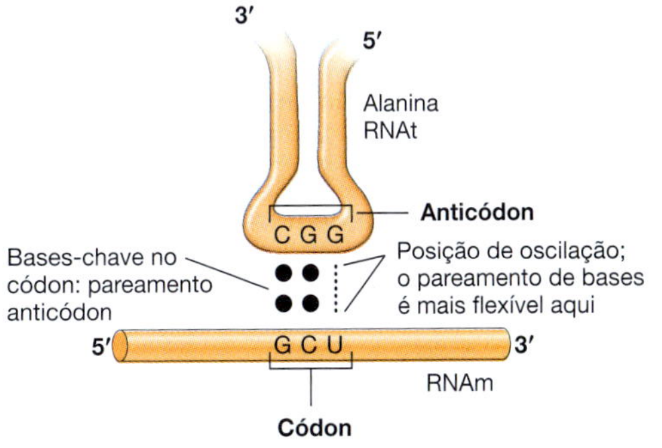


**Figura 4.32 O conceito de oscilação.** O pareamento de bases é mais flexível na terceira base do códon do que em relação às duas primeiras. Somente uma porção do RNAt é ilustrada aqui.

do com eficiência se o gene for clonado nesse último por meio de técnicas de engenharia genética (Capítulo 11).

## Fases abertas de leitura

Um método comum para identificar genes codificadores de proteínas consiste em examinar cada fita da sequência de DNA em busca de **fases abertas de leitura** (**ORFs**, *open reading frames*). Se um RNA pode ser traduzido, ele contém uma fase de leitura aberta: um códon de início (normalmente AUG) seguido por vários códons, e então um códon de término na mesma fase de leitura que o códon de início. Na prática, apenas ORFs longas o suficiente para codificar um polipeptídeo funcional são aceitas como sequências codificadoras verdadeiras. Embora a maioria das proteínas funcionais exiba extensão de pelo menos 100 aminoácidos, alguns hormônios proteicos e peptídeos reguladores são muito mais curtos. Consequentemente, nem sempre é possível deduzir somente a partir de dados de sequência se uma ORF relativamente curta é meramente casual ou se codifica um polipeptídeo genuíno, embora curto.

Utilizando-se métodos computacionais, uma longa sequência de bases de DNA pode ser analisada em busca de fases de leitura aberta. Além da busca por códons de início e término, a pesquisa pode incluir também promotores e sequências de ligação ao ribossomo. A pesquisa por ORFs é muito importante na genômica (Capítulo 6). Quando um fragmento de DNA desconhecido é sequenciado, a presença de uma fase de leitura aberta indica que ele pode codificar proteínas.

## Códons de início e término e fase de leitura

O RNA mensageiro é traduzido a partir do **códon de início** (AUG, Tabela 4.5), que codifica uma metionina quimicamente modificada em bactérias, denominada *N-formilmetionina*. Embora um AUG situado no *início* de uma região codificadora codifique *N*-formilmetionina, os AUGs situados no *interior* da região codificadora codificam metionina. Dois RNAt distintos estão envolvidos neste processo (Seção 4.13). Por outro lado, arqueias e eucariotos inserem uma metionina regular como o primeiro aminoácido em um polipeptídeo.

Diante de um código triplo, é fundamental que a tradução seja iniciada no nucleotídeo correto. Caso contrário, toda a fase de leitura no RNAm será alterada, ocorrendo a síntese de uma proteína completamente diferente. Alternativamente, se a alteração introduz um códon de término na fase de leitura, o polipeptídeo será terminado prematuramente. Por convenção, a fase de leitura que é traduzida, originando a proteína codificada pelo gene, é denominada *fase 0* (fase zero). Como pode ser observado na **Figura 4.33**, as outras duas fases de leitura possíveis (−1 e +1) não codificam a mesma sequência de aminoácidos. Portanto, é essencial que o ribossomo encontre o códon de início correto para iniciar a tradução e, uma vez localizado, o RNAm é translocado exatamente três bases a cada vez. Como a correta leitura da fase é garantida?

A fidelidade da fase de leitura é controlada pelas interações entre o RNAm e o RNAr no interior do ribossomo. Em procariotos, o RNA ribossomal reconhece um AUG específico no RNAm como códon de início, com o auxílio de uma sequência localizada a montante no RNAm, denominada *sítio de ligação ao ribossomo* (RBS, *ribosome-binding site*), ou sequência de

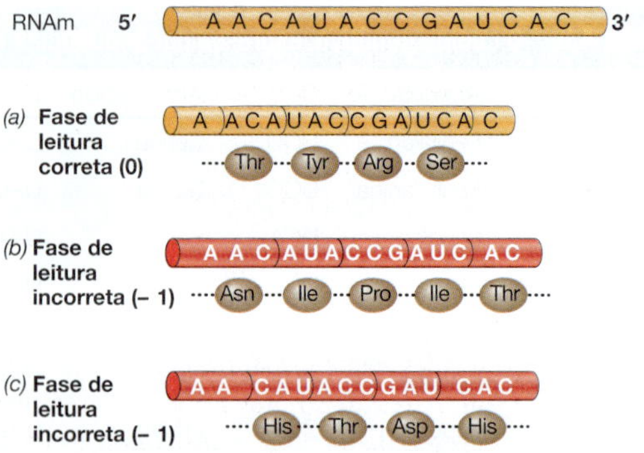


**Figura 4.33 Possíveis fases de leitura em um RNAm.** Uma sequência interna de um RNAm é apresentada. *(a)* Os aminoácidos que seriam codificados se o ribossomo estivesse na fase de leitura correta (denominada fase "0"). *(b)* Os aminoácidos que seriam codificados por essa região do RNAm se o ribossomo estivesse na fase de leitura −1. *(c)* Os aminoácidos que seriam codificados se o ribossomo estivesse na fase de leitura +1.

Shine-Dalgarno. Essa exigência de alinhamento explica porque alguns RNAms de bactérias podem utilizar outros códons de início, como GUG. No entanto, mesmo esses códons de início pouco usuais conduzem à incorporação de *N*-formilmetionina como o aminoácido iniciador.

Alguns códons não codificam nenhum aminoácido. Esses códons (UAA, UAG e UGA, Tabela 4.5) são os **códons de término**, uma vez que atuam como sinalizadores do término da tradução de uma sequência codificadora de proteínas no RNAm. Os códons de término são também denominados **códons sem sentido**, pois interrompem o "sentido" do polipeptídeo em crescimento, quando terminam a tradução. Existem algumas exceções a esta regra. Por exemplo, mitocôndrias animais (mas não de plantas) utilizam o códon UGA para codificar triptofano em vez de utilizá-lo como códon de término (Tabela 4.5), enquanto o gênero *Mycoplasma* (*Bacteria*) e o gênero *Paramecium* (*Eukarya*), utilizam determinados códons sem sentido para codificar aminoácidos. Esses organismos simplesmente possuem uma quantidade menor de códons sem sentido, tendo em vista que um ou dois deles são utilizados como códons codificadores (Seção 6.5).

Em alguns poucos casos raros, códons sem sentido codificam aminoácidos incomuns em vez de um dos 20 aminoácidos convencionais. Essas exceções são a selenocisteína e a pirrolisina, o 21º e 22º aminoácidos codificados geneticamente (Figura 4.30). A selenocisteína e a pirrolisina são codificadas por códons de término (UGA e UAG, respectivamente). Ambas possuem seus próprios RNAts, os quais contêm anticódons capazes de ler esses códons de término. A maioria dos códons de término dos organismos que utilizam a selenocisteína e a pirrolisina indica, de fato, o término. No entanto, códons de término ocasionais são reconhecidos como codificadores de selenocisteína ou pirrolisina. Essa mudança é controlada por uma sequência de reconhecimento situada imediatamente a jusante ao códon de término . A selenocisteína e a pirrolisina são relativamente raras. A maioria dos organismos, incluindo plantas e animais, apresenta um pequeno número de proteínas contendo selenocisteína. A pirrolisina é ainda mais rara. Ela foi encontrada em determinadas arqueias e bactérias, porém foi originalmente descoberta em espécies metanogênicas de arqueias.

**MINIQUESTIONÁRIO**

- O que são códons de início e término? Por que eles são importantes para a leitura "em fase" do ribossomo?
- O que é o uso preferencial de códons?
- Se fosse fornecida a você uma determinada sequência nucleotídica, como você encontraria as ORFs?

## 4.12 RNA transportador

Um RNA transportador carreia o anticódon que pareia com o códon no RNAm. Além disso, um RNAt é específico para o aminoácido correspondente ao seu anticódon (ou seja, seu aminoácido *cognato*). O RNAt e seu aminoácido específico são ligados por enzimas específicas denominadas **aminoacil-RNAt sintases**. Para cada aminoácido, existe uma aminoacil-RNAt sintase separada que se liga especificamente ao aminoácido e ao RNAt que possuem os anticódons correspondentes. Essas enzimas asseguram que cada RNAt receba seu aminoácido correto, dessa forma elas precisam reconhecer tanto o RNAt específico quanto seu aminoácido cognato.

### Estrutura geral do RNAt

Existem cerca de 60 RNAt diferentes em células bacterianas, e de 100 a 110 em células de mamíferos. As moléculas de RNA transportador são curtas, de fita simples, apresentando extensa estrutura secundária, e comprimento de 73 a 93 nucleotídeos. Determinadas bases e estruturas secundárias são constantes em todos os RNAt, enquanto outras partes são variáveis. As moléculas de RNA transportador também possuem algumas bases purinas e pirimidinas que exibem ligeiras diferenças, quando comparadas às bases normais encontradas no RNA, uma vez que são quimicamente modificadas. Essas modificações são introduzidas nas bases após a transcrição. Algumas dessas bases pouco usuais são a pseudouridina (ψ), inosina, di-hidrouridina (D), ribotimina, metil-guanosina, dimetil-guanosina e metilinosina. O RNAt maduro e ativo também contém extensas regiões de dupla-fita no interior da molécula. Essa estrutura secundária é formada pelo pareamento interno de bases, quando a molécula de fita simples dobra-se sobre si (**Figura 4.34**).

A estrutura do RNAt pode ser ilustrada na forma de uma folha de trevo, conforme mostrado na Figura 4.34*a*. Algumas regiões da estrutura secundária do RNAt recebem designações relacionadas com as bases mais frequentemente encontradas naquela região (as alças TψC e D), ou a suas funções específicas (alça do anticódon e haste aceptora). A estrutura tridimensional de um RNAt é apresentada na Figura 4.34*b*. Observe que as bases que aparecem muito distanciadas no modelo em folha de trevo estão, na realidade, muito próximas, quando observadas no modelo tridimensional. Essa proximidade permite que algumas das bases presentes em uma das alças pareiem-se com bases de outras alças.

### O anticódon e o sítio de ligação do aminoácido

Uma das porções variáveis essenciais da molécula de RNAt corresponde ao *anticódon*, o grupo de três bases que reconhece o códon no RNAm. O anticódon é encontrado na alça do anticódon (Figura 4.34). Os três nucleotídeos do anticódon reconhecem o códon, pareando-se especificamente com suas três bases. Por outro lado, outras porções do RNAt interagem com o RNAr e com os componentes proteicos do ribossomo, as proteínas não ribossomais de tradução, e com a enzima aminoacil-RNAt sintase.

Na extremidade 3′ (haste aceptora) de todos os RNAt existem três nucleotídeos não pareados. A sequência desses três nucleotídeos é sempre citosina-citosina-adenina (CCA), sendo eles absolutamente essenciais para a atividade do RNAt. Curiosamente, no entanto, na maioria dos organismos, esses três nucleotídeos (3′CCA) não são codificados pelos genes de RNAt no cromossomo. Em vez disso, cada nucleotídeo é adicionado um por vez, por uma enzima denominada *enzima de adição de CCA*, utilizando CTP e ATP como substratos. O aminoácido cognato é então covalentemente ligado à ade-

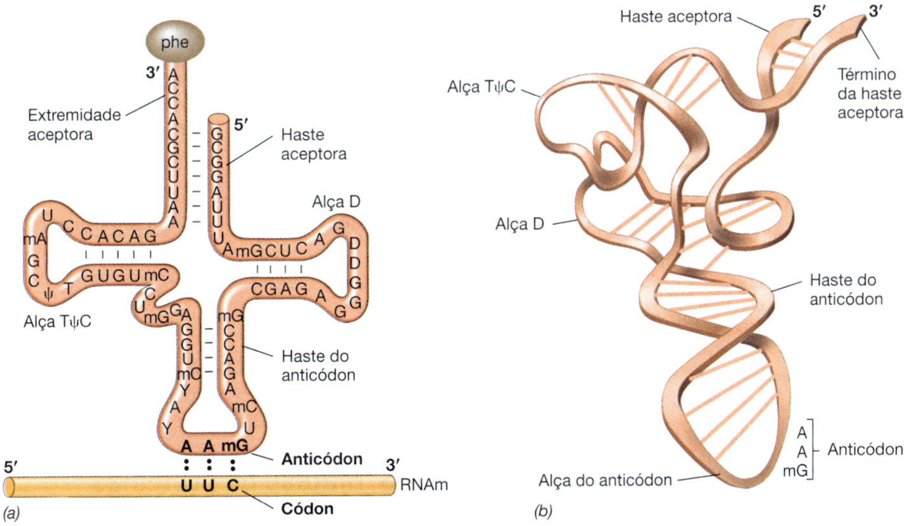


**Figura 4.34** **Estrutura de um RNA transportador.** *(a)* A estrutura convencional em folha de trevo do RNAt fenilalanina de levedura. O aminoácido liga-se à ribose do A terminal, na extremidade aceptora. A, adenina; C, citosina; U, uracila; G, guanina; T, timina; ψ, pseudouracila; D, di-hidrouracila; m, metil; Y, uma purina modificada. *(b)* Na realidade, a molécula de RNAt dobra-se de tal forma que a alça D e as alças TψC aproximem-se, associando-se por meio de interações hidrofóbicas.

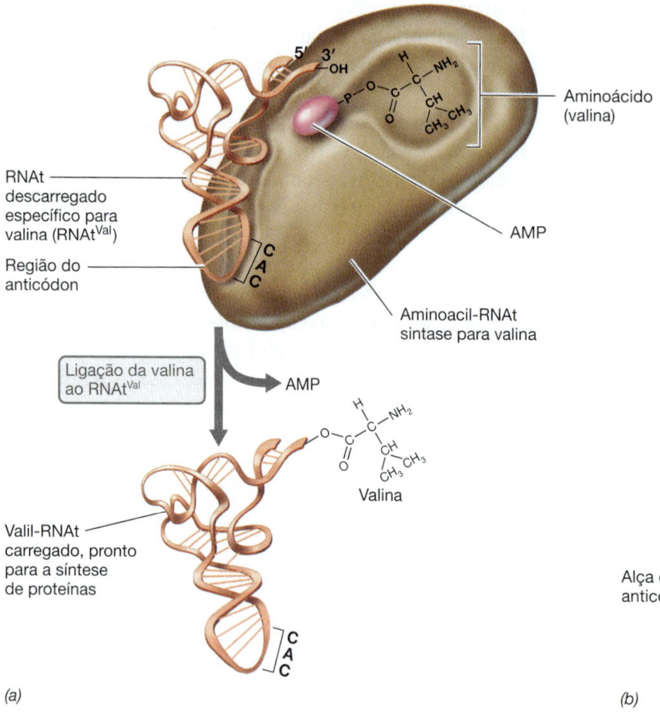


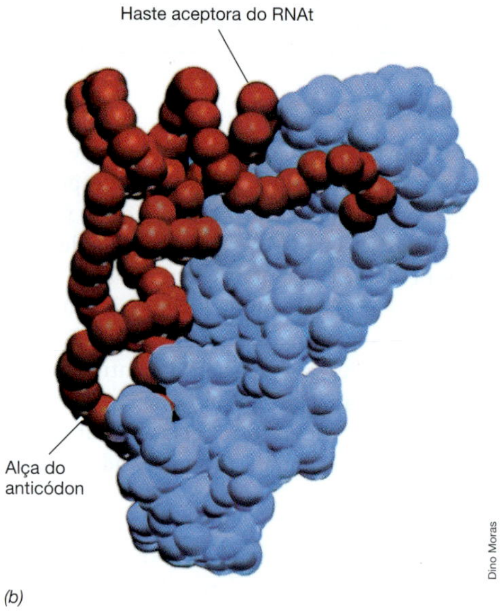


**Figura 4.35** **Aminoacil-RNAt sintase.** *(a)* Mecanismo de ação de uma aminoacil-RNAt sintase. O reconhecimento do RNAt correto por uma sintase em particular envolve contatos entre sequências específicas de ácido nucleico, presentes na alça D e haste aceptora do RNAt, e aminoácidos específicos da sintase. Neste diagrama, é apresentada a valil-RNAt sintase catalisando a etapa final da reação, onde ocorre a transferência da valina, na forma de valil-AMP, para o RNAt. *(b)* Modelo computacional apresentando a interação da glutaminil-RNAt sintase (azul), com seu respectivo RNAt (vermelho). Reproduzida com a permissão de M. Ruff *et al.* 1991. *Science* 252: 1682-1689. © 1991, AAAS.

nosina terminal da extremidade CCA do seu RNAt correspondente, por meio de uma ligação do tipo éster ao açúcar-ribose. Conforme será visto, a partir deste local no RNAt, o aminoácido é incorporado à cadeia polipeptídica em crescimento presente no ribossomo, em vez de um mecanismo que será descrito na próxima seção.

## Reconhecimento, ativação e carregamento dos RNAts

O reconhecimento do RNAt correto por uma aminoacil-RNAt sintase envolve contatos específicos entre regiões-chave do RNAt e da sintase (**Figura 4.35**). Conforme esperado, devido à sua sequência única, o anticódon do RNAt é importante no reconhecimento pela sintase. Entretanto, outros sítios de contato entre o RNAt e a sintase também são importantes. Estudos da ligação do RNAt à aminoacil-RNAt sintase, onde bases específicas do RNAt foram alteradas por meio de mutações, demonstraram que apenas um pequeno número de nucleotídeos essenciais em um RNAt estão envolvidos no reconhecimento. Esses outros nucleotídeos essenciais ao reconhecimento geralmente encontram-se na haste aceptora ou alça D da molécula de RNAt (Figura 4.34). Deve-se enfatizar que a fidelidade desse processo de reconhecimento é crucial, pois se um aminoácido incorreto for ligado ao RNAt, ele será inserido no polipeptídeo em crescimento, levando à síntese de uma proteína defeituosa.

A reação específica entre o aminoácido e o RNAt, catalisada pela aminoacil-RNAt sintase, é iniciada pela ativação do aminoácido por uma reação envolvendo ATP:

$$\text{Aminoácido} + \text{ATP} \leftrightarrow \text{aminoacil-AMP} + \text{P—P}$$

O intermediário aminoacil-AMP formado normalmente permanece ligado à enzima RNAt sintase até colidir com a molécula de RNAt apropriada. Em seguida, conforme apresentado na Figura 4.35*a*, o aminoácido ativado é ligado ao RNAt, originando um *RNAt carregado*:

$$\text{Aminoacil—AMP} + \text{RNAt} \leftrightarrow \text{aminoacil—RNAt} + \text{AMP}$$

O pirofosfato ($PP_i$) formado na primeira reação é clivado por uma pirofosfatase, originando duas moléculas de fosfato inorgânico. Como o ATP é utilizado gerando AMP nessas reações, é necessário um total de duas ligações fosfato ricas em energia para carregar um RNAt ao seu aminoácido cognato. Após a ativação e o carregamento, o aminoacil-RNAt deixa a sintase e liga-se ao ribossomo, onde o polipeptídeo é de fato sintetizado.

**MINIQUESTIONÁRIO**

- Qual a função do anticódon de um RNAt?
- Qual a função da haste aceptora de um RNAt?

## 4.13 Síntese de proteínas

É vital para o funcionamento adequado das proteínas que o aminoácido correto seja adicionado nas posições adequadas da cadeia polipeptídica. Essa é a função da maquinaria de síntese proteica, o ribossomo. Embora a síntese proteica seja um processo contínuo, ela pode ser dividida nos seguintes passos: *início, elongação* e *término*. Além de RNAm, RNAt e ribossomos, o processo requer determinadas proteínas denominadas fatores de início, elongação e término. O composto rico em energia trifosfato de guanosina (GTP) fornece a energia necessária para o processo.

## Ribossomos

Os **ribossomos** correspondem aos sítios da síntese proteica. Uma célula pode conter vários milhares de ribossomos, sendo esse número relacionado diretamente à taxa de crescimento. Cada ribossomo é composto por duas subunidades. Os procariotos apresentam as subunidades ribossomais 30S e 50S, originando ribossomos intactos 70S. Os valores S correspondem a *unidades Svedberg*, que se referem ao coeficiente de sedimentação das subunidades ribossomais (30S e 50S) ou de ribossomos intactos (70S), quando submetidos à força centrífuga em uma ultracentrífuga. (Embora partículas maiores exibam valores S maiores, a relação não é linear e, dessa forma, os valores S não podem ser simplesmente somados.)

Cada subunidade ribossomal contém RNA ribossomais e proteínas ribossomais específicas. A subunidade 30S contém o RNAr 16S e 21 proteínas, enquanto a subunidade 50S contém os RNArs 5S e 23S, além de 31 proteínas. Assim, em *Escherichia coli*, são encontradas 52 proteínas ribossomais diferentes, a maioria presente como cópia única por ribossomo. O ribossomo é uma estrutura dinâmica, cujas subunidades associam-se e dissociam-se alternadamente e também interagem com várias outras proteínas. Diversas proteínas essenciais à atividade ribossomal interagem com o ribossomo em vários estágios da tradução. Essas são consideradas "fatores de tradução", em vez de "proteínas ribossomais" por si só.

## Início da tradução

Em bactérias, como *E. coli*, o início da síntese proteica começa com uma subunidade ribossomal 30S livre (**Figura 4.36**). A partir dela, um complexo de início é formado, consistindo na subunidade 30S, no RNAm, no RNAt formil-metionina, e em várias proteínas de início denominadas IF1, IF2 e IF3. GTP é também necessário nesta etapa. Em seguida, uma subunidade ribossomal 50S é adicionada ao complexo de início, formando o ribossomo 70S ativo. Ao final do processo de tradução, o ribossomo novamente se separa nas subunidades 30S e 50S.

Imediatamente precedente ao códon de início no RNAm, há uma sequência de três a nove nucleotídeos denominada sítio de ligação ao ribossomo (RBS na Figura 4.36), que auxilia a ligação do RNAm ao ribossomo. O sítio de ligação ao ribossomo, localizado na extremidade 5′ do RNAm, possui bases complementares à sequência presente na extremidade 3′ do RNAr 16S. O pareamento de bases entre estas duas moléculas mantém o complexo ribossomo-RNAm unido firmemente, na fase de leitura correta. RNAms policistrônicos possuem múltiplas sequências RBS, uma a montante de cada sequência codificadora. Isso permite que os ribossomos bacterianos traduzam diversos genes em um mesmo RNAm, uma vez que os ribossomos são capazes de encontrar cada sítio de início presente em um mensageiro em vez da ligação ao seu RBS.

O início da tradução sempre começa com a ligação de um aminoacil-RNAt iniciador especial ao códon de início, AUG. Em bactérias, esse corresponde ao RNAt formil-metionina. Após o polipeptídeo ter sido completado, o grupo formil é removido. Consequentemente, o aminoácido N-terminal da proteína completa será a metionina. No entanto, em muitas proteínas essa metionina é removida por uma protease específica.

## Elongação, translocação e término

O RNAm passa através do ribossomo primariamente ligado à subunidade 30S. O ribossomo contém outros sítios onde os RNAts interagem. Dois desses sítios localizam-se principalmente na subunidade 50S, sendo denominados sítio A e sítio P (Figura 4.36). O sítio A, sítio aceptor, é o local do ribossomo onde o novo RNAt carregado liga-se inicialmente. O carregamento de um RNAt ao sítio A é auxiliado pelo fator de elongação EF-Tu.

O sítio P, ou sítio peptídico, é o local onde o peptídeo crescente encontra-se ligado pelo RNAt anterior. Durante a formação da ligação peptídica, a cadeia polipeptídica em crescimento move-se em direção ao RNAt localizado no sítio A, enquanto uma nova ligação peptídica é originada. Várias proteínas não ribossomais são necessárias à elongação, especialmente os fatores de elongação EF-Tu e EF-Ts, assim como moléculas adicionais de GTP (visando simplificar a Figura 4.36, os fatores de elongação foram omitidos, sendo apresentada apenas uma porção do ribossomo).

Após a elongação, o RNAt ligado ao polipeptídeo é translocado (movido) do sítio A para o sítio P, deixando o sítio A vazio para receber um outro RNAt carregado (Figura 4.36). A translocação requer o fator de elongação EF-G e uma molécula de GTP para cada evento de translocação. Em cada etapa de translocação, o ribossomo avança por três nucleotídeos, expondo um novo códon no sítio A. A translocação empurra o RNAt, agora livre, para um terceiro sítio, denominado sítio E. A partir desse sítio de saída, o RNAt é liberado do ribossomo. Como era esperada, a precisão da etapa de translocação é crítica à fidelidade da síntese proteica. O ribossomo deve mover-se *exatamente* sobre um códon em cada etapa. Embora, durante esse processo, o RNAm pareça estar deslocando-se por meio do complexo ribossomal, na realidade o ribossomo está movendo-se ao longo do RNAm. Assim, os três sítios ribossomais identificados na Figura 4.36 não são locais estáticos, mas sim partes móveis de uma maquinaria biomolecular.

Vários ribossomos podem traduzir simultaneamente uma única molécula de RNAm, formando um complexo denominado *polissomo* (**Figura 4.37**). Os polissomos aumentam a velocidade e eficiência da tradução simultaneamente uma vez que cada ribossomo de um complexo polissomal sintetiza um polipeptídeo completo. Observe, na Figura 4.37, como os ribossomos no complexo polissomal que estão mais próximos à extremidade 5′ (início) da molécula de RNAm apresentam polipeptídeos menores ligados a eles, uma vez que somente poucos códons foram lidos, enquanto os ribossomos mais próximos à extremidade 3′ do RNAm apresentam polipeptídeos praticamente prontos.

O término da síntese proteica ocorre quando o ribossomo alcança um códon de término (códon sem sentido). Nenhum RNAt se liga a um códon de término. Em vez disso, proteínas

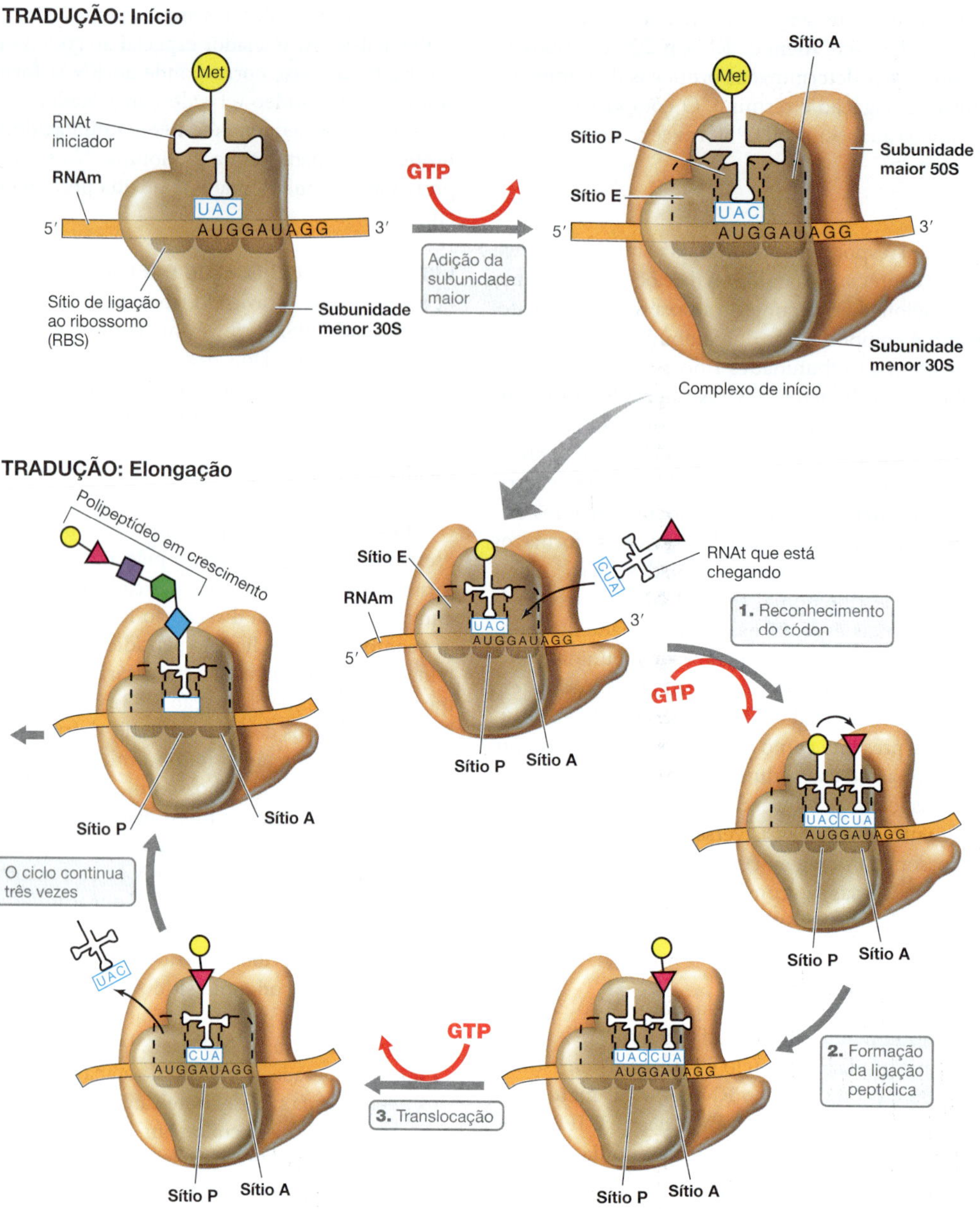


**Figura 4.36** **O ribossomo e a síntese proteica.** *Início* da síntese proteica. O RNAm e o RNAt iniciador, carreando *N*-formilmetionina ("Met"), se liga primeiramente à subunidade menor do ribossomo. Os fatores de início (não apresentados) utilizam energia do GTP para promover a adição da subunidade ribossomal maior. O RNAt iniciador inicia o processo no sítio P. Ciclo de *elongação* da tradução. 1. Os fatores de elongação (não apresentados) utilizam GTP para instalar o RNAt que está chegando no sítio A. 2. A formação da ligação peptídica é então catalisada pelo RNAr 23S. 3. A translocação do ribossomo ao longo RNAm de um códon para o seguinte requer a hidrólise de outra molécula de GTP. O RNAt que está saindo do complexo é liberado do sítio E. 4. O próximo RNAt a ser carregado se liga ao sítio A e o ciclo se repete. O código genético, expresso na linguagem de RNAm, é mostrado na Tabela 4.5.

específicas denominadas *fatores de liberação* (RFs, *release factors*) reconhecem o códon de término e clivam o polipeptídeo ligado ao RNAt terminal, liberando o produto completo. Em seguida, as subunidades ribossomais dissociam-se, disponibilizando as subunidades 30S e 50S para formarem novos complexos de início e repetirem o processo.

## Papel do RNA ribossomal na síntese proteica

O RNA ribossomal desempenha papel vital em todos os estágios da síntese proteica, da iniciação à terminação. Em contrapartida, o papel das várias proteínas presentes no ribossomo é formar um arcabouço para o posicionamento de sequências essenciais nos RNA ribossomais.

Em bactérias, está claro que o RNAr 16S está envolvido na iniciação por meio de seu pareamento de bases com a sequência RBS no RNAm. Outras interações RNAm–RNAr também ocorrem durante a elongação. Em quaisquer extremidades dos códons dos sítios A e P, o RNAm é mantido em posição por meio da ligação ao RNAr 16S e às proteínas ribossomais. O RNA ribossomal também desempenha papel

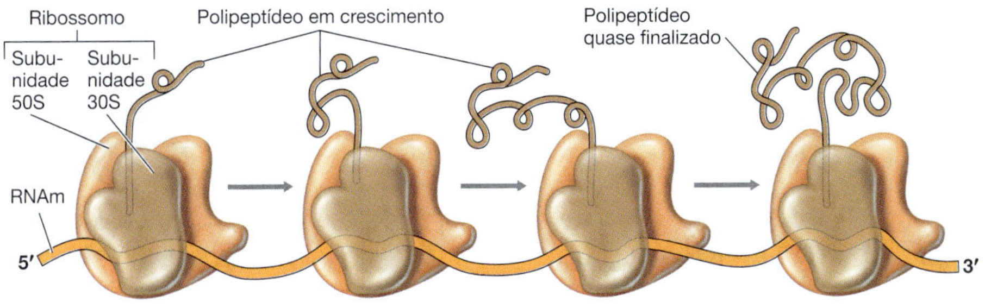


**Figura 4.37 Polissomos.** A tradução de um único RNA mensageiro por vários ribossomos forma o polissomo. Observe que os ribossomos mais próximos à extremidade 5′ do mensageiro encontram-se em um estágio mais inicial do processo de tradução do que os ribossomos mais próximos à extremidade 3′ e, portanto, apenas uma porção relativamente curta do polipeptídeo final foi sintetizada.

na associação das subunidades ribossomais, bem como no posicionamento do RNAt nos sítios A e P do ribossomo (Figura 4.36). Embora os RNAts carregados que chegam ao ribossomo reconheçam o códon correto pelo pareamento códon-anticódon, eles também ligam-se ao ribossomo por meio de interações da haste-alça do anticódon do RNAt, com sequências específicas do RNAr 16S. Além disso, a extremidade aceptora do RNAt (Figura 4.36) pareia-se com sequências do RNAr 23S.

Além de todos esses fatos, a real formação de ligações peptídicas é catalisada pelo RNAr. A reação da peptidil transferase ocorre na subunidade 50S do ribossomo e é catalisada pelo próprio RNAr 23S, em vez de qualquer uma das proteínas ribossomais. O RNAr 23S também desempenha um papel na translocação, e as proteínas EF interagem especificamente com o RNAr 23S. Assim, além de seu papel como esqueleto estrutural do ribossomo, o RNA ribossomal também desempenha um importante papel catalítico no processo de tradução.

### Liberação de ribossomos capturados

Um RNAm defectivo, desprovido de um códon de término, provoca um problema na tradução. Esse tipo de defeito pode surgir, por exemplo, a partir de uma mutação que removeu o códon de término , síntese defectiva do RNAm, ou quando ocorre degradação parcial do RNAm antes que este seja traduzido. Quando um ribossomo atinge a extremidade de uma molécula de RNAm e não há qualquer códon de término, o fator de liberação não pode se ligar, impedindo a liberação do ribossomo do RNAm. O ribossomo encontra-se efetivamente "capturado".

As células bacterianas contêm uma pequena molécula de RNA, denominada *RNAtm*, que libera ribossomos parados (**Figura 4.38**). As letras "tm" na denominação referem-se ao fato de o RNAtm imitar tanto o RNAt, uma vez que carreia o aminoácido alanina, quanto o RNAm, pelo fato de conter um curto segmento de RNA que pode ser traduzido. Quando o RNAtm colide com um ribossomo parado, este liga-se ao lado do RNAm defectivo. A síntese proteica pode então prosseguir, primeiro pela adição da alanina no RNAtm e, em seguida, pela tradução da curta mensagem do RNAtm. O RNAtm contém um códon de término que permite a ligação do fator de liberação e desmontagem do ribossomo. A proteína sintetizada como resultado dessa operação de resgate é defectiva, sendo subsequentemente degradada. Isso é possível por meio da adição da pequena sequência de aminoácidos codificada pelo RNAtm à extremidade da proteína defectiva; a sequência é um sinal para que uma protease específica degrade a proteína. Desse modo, pela atividade do RNAtm, os ribossomos parados não são inativados, mas liberados para participarem novamente da síntese proteica.

**MINIQUESTIONÁRIO**

- Quais são os componentes de um ribossomo? Que papéis funcionais o RNAr desempenha na síntese proteica?
- Como uma cadeia polipeptídica completa é liberada do ribossomo?
- Como os RNAtm liberam os ribossomos parados?

## 4.14 Dobramento e secreção de proteínas

Para que uma proteína funcione adequadamente, ela deve ser dobrada corretamente após a sua síntese, bem como deve destinar-se ao local correto na célula. Enquanto muitas proteínas se encontram dentro da célula, algumas outras precisam ser transportadas de fora da membrana citoplasmática para o periplasma, ou para dentro das membranas interna e externa para facilitar processos como transporte de íons, açúcares e elétrons. Outras proteínas, como toxinas e enzimas extracelulares (exoenzimas), precisam ser completamente secretadas das células para se tornarem ativas no meio ambiente. Como a célula determina a conformação final e a localização das proteínas? Considera-se estes dois processos relacionados agora.

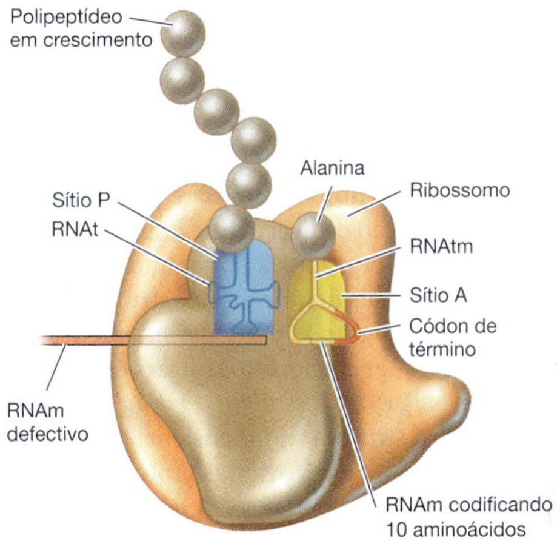


**Figura 4.38 Liberação de um ribossomo parado pelo RNAtm.** Um RNAm defectivo, desprovido de um códon de término, promove a parada de um ribossomo que contém um polipeptídeo parcialmente sintetizado ligado a um RNAt (azul), no sítio P. A ligação do RNAtm (amarelo) ao sítio A libera o polipeptídeo. A tradução então prossegue até o códon de término fornecido pelo RNAtm.

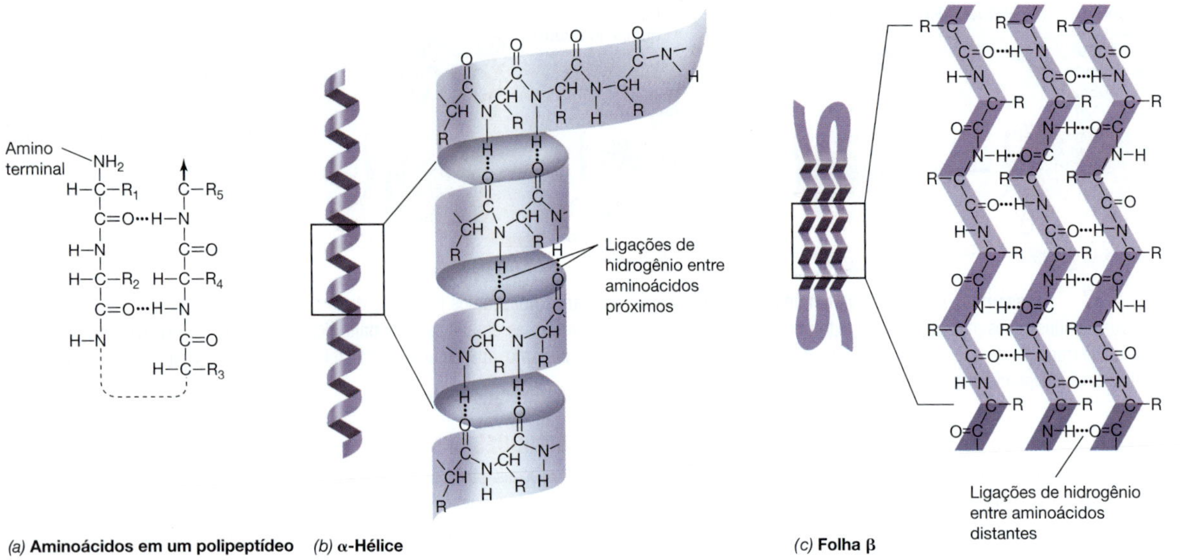


(a) **Aminoácidos em um polipeptídeo** (b) **α-Hélice** (c) **Folha β**

**Figura 4.39 Estrutura secundária dos polipeptídeos.** *(a)* Ligação de hidrogênio na estrutura secundária de uma proteína. R representa a cadeia lateral do aminoácido. *(b)* Estrutura secundária em α-hélice. *(c)* Estrutura secundária em folha β. Observe que a ligação de hidrogênio é entre os átomos nas ligações peptídicas e não envolve os grupos R.

## Níveis de estrutura proteica

Uma vez formado, um polipeptídeo não permanece linear; em vez disso, ele se dobra para formar uma estrutura mais estável. Ligações de hidrogênio, entre os átomos de oxigênio e nitrogênio de duas ligações peptídicas, originam a *estrutura secundária* (**Figura 4.39a**). Um tipo comum de estrutura secundária corresponde à *α-hélice*. Para visualizar uma α-hélice, imagine um polipeptídeo linear enrolado ao redor de um cilindro (Figura 4.39*b*). Isso posiciona ligações peptídicas próximas o suficiente para permitir a formação de ligações de hidrogênio. O grande número de tais ligações de hidrogênio confere à α-hélice sua estabilidade inerente. Na estrutura secundária *β-pregueada*, o polipeptídeo dobra-se para trás e para frente, sobre si mesmo, em vez de formar uma hélice. Contudo, como no caso da α-hélice, o dobramento em uma folha β posiciona as ligações peptídicas de forma que estas possam formar ligações de hidrogênio (Figura 4.39*c*). Os polipeptídeos podem conter regiões de estrutura secundária α-hélice e folha β, sendo o tipo de dobramento e sua localização na molécula determinados pela estrutura primária e pelas oportunidades disponíveis de formação de ligações de hidrogênio.

Interações entre os grupos R dos aminoácidos em um polipeptídeo originam mais dois níveis de estrutura. A **estrutura terciária** depende em grande parte das interações hidrofóbicas, com contribuições menores das ligações de hidrogênio, ligações iônicas e ligações dissulfeto. O dobramento terciário origina a forma da estrutura tridimensional global de cada cadeia polipeptídica (**Figura 4.40**). Muitas proteínas consistem em duas ou mais cadeias polipeptídicas. A **estrutura quaternária** refere-se ao número e ao tipo de polipeptídeos na proteína final. Em proteínas que apresentam estrutura quaternária, cada polipeptídeo é denominado *subunidade* e possui a sua própria estrutura primária, secundária e terciária. Tanto a estrutura terciária quanto a quaternária podem ser estabilizadas por ligações dissulfeto entre os grupos sulfidrila adjacentes de resíduos de cisteína (Figura 4.40). Se os dois resíduos de cisteína estiverem localizados em diferentes polipeptídeos, a ligação dissulfeto liga covalentemente as duas moléculas. Alternativamente, uma única cadeia polipeptídica pode dobrar-se e ligar-se em si mesma se uma ligação dissulfeto puder ser formada no interior da molécula.

Quando as proteínas são expostas a extremos de calor ou de pH, ou a determinados compostos químicos que afetam seu dobramento, elas podem sofrer **desnaturação**. A desnaturação resulta no desdobramento da cadeia polipeptídica. Quando isso ocorre, as estruturas secundária, terciária e quaternária da proteína são destruídas juntamente com suas propriedades biológicas. No entanto, como as ligações peptídicas não são quebradas, o polipeptídeo desnaturado mantém a sua estrutura primária. Dependendo da intensidade das condições de desnaturação, o polipeptídeo pode dobrar-se novamente após a remoção do agente desnaturante. Contudo, se o redobramento da molécula não for correto, a proteína não será funcional.

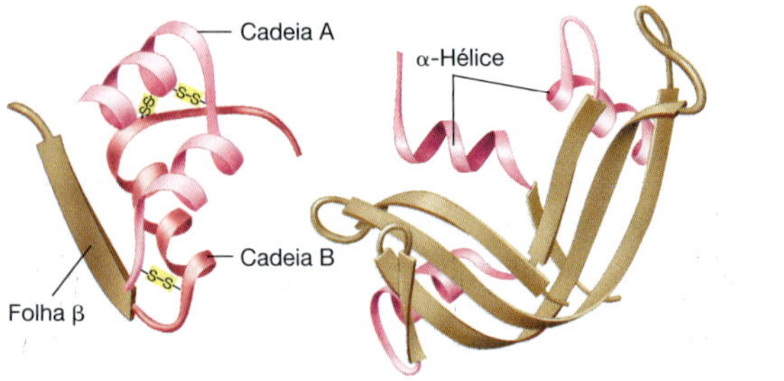


(a) **Insulina** (b) **Ribonuclease**

**Figura 4.40 Estrutura terciária dos polipeptídeos.** *(a)* Insulina, uma proteína contendo duas cadeias polipeptídicas; observe como a cadeia B contém tanto a estrutura secundária α-hélice quanto a folha β, e como as ligações dissulfeto (S-S) auxiliam na organização dos padrões de dobramento (estrutura terciária). *(b)* Ribonuclease, uma proteína grande com diversas regiões de estrutura secundária α-hélice e folha β.

## Chaperonas auxiliam no dobramento da proteína

A maioria dos polipeptídeos dobra-se espontaneamente em sua conformação ativa, à medida que são sintetizados. Entretanto, alguns não o fazem e requerem o auxílio de outras proteínas, denominadas **chaperonas** (também conhecidas como **chaperoninas moleculares**), para realizar seu dobramento correto, ou para sua organização em complexos maiores. As próprias chaperonas não se tornam parte das proteínas organizadas, apenas auxiliam no processo de dobramento. De fato, uma importante atividade das chaperonas consiste em impedir a agregação imprópria de proteínas. As chaperonas são amplamente distribuídas em todos os domínios da vida, e suas sequências são altamente conservadas entre todos os organismos.

*Escherichia coli* possui quatro chaperonas essenciais, que são a DnaK, DnaJ, GroEL e GroES. DnaK e DnaJ são enzimas ATP-dependentes que se ligam a polipeptídeos recém-formados, impedindo seu dobramento abrupto, um processo que aumenta o risco de dobramento impróprio (**Figura 4.41**). Se o complexo DnaKJ for incapaz de dobrar a proteína adequadamente, ele pode transferir a proteína parcialmente dobrada às duas proteínas de multissubunidades, GroEL e GroES. Primeiro a proteína é introduzida em GroEL, uma proteína grande em forma de barril que, utilizando a energia da hidrólise de ATP, dobra a proteína corretamente. GroES auxilia nesse processo (Figura 4.41). Estima-se que cerca de 100 ou mais, das várias milhares de proteínas de *E. coli*, requerem auxílio do complexo GroEL/GroES para seu dobramento e, entre elas, aproximadamente uma dúzia é essencial à sobrevivência da bactéria.

Além do dobramento de proteínas recém-sintetizadas, as chaperonas também promovem o redobramento de proteínas celulares parcialmente desnaturadas. Uma proteína pode ser desnaturada por várias razões, porém, muitas vezes, isso ocorre quando um organismo é submetido temporariamente a altas temperaturas. Desse modo, as chaperonas são um tipo de *proteína de choque térmico*, sendo sua síntese intensamente acelerada quando a célula encontra-se sob estresse devido ao calor excessivo (Seção 7.10). A resposta ao choque térmico consiste em uma tentativa da célula de redobrar suas proteínas parcialmente desnaturadas, a fim de que possam ser reutilizadas antes que as proteases as reconheçam como dobradas incorretamente e as destruam, liberando seus aminoácidos para a síntese de novas proteínas.

## Secreção de proteínas

Muitas proteínas estão localizadas na membrana citoplasmática, no periplasma (de células gram-negativas), ou até mesmo externamente à célula. Essas proteínas devem migrar a partir do sítio de sua síntese nos ribossomos para dentro da membrana citoplasmática, ou mesmo atravessar essa estrutura. Proteínas denominadas *translocases* transportam proteínas específicas por meio e para o interior de membranas procarióticas. Por exemplo, o sistema Sec exporta proteínas desdobradas e insere proteínas de membrana integrais na membrana citoplasmática, enquanto o sistema Tat transporta proteínas dobradas no citoplasma através da membrana. Para secretar completamente proteínas para fora da célula, células gram-negativas precisam empregar translocases adicionais para transportar proteínas através da membrana externa. Pelo menos seis tipos de sistemas de excreção distintos já foram identificados, alguns dos quais são empregados por bactérias patogênicas para excretar toxinas ou proteínas nocivas no hospedeiro durante a infecção.

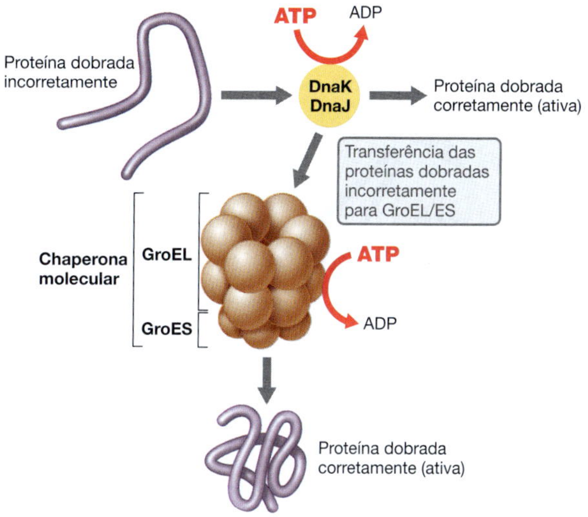


**Figura 4.41** **A atividade de chaperonas moleculares.** Uma proteína com dobramento incorreto pode ser redobrada pelo complexo DnaKJ ou pelo complexo GroEL-GroES. Em ambos os casos, a energia para o redobramento é proveniente do ATP.

A maioria das proteínas que necessita ser transportada para o interior ou através de membranas é sintetizada com uma sequência de aminoácidos de 15 a 20 resíduos, denominada **sequência-sinal**, no início (N-terminal, Figura 4.31) da molécula proteica. Sequências-sinal são variáveis, mas normalmente apresentam alguns aminoácidos positivamente carregados no começo, uma região central de resíduos hidrofóbicos, e, em seguida, uma região mais polar ao final. A sequência-sinal recebeu esse nome porque "sinaliza" ao sistema secretor da célula que essa proteína em particular necessita ser exportada, e também auxilia a prevenir o dobramento completo da proteína, um processo que poderia interferir na sua secreção. Uma vez que a sequência-sinal corresponde à primeira porção da proteína a ser sintetizada, as etapas iniciais de exportação podem ter início antes que a proteína seja totalmente sintetizada (**Figura 4.42**).

As proteínas a serem exportadas são identificadas pela *proteína SecA* ou pela *partícula de reconhecimento de sinal* (*SRP, signal recognition particle*) (Figura 4.42). Geralmente, SecA liga-se a proteínas que são totalmente exportadas através da membrana para o periplasma, enquanto SRP liga-se a proteínas que são inseridas na membrana, mas não liberadas na outra face. As SRPs são encontradas em todas as células. Em bactérias, estas contêm uma única proteína e uma pequena molécula de RNA não codificadora (RNA 4.5S). Tanto SecA como SRP encaminham as proteínas que devem ser secretadas para o complexo secretor da membrana, e após essas atravessarem (mediado por SEC) ou serem inseridas na membrana (mediado por SRP), a sequência-sinal é removida por uma protease.

As proteínas transportadas através da membrana citoplasmática na forma desdobrada pelo sistema Sec são dobradas posteriormente (Figura 4.42). Entretanto, há um pequeno número de proteínas, como as proteínas necessárias para o

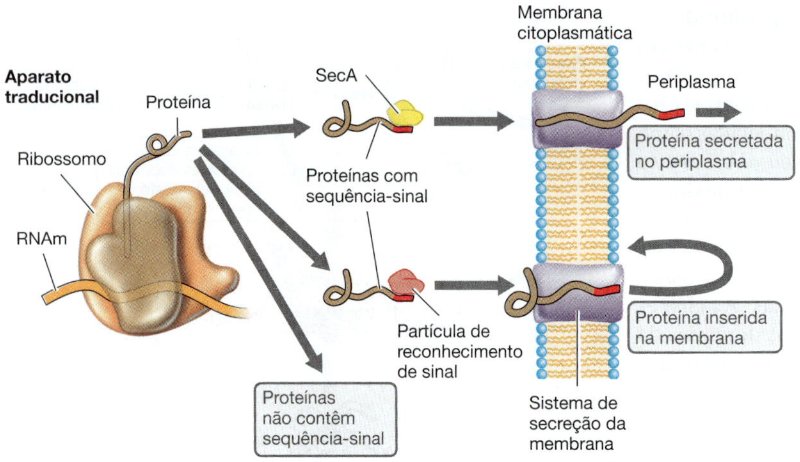


**Figura 4.42** **Exportação de proteínas por meio do sistema secretor principal.** A sequência-sinal é reconhecida por SecA ou pela partícula de reconhecimento de sinal, que conduzem a proteína ao sistema de secreção da membrana. A partícula de reconhecimento de sinal liga-se às proteínas que são inseridas na membrana, enquanto SecA liga-se às proteínas que são secretadas através da membrana citoplasmática.

metabolismo energético, que funcionam no periplasma, por exemplo, proteínas ferro-enxofre e várias outras proteínas redox acopladas (Seção 3.10) que devem ser transportadas para fora da célula após terem assumido sua estrutura dobrada final. Em geral, isso se deve ao fato de conterem pequenos cofatores que devem ser inseridos na proteína antes que ela se dobre em sua configuração final. Tais proteínas são dobradas no citoplasma, sendo então exportadas por um sistema de transporte distinto de Sec, denominado *sistema Tat de exportação de proteínas*. O acrônimo Tat é derivado de "*twin arginine translocase*", uma vez que as proteínas transportadas apresentam uma sequência-sinal curta contendo um par de resíduos de arginina. A presença dessa sequência-sinal em uma proteína dobrada é reconhecida pelas proteínas TatBC, que conduzem a proteína ao TatA, o transportador da membrana. Uma vez que a proteína tenha sido transportada para o periplasma, utilizando a energia fornecida pela força próton-motiva (Seção 3.11), a sequência-sinal é removida por uma protease.

## Sistemas de secreção tipos I a VI

Diversos sistemas adicionais são utilizados por bactérias gram-negativas para transportar proteínas localizadas no interior, ou no meio da membrana externa, para o exterior da célula. Esses mecanismos são os sistemas de secreção tipos I a VI. Cada um desses sistemas é composto por um grande complexo proteico, que forma um canal através de uma ou mais membranas, para a molécula secretada utilizar como passagem (**Figura 4.43**).

Esses diversos sistemas podem ser agrupados em dois tipos: os de etapa única ou de duas etapas. Os sistemas tipos II e V são considerados mecanismos de duas etapas, uma vez que dependem do sistema Sec ou Tat para transportar as proteínas secretadas, ou uma porção do canal, através da membrana interna. Um segundo grupo de transportadores move proteínas através da membrana externa. Os tipos I, III, IV e VI são sistemas de etapa única, já que formam canais através de ambas as membranas e não necessitam de Sec ou Tat.

Para injetar toxinas proteicas nas células hospedeiras, os sistemas de secreção dos tipos III, IV e VI, também incluem estruturas do exterior da célula que permitem a injeção ou inserção da proteína secretada em outra célula. A estrutura do tipo III completa foi denominada de "injectiossomo" devido à sua similaridade a uma seringa em estrutura e função (Figura 4.43).

**MINIQUESTIONÁRIO**

- No que diz respeito às proteínas, defina os termos: estruturas primária, secundária e terciária. De que forma um polipeptídeo se difere de uma proteína?
- Qual a função de uma chaperona molecular?
- Por que algumas proteínas possuem uma sequência-sinal? O que é a partícula de reconhecimento de sinal?
- Por que é importante para bactérias gram-negativas possuírem vias de secreção adicionais?

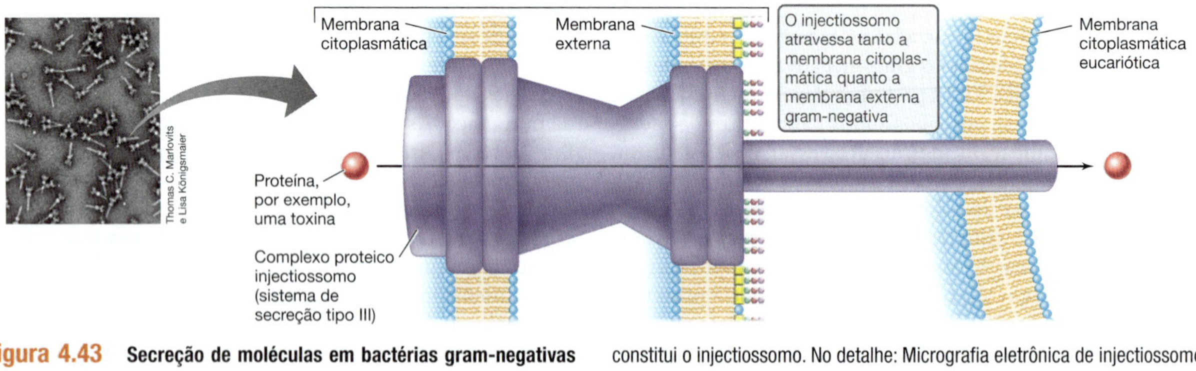


**Figura 4.43** **Secreção de moléculas em bactérias gram-negativas utilizando o sistema tipo III "injectiossomo".** O complexo proteico que constitui o injectiossomo. No detalhe: Micrografia eletrônica de injectiossomos purificados de *Salmonella enterica* sorovar *typhimurium*.

## CONCEITOS IMPORTANTES

**4.1** • O conteúdo informativo de um ácido nucleico é determinado pela sequência de bases nitrogenadas ao longo da cadeia polinucleotídica. Tanto o RNA quanto o DNA são macromoléculas informativas, da mesma forma que as proteínas que eles codificam. Os três processos essenciais da síntese macromolecular são: (1) replicação do DNA, (2) transcrição (síntese de RNA) e (3) tradução (síntese de proteínas).

**4.2** • O DNA é uma molécula dupla-fita que se forma em uma hélice. As duas fitas na dupla-hélice são complementares e antiparalelas. Moléculas muitos longas de DNA conseguem ser empacotadas nas células devido ao supernovelamento produzido por enzimas denominadas topoisomerases, como a DNA-girase.

**4.3** • Além do cromossomo, outros elementos genéticos podem existir nas células. Plasmídeos são moléculas de DNA que existem separadamente do cromossomo e podem conferir uma vantagem de crescimento seletiva em determinadas condições. Os vírus contêm um genoma de RNA ou DNA, e os elementos transponíveis existem como parte de outros elementos genéticos. *Escherichia coli* é o principal organismo-modelo em biologia.

**4.4** • Ambas as fitas da hélice de DNA são moldes para a síntese de novas fitas (replicação semiconservativa). As novas fitas são alongadas pela adição de desoxirribonucleotídeos à extremidade 3′. DNA-polimerases requerem um iniciador de RNA feito pela enzima primase.

**4.5** • A síntese de DNA se inicia em sítio denominado origem de replicação. A dupla-hélice é desenovelada pela enzima helicase e estabilizada pela proteína de ligação à fita simples. A extensão do DNA ocorre de forma contínua na fita-líder, porém de forma descontínua na fita tardia, resultando em fragmentos de Okazaki na fita tardia que precisam ser conectados.

**4.6** • A partir de uma única origem em um cromossomo circular, duas forquilhas de replicação sintetizam DNA simultaneamente, em ambas as direções, até o encontro das forquilhas na região de terminação. As proteínas na forquilha de replicação formam um grande complexo conhecido como replissomo. A maioria dos erros no pareamento de bases que ocorre durante a replicação é corrigida pela função de revisão das DNA-polimerases.

**4.7** • Em bactérias, promotores são reconhecidos pela subunidade sigma da RNA-polimerase. Fatores sigma alternativos permitem a regulação conjunta de grandes famílias gênicas em resposta às condições de crescimento. A transcrição pela RNA-polimerase continua até que sejam alcançados sítios específicos denominados terminadores transcricionais. Esses terminadores funcionam ao nível de RNA.

**4.8** • A unidade de transcrição em procariotos geralmente contém mais de um único gene, que é transcrito em uma única molécula de RNAm, que contém informação para mais de um polipeptídeo. Um grupo de genes que é transcrito em conjunto a partir de um único promotor constitui um óperon.

**4.9** • O aparato transcricional e a arquitetura do promotor de arqueias e eucariotos possuem muitas características em comum, embora os componentes encontrados em arqueias sejam, frequentemente, relativamente mais simples. Em contrapartida, o processamento do transcrito primário eucariótico é único e possui três etapas distintas: *splicing*, adição de *cap* e adição de cauda poli(A).

**4.10** • Cadeias polipeptídicas contêm 22 aminoácidos geneticamente distintos codificados, que são conectados por meio de ligações peptídicas. A estrutura primária de uma proteína é a sua sequência de aminoácidos, porém a estrutura de ordem superior (dobramento) de um polipeptídeo determina a sua função celular.

**4.11** • O código genético é expresso na forma de RNA, e um único aminoácido pode ser codificado por diversos códons distintos, porém relacionados. Além dos códons de término (sem sentido), há também um códon de início específico que sinaliza o início da tradução.

**4.12** • Enzimas denominadas aminoacil-RNAt sintases ligam aminoácidos ao seu RNAt cognato. Existem um ou mais RNAt para cada aminoácido incorporado em polipeptídeos pelo ribossomo.

**4.13** • A tradução ocorre no ribossomo e requer RNAm e aminoacil-RNAts. O ribossomo possui três sítios: aceptor, peptídico e de saída. Durante cada etapa da tradução, o ribossomo avança um códon ao longo do RNAm, e o RNAt no sítio aceptor se move para o sítio peptídico. A síntese proteica termina quando um códon de término, que não possui um RNAt correspondente, é alcançado.

**4.14** • As proteínas necessitam de um dobramento correto a fim de que possam funcionar corretamente, e as chaperonas moleculares auxiliam nesse processo. Muitas proteínas também necessitam ser transportadas para o interior ou através da membrana citoplasmática. Essas proteínas contêm uma sequência-sinal que é reconhecida por translocases celulares. Sistemas de secreção adicionais são empregados por bactérias gram-negativas para secretar proteínas para o interior ou através da membrana externa.

## REVISÃO DOS TERMOS-CHAVE

**Ácido nucleico** DNA ou RNA.

**Aminoácido** um dos 22 monômeros distintos que formam as proteínas; quimicamente, um ácido carboxílico de dois carbonos contendo um grupo amino e um substituinte característico no carbono α.

**Aminoacil-RNAt sintase** enzima que catalisa a ligação de um aminoácido a seu RNAt cognato.

**Anticódon** sequência de três bases, presente em uma molécula de RNAt, que se pareia com um códon durante a síntese proteica.

**Antiparalelo** em relação ao DNA de dupla-fita, refere-se às duas fitas que se orientam em direções opostas (uma na direção 5′ → 3′ e a fita complementar, na direção 3′ → 5′).

**Bacteriocina** proteína tóxica secretada por bactérias, que inibe ou mata outras bactérias relacionadas.

**Chaperona molecular** proteína que auxilia outras proteínas em seu dobramento ou redobramento, a partir de um estado parcialmente desnaturado.

**Código genético** correspondência entre a sequência de ácidos nucleicos e a sequência de aminoácidos de proteínas.

**Códon** sequência de três bases de um RNAm, que codifica um aminoácido.

**Códon de início** códon especial, geralmente AUG, que indica o início de uma proteína.

**Códon de término** códon que indica o final de uma proteína.

**Códon sem sentido** outra denominação para o códon de término.

**Complementar** sequências de ácido nucleico que podem parear-se.

**Cromossomo** elemento genético, normalmente circular em procariotos, que carreia os genes essenciais às funções celulares.

**Desnaturação** perda do dobramento correto de uma proteína, levando (geralmente) à agregação proteica e perda da atividade biológica.

**DNA (ácido desoxirribonucleico)** polímero de desoxirribonucleotídeos unidos por ligações fosfodiéster que carreia a informação genética.

**DNA-helicase** enzima que utiliza ATP para desenovelar a dupla-hélice de DNA.

**DNA-ligase** enzima que sela os cortes no arcabouço do DNA.

**DNA-polimerase** enzima que sintetiza uma nova fita de DNA, na direção 5′ → 3′, utilizando uma fita antiparalela de DNA como molde.

**Elemento genético** estrutura que carreia a informação genética, como um cromossomo, plasmídeo ou genoma viral.

**Elemento transponível** elemento genético capaz de se mover (transpor) de um local para outro na molécula de DNA do hospedeiro.

**Enantiômero** forma de uma molécula, que é a imagem especular de outra forma da mesma molécula.

**Enzima** uma proteína ou RNA que catalisa uma reação química específica em uma célula.

**Estrutura primária** a sequência precisa de monômeros em uma macromolécula, como um polipeptídeo ou um ácido nucleico.

**Estrutura quaternária** em proteínas, o número e os tipos de polipeptídeos individuais na molécula proteica final.

**Estrutura secundária** o padrão inicial de dobramento de um polipeptídeo ou polinucleotídeo, normalmente ditada por possibilidades de ligações de hidrogênio.

**Estrutura terciária** a estrutura final dobrada de um polipeptídeo que tenha previamente atingido a estrutura secundária.

**Éxons** sequências de DNA codificantes em um gene em divisão (contrário de íntron).

**Fase aberta de leitura (ORF)** sequência de DNA ou RNA que pode ser traduzida, originando um polipeptídeo.

**Fita contínua** a nova fita de DNA, sintetizada ininterruptamente durante a replicação do DNA.

**Fita descontínua** a nova fita de DNA, sintetizada em fragmentos curtos durante a replicação do DNA, os quais são posteriormente unidos.

**Forquilha de replicação** sítio no cromossomo onde ocorre a replicação do DNA e onde as enzimas envolvidas na replicação ligam-se a uma fita simples e desenovelada de DNA.

**Gene** segmento de DNA que especifica uma proteína (via RNAm), um RNAt, um RNAr, ou qualquer outro RNA não codificador.

**Genoma** conjunto total de genes contidos em uma célula ou vírus.

**Iniciador** um oligonucleotídeo ao qual a DNA-polimerase é capaz de adicionar o primeiro desoxirribonucleotídeo durante a replicação do DNA.

**Íntrons** sequências de DNA intervenientes não codificantes, em um gene em divisão (contrário de éxons).

**Ligação fosfodiéster** um tipo de ligação covalente que interliga os nucleotídeos em um polinucleotídeo.

**Ligação peptídica** um tipo de ligação covalente que une os aminoácidos em um polipeptídeo.

**Macromolécula informacional** qualquer molécula polimérica grande que carreia a informação genética, incluindo DNA, RNA e proteína.

**Nucleosídeo** uma base nitrogenada (adenina, guanina, citosina, timina ou uracila) mais um açúcar (ribose ou desoxirribose), porém sem fosfato.

**Nucleotídeo** monômero de ácido nucleico contendo uma base nitrogenada (adenina, guanina, citosina, timina ou uracila), uma ou mais moléculas de fosfato, e um açúcar, ribose (no RNA) ou desoxirribose (no DNA).

**Óperon** agrupamento de genes que são cotranscritos, originando um único RNA mensageiro.

**Oscilação** forma menos rígida de pareamento, permitida apenas no pareamento códon-anticódon.

**Pirimidina** uma das bases nitrogenadas dos ácidos nucleicos que contém um anel único; citosina, timina e uracila.

**Plasmídeo** elemento genético extracromossômico que não possui forma extracelular.

**Polinucleotídeo** polímero de nucleotídeos interligados por ligações covalentes denominadas ligações fosfodiéster.

**Polipeptídeo** polímero de aminoácidos interligados por ligações peptídicas

**Primase** enzima que sintetiza o iniciador de RNA utilizado na replicação do DNA.

**Processamento do RNA** conversão do transcrito primário de RNA para a sua forma madura.

**Promotor** sítio no DNA ao qual a RNA-polimerase liga-se e que inicia a transcrição.

**Proteína** um polipeptídeo ou grupo de polipeptídeos que formam uma molécula de função biológica específica.

**Purina** uma das bases nitrogenadas dos ácidos nucleicos que contém dois anéis fusionados; adenina e guanina.

**Replicação** síntese de DNA utilizando uma fita de DNA como molde.

**Replicação semiconservativa** síntese de DNA que gera duas novas duplas-hélices, cada uma consistindo em uma fita parental e uma fita-filha.

**Replissomo** um complexo de replicação de DNA que consiste em duas cópias de DNA-polimerase III, DNA-girase, helicase, primase e cópias da proteína de ligação à fita simples.

**Ribossomo** partícula citoplasmática composta por RNA ribossomal e proteínas, cuja função consiste em sintetizar proteínas.

**RNA (ácido ribonucleico)** polímero de ribonucleotídeos unidos por ligações fosfodiéster que desempenha várias funções nas células, em particular, durante a síntese proteica.

**RNA transportador (RNAt)** pequena molécula de RNA utilizada no processo de tradução que apresenta um anticódon em uma das extremidades e o aminoácido correspondente ligado à outra extremidade.

**RNA mensageiro (RNAm)** molécula de RNA que contém a informação genética necessária à codificação de um ou mais polipeptídeos.

**RNA-polimerase** enzima que sintetiza moléculas de RNA, na direção $5' \rightarrow 3'$, utilizando uma fita complementar e antiparalela de DNA como molde.

**RNA ribossomal (RNAr)** tipos de RNA encontrados nos ribossomos; alguns participam ativamente no processo de síntese proteica.

**Sequência-sinal** sequência N-terminal especial, contendo aproximadamente 20 aminoácidos, que sinaliza que uma proteína deve ser exportada através da membrana citoplasmática.

**Spliceossomo** complexo de ribonucleoproteínas que catalisa a remoção dos íntrons dos transcritos primários de RNA.

**Término** término da elongação de uma molécula de RNA em um sítio específico.

**Tradução** processo de síntese de proteínas que utiliza a informação genética contida no RNA como molde.

**Transcrição** síntese de RNA, utilizando um molde de DNA.

**Transcrito primário** molécula de RNA não processada que é o produto direto da transcrição.

**Uso preferencial de códon** uso não aleatório de múltiplos códons que codificam o mesmo aminoácido.

## QUESTÕES PARA REVISÃO

1. Descreva o dogma central da biologia molecular. (Seção 4.1)

2. Os genes foram descobertos antes de sua natureza química ser conhecida. Primeiramente, defina um gene sem mencionar a sua natureza química. Em seguida, nomeie os compostos químicos que constituem um gene. (Seção 4.1)

3. Moléculas de DNA ricas em A-T conseguem separar-se mais facilmente em duas fitas com o aumento da temperatura do que moléculas de DNA ricas em G-C. Explique este fato com base nas propriedades do pareamento de bases AT e GC. (Seção 4.2)

4. Descreva como o DNA, que possui um comprimento muito maior que uma célula quando linearizado, consegue ser acondicionado dentro da célula. (Seção 4.2)

5. Qual o tamanho de um cromossomo de *Escherichia coli* e quantas proteínas aproximadamente este consegue codificar? Quais outros elementos genéticos podem estar presentes em *E.coli*? (Seção 4.3)

6. O que são plasmídeos R e porque eles possuem importância médica? (Seção 4.3)

7. Com relação ao DNA, o que se entende pelos termos semiconservativo, complementar e antiparalelo? (Seção 4.4.)

8. Uma estrutura comumente vista no DNA circular durante a replicação é a estrutura teta. Desenhe um diagrama do processo de replicação e demonstre como a estrutura teta pode surgir. (Seções 4.5 e 4.6)

9. Por que erros na replicação do DNA são tão raros? Qual atividade enzimática, além da polimerização, está associada a DNA-polimerase III e como ela minimiza a taxa de erros? (Seção 4.6)

10. Os genes de RNAt apresentam promotores? Eles apresentam códons de início? Explique. (Seções 4.7 e 4.11).

11. Os sítios de início e término da síntese de RNAm (no DNA) são diferentes dos sítios de início e término da síntese proteica (no RNAm). Explique. (Seções 4.7 e 4.11).

12. O que é um óperon e por que ele é benéfico para conectar a expressão de determinados genes? (Seção 4.8)

13. Por que os RNAms eucarióticos precisam ser "processados", enquanto a maioria dos RNAms procarióticos não necessita? (Seção 4.9)

14. Por que os aminoácidos possuem este nome? Escreva a estrutura geral de um aminoácido. Qual a importância do grupo R para a estrutura final da proteína? Por que o aminoácido cisteína possui uma importância especial para a estrutura proteica? (Seção 4.10)

15. O que se entende por "oscilação" e o que a torna necessária à síntese proteica? (Seções 4.11 e 4.12)

16. O que são aminoacil-RNAt sintases e que tipos de reações elas realizam? Como uma sintase reconhece seus substratos corretos? (Seção 4.12)

17. A atividade enzimática que resulta na formação da ligação peptídica no ribossomo é denominada peptidil transferase. Qual molécula catalisa essa reação? (Seção 4.13)

18. Defina os tipos de estrutura proteica: primária, secundária, terciária e quaternária. Qual destas estruturas é alterada pela desnaturação? (Seção 4.14)

19. Algumas vezes, proteínas apresentando dobramento incorreto podem ser redobradas corretamente, no entanto, algumas vezes isso não ocorre, e estas são destruídas. Quais tipos de proteínas estão envolvidos no redobramento de proteínas dobradas incorretamente? Quais tipos de enzimas estão envolvidos na degradação de proteínas incorretamente dobradas? (Seção 4.14)

20. De que modo a célula identifica quais de suas proteínas devem atuar externamente à célula? (Seção 4.14)

## QUESTÕES APLICADAS

1. O genoma da bactéria *Neisseria gonorrhoeae* é uma molécula de DNA de dupla-fita que contém 2.220 pares de quilobases. Calcule o comprimento dessa molécula de DNA em centímetros. Se 85% dessa molécula de DNA correspondem a fases de leitura aberta de genes que codificam proteínas, e se o tamanho médio das proteínas corresponde a 300 aminoácidos, quantos genes codificadores de proteína são encontrados em *Neisseria*? Que tipo de informação você imagina que estaria presente nos outros 15% de DNA?

2. Compare e diferencie as atividades de DNA e RNA-polimerases. Qual a função de cada uma delas? Quais são os substratos de cada uma? Qual a principal diferença no comportamento das duas polimerases?

3. Qual seria o resultado (em termos de síntese proteica) se a RNA-polimerase iniciasse a transcrição a uma base a montante ao seu sítio normal de ínicio? Por quê? Qual seria o resultado (em termos de síntese proteica) se a tradução fosse iniciada a uma base a jusante ao seu sítio normal de ínicio? Por quê?

4. No Capítulo 10, serão estudadas as mutações, alterações hereditárias na sequência de nucleotídeos em um genoma. Examinando a Tabela 4.5, discuta como o código genético evoluiu de modo a minimizar o impacto das mutações.

CAPÍTULO

5

# Crescimento e controle microbiano

## microbiologia**hoje**

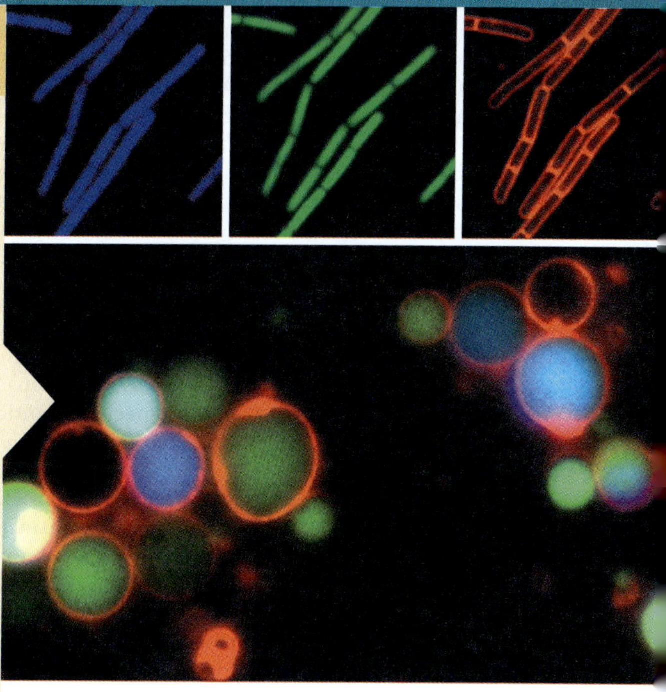

### As primeiras células na Terra possuíam parede celular?

Há diversas formas diferentes de células no mundo bacteriano: bacilos, cocos, espiras e muito mais. Qual era a forma das primeiras células? A parede celular contendo peptideoglicano é a marca de células de bactérias, uma vez que define a morfologia da célula e impede a sua lise osmótica. Mas será que as primeiras células na Terra tinham paredes celulares?

A bactéria em forma de bastonete, *Bacillus subtilis,* tem sido utilizada como um modelo para o estudo da forma celular bacteriana, crescimento e morfogênese. As células de *B. subtilis* são relativamente grandes e de fácil visualização por microscopia de fluorescência (fotografias superiores, esquerda para a direita: marcação de DNA, proteína verde fluorescente e marcação de membrana). Além disso, a genética dessa bactéria é bem compreendida, permitindo aos pesquisadores a geração de vários mutantes.

Linhagens mutantes de *B. subtilis* que não possuem parede celular, denominadas *formas L* (do inglês, *lack* [ausente]), podem ser geradas e cultivadas em meios de cultura osmoticamente protegidos. Notavelmente, a conversão do tipo selvagem para a forma L requer apenas duas mutações[1]. Formas L não crescem pelo processo de fissão binária usual de bactérias em forma de bastonete, mas pela liberação de pequenas vesículas que aumentam lentamente e, por vezes, geram suas próprias vesículas (fotografia inferior). Tudo isso acontece independentemente das principais proteínas relacionadas à divisão celular e do citoesqueleto das células bacterianas, FtsZ e MreB.

As primeiras células da Terra quase certamente não se pareciam com as morfologicamente diversas bactérias e arqueias que conhecemos hoje, mas sim com as formas L de *B. subtilis* mostradas aqui. A ausência de parede celular teria permitido que as células iniciais se fundissem e facilmente trocassem genes. Com o surgimento de uma parede celular de peptideoglicano, uma barreira para maior troca genética teria sido estabelecida, mas a parede teria permitido às células explorar hábitats osmoticamente desprotegidos e evoluir diversas formas celulares, mais adequadas à exploração dos recursos nesses hábitats.

[1] Errington, J. 2013. L-form bacteria, cell walls and the origins of life. *Open Biology* 3:120143.


I Divisão celular bacteriana 144

II Crescimento populacional 149

III Mensurando o crescimento microbiano 154

IV Efeito da temperatura no crescimento microbiano 158

V Outros efeitos ambientais no crescimento microbiano 165

VI Controle do crescimento microbiano 171

# I • Divisão celular bacteriana

Nos capítulos anteriores, discutimos a estrutura e função celulares (Capítulo 2) e os princípios da nutrição e metabolismo microbianos (Capítulo 3). No Capítulo 4, aprendemos os importantes processos moleculares que codificam as estruturas e os processos metabólicos das células. Agora, iremos considerar como tudo isso se une para permitir a geração de novas células durante o crescimento microbiano.

O crescimento é o resultado da divisão celular e é o processo final na vida de uma célula microbiana. O conhecimento do crescimento bacteriano nos deu uma nova visão sobre a divisão celular em organismos superiores e é útil para a criação de métodos de controle do crescimento microbiano.

## 5.1 Fissão binária

Em microbiologia, o **crescimento** é definido como *um aumento no número de células*. As células microbianas possuem tempo de vida limitado, e uma espécie é mantida apenas como resultado do crescimento contínuo de sua população. À medida que as macromoléculas acumulam-se no citoplasma de uma célula, elas são agrupadas em importantes estruturas, como parede celular, membrana citoplasmática, flagelos, ribossomos, complexos enzimáticos e assim por diante, eventualmente levando à divisão celular. Em uma cultura em crescimento de uma bactéria em forma de bastonete, como *Escherichia coli*, as células alongam-se até aproximadamente duas vezes o seu tamanho original e, então, formam uma partição que divide a célula em duas células-filhas (**Figura 5.1**). Esse processo é chamado de **fissão binária** ("binário" expressa o fato de duas células originarem-se a partir de uma). Essa partição é chamada de *septo* e resulta de uma invaginação da membrana citoplasmática e da parede celular de direções opostas; a formação do septo continua até a individualização das duas células-filhas. Há algumas variações no padrão geral da fissão binária. Em algumas bactérias, como *Bacillus subtilis*, o septo forma-se sem a constrição da parede celular, ao passo que no brotamento de *Caulobacter* a constrição ocorre, mas nenhum septo é formado. Entretanto, em todos os casos, quando uma célula eventualmente separa-se para formar duas células, dizemos que ocorreu uma *geração*, e o tempo requerido para esse processo é chamado de **tempo de geração** (Figura 5.1 e ver Figura 5.10).

Durante uma geração, todos os constituintes celulares aumentam proporcionalmente e as células estão em um *crescimento balanceado*. Cada célula-filha recebe um cromossomo e cópias suficientes de ribossomos e todos os outros complexos macromoleculares, monômeros e íons inorgânicos para existir como uma célula independente. A partição da molécula de DNA replicada entre as duas células-filhas depende de o ancoramento do DNA à membrana citoplasmática ser mantido durante a divisão, com a constrição levando à separação dos cromossomos, um para cada célula-filha (ver Figura 5.3).

O tempo de geração em uma dada espécie de bactéria é altamente variável, sendo dependente de fatores nutricionais e genéticos e da temperatura. Sob as melhores condições nutricionais, o tempo de geração de uma cultura laboratorial de *E. coli* é de cerca de 20 minutos. Poucas bactérias podem crescer mais rápido, com o detentor do recorde tendo 6 minutos

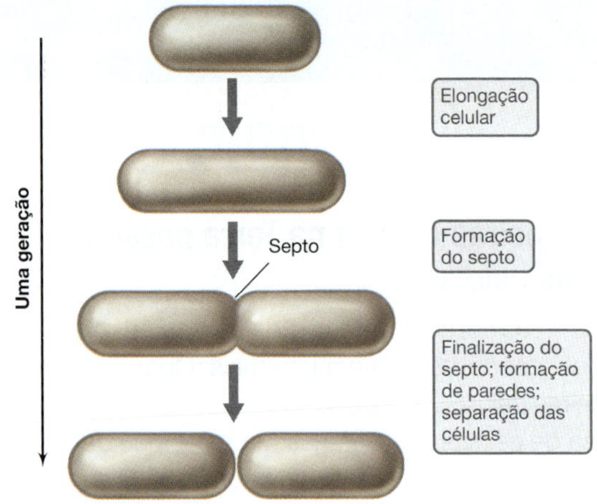


**Figura 5.1 Fissão binária em um procarioto bacilar.** O número de células duplica-se a cada geração.

de tempo de geração. Muitas bactérias crescem de forma mais lenta, com tempos de geração de horas ou dias sendo mais comuns. Na natureza, as células microbianas provavelmente crescem bem mais lentamente que suas velocidades máximas observadas em laboratório. Isso acontece uma vez que as condições e os recursos necessários para seu crescimento ótimo em laboratório podem não estar presentes no hábitat natural e, diferente do crescimento de culturas puras, os microrganismos na natureza vivem com outras espécies em comunidades microbianas e, assim, podem competir com seus vizinhos por recursos e espaço.

**MINIQUESTIONÁRIO**

- Resuma as etapas que levam à fissão binária em uma bactéria como *Escherichia coli*.
- Defina o termo geração. Qual o significado do termo tempo de geração?

## 5.2 Proteínas Fts e divisão celular

Uma série de proteínas presentes em todas as bactérias é essencial para a divisão celular. Essas proteínas são chamadas de *proteínas Fts*, e uma proteína-chave, **FtsZ**, desempenha um papel crucial no processo de fissão binária. FtsZ é relacionada à tubulina, a importante proteína da divisão celular em eucariotos (Seção 2.22), e é também encontrada na maioria das arqueias, mas não em todas. Outras proteínas Fts são encontradas apenas em bactérias e não em arqueias, portanto a discussão aqui será restrita a bactérias. A bactéria gram-negativa *Escherichia coli* e a gram-positiva *Bacillus subtilis* têm sido as espécies-modelo bacterianas para o estudo dos eventos de divisão celular.

### O divissomo

As proteínas Fts interagem na célula para formar um aparato de divisão chamado de **divissomo**. Em células bacilares, a formação do divisomo inicia-se com a ligação de moléculas de FtsZ em um anel precisamente ao redor do centro da célula;

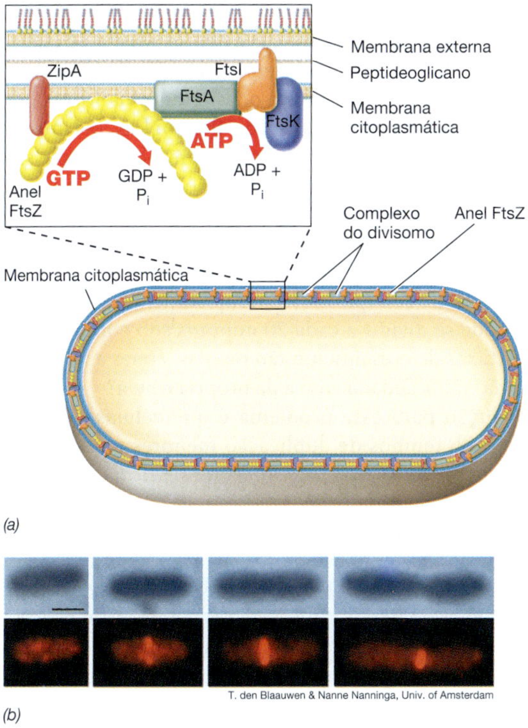


**Figura 5.2 O anel FtsZ e a divisão celular.** (*a*) Visão em corte de uma célula em forma de bacilo, apresentando o anel de moléculas de FtsZ ao redor do plano de divisão. A ampliação apresenta o arranjo das proteínas individuais do divisomo. ZipA corresponde a uma âncora para FtsZ; FtsI é uma proteína de biossíntese de peptideoglicano; FtsK auxilia na separação dos cromossomos; e FtsA é uma ATPase. (*b*) Surgimento e desaparecimento do anel FtsZ durante o ciclo celular de *Escherichia coli*. Microscopia: linha superior, contraste de fase; linha inferior, células coradas com um reagente específico para FtsZ. Eventos da divisão celular: primeira coluna, o anel FtsZ ainda não está formado; segunda coluna, aparecimento do anel FtsZ quando os nucleoides começam a ser segregados; terceira coluna, formação completa do anel FtsZ, à medida que a célula sofre elongação; quarta coluna, desaparecimento do anel FtsZ e divisão celular. Barra na fotografia superior à esquerda, 1 μm.

esse anel será o plano de divisão da célula. Em uma célula de *E. coli*, cerca de 10 mil moléculas de FtsZ polimerizam-se para formar o anel, que atrai outras proteínas do divisomo, incluindo *FtsA* e *ZipA* (**Figura 5.2**). ZipA é uma âncora que conecta o anel FtsZ à membrana citoplasmática, promovendo sua estabilização. FtsA, uma proteína relacionada à actina, uma importante proteína citoesquelética em eucariotos (Seção 2.22), também auxilia na conexão do anel FtsZ à membrana citoplasmática e apresenta um papel adicional no recrutamento de outras proteínas do divisomo. O divisomo forma-se após três quartos do ciclo de divisão celular terem transcorrido. No entanto, antes da formação do divisomo, a célula já está em processo de elongação e o DNA encontra-se em replicação (ver Figura 5.3).

O divissomo também contém proteínas Fts necessárias à síntese de peptideoglicano, como FtsI (Figura 5.2). FtsI é uma das várias *proteínas de ligação à penicilina* presentes na célula. As proteínas de ligação à penicilina recebem essa denominação pelo fato de sua atividade ser bloqueada pela penicilina (Seção 5.4). O divissomo coordena a síntese do novo material da membrana citoplasmática e da parede celular, denominado *septo de divisão*, no centro de uma célula bacilar, até que ela atinja o dobro de seu comprimento original. Após esse processo, a célula elongada divide-se, originando duas células-filhas (Figura 5.1).

## Replicação de DNA, proteínas Min e divisão celular

O DNA é replicado antes da formação do anel FtsZ (**Figura 5.3**), pois o anel é formado no espaço entre os nucleoides duplicados; antes da segregação dos nucleoides, eles bloqueiam efetivamente a formação do anel FtsZ. As proteínas MinC, MinD e MinE interagem para guiar FtsZ à porção central da célula. MinD forma uma estrutura em espiral na superfície interna da membrana citoplasmática e auxilia o posicionamento de MinC na membrana citoplasmática. A espiral MinD oscila para a frente e para trás ao longo do eixo da célula em crescimento, e atua *inibindo* a divisão celular, uma vez que evita a formação do anel FtsZ (Figura 5.3). Simultaneamente, no entanto, MinE também oscila de um polo ao outro e, à medida que o faz, desloca MinC e MinD. Portanto, devido ao fato de MinC e MinD permanecerem por mais tempo nos polos que em quaisquer outras regiões da célula durante sua oscilação, geralmente o centro da célula exibe a menor concentração dessas proteínas. Como resultado, o centro celular torna-se o local mais permissivo para a ligação de FtsZ e, portanto, o anel FtsZ forma-se nesse local. Por meio dessa série de eventos pouco usuais, as proteínas Min garantem a formação do divisomo somente no *centro celular*, e não nos polos da célula (Figura 5.3).

À medida que a elongação celular prossegue e a formação do septo é iniciada, as duas cópias dos cromossomos

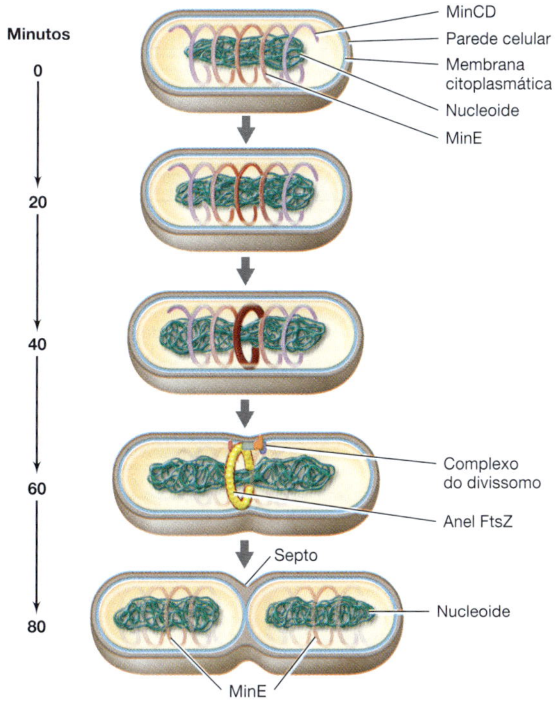


**Figura 5.3 Eventos da replicação de DNA e divisão celular.** A proteína MinE direciona a formação do anel FtsZ e do complexo do divisomo no plano de divisão celular. É apresentado um esquema de células de *Escherichia coli* crescendo com um tempo de geração de 80 minutos. MinC e MinD são mais abundantes nos polos da célula.

são separadas, encaminhando-se para cada uma das células-filhas (Figura 5.3). *FtsK*, uma proteína Fts, e várias outras proteínas auxiliam nesse processo. Simultaneamente à constrição celular, o anel FtsZ começa a sofrer despolimerização, promovendo a invaginação dos componentes da parede para formar o septo e separar as duas células-filhas. A atividade enzimática de Ftsz também hidrolisa guanosina trifosfato (GTP, um componente rico em energia) para gerar a energia necessária à polimerização e despolimerização do anel FtsZ (Figuras 5.2 e 5.3).

Há um grande interesse prático no entendimento dos detalhes da divisão celular bacteriana, pois esse conhecimento poderia proporcionar o desenvolvimento de novos medicamentos que tenham como alvo etapas específicas do crescimento de bactérias patogênicas. Da mesma forma que a penicilina (um fármaco que tem como alvo a síntese da parede celular bacteriana), medicamentos que interfiram com a função de proteínas Fts específicas ou de outras proteínas bacterianas relacionadas à divisão celular poderiam apresentar ampla aplicação na medicina clínica.

## Replicação do genoma em células de crescimento rápido

Conforme aprendemos no Capítulo 4, a natureza circular do cromossomo de *Escherichia coli* e da maioria dos procariotos gera uma oportunidade para acelerar a replicação do DNA. Isso se deve ao fato de a replicação de genomas circulares ser *bidirecional* a partir da origem de replicação. Durante a replicação bidirecional, a síntese ocorre tanto na forma contínua quanto descontínua em cada fita-molde, permitindo que o DNA seja replicado tão rapidamente quanto possível (Figura 4.17). Estudos da replicação cromossômica em *E. coli* têm mostrado que 40 minutos é o tempo mínimo requerido para a replicação do genoma e que isso independe do tempo de geração (**Figura 5.4**). Entretanto, isso cria um enigma em culturas de *E. coli* que crescem rapidamente, um organismo que pode se dividir a cada 20 minutos sob condições ótimas. Sob taxas de crescimento tão rápidas, como a replicação do genoma é coordenada com a da própria célula?

A solução para este problema é que células de *E. coli* crescendo sob tempos de duplicação menores que 40 minutos apresentam *múltiplas forquilhas de replicação de DNA*. Ou seja, uma nova rodada de replicação do DNA começa antes que a última rodada tenha sido completada (Figura 5.4), e, além disso, alguns genes estão presentes em mais de uma cópia. Isso assegura que sob tempos de geração mais curtos que o tempo requerido para a replicação do genoma (um processo que ocorre a uma velocidade máxima constante), cada célula-filha receba uma cópia completa do genoma no momento da formação do septo.

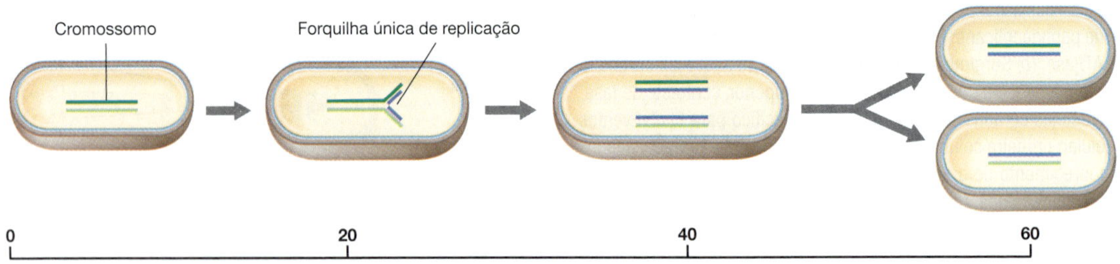


*(a)* **Tempo de geração, 1 h; tempo de replicação, 40 min.**

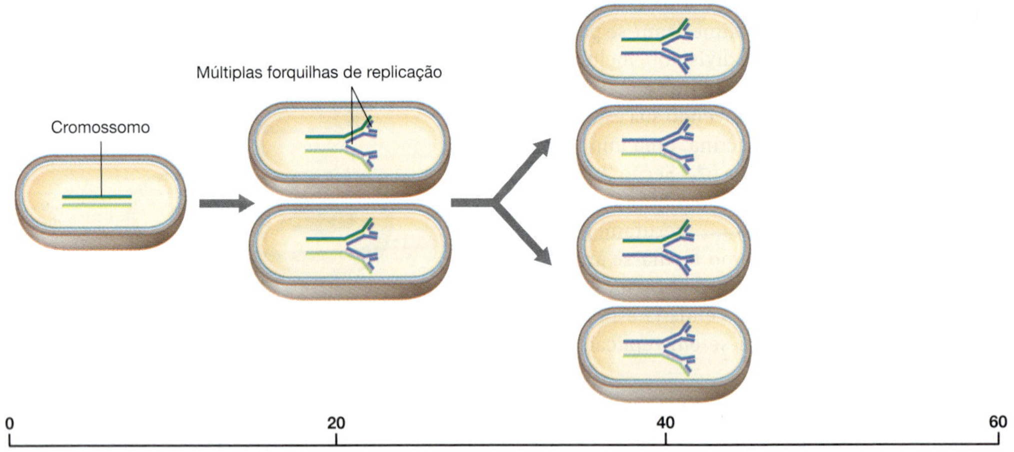


*(b)* **Tempo de geração, 20 min; tempo de replicação, 40 min.**

**Figura 5.4 Replicação do genoma em células de *Escherichia coli* crescendo em tempos de geração de 60 ou 20 minutos.** Em células se duplicando a cada 20 minutos, múltiplas forquilhas de replicação são necessárias para assegurar que cada célula-filha receba uma cópia completa do genoma, que leva 40 minutos para replicar.

**MINIQUESTIONÁRIO**

- O que é o divisomo?
- Como FtsZ encontra a porção central em uma célula bacilar?
- Explique como o tempo de geração mínimo para a bactéria *Escherichia coli* pode ser menor que o tempo necessário para replicar seu cromossomo.

## 5.3 MreB e morfologia celular

Da mesma forma que existem proteínas específicas que conduzem a *divisão* celular em procariotos, há proteínas específicas que definem a *forma* da célula. Curiosamente, essas proteínas determinantes da forma exibem homologia significativa com proteínas essenciais do citoesqueleto de células eucarióticas. Assim como os eucariotos, os procariotos também apresentam um citoesqueleto que é dinâmico e multifacetado.

### Morfologia celular e MreB

O principal fator na determinação da morfologia em bactérias é uma proteína denominada *MreB*. MreB forma um citoesqueleto simples em células de bactérias e em algumas poucas espécies de arqueias. MreB forma uma hélice de filamentos, localizada internamente à célula, imediatamente abaixo da membrana citoplasmática (**Figura 5.5**). Provavelmente, o citoesqueleto de MreB define a forma celular ao recrutar outras proteínas que coordenam o crescimento da parede celular em um padrão específico. A inativação do gene que codifica MreB em células de bactérias com morfologia bacilar torna as células cocoides. Além disso, a maioria das bactérias naturalmente em forma de coco são desprovidas do gene que codifica MreB, sendo, portanto, incapazes de produzir MreB. Isso sugere que a forma "padrão" de uma bactéria é mais semelhante a uma esfera. Variações no arranjo dos filamentos de MreB em células de bactérias não esféricas provavelmente são responsáveis pelas morfologias comuns de células procarióticas (⇄ Figura 2.11).

Como MreB determina a forma celular? As estruturas helicoidais formadas pelo MreB (Figura 5.5*a*) não são estáticas, entretanto, podem sofrer rotações dentro do citoplasma de uma célula em crescimento. Os peptideoglicanos recém-sintetizados (Seção 5.4) se associam com as hélices de MreB em pontos onde elas contatam a membrana citoplasmática (Figura 5.5*a*). Imagina-se que MreB direcione a síntese de uma nova parede celular para locais específicos ao longo do eixo de uma célula bacilar durante o crescimento. Isso permite que a nova parede celular se forme em diversos pontos ao longo da célula, em vez de se formar a partir de um único ponto, no local exterior à FtsZ, como em bactérias esféricas (ver Figura 5.3). Ao girar dentro do cilindro celular, iniciando a síntese de parede celular no ponto onde contata a membrana citoplasmática, MreB direciona a síntese da nova parede, de maneira que uma célula em forma de bacilo só cresce ao longo de seu eixo mais comprido.

### Crescentina

*Caulobacter crescentus*, uma espécie de Proteobacteria em forma de vibrião (⇄ Seção 7.12 e 14.21), sintetiza uma proteína determinante da morfologia denominada *crescentina*, além da MreB. As cópias da proteína crescentina organizam-se em filamentos com cerca de 10 nm de largura, localizados na face côncava da célula curva. Acredita-se que o arranjo e a

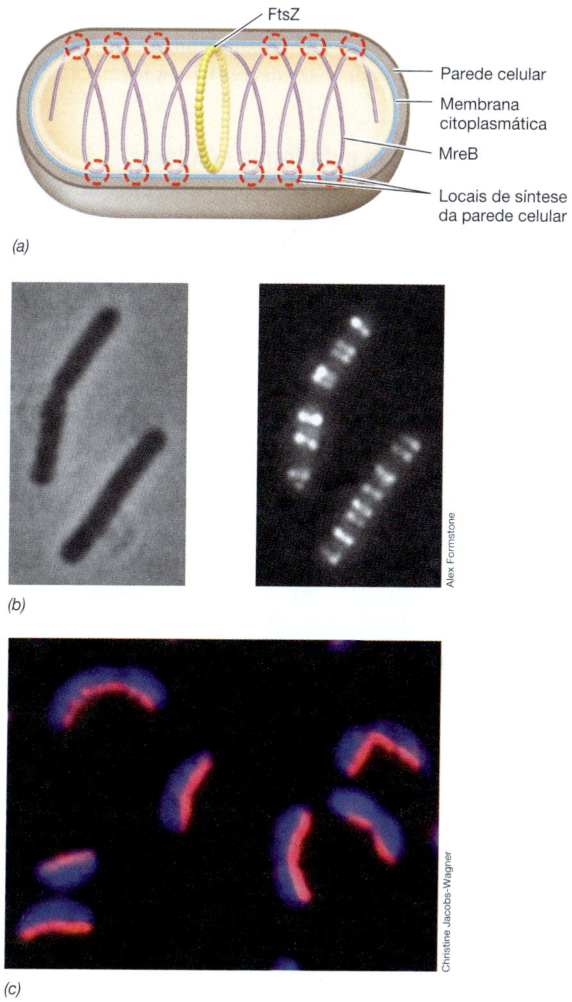


**Figura 5.5 MreB e crescentina como determinantes da morfologia celular.** (*a*) A proteína MreB do citoesqueleto é análoga à actina e enrola-se como uma espiral ao longo do eixo maior de uma célula bacilar, estabelecendo contato com a membrana citoplasmática em vários locais (círculos vermelhos tracejados). Eles correspondem a locais de síntese da nova parede celular. (*b*) Fotomicrografia das mesmas células de *Bacillus subtilis*. À esquerda, contraste de fase; à direita, fluorescência. As células contêm uma substância que torna a proteína MreB fluorescente, aqui ilustrada em branco-brilhante. (*c*) Células de *Caulobacter crescentus*, uma célula naturalmente curva (em forma de vibrião). As células foram coradas a fim de exibir a crescentina (vermelho), uma proteína determinante da forma, a qual se encontra ao longo da superfície côncava da célula, e com DAPI, que cora o DNA e, assim, a célula toda de azul.

localização dos filamentos de crescentina sejam responsáveis pela morfologia curva característica da célula de *C. crescentus* (Figura 5.5*c*). *Caulobacter* é uma bactéria aquática que apresenta um ciclo de vida em que as células natatórias, denominadas *expansivas*, eventualmente formam uma haste, ligando-se às superfícies. As células ligadas, então, sofrem divisão celular, formando novas células expansivas que são liberadas para colonizar novos hábitats. As etapas do ciclo de vida são altamente coordenadas em nível genético, e *Caulobacter* foi utilizado como um sistema-modelo para o estudo da expressão gênica na diferenciação celular (⇄ Seção 7.12). Embora a crescentina pareça ser exclusiva de *Caulobacter*, proteínas similares têm sido observadas em outras células de morfologia helicoidal, como *Helicobacter*, uma bactéria patogênica. Esse fato sugere que essas proteínas podem ser necessárias à formação de células curvas.

## Evolução da divisão e da forma celulares

Como os determinantes da divisão e da forma celulares em bactérias comparam-se àqueles de eucariotos? Curiosamente, a proteína MreB é estruturalmente relacionada à proteína eucariótica actina, e FtsZ é relacionada à proteína eucariótica tubulina. A actina organiza-se em estruturas denominadas *microfilamentos*, que atuam como arcabouço no citoesqueleto da célula eucariótica e na divisão celular, ao passo que a tubulina forma *microtúbulos*, que são importantes na mitose e outros processos (⇄ Seção 2.22). Além disso, a proteína determinante da forma crescentina em *Caulobacter* é relacionada às proteínas queratina que constituem os *filamentos intermediários* em células eucarióticas. Os filamentos intermediários são também componentes do citoesqueleto eucariótico, e genes codificando proteínas similares foram encontrados em algumas outras bactérias. Aparentemente, várias proteínas que controlam a divisão e morfologia de células eucarióticas possuem raízes evolutivas em células procarióticas. Entretanto, com exceção de FtsZ, genes codificando homólogos dessas proteínas parecem estar ausentes na maioria das arqueias.

**MINIQUESTIONÁRIO**

- Como o MreB controla a forma de uma bactéria em forma de bacilo?
- Que proteína é responsável pelo controle da morfologia das células de *Caulobacter*?
- Qual relação existe entre as proteínas do citoesqueleto de bactérias e eucariotos?

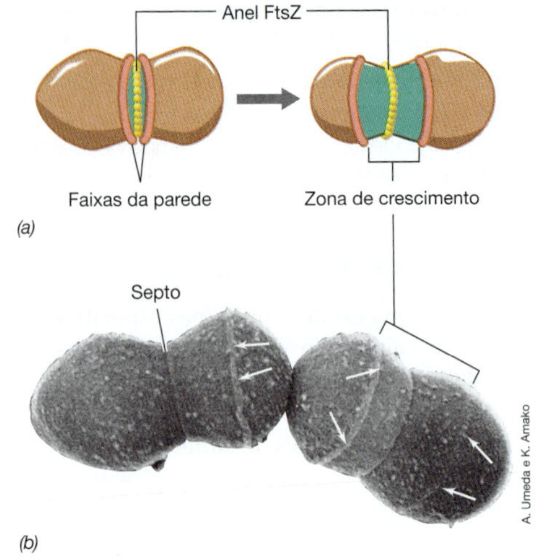


**Figura 5.6 Síntese da parede celular em bactéria gram-positiva.** (*a*) Localização da síntese da parede celular durante a divisão celular. Em cocos, a síntese da parede (ilustrada em verde) localiza-se em um único ponto (comparar com a Figura 5.5*a*). (*b*) Micrografia eletrônica de varredura de células de *Streptococcus hemolyticus*, apresentando as faixas na parede (setas). Cada célula apresenta cerca de 1 μm de diâmetro.

## 5.4 Biossíntese de peptideoglicano

Em células de todas as espécies de bactérias que contêm peptideoglicano, e a maioria delas contém, o peptideoglicano preexistente deve ser cortado temporariamente para permitir que o peptideoglicano recém-sintetizado seja inserido durante o processo de crescimento. Em cocos, o material da nova parede celular cresce em direções opostas, a partir do anel FtsZ (**Figura 5.6**), enquanto em células em forma de bacilo, a nova parede celular cresce a partir de várias localizações ao longo do comprimento da célula (Figura 5.5*a*). Em ambos os casos, como o novo peptideoglicano é produzido e como ele chega ao exterior da membrana citoplasmática, onde se encontra a camada de peptideoglicano?

### Biossíntese de peptideoglicano

O peptideoglicano pode ser considerado como um tecido resistente ao estresse, semelhante a uma camada fina de borracha. A síntese do novo peptideoglicano durante o crescimento envolve a clivagem controlada do peptideoglicano preexistente, com a inserção simultânea dos precursores de peptideoglicano. Uma molécula lipídica carreadora, denominada *bactoprenol*, desempenha um importante papel na parte final desse processo. O bactoprenol é um álcool $C_{55}$ hidrofóbico que se liga ao precursor de peptideoglicano, composto por *N*-acetilglicosamina/ácido *N*-acetilmurâmico/pentapeptídeo (**Figura 5.7**). O bactoprenol transporta os precursores do peptideoglicano através da membrana citoplasmática, tornando-os suficientemente hidrofóbicos para atravessarem o interior da membrana.

Uma vez no periplasma, o bactoprenol interage com enzimas denominadas *transglicolases*, que inserem os precursores no ponto de crescimento da parede celular e catalisam a formação da ligação glicosídica (**Figura 5.8**). Previamente, as pequenas aberturas existentes no peptideoglicano são feitas por enzimas denominadas *autolisinas*, as quais têm a função de hidrolisar as ligações que conectam a *N*-acetilglicosamina e o ácido *N*-acetilmurâmico no esqueleto do peptideoglicano. O novo material da parede celular é, então, adicionado por meio dessas aberturas (Figura 5.8*a*). A junção entre as formas novas e velhas do peptideoglicano forma uma saliência na superfície celular de bactérias gram-positivas, que podem ser observadas como uma *faixa de parede* (Figura 5.6*b*). É essencial que a síntese do peptideoglicano seja um processo altamente coordenado. Novas unidades do tetrapeptídeo devem ser alocadas no peptideoglicano existente imediatamente após a atividade da autolisina, a fim de evitar uma ruptura na integridade do peptideoglicano no ponto de junção; uma quebra poderia causar a lise celular espontânea, chamada de *autólise*.

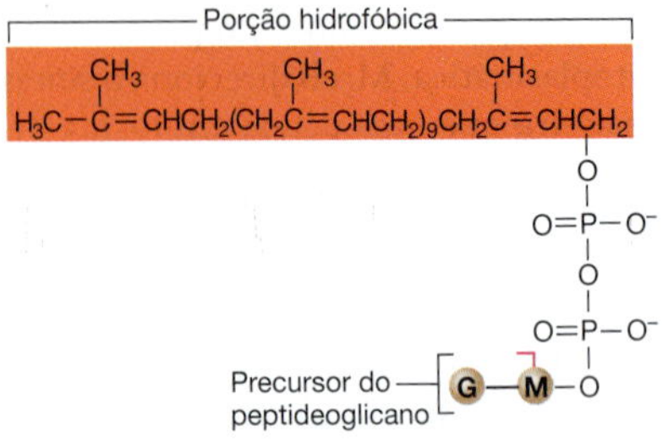


**Figura 5.7 Bactoprenol (undecaprenol-difosfato).** Essa molécula altamente hidrofóbica carreia os precursores do peptideoglicano da parede celular através da membrana citoplasmática.

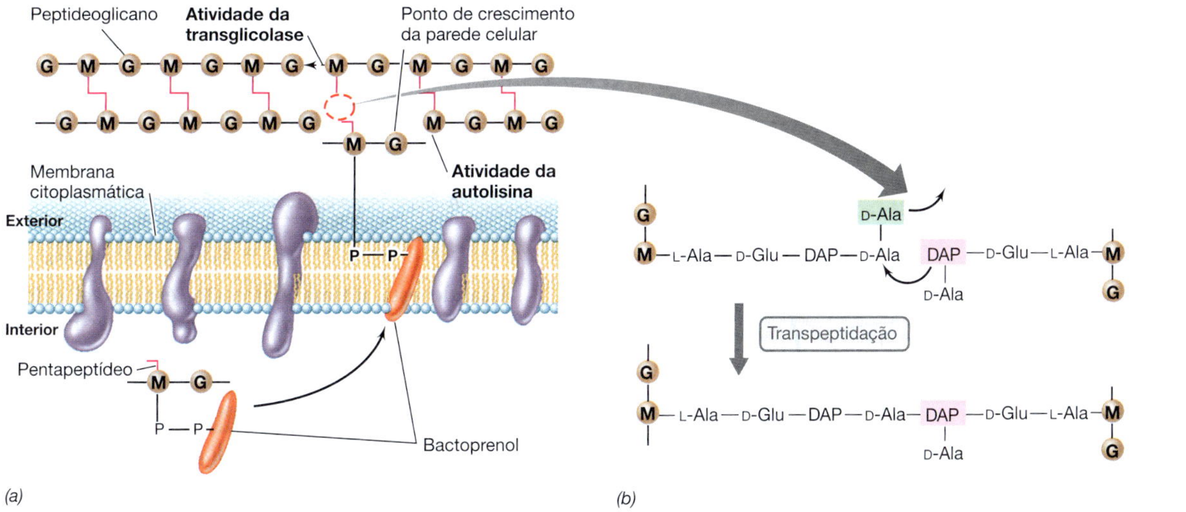


**Figura 5.8** **Síntese de peptideoglicano.** (*a*) Transporte dos precursores de peptideoglicano através da membrana citoplasmática para o ponto de crescimento da parede celular. A autolisina cliva as ligações glicosídicas no peptideoglicano preexistente, enquanto a glicolase as sintetiza, ligando o peptideoglicano antigo ao novo. (*b*) A reação de transpeptidação, que forma a ligação cruzada final entre duas cadeias de peptideoglicano. A penicilina inibe essa reação.

### Transpeptidação

A etapa final na síntese da parede celular consiste na **transpeptidação**. A transpeptidação forma as ligações peptídicas cruzadas entre os resíduos de ácido murâmico em cadeias adjacentes de glicano (⇄ Seção 2.10 e Figuras 2.25 e 2.26). Em bactérias gram-negativas, como *Escherichia coli*, as ligações cruzadas são formadas entre o ácido diaminopimélico (DAP) de um peptídeo e a D-alanina do peptídeo adjacente. Apesar de serem encontrados dois resíduos de D-alanina na extremidade do precursor de peptideoglicano, apenas um permanece na molécula final, enquanto o outro é removido durante a transpeptidação (Figura 5.8*b*). Essa reação é exergônica (libera energia, ⇄ Seção 3.4) e fornece a energia necessária para que a reação ocorra. Em *E. coli*, a proteína FtsI (Figura 5.2*a*) funciona como uma traspeptidase.

A transpeptidação apresenta importância médica, uma vez que corresponde à reação inibida pelo antibiótico penicilina. Várias proteínas de ligação à penicilina foram identificadas em bactérias, incluindo FtsI, citada anteriormente (Figura 5.2*a*). Quando a penicilina se liga às proteínas de ligação à penicilina, essas proteínas são inativadas. Na ausência da transpeptidação em uma célula em crescimento, a ação contínua de autolisinas (Figura 5.8) enfraquece o peptideoglicano, de forma que a célula eventualmente se rompe.

**MINIQUESTIONÁRIO**

- O que são autolisinas e por que são necessárias?
- Qual a função do bactoprenol?
- O que se entende por transpeptidação e por que ela é importante?

# II • Crescimento populacional

Relembre que o crescimento é definido como um aumento no *número* de células em uma população. Assim, prosseguiremos considerando os eventos de crescimento e divisão em uma célula individual para compreender a dinâmica do crescimento em populações bacterianas.

## 5.5 Aspectos quantitativos do crescimento microbiano

Durante a divisão celular, uma célula transforma-se em duas. Durante o tempo necessário para que esse processo ocorra (tempo de geração), o *número* total de células e a *massa* duplicam-se (Figura 5.1). Conforme veremos, o número de células em uma cultura bacteriana em crescimento pode rapidamente tornar-se muito elevado, portanto daremos enfoque à maneira de lidar com esses grandes números em uma forma quantitativa.

### Plotando dados de crescimento

Um experimento de crescimento iniciado com uma única célula, com tempo de geração de 30 minutos, é apresentado na **Figura 5.9**. Este padrão de aumento populacional, em que o número de células é duplicado a um intervalo de tempo constante, é denominado **crescimento exponencial**. Em um experimento desse tipo, quando o número de células é plotado em um gráfico de coordenadas aritméticas (lineares) em função do tempo, obtém-se uma curva de inclinação constantemente crescente (Figura 5.9*b*). Em contrapartida, quando o número de células é plotado em uma escala logarítmica ($\log_{10}$) em função do tempo (um gráfico *semilogarítmico*), conforme ilustrado na Figura 5.9*b*, obtém-se uma linha reta. Essa função linear reflete o fato de que as células estão crescendo exponencialmente e a população está se duplicando em um intervalo de tempo constante.

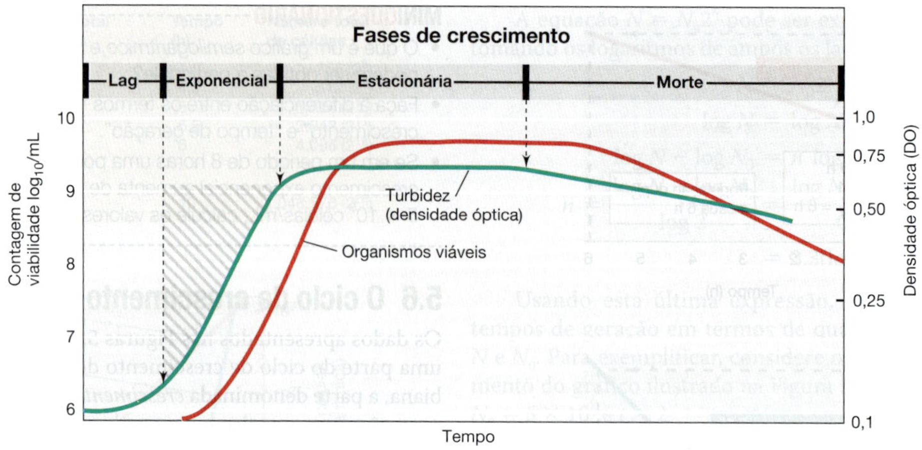


**Figura 5.11 Curva de crescimento típica de uma população bacteriana.** Uma contagem de viáveis mede as células presentes na cultura capazes de se reproduzir. A densidade óptica (turbidez), uma medida quantitativa da dispersão de luz por uma cultura líquida, aumenta de acordo com o aumento do número de células.

As taxas de crescimento exponencial variam amplamente, sendo influenciadas pelas condições ambientais (temperatura, composição do meio de cultura), bem como pelas características genéticas do próprio organismo. Em geral, os procariotos crescem mais rapidamente que os microrganismos eucarióticos, e os eucariotos menores crescem mais rapidamente do que os maiores. Esse fato nos recorda do conceito discutido anteriormente em relação à proporção superfície-volume. Lembre-se de que as células menores apresentam uma maior capacidade de permuta de nutrientes e produtos de excreção, quando comparadas às células maiores, e essa vantagem metabólica pode afetar significativamente seu crescimento e outras propriedades (Seção 2.6).

## Fase estacionária e de morte

Em uma cultura em batelada, o crescimento exponencial não pode ser mantido indefinidamente. Considere o fato de que uma única célula bacteriana, pesando apenas um trilionésimo ($10^{-12}$) de grama e crescendo exponencialmente com um tempo de geração de 20 minutos, produziria, se permitida crescer exponencialmente em uma cultura em batelada por 48 horas, uma população de células cujo peso seria 4 mil vezes superior ao peso da Terra! Obviamente, essa situação é impossível, e o crescimento torna-se limitado nessas culturas porque ou um nutriente essencial no meio de cultura é depletado ou os produtos de excreção do organismo acumulam-se. Quando o crescimento exponencial cessa por uma (ou ambas) dessas razões, a população atinge a *fase estacionária* (Figura 5.11).

Na fase estacionária, não se observa aumento ou diminuição líquidos no número de células, portanto a taxa de crescimento da população corresponde a zero. Apesar da interrupção no crescimento, o metabolismo energético e os processos biossintéticos podem continuar em células na fase estacionária, mas normalmente a uma taxa muito reduzida. Algumas células podem até mesmo se dividir durante a fase estacionária, porém não há aumento líquido no número de células. Isso ocorre porque algumas células da população crescem, ao passo que outras morrem; os dois processos equilibram-se um ao outro (crescimento críptico). No entanto, cedo ou tarde a população entrará na *fase de morte* do ciclo de crescimento celular, que, assim como a fase exponencial, ocorre como uma função exponencial (Figura 5.11). Todavia, normalmente a taxa de morte celular é muito mais lenta do que a taxa de crescimento exponencial, e células viáveis podem permanecer em uma cultura por meses ou até mesmo anos.

As fases do crescimento bacteriano, apresentadas na Figura 5.11, refletem eventos que ocorrem em uma *população* de células, e não em células individuais. Assim, os termos fase lag, fase exponencial e assim por diante não se aplicam a células individuais, mas somente a populações de células. O crescimento de uma célula individual é um pré-requisito necessário ao crescimento da população. No entanto, o crescimento da população é mais relevante para a ecologia de microrganismos, uma vez que as atividades microbianas mensuráveis requerem populações microbianas, e não somente uma célula microbiana individual.

**MINIQUESTIONÁRIO**

- Em que fase da curva de crescimento as células se dividem em um período de tempo constante?
- Sob quais condições a fase lag poderia não ocorrer?
- Por que as células entram em fase estacionária?

## 5.7 Cultura contínua

Até o momento, nossa discussão sobre crescimento populacional restringiu-se às culturas em batelada. O ambiente em uma cultura em batelada está constantemente mudando devido ao consumo de nutrientes e produção de excretas. É possível contornar essas mudanças em um *dispositivo de cultura contínua*. Diferente de uma cultura em batelada, que é um sistema *fechado*, uma cultura contínua é um sistema *aberto*. Em um frasco de cultura em crescimento contínuo, um volume de meio fresco é adicionado a uma taxa constante, enquanto o mesmo volume de meio de cultura usado (que também contém células) é removido na mesma taxa. Quando em equilíbrio, o volume do frasco de crescimento, o número de células e a quantidade de nutrientes/excretas permanecem constantes e a cultura atinge um *estado de equilíbrio*.

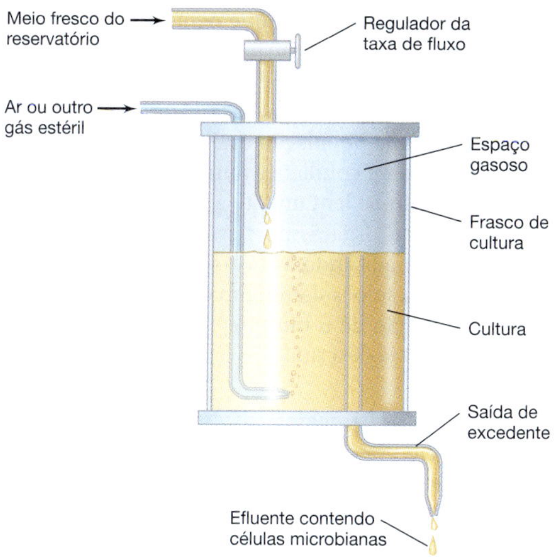


**Figura 5.12 Representação esquemática de um dispositivo de cultura contínua (quimiostato).** A densidade da população é controlada pela concentração do nutriente limitante no reservatório, ao passo que a taxa de crescimento é controlada pela taxa de fluxo. Esses dois parâmetros podem ser ajustados pelo operador.

## O quimiostato

O tipo mais comum de equipamento para culturas contínuas é o **quimiostato**, um dispositivo no qual tanto a taxa de crescimento (quão *rapidamente* as células se dividem) quanto a densidade celular (*quantas* células por mL são obtidas) podem ser controladas independentemente (**Figura 5.12**). Dois fatores governam a taxa de crescimento e a densidade celular, respectivamente: (1) a *taxa de diluição*, que é a taxa com a qual o meio fresco é adicionado e o meio usado é removido; e (2) a *concentração de um nutriente limitante*, como uma fonte de carbono ou nitrogênio, presente no meio estéril introduzido no frasco do quimiostato.

Em uma cultura em batelada, a concentração de nutrientes afeta tanto a taxa de crescimento quanto a eficiência de crescimento (**Figura 5.13**). Em concentrações muito baixas de um determinado nutriente, a taxa de crescimento é submáxima, porque o nutriente não pode ser transportado para o interior da célula rápido o suficiente para satisfazer a demanda metabólica. Em concentrações mais elevadas, a taxa máxima de crescimento pode ser obtida, porém a densidade celular pode continuar a aumentar proporcionalmente à concentração de nutrientes presentes no meio (Figura 5.13). Em um quimiostato, no entanto, a taxa e a eficiência de crescimento são controladas independentemente: a taxa de crescimento pela taxa de diluição, e a eficiência de crescimento pela concentração de um nutriente limitante.

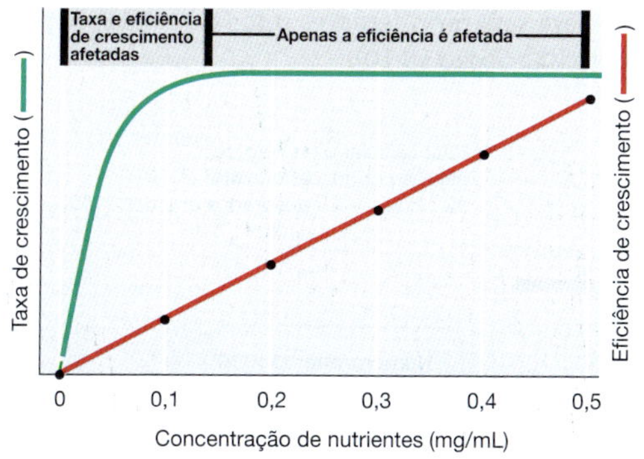


**Figura 5.13 O efeito dos nutrientes no crescimento.** Relação entre concentração de nutriente, taxa de crescimento (curva em verde) e eficiência de crescimento (curva em vermelho) de uma cultura em batelada (sistema fechado). Apenas em baixas concentrações de nutrientes tanto a taxa de crescimento quanto a eficiência de crescimento são afetadas.

## Variando os parâmetros do quimiostato

Os efeitos no crescimento microbiano da variação na taxa de diluição e concentração do nutriente limitante em um quimiostato são apresentados na **Figura 5.14**. Como pode ser observado, há uma ampla faixa na qual a taxa de diluição controla a taxa de crescimento. Entretanto, em taxas de diluição muito baixas ou muito altas, o estado de equilíbrio é rompido. Em uma taxa de diluição muito *alta*, o organismo não consegue crescer com velocidade suficiente para manter sua diluição, sendo eliminado do quimiostato. Em contrapartida, em uma taxa de diluição muito *baixa*, as células podem morrer por desnutrição, uma vez que o nutriente limitante não está sendo adicionado com velocidade suficiente para suportar o metabolismo celular mínimo. No entanto, entre esses limites, diferentes taxas de crescimento podem ser obtidas simplesmente variando-se a taxa de diluição.

A densidade celular em um quimiostato é controlada por um nutriente limitante, da mesma forma que em uma cultura em batelada (Figura 5.13). Se a concentração desse nutriente no meio em que está sendo introduzido for aumentada a uma taxa de diluição constante, a densidade celular aumentará, porém a taxa de crescimento permanecerá a mesma. Assim, pela variação da taxa de diluição do quimiostato e da concentração de nutrientes, pode-se estabelecer populações celulares diluídas (p. ex., $10^5$ células/mL), moderadas (p. ex., $10^7$ células/mL) ou densas (p. ex., $10^9$ células/mL), crescendo em qualquer taxa de crescimento específica.

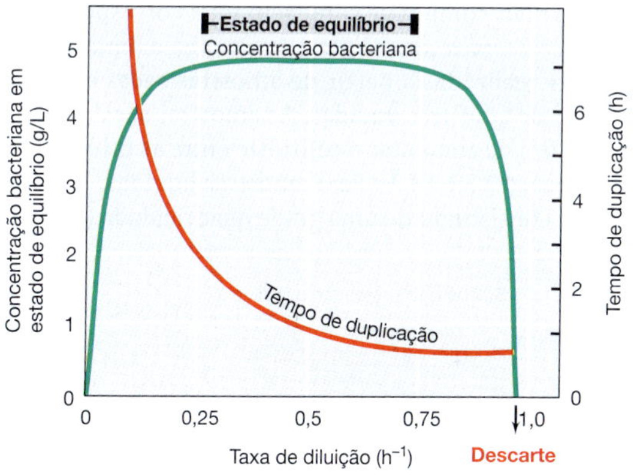


**Figura 5.14 Relações de estado de equilíbrio em um quimiostato.** A taxa de diluição é determinada pela taxa de fluxo e pelo volume do frasco de cultura. Assim, em um frasco de 1.000 mL, com uma taxa de fluxo através do frasco de 500 mL/h, a taxa de diluição seria de 0,5 $h^{-1}$. Observe que, em altas taxas de diluição, o crescimento não é capaz de contrabalançar a diluição, e a população é eliminada. Observe também que, embora a densidade populacional permaneça constante durante o estado de equilíbrio, a taxa de crescimento (tempo de duplicação) pode variar em grande escala.

### Usos experimentais do quimiostato

Uma vantagem prática do quimiostato é o fato de a população celular poder ser mantida na fase exponencial de crescimento por longos períodos, dias e até mesmo semanas. Células em fase exponencial são geralmente as mais desejáveis para experimentos fisiológicos, e podem estar disponíveis a qualquer momento, quando crescem em um quimiostato. Além disso, podem ser feitas repetições dos experimentos, sabendo-se que a cada momento a população de células será praticamente a mesma. Após uma amostra ser removida do quimiostato, é necessário um período de tempo para que o frasco retorne ao seu volume original e para o estado de equilíbrio ser novamente alcançado. Uma vez que esse processo tenha ocorrido, o frasco encontra-se pronto para nova amostragem.

O quimiostato tem sido utilizado tanto na ecologia como na fisiologia microbiana. Por exemplo, uma vez que o quimiostato pode mimetizar facilmente situações de baixa concentração de substrato, que são frequentemente encontradas na natureza, é possível testar quais organismos em culturas mistas de composição conhecida podem melhor sobreviver sob limitações nutricionais. Isso pode ser realizado por meio do monitoramento das alterações que ocorrem na comunidade microbiana em função da variação das condições nutricionais. Os quimiostatos têm sido também empregados no enriquecimento e isolamento de bactérias da natureza. A partir de uma amostra natural, uma população estável pode ser selecionada mediante a escolha de condições nutricionais e da taxa de diluição, aumentando-se lentamente a taxa de diluição até que somente um único organismo permaneça. Nesse sentido, microbiologistas analisando as taxas de crescimento de diferentes bactérias do solo isolaram um organismo apresentando tempo de duplicação de 6 minutos – a bactéria com crescimento mais rápido já descrita!

**MINIQUESTIONÁRIO**

- Como os microrganismos presentes em um quimiostato diferem dos microrganismos em uma cultura em batelada?
- O que ocorre em um quimiostato se a taxa de diluição exceder a taxa de crescimento máximo do organismo?
- A utilização de um quimiostato requer o emprego de culturas puras?

## III • Mensurando o crescimento microbiano

O crescimento de uma população é medido pelo monitoramento de alterações no número de células ou alterações nos níveis de algum componente celular como um substituto para o número de células. Estes incluem proteínas, ácidos nucleicos ou o peso seco das próprias células. Aqui, abordaremos duas medidas comuns do crescimento celular: contagens de células e turbidez, sendo essa última uma medida da massa celular.

### 5.8 Contagens microscópicas

Uma contagem total do número de microrganismos em uma cultura ou em uma amostra natural pode ser realizada simplesmente observando-se e enumerando as células presentes. O método mais comum de contagem total corresponde à *contagem microscópica das células*. As contagens microscópicas podem ser realizadas a partir de amostras secas em lâminas ou a partir de amostras líquidas. As amostras secas podem ser coradas a fim de aumentar o contraste entre as células e o fundo (Seções 2.2 e 18.3). Para amostras líquidas, câmaras de contagem consistindo de uma grade quadriculada (*grid*), onde os quadrados têm área conhecida marcada sobre a superfície de uma lâmina de vidro, são utilizadas (**Figura 5.15**). Quando a lamínula é colocada na câmara, cada quadrado do *grid* comporta um volume conhecido. O número de células presentes por unidade de área do *grid* pode ser contado ao microscópio, possibilitando a determinação do número de células presentes no pequeno volume da câmara. O número de células por mililitro de suspensão é calculado empregando-se um fator de conversão baseado no volume da amostra da câmara (Figura 5.15).

Células em amostras líquidas também podem ser contadas em um citômetro de fluxo. Essa é uma máquina que emprega raio *laser* e eletrônica complexa para contar células individuais. O citômetro de fluxo raramente é utilizado na contagem rotineira de células microbianas, porém possui aplicações no campo da medicina para a contagem e diferenciação de células sanguíneas e outros tipos celulares presentes em amostras clínicas. Ele também foi utilizado na ecologia microbiana para separar diferentes tipos de células para fins de isolamento (Seção 18.10).

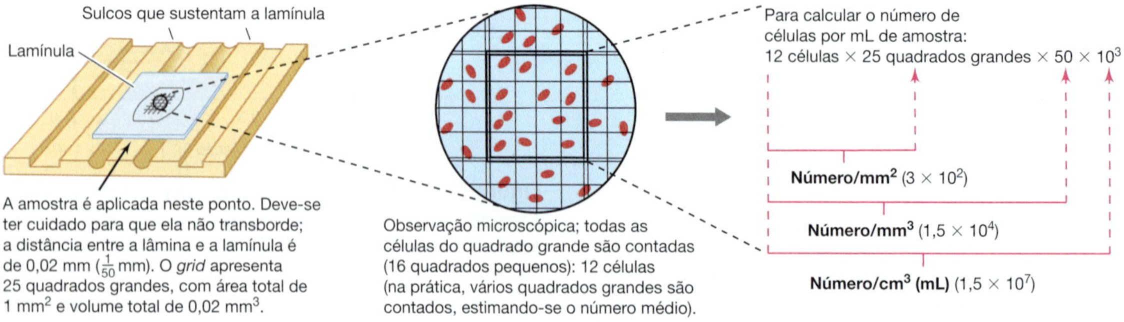

Sulcos que sustentam a lamínula
Lamínula
A amostra é aplicada neste ponto. Deve-se ter cuidado para que ela não transborde; a distância entre a lâmina e a lamínula é de 0,02 mm ($\frac{1}{50}$ mm). O *grid* apresenta 25 quadrados grandes, com área total de 1 mm$^2$ e volume total de 0,02 mm$^3$.
Observação microscópica; todas as células do quadrado grande são contadas (16 quadrados pequenos): 12 células (na prática, vários quadrados grandes são contados, estimando-se o número médio).
Para calcular o número de células por mL de amostra:
12 células × 25 quadrados grandes × 50 × 10$^3$
Número/mm$^2$ (3 × 10$^2$)
Número/mm$^3$ (1,5 × 10$^4$)
Número/cm$^3$ (mL) (1,5 × 10$^7$)


**Figura 5.15 Procedimento de contagem microscópica direta, utilizando a câmara de contagem de Petroff-Hausser.** Um microscópio de contraste de fase é normalmente utilizado para a contagem de células, evitando a necessidade do uso de corantes.

### Ressalvas da contagem microscópica

A contagem microscópica é uma forma rápida e simples de estimar-se o número de células microbianas. Entretanto, apresenta várias limitações que restringem sua utilidade a algumas condições específicas. Por exemplo, sem o uso de técnicas de coloração especiais (Seção 18.3) não é possível distinguir células mortas de células vivas, e é difícil alcançar precisão, mesmo que sejam realizadas replicatas. Além disso, células pequenas são de difícil visualização ao microscópio, o que pode levar a contagens errôneas, e suspensões celulares de baixa densidade (menor do que cerca de $10^6$ células/mililitro) apresentam poucas ou nenhuma célula no campo microscópico, exceto se a amostra for inicialmente concentrada e ressuspensa em um pequeno volume. Finalmente, células móveis devem ser mortas ou imobilizadas de alguma outra forma previamente à contagem, e fragmentos presentes na amostra podem ser confundidos com células microbianas.

### Contagem de células microscópicas na ecologia microbiana

Apesar das muitas ressalvas potenciais, ecologistas microbianos muitas vezes utilizam a contagem de células microscópicas em amostras naturais. Entretanto, eles o fazem utilizando corantes para visualizar as células, muitas vezes empregando corantes muito poderosos que provêm informações filogenéticas ou outras informações-chave sobre as células, como suas propriedades metabólicas.

O corante DAPI (Seção 2.2 e Figura 2.6*c*) cora todas as células de uma amostra, uma vez que reage com o DNA. Por outro lado, corantes fluorescentes que são altamente específicos para determinados organismos ou grupos de organismos podem ser preparados por sua ligação a sondas de ácido nucleico específicas. Por exemplo, corantes filogenéticos que coram apenas espécies de bactérias ou apenas espécies de arqueias podem ser usados em combinação com corantes não específicos para determinar a proporção de cada domínio presente em uma dada amostra; a utilização desses corantes será discutida na Seção 18.4. Outras sondas fluorescentes têm como alvo genes que codificam enzimas relacionadas a processos metabólicos específicos; se uma célula é corada com uma dessas sondas, uma propriedade-chave metabólica pode ser inferida, o que pode revelar o papel ecológico da célula na comunidade microbiana. Em todos esses casos, se as células na amostra estiverem presentes apenas em baixas densidades, por exemplo, em uma amostra de água do oceano, esse problema pode ser superado concentrando-se inicialmente as células em um filtro e, então, realizando a contagem após sua coloração.

Por serem simples e suprirem informações úteis, as contagens de células microscópicas são comumente empregadas em estudos microbianos de ambientes naturais. Abordaremos esse tema em mais detalhes no Capítulo 18.

**MINIQUESTIONÁRIO**

- Quais são alguns dos problemas que podem surgir quando preparações não coradas são utilizadas para realizar contagens microscópicas?
- Utilizando técnicas microscópicas, como você poderia dizer se há arqueias presentes em um lago alpino cujo número total de células foi de apenas $10^5$/mL?

## 5.9 Contagem de células viáveis

Uma célula **viável** é definida como aquela capaz de dividir-se, originando células-filhas, e, na maioria das situações de contagens de células, são as células que causam maior interesse. Com esse propósito, podemos utilizar um método de **contagem de células viáveis**, também denominado **contagem em placa**, uma vez que placas de ágar são requeridas. O procedimento de contagem de células viáveis pressupõe que cada célula viável é capaz de crescer e dividir-se, originando uma colônia. Assim, o número de colônias e o número de células são proporcionais.

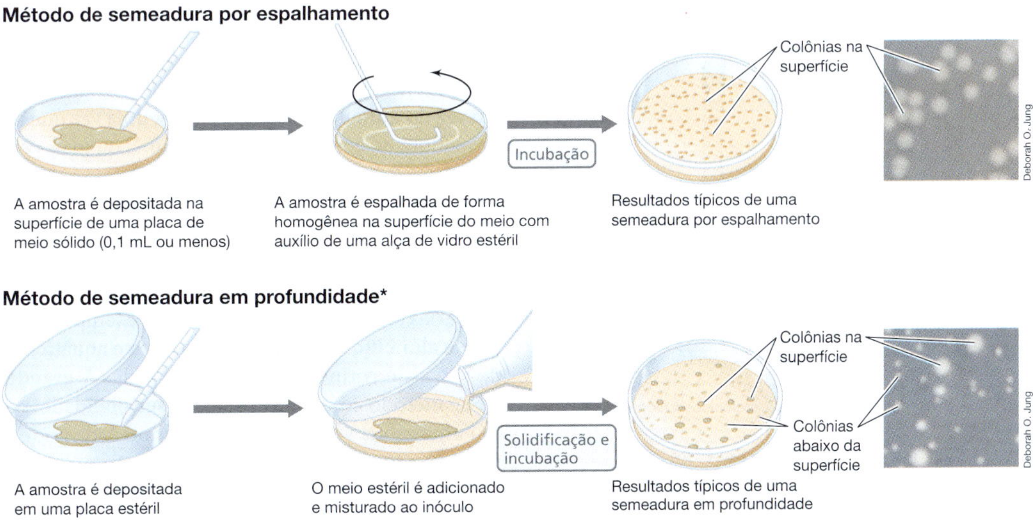


**Figura 5.16** **Dois métodos de contagem de células viáveis.** No método de semeadura em profundidade, as colônias formam-se no interior, assim como na superfície, do meio sólido. Na quarta coluna é apresentada uma fotografia de colônias de *Escherichia coli*, formadas por células depositadas em placas pelo método de semeadura por espalhamento (superior) ou pelo método de semeadura em profundidade (inferior).

*N. de R.T. Este método é internacionalmente conhecido como "pour-plate", mesmo na literatura técnica em português.

## Métodos para a contagem de células viáveis

Há pelo menos duas formas para realizar-se uma contagem em placa: o método de *semeadura por espalhamento* e o método de *semeadura em profundidade* (**Figura 5.16**). No método de semeadura por espalhamento, um volume (geralmente 0,1 mL ou menos) da cultura diluída apropriadamente é espalhado sobre a superfície de um meio sólido com auxílio de uma alça de vidro estéril. No método de semeadura em profundidade, um volume conhecido (geralmente de 0,1–1,0 mL) da cultura é pipetado em uma placa de Petri estéril. O meio de cultura fundido é, então, adicionado e bem misturado, movimentando-se delicadamente a placa em círculos sobre a bancada. Tanto no método de semeadura por espalhamento quanto na semeadura em profundidade, é importante que o número de colônias desenvolvidas na placa não seja muito elevado, nem muito baixo. Em placas muito populosas, algumas células podem não formar colônias e algumas colônias podem se fundir, levando a erros de contagem. Se o número de colônias for muito pequeno, a significância estatística da contagem será baixa. A prática geral, de maior valia estatística, consiste na contagem somente de placas que possuam entre 30 e 300 colônias.

Para que se obtenha o número apropriado de colônias, a amostra a ser contada deve quase sempre ser diluída. Tendo em vista que raramente podemos prever o número aproximado de células viáveis, em geral mais de uma diluição é necessária. Frequentemente, são empregadas várias diluições decimais da amostra (**Figura 5.17**). Para realizar uma diluição decimal ($10^{-1}$), pode-se misturar 0,5 mL da amostra a 4,5 mL do diluente, ou 1,0 mL da amostra a 9,0 mL do diluente. Se uma diluição centesimal ($10^{-2}$) for necessária, 0,05 mL pode ser misturado a 4,95 mL do diluente, ou 0,1 mL a 9,9 mL de diluente. Alternativamente, uma diluição de $10^{-2}$ pode ser preparada a partir de duas diluições decimais sucessivas. No caso de culturas densas, essas diluições *seriadas* são necessárias para obter-se a diluição adequada para plaquear um número contável de colônias. Assim, se uma diluição de $10^{-6}$ ($1/10^6$) for necessária, ela pode ser obtida pela realização de três diluições sucessivas de $10^{-2}$ ($1/10^2$), ou de seis diluições sucessivas de $10^{-1}$ (Figura 5.17).

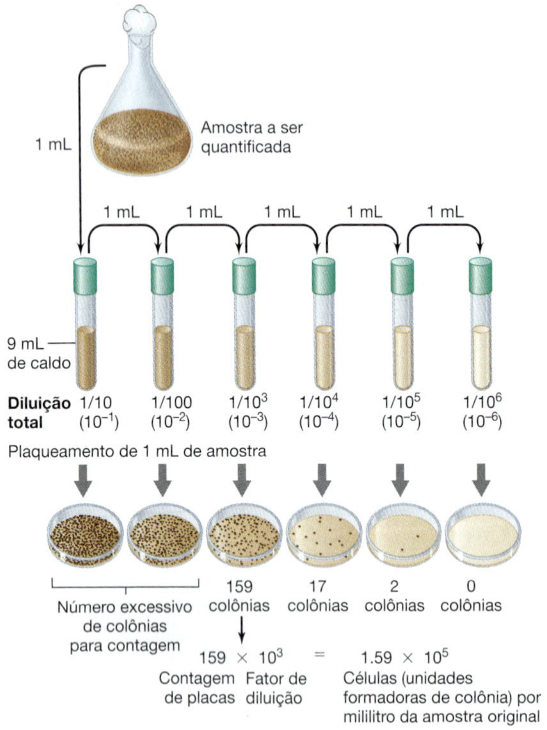


**Figura 5.17 Procedimento de contagem de viáveis utilizando diluições seriadas da amostra e o método de semeadura em profundidade.** O líquido estéril utilizado no preparo das diluições pode ser simplesmente água, porém uma solução balanceada de sais ou de um meio de cultura pode permitir uma maior recuperação. O fator de diluição é a recíproca da diluição.

## Fontes de erros na contagem de placas

O número de colônias obtidas em uma contagem de células viáveis depende não apenas do tamanho do inóculo e da viabilidade da cultura, mas também do meio de cultura e das condições de incubação. O número de colônias também pode mudar de acordo com o tempo de incubação. Por exemplo, se uma cultura mista é contada, nem todas as células depositadas na placa formarão colônias na mesma velocidade; se um período mais curto de incubação é utilizado, menos do que o número máximo de colônias será visualizado. Além disso, o tamanho das colônias poderá variar. Se, neste processo, surgirem colônias muito pequenas, elas podem não ser contadas corretamente. No caso de culturas puras, o desenvolvimento das colônias é um processo mais sincronizado, e a uniformidade da morfologia das colônias é provável.

A contagem de células viáveis pode estar sujeita a erros significativos por diversas razões, as quais incluem inconsistências no plaqueamento, como erros de pipetagem de amostras líquidas, amostras desuniformes (p. ex., uma amostra contendo grumos celulares), homogeneização insuficiente da amostra, intolerância ao calor (caso a técnica de semeadura em profundidade seja usada), e muitos outros fatores. Dessa forma, para que se obtenham contagens precisas, são necessários cuidado e consistência durante a preparação da amostra e o seu plaqueamento, além da utilização de replicas de diluições importantes. Além disso, se duas ou mais células estão agrupadas formando um grumo, elas crescerão formando uma única colônia. Assim, se uma amostra contém muitas células em grumos, uma contagem da viabilidade dessa amostra pode ser erroneamente baixa. A quantificação dessas amostras é frequentemente expressa como número de *unidades formadoras de colônias*, em vez do número de células viáveis, uma vez que uma unidade formadora de colônia pode incluir uma ou mais células.

## Aplicações da contagem de placas

Apesar das dificuldades associadas à contagem de viáveis, o processo fornece a melhor estimativa do número de células viáveis em uma amostra, sendo assim amplamente utilizado em várias áreas da microbiologia. Por exemplo, na microbiologia de alimentos, de laticínios, médica e aquática, a contagem de viáveis é rotineiramente empregada. A grande vantagem desse método consiste em sua alta sensibilidade, pois até mesmo uma célula viável por amostra inoculada pode ser detectada. Essa propriedade permite a detecção precisa de contaminação microbiana em alimentos ou outros produtos.

A utilização de meios de cultura e condições de crescimento altamente seletivos nos procedimentos de contagem de viáveis permite que se enfoque espécies particulares em uma amostra contendo diversos organismos. Por exemplo, um meio complexo contendo 10% de NaCl é muito útil no isolamento de *Staphylococcus* da pele, uma vez que o sal inibe o crescimento da maioria das outras bactérias (Seção 29.9). Em aplicações práticas, como na indústria alimentícia, a contagem de viáveis tanto em meios complexos como seletivos permite avaliações quantitativas e qualitativas dos microrganismos presentes em um produto alimentício. Isto é, utilizando-se uma única amostra, um meio pode ser empregado para uma contagem total, e um segundo meio utilizado para detectar um organismo em particular, como um patógeno específico. A contagem de um alvo específico é comum em análises de águas de rejeitos e outros tipos de água. Por exemplo, pelo fato de as bactérias entéricas, como *Escherichia coli*, serem originadas de matéria fecal e serem facilmente detectadas pelo uso de meios seletivos, se bactérias entéricas forem detectadas em uma amostra de água de um local de natação, por exemplo, sua presença significa que a água não é apropriada para utilização humana.

### A grande anomalia da contagem em placa

Contagens microscópicas diretas de amostras naturais normalmente revelam muito mais organismos que aqueles recuperáveis em placas de qualquer meio de cultura. Assim, embora seja uma técnica de grande sensibilidade, as contagens em placa podem ser pouquíssimo confiáveis quando utilizadas na avaliação do número total de células em amostras naturais, como o solo e a água. Alguns microbiologistas referem-se a esse fenômeno como a "grande anomalia da contagem em placa".

Por que as contagens em placa revelam números inferiores de células aos observados por contagens microscópicas diretas? Um fator óbvio está no fato de os métodos microscópicos fazerem a contagem de células mortas, ao contrário dos métodos de contagem de viáveis. Ainda mais importante é o fato de diferentes organismos, mesmo aqueles presentes em uma amostra natural muito pequena, poderem exibir diferentes exigências nutricionais e de condições de crescimento em culturas laboratoriais (Seções 3.1 e 3.2). Assim, pode-se esperar que um meio e um conjunto de condições de crescimento permitam, na melhor das hipóteses, sustentar o crescimento de apenas um subconjunto da comunidade microbiana total. Se esse subconjunto representar, por exemplo, $10^6$ células/g de uma comunidade viável total de $10^9$ células/g, a contagem em placa revelará somente 0,1% da população microbiana total, uma estimativa muito abaixo do número real de células viáveis e tipos fisiológicos de organismos presentes na amostra.

Os resultados da contagem em placa podem, portanto, representar uma grande limitação. Contagens em placa com alvos específicos, utilizando meios altamente seletivos, como, por exemplo, na análise microbiológica de esgoto ou de alimentos, podem gerar dados confiáveis, uma vez que a fisiologia dos organismos-alvo é conhecida. Por outro lado, contagens de células "totais" da mesma amostra, utilizando-se um único meio e conjunto de condições de crescimento simples, podem ser, e geralmente são, estimativas aquém do número real de células em uma a várias ordens de grandeza.

**MINIQUESTIONÁRIO**

- Por que uma contagem de viáveis é mais sensível do que uma contagem microscópica? Qual a principal hipótese considerada quando se relaciona os resultados obtidos na contagem em placa ao número de células?
- Descreva como preparar uma diluição de $10^{-7}$ de uma cultura bacteriana.
- O que se entende por "grande anomalia da contagem em placa"?

## 5.10 Espectrofotometria

Durante o crescimento exponencial, todos os componentes celulares aumentam proporcionalmente ao aumento do número de células. Um desses componentes é a própria massa celular. As células dispersam luz, e um método rápido e bastante útil para estimar a massa celular é a *turbidez*. Uma suspensão celular exibe aspecto nebuloso (turvo) ao olho nu porque as células dispersam a luz que atravessa a suspensão. Quanto maior o número de células presentes, maior a quantidade de luz dispersa e, consequentemente, mais turva a suspensão. Uma vez que a massa celular é proporcional ao número de células, a turbidez pode ser utilizada para estimar o número de células, e é uma técnica amplamente utilizada na microbiologia.

### Densidade óptica

A turbidez é medida com o auxílio de um espectrofotômetro, um instrumento que promove a passagem de luz através de uma suspensão celular, detectando a quantidade de luz emergente, não dispersa (**Figura 5.18**). O espectrofotômetro emprega um prisma ou grade de difração para gerar uma luz incidente de comprimento de onda específico (Figura 5.18*a*). Os comprimentos de onda normalmente utilizados para medir a turbidez bacteriana incluem 480 nm (azul), 540 nm (verde), 600 nm (cor de laranja) e 660 nm (vermelho). A sensibilidade é maior nos comprimentos de onda mais curtos, porém as medidas de suspensões celulares densas são mais precisas com o uso de comprimentos de onda mais longos. A unidade de medida da turbidez corresponde à *densidade óptica* (*DO*) no comprimento de onda especificado, como por exemplo, $DO_{540}$ para medidas de densidade óptica a 540 nm (Figura 5.18). O termo *absorbância* (A), por exemplo, $A_{540}$, é também uma unidade comumente utilizada, porém deve ser entendido que é a *dispersão* da luz, não a *absorbância* da luz, que é realmente mensurada no espectrofotômetro.

### Relacionando a densidade óptica ao número de células

No caso de organismos unicelulares, a densidade óptica é proporcional, dentro de certos limites, ao número de células. As leituras da turbidez podem, portanto, ser utilizadas como um substituto dos métodos de contagem total ou de células viáveis. Contudo, antes desse procedimento ser realizado, uma curva padrão deve ser previamente construída, relacionando o número de células (contagem microscópica ou de células viáveis), peso seco ou teor proteico, à turbidez. Como pode ser observado nesse tipo de gráfico, a proporcionalidade é mantida apenas dentro de certos limites (Figura 5.18*c*). Em altas densidades celulares, a luz dispersa por uma célula e captada pela fotocélula do espectrofotômetro pode ser novamente dispersa por outra célula. Para a fotocélula, esse fenômeno pode causar a impressão de que não houve dispersão da luz. Em densidades celulares tão elevadas, a correspondência entre o número de células e a turbidez afasta-se da linearidade e, portanto, as medidas da DO são menos precisas. Todavia, até esse limite, as medidas de turbidez podem corresponder a medidas precisas do número de células ou do peso seco. Além disso, uma vez que diferentes organismos diferem em tamanho e forma, um mesmo número de células de duas diferentes espécies bacterianas não irá necessariamente corresponder a um mesmo valor de DO. Assim, para relacionar a DO ao número de células real, uma curva padrão relacionando esses dois parâmetros

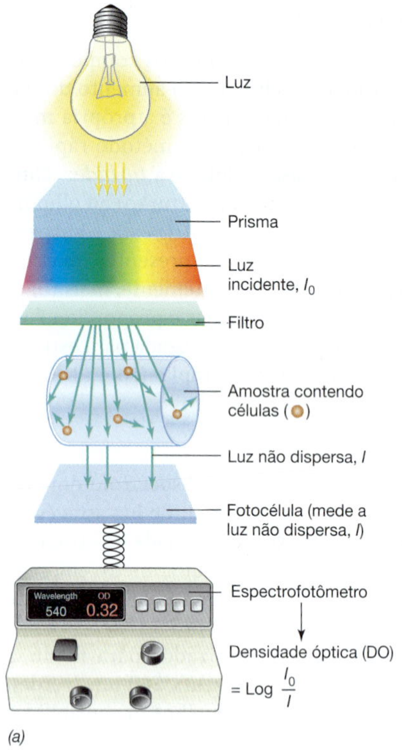


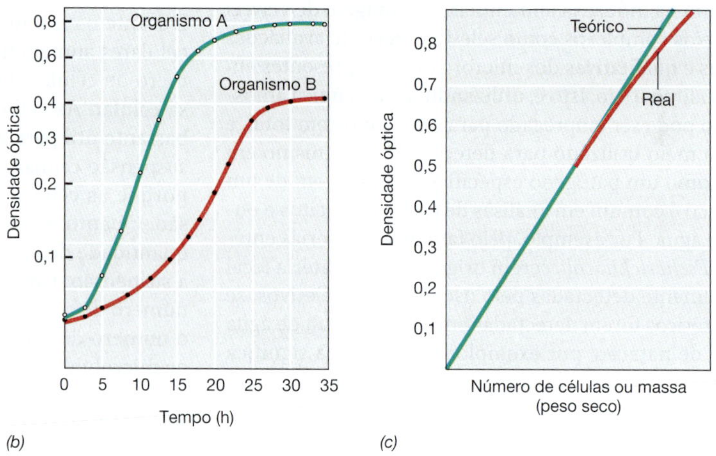


**Figura 5.18** **Medidas turbidimétricas do crescimento microbiano.** (*a*) A turbidez é medida em um espectrofotômetro. A fotocélula mede a luz incidente, não dispersa pelas células em suspensão, registrando-a em unidades de densidade óptica. (*b*) Curva de crescimento típica de dois organismos apresentando diferentes taxas de crescimento. Para praticar, calcule o tempo de geração ($g$) das duas culturas empregando a fórmula $n = 3{,}3$ ($\log N - \log N_0$), em que $N$ e $N_0$ correspondem a dois valores de DO diferentes, obtidos em um intervalo de tempo $t$ (Seção 5.5). Qual organismo está crescendo mais rápido, A ou B? (*c*) Relação entre o número de células ou o peso seco e as medidas de turbidez. Observe que a correspondência unívoca dessas relações é perdida em altos valores de turbidez.

deve ser construída para cada diferente organismo crescendo rotineiramente no laboratório.

### As vantagens e desvantagens do crescimento turbidimétrico

Por um lado, as medidas turbidimétricas são rápidas e de fácil execução e, geralmente, podem ser realizadas sem a destruição ou alteração significativa da amostra. Por essas razões, as medidas turbidimétricas são amplamente utilizadas para monitorar o crescimento de culturas puras de bactérias, arqueias e vários eucariotos microbianos. Com ensaios turbidimétricos, a mesma amostra pode ser analisada repetidamente, sendo as medidas plotadas em um gráfico semilogarítmico em relação ao tempo (Seção 5.5). A partir desses dados, é fácil calcular o tempo de geração e outros parâmetros da cultura em crescimento (Figura 5.18*b*).

Por outro lado, as medidas turbidimétricas podem ser por vezes problemáticas. Embora muitos microrganismos cresçam em suspensões homogêneas em meio líquido, outros não o fazem. Algumas bactérias formam agrupamentos pequenos ou grandes, e, nestas situações, as medidas da DO podem ser bastante imprecisas como avaliação do total da massa microbiana. Além disso, muitas bactérias crescem em filmes sobre as paredes de tubos ou outros frascos de crescimento, mimetizando na cultura laboratorial a forma como crescem, de fato, na natureza (ver Explorando o mundo microbiano, "grudar ou nadar"). Portanto, para que as DOs reflitam de modo preciso a massa celular (e, assim, o número de células) de uma cultura líquida, os agregados e biofilmes devem ser minimizados. Isso pode ser frequentemente realizado misturando-se, agitando-se ou mantendo-se, de alguma forma, as células bem misturadas durante o processo de crescimento, a fim de impedir a formação de agregados celulares e biofilmes. Algumas bactérias são naturalmente planctônicas – permanecem bem ressuspendidas em meio líquido por longos períodos – e não formam biofilmes. Entretanto, se uma superfície sólida está disponível, a maioria das bactérias móveis irá, eventualmente, desenvolver um biofilme estático, e a quantificação acurada do número de células pela turbidez pode ser dificultada ou mesmo impossível nestes casos.

**MINIQUESTIONÁRIO**

- Liste duas vantagens da utilização da turbidez como medida de crescimento celular.
- Descreva como você poderia utilizar uma medida turbidimétrica para calcular quantas colônias seriam esperadas a partir do plaqueamento de uma cultura com determinada DO.

# IV • Efeito da temperatura no crescimento microbiano

Os microrganismos são intensamente afetados pelo estado químico e físico de seu ambiente, e quatro fatores essenciais controlam o crescimento: temperatura, pH, disponibilidade de água e de oxigênio. Começaremos com a temperatura, um fator-chave ambiental que afeta o crescimento e a sobrevivência dos microrganismos.

## 5.11 Classes térmicas de microrganismos

Em temperaturas muito frias ou muito quentes, os microrganismos não serão capazes de crescer, podendo até mesmo morrer. As temperaturas mínima e máxima que suportam o crescimento variam amplamente entre os diferentes microrga-

# EXPLORE O MUNDO MICROBIANO

## Grudar ou nadar

Neste capítulo serão discutidas diversas formas por meio das quais o crescimento microbiano pode ser medido, incluindo métodos de microscopia, contagens de viabilidade, e medidas da dispersão luminosa (turbidez) produzida por células suspensas em uma cultura líquida. As medidas turbidimétricas do crescimento bacteriano partem do princípio de que as células permanecem homogeneamente distribuídas pelo meio líquido de cultura. Nessas condições, a densidade óptica da cultura é proporcional ao logaritmo do número de células em suspensão (**Figura 1**). Este estilo de vida flutuante, denominado *planctônico*, é a forma como determinadas bactérias vivem na natureza, como é o caso de organismos que habitam uma coluna d'água de um lago, por exemplo. No entanto, muitos outros microrganismos são *sésseis*, ou seja, eles crescem aderidos a uma superfície. Essas células aderidas podem produzir **biofilmes**.

Os seres humanos se deparam com biofilmes diariamente, por exemplo, quando limpam o recipiente de água de um animal de estimação, o qual ficou sem ser limpo por alguns dias, ou quando percebem, com a língua, a presença de um "filme" que se desenvolve sobre dentes não escovados.

Um biofilme é uma matriz de polissacarídeos aderidos contendo células bacterinas embebidas nela. Os biofilmes se formam em estágios: (1) primeiramente ocorre a adesão reversível de células planctônicas, (2) depois, ocorre a adesão irreversível dessas mesmas células, (3) as quais, então, se multiplicam e produzem polissacarídeos e, (4) por fim, o filme continua a se desenvolver até formar o biofilme maduro, tenaz e quase impenetrável. Nos estágios iniciais da formação do biofilme, a adesão de bactérias à superfície desencadeia a expressão de genes específicos à formação de biofilmes. Genes que codificam proteínas produtoras de polissacarídeos de superfície celular são transcritos, e a presença aumentada desta camada limosa facilita a adesão de mais células.

As estruturas móveis de bactérias natantes – os flagelos – são necessárias para o estabelecimento inicial da condição de biofilme. Estruturas finas, como fios de cabelo, denominadas *pili* tipo IV (⇄ Seção 2.13), que se parecem com flagelos, porém não giram da forma como os flagelos o fazem, são crucias para o amadurecimento do biofilme. Eventualmente, por meio do crescimento e do recrutamento, comunidades microbianas inteiras se desenvolvem dentro da camada limosa de polissacarídeos.

Os biofilmes bacterianos podem afetar os seres humanos de forma dramática. As infecções bacterianas, por exemplo, são frequentemente associadas a patógenos que desenvolvem biofilmes durante o processo da doença. A fibrose cística (FC), uma doença genética, se caracteriza pelo desenvolvimento de um biofilme contendo *Pseudomonas aeruginosa* e outras bactérias nos pulmões dos pacientes acometidos pela FC (**Figura 2**). A matriz do biofilme, que contém alginato e outros polissacarídeos, assim como DNA bacteriano, reduz intensamente a capacidade de agentes antimicrobianos, como antibióticos, de penetrarem o biofilme, de forma que as bactérias ali contidas são pouco afetadas pelos fármacos. Os biofilmes bacterianos também estão associados a infecções de próteses médicas difíceis de serem tratadas, como válvulas cardíacas e juntas artificias.

Os biofilmes também constituem um enorme problema para a indústria. Biofilmes microbianos podem ocasionar a degradação de equipamentos e a contaminação de produtos, principalmente se os líquidos forem ricos em nutrientes, como é o caso do leite. Os biofilmes também podem causar danos duradouros aos sistemas de distribuição de água e a outros sistemas de utilidade pública (⇄ Seções 21.10 e 21.11). Os biofilmes que se desenvolvem em *containers* de estocagem, como tanques de estocagem de combustíveis, podem contaminar o combustível e causar a degradação a partir da produção de agentes químicos, como o sulfeto de hidrogênio ($H_2S$) excretado de biofilmes bacterianos.

Os biofilmes são uma forma comum de crescimento bacteriano na natureza. O biofilme não apenas provê proteção contra compostos químicos danosos, mas a grossa camada da matriz do biofilme também proporciona proteção contra a predação por protistas, além de impedir que as células bacterianas sejam lixiviadas de ambientes menos favoráveis. Assim, enquanto as densidades óticas nos proporcionam uma imagem laboratorial de uma cultura bacteriana em perfeita suspensão, no "mundo real" o crescimento microbiano na condição de biofilme é frequentemente observado.

Examinaremos os biofilmes em mais detalhes nas seções cujos focos incluem as superfícies como hábitats microbianos (⇄ Seções 19.4 e 19.5).

**Figura 1** **Culturas líquidas de *Escherichia coli*.** Nessas culturas as células se encontram em um estado planctônico, estando homogeneamente suspensas no meio. A densidade óptica crescente (da esquerda para a direita) está apresentada abaixo do tubo. A densidade óptica é uma medida de dispersão da luz e foi medida utilizando-se o comprimento de onda de 540 nm, como descrito na Figura 5.18*a*. Embora o crescimento em suspensão seja mostrado aqui, a *E. coli* também forma biofilmes. A adesão das células da *E. coli* é facilitada pelos seus tipos de fímbria e *pili* conjugativos (⇄ Seção 2.13).

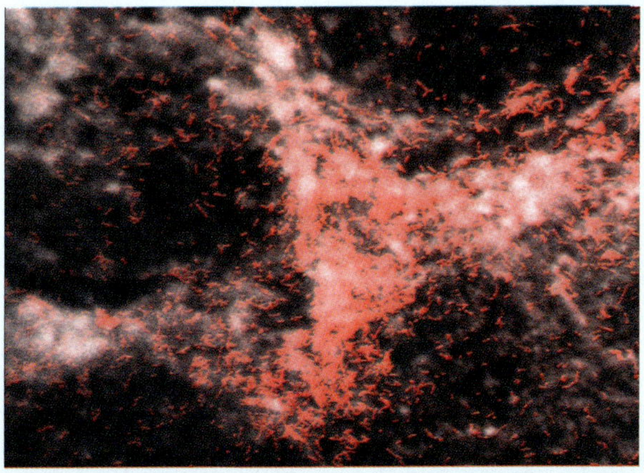


**Figura 2** **Células de *Pseudomonas aeruginosa* coradas por fluorescência.** As células foram obtidas de uma amostra de escarro de um paciente com fibrose cística. As células em vermelho correspondem à *P. aeruginosa* e o material esbranquiçado corresponde ao alginato, um composto semelhante a polissacarídeos produzido pelas células da *P. aeruginosa*.

nismos, normalmente refletindo a variação térmica e a temperatura média de seus hábitats.

## As temperaturas cardeais

A temperatura afeta os microrganismos de duas maneiras opostas. À medida que a temperatura aumenta, as reações químicas e enzimáticas da célula passam a ocorrer com maior velocidade e o crescimento é acelerado. Entretanto, acima de uma determinada temperatura, os componentes celulares podem sofrer danos irreversíveis. Para cada microrganismo há uma temperatura *mínima*, abaixo da qual o crescimento não é possível, uma temperatura *ótima*, na qual o crescimento ocorre rapidamente, e uma temperatura *máxima*, acima da qual o crescimento torna-se impossível. Essas três temperaturas, denominadas **temperaturas cardeais** (Figura 5.19), são características para qualquer tipo de microrganismo e podem diferir drasticamente entre espécies. Por exemplo, alguns organismos apresentam temperatura de crescimento ótima próxima de 0°C, enquanto, para outros, essa pode ser acima de 100°C. A faixa de temperatura que permite o crescimento de microrganismos é ainda mais ampla, de temperaturas tão baixas quanto –15°C a até mesmo 122°C. No entanto, nenhum organismo é capaz de crescer ao longo de toda essa faixa, sendo a faixa normal para qualquer organismo geralmente abaixo de 40°C.

A temperatura máxima de crescimento de um organismo reflete a temperatura acima da qual ocorre a desnaturação de um ou mais componentes celulares essenciais, como uma enzima-chave. Os fatores que controlam a temperatura mínima de crescimento de um organismo não são claros. No entanto, a membrana citoplasmática deve encontrar-se em um estado semifluido para que o transporte de nutrientes e funções bioenergéticas sejam realizados. Ou seja, se a membrana citoplasmática de um organismo torna-se rígida a ponto de não atuar adequadamente no transporte de nutrientes, ou torna-se incapaz de desenvolver uma força próton-motiva, o organismo será incapaz de crescer. Contrapondo as temperaturas mínima e máxima, a temperatura *ótima* de crescimento reflete a condição na qual todos os componentes, ou a maioria, encontram-se atuando em sua taxa máxima e geralmente encontra-se mais próxima da máxima do que da mínima.

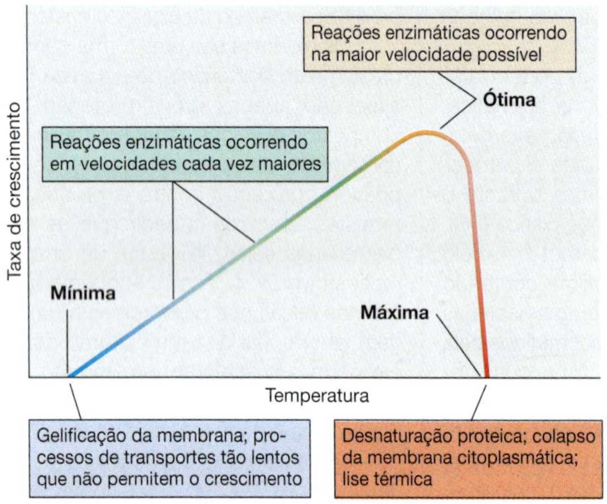


**Figura 5.19 As temperaturas cardeais: mínima, ótima e máxima.** Os valores reais podem variar significativamente em diferentes organismos (ver Figura 5.20).

## Classes térmicas de organismos

Embora haja uma série contínua de organismos, variando daqueles com temperatura ótima muito baixa até aqueles com temperatura ótima alta, é possível distinguir pelo menos quatro grupos de microrganismos, conforme as temperaturas ótimas de crescimento: **psicrófilos**, com o ponto ótimo situado em baixas temperaturas; **mesófilos**, com o ponto ótimo em temperaturas medianas; **termófilos**, com o ponto ótimo em altas temperaturas; e **hipertermófilos**, com o ponto ótimo correspondendo a temperaturas muito elevadas (Figura 5.20).

Os mesófilos são amplamente distribuídos na natureza e são os microrganismos mais comumente estudados. Eles são encontrados em animais de sangue quente, assim como em ambientes terrestres e aquáticos de latitudes temperadas e tropicais. Psicrófilos e termófilos são encontrados em ambientes de frio e calor incomuns, respectivamente. Os hipertermófilos são encontrados em hábitats extremamente quentes, como fontes termais, gêiseres e fendas hidrotermais no fundo oceânico.

*Escherichia coli* é um mesófilo típico, e suas temperaturas cardeais foram precisamente determinadas. A temperatura ótima para a maioria das linhagens de *E. coli* é próxima de

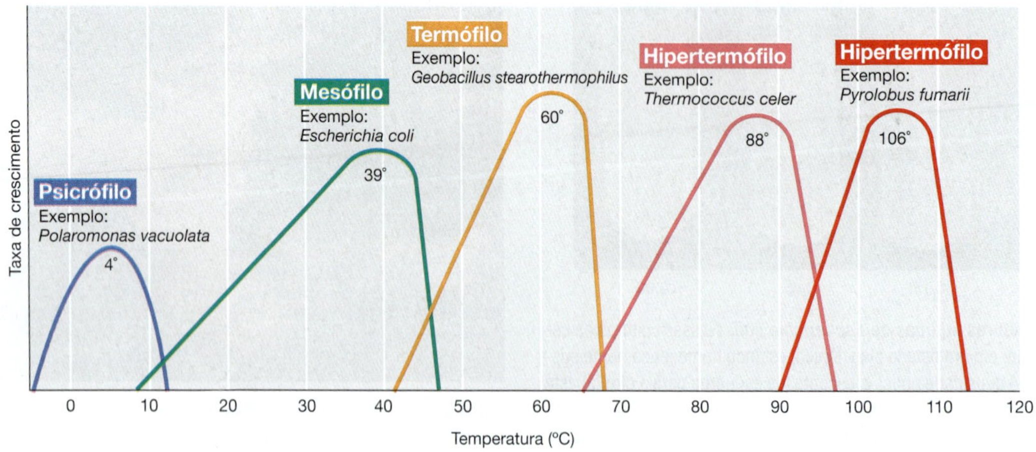


**Figura 5.20 Relações entre temperatura e crescimento de microrganismos de diferentes classes térmicas.** A temperatura ótima de cada tipo de organismo é apresentada no gráfico.

39°C, a máxima é de 48°C, e a mínima, 8°C. Assim, a *faixa* de temperatura de *E. coli* é de cerca de 40 graus, próximo ao limite superior de procariotos (Figura 5.20).

Consideraremos agora os casos interessantes de microrganismos que habitam ambientes com temperaturas muito baixas ou muito altas. Examinaremos alguns dos problemas fisiológicos que eles enfrentam e algumas das soluções bioquímicas que eles desenvolveram para sobreviver sob essas condições extremas.

**MINIQUESTIONÁRIO**

- Como um hipertermófilo se diferencia de um psicrófilo?
- Quais são as temperaturas cardeais de *Escherichia coli*? À qual classe térmica esse organismo pertence?
- *E. coli* é capaz de crescer em uma temperatura mais elevada quando cultivada em um meio complexo do que em um meio definido. Por quê?

## 5.12 Vida microbiana em baixas temperaturas

Como os seres humanos vivem e realizam suas atividades na superfície da Terra, onde as temperaturas geralmente são moderadas, é natural considerar-se os ambientes muito frios e muito quentes como "extremos". Entretanto, muitos hábitats microbianos são extremamente frios ou extremamente quentes, e os organismos que vivem nesses ambientes são, portanto, denominados *extremófilos* (Seção 1.4 e Tabela 1.1). Consideramos a biologia desses fascinantes organismos nesta e na próxima seção.

### Ambientes frios

Grande parte da superfície da Terra é fria. Os oceanos, que correspondem a mais da metade da superfície da Terra, apresentam temperatura média de 5°C, ao passo que as profundidades dos oceanos abertos apresentam temperaturas constantes, de cerca de 1 a 3°C. Vastas áreas terrestres do Ártico e da Antártida encontram-se permanentemente congeladas ou são descongeladas por apenas poucas semanas, durante o verão (**Figura 5.21**). Esses ambientes frios suportam diversificada vida microbiana, assim como as geleiras, onde uma rede de canais de água líquida, que segue através e sob a geleira, estão cheias de microrganismos. Mesmo em materiais solidamente congelados, restam pequenos bolsões de água líquida onde os solutos se concentram e microrganismos podem metabolizar e crescer lentamente (Capítulo 1, página 1).

**Figura 5.21 Hábitats microbianos e microrganismos da Antártida.** *(a)* Um bloco de água do mar congelada, em McMurdo Sound, na Antártida. O bloco apresenta largura aproximada de 8 cm. Observe a densa coloração decorrente da presença de microrganismos pigmentados. *(b)* Micrografia de contraste de fase de microrganismos fototróficos encontrados no bloco de gelo apresentado em *(a)*. A maioria dos organismos corresponde a diatomáceas ou algas verdes (ambos eucariotos fototróficos). *(c)* Micrografia eletrônica de transmissão de *Polaromonas*, uma bactéria contendo vesículas de gás, que vive no gelo oceânico, com temperatura ótima de crescimento a 4°C. *(d)* Fotografia da superfície do Lago Bonney, Vales Secos de McMurdo, Antártida. Assim como vários outros lagos da Antártida, o Lago Bonney, com profundidade de aproximadamente 40 metros, mantém-se permanentemente congelado, apresentando uma camada de gelo de aproximadamente 5 metros. Apesar de o lago permanecer coberto de gelo, a coluna de água sob o gelo permanece próxima de 0°C e contém um arranjo diverso de procariotos e eucariotos microbianos.

Ao considerar os ambientes frios, é importante distinguir os ambientes que são *constantemente* frios daqueles que são frios apenas *sazonalmente*. Os últimos, característicos de climas temperados, podem apresentar temperaturas de até 40°C durante o verão. Um lago temperado, por exemplo, pode apresentar uma superfície congelada durante o inverno, porém o período durante o qual a água encontra-se a 0°C é relativamente curto. Em contrapartida, lagos na Antártida exibem uma superfície permanentemente congelada com vários metros de espessura (Figura 5.21*d*), e a coluna de água sob o gelo desses lagos mantém-se a 0°C ou menos por todo o ano, correspondendo assim a um hábitat ideal para microrganismos ativos em baixas temperaturas. Os sedimentos marinhos são também constantemente frios. Portanto, não é surpresa que os melhores exemplos de bactérias e arqueias ativas no frio emergiram desses dois ambientes.

## Microrganismos psicrófilos e psicrotolerantes

Um psicrófilo é um organismo cuja temperatura ótima de crescimento é de 15°C ou inferior, uma temperatura máxima situada abaixo de 20°C e temperatura mínima de 0°C ou inferior. Organismos capazes de crescer a 0°C, mas com temperatura ótima entre 20 e 40°C, são denominados **psicrotolerantes**. Os psicrófilos são encontrados em ambientes constantemente frios, podendo ser rapidamente mortos pelo aquecimento, mesmo que somente até 20°C. Por essa razão, seu estudo laboratorial requer grandes cuidados, visando impedir seu aquecimento durante os procedimentos de coleta, transporte até o laboratório, isolamento e demais manipulações. Ambientes sazonalmente frios, pelo contrário, não permitem o crescimento de verdadeiros psicrófilos, pois eles não sobrevivem ao aquecimento.

Algas e bactérias psicrófilas crescem em densas massas no interior e sob o gelo marinho (água do mar congelada, formada sazonalmente) nas regiões polares (Figura 5.21*a*, *b* e *c*), sendo também frequentemente encontradas em superfícies de campos nevados e geleiras com densidades tão intensas que conferem uma distintiva coloração a essas superfícies (**Figura 5.22*a***). A alga de neve comum, *Chlamydomonas nivalis*, é um exemplo desse fenômeno, sendo seus esporos responsáveis pela coloração vermelho-brilhante observada (Figura 5.22*b*). Essa alga verde cresce no interior da neve na forma de uma célula vegetativa pigmentada de verde, que, então, esporula. Com a dissipação da neve pelo descongelamento, pela erosão e pela vaporização (evaporação e sublimação), os esporos concentram-se na superfície. Espécies relacionadas de algas da neve contêm diferentes pigmentos carotenoides e, consequentemente, os campos contendo algas da neve podem também exibir coloração verde, cor-de-laranja, marrom ou púrpura.

Diversas bactérias psicrófilas foram isoladas, e algumas dessas apresentam temperaturas ótimas de crescimento muito baixas. Uma espécie da bactéria de mares gelados, *Psychromonas*, cresce a –12°C, a temperatura mais baixa para qualquer bactéria conhecida. No entanto, o limite inferior de temperatura para o crescimento bacteriano é provavelmente mais próximo de –20°C. Mesmo a essa temperatura tão baixa, bolsões de água líquida podem existir, e estudos têm demonstrado que as enzimas de bactérias ativas no frio ainda funcionam sob essas condições. As taxas de crescimento em temperaturas tão frias provavelmente seriam extremamente baixas, com tempos de duplicação de meses ou mesmo anos. Todavia, se um organismo pode crescer, mesmo que apenas em um ritmo muito lento, ele pode manter-se competitivo e manter uma população em seu hábitat.

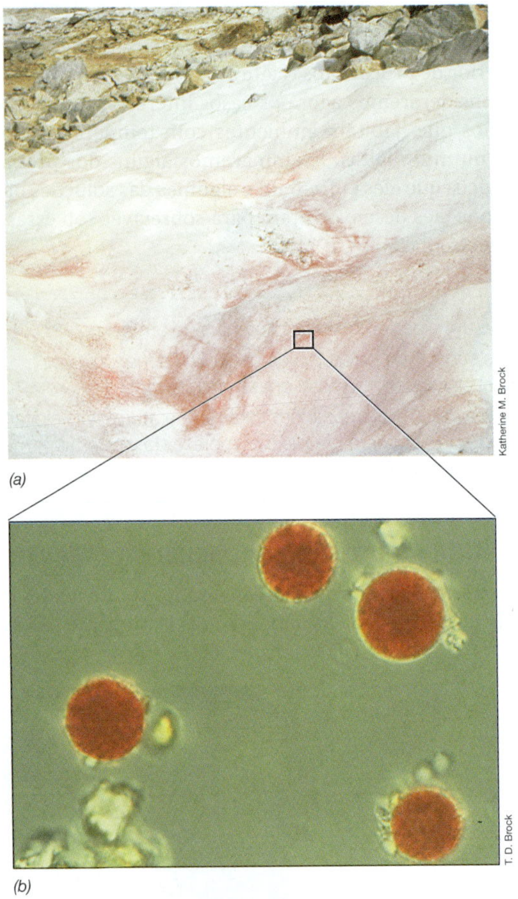


**Figura 5.22 Algas da neve.** (*a*) Banco de neve em Sierra Nevada, Califórnia, cuja coloração vermelha é decorrente da presença de algas da neve. Essa neve rósea é comum, durante o verão, em bancos de neve de elevadas altitudes ao redor do mundo. (*b*) Fotomicrografia de esporos de pigmentação vermelha da alga da neve *Chlamydomonas nivalis*. Os esporos germinam, originando células móveis dessa alga verde. Algumas linhagens de algas da neve são psicrófilas verdadeiras, porém muitas são psicrotolerantes, apresentando melhor crescimento em temperaturas acima de 20°C. Do ponto de vista filogenético, *C. nivalis* é uma alga verde, e estes organismos serão discutidos na Seção 17.16.

Microrganismos psicrotolerantes apresentam distribuição muito mais ampla na natureza do que os psicrófilos, podendo ser isolados de solos e águas de climas temperados, assim como de carnes, leite e outros laticínios, cidras, vegetais e frutas, armazenados em temperaturas de refrigeração (4°C). Embora os microrganismos psicrotolerantes cresçam a 0°C, a maioria não cresce bem, e muitas vezes é preciso esperar várias semanas antes que o crescimento visível seja observado em culturas de laboratório. Em contrapartida, o mesmo organismo cultivado a 30 ou 35°C pode apresentar taxas de crescimento semelhantes à de muitos mesófilos. Várias bactérias, arqueias e eucariotos microbianos são psicrotolerantes.

## Adaptações moleculares à psicrofilia

Os psicrófilos produzem enzimas que atuam – muitas vezes otimamente – no frio, podendo ser desnaturadas ou inativadas de outra forma em temperaturas bastante moderadas. A base molecular desse fenômeno ainda não está plenamente elucidada, mas está claramente relacionada à estrutura das proteínas. Várias enzimas conhecidamente ativas no frio, e cuja estrutura já seja conhecida, apresentam alto conteúdo de α-hélices e um baixo conteúdo de folhas β-pregueadas em suas estruturas secundárias (⇌ Seção 4.14), quando comparadas a enzimas inativas no frio. Uma vez que estruturas secundárias em folha β tendem a ser mais rígidas do que aquelas em α-hélice, a presença de maior conteúdo de α-hélices nas enzimas ativas em baixas temperaturas provavelmente confere a essas proteínas grande flexibilidade para suas reações catalisadoras em temperaturas frias. As enzimas ativas em baixas temperaturas também tendem a apresentar maior número de aminoácidos polares, menor quantidade de aminoácidos hidrofóbicos (⇌ Figura 4.30 para estrutura dos aminoácidos) e menores números de ligações fracas, como ligações iônicas e de hidrogênio, quando comparadas a suas equivalentes de mesófilos. Coletivamente, acredita-se que essas propriedades mantenham as enzimas ativas em baixas temperaturas flexíveis e funcionais sob condições de frio.

Outra característica de psicrófilos é o fato de que as suas membranas citoplasmáticas permanecem funcionais a baixas temperaturas. As membranas citoplasmáticas de psicrófilos tendem a conter um teor mais elevado de ácidos graxos de cadeia mais curta e insaturados, e isso ajuda na manutenção de um estado semifluido da membrana em baixas temperaturas para efetuar importantes transportes e funções bioenergéticas. Algumas bactérias psicrófilas contêm ácidos graxos *poli-insaturados* e, ao contrário dos ácidos graxos monoinsaturados ou saturados, que tendem a endurecer a baixas temperaturas, esses continuam a ser flexíveis, mesmo sob temperaturas muito frias.

Outras adaptações moleculares para temperaturas frias incluem proteínas "*cold-chock*" e crioprotetores, que não estão limitados a psicrófilos. Proteínas *cold-chock* estão presentes até mesmo em *Escherichia coli* e apresentam várias funções, as quais incluem manutenção de outras proteínas em uma forma ativa sob condições de frio ou a ligação a RNAm específicos, facilitando a sua tradução. Incluem-se, em particular, os RNAm que codificam outras proteínas ativas no frio, a maioria das quais não são produzidas quando a célula está crescendo a uma temperatura mais elevada. Crioprotetores incluem proteínas anticongelantes ou solutos específicos, como glicerol ou certos açúcares que são produzidos em grandes quantidades a temperaturas frias; esses agentes ajudam a evitar a formação de cristais de gelo que podem perfurar a membrana citoplasmática. Bactérias altamente psicrófilas muitas vezes produzem níveis abundantes de exopolissacarídeos, e acredita-se que eles também apresentem propriedades crioprotetoras.

Embora as temperaturas de congelamento possam impedir o crescimento microbiano, elas não acarretam necessariamente a morte microbiana. Algumas bactérias psicrófilas mantêm a capacidade metabólica em temperaturas muito abaixo daquelas que permitem o crescimento, e a respiração microbiana (mensurada pela produção de $CO_2$) já foi detectada em solos de tundras com temperaturas de aproximadamente –40°C. Portanto, as enzimas continuam a atuar em temperaturas muito inferiores àquelas que permitem o crescimento celular. O meio no qual as células são suspensas também afeta sua sensibilidade ao congelamento, e isso tem sido explorado para a preservação de células bacterianas em coleções de cultura microbianas. Por exemplo, células suspendidas em um meio de cultura contendo 10% de dimetil-sulfóxido (DMSO) ou glicerol e congeladas a temperaturas de –80°C (freezer ultrafrio) ou –196°C (nitrogênio líquido) permanecem viáveis neste estado congelado por anos.

**MINIQUESTIONÁRIO**

- Como os organismos psicrotolerantes diferem dos organismos psicrófilos?
- Que adaptações moleculares a baixas temperaturas são observadas na membrana citoplasmática de psicrófilos? Por que elas são necessárias?

## 5.13 Vida microbiana em altas temperaturas

A vida microbiana floresce em ambientes de alta temperatura, de solos aquecidos pelo sol e piscinas de água a fontes termais ferventes, e os organismos que vivem nesses ambientes são em geral altamente adaptados à sua temperatura ambiental. Examinaremos estes organismos agora (⇌ Seções 15.18 e 15.19 e Capítulo 16).

### Ambientes termais

Os organismos cuja temperatura ótima de crescimento é superior a 45°C são denominados *termófilos,* e aqueles cuja temperatura ótima é superior a 80°C são denominados *hipertermófilos* (Figura 5.20). A superfície de solos sujeitos a intensa irradiação solar pode ser aquecida, ao meio-dia, a temperaturas acima de 50°C, e alguns solos superficiais podem ser aquecidos até 70°C. Materiais em fermentação, como pilhas de esterco e silagem, também podem atingir temperaturas de 70°C. Os termófilos são abundantes nesses ambientes. No entanto, os ambientes de altas temperaturas mais extremas na natureza são as fontes termais, as quais abrigam uma grande diversidade de termófilos e hipertermófilos.

Muitas fontes termais encontram-se à temperatura de ebulição, ou próxima dela, ao passo que aquelas localizadas no fundo oceânico, chamadas de *fontes hidrotermais,* podem apresentar temperaturas de 350°C ou superiores. Fontes termais são encontradas em todo o mundo, sendo especialmente abundantes no oeste dos Estados Unidos, na Nova Zelândia, na Islândia, no Japão, na Itália, na Indonésia, na América Central e no centro da África. A área com a maior concentração local de fontes termais no mundo é o Yellowstone National Park, no Wyoming (Estados Unidos). Embora algumas fontes termais variem amplamente quanto à temperatura, a maioria mostra-se praticamente constante, com variações inferiores a 1 a 2°C ao longo de muitos anos. Além disso, diferentes fontes possuem composições químicas e valores de pH distintos. Acima de 65°C, somente procariotos encontram-se presentes (**Tabela 5.1**), porém a diversidade de bactérias e arqueias pode ser bastante extensa.

### Hipertermófilos em fontes termais

Uma variedade de hipertermófilos pode ser encontrada em fontes termais ferventes (**Figura 5.23**), incluindo tanto espécies quimiorganotróficas como quimiolitotróficas. As taxas de crescimento de hipertermófilos podem ser estudadas pela imersão de uma lâmina de microscopia em uma fonte, removida após alguns dias; o exame microscópico revela colônias de procariotos, originadas a partir de células individuais que se agregaram e cresceram na superfície de vidro (Figura 5.23*b*). Os estudos ecológicos simples dos organismos habitantes de

**Tabela 5.1** Limites superiores de temperatura, conhecidos até o momento, para o crescimento de organismos vivos

| Grupo | Limites superiores de temperatura (°C) |
|---|---|
| **Organismos macroscópicos** | |
| ***Animais*** | |
| Peixes e outros vertebrados aquáticos | 38 |
| Insetos | 45-50 |
| Ostracodos (crustáceos) | 49-50 |
| ***Plantas*** | |
| Plantas vasculares | 45 (60 para algumas espécies) |
| Musgos | 50 |
| **Microrganismos** | |
| ***Microrganismos eucarióticos*** | |
| Protozoários | 56 |
| Algas | 55-60 |
| Fungos | 60-62 |
| ***Procariotos*** | |
| *Bacteria* | |
| Cianobactérias | 73 |
| Fototróficas anoxigênicas | 70-73 |
| Quimiorganotróficas/quimiolitotróficas | 95 |
| *Archaea* | |
| Quimiorganotróficas/quimiolitotróficas | 122 |

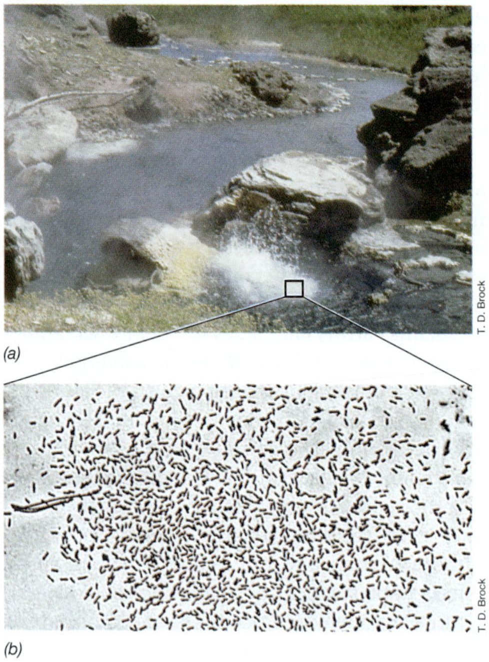


**Figura 5.23 Crescimento de hipertermófilos em água fervente.** (*a*) Fonte Boulder, uma pequena fonte fervente do Yellowstone National Park. Essa fonte é superaquecida, exibindo temperatura de 1 a 2°C acima do ponto de ebulição. Os depósitos minerais ao redor da fonte consistem predominantemente em sílica e enxofre. (*b*) Fotomicrografia de uma microcolônia de procariotos que se desenvolveu sobre uma lâmina de microscopia imersa em uma fonte fervente.

fontes ferventes revelaram que as taxas de crescimento são frequentemente rápidas; tempos de duplicação de até 1 hora já foram registrados.

Culturas de muitos hipertermófilos foram obtidas, sendo conhecida uma variedade de tipos morfológicos e fisiológicos de bactérias e arqueias. Algumas arqueias hipertermófilas apresentam um crescimento ótimo em temperatura acima de 100°C, ao passo que não há espécies de bactérias que são conhecidas por crescer acima de 95°C. O crescimento de culturas laboratoriais de organismos com temperatura ótima acima do ponto de ebulição sob pressão requer frascos pressurizados que permitam que as temperaturas no meio de crescimento alcancem mais de 100°C. Os organismos mais tolerantes ao calor conhecidos habitam as fontes hidrotermais, com o exemplo mais termofílico conhecido até agora, a arqueia produtora de metano *Methanopyrus*, capaz de um crescer até 122°C.

## Termófilos

Muitos termófilos (temperaturas ótimas de 45-80°C) são também encontrados em fontes termais, mas muitos são encontrados em outros ambientes. Nas fontes termais, à medida que a água fervente extravasa pelas bordas da fonte e escorre para outros locais, ocorre um resfriamento gradual, originando um gradiente térmico. Vários microrganismos crescem ao longo desse gradiente, com espécies distintas desenvolvendo-se nas diferentes faixas de temperatura (**Figura 5.24**). A partir do estudo da distribuição das espécies ao longo desses gradientes térmicos, foi possível determinar os limites superiores de temperatura para cada tipo de microrganismo (Tabela 5.1). A partir dessa informação, concluímos que (1) organismos procarióticos são capazes de crescer em temperaturas muito superiores àquelas que permitem o crescimento de eucariotos, (2) os procariotos mais termófilos correspondem a certas espécies de arqueias e (3) organismos não fototróficos são capazes de crescer em temperaturas mais altas do que os organismos fototróficos.

Procariotos termófilos também foram encontrados em ambientes termais artificiais, como aquecedores de água, que geralmente operam em temperaturas de 60 a 80°C. Organismos semelhantes ao *Thermus aquaticus*, um termófilo comum em fontes termais, foram isolados de aquecedores de água domésticos e industriais. Usinas elétricas, despejos industriais de água quente e outras fontes termais artificiais também oferecem locais onde termófilos podem crescer. Muitos desses organismos podem ser facilmente isolados pelo emprego de meios complexos incubados na temperatura correspondente àquela do hábitat do qual a amostra se originou.

## Estabilidade proteica em altas temperaturas

Como os termófilos e hipertermófilos são capazes de sobreviver em altas temperaturas? Primeiro, suas enzimas e outras proteínas apresentam termoestabilidade muito superior àquelas de mesófilos, atuando *otimamente* em altas temperaturas. Como a termoestabilidade é alcançada? Surpreendentemente, estudos de várias enzimas termoestáveis revelaram que, frequentemente, elas apresentam pouquíssimas diferenças na sequência de aminoácidos, quando comparadas às formas termossensíveis das enzimas que catalisam a mesma reação em mesófilos. Ao que parece, substituições de aminoácidos críticos em apenas poucos locais na enzima permitem seu dobramento em uma forma consistente com a termoestabilidade.

**Figura 5.24 Crescimento de cianobactérias termofílicas em uma fonte termal do Yellowstone National Park.** Padrão característico em forma de V (destacado pelas linhas vermelhas tracejadas), formado pelas cianobactérias na temperatura máxima tolerada por fototróficos, 70 a 73°C, em um gradiente térmico originado a partir de uma fonte termal fervente. O padrão é formado porque a água resfria mais rapidamente nas margens do que no centro do canal. O curso da fonte direciona-se do fundo da foto em direção à frente. A cor verde-clara é proveniente de uma linhagem de alta temperatura da cianobactéria *Synechococcus*. À medida que a água flui pelo gradiente, a densidade de células aumenta, havendo menor entrada de linhagens termofílicas, e a coloração verde torna-se mais intensa.

A termoestabilidade das proteínas de hipertermófilos é também aumentada por um maior número de ligações iônicas entre aminoácidos básicos e ácidos, e por seus interiores frequentemente muito hidrofóbicos. Esses combinam-se para tornar a proteína mais resistente ao desdobramento. Finalmente, solutos, como di-inositol fosfato, diglicerol fosfato e manosilglicerato, são produzidos em quantidades elevadas por determinados hipertermófilos, podendo também auxiliar na estabilização das proteínas contra a desnaturação térmica.

As enzimas de termófilos e hipertermófilos apresentam muitos usos comerciais. Elas podem catalisar reações bioquímicas em altas temperaturas, sendo geralmente mais estáveis do que as enzimas de mesófilos, prolongando, assim, a vida útil de preparações enzimáticas purificadas. Um exemplo clássico é a DNA-polimerase isolada de *T. aquaticus*. A *Taq-polimerase*, como essa enzima é conhecida, foi utilizada para automatizar as etapas repetitivas da técnica de reação de polimerização em cadeia (PCR, *polymerase chain reaction*), uma técnica para fazer cópias múltiplas de uma sequência de DNA e um dos pilares da biologia moderna (⇄ Seção 11.3). Vários outros usos de enzimas estáveis ao calor e outros produtos de células estáveis ao calor também são conhecidos ou estão sendo desenvolvidos para aplicações industriais específicas.

### Estabilidade da membrana em altas temperaturas

Além das enzimas e outras macromoléculas celulares, as membranas citoplasmáticas de termófilos e hipertermófilos precisam ser termoestáveis. O calor naturalmente separa a bicamada lipídica que forma a membrana citoplasmática. Nos termófilos, isso é evitado pela construção de membranas com um maior conteúdo de ácidos graxos saturados de cadeia longa e menos ácidos graxos insaturados do que são encontrados nos mesófilos. Ácidos graxos saturados criam um ambiente mais fortemente hidrofóbico do que os ácidos graxos insaturados, e ácidos graxos de cadeia longa apresentam um ponto de fusão mais alto que os ácidos graxos de cadeia curta; coletivamente, esses fatores aumentam a estabilidade da membrana.

Hipertermófilos, em sua maioria arqueias, não possuem ácidos graxos em suas membranas, apresentando, em vez disso, hidrocarbonetos $C_{40}$ constituídos por unidades repetitivas de isopreno (⇄ Figuras 2.16*c* e 2.17) ligadas ao glicerol fosfato por ligações éter. Além disso, a estrutura global das membranas citoplasmáticas de hipertermófilos apresenta uma arquitetura única: uma *monocamada* lipídica, em vez de uma *bicamada* lipídica (⇄ Figura 2.17*e*). A estrutura de monocamada liga covalentemente um lado da membrana com o outro, evitando a fusão da membrana nas temperaturas elevadas de crescimento dos hipertermófilos. Outros aspectos da termoestabilidade de hipertermófilos, incluindo aquela do DNA, serão considerados no Capítulo 16.

**MINIQUESTIONÁRIO**

- Que domínio de procariotos inclui espécies com temperatura ótima > 100°C? Quais técnicas especiais são requeridas para cultivá-los?
- Como a estrutura da membrana de arqueias hipertermófilas difere daquela de *Escherichia coli*? Por que essa estrutura é útil ao crescimento em altas temperaturas?
- O que é uma *Taq*-polimerase? Por que ela é importante?

# V • Outros fatores ambientais no crescimento microbiano

Como vimos, a temperatura exerce efeito importante sobre o crescimento de microrganismos. Contudo, outros fatores também o fazem, especialmente o pH, a osmolaridade e o oxigênio.

## 5.14 Efeitos do pH no crescimento microbiano

A acidez ou alcalinidade de uma solução é expressa por seu **pH** em uma escala em que a neutralidade corresponde a pH 7 (**Figura 5.25**). Valores de pH inferiores a 7 são referidos como *ácidos*, ao passo que aqueles acima de 7 são *alcalinos*. Em analogia às faixas de temperatura, cada microrganismo possui uma faixa de pH, geralmente entre 2 e 3 unidades de pH, dentro da qual o crescimento é possível. Além disso, cada organismo exibe um pH ótimo bem definido, onde ocorre crescimento melhor. A maioria dos ambientes naturais apresenta valores de pH entre 3 e 9, e os organismos cujos valores ótimos situam-se nessa faixa são os mais comuns. Os termos utilizados para descrever os organismos que crescem melhor em uma faixa particular de pH são apresentados na **Tabela 5.2**.

### Acidófilos

Os organismos que apresentam um crescimento ótimo em um valor de pH na faixa do termo *circum-neutro* (pH 5,5-7,9) são chamados de **neutrófilos** (Tabela 5.2). Em contrapartida, os

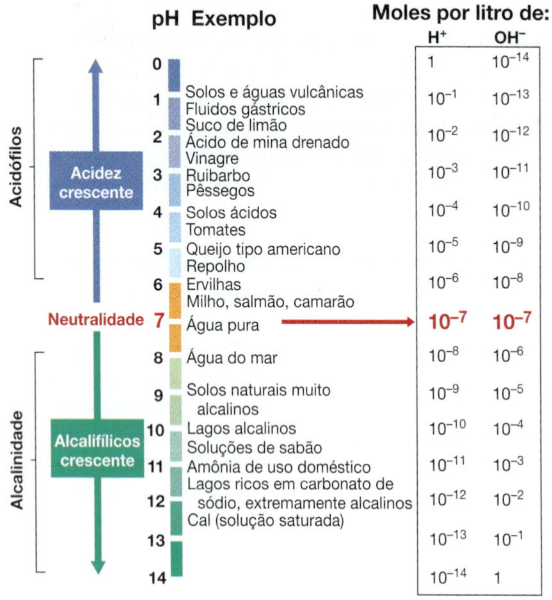


**Figura 5.25** **A escala de pH.** Embora alguns microrganismos sejam capazes de viver em pH muito baixo ou muito alto, o pH interno da célula permanece próximo à neutralidade.

organismos que crescem melhor em um pH abaixo de 5 ou mesmo inferiores, são denominados **acidófilos**. Há diferentes classes de acidófilos, alguns crescem melhor em pH moderadamente ácido e outros, em pH muito baixo. Muitos fungos e bactérias crescem melhor em pH 5 ou inferior, ao passo que um número mais restrito cresce melhor em pH 3. Um número ainda mais restrito cresce melhor em pH 2, e aqueles com um pH ótimo abaixo de 1 são extremamente raros. A maioria dos acidófilos não pode crescer em pH 7, e muitos são incapazes de crescer em valores de pH mais do que duas unidades acima do seu ótimo.

Um fator crítico em relação à acidofilia corresponde à estabilidade da membrana citoplasmática. Quando o pH é levado à neutralidade, as membranas citoplasmáticas de bactérias extremamente acidófilas são destruídas, com as células sofrendo lise. Esse fato indica que esses organismos não são apenas *tolerantes* ao ácido, como também, na realidade, altas concentrações de íons hidrogênio são *necessárias* à estabilidade da membrana. Por exemplo, o procarioto mais acidófilo conhecido, *Picrophilus oshimae* (*Archaea*), apresenta crescimento ótimo em pH 0,7 e 60°C (o organismo também é termófilo). Acima de pH 4, as células de *P. oshimae* sofrem lise espontânea. Como esperado, *P. oshimae* habita solos quentes e extremamente ácidos, associados à atividade vulcânica.

## Alcalifílicos

Alguns extremófilos apresentam valores muito elevados de pH ótimo, às vezes atingindo o valor de pH 10, e alguns podem crescer, ainda que pobremente, em pH ainda mais elevado. Microrganismos exibindo pH ótimo de 8 ou superior são denominados **alcalifílicos**. Microrganismos alcalifílicos são normalmente encontrados em hábitats bastante alcalinos, como lagos ricos em carbonato de sódio e em solos contendo alta concentração de carbonato. Os procariotos alcalifílicos mais bem-estudados foram as espécies de *Bacillus*, como *Bacillus firmus*. Esse

**Tabela 5.2 Relações dos microrganismos e pH**

| *Classe fisiológica (faixa ótima)* | *pH aproximado para crescimento ótimo* | *Exemplo de organismo*[a] |
|---|---|---|
| Neutrófilos (pH > 5,5 e < 8) | 7 | *Escherichia coli* |
| Acidófilos (pH < 5,5) | 5 | *Rhodopila globiformis* |
| | 3 | *Acidithiobacillus ferrooxidans* |
| | 1 | *Picrophilus oshimae* |
| Alcalifílicos (pH ≥ 8) | 8 | *Chloroflexus aurantiacus* |
| | 9 | *Bacillus firmus* |
| | 10 | *Natronobacterium gregoryi* |

[a]*Picrophilus* e *Natronobacterium* são do domínio *Archaea*; todos os outros são do domínio *Bacteria*.

organismo é alcalifílico, entretanto apresenta uma faixa ampla incomum de pH de crescimento, variando de 7,5 a 11. Algumas bactérias alcalifílicas extremas são também halófilas (que têm afinidade pelo sal), sendo, em sua maioria, membros do domínio *Archaea* (Seção 16.1). Muitas bactérias púrpuras fototróficas (Seção 14.4) também são altamente alcalifílicas. Alguns organismos alcalifílicos apresentam aplicações industriais, devido à produção de enzimas hidrolíticas, como proteases e lipases. Exoenzimas são aquelas que são excretadas da célula e, no caso dos alcalifílicos, devem funcionar bem em pH alcalino. Essas enzimas são produzidas em larga escala e empregadas como suplementos de detergentes para lavanderia para remover manchas de proteínas e gorduras das roupas.

Organismos alcalifílicos são de interesse por várias razões, particularmente devido à forma como lidam com os problemas bioenergéticos. Imagine como uma célula deve gerar uma força próton-motiva (Seção 3.11) quando a superfície externa da membrana citoplasmática encontra-se tão alcalina. Uma estratégia para contornar este problema em *B. firmus* é o uso de sódio ($Na^+$), em vez de $H^+$, para conduzir as reações de transporte e a motilidade; ou seja, uma força sódio-motiva em vez de uma força próton-motiva. Curiosamente, no entanto, uma força próton motiva também é estabelecida em células de *B. firmus* para a síntese de ATP, embora a superfície da membrana externa seja altamente alcalina. Exatamente como isso ocorre ainda não está claro, embora se acredite que os íons hidrogênio são, de alguma forma, mantidos muito perto da superfície exterior da membrana citoplasmática, de modo que eles não podem combinar espontaneamente com os íons hidroxila para formar água.

## pH intracelular e tampões

O pH ótimo para o crescimento de qualquer organismo é uma medida apenas do pH do meio *extracelular*; o pH *intracelular* deve permanecer relativamente próximo à neutralidade, a fim de evitar a destruição das macromoléculas celulares. O DNA é instável em condições ácidas e o RNA, em condições alcalinas, portanto a célula deve ser capaz de manter essas macromoléculas em uma condição estável. No entanto, as medições de pH citoplasmático em alguns acidófilos e alcalifílicos fortes mostraram uma grande variação de valores de pH, de tão baixos quanto inferior a pH 5 até valores pouco acima de pH 9. Se esses não são os limites inferior e superior de pH citoplasmático, respectivamente, eles estão extremamente perto dos limites.

Para prevenir grandes mudanças no pH durante o crescimento microbiano nas culturas em batelada, os *tampões* são frequentemente adicionados aos meios de cultura, juntamente com os nutrientes necessários para o crescimento. No entanto, qualquer tampão funciona apenas sobre uma gama de pH relativamente estreita. Assim, diferentes tampões são utilizados para diferentes classes de microrganismos de pH. Perto do pH neutro, fosfato de potássio ($KH_2PO_4$) ou bicarbonato de sódio ($NaHCO_3$) são muitas vezes empregados. Além disso, um conjunto de moléculas orgânicas chamadas Bons tampões (nomeados pelo químico que os inventou) foram concebidos, cada um dos quais tampona melhor em um intervalo de pH específico. Eles podem ser utilizados no meio de crescimento ou por outras necessidades tamponantes. Na análise final, o melhor tampão para o crescimento de qualquer organismo deve geralmente ser determinado empiricamente. Vários tampões também são amplamente utilizados para o ensaio de enzimas *in vitro*. O tampão mantém a solução de enzima a um pH ótimo durante o ensaio, assegurando, assim, que a enzima permaneça cataliticamente ativa e não seja afetada por quaisquer prótons ou íons hidroxila gerados na reação enzimática.

**MINIQUESTIONÁRIO**

- Como a concentração de $H^+$ se altera quando um meio de cultura de pH 5 é ajustado para pH 9?
- Quais os termos usados para descrever os organismos cujo pH ótimo é muito alto? E muito baixo?

## 5.15 Osmolaridade e crescimento microbiano

A água é o solvente da vida, sendo a disponibilidade de água um importante fator que afeta o crescimento microbiano. A disponibilidade de água não depende somente de se o ambiente é úmido ou seco, mas também da concentração de solutos (sais, açúcares ou outras substâncias) dissolvidos na água presente. Os solutos se ligam à água, tornando-a menos disponível aos organismos. Assim, para que os organismos contornem os ambientes com altas concentrações de solutos, ajustes fisiológicos são necessários.

A disponibilidade de água é expressa em termos de **atividade de água** (**$a_w$**), a razão entre a pressão de vapor do ar em equilíbrio com uma substância ou solução, em relação à pressão de vapor da água pura. Valores de $a_w$ podem variar entre 0 a 1; alguns valores representativos de $a_w$ são apresentados na Tabela 5.3. A água difunde-se a partir de regiões de alta concentração aquosa (baixa concentração de solutos) para regiões de menor concentração aquosa (maior concentração de soluto), em um processo denominado osmose. O citoplasma de uma célula apresenta concentração de solutos superior àquela do meio externo, de modo que a água tende a difundir-se para o interior da célula. Nessas condições, diz-se que a célula está em *equilíbrio aquoso positivo*, que é o seu estado normal. No entanto, quando a célula se encontra em um ambiente onde a concentração do soluto excede a do citoplasma, a água fluirá para fora da célula. Esse fenômeno poderá acarretar graves problemas caso a célula não disponha de mecanismos para contrabalançar esse processo, pois uma célula desidratada não é capaz de crescer.

**Tabela 5.3 Atividade de água de várias substâncias**

| *Atividade de água ($a_w$)* | *Substância* | *Exemplos de organismos*[a] |
|---|---|---|
| 1,000 | Água pura | *Caulobacter, Spirillum* |
| 0,995 | Sangue humano | *Streptococcus, Escherichia* |
| 0,980 | Água do mar | *Pseudomonas, Vibrio* |
| 0,950 | Pão | Maioria dos bacilos gram-positivos |
| 0,900 | Xarope de bordo, presunto | Cocos gram-positivos, como *Staphylococcus* |
| 0,850 | Salame | *Saccharomyces rouxii* (levedura) |
| 0,800 | Bolo de frutas, geleias | *Saccharomyces bailii, Penicillium* (fungo) |
| 0,750 | Lagos salgados, peixes salgados | *Halobacterium, Halococcus* |
| 0,700 | Cereais, balas, frutas secas | *Xeromyces bisporus* e outros fungos xerofílicos |

[a]Exemplos selecionados de procariotos ou fungos capazes de crescer em meios de cultura ajustados à atividade de água apresentada.

### Halófilos e organismos relacionados

Na natureza, os efeitos osmóticos são importantes, principalmente em hábitats com altas concentrações de sal. A água do mar contém cerca de 3% de NaCl, além de pequenas quantidades de vários outros minerais e elementos. Os microrganismos marinhos geralmente têm uma necessidade específica por NaCl, além de apresentarem crescimento ótimo na atividade de água do mar (Figura 5.26). Esses organismos são denominados **halófilos**. O crescimento de halófilos requer uma determinada quantidade de NaCl, porém o valor ótimo varia conforme o organismo e seu hábitat dependentes. Por exemplo, os microrganismos marinhos geralmente crescem melhor com 1 a 4% NaCl, os organismos de ambientes hipersalinos (ambientes que são mais salgados do que a água do mar), com 3 a

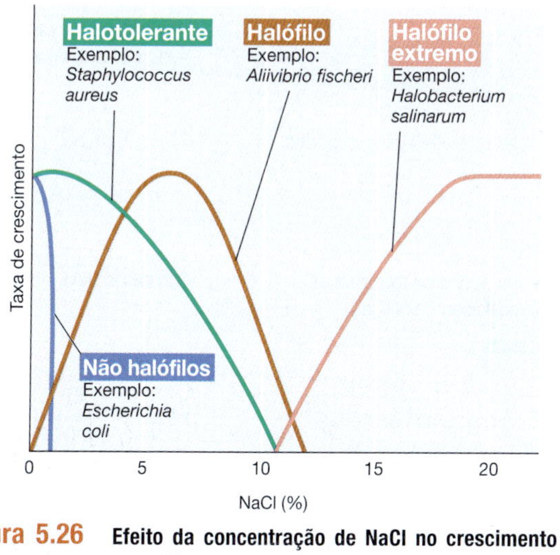


**Figura 5.26 Efeito da concentração de NaCl no crescimento de microrganismos com diferentes tolerâncias ou necessidades de sal.** A concentração de NaCl ótima para microrganismos marinhos, como *Aliivibrio fischeri*, é de cerca de 3%; para halófilos extremos, é entre 15 e 30%, dependendo do organismo.

12%, e organismos de ambientes extremamente hipersalinos exigem níveis ainda mais altos de NaCl. Além disso, o requisito de NaCl pelos halófilos é absoluto e não pode ser substituído por outros sais, como cloreto de potássio (KCl), cloreto de cálcio ($CaCl_2$) ou cloreto de magnésio ($MgCl_2$).

Diferentemente dos halófilos, organismos **halotolerantes** podem tolerar algum grau de solutos dissolvidos, mas crescem melhor na ausência do soluto adicionado (Figura 5.26). Halófilos capazes de crescer em ambientes com altíssimas concentrações de sal são denominados **halófilos extremos** (Figura 5.26). Esses organismos requerem 15 a 30% de NaCl para crescimento ótimo, e são muitas vezes incapazes de crescer em concentrações de NaCl abaixo dessas. Organismos capazes de sobreviver em ambientes ricos em açúcar como soluto são denominados **osmófilos**, ao passo que aqueles que crescem em ambientes extremamente secos (que se tornam secos pela falta de água, e não por solutos em solução) são denominados **xerófilos**. Exemplos dessas diferentes classes de organismos são apresentados na **Tabela 5.4**.

## Solutos compatíveis

Quando um organismo é transferido a partir de um meio de alta $a_w$ para um de baixa $a_w$, ele mantém o equilíbrio positivo de água por meio do aumento da concentração interna de solutos. Isso é possível pelo bombeamento de íons inorgânicos do ambiente ao interior da célula ou pela síntese de um soluto citoplasmático (Tabela 5.4). Em qualquer caso, o soluto não deve inibir os processos celulares de qualquer forma significativa. Esses compostos são denominados **solutos compatíveis**, e são geralmente moléculas orgânicas altamente solúveis em água, incluindo açúcares, alcoóis ou derivados de aminoácidos (Tabela 5.4). Glicina betaína, um análogo altamente solúvel do aminoácido glicina, está amplamente distribuído entre as bactérias halófilas (Tabela 5.4). Outros solutos compatíveis comuns incluem açúcares, como sacarose e trealose, dimetil-sulfoniopropionato, produzida por algas marinhas, e glicerol, um soluto comum em fungos xerófilos, organismos que crescem nas atividades de água mais baixas conhecidas (Tabela 5.4). Ao contrário destes solutos orgânicos, o soluto compatível de arqueias extremamente halófilas, como *Halobacterium*, e algumas bactérias extremamente halófilas, é o KCl (Seção 16.1).

A concentração de solutos compatíveis em uma célula depende da concentração de solutos presentes em seu meio ambiente, e ajustes são feitos em resposta ao desafio de solutos externos. Contudo, em cada organismo a quantidade máxima de solutos compatíveis é uma característica geneticamente determinada. Como resultado, organismos distintos são capazes de tolerar diferentes faixas de potencial aquoso (Tabelas 5.3 e 5.4). De fato, os organismos designados como *não halotolerantes*, *halotolerantes*, *halófilos* e *halófilos extremos* (Figura 5.26) refletem a capacidade genética dos organismos de cada grupo de produzir ou acumular solutos compatíveis.

**Tabela 5.4** Solutos compatíveis de microrganismos

| *Organismo* | *Principais solutos acumulados* | *$a_w$ mínimo para crescimento* | |
|---|---|---|---|
| Bactérias não fototróficas/cianobactérias de água doce | Aminoácidos (principalmente glutamato ou prolina[a])/sacarose, trealose[b] | 0,98-0,90 | 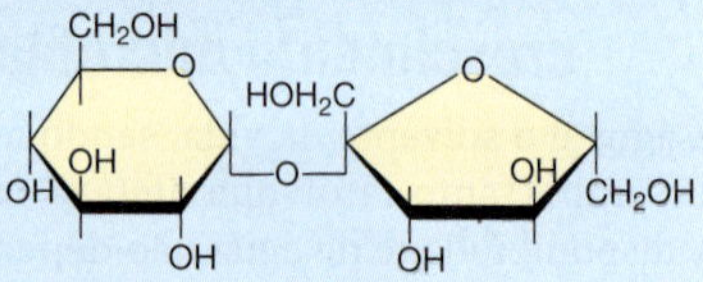 Sacarose |
| Cianobactérias marinhas | α-Glicoseglicerol[b] | 0,92 | |
| Algas marinhas | Manitol[b], vários glicosídeos, dimetil-sulfoniopropionato | 0,92 | 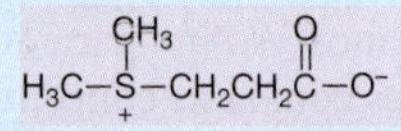 Dimetil-sulfoniopropionato |
| Cianobactérias de lagos salgados | Glicina betaína, | 0,90-0,75 | 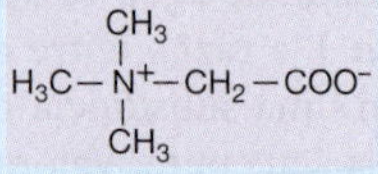 Glicina betaína |
| Bactérias púrpuras fototróficas anoxigênicas halofílicas | Glicina betaína, ectoína, trealose[b] | 0,90-0,75 | 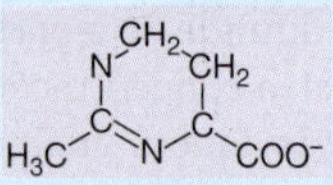 Ectoína |
| Arqueias e algumas bactérias extremamente halofílicas | KCl | 0,75 | |
| *Dunaliella* (alga verde halofílica) | Glicerol | 0,75 | 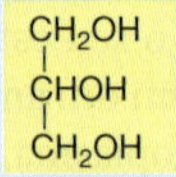 Glicerol |
| Leveduras osmofílicas e xerofílicas | Glicerol | 0,83-0,62 | |
| Fungos filamentosos xerofílicos | Glicerol | 0,72-0,61 | |

[a]Ver a Figura 4.30 para as estruturas dos aminoácidos.
[b]Estruturas não mostradas. Como a sacarose, a trealose é um dissacarídeo $C_{12}$; glicoseglicerol é um álcool $C_9$; manitol é um álcool $C_6$.

**MINIQUESTIONÁRIO**

- Qual é o $a_w$ da água pura?
- O que são solutos compatíveis? Quando e por que eles são necessários para as células? Qual o soluto compatível de *Halobacterium*?

## 5.16 Oxigênio e crescimento microbiano

Para muitos microrganismos, o oxigênio ($O_2$) é um nutriente essencial; eles são incapazes de metabolizar ou crescer na ausência dele. Outros organismos, no entanto, não podem crescer na presença de $O_2$ e podem até mesmo ser mortos por ele. Nós veremos, então, como fizemos para outros fatores ambientais considerados neste capítulo, classes de microrganismos baseado nas suas necessidades ou tolerâncias de $O_2$.

### Classes de microrganismos em relação ao oxigênio

Os microrganismos podem ser agrupados de acordo com as suas relações com o $O_2$, como destacado na Tabela 5.5. Os **aeróbios** são capazes de crescer em grandes tensões de oxigênio (o ar contém 21% de $O_2$), respirando oxigênio em seu metabolismo. Os **microaerófilos**, ao contrário, são aeróbios capazes de utilizar $O_2$ somente quando ele está presente em níveis inferiores aos do ar (condições micro-óxicas). Esse fato deve-se a sua capacidade limitada de respirar, ou pela presença de alguma molécula sensível ao $O_2$, como uma enzima instável na presença de $O_2$. Muitos aeróbios são **facultativos**, significando que, em condições nutricionais e culturais apropriadas, podem crescer na presença de $O_2$.

Alguns organismos não são capazes de respirar oxigênio e são denominados **anaeróbios**. Há dois tipos de anaeróbios: **anaeróbios aerotolerantes**, que toleram e crescem na presença de $O_2$, embora sem respirá-lo, e **anaeróbios obrigatórios**, que são inibidos ou mesmo mortos pelo $O_2$ (Tabela 5.5). Hábitats microbianos *anóxicos* (livres de $O_2$) são comuns na natureza e incluem lamas e outros sedimentos, pântanos, brejos, solos encharcados, trato intestinal de animais, lodo de esgoto, o subsolo profundo da Terra, e muitos outros ambientes. Até onde se sabe, a anaerobiose obrigatória é uma característica de apenas três grupos de microrganismos: uma grande variedade de bactérias e arqueias, alguns fungos e alguns protozoários. Alguns dos anaeróbios obrigatórios mais conhecidos são *Clostridium*, um gênero de bactérias gram-positivas formadoras de endosporos, e os metanogênicos, um grupo de arqueias produtoras de metano. Entre os anaeróbios obrigatórios, a sensibilidade ao $O_2$ varia muito. Muitos clostrídios, por exemplo, embora requerendo condições anóxicas para o crescimento, podem tolerar vestígios de $O_2$ ou mesmo completa exposição ao ar. Outros, como os metanogênicos, são mortos rapidamente pela exposição ao $O_2$.

### Técnicas de cultivo de aeróbios e anaeróbios

Para o crescimento de aeróbios, é necessário prover uma intensa aeração. Isso ocorre porque o $O_2$ consumido pelos organismos durante o crescimento não é substituído com rapidez suficiente pela simples difusão a partir do ar. Dessa forma, a aeração forçada das culturas é necessária, podendo ser realizada pela agitação vigorosa dos frascos ou tubos em um agitador, ou pela injeção de ar estéril no meio através de um fino tubo de vidro ou disco poroso de vidro.

Para o cultivo de anaeróbios, o problema está em expulsar o $O_2$, e não fornecê-lo. Frascos ou tubos preenchidos completamente com meio de cultura e selados com tampas de alto poder de vedação propiciam condições anóxicas adequadas para organismos que não são demasiadamente sensíveis a baixas concentrações de $O_2$. Um composto químico, denominado *agente redutor*, pode ser adicionado aos meios de cultura; o agente redutor interage com o oxigênio, reduzindo-o a água ($H_2O$). Um exemplo corresponde ao tioglicolato, um meio comumente utilizado para avaliar o comportamento de um organismo frente ao $O_2$ (Figura 5.27). O caldo tioglicolato é um meio complexo que contém pequena quantidade de ágar, tornando-o viscoso, porém ainda fluido. Após o tioglicolato reagir com o $O_2$ por toda a extensão do tubo, o $O_2$ é capaz de penetrar somente próximo à superfície do tubo, onde o meio está em contato com o ar. Aeróbios obrigatórios crescem apenas na superfície do tubo. Organismos facultativos crescem por toda a extensão do tubo, porém apresentam melhor crescimento na região próxima à superfície. Microaerófilos desenvolvem-se próximos à superfície, mas não na própria superfície. Os anaeróbios são encon-

**Tabela 5.5** Relações dos microrganismos com o oxigênio

| *Grupo* | *Relação com $O_2$* | *Tipo de metabolismo* | *Exemplo*[a] | *Hábitat*[b] |
|---|---|---|---|---|
| Aeróbios | | | | |
| Obrigatórios | Exigido | Respiração aeróbia | *Micrococcus luteus* (B) | Pele, poeira |
| Facultativos | Não exigido, mas com melhor crescimento em $O_2$ | Respiração aeróbia, respiração anaeróbia, fermentação | *Escherichia coli* (B) | Intestino grosso de mamíferos |
| Microaerófilos | Exigido, mas em níveis inferiores aos atmosféricos | Respiração aeróbia | *Spirillum volutans* (B) | Água de lagos |
| Anaeróbios | | | | |
| Aerotolerantes | Não exigido, sem melhor crescimento na presença de $O_2$ | Fermentação | *Streptococcus pyogenes* (B) | Trato superior |
| Obrigatórios | Nocivo ou letal | Fermentação ou respiração anaeróbia | *Methanobacterium formicicum* (A) | Lodo de esgoto, sedimentos de lagos anóxicos |

[a]As letras entre parênteses indicam o *status* filogenético (B, *Bacteria*; A, *Archaea*). São conhecidos representantes de cada domínio de procariotos em todas as categorias. A maioria dos eucariotos é aeróbia obrigatória, embora sejam conhecidos aeróbios facultativos (p. ex., leveduras) e anaeróbios obrigatórios (p. ex., certos protozoários e fungos).

[b]São listados os hábitats típicos de cada exemplo de organismo; muitos outros poderiam ser listados.

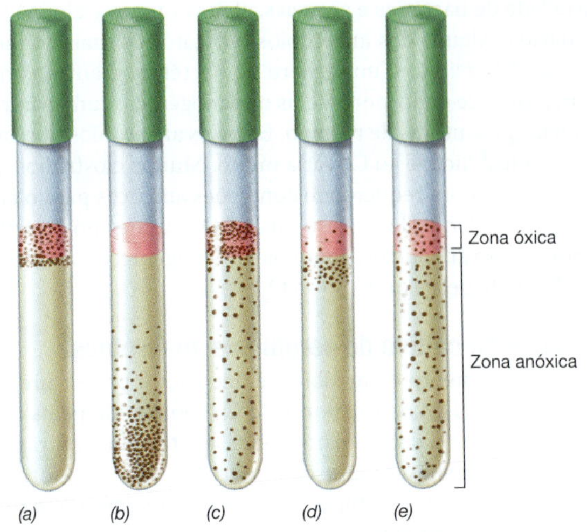


**Figura 5.27** **Crescimento *versus* concentração de $O_2$.** Da direita para a esquerda, crescimentos aeróbio, anaeróbio, facultativo, microaerófilo e anaeróbio aerotolerante, revelados pela posição das colônias microbianas (ilustradas por pontos pretos) no interior de tubos com meio de caldo tioglicolato. Uma pequena quantidade de ágar foi adicionada para evitar que o líquido seja perturbado, e o corante redox resazurina, de coloração rósea quando oxidado e transparente quando reduzido, é adicionado como indicador redox. *(a)* Como o oxigênio penetra pouco no tubo, os aeróbios obrigatórios crescem somente próximos à superfície. *(b)* Como os anaeróbios são sensíveis ao oxigênio, crescem somente distantes da superfície. *(c)* Aeróbios facultativos são capazes de crescer tanto na presença como na ausência de oxigênio, portanto são capazes de desenvolver-se em toda a extensão do tubo. Entretanto, o melhor crescimento ocorre próximo à superfície, pois esses organismos são capazes de respirar. *(d)* Os microaerófilos afastam-se da zona mais óxica. *(e)* Anaeróbios aerotolerantes crescem por toda a extensão do tubo. O melhor crescimento não ocorre próximo à superfície, uma vez que eles são apenas capazes de realizar fermentações.

trados somente próximos ao fundo do tubo, onde o oxigênio não é capaz de penetrar. O corante indicador de redox, *resazurina*, é adicionado ao meio para diferenciar as regiões óxicas das anóxicas; o corante exibe coloração rósea quando oxidado e incolor quando reduzido, propiciando, assim, uma avaliação visual do grau de penetração de oxigênio no meio (Figura 5.27).

Para que todos os traços de $O_2$ de uma cultura de anaeróbios estritos sejam removidos, pode-se introduzir um sistema que consome oxigênio em um recipiente contendo tubos ou placas, cheios por uma mistura livre de $O_2$ ou com um sistema de consumo de $O_2$ (**Figura 5.28*a***). Por ter que manipular culturas em uma atmosfera anóxica, profissionais utilizam luvas especiais, denominadas *luvas saculares anóxicas*, para trabalhar com culturas abertas em ambientes completamente desprovidos de oxigênio (Figura 5.28*b*).

## Por que o oxigênio é tóxico?

Por que os microrganismos anaeróbios são inibidos em seu crescimento ou mesmo mortos pelo oxigênio? Oxigênio molecular ($O_2$) não é tóxico, mas $O_2$ pode ser convertido em subprodutos tóxicos de oxigênio, e são eles que podem danificar ou matar as células que não são capazes de lidar com eles. Estes incluem o *ânion superóxido* ($O_2^-$), o *peróxido de hidrogênio* ($H_2O_2$) e o *radical hidroxila* (OH•). Todos são subprodutos da redução de $O_2$ a $H_2O$ na respiração (**Figura 5.29**). Flavoproteínas, quinonas e proteínas de ferro-enxofre, transportadores de elétrons encontrados em praticamente todas as células (Seção 3.10), também catalisam algumas dessas reduções. Assim, independentemente de se ele pode respirar $O_2$, um organismo exposto ao $O_2$ vai experimentar formas tóxicas de oxigênio, e se não forem destruídas, essas moléculas podem causar danos nas células. Por exemplo, o ânion superóxido e OH• são fortes agentes oxidantes que podem oxidar macromoléculas e quaisquer outros compostos orgânicos na célula. Peróxidos, como $H_2O_2$, também podem danificar os componentes celulares, mas não são tão tóxicos quanto $O_2^-$ ou OH•. Portanto, deve estar claro que um dos principais requisitos para habitar um mundo rico em $O_2$ é manter as moléculas de oxigênio tóxico sob controle. Vejamos agora como isso é feito.

## Superóxido dismutase e outras enzimas que destroem oxigênio tóxico

O ânion superóxido e $H_2O_2$ são as espécies mais comuns de oxigênio tóxico, de modo que enzimas que destroem esses compostos são amplamente disseminadas (**Figura 5.30**). As en-

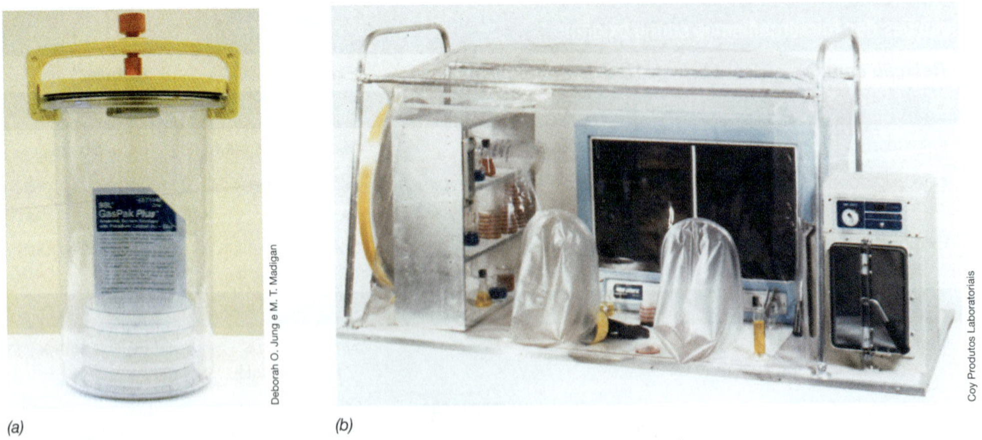


**Figura 5.28** **Incubação sob condições anóxicas.** *(a)* Jarra de anaerobiose. Uma reação química no envelope acondicionado na jarra produz $H_2 + CO_2$. O $H_2$ reage com o $O_2$ presente na jarra, na superfície de um catalisador de paládio, originando $H_2O$; a atmosfera final contém $N_2$, $H_2$ e $CO_2$. *(b)* Câmara de anaerobiose para a manipulação e incubação de culturas sob condições anóxicas. A câmara de ar situada à direita, que pode ser evacuada e preenchida com gás livre de $O_2$, serve como porta para a colocação e remoção dos materiais da câmara.

| Reagentes | Produtos | |
|---|---|---|
| $O_2 + e^- \rightarrow$ | $O_2^-$ | (superóxido) |
| $O_2^- + e^- + 2\,H^+ \rightarrow$ | $H_2O_2$ | (peróxido de hidrogênio) |
| $H_2O_2 + e^- + H^+ \rightarrow$ | $H_2O$ + $OH\bullet$ | (radical hidroxila) |
| $OH\bullet + e^- + H^+ \rightarrow$ | $H_2O$ | (água) |

Resultado:
$O_2 + 4\,e^- + 4\,H^+ \rightarrow 2\,H_2O$

**Figura 5.29 Redução de quatro elétrons de $O_2$ a $H_2O$ pela adição sequencial de elétrons.** Todos os intermediários formados são reativos e tóxicos às células; exceto a água.

zimas catalase e peroxidase atacam $H_2O_2$, originando $O_2$ e $H_2O$, respectivamente (Figura 5.30 e Figura 5.31). O ânion superóxido é destruído pela enzima *superóxido dismutase*, uma enzima que produz $H_2O_2$ e $O_2$ a partir de duas moléculas de $O_2^-$ (Figura 5.30*c*). A superóxido dismutase e a catalase (ou peroxidase) atuam em conjunto, promovendo a conversão de $O_2^-$ em produtos inofensivos (Figura 5.30*d*).

$H_2O_2 + H_2O_2 \rightarrow 2\,H_2O + O_2$

(*a*) **Catalase**

$H_2O_2 + NADH + H^+ \rightarrow 2\,H_2O + NAD^+$

(*b*) **Peroxidase**

$O_2^- + O_2^- + 2\,H^+ \rightarrow H_2O_2 + O_2$

(*c*) **Superóxido dismutase**

$4\,O_2^- + 4\,H^+ \rightarrow 2\,H_2O + 3\,O_2$

(*d*) **Superóxido dismutase/catalase em conjunto**

$O_2^- + 2\,H^+ + \text{rubredoxina}_{\text{reduzida}} \rightarrow H_2O_2 + \text{rubredoxina}_{\text{oxidada}}$

(*e*) **Superóxido redutase**

**Figura 5.30 Enzimas que destroem espécies tóxicas de oxigênio.** (*a*) Catalases e (*b*) peroxidases são proteínas contendo porfirina, embora algumas flavoproteínas possam também consumir espécies tóxicas de oxigênio. (*c*) As superóxido dismutases são proteínas contendo metal, como, por exemplo, cobre e zinco, manganês ou ferro. (*d*) Reação combinada de superóxido dismutase e catalase. (*e*) A superóxido redutase catalisa a redução de um elétron de $O_2^-$ a $H_2O_2$.

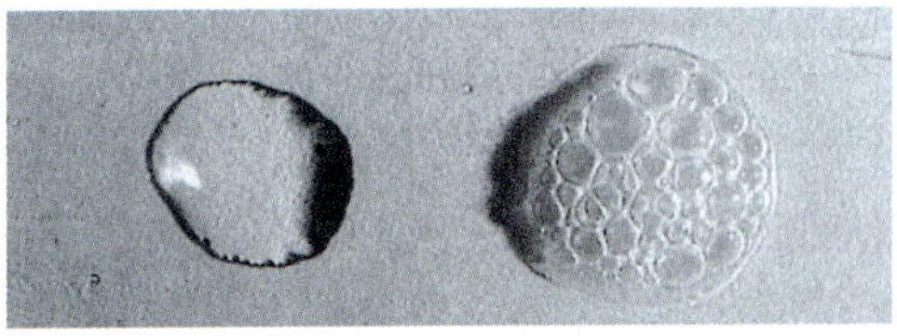

T. D. Brock

**Figura 5.31 Teste de uma cultura microbiana quanto à presença de catalase.** Uma alíquota de células de um meio sólido foi misturada em uma lâmina de vidro (à direita) com uma gota de 30% de peróxido de hidrogênio. O aparecimento imediato de bolhas é indicativo da presença de catalase. As bolhas são o $O_2$ produzido pela reação $H_2O_2 + H_2O_2 \rightarrow 2\,H_2O + O_2$.

Aeróbios e aeróbios facultativos normalmente contêm tanto a superóxido dismutase quanto a catalase. A superóxido dismutase é uma enzima essencial para os aeróbios. Alguns anaeróbios aerotolerantes não apresentam superóxido dismutase e usam complexos de manganês livres de proteínas, em vez de efetuar a dismutação de $O_2^-$ a $H_2O_2$ e $O_2$. Esse sistema não é tão eficiente como a superóxido dismutase, mas é suficiente para proteger as células contra danos pelo $O_2^-$. Em algumas arqueias e bactérias estritamente anaeróbias, a superóxido dismutase está ausente, e a enzima *superóxido redutase* funciona para remover o $O_2^-$. Em vez da superóxido dismutase, a superóxido redutase reduz $O_2^-$ a $H_2O_2$, sem a produção de $O_2$ (Figura 5.30*e*), evitando, assim, a exposição do organismo ao $O_2$.

**MINIQUESTIONÁRIO**

- Como um aeróbio obrigatório difere de um aeróbio facultativo?
- Como um agente redutor funciona? Dê um exemplo de um agente redutor.
- Como a superóxido dismutase ou a superóxido redutase protege uma célula?

# VI • Controle do crescimento microbiano

Até agora, neste capítulo, discutimos o crescimento microbiano, com foco na *promoção* do crescimento. Fechamos este capítulo considerando o lado oposto da moeda, o *controle do crescimento* microbiano. Muitos aspectos do controle do crescimento microbiano têm aplicações práticas significativas. Por exemplo, nós lavamos os produtos frescos para remover microrganismos ligados e inibimos o crescimento microbiano sobre as superfícies do corpo por meio de lavagem. No entanto, nenhum destes processos mata ou elimina todos os microrganismos. Apenas a **esterilização** – a morte ou a remoção de todos os microrganismos (incluindo vírus) – garante que este é o caso. Em certas circunstâncias, a esterilidade não é alcançável ou prática. Em outros, no entanto, a esterilização é absolutamente essencial. Revisaremos os métodos de controle de crescimento agora.

## 5.17 Princípios gerais e controle do crescimento pelo calor

Os microrganismos e seus efeitos podem ser controlados em muitos casos simplesmente pela limitação ou inibição do crescimento das células. Os métodos para inibir o crescimento microbiano incluem a **descontaminação**, o tratamento de um objeto ou uma superfície, de modo a torná-los seguros à manipulação, e a **desinfecção**, um processo direcionado diretamente contra os patógenos, embora possa não eliminar todos os microrganismos. Descontaminação poderia ser tão simples como limpar os utensílios de cozinha para remover fragmentos de alimentos (e seus organismos ligados) antes de usá-los, ao passo que desinfecção requer agentes chamados de *desinfetantes*, os quais realmente matam microrganismos ou severamente inibem seu crescimento. Uma solução de branqueamento (hipoclorito de sódio), por exemplo, é um desinfetante eficaz para uma ampla variedade de aplicações.

Métodos físicos de controle do crescimento microbiano são frequentemente utilizados na indústria, medicina e em domicílio para promover a descontaminação microbiana, desinfecção e esterilização. O calor, a radiação e a filtração são capazes de destruir ou remover os microrganismos. Provavelmente, o método de controle do crescimento microbiano mais difundido consiste no uso do calor. Fatores que interferem na suscetibilidade dos microrganismos ao calor incluem a temperatura e a duração do tratamento térmico, como também o tipo de calor, úmido ou seco, empregado.

## Esterilização pelo calor

Todos os microrganismos apresentam uma temperatura máxima de crescimento, acima da qual o crescimento é impossível, geralmente porque uma ou mais estruturas-chave celulares são destruídas ou uma proteína-chave é desnaturada (Figura 5.19). A eficácia do calor como agente esterilizante é medida pelo tempo requerido para uma redução de dez vezes na viabilidade de uma população microbiana, a uma dada temperatura. Esse período corresponde ao *tempo de redução decimal* ou *D*. A relação entre *D* e a temperatura é exponencial, quando o logaritmo de *D* é plotado em função da temperatura, obtém-se uma linha reta (**Figura 5.32**). A morte decorrente do aquecimento é uma função exponencial (de primeira ordem), ocorrendo mais rapidamente à medida que a temperatura eleva-se. O tipo de calor também é importante: o calor úmido tem maior poder de penetração que o calor seco e, em certa temperatura, promove uma redução mais rápida no número de organismos vivos.

A determinação de um tempo de redução decimal requer um grande número de ensaios de contagem de células viáveis (Seção 5.9). Uma forma mais fácil de caracterizar a sensibilidade de um organismo ao calor consiste na determinação do seu *tempo de morte térmica*, o tempo necessário para matar todas as células, em uma dada temperatura. Para determinar-se o tempo de morte térmica, amostras de uma suspensão celular são aquecidas por diferentes tempos, misturadas a um meio de cultura e incubadas. Se todas as células forem mortas, não será observado crescimento nas amostras incubadas. No entanto, diferente da medida de tempo de redução decimal, que é independente do número original de células, o tempo de morte térmica é fortemente afetado pelo tamanho da população testada; um maior tempo é necessário para matar todas as células de uma população grande, do que para uma população pequena.

A presença de bactérias formadoras de endósporos em uma amostra tratada pelo calor pode influenciar tanto a redução decimal como o tempo de morte térmica. A resistência que as células vegetativas e os endósporos de um mesmo organismo apresentam ao calor varia consideravelmente. Lembre-se de que os endósporos maduros são altamente desidratados e contêm elementos químicos, como o cálcio dipicolinato, e proteínas, como as pequenas proteínas ácido solúveis do esporo (SASP, *small acid-soluble spore proteins*), que ajudam a conferir estabilidade frente ao calor da estrutura (⇄ Seção 2.16). Não é possível assegurar que os endósporos foram mortos, a menos que temperaturas de autoclave (121°C) sejam mantidas por pelo menos 15 minutos. O tempo de redução térmica é também uma função inerente da resistência ao calor dos microrganismos presentes; conforme esperado, termófilos e hipertermófilos são mais resistentes que os mesófilos (Figura 5.32*b*).

O meio onde o aquecimento é realizado também influencia na morte tanto de células vegetativas como de endósporos. A morte microbiana é mais rápida em pH ácido, sendo os alimentos ácidos, como tomates, frutas e picles, mais facilmente esterilizados do que alimentos com pH neutro, como milho e feijões. Altas concentrações de açúcares, proteínas e gorduras dificultam a penetração do calor, geralmente aumentando a termorresistência dos organismos, ao passo que altas concentrações de sais podem aumentar ou diminuir a resistência ao calor, dependendo do organismo. Células desidratadas e endósporos são mais resistentes ao calor do que as células úmidas; consequentemente, a esterilização térmica de objetos secos, como endósporos, sempre requer temperaturas mais elevadas e tempos mais longos do que a esterilização de objetos úmidos, como culturas bacterianas líquidas.

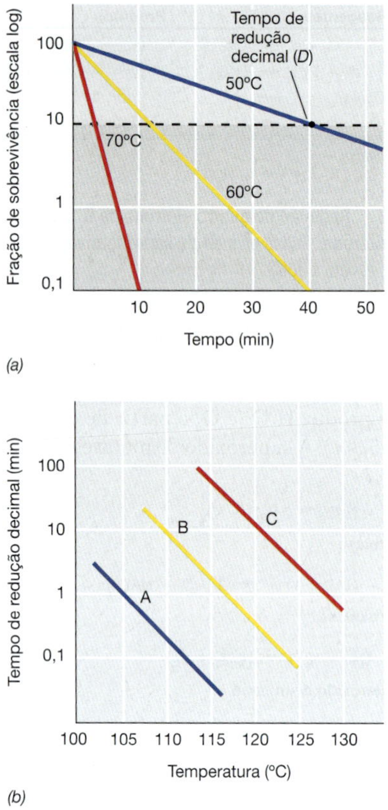


**Figura 5.32 O efeito da temperatura na morte de microrganismos por calor.** *(a)* O tempo de redução decimal (*D*) corresponde ao período de tempo em que apenas 10% da população original de um dado organismo (neste caso, um mesófilo) permanece viável, a uma determinada temperatura. A 70°C, *D* = 3 minutos; a 60°C, *D* = 12 minutos; a 50°C, *D* = 42 minutos. *(b)* Valores de *D* para um organismo-modelo das diferentes classes de temperatura: A, mesófilo; B, termófilo; C, hipertermófilo.

## A autoclave e a pasteurização

A **autoclave** é um dispositivo de aquecimento selado que usa vapor sob pressão para matar os microrganismos (**Figura 5.33**). A morte de endósporos termorresistentes requer o aquecimento a temperaturas acima do ponto de ebulição da água a 1 atm. A autoclave utiliza vapor a uma pressão de 1,1 kg/cm$^2$ (15 libras/polegada$^2$), o que gera uma temperatura de 121°C. A 121°C, o tempo necessário para promover uma esterilização de pequenas quantidades de material contendo endósporos é de cerca de 15 minutos (Figura 5.33*b*). Se o objeto submetido à esterilização é volumoso, a transferência de calor a seu interior será lenta, devendo o tempo de aquecimento ser estendido. Observe que não é a *pressão* no interior da autoclave que mata os microrganismos, mas sim as altas *temperaturas* que podem ser atingidas quando o vapor é aplicado sob alta pressão.

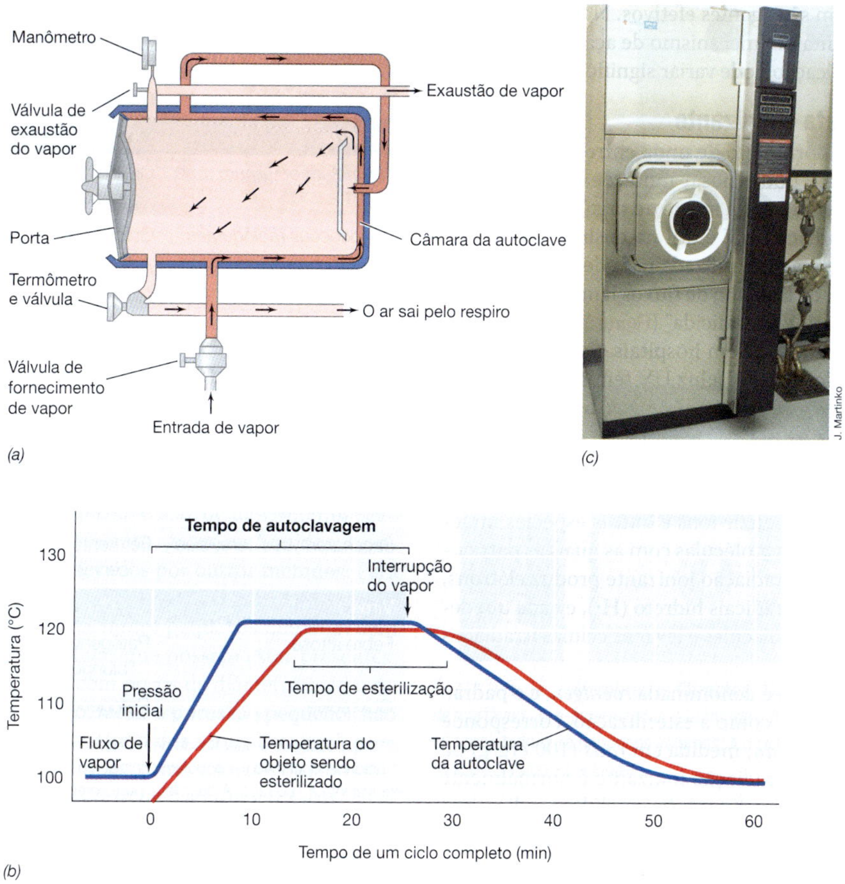


**Figura 5.33 A autoclave e a esterilização pelo calor úmido.** *(a)* O fluxo do vapor através de uma autoclave. *(b)* Um ciclo típico de autoclavagem. É apresentado o perfil temporal de aquecimento de um objeto relativamente volumoso. A temperatura do objeto aumenta e decresce mais lentamente do que a temperatura da autoclave. A temperatura do objeto deve atingir a temperatura-alvo, sendo mantida por 10 a 15 minutos para garantir a esterilidade, independentemente da temperatura e do tempo registrados na autoclave. *(c)* Uma moderna autoclave de pesquisa. Observe a porta de travamento por pressão e os controles de ciclo automático no painel à direita. Os ajustes para a entrada de vapor e de exaustão localizam-se na lateral direita da autoclave.

A **pasteurização** utiliza um aquecimento precisamente controlado para reduzir o número total de microrganismos presentes no leite e em outros líquidos que seriam destruídos se autoclavados. O processo, assim denominado em homenagem a Louis Pasteur (Seção 1.7), foi primeiramente utilizado no controle da deterioração do vinho. A pasteurização não mata todos os organismos e, desse modo, não é sinônimo de esterilização. A pasteurização, no entanto, reduz a *carga microbiana*, o número de microrganismos viáveis presentes em uma amostra. Nas temperaturas e tempos utilizados para a pasteurização de alimentos, como o leite, todas as bactérias patogênicas que podem ser transmitidas pelo leite infectado, especialmente os organismos causadores da tuberculose, brucelose, febre Q e febre tifoide, são mortos. Além disso, pela redução da carga microbiana geral, a pasteurização retarda o crescimento de organismos deteriorantes, aumentando consideravelmente o prazo de validade de líquidos perecíveis (Seção 31.6).

Para que a pasteurização seja realizada, o líquido passa através de um trocador de calor. O controle cuidadoso da taxa de fluxo, assim como do tamanho e da temperatura da fonte de calor, promove a elevação da temperatura do líquido para 71°C durante 15 segundos (ou mesmo temperaturas superiores por curtos períodos de tempo; ver Figura 5.32), e, então, é rapidamente resfriado. O processo completo recebe a denominação *pasteurização rápida*. A pasteurização do leite em temperaturas ultraelevadas requer o aquecimento a 135°C por 1 minuto. O leito também pode ser pasteurizado em grandes cubas a 63 a 66°C por 30 minutos. Entretanto, este método de *pasteurização em massa* é menos satisfatório, uma vez que o leite se aquece e esfria lentamente, alterando, assim, o sabor do produto final, sendo um processo menos eficiente.

**MINIQUESTIONÁRIO**

- Por que o calor é um agente eficaz de esterilização?
- Quais as etapas necessárias para garantir a esterilidade de materiais que possam estar contaminados por endósporos bacterianos?
- Diferencie a necessidade de esterilizar meios microbiológicos da necessidade de pasteurizar produtos lácteos.

## 5.18 Outros métodos de controle físico: radiação e filtração

O calor é apenas uma das formas de energia capaz de esterilizar ou reduzir a carga microbiana. Radiação ultravioleta (UV), raios

**Tabela 5.7 Antissépticos, esterilizantes, desinfetantes e sanitizantes**[a]

| *Agente* | *Modo de ação* | *Uso* |
|---|---|---|
| **Antissépticos (germicidas)** | | |
| Álcool (etanol ou isopropanol 60-85%, diluídos em água) | Solvente de lipídeos e desnaturante de proteínas | Antisséptico tópico |
| Compostos contendo fenol (hexaclorofeno, triclosan, cloroxilenol, clorexidina) | Destroem a membrana citoplasmática | Sabões, loções, cosméticos, desodorantes corporais, desinfetantes tópicos; papel, couro e indústria têxtil |
| Detergentes catiônicos, especialmente os compostos quaternários de amônio (cloreto de benzalcônio) | Destroem a membrana citoplasmática | Sabões, loções, desinfetantes tópicos; metal e indústria petroquímica |
| Peróxido de hidrogênio (solução a 3%) | Agente oxidante | Antisséptico tópico |
| Iodóforos (Betadine®) | Iodinação de proteínas, tornando-as não funcionais; agente oxidante | Antisséptico tópico |
| Octenidina | Surfactante catiônico, destrói a membrana citoplasmática | Antisséptico tópico |
| **Esterilizantes, desinfetantes e sanitizantes** | | |
| Álcool (etanol ou isopropanol 60-85%, diluídos em água) | Solvente de lipídeos e desnaturante de proteínas | Desinfetante de uso geral para praticamente qualquer superfície |
| Detergentes catiônicos (compostos quaternários de amônio, Lysol® e muitos desinfetantes relacionados) | Interagem com fosfolipídeos | Desinfetante e sanitizante de instrumentos médicos, equipamentos de indústrias de alimentos e laticínios |
| Gás cloro | Agente oxidante | Desinfetante de água potável e de torres de energia elétrica/nuclear |
| Compostos de cloro (cloraminas, hipoclorito de sódio, clorito de sódio, dióxido de cloro) | Agente oxidante | Desinfetante/sanitizante de instrumentos médicos, equipamentos de indústrias de alimento e purificação de água |
| Sulfato de cobre | Precipitação de proteínas | Algicida em piscinas |
| Óxido de etileno (gás) | Agente alquilante | Esterilizante de materiais termolábeis, como plásticos e instrumentos com lentes |
| Formaldeído | Agente alquilante | Diluído (solução 3%) utilizado como desinfetante de superfícies/esterilizante; concentrado (solução 37%) como esterilizante |
| Glutaraldeído | Agente alquilante | Solução a 2%, utilizada como desinfetante ou esterilizante |
| Peróxido de hidrogênio | Agente oxidante | Vapor utilizado como esterilizante |
| Iodóforos (Wescodyne®) | Iodinação de proteínas; agente oxidante | Desinfetante de uso geral |
| OPA (ortoftalaldeído) | Agente alquilante | Desinfetante de alto nível para esterilização de instrumentos médicos |
| Ozônio | Forte agente oxidante | Desinfetante de água potável |
| Ácido peroxiacético | Forte agente oxidante | Desinfetante/esterilizante |
| Compostos fenólicos | Desnaturante de proteínas | Desinfetante de uso geral |
| Óleo de pina (Pine-Sol®) (contém fenólicos e detergentes) | Desnaturante de proteínas | Desinfetante de uso geral para superfícies domésticas |

[a]Álcoois, peróxido de hidrogênio e compostos iodóforos contendo iodo podem agir como antissépticos, desinfetantes, sanitizantes ou esterilizantes, dependendo da concentração, tempo de exposição e forma de liberação.

## CONCEITOS IMPORTANTES

**5.1** • O crescimento microbiano é definido como um aumento no número de células e é o resultado final da duplicação de todos os componentes celulares antes da divisão real que produz duas células-filhas. A maioria dos microrganismos cresce por divisão binária.

**5.2** • A divisão celular e a replicação de cromossomos são coordenadamente reguladas, e as proteínas Fts são chaves para esses processos. Com o auxílio de MinE, FtsZ define o plano de divisão celular e ajuda a montar o divissomo, o complexo proteico que organiza a divisão celular.

**5.3** • MreB ajuda a definir a forma da célula, e em células em forma de bastonete, MreB forma o cerne do citoesqueleto que dirige a síntese da parede celular ao longo do eixo da célula. A proteína crescentina desempenha uma papel análogo em *Caulobacter*, levando à formação de uma célula curva. As proteínas eucarióticas relacionadas à forma e à divisão celular, actina e tubulina, apresentam equivalentes procariotas.

**5.4** • Durante o crescimento bacteriano, o peptideoglicano da nova célula é sintetizado pela inserção de novas unidades de tetrapeptídeo de glicano no peptideoglicano preexistente. O cactoprenol facilita o transporte dessas unidades através da membrana citoplasmática. A transpeptidação conclui o processo de síntese da parede celular pela ligação cruzada das fitas contíguas de peptideoglicano com resíduos de ácido murâmico.

**5.5** • As células microbianas sofrem crescimento exponencial, e um gráfico semilogarítmico do número de células pelo tempo pode revelar o tempo de duplicação da população. Matemática simples pode ser usada para calcular várias expressões de crescimento a partir de dados de números de células. Expressões-chave são $n$, o número de gerações; $t$, tempo; e $g$, tempo de geração. O tempo de geração é expresso como $g = t/n$.

**5.6** • Os microrganismos mostram um padrão de crescimento característico quando inoculados em um meio de cultura fresco. Geralmente, há uma fase de latência e, em seguida, o crescimento começa de uma forma exponencial. Como nutrientes essenciais são esgotados ou produtos tóxicos acumulam-se, o crescimento da população cessa e ela entra na fase estacionária. Uma incubação posterior pode levar à morte da célula.

**5.7** • O quimiostato é um sistema aberto usado para manter as populações de células em crescimento exponencial durante períodos prolongados. Em um quimiostato, a taxa em que uma cultura é diluída com meio de crescimento fresco controla o tempo de duplicação da população, ao passo que a densidade das células (células/mL) é controlada pela concentração de um nutriente limitante do crescimento dissolvido no meio fresco.

**5.8** • As contagens de células podem ser feitas sob o microscópio utilizando câmaras de contagem. As contagens microscópicas medem o número total de células na amostra e são úteis para avaliar o número total de células em um hábitat microbiano. Certos corantes podem ser utilizados para selecionar populações de células específicas em uma amostra.

**5.9** • A contagem de células viáveis (contagem de placas) mensura somente a população viva presente na amostra, com o pressuposto de que cada colônia origina-se do crescimento e divisão de uma única célula. Dependendo do meio de crescimento e das condições empregadas, as contagens de placas podem ser avaliações bastante precisas ou podem ser muito pouco confiáveis.

**5.10** • As medidas turbidimétricas são um método indireto, mas muito rápido e útil para medir o crescimento microbiano. No entanto, a fim de se relacionar um valor de turbidez a um número direto de células, primeiro deve ser estabelecida uma curva padrão, plotando esses dois parâmetros um contra o outro.

**5.11** • A temperatura é um importante fator ambiental no controle do crescimento microbiano. Temperaturas cardeais de um organismo descrevem as temperaturas mínima, ótima e máxima em que ele cresce. Os microrganismos podem ser agrupados por sua temperatura cardeal como psicrófilos, mesófilos, termófilos e hipertermófilos.

**5.12** • Organismos com temperatura ótima abaixo de 20°C são chamados de psicrófilos, e seus representantes mais extremos habitam ambientes constantemente frios. Psicrófilos evoluíram macromoléculas que permanecem flexíveis e funcionais, mesmo a baixas temperaturas, mas que podem ser mais sensíveis a temperaturas elevadas.

**5.13** • Organismos com temperatura ótima de crescimento entre 45 e 80°C são chamados de termófilos, ao passo que aqueles com temperatura ótima superior a 80°C são os hipertermófilos. Esses organismos habitam ambientes quentes que podem ter temperaturas até mesmo superiores a 100°C. Termófilos e hipertermófilos produzem macromoléculas estáveis ao calor.

**5.14** • A acidez ou alcalinidade de um meio pode afetar drasticamente o crescimento microbiano. Alguns organismos crescem melhor em alto ou baixo pH (acidófilos e alcalifílicos, respectivamente), mas a maioria dos organismos cresce melhor entre pH 5,5 e 8. O pH interno de uma célula deve ficar relativamente perto do neutro para evitar a destruição do DNA ou do RNA.

**5.15** • A atividade da água de um ambiente aquoso é controlada pela sua concentração de soluto dissolvido. Para sobreviver em ambientes de alta concentração de soluto, os organismos produzem ou acumulam solutos compatíveis para manter o balanço hídrico celular positivo. Alguns microrganismos crescem melhor em potenciais hídricos reduzidos, e alguns até exigem altos níveis de sais para o crescimento.

**5.16** • Aeróbios requerem $O_2$ para viver, ao passo que os anaeróbios não o fazem e podem até ser mortos pelo $O_2$. Organismos facultativos podem viver com ou sem $O_2$. Técnicas especiais são necessárias para o cultivo de microrganismos aeróbios e anaeróbios. Várias formas tóxicas de oxigênio podem se formar na célula, mas estão presentes enzimas que neutralizam a maioria delas. Superóxido é a principal forma tóxica do oxigênio.

**5.17** • Esterilização é a morte de todos os organismos e vírus, e calor é o método de esterilização mais usado. Uma autoclave emprega calor úmido sob pressão, alcançando temperaturas acima do ponto de ebulição da água. A pasteurização não esteriliza líquidos, mas reduz a carga microbiana, matando a maioria dos agentes patogênicos, e inibe o crescimento de microrganismos deteriorantes.

**5.18** • A radiação pode efetivamente inibir ou matar microrganismos. A radiação ultravioleta é usada para descontaminar superfícies e ar. A radiação ionizante é utilizada para esterilização e descontaminação, sendo necessária a penetração. Os filtros removem os microrganismos do ar ou de líquidos. Os filtros de membrana são utilizados para a esterilização de líquidos sensíveis ao calor, e filtros nucleoporos são usados para isolar amostras para microscopia eletrônica.

**5.19** • Produtos químicos são comumente utilizados para controlar o crescimento microbiano. Os produtos químicos que matam organismos são chamados de agentes -cida, ao passo que aqueles que inibem o crescimento, mas não matam, são chamados de agentes -státicos. Os agentes antimicrobianos são testados quanto à sua eficácia pela determinação da sua capacidade para inibir o crescimento *in vitro*. Esterilizantes, desinfetantes e sanitizantes são usados para descontaminar o material não vivo, ao passo que antissépticos e germicidas são usados para reduzir a carga microbiana em tecidos vivos.

## REVISÃO DE TERMOS-CHAVE

**Acidófilo** um organismo que cresce melhor em pH baixo; normalmente abaixo de pH 5,5.

**Aeróbio** um organismo que pode utilizar $O_2$ na respiração; alguns requerem $O_2$.

**Agente antimicrobiano** um composto químico que mata ou inibe o crescimento de microrganismos.

**Agente bactericida** um agente que mata as bactérias.

**Agente bacteriostático** um agente que inibe o crescimento bacteriano.

**Agente fungicida** um agente que mata fungos.

**Agente fungistático** um agente que inibe o crescimento de fungos.

**Agente viriostático** um agente que inibe a replicação viral.

**Agente viricida** um agente que impede a replicação e a atividade viral.

**Alcalifílico** um organismo que tem um crescimento ótimo em pH 8 ou superior.

**Anaeróbio** um organismo que não pode usar $O_2$ na respiração e cujo crescimento é normalmente inibido por ele.

**Anaeróbio aerotolerante** um microrganismo capaz de respirar $O_2$, mas cujo crescimento é afetado por ele.

**Anaeróbio obrigatório** um organismo que não pode crescer na presença de $O_2$.

**Antisséptico (germicida)** um agente químico que mata ou inibe o crescimento de microrganismos e é suficientemente atóxico para ser aplicado em tecidos vivos.

**Atividade de água** a proporção entre a pressão de vapor do ar em equilíbrio com uma solução à pressão de vapor da água pura.

**Autoclave** um dispositivo de aquecimento selado que destrói microrganismos com temperatura e sob pressão de vapor.

**Biofilme** uma matriz de polissacarídeo ligada contendo células bacterianas.

**Concentração inibidora mínima (CIM)** a concentração mínima de uma substância necessária para evitar o crescimento microbiano.

**Contagem de placas** um método de contagem das células viáveis; o número de colônias em uma placa é usado como uma medida do número de células.

**Contagem de células viáveis** uma medida da concentração de células vivas na população.

**Crescimento exponencial** crescimento de uma população microbiana em que o número de células duplica em um intervalo de tempo específico.

**Crescimento** um aumento no número de células.

**Cultura em batelada** sistema fechado de cultura microbiana de volume fixo.

**Descontaminação** tratamento de uma superfície ou objeto para tornar seguro manuseá-los.

**Desinfecção** tornar uma superfície ou objeto livre de todos os microrganismos patogênicos.

**Desinfetante** um agente antimicrobiano usado somente em objetos inanimados.

**Divisão celular binária** divisão celular após o alargamento de uma célula para duas vezes o seu tamanho mínimo.

**Divissomo** um complexo de proteínas que dirige os processos de divisão celular em procariotos.

**Esterilização** a morte ou a remoção de todos os organismos vivos e vírus.

**Esterilizante (esterilizador, esporicida)** um agente químico que destrói todas as formas de vida microbiana.

**Facultativo** no que diz respeito ao $O_2$, um organismo que pode crescer, quer na sua presença ou ausência.

**FtsZ** uma proteína que forma um anel de divisão ao longo do plano médio de células para iniciar a divisão celular.

**Filtro HEPA** um filtro de partículas de ar de alta eficiência que remove partículas, incluindo microrganismos, de entrada e saída do fluxo de ar.

**Germicida (antisséptico)** um agente químico que mata ou inibe o crescimento de microrganismos e é suficientemente atóxico para ser aplicado em tecidos vivos.

**Halófilo** um microrganismo que requer NaCl para o seu crescimento.

**Halófilo extremo** um microrganismo que requer grandes quantidades de NaCl, geralmente superior a 10%, e, em alguns casos, perto da saturação, para o seu crescimento.

**Halotolerante** um microrganismo que não necessita de NaCl para o seu crescimento, mas pode crescer na presença dele e, em alguns casos, com níveis substanciais de NaCl.

**Hipertermófilo** um procarioto que tem uma temperatura ótima de crescimento de 80°C ou superior.

**Mesófilo** um organismo que cresce melhor a temperaturas entre 20 e 40°C.

**Microaerófilo** um organismo aeróbio que só pode crescer quando tensões $O_2$ são inferiores àquela presente no ar.

**Neutrófilo** um organismo que cresce melhor a um pH neutro, entre pH 5,5 e 8.

**Osmófilo** um organismo que cresce melhor na presença de níveis elevados de soluto, normalmente um açúcar.

**Pasteurização** o tratamento térmico de leite ou de outros líquidos para reduzir o número total de microrganismos.

**pH** o logaritmo negativo da concentração do íon hidrogênio ($H^+$) em uma solução.

**Psicrófilo** um organismo com uma temperatura ótima de crescimento de 15°C ou inferior e uma temperatura máxima de crescimento abaixo de 20°C.

**Psicrotolerante** capaz de crescer a temperaturas baixas, mas tendo uma temperatura ótima acima de 20°C.

**Quimiostato** um dispositivo que permite a cultura contínua de microrganismos com controle independente da taxa de crescimento e do número de células.

**Sanitizante** um agente que reduz microrganismos para um nível seguro, mas não pode eliminá-los.

**Soluto compatível** uma molécula que se acumula no citoplasma de uma célula para ajustar a atividade da água, mas que não inibe processos bioquímicos.

**Temperaturas cardinais** temperaturas mínima, máxima e ótima de crescimento para um dado organismo.

**Tempo de geração** tempo necessário para uma população de células microbianas duplicar-se.

**Termófilo** um organismo cuja temperatura ótima de crescimento reside entre 45 e 80°C.

**Transpeptidação** formação de ligações cruzadas peptídicas entre resíduos de ácido murâmico na síntese do peptideoglicano.

**Viável** capaz de se reproduzir.

**Xerófilo** um organismo que é capaz de viver, ou que vive melhor, em ambientes muito secos.

## QUESTÕES PARA REVISÃO

1. Descreva os processos moleculares fundamentais que ocorrem quando uma célula cresce e se divide. (Seção 5.1)
2. Descreva o papel das proteínas presentes no divissomo. O anel de FtsZ forma-se antes ou após a replicação do cromossomo? (Seção 5.2)
3. Como as células de *Escherichia coli* que transportam uma mutação em *mreB* (o gene que codifica a proteína MreB) diferem microscopicamente de células tipo selvagem (não mutadas)? Qual é o motivo para isto? (Seção 5.3)
4. Descreva como novas subunidades de peptideoglicano são inseridas na parede celular em crescimento. Como o antibiótico penicilina mata as células bacterianas? E por que ele mata apenas as células em crescimento? (Seção 5.4)
5. Qual é a diferença entre a taxa de crescimento específico ($k$) de um organismo e o seu tempo de geração ($g$)? (Seção 5.5)
6. Descreva o ciclo de crescimento de uma população de células bacterianas a partir do momento em que essa população é inoculada em meio fresco. (Seção 5.6)
7. Como um quimiostato regula a taxa de crescimento e os números de células de forma independente? (Seção 5.7)
8. Qual é a diferença entre a contagem total de células e a contagem de células viáveis? (Seções 5.8 e 5.9)
9. Como a turbidez pode ser utilizada como uma medida do número de células? (Seção 5.10)
10. Examine o gráfico descrevendo a relação entre a taxa de crescimento e a temperatura (Figura 5.19). Elabore uma explicação, em termos bioquímicos, de por que a temperatura ótima para um organismo é geralmente mais próxima do seu máximo do que do seu mínimo. (Seção 5.11)
11. Descreva um hábitat onde você encontraria um psicrófilo e um onde você encontraria um hipertermófilo. Como esses organismos são capazes de sobreviver em condições tão duras? (Seções 5.12 e 5.13)
12. Em relação ao pH do meio ambiente e da célula, de que forma os acidófilos e os alcalifílicos são diferentes? De que forma eles são semelhantes? (Seção 5.14)
13. Elabore uma explicação, em termos moleculares, de como um halófilo é capaz de fazer a água fluir para dentro da célula enquanto cresce em uma solução de alta concentração de NaCl. (Seção 5.15)
14. Compare um aerotolerante e um anaeróbio obrigatório em termos de sensibilidade ao $O_2$ e capacidade de crescer na presença dele. Como um anaeróbio aerotolerante difere de um microaerófilo? (Seção 5.16)
15. Compare e contraponha as enzimas catalase, superóxido dismutase e superóxido redutase no que diz respeito aos seus substratos e produtos. (Seção 5.16)
16. Compare os termos tempo de morte térmica e tempo de redução decimal. Como a presença de esporos bacterianos afeta cada valor? (Seção 5.17)
17. Descreva o princípio da autoclave. Como ela difere de um ebulidor simples? Meios de cultura microbiana não fervem na autoclave; por que não? (Seção 5.17)
18. Descreva os efeitos de uma dose letal de radiação ionizante, a nível molecular. (Seção 5.18)
19. Que tipo de filtro seria usado para filtrar e esterilizar um líquido sensível ao calor? (Seção 5.18)
20. Descreva o procedimento para a obtenção da concentração inibidora mínima (CIM) de um produto químico que é bactericida para *Escherichia coli*. (Seção 5.19)
21. Compare a ação de desinfetantes e antissépticos. Desinfetantes não são utilizados em tecidos vivos; por que não? (Seção 5.19)

## QUESTÕES APLICADAS

1. Calcule *g* e *k* de um experimento de crescimento em que um meio foi inoculado com $5 \times 10^6$ células/mL de células de *Escherichia coli* e, após um atraso de 1 hora, cresceram exponencialmente durante 5 horas, após o qual a população foi de $5{,}4 \times 10^9$ células/mL.

2. *Escherichia coli*, mas não *Pyrolobus fumarii*, cresce a 40°C, ao passo que *P. fumarii*, mas não *E. coli*, cresce a 110°C. O que está acontecendo (ou não está acontecendo) para prevenir o crescimento de cada organismo nas temperaturas não permissivas?

3. Em que direção (para dentro ou para fora da célula) irá o fluxo de água em células de *Escherichia coli* (um organismo encontrado no intestino grosso) de repente suspensas em uma solução de NaCl a 20%? E se as células forem suspensas em água destilada? Se nutrientes de crescimento fossem adicionados a cada suspensão de células, qual (se isso puder ocorrer) iria suportar o crescimento, e por quê?

CAPÍTULO

# 6 Genômica microbiana

## microbiologiahoje

### Genômica e novas arqueias

Até recentemente, três filos de *Archaea* eram conhecidos: Euryarchaeota, Crenarchaeota e Nanoarchaeota. Curiosamente, cada espécie cultivada foi isolada de um ambiente extremo, hábitats estritamente anóxicos ou extremamente quentes, salgados ou ácidos. Isso levou muitos microbiologistas a concluírem que as arqueias eram principalmente extremófilas e que elas não habitavam oceanos, lagos e solos em número significante. Mas ecologistas microbianos começaram a questionar essa suposição quando, ao usar microscopia fluorescente, detectaram arqueias somente associadas a Crenarchaeota em amostras de água doce e marinha. Quem eram esses organismos, e como eles ganharam vida?

Um grupo de microbiologistas da Universidade de Washington, em Seattle, tinha um palpite sobre o metabolismo das arqueias e começaram a tentar isolar esses organismos de amostras de água marinha (ver foto). Com persistência, paciência e boa intuição científica, o grupo isolou com sucesso a espécie *Nitrosopumilus*, a primeira arqueia oxidante de amônia (nitrificante) identificada (ver foto em detalhe). Embora muitas espécies de bactérias possam nitrificar, *Nitrosopumilus* consegue oxidar traços de amônia encontrados nas águas oceânicas, o que as bactérias nitrificantes não conseguem. Com as culturas puras destes organismos em mãos, a sua filogenia foi mais profundamente explorada usando as poderosas ferramentas da genômica. Arqueias nitrificantes são realmente apenas "Crenarchaeotas altamente divergentes".

A genômica é capaz de responder tais questões, e cuidadosas análises dos genomas de duas arqueias nitrificantes[1] claramente mostraram que elas formam seu próprio filo, agora chamado de Thaumarchaeota. Análises genômicas permitiram que todos os genes dessas arqueias pudessem ser comparados aos das outras espécies de arqueias. Além de revelar um quarto filo de *Archaea*, a genômica mostrou as peculiaridades metabólicas das Thaumarchaeota, e isso forneceu uma janela dentro do papel ecológico que pode ser desempenhado em seus hábitats deficientes de nutrientes.

[1]Spang, A., et al., 2010. Distinct gene set in two different lineages of ammonia--oxidizing *Archaea* supports the phylum *Thaumarchaeota*. *Trends in Microbiol.* *18:* 331–340.

I Investigando genomas 184
II Genomas microbianos 191
III Genômica funcional 198
IV A evolução dos genomas 206

O **genoma** de um organismo é o conjunto completo de sua informação genética, incluindo seus próprios genes, suas sequências reguladoras e seu DNA não codificador. As análises genômicas resultaram no surgimento da área da genômica, o objeto de estudo deste capítulo. O conhecimento da sequência do genoma de um organismo, além de revelar os seus genes, fornece importantes informações sobre as funções do organismo e a sua história evolutiva. As sequências genômicas também auxiliam no estudo da expressão gênica, a transcrição e tradução da informação genética. A abordagem tradicional do estudo da expressão gênica enfocava um único gene ou um grupo de genes relacionados. Atualmente, a expressão do conjunto completo de genes de um organismo pode ser examinada em um único experimento.

Avanços na genômica dependem fortemente de melhorias na tecnologia molecular e no poder da computação. Maiores avanços incluem a automatização do sequenciamento de DNA, a miniaturização dos processos de análises e o desenvolvimento de métodos computacionais potentes para análises de DNA e de sequências proteicas. Os novos avanços aparecem a cada ano, reduzindo os custos e aumentando a velocidade na qual os genomas são analisados. A partir de agora, passaremos a abordar os genomas microbianos, algumas técnicas utilizadas na análise desses genomas e o que a genômica microbiana nos revelou até o momento.

# I • Investigando genomas

O termo **genômica** refere-se à área de estudo que envolve o mapeamento, o sequenciamento, a análise e a comparação de genomas. Milhares de genomas de procariotos foram sequenciados, incluindo várias linhagens de espécies importantes de bactérias e arqueias. Devido aos novos avanços no sequenciamento de DNA que aparecem frequentemente, o número de genomas sequenciados continuará crescendo rapidamente. Hoje, o principal entrave na área da genômica são as análises e a visualização de uma grande quantidade de dados de ácidos nucleicos. No entanto, sequências genômicas continuam oferecendo conhecimentos em áreas tão distintas quanto medicina e evolução microbiana.

## 6.1 Introdução à genômica

O primeiro genoma a ser sequenciado foi o genoma de RNA de 3.569 nucleotídeos do vírus MS2 (⇄ Seção 9.8), em 1976. O primeiro genoma de DNA sequenciado foi a sequência de 5.386 nucleotídeos do pequeno vírus de DNA de fita simples, $\phi$X174 (⇄ Seção 9.3), em 1977. Já o primeiro genoma de bactéria a ser sequenciado foi o cromossomo de 1.830.137 pares de bases da *Haemophilus influenzae* publicado em 1995. As sequências de DNA de milhares de genomas procarióticos são atualmente disponibilizadas em banco de dados públicos (para obter uma lista atualizada dos projetos de sequenciamento genômico, procure no endereço http://www.genomesonline.org/). A **Tabela 6.1** relaciona alguns exemplos representativos. Eles incluem tanto espécies de bactérias quanto de arqueias, com representantes contendo genomas tanto lineares como circulares. Embora raros, cromossomos lineares são encontrados em várias bactérias, incluindo *Borrelia burgdorferi*, o agente etiológico da doença de Lyme, e *Streptomyces*, um importante gênero produtor de antibióticos. O tamanho dos genomas bacterianos varia de aproximadamente 0,5 a 13 megapares de bases (Mpb) e codificam de 500 a 10.000 genes codificadores de proteínas, respectivamente.

Os genomas de vários organismos superiores, incluindo o genoma humano haploide, que contêm aproximadamente 3 bilhões de pares de bases, mas somente cerca de 25.000 genes codificadores de proteínas, estão sendo sequenciados. Os maiores genomas sequenciados até agora, em termos de número total de genes, pertencem à árvore choupo negro (uma espécie de *Populus*), com cerca de 45.000 genes, e ao protozoário *Trichomonas*, com 60.000 genes estimados codificadores de proteínas, ambos possuem muito mais genes do que os seres humanos.

Os genomas de muitos patógenos foram sequenciados. Em alguns casos, várias linhagens de um patógeno foram comparadas na esperança de revelar quais genes são clinicamente relevantes. Além disso, os hipertermófilos (⇄ Seção 5.12) possuem importantes aplicações biotecnológicas, uma vez que as enzimas desses organismos são termoestáveis. De fato, as necessidades das indústrias biomédica e biotecnológica foram determinantes na seleção dos organismos a serem submetidos ao sequenciamento genômico. Atualmente, no entanto, o sequenciamento genômico tornou-se uma atividade tão rotineira e barata, que os projetos deixaram de ser vinculados a razões médicas ou biotecnológicas. Em alguns casos, os genomas de várias linhagens distintas da mesma bactéria foram sequenciados, a fim de revelar o grau de variabilidade genética em uma espécie (pangenoma/genoma nuclear, Seção 6.13). A lista de genomas na Tabela 6.1 inclui organismos modelos também amplamente estudados, como o *Bacillus subtilis* (bactéria esporulante), a *Escherichia coli* (modelo de bactérias gram-negativas) e a *Pseudomonas aeruginosa* (patógeno modelo de bactérias gram-negativas).

**MINIQUESTIONÁRIO**

- Quantos genes tem o genoma humano?
- Cite alguns organismos cujos genomas são maiores do que o genoma humano.

## 6.2 Sequenciamento genômico

Em biologia, o termo **sequenciamento** refere-se à determinação da ordem precisa de subunidades em uma macromolécula. No caso do DNA (ou RNA), a sequência é a *ordem* na qual os nucleotídeos são alinhados. A tecnologia de sequenciamento de DNA está avançando tão rapidamente que dois ou três métodos aparecem todos os anos, embora poucos consigam boa aceitação no mercado ou resistam ao tempo. Isto é bem ilustrado pela redução do custo do sequenciamento de 1 megabase de DNA. Entre os anos de 2001 a 2011 a redução foi de 10.000 vezes! A **Tabela 6.2** resume os métodos de sequenciamento que serão discutidos aqui.

**Tabela 6.1** Genomas procarióticos selecionados[a]

| *Organismo* | *Modo de vida*[b] | *Tamanho (pb)* | *ORFs*[c] | *Comentários* |
|---|---|---|---|---|
| *Bactéria* | | | | |
| *Hodgkinia cicadicola* | E | 143.795 | 169 | Endossimbionte de cigarra degenerada |
| *Carsonella ruddii* | E | 159.662 | 182 | Endossimbionte de psilídeo degenerado |
| *Buchnera aphidicola* BCc | E | 422.434 | 362 | Endossimbionte de afídeo |
| *Mycoplasma genitalium* | P | 580.070 | 470 | Menor genoma de bactéria não simbionte |
| *Borrelia burgdorferi* | P | 910.725 | 853 | Espiroqueta, cromossomo linear, causador da doença de Lyme |
| *Rickettsia prowazekii* | P | 1.111.523 | 834 | Parasita intracelular obrigatório, causador do tifo epidêmico |
| *Treponema pallidum* | P | 1.138.006 | 1.041 | Espiroqueta, causador da sífilis |
| Família Methylophilaceae, linhagem HTCC2181 | VL | 1.304.428 | 1.354 | Metilotrófico marinho, menor genoma de um organismo de vida livre |
| *Aquifex aeolicus* | VL | 1.551.335 | 1.544 | Hipertermófilo, autotrófico |
| *Prochlorococcus marinus* | VL | 1.657.990 | 1.716 | Fototrófico oxigênico marinho mais abundante |
| *Streptococcus pyogenes* | VL | 1.852.442 | 1.752 | Causador da faringite estreptocócica e febre escarlatina |
| *Thermotoga maritima* | VL | 1.860.725 | 1.877 | Hipertermófilo |
| *Chlorobaculum tepidum* | VL | 2.154.946 | 2.288 | Modelo de bactéria verde fototrófica |
| *Deinococcus radiodurans* | VL | 3.284.156 | 2.185 | Resistente à radiação, cromossomos múltiplos |
| *Synechocystis* sp. | VL | 3.573.470 | 3.168 | Modelo de cianobactéria |
| *Bdellovibrio bacteriovorus* | VL | 3.782.950 | 3.584 | Predador de outros procariotos |
| *Caulobacter crescentus* | VL | 4.016.942 | 3.767 | Ciclo de vida complexo |
| *Bacillus subtilis* | VL | 4.214.810 | 4.100 | Modelo genético de gram-positivos |
| *Mycobacterium tuberculosis* | P | 4.411.529 | 3.924 | Causador da tuberculose |
| *Escherichia coli* K12 | VL | 4.639.221 | 4.288 | Modelo genético de gram-negativos |
| *Escherichia coli* O157:H7 | VL | 5.594.477 | 5.361 | Linhagem enteropatogênica de *E. coli* |
| *Bacillus anthracis* | VL | 5.227.293 | 5.738 | Patógeno, arma biológica |
| *Pseudomonas aeruginosa* | VL | 6.264.403 | 5.570 | Patógeno oportunista metabolicamente versátil |
| *Streptomyces coelicolor* | VL | 8.667.507 | 7.825 | Cromossomo linear, produz antibióticos |
| *Bradyrhizobium japonicum* | VL | 9.105.828 | 8.317 | Fixação de nitrogênio, causa nódulos em soja |
| *Sorangium cellulosum* | VL | 13.033.799 | 9.367 | Mixobactéria, forma corpos de frutificação multicelulares |
| *Arqueia* | | | | |
| *Nanoarchaeum equitans* | P | 490.885 | 552 | Menor genoma celular não simbiótico |
| *Thermoplasma acidophilum* | VL | 1.564.905 | 1.509 | Termófilo, acidófilo |
| *Methanocaldococcus jannaschii* | VL | 1.664.976 | 1.738 | Metanogênico, hipertermófilo |
| *Pyrococcus horikoshii* | VL | 1.738.505 | 2.061 | Hipertermófilo |
| *Halobacterium salinarum* | VL | 2.571.010 | 2.630 | Halófilo extremo, bacteriorrodopsina |
| *Sulfolobus solfataricus* | VL | 2.992.245 | 2.977 | Hipertermófilo, quimiolitotrófico sulfuroso |
| *Haloarcula marismortui* | VL | 4.274.642 | 4.242 | Halófilo extremo, bacteriorrodopsina |
| *Methanosarcina acetivorans* | VL | 5.751.000 | 4.252 | Metanogênico que usa o acetato |

[a]Informações sobre genomas de procariotos podem ser encontradas no endereço eletrônico http://cmr.jcvi.org, um site mantido pelo instituto The J. Craig Venter Institute, em Rockville, MD, e no *link* http://www.genomesonline.org.
[b]E, endossimbionte; P, parasita; VL, de vida livre.
[c]Fases de leitura aberta (ORFs). Os genes que codificam proteínas conhecidas estão incluídos, bem como todas as ORFs que poderiam codificar proteínas com mais de 100 resíduos de aminoácidos. ORFs menores normalmente não são incluídas, a menos que exibam similaridade a um gene de outro organismo, ou se a utilização preferencial de códons for típica do organismo em estudo.

## Sequenciamento de DNA de primeira geração: o método didesoxi de Sanger

O primeiro método amplamente utilizado para sequenciamento de DNA foi o didesoxi inventado pelo cientista britânico Fred Sanger, que foi agraciado com o Prêmio Nobel por essa descoberta. Embora substituído por novas tecnologias de sequenciamento genômico, o método didesoxi é ainda utilizado para algumas aplicações. Sanger introduziu inúmeros conceitos importantes que ainda são utilizados em técnicas mais novas de sequenciamento. Estas incluem sequenciamento através da síntese de DNA em vez da quebra da molécula, usando didesoxinucleotídeos para bloquear a extensão da cadeia e precursores marcados para detecção.

No sequenciamento através da síntese, pequenos oligonucleotídeos de DNA (geralmente de 10 a 20 nucleotídeos) com sequência definida são usados como iniciadores. Estes são sintetizados artificialmente. **Iniciadores** são pequenos segmentos de DNA ou de RNA que iniciam a síntese de novas fitas de ácido nucleico. Durante a replicação *in vivo*, iniciadores de RNA são utilizados (Seção 4.4), mas na biotecnologia, iniciadores de DNA são utilizados porque eles são mais estáveis do que os de RNA.

**Tabela 6.2** Métodos de sequenciamento de DNA

| *Geração* | *Método* | *Características* |
|---|---|---|
| **Primeira geração** | Método didesoxi de Sanger<br>(radioatividade ou fluorescência; amplificação de DNA) | Comprimento de leitura: 700-900 bases<br>Usado no projeto do genoma humano |
| **Segunda geração** | Pirossequenciamento 454<br>(fluorescência; amplificação de DNA; massivo em paralelo)<br>Illumina/método Solexa<br>(fluorescência; amplificação de DNA; massivo em paralelo)<br><br>Método SOLiD<br>(fluorescência; amplificação de DNA; massivo em paralelo) | Comprimento de leitura: 400-500 bases<br>Usado para sequenciar o genoma de James Watson (finalizado em 2007)<br>Comprimento de leitura: 50-100 bases<br>Genoma do panda gigante (2009; Beijing Genome Institute)<br>Genoma do Denisovan (2010)<br>Comprimento de leitura: 50-100 bases |
| **Terceira geração** | Sequenciador HeliScope de molécula única<br>(fluorescência; molécula única)<br>Pacific Biosciences SMRT<br>(fluorescência; molécula única, *zero-mode waveguide*) | Comprimento de leitura: até 55 bases<br>Melhoramento da precisão do DNA de fósseis<br>Comprimento de leitura: 2.500-3.000 bases |
| **Quarta geração** | Íon *torrent*<br>(eletrônico – pH; amplificação de DNA)<br><br>Oxford nanoporo<br>(eletrônico – atual; molécula única, em tempo real) | Comprimento de leitura: 100-200 bases<br>Sequenciou o genoma do Gordon Moore, cofundador da Intel (autor da lei de Moore), 2011<br>Comprimento de leitura: milhares de bases<br>A unidade portátil MinION é aproximadamente do tamanho de um dispositivo USB |

No procedimento de Sanger, a sequência é determinada pela síntese de uma cópia da fita simples do DNA, utilizando a enzima DNA-polimerase. Como vimos anteriormente (Seção 4.4), essa enzima adiciona desoxinucleotídeos trifosfato à cadeia de DNA crescente. Entretanto, no sequenciamento de Sanger, pequenas quantidades de um análogo didesoxinucleotídeo são incluídas em cada uma das quatro reações de incubação, uma para cada uma das quatro bases – adenina, guanina, citosina e timina (**Figura 6.1**). O análogo didesoxi atua como um reagente específico de *terminação de cadeia*, isso porque o açúcar didesoxi não possui a hidroxila-3′, impedindo a elongação da cadeia após a sua inserção. Devido à inserção aleatória dos didesoxinucleotídeos, fragmentos de DNA de tamanhos variados são obtidos e separados em gel de eletroforese (Figura 6.1).

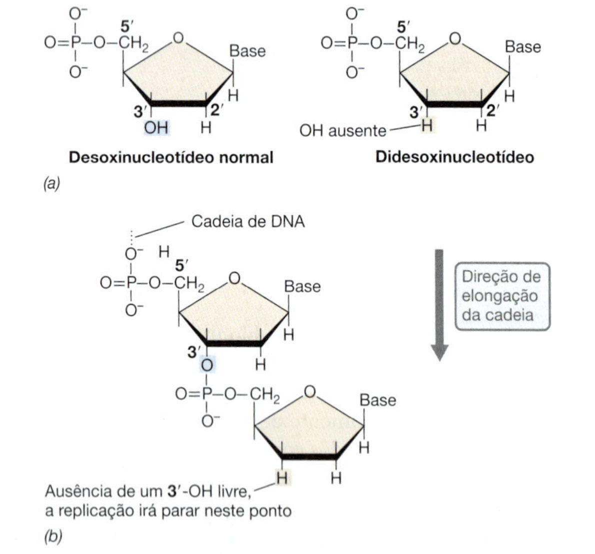


**Figura 6.1** **Didesoxinucleotídeos e o sequenciamento de Sanger.** *(a)* Um desoxinucleotídeo normal possui um grupo hidroxil no carbono 3′, ao passo que um didesoxinucleotídeo não o possui. *(b)* A elongação da cadeia é interrompida onde um didesoxinucleotídeo é incorporado.

Inicialmente quatro reações separadas (e quatro canaletas individuais no gel) foram utilizadas para a determinação de cada sequência, uma para cada fragmento terminando com uma das quatro bases. As posições das bandas foram localizadas usando precursores marcados (originalmente radioativos, mas atualmente fluorescentes). Ao alinhar as canaletas dos quatro didesoxinucleotídeos e observar a posição vertical de cada fragmento relativa ao seu vizinho, a sequência de DNA é lida diretamente do gel (Figura 6.2).

Sistemas de sequenciamento de DNA automáticos utilizam iniciadores (ou nucleotídeos) marcados com corantes fluorescentes em substituição à radioatividade. Os produtos são separados por eletroforese capilar e as bandas são digitalizadas por um *laser* de detecção de fluorescência. Uma vez que cada uma das quatro diferentes reações utiliza um marcador fluorescente de cores distintas, as quatro reações podem ser iniciadas em um único poço. Os resultados são analisados em computador (**Figura 6.2**).

## Sequenciamento *shotgun*

O **sequenciamento *shotgun*** se refere à *preparação* do DNA para o sequenciamento, e não o sequenciamento propriamente dito. A maioria dos projetos de sequenciamento genômico emprega o sequenciamento *shotgun*. A análise de um genoma usualmente começa com a construção de uma **biblioteca genômica** – clonagem molecular de fragmentos de DNA que cobrem todo o genoma (Seção 11.4). Na abordagem *shotgun*, o genoma inteiro, clivado em fragmentos, é clonado. Os fragmentos são então sequenciados. Neste ponto, a ordem e a orientação dos fragmentos de DNA são desconhecidas. As sequências são analisadas por um computador que busca por sequências sobrepostas e monta os fragmentos sequenciados na ordem correta. Por sua própria natureza, grande parte do sequenciamento do método *shotgun* é redundante. Para

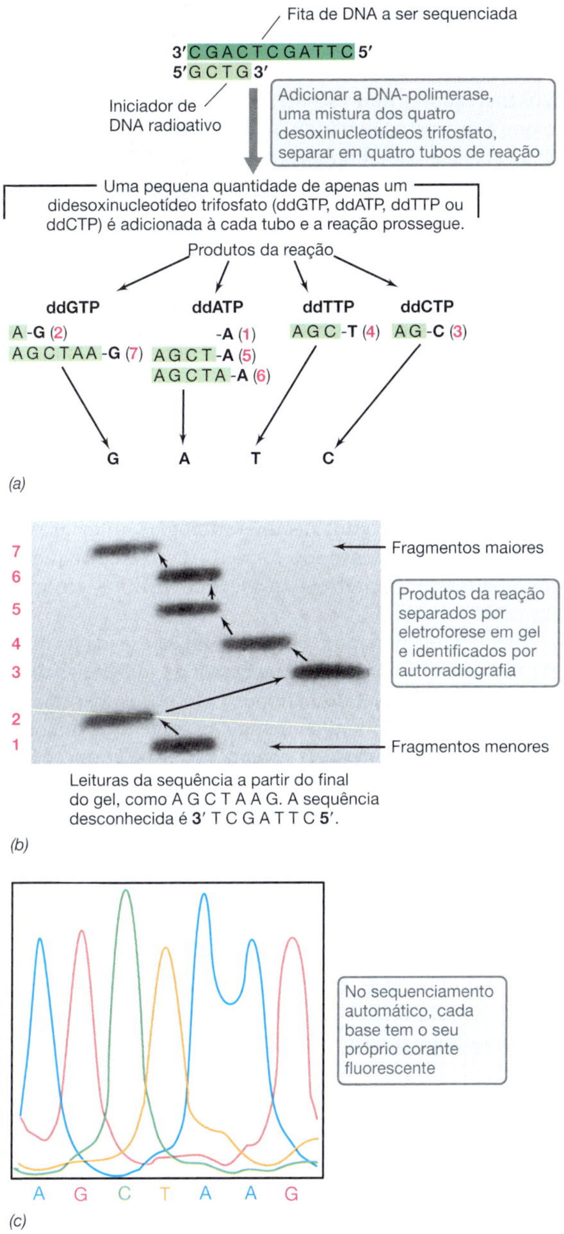


**Figura 6.2 Sequenciamento de DNA utilizando o método de Sanger** *(a)* Observe que quatro reações diferentes devem acontecer, uma com cada didesoxinucleotídeo. Devido ao fato de as reações serem feitas *in vitro*, o iniciador para a síntese do DNA pode ser de DNA. *(b)* Porção do gel contendo os produtos da reação da parte a. *(c)* Resultados do sequenciamento do mesmo DNA mostrado nas partes a e b, mas dessa vez utilizando um sequenciador automático e marcadores fluorescentes. Os fragmentos de DNA são separados pelo tamanho em uma única coluna capilar, e cada didesoxinucleotídeo marcado com fluorescência é detectado por um *laser* detector.

assegurar que a sequência completa do genoma seja obtida, é necessário sequenciar um número muito grande de clones, muitos dos quais podem ser idênticos, ou praticamente idênticos. Em geral, haverá entre 7 a 10 sequências repetidas para uma região qualquer do genoma. Essa cobertura de 7 a 10 vezes reduz significativamente os possíveis erros na sequência, uma vez que a redundância no sequenciamento permite que um nucleotídeo consenso seja selecionado em qualquer região da sequência onde haja ambiguidade.

Para o sucesso do sequenciamento *shotgun*, a clonagem deve ser eficiente (há a necessidade de um grande número de clones) e, na medida do possível, os segmentos de DNA clonados devem ser gerados randomicamente. Isso pode ser feito através de digestão enzimática do DNA ou por métodos físicos. Os fragmentos de DNA podem ser purificados por tamanho através do gel de eletroforese (Seção 11.1) antes de serem clonados e sequenciados.



## Sequenciamento de segunda geração

O termo "geração" no sequenciamento de DNA se refere às sucessivas mudanças na tecnologia que conferem um significante aumento na velocidade combinada com a redução do custo do sequenciamento. A característica que define o sequenciamento de *segunda geração* é o uso de *métodos massivos paralelos*. Em outras palavras, um grande número de amostras é sequenciado lado a lado na mesma máquina. Dois requerimentos principais para que isso ocorra são: a miniaturização e a melhora do poder dos computadores. Métodos do sequenciamento de segunda geração geram dados 100 vezes mais rápido do que os métodos mais antigos. Os três métodos mais utilizados são o pirossequenciamento 454 da Life Sciences, o Illumina/Solexa e o SOLiD/Applied Biosystems.

No sistema 454, a amostra de DNA é fragmentada em segmentos de fita simples de aproximadamente 100 bases cada, sendo cada fragmento imobilizado em uma esfera microscópica. O DNA é amplificado pela reação de polimerização em cadeia (PCR, Seção 11.3), na qual, ao final do processo, cada esfera conterá uma série de cópias idênticas à fita de DNA. As esferas são então depositadas em uma placa de fibra óptica contendo mais de um milhão de poços, cada um contendo uma esfera.

Assim como no sequenciamento de Sanger (Figura 6.2), o princípio do sequenciamento 454 envolve a síntese de uma fita complementar pela DNA-polimerase (**Figura 6.3**). Todavia, em vez de ocorrer a terminação de cadeia, no método 454, cada vez que um nucleotídeo é incorporado na fita complementar, uma molécula de pirofosfato é liberada, fornecendo a energia necessária à liberação de luz, pela enzima *luciferase*, também incorporada ao sistema. Os quatro nucleotídeos são aplicados sequencialmente sobre a placa em uma ordem fixa. Assim, cada pulso de luz identifica qual base foi inserida. O método Illumina/Solexa se assemelha ao sequenciamento de Sanger, uma vez que ambos utilizam a síntese de DNA e nucleotídeos de terminação da cadeia. Entretanto, no sistema Illumina, os nucleotídeos que interrompem a cadeia são desoxi (em vez de didesoxi) e podem ser incorporados reversivelmente. Além disso, cada um dos quatro diferentes desoxinucleotídeos carrega a sua própria molécula fluorescente que funciona como um grupo bloqueador para a ligação do 3′-OH, causando, então, a terminação da cadeia.

## Terceira e quarta gerações do sequenciamento de DNA

A característica-chave do sequenciamento de *terceira geração* é o sequenciamento de *moléculas únicas* de DNA. Existem

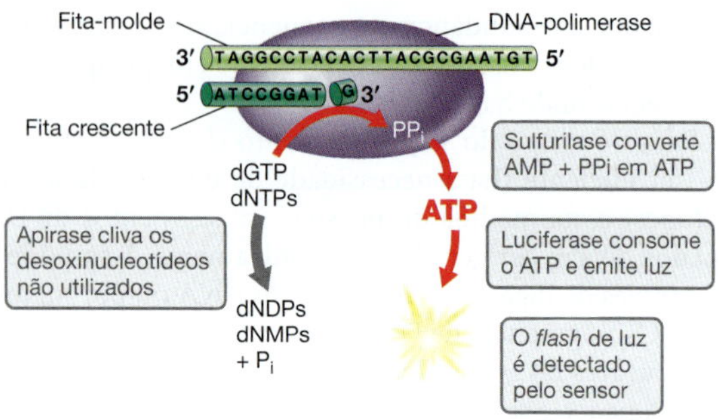


**Figura 6.3 Mecanismo do pirossequenciamento.** Sempre que um novo desoxinucleotídeo é inserido na fita de DNA crescente (setas vermelhas), o pirofosfato (PPi) é liberado e utilizado, pela enzima sulfurilase, para sintetizar ATP de AMP. O ATP é consumido pela enzima luciferase produzindo luz. Desoxinucleotídeos não utilizados são degradados pela enzima apirase (seta cinza).

duas abordagens principais: uma baseada em microscopia e a outra em nanotecnologia. No *sequenciador HeliScope de molécula única*, fragmentos de fita simples de DNA com cerca de 32 bases de comprimento são ligados a uma matriz em uma lâmina de vidro. À medida que a fita complementar é sintetizada, os marcadores fluorescentes dos nucleotídeos incorporados são monitorados em um microscópio. O equipamento pode monitorar um bilhão de fragmentos de DNA simultaneamente. Em seguida, um computador monta os fragmentos em uma sequência completa.

O sequenciamento Pacific Biosciences SMRT (molécula única em tempo real) usa uma técnica conhecida como *zero-mode waveguides*. Neste método, a DNA-polimerase estende uma fita crescente pela adição de desoxinucleotídeos marcados com quatro corantes fluorescentes diferentes. Estes desoxinucleotídeos emitem um *flash* de luz quando são incorporados à fita de DNA. Duas características inovadoras são fundamentais para o sequenciamento de moléculas únicas. Em primeiro lugar, as reações são realizadas no interior de nanocontentores. Estes são minúsculos poços cilíndricos de metal com 20 nm de largura, que reduzem a interferência da luminosidade o suficiente para permitir a detecção de um *flash* de luz oriundo de um único nucleotídeo. Em segundo lugar, os marcadores fluorescentes são ligados ao grupo pirofosfato que é descartado quando o desoxinucleotídeo é incorporado à cadeia. Assim, etiquetas marcadoras não se acumulam na fita de DNA; em vez disso, cada reação libera uma explosão microscópica de cor.

A característica-chave do sequenciamento de *quarta geração*, também chamado de "sequenciamento pós-luz", é que a detecção óptica não é mais utilizada. O *método íon torrent* não usa o sequenciamento de molécula única. Em vez de usar desoxinucleotídeos marcados, ele mede a liberação de prótons ($H^+$) à medida que o novo desoxinucleotídeo é adicionado à fita crescente de DNA (**Figura 6.4*a***). Um *chip* de silício apelidado de "o menor medidor de pH do mundo" detecta os prótons. O sequenciamento é extremamente rápido por este método e os instrumentos são bem mais baratos do que aqueles utilizados nas metodologias anteriores. Por exemplo, o equipamento íon *torrent* é capaz de sequenciar o genoma humano inteiro – quase 3.000 Mbp – em menos de um dia!

A tecnologia nanoporo (Figura 6.4*b*) é baseada na maquinaria microscópica que opera na escala de moléculas únicas. Os detectores de DNA do nanoporo são poros extremamente estreitos que permitem somente a passagem de uma única molécula de DNA por vez. O sistema Oxford Nanopore Technologies passa o DNA por um poro biológico em nanoescala feito de uma proteína (Figura 6.4*b*). À medida que a molécula de DNA transita pelo poro, o detector registra a mudança na corrente elétrica através do nanoporo. Essa mudança é diferente para cada uma das bases ou para combinações destas bases. As principais vantagens da tecnologia nanoporo são a alta velocidade e sua habilidade de sequenciar moléculas longas de DNA (em vez de pequenos fragmentos, como a maioria dos outros métodos). Além disso, muitos nanoporos podem ser montados em uma área muito pequena ou em um *chip*, no

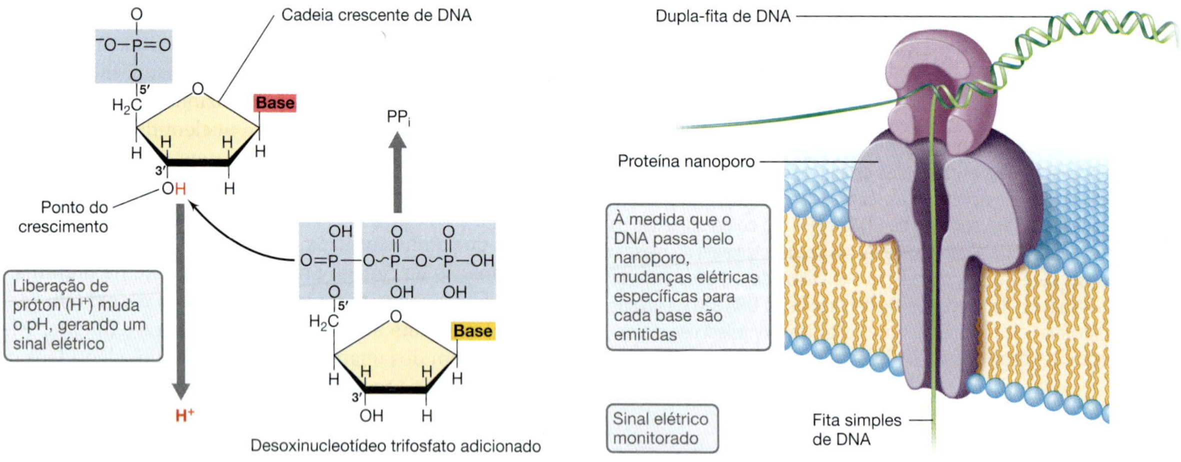


(a) **Sequenciamento íon *torrent* semicondutor**

(b) **Sequenciamento nanoporo**

**Figura 6.4 Sequenciamento de quarta geração.** *(a)* O sistema de sequenciamento semicondutor íon *torrent* é baseado na liberação de prótons ($H^+$) cada vez que um novo desoxinucleotídeo é inserido na fita crescente de DNA. A mudança de pH resultante é detectada por um eletrodo. *(b)* No sequenciamento nanoporo, a dupla-hélice de DNA é convertida em uma fita simples para passar através de um poro. À medida que o DNA atravessa o nanoporo, é causada uma mudança específica na carga elétrica para cada base.

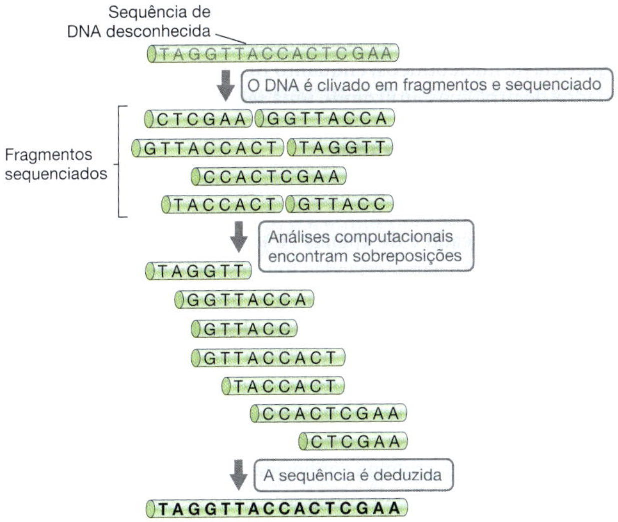


**Figura 6.5 Montagem computacional da sequência de DNA.** A maioria dos métodos de sequenciamento de DNA gera uma grande quantidade de pequenas sequências (de 30 a várias centenas de bases) que devem ser montadas. O computador procura por regiões de sobreposição nas pequenas sequências e, então, as organiza para formar uma única sequência global.

qual muitos fragmentos longos de DNA podem ser sequenciados simultaneamente.

## Montagem genômica

Independentemente de como o DNA é sequenciado, as sequências devem ser montadas para depois serem analisadas. A *montagem* genômica consiste em colocar os fragmentos na ordem correta e eliminar as regiões de sobreposição. Na prática, um computador examina vários fragmentos pequenos de DNA que foram sequenciados e deduz a ordem desses fragmentos pelas sobreposições (**Figura 6.5**). A montagem gera um genoma apropriado para a *anotação*, processo de identificação de genes e outras regiões funcionais no genoma (discutido na próxima seção).

Algumas vezes, o sequenciamento e a montagem não geram uma sequência genômica completa, havendo lacunas na sequência nucleotídica. Em tais situações, uma variedade de abordagens é utilizada para a obtenção de sequências individuais que cubram as lacunas. Alguns projetos de sequenciamento genômico têm o objetivo de gerar um *genoma fechado*, isto é, a sequência genômica inteira é determinada. Outros projetos são interrompidos no *estágio de versão inicial (*ou rascunho*)*, dispensando o sequenciamento das pequenas lacunas. Uma vez que o sequenciamento e a montagem são procedimentos essencialmente automatizados, enquanto o preenchimento das lacunas não é, a obtenção de um genoma fechado é muito mais dispendiosa e consome mais tempo do que uma versão inicial de uma sequência genômica e normalmente precisa mais da mão de obra humana para completar o serviço.

**MINIQUESTIONÁRIO**

- O que é o sequenciamento *shotgun*?
- Quais são as características que definem os sequenciamentos de terceira e quarta gerações?
- O que é realizado durante a montagem do genoma?

## 6.3 Bioinformática e anotação genômica

Uma vez finalizados o sequenciamento e a montagem, a próxima etapa na análise genômica consiste na *anotação genômica*, a conversão dos dados de sequências crus em uma lista de genes e outras sequências funcionais presentes no genoma. **Bioinformática** se refere ao uso do computador para armazenar e analisar as sequências e as estruturas dos ácidos nucleicos e proteínas. As melhoras nos métodos de sequenciamento (Seção 6.2) estão gerando dados mais rápido do que eles possam ser analisados. Com isso, no momento atual, a anotação é o "gargalo" da genômica.

A maioria de genes de qualquer organismo codifica proteínas, e, na maioria dos genomas microbianos, especialmente os de procariotos, a maior parte do genoma consiste em sequências codificadoras. Devido ao fato de os genomas eucarióticos microbianos possuírem, geralmente, um menor número de íntrons (íntrons, ⇄ Seção 4.9) do que genomas de plantas e animais, e os procariotos serem praticamente desprovidos deles, os genomas microbianos consistem, essencialmente, em centenas a milhares de **fases abertas de leitura** (**ORFs**, *open reading frames*) separadas por pequenas regiões reguladoras e de terminadores de transcrição. Lembrando que uma fase de leitura aberta é uma sequência de DNA ou RNA que pode ser traduzida produzindo um polipeptídeo (⇄ Seção 4.11).



### Como um computador encontra uma ORF?

Uma *ORF funcional* é aquela que, de fato, codifica uma proteína na célula. Assim, a forma mais simples de localizar genes que potencialmente codificam proteínas consiste na busca, por meio de um computador, de ORFs na sequência do genoma (**Figura 6.6**). Embora um dado gene seja sempre transcrito de uma única fita, ambas as fitas são transcritas em algumas partes do genoma (em todos os genomas, com exceção dos menores plasmídeos ou de genomas virais). Com isso, um computador que inspecione ambas as fitas do DNA é requerido.

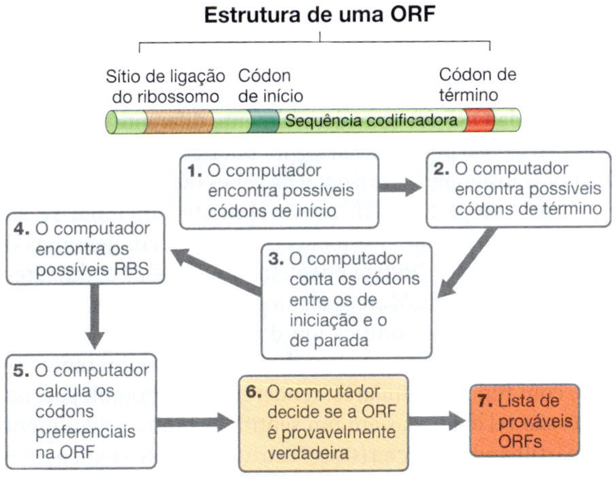


**Figura 6.6 Identificação computacional de possíveis ORFs.** O computador verifica a sequência de DNA procurando primeiro pelos códons de início e de término. Depois ele conta os números de códons em cada janela de leitura interrupta e rejeita aqueles que são muito curtos. A probabilidade de ser uma ORF verdadeira se fortalece quando um provável sítio de ligação ribossomal (RBS, *ribosomal binding site*) é encontrado em uma distância correta na parte anterior à fase de leitura. Os cálculos dos códons preferenciais são utilizados para testar se uma ORF está em conformidade com a utilização dos códons pelo organismo que está sendo examinado.

genomas de pouco mais de 500 Kpb e pouco menos do que 500 genes, possuem os menores genomas entre as bactérias parasitas (Figura 6.8, ver também Figura 6.14). Excluindo-se os endossimbiontes, o menor genoma procariótico é da arqueia *N. equitans*, cerca de 90 Kpb a menos do que o de *Mycoplasma genitalium* (Tabela 6.1). Entretanto, o genoma de *N. equitans* realmente contém mais ORFs que o genoma maior de *M. genitalium*. Isso ocorre porque o genoma de *N. equitans* é extremamente compacto e, praticamente, é desprovido de DNA não codificador. *N. equitans* é um hipertermófilo e parasita de um segundo hipertermófilo, a arqueia *Ignicoccus* (⇄ Seção 16.7). Análises do conteúdo gênico de *N. equitans* revelam a ausência de praticamente todos os genes que codificam proteínas envolvidas no anabolismo e catabolismo.

Utilizando *Mycoplasma*, que apresenta cerca de 500 genes, como ponto de partida, vários pesquisadores estimaram que cerca de 250 a 300 genes representam o conteúdo genético mínimo para uma célula viável. Estas estimativas dependem em parte de comparações com outros genomas pequenos. Além disso, foi realizada a mutagênese sistemática para identificar os genes essenciais. Por exemplo, experimentos com *Escherichia coli* e com *Bacillus subtilis*, ambos com cerca de 4.000 genes, indicaram que aproximadamente 300 a 400 genes são essenciais, dependendo das condições de crescimento. Entretanto, nesses experimentos as bactérias receberam muitos nutrientes, permitindo que elas sobrevivessem sem muitos dos genes relacionados com as funções biossintéticas. A maioria dos "genes essenciais" identificados também está presente em outras bactérias e aproximadamente 70% foram encontrados em arqueias e nos eucariotos.

## Genomas grandes

Alguns procariotos apresentam genomas muito grandes, comparáveis àqueles de microrganismos eucarióticos. Como os eucariotos tendem a apresentar quantidades significativas de DNA não codificador, ao contrário dos procariotos, alguns genomas procarióticos apresentam, na realidade, mais genes que microrganismos eucarióticos, apesar de possuírem menos DNA. Por exemplo, *Bradyrhizobium japonicum*, que forma nódulos de raiz fixadores de nitrogênio em soja, apresenta 9,1 Mpb de DNA e 8.300 ORFs, enquanto a levedura *Saccharomyces cerevisiae*, um eucarioto, apresenta 12,1 Mpb de DNA e apenas 5.800 ORFs (ver Tabela 6.5). A bactéria de solo, *Myxococcus xanthus*, também possui 9,1 Mpb de DNA, enquanto seus organismos relacionados apresentam genomas de aproximadamente metade desse tamanho. Acredita-se que eventos de duplicação múltipla de segmentos substanciais de DNA possam ser responsáveis pelos genomas muito grandes, tais como o de *M. xanthus*.

O maior genoma procariótico conhecido até o momento pertence à *Sorangium cellulosum*, uma espécie de mixobactéria (⇄ Seção 14.19). Com pouco mais de 13 Mpb em um único cromossomo circular, o seu genoma é cerca de três vezes maior do que da *Escherichia coli*. O genoma da *S. cellulosum* possui uma proporção grande de DNA não codificador para uma bactéria – 14,5% – e, consequentemente, possui menos sequências codificadoras do que se era esperado – somente 9.400. No entanto, ela possui mais DNA do que muitos eucariotos, incluindo leveduras e protozoários (*Cryptosporidium* e *Giardia*, respectivamente) (ver Tabela 6.5). A complexa regulação necessária para o estilo de vida de *Sorangium* é vista na grande quantidade de proteínas-cinase (proteínas que fosforilam outras proteínas para controlar a sua atividade). Essa bactéria possui 317 cinases, duas vezes mais do que qualquer outro organismo, incluindo eucariotos.

Contrariamente ao observado em bactérias, os maiores genomas encontrados em arqueias até o momento apresentam cerca de 5 Mpb (Tabela 6.1). De maneira geral, os genomas procarióticos variam de tamanhos correspondentes àqueles dos maiores vírus até os de microrganismos eucarióticos.

## Conteúdo gênico de genomas bacterianos

O conjunto de genes em um determinado organismo define sua biologia. Inversamente, genomas são moldados pelo estilo de vida de um organismo. Análises comparativas são úteis na busca de genes que codificam enzimas que muito provavelmente existam devido às propriedades conhecidas de um organismo. A *Thermotoga maritima* (*Bacteria*), por exemplo, é um hipertermófilo encontrado em sedimentos marinhos quentes, e estudos laboratoriais revelaram que esse organismo é capaz de catabolizar um grande número de açúcares. A **Figura 6.9** resume algumas das vias metabólicas e dos sistemas de transporte de *T. maritima*, os quais foram deduzidos a partir da análise de seu genoma. Cerca de 7% dos seus genes codificam proteínas envolvidas no metabolismo de açúcares. Como esperado, seu genoma é rico em genes de transporte, particularmente de carboidratos e aminoácidos. Esses dados sugerem que *T. maritima* vive em um ambiente rico em material orgânico.

Poderíamos imaginar, por exemplo, que parasitas obrigatórios, como *Treponema pallidum* (agente causador da sífilis, ⇄ Seções 14.20 e 29.12), poderiam necessitar de um número relativamente menor de genes para a biossíntese de aminoácidos, uma vez que os aminoácidos necessários podem ser fornecidos por seus hospedeiros. Esse realmente é o caso, pois o genoma de *T. pallidum* não apresenta genes reconhecíveis para a síntese de aminoácidos, embora sejam encontrados genes que codificam várias proteases, enzimas que convertem os peptídeos adquiridos do hospedeiro em aminoácidos livres. Por outro lado, a bactéria de vida livre *Escherichia coli* apresenta 131 genes para a biossíntese e metabolismo de aminoácidos, enquanto a bactéria de solo *Bacillus subtilis* apresenta mais de 200.

Uma análise funcional dos genes e de suas atividades em vários procariotos é apresentada na **Tabela 6.4**. Até o momento, um padrão distinto emergiu em relação à distribuição gênica em procariotos. Genes metabólicos são normalmente a classe mais abundante de genes em genomas procarióticos, embora genes envolvidos na síntese de proteínas superem os genes metabólicos em termos de porcentagem, à medida que o tamanho do genoma diminui (Tabela 6.4 e **Figura 6.10**). Embora muitos genes possam ser dispensados, os genes que codificam proteínas envolvidas nos aparatos de síntese são essenciais. Assim, quanto menor for o genoma maior será a porcentagem de genes que codificam proteínas relacionadas com o processo de tradução. Curiosamente, embora sejam vitais, os genes para a replicação e a transcrição de DNA são a fração menor de um genoma procariótico típico.

A porcentagem de genes de um organismo dedicada a uma ou outra função gênica consiste, em parte, em uma função do tamanho do genoma. Isso está resumido para um grande número de genomas bacterianos na Figura 6.10. Processos celulares centrais, como a síntese de proteínas, replicação de DNA e produção de energia, revelam apenas pequenas variações no número de genes em relação ao tamanho do genoma. Consequentemente, a porcentagem relativa de genes envolvidos na síntese de proteínas, por exemplo, aumenta tremendamente em organismos com genoma pequeno. Contrariamente, genes associados à regulação da transcrição aumentam significativamente em organismos com genoma maior. Esse sistema

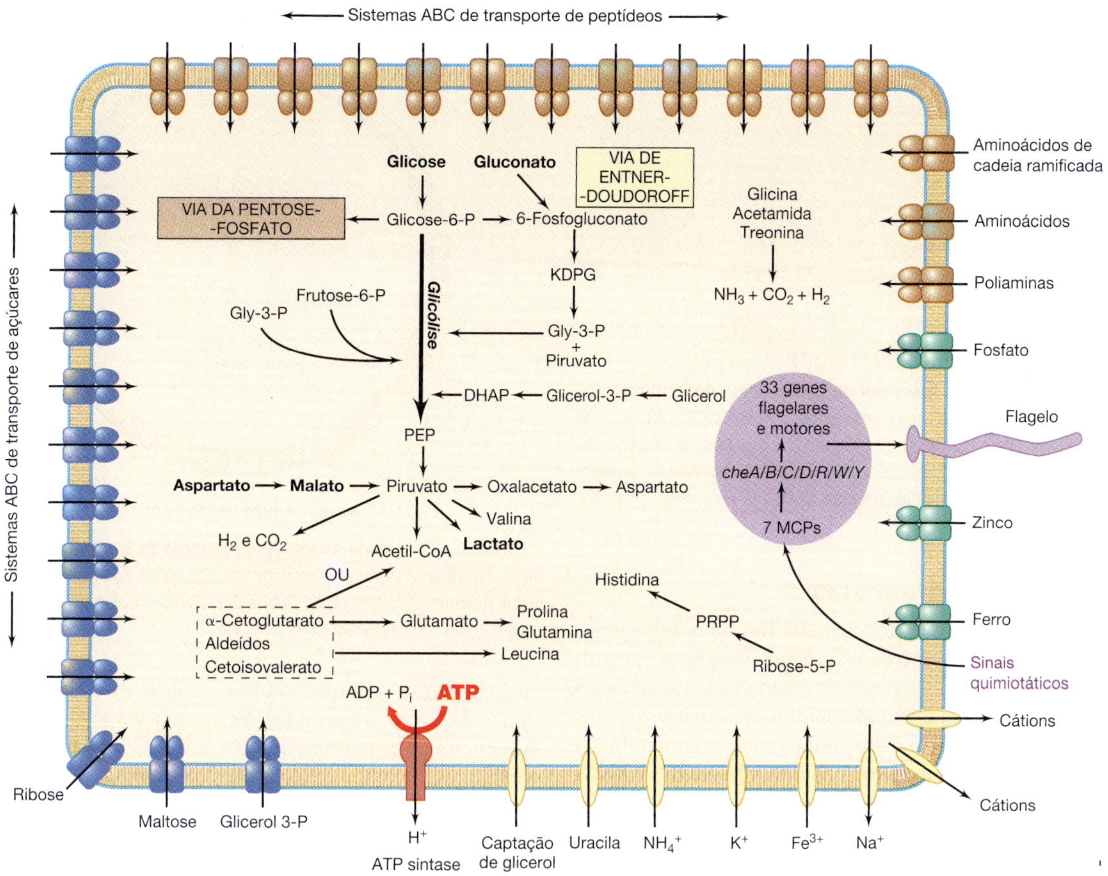


**Figura 6.9 Visão geral do metabolismo e transporte em *Thermotoga maritima*.** A figura apresenta um esquema das capacidades metabólicas desse organismo. Elas incluem algumas das vias envolvidas na produção de energia e no metabolismo de compostos orgânicos, incluindo proteínas de transporte que foram identificadas a partir da análise da sequência genômica. Os nomes dos genes não são mostrados. O genoma contém vários sistemas de transporte do tipo ABC, 12 para carboidratos, 14 para peptídeos e aminoácidos, e ainda outros para íons. Esses são ilustrados como estruturas de múltiplas subunidades na figura. Outros tipos de proteínas de transporte foram também identificados e são ilustrados como elipses simples. Genes relacionados com o flagelo e com a quimiotaxia estão destacados em lilás, e poucos aspectos do metabolismo de açúcares também estão representados na figura. Esta figura foi adaptada da figura publicada pelo The Institute for Genomic Research (TIGR, Rockville, MD).

regulador extra permite que a célula se adapte com mais flexibilidade às diversas situações ambientais.

Organismos com genomas grandes têm condições de ter muitos genes que codifiquem proteínas relacionadas com os processos metabólicos. Isso provavelmente os torna mais competitivos em seus hábitats, os quais, no caso de procariotos com genomas muito grandes, muitas vezes são o solo. O solo é um hábitat onde as fontes de carbono e energia frequentemente são escassas, ou disponíveis apenas de forma intermitente e que variam significativamente (Seção 19.1). Assim, um genoma grande que codifica múltiplas opções metabólicas poderia ser fortemente selecionado para tal hábitat. Curiosamente, todos os procariotos listados na Tabela 6.1, cujos genomas superam 6 Mpb, habitam o solo.

Análises de categorias gênicas foram realizadas em várias arqueias. Em média, espécies de arqueias dedicam uma porcentagem maior de seu genoma à produção de energia e coenzimas do que as de bactérias (esses resultados estão, sem dúvida, ligeiramente distorcidos devido ao grande número de novas coenzimas produzidas por arqueias metanogênicas [Seção 13.20]). Por outro lado, arqueias parecem conter menor número de genes envolvidos no metabolismo de carboidratos ou em funções relacionadas com a membrana citoplasmática, como transporte e biossíntese de membranas, do que bactérias. Contudo, o resultado dessa descoberta pode estar distorcido pelo fato de as vias correspondentes serem menos estudadas em arqueias do que em bactérias, e muitos dos genes correspondentes de arqueias serem, provavelmente, ainda desconhecidos.

Os dois domínios procarióticos possuem números relativamente grandes de genes cujas funções são desconhecidas, ou codificam somente proteínas hipotéticas, embora em ambas as categorias existam mais incertezas entre as arqueias do que em bactérias. Entretanto, isso pode ser um artefato devido à menor disponibilidade de sequências genômicas de arqueias que de bactérias.

**MINIQUESTIONÁRIO**

- Qual o estilo de vida dos organismos procarióticos que apresentam genomas menores do que aqueles de certos vírus?
- Aproximadamente, quantos genes codificadores de proteínas são encontrados em um genoma bacteriano de 4 Mpb?
- Que organismo provavelmente possui mais genes, um procarioto com 8 Mpb de DNA ou um eucarioto com 10 Mpb de DNA? Explique.
- Qual categoria de genes procarióticos existe em maior percentual?

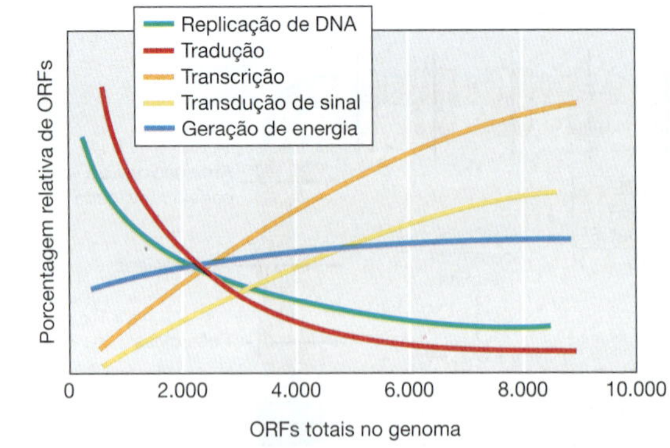


**Figura 6.10 Categoria funcional de genes como porcentagem do genoma.** Observe como genes codificadores de produtos para a tradução ou replicação de DNA aumentam em porcentagem nos organismos de genomas pequenos, enquanto genes reguladores transcricionais aumentam em porcentagem nos organismos de genomas grandes. Dados de *Proc. Natl. Acad. Sci. (USA) 101*: 3.160-3.165 (2004).

## 6.5 Genomas de organelas

Mitocôndrias e cloroplastos são organelas derivadas de bactérias endossimbiontes que são encontradas dentro de células eucarióticas (Seções 2.21 e 17.1). Ambos contêm pequenos genomas que possuem propriedades fundamentais semelhantes às dos genomas bacterianos. Além disso, ambos contêm a maquinaria necessária para a síntese proteica, incluindo ribossomos e RNAs de transferência, além de outros componentes necessários para a produção de proteínas funcionais. Mais uma vez, esses componentes são mais estreitamente relacionados com aqueles encontrados em bactérias do que aqueles encontrados no citoplasma eucariótico. Assim, as organelas compartilham muitas características fundamentais em comum com as células procarióticas, às quais são filogeneticamente relacionadas.

### O genoma do cloroplasto

Células de plantas verdes contêm cloroplastos, organelas responsáveis pela fotossíntese (Seção 13.1). Todos os genomas conhecidos de cloroplastos são moléculas circulares de DNA. Embora existam várias cópias do genoma em cada cloroplasto, elas são idênticas. O genoma típico de cloroplasto corresponde a cerca de 120 a 160 Kpb e contém duas repetições invertidas de 6 a 76 Kpb que codificam cópias de cada um dos três genes de RNAr (**Figura 6.11**). Vários genomas de cloroplastos foram completamente sequenciados, e todos são bastante semelhantes. O maior genoma de cloroplasto sequenciado até o momento é o da alga clorofícea *Floydiella terrestris*. Ele tem um pouco mais de 500 Kpb e contém 97 genes conservados. Cerca de 80% desse genoma consistem nas regiões intergênicas com várias pequenas repetições.

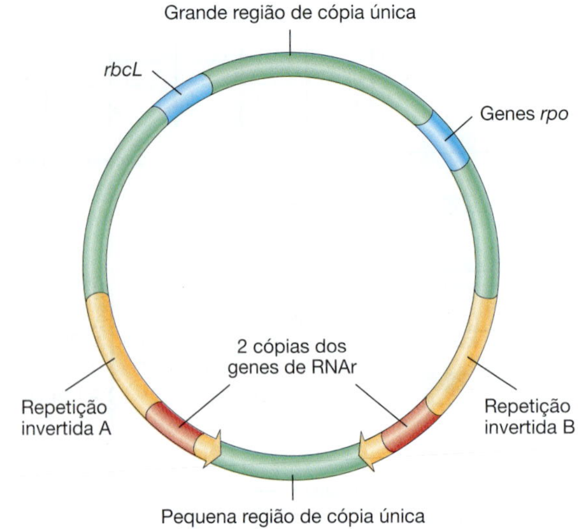


**Figura 6.11 Mapa de um típico genoma de cloroplasto.** Cada repetição invertida contém uma cópia de um dos genes dos três RNAr (5S, 16S e 23S). A subunidade grande de RubisCO é codificada pelo gene *rbcL* e a RNA-polimerase do cloroplasto, pelo gene *rpo*.

Como já esperado, muitos genes de cloroplasto codificam proteínas para reações de fotossíntese e fixação do $CO_2$. A enzima RubisCO catalisa o passo-chave do ciclo de Calvin na fixação do $CO_2$ (Seção 13.5). O gene *rbcL* que codifica a subunidade grande da RubisCO está sempre presente no genoma do cloroplasto (Figura 6.11), entretanto o gene que codifica a subunidade pequena, *rbcS*, se localiza no núcleo da célula da planta e seu produto proteico deve ser importado do citoplasma para dentro do cloroplasto após sua síntese.

O genoma de cloroplasto também codifica RNAr utilizado nos ribossomos do cloroplasto, RNAt usado na tradução,

**Tabela 6.4 Função gênica em genomas bacterianos**

| | Porcentagem de genes | | |
|---|---|---|---|
| *Categorias funcionais* | Escherichia coli *(4,64 Mpb)*[a] | Haemophilus influenzae *(1,83 Mpb)*[a] | Mycoplasma genitalium *(0,58 Mpb)*[a] |
| Metabolismo | 21,0 | 19,0 | 14,6 |
| Estrutural | 5,5 | 4,7 | 3,6 |
| Transporte | 10,0 | 7,0 | 7,3 |
| Regulação | 8,5 | 6,6 | 6,0 |
| Tradução | 4,5 | 8,0 | 21,6 |
| Transcrição | 1,3 | 1,5 | 2,6 |
| Replicação | 2,7 | 4,9 | 6,8 |
| Outras, conhecidas | 8,5 | 5,2 | 5,8 |
| Desconhecidas | 38,1 | 43,0 | 32,0 |

[a]Tamanho de cromossomos, em pares de megabases. Cada organismo listado contém somente um único cromossomo circular.

várias proteínas utilizadas na transcrição e tradução, assim como algumas outras proteínas. Algumas proteínas que atuam no cloroplasto são codificadas por genes nucleares. Acredita-se que eles sejam genes que migraram para o núcleo à medida que o cloroplasto evoluiu de um endossimbionte para uma organela fotossintética. Ao contrário dos procariotos de vida livre, os íntrons (⇄ Seção 4.9) são comuns em genes de cloroplastos, sendo principalmente do tipo capaz de sofrer auto*splicing*.

## Genomas mitocondriais e proteomas

As mitocôndrias são as organelas responsáveis pela produção de energia por meio da respiração e são encontradas na maioria dos organismos eucarióticos (⇄ Seções 2.21 e 17.1). Os genomas mitocondriais codificam principalmente proteínas para a fosforilação oxidativa e, assim como os genomas de cloroplasto, também codificam RNArs, RNAts e proteínas envolvidas na síntese proteica. Entretanto, a maioria dos genomas mitocondriais codifica um número menor de proteínas do que os de cloroplastos.

Várias centenas de genomas mitocondriais foram sequenciados. O maior genoma mitocondrial possui 62 genes codificadores de proteínas, enquanto outros codificam apenas três proteínas. As mitocôndrias de quase todos os mamíferos, incluindo o homem, codificam somente 13 proteínas, 22 RNAts e 2 RNArs. A **Figura 6.12** apresenta o mapa do genoma mitocondrial humano, de 16.569 pb. O genoma mitocondrial da levedura *Saccharomyces cerevisiae* é maior (85.779 pb), porém possui apenas oito genes codificadores de proteínas. Além dos genes que codificam RNA e proteínas, o genoma mitocondrial de levedura contém grandes segmentos de DNA extremamente ricos em AT, que não possuem função aparente.

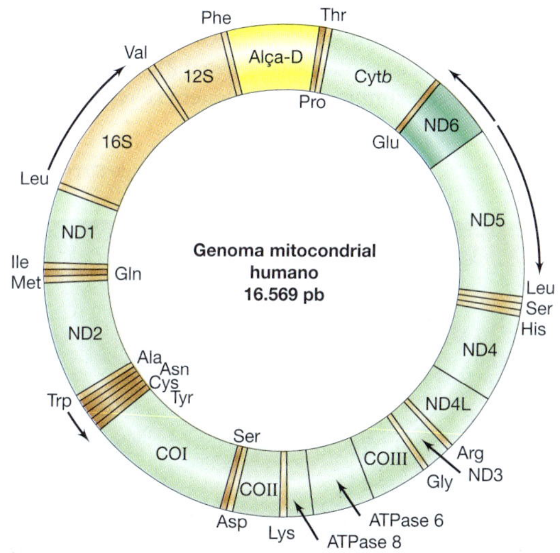


**Figura 6.12 Mapa do genoma mitocondrial humano.** O genoma codifica os RNArs, 22 RNAts e várias proteínas. As setas mostram a direção da transcrição para os genes de uma determinada cor, e a designação de três letras para os aminoácidos relativos aos genes de RNAt também são mostradas. Os 13 genes codificadores de proteínas estão ilustrados em verde. Cyt*b*, citocromo *b*; ND1-6, componentes do complexo NADH desidrogenase; COI-III, subunidades do complexo citocromo oxidase; ATPase 6 e 8, polipeptídeos do complexo ATPase mitocondrial. Os dois promotores estão na região denominada alça-D, uma região também envolvida na replicação do DNA.

Os genomas mitocondriais das plantas são maiores do que os das mitocôndrias das células dos animais, e variam entre 300 Kpb a 2.000 Kpb. Apesar disso, eles somente possuem cerca de 50 genes altamente conservados, sendo que a maioria deles codifica componentes que fazem parte da cadeia respiratória e do aparato de tradução. A variação no tamanho do genoma é decorrente de grande quantidade de DNA não codificador. Os genomas mitocondriais de diferentes espécies de plantas com flores, pertencentes ao gênero *Silene*, variam incrivelmente de tamanho. Os dois maiores possuem aproximadamente 7 e 11 Mpb, tornando-os maiores do que a maioria dos genomas bacterianos.

Contrariamente aos genomas de cloroplastos, que são moléculas simples de DNA circular, os genomas mitocondriais são bastante diversos. Por exemplo, alguns genomas mitocondriais são lineares, incluindo os de algumas espécies de algas, protozoários e fungos. Em outros casos, como na levedura *S. cerevisiae* utilizada em panificação e na produção de cerveja, embora análises genéticas indiquem que o genoma mitocondrial seja circular, parece que a forma predominante *in vivo* é linear, presente em múltiplas cópias. (Lembre-se de que o bacteriófago T4 apresenta um genoma geneticamente circular, porém fisicamente linear, ⇄ Seção 8.6.) Por fim, a mitocôndria de diversos fungos e plantas contém pequenos plasmídeos circulares ou lineares além do genoma mitocondrial principal.

As mitocôndrias requerem muito mais proteínas do que elas codificam. Particularmente, mais proteínas são necessárias para a tradução do que aquelas codificadas pelo genoma da organela. As proteínas necessárias para diversas funções da organela são codificadas pelos genes nucleares. A mitocôndria de levedura contém cerca de 800 proteínas diferentes (ver Proteoma, Seção 6.8). Entretanto, somente oito delas são codificadas pelo genoma mitocondrial, o restante das proteínas é codificado pelos genes nucleares (**Figura 6.13**). Os genes que codificam a maioria das proteínas das organelas estão presentes no núcleo, são transcritos lá e traduzidos nos ribossomos 80S no citoplasma das células eucarióticas. As proteínas são, então, transportadas para o interior das organelas. As proteínas codificadas pelo núcleo que são requeridas para a tradução e para a geração de energia na mitocôndria são mais relacionadas com as proteínas homólogas das bactérias do que com as do citoplasma eucariótico, coerente com a história evolutiva da mitocôndria.

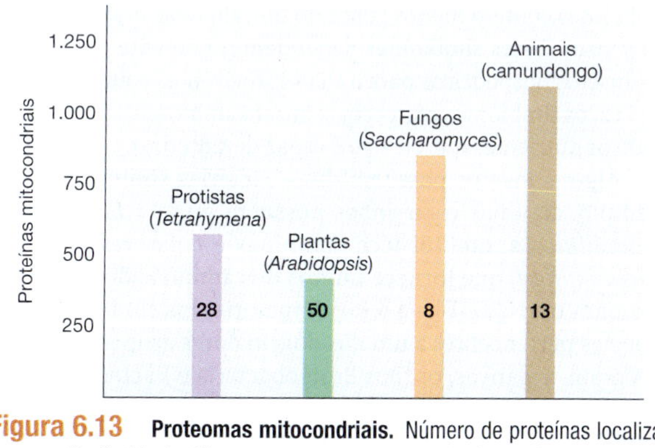


**Figura 6.13 Proteomas mitocondriais.** Número de proteínas localizadas na mitocôndria de diferentes grupos eucariotos. O número é uma estimativa porque algumas proteínas estão presentes em quantidades muito pequenas. O valor em cada barra colorida representa a quantidade de proteínas codificadas em cada genoma mitocondrial dos organismos.

## A variabilidade no código genético

A crença original de que todas as células utilizam o mesmo código genético fez com que esse código fosse considerado universal (Tabela 4.5). Entretanto, descobertas mais recentes mostraram que as mitocôndrias e poucas células utilizam pequenas variações do código genético "universal". Códigos genéticos alternativos foram primeiramente descobertos nos genomas de mitocôndrias das células animais. Esses códons modificados geralmente utilizam códons de término como códons com sentido. Por exemplo, mitocôndria de animais (mas não de plantas) utiliza o códon UGA para codificar o triptofano em vez de utilizá-lo como códon de término. Mitocôndrias de leveduras também utilizam o UGA para triptofano, além disso, utilizam os quatro códons CUN (sendo N qualquer nucleotídeo) como treonina em vez de leucina. Essas mudanças parecem ter surgido a partir da pressão seletiva para genomas menores; por exemplo, por residirem em ambientes onde muitos nutrientes necessários já estiveram disponíveis. Assim, os 22 RNAts produzidos nas mitocôndrias são insuficientes para a leitura do código genético completo, mesmo considerando-se a oscilação no pareamento-padrão (Figura 4.32). Portanto, o pareamento de bases entre o anticódon e o códon é ainda mais flexível em mitocôndrias do que em células.

Diversos organismos são também conhecidos por utilizarem o código genético com ligeiras diferenças. Por exemplo, no gênero *Mycoplasma* (*Bacteria*) e no gênero *Paramecium* (*Eukarya*) certos códons de término codificam aminoácidos. Consequentemente, esses organismos possuem menos códons de término. Alguns fungos utilizam o códon da leucina (CUG) para codificar serina. Entretanto, esses códons se tornaram um pouco ambíguos, como é o caso do CUG que em 97% das vezes é traduzido como serina e apenas 3% das vezes como leucina.

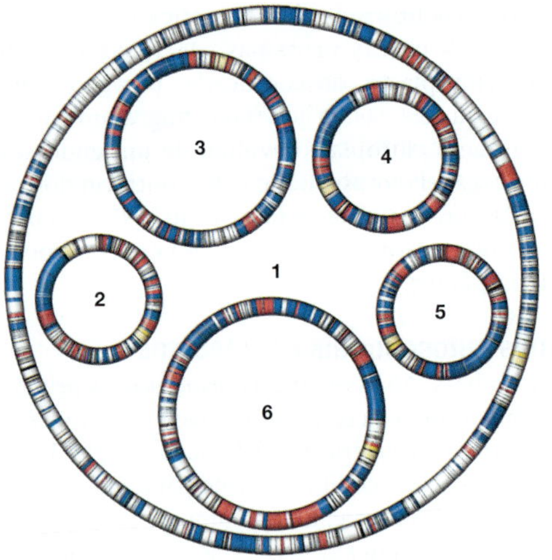


| | |
|---|---|
| 1. ***Mycoplasma genitalium*** (Mollicutes) 580,1 Kpb GC: 31,7% | 4. ***Carsonella*** (Gammaproteobacteria) 159,6 Kpb GC: 16,6% |
| 2. ***Tremblaya*** (Betaproteobacteria) 138,9 Kpb GC: 58,8% | 5. ***Hodgkinia*** (Alphaproteobacteria) 143,7 Kpb GC: 58,4% |
| 3. ***Zinderia*** (Betaproteobacteria) 208,5 Kpb GC: 13,5% | 6. ***Sulcia*** (Bacteroidetes) 245,5 Kpb GC: 22,4% |

**Figura 6.14** **Genomas dos organismos simbiontes.** Cinco genomas de simbiontes foram desenhados em escala dentro do círculo que representa o genoma do *Mycoplasma*. Azul: genes relacionados com o processamento da informação genética; vermelho: genes relacionados com a biossíntese de vitaminas e de aminoácidos; amarelo: genes que codificam os RNArs; branco: outros genes; lacunas indicam DNA não codificante. Kpb, milhares de pares de bases.

## Simbiontes e organelas

Muitos insetos e alguns vertebrados, incluindo certos nematódeos e moluscos, possuem bactérias simbióticas dentro das suas células. Algumas dessas bactérias simbiontes não são mais capazes de existirem independentemente e por isso apresentam grandes reduções no tamanho dos seus genomas (Seção 22.9). Genomas de simbiontes possuem a mesma variação de tamanho dos genomas das bactérias de vida livre, até cerca de 140 Kpb para *Tremblaya* e *Hodgkinia* (Tabela 6.1 e Figura 6.8), os dois menores exemplos conhecidos (**Figura 6.14**). Portanto, o genoma de alguns simbiontes contém menos genes do que algumas organelas e alguns vírus. Esses simbiontes dependem totalmente das células dos insetos hospedeiros para a sua sobrevivência e nutrição. Por sua vez, os simbiontes oferecem ao inseto aminoácidos essenciais e outros nutrientes que ele não é capaz de sintetizar.

Alguns insetos possuem duas bactérias simbiontes. Por exemplo, algumas cigarrinhas possuem tanto a *Baumannia cicadellinicola*, que fornece vitaminas e cofatores, além da *Sulcia mulleri*, que fornece muitos dos aminoácidos necessários para o inseto (**Figura 6.15**). A maioria dos simbiontes são espécies pertencentes a um dos dois maiores grupos de bactérias gram-negativas, os filos Proteobacteria e Bacteroidetes. A maior parte dos genomas de tamanho extremamente reduzido também apresenta um alto conteúdo de AT, por volta de 80%, exceto, paradoxalmente, para os dois organismos com os menores genomas, *Tremblaya* e *Hodgkinia*, que possuem cerca de 40% de AT. Alguns desses genomas altamente reduzidos aparentemente perderam diversos genes considerados essenciais para a replicação, como o gene que codifica a proteína FtsZ chave para a divisão celular (Seção 5.2). Assim, ainda não se sabe como esses simbiontes conseguem se replicar.

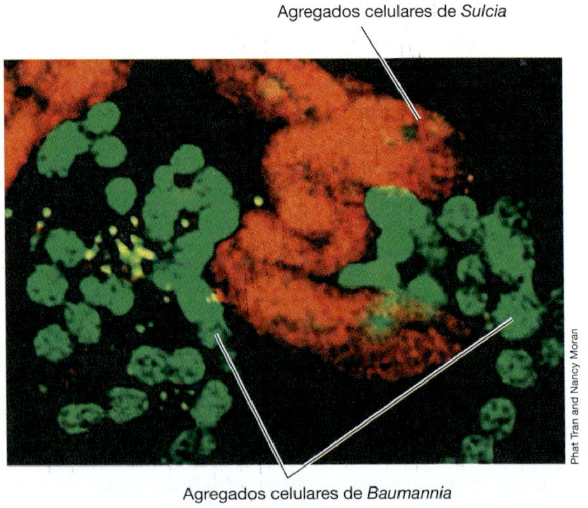


**Figura 6.15** **Dois endossimbiontes, *Sulcia* e *Baumannia*, ambos habitam as mesmas células de inseto.** As hibridações *in situ* por fluorescência foram feitas utilizando sondas que se ligam seletivamente ao RNAr de *Baumannia* (verde) e de *Sulcia* (vermelho).

Os simbiontes discutidos neste capítulo diferem das mitocôndrias e dos cloroplastos em vários aspectos. Simbiontes são restritos a poucos tecidos, mesmo em um organismo hospedeiro particular. Há pouca evidência para a transferência gênica dos organismos simbiontes para o núcleo da célula hospedeira, assim como proteínas produzidas no citoplasma do hospedeiro não entram nos organismos simbiontes para desenvolverem funções vitais. No entanto, alguns simbiontes são absolutamente necessários para a sobrevivência do hospedeiro e não podem sobreviver fora deles. Isso nos leva a um importante questionamento para o qual ainda não existe resposta: onde está a linha entre um simbionte e uma organela?

**MINIQUESTIONÁRIO**

- O que é incomum entre os genes que codificam proteínas mitocondriais?
- O que os genomas dos cloroplastos geralmente codificam?
- O que é incomum entre os genomas de organismos simbiontes de insetos?

## 6.6 Genomas de microrganismos eucarióticos

Um grande número de eucariotos é conhecido e os genomas de vários eucariotos microbianos e superiores já foram sequenciados (**Tabela 6.5**), e os seus tamanhos variam amplamente. Alguns protozoários unicelulares, incluindo o ciliado de vida livre *Paramecium* (40.000 genes) e o patógeno *Trichomonas* (60.000), apresentam significativamente mais genes do que os seres humanos (Tabela 6.5). Na verdade, a *Trichomonas* atualmente detém o recorde de maior número de genes entre os organismos. Isso é intrigante uma vez que a *Trichomonas* é um parasita humano, e esses organismos geralmente possuem genomas menores do que os organismos de vida livre porque os parasitas dependem dos seus hospedeiros para algumas ou mesmo várias funções (Seções 6.3 e 6.5).

### Genomas de parasitas microbianos

Apesar do estranho caso de *Trichomonas*, os microrganismos eucarióticos parasitas possuem genomas contendo 10 a 30 Mpb de DNA e entre 4.000 e 11.000 genes. Por exemplo, o genoma do *Trypanosoma brucei*, o agente da doença africana do sono, possui 11 cromossomos, 35 Mpb de DNA e quase 11.000 genes. O mais importante parasita eucariótico é o *Plasmodium*, que causa malária (Seção 17.5). As quatro espécies de *Plasmodium* que infectam os seres humanos possuem genomas de 23 a 27 Mpb contendo 14 cromossomos com cerca de 5.500 genes. Cerca de metade desses genes possui íntrons e um terço codifica proteínas hipotéticas conservadas de função desconhecida. A ameba social de vida livre *Dictyostelium* possui cerca de 12.500 genes (no entanto, observe que *Dictyostelium* possui fases unicelulares e multicelulares em seu ciclo de vida, Seção 17.8). Como forma de comparação, observe que a ameba patogênica *Entamoeba histolytica*, o agente etiológico da disenteria amebiana, apresenta aproximadamente 10.000 genes.



**Tabela 6.5** Alguns genomas nucleares eucarióticos[a]

| *Organismo* | *Comentários* | *Modo de vida*[b] | *Tamanho do genoma (Mpb)* | *Número haploide de cromossomos* | *Genes codificadores de proteínas* |
|---|---|---|---|---|---|
| Nucleomorfo de *Bigelowiella natans* | Núcleo endossimbiótico degenerado | E | 0,37 | 3 | 331 |
| *Encephalitozoon cuniculi* | Menor genoma eucariótico conhecido; patógeno humano | P | 2,9 | 11 | 2.000 |
| *Cryptosporidium parvum* | Protozoário parasita | P | 9,1 | 8 | 3.800 |
| *Plasmodium falciparum* | Malária maligna | P | 23 | 14 | 5.300 |
| *Saccharomyces cerevisiae* | Levedura, eucarioto-modelo | VL | 12,1 | 16 | 5.800 |
| *Ostreococcus tauri* | Alga verde marinha; menor eucarioto de vida livre | VL | 12,6 | 20 | 8.200 |
| *Aspergillus nidulans* | Fungo filamentoso | VL | 30 | 8 | 9.500 |
| *Giardia lamblia* | Protozoário flagelado; causa gastrenterite aguda | P | 12 | 5 | 9.700 |
| *Dictyostelium discoideum* | Ameba social | VL | 34 | 6 | 12.500 |
| *Drosophila melanogaster* | Mosca-da-fruta; organismo-modelo para estudos genéticos | VL | 180 | 4 | 13.600 |
| *Caenorhabditis elegans* | Nematoide; organismo-modelo do desenvolvimento animal | VL | 97 | 6 | 19.100 |
| *Mus musculus* | Camundongo; mamífero-modelo | VL | 2.500 | 23 | 25.000 |
| *Homo sapiens* | Homem | VL | 2.850 | 23 | 25.000 |
| *Arabidopsis thaliana* | Planta-modelo para estudos genéticos | VL | 125 | 5 | 26.000 |
| *Oryza sativa* | Arroz; principal planta agrícola do mundo | VL | 390 | 12 | 38.000 |
| *Paramecium tetraurelia* | Protozoário ciliado | VL | 72 | >50 | 40.000 |
| *Populus trichocarpa* | Choupo negro; uma árvore | VL | 500 | 19 | 45.000 |
| *Trichomonas vaginalis* | Protozoário flagelado; patógeno humano | P | 160 | 6 | 60.000 |

[a]Todos os dados correspondem a genomas haploides nucleares desses organismos em megapares de bases. Para os genomas maiores, tanto o tamanho quanto o número de genes listados são estimativas devido ao grande número de sequências repetitivas e/ou íntrons nos genomas.
[b]E, endossimbionte; P, parasita; VL, de vida livre.

O menor genoma celular eucariótico conhecido pertence à *Encephalitozoon cuniculi*, um patógeno intracelular de seres humanos e outros animais, causador de infecções pulmonares. O *E. cuniculi* não apresenta mitocôndrias e, embora seu genoma haploide possua 11 cromossomos, o tamanho do genoma é de somente 2,9 Mpb, com aproximadamente 2.000 genes (Tabela 6.5); ele é menor do que muitos genomas procarióticos (Tabela 6.1). Assim como observado em procariotos, o menor genoma eucariótico pertence a um endossimbionte. Conhecido como um *nucleomorfo*, ele corresponde aos restos degenerados de um endossimbionte eucariótico encontrado em certas algas verdes que adquiriram a capacidade fotossintética por endossimbioses secundárias (Seção 17.1). Os genomas de nucleomorfos variam de cerca de 0,45 a 0,85 Mpb.

## O genoma da levedura

Entre os eucariotos unicelulares, a levedura *Saccharomyces cerevisiae* é o mais amplamente utilizado como organismo-modelo e também é extensivamente usado tanto na panificação quanto na produção de cerveja. O genoma haploide da levedura contém 16 cromossomos, que variam de 220 Kpb a cerca de 2.352 Kpb em tamanho. O genoma nuclear total (excluindo as mitocôndrias e alguns plasmídeos, além de elementos genéticos semelhantes a vírus) possui aproximadamente 13.400 Kpb. O cromossomo XII da levedura contém um segmento de aproximadamente 1.260 Kpb, contendo 100 a 200 repetições de genes de RNAr de levedura. Além das múltiplas cópias de genes de RNAr, o genoma nuclear da levedura tem aproximadamente 300 genes para RNAts (apenas alguns são idênticos) e cerca de 100 genes para os outros tipos de RNA não codificantes. A levedura tem aproximadamente 600 ORFs, menos do que algumas espécies de bactérias (Tabelas 6.1 e 6.5). Cerca de dois terços das ORFs das leveduras codificam proteínas que não possuem função conhecida.

Quantos dos genes conhecidos da levedura são realmente essenciais? Essa questão pode ser abordada pela inativação sistemática de cada gene por *mutações do tipo nocaute* (mutações que geram um gene não funcional, Seção 11.5). Mutações do tipo nocaute não podem ser obtidas normalmente em genes essenciais à viabilidade celular em um organismo haploide. Entretanto, leveduras podem ser cultivadas nos estados diploide e haploide (Seção 17.13). A geração de mutações nocaute em células diploides, seguida da investigação de sua ocorrência em células haploides, permite determinar se um gene em particular é essencial à viabilidade celular. Utilizando-se mutações de nocaute, demonstrou-se que pelo menos 900 ORFs (17%) da levedura são essenciais. Observe que esse número de genes essenciais é muito maior do que os aproximadamente 300 genes (Seção 6.4) prognosticados como o número mínimo necessário para procariotos. Entretanto, como os eucariotos são mais complexos que os procariotos, um maior complemento gênico mínimo pode ser esperado.

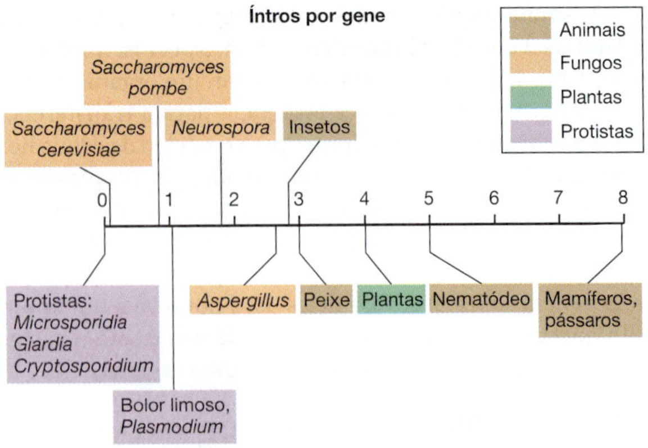


**Figura 6.16 Frequência de íntrons em diferentes eucariotos.** O número médio de íntrons por gene é mostrado para uma variedade de organismos eucarióticos.

Por ser um eucarioto, o genoma da levedura contém íntrons (Seção 4.9). Contudo, o número total de íntrons nos genes codificadores de proteínas consiste em apenas 225. A maioria dos genes da levedura com íntrons apresenta um único íntron pequeno próximo à extremidade 5′ do gene. Essa situação difere muito daquela observada em eucariotos superiores (**Figura 6.16**). No verme *Caenorhabditis elegans*, por exemplo, um gene apresenta em média cinco íntrons e, na mosca-da-fruta *Drosophila*, quatro íntrons. Íntrons são também muito comuns nos genes de plantas, apresentando uma média de quatro por gene. Assim, o modelo de plantas superiores, *Arabidopsis*, apresenta em média cinco íntrons por gene, e mais de 75% dos genes de *Arabidopsis* possuem íntrons. Em seres humanos, quase todos os genes codificadores de proteínas apresentam íntrons, não sendo rara a ocorrência de 10 ou mais em um único gene. Além disso, os íntrons humanos são normalmente muito maiores do que os éxons humanos (DNA que realmente codifica proteína). De fato, os éxons constituem somente cerca de 1% do genoma humano, enquanto os íntrons somam 24%.

**MINIQUESTIONÁRIO**

- Qual é a variação de tamanho dos genomas eucarióticos?
- Como isso se compara com o dos procariontes?
- Como é possível demonstrar que um gene é essencial?
- O que é incomum em relação ao genoma do eucarioto *Encephalitozoon*?

# III • Genômica funcional

Apesar do grande esforço necessário à geração de uma sequência genômica anotada, de certa forma o resultado líquido é simplesmente uma "lista de partes". Para entender o funcionamento celular, devemos conhecer mais do que apenas quais genes estão presentes. Também é necessário investigar a expressão gênica (transcrição) e a função do produto gênico final. Em analogia ao termo "genoma", todo o conjunto completo de RNAs produzido sob determinadas condições é conhecido como **transcriptoma**. Terminologia semelhante é aplicada aos produtos da tradução, metabolismo e outras áreas afins, adicionando o sufixo "oma". A **Tabela 6.6** resume a terminologia "oma" utilizada neste capítulo.

## 6.7 Microarranjos e o transcriptoma

O transcriptoma refere-se ao estudo global dos transcritos e é feito pelo monitoramento do RNA total gerado sob condições

**Tabela 6.6 Terminologia oma**

| | |
|---|---|
| *DNA* | **Genoma** o conjunto total das informações genéticas de uma célula ou um vírus<br>**Metagenoma** o genoma total de todas as células presentes em um ambiente particular<br>**Epigenoma** número total de possíveis mudanças epigenéticas<br>**Metiloma** número total de sítios metilados no DNA (epigenéticos ou não) |
| *RNA* | **Transcriptoma** o total de RNA produzido em um organismo sob determinadas condições específicas |
| *Proteína* | **Proteoma** o conjunto de proteínas totais codificadas por um genoma<br>**Translatoma** o conjunto total de proteínas presentes sob condições específicas<br>**Interatoma** o conjunto total de interações entre as proteínas (ou outras macromoléculas) |
| *Metabólitos* | **Metaboloma** o conjunto total de pequenas moléculas e metabólitos intermediários<br>**Glicoma** o conjunto total de açúcares e outros carboidratos |
| *Organismos* | **Microbioma** o conjunto total de microrganismos em um ambiente (incluindo aqueles associados a organismos superiores)<br>**Viroma** o conjunto total de vírus em um ambiente<br>**Micobioma** o conjunto de fungos em um ambiente natural |

de crescimento escolhidas. No caso de genes que ainda não possuem um papel conhecido, a descoberta das condições sob as quais eles são transcritos pode dar pistas sobre as suas funções. Duas abordagens principais são utilizadas: microarranjos, os quais dependem da hibridização do RNA com o DNA, e RNAseq, que depende do sequenciamento de segunda geração (ou gerações mais avançadas).

## Microarranjos e *chip* de DNA

**Microarranjos** são pequenos suportes sólidos aos quais genes, ou, mais frequentemente, partes de genes, são fixados e arranjados espacialmente em um padrão conhecido; eles são frequentemente chamados de ***chip* de DNA** (**Figura 6.17**). A tecnologia dos microarranjos requer a hibridização entre RNA-DNA. Quando o DNA sofre desnaturação (i.e., as duas fitas são separadas), a fita simples pode formar moléculas de duas fitas híbridas com outra fita de DNA ou RNA pela complementaridade ou quase complementaridade dos pares de bases (⇄ Seção 11.2). Esse processo é chamado de *hibridização de ácidos nucleicos*, ou **hibridização**, para abreviar, e é amplamente utilizado na detecção, caracterização e identificação de segmentos de DNA ou RNA. Segmentos de ácidos nucleicos de fita simples cujas identidades são conhecidas e que são utilizados na hibridização são denominados **sondas de ácidos nucleicos** ou, simplesmente, sondas. Para permitir a detecção, as sondas são radioativas ou são marcadas com corantes fluorescentes. Variando as condições, é possível ajustar a "estringência" da hibridização de modo que a complementaridade dos pares de base seja exata, ou próxima disso; ajudando a evitar pareamento inespecífico entre sequências que são somente parcialmente complementares.

Nos microarranjos, os segmentos gênicos podem ser sintetizados pela reação de polimerização em cadeia (PCR, ⇄ Seção 11.3) ou, alternativamente, oligonucleotídeos são concebidos para cada gene, baseados na sequência genômica. Uma vez ligados ao suporte sólido, esses segmentos de DNA podem ser hibridizados com RNA de células cultivadas em condições específicas, submetidos à varredura e analisados por computador. A hibridização entre um RNA específico e o DNA correspondente, no *chip*, indica que o gene foi transcrito (Figura 6.17; ver também Figura 6.18*b*). Quando estudamos genes codificadores de proteínas, o RNA mensageiro deve ser mensurado. Na prática, o RNAm está presente em quantidades muito pequenas para ser usado diretamente. Consequentemente, as sequências de RNAm devem ser amplificadas primeiro. Isto é feito através de uma versão modificada da técnica de PCR capaz de gerar uma fita *complementar de DNA* a partir do RNAm (DNAc, ⇄ Seção 11.3).

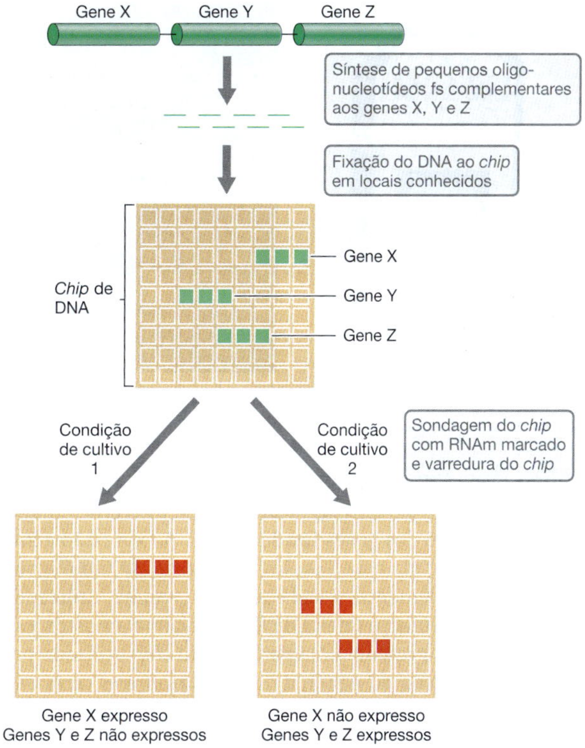


**Figura 6.17 Confecção e utilização de microarranjos.** Pequenos oligonucleotídeos de fita simples correspondendo a todos os genes de um organismo são individualmente sintetizados e fixados em locais conhecidos para a produção de um *chip* de DNA (microarranjo). O *chip* de DNA é analisado por hibridização com RNAm marcado por fluorescência e obtido de células cultivadas em uma condição específica, com as sondas de DNA presentes no *chip*, sendo o *chip* varrido por um raio *laser*.

A fotolitografia, um processo utilizado para produzir *chips* de computador, é também utilizada na produção de *chips* para microarranjos. Os chips possuem normalmente entre 1 a 2 cm e são inseridos em um suporte de plástico que pode ser facilmente manipulado (**Figura 6.18*a***); cada *chip* é capaz de receber milhares de diferentes fragmentos de DNA. Na prática, cada gene é frequentemente representado mais de uma vez no arranjo, a fim de lhe conferir maior confiabilidade. Arranjos genômicos completos contêm segmentos de DNA representando o genoma inteiro de um organismo. Por exemplo, uma empresa comercializa um *chip* de genoma humano que contém o genoma humano completo (Figura 6.18*a*). Esse *chip* único permite a análise de mais de 47.000 transcritos humanos e apresenta espaço para 6.500 oligonucleotídeos adicionais para uso em diagnósticos clínicos.

UNIDADE 2

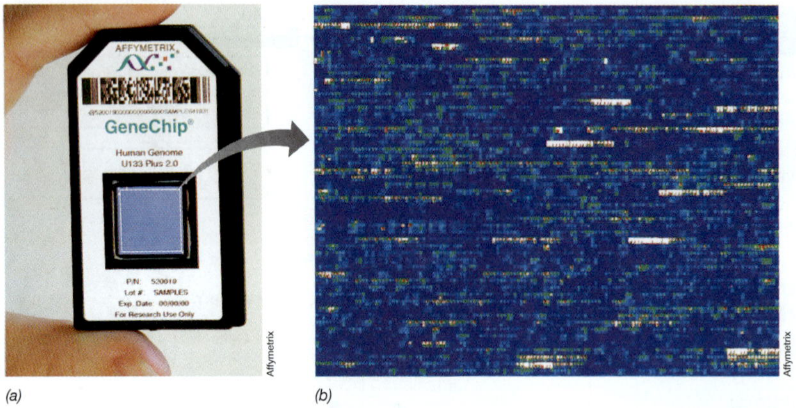


**Figura 6.18 Utilização de *chips* de DNA para avaliar a expressão gênica.** (*a*) O *chip* do genoma humano contendo mais de 40.000 fragmentos gênicos. O aumento da parte *a* para a parte b indica a localização real do microarranjo. (*b*) *Chip* de levedura hibridizado. A foto revela fragmentos de um quarto do genoma total da levedura *Saccharomyces cerevisiae*, fixado a um *chip* gênico. Cada gene encontra-se em várias cópias e foi hibridizado com DNAc marcado com fluorescência, derivado do RNAm extraído de células de leveduras cultivadas em uma condição específica. O fundo do *chip* é azul. Os locais onde o DNAc foi hibridizado estão indicados por uma gradação de cores até a hibridização máxima, que aparece em branco. Como a localização de cada gene no *chip* é conhecida, quando o *chip* é submetido à varredura, revela quais genes foram expressos.

## Aplicações dos *chips* de DNA: expressão gênica

Os *chips* gênicos podem ser utilizados de diferentes maneiras, dependendo dos genes ligados a eles. A expressão gênica global é monitorada pela fixação, no suporte, de um oligonucleotídeo complementar a cada gene do genoma, utilizando-se, então, a população inteira de RNAms como amostra teste. A Figura 6.18*b* apresenta uma parte de um *chip* utilizado para avaliar a expressão do genoma de *Saccharomyces cerevisiae*. Esse *chip* facilmente comporta os 6.000 genes codificadores de proteínas de *S. cerevisiae* (Tabela 6.5) de forma que a expressão gênica global nesse organismo pode ser quantificada em um único experimento. Para isso, o *chip* é hibridizado com RNAc ou DNAc derivados de RNAm obtido de células de levedura cultivadas em condições específicas. Para a visualização da ligação, os ácidos nucleicos são marcados com um corante fluorescente e o *chip* é submetido à varredura com um detector a *laser* de fluorescência. Um padrão distinto de hibridização é observado, dependendo de quais sequências de DNA correspondem a quais RNAms (Figuras 6.18*b*). A intensidade da fluorescência fornece uma medida quantitativa da expressão gênica. Isso permite que o computador produza uma lista de quais genes são expressos e em que grau. Assim, utilizando chips gênicos, o *transcriptoma* do organismo de interesse, cultivado sob condições específicas, é revelado a partir do padrão e da intensidade dos pontos fluorescentes gerados (Tabela 6.6).

O *chip* gênico de *S. cerevisiae* foi utilizado para o estudo do controle metabólico nesse importante organismo industrial. A levedura pode crescer realizando fermentação ou respiração aeróbia. A análise do transcriptoma pode revelar quais genes são inativados e quais são ativados quando as células de levedura alteram do metabolismo fermentativo (anaeróbio) para o metabolismo respiratório, ou vice-versa. Análises dessa expressão gênica por transcriptomas revelam que a levedura sofre uma importante "reprogramação" metabólica durante a alternância do crescimento anaeróbio para o aeróbio. Alguns genes que controlam a produção de etanol (um produto essencial da fermentação) são fortemente reprimidos, enquanto as funções do ciclo do ácido cítrico (necessário ao crescimento aeróbio) são fortemente ativadas pela alternância. De maneira geral, mais de 700 genes são ativados e mais de 1.000 são inativados durante essa transição metabólica. Além disso, utilizando um microarranjo, o padrão de expressão dos genes com funções desconhecidas é também monitorado durante a alternância da fermentação para a respiração, fornecendo indícios para seu possível papel.

## Aplicações na identificação

Além de sondar a expressão gênica, os microarranjos podem ser utilizados para identificar microrganismos especificamente. Nesse caso, o arranjo contém um conjunto de sequências de DNA características para cada um dos vários organismos ou vírus. Esse tipo de abordagem pode ser utilizado para diferenciar linhagens intimamente relacionadas a partir das diferenças em seus padrões de hibridização. Isso permite a identificação bastante rápida de vírus ou bactérias patogênicos a partir de amostras clínicas, ou a detecção desses organismos em várias outras substâncias, como alimentos. Por exemplo, *chips* de identificação (ID) foram utilizados na indústria alimentícia para a detecção de patógenos específicos, por exemplo, *E. coli* O157:H7. Outra aplicação importante dos microarranjos de DNA consiste na comparação de genes de organismos intimamente relacionados. Por exemplo, essa abordagem foi utilizada para acompanhar a evolução de bactérias patogênicas, a partir de organismos relacionados, não patogênicos.

Na microbiologia ambiental, os microarranjos foram utilizados para avaliar a diversidade microbiana. Os *filochips*, como são denominados, contêm oligonucleotídeos complementares às sequências do RNAr 16S de diferentes espécies bacterianas, uma molécula amplamente utilizada na sistemática de procariotos (Capítulo 12). Após a extração de DNA ou RNA total a partir de um ambiente, a presença ou ausência de cada espécie pode ser avaliada pela presença ou ausência de hibridização no *chip* (⇄ Seção 18.6).

Existem também chips de DNA para a identificação de organismos superiores. Um *chip* disponível comercialmente, denominado *FoodExpert-ID*, contém 88.000 fragmentos gênicos de animais vertebrados, sendo utilizado na indústria alimentícia para garantir a pureza do alimento. Por exemplo, o *chip* pode confirmar a presença de carne, conforme citado na embalagem do alimento, e pode também detectar carnes de outros animais que podem ter sido adicionadas como suplementos ou substitutivos dos ingredientes oficiais. O FoodExpert-ID pode também ser utilizado para a detecção de subprodutos de vertebrados em rações animais, uma preocupação crescente com o advento das doenças mediadas por príons, como a doença da vaca louca (⇄ Seção 9.13).

## Análises de RNA-Seq

Análise de *RNA-Seq* é um método pelo qual todas as moléculas de RNA da célula são sequenciadas. Desde que a sequência do genoma esteja disponível para comparação, esta irá revelar

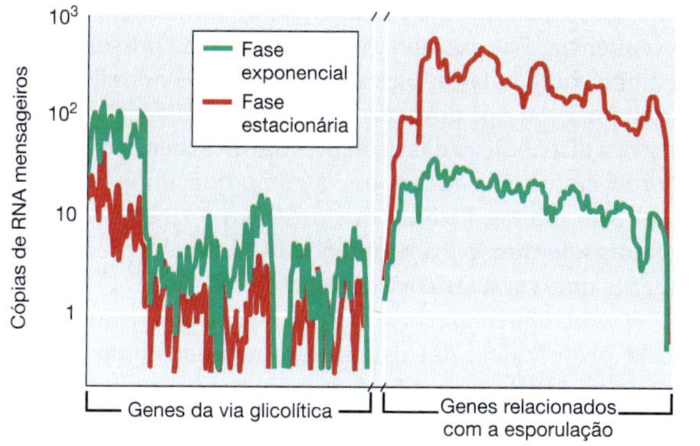


**Figura 6.19 Análises de RNA-Seq.** Transcriptoma da cultura de *Clostridium* cultivada por 4,5 horas (células na fase exponencial) ou por 14 horas (células na fase estacionária). (1) Segmento de ~5,4-Kb em torno do óperon glicolítico *gap-pgk-tpi*, e (2) segmento de ~1,2-Kb em torno do óperon de esporulação *cotJC-cotJB*. A produção de endósporos é desencadeada pela escassez de nutrientes (Seção 2.16). Dados de Wang, Y., X. Li, Y. Mao, e H.P. Blaschek. 2011. Single-nucleotide resolution analysis of the transcriptome structure of *Clostridium beijerinckii* NCIMB 8052 using RNA-Seq. BMC Genomics *12:* 479–489.

não somente os genes que foram transcritos, mas quantas cópias de cada RNA foram feitas. RNA-Seq é utilizado tanto para medir a expressão de RNAm quanto para identificar e caracterizar pequenos RNAs não codificadores. RNA-Seq requer alta produtividade do sequenciamento (sequenciamentos de segunda ou terceira geração, Seção 6.2) e é complicado pelo fato de que o RNA mais abundante na célula é o ribossomal (RNAr). Entretanto, métodos estão disponíveis para remover os RNArs ou aumentar os RNAms do total de RNA celular extraído. Além disso, recentes melhorias na tecnologia de sequenciamento permitem sequenciar sem remover o RNAr.

A técnica RNA-Seq está começando a ultrapassar as análises de microarranjos como o método de escolha para estudos globais da expressão gênica. Por exemplo, a **Figura 6.19** mostra uma comparação de RNA-Seq de culturas de uma espécie de *Clostridium* em fases exponencial e estacionária. Clostrídios são bactérias gram-negativas em forma de bastonetes que podem produzir endósporos, o estágio altamente resistente e dormente do ciclo de vida (Seção 2.16). Como se poderia prever, a transcrição de genes da via glicolítica (a principal fonte pela qual o organismo gera ATP) é elevada durante a fase de crescimento exponencial, entretanto a expressão de genes relacionados com a esporulação aumenta na fase estacionária, quando os nutrientes se tornam limitados. O RNA-Seq também está sendo usado para analisar a comunidade microbiana e pode oferecer informações em nível de transcrição quando a sequência do genoma não está disponível para comparação. Neste caso, as sequências detectadas devem ser identificadas pela homologia com as sequências presentes nos bancos de dados.

Como veremos na Seção 6.10, *metagenômica* é a análise genômica de todo o DNA e RNA de um ambiente. A análise de metagenômica utilizando RNA-Seq tem sido explorada pelos laboratórios de cultivo bacteriano em amostras naturais que anteriormente não foram capazes de serem cultivadas em laboratório. Isso foi feito utilizando RNA-Seq para revelar quais genes foram transcritos em altos níveis por uma determinada comunidade microbiana. A análise de sequências, em seguida, identificou as proteínas correspondentes aos RNAms prevalentes. Isso permitiu aos pesquisadores deduzir quais nutrientes as bactérias da amostra estavam utilizando dada a provável atividade enzimática dessas proteínas. Os meios de cultura foram, então, elaborados utilizando essas informações como guia e bactérias que antes eram consideradas não cultiváveis foram cultivadas com sucesso.

**MINIQUESTIONÁRIO**

- Por que é útil conhecer como a expressão do genoma inteiro responde a uma determinada condição?
- O que os microarranjos nos revelam sobre o estudo da expressão gênica, que a análise de uma determinada enzima não é capaz?
- De quais avanços tecnológicos o RNA-Seq depende?



## 6.8 Proteômica e o iteratoma

O estudo em escala genômica da estrutura, função e regulação das *proteínas* de um organismo é denominado **proteômica**. O número e os tipos de proteínas presentes em uma célula estão sujeitos a alterações em resposta ao ambiente do organismo ou outros fatores, como os ciclos de desenvolvimento. Como resultado, o termo **proteoma** infelizmente tornou-se ambíguo. Em seu sentido mais amplo, um proteoma refere-se a *todas* as proteínas codificadas pelo genoma de um organismo. Em seu sentido mais restrito, contudo, refere-se às proteínas presentes em uma célula *em um determinado momento*. O termo *translatoma* é utilizado algumas vezes para essa última situação, isto é, para se referir a todas as proteínas expressas sob condições específicas.

### Métodos em proteômica

A primeira abordagem importante da proteômica ocorreu há décadas, com o advento da eletroforese bidimensional (2D) em gel de poliacrilamida. Essa técnica permite a separação, identificação e quantificação de todas as proteínas presentes em uma amostra celular. Uma separação em gel 2D de proteínas de *Escherichia coli* é ilustrada na **Figura 6.20**. Na primeira dimensão (a dimensão horizontal na Figura 6.20), as proteínas

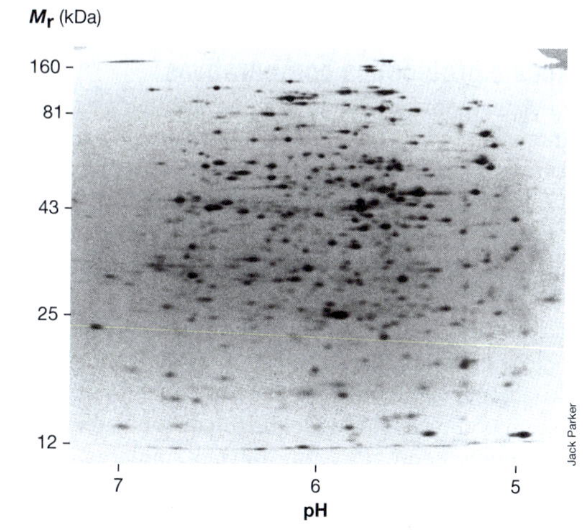


**Figura 6.20 Eletroforese das proteínas de *Escherichia coli* em gel bidimensional de poliacrilamida.** Autorradiograma das proteínas celulares de *Escherichia coli*. Cada ponto no gel corresponde a uma proteína diferente, radioativamente marcada, permitindo sua visualização e a quantificação. As proteínas desnaturadas foram separadas na direção horizontal pela focalização isoelétrica e na direção vertical pela massa ($M_r$; em quilodáltons), com as proteínas maiores localizando-se na porção superior do gel.

são separadas pelas diferenças em seus pontos isoelétricos, o pH no qual a carga líquida de cada proteína equivale a zero. Na segunda dimensão, as proteínas são desnaturadas de modo a conferir uma carga fixa a cada resíduo de aminoácido. As proteínas são então separadas por tamanho (de forma similar àquela realizada para moléculas de DNA; Seção 11.1).

Em estudos relacionados à *E. coli* e alguns outros organismos, centenas de proteínas separadas em géis 2D foram identificadas por meio bioquímico ou genético, sendo sua regulação estudada sob diversas condições. Utilizando géis 2D, a presença de uma determinada proteína sob diferentes condições de crescimento pode ser quantificada e relacionada com sinais ambientais. Um método para relacionar uma proteína desconhecida com um determinado gene utilizando o sistema de gel 2D consiste na eluição da proteína do gel e no sequenciamento de uma parte dela, geralmente a partir de sua extremidade aminoterminal. Mais recentemente, proteínas eluídas foram identificadas por uma técnica denominada *espectrometria de massa* (Seção 6.9), habitualmente após a digestão preliminar para gerar um conjunto característico de peptídeos. Essa informação de sequência pode ser suficiente para identificar completamente a proteína. Alternativamente, dados parciais de sequência podem permitir a confecção de sondas ou iniciadores de oligonucleotídeos a fim de localizar o gene que codifica a proteína, a partir do DNA genômico, por hibridização ou reação de polimerização em cadeia. Em seguida, após o sequenciamento do DNA, a identidade do gene pode ser determinada.

Atualmente, a cromatografia líquida vem sendo cada vez mais utilizada na separação de misturas proteicas. Na cromatografia líquida de alta pressão (HPLC, *high-pressure liquid cromatography*), a amostra é dissolvida em um líquido adequado e aplicada sob pressão através de uma coluna empacotada com um material de fase estacionária que separa proteínas de acordo com as diferenças em suas propriedades químicas, como tamanho, carga iônica ou hidrofobicidade. À medida que a mistura atravessa a coluna, ela é separada pela interação das proteínas com a fase estacionária. Frações são coletadas na saída da coluna. As proteínas de cada fração são digeridas por proteases e os peptídeos são identificados por espectrometria de massa.

## Genômica e proteômica comparativas

Embora a proteômica frequentemente requeira experimentação intensa, técnicas *in silico* podem também ser bastante úteis. Uma vez que a sequência de um genoma de um organismo é obtida, ela pode ser comparada com aquela de outros organismos, visando localizar e identificar genes similares àqueles já conhecidos. Nesse procedimento, a sequência mais importante corresponde à *sequência de aminoácidos* das proteínas codificadas. Como o código genético é degenerado (Seção 4.11), diferenças na sequência de DNA não levam necessariamente a diferenças na sequência de aminoácidos.

Proteínas apresentando identidade de sequência superior a 50% frequentemente possuem funções similares. Proteínas com identidades acima de 70% quase certamente desempenham as mesmas funções. Muitas proteínas consistem em módulos estruturais distintos, denominados *domínios proteicos*, cada um com funções características. Tais regiões incluem domínios de ligação a metais, domínios de ligação a nucleotídeos ou domínios para determinadas classes de atividade enzimática, como helicase ou desidrogenase. A identificação de domínios de função conhecida em uma proteína pode revelar muito sobre seu papel, mesmo na ausência de homologia completa da sequência. Por exemplo, muitas proteínas possuem o metal zinco como cofator. Eles são encontrados nos sítios ativos das enzimas ou nos domínio de ligação ao DNA. A **Figura 6.21** mostra a distribuição das proteínas que possuem o zinco entre os procariotos e os eucariotos. Mesmo que ambos os grupos sintetizem muitas enzimas que possuem o zinco, a utilização de fatores de transcrição contendo esse metal é predominantemente uma característica dos eucariotos.

A *proteômica estrutural* refere-se à determinação, em escala proteômica, das estruturas tridimensionais (3D) de proteínas. Atualmente, não é possível predizer diretamente a estrutura 3D de proteínas a partir de suas sequências de aminoácidos. Entretanto, estruturas e proteínas desconhecidas podem frequentemente ser modeladas caso a estrutura 3D de uma proteína com identidade de 30% ou maior na sequência de aminoácidos encontre-se disponível.

O acoplamento da proteômica e da genômica vem fornecendo importantes indícios de como a expressão gênica em diferentes organismos está relacionada a estímulos ambientais. Além de tais informações trazerem benefícios importantes para a ciência básica, elas também possuem aplicações potenciais na medicina, na análise do meio ambiente, e também na agricultura. Em todas essas áreas, o entendimento da ligação entre o genoma e o proteoma, e como ela é regulada, podem fornecer aos seres humanos o controle sem precedentes na luta contra as doenças e a poluição, assim como benefícios sem precedentes à produtividade agrícola.

## O interatoma

Por analogia aos termos "genoma" e "proteoma", o **interatoma** é o conjunto total das *interações* entre as macromoléculas que constituem a célula (**Figura 6.22**). Originalmente, o termo interatoma é aplicado para as interações entre proteínas, muitas das quais se organizam em complexos. No entanto, também é possível considerar interações entre diferentes classes de moléculas, como o interatoma entre proteínas e RNA.

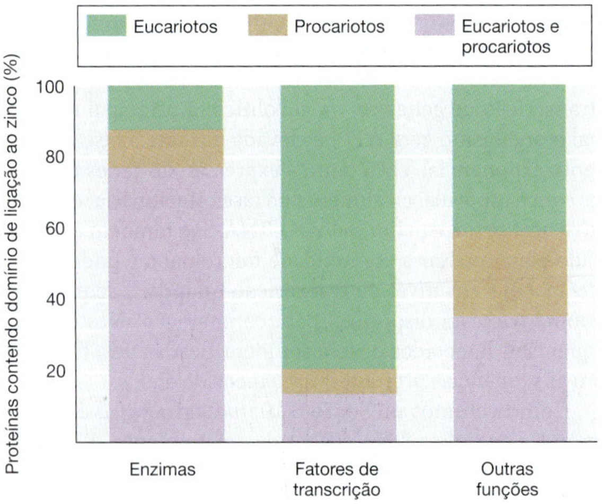


**Figura 6.21 Proteômica comparativa.** As sequências de 40 bactérias, 12 arqueias e 5 eucariotos contendo domínios de ligação ao zinco foram comparadas pela categoria funcional. As proteínas que contêm o zinco compreendem 5 a 6% do total das proteínas dos procariotos e 8 a 9% dos eucariotos sendo que muitas são enzimas. Os eucariotos também possuem muitos fatores de transcrição contendo o zinco.

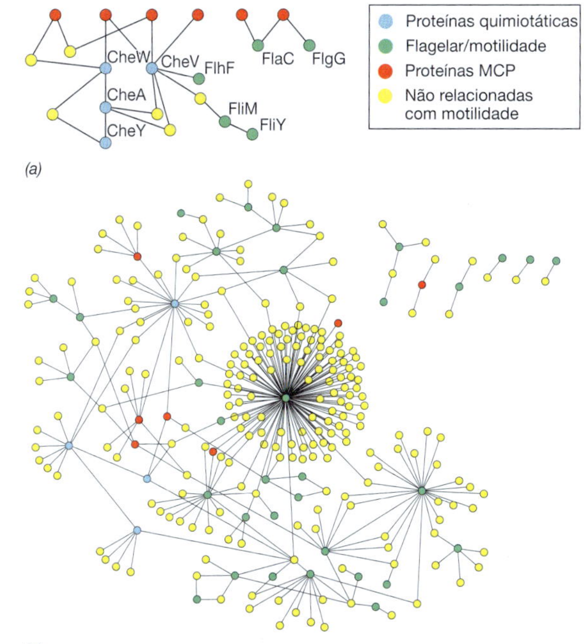


**Figura 6.22 Interatoma de proteínas motoras da *Campylobacter jejuni*.** Esse diagrama de rede ilustra como os dados do interatoma são representados. *(a)* Uma subseção da rede destacando as proteínas bem conhecidas na via de transdução de sinal de quimiotaxia (CheW, CheA e CheY) e suas parceiras. MCP, proteínas quimiotáticas aceptoras de metil (Seção 7.8). *(b)* Interações de alta confiança entre todas as proteínas que possuem funções conhecidas na mobilidade da bactéria. Observe a seis pequenas redes que não fazem parte da rede principal.

Os dados dos interatomas são geralmente expressos em forma de diagramas de rede, em que cada junção representa uma proteína e as linhas de conexão representam as interações. Diagramas de interatomas inteiros podem ser muito complexos e, portanto, diagramas mais específicos, tais como a rede de proteínas motoras da bactéria *Campylobacter jejuni* (Figura 6.22), são mais instrutivos. Esta figura mostra o cerne de interações entre os componentes do sistema de quimiotaxia (Seções 2.19 e 7.8), incluindo todas as outras proteínas que interagem com ele.

**MINIQUESTIONÁRIO**

- Por que o termo "proteoma" é ambíguo, enquanto o termo genoma não o é?
- Quais os métodos experimentais mais comuns utilizados na pesquisa do proteoma?
- O que é um interatoma?

## 6.9 Metabolômica e biologia de sistemas

O **metaboloma** é conjunto completo de *intermediários metabólicos* e outras pequenas moléculas produzidas por um organismo. A metabolômica desenvolveu-se de forma mais lenta que as demais "ômicas", devido principalmente à imensa diversidade química de pequenos metabólitos. Isso torna a varredura sistemática um desafio em termos técnicos. As primeiras tentativas utilizaram análise de extratos de células marcadas com glicose $^{13}$C por ressonância nuclear magnética (RNM). Todavia, esse método apresenta sensibilidade limitada e o número de compostos que podem ser identificados simultaneamente em uma mistura é muito pequeno para a resolução de extratos celulares totais.

### Novas técnicas de espectrometria de massa: MALDI-TOF

A abordagem mais promissora para a metabolômica é o uso de técnicas recém-desenvolvidas de espectrometria de massa. Essa abordagem não está limitada a classes particulares de moléculas e pode ser extremamente sensível. A massa do carbono 12 é definida como exatamente 12 unidades de massa molecular (dáltons). Entretanto, as massas de outros átomos, como o nitrogênio 14 ou oxigênio 16, não apresentam números inteiros exatos. A espectrometria de massa, utilizando resolução de massa extremamente alta, atualmente possível em instrumentos especiais, permite a determinação inequívoca da fórmula molecular de qualquer molécula pequena. Claramente, isômeros apresentarão a mesma fórmula, porém poderão ser distinguidos pelos diferentes padrões de fragmentação durante a execução da espectrometria de massa. A mesma abordagem é utilizada para identificar os fragmentos de peptídeos originados da digestão de proteínas durante as análises de proteomas (Seção 6.8). Neste caso, a identificação de vários oligopeptídeos permite que a identidade da proteína parental seja deduzida desde que sua sequência de aminoácidos seja conhecida.

Na versão da espectometria de massa, MALDI (do inglês, *matrix-assisted laser desorption ionization*), as amostras são ionizadas e vaporizadas por um *laser* (**Figura 6.23**). Os íons gerados são acelerados através de um campo elétrico ao longo da coluna até alcançarem o detector. O tempo de voo (TOF, *time of flight*) para cada íon depende da razão entre a massa/carga – quanto menor essa razão, mais rápido o íon se move. O detector mede o TOF de cada íon e o computador calcula a massa e gera a fórmula molecular. A combinação dessas duas técnicas é conhecida como *MALDI-TOF*.

A análise de metaboloma é especialmente útil no estudo de plantas, muitas das quais produzem vários milhares de diferentes metabólitos – mais do que a maioria dos outros tipos de organismos. Isso ocorre devido ao fato de as plantas produzirem muitos *metabólitos secundários*, como aromas, sabores, alcaloides e pigmentos, muitos dos quais são importantes comercialmente. Investigações metabolômicas monitoraram as concentrações de várias centenas de metabólitos na planta modelo, *Arabidopsis*, revelando alterações significativas nas concentrações de muitos desses metabólitos em resposta a alterações térmicas. Caminhos futuros da metabolômica, atualmente em desenvolvimento, incluem a avaliação do efeito de doenças no metaboloma de vários órgãos e tecidos humanos. Tais resultados deverão aumentar significativamente nosso conhecimento sobre como o corpo humano combate as doenças infecciosas e não infecciosas e identificar componentes-chave importantes para nossas defesas. Esses componentes podem possivelmente ser desenvolvidos, tais como fármacos para o tratamento clínico de doenças específicas.

### Biologia de sistemas

O termo **biologia de sistemas** vem sendo amplamente utilizado nos últimos anos para se referir à integração dos diferentes campos de pesquisa para dar uma visão geral de um organismo, ou de uma célula ou até mesmo de uma espécie ou de um ecossistema inteiro. A biologia de sistemas integra todas as "ômicas" que estudamos até agora: genômica, proteômica,

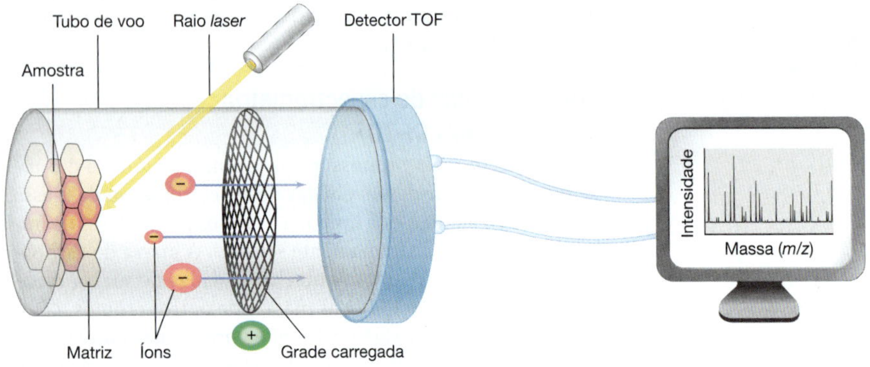


**Figura 6.23 Espectometria de massa MALDI-TOF.** Na espectometria MALDI, as amostras são ionizadas por um *laser* e os íons atravessam pelo tubo até alcançarem o detector. O tempo de voo (TOF) depende da razão massa/carga (*m/z*) do íon. O computador identifica os íons baseados no tempo de voo; isto é, o tempo que o íon gasta para alcançar o detector. A técnica MALDI-TOF é extremamente sensível e possui alta resolução.

metabolômica e assim por diante (Figura 6.24). A habilidade do computador de armazenar e analisar grandes quantidades de informação biológica é essencial para a biologia de sistemas, e o entendimento de todo o sistema biológico está evoluindo junto com o poder de armazenamento do computador.

A estratégia básica da biologia de sistemas é a capacidade de compilar uma série de dados das "ômicas" e, em seguida, construir um modelo computacional do sistema em estudo (Figura 6.24). Esses modelos podem permitir a previsão de comportamentos ou propriedades de um organismo em particular que não eram evidentes a partir das observações originais. Essas são chamadas de *propriedades emergentes* de um organismo. Prevê-se que a compreensão das propriedades emergentes de um organismo fornecerá um conhecimento mais profundo sobre a biologia geral desse organismo do que qualquer outro "ômica" estudado sozinho possa oferecer.

**MINIQUESTIONÁRIO**

- Quais são as técnicas utilizadas para monitorar o metaboloma?
- O que é um metabólito secundário?
- Por que a biologia de sistemas depende de um computador potente? O que é uma propriedade emergencial?

## 6.10 Metagenômica

Comunidades microbianas contêm muitas espécies de bactérias e arqueias, sendo que a maioria dessas espécies nunca foi cultivada ou até mesmo identificada. A **metagenômica**, também conhecida como *genômica ambiental*, analisa o conjunto de RNA ou DNA presentes em amostras ambientais contendo organismos que não foram isolados e identificados. Da mesma forma que o total de genes de um organismo constitui o seu genoma, o total de genes dos organismos que habitam um ambiente é conhecido como **metagenoma** (Tabela 6.6). Além da metagenoma baseada no sequenciamento de DNA, análises baseadas em RNA ou proteínas podem ser utilizadas para explorar os padrões de expressão genética em uma comunidade microbiana natural. Com a tecnologia atual esses estudos podem ser feitos até mesmo em uma célula individual (ver Explore o mundo microbiano, "Genômica, uma célula de cada vez"). A genômica de uma única célula será discutida mais adiante no Capítulo 18.

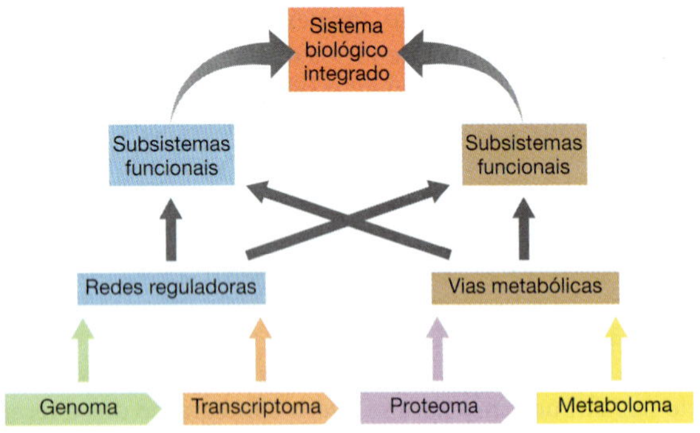


**Figura 6.24 Os componentes da biologia de sistemas.** Os resultados de várias análises "ômicas" são combinados e, posteriormente, integrados formando uma visão maior da inteira biologia de um organismo.

### Exemplos de estudos com metagenômica

Vários ambientes foram estudados pelo projeto de sequenciamento metagenômico em larga escala. Ambientes extremos, tais como água ácida de escoamento de minas, tendem a ter baixa diversidade de espécies. Consequentemente, tem sido possível isolar todo o DNA da comunidade e montá-lo em sequências próximas ao genoma completo de um indivíduo. Por outro lado, ambientes complexos, tais como solos férteis ou ambientes aquáticos, são mais desafiadores, montar os genomas completos é muito mais difícil. Entretanto, uma descoberta surpreendente oriunda dos estudos com metagenômica é que a maioria dos genes destes ambientes não pertence a organismos celulares e sim a vírus. Isso será discutido melhor no Capítulo 9, em que falaremos sobre genômica e filogenia dos vírus.

Mesmo que genomas completos não possam ser montados, informações úteis podem ser obtidas de estudos metagenômicos. Por exemplo, ambientes, podem ser analisados quanto à presença e distribuição de diferentes grupos taxonômicos de bactérias. A abundância relativa das bactérias pode variar bastante de acordo com o ambiente, e a Figura 6.25 ilustra esse fenômeno para os principais subgrupos de Proteobacteria (Capítulo 15), em um local de amostragem perto do Havaí no Oceano Pacífico. Luz, oxigênio, nutrientes e mudanças de temperatura podem ser relacionados com qual subgrupo de protobactérias é mais competitivo em cada profundidade (Figura 6.25). Uma observação curiosa que surgiu com esses estudos de metagenômica é que uma boa parte do DNA em hábitats naturais não pertence às células vivas. Por exemplo, cerca de 50 a 60% do DNA dos oceanos são extracelulares, encontrados nos sedimentos do fundo oceânico. Provavelmente esse DNA é depositado quando organismos mortos das camadas superiores do oceano vão para o fundo e desintegram-se. Devido ao fato de que os

# EXPLORE O MUNDO MICROBIANO

## Genômica, uma célula de cada vez



Análises modernas do genoma têm ampliado o número de amostras executadas simultaneamente e reduzido o tamanho das amostras. A redução do tamanho necessária para as análises genômicas tornou capaz a análise de até mesmo uma única célula – a técnica é denominada *genômica de célula única* –, e alguns excelentes resultados têm surgido.

As células individuais podem ser isoladas através de várias técnicas físicas e serem submetidas aos procedimentos genômicos (**Figura 1**). Sequenciamento do genoma e análises de transcriptoma e proteoma estão sendo feitos com uma única célula. O sequenciamento de DNA de uma única célula se baseia em uma versão altamente modificada da reação de polimerização em cadeia conhecida como *amplificação por deslocamento múltiplo* (*MDA, multiple displacement amplification*) (⇄ Seção 18.11 e Figura 18.32). Essa técnica amplifica fentograma ($10^{-15}$ g) de DNA presente em uma única célula bacteriana, enquanto para o sequenciamento são necessários microgramas de DNA (um bilhão de vezes mais). Do mesmo modo, o RNA pode ser analisado por RNA-Seq ou por uma amplificação através de uma versão modificada da técnica de PCR. As análises proteômicas de uma única célula são mais complicadas, mas análises que empregam métodos fluorescentes muito sensíveis estão disponíveis para este propósito.

O DNA de células únicas isoladas do solo ou de vários outros hábitats tem sido sequenciado. Utilizando genômica de célula única, genes metabólicos presentes em um ambiente podem não só ser apenas identificados, mas atribuídos a uma determinada espécie. Portanto, a genômica de célula única pode revelar qual organismo dentro de uma comunidade microbiana está degradando quais nutrientes. Por exemplo, a genômica de célula única tem sido utilizada para analisar a degradação de hidrocarbonetos em ambientes poluídos, levando a um melhor entendimento de quais organismos estão fazendo o que durante todo o processo. Da mesma forma, plasmídeos e vírus podem ser atribuídos ao hospedeiro correto quando uma única célula é sequenciada.

Uma descoberta surpreendente em estudos de célula única foi que os níveis de proteína e transcritos variam muito de uma célula para outra em uma cultura pura de bactéria em crescimento, presumivelmente como resultado da transcrição e da tradução que horas ocorrem em explosão e em outras horas devagar. Isso é especialmente verdade para proteínas expressas em baixos níveis. Consequentemente, e contra a intuição, para genes individuais em uma célula única existe pouca relação entre o número de cópias de um RNAm e sua proteína correspondente em qualquer tempo. Isso é em parte devido a diferença entre o tempo de vida média da proteína e da molécula de RNAm. Considerando que a maioria das proteínas sobrevive mais do que a geração celular e o RNAm em bactérias é degradado com 2 a 3 minutos após a sua síntese. Portanto, níveis de RNAm em qualquer tempo são determinados pela taxa de transcrição nos últimos minutos, já os níveis de proteínas refletem a síntese ao longo de uma hora ou mais.

A genômica de célula única tem um futuro brilhante na sondagem de várias facetas da biologia de um organismo em uma célula individual em vez de uma população de células. O método já desafiou suposições anteriores sobre a uniformidade bioquímica das células na fase exponencial das culturas, e é provável que muitas outras questões surjam e a genômica de célula única será ideal para responder a essas perguntas que não seriam possíveis com a cultura de células. A genômica de célula única é também um excelente exemplo de como métodos científicos desenvolvidos com um objetivo em mente (ou seja, a análise genômica de uma *população* de células) pode ser modificado por cientistas criativos para responder questões científicas que antes não eram possíveis.

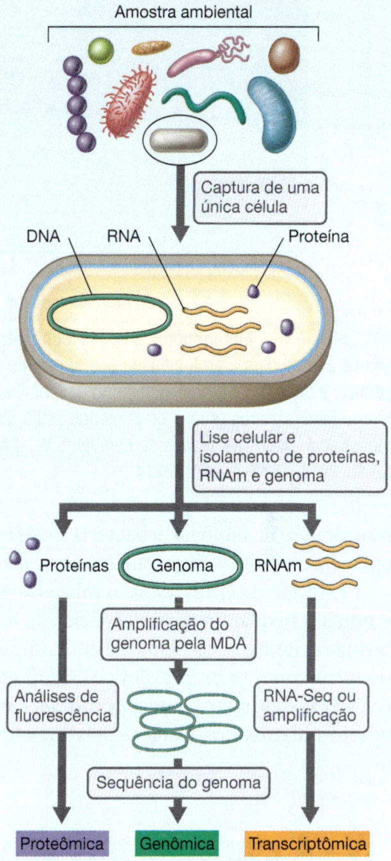


**Figura 1 Genômica de célula única.** Uma única célula isolada de uma amostra ambiental pode ser a fonte de uma diversidade de análises "ômicas".

ácidos nucleicos são os maiores repositórios de fosfato, o DNA é o principal contribuinte para o ciclo global do fósforo.

### Metagenômica e estudos de "biomas"

É estimado que o corpo humano contenha cerca de 10 trilhões ($10^{13}$) de células, mas cada um de nós também carrega por volta de dez vezes mais células procarióticas do que humanas. Essa coleção de células procarióticas recebe o nome de *microbioma* humano. A maior parte desses procariotos habita o intestino e a maioria pertence a dois grupos bacterianos, os *Bacteroidetes* e os *Firmicutes* (Capítulo 15). Um achado fascinante é que a composição do microbioma intestinal relaciona-se com a obesidade tanto em seres humanos quanto em modelos murinos experimentais. Quanto maior a proporção de *Firmicutes* (principalmente *Clostridium* e bactérias relacionadas), mais gordo é o ser humano ou o camundongo. O mecanismo sugerido é que espécies de *Firmicutes* convertem mais fibras em cadeias curtas de ácidos graxos que podem ser absorvidos pelo hospedeiro. Assim, o hospedeiro absorve mais gordura da mesma quantidade de comida. Além disso, embora seja um importante organis-

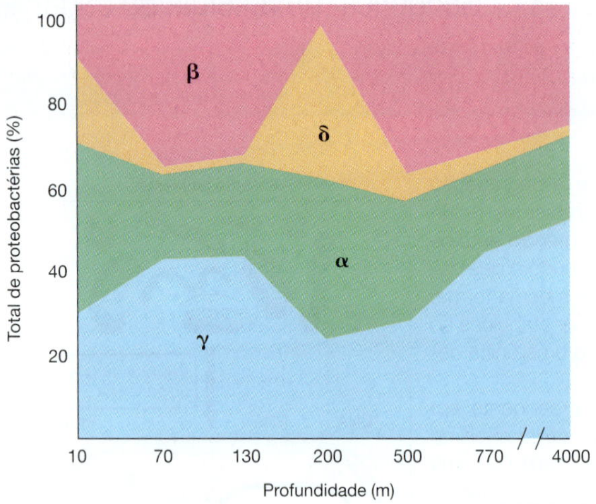


**Figura 6.25 Metagenômica de Proteobacteria no oceano.** A distribuição de acordo com a profundidade dos principais subgrupos (alfa α, beta β, gama γ e delta δ) de Proteobacteria no Oceano Pacífico está demonstrada na figura. Muitos outros grupos de bactérias estão também presentes (não demonstrado). Dados adaptados de Kembel, S.W., J.A. Eisen, K.S. Pollard, e J.L. Green. 2011. *PLoS One 6:* e23214.

mo-modelo na biologia, a bactéria *Escherichia coli* compreende apenas cerca de 1% da população total de bactérias intestinais.

Estudos recentes sobre o microbioma intestinal humano e murino revelaram várias espécies de fungos (**Figura 6.26**), anteriormente não detectadas; estes compõem o que chamamos de *micobioma* (o prefixo "mico" significa fungo). Muitos destes são leveduras comuns, como *Saccharomyces* e *Candida*, embora alguns dos fungos intestinais detectados, tais como *Aspergillus* e *Trichosporon*, são graves patógenos potenciais (Figura 6.26). Além disso, embora os fungos intestinais constituam menos do que 1% do microbioma, já se sabe que certas condições como a síndrome do intestino irritável se relaciona fortemente com populações específicas de fungos. Portanto, a metagenômica é uma grande promessa para investigar possíveis conexões entre populações microbianas específicas e certas doenças em seres humanos e outros animais.

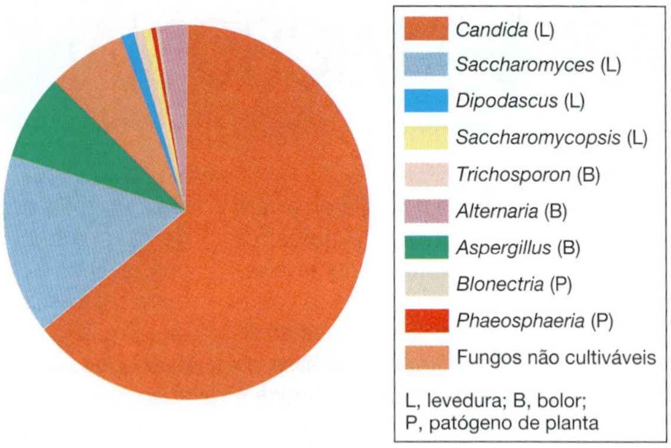


**Figura 6.26 O microbioma murino.** Os dados mostram a população fúngica do intestino do camundongo. O gráfico mostra que os fungos mais comuns são as leveduras. Dados adaptados de Iliev, I.D., et al. *Science 336:* 1314–1317 (2012).

**MINIQUESTIONÁRIO**

- O que é um metagenoma?
- Como o metagenoma é analisado?
- Como o microbioma humano e micobioma se diferem?

# IV • A evolução dos genomas

Além do entendimento de como os genes atuam e os organismos interagem com o ambiente, a genômica comparativa pode também revelar as relações evolutivas entre os organismos. A reconstrução das relações evolutivas a partir das sequências genômicas auxilia a distinção entre características primitivas e derivadas, assim como pode resolver ambiguidades nas árvores filogenéticas baseadas em análises de um único gene, como o RNAr da subunidade menor (Seção 12.4). A genômica é também um elo para a compreensão das formas primitivas de vida e, eventualmente, pode responder a questão mais fundamental da biologia: como surgiu a vida?

## 6.11 Famílias gênicas, duplicações e deleções

Genomas de origem procariótica e eucariótica frequentemente contêm cópias múltiplas de genes cujas sequências são relacionadas devido ao compartilhamento de um ancestral evolutivo; esses genes são denominados *genes homólogos* ou **homólogos**. Grupos de genes homólogos são chamados de **famílias gênicas**. Assim, não surpreende que genomas maiores tendam a conter um número maior de membros individuais de uma determinada família gênica.

### Parálogos e ortólogos

A genômica comparativa revelou que muitos genes surgiram pela *duplicação* de outros. Tais homólogos devem ser subdivididos de acordo com suas origens. Genes cuja similaridade é resultante da duplicação gênica em algum momento na evolução de um organismo são denominados **parálogos**. Genes encontrados em um organismo que são similares a genes de outro organismo porque descenderam de um mesmo ancestral comum são denominados **ortólogos** (**Figura 6.27**). Ortólogos são frequentemente não idênticos porque divergiram devido à especiação ou a eventos evolutivos mais distantes. Como exemplo de genes parálogos temos os codificadores de várias isoenzimas diferentes da lactato desidrogenase (LDH) em seres humanos. Essas enzimas, denominadas *isoenzimas*, são estruturalmente distintas, embora sejam altamente relacionadas e realizem a mesma reação enzimática. Por outro lado, a LDH correspondente da bactéria do ácido láctico, *Lactobacillus*, é ortóloga a todas as isoenzimas LDH humanas. Assim, famílias gênicas contêm tanto parálogos quanto ortólogos.

### Duplicação gênica

Considera-se que a duplicação gênica é o mecanismo de evolução da maioria dos novos genes. Se um segmento de DNA

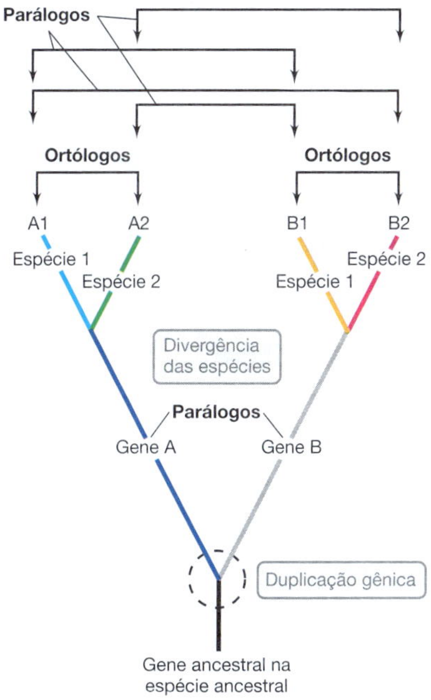


**Figura 6.27 Ortólogos e parálogos.** Esta árvore genealógica ilustra um gene ancestral que foi duplicado e divergiu em dois genes parálogos, A e B. Em seguida, a espécie ancestral divergiu na espécie 1 e espécie 2, ambas apresentando genes A e B (designados A1 e B1, A2 e B2, respectivamente). Cada um desses pares é um parálogo. Entretanto, como as espécies 1 e 2 consistem atualmente em espécies distintas, A1 é ortólogo de A2 e B1 é ortólogo de B2.

duplicado for longo o suficiente para incluir um gene inteiro ou um grupo de genes, o organismo contendo a duplicação possui cópias múltiplas desses genes em particular. Após a duplicação, uma das duplicatas encontra-se livre para evoluir, enquanto a outra cópia continua a suprir a célula com a função original (**Figura 6.28*a***). Desse modo, a evolução pode "testar" uma cópia do gene. Esses eventos de duplicação gênica, seguidos pela diversificação de uma das cópias, são considerados os principais eventos que alimentam a evolução. Análises genômicas revelaram inúmeros exemplos de genes codificadores de proteínas que claramente derivaram de duplicação gênica. A Figura 6.28*b* demonstra isso para a enzima RubisCO, a enzima-chave do metabolismo autotrófico (Seção 13.5). Aqui, um gene ancestral deu origem a enzimas com atividades catalíticas diferentes, porém relacionadas.

As duplicações que ocorrem no material genético podem incluir apenas poucas bases ou até mesmo genomas inteiros. Por exemplo, a comparação de genomas da levedura *Saccharomyces cerevisiae* com outros fungos sugere que o ancestral de *Saccharomyces* duplicou seu genoma inteiro. Isso foi acompanhado por extensas deleções que eliminaram grande parte do material genético duplicado. A análise do genoma da planta-modelo *Arabidopsis* sugere a ocorrência de uma ou mais duplicações do genoma inteiro no ancestral das plantas de floração.

Os genomas bacterianos evoluíram por duplicação do genoma inteiro? A distribuição de genes duplicados e famílias gênicas nos genomas de bactérias sugerem que muitas duplicações frequentes, porém relativamente pequenas, ocorreram. Por exemplo, entre as Deltaproteobacteria, a bactéria de solo *Myxococcus* apresenta um genoma de 9,1 Mpb. Isso corresponde a aproximadamente o dobro dos genomas de outras Deltaproteobacteria típicas, que variam de 4 a 5 Mpb. Entre as Alphaproteobacteria, o tamanho do genoma varia de 1,1 a 1,5 Mpb para membros parasitas, 4 Mpb para *Caulobacter* de vida livre e até 7 a 9 Mpb para bactérias associadas a plantas (Tabela 6.1). Contudo, em todos esses casos, a análise da distribuição gênica aponta para duplicações frequentes em pequena escala, em vez de duplicações do genoma inteiro. Contrariamente, em bactérias parasitas, deleções frequentes sucessivas eliminaram genes não mais necessários a um estilo de vida parasitário, resultando em seus pequenos genomas não usuais (Seção 6.4, Tabela 6.1 e Figuras 6.8 e 6.14).

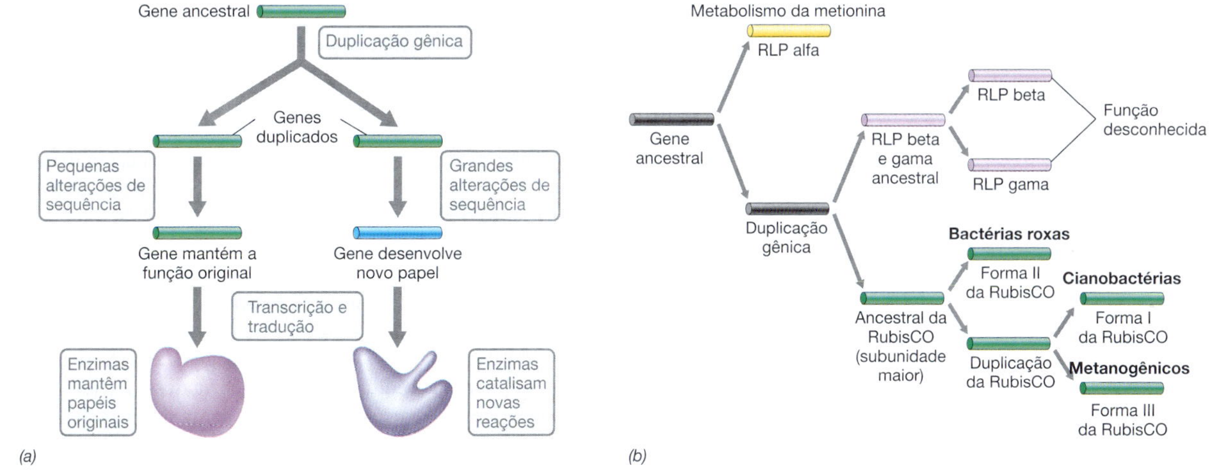


**Figura 6.28 Evolução pela duplicação gênica.** *(a)* O princípio da duplicação gênica. Após a duplicação, uma cópia do gene é livre para desenvolver uma nova função. *(b)* A família de genes RubisCO (rbcL). A subunidade maior da enzima RubisCO que fixa o $CO_2$ durante a fotossíntese se dividiu em três formas intimamente relacionadas (I, II e III), sendo que todas mantiveram a função original (barras verdes). Entretanto, a RubisCO, por sua vez, é derivada de um gene ancestral (barras pretas) de função desconhecida que se dividiu e produziu um gene que codifica uma enzima que faz parte do metabolismo da metionina (barra amarela) e vários outros genes que ainda não possuem funções conhecidas (barras roxas). RLP, proteína do tipo RubisCO.

## Análise gênica em diferentes domínios

A comparação de genes e de famílias gênicas é uma das principais tarefas da genômica comparativa. Uma vez que cromossomos de muitos microrganismos diferentes já foram sequenciados, essas comparações podem ser facilmente realizadas, gerando resultados que, com frequência, são surpreendentes. Por exemplo, genes de arqueias envolvidos na replicação de DNA, transcrição e tradução são mais similares às de eucariotos do que de bactérias. Inesperadamente, entretanto, muitos outros genes de arqueias, por exemplo, aqueles envolvidos em funções metabólicas distintas do processamento de informação, são mais similares aos de bactérias do que de eucariotos. As poderosas ferramentas analíticas da bioinformática permitem que as relações genéticas entre quaisquer organismos sejam rapidamente deduzidas em termos de genes únicos, grupo gênico ou genoma inteiro. Os resultados obtidos até o momento reforçaram o quadro filogenético da vida deduzido originalmente pela análise comparativa de sequências de RNA ribossomal (Seção 12.4) e sugerem que muitos genes de todos os organismos possuem raízes evolutivas comuns. Entretanto, essas análises também revelaram exemplos de fluxo gênico horizontal, uma questão importante a ser discutida em seguida.

**MINIQUESTIONÁRIO**

- O que é um gene homólogo?
- O que é uma família gênica?
- Diferencie genes parálogos de genes ortólogos.

## 6.12 Transferência horizontal de genes e estabilidade do genoma

A evolução baseia-se na transferência de características genéticas de uma geração para a próxima. Entretanto, em procariotos, a **transferência horizontal de genes** (às vezes chamada de *transferência lateral de genes*) também ocorre e pode dificultar as análises dos genomas.

A transferência horizontal de genes ocorre quando eles são transferidos de uma célula para outra, de maneira distinta do processo hereditário usual (vertical), de célula-mãe para célula-filha (**Figura 6.29**). Em procariotos, pelo menos três mecanismos de transferência horizontal de genes são conhecidos: *transformação, transdução* e *conjugação* (Capítulo 10). O fluxo gênico horizontal pode ser amplo na natureza e algumas vezes cruza até mesmo as fronteiras dos domínios filogenéticos. Contudo, para ser detectável pela genômica comparativa, a diferença entre os organismos deve ser bastante grande. Por exemplo, vários genes com origem eucariótica foram encontrados em *Chlamydia* e *Rickettsia*, ambos patógenos humanos. Particularmente, dois genes codificadores de proteínas do tipo histona H1 foram detectados no genoma de *Chlamydia trachomatis*, sugerindo transferência horizontal a partir de uma fonte eucariótica, possivelmente até mesmo seu hospedeiro humano. Observe que essa situação é oposta àquela na qual genes do ancestral da mitocôndria foram transferidos para o núcleo eucariótico (Seção 6.5).

### Detecção do fluxo horizontal de genes

As transferências horizontais de genes podem ser detectadas em genomas uma vez que os genes tenham sido anotados (Seção 6.3). A presença de genes que codificam proteínas normalmente encontradas somente em espécies distantes é um sinal de que os genes foram originados por transferência horizontal. Entretanto, outro indício de genes horizontalmente transferidos é a presença de um segmento de DNA cujo conteúdo de GC, ou utilização preferencial de códons, diferem significativamente do restante do genoma (Figura 6.29). Utilizando essas informações, muitos prováveis exemplos de transferência horizontal foram documentados nos genomas de vários procariotos. Um exemplo clássico consiste no organismo *Thermotoga maritima*, uma espécie de bactéria, que contém mais de 400 genes (mais de 20% do seu genoma) de origem de arqueias. Desses, 81 foram encontrados em agrupamentos distintos. Isso sugere fortemente que esses genes foram obtidos por transferência horizontal de genes, provavelmente de arqueias termofílicas que partilham os ambientes quentes habitados por *Thermotoga*.

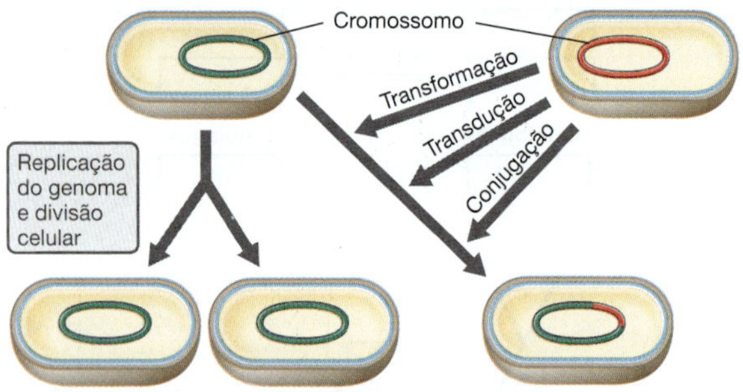


**Figura 6.29 Transferência vertical de genes *versus* transferência horizontal.** Transferência vertical de genes ocorre quando as células se dividem. Já a transferência horizontal de genes ocorre quando a célula doadora transfere seus genes para a célula receptora. Nos procariotos, a transferência horizontal ocorre através de um dos três mecanismos: transformação, transdução e conjugação.

Os genes adquiridos por transferência horizontal geralmente codificam funções metabólicas distintas dos processos moleculares centrais de replicação de DNA, transcrição e tradução, podendo ser responsáveis pelas similaridades de genes metabólicos entre arqueias e bactérias previamente mencionados (Seção 6.4). Além disso, existem vários exemplos de genes de virulência de patógenos que foram transferidos horizontalmente. Obviamente, os procariotos estão trocando genes na natureza e esse processo provavelmente atua realizando um "ajuste fino" no genoma do organismo a uma situação ou um hábitat particular. É necessária cautela quando se invoca a transferência horizontal de genes para explicar a sua distribuição. Quanto o genoma humano foi inicialmente sequenciado, mais de 200 genes foram identificados como oriundos de transferência horizontal de genes a partir de procariotos. Entretanto, quando um maior número de genomas eucarióticos tornou-se disponível para análise, foram encontrados homólogos para a maioria desses genes em várias linhagens eucarióticas. Por isso, atualmente acredita-se que a maioria desses genes tenha, de fato, origem eucariótica. Somente cerca de doze genes são atualmente aceitos como fortes candidatos a possuírem origem procariótica relativamente recente. A frase "relativamente recente" nesse contexto refere-se a genes transferidos de procariotos após a separação das principais linhagens eucarióticas (Seção 12.4), e não a genes de possível origem procariótica ancestral, que são compartilhados por todos os eucariotos.

## Evolução do genoma e elementos móveis

Como descrito na Seção 10.11, DNA móvel refere-se a segmentos de DNA que se movem de um local para outro no interior de moléculas de DNA do hospedeiro. A maioria dos DNAs móveis consiste em *elementos transponíveis*, porém genomas virais integrados e integrons são também encontrados. Todos esses elementos móveis desempenham importantes papéis na evolução do genoma (**Figura 6.30**).

*Transposons* são formas comuns de DNA móvel que podem mover-se entre diferentes moléculas de DNA do hospedeiro, incluindo cromossomos, plasmídeos e vírus, pela atividade da enzima *transposase* (Seção 10.11). Ao deslocar-se, eles podem carrear e transferir horizontalmente genes que codificam uma variedade de características, incluindo resistência a antibióticos ou produção de toxinas. Entretanto, transposons podem também mediar uma variedade de alterações cromossômicas em larga escala (Figura 6.30). Bactérias que estão em rápida mudança evolutiva contêm números relativamente elevados de elementos móveis, especialmente sequências de inserção, elementos transponíveis cujos genes codificam exclusivamente para transposição. A recombinação entre elementos idênticos gera rearranjos cromossômicos como deleções, inversões ou translocações. Acredita-se que tal processo represente uma fonte de diversidade genômica sobre qual seleção pode atuar. Assim, rearranjos cromossômicos que se acumulam em bactérias durante o crescimento em condições de estresse são frequentemente flanqueados por repetições ou sequências de inserção.

Contrariamente, uma vez que uma espécie se estabelece em um nicho evolutivo estável, a maioria dos elementos móveis é aparentemente perdida. Por exemplo, genomas de espécies de *Sulfolobus* (*Archaea*) possuem números extremamente elevados de sequências de inserção e exibem uma alta

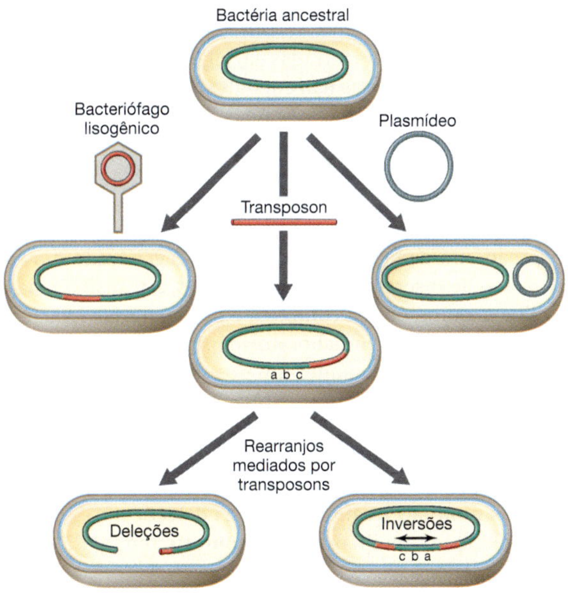


**Figura 6.30 Elementos móveis promovem evolução do genoma.** Uma variedade de elementos genéticos móveis pode se mover de um organismo para o outro, adicionando genes ao genoma do organismo receptor. Os mais comuns deles são plasmídeos, bacteriófagos e transposons. Neste último caso, rearranjos cromossômicos, como deleções e inversões do DNA vizinho ao transposon, podem ser mediados pela atividade da enzima transposase.

frequência de translocações gênicas. Por outro lado, *Pyrococcus* (*Archaea*) é praticamente desprovido de sequências de inserção, exibindo um número correspondentemente baixo de translocações gênicas. Isso sugere que, por qualquer razão, talvez devido a flutuações nas condições de seus hábitats, o genoma de *Sulfolobus* seja mais dinâmico do que o genoma mais estável de *Pyrococcus*.

Rearranjos cromossômicos devido às sequências de inserção aparentemente contribuíram para a evolução de vários patógenos bacterianos. Em *Bordetella*, *Yersinia* e *Shigella*, as espécies mais altamente patogênicas apresentam uma frequência muito maior de sequências de inserção. Por exemplo, *Bordetella bronchiseptica* possui um genoma de 5,3 Mpb, porém não apresenta sequências de inserção conhecidas. Seu relacionado mais patogênico, *Bordetella pertussis*, o agente causador da coqueluche (Seção 29.3), apresenta um genoma menor (4,1 Mpb), mas possui mais de 260 sequências de inserção. A comparação desses genomas sugere que as sequências de inserção são responsáveis por substanciais rearranjos genômicos, incluindo deleções responsáveis pela redução do tamanho genômico em *B. pertussis*.

As sequências de inserção também desempenham um papel na organização de módulos genéticos que geram novos plasmídeos. Assim, 46% do megaplasmídeo de virulência de 220 Kpb de *Shigella flexneri* consistem em DNA de sequências de inserção. Além das sequências de inserção completas, existem muitos fragmentos nesse plasmídeo, sugerindo múltiplos rearranjos ancestrais.

**MINIQUESTIONÁRIO**

- Qual classe de genes é raramente transferida horizontalmente? Por quê?
- Liste os principais mecanismos pelos quais a transferência horizontal de genes ocorre em procariotos.
- Por que os transposons são especialmente importantes na evolução de bactérias patogênicas?

## 6.13 Genoma cerne *versus* pangenoma

Um dos conceitos mais importantes que surge ao se comparar as sequências genômicas de várias amostras da mesma espécie é a distinção entre o **genoma cerne** e o **pangenoma**. O genoma *cerne* é aquele compartilhado por todas as amostras de uma determinada espécie, entretanto o *pangenoma* inclui o genoma cerne mais todas as sequências extras presentes em uma ou mais amostras, mas não em todas as amostras da mesma espécie (**Figura 6.31**). Como foi visto, a transferência horizontal de genes de elementos genéticos inteiros, como plasmídeos, vírus ou elementos transponíveis, é possível. Consequentemente, pode haver grandes diferenças na quantidade total de DNA e no conjunto de capacidades acessórias (virulência, simbiose ou biodegradação) entre amostras de uma única espécie bacteriana. Em outras palavras, podemos dizer que geralmente o genoma cerne é o genoma da espécie como um todo, entretanto os outros componentes do pangenoma, frequentemente elementos móveis, estão restritos a amostras particulares dentro de cada espécie.

É difícil definir precisamente o tamanho do pangenoma porque ele aumenta à medida que mais amostras da espécie são sequenciadas. Em alguns casos, tais como os das ente-

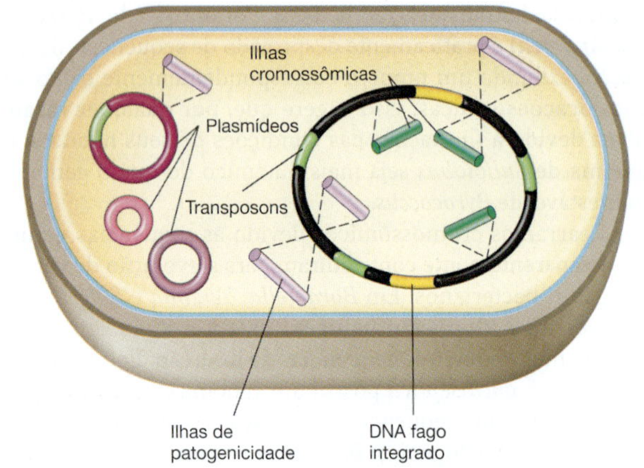


**Figura 6.31** **Pangenoma *versus* genoma cerne.** O genoma cerne está representado pelas regiões pretas do cromossomo e está presente em todas as amostras da espécie. O pangenoma inclui elementos que estão presentes em uma ou mais amostras, mas não em todas. Cada barra colorida indica uma única inserção. Quando duas barras surgem do mesmo local, elas representam ilhas alternativas que podem ser inseridas em um mesmo sítio. Entretanto, somente uma inserção pode estar presente em uma dada localização. Plasmídeos, assim como cromossomos, podem possuir inserções que não estão presentes em todas as amostras.

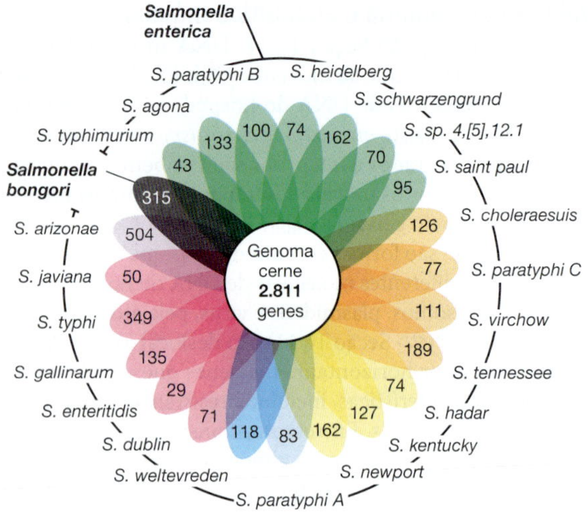


**Figura 6.32** **Gráfico "*flowerplot*" do pangenoma da *Salmonella enterica.*** Gráfico de "*flowerplot*" da família de genes nos sorotipos (linhagens) da bactéria patogênica gram-negativa *Salmonella enterica* (os nomes que circundam o gráfico são imunologicamente sorotipos únicos [S.] de *S. enterica*). A figura apresenta a média de famílias de genes, encontradas em cada genoma, únicas para cada sorotipo. *Salmonella bongori* é uma espécie diferente de *S. enterica.* O sorotipo 4,[5],12.i foi identificado recentemente e ainda não recebeu um nome. Dados de Jacobsen, A., R.S. Hendriksen, F.M. Aaresturp, D.W. Ussery, e C. Friis. 2011. The *Salmonella enterica* pan-genome. *Microb Ecol 62:* 487–504.

robactérias *Escherichia coli* e *Salmonella enterica*, muitos isolados diferentes têm sido descobertos transportando uma grande variedade de diferentes plasmídeos, transposons e similares. Consequentemente, o pangenoma se torna bem grande. A **Figura 6.32** ilustra o pangenoma dos sorotipos (linhagens) de um importante patógeno humano, *Salmonella enterica*, representado em um gráfico "*flowerplot*".

## Ilhas cromossômicas

A comparação do genoma cerne e do pangenoma de determinadas bactérias ou genomas de determinadas espécies com aqueles de organismos relacionados frequentemente revela blocos adicionais de material genético que são partes de cromossomos, em vez de plasmídeos ou vírus integrados. Estes são chamados de **ilhas cromossômicas** que contêm grupos de genes para funções especializadas que não são necessárias para a simples sobrevivência (Figura 6.31). Consequentemente, duas linhagens da mesma espécie bacteriana podem apresentar diferenças significantes no tamanho do genoma.

Não surpreendentemente, as ilhas cromossômicas em bactérias patogênicas têm atraído muitas atenções. Entretanto, são também conhecidas ilhas cromossômicas que carreiam genes para a biodegradação de vários substratos derivados da atividade humana, como hidrocarbonetos aromáticos e herbicidas. Além disso, muitos dos genes essenciais à relação simbiótica de rizóbios com plantas na simbiose dos nódulos radiculares (Seção 22.3) são carreados em ilhas cromossômicas. Talvez a ilha cromossômica mais singular seja a ilha de magnetossomo da bactéria *Magnetospirillum*; esse fragmento de DNA carreia os genes necessários à formação de magnetossomos, partículas magnéticas intracelulares utilizadas para orientar o organismo em um campo magnético e influenciar a direção da sua mobilidade (Seção2.14).

Acredita-se que as ilhas cromossômicas possuam uma origem "exógena", com base em várias observações. Primeiro, essas regiões adicionais são frequentemente flanqueadas por repetições invertidas, implicando que a região inteira foi inserida no cromossomo por transposição (Seção 6.12) em algum momento do passado evolutivo recente. Segundo, em ilhas cromossômicas, a composição de bases e uso preferencial de códons (Tabela 6.3) frequentemente difere de forma significativa do restante do genoma. Terceiro, as ilhas cromossômicas são frequentemente encontradas em algumas linhagens de determinadas espécies, mas não em outras.

Algumas ilhas cromossômicas carreiam um gene da enzima integrase e, provavelmente, movem-se de forma análoga aos transposons conjugativos (Seção 6.12). As ilhas cromossômicas estão normalmente inseridas em um gene de RNAt; entretanto, como o sítio-alvo é duplicado durante a inserção, um gene de RNAt intacto é regenerado durante o processo de inserção. Em poucos casos, a transferência de uma ilha cromossômica completa entre bactérias relacionadas foi demonstrada em laboratório; provavelmente a transferência ocorra por qualquer um dos mecanismos de transferência horizontal anteriormente discutidos: transformação, transdução e conjugação (Figura 6.29). Supõe-se que, após a inserção no genoma de uma nova célula hospedeira, as ilhas cromossômicas gradualmente acumulem mutações – tanto mutações pontuais quanto pequenas deleções. Assim, após muitas gerações, as ilhas cromossômicas tendem a perder sua mobilidade.

## Ilhas de patogenicidade e a evolução da virulência

A comparação do genoma de bactérias patogênicas com aqueles de organismos relacionados não patogênicos frequentemente revela ilhas cromossômicas que codificam *fatores de virulência*, proteínas especiais, ou outras moléculas, ou es-

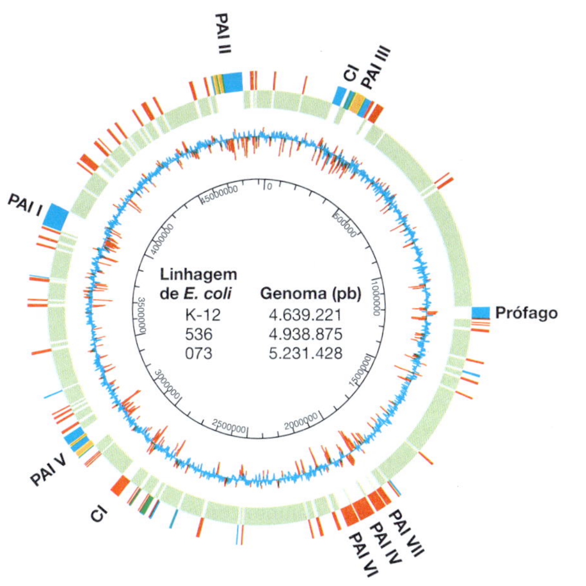


**Figura 6.33** **Ilhas de patogenicidade em *Escherichia coli*.** Mapa genético da linhagem 536 de *E. coli*, um patógeno do trato urinário, comparado a uma segunda linhagem patogênica (073) e a linhagem selvagem K-12. As linhagens patogênicas contêm ilhas de patogenicidade e, desse modo, seus cromossomos são maiores que os de K-12. Círculo interno, pares de bases nucleotídicas. Círculo irregular, distribuição de GC no DNA; regiões onde o conteúdo de GC difere grandemente da média do genoma estão em vermelho. Círculo externo, comparação dos três genomas: verde, genes comuns a todas as linhagens; vermelho, genes presentes somente nas linhagens patogênicas; azul, genes encontrados somente na linhagem 536; cor de laranja, genes da linhagem 536 presentes em uma localização diferente na linhagem 073. Alguns insertos muito pequenos foram deletados para maior clareza. PAI, ilhas de patogenicidade; CI, ilha cromossômica. Prófago, DNA de um bacteriófago temperado. Observe a relação entre as ilhas genômicas e o conteúdo distorcido de GC. Dados adaptados de *Proc. Natl. Acad. Sci. (USA), 103:* 12879-12884 (2006).

truturas necessárias para causar doença (Capítulo 23). Alguns genes de virulência são carreados em plasmídeos ou bacteriófagos lisogênicos (⇄ Seções 8.8 e 10.7). Entretanto, muitos outros estão agrupados em regiões cromossômicas denominadas **ilhas de patogenicidade** (Figura 6.31 e **Figura 6.33**).

As ilhas de patogenicidade são as mais conhecidas entre as ilhas cromossômicas. Embora as ilhas de patogenicidade sejam consideradas como uma subclasse das ilhas cromossômicas, ilhas relacionadas geneticamente que compartilham genes homólogos de integração e conjugação podem conter genes de virulência em algumas bactérias e de biodegradação em outras. Por exemplo, a identidade e a localização cromossômica da maioria dos genes de linhagens patogênicas de *Escherichia coli* correspondem às da linhagem laboratorial inócua, *E. coli* K-12, conforme esperado. Contudo, a maioria das linhagens patogênicas contém ilhas de patogenicidade de tamanho considerável, as quais estão ausentes em *E. coli* K-12 (Figura 6.33). Consequentemente, duas linhagens da mesma espécie bacteriana podem apresentar diferenças significativas no tamanho do genoma devido à presença ou a ausência de ilhas. Por exemplo, como apresentado na Tabela 6.1, a linhagem êntero-hemorrágica de *E. coli* O157:H7 contém 20% mais de DNA e genes do que a linhagem *E. coli* K12.

Ilhas de patogenicidade pequenas que codificam uma série de fatores de virulência estão presentes em certas amostras da bactéria patogênica gram-positiva *Staphylococcus aureus* e podem ser movidas entre as células pelos bacteriófagos (⇄ Seção 10.7). As ilhas são menores do que o genoma do fago, e quando são separadas do cromossomo e se replicam, elas induzem a formação de partículas de fagos defectivas que carregam os genes das ilhas, mas que são tão pequenos que não conseguem carregar o genoma do fago. Dessa maneira, as amostras de *S. aureus* que não possuem ilhas podem rapidamente obtê-las e se tornarem mais patogênicas.

**MINIQUESTIONÁRIO**

- Qual é a diferença entre o genoma cerne e o pangenoma?
- O que é uma ilha cromossômica e como identificar se ela é de origem exógena?
- O que é uma ilha de patogenicidade e como ela se move entre espécies bacterianas?

## CONCEITOS IMPORTANTES

**6.1** • Os pequenos vírus foram os primeiros organismos que tiveram os seus genomas sequenciados, mas agora os genomas de muitos procariotos e eucariotos também já foram sequenciados.

**6.2** • A tecnologia de sequenciamento de DNA está avançando rapidamente. O método original de Sanger raramente é utilizado e existem quatro sucessivas gerações de tecnologia de sequenciamento. Avanços nas técnicas têm aumentado a velocidade do sequenciamento de DNA. A técnica "*shotgun*" utiliza a clonagem aleatória e o sequenciamento de pequenos fragmentos do genoma seguido pela montagem do genoma gerada pelo computador.

**6.3** • A análise computacional dos dados de sequenciamento é uma parte vital da genômica. Ferramentas computacionais são utilizadas para armazenar e analisar as sequências e as estruturas das macromoléculas biológicas.

**6.4** • O tamanho dos genomas procarióticos sequenciados varia de 0,15 a 13 Mbp. Os menores genomas de procariotos são menores do que os maiores genomas virais, entretanto os maiores possuem mais genes do que alguns genomas de eucariotos. O conteúdo genético dos procariotos é geralmente proporcional ao tamanho do genoma. Muitos genes podem ser identificados pela sua similaridade genética com genes encontrados em outros organismos. Entretanto, uma porcentagem significativa de genes sequenciados possui funções desconhecidas.

**6.5** • Praticamente todas as células eucarióticas possuem mitocôndrias, e, além disso, as células vegetais ainda possuem cloroplastos. Ambas as organelas contêm genomas de DNA circular que codificam RNArs, RNAts e umas poucas proteínas necessárias para o metabolismo energético. Embora os genomas das organelas sejam independentes do genoma nuclear, as organelas não são. Muitos genes no núcleo codificam proteínas requeridas para as funções das organelas.

**6.6** • A sequência genômica completa de muitos microrganismos eucariotos foram determinadas. O genoma da levedura *Saccharomyces cerevisiae* codifica por volta de 6.000 proteínas, das quais somente cerca de 900 parecem ser essenciais. Relativamente poucos dos genes de levedura que codificam proteínas contêm íntrons. O número total de genes nos microrganismos eucariotos varia de 2.000 (menos do que muitos procariotos) a 60.000 (mais que o dobro dos seres humanos).

**6.7** • Microarranjos são genes ou fragmentos de genes aderidos a um suporte sólido de padrão conhecido; o RNAm é então hibridizado como DNA para determinar os padrões de expressão gênica. Os arranjos são grandes o suficiente para o padrão transcricional de um genoma inteiro (transcriptoma) ser analisado. O RNA-Seq requer o sequenciamento massivo do DNAc para analisar o transcriptoma, além de requerer também tecnologias de sequenciamento de terceira e quarta gerações.

**6.8** • A proteômica é a análise de todas as proteínas presentes em um organismo. O objetivo final da proteômica é entender a estrutura, função e regulação dessas proteínas. O interatoma é o conjunto total de interações entre as macromoléculas dentro da célula.

**6.9** • O metaboloma é o conjunto completo de intermediários metabólicos produzidos por um organismo. A biologia de sistemas utiliza dados da genômica, transcriptoma e outras "ômicas" para construir modelos computacionais das atividades moleculares e interações nas células.

**6.10** • A maioria dos microrganismos do meio ambiente nunca foi cultivado. No entanto, análises de amostras de DNA revelaram enormes diversidades de sequências na maioria dos hábitats. O conceito de metagenoma envolve o conteúdo genético total de todos os organismos em um ambiente particular.

**6.11** • A genômica pode ser utilizada para estudar a história evolucionária de um organismo. Organismos possuem famílias gênicas, genes com sequências relacionadas. Se os genes surgiram por causa da duplicação gênica, são denominados parálogos, se eles surgiram devido à especiação, eles são denominados ortólogos.

**6.12** • Os organismos podem adquirir genes de outros organismos em seu ambiente pela transferência horizontal de genes, e tais transferências podem até mesmo atravessar os limites dos domínios filogenéticos. Elementos de DNA móveis, incluindo transposons, integrons e vírus, são importantes na evolução genômica e frequentemente carregam genes que conferem resistência a antibióticos e fatores de virulência.

**6.13** • A comparação de genomas de múltiplas amostras da mesma espécie bacteriana mostra um componente conservado (o genoma cerne), além de vários módulos genéticos variáveis somente presentes em certos membros da espécie (o pangenoma). Muitas bactérias possuem relativamente grandes inserções de origem exógena conhecidas como ilhas cromossômicas. Essas contêm grupos de genes que codificam funções metabólicas especializadas ou patogênese e fatores de virulência (ilhas patogênicas).

## REVISÃO DE TERMOS-CHAVE

**Biblioteca genômica** uma coleção de fragmentos de DNA clonados que cobrem todo o genoma.

**Bioinformática** utilização de ferramentas computacionais para adquirir, analisar, armazenar e acessar sequências de DNA e proteínas.

**Biologia de sistemas** a integração de dados da genômica e de outras áreas "ômicas" para construir uma visão global de um sistema biológico.

***Chip* genético** pequenos suportes nos quais porções de genes são fixadas e dispostas espacialmente em um padrão conhecido (também chamados de microarranjos).

**Códons preferenciais** proporção relativa dos diferentes códons que codificam o mesmo aminoácido, variam nos diferentes organismos. O mesmo que utilização de códons.

**Família gênica** genes que exibem sequências relacionadas com o resultado de uma origem evolutiva comum.

**Fase de leitura aberta (ORF)** sequência de DNA ou RNA que pode ser traduzida para gerar um peptídeo.

**Genoma** conjunto total da informação genética de uma célula ou um vírus.

**Genoma cerne** parte do genoma compartilhada por todas as amostras da espécie.

**Genômica** disciplina que mapeia, sequencia, analisa e compara genomas.

**Hibridização** junção de duas fitas simples de moléculas de ácido nucleico pela complementaridade dos pares de base para formar uma molécula híbrida de dupla-fita (DNA ou DNA-RNA).

**Homólogos** sequência relacionada em um grau que implica uma ancestralidade genética comum; incluem os ortólogos e parálogos.

**Ilha cromossômica** região do cromossomo bacteriano de origem exógena que contém genes agrupados que conferem alguma propriedade adicional, como virulência ou simbiose.

**Ilha de patogenicidade** região do cromossomo bacteriano de origem exógena que contém genes agrupados que conferem virulência.

**Iniciador** oligonucleotídeo no qual a DNA-polimerase liga o primeiro desoxirribonucleotídeo durante a síntese de DNA.

**Interatoma** o conjunto total de interações entre proteínas (ou outras macromoléculas) em um organismo.

**Metaboloma** conjunto total de pequenas moléculas e intermediários metabólicos de uma célula ou um organismo.

**Metagenoma** conjunto genético total de todas as células presentes em um determinado ambiente.

**Metagenômica** análise genômica de um *pool* de DNA ou RNA obtidos de amostras ambientais contendo organismos que ainda não foram isolados, o mesmo que genômica ambiental.

**Microarranjos** pequenos suportes sólidos aos quais genes, ou partes de genes, são fixados e arranjados espacialmente em um padrão conhecido (também denominados *chips* gênicos).

**Ortólogo** gene encontrado em um organismo, similar àquele de outro organismo por causa da descendência de um ancestral comum (ver também *Parálogo*).

**Pangenoma** totalidade de genes presentes nas diferentes amostras de uma determinada espécie.

**Parálogo** gene cuja similaridade com um ou mais genes no mesmo organismo é resultado de duplicação gênica (ver também *Ortólogo*).

**Proteoma** conjunto total de proteínas codificadas por um genoma ou conjunto total de proteínas de um organismo.

**Proteômica** estudo em escala genômica da estrutura, função e regulação das proteínas de um organismo.

**Sequenciamento** dedução da sequência de uma molécula de DNA ou RNA, por meio de uma série de reações químicas.

**Sequenciamento *shotgun*** sequenciamento do DNA de pequenos fragmentos do genoma previamente clonados de forma aleatória; o sequenciamento *shotgun* é seguido por métodos computacionais para reconstruir a sequência genômica inteira.

**Sonda de ácido nucleico** fita de ácido nucleico marcada que pode ser utilizada para hibridizar com fitas de ácido nucleico complementares em uma solução.

**Transcriptoma** conjunto de todos os RNAs produzidos em um organismo sob determinadas condições específicas.

**Transferência horizontal de genes** transferência da informação genética entre organismos, diferente da herança vertical a partir de organismo(s) parental(ais).

UNIDADE 2

## QUESTÕES PARA REVISÃO

1. Por que os didesoxinucleotídeos atuam como terminadores de cadeia? (Seção 6.1)
2. Dê um exemplo do sistema de sequenciamento de primeira, segunda e terceira gerações. (Seção 6.2)
3. Quais características são utilizadas na identificação de fases de leitura aberta, utilizando-se dados obtidos do sequenciamento? (Seção 6.3)
4. Qual é a relação entre o tamanho do genoma e o conteúdo de fases de leitura aberta no genoma dos procariotos? (Seção 6.4)
5. Em relação à proporção do genoma total, qual classe de genes predomina em organismos com genomas pequenos? E naqueles organismos com genomas grandes? (Seção 6.4)
6. Quais genomas são maiores: de cloroplastos ou de mitocôndrias? Descreva uma característica incomum de um genoma de cloroplasto e de um mitocondrial. (Seção 6.5)
7. Quão maior é o seu genoma em relação ao da levedura? Quantos genes você possui a mais que uma levedura? (Seção 6.6)
8. Diferencie os termos genoma, proteoma e transcriptoma. (Seções 6.7 e 6.8)
9. O que um gel 2D de proteínas revela? Como os resultados desse tipo de gel podem ser relacionados com a função da proteína? (Seção 6.8)
10. Por que a pesquisa do metaboloma está atrasada em relação ao do proteoma? (Seção 6.9)
11. Quais são os objetivos da biologia de sistemas? (Seção 6.9)
12. Como a expressão gênica pode ser quantificada em bactérias não cultivadas? (Seção 6.10)
13. A maior parte da informação genética em nosso planeta não pertence a organismos celulares. Discuta. (Seção 6.10)

14. Qual a principal diferença entre a evolução dos genomas procarióticos e eucarióticos em relação à contribuição das duplicações? (Seção 6.11)

15. Explique como genes transferidos horizontalmente podem ser detectados em um genoma. (Seção 6.12)

16. Explique como os elementos transponíveis promovem a evolução do genoma de bactérias. (Seção 6.12)

17. Explique o modo pelo qual se pode esperar que ilhas cromossômicas movam-se entre diferentes hospedeiros bacterianos. (Seção 6.13)

18. O que são as ilhas de patogenicidades e por que elas são importantes? (Seção 6.13)

## QUESTÕES APLICADAS

1. Além do tamanho do genoma, quais fatores tornam a montagem completa do genoma eucariótico mais difícil do que a montagem do genoma procariótico?

2. Descreva como se pode determinar quais proteínas de *Escherichia coli* são reprimidas quando a cultura é transferida de um meio mínimo (que contém somente uma única fonte de carbono) para um meio rico, contendo uma grande quantidade de aminoácidos, bases e vitaminas. Descreva como poderíamos estudar quais genes são expressos durante cada condição de crescimento.

3. O gene que codifica a subunidade beta da RNA-polimerase de *Escherichia coli* é considerado ortólogo do gene *rpoB* de *Bacillus subtilis*. O que tal termo significa quanto à relação entre os dois genes? Que proteína deve ser codificada pelo gene *rpoB* de *Bacillus subtilis*? Os genes de diferentes fatores sigma de *Escherichia coli* são parálogos. O que isso indica quanto à relação entre eles?

CAPÍTULO

# 7 Regulação metabólica

## microbiologiahoje

### Luminescência ou letalidade?

Todas as células humanas contêm o mesmo modelo genético, mas o que torna a célula do cérebro diferente da célula do fígado? Essa diferenciação celular é controlada pela interessante forma pela qual a célula orquestra o seu genoma – que é comumente conhecida como *regulação da expressão gênica*. Enquanto a diferenciação celular está associada principalmente com organismos multicelulares, alguns procariotos também são capazes de alterar a sua morfologia ou de trocar da forma benigna para a patogênica por meio da alteração da expressão gênica.

*Photorhabdus luminescens*, uma bactéria bioluminescente que coloniza o intestino de um nematódeo, é um exemplo surpreendente dessa troca para a forma patogênica. Embora se acreditasse que a colonização pela *Photorhabdus* era prejudicial para o verme, o relacionamento entre esses dois organismos é extremamente benéfico. No estado não patogênico, a bactéria reside de maneira inofensiva no intestino do nematódeo, no entanto, quando o verme se prepara para reproduzir, ele entra em um inseto hospedeiro e regurgita as suas bactérias intestinais. Por meio da alteração da expressão gênica, algumas células de *Photorhabdus* podem mudar para o modo patogênico e secretar toxinas inseticidas que matam o inseto hospedeiro e enzimas que dissolvem o seu corpo, liberando nutrientes tanto para o verme quanto para a bactéria.

Utilizando genes repórteres fluorescentes, microbiologistas foram capazes de visualizar essa interessante troca em uma cultura pura de *Photorhabdus*.[1] Células que estão em uma colonização benéfica tendem a formar colônias menores (foto superior, em verde), ao passo que as colônias das células patogênicas que contêm toxinas inseticidas são maiores (em vermelho). Pesquisadores também provaram que ambos os fenótipos podem ser exibidos dentro de uma única colônia isolada! Isso pode ser observado na parte negra da colônia verde mostrada na foto inferior.

Assim, a pesquisa com a *Photorhabdus* ilustra claramente como uma simples mudança na expressão gênica pode desencadear uma troca de fenótipo da bactéria, alterando significativamente seu estilo de vida.

[1]Somvanshi, V.S., et al. 2012. A single promoter inversion switches *Photorhabdus* between pathogenic and mutualistic states. *Science 337:* 88–92.

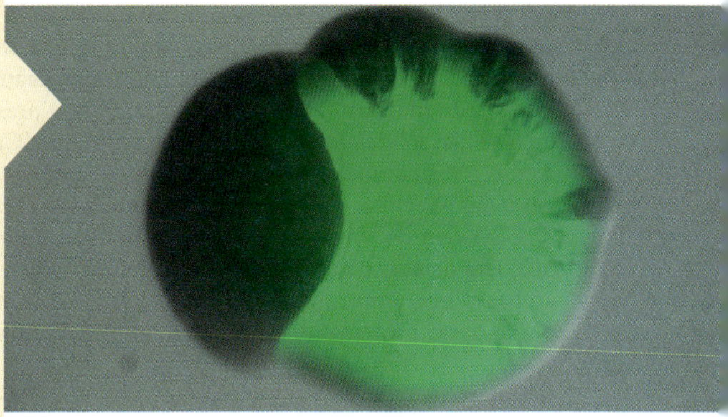


I Visão geral da regulação 216
II Proteínas de ligação ao DNA e regulação da transcrição 217
III Sensoriamento e transdução de sinal 225
IV Regulação do desenvolvimento em bactérias-modelo 232
V Regulação baseada no RNA 236
VI Regulação de enzimas e outras proteínas 240

Para orquestrar de maneira eficiente as numerosas reações que ocorrem na célula e para otimizar a utilização dos recursos disponíveis, as células devem *regular* os tipos, as quantidades e as atividades das proteínas e de outras macromoléculas que elas sintetizam. Essa regulação ocorre em todos os níveis moleculares dentro da célula. Após a transcrição do DNA em RNA, a informação é traduzida, gerando uma proteína específica. Em geral, esses processos são denominados **expressão gênica**. Uma vez que as proteínas foram traduzidas, mecanismos adicionais podem ser utilizados para regular as suas atividades. Este capítulo focará nos sistemas que controlam a expressão gênica e a atividade das proteínas.

# I • Visão geral da regulação

Algumas moléculas de proteínas e RNA são necessárias em uma célula, em concentrações aproximadamente idênticas, em todas as condições de crescimento. A expressão dessas moléculas é chamada de *constitutiva*. No entanto, é mais comum que uma proteína em particular ou RNA sejam requeridos em determinadas condições, mas não em outras. Por exemplo, as enzimas necessárias ao catabolismo do açúcar lactose somente são úteis à célula quando a lactose se encontra presente em seu ambiente. Os genomas microbianos codificam muito mais proteínas que aquelas de fato presentes em uma célula, sob qualquer condição em particular (Capítulo 6). Assim, a regulação corresponde a um dos principais processos em todas as células e ajuda a conservar energia e recursos.

Existem dois níveis principais de regulação em uma célula. Um deles controla a *atividade* de enzimas preexistentes, ao passo que o outro controla a *quantidade* de uma enzima ou de outra proteína. A atividade de uma proteína pode ser regulada somente após sua síntese (i.e., pós-tradução). A regulação da atividade de uma enzima na célula é, em geral, muito rápida (ocorrendo em questão segundos ou menos), entretanto, a regulação da síntese de uma enzima é relativamente lenta (levando alguns minutos). Caso uma nova enzima deva ser sintetizada, será necessário algum tempo antes de ela se encontrar presente na célula em quantidades suficientes para afetar o metabolismo. Além disso, quando a síntese de uma enzima é interrompida, um considerável período de tempo pode ser necessário antes de a enzima ser diluída o suficiente, a ponto de não mais afetar o metabolismo. Entretanto, trabalhando juntas, as regulações da atividade e da síntese enzimática controlam o metabolismo celular.

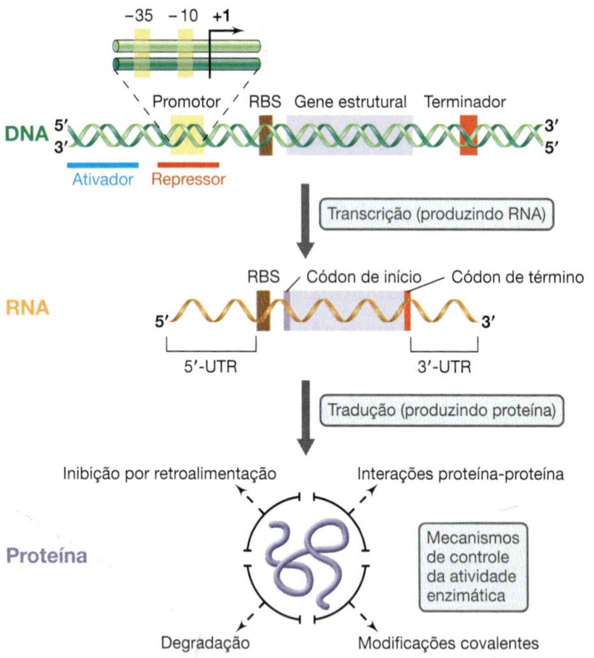


**Figura 7.1 Expressão gênica e regulação da atividade proteica.** Estão indicados na figura o promotor e o terminador, bem como as regiões envolvidas na ativação e na repressão da transcrição. A extremidade 5′ não traduzida (5′-UTR) é uma pequena região entre o local inicial da transcrição e o local inicial da tradução, ao passo que a extremidade 3′ não traduzida (3′-UTR) é uma pequena região entre o códon de término e o terminador da transcrição. Essas são as regiões onde a regulação da tradução frequentemente ocorre. Mecanismos para regular a atividade proteica após a tradução estão mostrados na parte inferior da figura.

## 7.1 Principais mecanismos de regulação

A maioria dos genes bacterianos é transcrita em RNA mensageiro (RNAm), o qual, por sua vez, é traduzido em proteína, como discutido no Capítulo 4. Os componentes de um gene típico e os pontos dentro do fluxo da informação genética, onde a quantidade de um produto gênico específico (RNA ou proteína) e a sua atividade correspondente podem ser controladas, estão resumidos na **Figura 7.1**. A quantidade de proteína sintetizada pode ser regulada tanto no nível da transcrição, por meio da variação da quantidade de RNAm produzido, quanto no nível da tradução, pelos RNAm traduzidos ou não.

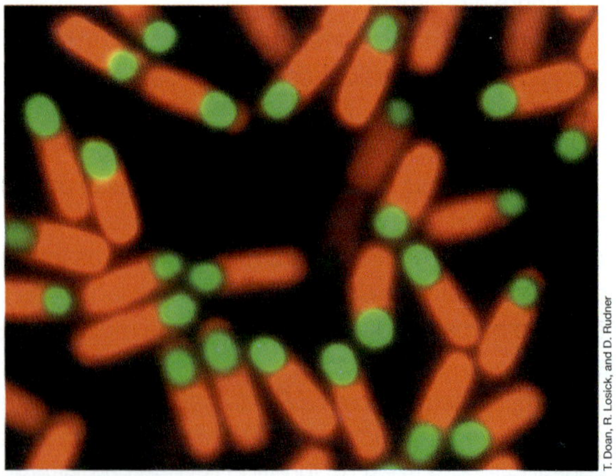


**Figura 7.2 Expressão gênica em *Bacillus* durante a esporulação utilizando a proteína verde fluorescente (GFP).** Durante a formação do endósporo, fatores sigma alternativos estão localizados em regiões específicas da célula (Seção 7.11). σF ligado à GFP indica a expressão e a atividade de uma proteína desenvolvendo endósporo (na extremidade de cada célula). σE ligado à proteína repórter vermelha fluorescente indica a expressão e a atividade da proteína em toda a célula-mãe antes da formação do endósporo. A região corresponde ao modelo apresentado na Figura 7.25*b*.

O gene estrutural codifica o produto gênico e sua expressão é controlada pelas sequências que estão a montante (Seção 4.7). Observe que as sequências que determinam o início e o término da transcrição não são as mesmas que aquelas que determinam o início e o término da tradução. Elas são separadas por regiões espaçadoras pequenas, as extremidades 5′ e 3′ não traduzidas (5′-UTR e 3′-UTR). Após a tradução, outros processos reguladores, como inibição por retroalimentação, modificações covalentes, degradação e interações com outras proteínas, podem regular a atividade de algumas proteínas.

Para monitorar os níveis de expressão gênica correspondentes a proteínas específicas, *genes repórteres* podem ser utilizados (Seção 11.6; **Figura 7.2**). Genes repórteres codificam um produto proteico que é facilmente detectado e, portanto, pode ser fundido com outros genes ou elementos reguladores para monitorar a expressão gênica. A **proteína verde fluorescente** (**GFP**), que emite uma fluorescência verde brilhante quando é exposta a um comprimento de onda específico, é comumente utilizada para monitorar a expressão gênica. Se a fase de leitura aberta para GFP é ligada diretamente à região reguladora, ou fundida com a extremidade de um gene de interesse, o nível de fluorescência pode ser correlacionado ao nível de expressão gênica. A Figura 7.2 ilustra o uso da GFP e dos seus derivados para monitorar a expressão de fatores sigma alternativos, necessários à esporulação em *Bacillus* (Seção 7.11). O uso de proteínas fluorescentes fundidas aos promotores de dois fatores sigma distintos permite que a localização celular de cada um dos fatores sigma seja determinada. A expressão do fator σF, como indicada pela proteína fluorescente verde, está localizada na extremidade da célula onde o desenvolvimento do endósporo ocorre. A expressão desse fator, o qual é necessário para ativar a transcrição gênica em toda a célula-mãe, pode ser visualizada como a proteína fluorescente vermelha no resto de toda a célula (Figura 7.2).

UNIDADE 2

**MINIQUESTIONÁRIO**

- Quais etapas da síntese proteica poderiam estar sujeitas à regulação?
- Qual processo é provavelmente mais rápido, a regulação da atividade ou a da síntese? Por quê?
- Quais mecanismos podem ser utilizados para regular a atividade de algumas proteínas?

# II • Proteínas de ligação ao DNA e regulação da transcrição

Como visto anteriormente, a quantidade de uma proteína presente em uma célula pode ser controlada no nível da transcrição, no nível da tradução, ou, ocasionalmente, pela degradação de proteínas. Iniciaremos com o controle no nível da transcrição, uma vez que esse é o principal meio de regulação nos procariotos.

## 7.2 Proteínas de ligação ao DNA

Para um gene ser transcrito, a RNA-polimerase deve reconhecer um promotor específico no DNA e, então, dar início às suas atividades (Seção 4.7). Pequenas moléculas frequentemente assumem a regulação desse processo; entretanto, elas raramente o fazem diretamente. Em vez disso, elas geralmente influenciam as ligações de certas proteínas, denominadas *proteínas reguladoras*, para locais específicos do DNA. Esse evento regula a expressão gênica ligando ou desligando a transcrição.

### Interação de proteínas com ácidos nucleicos

As interações de proteínas com ácidos nucleicos são fundamentais à replicação, à transcrição e à tradução, assim como na regulação desses processos. Essas interações podem ser específicas ou inespecíficas, dependendo de se a proteína se liga a qualquer região ao longo do ácido nucleico ou se sua interação é sequência-específica. A maioria das proteínas de ligação ao DNA interage com o ácido nucleico de maneira sequência-específica. A especificidade é conferida por interações entre as cadeias laterais de aminoácidos específicos das proteínas com as bases e o esqueleto açúcar-fosfato do DNA. Devido ao seu tamanho, o *sulco maior* do DNA consiste no principal local de ligação proteica. A Figura 4.2 identifica os átomos dos pares de bases encontrados no sulco maior, os quais interagem com as proteínas. Para apresentar alta especificidade, a proteína de ligação deve interagir, simultaneamente, com vários nucleotídeos.

Descrevemos, anteriormente, uma estrutura presente no DNA, denominada *repetição invertida* (Figura 4.23*a*). Essas repetições estão, frequentemente, localizadas em regiões onde proteínas reguladoras se ligam especificamente ao DNA (**Figura 7.3**). Observe que essa interação não envolve a formação de estruturas em haste-alça no DNA. As proteínas

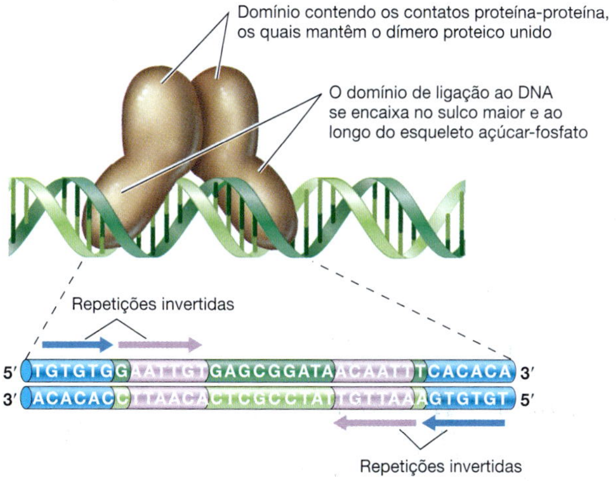


**Figura 7.3** **Proteínas de ligação ao DNA.** Muitas dessas proteínas são dímeros que se combinam especificamente com dois locais no DNA. As sequências-específicas de DNA que interagem com as proteínas são repetições invertidas. A sequência nucleotídica do gene operador do óperon lactose (Seção 7.3) é mostrada aqui, e as repetições invertidas, que consistem nos locais onde o repressor *lac* estabelece contato com o DNA, aparecem ilustradas nos retângulos sombreados.

de ligação ao DNA são, em geral, homodiméricas, ou seja, elas são compostas por duas subunidades polipeptídicas idênticas, cada uma subdividida em **domínios** – regiões da proteína com estrutura e função específicas. Cada subunidade possui um domínio que interage especificamente com uma região do sulco maior do DNA. Quando os dímeros proteicos interagem com as repetições invertidas no DNA, cada um dos polipeptídios se liga a uma região de repetição invertida. Então, o dímero como um todo se liga a ambas as fitas do DNA (Figura 7.3).

## Estrutura das proteínas de ligação ao DNA

As proteínas de ligação ao DNA de procariotos e eucariotos possuem vários classes de domínios proteicos, os quais são fundamentais na ligação de muitas dessas proteínas ao DNA. Uma das mais comuns é denominada estrutura *hélice-volta-hélice* (**Figura 7.4*a***). O motivo hélice-volta-hélice consiste em dois segmentos de uma cadeia polipeptídica com estruturas secundárias do tipo α-hélice, conectadas por uma pequena sequência, que forma a "volta". A primeira hélice consiste na *hélice de reconhecimento*, a qual interage especificamente com o DNA. A segunda hélice, a *hélice estabilizadora*, estabiliza a primeira hélice, por meio de interações hidrofóbicas com ela. A volta que conecta as duas hélices consiste em três resíduos de aminoácidos, sendo o primeiro normalmente uma glicina. O reconhecimento de sequências é realizado por interações não covalentes, incluindo ligações de hidrogênio e forças de van der Waals entre a hélice de reconhecimento da proteína e os grupos químicos específicos na sequência de pares de bases no DNA.

Muitas das diferentes proteínas de ligação ao DNA de bactérias possuem a estrutura hélice-volta-hélice. Elas incluem várias proteínas repressoras, como os repressores *lac* e *trp* de *Escherichia coli* (Seção 7.3 e ver Figura 7.4), e algumas proteínas de bacteriófagos, como o repressor do fago lambda (Figura 7.4*b*). De fato, são conhecidas mais de 250 proteínas contendo esse motivo, as quais se ligam ao DNA e regulam a transcrição em *E. coli*. Dois outros tipos de domínios proteicos são comumente encontrados em proteínas que se ligam ao DNA. Um deles, o *dedo-de-zinco*, é frequentemente encontrado em proteínas reguladoras eucarióticas e, como o próprio nome indica, é uma estrutura proteica que se liga ao íon zinco. O outro domínio proteico comumente encontrado em proteínas de ligação ao DNA corresponde ao *zíper de leucina*, resíduos de leucina regularmente espaçados que funcionam como duas hélices de reconhecimento na orientação correta, a fim de se ligar ao DNA.

Uma vez que uma proteína se liga a um local específico no DNA, vários eventos podem ocorrer. Em alguns casos, a proteína de ligação ao DNA é a que catalisa uma reação específica no DNA, como a transcrição. Em outros casos, no entanto, o evento de ligação pode bloquear a transcrição (*regulação negativa*, Seção 7.3) ou ativá-la (*regulação positiva*, Seção 7.4).

**MINIQUESTIONÁRIO**

- O que é um domínio proteico?
- Por que a maioria das proteínas de ligação ao DNA é específica a determinados grupos químicos dentro do DNA?

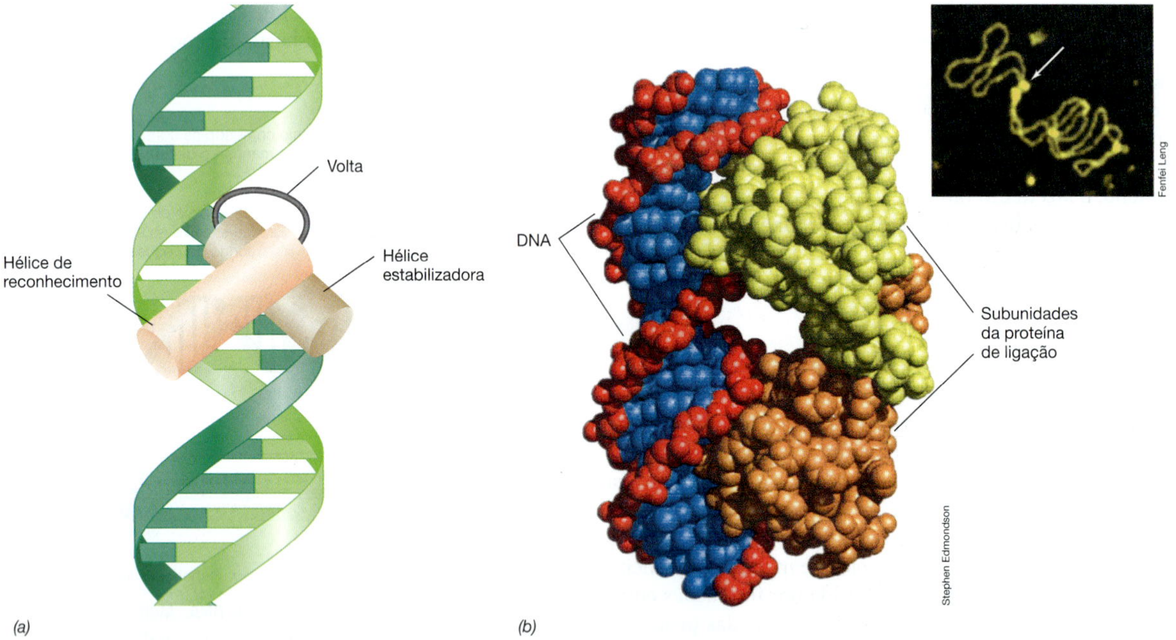


**Figura 7.4 Estrutura hélice-volta-hélice de algumas proteínas de ligação ao DNA.** (*a*) Modelo simples dos elementos que compõem uma hélice-volta-hélice. (*b*) Modelo computacional do repressor do bacteriófago lambda ligado ao seu operador. O DNA é representado em vermelho e azul, ao passo que as subunidades do repressor dimérico são representadas em marrom e amarelo. Cada subunidade contém uma estrutura em hélice-volta-hélice. As coordenadas utilizadas na geração desta imagem foram obtidas do Protein Data Base (http://www.pdb.org). Detalhe: microscopia de força atômica mostrando cópias da proteína repressora LacI (seta) ligada a múltiplos locais do operador sobre uma molécula de DNA.

## 7.3 Controle negativo da transcrição: repressão e indução

A transcrição corresponde à primeira etapa no fluxo de informação biológica; por essa razão, consiste em um ponto onde a expressão gênica é afetada de maneira relativamente fácil. Se um gene for transcrito mais frequentemente do que outro, haverá uma maior abundância de seu RNAm e, por conseguinte, uma maior quantidade de seu produto proteico. Começaremos descrevendo a repressão e a indução, formas simples de regulação que dirigem a expressão gênica no nível da transcrição. Nesta seção, abordaremos apenas o **controle negativo** da transcrição, um mecanismo regulador que *interrompe* a transcrição.

### Repressão e indução enzimáticas

Em geral, as enzimas que catalisam a síntese de um produto específico não são sintetizadas quando o produto se encontra presente no meio em quantidades suficientes. Por exemplo, em *Escherichia* coli e muitas outras bactérias, as enzimas envolvidas na síntese do aminoácido arginina são sintetizadas apenas quando a arginina se encontra ausente no meio de cultura; um excesso de arginina reprime a síntese dessas enzimas. Esse evento é denominado **repressão** enzimática.

Como pode ser observado na **Figura 7.5**, quando a arginina é adicionada a um meio de cultura desprovido de arginina, contendo células em crescimento exponencial, a taxa de crescimento permanece a mesma, no entando, a síntese das enzimas envolvidas na biossíntese de arginina é interrompida. Observe que isso é um efeito *específico*, uma vez que a síntese das demais enzimas celulares permanece inalterada, com a mesma velocidade. Esse fato ocorre porque as enzimas afetadas por um evento particular de repressão correspondem a uma pequeníssima fração do conjunto total de proteínas celulares naquele momento. A repressão enzimática é um processo amplamente distribuído em bactérias, atuando como mecanismo-controle da síntese de enzimas necessárias à biossíntese de aminoácidos e de purinas e pirimidinas, os precursores de nucleotídeos. Na maioria dos casos, o produto final de uma determinada via biossintética reprime as enzimas daquela via. Isso garante que o organismo não gastará energia e nutrientes para sintetizar enzimas desnecessárias.

A **indução** enzimática, conceitualmente, consiste em um processo oposto à repressão enzimática. Na indução enzimática, uma enzima é sintetizada somente quando seu substrato se encontra *presente*. A repressão enzimática afeta, em geral, as enzimas biossintéticas (anabólicas). Em contrapartida, a indução enzimática geralmente afeta as enzimas degradativas (catabólicas). Considere, por exemplo, a utilização do açúcar-lactose como fonte de carbono e energia por *Escherichia coli*, as enzimas necessárias para esse processo são codificadas pelo óperon *lac* (⇄ Seção 4.3). A **Figura 7.6** ilustra a indução da enzima β-galactosidase, a enzima que cliva a lactose em glicose e galactose. Essa enzima é necessária ao crescimento de *E. coli* a partir de lactose. Se o meio não contiver lactose, a enzima não é sintetizada; no entando, sua síntese começa quase imediatamente após a adição de lactose. Os três genes do óperon *lac* codificam três proteínas, incluindo a β-galactosidase, as quais são induzidas simultaneamente pela adição de lactose. Esse tipo de mecanismo permite que enzimas específicas sejam sintetizadas apenas quando elas forem necessárias.

### Indutores e correpressores

A substância que induz a síntese de uma enzima é denominada *indutor*, ao passo que aquela que reprime sua síntese é denominada *correpressor*. Essas substâncias, que geralmente correspondem a pequenas moléculas, são coletivamente denominadas *efetores*. Curiosamente, nem todos os indutores e correpressores são verdadeiros substratos ou produtos finais das enzimas envolvidas. Por exemplo, análogos estruturais podem induzir ou reprimir mesmo não sendo substratos enzimáticos. O isopropil-tiogalactosídeo (IPTG), por exemplo, é um indutor da β-galactosidase, mesmo não sendo hidrolisado por essa enzima. Contudo, na natureza, indutores e correpressores provavelmente correspondam a metabólitos celulares normais. No entanto, estudos detalhados da utilização de lactose em *E. coli* demonstraram que o verdadeiro indutor da β-galactosidase não corresponde à lactose, mas sim ao composto estruturalmente similar, a alolactose, um derivado de lactose sintetizado pela célula.

### Mecanismo de repressão e indução

Como os indutores e correpressores afetam a transcrição de modo tão específico? Na verdade, eles o fazem de forma indi-

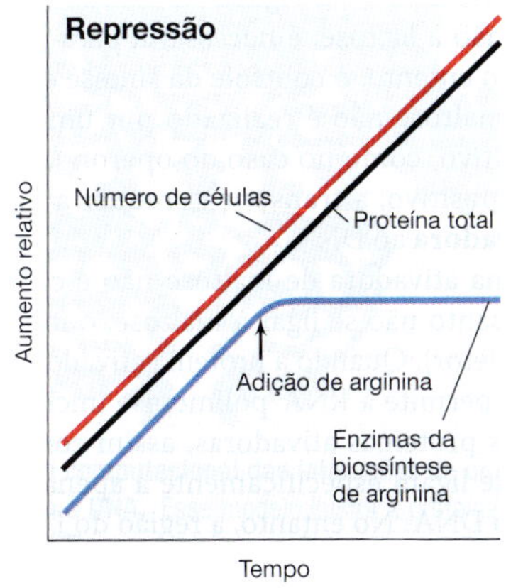


**Figura 7.5** **Repressão enzimática.** A adição de arginina ao meio reprime especificamente a produção das enzimas necessárias à biossíntese de arginina. A síntese proteica líquida permanece inalterada.

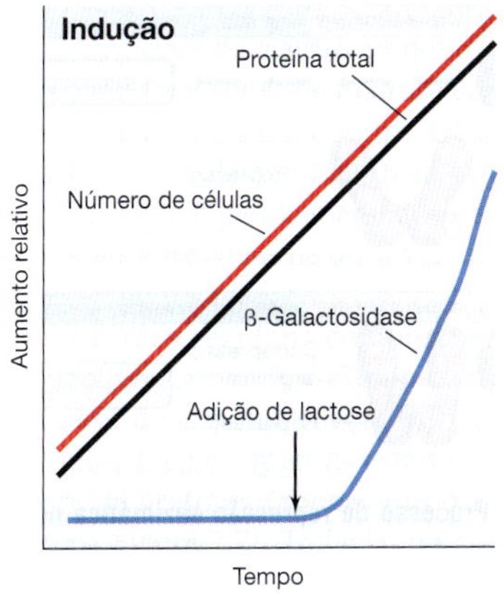


**Figura 7.6** **Indução enzimática.** A adição de lactose ao meio induz especificamente a síntese da enzima β-galactosidase. Observe que a síntese proteica líquida permanece inalterada.

UNIDADE 2

**Tabela 7.1** Exemplos de sistemas reguladores de dois componentes que regulam a transcrição em *Escherichia coli*

| *Sistema* | *Sinal ambiental* | *Cinase sensorial* | *Regulador de resposta* | *Atividade do regulador de resposta*[a] |
|---|---|---|---|---|
| Sistema Arc | Oxigênio | ArcB | ArcA | Repressor/Ativador |
| Respiração de nitrato e nitrito (Nar) | Nitrato e nitrito | NarX | NarL | Ativador/Repressor |
| | | NarQ | NarP | Ativador/Repressor |
| Utilização de nitrogênio (Ntr) | Carência de nitrogênio orgânico | NRII (∇GlnL) | NRI (∇GlnG) | Ativador de promotores requerendo RpoN/$\sigma^{54}$ |
| Regulon Pho | Fosfato inorgânico | PhoR | PhoB | Ativador |
| Regulação de porinas | Pressão osmótica | EnvZ | OmpR | Ativador/Repressor |

[a]Observe que várias das proteínas reguladoras de resposta atuam tanto como ativadores como repressores, dependendo dos genes regulados. Embora ArcA possa atuar como ativador ou repressor, exerce atividade repressora na maioria dos óperons que regula.

## Sistemas de dois componentes com múltiplos reguladores

Alguns sistemas de transdução de sinal possuem múltiplos elementos reguladores e suas atividades podem se tornar bastante complexas. Por exemplo, no sistema regulador Ntr, o qual regula a assimilação de nitrogênio em várias bactérias, o regulador de resposta é o ativador denominado *regulador de nitrogênio I* (*NRI*). NRI ativa a transcrição de promotores reconhecidos pela RNA-polimerase contendo $\sigma^{54}$ (RpoN), um fator sigma alternativo (Seção 4.7). A cinase sensorial do sistema Ntr, denominada *regulador de nitrogênio II* (*NRII*), exibe duplo papel, de proteína-cinase e de fosfatase. A atividade de NRII, por sua vez, é regulada por uma proteína, chamada de *PII*, que tem a sua própria atividade regulada pela adição ou remoção de grupamentos uridina monofosfato (UMP). Sob condições de inanição de nitrogênio, UMP é adicionado à PII, resultando em um complexo PII-UMP que promove a atividade de cinase da NRII, resultando na fosforilação de NRI. Por outro lado a remoção de UMP do complexo PII-UMP promove a atividade de fosfatase da NRII.

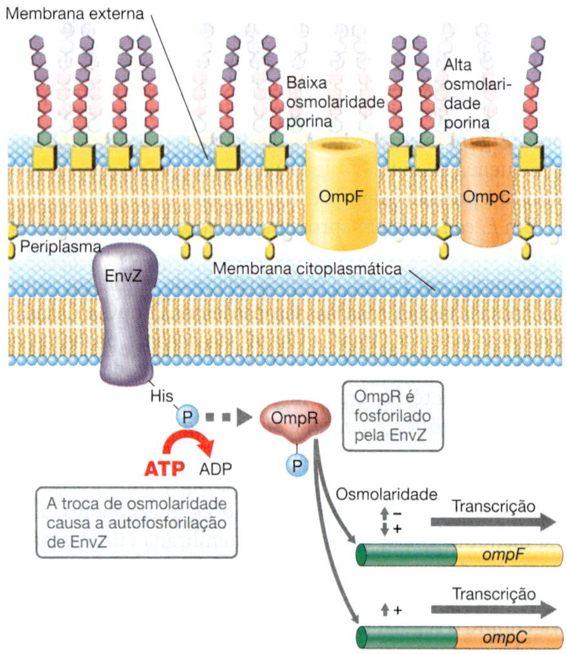


**Figura 7.18** **Regulação das proteínas da membrana externa em *Escherichia coli*.** A histidina-cinase EnvZ da membrana interna se autofosforila sob mudanças na pressão osmótica e, em seguida, ativa o regulador transcricional OmpR, fosforilando-o. O OmpR fosforilado (OmpR-P) se liga a montante no gene *ompF* e ativa a transcrição quando a pressão osmótica está baixa; em contrapartida, reprime a transcrição de *ompF* quando a pressão osmótica está alta. O OmpR-P só ativa a transcrição do gene *ompC* nas condições de alta osmolaridade.

O *sistema regulador Nar* (Tabela 7.1) é outro exemplo de um sistema regulador de dois componentes. Ele controla um conjunto de genes que permitem a utilização de nitrato ($NO_3^-$) ou nitrito ($NO_2^-$), ou ambos, como aceptores alternativos de elétrons durante a respiração anaeróbia (Seção 13.17). O sistema Nar contém duas proteínas-cinase sensoriais distintas e dois reguladores de resposta diferentes. Além disso, todos os genes regulados por meio desse sistema são também controlados pela proteína FNR (do inglês, *fumarate nitrite regulator*), um regulador global de genes envolvidos na respiração anaeróbia (ver Tabela 7.2). Esse tipo de regulação, na qual a hierarquia de sistemas atua em forma de cascata, é comum em sistemas de importância central no metabolismo celular.

Sistemas de dois componentes estreitamente relacionados àqueles de bactérias são também encontrados em eucariotos microbianos, como a levedura *Saccharomyces cerevisiae*, e até mesmo em vegetais. No entanto, a maioria das vias de transdução de sinal de eucariotos depende da fosforilação de resíduos de serina, treonina e tirosina de proteínas que não são relacionadas àquelas dos sistemas bacterianos de dois componentes que fosforilam resíduos de histidina (Figuras 7.17 e 7.18).

**MINIQUESTIONÁRIO**

- O que são cinases e qual seu papel nos sistemas reguladores de dois componentes?
- O que são fosfatases e qual seu papel nos sistemas reguladores de dois componentes?

## 7.8 Regulação da quimiotaxia

Discutimos previamente como os procariotos movem-se em direção a atrativos, ou afastam-se de repelentes, um processo denominado *quimiotaxia* (Seção 2.9). Mencionamos que os procariotos são muito pequenos para detectarem gradientes espaciais de um composto químico, embora sejam capazes de responder a gradientes temporais. Isto é, percebem a *alteração* da concentração de um composto químico ao longo do tempo, em vez de detectarem a concentração absoluta do estímulo químico. Os procariotos empregam um sistema modificado de dois componentes para detectar as alterações temporais dos atrativos e repelentes, processando essa informação de modo a regular a rotação flagelar. Observe que, no caso da quimiotaxia, temos um sistema de dois componentes que regula diretamente a atividade dos flagelos preexistentes, e não a transcrição dos genes que codificam os flagelos.

## Resposta ao sinal

O mecanismo de quimiotaxia é complexo e depende de muitas proteínas diferentes. Várias proteínas sensoriais são encontradas na membrana citoplasmática e detectam a presença de atrativos ou repelentes. Essas proteínas sensoriais não consistem em cinases sensoriais, porém interagem com cinases sensoriais citoplasmáticas. Essas proteínas sensoriais conferem à célula a capacidade de monitorar a concentração de várias substâncias ao longo do tempo.

As proteínas sensoriais são denominadas *proteínas quimiotáticas aceptoras de metil* (*MCP, methyl-accepting chemotaxis proteins*). Em *Escherichia coli*, foram identificadas cinco MCP distintas, sendo todas proteínas transmembrânicas. Cada MCP pode perceber a presença de uma variedade de compostos. Por exemplo, a MCP Tar de *E. coli* detecta os atrativos aspartato e maltose, assim como os metais pesados repelentes, como cobalto e níquel. As MCPs se ligam diretamente aos atrativos ou repelentes e, em alguns casos, de forma indireta, por meio de interações com proteínas periplasmáticas de ligação. A ligação de um atrativo ou repelente inicia uma série de interações com proteínas citoplasmáticas, as quais, eventualmente, afetam a rotação flagelar.

As MCPs estão em contato com as proteínas citoplasmáticas CheA e CheW (**Figura 7.19**). CheA é uma cinase sensorial

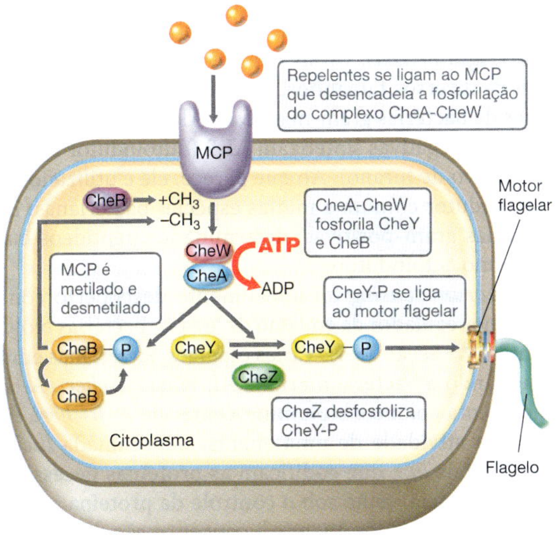


**Figura 7.19 Interações de MCPs, proteínas Che e do motor flagelar, na quimiotaxia bacteriana.** O MCP forma um complexo com a cinase sensorial CheA e a proteína acopladora CheW. Essa combinação resulta em uma autofosforilação de CheA regulada pelo sinal, originando CheA-P. CheA-P pode, então, fosforilar os reguladores de resposta CheB e CheY. CheY fosforilado (CheY-P) interage diretamente com o alternador do motor flagelar. CheZ desfosforila CheY-P. CheR adiciona continuamente grupos metil ao transdutor. CheB-P (mas não CheB) remove os grupos metil. O grau de metilação do MCP controla sua capacidade de responder aos atrativos e repelentes, levando à adaptação.

da quimiotaxia. Quando uma MCP se liga a um composto químico, sofre alterações conformacionais e, com o auxílio de CheW, afeta a autofosforilação de CheA, originando CheA-P. Os agentes atrativos promovem uma *diminuição* na taxa de autofosforilação, ao passo que os repelentes *aumentam* essa taxa. CheA-P, então, transfere o fosfato para CheY (originando CheY-P); esse é o regulador de resposta que controla a rotação flagelar. CheA-P pode também transferir o fosfato para CheB, o qual desempenha um papel na adaptação que será discutida posteriormente.

## Controle da rotação flagelar

CheY é uma proteína central no sistema, uma vez que determina o sentido de rotação do flagelo. Lembre-se de que se a rotação do flagelo ocorrer no sentido anti-horário, a célula continuará a se mover para a frente, em uma corrida, ao passo que se a rotação ocorrer no sentido horário, a célula passa a se mover por trombamento (Seção 2.19). Quando CheY-P está fosforilada, ela interage com o motor flagelar, induzindo a rotação no sentido horário, o que resulta em oscilações (Figura 7.19). Quando CheY não está fosforilada, perde a capacidade de se ligar ao motor flagelar, fazendo com que o flagelo continue rodando no sentido anti-horário; isso faz a célula continuar executando corridas. Outra proteína, CheZ, desfosforila CheY, a qual retorna ao estado que permite as corridas, em vez de oscilações. Uma vez que os repelentes aumentam a concentração de CheY-P, eles promovem as oscilações, ao passo que os atrativos diminuem a concentração de CheY-P, induzindo, assim, os movimentos natatórios suaves (corridas).

## Adaptação

Além de processar um sinal e regular a rotação flagelar, o sistema deve ser capaz de detectar uma alteração temporal na concentração do atrativo ou repelente. Esse problema é solucionado por outro aspecto da quimiotaxia, o processo de *adaptação*. A adaptação consiste na retroalimentação necessária para que o sistema retorne ao estado inicial. Ela envolve o regulador da resposta, CheB, mencionado anteriormente.

Como o nome sugere, as MCPs podem ser metiladas. Quando as MCPs estão totalmente metiladas elas não respondem mais aos atrativos, mas são mais sensíveis aos repelentes. Por outro lado, quando as MCPs não estão metiladas elas respondem altamente aos atrativos, mas se tornam insensíveis aos repelentes. As variações no grau de metilação permitem a adaptação aos sinais sensoriais. Isso é acompanhado pela metilação e desmetilação das MCPs e pela fosforilação de CheB (CheB-P), respectivamente (Figura 7.19).

Quando a concentração de um atrativo permanece elevada, o grau de autofosforilação de CheA (e, portanto, de CheY e CheB) permanece baixo, promovendo o movimento natatório suave da célula. O grau de metilação das MCPs aumenta durante esse período, pois CheB-P não se encontra presente para promover a rápida desmetilação delas. Entretanto, as MCPs deixam de responder a um atrativo quando estão completamente metiladas. Assim, mesmo que a concentração de atrativo permaneça elevada, a célula começa a oscilar. Todavia, agora as MCPs podem ser desmetiladas por CheB-P e, quando isso ocorre, os receptores se encontram "zerados" e podem novamente responder a um aumento ou uma diminuição adicional na concentração de atrativos. Portanto, a célula para de nadar se

UNIDADE 2

Alguns eucariotos produzem moléculas que interferem especificamente com o *quorum sensing* bacteriano. Até agora, a maioria delas tem sido derivada da furanona que contém átomos de halogênio. Esses componentes mimetizam as AHLs ou a AI-2 perturbando o comportamento bacteriano dependente do *quorum sensing*. Esses distúrbios têm sido utilizados em potenciais fármacos que desfaçam os biofilmes bacterianos e previnam a expressão de genes de virulência.

## Formação de biofilme

Diversos sinais, incluindo a comunicação célula a célula, levam as bactérias a deixarem de viver livremente em suspensão no meio líquido (crescimento planctônico) para se multiplicarem em uma matriz semissólida, denominada *biofilme* (⇄ Seção 19.4 e Explore o mundo microbiano, "Fixar ou nadar", no Capítulo 5). A *Pseudomonas aeruginosa* forma um biofilme por meio da produção de polissacarídeos específicos que aumentam subsequentemente a sua patogenicidade e inibem a penetração de antibióticos. O *quorum sensing* desencadeia a expressão de um subgrupo de genes necessários para a formação do biofilme (**Figura 7.23**). As células de *P. areuginosa* possuem dois sistemas *quorum sensing* diferentes, Las e Rhl, que respondem a AHLs específicas e ativam a transcrição de genes que codificam exopolissacarídeos à medida que o número de células aumenta.

A sinalização intracelular também desempenha um papel na formação do biofilme da *P. aeruginosa*. Um segundo mensageiro importante na arquitetura do biofilme é o nucleotídeo regulador *di-guanosina monofosfato cíclico* (c-di-GMP). Enquanto os nucleotídeos reguladores desempenham papeis importantes em todos os domínios da vida (Seção 7.5), o c-di-GMP é produzido somente pelos procariotos. Na verdade, os genomas dos procariotos codificam várias proteínas que não só sintetizam como catabolizam o c-di-GMP. A síntese ou degradação dessa molécula depende dos estímulos ambientais e celulares, e sua síntese causa numerosas mudanças fisiológicas e a expressão de genes de virulência. Proteínas efetoras que se ligam ao c-di-GMP participam de diversas atividades, como a produção de exopolissacarídeos, motilidade, regulação transcricional e localização proteica (tanto secretada quando na superfície celular). O c-di-GMP também se liga a pequenas moléculas de RNA reguladoras, denominadas *riboswitches* (Seção 7.15).

Em muitas bactérias a formação do biofilme é desencadeada pelo acúmulo do c-di-GMP na célula. A formação do biofilme em *P. aeruginosa*, uma notória bactéria produtora de biofilme, é assistida pela síntese de um exopolissacarídeo, chamado de Pel. Ele é produzido pela proteína receptora de c-di-GMP, PelD, e funciona tanto como suporte primário para a comunidade microbiana quanto como um mecanismo de resistência a antibióticos. Da mesma forma, a expressão dos genes da biossíntese do flagelo em *P. aeruginosa* está sob o controle positivo da proteína que se liga ao c-di-GMP, FleQ. O flagelo ajuda na fixação das células de *P. aeruginosa* durante as fases iniciais da formação do biofilme.

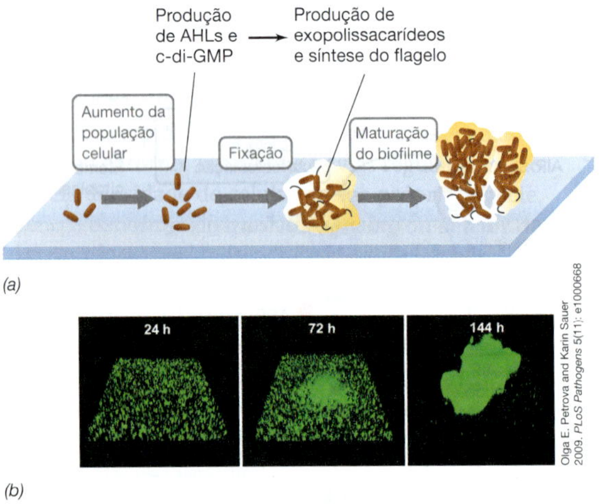


**Figura 7.23 Formação do biofilme em *Pseudomonas*.** (*a*) Sequência de eventos da formação do biofilme em *P. aeruginosa*. À medida que a população celular aumenta, o mesmo acontece com a produção da molécula sinalizadora homosserina lactona, AHL (do inglês, *acyl homoserine lactones*), e do c-di-GMP. Essas moléculas sinalizadoras participam da ativação da síntese de exopolissacarídeos e do flagelo, necessária para a formação do biofilme. (*b*) Microscopia confocal de varredura mostrando a progressão da formação do biofilme de *P. aeruginosa* no período de 144 horas. As células foram marcadas com o corante de viabilidade celular (LIVE/DEAD) que cora de verde as células viáveis (Figura 18.7). Cada padrão retangular de células tem cerca de 0,2 mm de largura; o biofilme maduro tem cerca de 0,1 mm de largura e 60 mm de altura. Dados adaptados de Petrova, O.E., e K. Sauer. 2009. A novel signaling network essential for regulating *Pseudomonas aeruginosa* biofilm development. *PLoS Pathogens 5*(11): e1000668.

**MINIQUESTIONÁRIO**

- Quais as propriedades necessárias para uma molécula agir como um autoindutor?
- Em termos de autoindutores, como o *quorum sensing* difere entre bactérias gram-negativas e gram-positivas?
- Além do autoindutor de síntese, qual outra molécula promove a formação do biofilme em várias bactérias?

# 7.10 Outras redes de controle global

Na Seção 7.5, discutimos a repressão catabólica em *Escherichia coli* e, na Seção 7.9, discutimos o *quorum sensing*. Ambos são exemplos de *controle global*. Existem vários outros sistemas de controle global em *E. coli* (e, provavelmente, em todos os procariotos), sendo alguns apresentados na **Tabela 7.2**. Os sistemas de controle global regulam mais de um regulon (Seção 7.4). As redes de controle global podem incluir ativadores, repressores, moléculas sinalizadoras, sistemas reguladores de dois componentes, RNA reguladores (Seção 7.14), além de fatores sigma alternativos ($\sigma$) (⇄ Seção 7.14).

Um exemplo de resposta global, amplamente disseminada em todos os três domínios da vida, consiste na resposta a altas temperaturas. Em muitas bactérias, a **resposta ao choque térmico** é controlada, em grande parte, por fatores sigma alternativos.

## Proteínas de choque térmico

A maioria das proteínas é relativamente estável, mesmo com pequenos aumentos de temperatura. Entretanto, algumas proteínas são menos estáveis em temperaturas elevadas, tendendo a se desenovelarem (desnaturar). As proteínas que exibem um dobramento inadequado são reconhecidas por enzimas proteases e são degradadas. Consequentemente, as células submetidas a estresse térmico induzem a síntese de um conjunto de proteínas, denominadas **proteínas de choque térmico**, que auxiliam a contrabalançar o dano. As proteínas de choque térmico auxi-

**Tabela 7.2 Exemplos de sistemas de controle global, descritos em *Escherichia coli*[a]**

| *Sistema* | *Sinal* | *Principal atividade da proteína reguladora* | *Número de genes regulados* |
|---|---|---|---|
| Respiração aeróbia | Presença de $O_2$ | Repressor (ArcA) | > 50 |
| Respiração anaeróbia | Ausência de $O_2$ | Ativador (FNR) | > 70 |
| Repressão catabólica | Concentração de AMP cíclico | Ativador (CRP) | > 300 |
| Choque térmico | Temperatura | Sigmas alternativos (RpoH e RpoE) | 36 |
| Utilização de nitrogênio | Limitação de $NH_3$ | Ativador (NR1)/ sigma alternativo RpoN | > 12 |
| Estresse oxidativo | Agentes oxidantes | Ativador (OxyR) | > 30 |
| Resposta SOS | DNA danificado | Repressor (LexA) | > 20 |

[a]Em muitos sistemas de controle global, a regulação é complexa. Uma única proteína reguladora pode desempenhar mais de uma atividade. Por exemplo, a proteína reguladora da respiração aeróbia é um repressor de muitos promotores, ativando outros, ao passo que a proteína reguladora da respiração anaeróbia ativa muitos promotores e reprime outros. A regulação pode também ser indireta, ou requerer mais de uma proteína reguladora. Muitos genes são regulados por mais de um sistema de controle global.

liam a célula a se recuperar do estresse. Elas são induzidas não apenas pelo calor, mas também por outros fatores estressantes encontrados pelas células, os quais incluem exposição a altas concentrações de determinados compostos químicos, como etanol, e exposição a altas doses de radiação ultravioleta.

Em *E. coli* e na maioria dos procariotos analisados, existem três classes principais de proteínas de choque térmico: Hsp70, Hsp60 e Hsp10. Essas proteínas já foram discutidas anteriormente, embora com outros nomes (Seção 4.14 e Figura 4.41). A proteína Hsp70 de *E. coli* corresponde à DnaK, que impede a agregação de proteínas recém-sintetizadas e estabiliza proteínas não enoveladas. Os principais representantes das famílias Hsp60 e Hsp10 de *E. coli* são as proteínas GroEL e GroES, respectivamente. Essas são *chaperonas moleculares* que catalisam o dobramento correto de proteínas enoveladas incorretamente. Outra classe de proteínas de choque térmico inclui várias proteases que atuam na célula removendo proteínas desnaturadas ou irreversivelmente agregadas.

## Resposta ao choque térmico

Em muitas bactérias, como em *E. coli*, a resposta ao choque térmico é controlada por fatores sigma alternativos RpoH ($\sigma^{32}$) e RpoE (**Figura 7.24**). O fator sigma RpoH controla a expressão das proteínas de choque térmico no citoplasma, ao passo que RpoE regula a expressão de um conjunto de diferentes proteínas de choque térmico no periplasma e no envoltório celular. RpoH é, em geral, degradada em um minuto ou dois após sua síntese. No entanto, quando a célula sofre um choque térmico, a degradação de RpoH é inibida, havendo um aumento da sua concentração. Dessa forma, a transcrição daqueles óperons cujos promotores são reconhecidos por RpoH é também aumentada.

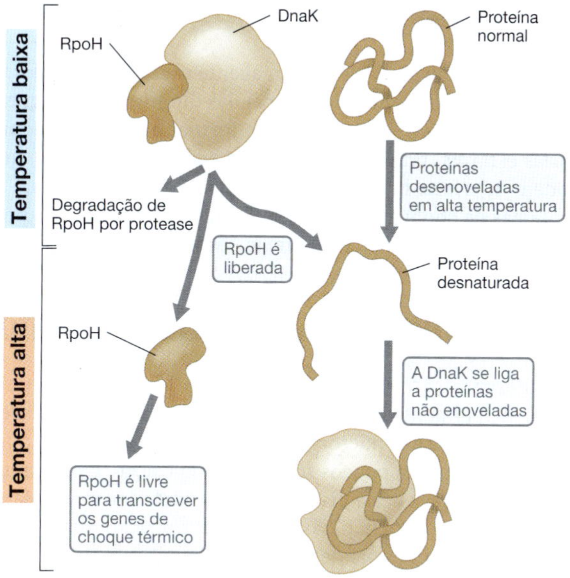


**Figura 7.24 Controle do choque térmico em *Escherichia coli*.** O fator sigma alternativo, RpoH, é rapidamente degradado por proteases em temperaturas normais. O processo é estimulado pela ligação da chaperonina DnaK a RpoH. Em temperaturas altas, algumas proteínas são desnaturadas, sendo reconhecidas por DnaK, que se liga às cadeia polipeptídicas não enoveladas. Isso remove DnaK de RpoH, reduzindo a velocidade de sua degradação. A concentração de RpoH aumenta, e os genes de choque térmico são transcritos.

A velocidade de degradação de RpoH depende da concentração da proteína DnaK livre, que inativa RpoH. Em uma célula não estressada, a concentração de DnaK livre é relativamente alta, e a concentração de RpoH intacta é correspondentemente baixa. Contudo, quando o estresse térmico desenovela as proteínas, DnaK se liga preferencialmente às proteínas não dobradas, deixando de encontrar-se livre para promover a degradação de RpoH. Assim, quanto maior o número de proteínas desnaturadas, menor a concentração de DnaK livre e maior a concentração de RpoH; isso resulta na expressão dos genes de choque térmico. Quando a situação de choque térmico é encerrada, por exemplo, pelo abaixamento da temperatura, RpoH é rapidamente inativada por DnaK, havendo uma significativa redução na síntese das proteínas de choque térmico.

Uma vez que as proteínas de choque térmico desempenham atividades vitais à célula, sempre há uma baixa concentração dessas proteínas, mesmo quando a célula se encontra sob condições ótimas de crescimento. No entanto, a rápida síntese das proteínas de choque térmico em células sob estresse enfatiza a importância delas na sobrevivência ao calor excessivo e agentes químicos e físicos. O calor ou outros agentes de estresse podem gerar grandes quantidades de proteínas inativas, as quais devem ser reenoveladas (e reativadas, nesse processo) ou degradadas, a fim de liberarem aminoácidos livres que serão utilizados na síntese de novas proteínas.

Respostas de choque térmico também ocorrem em arqueias, mesmo em espécies cujo crescimento ótimo ocorre em temperaturas elevadas. Uma proteína análoga à Hsp70 é encontrada em várias arqueias, sendo estruturalmente similar àquelas encontradas em espécies gram-positivas de bactérias. A Hsp70 é também encontrada em eucariotos. Além dela, outros tipos de proteínas de choque térmico são encontrados em arqueias, as quais não estão relacionadas às proteínas de estresse de bactérias.

O frio também pode ser um agente causador de estresse. Um problema enfrentado pelas células durante o frio é que o RNA, incluindo o RNAm, tende a formar estruturas secundárias estáveis, principalmente alças em forma de haste, que podem interferir na tradução. Para conter esse problema, as proteínas de choque frio estão presentes incluindo várias proteínas de ligação ao RNA. Algumas dessas proteínas previnem a formação de estruturas secundárias no RNA e outras (RNA-helicases) desenovelam as regiões pareadas do RNA.

**MINIQUESTIONÁRIO**

- O que desencadeia a resposta ao choque térmico?
- Por que as células possuem mais de um tipo de fator sigma?
- Por que as proteínas induzidas durante o choque térmico não são necessárias durante o choque frio?

# IV • Regulação do desenvolvimento em bactérias-modelo

A diferenciação e o desenvolvimento são características principalmente associadas a organismos multicelulares. Como a maioria dos microrganismos procarióticos corresponde a células únicas, poucos sofrem diferenciação. No entanto, existem exemplos ocasionais entre os procariotos unicelulares que ilustram o princípio básico da diferenciação, isto é, uma célula que origina dois descendentes geneticamente idênticos, mas que realizam atividades distintas, devendo, por isso, expressar conjuntos diferentes de genes. Aqui, discutiremos três exemplos bastante estudados: a formação de endósporo na bactéria gram-positiva *Bacillus*; a formação de dois tipos celulares, móvel e estacionário, na bactéria gram-negativa *Caulobacter*; e a formação de heterocistos na cianobactéria fixadora de nitrogênio, *Anabaena*.

Embora a formação de dois tipos celulares possa parecer simples à primeira vista, os sistemas reguladores que controlam esses processos são altamente complexos. Existem três fases principais na regulação da diferenciação: (1) o desencadeamento da resposta, (2) o desenvolvimento assimétrico das duas células-irmãs e (3) a comunicação recíproca entre as duas células em diferenciação.

## 7.11 Esporulação em *Bacillus*

Muitos microrganismos, tanto procarióticos como eucarióticos, respondem às condições adversas convertendo as células de crescimento, denominadas *células vegetativas*, em esporos (Seção 2.16). Uma vez que as condições adequadas são restabelecidas, os esporos germinam e o organismo retoma seu estilo de vida normal. Entre as bactérias, o gênero *Bacillus* é bem conhecido devido a sua capacidade de formar *endósporos*, isto é, esporos formados no interior de uma célula-mãe. Antes da formação do endósporo, a célula se divide de maneira assimétrica. A célula menor se torna um endósporo, o qual é envolto por uma célula-mãe maior. Uma vez completado o desenvolvimento, a célula-mãe se rompe, liberando o endósporo.

### A formação do endósporo

A formação de endósporos em *Bacillus subtilis* é desencadeada por condições ambientais adversas, como carência nutricional, dessecação e temperaturas inibidoras ao crescimento. De fato, múltiplos aspectos ambientais são monitorados por um grupo de cinco cinases sensoriais. Elas atuam por um sistema de circuito de transferência de fosfato, cujo mecanismo se assemelha àquele do sistema regulador de dois componentes (Seção 7.7), embora muito mais complexo (**Figura 7.25**). O resultado de múltiplas condições adversas consiste na fosforilação sucessiva de várias proteínas, denominadas *fatores de esporulação*, culminando com o fator de esporulação Spo0A. Quando Spo0A se encontra altamente fosforilada, os eventos de esporulação têm continuidade. Spo0A controla a expressão de vários genes. O produto de um desses genes, SpoIIE, é responsável pela remoção do fosfato do SpoIIAA, permitindo que esse fator remova o fator antissigma, SpoIIAB, liberando o fator sigma, σF, como será discutido abaixo.

Uma vez desencadeado, o desenvolvimento do endósporo é controlado por quatro fatores sigma diferentes, dois dos quais (σF e σG) ativam genes necessários no interior do próprio endósporo em desenvolvimento, e dois (σE e σK) que ativam genes necessários à célula-mãe que circunda o endósporo (Figura 7.25*b*). O sinal de esporulação, transmitido via Spo0A, ativa σF na célula menor, destinada a se transformar em endósporo (σF se encontra presente, porém inativo, uma vez que está ligado a um fator antissigma; Figura 7.25*a*). O sinal oriundo de Spo0A ativa uma proteína que se liga ao fator antissigma. Isso o inativa e libera σF. Uma vez liberado, σF se liga à RNA-polimerase e permite a transcrição (no interior do endósporo) de genes cujos produtos são necessários ao estágio seguinte da esporulação. Esses incluem o gene do fator sigma σG e genes que codificam proteínas que passam para a célula-mãe e ativam σE. O σE ativo é necessário para a transcrição de outros genes na célula-mãe, incluindo o gene do fator sigma σK. Os fatores sigma σG (no endósporo) e σK (na célula-mãe) são necessários à transcrição de genes requeridos em estágios posteriores do processo de esporulação (Figura 7.25). Eventualmente, muitas camadas do esporo e outras estruturas únicas típicas do endósporo (Seção 2.16 e Tabela 2.3) são formadas e o esporo maduro é liberado.

### Nutrientes para a formação do endósporo

A limitação de nutrientes é um gatilho comum para a esporulação em *Bacillus* (Seção 2.16). Neste caso, como a célula obtém nutrientes suficientes para a formação completa de um endósporo? Um aspecto fascinante na regulação da formação de endósporos é outro evento regulador em que as células esporuladoras canibalizam outras da sua própria espécie. Aquelas células nas quais Spo0A já se encontra ativada passam a secretar uma proteína que promove a lise das células da mesma espécie presentes nas proximidades, nas quais Spo0A ainda não foi ativada. Essa proteína tóxica é acompanhada por uma segunda proteína que retarda a esporulação das células próximas. Células comprometidas com a esporulação também sintetizam uma proteína antitoxina, a fim de se protegerem contra os efeitos de sua própria toxina. As células-irmãs sacrificadas são utilizadas como fonte de nutrientes para os endósporos em desenvolvimento. A diminuição da concentração

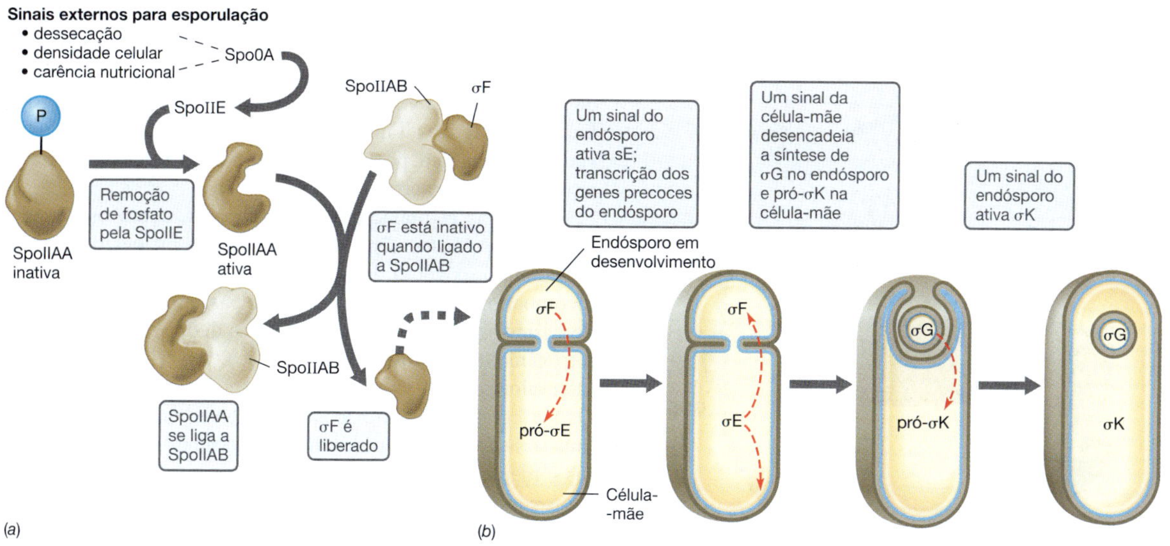


**Figura 7.25 Controle da formação de endósporo em *Bacillus*.** Após receber um sinal externo, uma cascata de fatores sigma (σ) controla a diferenciação. (*a*) SpoIIAA ativa se liga ao fator antissigma SpoIIAB, liberando o primeiro fator sigma, σF. (*b*) O fator sigma σF inicia uma cascata de fatores sigma, alguns dos quais já se encontram presentes, necessitando apenas serem ativados, e outros que ainda não se encontram presentes, cujos genes devem ser expressos. Esses fatores sigma promovem, então, a transcrição dos genes necessários ao desenvolvimento do endósporo.

de determinados nutrientes, como fosfato, aumenta o grau de expressão do gene que codifica a toxina.

**MINIQUESTIONÁRIO**

- Como diferentes conjuntos de genes são expressos no endósporo em desenvolvimento e na célula-mãe?
- O que é um fator antissigma e como seu efeito pode ser superado?

## 7.12 Diferenciação em *Caulobacter*

A bactéria gram-negativa, *Caulobacter*, corresponde a outro exemplo, no qual uma célula se divide, originando duas células-filhas idênticas, que realizam atividades diferentes e expressam conjuntas distintos de genes. *Caulobacter* é uma espécie de proteobactéria, comum em ambientes aquáticos, normalmente em águas muito pobres em nutrientes (oligotróficas; Seção 19.8). Durante o ciclo de vida de *Caulobacter*, células de vida livre, natatórias (expansivas), alternam-se com células desprovidas de flagelos, que se ligam a superfícies por meio de um pedúnculo, com um gancho em sua extremidade. As células expansivas desempenham papel de dispersão, uma vez que não são capazes de se dividirem ou replicarem seu DNA. Ainda, contudo, as células pedunculadas desempenham um papel na reprodução (**Figura 7.26**).

### Características reguladoras

O ciclo de vida de *Caulobacter* é controlado por três proteínas reguladoras principais, cujas concentrações oscilam sucessivamente. Duas delas correspondem aos reguladores transcricionais, GcrA e CtrA. A terceira, a proteína DnaA, atua desempenhando seu papel normal na replicação e também como regulador transcricional. Cada um desses reguladores se encontra ativo em um estágio específico de ciclo celular, com cada um controlando vários outros genes necessários em determinado estágio do ciclo.

CtrA é ativada por fosforilação, em resposta a sinais externos. Uma vez fosforilada, CtrA-P ativa os genes necessários à síntese do flagelo e a outras atividades nas células expansivas. Por outro lado, CtrA-P reprime a síntese de GcrA e também inibe a iniciação da replicação do DNA, ligando-se à origem de replicação, bloqueando-a (Figura 7.26). À medida que o ciclo continua, CtrA é degradada por uma protease específica; como consequência, a concentração de DnaA aumenta. A ausência de CtrA-P permite o acesso à origem de replicação cromossômica e, como em todas as bactérias, DnaA se liga à origem e desencadeia a iniciação da replicação do DNA (Seção 4.5). Além disso, em *Caulobacter*, a DnaA ativa vários outros genes necessários à replicação do cromossomo. Em seguida, sua concentração é diminuída, devido à degradação por uma protease, havendo, então, o aumento da concentração de GcrA. O regulador GcrA promove a fase de elongação da replicação cromossômica, a divisão celular e o crescimento do pedúnculo na célula-filha imóvel. Por fim, as concentrações de GcrA caem, havendo novamente o aparecimento de CtrA (em células-filhas destinadas a nadar) (Figura 7.26).

### *Caulobacter*: modelo para o ciclo celular de eucariotos

Tanto os estímulos externos quanto os fatores internos, como os níveis de nutrientes e metabólitos, resultam na coordenação precisa de eventos morfológicos e metabólicos dentro do ciclo celular da *Caulobacter*. Desde que o seu genoma foi sequenciado e que bons sistemas genéticos para a transferência gênica e métodos de análise estão disponíveis, a diferenciação em *Caulobacter* vem sendo utilizada como modelo para o estudo do processo de desenvolvimento celular em outros organismos. Isso é devido ao ciclo rigoroso seguido por *Caulobacter*, que se assemelha aos das células eucarióticas em muitos aspectos. Na verdade, a terminologia utilizada para descrever o ciclo celular eucariótico vem sendo adaptada ao sistema *Caulobacter*.

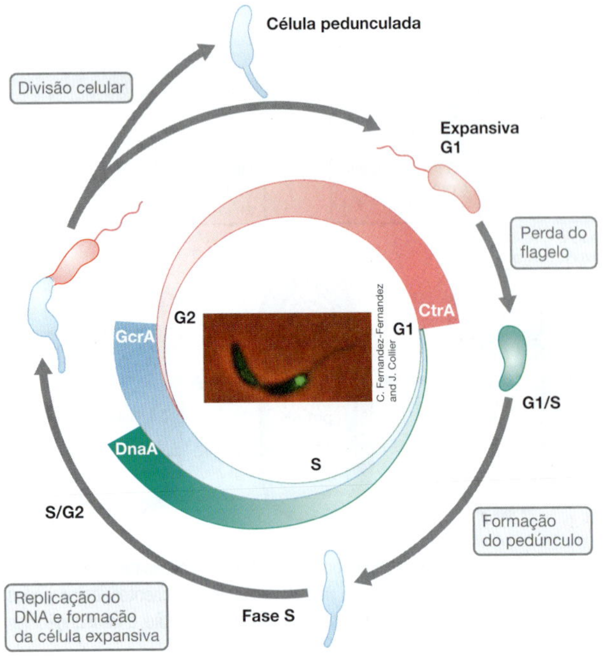


**Figura 7.26** **Regulação do ciclo celular em *Caulobacter*.** Três reguladores globais, CtrA, DnaA e GcrA, oscilam ao longo do ciclo, conforme mostrado. G1 e G2 são as duas fases de crescimento e S é a fase de síntese de DNA. Em células expansivas em G1, CtrA reprime o início da replicação do DNA e a expressão de GcrA. Na transição G1/S, CtrA é degradada, havendo um aumento na concentração de DnaA. A DnaA se liga à origem de replicação, iniciando o processo (ver na figura). Também há o aumento da concentração de GcrA, ativando os genes envolvidos na divisão celular e na síntese de DNA. Na transição S/G2, as concentrações de CtrA voltam a aumentar, inativando a expressão de GcrA. A GcrA é degradada na célula pedunculada. Detalhe: utilizando a proteína verde fluorescente como repórter (Seção 7.1), vimos que a subunidade da DNA-polimerase está localizada na extremidade da célula de *Caulobacter* pedunculada, onde a replicação do DNA ocorre. Cada célula de *Caulobacter* que se divide tem cerca de 2 μm de comprimento.

Nas células eucarióticas, a fase de divisão celular G1 é aquela em que ocorrem o crescimento e eventos metabólicos normais, ao passo que na fase G2 a célula se prepara para os eventos mitóticos subsequentes, que ocorrem na fase M. Entre G1 e G2 está a fase S, em que ocorre a replicação do DNA. No ciclo de vida de *Caulobacter* não existe mitose, é claro, porém, fases análogas às fases G1, G2 e S são evidentes (Figura 7.26), e isso torna essa bactéria um excelente modelo para se estudar eventos de divisão celular em organismos superiores.

**MINIQUESTIONÁRIO**

- Por que as concentrações da proteína DnaA são controladas durante o ciclo celular de *Caulobacter*?
- Em que momento os reguladores CtrA e GcrA realizam suas principais atividades, durante o ciclo de vida de *Caulobacter*?

## 7.13 Fixação do nitrogênio, nitrogenase e normação de heterocisto

A fixação do nitrogênio é o processo no qual ocorre a redução do $N_2$ em $NH_3$, a fim de incorporá-lo nas moléculas biológicas. Esse processo é catalisado pela enzima *nitrogenase*, que é composta por duas proteínas, a *dinitrogenase* e a *dinitrogenase redutase* (Seção 3.17). O processo de fixação do $N_2$ demanda um alto gasto de energia e, dessa forma, a síntese e a atividade da nitrogenase e de muitas outras enzimas requeridas para a fixação do $N_2$ são altamente reguladas. A nitrogenase é inativada pelo oxigênio, portanto, seria um desperdício sintetizá-la em condições de aerobiose.

Algumas cianobactérias filamentosas, como os gêneros *Anabaena* e *Nostoc*, são capazes de fixar o nitrogênio mesmo produzindo oxigênio durante a fotossíntese. Para evitar essa incompatibilidade, as cianobactérias passam por um processo de desenvolvimento formando células dedicadas à fixação do nitrogênio, denominadas *heterocistos*. Essas células surgem em intervalos regulares ao longo do filamento (ver Figura 7.28*a*). Os heterocistos são anóxicos e deficientes do fotossistema II, uma série de reações que levam à produção de $O_2$. Os heterocistos surgem da diferenciação das células vegetativas que realizam a fotossíntese normalmente (Seção 14.2). O desenvolvimento dos heterocistos é um processo coordenado que exige tanto a monitoração de das condições externas quanto a sinalização de célula a célula. Iniciaremos a discussão com a regulação da nitrogenase e finalizaremos com o desenvolvimento do heterocisto.

### Regulação da síntese da nitrogenase

Embora a bactéria quimiorganotrófica, *Klebsiella pneumoniae*, não forme heterocistos, a regulação da sua enzima nitrogenase tem sido bem-estudada e será o nosso foco aqui. Os genes para a fixação do nitrogênio formam um regulon (Seção 7.4), denominado *nif regulon*, o qual abrange 24 mil pares de bases de DNA e contém 20 genes dispostos em óperons, de tal forma que os genes cujos produtos apresentam funções similares sejam cotranscritos (**Figura 7.27**). Além disso, os genes estruturais da nitrogenase, os genes para a síntese do FeMo-co (cofator necessário para o funcionamento da nitrogenase, Seção 3.17), os genes controladores do transporte elétrico de proteínas e um número de genes reguladores estão presentes no regulon *nif*. Dentro do regulon, a dinitrogenase é codificada pelos genes *nifD* e *nifK*, ao passo que a dinitrogenase redutase é codificada pelo gene *nifH*. O cofator FeMo-co é codificado por diversos genes, incluindo os *nifN, V, Z, W, E, B* e *Q*.

A nitrogenase está sujeita a controles reguladores rigorosos. A fixação do nitrogênio é inibida pelo $O_2$ e por formas fixas de nitrogênio, incluindo $NH_3$, $NO_3^-$ e certos aminoácidos. A maior parte dessa regulação ocorre na expressão dos genes estruturais *nif*, nos quais a transcrição é ativada pelo regulador *positivo* NifA (Figura 7.27). Em contrapartida, NifL é um regulador *negativo* da expressão do gene *nif* e contém a molécula FAD (uma coenzima para flavoproteínas; Seção 3.10) que funciona como um sensor de $O_2$. Na presença de $O_2$ suficiente, NifL FAD é oxidada e a proteína pode, então, inibir a transcrição dos outros genes *nif*, prevenindo a síntese da nitrogenase sensível ao oxigênio.

A amônia previne a fixação do nitrogênio por meio de uma segunda proteína, denominada NtrC, cujos genes não fazem parte do óperon *nif*. A atividade de NtrC é regulada pelo estado do nitrogênio na célula. Quando o $NH_3$ é limitante, NtrC fica ativa e promove a transcrição do *nifA*. Com a produção da NifA, proteína ativadora da fixação do nitrogênio, a transcrição do gene *nif* inicia. O $NH_3$ produzido pela nitrogenase (Figura 3.33) não previne por si só a síntese da enzima, uma

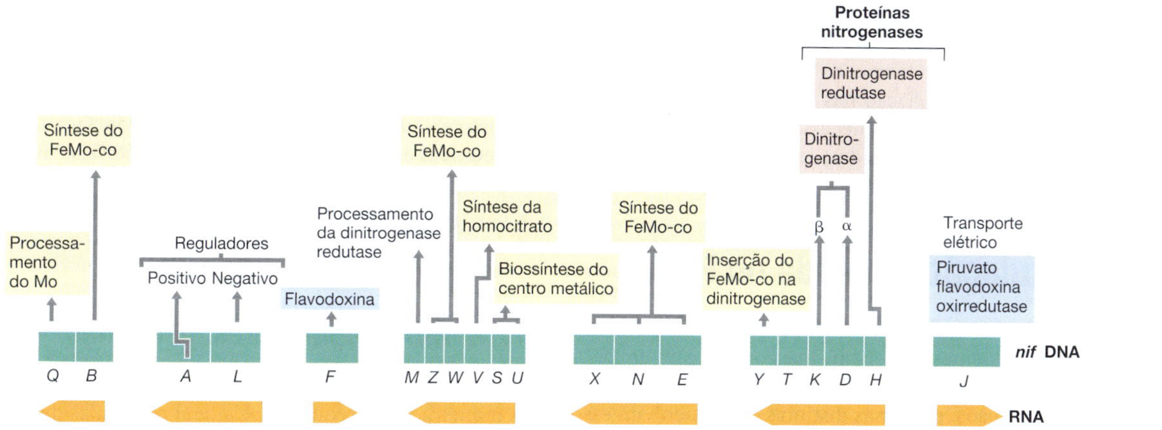


**Figura 7.27 O regulon *nif* em *Klebsiella pneumoniae*, a bactéria fixadora de nitrogênio mais bem-estudada.** A função do produto do gene *nifT* não é conhecida. Os RNAm transcritos estão demonstrados abaixo dos genes; as setas indicam o sentido da transcrição. As proteínas que catalisam a síntese de FeMo-co estão mostradas em amarelo.

vez que é incorporado em aminoácidos e utilizado na biossíntese logo após ser produzido. Mas quando o $NH_3$ está em excesso (como nos ambientes naturais ou em meios de cultura com alta concentração de $NH_3$), a síntese da nitrogenase é inibida. Dessa forma, não ocorre desperdício de ATP na produção de amônia quando ela já está disponível em grandes quantidades.

## Formação de heterocistos

A formação do heterocisto na cianobactéria filamentosa requer numerosas mudanças morfológicas e metabólicas, as quais são reguladas por uma rede de sistemas capaz de perceber as condições externas e a sinalização intracelular de moléculas. Esse processo inclui a formação de um envoltório espesso para prevenir a difusão do $O_2$ para dentro da célula, a inativação do fotossistema II, a expressão da nitrogenase e a "padronização" da diferenciação dos heterocistos ao longo do filamento (Figura 7.28*a*). Uma vez que os nutrientes possam ser trocados entre os heterocistos e as células vegetativas, outros passos reguladores devem ser iniciados para prevenir que as células vegetativas vizinhas sofram o processo de diferenciação.

A cascata de eventos que levam à formação do heterocisto é iniciada pela limitação do nitrogênio, que é percebida como uma elevação nos níveis de α-cetoglutarato, a molécula aceptora para a formação do glutamato, na célula. Quando a célula está desprovida de nitrogênio, ocorre um acúmulo de α-cetoglutarato e ativação do regulador transcricional global, NtcA. O NtcA, por sua vez, ativa a transcrição do gene *hetR*, que codifica HetR, o principal regulador transcricional que controla a formação de heterocistos. HetR ativa a cascata de genes necessários para a diferenciação do heterocisto, expressão da citocromo *c* oxidase para remover $O_2$, bem como para as expressões do óperon *nif* (Figura 7.27) para a síntese da nitrogenase (Figura 7.28*c*).

O desenvolvimento do heterocisto em *Anabaena* é desencadeado pela falta do nitrogênio, e somente células específicas dentro do filamento formam o heterocisto. Interessantemente, isso ocorre em um padrão bastante consistente (Figura 7.28*a*) e está sobre um controle rigoroso. As conexões intercelulares entre as células no filamento de *Anabaena* permitem que as células vegetativas ofereçam carbono fixado para o heterocisto (como um doador de elétron para a fixação do $N_2$) em troca de nitrogênio fixado. No entanto, as conexões celulares também permitem uma comunicação intercelular pelas moléculas reguladoras. Nesse contexto, as células diferenciadas produzem um

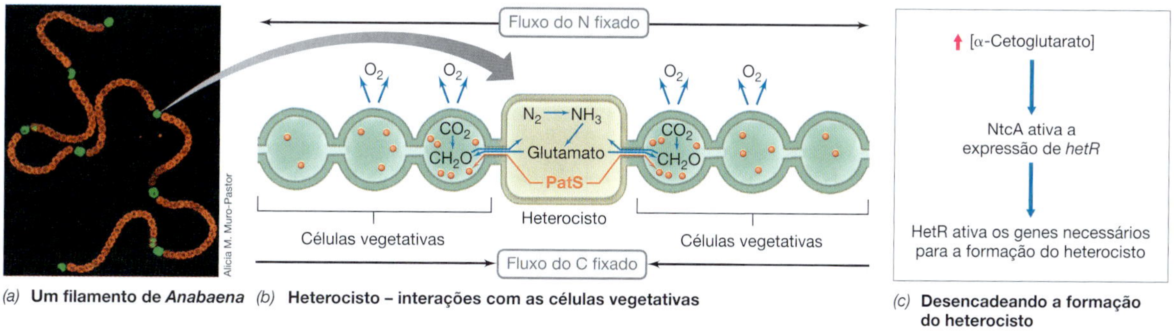


**Figura 7.28 Regulação da formação do heterocisto.** (*a*) Microscopia de fluorescência mostrando um filamento de *Anabaena* expressando a proteína verde fluorescente ligada aos genes específicos do heterocisto; as células vegetativas estão vermelhas devido à fluorescência da clorofila *a*. (*b*) Dispersão das moléculas nos heterocistos. Carbonos fixados na fotossíntese nas células vegetativas são transferidos para o heterocisto, ao passo que o nitrogênio fixado produzido no heterocisto é compartilhado com as células vegetativas. A proteína PatS, sintetizada pelo heterocisto, é também difundida para as células vegetativas vizinhas, onde ela inibe a expressão dos genes necessários para a formação do heterocisto. (*c*) Cascata de eventos na ativação de genes necessários para a formação do heterocisto. A cascata é iniciada por um aumento na concentração de α-cetoglutarato.

pequeno peptídeo, denominado PatS, que se difunde para longe do heterocisto desenvolvido, formando um gradiente ao longo das células vegetativas no filamento (Figura 7.28*b*). Acredita-se que PatS iniba a diferenciação nas células vegetativas, impedindo que HetR ative os genes necessários para a formação do heterocisto. Um segundo regulador, denominado PatA, análogo ao regulador de resposta à quimiotaxia CheY (Figura 7.19), também participa no desenvolvimento-padrão do heterocisto. PatA promove a atividade de HetR, diminuindo a atividade de PatS, podendo participar também da divisão celular.

Enquanto outros links reguladores na formação do heterocisto estão sendo investigados, a diferenciação das células vegetativas em heterocistos nas cianobactérias é um exemplo único de padrão multicelular nos procariotos.

# V • Regulação baseada no RNA

Até o momento, enfocamos nos mecanismos reguladores nos quais proteínas percebem sinais ou se ligam ao DNA. Em alguns casos, uma única proteína realiza as duas atividades; em outros casos, proteínas distintas desempenham esses papéis. No entanto, todos esses mecanismos baseiam-se em *proteínas* reguladoras. Contudo, o próprio *RNA* pode regular a expressão gênica, tanto no nível da transcrição como no da tradução do RNA em proteínas.

Moléculas de RNA que não são traduzidas, a fim de originar proteínas, são coletivamente conhecidas como **RNAs não codificadores** (**RNAnc**). Essa categoria inclui as moléculas de RNAr e RNAt, que participam da síntese proteica, e o RNA presente na partícula de reconhecimento de sinal, uma estrutura que identifica proteínas recém-sintetizadas que devem ser secretadas pela célula (Seção 4.14). Os RNA não codificadores também incluem pequenas moléculas de RNA necessárias no processamento de RNA, principalmente no *splicing* do RNAm, em eucariotos. Os *pequenos RNAs* (sRNA) variam de aproximadamente 40 a 400 nucleotídeos de extensão e atuam regulando a expressão gênica em procariotos e eucariotos. Em *Escherichia coli*, por exemplo, foram detectadas várias moléculas de sRNA que regulam uma série de aspectos da fisiologia celular em resposta ao ambiente ou sinais celulares por meio de sua ligação a outros RNA, ou até mesmo a outras pequenas moléculas, em alguns casos; o resultado final é o controle da expressão gênica.

## 7.14 RNAs reguladores: pequenos RNAs e RNA antissenso

A maneira mais frequente pela qual moléculas de RNA regulador exercem seus efeitos dá-se pelo pareamento de bases com outras moléculas de RNA, geralmente RNAm, exibindo regiões complementares em sua sequência. Essa ligação imediatamente modula a taxa de tradução do RNAm, uma vez que o ribossomo não é capaz de traduzir RNA de dupla-fita. Portanto, sRNA oferecem um mecanismo adicional na regulação da síntese proteica, uma vez que o seu RNAm correspondente já tenha sido transcrito.

### Mecanismos da atividade do sRNA

Pequenos RNA alteram a tradução do seu RNAm-alvo por quatro mecanismos distintos (**Figura 7.29**). Alguns sRNA irão se parear aos seus RNAm-alvo, modificando a sua estrutura secundária para bloquear o local de ligação ao ribossomo (RBS) anteriormente acessível (Seção 4.11) ou para liberar um RBS anteriormente bloqueado, permitindo o acesso do ribossomo. Esses dois eventos diminuem ou aumentam, respectivamente, a expressão da proteína codificada pelo RNAm-alvo.

Os outros dois mecanismos de interação do sRNA afetam a estabilidade do RNAm; a ligação do sRNA ao seu alvo pode aumentar ou diminuir a degradação do transcrito pelas ribonucleases bacterianas, modulando, assim, a expressão proteica.

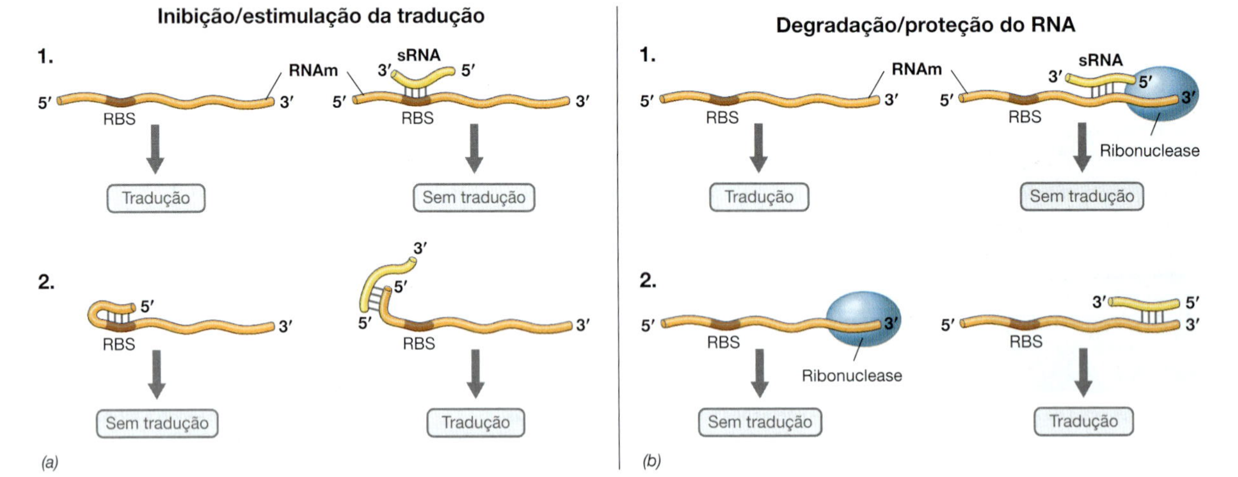


**Figura 7.29 Mecanismos do pequeno RNA para modular a tradução do RNAm.** (*a*) A ligação de um ribossomo ao RNAm necessita que o local de ligação do ribossomo (RBS) seja uma fita simples. A ligação do sRNA ao RBS (mostrado em 1) pode prevenir a tradução, ao passo que a ligação de um sRNA a um RNAm cujo RBS possui uma estrutura secundária (mostrado em 2) pode estimular a tradução. (*b*) A ribonuclease degrada o RNA. A ligação da ribonuclease à fita parcialmente dupla de RNA resulta na degradação do RNA (mostrado em 1), ao passo que a ligação do sRNA ao local da ribonuclease (mostrado em 2) pode proteger o RNAm da degradação.

Um aumento na degradação de um RNAm previne a síntese de novas moléculas proteicas codificadas por esse RNAm. Além disso, o aumento na estabilidade do RNAm desencadeará níveis maiores da proteína correspondente na célula (Figura 7.29).

## Tipos de pequeno RNA

Pequenos RNA, os quais são produzidos pela transcrição de fitas não molde dos mesmos genes que originam os seus RNAm-alvo, são denominados pequenos RNA *antissenso* e são, portanto, complementares na sequência de bases. A transcrição do RNA antissenso é intensificada em situações em que seus genes-alvo devem ser inativados. Por exemplo, o RNA antissenso RyhB de *E. coli* é transcrito quando o ferro se encontra limitante ao crescimento. O RNA RyhB se liga a uma dezena ou mais de RNAm-alvo que codificam proteínas necessárias ao metabolismo de ferro, ou que utilizam ferro como cofator. A ligação do sRNA RyhB bloqueia o RBS do RNAm, inibindo a sua tradução (Figura 7.29). As moléculas de RyhB/RNAm pareadas são, então, degradadas por ribonucleases, particularmente a ribonuclease E. Isso é parte de um mecanismo pelo qual *E. coli* e bactérias relacionadas respondem à carência de ferro. Outras respostas à limitação de ferro em *E. coli* incluem controles transcricionais com a participação de proteínas repressoras e ativadoras (Seções 7.3 e 7.4), que diminuem ou aumentam, respectivamente, a capacidade de a célula captar ferro, transferindo-o para compartimentos intracelulares de armazenamento.

Outros sRNA, denominados *trans-sRNA*, são codificados em regiões intergênicas que podem ser separadas espacialmente do seu RNAm-alvo. Dessa forma, esses sRNA geralmente possuem complementaridade limitada a sua molécula-alvo, podendo parear somente com 5 a 11 nucleotídeos. A ligação dos trans-sRNA aos seus alvos, em geral, depende de uma pequena proteína, denominada Hfq (**Figura 7.30**), que se liga às duas moléculas de RNA, facilitando a interação entre elas. Hfq forma anéis hexaméricos com os locais de ligação ao RNA em ambas as superfícies. Hfq e proteínas similarmente funcionais são denominadas *chaperonas de RNA*; elas auxiliam pequenas moléculas de RNA, incluindo muitos sRNA, a manterem suas estruturas corretas (Figura 7.30).

Pequenos RNA nem sempre funcionam afetando um RNAm. Por exemplo, a replicação de um grande número de cópias do plasmídeo ColE1 em *Escherichia coli* é regulada por um sRNA, que prepara a síntese do DNA no plasmídeo, e seu parceiro antissenso, que bloqueia a iniciação da síntese do DNA. O nível do RNA antissenso determina a frequência com que a replicação é iniciada. Alguns sRNA também se ligam a proteínas e modulam a sua atividade.

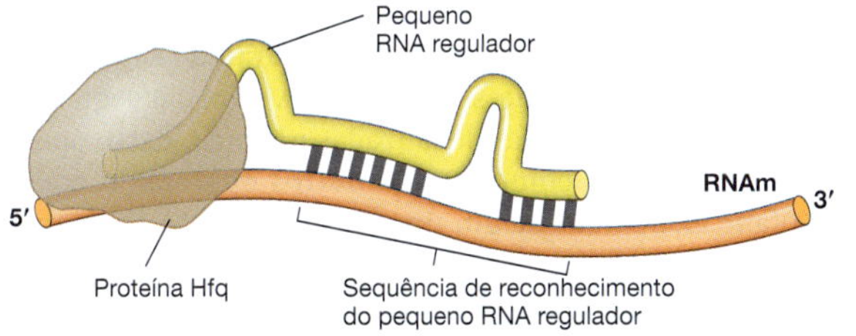


**Figura 7.30 A chaperona de RNA Hfq mantém os RNA juntos.** A ligação do sRNA ao RNAm frequentemente necessita da proteína Hfq. Pequenas moléculas de RNA, em geral, possuem estruturas de haste em alça. Uma consequência é que a sequência complementar de bases que reconhece o RNAm não é contígua.

**MINIQUESTIONÁRIO**

- Como o sRNA alteram a tradução do RNAm-alvo?
- Por que o trans-sRNA frequentemente requer uma proteína chaperona?

## 7.15 *Riboswitches*

Um dos achados mais interessantes da biologia molecular foi a descoberta de que o RNA pode realizar várias atividades, anteriormente consideradas exclusivas de proteínas. Por exemplo, o RNA pode reconhecer e se ligar especificamente a outras moléculas, incluindo metabólitos de pequena massa molecular. É importante enfatizar que essa ligação não envolve o pareamento de bases complementares (como ocorre com as ligações dos sRNA, descrito na seção anterior), mas resulta do dobramento do RNA em uma estrutura tridimensional específica, que reconhece a molécula-alvo, semelhante ao reconhecimento de um substrato por uma enzima. Algumas dessas moléculas de RNA são denominadas *ribozimas*, uma vez que são cataliticamente ativas, como as enzimas. Outras moléculas de RNA se assemelham a repressores e ativadores, por se ligarem à pequenos metabólitos, regulando a expressão gênica; essas moléculas são denominadas ***riboswitches***.

Determinados RNAm contêm regiões à montante às sequências codificadoras que podem adotar estruturas tridimensionais que se ligam a pequenas moléculas. Esses domínios de reconhecimento agem como *riboswitches* e podem ser encontrados em duas estruturas alternativas, uma contendo uma pequena molécula ligada, e outra, desprovida de molécula (**Figura 7.31**). A alternância entre as duas formas de *riboswitch* depende da presença ou da ausência da pequena molécula que, por sua vez, controla a expressão do RNAm. Foram en-

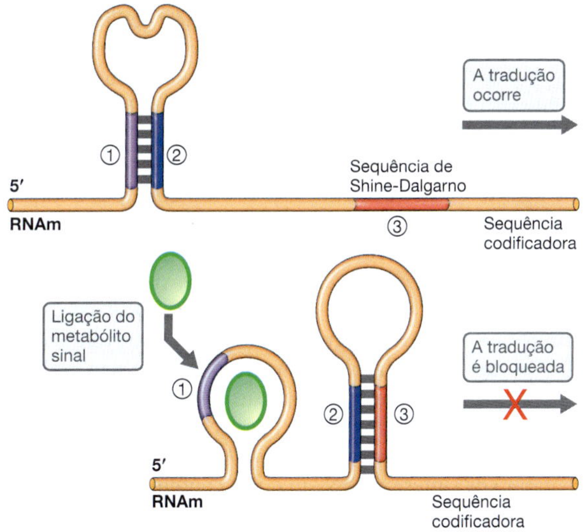


**Figura 7.31 Regulação por um *riboswitch*.** A ligação de um metabólito específico altera a estrutura secundária do domínio de *riboswitch*, localizado na extremidade 5′-não traduzida do RNAm, impedindo a tradução. Os números indicam as regiões dentro do *riboswitch* que podem se parear. O local de Shine-Dalgarno corresponde ao local onde o ribossomo se liga ao RNA.

**Tabela 7.3** *Riboswitches* nas vias biossintéticas de *Escherichia coli*

| *Tipo* | *Exemplo* |
|---|---|
| Vitaminas | Cobalamina ($B_{12}$), tetra-hidrofolato (ácido fólico), tiamina |
| Aminoácidos | Glutamina, glicina, lisina, metionina |
| Bases nitrogenadas dos ácidos nucleicos | Adenina, guanina (bases púricas) |
| Outros | Flavina mononucleotídeo (FMN), S-adenosilmetionina (SAM), glucosamina-6-fosfato (precursor do peptídeo glicano), di-GMP cíclico (molécula sinalizadora do biofilme) |

contradas *riboswitches* que controlam a síntese de enzimas de vias biossintéticas de várias vitaminas, de alguns aminoácidos, de algumas bases nitrogenadas, e de um precursor da síntese de peptideoglicano (**Tabela 7.3**).

## Mecanismos dos *riboswitches*

No início deste capítulo, discutimos a regulação da síntese de enzimas por meio do controle negativo da transcrição (Seção 7.3). Nesse processo, a presença de um metabólito específico interage com uma proteína repressora, inibindo a transcrição dos genes que codificam as enzimas da via biossintética correspondente. No caso de um *riboswitch*, não há qualquer proteína reguladora. Em vez disso, o metabólito se liga diretamente ao domínio de *riboswitch*, na extremidade 5′ do RNAm. Os *riboswitches*, em geral, exercem seu controle após o RNAm já ter sido sintetizado. Assim, a maioria dos *riboswitches* atua controlando a *tradução* do RNAm, em vez de sua *transcrição* (Figura 7.31).

O metabólito ligado ao *riboswitch*, em geral, consiste em um produto de uma via biossintética, cujas enzimas são codificadas pelo RNAm que carreia os *riboswitches* correspondentes. Por exemplo, o *riboswitch* de tiamina que se liga à tiamina pirofosfato localiza-se à montante da sequência codificadora das enzimas que participam da via biossintética de tiamina. Quando o *pool* de tiamina pirofosfato é suficiente na célula, esse metabólito se liga ao seu *riboswitch* específico, no RNAm. A nova estrutura secundária do *riboswitch* bloqueia a sequência de Shine-Dalgarno de ligação do ribossomo, no RNAm, impedindo a ligação do RNA mensageiro ao ribossomo; isso impede a tradução (Figura 7.31). Quando a concentração de tiamina pirofosfato atinge valores suficientemente baixos, a molécula se dissocia do RNAm *riboswitch*. Isso promove o desenovelamento do mensageiro, expondo o local de Shine-Dalgarno, o que permite que o RNAm se ligue ao ribossomo e seja traduzido.

Apesar de estarem contidos no RNAm, alguns *riboswitches* controlam a transcrição. O mecanismo é similar àquele observado na atenuação (Seção 7.16), em que uma alteração conformacional no *riboswitch* promove a terminação prematura da síntese do RNAm que o contém.

## *Riboswitches* e evolução

Quão disseminados são os *riboswitches* e como eles evoluíram? Até o momento, *riboswitches* foram identificados apenas em algumas bactérias e em poucos vegetais e fungos. Alguns cientistas acreditam que os *riboswitches* são remanescentes do mundo de RNA, um período ocorrido há várias eras, antes da existência de células, DNA e proteínas, quando se acreditava que os RNA catalíticos eram as únicas formas de vida autorreplicantes. Nesse ambiente, os *riboswitches* podem ter sido um mecanismo primitivo de controle metabólico – uma maneira simples pela qual as formas de vida de RNA podem ter controlado a síntese de outros RNA. Com o surgimento das proteínas, os *riboswitches* poderiam também ter correspondido ao primeiro mecanismo de controle de sua síntese. Se essa hipótese for verdadeira, os *riboswitches* atuais podem ser os últimos vestígios dessa forma simples de controle, uma vez que, como vimos neste capítulo, a regulação metabólica é realizada quase que exclusivamente por *proteínas* reguladoras.

**MINIQUESTIONÁRIO**

- O que ocorre quando um *riboswitch* se liga à pequena molécula que o regula?
- Quais são as principais diferenças entre o uso de uma proteína repressora e um *riboswitch* no controle da expressão gênica?

# 7.16 Atenuação

A **atenuação** é uma forma de controle transcricional em bactérias (e provavelmente também em arqueias) que atua promovendo a terminação prematura da síntese de RNAm. Isto é, na atenuação, o controle é exercido *após* o início da transcrição, mas *antes* de seu término. Dessa forma, o número de transcritos completos de um óperon é reduzido, mesmo que o número de transcritos iniciados não o seja.

O princípio básico da atenuação baseia-se no fato de a primeira porção sintetizada do RNAm, denominada região-*líder*, poder se dobrar em duas estruturas secundárias alternativas. Nesse aspecto, a atenuação se assemelha aos *riboswitches* (Figura 7.31). Na atenuação, uma das estruturas secundárias do RNAm permite o prosseguimento da síntese de RNAm, ao passo que a outra promove uma terminação prematura. O dobramento do RNAm depende de eventos no ribossomo, ou da atividade de proteínas reguladoras, dependendo do organismo. Os melhores exemplos de atenuação envolvem a regulação de genes que controlam a biossíntese de certos aminoácidos em bactérias gram-negativas. O primeiro sistema descrito foi o do óperon triptofano de *Escherichia coli*, que será detalhado a seguir. Uma vez que os processos de transcrição e tradução ocorrem em compartimentos distintos em eucariotos, o controle por atenuação não é encontrado em *Eukarya*.

## Atenuação no óperon triptofano

O óperon triptofano contém genes estruturais de cinco proteínas da via biossintética desse aminoácido, além das sequências promotoras e reguladoras, localizadas no início desse óperon (**Figura 7.32**). Assim como muitos outros óperons, o óperon triptofano exibe mais de um tipo de regulação. A transcrição do óperon triptofano completo é sujeita ao controle negativo (Seção 7.3). No entanto, além das regiões promotora (P) e operadora (O), necessárias ao controle negativo, o óperon apresenta uma sequência, denominada *sequência-líder*. Ela codifica um pequeno polipeptídeo, o *peptídeo-líder*, o qual contém sucessivos códons de triptofano próximos a sua porção final, que age como um atenuador (Figura 7.32).

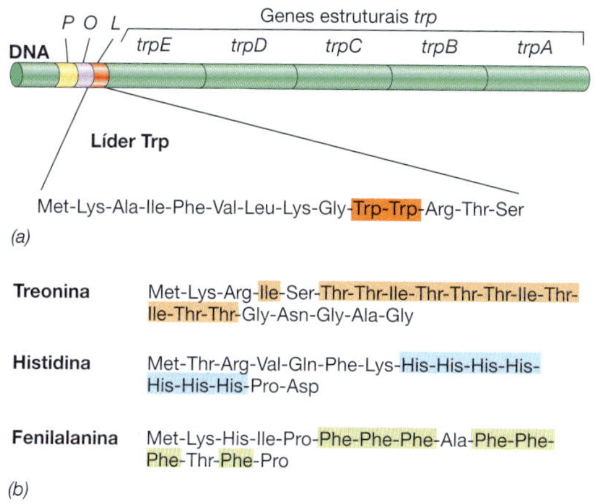


**Figura 7.32 Atenuação e peptídeos-líder em *Escherichia coli*.** Estrutura do óperon triptofano (*trp*) e dos peptídeos-líder de triptofano e de outros aminoácidos, em *Escherichia coli*. (*a*) Arranjo do óperon triptofano. Observe que o líder (*L*) codifica um pequeno peptídeo contendo dois resíduos de triptofano próximos à extremidade terminal (há um códon de término após o códon Ser). O promotor é indicado por *P*, e o operador por *O*. Os genes *trpE* a *trpA* codificam as enzimas envolvidas na biossíntese de triptofano. (*b*) Sequência de aminoácidos de peptídeos-líder de outros óperons, envolvidos na síntese de outros aminoácidos. Como a isoleucina é sintetizada a partir da treonina, ela é um importante componente do peptídeo-líder de treonina.

A base do controle pelo atenuador de triptofano ocorre conforme descrito a seguir. Havendo abundância de triptofano na célula, haverá um *pool* suficiente de RNAt carregados com triptofano, e o peptídeo-líder será sintetizado. A síntese do peptídeo-líder provoca o término da transcrição do restante do óperon *trp*, que contém os genes estruturais das enzimas biossintéticas. Ao contrário, havendo carência de triptofano, o peptídeo-líder rico em resíduos de triptofano não será sintetizado. Quando a síntese do peptídeo-líder é bloqueada pela deficiência de triptofano, o restante do óperon é transcrito.

## Mecanismos de atenuação

Como a tradução do peptídeo-líder pode regular a transcrição dos genes de triptofano a jusante? Considere que, na célula procariótica, a transcrição e a tradução são processos simultâneos; à medida que o RNAm é liberado do DNA, os ribossomos se ligam, iniciando a tradução (Seção 4.13). Isto é, enquanto a *transcrição* das sequências de DNA a jusante ainda está ocorrendo, a *tradução* das sequências transcritas já foi iniciada (**Figura 7.33**).

A atenuação ocorre (a transcrição é interrompida) porque uma porção do RNAm recém-sintetizado se dobra, formando uma haste-alça única que bloqueia a atividade da RNA-polimerase. A estrutura em haste-alça se forma no RNAm devido à presença de dois segmentos nucleotídicos próximos e complementares, os quais podem se parear. Quando o triptofano é abundante, o ribossomo traduzirá a sequência-líder até atingir o códon de término do líder. O restante do RNA-líder adota, então, uma estrutura em haste-alça, um local de pausa na transcrição, seguida por uma sequência rica em uracilas que, de fato, promove o término transcricional (Figura 7.33*a*).

Entretanto, quando há escassez de triptofano, obviamente, a transcrição dos genes que codificam as enzimas biossintéticas de triptofano é desejável. Durante a transcrição do líder, o ribossomo realiza uma pausa em um códon de triptofano, devido à carência de RNAt carregados com esse aminoácido. A presença de um ribossomo parado nessa posição permite a formação de uma haste-alça diferente da haste-alça de término (locais 2 e 3, na Figura 7.33*b*). Essa haste-alça alternativa não corresponde a um sinal de término da transcrição. Em vez disso, a estrutura impede a formação da haste-alça de término (locais 3 e 4, na Figura 7.33*a*). Isso permite que a RNA-polimerase prossiga através do local de término e inicie a transcrição dos genes estruturais de triptofano. Assim, no controle por atenuação, a taxa de transcrição é influenciada pela taxa de tradução.

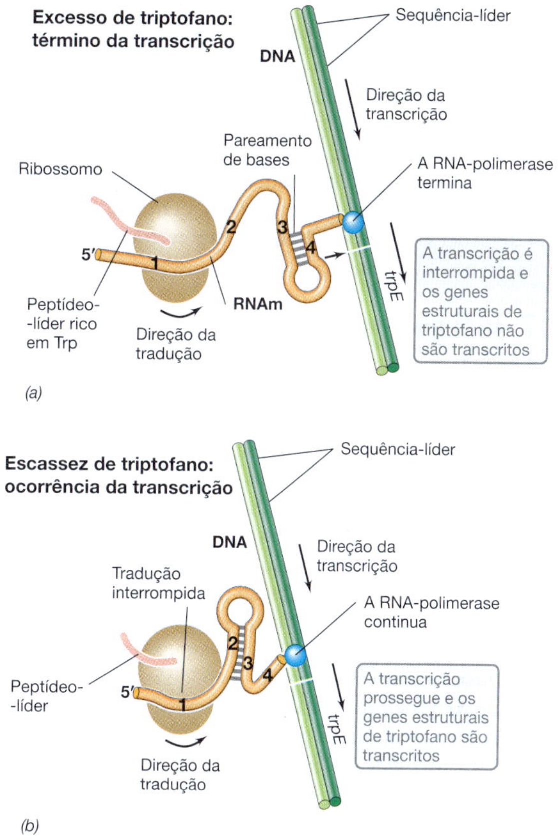


**Figura 7.33 Mecanismo de atenuação.** Controle da transcrição dos genes estruturais do óperon triptofano (*trp*) de *Escherichia coli*, por atenuação. O peptídeo-líder é codificado pelas regiões 1 e 2 do RNAm. Duas regiões da cadeia de RNAm em crescimento são capazes de formar alças de dupla-fita, ilustradas como 2:3 e 3:4. (*a*) Quando há um excesso de triptofano, o ribossomo traduz o peptídeo-líder completo, não permitindo o pareamento da região 2 com a região 3. As regiões 3 e 4 pareiam, formando uma alça que bloqueia a transcrição. (*b*) Quando a tradução é interrompida devido à carência de triptofano, uma alça é formada pelo pareamento da região 2 com a região 3, não ocorrendo a formação da alça 3:4, possibilitando, assim, a continuidade da transcrição além do peptídeo-líder.

**MINIQUESTIONÁRIO**

- Por que o controle da atenuação não ocorre nos eucariotos?
- Explique como a formação de uma haste-alça no RNA pode bloquear a formação de outra.

# VI • Regulação de enzimas e outras proteínas

Exploramos alguns dos principais mecanismos para regulação da *quantidade* (ou mesmo a completa presença ou ausência) de uma enzima ou de outra proteína dentro da célula. Agora, focaremos nos mecanismos que a célula pode utilizar para controlar a *atividade* de enzimas dentro da célula, por meio de processos como a inibição por retroalimentação e a regulação pós-traducional.

## 7.17 Inibição por retroalimentação

Um importante meio de controle da atividade enzimática é a **inibição por retroalimentação**. Esse mecanismo interrompe temporariamente todas as reações de uma via biossintética inteira. As reações são interrompidas porque um excesso do produto final de uma via inibe as atividades de uma enzima inicial (geralmente a *primeira*) desta mesma via. A inibição de um passo inicial efetivamente desliga a via inteira, uma vez que nenhum intermediário é gerado pelas enzimas subsequentes (**Figura 7.34*a***). No entanto, a inibição por retroalimentação é reversível, pois uma vez que os níveis do produto final se tornem limitantes, a via se torna funcional novamente.

Como o produto final de uma via pode inibir a atividade de uma enzima cujo substrato não está relacionado a ela? Isso ocorre porque a enzima inibida possui dois locais de ligação distintos, o *local ativo* (onde o substrato se liga, Seção 3.5), e o *local alostérico*, onde o produto final da via se liga. Quando o produto final está em excesso, ele se liga no local alostérico, mudando a conformação da enzima, de modo que o substrato não possa mais se ligar ao local ativo (Figura 7.34*b*). Entretanto, quando a concentração do produto final na célula começa a reduzir, esse produto não mais se liga no local alostérico e, dessa forma, a enzima retorna a sua forma catalítica e novamente se torna ativa.

### Isoenzimas

Algumas vias biossintéticas controladas pela inibição por retroalimentação utilizam as *isoenzimas* ("iso" significa "mesmo"). As isoenzimas são proteínas diferentes que catalisam a mesma reação, mas estão sujeitas a diferentes controles reguladores. Como exemplo, podemos citar as enzimas necessárias para a síntese dos aminoácidos aromáticos – tirosina, triptofano e fenilalanina – em *Escherichia coli* (Figura 7.34*c*).

A enzima 3-desoxi-D-arabino-heptonato 7-fosfato (DAHP) sintase desempenha um papel central na biossíntese dos aminoácidos aromáticos. Em *E. coli*, três isoenzimas DAHP sintase catalisam a primeira reação dessa via, cada uma sendo regulada independentemente por um dos aminoácidos do produto final. Entretanto, ao contrário do exemplo de inibição por retroalimentação, em que o produto final inibe completamente a atividade da enzima, aqui a atividade enzimática é diminuída gradualmente e só chega a zero quando *todos os três* produtos finais estão presentes em excesso (Figura 7.34*c*).

**MINIQUESTIONÁRIO**

- O que é inibição da retroalimentação?
- Qual é a diferença entre um local alostérico e um local ativo?
- O que a adenilação causa na atividade enzimática da glutamina sintase?

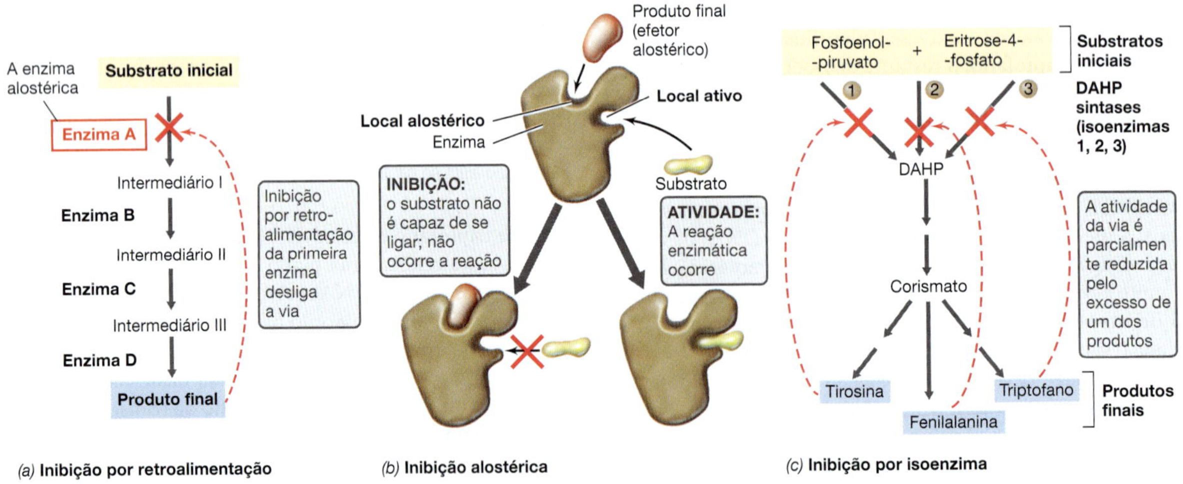


**Figura 7.34 Inibição da atividade enzimática.** (*a*) Na inibição por retroalimentação, a atividade da primeira enzima da via é inibida pelo produto final, interrompendo, assim, a produção dos três produtos intermediários e do produto final. (*b*) Mecanismo de inibição alostérica pelo produto final da via. Quando o produto final se liga ao local alostérico, a conformação da enzima é alterada de forma que o substrato não consiga mais se ligar ao local ativo. Entretanto, a inibição é reversível, e a limitação do produto final ativará a enzima novamente. (*c*) Inibição por isoenzimas. Em *Escherichia coli*, a via que sintetiza os aminoácidos aromáticos contêm três isoenzimas DAHP sintases. Cada uma dessas enzimas é inibida por retroalimentação por um dos aminoácidos aromáticos. Entretanto, observe que o excesso dos três aminoácidos é necessário para interromper a síntese de DAHP. Além da inibição por retroalimentação no local da DAHP, cada aminoácido inibe também a retroalimentação do metabolismo na etapa do corismato.

## 7.18 Regulação pós-traducional

Algumas enzimas são reguladas por uma modificação covalente, geralmente a fixação ou a remoção de algumas pequenas moléculas na proteína que subsequentemente afeta a atividade da enzima. Discutimos, anteriormente, sobre a *fosforilação*, um mecanismo muito comum na regulação pós-traducional da proteína, quando falamos sobre os sistemas reguladores de dois componentes (Seção 7.7). Enzimas biossintéticas também podem ser reguladas pela fixação de outras pequenas moléculas, como nucleotídeo adenosina monofosfato (AMP) e adenosina difosfato (ADP), ou pela metilação. Agora, consideramos um exemplo único de um caso bem-estudado da glutamina sintase, a enzima-chave na assimilação da amônia ($NH_3$) (⇄ Seção 3.15), cuja atividade é modulada pelo AMP em um processo denominado *adenilação*.

### Regulação da atividade da glutamina sintase

Cada molécula de glutamina sintase (GS) é composta de 12 subunidades idênticas, sendo que cada uma delas pode ser adenilada. Quando GS é completamente adenilada (i.e., quando cada molécula da enzima contém 12 grupos AMP), ela está cataliticamente inativa. Quando a adenilação é parcial, a molécula fica parcialmente ativa. À medida que o *pool* de glutamina na célula aumenta, GS se torna mais adenilada e sua atividade diminui. À medida que o nível de glutamina diminui, GS se torna menos adenilada e sua atividade aumenta (Figura 7.35). Outras enzimas na célula também adicionam e removem grupos AMP da GS, e essas enzimas são controladas por elas mesmas ou, em última instância, pelos níveis celulares de $NH_3$.

Por que existe toda essa regulação elaborada ao redor da enzima GS? A atividade de GS requer ATP e a assimilação do nitrogênio é o principal processo biossintético da célula. Entretanto, quando o $NH_3$ está presente em altos níveis na célula, ele pode ser assimilado em aminoácidos pelas enzimas que não consumem ATP; nessas condições, GS permanece inativa. No entanto, quando os níveis de $NH_3$ estão baixos, GS se torna cataliticamente ativa. O fato de a GS estar ativa somente quando o $NH_3$ é limitante faz a célula economizar ATP que seriam utilizados desnecessariamente se a enzima estivesse ativa na presença de $NH_3$ em excesso.

A modulação da atividade de GS precisa contrastar com as enzimas que estão sujeitas à inibição por retroalimentação (Figura 7.34), cujas atividades são ligadas ou desligadas, dependendo da concentração da molécula efetora. Esse tipo de controle mais fino para GS permite que ela permaneça parcialmente ativa até que os níveis de $NH_3$ estejam tão elevados que os sistemas de assimilação, que possuem uma menor afinidade pelo $NH_3$ e que não necessitem de ATP, estejam totalmente ativos.

### Outros exemplos de regulação pós-traducional

Ao longo deste capítulo, aprendemos outras vias pelas quais as células regulam as atividades das proteínas. Um desses mecanismos é a interação proteína-proteína. Na Seção 7.10, descrevemos como o fator σ RpoH é inativado por DnaK em condições normais de temperatura e na resposta ao choque térmico (Figura 7.24). Além disso, a regulação pela interação proteína-proteína ocorre durante a esporulação em *Bacillus*, quando o fator antissigma SpoIIAB se liga ao σF, prevenindo a sua associação com a RNA-polimerase (Seção 7.11 e Figura 7.25). A formação de heterocisto é também controlada em parte pela regulação pós-traducional. Nas células vegetativas, o peptídeo PatS impede que HetR ative a transcrição de genes necessários para a formação do heterocisto (Seção 7.13 e Figura 7.28).

As enzimas proteases podem ser utilizadas para remover rapidamente as proteínas danificadas do *pool* celular, ao passo que as chaperonas moleculares fazem justamente o oposto, dobrando novamente as proteínas desnaturadas. Entretanto, independentemente do mecanismo, na análise final está claro que a regulação da síntese e da atividade das proteínas celulares é (1) muito importante para a sua biologia, (2) possível de muitas maneiras diferentes, e (3) o principal investimento genético; mas os custos valem a pena. Em um mundo altamente competitivo, a sobrevivência de um microrganismo pode depender da sua habilidade para conservar os recursos e produzir energia.

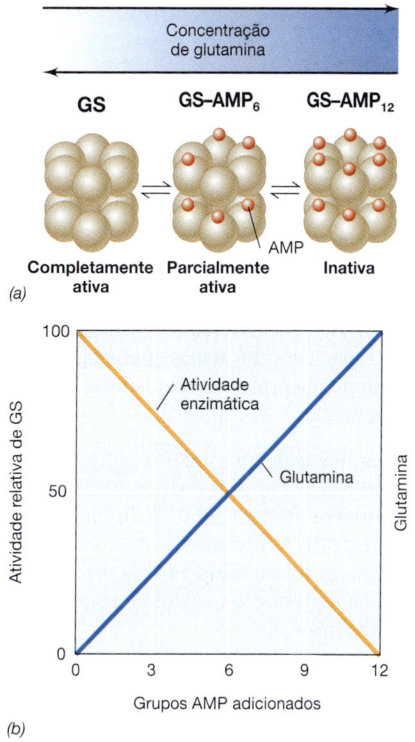


**Figura 7.35 Regulação da glutamina sintase por modificação covalente.** (*a*) Quando as células são cultivadas com excesso de amônia ($NH_3$), a glutamina sintase (GS) é covalentemente modificada pela adenilação; até 12 grupos de AMP podem ser adicionados. Quando a concentração de $NH_3$ está limitada na célula, os grupos são removidos, formando ADP. (*b*) Subunidades de GS adeniladas são cataliticamente inativas, portanto, a atividade de GS diminui gradativamente à medida que mais subunidades são adeniladas.

## CONCEITOS IMPORTANTES

**7.1** • A maioria dos genes codifica proteínas e a maioria das proteínas é enzima. A expressão de um gene que codifica uma enzima é regulada pelo controle da atividade da enzima ou pelo controle da quantidade de enzima produzida.

**7.2** • Certas proteínas se ligam ao DNA quando domínios específicos das proteínas se ligam a regiões específicas da molécula de DNA. Na maioria dos casos, as interações são sequências específicas. Proteínas que se ligam ao DNA são frequentemente proteínas reguladoras que afetam a expressão gênica.

**7.3** • A quantidade de uma enzima específica na célula pode ser controlada por proteínas reguladoras que se ligam ao DNA e aumentam (induzem) ou diminuem (reprimem) a quantidade de RNA mensageiro que codifica a enzima. No controle negativo da transcrição, a proteína reguladora é denominada repressor, o qual funciona pela inibição da síntese de RNAm.

**7.4** • Os reguladores positivos da transcrição são denominados proteínas ativadoras. Eles se ligam aos locais de ligação dos ativadores no DNA e estimulam a transcrição. Indutores modificam a atividade das proteínas ativadoras. No controle positivo da indução enzimática, os indutores promovem a ligação da proteína ativadora estimulando à transcrição.

**7.5** • Sistemas de controle global regulam a expressão de muitos genes simultaneamente. A repressão catabólica é um sistema de controle global que auxilia a célula a utilizar de maneira eficiente as fontes de carbono disponíveis. O óperon *lac* está sob o controle da repressão catabólica, bem como do seu próprio sistema regulador negativo.

**7.6** • Arqueias se assemelham às bactérias na utilização de ativadores que se ligam ao DNA e de proteínas repressoras para regular a expressão gênica no nível transcricional.

**7.7** • Sistemas de transdução de sinal transmitem sinais ambientais para as células. Em procariotos, a transdução de sinal é geralmente realizada por um sistema regulador de dois componentes, que inclui uma cinase sensorial integrada à membrana e um regulador de resposta citoplasmático. A atividade do regulador de resposta depende do seu estado de fosforilação.

**7.8** • O comportamento quimiotático responde de maneira complexa a atrativos e repelentes. A regulação da quimiotaxia afeta a atividade da proteína, em vez de sua síntese. A adaptação por meio da metilação permite ao sistema reiniciar na presença de um estímulo contínuo.

**7.9** • O *quorum sensing* permite que a célula monitore o ambiente, percebendo as células da sua própria espécie. Ele depende do compartilhamento de pequenas moléculas específicas, chamadas de autoindutores. Uma vez que o autoindutor esteja presente em concentrações suficientes, a expressão de genes específicos é desencadeada.

**7.10** • As células podem controlar um conjunto de genes por meio dos fatores sigma alternativos. Eles reconhecem somente alguns promotores, permitindo, então, a transcrição de uma categoria específica de genes que são apropriados para certas condições ambientais. As células respondem tanto ao calor quanto ao frio por meio da expressão de grupos gênicos, cujos produtos ajudam a célula a superar o estresse.

**7.11** • A esporulação em *Bacillus* durante condições adversas é desencadeada por um complexo sistema de liberação de transferência de grupos fosfato que monitora múltiplos aspectos do ambiente. O fator de esporulação Spo0A desencadeia uma cascata de respostas reguladoras sob o controle de vários fatores sigma alternativos.

**7.12** • A diferenciação em *Caulobacter* consiste na alternância entre células móveis e aquelas que aderem na superfície. Três proteínas regulatdoras principais – CtrA, GcrA e DnaA – atuam em sucessão para controlar as três fases do ciclo celular. Cada uma dessas proteínas controla muitos outros genes necessários em tempos específicos do ciclo celular.

**7.13** • A formação dos heterocistos requer a expressão da proteína reguladora HetR nos heterocistos iniciais. Entretanto, essa proteína deve ser inativada nas células vegetativas pela difusão do peptídeo PatS ao longo do filamento.

**7.14** • As células podem controlar os genes de várias maneiras por meio do uso de moléculas de RNA reguladoras. Uma maneira é tirar vantagem do pareamento de bases e usar o sRNA para promover ou prevenir a tradução dos RNAm.

**7.15** • Os *riboswitches* são domínios de RNA na extremidade 5′ do RNAm que reconhecem pequenas moléculas e respondem alterando a estrutura tridimensional, afetando a tradução ou o término da transcrição do RNAm. *Riboswitches* são utilizados principalmente para controlar as vias biossintéticas de aminoácidos, purinas e outros poucos metabólitos.

**7.16** • A atenuação é um mecanismo por meio do qual a transcrição é controlada após o início da síntese do RNAm. O mecanismo da atenuação depende de estruturas em haste-alça alternativas no RNAm.

**7.17** • Na inibição por retroalimentação, o excesso do produto final da via biossintética inibe a enzima alostérica que inicia a via. A atividade enzimática também pode ser modulada por isoenzimas.

**7.18** • A atividade proteica pode ser regulada após a tradução. Modificações covalentes reversíveis ou interações com outras proteínas podem modular a atividade proteica.

## REVISÃO DE TERMOS-CHAVE

**AMP cíclico** nucleotídeo regulador que participa da repressão catabólica.

**Atenuação** mecanismo de controle da expressão gênica; normalmente a transcrição é interrompida após o início, antes que uma molécula completa de RNAm seja sintetizada.

**Autoindutor** pequena molécula sinalizadora que participa do *quorum sensing*.

**Controle negativo** mecanismo de regulação da expressão gênica, pelo qual uma proteína repressora impede a transcrição dos genes.

**Controle positivo** mecanismo de regulação da expressão gênica, pelo qual uma proteína ativadora atua, promovendo a transcrição dos genes.

**Domínios** regiões de uma proteína com estrutura e função específicas.

**Expressão gênica** transcrição de um gene, seguida da tradução do RNAm resultante em proteína.

**Indução** produção de uma enzima em resposta a um sinal (frequentemente, a presença do substrato enzimático).

**Inibição por retroalimentação** processo no qual um excesso do produto final de uma via de múltiplos passos inibe a atividade da primeira enzima da via.

**Nucleotídeo regulador** nucleotídeo que atua como sinal, em vez de ser incorporado ao RNA ou ao DNA.

**Óperon** um ou mais genes que são transcritos como um único RNA, os quais se encontram sob o controle de um único local regulador.

**Proteína alostérica** proteína que contém um local ativo para a ligação do substrato e um local alostérico para a ligação de uma molécula efetora, como o produto final da via bioquímica.

**Proteína ativadora** proteína reguladora que se liga a locais específicos no DNA e estimula a transcrição; é envolvida no controle positivo.

**Proteína cinase sensorial** um dos membros de um sistema de dois componentes; uma proteína que se autofosforila em resposta a um sinal externo, transferindo, então, o grupo resposta.

**Proteína reguladora de resposta** um dos membros de um sistema de dois componentes; uma proteína que é fosforilada por uma cinase sensorial e passa a atuar como um regulador, frequentemente por sua ligação ao DNA.

**Proteína repressora** proteína reguladora que se liga a locais específicos no DNA e bloqueia a transcrição; é envolvida no controle negativo.

**Proteína verde fluorescente (GFP)** proteína que emite uma fluorescência verde e é amplamente utilizada nas análises genéticas.

**Proteínas de choque térmico** proteínas induzidas por altas temperaturas (ou outros fatores de estresse), com papel protetor contra temperaturas elevadas, principalmente pelo redobramento de proteínas parcialmente desnaturadas ou por sua degradação.

***Quorum sensing*** sistema regulador que monitora o nível populacional e controla a expressão gênica, com base na densidade celular.

**Regulon** conjunto de óperons que são controlados como uma unidade.

**Repressão** bloqueio da síntese de uma enzima em resposta a um sinal.

**Repressão catabólica** supressão de vias catabólicas alternativas por uma fonte preferencial de carbono e energia.

**Resposta ao choque térmico** resposta a altas temperaturas, que inclui a síntese de proteínas de choque térmico, além de outras alterações na expressão gênica.

***Riboswitch*** domínio no RNA, geralmente em uma molécula de RNAm, que se liga a uma pequena molécula específica, alterando sua estrutura secundária; isso, por sua vez, controla a tradução do RNAm.

**RNA não codificador (RNAnc)** molécula de RNA que não é traduzida em proteína, exemplos incluem o RNA ribossomal, RNA transportador e pequenos RNAs reguladores.

**Sistema regulador de dois componentes** sistema regulador que consiste em duas proteínas: uma cinase sensorial e um regulador de resposta.

**Transdução de sinal** ver sistema regulador de dois componentes.

## QUESTÕES DE REVISÃO

1. Quais são os dois pontos em que a quantidade de síntese de proteínas pode ser regulada? (Seção 7.1)
2. Descreva por que uma proteína que se liga a uma sequência específica de DNA de dupla-fita provavelmente não se ligará a mesma sequência em um DNA de fita simples. (Seção 7.2)
3. A maioria dos óperons biossintéticos é efetivamente regulada apenas pelo controle negativo, ao passo que a maioria dos óperons catabólicos requer os controles negativo e positivo. Explique. (Seções 7.4 e 7.5)
4. Qual é a diferença entre um óperon e um regulon? (Seção 7.4)
5. Descreva o mecanismo pelo qual a proteína receptora de AMPc (CRP), a proteína reguladora da repressão catabólica, atua, empregando o óperon lactose como exemplo. (Seção 7.5)
6. Quais são os dois mecanismos utilizados pelas proteínas repressoras de arqueias para reprimir a transcrição? (Seção 7.6)
7. Quais são os dois componentes que dão seus nomes a uma via de transdução de sinal em procariotos? Qual a função de cada um de seus componentes? (Seção 7.7)
8. A adaptação permite que o mecanismo de controle da rotação flagelar retorne ao seu estado original. Como isso é realizado? (Seção 7.8)
9. Como o *quorum sensing* pode ser considerado um mecanismo regulador para conservação dos recursos celulares? (Seção 7.9)
10. Descreva quais proteínas são produzidas quando células de *Escherichia coli* sofrem um choque térmico. Qual a sua importância para as células? (Seção 7.10)
11. Explique como os fatores sigma alternativos controlam a esporulação em *Bacillus*. (Seção 7.11)
12. Qual papel a proteína DnaA desempenha na diferenciação em *Caulobacter*? (Seção 7.12)
13. Qual molécula produzida pelos heterocistos previne a diferenciação nas células vegetativas e como o inibidor alcança as células vegetativas? (Seção 7.13)
14. Como a regulação por um sRNA difere da regulação por *riboswitches*? (Seções 7.14 e 7.15)

15. Descreva como o mecanismo da atenuação transcricional atua. O que está sendo, na realidade, "atenuado"? (Seção 7.16)

16. Diferencie a regulação da DAHP sintase e da glutamina sintase. (Seção 7.17)

17. Qual é a modificação covalente mais comum que afeta a atividade proteica? (Seção 7.18)

## QUESTÕES COMPLEMENTARES

1. O que ocorreria com a regulação de um promotor sujeito ao controle negativo, se a região onde a proteína reguladora se liga fosse deletada? E se o promotor fosse sujeito ao controle positivo?

2. Promotores de *Escherichia coli*, sujeitos ao controle positivo, exibem sequências-consenso diferentes das sequências-consenso típicas de *E. coli* (Seção 4.7). Por quê?

3. O controle por atenuação dos genes da via biossintética do triptofano em *Escherichia coli* envolve, na realidade, o acoplamento da transcrição e tradução. Você seria capaz de descrever por que esse mecanismo de regulação não seria apropriado para a regulação dos genes envolvidos na utilização da lactose?

4. A maioria dos sistemas reguladores descritos neste capítulo envolve a participação de proteínas reguladoras. No entanto, RNAs reguladores são também importantes. Descreva como o óperon *lac* poderia ser controlado negativamente, a partir de um dos dois tipos distintos de RNAs reguladores.

5. Muitos óperons biossintéticos de aminoácidos regulados por atenuação estão também sujeitos ao controle negativo. Considerando-se que o ambiente de uma bactéria pode ser altamente dinâmico, qual a vantagem de apresentar a atenuação como um segundo mecanismo-controle?

6. Como você projetaria um sistema regulador para fazer a *Escherichia coli* utilizar o ácido succínico em preferência à glicose? Como você poderia modificá-lo de forma que a *E. coli* preferisse utilizar o ácido succínico na luz, mas a glicose no escuro?

CAPÍTULO

# 8 Vírus e virologia

## microbiologiahoje

### De onde vieram os vírus?

Apesar do fato de conhecermos muito sobre as propriedades moleculares dos vírus, como eles subvertem as atividades celulares para os seus próprios interesses, e as doenças causadas por diversos deles, sabemos muito pouco sobre as origens dos vírus. Porém este segredo do mundo viral pode estar começando a ser desvendado.[1]

Sabe-se que os vírus surgiram antes do aparecimento do último ancestral universal comum da vida celular (LUCA, *last universal commom ancestor*). Essa hipótese tem ganhado suporte de pelo menos duas fontes. Primeiramente, estudos estruturais mostraram que algumas proteínas virais no envoltório viral (capsídeo) que circunda o genoma viral mostram significativa homologia estrutural ao longo de uma ampla variedade tanto de vírus de RNA (foto, coronavírus) quanto de vírus de DNA. Este fato sugere que apesar de sua diversidade genômica, os vírus apresentam diferentes "linhagens" que precedem a origem de LUCA.

Em segundo lugar, é evidente que a taxa de mutação e tamanho do genoma são inversamente proporcionais e que os pequenos vírus de RNA têm a maior de todas as taxas de mutação conhecidas. Além disso, os vírus de DNA de fita simples têm taxas de mutação mais baixas do que os vírus de RNA de fita simples, e vírus de DNA de dupla-fita apresentam taxas mais baixas do que os vírus de DNA de fita simples. As menores taxas são vistas nas células, cujas taxas de mutação são várias ordens de grandeza menores do que as dos vírus.

Talvez as primeiras entidades autorreplicantes da Terra se assemelhassem a vírus de RNA de fita simples que sofreram mutações cedo e com frequência, resultando em aumento gradual de adaptabilidade. Destes, foram selecionados os mutantes que tinham evoluído os mais estáveis genomas (baseadas em DNA), e destes, as primeiras células. Apesar de ainda ser uma hipótese, tal processo de aumento da estabilidade genômica pode ter sido um importante catalisador para a evolução das células. Se isso for verdade, o estudo de proteínas do capsídeo viral e das taxas de mutação genômica podem ter, inadvertidamente, fornecido pistas importantes para os cientistas que se esforçam para entender como a vida começou.

[1]Holmes, E.C. 2011. What does viral evolution tell us about virus origins? *J. Virol.* *85:* 5247-5251.

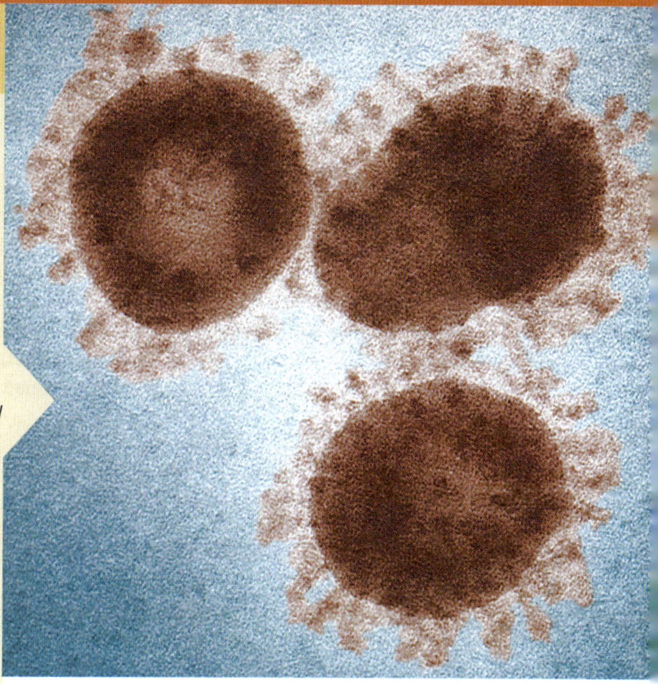


I A natureza dos vírus 246

II Ciclos de vida dos bacteriófagos 251

III Diversidade e ecologia viral 257

Os **vírus** são elementos genéticos que conseguem se replicar apenas no interior de uma célula viva, denominada **célula hospedeira**. Os vírus possuem seu próprio genoma e, neste sentido, são independentes do genoma da célula hospedeira. No entanto, os vírus dependem da célula hospedeira para energia, intermediários metabólicos e síntese proteica. Os vírus são, portanto, *parasitas intracelulares obrigatórios.*

Os vírus infectam tanto células procarióticas quanto eucarióticas e são responsáveis por muitas doenças infecciosas de seres humanos e outros organismos. O estudo dos vírus é denominado *virologia*, e este capítulo aborda os princípios básicos dessa ciência. No Capítulo 9, consideraremos os aspectos genômicos e a diversidade dos vírus em mais detalhes.

# I • A natureza dos vírus

## 8.1 O que é um vírus?

Embora os vírus não sejam células, eles possuem um genoma de ácido nucleico que codifica as funções necessárias para sua replicação e uma forma extracelular, denominada **vírion**, que permite que o vírus viaje de uma célula hospedeira para outra. Os vírus são incapazes de replicarem-se, a menos que o próprio vírion (ou seu genoma, no caso de vírus bacterianos) penetre em uma célula hospedeira adequada, um processo denominado *infecção.*

### Estrutura e atividades virais

O vírion de um vírus consiste em um envoltório proteico, o **capsídeo**, que contém o genoma viral. A maioria dos vírus bacterianos são *nus*, sem camadas adicionais, enquanto muitos vírus de animais contêm uma camada externa consistindo de proteínas e lipídeos, denominada *envelope* (**Figura 8.1**). Em vírus envelopados, a estrutura interna composta por ácido nucleico e proteínas do capsídeo é denominada **nucleocapsídeo**. O vírion protege o genoma viral quando o vírus está fora da célula hospedeira, e proteínas na superfície do vírion são importantes no ancoramento à célula hospedeira. O vírion pode também conter uma ou mais enzimas virais específicas que desempenham papéis durante a infecção e a replicação, como discutido posteriormente.

Uma vez dentro da célula hospedeira, um genoma viral pode orquestrar um de dois eventos bastante diferentes. O vírus pode replicar e destruir o hospedeiro em uma infecção **virulenta** (**lítica**). Em uma infecção lítica, o vírus redireciona o metabolismo do hospedeiro para suportar a replicação do vírus e a montagem de novos vírions. Eventualmente, novos vírions são liberados, e o processo pode repetir-se em novas células hospedeiras. Alternativamente, alguns vírus podem submeter-se a uma infecção *lisogênica*; neste caso, a célula hospedeira não é destruída, mas é geneticamente alterada, pois o genoma viral torna-se parte do genoma do hospedeiro.

### Genomas virais

Todas as células apresentam genomas de DNA de dupla-fita. Por outro lado, os vírus podem apresentar genomas de DNA *ou* de RNA e podem ser subdivididos baseados no fato de o genoma ser de *fita simples* ou *dupla-fita*. Alguns vírus pouco comuns utilizam tanto DNA quanto RNA como seu material genético, porém em diferentes estágios de seu ciclo de replicação (**Figura 8.2**).

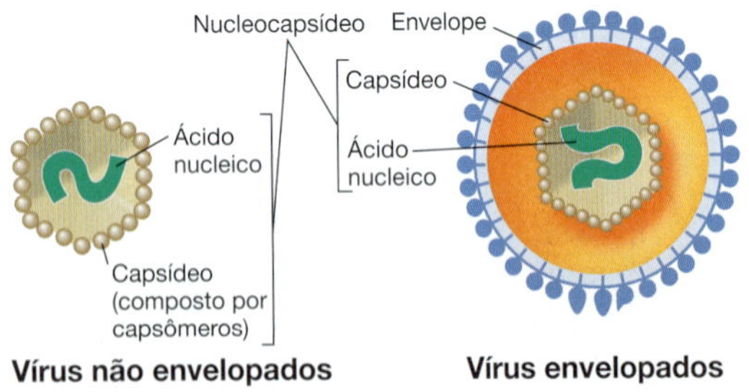


**Figura 8.1** **Comparação entre vírus não envelopados e envelopados.** O envelope origina-se da membrana citoplasmática do hospedeiro.

Os genomas virais podem ser lineares ou circulares, e genomas virais de fita simples podem também ser de *senso positivo* ou *senso negativo*, baseado na sua sequência de bases. Os genomas virais de senso positivo apresentam a sequência de bases *exatamente igual* ao do RNAm viral que será traduzido para formar as proteínas virais. Em contrapartida, os genomas virais de senso negativo são *complementares* à sequência de bases do RNAm viral. Esta característica interessante de genomas virais requer processos especiais de fluxo de informação genética, e reservamos a discussão sobre os detalhes desses processos para o Capítulo 9.

Genomas virais são geralmente menores do que aqueles das células. O menor genoma bacteriano conhecido é de cerca de 145 pares de quilobases, que codificam cerca de 170 genes. A maioria dos genomas virais codificam até cerca de 350 genes. Os menores genomas virais são os de alguns pequenos vírus de RNA que infectam animais. Os genomas destes minúsculos vírus contêm menos de 2.000 nucleotídeos e apenas dois genes. Alguns genomas virais muito grandes são conhecidos, tal como o genoma de DNA de 1,25 Mpb de um vírus marinho chamado *Megavírus*, que infecta protozoários. Vírus de RNA normalmente apresentam os menores genomas e apenas os vírus de DNA possuem genomas que codificam mais de 40 genes.

Os vírus podem ser classificados com base nos hospedeiros que infectam, bem como pela sua estrutura do genoma. Assim, temos vírus bacterianos, vírus de arqueias, vírus de animais, vírus de plantas, de protozoários, e assim por diante. Vírus bacterianos são denominados **bacteriófagos** (ou simplesmente *fagos*) e têm sido intensamente estudados como sistemas modelo para a biologia molecular e genética da replicação viral. Neste capítulo, utilizaremos os bacteriófagos muitas vezes para ilustrar princípios virais simples. Na verdade, muitos dos princípios básicos da virologia foram descobertos com bacteriófagos e posteriormente aplicados aos vírus de organismos superiores. Devido a sua frequente importância médica, os vírus de animais têm sido amplamente estudados, enquanto vírus de plantas, apesar da enorme importância para a agricultura moderna, têm sido bem menos estudados.

**MINIQUESTIONÁRIO**

- De que forma um vírus difere de uma célula?
- Por que um vírus necessita de uma célula hospedeira?
- Comparado com células, o que é incomum sobre os genomas virais?

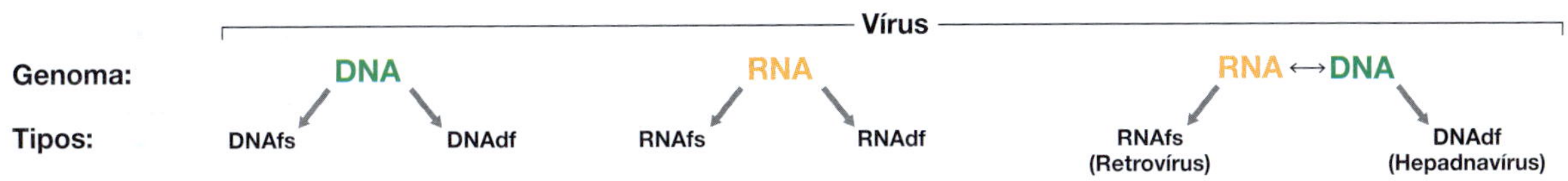


**Figura 8.2 Genomas virais.** Os genomas dos vírus podem ser compostos por DNA ou RNA, sendo que alguns empregam ambos como material genético em diferentes estágios de seu ciclo de replicação. No entanto, apenas um tipo de ácido nucleico é encontrado no vírion de qualquer tipo de vírus em particular. Ele pode ser de fita simples (fs), de dupla-fita (df) e circulares ou lineares.



## 8.2 Estrutura do vírion

Vírions apresentam diferentes formas e tamanhos. A maioria dos vírus é menor que as células procarióticas, variando de 0,02 a 0,3 μm (20 a 300 nanômetros, nm) de tamanho. O vírus da varíola, um dos maiores vírus, tem diâmetro de cerca de 200 nm, que é aproximadamente o tamanho das menores células de bactérias conhecidas. O vírus da poliomielite, um dos menores vírus, possui diâmetro de apenas 28 nm, que é o tamanho aproximado de um ribossomo, as máquinas de síntese proteica das células.

### Estrutura do vírion

As estruturas dos vírions são bastante diversas, variando amplamente quanto ao tamanho, à forma e à composição química (ver Figuras 8.19 e 8.21). O ácido nucleico do vírion está sempre envolto pelo seu capsídeo (Figura 8.1). O capsídeo é composto por um número de moléculas proteicas individuais, denominadas **capsômeros**, que se organizam em um padrão preciso e altamente repetitivo, ao redor do ácido nucleico.

O pequeno tamanho do genoma da maioria dos vírus restringe o número de proteínas virais que podem ser codificadas. Como consequência, alguns poucos vírus apresentam um único tipo de proteína em seu capsídeo. Um exemplo é o bem estudado vírus do mosaico do tabaco (TMV, *tobacco mosaic virus*), que causa doença no tabaco, tomate e plantas relacionadas. TMV é um vírus de fita simples no qual as 2.130 cópias da simples proteína do capsômero estão arranjadas em uma hélice com dimensões de 18 × 300 nm (**Figura 8.3**).

A informação requerida para o adequado dobramento e montagem das proteínas nos capsômeros e subsequentemente nos capsídeos está contida na sequência de aminoácidos das próprias proteínas virais. Quando este é o caso, a montagem do vírion é um processo espontâneo, denominado *automontagem*. Entretanto, algumas proteínas e estruturas virais requerem assistência de proteínas de dobramento da célula hospedeira para que ocorram o dobramento e a montagem adequados. Por exemplo, as proteínas do capsídeo do bacteriófago lambda (Seção 8.8) requerem assistência da chaperonina GroE de *Escherichia coli* (Seção 4.14) para se dobrar em sua conformação ativa.

### Simetria viral

Os vírus são altamente simétricos. Quando uma estrutura simétrica é girada em torno de um eixo, a mesma forma é vista após o giro por um determinado número de graus. Dois tipos de simetria são reconhecidos nos vírus, correspondendo às duas principais formas, cilíndrica e esférica. Os vírus cilíndricos têm simetria *helicoidal* e os vírus esféricos exibem simetria *icosaédrica*. Um típico vírus exibindo simetria helicoidal é o TMV (Figura 8.3). O comprimento dos vírus helicoidais é determinado pelo comprimento do ácido nucleico, enquanto a largura do vírion helicoidal é determinada pelo tamanho e empacotamento das subunidades proteicas.

Vírus com simetria icosaédrica contêm 20 faces triangulares e 12 vértices, de morfologia ligeiramente esférica (**Figura 8.4*a***). Eixos de simetria dividem o icosaedro em 5, 3 ou 2 segmentos de comprimento e forma idênticos (Figura 8.4*b*). A simetria icosaédrica corresponde ao arranjo mais eficiente de subunidades em um envoltório fechado, pois utiliza o menor número de unidades para construí-lo. O arranjo mais simples de capsômeros corresponde a três por face triangular, com um total de 60 capsômeros por vírion. Entretanto, a maioria dos vírus possui uma quantidade de ácido nucleico maior do que a possível de ser empacotada em um envoltório composto por apenas 60 capsômeros e então vírus com 180, 240 ou 360 capsômeros são mais comuns. O capsídeo do vírus humano papilomavírus (Figura 8.4*c*), por exemplo, consiste em 360 capsômeros, com os capsômeros arranjados em 72 grupos de 5 cada (Figura 8.4*d*).

A estrutura de alguns vírus é extremamente complexa, com o vírion consistindo de várias partes, cada uma apresentando sua própria forma e simetria. Os vírus mais complexos são os bacteriófagos cabeça-mais-cauda que infectam *Escherichia coli*, tal como o bacteriófago T4. Um vírion T4 consiste em uma cabeça icosaédrica e uma cauda helicoidal

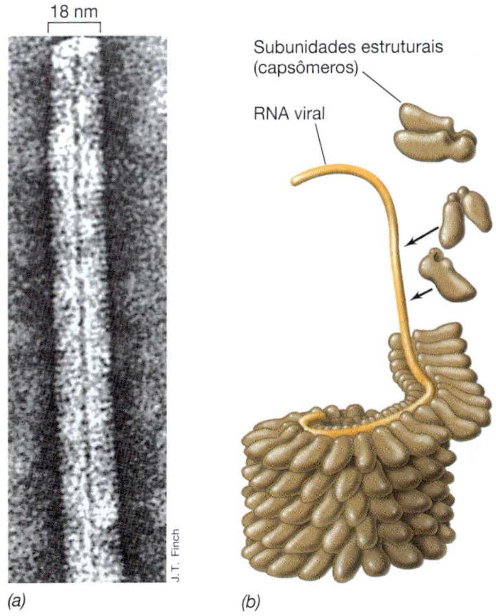


**Figura 8.3 Arranjo do RNA e da capa proteica em um vírus simples, o vírus do mosaico do tabaco.** *(a)* Micrografia eletrônica de alta resolução de uma porção da partícula do vírus do mosaico do tabaco. *(b)* Montagem mostrando a estrutura do vírion. O RNA assume uma configuração helicoidal, sendo circundado por subunidades proteicas (capsômeros). O centro da partícula é oco.

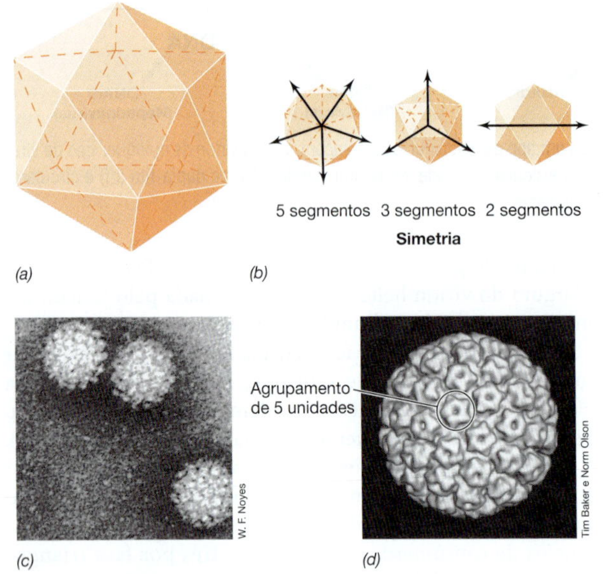


**Figura 8.4** **Simetria icosaédrica.** *(a)* Modelo de um icosaedro. *(b)* Três visões de um icosaedro mostrando a simetria 5-3-2. *(c)* Micrografia eletrônica do papilomavírus humano, um vírus com simetria icosaédrica. O vírion apresenta diâmetro aproximado de 55 nm. *(d)* Reconstrução tridimensional do papilomavírus humano; o vírion contém 360 unidades, arranjadas em 72 agrupamentos, cada um contendo 5 unidades.

(ver Figuras 8.19 e 8.20)*. Alguns grandes vírus que infectam eucariotos são também estruturalmente complexos, embora de maneira relativamente diferente dos bacteriófagos. Mimivírus e poxvírus (ver Figura 8.5*b*) são bons exemplos e serão discutidos em mais detalhes no Capítulo 9.

## Vírus envelopados

Os vírus **envelopados** possuem uma membrana circundando o nucleocapsídeo (**Figura 8.5**) e podem possuir genoma de RNA ou DNA. Muitos vírus envelopados (p. ex., vírus *influenza*) (Figura 8.5*a*) infectam células animais, nas quais a membrana citoplasmática é diretamente exposta ao ambiente. Em contrapartida, células de plantas e bactérias são circundadas por uma parede celular no exterior da membrana citoplasmática, e portanto poucos exemplos de vírus envelopados são conhecidos nestes organismos. Em geral, o vírion inteiro penetra na célula animal durante a infecção, com o envelope, se presente, auxiliando no processo de infecção pela fusão com a membrana da célula hospedeira. Vírus envelopados também são mais facilmente liberados da célula animal. À medida que eles são liberados da célula hospedeira, são recobertos por material da membrana. O envelope viral consiste principalmente de membrana citoplasmática da célula hospedeira, porém algumas proteínas virais de superfície são embebidas no envelope à medida que o vírus é liberado da célula.

O envelope viral é importante na infecção, uma vez que é o componente do vírion que entra em contato com a célula hospedeira. A especificidade da infecção pelo vírus envelopado e alguns aspectos da sua penetração são, assim, controlado em parte pela química dos seus envelopes. As proteínas de envelope vírus-específicas são essenciais tanto para a ligação do vírion com a célula hospedeira durante a infecção quanto para a libertação do vírion a partir da célula hospedeira após a replicação.

## Enzimas em vírions

Os vírus não realizam processos metabólicos e, desse modo, são metabolicamente inertes. No entanto, alguns vírus contêm enzimas em seus vírions que desempenham importantes papéis na infecção**. Por exemplo, alguns bacteriófagos contêm uma enzima que se assemelha à lisozima (⇄ Seção 2.10), que é utilizada para produzir um pequeno orifício no peptideoglicano bacteriano para permitir a entrada do ácido nucleico do vírion no citoplasma do hospedeiro. Uma proteína similar é produzida nos estágios tardios da infecção, promovendo a lise da célula hospedeira e liberação dos novos vírions. Alguns vírus animais também contêm enzimas que auxiliam na sua liberação do hospedeiro. Por exemplo, o vírus *influenza* (Figura 5.8*a*) possui proteínas do envelope chamadas *neuraminidases*, que destroem glicoproteínas e glicolipídeos do tecido conectivo das células animais, promovendo assim a liberação dos vírions (⇄ Seção 9.9).

Vírus de RNA carregam suas próprias polimerases de ácido nucleico (denominadas *replicases de RNA*) que atuam na replicação do genoma de RNA viral e produção do RNAm ví-

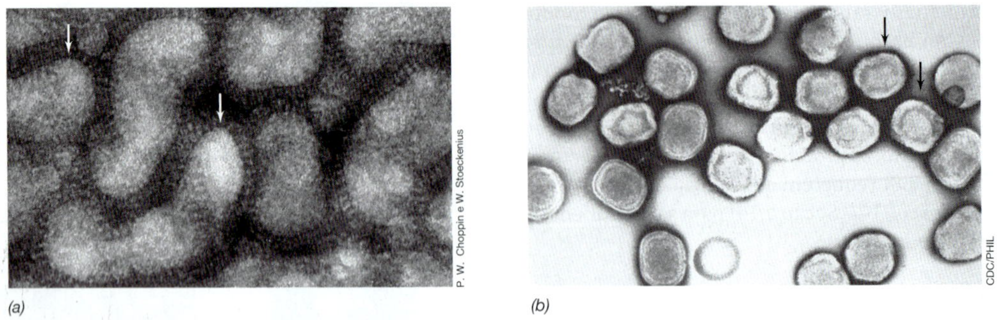


**Figura 8.5** **Vírus envelopados.** *(a)* Micrografia eletrônica de vírus *influenza*. Os vírons possuem cerca de 80 nm de diâmetro, e podem apresentar diversas formas. *(b)* Micrografia eletrônica de vaccínia vírus, um poxvírus icosaédrico envelopado de cerca de 350 nm de comprimento. As setas em ambas as micrografias apontam para os envelopes circundando os nucleocapsídeos.

* N. de R. T. Este tipo de simetria, encontrada nos bacteriófagos, é também denominada simetria binária, uma vez que a estrutura real pode ser dividida em dois planos iguais.

** N. de R. T. Hoje em dia, a noção de vírus como entidades metabolicamente inertes tem se alterado. Todos os vírus, sem exceção, codificam pelo menos **uma enzima** (ou mais) e, portanto, possuem algum tipo de metabolismo. Este, no entanto, não é um metabolismo completo, pois depende da célula para completar seu ciclo.

rus-específico. Essas enzimas são necessárias, uma vez que as células são incapazes de sintetizar RNA a partir de um molde de RNA. Os retrovírus são vírus de RNA pouco comuns que se replicam sob a forma de intermediários de DNA. Uma vez que produzir DNA a partir de um molde de RNA é outro processo que as células não conseguem executar, esses vírus possuem um DNA-polimerase dependente de RNA, denominado *transcriptase reversa* (Seção 8.10), que transcreve o RNA viral em um intermediário de DNA. Assim, apesar de que a maioria dos vírus não necessita carrear enzimas especiais em seus vírions, aqueles que o fazem as requerem para que a infecção e a replicação possam ocorrer com sucesso.

**MINIQUESTIONÁRIO**

- Diferencie capsídeo e capsômero. Qual é a simetria mais comum para vírus esféricos?
- Qual a diferença entre um vírus nu e um vírus envelopado?
- Que tipos de enzimas podem ser encontradas nos vírions de vírus de RNA? Por qual motivo elas estão lá?

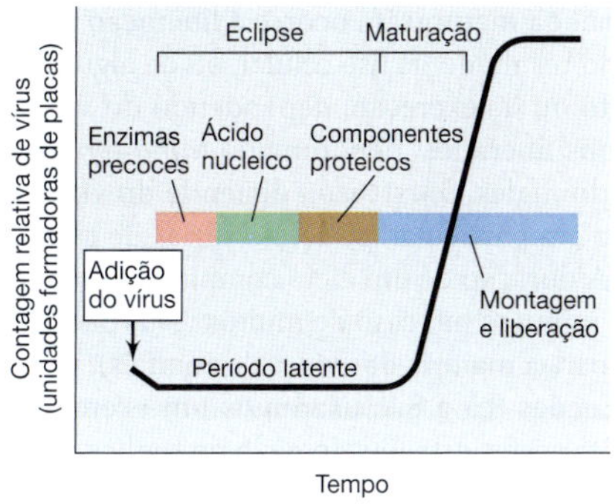


**Figura 8.7 Curva de replicação viral em ciclo único.** Após a adsorção, vírions infecciosos não podem ser detectados no meio de cultura, um fenômeno denominado *eclipse*. Durante o período latente, que inclui a eclipse e as fases precoces de maturação, o ácido nucleico viral é replicado e ocorre a síntese proteica. Durante o período de maturação, o ácido nucleico viral e as proteínas são agrupados para formar vírions maduros, os quais são, então, liberados da célula hospedeira.

## 8.3 Visão geral do ciclo de vida viral

Para um vírus replicar-se, ele deve induzir uma célula hospedeira viva a sintetizar todos os componentes essenciais necessários à produção de novos vírions. Devido aos requerimentos biossintéticos e energéticos, células hospedeiras mortas não são capazes de replicar vírus. Durante uma infecção ativa, os componentes virais são montados em novos vírions que são liberados da célula. Usaremos a replicação de um vírus bacteriano como um exemplo simples do ciclo de vida viral.

Uma célula que suporta o ciclo completo de replicação de um vírus é dita *permissiva* para aquele vírus. Em um hospedeiro permissivo, o ciclo de replicação viral pode ser dividido em cinco etapas (**Figura 8.6**)*.

1. *Ligação* (adsorção) do vírion à célula hospedeira
2. *Penetração* (entrada, injeção) do ácido nucleico do vírion na célula hospedeira
3. *Síntese* de ácidos nucleicos e proteínas virais pela maquinaria da célula hospedeira, de acordo com o redirecionamento determinado pelo vírus
4. *Montagem* dos capsídeos e *empacotamento* do genoma viral em novos vírions
5. *Liberação* de novos vírions pela célula

Esses estágios da replicação viral são ilustrados na **Figura 8.7**. Forma-se então uma *curva de crescimento de ciclo único*, assim nomeada uma vez que o número de vírions no meio de cultura não mostra aumento durante o ciclo de replicação até que a célula se rompe e libera os novos vírions recém-sintetizados. Nos primeiros minutos após a infecção, diz-se que os vírus estão em fase de *eclipse*. Uma vez ligados a uma célula hospedeira permissiva, os vírions deixam de estar disponíveis para infectar outras células. Esse processo é acompanhado pela penetração do ácido nucleico viral na célula hospedeira (Figura 8.6). Se a célula infectada romper-se nessa fase, o vírion deixará de existir como entidade infecciosa, uma vez que o genoma viral não se encontra mais no interior de seu capsídeo.

A fase de *maturação* (Figura 8.7) é iniciada à medida que as moléculas de ácido nucleico recém-sintetizadas são empacotadas no interior dos capsídeos. Durante a fase de maturação, o título de vírions ativos no interior da célula aumenta de forma expressiva. Todavia, as novas partículas virais não podem ainda ser detectadas, exceto se as células forem lisadas artificialmente, a fim de promover sua liberação. Uma vez que os vírions recém-sintetizados ainda não surgiram externamente à célula, os períodos de eclipse e maturação, em conjunto, são denominados *período de latência* da infecção viral.

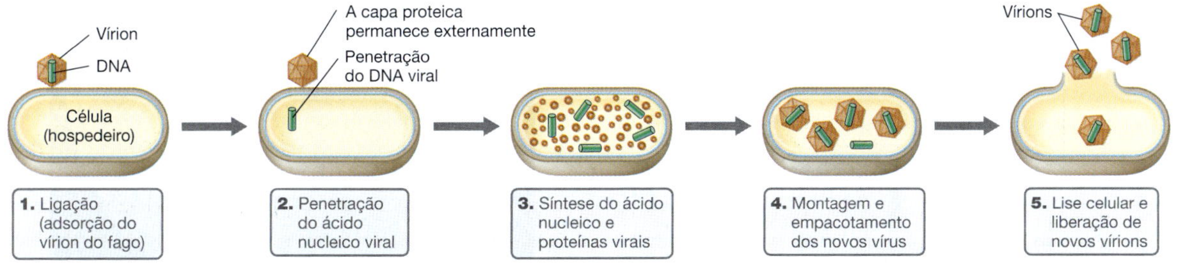


**Figura 8.6 Ciclo de replicação de um vírus bacteriano.** Os vírions e a célula não estão representados em escala. O tamanho da população liberada pode ser de uma centena ou mais vírions por célula.

* N. de R.T. Muitas bibliografias acrescentam uma fase pós-penetração, denominada desnudamento, quando o capsídeo se desintegra para liberar o ácido nucleico viral no interior da célula hospedeira.

UNIDADE 2

Ao final da maturação, ocorre a liberação de vírions maduros como resultado da lise celular, ou de algum processo de brotamento ou de excreção, dependendo do vírus. O número de vírions liberados, denominado *tamanho da população liberada* (do inglês, *burst size*), depende do vírus e da célula hospedeira em particular, podendo variar de alguns poucos a milhares. A duração de um ciclo completo de replicação varia de 20 a 60 minutos (no caso de muitos vírus bacterianos) a 8 a 40 horas (para a maioria dos vírus de animais).

Nas Seções 8.5 a 8.7, usaremos um exemplo específico para revisitar estes estágios do ciclo de replicação viral e examinaremos cada um em mais detalhes.

**MINIQUESTIONÁRIO**

- O que é empacotado no interior dos vírions durante a maturação?
- Explique o termo *burst size*.
- Por que o período de latência é assim nomeado?

## 8.4 Cultivando, detectando e contando vírus

O cultivo de células hospedeiras é necessário para permitir que os vírus repliquem nas mesmas. Culturas puras de hospedeiros bacterianos são cultivadas tanto em meio líquido quanto como um "tapete" na superfície de placas de ágar e então inoculadas com uma suspensão viral. Vírus de animais são cultivados em *culturas de tecidos*, que são células obtidas a partir de um órgão animal e que são incubadas em frascos de vidro ou plástico estéreis contendo o meio de cultivo apropriado (ver Figura 8.9). Meios de cultura de tecidos são geralmente muito complexos, contendo uma ampla variedade de nutrientes, incluindo soro sanguíneo e agentes antimicrobianos para prevenir a contaminação bacteriana.

### Detectando e contando vírus: o ensaio de placa

Uma suspensão viral pode ser quantificada para determinar o número de vírions infecciosos presentes por unidade de volume de líquido, uma quantidade chamada **título**. Isto é normalmente feito usando um *ensaio de placas*. Quando o vírus infecta células hospedeiras em crescimento sobre uma superfície plana, forma-se uma zona de lise celular denominada **placa**, que aparece como uma área clara no tapete de células hospedeiras. Com bacteriófagos, as placas podem ser obtidas quando os vírions são homogeneizados em um pequeno volume de ágar fundido contendo bactérias hospedeiras que são espalhadas sobre a superfície de um meio de ágar (**Figura 8.8*a***). Durante a incubação, as bactérias crescem e formam uma camada turva (tapete) que é visível a olho nu. No entanto, onde quer que uma infecção viral bem-sucedida tenha ocorrido, as células são lisadas, formando uma placa (Figura 8.8*b*). Por contagem do número de placas, pode calcular-se o título da amostra de vírus (muitas vezes expressa como "unidades formadoras de placas" por mililitro). Para replicar vírus animais, uma cultura de tecido é cultivada e uma suspensão de vírus diluída é sobreposta. Tal como para os vírus bacterianos, as placas são reveladas como zonas limpas na camada de células de cultura de tecidos, e a partir do número de placas produzidas, uma estimativa do título de vírus pode ser feita (**Figura 8.9**).

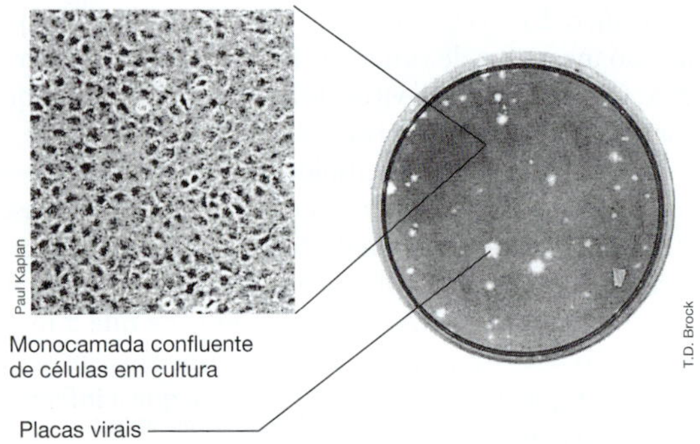


**Figura 8.9 Cultura de células animais e placas virais.** As céluar animais permitem a multiplicação do vírus e a lise das células resulta na formação de placas.

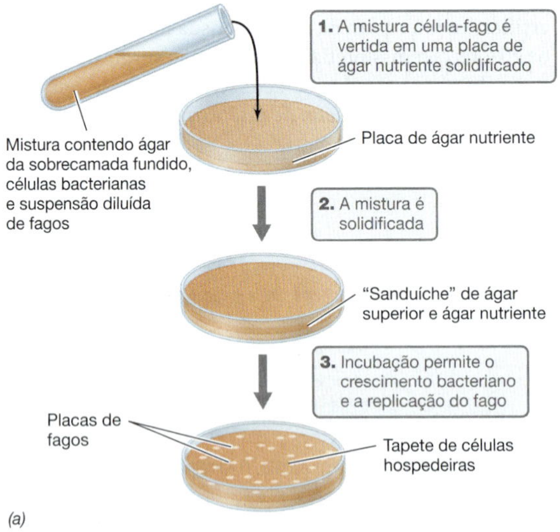


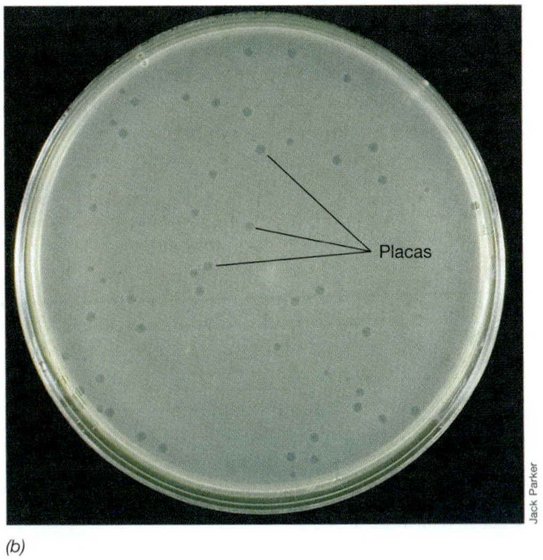


**Figura 8.8 Quantificação de vírus bacterianos utilizando o ensaio de formação de placas de lise.** *(a)* "Ágar superior" contendo uma diluição de vírus homogeneizada com uma célula bacteriana hospedeira é vertida sobre uma placa de ágar. *(b)* Placas (cerca de 1 a 2 mm de diâmetro) formadas pelo bacteriófago T4.

O conceito de *eficiência de plaqueamento* é importante para a virologia quantitativa, sejam vírus bacterianos ou animais. Em um dado sistema viral, o número de unidades formadoras de placas de lise é sempre inferior às contagens da suspensão viral realizadas microscopicamente (ao microscópio eletrônico). Assim, a eficiência com que os vírions infectam as células hospedeiras raramente alcança 100%, podendo, muitas vezes, ser consideravelmente menor. Os vírions que falham em causar infecção podem ter se montado incompletamente durante a maturação ou podem conter genomas defectivos. Alternativamente, a baixa eficiência de plaqueamento pode significar que as condições empregadas não foram ótimas e assim alguns vírions foram danificados pelo manuseamento ou estocagem. Embora, no caso de vírus bacterianos, a eficiência de plaqueamento geralmente seja superior a 50%, no caso de vírus de animais ela pode ser muito inferior, de 0,1 a 1%. O conhecimento da eficiência de plaqueamento é útil no cultivo de vírus, uma vez que permite estimar a concentração necessária de uma suspensão viral a fim de originar um número determinado de placas de lise.

**MINIQUESTIONÁRIO**

- O que significa título viral?
- O que é uma unidade formadora de placa?
- O que significa o termo eficiência de plaqueamento?

UNIDADE 2

# II • Ciclos de vida dos bacteriófagos

Muito do nosso entendimento do ciclo viral de replicação lítico provém do estudo de bacteriófagos que infectam *Escherichia coli*. Muitos bacteriófagos de RNA e DNA replicam-se em *E. coli* (**Tabela 8.1**). Aqui escolhemos um deles, o bacteriófago T4, como nosso modelo para revisar os estágios individuais do ciclo de vida viral (Figura 8.6) em mais detalhes.

## 8.5 Ligação e penetração viral do bacteriófago T4

Os estágios iniciais do ciclo de vida de qualquer bacteriófago são a ligação à superfície da célula hospedeira, seguida da penetração das camadas externas da célula hospedeira e entrada do genoma viral no interior da célula.

### Ligação

O principal fator determinante para a especificidade de um vírus é a *ligação*. O próprio vírion possui uma ou mais proteínas na superfície externa que interagem com componentes específicos da superfície celular, denominados *receptores*. Na ausência de seu receptor específico, o vírus não é capaz de adsorver e, portanto, não causa infecção. Além disso, quando o sítio receptor é modificado, por exemplo, por mutação, o hospedeiro pode tornar-se resistente à infecção viral. Assim, o espectro de hospedeiros de um vírus em particular é determinado, em sua maior parte, pela presença de um receptor adequado que o vírus seja capaz de reconhecer e se ligar a ele.

Os receptores são componentes superficiais normais da célula hospedeira, como proteínas, carboidratos, glicoproteínas, lipídeos, lipoproteínas ou complexos desses (**Figura 8.10**). Os receptores realizam funções normais da célula; por exemplo, o receptor para o bacteriófago T1 é uma proteína captadora de ferro (Figura 8.10), enquanto o receptor do bacteriófago lambda normalmente está envolvido na captação de maltose. Os carboidratos no lipopolissacarídeo (LPS) da membrana exterior de bactérias gram-negativas são os receptores reconhecidos por bacteriófago T4, um fago que se liga ao LPS de *Escherichia coli* (Figura 8.10). Apêndices que se projetam a partir da superfície da célula, como os flagelos e *pili*, também são receptores comuns para vírus bacterianos. Pequenos vírus icosaédricos frequentemente ligam-se na lateral dessas estruturas, ao passo que os bacteriófagos filamentosos geralmente se ligam na ponta, como no *pilus* (Figura 8.10). Independentemente do receptor utilizado, no entanto, uma vez que tenha ocorrido a ligação, a fase é definido para a infecção viral.

**Tabela 8.1** Alguns bacteriófagos de *Escherichia coli*

| Bacteriófago | *Estrutura do vírion* | *Composição do genoma*[a] | *Estrutura do genoma* | *Tamanho do genoma*[b] |
|---|---|---|---|---|
| MS2 | Icosaédrico | RNAfs | Linear | 3.600 |
| ϕX174 | Icosaédrico | DNAfs | Circular | 5.400 |
| M13, f1 e df | Filamentoso | DNAfs | Circular | 6.400 |
| Lambda | Cabeça e cauda | DNAdf | Linear | 48.500 |
| T7 e T3 | Cabeça e cauda | DNAdf | Linear | 40.000 |
| T4 | Cabeça e cauda | DNAdf | Linear | 169.000 |
| Mu | Cabeça e cauda | DNAdf | Linear | 39.000 |

[a]fs, fita simples; df, dupla-fita.
[b]Em bases (genomas fs) ou pares de bases (genomas df). Estes genomas virais foram sequenciados e então seus comprimentos são precisamente conhecidos. Entretanto, a sequência e o comprimento muitas vezes variam ligeiramente entre os diferentes isolados do mesmo vírus. Assim, os tamanhos dos genomas aqui listados foram arredondados em todos os casos.

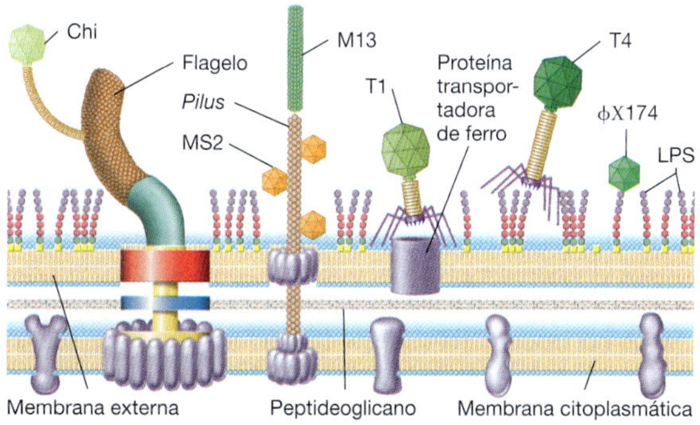


**Figura 8.10** **Receptores de bacteriófagos.** Exemplos de sítios de receptores celulares utilizados por diferentes bacteriófagos que infectam *Escherichia coli*. Todos os fagos retratados são fagos de DNA, exceto MS2.

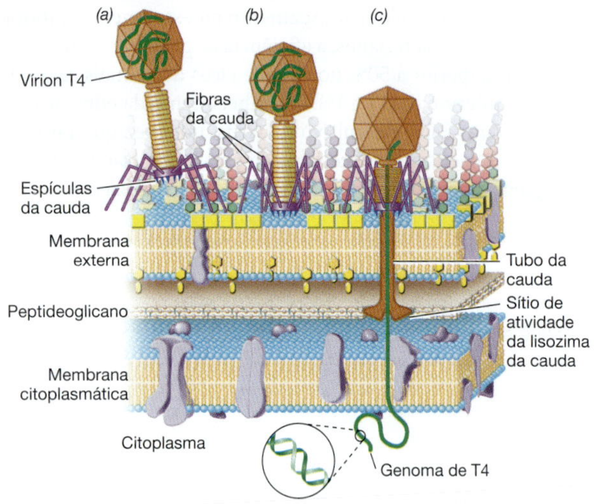


**Figura 8.11 Ligação do bacteriófago T4 a uma célula de *Escherichia coli*.** *(a)* Ligação inicial de um vírion T4 à membrana celular externa, pela interação das longas fibras da cauda com o lipopolissacarídeo (LPS). *(b)* Contato das espículas da cauda com a parede celular. *(c)* Contração da bainha da cauda e injeção do genoma de T4. O tubo da cauda penetra na membrana externa e a lisozima de T4 cria uma pequena abertura através do peptideoglicano.

## Penetração

A ligação de um vírus a sua célula hospedeira promove alterações tanto no vírus quanto na superfície celular. Os bacteriófagos abandonam o capsídeo no exterior da célula e apenas o genoma viral alcança o citoplasma. No entanto, a penetração do genoma em uma célula suscetível só resultará em replicação viral caso o genoma viral possa ser decodificado. Consequentemente, para a replicação de alguns vírus, por exemplo, vírus de RNA, proteínas virais específicas devem também penetrar na célula hospedeira juntamente com o genoma viral (Seção 8.2).

Os mecanismos de penetração mais complexos foram observados nos bacteriófagos de cauda. O bacteriófago T4 apresenta uma cabeça, no interior da qual o DNA linear de fita dupla encontra-se enovelado, e uma cauda longa e relativamente complexa, em cuja extremidade há uma série de fibras e espículas da cauda. Os vírions inicialmente ligam-se às células de *Escherichia coli* pelas fibras da cauda (**Figura 8.11**). As extremidades das fibras interagem especificamente com os polissacarídeos encontrados na camada de LPS da célula, e, em seguida, essas fibras da cauda sofrem retração, propiciando o contato entre o cerne da cauda e a parede celular bacteriana, por meio de uma série de espículas caudais delgadas, situadas na sua extremidade. A ação de uma enzima similar à lisozima promove a formação de um pequeno poro no peptideoglicano e a bainha da cauda contrai-se. Quando isto ocorre, o DNA de T4 penetra no interior do citoplasma da célula de *E. coli*, através de um orifício presente na ponta da cauda fágica, em um formato que lembra a injeção por uma seringa. Em contrapartida, o capsídeo de T4 permanece fora da célula (Figura 8.11). O DNA no interior da cabeça do bacteriófago está sob alta pressão e, uma vez que o interior da célula bacteriana está sofrendo também a força de pressões osmóticas, a injeção DNA do fago leva vários minutos para ser completada.

Consideraremos agora algumas das propriedades únicas do genoma de T4 que afetam sua replicação e expressão gênica.

**MINIQUESTIONÁRIO**

- De que forma o processo de ligação contribui para a especificidade vírus-hospedeiro?
- Por que o fago T4 necessita de uma enzima similar à lisozima para infectar seu hospedeiro?
- Qual a porção do fago T4 que penetra no citoplasma da célula hospedeira?

# 8.6 O genoma de T4

Uma vez que uma célula hospedeira permissiva tenha sido infectada por um vírus, os primeiros eventos giram em torno da síntese de novas cópias do genoma viral. Uma vez que existem muitos tipos de genomas virais (Figura 8.2), há muitos esquemas diferentes para a replicação do genoma do viral (Seção 9.1). Em pequenos vírus de DNA, a replicação do genoma viral é realizada pela DNA-polimerase da célula. No entanto, nos vírus de DNA mais complexos, tais como bacteriófago T4, o vírus codifica a sua própria polimerase de DNA. Outras proteínas que atuam na replicação do DNA viral, tal como as primases e helicases (Seções 4.4 a 4.5) também são codificadas pelo genoma de T4. Na verdade, T4 produz as oito proteínas que formam seu próprio complexo replissomo de DNA (Seção 4.6) para facilitar a síntese do genoma específico do fago.

## Replicação de genoma e permutação circular

Os cromossomos dos organismos superiores e os genomas de bactérias contêm os mesmos genes na mesma ordem em células de diferentes indivíduos da mesma espécie. Este fato é verdade para muitos genomas virais, mas não todos. Por vezes, uma população de vírions de um único vírus contêm genomas com o mesmo conjunto de genes, mas dispostos em uma ordem diferente. Este fenômeno é denominado *permutação circular* e é uma característica do genoma do T4. O termo permutação circular é derivado do fato de as moléculas de DNA que são permutadas circularmente parecerem ter sido linearizadas pela abertura de genomas circulares idênticos em locais diferentes. Genomas circularmente permutados também são *terminalmente redundantes*, o que significa que algumas sequências de DNA são duplicadas em ambas as extremidades da molécula de DNA como um resultado do mecanismo que promove a sua geração.

O genoma de T4 é primeiramente replicado como uma unidade, e, em seguida, várias unidades genômicas são recombinadas em suas extremidades, originando uma longa molécula de DNA, denominada **concatâmero** (**Figura 8.12*a***). Durante o empacotamento do DNA de T4 nos capsídeos, o concatâmero não é clivado em uma sequência específica, mas sim em um segmento de DNA longo o suficiente para preencher as cabeças do fago que são geradas. Este mecanismo é denominado *"preenchimento da cabeça"*, e é comum entre os bacteriófagos. Entretanto, uma vez que a cabeça do fago T4 comporta um DNA de tamanho ligeiramente maior do que o genoma, este mecanismo gera repetições terminais de cerca de 3 a 6 kpb em cada extremidade da molécula de DNA.

## Restrição e modificação

Apesar da ausência do sistema imune de animais, as bactérias possuem várias armas contra os ataques virais. Um sistema antiviral denominado CRISPR (Seção 10.2) é um destes, mas, além disso, as bactérias podem destruir DNA viral de dupla-fita

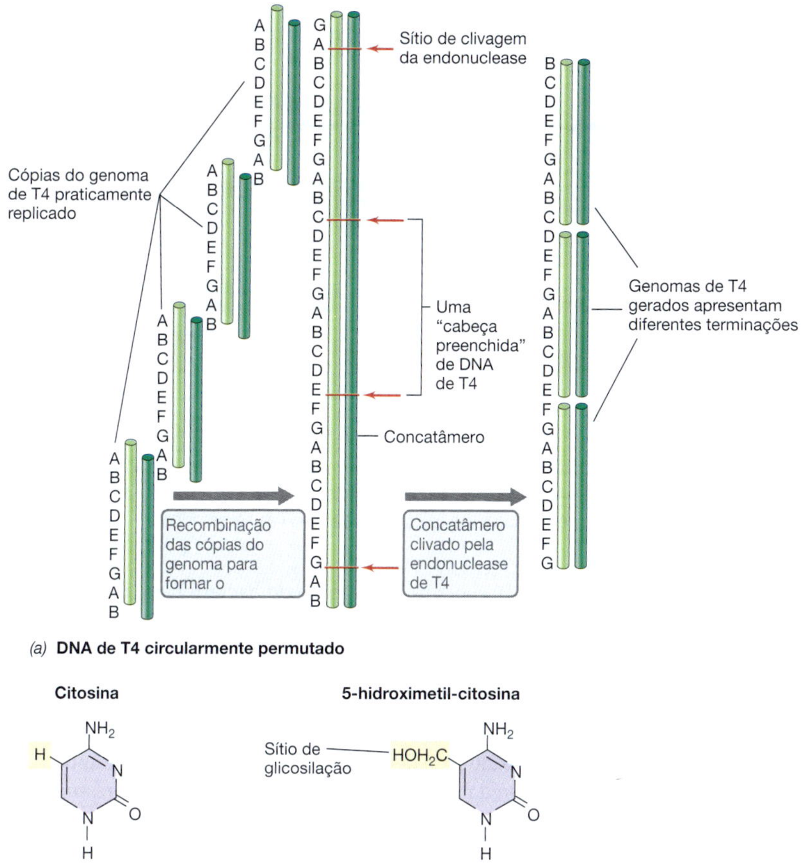


**Figura 8.12** **Permutação circular e o DNA único do bacteriófago T4.** *(a)* Geração de moléculas de DNA de comprimento correspondente ao genoma viral, no fago T4, com as sequências permutadas por uma endonuclease que cliva segmentos de DNA de comprimentos constantes, independentemente de sua sequência. *(b)* A base única do DNA do bacteriófago T4 5-hidroximetil-citosina. Uma vez que esta base esteja glicosilada, o DNA de T4 é resistente ao ataque de enzimas de restrição.

pela ação de *endonucleases de restrição*, enzimas bacterianas que clivam o DNA estrangeiro em sítios específicos (Seção 11.1). Esse fenômeno é denominado *restrição* e é parte de um mecanismo geral do hospedeiro que impede a invasão por ácidos nucleicos virais (ou qualquer outro exógeno). Para que esse sistema seja efetivo, o hospedeiro deve possuir um mecanismo que confira proteção a seu próprio DNA do ataque das enzimas de restrição. O hospedeiro realiza esse processo por meio da *modificação* de seu DNA, tipicamente pela metilação dos nucleotídeos nos sítios de clivagem das enzimas de restrição.

As enzimas de restrição são específicas para DNAs de dupla-fita e, desse modo, os vírus de DNA de fita simples, assim como todos os vírus de RNA, não são afetados pelos sistemas de restrição. Embora os sistemas de restrição do hospedeiro propiciem proteção significativa, alguns vírus de DNA podem sobrepujar os mecanismos de restrição do hospedeiro pela introdução de modificações em seus próprios ácidos nucleicos, de modo que eles deixam de estar sujeitos ao ataque enzimático. Diversos mecanismos protetores são conhecidos, mas no fago T4 isso é realizado pela substituição da base *5-hidroximetilcitosina* no lugar da citosina no DNA viral. O grupo hidroxila desta base modificada é glicosilado, o que significa que uma molécula de glicose é adicionada (Figura 8.12*b*), e o DNA assim modificado é resistente ao ataque das enzimas de restrição. Em virtude desse mecanismo de proteção viral, cópias do genoma de T4 são preservadas até que elas sejam empacotadas nos estágios tardios do ciclo de replicação do fago.

**MINIQUESTIONÁRIO**

- Quais são as características de um genoma circularmente permutado e terminalmente redundante?
- O que é um concatâmero?
- Como *Escherichia coli* tenta se proteger do ataque de fagos e como o fago T4 se protege dessas armas?

## 8.7 Replicação do bacteriófago T4

Examinaremos agora as etapas do ciclo de replicação do bacteriófago T4, desviando daquilo que já sabemos sobre ligação e penetração do T4 e as propriedades do genoma das duas seções anteriores.

### Transcrição e tradução

Logo após a infecção, o DNA de T4 é transcrito e traduzido, e o processo de síntese de novos vírions começa. Em menos de meia hora, o processo culmina com a liberação de novos vírions a partir da célula lisada. Os principais eventos estão resumidos na **Figura 8.13**.

Cerca de 1 min após a ligação e penetração do hospedeiro pelo DNA de T4, a síntese de DNA e RNA do hospedeiro é interrompida e a transcrição de genes fágicos específicos é iniciada. A tradução do RNAm viral inicia-se logo em seguida e, após cerca de 4 min de infecção, a replicação do DNA fágico é iniciada. O genoma de T4 pode ser dividido em três regiões, que codificam as **proteínas precoces**, **proteínas intermediárias** e **proteínas tardias**, os termos referentes à ordem geral de sua aparência na célula. As proteínas precoces incluem enzimas para a síntese e a glicosilação da base incomum de T4 5-hidroximetil-citosina (Figura 8.12*b*), enzimas que funcionam no replissomo de T4 para produzir cópias específicas do genoma do fago e proteínas precoces que modificam a RNA-polimerase do hospedeiro. Em contrapartida, as proteínas intermediárias e tardias incluem proteínas adicionais modificadoras da RNA-polimerase, e proteínas estruturais do vírion e relacionadas com a liberação. Estas incluem, em particular, proteínas da cabeça e da cauda e as enzimas virais requeridas para a liberação dos novos vírions da célula (Figura 8.13).

O genoma de T4 não codifica sua própria RNA-polimerase; em vez disso, proteínas específicas de T4 que modificam a especificidade da RNA-polimerase do hospedeiro, de forma que ela reconheça apenas os promotores fágicos (lembre-se que promotores são as regiões a montante de um gene estrutural, onde se liga a RNA-polimerase para iniciar a transcrição, Seção 4.7). Estas proteínas modificadoras são codificadas

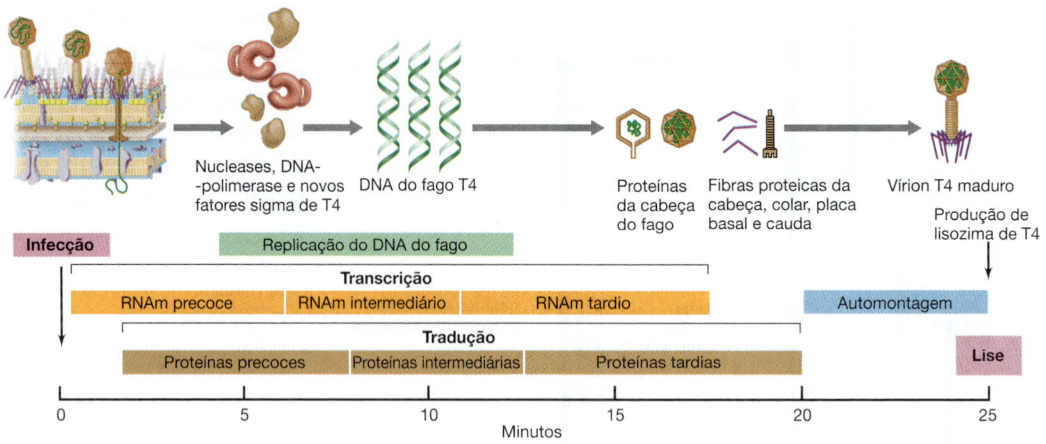


**Figura 8.13 Tempo de duração dos eventos que ocorrem na infecção pelo fago T4.** Após a injeção de DNA, são produzidos os RNAm precoces e intermediários, que codificam nucleases, DNA-polimerase de T4, novos fatores sigma específicos do fago e outras proteínas necessárias à replicação de DNA. O RNAm tardio codifica as proteínas estruturais do vírion do fago e a lisozima T4, necessária à lise celular e à liberação dos novos vírions.

por genes precoces de T4 e são transcritas pela RNA-polimerase do hospedeiro. A transcrição do hospedeiro é interrompida logo em seguida por um fator antissigma codificado pelo fago, o qual se liga ao fator sigma da RNA-polimerase do hospedeiro e interfere no reconhecimento dos promotores do hospedeiro. Esta eficiência altera a atividade da RNA-polimerase do hospedeiro de transcrever genes do hospedeiro para transcrever genes de T4. Posteriormente no processo de infecção, outras proteínas de fagos modificam a RNA-polimerase do hospedeiro de forma que ela reconheça agora os promotores de genes intermediários de T4. Finalmente, começa a transcrição de genes tardios de T4, e isso requer um novo fator sigma codificado por T4 que direciona a RNA-polimerase hospedeira para promotores apenas destes genes. Neste ponto, a montagem viral pode começar.

## Empacotamento do genoma de T4 e montagem e liberação do vírion

O genoma de DNA do bacteriófago T4 é forçosamente bombeado para uma capsídeo pré-montado usando um motor de empacotamento movido a energia. Os componentes do motor são codificados por genes virais, mas metabolismo da célula hospedeira é necessário para produzir as proteínas e fornecer o ATP requerido para o processo de bombeamento. O processo de empacotamento pode ser dividido em três fases (**Figura 8.14**). Primeiro, precursores da cabeça do bacteriófago, chamados de "*proheads*", são montados mas permanecem vazios. Os *proheads* contêm proteínas que atuam como "andaimes temporários", bem como proteínas estruturais de cabeça. Em segundo lugar, um motor de empacotamento é montado na abertura do *prohead*. O genoma de DNA linear de dupla-fita de T4 (Figura 8.12) é então bombeado para dentro do *prohead* sob pressão, usando ATP como a força motriz. O *prohead* expande quando pressurizado pela entrada do DNA e as proteínas do andaime são descartadas ao mesmo tempo. Em terceiro lugar, o próprio motor de empacotamento é descartado e a cabeça do capsídeo é selada.

Depois da cabeça ter sido preenchida, a cauda de T4, as fibras de cauda e os outros componentes do vírion são adicionados, principalmente por automontagem (Figuras 8.13 e 8.14). O genoma do fago codifica um par de enzimas muito tardias que se combinam para romper os dois principais obstáculos à liberação do vírion: a membrana citoplasmática do hospedeiro e camada de peptideoglicano. Uma vez que estas estruturas sejam comprometidas, a célula se rompe por lise osmótica e os vírions recém-sintetizadas são liberados. Após cada ciclo de replicação, que leva apenas cerca de 25 minutos (Figura 8.13), mais de 100 novos vírions são liberados a partir de cada célula hospedeira (o tamanho da população liberada, ou *burst size*, Seção 8.3), e estes agora estão livres para infectar a vizinhança da célula hospedeira.

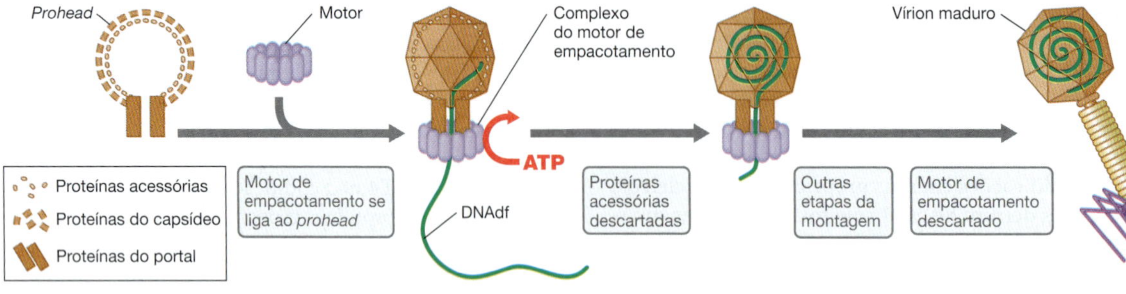


**Figura 8.14 Empacotamento do DNA em uma cabeça do fago T4.** *Proheads* são montados a partir de proteínas do capsídeo e do portal, ambos os quais permanecem no vírion maduro. À medida que a cabeça é preenchida por DNA, ela se expande e se torna mais angular. Uma vez que a cabeça está cheia, o motor de empacotamento se separa e os componentes da cauda são adicionados.

**MINIQUESTIONÁRIO**

- Dê um exemplo de proteína precoce, intermediária e tardia do fago T4.
- Como o fago T4 direciona a RNA-polimerase do hospedeiro para os genes fago-específicos?
- O que é requerido para o empacotamento do genoma de T4 na cabeça do fago?

## 8.8 Bacteriófagos temperados e lisogenia

O bacteriófago T4 é virulento e, uma vez que a infecção é iniciada, ela sempre leva à morte de seu hospedeiro. No entanto, alguns vírus bacterianos de DNA dupla-fita, embora capazes de matar as células por meio de um ciclo virulento, podem também apresentar um ciclo de vida diferente, que resulta em um relacionamento genético estável com o hospedeiro. Esses vírus são denominados **vírus temperados**.

Os vírus temperados podem assumir um estado denominado **lisogenia**, em que a maioria dos genes virais não é expressa, sendo o genoma viral replicado em sincronia com o cromossomo do hospedeiro e passado às células-filhas durante a divisão celular. O estado lisogênico pode conferir novas propriedades genéticas ao hospedeiro bacteriano – uma condição denominada *conversão lisogênica* –, e veremos vários exemplos nos últimos capítulos de bactérias patogênicas cuja virulência (habilidade de causar doença) está ligada a um bacteriófago lisogênico. Uma célula que abriga um vírus temperado é denominada **lisogênica**.

### O ciclo de replicação de um fago temperado

Dois dos fagos temperados mais bem caracterizados são lambda e P1. O ciclo de vida de um bacteriófago temperado é apresentado na Figura 8.15. Durante a lisogenia, o genoma de um vírus temperado encontra-se integrado ao cromossomo bacteriano (lambda) ou encontra-se no citoplasma, na forma de plasmídeo (P1). Em qualquer um dos casos, o DNA viral, agora denominado **prófago**, replica-se concomitantemente com a célula hospedeira, desde de que os genes que ativam sua via virulenta (lítica) não sejam expressos.

A manutenção do estado lisogênico deve-se a uma *proteína repressora* codificada pelo fago. Manutenção do estado lisogênico é decorrente de uma proteína repressora codificada por fagos. Normalmente, um baixo nível de transcrição dos genes repressores e sua subsequente tradução mantêm o repressor a um nível baixo na célula. No entanto, se o repressor do fago for inativado ou se a sua síntese for de algum modo evitada, o prófago poderá ser induzido para a fase lítica. Se indução ocorre enquanto o DNA viral é incorporado no cromossomo bacteriano, o DNA viral é excisado e os genes de fago são transcritos e traduzidos; novos vírions são então produzidos, e a célula hospedeira é lisada (Figura 8.15). Várias condições de estresse celular, especialmente danos ao DNA da célula hospedeira, podem induzir um prófago a entrar na via lítica. Em contraste, a "decisão" para prosseguir para a via lítica ou lisogênica após a infecção viral inicial ocorre de outra forma, e foi particularmente bem estudada no bacteriófago lambda. Vamos explorar esta história agora.

### O bacteriófago lambda

O bacteriófago lambda, que infecta *Escherichia coli*, é um vírus de DNA dupla-fita com cabeça e cauda (Figura 8.16). Na extremidade 5′ de cada uma das fitas de DNA há uma região de fita simples, de 12 nucleotídeos de extensão. Essas extremidades "coesivas" de fita simples são complementares e, quando o DNA de lambda penetra na célula hospedeira, essas regiões se pareiam, formando o sítio *cos* e circundando o genoma (Figura 8.17*a*).

Se o fago lambda entrar no ciclo lítico, sintetizará concatâmeros longos e lineares de DNA genômico por meio de um mecanismo denominado **replicação por círculo rolante**. Neste processo, uma das fitas do genoma circular de lambda é clivada e enrolada como um molde para a síntese da fita com-

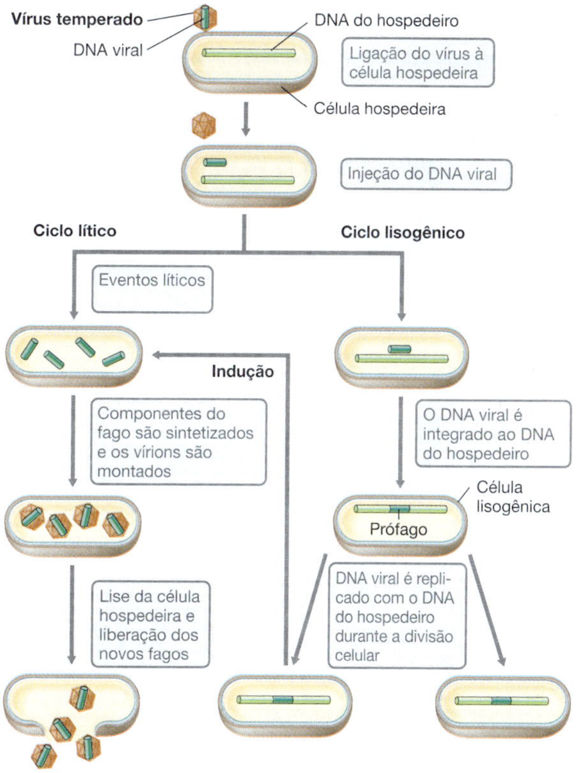


**Figura 8.15 Consequências de uma infecção por um bacteriófago temperado.** As alternativas na infecção correspondem à replicação e liberação de vírus maduros (lise) ou à lisogenia, frequentemente pela integração do DNA viral ao DNA do hospedeiro, como ilustrado. A célula lisogênica pode ser induzida a produzir vírus maduros, sofrendo lise.

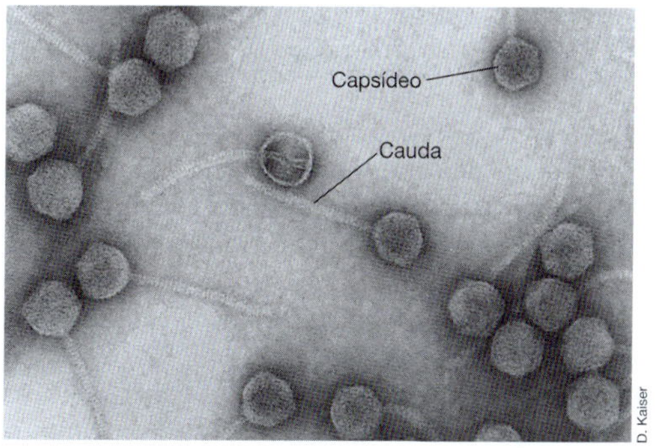


**Figura 8.16 Bacteriófago lambda.** Micrografia eletrônica de transmissão de vírions do fago lambda. A cabeça de cada vírion tem diâmetro de aproximadamente 65 nm e contém DNAdf linear.

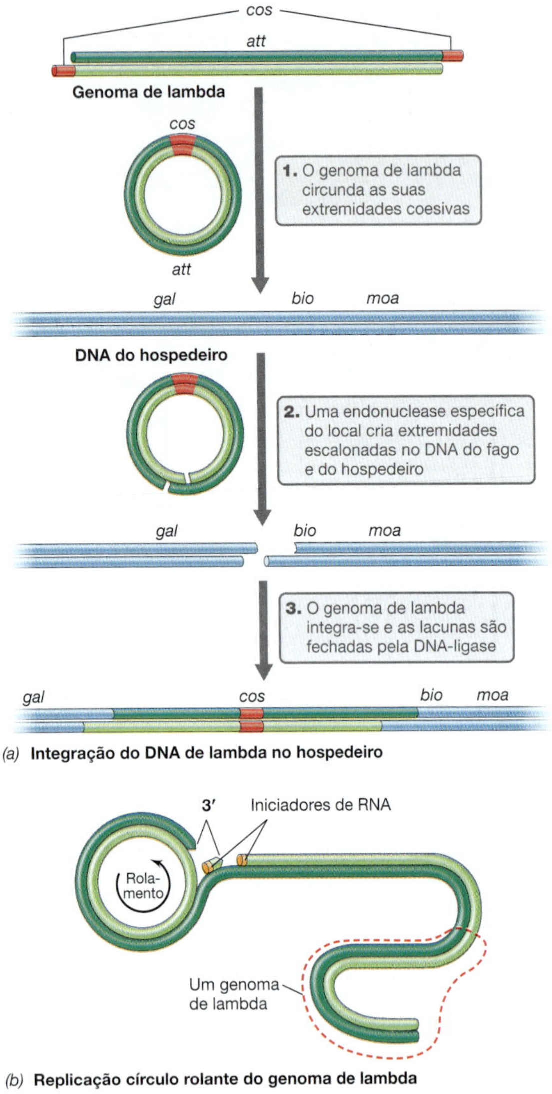


**Figura 8.17** **Integração do DNA de lambda e replicação círculo rolante.** *(a)* DNA de lambda integra-se em sítios específicos (*att*), tanto no genoma do hospedeiro quanto no do fago. Genes do hospedeiro próximos a *att* incluem *gal*, relacionado com a utilização da galactose; *bio*, síntese de biotina; e *moa*, a síntese do cofator de molibdênio. A integrase de lambda é necessária, e o pareamento específico das extremidades complementares resulta na integração do DNA de lambda. *(b)* Durante a replicação círculo rolante, à medida que uma fita (verde-escuro) se desenrola, ela é replicada em ambas as extremidades opostas e serve como um molde para a síntese da cadeia complementar.

plementar (Figura 8.17*b*). O concatâmero de fita dupla é clivado em segmentos de comprimento correspondente ao genoma, nos sítios *cos*, e os genomas lineares resultantes são, então, empacotados no interior das cabeças dos fagos lambda. Uma vez que a cauda tenha sido adicionada e os vírions maduros tenham sido montados (Figura 8.16), ocorre a lise da célula e os vírions são liberados. Durante o ciclo lítico, o fago lambda pode também empacotar alguns poucos genes cromossômicos do seu hospedeiro lisado nos vírions recém-sintetizados e então transferi-los para uma segunda célula hospedeira, um processo chamado *transdução*. A transdução é um importante meio de transferência horizontal de genes na natureza (Seção 8.11) e esta é também uma importante ferramenta na genética bacteriana (Seção 10.7).

Em vez do ciclo lítico, se o fago lambda realiza o ciclo lisogênico, seu genoma é integrado ao cromossomo de *E. coli*. A integração requer uma proteína chamada *integrase de lambda*, uma enzima codificada pelo fago que reconhece os sítios de ligação no fago e na bactéria (indicados por *att*, na Figura 8.17*a*), facilitando a integração do genoma de lambda. A partir deste estado relativamente estável, certos acontecimentos, tais como danos ao DNA do hospedeiro, podem iniciar o ciclo lítico mais uma vez. Depois de tal gatilho, uma proteína de excisão de lambda remove o genoma de lambda do cromossomo do hospedeiro, a transcrição do DNA de lambda começa, e seguem-se os eventos líticos.

Consideramos agora como esses processos opostos de lise e lisogenia são controlados após a infecção inicial de uma célula de *E. coli* por um vírion do fago lambda.

## Lise ou lisogenia?

A ocorrência de lise ou lisogenia durante a infecção de lambda depende essencialmente dos níveis de duas proteínas repressoras chave que podem se acumular na célula durante a infecção: o *repressor de lambda*, também chamado *proteína cI*, e um segundo repressor, *Cro*. Em poucas palavras, o acúmulo do primeiro repressor irá controlar o resultado da infecção.

Se os genes que codificam a proteína cI são rapidamente transcritos após a infecção e cI se acumula, ela reprime a transcrição de todos os outros genes codificados por lambda, incluindo *cro*. Quando isso acontece, o genoma de lambda integra-se no genoma do hospedeiro e torna-se um prófago (**Figura 8.18**). Cro, por sua vez reprime a expressão de uma proteína chamada cII, cuja função é ativar a síntese de cI. Assim, à medida que a infecção prossegue, se cI estiver presente em níveis insuficientes para reprimir a expressão de genes específicos de fagos, Cro poderá acumular-se na célula; se isso acontecer, lambda seguirá a via lítica.

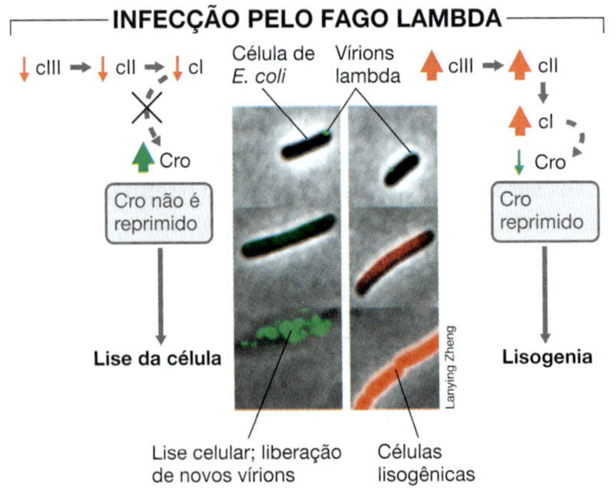


**Figura 8.18** **Regulação de eventos líticos e lisogênicos no fago lambda.** As fotomicrografias mostram intervalos de tempo de células de *Escherichia coli* seguindo um curso de eventos líticos (painel esquerdo, em verde) ou lisogênicos (painel da direita, em vermelho), como controlado por vários repressores. As cores são geradas a partir de engenharia genética do fago lambda que desencadeiam a produção de proteínas fluorescentes específicas quando os genes líticos (verdes) ou genes lisogênicas (vermelhos) são expressos. Células líticas são mortas, enquanto *E. coli* lisogênicas continuam a crescer e se dividir.

O controle desses estilos de vida alternativos – lise ou lisogenia – de lambda tem sido comparado com um "interruptor genético", em que uma série definida de eventos deve ocorrer para que uma via seja favorecida em detrimento da outra. Apesar da infecção de uma célula de *E. coli* por um vírion lambda normalmente resultar em ciclo lítico, como já dissemos, os eventos líticos podem ser interrompidos se concentrações suficientes de cII estiverem presentes para garantir níveis adequados de cI (Figura 8.18). Mas como isso ocorre? Os níveis da proteína cII são controlados pela atividade relativa de uma protease na célula, que degrada cII lentamente, e pelos os níveis de outra proteína, cIII, cuja função é estabilizar cII e protegê-la de ataque de proteases. Temos, assim, uma cascata de eventos reguladores: cIII controla cII, que, por sua vez, controla cI. Mas este ainda não é o fim da história. Várias outras proteínas não descritas aqui também desempenhar um papel na "decisão" lítica/lisogênica de lambda, e, portanto, o progresso de uma infecção lambda é uma série altamente complexa de eventos. Na verdade, este pequena bacteriófago emprega alguns dos sistemas de regulação mais complexos conhecidos na virologia.

**MINIQUESTIONÁRIO**

- O que é lisogenia e o que é um prófago?
- Como a replicação de DNA em lambda difere da do seu hospedeiro?
- O que direciona o fago lambda para o ciclo lítico ou para o lisogênico?

UNIDADE 2

# III • Diversidade e ecologia viral

## 8.9 Visão geral dos vírus bacterianos

Os bacteriófagos mais comuns apresentam cabeça e cauda, contendo genomas de DNA de dupla-fita (Seções 8.5 a 8.7). No entanto, existem vários outros tipos conhecidos, incluindo uma grande variedade que contém genomas de fita simples. Exemplos das várias classes de bacteriófagos, baseado nas propriedades dos seus genomas (Figura 8.2), são apresentados esquematicamente na **Figura 8.19**.

### Os bacteriófagos com genomas de fita simples

Os bacteriófagos ϕX174, M13 e MS2 (Figura 8.19) são três fagos bem caracterizados de *Escherichia coli* que contêm genomas de fita simples. O fago ϕX174 contém um genoma de DNA circular dentro de um vírion icosaédrico de apenas 25 nm de diâmetro. Esses vírus de DNA tão pequenos possuem apenas alguns genes e dependem inteiramente da maquinaria de replicação de DNA da célula hospedeira. M13 é um bacteriófago filamentoso que também contém um genoma de DNA circular. Os genomas de fita simples de bacteriófagos ϕX174 e M13 são de senso positivo (Seção 8.1), e antes que a replicação ocorra, eles são convertidos em uma **forma replicativa** de cadeia dupla. A partir destes, cópias de fita simples do genoma são derivadas e ocorre transcrição de genes virais.

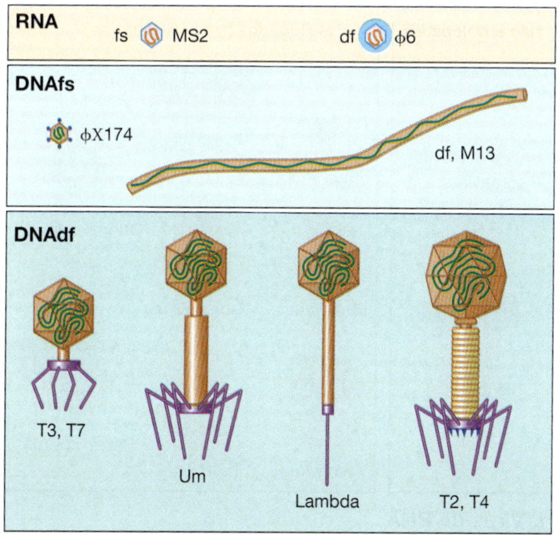


**Figura 8.19 Representações esquemáticas dos principais tipos de vírus bacterianos.** Os tamanhos estão em escala aproximada. O nucleocapsídeo do bacteriófago ϕ6 é circundado por uma membrana (azul).

O bacteriófago MS2 é um pequeno vírus icosaédrico (Figura 8.19) cujo genoma de RNA de fita simples codifica apenas quatro proteínas. Uma proteína-chave é a **replicase de RNA**, a enzima necessária para replicar o genoma de RNA viral. Essa enzima é necessária porque as células bacterianas e de animais não possuem enzimas que sintetizam RNA a partir de um molde de RNA. Uma vez que o genoma de RNA do fago MS2 é de senso positivo (Seção 8.1), o genoma é também um RNAm e, por conseguinte, pode ser traduzido diretamente após a penetração na célula pela maquinaria de tradução do hospedeiro.

Uma característica interessante de diversos bacteriófagos pequenos de DNA e RNA são seus **genes sobrepostos**. Os genomas destes minúsculos vírus normalmente contêm muito poucos genes para codificar todas as proteínas de que necessitam. Para resolver este problema, algumas das suas janelas de leitura se sobrepõem, permitindo que o vírus produza mais do que um único polipeptídeo a partir de um determinado gene. Discutiremos exemplos de sobreposição de genes e algumas das outras características interessantes dos pequenos bacteriófagos de DNA e RNA em mais detalhes no Capítulo 9.

### Bacteriófagos com cabeça e cauda

Bacteriófagos com cabeça e cauda e genomas de dupla-fita de DNA têm sido usados como modelos para a replicação viral e revelaram muitos dos princípios fundamentais da biologia molecular e da genética. A primeira série de fagos com cauda a serem estudados foram designados T1, T2, e assim por diante, até T7, com o T referindo-se a cauda (do inglês, *tail*). T4 tem um genoma muito maior do que a de outros fagos T e, juntamente com o fago lambda (Seção 8.8), é provavelmente o mais bem estudado de todos os bacteriófagos. As etapas de uma infecção pelo fago T foram detalhadas nas Seções 8.5 a 8.7.

A estrutura do vírion T4 é talvez a mais complexa de todos os vírus. O vírion consiste em uma cabeça icosaédrica alongada cujas dimensões globais são de 85 × 110 nm (**Figura 8.20**). Anexa à cabeça, encontra-se uma cauda complexa, constituída de 20 proteínas diferentes que formam um tubo helicoidal envolvido por uma bainha. Em uma extremidade da cauda, a

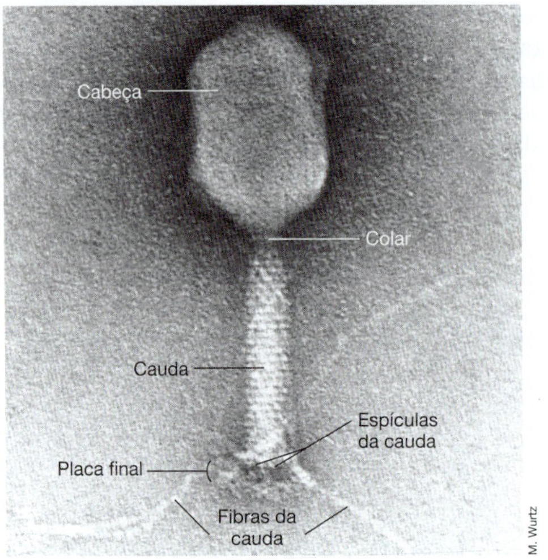


**Figura 8.20 Estrutura de T4, um bacteriófago complexo.** Micrografia electrônica de transmissão do bacteriófago T4 de *Escherichia coli.* Os componentes da cauda atuam na ligação do vírion ao hospedeiro e na injeção do ácido nucleico (ver Figura 8.11). A cabeça T4 tem cerca de 85 nm de diâmetro.

cabeça é unida por um "pescoço", com um "colar", e na outra extremidade encontra-se uma placa final, carreando fibras da cauda longas e articuladas (Figura 8.20). Após a ligação de um vírion T4 a uma célula hospedeira (por meio das fibras de cauda, Figura 8.11), a cauda se contrai para fazer pequenas incisões tanto no peptideoglicano do hospedeiro quanto na membrana citoplasmática, e injeta o genoma de T4 na célula. O genoma de T4 é uma molécula de DNA linear de cerca de 170 quilopares de bases que codifica cerca de 300 proteínas, incluindo muitas necessárias para a replicação do DNA de fago (Seção 8.7). Embora nenhum vírus codifique o seu próprio aparelho de tradução, o genoma de T4 codifica oito dos seus próprios RNAt. Estes provavelmente auxiliem na leitura de certos códons de T4, uma vez que os códons preferenciais de T4 (Seção 4.11) sejam significativamente diferentes dos de *E. coli.*

**MINIQUESTIONÁRIO**

- Qual o tipo de ácido nucleico que é mais comum em genomas de bacteriófagos?
- Qual é a função da replicase de RNA?
- O que representa o T em T4?

## 8.10 Visão geral dos vírus de animais

Os vírus que infectam as plantas e os animais compartilham muitas propriedades com vírus bacterianos, mas diferem em alguns aspectos-chave. Os princípios fundamentais da virologia – presença de um capsídeo para transportar o DNA viral ou o genoma de RNA, a infecção e aquisição de processos metabólicos do hospedeiro, e a montagem e libertação a partir da célula – são universais, independentemente da natureza do hospedeiro. No entanto, duas diferenças principais entre os vírus bacterianos e animais são que (1) todos os vírions de vírus de animais (e não apenas o ácido nucleico) penetram na célula hospedeira, e (2) células eucarióticas contêm um núcleo, onde muitos vírus animais replicam. Vamos explorar alguns aspectos do vírus de animais aqui.

### Classificação dos vírus de animais

Vários tipos de vírus de animais são ilustrados na **Figura 8.21**. Tal como para os vírus bacterianos, vírus animais são classificados pela estrutura dos seus genomas (Figura 8.2). São conhecidos vírus de animais em todas as categorias genômicas, e a maioria dos vírus de animais que foram estudados em detalhe é aquela que pode se replicar em culturas celulares (Seção 8.4 e Figura 8.9).

A maioria das doenças virais humanas importantes é provocada por vírus de RNA, e alguns exemplos são listados na **Tabela 8.2**. A maioria destes vírus de RNA possuem genomas de fita simples, sendo a única exceção os reovírus, cujos genomas consistem em RNA de dupla-fita. Como pode ser observado, os vírus de RNA em geral apresentam genomas relativamente pequenos, ao contrário dos dois vírus de DNA apresentados, vírus da varíola e herpes-vírus (Tabela 8.2).

Ao contrário de uma infecção por bacteriófagos, na qual apenas um de dois resultados – lise ou lisogenia – é possível dependendo do vírus, outros eventos são possíveis em uma infecção viral animal. Vamos explorar essas possibilidades agora.

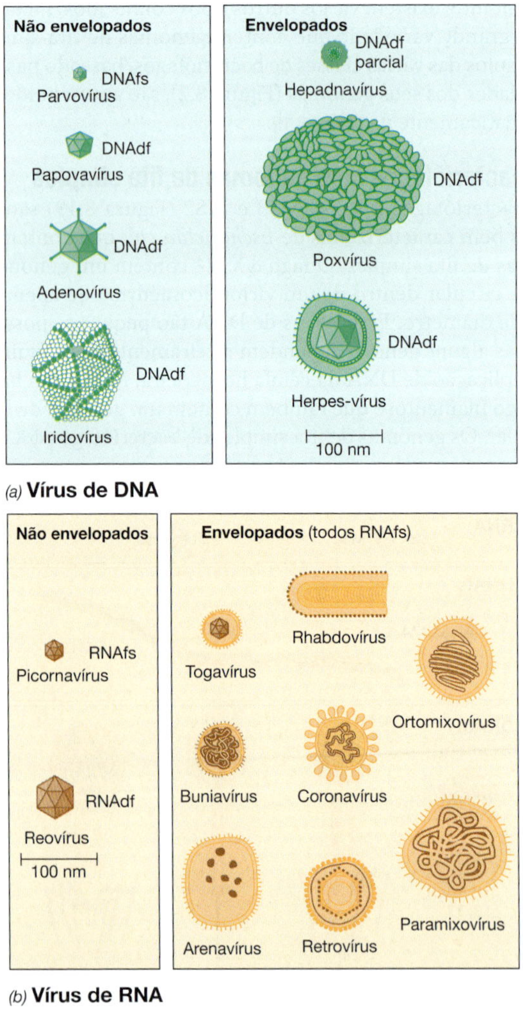


**Figura 8.21 Diversidade dos vírus de animais.** Formas e tamanhos relativos dos principais grupos de vírus de vertebrados. O genoma do hepadnavírus apresenta uma fita de DNA completa e parte da fita complementar.

**Tabela 8.2 Doenças virais humanas representativas**

| *Doença* | *Vírus* | *Genoma DNA ou RNA*[a] | *Tamanho*[b] |
|---|---|---|---|
| Herpes labial e genital | Herpes-vírus simples | DNAdf | 152.000 |
| Varíola | Vírus varíola | DNAdf | 190.000 |
| Poliomielite | Poliovírus | RNAfs (+) | 7.500 |
| Raiva | Vírus da raiva | RNAfs (–) | 12.000 |
| Gripe | Vírus *influenza* A | RNAfs (–) | 13.600 |
| Sarampo | Vírus do sarampo | RNAfs (–) | 15.900 |
| Febre hemorrágica Ebola | Vírus Ebola | RNAfs (–) | 19.000 |
| Síndrome respiratória aguda severa (SARS) | Vírus SARS | RNAfs (+) | 29.800 |
| Diarreia infantil | Rotavírus | RNAdf | 18.600 |
| Síndrome da imunodeficiência adquirida (Aids) | Vírus da imunodeficiência humana (HIV) | RNAfs/DNAdf (retrovírus) (+) | 9.700 |

[a]Fs, fita simples; df, dupla-fita. +, fita senso positivo; –, fita senso negativo (Seção 8.1).

[b]Em bases (genomas fs) ou pares de bases (genomas df). Estes genomas virais já foram sequenciados e, assim, o seu tamanho é conhecido com precisão. No entanto, a sequência e o tamanho muitas vezes variam ligeiramente entre os diferentes isolados do mesmo vírus. Assim, os tamanhos dos genoma listados aqui foram arredondados em todos os casos.

## Consequências da infecção viral em células animais

Vírus de animais diferentes podem catalisar pelo menos quatro resultados diferentes (**Figura 8.22**). Uma *infecção virulenta* resulta na lise da célula hospedeira; este é o resultado mais comum. Por outro lado, em uma *infecção latente*, o DNA viral não é replicado e as células hospedeiras não são danificadas. Com alguns vírus envelopados de animais, a liberação dos vírions, que ocorre por um tipo de processo de brotamento, pode ser lenta, e a célula hospedeira pode não ser lisada. Estas infecções são denominadas *infecções persistentes*. Finalmente, certos vírus de animais pode converter uma célula normal em uma célula tumoral, um processo chamado de *transformação*.

Receptores de vírus de animal são tipicamente macromoléculas da superfície das células utilizadas no contato célula-célula ou que atuam no sistema imune. Por exemplo, os receptores para poliovírus e para HIV (o agente causador da Aids) são normalmente utilizados na comunicação intercelular entre as células humanas. Em organismos multicelulares, células de diferentes tecidos ou órgãos frequentemente expressam diferentes proteínas nas suas superfícies celulares. Consequentemente, os vírus que infectam os animais muitas vezes infectam somente certos tecidos. Por exemplo, os vírus que causam a gripe comum apenas infectam as células do trato respiratório superior.

Os vírus animais devem eventualmente perder seu revestimento exterior para expor o genoma viral. Alguns vírus envelopados de animais são desnudados na membrana citoplasmática do hospedeiro, liberando o núcleocapsídeo no citoplasma. No entanto, todos os vírions de vírus não envelopados de animais e muitos dos vírus envelopados de animais penetram na célula através de endocitose. Nestes casos, o vírion é desnudado no citoplasma do hospedeiro e o genoma passa através da membrana nuclear para o núcleo, onde ocorre a replicação do ácido nucleico viral. Muitos vírus animais são envelopados, e quando estes saem da célula, eles podem pegar parte da membrana citoplasmática da mesma e usá-la como parte do seu envelope viral.

De todos os vírus indicados na Figura 8.2 e na Tabela 8.2, um grupo destaca-se por um modo absolutamente original de replicação. Estes são os retrovírus. Iremos explorá-los em seguida como um exemplo de um vírus animal complexo e altamente incomum, com implicações médicas significativas.

## Os retrovírus e a transcriptase reversa

Os **retrovírus** possuem genoma de RNA. No entanto, o genoma é replicado através de um intermediário de DNA. O termo *retro* significa "para trás" e a denominação *retrovírus* deve-se ao fato de eles transferirem as informações de RNA para DNA (em contraste com o fluxo de informação genética nas células, que é exatamente o contrário). Os retrovírus utilizam a enzima **transcriptase reversa** para realizar esse processo pouco usual. Os retrovírus foram os primeiros vírus a serem descobertos de causar câncer, e o vírus da imunodeficiência humana (HIV) é um retrovírus que causa a síndrome da imunodeficiência adquirida (Aids).

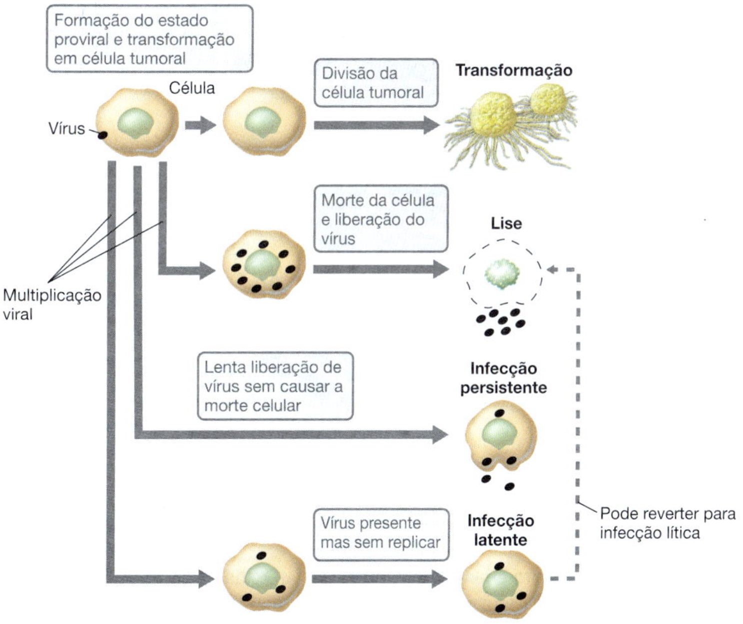


**Figura 8.22 Possíveis efeitos causados por vírus de animais em células infectadas.** A maioria dos vírus de animais é lítica e somente poucos são reconhecidos como cancerígenos, por causarem transformação celular.

Os retrovírus são vírus envelopados que carreiam várias enzimas no vírion (**Figura 8.23*a***). Estas incluem a *transcriptase reversa*, a *integrase* e a uma *protease* retroviral específica. O genoma dos retrovírus é singular e consiste em duas moléculas idênticas de RNA de fita simples de senso positivo (Seção 8.1). O genoma contém os genes *gag*, que codifica proteínas estruturais; *pol*, que codifica a transcriptase reversa e integrase; e *env*, que codifica proteínas do envelope (Figura 8.23*b*). Em cada extremidade do genoma dos retrovírus existem sequências repetidas que são essenciais para a replicação.

A replicação de um retrovírus começa com a penetração do vírion na célula hospedeira, onde o envelope é removido e começa a transcrição reversa no nucleocapsídeo (**Figura 8.24**). A fita simples de DNA é produzida e, em seguida, a transcriptase reversa utiliza-a como um molde para fazer uma fita complementar; o DNA de fita dupla é o produto final. Este último é liberado do nucleocapsídeo, penetra no núcleo do hospedeiro juntamente com a proteína integrase, e a integrase facilita a incorporação do DNA retroviral no genoma do hospedeiro. O DNA retroviral é agora um **provírus**. Este permanece no genoma do hospedeiro indefinidamente e o DNA proviral pode ser transcrito pela RNA-polimerase do hospedeiro para formar cópias do genoma de RNA retroviral e RNAm. Eventualmente, os nucleocapsídeos são montados, contendo duas cópias do genoma de RNA retroviral e, como eles são envelopados, eles brotam através da membrana citoplasmática da célula hospedeira (Figura 8.24). A partir daqui, os vírions retrovirais maduros estão livres para infectar as células vizinhas.

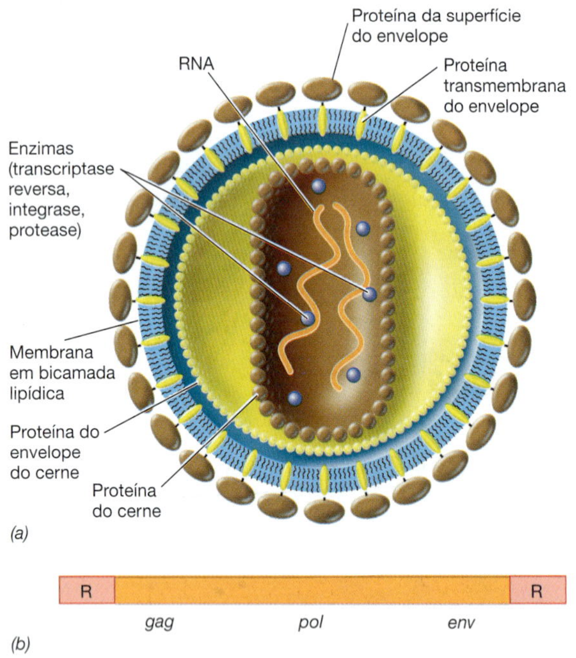


**Figura 8.23** **Estrutura e função dos retrovírus.** *(a)* Estrutura de um retrovírus. *(b)* Mapa genético de um genoma típico de retrovírus. Cada extremidade do RNA genômico contém repetições diretas (R).

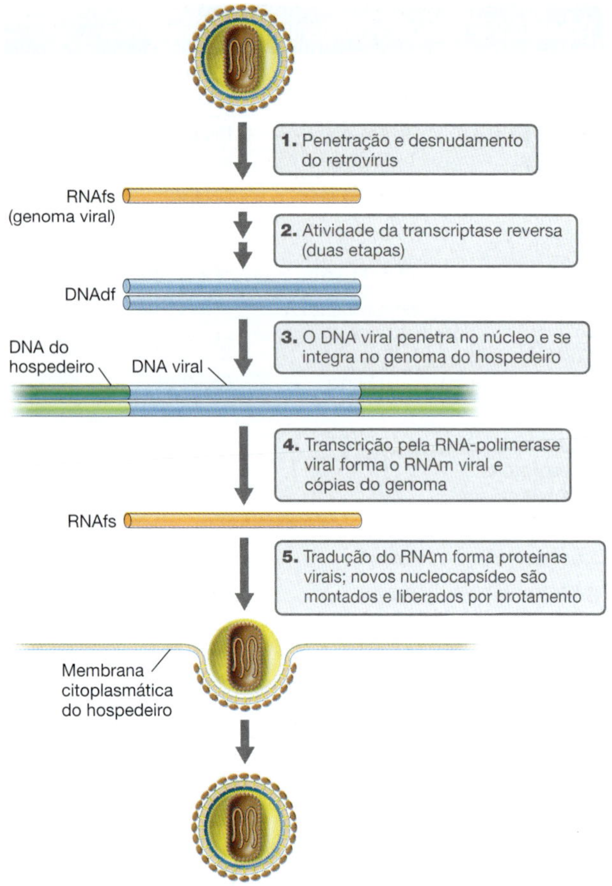


**Figura 8.24** **Replicação de um retrovírus.** O vírion carrega duas cópias idênticas do genoma de RNA (cor de laranja). A transcriptase reversa, carreada no vírion, faz o DNA de fita simples a partir do RNA viral e, em seguida, o DNA de dupla-fita, que se integra no genoma do hospedeiro, como um provírus. A transcrição e a tradução dos genes provirais leva à produção de novos vírions, que são então libertadas por brotamento.

**MINIQUESTIONÁRIO**

- Compare as maneiras com que vírus de animais e vírus bacterianos penetram entrem nos seus hospedeiros.
- Qual é a diferença entre uma infecção viral persistente e uma latente?
- Por que os retrovírus são denominados assim? O que é necessário para realizar este processo?

## 8.11 A virosfera e a ecologia viral

Os vírus estão presentes em todos os ambientes da Terra que contêm células e estão presentes em grande quantidade. O número de células procarióticas na Terra é muito maior do que o número total de células eucarióticas; estimativas de números total de células procarióticas são da ordem de $10^{30}$ (⇆ Tabela 1.2). No entanto, o número de vírus é ainda maior, uma estimativa de $10^{31}$. As melhores estimativas de ambos os números de células e vírus na natureza vieram de estudos feitos em água do mar.

## Vírus de procariotos

Há cerca de $10^6$ procariotos/mL de água do mar e cerca de dez vezes o número de vírus. Estima-se que pelo menos 5% e até 50% dos procariotos na água do mar são mortos por bacteriófagos a cada dia, e a maioria dos outros é comida por protozoários. Embora os vírus sejam responsáveis pela maior parte dos microrganismos totais presentes na água do mar, em termos de números, devido ao seu pequeno tamanho, constituem apenas cerca de 5% da biomassa total (**Figura 8.25**).

De longe, o tipo mais comum de bacteriófagos, pelo menos, nos oceanos, são os fagos de cabeça e cauda contendo DNA de dupla-fita. Em contrapartida, os bacteriófagos contendo RNA são comparativamente raros. Como vimos, os bacteriófagos lisogênicos podem integrar o genoma de seus hospedeiros bacterianos (Seção 8.8) e, quando o fazem, eles podem conferir novas propriedades à célula. Além disso, alguns fagos facilitam a transferência gênica bacterianos de uma célula a outra, através da transdução, o principal meio de transferência horizontal de genes entre procariotos (Seção 10.7). Como agentes de transdução, acredita-se que os bacteriófagos desempenhem uma grande influência na evolução bacteriana. Por exemplo, genes transferidos podem conferir novas propriedades metabólicas benéficas às células receptoras, permitindo-lhes colonizar e serem bem-sucedidas em novos hábitats.

Muitos dos procariontes no ambiente marinho são arqueias. Em particular, um grande grupo de arqueias marinhas de grande relevância ecológica são os Thaumarchaeota. Estas espécies oxidantes de amônia são capazes de consumir os infimamente baixos níveis de amônia presente nas águas planctônicas (mar aberto). Embora os vírus líticos de arqueias tenham ainda que ser demonstrado para este grupo, pelo menos uma espécie de Thaumarchaeota abriga um genoma viral no seu próprio genoma (ou seja, contém um provírus). Assim, é provável que pelo menos alguns, e até mesmo muitos, dos vírus em água do mar infectem arqueias marinhas, em vez de bactérias marinhas. Isso é reforçado pela observação de que os vírus conhecidos de arqueias são praticamente todos vírus de DNA de dupla-fita, o grupo mais comumente observado nos oceanos.

## Estratégias de sobrevivência e diversidade viral na natureza

Quando hospedeiros são abundantes na natureza, acredita-se que os bacteriófagos adotem um estilo de vida lítica e, assim, um grande número de células hospedeiras são mortas. Em contrapartida, quando os números de células hospedeiras são baixos, pode ser difícil para os vírus encontrar um novo hospedeiro e, sob essas circunstâncias, a lisogenia seria favorecida se o vírus é lisogênico. Sob estas condições, o vírus poderia sobreviver como um prófago até o número de hospedeiras se recuperar. Corroborando este fato, temos a observação de que nas profundezas do oceano, onde o número de bactérias é mais baixo do que nas águas de superfície, cerca de metade das bactérias analisadas apresentaram um ou mais vírus lisogênicos. Até onde se sabe, os vírus de DNA de fita simples e todos os vírus de RNA não podem entrar em um estado lisogênico, e a forma pela qual estes vírus podem sobreviver a períodos de baixos números de hospedeiros é desconhecida.

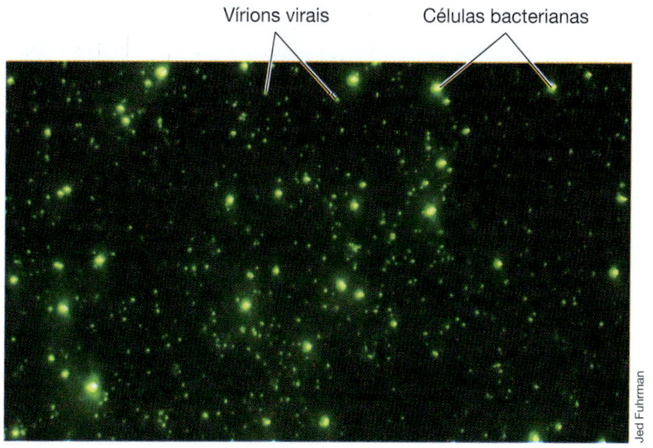


**Figura 8.25** **Vírus e bactérias na água do mar.** Uma fotomicrografia de fluorescência da água do mar corada com o corante SYBR Green para revelar as células procariotas e vírus. Embora os vírus sejam demasiado pequenos para serem vistos ao microscópio de luz, a fluorescência emitida por um vírus corado é visível.

A maior parte da diversidade genética na Terra reside nos vírus, principalmente nos bacteriófagos. O *metagenoma viral* é a soma total de todos os genes dos vírus em um ambiente particular. Vários estudos metagenômicos virais têm sido realizados, e eles invariavelmente revelam a imensa diversidade viral existente na Terra. Por exemplo, aproximadamente 75% das sequências de genes encontradas em estudos de metagenômica viral não mostram nenhuma similaridade com quaisquer outros genes catalogados em bases de dados de genes virais ou celulares. Em comparação, as pesquisas de metagenomas bacterianos tipicamente revelam cerca de 10% de genes desconhecidos. Assim, a maioria dos vírus ainda espera ser descoberta e a maioria dos genes virais tem funções desconhecidas. Isso faz o estudo da diversidade viral ser uma das áreas mais excitantes da microbiologia hoje.

**MINIQUESTIONÁRIO**

- Que tipo de bacteriófagos são mais comuns nos oceanos?
- Como bacteriófagos podem afetar evolução bacteriana?
- O que o metagenoma viral sugere?

UNIDADE 2

# CONCEITOS IMPORTANTES

**8.1** • Um vírus é um parasita intracelular obrigatório que requer uma célula hospedeira adequada para replicação. O vírion é uma forma extracelular de um vírus e contém um genoma de RNA ou DNA dentro de um envoltório proteico. Uma vez dentro da célula, tanto o vírion ou o seu ácido nucleico redirecionam o metabolismo hospedeiro para suportar a replicação do vírus. Os vírus são classificados pelas características do seu genoma e hospedeiros. Bacteriófagos infectam as células bacterianas.

**8.2** • No vírion de um vírus não envelopado, apenas o ácido nucleico e proteína estão presentes; a unidade inteira é denominada nucleocapsídeo. Vírus envelopados apresentam uma ou mais camadas de lipoproteínas em torno do nucleocapsídeo. O nucleocapsídeo é organizado de forma simétrica, com o icosaedro sendo uma morfologia comum. Embora as partículas de vírus sejam metabolicamente inertes, uma ou mais enzimas-chave estão presentes dentro do vírion, em alguns vírus.

**8.3** • O ciclo de replicação do vírus pode ser dividido em cinco grandes etapas: ligação (adsorção), penetração (entrada de todo o vírion ou injeção apenas do ácido nucleico), síntese de ácido nucleico e proteínas, montagem e empacotamento e libertação do vírion.

**8.4** • Os vírus podem replicar apenas em suas células hospedeiras apropriadas. Vírus bacterianos provaram ser úteis como sistemas modelo porque as suas células hospedeiras são fáceis de manipular e de crescer em cultura. Muitos vírus animais podem ser produzidos em células animais em cultura. Os vírus podem ser quantificados (titulados) por um ensaio de placa. As placas são zonas claras que se desenvolvem em tapetes de células hospedeiras, e em analogia com as colônias bacterianas, surgem a partir de infecção viral de uma única célula.

**8.5** • A ligação de um vírion de uma célula hospedeira é um processo altamente específico. Proteínas de reconhecimento no vírus reconhecem receptores específicos na célula hospedeira. Às vezes a totalidade do vírion penetra na célula hospedeira, enquanto em outros casos, como acontece com a maioria dos bacteriófagos, apenas o genoma viral entra.

**8.6** • O bacteriófago T4 contém um genoma de DNA de dupla-fita que é tanto circularmente permutada e terminalmente redundante. T4 codifica a sua própria DNA-polimerase e várias outras proteínas de replicação. As células empregam enzimas de restrição na tentativa de destruir o DNA viral e outros DNA estrangeiros, mas T4 modificou quimicamente seu DNA para torná-lo resistente a esse ataque. As células podem também modificar o seu próprio DNA, para protegê-lo contra as suas próprias enzimas de restrição.

**8.7** • Após um vírion T4 penetrar em uma célula hospedeira, os genes virais são expressos e regulados de modo a redirecionar a maquinaria sintética do hospedeiro para produzir ácido nucleico e proteínas virais. Os genes virais precoces codificam os eventos de replicação do genoma viral; os genes virais intermediários e tardios codificam proteínas estruturais e da montagem do capsídeo. Uma vez que os componentes de T4 foram sintetizados, novos vírions são produzidos, principalmente por automontagem, e os vírions liberados após a lise da célula hospedeira.

**8.8** • Alguns bacteriófagos são temperados, o que significa que eles podem iniciar eventos líticos ou integrar ao genoma do hospedeiro como um prófago. Isso inicia um estado chamado de lisogenia, no qual o vírus não destrói a célula. Um vírus lisogênico bem-estudado de *Escherichia coli* é fago lambda; este fago usa um sistema regulador complexo para governar se o estado lítico ou lisogênico é iniciado após a infecção.

**8.9** • Os vírus mais comuns na Terra são os bacteriófagos complexos com cabeça e cauda, como T4 e lambda. Os genomas de DNA de dupla-fita destes fagos codificam centenas de proteínas. Estes vírus têm sido utilizados como sistemas-modelo não só para a replicação viral, mas também para a biologia molecular e genética.

**8.10** • Existem vírus animais com todos os modos conhecidos de replicação do genoma viral. Muitos vírus animais são envelopados, pegando porções de membrana hospedeira à medida que saem da célula. A infecção viral de células hospedeiras animais pode resultar na lise de células, mas as infecções latentes ou persistentes também são comuns, e alguns vírus animais podem causar câncer. Os retrovírus, como o vírus da Aids, são vírus de RNA que utilizam a enzima transcriptase reversa para replicar o seu genoma de RNA através de um intermediário de DNA. O DNA pode integrar-se no cromossomo do hospedeiro, onde ele pode mais tarde ser transcrito para produzir o RNAm e o RNA genômico viral.

**8.11** • O número de vírus na Terra é maior do que o número de células por 10 vezes. A maior parte da diversidade genética na Terra reside nos genomas de vírus, a maioria dos quais está ainda a ser investigada. Os vírus afetam suas células hospedeiras pela morte direta da população hospedeira ou mediante a realização de transferência horizontal de genes de uma célula bacteriana para outra. Nos oceanos, tanto bactérias quanto arqueias são suscetíveis de serem infectadas por vírus.

## REVISÃO DOS TERMOS-CHAVE

**Bacteriófago** vírus que infecta células procarióticas.
**Capsídeo** capa proteica que envolve o genoma de uma partícula viral.
**Capsômero** subunidade de um capsídeo.
**Célula hospedeira** célula em cujo interior um vírus é replicado.
**Concatâmero** duas ou mais moléculas de ácido nucleico unidas covalentemente.
**Envelopado** refere-se a um vírus que possui uma membrana lipoproteica no seu exterior.
**Forma replicativa** uma molécula de DNA dupla-fita que é um intermediário na replicação de vírus com genoma de fita simples.
**Genes sobrepostos** dois ou mais genes em que parte ou todo o gene está embebido no outro.
**Lisogenia** estado após a infecção viral, em que o genoma viral é replicado como um provírus, juntamente com o genoma do hospedeiro.
**Lisógeno** bactéria contendo um prófago.
**Nucleocapsídeo** complexo de ácido nucleico e proteínas de um vírus.
**Placa** zona de lise ou de inibição do crescimento, provocada por uma infecção viral de um "tapete" de células hospedeiras sensíveis.
**Prófago** forma lisogênica de um bacteriófago (ver *provírus*).
**Proteína precoce** proteína sintetizada logo após a infecção viral, antes da replicação do genoma viral.
**Proteína intermediária** proteína que pode apresentar tanto função estrutural quanto catalítica, sintetizada após as proteínas precoces em uma infecção viral.
**Proteína tardia** proteína tipicamente estrutural, sintetizada posteriormente na infecção viral.
**Provírus** genoma de um vírus animal temperado ou latente quando está se replicando integrado com o cromossomo da célula hospedeira.
**Replicação círculo-rolante** mecanismo de replicação de DNA no qual uma fita é cortada e desenrolada para ser usada como molde para sintetizar a fita complementar.
**Replicase de RNA** enzima que pode produzir RNA a partir de um molde de RNA.
**Retrovírus** vírus cujo genoma de RNA é replicado via um intermediário de DNA.
**Título** número de vírions infecciosos em uma suspensão viral.
**Transcriptase reversa** enzima retroviral que pode produzir DNA a partir de um molde de RNA.
**Via lítica** tipo de infecção viral que leva à replicação viral e à destruição (lise) da célula hospedeira.
**Vírion** partícula viral infecciosa; corresponde ao genoma de ácido nucleico envolto por uma capa proteica e, em alguns casos, por camadas de outro material.
**Vírus** elemento genético que contém RNA ou DNA envolto por um capsídeo proteico, que se replica somente no interior das células hospedeiras.
**Vírus temperado** vírus cujo genoma é capaz de replicar-se juntamente com aquele de seu hospedeiro, sem causar morte celular, em um estado denominado lisogenia (vírus bacterianos) ou latência (vírus animais).
**Vírus virulento** vírus que lisa ou mata a célula hospedeira após sua infecção.



## QUESTÕES PARA REVISÃO

1. Defina vírus. Quais as características mínimas necessárias para atender a sua definição? (Seção 8.1)
2. De que maneira os genomas virais diferem daqueles das células? (Seção 8.1)
3. Quais são os principais componentes de uma partícula viral? (Seção 8.2)
4. Por que uma curva de crescimento de ciclo único difere na forma de uma curva de crescimento bacteriano? (Seção 8.3)
5. Descreva os eventos que ocorrem em uma placa de ágar contendo uma camada de bactérias quando uma única partícula de bacteriófago provoca a formação de uma placa de bacteriófago. (Seção 8.4)
6. Como uma suspensão viral é quantificada e o que se entende pela palavra "título"? (Seção 8.4)
7. O que é necessário para um vírion do bacteriófago T4 se ligar a uma célula de *Escherichia coli*? (Seção 8.5)
8. O que é diferente sobre o processo de penetração de bacteriófagos e o de vírus de animais? (Seções 8.5 e 8.10)
9. Em termos de estrutura, como o genoma do bacteriófago T4 se assemelha e em que difere do de *Escherichia coli*? (Seção 8.6)
10. O bacteriófago T4 tem "genes precoces" e "genes tardios." O que se quer dizer com estas classificações, e que tipos de proteínas são codificadas por cada um? (Seção 8.7)
11. O que é um bacteriófago temperado? Nomeie um fago temperado bem estudado que infecta as células de *Escherichia coli*. (Seção 8.8)
12. Descreva as diferentes formas de vírus bacterianos. Qual é a mais comum na natureza? (Seção 8.9)
13. Descreva os tipos de genomas encontrados em vírus bacterianos. Dê um exemplo de um vírus para cada tipo de genoma. (Seção 8.9)
14. Descreva os tipos de genomas encontrados em vírus de animais. (Seção 8.10)
15. Por que se pode dizer que o genoma de retrovírus é único em toda a biologia? (Seção 8.10)
16. Como os números de vírus se comparam aos de bactérias na água do mar? (Seção 8.11)
17. Explique como os vírus podem afetar bactérias e arqueias na natureza em ambos os sentidos positivo e negativo. (Seção 8.11)

## QUESTÕES APLICADAS

1. O que faz as placas virais que aparecem em um "tapete" bacteriano pararem de crescer?

2. Os promotores nos genes que codificam para as proteínas precoces em vírus como T4 têm uma sequência diferente do que os promotores de genes que codificam proteínas tardias no mesmo vírus. Explique como isso beneficia o vírus.

3. Em algumas circunstâncias, é possível obter capas proteicas (capsídeos) livres de ácidos nucleicos de certos vírus. Sob a microscopia eletrônica, esses capsídeos são muito semelhantes aos vírions completos. O que isso lhe diz sobre o papel do ácido nucleico do vírus no processo de montagem viral? Você esperaria que essas partículas sejam infecciosas?

4. Compare a(s) enzima(s) presente(s) em vírions de um retrovírus e de um bacteriófago de RNA de fita positiva. Por que elas são diferentes, se ambos apresentam a configuração de fita simples de RNA senso positivo como seu genoma?

CAPÍTULO

# 9 Genomas virais e diversidade

## microbiologiahoje

### Diversidade viral sempre em expansão

Os vírus infectam todos os organismos, incluindo bactérias e arqueias, e, em conjunto, os vírus representam o maior repositório de diversidade genética do planeta. Muitos vírus bacterianos (bacteriófagos) e os vírus de arqueias foram isolados e caracterizados até agora. Para bactérias, estes incluem ambos os fagos de DNA e RNA, alguns com genomas de fita simples e outros de dupla-fita. Para arqueias, no entanto, não há vírus de RNA conhecidos. Isso porque esses vírus não existem?

Todos os vírus de arqueias conhecidos têm genomas de DNA, e, com raras exceções, genomas de dupla-fita de DNA circular. Na última década, os pesquisadores explorando a diversidade viral em fontes termais no Yellowstone National Park (foto) descobriram um grande número destes parasitas de arqueias de formato incomum e estrutura resistente (no detalhe da foto), mas frequentemente se perguntaram por que a evidência para os vírus de RNA de arqueia nunca surgiu em seus estudos. Bem, agora que eles encontraram.

Usando poderosas ferramentas de metagenômica, os pesquisadores que estudam as fontes termais de Yellowstone altamente ácidas dominadas por arqueias detectaram segmentos do genoma de RNA viral altamente divergentes daqueles de vírus de RNA de eucariotos e ainda mais distante dos genomas de RNA de bacteriófagos.[1] Os pedaços de RNA viral foram montados em vários diferentes genomas intactos que foram todos de fita simples e de senso positivo. As análises de sequenciamento confirmaram que cada genoma codifica uma RNA-replicase – uma marca dos vírus de RNA – e que alguns dos vírus de arqueia provavelmente são replicados por meio da formação de poliproteínas, um mecanismo de replicação utilizado por alguns vírus de RNA eucarióticos de sentido positivo, como o poliovírus.

Esta abordagem metagenômica da diversidade viral revelou que os vírus de RNA de arqueias de fato existem. Quando trabalhos futuros complementarem estes dados com o isolamento real de vírions de RNA que se replicam em culturas de arqueias, a virologia terá uma nova janela para explorar a incrível diversidade do mundo viral.

[1]Bolduc, B., et al. 2012. Identification of novel positive-strand RNA viruses by metagenomic analysis of *Archaea*-dominated Yellowstone hot springs. *J. Virol. 86*: 5562–5573.

I Genomas virais e evolução 266
II Vírus com genoma de DNA 270
III Vírus com genoma de RNA 277
IV Agentes subvirais 285

Os vírus apresentam genomas de DNA ou RNA que podem ser tanto de fita simples ou dupla-fita. Comparados com as células, os genomas virais podem criar alguns desafios incomuns para o fluxo da informação genética. Neste capítulo, iremos explorar a diversidade viral de uma perspectiva genética. Agruparemos os vírus de acordo com a estrutura do genoma em vez de pelo tipo de células que eles infectam, uma vez que vírus com a mesma estrutura genética enfrentam problemas comuns no fluxo de informação genética.

# I • Genomas virais e evolução

## 9.1 Tamanho e estrutura dos genomas virais

Os genomas virais variam quase mil vezes no tamanho do menor ao maior. Vírus de DNA existem ao longo deste gradiente inteiro, de minúsculos circovírus, cujo genoma de fita simples de 1,75 *quilobases* empalidece em comparação com o genoma de DNA de dupla-fita de 1,25 *megapares de bases* do *Megavírus* (**Figura 9.1**). Os genomas de RNA, sejam eles de fita simples ou dupla-fita, são geralmente menores do que os vírus de DNA. Embora alguns genomas virais sejam maiores do que os de alguns procariotas, os genomas de procariotos são normalmente muito maiores que os dos vírus, e os genomas de eucariotos muito maiores do que os de procariotos (Figura 9.1).

Sendo o genoma viral grande ou pequeno, uma vez que um vírus infecte seu hospedeiro, a transcrição dos genes virais deve ocorrer e novas cópias do genoma viral devem ser produzidas. Apenas mais tarde, uma vez que as proteínas virais comecem a aparecer a partir da tradução de transcritos virais, pode começar a montagem viral. Para alguns vírus de RNA, o genoma é também o RNAm. Para a maioria dos vírus, no entanto, o RNAm viral deve primeiro ser produzido por transcrição do genoma de DNA ou RNA, e consideraremos as variações na forma como isso acontece agora.

### Estrutura do genoma viral: o esquema de Baltimore

O virologista David Baltimore, que foi agraciado juntamente com Howard Temin e Renato Dulbecco, com o Prêmio Nobel de Fisiologia ou Medicina, em 1975, pela descoberta dos retrovírus e da transcriptase reversa, desenvolveu um esquema de classificação de vírus baseado na relação entre o genoma viral e seu RNAm, e reconhece sete classes de vírus (**Figura 9.2**). Por convecção em virologia, o RNAm é sempre considerado de configuração *positiva*. Assim, para entender a biologia molecular de uma classe particular de vírus, é preciso saber a natureza do genoma viral e que medidas são necessárias para produzir RNAm complementar positivo (Figura 9.2).

Os vírus de DNA de fita dupla são agrupados na classe I de Baltimore. O mecanismo de síntese de RNAm e replicação do genoma dos vírus de classe I é o mesmo que aquele utilizado pelo genoma da célula hospedeira, como vimos com o bacteriófago T4, um vírus típico da classe I (Seção 8.7). Um vírus que contenha um genoma de fita simples pode ser tanto um vírus de **fita positiva** (também denominado "vírus de fita mais") quanto um vírus de **fita negativa** (também chamado "vírus de fita menos"). Vírus da classe II correspondem a vírus que contêm genomas de DNA de fita simples de sentido positivo. A transcrição destes genomas iria produzir uma mensagem de sentido negativo. Portanto, antes de o RNAm ser produzido por vírus da classe II, uma fita complementar de DNA deve ser sintetizada primeiramente, para formar um intermediário de DNA de dupla-fita; esta é denominada **forma replicativa**. Esta última é usada para transcrição e como fonte para novas cópias do genoma, a fita positiva torna-se o genoma, enquanto a fita negativa é descartada (Figura 9.2). Com apenas uma exceção, todos os vírus de DNA de fita simples são vírus de fita positiva.

A produção de RNAm e a replicação do genoma obviamente serão diferentes entre os vírus de RNA e os de DNA. As RNA-polimerases celulares não catalisam a síntese de RNA a partir de um molde de RNA, utilizando, em vez disso, um molde de DNA. Portanto, dependendo do vírus, os vírus de RNA devem ou carrear em seus vírions ou codificar nos seus genomas uma RNA-polimerase dependente de RNA, denominada *RNA-replicase* (Seção 8.2). Nos vírus de RNA de fita positiva (classe IV), o genoma é também o RNAm. Contudo, nos vírus de RNA de fita negativa (classe V) a RNA-replicase deve sintetizar uma fita de RNA de sentido positivo a partir do molde de fita negativa, e a fita positiva é então utilizada como RNAm. Este último é também utilizado como molde para sintetizar mais genomas de fita negativa (Figura 9.2). Os vírus de RNA da classe III enfrentam um problema similar, mas partem de um RNA de dupla-fita (+/–), em vez de apenas uma fita positiva ou negativa.

Os retrovírus são vírus de animais cujos genomas consistem em RNA de fita simples de configuração positiva, mas que se replicam por meio de um intermediário de DNA de dupla-fita (classe VI). O processo de cópia da informação contida no RNA em DNA é denominado **transcrição reversa**, e é ca-

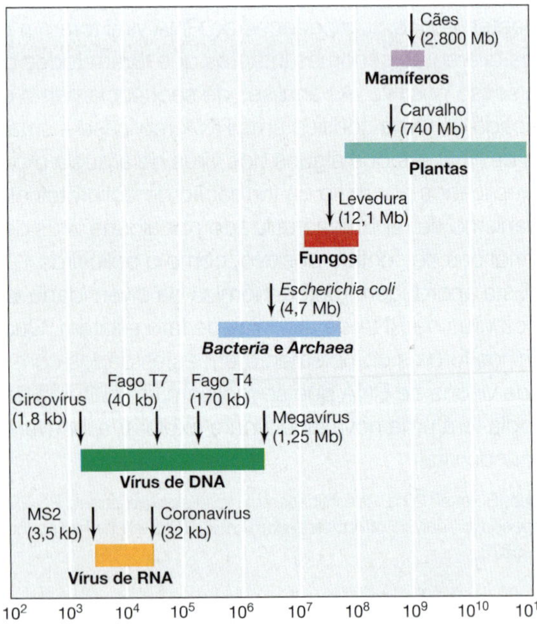


**Figura 9.1 Genômica comparativa.** Uma comparação entre os genomas virais e aqueles dos maiores grupos de organismos vivos.

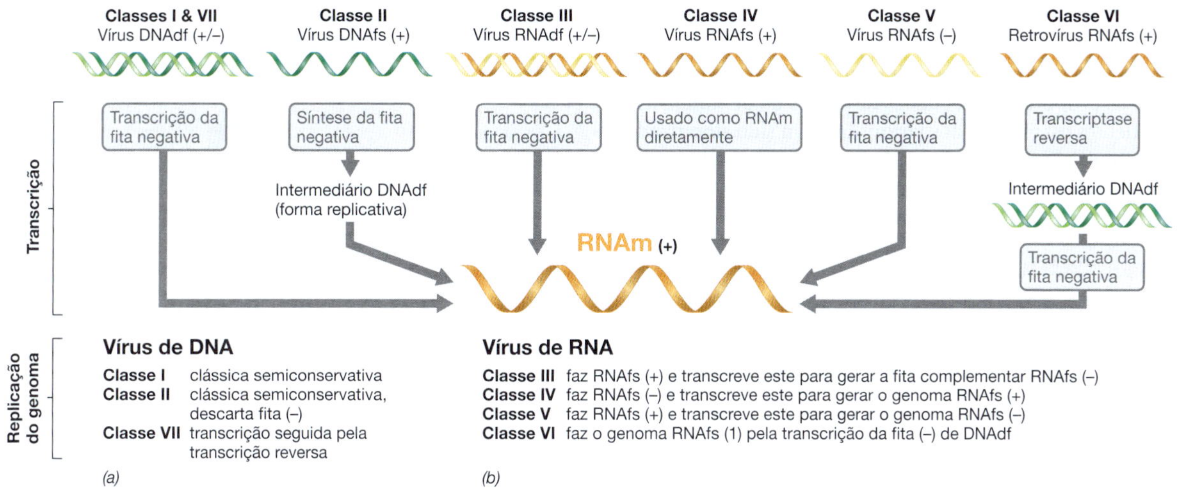


**Figura 9.2 A classificação de Baltimore dos genomas virais.** Sete classes de genomas virais são conhecidas. Os genomas podem ser tanto *(a)* DNA quanto *(b)* RNA, e tanto de fita simples (fs) ou dupla-fita (df). A via que cada genoma viral toma para formar seus RNAm e a estratégia que cada um usa para sua replicação são mostradas.

talisado por uma enzima denominada *transcriptase reversa*. Finalmente, os vírus da classe VII correspondem àqueles vírus altamente incomuns cujos genomas consistem em DNA de dupla-fita, mas que se replicam empregando um intermediário de RNA. Como veremos posteriormente, estes vírus incomuns também utilizam a transcriptase reversa.

A **Tabela 9.1** lista alguns exemplos de vírus em cada classe de Baltimore, e iremos explorar a biologia molecular única de cada classe à medida que prosseguirmos por este capítulo.

## Síntese de proteínas virais

Uma vez que o RNAm tenha sido produzido (Figura 9.2), as proteínas virais podem ser sintetizadas. Em todos os vírus, essas proteínas podem ser agrupadas em duas categorias amplas: (1) proteínas sintetizadas logo após a infecção, denominadas *proteínas precoces*, e (2) proteínas sintetizadas posteriormente, denominadas *proteínas tardias*. Tanto o tempo de aparecimento quanto a quantidade das proteínas virais sintetizadas são altamente regulados. As proteínas precoces são geralmente enzimas que atuam cataliticamente e, portanto, sintetizadas em quantidades relativamente menores. Estas incluem não apenas as polimerases de ácido nucleico, mas também proteínas que atuam no desligamento da transcrição e tradução do hospedeiro. Por outro lado, as proteínas tardias correspondem normalmente a componentes estruturais do vírion e outras proteínas que não são necessárias até que a montagem viral tenha iniciado, sendo produzidas em quantidades bastante superiores (Seção 8.7).

**Tabela 9.1 Alguns tipos de genomas virais**

| | | | | Genomas virais | | |
|---|---|---|---|---|---|---|
| *Vírus* | *Hospedeiro* | *DNA ou RNA* | *Fita simples ou dupla-fita* | *Estrutura* | *Número de moléculas* | *Tamanho (bases ou pares de bases)*[a] |
| Parvovírus H-1 | Animais | DNA | Fita simples | Linear | 1 | 5.176 |
| ϕX174 | Bactérias | DNA | Fita simples | Circular | 1 | 5.386 |
| Vírus símio 40 (SV40) | Animais | DNA | Dupla-fita | Circular | 1 | 5.243 |
| Poliovírus | Animais | RNA | Fita simples | Linear | 1 | 7.433 |
| Vírus do mosaico da couve-flor | Plantas | DNA | Dupla-fita | Circular | 1 | 8.025 |
| Vírus do mosaico do feijão-de-corda | Plantas | RNA | Fita simples | Linear | 2 diferentes | 9.370 (total) |
| Reovírus tipo 3 | Animais | RNA | Dupla-fita | Linear | 10 diferentes | 23.549 (total) |
| Bacteriófago lambda | Bactérias | DNA | Dupla-fita | Linear | 1 | 48.514 |
| Herpes-vírus simples 1 | Animais | DNA | Dupla-fita | Linear | 1 | 152.260 |
| Bacteriófago T4 | Bactérias | DNA | Dupla-fita | Linear | 1 | 168.903 |
| Citomegalovírus humano | Animais | DNA | Dupla-fita | Linear | 1 | 229.351 |

[a]O tamanho é em bases ou pares de bases dependendo se o vírus é de fita simples ou dupla-fita. Os tamanhos dos genomas virais escolhidas para esta tabela são conhecidos com precisão, uma vez que eles já foram sequenciados. No entanto, esta precisão pode ser enganosa, porque apenas uma linhagem ou isolado particular de um vírus foi sequenciado. Portanto, a sequência e o número exato de bases para outros isolados podem ser ligeiramente diferentes. Não foi feita nenhuma tentativa para escolher os maiores e os menores vírus conhecidos, mas sim para dar uma amostra razoavelmente representativa dos tamanhos e estruturas dos genomas de vírus contendo RNA e DNA, tanto de fita simples quanto de dupla-fita.

A infecção viral altera os mecanismos reguladores do hospedeiro, uma vez que há uma acentuada superprodução de ácidos nucleicos e proteínas na célula infectada. Eventualmente, quando as proporções adequadas de cópias do genoma viral e componentes estruturais dos vírions tenham sido sintetizados, novos vírions são montados e deixam a célula hospedeira tanto por lise e morte da célula quanto por um processo de brotamento em que a célula hospedeira pode permanecer viva.

**MINIQUESTIONÁRIO**

- Faça a diferenciação entre vírus de RNA de fita positiva e vírus de RNA de fita negativa.
- Compare produção de RNAm nas duas classes de vírus de RNA de fita simples.
- O que é incomum sobre o fluxo de informação genética nos retrovírus?

## 9.2 Evolução viral

Quando os vírus aparecem pela primeira vez na Terra e qual é sua relação com as células? Todos os vírus conhecidos exigem uma célula hospedeira para a sua replicação, e isso leva à conclusão natural de que os vírus evoluíram em algum momento *depois* que as células apareceram pela primeira vez na Terra, cerca de quatro bilhões de anos atrás. Seguindo esta linha de raciocínio, os vírus são provavelmente componentes celulares remanescentes que evoluíram a capacidade de replicar-se com o auxílio da célula. No entanto, outras hipóteses para a origem dos vírus têm sido propostas, incluindo a de que os vírus são relíquias do "mundo de RNA", um período da evolução em que se acredita que o RNA tenha sido o único portador da informação genética (Seção 12.1 e ver Figura 9.3), ou a de que os vírus eram células que, por alguma razão, talvez para economizar seus genomas, descartaram tantos genes que se tornaram dependentes de um hospedeiro para a maioria das suas funções de replicação.

Embora a questão de *como* os vírus apareceram ainda permanece sem resposta, assim ocorre com a questão de *por que* os vírus apareceram. Um provável controlador da evolução viral foi como um mecanismo para as células rapidamente moverem genes na natureza. Uma vez que os vírus apresentam uma forma extracelular que protege o ácido nucleico dentro deles, eles poderiam ter sido selecionados como um meio de enriquecimento da diversidade genética (e, portanto, aptidão) de células, facilitando a transferência gênica entre elas. Esta função parece especialmente relevante para células procariotas, onde a troca horizontal de genes é conhecida por ser um fator importante na sua evolução rápida (Seções 6.12 e 12.7). Embora muitos vírus matem sua célula hospedeira, os vírus latentes não o fazem, e é possível que os primeiros vírus fossem inicialmente latentes e evoluíram capacidades líticas só mais tarde para acessar mais rapidamente novos hospedeiros.

### Os vírus e a transição de um mundo de RNA para um de DNA

Além de desempenharem um provável papel na facilitação da diversidade genética, é possível que os vírus tenham sido as primeiras entidades contendo DNA. A hipótese do mundo de RNA propõe que o RNA era o material genético das células mais antigas e que o DNA eventualmente substituiu o RNA neste papel, porque o DNA é mais estável das duas moléculas. Curiosamente, uma nova hipótese que aponta para a transição de RNA para DNA coloca os vírus no centro da história (**Figura 9.3**).

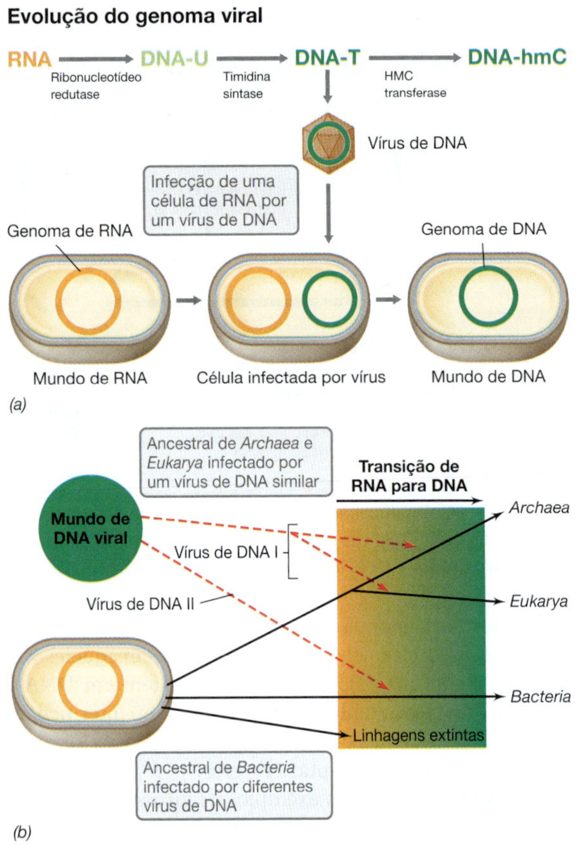


**Figura 9.3 Hipótese da origem viral do DNA.** *(a)* A evolução de enzimas específicas de DNA teria permitido que os vírus de RNA se tornassem vírus de DNA; DNA-U, DNA com uracila; DNA-T, DNA com timina; DNA-hmC, DNA com 5-hidroxicitosina. Estas variantes de DNA são conhecidas a partir de um vírus ou outro. *(b)* A infecção de uma célula de RNA por um vírus de DNA poderia ter exposto as células à química mais estável do DNA do que a do RNA. A infecção dos antepassados de *Bacteria* com um vírus de DNA consideravelmente diferente daqueles infectando *Archaea* e *Eukarya* poderia explicar por que a maquinaria de DNA de *Archaea* e *Eukarya* difere da de *Bacteria*.

Este cenário pressupõe que os vírus de RNA evoluíram ao DNA pela primeira vez como um mecanismo de modificação para proteger seus genomas de ribonucleases celulares que poderiam destruí-los. Como o DNA não é RNA e células no mundo do RNA conteriam genomas de RNA, os vírus de DNA teriam que evoluir a sua própria maquinaria de replicação de DNA para replicar seus genomas. É ainda hipotetizado que os vírus de DNA infectaram os ancestrais dos três domínios celulares. Gradualmente, por troca genética com os genomas virais de DNA, cada grupo de células obteve maquinaria necessária para replicar o DNA e, eventualmente, converteram seus genomas baseados em RNA para uma química baseada em DNA. Além disso, as células com genoma de RNA que não foram infectadas por vírus de DNA nunca evoluíram genomas de DNA, e a seleção darwiniana teria, eventualmente, impulsionado estas células menos aptas para a extinção (Figura 9.3*b*). É concebível que uma enzima como a transcriptase reversa tenha sido a chave para a conversão de RNA em DNA, como ocorre hoje em retrovírus (Seção 9.11)

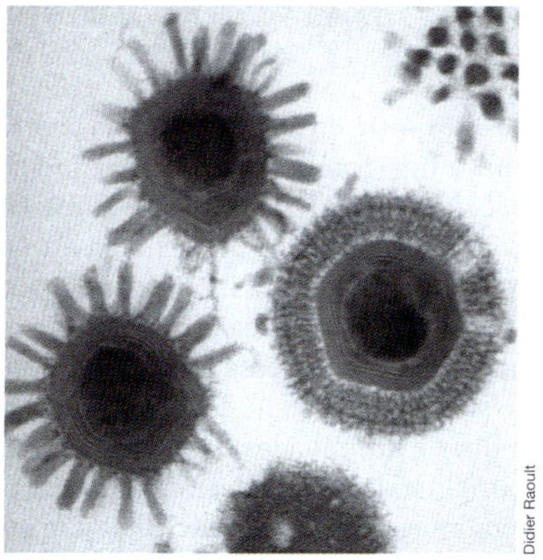


(a)

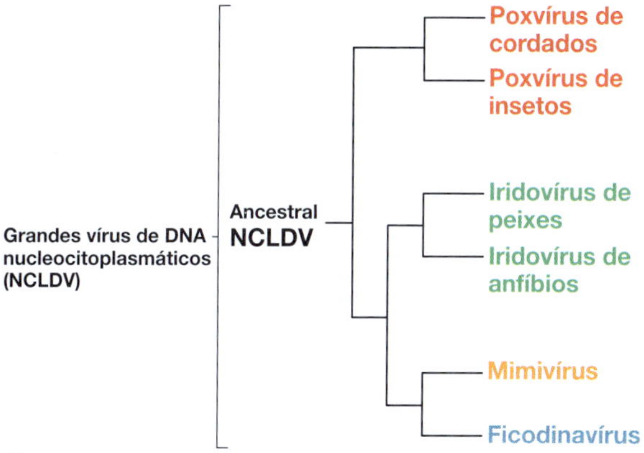


(b)

**Figura 9.4 Filogenia dos grandes vírus de DNA nucleoplasmáticos (NCLDV).** *(a)* Micrografia eletrônica de transmissão de Mimivírus, um membro do grupo NCLDV. Um vírion apresenta cerca de 0,75 μm de diâmetro. *(b)* Filogenia dos principais grupos de NCLDV baseado na comparação de sequências de várias proteínas relacionadas com o metabolismo de DNA.

Por que que esta hipótese é atraente? A teoria dos três domínios mostra que *Archaea* e *Eukarya* são mais estreitamente relacionados do que qualquer um deles é para com *Bacteria* (➪ Figura 1.6). Embora as análises moleculares da maquinaria necessária para a transcrição e tradução suportem bem a hipótese de três domínios, análises da maquinaria molecular para a replicação de DNA, recombinação e reparo não suportam. Alguns processos específicos de DNA são semelhantes em *Bacteria* e *Archaea*, enquanto a maioria é mais semelhante em *Archaea* e *Eukarya*. O cenário do DNA viral responde por esta discrepância, propondo que, embora a transcrição e a tradução sejam processos estabelecidos antes dos três domínios se tornarem distintos, eventos centrados no DNA não foram. Em vez disso, a bioquímica do DNA resultou de infecções virais. O complemento das enzimas envolvidas no metabolismo de DNA que vemos nas células de hoje é então explicado pela hipótese de que os ancestrais dos *Archaea* e *Eukarya* foram infectados por um vírus de DNA semelhante, que era distinto do vírus de DNA que infectou o antepassado de *Bacteria* (Figura 9.3).

O cenário do DNA viral também explica como o DNA originou-se nas células inicialmente e fornece um mecanismo para explicar como os genomas de RNA poderiam ter sido gradualmente substituídos por DNA. Se esta hipótese for verdadeira, ela tem uma característica irônica. Na tentativa de se manter um passo à frente de seus hospedeiros, uma das "manobras" do vírus foi a evolução do DNA. Mas neste caso, a química desta molécula foi uma melhoria tão grande em relação ao RNA que as células aproveitaram-se desta estratégia para seu próprio proveito.

## Filogenia viral

Devido à enorme diversidade de sequências dos genomas virais – a maioria dos genes virais recuperados a partir da natureza é de função desconhecida –, não foi provado ser possível construir uma árvore filogenética universal de vírus como a que existe para as células (➪ Figura 1.6). Apenas em poucos grupos de vírus foi possível traçar filogenias confiáveis e, nestes casos, as árvores foram montadas a partir de sequências de alguns genes ou proteínas selecionados compartilhados entre o grupo. Um exemplo é o mimivírus e vírus relacionados, que estão entre os maiores vírus conhecidos (**Figura 9.4**).

Os capsídeos de Mimivírus são de múltiplas camadas e icosaédricos. O vírion é rodeado por espículas e possui quase 0,75 μm de diâmetro, maior do que algumas células procarióticas (Figura 9.4*a*). Os Mimivírus contêm um genoma de 1,2 megapares de bases que consiste em DNA de dupla-fita. Isto é mais de duas vezes superior ao do próximo maior vírus conhecido, e é maior do que os genomas de vários procariotos (➪ Tabela 6.1). O Mimivírus infecta o protozoário *Acanthamoeba* e pertence a um grupo de vírus gigantes com grandes genomas chamados *grandes vírus de DNA nucleocitoplasmáticos* (NCLDV, *nucleocytoplasmic large DNA viruses*) (Figura 9.4*b*). Os NCLDVs compreendem várias famílias de vírus, incluindo os poxvírus (Seção 9.6), os iridovírus e certos vírus de plantas. Estes vírus compartilham um conjunto de proteínas altamente homólogas, a maioria das quais atua no metabolismo do DNA. A árvore filogenética destes vírus construída a partir de sequências de DNA que codificam estas proteínas mostra como eles divergiram de um ancestral comum (Figura 9.4*b*).

Assim, é possível traçar a filogenia de um grupo viral em alguns casos. Mas, para isso, deve-se começar com um grupo que já é conhecido por compartilhar um número de propriedades em comum. Outras tentativas de traçar a filogenia viral utilizando a biologia estrutural comparativa das proteínas do capsídeo também provaram ser úteis com alguns grupos virais (ver página 245). Embora árvores filogenéticas com base em genomas celulares tenham sido construídas e suportem a hipótese de três domínios bastante bem, a evolução alterou os genomas virais de tal forma que é pouco provável que uma esclarecedora árvore filogenética universal de vírus com base em comparações de sequências genômicas virais completos seja possível, ao menos não utilizando as ferramentas computacionais disponíveis atualmente.

**MINIQUESTIONÁRIO**

- Como os vírus podem ter acelerado a evolução das células?
- Explique como os vírus podem ter "inventado" o material genético encontrado em todas as células.
- Dê duas razões pelas quais uma árvore filogenética universal de vírus pode revelar-se difícil de construir.

# II • Vírus com genoma de DNA

## 9.3 Bacteriófagos de DNA de fita simples: ϕX174 e M13

Nesta seção, discutiremos dois bacteriófagos de DNA de fita simples bem conhecidos, ϕX174 e M13. São conhecidos muitos vírus de DNA fita simples de plantas e animais. Entretanto, uma vez que eles compartilham com vírus bacterianos o fato de que seus genomas são de complementariedade positiva ("vírus de fita positiva"), muitos eventos moleculares são similares. Assim, nosso foco será nesses fagos. Antes que um genoma de DNA fita simples possa ser transcrito, uma fita complementar de DNA deve ser sintetizada, gerando a forma replicativa de dupla-fita. Esta pode ser usada como uma fonte tanto para RNAm quanto cópias do genoma.

### O Fago ϕX174

O bacteriófago ϕX174 contém um genoma de 5.386 nucleotídeos, contido no interior de um pequeno vírion icosaédrico, de cerca de 25 nm de diâmetro. O fago ϕX174 apresenta apenas alguns poucos genes e apresenta o fenômeno de **genes sobrepostos**, uma condição em que o DNA é insuficiente para codificar todas as proteínas virais específicas a menos que partes do genoma sejam lidas mais de uma vez em diferentes janelas de leitura. Por exemplo, no genoma de ϕX174, o gene B situa-se no interior do gene A e o gene K situa-se no interior tanto do gene A quanto do gene C (**Figura 9.5**). Os genes D e E também se sobrepõem, estando o gene E completamente contido no interior do gene D. Além disso, o códon de término do gene D sobrepõe-se ao códon de início do gene J (Figura 9.5*a*).

Os distintos produtos gênicos dos genes sobrepostos são formados pela reinício da transcrição *em uma diferente janela de leitura* dentro do gene para gerar um segundo (e distinto) transcrito. Além dos genes sobrepostos, uma pequena proteína de ϕX174, denominada proteína A*, que atua inativando a síntese de DNA do hospedeiro, é sintetizada a partir da reiniciação da *tradução* (não da transcrição) no interior do RNAm do gene A. A proteína A* é lida e terminada a partir da mesma fase de leitura da proteína A, no RNAm, no entanto, ela possui um códon de início distinto, sendo, assim, uma proteína menor.

Após a infecção de uma célula de *Escherichia coli* por ϕX174, o DNA viral é separado do envelope proteico e o genoma é convertido em uma forma replicativa de dupla-fita por enzimas do hospedeiro. Assim, várias cópias são feitas por uma replicação semiconservativa, e os transcritos do fago são gerados pelo desligamento da transcrição da fita negativa da forma replicativa (Figura 9.5*b*). A forma replicativa é também o ponto inicial para a geração de cópias do genoma fago por um mecanismo que já vimos para o fago lambda (Seção 8.8): **replicação círculo rolante** (**Figura 9.6**).

Na síntese do genoma de ϕX174, o círculo rolante facilita a produção contínua de fitas positivas da forma replicativa. Para isso, a fita positiva desta última é clivada e a extremidade 3′ exposta do DNA é utilizada para iniciar a síntese de uma nova fita (Figura 9.6). A clivagem da fita positiva é realizada pela proteína A (Figura 9.5*a*). A rotação contínua do círculo promove a síntese de um genoma linear de ϕX174. Observe que a síntese difere da replicação semiconservativa porque apenas a fita negativa atua como molde.

Quando a fita viral crescente atinge o seu tamanho unitário (5.386 resíduos, no caso de ϕX174), a proteína A cliva e então liga as duas extremidades da nova fita simples recém-sintetizada, originando um DNA circular de fita simples. Por fim, ocorre a montagem de vírions de ϕX174 maduros e a lise celular. A proteína E (Figura 9.5*a*) catalisa a lise pela inibição da atividade de uma das enzimas envolvidas na síntese do peptideoglicano (Seção 5.4). Devido à fragilidade do material de parede celular recém-sintetizado, a célula pode ser lisada, liberando as partículas virais.

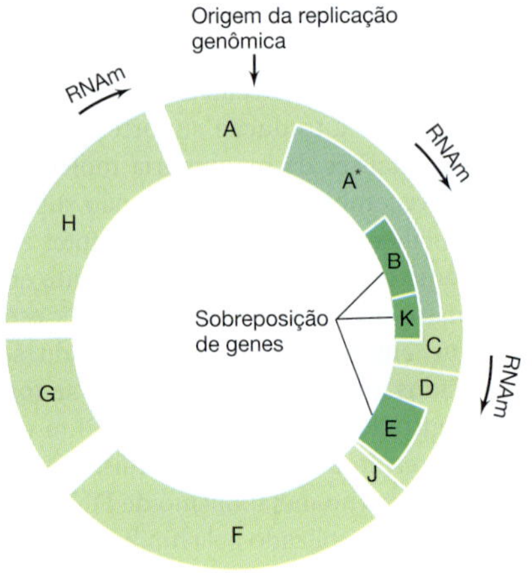


| | |
|---|---|
| A Síntese da forma replicativa do DNA | E Lise da célula do hospedeiro |
| A* Desligamento da síntese do DNA do hospedeiro | F Principais proteínas do capsídeo |
| B Formação dos precursores do capsídeo | G Principais proteínas das espículas |
| C Maturação do DNA | H Proteínas secundárias das espículas |
| D Montagem do capsídeo | J Empacotamento proteico do DNA |
| | K Função desconhecida |

*(a)* **Mapa genético de ϕX174**

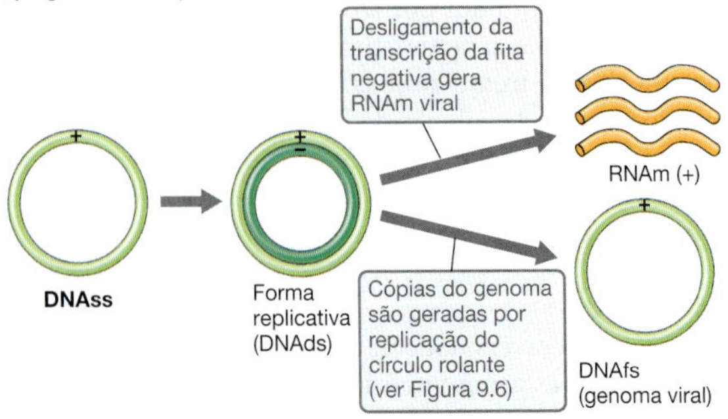


*(b)* **Fluxo de eventos durante a replicação de ϕX174**

**Figura 9.5** **Bacteriófago ϕX174, um fago de DNA fita simples.** *(a)* Mapa genético. Observe as regiões de sobreposição de genes. A proteína A* é formada usando apenas parte da sequência codificadora do gene A pela reiniciação da tradução. As chaves indicam as funções das proteínas codificadas por cada gene. *(b)* Fluxo da informação genética em ϕX174. Progênie de DNA fita simples é gerada a partir da forma replicativa por replicação do círculo rolante (ver Figura 9.6).

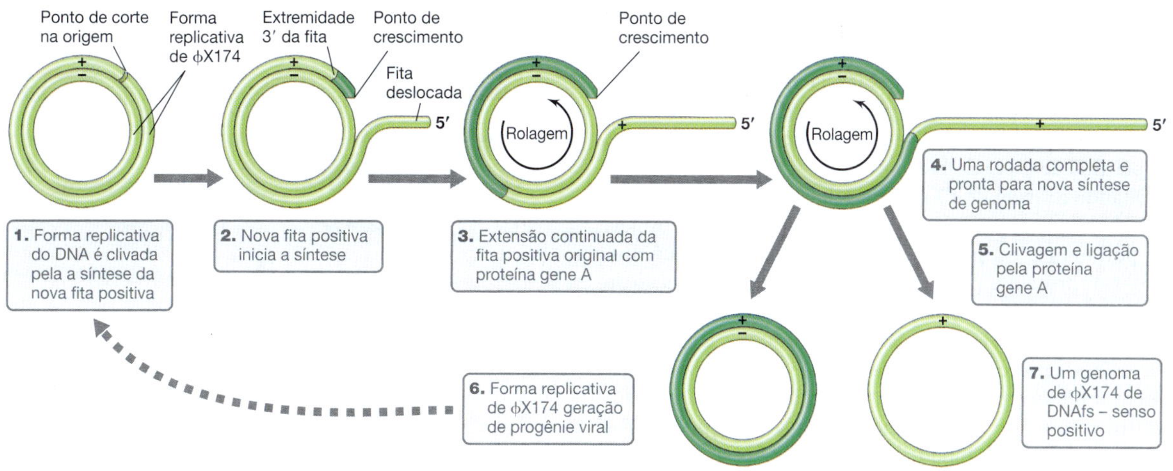


**Figura 9.6** **Replicação do círculo rolante no fago ϕX174.** A replicação é iniciada na origem da forma replicativa de dupla-fita com o corte da fita positiva de DNA pelo gene da proteína A (ambas as fitas de DNA são mostradas em verde-claro aqui para simplificação). Após a síntese de uma nova progênie de fitas (uma rodada do ciclo), o gene da proteína A cliva a nova fita e liga suas duas extremidades.

## O bacteriófago M13

O bacteriófago M13 é um fago filamentoso com simetria helicoidal que foi extensivamente utilizado no passado como vetor para a clonagem e o sequenciamento de DNA, em engenharia genética. O vírion do fago M13 é longo e fino e se liga ao *pilus* da sua célula hospedeira (Seção 8.5). Fagos filamentosos como o M13 apresentam a propriedade incomum de serem liberados sem promover a lise da célula hospedeira; a célula infectada continua a crescer e placas de lise não são observadas. Para facilitar este processo, o DNA de M13 é coberto com proteínas do envelope à medida que ele atravessa o envoltório celular. Quatro proteínas secundárias do envelope recobrem as extremidades do vírion enquanto as proteínas principais do envelope recobrem as laterais (**Figura 9.7**). Assim, para M13, não há acumulação intracelular de vírions como ocorre com bacteriófagos líticos típicos.

Diversas propriedades do fago M13 o tornam útil como vetor para a clonagem e o sequenciamento de DNA. Por exemplo, muitos aspectos da replicação do DNA em M13 são similares àqueles de ϕX174 e o genoma é muito pequeno; facilitando o sequenciamento. Segundo, a forma de fita dupla do DNA genômico, essencial à clonagem, é produzida naturalmente quando o fago M13 origina sua forma replicativa. Terceiro, uma vez que as células infectadas permanecem crescendo, os fagos podem ser mantidos indefinidamente, disponibilizando, assim, uma fonte contínua do DNA clonado. Por fim, assim como no fago lambda (Seção 8.8), há um espaço intergênico no genoma do fago M13 que não codifica proteínas, o qual pode ser substituído por quantidades variáveis de DNA exógeno. Consequentemente, o fago M13 é uma importante ferramenta para o biotecnologista.

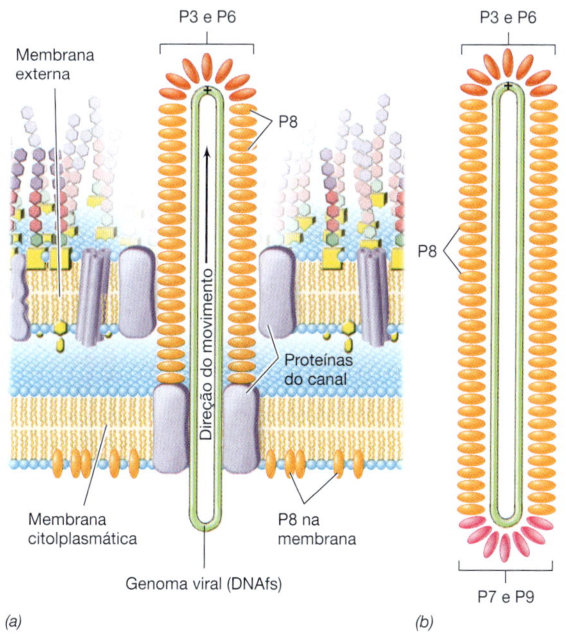


**Figura 9.7** **Liberação do fago M13.** O vírion do fago M13 deixa a célula infectada sem que ocorra lise. *(a)* Brotamento. O vírus de DNA atravessa o envelope da célula por meio de um canal construído por proteínas codificadas pelo vírus. À medida que isso ocorre, o DNA é empacotado com proteínas do fago embebidas na membrana citoplasmática. *(b)* Vírion completo. As duas extremidades do vírion são cobertas com um pequeno número de proteínas secundárias do envelope P3 e P6 (extremidade anterior) ou P7 e P9 (extremidade posterior).

**MINIQUESTIONÁRIO**

- Por que a formação da forma replicativa de ϕX174 é necessária para gerar RNAm específico do fago?
- No genoma de ϕX174, descreva as diferenças entre como as proteínas do gene B e do gene A* são geradas.
- Como os vírions de M13 podem ser liberados sem matar a célula hospedeira infectada?

## 9.4 Bacteriófagos de DNA dupla-fita: T7 e Mu

Os bacteriófagos de DNA de dupla-fita (DNAdf) estão entre os vírus mais bem estudados; já discutimos dois importantes desses fagos, T4 e lambda, no Capítulo 8. Devido a sua importância na biologia molecular, regulação gênica e regulação genômica, consideraremos outros dois desses vírus aqui, T7 e Mu.

## O bacteriófago T7

O bacteriófago T7 é um vírus de DNA relativamente pequeno que infecta *Escherichia coli* e algumas bactérias entéricas relacionadas. O vírion possui uma cabeça icosaédrica e uma cauda muito curta, o genoma de T7 é uma molécula linear de DNA de dupla-fita, de cerca de 40 Kpb.

Quando o vírion de T7 adere à célula bacteriana e o DNA é injetado, os genes precoces são rapidamente transcritos pela RNA-polimerase do hospedeiro, sendo, então, traduzidos. Uma dessas proteínas precoces inibe o sistema de restrição do hospedeiro, que é um mecanismo que protege a célula contra DNA exógeno (Seção 8.6). Isso ocorre muito rapidamente, de forma que a proteína de antirrestrição é sintetizada e torna-se ativa antes da entrada completa do genoma de T7 na célula. Outras proteínas precoces incluem uma RNA-polimerase de T7 e proteínas que inibem a atividade da RNA-polimerase do hospedeiro. A RNA-polimerase de T7 reconhece somente os promotores de T7 distribuídos ao longo do genoma de T7. Essa estratégia difere daquela empregada pelo fago T4 porque este utiliza a RNA-polimerase do hospedeiro durante o seu ciclo de replicação, mas modifica-o de forma que ele reconheça apenas os genes do fago (Seção 8.7).

A replicação do genoma em T7 começa em uma única origem de replicação dentro da molécula e prossegue bidirecionalmente a partir deste ponto (**Figura 9.8*a***). O fago T7 utiliza sua própria DNA-polimerase, que é uma proteína composta incluindo um peptídeo codificado pelo fago e um pelo hospedeiro. Como no fago T4, o DNA de T7 contém repetições terminais em ambas as extremidades da molécula e estas são eventualmente utilizadas para formar *concatâmeros* (Figura 9.8*b*). A replicação continuada e a recombinação podem originar concatâmeros de tamanhos consideráveis, mas, por fim, uma endonuclease codificada pelo fago cliva cada concatâmero em um sítio específico, resultando na formação de moléculas lineares de DNA, contendo as repetições terminais, que são empacotadas nas cabeças do fago (Figura 9.8*c*). Entretanto, uma vez que a endonuclease de T7 cliva o concatâmero em sequências específicas, a sequência de DNA de cada vírion T7 é idêntica. Isso difere da situação no fago T4, onde os concatâmeros de DNA são processados utilizando um "mecanismo de preenchimento de cabeça", que gera genomas circularmente permutados (Seção 8.6).

## O bacteriófago Mu

O bacteriófago Mu é um fago temperado, assim como o fago lambda (Seção 8.8), mas apresenta a propriedade incomum de replicar-se por *transposição*. Elementos transponíveis são sequências de DNA que podem mover-se de um local para outro no genoma hospedeiro, como unidades genéticas distintas (Seção 10.11); tais movimentos são facilitados por uma enzima chamada **transposase**. Mu foi assim nomeado porque ele induz *mu*tações quando se integra no cromossomo da célula do hospedeiro, sendo assim útil à genética bacteriana, uma vez que pode gerar mutantes facilmente.

O bacteriófago Mu é um vírus grande, com cabeça icosaédrica, cauda helicoidal e várias fibras da cauda (**Figura 9.9*a***). O genoma de Mu consiste em um DNA linear de dupla-fita, e a maioria dos genes de Mu codifica proteínas da cabeça e da cauda, outros fatores envolvidos na replicação, como a transposase de Mu, e fatores que afetam o espectro de hospedeiros.

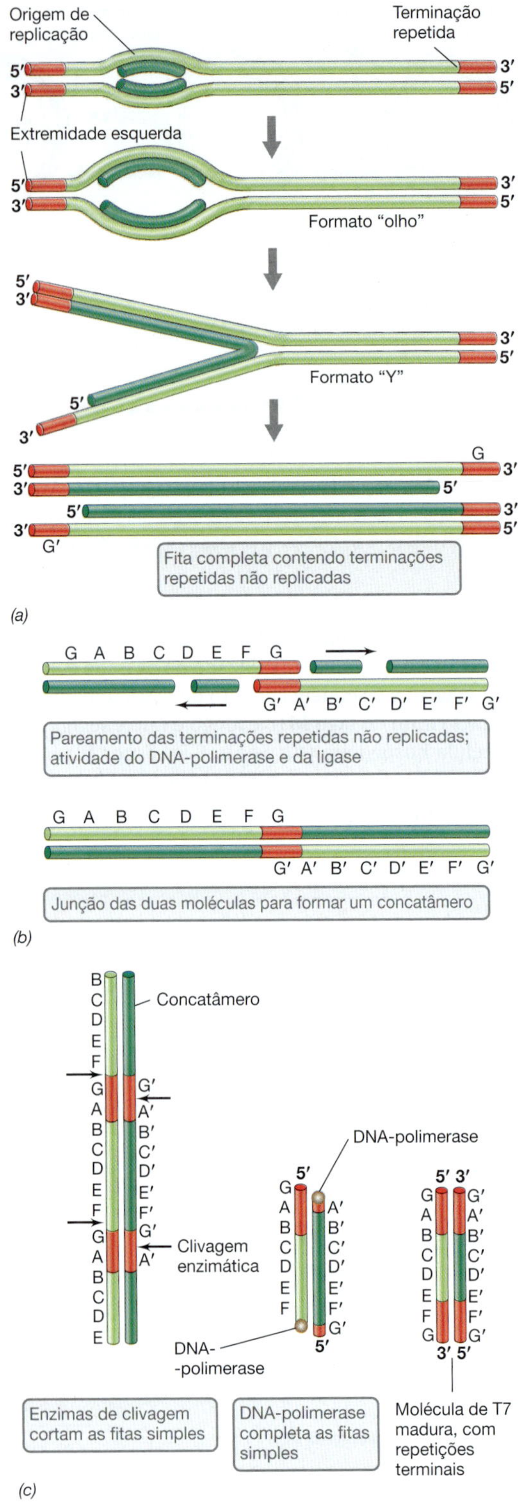


**Figura 9.8 Replicação do genoma do bacteriófago T7.** *(a)* A dupla-fita linear de DNA sofre replicação bidirecional, dando origem aos intermediários em formato de "olho" e "Y" (para simplificação, ambas as fitas-molde são mostradas em verde-claro e ambas as fitas recém-sintetizadas em verde-escuro). *(b)* Formação de concatâmeros pela junção das moléculas de DNA nas suas terminações não replicadas. *(c)* Produção das moléculas maduras de DNA viral a partir dos concatâmeros de T7 pela atividade da enzima de clivagem, uma endonuclease.

O espectro de hospedeiros é controlado pelo tipo de fibras da cauda que são produzidas, com um tipo permitindo ao fago infectar apenas *Escherichia coli* enquanto o outro tipo permite ao fago infectar várias outras bactérias entéricas.

O fago Mu replica-se de uma maneira completamente diferente de todos os outros bacteriófagos porque seu genoma é replicado como parte de uma molécula maior de DNA (Figura 9.9*b*). Assim, a integração do DNA de Mu no genoma do hospedeiro é essencial tanto para o desenvolvimento do ciclo lítico quanto do ciclo lisogênico. A integração requer a atividade da transposase de Mu, e um fragmento de 5 pares de bases do DNA do hospedeiro é duplicado no sítio-alvo onde o DNA de Mu integra-se. Os segmentos de fita simples resultantes são convertidos a formas de dupla-fita, como parte do processo de integração de Mu (Figura 9.9*b*).

Mu pode entrar na via lítica após a infecção inicial, caso o repressor Mu não seja produzido, ou ele pode formar um lisógeno se o repressor for produzido. Em ambos os casos, o DNA de Mu é replicado por transposição repetitiva de Mu em múltiplos sítios no genoma do hospedeiro. Se a via do ciclo lítico é iniciada, apenas os genes precoces de Mu são inicialmente transcritos. Então, após a expressão de uma proteína ativadora transcricional de Mu, as proteínas da cabeça e cauda de Mu são sintetizadas. Após a automontagem, a célula é lisada e vírions de Mu maduros são liberados. O estado lisogênico de Mu requer o acúmulo suficiente de proteína repressora, a fim de impedir a transcrição do DNA de Mu integrado.

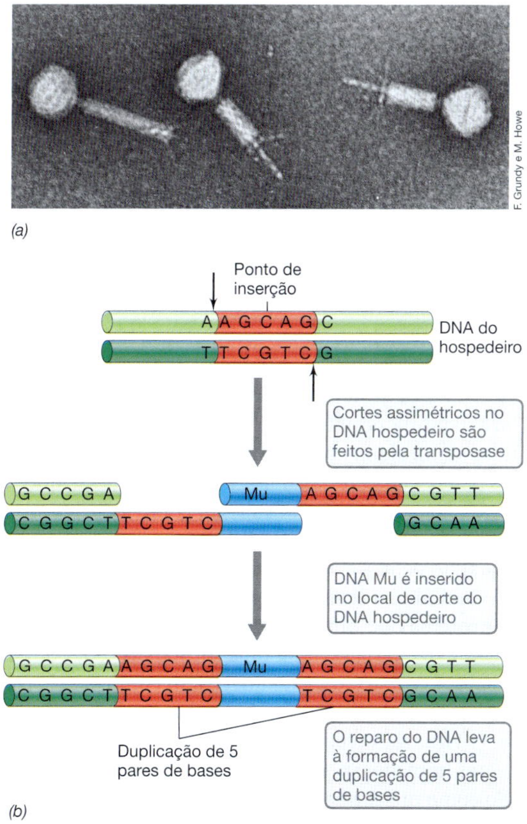


**Figura 9.9** **Bacteriófago Mu.** *(a)* Micrografia eletrônica de vírions de fago Mu, de DNA de dupla-fita. *(b)* Integração do Mu no DNA do hospedeiro, mostrando a geração de uma duplicação de 5 pares de bases do DNA do hospedeiro.

**MINIQUESTIONÁRIO**

- De que principais maneiras a transcrição de DNA do fago difere nos bacteriófagos T4 e T7?
- O que é incomum no mecanismo de replicação do genoma de Mu?

## 9.5 Vírus de arqueias

Diversos vírus de DNA foram descobertos cujos hospedeiros são espécies de arqueias, incluindo representantes tanto do filo Euryarchaeota quanto Crenarchaeota (Capítulo 16). A maioria dos vírus que infecta espécies de Euryarchaeota, incluindo arqueias metanogênicas e halofílicas, é do tipo "cabeça e cauda", assemelhando-se aos fagos que infectam bactérias entéricas, como o fago T4. Um novo vírus de arqueias infecta um halófilo e é incomum porque é envelopado e contém um genoma de DNA de fita simples. Em contraste, todos os outros vírus de DNA de arqueia são caracterizados por conter dupla-fita e normalmente genomas de DNA circular.

Vírus de RNA de arqueias foram detectados em ambientes habitados por Crenarchaeota. Estes vírus são de RNA de fita simples senso positivo (vírus de fita positiva, Seção 9.8), mas pouco mais é conhecido sobre eles, que aguardam caracterização detalhada e cultivo em laboratório. Entretanto, assim como para bactérias e eucariotos, está claro que pelo menos algumas arqueias são infectadas por vírus com genomas de RNA (ver página 265).

Os vírus de arqueias mais diversos infectam os hipertermófilos membros de Crenarchaeota. Por exemplo, o quimiolitotrófico sulfuroso *Sulfolobus* é hospedeiro de uma série de vírus estruturalmente incomuns. Um destes vírus, denominado SSV, origina vírions em forma de fuso que frequentemente agrupam-se em rosetas (**Figura 9.10*a***). Esses vírus estão amplamente dispersos em fontes termais ácidas ao redor do mundo. Os vírions de SSV contêm um genoma de DNA circular dupla-fita, com cerca de 15 kb de extensão. Um segundo tipo morfológico de vírus de *Sulfolobus* forma uma estrutura em forma de bastonete, rígida e helicoidal (Figura 9.10*b*). Os vírus dessa classe, denominados SIFV, contêm genomas de DNA linear de dupla-fita de cerca de duas vezes o tamanho daquele de SSV. Muitas variações nos padrões de forma de fuso e de bastonete são observadas em estudos de isolamento de vírus de arqueias.

Um vírus fusiforme que infecta a hipertermófila *Acidianus convivator* apresenta um comportamento intrigante. O vírion, denominado ATV, contém um genoma de DNA circular de dupla-fita, com cerca de 68 kb, e forma de limão logo após ser liberado pela célula hospedeira. Entretanto, logo após ser liberado de sua hospedeira lisada, o vírion desenvolve caudas longas e delgadas em cada uma de suas extremidades (Figura 9.10*d*). As caudas são, na verdade, tubos, e à medida que eles são formados, o vírion se torna mais fino e seu volume é reduzido. Curiosamente, este é o primeiro exemplo de desenvolvimento de um vírus em completa ausência de contato com a célula hospedeira. Acredita-se que as caudas extendidas de ATV de alguma forma auxiliam o vírus a sobreviver nestes ambientes quentes (85°C) e ácidos (pH 1,5). Este vírus de forma incomum é também lisogênico, uma propriedade raramente vista em outros vírus de arqueias.

Um vírus fusiforme também infecta *Pyrococcus* (Euryarchaeota). Esse vírus, denominado PAV1, assemelha-se ao SSV, mas é maior e contém uma cauda muito curta (Figura 9.10*c*).

UNIDADE 2

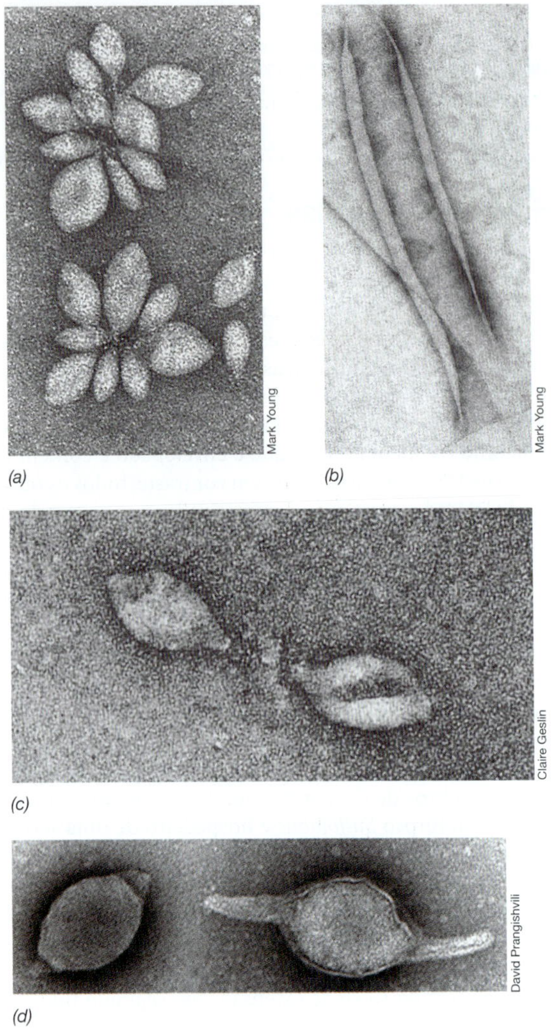


**Figura 9.10 Vírus de arqueias.** Micrografias eletrônicas de vírus de Crenarchaeota (partes a, b, d), e um vírus de eucarioto (parte c). *(a)* Vírus SSV1 em forma de fuso que infecta *Sulfolobus solfataricus* (vírions apresentam 40 × 80 nm). *(b)* Vírus filamentoso SIFV que infecta *S. solfataricus* (vírions apresentam 50 × 900-1.500 nm). *(c)* Vírus PAV1 em forma de fuso que infecta *Pyrococcus abyssi* (vírions apresentam 80 × 120 nm). *(d)* ATV, o vírus que infecta a hipertermófila *Acidianus convivator*. Quando liberados da célula, os vírus apresentam a forma de um limão (à esquerda), mas eles crescem apêndices em ambas as terminações (à direita). Vírions de ATV apresentam cerca de 100 nm de diâmetro.

PAV1 possui um pequeno genoma de DNA circular de dupla-fita e é liberado da célula hospedeira sem promover a lise celular, provavelmente por um mecanismo de brotamento similar àquele do fago M13 (Seção 9.3). *Pyrococcus* apresenta uma temperatura ótima de crescimento de 100°C, o que indica serem os vírions PAV1 extremamente termoestáveis. Apesar das similaridades morfológicas, comparações genômicas de vírus dos tipos PAV1 e SSV revelam pouca similaridade de sequência, indicando que os dois tipos de vírus não possuem raízes evolutivas comuns.

Os eventos da replicação no ciclo de vida dos vírus de arqueias ainda não são claros. Entretanto, considerando-se que os genomas da maioria desses vírus DNA de dupla-fita, é pouco provável que modos significativamente novos de replicação venham a ser descobertos. Contudo, muitos detalhes moleculares, como o grau com o qual as polimerases e outras enzimas são utilizadas nos eventos de replicação, requerem estudos adicionais destes vírus descobertos mais recentemente.

**MINIQUESTIONÁRIO**

- Qual o tipo de genoma é mais comumente visto na maioria dos vírus de arqueias?
- Comparado com os outros vírus de arqueias, quais são os dois aspectos incomuns do vírus que infecta *Acidianus*?

## 9.6 Vírus de DNA de animais com replicações incomuns

Dois grupos de vírus de DNA dupla-fita que infectam animais mostram estratégias de replicação incomuns: poxvírus e adenovírus. Poxvírus são únicos porque todos os eventos da replicação, incluindo a replicação do DNA, ocorrem no *citoplasma* do hospedeiro em vez de no núcleo, e adenovírus são únicos porque a replicação do seu genoma ocorre de forma direta em *ambas* as fitas de DNA-molde.

### Poxvírus

Os poxvírus foram de grande importância clínica e histórica. O vírus da varíola foi o primeiro vírus a ser estudado em detalhes, e o primeiro contra o qual uma vacina foi desenvolvida. Os poxvírus estão entre os maiores vírus, os vírions de poxvírus em forma de tijolo medem cerca de 400 nm de diâmetro (**Figura 9.11**). Outros poxvírus de importância são o *cowpox* e o vaccínia vírus. Por ser estreitamente relacionado com o vírus da varíola, mas não ser patogênico, vaccínia é usado como uma vacina para varíola e um modelo para o estudo da biologia molecular do vírus da varíola.

O genoma do poxvírus consiste em DNA linear de dupla-fita de cerca de 190 kb de comprimento codificando cerca de 250 genes. Após a ligação, os vírions de vaccínia são internalizados nas células, e os nucleocapsídeos (Figura 9.11), liberados no citoplasma; todos os eventos da replicação ocorrem no citoplasma. O desnudamento do genoma viral requer a atividade de uma proteína viral que é sintetizada após a infecção (o gene que codifica essa proteína é transcrito por uma RNA-polimerase viral contida no interior do vírion). Além desse gene de desnudamento, alguns outros genes virais são transcritos, incluindo genes que codificam um DNA-polimerase que sintetiza cópias do genoma viral. Estas são então incorporadas nos vírions que se acumulam no citoplasma, e os vírions são liberados quando ocorre a lise da célula infectada*.

O vírus da vaccínia foi alterado geneticamente para conter proteínas de outros vírus para utilização em vacinas (Seção 11.4). Uma vacina é uma substância capaz de elicitar uma resposta imune em um animal e tem como papel proteger o animal contra uma infecção futura ocasionada pelo mesmo agente. O vírus da vaccínia não acarreta efeitos sérios na saúde de seres humanos, porém é altamente imunogênico. Assim, atuando como um carreador de proteínas de vírus patogênicos,

* N. de R.T. Uma parcela dos poxvírus produzidos no interior da célula hospedeira é liberada por um processo semelhante à exocitose, independentemente da lise celular.

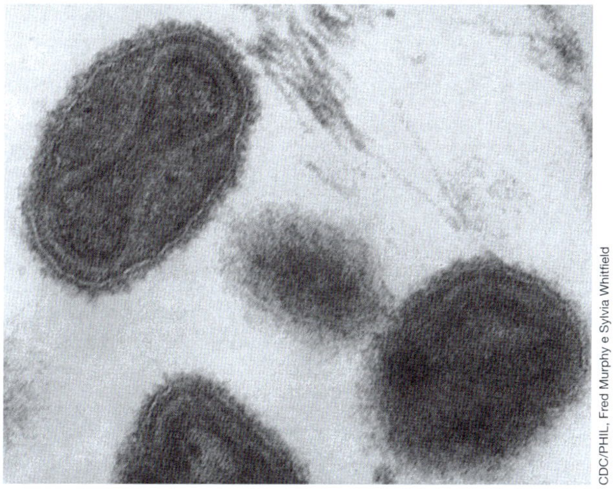


**Figura 9.11** **Vírus da varíola.** Micrografia eletrônica de transmissão de uma fina secção negativamente corada de vírions do vírus da varíola. Os vírions apresentam aproximadamente 350 nm (0,35 μm) de comprimento. A estrutura em forma de haltere dentro do vírion é o nucleocapsídeo, que contém o genoma de DNA de dupla-fita. Todas as etapas da replicação dos poxvírus ocorrem no citoplasma do hospedeiro.

o vírus da vaccínia é uma ferramenta segura e efetiva para estimular a resposta imune contra estes patógenos. Vacinas contra os vírus que causam gripe, raiva, *herpes simplex* 1 e hepatite B foram obtidas com sucesso utilizando o vaccínia vírus.

## Adenovírus

Os adenovírus são um grupo de pequenos vírus icosaédricos não envelopados (**Figura 9.12*a***) que contêm genomas de DNA linear de dupla-fita. Os adenovírus apresentam uma pequena importância na saúde, provocando infecções respiratórias brandas em seres humanos, mas eles têm um papel único na virologia devido ao mecanismo empregado na replicação do seu genoma. Acoplada à extremidade 5′ do DNA genômico adenoviral, há uma proteína denominada *proteína terminal* adenoviral, essencial à replicação do DNA. O DNA das fitas complementares também apresenta repetições terminais invertidas que desempenham um papel no processo de replicação (Figura 9.12*b*).

Após a infecção, o nucleocapsídeo adenoviral é liberado no núcleo da célula hospedeira, e procede a transcrição dos genes precoces pela atividade da RNA-polimerase do hospedeiro. A maioria dos transcritos precoces codifica proteínas importantes na replicação, como a proteína terminal e uma DNA-polimerase viral. A replicação do genoma adenoviral começa em cada extremidade do genoma linear de DNA, e a proteína terminal facilita este processo porque ela contém uma citosina ligada de forma covalente que serve como um iniciador para a DNA-polimerase (Figura 9.12*b*). Os produtos desta replicação inicial são um genoma viral completo de dupla-fita e uma molécula de DNA de fita simples e senso negativo. Neste ponto, um evento único da replicação ocorre. O DNA de fita simples circulariza-se por meio de suas repetições terminais invertidas, e uma fita de DNA complementar (senso positivo) é sintetizada começando a partir da sua extremidade 5′ (Figura 9.12*b*). Este mecanismo é único porque o DNA de dupla-fita é replicado sem a formação de uma fita atrasada, como

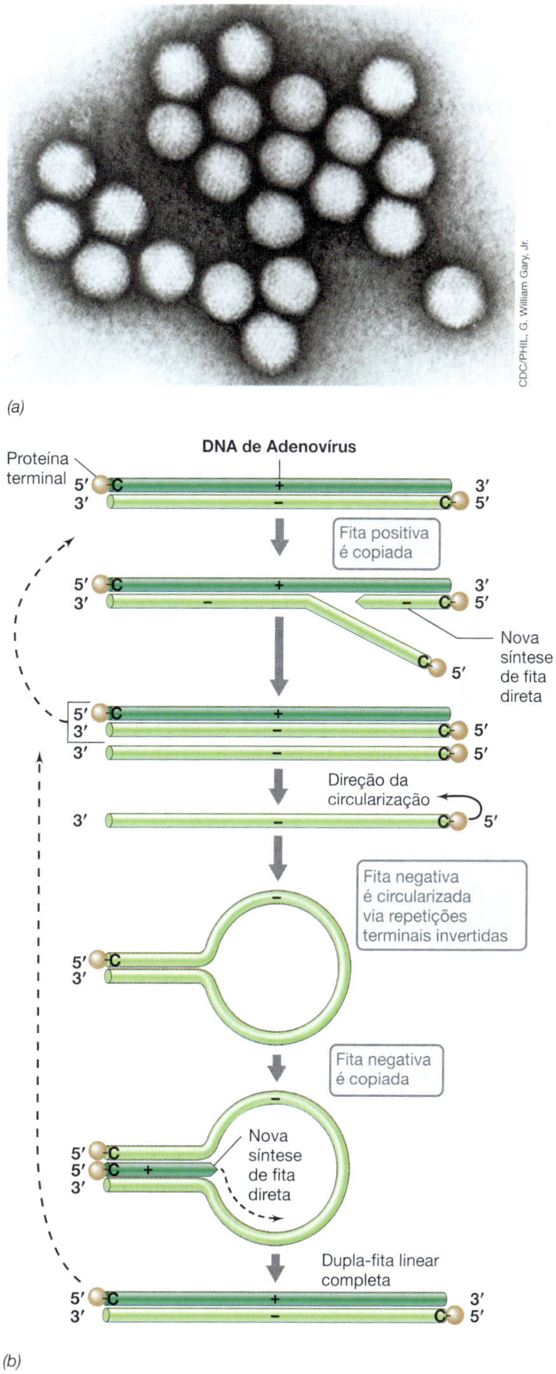


**Figura 9.12** **Adenovírus.** *(a)* Micrografia eletrônica de transmissão de vírions de adenovírus. Observe a estrutura icosaédrica. *(b)* Replicação do genoma de adenovírus. Devido à formação do laço (circularização), não há fita atrasada; a síntese do DNA é direta em ambas as fitas. A citosina (**C**) é ligada à proteína terminal.

ocorre na replicação semiconservativa de DNA convencional (Seção 4.5). Uma vez que o número suficiente de cópias de genoma adenoviral tenha sido formado e os componentes estruturais de vírions acumulam-se na célula hospedeira, os vírions adenovirais maduros são montados e liberados a partir da célula após lise.

**MINIQUESTIONÁRIO**
- O que é incomum na replicação do genoma de poxvírus?
- O que é incomum na replicação do genoma de adenovírus?
- Por que a proteína terminal de adenovírus é essencial para a replicação do seu genoma?

## 9.7 Vírus de DNA tumorais

Além de catalisar eventos líticos ou tornar-se integrado ao genoma em um estado latente, alguns vírus de DNA de animais podem induzir tumores. Estes incluem vírus da família poliomavírus e alguns herpes-vírus, os quais contêm genomas de dupla-fita de DNA.

### Poliomavírus SV40

O poliomavírus SV40 é um vírus icosaédrico não envelopado cujo genoma de DNA de dupla-fita é circular (**Figura 9.13*a***). O genoma é muito pequeno para codificar sua própria DNA-polimerase (Tabela 9.1), assim as DNA-polimerases do hospedeiro são utilizadas e o DNA de SV40 é replicado de forma bidirecional a partir de uma única origem de replicação. Por causa dos pequenos genomas de poliomavírus, a estratégia de genes sobrepostos, típica de muitos pequenos bacteriófagos (Seção 9.3), também é empregada aqui. A transcrição do genoma viral ocorre no núcleo e RNAm são exportados para o citoplasma para a síntese de proteínas. Eventualmente a montagem de vírions de SV40 ocorre (no núcleo) e a célula é lisada para liberar os novos vírions.

Quando SV40 infecta uma célula hospedeira, um entre dois modos de replicação pode ocorrer, dependendo do tipo de célula hospedeira. Em hospedeiros *permissivos*, a infecção viral resulta na formação habitual de novos vírions e na lise da célula hospedeira. Em hospedeiros *não permissivos*, os eventos líticos não ocorrem; em vez disso, o DNA viral integra-se ao DNA do hospedeiro, alterando geneticamente as células no processo (Figura 9.13*b*). Essas células podem apresentar perda da inibição do crescimento e tornar-se células malignas, um processo denominado *transformação* (Figura 8.22). Assim como em certos retrovírus causadores de tumor (Seção 9.11), a expressão de genes específicos de SV40 é requerida para converter as células para o estado transformado. Estas proteínas indutoras de tumor ligam-se e inativam proteínas da célula hospedeira que controlam a divisão celular e, dessa forma, promovem o desenvolvimento celular descontrolado.

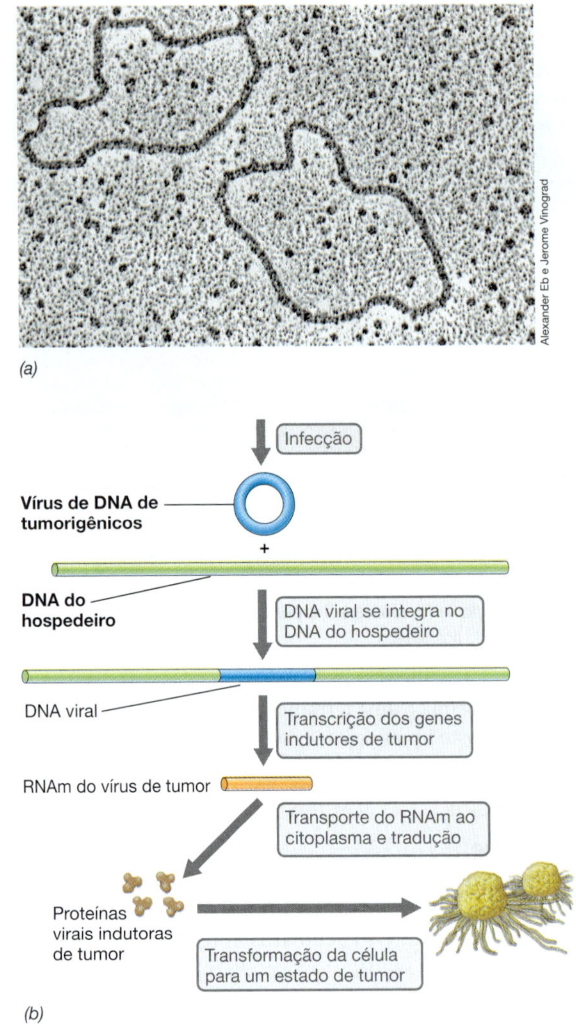


**Figura 9.13 Poliomavírus e indução de tumor.** *(a)* Micrografia eletrônica de transmissão de DNA circular relaxado (não superenovelado) de um vírus de tumor. O comprimento do contorno de cada vírus é de cerca de 1,5 μm. *(b)* Eventos da transformação celular por um poliomavírus como o SV40. O DNA viral é incorporado no genoma do hospedeiro. Assim, os genes virais codificantes dos eventos de transformação celular são transcritos e transportados para o citoplasma para tradução.

### Herpes-vírus

Os herpes-vírus são um grande grupo de vírus de DNA de dupla-fita que causam diversas doenças em seres humanos, incluindo herpes labial (herpes febril), herpes venérea, varicela, herpes-zóster e mononucleose infecciosa. Um importante grupo de herpes-vírus causa câncer. Por exemplo, o vírus Epstein-Barr provoca o linfoma de Burkitt, um tumor comum entre as crianças da África Central e Nova Guiné. Um dos herpes-vírus amplamente distribuído é o citomegalovírus (CMV), presente em quase três quartos dos adultos nos Estados Unidos acima de 40 anos de idade. No caso de indivíduos sadios, a infecção pelo CMV ocorre sem sintomas aparentes, ou sem consequências em longo prazo para a saúde. No entanto, o CMV pode causar pneumonia, retinite (uma patologia dos olhos) e certas doenças gastrintestinais, bem como doença sérias ou mesmo fatais em indivíduos imunocomprometidos.

Os herpes-vírus podem manter-se latentes no organismo por longos períodos de tempo e se tornar ativos sob condições de estresse ou quando o sistema imune é comprometido. Os vírions de herpes-vírus são envelopados e podem apresentar diversas camadas estruturais distintas sobre o nucleocapsídeo icosaédrico (**Figura 9.14**). Após a ligação viral, a membrana citoplasmática do hospedeiro se funde com o envelope viral, liberando assim o nucleocapsídeo no interior da célula. Os nucleocapsídeos são transportados para o núcleo, onde o DNA viral é desnudado e três classes de RNAm são produzidas: os *precoces imediatos*, os *precoces tardios* e os *tardios* (Figura 9.14). Os RNAm precoces imediatos codificam algumas proteínas reguladoras que estimulam a síntese das proteínas precoces tardias. Entre as proteínas-chave sintetizadas durante o estágio precoce tardio encontram-se uma DNA-polimerase viral específica e uma proteína de ligação ao DNA, sendo ambas necessárias à replicação do DNA viral. Assim como para outros vírus, as proteínas tardias são principalmente proteínas virais estruturais.

A replicação do DNA de herpes-vírus ocorre no núcleo. Após a infecção, o genoma do herpes-vírus circulariza-se e replica-se pelo mecanismo de círculo rolante. Longos concatâmeros são formados e serão processados em DNA genômico de tamanho viral durante o processo de montagem (Figura 9.14). Os nucleocapsídeos virais são montados no núcleo celular e o envelope viral é adicionado por um processo de brotamento através da membrana *nuclear*.* Os víríons maduros são subsequentemente liberados por meio do retículo endoplasmático para o exterior da célula. Assim, a montagem do herpes-vírus difere daquela de outros vírus envelopados, que normalmente recebem seu envelope da membrana citoplasmática.

**MINIQUESTIONÁRIO**

- Como pode diferir o resultado de uma infecção viral por SV40 em hospedeiros permissivos e não permissivos?
- Cite duas doenças comuns causadas por herpes-vírus.
- O que é incomum sobre o envelope de um herpes-vírus?

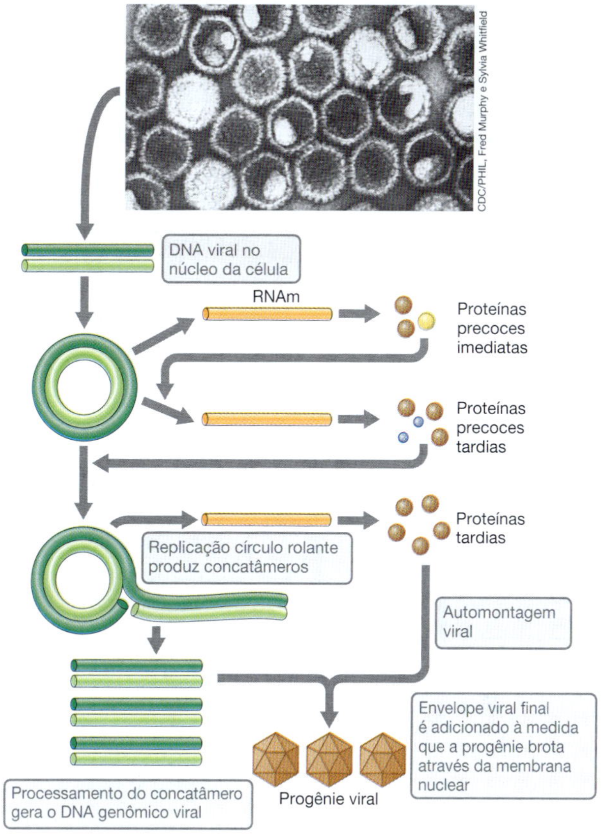


**Figura 9.14** **Herpes-vírus.** Fluxo de eventos da replicação do herpes-vírus simples iniciando com a micrografia eletrônica de transmissão do herpes-vírus simples (diâmetro de cerca de 150 nm). Apesar do genoma viral ser linear dentro do vírion, ele circulariza-se uma vez dentro do hospedeiro.

# III • Vírus com genoma de RNA

## 9.8 Vírus de RNA de fita positiva

Muitos vírus contêm genomas de RNA de fita simples de sentido positivo e, por conseguinte, são *vírus RNA de fita positiva*. Nestes vírus, a sequência do genoma e do RNAm são a mesma (Figura 9.2). São conhecidos diversos vírus de fita positiva de animais e bactérias, então restringimos nossa cobertura aqui a apenas alguns casos bem estudados. Começaremos com o minúsculo bacteriófago MS2.

### Fago MS2

O bacteriófago MS2 apresenta cerca de 25 nm de diâmetro e um capsídeo icosaédrico. O vírus infecta células de *Escherichia coli* pela ligação ao *pilus* da célula (**Figura 9.15*a***), uma estrutura que normalmente atua na troca genética horizontal (conjugação) em bactérias. A forma como o RNA de MS2 realmente penetra na célula de *E. coli* a partir do *pilus* é desconhecida, mas, uma vez que isso aconteça, os eventos de replicação em MS2 começam rapidamente; o mapa genético e as principais atividades deste vírus são mostrados na Figura 9.15*b* e *c*.

O genoma de MS2 codifica apenas quatro proteínas, incluindo a proteína de maturação, a proteína do capsídeo, a proteína de lise e uma subunidade da **RNA-replicase**, a enzima que replica o RNA viral. A RNA-replicase de MS2 é uma proteína composta, com algumas subunidades codificadas pelo hospedeiro e uma subunidade pelo genoma viral. O gene codificante da proteína de lise de MS2 se sobrepõe tanto ao gene da proteína do capsídeo quanto ao gene do replicase (Figura 9.15*b*). Já vimos esse fenômeno de *genes sobrepostos* anteriormente (Seção 9.3) como uma estratégia para tornar os genomas pequenos mais eficientes.

Pelo fato de o genoma do fago MS2 ser um RNA senso positivo, ele pode ser diretamente traduzido após a entrada na célula pela RNA-polimerase do hospedeiro. Depois da síntese da RNA-replicase, ele pode sintetizar a fita negativa de RNA, utilizando as fitas positivas como molde. À medida que as cópias negativas de RNA se acumulam, mais RNA positivo é produzido utilizando as fitas de sentido negativo como molde, e algumas destas são traduzidas para dar prosseguimento à síntese das proteínas virais estruturais.

O fago MS2 regula a síntese das suas proteínas controlando do acesso dos ribossomos do hospedeiro aos sítios de início da tradução no seu RNA. O RNA genômico de MS2 é dobrado em uma forma complexa, originando diversas estruturas secundárias. Dos quatro códons de início da tradução AUG (Seção 4.11) presentes no RNA de MS2, o mais acessível para a maquinaria de tradução da célula é aquele que codifica a proteína do capsídeo e a replicase. Assim, a tradução começa nesses sítios bem no início da infecção. Entretanto, à medida que as moléculas de proteínas do capsídeo acumulam-se

* N. de R.T. Trabalhos recentes demonstraram que os herpes-vírus não adquirem seu envelope da membrana nuclear, mas sim de organelas como o aparelho de Golgi.

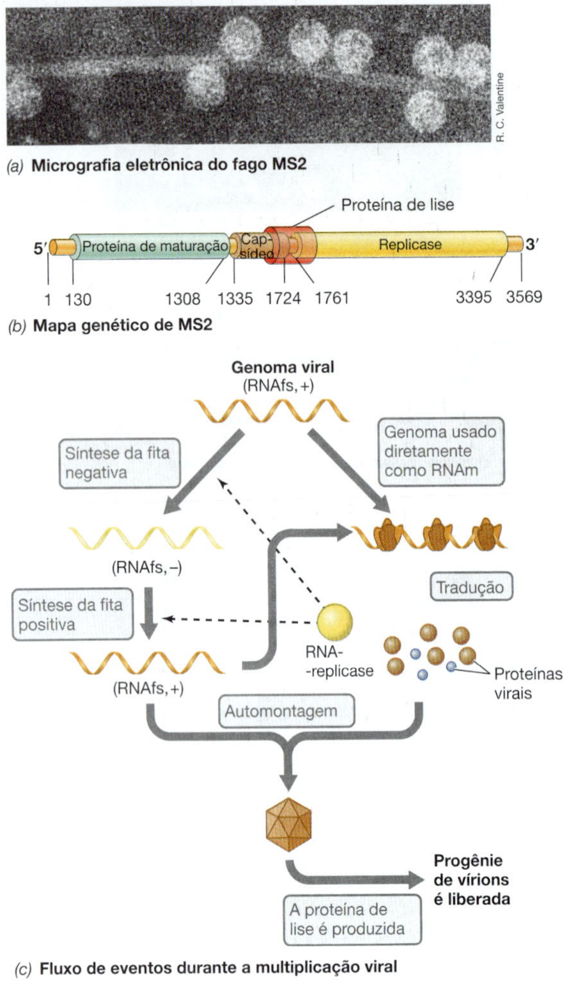


**Figura 9.15** **Um pequeno bacteriófago de RNA, MS2.** *(a)* Micrografia eletrônica do *pilus* de uma célula de *Escherichia coli* doadora, mostrando vírions do fago MS2 acoplados. *(b)* Mapa genético de MS2. Observe como o gene da proteína de lise se sobrepõe aos genes da proteína do capsídeo e da replicase. Os números referem-se às posições dos nucleotídeos no RNA. *(c)* Fluxo de eventos durante a replicação de MS2.

na célula, elas se ligam ao RNA ao redor do sítio de iniciação AUG que codifica a proteína-replicase, interrompendo efetivamente a síntese da replicase. Apesar de o gene da proteína de maturação estar localizado na extremidade 5′ do RNA, o intenso dobramento do RNA limita o acesso ao sítio de início da tradução da proteína de maturação e, consequentemente, apenas algumas cópias são sintetizadas. Dessa forma, todas as proteínas de MS2 são produzidas nas quantidades relativas necessárias para a montagem dos vírus. Em última análise, ocorre a automontagem dos vírions de MS2, sendo eles liberados da célula, como resultado da lise celular.

## Poliovírus

Vários vírus de RNA de fita positiva que infectam animais provocam doenças no homem e em outros animais. Estes incluem os poliovírus, os rinovírus, que causam o resfriado comum, os coronavírus, que causam síndromes respiratórias, incluindo a síndrome respiratória aguda grave (SARS, *severe acute respiratory syndrome*), e o vírus da hepatite A. Focaremos aqui nos poliovírus e coronavírus, os quais apresentam genomas de RNA linear.

O poliovírus é um dos menores de todos os vírus com uma estrutura icosaédrica, contendo no mínimo 60 unidades morfológicas por vírion (**Figura 9.16*a*, *b***). Na extremidade 5′ do RNA viral há uma proteína, denominada *proteína VPg*, que se encontra covalentemente ligada ao RNA genômico, e na extremidade 3′ há uma cauda poli(A) (Figura 9.16*c*), uma estrutura comum dos transcritos de células eucarióticas. O genoma do poliovírus é também o RNAm, e a proteína VPg facilita a ligação do RNA aos ribossomos do hospedeiro. A tradução gera uma **poliproteína**, uma única proteína que sofre autoclivagem, originando várias proteínas menores, incluindo proteínas estruturais do vírion. Outras proteínas geradas a partir da poliproteína incluem a proteína VPg, uma RNA-replicase responsável pela síntese das fitas positiva e negativa do RNA e uma protease codificada pelo vírus, que realiza a clivagem da poliproteína (Figura 9.16*c*). Esse processo, denominado *clivagem pós-traducional*, é comum em muitos vírus de animais, bem como em células animais.

A replicação do poliovírus ocorre no citoplasma da célula hospedeira. Para iniciar a infecção, o vírion do poliovírus liga-se a um receptor específico presente na superfície de uma célula sensível, e então penetra na célula. Uma vez no interior da célula, as partículas virais são desnudadas, o RNA associa-se aos ribossomos e é então traduzido, originando a poliproteína. Ambas as fitas positiva e negativa que são sintetizadas utilizam a proteína VPg, que também funciona como um iniciador para a síntese e RNA (Figura 9.16*c*). Uma vez que a replicação do poliovírus tenha sido iniciada, os eventos do hospedeiro são inibidos, e cerca de 5 h pós-infecção, ocorre a lise celular com a liberação dos novos vírions.

## Coronavírus

Os coronavírus são vírus de RNA de fita simples que, como os poliovírus, replicam-se no citoplasma, mas que diferem dos poliovírus devido ao seu tamanho maior e aos detalhes de sua replicação. Os coronavírus causam infecções respiratórias em seres humanos e outros animais, incluindo cerca de 15% dos resfriados comuns e SARS, uma infecção ocasionalmente fatal do trato respiratório inferior em seres humanos (⇄ Seção 28.3).

Os vírions do coronavírus são envelopados e contêm espículas glicoproteicas em forma de clava em sua superfície (**Figura 9.17*a***). Estas conferem ao vírus um aspecto como se este possuísse uma "coroa" (o termo "*corona*", em latim, significa coroa). Os genomas dos coronavírus são notáveis por serem os maiores dos vírus de RNA conhecidos, cerca de 30 Kb. Por ser de senso positivo, o genoma dos coronavírus pode atuar diretamente como um RNAm na célula. Entretanto, a maioria das proteínas virais não é sintetizada a partir da tradução do RNA genômico. Em vez disso, na infecção, apenas uma porção do genoma é traduzida, em particular aquela que origina uma RNA-replicase (Figura 9.17*b*). Esta enzima usa então o RNA genômico como molde para produzir fitas negativas completares, a partir das quais vários RNAm são produzidos, e estes RNAm são traduzidos para produzir as proteínas de coronavírus (Figura 9.17*b*). O RNA genômico completo é também sintetizado a partir das fitas negativas. Novos vírions de coronavírus são montados no interior do aparelho de Golgi,

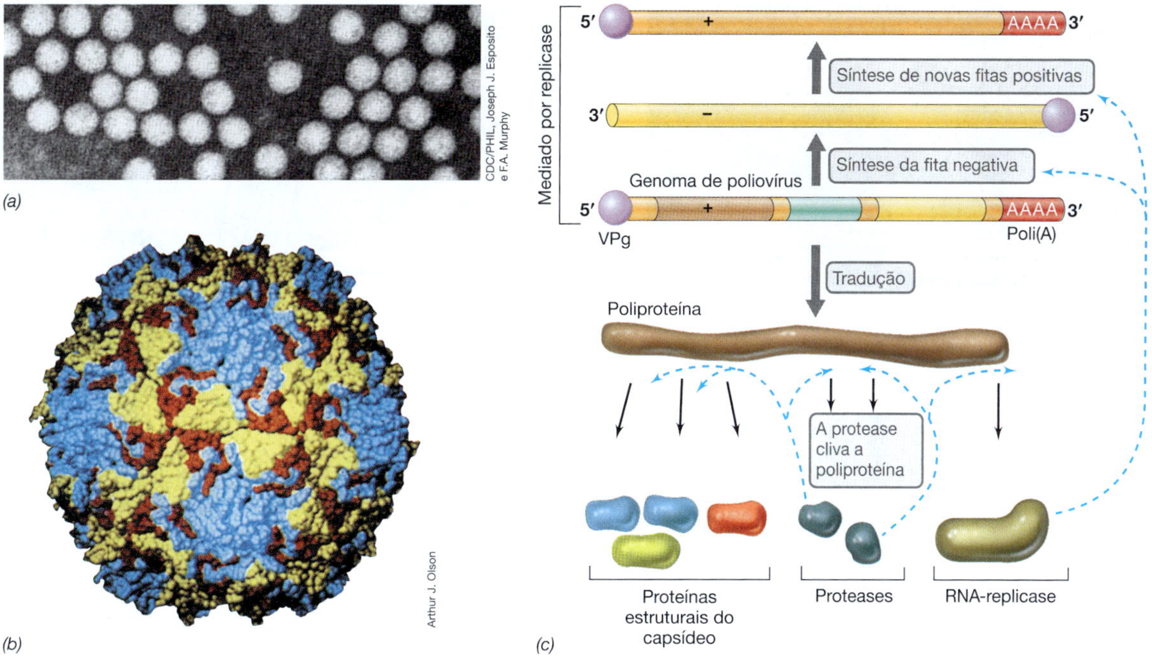


**Figura 9.16** **Poliovírus.** *(a)* Micrografia eletrônica de transmissão do vírion de poliovírus. *(b)* Modelo computacional de vírions de poliovírus. As várias proteínas estruturais são apresentadas em cores distintas. *(c)* A replicação e a tradução do poliovírus. Observe a importância da RNA-replicase.

uma importante organela secretora de células eucarióticas (Seção 2.2), sendo os vírions totalmente montados liberados em seguida na superfície da célula.

Os coronavírus diferem dos poliovírus em termos de tamanho dos vírions, tamanho do genoma, ausência da proteína VPg e ausência da formação e clivagem de uma poliproteína. No entanto, seus genomas de RNA de fita simples senso positivo determinam que diversos outros eventos moleculares devam ocorrer de maneira similar.

**MINIQUESTIONÁRIO**

- Como o RNA do poliovírus pode ser sintetizado no citoplasma, enquanto o RNA do hospedeiro deve ser sintetizado no núcleo?
- O que está presente na poliproteína de poliovírus?
- Em quais características os processos de síntese proteica e replicação do genoma são similares ou diferentes entre os poliovírus e o vírus da SARS?

## 9.8 Vírus de RNA de fita negativa que infectam animais

Ao contrário dos vírus considerados na última seção, um número de vírus de RNA que infectam animais possuem genomas de RNA de fita negativa, e assim seus genomas são complementares na sequência de bases ao RNAm. Estes são os *vírus de RNA de fita negativa.* Discutiremos aqui dois importantes exemplos: o vírus da raiva e o vírus *influenza*. Não são conhecidos bacteriófagos ou vírus de arqueias de RNA de fita negativa.

### Vírus da raiva

O vírus da raiva, que causa a raiva, uma doença geralmente fatal (Seção 30.1), é um rabdovírus, o que se refere às características da morfologia do vírion. Os rabdovírus comumente apresentam a forma de uma bala de revólver (**Figura 9.18*a***) e possuem um grande e complexo envelope lipídico ao redor do nucleocapsídeo. O vírion de rabdovírus contém várias enzimas essenciais ao processo de infecção, incluindo uma RNA-replicase. Diferente dos vírus de fita positiva, o genoma de um rabdovírus não pode ser diretamente traduzido, devendo ser primeiramente transcrito pela replicase. Isso ocorre no citoplasma, originando duas classes de RNA. A primeira compreende uma série de RNAm que codificam cada uma das proteínas virais, e a segunda é uma cópia complementar do genoma viral completo; estes últimos atuam como molde para a síntese de cópias do RNA genômico (Figura 9.18*b*).

A montagem dos vírions de rabdovírus é complexa. Dois tipos de proteínas de capsídeo são formados, as proteínas do nucleocapsídeo e as proteínas do envelope. O nucleocapsídeo é formado primeiro pela associação das moléculas de proteínas de nucleocapsídeo ao redor do RNA genômico viral. As proteínas do envelope são glicoproteínas que migram para a membrana citoplasmática, onde são inseridas na membrana. Os nucleocapsídeos então migram para as áreas da membrana citoplasmática onde essas glicoproteínas virais específicas estão embebidas e brotam por meio delas, tornando-se revestidos pela membrana citoplasmática rica em glicoproteínas no processo. O resultado é a liberação de novos vírions que podem infectar as células vizinhas.

### Vírus *influenza*

Outro grupo de vírus de RNA de fita negativa inclui o importante patógeno humano, o *vírus influenza*. O vírus *influenza* foi intensivamente estudado por muitos anos, começando com o trabalho inicial durante a pandemia de gripe de 1918 que provocou a morte de milhões de indivíduos em todo o mundo (Seções 28.11 e 29.8). O vírus *influenza* é um vírus envelopa-

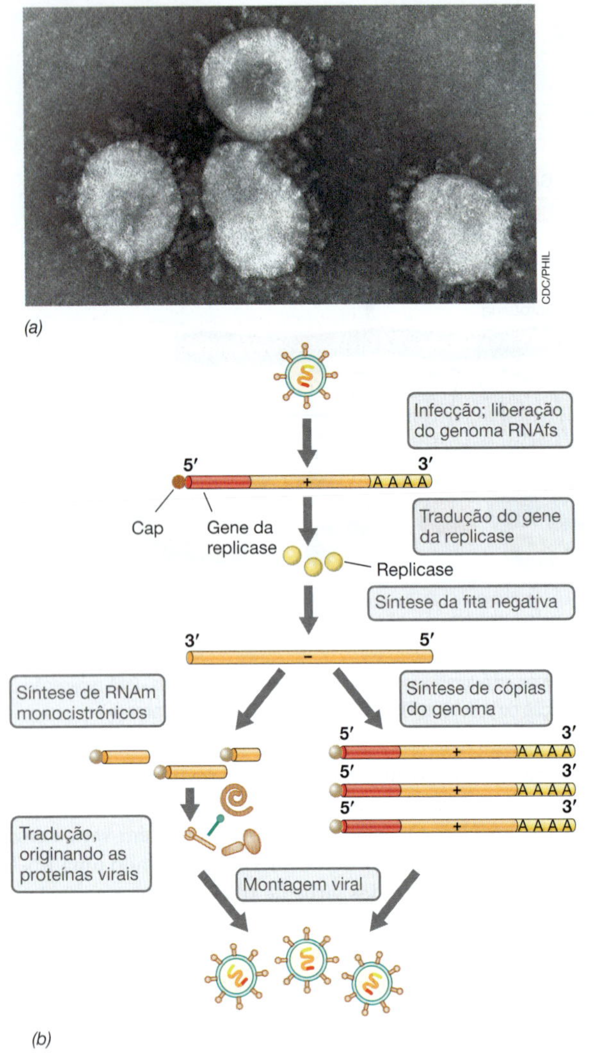


**Figura 9.17** **Coronavírus.** *(a)* Micrografia eletrônica de um coronavírus; o vírion possui cerca de 150 nm de diâmetro. *(b)* Etapas da replicação de coronavírus. O RNAm que codifica as proteínas virais é transcrito a partir da fita negativa sintetizada pela RNA-replicase, empregando o genoma viral como molde.

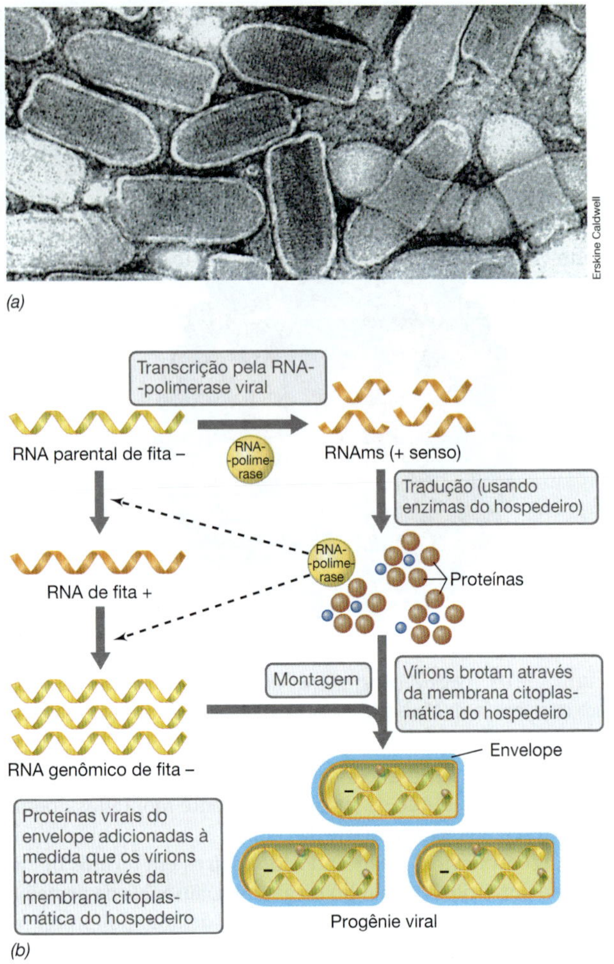


**Figura 9.18** **Vírus de RNA de fita negativa: rabdovírus.** *(a)* Micrografia eletrônica de vírions do vírus da estomatite vesicular. Uma partícula apresenta cerca de 65 nm de diâmetro. *(b)* Fluxo de eventos durante a replicação de um vírus de RNA de fita negativa. Observe a importância crítica da RNA-replicase codificada pelo vírion.

do em que o genoma viral está presente no vírion em várias partes separadas, uma condição denominada *genoma segmentado*. No caso do vírus da gripe A, uma linhagem comum, o genoma é segmentado em oito moléculas lineares de fita simples, variando de 890 a 2.341 nucleotídeos de tamanho. O nucleocapsídeo do vírus tem simetria helicoidal, com cerca de 6 a 9 nm de diâmetro e cerca de 60 nm de comprimento, e está embebido em um envelope que contém várias proteínas virais específicas, assim como lipídeos derivados da membrana citoplasmática do hospedeiro. Devido à maneira como o vírus *influenza* brota quando deixa a célula, os vírions não apresentam uma morfologia definida, sendo assim considerados polimórficos (**Figura 9.19*a***).

Diversas proteínas situadas na porção externa do envelope do vírion de *influenza* interagem com a superfície celular do hospedeiro. Uma delas é a *hemaglutinina*. A hemaglutinina é altamente imunogênica e anticorpos contra ela impedem que o vírus possa infectar uma célula. Este é o mecanismo pelo qual a imunidade contra a gripe é obtida pela imunização (➲ Seção 29.8). Um segundo tipo de proteína na superfície do vírus *influenza* é uma enzima denominada *neuraminidase* (Figura 9.19*b*). A neuraminidase cliva o componente de ácido siálico (um derivado do ácido neuramínico) na membrana citoplasmática do hospedeiro. A neuraminidase atua principalmente no processo de montagem do vírus, destruindo o ácido siálico da membrana que poderia bloquear a montagem, ou ser incorporado no vírion. Além da hemaglutinina e da neuraminidase, os vírions do vírus *influenza* possuem duas outras enzimas-chave. Estas são uma RNA-replicase, que converte o genoma de fita negativa em uma fita positiva e uma RNA-endonuclease, que cliva o *cap* dos RNAm do hospedeiro (➲ Seção 4.9) e o utiliza nos RNAm virais, de forma que eles possam ser traduzidos pela maquinaria traducional do hospedeiro.

Após a penetração do vírion de *influenza* na célula, o nucleocapsídeo separa-se do envelope e migra em direção ao núcleo. O desnudamento resulta na ativação da RNA-replicase

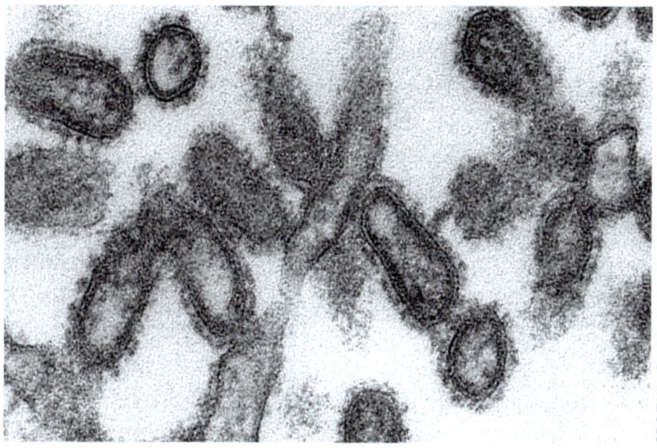


(a)

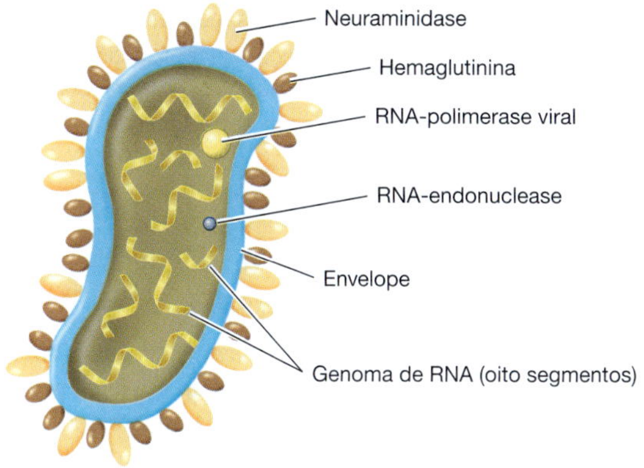


(b)

**Figura 9.19** **Vírus *influenza*.** *(a)* Micrografia eletrônica de transmissão de finas secções de vírions do vírus da gripe humana. *(b)* Alguns dos principais componentes do vírus *influenza*, incluindo o genoma segmentado.

viral e a transcrição é iniciada. Dez proteínas são codificadas pelos oito segmentos do genoma do vírus *influenza*. Cada um dos RNAm transcritos por seis dos segmentos codificam uma única proteína, enquanto os outros dois segmentos codificam duas proteínas, cada. Algumas das proteínas virais são necessárias à replicação do RNA, enquanto outras são proteínas estruturais do vírion. O padrão global da síntese de RNA genômico assemelha-se àquele dos rabdovírus (Figura 9.18*b*), com o RNA completo de fita positiva sendo utilizado como molde para a formação do RNA genômico de fita negativa. Os vírions completos envelopados são formados por brotamento, assim como no caso dos rabdovírus.

O genoma segmentado do vírus da gripe apresenta importantes consequências práticas. O vírus *influenza* exibe um fenômeno denominado **alteração antigênica**, no qual segmentos do genoma de RNA de duas linhagens virais distintas infectando uma mesma célula são rearranjados. Esse processo origina vírions de *influenza* híbridos, que expressam um conjunto de proteínas único, que não é reconhecido pelo sistema imune. Acredita-se que a alteração antigênica seja responsável pelos principais surtos de gripe, uma vez que a imunidade às novas formas do vírus está ausente da população. Discutiremos a alteração antigênica, e um fenômeno relacionado, chamado *deriva antigênica*, na Seção 29.8.

**MINIQUESTIONÁRIO**

- Por que é essencial que os vírus de fita negativa possuam uma enzima em seus vírions?
- O que é um genoma segmentado?
- No vírus *influenza*, o que é a alteração antigênica e como ela ocorre?



## 9.10 Vírus de RNA de dupla-fita

Vírus com genomas de RNA de dupla-fita infectam animais, plantas, fungos e algumas bactérias. Os *reovírus* são uma importante família de vírus de animais que possuem genomas de RNA de dupla-fita, com 18 a 30 Kpb de tamanho, e focaremos neles agora.

O rotavírus é um reovírus típico, sendo a causa mais comum de diarreias em crianças de 6 a 24 meses de idade. São também conhecidos reovírus causadores de infecções respiratórias, e outros que infectam plantas. Os vírions de reovírus consistem em um nucleocapsídeo não envelopado, de 60 a 80 nm de diâmetro, contendo um envoltório duplo de simetria icosaédrica (**Figura 9.20*a*, *b***). Assim como vimos nos vírus de RNA de fita simples, os vírions desses vírus de RNA de dupla-fita devem conter suas próprias enzimas para sintetizar seus RNAm e replicar os genomas de RNA. Como o genoma do vírus *influenza*, o genoma dos reovírus é segmentado, neste caso em 10 a 12 moléculas de RNA de dupla-fita lineares.

No processo inicial da infecção, o vírion de reovírus liga-se a uma proteína receptora celular. O vírus ligado penetra, então, na célula e é transportado para o interior dos lisossomos, onde normalmente seria destruído (Seção 2.22). Contudo, quando no interior do lisossomo, apenas os envoltórios externos da partícula viral são removidos pela ação de enzimas proteolíticas. O nucleocapsídeo é assim revelado e então liberado no citoplasma. Esse processo de desnudamento ativa a RNA-replicase e inicia a replicação viral (Figura 9.20*c*).

A replicação dos reovírus ocorre exclusivamente no citoplasma do hospedeiro, mas *dentro* do próprio nucleocapsídeo (Figura 9.20*c*) porque o hospedeiro possui enzimas que reconheceriam o RNA de dupla-fita como estranho e iriam destruí-lo. A fita de senso positivo do genoma de reovírus é inativa como RNAm, e assim o primeiro passo na replicação é a síntese do RNAm de senso positivo pela RNA-replicase codificada pelo vírus, utilizando a fita negativa como molde. Os nucleotídeos trifosfato necessários para a síntese de RNA são fornecidos pelo hospedeiro (Figura 9.20*c*). Os RNAm são então providos do *cap* e metilados (como é típico dos RNAm eucarióticos, Seção 4.9) por enzimas virais, e exportados do nucleocapsídeo no citoplasma e traduzidos pelos ribossomos do hospedeiro.

A maioria dos RNA no genoma dos reovírus codifica uma única proteína, embora, em alguns poucos casos, a proteína formada seja clivada a fim de originar os produtos finais. Entretanto, um dos RNAm de reovírus codifica duas proteínas, porém o RNA não precisa ser processado a fim de traduzir as duas. Em vez disso, um ribossomo ocasionalmente "perde" o códon de início do primeiro gene no RNAm, e desloca-se em direção ao códon de início do segundo gene para iniciar a tradução. Quando isso ocorre, a segunda proteína, necessária em pequenas quantidades, é produzida, mas a primeira proteína

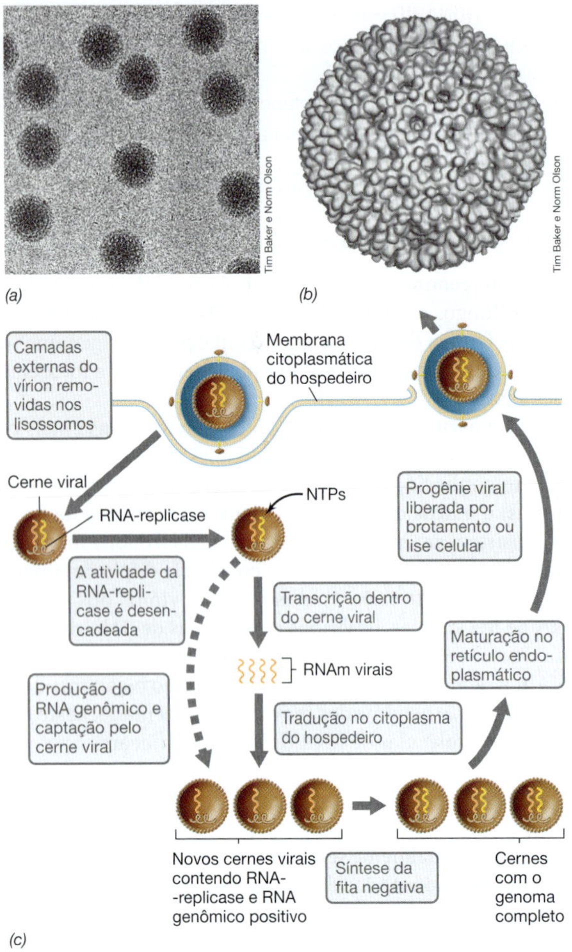


**Figura 9.20 Vírus de RNA de dupla-fita: os reovírus.** *(a)* Micrografia eletrônica de transmissão apresentando os vírions de reovírus (diâmetro de cerca de 70 nm). *(b)* Reconstrução tridimensional de um vírion de reovírus, calculado a partir de micrografias eletrônicas de vírions hidratados e congelados. *(c)* Ciclo de vida de um reovírus. Todos os eventos de replicação e transcrição ocorrem dentro dos nucleocapsídeos. NTPs, nucleotídeos-trifosfato.

não. Este "erro molecular" pode ser visto como uma forma primitiva de controle traducional que assegura que as proteínas virais sejam produzidas nas quantidades apropriadas.

À medida que as proteínas virais são formadas no citoplasma do hospedeiro, elas agregam-se para formar novos nucleocapsídeos, prendendo cópias de RNA-replicase no seu interior à medida que se formam (Figura 9.20*c*). Os nucleocapsídeos recentemente formados, em seguida, pegam fragmento de RNA genômico complementar correto (senso positivo) – provavelmente pelo reconhecimento de sequências específicas em cada fragmento –, e à medida que cada fita simples de RNA entra no nucleocapsídeo recém-formado, uma forma de dupla-fita é produzida a partir da RNA-replicase. Uma vez que a síntese genômica é completa, proteínas do envelope viral são adicionadas no retículo endoplasmático do hospedeiro, e os vírions reovirais maduros são liberados por brotamento ou lise celular (Figura 9.20*c*).

Apesar do fato de o genoma de RNA de reovírus ser de dupla-fita, a replicação do RNA nestes vírus é na verdade um processo *conservativo*, em vez do bem conhecido processo *semiconservativo*, típico da replicação celular do DNA ( ⟲ Seções 4.4 a 4.6). Isso ocorre porque a síntese do RNAms ocorre *apenas* a partir da fita negativa como molde, nos nucleocapsídeo durante a infecção, enquanto a síntese de RNA genômico de dupla-fita a partir de RNA positivo de fita simples assimilado na progênie de vírions ocorre *apenas* a partir da fita positiva como um molde (Figura 9.20*c*). Assim, além de terem genomas de RNA de dupla-fita, os reovírus também exibem a sua biologia molecular incomum, empregando um mecanismo único de replicação do ácido nucleico que não é nem a semiconservativa nem círculo rolante (Figura 9.6) na natureza.

**MINIQUESTIONÁRIO**

- Do que é constituído o genoma dos reovírus?
- Quais as semelhanças e diferenças da replicação do genoma dos reovírus em relação à replicação do vírus *influenza*?
- Por que os eventos da replicação de reovírus devem ocorrer dentro do nucleocapsídeo?

## 9.11 Vírus que utilizam a transcriptase reversa

Duas diferentes classes de vírus utilizam a *transcriptase reversa*, e elas diferem quanto ao tipo de ácido nucleico presente em seus genomas. Os retrovírus possuem genomas de *RNA*, enquanto os hepadnavírus possuem genomas de *DNA*. Apesar das suas propriedades biológicas únicas, ambas as classes de vírus incluem importantes patógenos humanos, incluindo o HIV (um retrovírus) e o vírus da hepatite B (um hepadnavírus).

### Retrovírus

Os **retrovírus** apresentam vírions envelopados que contêm duas cópias idênticas do genoma de RNA (⟲ Figura 8.23*a*). O vírion também contém várias enzimas, incluindo a transcriptase reversa, e também um RNAt específico. As enzimas da replicação retroviral são carreadas pelo vírion porque, embora o genoma retroviral seja de fita senso positivo, ele não é utilizado diretamente como RNAm. Em vez disso, uma das cópias do genoma é convertida em DNA pela transcriptase reversa e é integrada ao genoma do hospedeiro. O DNA formado é uma molécula linear de dupla-fita e é sintetizado no interior do vírion e então liberado no citoplasma. Uma visão geral das etapas de transcrição reversa é apresentada na **Figura 9.21**.

A transcriptase reversa apresenta três atividades enzimáticas: (1) *transcrição reversa* (a síntese de DNA a partir de um molde de RNA), (2) *atividade de ribonuclease* (degrada a fita de RNA de um híbrido RNA:DNA) e (3) *DNA-polimerase* (síntese de DNA de dupla-fita a partir de um DNA de fita simples). A transcriptase reversa requer um iniciador para a síntese de DNA e esta é a função do RNAt viral. Utilizando-se este iniciador, os nucleotídeos próximos à extremidade 5′ do RNA são transcritos reversamente em DNA. Quando a transcrição reversa atinge a extremidade 5′do RNA, o processo é interrompido. Para copiar o RNA remanescente, um mecanismo distinto é utilizado. Primeiramente, as sequências terminais de RNA redundante na extremidade 5′ da molécula

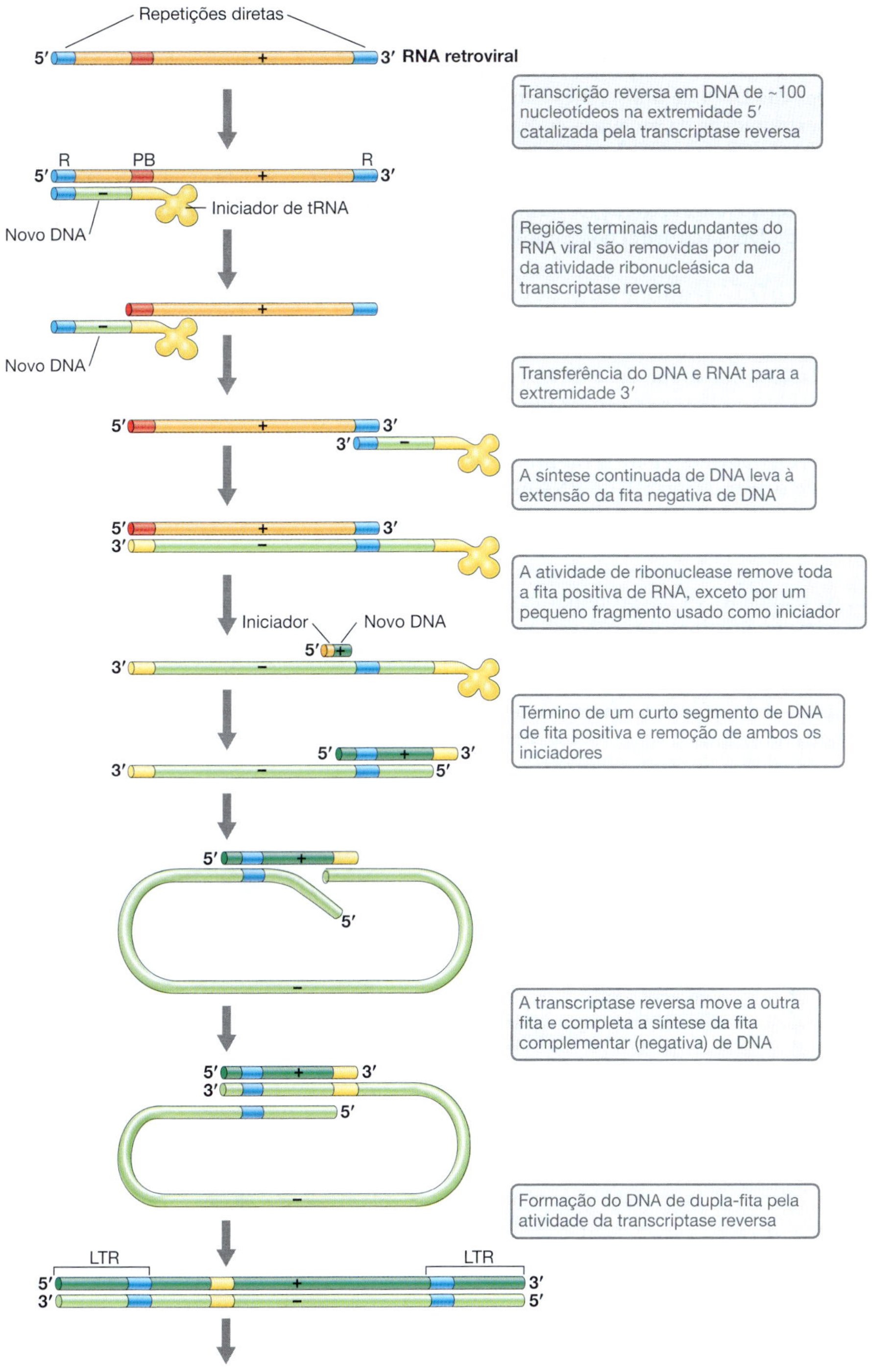


**Figura 9.21** **Formação do DNA de dupla-fita a partir do RNA de fita simples de retrovírus.** As sequências no RNA assinaladas como R correspondem às repetições diretas situadas em ambas as extremidades. A sequência assinalada como PB refere-s e à região onde o iniciador (RNAt) liga-se. Observe que a síntese do DNA originou repetições diretas mais longas no DNA do que aquelas originalmente presentes no RNA. Elas são denominadas longas repetições terminais (LTRs).

UNIDADE 2

são removidas pela transcriptase reversa. Isso leva à formação de um pequeno DNA de fita simples, complementar ao segmento de RNA situado na *outra extremidade* do RNA viral. Esse pequeno segmento de DNA de fita simples então hibridiza-se com a outra extremidade da molécula de RNA viral, onde a síntese de DNA começa outra vez. A atividade contínua da transcriptase reversa leva à formação de uma molécula de DNA de dupla-fita, contendo longas repetições terminais que auxiliam na integração do DNA retroviral no cromossomo do hospedeiro (Figura 9.21).

Uma vez integrado, o DNA retroviral torna-se uma parte permanente do cromossomo do hospedeiro; os genes podem ser expressos ou podem permanecer em um estado latente indefinidamente. Entretanto, se induzido, o DNA retroviral é transcrito por uma RNA-polimerase celular para formar transcritos de RNA que podem ser encapsulados em vírions como RNA genômico, ou traduzidos para gerar proteínas retrovirais. A tradução e o processamento do RNAm retroviral são ilustrados na **Figura 9.22**. Todos os retrovírus possuem os genes *gag*, *pol* e *env*, arranjados nessa ordem no genoma (Figura 8.23). O gene *gag*, situado na extremidade 5′ do RNAm, codifica, na realidade, várias proteínas estruturais do vírus. Elas são inicialmente sintetizadas como uma única proteína (poliproteína), a qual é subsequentemente processada por uma protease, que também é um componente da poliproteína. As proteínas estruturais formam o capsídeo e a protease é empacotada no vírion.

Em seguida, o gene *pol* é traduzido em uma grande poliproteína que também contém as proteínas *gag* (Figura 9.22*a*). Comparadas às proteínas *gag*, as proteínas *pol* são necessárias apenas em pequenas quantidades. Essa regulação é obtida porque a síntese das proteínas *pol* requer que o ribossomo leia além de um códon de término situado no final do gene *gag*, ou deve modificar a fase de leitura nessa região. Ambos os eventos são raros e podem ser considerados como uma forma de regulação traducional. Uma vez sintetizado, o produto do gene *pol* é processado para gerar as proteínas *gag*, transcriptase reversa e integrase; esta última é uma proteína necessária para a integração do DNA no cromossomo do hospedeiro. Para que o gene *env* seja traduzido, o RNAm completo é primeiramente processado, a fim de remover as regiões *gag* e *pol*, e então o produto de *env* é sintetizado e imediatamente processado em duas proteínas distintas do envelope pela protease codificada pelo vírus (Figura 9.22*b*). A montagem dos retrovírus ocorre no lado interno da membrana citoplasmática do hospedeiro e os vírions são liberados através da membrana por brotamento (Figura 8.24).

## Hepadnavírus

Os ciclos de vida dos vírus exibem uma variedade de estruturas de genoma e esquemas de replicação incomuns, porém nenhum é mais incomum que o dos **hepadnavírus**, como o vírus da hepatite B humana (**Figura 9.23*a***). O pequeno DNA dos hepadnavírus é incomum porque ele é *parcialmente* de dupla-fita. Apesar do seu pequeno tamanho (3–4 Kpb), os genomas dos hepadnavírus

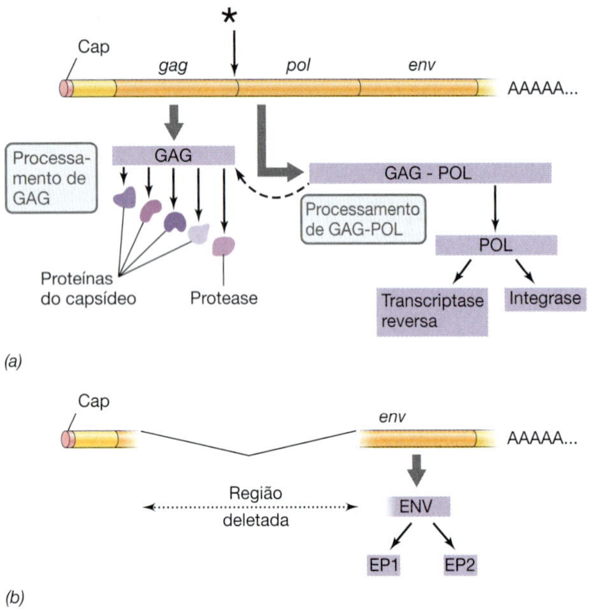


**Figura 9.22** **Tradução do RNAm de retrovírus e o processamento das proteínas.** *(a)* O RNAm completo codifica os três genes, *gag*, *pol* e *env*. O asterisco indica o sítio onde um ribossomo deve ler além de um códon de término, ou realizar uma alteração precisa da fase de leitura, a fim de sintetizar a poliproteína GAG-POL. As setas cinza largas indicam a tradução e as setas pretas indicam os eventos de processamento da proteína. Um dos produtos do gene *gag* corresponde à protease. O produto POL é processado, originando a transcriptase reversa (RT) e a integrase (IN). *(b)* O RNAm foi processado para remover a maioria da região *gag-pol*. Essa mensagem mais curta é traduzida, originando a poliproteína ENV, que é clivada nas duas proteínas do envelope (EP), EP1 e EP2.

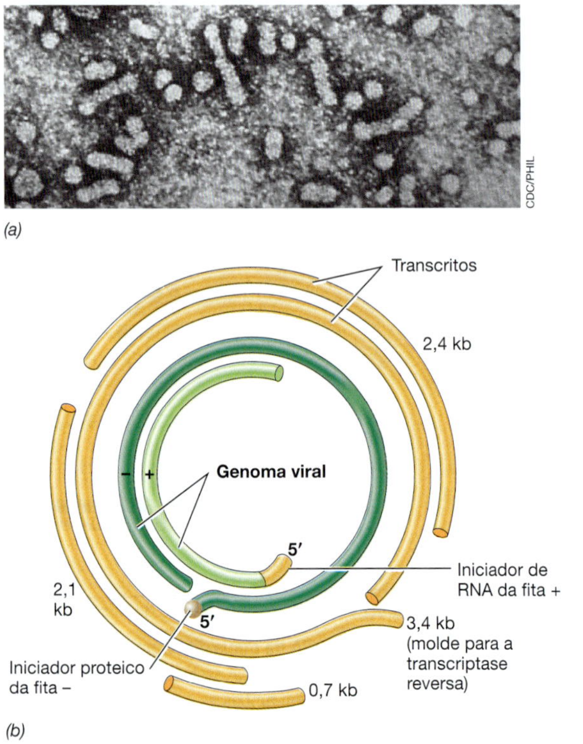


**Figura 9.23** **Hepadnavírus.** (*a*) Micrografia eletrônica de vírions da hepatite B. (*b*) Genoma do vírus da hepatite B. O genoma parcialmente em dupla-fita é ilustrado em verde. Observe que a fita positiva é incompleta. Os tamanhos dos transcritos são também mostrados; todos os genes no vírus da hepatite B são sobrepostos. A transcriptase reversa produz o genoma de DNA a partir de um único RNAm do tamanho do genoma sintetizado pela RNA-polimerase.

codificam várias proteínas pelo emprego de genes sobrepostos, uma estratégia comum em vírus muito pequenos (Seção 9.3).

Como os retrovírus, os hepadnavírus utilizam a transcriptase reversa em seu ciclo de replicação. Além das atividades dessa enzima, a transcriptase reversa de hepadnavírus também atua como um iniciador proteico para a síntese de uma das fitas do próprio DNA. Em termos de seu papel nos eventos de replicação, no entanto, a transcriptase reversa desempenha papéis diferentes na replicação do genoma retroviral e do hepadnaviral. Em hepadnavírus, o genoma de *DNA* é replicado por meio de um intermediário de *RNA*, ao passo que nos retrovírus, o genoma de *RNA* é replicado por meio de um intermediário de *DNA* (Figuras 9.21 e 9.23).

Após a infecção, o nucleocapsídeo do hepadnavírus entra no núcleo do hospedeiro onde a fita de DNA genômico parcial é completada para formar uma molécula de fita dupla completa. A transcrição pela RNA-polimerase do hospedeiro produz quatro classes de tamanho de RNAm virais (Figura 9.23*b*), os quais são subsequentemente traduzidos para produzir as proteínas hepadnavirais. O maior desses transcritos é ligeiramente maior do que o genoma viral e, juntamente com transcriptase reversa, associa-se com proteínas virais no citoplasma do hospedeiro para formar novos vírions. A transcriptase reversa, em seguida, forma o DNA de fita simples fora deste grande transcrito no interior do vírion para formar o genoma de DNA de fita senso negativo e usa-a como um modelo, para formar uma fita parcial de senso positivo, dando origem ao genoma incompleto de dupla-fita, característico dos hepadnavírus (Figura 9.23*b*). Uma vez que os vírions maduros são produzidos, estes associam-se a membranas no retículo endoplasmático e aparelho de Golgi, a partir dos quais eles são exportadas através da membrana citoplasmática por brotamento.



**MINIQUESTIONÁRIO**

- Por que os inibidores de protease são um tratamento eficaz para a Aids humana?
- Compare os genomas de HIV e do vírus da hepatite B.
- Como o papel da transcriptase reversa difere nos ciclos de replicação dos retrovírus e dos hepadnavírus?

# IV • Agentes subvirais

Concluiremos nossa viagem pelos genomas do mundo viral considerando dois agentes *subvirais*: os viroides e os príons. Estes são agentes infecciosos que se assemelham aos vírus, mas que não possuem ácidos nucleicos ou proteínas e, assim, não são considerados vírus.

## 9.12 Viroides

**Viroides** são moléculas de RNA infeccioso que diferem dos vírus pelo fato de serem desprovidos de um envoltório proteico. Os viroides correspondem a pequenas moléculas circulares de RNA de fita simples, estando entre os menores patógenos conhecidos. Eles variam em tamanho de 246 a 399 nucleotídeos e exibem considerável grau de homologia de sequência, sugerindo que possuam raízes evolutivas comuns. Os viroides causam importantes doenças em plantas, e podem representar um grave impacto na agricultura (**Figura 9.24**). Alguns viroides bem estudados incluem o viroide *cadang-cadang* do coco (246 nucleotídeos) e o viroide do tubérculo afilado da batata (359 nucleotídeos). Não são conhecidos viroides que infectam animais ou microrganismos.

### Estrutura e função dos viroides

A forma extracelular do viroide corresponde a um RNA nu; não há qualquer tipo de capsídeo proteico. Embora o RNA do viroide seja um círculo de fita simples covalentemente fechado, existem tantas estruturas secundárias que ele se assemelha a uma pequena molécula de dupla-fita, com as extremidades fechadas (**Figura 9.25**). Essa configuração parece tornar o viroide suficientemente estável, permitindo sua existência fora da célula hospedeira. Por ser desprovido de um envoltório proteico, o viroide não utiliza um receptor para penetrar na célula hospedeira. Em vez disso, o viroide penetra na planta por meio de uma lesão, decorrente da ação de um inseto ou de outro dano mecânico. Uma vez no interior da célula, os viroides deslocam-se de uma célula a outra por meio dos plasmodesmas, que são feixes citoplasmáticos delgados que unem as células vegetais (**Figura 9.26**).

O RNA viroide não codifica proteínas e, portanto, o viroide é totalmente dependente de seu hospedeiro para que possa se replicar. O mecanismo de replicação assemelha-se ao mecanismo círculo rolante empregado para a síntese do genoma por alguns pequenos vírus (Seções 9.3 e 9.7). O resultado é uma grande molécula de RNA contendo muitas unidades de viroides unidas pelas extremidades. O viroide exibe atividade de ribozima (RNA catalítico) e é utilizado na autoclivagem da grande molécula de RNA, liberando viroides individuais.

### Doenças causadas por viroides

Plantas infectadas por viroides podem ser assintomáticas ou desenvolverem sintomas que variam de moderados a letais, dependendo do viroide (Figura 9.24). A maioria dos sintomas

Yijun Qi e Biao Ding

**Figura 9.24** **Viroides e doenças de plantas.** Fotografia de um tomateiro saudável (à esquerda) e de um infectado pelo viroide do tubérculo afilado da batata (PSTV) (à direita). A variedade de hospedeiros da maioria dos viroides é bastante restrita. Contudo, o PSTV infecta tomateiros, assim como batateiras, provocando redução no crescimento, copa achatada e morte prematura da planta.

**Figura 9.25** **Estrutura dos viroides.** Os viroides consistem em uma molécula circular de RNA de fita simples, que forma uma estrutura com aspecto de dupla-fita, devido ao pareamento intrafita de bases.

da doença está relacionada com o crescimento, sugerindo que os viroides mimetizam ou interferem de alguma forma com pequenos RNA reguladores. De fato, os próprios viroides poderiam ser derivados de RNA reguladores que evoluíram de modo a induzir eventos destrutivos, em vez de exercerem papéis benéficos na célula. Sabe-se que os viroides geram pequenos RNA de interferência (RNAsi) como um produto secundário durante a replicação. Tem sido proposto que estas RNAsi podem então funcionar por intermédio da via de RNA de interferência de silenciamento para suprimir a expressão de genes de plantas que mostram alguma homologia com o RNA do viroide, e desse modo induzir sintomas de doença.

**MINIQUESTIONÁRIO**

- Se os viroides são moléculas circulares, por que geralmente são ilustrados como bastões compactos?
- Como os viroides podem causar doenças em plantas?

## 9.13 Príons

Os **príons** representam o outro extremo em relação aos viroides. Os príons são agentes infecciosos cuja forma extracelular consiste exclusivamente de proteínas. Assim, *uma partícula do príon não contém DNA ou RNA*. Os príons causam várias doenças neurológicas, como o *scrapie*, em ovinos; a encefalopatia espongiforme, no gado bovino (BSE ou "mal da vaca louca"); a doença debilitante crônica, em cervos e alces; e as doenças kuru e de Creutzfeldt-Jakob (CJD), em seres humanos. Não são conhecidas doenças causadas por príons em plantas, embora príons tenham sido encontrados em leveduras. Coletivamente, as doenças animais causadas por príons são conhecidas como *encefalopatias espongiformes transmissíveis*.

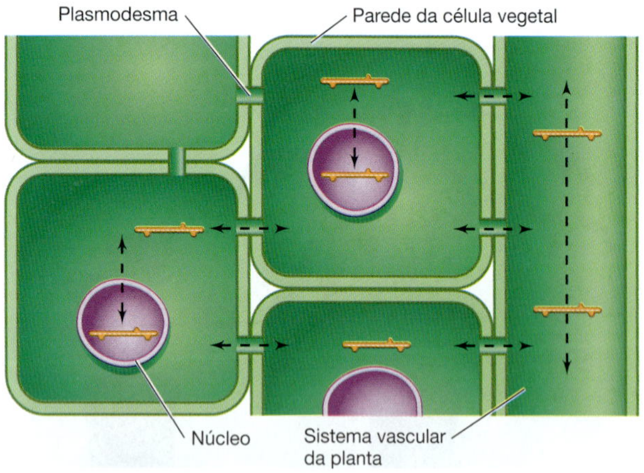


**Figura 9.26** **Deslocamento do viroide no interior das plantas.** Após penetrar em uma célula vegetal, os viroides (em cor de laranja) replicam-se no núcleo ou no cloroplasto. Os viroides podem deslocar-se entre as células vegetais por meio dos plasmodesmas (feixes citoplasmáticos delgados que penetram nas paredes, conectando as células vegetais). Além disso, em uma escala maior, os viroides podem deslocar-se pela planta por meio de seu sistema vascular.

### Proteínas priônicas e o ciclo infeccioso dos príons

Uma vez que os príons são desprovidos de ácido nucleico, como a proteína que os compõe é codificada? A resposta para esse enigma é que a própria célula hospedeira codifica o príon. O hospedeiro contém um gene, *Prnp* ("proteína do príon"), que codifica a forma nativa da proteína do príon, conhecida como $PrP^C$ (proteína celular do príon). Esta é encontrada em animais sadios, sobretudo em neurônios, especialmente no cérebro (**Figura 9.27*a***). A forma patogênica da proteína do príon é denominada $PrP^{Sc}$ (proteína priônica do *scrapie*), porque o *scrapie* de ovelhas foi a primeira doença causada por príons a ser descoberta. $PrP^{Sc}$ possui uma sequência de aminoácidos idêntica àquela da $PrP^C$ da mesma espécie, porém tem conformação diferente. Por exemplo, as proteínas priônicas nativas são constituídas principalmente por α-hélices, enquanto a forma patogênica contém menos estruturas secundárias em forma de α-hélices e mais folhas β. As proteínas de príons de

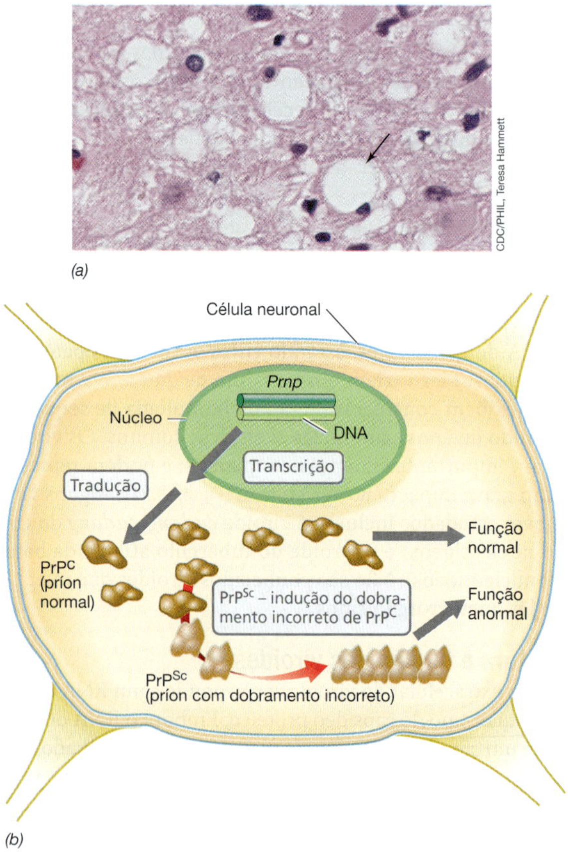


**Figura 9.27** **Príons.** *(a)* Secção do tecido cerebral de um ser humano com doença de Creutzfeldt-Jakob. *(b)* Mecanismo de dobramento incorreto do príon. Os neurônios produzem a forma normal da proteína priônica. A proteína priônica dobrada de forma anormal catalisa o redobramento de príons normais, que passam a adotar uma conformação anormal. A forma patogênica é resistente à protease, insolúvel e forma agregados no interior das células nervosas. Isso eventualmente leva à destruição dos tecidos neurais (ver parte a) e aos sintomas neurológicos.

diferentes espécies de mamíferos exibem sequência de aminoácidos muito similar, porém não idêntica, e o espectro de hospedeiros está de alguma forma ligado à sequência da proteína. Por exemplo, $PrP^{Sc}$ de gado infectado com BSE pode infectar seres humanos, porém $PrP^{Sc}$ de ovelhas infectadas com *scrapie* aparentemente não podem.

Quando a forma $PrP^{Sc}$ penetra em uma célula hospedeira que está expressando $PrP^{C}$, ela promove a conversão na forma patogênica (Figura 9.27*b*). Assim, o príon patogênico "replica-se" ao converter as proteínas priônicas nativas preexistentes na forma patogênica. À medida que os príons patogênicos acumulam-se, formam agregados insolúveis nas células cerebrais (Figura 9.27*a*). Esse processo resulta nos sintomas da doença, incluindo a destruição do tecido cerebral ou tecido nervoso relacionado. $PrP^{C}$ atua na célula como uma glicoproteína da membrana citoplasmática, e demonstrou-se que é necessária a ligação de príons patogênicos à membrana para que os sintomas da doença sejam desencadeados. Versões mutantes da $PrP^{Sc}$, incapazes de ligarem-se à membrana citoplasmática da célula nervosa, podem ainda agregar-se, mas não causam a doença.

## Príons de não mamíferos

Muitos vertebrados, incluindo peixes e anfíbios, contêm genes homólogos ao gene *Prnp* de mamíferos que também são expressos no tecido nervoso. No entanto, as proteínas codificadas por estes genes não têm versões mal dobradas patogênicas e não são, portanto, príons. Alguns fungos possuem proteínas que se enquadram na definição de príons, uma alteração herdada autoperpetuada na estrutura da proteína, embora estas proteínas não causem doenças perceptíveis. Em vez disso, elas adaptam as células fúngicas a condições nutricionais alteradas. Em leveduras, por exemplo, o príon [URE3] é uma proteína que regula a transcrição de genes que codificam certas funções do metabolismo do nitrogênio. A forma normal, solúvel desta proteína reprime os genes que codificam proteínas que metabolizam certas fontes de nitrogênio. No entanto, quando o príon [URE3] acumula-se, ele forma agregados insolúveis, assim como as proteínas priônicas de mamíferos. Quando isso ocorre, a transcrição dos genes para a forma normalmente reprimida de metabolismo do nitrogênio é desreprimida e a expressão desses genes começa.

**MINIQUESTIONÁRIO**

- Como os príons diferenciam-se de todos os outros agentes infecciosos?
- Qual é a diferença entre as formas nativa e patogênica da proteína príon?
- Como um príon difere de um viroide?

# CONCEITOS IMPORTANTES

**9.1** • Os genomas virais podem ser de DNA ou RNA, de fita simples ou dupla-fita e podem variar de algumas a centenas de quilobases em tamanho. O RNAm viral é sempre de configuração positiva, por definição, mas genomas de fita simples podem ser de configuração positiva ou negativa. Os vírus com genomas de RNA devem ou carrear uma replicase de RNA nos seus vírions ou codificar esta enzima nos seus genomas, a fim de sintetizar RNA a partir de um molde de RNA.

**9.2** • Os vírus podem ter evoluído como agentes de transferência gênica em células, ou podem ser células degeneradas que se tornaram dependentes de uma célula hospedeira para a replicação. Os vírus podem ter sido os primeiros microrganismos na Terra com genomas de DNA e poderiam ter transmitido essa propriedade para as células durante uma transição de um mundo de RNA para um de DNA. Filogenias virais universais não são ainda possíveis, mas as árvores filogenéticas de vários grupos podem ser construídas.

**9.3** • Os vírus de DNA de fita simples contêm DNA de configuração positiva, e uma forma replicativa de dupla-fita é necessária para a transcrição e replicação do genoma. O genoma do vírus ϕX174 é tão pequeno que alguns dos seus genes se sobrepõem, e o genoma replica por um mecanismo de círculo rolante. Alguns vírus relacionados, tais como M13, têm vírions filamentosos que são liberados a partir da célula hospedeira sem lise.

**9.4** • O bacteriófago de cabeça e cauda T7 contém um genoma de DNA de dupla-fita que codifica tanto os genes precoces, transcritos pela RNA-polimerase do hospedeiro, quanto genes tardios, transcritos por uma RNA-polimerase codificada por vírus. A replicação do genoma de T7 emprega uma polimerase de DNA de T7 e envolve repetições terminais e concatâmeros. O bacteriófago Mu é um vírus temperado que é também um elemento transponível. Mu replica-se por transposição no cromossomo hospedeiro.

**9.5** • Vários vírus de DNA de dupla-fita infectam as células de arqueias, a maioria dos quais habita ambientes extremos. Muitos destes genomas são circulares, em contraste com os genomas de DNA lineares de dupla-fita de bacteriófagos. Embora vírus de cabeça e cauda sejam conhecidos, muitos vírus de arqueias apresentam uma morfologia fusiforme incomum.

**9.6** • Os poxvírus são grandes vírus de DNA de dupla-fita que se reproduzem inteiramente no citoplasma e são responsáveis por várias doenças humanas, incluindo a varíola. Os adenovírus são vírus de DNA de dupla-fita, cuja replicação do genoma emprega iniciadores de proteína e um mecanismo que ocorre sem a síntese da fita atrasada.

**9.7** • Alguns vírus de dupla-fita de DNA causam câncer em seres humanos. SV40 é um destes vírus tumorigênicos e tem um genoma pequeno contendo genes que se sobrepõem. O vírus pode provocar a transformação celular (indução tumoral) a partir da atividade de certos genes. Alguns herpes-vírus também causam câncer, mas a maioria causa várias doenças infecciosas humanas. Os herpes-vírus podem manter-se em estado latente no hospedeiro indefinidamente, iniciando a replicação viral periodicamente.

**9.8** • Em vírus de RNA de fita simples, senso positivo, o genoma é também o RNAm, e uma fita negativa é sintetizada para produzir o RNAm e mais cópias do genoma. O minúsculo bacteriófago MS2 contém apenas quatro genes, um das quais codifica uma subunidade de RNA-replicase. Em poliovírus, o RNA viral é traduzido diretamente, produzindo uma poliproteína que é clivada em várias proteínas virais menores. Os coronavírus são grandes vírus de RNA que se assemelham aos poliovírus em algumas, mas não em todas, características de replicação.

**9.9** • Em vírus de fita negativa, o RNA do vírus não é o RNAm, mas deve ser primeiro copiado para formar o RNAm pela RNA-replicase presente no vírion. A fita positiva é o modelo para a produção de cópias de genoma. Importantes vírus patogênicos de fita negativa incluem os vírus da raiva e o vírus *influenza*.

**9.10** • Os reovírus contêm genomas segmentados de RNA de dupla-fita linear. Como os vírus de RNA de fita negativa, os reovírus contêm uma RNA-polimerase dependente de RNA dentro do vírion. Todos os eventos da replicação ocorrem dentro de vírions recém-formados.

**9.11** • Alguns vírus utilizam a transcriptase reversa, incluindo os retrovírus (HIV) e os hepadnavírus (hepatite B). Os retrovírus apresentam genomas de RNA de fita simples e utilizam a transcriptase reversa para fazer uma cópia de DNA. Os hepadnavírus contêm genomas parcialmente completos de DNA e usam a transcriptase reversa para fazer uma fita simples de DNA genômico a partir de uma fita complementar de RNA completa.

**9.12** • Os viroides são moléculas de RNA circular de fita simples que não codificam proteínas e são dependentes de enzimas codificadas pelo hospedeiro para replicação. Ao contrário dos vírus, o RNA dos viroides não está fechado dentro de um capsídeo, e todos os viroides conhecidos são patógenos de plantas.

**9.13** • Os príons consistem em proteínas, mas não possuem ácido nucleico de qualquer tipo. Os príons existem em duas conformações, a forma celular nativa e sua forma patogênica, que assume uma diferente estrutura proteica. A forma patogênica "replica-se" pela conversão de proteínas priônicas nativas, codificados pela célula hospedeira, para a conformação patogênica.

## REVISÃO DOS TERMOS-CHAVE

**Alteração antigênica** em vírus *influenza*, significativas modificações nas proteínas virais (antígenos), devido ao rearranjo de genes.

**Fita negativa** uma fita de ácido nucleico que apresenta o sentido oposto (é complementar) ao RNAm.

**Fita positiva** uma fita de ácido nucleico que apresenta o mesmo sentido que o RNAm.

**Forma replicativa** uma molécula de DNA de dupla-fita que é um intermediário na replicação de vírus com genomas de fita simples.

**Genes sobrepostos** dois ou mais genes, nos quais parte (ou todo) de um dos genes está embebida no outro.

**Hepadnavírus** vírus cujo genoma de DNA é replicado por meio de um intermediário de RNA.

**Poliproteína** uma grande proteína expressa a partir de um único gene e subsequentemente clivada, formando várias proteínas individuais.

**Príon** uma proteína infecciosa cuja forma extracelular não contém ácido nucleico.

**Replicação por círculo rolante** mecanismo utilizado por alguns plasmídeos e vírus para a replicação do DNA circular, que começa pela clivagem e pelo desenrolamento de uma fita. Para genomas de fita simples, a fita continua circular e é usada como molde para a síntese de DNA; para genomas de dupla-fita, a fita desenrolada é usada como molde para a síntese de DNA.

**Retrovírus** vírus cujo genoma de RNA apresenta um intermediário de DNA como parte de seu ciclo de replicação.

**RNA-replicase** enzima capaz de sintetizar RNA a partir de um molde de RNA.

**Transcrição reversa** processo de cópia da informação genética encontrada no RNA em DNA.

**Transposase** enzima que catalisa a inserção de segmentos de DNA em outras moléculas de DNA.

**Viroide** uma RNA infeccioso cuja forma extracelular não contém ácido nucleico.

UNIDADE 2

## QUESTÕES PARA REVISÃO

1. Quão maior é o genoma de *Escherichia coli* que os genomas dos bacteriófagos T4 ou T7? (Seção 9.1)
2. Descreva as classes de vírus com base nas suas características genômicas. Para cada classe, descreva como o RNAm viral é feito e como o genoma viral é replicado. (Seção 9.1)
3. Como os vírus podem ajudar a explicar as diferenças observadas na maquinaria de replicação do DNA das células dos três domínios? (Seção 9.2)
4. O que são genes sobrepostos? Dê exemplos de vírus que possuem genes que se sobrepõem. (Seções 9.3 e 9.8)
5. Descreva como o genoma do bacteriófago ϕX174 é transcrito e traduzido. (Seção 9.3)
6. Por que pode-se dizer que a transcrição do genoma do bacteriófago T7 requer duas enzimas? (Seção 9.4)
7. Por que o bacteriófago Mu é mutagênico? Que recursos são necessários para que Mu possa inserir-se no DNA? (Seção 9.4)
8. Liste três características incomuns do vírus de arqueias que infecta *Acidianus* que o distinguem de bacteriófago T7. (Seção 9.5)
9. De todos os vírus de animais de DNA de dupla-fita, os poxvírus destacam-se em relação a um único aspecto do seu processo de replicação do DNA. Qual é este aspecto único e como isso pode ser feito sem enzimas especiais que estão sendo empacotadas no vírion? (Seção 9.6)
10. Explique por que pode ser dito que os adenovírus são únicos em biologia. (Seção 9.6)
11. Lista duas doenças infecciosas comuns e uma doença rara muito séria causadas por um herpes-vírus. (Seção 9.7)
12. Se os vírions de MS2 ou de poliovírus não contiverem uma enzima específica, explique porque estes vírus não podem se replicar. (Seção 9.8)
13. Qual é a função da proteína VPg de poliovírus, e como os coronavírus podem se replicar sem uma proteína VPg? (Seção 9.8)
14. Descrever duas maneiras pelas quais os genomas de poliovírus e do vírus da gripe diferem. (Seções 9.8 e 9.9)
15. O vírus da raiva e os poliovírus ambos têm genomas de RNA de fita simples, mas apenas o genoma do poliovírus pode ser traduzido diretamente. Explique. (Seções 9.8 e 9.9)
16. Compare o genoma dos reovírus ao do vírus da gripe e do bacteriófago MS2. (Seção 9.10)
17. Por que ambos os hepadnavírus e retrovírus exigem a transcriptase reversa quando seus genomas são de dupla-fita de DNA e RNA de fita simples, respectivamente? (Seção 9.11)
18. Quais são as semelhanças e diferenças entre vírus e viroides? (Seção 9.12)
19. Quais são as semelhanças e diferenças entre os príons e vírus? (Seção 9.13)
20. Quais são as semelhanças e diferenças entre os viroides e príons? (Seções 9.12 e 9.13)

## QUESTÕES APLICADAS

1. Nem todas as proteínas são produzidas a partir do genoma de RNA do bacteriófago MS2 nas mesmas quantidades. Você pode explicar por quê? Uma das proteínas funciona de maneira muito semelhante a um repressor, mas funciona no nível da tradução. Qual é esta proteína e como ela funciona?

2. A replicação de ambas as fitas de DNA em adenovírus ocorre em uma maneira contínua (direta). Como isso pode acontecer sem violar a regra de que a síntese de DNA sempre ocorre na direção $5' \rightarrow 3'$?

3. Imagine que você é um investigador em uma empresa farmacêutica encarregada de desenvolver novos medicamentos contra patógenos virais humanos de RNA. Descreva pelo menos dois tipos de fármacos que você pode buscar, que classes de vírus eles afetariam, e por que você acha que estes fármacos não iriam prejudicar o paciente.

4. Os reovírus contêm genomas que são únicos em toda a biologia. Por quê? Por que a replicação dos reovírus não pode ocorrer no citoplasma do hospedeiro? Compare os eventos de replicação do genoma dos reovírus com aqueles de uma célula. Por que pode-se dizer que a replicação do genoma dos reovírus não é semiconservativa, ainda que o genoma dos reovírus seja constituído de fitas complementares?

CAPÍTULO

# 10 Genética de bactérias e arqueias

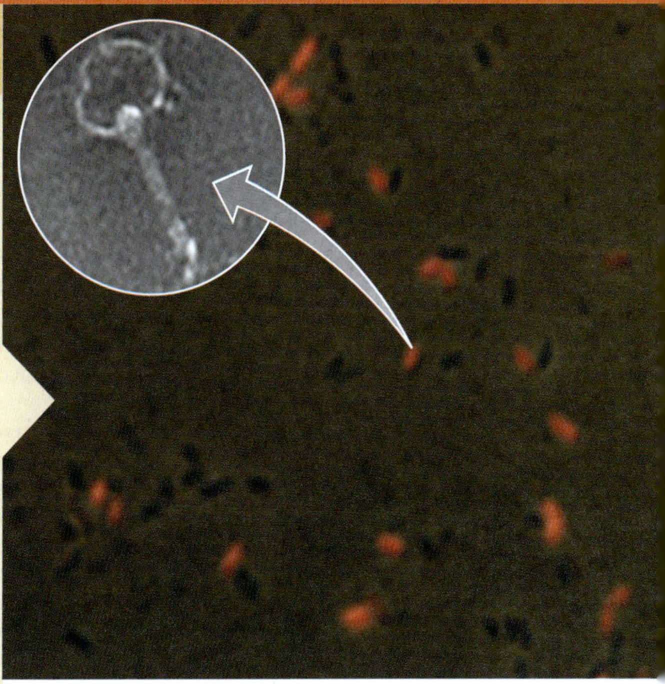

## microbiologia**hoje**

### Vírus arcaicos ou agentes secretos de transferência gênica

Como arqueias e bacterias adquirem características novas e excitantes que se refletem na grande diversidade do mundo microbiano? Em contraste com os organismos superiores, em procariotos ocorrem vários mecanismos de transferência horizontal de genes. Esta troca de material genético é a base para a adaptação aos diferentes nichos e desempenha um papel fundamental na evolução desses organismos.

Um exemplo da troca desse material genético ocorre por meio de agentes de transferência gênica (*GTAs*, *gene transfers agents*) – produtos de uma interação incomum entre vírus-hospedeiro. GTAs são o resultado de células microbianas sequestrando vírus defectivos e usando-os especificamente para a troca de DNA. GTAs assemelham-se a minúsculos bacteriófagos com cauda, (em detalhe na fotografia) e contêm pequenos fragmentos aleatórios de DNA do hospedeiro. GTAs não são considerados vírus verdadeiros por não possuírem genes codificando sua própria maquinária de produção e também por não gerarem as características placas virais ou placas de lise.

GTAs têm sido isolados a partir de uma miríade de procariotos incluindo bactérias redutoras de sulfato e arqueias produtoras de metano e são particularmente prevalentes em meio aos procariontes marinhos. Assim, é provável que GTAs sejam amplamente distribuídos na natureza. Geneticistas microbianos conseguiram determinar que um subconjunto de células de bactérias fototróficas *Rhodobacter capsulatus* produzem e liberam GTAs durante a fase estacionária do crescimento ou durante flutuações nos níveis de nutrientes[1]. Isso foi registrado ligando um promotor de um gene essencial para a produção de GTAs a um gene repórter que codifica para uma proteína vermelho-fluorescente; células produzindo GTA se tornaram vermelhas (foto).

Enquanto os bacteriófagos são considerados a entidade mais abundante no planeta Terra, o número destes que realmente podem ser GTAs em vez de vírus é desconhecido. GTAs podem ajudar a explicar a natureza robusta da transferência de DNA entre procariotos, especialmente entre aqueles que habitam os oceanos. Isso também implica outra questão: GTAs desempenham algum papel importante na prevalência de outro fenômeno genético comum, como a resistência bacteriana a antibióticos?

[1]Fogg, P.C., et al. 2012. One for all or all for one: Heterogeneous expression and host cell lysis are key to gene transfer agent activity in *Rhodobacter capsulatus*. *PLOS One 7*: e43772.


**I Mutação 292**

**II Transferência gênica em bactérias 299**

**III Transferência gênica em arqueias e outros eventos genéticos 309**

Inúmeros exemplos de diversidade microbiana são descritos ao longo deste livro. Como essa diversidade surgiu? Apesar de procariotos se reproduzirem assexuadamente, eles também possuem mecanismos para a troca de informação gênica. Essa troca de genes, juntamente com as inovações genéticas que surgem de alterações aleatórias no código genético, podem conferir uma vantagem que fundamentalmente conduz a diversidade genética.

Neste capítulo iremos discutir os mecanismos pelos quais bactérias e arqueias podem alterar o próprio genoma. Primeiro, descrevemos como surgem alterações no genoma e, então, consideraremos como os genes podem ser transferidos de um microrganismo para outro por *transferência horizontal de genes.* Enquanto a genética bacteriana é a chave para a diversidade genética e adaptação aos hábitats, microrganismos também possuem mecanismos para manter a estabilidade genômica, os quais abordaremos no final desse capítulo. Em conjunto, tanto a alteração quanto a estabilidade na sequência genômica são importantes para a evolução de um organismo (ou de um vírus ou outro elemento genético) e o seu sucesso competitivo na natureza.

# I • Mutação

Todos os organismos contêm uma sequência específica de bases nucleotídicas em seu genoma, que é sua identificação. Uma **mutação** corresponde a uma alteração de natureza *herdável* na sequência de bases daquele genoma, que é passada de uma célula-mãe para sua progênie. As mutações podem promover alterações – algumas vantajosas, algumas prejudiciais, mas a maioria é neutra e sem efeitos – em um organismo. Apesar da taxa de mutação espontânea ser baixa (Seção 10.3), a velocidade em que muitos procariotos se dividem e seu crescimento exponencial garante com surpreendente rapidez o acúmulo de mutações. Considerando que as mutações geralmente resultam apenas em uma quantidade muito pequena de alteração genética em uma célula, a recombinação genética normalmente gera alterações muito maiores. Em conjunto, mutações e recombinação são o combustível do processo evolutivo.

Começamos considerando os mecanismos moleculares das mutações e as propriedades dos microrganismos mutantes.

## 10.1 Mutações e mutantes

Em todas as células, o genoma é composto por moléculas de DNA de fita dupla. Nos vírus, ao contrário, o genoma pode consistir em DNA ou RNA de fita simples ou fita dupla. Uma linhagem de célula qualquer ou vírus que apresente uma alteração na sequência nucleotídica é denominado **mutante**. Um mutante, por definição, difere de sua linhagem parental quanto ao seu **genótipo**, a sequência nucleotídica do genoma. Além disso, as propriedades observáveis do mutante – seu **fenótipo** – podem também estar alteradas em relação à linhagem parental. Esse fenótipo alterado é denominado *fenótipo mutante.* Frequentemente, uma linhagem isolada de ambientes naturais é denominada **linhagem selvagem**. O termo "linhagem selvagem" pode ser utilizado em referência ao organismo como um todo ou apenas à condição de um gene em particular sendo estudado. Os mutantes podem ser obtidos tanto a partir de linhagens selvagens quanto de linhagens previamente derivadas das selvagens, como, por exemplo, de outro mutante.

### Genótipo *versus* fenótipo

Dependendo da mutação, uma linhagem mutante pode ou não apresentar fenótipo distinto de sua linhagem parental. Por convenção, definiu-se em genética bacteriana que o *genótipo* de um organismo é designado por três letras minúsculas, seguidas por uma letra maiúscula (todas grafadas em itálico), para indicar um determinado gene. Por exemplo, o gene *hisC* de *Escherichia coli* codifica uma proteína, denominada HisC, que atua na biossíntese do aminoácido histidina. As mutações no gene *hisC* devem ser designadas como *hisC1*, *hisC2*, e assim por diante, com os números indicando a ordem de isolamento das linhagens mutantes. Cada mutação em *hisC* deve ser diferente, cada uma podendo afetar a proteína HisC de formas distintas.

O *fenótipo* de um organismo é designado por uma letra maiúscula, seguida por duas letras minúsculas, adicionando-se um sinal de mais (+) ou de menos (–) sobrescrito, para indicar a presença ou ausência daquela propriedade. Por exemplo, uma linhagem $His^+$ de *E. coli* é capaz de sintetizar sua própria histidina, enquanto uma linhagem $His^-$ é desprovida dessa capacidade. A linhagem $His^-$ necessitará da suplementação de histidina para seu crescimento. Retornando ao exemplo anterior, qualquer mutação no gene *hisC* pode levar a um fenótipo $His^-$, caso elimine a atividade da proteína HisC.

### Isolamento de mutantes: varredura *versus* seleção

A princípio, qualquer característica de um organismo pode ser modificada por mutações. No entanto, algumas mutações são selecionáveis, conferindo algum tipo de vantagem ao organismo que as possui, enquanto outras mutações não são selecionáveis, mesmo que promovam claras alterações no fenótipo do organismo. Uma mutação selecionável confere uma clara vantagem à linhagem mutante, sob certas condições ambientais, de forma que a progênie da célula mutante é capaz de crescer de modo a suplantar o parental. Um bom exemplo de mutação selecionável é a resistência a fármacos: um mutante resistente a antibióticos pode crescer na presença de concentrações de antibiótico que inibiriam ou matariam a célula parental (**Figura 10.1*a***), sendo então selecionadas nessas condições. A detecção e o isolamento de mutantes selecionáveis são relativamente simples, a partir da escolha de condições ambientais apropriadas. Portanto, a **seleção** corresponde a uma ferramenta genética extremamente poderosa que possibilita o isolamento de um único mutante a partir de uma população contendo milhões, ou mesmo bilhões, de organismos parentais.

Um exemplo de mutação não selecionável corresponde à perda de coloração em um organismo pigmentado (Figura 10.1*b*, *c*). As células despigmentadas geralmente não possuem qualquer vantagem ou desvantagem quando comparadas às células parentais, quando cultivadas em meios sólidos, embora os organismos pigmentados possam exibir alguma vantagem seletiva na natureza. Tais mutações podem ser detectadas pela simples observação visual das várias colônias, em busca daquelas com aspecto "diferente", processo denominado **varredura**.

### Isolamento de auxotróficos nutricionais

Embora o processo de varredura seja geralmente mais trabalhoso do que o processo de seleção, existem metodologias

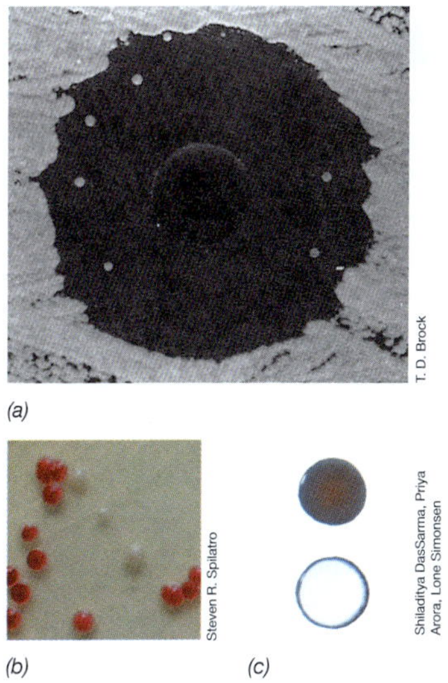


**Figura 10.1** **Mutações selecionáveis e não selecionáveis.** *(a)* Desenvolvimento de mutantes resistentes a um antibiótico, crescendo no interior da zona de inibição, um tipo de mutação facilmente selecionável. *(b)* Mutações não selecionáveis. Mutantes de *Serratia marcescens* não pigmentados induzidos por radiação UV. O tipo selvagem apresenta pigmentação vermelho-escuro. Os mutantes brancos ou incolores não sintetizam pigmentos. *(c)* Colônias de espécies mutantes de *Halobacterium*, um membro de *Archaea*. As colônias selvagens são brancas. As colônias cor de laranja/marrons são mutantes desprovidas de vesículas de gás (Seção 2.15). As vesículas de gás dispersam a luz e mascaram a coloração da colônia.

que permitem a varredura de grandes números de colônias com determinados tipos de mutações. Por exemplo, mutantes nutricionais defectivos podem ser detectados pela técnica de *plaqueamento de réplica* (**Figura 10.2**). Utilizando-se uma alça ou palito estéreis ou até mesmo braços robóticos, colônias podem ser coletadas a partir de uma placa matriz e inoculadas na superfície de um meio desprovido do nutriente. As colônias da linhagem parental crescerão normalmente, enquanto as linhagens mutantes não se desenvolverão. Assim, a incapacidade de uma colônia crescer na placa réplica, contendo meio mínimo, indica que ela corresponde a um mutante. A colônia equivalente na placa matriz, a qual corresponde ao espaço vazio encontrado na placa réplica, pode então ser coletada, purificada e caracterizada. Um mutante exibindo uma necessidade nutricional para seu crescimento denomina-se **auxotrófico**, enquanto a linhagem parental da qual ele foi derivado denomina-se *prototrófica*. (Um prototrófico pode ou não corresponder ao tipo selvagem. Um auxotrófico pode ser derivado do tipo selvagem, ou ser originado de um mutante derivado do tipo selvagem.) Por exemplo, mutantes de *Escherichia coli*, com fenótipo His$^-$, são denominados auxotróficos para histidina. Exemplos comuns de classes de mutantes e os meios pelos quais elas são detectadas estão listadas na **Tabela 10.1**.

UNIDADE 2

**MINIQUESTIONÁRIO**
- Diferencie os termos "mutação" e "mutante".
- Diferencie os termos "varredura" e "seleção".

## 10.2 Bases moleculares das mutações

As mutações podem ser espontâneas ou induzidas. As **mutações induzidas** são aquelas realizadas deliberadamente. Elas ocorrem sem qualquer intervenção humana. Podem decorrer da exposição à radiação natural (raios cósmicos, p. ex.), que promove alterações na estrutura das bases do DNA. Além disso, radicais de oxigênio (Seção 5.16) podem afetar a estrutura do DNA por meio de modificações químicas da molécula. Por exemplo, radicais de oxigênio podem converter a guanina em 8-hidroxiguanina, o que provoca mutações. As mutações espontâneas são aquelas que ocorrem independentemente de um intervenção externa. A maior parte dessas mutações é decorrente de erros ocasionais no pareamento de bases pela DNA-polimerase durante a replicação do DNA.

Mutações que alteram somente um par de bases são denominadas **mutações pontuais**. As mutações pontuais podem

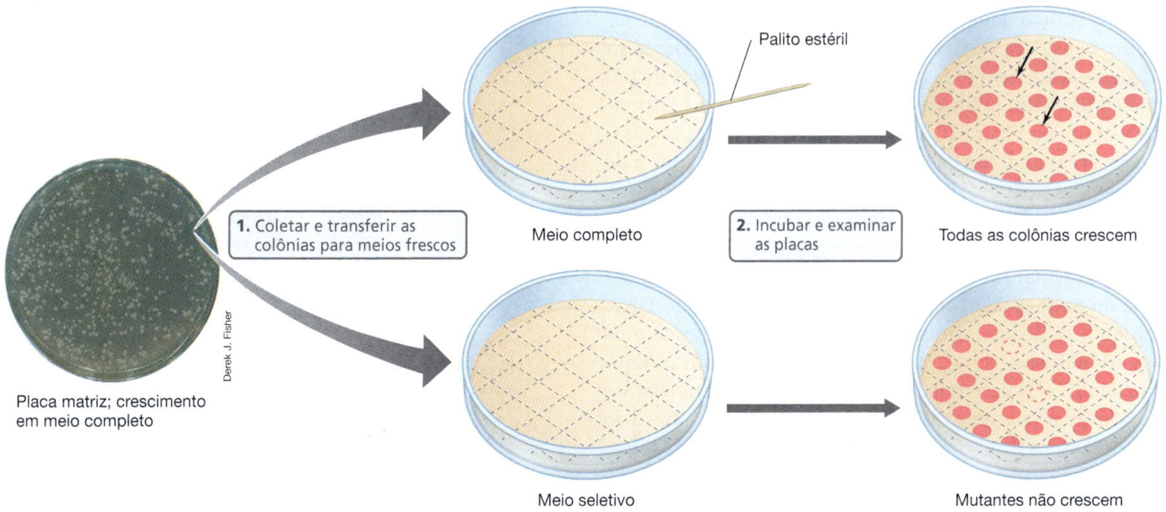


**Figura 10.2** **Varredura de auxotróficos nutricionais.** O método de plaqueamento pode ser usado para a detecção de mutantes nutricionais. Colônias da placa matriz são transferidas para uma placa réplica contendo um meio diferente para a seleção. As colônias que não se desenvolveram na placa réplica estão indicadas por setas. O meio de seleção é desprovido de um nutriente (leucina), presente na placa matriz. Assim, as colônias assinaladas com uma seta na placa matriz correspondem a auxotróficos para leucina.

**Tabela 10.1** Tipos de mutantes

| *Fenótipo* | *Natureza da alteração* | *Detecção do mutante* |
|---|---|---|
| Auxotrofia | Perda de uma enzima de uma via biossintética | Incapacidade de crescer no meio desprovido do nutriente |
| Termossensibilidade | Alteração de uma proteína essencial, tornando-se mais termossensível | Incapacidade de crescer em temperaturas elevadas (p. ex., 40°C), que normalmente permitiam o crescimento |
| Sensibilidade ao frio | Alteração de uma proteína essencial, que passa a ser inativada em temperaturas baixas | Incapacidade de crescer em temperaturas baixas (p. ex., 20°C), que normalmente permitiam o crescimento |
| Resistência a um fármaco | Detoxificação do fármaco, modificação do alvo do fármaco, ou permeabilidade ao fármaco | Crescimento em meio contendo uma concentração normalmente inibidora do fármaco |
| Colônia rugosa | Perda ou modificação da camada lipopolissacarídica | Colônias granulosas, irregulares, em vez de colônias lisas e brilhantes |
| Ausência de cápsula | Perda ou modificação da cápsula | Colônias pequenas e rugosas, em vez de colônias lisas e grandes |
| Imobilidade | Perda dos flagelos; flagelos não funcionais | Colônias compactas, em vez de colônias achatadas, com irradiação |
| Despigmentação | Perda de enzimas da via biossintética, levando à perda de um ou mais pigmentos | Desenvolvimento de novas cores, ou ausência de coloração |
| Fermentação de açúcar | Perda de enzimas de vias degradativas | Alteração ou perda de cor em meios contendo açúcar e um indicador de pH |
| Resistência aos vírus | Perda do receptor viral | Crescimento na presença de grandes quantidades de vírus |

ser provocadas por substituições de pares de bases no DNA, ou pela perda ou pelo ganho de um único par de bases. Assim como em todas as mutações, a alteração fenotípica decorrente de uma mutação pontual depende do local exato do gene onde ocorreu a mutação, de qual nucleotídeo foi alterado e qual o produto codificado por aquele gene.

## Substituições de pares de bases

Quando uma mutação pontual ocorre em uma região codificadora de um gene que codifica um polipeptídeo, qualquer alteração fenotípica apresentada pela célula será, quase que certamente, resultante de uma alteração na sequência de aminoácidos do polipeptídeo. O erro introduzido no DNA é transcrito em RNAm e essa molécula defeituosa é, por sua vez, traduzida, originando um polipeptídeo. A **Figura 10.3** ilustra as consequências de várias substituições de pares de bases.

Quando os resultados de uma mutação são interpretados, o fato de o código genético ser degenerado deve sempre ser levado em consideração (Seção 4.11 e Tabela 4.5). Devido a essa degeneração, nem todas as mutações na sequência de bases que codifica um polipeptídeo o modificarão. Essa afirmação é ilustrada na Figura 10.3, que apresenta os vários resultados possíveis quando o DNA que codifica um único códon de tirosina em um polipeptídeo sofre uma mutação. Inicialmente, uma alteração no RNA de UAC para UA*U* não exibe qualquer efeito aparente, uma vez que UAU também corresponde a um códon de tirosina. Embora essas mutações não afetem a sequência do polipeptídeo codificado, essas alterações no DNA correspondem, de fato, a mutações. Essas são um tipo de **mutações silenciosas**, isto é, mutações que não afetam o fenótipo da célula. Observe que mutações silenciosas em regiões codificadoras geralmente estão localizadas na terceira base do códon (os códons de arginina e leucina podem também sofrer mutações silenciosas na primeira posição).

Alterações na primeira ou segunda base de um códon frequentemente promovem alterações significativas no polipeptídeo. Por exemplo, a alteração de uma única base, de *U*AC para *A*AC (Figura 10.3), resulta em uma substituição de um aminoácido no polipeptídeo, de tirosina para asparagina, em um sítio específico. Esse tipo de alteração recebe a denominação **mutação de troca de sentido** (do inglês, *missense mutation*), porque o "sentido" informacional (a precisa sequência de aminoácidos) no polipeptídeo gerado foi alterado. Se a alteração ocorrer em algum ponto crítico da cadeia polipeptídica, a proteína poderá ser sintetizada de forma inativa ou exibir atividade reduzida. Entretanto, nem todas as mutações de sentido trocado necessariamente originam proteínas não funcionais. O resultado final depende da região do polipeptídeo que sofreu a substituição, e como tal alteração está afetando o dobramento e a atividade da proteína. Por exemplo, mutações no sítio ativo de uma enzima têm maior probabilidade de abolir a atividade que mutações que ocorrem em outras regiões da proteína.

Outro resultado possível de uma substituição de um par de bases é a criação de um códon sem sentido (de término). Esse evento resulta em um término prematuro da tradução, originando um polipeptídeo incompleto, provavelmente não funcio-

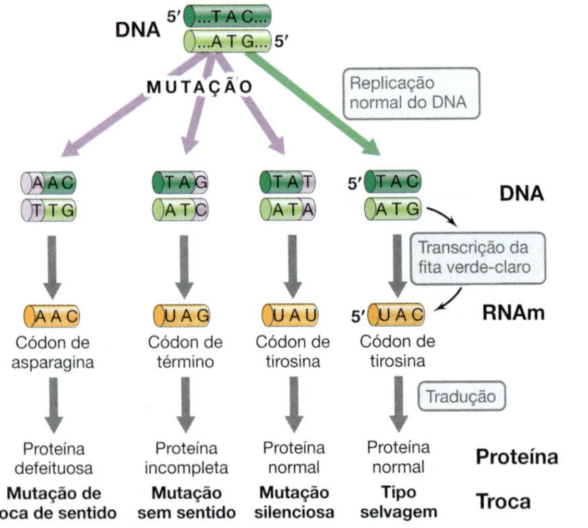


**Figura 10.3** **Possíveis efeitos de substituições de pares de bases em um gene que codifica uma proteína.** Três produtos proteicos diferentes podem ser originados a partir de alterações no DNA de um único códon.

nal (Figura 10.3). Mutações desse tipo são denominadas **mutações sem sentido**, devido à troca de códon de um aminoácido (com significado) por um códon sem sentido (Tabela 4.5). A menos que a mutação sem sentido ocorra próxima ao final de um gene, o produto da tradução é considerado truncado ou incompleto. Proteínas truncadas são completamente inativas ou, na melhor das hipóteses, não possuem atividade normal.

Os termos "transição" e "transversão" são utilizados para desenvolver o tipo de substituição de bases em uma mutação pontual. **Transições** são mutações nas quais uma purina (A ou G) é substituída por outra purina, ou uma piramidina (C ou T) é substituída por outra piramidina. **Transversões** são mutações nas quais uma purina é substituída por uma piramidina ou vice-versa.

### Alterações de fase de leitura e outras inserções ou deleções

Uma vez que o código genético é lido a partir de uma das extremidades da molécula de ácido nucleico, em blocos consecutivos de três bases (i.e., como códons), qualquer deleção ou inserção de um único par de bases resulta em uma alteração da fase de leitura. Essas **mutações de alteração da fase de leitura** podem acarretar sérias consequências. Inserções ou deleções de uma base alteram a sequência primária do polipeptídeo codificado, normalmente de forma significativa (**Figura 10.4**). Tais microinserções ou microdeleções podem ser resultantes de erros ocorridos durante a replicação. A inserção ou deleção de dois pares de bases também provoca uma alteração de fase; contudo, a inserção ou deleção de três pares de bases adiciona ou remove um códon inteiro. Tal evento resulta na inserção ou deleção de um único aminoácido na sequência polipeptídica. Embora isso possa também ser deletério à atividade da proteína, geralmente não é tão danoso quanto uma alteração de fase, que embaralha toda a sequência polipeptídica após o local da mutação.

Inserções ou deleções podem também resultar na aquisição ou perda de centenas, ou mesmo milhares, de pares de bases. Tais alterações inevitavelmente resultam na perda completa da função gênica. Algumas deleções são tão extensas que podem incluir vários genes. Caso algum dos genes deletados seja essencial, a mutação será letal. Tais deleções não são restauradas por meio de mutações adicionais, mas apenas por eventos de recombinação genética. De fato, uma maneira de se distinguir grandes

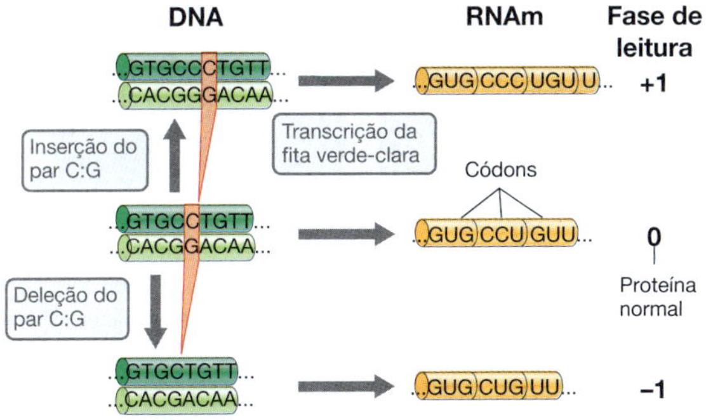


**Figura 10.4** **Alterações na fase de leitura de um RNAm, provocadas por inserções ou deleções.** A fase de leitura no RNAm é estabelecida pelo ribossomo, que inicia a leitura na extremidade 5′ (à esquerda da figura), movendo-se ao longo de unidades compostas por três bases. A fase normal de leitura é referida como fase zero (0), enquanto aquela onde houve a deleção de uma base é denominada −1, e aquela onde uma base foi inserida, de +1.

deleções de mutações pontuais é o fato de as últimas serem revertidas por mutações adicionais, enquanto as primeiras não o são. Inserções e deleções ainda maiores podem ocorrer devido a erros durante a recombinação genética. Além disso, muitas mutações por inserção são decorrentes da inserção de sequências específicas e identificáveis de DNA denominadas sequências de inserção, um tipo de *elemento transponível* (Seção 10.11). O efeito dos elementos transponíveis na evolução dos genomas bacterianos é discutido em maior detalhe na Seção 6.12.

**MINIQUESTIONÁRIO**

- Por que mutações de alteração da fase de leitura, geralmente, têm consequências mais graves do que as mutações de troca do sentido?
- Mutações de troca de sentido podem ocorrer em genes que codificam RNAt? Por quê?

## 10.3 Reversões e taxas de mutação

As taxas às quais ocorrem diferentes tipos de mutações variam amplamente. Alguns tipos de mutações ocorrem tão raramente que elas são quase impossíveis de detectar, enquanto outras ocorrem com tanta frequência que apresentam dificuldades para qualquer experimentador tentando manter geneticamente estável uma cultura estoque. Às vezes, uma segunda mutação pode inverter o efeito da mutação inicial. Além disso, todos os organismos possuem uma variedade de mecanismos para o reparo do DNA. Consequentemente, a taxa de mutação observada não depende somente da frequência de alteração na sequência de DNA, mas também sobre a eficiência em que ocorre o reparo do DNA mutado.

### Mutações reversas ou reversões

As mutações pontuais são normalmente reversíveis, um processo denominado **reversão**. Uma linhagem revertente é aquela em que o fenótipo original perdido pelo mutante é restaurado. Os revertentes podem ser classificados em dois tipos. Nos **revertentes de mesmo sítio**, a mutação que restaura a atividade ocorre no mesmo sítio onde a mutação original ocorreu. Caso a mutação reversa não ocorra apenas no mesmo sítio, mas também restaure a sequência selvagem, será denominada *revertente verdadeira*.

Nos *revertentes de segundo sítio*, a mutação ocorre em um sítio distinto no DNA. As mutações de segundo sítio podem levar à restauração do fenótipo selvagem se atuarem como *mutações supressoras* – mutações que compensam o efeito da mutação original e restauram o fenótipo original. Várias classes de mutações supressoras são conhecidas. Elas incluem (1) uma mutação que ocorre em algum outro local do gene e restaura a função de uma enzima, como uma segunda mutação de alteração de fase próxima à primeira, restaurando a fase original de leitura, (2) uma mutação em outro gene que restaura a função do gene original mutado, e (3) uma mutação em outro gene, que resulta na produção de uma enzima capaz de substituir a enzima mutada.

Uma interessante subclasse de mutações supressoras compreende as mutações que ocorrem devido a alterações no RNAt. Mutações sem sentido podem ser suprimidas alterando-se a sequência do anticódon na molécula de RNAt, de modo que ela passe a reconhecer um códon de término (**Figura 10.5**). Tal RNAt modificado é conhecido como *RNAt supressor* e irá inserir seu aminoácido cognato no códon de término, que agora passa a ter significado. Mutações no RNAt

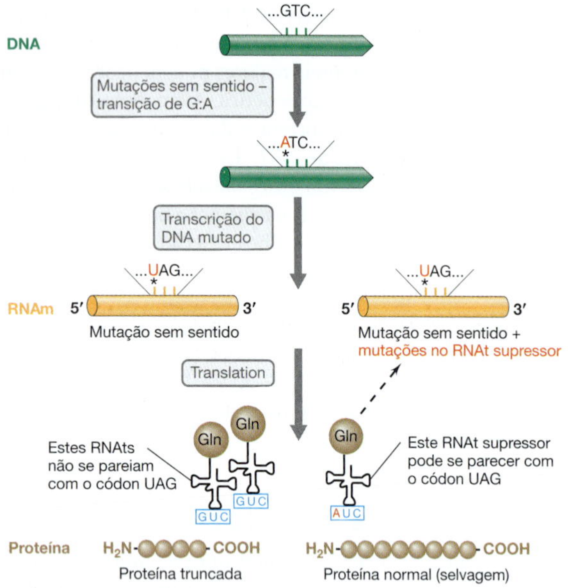


**Figura 10.5** **Supressão de mutações sem sentido.** Introdução de uma mutação sem sentido em um gene codificador para um proteína resulta na incorporação de um códon de término (indicado pelo *) no RNAm correspondente. Uma única mutação leva à produção de um polipeptídeo truncado. A mutação é suprimida se uma segunda mutação ocorrer no anticódon de um RNAt, um RNAt carreando glutamina neste exemplo, o qual permite o RNAt mutado ou o supressor do RNAt ligar-se ao códon sem sentido.

supressor podem ser letais caso a célula não possua mais de um RNAt para um determinado códon. Um RNAt pode então ser mutado em um supressor, enquanto o outro realiza a função original. A maioria das células possui múltiplos RNAt, de modo que as mutações supressoras são relativamente comuns, pelo menos em microrganismos. Algumas vezes, o aminoácido inserido pelo RNAt supressor é idêntico ao aminoácido original, sendo a proteína completamente restaurada. Em outros casos, um aminoácido diferente é inserido, podendo haver a síntese de uma proteína parcialmente ativa.

## Teste de Ames

O *teste de Ames* (nomeado em homenagem a Bruce Ames, o bioquímico que desenvolveu o teste) torna prático o uso da detecção de revertentes em grandes populações de bactérias mutantes para testar mutagenicidade de produtos químicos potencialmente perigosos. O procedimento padrão para testar-se a mutagenicidade de compostos químicos é a observação de um possível aumento na taxa de mutações reversas (reversões) em linhagens bacterianas auxotróficas, na presença do agente mutagênico suspeito (**Figura 10.6**). O teste de Ames avalia a ocorrência de *reversões*, em vez de *mutações primárias* (gerando mutantes autotróficos a partir da linhagem selvagem), uma vez que os revertentes podem ser mais facilmente relacionados.

É importante que a linhagem auxotrófica possua uma mutação pontual, pois a taxa de reversão em tal tipo de linhagem é mensurável. Células desse tipo de auxotrófico não crescem em um meio desprovido do nutriente requerido (p. ex., um aminoácido), e mesmo populações muito numerosas podem ser semeadas na placa, sem a formação de colônias visíveis. Entretanto, havendo células com mutações reversas (revertentes), elas serão capazes de originar colônias. Assim, se $10^8$ células forem espalhadas na superfície de uma única placa, cerca de 10 a 20 revertentes poderão ser detectados, a partir da visualização das 10 a 20 colônias formadas (Figura 10.6, fotografia à esquerda). No entanto, se a taxa de reversão for *aumentada* pela presença de um mutagênio químico, o número de revertente de colônias é ainda maior. Após incubação durante a noite, a mutagenicidade do composto pode ser detectada por um halo de mutações reversas na área ao redor do disco de papel (Figura 10.6).

Uma ampla variedade de produtos químicos foi submetida ao teste de Ames, e esse tornou-se uma das mais úteis técnicas de varredura para determinar o potencial de mutagenicidade de um composto. Uma vez que alguns mutagênicos podem causar câncer em animais, o teste de Ames também funciona como uma triagem de possíveis carcinógenos.

## Taxas de mutação

Para a maioria dos microrganismos, a frequência de erros durante a replicação do DNA varia de $10^{-6}$ a $10^{-7}$ por par de quilobases, durante um único ciclo de replicação. Um gene típico apresenta cerca de 1.000 pares de bases. Assim, a frequência de uma mutação *em um determinado gene* situa-se na faixa de $10^{-6}$ a $10^{-7}$, por geração. Por exemplo, em uma cultura bacteriana contendo cerca de $10^8$ células/mL, vários mutantes diferentes para um dado gene poderão, provavelmente, ser encontrados em cada mililitro dessa cultura. Organismos superiores, com genomas muito grandes, tendem a apresentar taxas de erros de replicação cerca de dez vezes inferiores àquelas das bactérias, enquanto vírus de DNA, especialmente aqueles com genomas muito pequenos, podem apresentar taxas de erros 100 a 1.000 vezes superiores àquelas de organismos celulares. Os vírus de RNA exibem taxas de erros ainda maiores devido a menor taxa de revisão (Seção 4.6) e a falta de mecanismos de reparo de RNA.

Erros em bases únicas durante a replicação do DNA geralmente resultam em mutações de sentido trocado, em vez de mutações sem sentido, uma vez que as substituições de uma única base geram códons que especificam outros aminoácidos (Tabela 4.5). O segundo tipo mais frequente de alteração

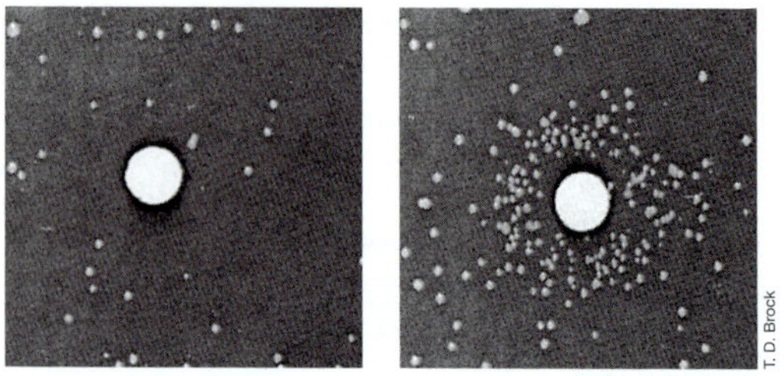


**Figura 10.6** **Teste de Ames para avaliar a mutagenicidade de um composto químico.** As duas placas foram inoculadas com uma cultura de um mutante de *Salmonella enterica* que precisa de histidina para seu crescimento. O meio de cultura não contém histidina, de modo que apenas aquelas células que reverteram ao estado selvagem são capazes de crescer. Revertentes espontâneos desenvolvem-se em ambas as placas, porém o agente químico presente no disco de papel-filtro na placa teste (à direita) promoveu um aumento na taxa de mutação, evidenciado pelo grande número de colônias ao redor do disco. Revertentes não são observados muito próximos ao disco de teste, uma vez que a concentração do agente mutagênico é muito elevada, tornando-o letal. A placa à esquerda corresponde ao controle negativo; seu disco de papel-filtro foi adicionado apenas de água.

de códon, provocada por uma alteração em uma base, provoca uma mutação silenciosa. Tal evento ocorre porque a maioria dos códons alternativos para um determinado aminoácido difere apenas em uma modificação de uma base, na terceira posição "silenciosa". Um determinado códon pode ser modificado, originando qualquer um dos 27 demais códons por uma substituição de uma única base e, em média, cerca de duas delas corresponderão a mutações silenciosas, uma corresponderá a uma mutação sem sentido, e o restante, a mutações de sentido trocado. Há também algumas sequências de DNA, normalmente regiões contendo repetições curtas, que correspondem a *hot spots* ("pontos quentes") de mutações, pois a frequência de erros da DNA-polimerase é relativamente alta nesses locais. A taxa de erros em *hot spots* é afetada pela sequência de bases das regiões vizinhas.

A menos que um mutante seja selecionável, a detecção experimental desses eventos é difícil, sendo necessária muita habilidade do geneticista microbiano no sentido de aumentar a eficiência de detecção dessas mutações. Como veremos na próxima seção, é possível aumentar significativamente a taxa de mutação pelo emprego de tratamentos mutagênicos. Além disso, a taxa de mutação pode ser alterada em certas situações, como quando sob condições de estresse.

**MINIQUESTIONÁRIO**

- Por que o teste de Ames mede a taxa de reversão em vez da taxa de mutação para a frente?
- Qual a classe de mutação, de troca de sentido ou sem sentido, é mais comum, e por quê?

## 10.4 Mutagênese

A taxa de mutações espontâneas é muito baixa; no entanto, existem vários agentes químicos, físicos ou biológicos que podem aumentar a frequência de mutações, sendo, portanto, referidos como agentes capazes de induzir mutações. Esses agentes são denominados **mutagênicos**. Passaremos a discutir agora algumas das principais categorias de agentes mutagênicos e suas atividades.

### Agentes químicos mutagênicos

Uma visão geral dos principais agentes químicos mutagênicos e de seus mecanismos de ação é apresentada na **Tabela 10.2**. Existem várias classes de agentes mutagênicos químicos. Uma das classes corresponde aos *análogos de bases nucleotídicas*, moléculas estruturalmente semelhantes às bases púricas e pirimídicas de DNA, promovendo o pareamento incorreto das bases (**Figura 10.7**). Quando um desses análogos de bases é incorporado ao DNA no lugar de uma base natural, a replicação do DNA pode ocorrer normalmente, na maioria dos casos. Todavia, erros na replicação do DNA ocorrem com maior frequência nesses sítios, devido à incorporação de uma base incorreta na fita de DNA, introduzindo, assim, uma mutação. Durante o processo subsequente de segregação desta fita na divisão celular, a mutação é revelada.

Outros agentes químicos mutagênicos podem induzir *modificações químicas* em uma ou outra base, resultando em um pareamento incorreto ou outras modificações relacionadas (Tabela 10.2). Por exemplo, agentes alquilantes (compostos químicos que reagem com grupos amino, carboxil e hidroxil

**Tabela 10.2 Agentes químicos e físicos mutagênicos e seus mecanismos de ação**

| *Agente* | *Ação* | *Resultado* |
|---|---|---|
| *Análogos de bases* | | |
| 5-Bromouracil | Incorporado como T; ocasional pareamento incorreto com G | AT → GC e ocasionalmente GC → AT |
| 2-Aminopurina | Incorporado como A; ocasional pareamento incorreto com C | AT → GC e ocasionalmente GC → AT |
| *Agentes químicos que reagem com o DNA* | | |
| Ácido nitroso ($HNO_2$) | Desamina A e C | AT → GC e GC → AT |
| Hidroxilamina ($NH_2OH$) | Reage com C | GC → AT |
| *Agentes alquilantes* | | |
| Monofuncionais (p. ex., etil metano sulfonato) | Adiciona um grupo metil em G; pareamento incorreto com T | GC → AT |
| Bifuncionais (p. ex., mitomicina, gás mostarda, nitrosoguanidina) | Faz ligações cruzadas das fitas de DNA, regiões incorretas excisadas pela DNase | Mutações pontuais e deleções |
| *Corantes intercalantes* | | |
| Acridinas, brometo de etídio | Insere-se entre dois pares de bases | Microinserções e microdeleções |
| *Radiação* | | |
| Ultravioleta | Forma de dímeros de pirimidina | O reparo pode levar a erros ou deleções |
| Radiação ionizante (p. ex., raios X) | Radicais livres atacam o DNA, quebrando as cadeias | O reparo pode levar a erros ou deleções |

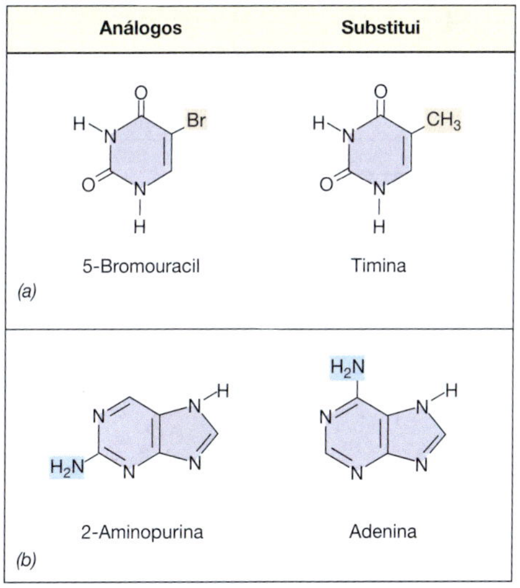


**Figura 10.7 Análogos de bases nucleotídicas.** Estrutura de dois análogos de bases comuns, utilizados na indução de mutações, e as bases normalmente encontradas em ácidos nucleicos, que são substituídas. *(a)* O 5-bromouracil pode parear-se com a guanina, promovendo substituições de AT por GC. *(b)* A 2-aminopurina pode parear-se com a citosina, promovendo substituições de AT por GC.

de proteínas e ácidos nucleicos, substituindo-os por grupos alquil), como a nitrosoguanidina, são agentes mutagênicos poderosos que geralmente induzem mutações em frequências superiores às induzidas pelos análogos de bases. Diferentemente dos análogos de bases, que exibem efeito somente quando incorporados durante a replicação do DNA, os agentes alquilantes são capazes de introduzir modificações mesmo em moléculas de DNA que não se encontram em replicação. Tanto os análogos de bases quanto os agentes alquilantes tendem a induzir substituições de pares de bases (Seção 10.2).

Outro grupo de agentes químicos mutagênicos, as acridinas, corresponde a moléculas planares que atuam como *agentes intercalantes*. Esses agentes mutagênicos inserem-se entre dois pares de bases no DNA, afastando-os. Durante a replicação, essa conformação anormal pode levar a inserções ou deleções em moléculas de DNA tratadas com acridina. Dessa forma, as acridinas normalmente induzem mutações de alteração da fase de leitura (Seção 10.2). O brometo de etídio, frequentemente utilizado na detecção de DNA em procedimentos de eletroforese, é também um agente intercalante e, portanto, um agente mutagênico.

## Radiação

Várias formas de radiação são altamente mutagênicas. As radiações eletromagnéticas mutagênicas podem ser dividas em duas categorias principais, *ionizante* e *não ionizante* (**Figura 10.8**). Embora os dois tipos de radiação sejam empregados em genética microbiana para gerar mutações, as radiações não ionizantes, como a radiação ultravioleta (UV), são mais amplamente utilizadas.

As bases púricas e pirimídicas dos ácidos nucleicos absorvem fortemente a radiação UV, sendo o máximo de absorção para DNA e RNA 260 nm. A morte celular pela radiação UV deve-se, principalmente, à sua ação sobre o DNA. Embora vários efeitos sejam conhecidos, um efeito bem estabelecido corresponde à formação de *dímeros de pirimidina*, em que duas bases pirimídicas adjacentes (citosina ou timina) de uma mesma fita ligam-se covalentemente. Isso resulta no impedimento de a DNA-polimerase ou em uma maior probabilidade de a DNA-polimerase realizar erros na leitura da sequência nesse local.

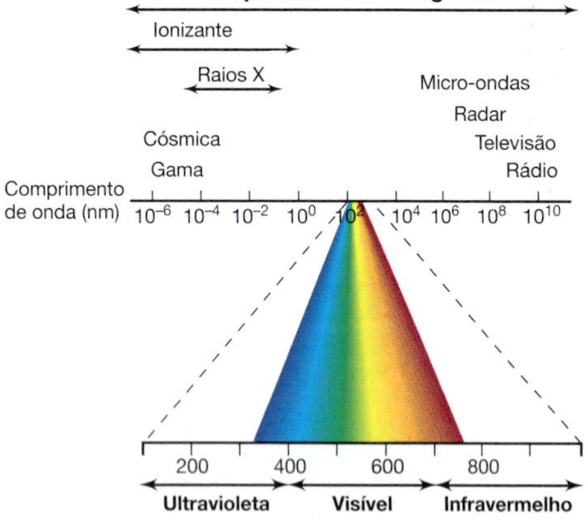


**Figura 10.8 Comprimentos de onda das radiações.** Observe que a radiação ultravioleta consiste em comprimentos de onda imediatamente inferiores aos da luz visível. No caso de qualquer radiação eletromagnética, quanto menor o comprimento de onda, maior a energia. O DNA absorve intensamente em 260 nm.

A radiação ionizante é uma forma de radiação mais poderosa do que a radiação UV e inclui os raios de pequeno comprimento de onda, como os raios X, raios cósmicos e raios gama (Figura 10.8). Esses raios provocam a ionização da água e de outras substâncias como o radical hidroxila, OH · (Seção 5.16). Radicais livres reagem com e danificam macromoléculas na célula, incluindo o DNA. Isso causa a quebra nos filamentos de cadeia simples ou dupla que pode levar a grandes deleções ou rearranjos no DNA. Em baixas doses de radiação ionizante, apenas algumas modificações ocorrem no DNA, mas em doses elevadas, múltiplas modificações causam a fragmentação das fitas de DNA que às vezes não podem ser reparadas e, assim, levam à morte da célula.

## Sistemas de reparo de DNA

Lembre-se de que, por definição, uma mutação é uma alteração *hereditária* do material genético. Assim, se um DNA danificado puder ser corrigido antes da divisão celular, não haverá mutação. A maioria das células apresenta uma série de processos distintos para o reparo de DNA, seja para corrigir erros, seja reparar danos. A maioria desses sistemas de reparo de DNA é livre de erros. Entretanto, alguns processos são propensos a erros, introduzindo mutações decorrentes do próprio processo de reparo. Alguns danos no DNA, especialmente danos em larga escala decorrentes de agentes químicos altamente mutagênicos, ou de grandes doses de radiação, podem causar lesões que interferem na replicação. Se tais lesões não forem removidas há tempo, o processo de replicação do DNA irá parar, podendo resultar em quebras letais nos cromossomos. Alguns tipos de dano ao DNA e a interrupção no processo de replicação ativam o **sistema de reparo SOS**. O sistema SOS inicia uma série de processos de reparo, alguns dos quais são livres de erros. Contudo, o sistema SOS também permite o reparo sem a necessidade de um DNA-molde, isto é, sem o pareamento de bases por meio da incorporação aleatória de dNTPs. Assim, conforme o esperado, tal processo resulta na introdução de muitos erros e, com isso, muitas mutações. No entanto, as mutações podem ser menos prejudiciais para a sobrevivência da célula do que a quebra no cromossomo, uma vez que as mutações muitas vezes podem ser corrigidas, enquanto quebras cromossômicas normalmente não podem.

Em *Escherichia coli*, o sistema de reparo SOS regula a transcrição de aproximadamente 40 genes localizados ao longo de todo o cromossomo, e participam da tolerância ao dano no DNA e também no reparo. Na tolerância ao dano no DNA, as lesões permanecem no filamento de DNA, mas são ignoradas por DNA-polimerases especializadas que deslocam-se passando através do dano, um processo denominado síntese translesão. Mesmo na ausência de um molde para permitir a inserção das bases corretas, é menos perigoso preencher as lacunas do que deixar um DNA com quebras ou danificado naquele local. Consequentemente, a síntese translesão gera muitos erros. Em *E. coli*, em que os processos de mutagênese foram detalhadamente estudados, existem duas polimerases de reparo propensas a erro, a DNA-polimerase V, um enzima codificada pelos genes *umuCD* (**Figura 10.9**), e a DNA-polimerase IV, codificada pelo gene *dinB*. Ambas são induzidas como parte da resposta SOS.

O sistema SOS é regulado por duas proteínas, LexA e RecA. LexA é uma proteína repressora que normalmente impede a expressão do sistema SOS. A proteína RecA, que nor-

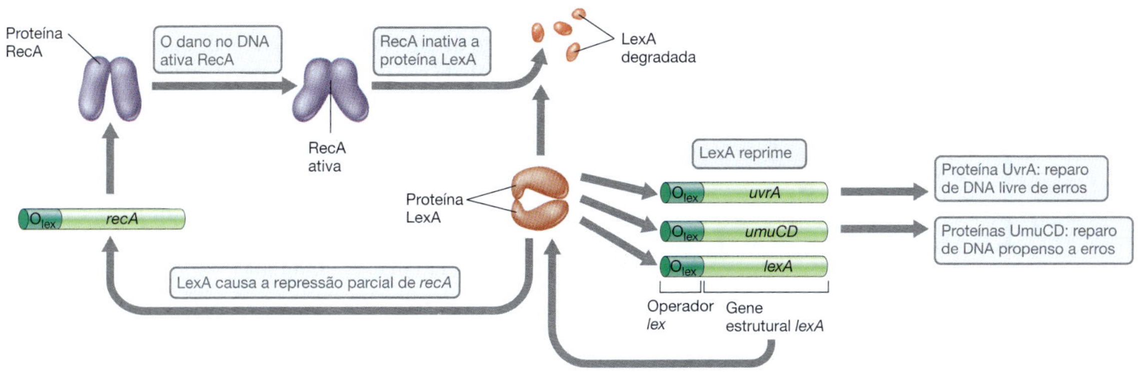


**Figura 10.9** **Mecanismo da resposta SOS.** Danos no DNA ativam a proteína RecA, que, por sua vez, ativa a atividade de protease de LexA. A proteína LexA normalmente reprime as atividades do gene *recA* e dos genes *uvrA* e *umuCD* (as proteína UmuCD são parte da DNA-polimerase V), envolvidos no reparo de DNA. No entanto, a repressão não é total. Algumas moléculas da proteína RecA são produzidas, mesmo na presença da proteína LexA. Quando a proteína LexA é inativada, esses genes tornam-se altamente ativos.

malmente participa da recombinação genética (Seção 10.5), é ativada pela ocorrência de danos ao DNA (Figura 10.9). A forma ativada de RecA estimula LexA a se autoinativar, por meio de autoclivagem. Isso leva à desrrepressão do sistema SOS, resultando na expressão coordenada de várias proteínas que participam do reparo do DNA. Uma vez que alguns dos mecanismos de reparo do sistema SOS são inerentemente propensos a erros, muitas mutações podem surgir. Assim, uma vez que o dano no DNA foi reparado, o regulon SOS é reprimido, interrompendo a ocorrência de mutações adicionais.

### Alterações na taxa de mutação e suas consequências evolutivas

A alta fidelidade (baixa frequência de erros) na replicação do DNA é essencial para que os organismos mantenham-se estáveis geneticamente. Contudo, a fidelidade perfeita é contraproducente, uma vez que poderia impedir a evolução. Portanto, taxas de mutação existem nas células, porém são muito baixas para serem detectadas. Isso permite ao organismo equilibrar a necessidade de estabilidade genética e as adaptações evolutivas. O fato de organismos filogeneticamente distantes como arqueias e bactérias apresentarem aproximadamente a mesma taxa de mutações poderia ser interpretado como se a pressão evolutiva tivesse selecionado organismos com as menores taxas possíveis de mutação. Entretanto, esse não é o caso. Por exemplo, mutantes de alguns organismos que são hiperprecisos na replicação e reparo do DNA foram selecionados em laboratório. Contudo, os mecanismos otimizados de revisão ou reparo nesses organismos podem ter um custo metabólico significativo; assim, os mutantes hiperprecisos poderiam encontrar-se em desvantagem no ambiente natural.

Em contrapartida, certos organismos podem beneficiar-se desses sistemas otimizados de reparo, permitindo-lhes ocupar certos nichos na natureza. Por exemplo, a subunidade proteica da DNA-polimerase III envolvida nas atividades de revisão (⇄ Seção 4.6) é codificada pelo gene *dnaQ*. Certas mutações nesse gene originam mutantes que ainda são viáveis, mas que exibem taxas de mutação aumentadas. Esses organismos são referidos como linhagens hipermutáveis ou **linhagens mutadoras**. São conhecidas várias mutações que levam a um fenótipo mutador em vários outros sistemas de reparo de DNA. O fenótipo mutador é aparentemente selecionado em ambientes complexos e que sofrem constantes alterações, uma vez que linhagens bacterianas com fenótipos mutadores parecem ser mais abundantes nessas condições. Provavelmente, qualquer desvantagem decorrente do aumento da taxa de mutações seja contrabalançada pela capacidade de gerar um grande número de mutações novas e úteis nesse tipo de ambientes. Em última análise, essas mutações aumentam a adaptabilidade evolutiva da população, tornando o organismo mais apto ao sucesso em um nicho ecológico.

Conforme mencionado anteriormente, um fenótipo mutador pode ser induzido em linhagens selvagens por situações de estresse. Por exemplo, a resposta SOS induz ao reparo propenso a erros. Portanto, quando a resposta SOS é ativada, há um aumento na taxa de mutação. Em alguns casos, tal fenômeno é meramente um subproduto inevitável do reparo de DNA, mas, em outros, a taxa aumentada de mutação pode, por si só, apresentar valor seletivo ao organismo, em relação à sua sobrevivência.

**MINIQUESTIONÁRIO**

- Como os agentes mutagênicos atuam?
- Por que um fenotipo mutador pode ser útil em um ambiente sujeito a rápidas modificações?
- Qual o significado de reparo do DNA propenso a erros?

## II • Transferência gênica em bactérias

Análises comparativas de genomas de microrganismos estreitamente relacionados, mas que exibem diferentes fenótipos, revelou nítidas diferenças no genoma. Muitas vezes, essas diferenças são resultados da *transferência horizontal de genes*, o movimento de genes entre células que não são descendentes diretas (⇄ Seção 6.12). A transferência horizontal de genes permite que as células adquiram rapidamente novas características e guia a diversidade metabólica.

Três mecanismos de troca genética são conhecidos em procariotos: (1) *transformação*, em que o DNA livre é liberado

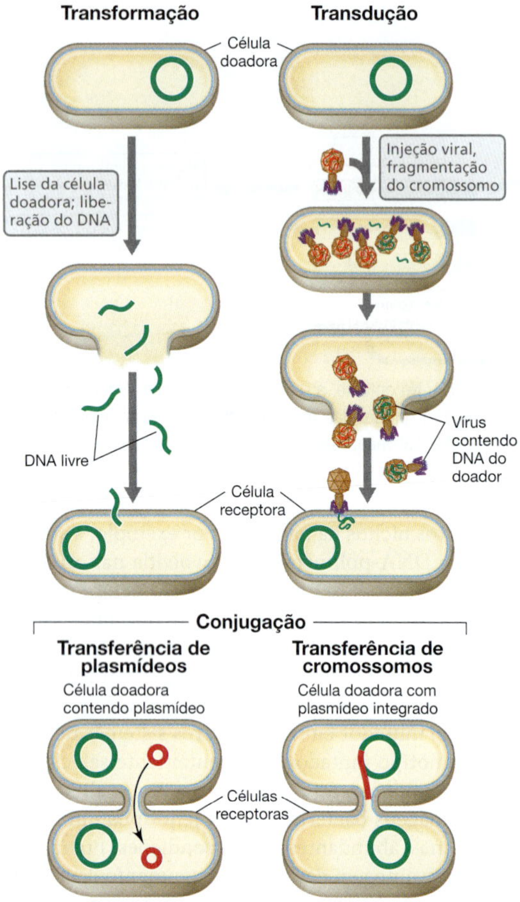


**Figura 10.10** **Processos pelos quais o DNA é transferido de uma célula bacteriana doadora para uma outra receptora.** Apenas os passos iniciais na transferência são mostrados.

de uma célula, sendo captado por outra (Seção 10.6); (2) *transdução*, no qual a transferência de DNA é mediada por um vírus (Seção 10.7); e (3) *conjugação*, na qual a transferência de DNA envolve o contato célula-célula e um plasmídeo conjugativo na célula doadora (Seções 10.8 e 10.9). Esses processos são comparados na **Figura 10.10**, e deve-se notar que a transferência de DNA normalmente ocorre somente em uma direção, entre o doador e o receptor.

Antes de discutirmos os processos de transferência, devemos considerar o destino do DNA transferido. Qualquer que seja o processo de transferência (transformação, transdução ou conjugação), o DNA captado pela célula pode seguir três caminhos. (1) Ele pode ser degradado por enzimas de restrição, (2) pode ser replicado *per se* (somente se possuir sua própria origem de replicação, como um plasmídeo ou genoma de um fago), (3) ou pode sofrer recombinação com o cromossomo do hospedeiro.

## 10.5 Recombinação genética

**Recombinação** corresponde à troca física de DNA entre *elementos genéticos* (estruturas que carregam informação genética). Nesta seção, enfocaremos a recombinação *homóloga*, um processo que resulta na troca de sequências homólogas de DNA, a partir de duas origens distintas. Sequências homólogas de DNA são aquelas que apresentam sequências praticamente idênticas, portanto, permitem o pareamento das bases ao longo de uma extensão variável de duas moléculas de DNA. Esse tipo de recombinação está envolvido no processo denominado "*crossing over*", na genética clássica.

### Eventos moleculares na recombinação homóloga

A proteína RecA, previamente mencionada quando discutimos os sistema SOS (Seção 10.4 e Figura 10.9), é essencial na recombinação homóloga. RecA é essencial a quase todas as vias de recombinação homóloga. Proteínas do tipo RecA foram identificadas em todos os procariotos examinados, assim como em arqueias e na maioria dos eucariotos.

Um mecanismo molecular que proporciona a recombinação homóloga entre duas moléculas de DNA está apresentado na **Figura 10.11**. Uma enzima, denominada *endonuclease*, que cliva o DNA no meio de uma fita, inicia o processo por meio da inserção de um corte em uma das fitas da molécula de DNA doadora. Essa fita cortada é separada da outra fita por proteínas que possuem atividade de helicase (Seção 4.5). O segmento de fita simples resultante se liga a proteínas de ligação à fita simples (Seção 4.5) e, então, à RecA. Esse processo resulta

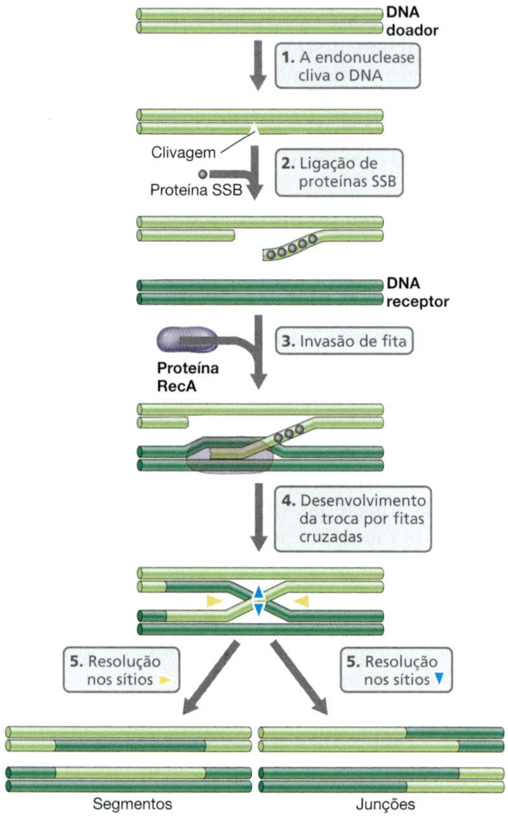


**Figura 10.11** **Versão simplificada da recombinação homóloga.** Moléculas de DNA homólogos pareiam-se e permutam porções de DNA. O mecanismo envolve a quebra e reunião das regiões pareadas. Duas das proteínas envolvidas, uma proteína de ligação à fita simples (SSB, *single strand binding*) e a proteína RecA, são apresentadas. As outras proteínas envolvidas não são ilustradas. O diagrama não se encontra em escala: o pareamento pode ocorrer ao longo de centenas ou milhares de bases. A resolução ocorre pela clivagem e reunião de moléculas cruzadas de DNA. Observe que há dois possíveis resultados, segmentos ou junções, dependendo de onde as fitas são clivadas durante o processo de resolução.

na formação de um complexo que promove o pareamento de bases com a sequência complementar da molécula de DNA recipiente. Esse pareamento de bases, por sua vez, causa a remoção da outra fita da molécula de DNA recipiente (Figura 10.11), sendo apropriadamente denominada *invasão de fita*.

A troca das fitas promove a formação de intermediários de recombinação contendo extensas regiões de **heterodúplex**, em que cada fita é oriunda de um cromossomo diferente. Finalmente, as moléculas ligadas são separadas, ou "resolvidas" por resolvases, que clivam e unem as segundas (previamente não clivadas) fitas. Dependendo da orientação da junção durante a resolução, dois tipos de produtos, segmentos ou junções, são formados, os quais diferem em relação à conformação das regiões de heterodúplex que permanecem após a resolução (Figura 10.11).

### Efeito da recombinação homóloga no genótipo

Para que a recombinação homóloga gere novos fenotipos, é essencial que as duas sequências sejam relacionadas, porém geneticamente distintas. Esse é, obviamente, o caso em uma célula eucariótica diploide, que possui dois conjuntos de cromossomos, um oriundo de cada progenitor. Em procariotos, moléculas de DNA geneticamente distintas, porém homólogas, entram em contato por meio de diferentes mecanismos, sendo a recombinação genética um evento não menos importante. A recombinação genética em procariotos ocorre após a transferência de fragmentos de DNA homólogo de um cromossomo doador para uma célula receptora por transformação, transdução ou conjugação. Somente após a transferência, quando o fragmento de DNA da célula doadora se encontra na célula receptora, pode haver o processo de recombinação homóloga. Uma vez que, em procariotos, apenas um fragmento cromossômico é transferido, se não houver a recombinação homóloga, ele será perdido, pois não possui a capacidade de replicar-se de forma independente. Assim, em procariotos, a transferência é apenas a primeira etapa na geração de organismos recombinantes.

Para que a troca física de segmentos de DNA seja detectada, as células resultantes da recombinação devem ser fenotipicamente diferentes das células parentais (**Figura 10.12**). Os cruzamentos genéticos geralmente dependem de linhagens receptoras nas quais falta alguma característica selecionável, a qual será adquirida pelas células recombinantes. Por exemplo, a célula receptora pode ser incapaz de crescer em um determinado meio, enquanto os recombinantes genéticos selecionados possuem tal capacidade. Vários tipos de marcadores selecionáveis, como resistência a fármacos e necessidades nutricionais, foram discutidos na Seção 10.1. A extrema sensibilidade do processo de seleção permite que até mesmo algumas poucas células recombinantes sejam detectadas em uma grande população de células não recombinantes, assim, a seleção é uma importante ferramenta para o geneticista microbiano.

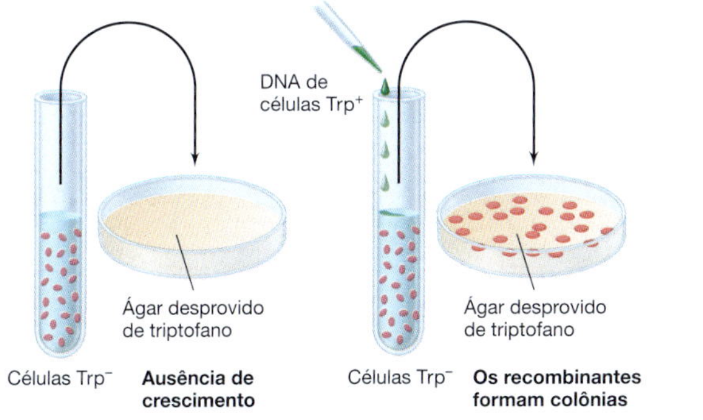


**Figura 10.12 Uso de meio seletivo para detectar recombinantes genéticos raros.** No meio seletivo, apenas os recombinantes raros formam colônias, apesar de uma grande população ter sido semeada. Procedimentos desse tipo, que oferecem alta resolução às análises genéticas, são normalmente usados somente com microrganismos. O tipo de permuta genética ilustrada corresponde à transformação.

### Complementação

Em todos os três métodos de transferência de genes bacterianos, somente uma porção do cromossomo doador entra na célula receptora. Portanto, a menos que haja recombinação com o cromossomo da receptora, o DNA doador será perdido, uma vez que não é capaz de replicar-se independentemente da receptora. No entanto, é possível manter um estado de diploidia parcial de forma estável, para uso em análises de genética bacteriana. Passaremos a considerar tal tema. Uma linhagem bacteriana que carreia *duas cópias* de qualquer segmento cromossômico é conhecida como diploide parcial ou *merodiploide*. Geralmente, uma cópia encontra-se no cromossomo e a segunda cópia, em outro elemento genético, como um plasmídeo ou em um bacteriófago.

Consequentemente, se a cópia cromossômica de um gene for defectiva devido a uma mutação, é possível introduzir uma cópia funcional do gene em um plasmídeo ou fago. Por exemplo, se um dos genes da biossíntese de triptofano for inativado, isso originará um fenótipo $Trp^-$. Isto é, a linhagem mutante será auxotrófica para triptofano e necessitará deste aminoácido para seu crescimento. Todavia, se uma cópia do gene selvagem for inserida na mesma célula, por meio de um plasmídeo ou genoma viral, esse gene codificará a proteína necessária, restaurando, assim, o fenótipo selvagem. Esse processo é denominado *complementação*, pois o gene selvagem *complementa* a mutação, nesse caso, convertendo a célula $Trp^-$ em $Trp^+$ (Figura 10.12).

**MINIQUESTIONÁRIO**

- Qual proteína, encontrada em todos os procariotos, facilita o pareamento necessário para a recombinação homóloga?
- Por que um fenótipo mutador pode ser útil em um ambiente sujeito a rápidas modificações?
- O que é um merodiploide?

## 10.6 Transformação

A **transformação** é uma transferência genética a partir da qual o *DNA livre* é incorporado em uma célula receptora, podendo promover alterações genéticas. Vários procariotos são naturalmente transformáveis, incluindo espécies gram-positivas e gram-negativas de bactérias, e também espécies de arqueias (Seção 10.10). Uma vez que o DNA de procariotos é encontrado na célula na forma de uma única grande molécula, quando a célula é submetida à lise branda, o DNA é extravasado. Devido ao seu enorme tamanho (p. ex., 1.700 µm, em *Bacillus subtilis*), os cromossomos bacterianos são facilmente quebrados. Mesmo após uma extração branda, o cromossomo de *B. subtilis*, contendo 4,2 Mb, é convertido em fragmentos de aproximadamente 10 kb. Uma vez que o DNA correspondente a um gene médio contém cerca de 1.000 nucleotídeos, cada um dos fragmentos do DNA de *B. subtilis* contém, aproximadamente, 10 genes. Esse é um tamanho transformável típico. Uma única célula normalmente incorpora apenas um ou poucos fragmentos de DNA, de modo que somente uma pequena proporção dos genes de uma célula é transferida à outra célula, em um único evento de transformação.

## A competência na transformação

Mesmo entre os gêneros transformáveis, apenas algumas linhagens ou espécies são, de fato, transformáveis. Uma célula capaz de captar uma molécula de DNA e ser transformada é referida como *competente*, sendo essa capacidade determinada geneticamente. A competência é regulada na maioria das bactérias naturalmente transformáveis, havendo proteínas especiais que desempenham papéis na captação e no processamento do DNA. Essas proteínas específicas de competência incluem uma proteína de ligação ao DNA, associada à membrana, uma autolisina de parede celular e várias nucleases. Uma via de competência natural em *Bacillus subtilis* – uma espécie facilmente transformável – é regulada por um sistema de *quorum sensing* (um sistema regulador que responde à densidade populacional), (Seção 7.9). As células produzem e secretam um pequeno peptídeo durante seu crescimento, o qual se acumula, atingindo concentrações elevadas, e induz as células a tornarem-se competentes. Em *Bacillus*, cerca de 20% das células de uma cultura tornam-se competentes, permanecendo nesse estado por várias horas. Entretanto, no gênero *Streptococcus*, 100% das células tornam-se competentes, mas apenas por um breve período, durante o ciclo de crescimento.

A transformação natural com alta eficiência é conhecida apenas em algumas bactérias. Por exemplo, *Acinetobacter*, *Bacillus*, *Streptococcus*, *Haemophilus*, *Neisseria* e *Thermus* são naturalmente competentes e facilmente transformáveis. Ao contrário, a transformação em muitos procariotos, se ocorrer, é muito difícil em condições naturais. *E. coli* e várias outras bactérias Gram-negativas enquadram-se nessa categoria. Contudo, quando células de *E. coli* são tratadas com altas concentrações de íons cálcio e resfriadas por vários minutos, tornam-se adequadamente competentes. Células de *E. coli* tratadas dessa maneira captam DNA de fita dupla, tornando a transformação desse organismo com DNA plasmidial relativamente eficiente. Isso é importante uma vez que a introdução de DNA em *E. coli* – o microrganismo-modelo da engenharia genética – é crucial à biotecnologia, como veremos no Capítulo 11.

A *eletroporação* é uma técnica física utilizada para introduzir DNA em organismos dificilmente transformáveis, especialmente aqueles que possuem paredes celulares espessas. Na eletroporação, as células são misturadas ao DNA e, em seguida, submetidas a pulsos elétricos curtos de alta voltagem. Esse procedimento torna o envoltório celular permeável, permitindo a entrada do DNA. A eletroporação é um processo rápido, eficiente para a maioria dos tipos celulares, incluindo *E. coli*, muitas outras bactérias, alguns membros de *Archaea* e até mesmo leveduras e determinadas células vegetais.

## Captação do DNA na transformação

Durante a transformação, as bactérias competentes ligam o DNA de forma reversível. Todavia, logo em seguida, a ligação torna-se irreversível. Células competentes ligam uma quantidade de muito maior de DNA que células não competentes – cerca de 1.000 vezes mais. Como mencionado anteriormente, os tamanhos dos fragmentos transformantes são muito menores do que o genoma completo, sendo esses fragmentos adicionalmente degradados durante o processo de captação. Em *S. pneumoniae*, cada célula é capaz de ligar somente cerca de dez moléculas de DNA de dupla-fita, de 10 a 15 kb cada uma. No entanto, à medida que tais fragmentos são captados, são convertidos em segmentos de fita simples, de aproximadamente 8 kb, sendo a fita complementar degradada. Os fragmentos de DNA presentes na mistura competem entre si no momento da captação e, caso haja a adição de um excesso de DNA desprovido do marcador genético em estudo, há uma redução no número de transformantes.

Curiosamente, a transformação em *Haemophilus influenzae* requer a presença de uma sequência particular, de 11 pb, no fragmento de DNA, para que ocorra a ligação irreversível e posterior captação da molécula. Essa sequência é encontrada no genoma de *Haemophilus* com uma frequência surpreendentemente elevada. Evidências desse tipo, associadas ao fato de que certas bactérias tornam-se competentes em seus ambientes naturais, sugerem que a transformação não corresponde a um artefato laboratorial, desempenhando um importante papel na transferência horizontal de genes na natureza. Ao promover novas combinações de genes, as bactérias naturalmente transformáveis aumentam a diversidade e a adaptabilidade da comunidade microbiana como um todo.

## Integração do DNA transformante

O DNA transformante liga-se à superfície da célula por meio de uma proteína de ligação ao DNA (**Figura 10.13**). Em seguida, dependendo do organismo, o fragmento inteiro de dupla-fita é captado, ou uma nuclease degrada uma das fitas, sendo a fita re-

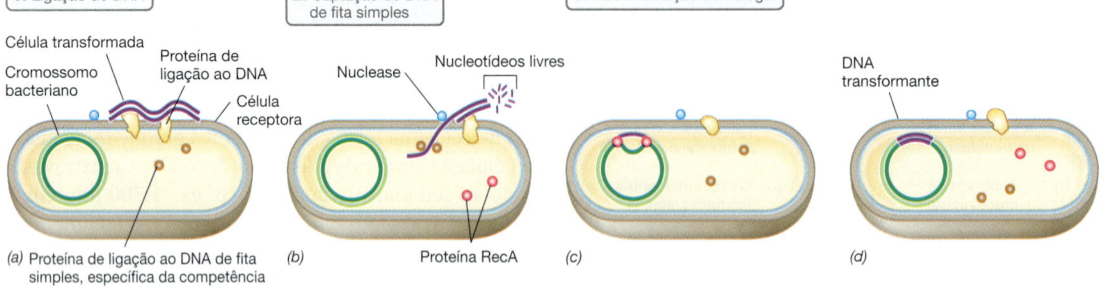


**Figura 10.13 Mecanismo de transformação em uma bactéria gram-positiva.** *(a)* Ligação do DNA de dupla-fita por uma proteína de ligação ao DNA associada à membrana. *(b)* Passagem de uma das duas fitas para o interior da célula, enquanto a atividade de nuclease degrada a outra fita. *(c)* Ao penetrar na célula, a fita simples liga-se a outras proteínas específicas, sendo a recombinação com regiões homólogas do cromossomo bacteriano mediada pela proteína RecA. *(d)* Célula transformada.

manescente captada. Após a captação, o DNA liga-se a uma proteína específica de competência. Essa proteína protege o DNA do ataque de nucleases, até que ele atinja o cromossomo, quando a proteína RecA passa a participar do processo. O DNA é então integrado ao genoma da célula receptora por recombinação (Figuras 10.13 e 10.11). Caso haja a integração de um DNA de fita simples, ocorre a formação de um DNA heterodúplex. Durante o próximo ciclo de replicação cromossômica, são formadas uma molécula de DNA parental e uma molécula de DNA recombinante. Ao ocorrer a segregação, durante a divisão celular, a molécula recombinante encontra-se presente na célula transformada, que está agora geneticamente alterada, em relação à célula parental. Essa discussão é pertinente apenas nos casos envolvendo pequenos fragmentos de DNA linear. Muitas bactérias naturalmente transformáveis são transformadas com baixa eficiência por DNA plasmidiais, uma vez que eles devem permanecer na forma circular e de dupla-fita para que sofram replicação.

**MINIQUESTIONÁRIO**

- Explique por que durante a transformação, apenas um ou pouquíssimos fragmentos de DNA são incorporados pela célula.
- Mesmo em células naturalmente transformáveis, a competência geralmente é induzível. O que isso significa?

## 10.7 Transdução

Na **transdução**, um vírus bacteriano (bacteriófago) transfere o DNA de uma célula para outra. Os vírus podem transferir genes hospedeiros de duas formas. Na primeira, denominada *transdução generalizada*, o DNA derivado de qualquer região do genoma do hospedeiro é empacotado no interior do vírion maduro, substituindo o genoma viral. Na segunda forma, denominada *transdução especializada*, o DNA de uma região específica do cromossomo do hospedeiro encontra-se diretamente integrado no genoma viral – geralmente substituindo alguns dos genes virais. Esse processo ocorre apenas com alguns vírus temperados (Seção 8.8).

Na transdução generalizada, os genes da célula doadora não possuem a capacidade de replicarem-se de maneira independente e também não correspondem a uma porção do genoma viral. Se esses genes doadores não realizarem recombinação com o cromossomo da bactéria receptora, serão perdidos. Na transdução especializada, a recombinação homóloga pode também ocorrer. No entanto, pelo fato de o DNA da bactéria doadora corresponder à parte do genoma de um fago temperado, ele pode integrar-se ao cromossomo da célula hospedeira durante a lisogenia (Seção 8.8).

A transdução ocorre em uma variedade de bactérias, incluindo os gêneros *Desulfovibrio*, *Escherichia*, *Pseudomonas*, *Rhodococcus*, *Rhodobacter*, *Salmonella*, *Staphylococcus* e *Xanthomonas*, bem como em *Methanothermobacter thermoautotrophicus*, uma espécie de arqueias. Nem todos os fagos são capazes de transduzir, assim como nem todas as bactérias são transduzíveis, porém o fenômeno é suficientemente disseminado de modo que, provavelmente, desempenhe um importante papel na transferência gênica na natureza. Exemplos de genes transferidos por bacteriófagos incluem vários genes de resistência a antibióticos entre as linhagens de *Salmonella enterica* sorovar *typhimurium*, genes que codificam para a toxina Shiga em *Escherichia coli*, fatores de virulência em *Vibrio cholerae*, e genes que codificam proteínas que participam da fotossíntese em cianobactérias.

Enquanto a transdução desempenha um papel na transferência horizontal de DNA na natureza, os geneticistas microbianos usam tanto a transdução generalizada quanto a especializada de bacteriófagos para introduzir DNA em células bacterianas-alvo. A transdução pode ser utilizada para introduzir DNA em linhagens em que a transformação e a conjugação não são eficientes. Os bacteriófagos também podem ser usados para produzir grandes fragmentos de DNA para células hospedeiras. Um típico fago com cauda com genoma de DNA de dupla-fita pode empacotar mais de 40 quilobases de pares de DNA. Os bacteriófagos utilizados em laboratório para a transdução geralmente não são líticos porque os genes bacterianos substituíram todos ou alguns genes virais necessários. Para ser selecionado para um evento de transdução, um fago transdutor deve infectar um hospedeiro doador que tem um marcador selecionável.

### Transdução generalizada

Na transdução generalizada, a princípio qualquer gene do cromossomo doador pode ser transferido para uma célula receptora. A transdução generalizada foi descoberta e intensamente estudada na bactéria *Salmonella enterica* com o fago P22, sendo também estudada em *Escherichia coli* com o fago P1. A **Figura 10.14** ilustra um exemplo de como as partículas transdutoras são formadas. Quando uma célula bacteriana

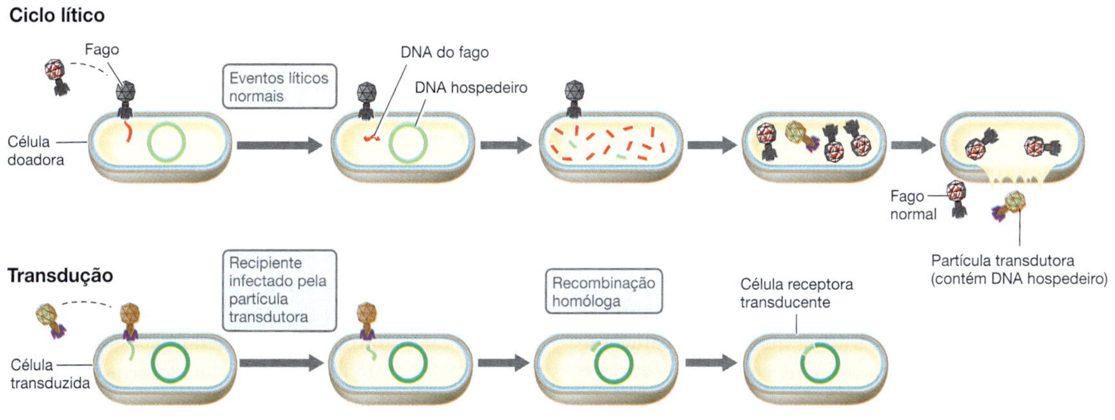


**Figura 10.14** **Transdução generalizada.** Observe que os vírions "normais" possuem genes do fago, enquanto a partícula transdutora contém genes do hospedeiro.

UNIDADE 2

é infectada por um fago, um ciclo lítico pode ser iniciado. Todavia, durante a infecção lítica, as enzimas responsáveis pelo empacotamento do DNA viral no bacteriófago podem, acidentalmente, empacotar o DNA da célula hospedeira. O vírion resultante é denominado *partícula transdutora*. Uma vez que as partículas transdutoras são incapazes de promover uma infecção viral (elas não contêm DNA viral), são referidas como *defectivas*. Quando a célula é lisada, essas partículas são liberadas juntamente com os vírions normais (i.e., aqueles contendo o genoma viral). Consequentemente, o lisado contém uma mistura de vírions normais e partículas transdutoras.

Quando esse lisado é utilizado para infectar uma população de células receptoras, a maioria das células é infectada pelos vírus normais. Contudo, uma pequena parcela da população recebe as partículas transdutoras, que injetam o DNA que receberam da bactéria hospedeira prévia. Embora esse DNA não seja capaz de replicar-se, pode sofrer recombinação genética com o DNA (Seção 10.5) da nova célula hospedeira. Uma vez que apenas uma pequena proporção das partículas do lisado é defectiva, cada uma contendo somente um pequeno fragmento de DNA da célula doadora, a probabilidade de uma determinada partícula transdutora conter um gene em particular é bastante baixa. Normalmente, somente cerca de 1 em $10^6$ a $10^8$ células é transduzida com um determinado marcador.

## Lisogenia e transdução especializada

A transdução generalizada permite a transferência de qualquer gene de uma bactéria à outra, porém com baixa frequência. De outra forma, a transdução especializada permite uma transferência extremamente eficiente, porém ela é seletiva, transferindo apenas uma pequena região do cromossomo bacteriano. No primeiro caso descrito de transdução especializada, genes de galactose foram transduzidos pelo fago temperado lambda, de *E. coli*.

Quando o fago lambda lisogeniza uma célula hospedeira, o genoma viral integra-se ao DNA hospedeiro em um sítio específico (Seção 8.8). A região na qual o fago lambda integra-se ao cromossomo de *E. coli* encontra-se adjacente ao agrupamento de genes que codificam as enzimas envolvidas na utilização de galactose. Após a inserção, a replicação do DNA viral passa a ser controlada pela célula bacteriana hospedeira. Quando ocorre a indução, o DNA viral separa-se do DNA hospedeiro por um processo inverso à integração (**Figura 10.15**). Geralmente, o DNA de lambda é excisado precisamente como uma unidade, porém, ocasionalmente, o genoma do fago é excisado de forma incorreta. Alguns dos genes bacterianos adjacentes a uma das extremidades do prófago (p. ex., o óperon galactose) são excisados juntamente com o DNA viral. Concomitantemente, alguns genes virais são deixados para trás (Figura 10.15*b*). Esta partícula transdutora pode subsequentemente transferir para uma célula receptora genes para a utilização de galactose. Esta transferência só pode ser detectada se uma cultura bacteriana galactose-negativa ($Gal^-$) for infectada com tal partícula de transdução e os transdutores $Gal^+$ são selecionados.

Para que um vírion de lambda seja viável, há um limite em relação à quantidade de DNA viral que pode ser substituído pelo DNA da célula hospedeira. Uma quantidade suficiente de DNA viral deve ser mantida, a fim de codificar o capsídeo proteico e outras proteínas virais necessárias à lise e lisogenia. Contudo, se um fago auxiliar (em inglês, *helper*) for utilizado juntamente com um fago defectivo em uma infecção mista, um número muito menor de genes virais específicos é necessário no fago defectivo. Quando um fago auxiliar é empregado, somente a região *att* (do inglês, *attachment*, que significa ligação), o sítio *cos* (correspondente às extremidades coesivas, importantes no empacotamento) e a origem de replicação do genoma de lambda (Figura 8.17*a*) são absolutamente necessários à produção de uma partícula transdutora.

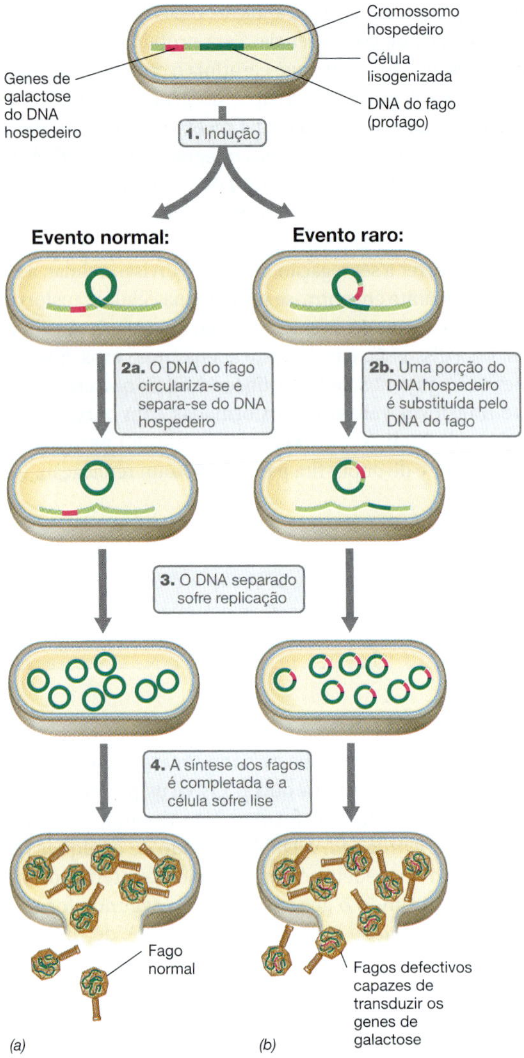


**Figura 10.15** **Transdução especializada.** *(a)* Eventos líticos normais e *(b)* a produção de partículas transdutoras dos genes de galactose, em uma célula de *Escherichia coli*, contendo um prófago lambda.

## Conversão fágica

A alteração do fenótipo de uma célula hospedeira decorrente da lisogenização é denominada *conversão fágica*. Quando um fago temperado normal (i.e., não defectivo) lisogeniza uma célula e torna-se um prófago, a célula adquire imunidade contra uma nova infecção pelo mesmo tipo de fago. Tal tipo de imunidade pode ser considerada, por si só, uma alteração no fenótipo. No entanto, outras alterações fenotípicas, não relacionadas à imunidade contra fagos, são frequentemente observadas em células lisogenizadas.

Dois casos de conversão fágica foram estudados em detalhe. Um deles envolve uma alteração na estrutura de um polissacarídeo presente na superfície celular de *Salmonella enterica* sorovar *anatum*, quando lisogenizada pelo fago $\varepsilon^{15}$. O segundo exemplo envolve a conversão de linhagens de *Corynebacterium diphtheriae* (a bactéria que causa difteria) não produtoras de toxina em produtoras de toxina (patogênicas), quando lisogenizadas pelo o fago β (Seção 29.3). Em ambos os casos, os genes responsáveis pelas alterações encontravam-se, como parte integral, no genoma viral, sendo, portanto, transferidos automaticamente pela infecção fágica e lisogenização.

A lisogenia provavelmente traz um grande valor seletivo à célula hospedeira, uma vez que confere resistência à infecção por vírus do mesmo tipo. A conversão fágica pode também apresentar importância evolutiva considerável, uma vez que resulta em alterações genéticas eficientes das células hospedeiras. Muitas bactérias isoladas da natureza são lisógenos naturais. Parece razoável concluir que a lisogenia é comum e, pode ser, muitas vezes, essencial à sobrevivência das células hospedeiras na natureza.

**MINIQUESTIONÁRIO**

- Como uma partícula transdutora difere de um bacteriófago infectivo?
- Qual a principal diferença entre a transdução generalizada e a transformação?
- Por que a conversão fágica é considerada benéfica para as células hospedeiras?

## 10.8 Conjugação

A **conjugação** bacteriana (acasalamento) é um mecanismo de transferência genética que envolve o contato entre duas células. A conjugação é um mecanismo codificado por plasmídeos. Os plasmídeos conjugativos utilizam esse mecanismo para transferir uma cópia de seu DNA para novas células hospedeiras.

Assim, o processo de conjugação envolve uma célula *doadora*, que contém o plasmídeo conjugativo, e uma célula *receptora*, que não o contém. Além disso, alguns elementos genéticos incapazes de transferirem-se podem, algumas vezes, ser *mobilizados* durante a conjugação. Esses elementos podem ser outros plasmídeos, ou o próprio cromossomo hospedeiro. De fato, a conjugação foi descoberta devido à capacidade de o plasmídeo F de *E. coli* mobilizar o cromossomo hospedeiro (ver Figura 10.21). Os mecanismos de transferência conjugativa podem exibir diferenças, dependendo do plasmídeo envolvido, porém, a maioria dos plasmídeos de bactérias gram-negativas emprega um mecanismo similar àquele utilizado pelo plasmídeo F.

### O plasmídeo F

O plasmídeo F (F refere-se à "fertilidade") é uma molécula de DNA circular, com 99.159 pb. A **Figura 10.16** apresenta o mapa genético do plasmídeo F. Uma região do plasmídeo contém genes que regulam a replicação do DNA. Esse DNA também apresenta elementos de transposição (Seção 10.11) que permitem a integração do plasmídeo no cromossomo do hospedeiro. Além disso, o plasmídeo F possui uma extensa região, a região *tra*, que contém genes que codificam funções envolvidas em sua transferência. Muitos genes na região *tra* estão envolvidos na formação do par de acasalamento, com a maioria deles participando da síntese de uma estrutura de superfície, o *pilus* sexual (Seção 2.13). Apenas células doadoras produzem esses *pili*. Diferentes plasmídeos conjugativos podem apresentar regiões *tra* ligeiramente distintas, com seus *pili* exibindo pequenas diferenças. O plasmídeo F e plasmídeos relacionados codificam *pili* F.

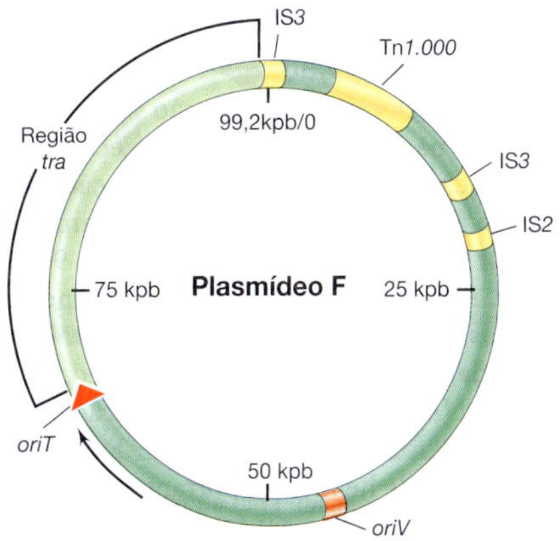


**Figura 10.16 Mapa genético do plasmídeo F (fertilidade) de *Escherichia coli*.** Os números no interior referem-se ao tamanho do plasmídeo, em pares de quilobases (o tamanho exato corresponde a 99.159 pb). A região assinalada em verde-escuro, na parte inferior do mapa, contém os genes primariamente responsáveis pela replicação e segregação do plasmídeo F. A origem de replicação vegetativa é *oriV*. A região em verde-claro, região *tra*, contém os genes necessários à transferência conjugativa. O sítio *oriT* corresponde à origem de transferência durante a conjugação. A seta indica a direção da transferência (a região *tra* é a última a ser transferida). As regiões ilustradas em amarelo correspondem a sequências de inserção. Elas podem recombinar-se com elementos idênticos no cromossomo bacteriano, promovendo a integração e formação de linhagens Hfr diferentes.

Os *pili* permitem a ocorrência do pareamento específico entre as células doadora e receptora. Acredita-se que todos os eventos de conjugação, em bactérias gram-negativas, sejam dependentes do pareamento celular mediado pelos *pili*. O *pilus* estabelece um contato específico com um receptor na célula receptora, sendo então retraído pela despolimerização de suas subunidades. Esse processo aproxima as duas células (**Figura 10.17**). Após esse processo, as células doadora e receptora permanecem em contato por meio de proteínas de ligação localizadas na membrana externa de cada uma das células envolvidas. O DNA é então transferido da célula doadora para a receptora, através dessa junção de conjugação.

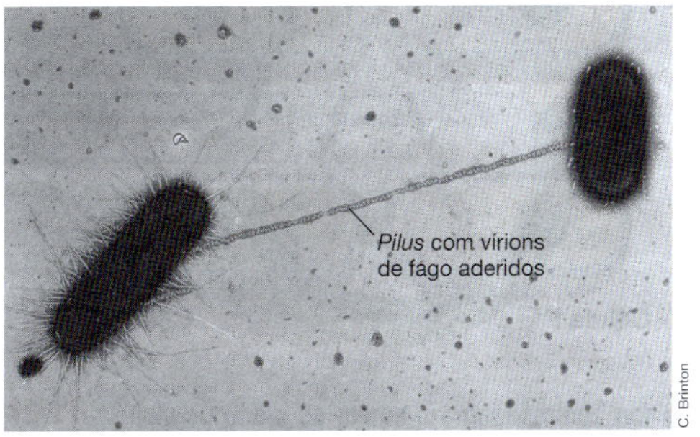


**Figura 10.17 Formação de um par de acasalamento.** O contato direto entre duas bactérias conjugantes é inicialmente estabelecido através do *pilus*. As células são então aproximadas, formando um par de acasalamento, pela retração do *pilus*, que ocorre por despolimerização. Certos fagos pequenos (bacteriófagos F-específicos) utilizam o *pilus* sexual como receptor e encontram-se aderidos ao *pilus*, nesta fotografia.

**Cístron** um gene, de acordo com a definição do teste *cis-trans*; um segmento de DNA (ou RNA) que codifica uma única cadeia polipeptídica.

**Elemento transponível** elemento genético capaz de mover-se (transpor-se) de um sítio para outro em moléculas de DNA hospedeiro.

**Fenótipo** conjunto de características observáveis de um organismo.

**Genótipo** composição genética completa de um organismo; a descrição completa da informação genética de uma célula.

**Heterodúplex** dupla-hélice de DNA composta por fitas simples de duas moléculas de DNA distintas.

**Linhagem mutadora** linhagem mutante na qual a taxa de mutação é aumentada.

**Linhagem selvagem** linhagem bacteriana isolada da natureza.

**Mutante** organismo cujo genoma carreia uma mutação.

**Mutação** alteração hereditária na sequência de bases do genoma de um organismo.

**Mutação de sentido trocado** mutação na qual um único códon é alterado, de modo que o aminoácido na proteína é substituído por um aminoácido diferente.

**Mutação espontânea** mutação que ocorre "naturalmente", sem qualquer auxílio de agentes químicos mutagênicos ou radiação.

**Mutação induzida** mutação provocada por agentes externos, como agentes químicos mutagênicos ou radiação.

**Mutação pontual** mutação que envolve um único par de bases.

**Mutação sem sentido** mutação na qual o códon de um aminoácido é trocado por um códon de término.

**Mutação silenciosa** alteração na sequência do DNA que não tem efeito no fenótipo.

**Plasmídeo** elemento genético extracromossômico, que não apresenta uma forma extracelular.

**Recombinação** processo pelo qual moléculas de DNA, de origens distintas, são trocadas, ou ligadas, em uma única molécula de DNA.

**Regulon** conjunto de genes ou óperons que são transcritos separadamente, mas que são controlados de forma coordenada pela mesma proteína reguladora.

**Replicação por círculo rolante** mecanismo de replicação de um DNA circular de dupla-fita que é iniciado pela clivagem e desenovelamento de uma fita e que utiliza a outra fita (ainda circular) como molde na síntese de DNA.

**Reversão** alteração no DNA que reverte os efeitos de uma mutação prévia.

**Seleção** incubação de organismos sob condições em que o crescimento daqueles contendo um determinado fenótipo ou genótipo será favorecido ou inibido.

**Sequência de inserção (IS)** o tipo mais simples de elemento transponível, que carreia somente os genes envolvidos na transposição.

**Transdução** processo de transferência gênica de uma célula hospedeira para outra, mediado por vírus.

**Transformação** transferência gênica bacterianos, envolvendo DNA livre.

**Transição** mutação em que uma base pirimídica é substituída por outra pirimidina, ou uma purina é substituída por outra purina.

**Transposon** tipo de elemento transponível que carreia outros genes, além daqueles envolvidos na transposição.

**Transversão** mutação em que uma base pirimídica é substituída por uma purina, ou vive-versa.

**Varredura** processo que permite a identificação de organismos pelo fenótipo ou genótipo, mas que não inibe ou aumenta o crescimento de determinados fenótipos ou genótipos.

## QUESTÕES PARA REVISÃO

1. Escreva em uma sentença a definição do termo "genótipo". Faça o mesmo para "fenótipo". O fenótipo de um organismo muda automaticamente quando ocorre mudança no genótipo? Em ambos os casos, dê um exemplo para corroborar sua resposta. (Seção 10.1)
2. Explique por que uma linhagem de *Escherichia coli* His$^-$ é auxotrófica, enquanto uma Lac$^-$ não é. (*Dica*: Pense em como *E. coli* metaboliza a histidina e a lactose e para o que é usado cada um desses copostos.) (Seção 10.1)
3. O que são mutações silenciosas? A partir de seus conhecimentos sobre o código genético, por que você acredita que a maioria das mutações silenciosas afeta a terceira posição de um códon (Seção 10.2)?
4. Qual a taxa média de mutação em uma célula? Essa taxa pode ser alterada (Seção 10.3)?
5. Dê um exemplo de um agente mutagênico biológico, um agente químico e um agente físico, descrevendo os mecanismos pelos quais cada um provoca uma mutação (Seção 10.4).
6. O que são regiões heteroduplex no DNA e qual processo leva à sua formação? (Seção 10.5)
7. Explique por que células receptoras não captam plasmídeo com sucesso durante a transformação natural. (Seção 10.6)
8. Explique como as partículas de transdução generalizada diferem das partículas de transdução especializada. (Seção 10.7)
9. O que é um *pilus* sexual e que tipo de célula, F$^-$ ou F$^+$, produz tal estrutura (Seção 10.8)?
10. O que uma célula F$^+$ precisa fazer antes de transferir seus genes cromossômicos (Seção 10.9)?
11. Explique por que a realização de seleção genética é difícil no estudo de arqueias. Dê exemplos de alguns agentes seletivos que atuam de maneira eficiente com arqueias (Seção 10.10).
12. Quais são as principais diferenças entre sequências de inserção e transposons (Seção 10.11)?
13. Explique por que o DNA invasor reconhecido por pequenas moléculas de RNAs expressas da região CRISPR não podem ser completamente exógeno a célula. (Seção 10.12)

## QUESTÕES APLICADAS

1. Um mutante constitutivo corresponde a uma linhagem que produz continuamente uma proteína que, na linhagem selvagem, é induzível. Descreva duas maneiras pelas quais uma alteração em uma molécula de DNA poderia levar ao desenvolvimento de um mutante constitutivo. Como esses dois tipos de mutantes constitutivos são diferenciados geneticamente?
2. Embora um grande número de agentes químicos mutagênicos seja conhecido, não se conhece qualquer agente químico capaz de induzir mutações em um único gene (mutagênese gene-específica). A partir de seus conhecimentos sobre agentes mutagênicos, explique por que a descoberta de um agente químico mutagênico gene-específico é um evento improvável. Nesse sentido, explique como a mutagênese sítio-dirigida é realizada.
3. Por que é difícil transferir grandes quantidades de genes para uma célula receptora em um único experimento de transformação ou transdução?
4. Elementos transponíveis provocam mutações quando inseridos no interior de um gene. Esses elementos interrompem a continuidade de um gene. Poder-se-ia dizer que os íntrons também interrompem a continuidade de um gene, embora ele permaneça funcional. Explique por que a presença de um íntron em um gene não o inativa, enquanto a inserção de um elemento de transposição o faz.

CAPÍTULO 11

# Engenharia genética e biotecnologia

## microbiologia**hoje**

### De patógeno a tumor assassino

Os avanços na biotecnologia não são apenas de ponta como eles também fornecem importantes informações sobre a biologia básica da vida e também são os pilares para o aperfeiçoamento de produtos naturais. As técnicas moleculares têm sido utilizadas para manipular a produção de biocombustíveis, culturas resistentes à seca e hormônios, tais como a insulina. Mas e quanto às doenças humanas, como os cânceres; também há esperança?

Câncer de pâncreas é uma das principais causas de morte por cânceres. Os atuais tratamentos por radiações e quimioterapias são ineficazes, com taxas desanimadoras de sobrevivência os pacientes. Apesar de fármacos anticâncer estarem disponíveis, eles somente aumentam o tempo de sobrevivência dos pacientes em estágios avançados da doença. Há uma necessidade desesperada de novos tratamentos alternativos e os biotecnologistas estão vindo para socorrer.

*Listeria monocytogenes* é o patógeno agente etiológico da listeriose, uma doença grave veiculada por alimentos. *L. monocytogenes* possui um estilo de vida intracelular que o permite evadir do sistema imune. Entretanto, cientistas descobriram uma linhagem recombinante pouco virulenta que pode ser eliminada pelo sistema imune de células saudáveis, porém não em células tumorais. Isso trouxe a excitante ideia: essa linhagem de *L. monocytogenes* poderia ser usada para carrear agentes anticâncer como os radioisótopos terapêuticos apenas para as células tumorais?

Radioisótopos podem destruir fisicamente as células cancerosas, porém carrear essas moléculas especificamente para as células tumorais pode ser problemático. Usando um engenhoso esquema, cientistas acoplaram radioisótopos de rênio-188 a linhagem de *L. monocytogenes* pouco virulenta.[1] Essa linhagem de *Listeria* (em cor-de-rosa na fotografia) mortal para tumores não só infecta e se multiplica nas células cancerosas de camundongos (em azul), como também reduz a incidência de metástases sem prejudicar as células pancreáticas normais.

Essa pesquisa ilustra como a microbiologia e a biotecnologia podem trabalhar juntas para domar uma bactéria virulenta e convertê-la em um super-herói terapêutico!

[1]Quispe-Tintaya, W., et al. 2013. Nontoxic radioactive $Listeria_{at}$ is a highly effective therapy against metastatic pancreatic cancer. *Proc. Natl. Acad. Sci. 110:* 8668–8673.

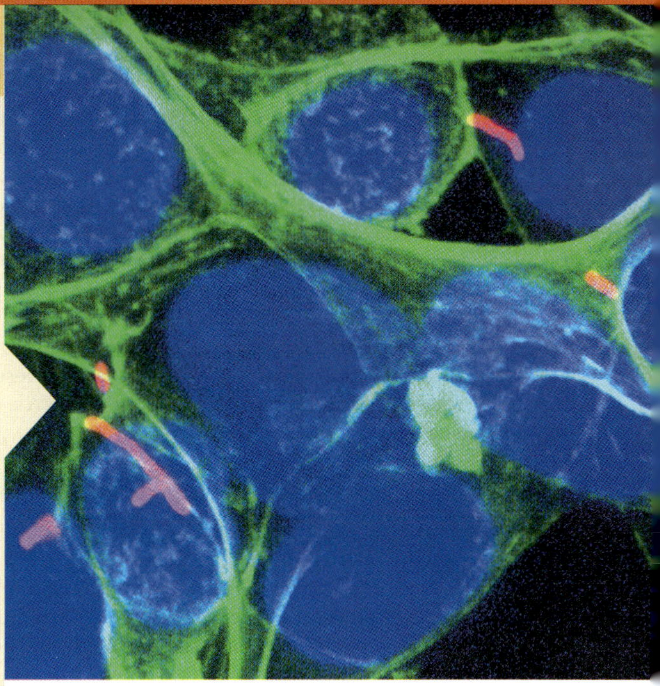


I Ferramentas e técnicas de engenharia genética 316

II Clonagem gênica 326

III Produtos da engenharia genética de microrganismos 333

Neste capítulo, discutiremos as técnicas utilizadas na tecnologia do DNA recombinante, especialmente as usadas para clonar, alterar e expressar genes de maneira eficiente em organismos hospedeiros. As muitas limitações presentes na condução de experimentos genéticos somente *in vivo* (em organismos vivos) podem ser superadas pela manipulação do DNA *in vitro* (em um tubo de ensaio). Essas técnicas moleculares são as bases da biotecnologia, e até o final desse capítulo, daremos alguns exemplos de como organismos geneticamente modificados podem ter aplicações médicas, agrícolas e industriais.

# I • Ferramentas e técnicas de engenharia genética

A expressão **engenharia genética** refere-se à utilização de técnicas *in vitro* para alterar o material genético em laboratório. Esses materiais alterados podem ser reinseridos no organismo original ou em algum outro organismo. As técnicas básicas de engenharia genética incluem a capacidade de cortar o DNA de interesse em fragmentos específicos e purificar tais fragmentos para manipulações adicionais. Iniciaremos este capítulo abordando algumas das ferramentas básicas de engenharia genética, incluindo enzimas de restrição, separação de ácidos nucleicos por eletroforese, hibridização de ácidos nucleicos, amplificação de DNA e clonagem molecular.

## 11.1 Enzimas de restrição e modificação

Todas as células contêm enzimas que podem modificar quimicamente o DNA de diferentes maneiras. Uma das principais classes dessas enzimas são as *endonucleases de restrição*, ou **enzimas de restrição**. Enzimas de restrição reconhecem sequências de bases específicas no DNA, clivando-o. Embora elas sejam amplamente distribuídas em procariotos (tanto bactérias quanto arqueias), são muito raras em eucariotos. *In vivo*, as enzimas de restrição protegem os procariotos de DNA exógeno hostis, como os genomas virais. Entretanto, enzimas de restrição são também essenciais à manipulação de DNA *in vitro* e sua descoberta deu início à engenharia genética.

### Mecanismo de ação das enzimas de restrição

Endonucleases de restrição são divididas em três classes principais. As enzimas de restrição do tipos I e III ligam-se ao DNA em seus sítios de reconhecimento, porém clivam o DNA em um local relativamente distante. Por outro lado, as enzimas de restrição do tipo II cortam o DNA no interior da sequência de reconhecimento e, por essa razão, esse grupo de enzimas é muito mais útil à manipulação específica de DNA.

A maioria das sequências de DNA reconhecidas pelas enzimas de restrição do tipo II correspondem a pequenas repetições invertidas de 4 a 8 pares de bases. A **Figura 11.1** apresenta a sequência de 6 pb que é reconhecida e clivada pela enzima de restrição de *Escherichia coli*, denominada *Eco*RI (esse acrônimo refere-se a *Escherichia coli*, linhagem *R*Y13, enzima de restrição *I*). Os sítios de clivagem estão indicados por setas e os eixos de simetria, por uma linha tracejada. Observe que as duas fitas das sequências de reconhecimento possuem a mesma sequência, se uma for lida a partir da esquerda e a outra, da direita (ou se ambas forem lidas de 5′ → 3′). Tais sequências repetidas invertidas são denominadas *palíndromos*. A atividade endonucleásica da EcoRI (cujo acrônimo vem de *Escherichia coli* linhagem *R*Y13, enzima de restrição *I*) faz cortes desiguais nas duas fitas, deixando pequenas porções de fitas simples, denominadas extremidades "coesivas", nas porções finais dos dois fragmentos. Outras enzimas de restrição, como a *Eco*RV, cortam as duas fitas de DNA de maneira reta, resultando em terminações cegas (Figura 11.1a). Como explicado a seguir, esses fragmentos com terminações definidas possuem muitas aplicações, especialmente na clonagem molecular (ver Figura 11.7).

Considere as enzimas *Eco*RI e *Eco*RV, que reconhecem sequências específicas de 6 pb (Figura 11.1). Qualquer sequência específica de 6 bases pode ocorrer em uma fita de DNA, uma vez a cada 4.096 nucleotídeos (4 bases combinadas em 6, $4^6$), assumindo que o DNA possui uma sequência "randômica". Assim, vários sítios de clivagem de *Eco*RI e *Eco*RV podem estar presentes em uma longa molécula de DNA, como um cromossomo de *E. coli* (ver adiante). As sequências de reconhecimento e os sítios de clivagem de algumas enzimas de restrição estão ilustradas na **Tabela 11.1**.

### Modificação: proteção contra a restrição

A principal função das enzimas de restrição em procariotos é, provavelmente, proteger a célula da invasão de DNA exó-

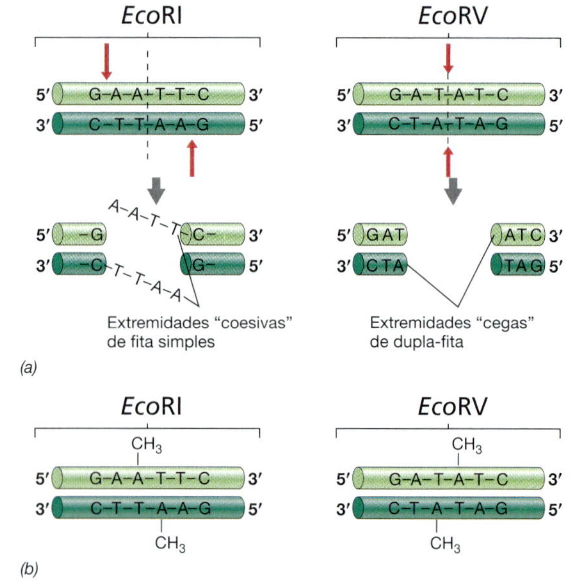


**Figura 11.1** **Restrição e modificação do DNA.** *(a)* A sequência de DNA reconhecida pela endonuclease de restrição *Eco*RI (painel superior). As setas em vermelho indicam as ligações clivadas pela enzima. A linha tracejada indica o eixo de simetria da sequência. Aparência do DNA após a clivagem da enzima *Eco*RI (Painel inferior). Observe as "extremidades coesivas" de fita simples. *(b)* A mesma sequência após a modificação pela *Eco*RI metilase. Os grupos metil adicionados pela enzima estão indicados. Eles protegem o sítio de restrição da clivagem por *Eco*RI.

**Tabela 11.1** Sequências de reconhecimento de algumas endonucleases de restrição

| Organismo | Nome da enzima[a] | Sequência de reconhecimento[b] |
|---|---|---|
| *Bacillus globigii* | *Bgl*II | A↓GATCT |
| *Brevibacterium albidum* | *Bal*I | TGG↓C*CA |
| *Escherichia coli* | *Eco*RI | G↓AA*TTC[c] |
| *Escherichia coli* | *Eco*RV | GAT↓A*TC[c] |
| *Haemophilus haemolyticus* | *Hha*I | GC*G↓C |
| *Haemophilus influenzae* | *Hind*III | A↓AGCTT |
| *Klebsiella pneumoniae* | *Kpn*I | GGTAC↓C |
| *Nocardia otitidiscaviarum* | *Not*I | GC↓GGC*CGC |
| *Proteus vulgaris* | *Pvu*I | CGAT↓CG |
| *Serratia marcescens* | *Sma*I | CCC↓GGG |
| *Thermus aquaticus* | *Taq*I | T↓CGA* |

[a]Nomenclatura: a primeira letra da abreviação de três letras das endonucleases de restrição designa o gênero de onde a enzima se origina, e as outras duas letras, a espécie. O número romano designa a ordem de descoberta das enzimas neste determinado organismo, e outras letras adicionais são designações de linhagens.
[b]As setas indicam os sítios de clivagem enzimática. Os asteriscos indicam o sítio de metilação (modificação). G, guanina; C, citosina; A, adenina; T, timina; Pu, qualquer purina; Py, qualquer pirimidina. Apenas a sequência 5′ → 3′ é apresentada.
[c]Ver Figura 11.1*a*.

geno, por exemplo, DNA viral. Se esse DNA estranho penetrar na célula, as enzimas de restrição da célula o destruirão (⇄ Seção 8.6). Entretanto, a célula precisa proteger seu próprio DNA da destruição inadvertida por suas próprias enzimas de restrição. Essa proteção é conferida pelas **enzimas de modificação**, que modificam quimicamente nucleotídeos específicos das sequências de reconhecimento do próprio DNA da célula. As sequências modificadas não podem mais ser clivadas pelas enzimas de restrição da célula. Cada enzima de restrição age conjuntamente com uma enzima de modificação correspondente, que compartilha a mesma sequência de reconhecimento. Normalmente, a modificação consiste na metilação de bases específicas no interior da sequência de reconhecimento, de modo que a endonuclease de restrição não pode mais ligar-se. Por exemplo, a sequência reconhecida pelas enzimas de restrição *Eco*RI e *Eco*RV (Figura 11.1*a*) pode ser modificada pela metilação das duas adeninas mais internas (Figura 11.1*b*). As enzimas que realizam essa modificação são denominadas *metilases*. Se apenas uma das fitas for modificada, a sequência deixa de ser substrato para as enzimas de restrição *Eco*RI e *Eco*RV.

## Eletroforese em gel: separação de moléculas de DNA

A manipulação *in vitro* de ácidos nucleicos frequentemente requer a separação de moléculas de acordo com seu tamanho. Por exemplo, muitas enzimas de restrição cortam as moléculas de DNA em fragmentos que variam de centenas a milhares de pares de base em tamanho. Após a clivagem do DNA, os fragmentos gerados podem ser separados por **eletroforese em gel** e analisados. A eletroforese em gel também é utilizada para verificar o sucesso de uma amplificação de ácidos nucleicos (Seção 11.3).

A eletroforese é um procedimento que separa moléculas carregadas que estão migrando em um campo elétrico. A taxa de migração é determinada pela carga da molécula e por seu tamanho e conformação. Na eletroforese em gel (**Figura 11.2*a***), as moléculas são separadas em um gel poroso, em vez de em uma solução livre. Géis preparados com *agarose*, um polissacarídeo, são utilizados para a separação de fragmentos de DNA. Quando uma corrente elétrica é aplicada, os ácidos nucleicos movem-se por meio do gel, em direção ao eletrodo positivo, devido a seus grupos fosfato carregados negativamente. A presença da malha do gel dificulta o progresso do DNA e as moléculas pequenas ou compactas migram mais rapidamente do que moléculas grandes. Quanto maior a concentração de agarose no gel, maior será a resistência ao movimento de moléculas maiores. Consequentemente, géis de diferentes concentrações são utilizados para separar diferentes intervalos de tamanhos.



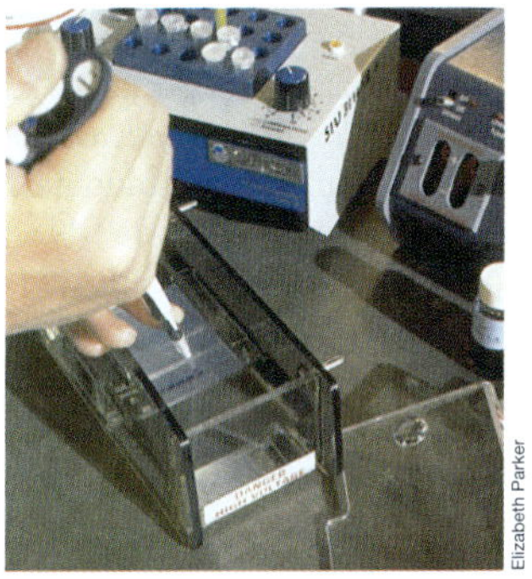


(*a*)

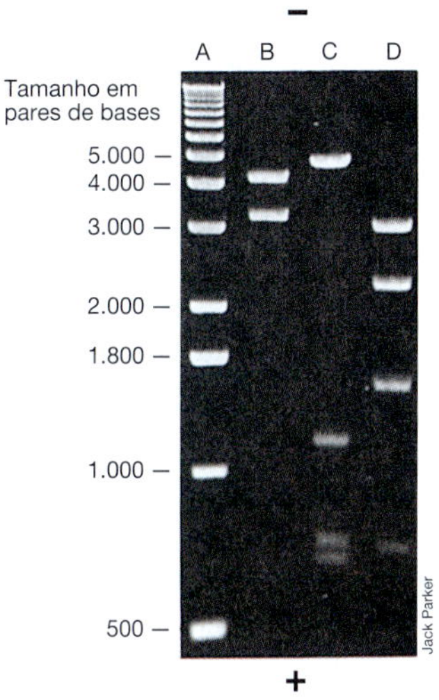


(*b*)

**Figura 11.2 Eletroforese de DNA em gel de agarose.** *(a)* Amostras de DNA são aplicadas em poços de um gel de agarose submerso. *(b)* Fotografia de um gel de agarose corado. O DNA foi aplicado nos poços situados no topo do gel (polo negativo), conforme ilustrado, enquanto o polo positivo do campo elétrico localiza-se na parte inferior. A amostra-padrão no poço A possui fragmentos de tamanho conhecido. Usando esses padrões, pode-se determinar os tamanhos dos fragmentos das outras amostras. Bandas coradas menos intensamente na parte inferior do gel são decorrentes dos tamanhos menores desses fragmentos, havendo menos DNA para ser corado.

Após um determinado tempo, o gel pode ser corado com um composto que se liga ao DNA, como *brometo de etídio*, que promove a fluorescência laranja do DNA sob luz ultravioleta (Figura 11.2*b*). Para determinar o tamanho do DNA de interesse, a migração pode ser comparada a um padrão de tamanho molecular que consiste em fragmentos de DNA com tamanhos conhecidos. Os fragmentos de DNA podem ser purificados a partir do gel e utilizados com diferentes propósitos.

**MINIQUESTIONÁRIO**

- Por que as enzimas de restrição são úteis para os biólogos moleculares?
- Qual é a base para a separação de moléculas por eletroforese?

## 11.2 Hibridização de ácidos nucleicos

Quando o DNA é desnaturado (ou seja, as duas fitas são separadas), as fitas simples podem formar moléculas de fita dupla com outras moléculas de DNA (ou RNA) de fita simples, originando moléculas híbridas que têm sequências de bases complementares (ou quase complementares) (Seção 4.2). Esse processo é denominado *hibridização de ácido nucleico*, ou simplesmente **hibridização,** sendo amplamente utilizado na detecção, caracterização e identificação de segmentos de DNA ou RNA.

Segmentos previamente identificados de ácido nucleico de fita simples, e que são usados em hibridização, são denominados **sondas de ácido nucleico**, ou simplesmente *sondas*. Para permitir a detecção, as sondas podem ser radioativas ou marcadas com compostos químicos coloridos ou que geram produtos fluorescentes (Seção 18.4). Ao variar as condições de hibridização, é possível ajustar o grau de estringência da hibridização de tal forma que o pareamento complementar de bases devem ser quase exato; isso ajuda a evitar o pareamento entre sequências inespecíficas de ácidos nucleicos que sejam apenas parcialmente complementares.

### *Southern* e *Northern blot*

A hibridização pode ser bastante útil na detecção de sequências relacionadas em diferentes genomas ou outros elementos genéticos, ou se um gene específico está sendo expresso e o RNA transcrito. No *Southern blotting*, denominado assim em homenagem ao seu inventor, E.M. Southern, sondas de sequência conhecida são hibridizadas com fragmentos de DNA que foram separados por eletroforese em gel (Seção 11.1). Quando o DNA encontra-se no gel, e RNA ou DNA são utilizados como sonda, o procedimento de hibridização é denominado ***Southern blot***. Por outro lado, quando o RNA encontra-se no gel, e DNA ou RNA são utilizados como sonda, o procedimento é denominado ***Northern blot***.

Em um *Southern blot*, os fragmentos de DNA presentes no gel são desnaturados para gerar fitas simples, sendo, então, transferidos para uma membrana sintética. Apesar do RNA ser de fita simples, agentes desnaturantes são adicionados ao gel para evitar a formação de estruturas secundárias (Seção 4.7). A membrana é em seguida exposta a uma sonda marcada. Se a sonda for complementar a algum dos fragmentos, formam-se híbridos e a sonda liga-se à membrana nos locais onde os fragmentos complementares estão situados. A hibridização pode ser detectada pela análise da marcação ligada à membrana. A **Figura 11.3*a*** ilustra como um *Southern blot* pode ser utilizado para identificar fragmentos de DNA contendo sequências que hibridizam com a sonda.

O procedimento de *Northern blot* é semelhante, exceto que moléculas de RNA em vez de DNA são separadas em um gel e transferidas para uma membrana sintética onde são marcadas com sondas. *Northern blot* é também utilizado para identificar RNA mensageiros (RNAm) derivados de genes específicos. A intensidade de um alvo no *Northern Blot* dá uma estimativa aproximada da abundância de RNAm do gene-alvo e pode ser usado para monitorar a transcrição (Figura 11.3*b*).

### Outros métodos de hibridização

A hibridização é frequentemente utilizada para detectar a presença de genes específicos no genoma que ainda não tenham sido sequenciados, bem como o movimento de elementos genéticos, tais como os transposons (Seção 10.11). Para localizar o local específico de um gene de interesse no genoma, o

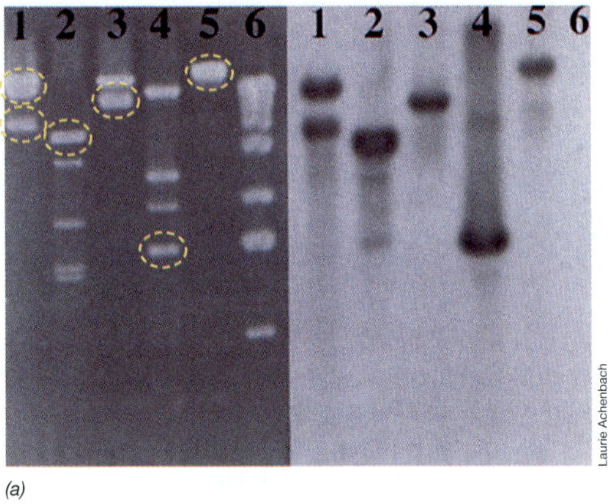


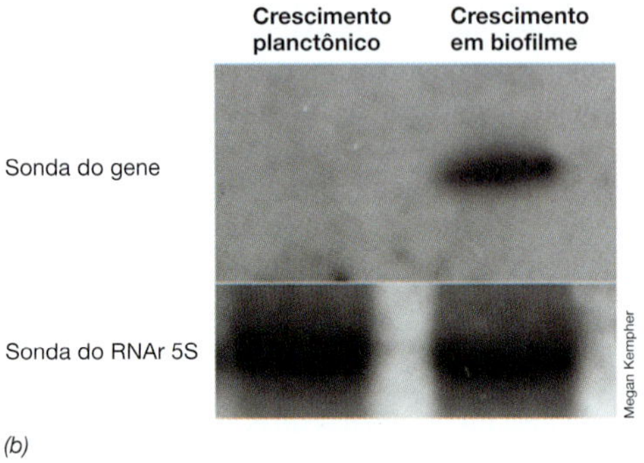


**Figura 11.3 Hibridização de ácidos nucleicos.** *(a) Southern blotting.* (Painel esquerdo) Moléculas de DNA purificado de vários diferentes plasmídios tratados com enzimas de restrição e depois submetidos a eletroforese em gel de agarose. (Painel direito) Transferência do gel de DNA mostrado à esquerda. Após a transferência, o DNA no gel é hibridizado com uma sonda radioativa. A posição das bandas é visualizada por autorradiografia de raios X. Observe que apenas alguns dos fragmentos de DNA (circulados de amarelo) possuem sequências complementares a sonda marcada. A canaleta 6 contém DNA utilizado como padrão de tamanho molecular e nenhuma das bandas hibridiza com as sondas. *(b) Northern blotting.* (Painel superior) Hibridização e detecção de uma sonda específica de um gene em um ensaio de transferência com o RNA total. A sonda liga-se apenas ao RNA das células crescendo em biofilme, indicando que o gene-alvo não é expresso durante o crescimento planctônico (suspensão). (Painel inferior) Hibridização e detecção de uma sonda radioativa correspondente ao RNAr 5S do mesmo ensaio. A intensidade do sinal indica que foram aplicados no gel quantidades iguais do RNA de cada amostra.

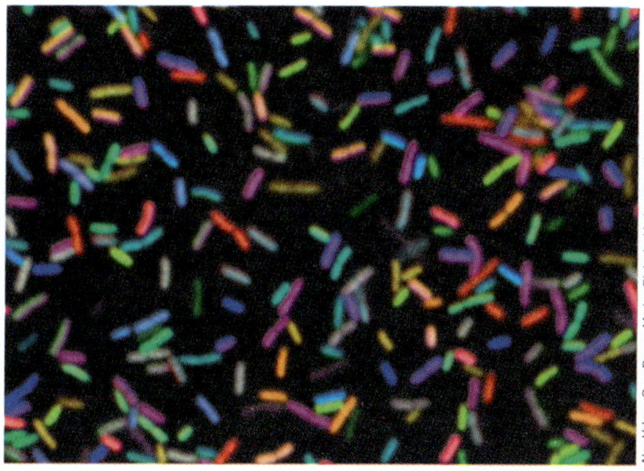

Alex Valm e Gary Bonsy, Marine Biological Laboratory, Woods Hole, MA

**Figura 11.4 Imagem espectral de fluorescência de 28 diferentes linhagens de *Escherichia coli* marcadas.** As células foram marcadas com uma combinação de oligonucleotídeos complementares ao RNAr 16S de *E. coli*, conjugados com fluoróforos.

DNA genômico total pode ser clonado (Seção 11.4). A hibridização das colônias resultantes usando uma sonda de ácido nucleico pode detectar DNA-recombinante nas colônias, como mostrado na Figura 11.8*a*. Esse procedimento emprega também o *plaqueamento de réplicas*, originando uma duplicata da placa matriz em uma membrana filtrante.

As células presentes no filtro são lisadas em seus locais originais a fim de liberarem seu DNA, sendo o filtro, então, tratado de modo a converter o DNA na forma de fita simples, o qual é fixado ao filtro. Esse filtro é então exposto a uma sonda de ácido nucleico marcada para permitir a hibridização, sendo a sonda não ligada removida por lavagem. O filtro é exposto a um filme de raios X, caso uma sonda radioativa tenha sido utilizada. Após a revelação, o filme de raios X é examinado quanto à presença de sinais. Eles correspondem aos locais, na membrana, onde a sonda radioativa se hibridizou ao DNA de uma determinada colônia. As colônias correspondentes a esses sinais serão, em seguida, selecionadas e estudadas mais detalhadamente.

A hibridização também é a base do método FISH (sigla que em inglês significa hibridização fluorescente *in situ*) (⇄ Seção 18.4; **Figura 11.4**). Usando essa técnica, uma variedade de sinais fluorescentes pode ser covalentemente ligada a sondas de *oligonucleotídeos* (que são pequenas moléculas de fita simples de DNA ou RNA) para uma sequência de DNA alvo específica. Essas sondas podem ser usadas para identificar espécies de bactérias em particular ou linhagens por hibridização com sequências características presentes nos seus genes para o RNA ribossomal 16S ou diretamente com o RNA ribossomal. Esta abordagem permite a identificação de patógenos em amostras clínicas ou bactérias de interesse em amostras ambientais. A Figura 11.4 demonstra o uso simultâneo de oito combinações diferentes de sondas de oligonuclotídeos para distinguir entre 28 diferentes linhagens de *Escherichia coli* cujas sequências de RNAr 16S variam entre as linhagens. As variações na cor dão uma indicação visual da especificidade e potência de sondas de ácidos nucleicos.

**MINIQUESTIONÁRIO**

- O que é um *Southern blot* e o que ele revela?
- Qual a diferença entre um *Northern blot* e um *Southern blot*?

## 11.3 Amplificação de DNA: a reação em cadeia de polimerase

Cópias de uma sequência específica de DNA são necessárias em diferentes procedimentos moleculares, e a **reação em cadeia de polimerase (PCR)** é o método pelo qual cópias são sintetizadas *in vitro*. A reação em cadeia de polimerase pode copiar segmentos de DNA bilhões de vezes em um tubo de ensaio, um processo denominado *amplificação*, que gera grandes quantidades de genes específicos ou outros segmentos de DNA, os quais podem ser utilizados em um grande número de aplicações em biologia molecular. A PCR utiliza a enzima DNA-polimerase, que naturalmente produz cópias de moléculas de DNA (⇄ Seção 4.4). Para iniciar a síntese são utilizados iniciadores oligonucleotídicos artificialmente sintetizados (Seção 11.5), feitos de DNA (em vez de RNA como os iniciadores usados pelas células). Na realidade, a PCR não produz cópias de moléculas inteiras de DNA, promovendo a amplificação de segmentos de até alguns milhares de pares de bases (o *alvo*) a partir de moléculas maiores de DNA (o *molde*).

As etapas em uma amplificação de DNA por PCR podem ser resumidas da forma a seguir (**Figura 11.5**):

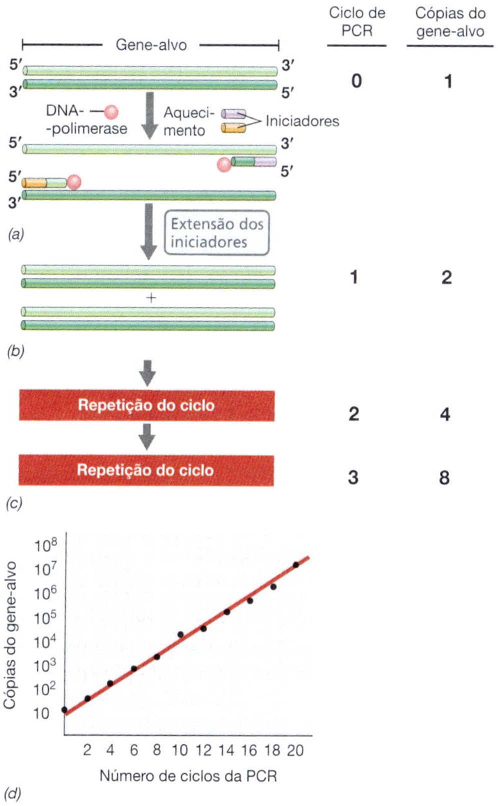


**Figura 11.5 A reação em cadeia de polimerase (PCR).** A PCR amplifica sequências específicas de DNA. *(a)* O DNA-alvo é aquecido para separar as fitas; um grande excesso dos dois oligonucleotídeos iniciadores, um complementar à fita-alvo e outro à fita complementar, são adicionados juntamente com a DNA-polimerase. *(b)* Após o anelamento dos iniciadores, a extensão deles gera uma cópia do DNA original de PCR que gera 4 e 8 cópias da sequência de DNA original de dupla-fita. *(c)* Dois ciclos adicionais respectivamente. *(d)* Efeito da realização de 20 ciclos de PCR, em uma preparação de DNA contendo originalmente 10 cópias do gene-alvo. Observe que o gráfico é semilogarítmico.

1. Dois iniciadores oligonucleotídicos, que flanqueiam o DNA-alvo são adicionados em grande excesso ao DNA-molde que é desnaturado termicamente.
2. À medida que a mistura é resfriada, o excesso de iniciadores complementares ao DNA-molde garante que a maioria das fitas-molde irá parear-se com um iniciador, em lugar de pararem-se umas com as outras (Figura 11.5*a*).
3. A DNA-polimerase então promove a extensão dos iniciadores, utilizando o DNA original como molde (Figura 11.5*b*).
4. Após um período de incubação adequado, a mistura é novamente aquecida para separar as fitas. A mistura é então resfriada, para permitir a hibridização dos iniciadores nas regiões complementares dos DNA recém-sintetizados, sendo todo o processo repetido (Figura 11.5*c*).

O poder da PCR baseia-se no fato de os produtos de uma extensão a partir de um iniciador atuarem como moldes no próximo ciclo, de modo que cada ciclo duplica a quantidade do DNA-alvo original. Na prática, são realizados geralmente 20 a 30 ciclos, promovendo um aumento de $10^6$ a $10^9$ vezes na quantidade da sequência-alvo (Figura 11.5*d*). Como a técnica consiste em várias etapas altamente repetitivas, as máquinas de PCR, denominadas *termocicladores*, realizam ciclos automáticos de aquecimento e resfriamento. Usando iniciadores específicos de 15 nucleotídeos ou mais e temperaturas de anelamento elevadas, a PCR é tão específica que quase não há pareamento inespecífico, sendo o DNA amplificado praticamente homogêneo.

## Polimerases e PCR em altas temperaturas

Devido às altas temperaturas necessárias para a desnaturação das cópias de fitas duplas de DNA *in vitro*, uma enzima DNA-polimerase termoestável isolada da bactéria termófila de fontes termais *Thermus aquaticus* (⇄ Seção 15.20) é utilizada. A DNA-polimerase de *T. aquaticus*, denominado *Taq-polimerase*, é estável a 95°C, não sendo afetado durante a etapa de desnaturação empregada na reação de PCR. A DNA-polimerase de *Pyrococcus furiosus*, um hipertermófilo, com crescimento ótimo a 100°C (⇄ Seção 16.4), é denominada *Pfu-polimerase*, sendo ainda mais estável do que a *Taq*-polimerase. Além disso, contrariamente à *Taq*-polimerase, a *Pfu*-polimerase apresenta atividade de revisão (⇄ Seção 4.6), o que a torna uma enzima particularmente útil quando a precisão é essencial. Desse modo, a taxa de erro da *Taq*-polimerase sob condições normais é de $8{,}0 \times 10^{-6}$ (por base duplicada), enquanto a da *Pfu*-polimerase é de somente $1{,}3 \times 10^{-6}$. Para suprir a demanda de DNA-polimerases termoestáveis para os mercados de PCR e de sequenciamento de DNA, os genes dessas enzimas foram clonados em *E. coli* e produzidos comercialmente em larga escala.

## Aplicações da PCR

A PCR é extremamente útil na obtenção de DNA para a clonagem e o sequenciamento, uma vez que o gene ou os genes de interesse podem ser facilmente amplificados se suas sequências flanqueadoras forem conhecidas. A PCR é também utilizada rotineiramente em estudos comparativos ou filogenéticos envolvendo a amplificação de genes de diferentes origens. Nesses casos, são sintetizados iniciadores dirigidos para regiões do gene que exibem sequências conservadas em uma grande variedade de organismos. Por exemplo, como o RNAr 16S, uma molécula utilizada em análises filogenéticas (⇄ Seção 12.5), possui regiões altamente conservadas e regiões altamente variáveis, iniciadores específicos para o gene de RNAr 16S de bactérias e arqueias podem ser sintetizados e utilizados para a detecção desses organismos em um hábitat específico. Além disso, se iniciadores com uma maior especificidade forem usados, somente alguns subgrupos pertencentes a cada domínio serão identificados. Essa técnica é intensamente utilizada em ecologia microbiana e revelou a enorme diversidade do mundo microbiano, sendo muitos de seus representantes ainda não cultivados (⇄ Seção 18.5).

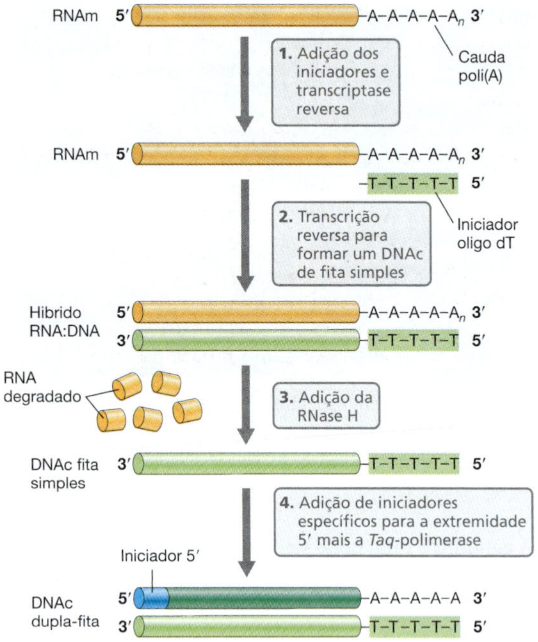


**Figura 11.6** **PCR transcrição reversa.** Etapas na síntese do DNAc a partir de um RNAm eucarioto. A transcriptase reversa sintetiza uma molécula hibrida contendo tanto RNA quanto DNA utilizando o RNAm como molde e iniciadores oligo-T como substrato. Depois, a enzima RNase H hidroliza a porção de RNA da molécula híbrida gerando uma molécula fita simples de DNA complementar (DNAc). Após a adição de iniciadores complementares à extremidade 5′ do DNAc, a *Taq*-polimerase produz um DNAc dupla-fita.

Devido a sua extrema sensibilidade, a PCR pode ser utilizada na amplificação de quantidades muito pequenas de DNA. Por exemplo, a PCR tem sido utilizada para amplificar e clonar DNA de diferentes origens, como restos humanos mumificados e plantas e animais fossilizados. Pela sua capacidade de amplificar e analisar DNA de misturas celulares, a PCR também tornou-se uma ferramenta comum na microbiologia diagnóstica (⇄ Seção 27.10). Por exemplo, a PCR é utilizada como ferramenta forense que permite a identificação de seres humanos a partir de amostras muito pequenas de seu DNA.

Dependendo do objetivo molecular, variações no procedimento de PCR foram desenvolvidas. A **transcrição reversa-PCR** (RT-PCR) pode ser usada para gerar DNA a partir de um molde de RNAm (**Figura 11.6**). Esse procedimento pode ser usado para monitorar se um gene é expresso ou para produzir um gene eucarioto sem íntrons que pode ser expresso em bactérias como descrito (Seção 11.11) para os hormônios insulina e somatotrofina. A RT-PCR consiste na utilização da enzima dos retrovírus, *transcriptase reversa*, para gerar uma cópia de *DNA complementar* (DNAc) (⇄ Seção 9.11). Para quantificar os níveis iniciais de DNA-alvo ou RNA na amostra, o procedimento de *PCR quantitativa* (*PCRq*) pode ser usado. Essa técnica utiliza sondas fluorescentes para monitorar durante o processo de amplificação (Figuras 27.18 e 27.19).

A Figura 11.6 ilustra como a transcriptase reversa sintetiza uma fita de DNAc usando uma molécula de RNA como molde. Nesses casos, um iniciador complementar à extremidade 3′ do transcrito-alvo é usado pela enzima transcriptase reversa para iniciar a síntese de RNA. Se o molde for um RNAm eucarioto, um iniciador complementar a cauda poli(A) (Seção 4.9) do RNAm pode ser utilizado. A atividade da transcriptase reversa resulta em um ácido nucleico híbrido contendo tanto DNA quanto RNA. RNaseH, uma ribonuclease específica para essas moléculas híbridas, hidrolisa o RNA, restando somente o DNAc como molde para uma PCR convencional usando iniciadores adicionais complementares a extremidade 5′. Modificações desse procedimento podem ser feitas caso a extremidade 5′ do RNAm não seja conhecida.

**MINIQUESTIONÁRIO**

- Por que um iniciador deve estar presente em cada extremidade do segmento de DNA a ser amplificado?
- A partir de que organismos as DNA-polimerases termoestáveis são obtidas?
- Em que a RT-PCR difere da PCR-padrão?

## 11.4 Fundamentos da clonagem molecular

Em uma **clonagem molecular**, um fragmento de DNA é isolado e replicado. A estratégia básica da clonagem molecular envolve o isolamento do gene de interesse (ou outro segmento de DNA) a partir de seu local de origem e sua transferência para um elemento genético pequeno e simples, como um plasmídeo ou um vírus, que é denominado **vetor** (Figura 11.7). Clonagem molecular resulta no **DNA recombinante**, uma molécula de DNA que contém duas ou mais origens. Quando o vetor se replica, o DNA clonado carreado por ele é também replicado. Assim, a clonagem molecular inclui a localização do gene de interesse, a obtenção e a purificação de uma cópia do gene e sua inserção em um vetor conveniente. Uma vez clonado com sucesso, o gene de interesse pode ser manipulado de diversas maneiras, podendo eventualmente ser reintroduzido em uma célula viva. Essa abordagem fornece a base de grande parte da tecnologia do DNA recombinante, tendo facilitado sobremaneira a análise detalhada de genomas.

A clonagem molecular tem como objetivo o isolamento de cópias de genes específicos, em sua forma pura. Considere a natureza do problema. Para um organismo geneticamente "simples" como *Escherichia coli*, um gene é codificado, em média, por um DNA de 1 a 2 kb, presente em um genoma de mais de 4.600 kpb (Seção 4.3). Um gene de *E. coli* corresponde, em média, a menos de 0,05% do DNA total da célula. No DNA humano, o problema é muito mais complicado porque, embora as regiões codificadoras de genes não sejam, em média, maiores do que em *E. coli*, os genes são normalmente separados em fragmentos, e o genoma é cerca de 1.000 vezes maior! Como, então, pode-se obter um gene específico? Felizmente, nosso conhecimento sobre a química e enzimologia do DNA nos permitem clivar e ligar, além de replicar moléculas de DNA *in vitro*. Dessa forma, enzimas de restrição, DNA-ligase, a reação de polimerização em cadeia e DNA sintético são importantes ferramentas utilizadas na clonagem molecular.

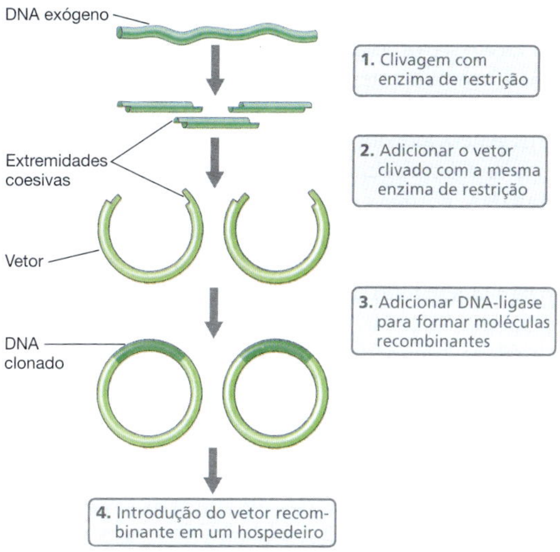


**Figura 11.7 Etapas principais da clonagem gênica.** O vetor pode ser um plasmídeo ou um genoma viral. Clivando-se o DNA exógeno e o vetor com a mesma enzima de restrição, são geradas extremidades coesivas complementares, que permitem a inserção do DNA no vetor.

### Etapas na clonagem gênica: um resumo

A lista a seguir enumera a sequência de eventos em uma clonagem gênica:

1. **Isolamento e fragmentação do DNA de origem.** O DNA original pode ser DNA genômico de um organismo de interesse. DNA sintetizado de um molde de RNA pela transcriptase reversa (Seção 11.3), um gene ou genes amplificados pela reação de polimerização em cadeia (Seção 11.3) ou mesmo DNA totalmente sintético produzido *in vitro* (Seção 11.5). Se o DNA for genômico, tem que ser inicialmente clivado com enzimas de restrição (Seção 11.1) para gerar uma mistura de fragmentos com tamanho de fácil manuseio (Seção 11.7).
2. **Inserção do fragmento de DNA em um vetor de clonagem.** Vetores de clonagem são pequenos elementos genéticos de replicação independente, utilizados para replicar os genes. A maioria dos vetores é derivada de plasmídeos ou vírus. Os vetores de clonagem são normalmente projetados para permitir a inserção *in vitro* de um DNA exógeno em um sítio de restrição que cliva o vetor, sem afetar a sua replicação (Figura 11.7). Quando o DNA original e o vetor são clivados com uma enzima de restrição que gera extremidades coesivas, a ligação das duas moléculas é extremamente facilitada pelo pareamento das extremidades coesivas. As extremidades abruptas geradas por algumas enzimas de restrição podem ser ligadas diretamente, ou pela utilização de conectores ou adaptadores de DNA sintético. Em ambos os casos, as fitas são ligadas pela *DNA-ligase*, uma enzima que liga covalentemente as fitas do vetor e do DNA inserido. Se a origem do DNA for produto de PCR, a DNA-ligase é usada para ligar o DNA amplificado ao vetor especializado (ver Figura 11.15).
3. **Introdução do DNA clonado em um organismo hospedeiro.** As moléculas de DNA recombinante produzidas em um tubo de ensaio são introduzidas em organismos hospedeiros adequados, onde podem ser replicadas. A transformação (Seção 10.6) é frequentemente uti-

lizada para inserir o DNA recombinante em células. Na prática, esse procedimento gera uma mistura de construções recombinantes. Algumas células contêm o gene clonado de interesse, ao passo que outras podem conter outros genes clonados a partir do mesmo DNA original. Esse tipo de mistura é conhecido como **biblioteca (genômica) de DNA**, porque muitos clones diferentes podem ser purificados a partir dessa mistura, cada um contendo diferentes segmentos de DNA clonados a partir do organismo original. Quando uma biblioteca genômica é construída pela clonagem de fragmentos genômicos aleatórios, o processo é denominado **clonagem *shotgun***, que é amplamente utilizado em análises genômicas, como descrito na Seção 11.15 para *mineração genômica.*

## Encontrando o clone correto

Os trabalhos de engenharia genética iniciam-se pela clonagem de um gene de interesse. Mas primeiro é necessário identificar qual colônia do hospedeiro contém o clone correto. Pode-se isolar células hospedeiras contendo um vetor plasmidial pela seleção de um marcador presente no vetor, como a resistência a antibióticos, de modo que somente tais células originarão colônias. No caso de células hospedeiras contendo vetores virais, a simples detecção de placas de lise é suficiente (Seção 8.4). Essas colônias ou placas de lise podem também ser analisadas quanto à presença de vetores contendo DNA exógeno inserido, verificando-se a ocorrência de inativação de um gene do vetor (Seção 11.7). Para a clonagem de um único fragmento de DNA gerado por PCR ou purificado por outros métodos, essas seleções ou varreduras simples geralmente são suficientes.

Uma biblioteca genômica é composta por milhares ou dezenas de milhares de clones e, normalmente, somente um ou poucos deles corresponderão aos genes de interesse. Assim, identificar células contendo o DNA exógeno clonado é apenas a primeira etapa. O maior desafio continua sendo encontrar o clone que possui o gene de interesse. É necessário examinar colônias bacterianas ou placas de lise de células infectadas por vírus crescendo em meio sólido e detectar aquelas poucas que apresentam o gene de interesse. Isso pode ser feito por digestão do DNA com enzimas de restrição ou sequenciamento de plasmídeos extraídos de um grande número de colônias. Outra abordagem é usar a hibridização descrita na Seção 11.2 e como representado na **Figura 11.8*a*.**

## Genes exógenos expressos no hospedeiro de clonagem

Quando um gene exógeno é expresso no hospedeiro de clonagem, a proteína codificada pode ser procurada em colônias da célula hospedeira. Obviamente, para isso, o hospedeiro em si não deve produzir a proteína em estudo. Assim, quando o gene exógeno é incorporado, sua expressão pode ser detectada. Isso torna a seleção de células contendo os genes clonados relativamente simples, especialmente se a expressão dos genes clonados for de fácil observação

Anticorpos podem ser utilizados como reagentes para a detecção de uma proteína de interesse. Anticorpos são proteínas do sistema imune que se ligam de maneira altamente específica a uma molécula-alvo, o antígeno (Seção 24.4). Quando anticorpos são utilizados para a detecção, a proteína codificada pelo gene clonado corresponde ao antígeno e é utilizada para a produção de um anticorpo em um animal experimental. Como os anticorpos ligam-se especificamente ao antígeno, quando o antígeno se encontra presente em uma ou mais colônias em uma placa, a localização dessas colônias pode ser determinada observando-se a ligação do anticorpo. Visto que somente uma pequena quantidade da proteína (antígeno) é encontrada nas colônias, apenas uma pequena quantidade de anticorpos liga-se e, desse modo, um procedimento altamente sensível para a detecção de anticorpos ligados deve ser empregado. Na prática, tal procedimento baseia-se no uso de radioisótopos, produtos químicos fluorescentes ou enzimas. Essas e outras técnicas extremamente sensíveis para a detecção de antígenos serão discutidas no Capítulo 27.

Esse método de detecção usando anticorpos é ilustrado na Figura 11.8*b*. O método de *plaqueamento de réplica* é utilizado para duplicar a placa matriz em um pedaço de filtro de membrana sintética, onde todas as manipulações subsequentes serão feitas nesse filtro. As colônias duplicadas são lisadas para liberar o antígeno de interesse. Em seguida, o anticorpo é adicionado e reage com o antígeno. Os anticorpos não ligados são removidos por lavagem e um reagente radioativo específico para o anticorpo

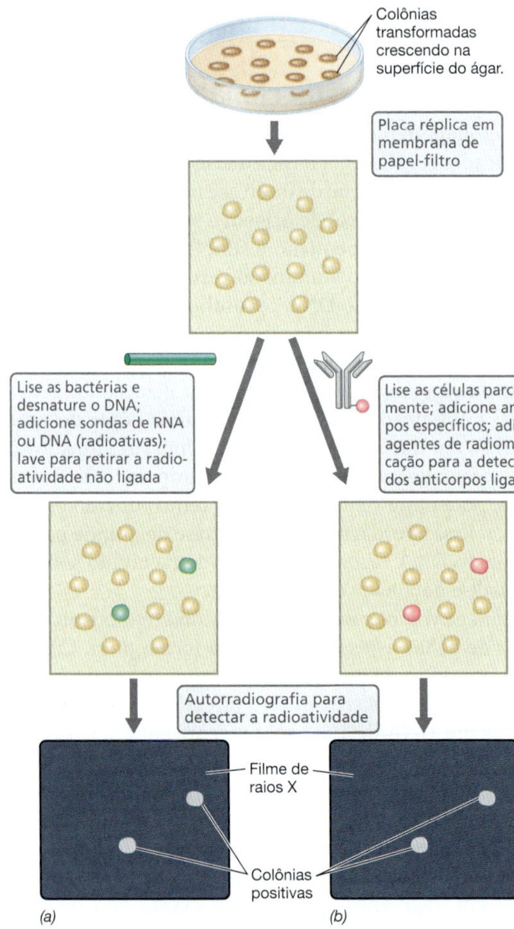


**Figura 11.8 Encontrando o clone correto.** *(a)* Métodos para detecção de clones recombinantes por hibridização de colônias com sondas radioativas de ácidos nucleicos. Formação de uma dupla-hélice de DNA liga a sonda de DNA a um ponto específico na membrana. *(b)* Método para detecção da produção de proteínas utilizando anticorpos específicos contendo um marcador fluorescente ou radioativo.

é adicionado. Uma folha de filme de raios X é depositada sobre o filtro e exposta. Caso uma colônia radioativa esteja presente, será observado um sinal no filme de raios X, após a sua revelação (Figura 11.8*a*). A localização desse sinal no filme corresponde à localização da colônia que produz a proteína, na placa matriz. Essa colônia pode ser coletada da placa matriz e subcultivada.

A principal limitação desse procedimento é o fato de ser necessária a disponibilidade do anticorpo específico para a proteína em questão. Anticorpos podem ser produzidos pela inoculação do antígeno proteico específico em um animal. Todavia, para que o procedimento seja bem-sucedido, a proteína injetada deve estar pura, caso contrário, anticorpos com várias especificidades serão produzidos. Dessa maneira, é necessária a purificação prévia da proteína, ou reações falso-positivas poderão dificultar a seleção dos clones.

**MINIQUESTIONÁRIO**

- Qual o propósito da clonagem molecular?
- Qual o papel dos vetores de clonagem, enzimas de restrição e DNA-ligase na clonagem molecular?
- Como os genes clonados podem ser identificados?

## 11.5 Métodos moleculares de mutagênese

Como já discutimos anteriormente, os agentes mutagênicos convencionais introduzem mutações *aleatórias* em um organismo intacto (Seção 10.4). Por outro lado, a mutagênese *in vitro*, mais conhecida como **mutagênese sítio-dirigida**, utiliza técnicas de DNA sintético e de clonagem de DNA para introduzir mutações em genes *em sítios precisamente determinados*. Além de modificar apenas algumas poucas bases, as mutações podem também ser manipuladas por engenharia genética, visando a inserção de grandes segmentos de DNA em locais precisamente determinados.

### Síntese de DNA

Segmentos de DNA podem ser sintetizados artificialmente e utilizados como iniciadores ou sondas para reações em cadeia de polimerase, hibridização, ou podem fornecer versões alteradas de partes de genes ou regiões reguladoras. Oligonucleotídeos de 12 a 40 bases estão disponíveis comercialmente e oligonucleotídeos com mais de 100 bases de comprimento podem ser gerados, quando necessário. Também é possível sintetizar genes inteiros, se esses codificarem para proteínas pequenas (menos de 600 pb) como é o caso das subunidades da insulina (Seção 11.11).

O DNA é sintetizado *in vitro* em um procedimento de fase sólida, no qual o primeiro nucleotídeo da cadeia é ligado a um suporte insolúvel (como as esferas de vidro porosas). Várias etapas são necessárias para a adição de cada nucleotídeo, sendo a química do processo complexa. Após o término de cada etapa, a mistura de reação é eluída do suporte sólido, sendo a série de reações repetida para a adição do próximo nucleotídeo. Uma vez que o oligonucleotídeo apresenta o tamanho desejado, é clivado do suporte de fase sólida pela ação de um reagente específico, e purificado para eliminar subprodutos e contaminantes.

### Mutagênese sítio-dirigida

A mutagênese sítio-dirigida é uma ferramenta poderosa, pois permite a alteração de qualquer base em um gene específico e apresenta, portanto, várias aplicações na genética. Por alterar sequências gênicas promovendo mudança na sequência de aminoácidos, a mutagênese sítio-dirigida pode ser usada para manipular características de proteínas como atividade enzimática ou afinidade de ligação a proteínas (Seção 11.12). O procedimento básico consiste na síntese de um pequeno iniciador oligonucleotídico de DNA contendo a alteração de base desejada (mutação), o qual é então pareado com uma fita simples de DNA contendo o gene-alvo. O pareamento é completo, exceto na pequena região de pareamento incorreto. Em seguida, o oligonucleotídeo sintético é estendido pela DNA-polimerase, copiando, assim, o restante do gene. A molécula de dupla-fita resultante é inserida em uma célula hospedeira por transformação. Os mutantes são frequentemente selecionados por algum tipo de seleção positiva, como a resistência a antibiótico; nesse caso, o DNA modificado também deve possuir, nas adjacências, um marcador de resistência a antibiótico.

A **Figura 11.9** ilustra um procedimento de mutagênese sítio-dirigida. O processo inicia com a clonagem do gene-alvo em um vetor plasmidial. O vetor dupla-fita é desnaturado produzindo fita simples de DNA que permite a ligação do oligonucleotídeo por pareamento de bases com o gene-alvo. Após a extensão pela DNA-polimerase, a molécula de DNA contém uma fita com bases malpareadas. Após a transformação em uma célula hospedeira o vetor de DNA replica, a célula divide-se, e as duas moléculas-filhas possuirão pareamento completo, porém uma vai carrear a mutação e a outra será igual ao selvagem. As progênies bacterianas são rastreadas para as que têm a mutação.

Mutagênese sítio-dirigida pode também ser conduzida por meio de PCR. Neste caso, um pequeno oligonucleotídeo de DNA com a mutação requerida é utilizado como iniciador

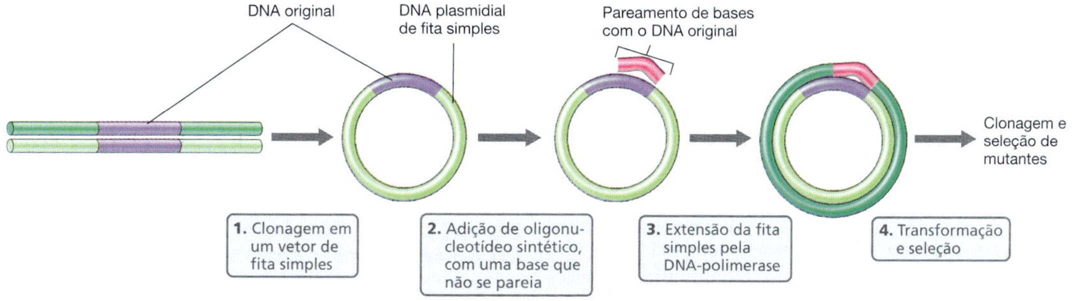


**Figura 11.9 Mutagênese sítio-dirigida utilizando DNA sintético.** Pequenos oligodesoxirribonucleotídeos sintéticos podem ser utilizados para gerar mutações. A clonagem em um plasmídeo fornece o DNA fita simples necessário à realização da mutagênese sítio-dirigida.

na PCR. O iniciador contendo a mutação é projetado para parear com o alvo com a base malpareada flanqueada por um número suficiente de nucleotídeos correspondentes para que seja estável durante a reação de PCR. O iniciador mutante é pareado com um iniciador normal, e quando a reação de PCR amplifica o DNA-alvo, a(s) mutação(ões) é(são) incorporada(s) no produto final amplificado.

## Aplicações da mutagênese sítio-dirigida

A mutagênese sítio-dirigida pode ser utilizada para avaliar a atividade de proteínas contendo substituições conhecidas de aminoácidos. Suponha que a importância de determinados aminoácidos no sítio ativo de uma enzima esteja sendo estudada. A mutagênese sítio-dirigida poderia ser empregada para modificar um determinado aminoácido na enzima, sendo a enzima agora modificada, analisada e comparada à enzima selvagem. Nesse tipo de experimento, o vetor que codifica a enzima mutante poderia ser inserido em uma linhagem hospedeira mutante, incapaz de produzir a enzima original. Consequentemente, a atividade avaliada será decorrente da versão mutante da enzima.

Utilizando a mutagênese sítio-dirigida, os enzimologistas podem associar praticamente qualquer aspecto da atividade enzimática, como a catálise, resistência ou suscetibilidade a agentes químicos ou físicos, ou interações com outras proteínas, a aminoácidos específicos na proteína. Particularmente, a mutagênese sítio-dirigida permitiu que cientistas alterassem a afinidade de ligação ao receptor do hormônio de crescimento bovino, somatotrofina, em seres humanos, para que ele apenas estimulasse o crescimento e não a produção de leite (Seção 11.12).

## Mutagênese por inserção de cassete e ruptura gênica

Para mudar mais que alguns pares de base ou substituir seções de um gene de interesse, fragmentos sintéticos chamados de **cassetes de DNA** (ou cartuchos) podem ser utilizados para mutar o DNA em um processo conhecido como **mutagênese de cassete**. Esses cassetes podem ser sintetizados usando PCR ou por síntese direta de DNA. Também podem substituir seções do DNA de interesse usando sítios de restrição. Contudo, quando sítios de restrição apropriados não estão presentes no local desejado, eles podem ser inseridos por mutagênese sítio-dirigida (Figura 11.9). Os cassetes usados para substituição de genes são normalmente do mesmo tamanho que o DNA selvagem que são substituídos.

Outro tipo de mutagênese por cassete é denominado **ruptura gênica**. Nessa técnica, os cassetes são inseridos no meio de um gene, interrompendo, assim, a sequência codificadora. Os cassetes utilizados na introdução de mutações por inserção podem ser de qualquer tamanho, muitas vezes correspondendo a um gene inteiro. Para facilitar o processo de seleção, cassetes que codificam resistência a antibióticos são frequentemente utilizados. O processo de ruptura gênica está ilustrado na **Figura 11.10**. Nesse caso, um cassete de DNA contendo o gene de resistência à kanamicina, o cassete Kan, é inserido em um sítio de restrição de um gene clonado. O vetor contendo esse gene mutante é então linearizado pela clivagem com uma enzima de restrição diferente. Finalmente, o DNA linear é transformado na célula hospedeira, e a resistência à kanamicina é selecionada. O plasmídeo linearizado é incapaz de replicar-se, assim, as células resistentes surgem principalmente em decorrência de eventos de recombinação homóloga (Seção 10.5) entre o gene mutado presente no plasmídeo e o gene selvagem presente no cromossomo.

Observe que, quando um cassete é inserido, além de adquirirem resistência à kanamicina, as células *perdem a função do gene* no qual o cassete é inserido. Essas mutações são chamadas de *mutações de nocaute*. Essas mutações assemelham-se às mutações de inserção realizadas por transposons (Seção 10.11), embora, nesse caso, seja possível escolher exatamente qual gene será mutado. Mutações de nocaute em organismos haploides (como os procariotos) originam células viáveis somente se o gene interrompido não for essencial. De fato, os nocautes gênicos são uma forma conveniente de determinar se um dado gene é essencial.

**MINIQUESTIONÁRIO**

- Por que um suporte de fase sólida é utilizado durante a síntese química de DNA?
- Como uma mutagênese sítio-dirigida pode ser útil para os enzimologistas?
- O que são mutações de nocaute?

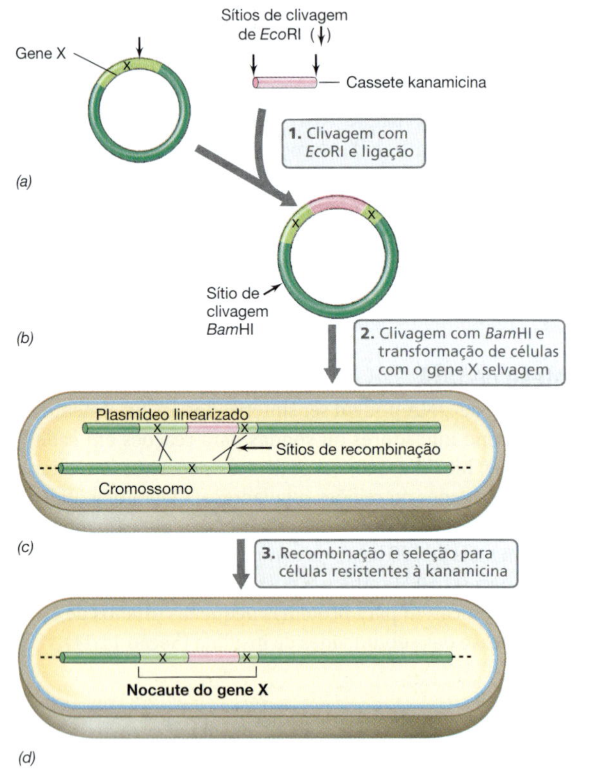


**Figura 11.10 Ruptura gênica utilizando mutagênese por inserção de cassete.** *(a)* Uma cópia do gene X selvagem clonado, carreada por um plasmídeo, é clivada com a enzima *Eco*RI e misturada ao cassete de kanamicina. *(b)* O plasmídeo clivado e o cassete são ligados, gerando um plasmídeo com o cassete de kanamicina como uma mutação de inserção no interior do gene X. Esse novo plasmídeo é clivado com *Bam*HI e transformado em uma célula. *(c)* A célula transformada possui o plasmídeo linearizado contendo o gene X interrompido, além do gene X selvagem em seu próprio cromossomo. *(d)* Em algumas células, ocorrerá a recombinação homóloga entre as formas selvagem e mutante do gene X. Células capazes de crescer na presença de kanamicina possuem uma única cópia do gene X interrompido.

## 11.6 Fusões gênicas e genes repórteres

A manipulação de DNA *in vitro*, além de permitir novas abordagens para a geração de mutações, revolucionou o estudo da regulação gênica. As construções podem ser manipuladas de modo a permitir que uma sequência codificadora de uma fonte (o *repórter*) seja posicionada adjacente a uma região reguladora de outra origem para formar um gene híbrido. Isso pode ser utilizado para estudar a regulação gênica (Seção 7.1), aumentar a expressão de um produto gênico de interesse, ou para analisar a resposta de uma região reguladora a diversas condições.

### Genes repórteres

A propriedade essencial de um **gene repórter** consiste na codificação de uma proteína de fácil análise e detecção. Genes repórteres são utilizados com uma grande variedade de propósitos. Eles podem ser usados para sinalizar a presença ou a ausência de um elemento genético em particular (como um plasmídeo) ou a inserção de DNA em um vetor. Eles podem também ser fusionados a outros genes ou ao promotor de outros genes, permitindo o estudo da expressão.

O primeiro gene a ser amplamente utilizado como repórter foi o gene *lacZ* de *Escherichia coli*, o qual codifica a enzima β-galactosidase, necessária para o catabolismo de lactose (Seção 7.3). Células expressando β-galactosidase podem ser detectadas facilmente pela cor de suas colônias em placas indicadoras que contêm o substrato artificial Xgal (5-bromo-4-cloro-3-indolil-β-D-galactopiranosídeo); Xgal é clivado pela β-galactosidase, produzindo uma coloração azul (ver Figura 11.14). A **proteína fluorescente verde** (**GFP**, *green fluorescent protein*) é amplamente utilizada como um repórter (**Figura 11.11**). Embora o gene de GFP tenha sido originalmente clonado da água-viva *Aequorea victoria*, a proteína GFP pode ser expressa na maioria das células. Ela é estável e provoca pouca ou nenhuma alteração no metabolismo da célula hospedeira. Quando a expressão de um gene clonado é associada àquela da GFP, a expressão de GFP sinaliza que o gene clonado foi também expresso (Figura 11.11).

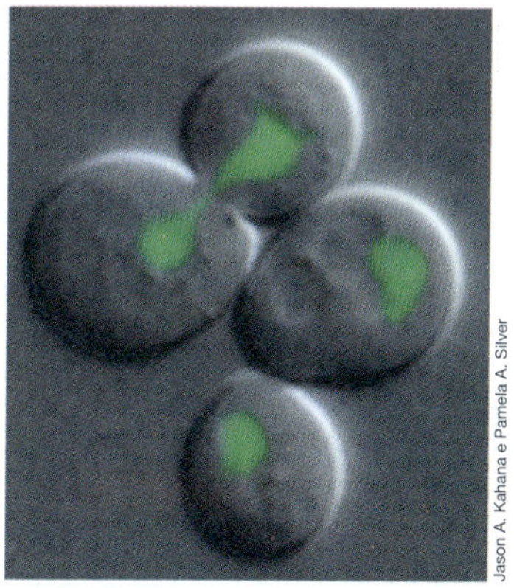


**Figura 11.11** **Proteína fluorescente verde (GFP).** A GFP pode ser utilizada como uma marca para a localização de proteínas *in vivo*. Neste exemplo, o gene que codifica Pho2, uma proteína de ligação ao DNA da levedura *Saccharomyces cerevisiae*, foi fusionado ao gene que codifica GFP, e fotografado por microscopia de fluorescência. O gene recombinante foi transformado em células de leveduras em brotamento, que expressaram a proteína de fusão fluorescente localizada no núcleo.

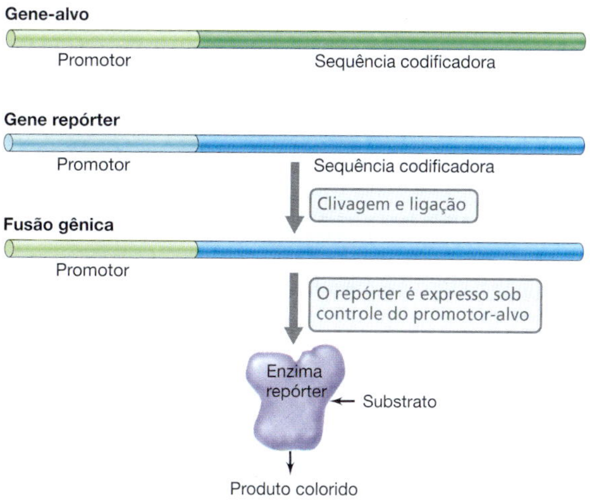


**Figura 11.12** **Construção e uso de fusões gênicas.** O promotor do gene-alvo é fusionado à sequência codificadora repórter e o gene repórter é expresso sob condições nas quais o gene-alvo seria normalmente expresso. O repórter ilustrado aqui é uma enzima (como a β-galactosidase) que converte um substrato a um produto colorido, de fácil detecção. Essa estratégia facilita sobremaneira a investigação de mecanismos reguladores.

### Fusões gênicas

É possível manipular construções de modo a consistirem em segmentos de dois genes diferentes. Essas construções são conhecidas como **fusões gênicas**. Se o promotor que controla uma sequência codificadora for removido, a sequência codificadora pode ser fusionada a uma região reguladora diferente, a fim de submeter o gene ao controle de um promotor diferente. Alternativamente, o promotor pode ser fusionado a um gene cujo produto é de fácil detecção. Existem dois tipos de fusões gênicas. Nas **fusões de óperons**, uma sequência codificadora que retém seu próprio sítio e sinais de início da tradução é fusionada aos sinais de transcrição de outro gene. Na **fusão proteica**, genes que codificam duas diferentes proteínas são fusionados de forma a compartilhar os mesmos sinais de início e término da transcrição e da tradução. Após a tradução, a proteína fusionada produz um único polipeptídeo híbrido.

Essa estratégia é muitas vezes utilizada em estudos de regulação gênica, especialmente quando a quantificação do produto gênico natural é difícil, ou demanda muito tempo. A região reguladora do gene de interesse é fusionada à sequência codificadora de um gene repórter, como a β-galactosidase ou a GFP. O repórter é então submetido a condições que possam desencadear a expressão do gene-alvo (**Figura 11.12**). A expressão do repórter pode, então, ser analisada sob diferentes condições, a fim de determinar-se como o gene de interesse é regulado (Seção 7.1). Ensaios de *controle da transcrição* são feitos fundindo os sinais de início da transcrição em um gene repórter, enquanto o *controle da tradução* é ensaiado pela fusão dos sinais de início da tradução de um gene de interesse a um gene repórter sob o controle de um promotor conhecido.

Fusões gênicas também podem ser utilizadas para avaliar os efeitos de genes reguladores. Mutações que afetam os genes reguladores são introduzidas em células contendo fusões gênicas, e a expressão é quantificada e comparada às células sem as mutações reguladoras. Isso permite a pesquisa rápida de múltiplos genes reguladores que supostamente controlam o gene-

-alvo. Além de utilizar as fusões para monitorar a presença ou a expressão de um determinado gene, proteínas que são facilmente purificadas também podem ser fundidas a proteínas de interesse para auxiliar na purificação (Seção 11.11).

**MINIQUESTIONÁRIO**

- O que é um gene repórter?
- Por que fusões gênicas são úteis em estudos de regulação gênica?

# II • Clonagem gênica

A principal etapa na engenharia genética é a manipulação do DNA com o propósito de clonagem. A clonagem permite aos cientistas isolarem genes de interesse de seus genomas e inserirem esses genes em moléculas carreadoras facilmente manipuladas, ou, de outra forma, estudadas.

## 11.7 Plasmídeos como vetores de clonagem

Os plasmídeos replicam-se independentemente do cromossomo hospedeiro. Além de possuir os genes necessários à sua própria replicação, a maioria dos plasmídeos são vetores naturais, uma vez que frequentemente carreiam outros genes que conferem propriedades importantes a seus hospedeiros (Seção 4.3). Como discutido a seguir, os plasmídeos possuem muitas propriedades úteis como *vetores de clonagem*.

Embora, na natureza, os plasmídeos conjugativos sejam transferidos por meio do contato entre duas células (Seção 10.8), a maioria dos vetores de clonagem plasmidiais foi modificada geneticamente a fim de abolir sua transferência conjugativa. Isso impede o deslocamento indesejável do vetor para outros organismos. Entretanto, a transferência do vetor em laboratório pode ser facilitada por transformação quimicamente mediada, ou por eletroporação (Seção 10.6). Dependendo do sistema plasmídeo-hospedeiro, a replicação plasmidial pode estar sujeita a um rígido controle celular, e, nesse caso, somente algumas poucas cópias do plasmídeo são produzidas, ou ela pode estar sujeita a um controle celular relaxado, e nesse caso, um grande número de cópias é produzida. A obtenção de um grande número de cópias é muitas vezes importante na clonagem molecular, e, por meio de uma seleção apropriada do sistema plasmídeo-hospedeiro e da manipulação da síntese de macromoléculas celulares, pode-se obter até centenas de milhares de cópias do plasmídeo em cada célula.

### Um exemplo de um vetor de clonagem: o plasmídeo pUC19

Os primeiros vetores de clonagem plasmidiais utilizados eram isolados naturais. Em particular, os plasmídeos ColE de *Escherichia coli*, que codificam a colicina E, foram utilizados por serem relativamente pequenos e estarem naturalmente presentes em múltiplas cópias, facilitando o isolamento do DNA. Entretanto, eles foram rapidamente substituídos por plasmídeos resultantes de manipulações *in vitro*. Um vetor de clonagem plasmidial largamente utilizado é o plasmídeo pUC19 (**Figura 11.13**). Ele foi derivado, após várias etapas de modificação, do plasmídeo ColE1 (Seção 4.3), as quais consistiram na remoção dos genes de colicina e inserção de genes de resistência à ampicilina, bem como em um sistema de seleção de coloração azul-branco (ver a seguir). Um segmento de DNA artificial contendo sítios de clivagem para muitas enzimas de restrição, denominado *SMC* ou *sítio múltiplo de clonagem*, encontra-se inserido no interior do gene *lacZ*, um gene que codifica a enzima que degrada lactose, β-galactosidase (Seção 7.3). A presença desse SMC curto não inativa o gene *lacZ*. Sítios de clivagem de enzimas de restrição presentes no SMC não são encontrados no restante do vetor. Consequentemente, o tratamento com cada uma dessas enzimas abre o vetor em um único local, sem clivá-lo em vários fragmentos.

O plasmídeo pUC19 possui uma série de características que o tornam adequado como um veículo de clonagem:

1. Ele é relativamente pequeno, contendo somente 2.686 pb.
2. Ele é estavelmente mantido no hospedeiro (*E. coli*), com um número relativamente elevado de cópias, cerca de 50 cópias por célula.
3. Ele pode ser amplificado a um número muito elevado (1.000 a 3.000 cópias por célula, cerca de 40% do DNA celular) pela inibição da síntese de proteínas com o antibiótico cloranfenicol.

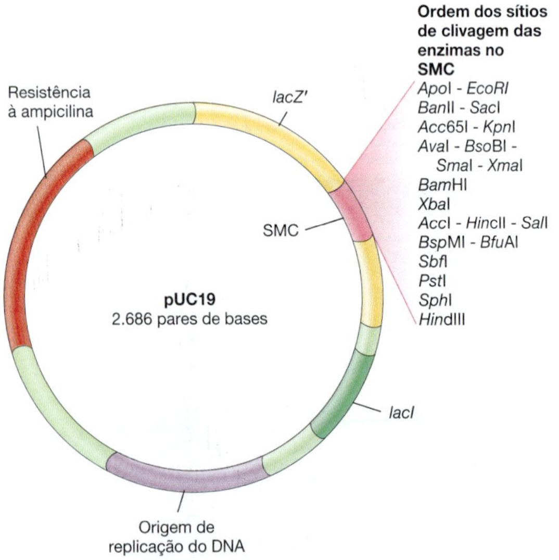


**Figura 11.13** **Plasmídeo pUC19, um vetor de clonagem.** As características essenciais incluem um marcador de resistência à ampicilina e um SMC, um segmento de DNA contendo vários sítios de clivagem para enzimas de restrição. A inserção do DNA clonado no interior do SMC inativa o gene *lacZ'*, que codifica a β-galactosidase e permite a identificação fácil de transformantes pelo sistema de seleção azul-branco.

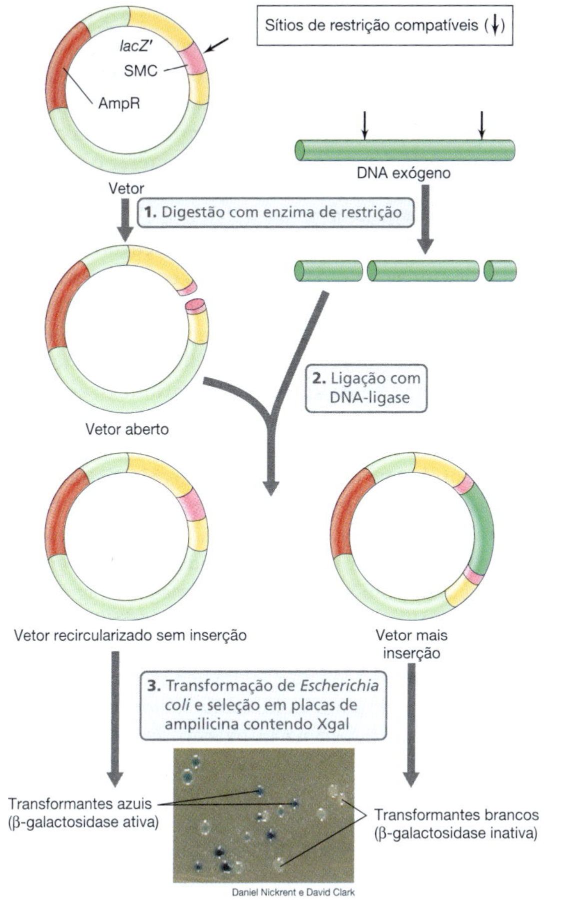


**Figura 11.14** **Clonagem no vetor plasmidial pUC19.** Uma enzima de restrição adequada cliva o vetor de clonagem no seu SMC, linearizando-o. A inserção do DNA exógeno inativa a β-galactosidase, permitindo a seleção azul-branco quanto à presença do inserto. A foto na parte inferior apresenta colônias de *Escherichia coli* em uma placa de Xgal. A enzima β-galactosidase pode clivar o Xgal, que normalmente é incolor, originando um produto azul.

4. Ele é facilmente isolado na forma superenovelada, usando técnicas de rotina.
5. Quantidades moderadas de DNA exógeno podem ser inseridas, embora insertos superiores a 10 kb promovam uma instabilidade plasmidial.
6. A sequência completa de bases do plasmídeo é conhecida, permitindo a identificação de todos os sítios de clivagem de enzimas de restrição.
7. O SMC contém sítios únicos de clivagem para uma dúzia de enzimas de restrição, as quais aumentam a versatilidade do vetor.
8. Ele possui um gene que confere ao seu hospedeiro resistência à ampicilina. Isso permite a pronta seleção de hospedeiros contendo o plasmídeo, uma vez que tais hospedeiros ganham resistência ao antibiótico.
9. Ele pode ser facilmente introduzido em células por transformação.
10. Inserção de DNA exógeno no SMC pode ser detectada pela seleção azul-branco devido à presença do gene *lacZ*.

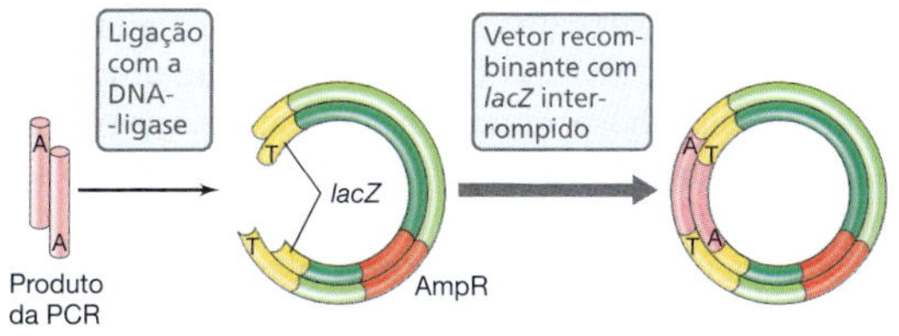


**Figura 11.15** **PCR para vetores.** O vetor de clonagem linearizado contém resíduos de timinas não pareados em suas terminações (em inglês, *overhanging*) que pareiam com os resíduos de adenina presentes na extremidade 3′ do produto de PCR gerado pela *Taq*-polimerase. A ligação dos dois pedaços do DNA gera um plasmídeo circular contendo o gene *lacZ* interrompido. AmpR, gene que codifica para resistência à ampicilina.



## Clonagem de genes em vetores plasmidiais

A utilização de vetores plasmidiais na clonagem de genes é ilustrada na **Figura 11.14**. Uma enzima de restrição adequada, com um sítio de clivagem no interior do SMC, é escolhida. Tanto o vetor quanto o DNA exógeno a ser clonado são clivados com essa enzima. O vetor é linearizado. Segmentos do DNA exógeno são inseridos no sítio de clivagem aberto, sendo ligados nesta posição pela DNA-ligase. Isso interrompe o gene *lacZ*, um fenômeno denominado *inativação insercional*. Esse processo pode ser utilizado para detectar a presença do DNA exógeno no vetor. Quando o reagente incolor Xgal é adicionado ao meio de cultura, é clivado pela β-galactosidase, gerando um produto azul. Assim, células contendo o vetor *sem* o DNA clonado formam colônias azuis, enquanto as células contendo o vetor *com* um inserto de DNA clonado não produzem a β-galactosidase, sendo, portanto, brancas.

Desse modo, após a ligação do DNA, células de *E. coli* são transformadas com os plasmídeos resultantes. As colônias são selecionadas em meios contendo ampicilina, para a seleção da presença do plasmídeo, e Xgal, para avaliar a atividade da β-galactosidase. As colônias que são *azuis* contêm o plasmídeo sem qualquer DNA exógeno inserido (i.e., o plasmídeo simplesmente sofreu circularização, sem captar o DNA exógeno), enquanto aquelas que são *brancas* contêm o plasmídeo com DNA exógeno inserido, sendo, portanto, selecionadas para análises adicionais (ver Figura 11.20*b* para um exemplo relacionado com o sistema de seleção azul-branco).

## Outros vetores plasmidiais

Muitos vetores subsequentes têm características similares àquelas do pUC19, listadas anteriormente, mas também apresentam outras características desejáveis. Por exemplo, alguns vetores foram desenvolvidos especificamente para clonagem de produtos de DNA sintetizados pela enzima *Taq*-polimerase na reação em cadeia de polimerase (PCR) (Seção 11.3). A atividade enzimática da *Taq*-polimerase adiciona um resíduo de adenina na extremidade 3′ do seu produto independente de um molde. Vetores linearizados estão disponíveis comercialmente e contêm um resíduo de timina não pareado em suas extremidades (em inglês, *overhanging*) que permite o pareamento de bases com o produto da PCR e sua subsequente ligação usando uma DNA-ligase (**Figura 11.15**).

Outros vetores foram desenhados para selecionar diretamente os vetores recombinantes por meio da viabilidade celular, e não pela varredura. Por exemplo, em alguns vetores, o gene carreando o SMC normalmente produz uma proteína que é letal à célula hospedeira. Portanto, apenas as células que possuem um plasmídeo no qual esse gene foi inativado são capazes de crescer.

A clonagem empregando vetores plasmidiais é versátil e amplamente utilizada em engenharia genética, particularmente quando o fragmento a ser clonado é relativamente pequeno. Plasmídeos também são frequentemente utilizados como vetores de clonagem quando se deseja expressar o gene clonado, uma vez que genes reguladores podem ser manipulados por engenharia genética no plasmídeo, a fim de obter-se a expressão dos genes clonados sob condições específicas (Seção 11.9).

**MINIQUESTIONÁRIO**

- Explique por que, em uma clonagem, é necessário utilizar uma enzima de restrição que clive o vetor em somente um local.
- O que é inativação insercional?
- O que é um SMC?

## 11.8 Hospedeiros para vetores de clonagem

Para a obtenção de grandes quantidades de DNA clonado, um hospedeiro ideal deve crescer rapidamente em um meio de cultura de baixo custo. Além disso, o hospedeiro não deve ser patogênico, deve ser capaz de incorporar o DNA, ser geneticamente estável em cultura e possuir as enzimas necessárias à replicação do vetor. Também é útil quando podemos dispor de informações adicionais sobre o hospedeiro, e de uma abundância de ferramentas para sua manipulação genética.

Os microrganismos estão entre os hospedeiros mais úteis à clonagem, pois crescem facilmente e dispomos de muitas informações sobre eles. Esses incluem as bactérias *Escherichia coli* e *Bacillus subtilis* e a levedura *Saccharomyces cerevisiae* (**Figura 11.16**). Sequências genômicas completas de todos esses organismos encontram-se disponíveis; tais organismos são amplamente utilizados como hospedeiros de clonagem. Entretanto, em alguns casos, outros hospedeiros e vetores especializados podem ser necessários a fim de obtermos o DNA clonado e expresso de forma adequada.

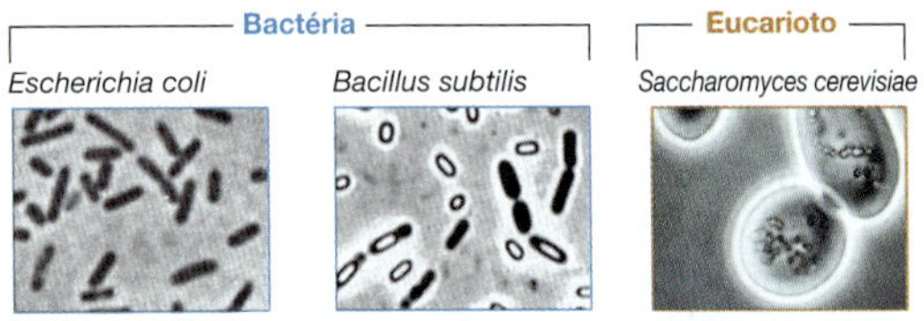


| | Escherichia coli | Bacillus subtilis | Saccharomyces cerevisiae |
|---|---|---|---|
| Vantagens | Genética bem desenvolvida<br>Muitas linhagens disponíveis<br>Procarioto mais bem conhecido | Facilmente transformável<br>Não patogênico<br>Proteínas secretadas naturalmente<br>A formação de endósporo simplifica a cultura | Genética bem desenvolvida<br>Não patogênico<br>Pode processar RNAm e proteínas<br>de fácil crescimento |
| Desvantagens | Potencialmente patogênica<br>Proteínas retidas no periplasma | Geneticamente instável<br>Genética menos desenvolvida que em *E. coli* | Plasmídeos instáveis<br>Não replica a maioria dos plasmídeos procarióticos |

**Figura 11.16** **Hospedeiros para clonagem molecular.** Um resumo das vantagens e desvantagens de alguns hospedeiros comuns para clonagem.

### Hospedeiros procarióticos

Embora a maioria das clonagens moleculares tenha sido realizada em *E. coli* (Figura 11.16), este hospedeiro apresenta algumas desvantagens. *E. coli* é uma excelente escolha para o trabalho de clonagem inicial, porém é problemática como um vetor de expressão, uma vez que essa bactéria é encontrada no trato intestinal humano, e linhagens selvagens são potencialmente patogênicas (Seção 31.12). Entretanto, várias linhagens modificadas de *E. coli* foram desenvolvidas com finalidades de clonagem e, dessa forma, *E. coli* continua sendo o organismo de escolha para a maioria das clonagens moleculares. Um grande problema com a utilização de qualquer hospedeiro bacteriano, incluindo *E. coli*, é a falta de um sistema para modificar corretamente as proteínas eucarióticas; esse problema pode ser resolvido usando células hospedeiras eucariotas, como discutido a seguir.

Outro problema com a utilização de *E. coli*, assim como com todas as bactérias gram-negativas, é que elas possuem uma membrana exterior que dificulta a secreção de proteínas. Problema que pode ser resolvido usando a bactéria gram-positiva *B. subtilis* como hospedeiro de clonagem (Figura 11.16). Embora a tecnologia para clonagem em *B. subtilis* seja menos avançada do que em *E. coli*, foram desenvolvidos inúmeros plasmídeos e fagos adequados à clonagem, sendo a transformação um procedimento bem estabelecido em *B. subtilis*. A principal desvantagem na utilização de *B. subtilis* como hospedeiro de clonagem é a instabilidade plasmidial. Frequentemente, a manutenção da replicação plasmidial é dificultada após vários subcultivos do organismo. Além disso, DNA exógenos não são mantidos de maneira eficiente em *B. subtilis*, quando comparados a *E. coli*; assim, o DNA clonado é frequentemente eliminado de maneira inesperada.

Em geral, os organismos utilizados para a clonagem devem apresentar genótipos específicos para serem eficientes. Por exemplo, se o vetor de clonagem utiliza o gene *lacZ* para a varredura dos clones, o hospedeiro deve apresentar uma mutação que inativa seu gene. Essas considerações, e outras, como a capacidade de selecionar os transformantes, devem ser levadas em consideração na escolha de um hospedeiro de clonagem.

### Hospedeiros eucarióticos

A clonagem em microrganismos eucarióticos concentrou-se na levedura *S. cerevisiae* (Figura 11.16). Vetores plasmidiais, assim como cromossomos artificiais (Seção 11.10), foram desenvolvidos para leveduras. Uma importante vantagem das células eucarióticas como hospedeiras de vetores de clonagem refere-se ao fato de possuírem os sistemas complexos de processamento de RNA e a modificação pós-traducional, necessários à produção de proteínas eucarióticas. Portanto, a presença de tais sistemas torna dispensável a introdução de modificações no vetor ou nas células hospedeiras, as quais seriam necessárias caso o DNA eucariótico fosse clonado e expresso em um hospedeiro de clonagem procariótico.

Em muitas aplicações, a clonagem gênica em células de mamíferos foi realizada. Os sistemas de cultura de células de mamíferos podem ser manipulados de maneira semelhante às culturas microbianas, sendo amplamente utilizados em pesquisas envolvendo genética humana, câncer, doenças infecciosas e fisiologia. Uma desvantagem das células de mamíferos como hospedeiros de clonagem refere-se ao alto custo e a difícil produção em larga escala. Linhagens celulares de insetos são de cultivo mais simples, havendo o desenvolvimento de vetores a partir de vírus de DNA de insetos, o baculovírus. Em algumas situações, especialmente na agricultura, o hospedeiro de clonagem pode ser uma linhagem de cultura de tecido vegetal, ou até mesmo uma planta inteira. De fato, a engenharia genética apresenta inúmeras aplicações na agricultura (Seção 11.13). Entretanto, independentemente do tipo de hospedeiro eucariótico, é necessário inserir o DNA do vetor em células do hospedeiro. As técnicas para transferir DNA para células eucarióticas não serão discutidas agora, mas incluem transfecção (ver Figura 11.28), microinjeção e eletroporação.

**MINIQUESTIONÁRIO**

- Por que a clonagem molecular requer um hospedeiro?
- Em que situações a utilização de hospedeiros eucariotos para a clonagem molecular é benéfica?

## 11.9 Vetores bifuncionais e vetores de expressão

Uma vez que um gene foi clonado, ele pode ser utilizado para uma variedade de objetivos. Vetores especializados foram desenvolvidos para o uso em diferentes situações. Aqui vamos discutir como transferir um gene clonado entre organismos de diferentes espécies e como otimizar a expressão do gene clonado. Duas classes de vetores são adequadas, vetores *bifuncionais* e vetores de *expressão*.

### Vetores bifuncionais

Vetores capazes de replicarem-se e serem mantidos de modo estável em dois (ou mais) organismos hospedeiros não relacionados são denominados **vetores bifuncionais**. Assim, genes carreados por um vetor bifuncional podem ser transferidos entre organismos não relacionados. Foram desenvolvidos vetores bifuncionais capazes de replicarem-se tanto em *Escherichia coli* quanto em *Bacillus subtilis*, em *E. coli* e leveduras, em *E. coli* e células de mamíferos, assim como em muitos outros pares de organismos. A importância de um vetor bifuncional está no fato de o DNA clonado em um organismo poder ser replicado em um segundo hospedeiro, sem a necessidade de modificação do vetor para isso.

Muitos vetores bifuncionais foram projetados para permitir a transferência gênica entre *E. coli* e leveduras. Vetores plasmidiais bacterianos foram os primeiros a serem utilizados, sendo modificados para atuarem também em leveduras. Uma vez que as origens de replicação bacteriana não funcionam em eucariotos, é necessário fornecer uma origem de replicação de levedura. Uma vantagem é o fato de as sequências de DNA de origens de replicação serem similares em diferentes eucariotos, de modo que a origem de leveduras é funcional em outros organismos superiores. Quando células eucarióticas dividem-se, os cromossomos duplicados são separados pelos microtúbulos ("fibras do fuso") ligados aos centrômeros (Seção 2.20). Consequentemente, vetores bifuncionais para eucariotos devem conter um segmento de DNA do centrômero, a fim de serem distribuídos adequadamente na divisão celular (**Figura 11.17**). Felizmente, a sequência de reconhecimento centromérica de levedura, a sequência CEN, é relativamente pequena e de fácil inserção nos vetores bifuncionais.

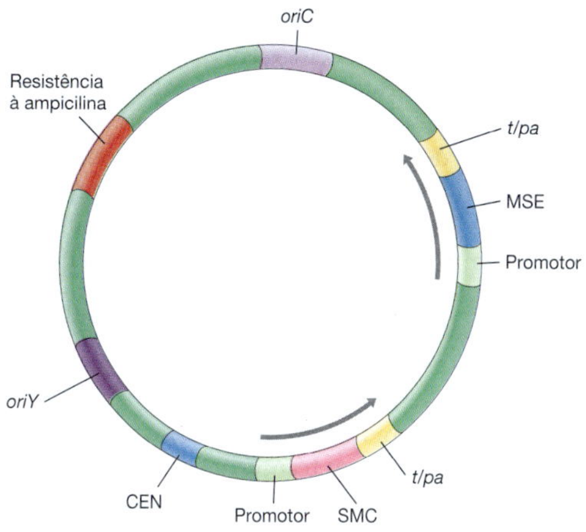


**Figura 11.17 Mapa genético de um vetor bifuncional utilizado em levedura.** Este vetor contém componentes que permitem sua utilização em *Escherichia coli* e leveduras, e pode ser selecionado em cada organismo: *oriC*, origem de replicação em *E. coli*; *oriY*, origem de replicação de levedura; SMC, sítio múltiplo de clonagem; MSE, marcador de seleção eucariótico; CEN, sequência centromérica de levedura; *t/pa*, sinais de término de transcrição/poliadenilação. As setas indicam a direção de transcrição.

Há também a necessidade de um marcador conveniente para selecionar o plasmídeo na levedura. Infelizmente, as leveduras não são suscetíveis à maioria dos antibióticos eficazes contra bactérias. Na prática, são utilizadas linhagens hospedeiras de leveduras deficientes na produção de algum aminoácido específico, ou base púrica ou pirimídica.

Uma cópia funcional do gene biossintético que é defeituoso no hospedeiro é inserida no vetor bifuncional. Por exemplo, se o gene *URA3*, necessário à síntese de uracila, for utilizado, a levedura não crescerá na ausência de uracila, mas o fará apenas se receber a cópia do vetor bifuncional.

### Vetores de expressão

Organismos apresentam sistemas reguladores complexos e genes clonados são muitas vezes pouco expressos ou não são expressos em uma célula hospedeira exógena. Esse obstáculo pode ser sobrepujado pelo uso de **vetores de expressão**, vetores desenvolvidos para permitir ao pesquisador controlar a expressão dos genes clonados. Em geral, o objetivo consiste na obtenção de altos níveis de expressão, especialmente em aplicações biotecnológicas. Entretanto, quando se trata de produtos gênicos potencialmente tóxicos, um nível baixo, porém estritamente controlado, pode ser apropriado.

O controle da expressão é realizado porque vetores de expressão contêm sequências reguladoras que permitem a manipulação da expressão gênica. Geralmente, o controle é transcricional, uma vez que, para obter-se altos níveis de expressão, é essencial a produção de altos níveis de RNAm. Na prática, altos níveis de transcrição requerem promotores fortes, que permitam a ligação eficiente da RNA-polimerase (Seção 4.7). Entretanto, o promotor nativo de um gene clonado pode não atuar de maneira eficiente no hospedeiro novo. Por exemplo, promotores de eucariotos, ou até mesmo de outras bactérias, não funcionam ou funcionam pouco em *E. coli*. De fato, até mesmo alguns promotores de *E. coli* atuam em baixos níveis em *E. coli*, por apresentarem sequências diferentes da sequência promotora consenso, promovendo uma ligação fraca da RNA-polimerase (Seção 4.7).

UNIDADE 2

Por essa razão, vetores de expressão devem conter um promotor que funcione de maneira eficiente no hospedeiro e que esteja posicionado corretamente, permitindo a transcrição do gene clonado. Entre os promotores de *E. coli* utilizados na construção de vetores de expressão podemos mencionar *lac* (o promotor do óperon *lac*), *trp* (o promotor do óperon *trp*), *tac* e *trc* (híbridos sintéticos dos promotores *trp* e *lac*). Esses são promotores "fortes" em *E. coli* e podem ser regulados especificamente.

## Regulação da transcrição em vetores de expressão

A regulação da expressão de genes clonados é importante. Embora em geral seja desejável a produção de altas concentrações de RNAm (sendo ele traduzido), geralmente não é conveniente que os genes clonados sejam transcritos em elevados níveis em todos os momentos. Em condições ideais, a cultura contendo o vetor de expressão deve crescer até atingir um grande número de células, cada uma contendo inúmeras cópias do vetor. A expressão do(s) gene(s) desejado(s) pode ser ativada por um *sinal genético*.

A regulação da transcrição por uma proteína repressora (Seção 7.3) é uma maneira útil de controlar um gene clonado. Um repressor forte pode bloquear completamente a síntese de proteínas sob seu controle ligando-se à região do operador. Além disso, quando a expressão do gene é requerida, o repressor pode ser removido pela adição do indutor, permitindo a transcrição dos genes regulados. Para que um sistema repressor-operador possa controlar a produção de proteínas exógenas, o vetor de expressão é desenvolvido de maneira que o gene clonado seja inserido imediatamente a jusante ao promotor e da região operadora escolhidos. Um sítio forte de ligação ao ribossomo é frequentemente incluído entre o promotor e o gene clonado. Isso resulta em um controle do gene clonado pelo promotor e em transcrição e tradução eficientes. O operador e o promotor geralmente são correspondentes (p. ex., o operador *lac* é empregado com o promotor *lac*), embora esse nem sempre seja o caso. Por exemplo, regiões reguladoras híbridas são ocasionalmente utilizadas (p. ex., fusionando o promotor *trp* com o operador *lac* para formar o elemento regulador *trc*).

A **Figura 11.18** mostra um vetor de expressão controlado por *trc*. Esse plasmídeo também contém uma cópia do gene *lacI*, que codifica o repressor *lac*. O nível do repressor em uma célula contendo esse plasmídeo é suficiente para impedir a transcrição a partir do promotor *trc*, até que o indutor seja adicionado. A adição de lactose ou indutores *lac* relacionados desencadeia a transcrição do DNA clonado (Figura 12.20). Além de um promotor forte e facilmente regulado, a maioria dos vetores de expressão contém um eficiente terminador de transcrição (Seção 4.7). Isso impede que a transcrição a partir do promotor forte prossiga em outros genes do vetor, o que poderia interferir com a estabilidade do vetor. O vetor de expressão apresentado na Figura 11.18 possui terminadores de transcrição eficientes para interromper a transcrição imediatamente a jusante ao gene clonado.

## Regulação da expressão por elementos de controle do bacteriófago T7

Em alguns casos, o sistema de controle transcricional pode não ser um componente normal do hospedeiro. Um exemplo de tal situação é a utilização do promotor e RNA-polimerase do bacteriófago T7 para a regulação da expressão. Quando o fago T7 infecta *E. coli*, este codifica sua própria RNA-polimerase, a qual reconhece somente os promotores T7, bloqueando efetivamente a transcrição da célula hospedeira (Seção 9.4). Em vetores de expressão T7, genes clonados são submetidos ao controle do promotor T7, limitando, assim, sua transcrição. Para que a transcrição ocorra, o gene do T7 RNA-polimerase deve também estar presente na célula, sob o controle de um sistema facilmente regulado, como o *lac* (**Figura 11.19**). Isso é geralmente realizado pela integração do gene do T7 RNA-polimerase com o promotor *lac* no cromossomo de uma linhagem hospedeira especializada.

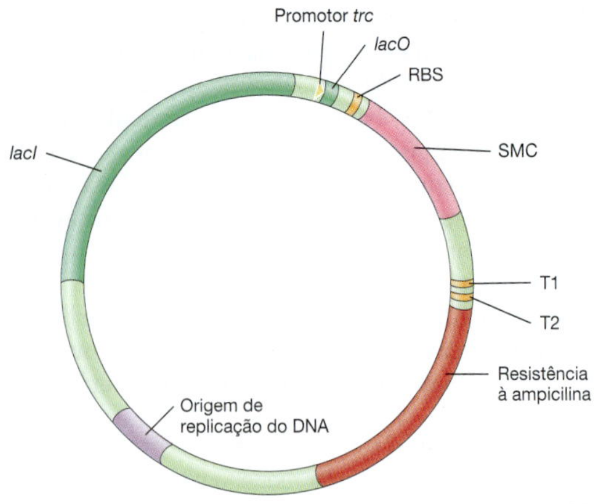


**Figura 11.18 Mapa genético do vetor de expressão pSE420.** Este vetor foi desenvolvido pela Invitrogen Corp., uma empresa de biotecnologia. O SMC contém muitas sequências reconhecidas por enzimas de restrição diferentes, facilitando a clonagem. Esta região e o gene clonado são transcritos pelo promotor *trc*, localizado imediatamente a montante ao operador *lac* (*lacO*). Imediatamente a montante ao SMC há uma sequência que codifica o sítio Shine-Dalgarno (S/D), de ligação ao ribossomo, no RNAm resultante. A jusante ao SMC são encontrados dois terminadores transcricionais (T1 e T2). O plasmídeo também contém o gene *lacI*, o qual codifica o repressor *lac*, e um gene conferindo resistência ao antibiótico ampicilina. Estes dois genes são controlados por seus próprios promotores, os quais não estão apresentados.

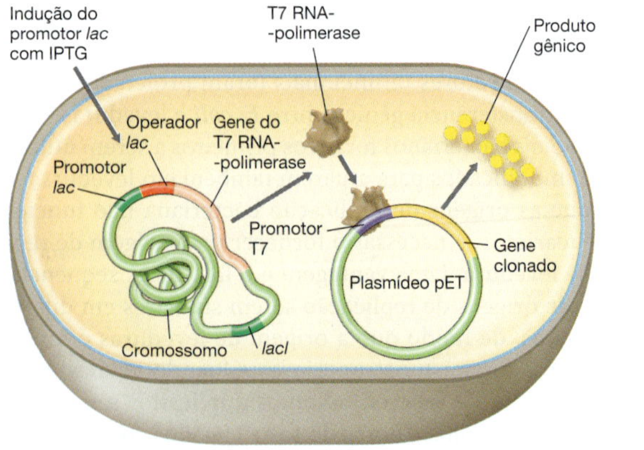


**Figura 11.19 O sistema de expressão T7.** O gene do T7 RNA-polimerase encontra-se em uma fusão gênica controlada pelo promotor *lac* e está inserido no cromossomo de uma linhagem hospedeira especial de *Escherichia coli*. A adição de IPTG induz o promotor *lac*, causando a expressão do T7 RNA-polimerase. Isso promove a transcrição do gene clonado sob o controle do promotor T7, que é carreado pelo plasmídeo pET.

A série BL21 das linhagens hospedeiras é especialmente desenvolvida para ser empregada com a série pET de vetores de expressão T7. Os genes clonados são expressos logo após a ativação da transcrição do gene T7 RNA-polimerase por um indutor *lac*, como o IPTG. Visto que essa enzima somente reconhece promotores T7, apenas os genes clonados serão transcritos. O T7 RNA-polimerase é tão ativo que utiliza a maioria dos precursores de RNA; consequentemente, os genes do hospedeiro, que requerem a RNA-polimerase hospedeira, não são na sua maioria transcritos e, dessa forma, haverá a interrupção do crescimento celular. A síntese proteica nessas células é então dominada pela proteína de interesse. Desse modo, o sistema de controle T7 é extremamente eficiente na produção de grandes quantidades de uma proteína específica de interesse.

### Tradução do gene clonado

Os vetores de expressão devem ser construídos de tal modo que garantam que o RNAm produzido seja de maneira eficiente traduzido. Para que uma proteína seja sintetizada a partir de um RNAm, é essencial que os ribossomos liguem-se ao sítio correto e iniciem a leitura na fase correta. Em bactérias, esse processo é mediado pelo sítio de ligação do ribossomo (sequência Shine-Dalgarno, Seção 4.11) e por um códon de início próximo, no RNAm. Os sítios bacterianos de ligação do ribossomo não são encontrados em genes eucarióticos, devendo ser introduzidos no vetor, quando altos níveis de expressão de um gene eucariótico são desejados. O vetor apresentado na Figura 11.18 também apresenta tal sítio.

Com frequência, são necessários ajustes para garantir a alta eficiência da tradução após o gene ter sido clonado. Por exemplo, o *uso preferencial de códons* pode ser um obstáculo (Seção 6.3 e Tabela 6.3). O uso preferencial de códons está relacionado com a concentração celular do RNAt apropriado. Por causa da redundância do código genético, existe mais de um RNAt para a maioria dos aminoácidos (Seção 4.11). Assim, se um gene clonado apresentar um uso preferencial de códons consideravelmente diferente daquele de seu hospedeiro de expressão, ele poderá ser traduzido de modo ineficiente. Mutagêneses sítio-dirigidas (Seções 11.5) podem ser usadas para modificar códons selecionados do gene, tornando-o mais adequado ao padrão de códons preferenciais do hospedeiro.

Finalmente, se o gene clonado possuir íntrons, como genes eucarióticos geralmente apresentam (Seção 4.9), o produto proteico correto não será sintetizado se o hospedeiro for um procarioto. Esse problema também pode ser contornado pelo uso de DNA sintético. Entretanto, o método habitual de gerar um gene sem íntrons consiste em sua obtenção a partir do RNAm (do qual os íntrons foram removidos), utilizando-se a transcriptase reversa para gerar uma cópia de DNAc (ver Figuras 11.6 e 11.23).

**MINIQUESTIONÁRIO**

- Descreva alguns dos elementos de um vetor de expressão que otimizam a expressão do gene clonado.
- Descreva os elementos necessários para um vetor bifuncional eficiente.

## 11.10 Outros vetores de clonagem

Os típicos vetores plasmidiais geralmente usados para clonagem molecular são limitados em sua capacidade de DNA que pode ser inserido, com o máximo sendo 10 pares de quilobases (Kpb). Para regiões genômicas grandes, como os óperons e genes eucarióticos, vetores baseados em bacteriófagos, cosmídeos e cromossomos artificiais foram desenvolvidos. Apesar de não serem discutidos em detalhes aqui. Vetores virais são normalmente utilizados em eucariotos multicelulares. Em particular, os retrovírus podem ser utilizados para introduzir genes em células de mamíferos, pois esses vírus replicam-se por intermédio de uma forma de DNA que se integra ao cromossomo do hospedeiro (Seção 9.11).

### Bacteriófago lambda como um vetor de clonagem

O fago lambda (Seção 8.8) é um vetor de clonagem particularmente útil, pois sua genética molecular é bastante conhecida e é capaz de receber maiores quantidades de DNA do que a maioria dos plasmídeos, sendo esse DNA empacotado de maneira eficiente nas partículas fágicas, *in vitro*. Lembre-se que durante a fase lítica do ciclo do fago, a célula hospedeira *Escherichia coli* é reprogramada para replicar grandes quantidades do DNA lambda (Seção 10.7)

O fago lambda apresenta um grande número de genes, porém um terço do genoma de lambda não é essencial à infectividade e pode ser substituído por um DNA exógeno. Isso permite que fragmentos relativamente grandes de DNA, de até 20 kb, sejam clonados em lambda. Isso é o dobro da capacidade de clonagem de pequenos vetores plasmidiais típicos. Para facilitar o uso do fago lambda como um vetor de clonagem molecular, muitos de seus sítios para enzimas de restrição foram alterados, e um SMC contendo o gene para a β-galactosidase foi adicionado para selecionar os vetores recombinantes.

A **Figura 11.20*a*** ilustra a clonagem em vetores lambda. O processo inicial é semelhante à clonagem de DNA em um vetor plasmidial no qual enzimas de restrição e DNA-ligases são utilizadas. Uma vez que o DNA de interesse foi inserido no DNA do fago lambda, o vetor é *empacotado* pela adição de extratos celulares contendo proteínas da cabeça e da cauda, permitindo a formação espontânea de partículas fágicas viáveis. Essas partículas podem ser utilizadas na infecção de células hospedeiras adequadas, sendo a infecção muito mais eficiente do que a transformação. Clones individuais podem ser isolados por plaqueamento em uma linhagem de *E. coli* hospedeira e coletadas as placas de lise. Fagos recombinantes podem ser selecionados por varredura para interrupção do gene β-galactosidase usando ágar contendo indicador colorido (Seção 11.7). Placas de lise de fagos que não produzem β-galactosidase podem ser detectadas com facilidade como placas incolores, em um fundo de placas coloridas (ver Figura 11.20*b*). Procedimentos de hibridização de ácidos nucleicos (Seção 11.2) e sequenciamento do DNA podem ser usados para determinar se o DNA do fago lambda recombinante contêm a sequência de DNA exógeno desejada.

### Vetores cosmídeos

Assim como os vetores de substituição, vetores do tipo cosmídeos utilizam genes específicos de lambda e são empacotados em partículas de lambda. *Cosmídeos* são vetores plasmidiais que contêm o sítio *cos* do genoma de lambda, o qual gera extremidades coesivas quando clivado (Seção 8.8). O sítio *cos*

UNIDADE 2

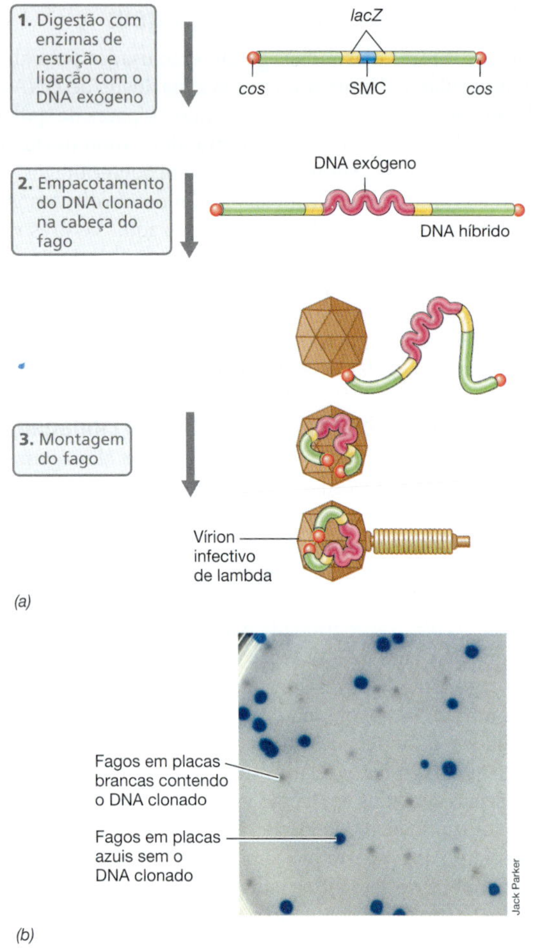


**Figura 11.20** **Vetores de clonagem do fago lambda.** *(a)* Inserção de DNA exógeno no DNA lambda modificado para conter um SMC dentro do gene *lacZ* e subsequente empacotamento de um vírion infectivo de lambda recombinante. O tamanho máximo do inserto é aproximadamente 20 kb. *(b)* Porção de uma placa de ágar contendo Xgal apresentando placas brancas formadas pelo fago lambda contendo o DNA clonado e placas azuis formadas pelo fago sem o DNA clonado.

é necessário ao empacotamento do DNA nos vírions lambda. Os cosmídeos são construídos a partir de plasmídeos, por meio da ligação da região *cos* de lambda ao DNA plasmidial. O DNA exógeno é, então, ligado ao vetor. O plasmídeo modificado, juntamente com o DNA exógeno, podem então ser empacotados em vírions lambda *in vitro*, conforme descrito anteriormente, sendo as partículas fágicas utilizadas na transdução de *E. coli*.

Um das principais vantagens dos cosmídeos está no fato de eles poderem ser utilizados na clonagem de grandes fragmentos de DNA, permitindo insertos de até 50 pares de quilobases. Assim, com insertos maiores, um menor número de clones é necessário à obtenção do genoma completo. A utilização de cosmídeos evita a necessidade de transformar-se *E. coli*, que é especialmente ineficiente com grandes plasmídeos. Os cosmídeos também permitem o armazenamento do DNA em partículas fágicas, em vez de na forma plasmidial. As partículas fágicas são mais estáveis que os plasmídeos, possibilitando, assim, a preservação do DNA recombinante por longos períodos de tempo.

## Cromossomos artificiais

Vetores que permitem a inserção de fragmentos de DNA clonado de aproximadamente 2 a 10 kb são adequados à construção de bibliotecas genômicas, no sequenciamento de genomas procarióticos. Vetores do bacteriófago lambda, capazes de receber insertos de 20 kb ou mais, são também largamente utilizados em projetos genômicos. Entretanto, à medida que o tamanho do genoma a ser sequenciado aumenta, maior é o número de clones necessários à obtenção da sequência completa. Portanto, para a construção de bibliotecas de DNA de microrganismos eucarióticos ou de eucariotos superiores, como o homem, é útil dispormos de vetores capazes de comportar segmentos muitos extensos de DNA. Esses vetores permitem que o tamanho inicial da biblioteca seja manejável. Tais vetores foram desenvolvidos, sendo denominados **cromossomos artificiais**.

O plasmídeo F de *E. coli*, de ocorrência natural, que contém 99,2 kb de DNA (Seção 10.8) e plasmídeos derivados, denominados plasmídeos F', são capazes de carrear grandes quantidades de DNA cromossômico (Seção 10.9). Devido a essas propriedades desejáveis, o plasmídeo F foi utilizado para a construção de vetores de clonagem, denominados **cromossomos artificiais bacterianos** (**BACs**, *bacterial artificial chromosomes*). A **Figura 11.21** revela a estrutura de um BAC baseado no plasmídeo F. O vetor apresenta somente 6,7 kb e contém apenas alguns genes do plasmídeo F necessários à replicação e à manutenção de um número baixo de cópias. O plasmídeo também contém o gene cat, que confere resistência ao cloranfenicol, e um SMC contendo vários sítios de restrição, para a clonagem de DNA. DNAs exógenos maiores que 300 kb podem ser inseridos e mantidos estavelmente em um vetor BAC desse tipo.

Historicamente, os primeiros cromossomos artificiais correspondiam a **cromossomos artificiais de leveduras** (**YACs**, *yeast artificial chromosomes*) (**Figura 11.22**). Esses vetores replicam-se em leveduras como cromossomos normais, porém possuem sítios em que fragmentos muito grandes de DNA podem ser inseridos. Para atuarem como cromossomos eucarióticos normais, os YACs devem conter (1) uma origem de replicação de DNA, (2) telômeros, para a replicação do DNA nas regiões terminais do cromossomo, e (3) um centrômero, para a segregação durante a mitose. Eles também devem

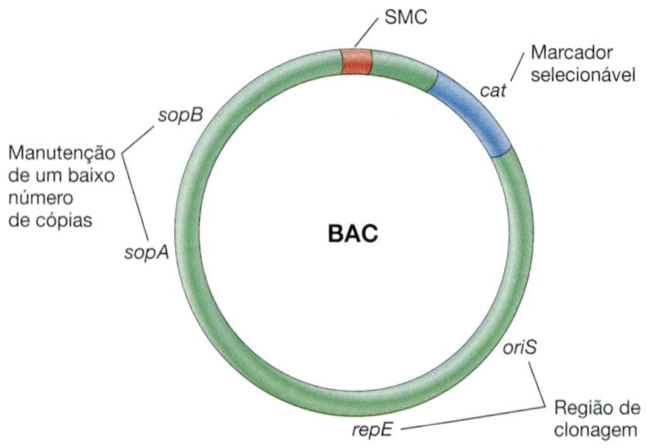


**Figura 11.21** **Mapa genético de um cromossomo artificial bacteriano.** O BAC esquematizado na figura contém 6,7 kb. A região de clonagem contém vários sítios únicos de enzimas de restrição. Esse BAC contém apenas uma pequena porção do plasmídeo F, de 99,2 kb.

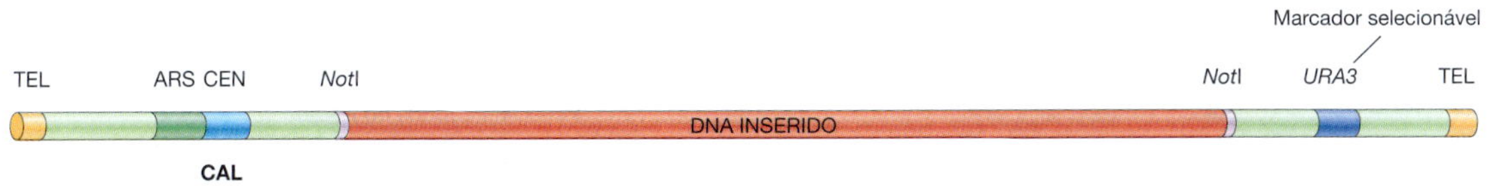


**Figura 11.22 Um cromossomo artificial de levedura contendo DNA exógeno.** O DNA exógeno foi clonado no vetor, em um sítio de restrição *NotI*. Os telômeros são indicados por TEL e o centrômero, por CEN. A origem de replicação é assinalada por ARS (sequência de replicação autônoma). O gene utilizado na seleção é denominado *URA3*. O hospedeiro, no qual o clone é transformado, possui uma mutação em *URA3*, requerendo uracila para seu crescimento (Ura$^-$). Células hospedeiras contendo esse CAL (cromossomo artificial de levedura) tornam-se Ura$^+$. O diagrama não se encontra em escala; o DNA do vetor contém somente 10 kb, ao passo que o DNA clonado pode apresentar até 800 kb.



conter um sítio de clonagem e um gene que possa ser utilizado na seleção, após a transformação da célula hospedeira, normalmente a levedura *Saccharomyces cerevisiae*. A Figura 11.22 apresenta um diagrama de um vetor YAC, no qual um DNA exógeno foi clonado. Os vetores YACs possuem somente cerca de 10 kb e podem comportar insertos de DNA variando de 200 a 800 kb.

**MINIQUESTIONÁRIO**

- Por que a habilidade de empacotar DNA recombinante em partículas compostas por fagos, *in vitro*, é útil?
- O que os acrônimos BAC e YAC significam?
- O cromossomo artificial de levedura comporta-se como um cromossomo em uma célula de levedura. O que torna isso possível?

# III • Produtos da engenharia genética de microrganismos

A engenharia genética tem sido utilizada para transformar microrganismos em pequenas fábricas para a produção de produtos valiosos como combustíveis, substâncias químicas, fármacos e hormônios humanos como a insulina. Até este ponto, discutimos as técnicas utilizadas para manipular, clonar e expressar o DNA. Agora discutiremos como estas técnicas podem ser diretamente aplicadas para a **biotecnologia**, incluindo alguns dos principais desafios que existem com a expressão de genes eucariotos em bactérias e a subsequente purificação dos produtos proteicos. Também abordaremos a alteração genética de organismos superiores e suas aplicações na agricultura e medicina.

## 11.11 Expressão de genes de mamíferos em bactérias

Alguns problemas encontrados nos vetores de expressão foram mencionados na Seção 11.9, e existem vários outros obstáculos a serem vencidos para clonar um gene de mamífero em bactérias. Esses problemas incluem (1) os genes eucariotos precisam ser colocados sob o controle de um promotor bacteriano (Seção 11.9); (2) todos os íntrons (Seção 4.9) devem ser removidos; (3) utilização preferencial de códons (Seção 4.11) pode exigir edições para as sequências dos genes; (4) muitas proteínas de mamíferos exigem modificações após sua tradução para tornarem-se funcionais e a maioria dessas não pode ser realizada por bactérias. A seguir, abordaremos algumas soluções para esses desafios.

### Clonagem do gene via RNAm

O procedimento-padrão para a obtenção de um gene eucariótico desprovido de íntrons consiste na sua clonagem via o seu RNAm. Uma vez que os íntrons são removidos durante o processamento do RNAm, o RNAm maduro corresponde a uma sequência codificadora ininterrupta (Seção 4.9 e Figura 4.29). Os tecidos que expressam o gene de interesse frequentemente contêm grandes quantidades de RNAm de interesse, embora outros RNAm também estejam presentes. Contudo, em certas situações, um único RNA é predominante em um tipo de tecido, e a extração do RNAm a partir desse tecido consiste em um ponto de partida útil para a clonagem gênica.

Em uma célula de mamífero típica, cerca de 80 a 85% do RNA correspondem a RNA ribossomais, 10 a 15% o RNA transportador e somente 1 a 5% correspondem aos RNAm. Todavia, o RNAm eucariótico é único, devido à presença das caudas poli(A), situadas na extremidade 3′ (Seção 4.9), facilitando a sua obtenção, mesmo que ele seja raro. Quando um extrato celular é aplicado em uma coluna cromatográfica contendo fitas de poli(T) ligadas a um suporte de celulose, a maioria do RNAm é separada dos demais RNA pelo pareamento específico das bases A e T. O RNA é liberado da coluna com um tampão com baixa concentração de sal, originando uma preparação altamente enriquecida em RNAm.

Uma vez isolado o RNAm, é necessária a conversão da sua informação em DNA complementar (DNAc). Esse procedimento é realizado empregando-se a enzima transcriptase reversa, como ilustrado na Figura 11.6. Esse DNAc de dupla-fita contém a sequência codificadora de interesse, sendo desprovida de íntrons (**Figura 11.23**). Ele pode ser inserido em um plasmídeo ou outro vetor de clonagem. Entretanto, como o DNAc corresponde ao RNAm, não há a presença de um promotor e de outras sequências reguladoras a montante, as quais não são transcritas em RNA. Vetores especializados de expressão contendo promotores bacterianos e sítios de ligação aos ribossomos são utilizados para a obtenção de altos níveis de expressão de genes clonados dessa maneira (Seção 11.9).

### Encontrando o gene via proteína

Conhecendo-se a sequência de um RNAm é possível a produção do DNAc para clonagem. Em alguns casos, no entanto, apenas a sequência de aminoácidos da proteína desejada é conhecida. A sequência de aminoácidos de uma proteína pode ser usada para desenhar e sintetizar uma sonda de oligonucleotídeo que a codifica. Esse procedimento é ilustrado na **Figura 11.24**. Infelizmente, a degeneração do código genético dificulta essa abordagem. A maioria dos aminoácidos é codifica-

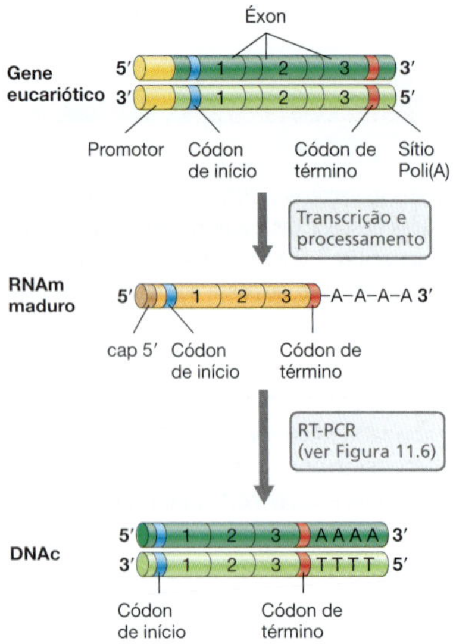


**Figura 11.23** **DNA complementar (DNAc).** Ilustração das etapas de síntese de um DNAc sem íntrons, correspondente a um gene eucariótico, utilizando a transcrição reversa – PCR (RT-PCR).

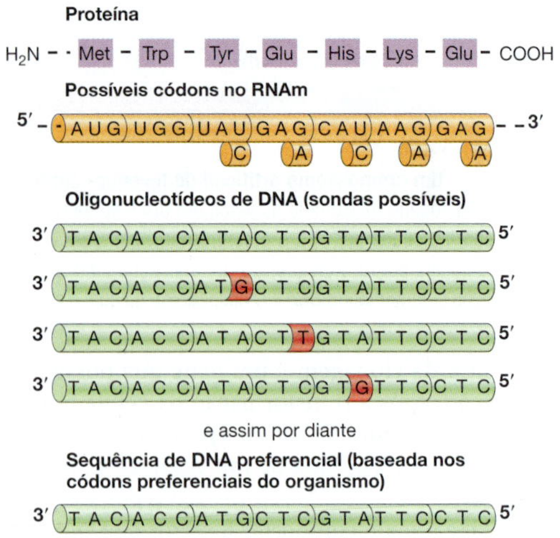


**Figura 11.24** **Dedução da melhor sequência de uma sonda oligonucleotídica, a partir da sequência de aminoácidos da proteína.** Como muitos aminoácidos são codificados por múltiplos códons, muitas sondas de ácidos nucleicos são possíveis para uma determinada sequência polipeptídica. Se o uso preferencial de códons pelo organismo estudado for conhecido, uma sequência preferencial pode ser selecionada. Não é essencial obter-se exatidão total, já que alguns pareamentos incorretos podem ser tolerados, principalmente com sondas mais longas.

da por mais de um códon (Tabela 4.5), e o uso preferencial de códons varia de organismo para organismo. Dessa forma, a melhor região de um gene para a síntese de uma sonda corresponde à região da proteína rica em aminoácidos codificados por um único códon (p. ex., metionina, AUG; triptofano, UGG) ou, no máximo, por dois códons (p. ex., fenilalanina, UUU, UUC; tirosina, CAU, CAC). Essa estratégia aumenta as possibilidades da sonda de DNA ser praticamente complementar ao RNAm ou ao gene de interesse. Se a sequência completa de aminoácidos da proteína não for conhecida, dados parciais de sequência podem ser utilizados.

No caso de certas proteínas pequenas, a síntese do gene completo pode ser uma estratégia interessante (Seção 11.5). Muitas proteínas de mamíferos (incluindo hormônios peptídicos de alto valor comercial) são produzidas pela clivagem de precursores maiores. Assim, para a produção de um hormônio peptídico pequeno, como a insulina, a construção de um gene artificial que codifica apenas o hormônio final, em lugar da proteína precursora maior do qual é naturalmente derivado, consiste em uma abordagem mais eficiente. A síntese química também permite a obtenção de genes modificados, os quais podem produzir novas proteínas úteis. Atualmente, as técnicas de síntese de moléculas de DNA estão bem estabelecidas, o que possibilita a síntese de genes que codificam proteínas com mais de 200 resíduos de aminoácidos de extensão (600 nucleotídeos). A abordagem sintética foi primeiramente utilizada de forma significativa, na produção do hormônio insulina humana, em bactérias. Também deve-se levar em consideração que um gene é desprovido de íntrons e, assim, o RNAm não requer qualquer processamento. Além disso, promotores e outras sequências reguladoras podem ser facilmente inseridos no gene, a montante à região codificadora, e a utilização preferencial de códons (Seções 4.11 e 6.3) pode ser considerada.

Pela utilização dessas técnicas, muitas proteínas humanas e virais foram expressas com alto rendimento sob o controle de sistemas reguladores bacterianos. Elas incluem insulina, somatostatina, proteínas de capsídeo viral e interferon.

## Dobramento e estabilidade de proteínas

A síntese de uma proteína em um novo hospedeiro é, algumas vezes, acompanhada por problemas adicionais. Por exemplo, algumas proteínas são suscetíveis à degradação por proteases intracelulares e podem ser destruídas antes de serem isoladas. Além disso, algumas proteínas eucarióticas são tóxicas para os hospedeiros procarióticos e, desse modo, o hospedeiro do vetor de clonagem pode ser morto antes que uma quantidade suficiente do produto seja sintetizada. Modificações adicionais, tanto no hospedeiro quanto no vetor, podem eliminar esses problemas.

Ocasionalmente, quando proteínas exógenas são produzidas em grandes quantidades, podem formar corpos de inclusão no interior do hospedeiro. Os corpos de inclusão consistem em agregados insolúveis de proteínas que frequentemente não se dobram corretamente ou são parcialmente desnaturadas, sendo muitas vezes tóxicas para a célula hospedeira. Embora os corpos de inclusão sejam relativamente fáceis de purificar devido ao seu tamanho, as proteínas que contêm são de difícil solubilização e podem estar inativas. Uma solução possível para esse problema consiste na utilização de um hospedeiro que produza chaperonas moleculares em grandes quantidades, as quais auxiliarão no dobramento (Seção 4.14).

## Proteínas de fusão para a purificação otimizada

A purificação da proteína pode ser frequentemente simplificada se a proteína-alvo for produzida como uma *proteína de fusão*, carreando uma proteína codificada pelo vetor. Para tanto, os dois genes são fusionados, originando uma única sequência codificadora. Um pequeno segmento reconhecido e clivado por uma protease comercialmente disponível é inserido entre os dois genes. Após a transcrição e tradução, uma única proteína é sintetizada. Ela é purificada pelos métodos desenvolvidos para a proteína carreadora. A proteína de fusão

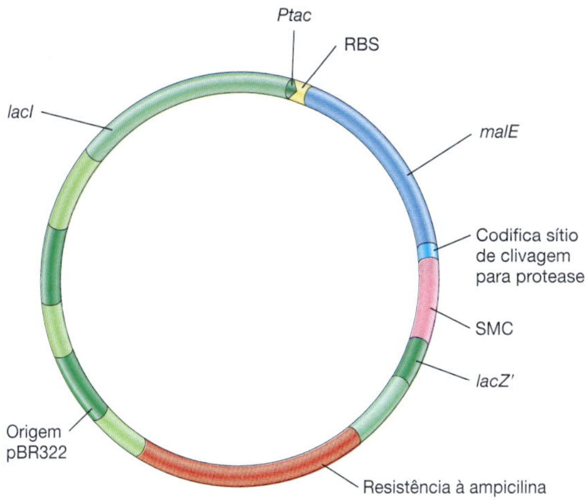


**Figura 11.25 Um vetor de expressão para proteínas fusionadas.** O gene a ser clonado é inserido no SMC, de modo a ficar em fase com o gene *malE*, que codifica a proteína de ligação à maltose. Essa inserção inativa o fragmento alfa do gene *lacZ*, que codifica a β-galactosidase. O gene fusionado é controlado pelo promotor híbrido *tac* (*Ptac*) e e um sítio de ligação de ribossomo (SLR). O plasmídeo também contém o gene *lacI*, que codifica o repressor *lac*. Portanto, um indutor deve ser adicionado às células, a fim de ativar o promotor *tac*. O plasmídeo contém um gene que confere ao hospedeiro a resistência à ampicilina. Esse vetor foi desenvolvido pela New England Biolabs.

é então clivada pela protease, para a liberação da proteína-alvo da proteína carreadora. Proteínas de fusão simplificam a purificação da proteína-alvo, porque proteínas carreadoras podem ser escolhidas com base nas propriedades ideais para a purificação.

Vários vetores de fusão são comercializados, visando a geração de proteínas de fusão. A Figura 11.25 ilustra um exemplo de um vetor de fusão que é também um vetor de expressão. Nesse exemplo, a proteína carreadora é a proteína de ligação à maltose de *Escherichia coli*, sendo facilmente purificada por métodos baseados em sua afinidade por maltose. Uma vez purificada, as duas porções da proteína de fusão são separadas por uma protease específica. Em alguns casos, a proteína-alvo clonada é liberada da proteína carreadora por tratamentos químicos específicos, em vez de clivagem proteolítica.

Sistemas de fusão são também utilizados com outras finalidades, além do aumento da estabilidade proteica. Uma vantagem na produção de proteínas de fusão está no fato de a proteína carreadora poder ser escolhida de modo a conter a sequência bacteriana que codifica o *peptídeo-sinal*, um peptídeo rico em aminoácidos hidrofóbicos, que possibilita o transporte da proteína através da membrana citoplasmática (Seção 4.14). Isso torna possível que um sistema de expressão bacteriana, além de produzir proteínas de mamíferos, também as secrete. Utilizando as linhagens e os vetores adequados, a proteína desejada pode corresponder a 40% das moléculas proteicas em uma célula.

**MINIQUESTIONÁRIO**

- Qual a principal vantagem da clonagem de genes de mamíferos a partir do RNAm, ou utilizando genes sintéticos, apresenta em relação à amplificação por PCR e clonagem do gene nativo?
- Como uma proteína de fusão é produzida?

## 11.12 Somatotrofina e outras proteínas de mamíferos

Atualmente, as áreas da biotecnologia mais robustas economicamente são a produção de proteínas humanas e o uso de organismos geneticamente modificados na agricultura. Muitas proteínas de mamíferos apresentam alto valor farmacêutico, mas geralmente são encontradas em quantidades muito pequenas no tecido normal, tornando sua purificação extremamente dispendiosa. Mesmo que a proteína possa ser produzida em cultura de células, isso é muito mais dispendioso e difícil que em culturas microbianas, que a produz em altas quantidades. Por essa razão, a indústria biotecnológica dispõe de microrganismos geneticamente modificados para a produção de muitas proteínas diferentes de mamíferos.

### Somatotrofina modificada por engenharia genética

Apesar de a insulina ter sido a primeira proteína humana a ser produzida dessa forma, o procedimento apresenta várias complicações não usuais, porque a insulina consiste em dois polipeptídeos curtos, conectados por ligações dissulfeto. Um exemplo mais típico na *somatotrofina* (hormônio de crescimento), que abordaremos a partir de agora.

O hormônio de crescimento, ou somatotrofina, consiste em um polipeptídeo codificado por um único gene. A ausência de somatotrofina resulta em nanismo hereditário. Pelo fato de o gene da somatotrofina humana ter sido clonado e expresso com sucesso em bactérias, crianças apresentando crescimento retardado podem ser tratadas com a *somatotrofina humana recombinante* (HSTr). Contudo, o nanismo pode também ser causado pela ausência do receptor de somatotrofina. Nesse caso, a administração de somatotrofina não exibe qualquer efeito. (Indivíduos das tribos de pigmeus africanos apresentam concentrações normais de somatotrofina humana, porém raramente apresentam estatura maior que 1,47 metro, porque são deficientes nos receptores do hormônio de crescimento.)

O gene de somatotrofina foi clonado na forma DNAc, a partir do RNAm, conforme descrito na Seção 11.11 (Figura 11.26). O DNAc foi então expresso em um vetor de expressão bacteriano. O principal problema na produção de hormônios polipeptídicos relativamente curtos, como a somatotrofina, refere-se a sua suscetibilidade à digestão por proteases. Tal problema pode ser solucionado pelo uso de linhagens bacterianas deficientes em várias proteases.

A *somatotrofina bovina recombinante* (rBST) é utilizada na indústria de laticínios (Figura 11.26). A injeção de rBST em vacas não resulta em um maior crescimento; e, em vez disso, estimula a produção de leite. Isso ocorre porque a somatotrofina possui dois sítios de ligação. Um deles liga-se ao receptor de somatotrofina e estimula o crescimento, o outro liga-se ao receptor de prolactina e promove a produção de leite. A produção excessiva de leite pelas vacas provoca alguns problemas de saúde nos animais, incluindo uma maior frequência de infecções do úbere e a diminuição da capacidade reprodutiva. Quando a somatotrofina é utilizada no tratamento de distúrbios no crescimento humano, é desejável evitarem-se os efeitos colaterais da atividade prolactina (a prolactina estimula a lactação) decorrentes do hormônio. A mutagênese sítio-dirigida (Seção 11.5) do gene de somatotrofina foi utilizada para modificá-la geneticamente, impedindo sua ligação ao re-

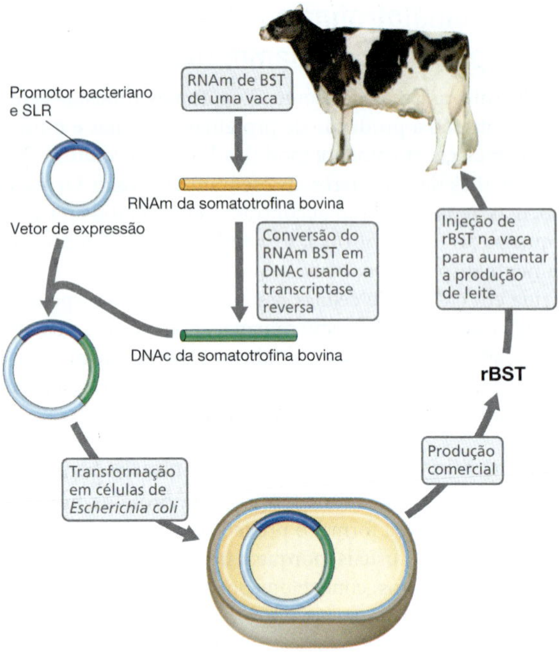


**Figura 11.26** **Clonagem e expressão da somatotrofina bovina.** O RNAm da somatotrofina bovina (BST) é obtido de um animal. O RNAm é convertido em DNAc pela transcriptase reversa. A versão de DNAc do gene de somatotrofina é então clonado em um vetor de expressão bacteriano que possui um promotor e um sítio de ligação de ribossomo (SLR). A construção é transformada em células de *Escherichia coli*, e a somatotrofina bovina recombinante (rBST) é produzida. Vacas tratadas com rBST apresentam maior produção de leite.

ceptor de prolactina. Para realizar-se isso, vários aminoácidos necessários à ligação ao receptor da prolactina foram alterados por mutação da sequência codificadora. Assim, é possível não apenas produzir hormônios humanos genuínos, mas também alterar suas especificidade e atividade, a fim de torná-los produtos farmacêuticos melhores.

## Outras proteínas e produtos de mamíferos

Muitas outras proteínas de mamíferos são produzidas por engenharia genética (**Tabela 11.2**). Elas incluem, em particular, uma variedade de hormônios e proteínas envolvidos na coagulação sanguínea e em outros processos sanguíneos. Por exemplo, o *ativador de plasminogênio tecidual* (TPA, *tissue plasminogen activator*) é uma proteína sanguínea que remove e dissolve coágulos que podem ser formados nos estágios finais do processo de cura. O TPA é principalmente útil para pacientes cardíacos ou outros que sofrem de problemas de insuficiência circulatória devido à excessiva formação de coágulos. TPA é administrado após ataques cardíacos, pontes cardíacas, transplantes e outras cirurgias cardíacas, para impedir o desenvolvimento de coágulos que podem trazer risco à vida. As doenças cardíacas são uma das principais causas de mortes em vários países desenvolvidos, especialmente nos Estados Unidos, de modo que a produção microbiana de TPA tem uma alta demanda.

Os fatores de coagulação sanguínea VII, VIII e IX são produtos importantes da engenharia genética. Contrariamente ao TPA, tais proteínas têm importância crítica na *formação* de

**Tabela 11.2** Alguns produtos terapêuticos obtidos por engenharia genética

| *Produto* | *Função* |
|---|---|
| *Proteínas sanguíneas* | |
| Eritropoietina | Tratamento de certos tipos de anemia |
| Fatores VII, VIII e IX | Promove a coagulação |
| Ativador de plasminogênio tecidual | Dissolução de coágulos |
| Urocinase | Promove a coagulação sanguínea |
| *Hormônios humanos* | |
| Fator de crescimento epidérmico | Cicatrização de ferimentos |
| Hormônio folículo-estimulante | Tratamento de distúrbios reprodutivos |
| Insulina | Tratamento de diabetes |
| Fator de crescimento neural | Tratamento de distúrbios neurológicos degenerativos e derrame |
| Relaxina | Facilitação do parto |
| Somatotrofina (hormônio de crescimento) | Tratamento de algumas anormalidades de crescimento |
| *Imunomoduladores* | |
| Interferon $\alpha$ | Agente antiviral, antitumoral |
| Interferon $\beta$ | Tratamento de esclerose múltipla |
| Fator estimulador de colônias | Tratamento de infecções e câncer |
| Interleucina 2 | Tratamento de certos tipos de câncer |
| Lisozima | Anti-inflamatório |
| Fator de necrose tumoral | Agente antitumoral, tratamento potencial da artrite |
| *Enzimas de reposição* | |
| $\beta$-glicocerebrosidase | Tratamento da doença de Gaucher, uma doença neurológica hereditária |
| *Enzimas terapêuticas* | |
| Dnase I humana | Tratamento de fibrose cística |
| Alginato liase | Tratamento de fibrose cística |

coágulos sanguíneos. Os hemofílicos sofrem de uma deficiência em um ou mais fatores de coagulação, podendo, portanto, ser tratados com fatores de coagulação produzidos por microrganismos. Fatores de coagulação recombinantes exibem maior importância quando se considera que, no passado, os hemofílicos eram tratados com fatores de coagulação concentrados oriundos de um conjunto de amostras sanguíneas humanas, obtidas de vários doadores, algumas das quais encontravam-se contaminadas por vírus como o HIV e da hepatite C, sujeitando os hemofílicos a um alto risco de contrair essas doenças. Os fatores de coagulação recombinantes eliminaram esse risco à saúde.

Algumas proteínas de mamíferos produzidas por engenharia genética consistem em enzimas, em vez de hormônios (Tabela 11.2). Por exemplo, a *DNAse I humana* é produzida e utilizada no tratamento do acúmulo de muco contendo DNA, em pacientes com fibrose cística. O muco é formado porque a fibrose cística é acompanhada por infecções pulmonares graves, causadas pela bactéria *Pseudomonas aeruginosa*. As células bacterianas formam biofilmes (Seções 7.9 e 19.4) no interior dos pulmões, dificultando o tratamento com fármacos. DNA é liberado quando as células bacterianas sofrem lise e isso contribui para a formação do muco. A DNAse digere o DNA e reduz acentuadamente a viscosidade do muco.

**MINIQUESTIONÁRIO**

- Qual é a vantagem de utilizar a engenharia genética para fazer insulina?
- Quais são os principais problemas na produção de proteínas em bactérias?
- Explique como uma enzima que degrada DNA pode ser útil no tratamento de uma infecção bacteriana, como a que ocorre no caso da fibrose cística.

## 11.13 Organismos transgênicos na agricultura e na aquacultura

O melhoramento genético de plantas por métodos tradicionais de seleção e cruzamento tem uma longa história, mas a tecnologia do DNA recombinante promoveu alterações revolucionárias. Por um lado, a engenharia genética de organismos superiores não é, verdadeiramente, microbiologia. Por outro lado, muitas das manipulações de DNA são realizadas utilizando-se bactérias e seus genes e plasmídeos (ver a seguir, herbicidas e plantas resistentes a insetos) muito antes do transgene modificado ser finalmente inserido em uma planta ou um animal. Portanto, enfatizaremos os sistemas microbianos que contribuíram para a manipulação genética de plantas e animais.

Devido às plantas e animais produtos da engenharia genética possuírem um gene de outro organismo – denominado *transgene* –, eles são **organismos transgênicos**. A população conhece esses organismos como **organismos geneticamente modificados (OGMs)**. De forma estrita, esse termo, *geneticamente modificado,* refere-se a qualquer organismo modificado por engenharia genética, contendo ou não DNA exógeno. Nesta seção, discutiremos como genes exógenos são inseridos no genoma de plantas e como essas plantas transgênicas podem ser utilizadas.

### O plasmídeo Ti e as plantas transgênicas

A engenharia genética pode modificar o DNA da planta e então utilizá-lo na transformação de células vegetais por métodos de eletroporação ou transfecção (ver Figura 11.28). Alternativamente, podem-se utilizar plasmídeos do patógeno gram-negativo de plantas, *Agrobacterium tumefaciens*, contém um grande plasmídeo, denominado **plasmídeo Ti**, que naturalmente transfere DNA diretamente para as células de certos tipos de plantas e é responsável por sua virulência. Esse plasmídeo contém genes que mobilizam o DNA, que será transferido para a planta, a qual desenvolverá, como consequência, a doença galha-da-coroa (Seção 22. 4). O segmento de DNA do plasmídeo Ti que é, de fato, transferido para a planta, é denominado **T-DNA**. As sequências nas extremidades do T-DNA são essenciais para a transferência, e o DNA a ser transferido deve estar situado entre essas extremidades.

Um sistema vetor-Ti comum utilizado para a transferência de genes para plantas consiste no sistema com dois plasmídeos denominado *vetor binário*, que compreende um vetor de clonagem e um plasmídeo auxiliar. O vetor de clonagem contém as duas extremidades do T-DNA flanqueando um sítio múltiplo de clonagem e um marcador de resistência a antibióticos, que pode ser utilizado em plantas. O plasmídeo também possui duas origens de replicação, de modo que pode se replicar em *A. tumefaciens* e *Escherichia coli* (essa última é a hospedeira para os procedimentos de clonagem) e outro marcador de resistência para a seleção em bactérias. O DNA exógeno é inserido no vetor, que é então transformado em *E. coli* e transferido para *A. tumefaciens* por conjugação (**Figura 11.27**).

Esse vetor de clonagem não possui os genes necessários à transferência do T-DNA para a planta. Entretanto, quando inserido em uma célula de *Agrobacterium* contendo um plasmídeo auxiliar adequado, pode ocorrer a transferência do T-DNA para a planta. O plasmídeo auxiliar "desarmado", denominado *D-Ti*, contém a região de virulência (*vir*) do plasmídeo Ti, mas não apresenta o T-DNA. Portanto, pode direcionar a transferência de DNA para a planta, mas é desprovido do T-DNA. Assim, este pode dirigir a transferência do DNA para

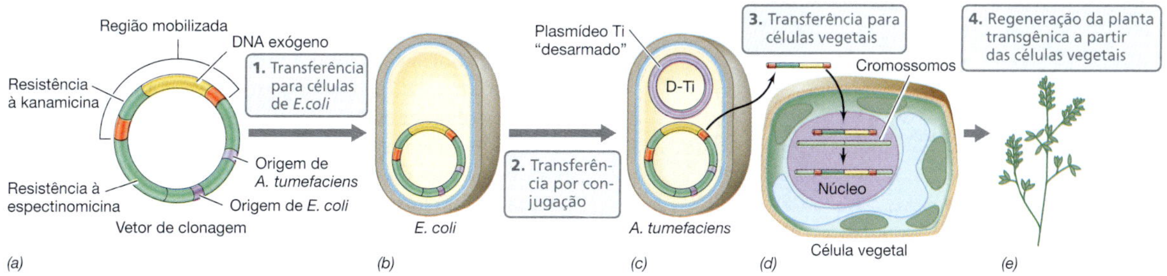


**Figura 11.27 Produção de plantas transgênicas, utilizando-se um sistema de vetor binário em *Agrobacterium tumefaciens*.** *(a)* Vetor geral de clonagem em plantas, contendo as extremidades do T-DNA (em vermelho), DNA exógeno, origens de replicação e marcadores de resistência. *(b)* O vetor é introduzido em células de *E. coli* com finalidade de clonagem, sendo posteriormente transferido para *A. tumefaciens*, por conjugação. *(c)* O plasmídeo Ti residente (D-Ti), utilizado para a transferência do vetor à planta, foi também modificado geneticamente para a remoção dos genes essenciais associados à patogenicidade. *(d)* Todavia, o D-Ti pode mobilizar a região do T-DNA do vetor, transferindo-o às células vegetais que se desenvolvem em culturas de tecidos. *(e)* A partir de uma célula recombinante, plantas completas podem ser regeneradas. Detalhes da transferência do plasmídeo Ti de uma bactéria para uma planta são mostrados na Figura 22.21.

uma planta, sem possuir os genes responsáveis pela doença. Desse modo, o plasmídeo auxiliar fornece todas as funções necessárias à transferência do T-DNA a partir do vetor de clonagem. O DNA clonado e o marcador de resistência à kanamicina são mobilizados pelo D-Ti e transferidos para uma célula vegetal (Figura 11.27*d*). Após a integração no cromossomo da planta, o DNA exógeno pode ser expresso, conferindo novas propriedades a esta.

Várias plantas transgênicas foram produzidas utilizando-se o plasmídeo Ti de *A. tumefaciens*. O sistema Ti funciona bem em plantas de folhas largas (dicotiledôneas), incluindo culturas de tomate, tabaco, soja, alfafa e algodão. Este foi também utilizado na produção de árvores transgênicas, como nogueira e macieira. O sistema não funciona com plantas da família das gramíneas (monocotiledôneas, incluindo o milho, uma importante planta cultivável), porém outros métodos de introdução de DNA, como a transfecção por bombardeamento de microprojéteis com uma pistola de partículas (biobalística) (**Figura 11.28**), foram utilizados com sucesso nesses vegetais.

## Plantas resistentes a herbicidas e insetos

As principais áreas voltadas ao melhoramento genético de plantas incluem a resistência a herbicidas, insetos e doenças microbianas, assim como produtos com melhor qualidade. Atualmente, as principais culturas geneticamente modificadas (GM) são a soja, o milho, o algodão e a canola. Praticamente toda a soja e a canola cultivadas são resistentes a herbicidas, enquanto o milho e o algodão são resistentes a herbicidas, a insetos, ou a ambos.

A resistência a herbicidas é inserida por modificações genéticas de uma planta de interesse agrícola, a fim de protegê-la dos herbicidas aplicados para matar ervas daninhas. Muitos herbicidas inibem uma enzima ou proteína vegetal essencial, necessária ao crescimento. Por exemplo, o herbicida *glifosato* (Roundup™) mata plantas pela inibição de uma enzima necessária à síntese de aminoácidos aromáticos. Algumas bactérias

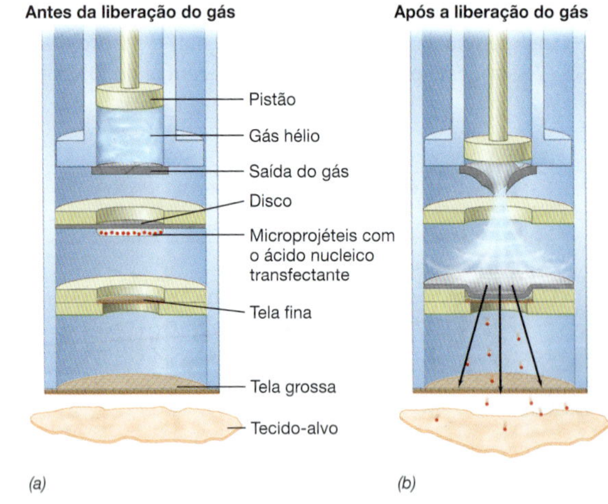


**Figura 11.28 Pistola disparadora de DNA para a transfecção de células eucarióticas.** Os mecanismos internos da pistola ilustram como as esferas metálicas revestidas com ácidos nucleicos (microprojéteis) são disparadas em células-alvo. *(a)* Antes do disparo e *(b)* depois do disparo. Uma onda de choque devido à liberação do gás lança o disco carreando os microprojéteis contra a tela fina. Os microprojéteis prosseguem até o tecido-alvo.

**Figura 11.29 Plantas transgênicas: resistência a herbicidas.** A fotografia mostra parte de um campo de soja tratada com Roundup™, um herbicida à base de glifosato, produzido pela Monsanto Company (St. Louis, Missouri, EUA). As plantas, à direita, são a soja normal; aquelas à esquerda foram modificadas geneticamente, expressando a resistência ao glifosato.

contêm uma enzima equivalente, sendo também mortas pelo glifosato. Contudo, bactérias mutantes foram selecionadas por apresentaram resistência ao glifosato, as quais continham uma forma resistente da enzima. O gene que codifica essa enzima resistente de *A. tumefaciens* foi clonado, modificado de forma a ser expresso em plantas, e transferido para importantes culturas vegetais, como a soja. Quando o glifosato é aplicado, as plantas que contêm o gene bacteriano não são mortas (**Figura 11.29**). Assim, o glifosato é utilizado para matar as ervas daninhas que competem pela água e por nutrientes com as plantas de interesse comercial que estão sendo cultivadas. Hoje, a soja resistente a herbicidas é amplamente cultivada nos Estados Unidos.

## Resistência a insetos: a toxina Bt

A resistência a insetos foi também introduzida geneticamente em plantas (**Figura 11.30**). Uma abordagem amplamente utilizada baseia-se na introdução de genes que codificam a proteína tóxica de *Bacillus thuringiensis* em plantas. *B. thuringiensis* produz uma proteína cristalina, denominada *toxina Bt* (Seção 15.8), que é tóxica para larvas de borboletas e mariposas. Existem muitos variantes da toxina Bt, específicos para diferentes insetos. Algumas linhagens de *B. thuringiensis* produzem proteínas adicionais, as quais são tóxicas para larvas de besouro e moscas e para mosquitos.

Várias abordagens diferentes foram utilizadas para aumentar a eficácia da toxina Bt no controle de pragas em plantas. Uma abordagem foi o desenvolvimento de um conjunto único de toxinas Bt, eficaz contra vários insetos diferentes. Uma abordagem efetiva para a obtenção da expressão e estabilidade do transgene Bt foi sua transferência diretamente para o genoma da planta. Por exemplo, um gene natural da toxina Bt foi clonado em um vetor plasmidial sob o controle do promotor de RNAr de cloroplasto, o qual foi transferido para cloroplastos de tabaco por bombardeamento de microprojéteis (Figura 11.28). Empregando-se tal metodologia, foram obtidas plantas transgênicas que expressavam essa proteína em níveis extremamente tóxicos às larvas de várias espécies de insetos.

A toxina Bt é inócua para mamíferos, incluindo o homem, por diversas razões. Primeiro, a cocção e o processamento dos alimentos a destroem. Segundo, nenhuma toxina ingerida é

**Figura 11.30** **Plantas transgênicas: resistência a insetos.** *(a)* Resultados de dois ensaios distintos de determinação do efeito das larvas da lagarta da beterraba em folhas de tabaco oriundas de plantas normais. *(b)* Resultados de ensaios similares, utilizando folhas de tabaco de plantas transgênicas, que expressam a toxina Bt em seus cloroplastos.

digerida no trato gastrintestinal de mamíferos. Terceiro, a toxina Bt atua ligando-se a receptores específicos no intestino dos insetos, os quais não são encontrados no intestino de outros grupos de organismos. A ligação promove uma alteração conformacional da toxina, que passa a formar poros no revestimento intestinal do inseto, os quais comprometem o seu sistema digestivo, matando-o.

## Peixes transgênicos

Muitos genes exógenos já foram incorporados e expressos em animais de laboratório de pesquisa e também em animais com importância comercial. A engenharia genética utiliza técnicas como a microinjeção para introduzir genes clonados em ovos fertilizados; em seguida, por recombinação genética, o DNA exógeno é incorporado ao genoma dos ovos. Mais recentemente, animais domésticos, incluindo os peixes, foram geneticamente modificados para melhorar o rendimento.

Um exemplo prático da transgenia animal muito interessante é o salmão transgênico, modificado para um crescimento rápido (do inglês, *fast-growing salmon*) (**Figura 11.31**). Esse salmão transgênico não ficará maior do que os animais comuns, mas atinge o tamanho de mercado muito mais rápido. O gene do hormônio de crescimento no salmão selvagem é ativado pela luz. Consequentemente, o salmão tem um crescimento acelerado somente durante os meses do verão. Nos salmões geneticamente modificados, o promotor do gene do hormônio de crescimento foi substituído pelo de outra espécie desse peixe que cresce a uma taxa mais ou menos constante durante todo o ano. O resultado é um salmão com o crescimento constante e, consequentemente, mais rápido. Esses salmões podem ter um maior rendimento comercial em operações de aquacultura e atingem o tamanho de venda muito mais rápido que os salmões que não são OGM quando criados em cativeiro.

**Figura 11.31** **Salmão transgênico de crescimento rápido.** O salmão *AquAdvantage*™ (acima) foi modificado geneticamente pela empresa Aqua Bounty Technologies (St Johns, Newfoundland, Canadá). Ambos, o peixe transgênico e o controle, têm 18 meses de vida e pesam 4,5 kg e 1,2 kg, respectivamente.

**MINIQUESTIONÁRIO**

- O que é uma planta transgênica?
- Dê um exemplo de uma planta geneticamente modificada e descreva como essa modificação genética beneficia a agricultura.
- Como o salmão transgênico foi modificado para atingir o tamanho de mercado mais rapidamente?

## 11.14 Vacinas produzidas por engenharia genética

Vacinas são substâncias que induzem imunidade contra uma determinada doença, quando injetadas em um animal (Seção 24.6). Normalmente, vacinas são suspensões de microrganismos patogênicos ou vírus mortos ou modificados (ou de componentes específicos isolados deles). Frequentemente, o componente que desencadeia a resposta imune é uma proteína de superfície, como, por exemplo, uma proteína do capsídeo ou do envelope viral. A engenharia genética pode ser aplicada de muitas formas diferentes na produção de vacinas.

### Vacinas recombinantes

Técnicas de DNA recombinante podem ser utilizadas para modificar o próprio patógeno. Por exemplo, pode-se deletar genes do patógeno que codificam fatores de virulência, mantendo aqueles cujos produtos induzem uma resposta imune. Isso gera uma vacina recombinante atenuada viva. Por outro lado, podem-se adicionar genes de um vírus patogênico em outro vírus relativamente inofensivo, denominado *vírus carreador*. Tais vacinas são denominadas **vacinas de vetores** e induzem imunidade à doença causada pelo vírus patogênico. De fato, pode-se até mesmo associar as duas abordagens. Por exemplo, uma vacina recombinante é utilizada para proteger aves domésticas contra o epitelioma contagioso (uma doença que reduz o ganho de peso e a produção de ovos) e a doença de Newcastle (uma doença viral, frequentemente fatal). O vírus do epitelioma contagioso (um poxvírus típico; Seção 9.6) foi inicialmente modificado pela deleção dos genes que causavam a doença, mas não daqueles que induziam imunidade. Em seguida, os genes indutores de imunidade do vírus Newcastle foram introduzidos. Isso resultou em uma **vacina polivalente**, uma vacina única que imuniza contra duas doenças diferentes.

UNIDADE 2

O vírus vaccínia é amplamente utilizado na preparação de vacinas recombinantes vivas de uso humano (⇄ Seção 9.6). O vírus vaccínia geralmente não é patogênico para seres humanos, e tem sido utilizado há mais de 100 anos como uma vacina contra o vírus da varíola relacionado. Entretanto, a clonagem de genes no vírus vaccínia requer um marcador seletivo. Ele é o gene da timidina-cinase. O vírus vaccínia, contrariamente a vários outros vírus, possui sua própria timidina-cinase, uma enzima que converte o análogo de base 5-bromodesoxiuridina em um nucleotídeo que é incorporado no DNA. Entretanto, essa é uma reação letal. Portanto, células que expressam timidina-cinase (seja a partir do genoma da célula hospedeira, seja de um genoma viral) são mortas pelo 5-bromodesoxiuridina.

Genes a serem inseridos no vírus vaccínia são inicialmente clonados em um plasmídeo de *Escherichia coli* que contém um fragmento do gene da timidina-cinase (*tdk*) do vírus vaccínia (**Figura 11.32**). O DNA exógeno é inserido no gene *tdk*, o qual se torna, portanto, inativo. Esse plasmídeo recombinante é então transformado em células animais cujo gene de timidina-cinase encontra-se inativado. As mesmas células são também infectadas com o vírus vaccínia selvagem. Ocorre a recombinação homóloga entre as duas versões do gene *tdk* – uma do plasmídeo e outra do vírus. Portanto, alguns vírus adquirem um gene *tdk* inativo, contendo o inserto exógeno (Figura 11.32). As células infectadas pelo vírus selvagem, contendo a timidina-cinase ativa, são mortas pela 5-bromodesoxiuridina. As células infectadas pelo vírus vaccínia *recombinante*, contendo o gene *tdk* inativo, crescem o suficiente para originar uma nova geração de partículas virais (Figura 11.32). Como resultado, os vírus cujo gene *tdk* contém um inserto de DNA exógeno clonado são selecionados.

O vírus vaccínia, na realidade, não requer a timidina-cinase para a sua sobrevivência. Consequentemente, os vírus vaccínia recombinantes podem, ainda, infectar células humanas e expressar os genes exógenos que carreiam. De fato, podem ser construídos de modo a carrearem genes de múltiplos vírus (ou seja, correspondem a *vacinas polivalentes*). Atualmente, várias vacinas de vetor de vaccínia foram desenvolvidas e licenciadas para o uso veterinário, incluindo uma contra a raiva. Muitas outras vacinas de vaccínia encontram-se em fase de testes clínicos. As vacinas de vaccínia são relativamente benignas, altamente imunogênicas em seres humanos e, provavelmente, apresentarão uso crescente nos próximos anos.

## Vacinas de subunidades

As vacinas recombinantes não precisam conter o conjunto completo de proteínas do organismo patogênico. *Vacinas de subunidades* podem conter somente uma ou mais proteínas específicas de um organismo patogênico. No caso dos vírus, essa proteína frequentemente corresponde à(s) proteína(s) do capsídeo, uma vez que são, em geral, fortes imunógenos. As proteínas do capsídeo são purificadas e utilizadas em alta dose, para induzir uma imunidade rápida e em altos níveis. As vacinas de subunidade são atualmente muito populares porque podem ser utilizadas na produção de grandes quantidades de proteínas imunogênicas, descartando-se a possibilidade dos produtos purificados conterem o organismo patogênico inteiro, mesmo em quantidades diminutas. Em alguns casos, somente uma porção das proteínas virais são expressas em vez da proteína inteira, porque células imunes e anticorpos normalmente reagem apenas com porções pequenas das proteínas.

As etapas na preparação de uma vacina de subunidade viral são as seguintes: fragmentação do DNA viral por enzimas de restrição; clonagem dos genes de proteínas do capsídeo viral em um vetor adequado; uso de promotores, fase de leitura e sítio de ligação a ribossomos adequados; e reinserção e expressão dos genes virais em um microrganismo. Algumas vezes, somente determinadas porções da proteína são expressas, em lugar da proteína completa, visto que as células imunes e os anticorpos normalmente reagem somente com pequenas porções da proteína. (Quando essa metodologia é utilizada com um vírus de RNA, o genoma viral deve ser primeiramente em uma cópia de DNAc.)

Quando bactérias são utilizadas como hospedeiro de expressão, as vacinas de subunidade virais frequentemente são pouco imunogênicas e não conferem proteção em testes experimentais de infecção pelo vírus. O problema é que muitas proteínas do envoltório viral são modificadas pós-traducionalmente, em geral pela adição de resíduos de açúcar (glicosilação), pelas células hospedeiras animais, quando o vírus se replica. Contrariamente, as proteínas recombinantes produzidas por bactérias não são glicosiladas, sendo esse processo necessário para que as proteínas se tornem imunologicamente ativas. Para solucionar esse problema, um hospedeiro eucariótico é utilizado. Por exemplo, a primeira vacina de subunidades recombinante aprovada para uso em seres humanos (contra hepatite B) foi produzida em levedura. O gene que codifica

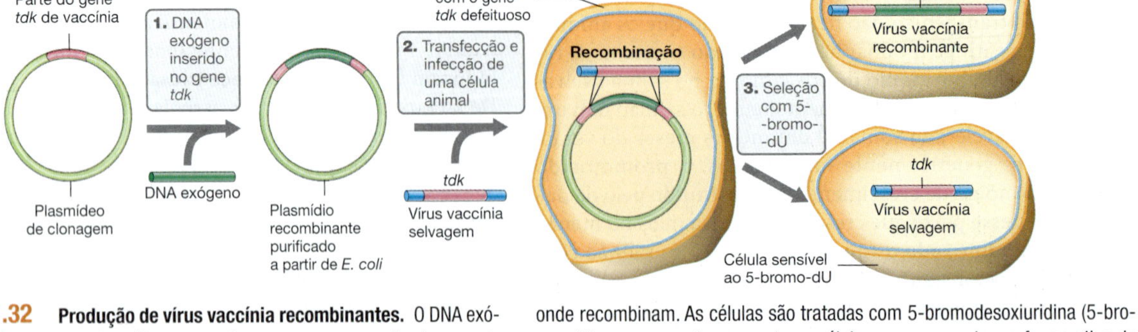


**Figura 11.32** **Produção de vírus vaccínia recombinantes.** O DNA exógeno é inserido em um plasmídeo contendo uma pequena porção do gene de timidina-cinase (*tdk*) do vírus vaccínia. Em seguida, o plasmídeo com o inserto e o vírus vaccínia selvagem são introduzidos na mesma célula hospedeira, onde recombinam. As células são tratadas com 5-bromodesoxiuridina (5-bromo-dU), um composto que mata as células que apresentam a forma ativa da timidina-cinase. Somente os vírus vaccínia recombinantes, cujo gene *tdk* está inativado pela inserção do DNA exógeno, sobrevivem.

uma proteína de superfície do vírus da hepatite B foi clonado e expresso em levedura. A proteína foi produzida e formou agregados muito similares àqueles encontrados em pacientes infectados pelo vírus. Esses agregados foram purificados e utilizados na vacinação efetiva de seres humanos contra a infecção pelo vírus da hepatite B.

**MINIQUESTIONÁRIO**

- Explique por que as vacinas recombinantes poderiam ser mais seguras que algumas vacinas produzidas por métodos tradicionais.
- Quais as diferenças importantes entre uma vacina recombinante, uma vacina viva atenuada, uma vacina de vetor e uma vacina de subunidade?

## 11.15 Mineração genômica (garimpagem de genomas)

Assim como o conteúdo genético total de um organismo é o seu *genoma*, os genomas coletivos de um ambiente são conhecidos como o seu *metagenoma* (Seções 6.10 e 18.7). Ambientes complexos, como solos férteis, contêm um enorme número de bactérias e outros microrganismos não cultivados, juntamente com os vírus que os parasitam (Seção 6.10). Conjuntamente, esses organismos contêm vastos números de genes novos. De fato, a maior parte da informação genética na Terra é encontrada em microrganismos e seus vírus, os quais ainda não foram cultivados. Como a engenharia genética pode impulsionar esse recurso?

### Garimpagem de genes ambientais

A *garimpagem de genes* consiste no processo de isolamento de novos genes potencialmente úteis a partir do ambiente, sem o cultivo dos organismos que os carreiam. Em vez do cultivo, o DNA (ou RNA) é isolado diretamente de amostras ambientais e clonados em vetores adequados para a construção de uma biblioteca metagenômica (**Figura 11.33**). O ácido nucleico inclui genes oriundos de organismos não cultivados, assim como DNA de organismos mortos, o qual foi liberado no ambiente e que ainda não sofreu degradação. Quando o RNA é isolado, ele deve ser convertido em uma cópia de DNA por meio da transcriptase reversa (Figura 11.6). Todavia, o isolamento de RNA tem a desvantagem de requerer maior tempo e limitar a biblioteca metagenômica àqueles genes que foram transcritos, e, portanto, ativos, na amostra ambiental.

A biblioteca metagenômica é em seguida utilizada em varreduras pelas mesmas técnicas utilizadas em qualquer outra biblioteca de clones (Figura 11.8). A metagenômica identificou novos genes ambientais codificadores de enzimas que degradam poluentes e enzimas que produzem novos antibióticos. Até o momento, várias lipases, quitinases, esterases e outras enzimas que degradam novos substratos e exibem outras propriedades foram isoladas por essa abordagem. Essas enzimas são utilizadas em processos industriais, com várias finalidades. Enzimas com maior resistência às condições industriais, como alta temperatura, pH alto ou baixo e condições oxidantes, são especialmente valiosas e muito procuradas.

A descoberta de genes que codificam vias metabólicas inteiras, como a da síntese de antibióticos, contrariamente ao que ocorre no caso de genes únicos, requer vetores capazes de carrear grandes insertos de DNA, como os cromossomos artificiais bacterianos (BAC) (Seção 11.10). Os BACs são especialmente úteis à varredura de amostras provenientes de ambientes ricos, como solos, em que um grande número de genomas desconhecidos está presente e, provavelmente, há um grande número de genes a serem analisados.

### Garimpagem direcionada de genes

A metagenômica pode ser utilizada na varredura direta de enzimas com determinadas propriedades. Suponha que se deseja uma enzima, ou uma via completa, capaz de degradar um determinado poluente em uma temperatura elevada. A primeira etapa consiste na descoberta de um ambiente quente e poluído com o composto-alvo. Presumindo-se que microrganismos capazes de degradar tal composto encontrem-se presentes nesse ambiente, uma hipótese razoável, o DNA desse ambiente poderia, então, ser isolado e clonado. Bactérias hospedeiras contendo os clones podem ser analisadas quanto ao crescimento na presença do composto-alvo. Por uma questão de facilidade, essa etapa geralmente é realizada em uma *E. coli* hospedeira, na pressuposição de que as enzimas termoestáveis ainda apresentarão alguma atividade a 40°C (esse é geralmente o caso). Uma vez que supostos clones tenham sido identificados, extratos enzimáticos podem ser testados *in vitro*, em temperaturas elevadas.

A estratégia de garimpagem de genes foi utilizada para isolar uma enzima lipase termoestável para aplicações comerciais. Lipases catalisam a hidrólise de triglicerídeos (gordura) e, por

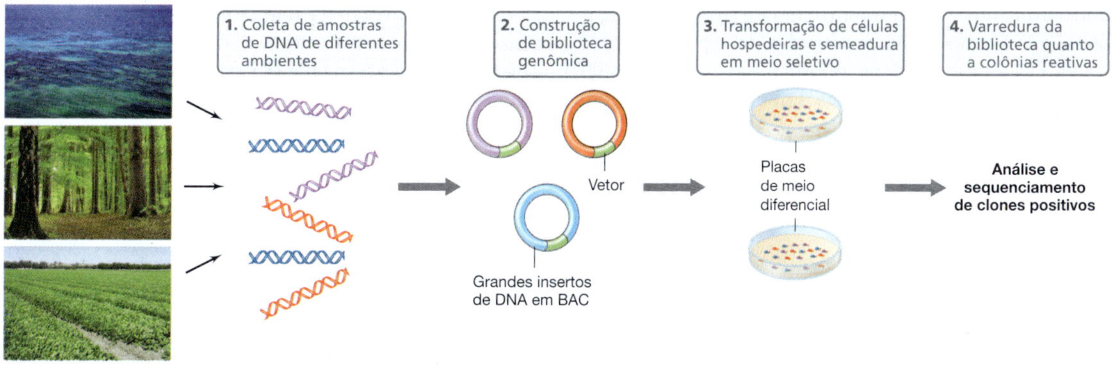


**Figura 11.33 Busca metagenômica de genes ambientais úteis.** Amostras de DNA são obtidas de sítios diferentes, como solo agrícola, água de mar ou solo de florestas. Uma biblioteca de clones é construída e varrida quanto a genes de interesse. Possíveis clones úteis são analisados mais detalhadamente.

causa disso, elas algumas vezes são incorporadas em formulações cosméticas e farmacêuticas. Mas a produção industrial dessas enzimas requer que elas mantenham a atividade em temperaturas elevadas. Usando DNA isolado de microrganismos termófilos de fontes termais, biologistas moleculares criaram uma biblioteca metagenômica; a biblioteca foi usada para transformar células de *E. coli*, e colônias recombinantes expressando a atividade de lipase foram selecionadas usando um meio de cultura especial. Análises do extrato de enzimas a partir desses isolados produtores de lipase indicaram um isolado com atividade enzimática em temperaturas acima de 90°C. O gene codificando essa lipase termoestável foi identificado por análise do DNA do vetor recombinante a partir clone isolado e foi clonado em um vetor de expressão para a produção comercial.

**MINIQUESTIONÁRIO**

- Explique por que a clonagem metagenômica resulta em grandes números de novos genes.
- Quais são as vantagens e desvantagens do isolamento de RNA ambiental, comparado ao DNA?

## 11.16 Modificação de vias metabólicas por engenharia genética

Embora proteínas sejam moléculas grandes, a expressão de uma única proteína codificada por um único gene em grandes quantidades é relativamente simples. Por outro lado, pequenos metabólitos normalmente são produzidos por vias bioquímicas que contêm várias enzimas. Nesses casos, não são necessários apenas genes múltiplos, mas a sua expressão deve ser regulada de maneira coordenada.

A **engenharia de vias** é o processo de montagem de uma via bioquímica nova ou otimizada, utilizando-se genes de um ou mais organismos. A maioria dos esforços realizados até o momento modificou e otimizou vias existentes, em vez de criar vias totalmente novas. Uma vez que a engenharia genética de bactérias é mais simples do que a de organismos superiores, a maioria das engenharias de via foi realizada com bactérias. Microrganismos modificados por engenharia genética são utilizados na síntese de produtos, incluindo álcool, solventes, aditivos alimentares, corantes e antibióticos. Eles podem também ser utilizados para a degradação de resíduos agrícolas, poluentes, herbicidas e outros materiais tóxicos ou indesejáveis.

Um exemplo de engenharia de vias é a produção de índigo por *Escherichia coli* (**Figura 11.34**). Índigo é um corante importante utilizado no tratamento de lã e algodão. Calças jeans azuis, por exemplo, são produzidas de algodão corado com índigo. Em tempos antigos, o índigo e os corantes relacionados eram extraídos de caracóis. Em épocas mais recentes, o índigo era extraído de plantas, porém, hoje, é sintetizado quimicamente. Entretanto, para atender a demanda por índigo pela indústria têxtil, novas abordagens foram adotadas em sua síntese, incluindo uma biotecnológica.

O índigo é baseado no sistema de anéis do indol, cuja estrutura global assemelha-se à do naftaleno. Consequentemente, enzimas oxigenases que oxigenam naftaleno também oxidam o indol em seu derivado di-hidroxi, o qual é espontaneamente oxidado no ar, gerando índigo, um pigmento azul-brilhante. As enzimas que oxigenam o naftaleno estão presentes em vários plasmídeos encontrados em *Pseudomonas* e outras bactérias de solo. Quando genes de tais plasmídeos foram clonados em *E. coli*, as células tornaram-se azuis devido à produção de índigo; as células azuis adquiriram os genes da enzima naftaleno oxigenase.

Embora somente o gene da naftaleno oxigenase tenha sido, de fato, clonado durante a engenharia de via do índigo, que consiste em quatro etapas, duas enzimáticas e duas espontâneas (Figura 11.34). A enzima que catalisa a primeira etapa, a conversão de triptofano a indol (triptofanase), ocorre naturalmente em *E. coli*. Portanto, para a produção de índigo, é necessário o fornecimento de triptofano. Isso pode ser realizado imobilizando-se as células da *E. coli* recombinante em um suporte sólido em um biorreator, e então gotejando-se uma solução de triptofano, a partir proteínas de rejeitos ou outras origens, sobre as células suspensas. A recirculação do material sobre as células por várias vezes, como é normalmente realizado nesses tipos de processos industriais de células imobilizadas, paulatinamente aumenta os níveis de índigo até o corante ser coletado.

**MINIQUESTIONÁRIO**

- Por que a engenharia de vias é mais difícil do que a clonagem e a expressão de um hormônio humano?
- Como *Escherichia coli* foi modificada a fim de produzir índigo?

## 11.17 Biologia sintética

Discutimos ao longo deste capítulo como a engenharia genética é usada para modificar genes e organismos. Contudo, a biologia, hoje, pode ir muito mais além. O termo "*biologia sintética*" refere-se ao uso da engenharia genética para criar novos sistemas biológicos a partir de partes biológicas disponíveis, frequentemente oriundas de vários organismos diferentes. Essas partes biológicas (promotores, acentuadores, operadores, *riboswitches*, proteínas reguladoras, domínios enzimáticos, sensores, etc.) foram denominadas *tijolos biológicos*. Um dos objetivos principais da biologia sintética consiste na síntese de uma célula viável a partir desses tijolos biológicos.

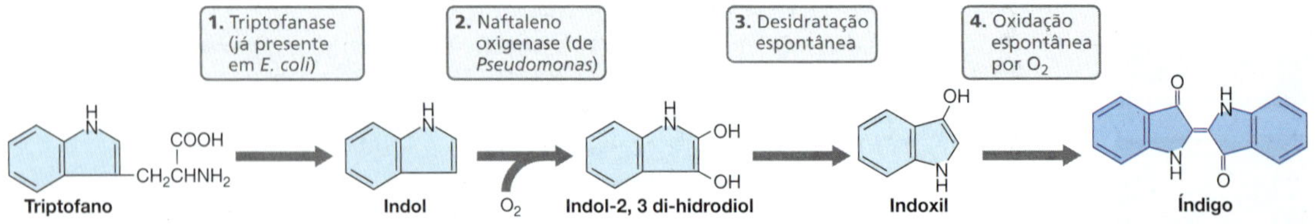


**Figura 11.34 Via modificada por engenharia genética, para a produção de índigo.** *Escherichia coli* naturalmente expressa a triptofanase, que converte triptofano em indol. A naftaleno oxigenase (originalmente de *Pseudomonas*) converte indol em di-hidroxi-indol que, espontaneamente, desidrata-o a indoxil. Quando exposto ao ar, o indoxil forma índigo, que é azul.

Um importante ponto de partida nessa direção ocorreu no Instituto J. Craig Venter na Califórnia (Estados Unidos), quando uma equipe de biólogos sintéticos substituiu o cromossomo inteiro da bactéria *Mycoplasma capricolum* por um genoma artificialmente sintetizado contendo 1,08 milhões de pares de bases (Mpb) baseado na sequência do genoma da bactéria *Mycoplasma mycoides*. As células de *M. capricolum* adquiriram então todas as propriedades da espécie cujo genoma passou a conter.

Um exemplo interessante da biologia sintética em menor escala é o uso de células de *Escherichia coli* modificadas geneticamente para a produção de fotografias. As bactérias modificadas são cultivadas de maneira confluente em placas de meio sólido. Quando uma imagem é projetada no tapete de células, as bactérias que estão no escuro produzem um pigmento escuro, enquanto as bactérias que estão sob a luz não o produzem. O resultado é uma fotografia em preto e branco primitiva da imagem projetada (**Figura 11.35**).

A construção da *E. coli* fotográfica requereu a modificação por engenharia genética e a inserção de três módulos genéticos: (1) um detector de luz e módulo de sinalização; (2) uma via que converte heme (já presente em *E. coli*) em ficocianobilina, um pigmento fotorreceptor; e (3) uma enzima codificada por um gene, cuja transcrição pode ser ativada ou não para a síntese do pigmento escuro (Figura 11.35*a*). O detector de luz é uma proteína de fusão. A metade externa é a parte detectora de luz da proteína fitocromo da cianobactéria *Synechocystis*. Ela requer um pigmento especial que absorve luz, ficocianobilina (pigmento acessório para absorção de luz das cianobactérias, ⇄ Seção 13.2), que não é produzido por *E. coli*, por isso a necessidade de instalar a via de produção da ficocianobilina.

A metade interna do detector de luz é o domínio que transmite o sinal da proteína sensora EnvZ de *E. coli*. EnvZ é parte de um sistema regulador de dois componentes, sendo OmpR sua parceira (⇄ Seção 7.7). Normalmente, EnvZ ativa a proteína de ligação ao DNA, OmpR. A OmpR ativada, por sua vez, ativa genes-alvos ligando-se aos promotores. No caso que estamos apresentando, a proteína híbrida foi projetada para ativar OmpR no escuro, mas não na luz. Isso porque a fosforilação de OmpR é necessária à sua ativação, com a luz vermelha convertendo o sensor a um estado no qual a fosforilação é inibida. Consequentemente, o gene-alvo encontra-se inativo na luz e ativo no escuro. Quando uma máscara é depositada sobre a placa de Petri contendo um tapete de células de *E. coli* modificadas por engenharia genética (Figura 11.35*b*), as células no escuro produzem um pigmento que não é produzido pelas células que encontram-se na área iluminada; dessa forma, uma "fotografia" da imagem da máscara é produzida (Figura 11.35*c*).

O pigmento sintetizado pelas células de *E. coli* é o resultado da atividade de uma enzima naturalmente encontrada nesse organismo, a qual atua no metabolismo de lactose, a β-galactosidase. O gene-alvo, *lacZ*, codifica essa enzima. No escuro, o gene *lacZ* é expresso e a β-galactosidase é produzida. A enzima cliva o análogo de lactose, denominado X-gal (Seção 11.6), presente no meio de cultura, liberando galactose e um composto colorido. Na luz, o gene *lacZ* não é expresso, a β-galactosidase não é produzida e o corante negro não é liberado. A diferença no contraste entre as células produtoras do corante e as células não produtoras gera a fotografia bacteriana (Figura 11.35*c*).

Embora a *M. capricolum* "sintética" não fosse uma célula onde todos os seus componentes – citoplasma, membranas, ribossomos e demais componentes celulares – foram feitos a partir do zero e as culturas de *E. coli* jamais substituírem a fotografia digital, o conhecimento obtido em cada um dos casos de montagem das partes necessárias por meio da biologia sintética ajuda a construir o entendimento de como a bioengenharia dos componentes funciona *in vivo*. Isso, por sua vez, vai permitir uma biologia sintética ainda mais complexa e pode algum dia levar a aplicações dessa ciência na solução de problemas urgentes nas áreas da saúde, agricultura e meio ambiente.

**MINIQUESTIONÁRIO**

- O que são tijolos biológicos?
- Como *Escherichia coli* foi modificada a fim de produzir fotografias?



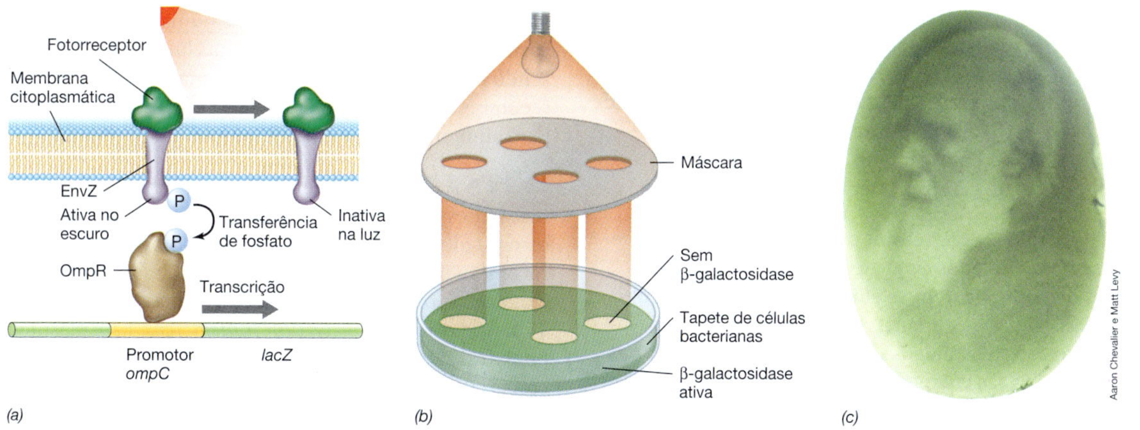


**Figura 11.35** **Fotografia bacteriana.** *(a)* Células de *Escherichia coli* detectoras de luz foram modificadas por engenharia genética, utilizando componentes de cianobactérias e da própria *E. coli*. A luz vermelha inibe a transferência de fosfato (P) para a proteína de ligação ao DNA, OmpR; a OmpR fosforilada é necessária para ativar a transcrição de *lacZ* (*lacZ* codifica a β-galactosidase). *(b)* Sistema para a produção de uma fotografia bacteriana. As porções opacas da máscara correspondem às zonas onde a β-galactosidase está ativa e, portanto, às regiões escuras da imagem final. *(c)* Uma fotografia bacteriana de um retrato de Charles Darwin.

## CONCEITOS IMPORTANTES

**11.1** • Enzimas de restrição reconhecem pequenas sequências específicas no DNA, clivando-o. Os produtos da digestão com enzimas de restrição podem ser separados utilizando-se eletroforese em gel.

**11.2** • Sequências complementares de ácidos nucleicos podem ser detectadas por hibridização. Sondas compostas por DNA ou RNA de fita simples marcadas radioativamente, ou com um corante fluorescente, hibridizam-se às sequências de DNA ou RNA-alvo.

**11.3** • A reação de polimerização em cadeia é um procedimento de amplificação de DNA *in vitro* que emprega DNA-polimerases termoestáveis. O calor é utilizado para desnaturar o DNA em duas moléculas de fitas simples, sendo cada uma copiada pela polimerase. Após cada ciclo, o DNA recém-formado é desnaturado, iniciando-se um novo ciclo de síntese. Após cada ciclo, a quantidade do DNA-alvo é duplicada.

**11.4** • O isolamento de um gene específico, ou de uma região cromossômica, pela clonagem molecular é realizado utilizando-se um plasmídeo ou vírus como vetor de clonagem. Enzimas de restrição e DNA-ligase são utilizadas *in vitro* para produzir uma molécula quimérica de DNA, composta por DNA de uma ou mais origens. Uma vez introduzido em um hospedeiro adequado, o DNA clonado pode ser produzido em grandes quantidades, sob o controle do vetor de clonagem. A identificação dos genes clonados é conduzida por uma variedade de técnicas moleculares.

**11.5** • Moléculas de DNA sintético, contendo sequências de interesse, podem ser sintetizadas *in vitro* e utilizadas na construção direta de genes mutados, ou na substituição de pares de bases específicos no interior de um gene, por meio de mutagênese sítio-dirigida. Genes podem também ser interrompidos pela inserção de fragmentos de DNA, denominados cassetes, que geram mutantes de nocaute.

**11.6** • Genes repórteres são genes cujos produtos, como a β-galactosidase ou GFP, são de fácil análise ou detecção. Eles são utilizados para simplificar e aumentar a velocidade das análises genéticas. Em fusões gênicas, segmentos de dois genes diferentes, um dos quais normalmente corresponde a um gene repórter, são unidos.

**11.7** • Plasmídeos são vetores de clonagem úteis porque são facilmente isolados e purificados e frequentemente capazes de multiplicarem-se em um número elevado de cópias nas células bacterianas. Genes de resistência a antibióticos nos plasmídeos são usados para selecionar as células bacterianas contendo o plasmídeo, enquanto os sistemas de seleção com base na cor são utilizados para identificar as colônias contendo DNA clonado.

**11.8** • A escolha do hospedeiro para a clonagem depende da aplicação final. Em muitos casos, o hospedeiro pode ser um procarioto, enquanto, em outros, é essencial que o hospedeiro seja eucariótico. Os hospedeiros devem ser capazes de captar DNA, e existe uma variedade de técnicas pelas quais tal processo pode ser realizado, tanto natural quanto artificialmente.

**11.9** • Muitos genes clonados não são expressos de maneira eficiente em um hospedeiro exógeno. Vetores de expressão foram desenvolvidos tanto para hospedeiros procariotos quanto para eucariotos, os quais contêm genes ou sequências reguladoras que aumentam a transcrição do gene clonado e controlam o nível da transcrição. Sinais para melhorar a eficiência de tradução também devem estar presentes no vetor de expressão.

**11.10** • Vetores especializados de clonagem, como bacteriófagos, cosmídeos e cromossomos artificiais, foram desenvolvidos para a clonagem de grandes fragmentos de DNA. Bacteriófagos contendo DNA-recombinante podem ser empacotados *in vitro*, sendo transferidos de maneira eficiente para uma célula hospedeira, enquanto os cosmídeos são vetores plasmidiais contendo o sítio *cos* de lambda. Cromossomos artificiais são úteis para a clonagem de fragmentos de DNA contendo cerca de até um megabase.

**11.11** • É possível obter-se níveis de expressão muito altos de genes eucarióticos em procariotos. Entretanto, o gene expresso não deve conter íntrons. Isso pode ser realizado pela utilização da transcriptase reversa para a síntese de DNAc, a partir do RNAm maduro que codifica a proteína de interesse. Isso também pode ocorrer pela síntese de um gene totalmente sintético, a partir do conhecimento da sequência de aminoácidos da proteína de interesse. Proteínas de fusão são frequentemente utilizadas para estabilizar ou solubilizar a proteína clonada.

**11.12** • A primeira proteína humana produzida comercialmente, utilizando bactérias modificadas por engenharia genética, foi a insulina humana, embora vários outros hormônios e proteínas humanas estejam sendo produzidos atualmente. A somatotrofina bovina recombinante é amplamente usada nos Estados Unidos para aumentar a produção de leite no gado leiteiro.

**11.13** • A engenharia genética pode criar plantas resistentes a doenças, aumentar a qualidade do produto e tornar culturas de interesse agrícola uma fonte de proteínas recombinantes e, até mesmo, vacinas. Um vetor de clonagem utilizado comumente em plantas é o plasmídeo Ti da bactéria *Agrobacterium tumefaciens*. Este plasmídeo pode transferir DNA para as células vegetais. Plantas comerciais, cujos genomas foram modificados utilizando-se técnicas genéticas *in vitro*, são denominadas organismos geneticamente modificados ou OGMs.

**11.14** • Muitas vacinas recombinantes foram produzidas ou estão sendo desenvolvidas. Elas incluem vacinas recombinantes vivas, de vetores e de subunidade.

**11.15** • Usando metagenômica, genes de produtos úteis são clonados diretamente de DNA ou RNA em amostras ambientais, sem o prévio isolamento dos organismos que os contêm.

**11.16** • Na engenharia de vias, múltiplos genes que codificam enzimas da via metabólica são organizados. Esses genes podem ser oriundos de um ou mais organismos, mas devem ser clonados e expressos de maneira sincronizada.

**11.17** • Em vez de modificar ou melhorar uma única via existente, a biologia sintética enfoca na engenharia de novos sistemas biológicos por meio da junção de conhecidos componentes biológicos em várias combinações, formando módulos capazes de gerar comportamentos complexos.



## REVISÃO DOS TERMOS-CHAVE

**Biblioteca de DNA** (também denominada biblioteca genômica) uma coleção de segmentos de DNA clonado, grande o suficiente para conter pelo menos uma cópia de cada gene de um organismo em particular; o mesmo que biblioteca genômica.

**Biotecnologia** utilização de organismos, geralmente contendo modificações genéticas, com finalidades industriais, médicas ou agrícolas.

**Cassete de DNA** segmento de DNA artificialmente desenvolvido, que geralmente carreia um gene de resistência a um antibiótico ou algum outro marcador conveniente e que é flanqueado por sítios de restrição adequados.

**Clonagem molecular** isolamento e incorporação de um fragmento de DNA em um vetor no qual pode ser replicado.

**Clonagem *shotgun*** construção de uma biblioteca gênica por meio da clonagem randômica de fragmentos de DNA.

**Códons preferenciais** proporções relativas de diferentes códons que codificam o mesmo aminoácido; elas variam em diferentes organismos. O mesmo que utilização preferencial de códons.

**Cromossomo artificial** vetor de cópia única, capaz de carrear insertos extremamente longos de DNA, muito utilizado para a clonagem de segmentos de grandes genomas.

**Cromossomo artificial bacteriano (BAC)** cromossomo circular artificial, contendo uma origem de replicação bacteriana.

**Cromossomo artificial de levedura (YAC)** cromossomo artificial contendo uma origem de replicação e a sequência CEN de levedura.

**Cromossomo artificial humano (HAC)** cromossomo artificial, contendo um arranjo da sequência centromérica humana.

**DNA recombinante** molécula de DNA que contém DNA de duas ou mais fontes de origem.

**Eletroforese em gel** técnica de separação de moléculas de ácidos nucleicos, pela aplicação de uma corrente elétrica por meio de um gel de agarose ou de poliacrilamida.

**Engenharia genética** uso de técnicas de isolamento, manipulação, recombinação e expressão de DNA (ou RNA) *in vitro*, bem como o desenvolvimento de organismos geneticamente modificados.

**Engenharia genética** uso de técnicas *in vitro* para o isolamento, alteração e expressão de DNA, e no desenvolvimento de organismos geneticamente modificados.

**Engenharia de via** montagem de uma via metabólica nova ou otimizada, utilizando-se genes de um ou mais organismos.

**Enzima de modificação** enzima que modifica quimicamente as bases em um sítio de reconhecimento de uma enzima de restrição, impedindo, dessa forma, a clivagem do sítio.

**Enzima de restrição** enzima que reconhece uma sequência específica de DNA, clivando-o; também conhecida como endonuclease de restrição.

***Fingerprinting* de DNA** uso da tecnologia de DNA para a determinação da origem do DNA em uma amostra de tecido.

**Fusão gênica** estrutura criada pela união de segmentos de dois genes distintos, especialmente quando a região reguladora de um gene é ligada à região codificadora de um gene repórter.

**Fusão de óperon** é uma fusão de genes em que a sequência codificadora que mantém o seu próprio sinal de tradução é fusionada com os sinais de transcrição de outro gene.

**Fusão proteica** uma fusão de genes em que duas sequências codificadoras são fusionadas de modo que elas compartilham os mesmos sítios de início da transcrição e da tradução.

**GFP** uma proteína que brilha verde e é amplamente utilizada na análise genética.

**Gene repórter** gene utilizado em análises genéticas porque seu produto gênico é de fácil detecção.

**Hibridização** pareamento de bases de DNA ou RNA de fitas simples de duas fontes diferentes (porém relacionadas), para a obtenção de uma dupla-hélice híbrida.

**Iniciador** pequeno DNA ou RNA utilizado para iniciar a síntese de uma nova fita de DNA.

**Mapa de restrição** mapa que indica a localização de sítios de clivagem de enzimas de restrição em um segmento de DNA.

**Mutagênese por inserção de cassete** criação de mutações por inserção de um cassete de DNA.

**Mutagênese sítio-dirigida** técnica pela qual um gene contendo uma mutação específica pode ser construído *in vitro*.

***Northern blot*** procedimento de hibridização no qual o RNA está presente no gel e DNA ou RNA correspondem à sonda.

**Organismo geneticamente modificado (OGM)** organismo cujo genoma foi alterado por engenharia genética. A abreviação GM é também utilizada em expressões como culturas GM e alimentos GM.

**Organismo transgênico** planta ou animal que contém um DNA exógeno inserido em seu genoma.

**Plasmídeo Ti** plasmídeo de *Agrobacterium tumefaciens*, capaz de transferir genes bacterianos para as plantas.

**Proteína de fusão** proteína resultante de uma fusão de duas proteínas diferentes, por meio da união de suas sequências codificadoras em um único gene.

**Proteína fluorescente verde** uma proteína que fluoresce em verde, amplamente utilizada em análises genéticas.

**Reação em cadeia de polimerase (PCR)** amplificação artificial de uma sequência de DNA por meio de ciclos repetidos de separação e replicação das fitas.

**Ruptura gênica** (também denominada mutagênese por cassete ou nocaute gênico) inativação de um gene pela inserção de um fragmento de DNA contendo um marcador selecionável. O fragmento inserido é denominado cassete de DNA.

**Sequenciamento** dedução da sequência de uma molécula de DNA ou RNA, por meio de uma série de reações químicas.

**Sonda de ácido nucleico** fita de ácido nucleico que pode ser marcada e utilizada para hibridizar-se com uma molécula complementar, presente em uma mistura de outros ácidos nucleicos.

***Southern blot*** procedimento de hibridização em que o DNA está no gel e o RNA ou DNA é a sonda.

**T-DNA** segmento do plasmídeo Ti de *Agrobacterium tumefaciens* que é transferido para células vegetais.

**Transcrição reversa** a conversão de uma sequência de RNA em uma sequência de DNA correspondente.

**Vacina de DNA** vacina que utiliza o DNA de um patógeno para elicitar uma resposta imune.

**Vacina de vetor** vacina produzida pela inserção de genes de um vírus patogênico em um vírus carreador relativamente inócuo.

**Vacina polivalente** vacina que imuniza contra mais de uma doença.

**Vetor** (como em vetor de clonagem) molécula de DNA autorreplicativa, utilizada para carrear genes clonados ou outros segmentos de DNA úteis à engenharia genética.

**Vetor bifuncional** vetor de clonagem que pode se replicar em dois ou mais hospedeiros não relacionados.

**Vetor de expressão** vetor de clonagem que apresenta as sequências reguladoras necessárias à transcrição e tradução dos genes clonados.

## QUESTÕES PARA REVISÃO

1. O que são enzimas de restrição? Qual a provável função de uma enzima de restrição na célula que a produz? Por que a presença de uma enzima de restrição em uma célula não provoca a degradação do DNA desta célula? (Seção 11.1)
2. Como você poderia detectar uma colônia contendo um gene clonado, caso já conhecesse a sequência do gene? (Seção 11.2)
3. Descreva os princípios básicos da amplificação gênica utilizando reação em cadeia de polimerase (PCR). Como os procariotos termófilos e hipertermófilos simplificaram o uso da PCR? (Seção 11.3)
4. A engenharia genética é dependente de vetores. Descreva as propriedades necessárias a um vetor plasmidial de clonagem eficiente. (Seção 11.4)
5. Como você detectaria uma colônia contendo um gene clonado, caso não conhecesse a sequência do gene, mas dispusesse da proteína purificada codificada por esse gene? (Seção 11.4)
6. Quais são as principais aplicações de DNA sintetizados artificialmente? (Seção 11.5)
7. O que a mutagênese sítio-dirigida permite realizar, que não é permitido pela mutagênese normal? (Seção 11.5)
8. O que é um gene repórter? Descreva dois genes repórter amplamente utilizados. (Seção 11.6)
9. Como as fusões gênicas são utilizadas no estudo da regulação gênica? (Seção 11.6)?
10. Como a inativação por inserção da β-galactosidase permite a detecção da presença de DNA exógeno em um vetor plasmidial, como o pUC19? (Seção 11.7)
11. Descreva dois hospedeiros procarióticos e as características vantajosas e desvantajosas de cada um. (Seção 11.8)
12. Descreva as semelhanças e diferenças entre os vetores de expressão e os vetores bifuncionais. (Seção 11.9)
13. Como o bacteriófago T7 foi utilizado para a expressão de genes exógenos em *Escherichia coli* e que características desejáveis esse sistema regulador possui? (Seção 11.9)?
14. Quais as vantagens da utilização de um vetor de clonagem baseado no fago lambda, quando comparado a um vetor plasmidial? (Seção 11.10)
15. Quais as características essenciais de um cromossomo artificial? Qual a diferença entre um BAC e um YAC? Que características do plasmídeo F o tornam menos útil para o uso *in vitro*? (Seção 11.10)
16. Qual a importância da transcriptase reversa quando genes animais são clonados, visando sua expressão em bactérias? (Seção 11.11)
17. Que classes de proteínas são produzidas por biotecnologia? Como os genes dessas proteínas são obtidos? (Seção 11.12)
18. O que é o plasmídeo Ti e como este foi utilizado em engenharia genética? (Seção 11.13)
19. O que é uma vacina de subunidades e por que tais vacinas são consideradas uma forma mais segura de conferir imunidade contra patógenos virais, quando comparadas às vacinas virais atenuadas? (Seção 11.14)
20. Como a metagenômica tem sido utilizada para encontrar novos produtos úteis? (Seção 11.15)
21. O que é engenharia de via? Por que produzir um antibiótico é mais difícil que uma única enzima por meio da engenharia genética? (Seção 11.16)
22. Como a biologia sintética difere da engenharia de via? (Seção 11.17)

## QUESTÕES APLICADAS

1. Suponha que você tem a tarefa de construir um vetor plasmidial de expressão adequado à clonagem molecular em um organismo de interesse industrial. Cite as características que tal plasmídeo deve apresentar. Liste as etapas que você utilizaria para construir tal plasmídeo.
2. Suponha que você determinou recentemente a sequência de bases de DNA de um promotor especialmente forte em *Escherichia coli* e que você está interessado na incorporação dessa sequência em um vetor de expressão. Descreva as etapas que utilizaria para isso. Que precauções devem ser tomadas para se garantir que esse promotor atuará, de fato, conforme o esperado neste novo local?
3. Muitos sistemas genéticos usam o gene *lacZ*, que codifica β-galactosidase, como um repórter. Quais as vantagens e os problemas que podem ocorrer quando (a) a luciferase ou (b) a proteína verde fluorescente é utilizada como repórteres, em vez da β-galactosidase?
4. Você acabou de descobrir uma proteína de camundongos que pode trazer a cura efetiva do câncer, no entanto, ela é encontrada somente em pequenas quantidades. Descreva as etapas que você realizaria para produzir essa proteína em quantidades terapêuticas. Que hospedeiro você utilizaria para a clonagem do gene e por quê? Qual hospedeiro você utilizaria para expressar tal proteína e por quê?

CAPÍTULO

# 12 Evolução e sistemática microbiana

## microbiologiahoje

### Troca gênica e evolução da bactéria marinha *Vibrio*

A bactéria *Vibrio cholerae* está presente em ambientes marinhos costeiros ao longo de todo o mundo, e algumas linhagens causam cólera, uma doença diarreica devastadora. A cólera é causada por linhagens de *V. cholerae* que adquiriram o gene codificador da toxina cólera por meio da transferência horizontal de genes. A transferência horizontal de genes tem efeitos poderosos na evolução microbiana. Na verdade, muitas características da bactéria, incluindo sua patogenicidade, podem ser alteradas pela aquisição de genes de outras espécies.

Os microbiologistas ainda estão lutando para entender os efeitos da transferência horizontal de genes na evolução dos microrganismos. Em *V. cholerae*, os padrões de transferência gênica variam no que diz respeito ao genoma cerne e ao genoma dispensável. Os genes constitutivos que desempenham importantes processos celulares e fazem parte do genoma cerne são transferidos entre as linhagens de *V. cholerae*, mas não entre espécies. Contrariamente, genes íntegrons, componentes do genoma dispensável, podem ser transferidos além da fronteira entre espécies e são facilmente transferidos entre as espécies de *V. cholerae* e *V. metecus* (destaque da figura).

Acontece que a transferência de genes íntegrons é governada mais pela coocorrência geográfica do que pela barreira entre as espécies.[1] Por exemplo, as linhagens de *V. cholerae* isoladas de uma lagoa salina (foto), em Falmouth, Massachusetts (Estados Unidos), compartilham mais genes íntegrons com a linhagem *Vibrio metecus* isolada da mesma lagoa do que com outras linhagens de *V. cholerae* isoladas de uma localização geograficamente remota, em Bangladesh.

Quando se trata de transferência de genes do genoma dispensável, pode ser tudo sobre (exatamente como um corretor de imóveis iria dizer) "localização, localização, localização." Genes íntegrons podem alterar certos aspectos do metabolismo e características da superfície celular. É provável que isso ajude a todas as espécies de *Vibrio* a se adaptar ao ambiente local e podem impactar a evolução da sua patogenicidade.

[1]Boucher, Y., et al. 2011. Local mobile gene pools rapidly cross species boundaries to create endemicity within global *Vibrio cholerae* populations. *mBio*. 2:e00335–10.

I A Terra remota e a origem e diversificação da vida 348

II Fósseis vivos: registros de DNA da história da vida 355

III Evolução microbiana 363

IV Sistemática microbiana 369

Um tema que unifica toda a biologia é a **evolução**. Charles Darwin foi o primeiro a observar que os seres vivos mudavam ao longo do tempo e propôs que esse processo de evolução era resultado da seleção natural atuando em variações aleatórias dentro da progênie. Hoje, sabemos que essas variações aleatórias ocorrem como resultado de mutações e recombinações na sequência de DNA. A história da evolução está escrita em nosso código genético e a sequência de DNA fornece um registro dessa evolução que se estende há bilhões de anos. Agora sabemos que os microrganismos têm dominado grande parte da história da vida na Terra. Os mares eram repletos de microrganismos bilhões de anos antes do aparecimento das primeiras plantas e animais, e sua atividade têm continuamente moldado a nossa biosfera.

Este capítulo enfoca na evolução da vida microbiana. Exploraremos a história evolutiva da vida e a maneira pela qual as sequências de DNA podem ser utilizadas para a classificação de microrganismos e no entendimento de suas relações evolutivas. O objetivo deste capítulo consiste em fornecer uma base evolutiva e sistemática com a qual se compreende a diversidade da vida microbiana que iremos explorar nos próximos quatro capítulos.

# I • A Terra remota e a origem e diversificação da vida

Nestas primeiras seções, abordaremos as possíveis condições na qual a vida surgiu, os processos que podem ter originado as primeiras formas de vida celular, sua divergência em duas linhagens evolutivas, ***Bacteria*** e ***Archaea***, e a posterior formação, por endossimbiose, de uma terceira linhagem, ***Eukarya***. Embora grande parte desses eventos e processos ainda seja especulativa, evidências geológicas e moleculares estão permitindo uma visão cada vez mais clara de como a vida poderia ter surgido e se diversificado.

## 12.1 Formação e história remota da Terra

Desde sua origem, há cerca de 4,5 bilhões de anos, a Terra sofreu um processo contínuo de mudanças físicas e geológicas. Essas alterações criaram condições que levaram à origem da vida, há cerca de 4 bilhões de anos, assim como ofereceram aos seres vivos novas oportunidades e desafios desde aquela época até o presente.

### Origem da Terra

Acredita-se que a Terra tenha originado-se há cerca de 4,5 bilhões de anos, a partir de dados obtidos de isótopos radioativos de decaimento lento (**Figura 12.1**). Nosso planeta, assim como os outros planetas do sistema solar, surgiu a partir de compostos que formavam uma nuvem de poeira nebulosa em forma de disco e por gases liberados pela supernova de uma estrela massiva antiga. Quando uma nova estrela – nosso sol – formou-se no interior dessa nuvem, ela passou a compactar-se, sofrer fusão nuclear e liberar grandes quantidades de calor e luz. Os materiais que permaneceram na nuvem nebulosa passaram a agrupar-se e fundir-se em decorrência de colisões e da atração gravitacional, formando minúsculos agregados que gradualmente tornaram-se maiores, originando agrupamentos, os quais eventualmente aglutinaram-se, originando os planetas. A energia liberada nesse processo aqueceu a Terra emergente à medida que se formava, assim como a energia liberada pelo decaimento radioativo dos materiais em condensação, transformando a Terra em um planeta de magma extremamente quente. Com o resfriamento da Terra ao longo do tempo, formaram-se um cerne metálico, um manto rochoso e uma fina crosta superficial de menor densidade.

Acredita-se que as condições ardentes e inóspitas da Terra remota, caracterizada por uma superfície fundida sob intenso bombardeio de massas de materiais agregados vindos do espaço, persistiram por mais de 500 milhões de anos. A água da Terra originou-se a partir de inúmeras colisões com cometas e asteroides glaciais e de gases vulcânicos oriundos do interior do planeta. Nesse período, a água estaria presente na forma de vapor em decorrência do calor. Ainda não foram descobertas rochas datadas da origem de nosso planeta, possivelmente por terem sofrido metamorfose geológica. Antigos cristais do mineral zircônio ($ZrSiO_4$), foram descobertos, fornecendo um

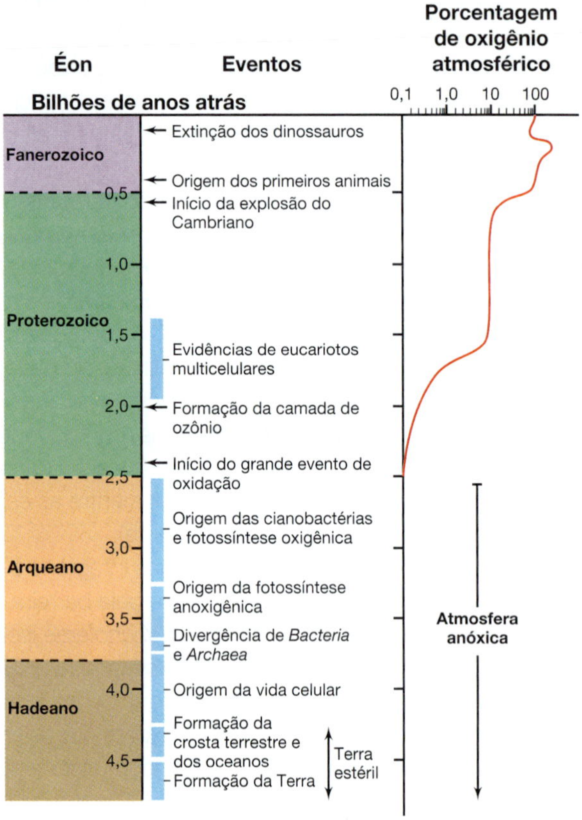


**Figura 12.1 Principais marcos da evolução biológica, da alteração geoquímica da Terra e diversificação metabólica microbiana.** O tempo máximo para a origem da vida é determinado pelo tempo da origem da Terra, e o tempo mínimo para a origem da fotossíntese oxigênica é fixado pelo Grande Evento da Oxidação, há cerca de 2,4 bilhões de anos. Observe como a oxigenação da atmosfera, decorrente do metabolismo de cianobactérias, foi um processo gradativo que ocorreu por um período de aproximadamente 2 bilhões de anos. Comparar esta figura com a introdução à antiguidade da vida na Terra, apresentada na Figura 1.4.

vislumbre de condições ainda mais remotas na Terra. Impurezas aprisionadas nos cristais e as proporções isotópicas de oxigênio dos minerais (⇄ Seção 18.9) indicam que a Terra foi resfriada em um período muito anterior ao anteriormente considerado, com a formação da crosta sólida e a condensação da água em oceanos tendo ocorrido possivelmente há 4,3 bilhões de anos. A presença de água em estado líquido implica que as condições podem ter sido compatíveis com a vida em um período de poucas centenas de milhões de anos após a formação de nosso planeta.

Algumas das rochas sedimentares mais antigas descobertas até o momento são aquelas do Complexo Gnaisse Itsaq, no sudoeste da Groenlândia, que datam de aproximadamente 3,86 bilhões de anos. A natureza sedimentar dessas rochas indica que, pelo menos naquele período, a Terra havia resfriado o suficiente para permitir a condensação do vapor de água e a formação dos oceanos primitivos. Os restos fossilizados de células (Figura 12.2) e o isótopo "leve" de carbono, abundante nessas rochas (discutiremos o emprego de análises isotópicas de carbono e enxofre como indicativo de processos de vida na Seção 18.9), fornecem evidências de vida microbiana remota.

## Origem da vida celular

A origem da vida na Terra continua sendo um dos maiores mistérios para a ciência, obscurecido pelo tempo. Existem poucas rochas que sobreviveram inalteradas, testemunhas sobre como foi esse período da história da Terra. Evidências experimentais indicam que os precursores orgânicos de células vivas podem ser formados espontaneamente em determinadas condições, promovendo as precondições necessárias para os primeiros sistemas vivos. Contudo, as condições da superfície da Terra remota há mais de 4 bilhões de anos, em particular as temperaturas extremamente elevadas e os altos níveis de radiação ultravioleta, eram hostis à formação da vida como a conhecemos. Uma hipótese alternativa sugere que a vida originou-se em fontes hidrotermais no leito oceânico (Figura 12.3), muito abaixo da superfície da Terra, onde as condições seriam menos hostis e mais estáveis. Um suprimento constante e abundante de energia na forma de compostos inorgânicos reduzidos, por exemplo, $H_2$ e $H_2S$, poderia estar disponível nessas fontes. A geoquímica única destes locais pode ter permitido a formação de moléculas críticas para o surgimento da vida

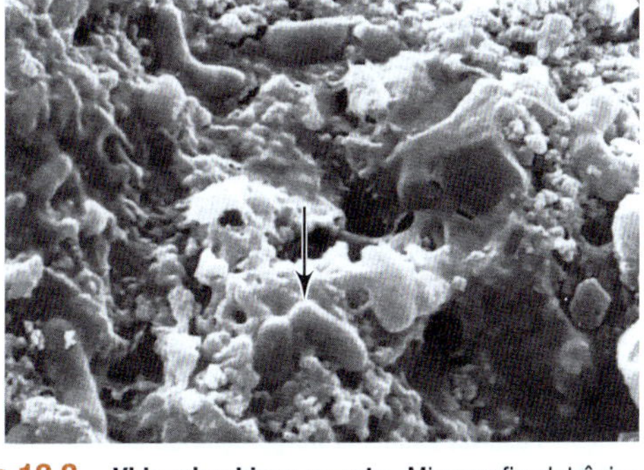


**Figura 12.2** **Vida microbiana remota.** Micrografia eletrônica de varredura de microfósseis bacterianos em rochas de 3,45 bilhões de anos, localizadas em Barberton Greenstone Belt, África do Sul. Observe as bactérias de forma bacilar (seta) ligadas a partículas de compostos minerais. As células têm diâmetro aproximado de 0,7 μm.

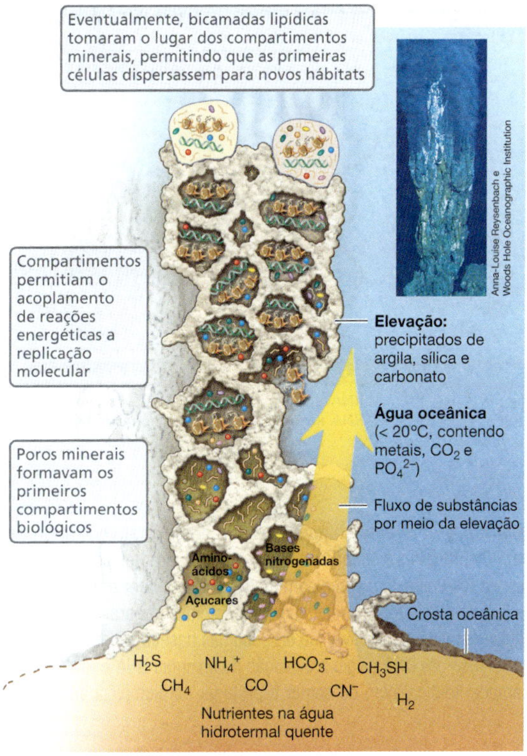


**Figura 12.3** **Elevação submarina e sua possível ligação com a origem da vida.** Modelo do interior de uma elevação hidrotermal com representações das transições hipotéticas da química prebiótica da vida celular. Detalhe: foto de uma verdadeira elevação hidrotermal. O fluido hidrotermal quente, reduzido e alcalino mistura-se com a água oceânica mais fria, mais oxidada e mais ácida, formando precipitados. A elevação é formada por precipitados de compostos de Fe e S, argilas, silicatos e carbonatos. Minerais precipitados formam poros que poderiam ter servido como compartimentos ricos em energia que facilitaram a evolução das formas pré-celulares de vida.

e formação de estruturas compartimentadas necessárias para a conservação de energia. A síntese e concentração de compostos orgânicos por essa química prebiótica criou o cenário para os sistemas autorreplicantes, os precursores da vida celular.

As moléculas de RNA provavelmente eram o componente central do primeiro sistema autorreplicante e é possível que a vida tenha começando em um *mundo de RNA* (Figura 12.4). O RNA é um componente de alguns cofatores e moléculas essenciais encontradas em todas as células (como ATP, NADH e coenzima A); pode ligar-se a pequenas moléculas, como ATP e outros nucleotídeos, além de apresentar atividade catalítica na síntese de proteínas por meio da atividade do RNAr, RNAt e RNAm (⇄ Seção 4.13). É possível que certas moléculas de RNA tenham a habilidade de catalisar sua própria síntese a partir de açúcares, bases e fosfato disponíveis. O RNA pode também ligar-se a outras moléculas, como aminoácidos, catalisando a síntese de proteínas primitivas. Posteriormente, à medida que diferentes proteínas emergiram, elas assumiram o papel catalítico dos RNA (Figura 12.4). Eventualmente, o DNA, mais estável do que o RNA e, portanto, um melhor repositório para a informação genética (codificadora), surgiu e assumiu o papel de molde para a síntese de RNA. É possível que a primeira forma de vida celular tenha possuído esse sistema de três componentes – DNA, RNA e proteína, em

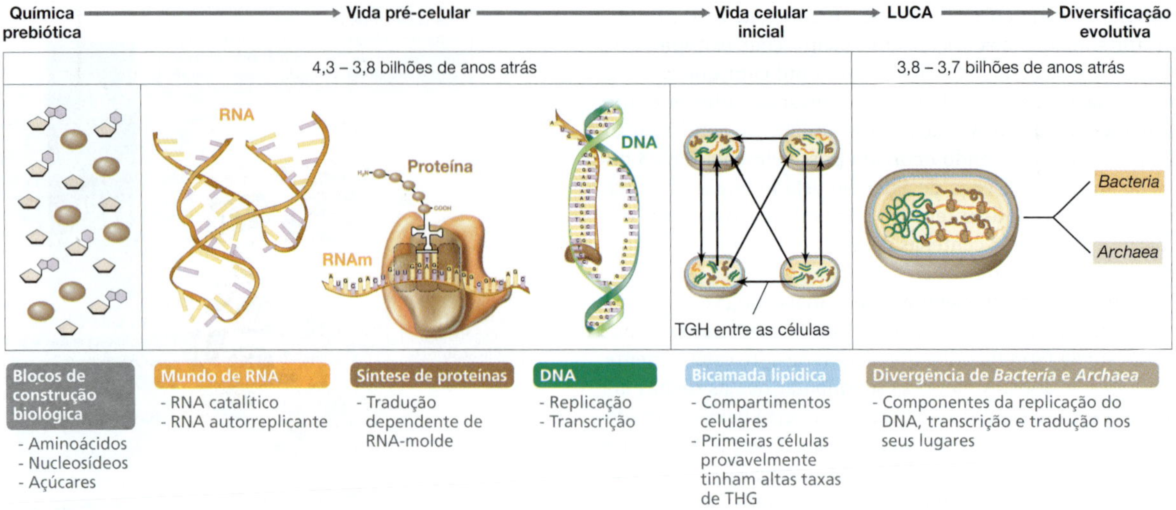


**Figura 12.4 Eventos hipotéticos que precederam a origem da vida celular.** Os primeiros sistemas biológicos autorreplicantes podem ter sido baseados em RNA catalítico. Em algum momento, os RNA enzimáticos evoluíram a capacidade de sintetizar proteínas, e as proteínas tornaram-se as principais moléculas catalíticas. A conversão de genomas baseados em RNA para genomas baseados em DNA exigiu a evolução de enzimas DNA e RNA-polimerase. A bicamada lipídica além de conter e proteger as biomoléculas é o local de transporte de elétrons e a evolução desta estrutura era, provavelmente, importante para a conservação de energia. O último ancestral comum (LUCA), que precedeu a divergência de *Bacteria* e *Archaea*, era um organismo celular que tinha bicamada lipídica e utilizava DNA, RNA e proteínas. A transferência horizontal de genes (THG) pode ter permitido a rápida transferência de genes benéficos entre as formas de vida primitiva.

adição a um sistema de membranas capaz de conservar energia (ver Figura 12.5). A partir dessa população de células iniciais, consideradas como o último ancestral universal comum (*LUCA, last universal common ancestor*) que deve ter existido há 3,8 a 3,7 bilhões de anos, a vida celular pode então ter desenvolvido diferenças na biossíntese de lipídeos e bioquímica da parede celular, divergindo nos ancestrais das bactérias e arqueias atuais. Após essas etapas, é possível perceber-se um período de extensa inovação e experimentação bioquímica, em que grande parte da maquinaria estrutural e funcional desses primeiros sistemas autorreplicantes foi criada, sendo aperfeiçoada por seleção natural.

## Diversificação microbiana: consequências para a biosfera da Terra

Após a origem das células e o desenvolvimento das formas iniciais de metabolismo energético e de carbono, a vida microbiana sofreu um longo processo de diversificação metabólica, tirando vantagem das fontes de energia variadas e abundantes disponíveis na Terra. O oceano primitivo e toda a Terra eram anóxicos. O oxigênio molecular não surgiu em quaisquer quantidades significativas por um longo período, senão após a evolução da fotossíntese oxigênica pelas cianobactérias. Portanto, o metabolismo gerador de energia das células primitivas teria sido exclusivamente anaeróbio e provavelmente estável ao calor por causa da temperatura na Terra remota.

Ele pode também ter sido autotrófico (autotrofia, Seção 13.5), uma vez que qualquer consumo de compostos orgânicos formados abioticamente como fontes de carbono para os compostos celulares provavelmente teria exaurido esses compostos de modo relativamente rápido. É comum o pensamento que o $H_2$ era o principal combustível para o metabolismo energético nas células primitivas. Essa hipótese é sustentada também pela árvore evolutiva da vida (ver Figura 12.13), onde praticamente todas as ramificações de organismos próximos à raiz da árvore evolutiva de *Bacteria* e *Archaea* são autotróficos e usam $H_2$ como doador de elétrons no metabolismo energético. Tendo o $H_2$ como doador de elétrons, um aceptor de elétrons seria também necessário para formar um par redox; ele poderia ter sido o enxofre elementar ($S^0$). Conforme ilustrado na **Figura 12.5**, a oxidação de $H_2$, com produção de $H_2S$, teria requerido poucas enzimas. Além disso, devido à abundância de $H_2$ e de compostos sulfurosos na Terra primitiva, as células disporiam de um suprimento praticamente ilimitado de energia.

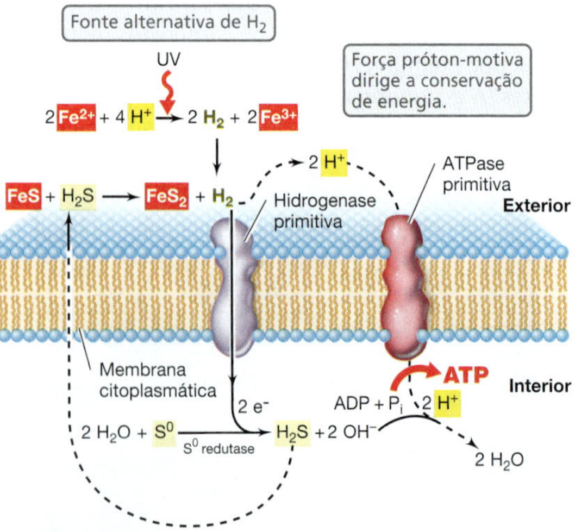


**Figura 12.5 Possível esquema de geração de energia em células primitivas.** A formação de pirita leva à produção de $H_2$ e à redução de $S^0$, alimentando uma ATPase primitiva. Observe como o $H_2S$ desempenha somente um papel catalítico; os substratos líquidos corresponderiam a FeS e $S^0$. Observe também como poucas proteínas diferentes seriam requeridas. O $\Delta G^{0\prime}$ da reação $FeS + H_2S \rightarrow FeS_2 + H_2 = -42$ kJ.

Evidências moleculares, no entanto, sugerem que os ancestrais das atuais bactérias e arqueias divergiram há cerca de 3,7 bilhões de anos (⇄ Figura 1.4*b*). À medida que essas duas linhagens divergiam, desenvolveram metabolismos distintos. bactérias remotas podem ter utilizado $H_2$ e $CO_2$ para produzir acetato (⇄ Seção 13.19). Simultaneamente, arqueias primitivas desenvolveram a capacidade de utilizar $H_2$ e $CO_2$, ou possivelmente acetato, à medida que ele acumulou-se como substratos para a metanogênese (⇄ Seção 13.20). Essas formas remotas de metabolismo quimiolitotrófico teriam propiciado a produção de grandes quantidades de compostos orgânicos, a partir da fixação autotrófica de $CO_2$. Ao longo do tempo, esses compostos orgânicos teriam se acumulado, constituindo-se em fontes abundantes, diversas e continuamente renovadas de carbono orgânico reduzido, desencadeando a evolução de diferentes bactérias quimiorganotróficas, cujas estratégias metabólicas empregam compostos orgânicos como doadores de elétrons no metabolismo energético.

**MINIQUESTIONÁRIO**

- Quais características teriam feito a superfície da Terra um lugar inóspito para a formação da vida há 4,5 bilhões de anos?
- Como sabemos quando os oceanos estiveram presentes pela primeira vez na Terra? Por que a presença de oceanos é importante para a origem e diversificação da vida?
- Qual linha de raciocínio suporta a hipótese de que o primeiro sistema autorreplicante era baseado em moléculas de RNA?

## 12.2 A fotossíntese e a oxidação da Terra

A evolução da fotossíntese revolucionou a química da Terra. Organismos fototróficos usam a radiação solar como fonte de energia para a oxidação de moléculas como o $H_2S$, $S^0$ ou $H_2O$ e para sintetizar complexas moléculas orgânicas a partir de dióxido de carbono ou moléculas orgânicas simples (⇄ Seção 13.5). Ao longo do tempo, os produtos da fotossíntese acumularam-se na biosfera, estimulando a diversificação da vida microbiana. Os primeiros fototróficos na Terra eram anoxigênicos (⇄ Seções 13.3, 14.4-14.7), mas a partir destes evoluíram os primeiros fototróficos oxigênicos, Cyanobacteria (Figura 12.1, ⇄ Seção 14.3).

Em rochas de 3,5 bilhões de anos ou menos, formações microbianas fossilizadas denominadas **estromatólitos** são abundantes, fornecendo a primeira evidência conclusiva de vida na Terra (**Figura 12.6*a***). Os estromatólitos são massas microbianas, em camadas de procariotos filamentosos que causam a deposição de minerais de carbonato ou silicato, promovendo a fossilização (discutiremos algumas das características de massas microbianas na Seção 19.5). Estromatólitos eram comuns e diversificados na Terra entre 2,8 e 1 bilhão de anos atrás. Estromatólitos estão, em sua grande parte, extintos na Terra atualmente, e exemplos modernos desses primitivos ecossistemas microbiano ainda podem ser encontrados em bacias marinhas rasas (Figura 12.6*c, e*) ou em fontes termais (Figura 12.6*d*; ⇄ Figura 19.9). Bactérias fototróficas como as cianobacterias produtoras de $O_2$ (⇄ Seção 14.3) e a bactéria verde não sulfurosa *Chloroflexus* (⇄ Seção 14.7) desempenham um papel-chave na formação de estromatólitos modernos. Da mesma forma, estromatólitos antigos contêm microfósseis que parecem muito semelhantes a espécies modernas

**Figura 12.6 Estromatólitos antigos e modernos.** *(a)* O estromatólito mais antigo conhecido, encontrado em uma rocha de aproximadamente 3,5 bilhões de anos, no Warrawoona Group, Austrália Ocidental. É apresentada uma secção vertical de uma estrutura laminada, preservada nesta rocha. As setas indicam as camadas laminadas. *(b)* Estromatólitos cônicos de uma rocha dolomítica de 1,6 bilhão de anos, da bacia de McArthur, no território do norte da Austrália. *(c)* Estromatólitos modernos, da Ilha Darby, nas Bahamas. O grande estromatólito em primeiro plano tem cerca de 1 m de diâmetro. *(d)* Estromatólitos modernos compostos por cianobactérias termofílicas, crescendo em um lago termal no Yelowstone National Park. Cada estrutura apresenta altura aproximada de 2 cm. *(e)* Outra visão dos grandes estromatólitos modernos da Baía Shark. As estruturas individuais apresentam diâmetro de 0,5 a 1 m.

de cianobactérias e algas verdes (**Figura 12.7**). Por isso, o organismo fototrófico mais antigo pode ter evoluído há mais de 3,5 bilhões de anos e, aparentemente, apenas em bactérias, dando origem aos estromatólitos que observamos nos registros fósseis.

As primeiras formas de fotossíntese eram anoxigênicas usando doadores de elétrons como o $H_2S$ e gerando enxofre elementar ($S^0$) como produto residual (⇄ Seção 13.3). A capacidade de utilizar a radiação solar como fonte de energia permitiu uma extensa diversificação dos fototróficos. Há cerca de 2,5 a 3,3 bilhões de anos, a linhagem das cianobactérias desenvolveu um fotossistema capaz de utilizar $H_2O$, em lugar de $H_2S$, na redução fotossintética de $CO_2$, liberando $O_2$ e não $S^0$ como produto de excreção (⇄ Seção 13.4). Como veremos na próxima seção, a desenvolvimento da fotossíntese oxigênica e o acúmulo de oxigênio na atmosfera terrestre alterou de forma marcante a história da nossa biosfera e preparou o terreno para a evolução de até mesmo aquelas formas de vidas recentes que evoluíram para explorar a energia disponível a partir da respiração de $O_2$.

### O surgimento do oxigênio: formações ferríferas bandadas

Na ausência de $O_2$, todo o ferro da Terra estaria presente em formas reduzidas e estaria dissolvido em abundância nos oceanos, tornando-o vermelho e não azul. Evidências químicas e

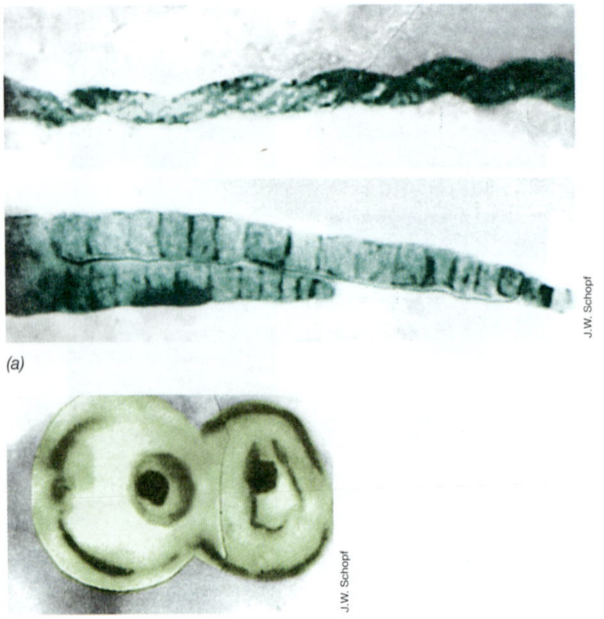


**Figura 12.7 Bactérias e eucariotos fósseis mais recentes.** As duas fotografias em *(a)* ilustram microfósseis que se assemelham a cianobactérias filamentosas modernas encontradas em Bitter Springs Formation, uma formação rochosa na região central da Austrália, com cerca de 1 bilhão de anos. As células apresentam diâmetro de 5 a 7 μm. *(b)* Microfósseis de células eucarióticas da mesma formação rochosa. A estrutura celular é acentuadamente semelhante àquela de determinadas algas verdes modernas, como espécies de *Chlorella*. A célula apresenta diâmetro aproximado de 15 μm. Cor foi adicionada para tornar mais aparente a forma da célula.

moleculares indicam que a fotossíntese oxigênica apareceu pela primeira vez na Terra pelo menos 300 milhões de anos antes que níveis significativos de $O_2$ surgissem na atmosfera. O $O_2$ que as cianobactérias produziam não podia se acumular na atmosfera, uma vez que ele reagia espontaneamente com os minerais de ferro reduzidos, presentes nos oceanos, gerando óxidos de ferro. Por volta de 2,4 bilhões de anos atrás, as concentrações de oxigênio elevaram-se para uma parte por milhão, uma quantidade diminuta, mas suficiente para dar início ao fenômeno denominado *Grande Evento da Oxidação* (Figura 12.1).

O $O_2$ produzido pelas cianobactérias não se acumulou na atmosfera até reagir com compostos reduzidos, especialmente o ferro (como FeS e $FeS_2$) presente nos oceanos; esses compostos reagem espontaneamente com $O_2$, originando $H_2O$. O $Fe^{3+}$ produzido na oxidação da pirita ($FeS_2$) tornou-se um demarcador importante nos registros geológicos. Óxidos de ferro são pouco solúveis em água e precipitam nos oceanos. Grande parte do ferro presente em rochas de origem pré-cambriana (> 0,5 bilhão de anos, ver Figura 12.1) é encontrada em **formações ferríferas bandadas** (Figura 12.8), rochas sedimentares laminadas formadas em depósitos de águas profundas, exibindo camadas alternadas de minerais ricos em ferro e minerais ricos em sílica e pobres em ferro. O metabolismo das cianobactérias produziu o $O_2$ que oxidou $Fe^{2+}$ a $Fe^{3+}$. O ferro férrico formou diferentes óxidos de ferro, que se acumularam em formações ferríferas bandadas (Figura 12.8). Uma vez consumido o $Fe^{2+}$ abundante na Terra, o cenário estava pronto para o acúmulo de $O_2$ na

**Figura 12.8 Formações de ferro em camadas.** Um rochedo de material sedimentário exposto e com cerca de 10 m de altura, no oeste da Austrália, contém camadas de óxidos de ferro (setas) entremeados por camadas contendo silicatos de ferro e outros compostos de sílica. Os óxidos de ferro contêm ferro em seu estado férrico ($Fe^{3+}$), produzido a partir de ferro em estado ferroso ($Fe^{2+}$), provavelmente por ação do oxigênio liberado pela fotossíntese das cianobactérias.

atmosfera, e até há 600 a 900 milhões de anos os níveis de $O_2$ atmosférico ainda não haviam atingido os níveis presentes nos dias de hoje (~21%, Figura 12.1)

À medida que o $O_2$ se acumulava, a atmosfera gradativamente modificou-se de anóxica para óxica (Figura 12.1). As bactérias e arqueias incapazes de adaptarem-se a essa alteração tornaram-se crescentemente restritas aos hábitats anóxicos, em virtude da toxicidade do oxigênio e pelo fato de ele oxidar as substâncias reduzidas das quais seu metabolismo dependia. A atmosfera óxica, ao contrário, também criou condições que levaram à evolução de várias novas vias metabólicas, como a redução de sulfato, nitrificação e oxidação de ferro (Capítulos 13 e 14). Microrganismos que desenvolveram a capacidade de respirar oxigênio obtiveram uma enorme vantagem energética por causa do elevado poder redutor do par $O_2/H_2O$ (⇄ Seção 3.6). Esses organismos diversificaram-se rapidamente desde então, pois, a partir da oxidação de compostos orgânicos, elas tornaram-se capazes de obter mais energia que os organismos anaeróbios.

## A camada de ozônio

Uma consequência importante do $O_2$ na evolução da vida foi a formação de *ozônio* ($O_3$), uma substância que atua como uma barreira, evitando que grande parte da intensa radiação ultravioleta (UV) oriunda do sol atinja a Terra. Quando $O_2$ é submetido à radiação UV, ele é convertido em $O_3$, que absorve intensamente comprimentos de onda de até 300 nm. Até o desenvolvimento de uma camada de ozônio na atmosfera superior da Terra, a evolução poderia prosseguir apenas abaixo da superfície oceânica e em ambientes terrestres protegidos, onde os organismos não estavam expostos ao dano letal ao DNA, decorrente da intensa radiação UV solar. No entanto, após a produção fotossintética de $O_2$ e o subsequente desenvolvimento da camada de ozônio, os organismos puderam disseminar-se por toda a superfície da Terra, explorando novos hábitats e desenvolvendo maior diversidade. A Figura 12.1 resume alguns dos principais eventos da evolução biológica e alterações na geoquímica da Terra, de um planeta altamente redutor a um altamente oxidante.

**MINIQUESTIONÁRIO**

- Por que o advento das cianobactérias é considerado uma etapa crítica na evolução?
- Em que forma o ferro encontra-se presente nas formações ferríferas bandeadas?
- Quais evidências indicam que a vida microbiana estava presente na Terra há 3,5 milhões de anos?

## 12.3 Origem endossimbiótica de eucariotos

Até cerca de 2 bilhões de anos, aparentemente todas as células não tinham núcleo envolto por membrana e organelas, assim como as arqueias e bactérias modernas. Os eucariotos (*Eukarya*), no entanto, caracterizam-se pela presença de núcleo envolto por membrana e de organelas. Aqui, sondamos a origem de eucariotos e também demonstraremos como essas quimeras genéticas, contêm genes de ao menos dois domínios filogenéticos distintos.

### Endossimbiose

Com a Terra tornando-se mais óxica, os microrganismos eucarióticos contendo organelas evoluíram, sendo a sua rápida evolução também impulsionada pelo aumento na concentração de oxigênio. O microfóssil eucariótico mais antigo conhecido é datado em cerca de 2 bilhões de anos. Há evidências de microfósseis de algas de complexidade crescente e multicelulares, datados entre 1,9 a 1,4 bilhão de anos (Figura 12.7*b*). Há cerca de 600 milhões de anos, o oxigênio encontrava-se em concentrações próximas às atuais, com grandes organismos multicelulares, a fauna ediacarana, encontrando-se presentes nos mares (Figura 12.1). Em um período de tempo relativamente curto, os eucariotos multicelulares diversificaram-se nos ancestrais das algas, vegetais, fungos e animais atuais (Seção 12.4).

Uma hipótese bem-fundamentada para a origem das células eucarióticas corresponde à **endossimbiose** (Figura 12.9), a qual postula que as mitocôndrias e os cloroplastos dos eucariotos atuais surgiram a partir da incorporação estável, em outro tipo de célula, de uma bactéria quimiorganotrófica, que realizava metabolismo aeróbio facultativo, e de uma cianobactéria, que realizava a fotossíntese oxigênica. O oxigênio foi um fator na endossimbiose, por meio de seu consumo no metabolismo energético pelo ancestral da mitocôndria, e de sua produção na fotossíntese realizada pelo ancestral do cloroplasto. As quantidades maiores de energia liberadas na respiração aeróbia indubitavelmente contribuíram para a rápida evolução dos eucariotos, assim como a capacidade de explorar a luz solar como fonte de energia.

A fisiologia e o metabolismo globais das mitocôndrias e cloroplastos, assim como a sequência e a estrutura de seus genomas, sustentam a hipótese da endossimbiose. Por exemplo, tanto as mitocôndrias quanto os cloroplastos contêm ribossomos do tipo procariótico (70S) e apresentam sequências gênicas de RNA ribossomal 16S (**16S RNAr**)(Seção 12.4) características de determinadas bactérias. Árvores filogenéticas construídas a partir dos genes 16S RNAr de mitocôndrias colocam seu ancestral no filo Alphaproteobacteria, enquanto por análise dos genes 16S de cloroplastos os colocam no filo Cyanobacteria. Além disso, os mesmos antibióticos que afetam a função ribossomal de bactérias de vida livre inibem a função ribossomal dessas organelas. As mitocôndrias e os cloroplastos também contêm pequenas quantidades de DNA organizado de forma circular, covalentemente fechada, típica de bactérias (Seção 2.6). De fato, muitos sinais reveladores de bactérias estão presentes em organelas de células eucarióticas modernas (Seção 6.5).

### Formação da célula eucariótica

A exata origem das células eucarióticas continua uma das principais questões não resolvidas na evolução; contudo, é evidente que as células eucarióticas modernas são quimeras genéticas, células feitas de genes tanto a partir de bactérias quanto de arqueias. Há um forte apoio para a origem endos-

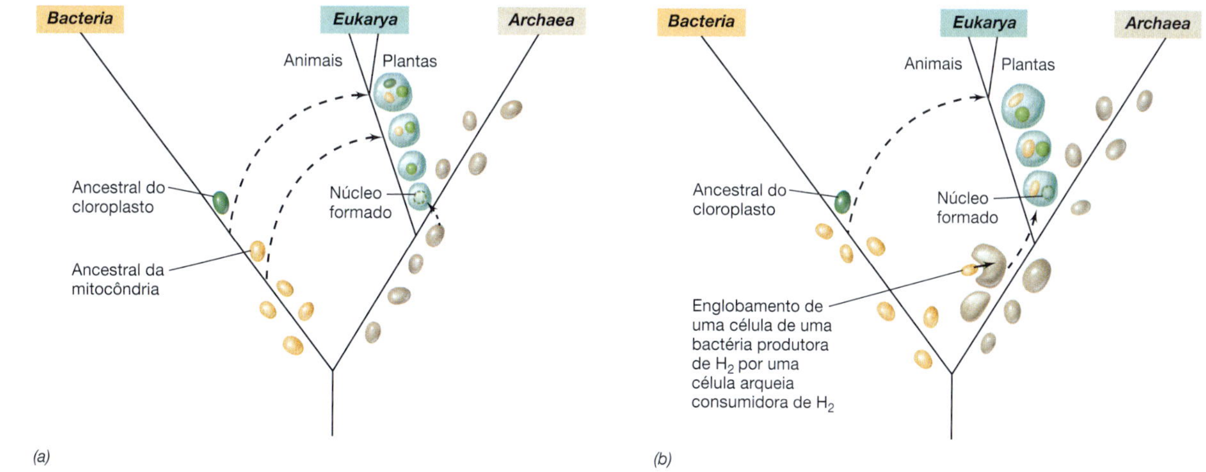


**Figura 12.9 Modelos da origem da célula eucariótica.** *(a)* A linhagem nucleada divergiu da linhagem de arqueias, posteriormente adquirindo, por endossimbiose, o ancestral bacteriano da mitocôndria e, em seguida, o ancestral das cianobactérias correspondente ao cloroplasto, momento em que a linhagem nucleada divergiu nas linhagens que originaram as plantas e os animais. *(b)* Contrariamente, o ancestral bacteriano da mitocôndria foi adquirido, via endossimbiose, por um membro de *Archaea* e, a partir dessa associação, posteriormente surgiu o núcleo, havendo, então, uma aquisição endossimbiótica tardia do ancestral das cianobactérias correspondente ao cloroplasto. Observe a posição da mitocôndria e plastídeo (cloroplasto é um tipo de plastídeo) na árvore filogenética universal apresentada na Figura 12.13.

**Genoma**

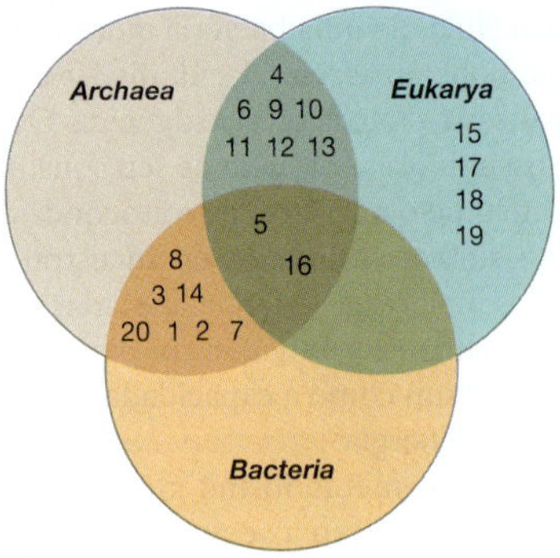


1 Cromossomo circular *versus* linear
2 Cromossomo único *versus* múltiplos cromossomos
3 Íntrons raros
4 Íntrons do tipo arqueano
5 Inteínas
6 Histonas
7 DNA-girase
8 Girase reversa
9 Múltiplas origens cromossômicas
10 Complexo de reconhecimento de origem eucariótica
11 Helicase do tipo eucariótica
12 A principal enzima replicativa é da família B das DNA-polimerases
13 Deslizamento da braçadeira do tipo eucariótica
14 Enzimas de restrição
15 RNAi
16 Genoma de DNA dupla-fita
17 Multiplos retroelementos no genoma
18 Centrômeros
19 Telômeros e telomerase
20 Genes organizados em óperons

*(a)*

**Transcrição e tradução**

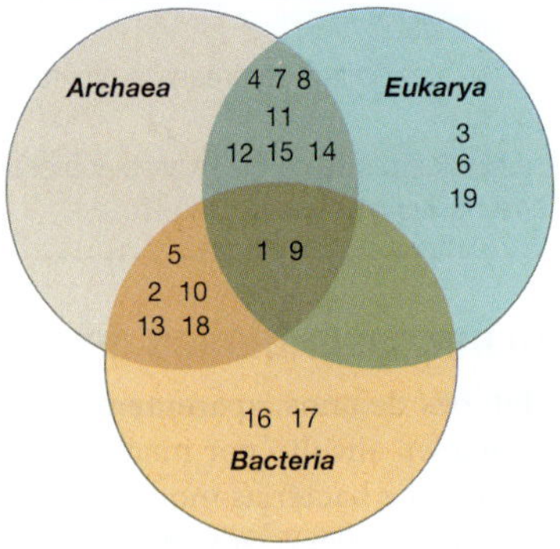


1 RNA utilizado como mensageiro genético
2 RNAm policistrônico
3 Cap e cauda no RNAm
4 TATA *box* e sequência BRE no promotor
5 Repressores ligam-se diretamente ao DNA no promotor
6 Múltiplas RNA-polimerases
7 RNA-polimerase II com 8 ou mais subunidades
8 Múltiplos fatores de transcrição necessários
9 Ribossomos sintetizam proteínas
10 Ribossomos 70S *versus* 80S
11 Homologias de sequências de RNA ribossomais
12 Homologia de sequências de proteínas ribossomais
13 Sequências Shine-Dalgarno
14 Múltiplos fatores de tradução
15 Fator de elongamento sensível à toxina diftérica
16 *N*-Formilmetionina *versus* metionina
17 RNAtm resgata ribossomos estagnados
18 16S e 23S RNAr
19 18S, 28S e 5,8S RNAr

*(b)*

**Figura 12.10 Características moleculares dos três domínios.** Diagramas de Venn mostram quais características são compartilhadas pelos domínios e quais são únicas. *(a)* Características genômicas. *(b)* Características de transcrição e tradução.

simbiótica da mitocôndria e cloroplasto a partir de *Bacteria*, como descrito anteriormente, e a transferência de certos genes desses endossimbiontes para o núcleo da célula. As células eucarióticas também compartilham outras características com as bactérias, como as ligações éster dos lipídeos de membrana, e outras com arqueias, como as características moleculares de transcrição e tradução. Além disso, bactérias e arqueias compartilham algumas propriedades moleculares de exclusão de eucariotos (ver Tabela 12.1 e **Figura 12.10**). Estas características de bactérias e arqueias sugerem que a endossimbiose e a transferência gênica pode ter desempenhado um importante papel na origem dos eucariotos.

Duas hipóteses têm progredido no sentido de explicar a formação da célula eucariótica (Figura 12.9). Segundo uma delas, os eucariotos começaram como uma linhagem portadora de núcleo, que posteriormente adquiriu mitocôndrias e cloroplastos por endossimbiose (Figura 12.9*a*). Nesse contexto, a linhagem celular portando núcleo surgiu a partir de um tipo inicial de célula, acreditando-se que o núcleo tenha surgido espontaneamente, provavelmente em resposta ao tamanho crescente do genoma do eucarioto remoto, provavelmente em resposta aos eventos óxicos que estavam transformando a geoquímica da Terra (Seção 12.2). Contudo, um dos principais problemas com esta hipótese é não considerar facilmente o fato de que as bactérias e eucariontes têm lipídeos de membrana semelhantes, em contraste com aqueles de arqueias (Seção 2.7).

A segunda hipótese, denominada *hipótese do hidrogênio*, propõe que a célula eucariótica surgiu a partir de uma associação intracelular entre um membro de *Bacteria* consumidor de oxigênio e produtor de hidrogênio, o simbionte, que deu origem à mitocôndria, e uma espécie de arqueia consumidora de hidrogênio, o hospedeiro (Figura 12.9*b*). Nesse cenário, o núcleo surgiu após esses dois tipos de células terem estabelecido uma associação estável e os genes da síntese de lipídeos terem sido transferidos do simbionte para o cromossomo do hospedeiro. A transferência desses genes ao cromossomo do hospedeiro pode então ter levado à síntese de lipídeos bacterianos (simbionte) pelo hospedeiro, eventualmente formando um sistema membranoso interno, o retículo endoplasmático (Seção 2.20), e os primórdios do núcleo eucariótico. O crescente aumento do tamanho do genoma do hospedeiro levou à compartimentalização e ao sequestro da informação genética codificadora no interior de uma membrana, isolando-o do citoplasma, com a finalidade de protegê-lo e permitir a replicação e expressão gênica mais eficientes.

Na próxima seção, traçaremos o caminho evolutivo de células eucarióticas e das células procarióticas em detalhes. Análises da evolução molecular fornecem evidências diretas da história evolutiva de células, levando à moderna "árvore da vida".

**MINIQUESTIONÁRIO**

- Que evidências sustentam o conceito de que a mitocôndria e o cloroplasto eucarióticos correspondiam anteriormente a membros de vida livre do domínio *Bacteria*?
- Como pode ter ocorrido o surgimento do núcleo eucariótico?
- De que forma os eucariotos atuais correspondem a uma combinação de atributos de *Bacteria* e *Archaea*?

# II • Fósseis vivos: registros de DNA da história da vida

A história evolutiva de um grupo de organismos é denominada **filogenia**, e o principal objetivo da análise evolutiva consiste em conhecer essa história. Pelo fato de não dispormos do conhecimento direto da via evolutiva, a filogenia é deduzida indiretamente, a partir de dados da sequência nucleotídica. Na próxima seção, iremos explorar como as sequências moleculares podem ser utilizadas para construir **árvores filogenéticas**, que consistem em uma ilustração gráfica da história evolutiva. Também discutiremos como a análise filogenética molecular mudou nosso entendimento sobre a história da vida.

## 12.4 Filogenia molecular e a árvore da vida

A origem evolutiva dos microrganismos permaneceu um mistério até a descoberta de que as sequências moleculares servem como um registro da história evolutiva. Nesta seção, vamos aprender como as sequências de genes que codificam para **RNA ribossomal (RNAr)**, encontrados em todas as células, revolucionou o entendimento da evolução microbiana e tornou possível construir a primeira **árvore filogenética universal**.

### Dados de sequências moleculares que revolucionaram a filogenia microbiana

Em seguida a publicação de Charles Darwin em 1859, *A Origem das Espécies*, por mais de cem anos a história evolutiva era estudada principalmente utilizando as ferramentas da paleontologia, por meio do exame de fósseis e pela biologia comparativa por meio da comparação de características dos organismos vivos. Estas abordagens trouxeram muito progresso no entendimento da evolução de plantas e animais, mas eram impotentes para explicar a evolução dos microrganismos. A maioria dos microrganismos não deixa fósseis para trás e suas características morfológicas e fisiológicas fornecem pistas sobre sua história evolutiva. Além disso, os microrganismos não compartilham nenhuma característica morfológica com plantas e animais, assim, era impossível criar um arcabouço evolutivo robusto que incluísse os microrganismos.

A primeira tentativa de descrever a história evolutiva unificada de todas as células vivas foi publicada por Ernst Haeckel em 1866 (**Figura 12.11*a***). Haeckel corretamente sugeriu que organismos unicelulares, que ele chamou de *Monera*, foram ancestrais de outras formas de vida, mas em seu esquema que

UNIDADE 3

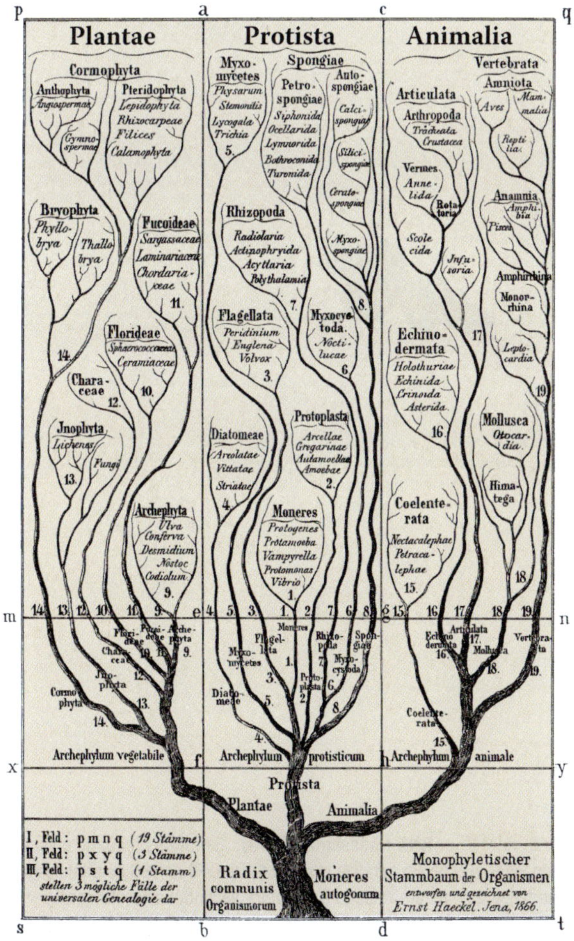


*(a)* **A árvore de Haeckel**

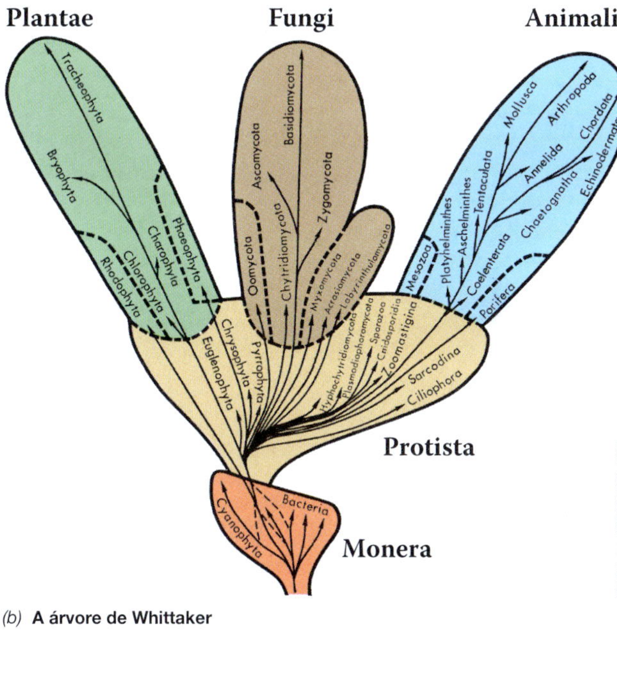


*(b)* **A árvore de Whittaker**



**Figura 12.11 Primeiros esforços para retratar a árvore universal da vida.** *(a)* Árvore da vida publicada em 1866 por Ernst Haeckel na *Generelle Morphologie der Organismen*. *(b)* Árvore da vida publicada por Robert H. Whittaker, em 1969. Os termos "Monera" e Moneres" são termos antiquados usados para se referir a células procarióticas. Comparar estas árvores conceituais com a árvore gerada a partir de sequências de genes RNAr SSU na Figura 12.13.

incluía as plantas, animais e protistas, ele não tentou solucionar as relações evolutivas entre os microrganismos. A situação não havia mudado muito até 1967, quando Robert Whittaker propôs um esquema de classificação que incluía cinco domínios (Figura 12.11*b*). O esquema de Whittaker distinguia os fungos como uma linhagem distinta, mas era em grande parte impossível solucionar as relações evolutivas entre a maioria dos microrganismos. Assim, a filogenia microbiana fez pouco avanço desde a época de Haeckel.

Tudo mudou depois da descoberta da estrutura do DNA e foi reconhecido que a história evolutiva está registrada nas sequências de DNA. Carl Woese foi quem percebeu, na década de 1970, que as sequências de moléculas de RNAr e seus genes poderiam ser utilizados para inferir as relações evolutivas entres os organismos. Woese percebeu que os genes que codificam o RNAr são excelentes candidatos para análises filogenéticas porque são (1) distribuídos universalmente, (2) funcionalmente constantes, (3) suficientemente conservados (i.e., modificam-se lentamente), e (4) de tamanho adequado, de forma que permitem uma visão aprofundada da evolução englobando todos os seres vivos. Woese comparou as sequências de moléculas de **RNA ribossomal da subunidade menor (SSU RNAr,** *small subunit rRNA*) (**Figura 12.12**) de muitos microrganismos e observou que as sequências de procariotos produtores de metano (metanogênicos) eram muito diferentes daquelas a partir de *Bacteria*. Para sua surpresa, ele descobriu que estas sequências eram tão diferentes das de *Bacteria* quanto estas são de *Eukarya*. Ele nomeou este novo grupo de procariotos de *Archaea* (originalmente *Archaebacteria*) e os reconheceu como um terceiro **domínio** da vida juntamente com *Bacteria* e *Eukarya* (⇄ Seção 1.3 e **Figura 12.13**). Mais importante, Woese demonstrou que a análise de sequências dos genes RNAr poderia ser utilizada para revelar a evolução de todas as células, fornecendo a primeira ferramenta eficaz para a classificação de microrganismos.

Desde 1977, mais de 2,3 milhões de sequências de SSU RNAr foram geradas e usadas para caracterizar a grande diversidade do mundo microbiano. O Ribossomal Database Project (RDP; http://rdp.cme.msu.edu) possui uma coleção cada vez maior destas sequências de genes de RNAr e fornece progra-

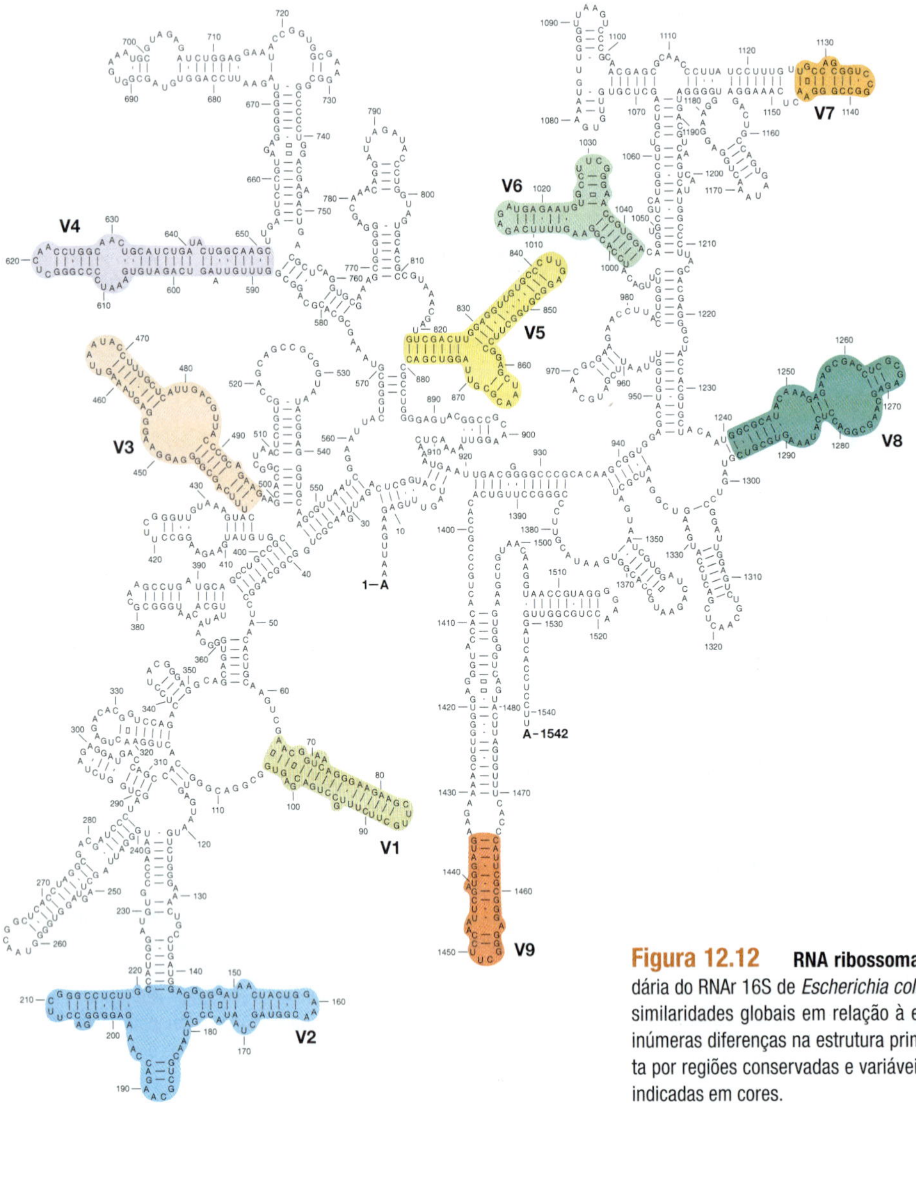


**Figura 12.12 RNA ribossomal (RNAr).** Estruturas primária e secundária do RNAr 16S de *Escherichia coli* (*Bacteria*). O RNAr 16S de arqueias tem similaridades globais em relação à estrutura secundária (dobramento), mas inúmeras diferenças na estrutura primária (sequência). A molécula é composta por regiões conservadas e variáveis. As posições das regiões variáveis são indicadas em cores.

mas computacionais para a análise e construção de árvores filogenéticas, um tema que discutiremos na Seção 12.5.

## A árvore filogenética da vida baseada no gene de SSU RNAr

A árvore filogenética universal baseada em genes de SSU RNAr (Figura 12.13) corresponde à genealogia de toda a vida na Terra. Ela retrata a história evolutiva das células de todos os organismos, revelando claramente os três domínios. A raiz da árvore universal representa um ponto da história evolutiva em que toda a vida existente na Terra compartilhava um ancestral comum, LUCA, o último ancestral universal comum (Figura 12.13 e Seção 12.1). Sequências completas de DNA genômico confirmaram o conceito de *Archaea*, cujas espécies contêm um grande conjunto de genes, sem equivalentes em *Bacteria* e *Eukarya*. O conceito de três domínios é também sustentado pela análise de genes específicos compartilhados por todos os organismos. Embora existam muitos exemplos de **transferência horizontal de genes** (⇄ Seções 6.12 e 12.1) entre linhagens, dentro e entre os domínios, continua evidente que os três domínios representam as principais linhagens celulares evolutivas que existem na Terra.

O modo pelo qual os três domínios foram estabelecidos continua a ser um tema de debate. Existem muitos exemplos de genes compartilhados por *Bacteria*, *Archaea* e *Eukarya* ou compartilhados por dois dos três domínios (Figura 12.10). Uma hipótese propõe que, nos primórdios da história da vida, antes da divergência dos domínios primários, houve extensa transferência horizontal de genes, e muitos dos genes que codificam proteínas com funções de manipulação da informação ainda tinham que evoluir. Durante esse período, os genes codificadores de proteínas que conferiam adequação excepcional, por exemplo, os genes das funções celulares centrais de transcrição e tradução, foram promiscuamente transferidos entre uma população de organismos primitivos (Figura 12.4), derivados de uma célula ancestral comum.

Há hipóteses adicionais de que, ao longo do tempo, foram desenvolvidas barreiras contra a transferência horizontal irrestrita, que impediram de alguma forma a livre permuta genética. Como resultado, a população anteriormente promíscua do ponto de vista genético passou a separar-se nas linhas primárias de descendência evolutiva, as *Bacteria* e *Archaea* (Figura 12.4 e Figura 12.13). Houve outra bifurcação de cerca de 2,8 bilhões de anos, quando *Archaea* e *Eukarya* divergiram como domínios distintos. À medida que cada linhagem continuou a evoluir, determinadas características biológicas específicas fixaram-se em cada grupo, que deu origem às diferenças genéticas (Figura 12.10) e diferenças fisiológicas e estruturais (**Tabela 12.1**) que ob-



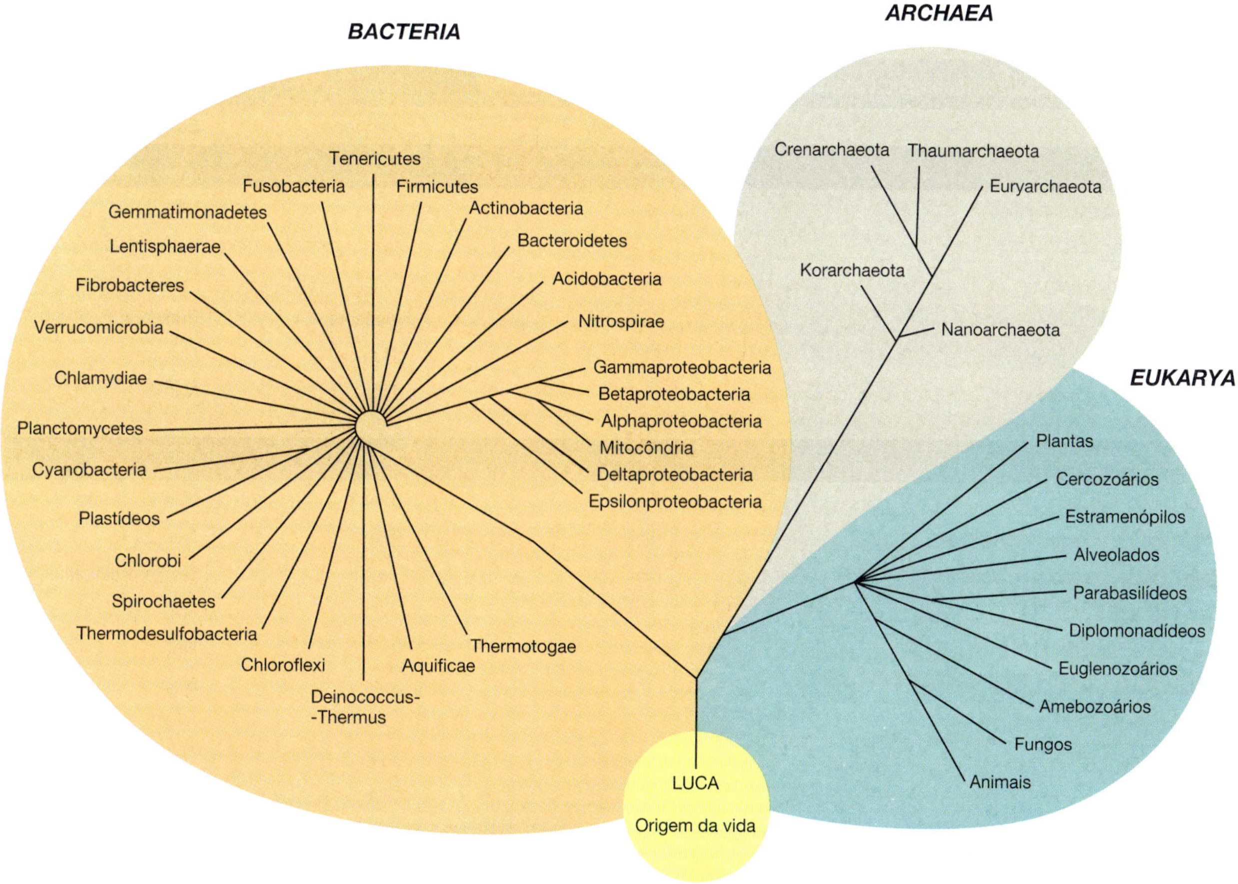


**Figura 12.13 Árvore filogenética universal determinada a partir de análises comparativas de sequências de genes RNAr SSU.** São apresentados apenas alguns dos principais organismos ou linhagens de cada domínio. Pelo menos 84 filos de *Bacteria* foram identificados até agora, embora muitos deles ainda não tenham sido cultivados. LUCA, último ancestral comum.

servamos entre os três domínios hoje. Atualmente, após cerca de 4 bilhões de anos de evolução microbiana, podemos observar o grande resultado: três domínios de vida celular que, por um lado, compartilham várias características em comum, mas, por outro, têm histórias evolutivas próprias e distintas.

## *Bacteria*

Entre *Bacteria*, foram descobertos pelo menos 84 grupos evolutivos principais (denominados **filos** ou divisões) até o momento; vários dos principais são apresentados na árvore universal, na Figura 12.13. O domínio *Bacteria* é discutido em detalhes nos Capítulos 14 e 15. Muitos grupos foram definidos somente a partir de sequências de genes SSU RNAr recuperadas de amostras ambientais (*filotipos*, ⇄ Seção 18.5). Apenas 32 filos contêm espécies descritas com base de linhagens no cultivo, e mais de 90% das linhagens em cultivo pertencem a apenas um dos quatro filos, Actinobacteria, Firmicutes, Proteobacteria e Bacteroidetes. Enquanto a exata idade destes filos é difícil de determinar, é provável que muitos destes filos foram estabelecidos em torno do tempo em que *Bacteria* e *Archaea* divergiram.

Apesar de algumas das linhagens do domínio *Bacteria* terem sido previamente distinguidas por algumas propriedades fenotípicas, como a morfologia dos espiroquetas ou a fisiologia das cianobactérias. No entanto, a maioria dos grupos principais de *Bacteria* consiste em espécies que, embora especificamente relacionadas do ponto de vista filogenético, não têm semelhança fenotípica significativa. A Proteobactéria é um bom exemplo; a variedade de tipos fisiológicos presente nesse grupo abrange todas as formas conhecidas de fisiologia microbiana (Capítulos 13 e 14). Esse fato indica de forma clara que a fisiologia e a filogenia não estão necessariamente associadas. Espécies de proteobactérias também possuem uma vasta variedade de estratégias ecológicas e podem ser encontradas em todos os ambientes da Terra, menos os mais quentes e salgados. É importante lembrar que, enquanto a maioria dos filos de animais e plantas surgiu nos últimos 400 milhões de anos, os filos bacterianos possuem bilhões de anos e isto possibilitou extensa experimentação e diversificação.

## *Archaea*

Em uma perspectiva filogenética, o domínio *Archaea* consiste em sete filos principais, apenas cinco desses contêm espécies descritas com base nas linhagens cultiváveis. A maioria das espécies descritas é dos filos Crenarchaeota e Euryarchaeota, enquanto apenas algumas Nanoarchaeota, Korarchaeota e Thaumarchaeota (Figura 12.13) foram descritas. No Capítulo 16, discutimos em detalhes. Ramificando-se próximo à raiz da árvore universal, estão os Crenarchaeota hipertermofílicos, como *Pyrolobus* (Figura 12.13), bem como as espécies termofílicas de Nanoarchaeota e Korarchaeota. Eles são seguidos pelos Euryarchaeota, as arqueias produtoras de metano (metanogênicas) e os halófilos extremos; *Thermoplasma*, um membro de *Archaea* desprovido de parede celular, acidófilo e termofílico, relaciona-se fracamente com este último grupo (Figura 12.13).

**Tabela 12.1** Principais características distintivas de *Bacteria*, *Archaea* e *Eukarya*[a]

| *Característica* | *Bacteria* | *Archaea* | *Eukarya* |
|---|---|---|---|
| **Morfológica** | | | |
| Estrutura celular procariótica | Sim | Sim | Não |
| Parede celular | Presença de peptideoglicano | Sem peptideoglicano | Sem peptideoglicano |
| Lipídeos de membrana | Ligações éster | Ligações éter | Ligações éster |
| Núcleo envolto por membrana | Ausente | Ausente | Presente |
| Movimento dos flagelos | Rotacional | Rotacional | Chicote |
| Sensibilidade a cloranfenicol, estreptomicina, canamicina e penicilina | Sim | Não | Não |
| **Estruturas fisiológicas/especiais** | | | |
| Redução dissimilativa de $S^0$ ou $SO_4^{2-}$ a $H_2S$, ou $Fe^{3+}$ a $Fe^{2+}$ | Sim | Sim | Não |
| Nitrificação (oxidação de amônia) | Sim | Sim | Não |
| Fotossíntese baseada em clorofilas | Sim | Não | Sim (nos cloroplastos) |
| Desnitrificação | Sim | Sim | Não |
| Fixação de nitrogênio | Sim | Sim | Não |
| Metabolismo energético baseado em rodopsina | Sim | Sim | Não |
| Quimiolitotrofia ($Fe^{2+}$, $NH_3$, $S^0$, $H_2$) | Sim | Sim | Não |
| Endósporos | Sim | Não | Não |
| Vesículas de gás | Sim | Sim | Não |
| Síntese de grânulos de armazenamento de carbono, compostos por poli-β-hidroxialcanoatos | Sim | Sim | Não |
| Crescimento acima de 70°C | Sim | Sim | Não |
| Crescimento acima de 100°C | Não | Sim | Não |

[a]Observe que algumas propriedades são apresentadas somente por determinados representantes do domínio.

O filo Thaumarchaeota foi observado pela primeira vez na década de 1990, no fundo do oceano, mas subsequentemente foi encontrado em solos e sistemas marinhos de todo o mundo. As primeiras espécies de Thaumarchaeota mostraram ser capazes de oxidar amônia. Várias espécies diferentes já foram isoladas e todas compartilham essa característica fisiológica (Seção 16.6). Assim como para *Bacteria*, muitas linhas de *Archaea* são conhecidas apenas por seus genes SSU RNAr recuperados no meio ambiente, e ainda há muita oportunidade para a descoberta de novas linhagens no futuro.

### *Eukarya*

As árvores filogenéticas das espécies do domínio *Eukarya* são construídas a partir da análise comparativa das sequências do gene de RNAr 18S, o equivalente funcional do gene de RNAr 16S. O domínio *Eukarya* inclui uma grande diversidade de organismos. Como discutimos na Seção 12.3, as principais organelas eucarióticas são claramente derivadas do domínio *Bacteria* pela endossimbiose, sendo o ancestral da mitocôndria proveniente das proteobactérias, e aqueles do cloroplasto, das cianobactérias (Figura 12.13). Contudo, alguns eucariotos não possuem mitocôndrias (Seção 2.21). Discutimos os principais grupos de eucariotos microbianos e sua biologia no Capítulo 17. A filogenia multigenes (Seção 12.9) indica que as primeiras linhagens de eucariotos surgiram durante a explosão da irradiação evolutiva, há cerca de 600 milhões de anos, que resultou na maioria das linhagens de eucariotos microbianos (Figura 17.3). É provável que esta explosão na evolução eucariótica foi desencadeada pelo aparecimento dos processos aeróbios na Terra e posterior desenvolvimento da camada de ozônio (Seção 12.2). A camada de ozônio teria expandido enormemente o número de hábitats na superfície disponíveis para a colonização.

**MINIQUESTIONÁRIO**

- Que evidências sustentam o conceito dos três domínios da vida?
- De que forma a árvore universal na Figura 12.13 sustenta a hipótese da endossimbiose (Figura 12.9)?
- Liste três razões pelas quais os genes SSU RNAr são adequados para análises filogenéticas.

## 12.5 Filogenia molecular: métodos analíticos de sequências moleculares

Todas as células contêm DNA como material genético e este é passado para os descendentes. Mutações herdáveis acumulam-se no DNA ao longo do tempo. Essas mutações ocorrem naturalmente e são as principais causas das variações aleatórias sobre as quais a seleção atua, como descrito na teoria da evolução de Darwin. Assim, as diferenças nas sequências nucleotídicas entre dois organismos serão uma função do número de mutações que acumularam desde que compartilharam um ancestral comum. Como resultado, as diferenças nas sequências de DNA podem ser utilizadas para inferir relações evolutivas. Nesta seção, aprenderemos como as sequências de DNA são utilizadas na análise filogenética da vida microbiana.

### Obtenção de sequências de DNA

Embora a análise da filogenia microbiana dependa fortemente da análise das sequências de genes SSU RNAr, avanços na tecnologia de sequenciamento de DNA (Seção 6.2) tornaram o sequenciamento de genomas uma ferramenta-padrão empregada na análise da filogenia microbiana. Obter sequências gênicas de microrganismos é relativamente fácil, se esse organismo puder ser cultivado e isolado em laboratório. Nesse caso, o DNA genômico é isolado e o genoma sequenciado diretamente ou amplificado um ou mais genes específicos, usando a reação em cadeia de polimerase (PCR, Seção 11.3).

Iniciadores oligonucleotídicos específicos para qualquer região do DNA de qualquer organismo podem ser desenvolvidos. Existem iniciadores-padrão para vários genes altamente conservados, como o gene SSU RNAr (Figura 12.12). Iniciadores para genes SSU RNAr podem ter diferentes níveis de especificidade filogenética, tendo como alvo espécies distintas, gêneros, filos e existem até mesmo os iniciadores "universais" que permitem que os genes de RNAr de qualquer organismo sejam amplificados. O produto da PCR é então visualizado por eletroforese em gel de agarose, excisado do gel, extraído e purificado da agarose, e então sequenciado, frequentemente utilizando os mesmo oligonucleotídeos como iniciadores nas reações de sequenciamento. As etapas estão resumidas na **Figura 12.14**. Alternativamente, também é possível amplificar genes SSU RNAr a partir de DNA que foi extraído diretamente de alguma amostra ambiental ou sequenciar diretamente esse DNA ambiental usando a abordagem metagenômica (Seções 6.10 e 18.7). Essa última abordagem é usada amplamente para caracterização de microrganismos difíceis de crescer em culturas de laboratório. Uma vez obtidas as sequências, elas precisam ser alinhadas e analisadas, questões que serão abordadas agora.

### Alinhamento de sequências

A análise filogenética baseia-se na **homologia**, isto é, a análise de sequências de DNA que são relacionadas por uma ancestralidade comum. Assim, a homologia é uma característica binária; ou as sequências são homólogas ou elas não são. O conceito de homologia é frequentemente confundido com o de similaridade de sequência. A similaridade de sequência é uma característica definida como a porcentagem de posições de nucleotídeos compartilhada entre duas sequências. Similaridade de sequência é utilizada para inferir homologia, porém um valor de similaridade pode ser calculado entre quaisquer duas sequências, independentemente da sua função ou relação evolutiva. Assim, os termos similaridade e homologia não são intercambiáveis. Genes homólogos de diferentes organismos podem ser **ortólogos**, isto é, que diferem devido à divergência de sequência ocorrida à medida que os organismos seguiram diferentes caminhos evolutivos, ou **parálogos**, que surgem pela duplicação gênica (Seção 6.11). Uma vez obtida a sequência de DNA de um gene, a próxima etapa no desenvolvimento de uma filogenia consiste em alinhar aquela sequência com sequências de genes homólogos (ortólogos) de outras linhagens ou espécies.

Análise filogenética estima mudanças evolutivas a partir do número de diferenças nas sequências por meio de um conjunto de posições nucleotídicas homólogas. Algumas mutações introduzem inserções ou deleções de nucleotídeos, causando uma diferença no tamanho das sequêcias gênicas, tornando necessário o *alinhamento* de posições nucleotídicas antes da análise filogenética das sequências de genes. O propósito do **alinhamento de sequências** é adicionar lacunas nas sequências moleculares de forma a estabelecer uma posição de homo-

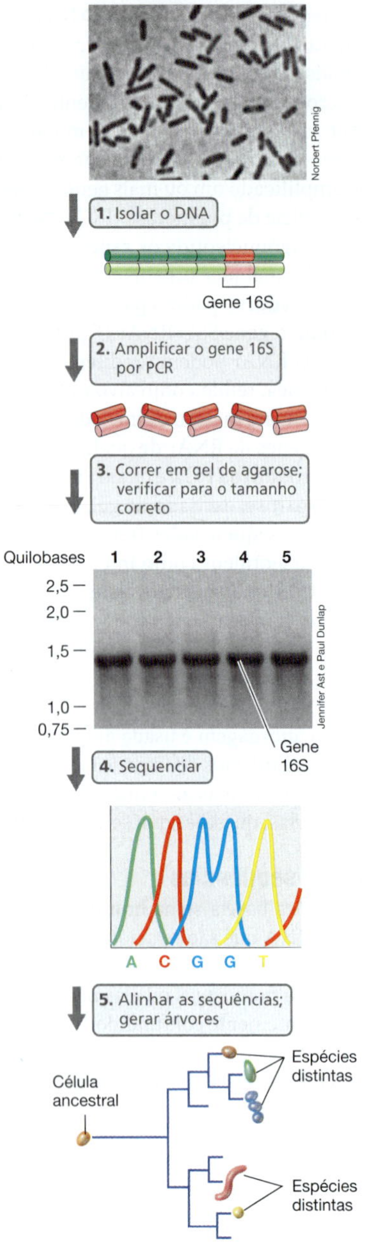


**Figura 12.14** **Amplificação do gene de RNAr 16S por PCR.** Após o isolamento do DNA, iniciadores complementares às extremidades do gene de RNAr 16S (ver Figura 12.12) foram utilizados para amplificar, por PCR, o gene RNAr 16S oriundo do DNA-genômico de cinco diferentes linhagens bacterianas desconhecidas (canaletas 1 a 5) e os produtos foram separados por eletroforese em gel de agarose (foto). As bandas de DNA amplificado apresentam aproximadamente 1.465 nucleotídeos. As posições dos marcadores de tamanho do DNA em quilobases são indicadas à esquerda. A excisão do gel e a purificação destes produtos de PCR são seguidas pelo sequenciamento e análise para identificar as bactérias.

logia, ou seja, garantir que cada posição da sequência foi herdada de um ancestral comum a todos os organismos em questão (**Figura 12.15**). O alinhamento é crítico para a análise filogenética porque a determinação de pareamentos incorretos e de lacunas corresponde a uma hipótese explícita de como as sequências divergiram a partir de uma sequência ancestral comum.

**Sequências antes do alinhamento**

| | |
|---|---|
| 1 | GGA CCT AAA TTT ATA CCC |
| 2 | GGA AAA GGG CCC AAA CGC |
| 3 | GGA GGG CCT TTT ATA CCC |

**Diferenças de sequências**

| | 1 | 2 | 3 |
|---|---|---|---|
| 1 | – | – | – |
| 2 | 11 | – | – |
| 3 | 6 | 11 | – |

**Sequências após o alinhamento**

| | |
|---|---|
| 1 | GGA --- --- CCT AAA TTT ATA CCC |
| 2 | GGA AAA GGG CCC --- --- AAA CGC |
| 3 | GGA --- GGG CCT --- TTT ATA CCC |

| | 1 | 2 | 3 |
|---|---|---|---|
| 1 | – | – | – |
| 2 | 3 | – | – |
| 3 | 0 | 3 | – |

*(a)* *(b)*

**Figura 12.15** **Alinhamento de sequências de DNA.** *(a)* São apresentadas as sequências de uma região hipotética de um gene de dois organismos, antes do alinhamento e após a inserção de lacunas, para otimizar a identificação de nucleotídeos idênticos, indicada pelas linhas verticais, revelando-os nas duas sequências. A inserção de lacunas em ambas as sequências melhora significativamente o alinhamento. *(b)* As matrizes de distância apresentam o número de diferenças nas sequências que podem ser inferidas para cada espécie emparelhada, tanto antes quanto após o alinhamento.

## Árvores filogenéticas

A reconstrução da história evolutiva a partir de diferenças observadas nas sequências nucleotídicas envolve a construção de uma árvore filogenética, que consiste em uma ilustração gráfica das relações entre as sequências dos organismos em estudo, muito semelhante a uma árvore genealógica. A maioria dos microrganismos não deixa fóssil e por isso os seus ancestrais são desconhecidos, mas suas relações ancestrais podem ser inferidas a partir de sequências de DNA de um organismo que vive atualmente. Os organismos que compartilham um ancestral recente provavelmente compartilham características, e, dessa forma, as árvores filogenéticas permitem criar hipóteses sobre uma característica do organismo. Árvores filogenéticas são também de grande utilidade na taxonomia e identificação de espécies, como discutiremos mais adiante neste capítulo (Seção 12.9).

Uma árvore filogenética é composta por *nós* e *ramos* (**Figura 12.16**). Os nós internos são ancestrais e as pontas dos ramos são linhagens individuais de espécies que existem atualmente e, a partir das quais, os dados de sequência foram obtidos. As árvores podem ser *sem raiz*, exibindo as relações entre as linhagens em estudo, mas não a trajetória evolutiva levando do ancestral até a linhagem, ou *com raiz*, em cujo caso a trajetória única de um ancestral (nó interno) até cada linhagem é definida (Figura 12.16*b*).

## Reconstrução da árvore

Existe apenas uma árvore filogenética correta que representa com acurácia a história evolutiva de um grupo de sequências de genes, porém inferir a verdadeira árvore a partir dos dados de sequências pode ser uma tarefa desafiadora. A complexidade do problema é revelada quando consideramos o número total de árvores que podem representar um conjunto aleatório de sequências. Por exemplo, existem apenas três árvores possíveis que podem ser desenhadas para quaisquer quatro sequências arbitrárias. Mas se dobrarmos o número de sequências para 8, teremos 10.395 árvores possíveis. Essa complexidade continua expandindo exponencialmente, por exemplo, um total de $2 \times 10^{182}$ árvores podem ser desenhadas para representar 100 sequências arbitrárias. Análises filogenéticas usam

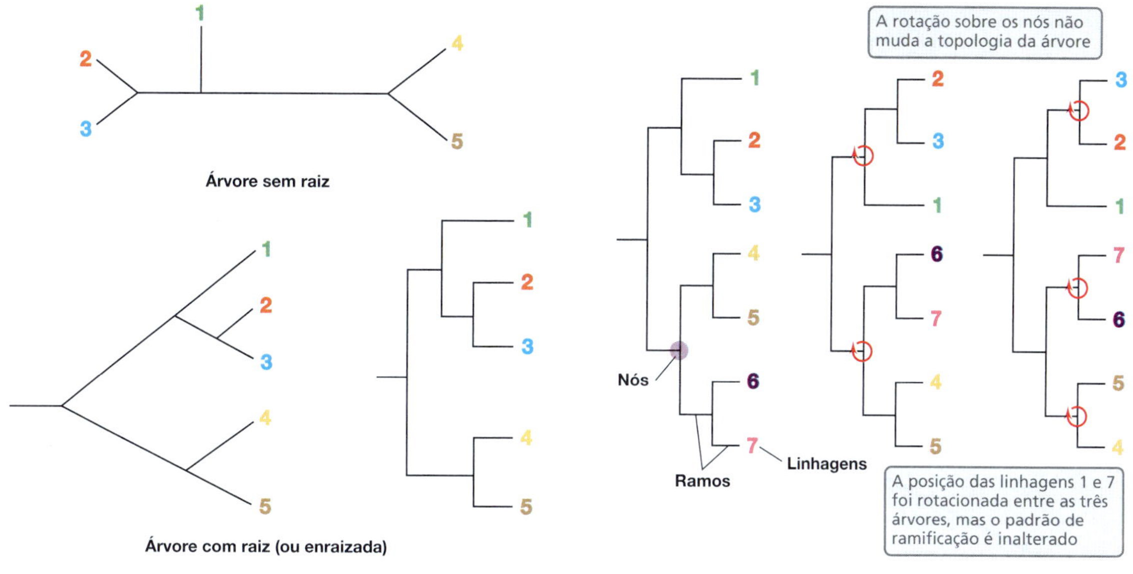


**Figura 12.16** **Árvores filogenéticas e suas interpretações.** *(a)* São apresentados exemplos de uma árvore filogenética sem raiz e com raiz. Os nós nas pontas são as espécies (ou linhagens) e os nós internos são os ancestrais. Relações ancestrais são reveladas pela ordem de ramificação das árvores com raiz. *(b)* Três versões equivalentes da mesma árvore filogenética são mostradas. A única diferença entre as árvores é que os nós foram rotacionados nos pontos indicados pelas setas vermelhas. A posição vertical da espécie é diferente entre as árvores, mas o padrão de ascentralidade (os nós compartilhados por cada espécie) permanece inalterado.

dados de sequências moleculares em uma tentativa de identificar qual é a árvore correta que representa com precisão a história evolutiva de um conjunto de sequências.

Está disponível uma variedade de métodos para inferir árvores filogenéticas a partir de dados de sequências moleculares. A estrutura de uma árvore filogenética geralmente é inferida por meio da aplicação de um *algoritmo* ou de um conjunto de *critérios de otimização*. Um algoritmo é uma série de medidas programadas destinadas a construir uma única árvore (**Figura 12.17**). Algoritmos usados para construir árvores filogenéticas incluem o método de *média aritmética não ponderada* (UPGMA, *Unweighted Pair Group Method with Arithmetic Mean*) e o método de *agrupamento de vizinhos* (do inglês, *Neighbor Joining method*). Alternativamente, métodos filogenéticos que empregam critérios de otimização incluem *parcimônia, máxima verossimilhança* e *inferência bayesiana*. Esses métodos baseados em critérios de otimização avaliam muitas possibilidades de árvores e selecionam a árvore que tem a melhor pontuação de otimização, ou seja, seleciona a árvore que melhor se ajusta aos dados de sequências, dando um modelo discreto de evolução molecular. Pontuações de otimização são calculadas com base em modelos evolutivos que descrevem como sequências moleculares mudam ao longo do tempo. Por exemplo, modelos evolutivos podem explicar a variação nas taxas de substituição e a frequência de bases entre posições na sequência.

## Limitações das árvores filogenéticas

A filogenia molecular fornece introspecções poderosas na história evolutiva, porém é importante considerar as limitações na construção e interpretação das árvores filogenéticas. Por exemplo, pode ser difícil escolher a verdadeira árvore baseada em dados de sequências disponíveis caso várias árvores diferentes ajustem-se aos dados igualmente bem. Uma abordagem usada para lidar com incertezas nas árvores filogenéticas é o método estatístico *Bootstrapping*, no qual a informação é reamostrada aleatoriamente. Os valores Bootstrap indicam o percentual de tempo em que um determinado nó na árvore filogenética é suportado pelos dados de sequência. Altos valores de *bootstrap* indicam que um nó na árvore provavelmente é o correto, enquanto valores baixos de *bootstrap* indicam que a colocação de um nó não pode determinar com precisão com base nos dados.

**Homoplasias**, também conhecidas como *evolução convergente*, ocorrem quando organismos compartilham caracteres que não foram herdados de um ancestral comum. Um exemplo é a evolução de asas em pássaros e nos insetos. Essa característica evoluiu separadamente e não indica que esses organismos compartilham um ancestral alado. Homoplasias

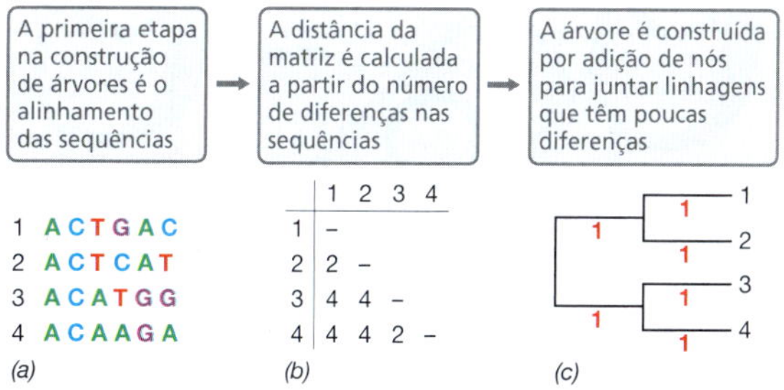


**Figura 12.17** **A construção de árvores filogenéticas.** O número de diferenças de nucleotídeos entre as sequências do gene pode ser utilizado para construir uma árvore filogenética. No alinhamento de sequências *(a)* podemos contar o número de diferenças entre cada par de sequência para construir uma matriz de distância *(b)*. A matriz de distância pode ser utilizada para construir uma árvore *(c)* em que os comprimentos cumulativos dos ramos horizontais (marcadas com um "1" vermelho) entre quaisquer duas espécies na árvore são proporcionais ao número de diferenças de nucleotídeos entre estas espécies.

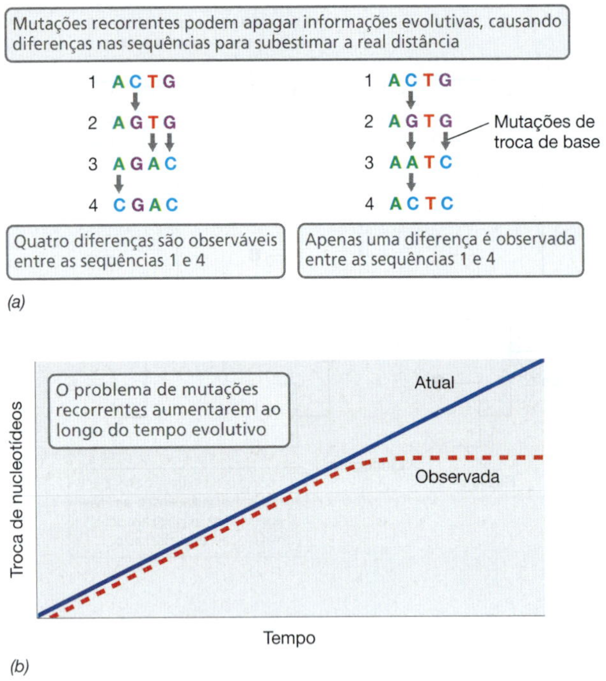


**Figura 12.18** **O problema da homoplasia devido à mutação recorrente.** É possível que a mutação recorrente obscureça o verdadeiro número de mutações que ocorreram desde que um par de sequências compartilhou um ancestral comum. *(a)* Observam-se duas séries de mutações durante a evolução de uma sequência gênica. No lado esquerdo, o número de mutações é igual ao número observado entre as espécies 1 e 4. No entanto, se houver mutação recorrente (lado direito), o número de mutações observadas entre as espécies 1 e 4 pode ser menor que o número que realmente ocorreu. *(b)* A probabilidade de aumentar as mutações recorrentes quanto mais e mais mutações acumulam ao longo do tempo.

também ocorrem em sequências moleculares quando uma posição similar na sequência é resultado de uma mutação recorrente e não devido à herança de um ancestral comum. O problema da homoplasia na filogenia molecular aumenta na proporção para o tempo evolutivo (**Figura 12.18**).

A prevalência de transferência horizontal de genes (Seção 6.12) também cria complicações quando consideramos a história evolutiva dos microrganismos. Quando uma sequência de gene é utilizada para inferir a filogenia de um organismo, deve-se assumir que o gene é herdado *verticalmente* a partir da mãe para a filha por meio da história evolutiva de um organismo. A troca *horizontal* de genes entre organismos não relacionados viola essa suposição (**Figura 12.19**). Por isso, é importante considerar as diferenças entre a *filogenia de genes* que retrata a história evolutiva de um gene individual e a *filogenia de organismos*, que retrata a história evolutiva de uma célula. Em geral, as sequências SSU RNAr parecem ser transferidas horizontalmente em frequências muito baixas, e a filogenia dos genes RNAr concorda em grande parte com a maioria dos genes que codificam funções da informação genética nas células. Assim, as sequências de gene SSU RNAr são geralmente consideradas fornecedores de um registro da filogenia dos organismos. No entanto, muitos genes no genoma microbiano foram adquiridos por transferência horizontal de genes em algum momento da sua história evolutiva e este processo tem implicações importantes para a evolução microbiana, como veremos na seção a seguir.

**MINIQUESTIONÁRIO**

- Como são obtidas as sequências de DNA para análises filogenéticas?
- O que uma árvore filogenética retrata?
- Por que o alinhamento de sequências é crítico para análises filogenéticas?

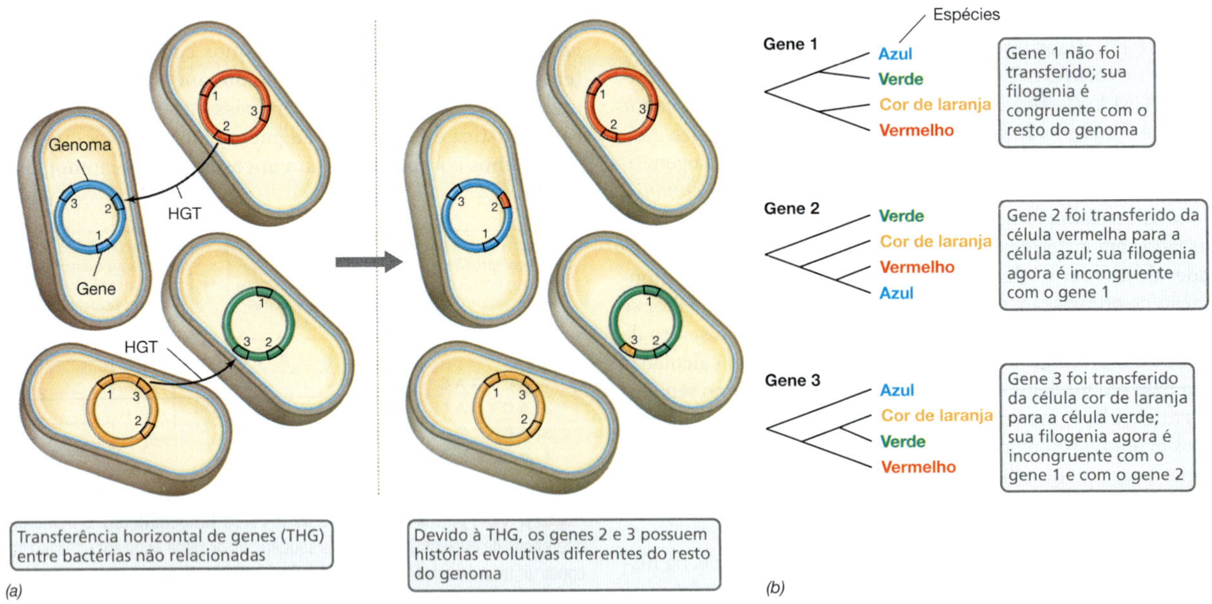


**Figura 12.19** **Transferência horizontal de genes.** A transferência horizontal de um gene provoca neste gene uma história evolutiva diferente do restante do genoma. *(a)* Os genes são transferidos horizontalmente entre microrganismos distintos. As cores são usadas para identificar os microrganismos com o seu material genético. *(b)* Como resultado dos eventos de transferência horizontais na parte a, observam-se diferentes árvores filogenéticas para o gene 1, o gene 2 e o gene 3. Só a árvore de genes do gene 1, o qual não foi transferido, continua a ser congruente com a filogenia do organismo.

# III • Evolução microbiana

Enquanto muitos dos princípios básicos da evolução são conservados em todos os domínios da vida, certos aspectos da evolução microbiana são incomuns em plantas e animais. Por exemplo, bactérias e arqueias geralmente são haploides e assexuadas, possuem diversos mecanismos para a transferência horizontal de genes que resultam na troca assimétrica de material genético não associado à reprodução, além disso, seus genomas podem ser notavelmente heterogêneos e altamente dinâmicos. Nesta seção, vamos considerar o processo que causa a diversificação das linhagens microbianas e como estas forças impactam a evolução dos genomas microbianos.

## 12.6 O processo evolutivo

Na sua forma mais simples, a evolução é a mudança na frequência de **alelos** em um grupo de organismos ao longo do tempo. Alelos são versões alternativas de um determinado gene. Novos alelos surgem devido a mutações e recombinações e mudanças na frequência de alelos podem ocorrer por meio de uma variedade de mudanças, incluindo a seleção e deriva genética. Como é que estes mecanismos simples dão ascensão à origem e divergência das espécies microbianas?

### A origem da diversidade genética

**Mutações** são alterações aleatórias na sequência do DNA que se acumulam ao longo do tempo; elas são uma fonte fundamental de variação natural que impulsiona o processo evolutivo. A maioria das mutações é neutra ou deletéria, embora algumas sejam benéficas. Existem várias formas de mutação, incluindo *substituições*, *deleções*, *inserções* e *duplicações* (Capítulo 10). Duplicações produzem cópias redundantes de um gene que pode ser modificado por outras mutações sem a perda da função codificada pelo gene original. Dessa forma, duplicações permitem uma diversificação na função do gene.

**Recombinações** são processos pelos quais segmentos de DNA são quebrados e religados para criar novas combinações de material genético (Seção 10.5). Recombinação pode causar rearranjos no material genético já existente em um genoma e é também necessária para a integração no genoma do DNA adquirido por meio de transferência horizontal de genes. No geral, as recombinações podem ser classificadas como *homólogas* ou *não homólogas*. Na recombinação homóloga, são necessários pequenos segmentos com alta similaridade às sequências de DNA que flanqueiam a região do DNA transferido (Seção 10.5). Contrariamente, a recombinação não homóloga é mediada por vários mecanismos (Seção 10.5) que compartilham em comum o fato de não exigirem altos níveis de similaridade nas sequências para iniciar uma bem-sucedida integração do DNA.

### Seleção e deriva genética

Novos alelos são o resultado de alterações na sequência gênica causadas por mutações e recombinações. A evolução ocorre quando há mudanças na frequência dos diferentes alelos dentro da população em um período de muitas gerações. Os biólogos evolutivos têm descrito muitos mecanismos diferentes que podem governar esses processos evolutivos, contudo, os principais entre eles são as forças da seleção natural e a deriva genética.

A **seleção** é definida com base no **valor adaptativo** (ou aptidão [em inglês, *fitness*]), que é a habilidade de um organismo de produzir progênie e contribuir com a composição genética de gerações futuras. A maioria das mutações é *neutra*, sem acarretar benefício ou prejuízo à célula devido ao código genético ser degenerado (Seção 4.11) e, ao longo do tempo, essas mutações podem acumular-se no genoma do organismo. Algumas mutações são *deletérias* e diminuem o valor adaptativo de um organismo por romper a função de genes. A seleção natural geralmente elimina essas mutações deletérias das populações ao longo do tempo. Contrariamente, algumas mutações podem ser *benéficas*, aumentando o valor adaptativo de um organismo. Essas mutações benéficas são favorecidas pela seleção natural aumentando sua frequência em uma população ao longo do tempo. Um exemplo de mutação benéfica seria uma mutação que induzisse resistência a antibióticos, em uma bactéria patogênica infectando uma pessoa submetida à terapia com antibióticos. É importante relembrar que todas as mutações ocorrem ao acaso; a natureza seletiva de um ambiente não *causa* mutações adaptativas, porém *seleciona* simplesmente aqueles organismos em que houve as mutações que fornecem uma vantagem no valor adaptativo para o crescimento e reprodução.

Enquanto Darwin propôs a seleção natural como o mecanismo pelo qual a frequência gênica muda ao longo do tempo, a mudança evolutiva pode ocorrer por meio de outros mecanismos de seleção. Um dos principais exemplos é a **deriva genética** (Figura 12.20), um processo aleatório que pode causar alterações na frequência gênica ao longo do tempo, resultando em evolução na ausência de seleção natural. A deriva genética ocorre porque alguns membros de uma população terão mais descendentes que outros como simples resultado do acaso; ao longo do tempo, esses eventos ao acaso podem resultar em mudança evolutiva na ausência de seleção. A deriva genética é mais poderosa em populações pequenas e em populações que experimentam frequentemente eventos de "efeito de gargalo". O efeito de gargalo ocorre quando uma população experimenta reduções severas no tamanho populacional seguido por repopulação a partir de indivíduos remanescentes. Por exemplo, a deriva genética pode ser muito importante na evolução dos patógenos uma vez que cada nova infecção é causada por um número pequeno de células colonizando um novo hospedeiro. Assim, populações de patógenos podem mudar rapidamente como resultado da deriva genética, como ilustrado na Figura 12.20.

### Novas características podem evoluir rapidamente em microrganismos

Uma alteração no meio ambiente ou a introdução de indivíduos em um novo ambiente pode causar rápidas mudanças evolutivas na população microbiana. Microrganismos geralmente formam populações grandes e podem se reproduzir rapidamente, sendo que, em algumas espécies, novas gerações são produzidas em apenas 20 minutos. Dessa forma, os eventos evolutivos em populações microbianas podem ser observados em laboratório em uma escala de tempo relativamente curta. As variações que são herdáveis e já estão

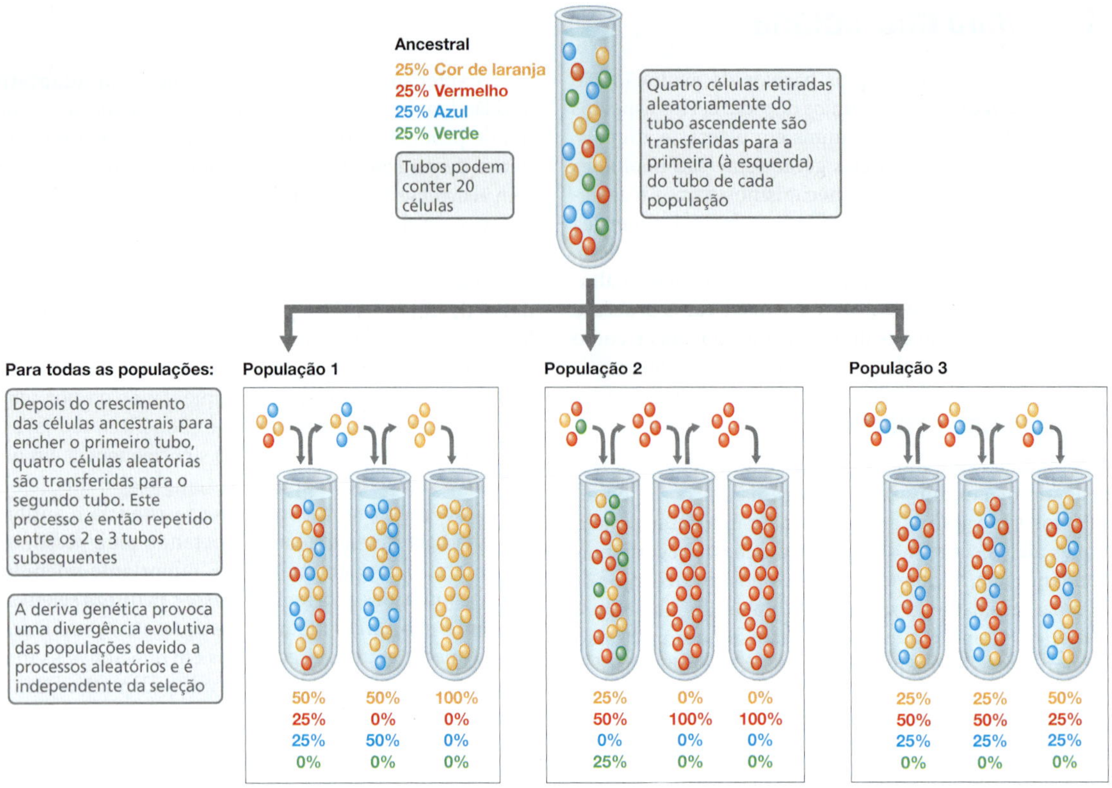


**Figura 12.20** **Deriva genética.** A deriva genética é um processo aleatório que pode causar mudança ao longo do tempo na frequência de genes em uma população, levando a uma evolução sem a seleção natural. Neste exemplo, uma população contendo quatro genótipos diferentes de bactérias (indicado por cores), cada um com a mesma frequência, está presente no tubo ancestral. Quatro células ao acaso são então transferidas para cada um dos três novos tubos e as células deixadas para crescer preenchendo cada tubo. Não há diferença na aptidão entre as células e assim elas crescem igualmente. As células colhidas aleatoriamente são então transferidas em duas rodadas sucessivas. Diferenças marcantes nas frequências genotípicas entre as populações são observadas após apenas três rodadas de transferências.

presentes em uma população fornecem a matéria-prima pela qual a seleção natural age em consequência a uma determinada mudança no ambiente seletivo. Aqui, consideraremos dois exemplos de rápida mudança evolutiva em bactérias, uma envolvendo a rápida perda de uma característica em *Rhodobacter*, e uma envolvendo a aquisição de uma nova característica em *Escherichia coli*.

*Rhodobacter* é uma bactéria púrpura fototrófica capaz de conduzir a fotossíntese anoxigênica (Seção 13.3) em ambientes anóxicos iluminados. Quando cultivadas anaerobiamente tanto na presença de luz quanto no escuro, as células sintetizam bacterioclorofilas e carotenoides. É a ausência do $O_2$ e não a presença de luz que sinaliza para a síntese de pigmentos nas bactérias púrpuras. Na presença de luz esses pigmentos participam nas reações fotossintéticas que levam a síntese de ATP, mas no escuro esses pigmentos não fornecem nenhum benefício para a célula.

Mutações aleatórias ocasionalmente geram células de *Rhodobacter* que produzem níveis reduzidos dos fotopigmentos ou não produzem nenhum fotopigmento. Na natureza, a habilidade de realizar a fotossíntese é uma característica adaptativa de valor significante, e, assim, os mutantes fotossintéticos são perdidos e as células selvagens dominam. Contudo, contrariamente ao que ocorre em condições naturais, no cultivo em laboratório em constante escuridão, não há seleção contra células *Rhodobacter* que tenha capacidade fotossintetizante reduzida. Mutantes que produzem níveis reduzidos de fotopigmentos surgem em culturas no escuro da mesma forma que surgem no cultivo fototrófico, mas, no escuro, esses mutantes são selecionados e rapidamente assumem a população (**Figura 12.21**).

Fotopigmentos são inúteis no escuro e os mutantes conservam energia evitando o custo metabólico de sintetizá-los. Assim, os mutantes fotossintéticos são capazes de ultrapassar as células selvagens competidoras que produzem um conjunto completo de fotopigmentos. Embora estes mutantes possuam uma capacidade fototrófica reduzida ou, em alguns casos, tenham perdido completamente a capacidade de crescer fototroficamente (ver fotografia inserida na Figura 12.21), na escuridão permanente esses rapidamente tornam-se organismos mais aptos na população e, portanto, gozam de maior sucesso reprodutivo. Na presença de luz ou no escuro, a taxa em que ocorrem mutações que afetam a fotossíntese é a mesma, porém na presença de luz a seleção para a fototrofia é tão forte que esses mutantes são rapidamente eliminados da população.

A evolução experimental é um campo de estudo em expansão proporcionada pelo rápido crescimento de popula-

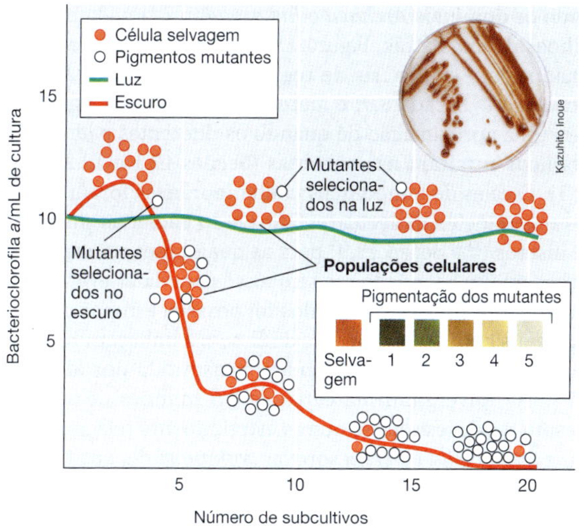


**Figura 12.21 A sobrevivência do mais apto e seleção natural em uma população de bactérias púrpuras fototróficas.** Uma subcultura seriada da bactéria púrpura *Rhodobacter capsulatus* no escuro rapidamente seleciona para mutantes não fototróficos que impõem-se e crescem mais rapidamente do que as células que ainda estão fazendo bacterioclorofila e carotenoides. Fotos: superior, placa de cultura mostrando colônias de células fototróficas de *R. capsulatus*; inferior, fotos em aproximação de colônias de tipo selvagem e cinco mutantes de pigmento (1-5) obtidos durante a subcultura seriada no escuro. Células do tipo selvagem são marrom-avermelhadas a partir do seu sortimento de pigmentos carotenoides. A cor das colônias mutantes reflete a ausência (ou síntese reduzida) de um ou mais carotenoides. A linhagem mutante 5 não possui bacterioclorofila e não era mais capaz de crescer fototroficamente. As linhagens mutantes de 1 a 4 poderiam crescer fototroficamente, mas com taxas de crescimento reduzidas em relação ao tipo selvagem. Dados adaptados de Madigan, M.T., et al. 1982. *J. Bacteriol. 150*: 1422-1429.

ções bacterianas e pela habilidade de preservar as bactérias indefinidamente por congelamento. O congelamento torna possível manter vivos "registros fósseis" de organismos ancestrais que podem mais tarde ser descongelados e comparados a linhagens evoluídas. Por exemplo, o experimento de evolução de longa duração com *E. coli* (LTEE, *long-term evolution experiment*), que está em andamento desde 1988, rastreou a evolução de 12 linhagens de *E. coli* em paralelo por mais de 50.000 gerações. As culturas de *E. coli* LTEE foram crescidas aerobiamente em meio mínimo com apenas a glicose como fonte de carbono e energia. *E. coli* são geralmente propagadas em meios ricos que contêm todos os nutrientes celulares necessários para o crescimento em excesso, e o meio mínimo com glicose utilizado no LTEE representa uma nova adaptação ao ambiente na qual *E. coli* podem evoluir ao longo do tempo.

No LTEE, ambos, ancestral e linhagens evoluídas, foram geneticamente modificados para conter um marcador neutro que faz suas colônias serem vermelhas ou brancas. O marcador torna possível mensurar o valor adaptativo das linhagens evoluídas em relação ao ancestral por competirem um contra o outro (**Figura 12.22*a***). O sequenciamento genômico durante o experimento revelou que mutações acumularam-se aleatoriamente ao longo do tempo nas linhagens evoluídas. Contudo, o valor adaptativo relativo das linhagens evoluídas em meio mínimo com glicose aumentou drasticamente ao longo das primeiras 500 gerações como resultado da seleção agindo sobre as mutações benéficas neste novo ambiente (Figura 12.22*b*). A aptidão das linhagens evoluídas continua aumentando, embora a uma taxa reduzida, como resultado de mais seleção ao longo do curso do experimento. A mais notável, após 31.500 gerações, uma das linhagens evoluídas obteve a habilidade de usar citrato como fonte de energia (Figura 12.22*c*). O citrato estava presente como um tampão de pH no meio utilizado nesse experimento e não foi considerado uma potencial fonte de carbono para *E. coli* porque a inabilidade de crescer aerobiamente em citrato é uma característica de diagnóstico para *E. coli*. Contudo, a acumulação aleatória de mutações nessa linhagem evoluída modificou genes preexistentes de tal forma que permitiu a evolução de novas características adaptativas. As linhagens que divergiram agora podem explorar novos recursos que eram indisponíveis para a população ancestral. Dessa forma, agora eles podem usar ambos, citrato e glicose, e crescerem até uma densidade muito maior que os ancestrais (Figura 12.22*c*). O fato de apenas uma entre as 12 linhagens paralelas ter evoluído a habilidade de crescer com citrato demonstra a natureza casual da evolução.

As transições mostradas neste experimento nos lembram como as pressões evolutivas podem mudar rapidamente até mesmo grandes propriedades (como as estratégias metabólicas) de uma população de células microbianas. No caso de *Rhodobacter*, uma mutação que é deletéria na natureza, fornece uma vantagem seletiva quando os organismos são cultivados no laboratório constantemente em ambiente escuro. Sob essa nova condição, a evolução leva *Rhodobacter* a perder maquinaria metabólica desnecessária. No caso da *E. coli*, o acúmulo de mutações aleatórias permite a acumulação de diversidade genética na população. Ao longo de milhares de gerações a população apresentou bilhões de mutações, sendo que algumas combinações raras de mutações, ao acaso, deram às células a habilidade de explorar citrato como recurso. Variações naturais causadas por mutações ao acaso geraram uma nova característica, a habilidade de usar citrato, e uma vez que aconteceu de conter citrato no ambiente no qual as células foram crescidas, essa mutação forneceu vantagem seletiva para tais células. Na ausência do citrato, essas mutações ainda ocorrem à mesma taxa. Contudo, na ausência do benefício seletivo, células capazes de utilizar o citrato provavelmente desaparecem da população ao longo do tempo.

## Especiação em microrganismos pode levar muito tempo

As espécies podem possuir uma ampla variedade de indivíduos com características diferentes. Como discutimos anteriormente, microrganismos podem evoluir novas características com velocidade notável e, como resultado, espécies microbianas podem ser genética e fenotipicamente diversas.

Alterações nas sequências podem ser utilizadas como **relógio molecular**, a fim de estimar o tempo desde que as duas linhagens se divergiram. As principais premissas da abordagem relógio molecular são: mudanças de nucleotídeos acumulam em uma sequência proporcional ao tempo; tais alterações geralmente são neutras; não interferem na função do gene e são aleatórias. Estimativas usando relógios mole-

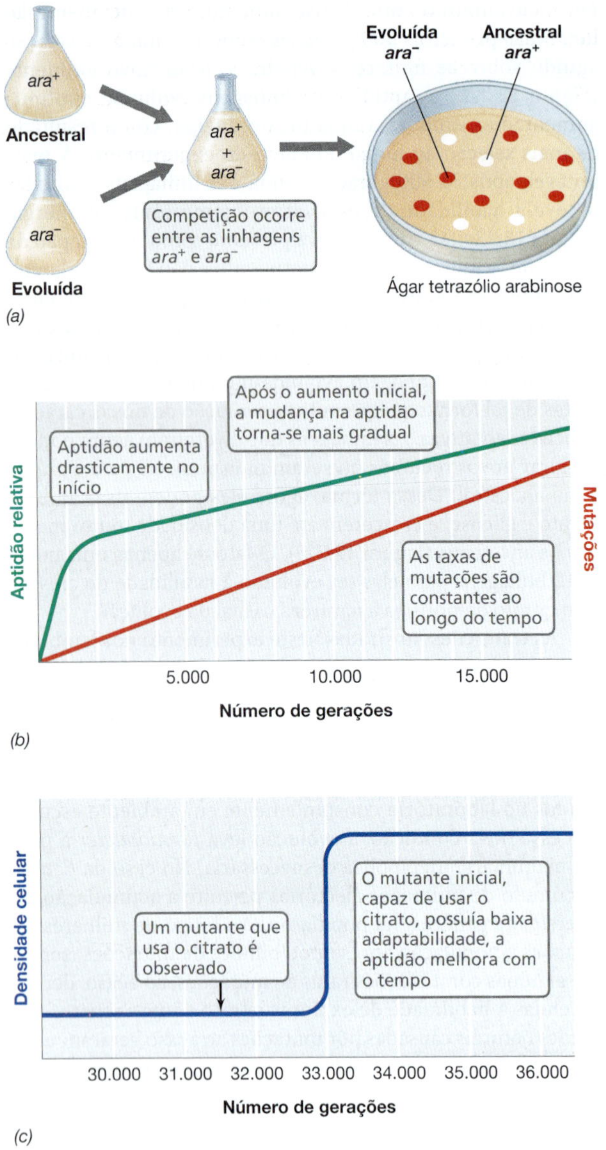


**Figura 12.22** **Experimento de evolução de longa duração da *E. coli*.** *(a)* No experimento de evolução de longa duração (LTEE, *longterm evolution experiment*) de *Escherichia coli*, linhagens ancestrais e derivadas diferem em uma mutação que afeta a capacidade de usar arabinose, permitindo que essas sejam diferenciadas pela coloração das colônias quando cultivadas em ágar tetrazólio arabinose. *(b)* Experimentos de competição entre as linhagens que evoluíram e as ancestrais mostram que a aptidão em meio mínimo de glicose aumenta drasticamente para as linhagens que evoluíram. *(c)* A capacidade de utilizar o citrato aerobiamente evoluiu em uma das 12 linhas LTEE. As células que crescem em mínimo glicose crescem normalmente a baixa densidade celular, mas a capacidade de utilizar a glicose e citrato permitiu à linhagem celular mutante alcançar densidades celulares consideravelmente mais elevadas. Aptidão relativa é a medida da taxa de crescimento da linhagem evoluída em relação ao da linhagem ancestral.

culares são mais confiáveis quando elas podem ser calibradas com evidências a partir de registros geológicos. A abordagem relógio molecular foi utilizada para estimar o tempo de divergência de organismos relacionados de forma distante, como os domínios *Archaea* e *Eukarya* (aproximadamente 2,8 bilhões de anos atrás, Figura 1.4*b*). Esses dados foram combinados com evidências de registros geológicos de isótopos estáveis (Seção 18.9) e marcadores biológicos específicos para uma aproximação de quando os diferentes padrões metabólicos surgiram nas bactérias (Seções 12.1 e 12.2; Figura 12.1). Escalas de tempo mais contemporâneas foram calibradas nos relógios moleculares utilizando bactérias simbiontes de insetos (Seção 22.9) para as quais insetos hospedeiros fornecem um adequado registro fóssil para datar eventos evolutivos. A partir destes cálculos foi possível estimar que duas linhagens bem caracterizadas de *E. coli*, a linhagem K-12 inofensiva e a linhagem patogênica transmitida por alimentos O157:H7, divergiram há cerca de 4,5 milhões de anos. Do mesmo modo, estima-se que as estreitamente relacionadas *E. coli* e *Salmonella enterica* sorovar *typhimurium*, que têm 2,8% de dissimilaridade em seus genes RNAr 16S, último ancestral comum compartilhado há 120 a 140 milhões de anos. Assim, enquanto os microrganismos podem desenvolver novas características rapidamente, a maioria das espécies microbianas é antiga e a especiação microbiana parece levar muito tempo.

**MINIQUESTIONÁRIO**

- Quais são os diferentes processos que dão origem à variação genética?
- Qual a diferença entre seleção e deriva genética e como estas promovem a mudança evolutiva?
- No experimento da Figura 12.21, por que a população de células escuras perdeu seus pigmentos?

## 12.7 A evolução dos genomas microbianos

A natureza da dinâmica dos genomas microbianos foi revelada de forma drástica quando os primeiros genomas de múltiplas linhagens de uma única espécie foram sequenciados. O sequenciamento do genoma da linhagem de *E. coli* K-12 e duas linhagens patogênicas mostrou que apenas 39% de seus genes são compartilhados entre todos os três genomas (**Figura 12.23**). Os três genomas variam no tamanho em mais que um milhão de pares de base e cada um contém um complemento de diversos genes únicos adquiridos por meio de transferência horizontal de genes. Agora, os genomas de muitas espécies microbianas têm sido examinados neste sentido e têm revelado que esses genes nos genomas microbianos podem ser colocados em duas classes: o **genoma cerne**, genes compartilhados por todos os membros de uma espécies, e o **pangenoma**, constituído pelo genoma cerne mais os genes que não são compartilhados por todos os membros da espécie os quais são adquiridos por meio de transferência horizontal de genes (Figura 12.19). No Capítulo 6, introduziremos este conceito e aqui vamos considerar as forças que conduzem este padrão de evolução dos genomas.

### A natureza dinâmica do genoma de *Escherichia coli*

O genoma de mais de 20 diferentes linhagens de *E. coli* foi sequenciado, fornecendo conhecimento adicional sobre a natureza do genoma cerne e do pangenoma. Os genomas de *E. coli* têm em média 4.721 genes, com linhagens de indivíduos com 4.068 ou 5.379 genes no total. O genoma cerne consiste em

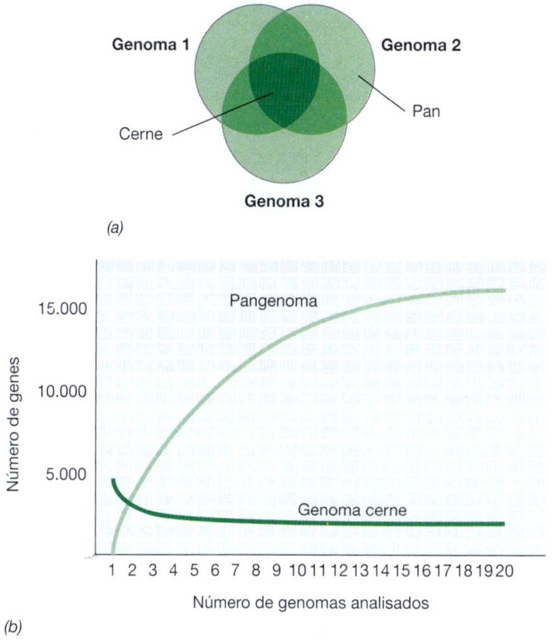


**Figura 12.23** **O conceito de genomas pan e cerne.** Genomas microbianos são dinâmicos e heterogêneos. Os três primeiros genomas sequenciados a partir de diferentes linhagens de *E. coli* têm apenas 39% de seus genes em comum. O genoma cerne é considerado o conjunto de genes que são compartilhados por todos os membros da espécie (verde mais escuro na parte a), enquanto o pangenoma é o genoma cerne mais esse conjunto de genes que são únicos para uma linhagem ou encontrados em apenas um subconjunto de linhagens (verde-claro na parte a). O tamanho do genoma cerne e do pangenoma pode variar entre as espécies. Em *E. coli*, o genoma cerne é composto por cerca de 1.976 genes *(b)*. O tamanho do pangenoma em *E. coli* não é fixo, uma vez que cada linhagem diferente tem um complemento único de genes adquiridos por troca horizontal de genes. Dados adaptados de Touchon, M., et al. 2009. *PLoS Genetics 5*: (1) e1000344.

apenas 1.976 genes presentes em todas as linhagens, representando menos da metade da média de genes presentes nos genomas de *E. coli*. Com o aumento da distância evolutiva entre as linhagens, pode ser esperada uma diminuição no tamanho do genoma cerne. Assumindo essa predição ao extremo, apenas 50 a 250 genes são preditos de estarem presentes universalmente em todas as espécies de bactérias e arqueias.

O número de genes únicos observados continua aumentando com cada novo genoma de *E. coli* sequenciado de tal modo que um total de 17.838 genes únicos estão presentes nos 20 genomas (Figura 12.23*b*). Subtraindo a contribuição do genoma cerne, mais de 15.862 genes não são compartilhados por todas as linhagens. Um grande número desses genes foi nitidamente herdado por meio da troca horizontal de genes em vez de padrões verticais de herança. A análise de genomas revela que o conceito de genomas central e pan é uma característica geral de genomas microbianos, embora o número relativo de genes presentes em cada conjunto possa variar entre as espécies. A mudança drástica no tamanho do genoma e no conteúdo gênico entre as linhagens de uma única espécie indica que os genomas microbianos são altamente dinâmicos; isto é, genomas podem reduzir ou ampliar relativamente rápido ao longo do tempo. A existência de um pangenoma sugere que bactérias e arqueias estão constantemente coletando amostras de informação genética de seu ambiente por meio da transferência horizontal de genes.

A natureza dinâmica dos genomas microbianos é a manifestação dos mecanismos evolutivos que nos já descrevemos (Seção 12.6). As variações entre os genomas surgem devido a mutações e recombinações, e a dinâmica evolutiva dos genomas é governada pela seleção e deriva genética. Além disso, evidências de transferência horizontal de genes são amplamente distribuídas nos genomas microbianos. Os padrões de troca gênica parecem ser governados pelo distanciamento filogenético, com taxas de troca gênica entre os genomas decaindo com o aumento da distância filogenética. No genoma cerne de *E. coli*, a maior parte de troca horizontal de genes acontece entre parentes próximos e ocorre por substituição de segmentos de DNA homólogo com tamanho de 50 a 500 pares de base. Enquanto muitos eventos de transferência horizontal de genes se devem a substituições homólogas, inserções resultantes de recombinações não homólogas também são comuns nos genomas microbianos. Análises comparativas dos genomas de *E. coli* indicam que inserções têm, em média, 4 genes, mas em alguns casos pode conter 10 ou mais genes.



## Deleções de genes nos genomas microbianos

As deleções exercem um importante papel na dinâmica dos genomas microbianos (ver Explorando o mundo microbiano, "A hipótese da Rainha Negra"). Nos genomas microbianos, as deleções ocorrem com muito mais frequência do que as inserções, e esse viés em direção às deleções é a força que mantém pequeno o tamanho dos genomas microbianos. A seleção é a principal força contrária ao efeito das deleções, preservando os genes que fornecem valor adaptativo vantajoso para a célula. Materiais não essenciais e não funcionais são deletados ao longo do tempo evolutivo e é por isso que os genomas microbianos são bem empacotados com genes e contêm relativamente poucas sequências não codificadoras. A maioria dos genes adquiridos por transferência horizontal de genes, assim como a maioria das mutações no geral, pode ser esperado que sejam neutros ou deletérios para a célula. Por isso é provável que novos genes sejam adquiridos a partir do ambiente, e aqueles que não proporcionam um valor adaptativo benéfico são erodidos do genoma ao longo do tempo devido ao acúmulo incessante de deleções. Em adição, a deriva genética (Figura 12.20) pode promover o rápido acúmulo de eventos de deleção quando o tamanho populacional é pequeno ou quando as populações passam por um gargalo. Considera-se que as deleções são a causa dos genomas extremamente pequenos encontrados em muitos simbiontes intracelulares obrigatórios e patógenos (Seções 6.4 e 22.9).

**MINIQUESTIONÁRIO**

- Qual a diferença entre o genoma cerne e o pangenoma de uma determinada espécie?
- Que tipo de mutação pode ter maior impacto sobre o genoma cerne?
- Quais efeitos têm as deleções sobre a evolução dos genomas microbianos?

# EXPLORE O MUNDO MICROBIANO

## A hipótese da Rainha Negra

A concepção de que a evolução inevitavelmente induz os organismos a aumentarem sua complexidade ao longo do tempo é um equívoco comum. Na realidade, a evolução é tanto dar quanto assumir uma preposição. Mudanças no valor adaptativo são completamente dependentes dos ambientes, e o valor adaptativo em alguns ambientes pode realmente ser melhorado por uma perda em vez de um ganho de genes específicos.

A hipótese da Rainha Negra[1] postula um mecanismo e uma justificativa para a perda de função cujo resultado final é a evolução de dependência mútua nas comunidades microbianas. O termo Rainha Negra refere-se ao jogo de cartas, Copas, no qual há duas estratégias para vencer. Uma das estratégias é evitar ficar preso com a dama de espadas e cartas do naipe copas. Nesta estratégia, cada jogador busca perder o máximo de rodadas para não ser forçado a pegar a rainha negra. A segunda estratégia é "*shoot the moon*", em que em vez de evitar apanhar pontos, tenta-se pegar todas as cartas pontuáveis, incluindo a rainha negra. No contexto microbiano, a hipótese da rainha negra adota estratégias desse jogo de cartas propondo que alguns organismos otimizam a aptidão (ou seja, "ganham") por selecionar a perda de genes específicos, enquanto outros otimizam a aptidão mantendo todos os genes.

A hipótese da Rainha Negra propõe que certos genes microbianos codificam produtos extracelulares como metabólitos ou enzimas, que podem ser utilizadas por todos ou a maioria dos membros da comunidade. Se algum organismo se mantiver na comunidade, então a seleção vai ser relaxada nos genes que codificam a síntese de produtos que são fornecidos por outros membros da comunidade. A presença destes produtos compartilhados na comunidade torna genes com funções similares não essenciais para alguns membros da comunidade (**Figura 1**). A tendência de mutações em direção a deleções pode causar a perda destes genes no genoma (Seção 12.7).

A aptidão de um organismo que perde funções ou desenvolve dependências vai realmente aumentar na comunidade desde que esse organismo não mais assuma os custos da produção. Estes organismos irão manter a competitividade enquanto estiverem dentro da comunidade, mas podem ser incapazes de crescer se separados da comunidade na qual coevoluíram. Neste sentido, dependências mútuas acumulam dentro da comunidade microbiana ao longo do tempo. A hipótese da Rainha Negra também explica a observação de que alguns microrganismos podem apenas crescer em laboratório quando em cocultura com uma ou mais espécies diferentes do seu ambiente.

Em constraste à estratégia de perda de genes, organismos que preservam todas as funções essenciais (aqueles com analogia a *shoot the moon* no Copas) arcam com os custos de manter todas as funções gênicas, as quais os põem em desvantagem em relação a competidores mutuamente dependentes quando competindo na comunidade nativa. Contudo, células que mantêm a habilidade de crescer independentemente continuam tendo uma estratégia vencedora, por que diferente dos competidores mutuamente dependentes, elas retêm a opção de dispersar para novos hábitats e crescer fora da comunidade nativa.

Por fim, além de descrever como as interdependências da comunidade microbiana podem acontecer, a hipótese da Rainha Negra também nos lembra como as comunidades microbianas entrelaçadas realmente são. Iremos ver nos próximos capítulos várias ferramentas moleculares que estão disponíveis para destrinchar essa complexidade e revelar tanto a diversidade da comunidade quanto o seu potencial genético e metabólico.

[1]Morris J.J., R.E. Lenski, e E.R. Zinser 2012. The Black Queen hypothesis: Evolution of dependencies through adaptive gene loss. *mBio* 3: e00036-12.

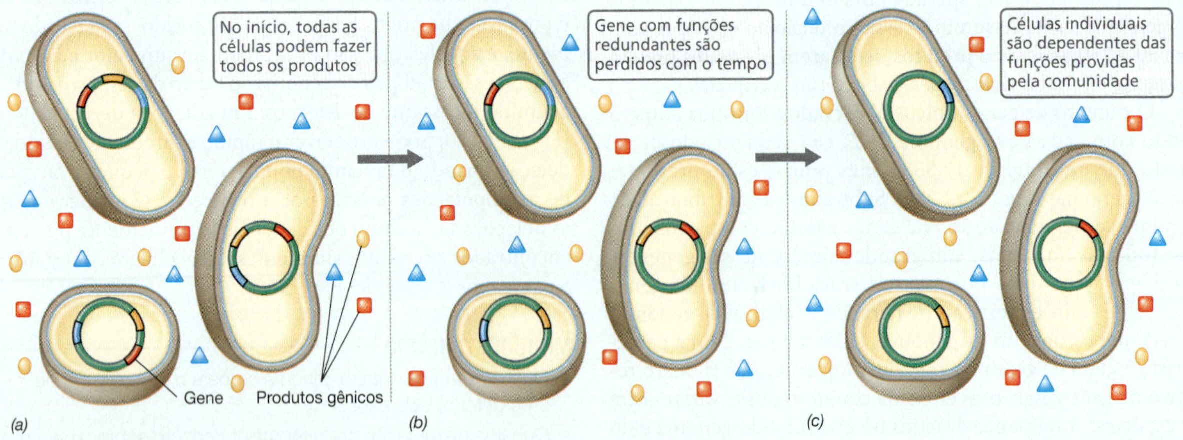


**Figura 1 A hipótese da Rainha Negra e a evolução de dependência nas comunidades microbianas.** *(a)* Três espécies em uma comunidade, cada uma possui três genes diferentes que produzem produtos extracelulares que beneficiam toda a comunidade (um gene e seu produto são mostrados com a mesma cor). *(b)* Ao longo do tempo, mutações aleatórias causam a perda de funções de genes do genoma. *(c)* Enquanto alguns membros da comunidade continuarem produzindo cada produto, não haverá custo adaptativo quando apenas uma espécie perde um único gene. Ao longo do tempo, as três espécies tornam-se mutuamente dependentes.

# IV • Sistemática microbiana

A **sistemática** é o estudo da diversidade dos organismos e suas relações. Ela associa a filogenia, que acabamos de discutir, à **taxonomia**, a qual caracteriza, nomeia e posiciona os organismos em grupos, de acordo com suas relações naturais. A taxonomia bacteriana tradicionalmente enfocou os aspectos práticos da identificação e descrição, atividades que se baseavam predominantemente em comparações fenotípicas. Atualmente, o uso crescente da informação genética, especialmente os dados de sequenciamento do DNA, está permitindo que a taxonomia reflita cada vez mais as relações filogenéticas.

A taxonomia bacteriana foi substancialmente modificada nas últimas décadas, incorporando novos métodos de identificação de bactérias e critérios adicionais para a descrição de novas espécies. Essa abordagem *polifásica* da taxonomia emprega três tipos de métodos: *fenotípico*, *genotípico* e *filogenético*, para a identificação e a descrição de bactérias. A análise fenotípica examina as características morfológicas, metabólicas, fisiológicas e químicas da célula. A análise genotípica considera aspectos comparativos das células no que se refere ao genoma. Esses dois tipos de análise agrupam os organismos com base nas similaridades. Eles são complementados pela análise filogenética, que procura posicionar os organismos em um arcabouço de relações evolutivas utilizando dados de sequências moleculares (Seções 12.4 e 12.5).

## 12.8 Conceito de espécie em microbiologia

Atualmente, não há um conceito universalmente aceito para **espécie**, em microrganismos. A taxonomia microbiana combina dados fenotípicos, genotípicos e filogenéticos baseados nas sequências, e como determinados padrões e diretrizes são adequados à diferenciação dos microrganismos em espécies distintas. Esses padrões e diretrizes constituem um arcabouço efetivo para a prática de descrição e identificação de procariotos; contudo, não respondem à questão do que constitui uma espécie procariótica. Uma vez que as espécies são as unidades fundamentais da diversidade biológica, essa questão é importante para nossa percepção e interação com o mundo microbiano. A forma como o conceito de espécie é definido na microbiologia determina como distinguimos e classificamos as unidades da diversidade que constituem o mundo microbiano.

### Definição atual de espécie microbiana

Do ponto de vista taxonômico, todos os membros de uma espécie devem ser genética e fenotipicamente coesos e suas características devem ser distintas das descritas para outras espécies. Além disso, as espécies devem ser **monofiléticas**, ou seja, todas as linhagens que compõem a espécie devem compartilhar um ancestral comum recente para a exclusão de outras espécies. Na maior parte da história da microbiologia era impossível solucionar as relações filogenéticas e, assim, as descrições de espécies não levaram em conta a história evolutiva do microrganismo. O reconhecimento de que as sequências moleculares fornecem um registro da história evolutiva criou uma crise na sistemática microbiana que tornou necessário conciliar as descrições mais clássicas de espécies com o conhecimento adquirido por meio de análises filogenéticas. Em adição, a descoberta de que os genomas microbianos são altamente heterogêneos e contêm muitos genes adquiridos horizontalmente representa um desafio para qualquer definição de espécie microbiana.

O conceito predominante para descrever espécies microbianas é mais bem descrito como um *conceito filogenético de espécie*. O conceito filogenético de espécies define uma espécie microbiana pragmaticamente como um grupo de linhagens que compartilham características diagnósticas e são geneticamente coesivos compartilhando um único ancestral comum. Este conceito de espécie requer que a maioria de genes de uma espécie seja filogeneticamente congruente e compartilhe um ancestral comum recente. O conceito filogenético de espécie não é baseado no modelo evolutivo de especiação, e, assim, as espécies descritas dessa forma não refletem necessariamente unidade significativa em termos ecológicos ou processos evolutivos. O conceito filogenético de espécies foi desenvolvido para facilitar a taxonomia e as justificativas de espécies derivadas desse conceito são baseadas em grande parte no julgamento de especialistas taxonomistas.

Sob o conceito filogenético de espécie para *Bacteria* e *Archaea*, as espécies são definidas operacionalmente como um grupo de linhagens compartilhando um alto grau de similaridade em muitas características, e compartilham um ancestral comum recente para os seus genes de RNAr 16S. A caracterização de espécies emprega a abordagem polifásica que considera o espectro de diferentes características para fazer o julgamento taxonômico. As características atualmente consideradas as mais importantes para a identificação de espécies incluem similaridade genômica baseada na hibridização de DNA e comparação das sequências das pequenas subunidades de RNAr.

O grau de **hibridização DNA-DNA** entre os genomas de dois organismos (**Figura 12.24**) fornece uma medida de similaridade genômica. Discutimos a hibridização de ácidos nucleicos na Seção 11.2. Em um experimento de hibridização, o *DNA genômico* isolado de um organismo é conjugado com um marcador fluorescente ou radioativo e fragmentado em um tamanho relativamente pequeno, aquecido para separar as duas fitas e misturado com um excesso de *DNA não marcado* de um segundo organismo, preparado da mesma forma. A mistura de DNA é então resfriada para permitir o reanelamento das fitas simples. O DNA de dupla-fita é separado de qualquer DNA não hibridizado remanescente. Após esse procedimento, a quantidade de fluorescência/radioatividade presente no DNA hibridizado é determinada e comparada com um controle definido como 100%.

Geralmente considera-se que um microrganismo, cuja sequência do gene de RNAr 16S (Seções 12.3 e 12.4) exiba mais de 3% de diferença em relação àquela de outros organismos, seja considerada uma nova espécie. Essa proposta é sustentada pela observação de que o DNA genômico de dois microrganismos, cujas sequências do gene de RNAr 16S exibam menos de 97% de identidade, normalmente exibem hibridização inferior a 70%, um valor mínimo considerado como uma evidência de que os dois organismos pertencem à mesma espécie. Dados experimentais sugerem que esses critérios são válidos, confiáveis e consistentes na identificação de novas espécies microbianas com o propósito taxonômico (**Figura 12.25**). Baseado no atual conceito filogenético de espécie, mais de 10.000 espécies de bactérias e arqueias foram formalmente reconhecidas. Os critérios que devem ser utilizados para definir um gênero, o nível seguinte na hierarquia taxonômica (ver Tabela 12.3), são mais uma questão de julgamento quando comparados à espécie, porém diferenças superiores a 5% nas sequências do gene de RNAr 16S, em rela-

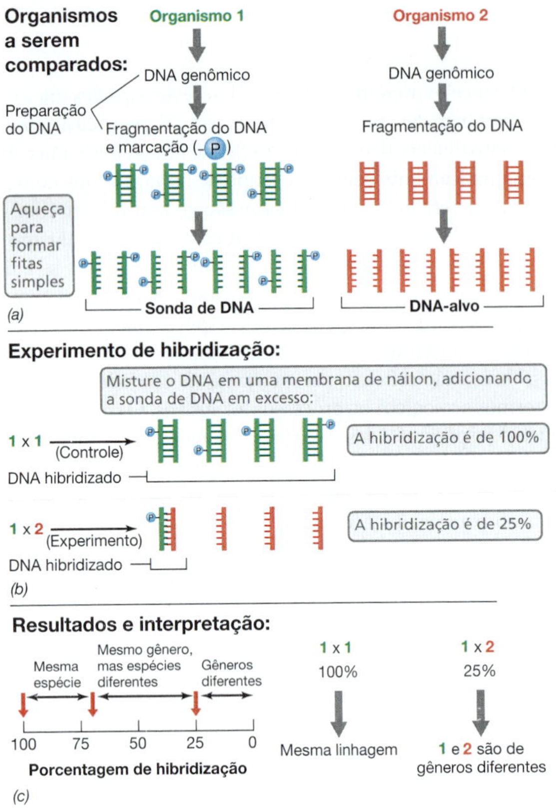


**Figura 12.24** **A hibridização genômica como ferramenta taxonômica.** *(a)* O DNA genômico é isolado de organismos-teste. Um dos DNAs é marcado (ilustrado aqui como fosfato radioativo no DNA do organismo 1). *(b)* Um excesso de DNA não marcado é acrescentado, para impedir o reanelamento do DNA marcado. Após a hibridização, o DNA hibridizado é separado do DNA não hibridizado, antes da quantificação apenas da radioatividade no DNA hibridizado. *(c)* A radioatividade presente no controle (hibridização do DNA do organismo 1 com ele próprio) é considerada como 100% de hibridização.

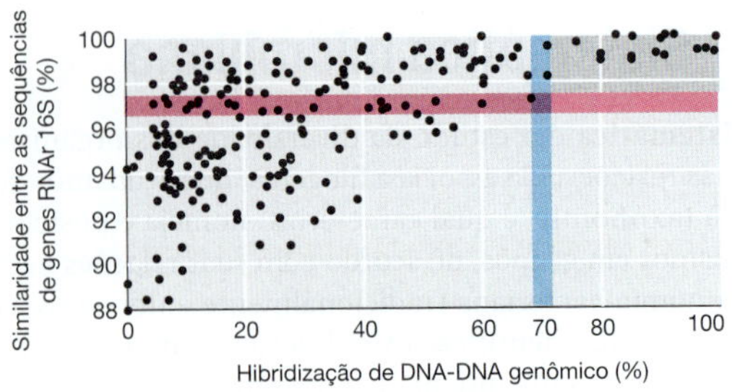


**Figura 12.25** **Relação entre a similaridade da sequência do gene de RNAr 16S e da hibridização do DNA genômico de diferentes pares de organismos.** Pares de microrganismos são comparados com base nas similaridades de sequências dos genes de RNAr 16S e em taxas de hibridização genômica. Os pontos na região superior direita representam pares de linhagens que compartilham mais de 97% de similaridade da sequência do gene de RNAr 16S e taxa de hibridização genômica de 70%; assim, em cada caso, os dois organismos testados pertenciam nitidamente à mesma espécie. Dados adaptados de Rosselló-Mora, R., e R. Amann. 2001. *FEMS Microbiol. Revs. 25:* 9-67, e Stackebrandt, E., e J. Ebers. 2006. *Microbiology Today. 11:* 153–155.

ção a outros organismos, foram adotadas como base para considerar o organismo como pertencente a um novo gênero.

## Quantas espécies microbianas existem?

O mundo microbiano que observamos atualmente é resultado de mais de 4 bilhões de anos de evolução (Figura 12.13). É consenso entre os taxonomistas microbianos que nenhuma estimativa precisa do número de espécies microbianas pode ser realizada atualmente, em parte devido à incerteza sobre o que delimita uma espécie. No entanto, há uma concordância de que, em última análise, esse número será muito elevado. Devido à dificuldade em visualizar e caracterizar microrganismos, apenas cerca de 10.000 espécies de bactérias e arqueias foram nomeadas usando o conceito taxonômico de espécies. Até o momento, é impossível estimar com precisão o número total de espécies bacterianas e de arqueias sobre a terra, mas a sua diversidade é, sem dúvida, superior a de todas as espécies de plantas e animais juntas, e seu número total de espécies provavelmente varia em ordens de grandeza muito maiores do que as 10.000 já caracterizadas.

Cada um dos ambientes no planeta Terra contém uma diversificada comunidade de microrganismos. As análises de sequências do gene RNAr 16S indicam que mais de 10.000 espécies diferentes podem coexistir em um único grama de solo! Quase todas as plantas e os animais têm um certo número de microrganismos únicos associados a eles tanto como patógenos ou comensais nas suas superfícies ou estruturas internas. Assim, os microrganismos não são apenas as formas mais antigas de vida, mas também as mais diversas em nosso planeta.

**MINIQUESTIONÁRIO**

- Qual a diferença entre taxonomia e filogenia?
- Quais são alguns dos critérios-chave do conceito filogenético de espécies utilizados para determinar se duas linhagens pertencem à mesma espécie?
- Quantas espécies de bactérias e arqueias são atualmente conhecidas? Quantas provavelmente existem?

## 12.9 Métodos taxonômicos na sistemática

A *abordagem polifásica*, isto é, uma abordagem que utiliza a combinação de muitos métodos diferentes para identificar e nomear espécies de bactérias e arqueias em conformidade com o atualmente aceito conceito taxonômico de espécie. Nesta seção, descrevemos métodos comumente utilizados para a caracterização microbiana, principalmente em espécies procarióticas.

### Análise de genes individuais

Como já descrevemos, as sequências de genes são comumente determinadas a partir de fragmentos de DNA amplificado por PCR, e as sequências são analisadas utilizando análises filogenéticas (Seção 12.5). Sequências de genes RNAr de pequena subunidade são altamente conservadas, no entanto, enquanto elas fornecem informações filogenéticas valiosas, elas nem sempre são úteis para distinguir espécies estreitamente relacionadas. Em contrapartida, outros genes altamente conservados, como *recA*, que codifica uma proteína recombinase, e *gyrB*, que codifica uma proteína DNA-girase, podem ser úteis na diferenciação de bactérias quanto à espécie. As sequências de DNA de genes codificantes de proteínas acumulam mutações mais rapidamente do que genes RNAr; por esta razão, a partir de sequências de tais genes podem-se distinguir as espécies bacterianas que não podem ser resolvidas por análises da sequência do gene RNAr sozinho (**Figura 12.26**).

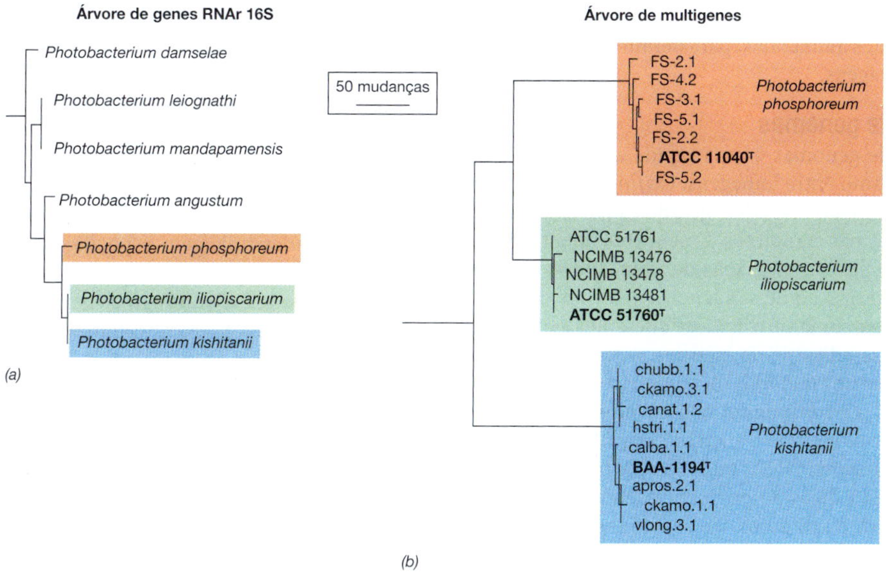


**Figura 12.26** **Análise filogenética de multigenes.** Uma filogenia é apresentada para as linhagens do gênero *Photobacterium* (Gammaproteobacteria). *(a)* Árvore baseada no gene RNAr 16S, mostrando uma espécie pobremente resolvida. *(b)* Análise multigene baseada em uma análise combinada do gene de RNAr 16S, de *gyrB* (um gene *housekeeping* que codifica a subunidade B da DNA-girase) e dos genes *luxABFE* (que codificam a enzima luciferase que emite luz e outras enzimas de luminescência) em 21 isolados de três espécies de *Photobacterium*. Embora as sequências do gene de RNAr 16S isoladamente não façam a distinção entre essas bactérias, em virtude da falta de divergência na sequência desse gene, a análise combinada, devido às maiores divergências nas sequências dos genes *gyrB* e *luxABFE*, as resolve como três clados (i.e., espécies) evolutivamente distintos, *P. phosphoreum*, *P. iliopiscarium* e *P. kishitanii*. A escala indica o comprimento do ramo equivalente a 50 alterações nucleotídicas. As linhagens-tipo de cada espécie estão ilustradas em negrito. (Todas as abreviações são parte das designações das linhagens.) Essa análise filogenética é cortesia de Tory Hendy e Paul V. Dunlap, University of Michigan.

## Tipagem de sequências de multilocus

A **tipagem de sequências de multilocus** (**MLST**, *multilocus sequence typing*) é um método que envolve o sequenciamento de vários genes constitutivamente expressos (do inglês, *housekeeping genes*) diferentes de um organismo, comparando suas sequências a sequências dos mesmos genes de linhagens diferentes do mesmo organismo. Lembre-se de que os genes constitutivamente expressos codificam funções essenciais das células e estão localizados no cromossomo, e não em um plasmídeo. Para cada gene, uma sequência de aproximadamente 450 pb é amplificada por PCR, sendo em seguida sequenciada. Cada nucleotídeo ao longo da sequência é comparado e as diferenças são registradas. Cada diferença ou variante de sequência é considerada um alelo e recebe um número. Desse modo, uma determinada linhagem receberá um conjunto de números, seu perfil alélico ou tipo de sequência de multilocus (**Figura 12.27**). Na MLST, as linhagens que exibem sequências idênticas às de um determinado gene terão o mesmo número de alelo para aquele gene, e duas linhagens com sequências idênticas em todos os genes exibirão o mesmo perfil alélico (sendo consideradas idênticas por esse método). A relação entre cada perfil alélico é expressa em um dendrograma das distâncias de ligação, que variam de 0 (as linhagens são idênticas) a 1 (as linhagens têm apenas uma relação distante).

A MLST exibe suficiente poder de resolução para fazer a distinção até mesmo de linhagens estreitamente relacionadas. Na prática, as linhagens podem ser discriminadas com base em uma única alteração nucleotídica em somente um dos vários genes analisados. No entanto, a MLST não é útil para a comparação de organismos em um nível superior ao de espécie; sua resolução é muito sensível para gerar informação significativa para grupos de ordem superior, isto é, gêneros ou famílias.

A MLST resultou em vários impactos para a microbiologia. Na microbiologia clínica, mostrou-se eficaz para a diferenciação de linhagens de um patógeno em particular. Esse fato é importante, uma vez que algumas linhagens de uma espécie – *Escherichia coli* K-12, por exemplo – podem ser inofensivas, enquanto outras, como a linhagem O157:H7, podem acarretar infecções graves e até mesmo fatais (Seção 31.12). A MLST é também bastante útil em estudos epidemiológicos, para o rastreamento de uma linhagem virulenta de um patógeno bac-

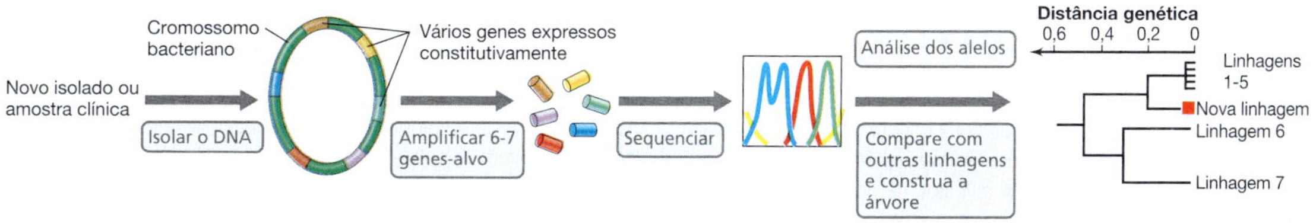


**Figura 12.27** **Tipagem de sequências de multilocus.** São apresentadas as etapas da MLST, levando a um fenograma de similaridade. As linhagens 1 a 5 são praticamente idênticas, enquanto as linhagens 6 e 7 são distantes entre si e das linhagens 1 a 5.

teriano, à medida que ele dissemina-se em uma população, assim como em estudos ambientais, para definir as distribuições geográficas de linhagens.

## *Fingerprinting* de genomas

O *fingerprinting* de genomas é uma rápida abordagem para avaliar o polimorfismo entre linhagens. Os *fingerprinting* normalmente são fragmentos de DNA gerados a partir de genes individuais ou genomas completos. O sequenciamento de genes é possibilitado pela amplificação de fragmentos de genes por PCR. A caracterização de sequências de genes de RNAr SSU é habitual, porém uma variedade de diferentes genes pode ser utilizada para classificação de espécies.

Diferentemente dos métodos de sequenciamento comparativo, no entanto, a **ribotipagem** não envolve o sequenciamento. Em vez disso, registra o padrão específico de bandas geradas, ou *fingerprint* de DNA, quando o DNA de um organismo é submetido à digestão por uma enzima de restrição (⇄ Seção 11.1) e os fragmentos são separados por eletroforese em gel, transferidos para membranas de náilon e hibridizados com uma sonda do gene de SSU RNAr (**Figura 12.28**). As diferenças na sequência dos genes de RNAr 16S entre os organismos traduzem-se na presença ou ausência de sítios de clivagem reconhecidos por diferentes enzimas de restrição. O padrão de bandeamento do DNA, ou *ribotipo*, de uma espécie bacteriana em particular pode, portanto, ser específico e diagnóstico, permitindo a discriminação entre espécies e entre diferentes linhagens de uma espécie, caso existam diferenças entre as sequências dos genes de SSU RNAr. O ribotipo de um organismo em particular pode ser único e de diagnóstico, permitindo uma rápida identificação de diferentes espécies ou mesmo de diferentes linhagens de uma espécie. Por essas razões, a ribotipagem apresenta diversas aplicações no diagnóstico clínico e nas análises microbianas de alimentos, água e bebidas.

Outros métodos habitualmente utilizados na determinação do genótipo incluem a *PCR palindrômica extragênica repetitiva* (*rep-PCR, repetitive extragenic palimdromic PCR*) e o *polimorfismo de comprimento de fragmento amplificado* (*AFLP, amplified fragment length polymorphism*). O método de rep-PCR baseia-se na presença de elementos altamente conservados de DNA repetitivo, intercalados aleatoriamente no cromossomo bacteriano. O número e as posições destes elementos variam entre as linhagens de uma espécie que divergiram na sequência genômica. Iniciadores oligonucleotídicos, desenvolvidos de modo a serem complementares a esses elementos, permitem a amplificação de diferentes fragmentos genômicos por PCR, originando um padrão de bandas do DNA genômico. O padrão de bandas é distinto em linhagens diferentes, fornecendo um *fingerprint* de DNA linhagem-específico (**Figura 12.29**). O método AFLP baseia-se na digestão do DNA genômico com uma ou duas enzimas de restrição e a amplificação seletiva por PCR dos fragmentos resultantes, os quais são separados por eletroforese em gel de agarose. Padrões de bandas linhagem-específicos, semelhantes àqueles da rep-PCR e outros métodos de *fingerprinting* de DNA, são gerados, com o grande número de bandas propiciando um alto grau de discriminação entre as linhagens de uma espécie.

## Análise do sequenciamento de multigenes

A utilização de múltiplos genes e genomas completos para a identificação e descrição de bactérias tem se tornado muito comum com o aperfeiçoamento da capacidade de sequenciamento de DNA e diminuição dos custos (⇄ Seção 6.2). Uma análise de sequências mais ampla pode ser conduzida em genomas microbianos completos, fornecendo informações sobre a fisiologia e evolução microbiana. Estas análises têm fornecido importantes informações do grande papel exercido pela troca horizontal de genes na evolução microbiana e na natureza altamente dinâmica dos genomas microbianos (Seção 12.7). Os genes ortólogos compartilhados, ou seja, genes que são homólogos e compartilham a mesma função (Seção 12.5), podem ser alinhados e examinados utilizando métodos filogenéticos, e a média da identidade de nucleotídeos destes genes é determinada. A análise comparativa do conteúdo gênico (a presença ou ausência de genes), a *sintenia*, a ordem desses genes no genoma e o conteúdo GC do genoma também fornecerão dados com implicações na taxonomia. Sequências de genomas completos podem também ser utilizadas para reconstrução metabólica e caracterização de vias genéticas. Uma variedade de métodos em genômica comparativa e genômica populacional (Capítulo 6) foi desenvolvida para usar na análise sistemática.

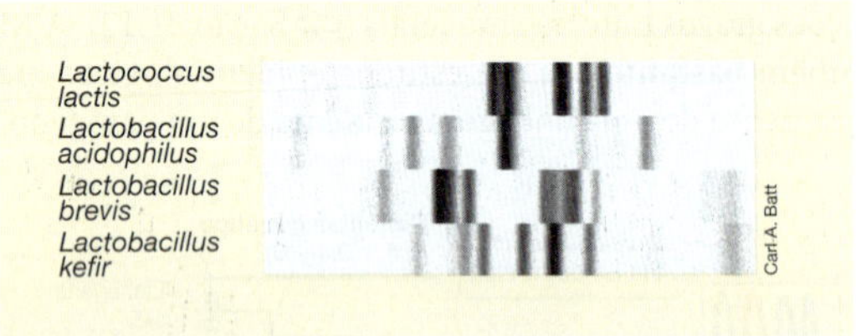


**Figura 12.28** **Ribotipagem.** Resultados da ribotipagem de quatro bactérias lácticas diferentes. Para cada espécie, há uma padrão único de fragmentos de DNA, gerado pela digestão do DNA coletado de uma colônia de cada bactéria com enzimas de restrição, e posterior tratamento com uma sonda do gene de RNAr 16S. As variações na posição e intensidade das bandas são importantes na identificação.

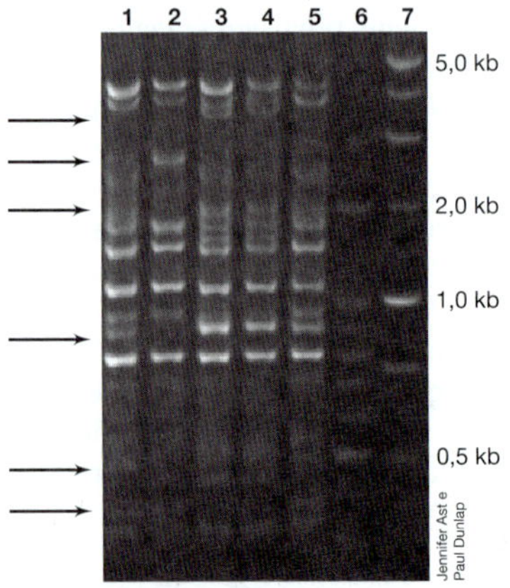


**Figura 12.29** ***Fingerprinting* de DNA por rep-PCR.** Os DNAs genômicos de cinco linhangens (1–5) de uma única espécie bacteriana foram amplificados por PCR utilizando iniciadores específicos denominados *rep* (palíndromos extragênicos repetitivos); os produtos de PCR foram separados conforme o tamanho por eletroforese em gel, gerando *fingerprints* de DNA. As setas indicam algumas das bandas divergentes. As canaletas 6 e 7 são padrões de tamanho molecular de DNA de 100 pb e 1 kb, respectivamente, utilizados para estimar o tamanho dos fragmentos de DNA.

## Análise fenotípica

As características observáveis – o **fenótipo** – de uma bactéria fornecem muitos traços que podem ser utilizados para diferenciar as espécies. Normalmente, ao descrever-se uma nova espécie, assim como para identificar uma bactéria, vários desses traços são determinados para a linhagem ou as linhagens de interesse. Os resultados são então comparados a organismos conhecidos como controles, sendo examinados paralelamente aos desconhecidos, ou a partir de informações publicadas. As características específicas utilizadas dependem do tipo do organismo, e a escolha das características a serem testadas pode ser decorrente do conhecimento prévio do grupo bacteriano ao qual o novo organismo possivelmente pertença, assim como do objetivo do investigador. Por exemplo, em situações aplicadas, como na microbiologia clínica diagnóstica, em que a identificação pode ser o próprio objetivo e a rapidez pode ser crítica, um conjunto de características bem definidas é frequentemente utilizado para discriminar de forma rápida as prováveis ou possíveis identificações. A Tabela 12.2 relaciona as categorias gerais e os exemplos de alguns traços fenotípicos utilizados na identificação e descrição de espécies, e aqui examinamos um desses exemplos.

Os tipos e proporções de ácidos graxos presentes nos lipídeos da membrana citoplasmática e membrana externa das células são importantes características fenotípicas muitas vezes utilizadas em análises taxonômicas. A técnica para a determinação desses ácidos graxos recebeu a denominação **FAME** (do inglês, *f*atty *a*cid *m*ethyl *e*ster), metil éster de ácido graxo, sendo amplamente utilizada em laboratórios clínicos de saúde pública e de análise de alimentos e água, onde a identificação de patógenos ou de outros riscos associados a bactérias deve ser realizada rotineiramente. A composição de ácidos graxos de bactérias pode variar intensamente, incluindo diferenças no comprimento da cadeia, presença ou ausência de ligações duplas, anéis, cadeias ramificadas ou grupos hidroxil (Figura 12.30). Para a realização das análises, os ácidos graxos extraídos de hidrolisados celulares de uma cultura desenvolvida em condições padronizadas são quimicamente derivatizados, originando seus metil ésteres correspondentes. Esses derivados voláteis são então identificados por cromatografia gasosa. Um cromatograma revelando os tipos e quantidades de ácidos graxos de uma bactéria desconhecida é comparado em um banco de dados contendo perfis de ácidos graxos de milhares de bactérias de referência, cultivadas nas mesmas condições.

Como uma característica fenotípica para a identificação e descrição de espécies, FAME apresenta alguns inconvenientes. Particularmente, as análises FAME requerem padronização rígida, uma vez que os perfis de ácidos graxos de um organismo, bem como várias outras características fenotípicas, podem variar em função da temperatura, da fase de crescimento (exponencial *versus* estacionária) e, em menor grau, do meio de cultura. Assim, para a obtenção de resultados consistentes é necessário cultivar o organismo desconhecido em um meio

**Tabela 12.2 Algumas características fenotípicas de importância taxonômica**

| *Categoria principal* | *Componentes* |
|---|---|
| Morfologia | Morfologia colonial; reação de Gram; tamanho e forma celular; padrão de flagelação; presença de esporos, corpos de inclusão (p. ex., grânulos de PHB[a], vesículas de gás, magnetossomos); pedúnculos ou apêndices; formação de corpos de frutificação |
| Motilidade | Imóveis; motilidade por deslizamento; motilidade natatória (flagelar); motilidade expansiva; motilidade por vesículas de gás |
| Metabolismo | Mecanismo de conservação de energia (fototrofia, quimiorganotrofia, quimiolitotrofia); utilização de compostos individuais de carbono, nitrogênio ou enxofre; fermentação de açúcares; fixação de nitrogênio; necessidade de fatores de crescimento |
| Fisiologia | Faixas de temperatura, pH e sal para o crescimento; resposta ao oxigênio (aeróbio, facultativo, anaeróbio); presença de catalase ou oxidase; produção de enzimas extracelulares |
| Química celular | Ácidos graxos[b]; lipídeos polares; quinonas respiratórias |
| Outros traços | Pigmentos; luminescência; sensibilidade a antibióticos; sorotipo |

[a]PHB, ácido poli-β-hidroxibutírico (Seção 2.14).
[b]Figura 12.30.

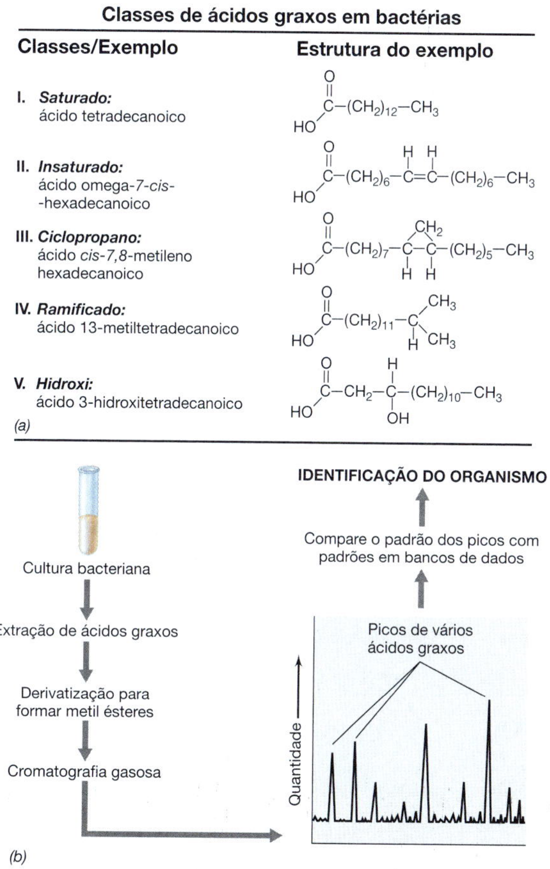


**Figura 12.30 Análise de metil éster de ácido graxo (FAME) na identificação bacteriana.** *(a)* Classes de ácidos graxos em bactérias. É apresentado apenas um exemplo de cada classe, embora mais de 200 ácidos graxos diferentes tenham sido descobertos a partir de fontes bacterianas. Um metil éster contém um grupo metil ($CH_3$) no lugar do próton do grupo ácido carboxílico (COOH) do ácido graxo. *(b)* Procedimento. Cada pico da cromatografia gasosa é um metil éster de ácido graxo em particular, sendo a altura do pico proporcional à quantidade.

específico e a uma temperatura específica, a fim de comparar seu perfil de ácidos graxos com aquele de organismos existentes em bancos de dados, que foram cultivados nas mesmas condições. No caso de muitos organismos, isso é obviamente impossível, e, assim, as análises FAME restringem-se àqueles organismos que podem ser cultivados nas condições especificadas. Além disso, a grande consideração necessária nos estudos de discriminação entre espécies ainda não se encontra bem documentada.

Características fenotípicas de linhagens são normalmente muito dependentes das condições de crescimento, e os fenótipos observados no ambiente laboratorial podem não ser bons representantes dos fenótipos presentes em ambientes naturais; assim, cuidado deve ser tomado na utilização de características fenotípicas nas análises sistemáticas. Os valores das diferentes características fenotípicas na sistemática podem variar com relação ao grupo taxonômico examinado.

**MINIQUESTIONÁRIO**

- Qual classe de genes é utilizada em análises MLST?
- Como a ribotipagem difere da rep-PCR?
- O que é a análise FAME?

## 12.10 Classificação e nomenclatura

Concluímos este capítulo com uma breve descrição de como bactérias e arqueias são classificadas e nomeadas – a ciência da *taxonomia*. Foram também apresentadas informações sobre coleções de culturas, que atuam como repositórios para o depósito científico de culturas, sobre alguns recursos taxonômicos essenciais disponíveis à microbiologia e sobre alguns dos procedimentos para a denominação de novas espécies. A descrição formal de uma nova espécie procariótica e o depósito de culturas vivas em uma coleção de culturas constituem uma importante base para a sistemática procariótica.

### Taxonomia e descrição de novas espécies

A *classificação* consiste na organização dos organismos em grupos progressivamente mais inclusivos, com base nas semelhanças fenotípicas ou nas relações evolutivas. A natureza hierárquica da classificação é ilustrada na **Tabela 12.3**, que apresenta as categorias taxonômicas nas quais os procariotos são classificados de domínio a espécie. Habitualmente, uma nova espécie é definida a partir da caracterização de várias linhagens, sendo os grupos de espécies similares reunidos em gêneros. Grupos de gêneros similares são reunidos em famílias, famílias em ordens, ordens em classes, até o domínio, o táxon mais elevado baseado na informação fenotípica e genotípica.

A *nomenclatura* consiste na aplicação de regras formais para a denominação de organismos. Seguindo o **sistema binomial** de nomenclatura utilizado em biologia, os procariotos recebem nomes de gênero e epítetos de espécie. Os termos utilizados geralmente são derivações em latim ou grego latinizado, frequentemente de alguma propriedade descritiva apropriada para o organismo, sendo impressos em *itálico*. Por exemplo, foram descritas mais de 100 espécies do gênero *Bacillus*, incluindo *Bacillus subtilis*, *Bacillus cereus* e *Bacillus megaterium*. Esses epítetos de espécie significam "esguio", "seroso" e "grande besta", respectivamente, e referem-se a traços morfológicos, fisiológicos ou ecológicos essenciais, característicos de cada organismo. Ao classificarmos os organismos em grupos e nomeá-los, ordenamos o mundo natural e tornamos possível a comunicação efetiva sobre todos os aspectos de organismos individuais, incluindo seu comportamento, ecologia, fisiologia, patogênese e relações evolutivas. Contrariamente à classificação, a nomenclatura está sujeita a regras específicas. A concessão de nomes

**Tabela 12.3** Hierarquia taxonômica da bactéria púrpura sulfurosa *Allochromatium warmingii*

| Divisão taxonômica | Nome | Propriedades | Confirmado por |
|---|---|---|---|
| **Domínio** | *Bacteria* | Células bacterianas; sequências do gene de RNA ribossomal típicas de *Bacteria* | Microscopia; análise da sequência do gene de RNAr 16S; presença de biomarcadores exclusivos, por exemplo, peptideoglicano |
| **Filo** | Proteobacteria | Sequência do gene de RNAr típica de Proteobacteria | Análise da sequência do gene de RNAr 16S |
| **Classe** | Gammaproteobacteria | Bactérias gram-negativas; sequência de RNAt típica de Gammaproteobacteria | Coloração de Gram, microscopia |
| **Ordem** | Chromatiales | Bactérias púrpuras fototróficas | Pigmentos característicos (Figura 20.3) |
| **Família** | Chromatiaceae | Bactérias púrpuras sulfurosas | Capacidade de oxidar $H_2S$ e armazenar $S^0$ no interior das células; observação microscópica da cultura, quanto à presença de $S^0$ (ver foto) |
| **Gênero** | *Allochromatium* | Bactérias púrpuras sulfurosas bacilares | Microscopia (ver foto) |
| **Espécie** | *warmingii* | Células de 3,5-4,0 μm × 5-11 μm; armazenam enxofre principalmente nos polos celulares (ver foto) | Mensuração das células ao microscópio, utilizando um micrômetro; verificação da localização celular dos glóbulos de $S^0$ (ver foto) |

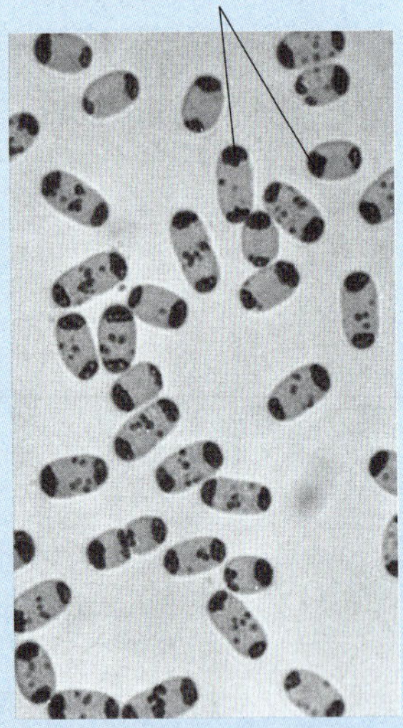

Células de *A. warmingii*

**Tabela 12.4** Algumas coleções nacionais de culturas microbianas

| *Coleção* | *Nome* | *Localização* | *Endereço web* |
|---|---|---|---|
| ATCC | American Type Culture Collection | Manassas, Virginia | http://www.atcc.org |
| BCCM/LMG | Belgium Coordinated Collection of Microorganisms | Ghent, Bélgica | http://bccm.belspo.be |
| CIP | Collection de l'Institut Pasteur | Paris, França | http://www.pasteur.fr |
| DSMZ | Deutsche Sammlung von Mikroorganismen und Zellkulturen | Braunschweig, Alemanha | http://www.dsmz.de |
| JCM | Japan Collection of Microorganisms | Saitama, Japão | http://www.jcm.riken.go.jp |
| NCCB | Netherlands Culture Collection of Bacteria | Utrecht, Holanda | http://www.cbs.knaw.nl/nccb |
| NCIMB | National Collection of Industrial, Marine and Food Bacteria | Aberdeen, Escócia | http://www.ncimb.com |



para espécies e grupos superiores de *Bacteria* e *Archaea* é regulamentada pelo Código Bacteriológico – *O Código Internacional de Nomenclatura de Bactérias.* Essa fonte representa o arcabouço formal a partir do qual bactérias e arqueias devem ser oficialmente denominadas, assim como o procedimento pelo qual os nomes existentes podem ser alterados, por exemplo, quando novos dados asseguram rearranjos taxonômicos.

Quando um novo microrganismo é isolado da natureza e caracterizado como único, deve ser decidido se ele é suficientemente diferente de outros procariotos para ser descrito como um novo táxon. Para obtenção de uma validação formal da posição taxonômica como um novo gênero ou espécie, uma descrição detalhada das características do organismo e propriedades distintivas, juntamente com o nome proposto, deve ser publicada, assim como culturas viáveis do organismo devem ser depositadas em pelo menos duas coleções de cultura internacionais (**Tabela 12.4**). Um manuscrito descrevendo e nomeando um novo táxon passa por revisão por pares antes da publicação. O maior veículo para a descrição de um novo táxon é o *International Journal of Systematic and Evolutionary Microbiology (IJSEM)* (Revista Internacional de Microbiologia Sistemática e Evolutiva), a publicação oficial para registro da taxonomia e classificação de bactérias, arqueias e eucariotos microbianos. Em cada fascículo, o *IJSEM* publica uma relação aprovada de nomes recém-validados. Ao conceder a validação de nomes recém-propostos, a publicação no *IJSEM* abre o caminho para sua inclusão no *Bergey's Manual of Systematic Bacteriology.* Dois *web sites* fornecem listagens de denominações bacterianas aprovadas e validadas: *List of Prokaryotic Names with Standing in Nomenclature* (Lista de Nomes Procarióticos com Base na Nomenclatura) (http//www.bacterio.cict.fr) e *Bacterial Nomenclature Up-to-Date* (Nomenclatura Bacteriana Atualizada) (http://www.dsmz.de/pactnom/bactname.htm).

O *Internacional Committee on Systematics of Prokaryotes* (ICSP, na sigla em inglês) (Comitê Internacional de Sistemática de Procariotos) é responsável pela fiscalização da nomenclatura e taxonomia de bactérias e arqueias. O ICSP fiscaliza a publicação do *IJSEM* e do *Código Internacional de Nomenclatura de Bactérias*, além de orientar várias subcomissões envolvidas na determinação de padrões mínimos para a descrição de novas espécies nos diferentes grupos.

## *Manual de Bergey* e *os procariotos*

Em virtude de a taxonomia tratar-se de uma questão de julgamento científico, não há uma classificação "oficial" de bactérias e arqueias. Atualmente, o sistema de classificação mais amplamente aceito pelos microbiologistas é a "Visão Geral Taxonômica dos Procariotos", originado a partir da segunda edição do *Bergey's Manual of Systematic Bacteriology* (Manual de Bergey de Bacteriologia Sistemática), um importante compêndio sobre bactérias e arqueias. Ver, no Apêndice 2, uma listagem de gêneros e grupos de ordem superior do *Manual de Bergey*. Amplamente utilizado, o *Manual de Bergey* tem servido à comunidade de microbiologistas desde 1923, sendo um compêndio de informações sobre todas as espécies bacterianas reconhecidas. Cada capítulo, escrito por especialistas, contém tabelas, figuras e outras informações de sistemática úteis para objetivos de identificação.

Uma segunda referência importante sobre a diversidade bacteriana é *The Prokaryotes* (Os Procariotos), que oferece informações detalhadas sobre o enriquecimento, isolamento e cultivo de vários grupos de bactérias e arqueias, organizado por especialistas de cada grupo microbiano. Essa obra está disponível *online* para assinaturas de bibliotecas universitárias. Em conjunto, o *Manual de Bergey e Os Procariotos* oferecem aos microbiologistas os fundamentos, assim como os detalhes da taxonomia e filogenia de bactérias e arqueias, como as conhecemos atualmente. Eles são as fontes primárias para os microbiologistas na caracterização de organismos recém-isolados.

## Coleções de culturas

Coleções nacionais de culturas microbianas (Tabela 12.4) são uma importante base da sistemática microbiana. Essas coleções permanentes catalogam e armazenam microrganismos, fornecendo-os, quando solicitados e geralmente mediante pagamento, a pesquisadores de instituições de ensino, das áreas médica e industrial. Elas desempenham um importante papel como repositórios para a diversidade natural de bactérias, por meio do depósito de novos tipos de microrganismos feito pelos cientistas que os descobriram. Dessa forma, essas coleções servem para manter e proteger a biodiversidade microbiana, de forma muito similar aos museus que mantêm espécimes vegetais e animais para estudos futuros. No entanto, as coleções de culturas microbianas armazenam os microrganismos depositados, não como espécimes mortos, preservados quimicamente ou desidratados, mas como *culturas viáveis*, em geral pelo congelamento em temperaturas muito baixas ou como culturas liofilizadas. Esses métodos de armazenamento mantêm as bactérias essencial e indefinidamente como culturas viáveis em seu estado original.

Um papel relacionado, e essencial, das coleções de culturas consiste em atuar como repositórios de *linhagens-padrão.* Quando uma nova espécie de bactérias é descrita em um periódico científico, uma linhagem é designada como tipo-padrão da nomenclatura do táxon, para futuras comparações taxonômicas com outras linhagens daquela espécie (ver Figura 12.26).

O depósito dessa linhagem-padrão em coleções nacionais de culturas de pelo menos dois países, disponibilizando, assim, a publicidade da linhagem, é um pré-requisito para a validação do nome da nova espécie. Algumas das grandes coleções nacionais de culturas estão listadas na Tabela 12.4. Seus *web sites* contêm dados pesquisáveis referentes ao acervo de linhagens, juntamente com informações sobre as fontes ambientais das linhagens e publicações sobre elas.

**MINIQUESTIONÁRIO**

- Que papéis as coleções de culturas desempenham na sistemática microbiana?
- O que se entende por *IJSEM* e qual função taxonômica ele desempenha?
- Por que culturas de células viáveis são de maior utilidade na taxonomia microbiana do que os espécimes preservados?

## CONCEITOS IMPORTANTES

**12.1** • O planeta Terra tem aproximadamente 4,5 bilhões de anos. A primeira evidência de vida microbiana pode ser encontrada em rochas de 3,86 bilhões de anos.

**12.2** • Formações microbianas, denominadas estromatólitos, são abundantes em rochas de 3,5 bilhões de anos ou menos e apresentam extensiva diversificação microbiana. A evolução da fotossíntese oxigênica levou ao acúmulo de $O_2$ por 2,4 bilhões de anos atrás, eventualmente ocasionando a formação de camadas de ferro, a camada de ozônio e uma atmosfera oxigenada que preparou o ambiente para a rápida diversificação de tipos metabólicos e a origem da multicelularidade.

**12.3** • A célula eucariótica deve ter surgido a partir de um evento de endossimbiose. Acredita-se que a célula eucariótica corresponda a uma quimera, apresentando genes e características de *Bacteria* e de *Archaea*. Análises de sequências de RNAr SSU indicam que os ancestrais da mitocôndria são encontrados no filo Proteobacteria e os ancestrais dos cloroplastos são encontrados no filo Cyanobacteria.

**12.4** • Genes de RNA ribossomais têm sido utilizados para construir uma árvore filogenética universal revelando que a vida na Terra evoluiu ao longo de três linhas principais, os domínios *Bacteria*, *Archaea* e *Eukarya*. Os principais filos de *Bacteria* e *Archaea* divergiram há bilhões de anos, e o filo mais bem caracterizado de *Eukarya* divergiu nos últimos 600 milhões de anos. A árvore filogenética universal mostra que os domínios *Bacteria* e *Archaea* divergiram um do outro eras atrás, e que *Eukarya* divergiu de *Archaea* mais tarde na história da vida.

**12.5** • Sequências moleculares acumulam mutações aleatórias ao longo do tempo e a análise filogenética molecular é utilizada para determinar a história evolutiva da vida. Uma árvore filogenética é um diagrama que retrata a história evolutiva de um grupo de genes ou organismos.

**12.6** • A evolução é definida como uma mudança na frequência alélica ao longo do tempo. Novos alelos são criados por meio do processo de mutação ou recombinação. Mutações ocorrem aleatoriamente e a maioria das mutações é neutra ou deletéria, mas algumas são benéficas. A seleção natural e a deriva genética são dois mecanismos que promovem a mudança alélica ao longo do tempo.

**12.7** • Genomas microbianos são dinâmicos e o tamanho do genoma e conteúdo gênico podem variar consideravelmente entre as linhagens de uma espécie. O genoma cerne é definido como um conjunto de todos os genes compartilhados por uma espécie, enquanto o pangenoma é definido como o genoma cerne mais genes que a presença varia entre as linhagens de uma espécie.

**12.8** • Atualmente, uma espécie procariótica é definida de forma operacional baseada no compartilhamento genético e características fenotípicas. A dinâmica natural dos genomas microbianos e abundância de genes adquiridos por transferência horizontal de genes têm levantando questões sobre a natureza das espécies microbianas. Enquanto muitos mecanismos têm sido propostos para descrever a formação de espécies, não existe consenso nas forças evolutivas e ecológicas que melhor explicam a origem de espécies microbianas.

**12.9** • A sistemática é o estudo da diversidade e das relações dos seres vivos. A taxonomia polifásica é baseada em informações fenotípicas, genotípicas e filogenéticas. As propriedades fenotípicas úteis na taxonomia incluem a morfologia, a motilidade, o metabolismo e a química celular, especialmente as análises de lipídeos. As espécies bacterianas podem ser distinguidas genotipicamente com base na hibridização DNA-DNA, no perfil de DNA MLST, análise multigene ou do genoma completo. As propriedades fenotípicas úteis na taxonomia incluem a morfologia, a motilidade, o metabolismo e a química celular, especialmente as análises de lipídeos.

**12.10** • A nomenclatura na microbiologia segue o sistema binomial utilizado em toda a biologia. O reconhecimento formal de uma nova espécie procariótica requer o depósito de uma amostra do organismo em coleções de culturas e a publicação oficial do nome e da descrição da nova espécie. O *Manual de Bergey de Bacteriologia Sistemática* e *Os Procariotos* são importantes compilações taxonômicas de *Bacteria* e *Archaea*.

## REVISÃO DOS TERMOS-CHAVE

**Adequação** capacidade de um organismo sobreviver e reproduzir-se, em comparação aos organismos competitivos.

**Alelo** variante de sequência de um determinado gene.

***Archaea*** grupo de procariotos filogeneticamente relacionados, distinto de *Bacteria*.

**Árvore filogenética universal** árvore que indica o posicionamento de representantes de todos os domínios de organismos vivos.

***Bacteria*** grupo de procariotos filogeneticamente relacionados, distinto de *Archaea*.

**Cladística** métodos filogenéticos que agrupam os organismos conforme suas relações evolutivas, e não por suas semelhanças fenotípicas.

**Domínio** em um sentido taxonômico, refere-se ao nível mais elevado na classificação biológica.

**Ecotipo** população de células geneticamente idênticas que compartilham um recurso particular em um nicho ecológico.

**Endossimbiose** teoria afirmando que uma bactéria quimiorganotrófica e uma cianobactéria, respectivamente, foram incorporadas de modo estável em outro tipo celular, originando as mitocôndrias e os cloroplastos de eucariotos atuais.

**Espécie** em microbiologia, corresponde a um conjunto de linhagens que compartilham as mesmas características principais, diferindo de outros conjuntos de linhagens em uma ou mais propriedades significativas; definida filogeneticamente como grupos monofiléticos exclusivos, com base na sequência de DNA.

**Estromatólito** massa microbiana laminar, normalmente formada por camadas de bactérias filamentosas e outros microrganismos, que pode se tornar fossilizada.

***Eukarya*** todos os eucariotos: algas, protistas, fungos, bolores limosos, plantas e animais.

**Evolução** descendência com modificações; variação na sequência de DNA e a herança desta variação.

**FAME** metil éster de ácido graxo (do inglês, *fatty acid methyl ester*).

**Filogenia** história evolutiva de um organismo.

**Filo** a principal linhagem celular em um dos três domínios da vida.

**FISH** hibridização fluorescente *in situ* (do inglês, *fluorescent in-situ hibridization*).

**Hibridização DNA-DNA** determinação experimental da similaridade genômica, pela medida do grau de hibridização de um DNA genômico de um organismo em relação a outro.

**Monofilético** em filogenia, refere-se a um grupo descendente de um ancestral.

**Ortólogo** gene encontrado em um organismo, similar a outro de um organismo diferente, mas que difere devido à especiação. Ver também *parálogo*.

**Proporção de bases GC** referente ao DNA de um organismo, corresponde à porcentagem de ácido nucleico total que consiste nas bases guanina e citosina.

**Proteobacteria** grande grupo de bactérias gram-negativas filogeneticamente relacionadas.

**Relógio molecular** um gene, como de RNA ribossomal, cuja sequência de DNA pode ser utilizada como uma medida temporal comparativa da divergência evolutiva.

**Ribossomal Database Project (RDP)** grande banco de dados que contém sequências de RNA da subunidade ribossomal menor, às quais podem ser recuperadas eletronicamente e utilizadas em estudos comparativos de sequências de RNA ribossomal.

**Ribotipagem** forma de identificação de microrganismos por meio da análise de fragmentos de DNA gerados pela digestão com enzimas de restrição de genes que codificam o RNAr 16S.

**RNA da subunidade menor (SSU, *small subunit*)** RNA ribossomal da subunidade ribossomal 30S de bactérias e arqueias, ou da subunidade ribossomal 40S de eucariotos, isto é, RNA ribossomal 16S ou 18S, respectivamente.

**RNA ribossomal 16S** polinucleotídeo extenso (~1.500 bases) componente da subunidade menor do ribossomo de bactérias e arqueias, de cuja sequência gênica obtêm-se informações evolutivas; equivalente ao RNAr 18S de eucariotos.

**Sequência assinatura** pequenos oligonucleotídeos de sequência definida encontrados na SSU do RNA ribossomal, característicos de organismos específicos ou de um grupo de organismos filogeneticamente relacionados; útil na construção de sondas.

**Sistema binomial** sistema criado por Linnaeus para a nomenclatura de seres vivos, pelo qual se confere ao organismo um nome de gênero e um epíteto de espécie.

**Sistemática** estudo da diversidade dos organismos e de suas relações; inclui a taxonomia e filogenia.

**Sonda filogenética** um oligonucleotídeo, às vezes tornado fluorescente pela associação a um corante, de sequência complementar a alguma sequência assinatura de RNA ribossomal.

**Taxonomia** ciência de identificação, classificação e nomenclatura.

**Tipagem de sequências de multilocus (MLST)** ferramenta taxonômica para a classificação de organismos com base nas variações de sequência em vários genes *housekeeping*.

**Transferência horizontal de genes** transferência de DNA de uma célula a outra, frequentemente relacionada de forma distante.

UNIDADE 3

## QUESTÕES PARA REVISÃO

1. Qual a idade do planeta Terra? Quando os oceanos foram formados e qual a idade dos microfósseis mais antigos conhecidos? (Seção 12.1)

2. O que são estromatólitos e quando eles podem ser encontrados na história da Terra? (Seção 12.2)

3. Por que a evolução das cianobactérias foi tão importante para a posterior evolução da vida na Terra? Que componente do registro geológico é utilizado para datar a evolução das cianobactérias? (Seção 12.3)

4. O que é a hipótese da origem endossimbiótica da mitocôndria e cloroplastos? Quais evidências suportam essa hipótese? (Seção 12.3)

5. Quais evidências suportam a classificação da vida em três domínios? (Seção 12.4)

6. Quais as principais propriedades fisiológicas e bioquímicas que *Archaea* compartilha com *Eukarya*? E com *Bacteria*? (Seção 12.4)

7. Por que os genes de SSU RNAr são boas escolhas para os estudos filogenéticos e quais suas limitações? (Seção 12.4)

8. Por que é necessário o alinhamento de sequências antes da construção de árvores filogenéticas? (Seção 12.5)

9. O que é homoplasia e por que ela cria problemas para as análises filogenéticas moleculares? (Seção 12.5)

10. Qual é a diferença entre uma árvore de genes e uma árvore de organismos? (Seção 12.5)

11. Descreva as etapas para determinação da filogenia de SSU de três bactérias que você isolou da natureza. (Seções 12.4 e 12.5)

12. O que é evolução? Qual processo da origem a variabilidade genética? Quais processos podem causar mudanças nas frequências gênicas ao longo do tempo? (Seção 12.6)

13. O que é aptidão? Em qual grau a aptidão depende do ambiente no qual o organismo vive? (Seção 12.6)

14. O que são processos que influenciam o conteúdo do pangenoma? (Seção 12.7)

15. Compare os impactos de recombinações homólogas e não homólogas na evolução do genoma cerne e do pangenoma. (Seção 12.7)

16. O que é o "problema de espécie" e por que o conceito de espécie microbiana é difícil de solucionar? (Seção 12.8)

17. Quantas espécies bacterianas existem? Por que não sabemos mais precisamente esse número? (Seção 12.8)

18. Quais são as principais propriedades fenotípicas e genotípicas utilizadas pela taxonomia bacteriana para classificar os organismos? (Seções 12.8 e 12.9)

19. O que é medido pela análise FAME? (Seção 12.9)

20. De que forma a análise da sequência do gene de RNAr 16S se diferencia da tipagem de sequência de multilocus como ferramenta de identificação? (Seção 12.9)

21. Que papéis as coleções de culturas microbianas desempenham na sistemática microbiana? (Seção 12.10)

## QUESTÕES APLICADAS

1. Compare e diferencie as condições físicas e químicas existentes na Terra quando a vida surgiu, com as condições existentes atualmente. De um ponto de vista fisiológico, discuta pelo menos duas razões pelas quais os *animais* não poderiam existir na Terra primitiva. De que maneira o metabolismo microbiano alterou a biosfera da Terra? De que modo a vida na Terra poderia ser diferente, caso a fotossíntese oxigênica não tivesse evoluído?

2. Com base nas seguintes sequências, identifique os sítios filogeneticamente informativos. Identifique também os sítios filo geneticamente neutros e aqueles que são invariantes.

   Táxon 1: TCCGTACGTTA
   Táxon 2: TCCCCACGGTT
   Táxon 3: TCGGTACCGTA
   Táxon 4: TCGGTACCGTA
   Táxon 5: GTAAAACCCGAT

3. Imagine que você recebeu várias linhagens bacterianas, provenientes de vários países ao redor do mundo, e acredita-se que todas as linhagens causem a mesma doença gastrintestinal e sejam geneticamente idênticas. Ao realizar uma análise de DNA *fingerprinting* das linhagens, você observa a presença de quatro tipos diferentes de linhagens. Que métodos você empregaria para determinar se as diferentes linhagens são de fato membros da mesma espécie?

4. Imagine que você descobriu uma nova forma de vida microbiana, uma que aparentemente representa um quarto domínio. Como você procederia para caracterizar o novo organismo e para determinar se ele é, de fato, evolutivamente distinto de *Bacteria*, *Archaea* e *Eukarya*?

CAPÍTULO

# 13 Diversidade metabólica dos microrganismos

## microbiologiahoje

I Fototrofia 380

II Quimiolitotrofia 392

III Fermentações 401

IV Respiração anaeróbia 410

V Metabolismo de hidrocarbonetos 424


### Desvendando os metabolismos microbianos

Uma vez que uma bactéria é cultivada em laboratório, geralmente é simples determinar o que ela faz para sobreviver, ou seja, determinar suas capacidades metabólicas. Mas quando os organismos ainda não podem ser cultivados, também podemos descobrir o que eles fazem? Sim, podemos, porém estudando os seus *genes* em vez dos *metabolismos*.

Com o objetivo de investigar quais processos metabólicos microbianos ocorrem em um aquífero anóxico perto do Rio Colorado (foto à direita), ecologistas microbianos isolaram o DNA total da comunidade microbiana do aquífero diretamente no campo (foto à esquerda) e a partir dele, sequenciaram e reconstituíram quase 50 genomas.[1] Por meio de análises das sequências, os cientistas desvendaram o metabolismo da comunidade microbiana do aquífero e analisaram outros aspectos importantes da biologia dessa comunidade. Para sua surpresa, eles descobriram que as principais estratégias catabólicas sendo empregadas eram fermentações e metabolismo de $H_2$ em vez de respiração anaeróbia. Além disso, certos metabolismos que se pensava serem restritos às arqueias também foram detectados em bactérias do aquífero.

Muitas bactérias não cultiváveis do aquífero já haviam sido detectadas anteriormente em pesquisas de diversidade de outros ambientes anaeróbios. No entanto, devido a abordagem do estudo no aquífero conectar a filogenia com o metabolismo, as capacidades metabólicas destes organismos não cultivados foram reveladas. Na verdade, vias metabólicas inteiras poderiam ser reconstruídas examinando o *blueprint* genético da comunidade microbiana. Este conhecimento deve ajudar no desenho de experimentos de enriquecimento de cultura para cultivar as bactérias do aquífero.

Um dos objetivos da ecologia microbiana é trazer microrganismos interessantes para a cultura em laboratório. Enquanto isso, ainda é possível sondar as propriedades dos microrganismos não cultiváveis usando metagenômica. Uma vez que tanto a diversidade microbiana quanto os perfis metabólicos são conhecidos, torna-se possível predizer como funciona o ecossistema e como pode ser pertubado pela poluição ou outras pertubações.

[1]Wrighton, K.C., et al. 2012. Fermentation, hydrogen, and sulfur metabolism in multiple uncultivated bacterial phyla. *Science* 337: 1661–1665.

Um dos principais temas da microbiologia é a grande diversidade *filogenética* da vida microbiana na Terra. Este ponto foi abordado no último capítulo e vamos explorar essa diversidade microbiana em detalhes nos próximos quatro capítulos. Neste capítulo, será analisada a diversidade *metabólica* dos microrganismos, dando maior ênfase aos processos bioquímicos subjacentes a essa diversidade. Retorna-se, então, para os organismos em si, sendo desvendada a amplitude filogenética do mundo microbiano no contexto da diversidade metabólica.

# I • Fototrofia

A fototrofia, utilização de luz como fonte de energia, é amplamente disseminada no universo microbiano. Nesta unidade serão examinadas as propriedades e estratégias de conservação de energia dos microrganismos fototróficos e será visto como estes suportam um estilo de vida baseado somente no uso de $CO_2$ como fonte de carbono.

## 13.1 Clorofilas e fotossíntese

O processo biológico mais importante na Terra é a **fotossíntese**, a conversão de energia luminosa em energia química. Organismos que realizam fotossíntese são chamados de **fototróficos**. Organismos fototróficos também são **autotróficos**, capazes de crescer usando $CO_2$ como única fonte de carbono. A energia da luz é usada na redução de $CO_2$ em compostos orgânicos (*fotoautotrofia*). Alguns fototróficos também podem utilizar carbono orgânico como fonte de carbono; esse estilo de vida é denominado *foto-heterotrofia*.

A fotossíntese requer pigmentos sensíveis à luz, às *clorofilas,* encontradas nas plantas, algas e cianobactérias, e bacterioclorofilas, encontradas em bactérias púrpuras e verdes. Cianobactérias, bactérias púrpuras e verdes são todas procariotas fototróficas. A absorção de energia luminosa pelas clorofilas e bacterioclorofilas inicia o processo fotossintético de conversão de energia que resulta em energia química, ATP.

A fotoautotrofia requer dois conjuntos distintos de reações operando em paralelo: (1) produção de ATP e (2) redução de $CO_2$ em material celular. Para o crescimento autotrófico, a energia é fornecida pelo ATP e os elétrons para a redução de $CO_2$ vêm do NADH (ou NADPH). Eles são produzidos pela redução de $NAD^+$ (ou $NADP^+$) por elétrons originados a partir de vários doadores de elétrons. Algumas bactérias fototróficas obtêm o poder redutor a partir de doadores de elétrons presentes em seu ambiente, como as fontes de enxofre reduzido como o sulfeto de hidrogênio ($H_2S$), ou a partir de hidrogênio molecular ($H_2$). Em contrapartida, as plantas verdes, algas e cianobactérias utilizam elétrons derivados da água ($H_2O$).

A oxidação de $H_2O$ produz oxigênio molecular, $O_2$, como um subproduto. Devido à produção de oxigênio, a **fotossíntese** nesses organismos é denominada **oxigênica**. No entanto, em muitas bactérias fototróficas, a água não é oxidada e *não* há a produção de oxigênio, sendo o processo, portanto, denominado **fotossíntese anoxigênica** (**Figura 13.1**). O oxigênio produzido por cianobactérias há bilhares de anos converteu a Terra anóxica em um mundo rico em oxigênio e preparou o terreno para uma explosão de diversidade microbiana que por fim deu origem a plantas e animais.

### Clorofila e bacterioclorofila

**Clorofilas** e **bacterioclorofilas** são compostos relacionados aos tetrapirróis, que são as estruturas parentais dos citocromos. Entretanto, contrariamente aos citocromos, a clorofila contém *magnésio*, em vez de *ferro*, no centro do anel tetrapirrólico. A clorofila também contém cadeias laterais específicas no anel tetrapirrólico, bem como uma cadeia lateral hidrofóbica de álcool que auxilia a ligação da clorofila às membranas fotossintéticas. A estrutura da clorofila *a*, a principal clorofila de plantas superiores, da maioria das algas e das cianobactérias, é ilustrada na **Figura 13.2*a***. A clorofila *a* é verde porque *absorve* preferencialmente as luzes vermelha e azul, *transmitindo* a luz verde. As propriedades espectrais de qualquer pigmento podem ser mais bem expressas por seu espectro de absorção, uma medida da absorvência do pigmento em diferentes comprimentos de onda. O espectro de absorção de células contendo a clorofila *a* revela uma intensa absorção de luz vermelha (absorção máxima em comprimentos de onda de 680 nm) e de luz azul (máximo em 430

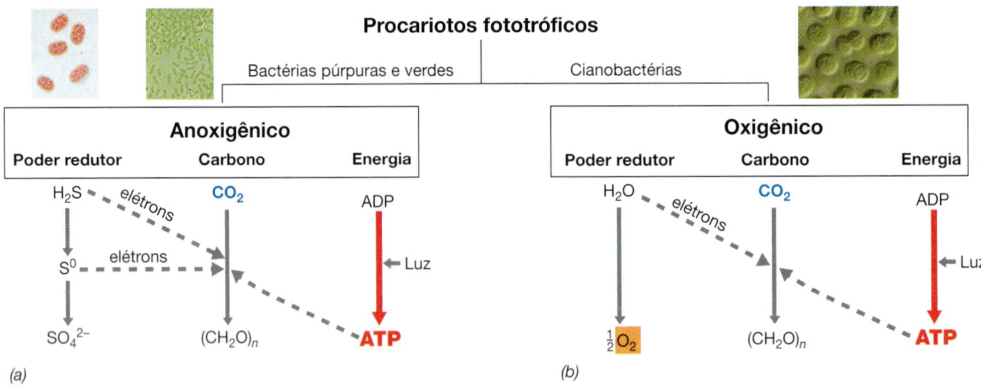


**Figura 13.1 Padrões de fotossíntese.** Síntese de energia e de poder redutor em *(a)* fototróficos anoxigênicos e *(b)* oxigênicos. Embora os dois tipos de fototróficos obtenham sua energia a partir da luz, em fototróficos oxigênicos a luz também dirige a oxidação da água em oxigênio. Esquerda, fotomicrografia de luz transmitida de células de bactérias púrpuras sulfurosas (*Chromatium*, células com 5 μm de diâmetro) e bactérias verdes sulfurosas (*Chlorobium*, células com 0,9 μm de diâmetro). Observe os glóbulos de enxofre elemental no interior das células no interior ou exterior das células produzidos a partir da oxidação de $H_2S$. À direita, uma fotomicrografia de contraste de interferência de células de uma cianobactéria com forma cocoide.

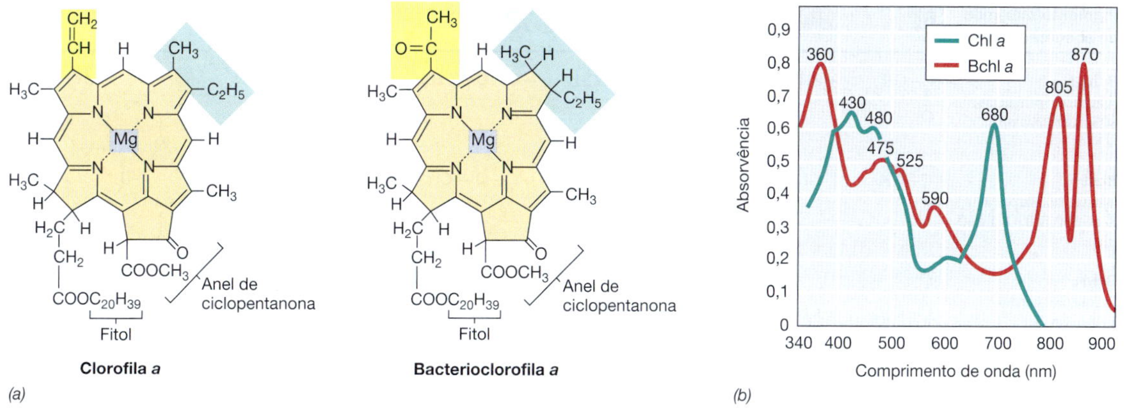


**Figura 13.2 Estruturas e espectros da clorofila *a* e bacterioclorofila *a*.** *(a)* As duas moléculas são idênticas, exceto pelas regiões assinaladas em amarelo e em verde. *(b)* O espectro de absorção (curva verde), das células da alga verde *Chlamydomonas*. Os picos observados em 680 e 430 nm são decorrentes da presença de clorofila *a*, e o pico a 480 nm deve-se aos carotenoides. O espectro de absorção (curva vermelha) das células da bactéria fototrófica púrpura *Rhodopseudomonas palustris*. Os picos observados a 870, 805, 590 e 360 nm são decorrentes da presença de bacterioclorofila *a*, e os picos em 525 e 475 nm devem-se aos carotenoides.



nm) (Figura 13.2*b*). Existem várias clorofilas e bacterioclorofilas distintas, sendo cada uma delas diferenciada por seu espectro de absorção específico. Entre os procariotos, as cianobactérias produzem clorofila *a* (algumas poucas espécies possuem clorofila (algumas poucas espécies possuem clorofila *d*), enquanto as proclorófitas relacionadas produzem clorofila *a* e *b*.

Bactérias púrpuras e verdes fototróficas podem apresentar uma entre várias bacterioclorofilas (**Figura 13.3**). A bacterioclorofila *a* (Figura 13.2), presente na maioria das bactérias púrpuras (Seção 14.4 e 14.5), tem um máximo de absorção entre 800 e 925 nm, dependendo da espécie de fototrófico. (Diferentes espécies possuem diferentes proteínas de ligação ao pigmento, sendo os máximos de absorção da bacterioclorofila *a* parcialmente dependente da natureza dessas proteínas e de como estão organizadas nos fotocomplexos na membrana fotossintética; ver Figura 13.4.) Outras bacterioclorofilas, cuja distribuição ocorre ao longo dos ramos filogenéticos, absorvem em outras regiões do espectro de luz visível e infravermelho (Figura 13.3).

Por que os vários organismos apresentam diferentes tipos de clorofilas que absorvem luz de diferentes comprimentos de onda? Esse fato permite que os fototróficos utilizem a energia disponível no espectro eletromagnético da melhor maneira possível. Por apresentarem diferentes pigmentos com propriedades de absorção distintas, diferentes organismos fototróficos podem coexistir em um hábitat iluminado, cada um utilizando comprimentos de onda de luz não utilizados pelos demais. Assim, a diversidade de pigmentos apresenta importância *ecológica* para o sucesso na coexistência de diferentes fototróficos no mesmo hábitat.

## Centros de reação e pigmentos da antena

Em organismos fototróficos oxigênicos e nos anoxigênicos púrpura, as moléculas de clorofila ou bacterioclorofila estão associadas a proteínas, residentes dentro de membranas formando *fotocomplexos* compostos por 50 a 300 moléculas. Apenas um número reduzido dessas moléculas de pigmentos, denominados **centros de reação**, participa diretamente na conversão da energia luminosa em ATP (**Figura 13.4**). As clorofilas e bacterioclorofilas dos centros de reação são circundadas por clorofilas/bacterioclorofilas captadoras de luz (antena), encontradas em maior número. Os **pigmentos da antena** atuam absorvendo a luz e conduzindo a energia luminosa para o centro de reação (Figura 13.4). Em baixas intensidades luminosas, situação que frequentemente prevalece na natureza, essa organização das moléculas de pigmentos permite que os centros de reação capturem os fótons, os quais, de outra forma, não seriam utilizáveis.

## Membranas fotossintéticas, cloroplastos e clorossomos

As clorofilas e todos os demais componentes do aparelho de captação de luz são encontrados no interior de sistemas membranosos especiais, as membranas fotossintéticas. A localização das membranas fotossintéticas é distinta em microrganismos procarióticos e eucarióticos. Em eucariotos, a fotossíntese está associada a organelas intracelulares, os *cloroplastos* onde as clorofilas encontram-se ligadas a membranas laminares (**Figura 13.5**). Esses sistemas de membranas fotossintéticas são denominados **tilacoides**; as pilhas de tilacoides formam os *grana*. Os tilacoides são organizados de tal forma que o cloroplasto apresenta-se dividido em duas regiões. O espaço da matriz, ao redor dos tilacoides (chamado de *estroma*), e um espaço interno, no interior do conjunto de tilacoides. Essa organização torna possível o estabelecimento de uma força próton-motiva dirigida pela luz, a qual é utilizada na síntese de ATP, conforme descrito na Seção 13.4.

Os procariotos não possuem cloroplastos. Seus pigmentos fotossintéticos estão integrados a sistemas membranosos internos. Esses sistemas surgem a partir de invaginações da membrana citoplasmática. Vesículas membranosas denominadas *cromatóforos* ou pilhas de membranas chamadas de *lamelas* são arranjos de membranas comuns em bactérias púrpuras (**Figura 13.6**). Em cianobactérias, os pigmentos fotossintéticos residem nas membranas lamelares (ver Figura 13.10) também chamadas de *tilacoides* por causa de sua semelhança com os tilacoides dos cloroplastos das algas (Figura 13.5).

A maior eficiência na captura de luz em baixa intensidade é observada no **clorossomo** (**Figura 13.7**). Os clorossomos são encontrados em bactérias verdes sulfurosas, como *Chlorobium* (Figura 13.1 e Seção 14.6) e *Chloroflexus* (Seção 14.7). Os clorossomos são grandes sistemas de antena. Contudo, contrariamente aos pigmentos de antena de outros fototróficos, as moléculas de bacterioclorofila do clorossomo não são

| Pigmento/máximos de absorção (*in vivo*) | $R_1$ | $R_2$ | $R_3$ | $R_4$ | $R_5$ | $R_6$ | $R_7$ |
|---|---|---|---|---|---|---|---|
| **Bchl *a*** (bactérias púrpuras)/ 805, 830–890 nm | $-C(=O)-CH_3$ | $-CH_3$[a] | $-CH_2-CH_3$ | $-CH_3$ | $-C(=O)-O-CH_3$ | P/Gg[b] | —H |
| **Bchl *b*** (bactérias púrpuras)/ 835–850, 1.020–1.040 nm | $-C(=O)-CH_3$ | $-CH_3$[c] | $=C(H)-CH_3$ | $-CH_3$ | $-C(=O)-O-CH_3$ | P | —H |
| **Bchl *c*** (bactérias verdes sulfurosas)/ 745–755 nm | $-CH(OH)-CH_3$ | $-CH_3$ | $-C_2H_5$<br>$-C_3H_7$[d]<br>$-C_4H_9$ | $-C_2H_5$<br>$-CH_3$ | —H | F | $-CH_3$ |
| **Bchl *c*$_s$** (bactérias verdes não sulfurosas)/ 740 nm | $-CH(OH)-CH_3$ | $-CH_3$ | $-C_2H_5$ | $-CH_3$ | —H | S | $-CH_3$ |
| **Bchl *d*** (bactérias verdes sulfurosas)/ 705–740 nm | $-CH(OH)-CH_3$ | $-CH_3$ | $-C_2H_5$<br>$-C_3H_7$<br>$-C_4H_9$ | $-C_2H_5$<br>$-CH_3$ | —H | F | —H |
| **Bchl *e*** (bactérias verdes sulfurosas)/ 719–726 nm | $-CH(OH)-CH_3$ | $-C(=O)-H$ | $-C_2H_5$<br>$-C_3H_7$<br>$-C_4H_9$ | $-C_2H_5$ | —H | F | $-CH_3$ |
| **Bchl *g*** (heliobactérias)/ 670, 788 nm | $-C(H)=CH_2$ | $-CH_3$[a] | $-C_2H_5$ | $-CH_3$ | $-C(=O)-O-CH_3$ | F | —H |

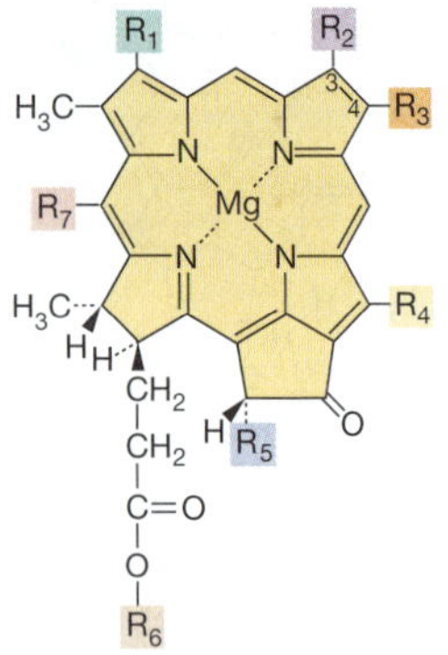


[a] Ausência de dupla ligação entre $C_3$ e $C_4$; átomos adicionais de H estão nas posições $C_3$ e $C_4$.

[b] P, Fitil éster ($C_{20}H_{39}O-$); F, farnesil éster ($C_{15}H_{25}O-$); Gg, geranilgeraniol éster ($C_{10}H_{17}O-$); S, álcool estearil ($C_{18}H_{37}O-$).

[c] Ausência de dupla ligação entre $C_3$ e $C_4$; um átomo adicional de H é encontrado na posição $C_3$.

[d] As bacterioclorofilas *c*, *d*, e *e* consistem em misturas isoméricas, com os diferentes substituintes em $R_3$, conforme ilustrado.

**Figura 13.3 Estruturas de todas as bacterioclorofilas (Bchl, *bacteriochlorophyll*) conhecidas.** Os diferentes substituintes presentes nas posições $R_1$ a $R_7$ na estrutura referente são apresentados. As propriedades de absorção podem ser determinadas por meio da suspensão de células intactas em um líquido viscoso, como uma solução de 60% de sacarose (com isso há uma redução da dispersão da luz, tendendo a tornar os espectros mais homogêneos), seguida da análise dos espectros de absorção, conforme apresentado na Figura 13.2*b*. Os máximos de absorção *in vivo* correspondem aos picos de absorção fisiologicamente relevantes. O espectro de bacterioclofofilas dissolvidas em solventes orgânicos frequentemente é bastante diferente.

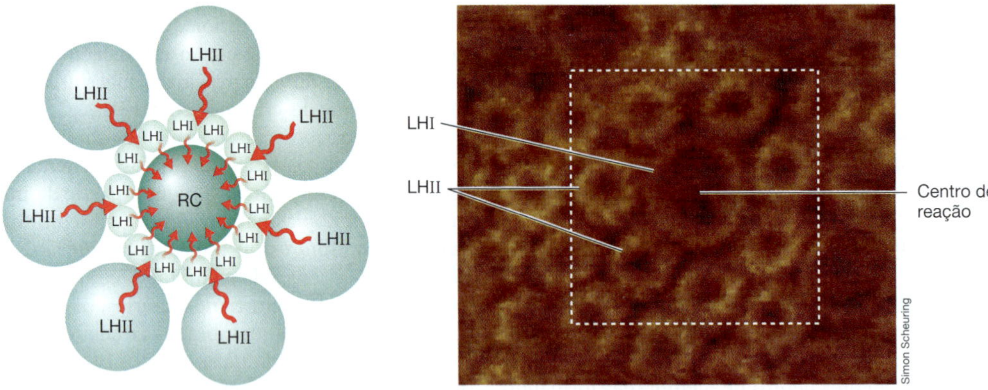


(*a*) (*b*)

**Figura 13.4 Organização das clorofilas/bacterioclorofilas captadoras de luz e os centros de reação em uma membrana fotossintética.** *(a)* A energia luminosa, absorvida pelas moléculas captadoras de luz (LH, *light-harvesting*) (em verde-claro), é transferida aos centros de reação (RC, *reaction centers*; em verde-escuro), iniciando as reações de transporte de elétrons fotossintéticos. As moléculas de pigmentos são fixadas na membrana por meio de proteínas específicas de ligação aos pigmentos. Comparar esta figura com as Figuras 13.11 e 13.12*b*. *(b)* Micrografia de força atômica de fotocomplexos da bactéria púrpura *Phaeospirillum molischianum*. Este organismo possui dois tipos de complexos de captação de luz, LHI e LHII. Os complexos LHII transferem a energia aos complexos LHI e estes transferem a energia ao centro de reação (Figura 13.12*b*).

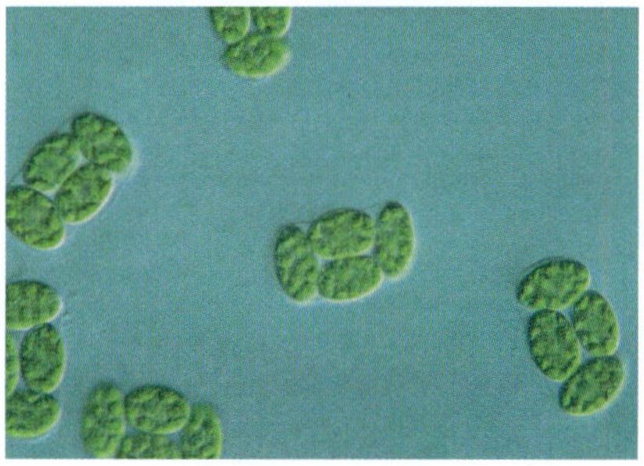

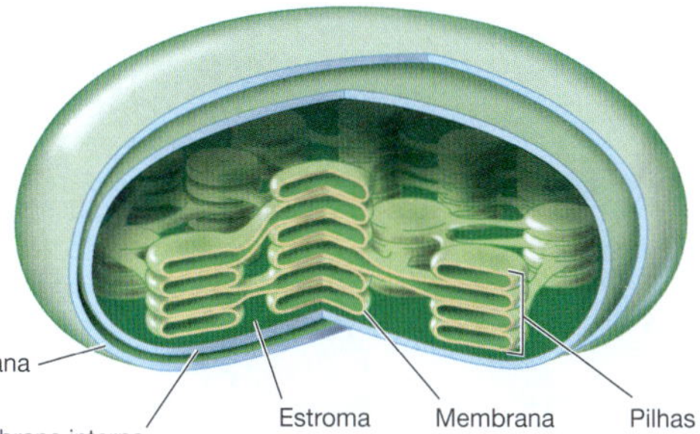


(a) (b)

**Figura 13.5 O cloroplasto.** *(a)* Fotomicrografia de células da alga *Makinoella*. Cada grupo de quatro células contém vários cloroplastos. *(b)* Detalhes da estrutura do cloroplasto, ilustrando como as convoluções das membranas tilacoides definem um espaço interno, denominado estroma, originam pilhas de membranas, denominas grana.



ligadas a proteínas. Os clorossomos contêm bacterioclorofila *c*, *d* ou *e* (Figura 13.3), organizadas em estruturas densas e bacilares, ao longo do eixo maior da estrutura. A luz absorvida por essas bacterioclorofilas da antena transfere energia para a bacterioclorofila *a*, situada no centro de reação da membrana citoplasmática por meio de uma proteína pequena chamada de *proteína FMO* (Figura 13.7).

As bactérias verdes podem crescer nas menores intensidades de luz, quando comparadas a todos os fototróficos conhecidos, e são geralmente encontradas nas águas mais profundas de lagos, em mares internos e em outros hábitats aquáticos anóxicos onde os níveis de iluminação são baixos para suportar outros fototróficos. As bactérias verdes não sulfurosas são os principais componentes dos biofilmes espessos que se formam em fontes termais e ambientes hipersalinos (Seção 19.5). Biofilmes experimentam gradientes de luminosidade íngremes e os clorossomos permitem que as bactérias verdes não sulfurosas cresçam com as menores intensidades de luz disponíveis.

**MINIQUESTIONÁRIO**

- Qual a diferença fundamental entre organismos anoxigênicos e os oxigênicos fototróficos?
- Qual a diferença entre o número de moléculas de clorofila nas antenas e nos centros de reação em um complexo fotossintético e por quê?
- Por que bactérias verdes fototrópicas podem crescer em intensidades de luz que as bactérias púrpuras não suportam?

## 13.2 Carotenoides e ficobilinas

Embora a clorofila, ou bacterioclorofila, seja necessária para a fotossíntese, os organismos fototróficos também possuem vários pigmentos acessórios. Eles incluem os *carotenoides* e as *ficobilinas*.

### Carotenoides

Os pigmentos acessórios mais amplamente distribuídos são os **carotenoides**, sempre encontrados em organismos fototróficos. Os carotenoides são pigmentos hidrofóbicos sensíveis à luz, firmemente associados à membrana fotossintética. A **Figura 13.8** apresenta a estrutura de um carotenoide típico, o *β-caroteno*. Os carotenoides são geralmente amarelos, vermelhos, marrons ou verdes e absorvem luz na região azul do espectro (Figura13.2). Os principais carotenoides de fototróficos anoxigênicos são apresentados na **Figura 13.9**. Esses pigmentos são responsáveis pela coloração brilhante em vermelho, púrpura, cor-de-rosa, verde, amarelo ou marrom observada em diferentes espécies de fototróficos anoxigênicos (Figura 14.12).

Os carotenoides estão estreitamente associados à clorofila ou bacterioclorofila nos complexos fotossintéticos, porém não atuam diretamente nas sínteses de ATP. No entanto, a energia absorvida pelos carotenoides pode ser transferida ao centro de reação, podendo essa energia ser utilizada na produção de ATP. Contudo, os carotenoides atuam principalmente como agentes fotoprotetores. A luminosidade intensa pode ser danosa às células por catalisar reações de foto-oxidação, que podem originar espécies tóxicas de oxigênio, como oxigênio singleto ($^1O_2$) (Seção 5.16). O oxigênio singleto pode oxidar e, desse modo, danificar os componentes do próprio aparato fotossintético. Os carotenoides dissipam as espécies tóxicas de oxigênio e absorvem grande parte dessa luminosidade prejudicial. Uma vez que os organismos fototróficos, devido a sua natureza, necessitam habitar ambientes luminosos, o papel fotoprotetor dos carotenoides corresponde, portanto, a uma vantagem óbvia.

### Ficobiliproteínas e ficobilissomos

As cianobactérias e os cloroplastos de algas vermelhas, que que são descendentes do filo Cyanobacteria (Seção 17.1), contêm pigmentos chamados **ficobiliproteínas**. Elas são os principais pigmentos da antena desses organismos. As ficobiliproteínas são tetrapirróis de cadeia aberta vermelhos ou azuis, associados a proteínas que dão as cores características das cianobactérias e algas vermelhas (**Figura 13.10**). O pigmento vermelho, denominado *ficoeritirina*, absorve mais intensamente luz de comprimentos de onda próximos a 550 nm, enquanto o pigmento azul, *ficocianina* (Figura 13.10*b*), absorve mais intensamente a 620 nm. Um terceiro pigmento, denominado *aloficocianina*, absorve na faixa de 650 nm.

As ficobiliproteínas formam agregados denominados **ficobilissomos**, que se ligam às membranas fotossintéticas (Figura 13.10*c*). Os ficobilissomos são organizados de tal maneira que as moléculas de aloficocianina estabelecem contato direto com a membrana fotossintética. A aloficocianina encontra-se envolta por moléculas de ficocianina ou ficoeritrina (ou ambas, dependendo do organismo). Esses últimos pigmentos absorvem a luz de menor comprimento de onda (maior energia), transferindo a energia à aloficocianina, que se encontra mais próxima à clorofila do centro de reação,

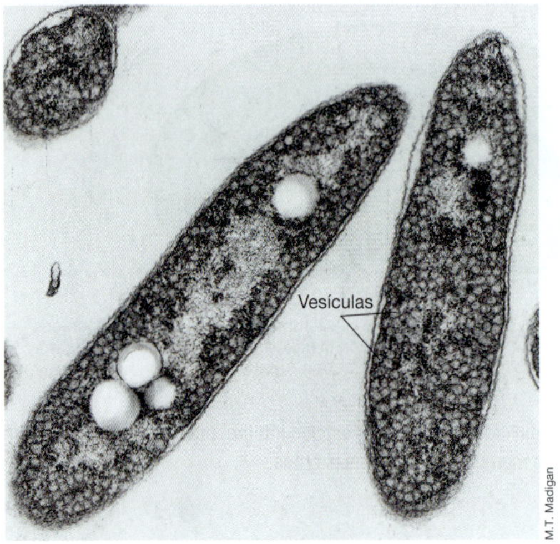


(a)

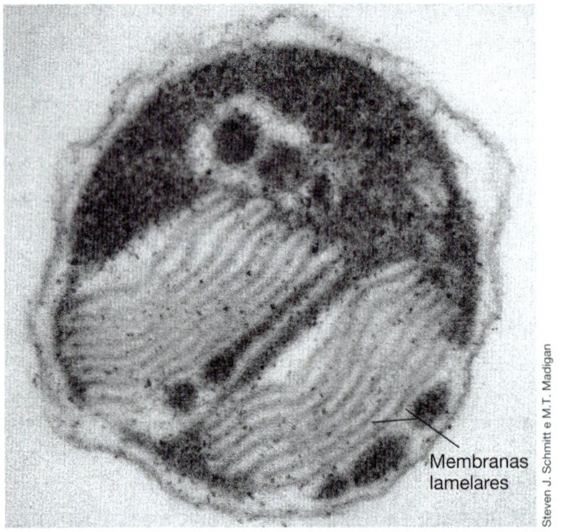


(b)

**Figura 13.6 Membranas em fototróficos anoxigênicos.** *(a)* Cromatóforos. Secção de uma célula da bactéria púrpura fototrófica *Rhodobacter capsulatus*, ilustrando as membranas fotossintéticas vesiculares. As vesículas são contínuas à membrana citoplasmática e são formadas por invaginações dela. Uma célula tem largura aproximada de 1 μm. *(b)* Membranas lamelares da bactéria púrpura *Ectothiorhodospira*. Uma célula tem cerca de 1,5 μm de largura. Essas membranas são também contínuas à membrana citoplasmática e formadas pela invaginação dela, porém, em vez de originarem vesículas, organizam-se de forma empilhada.

transferindo a energia a ele (Figura 13.10*b*). Dessa forma, semelhante a função dos sistemas antena de bacterioclorofilas em fototróficos anoxigênicos (Figura 13.4), os ficobilissomos propiciam uma transferência eficiente de energia, permitindo o crescimento das cianobactérias em intensidades luminosas relativamente baixas.

**MINIQUESTIONÁRIO**

- Em que grupo de fototróficos as ficobiliproteínas são encontradas?
- De que maneira a estrutura de uma ficobilina assemelha-se àquela de uma clorofila?
- A ficocianina tem coloração azul-esverdeada. Que comprimentos de onda esse pigmento absorve e por quê?

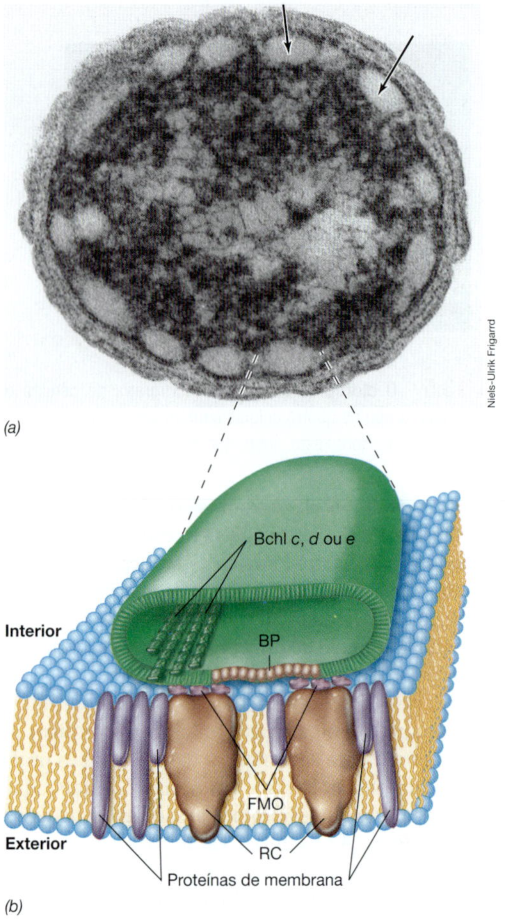


**Figura 13.7 O clorossomo de bactérias verdes sulfurosas e verdes não sulfurosas.** *(a)* Micrografia eletrônica de uma célula da bactéria verde sulfurosa, *Chlorobaculum tepidum*. Observe os clorossomos (setas). *(b)* Modelo da estrutura do clorossomo. O clorossomo (verde) encontra-se estreitamente associado à superfície interna da membrana citoplasmática. As moléculas de bacterioclorofila (Bchl) antena organizam-se em conjuntos tubulares no interior do clorossomo, sendo a energia transferida a partir dessas bacterioclorofilas, por meio das moléculas de Bchl *a* captadoras de luz (LH), para a Bchl *a* do centro de reação (RC), situado na membrana citoplasmática por meio da proteína denominada FMO. As proteínas da placa da base (BP, *base plate*) atuam como conectores entre o clorossomo e a membrana citoplasmática.

## 13.3 Fotossíntese anoxigênica

Nas reações fotossintéticas luminosas, os elétrons atravessam uma cadeia de transporte de elétrons, arranjada em uma membrana fotossintética de acordo com seu potencial de redução ($E_0'$), o qual é crescentemente mais positivo. Isso gera uma força próton-motiva e, subsequentemente, ATP. Os centros

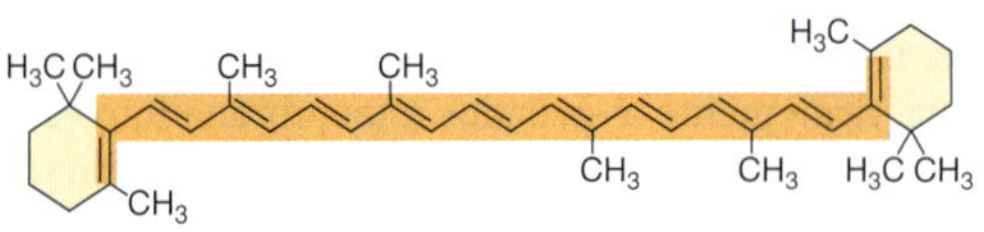


**Figura 13.8 Estrutura do β-caroteno, um carotenoide típico.** O sistema conjugado de ligações duplas encontra-se assinalado em cor de laranja.

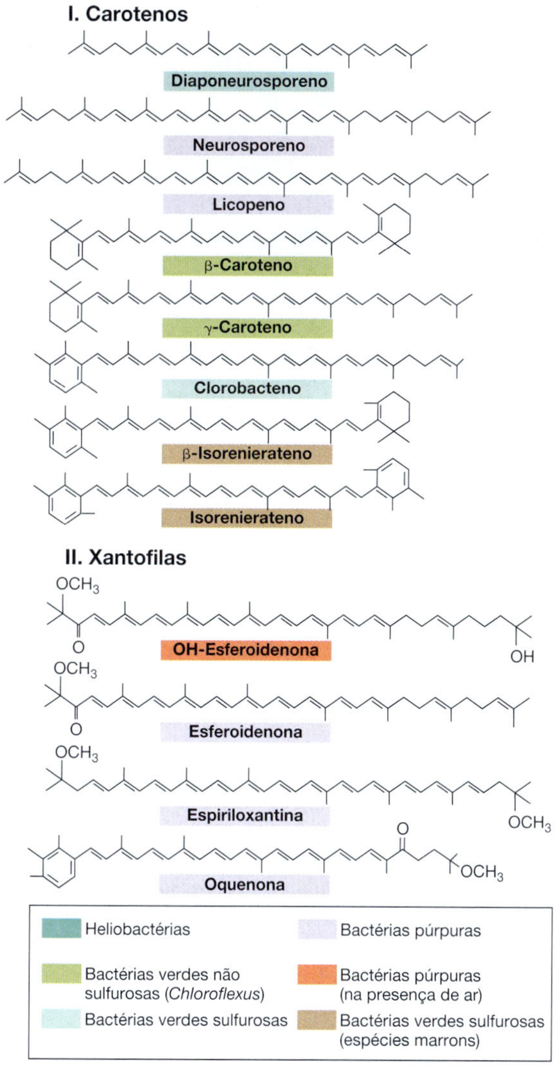


**Figura 13.9 Estruturas de alguns carotenoides comuns encontrados em fototróficos anoxigênicos.** Os carotenos são carotenoides na forma de hidrocarbonetos, enquanto as xantofilas são carotenoides oxigenados. Compare a estrutura do β-caroteno apresentada na Figura 13.8 com a estrutura aqui ilustrada. Para simplificar, os grupos metil ($CH_3$) das estruturas apresentadas aqui são indicados apenas por suas ligações.

de reação e membranas fotossintéticas são peças-chave nesse processo (Seção 13.1).

Os centros de reação de bactérias púrpuras fototróficas consistem em três polipeptídeos designados L, M e H. Estas proteínas, em conjunto com o citocromo *c*, encontram-se fortemente embebidas na membrana fotossintética (Figura 13.6), atravessando-a várias vezes (**Figura 13.11**). Os polipeptídeos L, M e H ligam-se a pigmentos presentes no fotocomplexo do centro de reação. Esse fotocomplexo consiste em duas moléculas de bacterioclorofila *a*, denominadas *par especial*, duas moléculas adicionais de bacterioclorofila *a*, cuja função é desconhecida; duas moléculas de bacteriofeofitina (a bacterioclorofila *a* sem o átomo de magnésio); duas moléculas de quinona (⇄ Seção 3.10); e duas moléculas de um pigmento carotenoide (Figura 13.11). Todos os componentes do centro de reação são integrados de tal forma que podem interagir em reações muito rápidas de transferência de elétrons em estágios iniciais da conversão de energia fotossintética.

## Fluxo de elétrons fotossintéticos em bactérias púrpuras

A fotossíntese é iniciada quando a energia dos fótons absorvida pelo sistema antena é transferida para o par especial de moléculas de bacterioclorofila *a* (Figura 13.11*a*). A absorção da energia excita o par especial, convertendo-o em um forte doador de elétrons, exibindo potencial redutor (⇄ Seção 3.6) muito eletronegativo. Uma vez produzido esse forte doador de elétrons, as etapas seguintes do fluxo de elétrons lembram muito aquelas vistas anteriormente na respiração (⇄ Seção 3.10 e Figura 3.20); ou seja, atuam simplesmente no sentido de conservar a energia liberada à medida que os elétrons são transportados através da membrana, a partir de carreadores com baixo $E_0'$ para aqueles com alto $E_0'$; o transporte de elétrons estabelece então a força próton-motiva (**Figura 13.12**).



Antes da excitação, o centro de reação de bactérias púrpuras, que é denominado *P870*, apresenta um $E_0'$ de aproximadamente +0,5 V; após a excitação, ele passa a apresentar um potencial de cerca de –1,0 V (Figura 13.12*a*). O elétron excitado no interior do P870 promove a redução de uma molécula de bacteriofeofitina *a* presente no centro de reação (Figuras 13.11*a* e 13.12*a*). Essa transição ocorre de maneira extraordinariamente rápida, sendo efetuada em cerca de três trilionésimos ($3 \times 10^{-12}$) de segundo. Uma vez reduzida, a bacteriofeofitina *a* reduz várias moléculas intermediárias de quinona no interior da membrana. Essa transição é também muito rápida, ocorrendo em menos de um bilionésimo de segundo (Figura 13.12). A partir da quinona, o transporte de elétrons ocorre de maneira mais lenta, na ordem de milissegundos, por meio de uma série de proteínas ferro-enxofre e citocromos (Figura 13.12), eventualmente retornando ao centro de reação.

A Figura 13.12*b* mostra o fluxo de elétrons dentro do contexto atual de membrana fotossintética. As proteínas essenciais no transporte de elétrons incluem muitas que também participam do fluxo de elétrons na respiração (⇄ Figura 3.20) – em particular o citocromo $bc_1$ e o citocromo $c_2$ (Figura 13.12). O citocromo $c_2$ está localizado no periplasma (relembre que o periplasma é a região entre a membrana citoplasmática e a membrana externa em bactérias gram-negativas, ⇄ Seção 2.11) e atua como um transferidor de elétrons entre o complexo $bc_1$ ligado à membrana e o centro de reação (Figura 13.12*b*). O fluxo de elétrons completa-se quando o citocromo $c_2$ doa um elétron ao par especial para retorná-lo ao seu original estado fundamental com potencial redutor. O centro de reação torna-se, então, capaz de absorver nova energia e repetir o processo.

O ATP é sintetizado durante o fluxo de elétrons fotossintéticos, como resultado da atividade da ATPase que acopla a força próton-motiva à formação de ATP (⇄ Seção 3.11). Esse mecanismo de síntese de ATP é denominado **fotofosforilação**, especificamente *fotofosforilação cíclica*, uma vez que os elétrons são transferidos ao longo de um circuito fechado. A fotofosforilação cíclica assemelha-se à respiração pelo fato de o fluxo de elétrons através da membrana estabelecer uma força próton-motiva. Entretanto, contrariamente à respiração, na fotofosforilação cíclica não há aporte ou consumo líquido de elétrons; os elétrons simplesmente transitam ao longo de uma via fechada (Figura 13.12).

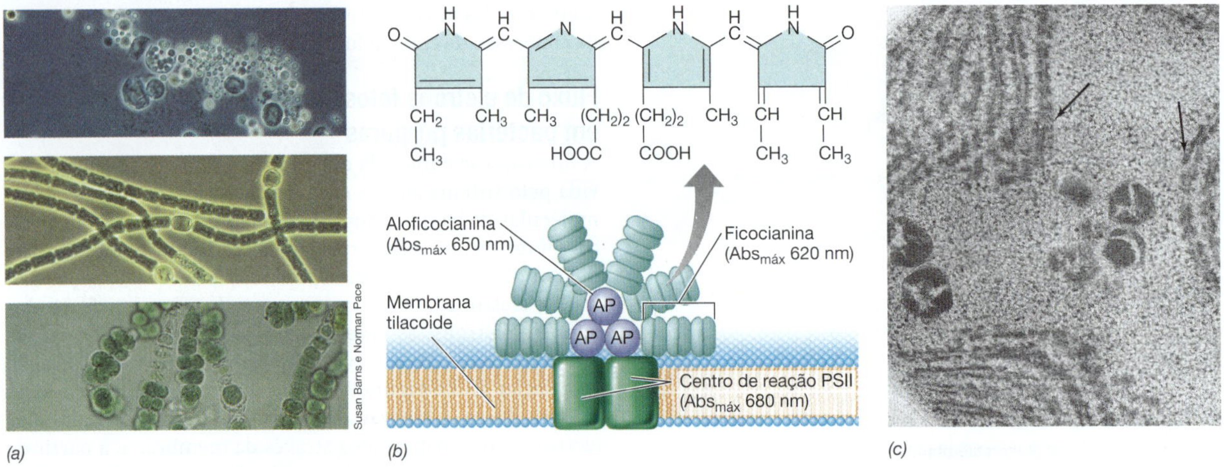


**Figura 13.10** **Ficobiliproteínas e ficobilissomos.** *(a)* Fotomicrografias de células de cianobactérias (de cima para baixo) *Dermocarpa*, *Anabaena* e *Fischerella*, mostrando a típica coloração azul-esverdeada das células por causa das ficobiliproteínas. *(b)* Estrutura de uma ficocianina (acima) e de um ficobilissomo. A ficocianina absorve em níveis de energia mais elevados (comprimentos de onda mais curtos) que a aloficocianina. A clorofila *a* absorve em comprimentos de ondas mais longos (energias mais baixas) que a aloficocianina. O fluxo de energia corresponde, portanto, a ficocianina ⟶ aloficocianina ⟶ clorofila *a* do fotossistema II. *(c)* Micrografia eletrônica de uma secção fina da cianobactéria *Synechocystis*. Observe os ficobilissomos arredondados, intensamente corados (setas), ligados às membranas lamelares.

## Geração de poder redutor

Para que uma bactéria púrpura cresça autotroficamente (Seção 13.1), a síntese de ATP não é suficiente. Um poder redutor (NADH) também é necessário, de modo que o $CO_2$ possa ser reduzido até o nível de compostos celulares. Conforme mencionado anteriormente, o poder redutor de bactérias púrpuras sulfurosas origina-se como $H_2S$, embora $S^0$, $S_2O_3^{2-}$ e mesmo $Fe^{2+}$ ou $NO_2^-$ possam ser utilizados por várias espécies. Quando o $H_2S$ corresponde ao doador de elétrons em bactérias púrpuras sulfurosas, glóbulos de $S^0$ são armazenados no interior das células (Figura 13.1). Quando o $S^0$ é formado, os elétrons se acumulam em um reservatório de quimonas (Figura 13.12). No entanto, o $E_0'$ da quinona (cerca de 0 volts) é insuficientemente eletronegativo para reduzir diretamente o $NAD^+$ (–0,32 V). Em vez disso, os elétrons do *pool* de quinonas devem ser retrocedidos de maneira forçada contra o gradiente termodinâmico, para eventualmente reduzir $NAD^+$ a NADH (Figura 13.13). Esse processo, que requer energia, é denominado **transporte reverso de elétron**, sendo dirigido pela energia da força próton-motiva. O fluxo reverso de elétrons também é um mecanismo pelo qual quimiolitotróficos reduzem $NAD^+$ a NADH, em muitos casos a partir

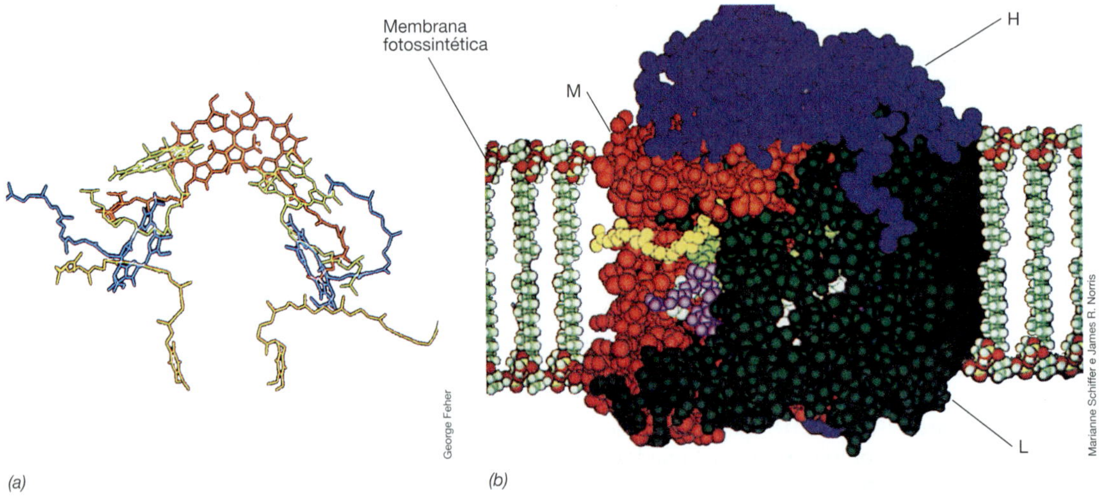


**Figura 13.11** **Estrutura do centro de reação de bactérias púrpuras fototróficas.** *(a)* Organização das moléculas de pigmento no centro de reação. O "par especial" de moléculas de bacterioclorofila está sobreposto, sendo apresentado em vermelho na parte superior; as quinonas estão assinaladas em amarelo-escuro na parte inferior da figura. As bacterioclorofilas acessórias estão assinaladas em amarelo mais claro, localizando-se próximas ao par especial, enquanto as moléculas de bacteriofeofitina estão assinaladas em azul. *(b)* Modelo molecular da estrutura proteica do centro de reação. Os pigmentos discutidos em *a* estão ligados às membranas por meio das proteínas H (azul), M (vermelho) e L (verde). O complexo pigmento-proteína do centro de reação está integrado à bicamada lipídica.

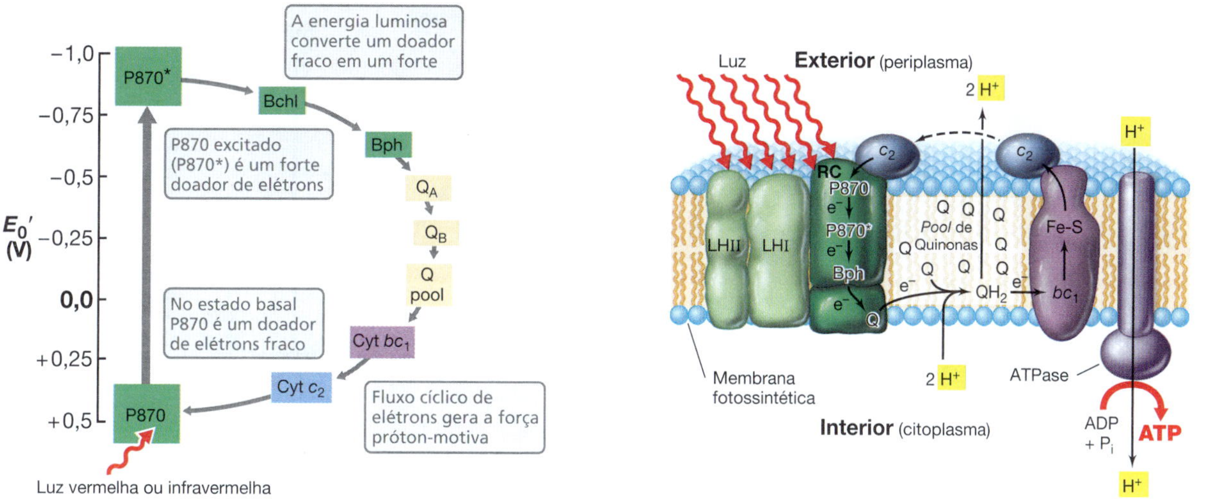


*(a)* **Fluxo de elétrons na fotossíntese anoxigênica**

*(b)* **Organização dos complexos proteicos no centro de reação de uma bactéria púrpura**

**Figura 13.12 Fluxo de elétrons na fotossíntese anoxigênica de uma bactéria púrpura.** *(a)* Esquema das reações envolvendo a absorção de fótons. Uma única reação luminosa ocorre. Bph, bacteriofeofitina; $Q_A$, $Q_B$, quinonas intermediárias; *Pool* Q, reservatório de quinonas na membrana; Cyt, citocromo. *(b)* Arranjo de complexos proteicos no centro de reação da bactéria púrpura, levando à geração de força próton-motiva (fotofosforilação) pela ATPase. LH, complexos de bacterioclorofilas absorvedores de luz; RC, centro de reação, Bph, bacteriofeofitina; Q, quinona; FeS, proteína de ferro-enxofre; $bc_1$, complexo do citocromo $b_1$; $c_2$, citocromo $c_2$. Para a descrição da função da ATPase, ver Seção 13.11.

de doadores de elétrons exibindo $E_0'$ extremamente positivo (Seções 13.6 a 13.10).

## Fotossíntese em outros fototróficos anoxigênicos

A discussão sobre o fluxo de elétrons fotossintéticos concentrou-se, até o momento, nas bactérias púrpuras. Embora componentes de membrana similares promovam a fotofosforilação em outros organismos fototróficos anoxigênicos, existem diferenças em certas reações fotoquímicas que afetam a biossíntese do poder redutor.

A **Figura 13.13** compara o fluxo de elétrons fotossintéticos de bactérias púrpuras, verdes e heliobactérias. Observe que, nas bactérias verdes e nas heliobactérias, o estado excitado das bacterioclorofilas do centro de reação apresenta um $E_0'$ significativamente mais eletronegativo que nas bactérias púrpuras, e que a verdadeira clorofila *a* (bactérias verdes), ou uma forma estruturalmente modificada da clorofila *a*, denominada hidroxiclorofila *a* (heliobactérias), está presente no centro de reação. Assim, diferentemente das bactérias púrpuras, em que a primeira molécula aceptora estável (quinona) apresenta um $E_0'$ de aproximadamente 0 V (Figura 13.12*a*), os aceptores das bactérias verdes e heliobactérias (proteínas FeS) apresentam $E_0'$ muito mais eletronegativo que o NADH. Esse fato apresenta um importante efeito sobre a síntese de NADH nesses organismos. Em consequência, o fluxo reverso de elétrons é desnecessário em bactérias verdes ou heliobactérias. Nas bactérias verdes, uma proteína denominada *ferredoxina* ($E_0'$ −0,4V) atua diretamente como doadora de elétrons nas reações de fixação de $CO_2$ (Seção 13.5). Quando o sulfeto atua como doador de elétrons na síntese do poder redutor em bactérias verdes, são produzidos glóbulos de $S^0$, como nas bactérias púrpuras, porém os glóbulos são formados externamente à célula, em vez de internamente (Figura 13.1). Em ambos os casos, o $S^0$ desaparece sendo oxidado a íon sulfato ($SO_4^{2-}$) para gerar um poder redutor adicional para a fixação de $CO_2$.

**MINIQUESTIONÁRIO**

- Como a fotofosforilação assemelha-se ao processo de fosforilação oxidativa?
- O que é o fluxo reverso de elétrons e por que ele é necessário? Em quais organismos fototróficos o uso do fluxo reverso de elétrons é necessário?
- Clorofila *a* não é limitada aos fototróficos oxigênicos. Explique.

# 13.4 Fotossíntese oxigênica

Contrariamente ao observado em organismos fototróficos *anoxigênicos*, o fluxo de elétrons em fototróficos *oxigênicos* envolve dois sistemas de reações luminosas denominados *fotossistema I* (*PSI* ou *P700*) e *fotossistema II* (*PSII* ou *P680*). Assim como na fotossíntese anoxigênica, as reações fotoquímicas oxigênicas ocorrem nas membranas. Em células eucarióticas, essas membranas são encontradas nos cloroplastos (Figura 13.5), enquanto em cianobactérias, as membranas fotossintéticas são organizadas como estruturas empilhadas, no interior do citoplasma (Figura 13.10*c*).

## Fluxo de elétrons e síntese de ATP na fotossíntese oxigênica

PSI e PSII interagem entre si, como ilustrado na **Figura 13.14**, no "esquema Z" da fotossíntese, nomeado dessa forma porque a via se assemelha à letra Z virada de lado. O potencial redutor da clorofila *a* de P680, no PS II, é altamente eletropositivo, ainda mais positivo do que aquele do par $O_2/H_2O$.

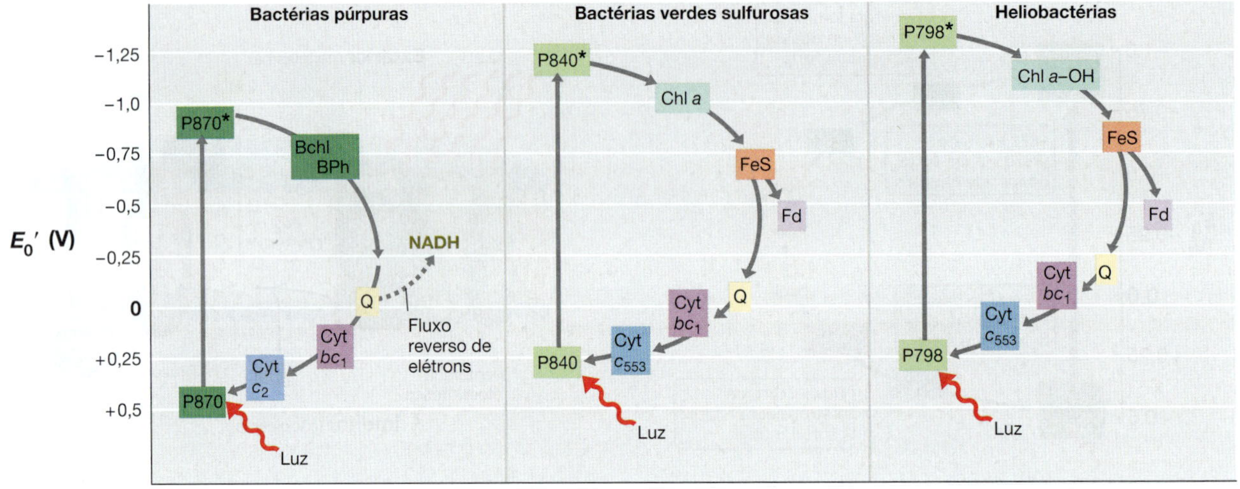


**Figura 13.13 Fluxo de elétrons em bactérias púrpuras, bactérias verdes sulfurosas e heliobactérias.** Observe que, nas bactérias púrpuras, o fluxo reverso de elétrons é necessário à produção de NADH, uma vez que o aceptor primário (quinona, Q) tem potencial mais positivo que o par $NAD^+$/NADH. Nas bactérias verdes e nas heliobactérias, a ferredoxina (Fd), cujo $E_0'$ é mais negativo do que aquele do NADH, é produzida por reações dirigidas pela luz. Nas bactérias verdes, a ferredoxina, e não o NADH, fornece o poder redutor necessário. Bchl, bacterioclorofila; Bph, bacteriofeofitina. P870 e P840 são os centros de reação das bactérias púrpuras e verdes, respectivamente, consistindo em Bchl *a*. O centro de reação das heliobactérias (P798) contém a Bchl *g* e o centro de reação de *Chloroflexus* é similar ao das bactérias púrpuras. Observe que formas da clorofila *s* estão presentes no centro de reação de bactérias verdes e heliobactérias.

Isso facilita a primeira etapa do fluxo oxigênico de elétrons, a clivagem da água em átomos de oxigênio e hidrogênio (Figura 13.14), uma reação termodinamicamente muito desfavorável. Um elétron da água é doado à molécula de P680 oxidada, após a absorção de um quantum de luz próxima aos 680 nm. A energia luminosa converte P680 em um redutor moderadamente forte, capaz de reduzir uma molécula com $E_0'$ de aproximadamente −0,5 V. A natureza dessa molécula ainda é incerta, provavelmente correspondendo a uma molécula de feofitina *a* (uma clorofila *a* desprovida do átomo de magnésio). A partir dessa etapa, o elétron excitado é transportado ao longo de vários carreadores de membrana, incluindo quinonas, citocromos e uma proteína contendo cobre, denominada *plastocianina*, que doa o elétron ao PS I. O elétron é captado pela clorofila do centro de reação do PSI, P700, que previamente absorveu quanta de luz e iniciou as etapas que levam à redução do $NADP^+$. Elas envolvem a transferência de elétrons ao longo de vários carreadores de $E_0'$ eletropositivo crescente, terminando com a redução de $NADP^+$ a NADPH (Figura 13.14).

Além da síntese líquida de poder redutor (i.e., NADPH), outros eventos importantes ocorrem enquanto os elétrons estão sendo transferidos na membrana fotossintética, de um fotossistema para outro. Durante a transferência de um elétron de um aceptor no PSII para a molécula de clorofila do centro de reação do PSI, o elétron é deslocado em uma direção termodinamicamente favorável (do negativo para o positivo). Esse processo estabelece uma força próton-motiva, a partir da qual pode ocorrer a produção de ATP. Esse mecanismo de síntese de ATP é denominado *fotofosforilação acíclica*. Isso porque os elétrons não retornam para promover a redução de P680 oxidado; em vez disso, são utilizados na redução do $NADP^+$. Quando há um poder redutor suficiente, o ATP pode também ser produzido nos fototróficos oxigênicos por *fotofosforilação cíclica*. Isso ocorre quando, em vez de reduzir o $NADP^+$, os elétrons de PSI, que normalmente reduziriam a ferredoxina, retornam para a cadeia de transporte de elétrons que conecta PSII a PSI. Assim, esses elétrons também geram uma força próton-motiva que permite a síntese adicional de ATP (linha tracejada).

## Fotossíntese anoxigênica em fototróficos oxigênicos

Os fotossistemas I e II normalmente atuam em *tandem* na fotossíntese oxigênica. Entretanto, sob certas condições, como, por exemplo, se a atividade de PSII estiver bloqueada, algumas algas e cianobactérias são capazes de realizar a fotofosforilação cíclica (Figura 13.14) utilizando apenas o PSI, obtendo poder redutor para a redução de $CO_2$ a partir de fontes distintas da água. Isto é, realizam, de fato, uma fotossíntese anoxigênica.

Muitas cianobactérias podem utilizar o $H_2S$ como doador de elétrons na fotossíntese anoxigênica, enquanto muitas algas verdes utilizam o $H_2$. Quando $H_2S$ é utilizado, ele é oxidado a enxofre elementar ($S^0$), havendo a produção de grânulos de enxofre similares àqueles produzidos pelas bactérias verdes sulfurosas (Figura 13.1), os quais são depositados fora das células das cianobactérias. Um exemplo desse processo é ilustrado para a cianobactéria *Oscillatoria limnetica*, na **Figura 13.15**. Esse organismo habita lagos salinos ricos em sulfetos, onde realiza a fotossíntese anoxigênica juntamente com bactérias verdes e púrpuras fotossintetizantes, produzindo enxofre como um produto da oxidação do sulfeto.

Do ponto de vista evolutivo, a existência da fotofosforilação cíclica tanto em organismos fototróficos oxigênicos quanto anoxigênicos é uma entre várias indicações de sua es-

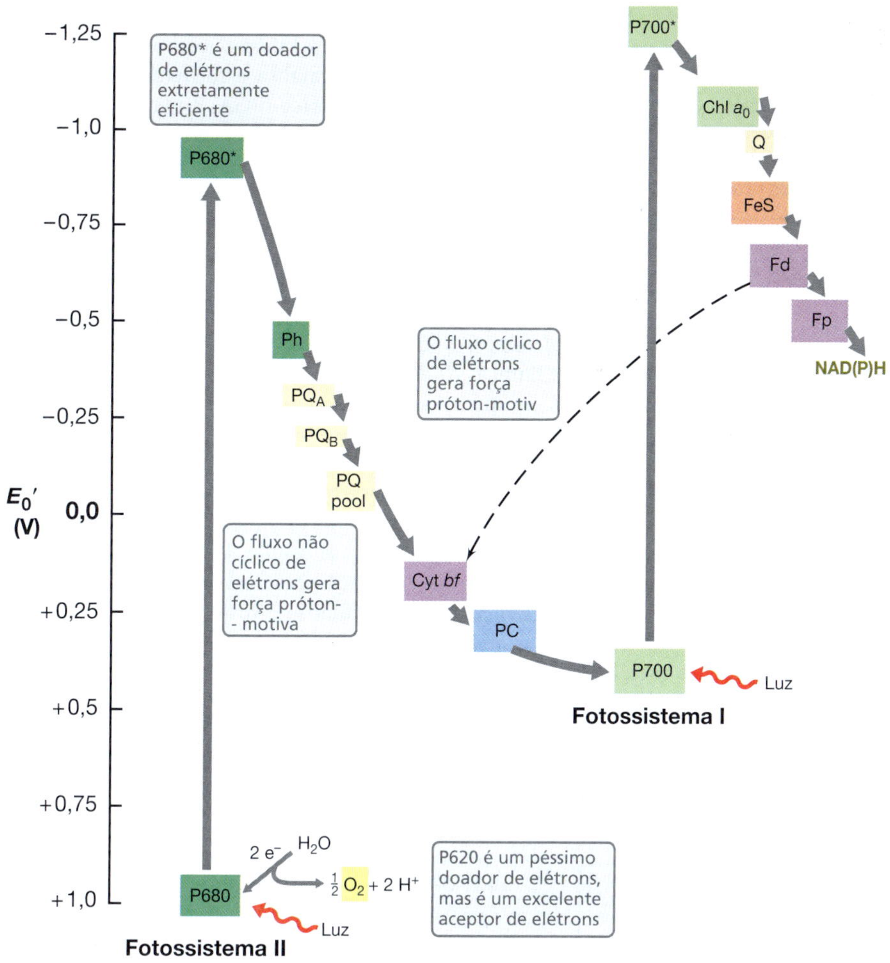


**Figura 13.14** **Fluxo de elétrons na fotossíntese oxigênica, o esquema "Z".** O fluxo de elétrons passa por meio de dois fotossistemas, PSI e PSII. Ph, feofitina; Q, quinona; Chl, clorofila; Cyt, citocromo; PC, plastocianina; FeS, proteína contendo ferro e enxofre, desprovida de grupo heme; Fd, ferredoxina; Fp, flavoproteína; P680 e P700 são as clorofilas dos centros de reação de PSII e PSI, respectivamente. Comparar com a Figura 13.12.



treita relação. Organismos fototróficos oxigênicos, como *O. limnetica*, adquiriram o PSII e, com isso, a capacidade de clivar a água. No entanto, *O. limnetica* ainda retém a capacidade de utilizar somente o fotossistema I em certas condições, assim como os fototróficos anoxigênicos o fazem durante o crescimento fototrófico. Uma evidência adicional das relações evolutivas entre os fototróficos foi a descoberta de que a estrutura do centro de reação fotossintético de bactérias púrpuras assemelha-se àquela de PSII, enquanto a estrutura do centro de reação de bactérias verdes sulfurosas e heliobactérias é similar àquela de PSI.

Uma vez que várias evidências revelam que as bactérias púrpuras e verdes antecederam as cianobactérias na Terra, possivelmente por 0,5 bilhão de anos (Seção 12.2), torna-se evidente que a fotossíntese anoxigênica foi a primeira forma de fotossíntese na Terra. As cianobactérias surgiram posteriormente, ao adquirirem características essenciais de seus antecessores anoxigênicos e desenvolveram um processo novo e importante de utilização da água como doadora de elétrons.

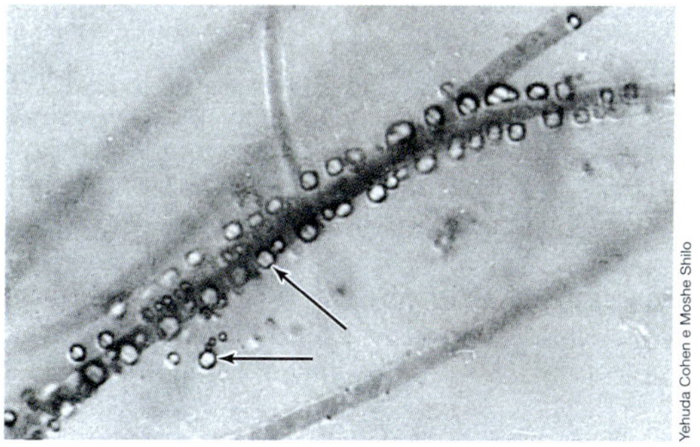


**Figura 13.15** **Oxidação de $H_2S$ por *Oscillatoria limnetica*.** Observe os glóbulos de enxofre elementar (setas), o produto de oxidação do sulfeto, formados fora das células. *O. limnetica* pode realizar a fotossíntese oxigênica, porém o sulfeto inibe esse processo, de modo que as células alternam para a fotossíntese anoxigênica, utilizando o sulfeto como doador de elétrons na fixação de $CO_2$.

**MINIQUESTIONÁRIO**

- Diferencie fluxo de elétrons cíclico e acíclico na fotossíntese oxigênica.
- Qual é o papel-chave desempenhado pela energia luminosa nos primeiros passos das reações fotossintéticas?
- Quais as evidências existentes de que a fotossíntese oxigênica e a anoxigênica são processos relacionados?

## 13.5 Vias autotróficas

A *autotrofia* é um processo pelo qual $CO_2$ é assimilado como fonte de carbono. Vários microrganismos são autotróficos, incluindo todos os fototróficos e quimiolitotróficos. Enfocaremos a autotrofia em microrganismos fototróficos, em que pelo menos três vias são conhecidas. Uma das vias, o ciclo de Calvin, é amplamente distribuída, de modo que iniciaremos por ela.

### O ciclo de Calvin

São conhecidas diversas vias autotróficas, mas o **ciclo de Calvin** é a via mais amplamente distribuída na natureza. O ciclo de Calvin está presente em bactérias púrpuras, cianobactérias, algas, plantas, na maioria das bactérias quimiolitotróficas e em algumas arqueias. O ciclo precisa de NAD(P)H, ATP e duas enzimas-chave, a *ribulose-bifosfato carboxilase* e a *fosforribulocinase*.

A primeira etapa do ciclo de Calvin é catalisada pela enzima ribulose bifosfato carboxilase, abreviada como **RubisCO**. RubisCO catalisa a formação de duas moléculas de ácido 3-fosfoglicérico (PGA, *3-phosphoglyceric acid*) a partir de ribulose bifosfato e $CO_2$, como ilustrado na **Figura 13.16**. O PGA é então fosforilado e reduzido a um intermediário-chave da glicólise, o gliceraldeído-3-fosfato. A partir dessa etapa, a glicose pode ser produzida a partir da reversão das etapas iniciais da glicólise (⇄ Figura 3.14).

É conveniente considerar as reações do ciclo de Calvin com base na incorporação de seis moléculas de $CO_2$, uma vez que este é o processo necessário à produção de uma molécula de glicose ($C_6H_{12}O_6$). Para que a RubisCO promova a incorporação de seis moléculas de $CO_2$, são requeridas seis moléculas de ribulose-bifosfato (30 carbonos no total) (**Figura 13.17**). Eles então formam o esqueleto de carbono de seis moléculas de ribulose-bifosfato (um total de 30 carbonos) e de uma molécula de hexose (6 carbonos), sendo esta última utilizada na biossíntese celular. Uma série de rearranjos envolvendo diversos açúcares ocorre em seguida, originando seis moléculas de ribulose-5-fosfato (um total de 30 carbonos). A última etapa é a fosforilação de cada ribulose-5-fosfato pelo ATP, por meio da enzima fosforribulocinase (Figura 13.16*b* e 13.17) para regenerar seis moléculas aceptoras, ribulose bifosfato. Assim como a RubisCO, a fosforribulocinase é exclusiva do ciclo de Calvin.

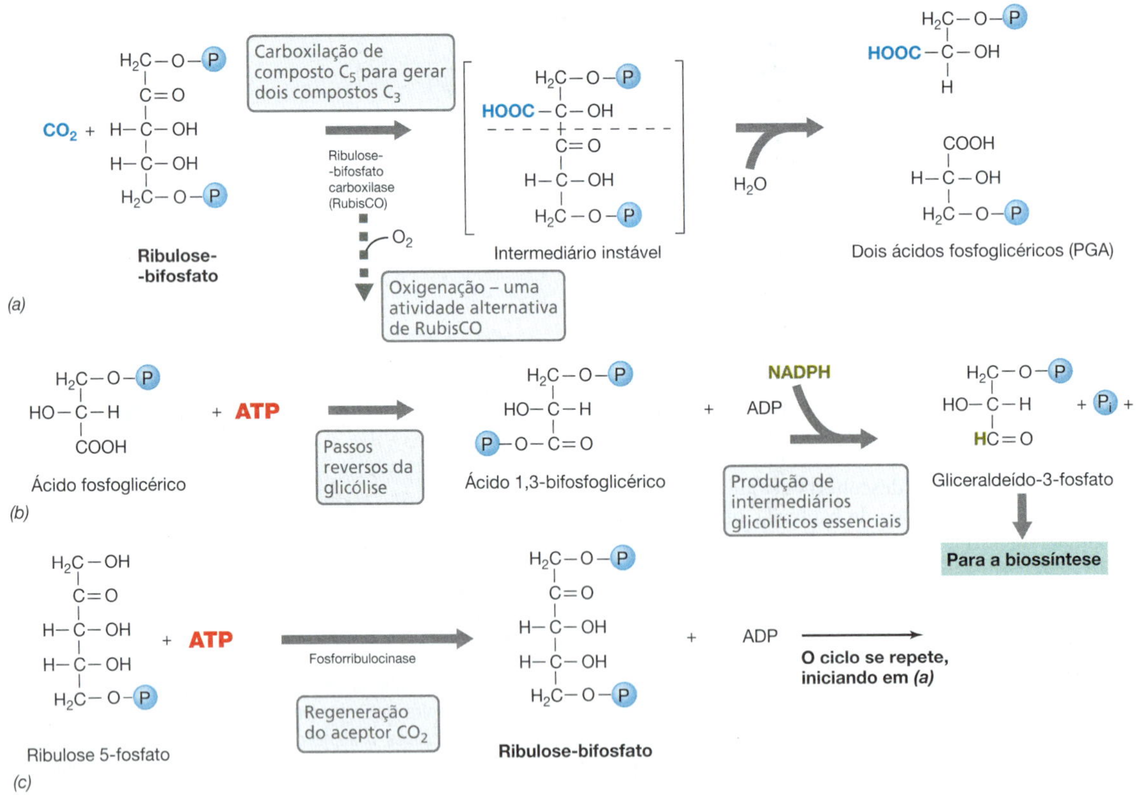


**Figura 13.16** **Reações-chave do ciclo de Calvin.** *(a)* Reação da enzima ribulose-bifosfato carboxilase. *(b)* Etapas da conversão do ácido 3-fosfoglicérico (PGA) em gliceraldeído-3-fosfato. Observe que tanto ATP quanto NADPH são necessários. *(c)* Conversão da ribulose-5-fosfato em ribulose-1,5-bifosfato, a molécula aceptora de $CO_2$, pela enzima fosforribulocinase.

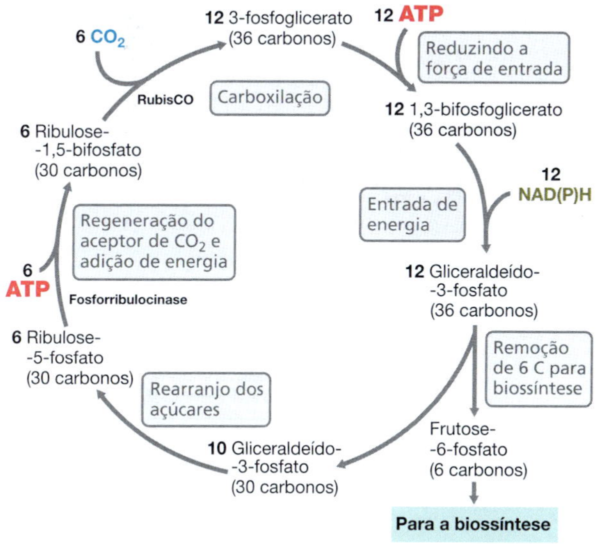


**Estequiometria global:**

$6\ CO_2 + 12\ NADPH + 18\ ATP \longrightarrow C_6H_{12}O_6(PO_3H_2) + 12\ NADP^+ + 18\ ADP + 17\ P_i$

**Figura 13.17** **O ciclo de Calvin.** É apresentada a produção de uma molécula de hexose a partir de $CO_2$. Para cada seis moléculas de $CO_2$ incorporadas, uma frutose-6-fosfato é produzida. Nos fototróficos, o ATP é proveniente da fotofosforilação e o NAD(P)H, da luz ou do fluxo reverso de elétrons.

Ao final, *12 NADPH e 18 ATP* são necessários para sintetizar uma glicose a partir de 6 $CO_2$, no ciclo de Calvin.

## Carboxissomos

Vários procariotos autotróficos que utilizam o ciclo de Calvin na fixação de $CO_2$ produzem inclusões celulares poliédricas, denominadas **carboxissomos**. Essas inclusões, com aproximadamente 100 nm de diâmetro, são envoltas por uma unidade de membrana delgada e consistem em um conjunto cristalino de moléculas de RubisCO (**Figura 13.18**), com aproximadamente 250 moléculas de RubisCO por carboxissomo.

Os carboxissomos correspondem a um mecanismo para aumentar a quantidade total de RubisCO na célula, permitindo uma fixação mais rápida do $CO_2$, sem aumentar a osmolaridade citoplasmática que ocorreria se as moléculas de RubisCO presentes no carboxissomo se encontrassem dissolvidas no citoplasma. Carbono inorgânico é incorporado pela célula como bicarbonato ($HCO_3^-$), entra nos carboxissomos como $CO_2$ por meio da atividade de uma segunda enzima carboxissomal, a *anidrase carbônica*. $CO_2$, em vez de $HCO_3^-$, é o substrato real de RubisCO, e uma vez dentro do carboxissomo, o $CO_2$ é aprisionado e pronto para a incorporação na primeira etapa do ciclo de Calvin. O carboxissomo também atua restringindo o acesso de RubisCO ao $O_2$ (substrato alternativo para essa enzima), e isso assegura que ribulose-bifosfato seja carboxilada por RubisCO em vez de oxidada (Figura 13.16*a*). Se ribulose-1,5-bifosfato for oxidada, mais energia e poder redutor serão necessários para incorporá-la em vias metabólicas centrais do que se ela for carboxilada.

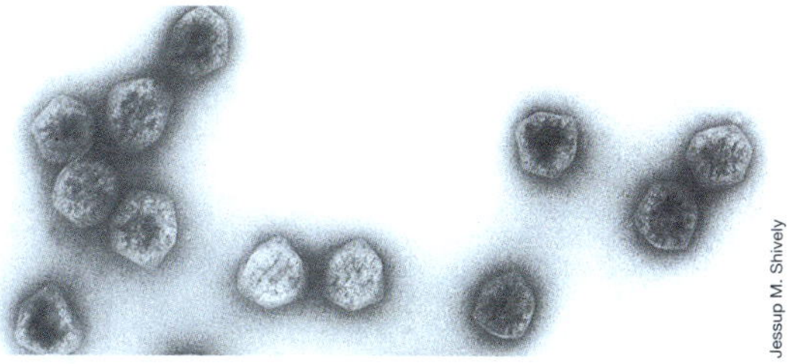


**Figura 13.18** **Enzimas cristalinas do ciclo de Calvin: carboxissomos.** Micrografia eletrônica de carboxissomos purificados de *Halothiobacillus neapolitanus*, um organismo quimiolitotrófico oxidante de enxofre. As estruturas apresentam cerca de 100 nm de diâmetro. Os carboxissomos estão presentes em uma ampla variedade de procariotos autotróficos obrigatórios.

## Autotrofia em bactérias verdes

As vias para a fixação autotrófica de $CO_2$ diferem nas bactérias verdes sulfurosas e bactérias verdes não sulfurosas. Na bactéria verde sulfurosa *Chlorobium* (Figura 13.1), a fixação de $CO_2$ é realizada pela reversão das etapas do ciclo do ácido cítrico, uma via denominada **ciclo do ácido cítrico reverso** (**Figura 13.19*a***). As bactérias verdes sulfurosas contêm duas enzimas associadas à ferredoxina, que catalisam a fixação redutiva do $CO_2$ em intermediários do ciclo do ácido cítrico (Figura 13.13).

A ferredoxina é um doador de elétrons com $E_0'$ muito eletronegativo, cerca de −0,4 V. As duas reações associadas à ferredoxina catalisam a carboxilação do succinil-CoA a α-cetoglutarato e a carboxilação de acetil-CoA a piruvato (Figura 13.19*a*). A maioria das outras reações do ciclo do ácido cítrico reverso é catalisada por enzimas que atuam de maneira reversa em relação à direção oxidativa normal do ciclo. Uma exceção é a *citrato liase*, uma enzima ATP-dependente que cliva o citrato em acetil-CoA e oxalacetato, nas bactérias verdes sulfurosas (Figura 13.19*a*). Na direção oxidativa do ciclo, o citrato é produzido a partir desses mesmos precursores pela enzima *citrato sintase* (⇄ Figura 3.22).

O ciclo do ácido cítrico reverso, como mecanismo de autotrofia, foi também observado em alguns procariotos não fototróficos. Por exemplo, os hipertermófilos *Thermoproteus* e *Sulfolobus*, (*Archaea*; ⇄ Seção 16.10), e *Aquifex* (*Bacteria*; ⇄ Seção 15.19) ambos empregam o ciclo do ácido cítrico reverso para o crescimento autotrófico, assim como certas bactérias quimiolitotróficas de enxofre, como *Thiomicrospira*. Desse modo, esta via, originalmente descoberta em bactérias verdes sulfurosas, e a qual acreditava-se estar presente apenas nesses fototróficos, provavelmente seja distribuída entre vários grupos de procariotos autotróficos.

## Autotrofia em *Chloroflexus*

*Chloroflexus*, um fototrófico verde não sulfuroso (⇄ Seção 14.7), cresce autotroficamente empregando $H_2$ ou $H_2S$ como doadores de elétrons. Entretanto, esse organismo não realiza o ciclo de Calvin nem o ciclo do ácido cítrico reverso. Em vez disso, duas moléculas de $CO_2$ são reduzidas a glioxilato por intermédio de uma via cíclica específica, a **via do hidroxipropionato**. Ela recebe essa denominação porque o hidroxipropionato, um composto contendo três carbonos, é um intermediário-chave (Figura 13.19*b*).

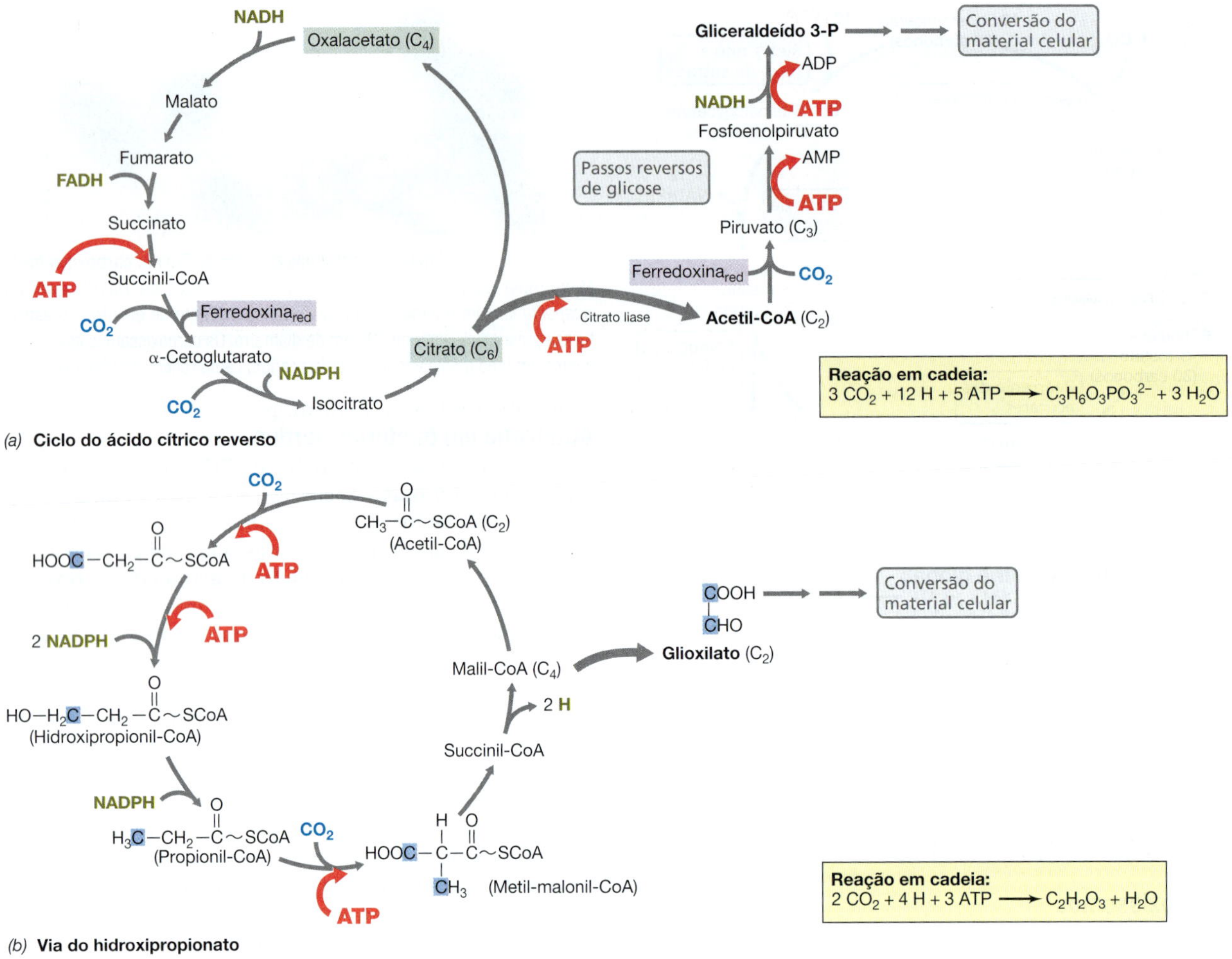


**Figura 13.19 Vias autotróficas exclusivas de bactérias verdes fototróficas.** *(a)* O ciclo do ácido cítrico reverso é o mecanismo de fixação de $CO_2$ em bactérias verdes sulfurosas. A ferredoxina$_{red}$ indica as reações de carboxilação que requerem ferredoxina reduzida (2 H cada). Partindo do oxalacetato, cada ciclo completo resulta na incorporação de três moléculas de $CO_2$, originando piruvato como produto. *(b)* A via do hidroxipropionato é uma via autotrófica na bactéria verde não sulfurosa *Chloroflexus*. O acetil-CoA é carboxilado duas vezes, originando metil-malonil-CoA. Esse intermediário é rearranjado, originando uma nova molécula aceptora de acetil-CoA e uma molécula de glioxilato, que é convertida em composto celular.

Em bactérias fototróficas, a via do hidroxipropionato foi confirmada apenas em *Chloroflexus*, o fototrófico anoxigênico de ramificação mais precoce na árvore de *Bacteria* (Figura 15.1). Isso sugere que a via do hidroxipropionato foi a primeira tentativa de autotrofia em fototróficos anoxigênicos. Contudo, além de *Chloroflexus*, a via do hidroxipropionato atua em várias arqueias hipertermofílicas, incluindo *Metallosphaera*, *Acidianus* e *Sulfolobus*. Esses organismos são procariotos não fototróficos e situam-se próximo à base do domínio *Archaea* (Capítulo 16). As raízes da via do hidroxipropionato devem, portanto, ser muito profundas; essa talvez tenha sido a primeira tentativa da natureza de estabelecer a autotrofia em qualquer organismo procariótico.

**MINIQUESTIONÁRIO**

- Qual a reação catalisada pela enzima RubisCO?
- Quantos NADP e ATP são necessários para se produzir uma molécula de hexose no ciclo de Calvin?
- O que é um carboxissomo e qual é a sua função?
- Compare a autotrofia dos seguintes fototróficos: cianobactérias; bactérias púrpuras e bactérias verdes sulfurosas; *Chloroflexus*.

# II • Quimiolitotrofia

Nas próximas seções, serão abordados os quimiolitotróficos, ressaltando as estratégias, os problemas e as vantagens de um estilo de vida baseado na utilização de compostos químicos inorgânicos como fontes de energia. Do ponto de vista evolucionário, a quimiolitotrofia pode ser a primeira forma de conservação de energia a evoluir na Terra, devido a ser amplamente distribuída entre os clados que se encontram mais próximos à base das árvores filogenéticas de *Bacteria* e *Archaea* (Figuras 1.6*b*, 12.13 e 16.1).

## 13.6 Compostos inorgânicos como doadores de elétrons

Organismos que obtêm energia a partir da oxidação de compostos inorgânicos são denominados **quimiolitotróficos**. A maioria das bactérias quimiolitotróficas é também capaz de obter seu carbono a partir do $CO_2$, sendo por isso também autotróficas. Conforme mencionado, para ser capaz de crescer utilizando $CO_2$ como única fonte de carbono, um organismo necessita de (1) energia (ATP) e (2) poder redutor (NADH ou ferredoxina reduzida). Alguns quimiolitotróficos são **mixotróficos**, significando que, embora capazes de obter energia a partir da oxidação de um composto inorgânico, eles requerem um composto orgânico como fonte de carbono (ou seja, eles *não* são autotróficos).

### Doadores inorgânicos e produção de ATP

Os quimiolitotróficos dispõem de várias fontes de doadores inorgânicos de elétrons. Esses podem ser de natureza geológica, biológica ou antropogênica (resultante das atividades humanas). A atividade vulcânica é uma importante fonte de compostos sulfurados reduzidos, principalmente $H_2S$. Atividades agrícolas e de mineração adicionam doadores inorgânicos de elétrons ao meio ambiente, especialmente compostos reduzidos contendo nitrogênio e ferro, assim como a queima de combustíveis fósseis e a eliminação de resíduos industriais. Fontes biológicas são também bastante comuns, especialmente aquelas que originam $H_2S$, $H_2$ $Fe^{2+}$ e $NH_3$. O sucesso ecológico e a diversidade metabólica dos quimiolitotróficos não se equiparam à diversidade de fontes e abundância de doadores inorgânicos de elétrons disponíveis na natureza. O rendimento de energia a partir da oxidação destes doadores, no entanto, varia consideravelmente (**Tabela 13.1**).

Em termos gerais, a geração de ATP em quimiolitotróficos é similar àquela observada em quimiorganotróficos, exceto pelo fato de o doador de elétrons ser *inorgânico* em vez de *orgânico*. Assim como nos elétrons da oxidação de compostos orgânicos, elétrons oriundos de doadores inorgânicos fluem para cadeias de transporte de elétrons e geram força próton-motiva. A síntese de ATP ocorre por meio de ATPases (Seção 3.11). Nos quimiolitotróficos, o poder redutor é obtido de duas maneiras: diretamente do composto inorgânico, caso ele apresente um potencial redutor suficientemente baixo, como $H_2$, ou por reações de transporte reverso de elétrons (conforme discutido na Seção 13.3 para as bactérias púrpuras fototróficas), se o doador de elétrons for mais eletropositivo que NADH. Conforme será visto, no caso da maioria dos quimiolitotróficos, o transporte reverso de elétrons é necessário, uma vez que seus doadores de elétrons são muito poucos do ponto de vista eletroquímico.

### Energética da quimiolitotrofia

Uma revisão dos potenciais de redução, listados na Tabela 13.1, revela que vários compostos inorgânicos podem fornecer energia suficiente à síntese de ATP, quando oxidados utilizando $O_2$ como aceptor de elétrons.

Lembre-se do mencionado no Capítulo 3 sobre o fato de que, quanto mais distantes duas meia reações estiverem em termos de $E_0'$, maior a quantidade de energia liberada (Figura 3.9). Por exemplo, a diferença do potencial de redução entre o par $2H^+/H_2$ e o par $\frac{1}{2}O_2/H_2O$ é de −1,23 V, o que equivale a uma produção de energia livre de −237 kJ/mol (o Apêndice 1 fornece os cálculos). Ao contrário, a diferença de potencial entre o par $2H^+/H_2$ e o par $NO_3^-/NO_2^-$ é menor, de 0,84 V, o equivalente a uma energia livre de −163 kJ/mol. Ela é ainda suficiente para a produção de ATP (a ligação fosfato rica em energia do ATP apresenta uma energia livre de −31,8 kJ/mol). Entretanto, um cálculo similar revela que há energia insuficiente disponível a partir, por exemplo, da oxidação de $H_2S$ a $S^0$, utilizando-se $CO_2$ como aceptor de elétrons e $CH_4$ como produto (Apêndice 1). Dessa forma, vários doadores de elétrons inorgânicos e aceptores finais de elétrons podem ser acoplados em reações quimiolitotróficas (ver Figura 13.39).

Os cálculos de energia permitem predizer quais tipos de organismos quimiolitotróficos poderiam ser encontrados na natureza. Uma vez que os organismos devem obedecer às leis da termodinâmica, apenas aquelas reações termodinamicamente favoráveis consistem em potenciais reações de geração

**Tabela 13.1 Rendimento energético da oxidação de diferentes doadores inorgânicos de elétrons[a]**

| *Doador de elétrons* | *Reação quimiolitotrófica* | *Grupo de quimiolitotróficos* | *$E_0'$ do par (V)* | *$\Delta G^{0\prime}$ (kJ/reação)* | *Número de elétrons/reação* | *$\Delta G^{0\prime}$ (kJ/2 $e^-$)* |
|---|---|---|---|---|---|---|
| Fosfito[b] | $4\ HPO_3^{2-} + SO_4^{2-} + H^+ \rightarrow 4\ HPO_4^{2-} + HS^-$ | Bactérias do fosfito | −0,69 | −364 | 8 | −91 |
| Hidrogênio[b] | $H_2 + \frac{1}{2}O_2 \rightarrow H_2O$ | Bactérias do hidrogênio | −0,42 | −237,2 | 2 | −237,2 |
| Sulfeto[b] | $HS^- + H^+ + \frac{1}{2}O_2 \rightarrow S^0 + H_2O$ | Bactérias do enxofre | −0,27 | −209,4 | 2 | −209,4 |
| Enxofre[b] | $S^0 + 1\frac{1}{2}O_2 + H_2O \rightarrow SO_4^{2-} + 2H^+$ | Bactérias do enxofre | −0,20 | −587,1 | 6 | −195,7 |
| Amônio[c] | $NH_4^+ + 1\frac{1}{2}O_2 \rightarrow NO_2^- + 2H^+ + H_2O$ | Bactérias nitrificantes | +0,34 | −274,7 | 6 | −91,6 |
| Nitrito[b] | $NO_2^- + \frac{1}{2}O_2 \rightarrow NO_3^-$ | Bactérias nitrificantes | +0,43 | −74,1 | 2 | −74,1 |
| Ferro ferroso[b] | $Fe^{2+} + H^+ + \frac{1}{4}O_2 \rightarrow Fe^{3+} + \frac{1}{2}H_2O$ | Bactérias do ferro | +0,77 | −32,9 | 1 | −65,8 |

[a]Dados calculados a partir dos valores de $E_0'$ do Apêndice 1; os valores do $Fe^{2+}$ são aqueles considerando-se pH 2, enquanto os demais, considerando-se pH 7. Em pH 7, o valor para o par $Fe^{3+}/Fe^{2+}$ é de aproximadamente +0,2 V.

[b]Exceto no caso do fosfito, todas as reações são apresentadas acopladas ao $O_2$ como aceptor de elétrons. O único oxidante conhecido de fosfito forma um par com o $SO_4^{2-}$, como aceptor de elétrons.

[c]O amônio também pode ser oxidado, utilizando $NO_2^-$ como aceptor de elétrons (anamox, Seção 13.10).

de energia. A Tabela 13.1 resume o rendimento energético de algumas reações quimiolitotróficas. Examinaremos os aspectos ecológicos da quimiolitotrofia no Capítulo 20, onde veremos que as reações quimiolitotróficas são o cerne de muitos ciclos de nutrientes.

A partir da Tabela 13.1, deve ficar claro que, dos organismos listados, as bactérias que usam hidrogênio como doador de elétrons obtêm o máximo de energia por cada dois elétrons oxidados, enquanto as bactérias que usam o ferro obtêm o mínimo. Dito de outra forma, as bactérias que usam hidrogênio oxidam um doador de elétrons muito forte, enquanto a bactérias que usam ferro oxidam um doador muito fraco. Estas diferenças não são apenas em termos da quantidade de ATP que pode ser produzido por dois elétrons oxidados, mas também no custo energético de fazer NADH para o crescimento autotrófico. Para as bactérias que usam hidrogênio, este custo pode ser igual a zero, enquanto para as bactérias do ferro as despesas são mais importantes, como veremos na Seção 13.9.

**MINIQUESTIONÁRIO**

- Quais as duas finalidades da utilização dos compostos inorgânicos pelos organismos quimiolitotróficos?
- Por que a oxidação de $H_2$ produz mais energia quando o $O_2$ é o aceptor de elétrons, que quando o $SO_4^{2-}$ é o aceptor de elétrons?

## 13.7 Oxidação do hidrogênio

O hidrogênio ($H_2$) é um produto comum do metabolismo microbiano, especialmente de alguns fermentadores (Seções 13.12 a 13.15), havendo um grande número de quimiolitotróficos *aeróbios* capazes de utilizá-lo como doador de elétrons no metabolismo energético. São conhecidas bactérias e arqueias anaeróbias oxidantes de $H_2$, que são diferenciadas em relação ao aceptor de elétrons que utilizam (p. ex., nitrato, sulfato, ferro férrico e outros), sendo esses organismos discutidos na Unidade IV deste capítulo. Aqui abordaremos apenas as bactérias aeróbias oxidantes de $H_2$.

### Energética da oxidação de $H_2$

A geração de ATP durante a oxidação de $H_2$ pelo $O_2$ é decorrente do estabelecimento de uma força próton-motiva. A reação global

$$H_2 + \tfrac{1}{2}O_2 \rightarrow H_2O \qquad \Delta G^{0\prime} \rightarrow = -237 \text{ kJ}$$

é altamente exergônica e pode, portanto, promover a síntese de ATP. Nessa reação, catalisada pela enzima **hidrogenase**, os elétrons do $H_2$ são inicialmente transferidos a um aceptor quinona. Em seguida, os elétrons são transferidos por uma série de citocromos, eventualmente reduzindo o $O_2$ à água (Figura 13.20).

Algumas bactérias do hidrogênio possuem duas hidrogenases distintas, uma citoplasmática e outra integrada à membrana. A enzima ligada à membrana está envolvida na energética, enquanto a hidrogenase solúvel capta o $H_2$, reduzindo diretamente o $NAD^+$ a NADH (o potencial redutor do $H_2$, de $-0{,}42$ V, é tão baixo que torna desnecessário o estabelecimento de um fluxo reverso de elétrons na obtenção de um poder redutor). O organismo *Ralstonia eutropha* foi utilizado como modelo no estudo da oxidação aeróbia de $H_2$, sendo algumas de suas propriedades discutidas na Seção 14.16. Espécies que sintetizam apenas uma hidrogenase produzem somente a enzima integrada a membrana e atua em conservação de energia e autotrofia da célula.

### Autotrofia em bactérias do $H_2$

Embora a maioria das bactérias do hidrogênio possa também crescer como quimiorganotrófica, quando crescem de forma quimiolitotrófica, elas fixam $CO_2$ pelo ciclo de Calvin (Seção 13.5). Entretanto, quando estão presentes compostos orgânicos facilmente utilizáveis, como a glicose, a síntese do ciclo de Calvin e das enzimas hidrogenases é reprimida nas bactérias do $H_2$. Assim, bactérias $H_2$ são quimiolitotróficas *facultativas*. Na natureza, os níveis de $H_2$ em ambientes óxicos são transientes e baixos, na melhor das hipóteses, por pelo menos duas razões: (1) a maior parte da produção biológica de $H_2$ resulta de fermentações, que são processos anóxicos, e (2) o $H_2$ pode ser utilizado por vários procariotos anaeróbios diferentes, sendo totalmente consumido antes que alcance as regiões óxicas de uma hábitat. Dessa forma, bactérias aeróbias do hidrogênio precisam ter um metabolismo alternativo para a oxidação do $H_2$, e na natureza eles provavelmente mudam entre estilos de vida quimiorganotróficos e quimiolitotróficos, de acordo com a presença de nutrientes em seus hábitats. Além disso, muitas bactérias do $H_2$ crescem melhor em microaerofilia e são, provavelmente, mais competitivas como bactérias do $H_2$ em interfaces óxicas-anóxicas, onde o $H_2$ deve estar presente em quantidades maiores e mais constantes, do que em ambientes totalmente óxicos.

**MINIQUESTIONÁRIO**

- Qual enzima é necessária para que as bactérias do hidrogênio cresçam como $H_2$ quimiolitotróficas?
- Por que o fluxo reverso de elétrons é desnecessário nas bactérias $H_2$ que contêm duas hidrogenases?

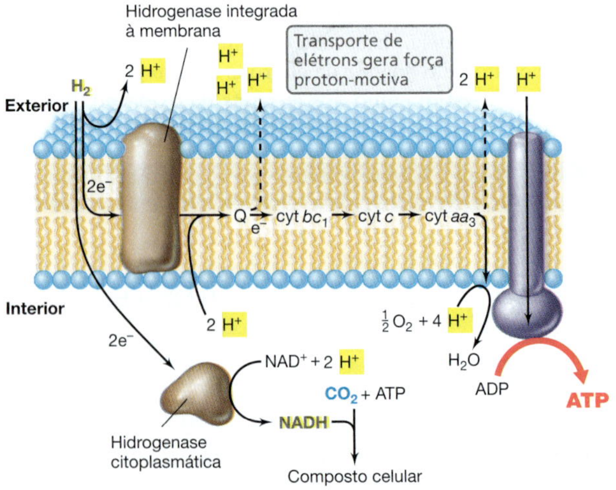


**Figura 13.20 Bioenergética e função das duas hidrogenases de bactérias aeróbias do $H_2$.** Em *Ralstonia eutropha* existem duas hidrogenases; a hidrogenase ligada à membrana envolvida na energética, enquanto a hidrogenase citoplasmática gera NADH para o ciclo de Calvin. Algumas bactérias do $H_2$ apresentam apenas a hidrogenase ligada à membrana, e nestes organismos o poder redutor é sintetizado por meio do fluxo reverso de elétrons, a partir de Q para $NAD^+$, originando NADH. Cyt, citocromo; Q, quinona.

## 13.8 Oxidação de compostos sulfurados reduzidos

Muitos compostos sulfurados reduzidos são utilizados como doadores de elétrons por uma variedade de bactérias sulfurosas *incolores*, as quais são assim denominadas para distingui-las das bactérias sulfurosas verdes e púrpuras contendo bacterioclorofila (pigmentadas), discutidas anteriormente neste capítulo (Figura 13.1 e Seção 13.3). Historicamente, o conceito de quimiolitotrofia emergiu a partir dos estudos com as bactérias sulfurosas realizados pelo microbiologista russo Sergei Winogradsky (⮂ Seção 1.9). Isso é um conceito principalmente novo na microbiologia até o momento e tem aumentado o nosso entendimento de diversidade procariótica, deixando claro que quimiolitotrofia é o principal estilo de vida metabólico de muitas bactérias e arqueias.

### Energética da oxidação do enxofre

Os compostos sulfurados mais comumente utilizados como doadores de elétrons são o sulfeto de hidrogênio ($H_2S$), enxofre elementar ($S^0$) e tiossulfato ($S_2O_3^{2-}$); íons sulfito ($SO_3^{2-}$) também podem ser oxidados (Tabela 13.1 e **Tabela 13.2**). Na maioria dos casos, o produto final da oxidação do enxofre consiste em sulfato ($SO_4^{2-}$). A oxidação de sulfito ocorre em etapas, com a primeira etapa de oxidação resultando na formação de enxofre elementar, $S^0$. Algumas bactérias oxidantes de $H_2S$, como a *Beggiatoa*, depositam esse enxofre elementar no interior da célula (**Figura 13.21*a***), onde o enxofre atua como uma fonte de energia. Quando a fonte de $H_2S$ torna-se depletada, energia adicional pode ser obtida pela oxidação do enxofre a sulfato. Quando $S^0$ está presente externamente, o organismo deve aderir à partícula de enxofre porque o enxofre elementar é preferencialmente insolúvel (Figura 13.21*b*). Aderindo à partícula, o organismo pode remover átomos de enxofre para oxidação em sulfato. Isso ocorre através da membrana ou proteínas periplasmáticas que solubilizam $S^0$, reduzindo-o a $HS^-$ que é transportado para o interior da célula e entra no metabolismo quimiolitotrófico (ver Figura 13.22).

Um dos produtos das reações de oxidação do enxofre reduzido corresponde ao $H^+$, com a formação de prótons (Tabelas 13.1 e 13.2) promovendo a diminuição do pH. Consequentemente, um dos resultados da oxidação de compostos sulfurados reduzidos consiste na acidificação do meio. O ácido formado pelas bactérias sulfurosas é um ácido forte, o ácido sulfúrico ($H_2SO_4$), e, por essa razão, as bactérias sulfurosas são frequentemente capazes de promover uma acentuada redução no pH do meio. Algumas bactérias sulfurosas são bastante acidotolerantes ou mesmo acidofílicas. *Acidithiobacillus thiooxidans*, por exemplo, exibe melhor crescimento em pH entre 2 e 3.

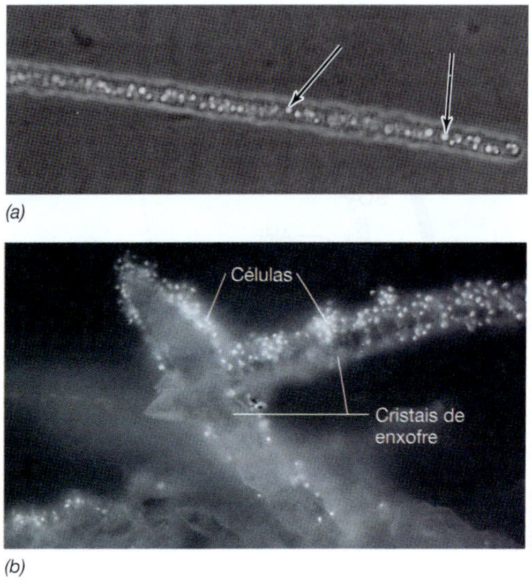


**Figura 13.21** **Bactérias sulfurosas.** *(a)* Grânulos internos de enxofre em *Beggiatoa* (setas). *(b)* Adesão de células da arqueia oxidante de enxofre, *Sulfolobus acidocaldarius*, a um cristal de enxofre elementar. Células visualizadas por microscopia de fluorescência após a coloração com laranja de acridina. Os cristais de enxofre não fluorescem.

### Bioquímica da oxidação de enxofre

As etapas bioquímicas envolvidas na oxidação de vários compostos sulfurados estão resumidas na **Figura 13.22**. São conhecidos vários sistemas de oxidação presentes em quimiolitotróficos do enxofre. Em dois dos sistemas, o substrato inicial, $HS^-$, $S_2O_3^{2-}$ ou $S^0$, deve ser primeiramente reduzido a sulfito ($SO_3^{2-}$); partindo-se do sulfeto, seis elétrons são liberados. Em seguida, o sulfito é oxidado a sulfato. Esse processo pode ocorrer de duas maneiras. O sistema mais amplamente difundido é aquele que utiliza a enzima *sulfito oxidase*. A sulfito oxidase transfere elétrons do $SO_3^{2-}$ diretamente ao citocromo *c*, ocorrendo a síntese de ATP durante esse transporte de elétrons e geração de uma força próton-motiva (Figura 13.22*b*). Ao contrário, alguns quimiolitotróficos do enxofre oxidam $SO_3^{2-}$ a $SO_4^{2-}$ pela reversão da atividade da *adenosina-fosfosulfato (APS) redutase*, uma enzima essencial do metabolismo de bactérias redutoras de sulfato (Seção 13.18 e ver Figura 13.42). Essa reação, que ocorre na direção de produção de $SO_4^{2-}$ nos quimiolitotróficos do enxofre, produz uma ligação fosfato rica em energia quando o AMP é convertido a ADP (Figura 13.22*a*). Quando o tiossulfato atua como doador de elétrons nos quimiolitotróficos do enxofre (Tabela 13.2), ele é inicialmente clivado em $S^0$ e $SO_3^{2-}$, os quais podem ser eventualmente oxidados a $SO_4^{2-}$.

Um sistema funcionalmente distinto de oxidação de sulfeto e tiossulfato é encontrado em *Paracoccus pantotrophus* e várias

**Tabela 13.2** Comparação do rendimento energético da oxidação de diferentes compostos sulfurados reduzidos

| *Reação quimiolitotrófica* | *Número de elétrons* | *Estequiometria*[a] | *Energética (kJ/elétrons)*[a] |
|---|---|---|---|
| Sulfeto em sulfato | 8 | $H_2S + 2\,O_2 \rightarrow SO_4^{2-} + 2\,H^+$ | $\Delta G^{0\prime}$ = −798,2 kJ/reação (−99,75 kJ/e$^-$) |
| Sulfito em sulfato | 2 | $SO_3^{2-} + \frac{1}{2}O_2 \rightarrow SO_4^{2-}$ | $\Delta G^{0\prime}$ = −258 kJ/reação (−129 kJ/e$^-$) |
| Tiossulfato em sulfato | 8 | $S_2O_3^{2-} + H_2O + 2\,O_2 \rightarrow 2\,SO_4^{2-} + 2\,H^+$ | $\Delta G^{0\prime}$ = −818,3 kJ/reação (−102 kJ/e$^-$) |

[a]Todas as reações são equilibradas, tanto atomicamente quanto eletricamente. Veja o Apêndice 1 para detalhes dos cálculos. Para a reação e a energética da oxidação do sulfureto a enxofre e do enxofre a sulfato, consulte a Tabela 13.1.

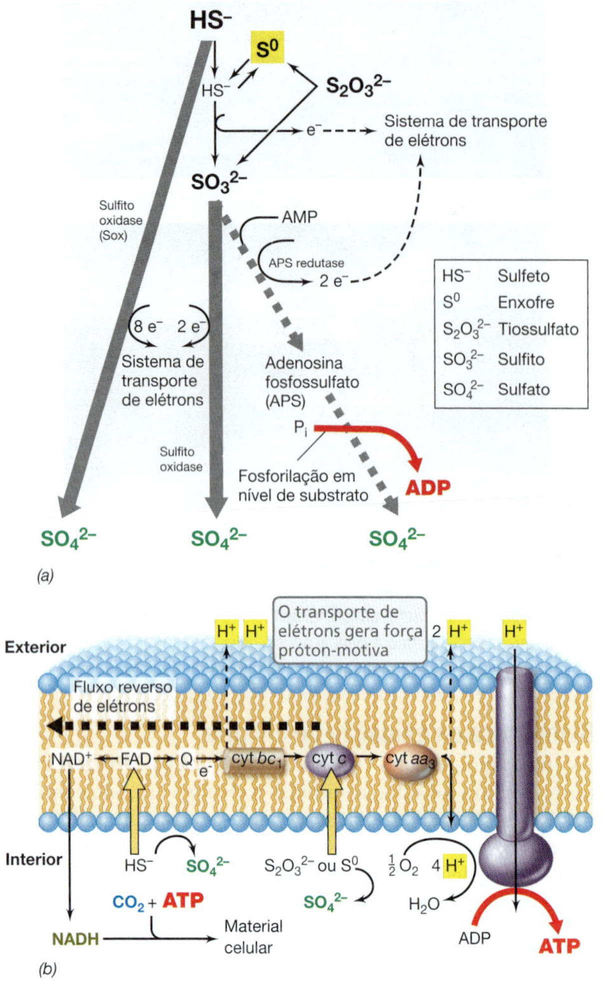


**Figura 13.22 Oxidação de compostos reduzidos de enxofre, por quimiolitotróficos do enxofre.** *(a)* Etapas da oxidação de diferentes compostos. São conhecidas três vias distintas. *(b)* Elétrons de compostos sulfurados são introduzidos na cadeia de transporte para promover uma força próton-motiva; os elétrons do tiossulfato e enxofre elementar são introduzidos em nível do citocromo *c*. O NADH deve ser formado pelas reações do fluxo reverso de elétrons, uma vez que os doadores de elétrons apresentam $E_0'$ mais eletropositivo que $NAD^+$/NADH. Cyt, citocromo; FP, flavoproteína; Q, quinona. Ver, na Figura 13.42*a*, a estrutura de APS.

outras bactérias sulfurosas. Esse sistema, denominado *sistema Sox* (do inglês, *sulfur oxidation* [oxidação de enxofre]), oxida compostos sulfurados reduzidos diretamente a sulfato, sem a formação intermediária de sulfito (Figura 13.22*a*). O sistema Sox compreende 15 genes que codificam vários citocromos e outras proteínas necessárias à oxidação de compostos sulfurados reduzidos diretamente a sulfato. O sistema Sox é encontrado em vários quimiolitotróficos do enxofre, bem como em algumas bactérias sulfurosas fototróficas que oxidam $H_2S$ a fim de obter poder redutor para a fixação de $CO_2$. Portanto, esse mesmo sistema bioquímico de oxidação de sulfeto encontra-se distribuído em procariotos que oxidam sulfeto por razões inerentemente distintas, sugerindo-se que os genes que o codificam podem ter sido transferidos entre as espécies por transferência horizontal de genes (Seção 6.12 e Capítulo 10).

## Outros aspectos da oxidação quimiolitotrófica do enxofre

Os elétrons a partir da oxidação de compostos reduzidos de enxofre eventualmente chegam a cadeia de transporte de elétrons, como mostrado na Figura 13.22*b*. Dependendo do $E_0'$ do par doador de elétrons, os elétrons entram na flavoproteína ($E_0' = -0,2$ V), quinona ($E_0' = 0$ V), ou níveis de citocromo *c* ($E_0' = 0,3$ V) e são transportados através da cadeia de $O_2$, gerando uma força prótons-motiva que forma ATP por meio da ATPase. Os elétrons para fixação autotrófica de $CO_2$ vêm do fluxo reverso de elétrons (Seção 13.3), originando NADH. A autotrofia é conduzida por meio de reações do ciclo de Calvin ou alguma outra via autotrófica (Seção 13.5). Embora os quimiolitotróficos do enxofre sejam principalmente um grupo aeróbio, algumas espécies podem crescer anaerobiamente usando nitrato como um aceptor de elétrons. A bactéria do enxofre *Thiobacillus denitrificans* é um exemplo clássico, reduzindo nitrato ao gás dinitrogênio (processo de desnitrificação, Seção 13.17).

**MINIQUESTIONÁRIO**

- Quantos elétrons encontram-se disponíveis na oxidação do $H_2S$ se o produto final for $S^0$? E se o $SO_4^{2-}$ for o produto final?
- De que maneira o sistema Sox para a oxidação de $H_2S$ difere de outros sistemas de oxidação de $H_2S$?

## 13.9 Oxidação do ferro

A oxidação aeróbia do ferro do estado ferroso ($Fe^{2+}$) ao férrico ($Fe^{3+}$) suporta o crescimento quimiolitotrófico das "bactérias do ferro" (Seção 14.15). Em pH ácido, apenas uma pequena quantidade de energia é liberada por tal oxidação (Tabela 13.1) e, por essa razão, as bactérias do ferro devem oxidar grandes quantidades de ferro, para que possam crescer. O ferro férrico produzido forma precipitados insolúveis de hidróxido férrico [$Fe^{3+} + 3\ H_2O \rightarrow Fe(OH)_3 + 3H^+$] na água (**Figura 13.23**). Isso ocorre em parte porque, em pH neutro, o ferro ferroso é rápida e espontaneamente oxidado ao estado férrico. Portanto, o $Fe^{2-}$ é estável por longos períodos apenas em condições anóxicas. Em pH ácido, no entanto, o ferro ferroso é estável em condições óxicas. Esse fenômeno explica por que a maioria das bactérias oxidantes de ferro é acidófila obrigatória.

### Bactérias oxidantes de ferro

As bactérias oxidantes de ferro mais conhecidas, *Acidithiobacillus ferrooxidans* e *Leptospirillum ferrooxidans*, crescem autotroficamente utilizando o ferro ferroso (Figura 13.23) como doador de elétrons. Ambos os organismos podem crescer em valores de pH abaixo de 1, exibindo ótimo crescimento em pH 2 a 3. Esses organismos são comuns em ambientes poluídos por ácidos, como os escoadouros de minas de carvão (Figura 13.23*a*). *Ferroplasma*, um membro de *Archaea*, é um organismo oxidante de ferro acidófilo extremo, capaz de crescer mesmo em valores de pH abaixo de 0 (Seção 16.3). Discutiremos o papel desses organismos na poluição de minas ácidas e na oxidação de minerais nas Seções 20.5, 21.1 e 21.2.

Apesar da instabilidade do $Fe^{2+}$ em pH neutro, existem algumas bactérias oxidantes de ferro que vivem em tais ambientes, porém apenas em situações em que o ferro ferroso

**Figura 13.23** **Bactérias oxidantes de ferro.** *(a)* Drenado ácido de mina, ilustrando a confluência de um rio normal e de um drenado de um córrego oriundo de uma área de mineração de carvão. Em baixos valores de pH, o ferro ferroso não é espontaneamente oxidado em contato com o ar, sendo oxidado por *Acidithiobacillus ferrooxidans.* O hidróxido férrico insolúvel e os sais férricos complexos precipitam-se. *(b)* Culturas de *A. ferrooxidans.* Elas são apresentadas na forma de diluições em série, não havendo crescimento no tubo à esquerda, e crescimento crescente em direção à direita. O crescimento torna-se evidente pela produção de $Fe(OH)_3$.

está sendo mobilizado de condições anóxicas para óxicas. Por exemplo, a água subterrânea anóxica pode conter $Fe^{2+}$, e, quando é liberada, como em uma fonte contendo ferro, ele fica exposto ao $O_2$. Em tais interfaces, as bactérias do ferro oxidam o $Fe^{2+}$ a $Fe^{3+}$ à medida que ele emerge da fonte, antes que sofra oxidação espontânea. *Gallionella ferruginea* e *Sphaerotilus natans* são exemplos de organismos que vivem nessas interfaces. Eles são normalmente observados imiscuídos nos depósitos de ferro férrico característicos que formam (⇄ Figura 14.36 e Figura 21.22).

## Energia da oxidação do ferro

A bioenergética da oxidação do ferro por *Acidithiobacillus ferrooxidans* e outros oxidantes acidofílicos do ferro é interessante devido ao potencial redutor fortemente eletropositivo do par $Fe^{3+}/Fe^{2+}$ em pH ácido (+0,77 V, em pH 2). A cadeia respiratória de *A. ferrooxidans* contém citocromos dos tipos *c* e *a*, além de uma proteína periplasmática contendo cobre, denominada *rusticianina* (**Figura 13.24**). Existe também uma proteína oxidante de ferro localizada na membrana externa da célula.

Devido ao elevado potencial redutor do par $Fe^{3+}/Fe^{2+}$, a rota de transporte dos elétrons ao oxigênio ($\frac{1}{2}O_2/H_2O$, $E_0' = +0{,}82$ V) é necessariamente muito curta. A oxidação do ferro inicia-se na membrana externa onde os organismos entram em contato tanto com $Fe^{2+}$ solúvel quanto com minerais de ferro ferroso insolúveis. O $Fe^{2+}$ é oxidado a $Fe^{3+}$, uma transição de um elétron (Tabela 13.1), por um citocromo *c* na membrana externa que transfere os elétrons para o periplasma, onde a rusticianina ($E_0' = +0{,}68$ V) é o aceptor de elétrons. Essa reação termodinamicamente desfavorável é consideravelmente impulsionada pelo consumo imediato de $Fe^{3+}$ na formação de $Fe(OH)_3$ (Figura 13.24). A rusticianina reduz então o citocromo *c*, que subsequentemente reduz o citocromo $aa_3$. Este último interage diretamente com o $O_2$, formando $H_2O$. O ATP é então sintetizado por ATPases translocadoras de prótons localizadas na membrana citoplasmática (Figura 13.24).

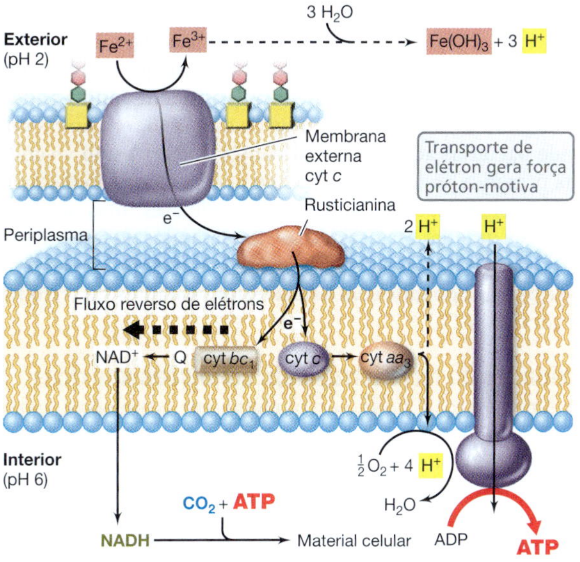


**Figura 13.24** **Fluxo de elétrons durante a oxidação de $Fe^{2+}$ pelo acidófilo *Acidithiobacillus ferrooxidans.*** A proteína periplasmática contendo cobre, rusticianina, é o aceptor imediato de elétrons do $Fe^{2+}$. A partir deste ponto, os elétrons são transferidos ao longo de uma pequena cadeia transportadora, que resulta na redução de $O_2$ a $H_2O$. O poder redutor que dirige o ciclo de Calvin é oriundo do fluxo reverso de elétrons. Observe o acentuado gradiente de pH (~4 unidades) através da membrana.

No entanto, nessa etapa, a energética dos oxidantes do ferro acidofílicos sofre uma alteração peculiar. Em um ambiente apresentando pH 2, naturalmente ocorre um amplo gradiente de prótons através da membrana de *A. ferrooxidans* (o periplasma exibe pH 1 a 2, enquanto o citoplasma apresenta pH 5,5 a 6). Contudo, os organismos não são capazes de produzir ATP a partir dessa “força próton-motiva natural” gratuitamente. Os prótons que penetram no citoplasma por intermédio da ATPase devem ser consumidos a fim de manter o pH interno dentro de limites aceitáveis. Os prótons são consumidos durante a produção de $H_2O$ na cadeia de transporte de elétrons e essa reação requer elétrons; eles são oriundos da oxidação do $Fe^{2+}$ a $Fe^{3+}$ (Figura 13.24).

A autotrofia em *A. ferrooxidans* é conduzida pelo ciclo de Calvin (Seção 13.5) e, em virtude do elevado potencial do doador de elétrons, $Fe^{2+}$, muita energia é consumida nas reações do fluxo reverso de elétrons, para que seja obtido o poder redutor (NADH), necessário à fixação de $CO_2$. NADH é formado pela redução de $NAD^+$ por elétrons obtidos a partir do $Fe^{2+}$ que são forçados de volta através do citocromo $bc_1$ e do *pool* de quinonas em detrimento da força próton-motiva (Figura 13.24).

Assim, um rendimento energético relativamente pobre, associado a grandes demandas energéticas para a biossíntese, indica que *A. ferrooxidans* deve oxidar grandes quantidades de $Fe^{2+}$ para produzir uma quantidade muito pequena de compostos celulares. Por esse motivo, em ambientes onde bactérias acidofílicas oxidantes de $Fe^{2+}$ estão vivendo, sua presença pode ser detectada não pela formação de quantidades significativas de compostos celulares, mas pela presença de grandes quantidades de precipitados de ferro férrico (Figura 13.23). Considera-se os importantes processos ecológicos relacionados com as bactérias oxidantes de ferro nas Seções 20.5, 21.1 e 21.2.

### Oxidação do ferro ferroso em condições anóxicas

O ferro ferroso pode ser oxidado em condições *anóxicas* por determinadas bactérias fototróficas anoxigênicas (**Figura 13.25**). Nestes casos, o $Fe^{2+}$ é usado como um doador de elétrons no metabolismo energético (quimiolitotróficos) e/ou como um redutor para a fixação de $CO_2$ (fototróficos). Um ponto importante que deve-se considerar aqui é que em pH neutro onde esses organismos vivem o par $Fe^{3+}/Fe^{2+}$ é significativamente mais eletronegativo do que em pH ácido (+0,2 V *versus* +0,77 V, respectivamente) e, portanto, os elétrons do $Fe^{2+}$ podem reduzir o citocromo *c* para iniciar a reação de transporte de elétrons. Para os quimiolitotróficos, o aceptor de elétrons é o nitrato ($NO_3^-$), com nitrito ($NO_2^-$) ou gás diazoto ($N_2$) como produto final desta respiração anaeróbia. Para as bactérias verdes e púrpuras oxidantes de $Fe^{2+}$, tanto o $Fe^{2+}$ soluvel quanto o sulfeto de ferro (FeS) pode ser usado como doador de elétrons. Com FeS, ambos $Fe^{2+}$ e $S^{2-}$ são oxidados, $Fe^{2+}$ a $Fe^{3+}$ (um elétron) e $HS^-$ a $SO_4^{2-}$ (oito elétrons).

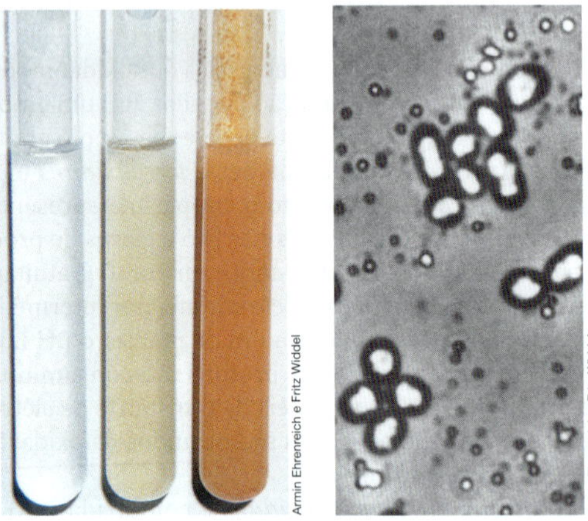


(a) (b)

**Figura 13.25 Oxidação do ferro ferroso por bactérias fototróficas anoxigênicas.** *(a)* Oxidação de $Fe^{2+}$ em culturas em tubos anóxicos. Da esquerda para a direita: meio estéril, meio inoculado, uma cultura em crescimento apresentando $Fe(OH)_3$. *(b)* Fotomicrografia de contraste de fase de uma bactéria púrpura oxidante de ferro. As áreas refringentes brilhantes no interior das células consistem em vesículas de gás. Os grânulos fora das células são precipitados de ferro. Esse organismo é filogeneticamente relacionado com a bactéria púrpura sulfurosa *Chromatium*.

**MINIQUESTIONÁRIO**

- Por que somente uma pequena quantidade de energia torna-se disponível na oxidação de $Fe^{2+}$ a $Fe^{3+}$, em pH ácido?
- Qual a função da rusticianina e onde ela é encontrada na célula?
- Como o $Fe^{2+}$ pode ser oxidado em condições anóxicas?

## 13.10 Nitrificação e anamox

Os compostos nitrogenados inorgânicos, amônia ($NH_3$) e nitrito ($NO_2^-$), são substratos quimiolitotróficos. Esses compostos são oxidados aerobiamente pelas *bactérias nitrificantes* (⇄ Seção 14.13) durante o processo de **nitrificação**. Em condições anóxicas, amônia também é oxidada por um grupo único de bactérias em um processo conhecido como **anamox**.

As bactérias nitrificantes e anamox são amplamente distribuídas no solo e na água. Aerobiamente, bactérias nitrificantes e arqueias oxidam amônia, porém apenas a nitrito, enquanto um outro grupo de bactérias oxida o nitrito a nitrato. Assim, a oxidação completa da amônia a nitrato, uma transferência de oito elétrons, é realizada por dois grupos de organismos que atuam em concerto – *oxidantes da amônia* e *oxidantes do nitrito*.

### Bioenergética e enzimologia da oxidação de amônia e de nitrito

A bioenergética da nitrificação é baseada nos mesmos princípios que governam outras reações quimiolitotróficas: os elétrons dos substratos inorgânicos reduzidos (nesse caso, compostos nitrogenados reduzidos) são introduzidos em uma cadeia de transporte de elétrons e o fluxo dos elétrons estabelece uma força próton-motiva que promove a síntese de ATP. As bactérias nitrificantes se deparam com problemas bioenergéticos similares àqueles da maioria dos demais quimiolitotróficos. O $E^{0\prime}$ do par $NO_2^-/NH_3$ (a primeira etapa da oxidação de $NH_3$) é elevado, +0,34 V. O $E^{0\prime}$ do par $NO_3^-/NO_2^-$ é ainda maior, aproximadamente +0,43 V. Esses potenciais de redução relativamente altos forçam as bactérias nitrificantes a doarem elétrons a aceptores de potencial relativamente alto em suas cadeias de transporte de elétrons, limitando, assim, a extensão do transporte de elétrons, bem como a energia disponível/produção de ATP.

Várias enzimas-chave participam da oxidação de compostos nitrogenados reduzidos. Em bactérias oxidantes de amônia, como *Nitrosomonas*, o $NH_3$ é oxidado pela *amônia monoxigenase* (as enzimas monoxigenases são discutidas na Seção 13.22), produzindo $NH_2OH$ e $H_2O$ (**Figura 13.26**). Uma segunda enzima-chave, a *hidroxilamina oxidorredutase*, então oxida $NH_2OH$ a $NO_2^-$, removendo quatro elétrons no processo. A amônia monoxigenase é uma proteína integral de membrana, enquanto a hidroxilamina oxidorredutase é periplasmática (Figura 13.26). Na reação realizada pela amônia monoxigenase

$$NH_3 + O_2 + 2H^+ + 2e^- \rightarrow NH_2OH + H_2O,$$

há a necessidade do fornecimento exógeno de dois elétrons e dois prótons para a redução de um átomo de oxigênio em água. Esses elétrons são originados da oxidação da hidroxilamina, sendo fornecidos à amônia monoxigenase pela hidroxilamina oxidorredutase, via citocromo *c* e ubiquinona (Figura 13.26). Assim, para cada *quatro* elétrons gerados na oxidação de $NH_3$ a $NO_2^-$, apenas *dois* realmente atingem a oxidase terminal (citocromo $aa_3$, Figura 13.26) e podem gerar energia.

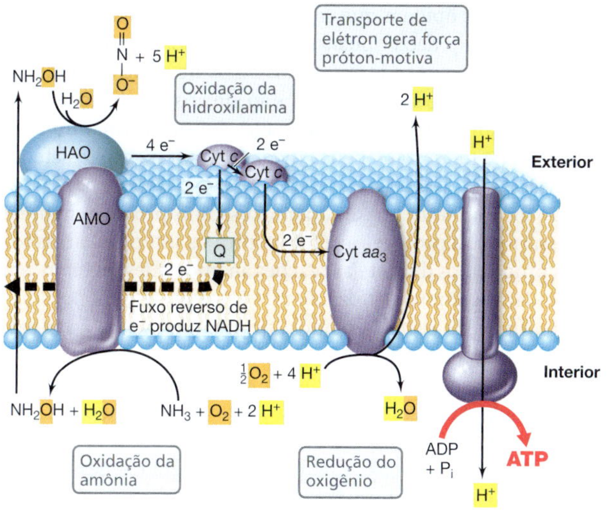


**Figura 13.26** **Oxidação da amônia e fluxo de elétrons em bactérias oxidantes de amônia.** Os reagentes e produtos desta série de reações encontram-se destacados. O citocromo *c* (Cyt *c*) no periplasma é uma forma diferente do Cyt *c* presente na membrana. AMO, amônia monoxigenase; HAO, hidroxilamina oxidorredutase; Q, ubiquinona.

Bactérias oxidantes de nitrito, como *Nitrobacter*, utilizam a enzima *nitrito oxidorredutase* para oxidar o nitrito a nitrato, com os elétrons sendo transferidos por uma cadeia muito curta de transporte de elétrons (devido ao elevado potencial do par $NO_3^-/NO_2^-$), até a oxidase terminal (**Figura 13.27**). Os citocromos dos tipos *a* e *c* estão presentes na cadeia de transporte de elétrons dos oxidantes de nitrito, sendo a geração da força próton-motiva decorrente da ação dos citocromos $aa_3$ (Figura 13.27). Assim como na oxidação do ferro (Seção 13.9), apenas pequenas quantidades de energia tornam-se disponíveis nessa reação. Assim, o crescimento global das bactérias nitrificantes (gramas de células produzidas por mol de substrato oxidado) é relativamente baixo.

## Arqueias que oxidam amônia

Do ponto de vista filogenético, todas as bactérias nitrificantes discutidas até o momento (*Nitrosomonas* e *Nitrobacter*) pertencem ao domínio *Bacteria*. No entanto, pelo menos uma espécie de arqueia nitrificante é conhecida. Por exemplo, o organismo *Nitrosopumilus* é um quimiolitotrófico autotrófico marinho oxidante de amônia e membro do filo Thaumarchaeota (Seção 16.6 e página de abertura do Capítulo 6). *Nitrosopumilus* também possui genes relacionados àqueles que codificam a amônia monoxigenase em bactérias nitrificantes, como *Nitrosomonas*, e, dessa forma, é provável que a fisiologia da oxidação de amônia apresentada em bactérias e arqueias seja similar. Uma grande diferença, contudo, é que ao contrário das bactérias oxidantes de amônia, as arqueias que oxidam a amônia podem fazer isso nos níveis infimamente pequenos encontrados nos oceanos abertos. Nesse contexto, as arqueias nitrificantes *Nitrososphaera* habitam solos em vez de oceanos e podem ser os principais oxidantes de amônia em ambientes terrestres. Até o momento, arqueias oxidantes de nitrito não são conhecidas.

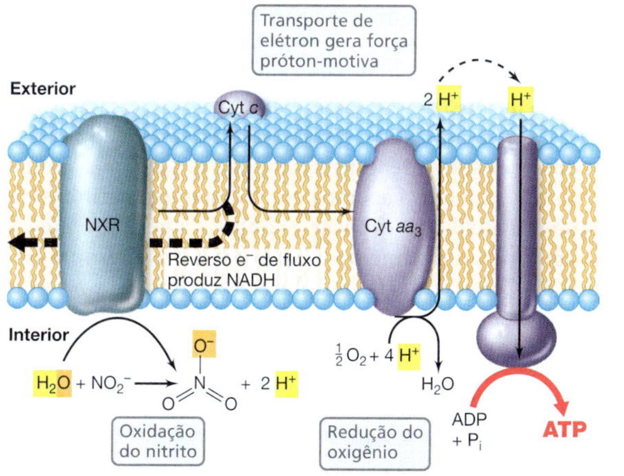


**Figura 13.27** **Oxidação do nitrito a nitrato por bactérias nitrificantes.** Os reagentes e produtos desta série de reações encontram-se destacados para o acompanhamento da reação. NXR, nitrito oxidorredutase.

## Metabolismo de carbono e ecologia de bactérias nitrificantes

Assim como os quimiolitotróficos oxidantes de enxofre e ferro, as bactérias aeróbias nitrificantes utilizam o ciclo de Calvin para a fixação do $CO_2$. As necessidades de ATP e o poder redutor do ciclo de Calvin impõem um ônus adicional a um sistema cujo rendimento energético já é relativamente baixo (o NADH que conduz o ciclo de Calvin nos organismos nitrificantes é formado pelo fluxo reverso de elétrons, Figuras 13.26 e 13.27). As restrições energéticas são particularmente graves nos organismos oxidantes de nitrito e, talvez, por essa razão, a maioria dos oxidantes de nitrito possui mecanismos alternativos de conservação de energia, crescendo de forma quimiorganotrófica a partir de glicose e outros substratos orgânicos. Por outro lado, espécies de bactérias oxidantes de amônia são obrigatoriamente quimiolitotróficos ou mixotróficos. A autotrofia em arqueias oxidantes de amônia é suportada por uma variação ciclo do hidroxipropionato (Seção 13.5).

As bactérias nitrificantes desempenham importantes papéis ecológicos no ciclo do nitrogênio, convertendo a amônia em nitrato, um nutriente essencial de plantas. As bactérias nitrificantes são também importantes no tratamento de esgotos e águas de rejeito, removendo aminas tóxicas e amônia e liberando compostos nitrogenados menos tóxicos (Seção 21.6). As bactérias nitrificantes desempenham um papel similar na coluna de água de lagos, onde a amônia produzida nos sedimentos a partir da decomposição de compostos orgânicos nitrogenados é convertida em nitrato, que é utilizado por algas e cianobactérias.

## Anamox

Embora as bactérias nitrificantes que acabamos de discutir sejam *aeróbias* estritas, a amônia pode também ser oxidada sob condições anóxicas. Esse processo, conhecido como *anamox* (do inglês *anoxic ammonia oxidation* [oxidação anóxica da amônia]), é exergônico, catalisado por um grupo incomum de bactérias anaeróbias obrigatórias.

No processo anamox, a amônia é oxidada, utilizando o nitrito como aceptor de elétrons, produzindo nitrogênio gasoso:

$$NH_4^+ + NO_2^- \rightarrow N_2 + 2H_2O \quad \Delta G^{0\prime} = -357 \text{ kJ}$$

O primeiro organismo anamox descoberto, *Brocadia anammoxidans*, é membro do filo Planctomycetes de *Bacteria* (Seção 15.16). Planctomycetes são bactérias incomuns, sendo desprovidas de peptideoglicano e exibindo compartimentos envoltos por membrana no interior da célula (**Figura 13.28**). Em células de *B. anammoxidans*, um desses compartimentos consiste no *anamoxossomo*, a estrutura onde a reação anamox ocorre (Figura 13.28*c*). Além de *Brocadia*, vários outros gêneros de bactérias anamox são conhecidos, incluindo *Kuenenia*, *Anammoxoglobus*, *Jettenia* e *Scalindua*, todas contendo um anamoxossomo. Como os aeróbios oxidantes de amônia, bactérias anamox também são autotróficas, porém elas não fixam o $CO_2$ usando a via empregada pelos oxidantes da amônia aeróbios. Em vez disso, bactérias anamox fixam $CO_2$ por meio de uma via de acetil-CoA, uma via autotrófica amplamente distribuída em algumas bactérias e arqueias autotróficas anaeróbias (Seção 13.19)

O anamoxossomo é uma estrutura envolta por uma unidade de membrana (Figura 13.28*b*) e, nesse aspecto, pode ser considerada uma organela, no sentido eucariótico do termo.

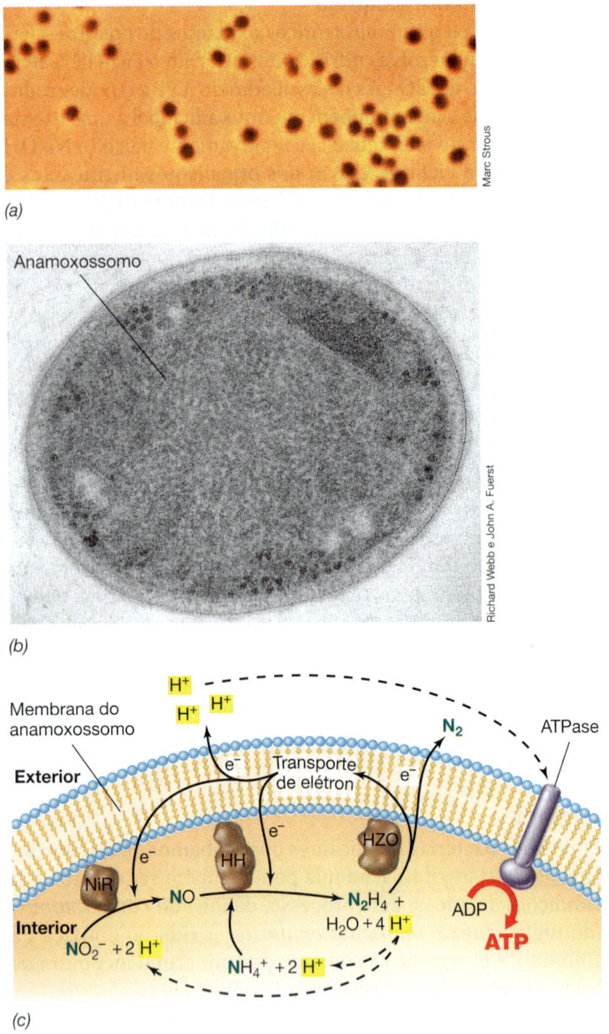


**Figura 13.28 Anamox.** *(a)* Fotomicrografia de contraste de fase de células de *Brocadia anammoxidans*. Uma única célula tem aproximadamente 1 μm de diâmetro. *(b)* Micrografia eletrônica de transmissão de uma célula; observe os compartimentos envoltos por membrana, incluindo o grande anamoxossomo fibrilar. *(c)* Reações no anamoxossomo. NiR, nitrato redutase; HH, hidrasina hidrolase; HZO, hidrazina desidrogenase.

No entanto, os lipídeos que compõem a membrana do anamoxossomo são lipídeos típicos de bactérias. Eles consistem em ácidos graxos contendo múltiplos anéis de quatro membros (ciclobutano), que são conectados ao glicerol por ligações tanto éster quanto éter. Os *lipídeos* agregam-se, formando uma estrutura de membrana densa incomum, altamente resistente à difusão.

A forte membrana do anamoxossomo provavelmente é necessária para proteger a célula contra os intermediários tóxicos produzidos durante as reações anamox. Eles incluem, em particular, o composto *hidrazina* ($N_2H_4$), um redutor extremamente forte. Na reação anamox, primeiro o nitrito é reduzido a óxido nítrico (NO) pela ação da nitrito redutase e depois o NO interage com amônia produzindo hidrazina por meio da atividade da enzima hidrasina hidroxilase (Figura 13.28*c*). A hidrazina é então oxidada a $N_2$ mais elétrons pela enzima hidrazina desidrogenase. Alguns elétrons gerados nessa etapa entram na cadeia de transporte de elétrons dos anamoxossomos e a reação de transporte de elétrons produz a força próton-motiva; outros elétrons realimentam novamente o sistema para promover reações anamox anteriores (Figura 13.28*c*). O ATP é formado a partir da força próton-motiva pelas ATPases na membrana do anamoxossomo (Figura 13.28*c*).

## Ecologia da anamox

A fonte de $NO_2^-$ na reação anamox é o produto de oxidação da amônia pelas bactérias e arqueias aeróbias nitrificantes. Os dois grupos de oxidantes de amônia, os aeróbios (p. ex., *Nitrosomonas*) e os anaeróbios (*Brocadia*), vivem em conjunto em hábitats ricos em amônia, como esgotos e outras águas de rejeito. Nesses ambientes, são encontradas partículas em suspensão contendo tanto zonas óxicas quanto anóxicas, onde os dois grupos de organismos oxidantes de amônia podem coexistir. Em culturas laboratoriais mistas, altas concentrações de oxigênio inibem a anamox, e favorecem a nitrificação clássica; assim, é provável que, na natureza, o grau de oxidação de amônia mediada pela anamox seja determinado pela concentração de $O_2$ no sistema.

Antes da descoberta do processo anamox, acreditava-se que a amônia fosse estável em condições anóxicas, porém, atualmente, sabe-se que isso não é verdadeiro. Do ponto de vista ambiental, a anamox é um processo muito benéfico no tratamento de águas de rejeito. A remoção anóxica de amônia/aminas, juntamente com a produção de nitrogênio gasoso, auxilia na redução de poluentes nitrogenados fixados, decorrentes do despejo do tratamento das águas de rejeito em rios e riachos, mantendo, desse modo, uma alta qualidade de água. Estudos ecológicos demonstraram que organismos similares a *Brocadia* realizam a anamox em sedimentos marinhos. Essa descoberta auxiliou a explicar a conhecida perda de uma fração significativa de amônia (>50%) em ambientes marinhos, a qual era anteriormente inexplicável. De fato, é provável que a reação anamox ocorra em qualquer ambiente anóxico onde amônia e nitrito coexistam.

**MINIQUESTIONÁRIO**

- Quais são os substratos para a enzima amônia monoxigenase?
- Por que as reações anamox são realizadas em uma estrutura intracelular especial?
- Qual a fonte de carbono utilizada por organismos anamox?

# III • Fermentações

Até agora, foram consideradas a fototrofia e a quimiolitotrofia, estratégias de conservação de energia que não requerem componentes orgânicos, como doadores de elétrons. Nas próximas três unidades, serão analisadas situações em que compostos orgânicos são os doadores de elétrons e as muitas maneiras pelas quais os microrganismos quimiorganotróficos conservam energia. Inicialmente, será avaliada a fermentação, forma importante de conservação de energia em condições anaeróbias.

## 13.11 Considerações sobre energética e redox

Diversos hábitats microbianos são *anóxicos* (livres de oxigênio). Nestes ambientes, a decomposição da matéria orgânica ocorre anaerobiamente. Se, nesses hábitats microbianos anóxicos, não existirem fontes adequadas de aceptores de elétrons, como $SO_4^{2-}$, $NO_3^-$, $Fe^{3+}$ e outros que serão considerados posteriormente, os compostos orgânicos serão catabolizados por meio da **fermentação**. Discutimos no Capítulo 3 como a fermentação é um processo redox internamente equilibrado, no qual o substrato fermentável torna-se tanto oxidado quanto reduzido. Na fermentação, a síntese de ATP geralmente ocorre por meio de reações de *fosforilação em nível de substrato*. Na **Figura 13.29** vemos as duas características essenciais para a fermentação.

### Compostos ricos em energia e fosforilação em nível de substrato

A energia pode ser conservada pela fosforilação em nível de substrato de várias formas diferentes, porém altamente relacionadas. No entanto, a produção de *compostos ricos em energia* é essencial ao mecanismo de síntese de ATP. Estes são compostos orgânicos que contêm uma ligação fosfato rica em energia ou uma molécula de coenzima A; a hidrólise de qualquer um deles é altamente exergônica. A **Tabela 13.3** relaciona alguns intermediários ricos em energia formados durante os processos bioquímicos. A hidrólise da maioria dos compostos listados pode estar ligada à síntese de ATP

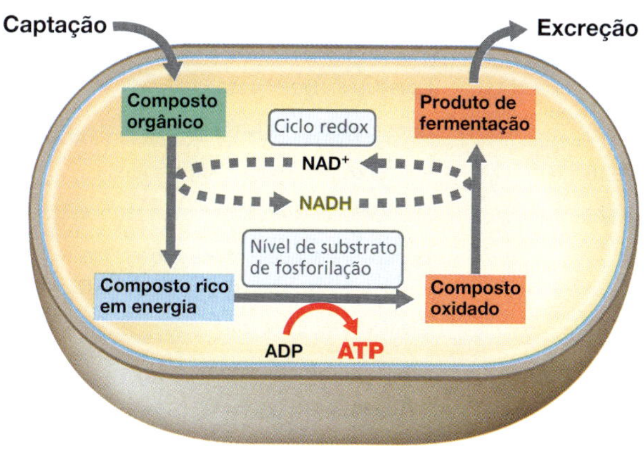


**Figura 13.29** **Os fundamentos da fermentação.** O produto da fermentação é excretado pela célula, e apenas uma quantidade relativamente pequena do composto orgânico original é utilizada na biossíntese.

**Tabela 13.3** Compostos ricos em energia envolvidos na fosforilação em nível de substrato[a]

| *Composto* | *Energia livre de hidrólise, $\Delta G^{0\prime}$ (kJ/mol)*[b] |
|---|---|
| Acetil-CoA | −35,7 |
| Propionil-CoA | −35,6 |
| Butiril-CoA | −35,6 |
| Caproil-CoA | −35,6 |
| Succinil-CoA | −35,1 |
| Acetil-fosfato | −44,8 |
| Butiril-fosfato | −44,8 |
| 1,3-Bifosfoglicerato | −51,9 |
| Carbamil-fosfato | −39,3 |
| Fosfoenolpiruvato | −51,6 |
| Adenosina-fosfossulfato (APS) | −88 |
| $N^{10}$-formiltetra-hidrofolato | −23,4 |
| Energia da hidrólise de ATP (ATP → ADP + $P_i$) | −31,8 |

[a]Dados de Thauer R. K., K. Jungermann e K. Decker, 1977. Energy conservation in chemotrophic anaerobic bacteria. *Bacteriol. Rev. 41:*100-180.

[b]Os valores de $\Delta G^{0\prime}$ apresentados são para "condições-padrão", as quais não necessariamente são as das células. Incluindo a perda de calor, os custos energéticos envolvidos na síntese de ATP estão mais próximos a 60 kJ que a 32 kJ, enquanto a energia de hidrólise dos compostos ricos em energia apresentados é, portanto, provavelmente maior. No entanto, visando simplificar e permitir análises comparativas, os valores adotados nesta tabela serão considerados como a real energia liberada em cada reação.

($\Delta G^{0\prime} = -31{,}8$ kJ/mol). Assim, se um organismo for capaz de originar um desses compostos durante o metabolismo fermentativo, ele será capaz de produzir ATP pela fosforilação em nível de substrato.

### Equilíbrio da oxidação – redução, $H_2$ e produção de acetato

Em qualquer reação de fermentação deve haver um equilíbrio entre as oxidações e reduções (redox); o número total de elétrons nos produtos situados no lado direito da equação deve estar balanceado em relação ao número nos substratos, à esquerda da equação. O balanço redox é atingido na fermentação através da excreção pela célula de produtos da fermentação e substâncias reduzidas como os ácidos e alcoóis produzidos que são o produto final do catabolismo de substâncias originalmente fermentáveis (Figura 13.29). Em várias fermentações, o balanço de elétrons é mantido pela produção de hidrogênio molecular, $H_2$. A produção de $H_2$ está associada à atividade de uma proteína de ferro e enxofre, denominada *ferredoxina*, um carreador de elétrons de potencial muito baixo. A transferência de elétrons da ferredoxina para o $H^+$ é catalisada pela enzima *hidrogenase*, conforme ilustrado na **Figura 13.30**. Embora o $H_2$ não possa ser utilizado pelo fermentador e dessa forma seja secretado, o $H_2$ é um doador de elétrons muito poderoso e pode ser oxidado pela respiração de muitos procariotos. De fato, com o seu $E_0'$ muito eletronegativo (tornando-o adequado

UNIDADE 3

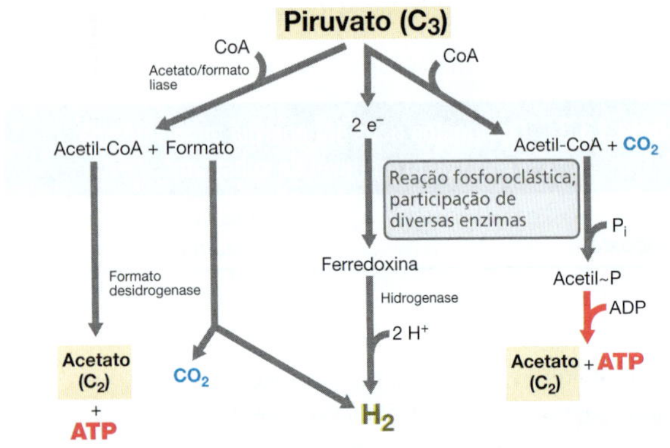


**Figura 13.30 Produção de hidrogênio molecular ($H_2$) e acetato, a partir de piruvato.** Observe como a produção de acetato promove a síntese de ATP pela hidrólise de acetil-fosfato, um intermediário rico em energia (ver Tabela 13.3).

como doador de elétrons para qualquer forma de respiração), $H_2$ nunca é desperdiçado nos ecossistemas microbianos.

Várias bactérias anaeróbias produzem acetato como um produto de fermentação principal ou secundário. A produção de acetato e de certos ácidos graxos conserva energia, uma vez que permite ao organismo sintetizar ATP pela fosforilação em nível de substrato. O intermediário-chave gerado na produção de acetato é o acetil-CoA (Tabela 13.3), um composto rico em energia. O acetil-CoA pode ser convertido a acetil-fosfato (Figura 13.30), sendo o grupo fosfato do acetil-fosfato subsequentemente transferido ao ADP pela enzima acetato-cinase, produzindo ATP. Um dos principais precursores do acetil-CoA é o piruvato, o principal produto da glicólise. A conversão de piruvato a acetil-CoA é uma reação de oxidação-chave, sendo os elétrons gerados utilizados na síntese de produtos de fermentação ou liberados como $H_2$ (Figura 13.30).

**MINIQUESTIONÁRIO**

- O que se entende por fosforilação em nível de substrato?
- Por que a formação de acetato na fermentação é energeticamente vantajosa?

## 13.12 Fermentações lácticas e ácidas mistas

Várias fermentações diferentes são conhecidas, as quais são classificadas de acordo com o substrato fermentado ou com os produtos de fermentação originados. A **Tabela 13.4** resume alguns dos principais tipos de fermentação, classificados com base nos produtos formados. Observe algumas das amplas categorias, como alcoólica, láctica, propiônica, ácida mista, butírica e acetogênica. Ao contrário, algumas fermentações são classificadas com base no substrato fermentado, em vez do produto da fermentação. Por exemplo, algumas das bactérias anaeróbias formadoras de endósporos (gênero *Clostridium*) fermentam aminoácidos, ao passo que outras fermentam purinas e pirimidinas ou succinato e oxalato. Outros anaeróbios fermentam compostos aromáticos (**Tabela 13.5**). Evidentemente, uma ampla variedade de compostos orgânicos pode ser fermentada, em alguns casos, apenas um grupo muito restrito de anaeróbios pode realizar essa fermentação. Muitos deles são especialistas metabólicos, tendo evoluído a capacidade de fermentar um substrato não catabolizado por outras bactérias.

Agora abordaremos dois tipos muito comuns de fermentações de açúcares, nas quais o ácido láctico é um dos produtos principais.

### Fermentação do ácido láctico

As bactérias lácticas são organismos gram-positivos que sintetizam ácido láctico como principal ou único produto de fermentação (⇄ Seção 15.6). Dois padrões fermentativos são observados. Um, denominado **homofermentativo**, origina um único produto de fermentação, o ácido láctico. O outro, denominado **heterofermentativo**, origina produtos além do lactato, principalmente etanol e $CO_2$.

A **Figura 13.31** resume as vias de fermentação da glicose pelas bactérias lácticas homofermentativas e heterofermentativas. As diferenças observadas nos padrões de fermentação podem ser determinadas pela presença ou ausência da enzima *aldolase*, uma enzima-chave da glicólise (⇄ Figura 3.14). As bactérias lácticas homofermentativas possuem a aldolase e produzem *dois* lactatos a partir da glicose, pela via glicolítica (Figura 13.31*a*). As heterofermentadoras são desprovidas de aldolase e, portanto, incapazes de clivar a frutose-bifosfato em triose fosfato. Em

**Tabela 13.4 Fermentações bacterianas comuns e alguns dos organismos que as realizam**

| *Tipo* | *Reação* | *Energia produzida $\Delta G^{0\prime}$ (kJ/mol)* | *Organismos* |
|---|---|---|---|
| Alcoólica | Hexose → 2 etanol + 2 $CO_2$ | −239 | Leveduras, *Zymononas* |
| Homoláctica | Hexose → 2 lactato⁻ + 2 $H^+$ | −196 | *Streptococcus*, alguns *Lactobacillus* |
| Heteroláctica | Hexose → lactato⁻ + etanol + $CO_2$ + $H^+$ | −216 | *Leuconostoc*, alguns *Lactobacillus* |
| Ácido propiônico | 3 Lactato⁻ → 2 propionato⁻ + acetato⁻ + $CO_2$ + $H_2O$ | −170 | *Propionibacterium, Clostridium propionicum* |
| Ácida mista[a,b] | Hexose → etanol + 2, 3-butanediol + succinato$^{2-}$ + lactato⁻ + acetato⁻ + formato⁻ + $H_2$ + $CO_2$ | – | Bactérias entéricas[b], como *Escherichia, Salmonella, Shigella, Klebsiella, Enterobacter* |
| Ácido butírico[b] | Hexose → butirato⁻ + 2 $H_2$ + 2 $CO_2$ + $H^+$ | −264 | *Clostridium butyricum* |
| Butanol[b] | 2 Hexose → butanol + acetona + 5 $CO_2$ + 4 $H_2$ | −468 | *Clostridium acetobutylicum* |
| Caproato/Butirato | 6 Etanol + 3 acetato⁻ → 3 butirato⁻ + caproato⁻ + 2 $H_2$ + 4 $H_2O$ + $H^+$ | −183 | *Clostridium kluyveri* |
| Acetogênica | Frutose → 3 acetato⁻ + 3 $H^+$ | −276 | *Clostridium aceticum* |

[a]Nem todos os organismos originam todos os produtos. Em particular, a produção de butanediol é limitada somente a determinadas bactérias entéricas. Reação não balanceada.
[b]A estequiometria apresenta os principais produtos. Outros produtos incluem certa quantidade de acetato e uma pequena quantidade de etanol (apenas na fermentação de butanol).

**Tabela 13.5 Algumas fermentações bacterianas pouco comuns**

| *Tipo* | *Reação* | *Organismos* |
|---|---|---|
| Acetileno | $2\ C_2H_2 + 3\ H_2O \rightarrow$ etanol + acetato$^-$ + $H^+$ | *Pelobacter acetylenicus* |
| Glicerol | 4 Glicerol + $2\ HCO_3^- \rightarrow$ 7 acetato$^-$ + $5\ H^+ + 4\ H_2O$ | *Espécies de Acetobacterium* |
| Resorcinol (aromático) | $2\ C_6H_4(OH)_2 + 6\ H_2O \rightarrow$ 4 acetato$^-$ + butirato$^-$ + $5\ H^+$ | *Espécies de Clostridium* |
| Floroglucinol (aromático) | $C_6H_6O_3 + 3\ H_2O \rightarrow$ 3 acetato$^-$ + $3\ H^+$ | *Pelobacter massiliensis*<br>*Pelobacter acidigallici* |
| Putrescina | $10\ C_4H_{12}N_2 + 26\ H_2O \rightarrow$ 6 acetato$^-$ + 7 butirato$^-$ + $20\ NH_4^+ + 16\ H_2 + 13\ H^+$ | Anaeróbios gram-positivos não formadores de esporos, não classificados |
| Citrato | Citrato$^{3-}$ + $2\ H_2O \rightarrow$ formato$^-$ + 2 acetato$^-$ + $HCO_3^- + H^+$ | *Bacteroides* |
| Aconitato | Aconitato$^{3-}$ + $H^+ + 2\ H_2O \rightarrow 2\ CO_2$ + 2 acetato$^-$ + $H_2$ | *Acidaminococcus fermentans* |
| Glioxilato | 4 Glioxilato$^-$ + $3\ H^+ + 3\ H_2O \rightarrow 6\ CO_2 + 5\ H_2$ + glicolato$^-$ | Bactéria gram-negativa não classificada |
| Benzoato | 2 Benzoato$^-$ $\rightarrow$ ciclo-hexano carboxilato$^-$ + 3 acetato$^-$ + $HCO_3^- + 3\ H^+$ | *Syntrophus aciditrophicus* |

vez disso, elas oxidam a glicose-6-fosfato a 6-fosfogluconato e, em seguida, realizam sua descarboxilação, originando pentose-fosfato. A pentose-fosfato é convertida a triose-fosfato e acetil-fosfato pela enzima *fosfocetolase* (Figura 13.31*b*). As etapas iniciais do catabolismo pelas bactérias lácticas heterofermentativas são as da via das pentoses-fosfato (Figura 3.26).

Nos organismos heterofermentativos, a triose-fosfato é finalmente convertida a ácido láctico, com a produção de ATP (Figura 13.31*b*). Contudo, para obter-se o equilíbrio redox, o acetil-fosfato produzido é reduzido por NADH (gerado durante a produção de pentose-fosfato) e convertido a etanol. Esse processo ocorre sem a síntese de ATP, uma vez que a ligação

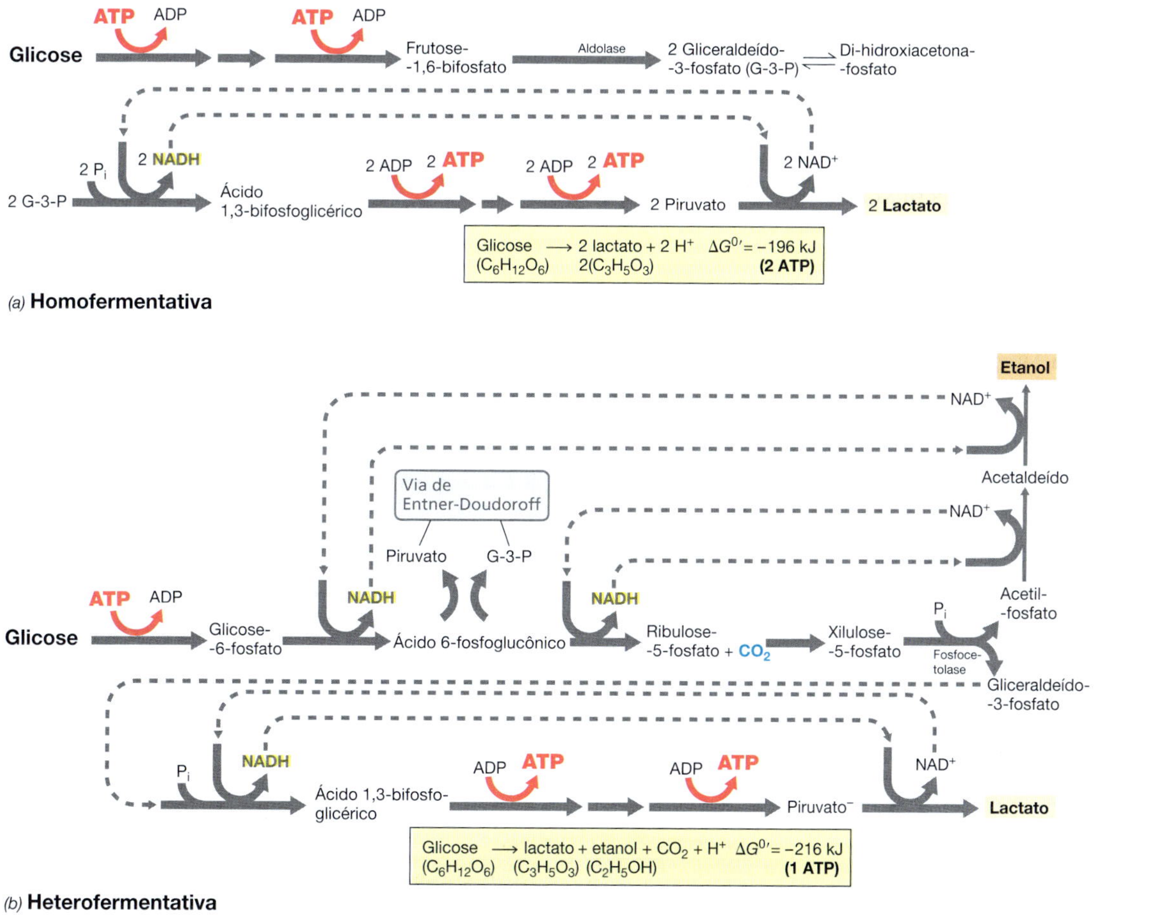


**Figura 13.31 A fermentação da glicose por bactérias lácticas *(a)* homofermentativas e *(b)* heterofermentativas.** Observe que não há síntese de ATP nas reações que levam à formação de etanol, nos organismos heterofermentativos.

CoA rica em energia é perdida durante essa redução. Por isso, os heterofermentadores produzem apenas *um* ATP/glicose, em vez dos *dois* ATP/glicose produzidos pelos homofermentadores. Ainda, pelo fato de os heterofermentadores descarboxilarem 6-fosfogluconato, eles produzem $CO_2$ como produto de fermentação; os homofermentadores não produzem $CO_2$. Assim, uma forma simples para detectar-se um heterofermentador consiste na observação da produção de $CO_2$ em culturas laboratoriais.

## Via de Entner-Doudoroff

Uma variante da via glicolítica, denominada *via de Entner-Doudoroff*, é uma via amplamente distribuída de catabolismo de açúcares em bactérias, especialmente entre as espécies do grupo pseudomônada. Nessa via, a glicose-6-fosfato é oxidada a ácido 6-fosfoglucônico e NADPH; o ácido 6-fosfoglucônico é desidratado e clivado em piruvato e gliceraldeído-3-fosfato (G-3-P), um intermediário-chave da via glicolítica. G-3-P é então catabolizado, como na glicólise, gerando NADH e 2 ATP, sendo utilizado como aceptor de elétrons para balancear as reações redox (Figura 13.31*a*).

Curiosamente, como o piruvato é formado diretamente na via de Entner-Doudoroff, e não é capaz de originar ATP, como o G-3-P (Figura 13.31), a via de Entner-Doudoroff gera apenas metade do ATP gerado pela via glicolítica. Portanto, os organismos que utilizam a via de Entner-Doudoroff compartilham essa característica fisiológica com as bactérias lácticas, que também utilizam uma variante da via glicolítica (Figura 13.31*b*). *Zymomonas*, um pseudomônada fermentativo obrigatório, e *Pseudomonas*, uma bactéria não fermentativa (Seção 15.4), são os principais gêneros que empregam a via de Entner-Doudoroff.

## Fermentações ácidas mistas

Na *fermentação ácida mista* (Tabela 13.4), característica de bactérias entéricas (Seção 15.3), três diferentes ácidos são formados em quantidades significativas a partir da fermentação da glicose ou de outros açúcares – *acético*, *láctico* e *succínico*. São também formadas quantidades variáveis de etanol, $CO_2$ e $H_2$. A glicólise é a via empregada pelos fermentadores ácidos mistos, como *Escherichia coli*, sendo as etapas da via esquematizadas na Figura 3.14.

Algumas bactérias entéricas produzem compostos ácidos em menor quantidade, quando comparados com *E. coli*, e balanceiam suas fermentações produzindo maiores quantidades de compostos neutros. Um produto neutro chave consiste no álcool de quatro carbonos, *butanediol*. Nessa variação da fermentação ácida mista, butanediol, etanol, $CO_2$ e $H_2$ são os principais produtos formados (**Figura 13.32**). Na fermentação ácida mista realizada por *E. coli*, quantidades iguais de $CO_2$ e $H_2$ são produzidas, enquanto na fermentação que origina butanediol, há uma produção maior de $CO_2$ do que de $H_2$. Isso ocorre porque os fermentadores ácidos mistos produzem $CO_2$ somente a partir de ácido fórmico, por meio da enzima *formato hidrogênio liase* (Figura 13.32):

$$HCOOH \rightarrow H_2 + CO_2$$

Contrariamente, produtores de butanediol, como *Enterobacter aerogenes*, produzem $CO_2$ e $H_2$ a partir do ácido fórmico, mas também produzem duas moléculas adicionais de $CO_2$ durante a formação de cada molécula de butanediol (Figura 13.32). No entanto, pelo fato de a produção de butanediol consumir apenas metade do NADH gerado na glicólise (Figura 13.32), a fim de alcançar o equilíbrio redox, mais etanol é produzido por esses organismos do que por outros não fermentadores de butanediol.

**MINIQUESTIONÁRIO**

- Como a produção de $CO_2$ pode diferenciar bactérias lácticas homo e heterofermentativas?
- A produção de butanediol origina maior produção de etanol do que uma fermentação ácida mista por *Escherichia coli*. Por quê?

## 13.13 Fermentações por clostridioses propiônicas

Espécies do gênero *Clostridium* são anaeróbios fermentativos clássicos (Seção 15.7). Diferentes clostrídios fermentam açúcares, aminoácidos, purinas e pirimidinas, além de alguns outros compostos. Em todos os casos, a síntese de ATP está associada a fosforilações em nível de substrato, quer na via glicolítica quer pela hidrólise de um intermediário de CoA (Tabela 13.3). Iniciaremos o estudo com os clostrídios fermentadores de açúcares (*sacarolíticos*).

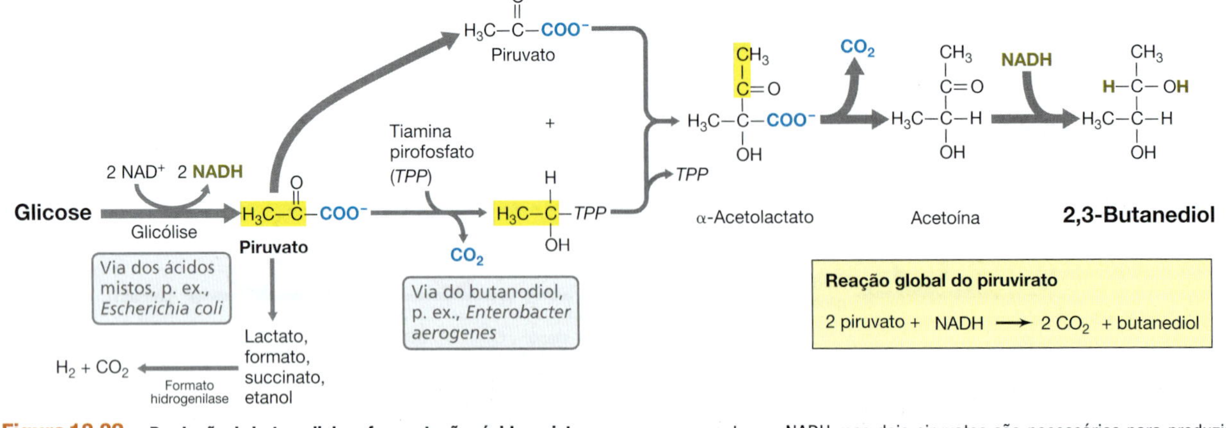


**Figura 13.32** **Produção de butanediol em fermentações ácidas mistas.** Via de formação de butanediol, a partir de duas moléculas de piruvato. Observe como somente um NADH mas dois piruvatos são necessários para produzir um butanediol.

## Fermentação de açúcares por espécies de *Clostridium*

Alguns clostrídios fermentam açúcares, produzindo *ácido butírico* como um dos principais produtos finais. Algumas espécies também produzem acetona e butanol, produtos neutros, como produtos de fermentação. *Clostridium acetobutylicum* é um exemplo clássico dessas bactérias. As etapas bioquímicas da formação de ácido butírico e produtos neutros a partir de açúcares são apresentadas na **Figura 13.33**.

Em clostrídios sacarolíticos, a glicose é convertida a piruvato e NADH pela via glicolítica, sendo o piruvato clivado em acetil-CoA, $CO_2$ e $H_2$ (por meio da ferredoxina reduzida) pela reação fosforoclástica (Figura 13.30). Parte do acetil-CoA é reduzida a butirato ou outros produtos de fermentação, utilizando o NADH derivado das reações glicolíticas como doador de elétrons. Os produtos de fermentação observados são influenciados pela duração e pelas condições da fermentação. Durante os estágios iniciais da fermentação butírica, são produzidos butirato e uma pequena quantidade de acetato e etanol. Porém, à medida que o pH do meio diminui, a síntese de ácidos é interrompida e os produtos neutros, acetona e butanol, passam a ser acumulados. No entanto, se o pH do meio for mantido neutro com tampões, há pouca formação de produtos neutros e a fermentação prossegue principalmente com a produção de ácido butírico.

Quando *C. acetobutylicum* sintetiza butirato, ATP extra é produzido (Figura 13.33 e Tabela 13.3) e os organismos continuam fazendo butirato a menos que as condições se tornem excessivamente ácidas. O acúmulo de produtos ácidos durante a fermentação por *C. acetobylicum* promove a diminuição do pH, o que desencadeia a desrepressão dos genes responsáveis pela produção de solvente. A produção de butanol é, na realidade, uma consequência da produção de acetona. Para cada acetona produzida, dois NADH produzidos durante a glicólise deixam de ser reoxidados, como ocorreria caso o butirato fosse produzido. Uma vez que o balanço redox é necessário para a ocorrência de qualquer fermentação, a célula utiliza o butirato como aceptor de elétrons. Assim, butanol e acetona são produzidos em quantidades equivalentes. Embora a formação de produtos neutros auxilie o organismo a evitar que seu ambiente torne-se muito ácido, há um custo energético para isso. Ao produzir butanol, a célula perde a oportunidade de converter butiril-CoA a butirato e ATP (Figura 13.33 e Tabela 13.3).

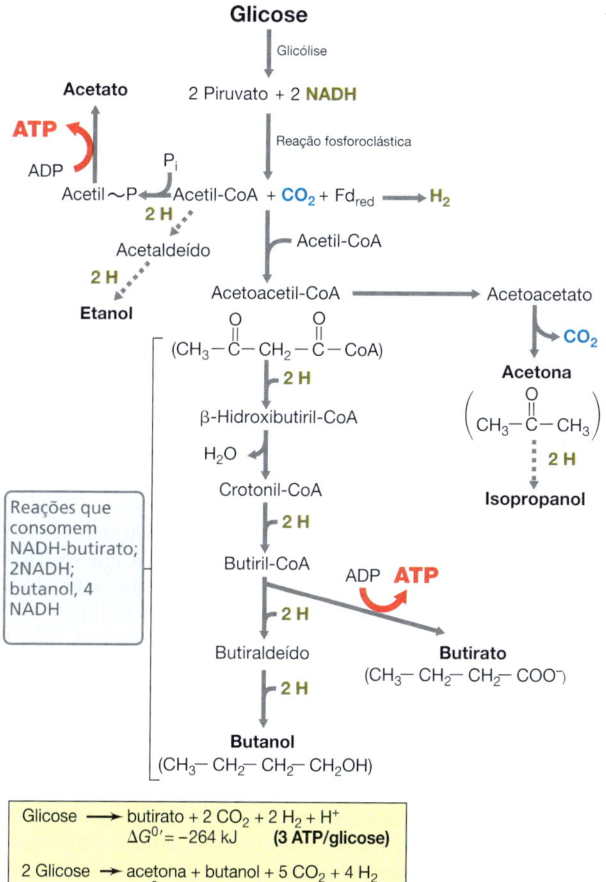


| | | |
|---|---|---|
| Glicose ⟶ butirato + 2 $CO_2$ + 2 $H_2$ + $H^+$ | $\Delta G^{0\prime} = -264$ kJ | **(3 ATP/glicose)** |
| 2 Glicose ⟶ acetona + butanol + 5 $CO_2$ + 4 $H_2$ | $\Delta G^{0\prime} = -468$ kJ | **(2 ATP/glicose)** |

**Figura 13.33** **A fermentação de ácido butírico e butanol/acetona.** Todos os produtos de fermentação a partir da glicose estão ilustrados em negrito (linhas tracejadas indicam produtos menores). Observe como a produção de acetato e butirato leva à formação de ATP adicional pela fosforilação em nível de substrato. Contrariamente, a formação de butanol e acetona reduz a formação de ATP, porque a etapa do butiril-CoA é desviada. 2H, NADH; $Fd_{red}$, ferredoxina reduzida.

## Fermentação de aminoácidos por espécies de *Clostridium* e a reação de Stickland

Algumas espécies de *Clostridium* obtêm sua energia pela fermentação de aminoácidos. Elas são os clostrídios *proteolíticos* que degradam proteínas liberadas por organismos mortos. Alguns, como no caso do patógeno de animais, *Clostridium tetani* (agente etiológico do tétano), são estritamente proteolíticos enquanto outros são sacarolíticos e proteolíticos.

Algumas espécies fermentam aminoácidos individuais, geralmente glutamato, glicina, alanina, cisteína, histidina, serina ou treonina. A bioquímica subjacente a essas fermentações é relativamente complexa, ao contrário da estratégia metabólica. Possivelmente em todos os casos, os aminoácidos são metabolizados, eventualmente gerando um derivado de ácido graxo-CoA, normalmente acetil ($C_2$), butiril ($C_4$) ou caproil ($C_6$). A partir deles, o ATP é produzido pela fosforilação em nível de substrato (Tabela 13.3). Os produtos da fermentação de aminoácidos incluem $NH_3$ e $CO_2$.

Alguns clostrídios fermentam apenas um *par* de aminoácidos. Nessa situação, um aminoácido atua como doador de elétrons, sendo oxidado, enquanto o outro aminoácido é o aceptor de elétrons, sendo reduzido. Essa fermentação *acoplada* de aminoácidos é conhecida por **reação de Stickland**. Por exemplo, *Clostridium sporogenes* cataboliza uma mistura de glicina e alanina; nessa reação, a alanina é o doador de elétrons e a glicina, o aceptor (**Figura 13.34**). Vários aminoácidos que podem atuar como doadores ou aceptores de elétrons na reação de Stickland são listados na Figura 13.34. Os produtos da reação de Stickland são $NH_3$, $CO_2$ e um ácido carboxílico com um carbono a menos que o aminoácido oxidado (Figura 13.34).

Muitos dos produtos da fermentação de aminoácidos por clostrídeos são substâncias de odor desagradável, sendo o odor produzido pela putrefação resultante principalmente da atividade de clostrídios. Além dos ácidos graxos, outros compostos odoríferos produzidos incluem sulfeto de hidrogê-

UNIDADE 3

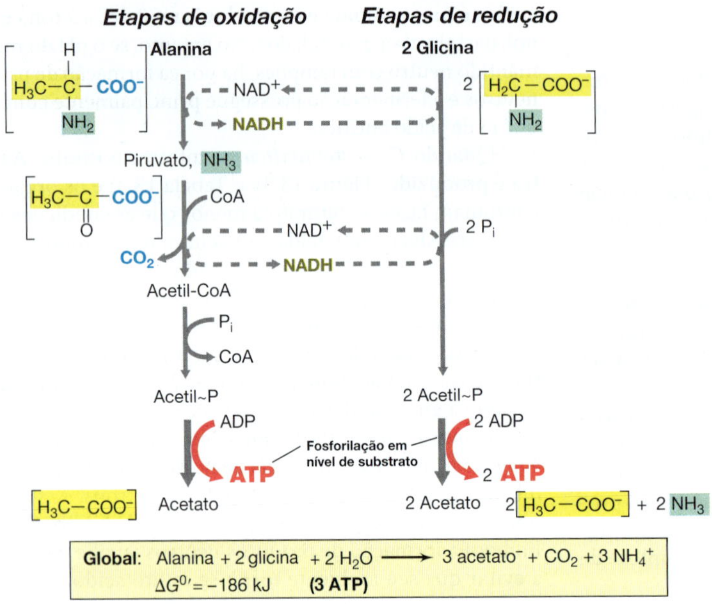


| Aminoácidos que participam de fermentações acopladas (reação de Stickland) | |
|---|---|
| **Aminoácidos oxidados:** | **Aminoácidos reduzidos:** |
| Alanina | Glicina |
| Leucina | Prolina |
| Isoleucina | Hidroxiprolina |
| Valina | Triptofano |
| Histidina | Arginina |

**Figura 13.34 A reação de Stickland.** Este exemplo ilustra o cocatabolismo dos aminoácidos alanina e glicina. As estruturas dos substratos, intermediários e produtos-chave são apresentados entre colchetes para permitir o acompanhamento da reação química. Observe como na reação apresentada a alanina é o doador de elétrons e a glicina, o aceptor de elétrons.

nio ($H_2S$), metil-mercaptano ($CH_3SH$, a partir de aminoácidos sulfurados), cadaverina (a partir da lisina), putrescina (a partir da ornitina) e amônia. As purinas e pirimidinas, liberadas na degradação de ácidos nucleicos, originam vários dos mesmos produtos de fermentação e geram ATP a partir dos derivados de ácido graxo-CoA (Tabela 13.3) produzidos em suas respectivas vias fermentativas.

## Fermentação por *Clostridium kluyveri*

Outra espécie de *Clostridium* também fermenta uma mistura de substratos, em que um é o doador e o outro o aceptor, como na reação de Stickland. Contudo, *C. kluyveri* não fermenta aminoácidos, porém fermenta *etanol e acetato*. Nessa fermentação o etanol é o doador de elétrons e o acetato, o aceptor de elétrons. A reação é a fermentação de caproato/butirato apresentada na Tabela 13.4.

A produção de ATP na fermentação de caproato/butirato é baixa, 1 ATP/6 etanol fermentados. No entanto, *C. kluyveri* possui uma vantagem seletiva sobre todos os demais organismos devido a sua capacidade singular de oxidar um produto de fermentação altamente reduzido (etanol), acoplando-a à redução de outro produto comum de fermentação (acetato), reduzindo-o a ácidos graxos de cadeias ainda mais longas em reações que consomem NADH (Figura 13.33). O único ATP produzido nessa reação é oriundo da fosforilação em nível de substrato durante a conversão de um ácido graxo-CoA formado na via em ácido graxo livre. A fermentação de *C. kluyveri* é um exemplo de **fermentação secundária**, que é essencialmente a fermentação de produtos de fermentação. Veremos a partir de agora outro exemplo desse processo.

## Fermentação propiônica

A bactéria propiônica *Propionibacterium* (gram-positiva) e alguns procariotos relacionados sintetizam *ácido propiônico* como um dos principais produtos de fermentação, partindo de glicose ou lactato como substrato. No entanto, o lactato, um produto de fermentação das bactérias lácticas, provavelmente seja o principal substrato para as bactérias propiônicas na natureza, em que esses dois grupos vivem em estreita associação. *Propionibacterium* é um importante componente do processo de maturação do queijo-suíço (Emental), ao qual os ácidos propiônico e acético produzidos conferem um sabor amargo e de nozes único, enquanto o $CO_2$ produzido forma bolhas, originando os orifícios (olhos) característicos do queijo.

A **Figura 13.35** apresenta as reações que levam do lactato ao propionato. Quando a glicose é o substrato inicial, ela é primeiramente catabolizada a piruvato pela via glicolítica. Em seguida, o piruvato produzido a partir da glicose ou pela oxidação de lactato é carboxilado para formar metil-malonil-CoA, levando à formação de oxalacetato e, eventualmente, de propionil-CoA (Figura 13.35). Este último reage com o succinato, em uma etapa catalisada pela enzima CoA-transferase, produzindo succinil-CoA e propionato. Isso resulta em uma oportunidade perdida para a produção de ATP (Tabela 13.3), no entanto evita o custo energético da necessidade de ativar o succinato com ATP para formar succinil-CoA. O succinil-CoA é então isomerizado a metil-malonil-CoA, completando o ciclo; o propionato é formado e o $CO_2$ é regenerado (Figura 13.35).

NADH é oxidado nas etapas entre o oxalacetato e succinato. Notavelmente, a reação na qual o fumarato é reduzido a succinato (Figura 13.35) está associada ao transporte de elétrons e à formação de uma força próton-motiva, que origina ATP pela fosforilação oxidativa (Seção 13.21). A via do propionato também converte parte do lactato a acetato e $CO_2$, permitindo a produção adicional de ATP (Figura 13.35). Assim, no metabolismo de bactérias propiônicas, ocorre a fosforilação em nível de substrato, como também a fosforilação oxidativa.

O propionato também é formado na fermentação de succinato pela bactéria *Propionigenium*, porém por um

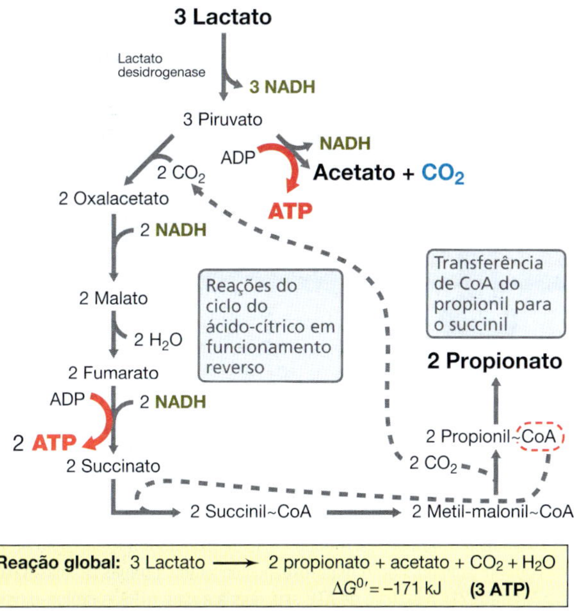


**Figura 13.35 A fermentação propiônica de *Propionibacterium*.** Os produtos são apresentados em negrito. Os quatro NADH formados a partir da oxidação de três lactatos são reoxidados na redução de oxalacetato e fumarato, sendo o grupo CoA do propionil-CoA transferido ao succinato, durante a formação de propionato.

mecanismo totalmente diferente daquele descrito para *Propionibacterium*. *Propionigenium*, que será abordado em seguida, não tem relação filogenética e ecológica com *Propionibacterium*, porém aspectos energéticos de seu metabolismo têm interesse considerável do ponto de vista da bioenergética.

**MINIQUESTIONÁRIO**

- Compare o mecanismo de conservação de energia em *C. acetobutylicum* e *Propionibacterium*.
- Qual tipo de substrato é fermentado por clostrídios sacaralíticos? E por clostrídios proteolíticos?
- Quais são os substratos para a fermentação por *C. kluyveri*?

## 13.14 Fermentações sem a fosforilação em nível de substrato

A fermentação de certos compostos não gera energia suficiente para a síntese de ATP pela fosforilação em nível de substrato (i.e., menos de −32 kJ, Tabela 13.3), embora ainda ocorra a conservação de energia para levar à síntese de ATP. Nesses casos, o catabolismo do composto está associado a bombas iônicas, que estabelecem uma força próton-motiva ou força sódio-motiva através da membrana citoplasmática. Exemplos desses processos incluem a fermentação do succinato, um ácido dicarboxílico $C_4$ e intermediário do ciclo do ácido cítrico, realizada por *Propionigenium modestum* e do oxalato, um ácido dicarboxílico $C_2$, por *Oxalobacter formigenes*.

### *Propionigenium modestum*

*Propionigenium modestum* foi primeiramente isolado de culturas de enriquecimento anóxicas, desprovidas de aceptores alternativos de elétrons, às quais foi adicionado succinato como doador de elétrons. *Propionigenium* habita sedimentos marinhos e de água doce, podendo também ser isolado da cavidade oral de seres humanos. O organismo é um bacilo gram-negativo curto e, filogeneticamente, é uma espécie de Fusobacteria (Seção 15.21). Durante os estudos da fisiologia de *P. modestum*, foi demonstrado que ele requer cloreto de sódio (NaCl) para crescer e catabolizar o succinato em condições estritamente anóxicas:

$$\text{Succinato}^{2-} + H_2O \rightarrow \text{propionato}^- + HCO_3^- \quad \Delta G^{0\prime} = -20{,}5\ \text{kJ}$$

Essa reação resulta em uma quantidade insuficiente de energia livre para que seja acoplada diretamente à síntese de ATP pela fosforilação em nível de substrato (Tabela 13.3), no entanto, sustenta o crescimento do organismo. A conservação de energia em *Propionigenium* está associada à descarboxilação do succinato por uma descarboxilase ligada à membrana, gerando propionato. Essa reação libera energia livre suficiente para conduzir a exportação de íon sódio ($Na^+$) através da membrana citoplasmática, estabelecendo uma *força sódio-motiva*. Uma ATPase translocadora de sódio emprega a força sódio-motiva para conduzir a síntese de ATP (**Figura 13.36*a***).

Em uma reação relacionada, *Malonomonas* descarboxila o malonato, um ácido dicarboxílico $C_3$, gerando acetato e $CO_2$. Como observado em *Propionigenium*, o metabolismo energético de *Malonomonas* está associado a uma bomba de sódio e uma ATPase dirigida por sódio. No entanto, o mecanismo de descarboxilação do malonato é mais complexo que aquele de *Propionigenium*, envolvendo várias proteínas adicionais. Curiosamente, no entanto, a energia produzida na fermentação de malonato por *Malonomonas* é ainda menor que aquela de *P. modestum* −17,4 kJ por malonato oxidado. *Sporomusa*, uma bactéria formadora de endósporos e também acetogênica (Seção 13.19), como algumas outras bactérias, é também capaz de fermentar malonato.

### *Oxalobacter formigenes*

*Oxalobacter formigenes* é uma bactéria encontrada no trato intestinal de animais, incluindo os seres humanos. Ela cataboliza o oxalato e produz formato. Acredita-se que, no homem, a degradação do oxalato por *O. formigenes* seja importante para impedir o acúmulo de oxalato no corpo, uma substância capaz de desencadear a produção de cálculos renais de oxalato de cálcio. Assim como *P. modestum*, *O. formigenes* é um organismo gram-negativo anaeróbio estrito, membro de Betaproteobacteria. *O. formigenes* realiza a seguinte reação:

$$\text{Oxalato}^{2-} + H_2O \rightarrow \text{formato}^- + HCO3^- \quad \Delta G^{0\prime} = -26{,}7\ \text{kJ}$$

Assim como no catabolismo de succinato por *P. modestum*, a energia liberada nessa reação é insuficiente para conduzir a síntese de ATP por fosforilação em nível de substrato (Tabela 13.3). Contudo, a reação sustenta o crescimento do organismo, porque a descarboxilação do oxalato é exergônica e produz formato, o qual é excretado pela célula. O consumo interno de prótons durante a oxidação de oxalato e produção de formato é, de fato, a uma bomba de prótons. Isto é, uma molécula divalente (oxalato) penetra na célula, enquanto uma molécula univalente (formato) é excretada. A substituição contínua do oxalato por formato estabelece um potencial de membrana, o qual é acoplado à síntese de ATP pela ATPase translocadora de prótons situada na membrana (Figura 13.36*b*).

UNIDADE 3

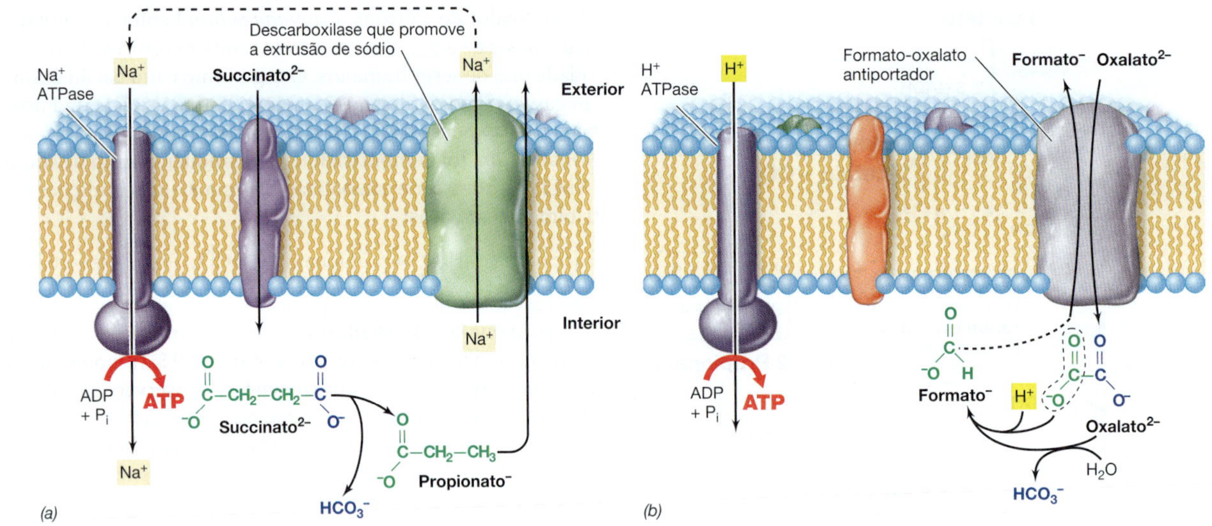


**Figura 13.36 As fermentações exclusivas de succinato e oxalato.** *(a)* Fermentação de succinato por *Propionigenium modestum*. A exportação de sódio está ligada à energia liberada pela descarboxilação do succinato, e uma ATPase translocadora de sódio produz ATP. *(b)* Fermentação de oxalato por *Oxalobacter formigenes*. A importação de oxalato e a exportação de formato por um antiportador formato-oxalato consomem prótons citoplasmáticos (Figura 2.21). A síntese de ATP está ligada a uma ATPase próton-dirigida. Todos os substratos e produtos estão assinalados em negrito.

### O que pode ser aprendido por meio de fermentações do tipo decarboxilantes

O aspecto singular das fermentações realizadas por *Propionigenium, Malonomonas* e *Oxalobacter* deve-se ao fato de a síntese de ATP ocorrer sem haver a fosforilação em nível de substrato, *nem* o transporte de elétrons. Entretanto, a síntese de ATP é possível, já que a pequena quantidade de energia liberada pode ser acoplada ao bombeamento de íons através da membrana. Esses organismos nos ensinam uma importante lição sobre a bioenergética microbiana: qualquer reação química que produza menos do que os – 32 kJ necessários (em condições-padrão) à síntese de uma molécula de ATP não pode ser descartada como uma reação que sustente o crescimento de uma bactéria. Se tal reação puder ser acoplada a uma bomba iônica, a síntese de ATP permanece possível.

Como exigência mínima para uma reação de conservação de energia, esta deve gerar energia livre suficiente para bombear um único íon através da membrana. Ela é estimada em cerca de – 12 kJ. Teoricamente, reações que gerem menor quantidade de kJ não são capazes de alimentar bombas iônicas e, portanto, não podem ser consideradas potenciais reações de conservação de energia. No entanto, como veremos na próxima seção, são conhecidos exemplos que diminuem esse limite teórico a valores ainda mais baixos, e cuja energética ainda não está totalmente elucidada. Eles são os sintróficos, procariotos que vivem no limite energético da vida.

**MINIQUESTIONÁRIO**

- Por que *P. modestum* precisa de sódio para o crescimento?
- De que modo *Oxalobacter* pode trazer benefícios à saúde dos seres humanos?
- Como pode uma fermentação que rende energia livre insuficiente para produzir ATP ainda suportar o crescimento bacteriano?

## 13.15 Sintrofia

Em microbiologia, existem muitos exemplos de **sintrofia**, situação em que dois organismos distintos associam-se para degradar alguma substância – e, com isso, conservar energia – a qual não seriam capazes de degradar individualmente. A maioria das reações sintróficas é de fermentações secundárias, em que os organismos fermentam os produtos de fermentação de outros anaeróbios. No Capítulo 20, veremos como a sintrofia é uma chave para o catabolismo anóxico que leva à produção de metano ($CH_4$). Nesta seção, consideraremos os aspectos microbiológicos e energéticos da sintrofia.

A **Tabela 13.6** lista alguns dos principais grupos sintróficos e os compostos que eles degradam. Muitos compostos orgânicos podem ser degradados sintroficamente, incluindo até os hidrocarbonetos aromáticos e alifáticos. Mas o principal componente de interesse em ambientes sintroficos são ácidos graxos e alcoóis.

### Consumo de hidrogênio em reações sintróficas: a ligação metabólica

O aspecto central da maioria das reações sintróficas envolve a *produção* de $H_2$ por um dos membros, associada ao *consumo* de $H_2$ pelo outro. O consumidor de $H_2$ pode ser qualquer um de vários organismos filogeneticamente distintos: bactérias desnitrificantes, redutoras de ferro férrico, redutoras de sulfato, acetogênicas, metanogênicas ou mesmo fototróficas anoxigênicas. Consideremos a sintrofia envolvendo a fermentação de etanol em acetato, com a eventual produção de metano (**Figura 13.37**). Conforme observado, o organismo fermentador de etanol realiza uma reação que apresenta uma variação de energia livre padrão ($\Delta G^{0\prime}$) desfavorável (i.e., positiva). Contudo, o $H_2$ produzido pelo *Pelotomaculum* pode ser utilizado como um doador de elétrons para um organismo metanogênico, na metanogênese. Quando as duas reações são somadas, a reação global é exergônica (Figura 13.37) e fornece a energia necessária ao crescimento de ambos os membros da mistura sintrófica.

**Tabela 13.6 Propriedades das principais bactérias sintróficas**[a]

| *Gênero* | *Número de espécies conhecidas* | *Filogenia*[b] | *Substratos fermentados em co-cultivo*[c] |
|---|---|---|---|
| *Syntrophobacter* | 4 | Deltaproteobacteria | Propionato ($C_3$), lactato; alguns álcoois |
| *Syntrophomonas* | 9 | Firmicutes | Ácidos graxos saturados/insaturados $C_4$–$C_{18}$; alguns álcoois |
| *Pelotomaculum* | 2 | Firmicutes | Propionato, lactato, diversos álcoois; alguns compostos aromáticos |
| *Syntrophus* | 3 | Deltaproteobacteria | Benzoato e diversos compostos aromáticos relacionados; alguns ácidos graxos e álcoois |

[a]Todos os sintróficos são anaeróbios obrigatórios.
[b]Ver Capítulos 14 e 15.
[c]Nem todas as espécies podem utilizar todos os substratos listados.

Outro exemplo de sintrofia é a oxidação de butirato a acetato e $H_2$ pelo organismo sintrófico oxidante de ácido graxo, *Syntrophomonas* (**Figura 13.38**):

$$\text{Butirato}^- + 2\,H_2O \rightarrow 2\,\text{acetato}^- + H^+ + 2\,H_2 \qquad \Delta G^{0\prime} = +48{,}2\ \text{kJ}$$

A variação de energia livre dessa reação é ainda mais desfavorável do que a oxidação do etanol (Figura 13.37) e, quando em cultura pura, *Syntrophomonas* é incapaz de crescer a partir de butirato. No entanto, bem como na fermentação do etanol por *Pelotomaculum*, se o $H_2$ for consumido por um organismo parceiro, *Syntrophomonas* passa a crescer a partir do butirato, quando em uma cocultura com o consumidor de $H_2$. Como reações químicas cujas variações de energia livre são positivas podem sustentar o crescimento de um organismo? Examinaremos agora esse enigma.

## Energética da transferência de $H_2$

Em uma relação sintrófica, a remoção de $H_2$ por um organismo parceiro afeta a energética da reação. Pelo fato de o $H_2$ poder ser consumido a níveis tão baixos, os cálculos da energética devem levar em conta esses níveis extremamente baixos de $H_2$. Uma revisão dos princípios da energia livre apresentada no Apêndice 1 indica que a concentração real de reagentes e produtos de uma reação pode exercer importantes efeitos sobre a energética. Essa questão não é significativa em muitas reações, uma vez que os produtos são removidos em quantidades relativamente iguais. No entanto, em relação ao $H_2$, esse não é o caso, pois este é consumido até níveis quase indetectáveis. Nessas concentrações extremamente baixas de $H_2$, os cálculos da energética são drasticamente afetados.

Por conveniência, o $\Delta G^{0\prime}$ de uma reação é calculado com base nas *condições-padrão* – produtos e reagentes na concentração de 1 molar (Seção 3.4). Ao contrário, o termo relacionado $\Delta G$ é utilizado para calcular as variações de energia livre com base nas *concentrações reais* de produtos e reagentes presentes (o Apêndice 1 explica como calcular $\Delta G$). Em concentrações muito baixas de $H_2$, a energética da oxidação de etanol ou ácidos graxos a acetato e $H_2$, uma reação endergônica em condições padrão, torna-se exergônica. Por exemplo, se a concentração de $H_2$ for mantida extremamente baixa por meio das atividades do organismo parceiro consumidor, o $\Delta G$ da oxidação do butirato por *Syntrophomonas* gera cerca de $-18$ kJ/mol (Figura 13.38*a*). Como aprendemos na Seção 13.14, este rendimento relativamente baixo de energia ainda pode sustentar o crescimento de uma bactéria.

## Energética em sintróficos

Provavelmente, a síntese de ATP por organismos sintróficos envolve fosforilações tanto em nível de substrato quanto oxidativas. Teoricamente, a fosforilação em nível de substrato pode ocorrer durante a conversão de acetil-CoA (gerado a partir da betaoxidação de etanol ou de ácido graxo) a acetato (Figura 13.38*a*), embora o valor de $-18$ kJ de energia liberada ($\Delta G$) deva ser insuficiente para tal. No entanto, a energia liberada é suficiente para produzir uma *fração* de um ATP, de modo que possivelmente sejam necessários dois ciclos de oxidação de butirato para produzir um ATP por fosforilação em nível de substrato.

Muitos sintróficos também possuem outras capacidades metabólicas, uma vez que o organismo é capaz de realizar a respiração anaeróbia (Seção 13.16) em cultura pura por meio da desproporcionação de ácidos graxos insaturados. (A desproporcionação é um processo em que algumas moléculas de um substrato são oxidadas, enquanto outras são reduzidas). Por exemplo, o crotonato, um intermediário do metabolismo sintrófico do butirato (Figura 13.38*a*), sustenta o crescimento de *Syntrophomonas* em cultura pura. Nessas condições, parte do crotonato é oxidado a acetato e parte é reduzido a butirato (Figura 13.38*b*). Uma vez que a redução do crotonato por *Syntrophomonas* está acoplada ao estabelecimento de uma força próton-motiva, assim como ocorre



**Fermentação de etanol:**

$$2\,CH_3CH_2OH + 2\,H_2O \rightarrow 4\,H_2 + 2\,CH_3COO^- + 2\,H^+ \qquad \Delta G^{0\prime} = +19{,}4\ \text{kJ/reação}$$

**Metanogênese:**

$$4\,H_2 + CO_2 \rightarrow CH_4 + 2\,H_2O \qquad \Delta G^{0\prime} = -130{,}7\ \text{kJ/reação}$$

**Reação acoplada:**

$$2\,CH_3CH_2OH + CO_2 \rightarrow CH_4 + 2\,CH_3COO^- + 2\,H^+ \qquad \Delta G^{0\prime} = -111{,}3\ \text{kJ/reação}$$

(*a*) Reações

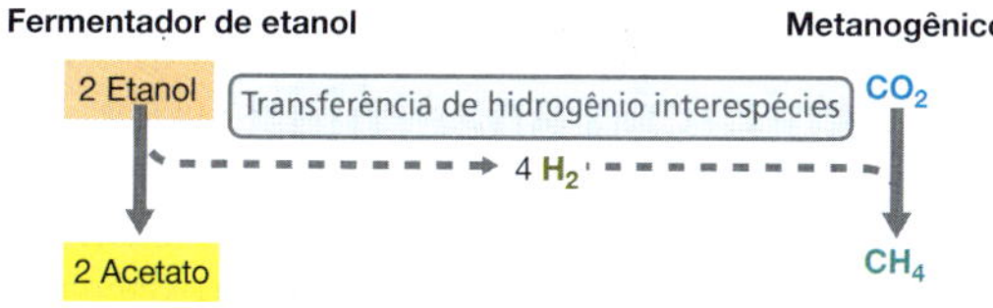


(*b*) Transferência sintrófica de $H_2$

**Figura 13.37 Sintrofia: transferência de $H_2$ interespécies.** A fermentação de etanol a metano e acetato, pela associação sintrófica de uma bactéria oxidante de etanol e um parceiro consumidor de $H_2$, (metanogênico) é apresentada. (*a*) Reações envolvidas. Os dois organismos partilham a energia liberada pela reação acoplada. (*b*) Natureza da transferência sintrófica de $H_2$.

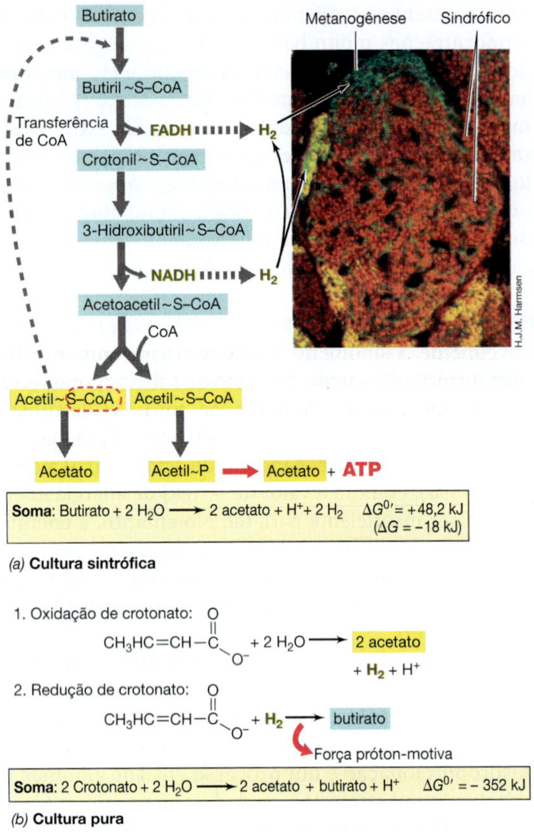


**Figura 13.38 Energética do crescimento de *Syntrophomonas* em uma cultura sintrófica e em cultura pura.** *(a)* Em cultura sintrófica, o crescimento requer a presença de um organismo consumidor de $H_2$, como um metanogênico. A produção de $H_2$ é conduzida pelo fluxo reverso de elétrons, uma vez que os $E_0'$ de FADH e de NADH são mais eletropositivos do que aqueles de 2 $H^+/H_2$. *(b)* Em cultura pura, a conservação de energia está associada à respiração anaeróbia, com a redução do crotonato a butirato. Inserção: fotomicrografias de células de bactérias sintróficas degradadoras de ácidos graxos (em vermelho) em associação com metanogênicos (em verde-amarelado).

em outras respirações anaeróbias que empregam aceptores orgânicos de elétrons (como a redução de fumarato a succinato, Seção 13.21), é possível que, em algum ponto do metabolismo sintrófico, uma reação também esteja acoplada à geração de uma força próton-motiva. Bombas de prótons ou algum outro íon podem provavelmente ser necessárias para a fermentação sintrófica de benzoato e propionato, cujo rendimento de energia livre ($\Delta G$) é infimamente baixo, apenas cerca de −5 kJ por reação.

Independentemente de como o ATP é sintetizado durante o crescimento sintrófico, existem dificuldades energéticas adicionais para os organismos que crescem dessa maneira. Isso ocorre porque o $H_2$ ($E_0'$ −0,42 V) é produzido a partir de doadores de elétrons mais eletropositivos, como FADH ($E_0'$−0,22 V) e NADH ($E_0'$ −0,32 V), os quais são gerados durante as reações de oxidação de ácidos graxos (Figura 13.38*a*). Assim, parte do ATP gerado por *Syntrophomonas* durante o crescimento sintrófico deve ser consumida, a fim de conduzir as reações de fluxo reverso de elétrons (Seção 13.3), produzindo $H_2$ para o consumidor de hidrogênio. Quando esse escoadouro de energia é acoplado às produções energéticas inerentemente pobres das reações sintróficas, torna-se evidente que as bactérias sintróficas oxidantes de álcool e ácido graxo vivem no "limite da existência", do ponto de vista de sua bioenergética global.

## Ecologia dos sintróficos

Ecologicamente, as bactérias sintróficas são os elos-chave das porções anóxicas do ciclo do carbono (Seção 20.2). Os sintróficos utilizam os produtos de fermentação de fermentadores primários, liberando um produto essencial para os metanogênicos, acetogênicos e outros consumidores de $H_2$. Na ausência dos sintróficos, haveria o desenvolvimento de um "gargalo" nos ambientes anóxicos, onde aceptores alternativos de elétrons, diferentes do $CO_2$, seriam limitantes. Por outro lado, quando as condições são óxicas, ou os aceptores de elétrons são abundantes, as relações sintróficas são desnecessárias. Por exemplo, se $O_2$ ou $NO_3^-$ estiverem disponíveis como aceptores de elétrons, a energética da oxidação de um ácido graxo ou álcool é tão favorável, que as associações cooperativas com outros organismos para a degradação desses substratos não são necessárias. Desse modo, a sintrofia é característica de processos anóxicos, nos quais principalmente a metanogênese e a acetogênese são os processos finais no ecossistema. Metanogênese é o principal processo anóxico na biodegradação em águas de rejeitos e, estudos microbiológicos de grânulos formados nesses sistemas têm demonstrado que os habitantes produtores e consumidores de $H_2$ desses sistemas desenvolvem uma estreita relação física (Figura 13.38*a*, inserção).

**MINIQUESTIONÁRIO**

- Dê um exemplo de transferência de $H_2$ interespécies. Por que é possível afirmar que ambos os organismos são beneficiados nesse exemplo?
- Por que uma cultura pura de *Syntrophomonas* pode crescer em crotonato, mas não em butirato?

# IV • Respiração anaeróbia

Examinamos o processo de respiração aeróbia de forma detalhada no Capítulo 3. Como mencionamos, o oxigênio molecular ($O_2$) atua como *aceptor terminal de elétrons*, recebendo os elétrons oriundos de carreadores presentes em uma cadeia de transporte de elétrons. Entretanto, também mencionamos que outros aceptores de elétrons podem ser utilizados em substituição ao $O_2$, sendo o processo, então, denominado **respiração anaeróbia**. Passaremos agora a avaliar alguns desses processos.

## 13.16 Respiração anaeróbia: princípios gerais

As bactérias que realizam a respiração anaeróbia empregam sistemas de transporte de elétrons contendo citocromos, quinonas, proteínas contendo ferro-enxofre e outras proteínas transportadoras de elétrons típicas. Seus sistemas respiratórios são, portanto, similares àqueles encontrados em aeróbios. Em alguns organismos, como as bactérias desnitrificantes, as quais são, em sua maioria, aeróbias facultativas, a respiração anaeróbia compete com a respiração aeróbia. Nessas situações, quando o $O_2$ está presente, as bactérias realizam a respiração aeróbia, sendo os genes codificadores de processos anaeróbios reprimidos. No entanto, quando o $O_2$ é depletado do ambiente, as bactérias respiram anaerobiamente e o aceptor alternativo de elétrons é reduzido. Outros organismos que realizam a respiração anaeróbia são anaeróbios obrigatórios, sendo incapazes de utilizar o $O_2$.

## Aceptores alternativos de elétrons e a torre redox

A energia liberada na oxidação de um doador de elétrons, utilizando o $O_2$ como aceptor de elétrons, é maior do que aquela liberada quando o mesmo composto é oxidado, utilizando um aceptor alternativo de elétrons (Figura 3.9). Essas diferenças de energia tornam-se aparentes quando os potenciais redutores de cada aceptor são analisados (**Figura 13.39**). Como

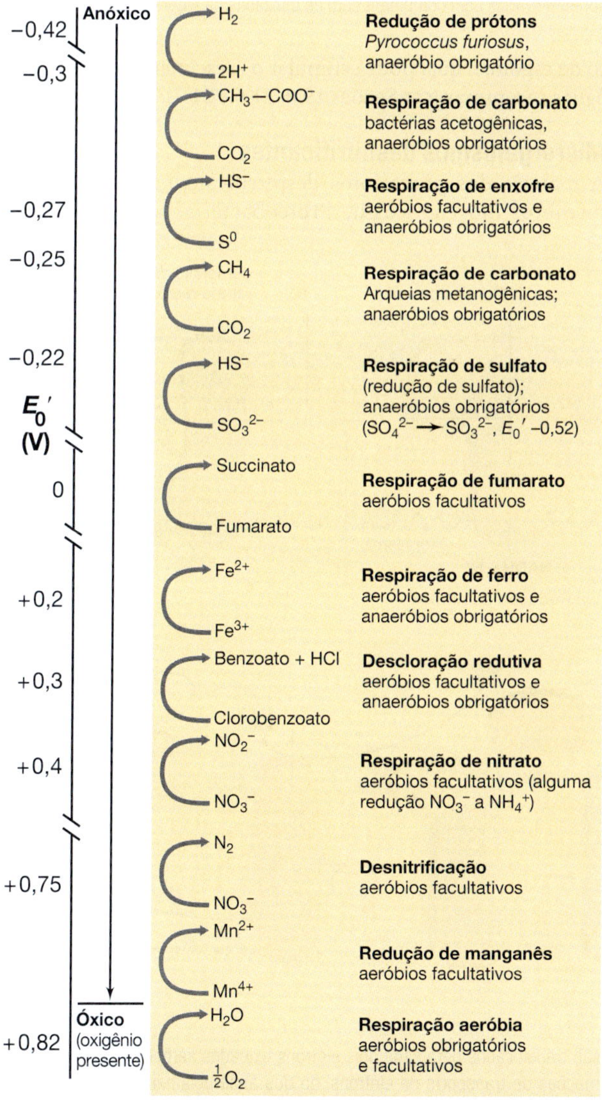


**Figura 13.39** **Principais formas de respiração anaeróbia.** Os pares redox estão ordenados, daqueles com $E_0'$ mais eletronegativo (no topo) para aqueles com $E_0'$ mais eletropositivo (base). Ver Figura 3.9 para comparar como as produções de energia dessas respirações anaeróbias variam.

o par $O_2/H_2O$ é o mais eletropositivo daqueles listados, mais energia torna-se disponível quando o $O_2$ é utilizado, em vez de qualquer outro aceptor de elétrons. Outros aceptores de elétrons que estão próximos ao par $O_2/H_2O$ são $Mn^{4+}$, $Fe^{3+}$, $NO_3^-$ e $NO_2^-$. Exemplos de aceptores mais eletronegativos são $SO_4^{2-}$, $S^0$ e $CO_2$. Um resumo dos tipos mais comuns de respiração anaeróbia é apresentado na Figura 13.39.

## Reduções assimilativas e dissimilativas

Compostos inorgânicos, como $NO_3^-$, $SO_4^{2-}$ e $CO_2$, são reduzidos por muitos organismos como fontes de nitrogênio, enxofre e carbono celulares, respectivamente. Os produtos finais de tais reduções são principalmente os grupos amino (—$NH_2$), sulfidril (—SH) e compostos orgânicos de carbono, respectivamente. Quando um composto inorgânico, como $NO_3^-$, $SO_4^{2-}$ ou $CO_2$ é reduzido para ser utilizado na biossíntese, ele é referido como *assimilado*, sendo o processo de redução denominado metabolismo *assimilativo*. O metabolismo assimilativo de $NO_3^-$, $SO_4^{2-}$ ou $CO_2$ é conceitual e fisiologicamente bastante distinto da redução desses aceptores de elétrons no metabolismo energético da respiração anaeróbia. Para distinguir esses dois tipos de processos de redução, a utilização desses compostos como aceptores de elétrons no metabolismo energético é denominado metabolismo *dissimilativo*.

Os metabolismos assimilativo e dissimilativo têm diferenças acentuadas. No metabolismo assimilativo, apenas uma quantidade suficiente do composto ($NO_3^-$, $SO_4^{2-}$ ou $CO_2$) é reduzida, visando satisfazer as necessidades da biossíntese. Os produtos são eventualmente convertidos em material celular, sob a forma de macromoléculas. No metabolismo dissimilativo, uma grande quantidade de aceptores de elétrons é reduzida, sendo o produto reduzido ($N_2$, $H_2S$ ou $CH_4$, por exemplo) excretado no meio.

Muitos organismos realizam o metabolismo assimilativo de compostos como $NO_3^-$, $SO_4^{2-}$ ou $CO_2$, enquanto apenas uma variedade restrita de organismos, principalmente procarióticos, realiza o metabolismo dissimilativo. Quanto aos doadores de elétrons, praticamente qualquer composto orgânico que pode ser degradado aerobiamente também pode ser degradado em condições de anoxia por uma ou mais formas de respiração anaeróbia. Além disso, várias substâncias inorgânicas podem também ser os doadores de elétrons, desde que a $E_0'$ do seu par redox seja mais eletronegativo que o do par aceptor na respiração anaeróbia (Figura 13.39).

**MINIQUESTIONÁRIO**

- Como a respiração aeróbia difere da respiração anaeróbia e por que a aeróbia reprime a anaeróbia?
- Tendo o $H_2$ como doador de elétrons, por que a redução de $NO_3^-$ é uma reação mais favorável do que a redução de $S^0$?

# 13.17 Redução de nitrato e desnitrificação

Compostos nitrogenados inorgânicos estão entre os aceptores de elétrons mais comuns na respiração anaeróbia. Um resumo das várias espécies inorgânicas de nitrogênio e de seus estados de oxidação encontra-se na **Tabela 13.7**.

Um dos aceptores alternativo de elétrons mais comuns é o nitrato, $NO_3^-$, o qual pode ser reduzido a $N_2O$, NO e $N_2$. Uma vez que esses produtos da redução do nitrato são todos gasosos, podem ser facilmente perdidos no ambiente, processo

**Tabela 13.7** Estados de oxidação de compostos nitrogenados-chave

| *Composto* | *Estado de oxidação do átomo de N* |
|---|---|
| N orgânico (–$NH_2$) | −3 |
| Amônia ($NH_3$) | −3 |
| Nitrogênio gasoso ($N_2$) | 0 |
| Óxido nitroso ($N_2O$) | +1 (média, por N) |
| Óxido de nitrogênio (NO) | +2 |
| Nitrito ($NO_2^-$) | +3 |
| Dióxido de nitrogênio ($NO_2$) | +4 |
| Nitrato ($NO_3^-$) | +5 |

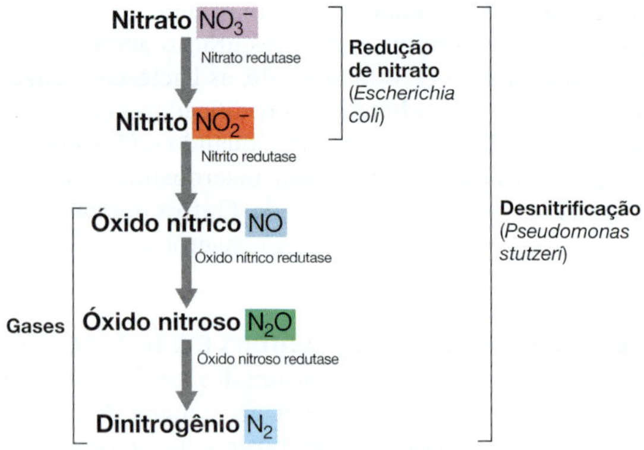


**Figura 13.40 Etapas da redução dissimilativa do nitrato.** Alguns organismos realizam apenas a primeira etapa. Todas as enzimas são desreprimidas por condições anóxicas. Além disso, sabe-se de alguns procariotos capazes de reduzir $NO_3^-$ a $NH_4^+$ no metabolismo dissimilativo. Observe que as cores utilizadas aqui combinam com as utilizadas na Figura 13.41.

denominado **desnitrificação** (**Figura 13.40**). A desnitrificação é o principal mecanismo pelo qual o $N_2$ gasoso é formado biologicamente. Como fonte de nitrogênio, o $N_2$ encontra-se muito menos disponível às plantas e aos microrganismos do que o nitrato, de modo que, pelo menos nas aplicações agrícolas, a desnitrificação consiste em um processo prejudicial. No tratamento de esgotos, no entanto, a desnitrificação é benéfica, uma vez que converte $NO_3^-$ a $N_2$; essa transformação reduz a carga de nitrogênio fixado presente nos efluentes do tratamento de esgoto, o qual pode estimular o crescimento de algas nas águas receptoras (Seções 19.8, 21.6 e 21.7).

## Microrganismos desnitrificantes

A maioria dos procariotos desnitrificantes corresponde a membros filogenéticos de Proteobacteria, sendo, fisiologi-

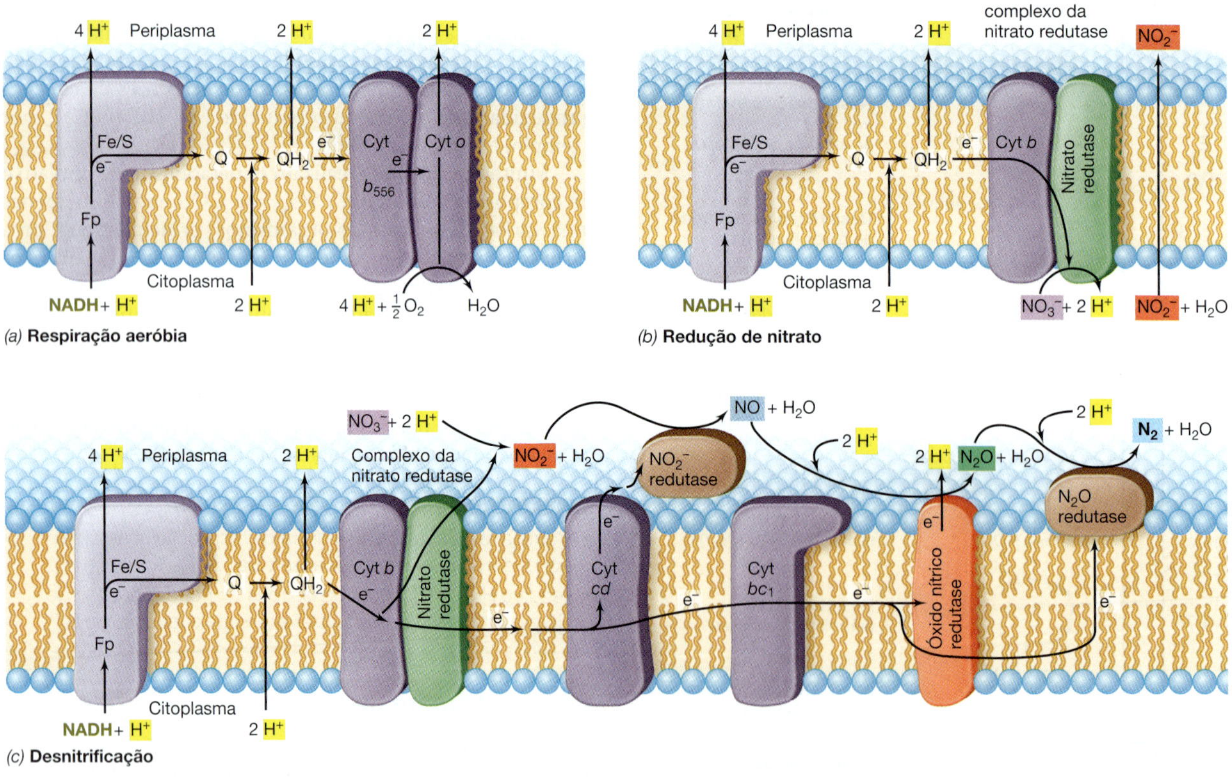


**Figura 13.41 Respiração e respiração anaeróbia baseada em nitrato.** Os processos de transporte de elétrons na membrana de *Escherichia coli* quando (*a*) $O_2$ ou (*b*) $NO_3^-$ é utilizado como aceptor de elétrons e NADH é o doador de elétrons. Fp, flavoproteína; Q, ubiquinona. Em condições de alta concentração de oxigênio, a sequência de carreadores é cyt (do inglês, *cytochrome*) $b_{556} \rightarrow$ cyt $o \rightarrow O_2$. No entanto, em condições de baixa oxigenação (não apresentada), a sequência é cyt $b_{568} \rightarrow$ cyt $d \rightarrow O_2$. Observe como mais prótons são translocados para cada dois elétrons oxidados aerobiamente durante as reações de transporte de elétrons, do que anaerobiamente utilizando nitrato como aceptor de elétrons, já que a oxidase terminal aeróbia (cyt *o*) pode bombear um próton. (*c*) Esquema do transporte de elétrons em membranas de *Pseudomonas stutzeri* durante a desnitrificação. As nitrato e óxido nítrico (NO) redutases são proteínas integrais de membrana, enquanto as nitrito ($NO_2^-$) e óxido nitroso ($N_2O$) redutases são enzimas periplasmáticas.

camente, aeróbios facultativos. A respiração aeróbia ocorre quando o ar encontra-se presente, mesmo que o nitrato esteja também presente no meio. Muitas bactérias desnitrificantes também reduzem anaerobiamente outros aceptores de elétrons, como o ferro férrico ($Fe^{3+}$) e alguns aceptores orgânicos de elétrons (Seção 13.21). Além disso, algumas bactérias desnitrificantes podem crescer a partir da fermentação. Assim, as bactérias desnitrificantes são bastante diversas metabolicamente em termos de mecanismos alternativos de geração de energia. Algumas espécies de arqueias podem crescer anaerobiamente por redução de nitrato para nitrito e várias podem fazer desnitrificação. O protista *Globobulimina pseudospinescens*, uma ameba com carapaça (foraminíferos, Seção 17.7), é capaz de realizar a desnitrificação, possivelmente empregando essa forma de metabolismo para sobreviver em seu hábitat, os sedimentos marinhos anóxicos.

## Bioquímica da redução dissimilativa do nitrato

A enzima envolvida na primeira etapa da redução dissimilativa do nitrato, a *nitrato redutase*, é uma enzima integral de membrana, contendo molibdênio, cuja síntese é reprimida pelo oxigênio molecular. Todas as enzimas subsequentes desta via (**Figura 13.41**) são reguladas de maneira coordenada, sendo também reprimidas pelo $O_2$. Contudo, além das condições anóxicas, é necessária a presença de nitrato para que essas enzimas sejam plenamente expressas.

O primeiro produto resultante da redução do nitrato é o nitrito ($NO_2^-$), o qual é reduzido a óxido nítrico (NO), pela enzima nitrito redutase (Figura 13.41*c*). Alguns organismos são capazes de reduzir $NO_2^-$ a amônia ($NH_3$) por meio de um processo dissimilativo, porém a formação de produtos gasosos – *desnitrificação* – exibe maior importância global. Isso porque promove o consumo de uma forma fixada de nitrogênio ($NO_3^-$) e produz compostos nitrogenados gasosos, alguns dos quais são de importância ambiental. Por exemplo, o $N_2O$ pode ser convertido a NO pela luz solar e o NO reage com o ozônio ($O_3$) nas camadas atmosféricas superiores, formando nitrito ($NO_2^-$). O nitrito retorna à Terra na forma de *chuva ácida* (ácido nitroso, $HNO_2$).

A bioquímica da redução dissimilativa do nitrato foi estudada detalhadamente em vários organismos, incluindo *Escherichia coli*, em que o $NO_3^-$ é reduzido apenas a $NO_2^-$, além de *Paracoccus denitrificans* e *Pseudomonas stutzeri*, os quais realizam a desnitrificação. A nitrato redutase de *E. coli* recebe elétrons de um citocromo do tipo *b*; uma comparação das cadeias de transporte de elétrons da respiração aeróbia *versus* a respiração de nitrato em células de *E. coli* é ilustrada na Figura 13.41*a*, *b*. Devido ao potencial redutor do par $NO_3^-/NO_2^-$ (+0,43 V), somente duas etapas de translocação de prótons ocorrem durante a redução do nitrato, enquanto três prótons são bombeados na respiração aeróbia ($O_2/H_2O$, +0,82 V). Em *P. denitrificans* e *P. stutzeri*, óxidos de nitrogênio são formados a partir do nitrito pelas enzimas nitrato redutase, óxido nítrico redutase e óxido nitroso redutase, conforme resumido na Figura 21.14*c*. Durante o transporte de elétrons, há o estabelecimento de uma força próton-motiva, sendo o ATP produzido por uma ATPase, da maneira convencional. Moléculas adicionais de ATP tornam-se disponíveis quando o $NO_3^-$ é reduzido a $N_2$, uma vez que a NO redutase está associada à extrusão de prótons (Figura 13.41*c*).

**MINIQUESTIONÁRIO**

- Por que, em *E. coli*, maior quantidade de energia é liberada na respiração aeróbia do que durante a redução de $NO_3^-$?
- Por que *Pseudomonas stutzeri* obtém mais energia da respiração de $NO_3^-$ do que *Escherichia coli*?
- Onde a nitrato redutase dissimilativa é encontrada na célula? Que metal incomum essa enzima contém?

## 13.18 Redução de sulfato e enxofre

Vários compostos sulfurados inorgânicos são importantes aceptores de elétrons na respiração anaeróbia. Um resumo dos estados de oxidação dos principais compostos sulfurados é apresentado na **Tabela 13.8**. O sulfato, a forma mais oxidada do enxofre, é um dos principais ânions encontrados na água do mar, sendo reduzido por bactérias redutoras de sulfato, um grupo amplamente distribuído na natureza. O produto final da redução do sulfato é o sulfeto de hidrogênio, $H_2S$, um importante produto natural que participa de muitos processos biogeoquímicos (Seções 20.4 e 21.10). Espécies do gênero *Desulfovibrio* foram amplamente utilizadas no estudo da redução do sulfato (Seção 14.9).

Mais uma vez, assim como no caso do nitrato (Seção 13.17), é necessário que se faça a distinção entre o metabolismo assimilativo e o metabolismo dissimilativo. Muitos organismos, incluindo plantas, algas, fungos e a maioria dos procariotos, utilizam o sulfato como fonte de enxofre para as necessidades biossintéticas. A capacidade de utilizar o sulfato como um aceptor de elétrons nos processos geradores de energia, no entanto, envolve a redução em larga escala do $SO_4^{2-}$, processo restrito às bactérias redutoras de sulfato. Na redução assimilativa de sulfato, o $H_2S$ é formado em larga escala por esses organismos e é excretado para que seja oxidado pelo ar, usado por outros organismos ou combinados com metais para formar sulfetos metálicos.

**Tabela 13.8 Compostos sulfurados e doadores de elétrons na redução de sulfato**

| *Composto* | *Estado de oxidação por átomo de S* |
|---|---|
| *Estados de oxidação de importantes compostos sulfurados* | |
| S orgânico (R–SH) | −2 |
| Sulfeto ($H_2S$) | −2 |
| Enxofre elementar ($S^0$) | 0 |
| Tiossulfato ($-S_2-O_3^{2-}$) | +2/+6 |
| Dióxido de enxofre ($SO_2$) | +4 |
| Sulfito ($SO_3^{2-}$) | +4 |
| Sulfato ($SO_4^{2-}$) | +6 |
| *Alguns doadores de elétrons utilizados na redução de sulfato* | |
| $H_2$ | Acetato |
| Lactato | Propionato |
| Piruvato | Butirato |
| Etanol e outros alcoóis | Ácidos graxos de cadeia longa |
| Fumarato | Benzoato |
| Malato | Indol |
| Colina | Vários hidrocarbonetos |

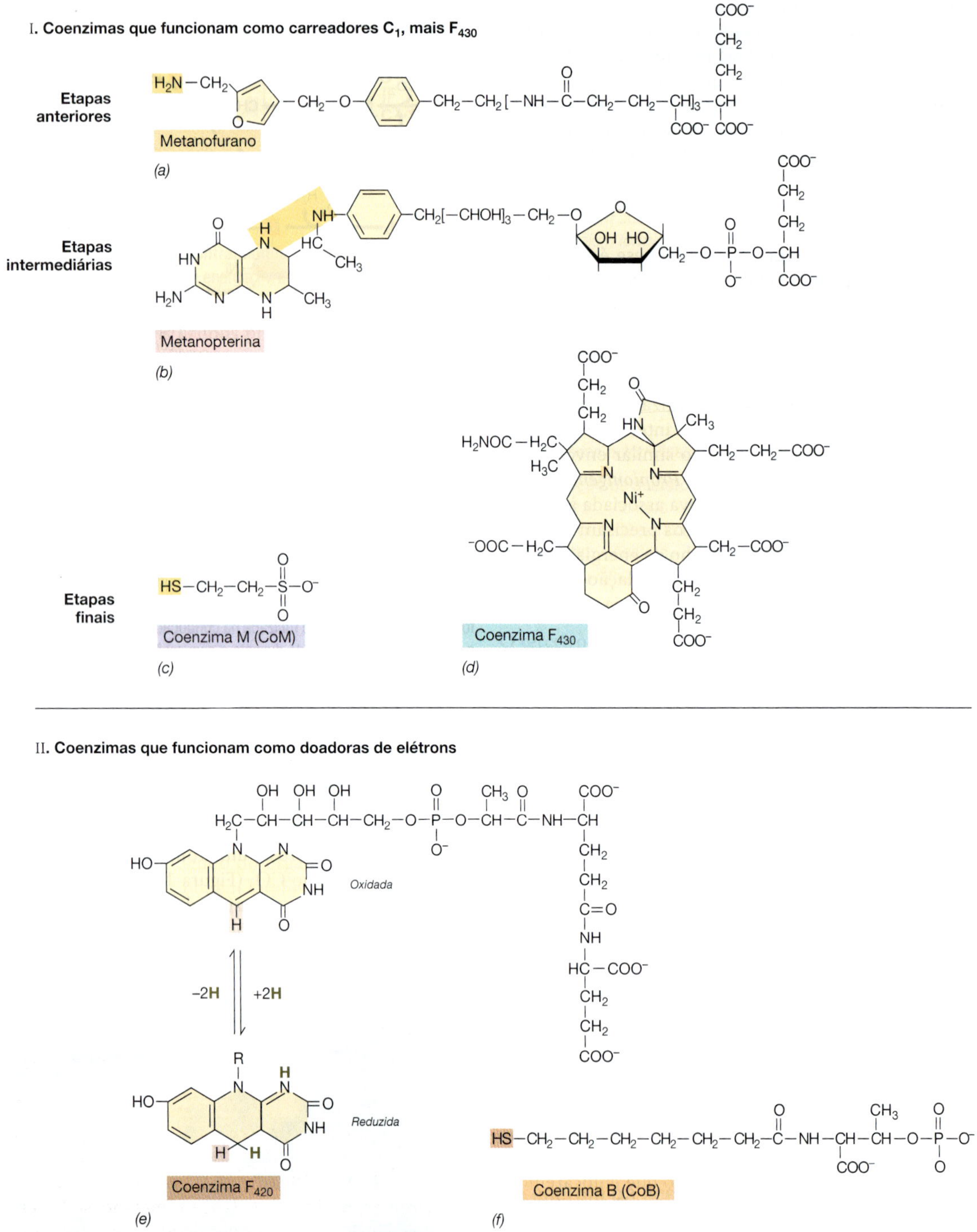


**Figura 13.47** **Coenzimas da metanogênese.** Os átomos sombreados em marrom ou amarelo correspondem aos sítios das reações de oxidação-redução ($F_{420}$ e CoB – marrom) ou à posição onde o $C_1$ liga-se, durante a redução de $CO_2$ a $CH_4$ (metanofurano, metanopterina e coenzima M – amarelo). As cores utilizadas para evidenciar uma coenzima em particular (p. ex., CoB em cor de laranja) são também apresentadas nas Figuras 13.49 e 13.50 para o acompanhamento das reações em cada figura. A coenzima $F_{430}$ participa da etapa final da metanogênese catalisada pela enzima metil redutase, com a ligação do grupo metil de $Ni^+$ no $F_{430}$ antes da sua redução a $CH_4$.

de C1, ver Figura 13.45), carreando a unidade $C_1$ durante as etapas intermediárias da redução de $CO_2$ a $CH_4$. A *coenzima M* (CoM) (Figura 13.47*c*) é requerida na etapa final da metanogênese, a conversão de um grupo metil ($CH_3$) em $CH_4$. Embora não seja um carreador de $C_1$, a *coenzima* $F_{430}$ (Figura 13.47*d*), um tetrapirrol contendo níquel, é também necessária na etapa final da metanogênese, como parte do complexo enzimático metil redutase (a ser discutido posteriormente).

## Coenzimas redox

As coenzimas $F_{420}$ e *7-mercapto-heptanoil-treonina-fosfato*, também denominada coenzima B (CoB), são doadores de elétrons na metanogênese. A coenzima $F_{420}$ (Figura 13.47*e*) é um derivado de flavina, exibindo semelhanças estruturais com a coenzima flavina FMN (⇄ Figura 3.16). A $F_{420}$ desempenha papel na metanogênese como doadora de elétrons em várias etapas da redução de $CO_2$ (ver Figura 13.49). A forma oxidada de $F_{420}$ absorve luz na faixa de 420 nm e fluoresce de forma verde-azulada. Essa fluorescência é útil na identificação microscópica de um metanogênico (**Figura 13.48**). A CoB é necessária na etapa terminal da metanogênese, catalisada pelo *complexo enzimático metil redutase*. Conforme ilustrado na Figura 13.47*f*, a estrutura da CoB assemelha-se à vitamina ácido pantotênico (que é parte do acetil-CoA) (⇄ Figura 3.12).

## Metanogênese a partir de $CO_2 + H_2$

Os elétrons para a redução de $CO_2$ a $CH_4$ originam-se principalmente do $H_2$, embora o formato, monóxido de carbono e até mesmo certos compostos orgânicos, como alcoóis, possam também suprir os elétrons necessários à redução do $CO_2$ por alguns metanogênicos. A **Figura 13.49** apresenta as etapas na redução do $CO_2$ pelo $H_2$:

1. O $CO_2$ é ativado por uma enzima contendo metanofurano, sendo reduzido a nível de formil. O doador imediato de elétrons é a ferredoxina, uma proteína redox que tem potencial redutor ($E_0$) muito baixo, aproximadamente, − 0,4 V.
2. O grupo formil é transferido do metanofurano para uma enzima contendo metanopterina (MP, na Figura 13.49). Ele é subsequentemente desidratado e reduzido, em duas etapas distintas, nos níveis de metileno e metil. O doador imediato de elétrons é a $F_{420}$ reduzida.

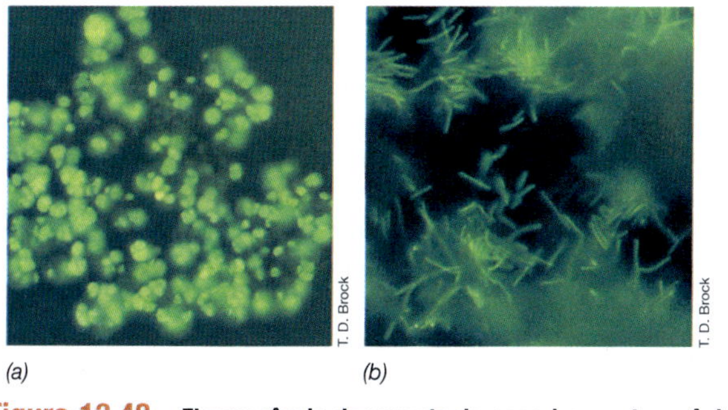

**Figura 13.48** **Fluorescência decorrente da coenzima metanogênica $F_{420}$.** *(a)* Autofluorescência das células do metanogênico *Methanosarcina barkeri*, devido à presença do carreador de elétrons exclusivo, $F_{420}$. Cada célula possui cerca de 1,7 μm de diâmetro. Os organismos tornaram-se visíveis pela utilização de luz azul em um microscópio de fluorescência. *(b)* Fluorescência de $F_{420}$ em células do metanogênico *Methanobacterium formicicum*. Uma célula individual tem cerca de 0,6 μm de diâmetro.

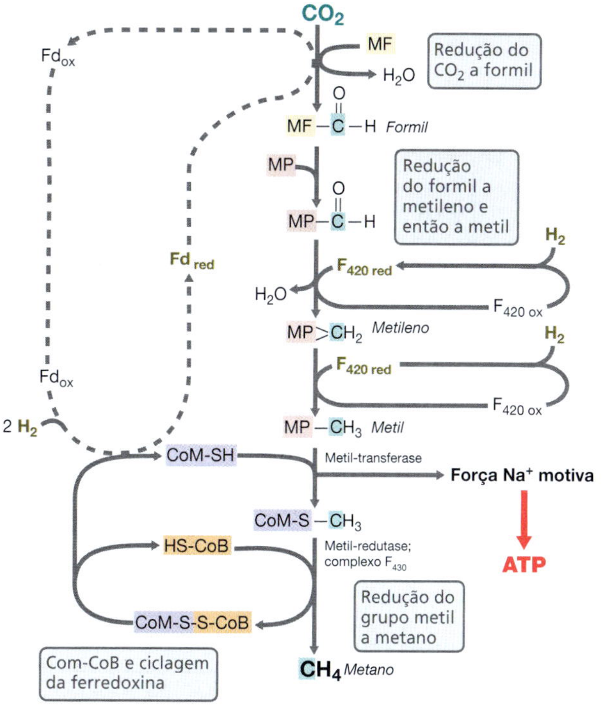


**Figura 13.49** **Metanogênese, a partir de $CO_2$ e $H_2$.** O átomo de carbono reduzido é assinalado em amarelo-clro, enquanto a fonte de elétrons é destacada em amarelo-escuro. Ver, na Figura 13.47, as estruturas das coenzimas, e, no texto, uma discussão sobre a bomba reversível de $Na^+$. MF, metanofurano; MP, metanopterina; CoM, coenzima M; $F_{420\,red}$, coenzima $F_{420}$ reduzida; $F_{430}$, coenzima $F_{430}$; Fd, ferredoxina; CoB, coenzima B.

3. O grupo metil é transferido da metanopterina para uma enzima contendo CoM pela ação da enzima metil-transferase. Essa reação é altamente exergônica e vinculada ao bombeamento de sódio do interior da célula para fora.
4. O metil-CoM é reduzido a metano pela metil-redutase; nessa reação, $F_{430}$ e CoB estão intimamente envolvidas. A coenzima $F_{430}$ remove o grupo $CH_3$ do $CH_3$–CoM, formando um complexo $Ni^{2+}–CH_3$. Esse complexo é reduzido por CoB, gerando $CH_4$ e um complexo dissulfeto de CoM e CoB (CoM-S—S-CoB).
5. As CoM e CoB livres são regeneradas pela redução CoM-S—S-CoB por $H_2$. Simultaneamente, a ferredoxina é também reduzida por $H_2$ e está pronta para a primeira etapa de um novo ciclo de redução de $CO_2$ (Figura 13.49).

## Metanogênese a partir de compostos metil e acetato

Estudaremos, na Seção 16.2, que o metano pode ser produzido a partir de compostos metilados, bem como a partir de $H_2 + CO_2$. Compostos metil, como metanol, são catabolizados pela doação dos grupos metil a uma proteína corrinoide, originando $CH_3$-corrinoide (**Figura 13.50*a***). Corrinoides são as estruturas parentais de compostos como a vitamina $B_{12}$, e contêm um anel corrina semelhante à porfirina, apresentando um átomo central de cobalto. O complexo $CH_3$-corrinoide transfere, então, o grupo metil à CoM, produzindo $CH_3$-CoM, a partir do qual o metano é formado do mesmo modo que na etapa final da redução do $CO_2$ descrita anteriormente. Quando não há poder redutor (como $H_2$) disponível para conduzir a etapa final, parte do metanol deve ser oxidada a

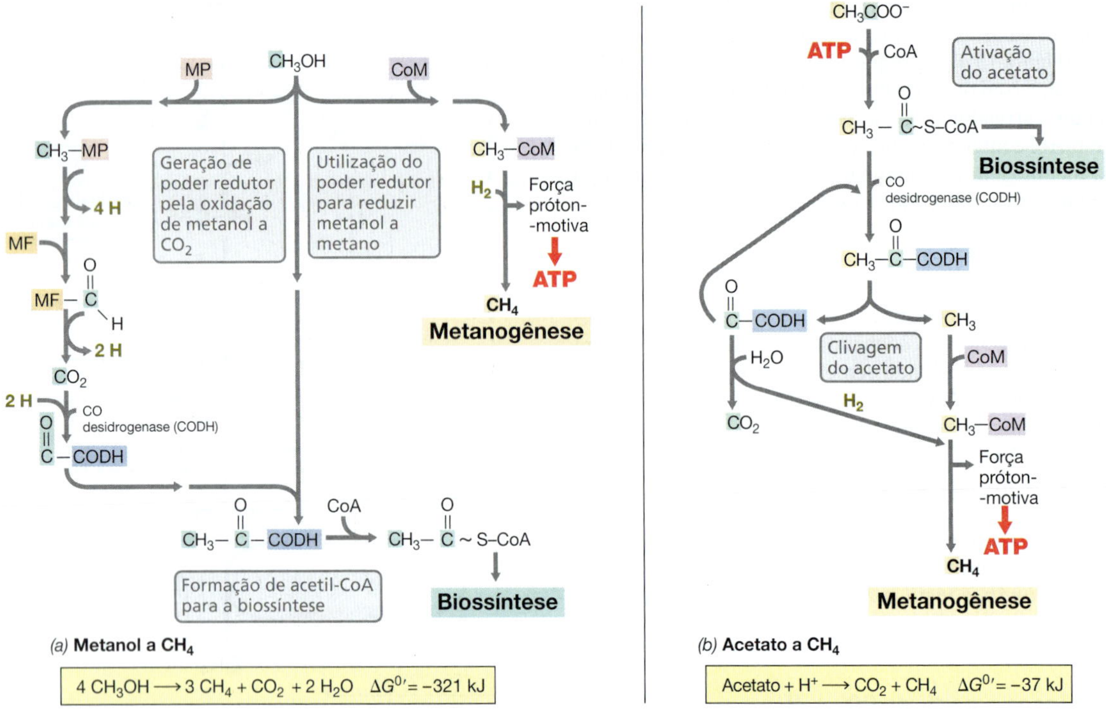


**Figura 13.50** **A metanogênese a partir de metanol e acetato.** As duas séries de reações contêm partes da via do acetil-CoA. Para o crescimento a partir do metanol ($CH_3OH$), a maior parte do carbono presente no metanol é convertida a $CH_4$, enquanto uma quantidade menor é convertida a $CO_2$ ou, pela formação de acetil-CoA, é assimilada em compostos celulares. As abreviações e cores utilizadas são as mesmas empregadas nas Figuras 13.47 e 13.49. Corr, proteína contendo corrinoide; CODH, monóxido de carbono desidrogenase.

$CO_2$ para promover a liberação de elétrons com esse propósito. Essa reação ocorre pela reversão das etapas da metanogênese (Figuras 13.49 e 13.50*a*).

Quando o acetato é o substrato da metanogênese, ele é inicialmente ativado a acetil-CoA, que interage com o monóxido de carbono desidrogenase da via do acetil-CoA (Seção 13.19). O grupo metil do acetato é então transferido à enzima corrinoide, produzindo $CH_3$-corrinoide, e, a partir desse ponto, o grupo metil é conduzido à etapa terminal da metanogênese, mediada pela CoM. Simultaneamente, o grupo CO é oxidado, originando os produtos finais do catabolismo do acetato, $CH_4$ e $CO_2$ (Figura 13.50*b*).

## Autotrofia

A autotrofia em metanogênicos ocorre pela via do acetil-CoA, discutida na Seção 13.19. Como discutimos, partes dessa via estão integradas ao catabolismo de metanol e acetato (Figura 13.50). No entanto, os metanogênicos não realizam a série de reações da via do acetil-CoA conduzidas pelo tetra-hidrofolato, as quais produzem um grupo metil (Figura 13.45). Contudo, tal fato não é um problema, uma vez que os metanogênicos obtêm os grupos metil diretamente de seus doadores de elétrons (Figura 13.50), ou sintetizam grupos metil durante a metanogênese a partir de $H_2 + CO_2$ (Figura 13.49). Dessa forma, os grupos metil são abundantes e a remoção de alguns para a biossíntese impõe pouca tensão na bioenergética. O grupo carbonil do acetato produzido durante o crescimento autotrófico dos metanogênicos é derivado da enzima CO desidrogenase, com a etapa final da síntese de acetato ocorrendo conforme descrito para os acetogênicos (Seção 13.19 e Figura 13.45).

## Conservação de energia na metanogênese

Em condições-padrão, a variação de energia livre na redução de $CO_2$ a $CH_4$, utilizando $H_2$, é de –131 kJ/mol. Este valor é suficiente para a síntese de pelo menos um ATP. A conservação de energia na metanogênese ocorre à custa da força próton ou sódio-motiva, dependendo do substrato usado; não ocorrendo fosforilação em nível de susbtrato (Seção 13.11). Quando o metano é formado a partir de $H_2 + CO_2$, ATP é produzido a partir da força sódio-motiva formada durante a transferência de grupo metil de MP para CoM através da enzima metil-transferase (Figura 13.49). Em seguida, esse estado energizado da membrana dirige a síntese de ATP, provavelmente por meio de um ATPase próton-dirigida após a conversão da força sódio-motiva em uma força próton-motiva pela troca de $Na^+$ por $H^+$ através da membrana. O rendimento de ATP por $CH_4$ produzido é de aproximadamente 0,5.

Em alguns metanogênicos, como no caso de *Methanosarcina* (organismos nutricionalmente versáteis que podem produzir metano a partir de acetato ou metanol bem como a partir de $CO_2 + H_2$), um mecanismo diferente de conservação de energia ocorre a partir do acetato ou metanol, uma vez que a reação catalisada pela metil-transferase não pode ser acoplada à geração de uma força sódio-motiva, sob estas condições. Em vez disso, a conservação de energia na metanogênese está associada à etapa final, que envolve a metil-redutase (Figuras 13.49, 13.50 e **Figura 13.51**). A interação da CoB com $CH_3$–CoM nessa etapa resulta na formação de $CH_4$ e um heterodissulfeto, CoM-S—S-CoB. Esse heterodissulfeto é reduzido por $F_{420}$, regenerando a forma ativa das coenzimas CoM-SH e CoB-SH (Figura 13.49). Essa redução, realizada pela enzima *heterodissulfeto redutase*, é exergônica e está acoplada ao bombeamento de prótons através da membrana, criando uma força próton-motiva (Figura 13.51). O fluxo de elétrons até a heterodissulfeto redutase envolve um carreador de elétrons único associado à membrana, um composto denominado *metanofenazina*. No processo de transporte de elétrons, a metanofenazina é alternadamente reduzida pela $F_{420}$ e, em seguida, oxidada por um citocromo do tipo *b*; este último corresponde ao doador de elétrons para a heterodissulfeto redutase (Figura 13.51). Citocromos e metanofenazina estão ausentes nos metanogênicos que usam apenas $H_2 + CO_2$ para a metanogenese.

Assim, os metanogênicos possuem dois mecanismos de conservação de energia: (1) uma força próton-motiva associada à reação da metil-redutase, utilizada para conduzir a síntese de ATP, e (2) uma força sódio-motiva formada durante a metanogênese e utilizada para conduzir a oxidação de grupos metil durante o crescimento a partir de compostos metilados.

**MINIQUESTIONÁRIO**

- Que coenzimas atuam como carreadores de $C_1$ na metanogênese? E como doadores de elétrons?
- No crescimento dos metanogênicos em $H_2 + CO_2$, como o carbono é obtido para a biossíntese celular?
- Como o ATP é sintetizado na metanogênese quando o substrato é $H_2 + CO_2$? E quando o substrato é acetato?

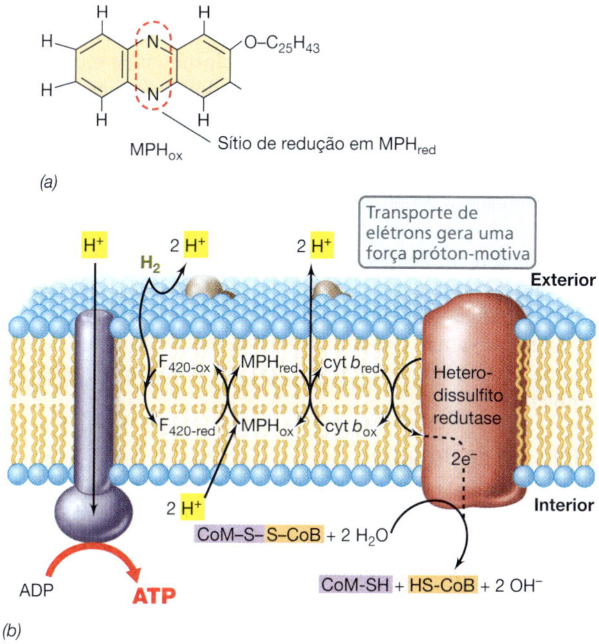


**Figura 13.51 Conservação de energia na metanogênese a partir de metanol ou de acetato.** *(a)* Estrutura de metanofenazina (MPH, na parte b), um carreador de elétrons da cadeia de transporte que promove a síntese de ATP; o anel central da molécula pode ser alternadamente reduzido e oxidado. *(b)* Etapas do transporte de elétrons. Os elétrons oriundos do $H_2$ reduzem $F_{420}$ e, então, a metanofenazina. Esta última, por meio de um citocromo do tipo *b*, reduz a heterodissulfeto redutase, com a extrusão de prótons para fora da membrana. Na etapa final, a heterodissulfeto redutase reduz o complexo CoM-S—S-CoB em HS-CoM e HS-CoB. Ver, na Figura 13.47, as estruturas de CoM e CoB.

## 13.21 Outros aceptores de elétrons

Além dos aceptores de elétrons da respiração anaeróbia discutidos até o momento, vários metais, semimetais, compostos orgânicos halogenados e não halogenados são importantes aceptores de elétrons para as bactérias na natureza (**Figura 13.52**). Além desses, até mesmo prótons podem ser utilizados por alguns poucos anaeróbios estritos.

### Redução do ferro férrico

Muitos metais e semimetais podem ser reduzidos na respiração anaeróbia. Ferro férrico ($Fe^{3+}$) e íon mangânico ($Mn^{4+}$) são os mais importantes metais reduzidos. O potencial redutor do par $Fe^{3+}/Fe^{2+}$ é ligeiramente eletropositivo ($E_0' = +0,2$ V, em pH 7), e o potencial redutor do par $Mn^{4+}/Mn^{2+}$ é extremamente elevado ($E_0' = +0,8$ V, em pH 7); por essa razão, a redução de $Fe^{3+}$ e $Mn^{4+}$ pode ser acoplada à oxidação de vários doadores de elétrons. Nestas reações, os elétrons são transferidos ao longo de uma cadeia de transporte de elétrons, que termina em um sistema contendo uma metalredutase, reduzindo $Fe^{3+}$ a $Fe^{2+}$ ou $Mn^{4+}$ a $Mn^{2+}$. Várias pesquisas sobre a energética da redução do ferro férrico foram realizadas com as bactérias gram-negativas, *Shewanella* e *Geobacter*; *Shewanella* também reduz $Mn^{4+}$. *Geobacter* pode também utilizar $H_2$ ou outros doadores orgânicos de elétrons, incluindo o hidrocarboneto aromático tolueno.

Outras substâncias inorgânicas podem atuar como aceptores de elétrons na respiração anaeróbia. Elas incluem compostos contendo selênio, telúrio e arsênio, o metal de transição vanádio e vários compostos de cloro oxidados (Figura 13.52).

| Par | Reação | $E_0'$ |
|---|---|---|
| Fumarato/ Succinato | $^{-}O(O=)C-CH=CH-C(=O)O^{-} \xrightarrow{2\,H} {}^{-}O(O=)C-CH_2-CH_2-C(=O)O^{-}$ | +0,03 |
| Óxido de *N*-trimetil-amina (TMAO)/Trimetil-amina (TMA) | $H_3C-N(CH_3)(\rightarrow O)-CH_3 \xrightarrow{2\,H} (CH_3)_3N + H_2O$ | +0,13 |
| Arsenato/ Arsenito | $^{-}O-As(O^{-})_2=O \xrightarrow{2\,H} As(O^{-})_3 + H_2O$ | +0,14 |
| Dimetil sulfóxido (DMSO)/ Dimetil sulfeto (DMS) | $H_3C-S(\rightarrow O)-CH_3 \xrightarrow{2\,H} (CH_3)_2S + H_2O$ | +0,16 |
| Íon férrico/ Íon ferroso | $Fe^{3+} \xrightarrow{e^-} Fe^{2+}$ | +0,20 |
| Selenato/ Selenito | $^{-}O-Se(=O)_2-O^{-} \xrightarrow{2\,H} Se(=O)(O^{-})_2 + H_2O$ | +0,48 |
| Íon mangânico/ Íon manganoso | $Mn^{4+} \xrightarrow{2\,e^-} Mn^{2+}$ | +0,80 |
| Clorato/ Cloreto | $ClO_3^{-} \xrightarrow{6\,H} Cl^{-} + 3\,H_2O$ | +1,00 |

**Figura 13.52 Alguns aceptores alternativos de elétrons nas respirações anaeróbias.** Observe a reação e o $E_0'$ de cada par redox calculado para pH7.

A maioria desses organismos capazes de usar esses aceptores é facultativa e, portanto, capaz de crescer em condições aeróbias. Os compostos contendo selênio, telúrio e arsênio são ocasionais agentes poluentes e podem sustentar o crescimento anóxico de várias bactérias. A redução de $SeO_4^{2-}$ a $SeO_3^{2-}$ e, eventualmente, a $Se^0$ (selênio metálico), a redução de arsenato ($AsO_4^{2-}$) a arsenito ($AsO_3^{2-}$), e a redução de telurato ($TeO_4^{2-}$) a telurito ($TeO_3^{2-}$). Várias bactérias redutoras de clorato e redutoras de perclorato ($ClO_4^{2-}$) foram isoladas, e são responsáveis pela remoção destes compostos tóxicos na natureza; sendo normalmente o cloreto ($Cl^-$) o produto final da reação.

Outras formas de redução do arsenato são benéficas. Por exemplo, a bactéria redutora de sulfato *Desulfotomaculum* é capaz de reduzir arsenato ($AsO_4^{3-}$) a arsenito ($AsO_3^{3-}$), com a redução de $SO_4^{2-}$ (a $HS^-$). Durante esse processo, um complexo mineral de arsênio e sulfeto ($As_2S_3$) precipita-se espontaneamente (Figura 13.53). O mineral é formado tanto intra quanto extracelularmente, sendo sua produção um exemplo de *biomineralização*, a formação de um mineral a partir de atividade bacteriana. Nesse caso, a formação de $As_2S_3$ também atua como um mecanismo de detoxificação de um composto que poderia ser tóxico (arsênio), e tais atividades podem apresentar aplicações práticas na descontaminação microbiana de lixos tóxicos e de águas subterrâneas contendo arsênio.

## Aceptores orgânicos de elétrons

Vários compostos orgânicos podem atuar como aceptores de elétrons nas respirações anaeróbias. Entre aqueles listados na Figura 13.52, o composto mais extensivamente estudado é o *fumarato*, um intermediário do ciclo do ácido cítrico (⇄ Figura 3.22), que é reduzido a succinato. O papel do fumarato como aceptor de elétrons na respiração anaeróbia deve-se ao fato de o par fumarato-succinato apresentar um potencial redutor próximo a 0 V, permitindo o acoplamento da redução do fumarato à oxidação de NADH, FADH ou $H_2$. Bactérias capazes de utilizar o fumarato como aceptor de elétrons incluem *Wolinella succinogenes* (capaz de crescer utilizando $H_2$ como doador de elétrons e fumarato como aceptor de elétrons), *Desulfovibrio gigas* (uma bactéria redutora de sulfato, também capaz de crescer em condições não redutoras de sulfato), alguns clostrídios, *Escherichia coli* e muitas outras bactérias.

O óxido de trimetil-amina (TMAO, *trimethylamine oxide*) e o dimetil-sulfóxido (DMSO) (Figura 13.52) são importantes aceptores orgânicos de elétrons. O óxido de trimetil-amina é um produto presente em peixes marinhos, nos quais atua como uma forma de excreção do excesso de nitrogênio. Várias bactérias reduzem o TMAO à trimetil-amina (TMA), que possui odor e sabor acentuados (o odor dos alimentos marinhos deteriorados é decorrente, principalmente, da TMA produzida pela atividade bacteriana). O dimetil-sulfóxido (DMSO) é reduzido a dimetil-sulfeto (DMS) por bactérias. O DMSO é um produto natural comum, encontrado em ambientes marinhos e de água doce. Os potenciais redutores dos pares TMAO/TMA e DMSO/DMS são similares, próximos a +0,15 V. Isso significa que qualquer cadeia de transporte de elétrons que seja terminada pela redução de TMAO ou DMSO deve ser relativamente curta. Assim como na redução do fumarato, na maioria dos casos de redução de TMAO e DMSO, citocromos do tipo *b* (potenciais de redução próximos a 0 V) foram identificados como oxidases terminais.

Vários compostos clorados podem atuar como aceptores de elétrons na respiração anaeróbia, por um processo denominado **descloração redutiva** (também conhecido como *desalorrespiração*). Por exemplo, a bactéria redutora de sulfato, *Desulfomonile*, cresce anaerobiamente utilizando $H_2$ ou compostos orgânicos como doadores de elétrons e o clorobenzoato como aceptor de elétrons:

$$C_7H_4O_2Cl^- + 2\,H \rightarrow C_7H_5O_2^- + HCl$$

Além de *Desulfomonile*, que também é uma bactéria redutora de sulfato, várias outras bactérias realizam a descloração redutiva, sendo algumas delas restritas ao uso de compostos clorados como aceptores de elétrons. Por exemplo, a bactéria *Dehalococcoides* reduz o tri- e o tetracloroeteno a eteno, um gás inócuo. O organismo desalorrespirador, *Dehalobacterium*, converte o composto tóxico diclorometano ($CH_2Cl_2$) nos ácidos graxos acetato e formato (**Tabela 13.10**). Os *Dehalococcoides* também podem reduzir bifenilos policlorados, em geral conhecidos por PCB (do inglês, *polychlorinated biphenyl*). PCBs são poluentes orgânicos amplamente distruibuidos que contaminam ambientes aquáticos onde se acumulam em peixes e outros animais. Contudo, a descloração destas moléculas reduz significativamente sua toxicidade e, portanto, a descloração redutiva não é só uma forma de metabolismo energético, mas também um significante processo de biorremediação ambiental.

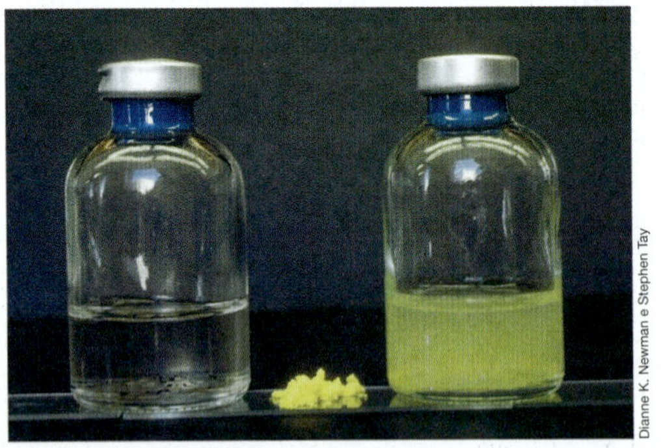


**Figura 13.53 Biomineralização durante a redução do arsenato pela bactéria redutora de sulfato, *Desulfotomaculum auripigmentum*.** À esquerda, aspecto de um frasco de cultura após a inoculação. À direita, aspecto após duas semanas de crescimento e biomineralização do trissulfeto de arsênio, $As_2S_3$. Centro, amostra sintética de $As_2S_3$.

## Redução de prótons

Possivelmente, a forma mais simples entre as respirações anaeróbias seja aquela realizada pelo hipertermófilo *Pyrococcus furiosus*. *P. furiosus* é um membro de *Archaea* que tem crescimento ótimo a 100°C (Capítulo 16), utilizando açúcares e pequenos peptídeos como doadores de elétrons. Inicialmente, acreditava-se que *P. furiosus* empregasse a via glicolítica, uma vez que produtos de fermentação típicos, como acetato, $CO_2$ e $H_2$, originavam-se a partir da glicose. No entanto, análises envolvendo o metabolismo de açúcar nesse organismo revelaram uma situação incomum e enigmática.

Durante uma etapa-chave da glicólise, a oxidação de gliceraldeído-3-fosfato, a síntese de ácido 1,3-bifosfoglicérico, um intermediário contendo duas ligações fosfato ricas em energia, cada uma eventualmente produzindo ATP, é desviada por *P. furiosus*, que produz ácido 3-fosfoglicérico diretamente a partir de gliceraldeído-3-fosfato (⇄ Figura 3.14).

**Tabela 13.10 Características dos principais gêneros de bactérias capazes de realizar a descloração redutiva**

| | Gênero | | | | |
|---|---|---|---|---|---|
| *Propriedade* | Dehalobacter | Dehalobacterium | Desulfitobacterium | Desulfomonile | Dehalococcoides |
| Doadores de elétrons | $H_2$ | Apenas diclorometano ($CH_2Cl_2$) | $H_2$, formato, piruvato, lactato | $H_2$, formato, piruvato, lactato, benzoato | $H_2$, lactato |
| Aceptores de elétrons | Tricloroetileno, tetracloroetileno | Apenas diclorometano ($CH_2Cl_2$) | Orto-, meta-, ou para-clorofenóis, $NO_3^-$, fumarato, $SO_3^{2-}$, $S_2O_3^{2-}$, $S^0$ | Metaclorobenzoatos, tetracloroetileno, $SO_4^{2-}$, $SO_3^{2-}$, $S_2O_3^{2-}$ | Tricloroetileno, tetracloroetileno |
| Produto da redução de tetracloroetileno | Dicloroetileno | Não se aplica | Tricloroetileno | Dicloroetileno | Eteno |
| Outras propriedades[a] | Contém citocromo *b* | Cresce apenas em $CH_2Cl_2$ e por desproporcionamento, como mostrado a seguir: foramato + acetato+ HCl ATP é formado através da fosforilação ao nível do substrato | Também pode crescer pela fermentação | Contém citocromo $c_3$; requer fonte orgânica de carbono; pode crescer pela fermentação de piruvato | Desprovido de peptideoglicano |
| Filogenia[b] | Relacionado às bactérias gram-positivas | Firmicutes | Relacionado às bactérias gram-positivas | Relacionado às Deltaproteobacteria | Relacionado às bactérias verdes não sulfurosas (grupo Chloroflexi) |

[a]Todos os organismos são anaeróbios obrigatórios.
[b]Ver Capítulos 14 e 15.



Ele impede que *P. furiosus* produza ATP pela fosforilação em nível de substrato durante a etapa de ácido 1,3-bifosfoglicérico a ácido 3-fosfoglicérico, um dos dois sítios de conservação de energia da via glicolítica (**Figura 13.54**). Isso representa para *P. furiosus* uma produção líquida de 0 ATP a partir de etapas glicolíticas, que normalmente geram 2 ATP. Como *P. furiosus* é capaz de fermentar glicose, ignorando as etapas mais importantes da geração de energia? O enigma da conservação de energia em *P. furiosus* foi desvendado ao descobrir-se que o aceptor de elétrons na oxidação do ácido 3-fosfoglicérico durante a glicólise não era o aceptor habitual, $NAD^+$, mas sim a proteína *ferredoxina*. A ferredoxina possui $E_0'$ muito menor do que $NAD^+/NADH$ (−0,32 V), aproximadamente equivalente àquele do par $H^+/H_2$, −0,42 V. A ferredoxina reduzida é reoxidada pela transferência dos elétrons a prótons, formando $H_2$ em uma reação acoplada à conservação de energia a partir do bombeamento de prótons (Figura 13.54). Em *P. furiosus*, um próton é bombeado durante a atividade da hidrogenase de forma análoga àquela dos carreadores terminais de elétrons, como os citocromos, que bombeiam os prótons nos processos respiratórios aeróbios ou outros (Figuras 3.20 e 13.41). Em adição, ATP também é produzido por *P. furiosus* por meio de fosforilação em nível de substrato na conversão de fosfoenolpiruvato a piruvato e acetil-CoA a acetato (Figura 13.54)

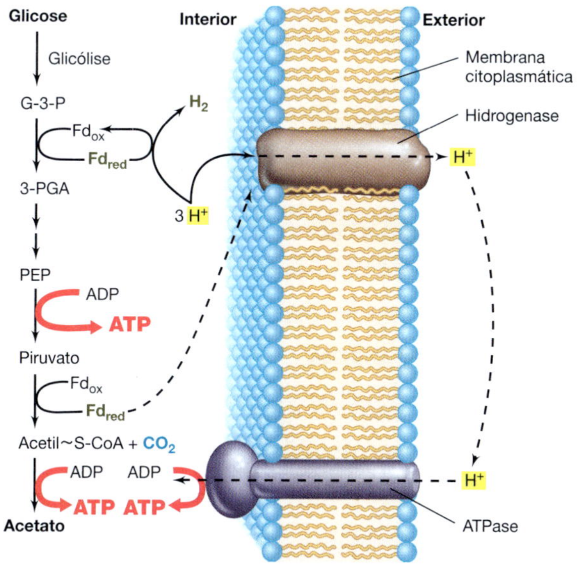


**Figura 13.54 Glicólise modificada e redução de prótons na respiração anaeróbia do hipertermófilo *Pyrococcus furiosus*.** A produção de hidrogênio ($H_2$) está associada ao bombeamento de prótons por uma hidrogenase que recebe elétrons a partir da ferredoxina reduzida ($Fd_{red}$). Todos os intermediários na direção descendente da via, a partir de G3-P, estão presentes em duas cópias. Compare esta figura com a glicólise clássica, apresentada na Figura 3.14. G3-P, gliceraldeído-3-fosfato; 3-PGA, 3-fosfoglicerato; PEP, fosfoenolpiruvato.

**MINIQUESTIONÁRIO**

- Quando o $H_2$ atua como doador de elétrons, por que a redução de $Fe^{3+}$ é uma reação mais favorável do que a redução de fumarato?
- O que se entende por descloração redutiva e qual sua relevância para o meio ambiente?
- Como o catabolismo anaeróbio de glicose difere em *Lactobacillus* e *Pyrococcus furiosus*?

# V • Metabolismo e hidrocarbonetos

Os hidrocarbonetos são amplamente usados por microrganismos como doadores de elétrons, porém primeiro precisam estar oxigenados antes que possam ser catabolizados. Veremos o catabolismo aeróbio de hidrocarbonetos alifáticos e aromáticos, nos quais a oxigenação ocorre a partir de $O_2$. Será analisado um caso especial de catabolismo de hidrocarbonetos C1 e finalizaremos com uma consideração sobre o metabolismo anóxico de hidrocarbonetos, uma situação na qual a oxidação dos hidrocarbonetos ainda é necessária, porém, obviamente, o $O_2$ não desempenha nenhum papel.

## 13.22 Metabolismo aeróbio de hidrocarbonetos

Discutimos anteriormente o papel do oxigênio molecular ($O_2$) como um *aceptor de elétrons* nas reações geradoras de energia. Embora esse seja, sem dúvida, o papel mais importante do $O_2$ no metabolismo celular, ele desempenha um papel importante como *reagente direto* no catabolismo de hidrocarbonetos; e as enzimas oxigenases possuem papel-chave nesse processo.

### Oxigenases e oxidação de hidrocarbonetos alifáticos

**Oxigenases** são enzimas que catalisam a incorporação de oxigênio, a partir do $O_2$, em compostos orgânicos e, em alguns casos, em compostos inorgânicos (Seção 13.10). Existem duas classes de oxigenases: as *dioxigenases*, que catalisam a incorporação dos *dois átomos* do $O_2$ na molécula, e as *monoxigenases*, que catalisam a incorporação de *apenas um* dos dois átomos do $O_2$ em um composto orgânico; o segundo átomo do $O_2$ é reduzido a água. Para a maioria das monoxigenases, o doador de elétrons é o NADH ou NADPH.

A etapa inicial da oxidação de hidrocarbonetos alifáticos saturados requer a participação de oxigênio molecular ($O_2$) como reagente, sendo um dos átomos da molécula de oxigênio incorporado ao hidrocarboneto oxidado, geralmente em um átomo de carbono terminal. Essa reação é realizada por uma monoxigenase, sendo uma sequência típica de reações apresentada na **Figura 13.55*a***. O produto final da sequência de reações é um ácido graxo com o mesmo tamanho que o hidrocarboneto original. Os ácidos graxos são oxidados por betaoxidação, uma série de reações em que dois carbonos do ácido graxo são removidos simultaneamente, por vez (Figura 13.55*b*). Durante a β-oxidação, NADH é formado e é oxidado na cadeia de transporte de elétrons com o propósito de conservação de energia. Um único ciclo de betaoxidação libera acetil-CoA e um novo ácido graxo contendo dois átomos de carbono a menos que o ácido graxo original. O processo de betaoxidação é então repetido, promovendo a liberação de outra molécula de acetil-CoA. O acetil-CoA formado pela betaoxidação é oxidado por meio do ciclo do ácido cítrico (Figura 3.22) ou usado no anabolismo novo material celular. Com a excepção da forma de oxigenação dos hidrocarbonetos, a maior parte da bioquímica do catabolismo anóxico de hidrocarboneto é igual a apresentada pelo catabolismo aeróbio (Figura 13.55), com a reações de betaoxidação sendo de importância primordial em ambos os casos.

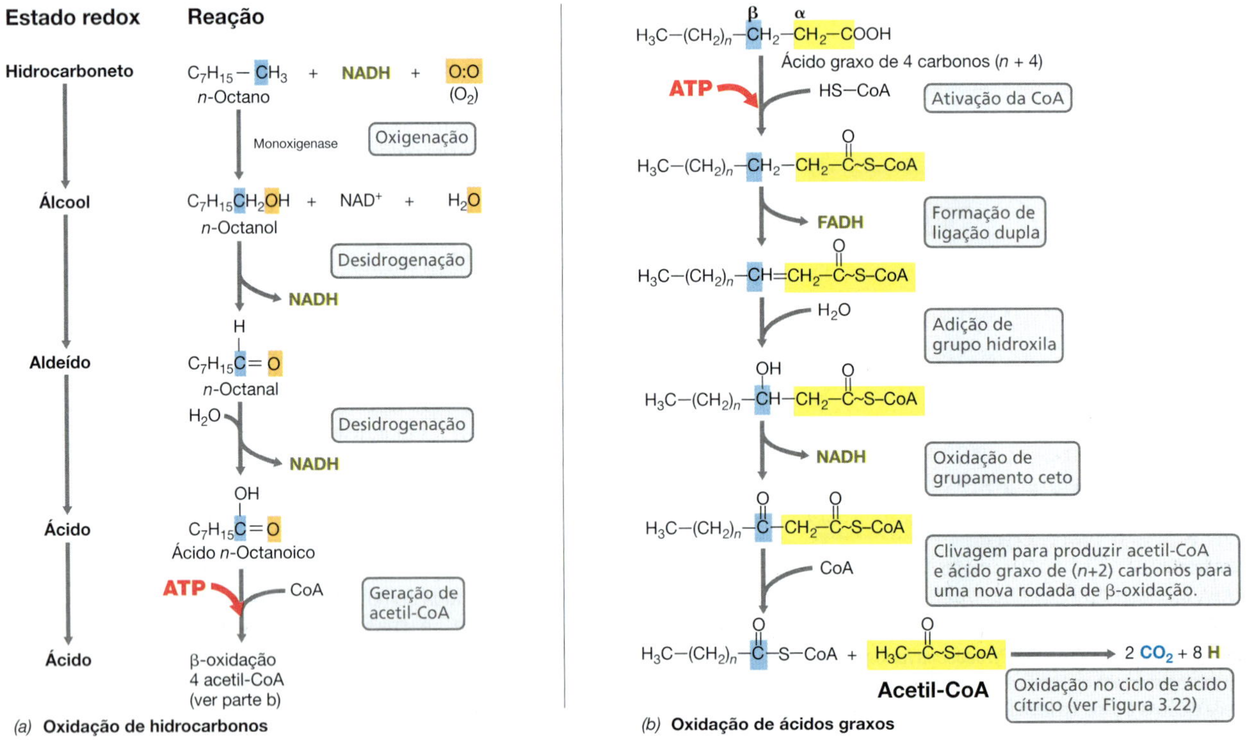


**Figura 13.55 Atividade da monoxigenase e β-oxidação.** *(a)* Etapas da oxidação de um hidrocarboneto alifático, sendo a primeira catalisada por uma monoxigenase. *(b)* Oxidação de ácidos graxos por betaoxidação, levando à formação sucessiva de acetil-CoA.

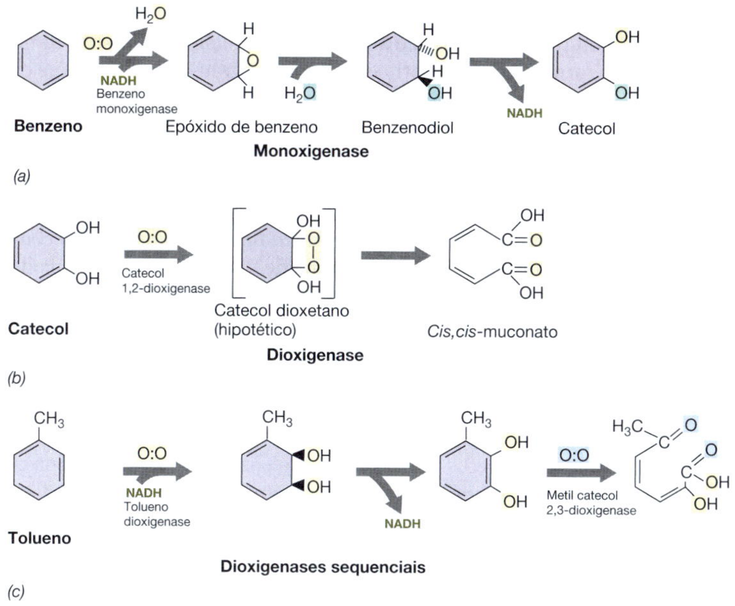


**Figura 13.56** **Papéis das oxigenases no catabolismo de compostos aromáticos.** As monoxigenases introduzem um átomo de oxigênio do $O_2$ em um substrato, enquanto as dioxigenases introduzem os dois átomos do oxigênio. *(a)* Hidroxilação do benzeno a catecol por uma monoxigenase, NADH é o doador de elétrons. *(b)* Clivagem do catecol a *cis,cis*-muconato por uma dioxigenase que cliva o anel intradiol. *(c)* Atividades de uma dioxigenase que hidroxila o anel e de uma dioxigenase que cliva o anel extradiol, na degradação de tolueno. Os átomos de oxigênio introduzidos por cada uma das enzimas estão assinalados em cores diferentes. Comparar o catabolismo aeróbio de tolueno ao catabolismo anóxico do tolueno apresentado na Figura 13.59*b*.

## Oxidação de hidrocarbonetos aromáticos

Os hidrocarbonetos aromáticos podem ser degradados anaerobiamente por um grupo restrito de microrganismos. O metabolismo desses compostos, alguns dos quais podem ser moléculas bastante grandes, como o naftaleno ou bifenilos, normalmente apresenta como etapa inicial a formação de catecol, ou de um composto estruturalmente relacionado, por intermédio do ataque de enzimas oxigenases, conforme ilustrado na **Figura 13.56**. Uma vez formado um composto como o catecol, ele pode ser adicionalmente degradado, originando compostos que podem ser introduzidos no ciclo do ácido cítrico: succinato, acetil-CoA e piruvato.

Várias etapas do catabolismo aeróbio de hidrocarbonetos aromáticos requerem oxigenases. A Figura 13.56*a-c* ilustra quatro diferentes reações catalisadas por oxigenases, nas quais uma utiliza a monoxigenase, duas utilizam uma dioxigenase de clivagem de anel e uma utiliza uma dioxigenase que hidroxila o anel. Conforme observado no catabolismo aeróbio de hidrocarbonetos alifáticos (Figura 13.55), os compostos aromáticos, quer apresentando um ou múltiplos anéis, são totalmente oxidados a $CO_2$.

**MINIQUESTIONÁRIO**

- Diferencie a função da monoxigenase e da dioxigenase.
- Qual o produto final do catabolismo de hidrocarbonetos?
- O que se entende pelo termo "β-oxidação"?

# 13.23 Metanotrofia aeróbia

O metano ($CH_4$) e vários outros compostos $C_1$ podem ser catabolizados por organismos **metilotróficos**. Os metilotróficos utilizam compostos $C_1$, ou outros compostos orgânicos desprovidos de ligações C—C, como doadores de elétrons e também como fontes de carbono. O catabolismo de compostos contendo um único átomo de carbono, como o metano e o álcool metanol ($CH_3OH$), são os substratos mais bem-estudados. Aqui enfocaremos a fisiologia desse processo, utilizando o metano como exemplo.

## Bioquímica da oxidação de metano

As etapas da oxidação do metano a $CO_2$ podem ser resumidas conforme apresentado abaixo

$$CH_4 \rightarrow CH_3OH \rightarrow CH_2O \rightarrow HCOO^- \rightarrow CO_2$$
$$(\text{metano} \rightarrow \text{metanol} \rightarrow \text{formaldeído} \rightarrow \text{formato} \rightarrow CO_2)$$

Os **metanotróficos** são aqueles metilotróficos capazes de utilizar $CH_4$, os quais são bem-estudados na bactéria gram-negativa *Methylococcus capsulatus* Os metanotróficos podem assimilar todo ou metade do carbono (dependendo da via empregada), no estado de oxidação do formaldeído ($CH_2O$). Veremos, posteriormente, que esse processo propicia uma importante economia de energia, quando comparado com a assimilação de carbono pelos autotróficos, os quais também assimilam unidades $C_1$, porém a partir de $CO_2$, em vez de compostos orgânicos.

A etapa inicial da oxidação do metano em condições óxicas requer uma enzima denominada *metano monoxigenase* (MMO). Conforme discutido na Seção 13.22, as oxigenases catalisam a incorporação de oxigênio, a partir do $O_2$, em compostos contendo carbono (Figura 13.55*a*) (e em alguns compostos contendo nitrogênio; Seção 20.12), e auxiliam no metabolismo de hidrocarbonetos. A metanotrofia foi bem estudada em *Methylococcus capsulatus.* Esse organismo contém duas MMOs, uma citoplasmática e a outra integrada à membrana. Na reação da MMO, um átomo de oxigênio é introduzido no $CH_4$, sendo $CH_3OH$ e $H_2O$ os produtos (**Figura 13.57**). O poder redutor para a primeira etapa é proveniente de etapas oxidativas posteriores da via. Elas incluem a oxidação de $CH_3OH$, $CH_2O$ e $HCOO^2$, cada uma correspondendo a uma oxidação de dois elétrons. O $CH_3OH$ é oxidado por uma desidrogenase periplasmática, originando formaldeído e NADH. Uma vez formado, o $CH_2O$ é oxidado a $CO_2$ ou usado nas vias anabólicas.

## Assimilação de $C_1$ em compostos celulares

São conhecidos dois grupos fisiológicos de metanotróficos, tipo I e tipo II, cada grupo empregando sua própria via específica para a incorporação de $C_1$ em compostos celulares. A **via da serina**, utilizada por metanotróficos do tipo II, encontra-se esquematizada na **Figura 13.58*a***. Nessa via, uma unidade de dois carbonos, o acetil-CoA, é sintetizada a partir de uma molécula de formaldeído (produzida na oxidação de $CH_3OH$, Figura 13.57) e uma molécula de $CO_2$. A via da serina requer poder redutor e energia, sob a forma de duas moléculas de NADH e duas de ATP, respectivamente, para cada acetil-CoA sintetizado. A via da serina utili-

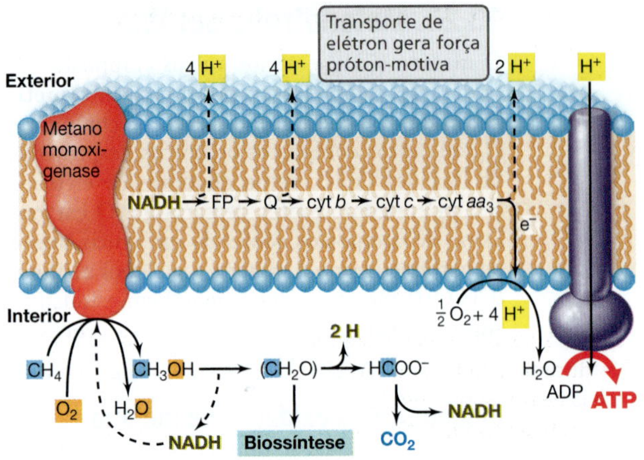


**Figura 13.57** **Oxidação de metano por bactérias metanotróficas.** O metano ($CH_4$) é convertido a metanol ($CH_3OH$) pela enzima metano mono-oxigenase (MMO). Uma força próton-motiva é estabelecida pelo fluxo de elétrons na membrana, a qual abastece a ATPase. Observe que o carbono para a biossíntese origina-se do formaldeído ($CH_2O$). Embora não ilustrada como tal, a MMO é, na realidade, uma enzima associada à membrana, e a metanol desidrogenase é periplasmática. FP, flavoproteína; Cyt, citocromo; Q, quinona.

za uma série de enzimas do ciclo do ácido cítrico e uma enzima, a *serina trans-hidroximetilase*, exclusiva dessa via (Figura 13.58*a*).

A **via da ribulose monofosfato** é uma via alternativa para a incorporação de $C_1$ (Figura 13.58*b*). Essa via é mais eficiente do que a via da serina, pois *todo* o carbono destinado aos compostos celulares é derivado do formaldeído. Assim, como o formaldeído encontra-se no mesmo grau de oxidação que os compostos celulares, não há a necessidade de poder redutor.

A via da ribulose monofosfato precisa de uma molécula de ATP para cada molécula de gliceraldeído-3-fosfato (G-3-P) sintetizada (Figura 13.58*b*); duas moléculas de G-3-Ps podem ser convertidas em glicose por reversão da via glicolítica (Figura 3.14). As enzimas *hexulosefosfato sintase*, que condensam uma molécula de formaldeído com uma molécula de ribulose-5-fosfato, e *hexulose-6-P-isomerase* (Figura 13.58*b*) são exclusivas da via da ribulose monofosfato. As demais enzimas dessa via são enzimas comuns de transformações de açúcares em muitos organismos diferentes.

Portanto, foi visto que microrganismos metanotróficos aeróbios compartilham com outros degradadores aeróbios de hidrocarbonetos a necessidade de enzimas oxigenases. Entretanto, como sua biossíntese inicia a partir de compostos C1, os metanotróficos diferem de outros degradadores de hidrocarbonetos em sua necessidade de vias especiais para que ocorra a incorporação de unidades C1 dentro do material celular.

**MINIQUESTIONÁRIO**

- Por que *Methylococcys capsulatus* é um aeróbio obrigatório quando está usando $CH_4$ como doador de elétrons?
- Por que a oxidação de $CH_4$ a $CH_3OH$ requer um poder redutor?
- Quais são as necessidades energéticas e de poder redutor na via da ribulose monofosfato? E na via da serina?

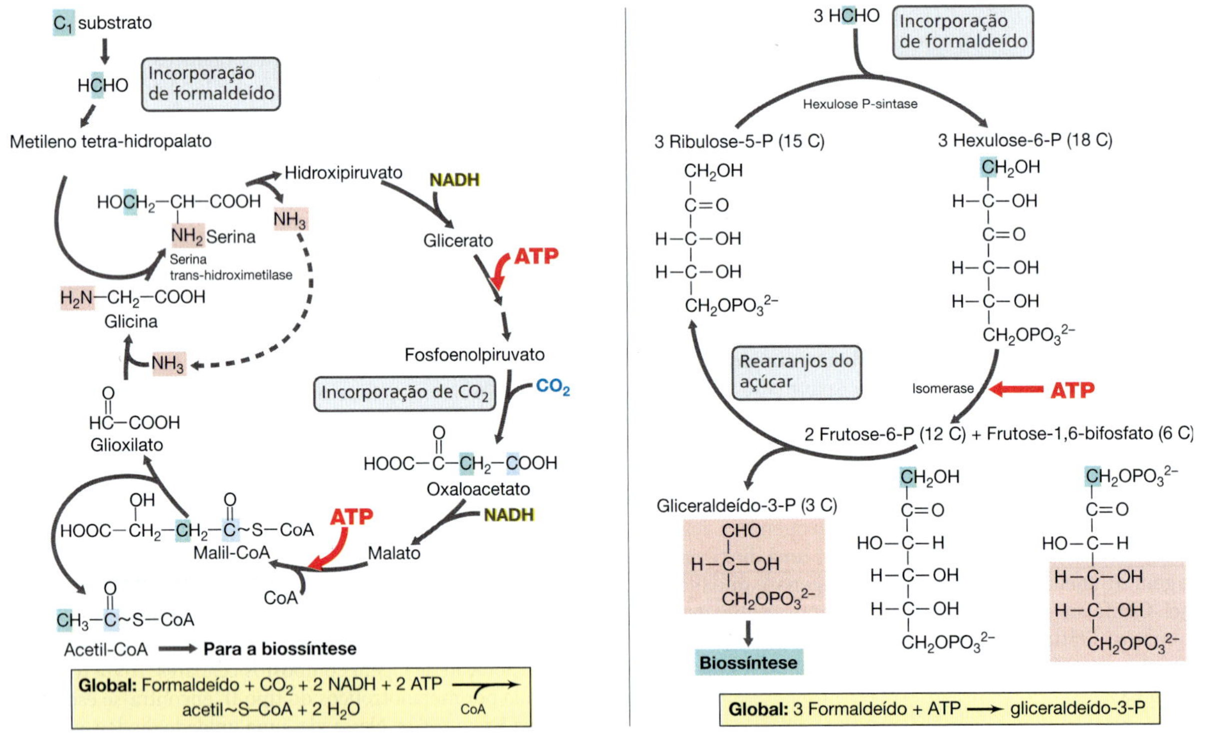


(*a*) **A via da serina**

(*b*) **Via da rubulose monofostato**

**Figura 13.58** **As vias de ribulose monofosfato e serina de assimilação de unidades $C_1$ por bactérias metilotróficas.** *(a)* A via da serina. O produto acetil-CoA é usado como ponto de partida para a síntese de novos materiais celulares. A enzima-chave dessa via é a serina trans-hidroximetilase. *(b)* A via da ribulose monofosfato. Três moléculas de formaldeído são necessárias para completar o ciclo, com um resultado líquido de uma molécula de gliceraldeído-3-P. A enzima-chave dessa via é a hexulose-P-sintase. Os rearranjos do açúcar precisam de enzimas da via da pentose-fosfato (Figura 3.26).

## 13.24 Metabolismo anóxico de hidrocarbonetos

Discutimos nas duas últimas seções a oxidação *aeróbia* de hidrocarbonetos. Agora veremos a oxidação *anóxica*. A oxidação anóxica de hidrocarbonetos é catalisada por bactérias que respiram anaerobiamente, incluindo, em particular, bactérias desnitrificantes e redutoras de sulfato ou ferro férrico.

### Hidrocarbonetos alifáticos

Os hidrocarbonetos alifáticos são compostos de cadeia aberta, saturados ou insaturados, muitos correspondendo a substratos para bactérias desnitrificantes e redutoras de sulfato. Demonstrou-se que hidrocarbonetos alifáticos saturados, de até $C_{20}$, sustentam o crescimento, embora hidrocarbonetos de cadeia mais curta sejam catabolizados mais prontamente. O mecanismo da degradação anóxica de hidrocarbonetos foi bastante estudado no metabolismo do hexano ($C_6H_{14}$) por bactérias desnitrificantes. Esse mecanismo provavelmente seja o mesmo observado no catabolismo de hidrocarbonetos contendo mais de seis carbonos por bactérias desnitrificantes, bem como também é possível que seja o mecanismo de degradação de hidrocarbonetos alifáticos observado em bactérias redutoras de sulfato.

O hexano é um hidrocarboneto alifático saturado. No metabolismo anóxico do hexano, o hexano é atacado no átomo de carbono 2 por uma enzima que se liga ao *fumarato*, uma molécula do intermediário do ciclo do ácido cítrico (Figura 3.22), formando um intermediário denominado *1-metil-pentil-succinato* (**Figura 13.59*a***). Esse composto agora contém átomos de oxigênio, podendo ser adicionalmente catabolizado anaerobiamente. Após a adição da coenzima A, ocorre uma série de reações que incluem a betaoxidação (Figura 13.55*b*) e regeneração do fumarato. Os elétrons gerados durante a betaoxidação são deslocados por meio de uma cadeia de transporte de elétrons, estabelecendo uma força próton-motiva sendo, então, consumidos na redução de nitratos ou sulfatos.

### Hidrocarbonetos aromáticos

Os hidrocarbonetos aromáticos podem ser degradados anaerobiamente por um grupo restrito de bactérias desnitrificantes, fototróficas, redutoras de ferro férrico e redutoras de sulfato. Para o catabolismo anóxico do hidrocarboneto aro-

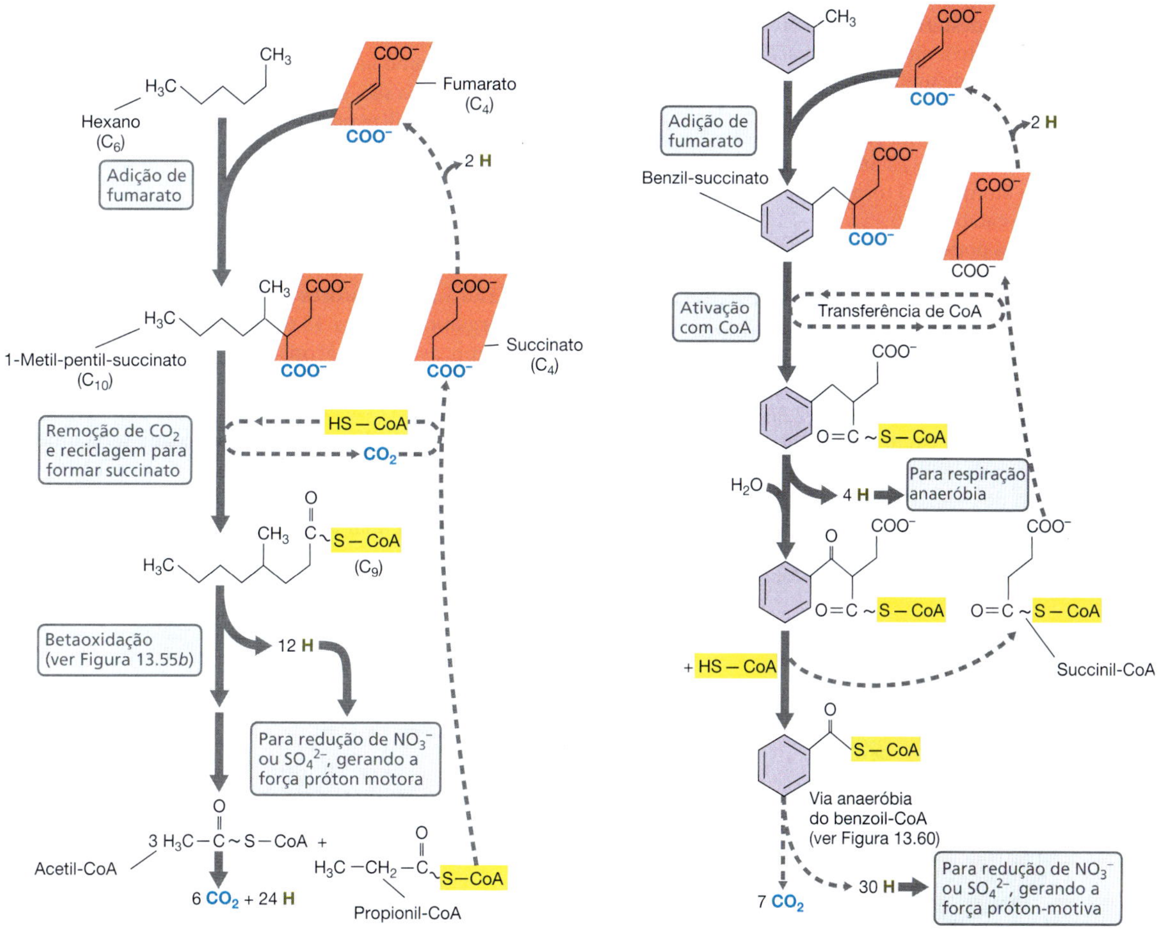


*(a)* **Catabolismo do hexano** *(b)* **Catabolismo do tolueno**

**Figura 13.59 Catabolismo anóxico de dois hidrocarbonetos.** *(a)* No catabolismo anóxico de hidrocarbonetos alifáticos hexanos, a adição de fumarato fornece os átomos de oxigênio necessários à formação de um derivado de ácido graxo, que pode ser catabolizado por betaoxidação (ver Figura 13.55), formando acetil-CoA. Os elétrons (H) gerados pelo catabolismo do hexano são utilizados na redução de sulfato ou nitrato nas respirações anaeróbias. *(b)* A adição de fumarato durante o catabolismo anóxico do hidrocarboneto aromático tolueno forma benzil-succinato.

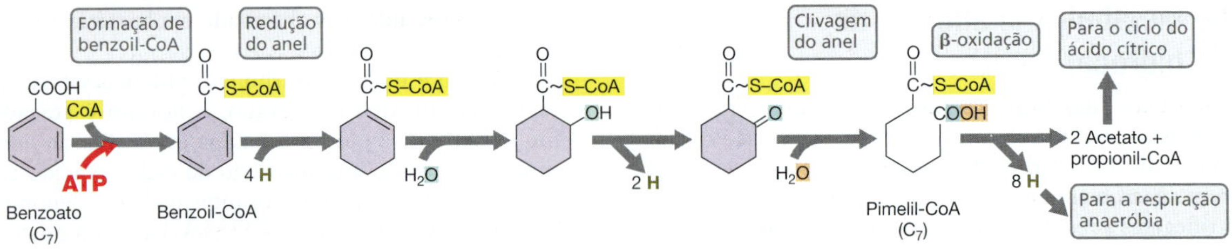


**Figura 13.60 Degradação anóxica do benzoato pela via do benzoil-CoA.** Esta via é observada na bactéria púrpura fototrófica *Rhodopseudomonas palustris* e em várias outras bactérias facultativas, tanto fototróficas quanto quimiotróficas. Observe que todos os intermediários da via estão ligados à coenzima A. O acetato produzido é posteriormente catabolizado no ciclo do ácido cítrico.

mático tolueno, o oxigênio deve ser adicionado ao composto antes das reações de redução do anel ocorrerem. Esse processo é realizado pela adição de fumarato, como observado no catabolismo de hidrocarbonetos alifáticos (Figura 13.59*a*). A série de reações eventualmente origina benzoil-CoA, o qual é posteriormente catabolizado pela redução do anel, conforme ilustrado na Figura 13.59*b*. O benzeno ($C_6H_6$) também pode ser catabolizado por bactérias redutoras de nitrato, provavelmente por um mecanismo similar àquele do tolueno. Hidrocarbonetos aromáticos com múltiplos anéis, como o naftaleno ($C_{10}H_8$), podem ser degradados por determinadas bactérias redutoras de sulfato e desnitrificantes. O crescimento a partir desses substratos é muito lento, e a oxigenação do hidrocarboneto ocorre pela adição de uma molécula de $CO_2$ ao anel, formando um derivado de ácido carboxílico. Mas estas reações de carboxilação servem ao mesmo propósito que as reações das oxigenases (Figuras 13.55*a* e 13.56) ou a adição de fumarato (Figura 13.59); um átomo de O torna-se parte do hidrocarboneto e facilita o seu catabolismo.

Muitas bactérias podem catabolizar certos hidrocarbonetos aromáticos anaerobiamente, até mesmo algumas bactérias fermentativas e fototróficas. Entretanto, com exceção do tolueno, somente compostos aromáticos que já contém um átomo O são degradados, geralmente por meio de um mecanismo comum. Contrariamente ao catabolismo aeróbio, que ocorre através de anéis de *oxidação* (Figura 13.56), o catabolismo anaeróbio segue um processo de anéis de *redução*. O catabolismo do benzoato pela "via do benzoil-CoA" é um exemplo comum desse tipo de reação bioquímica (**Figura 13.60**). O catabolismo do benzoato por essa via se inicia pela formação de um derivado de coenzima A seguida pela clivagem em anel que gera ácidos graxos ou dicarboxílicos que podem, então, ser adicionalmente catabolizados a produtos intermediários do ciclo do ácido cítrico (Figura 13.60).

## Oxidação anóxica de metano

O metano ($CH_4$) pode ser oxidado sob condições anóxicas em sedimentos marinhos por agregados celulares, denominados consórcios, os quais contêm bactérias redutoras de sulfato e arqueias filogeneticamente relacionadas com os metanogênicos (**Figura 13.61**). O componente de arqueias, denominado ANME (metanotrófico anóxico), para o qual há vários tipos, oxida o CH4 como um doador de elétrons. Os elétrons da oxidação do metano são, então, transferidos para os redutores de sulfato, que os utiliza para reduzir $SO_4^{2-}$ a $H_2S$ (Figura 13.61*b*).

Os detalhes do mecanismo de oxidação anóxica do metano (OAM) são desconhecidos, porém, aparentemente, os metanotróficos primeiro ativam, de alguma forma, o metano, para, então, oxidá-lo a $CO_2$ pela reversão das etapas da metanogênese. Os elétrons oriundos da oxidação do metano são transferidos aos redutores de sulfato na forma de um composto orgânico (Figura 13.61*b*). Independentemente de seu mecanismo, as reações acopladas geram apenas uma pequena quantidade de energia livre (– 18 kJ), sendo desconhecida a maneira pela qual essa energia é dividida entre o metanotrófico e o redutor de sulfato. Uma possibilidade seria uma bomba de íons. Como discutimos nas Seções 13.14 e 13.15, bombas de íons podem operar mesmo com baixa energia livre e podem também desempenhar um papel na energética de OAM.

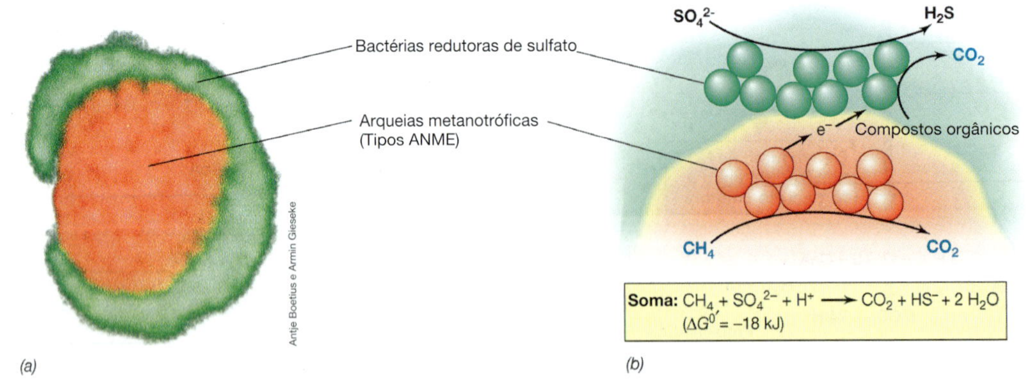


**Figura 13.61 Oxidação anóxica do metano.** *(a)* Agregados de células oxidantes de metano presentes em sedimentos marinhos. Os agregados contêm arqueias metanotróficas (em vermelho) circundadas por bactérias redutoras de sulfato (em verde). Cada tipo celular foi corado por uma diferente sonda de FISH (Seção 18.4). O agregado tem diâmetro aproximado de 30 μm. *(b)* Possível mecanismo de degradação cooperativa de metano. Um composto orgânico, ou algum outro carreador com poder redutor, provavelmente seja o mecanismo de transferência de elétrons do organismo metanotrófico ao redutor de sulfato.

A OAM não se limita a consórcios entre bactérias metanogênicas/redutoras de sulfato. Consórcios desnitrificantes oxidantes de metano estão presentes em ambientes anóxicos, onde o $CH_4$ e o nitrato coexistem em quantidades significativas, como em certos sedimentos de água doce. Em enriquecimentos laboratoriais desses consórcios, alguns contêm metanotróficos do tipo ANME, enquanto outros não possuem arqueias. A OAM ligada ao ferro férrico ($Fe^{3+}$) e também ao íon mangânico ($Mn^{4+}$) reduzidos é conhecida.

Uma bactéria desnitrificante emprega um mecanismo singular para OMA e não necessita de um segundo organismo para conduzir o processo. *Methylomirabilis oxyfera* oxida o $CH_4$ usando o $NO_3^-$ como aceptor de elétrons e, durante a oxidação, os elétrons reduzem o nitrato empregando a maioria das etapas que vimos anteriormente em bactérias desnitrificantes como a *Pseudomonas* (Seção 13.17). Essas incluem a redução de $NO_3^-$ a $NO_2^-$ e depois reduzido a $N_2$ (Figura 13.41*c*). Mas diferente de *Pseudomonas*, em *M. oxyfera* o $NO_2^-$ é reduzido a $N_2$ por uma via do óxido nítrico (NO) sem a produção inicial do intermediário, óxido nitroso ($N_2O$) (Figura 13,41c). Em vez disso, *M. oxyfera* cliva NO em $N_2$ e $O_2$ ($2\ NO \rightarrow N_2 + O_2$) e usa o $O_2$ produzido como aceptor de elétrons para a oxidação de $CH_4$. Em outras palavras, o organismo produz seu próprio $O_2$ como um oxidante para os elétrons gerados durante a oxidação do $CH_4$ a $CO_2$ (ver mais detalhes na página 433).

Várias estratégias metabólicas evoluíram para catabolisar metano, provavelmente o hidrocarboneto mais abundante na Terra. Estas, juntamente com uma miríade de outros mecanismos de conservação de energia que vimos nesse capítulo, demonstram a impressionante amplitude de diversidade metabólica microbiana. Nos próximos quatro capítulos veremos esses metabolismos no contexto dos organismos em si.

**MINIQUESTIONÁRIO**

- Por que o tolueno é um hidrocarboneto, ao passo que o benzoato não?
- Como o hexano é oxidado durante o catabolismo anóxico?
- O que se entende por OAM e que organismos participam do processo?

UNIDADE 3

# CONCEITOS IMPORTANTES

**13.1** • Os fototróficos obtêm sua energia a partir da luz. Em reações fotossintéticas, o ATP é gerado a partir da luz, sendo então consumido durante a redução do $CO_2$ por NADH. São conhecidas duas formas de fotossíntese: oxigênica, em que o $O_2$ é produzido (p. ex., cianobactérias), e anoxigênica, em que não há produção de $O_2$ (p. ex., bactérias verdes e púrpuras). As clorofilas e bacterioclorofilas localizam-se nas membranas fotossintéticas, onde as reações luminosas da fotossíntese são realizadas. As moléculas de clorofila das antenas absorvem a energia luminosa, transferindo-a às clorofilas dos centros de reação. Em bactérias verdes, os clorossomos atuam como grandes sistemas antena.

**13.2** • Pigmentos acessórios, como os carotenoides e as ficobilinas, absorvem a luz e transferem a energia para a clorofila do centro de reação, expandindo, assim, os comprimentos de onda da luz utilizáveis na fotossíntese. Os carotenoides também desempenham um importante papel fotoprotetor ao protegerem as células contra danos foto-oxidativos.

**13.3** • Uma série de reações de transporte de elétrons ocorre no centro de reação fotossintética de fototróficos anoxigênicos, resultando na geração de uma força próton-motiva e na síntese de ATP. O poder redutor necessário à fixação de $CO_2$ é originado a partir de compostos redutores presentes no ambiente, requerendo o transporte reverso de elétrons para a produção de NADH nos fototróficos púrpuras.

**13.4** • Na fotossíntese oxigênica, a água doa elétrons que promovem a autotrofia, sendo o oxigênio formado como um subproduto. Há dois fotocomplexos distintos, PS I e PS II. PS I assemelha-se ao sistema de fotossíntese anoxigênica. PS II promove a clivagem de $H_2O$, originando $O_2$ e elétrons.

**13.5** • A maioria dos organismos fototróficos e vários autotróficos realizam a fixação de $CO_2$ por meio do ciclo de Calvin, em que a enzima RubisCO desempenha um papel essencial. Carboxissomos contêm cristais de RubisCO e servem para concentrar $CO_2$, substrato da enzima. O ciclo do ácido cítrico reverso e o ciclo do hidroxipropionato são vias de fixação de $CO_2$ de bactérias verdes sulfurosas e verdes não sulfurosas, respectivamente, bem como de outros procariotos.

**13.6** • Os quimiolitotróficos oxidam compostos químicos inorgânicos como fontes de energia e poder redutor. A maioria dos quimiolitotróficos é também capaz de crescer de forma autotrófica.

**13.7** • O hidrogênio ($H_2$) é usado como doador de elétrons para o metabolismo energético de quimiolitotróficos, reduzindo $O_2$ a água. A enzima hidrogenase é necessária para oxidação do $H_2$, e o hidrogênio também fornece poder redutor para esses autotróficos fixarem o $CO_2$.

**13.8** • Os compostos sulfurados reduzidos, como o $H_2S$, $S_2O_3^{2-}$ e $S^0$, são excelentes doadores de elétrons para o metabolismo energético de quimiolitotróficos. Os elétrons oriundos desses compostos são introduzidos em cadeias de transporte de elétrons, gerando uma força próton-motiva. Os quimiolitotróficos do enxofre e do hidrogênio também são autotróficos e fixam o $CO_2$ por meio do ciclo de Calvin.

**13.9** • As bactérias do ferro são quimiolitotróficos que oxidam o ferro ferroso ($Fe^{2+}$) como doador de elétrons. A maioria das bactérias do ferro cresce somente em pH ácido, estando frequentemente associadas à poluição ácida de áreas de mineração de carvão e de minerais. Algumas bactérias púrpuras fototróficas podem oxidar o $Fe^{2+}$ a $Fe^{3+}$ anaerobiamente.

**13.10** • Amônia e nitrito podem ser utilizados como doadores de elétrons pelas bactérias e arqueias nitrificantes. As bactérias oxidantes de amônia produzem nitrito, que é então oxidado pelas bactérias oxidantes de nitrito, originando nitrato. A oxidação anóxica da amônia é denominada anamox e consome tanto amônia quanto nitrito, formando $N_2$. A reação anamox ocorre no interior de um compartimento intracelular envolto por membrana, denominado anamoxossomo.

**13.11** • Na ausência de aceptores externos de elétrons, os compostos orgânicos podem ser catabolizados anaerobiamente apenas pela fermentação. Somente certos compostos são inerentemente fermentáveis e a maioria das fermentações requer a formação de um intermediário orgânico rico em energia, permitindo a síntese de ATP por meio da fosforilação em nível de substrato. O equilíbrio redox deve também ser obtido nas fermentações, sendo a produção de $H_2$ uma das formas de utilização do excesso de elétrons gerados.

**13.12** • A fermentação do ácido láctico é realizada por espécies homofermentativas e heterofermentativas. A fermentação ácida mista típica em bactérias entéricas resulta em ácidos ou em ácidos mais produtos neutros (etanol, butanediol), dependendo do organismo.

**13.13** • Clostrídios fermentam açúcares, aminoácidos e outros compostos orgânicos. *Propionibacterium* produz propionato e acetato na fermentação provocada pelo lactato.

**13.14** • A fisiologia de *Propionigenium, Oxalobacter* e *Malonomonas* está associada às reações de descarboxilação que bombeiam íons sódio ou prótons através da membrana. As reações catalisadas por esses organismos geram energia insuficiente para a síntese de ATP pela fosforilação em nível de substrato.

**13.15** • A sintrofia envolve a atuação conjunta de dois organismos na degradação de um composto que nenhum, isoladamente, é capaz de degradar. Nesse processo, o $H_2$ produzido por um dos organismos é consumido pelo parceiro. O consumo de $H_2$ pode afetar a energética da reação realizada pelo produtor de $H_2$, permitindo-o sintetizar ATP que, de outra forma, não seria produzido.

**13.16** • Embora o oxigênio seja o aceptor de elétrons mais amplamente utilizado no metabolismo gerador de energia, alguns outros compostos podem ser usados como aceptores de elétrons. A respiração anaeróbia é menos eficiente em termos energéticos do que a respiração aeróbia, porém pode ser realizada em ambientes em que o oxigênio está ausente.

**13.17** • O nitrato é um aceptor de elétrons comumente utilizado na respiração anaeróbia. A redução de nitrato é catalisada pela enzima nitrato redutase, que reduz nitrato a nitrito. Muitas bactérias que utilizam o nitrato na respiração anaeróbia eventualmente produzem $N_2$, em um processo denominado desnitrificação.

**13.18** • As bactérias redutoras de sulfato reduzem o sulfato a sulfeto de hidrogênio. Esse processo requer a ativação do sulfato por ATP, originando o composto adenosina-fosfossulfato (APS). Os doadores de elétrons na redução de sulfato incluem $H_2$, vários compostos orgânicos e até mesmo fosfito. A desproporcionação de compostos sulfurados é uma estratégia adicional de produção de energia para determinados membros desse grupo. Alguns organismos, como os *Desulfuromonas*, não podem reduzir $SO_4^{2-}$, mas podem reduzir $S^0$ a $H_2S$.

**13.19** • Os acetogênicos são organismos anaeróbios que reduzem $CO_2$ a acetato, geralmente utilizando $H_2$ como doador de elétrons. O mecanismo de formação de acetato envolve a via do acetil-CoA, uma série de reações amplamente encontradas em anaeróbios obrigatórios, tanto como mecanismo de autotrofia quanto de catabolismo do acetato.

**13.20** • A metanogênese consiste na produção biológica de $CH_4$, a partir de $CO_2$ e $H_2$, ou a partir de compostos metilados. Coenzimas exclusivas são necessárias à metanogênese, sendo o processo estritamente anaeróbio. A conservação de energia na metanogênese está associada a forças próton e sódio-motivas.

**13.21** • Além dos compostos inorgânicos de nitrogênio e enxofre ou do $CO_2$, outras substâncias, tanto orgânicas como inorgânicas, podem atuar como aceptores de elétrons na respiração anaeróbia. Elas incluem, em particular, o $Fe^{3+}$, $Mn^{4+}$, fumarato, certos compostos clorados e até mesmo prótons.

**13.22** • Além de seu papel como aceptor de elétrons, o oxigênio é também um reagente químico em determinados processos bioquímicos. Enzimas denominadas oxigenases introduzem $O_2$ em hidrocarbonetos. Uma vez oxigenado, os hidrocarbonetos alifáticos podem ser degradados por betaoxidação e os hidrocarbonetos aromáticos, pela clivagem e oxidação do anel.

**13.23** • A metanotrofia é a utilização de $CH_4$ como fonte de carbono e elétrons. A metano monoxigenase é uma enzima-chave no catabolismo de metano. Nos metanotróficos, as unidades $C_1$ são assimiladas em compostos celulares no nível da oxidação de formaldeído, seja pela via da ribulose-monofosfato seja pela via da serina.

**13.24** • Os hidrocarbonetos podem ser oxidados por bactérias, em condições anóxicas. Independentemente de o reagente inicial ser um hidrocarboneto aromático ou alifático, o oxigênio deve ser adicionado à molécula. Esse processo ocorre pela adição de fumarato. Os compostos aromáticos são catabolizados pela redução e clivagem do anel. Subsequentemente, ambos os tipos de moléculas são oxidadas a intermediários, que são catabolizados no ciclo do ácido cítrico. O metano pode ser oxidado em condições anóxicas por consórcios contendo bactérias redutoras de sulfato e arqueias similares a metanogênicos.

## REVISÃO DOS TERMOS-CHAVE

**Acetogênese** metabolismo energético em que o acetato é produzido a partir de $H_2$ e $CO_2$, ou a partir de compostos orgânicos.

**Anamox** oxidação anóxica da amônia.

**Anóxico** livre de oxigênio.

**Autotrófico** organismo que utiliza $CO_2$ como única fonte de carbono.

**Bacterioclorofila** clorofila de organismos fototróficos anoxigênicos.

**Carboxissomo** inclusões cristalinas de RubisCO.

**Carotenoide** pigmento hidrofóbico acessório presente, juntamente com a clorofila, nas membranas fotossintéticas.

**Centro de reação** complexo fotossintetizante contendo clorofila ou bacterioclorofila, além de vários outros componentes, em cujo interior ocorrem as reações iniciais de transferência de elétrons do fluxo de elétrons fotossintéticos.

**Ciclo de Calvin** via bioquímica de fixação de $CO_2$ realizada por muitos organismos autotróficos.

**Ciclo do ácido cítrico reverso** mecanismo de autotrofia presente em bactérias verdes sulfurosas e alguns outros fototróficos.

**Ciclo do glioxilato** série de reações que incluem algumas reações do ciclo do ácido cítrico, utilizadas no crescimento aeróbio a partir de ácidos orgânicos $C_2$ ou $C_3$.

**Clorofila** porfirina contendo Mg, sensível à luz, presente em organismos fototróficos, que inicia o processo de fotofosforilação.

**Clorossomos** estruturas em forma de bastão, presentes na periferia celular de bactérias verdes sulfurosas e verdes não sulfurosas, contendo as bacterioclorofilas (*c*, *d* ou *e*) antena.

**Desnitrificação** respiração anaeróbia, em que $NO_3^2$ ou $NO_2^2$ são reduzidos a compostos nitrogenados gasosos, principalmente $N_2$.

**Descloração redutiva (desalorrespiração)** respiração anaeróbia, em que um composto orgânico clorado é utilizado como aceptor de elétrons, geralmente com a liberação de $Cl^2$.

**Fermentação** catabolismo anaeróbio de um composto orgânico, em que ele atua como doador de elétrons e também como aceptor de elétrons, havendo a síntese de ATP geralmente por meio da fosforilação em nível de substrato.

**Fermentação secundária** fermentação em que os substratos são produtos da fermentação realizada por outro organismo.

**Ficobiliproteína** complexo de pigmentos acessórios de cianobactérias, o qual contém ficocianina e haloficocianina ou ficoeritrina acopladas a proteínas.

**Ficobilissomo** agregados de ficobiliproteínas.

**Fixação de nitrogênio** redução biológica de $N_2$ a $NH_3$, mediada pela nitrogenase.

**Fotofosforilação** produção de ATP durante a fotossíntese.

**Fotossíntese** série de reações a partir das quais há a síntese de ATP mediada por reações dirigidas pela luz, enquanto o $CO_2$ é fixado como material celular.

**Fotossíntese anoxigênica** tipo de fotossíntese em que não há a produção de $O_2$.

**Fotossíntese oxigênica** fotossíntese realizada por cianobactérias e plantas verdes, onde há a produção de $O_2$.

**Fototrófico** organismo capaz de utilizar a luz como fonte de energia.

**Heterofermentativo** que produz uma mistura de produtos, normalmente lactato, etanol e $CO_2$, a partir da fermentação da glicose.

**Hidrogenase** enzima amplamente distribuída em microrganismos anaeróbios, capaz de captar ou produzir $H_2$.

**Hidrogenase** enzima amplamente distribuída em microrganismos anaeróbios, capaz de oxidar ou produzir $H_2$.

**Homofermentativo** que produz apenas ácido láctico como resultado da fermentação de glicose.

**Metanogênese** produção biológica de metano.

**Metanogênico** organismo que produz metano ($CH_4$).

**Metanotrófico** organismo capaz de oxidar metano.

**Metilotrófico** organismo capaz de crescer utilizando compostos desprovidos de ligações C—C; alguns metilotróficos são metanotróficos.

**Mixotrófico** organismo no qual um composto inorgânico atua como doador de elétrons no metabolismo energético, e compostos orgânicos atuam como fonte de carbono.

**Nitrificação** conversão microbiana de $NH_3$ a $NO_3^-$.

**Nitrogenase** enzima capaz de reduzir $N_2$ a $NH_3$ no processo de fixação de nitrogênio.

**Oxigenase** enzima que catalisa a incorporação de oxigênio do $O_2$ em compostos orgânicos ou inorgânicos.

**Pigmentos da antena** clorofilas ou bacterioclorofilas captadoras de luz presentes nos fotocomplexos, que direcionam a energia para o centro de reação.

**Quimiolitotrófico** microrganismo capaz de oxidar compostos inorgânicos como doadores de elétrons no metabolismo energético.

**Reação de Stickland** fermentação de um par de aminoácidos.

**Respiração anaeróbia** respiração em que uma substância, como $SO_4^-$ ou $NO_3^2$, é utilizada como aceptor final de elétrons, em substituição ao $O_2$.

**RubisCO** acrônimo para ribulose-bifosfato carboxilase, uma enzima-chave do ciclo de Calvin.

**Sintrofia** processo no qual dois ou mais microrganismos atuam cooperativamente na degradação de uma substância, a qual nenhum é capaz de degradar individualmente.

**Tilacoides** pilhas de membranas presentes em cianobactérias ou no cloroplasto de fototróficos eucarióticos.

**Transporte reverso de elétrons** movimentação de elétrons dependente de energia, contra um gradiente termodinâmico, originando um redutor forte a partir de um doador fraco de elétrons.

**Via da pentose-fosfato** importante via metabólica para a produção e o catabolismo de pentoses (açúcares $C_5$).

**Via da ribulose-monofosfato** série de reações observada em certos metilotróficos, nos quais o formaldeído é assimilado em compostos celulares, utilizando a ribulose-monofosfato como molécula aceptora de $C_1$.

**Via da serina** série de reações observada em certos metilotróficos, em que formaldeído e $CO_2$ são assimilados em compostos celulares por intermédio do aminoácido serina.

**Via do acetil-CoA** via amplamente distribuída em anaeróbios obrigatórios, que converte $H_2 + CO_2$ em acetato, ou oxida acetato a $CO_2$.

**Via do hidroxipropionato** via autotrófica encontrada em *Chloroflexus* e algumas arqueias.

## QUESTÕES PARA REVISÃO

1. Quais as principais diferenças entre fototróficos oxigênicos e anoxigênicos? (Seção 13.1)

2. Quais as funções desempenhadas pelas clorofilas captadoras de luz e do centro de reação? Por que um mutante incapaz de sintetizar as clorofilas captadoras de luz (tais mutantes podem ser facilmente isolados em laboratório) provavelmente não seria um competidor bem-sucedido na natureza? (Seção 13.1)

3. Que pigmentos acessórios estão presentes em organismos fototróficos e quais as suas funções? (Seção 13.2)

4. Como a luz promove a síntese de ATP em um organismo fototrófico anoxigênico? De que formas o fluxo de elétrons respiratórios e fotossintéticos são similares? Em que aspectos eles podem ser diferenciados? (Seção 13.3)

5. Como o poder redutor é gerado no crescimento autotrófico de uma bactéria púrpura? E em uma cianobactéria (Seções 13.3 e 13.4)?

6. Qual a diferença do potencial redutor ($E_0'$) da clorofila *a* no PS I e no PS II? Por que o potencial redutor da clorofila α do fotossistema II deve ser tão eletropositivo? (Seção 13.4)

7. Quais as duas enzimas exclusivas de organismos que realizam o ciclo de Calvin? Quais as reações catalisadas por essas enzimas? Quais as consequências do surgimento de um mutante desprovido de uma destas enzimas? (Seção 13.5)

8. Que organismos utilizam os ciclo do hidroxipropionato ou o ciclo do ácido cítrico reverso como vias autotróficas? (Seção 13.5)

9. Compare e diferencie a utilização de $H_2S$ por uma bactéria púrpura fototrófica e por uma bactéria incolor do enxofre, como *Beggiatoa*. Qual o papel do $H_2S$ no metabolismo de cada um desses organismos? (Seções 13.3, 13.6 e 13.8)

10. Que doadores inorgânicos de elétrons são utilizados pelos organismos *Ralstonia*, *Thiobacillus* e *Acidithiobacillus*? (Seções 13.7-13.9)?

11. Diferencie a nitrificação clássica da reação anammox em termos de exigências de oxigênio, organismos envolvidos e necessidade de monoxigenases (Seção 13.10).

12. Defina o termo fosforilação em nível de substrato. Como ela difere da fosforilação oxidativa? Assumindo que um organismo é facultativo, que condições nutricionais básicas determinarão se esse organismo obterá sua energia pela fosforilação em nível de substrato em lugar da fosforilação oxidativa? (Seção 13.11)

13. Quais são os principais produtos fermentados pelas seguintes bactérias: *Lactobacillus*, *Clostridium*, *Propionibacterium*, *Escherichia*? (Seções 13.12 e 13.13)

14. Cite um exemplo de fermentação que não emprega a fosforilação em nível de substrato. Como a energia é conservada nesta fermentação? (Seção 13.14)

15. Por que a sintrofia é também denominada "transferência interespécies de $H_2$"? (Seção 13.15)

16. Por que o $NO_3^-$ é um melhor aceptor de elétrons na respiração anaeróbia do que o $SO_4^{2-}$? (Seção 13.16)

17. Qual a diferença na respiração de nitrato por *Escherichia coli* e *Pseudomonas*? (Seção 13.7)

18. Por que a hidrogenase é uma enzima constitutiva de *Desulfovibrio*? (Seção 13.18)

19. Compare e diferencie os organismos acetogênicos e metanogênicos, em termos de (1) substratos e produtos de seu metabolismo energético, (2) capacidade de utilizar compostos orgânicos como doadores de elétrons no metabolismo energético e (3) filogenia (Seções 13.19 e 13.20).

20. Compare e diferencie a redução do ferro férrico pela descloração redutiva, em termos de (1) produto da redução e (2) importância ambiental. (Seção 13.21)

21. Como as monoxigenases diferem das dioxigenases, em relação às reações que catalisam? Por que as oxigenases são necessárias para o catabolismo aeróbio de hidrocarbonetos? (Seção 13.22)

22. Qual a diferença entre um organismo metano*trófico* e um metano*gênico*? Qual das vias de assimilação de carbono encontrada em metanotróficos é mais eficiente energeticamente e por quê? (Seção 13.23)

23. Como as bactérias desnitrificantes e redutoras de sulfato degradam hidrocarbonetos anaerobiamente e sem oxigenases? (Seção 13.24)

## QUESTÕES APLICADAS

1. Onde localizam-se os pigmentos fotossintéticos em uma bactéria púrpura? E em uma cianobactéria? E em uma alga verde? Considerando-se a função das clorofilas, por que elas não podem estar localizadas em outras regiões da célula, por exemplo, no citoplasma ou na parede celular? (Seção 13.1)

2. A taxa de crescimento da bactéria púrpura fototrófica *Rhodobacter* é cerca de duas vezes mais rápida quando o organismo é cultivado *fototroficamente* em um meio contendo malato como fonte de carbono, do que quando ele é cultivado a partir de $CO_2$ como fonte de carbono (com $H_2$ como doador de elétrons). Discuta por que tal fato é verdadeiro e defina em qual classe nutricional *Rhodobacter* poderia ser classificado, quando cultivado em cada uma das duas condições.

3. Embora fisiologicamente distintos, os quimiolitotróficos e quimiorganotróficos compartilham uma série de características em relação à produção de ATP. Discuta esses aspectos comuns, juntamente com as razões do maior rendimento de crescimento (gramas de células por mol de substrato) de um quimiorganotrófico respirando glicose em relação ao rendimento de um quimiolitotrófico respirando enxofre.

4. Por que um ácido graxo, como o butirato, não pode ser fermentado em uma cultura pura, enquanto seu catabolismo anaeróbio em outras condições ocorre facilmente em uma cultura pura? Quais são essas condições e por que permitem o catabolismo do butirato? Como o butirato pode ser fermentado em uma cultura mista?

5. Quando o metano é produzido a partir de $CO_2$ (e $H_2$) ou a partir do metanol (na ausência de $H_2$), várias etapas da vias metabólicas são compartilhadas. Compare e diferencie a metanogênese a partir desses dois substratos e discuta por que eles devem ser metabolizados em direções opostas.

CAPÍTULO

# 14 Diversidade funcional das bactérias

## microbiologiahoje

### A uma cultura de distância

Microbiologistas continuam a descobrir novos processos microbianos que impactam a biosfera, e a recém-descoberta bactéria *Methylomirabilis oxyfera* é um exemplo disso. Antigamente, acreditava-se que para a oxidação biológica do metano ($CH_4$) era necessário oxigênio ($O_2$). Entretanto, recentemente essa oxidação foi observada em uma variedade de ambientes anóxicos. O metano é um dos mais importantes gases causadores de efeito estufa, e seu consumo por microrganismos tem um papel importante no equilíbrio de seu ciclo global. O modelo de oxidação anaeróbia do metano era baseado em uma conhecida parceria metabólica entre bactérias redutoras de sulfato e microrganismos metanogênicos, capaz de reverter a via de produção de metano. A descoberta da *M. oxyfera*, no entanto, comprova a teoria de que se há uma fonte de energia, os microrganismos vão encontrar uma forma de utilizá-la.

A *M. oxyfera* emergiu de uma cultura de enriquecimento anaeróbia iniciada com sedimentos anóxicos retirados de um canal na Holanda (foto). O canal recebia escoamento de plantações que continha tanto nitrato quanto metano. A cultura coletada era capaz de relacionar a oxidação do metano com a desnitrificação, um processo que nunca havia sido visto. Surpreendentemente, a *M. oxyfera*, em condições anaeróbias, utilizava a via aeróbia de oxidação do metano! Como isso era possível?

Descobriu-se que a *M. oxyfera* utiliza uma nova via de desnitrificação, na qual duas moléculas de óxido nítrico (NO) originam $N_2$ e $O_2$; o $O_2$ é então usado imediatamente como aceptor de elétrons na oxidação do metano.[1] Assim, a produção de $O_2$ é essencial ao metabolismo de metano por *M. oxyfera*, mesmo que essa bactéria habite ambientes anaeróbios. *M. oxyfera* também possui uma morfologia poliédrica única (em destaque na foto), e pertence a um novo filo do domínio *Bacteria*, o NC-10, que ainda não possuía nenhum representante. A descoberta da *M. oxyfera* mostra que as grandes descobertas na microbiologia estão, frequentemente, a uma cultura de distância.

[1]Ettwig, K. F., et al. 2010. Nitrite-driven anaerobic methane oxidation by oxygenic bacteria. *Nature 464*: 543-550.

I Conceito de diversidade funcional 434

II Diversidade de bactérias fototróficas 435

III Diversidade bacteriana no ciclo do enxofre 447

IV Diversidade bacteriana no ciclo do nitrogênio 452

V Diversidade de outras bactérias quimiotróficas distintas 456

VI Diversidade morfológica das bactérias 465

O mundo microbiano é imensamente diverso, tanto em forma quanto em função. Os microrganismos vêm evoluindo há 3,8 bilhões de anos e foram capazes de se diversificar para ocupar todos os hábitats disponíveis no planeta Terra. No Capítulo 12 considera-se a evolução da vida microbiana e as ferramentas filogenéticas que a revelaram. No Capítulo 13 examina-se a enorme diversidade metabólica dos microrganismos. Neste, e nos próximos três capítulos, o enfoque será na diversidade microbiana em si, incluindo os domínios *Bacteria*, *Archaea* e *Eukarya*.

No presente capítulo, serão analisados a diversidade funcional de grupos particulares de bactérias e os organismos que compartilham características fisiológicas ou ecológicas distintas, que não necessariamente se enquadram em um único e consistente grupo filogenético.

# I • Conceito de diversidade funcional

A diversidade microbiana pode ser compreendida tanto em termos de diversidade filogenética quanto de diversidade funcional. Estes dois conceitos serão definidos e comparados na Seção 14.1.

## 14.1 Entendendo a diversidade microbiana

*Diversidade filogenética* é o componente da diversidade microbiana que aborda a relação evolutiva entre os microrganismos. Fundamentalmente, a diversidade filogenética lida com a diversidade das linhagens evolutivas, como filo, gênero e espécie. De forma mais ampla, engloba a diversidade genética e a genômica dessas linhagens evolutivas e, assim, pode ser definida tanto em termos de genes quanto de organismos (Seção 12.5). Todavia, geralmente a diversidade filogenética é determinada em termos de filogenia de RNA ribossomal, que, em teoria, representa a história filogenética do organismo como um todo (Seção 12.4). Diversidade filogenética é o tema central da diversidade microbiana abordada nos Capítulos 15 a 17.

A **diversidade funcional** é o componente da diversidade microbiana que aborda as variações morfológica e funcional, relacionando-se com a fisiologia e a ecologia. É vantajoso considerar a diversidade microbiana em termos de agrupamento funcional porque organismos com características e genes em comum frequentemente compartilham também características fisiológicas e ocupam nichos ecológicos semelhantes. Em muitos casos, características funcionais coincidem com grupos filogenéticos (p. ex., nas Seções 14.3,

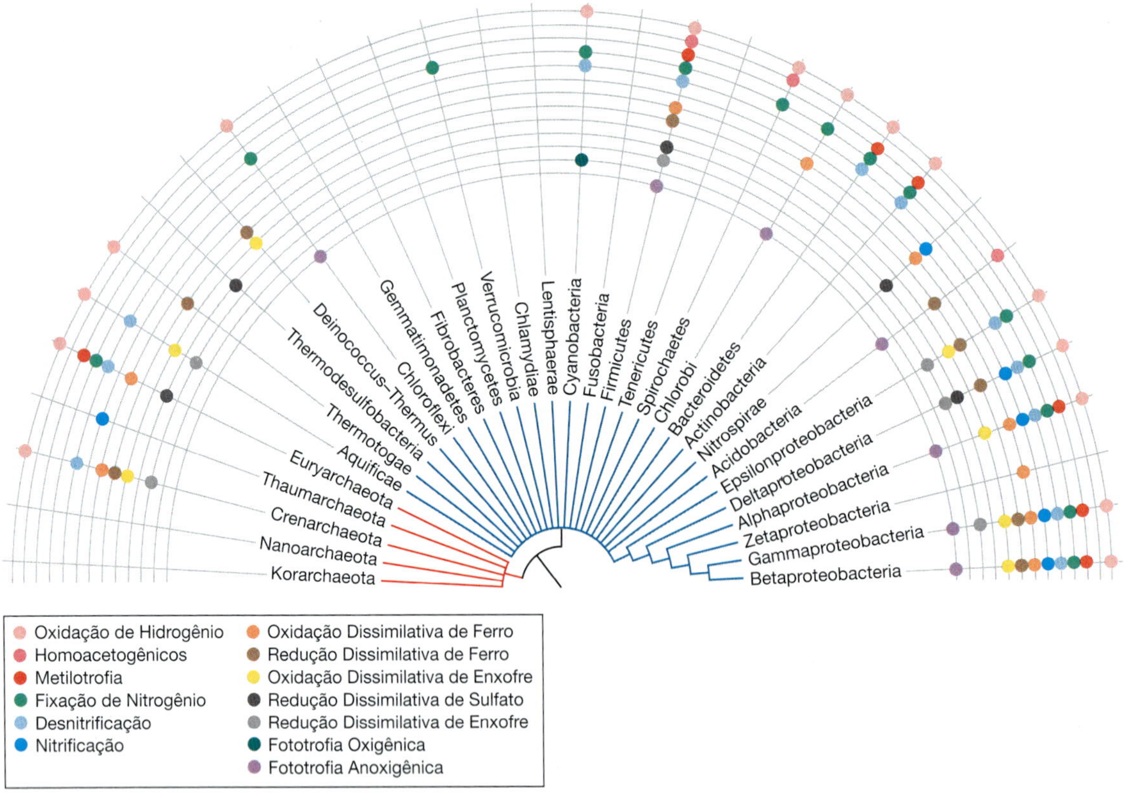


**Figura 14.1 Principais características funcionais mapeadas nos principais filos de *Bacteria* e *Archaea*.** O dendograma mostra as relações entre os principais filos microbianos conforme inferidos pela análise da sequência do gene 16S do RNA ribossomal. As ramificações em azul representam filos de *Bacteria* e, em vermelho, filos de *Archaea*. Os círculos coloridos indicam filos que possuem ao menos uma espécie com a característica funcional indicada no quadro.

14.4, 14.6, 14.7, 14.20). A diversidade funcional microbiana, entretanto, frequentemente não corresponde à diversidade filogenética definida pelo gene 16S do RNA ribossomal. Neste capítulo, serão vistos muitos exemplos de características funcionais amplamente distribuídas em *Bacteria* e *Archaea* (**Figura 14.1**).

Existem ao menos três razões para explicar por que características funcionais são compartilhadas por organismos evolutivamente divergentes com sequências diferentes do gene 16S do RNA ribossomal. A primeira dela é a *perda de genes*, quando uma característica presente em um ancestral comum a várias linhagens é perdida em algumas delas, mas mantida em outras, que ao longo da evolução se tornam bastante divergentes entre si. A segunda razão é a **convergência evolutiva**, quando uma característica evolui de forma independente em duas ou mais linhagens, e não é codificada por genes homólogos compartilhados entre elas. A terceira razão é a **transferência horizontal de genes** (Seções 6.12 e 12.5), quando os genes que conferem uma determinada característica são homólogos e foram permutados entre linhagens distantes entre si.

Diversidade funcional pode ainda ser definida em termos de diversidades fisiológica, ecológica e morfológica. A *diversidade fisiológica* se refere às funções e atividades dos microrganismos. É geralmente descrita em termos de metabolismo microbiano e bioquímica celular (Capítulo 13). A *diversidade ecológica* aborda a relação entre os organismos e meio que habitam. Organismos com características fisiológicas similares podem adotar estratégias ecológicas diferentes (Seção 14.11). As causas e consequências da diversidade ecológica também serão exploradas no Capítulo 19, quando será analisada a ecologia microbiana. A *diversidade morfológica* se refere à aparência externa de um organismo (Seções 14.20 a 14.24). Em alguns casos, a morfologia de um grupo é tão distinta que esta propriedade é essencialmente o que define o grupo, como no caso das espiroquetas (Seção 14.22).

Os conceitos de diversidades fisiológica, ecológica e morfológica frequentemente estão entrelaçados. Os exemplos fornecidos neste capítulo têm como objetivo ilustrar o tema, e não exauri-lo, e outros organismos com importantes funções ecológicas serão abordados nos Capítulos 15 a 17 e 19 a 22.

**MINIQUESTIONÁRIO**

- Por que é necessário considerar a diversidade microbiana em termos de diversidade filogenética e diversidade funcional?
- Quais são as três razões pelas quais características funcionais podem não corresponder aos grupos filogenéticos como definidos pelas sequências do gene 16S do RNA ribossomal?



# II • Diversidade de bactérias fototróficas

Nesta seção, considera-se a diversidade dos microrganismos fototróficos, ou seja, os microrganismos que utilizam a luz como fonte de energia. Será visto que esta característica está amplamente distribuída no domínio *Bacteria* e que vários grupos de fototróficos podem ser definidos com base em suas características fisiológicas.

## 14.2 Visão geral das bactérias fototróficas

A habilidade de obter energia a partir da luz surgiu muito cedo na história da vida, quando a Terra ainda era um ambiente anóxico (Seção 12.2). A fotossíntese surgiu dentro do domínio *Bacteria*, e os primeiros organismos fototróficos eram *fototróficos anoxigênicos*, organismos que não produziam $O_2$ como produto da fotossíntese (Seção 13.3). Em vez de $H_2O$, estes fototróficos primitivos provavelmente utilizavam $H_2$, ferro ferroso ou $H_2S$ como doador de elétrons para a fotossíntese. Fotossíntese anoxigênica está presente em cinco filos bacterianos: Proteobacteria, Chlorobi, Chloroflexi, Firmicutes e Acidobacteria. Fotossíntese oxigênica só pode ser observada dentro de Cyanobacteria (Figura 14.1). Existe uma grande diversidade metabólica entre os fototróficos anoxigênicos, que podem ser encontrados em diversos hábitats. Hoje está claro que a transferência horizontal de genes teve uma grande influência na evolução da fotossíntese e na distribuição dos genes da fotossíntese ao longo da árvore filogenética do domínio *Bacteria*.

Bactérias fototróficas possuem diversas características em comum. Todas utilizam pigmentos similares à clorofila e diversos pigmentos acessórios para captar energia da luz e transferi-la a um centro de reação ligado à membrana, onde será usada para dirigir reações de transferência de elétrons que resultarão na produção de ATP (Seções 13.1-13.4). Bactérias fototróficas anoxigênicas podem possuir dois tipos de fotossistemas: tipo I ou tipo II. Os termos "tipo I" e "tipo II" se referem à estrutura do centro de reação fotossintético. O fotossistema tipo I é similar ao fotossistema I dos fototróficos oxigênicos, enquanto o tipo II é similar ao fotossistema II destes mesmos organismos. Ambos os tipos de fotossistemas estão presentes nas cianobactérias (Seção 13.4), enquanto apenas um dos dois está presente em fototróficos anoxigênicos. Embora, em alguns casos, os pigmentos fotossintéticos possam ser encontrados na membrana citoplasmática, na maioria das vezes os pigmentos fotossintéticos estão localizados em sistemas de membranas fotossintetizantes intracelulares, originados de invaginações da membrana plasmática. Estas membranas internas permitem que as bactérias fototróficas aumentem seu conteúdo de pigmentos para utilizar de forma mais adequada as baixas intensidades de luz.

Muitas bactérias fototróficas ligam a energia luminosa à fixação de carbono, por meio de vários mecanismos distintos (Seção 13.5), mas nem todos os fototróficos fixam $CO_2$; alguns preferem ou requerem fontes orgânicas de carbono para crescer. Será visto que muitas caraterísticas das bactérias fototróficas, incluindo seus sistemas de membranas e seus pigmentos fotossintéticos, evoluíram como resultado da adaptação ecológica aos ambientes luminosos.

**MINIQUESTIONÁRIO**

- Qual forma de fotossíntese foi, provavelmente, a primeira a surgir na Terra?

## 14.3 Cyanobacteria

**Gêneros principais:** *Prochlorococcus, Crocosphaera, Synechococcus, Trichodesmium, Oscillatoria, Anabaena*

O filo **Cyanobacteria** compreende um grande grupo, morfológica e ecologicamente heterogêneo, de bactérias fototróficas oxigênicas. Como visto na Seção 12.2, estes organismos foram os primeiros fototróficos produtores de oxigênio na Terra e, ao longo de bilhões de anos, foram os responsáveis pela conversão da atmosfera anóxica da Terra em uma atmosfera óxica, como existe hoje.

### Filogenia e classificação das cianobactérias

A diversidade morfológica do filo Cyanobacteria é impressionante (**Figura 14.2**). São conhecidas formas unicelulares e filamentosas, e existe ainda considerável variação entre esses tipos morfológicos. Células cianobacterianas variam de 0,5 a 100 μm de diâmetro. As cianobactérias podem ser divididas em cinco grupos morfológicos: (1) os *Chroococcales* são unicelulares, dividindo-se por fissão binária (Figura 14.2*a*); (2) os *Pleurocapsales* são unicelulares, dividindo-se por fissão múltipla (colonial) (Figura 14.2*b*); (3) os *Oscillatoriales* sem a formação de heterocistos (Figura 14.2*c*); (4) os *Nostocales* são formas filamentosas, dividindo-se ao longo de um eixo único, e são capazes de produzir diferenciação celular (Figura 14.2*d*); e (5) os *Stigonematales*, que são morfologicamente semelhantes aos *Nostocales*, porém suas células dividem-se em múltiplos planos, formando filamentos com ramificações (Figura 14.2*e*). Por fim, os **proclorófitas** são uma linhagem de cianobactérias unicelulares distintas, antigamente classificadas separadamente, mas atualmente compreendidas dentro de *Chroococcales*. A **Tabela 14.1** lista alguns dos principais gêneros de cada grupo.

**Tabela 14.1** Gêneros e agrupamentos de cianobactérias

| *Grupo* | *Gêneros* |
|---|---|
| **Grupo I, *Chroococcales*** Unicelulares ou agregados celulares | *Gloeothece* (Figura 14.2*a*), *Gloeobacter, Synechococcus, Cyanothece, Gloeocapsa, Synechocystis, Chamaesiphon, Merismopedia, Crocosphaera* (Figura 14.7*a*), *Prochlorococcus, Prochloron* |
| **Grupo II, *Pleurocapsales*** Reproduzem-se pela formação de pequenas células esféricas, denominadas baeócitos, produzidas pela fissão múltipla | *Pleurocapsa* (Figura 14.2*b*), *Dermocarpa, Xenococcus, Dermocarpella, Myxosarcina, Chroococcidiopsis* |
| **Grupo III, *Oscillatoriales*** Células filamentosas não diferenciadas que se dividem por fissão binária em um único plano | *Lyngbya* (Figura 14.2*c*), *Spirulina* (Figura 14.5), *Arthrospira, Oscillatoria* (Figura 14.6*a-b*), *Microcoleus, Pseudanabaena, Trichodesmium* (Figura 14.7*b*) |
| **Grupo IV, *Nostocales*** Células filamentosas que produzem heterocistos | *Nodularia* (Figura 14.2*d*), *Nostoc, Calothrix* (Figura 14.8*a-b*), *Anabaena* (Figura 14.6*c*), *Cylindrospermum, Scytonema, Richelia* (Figura 14.7*c*) |
| **Grupo V, *Stigonematales*** As células dividem-se formando ramificações | *Fischerella* (Figuras 14.2*e*, 14.8*c,d*), *Stigonema, Chlorogloeopsis, Hapalosiphon* |

Algumas das principais classificações morfológicas de cianobactérias correspondem a grupos filogenéticos consistentes, porém outras não (**Figura 14.3**). As espécies de *Pleurocapsales* formam um grupo consistente dentro de *Cyanobacteria*, o que indica que a reprodução por fissão múltipla surgiu apenas uma vez na história evolutiva das cia-

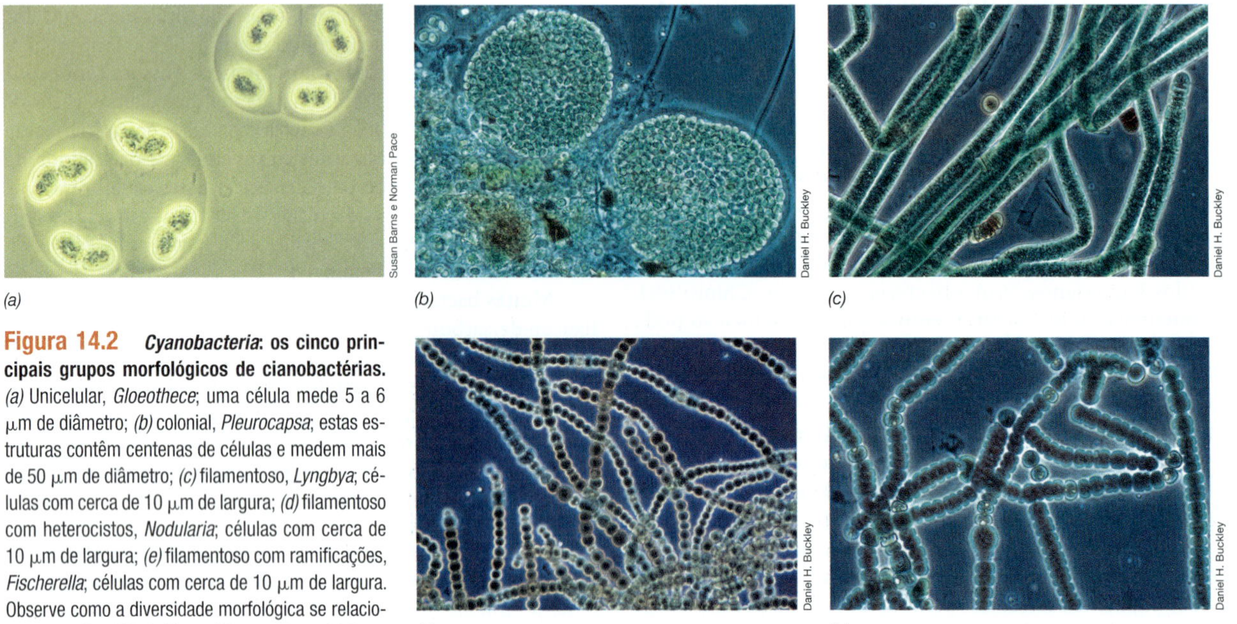


**Figura 14.2** ***Cyanobacteria*: os cinco principais grupos morfológicos de cianobactérias.** *(a)* Unicelular, *Gloeothece*; uma célula mede 5 a 6 μm de diâmetro; *(b)* colonial, *Pleurocapsa*; estas estruturas contêm centenas de células e medem mais de 50 μm de diâmetro; *(c)* filamentoso, *Lyngbya*; células com cerca de 10 μm de largura; *(d)* filamentoso com heterocistos, *Nodularia*; células com cerca de 10 μm de largura; *(e)* filamentoso com ramificações, *Fischerella*; células com cerca de 10 μm de largura. Observe como a diversidade morfológica se relaciona com a diversidade filogenética na Figura 14.3.

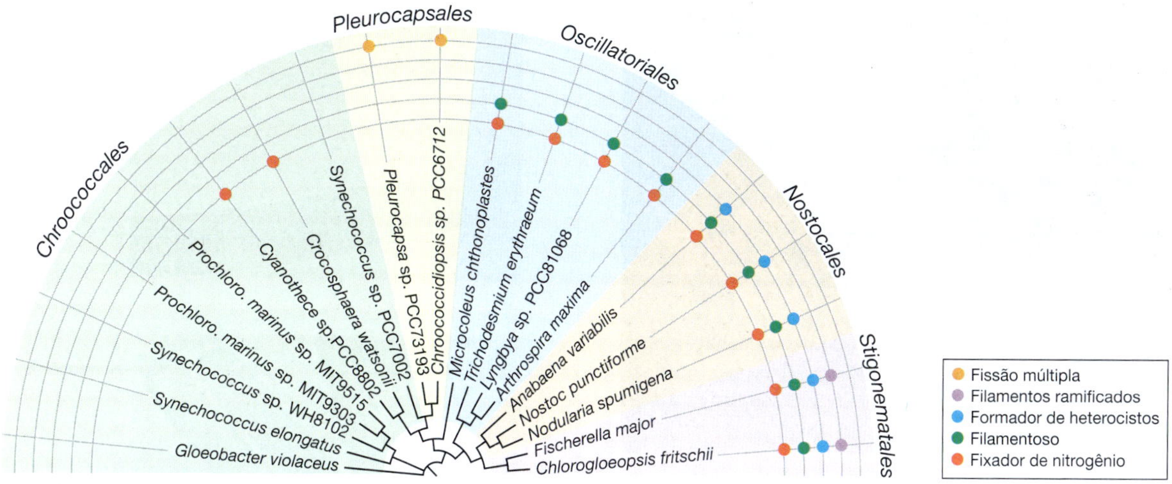


**Figura 14.3 Características taxonomicamente relevantes mapeadas na filogenia de cianobactérias.** O dendograma demonstra relações filogenéticas inferidas a partir de análises de famílias de proteínas conservadas no genoma das cianobactérias. Os círculos coloridos indicam as características de espécies mostradas na legenda. O sombreamento indica os grupos taxonômicos. "*Prochloro.*" indica *Prochlorococcus*, que é um grupo distinto dentro de *Chroococcales*. Observe que *Chroococcales* e *Oscillatoriales* não são grupos monofiléticos, indicando que estas características surgiram diversas vezes de forma independente na evolução do grupo.



nobactérias (Figura 14.3). De forma semelhante, espécies de *Nostocales* e *Stigonematales* possuem um ancestral em comum e formam um grupo filogenético consistente, indicando uma origem única para a capacidade de diferenciação celular no filo *Cyanobacteria* (Figura 14.3). Todos os *Stigonematales* possuem um único ancestral comum dentro do clado composto por *Nostocales* e *Stigonematales*, corroborando a ideia de que a capacidade de formar filamentos com ramificações também surgiu uma única vez na linhagem das cianobactérias capaz de diferenciação celular (Figura 14.3). Por outro lado, cianobactérias unicelulares e com filamentos simples (*Chroococcales* e *Oscillatoriales*, respectivamente) estão distribuídas ao longo de toda a filogenia das cianobactérias e, portanto, estes grupos morfológicos não representam uma linhagem evolutiva consistente (Figura 14.3).

## Fisiologia e membranas fotossintéticas

As cianobactérias são fototróficos oxigênicos, e como tal possuem os fotossistemas tipo I e tipo II. Todas as espécies são capazes de fixar o $CO_2$ via ciclo de Calvin, muitas fixam $N_2$, e a maioria consegue sintetizar suas próprias vitaminas. As células captam energia da luz e fixam o $CO_2$ durante o dia. Durante a noite, geram energia por fermentação ou respiração aeróbia de reservas de carbono, como o glicogênio. Embora o $CO_2$ seja a fonte primária de carbono para a maioria das espécies, algumas cianobactérias podem assimilar componentes orgânicos simples, como a glicose e o acetato, na presença de luz, em um processo denominado *foto-heterotrofia*. Algumas poucas cianobactérias, geralmente espécies filamentosas, podem crescer na ausência de luz, em glicose ou sacarose, utilizando apenas o açúcar como fonte de energia e de carbono. Por fim, quando as concentrações de sulfeto são altas, algumas cianobactérias são capazes de mudar da fotossíntese oxigênica para a anoxigênica, utilizando sulfeto de hidrogênio como doador de elétrons, em vez da água (Figura 13.15).

As cianobactérias possuem um sistema de membranas especializado, chamado *tilacoide*, que aumenta a capacidade das células em captar energia luminosa (Figura 13.10). A parede celular destes organismos contém peptideoglicano, e é estruturalmente similar àquela das bactérias gram-negativas. A fotossíntese acontece na membrana dos tilacoides, um sistema complexo de várias camadas de membrana fotossintetizante que contém fotopigmentos e proteínas que medeiam a fotossíntese (Seções 13.1 e 13.2). Na maioria das cianobactérias unicelulares, as membranas do tilacoide são dispostas em círculos regulares e concêntricos, na periferia do citoplasma (**Figura 14.4**). As cianobactérias produzem clorofila *a*, e a maioria também possui pigmentos característicos denominados **ficobilinas** (Figura 13.10), que atuam como pigmentos acessórios na fotossíntese. Uma classe de ficobilinas, as *ficocianinas*, são azuis e, em conjunto com a clorofila *a* verde, são responsáveis pela coloração verde-azulada presente na maioria das cianobactérias. Algumas cianobactérias produzem *ficoeritrina*, uma ficobilina vermelha, e as espécies que produzem esse pigmento exibem coloração avermelhada ou marrom.

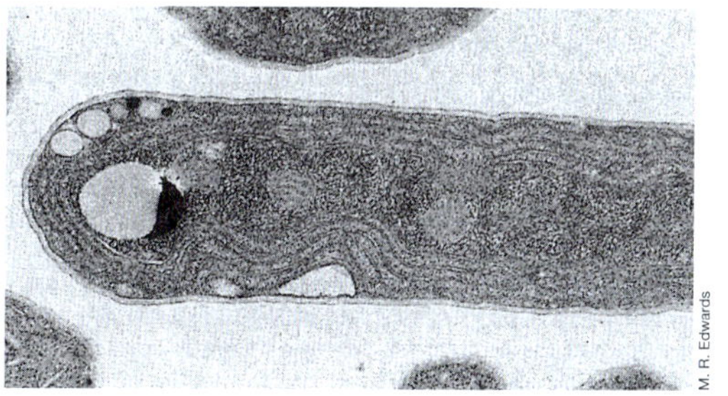


**Figura 14.4 Tilacoides em uma cianobactéria.** Eletromicrografia de uma secção fina da cianobactéria *Synechococcus lividus*. Uma célula possui cerca de 5 μm de diâmetro. Observar as membranas do tilacoide dispostas paralelamente à parede celular.

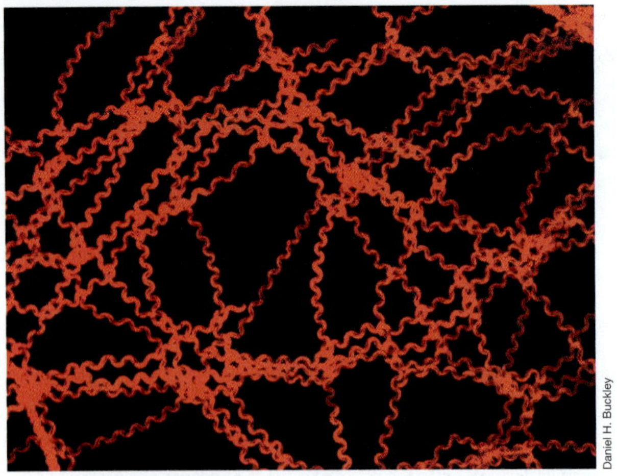


**Figura 14.5 Ficocianina fluorescente em uma cianobactéria.** Micrografia fluorescente de *Spirulina*. Os filamentos são cadeias de células helicoidais, com cada célula apresentando cerca de 5 μm de largura.

Os fotopigmentos são fluorescentes e emitem luz quando visualizados em microscópio de fluorescência (**Figura 14.5**). Proclorófitas, como *Prochlorococcus* e *Prochloron,* se distinguem entre as cianobactérias por apresentarem clorofila *a* e *b*, mas não conter ficobilinas.

## Motilidade e estruturas celulares

Cianobactérias possuem diversos mecanismos de motilidade. Muitas exibem motilidade deslizante (Seção 2.18). O deslizamento ocorre apenas quando uma célula ou filamento encontra-se em contato com uma superfície sólida, ou com outra célula ou filamento. Em algumas cianobactérias, o deslizamento não é um simples movimento translacional, sendo acompanhado por rotações, reversões e flexões dos filamentos. A maioria das espécies deslizantes tem movimentação direcionada para a luz (fototaxia), também podendo ocorrer quimiotaxia (Seção 2.19). Os *Synechococcus* apresentam uma forma incomum de motilidade natatória que não requer flagelo ou qualquer outra organela extracelular. A superfície celular dos *Synechococcus* é dotada de proteínas especializadas que fornecem impulso direto por meio de um mecanismo ainda não desvendado. Vesículas de gás (Seção 2.15) também estão presentes em várias cianobactérias aquáticas e são importantes no posicionamento das células na coluna de água. A função destas vesículas é regular a flutuabilidade das células, de tal forma a permitir que elas se mantenham em uma posição na coluna onde a intensidade de luz seja ótima para fotossíntese.

As cianobactérias são capazes de formar uma variedade de estruturas associadas a armazenamento de energia, reprodução e sobrevivência. Muitas produzem extensos envelopes mucilaginosos, ou bainhas, que unem grupos de células ou filamentos (Figura 14.2*a*). Algumas cianobactérias filamentosas podem formar *hormogônios* (**Figura 14.6**), que são fragmentos pequenos e móveis que se separam de filamentos mais longos para facilitar a dispersão em situações de estresse. Algumas espécies formam estruturas de dormência chamadas *acinetos* (Figura 14.6*c*), que protegem o organismo em períodos de ausência de luz, dessecamento ou congelamento. Acinetos são células com paredes externas espessadas. Quando as condições ambientais melhoram, eles germinam pela ruptura da parede externa e crescimento de um novo filamento vegetativo. Algumas cianobactérias também formam uma estrutura denominada *cianoficina*. Esta estrutura é um copolímero de ácido aspártico e arginina, e é um produto de armazenamento de nitrogênio; quando o nitrogênio torna-se deficiente no ambiente, esse polímero é clivado e utilizado como uma fonte celular de nitrogênio. Muitas espécies de *Nostocales* e *Stigonematales* também são capazes de formar heterocistos, que serão discutidos a seguir.

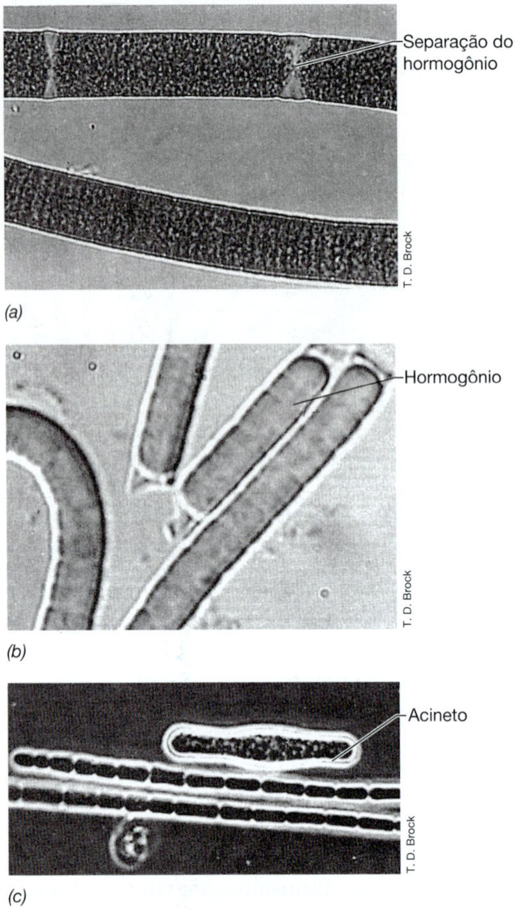


**Figura 14.6 Diferenciação estrutural em cianobactérias filamentosas.** *(a)* Estágio inicial da formação do hormogônio em *Oscillatoria*. Observe os espaços sem preenchimento, onde o hormogônio está se separando do filamento. *(b)* Hormogônio de uma espécie inferior de *Oscillatoria*. Observe que as células em ambas as extremidades são arredondadas. Microscopia de contraste de interferência diferencial. *(c)* Acineto (esporo de dormência) de *Anabaena* em microscopia de contraste de fase, células de cerca de 5 μm de largura.

## Heterocistos e fixação de nitrogênio

Muitas cianobactérias são capazes de fixar nitrogênio (Figura 14.3). A enzima nitrogenase, entretanto, é inibida pelo oxigênio, e por isso a fixação do nitrogênio não pode acontecer de forma concomitante à fotossíntese oxigênica (Seção 3.17). As cianobactérias desenvolveram vários mecanismos reguladores para separar a atividade da nitrogenase da fotossín-

(a) (b) (c)

**Figura 14.7** **Cianobactérias marinhas que fixam $N_2$.** *(a)* Células semelhantes à *Crocosphaera* unicelular em processo de divisão; células com aproximadamente 5 μm de diâmetro. *(b)* Colônia de *Trichodesmium*, em formato de "tufo". O tufo é composto por muitos filamentos não ramificados e não diferenciados, e possui um diâmetro aproximado de 100 μm. *(c)* Uma diatomácea contendo a cianobactéria simbionte *Richelia* (escala em micrometros). A *Richelia* simbionte é um filamento sem ramificações, com um heterocisto em sua extremidade; células com aproximadamente 5 μm de largura.

UNIDADE 3

tese (⇄ Seção 7.13). Como exemplo, temos que muitas cianobactérias unicelulares, como *Cyanothece* e *Crocosphaera* (**Figura 14.7*a***), fixam nitrogênio somente à noite, quando não ocorre fotossíntese. Em contrapartida, a cianobactéria filamentosa *Trichodemium* (Figura 14.7*b*) fixa nitrogênio exclusivamente durante o dia, por meio de um mecanismo que permanece ainda desconhecido, mas que aparentemente requer supressão temporária da atividade fotossintetizante nos filamentos. Por fim, muitas cianobactérias filamentosas dos grupos *Nostocales* e *Stigonematales* facilitam a fixação do nitrogênio em vez da formação de células especializadas, denominadas *heterocistos*, localizadas nas extremidades dos filamentos (**Figura 14.8*a, b***) ou ao longo deles (Figura 14.8*c, d*).

Os heterocistos surgem a partir da diferenciação de células vegetativas e são os únicos sítios de fixação de nitrogênio em cianobactérias heterocísticas. São estruturas circundadas por uma espessa parede celular, que retarda a difusão de $O_2$ para o interior da célula, criando um ambiente anóxico, necessário para a atividade da enzima nitrogenase. Os heterocistos são desprovidos do fotossistema II (Figura 14.8), o fotossistema produtor de oxigênio, que gera poder redutor a partir de $H_2O$ (⇄ Seção 13.4). Sem este fotossistema, os heterocistos são incapazes de fixar $CO_2$ e, assim, não possuem o doador de elétrons (piruvato) necessário para fixação do nitrogênio. Todavia, eles apresentam comunicação às células vegetativas adjacentes, o que possibilita a troca de moléculas entre estas células. Desse modo, o heterocisto importa o carbono fixado de uma célula vegetativa adjacente, que será oxidado para obtenção dos elétrons necessários para a fixação do nitrogênio. Os produtos da fotossíntese fluem das células vegetativas para os heterocistos, e o nitrogênio fixado flui no sentido contrário (⇄ Seção 7.13 e Figura 7.28).

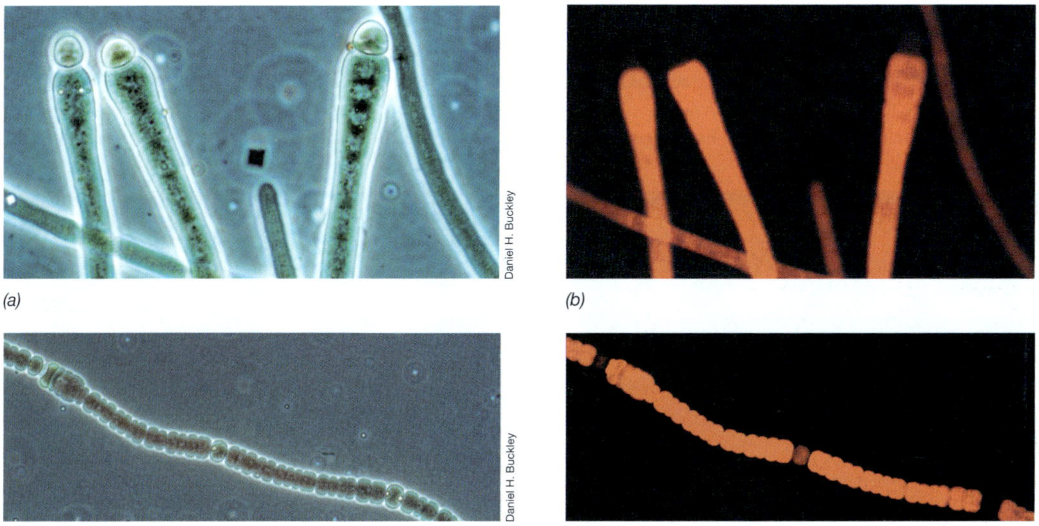


(a) (b) (c) (d)

**Figura 14.8** **Heterocistos.** A diferenciação dos heterocistos resulta em perda de fotopigmentos e impedimento da fotossíntese. *(a)* Micrografia de contraste de fase de *Calothrix* com heterocistos terminais. *(b)* Micrografia de fluorescência dos mesmos filamentos de *Calothrix*; células com 10 μm de largura, aproximadamente. *(c)* Micrografia de contraste de fase de *Fischerella*. *(d)* Micrografia de fluorescência dos mesmos filamentos de *Fischerella*; células com cerca de 10 μm de largura. Observe como a formação de heterocistos é regulada a nível gênico na já bem estudada cianobactéria *Anabaena*, na Figura 7.28.

## Ecologia de cianobactérias

As cianobactérias são fundamentais para a produtividade dos oceanos. Pequenas cianobactérias unicelulares, tais como *Synechococcus* e *Prochlorococcus* (Seção 19.10), são os fototróficos mais abundantes nos oceanos. Combinados, estes organismos correspondem a 80% da fotossíntese marinha e 35% de toda a atividade fotossintetizante na Terra.

A fixação de nitrogênio por parte das cianobactérias é a principal porta de entrada de nitrogênio para o interior de vastos segmentos dos oceanos, em especial nas águas oligotróficas tropicais e subtropicais. A fixação marinha de nitrogênio é dominada por dois grupos de cianobactérias, as espécies unicelulares e os *Trichodesmium* filamentosos. Os *Crocosphaera* (Figura 14.7*a*) e alguns organismos filogeneticamente relacionados com eles são os principais responsáveis pela fixação de nitrogênio na maior parte do Oceano Pacífico, e estão amplamente distribuídos em hábitats tropicais e subtropicais. Já os *Trichodesmium* são os mais importantes no Oceano Atlântico Norte e em partes do Oceano Pacífico com altas concentrações de ferro dissolvido. Eles formam tufos de filamentos visíveis macroscopicamente (Figura 14.7*b*) e dependem de suas vesículas de gás para permanecer na zona fótica da coluna de água, onde são frequentemente observados em massas densas de células, denominadas *florescimentos*. Além destas, outras espécies marinhas fixadoras de nitrogênio, incluindo espécies de *Calothrix* e *Richelia*, associam-se simbioticamente a diatomáceas (Figura 14.7*c*); esses simbiontes são vistos com frequência em oceanos tropicais e subtropicais. Por fim, cianobactérias heterocísticas, como *Nodularia* (Figura 14.2*d*) e *Anabaena*, algumas vezes podem dominar a fixação de nitrogênio nas águas geladas do Hemisfério Norte, e são vistas com frequência no Mar Báltico.

Cianobactérias também são amplamente encontradas em ambientes terrestres e de água doce. Em geral, elas são mais tolerantes a extremos ambientais, em especial à dessecação extrema, do que as algas (eucariotos). Na maioria das vezes, são os organismos fototróficos oxigênicos dominantes, ou mesmo os únicos, em fontes termais, lagos salgados, solos áridos e desérticos e outros ambientes extremos. Em alguns desses ambientes, esteiras de cianobactérias de espessura variável podem se formar (Figura 19.9). Em lagos de água doce, especialmente aqueles ricos em nutrientes inorgânicos, florescimentos de cianobactérias podem desenvolver-se, especialmente no fim do verão, quando as temperaturas são mais quentes (Figuras 19.1 e 19.17). Algumas poucas cianobactérias são simbiontes de plantas hepáticas, samambaias e cicadáceas, e outras podem ser encontradas como o componente fototrófico de líquens, que são uma simbiose entre um organismo fototrófico e um fungo (Seção 22.1).

Muitos produtos metabólicos de cianobactérias possuem importância prática. Algumas produzem neurotoxinas potentes, e florescimentos tóxicos podem ser formados quando se desenvolvem acúmulos massivos de cianobactérias. Animais que venham a beber água contendo estas toxinas podem morrer. Muitas cianobactérias também são responsáveis pela produção de odores e sabores terrosos em água doce, e se tais águas forem utilizadas como fonte de água potável, podem surgir problemas estéticos. O principal composto produzido é a geomina, uma substância também produzida por vários actinomicetos (Seção 15.12).

**MINIQUESTIONÁRIO**

- Quais são as propriedades que diferenciam os cinco principais grupos morfológicos de cianobactérias?
- O que é um heterocisto e qual a sua função?

## 14.4 Bactérias púrpuras sulfurosas

**Gêneros principais:** *Chromatium, Ectothiorhodospira*

**Bactérias púrpuras sulfurosas** são fototróficos anoxigênicos que utilizam sulfeto de hidrogênio ($H_2S$) como doador de elétrons para a fotossíntese. Estas bactérias constituem um grupo filogenético consistente, na ordem Chromatiales da classe Gammaproteobacteria.

As bactérias púrpuras sulfurosas geralmente são encontradas em regiões iluminadas e anóxicas onde haja disponibilidade de $H_2S$. Essas condições são comumente encontradas em lagos, sedimentos marinhos e "fontes sulfurosas", onde o $H_2S$ produzido geoquímica ou biologicamente pode promover o crescimento dessas bactérias (**Figura 14.9**). Bactérias púrpuras sulfurosas também são frequentemente encontradas em

**Figura 14.9 Florescimento de bactérias púrpuras sulfurosas.** *(a) Lamprocystis roseopersicina*, em uma fonte de sulfeto. As bactérias crescem próximas ao fundo da fonte e flutuam para a superfície (utilizando as vesículas de gás) quando perturbadas. A cor verde é dada pela alga *Spirogyra*. *(b)* Amostra de água de 7 m de profundidade do Lago Mahoney, localizado na Colúmbia Britânica (Canadá); o principal fototrófico na amostra é a *Amoebobacter purpureus*. (c) Fotomicrografia de contraste de fase de camadas de bactérias púrpuras sulfurosas provenientes de um lago pequeno estratificado em Michigan (EUA). Entre essas bactérias, estão presentes as espécies *Chromatium* (bacilos grandes) e *Thiocystis* (cocos pequenos).

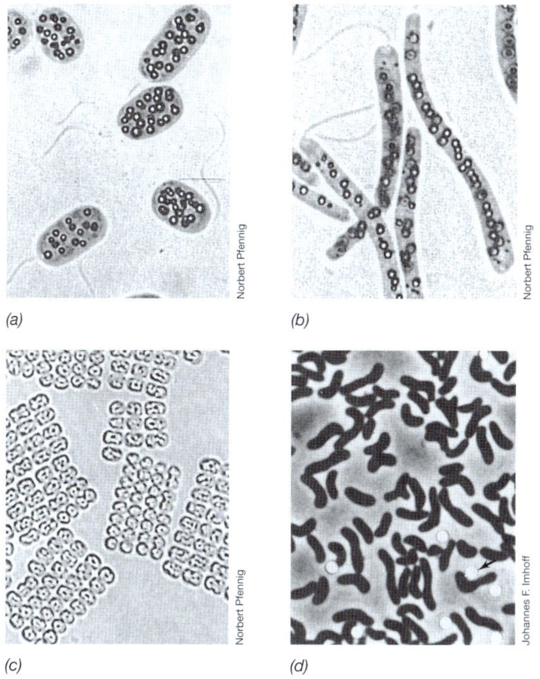


**Figura 14.10** **Fotomicrografias de campo claro e de contraste de fase de bactérias púrpuras sulfurosas.** *(a) Chromatium okenii*; células com aproximadamente 5 μm de largura. Observe os glóbulos de enxofre elementar dentro das células. *(b) Thiospirillum jenense*, uma bactéria grande espiralada com flagelo polar; células com aproximadamente 30 μm de comprimento. Observe os glóbulos de enxofre. *(c) Thiopedia rosea*; células com aproximadamente 1,5 μm de largura. *(d)* Micrografia de contraste de fase de células de *Ectothiorhodospira mobilis*; células com aproximadamente 0,8 μm de largura. Observe os glóbulos externos de enxofre (seta).

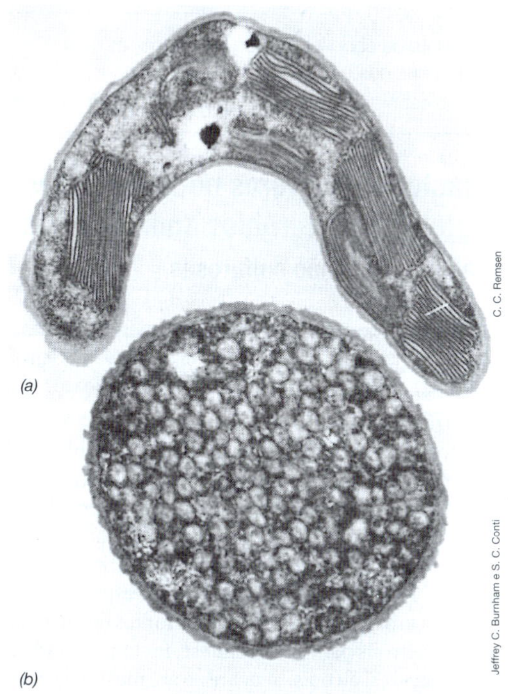


**Figura 14.11** **Sistemas membranosos de bactérias púrpuras fototróficas, visualizados em microscopia eletrônica de transmissão.** *(a) Ectothiorhodospira mobilis*, revelando as membranas fotossintetizantes em camadas delgadas (lamelas). *(b) Allochromatium vinosum*, apresentando as membranas na forma de vesículas esféricas individuais.

esteiras microbianas (Seção 19.5) e em sedimentos de sapal (formações aluvionares periodicamente alagadas por água salgada). A coloração característica das bactérias púrpuras sulfurosas provém de seus carotenoides, pigmentos acessórios envolvidos na absorção de luz (Seção 13.2). Estas bactérias utilizam um fotossistema tipo II (Figura 13.3), possuem ou bacterioclorofila *a* ou bacterioclorofila *b*, e realizam a fixação do $CO_2$ pelo ciclo de Calvin (Seção 13.5).

Durante o crescimento autotrófico das bactérias púrpuras sulfurosas, o $H_2S$ é oxidado e transformado em enxofre elementar ($S^0$), que é armazenado como grânulos de enxofre (**Figura 14.10**). Quando o sulfeto se torna um recurso limitante, este enxofre é usado como doador de elétrons para a fotossíntese, resultando na oxidação do $S^0$ a sulfato ($SO_4^{2-}$). Muitas espécies podem utilizar também outros compostos de enxofre reduzido como doador de elétrons na fotossíntese; por exemplo, o tiossulfato ($S_2O_3^{2-}$) é frequentemente usado em culturas de laboratório.

As bactérias púrpuras sulfurosas se dividem em duas famílias: Chromatiaceae e Ectothiorhodospiraceae. Espécies das duas famílias são prontamente distinguíveis pela localização de seus grânulos sulfurosos e por suas membranas fotossintetizantes. Os Chromatiaceae, incluindo os gêneros *Chromatium* e *Thiocapsa*, armazenam os grânulos de $S^0$ *dentro* da célula (no espaço periplasmático) e possuem sistemas membranosos fotossintetizantes vesiculares intracelulares (**Figura 14.11**). Estes organismos são comuns em lagos estratificados que contêm sulfeto e sedimentos anóxicos em sapais. Ectothiorhodospiraceae, incluindo seus dois principais gêneros, *Ectothiorhodospira* e *Halorhodospira*, oxidam $H_2S$ a $S^0$, que é armazenado em depósitos *fora* da célula (Figura 14.10*d*) e possuem sistema de membranas fotossintetizantes lamelares intracelulares (Figura 14.11). Estes gêneros são também interessantes por apresentarem muitas espécies halofílicas (que crescem bem em altas concentrações de sal) ou alcalifílicas (que crescem bem em pH alcalino), estando entre as bactérias mais extremas conhecidas, em relação a estas características. Estes organismos são normalmente encontrados em lagos salgados, lagos alcalinos e salinas, onde altos níveis de $SO_4^{2-}$ possibilitam o crescimento de bactérias redutoras de sulfato (Seção 20.4 e Seção 14.9), os organismos que produzem $H_2S$.

Bactérias púrpuras sulfurosas são geralmente encontradas em grandes quantidades em lagos meromíticos (que possuem camadas de água que nunca se misturam, ou seja, são permanentemente estratificados). Lagos meromíticos formam estratos por possuírem águas mais densas (geralmente salinas) no fundo e menos densas (geralmente doce) próximas à superfície. Se há sulfato suficiente para possibilitar sua redução, então sulfeto é produzido nos sedimentos e se difunde para cima, em direção às águas anóxicas do fundo do lago. A presença de sulfeto e de luz no estrato anóxico do lago permite a formação de densas massas de bactérias púrpuras sulfurosas, geralmente em associação com bactérias verdes fototróficas (Figura 14.9*b*).

**MINIQUESTIONÁRIO**

- Qual é a fonte da cor púrpura que dá o nome às bactérias púrpuras sulfurosas?
- Onde você esperaria encontrar bactérias púrpuras sulfurosas?

## 14.5 Bactérias púrpuras não sulfurosas e fototróficos aeróbios anoxigênicos

### Bactérias púrpuras não sulfurosas

**Gêneros principais:** *Rhodospirillum, Rhodoferax, Rhodobacter*

As **bactérias púrpuras não sulfurosas** são os microrganismos metabolicamente mais versáteis de todos. Apesar de seu nome, essas bactérias nem sempre são púrpuras; estes organismos sintetizam uma matriz de carotenoides (Seção 13.2) que pode fornecer a eles uma variedade espetacular de cores (**Figura 14.12**). Juntos, estes pigmentos dão às bactérias púrpuras sua cor, geralmente púrpura, vermelho ou cor de laranja. Bactérias púrpuras não sulfurosas são normalmente foto-heterotróficas (quando a luz é a fonte de energia, e um composto orgânico é a fonte de carbono), e diferentes espécies são capazes de utilizar uma grande variedade de fontes de carbono e de doadores de elétrons para a fotossíntese, incluindo ácidos orgânicos, aminoácidos, alcoóis, açúcares e até mesmo componentes aromáticos, como benzoato ou tolueno. Da mesma forma que as bactérias púrpuras sulfurosas, as não sulfurosas também usam um fotossistema tipo II, e contêm ou bacterioclorofila *a*, ou bacterioclorofila *b*. Bactérias púrpuras não sulfurosas são um grupo morfológica e filogeneticamente diverso (**Figura 14.13**) e seus gêneros se agrupam dentro de Alphaproteobacteria (p. ex., *Rhodospirillum, Rhodobacter, Rhodopseudomonas*) ou Betaproteobacteria (p. ex., *Rubrivivax, Rhodoferax*).

Bactérias púrpuras não sulfurosas utilizam-se de diferentes processos metabólicos para conservação de energia. Por exemplo, algumas espécies podem crescer de forma fotoautotrófica, utilizando $H_2$, baixos níveis de $H_2S$, ou até mesmo ferro ferroso como doador de elétrons na fotossíntese, e fixando $CO_2$ por meio do ciclo de Calvin. A maioria das espécies também é capaz de crescer na ausência de luz, realizando respiração aeróbia de compostos orgânicos, ou até mesmo de alguns compostos inorgânicos; a síntese da maquinaria fotossintetizante geralmente é contida pela presença de $O_2$. Por fim, algumas espécies podem crescer realizando fermentação ou respiração anaeróbia, utilizando variados doadores e aceptores de elétrons.

**Figura 14.12 Fotografia de culturas líquidas de bactérias púrpuras fototróficas, ilustrando a cor das espécies contendo diferentes pigmentos carotenoides.** A cultura azul corresponde a um mutante de *Rhodospirillum rubrum*, desprovido de pigmentos carotenoides, demonstrando que a bacterioclorofila *a* é azul. A garrafa mais à direita (*Rhodobacter sphaeroides* da linhagem G) não possui um dos carotenoides do tipo selvagem e, consequentemente, apresenta coloração mais esverdeada.

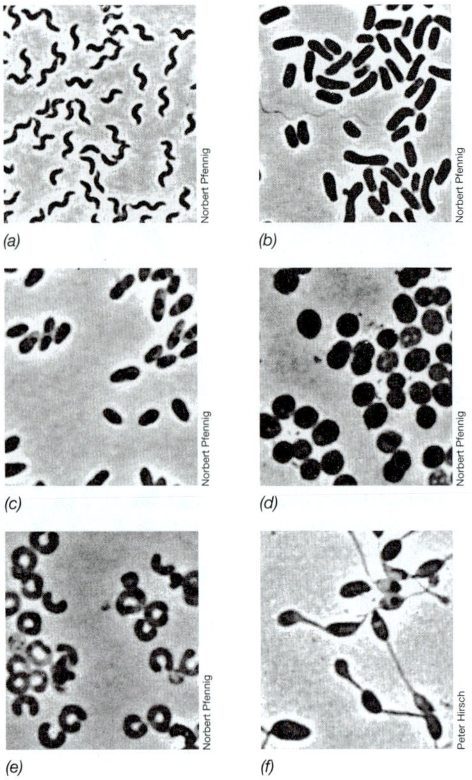


**Figura 14.13 Representantes de vários gêneros de bactérias púrpuras não sulfurosas.** *(a) Phaeospirillum fulvum*; células com aproximadamente 3 μm de comprimento. *(b) Rhodoblastus acidophilus*; células com aproximadamente 4 μm de comprimento. *(c) Rhodobacter sphaeroides*; células com aproximadamente 1,5 μm de largura. *(d) Rhodopila globiformis*; células com aproximadamente 1,6 μm de largura. *(e) Rhodocyclus purpureus*; células com aproximadamente 0,7 μm de diâmetro. *(f) Rhodomicrobium vannielii*; células com aproximadamente 1,2 μm de largura.

O enriquecimento e isolamento de bactérias púrpuras não sulfurosas são procedimentos simples, requerendo o emprego de um meio contendo sais minerais, suplementado com um ácido orgânico como fonte de carbono. Esses meios, quando inoculados com uma amostra de compostos limosos, água lacustre ou uma amostra de esgoto, e incubados anaerobiamente na presença de luz, invariavelmente tornam-se seletivos para as bactérias púrpuras não sulfurosas. Culturas de enriquecimento podem ser ainda mais seletivas, retirando-se do meio as fontes de nitrogênio fixado (como a amônia) ou de nitrogênio orgânico (como extrato de levedura ou peptona), e fornecendo $N_2$ gasoso. Praticamente todas as bactérias púrpuras não sulfurosas são capazes de fixar $N_2$ e desenvolvem-se com sucesso sob tais condições, crescendo de forma mais rápida e abundante que outras bactérias.

### Fototróficos aeróbios anoxigênicos

**Gêneros principais:** *Roseobacter, Erythrobacter*

Os **fototróficos aeróbios anoxigênicos** são heterótrofos aeróbios estritos que usam a luz como fonte suplementar de energia para permitir seu crescimento. Como as bactérias púrpuras não sulfurosas, fototróficos aeróbios anoxigênicos são filogeneticamente diversos e estão dentro das classes Alphaproteobacteria ou Betaproteobacteria. A principal diferença fisiológica em relação às bactérias púrpuras não sulfurosas é que os fototróficos aeróbios anoxigênicos são heterótrofos estritos e realizam fotossíntese anoxigênica somente em condições aeróbias, como fonte suplementar de energia. Esses fototróficos possuem bacterioclorofila *a* e fotossistema tipo II, mas são incapazes de fixar $CO_2$ e, por isso, dependem de carbono orgânico para crescer. Carotenoides variados atribuem às culturas as cores amarelo, cor de laranja ou cor-de-rosa.

Fototróficos aeróbios anoxigênicos realizam fotossíntese apenas quando submetidos a ciclos de dia/noite. Sob tais condições, a bacterioclorofila *a* é produzida apenas na ausência de luz, e depois utilizada na conservação de energia por fotofosforilação, na presença de luz. Esses microrganismos correspondem a até 25% de toda a comunidade microbiana de águas costeiras, e até 5% da fotossíntese bruta nestes sistemas (Seção 19.10). Gêneros comuns encontrados em águas costeiras incluem *Roseobacter* e *Erythrobacter*.

**MINIQUESTIONÁRIO**

- Quais características são comuns a bactérias púrpuras não sulfurosas e fototróficos aeróbios anoxigênicos? E quais são as diferenças entre estes dois grupos?
- Onde você esperaria encontrar fototróficos aeróbios anoxigênicos?

## 14.6 Bactérias verdes sulfurosas

**Gêneros principais:** *Chlorobium, Chlorobaculum, "Chlorochromatium"*

As **bactérias verdes sulfurosas** são um grupo de fototróficos anoxigênicos filogeneticamente consistente, que constitui o filo Chlorobi. Possuem baixa versatilidade metabólica, são, de modo geral, não móveis e estritamente bactérias fototróficas anaeróbias anoxigênicas. Este grupo também é morfologicamente restrito e inclui principalmente bacilos curtos a longos (**Figura 14.14**).

Assim como as bactérias púrpuras sulfurosas, as bactérias verdes sulfurosas utilizam $H_2S$ como doador de elétrons, oxidando-o inicialmente a enxofre ($S^0$) e, posteriormente, a sulfato ($SO_4^{2-}$). No entanto, ao contrário da maior parte das bactérias púrpuras sulfurosas, o enxofre produzido por bactérias verdes sulfurosas é depositado apenas externamente à célula (Figura 14.14*a*). Sua autotrofia não é baseada nas reações do ciclo de Calvin, como ocorre nas bactérias púrpuras, mas sim em uma reversão das etapas do ciclo do ácido cítrico (Seção 13.5 e Figura 13.19*a*), uma forma singular de autotrofia em bactérias fototróficas.

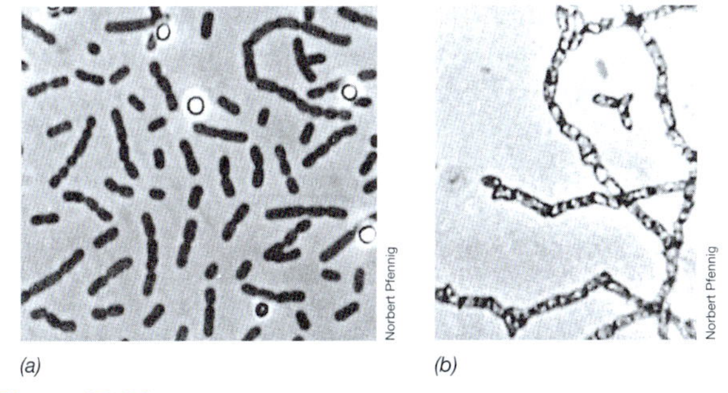


**Figura 14.14** **Bactérias verdes sulfurosas fototróficas.** *(a) Chlorobium limicola*; células com aproximadamente 0,8 μm de largura. Observe os grânulos de enxofre depositados extracelularmente. *(b) Chlorobium clathratiforme*, uma bactéria que forma uma rede tridimensional; células com aproximadamente 0,8 μm de largura.

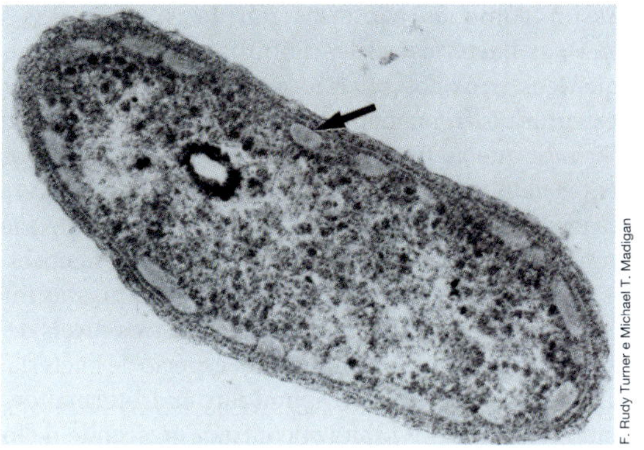


**Figura 14.15** **A bactéria verde sulfurosa termofílica *Chlorobaculum tepidum*.** Micrografia eletrônica de transmissão. Observe os clorossomos (seta) na periferia celular. Células com aproximadamente 0,7 μm de largura.

### Pigmentos e ecologia

Bactérias verdes sulfurosas possuem bacterioclorofila *c*, *d* ou *e*, e armazenam estes pigmentos em estruturas especiais, denominadas **clorossomos** (**Figura 14.15**). Uma pequena quantidade de bacterioclorofila *a* está presente também no centro de reações e na proteína FMO, que conecta o clorossomo à membrana citoplasmática (Figura 13.7*b*). Os clorossomos são corpos oblongos, ricos em bacterioclorofilas, unidos por uma membrana fina e não unitária, e ligados à membrana citoplasmática na periferia celular (Figura 14.15 e Figura 13.7). Eles direcionam a energia para dentro do fotossistema, o que eventualmente leva à síntese de ATP. Diferentemente dos fototróficos púrpuras anoxigênicos, as bactérias verdes sulfurosas usam um fotossistema do tipo I. São conhecidas espécies de bactérias verdes sulfurosas tanto de coloração verde quanto marrom, com as espécies de coloração marrom contendo a bacterioclorofila *e* e carotenoides que conferem a coloração marrom às suspensões celulares (**Figura 14.16**).

**Figura 14.16** **Cloróbios verdes e marrons.** Tubos de cultura de *(a) Chlorobaculum tepidum* e *(b) Chlorobaculum phaeobacteroides*. As células de *C. tepidum* contêm bacterioclorofila *c* e carotenoides verdes, enquanto as células de *C. phaeobacteroides* contêm bacterioclorofila *e* e isorenierateno, um carotenoide marrom.

Assim como as bactérias púrpuras sulfurosas (Seção 14.4), as bactérias verdes sulfurosas vivem em ambientes aquáticos anóxicos sulfídicos. Todavia, o clorossomo é uma estrutura extremamente eficiente na absorção de luz, o que permite que as bactérias verdes sulfurosas cresçam em ambientes com intensidade luminosa muito menor do que a exigida por outros fototróficos. Por isso, estas bactérias são geralmente encontradas em profundidades muito maiores que outros microrganismos fototróficos em lagos e massas microbianas, onde a intensidade luminosa é baixa e os níveis de $H_2S$ são os mais altos. Como exemplo, uma espécie de bactéria verde sulfurosa isolada de um respiradouro hidrotermal de mar profundo (Seção 19.13) foi encontrada crescendo de forma fototrófica no brilho fraco da radiação infravermelha emitida por uma rocha geotermicamente aquecida. Uma espécie, *Chlorobaculum tepidum* (Figura 14.15), é termofílica e forma densas massas microbianas em fontes termais com altos teores de sulfeto. *C. tepidum* também exibe crescimento rápido, sendo facilmente manipulado geneticamente, tanto por conjugação quanto por transformação. Por possuir tais características, tornou-se o organismo-modelo para o estudo da biologia molecular de bactérias verdes sulfurosas.

### Consórcios de bactérias verdes sulfurosas

Algumas espécies de bactérias verdes sulfurosas podem formar uma associação íntima com uma bactéria quimiorganotrófica, denominada **consórcio**. No consórcio, cada organismo se beneficia e, portanto, é provável que existam vários deles na natureza, contendo diferentes componentes fototróficos e quimiotróficos. O componente fototrófico, denominado *epibionte*, encontra-se fisicamente ligado à célula central não fototrófica (**Figura 14.17**), e comunica-se com ela por meio de mecanismos variados (Seção 22.2).

A denominação "*Chlorochromatium aggregatum*" (não é uma nomenclatura formal porque se trata de uma cultura mista) tem sido utilizada para descrever um consórcio esverdeado comumente observado, que exibe tal coloração porque seus epibiontes são bactérias verdes sulfurosas que possuem carotenoides verdes (Figura 14.17*b*). As evidências de que os epibiontes são, de fato, bactérias verdes sulfurosas, vêm de análises dos pigmentos, da presença de clorossomos (Figura 14.17*d*) e da utilização de sondas filogenéticas (Figura 14.17*c*). Um consórcio estruturalmente similar, denominado "*Pelochromatium roseum*", tem coloração marrom por possuir epibiontes com carotenoides de coloração marrom (Figuras 22.3 e 22.4). A natureza simbiótica do consórcio *Chlorochromatium* é analisada de forma mais detalhada na Seção 22.2.

**MINIQUESTIONÁRIO**

- Quais pigmentos estão presentes no clorossomo?
- Quais evidências indicam que os epibiontes de consórcios bacterianos verdes são realmente bactérias verdes sulfurosas?

## 14.7 Bactérias verdes não sulfurosas

**Gêneros principais:** *Chloroflexus, Heliothrix, Roseiflexus*

As **bactérias verdes não sulfurosas** são fototróficos anoxigênicos do filo Chloroflexi. Este filo contém diversas linhagens distintas, entre elas a classe Chloroflexi, que engloba as bactérias verdes não sulfurosas. O restante do filo é composto por organismos metabolicamente diversos, incluindo quimiotróficos aeróbios e anaeróbios, bem como um grupo de bactérias desalogenadoras, denominado Dehalococcoidetes, que utilizam compostos orgânicos halogenados como aceptores de elétrons na respiração anaeróbia (Seção 13.21). Análises da sequência da porção 16S do RNA ribossomal em amostras ambientais (Seção 18.5) indicam que as espécies do filo Chloroflexi estão amplamente distribuídas, e que a maioria delas ainda não foi isolada e cultivada; portanto, a diversidade metabólica deste filo ainda não está bem caracterizada.

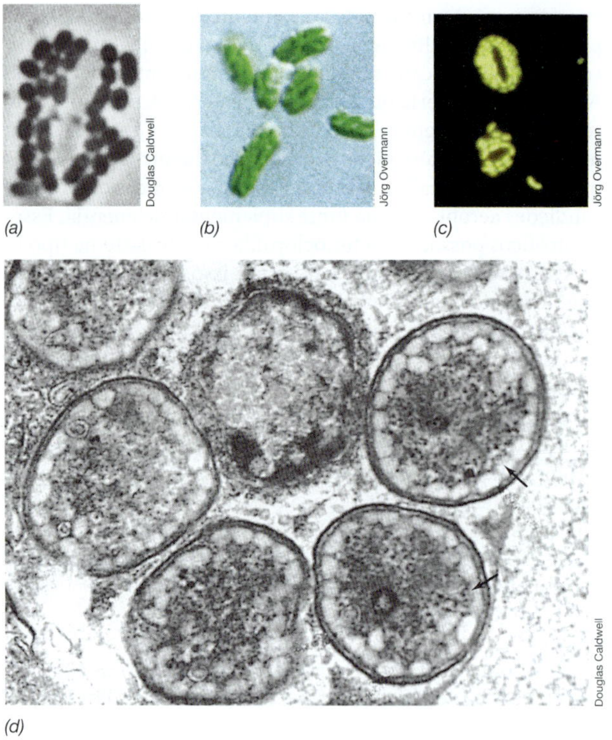


**Figura 14.17** "***Chlorochromatium aggregatum***". Consórcios de bactérias verdes sulfurosas e um quimiorganotrófico. *(a)* Em micrografia de contraste de fase, o organismo central não fototrófico possui cor mais clara que as bactérias fototróficas pigmentadas. *(b)* Carotenoides verdes fornecem cor aos fototróficos, em uma micrografia de contraste de interferência diferencial. *(c)* Uma micrografia de fluorescência mostra células coradas com uma sonda filogenética de FISH específica para bactérias verdes sulfurosas. *(d)* Micrografia eletrônica de transmissão de uma corte de um consórcio; observe os clorossomos (setas) nos epibiontes. O consórcio total tem aproximadamente 3 $\mu$m de diâmetro.

Todos os representantes cultivados das bactérias verdes não sulfurosas são bactérias filamentosas que exibem motilidade deslizante. *Chloroflexus*, uma das bactérias mais estudadas deste grupo, é capaz de formar, juntamente com cianobactérias termofílicas, espessas massas microbianas em fontes termais neutras ou alcalinas (**Figura 14.18**; Figura 19.9*b*). Bactérias verdes não sulfurosas apresentam crescimento mais satisfatório como foto-heterótrofos utilizando fontes de carbono simples como doadores de elétrons na fotossín-

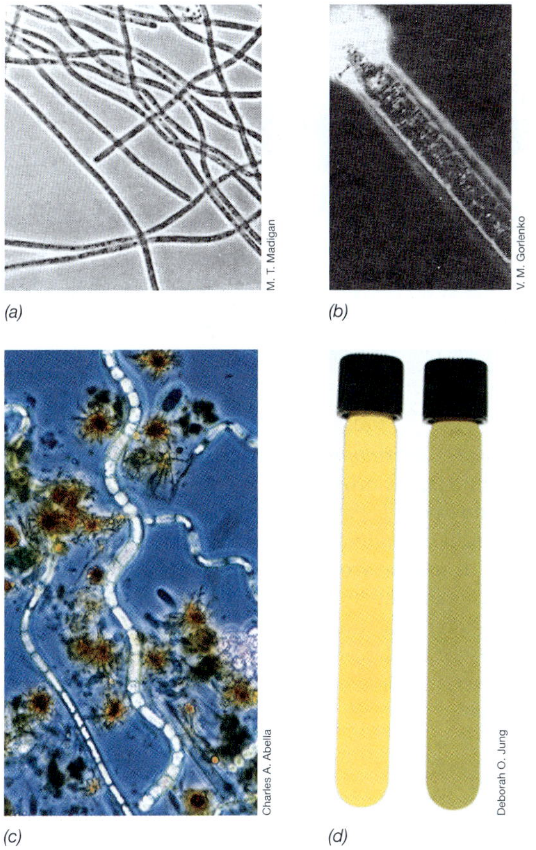


**Figura 14.18** **Bactérias verdes não sulfurosas.** *(a)* Micrografia de contraste de fase do fototrófico anoxigênico *Chloroflexus aurantiacus*; células com aproximadamente 1 μm de diâmetro. *(b)* Micrografia de contraste de fase do grande fototrófico *Oscillochloris*; células com aproximadamente 5 μm de largura. O material exibindo contraste brilhante corresponde a um gancho, empregado na adesão. *(c)* Micrografia de contraste de fase de filamentos de uma espécie de *Chloronema*; células se apresentam como filamentos ondulados, e possuem aproximadamente 2,5 μm de diâmetro. *(d)* Tubos de cultura de *C. aurantiacus* (à direita) e *Roseiflexus* (à esquerda). *Roseiflexus* tem coloração amarela, pois é desprovida de bacterioclorofila *c* e clorossomos.

tese. Entretanto, também são capazes de crescer usando $H_2$ ou $H_2S$ como doadores de elétrons. O ciclo do hidroxipropionato, uma via de incorporação de $CO_2$ realizada apenas por algumas poucas bactérias e arqueias, suporta o crescimento autotrófico (⇄ Seção 13.5). A maior parte das bactérias verdes não sulfurosas também cresce bem na ausência de luz, utilizando-se da respiração anaeróbia de variadas fontes de carbono. As características fotossintetizantes das bactérias verdes não sulfurosas são "híbridas", apresentando semelhanças tanto com as bactérias verdes sulfurosas (Seção 14.6) quanto com as bactérias púrpuras fototróficas (Seções 14.4 e 14.5). Bactérias verdes não sulfurosas possuem centros de reação dotados de bacterioclorofila *a* e clorossomos dotados de bacterioclorofila *c* (Figura 14.15), de forma semelhante às bactérias verdes sulfurosas. Entretanto, ao contrário destas últimas, utilizam um fotossistema tipo II, como as bactérias púrpuras sulfurosas.

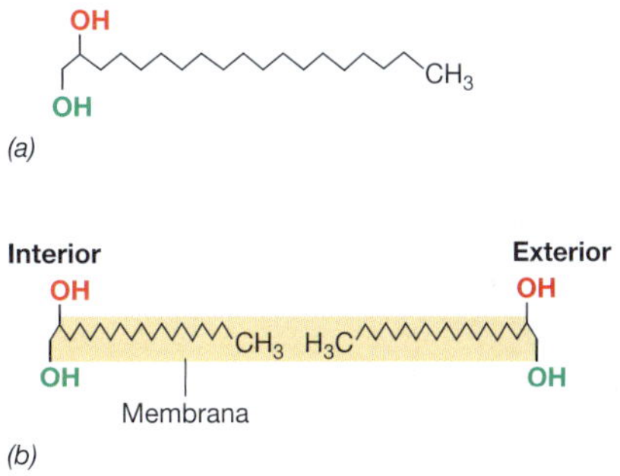


**Figura 14.19** **Os lipídeos incomuns de *Thermomicrobium*.** *(a)* Lipídeos de membrana de *Thermomicrobium roseum*, contendo dióis de cadeia longa, conforme ilustração (13-metil-1,2-nonadecanediol). Observe que, diferentemente dos lipídeos de outras bactérias ou de arqueias, não estão presentes cadeias laterais com ligação éster ou éter. *(b)* Para formar uma membrana em bicamada, as moléculas de diálcool posicionam-se de maneira oposta nos grupos metil, com os grupos OH correspondendo às superfícies hidrofílicas interna e externa. Pequenas porções dos dióis apresentam ácidos graxos esterificados no grupo —OH secundário (assinalado em vermelho), enquanto o grupo —OH primário (assinalado em verde) pode ligar-se a uma molécula hidrofílica, como o fosfato.

## Outras Chloroflexi

Além de *Chloroflexus*, outras bactérias verdes não sulfurosas fototróficas incluem as do gênero termofílico *Heliothrix* e as grandes células mesofílicas de *Oscillochloris* (Figura 14.18*b*) e *Chloronema* (Figura 14.18*c*). *Oscillochloris* e *Chloronema* são células relativamente grandes, com largura de 2 a 5 μm, podendo atingir centenas de micrômetros de comprimento (Figura 14.18*c*). Espécies de ambos os gêneros são encontradas em lagos de água doce contendo $H_2S$. *Roseiflexus* e *Heliothrix* são similares aos *Chloroflexus* em sua morfologia filamentosa e forma de vida termofílica, mas diferem em importantes características fotossintetizantes. Elas não apresentam bacterioclorofila *c* e clorossomos e, desse modo, assemelham-se mais às bactérias púrpuras fototróficas (Seções 14.4 e 14.5) que a *Chloroflexus*. Este fato pode ser observado em culturas de *Roseiflexus*, que exibem coloração amarelo-cor de laranja, em vez de verde, em decorrência da grande quantidade de pigmentos carotenoides e ausência de bacterioclorofila *c* (Figura 14.18*d*).

*Thermomicrobium* é um gênero quimiotrófico de *Chloroflexi* e um bacilo gram-negativo anaeróbio estrito, que exibe crescimento ótimo em meios complexos a 75°C. Além de suas propriedades filogenéticas, *Thermomicrobium* é também importante por seus lipídeos de membrana (**Figura 14.19**). Lembre-se de que os lipídeos de bactérias e eucariotos contêm ácidos graxos esterificados a glicerol (⇄ Seção 2.7). Diferentemente, os lipídeos de *Thermomicrobium* são formados por 1,2-dialcoóis em vez de glicerol e não apresentam ligações éster *nem* éter (Figura 14.19). Além disso, as células de *Thermomicrobium* contêm apenas uma pequena quantidade de peptideoglicano, e a parede celular é composta principalmente por proteínas.

**MINIQUESTIONÁRIO**

- Em quais aspectos *Chloroflexus* e *Roseiflexus* se parecem com *Chlorobium*? E *Rhodobacter*?
- Qual característica é exclusiva de *Thermomicrobium*?

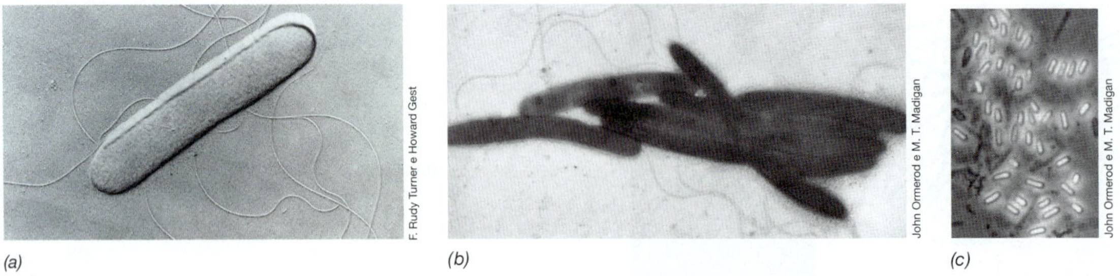


**Figura 14.20 Células e endósporos de heliobactérias.** *(a)* Micrografia eletrônica de *Heliobacillus mobilis*, uma espécie com flagelação peritríquia. *(b)* Feixes de *Heliophilum fasciatum* observados ao microscópio eletrônico. *(c)* Micrografia de contraste de fase de endósporos de *Heliobacterium gestii*. A maioria das heliobactérias possui aproximadamente 1 a 2 μm de diâmetro.

## 14.8 Outras bactérias fototróficas

**Gêneros principais:** *Heliobacterium, Chloracidobacterium*

### Heliobactérias

As **heliobactérias** são um grupo filogeneticamente consistente de fototróficos gram-positivos, dentro do filo Firmicutes. As heliobactérias são fototróficas anoxigênicas e produzem uma forma singular de bacterioclorofila, a bacterioclorofila *g* (⇄ Figura 13.3), e utilizam um fotossistema do tipo I. Essas bactérias exibem crescimento foto-heterotrófico, utilizando um número restrito de compostos orgânicos, incluindo piruvato, lactato, acetato ou butirato, e são divididas em cinco gêneros: *Heliobacterium, Heliophilum, Heliorestis, Heliomonas* e *Heliobacillus*. Todas as heliobactérias conhecidas são bacilares ou filamentosas (**Figura 14.20**), embora *Heliophilum* seja um gênero peculiar, cujas células formam feixes (Figura 14.20*b*) que se movimentam como uma unidade.

As heliobactérias são anaeróbios estritos, porém, além de exibirem crescimento fototrófico, podem também crescer quimiotroficamente na ausência de luz, pela fermentação de piruvato (assim como vários clostrídeos, grupo intimamente relacionado com as heliobactérias). Essas bactérias produzem endósporos, a estrutura altamente resistente produzida por algumas bactérias gram-positivas (⇄ Seção 2.16). Da mesma forma que os endósporos de espécies de *Bacillus* e *Clostridium*, os endósporos de heliobactérias (Figura 14.20*c*) contêm concentrações elevadas de cálcio ($Ca^{2+}$), além da molécula assinatura do endósporo, o *ácido dipicolínico*. As heliobactérias vivem no solo, especialmente em campos de arroz, onde sua atividade de fixação de nitrogênio pode beneficiar a produtividade de arroz. Uma grande diversidade de heliobactérias foi também encontrada em ambientes altamente alcalinos, como lagos ricos em carbonato de sódio e os solos alcalinos ao seu redor.

### Acidobactérias fototróficas

Um novo grupo de fototróficos anoxigênicos foi descoberto crescendo em massas microbianas fotossintetizantes de uma fonte termal no Yellowstone National Park (EUA). *Chloracidobacterium thermophilum* é uma bactéria termofílica, fototrófica, anoxigênica, tolerante ao oxigênio, do filo Acidobacteria (⇄ Seção 15.21). De forma semelhante às bactérias verdes sulfurosas, *C. thermophilum* produz as bacterioclorofilas *a* e *c*, esta última nos clorossomos (**Figura 14.21**), e utiliza um fotossistema do tipo I. Todavia, diferentemente destas bactérias, *C. thermophilum* também pode crescer de forma aeróbia, como o fazem os fototróficos anoxigênicos aeróbios (Seção 14.5). Em relação ao metabolismo de carbono, *C. thermophilum* é um foto-heterótrofo que usa ácidos graxos de cadeias curtas como doador de elétrons para a fotossíntese, mas ao contrário das bactérias verdes sulfurosas e não sulfurosas, é incapaz de autotrofia.

**MINIQUESTIONÁRIO**

- Quais tipos de fototróficos anoxigênicos utilizam clorossomos?
- Qual tipo de bactéria fototrófica produz esporos?

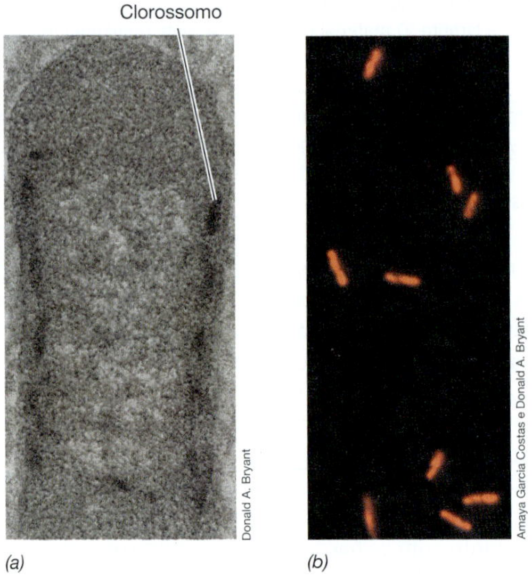


**Figura 14.21 Clorossomos em *Chloracidobacterium thermophilum*, um membro fototrófico do filo Acidobacteria.** *(a)* Micrografia eletrônica de uma *C. thermophilum* exibindo os clorossomos. *(b)* Fotomicrografia de fluorescência de *C. thermophilum*. A cor vermelha representa a fluorescência da bacterioclorofila *c* presente nos clorossomos. Uma célula de *C. thermophilum* possui aproximadamente 0,8 μm de largura.

# III • Diversidade bacteriana no ciclo do enxofre

O metabolismo do enxofre pode ter sido o combustível das formas ancestrais de vida em nosso planeta (Seção 12.1), e o ciclo do enxofre (Seção 20.4) continua a dar suporte a uma diversidade enorme de microrganismos. Nesta seção, será abordada a diversidade de organismos capazes de realizar o *metabolismo dissimilativo do enxofre*; isto é, organismos que conservam energia por meio da oxidação ou redução de compostos sulfurados (Seções 13.8 e 13.18).

A notável diversidade de procariotos capazes de realizar metabolismo dissimilativo de enxofre é, em parte, fruto da diversidade química do enxofre na biosfera. Este elemento possui oito estados de oxidação, que variam desde a forma mais oxidada, o sulfato ($SO_4^{2-}$, estado de oxidação +6), passando pelo tiossulfato ($S_2O_3^{2-}$, estado de oxidação 2+), pelo enxofre elementar ($S_0$, estado de oxidação 0), até o sulfeto de hidrogênio ($H_2S$, estado de oxidação −2), sua forma mais reduzida. Além disso, os compostos sulfurados podem assumir diferentes formas químicas, incluindo compostos inorgânicos, organossulfurados e sulfetos metálicos.

Nesta seção, o foco será a diversidade dos redutores **dissimilativos de sulfato, redutores dissimilativos de enxofre** e **oxidantes dissimilativos de enxofre**. Fototróficos anoxigênicos, como as bactérias verdes e púrpuras sulfurosas discutidas nas Seções 14.4 a 14.6, também são elos importantes no ciclo do enxofre. No entanto, aqui a discussão será sobre metabolismos dissimilativos quimiotróficos.

## 14.9 Bactérias dissimilativas redutoras de sulfato

**Gêneros principais:** *Desulfovibrio, Desulfobacter*

As bactérias redutoras de sulfato obtêm energia conectando a oxidação de $H_2$ ou compostos orgânicos à redução do $SO_4^{2-}$ (respiração anaeróbia). Existem mais de 30 gêneros conhecidos de redutores de sulfato em cinco dos filos de *Bacteria* e *Archaea* (**Figura 14.22**). A maioria está dentro de Deltaproteobacteria, embora também sejam encontrados em Firmicutes (p. ex., *Desulfotomaculum* e *Desulfosporosinus*), Thermodesulfobacteria (p. ex., *Thermodesulfobacterium*) e Nitrospirae (p. ex., *Thermodesulfovibrio*). Redução de sulfato também ocorre em *Archaeoglobus*, um gênero de arqueia do filo Euryarchaeota.

### Fisiologia das bactérias redutoras de sulfato

As bactérias redutoras de sulfato são morfológica e bioquimicamente diversas. A bioquímica da redução do sulfato foi discutida na Seção 13.18, então aqui serão analisadas algumas das propriedades fisiológicas gerais deste grupo. Redutores de sulfato são, geralmente, anaeróbios obrigatórios, e técnicas de anóxia estrita devem ser utilizadas no cultivo destas espécies (**Figura 14.23*g***).

Redutores de sulfato utilizam $H_2$ ou compostos orgânicos como doadores de elétrons para seu crescimento, e a variedade destes compostos é ampla. Lactato e piruvato são quase universalmente utilizados, e muitas espécies também oxidam alcoóis de cadeias curtas (etanol, propanol e butanol) como doadores de elétrons. Algumas espécies, como *Desulfosarcina* e *Desulfonema*, crescem de formas quimiolitotrófica e autotrófica, usando $H_2$ como doador de elétrons, $SO_4^{2-}$ como aceptor de elétrons, e $CO_2$ como única fonte de carbono. Alguns poucos redutores de sulfato podem oxidar hidrocarbonetos como doadores de elétrons (Seção 13.24).

Existem dois tipos fisiológicos de redutores dissimilativos de sulfato, os *oxidantes completos*, capazes de oxidar acetato e outros ácidos graxos completamente a $CO_2$, e os *oxidantes incompletos*, que não são capazes de oxidar o acetato a $CO_2$. Esse último grupo inclui as bactérias redutoras de sulfato mais bem estudadas, as *Desulfovibrio* (Figura 14.23*a*), juntamente com *Desulfomonas*, *Desulfotomaculum* e *Desulfobulbus* (Figura 14.23*c*). Os oxidantes de acetato incluem *Desulfobacter* (Figura 14.23*d*), *Desulfococcus*, *Desulfosarcina* (Figura 14.23*e*) e *Desulfonema* (Figura 14.23*b*), além de muitos outros gêneros. Essas bactérias são especializadas na oxidação completa dos ácidos graxos, em especial o acetato, reduzindo $SO_4^{2-}$ a $H_2S$. Estes dois grupos fisiológicos não são filogeneticamente consistentes, ao contrário, se encontram amplamente distribuídos ao longo da filogenia de bactérias redutoras de sulfato (Figura 14.22).

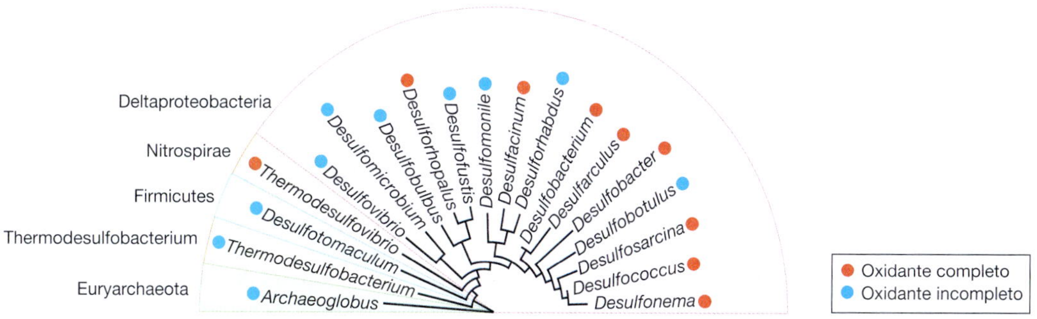


**Figura 14.22 Redutores dissimilativos de sulfato.** O dendograma retrata as relações filogenéticas entre alguns gêneros de redutores de sulfato, como inferido por análise da sequência do gene 16S de seu RNA ribossomal. O sombreamento colorido diferencia cada um dos cinco principais filos que contêm gêneros de redutores de sulfato. Os círculos coloridos indicam se a espécie é um oxidante completo, capaz de oxidar acetato a $CO_2$, ou um oxidante incompleto, incapaz de oxidar o acetato. A fisiologia das bactérias redutoras de sulfato é abordada na Seção 13.18, e seu papel no ciclo do enxofre, na Seção 20.4.

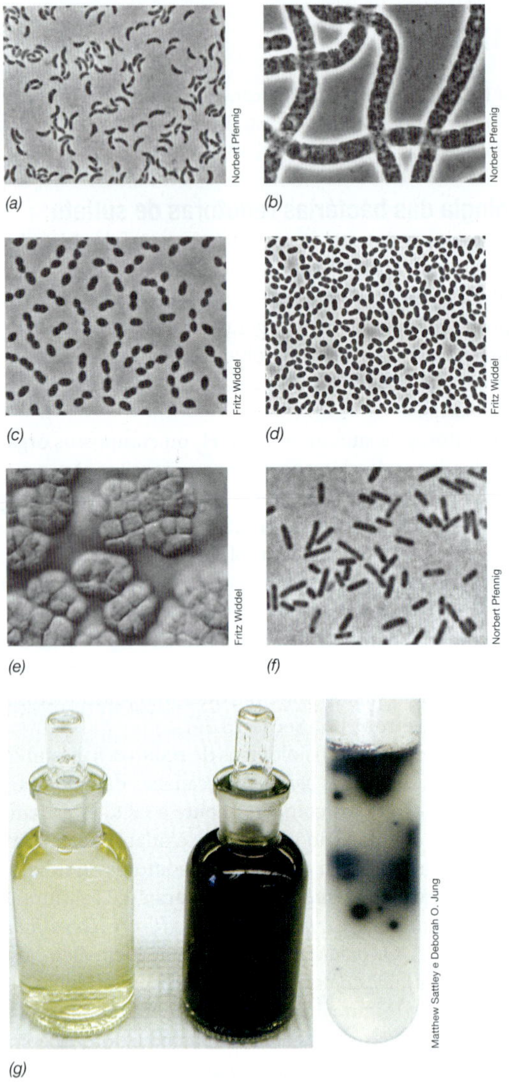


**Figura 14.23 Bactérias redutoras de sulfato e redutoras de enxofre representativas.** *(a) Desulfovibrio desulfuricans*; diâmetro celular de aproximadamente 0,7 μm. *(b) Desulfonema limicola*; diâmetro celular de 3 μm. *(c) Desulfobulbus propionicus*; diâmetro celular de aproximadamente 1,2 μm. *(d) Desulfobacter postgatei*; diâmetro celular de aproximadamente 1,5 μm. *(e) Desulfosarcina variabilis*; diâmetro celular de aproximadamente 1,25 μm. *(f) Desulfuromonas acetoxidans*; diâmetro celular de aproximadamente 0,6 μm. *(g)* Cultura de enriquecimento de bactérias redutoras de sulfato. À esquerda, meio estéril; ao centro, um enriquecimento positivo revelando sulfeto ferroso negro (FeS); à direita, colônias de bactérias redutoras de sulfato em um tubo de diluição. *(a-d, f)* Fotomicrografias de contraste de fase; *(e)* Micrografia de contraste por interferência.

Algumas bactérias redutoras de sulfato podem explorar vias metabólicas alternativas. Além de $SO_4^{2-}$ ou $S^0$, algumas espécies também podem reduzir nitrito e sulfonatos (como o isetionato, $HO—CH_2—CH_2—SO_3^-$). Certos compostos orgânicos podem também ser fermentados por bactérias redutoras de sulfato. O mais comum é o piruvato, que é fermentado por meio de uma reação fosforoclástica a acetato, $CO_2$ e $H_2$ (⇄ Figura 13.30). Além disso, embora geralmente descritas como anaeróbias obrigatórias, algumas bactérias redutoras de sulfato são relativamente tolerantes ao oxigênio (principalmente linhagens que coexistem com cianobactérias produtoras de $O_2$ em massas microbianas). Ao menos uma espécie, *Desulfovibrio oxyclinae*, é capaz de crescer utilizando $O_2$ como aceptor de elétrons, em condições de microaerofilia.

## Ecologia das bactérias redutoras de sulfato

Os redutores de sulfato estão amplamente disseminados em ambientes aquáticos e terrestres que possuem $SO_4^{2-}$, e se tornam anóxicos em decorrência dos processos de decomposição microbiana. São abundantes em sedimentos marinhos, e o $H_2S$ gerado por eles é responsável pelo odor pungente (como de ovo podre) frequentemente encontrado próximo a ecossistemas costeiros. *Desulfotomaculum*, um gênero filogeneticamente alocado no filo *Firmicutes* (bactérias gram-positivas), são bacilos formadores de endósporos, encontrados principalmente no solo. O crescimento e a redução de $SO_4^{2-}$ por *Desulfotomaculum* em determinados alimentos enlatados causa um tipo de deterioração denominado *sulfide stinker* (mau cheiro causado por sulfetos). As espécies dos gêneros *Thermodesulfobacterium*, *Thermodesulfovibrio* e *Archaeoglobus* (um arqueota) são todas termofílicas, e podem ser encontradas em ambientes geotermicamente aquecidos, tais como fontes termais, respiradouros hidrotermais e reservas petrolíferas. Os demais gêneros de redutores de sulfato são nativos de ambientes anóxicos marinhos e de água doce, podendo ocasionalmente ser isolados do intestino de mamíferos.

O enriquecimento de espécies de *Desulfovibrio* é um procedimento simples, empregando-se um meio de lactato-sulfato anóxico adicionado de ferro ferroso ($Fe^{2+}$). Um agente redutor, como o tioglicolato ou ascorbato, é necessário para a obtenção de um baixo potencial de redução ($E_0'$) no meio. Quando bactérias redutoras de sulfato crescem, o $H_2S$ formado pela redução de $SO_4^{2-}$ combina-se com o ferro ferroso, formando sulfeto ferroso negro e insolúvel (Figura 14.23*g*). A purificação das culturas pode ser obtida por meio da diluição da cultura em ágar fundido (⇄ Seção 18.2 e Figura 18.3). Após a solidificação, as células individuais de bactérias redutoras de sulfato distribuem-se no ágar, originando colônias negras (Figura 14.23*g*), que podem ser removidas assepticamente, para obtenção de culturas puras.

**MINIQUESTIONÁRIO**

- Quais são os doadores de elétrons mais utilizados pelos redutores dissimilativos de sulfato?
- Quais filos bacterianos contêm redutores dissimilativos de sulfato?

## 14.10 Bactérias dissimilativas redutoras de enxofre

**Gêneros principais:** *Desulfuromonas, Wolinella, Sulfolobus*

Aqui serão analisados os redutores dissimilativos de enxofre, microrganismos capazes de utilizar a redução respiratória do enxofre para conservar energia. Bactérias dissimilativas redutoras de enxofre podem reduzir $S^0$ e outras formas oxidadas de enxofre a $H_2S$, mas não são capazes de reduzir $SO_4^{2-}$. Existem mais de 25 gêneros destes microrganismos, distribuídos em cinco filos de arqueias e bactérias (Figura 14.1).

A maioria das bactérias redutoras de enxofre pertence ao filo Proteobacteria e à classe Deltaproteobacteria (p. ex., *De-*

*sulfuromonas, Pelobacter, Desulfurella, Geobacter*), com algumas espécies classificadas em Epsilonproteobacteria (p. ex., *Wolinella* e *Sulfurospirillum*) e Gammaproteobacteria (p. ex., *Shewanella* e *Pseudomonas mendocina*). Outras espécies de bactérias redutoras de enxofre pertencem aos filos Firmicutes (p. ex., *Desulfitobacterium* e *Ammonifex*), Aquificae (p. ex., *Desulfurobacterium* e *Aquifex*), Synergistetes (p. ex., *Dethiosulfovibrio*) ou Deferribacteres (p. ex., *Geovibrio*). As muitas arqueias redutoras de enxofre são todas do filo Crenarchaeota (p. ex., *Acidianus, Sulfolobus, Pyrodictium* e *Thermodiscus*).

### Fisiologia e ecologia das bactérias redutoras de enxofre

A fisiologia dos redutores de enxofre é mais diversa que dos redutores de sulfato. A maioria é anaeróbia obrigatória, mas espécies anaeróbias facultativas são comuns. Redutores de enxofre geralmente são capazes de reduzir aceptores de elétrons, como nitrato, ferro ferroso ou tiossulfato, como alternativas ao $S^0$. Da mesma forma que os redutores de sulfato (Seção 14.9), a fisiologia dos redutores de enxofre é caracterizada pela oxidação completa ou incompleta do acetato e outros ácidos graxos a $CO_2$. As espécies de *Desulfuromonas* (Figura 14.23*f*) são oxidantes completos que crescem anaerobiamente ligando a oxidação do acetato, succinato, etanol ou propanol à redução do $S^0$. Por outro lado, *Sulfospirillum* e *Wolinella* são oxidantes incompletos e não são capazes de utilizar o acetato como doador de elétrons. *Sulfospirillum* pode reduzir o $S^0$ utilizando tanto $H_2$ quanto formiato como doador de elétrons.

Bactérias dissimilativas redutoras de enxofre habitam muitos dos ambientes ocupados por bactérias dissimilativas redutoras de sulfato, e frequentemente se associam a bactérias que oxidam $H_2S$ a $S^0$, como as bactérias verdes sulfurosas (Seção 14.6). O $S^0$ produzido pela oxidação do $H_2S$ é então reduzido novamente a $H_2S$ durante o metabolismo dos redutores de enxofre, completando um ciclo anóxico do enxofre (Seção 20.4).

**MINIQUESTIONÁRIO**
- Quais são os doadores de elétrons normalmente usados por redutores dissimilativos de enxofre?
- Quais filos bacterianos contêm redutores dissimilativos de enxofre?

## 14.11 Bactérias dissimilativas oxidantes de enxofre

**Gêneros principais:** *Thiobacillus, Achromatium, Beggiatoa*

Oxidantes dissimilativos de enxofre são **quimiolitotróficos** que oxidam compostos reduzidos de enxofre, tais como $H_2S$, $S^0$, tiossulfato ou tiocianato ($^-SCN$) como doadores de elétrons na conservação da energia. Estes organismos são comuns em ambientes como sedimentos marinhos, fontes sulfurosas e sistemas hidrotermais onde o $H_2S$ produzido por bactérias redutoras de sulfato ou enxofre (Seções 14.9 e 14.10), ou abioticamente por reações geotérmicas, é liberado em águas oxigenadas (**Figura 14.24**). Os oxidantes de enxofre são encontrados em três filos bacterianos (Proteobacteria, Aquificae, Deinococcus-Thermus) e um filo de arqueias (Crenarchaeota) (Figura 14.1). A maioria das bactérias oxidantes de enxofre é Beta- (*Thiobacillus*), Gamma- (*Achromatium, Beggiatoa*) e Epsilonproteobacteria (*Thiovulum, Thiomicrospira*).

(a)

(b)

**Figura 14.24** **Hábitats de oxidantes de enxofre.** *(a)* Uma fonte artesiana contendo sulfeto, localizada na Flórida (EUA). A porção externa da fonte é recoberta por um "tapete" de células de *Thiothrix* (ver Figura 14.26*b*). O "tapete" apresenta diâmetro de aproximadamente 1,5 m. *(b)* Chaminés hidrotermais no Cerro Catedral da Bacia de Guaymas, a 2.000 m de profundidade. Águas ricas em sulfeto são expelidas pelos respiradouros das chaminés, que estão cobertos por tapetes compostos por células alaranjadas, brancas e amarelas de *Beggiatoa*.

### Diversidade fisiológica de bactérias oxidantes de enxofre

A diversidade morfológica e fisiológica de oxidantes de enxofre é significativa. Algumas células podem ter menos de 1 micrômetro de diâmetro (p. ex., *Thiomicrospira denitrificans*) enquanto outras podem chegar a 750 micrometros (p. ex., *Thiomargarita namibiensis*). A maioria é aeróbia obrigatória; entretanto, algumas espécies de *Thiomargarita* e *Thiomicrospira* também podem reduzir $NO_3^-$ na desnitrificação (Seção 13.17 e Seção 14.13). Muitas espécies oxidam $H_2S$ a enxofre elementar ($S^0$), que é depositado na forma de grânulos intra ou extracelulares, e posteriormente utilizado como doador de elétrons caso $H_2S$ se torne um fator limitante.

Alguns quimiolitotróficos sulfurosos são *quimiolitotróficos obrigatórios*, aprisionados em um tipo de vida que utiliza compostos inorgânicos, em vez de orgânicos, como doadores de elétrons. Quando crescem desse modo, são também autotróficos, convertendo $CO_2$ em compostos celulares por meio de reações do ciclo de Calvin. **Carboxissomos** frequentemente são encontrados em células de quimiolitotróficos obrigatórios (**Figura 14.25*a***). Essas estruturas contêm altas concentrações de enzimas envolvidas no ciclo de Calvin e, provavelmente, aumentam a taxa de fixação de $CO_2$ destes organismos (Seção 13.15).

Outros quimiolitotróficos sulfurosos são *quimiolitotróficos facultativos*, no sentido de poderem crescer quimiolitotroficamente (sendo assim, também autotróficos) ou quimiorganotro-

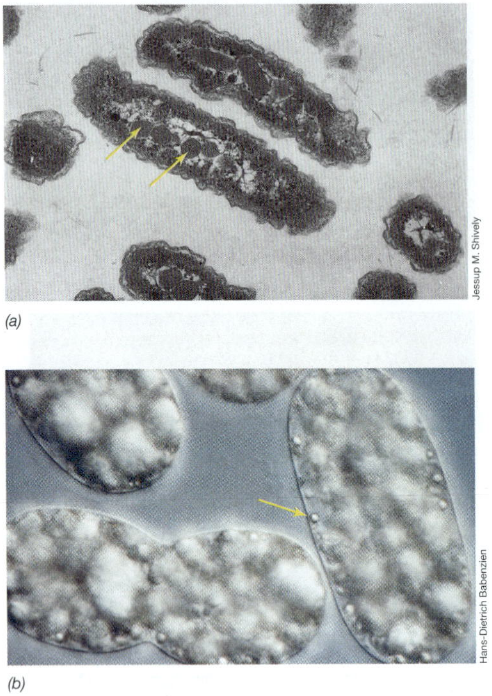


**Figura 14.25** **Quimiolitotróficos sulfurosos não filamentosos.** *(a)* Micrografia eletrônica de transmissão de células de *Halothiobacillus neapolitanus*, um quimiolitotrófico oxidante de enxofre. Uma única célula tem diâmetro aproximado de 0,5 $\mu$m. Observe os corpos poliédricos (carboxissomos) distribuídos ao longo da célula (setas). (⇄ Figura 13.18) *(b) Achromatium.* Células fotografadas por microscopia de contraste de interferência diferencial. As pequenas estruturas globulares próximas à periferia das células (seta) são enxofre elementar, enquanto os grandes grânulos são carbonato de cálcio. Uma célula de *Achromatium* tem diâmetro aproximado de 25 $\mu$m.

ficamente. A maioria das espécies de *Beggiatoa* é capaz de obter energia pela oxidação de compostos sulfurosos inorgânicos, mas não possuem as enzimas do ciclo de Calvin. Dessa forma, requerem compostos orgânicos como fontes de carbono. Tal tipo de comportamento nutricional é denominado **mixotrofia**.

### *Thiobacillus* e *Achromatium*

O gênero *Thiobacillus* e os a ele relacionados contêm vários bacilos gram-negativos, da classe Betaproteobacteria, morfologicamente indistinguíveis da maioria dos demais bacilos gram-negativos (Figura 14.25*a*); eles correspondem ao grupo quimiolitotrófico de enxofre mais bem estudado. A oxidação de $H_2S$, $S^0$ ou tiossulfato por *Thiobacillus* gera ácido sulfúrico ($H_2SO_4$), por isso os tiobacilos são, geralmente, acidófilos. Uma espécie altamente acidófila, *Acidithiobacillus ferrooxidans*, também pode crescer quimiolitotroficamente pela oxidação de $Fe^{2+}$, sendo um dos principais agentes biológicos envolvidos na oxidação desse metal. A pirita de ferro ($FeS_2$) é uma importante fonte de ferro ferroso e de sulfeto. A oxidação de $FeS_2$, especialmente em atividades de mineração, pode ser tanto ecologicamente benéfica (uma vez que a lixiviação do minério libera ferro do sulfeto mineral) quanto desastrosa (devido à acidificação e contaminação do ambiente por metais tóxicos, como alumínio, cádmio e chumbo) (⇄ Seção 21.2).

*Achromatium* é um organismo quimiolitotrófico esférico, oxidante de enxofre, comum em sedimentos de água doce de pH neutro contendo $H_2S$. As células de *Achromatium* são cocos grandes, com diâmetro de 10 a 100 $\mu$m (Figura 14.25*b*). *Achromatium* é uma espécie de Gammaproteobacteria, sendo especificamente relacionado com as bactérias púrpuras sulfurosas e com seu equivalente fototrófico, *Chromatium* (Seção 14.4 e Figura 14.10*a*). Assim como observado em *Chromatium*, as células de *Achromatium* armazenam $S^0$ internamente (Figura 15.25*b*); posteriormente, os grânulos desaparecem, à medida que o $S^0$ é oxidado a $SO_4^{2-}$. As células de *Achromatium* também armazenam grandes grânulos de calcita ($CaCO_3$) (Figura 14.25*b*), possivelmente como fonte de carbono (na forma de $CO_2$) para crescimento autotrófico. A fisiologia dos oxidantes quimiolitotróficos de enxofre é discutida na Seção 13.8.

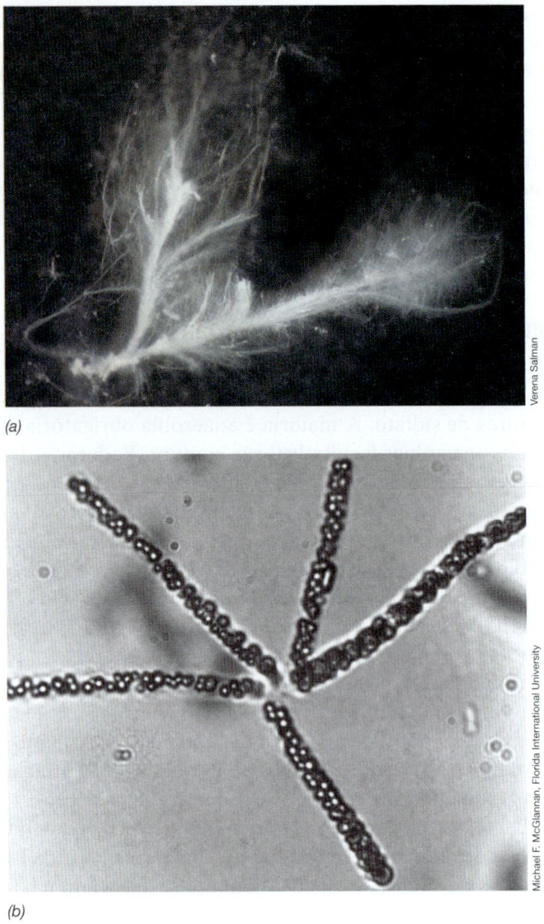


**Figura 14.26** ***Thiothrix.*** *(a)* Filamentos de *Thiothrix* aderidos a matéria vegetal encontrada no fluxo de "*outwash*" (massa de cascalho, areia e outros sedimentos transportada e depositada por águas provenientes do derretimento de geleiras) de uma caverna sulfídrica em Frasassi, Itália. A partir do ponto de ramificação da planta, a ramificação mais longa tem aproximadamente 4 mm de comprimento. *(b)* Fotomicrografia de contraste de fase de uma roseta de células de *Thiothrix*, isoladas da fonte artesiana mostrada na Figura 14.24*a*. Observe os glóbulos de enxofre internos, produzidos pela oxidação de sulfeto. Cada filamento tem diâmetro de aproximadamente 4 $\mu$m.

### Diversidade ecológica e estratégias das bactérias oxidantes de sulfeto

Os organismos aeróbios oxidantes de sulfeto proporcionam um estudo de caso que demonstra o grau de diversificação ecológica que pode ocorrer entre microrganismos que compartilham aspectos metabólicos básicos. A oxidação química de $H_2S$ a $H_2SO_4$ é rápida e espontânea na presença de $O_2$. Dessa forma, oxidantes aeróbios de $H_2S$ desenvolveram diferentes estratégias ecológicas que permitem que eles metabolizem duas moléculas que, de outro modo, reagiriam uma com a outra espontaneamente. Serão analisadas seis diferentes estratégias utilizadas por oxidantes aeróbios de sulfeto para lidar com a instabilidade química do $H_2S$ na presença de $O_2$.

1. *Thiothrix* é um quimiolitotrófico sulfuroso, filamentoso, da classe Gammaproteobacteria (**Figura 14.26**). Esta bactéria forma filamentos que se agrupam em suas extremidades por meio de um gancho, formando um arranjo chamado *rosetas* (Figura 14.26*b*). A estratégia ecológica da *Thiothrix* é utilizar estes ganchos para se posicionar em ambientes com alto fluxo de água, a jusante de fontes de $H_2S$. Tais ambientes são comuns próximos a fontes sulfurosas e riachos que drenam pântanos de sal sulfídrico, onde $H_2S$ é produzido em abundância e levado por águas ricas em $O_2$ (Figura 14.26*a*). Fisiologicamente, *Thiothrix* são bactérias mixotróficas aeróbias obrigatórias, assemelhando-se, neste e em muitos outros aspectos, a *Beggiatoa*.
2. *Beggiatoa* é um gênero de bactérias filamentosas, deslizantes, oxidantes de enxofre, da classe Gammaproteobacteria, geralmente grandes tanto em diâmetro quanto em comprimento, consistindo em várias células curtas, ligadas pelas extremidades (**Figura 14.27*a***). Os filamentos podem dobrar-se e torcer-se, promovendo seu entrelaçamento, originando um tufo complexo. *Beggiatoa* é encontrado principalmente em massas microbianas, sedimentos, fontes sulfurosas e fontes termais. A estratégia ecológica deste grupo é utilizar sua motilidade deslizante para se posicionar no ambiente em pontos onde $H_2S$ e $O_2$ estejam ambos presentes. Por exemplo, quando presente em massas microbianas, as *Beggiatoa* podem se mover verticalmente, até vários centímetros por dia, em resposta à produção de $O_2$ por cianobactérias, movendo-se para cima para obter o $O_2$ durante a noite, quando a fotossíntese cessa, e para baixo durante o dia, quando a produção de $O_2$ pela fotossíntese na superfície da massa estabelece que o $H_2S$ só seja encontrado em seu interior.
3. O gênero *Thiomargarita* comporta algumas das maiores bactérias já observadas, com diâmetros que podem chegar a 0,75 mm (**Figura 14.28**). O gênero *Thiomargarita* é composto por bactérias não móveis, e sua estratégia ecológica é separar temporalmente a oxidação de $H_2S$ da redução de $O_2$. Para tanto, essas bactérias possuem um vacúolo gigante (Figura 14.28*b*) que preenchem com altas concentrações de nitrato ($NO_3^-$). Esse vacúolo pode ocupar quase todo o interior da célula. Esses organismos vivem em sedimentos

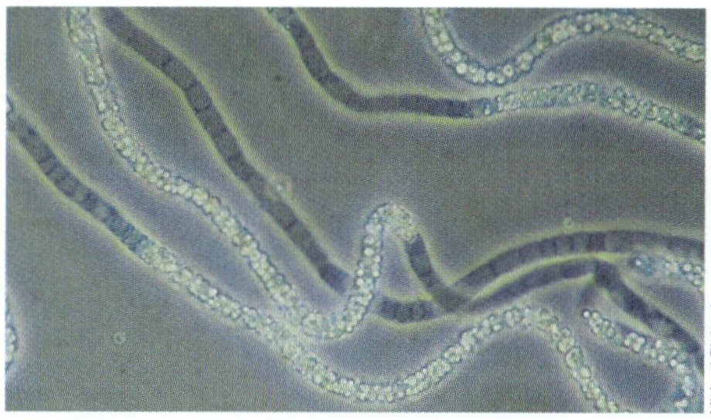

(a)

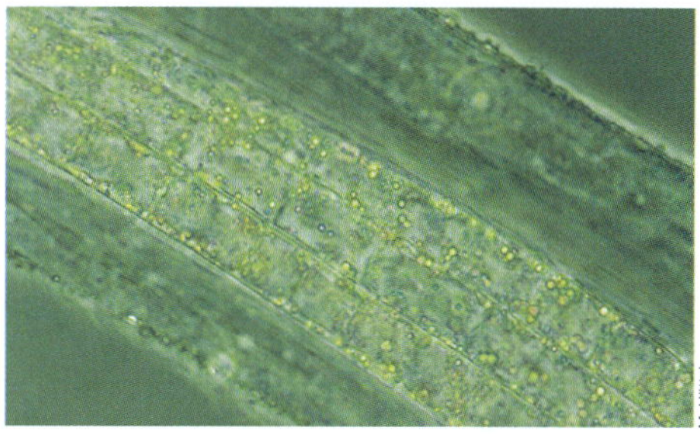

(b)

**Figura 14.27** **Bactérias filamentosas oxidantes de enxofre.** *(a)* Fotomicrografia de contraste de fase de uma espécie de *Beggiatoa*, isolada de uma estação de tratamento de esgoto. Observar a abundância de grânulos de enxofre elementar em algumas células. *(b)* Células de uma espécie marinha grande de *Thioploca*. As células possuem grânulos de enxofre (em amarelo) e aproximadamente 40 a 50 μm de largura.

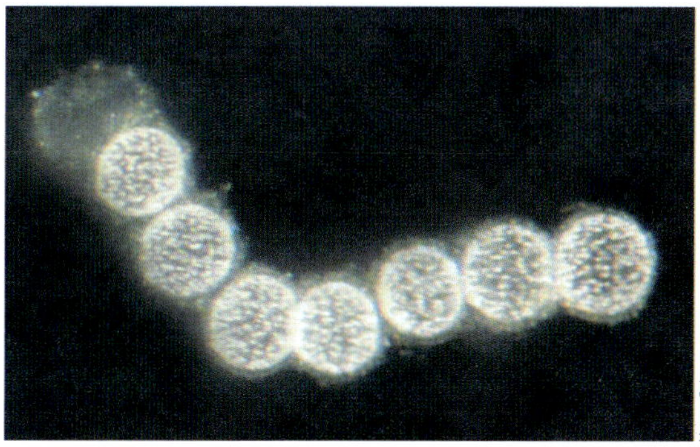

(a)

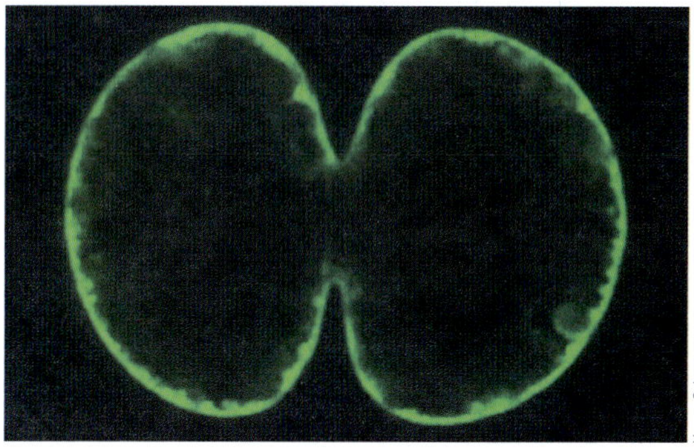

(b)

**Figura 14.28** ***Thiomargarita*, a bactéria gigante oxidante de sulfeto.** *(a) Thiomargarita namibiensis*, recuperada de um afloramento na Namíbia (próximo à costa da Namíbia, no Sudoeste da África). As células apresentam cerca de 100 μm de diâmetro. *(b)* Células vacuoladas de um oxidante de sulfeto recuperado da mesma região, em processo de divisão. Micrografia de fluorescência mostrando os ribossomos de *Thiomargarita*, marcados com uma sonda fluorescente de ácidos nucleicos. Os ribossomos são encontrados no citoplasma, que se apresenta como uma camada delgada ao longo da borda externa das células. O citoplasma está comprimido entre a parede celular e um grande vacúolo central, que aparece sombreado na imagem. As células possuem aproximadamente 50 μm de largura.

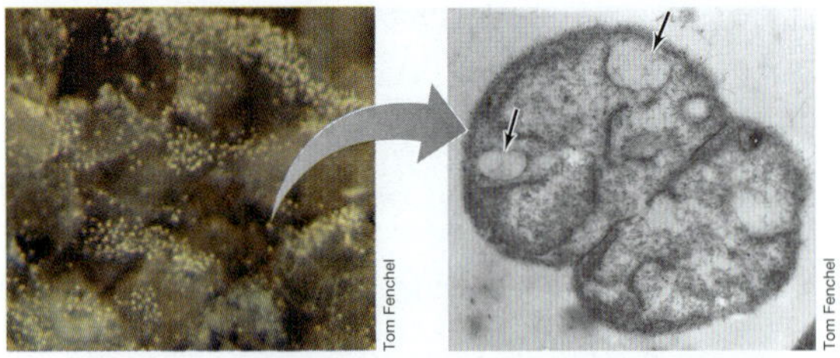


(a) (b)

**Figura 14.29 O oxidante de enxofre *Thiovulum*.** *(a)* Macrofotografia de células de *Thiovulum* (pontos amarelos) que formaram um véu delgado em areia marinha contendo $H_2S$ (as estruturas grandes e irregulares são grãos de areia). *(b)* Micrografia eletrônica de transmissão de uma célula de *Thiovulum* em divisão. Glóbulos de enxofre elementar ($S^0$) são apontados pelas setas. Uma célula de *Thiovulum* possui geralmente 10 a 20 μm de diâmetro.

marinhos ricos em sulfeto que se misturam ocasionalmente com águas ricas em $O_2$, como em pântanos e zonas de afloramento oceânico. Quando soterradas por sedimento, as células oxidam $H_2S$ a $S^0$ anaerobiamente, pela redução do $NO_3^-$, armazenado nos vacúolos, a amônia ($NH_4^+$). Elas então armazenam o $S^0$ como grânulos intracelulares (Figura 14.28*a*). Quando águas turbulentas misturam as bactérias na coluna de água, onde falta $H_2S$, as bactérias passam a oxidar aerobicamente o $S^0$ armazenado. A energia obtida pela oxidação do $S^0$ é utilizada para reabastecer o vacúolo com $NO_3^-$ proveniente da coluna de água, e assim possibilitar a sobrevivência destas células durante o próximo período de anoxia.

4. As *Thioploca* são bactérias filamentosas grandes, que adotam uma estratégia semelhante a de *Thiomargarita*. Elas também possuem grânulos intracelulares de $S^0$ e grandes vacúolos cheios de $NO_3^-$ (Figura 14.27*b*). Todavia, os filamentos de *Thioploca* se movem por deslizamento, e apresentam-se em forma de bainha, que pode conter vários filamentos paralelos em seu interior (Figura 14.27*b*). As bainhas são dispostas verticalmente nos sedimentos, e os filamentos deslizam para cima e para baixo dentro da bainha, abaixando para respirar anaerobiamente $H_2S$, utilizando o $NO_3^-$ armazenado como aceptor de elétrons, e subindo para respirar aerobicamente $S^0$ e reabastecer seus vacúolos com $NO_3^-$ (⇄ Figura 19.10).
5. Membros do gênero *Thiovulum* são encontrados em hábitats marinhos e de água doce, nos quais limo rico em sulfeto interage com zonas óxicas (**Figura 14.29**). As células de *Thiovulum* são razoavelmente grandes (10 a 20 μm), e, quando móveis, nadam a velocidades excepcionalmente altas, sendo talvez as mais rápidas de todas as bactérias conhecidas (~0,6 mm/s). A estratégia ecológica de *Thiovulum* é controlar o fluxo de nutrientes para as células. As células secretam um lodo que as une, formando uma estrutura semelhante a um véu, que pode ter centímetros de diâmetro (Figura 14.29*a*). Os véus, compostos por muitas células de *Thiovulum*, são formados sobre uma fonte de $H_2S$. Essas bactérias possuem flagelos longos, que se ligam ao véu e a superfícies sólidas. Uma vez que a porção terminal do flagelo esteja presa e imóvel, a rotação flagelar permite que as células girem em torno do eixo do flagelo. A rotação unidirecional simultânea de todas as células de *Thiovulum* no véu gera um fluxo de água através dele, permitindo que as células gerem e regulem os gradientes de $H_2S$ e $O_2$ exigidos para geração de energia.
6. A estratégia ecológica final dos quimiolitotróficos de enxofre é formar uma associação simbiótica entre a bactéria sulfurosa e um eucarioto. Existem diferentes associações simbióticas, nas quais o hospedeiro fornece um mecanismo de regulação dos níveis de $H_2S$ e $O_2$, e o simbionte oxidante de sulfeto fixa $CO_2$ e fornece uma fonte de carbono e energia ao hospedeiro. O melhor exemplo é o poliqueto *Riftia*, que contém endossimbiontes oxidantes de sulfeto e vive em respiradouros hidrotermais de mar profundo (⇄ Seção 22.12). Várias associações simbióticas semelhantes estão presentes em ecossistemas de respiradouros hidrotermais, incluindo simbiontes que vivem no tecido branquial do marisco gigante *Calyptogena magnifica*, e na superfície do crustáceo yeti, que cultiva bactérias oxidantes de sulfeto agitando suas garras sobre os fluidos dos respiradouros, ricos em sulfeto. Simbioses envolvendo invertebrados também são comuns nos sedimentos marinhos ricos em sulfeto dos sistemas costeiros rasos. Por exemplo, bivalves da família Solemyidae se enterram em sedimentos ricos em sulfeto e bombeiam água rica em sulfeto e oxigênio sobre suas brânquias, que contêm bactérias oxidantes de sulfeto.

Estes exemplos demonstram claramente como a diversidade ecológica direciona bactérias que possuem o mesmo metabolismo energético – neste caso, a oxidação de sulfeto – a explorar de forma mais adequada o ambiente que habitam. Em cada caso, o objetivo do organismo é o mesmo, obter o doador e o aceptor de elétrons que necessita. Mas em cada caso também a estratégia para alcançar este objetivo é única, sendo a que se encaixa de modo mais satisfatório nas características do organismo e do hábitat que ele explora.

**MINIQUESTIONÁRIO**

- Descreva o metabolismo de energia e de carbono de *Thiobacillus*, em termos de como o ATP e os produtos celulares são feitos.
- Cite algumas das estratégias ecológicas que oxidantes de enxofre utilizam para competir com a oxidação química de $H_2S$.

# IV • Diversidade bacteriana no ciclo do nitrogênio

Todas as formas de vida precisam assimilar nitrogênio para crescer e, portanto, todos os organismos devem catalisar certas transformações do nitrogênio. Entretanto, *Bacteria* e *Archaea* são os únicos domínios que apresentam organismos capazes de conservar energia a partir da transformação de espécies inorgânicas de nitrogênio. Nesta seção, será abordada a diversidade de três grupos fisiológicos de bactérias que participam do ciclo do nitrogênio: *diazotróficos, nitrificantes* e *desnitrificantes*. A fisiologia destes grupos foi abordada nas Seções 3.17, 13.10 e 13.17. Primeiramente, será analisada a diversidade no ciclo do nitrogênio abordando as bactérias que fixam nitrogênio atmosférico.

## 14.12 Diversidade das bactérias fixadoras de nitrogênio

**Gêneros principais:** *Mesorhizobium, Desulfovibrio, Azotobacter*

**Diazotróficos** são microrganismos que fixam o gás dinitrogênio ($N_2$) em $NH_3$, que pode ser assimilado como fonte de nitrogênio para células. A fixação do nitrogênio é um processo assimilativo que requer ATP e a enzima nitrogenase (Seção 3.17). Os diazotróficos geralmente fixam $N_2$ somente quando não há outras fontes de N disponíveis, e a expressão da nitrogenase é inibida quando há $NH_3$ disponível para as células (Seção 3.17). Esta enzima também é inibida, de forma irreversível, pela $O_2$, e esta é uma das causas de diversificação ecológica entre os diazotróficos; conforme será visto, os diferentes organismos desenvolveram diferentes soluções para proteger a nitrogenase do $O_2$.

A fixação do nitrogênio é uma característica amplamente difundida entre os microrganismos, e acredita-se que o último ancestral comum desses organismos possuía a enzima nitrogenase. O gene *nifH* codifica a dinitrogenase-redutase, componente da nitrogenase, e é utilizado como medida de diversidade dos diazotróficos (Seção 18.5). Mais de 30.000 sequências diferentes do gene *nifH* já foram descritas, abrangendo 9 filos de *Archaea* e de *Bacteria* (Figura 14.1). A distribuição filogenética da nitrogenase na árvore da vida tem sido fortemente afetada pela transferência horizontal de genes. Como resultado, a filogenia baseada em *nifH* é altamente inconsistente com a filogenia baseada no gene 16S do RNA ribossomal (**Figura 14.30**). Será considerada aqui a diversidade dos diazotróficos simbiontes e de vida livre.

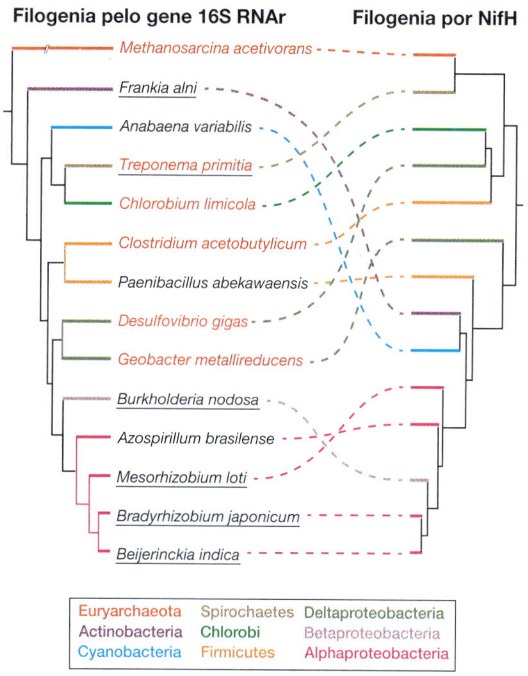


**Figura 14.30 Relações entre bactérias diazotróficas (fixadoras de nitrogênio) conforme inferidas por sequências do gene 16S do RNA ribossomal e sequências de aminoácido de NifH.** As cores das ramificações de cada árvore indicam o filo. As linhas pontilhadas indicam ramificações compartilhadas por ambas as árvores. A incongruência entre as duas árvores é resultado da intensa transferência horizontal do gene *nifH*. O texto em vermelho indica os anaeróbios obrigatórios, e o sublinhado aponta as espécies que fazem simbiose com eucariotos.

### Diazotróficos simbiontes

Os diazotróficos formam diversas relações simbióticas com plantas, animais e fungos. Estas relações geralmente podem ser definidas pela oferta de um ambiente favorável por parte do hospedeiro, que inclui uma fonte de carbono e energia e um sistema de regulação das concentrações de oxigênio, com o simbionte microbiano, em contrapartida, oferecendo um suprimento de nitrogênio fixado ao hospedeiro.

A simbiose entre rizóbios e plantas leguminosas é uma das associações simbióticas de fixação de nitrogênio mais bem caracterizadas (Seção 22.3). As bactérias formadoras de nódulos nas raízes podem pertencer aos grupos Alphaproteobacteria (p. ex., *Mesorhizobium, Bradyrhizobium, Sinorhizobium*), Betaproteobacteria (p. ex., *Burkholderia*) ou Actinobacteria (p. ex., *Frankia*). Outros gêneros de diazotróficos simbiontes podem ser encontrados em associação com turus (Teredinibacter), intestinos de cupins (*Treponema*) (Seção 22.10), Fungos endomicorrízicos (*Glomeribacter*) (Seção 17.12) e diversos fungos, algas e plantas (Cyanobacteria) (Seções 22.1 e 22.5). Essas simbioses evoluíram de forma independente em múltiplas ocasiões, como resultado de evolução convergente (Figura 14.30).

### Diazotróficos de vida livre

Os diazotróficos de vida livre requerem um mecanismo para proteger sua nitrogenase do oxigênio (Seções 3.17 e 7.13). A solução mais simples é crescer somente em ambientes anóxicos. A origem da fixação do nitrogênio é anterior à origem da fotossíntese oxigênica, portanto os primeiros organismos fixadores de nitrogênio eram anaeróbios de vida livre. Diazotróficos anaeróbios obrigatórios de vida livre são comuns em ambientes anóxicos, incluindo sedimentos marinhos e de água doce e massas microbianas. Esses organismos estão presentes nos filos bacterianos *Firmicutes* (p. ex., *Clostridium*), Chloroflexi (p. ex., *Oscillochloris*), Chlorobi (p. ex., *Chlorobium*), Spirochaetes (p. ex., *Spirochaeta*) e Proteobacteria (p. ex., *Desulfovibrio, Chromatium*) e no filo de *Archaea* Euryarchaeota (p. ex., *Methanosarcina*). *Desulfovibrio* pode ser encontrado em sedimentos anóxicos de sapais, dominados pelo capim *Spartina*, e sua fixação de $N_2$ é uma importante fonte de nitrogênio para as plantas que habitam este ecossistema.

Outros mecanismos simples de proteção da nitrogenase incluem a fixação de $N_2$ somente quando o oxigênio está ausente ou em baixas concentrações. Por exemplo, anaeróbios facultativos frequentemente fixam $N_2$ somente enquanto crescem em atmosfera anaeróbia (p. ex., *Klebsiella*). Alguns fixadores de nitrogênio aeróbios são *microaerófilos*; estes organismos fixam nitrogênio somente em ambientes com baixas concentrações de oxigênio (geralmente abaixo de 2%). Entretanto, alguns organismos desenvolveram mecanismos mais complexos de proteção da nitrogenase, e são capazes de crescer na presença de ar atmosférico.

Os diazotróficos de vida livre aeróbios estritos incluem as cianobactérias, que desenvolveram vários mecanismos para proteger a nitrogenase do oxigênio (Seção 14.3), bem como diversas bactérias quimiorganotróficas unicelulares de vida livre. Os diazotróficos de vida livre aeróbios estritos incluem *Azoto-*

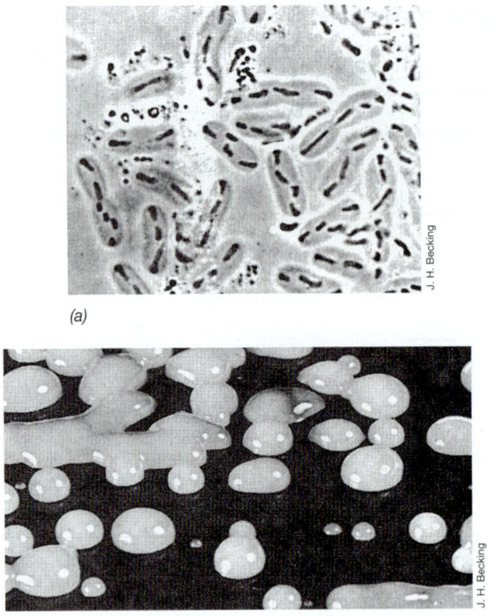


(a)

(b)

**Figura 14.31** **Exemplos da produção de compostos limosos por bactérias de vida livre fixadoras de nitrogênio.** *(a)* Células de *Derxia gummosa* revestidas pela substância limosa. As células possuem aproximadamente 1 a 1,2 μm de largura. *(b)* Colônias de uma espécie de *Beijerinckia* crescendo em meio contendo carboidratos. Observe o aspecto elevado e brilhante das colônias, decorrente da abundância dos compostos limosos da cápsula.

*bacter, Azospirillum* e *Beijerinckia*. As células de *Azotobacter* são cocos ou bacilos grandes com diâmetro entre 2 a 4 μm ou maiores. Quando crescem utilizando $N_2$ como fonte de nitrogênio, normalmente produzem cápsulas extensas ou camadas de compostos limosos (**Figura 14.31**) (Figura 3.32*a*). Acredita-se que a alta taxa respiratória, característica de células de *Azotobacter*, e o abundante limo capsular produzido ajudem na proteção da nitrogenase frente ao oxigênio. *Azotobacter* também é capaz de crescer utilizando diversos carboidratos, alcoóis e ácidos orgânicos, e seu metabolismo é exclusivamente oxidativo.

Estas bactérias também podem formar estruturas de dormência chamadas *cistos* (**Figura 14.32*b***). De forma semelhante aos endósporos bacterianos, os cistos de *Azotobacter* apresentam respiração endógena desprezível e são resistentes à dessecação, desintegração mecânica e radiação ultravioleta e ionizante. No entanto, ao contrário dos endósporos, não são muito resistentes ao calor, e não são completamente dormentes, uma vez que oxidam rapidamente as fontes de carbono fornecidas.

### *Azotobacter* e nitrogenases alternativas

Analisou-se o importante processo da fixação biológica de $N_2$ na Seção 3.17, e discutiu-se a importância vital dos metais molibdênio (Mo) e ferro (Fe) para a enzima nitrogenase. A espécie *Azotobacter chroococcum* foi a primeira bactéria fixadora de nitrogênio capaz de crescer utilizando $N_2$ na ausência de molibdênio a ser descrita. Foi demonstrado em *A. chroococcum* que duas "nitrogenases alternativas" podem ser formadas quando a limitação de Mo impede a síntese da nitrogenase MoFe convencional. Estas nitrogenases alternativas são menos eficientes e contêm vanádio (V) ou Fe no lugar de Mo. Os três tipos diferentes de nitrogenases (MoFe, VFe e FeFe) são codificados por genes parálogos, e surgiram como resultado de

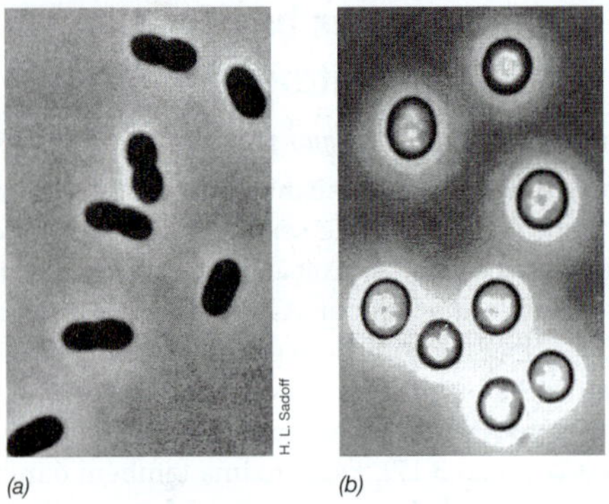


(a) (b)

**Figura 14.32** ***Azotobacter vinelandii.*** *(a)* Células vegetativas e *(b)* cistos visualizados por microscopia de contraste de fase. Uma célula tem diâmetro aproximado de 2 μm e um cisto, por volta de 3 μm.

eventos de duplicação de genes (Seção 12.6). Investigações subsequentes com outras bactérias fixadoras de nitrogênio revelaram que esses sistemas de nitrogenases "de segurança" são amplamente distribuídos em bactérias fixadoras de nitrogênio, especialmente em Cyanobacteria e *Archaea*.

**MINIQUESTIONÁRIO**

- Quais mecanismos diazotróficos de vida livre usam para proteger a nitrogenase da exposição ao oxigênio?
- Onde você esperaria encontrar bactérias fixadoras de nitrogênio?

## 14.13 Diversidade de bactérias e arqueias nitrificantes e desnitrificantes

Microrganismos que crescem por meio da respiração anaeróbia de nitrogênio inorgânico ($NO_3^-$, $NO_2^-$) aos produtos gasosos NO, $N_2O$ e $N_2$ são denominadas **desnitrificantes** (Seção 13.17). Esses organismos são, geralmente, anaeróbios facultativos e quimiorganotróficos que utilizam carbono orgânico como fonte de carbono e doador de elétrons.

Microrganismos capazes de crescer quimiolitotroficamente, à custa de compostos nitrogenados inorgânicos reduzidos ($NH_3$, $NO_2^-$) são chamados **nitrificantes** (**Figura 14.33**) (Seção 13.10). Esses organismos são, geralmente, aeróbios estritos que também podem crescer autotroficamente; a maioria das espécies fixa $CO_2$ pelo ciclo de Calvin. Algumas poucas espécies também podem crescer mixotroficamente, pela assimilação de carbono orgânico, além de $CO_2$.

### Fisiologia de bactérias e arqueias nitrificantes

Nenhum quimiolitotrófico conhecido é capaz de oxidar completamente $NH_3$ a nitrato ($NO_3^-$). Dessa forma, a nitrificação é resultado de atividades em sequência de dois grupos fisiológicos de organismos, os *oxidantes de amônia* (que oxidam $NH_3$ a nitrito, $NO_2^-$) (Figura 14.33*a*), e os *oxidantes de nitrito*, os verdadeiros microrganismos produtores de nitrato, que oxidam $NO_2^-$ a $NO_3^-$ (Figura 14.33*b*). Oxidantes de amônia geralmente possuem nomes de gênero começados em *Nitroso-*, enquanto os gêneros de produtores de nitrato em geral começam em *Nitro-*.

Muitas espécies de organismos nitrificantes possuem pilhas de membranas internas (Figura 14.33) que muito se assemelham às membranas fotossintetizantes encontradas em dois grupos de organismos filogeneticamente relacionados, as bactérias púrpu-

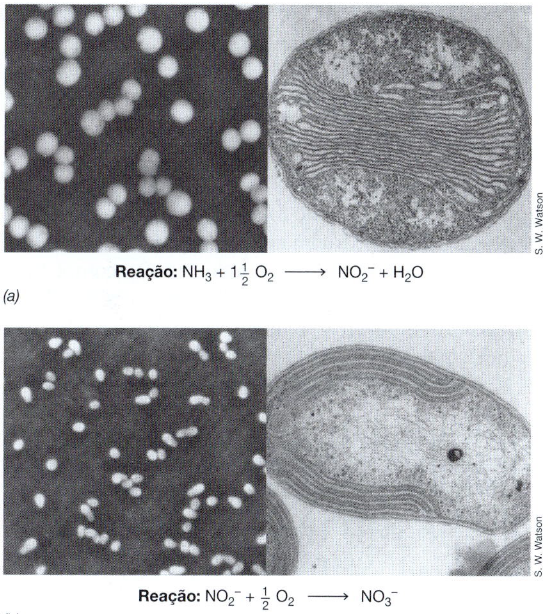


**Figura 14.33** **Bactérias nitrificantes.** *(a)* Fotomicrografia de contraste de fase (à esquerda) e micrografia eletrônica (à direita) da bactéria oxidante de amônia *Nitrosococcus oceani.* Uma única célula possui aproximadamente 2 μm de diâmetro. *(b)* Fotomicrografia de contraste de fase (à esquerda) e micrografia eletrônica (à direita) da bactéria oxidante de nitrito *Nitrobacter winogradskyi.* Uma única célula possui aproximadamente 0,7 μm de diâmetro. Abaixo de cada painel está descrita a reação quimiolitotrófica que cada enzima catalisa. As diferentes membranas internas de cada espécie são os sítios de localização de enzimas-chave no processo de nitrificação.

ras fototróficas (Seção 14.4) e as bactérias oxidantes de metano (metanotróficas) (Seção 14.17). Duas enzimas-chave no processo de nitrificação podem ser encontradas nas membranas: a *amônia monoxigenase*, que oxida $NH_3$, a hidroxilamina ($NH_2OH$) e a *nitrito oxidorredutase*, que oxida $NO_2^-$ a $NO_3^-$ (⇌ Seção 13.10).

Culturas de enriquecimento de bactérias nitrificantes podem ser obtidas utilizando-se meios contendo sais minerais, $NH_3$ ou $NO_2^-$ como doadores de elétrons e bicarbonato ($HCO_3^-$) como única fonte de carbono. Como esses organismos produzem pouquíssimo ATP a partir de seus doadores de elétrons (⇌ Seção 13.10), as culturas podem não desenvolver uma turbidez visível mesmo após a ocorrência de extensiva nitrificação. Assim, uma maneira simples de monitorar o crescimento destes organismos é verificar a produção $NO_2^-$ (a partir de $NH_3$ como doador de elétrons) ou $NO_3^-$ (a partir de $NO_2^-$ como doador de elétrons).

## Bactérias e arqueias nitrificantes: oxidantes de amônia

**Gêneros principais:** *Nitrosomonas, Nitrosospira, Nitrosopumilus*

Os oxidantes de amônia podem ser encontrados em duas classes de bactérias, Beta- (p. ex., *Nitrosomonas, Nitrosospira, Nitrosolobus, Nitrosovibrio*) e Gammaproteobacteria (*Nitrosococcus*), e em um filo de Archaea, Thaumarchaeota (*Nitrosopumilus, Nitrosocaldus, Nitrosoarchaeum, Nitrososphaera*).

Os oxidantes de amônia estão amplamente disseminados no solo e na água. As bactérias deste grupo estão presentes em maior número em hábitats contendo $NH_3$ em abundância, como locais de intensa decomposição proteica (amonificação), e também em estações de tratamento de esgotos (⇌ Seção 21.6). As bactérias nitrificantes desenvolvem-se especialmente bem em lagos e córregos que recebem esgotos ou outras águas de rejeitos, uma vez que esses normalmente contêm altas concentrações de $NH_3$. O gênero *Nitrosomonas* é frequentemente encontrado no lodo ativado presente em estações de tratamento de águas de rejeitos aeróbias. Bactérias oxidantes de amônia também são comuns no solo (p. ex., *Nitrosospira, Nitrosovibrio*) e em oceanos (p. ex., *Nitrosococcus*).

Arqueias oxidantes de amônia (⇌ Seção 16.6) aparentemente são mais comuns em hábitats com baixas concentrações de $NH_3$. Acredita-se que estes organismos sejam os principais oxidantes de amônia em oceanos onde os níveis de amônia são muito baixos (⇌ Seções 19.9 e 19.11). Arqueias oxidantes de amônia também são comuns no solo, sendo que em alguns solos são mais muito abundantes que as bactérias oxidantes de amônia. A disponibilidade de $NH_3$ em relação a $NH_4^+$ cai com o pH e, desse modo, solos ácidos (pH $<$ 6,5), que são bastante comuns, podem favorecer os organismos capazes de crescer em baixas concentrações de $NH_3$.



## Bactérias nitrificantes: oxidantes de nitrito

**Gêneros principais:** *Nitrospira, Nitrobacter*

Oxidantes de nitrito podem ser encontrados nas classes Alpha- (*Nitrobacter*), Beta- (*Nitrotoga*), Gamma- (*Nitrococcus*) e Deltaproteobacteria (*Nitrospina*), bem como no filo Nitrospirae (⇌ Seção 15.21).

De forma semelhante às proteobactérias oxidantes de nitrito, as bactérias do filo Nitrospirae e oxidam nitrito ($NO_2^-$) a nitrato ($NO_3^-$) e crescem de forma autotrófica (**Figura 14.34**). Entretanto, não possuem as extensas membranas internas encontradas em espécies de proteobactérias nitrificantes. Não obstante, as *Nitrospira* preenchem muitos dos ambientes ocupados por proteobactérias oxidantes de nitrito, como as *Nitrobacter*, por isso foi sugerido que sua capacidade de oxidação de $NO_2^-$ pode ter sido adquirida por transferência horizontal de genes de proteobactérias nitrificantes (ou vice-versa). Como é sabido, este mecanismo para obtenção de características fisiológicas tem sido amplamente explorado no mundo bacteriano (⇌ Seções 6.12 e 12.5). Todavia, investigações am-

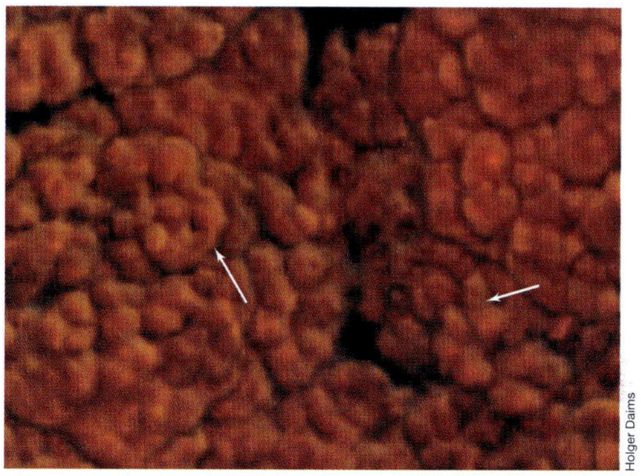


**Figura 14.34** **A bactéria nitrificante *Nitrospira*.** Um agregado de células de *Nitrospira* enriquecidas provenientes do lodo ativado de uma estação de tratamento de água de rejeitos. As células individuais são curvadas (setas) e agrupam-se em tétrades dentro dos agregados. Uma única célula de *Nitrospira* possui aproximadamente 0,3 × 1 a 2 μm.

bientais quanto à presença de bactérias nitrificantes na natureza demonstraram que *Nitrospira* é muito mais abundante que *Nitrobacter*; assim, a maior parte do $NO_2^-$ oxidado na natureza provavelmente é resultado da atividade de *Nitrospira*.

### Bactérias e arqueias desnitrificantes

**Gêneros principais:** *Paracoccus, Pseudomonas*

Organismos desnitrificantes realizam seu crescimento pela respiração anaeróbia de $NO_3^-$ ou $NO_2^-$ aos produtos gasosos NO, $N_2O$ e $N_2$ (Seção 13.17). Quase todos são quimiorganotróficos e utilizam carbono orgânico como fonte de carbono e doador de elétrons. Como exceção, há os desnitrificantes oxidantes de enxofre discutidos na Seção 14.11. Normalmente, são anaeróbios facultativos e, em quase todos os casos, crescem preferencialmente como aeróbios na presença de $O_2$. Os desnitrificantes são de grande importância em solos de plantações agrícolas, onde eles propiciam a perda de fertilizantes nitrogenados e a produção de $N_2O$, que é um dos principais gases do efeito estufa produzidos por solos agrícolas (Seção 20.8).

Estes microrganismos são metabólica e filogeneticamente diversos, e podem ser encontrados em 2 filos de arqueias e 6 filos bacterianos, incluindo 5 classes de Proteobacteria (Figura 14.1). Um dos desnitrificantes mais bem caracterizados é a bactéria *Paracoccus denitrificans* (Alphaproteobacteria). A desnitrificação de $NO_3^-$ a $N_2$ exige várias etapas enzimáticas-chave (Seção 13.17), e os genes codificadores destas enzimas estão espalhados ao longo da árvore da vida. Muitos redutores de nitrato possuem apenas parte da via de desnitrificação, e por isso são incapazes de reduzir $NO_3^-$ completamente a $N_2$. A distribuição filogenética dos genes codificadores da desnitrificação tem sido fortemente influenciada pela transferência horizontal de genes.

**MINIQUESTIONÁRIO**

- Sob quais condições você esperaria observar o crescimento de microrganismos como resultado da desnitrificação?
- Quais características são comuns entre oxidantes de amônia e nitrito?

## V • Diversidade de outras bactérias quimiotróficas distintas

Agora, o foco é em grupos funcionais cujas características fisiológicas e ecológicas estendem-se a diferentes filos, devido à convergência evolutiva ou transferência horizontal de genes. Do ponto de vista fisiológico, todos os grupos vistos aqui são quimiotróficos – quimiolitotróficos ou quimiorganotróficos – que participam em etapas específicas do ciclo do carbono ou que metabolizam hidrogênio ou metais.

## 14.14 Bactérias dissimilativas redutoras de ferro

**Gêneros principais:** *Geobacter, Shewanella*

Redutores dissimilativos de ferro ligam a redução de metais ou metaloides oxidados ao crescimento celular. Para tanto, estes organismos precisam superar um obstáculo: usar um material insolúvel como aceptor de elétrons na respiração. Diversos microrganismos são capazes de reduzir metais enzimaticamente, como resultado das reações de fermentação ou da redução de enxofre ou sulfato, mas não conservam energia da redução de metais. Em contrapartida, os redutores dissimilativos de ferro realizam a respiração de metal ligando a oxidação de $H_2$ ou de compostos inorgânicos à redução do ferro férrico ($Fe^{3+}$) ou manganês ($Mn^{6+}$) (**Figura 14.35*a***).

Estes microrganismos são filogeneticamente diversos (Figura 14.1). Gêneros dessas bactérias podem ser encontrados em Proteobacteria (*Geobacter, Shewanella*), Acidobacteria (*Geothrix*), Deferribacteres (*Geovibrio*), Deinococcus-Thermus (*Thermus*), Thermotogae (*Thermotoga*) e Firmicutes (*Bacillus, Thiobacillus*), e das arqueias em Crenarchaeota (*Pyrobaculum*). A respiração do ferro provavelmente surgiu cedo na história da vida, e sua ampla distribuição pode ser justificada por sua presença no ancestral universal, seguida de perda genética em algumas linhagens e transferência horizontal desses genes para outros.

### Fisiologia

Redutores de ferro dissimilativos especializaram-se na utilização de aceptores de elétrons insolúveis, e geralmente são extremamente versáteis quanto à respiração anaeróbia. Esses microrganismos se diferenciam por possuírem citocromos na membrana externa, que facilitam a transferência de elétrons utilizando minerais insolúveis. A maioria das espécies é capaz de usar óxidos de ferro ou de manganês como aceptores de elétrons, e várias espécies também são capazes de utilizar nitrato, fumarato, compostos inorgânicos de enxofre, cobalto, cromo, urânio, selênio, arsênio e substâncias húmicas (Seção 13.21). A maioria dos gêneros é de anaeróbios obrigatórios, mas alguns, como *Shewanella* e outros semelhantes, são anaeróbios facultativos. Os doadores de elétrons utilizados são, comumente, compostos orgânicos, como ácidos graxos, alcoóis, açúcares e, em alguns casos, até mesmo compostos aromáticos. Muitas espécies são capazes de utilizar também $H_2$, mas normalmente são incapazes de crescer autotroficamente, exigindo uma fonte de carbono orgânica.

A família Geobacteraceae, da classe Deltaproteobacteria, contém 4 gêneros de bactérias dissimilativas redutoras de ferro (*Geobacter, Desulfuromonas, Desulfuromusa, Pelobacter*) que ilustram de forma apropriada a diversidade fisiológica dos redutores de metais anaeróbios obrigatórios. *Geobacter, Desulfuromonas e Desulfuromusa* podem utilizar o acetato como doador de elétrons, bem como uma variedade de outros compostos orgânicos pequenos, e oxidam estes substratos completamente a $CO_2$. Esses gêneros normalmente são especializados em respiração anaeróbia. O gênero *Geobacter*, em particular, pode utilizar uma vasta variedade de aceptores e doadores de elétrons. Essas bactérias produzem *pili* (Figura 14.35*b*), que contêm citocromos (Figura 14.35*c*) e facilitam a transferência de elétrons à superfície de minerais de óxido de ferro (para compreensão de como este processo pode ocorrer, ver a página de abertura do Capítulo 20). Os organismos do gênero *Pelobacter*, ao contrário, são principalmente fermentadores, apresentando uma capacidade respiratória mais limitada. Por exemplo, *Pelobacter carbinolicus* é capaz de usar apenas lactato como doador de elétrons e apenas ferro férrico ou $S^0$ como aceptor. Esta espécie é incapaz de oxidar os substratos de carbono completamente a $CO_2$.

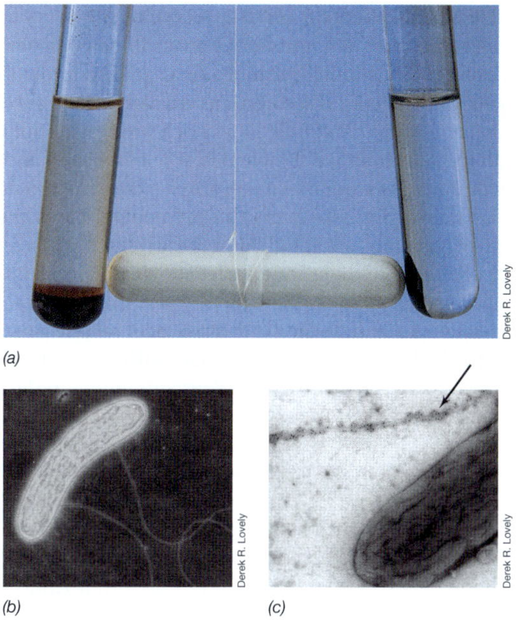


**Figura 14.35** **A bactéria dissimilativa redutora de ferro *Geobacter*.** *(a)* O tubo não inoculado (esquerda) contém um meio anóxico que possui acetato e ferridrita, um óxido de ferro pouco magnético. Após o crescimento de *Geobacter* (tubo à direita), a ferridrita é reduzida à magnetita, um mineral magnético. *(b)* Micrografia eletrônica de transmissão de *Geobacter sulfurreducens*, exibindo flagelo e *pili*. A célula possui aproximadamente 0,7 × 3,5 μm. *(c)* Micrografia eletrônica de transmissão de *G. sulfurreducens* com marcação por *immunogold* do citocromo OmcS no *pillus* (seta).

*Shewanella* e dois gêneros relacionados, *Ferrimonas* e *Aeromonas*, todos da classe Gammaproteobacteria, são anaeróbios facultativos e crescem aerobicamente na presença de $O_2$. Organismos do gênero *Shewanella* são capazes de utilizar uma grande variedade de doadores e aceptores de elétrons além do ferro férrico e do manganês. Entretanto, de forma semelhante ao que ocorre em *Pelobacter*, eles são incapazes de oxidar suas fontes de carbono completamente a $CO_2$, e também não conseguem oxidar o acetato como doador de elétrons para a respiração anaeróbia.

## Ecologia

Redutores dissimilativos de ferro em água doce anóxica e sedimentos marinhos. Acredita-se que estes organismos desempenhem um papel importante na oxidação de matéria orgânica em muitos hábitats anóxicos. Redutores dissimilativos de ferro também são comuns no subsolo profundo, sendo encontrados tanto em aquíferos rasos quanto em ambientes de subsolo profundo (⇄ Seção 19.7). Além disso, muitas espécies de redutores de ferro termófilos e hipertermófilos são conhecidas (p. ex., *Thermus*, *Thermotoga*) e frequentemente são encontradas em fontes termais e outros sistemas geotermicamente aquecidos, incluindo o subsolo profundo.

**MINIQUESTIONÁRIO**

- Em que grupo filogenético *Geobacter* e *Shewanella* se encontram?
- Quais gêneros de redutores dissimilativos de ferro apresentam espécies de anaeróbios facultativos?

# 14.15 Bactérias dissimilativas oxidantes de ferro

**Gêneros principais:** *Acidithiobacillus, Gallionella*

A habilidade de relacionar a oxidação de ferro ferroso ($Fe^{2+}$) com o crescimento celular está presente de forma difusa na árvore da vida, por isso acredita-se que tenha evoluído primitivamente. Gêneros de organismos capazes de usar o ferro ferroso como doador de elétrons necessários ao crescimento estão distribuídos ao longo de cinco filos bacterianos e dois filos de arqueias (Figura 14.1).

A diversidade e a distribuição dos oxidantes de ferro aeróbios são fortemente influenciadas pelo pH e pela presença de $O_2$. O ferro ferroso oxida espontaneamente na presença de $O_2$, formando um precipitado insolúvel, se o pH for neutro ou alcalino (pH > 7), mas é estável em condições de anaerobiose ou em aerobiose e pH ácido (pH < 4). Oxidantes de ferro podem ser divididos em quatro grupos funcionais com base em sua fisiologia básica: os oxidantes de ferro aeróbios acidófilos, os oxidantes de ferro aeróbios neutrófilos, os oxidantes de ferro anaeróbios quimiotróficos e, finalmente, os oxidantes de ferro anaeróbios fototróficos.

## Bactérias oxidantes de ferro aeróbias acidófilas

O crescimento das bactérias oxidantes de ferro é favorecido em ambientes acídicos ricos em ferro, com a presença de ferro ferroso solúvel. Oxidantes de ferro aeróbios geralmente são abundantes em drenagem ácida de mina, gerada de minas de carvão ou ferro abandonadas, ou de minas de rejeitos (⇄ Seções 21.1 e 21.2). Os oxidantes de ferro aeróbios acidófilos habitam também fontes acídicas ricas em ferro em áreas vulcânicas. Nestes ambientes pode ser encontrado enxofre com frequência, juntamente com o ferro ferroso, e muitos oxidantes de ferro aeróbios acidófilos oxidam tanto o enxofre elementar quanto o ferro ferroso. Algumas espécies podem ser autotróficas ou heterotróficas, e entre os gêneros mais comuns pode-se citar *Acidithiobacillus* (Gammaproteobacteria), *Leptospirillum* (Nitrospirae) e *Ferroplasma* (Euryarchaeota). Outros representantes podem ser encontrados em Actinobacteria e Firmicutes.

## Bactérias oxidantes de ferro aeróbias neutrófilas

Oxidantes de ferro aeróbios neutrófilos são organismos muito bem adaptados a um nicho específico (⇄ Seção 13.9). Isso acontece porque o ferro ferroso é relativamente insolúvel em pH neutro, e sua oxidação química é espontânea e rápida na presença de ar atmosférico. Além disso, em pH neutro, a oxidação do ferro na superfície das células leva à formação de uma crosta de óxido de ferro, que pode revestir e aprisionar as células em crescimento. Os oxidantes de ferro aeróbios neutrófilos, portanto, desenvolvem-se extremamente bem em ambientes onde águas anóxicas ricas em ferro estão expostas ao ar. Esses ambientes são muito comuns próximos a zonas úmidas (pântanos, sapais, charcos, entre outros) ou solos onde águas anóxicas subterrâneas dão origem a fontes, mas os oxidantes de ferro também habitam a rizosfera de plantas de zonas úmidas e determinados sistemas hidrotermais submarinos.

Existem poucos gêneros de oxidantes de ferro aeróbios netrófilos descritos, todos pertencentes ao filo Proteobacteria. As espécies encontradas em hábitats de água doce pertencem a um conjunto de gêneros de Betaproteobacteria intimamente relacionados, enquanto as espécies encontradas em hábitats marinhos pertencem à classe Zetaproteobacteria. O metabolismo desses organismos é bastante restrito. Geralmente, são microaerófilos e quimiolitotróficos obrigatórios, embora mixotrofia já tenha sido observada em alguns casos. A exceção fica por conta dos gêneros *Leptothrix* e *Sphaerotilus* (Seção 14.22). Esses gêneros são comumente encontrados em ambientes de água doce que contenham oxidantes de ferro aeróbios neutrófilos. Eles catalisam a oxidação de ferro e manganês, mas aparentemente não conservam energia a partir dessas reações, e sim da oxidação de matéria orgânica.

Oxidantes de ferro aeróbios neutrófilos característicos podem ser encontrados nos gêneros *Gallionella* (de água doce) e *Mariprofundus* (marinhos). Algumas espécies desses dois gêneros formam uma estrutura semelhante a um pedúnculo retorcido, contendo $Fe(OH)_3$ proveniente da oxidação de ferro ferroso (**Figura 14.36**). Este pedúnculo incrustado de ferro contém uma matriz orgânica na qual o $Fe(OH)_3$ se acumula, à medida que é secretado da superfície celular. Presume-se que a formação desta estrutura seja uma adaptação que impede que as células sejam aprisionadas em uma crosta de óxido de ferro.

*Gallionella* é comum em áreas pantanosas, onde há drenagem de águas, fontes ferrosas e outros hábitats contendo ferro ferroso. Já o gênero *Mariprofundus* foi isolado pela primeira vez no monte Lō'ihi, um vulcão submarino localizado próximo ao Havaí. Ambos os gêneros são quimiolitotróficos autotróficos e possuem enzimas do ciclo de Calvin (Seção 13.5).

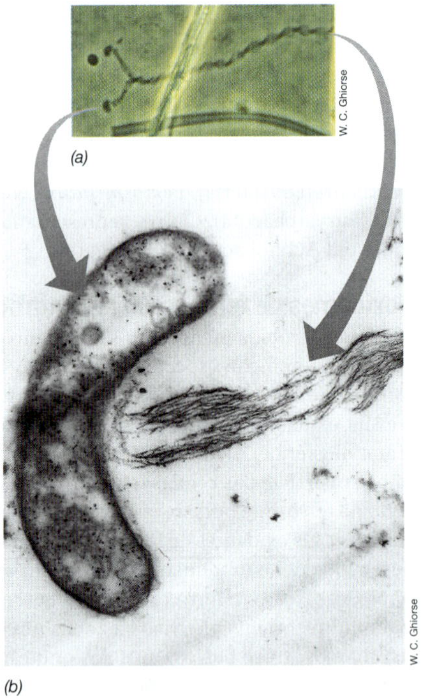


**Figura 14.36 A oxidante de ferro ferroso neutrófila, *Gallionella ferruginea*, proveniente de uma fonte ferrosa, próxima a Ithaca, Nova York.** *(a)* Fotomicrografia de duas células riniformes com pedúnculos que se juntam, formando uma massa retorcida. *(b)* Micrografia eletrônica de transmissão de uma secção fina de uma célula de *Gallionella* com pedúnculo. As células possuem cerca de 0,6 μm de largura.

## Bactérias oxidantes de ferro anaeróbias

A oxidação de ferro em ambientes anaeróbios pode ser realizada por bactérias tanto quimiotróficas quanto fototróficas. Estes grupos de bactérias são comuns em sedimentos anóxicos e em zonas úmidas. A condição anóxica promove a solubilidade do ferro ferroso em vários pHs, e por isso, ao contrário das bactérias oxidantes de ferro aeróbias, o crescimento destas bactérias não é limitado apenas ao pH neutro. Esses grupos contêm organismos metabolicamente diversos, capazes de crescer utilizando uma grande variedade de doadores e aceptores de elétrons.

A oxidação fototrófica de ferro ocorre em um grupo seleto de bactérias púrpuras não sulfurosas da classe Alphaproteobacteria (p. ex., *Rhodopseudomonas palustris*), bactérias púrpuras sulfurosas da classe Gammaproteobacteria (Figura 13.25) e bactérias verdes sulfurosas do filo Chlorobi (*Chlorobium ferooxidans*). Em todos os casos, o ferro ferroso é um dos vários compostos que estes organismos podem usar como doadores de elétrons na fotossíntese.

Oxidantes de ferro anaeróbios quimiotróficos ligam a oxidação do ferro ferroso à redução do nitrato, produzindo $NO_2^-$ ou gases nitrogenados (desnitrificação). Estes organismos pertencem às classes Alpha, Beta, Gamma ou Deltaproteobacteria, e a maioria é capaz de utilizar também diversos doadores orgânicos de elétrons na redução do nitrato; muitos podem crescer de forma aeróbia. Os gêneros *Acidovorax*, *Aquabacterium* e *Marinobacter* possuem oxidantes de ferro anaeróbios. Enquanto a maioria das espécies é mixotrófica quando usa o ferro ferroso como doador de elétrons, algumas espécies, como *Marinobacter aquaeolei* e *Thiobacillus denitrificans* são capazes de crescer de forma autotrófica, como quimiolitotróficos oxidantes de ferro.

**MINIQUESTIONÁRIO**
- Quais características do hábitat influenciam e dirigem a diversidade e distribuição dos oxidantes de ferro?
- Como os oxidantes de ferro aeróbios neutrófilos impedem que suas células sejam aprisionadas em uma crosta de ferro?

## 14.16 Bactérias metabolizadoras de hidrogênio

**Gêneros principais:** *Ralstonia, Paracoccus*

O hidrogênio diatômico é extremamente eletronegativo, indicando que $H_2$ é um excelente doador de elétrons no metabolismo energético e pode ligar-se a praticamente qualquer aceptor de elétrons imaginável. Desse modo, a habilidade de conservar energia por meio da oxidação de $H_2$ é amplamente distribuída na árvore da vida (Figura 14.1). Exemplos de diferentes oxidantes de hidrogênio fototróficos (Seções 14.4-14.7) e quimiotróficos anaeróbios (Seções 14.9, 14.10 e 14.14) são discutidos ao longo deste capítulo. Além disso, a oxidação de $H_2$ ocorre em quase todos os gêneros anaeróbios de arqueias (Capítulo 16). Aqui, será abordada a diversidade das bactérias autotróficas e quimiolitotróficas aeróbias oxidantes de hidrogênio.

Muitas espécies bacterianas são capazes de crescer utilizando $H_2$ como único doador de elétrons e $O_2$ como aceptor de elétrons em seu metabolismo energético:

$$H_2 + \tfrac{1}{2}O_2 \rightarrow H_2O \qquad \Delta G^{0'} = -237 \text{ kJ}$$

A maior parte desses organismos, conhecidos coletivamente como "bactérias do hidrogênio", pode crescer também de forma autotrófica (usando reações do ciclo de Calvin para incorporar $CO_2$). Todas as bactérias do hidrogênio possuem uma ou mais enzimas *hidrogenase* que ligam o $H_2$, utilizando-o para produzir ATP (Seção 13.7) ou como poder redutor para o crescimento autotrófico.

Diferentes bactérias oxidantes de hidrogênio estão distribuídas entre as classes Alpha, Beta e Gamma de Proteobacteria. Estes organismos não devem ser confundidos com os muitos procariotos anaeróbios estritos que oxidam $H_2$ durante a respiração anaeróbia; por exemplo, bactérias acetogênicas, metanogênicas e redutoras de sulfato (Seções 13.17-13.20). São conhecidas bactérias oxidantes de hidrogênio tanto gram-positivas quanto gram-negativas, sendo os representantes mais estudados classificados nos gêneros *Ralstonia* (**Figura 14.37**), *Pseudomonas* e *Paracoccus*. A espécie *Paracoccus denitrificans* também é capaz de oxidar $H_2$ anaerobiamente, por meio da desnitrificação, e tem sido especialmente bem estudada devido à sua capacidade bioenergética de transporte de elétrons e geração de força próton-motiva.

## Fisiologia e ecologia das bactérias do hidrogênio

Quando se desenvolvem quimiolitotroficamente a partir de $H_2$, a maioria das bactérias do hidrogênio apresenta melhor crescimento em microaerofilia (5-10% de $O_2$), uma vez que as hidrogenases são normalmente sensíveis ao oxigênio. A presença de níquel ($Ni^{2+}$) no meio é essencial ao crescimento quimiolitotrófico dessas bactérias, pois praticamente todas as hidrogenases contêm $Ni^{2+}$ como um cofator metálico essencial. Algumas bactérias do hidrogênio também são capazes de fixar nitrogênio (Seção 3.17), permitindo seu cultivo em um meio contendo sais minerais, suprido somente com os gases $H_2$, $O_2$, $CO_2$ e $N_2$ como fontes de energia, carbono e nitrogênio. Praticamente todas as representantes deste grupo são quimiolitotróficas facultativas, indicando que podem crescer também de forma quimiorganotrófica, utilizando compostos orgânicos como fontes de energia.

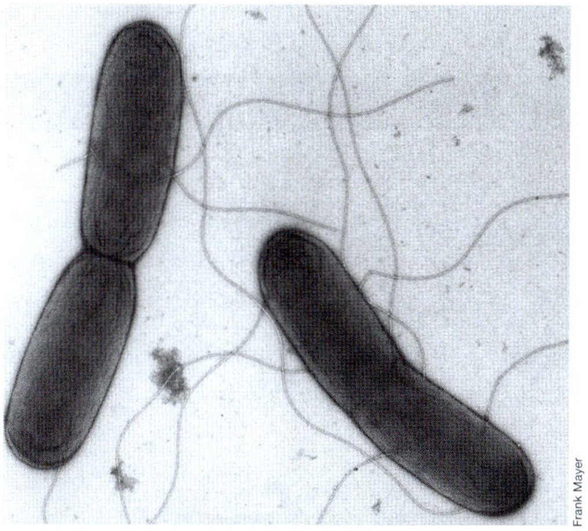


**Figura 14.37 Oxidantes de hidrogênio.** Micrografia eletrônica de transmissão de células da bactéria quimiolitotrófica oxidante de hidrogênio *Ralstonia eutropha* coradas negativamente. Uma célula apresenta aproximadamente 0,6 μm de diâmetro e possui vários flagelos.

## Oxidação de CO

Algumas bactérias do hidrogênio podem crescer aerobicamente, utilizando monóxido de carbono (CO) como doador de elétrons. Bactérias oxidantes de CO, denominadas bactérias *carboxidotróficas*, crescem autotroficamente, utilizando o ciclo de Calvin (Seção 13.5) para fixar o $CO_2$ gerado na oxidação de CO. Os elétrons oriundos da oxidação de CO a $CO_2$ viajam por meio de uma cadeia de transporte de elétrons, formando uma força próton-motiva. Curiosamente, o CO é um potencial inibidor de diversos citocromos, agindo como um veneno respiratório. Entretanto, as bactérias carboxidotróficas contornam este problema sintetizando citocromos resistentes ao CO, e assim são imunes a qualquer efeito tóxico desta molécula. Da mesma forma que as bactérias do hidrogênio, quase todas as bactérias carboxidotróficas também crescem quimiorganotroficamente a partir da oxidação de compostos orgânicos, uma indicação clara de que os níveis de CO na natureza são muito variáveis, e um mecanismo alternativo de metabolismo energético é necessário.

Na natureza, o consumo de CO pelas bactérias carboxidotróficas é um importante processo ecológico. Embora uma grande quantidade de CO seja gerada por fontes humanas e também por outras fontes, os níveis de CO na atmosfera não sofreram elevação significativa ao longo de muitos anos. Pelo fato de as liberações de CO mais significativas (principalmente pelos escapamentos de automóveis, combustão incompleta de combustíveis fósseis e o catabolismo de lignina, um subproduto vegetal) ocorrerem em ambientes óxicos, a presença de bactérias carboxidotróficas nas camadas superiores do solo provavelmente represente o principal escoadouro de CO na natureza.

**MINIQUESTIONÁRIO**

- Qual enzima é um fator-chave para que os quimiolitotróficos cresçam utilizando $H_2$ como doador de elétrons?
- Qual é o produto da oxidação de CO?

# 14.17 Bactérias metanotróficas e metilotróficas

**Metilotróficos** são organismos que crescem utilizando compostos orgânicos desprovidos de ligações C—C, como doadores de elétrons no metabolismo energético ou como fontes de carbono. A metilotrofia ocorre nos filos de *Bacteria* Proteobacteria, Firmicutes, Actinobacteria, Bacteroidetes e Verrucomicrobia, e no filo de *Archaea* Euryarchaeota (Figura 14.1). Já os **metanotróficos** são um subgrupo dos metilotróficos, diferenciados por sua capacidade de usar o metano como substrato para crescimento. Discutiu-se a fisiologia da metanotrofia nas Seções 13.23 e 13.24.

Metilotróficos aeróbios são comumente encontrados no solo e em ambientes aquáticos onde haja $O_2$ disponível. Já os anaeróbios são habitantes de ambientes anóxicos, especialmente sedimentos marinhos. Muitos dos metilotróficos anaeróbios são arqueias metanogênicas. Além disso, um consórcio entre arqueias metanogênicas e bactérias redutoras de sulfato muitas vezes é formado para oxidar metano de hidratos de gás encontrados em sedimentos de mar profundo (Seção 13.24). Serão considerados aqui apenas os metilotróficos aeróbios.

UNIDADE 3

## Metilotróficos anaeróbios facultativos

**Gêneros principais:** *Hyphomicrobium, Methylobacterium*

Microrganismos metilotróficos anaeróbios facultativos são incapazes de utilizar metano, mas podem usar muitos outros compostos metilados. Representantes podem ser encontrados em Alpha, Beta e Gammaproteobacteria, Actinobacteria e Firmicutes. Os metilotróficos facultativos são metabolicamente diversos e a maioria pode crescer aerobiamente utilizando outros compostos orgânicos, além dos substratos metilados, como ácidos orgânicos, etanol e açúcares. Quando crescem como metilotróficos, grande parte das espécies pode crescer aerobiamente utilizando metanol, e algumas podem inclusive metabolizar aminas metiladas, compostos sulfurados metilados e halometanos. São aeróbios estritos, em sua maioria, embora algumas espécies sejam capazes de realizar desnitrificação.

O gênero *Hyphomicrobium* é um exemplo da versatilidade metabólica dos metilotróficos anaeróbios facultativos. Algumas espécies podem crescer como metilotróficos aeróbios utilizando metanol, metil-amina ou dimetil-sulfeto. Outros representantes podem também crescer como metilotróficos anaeróbios, utilizando metanol como doador de elétrons, ligado à desnitrificação. Por fim, outros *Hyphomicrobium* podem crescer aerobiamente, utilizando uma variedade de compostos $C_2$ e $C_4$.

## Metanotróficos aeróbios

**Gêneros principais:** *Methylomonas, Methylosinus*

Os metanotróficos aeróbios são metilotróficos capazes de utilizar metano como doador de elétrons e, normalmente, também como fonte de carbono. A **Tabela 14.2** fornece uma visão geral da taxonomia dos metanotróficos. A maioria das espécies está dentro de Proteobacteria, e são classificadas em dois grandes grupos, baseado em sua estrutura celular interna, filogenia e via de assimilação de carbono. *Metanotróficos do tipo I* assimilam compostos de um carbono pelo ciclo da ribulose monofosfato, sendo filogeneticamente Gammaproteobacteria. Ao contrário, *metanotróficos do tipo II* assimilam intermediários de $C_1$ pela via da serina, sendo filogeneticamente Alphaproteobacteria (Tabela 14.2). Discutiu-se os detalhes bioquímicos dessas vias na Seção 13.23. A maioria dos metanotróficos é metabolicamente especializada em crescimento aeróbio, utilizando metano, embora alguns representantes consigam utilizar tanto o metano quanto o metanol. Os metanotróficos são, geralmente, metilotróficos obrigatórios; no entanto, o gênero *Methylocella* possui espécies capazes de crescer utilizando substratos multicarbonos.

Além das proteobactérias metanotróficas descritas anteriormente, o filo Verrucomicrobia contém a bactéria *Methylacidiphilum*. Análises genômicas demonstraram que espécies deste gênero não possuem enzimas essenciais tanto para a via da ribulose monofosfato quanto para a via da serina. Em vez dessas vias, *Methylacidiphilum* utiliza o ciclo de Calvin para assimilar carbono a partir de $CO_2$.

## Fisiologia

Os metanotróficos possuem uma enzima essencial, a *metano monoxigenase*, que catalisa a incorporação de um átomo de oxigênio, oriundo do $O_2$, em uma molécula de $CH_4$, levando à formação de metanol ($CH_3OH$, ⇄ Seção 13.23). A necessidade de $O_2$ como um reagente na oxigenação inicial do metano explica, portanto, por que esses metanotróficos são aeróbios estritos. A metano monoxigenase está localizada em extensos sistemas de membranas internas, que são o local de oxidação do metano. Em metanotróficos do tipo I, essas membranas estão dispostas como feixes de vesículas discoides, distribuídos por toda a célula (**Figura 14.38*b***). Espécies do tipo II apresentam membranas emparelhadas ao longo da periferia da célula (Figura 14.38*a*). Metanotróficos verrucomicrobianos possuem vesículas membranosas. Os metilotróficos incapazes de utilizar metano não possuem estes arranjos de membranas internas.

Microrganismos metanotróficos possuem quantidades relativamente grandes de esteróis, o que os torna singulares entre todas as bactérias. Esteróis são moléculas rígidas planares, encontradas na membrana citoplasmática de eucariotos, e também em outras membranas deste grupo, mas estão ausentes na maioria das bactérias. Essas moléculas podem ser uma parte essencial do complexo sistema de membranas internas envolvido na oxidação do metano (Figura 14.38). Somente outro grupo de bactérias possui tantos esteróis, as micoplasmas, que são bactérias desprovidas de parede celular e, por isso, provavelmente requerem uma membrana citoplasmática mais resistente (⇄ Seção 15.9). Muitos metilotróficos possuem uma variedade

**Tabela 14.2 Algumas características de bactérias metanotróficas**

| *Organismo* | *Morfologia* | *Grupo filogenético*[a] | *Membranas internas*[b] | *Via de assimilação de carbono*[c] | *Fixação de $N_2$* |
|---|---|---|---|---|---|
| *Methylomonas* | Bacilo | Gama | I | Ribulose monofosfato | Não |
| *Methylomicrobium* | Bacilo | Gama | I | Ribulose monofosfato | Não |
| *Methylobacter* | Coco a elipsoide | Gama | I | Ribulose monofosfato | Não |
| *Methylococcus* | Coco | Gama | I | Ribulose monofosfato e ciclo de Calvin | Sim |
| *Methylosinus* | Bacilo ou vibrioide | Alpha | II | Serina | Sim |
| *Methylocystis* | Bacilo | Alpha | II | Serina | Sim |
| *Methylocella*[d] | Bacilo | Alpha | II | Serina | Sim |
| *Methylacidiphilum*[d] | Bacilo | Verrucomicrobiaceae[d] | Vesículas membranosas | Serina e ciclo de Calvin | Sim |

[a]Todos são *Proteobacteria*, exceto *Methylacidiphilum*.
[b]Membranas internas: tipo I, feixes de vesículas discoides, distribuídas por todo o organismo; tipo II, membranas emparelhadas ao longo da periferia celular. Ver Figura 14.38.
[c]Ver Figura 13.58.
[d]Acidófilo. Para propriedades de Verrucomicrobiaceae, ver Seção 15.17.

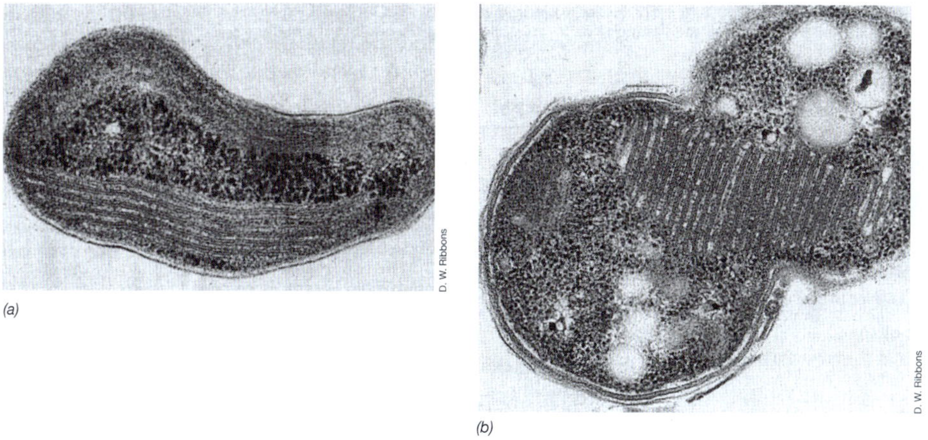


**Figura 14.38** **Metanotróficos.** *(a)* Micrografia eletrônica de uma célula de *Methylosinus*, ilustrando um sistema de membranas do tipo II. As células possuem aproximadamente 0,6 μm de diâmetro. *(b)* Micrografia eletrônica de uma célula de *Methylococcus capsulatus*, ilustrando um sistema de membranas do tipo I. As células possuem aproximadamente 1 μm de diâmetro. Comparar com a Figura 14.33.



de pigmentos carotenoides e grandes quantidades de citocromos em suas membranas, e estas características frequentemente tornam rosadas as colônias de metilotróficos aeróbios.

## Ecologia

Os metilotróficos aeróbios podem ser encontrados em mar aberto, solos, associados a raízes e folhas de vegetais e na interface óxica de muitos ambientes anóxicos (Seção 13.23). Metanol é produzido durante a quebra da pectina da planta, e este é provavelmente um substrato importante para os metilotróficos em ecossistemas terrestres. Além disso, metanotróficos aeróbios podem ser encontrados em solos, onde consomem metano atmosférico, sendo um importante escoadouro biológico para este gás. Metanotróficos aeróbios são comuns também na interface óxica de ambientes anóxicos encontrados em lagos, sedimentos e zonas úmidas, onde os organismos metanogênicos fornecem uma fonte constante de metano. Estes metanotróficos desempenham um papel importante no ciclo global do carbono, oxidando $CH_4$ e convertendo-o em matéria celular e $CO_2$ antes que chegue à atmosfera ($CH_4$ é um importante gás do efeito estufa).

Organismos metanotróficos também estabelecem diversas relações de simbiose com eucariotos. Por exemplo, alguns mexilhões marinhos vivem próximos a exsudações de hidrocarbonetos, no fundo oceânico, onde $CH_4$ é liberado em quantidades substanciais. Simbiontes metanotróficos habitam o tecido branquial destes animais (**Figura 14.39**), o que garante uma eficiente troca gasosa com a água do mar. A excreção de compostos orgânicos pelos metanotróficos possibilita a distribuição do $CH_4$ assimilado ao longo de todo o corpo do animal. Essas simbioses metanotróficas, portanto, são similares àquelas desenvolvidas entre organismos quimiolitotróficos oxidantes de sulfeto e poliquetos e mariscos gigantes em respiradouros hidrotermais (Seção 22.12).

*Methylomirabilis oxyfera* é um metanotrófico isolado a partir de águas anóxicas no Mar Negro, e foi o primeiro representante do filo bacteriano NC-10 (ver página 433) a ser isolado. Trata-se de um anaeróbio obrigatório; todavia, esta espécie utiliza a mesma enzima dependente de $O_2$ encontrada em metanotróficos aeróbios (metano monoxigenase) para oxidar metano a $CO_2$. Ela o faz reduzindo nitrito a óxido nítrico (NO), que é então dismutado a $N_2$ e $O_2$ ($2\ NO \rightarrow N_2 + O_2$). O $O_2$ produzido a partir desta via é consumido pela metano monoxigenase durante a oxidação de $CH_4$ (Seção 13.24).

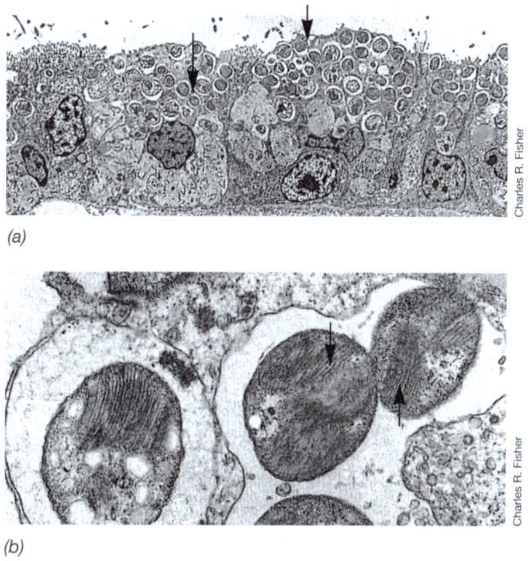


**Figura 14.39** **Simbiontes metanotróficos de mexilhões marinhos.** *(a)* Micrografia eletrônica de pequeno aumento de uma fina secção de tecido branquial de um mexilhão marinho vivendo próximo a exsudações de hidrocarbonetos, no Golfo do México. Observe os metanotróficos simbióticos (setas) nos tecidos. *(b)* Imagem em grande aumento do tecido branquial apresentando metanotróficos com feixes de membranas do tipo I (setas). As células dos metanotróficos possuem aproximadamente 1 μm de diâmetro. Comparar com a Figura 14.38*b*.

Quanto aos *Methylacidiphilum* metanotróficos, *M. oxyfera* assimila unidades de $C_1$ como $CO_2$, provavelmente por meio do ciclo de Calvin.

**MINIQUESTIONÁRIO**

- Qual a diferença entre um metilotrófico e um metanotrófico?
- Qual a característica singular dos *Methylomirabilis* metanotróficos?

## 14.18 Bactérias do ácido acético e acetogênicos

Diversos microrganismos produzem *acetato* como subproduto de seu metabolismo (p. ex., microrganismos fermentadores) (Seções 13.11 a 13.15), redutores incompletos de sulfato (Seção 14.9) e redutores incompletos de ferro (Seção 14.4). Aqui serão analisados os organismos que produzem aceta-

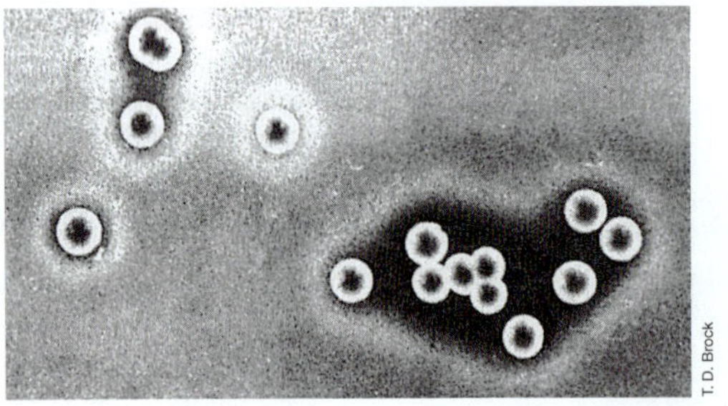


**Figura 14.40 Colônias de *Acetobacter aceti*, em ágar carbonato de cálcio contendo etanol como doador de elétrons.** Observe o clareamento ao redor das colônias, decorrente da dissolução do carbonato de cálcio ($CaCO_3$) pelo ácido acético produzido.

to como produto primário de seu metabolismo. Entre eles, as **bactérias do ácido acético**, aeróbios estritos utilizados na produção industrial de ácido acético (vinagre) a partir de açúcares ou alcoóis. Serão analisados também os **acetogênicos**, anaeróbios obrigatórios que usam a via do acetil-CoA (Seção 13.19) para produzir acetato a partir de compostos $C_1$. Será visto que a produção de acetato por estes dois grupos ocorre por meio de processos metabólicos bem diferentes, e que as bactérias do ácido acético e os acetogênicos diferem tanto em sua fisiologia quanto em sua ecologia.

## Bactérias do ácido acético

**Gêneros principais:** *Acetobacter, Gluconobacter*

As bactérias do ácido acético englobam bacilos gram-negativos, aeróbios estritos, móveis, que realizam a oxidação incompleta de alcoóis e açúcares, levando à acumulação de ácidos orgânicos como produtos finais. Tendo etanol ($C_2H_2OH$) como substrato, ácido acético ($C_2H_4O_2$) é produzido, o que justifica o nome atribuído a este grupo de bactérias. Como se poderia imaginar, bactérias do ácido acético são tolerantes a condições acídicas; a maioria das espécies cresce bem em valores de pH abaixo de 5. Estas bactérias são um agrupamento heterogêneo de Alphaproteobacteria, envolvendo tanto organismos quanto flagelo peritríquio (*Acetobacter*) como organismos com flagelo polar (*Gluconobacter*).

As bactérias do ácido acético são comumente encontradas em sumos de frutas fermentados, como sidra ou vinho bruto e cerveja. Colônias destas bactérias podem ser identificadas utilizando-se meio ágar carbonato de cálcio ($CaCO_3$) contendo etanol, uma vez que o ácido acético produzido promove a dissolução e o clareamento do $CaCO_3$, normalmente insolúvel (**Figura 14.40**). Culturas de bactérias do ácido acético são empregadas na produção comercial de vinagre. Além do etanol, essas bactérias realizam a oxidação incompleta de compostos orgânicos, como alcoóis e açúcares de cadeia mais longa. Por exemplo, a glicose é oxidada em ácido glucônico, e o sorbitol é oxidado a sorbose. Essa propriedade de "suboxidação" é explorada na produção industrial de ácido ascórbico (vitamina C), em que a sorbose é usada como precursor na síntese de ácido ascórbico.

Outra interessante propriedade de algumas bactérias do ácido acético refere-se a sua capacidade de sintetizar celulose quimicamente similar à celulose encontrada nas plantas. A celulose originada pelas bactérias do ácido acético é sintetizada como uma matriz, localizada externamente à parede celular, deixando as bactérias embebidas nesta massa entrelaçada de microfibrilas de celulose. Quando essas espécies de bactérias crescem em um frasco não submetido à agitação, formam uma película superficial de celulose, na qual as bactérias se desenvolvem, provavelmente para obter acesso ao ar atmosférico.

## Acetogênicos

**Gêneros principais:** *Acetobacterium, Clostridium*

Os acetogênicos são anaeróbios obrigatórios que produzem acetato como produto primário de seu metabolismo. A maior diversidade de acetogênicos é encontrada no filo Firmicutes, mas estes organismos também já foram descritos em Spirochaetes e Acidobacteria (Figura 14.1). Os verdadeiros acetogênicos utilizam a via redutora do acetil-CoA na conservação da energia e também na assimilação do carbono necessário para seu crescimento (Seção 13.19).

Muitos acetogênicos crescem usando compostos orgânicos simples, como açúcares, alcoóis e ácidos orgânicos, inicialmente oxidando estas moléculas a acetato mais $CO_2$, e depois conservando energia e assimilando carbono por meio da via do acetil-CoA. A utilização desta via também permite à maioria dos acetogênicos crescer utilizando compostos $C_1$ como única fonte de carbono e energia. Muitas espécies podem crescer de forma autotrófica, utilizando $H_2$, CO ou metanol como doadores de elétrons. Os acetogênicos são frequentemente referidos como *homoacetogênicos* quando o acetato é o único produto de seu metabolismo. Embora o acetato seja, geralmente, o principal produto do metabolismo acetogênico, algumas espécies podem utilizar a via do acetil-CoA para gerar outros produtos diferentes do acetato (p. ex., butirato ou etanol).

Os acetogênicos são comumente encontrados em sedimentos anaeróbios e em solos encharcados, onde desempenham um papel na degradação da matéria orgânica. Espécimes que utilizam o hidrogênio são particularmente importantes em comunidades intestinais, onde competem com os metanogênicos pelo $H_2$. O acetato é rapidamente assimilado pelas paredes intestinais e contribui para a nutrição do hospedeiro. A acetogênese é um dos principais processos no metabolismo geral de carboidratos realizado pela microbiota intestinal

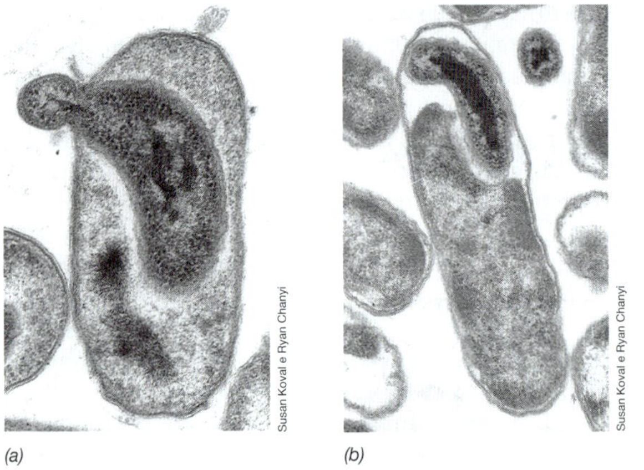


**Figura 14.41 Ataque de *Bdellovibrio* à sua presa.** Micrografia eletrônica de secção fina de *Bdellovibrio* atacando uma célula de *Delftia acidovorans*. *(a)* Entrada da célula predadora. *(b)* Célula de *Bdellovibrio* dentro do hospedeiro. A célula de *Bdellovibrio* é envolta no bdelloplasto, e se replica no espaço periplasmático. Uma célula de *Bdellovibrio* possui aproximadamente 0,3 μm de diâmetro.

humana. Além disso, cupins obtêm mais de um terço de sua energia do acetato produzido por Spirochaetes acetogênicas habitantes de sua comunidade epigástrica.

**MINIQUESTIONÁRIO**

- Quais processos industriais utilizam bactérias do ácido acético?
- Quais são as principais diferenças entre as bactérias do ácido acético e os acetogênicos?

## 14.19 Bactérias predadoras

**Gêneros principais:** *Bdellovibrio, Myxococcus*

Algumas bactérias são predadores que consomem outras bactérias. As bactérias predadoras conhecidas residem em diversas classes de Proteobacteria e Bacteroidetes. Diversos mecanismos de predação já foram descritos. Alguns organismos, como *Vampirococcus* (filogenia desconhecida) e *Micavibrio* (Alphaproteobacteria), são *predadores epibióticos*; eles aderem-se à superfície de suas presas e obtêm nutrientes de seu periplasma ou citoplasma. Outros, como *Daptobacter* (Epsilonproteobacteria), são *predadores citoplasmáticos*, que invadem a célula de seus hospedeiros e replicam-se em seu citoplasma, consumindo sua presa de dentro para fora. *Bdellovibrio*, um *predador periplasmático*, tem um estilo de vida similar; estes predadores invadem as células de suas presas e replicam-se no espaço periplasmático. Por fim, predadores como os *Lysobacter* (Gammaproteobacteria) e *Myxococcus* (Deltaproteobacteria) são *predadores sociais*. Essas bactérias com motilidade deslizante movem-se em grupo, formando expansões, verdadeiros "enxames", para achar presas, que são lisadas e consumidas coletivamente. *Bdellovibrio* e *Myxococcus* são os gêneros de bactérias predadoras mais amplamente estudados.

### *Bdellovibrio*

Os *Bdellovibrio* são bactérias pequenas, curvas, altamente móveis, que predam outras bactérias, utilizando os componentes citoplasmáticos de seus hospedeiros como nutrientes (o prefixo *bdello* significa "sanguessuga"). Após a adesão de um *Bdellovibrio* à sua presa, este predador penetra a parede celular e replica-se no espaço periplasmático da bactéria, eventualmente dando origem a uma estrutura esférica chamada *bdelloplasto*. Dois estágios da penetração são demonstrados em micrografias eletrônicas na **Figura 14.41** e em forma de diagrama na **Figura 14.42**. Uma grande variedade de bactérias

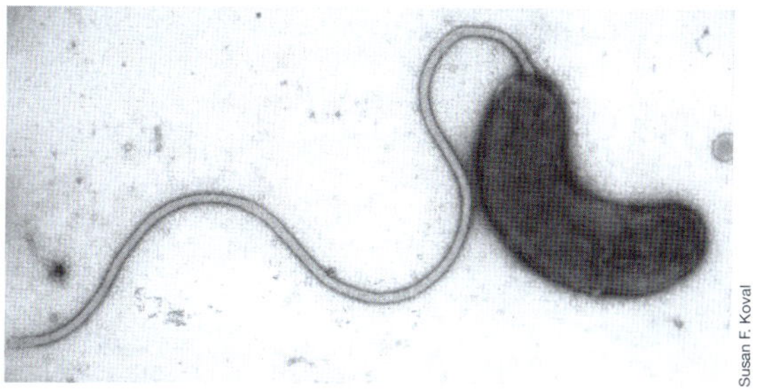


(a)

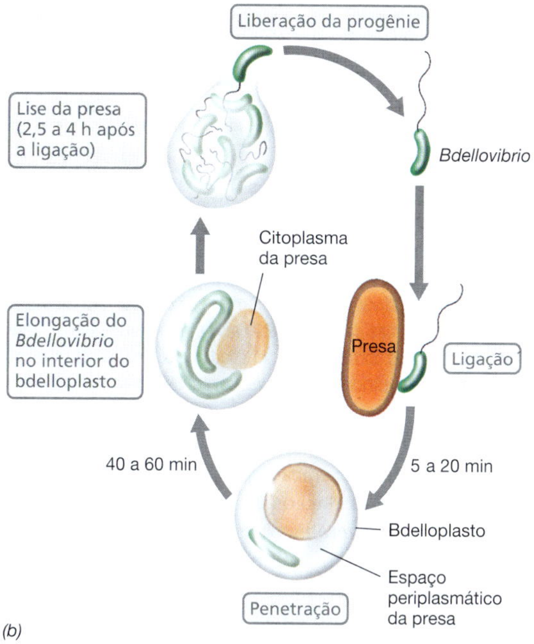


(b)

**Figura 14.42** **Ciclo de desenvolvimento do predador bacteriano, *Bdellovibrio bacteriovorus*.** *(a)* Micrografia eletrônica de uma célula de *Bdellovibrio bacteriovorus*; observe a presença de um flagelo bastante espesso. Uma célula possui 0,3 μm de largura. *(b)* Eventos na predação. Após o contato inicial com uma bactéria gram-negativa, a célula altamente móvel de *Bdellovibrio* liga-se e penetra no espaço periplasmático da presa. Uma vez no interior, o *Bdellovibrio* alonga-se e, em um período de 4 h, a progênie celular é liberada. O número de células liberadas varia conforme o tamanho da presa bacteriana; 5 a 6 células de *Bdellovibrio* são liberadas de cada célula de *Escherichia coli* infectada, e 20 a 30 de uma célula maior, como uma espécie de *Aquaspirillum*.

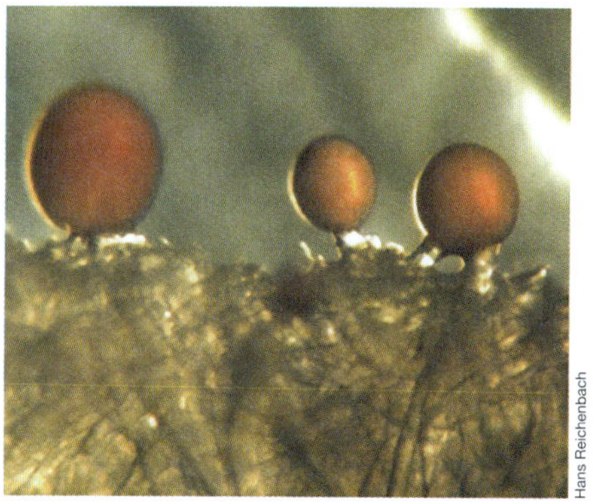


(a)

(b)

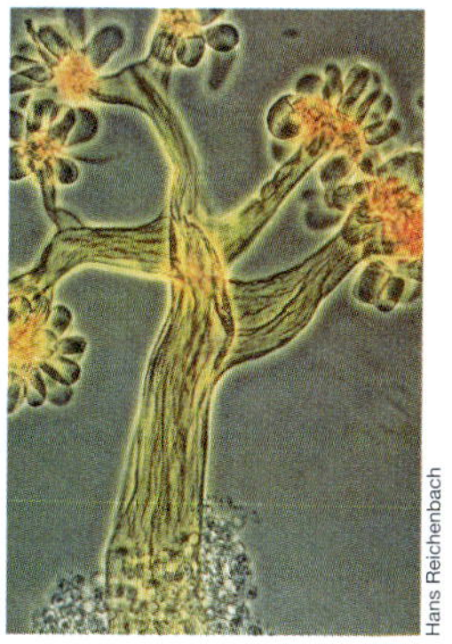


(c)

**Figura 14.43** **Corpos de frutificação de três espécies de mixobactérias frutificantes.** *(a) Myxococcus fulvus* (125 μm de altura). *(b) Myxococcus stipitatus* (170 μm de altura). *(c) Chondromyces crocatus* (560 μm de altura).

UNIDADE 3

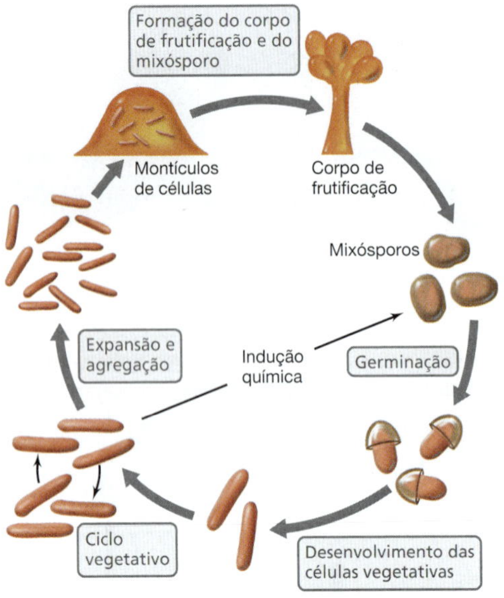


**Figura 14.44** **Ciclo de vida de *Myxococcus xanthus.*** A agregação reúne as células vegetativas, que então formam os corpos de frutificação, no interior dos quais algumas células vegetativas sofrem morfogênese, transformando-se em células de dormência, denominadas mixósporos. Os mixósporos, quando em condições nutricionais e físicas favoráveis, germinam, originando células vegetativas.

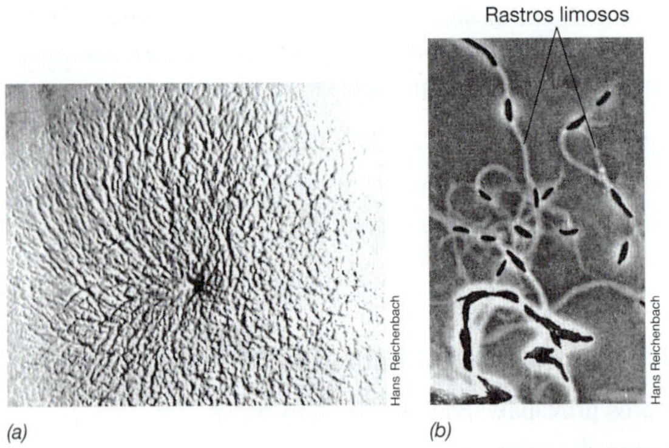


**Figura 14.46** **Expansão em *Myxococcus.*** *(a)* Fotomicrografia de uma colônia expansiva (5 mm de raio) de *Myxococcus xanthus* em ágar. *(b)* Células individuais de *Myxococcus fulvus*, oriundas de uma colônia ativamente deslizante, apresentando os característicos rastros limosos sobre o ágar. Uma célula de *M. fulvus* possui aproximadamente 0,8 μm de diâmetro. *M. xanthus* tem sido usada como modelo dos acontecimentos relacionados com o desenvolvimento de mixobactérias.

gram-negativas pode ser atacada por *Bdellovibrio*, mas células gram-positivas não são atacadas.

*Bdellovibrio* é um aeróbio obrigatório, que obtém sua energia a partir da oxidação de aminoácidos e acetato. Além disso, *Bdellovibrio* assimila nucleotídeos, ácidos graxos, peptídeos, e até mesmo algumas proteínas inteiras diretamente de seu hospedeiro, sem inicialmente clivá-las. No entanto, derivados de *Bdellovibrio* independentes da presa podem ser isolados e crescidos em meios complexos, demonstrando que a atividade predatória não é obrigatória.

Filogeneticamente, os bdelovíbrios são membros da classe Deltaproteobacteria, e estão amplamente distribuídos em hábitats aquáticos. Os procedimentos para seu isolamento são similares àqueles utilizados no isolamento de vírus bacterianos (⇄ Seção 8.4). As bactérias presas são semeadas na superfície de um meio sólido, formando um tapete bacteriano, e a superfície do meio é, então, inoculada com uma pequena quantidade de uma suspensão de solo, previamente submetida à filtração em membrana; esta membrana retém a maioria das bactérias, mas permite a passagem das pequenas células de *Bdellovibrio*. Após a incubação da placa de meio sólido, placas de lise, análogas às produzidas por bacteriófagos (⇄ Figura 8.8*b*), são formadas nos locais onde as células de *Bdellovibrio* estão se multiplicando. Culturas puras de *Bdellovibrio* podem ser isoladas a partir dessas placas. Células de *Bdellovibrio* já foram obtidas a partir de uma grande variedade de solos e esgoto, sendo, portanto, amplamente distribuídas.

## Mixobactérias

As mixobactérias exibem os mais complexos padrões de comportamento entre todas as bactérias conhecidas. Seu ciclo de vida resulta na formação de estruturas multicelulares denominadas *corpos de frutificação*. Estes corpos de frutificação geralmente são extremamente coloridos e de morfologia elaborada (**Figura 14.43**), e geralmente podem ser observados com o auxílio de uma lupa, em porções úmidas de madeira e outros compostos vegetais. As mixobactérias frutificantes são classificadas com base em sua morfologia, considerando as características de suas células vegetativas, dos mixósporos e da estrutura de seus corpos de frutificação. O ciclo de vida de uma mixobacté-

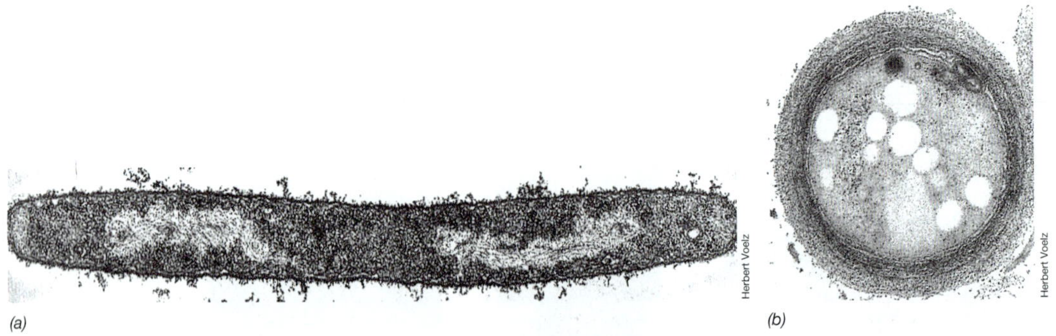


**Figura 14.45** ***Myxococcus.*** *(a)* Micrografia eletrônica de uma secção fina de uma célula vegetativa de *Myxococcus xanthus.* Uma célula possui aproximadamente 0,75 μm de largura. *(b)* Mixósporo de *M. xanthus*, revelando a parede externa em multicamadas. Os mixósporos possuem aproximadamente 2 μm de diâmetro.

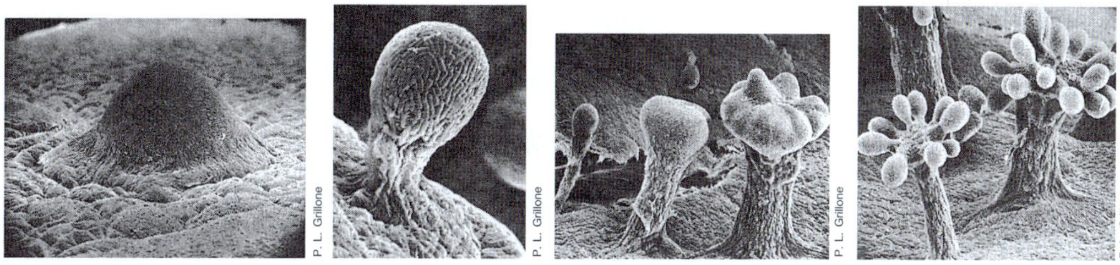


(a) (b) (c) (d)

**Figura 14.47 Micrografias eletrônicas de varredura, ilustrando a formação de corpos de frutificação em *Chondromyces crocatus*.** *(a)* Estágio precoce, apresentando agregação e formação dos montículos. *(b)* Estágio inicial da formação de pedúnculo. Neste momento, a formação de limo na cabeça ainda não foi iniciada, por isso as células que compõem a cabeça permanecem visíveis. *(c)* Três estágios na formação da cabeça. Observe que o diâmetro do pedúnculo também aumenta. *(d)* Corpos de frutificação maduros. A estrutura de frutificação completa tem aproximadamente 600 μm de altura (comparar com Figura 14.43*c*).



ria típica é apresentado na Figura 14.44. As células vegetativas das mixobactérias são bacilos gram-negativos simples, não flagelados (Figura 14.45), que deslizam pelas superfícies, obtendo seus nutrientes principalmente pelo uso de enzimas extracelulares, que lisam outras bactérias, liberando seus nutrientes que então serão utilizados pelas mixobactérias. Uma célula vegetativa secreta compostos limosos e, à medida que se desloca sobre uma superfície sólida, deixa um rastro limoso (Figura 14.46). As células vegetativas formam uma expansão, um "enxame", que apresenta comportamento organizado, atuando como uma única entidade coordenada, em resposta a estímulos ambientais.

Quando ocorre exaustão dos nutrientes no ambiente, as células vegetativas das mixobactérias começam a migrar umas em direção das outras, agregando-se e formando montículos ou pilhas (Figura 14.47). Essa agregação é, provavelmente, mediada por respostas quimiotática ou de *quorum sensing* (sensor de *quorum*) (⇄ Seções 7.8 e 7.9). À medida que as massas de células tornam-se mais elevadas, começam a diferenciar-se em corpos de frutificação, contendo *mixósporos*. Os mixósporos são células especializadas resistentes a dessecação, radiação ultravioleta e calor, embora em grau muito menor que os endósporos bacterianos (⇄ Seção 2.16). Os corpos de frutificação podem ser simples, consistindo apenas em massas de mixósporos embebidos em limo, ou complexos, formados por pedúnculo e cabeça (Figura 14.48). O pedúnculo é composto por substância limosa, dentro da qual algumas células permanecem imobilizadas. A maioria das células acumula-se na cabeça do corpo de frutificação, onde diferencia-se nos mixósporos (Figura 14.44).

**MINIQUESTIONÁRIO**

- Quais condições ambientes desencadeiam a formação do corpo de frutificação nas mixobactérias?
- Quais são as diferentes estratégias utilizadas por espécies de *Myxococcus* e *Bdellovibrio* para matar suas presas?

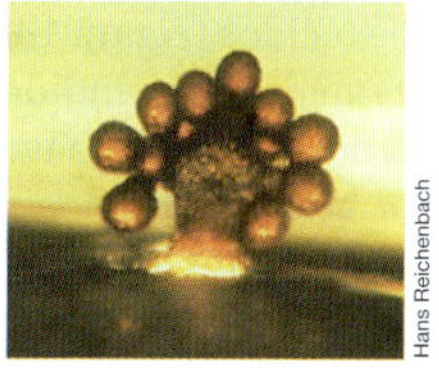


(a)

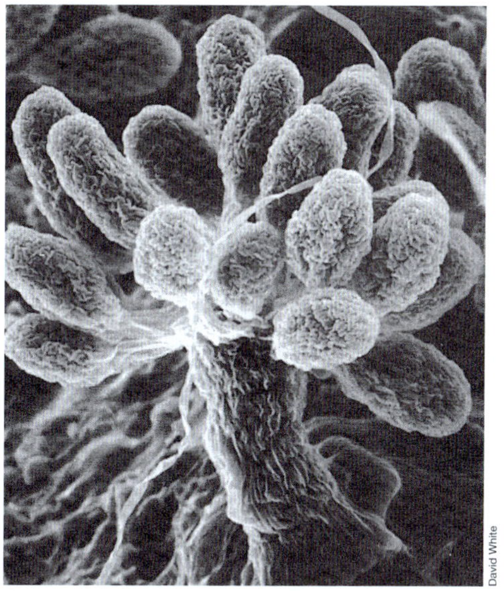


(b)

**Figura 14.48 *Stigmatella aurantiaca*.** *(a)* Fotografia colorida de um único corpo de frutificação. A cor do corpo de frutificação é decorrente da produção de pigmentos carotenoides glicosilados. A estrutura possui aproximadamente 150 μm de altura. *(b)* Micrografia eletrônica de varredura de um corpo de frutificação crescendo em um pedaço de madeira. Observe as células individuais visíveis em cada corpo de frutificação.

# VI • Diversidade morfológica das bactérias

## 14.20 Espiroquetas e espirilos

**Gêneros principais:** *Spirochaeta, Treponema, Cristispira, Leptospira, Borrelia*

As **espiroquetas** são bactérias singulares, classificadas no filo Spirochaetes. São bactérias gram-negativas, móveis, intensamente espiraladas, geralmente delgadas e flexíveis (Figura 14.49). Encontram-se amplamente disseminadas em ambientes aquáticos e em animais. Algumas causam doenças, inclusive a sífilis, uma importante doença humana sexualmente transmissível (⇄ Seção 29.12). As espiroquetas são classificadas em 8 gêneros (Tabela 14.3), principalmente com base em seu hábitat, patogenicidade, filogenia e em suas características morfológicas e fisiológicas.

Essas bactérias exibem uma forma incomum de motilidade impulsionada por sua morfologia também incomum. As espiroquetas possuem *endoflagelos*, semelhantes aos flagelos comuns, mas que se localizam no periplasma das células (**Figura 14.50**). Os endoflagelos estão ancorados nas extremidades da célula e estendem-se ao longo de todo o seu comprimento. Os endoflagelos e o cilindro protoplasmático são circundados por uma membrana flexível denominada *bainha externa* (Figura 14.50*b*). Os endoflagelos giram da mesma forma que os flagelos bacterianos típicos. No entanto, quando ambos os endoflagelos giram em uma mesma direção, o cilindro protoplasmático gira na direção oposta, aplicando uma torção na célula (Figura 14.50*b*). Essa torção permite que a célula da espiroqueta se flexione, resultando em um movimento semelhante ao de um saca-rolhas, que permite que estas células atravessem materiais viscosos e tecidos (Figura 14.50*b*).

As espiroquetas são frequentemente confundidas com os espirilos. **Espirilos** são células em forma de bastonetes helicoidais, geralmente móveis por ação de flagelos polares (**Figura 14.51**). A palavra *espirilo* refere-se a um formato celular amplamente disseminado em *Bacteria* e *Archaea*. O número de espirais em uma única célula pode variar de menos de uma completa (nestes casos o organismo assemelha-se a um vibrião) a até muitas espirais. Espirilos que dividem-se por fissão binária em sua porção terminal, tais como a cianobactéria *Spirulina* (Figura 14.5), podem originar longos filamentos helicoidais, que superficialmente assemelham-se a espiroquetas. Os espirilos, no entanto, não possuem bainha externa, endoflagelos e o movimento semelhante a saca-rolhas, apresentados nas espiroquetas. Além disso, os espirilos são células normalmente bastante rígidas, enquanto as espiroquetas são altamente flexíveis e delgadas (< 0,5 μm).

### *Spirochaeta* e *Cristispira*

O gênero *Spirochaeta* inclui espiroquetas de vida livre, anaeróbios e anaeróbios facultativos. Estes organismos, dos quais muitas espécies são conhecidas, são comuns em ambientes aquáticos, como água doce e sedimentos, e também em oceanos. *Spirochaeta plicatilis* (Figura 14.49*b*) é uma espiroqueta relativamente grande, encontrada em hábitats de água doce e marinha contendo $H_2S$. Os cerca de 20 endoflagelos inseridos em cada extremidade de *S. plicatilis* arranjam-se em um feixe, que se enrola ao redor do cilindro protoplasmático espiralado. Outra espécie, *Spirochaeta stenostrepta* (Figura 14.49*a*), é um anaeróbio obrigatório, comumente encontrado em lamas negras ricas em $H_2S$. Ele fermenta açúcares a etanol, acetato, lactato, $CO_2$ e $H_2$.

*Cristispira* (**Figura 14.52**) é um gênero singular, que contém espiroquetas encontradas somente no estilete cristalino de certos moluscos, como mariscos e ostras. O estilete cristalino é um bastão flexível, semissólido, alocado em uma bolsa, que movimenta-se contra uma superfície rígida do trato digestivo, misturando e triturando as pequenas partículas de alimentos ingeridas pelo animal. *Cristispira* pode ser encontrado em moluscos marinhos e de água doce, mas não em todas as espécies de moluscos. Infelizmente, *Cristispira* não foi ainda cultivado, e por isso a razão fisiológica para sua restrição a esse hábitat peculiar não é conhecida.

**Tabela 14.3 Gêneros de espiroquetas e suas características**

| *Gênero* | *Dimensões (μm)* | *Características gerais* | *Número de endoflagelos* | *Hábitat* | *Doenças* |
|---|---|---|---|---|---|
| *Cristispira* | 30-150 × 0,5-3,0 | 3-10 espirais completas; feixe de endoflagelos, visíveis por microscopia de contraste de fase | >100 | Trato digestório de moluscos; ainda não cultivado | Nenhuma conhecida |
| *Spirochaeta* | 5-250 × 0,2-0,75 | Anaeróbio ou anaeróbio facultativo; espirais compactas ou frouxas | 2-40 | Aquático, de vida livre, água doce e marinha | Nenhuma conhecida |
| *Treponema* | 5-15 × 0,1-0,4 | Microaerófilo ou anaeróbio; helicoidal ou espiral plana, com amplitude de até 0,5 μm | 2-32 | Comensal ou parasita de seres humanos e outros animais | Sífilis, bouba, disenteria suína, pinta |
| *Borrelia* | 8-30 × 0,2-0,5 | Microaerófilo; 5-7 espirais com amplitude de aproximadamente 1 μm | 7-20 | Seres humanos e outros mamíferos, artrópodes | Febre recorrente, doença de Lyme, borreliose de ovinos e bovinos |
| *Leptospira* | 6-20 × 0,1 | Aeróbio, intensamente espiralado, com extremidades fletidas ou em gancho; requer ácidos graxos de cadeia longa | 2 | De vida livre ou parasitas de seres humanos e outros mamíferos | Leptospirose |
| *Leptonema* | 6-20 × 0,1 | Aeróbio; não requer ácidos graxos de cadeia longa | 2 | Vida livre | Nenhuma conhecida |
| *Brachyspira* | 7-10 × 0,35-0,45 | Anaeróbio | 8-28 | Intestino de animais endotérmicos | Causa diarreia em galinhas e suínos |
| *Brevinema* | 4-5 × 0,2-0,3 | Microaerófilo, pela análise da sequência do RNAr 16S, constitui um ramo precoce na linhagem espiroqueta | 2 | Sangue e tecidos de camundongos e musaranhos | Infeccioso para camundongos de laboratório |

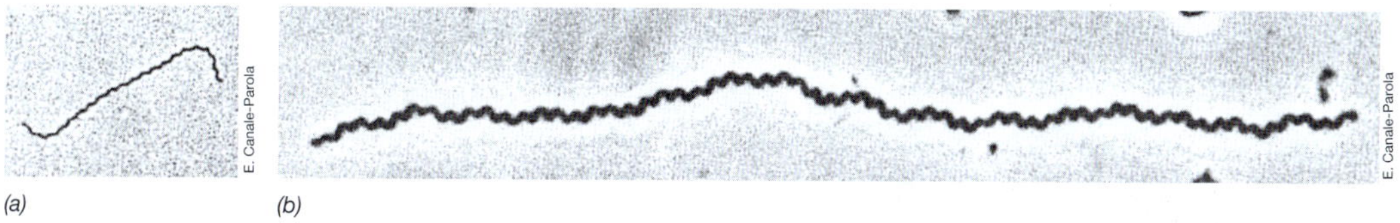


**Figura 14.49 Morfologia das espiroquetas.** Duas espiroquetas, observadas com o mesmo aumento, ilustrando a grande variedade de tamanhos desse grupo. *(a) Spirochaeta stenostrepta*, em microscopia de contraste de fase. Uma célula individual possui aproximadamente 0,25 μm de diâmetro. *(b) Spirochaeta plicatilis*. Uma célula individual possui aproximadamente 0,75 μm de diâmetro, podendo atingir 250 μm (0,25 mm) de comprimento.

## *Treponema* e *Borrelia*

As espiroquetas anaeróbias, associadas a hospedeiros, comensais ou patógenos de seres humanos e animais, são classificadas no gênero *Treponema*. *Treponema pallidum*, o agente etiológico da sífilis (⇄ Seção 29.12), é a espécie mais conhecida de *Treponema*. Este gênero difere de outras espiroquetas por não possuir célula helicoidal, mas sim achatada e ondulada. A célula de *T. pallidum* é extremamente delgada, com diâmetro aproximado de somente 0,2 μm. Por isso, a microscopia de campo escuro há muito tempo tem sido empregada no exame de exsudatos de prováveis lesões sifilíticas (⇄ Figura 29.37).

Outras espécies do gênero *Treponema* são frequentemente encontradas como comensais de seres humanos e de outros animais. Por exemplo, *Treponema denticola* é um organismo comum na cavidade oral humana, e pode ser associado a doenças gengivais. Esta espécie fermenta aminoácidos, como cisteína e serina, originando acetato, como principal ácido da fermentação, além de $CO_2$, $NH_3$ e $H_2S$. Espiroquetas são comumente encontradas também no rúmen, o órgão digestivo de animais ruminantes (⇄ Seção 22.7). Por exemplo, *Treponema saccharophilum* (**Figura 14.53**) é uma espiroqueta grande, pectinolítica, encontrada no rúmen bovino, onde fermenta pectina, amido, inulina e outros polissacarídeos de origem vegetal. *Treponema primitia* é uma espécie encontrada na porção terminal do intestino de alguns cupins. Neste hábitat, a fermentação da celulose gera $H_2$ e $CO_2$. *T. primitia* é um acetogênico (⇄ Seção 13.19) que cresce utilizando $H_2$ e $CO_2$, formando acetato, que é um importante componente da nutrição do inseto hospedeiro. *Treponema azotonutricium* é também um treponema encontrado no intestino dos cupins, capaz de fixar nitrogênio (⇄ Seção 3.17).

A maioria das espécies do gênero *Borrelia* são patógenas de animais ou seres humanos. *Borrelia burgdorferi* (Figura 14.53*b*) é o agente etiológico da *doença de Lyme*, transmitida por carrapatos, que acomete seres humanos e outros animais (⇄ Seção 30.4). *B. burgdorferi* também desperta interesse, pois é uma das poucas espécies de bactéria que possui um cromossomo linear (em vez de circular) (⇄ Seções 4.3 e 6.4). Outras espécies de *Borrelia* possuem

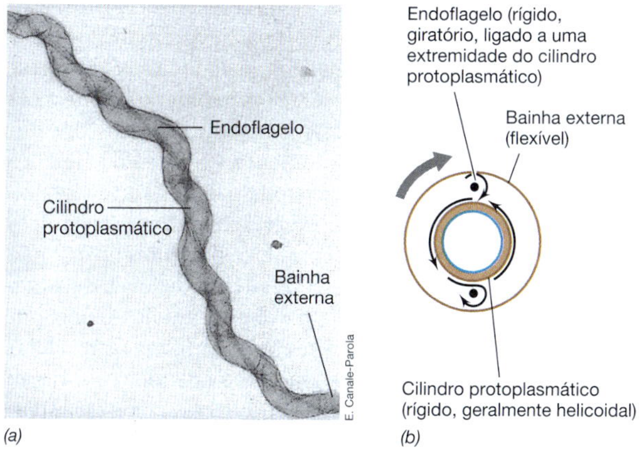


**Figura 14.50 Motilidade de espiroquetas.** *(a)* Micrografia eletrônica de uma preparação corada negativamente de *Spirochaeta zuelzerae*, indicando o posicionamento do endoflagelo. Uma célula possui aproximadamente 0,3 μm de diâmetro. *(b)* Diagrama de uma célula de espiroqueta, mostrando a disposição do cilindro protoplasmático, dos endoflagelos e da bainha externa, e como a rotação do endoflagelo induz a rotação tanto do cilindro protoplasmático quanto da bainha externa.

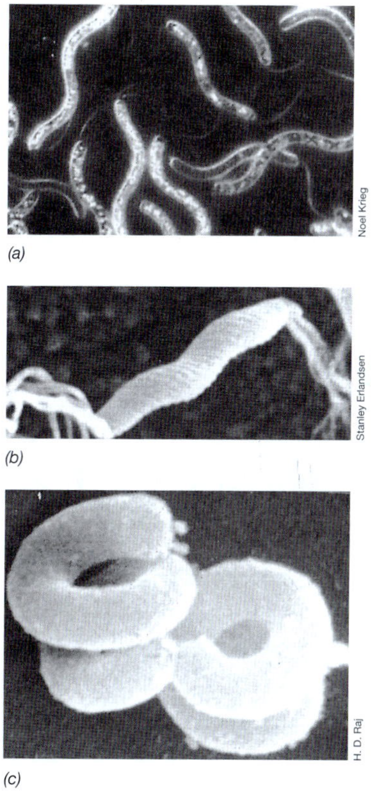


**Figura 14.51 Espirilos.** *(a) Spirillum volutans*, visualizados por meio de microscopia de campo escuro, mostrando os feixes de flagelos e grânulos de volutina (polifosfato). As células possuem aproximadamente 1,5 × 25 μm. *(b)* Micrografia eletrônica de varredura de um espirilo intestinal. Observe os tufos de flagelos polares e a estrutura espiralada da superfície celular. *(c)* Micrografia eletrônica de varredura de células de *Ancyclobacter aquaticus*. As células possuem aproximadamente 0,5 μm de diâmetro.

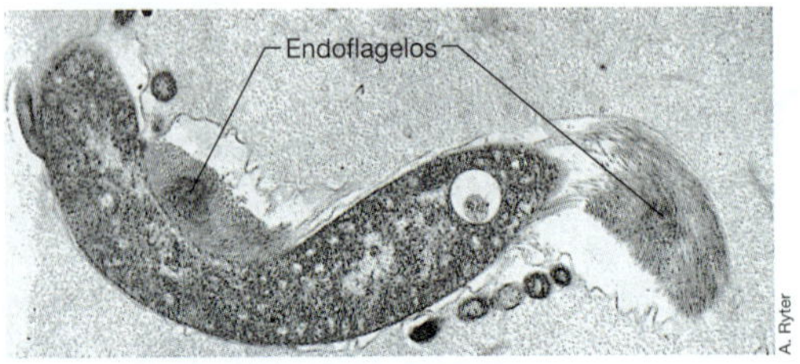


**Figura 14.52** ***Cristispira.*** Micrografia eletrônica de uma secção fina de uma célula de *Cristispira*. Esta grande espiroqueta possui aproximadamente 2 μm de diâmetro. Observe os inúmeros endoflagelos.

importância principalmente veterinária, causando doenças em bovinos, ovinos, equinos e também em aves. Na maioria dos casos, a bactéria é transmitida ao hospedeiro animal pela picada de um carrapato.

### *Leptospira* e *Leptonema*

Os gêneros *Leptospira* e *Leptonema* contêm espiroquetas aeróbias estritas, que oxidam ácidos graxos de cadeia longa (p. ex., o ácido graxo $C_{18}$ ácido oleico) como doadores de elétrons e fontes de carbono. Com raras exceções, estes são os únicos substratos utilizados em seu crescimento. A célula de leptospira é delgada, finamente espiralada, sendo geralmente dobrada em cada extremidade, formando um gancho semicircular. Atualmente, são conhecidas várias espécies desse grupo, sendo algumas de vida livre e muitas parasitas. Duas das principais espécies de *Leptospira* são *Leptospira interrogans* (parasita) e *L. biflexa* (de vida livre). Linhagens de *L. interrogans* são parasitas de seres humanos e outros animais. Os roedores são hospedeiros naturais da maioria das leptospiras, embora cães e porcos também sejam importantes portadores de certas linhagens.

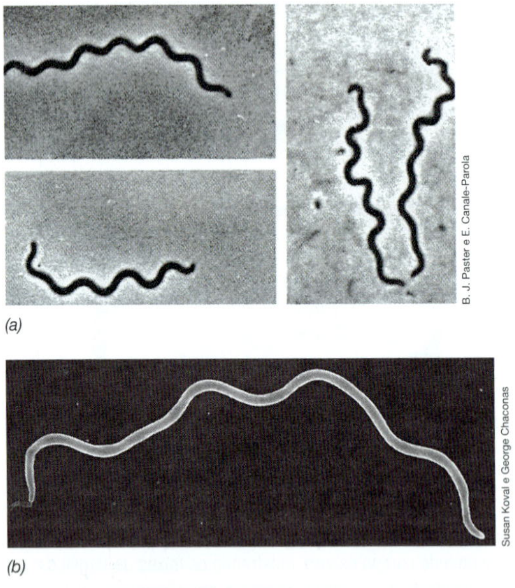


**Figura 14.53** ***Treponema* e *Borrelia*.** *(a)* Fotomicrografias de contraste de fase de *Treponema saccharophilum*, uma grande espiroqueta pectinolítica de rúmen bovino. Uma célula possui aproximadamente 0,4 μm de diâmetro. À esquerda, células espiraladas de forma regular; à direita, células irregularmente espiraladas. *(b)* Micrografia eletrônica de varredura de *Borrelia burgdorferi*, o agente etiológico da doença de Lyme.

A síndrome mais comum causada por leptospiras em seres humanos é a *leptospirose*, uma enfermidade em que o organismo aloja-se nos rins, podendo levar o hospedeiro à falência renal e à morte. As leptospiras geralmente penetram no corpo humano pelas membranas mucosas ou a partir de rupturas na pele durante contato com animais infectados. Após a multiplicação transiente em várias partes do corpo, o organismo aloja-se nos rins e no fígado, causando nefrite e icterícia. Animais domésticos, como cães, podem ser vacinados contra a leptospirose com uma linhagem virulenta morta, presente na vacina combinada contra a cinomose-leptospirose-hepatite.

**MINIQUESTIONÁRIO**

- Quais são as principais diferenças entre espiroquetas e espirilos?
- Determine duas doenças humanas causadas por espiroquetas.

## 14.21 Bactérias com brotamento e prosteca/pedúnculo

**Gêneros principais:** *Hyphomicrobium, Caulobacter*

O crescimento da maioria das bactérias é relacionado com a divisão celular pelo já bem conhecido processo de fissão binária (Seção 5.1). Nesta seção, serão analisados organismos que crescem e dividem-se por meio de processos diferentes, incluindo brotamento e formação de apêndices. Espécies capazes de realizar estes processos geralmente possuem ciclos de vida também diferentes das demais bactérias.

### Divisão por brotamento

Bactérias com brotamento dividem-se como resultado de um crescimento celular desigual. Contrariamente à fissão binária, que resulta na formação de duas células equivalentes (Figura 5.1), a divisão celular em bactérias pedunculadas ou com brotamento forma uma célula-filha totalmente nova, com a célula-mãe mantendo sua identidade original (**Figura 14.54**).

Uma diferença fundamental entre essas bactérias e as bactérias que se dividem por fissão binária refere-se à formação de material de parede celular novo a partir de um único ponto (crescimento polar), em vez de ao longo de toda a célula (crescimento intercalar), como ocorre na fissão binária (Seções 5.1-5.4). Vários gêneros de bactérias normalmente não consideradas como bactérias com brotamento exibem crescimento polar sem a diferenciação de tamanho celular (Figura 14.54). Uma importante consequência do crescimento polar é o fato de estruturas internas, como complexos membranosos, não estarem envolvidas no processo de divisão celular, devendo ser formados *de novo*. No entanto, isso é vantajoso, pois podem formar-se mais estruturas internas complexas em células com brotamento do que em células que se dividem por fissão binária, uma vez que estas últimas devem repartir essas estruturas entre as duas células-filhas em formação. Não por acaso, várias bactérias com brotamento, particularmente espécies fototróficas e quimiolitotróficas, contêm extensos sistemas de membranas internas.

### Bactérias com brotamento: *Hyphomicrobium*

Duas bactérias com brotamento bastante estudadas são alfaproteobactérias estreitamente relacionadas do ponto de vista filogenético: *Hyphomicrobium*, que é quimiorganotrófica, e

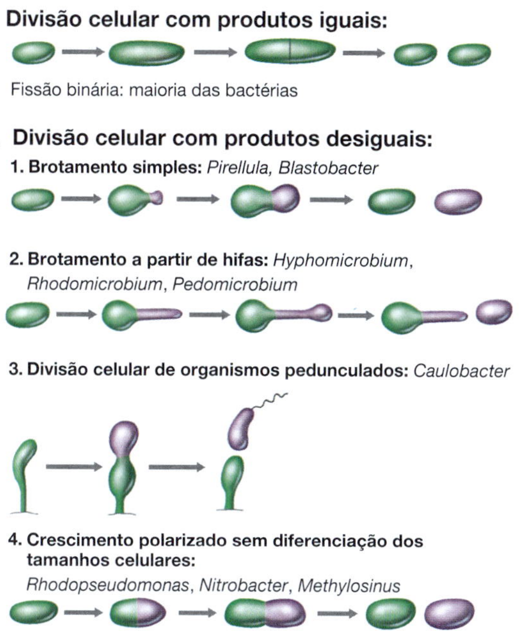


**Figura 14.54** **Divisão celular em diferentes tipos de bactérias.** Diferença entre a divisão celular em bactérias convencionais e em diferentes bactérias com brotamento e pedunculadas.

*Rhodomicrobium*, uma fototrófica. Esses organismos liberam brotos a partir das extremidades de hifas longas e finas. A hifa é uma extensão celular direta da célula-mãe, contendo parede celular, membrana citoplasmática, ribossomos e, ocasionalmente, DNA.

O processo de reprodução em *Hyphomicrobium* é ilustrado na **Figura 14.55**. A célula-mãe, geralmente ligada a um substrato sólido pela base, forma uma fina protuberância que se alonga, tornando-se uma hifa. Na extremidade da hifa forma-se um broto. Esse broto aumenta, forma um flagelo, desprende-se da célula-mãe e afasta-se por meio de movimentos natatórios. Posteriormente, a célula-filha perde seu flagelo e, após um período de maturação, forma também uma hifa e brotos. Mais brotos podem ainda ser formados na ponta da hifa da célula-mãe, originando um conjunto de células conectadas pelas hifas. Em alguns casos, um broto começa a formar-se diretamente a partir da célula-mãe, sem ocorrer a formação de uma hifa, enquanto, em outros casos, uma única célula forma hifas a partir de cada extremidade (**Figura 14.56**). Os eventos de replicação no nucleoide ocorrem antes do surgimento dos brotos e, quando estes finalmente são formados, uma cópia dos cromossomos da célula-mãe desloca-se por meio da hifa até dos brotos. Forma-se, então, um septo transversal, separando o broto ainda em desenvolvimento da hifa e da célula-mãe (Figura 14.55).

Fisiologicamente, *Hyphomicrobium* é uma bactéria metilotrófica (Seção 14.17) amplamente disseminada em hábitats de água doce, marinhos e terrestres. As fontes preferenciais de carbono são compostos do tipo $C_1$, como metanol ($CH_3OH$), metil-amina ($CH_3NH_2$), formaldeído ($CH_2O$) e formato ($HCOO^-$). Culturas de enriquecimento específicas para *Hyphomicrobium* podem ser preparadas utilizando-se $CH_3OH$ como doador de elétrons e nitrato ($NO_3^-$) como aceptor de elétrons, em um meio diluído e incubado em condições anóxicas.

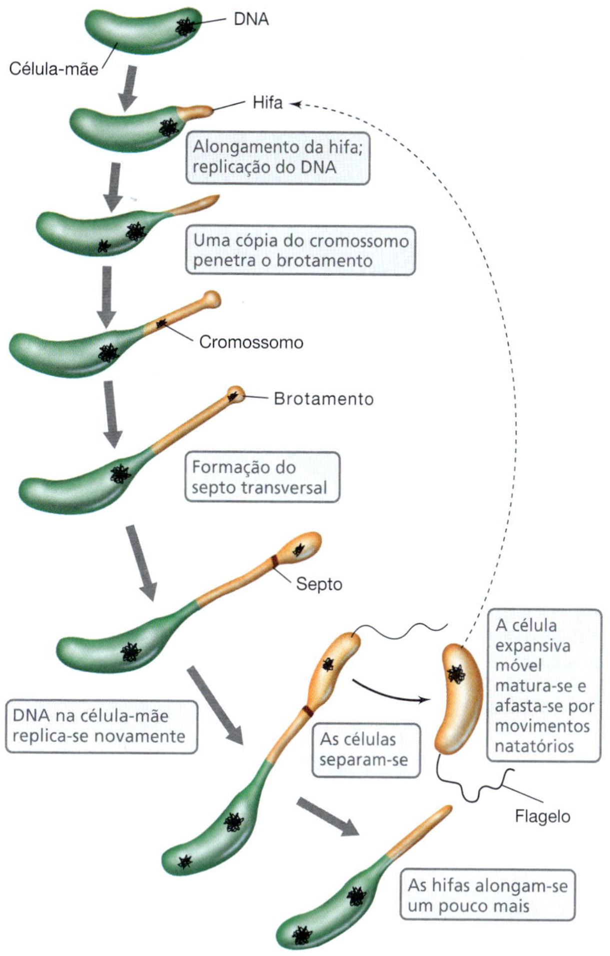


**Figura 14.55** **Estágios do ciclo celular de *Hyphomicrobium*.** O cromossomo único de *Hyphomicrobium* é circular.

As únicas bactérias desnitrificantes de crescimento rápido conhecidas que utilizam $CH_3OH$ como doador de elétrons são as *Hyphomicrobium*, portanto este procedimento permite a seleção deste organismo a partir de uma ampla variedade de ambientes.

## Bactérias com prosteca e pedúnculo

Uma grande variedade de bactérias é capaz de produzir extrusões citoplasmáticas, incluindo *pedúnculos* (**Figura 14.57**), *hifas* e *apêndices* (**Tabela 14.4**). Extrusões desse tipo, com diâmetro menor que o de uma célula madura e dotadas de citoplasma e parede celular, são coletivamente chamadas de **prostecas** (**Figura 14.58**). As prostecas permitem ao organismo aderir à matéria particulada, material vegetal ou a outros microrganismos em ambientes aquáticos. Além disso, também podem ser usadas para aumentar a razão superfície-volume das células. Lembre-se que a elevada razão superfície-volume de células procarióticas confere a elas um aumento na capacidade de captar nutrientes e expelir dejetos (Seção 2.6). A morfologia incomum das bactérias apendiculadas (Figura 14.58) as favorece intensamente nesse aspecto, podendo ser uma adaptação evolutiva para a vida em águas oligotróficas (pobre em nutrientes), onde esses organismos geralmente são encontrados.

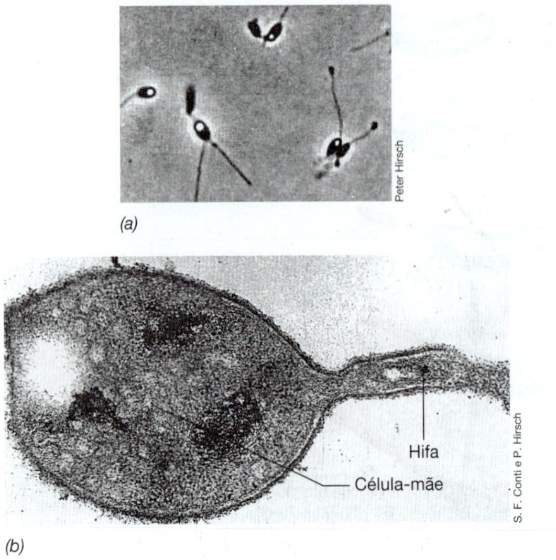


**Figura 14.56** **Morfologia de *Hyphomicrobium*.** *(a)* Micrografia de contraste de fase de células de *Hyphomicrobium*. As células possuem aproximadamente 0,7 μm de largura. *(b)* Micrografia eletrônica de uma secção fina de uma única célula de *Hyphomicrobium*. A hifa possui aproximadamente 0,2 μm de largura.

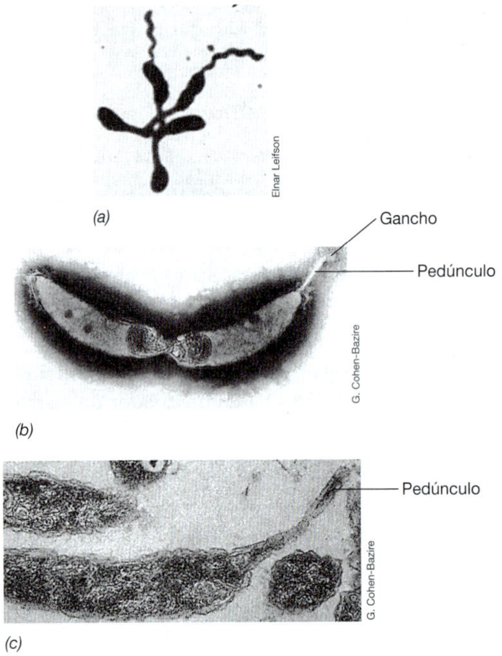


**Figura 14.57** **Bactérias pedunculadas.** *(a)* Uma roseta de *Caulobacter*. Uma única célula possui aproximadamente 0,5 μm de largura. As 5 células estão ligadas por seus pedúnculos (prostecas). Duas células dividiram-se e as células-filhas formaram flagelos. *(b)* Preparação corada negativamente de uma célula de *Caulobacter* em divisão. *(c)* Uma secção fina de *Caulobacter*, evidenciando que constituintes citoplasmáticos estão presentes no pedúnculo. As partes *b* e *c* são micrografias eletrônicas.

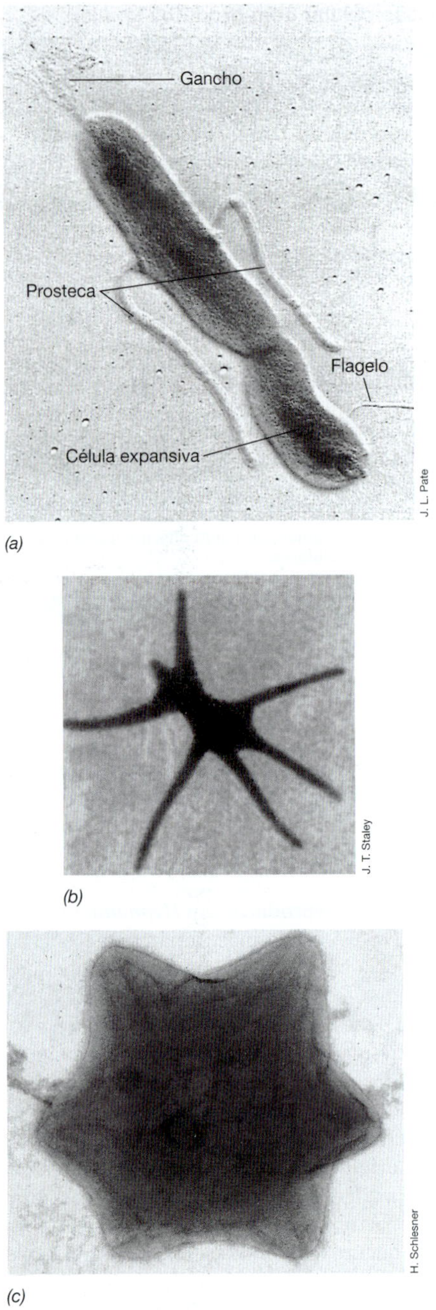


**Figura14.58** **Bactérias comprosteca.** *(a)* Micrografia eletrônica de uma preparação do tipo "*shadow-cast*" de *Asticcacaulis biprosthecum*, ilustrando a localização e arranjo das prostecas, o gancho e a célula expansiva. Esta última irá se separar da célula-mãe e começar um novo ciclo celular. As células possuem aproximadamente 0,6 μm de largura. *(b)* Micrografia eletrônica corada negativamente de uma célula de *Ancalomicrobium adetum*. As prostecas são revestidas pela parede celular, possuem citoplasma e têm aproximadamente 0,2 μm de diâmetro. *(c)* Micrografia eletrônica da bactéria em forma de estrela *Stella*. As células possuem aproximadamente 0,8 μm de diâmetro.

**Tabela 14.4** Características dos principais gêneros de bactérias pedunculadas, apendiculadas (com prostecas) e com brotamento

| *Características* | *Gênero* | *Grupo filogenético*[a] |
|---|---|---|
| Bactérias pedunculadas: | | |
| Pedúnculo como extensão citoplasmática e envolvido na divisão celular | *Caulobacter* | Alpha |
| Células fusiformes, com pedúnculo | *Prosthecobacter* | Verrucomicrobiaceae[b] |
| Células com pedúnculo, sendo ele um produto de excreção, não contendo citoplasma: | | |
| Pedúnculo com depósitos de ferro, célula vibrioide | *Gallionella* | Beta |
| Pedúnculo gelatinoso, excretado lateralmente, sem depósitos de ferro | *Nevskia* | Gama |
| Bactérias apendiculadas (com prosteca): | | |
| Prosteca única ou dupla | *Asticcacaulis* | Alpha |
| Prostecas múltiplas: | | |
| Prosteca curta, multiplicação por fissão, algumas com vesículas de gás | *Prosthecomicrobium* | Alpha |
| Células planas, em forma de estrela, algumas com vesículas de gás | *Stella* | Alpha |
| Prosteca longa, multiplicação por brotamento, algumas com vesículas de gás | *Ancalomicrobium* | Alpha |
| Bactérias com brotamento: | | |
| Fototróficas, produzem hifas | *Rhodomicrobium* | Alpha |
| Fototróficas, brotamento sem hifas | *Rhodopseudomonas* | Alpha |
| Quimiorganotróficas, células bacilares | *Blastobacter* | Alpha |
| Quimiorganotróficas, com brotamento nas extremidades de hifas delgadas: | | |
| Hifa única a partir da célula parental | *Hyphomicrobium* | Alpha |
| Hifas múltiplas a partir da célula parental | *Pedomicrobium* | Alpha |

[a]Todas, exceto *Prosthecobacter*, são *Proteobacteria*.
[b]Ver Seção 15.17.

Outra função das prostecas pode ser a diminuição da taxa de sedimentação celular em ambientes aquáticos. Pelo fato de esses organismos serem aquáticos e de metabolismo aeróbio, as prostecas podem evitar que as células afundem até regiões anóxicas nestes ambientes, onde estariam impossibilitadas de respirar.

## *Caulobacter*

Duas bactérias pedunculadas comuns são *Caulobacter* (Figura 14.57) e *Gallionella* (Figura 14.36). A primeira é quimiorganotrófica e forma um pedúnculo preenchido por citoplasma, isto é, uma prosteca, enquanto a última é uma bactéria quimiolitotrófica oxidante de ferro, cujo pedúnculo é composto por hidróxido férrico [$Fe(OH)_3$] (Seção 14.15). Células de *Caulobacter* frequentemente podem ser observadas na superfície de ambientes aquáticos, com os pedúnculos de várias células ligados, formando *rosetas* (Figura 14.57*a*). Na extremidade do pedúnculo há uma estrutura denominada *gancho*, por meio do qual o pedúnculo liga a célula a uma superfície.

O ciclo da divisão celular de *Caulobacter* (**Figura 14.59**; Seção 7.12 e Figura 7.26) é singular, por envolver um processo de fissão binária desigual. A divisão de uma célula pedunculada de *Caulobacter* ocorre pelo alongamento da célula, seguido da fissão, formando-se um flagelo único no polo oposto ao pedúnculo. A célula flagelada assim formada, denominada *expansiva*, separa-se da célula-mãe não flagelada e, eventualmente, liga-se a uma nova superfície, formando um novo pedúnculo no polo flagelado; em seguida, o flagelo é perdido. A formação do pedúnculo é um precursor necessário à divisão celular, sendo coordenada com a síntese de DNA (Figura 14.59). O ciclo de divisão celular de *Caulobacter* é, dessa forma, mais complexo do que a simples fissão binária ou a divisão por brotamento, uma vez que a célula com pedúnculo e a célula expansiva são estruturalmente diferentes e o ciclo de crescimento deve incluir ambas as formas.

**MINIQUESTIONÁRIO**

- Como a divisão por brotamento se difere da fissão binária? Como a fissão binária se difere do processo de divisão que ocorre em *Caulobacter*?
- Que vantagem um organismo com prosteca pode ter em um ambiente muito pobre em nutrientes?

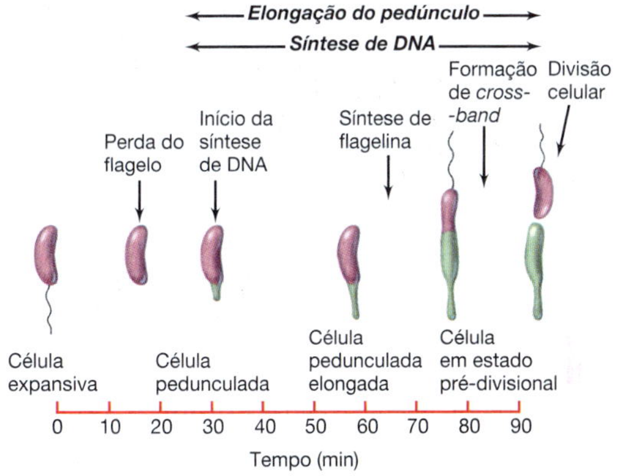


**Figura 14.59** **Crescimento de *Caulobacter*.** Estágios do ciclo celular de *Caulobacter*, iniciando com uma célula expansiva. Comparar com a Figura 7.26.

## 14.22 Bactérias com bainhas

**Gêneros principais:** *Sphaerotilus, Leptothrix*

Bactérias de diferentes filos são capazes de produzir bainhas, constituídas de polissacarídeos ou proteínas, que envolvem uma ou mais células. As bainhas frequentemente atuam unindo as células, formando assim longos filamentos multicelulares (Seções 14.3, 14.11). Algumas bactérias com bainhas, como *Sphaerotilus* e *Leptothrix*, são Betaproteobacterias dotadas de um ciclo de vida singular. Estes dois gêneros são bactérias filamentosas que crescem envoltas por bainhas. Sob condições favoráveis, ocorre o crescimento vegetativo das células, originando longas bainhas com células embaladas. Células expansivas flageladas são formadas dentro das bainhas e, sob condições de crescimento desfavoráveis, estas células são liberadas e dispersam-se a novos ambientes, abandonando a bainha vazia.

*Sphaerotilus* e *Leptothrix* são comuns em hábitats de água doce ricos em matéria orgânica, como água de rejeitos e ribeirões poluídos. Pelo fato de serem geralmente encontradas em água corrente, também são abundantes em filtros percoladores e digestores de lodo ativado em estações de tratamento de esgoto (Seção 21.6). Em hábitats onde são encontrados compostos reduzidos de ferro ($Fe^{2+}$) ou manganês ($Mn^{2+}$), as bainhas podem ser revestidas por hidróxido férrico [$Fe(OH)_3$] ou óxido de manganês, provenientes da oxidação desses metais.

### *Leptothrix*

A capacidade de *Sphaerotilus* e *Leptothrix* em precipitar óxidos de ferro em suas bainhas é um fato bem estabelecido, e quando as bainhas tornam-se incrustadas com ferro, como ocorre em águas ricas em ferro, com frequência podem ser visualizadas ao microscópio (**Figura 14.60**). Os precipitados de ferro são formados quando o ferro ferroso ($Fe^{2+}$), quelado a compostos orgânicos como ácido húmico ou tânico, é oxidado. Essas bactérias quimiorganotróficas utilizam estes compostos orgânicos como fonte de carbono ou energia, e então o ferro ferroso, agora não mais quelado, é oxidado e precipita-se na bainha. A oxidação do ferro ocorre de maneira fortuita e, embora estes organismos sejam intimamente relacionados com os oxidantes de ferro dissimilativos (Seção 14.15), eles não obtêm energia desta oxidação. De forma semelhante, *Leptothrix* também é capaz de oxidar manganês.

### *Sphaerotilus*

O filamento de *Sphaerotilus* é composto por uma cadeia de células bacilares, envolvidas por uma bainha justa. Essa estrutura fina e transparente é de difícil visualização quando preenchida por células, mas pode ser observada mais facilmente quando está parcialmente vazia (**Figura 14.61*a***). As células individuais possuem 1 a 2 × 3 a 8 μm, corando-se negativamente pela coloração de Gram. As células no interior da bainha (Figura 14.61*b*) dividem-se por fissão binária, e as novas células sintetizam material da bainha novo na extremidade dos filamentos. Eventualmente, células expansivas são liberadas das bainhas (Figura 14.61*c*), migram, ligam-se a uma superfície sólida e começam a crescer, sendo cada célula expansiva o precursor de um novo filamento. A bainha, desprovida de peptideoglicano, consiste em proteína e polissacarídeo.

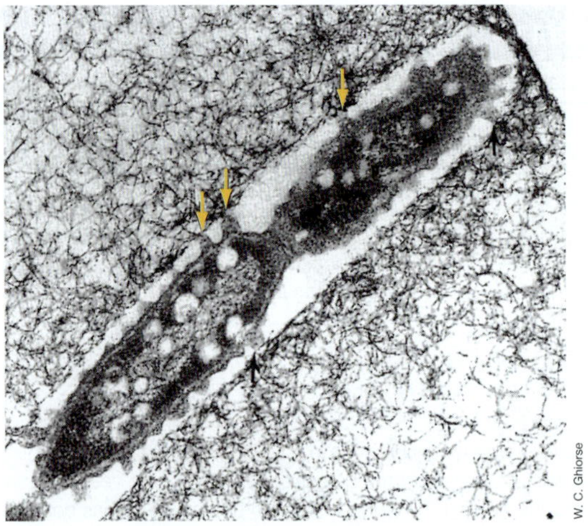


**Figura 14.60** ***Leptothrix* e a precipitação de ferro.** Micrografia eletrônica de transmissão de uma secção fina de *Leptothrix*, em uma amostra de um filme de ferromanganês de um pântano de Ithaca, Nova York. Uma única célula possui aproximadamente 0,9 μm de diâmetro. Observe as protuberâncias do envoltório celular, as quais mantêm contato com a bainha (setas).

Culturas de *Sphaerotilus* são nutricionalmente versáteis, e utilizam compostos orgânicos simples como fontes de carbono e energia. *Sphaerotilus* é aeróbio estrito, o que condiz com seu hábitat de águas correntes. Grandes massas (florescimentos) desta bactéria ocorrem com frequência no outono em ribeirões e córregos, quando a decomposição de folhas promove um aumento temporário no conteúdo orgânico da água. Além disso, seus filamentos são o principal componente de um complexo microbiano referido pelos engenheiros sanitaristas como "fungo de esgoto", um limo filamentoso encontrado em rochas de ribeirões que recebem poluentes de esgotos. Em lodo ativado de estações de tratamento de esgoto (Seção 21.6), *Sphaerotilus* muitas vezes é responsável por uma condição denominada *formação de massas*, onde filamentos entrelaçados de *Sphaerotilus* aumentam de tal forma a massa de lodo que impedem sua sedimentação adequada. Esse fato tem efeito negativo na oxidação de matéria orgânica e na reciclagem de nutrientes inorgânicos, provocando altas taxas de nitrogênio e carbono nas descargas das estações de tratamento.

**MINIQUESTIONÁRIO**

- Descreva o crescimento de uma bactéria com bainha, como a *Sphaerotilus*.
- Enumere dois metais que são oxidados pelas bactérias com bainha.

## 14.23 Bactérias magnéticas

**Gênero principal:** *Magnetospirillum*

Bactérias magnéticas apresentam intensa movimentação direcionada em um campo magnético, referida como *magnetotaxia*. No interior destas células, são encontradas estruturas denominadas *magnetossomos*, constituídas de magnetita ($Fe_3O_4$) e greigita ($Fe_3S_4$). Estes magnetossomos estão localizados dentro de invaginações da membrana celular, que são organizadas em uma conformação linear por meio de uma estrutura

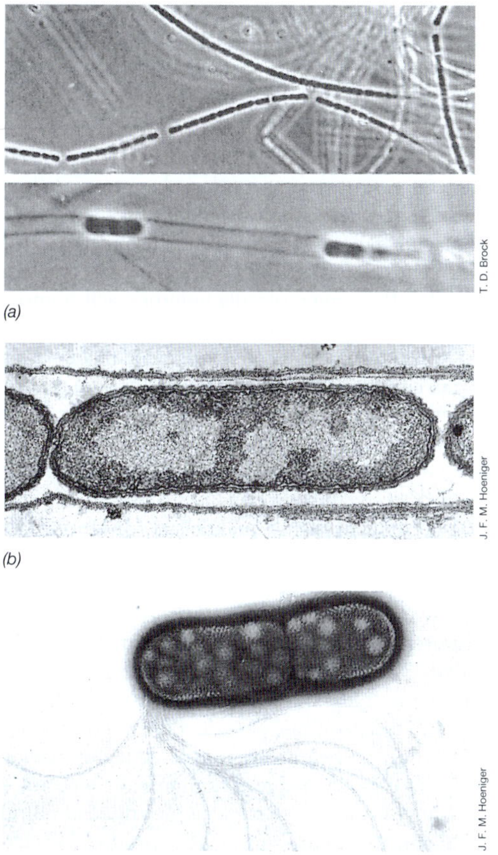


**Figura 14.61** ***Sphaerotilus natans*.** Uma única célula possui aproximadamente 2 μm de largura. *(a)* Fotomicrografias de contraste de fase de amostra coletada de um ribeirão poluído. Estágio de crescimento ativo (acima) e células expansivas deixando a bainha. *(b)* Micrografia eletrônica de uma secção fina de um filamento, mostrando claramente a bainha. *(c)* Micrografia eletrônica de uma célula expansiva corada negativamente. Observe o tufo de flagelos polares.

proteica (Seção 2.14 e Figura 2.38). Bactérias magnéticas são orientadas ao longo do momento magnético norte-sul de um campo magnético, alinhando-se paralelamente às linhas do campo, de forma semelhante a uma agulha de bússola. Estas bactérias geralmente são microaerófilas ou anaeróbias, e são encontradas com frequência na interface óxica-anóxica de sedimentos ou lagos estratificados. Os magnetossomos das espécies aeróbias geralmente contêm o mineral magnetita, enquanto os dos anaeróbios contêm exclusivamente greigita.

Embora o papel ecológico dos ímãs bacterianos ainda não esteja bem definido, é possível que a capacidade de se orientar em um campo magnético seja uma vantagem seletiva na manutenção desses organismos em zonas de baixa concentração de $O_2$. Geralmente, a concentração de $O_2$ diminui à medida que a profundidade aumenta, tanto em sedimentos quanto na coluna de água de lagos estratificados. Como o planeta Terra é esférico, as linhas de seu campo magnético possuem um forte componente vertical nos hemisférios Norte e Sul. Dessa forma, bactérias que se orientam por estas linhas são capazes de movimentar-se preferencialmente para baixo, afastando-se do $O_2$. Os magnetossomos agem como uma agulha de bússola,

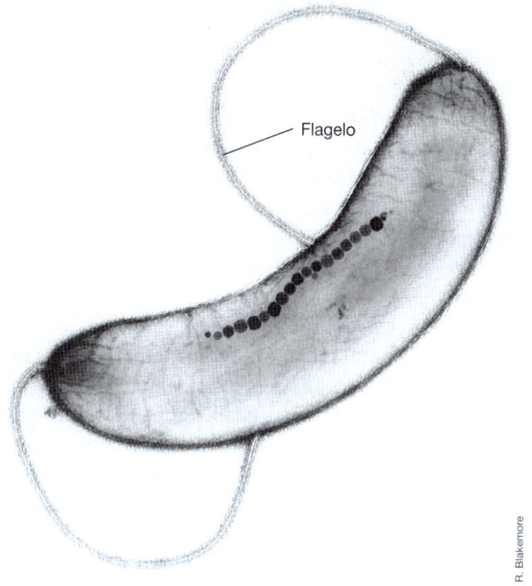


**Figura 14.62** **Um espirilo magnetotático.** Micrografia eletrônica de uma única célula de *Magnetospirillum magnetotacticum*; uma célula mede 0,3 × 2 μm. Esta bactéria contém partículas de $Fe_3O_4$ organizadas em uma cadeia.

"apontando" a direção correta para a bactéria; a rotação do flagelo, em contrapartida, é controlada por uma resposta quimiotática ao $O_2$ (Seção 2.19).

Bactérias magnéticas apresentam uma de duas polaridades magnéticas, dependendo da orientação dos magnetossomos no interior da célula. Em células encontradas no Hemisfério Norte, o polo do magnetossomo que é direcionado para o norte está voltado para frente em relação a seus flagelos e, por isso, essas células movem-se em direção ao norte (o que, no Hemisfério Norte, significa para baixo). Células localizadas no Hemisfério Sul apresentam polaridade oposta, movendo-se em direção ao sul.

A maioria das bactérias magnéticas descritas são espécies de Alphaproteobacteria, mas já foram observadas espécies de Gammaproteobacteria, Deltaproteobacteria, e do filo Nitrospirae. A espécie mais bem caracterizada é *Magnetospirillum magnetotacticum* (**Figura 14.62**), um microaerófilo quimiorganotrófico, capaz de crescer também de forma anaeróbia por meio da redução de $NO_3^-$ ou $N_2O$. Por outro lado, a espécie *Desulfovibrio magneticus* é um redutor de sulfato e um anaeróbio obrigatório. Além disso, magnetossomos já foram observados em algumas espécies de oxidantes de enxofre e também de bactérias púrpuras não sulfurosas. Estas são Deltaproteobacteria que formam agregados multicelulares de 10 a 20 células, organizadas como uma esfera oca. Enquanto se sabe que as bactérias magnetotáticas multicelulares são anaeróbios obrigatórios, as bases de seu metabolismo ainda não foram determinadas.

**MINIQUESTIONÁRIO**

- Que benefício as bactérias magnéticas obtêm por possuírem magnetossomos?
- Você esperaria encontrar greigita ou magnetita nos magnetossomos de *Desulfovibrio magneticus*?

## 14.24 Bactérias bioluminescentes

**Gêneros principais:** *Vibrio, Aliivibrio, Photobacterium*

Várias espécies de bactérias são capazes de emitir luz, um processo denominado **bioluminescência** (Figura 14.63). A maioria dessas bactérias é classificada nos gêneros *Photobacterium, Aliivibrio* e *Vibrio*, porém algumas poucas espécies luminosas são também encontradas em *Shewanella*, um gênero de bactérias principalmente marinhas, assim como em *Photorhabdus* (⇄ Capítulo 7), um gênero de bactérias terrestres (todas de Gammaproteobacteria).

A maioria das bactérias bioluminescentes vive no ambiente marinho, e algumas espécies colonizam órgãos especiais de determinados peixes marinhos e lulas, denominados *órgãos de luz*, produzindo a luz utilizada pelo animal para sinalização, evitar predadores e atrair a presa (Figura 14.63*c-f* e ⇄ Seção 22.11). Quando vivem simbioticamente nos órgãos de luz de peixes e lulas, ou saprofiticamente, como, por exemplo, sobre a pele de peixes mortos, ou como parasitas no corpo de um crustáceo, as bactérias luminescentes podem ser reconhecidas em virtude da luz que produzem.

### Mecanismo e ecologia da bioluminescência

Embora os isolados de *Photobacterium, Aliivibrio* e *Vibrio* sejam anaeróbios facultativos, eles são bioluminescentes apenas na presença de $O_2$. A luminescência nas bactérias requer os genes *luxCDABE* (⇄ Seção 7.9), e é catalisada pela enzima *luciferase*, que utiliza $O_2$, um aldeído alifático de cadeia longa (RCHO), como o tetradecanal, e flavina mononucleotídeo reduzida ($FMNH_2$) como substratos:

$$FMNH_2 + O_2 + RCHO \xrightarrow{\text{Luciferase}} FMN + RCOOH + H_2O + \text{luz}$$

O sistema gerador de luz constitui uma rota metabólica que desvia os elétrons de $FMNH_2$ ao $O_2$ diretamente, sem o envolvimento de outros carreadores de elétrons, como quinonas e citocromos.

Em várias bactérias luminosas, a luminescência só ocorre quando as células estão em altas densidades populacionais. A enzima luciferase e outras proteínas do sistema de luminescência bacteriana apresentam uma indução responsiva à densidade populacional, denominada **autoindução**, na qual a transcrição dos genes *luxCDABE* é controlada por uma proteína reguladora, LuxR, e uma molécula indutora, acil-homosserina lactona (AHL, ⇄ Seção 7.9 e Figura 7.20). Durante o crescimento, as células produzem AHL, que pode rapidamente atravessar a membrana citoplasmática em qualquer sentido, difundindo-se para dentro e para fora das células. Em condições de alta densidade populacional de uma determinada espécie, como em um tubo de ensaio, uma colônia em uma placa (⇄ Figura 1.1) ou no órgão de luz de um peixe ou lula (⇄ Seção 22.11), ocorre o acúmulo de AHL. Somente quando sua concentração atinge determinado nível nas células, este indutor interage com LuxR, formando um complexo que ativa a transcrição de *luxCDABE;* as células então se tornam luminosas (Figura 14.58*b*). Esse mecanismo de regulação gênica é também denominado *quorum sensing* (sensor de *quorum*), devido à natureza dependente da densidade populacional desse fenômeno (⇄ Seção 7.9).

Em hábitats saprófitas, parasitas e simbióticos, a estratégia para a indução responsiva à densidade populacional da luminescência é garantir que a luminescência só irá se desenvolver quando forem alcançadas densidades populacionais altas o suficiente para tornar a luz produzida visível aos outros animais. A luz bacteriana pode então atrair animais que se alimentem do material luminoso, consequentemente

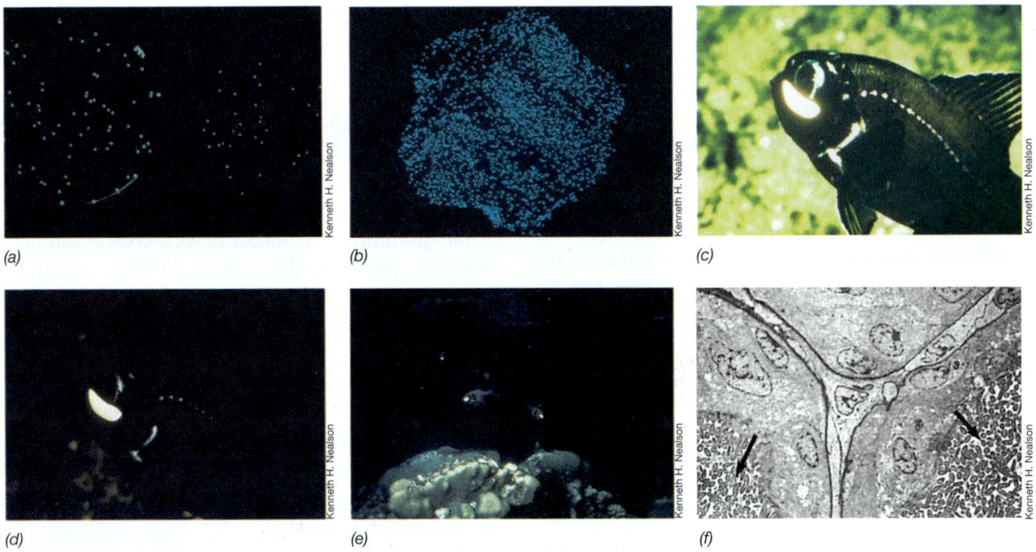


**Figura 14.63 Bactérias bioluminescentes e seu papel como simbiontes do órgão de luz no peixe lanterna.** *(a)* Duas placas de Petri contendo bactérias luminescentes, fotografadas a partir de sua própria emissão de luz. Observe as diferentes cores. À esquerda, a linhagem MJ-1 de *Aliivibrio fischeri* emitindo luz azul, e à direita, a linhagem Y-1 emitindo luz verde. *(b)* Colônias de *Photobacterium phosphoreum* fotografadas utilizando sua própria luz. *(c)* O peixe lanterna *Photoblepharon palpebratus*; a área brilhante corresponde ao órgão de luz contendo as bactérias bioluminescentes. *(d)* O mesmo peixe fotografado utilizando sua própria luz. *(e)* Fotografia submarina de *P. palpebratus*, tirada à noite. *(f)* Micrografia eletrônica de uma secção fina do órgão emissor de luz de *P. palpebratus*, revelando o denso arranjo de bactérias bioluminescentes (setas).

conduzindo as bactérias ao trato intestinal do animal, rico em nutrientes, onde elas irão crescer. De forma alternativa, o material luminoso pode atuar com fonte de luz em associações simbióticas com o órgão de luz.

*Quorum sensing* é uma forma de regulação que já foi descrita também em muitas outras bactérias não luminescentes, incluindo diversos patógenos de animais e plantas. Nessas bactérias, o *quorum sensing* controla atividades como a produção de enzimas extracelulares e a expressão de fatores de virulência, situações em que a alta densidade populacional é benéfica para as bactérias, possibilitando que elas produzam um efeito biológico.

**MINIQUESTIONÁRIO**

- Quais substratos e enzimas são necessários para que um organismo, como os *Aliivibrio*, emita luz visível?
- O que é *quorum sensing* e como ele controla a bioluminescência?



## CONCEITOS IMPORTANTES

**14.1** • Diversidade filogenética é o componente da diversidade microbiana que trata da relação evolutiva entre microrganismos. Em contrapartida, a diversidade funcional trata das diversidades de forma e função e relaciona-se com a ecologia e fisiologia microbianas. Inconsistências entre a filogenia e as características funcionais dos microrganismos podem ser resultado de perda de genes, transferência horizontal de genes e/ou convergência evolutiva.

**14.2** • Os fototróficos anoxigênicos, que não produzem oxigênio, foram os primeiros organismos fototróficos a surgir na escala evolutiva. A evolução da fotossíntese sofreu grande impacto da transferência horizontal de genes.

**14.3** • Cyanobacteria é o único filo bacteriano que contém fototróficos oxigênicos. Todas as espécies de cianobactérias são capazes de fixar $CO_2$, e muitas podem fixar $N_2$, o que torna estes organismos importantes produtores primários em muitos ecossistemas.

**14.4** • Bactérias púrpuras sulfurosas são fototróficos anoxigênicos da classe Gammaproteobacteria. Estas bactérias utilizam $H_2S$ e $S_0$ como doadores de elétrons e fixam $CO_2$ pelo ciclo de Calvin. Estes fototróficos possuem bacterioclorofilas *a* ou *b* e utilizam um fotossistema do tipo II.

**14.5** • Bactérias púrpuras não sulfurosas são fototróficos anoxigênicos das classes Alpha e Betaproteobacteria. Estes microrganismos são metabolicamente diversos, crescendo melhor como foto-heterótrofos, e podem crescer também na ausência de luz. Estes fototróficos possuem bacterioclorofila *a* ou *b* e utilizam um fotossistema do tipo II. Fototróficos anoxigênicos aeróbios também possuem um fotossistema do tipo II, mas possuem apenas a bacterioclorofila *a*.

**14.6** • Bactérias verdes sulfurosas são fototróficos anoxigênicos do filo Chlorobi. Estas bactérias utilizam $H_2S$ ou $S^0$ como doadores de elétrons, e fixam $CO_2$ pela reversão do ciclo do ácido cítrico. Estes fototróficos possuem bacterioclorofila *c, d* ou *e* (em seus clorossomos), bem como bacterioclorofila *a*, em seus centros de reação, e utilizam fotossistema do tipo I.

**14.7** • Bactérias verdes não sulfurosas são fototróficos anoxigênicos do filo Chloroflexi, e crescem melhor como foto-heterótrofos. Estes fototróficos possuem bacterioclorofila *c* em seus clorossomos (como as bactérias verdes sulfurosas) e também bacterioclorofila *a*, bem como um fotossistema do tipo II (como as bactérias púrpuras fototróficas).

**14.8** • Heliobactérias são *Firmicutes* fototróficos anoxigênicos, capazes de crescer foto-heterotroficamente ou na ausência de luz, quiomiotroficamente. Essas bactérias produzem bacterioclorofila *g* e possuem um fotossistema do tipo I. *Chloroacidobacterium thermophilum* é uma acidobactéria fototrófica anoxigênica que cresce de forma foto-heterotrófica e possui bacterioclorofilas *a* e *c*, bem como clorossomos e um fotossistema do tipo I.

**14.9** • Redutores dissimilativos de sulfato são anaeróbios obrigatórios que crescem por meio da redução de $SO_4^{2-}$, tendo $H_2$ ou compostos orgânicos simples como doadores de elétrons. A maioria dos redutores de sulfato é classificada em Deltaproteobacteria. Duas classes fisiológicas de bactérias redutoras de sulfato são conhecidas: os oxidantes completos, que oxidam acetato a $CO_2$, e os oxidantes incompletos, que não oxidam acetato a $CO_2$.

**14.10** • Redutores dissimilativos de enxofre são organismos metabolica e filogeneticamente diversos, capazes de crescer por meio da redução de $S^0$ e outros compostos oxidados de enxofre como aceptores de elétrons, mas não são capazes de reduzir $SO_4^{2-}$.

**14.11** • Quimiolitotróficos de enxofre, a maioria dos quais é classificada em Proteobacteria, oxidam $H_2S$ e outros compostos reduzidos de enxofre em seu metabolismo energético, tendo $O_2$ ou $NO_3^-$ como aceptores de elétrons, utilizando $CO_2$ ou compostos orgânicos como fontes de carbono. Estes microrganismos utilizam diversas estratégias ecológicas para conservar energia a partir de

$H_2S$ e $O_2$, substâncias que, do contrário, reagiriam entre si espontaneamente.

**14.12** • Diazotróficos são bactérias capazes de assimilar $N_2$ por meio da atividade da enzima nitrogenase. Esses organismos são metabolica e filogeneticamente diversos, e empregam uma variedade de adaptações para proteger a nitrogenase da inativação pelo contato com oxigênio.

**14.13** • Bactérias nitrificantes são quimiolitotróficos aeróbios capazes de oxidar $NH_3$ a $NO_2^-$ (neste caso, apresentando prefixo *Nitroso-*) ou $NO_2^-$ a $NO_3^-$ (neste caso, prefixo *Nitro-*). Os oxidantes de amônia são classificados em Proteobacteria ou Thaumarchaeota, enquanto os oxidantes de nitrito em Proteobacteria ou Nitrospirae. Os desnitrificantes são anaeróbios facultativos e quimiorganotróficos metabolica e filogeneticamente diversos, capazes de reduzir $NO_3^-$ aos produtos gasosos NO, $N_2O$ e $N_2$.

**14.14.** • Redutores dissimilativos de ferro reduzem aceptores de elétrons insolúveis em suas respirações anaeróbias. A maioria das espécies é capaz de crescer anaerobiamente por meio da redução do ferro férrico, utilizando $H_2$ ou compostos orgânicos simples como doadores de elétrons. Entre os gêneros mais conhecidos temos *Geobacter*, que contém exclusivamente anaeróbios obrigatórios, e *Shewanella*, que contém anaeróbios facultativos.

**14.15** • Oxidantes dissimilativos de ferro conservam energia da oxidação aeróbia do ferro ferroso. Estes organismos utilizam diversas estratégias ecológicas para lidar com a instabilidade química do ferro ferroso em ambientes óxicos de pH neutro. Oxidantes de ferro podem ser divididos em quatro grupos fisiológicos: acidófilos aeróbios, netrófilos aeróbios, quimiotróficos anaeróbios e fototróficos anaeróbios.

**14.16** • Bactérias do hidrogênio oxidam $H_2$, tendo $O_2$ como aceptor de elétrons, e fixam $CO_2$ via ciclo de Calvin. Algumas bactérias do hidrogênio, as carboxibactérias, oxidam monóxido de carbono (CO). A maioria destes microrganismos pode também crescer utilizando compostos orgânicos.

**14.17** • Metilotróficos crescem utilizando compostos orgânicos desprovidos de ligações carbono-carbono. Alguns metilotróficos são também metanotróficos, organismos capazes de catabolizar metano. A maioria dos metanotróficos são proteobactérias que possuem extensivas membranas internas e incorporam carbono pelas vias da serina ou ribulose monofosfato.

**14.18** • As bactérias do ácido acético *Acetobacter* e *Gluconobacter* são aeróbios estritos que produzem acetato a partir da oxidação de etanol, e estas bactérias ácido-tolerantes são encontradas com frequência em fluidos fermentados de bebidas alcoólicas. Acetogênicos são anaeróbios obrigatórios que utilizam a via do acetil-CoA na conservação de energia e na produção de acetato.

**14.19** • Predadores bacterianos, como *Bdellovibrio* e *Myxococcus*, consomem outros microrganismos. As mixobactérias possuem um ciclo de desenvolvimento complexo, que envolve a formação de corpos de frutificação repletos de mixósporos.

**14.20** • O filo Spirochaetes contém bactérias de formato helicoidal, que apresentam uma distinta forma de motilidade, um movimento semelhante ao de um saca-rolhas, que permite que elas atravessem materiais viscosos. Esses organismos são frequentes em hábitats anóxicos, e são os agentes etiológicos de muitas doenças humanas conhecidas, como a sífilis.

**14.21** • Bactérias com prosteca e brotamento são células apendiculadas, que formam pedúnculos ou prostecas, usados para adesão ou absorção de nutrientes, e são principalmente aquáticas. Os gêneros principais são *Hyphomicrobium, Caulobacter* e *Gallionella*, todos de *Proteobacteria*.

**14.22** • Bactérias com bainha são proteobactérias filamentosas, cujas células individuais formam cadeias dentro de uma cobertura externa, denominada bainha. *Sphaerotilus* e *Leptothrix* são os gêneros principais e são capazes de oxidar metais, como $Fe^{2+}$ e $Mn^{2+}$.

**14.23** • Magnetossomos são estruturas magnéticas especializadas, presentes em bactérias magnetotáticas. Estas estruturas orientam as células em relação às linhas do campo magnético da Terra, o que permite que estas bactérias usem sua resposta quimiotática normal para movimentar-se verticalmente, de forma dirigida, em sedimentos ou sistemas aquáticos estratificados.

**14.24** • *Vibrio, Aliivibrio* e *Photobacterium* possuem espécies de bactérias marinhas, sendo algumas patogênicas e bioluminescentes. A bioluminescência, catalisada pela enzima luciferase, é controlada por um mecanismo de *quorum-sensing*, que impede que a luz seja emitida até que haja uma grande população destas bactérias.

## REVISÃO DOS TERMOS-CHAVE

**Acetogênico** organismo anaeróbio obrigatório que produz acetato por meio do ciclo redutor do acetil-CoA.

**Autoindução** mecanismo de regulação gênica envolvendo pequenas moléculas sinal difusíveis, que são produzidas em quantidades maiores à medida que a população aumenta.

**Bactérias do ácido acético** organismos anaeróbios obrigatórios que produzem acetato a partir de alcoóis; utilizados na produção de vinagre.

**Bactérias púrpuras não sulfurosas** grupo de bactérias fototróficas que possuem bacterioclorofilas *a* ou *b*, fotossistema do tipo II, e que apresentam melhor crescimento como foto-heterotróficos.

**Bactérias púrpuras sulfurosas** grupo de bactérias fototróficas que possuem bacterioclorofilas *a* ou *b*, fotossistema do tipo II, e que são capazes de oxidar $H_2S$ a enxofre.

**Bactérias verdes não sulfurosas** fototróficos anoxigênicos que possuem clorossomos, fotossistema do tipo II, bacterioclorofilas *a* e *c* como clorofila captadoras de luz, e geralmente crescem melhor de forma foto-heterotrófica.

**Bactérias verdes sulfurosas** fototróficos anoxigênicos que possuem clorossomos, fotossistema do tipo I, bacterioclorofilas *c*, *d* ou *e* como clorofilas captadoras de luz, e geralmente crescem melhor tendo $H_2S$ como doador de elétrons.

**Bioluminescência** produção enzimática de luz visível por organismos vivos.

**Carboxissomo** inclusão celular poliédrica de ribulose bifosfato carboxilase (RubisCo) cristalina, a enzima essencial do ciclo de Calvin.

**Consórcio** associação de duas ou mais bactérias, geralmente vivendo em simbiose íntima.

**Clorossomo** estrutura cilíndrica, limitada por uma membrana não unitária, contendo bacterioclorofilas (*c*, *d* ou *e*) captadoras de luz, presente em bactérias verdes sulfurosas e *Chloroflexus*.

**Cianobactérias** procariotos fototróficos oxigênicos que contêm clorofila *a* e ficobilinas.

**Desnitrificante** organismo que realiza respiração anaeróbia utilizando $NO_3^-$, reduzindo-o aos produtos gasosos NO, $N_2O$ e $N_2$.

**Diazotrófico** organismo capaz de assimilar $N_2$ em biomassa, por meio da atividade da enzima nitrogenase.

**Diversidade funcional** o componente da diversidade biológica que lida com as formas e funções dos organismos, relacionando-as com diferenças fisiológicas e ecológicas.

**Espirilos** células em forma de espiral.

**Espiroqueta** bactéria Gram-negativa, delgada e altamente espiralada, caracterizada por apresentar endoflagelos utilizados na motilidade.

**Evolução convergente** situação onde uma ou mais características similares em forma e/ou função estão presentes em dois organismos, mas não foram herdadas de um ancestral comum (p. ex., características similares, mas não homólogas).

**Ficobilina** proteína que contém os pigmentos ficocianina ou ficoeritrina, e que funciona como pigmento fotossintetizante acessório nas cianobactérias.

**Fototrófico aeróbio anoxigênico** organismo heterotrófico aeróbio que utiliza a fotossíntese anoxigênica como fonte suplementar de energia.

**Heliobactérias** fototróficos anoxigênicos, contendo bacterioclorofila *g*.

**Metanotrófico** organismo capaz de oxidar metano ($CH_4$) como doador de elétrons no metabolismo energético.

**Metilotrófico** organismo capaz de oxidar compostos orgânicos desprovidos de ligações carbono-carbono; se for capaz de oxidar $CH_4$, é também metanotrófico.

**Mixotrófico** organismo que é capaz de conservar energia a partir da oxidação de compostos inorgânicos, mas requer compostos orgânicos como fonte de carbono.

**Nitrificantes** quimiolitotróficos capazes de realizar a transformação $NH_3 \rightarrow NO_2^-$, ou $NO_2^- \rightarrow NO_3^-$.

**Oxidantes dissimilativos de enxofre** microrganismos que obtêm a energia necessária para seu crescimento por meio da oxidação de compostos reduzidos de enxofre.

**Proclorófita** bactéria fototrófica oxigênica que contém clorofilas *a* e *b*, mas é desprovida de ficobilinas.

**Prostecas** extrusões citoplasmáticas envoltas pela parede celular, frequentemente formando apêndices distintos.

**Quimiolitotrófico** organismo capaz de oxidar compostos inorgânicos (como $H_2$, $Fe^{2+}$, $S^0$, ou $NH_4^+$) como fontes de energia (doadores de elétrons).

**Redutores dissimilativos de enxofre** microrganismos anaeróbios que conservam energia por meio da redução de $S^0$, mas são incapazes de reduzir $SO_4^{2-}$.

**Redutores dissimilativos de sulfato** microrganismos anaeróbios que conservam energia por meio da redução de $SO_4^{2-}$.

**Transferência horizontal de genes** transferência unidirecional de genes entre organismos não relacionados filogeneticamente; pode causar a dispersão de genes homólogos em uma filogenia.

UNIDADE 3

## QUESTÕES PARA REVISÃO

1. O que é convergência evolutiva e como se difere da transferência horizontal de genes? (Seção 14.1)
2. Qual filo bacteriano contém fototróficos? (Seção 14.2)
3. Como o proclorófita *Prochlorococcus* se diferencia de outras cianobactérias? (Seção 14.3)
4. Compare e diferencie o metabolismo, a morfologia e a filogenia das bactérias púrpuras sulfurosas e das bactérias púrpuras não sulfurosas. (Seções 14.4 e 14.5)
5. Compare e diferencie o metabolismo das bactérias púrpuras não sulfurosas e dos fototróficos aeróbios anoxigênicos. (Seção 14.5)
6. Em qual grupo de organismos você esperaria encontrar clorossomos? (Seção 14.6)
7. Quais características as bactérias verdes não sulfurosas compartilham com as bactérias verdes sulfurosas e as bactérias púrpuras sulfurosas? (Seção 14.7)
8. Como *Chloracidobacterium thermophilum* assemelha-se às bactérias verdes sulfurosas? Como se diferencia? (Seção 14.8)
9. Em relação às bactérias redutoras de sulfato, qual é a diferença entre os oxidantes completos e incompletos? (Seção 14.9)
10. Como as bactérias redutoras de enxofre diferenciam-se das bactérias redutoras de sulfato? Como se assemelham? (Seções 14.9-14.10)
11. Quais estratégias ecológicas os oxidantes de sulfeto aeróbios utilizam para competir com a oxidação química de $H_2S$ pelo $O_2$ atmosférico? (Seção 14.11)

12. De que formas os diazotróficos protegem a nitrogenase do $O_2$? (Seção 14.12)

13. Compare e diferencie o metabolismo do nitrogênio em organismos nitrificantes e desnitrificantes. (Seção 14.13)

14. Como se assemelham as bactérias dissimilativas redutoras de ferro *Shewanella* e *Geobacter*? Como se diferenciam? (Seção 14.14)

15. Compare e diferencie os metabolismos de *Gallionella* e *Geobacter*. Em quais ambientes é possível encontrar estes organismos? (Seções 14.14-14.15)

16. Qual grupo de oxidantes dissimilativos de ferro é menos diversificado e como este fato pode ser relacionado com o oxigênio e o pH? (Seção 14.15)

17. Por que a maioria das bactérias aeróbias oxidantes de hidrogênio é microaerófila? (Seção 14.16)

18. Quais as diferenças entre os metanotróficos tipos I e II? (Seção 14.17)

19. Diferencie as características metabólicas das bactérias do ácido acético e dos acetogênicos. Quais características são comuns, e como estes organismos se diferenciam? (Seção 14.18)

20. Compare e diferencie os ciclos de vida de *Myxococcus* e *Bdellovibrio*. (Seção 14.19)

21. Diferencie a motilidade de espiroquetas e espirilos. (Seção 14.20)

22. Diferencie os ciclos de vida de *Hyphomicrobium* e *Caulobacter*. (Seção 14.21)

23. Que materiais podem ser encontrados na bainha de *Leptothrix*? (Seção 14.22)

24. Como os magnetossomos controlam a movimentação de bactérias magnetotáticas? (Seção 14.23)

25. Descreva como a densidade populacional regula a produção de luz por bactérias luminescentes. (Seção 14.24)

## QUESTÕES APLICADAS

1. Para cada uma das bactérias a seguir, descreva uma característica fisiológica-chave que a diferencia das demais: *Acetobacter, Methylococcus, Azotobacter, Photobacterium, Desulfovibrio* e *Spirillum*.

2. Descreva o metabolismo de cada uma das bactérias a seguir, identificando se são anaeróbios ou anaeróbios: *Thiobacillus, Nitrosomonas, Ralstonia eutropha, Methylomonas, Pseudomonas, Acetobacter* e *Gallionella*.

CAPÍTULO

# 15 Diversidade das bactérias

## microbiologia**hoje**

### Descobrindo novos filos microbianos

Muitas plantas e animais não podem ser mantidos em cativeiro porque vivem em ambientes singulares, ou dependem de interações biológicas complexas que não podem ser reproduzidas em um zoológico ou jardim botânico. Muitos microrganismos também são difíceis de serem obtidos ou mantidos em laboratório, devido a interações íntimas entre eles e seu hábitat. Esses microrganismos não cultiváveis eram amplamente desconhecidos antes do desenvolvimento das técnicas de biologia molecular para estudo da diversidade microbiana. Apenas 12 filos de *Bacteria* eram conhecidos em 1987, porém, atualmente, como resultado do sequenciamento do gene 16S do RNA ribossomal de amostras ambientais, são conhecidos mais de 80 filos, sendo que a maioria não possui representantes cultiváveis.

Uma história de sucesso no cultivo de microrganismos aconteceu recentemente com o filo OP10, cujo nome deriva de uma sequência do gene 16S do RNA ribossomal originalmente coletada da Obsidan Pool, uma fonte geotermal no Yellowstone National Park nos Estados Unidos.[1] Após sua descoberta, sequências do gene 16S pertencentes ao filo OP10 foram observadas em diversos ambientes termais por todo o mundo, mas uma cultura de microrganismos nunca havia sido obtida. Entretanto, com persistência e melhora nas técnicas de cultivo, microbiologistas finalmente conseguiram cultivar espécies do filo OP10, agora renomeado Armatimonadetes.[1]

Uma das primeiras espécies de Armatimonadetes a ser cultivada foi a bactéria *Chthonomonas calidirosea*, isolada a partir de uma amostra de solo geotermicamente aquecido no Hell's Gate na Nova Zelândia (foto). *C. calidirosea* é um termófilo com crescimento ótimo a 68°C, capaz de degradar celulose e xilana aerobiamente. Linhagens com essas características geralmente produzem enzimas úteis para os processos industriais utilizados na transformação de biomassa vegetal em energia ou outros produtos úteis.

[1]Lee, K.C.-Y., et al. 2011. *Chthonomonas calidirosea* gen. nov., sp. nov., an aerobic, pigmented, thermophilic microorganism of a novel bacterial class, *Chthonomonadetes* classis nov., of the newly described phylum *Armatimonadetes* originally designated candidate division OP10. *Int. J. Syst. Evol. Microbiol. 61*:2482-2490.


**I Proteobacteria 480**

**II Firmicutes, Tenericutes e Actinobacteria 491**

**III Bacteroidetes 504**

**IV Chlamydiae, Planctomycetes e Verrucomicrobia 506**

**V Bactérias hipertermófilas 510**

**VI Outras bactérias 512**

No capítulo anterior examinou-se a diversidade microbiana com enfoque na diversidade *funcional*. Neste capítulo, e nos dois capítulos seguintes, o foco será a diversidade *filogenética*. Serão analisadas as principais linhagens do domínio *Bacteria* (**Figura 15.1*a***) neste capítulo, e os microrganismos de *Archaea* e *Eukarya* nos Capítulos 16 e 17, respectivamente.

Existem mais de 80 filos de *Bacteria* incluindo aqueles conhecidos unicamente por meio de sequências do gene 16S do RNA ribossomal (RNAr) coletadas do ambiente (Seção 22.6). Entretanto, menos da metade contém espécies caracterizadas em culturas de laboratório (Figura 15.1*b*). Curiosamente, mais de 90% dos gêneros e espécies de bactérias já caracterizados estão classificados em apenas 4 filos: Proteobacteria, Actinobacteria, Firmicutes e Bacteroidetes (Figura 15.1*b*).

Com mais de 10 mil espécies de bactérias já descritas, obviamente não será possível abordar todas elas. Portanto, fazendo uso de árvores filogenéticas para dirigir a discussão, serão exploradas algumas das espécies mais conhecidas de uma grande variedade de filos. Neste capítulo serão estudadas espécies de mais de 20 filos de *Bacteria*, com maior enfoque àqueles com maior número de espécies caracterizadas. Primeiramente, serão analisadas as bactérias com o filo Proteobacteria.

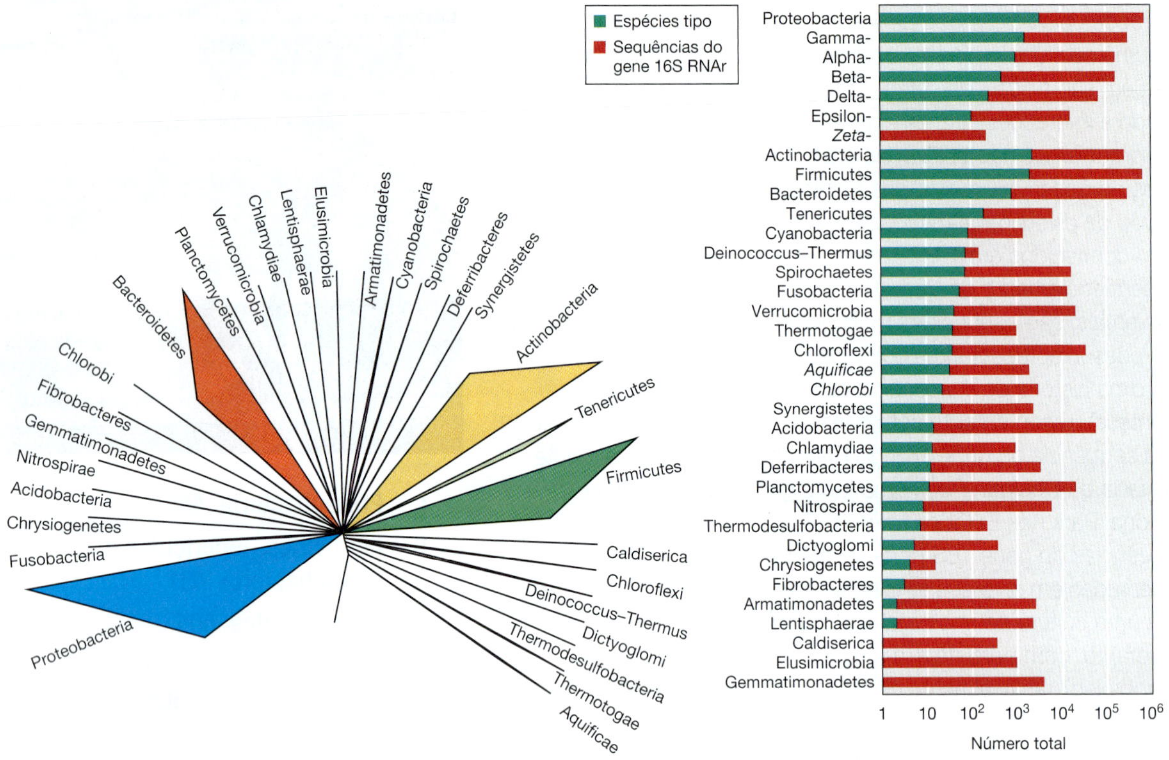


*(a)* **Principais filos de *Bacteria***

*(b)* **Representantes cultiváveis vs. filotipos**

**Figura 15.1 Alguns dos filos mais importantes de *Bacteria* baseados na comparação das sequências do gene 16S do RNA ribossomal.** *(a)* Em destaque, os principais filos de *Bacteria* que possuem espécies cultivadas. Análises das sequências do gene 16S do RNA ribossomal de ambientes naturais sugerem que existam mais de 80 filos de *Bacteria*. *(b)* Número de espécies cultivadas e caracterizadas (barras verdes) e de sequências do gene 16S do RNA ribossomal conhecidas (filotipos, barras vermelhas) para cada um dos 29 principais filos de *Bacteria* que possuem ao menos uma espécie caracterizada em cultura pura. Também são mostradas informações a respeito das diferentes classes de Proteobacteria. As diferenças entre os tamanhos das barras verdes e vermelhas indicam o quanto os membros de cada grupo são frequentes na natureza, mas difíceis de cultivar isoladamente. Observe que o eixo das abscissas está em escala logarítmica.

## I • Proteobacteria

As **proteobactérias** constituem, de longe, o maior e metabolicamente mais diverso filo de *Bacteria* (**Figura 15.2**). Mais de um terço das espécies de bactérias caracterizadas pertencem a este grupo (Figura 15.1*b*), e nele também estão classificadas a maioria das bactérias conhecidas que possuem interesse médico, industrial e agrícola.

Como grupo, as proteobactérias são todas gram-negativas. Elas exibem uma diversidade excepcionalmente ampla de mecanismos de produção de energia, contendo espécies quimiolitotróficas, quimiorganotróficas e fototróficas (Figura 15.2). De fato, já vimos a grande diversidade de metabolismos geradores de energia empregados por representantes desse grupo no Capítulo 13. Essas bactérias também são diversas em sua relação com o oxigênio ($O_2$), sendo conhecidas espécies anaeróbias, microaerófilas e aeróbias facultativas. Morfologicamente, também apresentam ampla

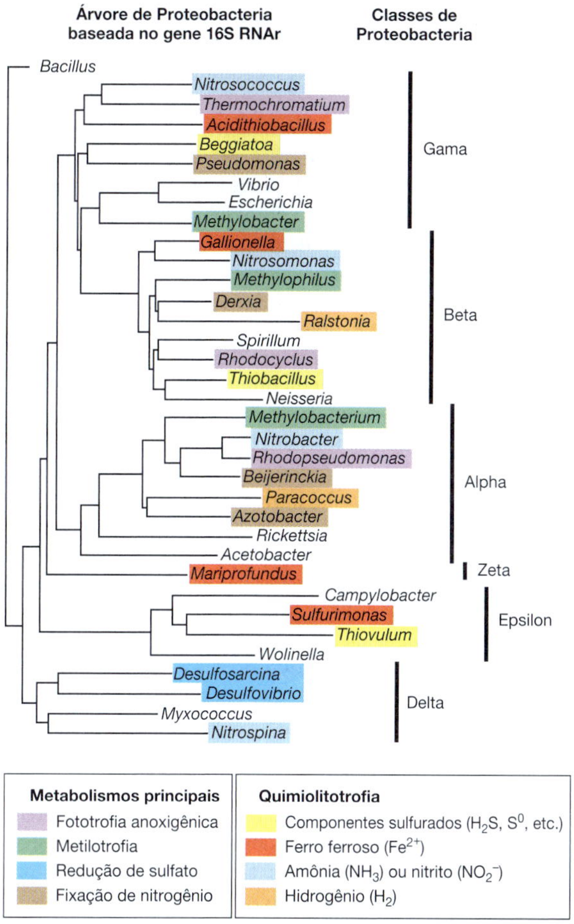


**Figura 15.2** **Árvores filogenéticas e ligações metabólicas de alguns dos principais gêneros de Proteobacteria.** Filogenia de gêneros representativos de Proteobacteria definida por análises de sequências do gene 16S do RNAr. Observe que metabolismos idênticos estão, com frequência, distribuídos em gêneros filogeneticamente distintos, o que sugere que a transferência horizontal de genes ocorreu amplamente em Proteobacteria. Alguns dos organismos listados podem apresentar múltiplas propriedades; por exemplo, alguns quimiolitotróficos de enxofre são também quimiolitotróficos de ferro ou nitrogênio, e vários dos organismos listados podem fixar nitrogênio. As análises filogenéticas foram realizadas e a árvore filogenética construída por Marie Asao, da Ohio State University, nos Estados Unidos.

variedade de formas celulares, incluindo bacilos retos e curvos, cocos, espirilos, bactérias filamentosas, com brotamento e também apendiculadas.

Com base nas sequências do gene 16S do RNAr, o filo Proteobacteria pode ser dividido em seis classes: Alpha, Beta, Gama, Delta, Epsilon e Zetaproteobacteria. Cada classe abriga muitos gêneros, com exceção de Zetaproteobacteria, que é composta por uma única espécie, a bactéria marinha oxidante de ferro *Mariprofundus ferooxydans* (⇄ Seção 14.15). Contudo, apesar da amplitude filogenética das proteobactérias, espécies de diferentes classes com frequência apresentam metabolismos similares. Por exemplo, fototrofia e metilotrofia ocorrem em três diferentes classes de Proteobacteria e bactérias nitrificantes estão presentes em 4 classes (⇄ Figura 14.1). Esses fatos sugerem que a transferência horizontal de genes (⇄ Seção 6.12) desempenhou um importante papel na formação da diversidade metabólica das proteobactérias. A existência de características metabólicas compartilhadas por diferentes classes de Proteobacteria é também um bom lembrete de que o fenótipo e a filogenia com frequência fornecem diferentes visões sobre a diversidade procariótica (⇄ Seção 14.1).

## 15.1 Alphaproteobacteria

Com quase mil espécies descritas, Alphaproteobacteria é a segunda maior classe de Proteobacteria (Figura15.1*b*). Essa classe apresenta extensa diversidade funcional (Figura 15.2, ⇄ Figura 14.1) e muitos gêneros já foram vistos no Capítulo 14. A maioria das espécies é aeróbia estrita ou anaeróbia facultativa, e muitas são **oligotróficas**, preferindo crescer em ambientes com menor concentração de nutrientes. Um total de 10 ordens já foi descrito dentro do Alphaproteobacteria, mas a maioria das espécies é classificada em Rhizobiales, Rickettsiales, Rhodobacterales, Rhodospirillales, Caulobacterales e Sphingomonadales (**Figura 15.3**, **Tabela 15.1**).



### Rhizobiales

**Gêneros principais:** ***Bartonella, Methylobacterium, Pelagibacter, Rhizobium, Agrobacterium***

Rhizobiales (Figura 15.3) é a maior e metabolicamente mais diversa ordem de Alphaproteobacteria e apresenta fototróficos (p. ex., *Rhodopseudomonas*), quimiolitotróficos (p. ex., *Nitrobacter*), simbiontes (p. ex., rizóbios), bactérias de vida livre fixadoras de nitrogênio (p. ex., *Beijerinckia*), alguns patógenos de plantas e animais e quimiorganotróficos diversos. O nome

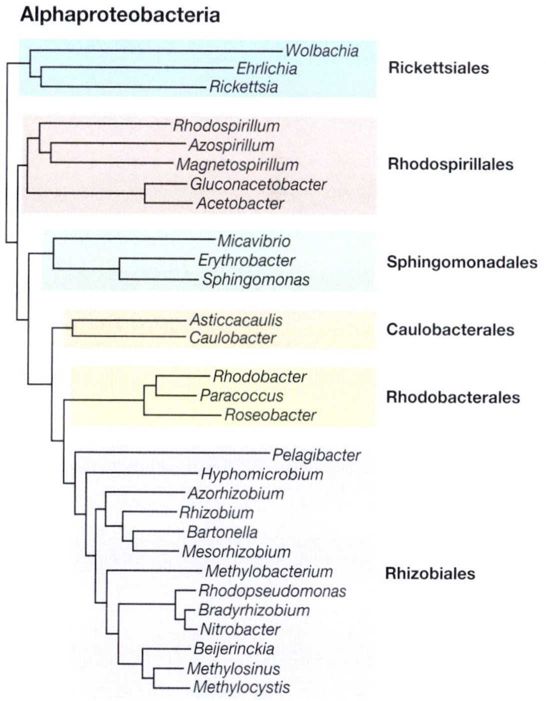


**Figura 15.3** **Principais ordens de Proteobacteria na classe Alphaproteobacteria.** A árvore filogenética foi construída utilizando sequências do gene 16S do RNAr de gêneros representativos de Alphaproteobacteria. O nome das ordens é mostrado em negrito.

**Tabela 15.1 Gêneros notáveis de Alphaproteobacteria**

| *Família* | *Gênero* | *Características notáveis* |
|---|---|---|
| Caulobacterales | *Caulobacter* | Divisão celular assimétrica e formação de prosteca |
| Rickettsiales | *Rickettsia* | Parasitas intracelulares obrigatórios, transmitidos por artrópodes |
| | *Wolbachia* | Vivem em artrópodes e causam impacto em sua reprodução |
| Rhizobiales | *Bartonella* | Parasitas intracelulares obrigatórios, transmitidos por artrópodes |
| | *Bradyrhizobium* | Formam nódulos radiculares com soja e outras leguminosas |
| | *Brucella* | Parasita intracelular facultativo de animais, patógeno zoonótico |
| | *Hyphomicrobium* | Células pedunculadas, metabolicamente versáteis |
| | *Mesorhizobium* | Formam nódulos radiculares com cornichão e outras leguminosas |
| | *Methylobacterium* | Metilotrófico encontrado em plantas e no solo |
| | *Nitrobacter* | Bactéria nitrificante que oxida $NO_2^-$ a $NO_3^-$ |
| | *Pelagibacter* | Quimiorganotrófico oligotrófico; grande abundância na superfície do oceano |
| | *Rhodopseudomonas* | Bactéria púrpura não sulfurosa metabolicamente versátil |
| Rhodobacterales | *Paracoccus* | Espécies utilizadas como modelo no estudo da desnitrificação |
| | *Rhodobacter* | Bactéria púrpura não sulfurosa metabolicamente versátil |
| | *Roseobacter* | Fototrófico aeróbio anoxigênico |
| Rhodospirillales | *Acetobacter* | Utilizado industrialmente na produção de ácido acético |
| | *Azospirillum* | Diazotrófico aeróbio estrito |
| | *Gluconobacter* | Utilizado industrialmente na produção de ácido acético |
| | *Magnetospirillum* | Bactéria magnetotática |
| Sphingomonadales | *Sphingomonas* | Degradação aeróbia de compostos aromáticos orgânicos, biodegradação |
| | *Zymomonas* | Fermenta açúcares a etanol, potencial para produção de biocombustível |

deste grupo vem dos rizóbios, uma coleção *polifilética* de gêneros que formam nódulos radiculares e fixam nitrogênio em associação simbiótica com plantas leguminosas (Seção 22.3).

Dentro de Rhizobiales existem 9 gêneros que apresentam rizóbios: *Bradyrhizobium, Ochrobactrum, Azorhizobium, Devosia, Methylobacterium, Mesorhizobium, Phyllobacterium, Sinorhizobium* e *Rhizobium*. Esses organismos são, geralmente, quimiolitotróficos e anaeróbios obrigatórios, e os genes que carregam a habilidade de formar nódulos radiculares foram claramente distribuídos entre esses gêneros por transferência horizontal de genes. Cada gênero rizobiano possui um espectro diferente de plantas hospedeiras que pode colonizar (Tabela 22.1). Rizóbios podem ser isolados esmagando-se os nódulos e espalhando seu conteúdo em meios sólidos ricos em nutrientes; as colônias geralmente produzem grandes quantidades de limo exopolissacarídeo (**Figura 15.4**).

O organismo *Agrobacterium tumefaciens* (também chamado *Rhizobium radiobacter*) é intimamente relacionado com espécies formadoras de nódulos radiculares do gênero *Rhizobium*, mas é um patógeno de plantas causador da doença galha-da-coroa (Seção 22.4). *A. tumefaciens* não forma nódulos radiculares, e o gene que codifica para a formação de galha não está relacionado com os genes que medeiam a formação do nódulo.

O gênero *Methylobacterium* é um dos maiores em Rhizobiales. Essas espécies são geralmente chamadas de "metilotróficas facultativas de pigmentação cor-de-rosa" (Seção 14.17) devido à coloração rósea de suas colônias quando crescidas em metanol. Espécies deste gênero são comumente encontradas na superfície de plantas e em sistemas de água doce e solos. Esses organismos são também encontrados com frequência em vasos sanitários e banheiras, onde seu crescimento nas cortinas de chuveiro, na vedação das frestas e no vaso sanitário resulta na formação de um biofilme de pigmentação rosa. Algumas espécies de *Methylobacterium* são prontamente isoladas pressionando-se a superfície da folha de uma planta sobre o ágar em uma placa de Petri contendo metanol como única fonte de carbono.

*Bartonella* é outro gênero notável de Rhizobiales. Esses organismos, outrora classificados em Rickettsiales, são patógenos intracelulares humanos. Espécies deste gênero podem causar uma variedade de doenças em seres humanos e em outros animais vertebrados. *Bartonella quintana* é o agente etiológico da febre das trincheiras, uma doença que dizimou tropas na I Guerra Mundial. Outras espécies podem causar bartonelose, doença da arranhadura do gato, e diversas doenças inflamatórias. A transmissão é mediada por vetores artrópodes, incluindo pulgas, piolhos e flebotomíneos. As espécies

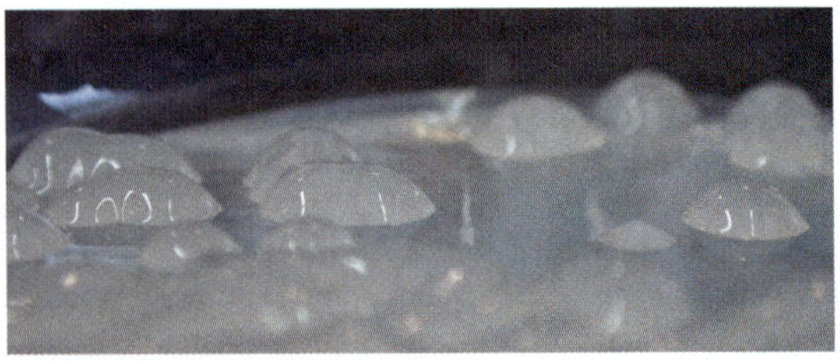

Odile Berge

**Figura 15.4** **Colônias de *Rhizobium mongolense*.** As colônias dos rizóbios geralmente produzem grandes quantidades de limo exopolissacarídeo. Essas colônias de *Rhizobium mongolense* foram crescidas em um meio de cultivo com baixa concentração de nitrogênio e com sacarose como fonte de carbono.

de *Bartonella* são fastidiosas e de difícil cultivo, e o isolamento é geralmente obtido com o uso de ágar-sangue. Quando crescidas em culturas de tecidos, as células de *Bartonella* crescem na superfície externa nas células eucarióticas hospedeiras, em vez de no interior do citoplasma ou do núcleo.

Por fim, o gênero *Pelagibacter* também pertence à ordem Rhizobiales. *Pelagibacter ubique* é um quimiorganotrófico oligotrófico anaeróbio obrigatório que habita a zona fótica dos oceanos da Terra. Esse organismo corresponde a 25% de todas as células bacterianas encontradas na superfície dos oceanos, podendo chegar a 50% em águas temperadas durante o verão; por isso, *Pelagibacter ubique* é provavelmente a espécie bacteriana mais abundante em todo o planeta (Seção 19.11).

## Rickettsiales

**Gêneros principais:** *Rickettsia, Wolbachia*

As Rickettsiales (Figura 15.3) são todas parasitas intracelulares obrigatórias ou mutualistas de animais. As espécies dessa ordem até hoje não puderam ser cultivadas isoladas de suas células hospedeiras (**Figura 15.5**) e precisam ser crescidas em ovos de galinha ou em culturas de tecidos do hospedeiro. As Rickettsiales geralmente estão intimamente associadas a artrópodes. Os gêneros causadores de doenças, como *Rickettsia* e *Ehrlichia*, são transmitidos pela picada de artrópodes; outros gêneros, como *Wolbachia*, são parasitas obrigatórios ou mutualistas de insetos ou outros artrópodes.

As espécies do gênero *Rickettsia* são os agentes etiológicos de diversas doenças humanas, incluindo o tifo (*Rickettsia prowazekii*) e a febre maculosa (*Rickettsia rickettsii*) (Seção 30.3). Esses organismos associam-se intimamente aos vetores artrópodes e podem ser transmitidos por carrapatos, pulgas, piolhos e ácaros. A maioria das riquétsias é metabolicamente especializada, sendo capaz de oxidar exclusivamente os aminoácidos glutamato ou glutamina, e incapaz de oxidar glicose ou ácidos orgânicos. Essas bactérias são também incapazes de sintetizar determinados metabólitos, necessitando obtê-los de suas células hospedeiras. Elas não sobrevivem por muito tempo fora de seus hospedeiros, o que pode explicar porque precisam do vetor artrópode para ser transmitidas de animal para animal.

Micrografias eletrônicas de secções finas de células de riquétsias mostram um morfologia procariótica típica, incluindo parede celular (Figura 15.5*b*). A penetração da riquétsia em sua célula hospedeira é um processo ativo, exigindo que tanto o hospedeiro quanto o patógeno estejam viáveis e metabolicamente ativos. Uma vez no interior da célula hospedeira, as bactérias multiplicam-se principalmente no citoplasma, e continuam a se replicar até que a célula hospedeira esteja repleta de parasitas (Figura 15.5; Figura 30.6). A célula hospedeira, então, rompe-se e libera as células bacterianas.

O gênero *Wolbachia* abriga parasitas intracelulares de diversos insetos (**Figura 15.6**), um imenso grupo que constitui 70% de todas as espécies conhecidas de artrópodes. Espécies de *Wolbachia* podem causar uma variedade de efeitos nos insetos hospedeiros. Entre eles, estão a partenogênese (desenvolvimento de ovos não fertilizados), a morte de machos e a feminização (conversão de insetos machos em fêmeas).

*Wolbachia pipientis* é a espécie mais bem estudada do gênero. Células desse microrganismo colonizam os ovos do inseto (Figura 15.6), onde se multiplicam em vacúolos da célula hospedeira, circundados por uma membrana gerada pelo próprio hospedeiro. Células de *W. pipientis* são transmitidas da fêmea infectada à sua prole por meio da infecção do ovo. A patogênese induzida por *Wolbachia* ocorre em várias espécies de vespas. Nesses insetos, os machos normalmente nascem a partir de ovos não fertilizados (que contêm apenas um conjunto de cromossomos), enquanto as fêmeas nascem de ovos fertilizados (que contêm dois conjuntos de cromossomos). Entretanto, em ovos não fertilizados infectados por *Wolbachia*, o organismo de alguma forma induz a duplicação do número de cromossomos, gerando apenas fêmeas. Previsivelmente, se as fêmeas desses insetos forem tratadas com antibióticos contra *Wolbachia*, a partenogênese cessa.

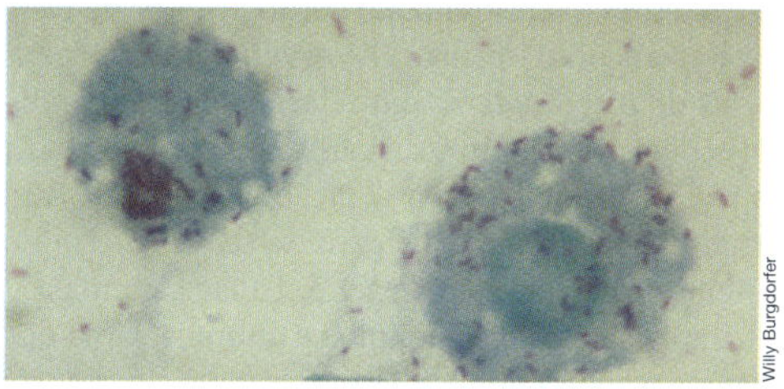


(a)

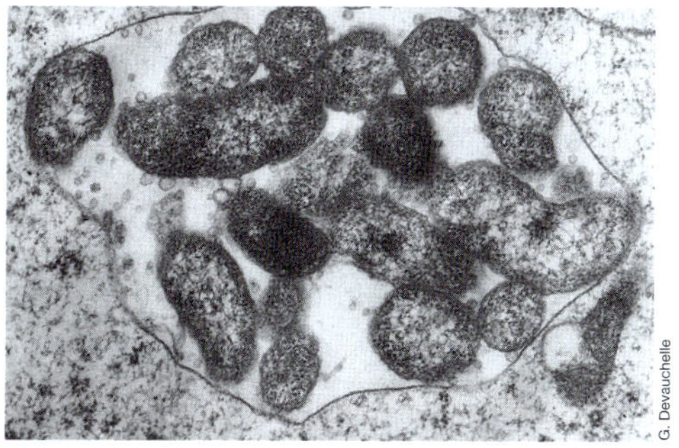


(b)

**Figura 15.5 Riquétsias em crescimento no interior de células hospedeiras.** *(a) Rickettsia rickettsii* em cultura de tecidos. As células possuem aproximadamente 0,3 μm de diâmetro. *(b)* Micrografia eletrônica de células de *Rickettsiella popilliae* no interior de uma célula sanguínea de seu hospedeiro, o besouro *Melolontha melolontha*. As bactérias crescem no interior de um vacúolo dentro da célula hospedeira.

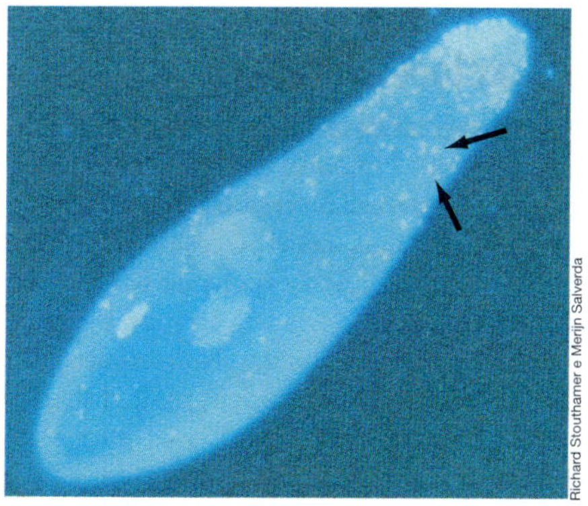


**Figura 15.6** ***Wolbachia.*** Fotomicrografia de um ovo da vespa parasitoide *Trichogramma kaykai* infectado por *Wolbachia pipientis*, que induz a partenogênese, corado com DAPI. As células de *W. pipientis* localizam-se principalmente na extremidade mais estreita do ovo (setas).

UNIDADE 3

## Outras ordens de Alphaproteobacteria

**Gêneros principais:** *Rhodobacter, Acetobacter, Caulobacter e Sphingomonas*

As famílias Rhodobacterales e Rhodospirillales (Figura 15.3) abrigam organismos metabolicamente diversos que já foram discutidos anteriormente, incluindo bactérias púrpuras não sulfurosas (*Rhodobacter* e *Rhodospirillum*, Seção 14.5), fototróficos aeróbios anoxigênicos (*Roseobacter*, Seção 14.5), bactérias fixadoras de nitrogênio (*Azospirillum*, Seção 14.12), desnitrificantes (*Paracoccus*, Seção 14.13), metilotróficas (*Methylobacterium*, Seção 14.17), bactérias do ácido acético (*Acetobacter* e *Gluconobacter*, Seção 14.18) e bactérias magnetotáticas (*Magnetospirillum*, Seção 14.23), entre outras.

Os Caulobacterales são quimiorganotróficos caracteristicamente oligotróficos e aeróbios estritos. As espécies desse grupo geralmente formam prosteca ou pedúnculos (Seção 14.21), e muitas apresentam formas assimétricas de divisão celular. O gênero que tipifica este grupo é o *Caulobacter*, que apresenta um ciclo de vida característico já discutido anteriormente (Seções 7.12 e 14.21).

A ordem Sphingomonadales inclui diversos quimiorganotróficos aeróbios e anaeróbios facultativos, bem como espécies fototróficas aeróbias anoxigênicas (*Erythrobacter*) e alguns anaeróbios obrigatórios. O gênero característico é o *Sphingomonas*, composto por espécies aeróbias estritas e nutricionalmente versáteis. Essas bactérias estão amplamente distribuídas em ambientes aquáticos e terrestres, e são conhecidas por sua habilidade em metabolizar uma vasta variedade de compostos orgânicos, incluindo muitos compostos aromáticos comumente envolvidos em contaminação ambiental (p. ex., tolueno, nonilfenol, dibenzeno-*p*-dioxina, naftaleno e antraceno, entre outros). Como consequência, essas bactérias têm sido bastante estudadas como potenciais agentes de biorremediação (Seção 21.5). Esses organismos geralmente são de fácil cultivo e crescem bem em uma variedade de meios de cultura complexos.

**MINIQUESTIONÁRIO**

- De quais formas as espécies do gênero *Wolbachia* podem afetar os insetos?
- Quais organismos podem ser os responsáveis pela formação do limo rosado algumas vezes encontrado nos cantos de uma banheira? Como você tentaria cultivar estes organismos?

# 15.2 Betaproteobacteria

Com quase 500 espécies descritas, as Betaproteobacteria são a terceira maior classe de Proteobacteria (**Figura 15.7**). Estas bactérias apresentam uma imensa diversidade funcional (Figura 15.2 e Figura 14.1), e muitas das espécies deste grupo já foram discutidas no Capítulo 14. Seis ordens de Betaproteobacteria apresentam muitas espécies já caracterizadas: Burkholderiales, Hydrogenophilales, Methylophilales, Neisseriales, Nitrosomonadales e Rhodocyclales, e estas ordens serão discutidas.

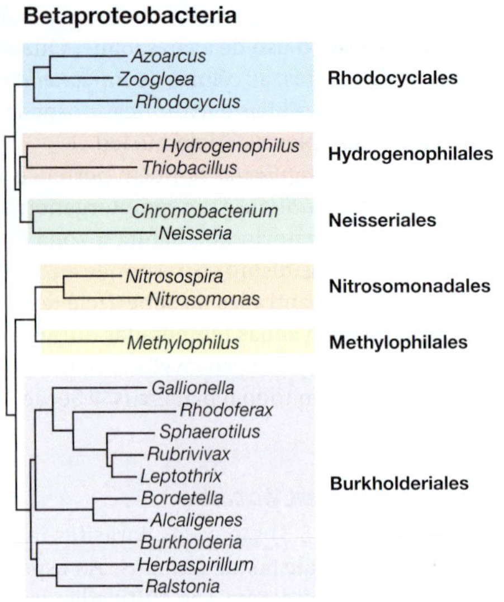


**Figura 15.7 As principais ordens de Proteobacteria da classe Betaproteobacteria.** A árvore filogenética foi construída utilizando sequências do gene 16S do RNAr de gêneros representativos de Betaproteobacteria. Os nomes das ordens são mostrados em negrito.

## Burkholderiales

**Gênero principal:** *Burkholderia*

A ordem Burkholderiales abriga espécies com grande variedade de características metabólicas e ecológicas. Entre elas, quimiorganotróficos, fototróficos anoxigênicos, quimiolitotróficos obrigatórios e facultativos, fixadores de nitrogênio de vida livre e patógenos de plantas, animais e seres humanos, cuja respiração pode ser aeróbia estrita, anaeróbia facultativa ou anaeróbia obrigatória.

*Burkholderia* é o gênero típico da ordem Burkhoderiales. Esse gênero inclui diversas espécies de quimiorganotróficos de metabolismo estritamente respiratório. Todas as espécies podem crescer de forma aeróbia, algumas podem crescer também de forma anaeróbia, tendo nitrato como aceptor de elétrons, e muitas linhagens podem fixar $N_2$. A versatilidade metabólica das espécies de *Burkholderia* em relação aos compostos orgânicos, em especial aos compostos aromáticos, levou a um interesse em utilizá-las na biorremediação (Seção 21.5). Já foi demonstrado que algumas linhagens de *Burkholderia* também podem ajudar no crescimento vegetal. Todavia, muitas espécies são potenciais patógenos de plantas e animais. Uma das espécies patogênicas mais conhecidas é *Burkholderia cepacia*.

*B. cepacia* é primeiramente uma bactéria do solo, mas é também um patógeno oportunista (**Figura 15.8**). Essa bactéria é encontrada com frequência na rizosfera de plantas. Ela pode produzir componentes antifúngicos e anti-helmínticos com ação sobre nematódeos, e assim sua habilidade em colonizar as raízes de plantas pode promover proteção contra doenças,

James Shapiro

**Figura 15.8 Colônias de *Burkholderia*.** Fotografia de colônias de *Burkholderia cepacia* em uma placa de ágar.

bem como o crescimento vegetal. Entretanto, *B. cepacia* é também considerada um patógeno de plantas sob determinadas circunstâncias, e é uma das principais causas da podridão-mole em cebolas. Essa espécie também desponta como um patógeno oportunista nosocomial de seres humanos, pois é um organismo resistente e difícil de ser erradicado do ambiente clínico. *B. cepacia* pode causar infecções pulmonares secundárias em pacientes imunocomprometidos ou acometidos por pneumonia ou fibrose cística. Sua capacidade de formar biofilmes nos pulmões e sua resistência natural a muitos antibióticos fazem deste organismo um risco especialmente para pacientes com fibrose cística (Seção 19.4).

## Rhodocyclales

**Gêneros principais:** *Rhodocyclus, Zoogloea*

Da mesma forma que Burkholderiales, a ordem Rhodocyclales abriga espécies com características metabólicas e ecológicas diversas. O gênero tipo da ordem é o *Rhodocyclus*, uma bactéria púrpura não sulfurosa (Seção 14.5). Como a maioria das bactérias púrpuras não sulfurosas, as espécies de *Rhodocyclus* crescem melhor como foto-heterotróficos, mas a maioria pode crescer também como fotoautotróficos tendo $H_2$ como aceptor de elétrons. Podem ainda crescer realizando respiração na ausência de luz, mas geralmente são encontradas em ambientes anóxicos iluminados onde haja matéria orgânica disponível.

*Zoogloea* é outro importante gênero de Rhodocyclales. Espécies deste gênero são quimiorganotróficos aeróbios conhecidos por produzir uma cápsula gelatinosa espessa que une as células em uma matriz complexa, com projeções digitiformes ramificadas. Esta matriz gelatinosa pode causar *floculação*, que é a formação de partículas macroscópicas que se depositam a partir da solução. *Zoogloea ramigera* é de particular importância no tratamento aeróbio de efluentes e esgotos (Seção 21.6), onde degrada muito do carbono orgânico presente no fluxo de resíduos e promove floculação e decantação, passos cruciais na purificação da água.

## Neisseriales

**Gêneros principais:** *Chromobacterium, Neisseria*

A ordem Neisseriales contém ao menos 29 gêneros de quimiorganotróficos diversos. As espécies mais bem caracterizadas estão nos gêneros *Neisseria* e *Chromobacterium*. Espécies de *Neisseria* são comumente isoladas de animais, sendo algumas delas patogênicas. Essas bactérias são sempre cocos (**Figura 15.9*a***). São saprófitas de vida livre e habitam a cavidade oral e outros substratos úmidos do corpo de animais. Outras espécies são patógenos importantes, como *Neisseria meningitidis*, que pode causar uma inflamação potencialmente fatal das membranas que revestem o cérebro (meningite, Seção 29.5). Serão discutidas a microbiologia clínica de *Neisseria gonorrhoeae* – o agente etiológico da gonorreia – na Seção 27.3 e a patogênese da gonorreia na Seção 29.12.

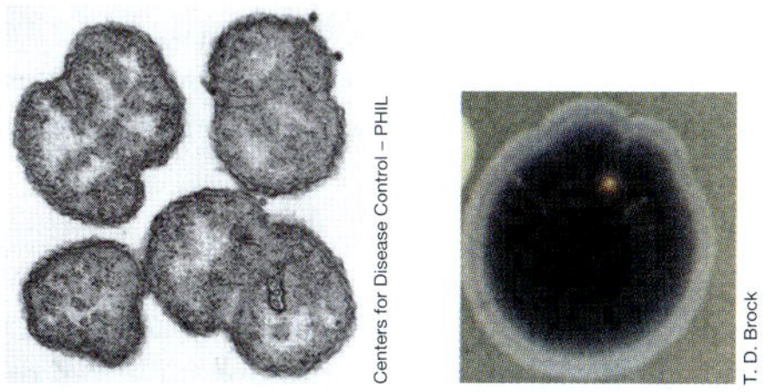


*(a)* *(b)*

**Figura 15.9** ***Neisseria* e *Chromobacterium*** *(a)* Fotografia eletrônica de transmissão de células de *Neisseria gonorrhoeae* apresentando seu típico arranjo em diplococos. *(b)* Uma grande colônia de *Chromobacterium violaceum*.

*Chromobacterium* é um grupo filogeneticamente próximo a *Neisseria*, mas possui morfologia bacilar. A *Chromobacterium* mais conhecida é a *C. violaceum*, um organismo de pigmentação púrpura (Figura 15.9*b*) encontrado no solo, na água e, ocasionalmente, em feridas purulentas de seres humanos e de outros animais. *C. violaceum* e algumas outras cromobactérias produzem o pigmento púrpura *violaceína* (Figura 15.9*b*), um pigmento insolúvel em água com propriedades antimicrobianas e antioxidantes. As cromobactérias são anaeróbios facultativos, podendo crescer fermentando açúcares ou de forma aeróbia utilizando várias outras fontes de carbono.

## Hydrogenophilales, Methylophilales e Nitrosomonadales

**Gêneros principais:** *Hydrogenophilus, Thiobacillus, Methylophilus, Nitrosomonas*

Estas três ordens abrigam organismos que possuem capacidades metabólicas razoavelmente especializadas, incluindo quimiolitotróficos e metilotróficos; a maioria das espécies é aeróbia estrita, e muitas são autotróficas. *Hydrogenophilus thermoluteolus* é um aeróbio estrito que pode crescer quimiolitotroficamente utilizando o $H_2$ como doador de elétrons para a respiração (Seções 13.7 e 14.16) e o ciclo de Calvin para fixação de $CO_2$. Essa espécie é um quimiolitotrófico facultativo, que pode também crescer como quimiorganotrófico utilizando fontes de carbono simples. *Thiobacillus* é outro gênero importante de *Hydrogenophilales*. Espécies desse gênero podem ser tanto quimiorganotróficas quanto quimiolitotróficas. As espécies quimiolitotróficas de *Thiobacillus* são bactérias sulfurosas (Seções 13.8 e 14.11) que oxidam compostos reduzidos de enxofre como doadores de elétrons e crescem por meio da respiração aeróbia ou desnitrificação (Seções 13.17 e 14.13). Espécies de *Thiobacillus* podem ainda fixar $CO_2$ utilizando o ciclo de Calvin, e são geralmente encontradas em solos, fontes sulfurosas, hábitats marinhos, além de outros locais onde hajam compostos reduzidos de enxofre disponíveis.

Os gêneros *Methylophilales* e *Nitrosomonadales* contêm organismos metabolicamente especializados. Espécies de *Methylophilus* podem ser metilotróficos obrigatórios ou facultativos (Seção 14.17), e crescem utilizando metanol e outros compostos $C_1$, mas não compostos $C_4$. As espécies facultativas podem crescer como quimiorganotróficos por meio da respiração aeróbia de açúcares simples. A ordem Nitrosomonadales contém bactérias quimiolitotróficas obrigatórias oxidantes de amônia, sendo *Nitrosomonas* e *Nitrosospira* os principais gêneros do grupo (Seção 14.13).

**MINIQUESTIONÁRIO**

- Aponte três espécies de Betaproteobacteria que sejam patógenos humanos conhecidos.
- Aponte três gêneros de Betaproteobacteria que abriguem quimiolitotróficos.

## 15.3 Gammaproteobacteria – Enterobacteriales

**Gêneros principais:** *Enterobacter, Escherichia, Klebsiella, Proteus, Salmonella, Serratia, Shigella*

Gammaproteobacteria é a maior e mais diversificada classe de Proteobacteria, abrigando quase a metade das espécies conhecidas deste filo. Esta classe contém mais de 1.500 espécies caracterizadas, distribuídas em 15 ordens (**Figura 15.10**, Figura 15.1*b*). Essas bactérias apresentam características metabólicas e ecológicas diversas (Figura 15.2 e Figura 14.1), e entre elas estão muitos patógenos humanos conhecidos. As espécies desta classe podem ser fototróficas (incluindo bactérias púrpuras sulfurosas, Seção 14.4), quimiorganotróficas ou ainda quimiolitotróficas, e podem ter metabolismo respiratório ou fermentativo. Membros deste grupo com frequência apresentam rápido desenvolvimento em cultivos laboratoriais, e podem ser isolados a partir de uma ampla diversidade de hábitats. Nesta seção, serão consideradas as Enterobacteriales, uma das mais bem caracterizadas ordens de Gammaproteobacteria.

As Enterobacteriales, comumente chamadas de **bactérias entéricas**, englobam um grupo filogenético relativamente homogêneo dentro de Gammaproteobacteria, composto por bacilos anaeróbios facultativos, gram-negativos, não esporulados, que podem ou não apresentar motilidade por flagelação peritríquia (**Figura 15.11**). *Teste da oxidase* e *teste da catalase* são ensaios geralmente utilizados na caracterização de bactérias (Seção 27.3), e podem ser utilizados para diferenciar as bactérias entéricas de outras Gammaproteobacteria. O teste

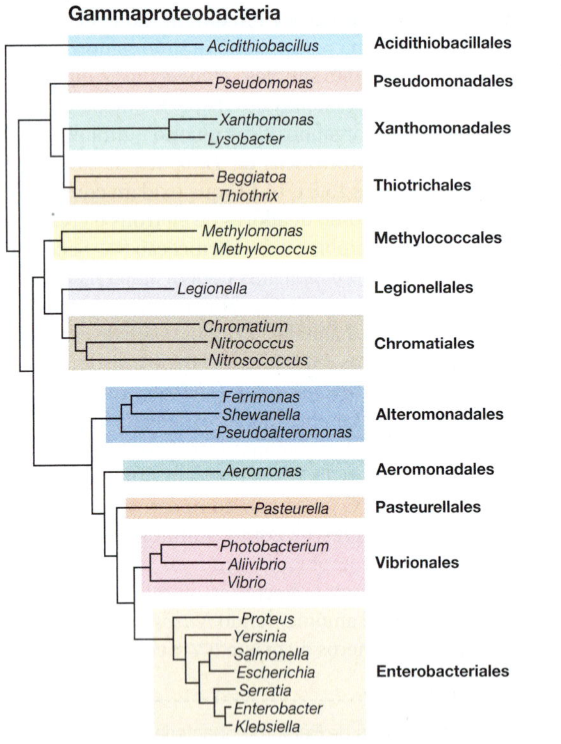


**Figura 15.10 Principais ordens de Proteobacteria na classe Gammaproteobacteria.** A árvore filogenética foi construída com base em sequências do 16S RNAr de gêneros representativos de *Gammaproteobacteria.* O nome das ordens é mostrado em negrito.

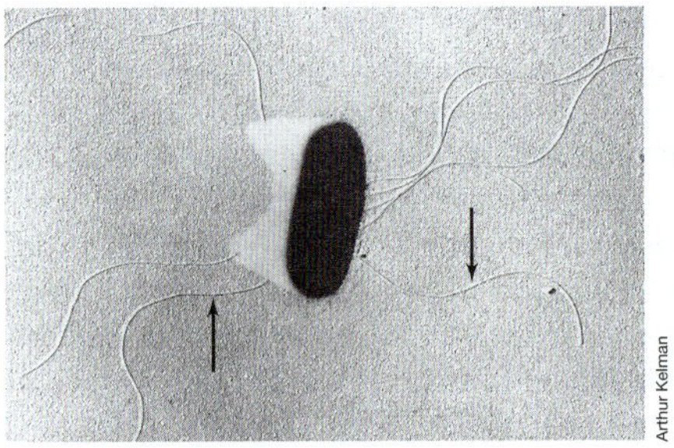


**Figura 15.11 Uma bactéria entérica produtora de butanediol.** Micrografia eletrônica de uma preparação do tipo "*shadow-cast*" de uma célula da bactéria entérica produtora de butanediol *Erwinia carotovora.* As células apresentam aproximadamente 0,8 μm de largura. Observar os flagelos em arranjo peritríquio (setas), típicos de bactérias entéricas.

da oxidase é um ensaio que detecta a presença da citocromo *c* oxidase, uma enzima presente na maioria das bactérias que possuem metabolismo respiratório. Já o teste da catalase detecta a enzima catalase, que detoxifica o peróxido de hidrogênio, e geralmente é encontrada em bactérias capazes de crescer na presença do oxigênio (Seção 5.16 e Figura 5.31). As bactérias entéricas são oxidase negativas e catalase positivas. Elas também produzem ácido a partir de glicose e reduzem o nitrato, mas apenas a nitrito. Bactérias entéricas apresentam requerimentos nutricionais relativamente simples, e fermentam açúcares a uma variedade de produtos finais.

Entre as enterobactérias estão muitas espécies patogênicas para o homem, outros animais ou plantas, bem como outras espécies de interesse industrial. *Escherichia coli*, o organismo mais bem conhecido de toda a biosfera, é o exemplo clássico de bactéria entérica. Devido à importância médica que muitas enterobactérias apresentam, um grande número de espécies já foi caracterizado, e muitos gêneros e espécies já foram definidos, em grande parte tendo a identificação microbiológica clínica como objetivo. Todavia, devido à similaridade genética entre as enterobactérias, sua identificação positiva geralmente apresenta considerável dificuldade. Em laboratórios clínicos, a identificação geralmente é baseada na análise combinada de um grande número de testes diagnósticos, realizados com o uso de *kits* de meios diagnósticos rápidos miniaturizados, juntamente com análises genômicas e imunológicas para identificação de proteínas características ou genes particulares de algumas espécies (Capítulo 27).

### Padrões de fermentação em bactérias entéricas

Uma importante característica taxonômica que distingue os vários gêneros de bactérias entéricas é o tipo e a proporção de produtos de fermentação originados a partir da fermentação anaeróbia da glicose. Dois amplos padrões são identificados, a *fermentação ácida mista* e a *fermentação de 2,3-butanediol* (**Figura 15.12**).

Na fermentação ácida mista, 3 ácidos são formados em quantidades significativas – acético, láctico e succínico; são também produzidos etanol, $CO_2$ e $H_2$, mas não butanediol. Na fermentação de butanediol, quantidades menores de ácidos são formadas, sendo butanediol, etanol, $CO_2$ e $H_2$ os principais produtos (Figura 13.32). Como resultado da fermentação ácida mista são produzidas quantidades iguais de $CO_2$ e $H_2$, ao passo que na fermentação de butanediol, a produção de $CO_2$ é

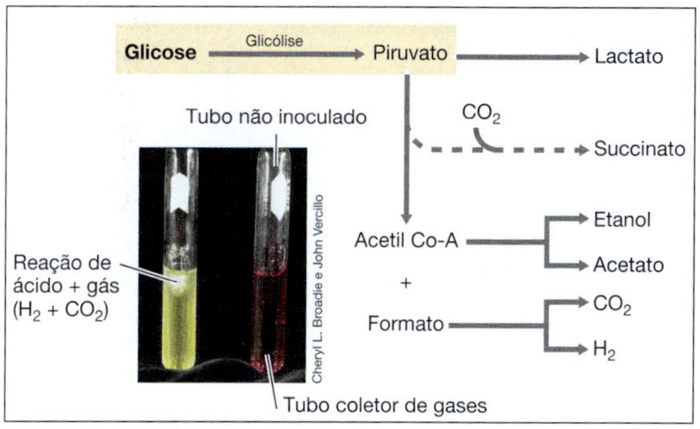


(*a*) **Fermentação ácida mista** (p. ex., *Escherichia coli*)

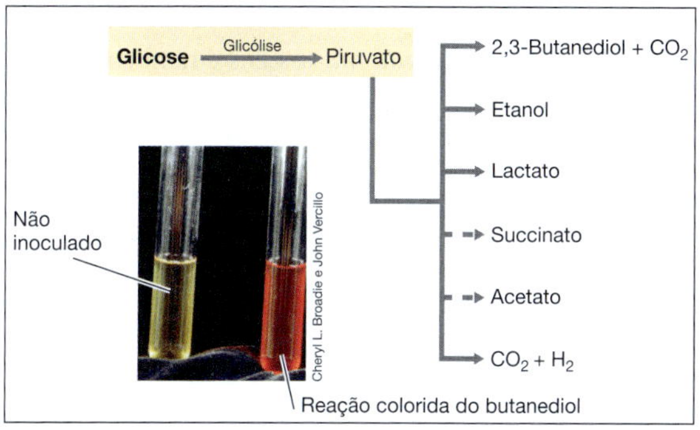


(*b*) **Fermentação do butanediol** (p. ex., *Enterobacter aerogenes*)

**Figura 15.12** **Fermentações entéricas.** Diferenciação entre a fermentação *(a)* ácida mista e *(b)* de butanediol em bactérias entéricas. As setas contínuas indicam as reações que originam os principais produtos. As setas pontilhadas indicam produtos menos importantes. *(a)* A foto revela a produção de ácido (coloração amarela) e gás (em tubo invertido de Durham) em uma cultura de *Escherichia coli* realizando fermentação ácida mista (o tubo roxo não foi inoculado). *(b)* A foto revela a coloração rósea avermelhada originada no teste de Voges-Proskauer (VP), que indica a produção de butanediol, após o crescimento de *Enterobacter aerogenes.* O tubo à esquerda (amarelo) não foi inoculado. Observe que a fermentação ácida mista produz menos $CO_2$, porém mais produtos ácidos a partir da glicose quando comparada com a fermentação de butanediol.

consideravelmente maior do que de $H_2$. Isso acontece porque os organismos que realizam a fermentação ácida mista produzem $CO_2$ somente a partir de ácido fórmico, pelo sistema enzimático formato hidrogênio liase:

$$HCOOH \rightarrow H_2 + CO_2$$

Essa reação resulta na formação de quantidades iguais de $CO_2$ e $H_2$. Os fermentadores de butanediol também produzem $CO_2$ e $H_2$ a partir do ácido fórmico, porém produzem duas moléculas adicionais de $CO_2$ durante a formação da cada molécula de butanediol (Figura 15.12*b*). A fermentação de butanediol é característica dos gêneros *Enterobacter, Klebsiella, Erwinia* e *Serratia*, enquanto a fermentação ácida mista é observada em *Escherichia, Salmonella, Shigella, Citrobacter, Proteus* e *Yersinia*.

## Fermentadores ácidos mistos: *Escherichia, Salmonella, Shigella* e *Proteus*

Os membros do gênero *Escherichia* são habitantes praticamente universais do trato intestinal de seres humanos e outros animais de sangue quente, embora não sejam os organismos dominantes neste hábitat. *Escherichia* pode desempenhar um papel nutricional no trato intestinal, pela síntese de vitaminas, particularmente vitamina K. Por sua natureza aeróbia facultativa, esse organismo provavelmente também auxilia no consumo de oxigênio, tornando o intestino grosso anóxico. Linhagens selvagens de *Escherichia* raramente apresentam exigências em relação a qualquer fator de crescimento, sendo capazes de crescer a partir de uma grande variedade de fontes de carbono e energia, como açúcares, aminoácidos, ácidos orgânicos e assim por diante.

Algumas linhagens de *Escherichia* são patogênicas e estão envolvidas em doenças diarreicas, especialmente em crianças; essas doenças são um importante problema de saúde pública em países em desenvolvimento (Seção 31.11). *Escherichia* também é uma das principais causas de infecções do trato urinário em mulheres. *E. coli* enteropatogênicas têm sido implicadas com maior frequência em infecções gastrintestinais e febres generalizadas. Algumas linhagens, como a *E. coli* êntero-hemorrágica, que tem a linhagem O157:H7 como um importante representante, podem ocasionar surtos esporádicos de graves doenças transmissíveis por alimento. A infecção ocorre principalmente em decorrência do consumo de alimentos contaminados, como carne bovina moída crua ou malcozida, leite não pasteurizado ou água contaminada. Em uma pequena porcentagem dos casos, a *E. coli* O157:H7 pode induzir complicações graves, com risco de morte, relacionadas com a produção de uma potente enterotoxina.



*Salmonella* e *Escherichia* são bactérias intimamente relacionadas. No entanto, ao contrário de *Escherichia*, espécies de *Salmonella* são quase sempre patogênicas, tanto para seres humanos quanto para outros animais de sangue quente (*Salmonella* também é encontrada nos intestinos de animais pecilotérmicos, como tartarugas e lagartos). Em seres humanos, as doenças mais comuns causadas por salmonelas são a febre tifoide e as gastrenterites (Seções 31.5 e 31.10). As shigelas também são geneticamente muito próximas de *Escherichia*. Análises genômicas sugerem que *Shigella* e *Escherichia* permutaram uma grande quantidade de genes por transferência horizontal de genes. No entanto, contrariamente a *Escherichia*, *Shigella* é geralmente patogênica para o homem, provocando uma gastrenterite grave, denominada *disenteria bacilar*. A *Shigella dysenteriae*, transmitida por água e alimentos, é um bom exemplo disso. Esta bactéria, que contém endotoxina, invade as células epiteliais intestinais, onde excreta uma neurotoxina que causa desarranjo gastrintestinal agudo.

O gênero *Proteus* geralmente contém células altamente móveis (**Figura 15.13**) que produzem a enzima *urease*. Diferentemente de *Salmonella* e *Shigella*, *Proteus* possui apenas uma relação distante com *E. coli*. *Proteus* é uma causa frequente de infecções do trato urinário em seres humanos, provavelmente beneficiando-se de sua capacidade de degradar ureia por meio da urease. Em decorrência da rápida motilidade das células de *Proteus*, colônias crescendo em placas de ágar frequentemente apresentam um fenótipo característico expansivo (Figura 15.13*b*). As células nas bordas da colônia em crescimento apresentam motilidade mais rápida do que aquelas no centro da colônia. As primeiras afastam-se ligeiramente da colônia como uma massa de células, quando então reduzem sua motilidade até ficarem imóveis, quando passam a dividir-se, originando uma nova população de células móveis, que novamente se expandem. Como resultado, a colônia madura apresenta uma série de anéis concêntricos, exibindo áreas de

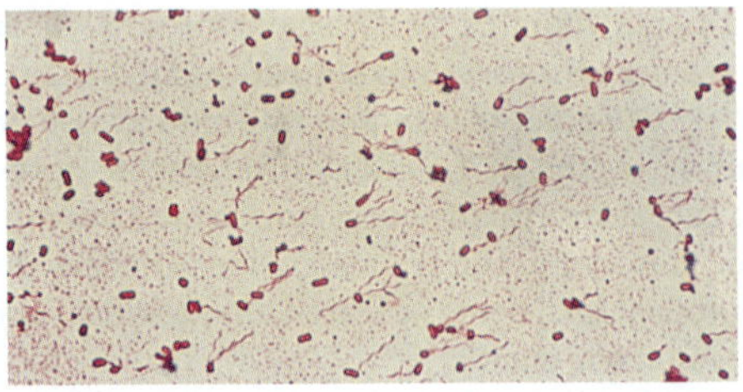

(a)

(b)

**Figura 15.13 Crescimento expansivo de *Proteus*.** *(a)* Células de *Proteus mirabilis*, coradas com um corante flagelar; os flagelos peritríquios de cada célula agrupam-se em um feixe para rodar em sincronia. *(b)* Foto de uma colônia expansiva de *Proteus vulgaris*. Observe os anéis concêntricos.

maior concentração de células alternadas com áreas de menor concentração (Figura 15.13*b*).

### Fermentadores de butanediol: *Enterobacter*, *Klebsiella* e *Serratia*

Os fermentadores de butanediol têm maior relação genética entre si do que com os fermentadores ácidos mistos, uma descoberta que está de acordo com as diferenças fisiológicas observadas (Figura 15.12). *Enterobacter aerogenes* é uma espécie comumente encontrada na água e no esgoto, assim como no trato intestinal de animais de sangue quente, sendo um patógeno ocasional em infecções do trato urinário. Uma espécie de *Klebsiella*, *K. pneumoniae*, ocasionalmente provoca pneumonias em seres humanos, mas as klebsielas são mais comumente encontradas no solo e na água. A maioria das linhagens de *Klebsiella* também é capaz de fixar $N_2$ (Seção 3.17), uma propriedade não observada em outras bactérias entéricas.

O gênero *Serratia* produz uma série de pigmentos vermelhos contendo pirrol, denominados *prodigiosinas* (**Figura 15.14**). A prodigiosina é produzida na fase estacionária de crescimento, como um metabólito secundário, sendo de interesse porque contém o anel pirrólico também encontrado em pigmentos envolvidos em processos de transferência de energia: porfirinas, clorofilas, bacterioclorofilas e ficobilinas (Seções 13.1-13.3). No entanto, ainda não se sabe se a prodigiosina desempenha qualquer papel na transferência de energia, sendo sua real função ainda desconhecida. Espécies de *Serratia* podem ser isoladas da água e do solo, como também do intestino de vários insetos e vertebrados e, ocasionalmente, do intestino de seres

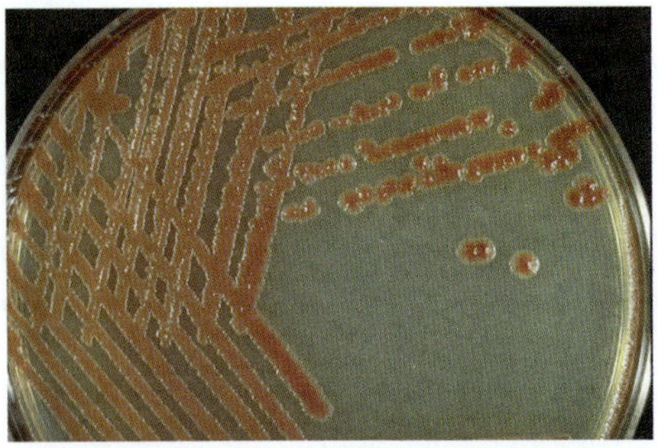

**Figura 15.14 Colônias de *Serratia marcescens*.** A pigmentação laranja-avermelhada é decorrente de um pigmento contendo pirrol, a prodigiosina.

humanos. A espécie *Serratia marcescens* é também um patógeno humano que causa infecções em muitos locais do corpo. Esta espécie tem sido relacionada com infecções causadas em certos procedimentos médicos invasivos e é um contaminante ocasional de fluidos intravenosos.

**MINIQUESTIONÁRIO**

- O que é uma fermentação ácida mista, e qual a sua significância para as bactérias entéricas?
- Quais características você utilizaria para distinguir entre *E. coli* e *K. pneumonia*?

## 15.4 Gammaproteobacteria – Pseudomonadales e Vibrionales

**Gêneros principais:** *Aliivibrio, Pseudomonas, Vibrio*

A diversidade filogenética e metabólica de Gammaproteobacteria torna difícil selecionar entre as muitas espécies notáveis nesta classe de proteobactérias. Aqui, o foco será nos grupos Pseudomonadales e Vibrionales, uma vez que eles (juntamente com Enterobacteriales) representam três das mais comuns e abundantes ordens de Gammaproteobacteria (Figura 15.10).

### Pseudomonadales

A ordem Pseudomonadales contém apenas quimiorganotróficos que realizam metabolismo respiratório. Todas as espécies podem crescer de forma aeróbia e são normalmente oxidase e catalase positivas, embora algumas também sejam capazes de realizar respiração anaeróbia utilizando nitrato como aceptor de elétrons. A maioria das espécies pode utilizar uma grande diversidade de compostos orgânicos como fontes de carbono e energia para crescimento. Estes organismos são ubíquos no solo e em sistemas aquáticos, e muitas espécies causam doenças em plantas e animais, inclusive em seres humanos. O gênero tipo é *Pseudomonas*, e as principais espécies são definidas com base na filogenia e em várias características fisiológicas e morfológicas, conforme apontado na **Tabela 15.2**. O termo **pseudomonada** é usado com frequência para descrever qualquer bacilo Gram-negativo, aeróbio com flagelação polar que seja capaz de usar fontes de carbono diversas. Pseudomonadas podem ser encontradas em inúmeros e variados grupos de *Proteobacteria*, mas aqui serão considerados apenas aqueles organismos da ordem Psedomonadales.

Várias espécies de *Pseudomonas* são patogênicas (Tabela 15.2). Entre elas, a espécie *Pseudomonas aeruginosa* (**Figura 15.15**)

**Tabela 15.2 Características de algumas das principais espécies de *Pseudomonas***

| *Espécie* | *Características* |
|---|---|
| *Pseudomonas aeruginosa* | Produção de piocianina; crescimento em até 43°C; flagelo polar único, capaz de realizar desnitrificação; organismo essencialmente do solo, mas também comum em infecções hospitalares (nosocomiais) |
| *Pseudomonas fluorescens* | Não produz piocianina nem cresce a 43°C; tufo de flagelos polares; essencialmente um organismo do solo, raramente patogênico |
| *Pseudomonas marginalis* | Degrada pectina, causa podridão-mole em diferentes vegetais |
| *Pseudomonas putida* | Similar a *P. fluorescens*, mas não liquefaz gelatina e não cresce em benzilamina |
| *Pseudomonas syringae* | Não possui arginina di-hidrolase; oxidase negativa; patógeno de plantas que causa clorose e lesões necróticas nas folhas |
| *Pseudomonas stutzeri* | Saprófita de solo; forte desnitrificante e não fluorescente |

está frequentemente associada a infecções dos tratos urinário e respiratório em seres humanos. *P. aeruginosa* não é um patógeno obrigatório. Ao contrário, é um organismo oportunista, iniciando quadros infecciosos em indivíduos com sistema imune debilitado. Essa espécie é uma causa frequente de infecções hospitalares (nosocomiais) originadas por cateterizações, traqueostomias, punções lombares e infusões intravenosas, e geralmente surge em pacientes tratados com agentes imunossupressores por um tempo prolongado. O *P. aeruginosa* é também um patógeno comum em pacientes submetidos a tratamento por queimaduras graves ou outras lesões traumáticas de pele, bem como em pacientes com fibrose cística. Além de infecções locais, esta bactéria pode também causar infecções sistêmicas, geralmente em indivíduos que sofreram danos extensivos de pele.

*P. aeruginosa* é naturalmente resistente a diversos antibióticos amplamente utilizados, de modo que a quimioterapia é frequentemente difícil. A resistência deve-se à presença de um plasmídeo de resistência transferível (plasmídeo R) (Seções 4.3 e 27.17), que é um plasmídeo cujos genes codificam proteínas que detoxificam vários antibióticos, ou os bombeiam para fora da célula. A polimixina, um antibiótico geralmente não utilizado no tratamento de seres humanos, devido a sua toxicidade, é eficaz contra *P. aeruginosa*, sendo utilizado em determinadas condições médicas.

Algumas espécies de *Pseudomonas* são patógenos de plantas (fitopatógenos) conhecidos (Tabela 15.2). Os fitopatógenos

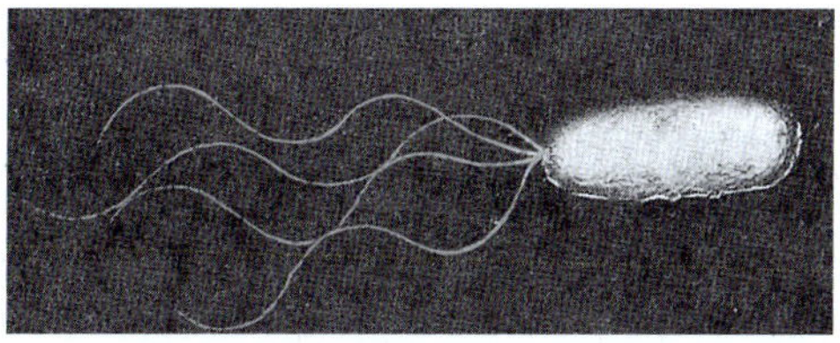


**Figura 15.15 Morfologia celular das pseudomônadas.** Preparação do tipo "*shadow-cast*", para micrografia eletrônica de transmissão, de uma célula de *Pseudomonas*. A célula apresenta aproximadamente 1 μm de diâmetro.

frequentemente colonizam plantas não hospedeiras (nas quais os sintomas da doença não são aparentes), sendo depois transmitidos às plantas hospedeiras, iniciando uma infecção. Os sintomas da doença variam consideravelmente, dependendo do fitopatógeno em particular e da planta hospedeira. O patógeno libera toxinas, enzimas líticas, fatores de crescimento e outras substâncias que destroem ou alteram os tecidos vegetais, liberando nutrientes utilizados pela bactéria. Em muitos casos, os sintomas da doença auxiliam na identificação do fitopatógeno. Desse modo, *Pseudomonas syringae* é frequentemente isolado de folhas apresentando lesões cloróticas (amarelamento), enquanto *P. marginalis* é um típico patógeno de "podridão-mole", infectando caules e brotos, mas raramente as folhas.

### Vibrionales

A ordem Vibrionales contém bacilos gram-negativos aeróbios facultativos e bacilos curvos que apresentam metabolismo fermentativo. Uma diferença essencial entre os *Vibrio* e as bactérias entéricas está no fato de os primeiros serem oxidase positivos, e os segundos, oxidase negativos. Embora as *Pseudomonas* também sejam oxidase positivas, elas não são fermentadoras e, por conseguinte, podem ser claramente diferenciadas das espécies *Vibrio*. Os gêneros mais conhecidos do grupo *Vibrio* incluem *Vibrio*, *Aliivibrio* e *Photobacterium*, que contém várias espécies bioluminescentes (Seção 14.24).

A maioria dos víbrios e bactérias relacionadas é aquática, sendo encontrada em hábitats de água do mar, águas levemente salgadas e água doce. *Vibrio cholerae* é o agente etiológico da cólera em seres humanos (Seções 28.10 e 31.3); o organismo geralmente não causa doença em outros hospedeiros. A cólera é uma das doenças infecciosas humanas mais comuns em países em desenvolvimento e é transmitida quase exclusivamente pela água.

*Vibrio parahaemolyticus* habita ambientes marinhos, e é uma importante causa de gastrenterites no Japão, onde é grande o consumo de peixe cru; esse organismo também já foi relacionado com surtos de gastrenterites em outras regiões do mundo, inclusive nos Estados Unidos. *V. parahaemolyticus* pode ser isolado da própria água do mar ou de mariscos e crustáceos, sendo seu hábitat primário provavelmente os animais marinhos, tendo os seres humanos como hospedeiros acidentais.

**MINIQUESTIONÁRIO**

- Que espécie de *Pseudomonas* é uma causa comum de infeção pulmonar em pacientes com fibrose cística?
- Que característica importante deve ser usada para diferenciar as linhagens de *Pseudomonas* das linhagens de *Vibrio*?

## 15.5 Deltaproteobacteia e Epsilonproteobacteria

Estas classes de proteobactérias possuem menos espécies e diversidade funcional que o encontrado em Alpha, Beta e Gammaproteobacteria (Figura 15.2 e Figura 14.1). As Deltaproteobacteria são essencialmente bactérias redutoras de sulfato e enxofre (Seções 14.9 e 14.10), redutoras dissimilativas de ferro (Seção 14.14) e predadores bacterianos (Seção 14.19). A classe Epsilonproteobacteria, por outro lado, contém espécies que oxidam o $H_2S$ produzido pelos redutores de sulfato e enxofre. A última classe de Proteobacteria,

Zetaproteobacteria, possui apenas uma espécie caracterizada (o oxidante de ferro *Mariprofundus ferrooxydans*) e já foi abordada anteriormente (⇄ Seção 14.15).

## Deltaproteobacteria

**Gêneros principais:** *Bdellovibrio, Myxococcus, Desulfovibrio, Geobacter, Syntrophobacter*

Oito ordens já foram caracterizadas dentro de Deltaproteobacteria (**Figura 15.16**). A maior e mais comum ordem que apresenta redutores de sulfato é a Desulfovibrionales. Esses organismos são prontamente cultivados a partir de sedimentos marinhos e ambientes anóxicos ricos em nutrientes que contêm sulfato. Espécies de Desulfovibrionales geralmente são oxidantes incompletos (⇄ Seção 14.9). Todas utilizam sulfato como aceptor final de elétrons e requerem compostos orgânicos pequenos, como lactato, como fonte de carbono e energia para crescimento. Organismos das ordens Desulfobacterales e Desulfarculales geralmente também reduzem sulfato; entretanto, ao contrário de Desulfovibrionales, essas espécies podem ser oxidantes de acetato completos ou incompletos (⇄ Seção 14.9). Além de sulfato, algumas espécies dessas três ordens também podem reduzir sulfeto, tiossulfato ou nitrato, e algumas ainda são capazes de realizar determinadas fermentações.

A última ordem que apresenta redutores de sulfato é a Syntrophobacterales. Algumas espécies desta ordem, mas não todas, são capazes de reduzir sulfato. Na natureza, espécies de Syntrophobacterales interagem essencialmente com bactérias consumidoras de $H_2$ em uma parceria metabólica denominada *sintrofia* (⇄ Seções 13.15 e 20.2). Por exemplo, espécies sintróficas como *Syntrophobacter wolinii* oxidam propionato, produzindo acetato, $CO_2$ e $H_2$. Todavia, esse tipo de crescimento só é possível quando uma bactéria consumidora de $H_2$ esteja presente realizando com ela uma parceria. Caso haja sulfato disponível, *S. wolinii* é capaz de crescer como redutora de sulfato, sem necessidade de uma bactéria parceira. *S. wolinii* também pode crescer sem um organismo parceiro por meio da fermentação de piruvato, fumarato ou malato.

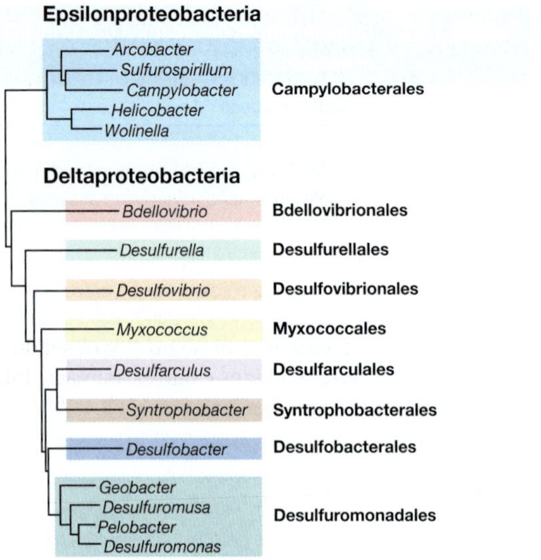


**Figura 15.16 Principais ordens de Proteobacteria nas classes Deltaproteobacteria e Epsilonproteobacteria.** A árvore filogenética foi construída usando sequências do gene 16S RNAr de gêneros representativos das classes Delta e Epsilonproteobacteria. O nome das ordens é mostrado em negrito.

## Epsilonproteobacteria

**Gêneros principais:** *Campylobacter, Helicobacter*

As Epsilonproteobacteria (Figura 15.16) foram inicialmente definidas por apenas algumas bactérias patogênicas; em especial por espécies de *Campylobacter* e *Helicobacter*. Contudo, estudos ambientais de hábitats microbianos marinhos e terrestres

**Tabela 15.3 Características dos principais gêneros de Epsilonproteobacteria**

| *Gênero* | *Hábitat* | *Características descritivas* | *Fisiologia e metabolismo* |
|---|---|---|---|
| *Campylobacter* | Órgãos reprodutivos, cavidade oral e trato intestinal de seres humanos e outros animais; patogênicos | Bacilos curvos espiralados, delgados; com motilidade semelhante a um saca-rolhas por um único flagelo polar | Microaerófilo; quimiorganotrófico |
| *Arcobacter* | Hábitats diversos (água doce, esgoto, ambientes salinos, trato reprodutivo de animais, plantas); algumas espécies são patogênicas para seres humanos e outros animais | Bacilos curvos, delgados; móveis por um único flagelo polar | Microaerófilo; aerotolerante ou aeróbio; quimiorganotrófico; algumas espécies oxidam sulfeto a enxofre elementar ($S^0$); fixação de nitrogênio em uma espécie |
| *Helicobacter* | Trato intestinal e cavidade oral de seres humanos e outros animais; patogênico | Bacilos intensamente espiralados; algumas espécies apresentam fibras periplasmáticas intensamente enoveladas | Microaerófilo, quimiorganotrófico; produz altas concentrações de urease (assimilação de nitrogênio) |
| *Sulfurospirillum* | Hábitats de água doce e marinho, contendo enxofre | Células de vibrioides a espiraladas; móveis por flagelação polar | Microaerófilo; reduz enxofre elementar ($S^0$) |
| *Thiovulum* | Hábitats de água doce e marinho, contendo enxofre; ainda não existentes em cultura pura (⇄ Figura 14.29) | As células contêm grânulos ortorrômbicos de $S^0$; motilidade rápida por flagelos peritríquios | Microaerófilo; quimiolitotrófico oxidante de $H_2S$ |
| *Wolinella* | Rúmen de bovinos | Motilidade rápida por flagelo polar; uma única espécie conhecida: *W. succinogenes* | Anaeróbio, respiração anaeróbia utilizando fumarato, nitrato ou outros compostos como aceptor terminal de elétrons, e $H_2$ ou formato como doador de elétrons |

demonstraram que existe uma grande variedade de Epsilonproteobacteria na natureza, e sua abundância e suas capacidades metabólicas sugerem que estas bactérias desempenham importantes funções ambientais (**Tabela 15.3**). Espécies desse grupo são especialmente abundantes em interfaces óxicas-anóxicas de ambientes ricos em enxofre, e realizam funções importantes na oxidação de componentes sulfurados na natureza.

### *Campylobacter* e *Helicobacter*

Estes dois gêneros de Epsilonproteobacteria compartilham muitas características. Suas espécies são espirilos móveis, gram-negativos, oxidase e catalase positivos, sendo a maioria patogênica para seres humanos e outros animais (Tabela 15.3). Esses organismos são também microaerófilos (⮂ Seção 5.16) e devem, portanto, ser cultivados a partir de espécimes clínicos, em concentrações baixas de $O_2$ (3-15%) e altas de $CO_2$ (3-10%).

Espécies de *Campylobacter*, das quais mais de uma dúzia foram descritas, provocam enterites agudas, levando, geralmente, a diarreias sanguinolentas. A patogênese é decorrente de vários fatores, incluindo uma enterotoxina relacionada com a toxina colérica. *Helicobacter pylori*, também um patógeno, causa gastrites crônicas e agudas, levando à formação de úlceras pépticas. Essas doenças serão discutidas mais detalhadamente, incluindo seus modos de transmissão e sintomas clínicos, nas Seções 29.10 e 31.12.

### *Sulfurospirillum* e *Wolinella*

As espécies de *Sulfurospirillum*, um gênero relacionado com *Campylobacter*, são microaerófilas, de vida livre e não patogênicas encontradas em hábitats de água doce e marinhos (Tabela 15.3). Essas bactérias também realizam respiração anaeróbia utilizando enxofre elementar ($S^0$), selenato ou arsenato como aceptores de elétrons (⮂ Seções 13.18 e 13.21).

*Wolinella* é uma bactéria anaeróbia isolada do rúmen de bovinos (Tabela 15.3; ⮂ Seção 22.7). Ao contrário de outras Epsilonproteobacteria, a única espécie até hoje conhecida desse grupo, *W. succinogenes*, cresce mais satisfatoriamente como anaeróbio, e é capaz de catalisar respirações anaeróbias utilizando fumarato ou nitrato como aceptores de elétrons, e $H_2$ ou formato como doadores de elétrons. Embora *W. succinogenes* até hoje só tenha sido encontrado no rúmen, seu genoma apresenta extensa homologia ao de *Campylobacter* e *Helicobacter*, e contém genes adicionais que codificam a fixação de nitrogênio, mecanismos extensivos de sinalização celular e vias metabólicas praticamente completas, ausentes em outros genomas estreitamente relacionados. Esse fato sugere que *Wolinella* desenvolve-se em outros ambientes além do rúmen.

### Epsilonproteobacteria ambientais

Além dos representantes cultivados dos gêneros mencionados anteriormente, bem como espécies e gêneros adicionais não mencionados, existem grandes grupos dentro dessa classe, os quais são conhecidos somente com base em sequências do gene 16S do RNAr, obtidos a partir do ambiente (⮂ Seção 18.5). Por meio de estudos de sequenciamento ambiental e esforços contínuos para o cultivo, atualmente os membros de Epsilonproteobacteria estão sendo reconhecidos como ubíquos em ambientes marinhos e terrestres onde ocorrem atividades de ciclagem do enxofre, particularmente em hábitats de fendas hidrotermais de mar profundo, onde misturam-se águas ricas em sulfeto e águas oxigenadas (⮂ Seção 19.13). Além disso, na forma de epibiontes de animais como o verme tubular *Alvinella* e o camarão *Rimicaris*, que vivem nas proximidades das fendas hidrotermais, uma grande variedade de Epsilonproteobacteria não cultivada pode, por meio de seu metabolismo de enxofre, detoxificar o $H_2S$ que, do contrário, seria deletério aos seus hospedeiros animais, permitindo assim que eles habitem ambientes quimicamente hostis (⮂ Seção 22.12). Futuros estudos sobre a filogenia, as atividades metabólicas e os papéis ecológicos das Epsilonproteobacteria deverão revelar novos aspectos interessantes da diversidade dos procariotos.

**MINIQUESTIONÁRIO**

- Cite as quatro características metabólicas que são comuns entre espécies de Deltaproteobacteria.
- Por que *Wolinella* é fisiologicamente incomum quando comparada às demais espécies de Epsilonproteobacteria?

# II • Firmicutes, Tenericutes e Actinobacteria

Segue a análise sobre a diversidade filogenética bacteriana, agora com as bactérias gram-positivas dos filos Actinobacteria e Firmicutes e também do filo relacionado Tenericutes (**Figura 15.17**). Estes três filos somam quase metade de todas as espécies caracterizadas de bactérias (Figura 15.1*b*).

O filo Actinobacteria inclui os actinomicetos, um grande grupo de bactérias principalmente filamentosas habitantes do solo. Uma característica particular das Actinobacteria é seu genoma normalmente rico em GC, e por isso estas bactérias são também chamadas de **bactérias gram-positivas com alto conteúdo de GC**. O grupo Tenericutes abriga células desprovidas de parede celular, e o grupo Firmicutes inclui bactérias formadoras de endósporo, bactérias do ácido láctico e vários outros grupos. Ao contrário de Actinobacteria, os genomas dos Firmicutes geralmente são pobres em GC, e por isso estas bactérias são chamadas de **bactérias gram-positivas com baixo conteúdo de GC**.

Inicia-se o estudo examinando os Firmicutes não formadores de endósporo.

## 15.6 Firmicutes – Lactobacillales

**Gêneros principais:** *Lactobacillus, Streptococcus*

A ordem Lactobacillales contém as **bactérias do ácido láctico**, organismos fermentadores que produzem ácido láctico como principal produto final de metabolismo. Esses organismos são amplamente usados na produção e conservação de alimentos. Bactérias do ácido láctico são cocos ou bacilos não esporulados, oxidase e catalase negativos, que apresentam um metabolismo exclusivamente fermentativo. Todas as bactérias desse grupo produzem o ácido láctico como principal ou único produto da fermentação. Os membros desse grupo são desprovidos de porfirinas e citocromos, não realizam a fosforilação oxidativa e, assim, obtêm energia somente pela fosforilação em

UNIDADE 3

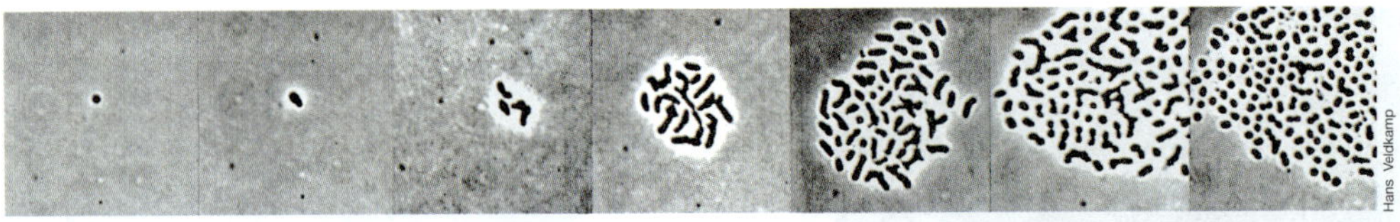


**Figura 15.30 Estágios do ciclo de vida de *Arthrobacter globiformis* observados em uma cultura em lâmina.** *(a)* Elemento cocoide único; *(b-e)* conversão à forma bacilar e crescimento de uma microcolônia, consistindo principalmente em bacilos; *(f-g)* conversão dos bacilos às formas cocoides. As células têm diâmetro aproximado de 0,9 μm.

O gênero *Arthrobacter*, consistindo principalmente de organismos de solo, distingue-se de *Corynebacterium* por um ciclo de desenvolvimento que envolve a conversão da forma bacilar em coco, que novamente assume a forma bacilar (**Figura 15.30**). No entanto, algumas corinebactérias são pleomórficas, formando células cocoides durante o crescimento e, dessa forma, a diferenciação entre os dois gêneros com base no ciclo de vida não é absoluta. A célula de *Corynebacterium* frequentemente possui uma extremidade dilatada, assumindo, assim, um aspecto de clava, enquanto as espécies de *Arthrobacter* apresentam a forma de clava com menor frequência.

Juntamente com as Acidobacteria (Seção 15.21), as espécies de *Arthrobacter* estão entre as bactérias de solo mais comuns. Elas são altamente resistentes à dessecação e carência nutricional, apesar do fato de não formarem esporos ou outras células de dormência. As artrobactérias correspondem a um grupo heterogêneo que tem considerável versatilidade nutricional, e foram isoladas linhagens com capacidade de decompor herbicidas, cafeína, nicotina, fenóis e outros compostos orgânicos incomuns.

## Bactérias propiônicas

As **bactérias propiônicas** (gênero *Propionibacterium*) foram inicialmente descobertas no queijo suíço (Emmental), no qual a produção de $CO_2$, decorrente das atividades fermentativas, leva à formação dos orifícios característicos, e o ácido propiônico que produzem é pelo menos parcialmente responsável pelo sabor peculiar desse queijo. As bactérias desse grupo são gram-positivas, anaeróbias e fermentam ácido láctico, carboidratos e poli-hidroxialcoóis, produzindo, sobretudo, ácidos propiônico, acético e $CO_2$ (Seção 13.13).

A fermentação do lactato desperta interesse, uma vez que o próprio lactato é um produto final de fermentação de muitas bactérias (Seção 15.6). A cultura inicial na manufatura do queijo suíço consiste em uma mistura de estreptococos e lactobacilos homofermentativos, além de bactérias propiônicas. Os organismos homofermentativos realizam a fermentação inicial da lactose a ácido láctico durante a formação do coalho (proteína e gordura). Após o coalho ter sido drenado, as bactérias propiônicas desenvolvem-se rapidamente. Os olhos (ou orifícios) característicos do queijo suíço são formados pelo acúmulo de $CO_2$, quando o gás se difunde através do coalho, unindo-se em regiões de maior fragilidade. As bactérias propiônicas são, dessa forma, capazes de obter energia anaerobiamente, a partir de um produto de fermentação produzido por outras bactérias. Essa estratégia metabólica recebeu a denominação *fermentação secundária*.

O propionato também é formado pela fermentação de succinato realizada pela bactéria *Propionigenium*. Esse organismo não é relacionado filogenética e ecologicamente com *Propionibacterium*, porém aspectos energéticos de sua fermentação exibem interesse considerável. Discutiu-se o mecanismo da fermentação de *Propionigenium* na Seção 13.14.

**MINIQUESTIONÁRIO**

- O que é divisão por ruptura e qual organismo realiza esse tipo de divisão?
- Qual organismo está envolvido na produção do queijo suíço, e quais de seus produtos influenciam no sabor e geram os orifícios típicos deste tipo de queijo?

## 15.11 Actinobacteria: *Mycobacterium*

**Gênero principal:** *Mycobacterium*

O gênero *Mycobacterium* contém vários patógenos humanos importantes, sendo *Mycobacterium tuberculosis*, o agente causador da tuberculose (Seção 29.4), um dos principais. As espécies deste grupo são organismos bacilares que, em algum estágio de seu ciclo de crescimento, apresentam uma distintiva propriedade tintorial, denominada **acidorresistência**. Essa propriedade deve-se à presença de lipídeos singulares na superfície da célula, denominados *ácidos micólicos*, encontrados somente no gênero *Mycobacterium*, na superfície da célula micobacteriana. Os ácidos micólicos são um grupo complexo de lipídeos hidroxilados de cadeia ramificada (**Figura 15.31*a***), ligados covalentemente ao peptideoglicano da parede celular; este complexo dá à superfície celular uma consistência cerosa, hidrofóbica.

Devido a essa superfície cerosa, as micobactérias não se coram adequadamente pela técnica de Gram. Uma mistura do corante vermelho básico fucsina com fenol é usada na coloração de acidorresistentes (Ziehl-Neelsen). O corante é introduzido nas células por meio de aquecimento lento, e o fenol tem como função aumentar a penetração da fucsina nos lipídeos. Após ser lavada em água destilada, a preparação é descorada com solução de álcool-ácido e uma contracoloração (coloração de contraste) com azul de metileno é feita. As células de orga-

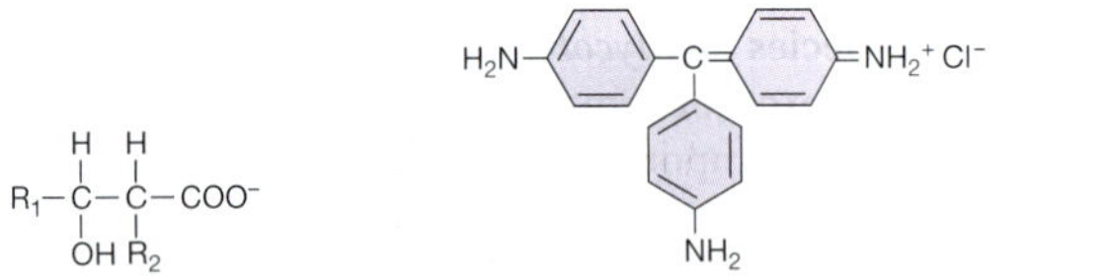


*(a)* **Ácido micólico; $R_1$ e $R_2$ são cadeias longas de hidrocarbonetos alifáticos**

*(b)* **Fucsina básica**

**Figura 15.31 Coloração para acidorresistentes.** Estrutura de *(a)* ácido micólico e *(b)* fucsina básica, o corante empregado na coloração de acidorresistência. A fucsina combina-se com o ácido micólico na parede celular por intermédio de ligações iônicas entre $COO^-$ e $NH_2^+$.

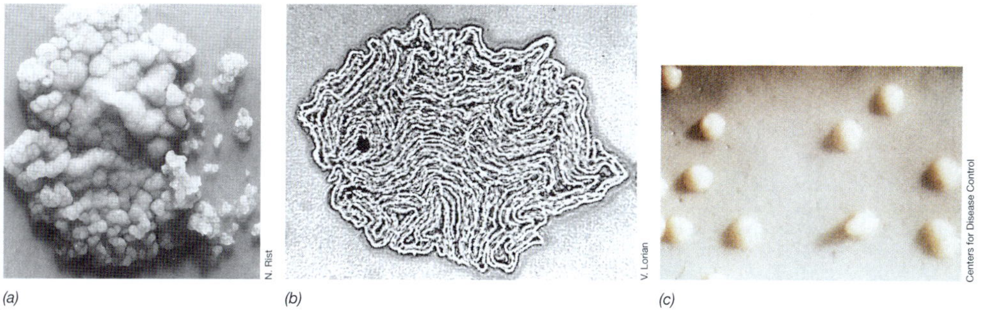


**Figura 15.32 Morfologia colonial característica de micobactérias.** *(a) Mycobacterium tuberculosis*, apresentando a aparência compacta e rugosa da colônia. A colônia tem diâmetro aproximado de 7 mm. *(b)* Estágio inicial de uma colônia de *M. tuberculosis* virulento, apresentando o característico crescimento em cordão. As células individuais têm diâmetro aproximado de 0,5 μm. (Ver também os desenhos históricos de *M. tuberculosis* feitos por Robert Koch, ⟲ Figura 1.22). *(c)* Colônias de *Mycobacterium avium* de uma linhagem isolada como patógeno oportunista de um paciente portador de Aids.

UNIDADE 3

nismos acidorresistentes coram-se em vermelho, enquanto o fundo e os organismos não acidorresistentes coram-se em azul (⟲ Figura 29.15*a*).

As micobactérias são relativamente pleomórficas, podendo apresentar crescimento ramificado ou filamentoso. No entanto, ao contrário dos filamentos de actinomicetos (Seção 15.12), os filamentos de micobactérias não formam um micélio verdadeiro. Essas bactérias podem ser divididas em dois grupos principais: as espécies de crescimento lento (p. ex., *M. tuberculosis, M. avium, M. bovis* e *M. gordonae*) e as espécies de crescimento rápido (p. ex., *M. smegmatis, M. phlei, M. chelonae, M. parafortuitum*). *Mycobacterium tuberculosis* é um típico organismo de crescimento lento, havendo o desenvolvimento de colônias visíveis, a partir de inóculos diluídos, somente após dias ou semanas de incubação. Quando crescem em meios sólidos, as micobactérias formam colônias densas, compactas e frequentemente rugosas (**Figura 15.32**). Essa morfologia da colônia provavelmente é decorrente do alto teor lipídico e da natureza hidrofóbica da superfície celular, que promovem a adesão das células.

Em sua maioria, as micobactérias têm necessidades nutricionais relativamente simples. Elas podem crescer em meio simples de sais minerais, tendo amônia como fonte de nitrogênio e glicerol ou acetato como única fonte de carbono e doador de elétrons. O crescimento de *M. tuberculosis* é mais difícil, sendo estimulado por lipídeos e ácidos graxos. A virulência de culturas de *M. tuberculosis* foi correlacionada à formação de estruturas longas, semelhantes a cordões (Figura 15.32*b*), decorrentes da agregação lateral e do entrelaçamento de longas cadeias de bactérias. O crescimento na forma de cordões reflete a presença de um glicolipídeo característico, o *fator corda*, na superfície celular (**Figura 15.33**). A patogênese da tuberculose, assim como da hanseníase, uma doença relacionada, é discutida na Seção 29.4.

Algumas micobactérias produzem pigmentos carotenoides amarelos (Figura 15.32*c*), que podem ajudar em sua identificação. As micobactérias podem ser não pigmentadas (p. ex., *M. tuberculosis, M. bovis, M. smegmatis, M. chelonae*); podem produzir pigmentos somente quando cultivadas na presença de luz, uma propriedade denominada *fotocromogênese* (p. ex., *M. parafortuitum*); ou ainda formar pigmentos mesmo se cultivados na ausência de luz, uma característica denominada *escotocromogênese* (p. ex., *M. gordonae, M. phlei*). A fotocromogênese é desencadeada pela porção azul do espectro da

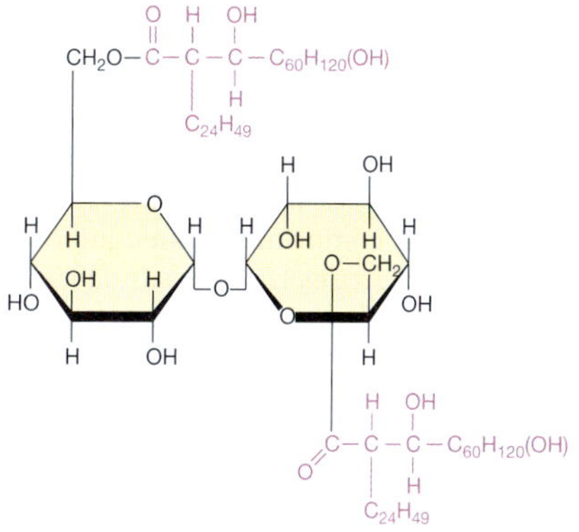

**Figura 15.33 Estrutura do fator corda, um glicolipídeo micobacteriano: 6,6′-di-*O*-micoliltrealose.** Os dois grupos idênticos de diálcool de cadeia longa estão assinalados em roxo.

luz visível, e é caracterizada pela fotoindução de uma das enzimas precoces da biossíntese de carotenoides. Da mesma forma que em outras bactérias que contêm carotenoides, é provável que estes pigmentos protejam as micobactérias do dano oxidativo causado pelo oxigênio singleto (⟲ Seção 5.16).

**MINIQUESTIONÁRIO**

- O que é o ácido micólico e quais propriedades esta substância confere às micobactérias?

## 15.12 Actinobacteria filamentosas: *Streptomyces* e organismos relacionados

**Gêneros principais:** *Streptomyces, Actinomyces, Nocardia*

Os **actinomicetos** são um grande grupo de bactérias aeróbias, gram-positivas, filamentosas, filogeneticamente relacionadas, comumente encontradas em solos. Muitos actinomicetos possuem um ciclo de desenvolvimento característico, que culmina na produção de esporos resistentes à dessecação. Os filamentos elongam-se a partir de sua porção terminal, formando uma *hifa* ramificada. O crescimento dessas hifas resulta na formação de uma rede de filamentos, denominada *micélio* (**Figura 15.34**), análogo ao micélio dos fungos filamentosos (⟲ Seção 17.9). Quando os nutrientes são depletados,

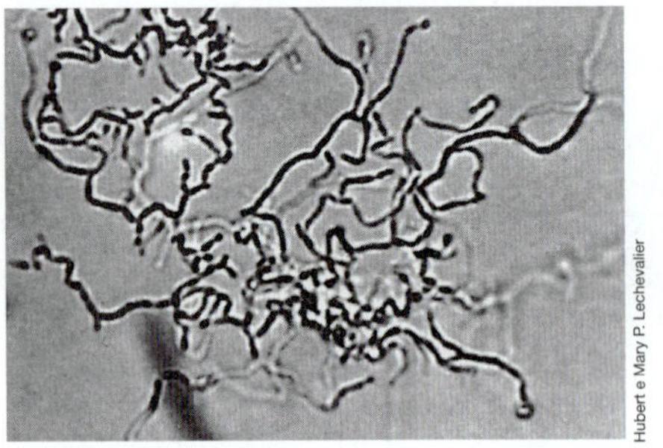


**Figura 15.34** ***Nocardia.*** Uma colônia jovem de um actinomiceto do gênero *Nocardia*, apresentando a estrutura celular filamentosa típica (micélio). Cada filamento tem diâmetro de aproximadamente 0,8 a 1 μm.

o micélio forma hifas aéreas, que se diferenciam em esporos, possibilitando a sobrevivência e a dispersão. Será analisado aqui o gênero *Streptomyces*, o mais importante deste grupo.

## *Streptomyces*

São reconhecidas mais de 500 espécies de *Streptomyces*. Os filamentos de *Streptomyces* normalmente apresentam diâmetro de 0,5 a 1,0 μm, comprimento indefinido e geralmente são desprovidos de paredes transversais na fase vegetativa. O crescimento de *Streptomyces* ocorre a partir da ponta dos filamentos, frequentemente formando ramificações. Assim, a fase vegetativa consiste em uma matriz complexa, fortemente entrelaçada, resultando em um micélio compacto e convoluto e, depois, uma colônia. À medida que a colônia envelhece, formam-se filamentos aéreos característicos, denominados *esporóforos*, que se projetam acima da superfície da colônia e originam os esporos (**Figura 15.35**).

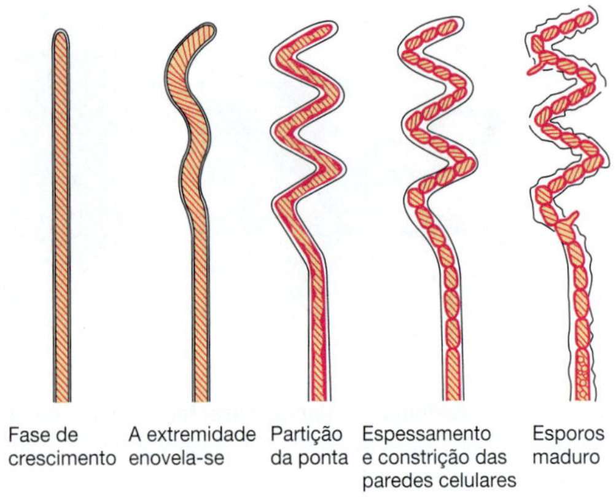


**Figura 15.36** **Formação de esporo em *Streptomyces*.** Diagrama dos estágios de conversão de uma hifa aérea (esporóforo) em esporos (conídios).

Os esporos de *Streptomyces*, denominados *conídios*, são bastante diferentes dos endósporos de *Bacillus* e *Clostridium*. Contrariamente à elaborada diferenciação celular que resulta na formação de um endósporo, os esporos dos estreptomicetos são produzidos pela formação de paredes transversais nos esporóforos multinucleados, seguida pela separação das células individuais diretamente em esporos (**Figura 15.36**). As diferenças na forma e no arranjo dos filamentos aéreos e das estruturas contendo os esporos das várias espécies encontram-se entre as características fundamentais utilizadas para a classificação de espécies de *Streptomyces* (**Figura 15.37**). Os conídios e esporóforos são com frequência pigmentados, conferindo uma coloração característica à colônia madura (**Figura 15.38**).

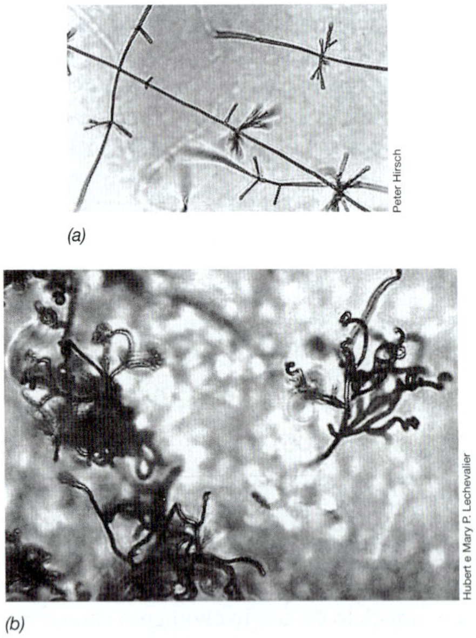


**Figura 15.35** **Estruturas contendo esporos de actinomicetos.** Micrografias de contraste de fase. Compare essas fotos à arte da Figura 15.37. *(a) Streptomyces*, um tipo monoverticilado. *(b) Streptomyces*, um tipo em espiral fechada. Os filamentos têm largura aproximada de 0,8 μm, em ambos os casos.

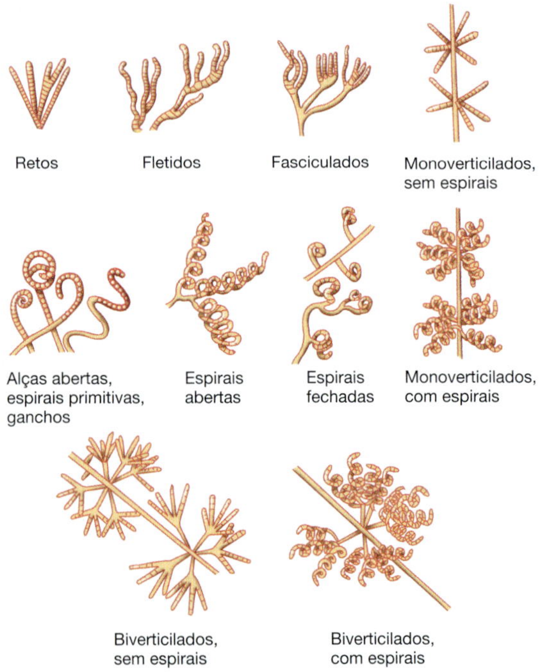


**Figura 15.37** **Morfologia de estruturas contendo esporos de estreptomicetos.** Uma determinada espécie de *Streptomyces* produz somente um tipo morfológico de estrutura contendo esporos. O termo "verticilado" significa "espiralado".

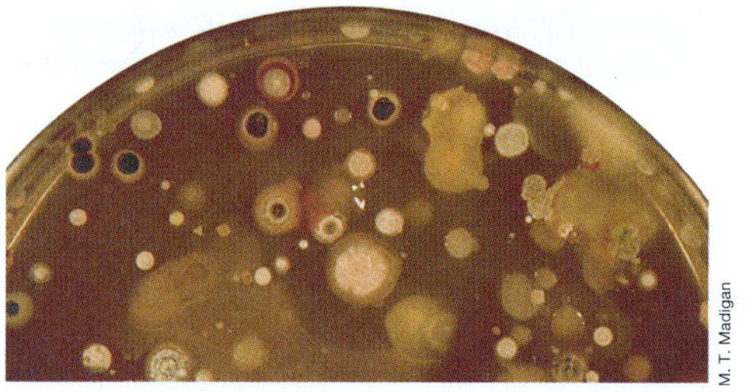


(a)

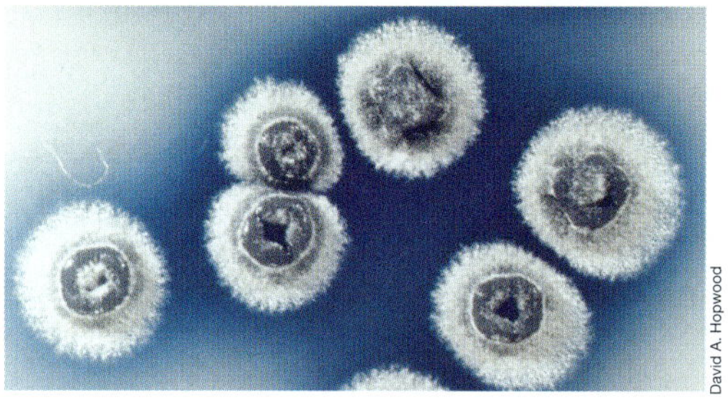


(b)

**Figura 15.38** **Estreptomicetos.** *(a)* Colônias de *Streptomyces* e de outras bactérias de solo, oriundas da inoculação de uma amostra diluída de solo em uma placa de meio sólido contendo amido e caseína. As colônias de *Streptomyces* exibem colorações variadas (várias colônias negras de *Streptomyces* são observadas no primeiro plano), podendo ser facilmente identificadas por sua morfologia opaca, rugosa e não disseminante. *(b)* Foto em maior aproximação de colônias de *Streptomyces coelicolor*.

A aparência pulverulenta da colônia madura, sua natureza compacta e coloração tornam relativamente simples a identificação de colônias de *Streptomyces* em placas de meio sólido (Figura 15.38*b*).

## Ecologia e isolamento de *Streptomyces*

Embora alguns estreptomicetos sejam aquáticos, eles são, primordialmente, organismos do solo. De fato, o odor característico de terra é decorrente da produção de uma série de metabólitos complexos, denominados *geosminas*. Solos alcalinos e neutros são mais favoráveis ao desenvolvimento de *Streptomyces* do que os solos ácidos. Além disso, um maior número de *Streptomyces* pode ser encontrado em solos bem drenados (como solos calcários arenosos, ou solos recobrindo rochedos calcários), onde possivelmente as condições sejam mais aeróbias do que em solos alagadiços, que rapidamente se tornam anóxicos.

O isolamento de *Streptomyces* do solo é relativamente simples: uma suspensão de solo em água estéril é diluída e semeada em um meio sólido seletivo, sendo as placas incubadas a 25°C em aerobiose (Figura 15.38). Os meios seletivos para *Streptomyces* contêm sais minerais, aos quais são adicionadas substâncias poliméricas, como amido ou caseína, como nutrientes orgânicos. Os estreptomicetos geralmente produzem enzimas hidrolíticas extracelulares que permitem a utilização de polissacarídeos (amido, celulose e hemicelulose), proteínas e gorduras, e algumas linhagens podem utilizar hidrocarbonetos, lignina, tanino e outros polímeros. Após a incubação no ar por 5 a 7 dias, as placas são examinadas, verificando-se a presença de colônias características de *Streptomyces*

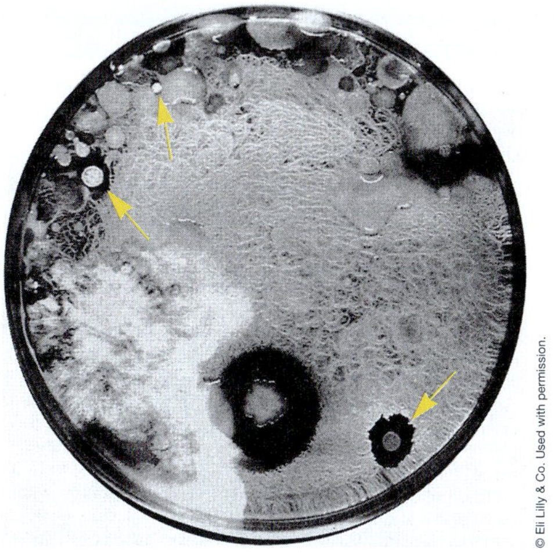


(a)

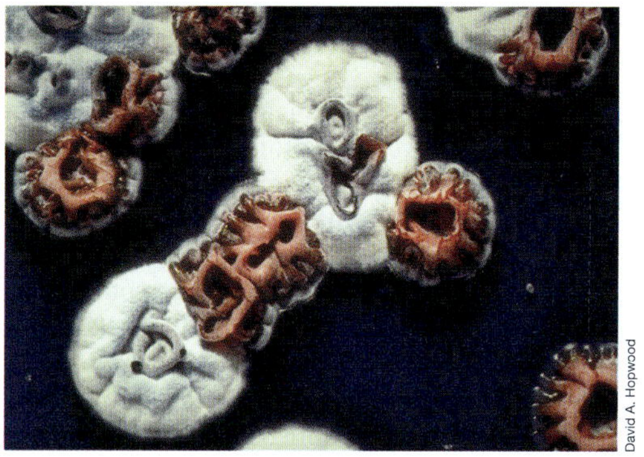


(b)

**Figura 15.39** **Antibióticos produzidos por *Streptomyces*.** *(a)* Ação antibiótica de microrganismos de solo em uma placa com alta densidade populacional. As colônias menores, circundadas por zonas de inibição (setas), correspondem aos estreptomicetos; as colônias maiores e disseminadas são de espécies de *Bacillus*, algumas das quais também estão produzindo antibióticos. *(b)* O antibiótico de coloração vermelha, undecilprodigiosina, está sendo excretado pelas colônias de *S. coelicolor*.

(Figura 15.38), e os esporos das colônias podem ser inoculados, visando ao isolamento de culturas puras.

## Antibióticos de *Streptomyces*

Possivelmente, a propriedade mais notável dos estreptomicetos seja a extensa produção de *antibióticos* (**Tabela 15.8**). Evidências da produção de antibióticos podem frequentemente ser observadas em placas de meios sólidos empregadas no isolamento inicial de *Streptomyces*: colônias adjacentes de outras bactérias exibem zonas de inibição (**Figura 15.39*a***).

Cerca de 50% de todos os *Streptomyces* já isolados demonstraram ser produtores de antibióticos. Mais de 500 antibióticos diferentes são produzidos por estreptomicetos, e suspeita-se que esse número possa ser ainda maior; a maioria já foi identificada quimicamente (Figura 15.39*b*). Alguns organismos produzem mais de um antibiótico e, frequentemente, os diferentes tipos produzidos por um organismo não são moléculas quimicamente relacionadas. Embora um organismo produtor de antibióticos seja resistente a seus próprios

UNIDADE 3

**Tabela 15.8 Alguns dos antibióticos mais comuns sintetizados por espécies de *Streptomyces* e Actinobacteria relacionadas**

| *Classe química* | *Nome comum* | *Produzido por* | *Ativo contra*[a] |
|---|---|---|---|
| Aminoglicosídeos | Estreptomicina | *S. griseus*[b] | Maioria das bactérias gram-negativas |
| | Espectinomicina | *Streptomyces* spp. | *M. tuberculosis*, *Neisseria gonorrhoeae* produtores de penicilinase |
| | Neomicina | *S. fradiae* | Amploespectro, geralmente utilizado topicamente, devido a sua toxicidade |
| Tetraciclinas | Tetraciclina | *S. aureofaciens* | Amplo espectro, bactérias gram-positivas e gram-negativas, riquétsias e clamídias, *Mycoplasma* |
| | Clortetraciclina | *S. aureofaciens* | Idem à tetraciclina |
| Macrolídeos | Eritromicina | *Saccharopolyspora erythraea* | Maioria das bactérias gram-positivas, frequentemente utilizado em substituição à penicilina; *Legionella* |
| | Clindamicina | *S. lincolnensis* | Eficaz contra anaeróbios obrigatórios, especialmente *Bacteroides fragilis*, a principal causa de infecções anaeróbias peritoneais |
| Polienos | Nistatina | *S. noursei* | Fungos, especialmente em infecções por *Candida* (uma levedura) |
| | Anfotericina B | *S. nodosus* | Fungos |
| Nenhuma | Cloranfenicol | *S. venezuelae* | Amplo espectro; fármaco de escolha para a febre tifoide |

[a]A maioria dos antibióticos é eficaz contra várias bactérias diferentes. As informações nesta coluna referem-se à aplicação clínica mais comum para um dado antibiótico. As estruturas e mecanismos de ação destes antibióticos são discutidos nas Seções 27.11 e 27.14.
[b]Todas as denominações iniciadas com "S." correspondem a espécies do gênero *Streptomyces*.

antibióticos, ele geralmente permanece sensível aos antibióticos produzidos por outros estreptomicetos. Muitos genes são necessários à codificação das enzimas de síntese de antibióticos e, por esse fato, os genomas de espécies de *Streptomyces* são relativamente grandes (8 megapares de bases ou mais; Tabela 6.1). Mais de 60 antibióticos de estreptomicetos têm sido usados em aplicações médicas e veterinárias, e alguns dos mais comuns estão listados na Tabela 15.8.

Ironicamente, apesar dos extensos trabalhos com estreptomicetos produtores de antibióticos realizados pela indústria de antibióticos e dos antibióticos produzidos por espécies de *Streptomyces* serem um empreendimento multibilionário anual, a ecologia de *Streptomyces* permanece ainda pouco compreendida. As interações desses organismos com outras bactérias e a razão ecológica para a produção de antibióticos ainda são questões pouco conhecidas. Uma hipótese que procura explicar a produção de antibióticos por espécies de *Streptomyces* sugere que a produção de antibióticos, a qual está relacionada à esporulação (processo desencadeado pelo esgotamento nutricional), seria um mecanismo visando inibir o crescimento de outros organismos, que competiriam com as células de *Streptomyces* pelos nutrientes limitados. Esse fato permitiria aos *Streptomyces* completarem o processo de esporulação, formando uma estrutura de dormência que aumentaria suas chances de sobrevivência.

**MINIQUESTIONÁRIO**

- Diferencie os esporos e o processo de esporulação que ocorrem em *Streptomyces* e *Bacillus*.
- Por que a produção de antibiótico pode ser uma vantagem para os estreptomicetos?

# III • Bacteroidetes

O filo Bacteroidetes contém mais de 700 espécies caracterizadas distribuídas em quatro ordens: Bacteroidales, Cytophagales, Flavobacteriales e Sphingobacteriales (**Figura 15.40**). Os Bacteroidetes são bacilos gram-negativos não esporulados; suas espécies são normalmente sacarolíticas e aeróbias ou fermentativas, podendo ser aeróbios estritos, anaeróbios facultativos e anaeróbios obrigatórios. A motilidade deslizante (Seção 2.18) é uma característica amplamente distribuída neste filo, embora haja muitas espécies não móveis e algumas com motilidade por flagelos. O gênero *Bacteroides* tem sido especialmente bem estudado, uma vez que estes organismos são um dos principais componentes da microbiota intestinal humana.

## 15.13 Bacteroidales

**Gênero principal:** ***Bacteroides***

A ordem Bacteroidales contém, principalmente, anaeróbios obrigatórios fermentativos. O gênero típico é *Bacteroides*, cujas espécies são sacarolíticas e fermentam açúcares ou proteínas (dependendo da espécie) a acetato e succinato como principais produtos de fermentação. Os *Bacteroides* são normalmente comensais, sendo encontrados no trato intestinal

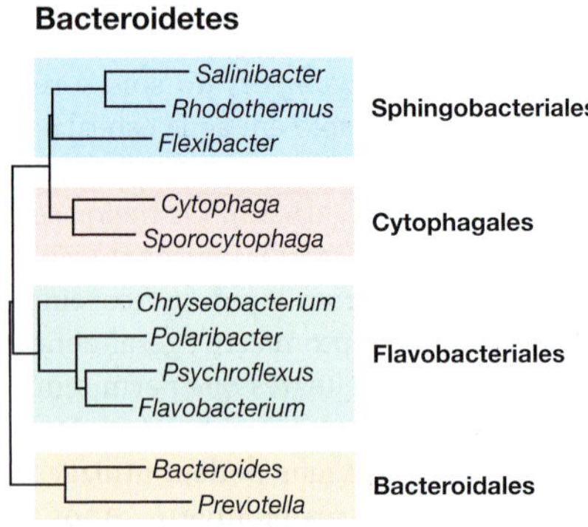


**Figura 15.40 Principais ordens de Bacteroidetes.** A árvore filogenética foi construída a partir das sequências dos genes 16S RNAr de gêneros representativos de Bacteroidetes. Os nomes das ordens são mostrados em negrito.

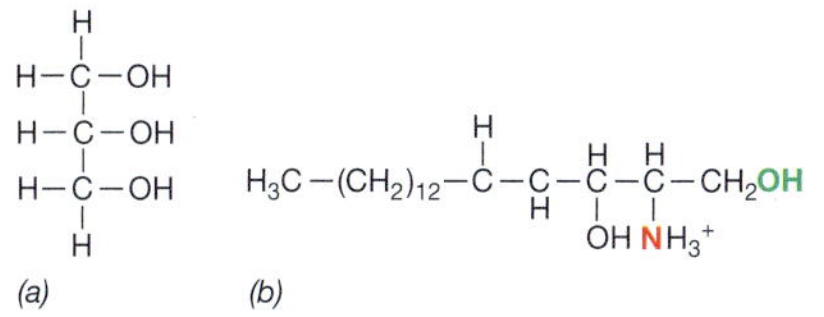

**Figura 15.41** **Esfingolipídeos.** Comparação entre *(a)* glicerol e *(b)* esfingosina. Entre os esfingolipídeos, característicos de espécies de *Bacteroides*, a esfingosina é o álcool esterificante; um ácido graxo é ligado por ligação peptídica do átomo de N (mostrado em vermelho), enquanto o grupo –OH terminal (mostrado em verde) pode conter uma variedade de compostos, incluindo fosfatidilcolina (esfingomielina) ou açúcares variados (cerebrosídeos e gangliosídeos).

de seres humanos e de outros animais. De fato, as espécies de *Bacteroides* são as bactérias numericamente dominantes no intestino grosso de seres humanos, onde mensurações indicaram a presença de $10^{10}$-$10^{11}$ células procarióticas por grama de fezes humanas (Seção 22.6). Entretanto, algumas espécies de *Bacteroides* podem ser patógenos ocasionalmente, e são as bactérias mais importantes associadas a infecções humanas, como *bacteremia* (presença de bactérias no sangue).

*Bacteroides thetaiotaomicron* é uma das principais espécies do gênero encontradas no lúmen do intestino grosso. *B. thetaiotaomicron* é uma bactéria especializada na degradação de polissacarídeos complexos. A maior parte do seu genoma está voltada para a produção de enzimas que degradam polissacarídeos. A diversidade e o número de genes relacionados com o metabolismo de carboidratos encontrados em seu genoma excedem, em muito, os genes encontrados em outras espécies de bactérias. *B. thetaiotaomicron* produz muitas enzimas que não são codificadas pelo genoma humano, e assim este microrganismo amplia drasticamente a quantidade de polímeros vegetais que podem ser degradados no trato digestório humano.

As espécies de *Bacteroides* são incomuns por serem um dos poucos grupos de bactérias que sintetizam um tipo especial de lipídeo, denominado *esfingolipídeo* (**Figura 15.41**), um grupo de lipídeos caracterizado pela presença do amino-álcool de cadeia longa esfingosina em substituição ao glicerol na estrutura da molécula. Esfingolipídeos, como esfingomielina, cerebrosídeos e gangliosídeos, são comuns em tecidos de mamíferos, especialmente no cérebro e em outros tecidos nervosos, mas são raros na maioria das bactérias. A produção de esfingolipídeos pode ser encontrada em outros gêneros de bactérias do filo Bacteroidetes, como *Flectobacillus, Prevotella, Porphyromonas* e *Sphingobacterium*.

**MINIQUESTIONÁRIO**

- Qual é o papel da *Bacteroides thetaiotaomicron* no intestino humano?

## 15.14 Cytophagales, Flavobacteriales e Sphingobacteriales

**Gêneros principais:** *Cytophaga, Flavobacterium, Flexibacter*

### Cytophagales

A ordem Cytophagales (Figura 15.40) contém, quase exclusivamente, aeróbios estritos, embora algumas espécies possuam uma capacidade fermentativa limitada. As células são geralmente bacilos longos, delgados, gram-negativos, frequentemente apresentando extremidades afiladas, que se movem por deslizamento (**Figura 15.42**). Os citofagas são especializados na degradação de polissacarídeos complexos. Eles estão amplamente distribuídos em solos óxicos e água doce, onde provavelmente são um dos maiores responsáveis pela digestão bacteriana da celulose. Os decompositores de celulose podem ser facilmente isolados por meio da adição de pequenas porções de solo a fragmentos de papel de filtro à base de celulose, previamente depositados sobre a superfície de um meio sólido contendo sais minerais. As bactérias aderem-se e

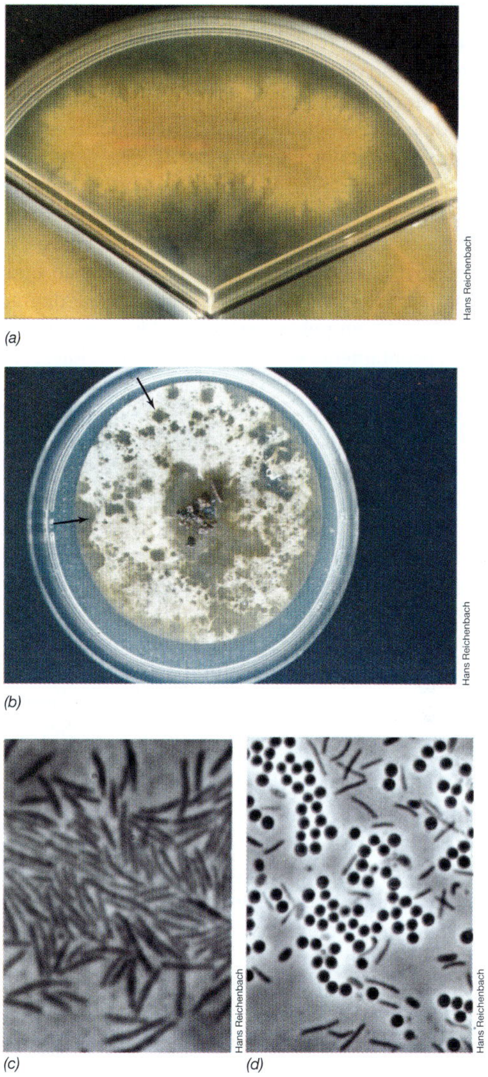


**Figura 15.42** ***Cytophaga* e *Sporocytophaga*.** *(a)* Semeadura de uma espécie marinha, agarolítica, de *Cytophaga*, hidrolisando o ágar de um meio sólido em placa de Petri. *(b)* Colônias de *Sporocytophaga* crescendo em celulose. Observe as zonas de clareamento (setas), onde a celulose foi degradada. *(c)* Fotomicrografia de contraste de fase de células de *Cytophaga hutchinsonii*, cultivadas em papel de filtro de celulose (as células têm diâmetro aproximado de 1,5 μm). *(d)* Fotomicrografia de contraste de fase de células bacilares e microcistos esféricos de *Sporocytophaga myxococcoides* (as células têm diâmetro aproximado de 0,5 μm e os microcistos, de 1,5 μm). Embora os microcistos de *Sporocytophaga* sejam apenas ligeiramente mais termo-tolerantes que suas células vegetativas, eles são extremamente resistentes à dessecação, e assim ajudam o organismo a sobreviver a períodos de seca no solo.

digerem as fibras de celulose, originando colônias disseminantes (Figura 15.42*c*).

A degradação da celulose por citofagas pode ocorrer por meio de dois mecanismos diferentes. O mecanismo mais tradicional é o da celulase livre, no qual a bactéria secreta enzimas extracelulares, denominadas *exoenzimas*, que degradam a celulose insolúvel fora da célula. Uma combinação complexa de enzimas é secretada, incluindo *endocelulases processivas*, que clivam ligações glicosídicas do tipo β-1,4 *internas*, e *exocelulases processivas*, que clivam ligações glicosídicas do tipo β-1,4 *terminais*, liberando celobiose. Essas *exoenzimas* degradam a celulose insolúvel em polissacarídeos solúveis e dissacarídeos que podem prontamente ser assimilados pelas células. A bactéria *Cytophaga huntchinsonii* não produz celulases processivas, e a degradação da celulose nesse organismo provavelmente requer o contato físico das fibras da celulose com as enzimas celulases localizadas na superfície externa de sua parede celular.

O gênero *Cytophaga* contém espécies capazes de degradar não apenas a celulose (Figura 15.42*c*), mas também o ágar (Figura 15.42*a*) e a quitina. Em culturas puras, as citofagas podem ser cultivadas em meios sólidos contendo fibras de celulose embebidas (Figura 15.42*b*). O gênero relacionado *Sporocytophaga* é similar às citofagas em morfologia e fisiologia, porém suas células formam estruturas esféricas de dormência, chamadas *microcistos* (Figura 15.42*d*), semelhantes àquelas formadas por algumas mixobactérias frutificantes (⇄ Seção 14.19).

Várias espécies de *Cytophaga* são patogênicas para peixes, podendo trazer sérios problemas às atividades associadas à piscicultura. Duas das principais doenças são a *columnariose*, causada por *Cytophaga columnaris*, e a *doença da água fria*, causada por *Cytophaga psychrophila*. Ambas as doenças afetam principalmente peixes estressados, como aqueles encontrados em águas que recebem descargas de poluentes, ou vivendo em situação de denso confinamento como berçários de peixes e demais procedimentos de aquacultura. Peixes infectados apresentam destruição tecidual, frequentemente ao redor das guelras, provavelmente devido à ação proteolítica das espécies de citofaga.

### Flavobacteriales e Sphingobacteriales

As ordens Flavobacteriales e Sphingobacteriales (Figura 15.40) normalmente contêm quimiorganotróficos aeróbios ou anaeróbios facultativos. Como a maioria dos Bacteroidetes, esses organismos são bacilos gram-negativos, sacarolíticos, e muitas espécies apresentam motilidade deslizante. Os membros destes grupos são amplamente encontrados em solos e hábitats aquáticos, onde geralmente degradam polissacarídeos complexos.

Os Flavobacteriales podem ser particularmente abundantes em águas marinhas, inclusive em sistemas aquáticos de ambientes polares. Espécies de *Flavobacterium* são encontradas principalmente em ambientes aquáticos, tanto marinhos quanto de água doce, e também em fábricas de alimentos e de processamento de alimentos. A maioria das espécies é aeróbia estrita, embora algumas sejam capazes de reduzir nitrato, em uma forma anaeróbia de respiração. As flavobactérias com frequência produzem pigmentos amarelos, e geralmente são sacarolíticas; grande parte pode degradar ainda amido e proteínas. Estes organismos raramente são patogênicos; entretanto, uma espécie em particular, *Flavobacterium meningosepticum*, tem sido relacionada com casos de meningite infantil, e vários patógenos de peixes são conhecidos.

Alguns Flavobacteriales são psicrófilos ou psicrotolerantes (⇄ Seção 5.12). Entre eles, em particular, estão os gêneros *Polaribacter* e *Psychroflexus*, comumente isolados a partir de ambientes frios, especialmente ambientes permanentemente frios, como águas polares e gelo marinho. Muitos gêneros relacionados são também capazes de crescer abaixo de 20°C, e desse modo podem ser agentes causadores da deterioração de alimentos. Nenhuma destas bactérias é patogênica.

Os Sphingobacteriales são fenotipicamente similares a muitos Flavobacteriales. Em termos de fisiologia, as espécies de *Sphingobacteriales* são geralmente capazes de degradar uma maior variedade de polissacarídeos complexos que *Flavobacteriales*, assemelhando-se, neste quesito, às espécies de Cytophagales. O gênero *Flexibacter* é típico de muitos gêneros de Sphingobacteriales. As espécies de *Flexibacter* diferem das de *Cytophaga* por geralmente exigirem meios complexos para crescerem satisfatoriamente, e por não serem capazes de degradar celulose. As células de algumas espécies de *Flexibacter* também sofrem alterações em sua morfologia, passando de células filamentosas, longas, deslizantes, desprovidas de paredes transversais, a bacilos curtos não móveis. Muitas flexibactérias são pigmentadas, devido aos carotenoides localizados em sua membrana citoplasmática, ou a pigmentos relacionados, denominados *flexirrubinas*, localizados na membrana externa celular. Espécies de *Flexibacter* são comuns no solo e em água doce, onde degradam polissacarídeos, e até hoje nenhuma delas foi identificada como patogênica.

**MINIQUESTIONÁRIO**

- Descreva um método de isolamento de *Cytophaga* na natureza.
- Quais características são compartilhadas pelos gêneros *Cytophaga* e *Bacteroidetes*, e em que esses gêneros se diferem?

## IV • Chlamydiae, Planctomycetes e Verrucomicrobia

Os filos Chlamydiae, Planctomycetes e Verrucomicrobia possuem um ancestral comum, e são filogeneticamente mais próximos uns dos outros do que de outros filos bacterianos (**Figura 15.43**). Esses três grupos contêm organismos que podem ser encontrados em hábitats variados, incluindo solo, sistemas aquáticos e em associação a hospedeiros eucariotos. Serão consideradas primeiramente as clamídias, um grupo de bactérias pequenas, gram-negativas, que causam algumas doenças graves em seres humanos e outros animais.

### 15.15 Chlamydiae

**Gêneros principais:** ***Chlamydia, Chlamydophila, Parachlamydia***

O filo Chlamydiae possui uma única ordem, Chlamydiales. O filo é composto por parasitas intracelulares obrigatórios de eucariotos. Embora as espécies que são patógenos humanos tenham sido caracterizadas mais detalhadamente, este filo contém diversas espécies que interagem com uma grande variedade de hospedeiros eucariotos. Esses microrganismos são ge-

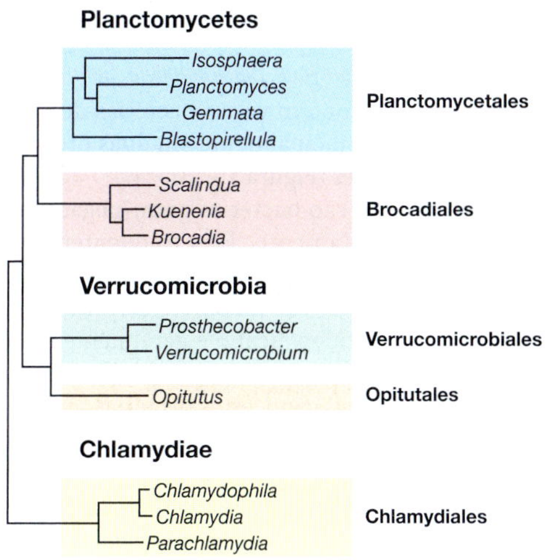


**Figura 15.43 Principais ordens de Chlamydiae, Planctomycetes e Verrucomicrobia.** A árvore filogenética foi construída a partir de sequências do gene 16S RNAr de gêneros representativos de Chlamydiae, Planctomycetes e Verrucomicrobia. O nome das ordens é mostrado em negrito.

ralmente cocos bem pequenos, com aproximadamente 0,5 μm de diâmetro, e apresentam um ciclo de desenvolvimento bem distinto. Como muitos parasitas obrigatórios e simbiontes, o genoma das Chlamydiae é normalmente reduzido, variando de 550 a 1.000 quilopares de bases (Seção 6.4).

## Ciclo de vida de Chlamydiae

Todas as espécies de *Chlamydiae* apresentam um ciclo de vida único (**Figura 15.44**). Dois tipos celulares podem ser observados no ciclo de vida: (1) uma célula pequena e densa, denominada *corpo elementar*, relativamente resistente à desidratação e que é a forma de dispersão, e (2) uma célula maior e menos densa, denominada *corpo reticulado*, que se divide por fissão binária e é a forma vegetativa.

Os corpos elementares são células que não se multiplicam, especializadas na transmissão da infecção. Por outro lado, os corpos reticulados são formas não infecciosas que atuam somente na multiplicação no interior das células hospedeiras, originando um grande inóculo para a transmissão. Diferentemente das riquétsias, as clamídias não são transmitidas por artrópodes, sendo principalmente invasores do sistema respiratório, transmitidos por via aérea – por isso a importância da resistência dos corpos elementares ao dessecamento. Um corpo reticulado em divisão pode ser observado na **Figura 15.45**. Após algumas divisões celulares, essas células vegetativas são convertidas em corpos elementares, os quais são liberados com a desintegração da célula hospedeira (Figura 15.44*b*), podendo, então, infectar outras células. Foram calculados tempos de geração de 2 a 3 horas para os corpos reticulados, tempo esse consideravelmente menor do que aquele observado em riquétsias (Seção 15.1).

## Gêneros notáveis de Chlamydiae

As Chlamydiae são particularmente bem adaptadas à invasão e colonização de células eucarióticas, e as diferentes espécies podem infectar diferentes espectros de hospedeiros eucariotos. *Parachlamydia acanthamoebae* infecta amebas de vida livre, particularmente do gênero *Acanthamoeba*. Esta bactéria demonstra o ciclo de vida típico das clamídias durante a infecção das amebas (Figura 15.44). A maioria das espécies de Chlamydiae pode se multiplicar e sobreviver dentro de amebas de vida livre, e estes hospedeiros podem ser importantes na sobrevivência e dispersão das Chlamydiae na natureza. Diversas sequências do gene 16S do RNAr de Chlamydiae podem ser detectados em ambientes naturais, o que sugere que estes organismos estão amplamente distribuídos e que muitos outros hospedeiros destas bactérias ainda não foram identificados. Embora amebas de vida livre sejam os hospedeiros naturais de *P. acanthamoeba*, esta espécie pode também infectar seres humanos, ainda que de maneira branda quando comparada às Chlamydiae, que têm o homem como hospedeiro natural.

UNIDADE 3

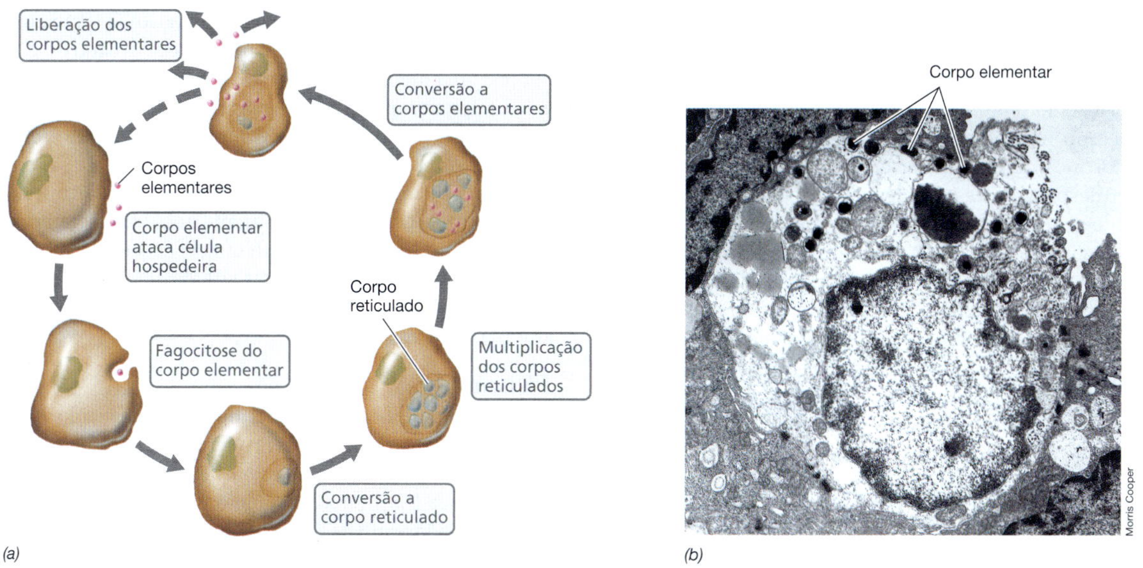


**Figura 15.44 O ciclo infeccioso de clamídias.** *(a)* Diagrama esquemático do ciclo: o ciclo completo dura cerca de 48 h. *(b)* Infecção clamidial no ser humano. Os corpos elementares (~0,3 μm de diâmetro) são a forma infecciosa, e os corpos reticulados (~1 μm de diâmetro) são as formas multiplicativas. Uma célula infectada da trompa de Falópio está rompendo-se, liberando corpos elementares maduros.

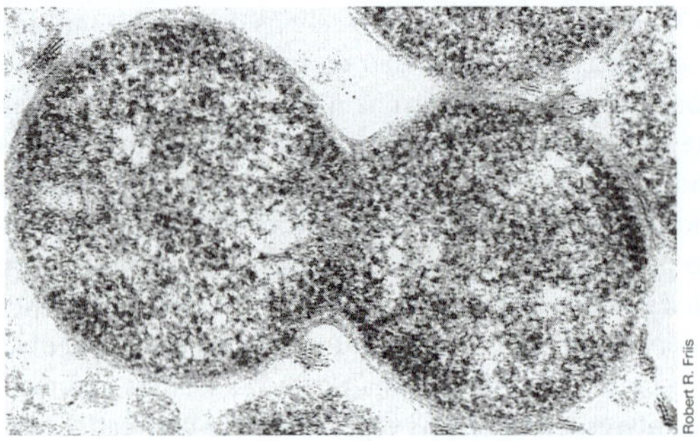


**Figura 15.45** ***Chlamydia.*** Micrografia eletrônica de uma secção fina de um corpo reticulado de *Chlamydophila psittaci* em divisão, em uma cultura de células de tecido murino. Uma célula individual de clamídia tem diâmetro aproximado de 1 $\mu$m.

Os patógenos humanos mais bem estudados são encontrados nos gêneros *Chlamydia* e *Chlamydophila*. Várias espécies são conhecidas dentro desses gêneros: *Chlamydophila psittaci*, o agente etiológico da doença psitacose; *Chlamydia trachomatis*, o agente causador do tracoma e de uma variedade de doenças humanas; e *Chlamydophila pneumoniae*, que causa algumas síndromes respiratórias. A psitacose é uma doença epidêmica de aves, ocasionalmente transmitida a seres humanos, que apresenta sintomas semelhantes à pneumonia. O tracoma, uma doença ocular debilitante, caracterizada pela vascularização e cicatrização da córnea, é a principal causa de cegueira em seres humanos. Outras linhagens de *C. trachomatis* infectam o trato geniturinário, sendo, atualmente, as infecções por clamídias uma das principais doenças sexualmente transmitidas (Seção 29.13).

## Propriedades moleculares e metabólicas

As clamídias estão entre as bactérias mais bioquimicamente limitadas conhecidas. De fato, seu genoma, de aproximadamente 1 Mb, parece ser ainda mais biossinteticamente limitado que o das riquétsias, o outro grupo de parasitas intracelulares obrigatórios conhecidos em bactérias (Seção 15.1). Curiosamente, o genoma de *C. trachomatis* não possui um gene codificador da proteína FtsZ, uma proteína essencial envolvida na formação do septo, durante a divisão celular (Seção 5.2) e tida como indispensável para o crescimento de todos os procariotos. A parede celular de *C. trachomatis* também parece ser desprovida de peptideoglicano, embora seu genoma apresente genes para a biossíntese destas moléculas. Curiosamente, alguns genes de *C. trachomatis* são distintamente eucarióticos, o que indica uma transferência horizontal de genes entre hospedeiro e bactéria; estes genes podem codificar funções que facilitam o estilo de vida patogênico desta bactéria (Seção 29.13). Em suma, as clamídias parecem ter evoluído utilizando uma estratégia de sobrevivência muito eficiente e efetiva, incluindo o parasitismo dos recursos do hospedeiro e a produção de formas celulares de resistência para transmissão.

**MINIQUESTIONÁRIO**

- Em que se assemelham as *Chlamydia* e os *Mycoplasma* (Seção 15.9)? E em que diferem?
- Qual a diferença entre um corpo elementar e um corpo reticulado?

# 15.16 Planctomycetes

**Gêneros principais:** *Planctomyces, Blastopirellula, Gemmata, Brocadia*

O filo Planctomycetes contém várias bactérias de morfologia singular, encontradas principalmente em duas ordens, Planctomycetales e Brocadiales (Figura 15.43).

As Planctomycetes são bactérias gram-negativas, e muitas dividem-se por brotamento. Elas frequentemente apresentam pedúnculos ou apêndices e suas células são dispostas em rosetas. Essas bactérias são incomuns porque suas células são desprovidas de peptideoglicano e geralmente são do tipo camada S (Seção 2.12). Como esperado para organismos desprovidos de peptideoglicano, estas bactérias são resistentes a antibióticos como a penicilina e a cefalosporina, que interrompem a síntese destas moléculas. Outra característica notável dos Planctomycetes é que eles frequentemente apresentam compartimentos intracelulares que se assemelham a organelas de eucariotos.

## Compartimentalização em Planctomycetes

Analisou-se na Seção 1.2 as principais diferenças estruturais entre células procarióticas e eucarióticas. Em particular, os eucariotos possuem um núcleo revestido por membrana, enquanto nos procariotos o DNA enovela-se e compacta-se formando um nucleoide no citoplasma. Entretanto, os Planctomycetes são singulares entre todos os procariotos conhecidos por apresentarem extensa compartimentalização celular, incluindo, em alguns casos, uma estrutura nuclear delimitada por membrana.

Todos os Planctomycetes produzem uma estrutura revestida por uma membrana não unitária, chamada *pirelulossoma*; esta estrutura contém o nucleoide, ribossomos e outros componentes citoplasmáticos necessários. Mas em alguns Planctomycetes, como, por exemplo, na bactéria *Gemmata* (**Figura 15.46**), o próprio nucleoide é cercado por um "envelope nuclear", consistindo em uma dupla camada de membranas, como ocorre na membrana nuclear dos eucariotos. O DNA em *Gemmata* continua sob uma forma covalentemente fechada, circular e enovelada, típica de procariotos (Seção 4.3), mas é altamente condensado e permanece isolado do citoplasma por uma membrana unitária verdadeira (Figura 15.46).

Outro compartimento interessante é o *anamoxossomo*, encontrado em algumas espécies de *Brocadiales*, incluindo *Brocadia anammoxidans*. Esta bactéria catalisa a oxidação anaeróbia de amônia ($NH_3$) no interior da estrutura do anamoxossomo. A membrana do anamoxossomo é composta por lipídeos singulares que formam uma vedação bastante eficiente, protegendo os componentes citoplasmáticos dos intermediários tóxicos produzidos durante a oxidação anaeróbia da amônia (Seção 13.10).

## *Planctomyces*

*Planctomyces* é o gênero mais bem caracterizado de Planctomycetes. Na Seção 14.21 considerou-se a proteobactéria pedunculada *Caulobacter*. *Planctomyces* é também uma bactéria pedunculada (**Figura 15.47**). No entanto, ao contrário de *Caulobacter*, o pedúnculo de *Planctomyces* é proteico e não contém parede celular ou citoplasma (compare a Figura 15.47 com a Figura 14.57). Presume-se que o pedúnculo de *Planctomyces* seja usado na adesão, mas se trata de uma estrutura muito mais delgada e estreita que o pedúnculo da prosteca de *Caulobacter*.

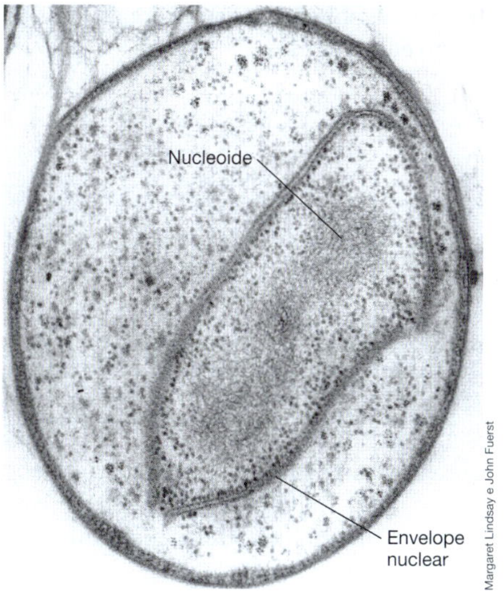


**Figura 15.46** ***Gemmata*: uma bactéria nucleada.** Micrografia eletrônica de transmissão de uma secção fina de uma célula de *Gemmata obscuriglobus*, revelando o nucleoide circundado por um envelope nuclear. A célula tem diâmetro aproximado de 1,5 μm.

De forma semelhante às *Caulobacter* (Figuras 7.26 e 14.57), *Planctomyces* são bactérias com brotamento, com um ciclo de vida. Suas células expansivas móveis aderem a superfícies, desenvolvem um pedúnculo a partir do ponto de adesão, e geram uma nova célula a partir da extremidade oposta por meio de brotamento. Esta célula-filha produz um flagelo, separa-se da célula-mãe aderida, iniciando o ciclo novamente. Fisiologicamente, espécies de *Planctomyces* são quimiorganotróficas anaeróbias facultativas, crescendo tanto pela fermentação quanto pela respiração de açúcares.

O hábitat de *Planctomyces* é principalmente aquático, tanto de água doce como marinha, sendo o gênero *Isosphaera* uma bactéria filamentosa, deslizante, de fontes termais. Da mesma forma que em *Caulobacter*, o isolamento de *Planctomyces* e relacionados requer meios diluídos. Além disso, uma vez que todos os membros conhecidos desse grupo são desprovidos de peptideoglicano, enriquecimentos podem ser realizados de forma ainda mais seletiva pela adição de penicilina.

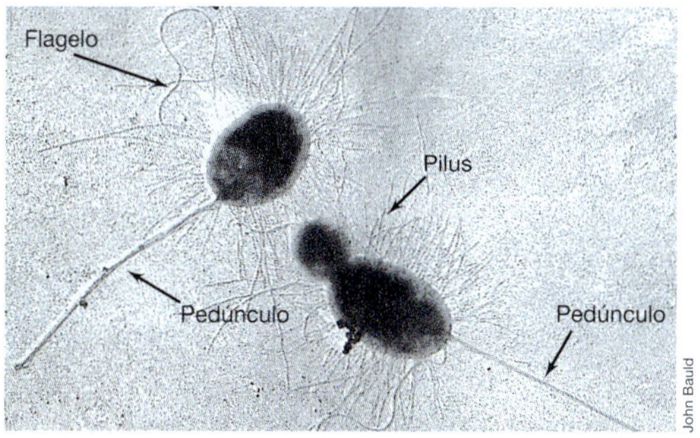


**Figura 15.47** ***Planctomyces maris*.** Micrografia eletrônica de transmissão de sombreamento metálico. Uma célula individual tem comprimento aproximado de 1 a 1,5 μm. Observe a natureza fibrilar do pedúnculo. Os *pili* são também abundantes. Observe também os flagelos (apêndices ondulados) em cada célula e o broto que está se desenvolvendo no polo não pedunculado de uma das células.

**MINIQUESTIONÁRIO**

- Em que se diferenciam os pedúnculos de Planctomycetes e *Caulobacter*?
- Qual característica incomum as *Gemmata* apresentam?

## 15.17 Verrucomicrobia

**Gêneros principais:** *Verrucomicrobium, Prosthecobacter*

O filo Verrucomicrobia contém ao menos quatro ordens com espécies caracterizadas, mas a maioria encontra-se na ordem Verrucomicrobiales (Figura 15.43). Espécies de Verrucomicrobia são bactérias aeróbias ou anaeróbias facultativas capazes de fermentar açúcares. Uma exceção é o gênero *Methylacidiphilum*, que contém metanotróficos aeróbios (Seção 14.17). Além disso, alguns Verrucomicrobia formam associações simbióticas com protistas. Essas bactérias estão amplamente distribuídas na natureza, habitando ambientes de água doce ou marinha, bem como em florestas e solos agricultúraveis. Os Verrucomicrobia podem apresentar estruturas intracelulares ligadas a membranas, similares às encontradas em Planctomycetes. Esses microrganismos normalmente formam apêndices citoplasmáticos denominados *prostecas* (Seção 14.21). As espécies de *Verrucomicrobium* compartilham com as outras bactérias que possuem prosteca a presença de peptideoglicano em suas paredes celulares, sendo, neste quesito, claramente diferentes dos Planctomycetes.

Os gêneros *Verrucomicrobium* e *Prosthecobacter* produzem de duas a várias prostecas por célula (**Figura 15.48**). Diferentemente do observado em células de *Caulobacter* (Figuras 7.26 e 14.57), que contêm uma única prosteca e produzem células expansivas, flageladas e desprovidas de prosteca, *Verrucomicrobium* e *Prosthecobacter* dividem-se simetricamente, e tanto a célula-mãe quanto a célula-filha contêm prostecas durante a divisão celular. A denominação do gênero *Verrucomicrobium* é derivada do radical grego que significa "verrucoso", o que corresponde a uma descrição apropriada para as células de *Verrucomicrobium spinosum*, com suas múltiplas prostecas se projetando (Figura 15.48).

As espécies do gênero *Prosthecobacter* contêm dois genes que exibem significativa homologia aos genes codificadores da tubulina de células eucarióticas. A tubulina é uma

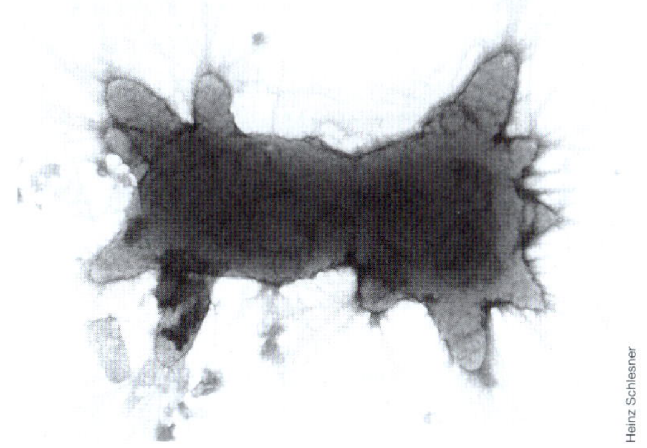


**Figura 15.48** ***Verrucomicrobium spinosum*.** Micrografia eletrônica de transmissão corada negativamente. Observe a prosteca verrucosa. Uma célula individual tem diâmetro aproximado de 1 μm.

proteína essencial que constitui o citoesqueleto de células eucarióticas (Seção 2.22). Embora FtsZ (Seção 5.2), uma importante proteína da divisão celular, seja também homóloga à tubulina, as proteínas de *Prosthecobacter* são estruturalmente mais similares à tubulina eucariótica do que a FtsZ. O papel das tubulinas em *Prosthecobacter* é desconhecido, uma vez que não foi observado nesses organismos um citoesqueleto do tipo eucariótico.

**MINIQUESTIONÁRIO**

- Descreva duas diferenças entre Verrucomicrobia e Planctomycetes.

# V • Bactérias hipertermófilas

Três filos de bactérias hipertermófilas estão agrupados na base da árvore filogenética de *Bacteria*, próximo à raiz (Figura 15.1). Cada grupo consiste em um ou dois gêneros principais, e uma característica fisiológica essencial presente na maioria dos membros desses gêneros é a hipertermofilia – crescimento ótimo em temperaturas acima de 80°C (Seção 5.13). Primeiramente, serão analisados *Thermotoga* e *Thermodesulfobacterium*, ambos organismos representativos de suas respectivas linhagens.

## 15.18 Thermotogae e Thermodesulfobacteria

**Gêneros principais:** *Thermotoga, Thermodesulfobacterium*

Os *Thermotoga* são bacilos hipertermófilos que formam um envelope semelhante a uma bainha (denominado *toga*; daí o nome do gênero) (**Figura 15.49*a***), coram-se como gram-negativos e não formam esporos. Seus representantes são anaeróbios fermentativos, catabolizando açúcares ou amido, produzindo lactato, acetato, $CO_2$ e $H_2$ como produtos de fermentação. O organismo também é capaz de crescer por respiração anaeróbia, utilizando $H_2$ como doador de elétrons e ferro férrico como aceptor de elétrons. Espécies de *Thermotoga* foram isoladas de fontes termais terrestres, assim como de fendas hidrotermais marinhas.

Apesar de tratar-se de uma bactéria, o genoma de *Thermotoga* contém vários genes que exibem forte homologia aos genes de arqueias hipertermófilas. De fato, provavelmente mais de 20% dos genes de *Thermotoga* originaram-se de espécies de arqueias por transferência horizontal de genes (Seções 6.12 e 12.5). Embora alguns genes semelhantes aos de arqueias tenham sido identificados em genomas de outras bactérias e vice-versa, até o momento somente em *Thermotoga* foi detectada uma transferência horizontal de genes em larga escala entre estes domínios.

*Thermodesulfobacterium* (**Figura 15.50**) é uma bactéria termofílica, redutora de sulfato, posicionada na árvore filogenética como um filo distinto, entre *Thermotoga* e *Aquifex* (Figura 15.1). Trata-se de um anaeróbio obrigatório que utiliza compostos como lactato, piruvato e etanol (mas não acetato) como doadores de elétrons, da mesma forma que as bactérias redutoras de sulfato, como *Desulfovibrio* (Seção 14.9), reduzindo $SO_4^{2-}$ a $H_2S$.

Uma característica bioquímica incomum de espécies de *Thermodesulfobacterium* é a produção de *lipídeos com ligação do tipo éter*. Lembre-se que tais lipídeos são característicos de arqueias, e que um hidrocarboneto $C_{20}$ poli-isoprenoide (fitanil) substitui o ácido graxo nas cadeias laterais desses lipídeos de arqueias (Seção 2.7). No entanto, os lipídeos com ligação éter de *Thermodesulfobacterium* são incomuns, uma vez que as cadeias laterais de glicerol não são grupos fitanil, como observado em arqueias, mas sim um hidrocarboneto $C_{17}$ peculiar, juntamente com alguns ácidos graxos (Figura 15.50*b*). Dessa forma, observa-se que *Thermodesulfobacterium* é uma linhagem filogenética de ramificação precoce (Figura 15.1) e apresenta um perfil lipídico que associa características de *Archaea* e de *Bacteria*. Todavia, algumas outras bactérias já foram descritas apresentando lipídeos com ligação éter, portanto estes lipídeos podem ser mais comuns em bactérias do que se imaginava.

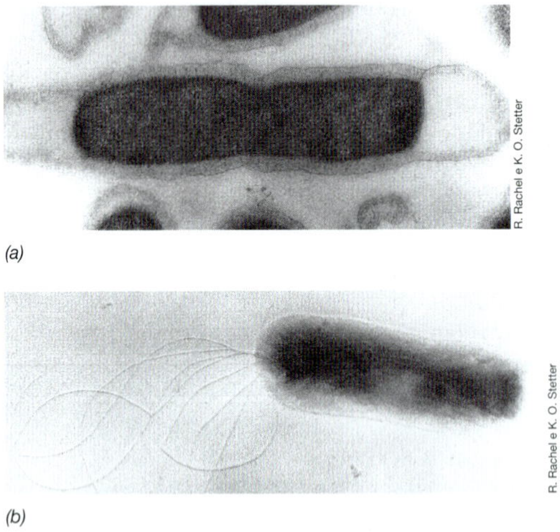


**Figura 15.49** **Bactérias hipertermófilas.** Micrografias eletrônicas de dois hipertermófilos: *(a) Thermotoga maritima* – temperatura ótima, 80°C. Observe o revestimento externo da célula, a toga. *(b) Aquifex pyrophilus* – temperatura ótima, 85°C. As células de *Thermotoga* medem 0,6 × 3,5 μm; células de *Aquifex* medem 0,5 × 2,5 μm.

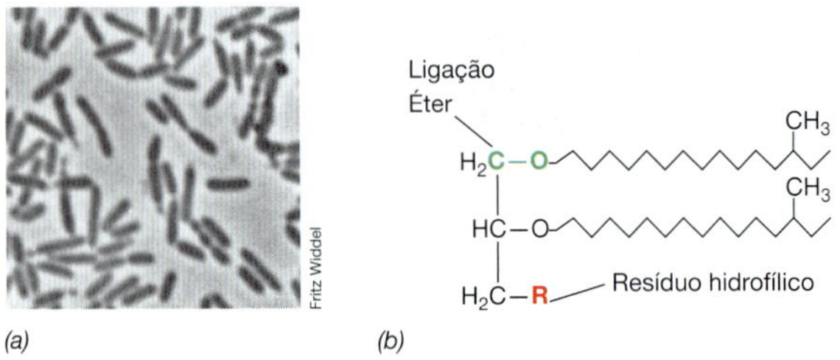


**Figura 15.50** ***Thermodesulfobacterium.*** *(a)* Micrografia de contraste de fase de células de *Thermodesulfobacterium thermophilum. (b)* Estrutura de um dos lipídeos de *Thermosulfobacterium mobile.* Observe que, embora as duas cadeias laterais hidrofóbicas apresentem ligações do tipo éter, elas não são unidades fitanil, como observado em arqueia. A letra "R" refere-se a um resíduo hidrofílico, como um grupo fosfato.

**MINIQUESTIONÁRIO**

- Quais são as características singulares do genoma de *Thermotoga* e dos lipídeos de *Thermodesulfobacterium*?

## 15.19 Aquificae

**Gêneros principais:** *Aquifex, Thermocrinis*

O gênero *Aquifex* (Figura 15.49*b*) é quimiolitotrófico obrigatório e hipertermófilo autotrófico, sendo o mais termofílico entre todas as bactérias conhecidas. Várias espécies de *Aquifex* utilizam $H_2$, enxofre ($S^0$) ou tiossulfato ($S_2O_3^{2-}$) como doadores de elétrons, e $O_2$ ou nitrato ($NO_3^-$) como aceptores de elétrons, além de crescerem em temperaturas até 95°C. Os *Aquifex* podem tolerar somente baixas concentrações de $O_2$ (microaerofílico) e são incapazes de oxidar todos os compostos orgânicos já testados. *Hydrogenobacter*, um organismo relacionado com *Aquifex*, tem muitas das propriedades que *Aquifex*, sendo, no entanto, aeróbio estrito.

### *Aquifex* e a autotrofia

A autotrofia em *Aquifex* é realizada por enzimas do ciclo do ácido cítrico reverso, uma série de reações anteriormente observadas somente em bactérias verdes sulfurosas (Seções 13.3 e 14.6) dentro do domínio *Bacteria*. A sequência genômica completa de *Aquifex aeolicus* foi determinada, sendo sua forma de vida totalmente quimiolitotrófica e autotrófica sustentada por um genoma muito pequeno, de apenas 1,55 Mpb (um terço do tamanho do genoma de *E. coli*). A descoberta de que tantas espécies hipertermófilas de arqueias e bactérias, como *Aquifex*, são quimiolitotróficos de $H_2$, associada à descoberta de que elas ramificam-se como linhagens precoces em suas respectivas árvores filogenéticas (Figura 15.1), sugere que o $H_2$ tenha sido o principal doador de elétrons para os organismos primitivos nas condições remotas da Terra (Seções 12.1 e 16.14).

### *Thermocrinis*

*Thermocrinis* (**Figura 15.51**) é um gênero relacionado com *Aquifex* e *Hydrogenobacter*. Essa bactéria cresce a uma temperatura ótima de 80°C como quimiolitotrófico, oxidando $H_2$, $S_2O_3^{2-}$ ou $S^0$ como doadores de elétrons, e tendo $O_2$ como aceptor de elétrons. *Thermocrinis ruber*, a única espécie conhecida, cresce em escoadouros de determinadas fontes termais no Yellowstone National Park (Figura 15.51*a*), onde origina "serpentinas" róseas, consistindo em um arranjo filamentoso de células aderidas a estalactites siliciosas (Figura 15.51*b*). Em culturas estáticas, as células de *T. ruber* crescem como células bacilares individuais (Figura 15.51*c*). No entanto, quando cultivadas em um sistema de fluxo, em que o meio de cultura é gotejado sobre uma superfície sólida de vidro à qual as bactérias podem se aderir, *Thermocrinis* assume a morfologia de serpentina, como adota em seu hábitat natural em constante movimentação.

*T. ruber* tem importância histórica na microbiologia, porque foi um dos organismos descobertos na década de 1960 por Thomas Brock, um pioneiro no campo da termomicrobiologia. A descoberta realizada por Brock, revelando que as serpentinas róseas (Figura 15.51*b*) continham proteínas e ácidos nucleicos, indicou claramente que elas eram organismos vivos e não apenas restos minerais. Além desse fato, a presença de serpentinas em escoadouros de fontes termais a 80 a 90°C, mas não em temperaturas inferiores, sustentou a hipótese de Brock de que os microrganismos de fontes termais, na realidade, *exigiam* altas temperaturas para seu crescimento, podendo estar presentes até mesmo em águas ferventes ou superaquecidas. Essas conclusões foram subsequentemente confirmadas pela descoberta de Brock e outros pesquisadores de, literalmente, dezenas de gêneros de procariotos hipertermófilos habitando fontes termais, fendas hidrotermais e outros ambientes termais. Mais informações sobre hipertermófilos são apresentadas nas Seções 5.11, 5.13 e no Capítulo 16.

**Figura 15.51** ***Thermocrinis.*** *(a)* Fonte *Octopus*, Parque Nacional Yellowstone (EUA). A água de onde provém esta fonte termal alcalina e siliciosa está a 92°C. *(b)* Células de *Thermocrinis ruber* crescendo como serpentinas filamentosas (seta) associadas às estalactites siliciosas no escoadouro (85°C) da fonte Octopus. *(c)* Micrografia eletrônica de varredura de células bacilares de *T. ruber* cultivadas em uma lamínula revestida com silício. Uma célula de *T. ruber* tem diâmetro aproximado de 0,4 μm e comprimento de 1 a 3 μm.

**MINIQUESTIONÁRIO**

- Qual a importância evolutiva do fato das linhagens de *Aquifex* serem hipertermófilas e quimiolitotróficas de $H_2$?

# VI • Outras bactérias

Até aqui neste capítulo o foco foi nos filos que possuem várias espécies descritas (Figura 15.1). Além desses filos principais, existem muitos outros que possuem apenas uma ou algumas poucas espécies descritas (Figura 15.1*b*). Além disso, muitos outros filos são conhecidos apenas a partir do gene 16S do RNAr, obtido de amostras de comunidades microbianas coletadas na natureza (Seção 18.5). Seria impossível apresentar aqui todos estes filos. Portanto, nesta unidade final do capítulo, será considerado um filo que tem sido bastante estudado e depois serão abordados resumidamente alguns outros que têm crescido em importância na diversidade microbiana.

## 15.20 Deinococcus-Thermus

**Gêneros principais:** *Deinococcus, Thermus*

O grupo dos deinococos contém apenas alguns gêneros caracterizados, divididos em duas ordens, a Deinococcales e a Thermales. Os membros deste filo são geralmente quimiorganotróficos aeróbios que metabolizam açúcares, aminoácidos e ácidos orgânicos, ou misturas complexas variadas. Embora os deinococos se corem como gram-positivos, eles apresentam uma estrutura de parede celular gram-negativa (**Figura 15.52**) composta por várias camadas, incluindo uma membrana externa, característica de bactérias gram-negativas (Seção 2.11). Entretanto, diferentemente das membranas externas de bactérias como *Escherichia coli*, a membrana externa dos deinococos não possui o lipídeo A. Os deinococos também apresentam uma forma incomum de peptideoglicano, na qual a ornitina substitui o ácido diaminopimélico nas ligações cruzadas de ácido *N*-acetilmurâmico (Seção 2.10).

As espécies de *Thermales* são normalmente termófilas ou hipertermófilas, e o gênero tipo é o *Thermus*. A bactéria *Thermus aquaticus*, descoberta em uma fonte termal no Yellowstone National Park (EUA) na década de 1960 por Thomas Brock, é um organismo-modelo para o estudo da vida em altas temperaturas. *T. aquaticus* foi, posteriormente, isolado a partir de muitos sistemas geotermais, e é a fonte da enzima *Taq*-DNA-polimerase. Por ser extremamente estável em altas temperaturas, a *Taq*-polimerase possibilitou a completa automatização da técnica de reação em cadeia da polimerase (PCR, do inglês *polymerase chain reaction*) para amplificação de DNA (Seção 11.3), um avanço que revolucionou toda a biologia.

### Resistência à radiação de *Deinococcus radiodurans*

Espécies de *Deinococcales* apresentam uma propriedade incomum, a de serem extremamente resistentes à radiação, e *Deinococcus radiodurans* é a espécie mais bem estudada neste sentido. A maioria dos deinococos tem coloração vermelha ou rosa, decorrente dos carotenoides presentes, e muitas linhagens são altamente resistentes à radiação e à dessecação. A resistência à radiação ultravioleta (UV) pode ser útil no isolamento de deinococos. Esses notáveis organismos podem ser seletivamente isolados do solo, da carne moída, da poeira e do ar filtrado após a exposição da amostra à intensa radiação UV (ou mesmo gama), seguida de inoculação em um meio rico contendo triptona e extrato de levedura. Por exemplo, células de *D. radiodurans* podem sobreviver à exposição de até 15.000 grays (Gy) de radiação ionizante (1 Gy = 100 rad). Essa dosagem é suficiente para romper o cromossomo do organismo em centenas de fragmentos (como comparação, um ser humano pode ser morto pela exposição a menos de 10 Gy).

Além da impressionante resistência à radiação, *D. radiodurans* é resistente aos efeitos mutagênicos de vários outros agentes mutagênicos. Os únicos agentes mutagênicos químicos que aparentemente atuam sobre *D. radiodurans* são agentes como a nitrosoguanidina, que pode induzir deleções no DNA. As deleções aparentemente não são reparadas de forma tão eficiente nesse organismo como as mutações pontuais e, dessa forma, mutantes de *D. radiodurans* podem ser isolados.

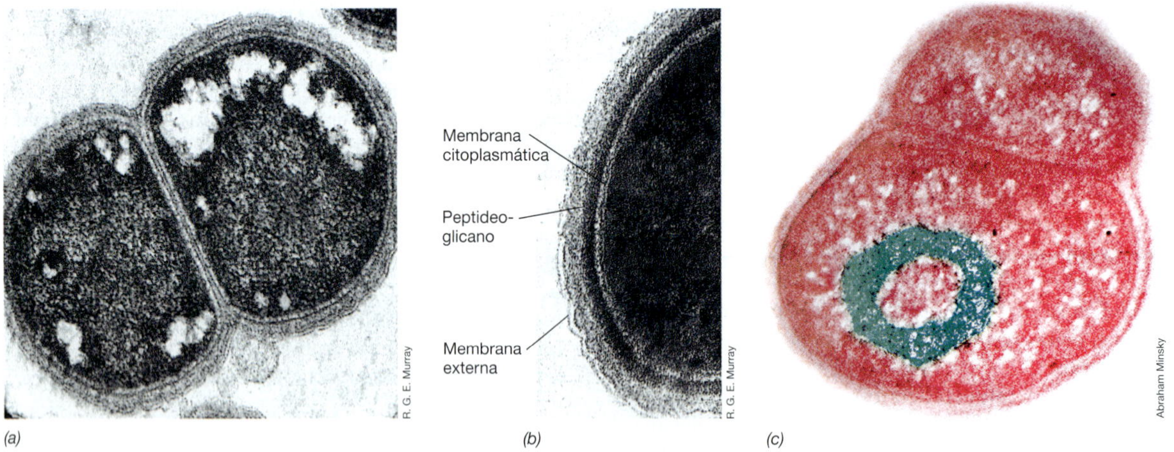


**Figura 15.52 O coco resistente à radiação, *Deinococcus radiodurans*.** Uma célula individual tem diâmetro aproximado de 2,5 μm. *(a)* Micrografia eletrônica de transmissão de *D. radiodurans*. Observe a camada da membrana externa. *(b)* Micrografia em maior aumento da camada correspondente à parede. *(c)* Micrografia eletrônica de transmissão de células de *D. radiodurans* colorizadas para exibir a morfologia toroidal do nucleoide (verde).

### Reparo do DNA em *Deinococcus radiodurans*

Estudos sobre *D. radiodurans* revelaram que esse organismo é altamente eficiente no reparo de DNA danificado. *D. radiodurans* dispõe de várias enzimas diferentes de reparo de DNA. Além da enzima de reparo de DNA, RecA (Seção 10.4), *D. radiodurans* possui vários sistemas de DNA independentes de RecA capazes de promover o reparo de rupturas em DNA de fita simples ou dupla-dupla, além da excisão e do reparo de bases incorretamente incorporadas. De fato, os processos de reparo são tão eficazes, que o cromossomo pode ser reorganizado até mesmo a partir de um estado fragmentado.

Acredita-se também que o arranjo peculiar do DNA nas células de *D. radiodurans* desempenha um papel na resistência à radiação. As células de *D. radiodurans* estão sempre presentes em pares ou tétrades (Figura 15.52*a*). Em vez do DNA apresentar-se disperso no interior da célula, como ocorre em um nucleoide típico, o DNA de *D. radiodurans* apresenta-se ordenado em uma estrutura toroidal (enovelado, ou em pilhas de anéis) (Figura 15.52*c*). O reparo é então facilitado pela fusão de nucleoides de compartimentos adjacentes, pois sua estrutura toroidal propicia uma plataforma para a recombinação homóloga. A partir dessa extensa recombinação, emerge um único cromossomo reparado, e a célula contendo esse cromossomo é capaz de crescer e dividir-se.

**MINIQUESTIONÁRIO**

- Descreva uma aplicação comercial de *Thermus aquaticus*.
- Descreva uma característica biológica incomum de *Deinococcus radiodurans*.

## 15.21 Outros filos notáveis de *Bacteria*

As propriedades básicas de outros sete filos de *Bacteria* são discutidas brevemente a seguir. Embora a maioria desses filos apresente poucas espécies já cultivadas (Figura 15.1*b*), muitas delas podem ter considerável importância ecológica. Se tiverem, de fato, tal importância, futuros estudos sobre seu cultivo e suas atividades ecológicas fornecerão as provas necessárias para comprovar estas informações. Até lá, será feito um resumo de suas principais características de modo geral.

### Acidobacteria

As Acidobacteria estão amplamente distribuídas no ambiente, conforme foi revelado por análises dos genes 16S do RNAr recuperadas de amostras ambientais (Figura 15.1*b*). As Acidobacteria são abundantes no solo, especialmente solos acídicos (pH $< 6{,}0$), onde frequentemente compõem a maioria da microbiota em algumas comunidades. Acidobacteria também habitam a água doce, massas microbianas de fontes termais, reatores de tratamento de água de rejeitos e lodos de esgoto. Evidências apontam para a existência de até 25 subgrupos principais dentro de Acidobacteria, o que indica uma substancial diversidade filogenética e metabólica entre as espécies deste filo. Sua distribuição ampla e abundante e possível diversidade metabólica indicam que elas têm importantes papéis ecológicos, especialmente no solo. Infelizmente, embora estes organismos estejam amplamente presentes no ambiente, eles têm se mostrado difíceis de cultivar em laboratório; como resultado, poucas espécies já foram isoladas (Figura 15.1*b*), e apenas alguns gêneros já foram descritos.

As poucas espécies de Acidobacteria que já foram caracterizadas são metabolicamente diversas, havendo organismos quimiorganotróficos e foto-heterotróficos, bem como aeróbios estritos e anaeróbios obrigatórios fermentativos. Três espécies foram caracterizadas em detalhes, *Acidobacterium capsulatum*, *Geothrix fermentans* e *Holophaga foetida*, todas quimiorganotróficas gram-negativas. *A. capsulatum* é uma bactéria aeróbia, encapsulada e acidofílica isolada de drenado ácido de mina; utiliza vários açúcares e ácidos orgânicos. *G. fermentans*, um anaeróbio obrigatório, oxida ácidos orgânicos simples (acetato, propionato, lactato, fumarato) a $CO_2$, utilizando ferro férrico como aceptor de elétrons (redução dissimilativa de ferro, Seção 14.14), e pode ainda fermentar citrato tendo acetato e succinato como produtos de fermentação. *H. foetida* é um homoacetógeno anaeróbio obrigatório (Seções 13.19 e 14.18) que cresce por meio da degradação de compostos aromáticos metilados a acetato. Algumas Acidobacteria degradam polímeros como celulose e quitina, e ao menos um gênero, *Chloracidobacterium*, é fototrófico (Seção 14.8).

### Nitrospirae, Deferribacteres e Chrysiogenetes

O filo Nitrospirae tem esse nome em virtude do gênero *Nitrospira*, um quimiolitotrófico que oxida nitrito a nitrato e cresce de forma autotrófica (Seção 14.13), da mesma forma que as espécies da proteobactéria *Nitrobacter* (Seção 13.10). As *Nitrospira* habitam muitos dos ambientes colonizados por *Nitrobacter*. No entanto, investigações ambientais demonstraram que as *Nitrospira* são muito mais abundantes que as *Nitrobacter* na natureza, e assim a maioria do nitrito oxidado nos ambientes ricos em nitrogênio, como reatores de tratamento de águas de rejeitos e solos ricos em amônia, provavelmente é oxidado por *Nitrospira*. Outros dos principais organismos deste grupo incluem *Leptospirillum*, um quimiolitotrófico aeróbio, acidófilo, oxidante de ferro (Seção 14.15), comum no drenado ácido de minas, associado à mineração de carvão e ferro (Seção 21.1).

Os filos Deferribacteres e Chrysiogenetes (Figura 15.1) contêm quimiorganotróficos anaeróbios que apresentam considerável diversidade metabólica em relação aos aceptores de elétrons utilizados na respiração anaeróbia (Capítulo 13). A maioria das espécies, mas não todas, é capaz de crescer por meio da respiração anaeróbia do nitrato a nitrito ou amônio. O grupo Deferribacteres é assim chamado em razão do gênero *Deferribacter*, um redutor dissimilativo de ferro termofílico (Seções 13.21 e 14.14) que também pode reduzir nitrato e óxidos metálicos. *Geovibrio* é um gênero relacionado que também pode crescer utilizando o enxofre elementar (Seção 14.10) como aceptor de elétrons. A bactéria *Chrysiogenes arsenatis* e organismos a ela relacionados são importantes devido à sua habilidade de acoplar a oxidação do acetato e de outros compostos orgânicos à redução do arsenato como aceptor final de elétrons, reduzindo-o a arsenito. Além da arsenato, muitas espécies de Chrysiogenetes podem reduzir selenato, nitrito, nitrato, tiossulfato e enxofre elementar durante a respiração anaeróbia (Seção 13.21).

## Synergistetes, Fusobacteria, Fibrobacteres

Os filos Synergistetes, Fusobacteria e Fibrobacteres contêm relativamente poucas espécies caracterizadas (Figura 15.1*b*), mas as que já foram cultivadas apresentam metabolismo fermentativo. As espécies nestes grupos estão, frequentemente, associadas ao trato gastrintestinal de animais, e algumas já foram associadas a doenças humanas.

Os Synergistetes são bacilos gram-negativos não esporulados encontrados associados a animais e em ambientes anóxicos de sistemas marinhos e terrestres. As espécies descritas são geralmente anaeróbios obrigatórios que degradam proteínas e são capazes de fermentar aminoácidos. Em animais, elas são encontradas com frequência no trato gastrintestinal; por exemplo, *Synergistes jonesii* habita o rúmen. Em seres humanos, espécies de Synergistetes têm sido associadas a algumas feridas de tecidos moles e abcessos, placa dentária e quadros periodontais.

As Fusobacteria são bacilos gram-negativos não esporulados encontrados em sedimentos e no trato gastrintestinal e na cavidade oral de animais. Essas bactérias são anaeróbios obrigatórios que fermentam carboidratos, peptídeos e aminoácidos. Espécies do gênero *Fusobacterium* são componentes comuns do microbioma humano, onde elas colonizam membranas mucosas. Diferentes espécies podem ser encontradas na cavidade oral, no trato gastrintestinal e na vagina. A espécie *Fusobacterium nucleatum* é comumente encontrada nos sulcos gengivais na cavidade oral humana. Algumas fusobactérias podem ser patógenos humanos, e *F. nucleatum* está presente com frequência em pacientes acometidos por doenças periodontais.

Embora os genes 16S do RNAr de *Fibrobacteres* possam ser encontrados em uma variedade de hábitats, a única espécie caracterizada foi isolada do rúmen e do trato gastrintestinal de animais. O gênero *Fibrobacter* contém anaeróbios obrigatórios fermentativos gram-negativos. Entretanto, ao contrário da maioria das Fusobacteria e Synergistetes, as espécies de *Fibrobacter* são incapazes de fermentar proteínas ou aminoácidos, e se especializaram na fermentação de carboidratos, inclusive da celulose. No rúmen, a celulose é a principal fonte de energia, e neste ambiente ela possibilita o crescimento não apenas das bactérias celulolíticas, como Fibrobacter, mas de muitos outros anaeróbios não celulolíticos que utilizam a glicose liberada durante a degradação da celulose.

**MINIQUESTIONÁRIO**

- Qual é o principal hábitat de muitas espécies de Acidobacteria?
- Como Nitrospirae e Deferribacter diferem em termos de estilo de vida e metabolismo?
- Quais características metabólicas são compartilhadas pela maioria das espécies de Synergistetes, Fusobacteria e Fibrobacteres, e qual doença humana já foi correlacionada com a presença de Synergistetes e Fusobacteria?

## CONCEITOS IMPORTANTES

**15.1** • As Alphaproteobacteria constituem a segunda maior classe de Proteobacteria e são metabolicamente diversas. Os principais gêneros são: *Rhizobium, Rickettsia, Rhodobacter* e *Caulobacter.*

**15.2** • As Betaproteobacteria constituem a terceira maior classe de Proteobacteria e são metabolicamente diversas. Os principais gêneros são: *Burkholderia, Rhodocyclus, Neisseria* e *Nitrosomonas.*

**15.3** • Gammaproteobacteria é a maior e mais diversa classe de Proteobacteria e contém muitos patógenos humanos. As Enterobacteriales, ou bactérias entéricas, são as bactérias mais estudadas de todas. Os principais gêneros são *Escherichia* e *Salmonella.*

**15.4** • As Pseudomonadales e as Vibrionales são as Gammaproteobacteria mais comuns. Os principais gêneros são *Pseudomonas* e *Vibrio.*

**15.5** • Deltaproteobacteria e Epsilonproteobacteria são as menores classes de Proteobacteria e também as menos diversas metabolicamente. Os principais gêneros de Deltaproteobacteria são *Myxococcus, Desulfovibrio* e *Geobacter.* Os principais gêneros de Epsilonproteobacteria são *Campylobacter* e *Helicobacter.*

**15.6** • As bactérias do ácido láctico, como *Lactobacillus* e *Streptococcus*, produzem lactato como principal produto da fermentação e possuem diversos papéis na produção e na preservação dos alimentos. *Firmicutes* está entre os dois principais filos de bactérias gram-positivas.

**15.7** • Muitos dos gêneros de *Firmicutes* na ordem *Bacillales* e *Clostridiales*, incluindo *Staphylococcus, Listeria* e *Sarcina*, são incapazes de produzir endósporos.

**15.8** • A produção de endósporos é a marca dos principais gêneros de *Bacillus* e *Clostridium*, e só acontece em membros do filo Firmicutes.

**15.9** • O filo Tenericutes contém os micoplasmas, organismos desprovidos de parede celular, dotados de um genoma muito pequeno. Muitas espécies são patogênicas para seres humanos, outros animais e plantas. O principal gênero é *Mycoplasma.*

**15.10** • Actinobacteria também está entre os dois filos mais importantes de bactérias gram-positivas. *Corynebacterium* e *Arthobacter* são bactérias gram-positivas comumente encontradas no solo. *Propionibacterium* fermenta lactato a propionato e é o principal agente responsável pelo sabor e textura singulares do queijo suíço.

**15.11** • As espécies de Actinobacteria do gênero *Mycobacterium* são essencialmente saprófitas inofensivas de solo, porém *Mycobacterium tuberculosis* é o agente causador da tuberculose.

**15.12** • Os estreptomicetos são um grande grupo de bactérias filamentosas gram-positivas que formam esporos na extremidade dos filamentos aéreos e estão contidas no filo Actinobacteria. Muitos antibióticos clínicos importantes, como a tetraciclina e a neomicina, são provenientes de espécies de *Streptomyces*.

**15.13** • O filo Bacteroidetes inclui bacilos gram-negativos que não formam esporos, muitos dos quais apresentam motilidade deslizante. A maioria das espécies na ordem Bacteroidales é anaeróbia obrigatória que fermenta carboidratos em ambientes anóxicos. O gênero *Bacteroides* contém espécies comuns no trato gastrintestinal de animais.

**15.14** • Os Cytophagales e os Flavobacteriales são ordens dentro de Bacteroidetes que incluem bactérias aeróbias capazes de degradar polissacarídeos complexos como a celulose. Essas bactérias são importantes na decomposição da matéria orgânica.

**15.15** • O filo Chlamydiae inclui pequenos parasitas intracelulares obrigatórios peritos em invadir células eucarióticas. Muitas espécies causam diversas doenças em seres humanos e outros animais.

**15.16** • Os Planctomycetes são um grupo de bactérias pedunculadas, com brotamento, que formam compartimentos intracelulares de vários tipos, em alguns casos indistinguíveis do núcleo de células eucarióticas.

**15.17** • As espécies de Verrucomicrobia são diferenciadas por apresentarem múltiplas células com prostecas e filogenia singular.

**15.18** • Thermotogae e Thermodesulfobacteria constituem dois filos profundamente ramificados em *Bacteria*. Estas bactérias hipertermófilas provaram que uma extensiva transmissão horizontal de genes ocorreu entre *Archaea* e *Bacteria* (*Thermotoga*) e que a ocorrência de lipídeos com ligação éter não está limitada arqueias (*Thermodesulfobacterium*).

**15.19** • O filo Aquifex contém um grupo de bactérias hipertermófilas, oxidantes de $H_2$, que formam a ramificação mais precoce na árvore do domínio *Bacteria*.

**15.20** • *Deinococcus* e *Thermus* são os principais gêneros de um distinto filo de *Bacteria*. *Thermus* é a fonte de uma enzima-chave no processo de PCR automatizada, enquanto *Deinococcus* é a bactéria mais resistente à radiação conhecida, superando até os endósporos neste quesito.

**15.21** • As Acidobacteria estão disseminadas em muitos ambientes, especialmente no solo, e apresentam fisiologia variada. O gênero *Nitrospira* inclui bactérias oxidantes de nitrito, enquanto as espécies de Deferribacteres e Chrysiogenetes se especializaram em várias formas de respiração anaeróbia. As espécies de *Synergistetes*, *Fusobacteria* e *Fibrobacteres* são anaeróbios fermentativos que habitam o trato gastrintestinal e outros nichos anóxicos em animais.



## REVISÃO DOS TERMOS-CHAVE

**Acidorresistência** uma característica das espécies de *Mycobacterium* na qual células coradas com o corante básico fucsina resistem à descoloração com álcool acídico.

**Actinomicetos** termo utilizado para se referir às bactérias filamentosas aeróbias do filo Actinobacteria.

**Bactéria corineforme** organismos bacilares, gram-positivos, aeróbios, não móveis, que apresentam arranjos celulares de formato irregular, claviformes ou em forma de V, típicos de diversos gêneros de Actinobacteria unicelulares.

**Bactérias entéricas** grande grupo de bacilos gram-negativos caracterizados por possuírem metabolismo anaeróbio facultativo e serem comumente encontrados no intestino de animais.

**Heterofermentativo** refere-se às bactérias do ácido láctico capazes de gerar mais de um produto de fermentação.

**Bactérias gram-positivas com alto conteúdo de GC** termo que refere-se às bactérias de Actinobacteria.

**Homofermentativo** refere-se às bactérias do ácido láctico capazes de gerar apenas um produto de fermentação.

**Bactérias do ácido láctico** bactérias fermentativas que produzem ácido láctico, encontradas em Firmicutes, e que são importantes na produção e na preservação de muitos alimentos.

**Bactérias gram-positivas com baixo conteúdo de GC** termo que refere-se às bactérias de Firmicutes.

**Oligotrófico** refere-se a organismos que crescem melhor em baixas concentrações de nutrientes.

**Bactérias propiônicas** bactérias gram-positivas, fermentativas, que geram ácido propiônico como produto final de fermentação e são importantes na produção de queijo.

***Proteobacteria*** o maior e metabolicamente mais diverso filo bacteriano.

**Pseudomônada** termo utilizado em referência a qualquer bacilo gram-negativo, com flagelação polar, aeróbio, capaz de utilizar um conjunto diversificado de fontes de carbono.

## QUESTÕES PARA REVISÃO

1. Quais são os quatro filos de *Bacteria* que contêm o maior número de espécies já caracterizadas? (Seção 15.1)

2. Qual filo contém a maioria das bactérias gram-negativas conhecidas? Qual subgrupo deste filo contém a bactéria *Escherichia coli*? E qual contém *Pseudomonas aeruginosas*? (Seções 15.1-15.5)

3. Quais características morfológicas e fisiológicas diferenciam *Burkholderia cepacia* de *Pseudomonas aeruginosa*? Em quais ambientes comuns estes organismos podem ser encontrados? (Seções 15.2, 15.4)

4. O que é o teste da catalase? Qual reação de catalase você esperaria de um aeróbio estrito? E de um anaeróbio obrigatório? (Seção 15.3)

5. Quais características morfológicas e fisiológicas distinguem *Escherichia* de *Vibrio*? (Seções 15.3, 15.4)

6. Em qual filo e em qual gênero você esperaria encontrar bactérias formadoras de endósporo? (Seção 15.8)

7. Quais as características-chave que poderiam ser utilizadas na diferenciação dos seguintes gêneros de bactérias gram-positivas: *Bacillus, Mycoplasma, Staphylococcus, Propionibacterium, Streptomyces* e *Mycobacterium*? (Seções 15.6-15.12)

8. Em qual filo você esperaria encontrar uma bactéria bacilar, gram-negativa, anaeróbia obrigatória, não esporulada, com motilidade deslizante? Cite um ambiente onde essas bactérias podem ser encontradas. (Seções 15.13 e 15.14)

9. Que características as clamídias e as riquétsias têm em comum? E em quê elas diferem entre si? Qual a função dos dois tipos celulares formados por *Chlamydia*? (Seções 15.1, 15.15)

10. O que as espécies de Planctomycetes têm em comum com *Archaea*? E com *Eukarya*? (Seção 15.16)

11. Descreva uma característica-chave capaz de diferenciar as seguintes bactérias: *Streptococcus, Planctomyces, Verrucomicrobium* e *Gemmata*. (Seções 15.6, 15.16, 15.17)

12. Descreva uma característica fisiológica chave das seguintes bactérias que poderia distingui-las: *Lactobacillus, Nitrospira* e *Geothrix*. (Seções 15.6, 15.21)

13. Qual característica fisiológica principal relaciona as espécies de *Thermotoga, Aquifex* e *Thermocrinis*? (Seções 15.18, 15.19)

14. Por que os *Deinococcus* poderiam ser bem-sucedidos em solos contaminados com precipitação radiativa? (Seção 15.20)

15. Quais são as quatro formas utilizadas por diferentes espécies de Acidobacteria para gerar energia? (Seção 15.21)

16. Liste três gêneros diferentes de bactérias anaeróbias capazes de degradar celulose. (Seções 15.8, 15.12, 15.14, 15.21)

## QUESTÕES APLICADAS

1. Bactérias entéricas, láticas e propiônicas apresentam diferentes características metabólicas que podem ser utilizadas para diferenciar e caracterizar esses organismos. Descreva as características metabólicas destes organismos, cite um gênero pertencente a cada grupo e indique como esses organismos podem ser diferenciados.

2. Os microrganismos podem apresentar uma variedade de diferentes relações com o oxigênio. Descreva os termos utilizados para caracterizar a resposta de uma célula ao oxigênio e dê um exemplo retirado deste capítulo de um organismo que pode ser enquadrado em cada um destes termos.

CAPÍTULO

# 16 Diversidade das arqueias

## microbiologiahoje

### As arqueias e o aquecimento global

As emissões antropogênicas de $CO_2$ têm afetado significativamente o clima global. Todavia, arqueias e bactérias também afetaram profundamente nosso planeta, incluindo seu clima. Um exemplo disso vem do Ártico, onde o solo é congelado sob a forma de pergelissolo (camada de solo permanentemente congelado). A camada de pergelissolo pode apresentar até 100 metros de profundidade, e este tipo de solo engloba 25% da superfície terrestre da Terra. Dentro do pergelissolo está armazenada uma enorme massa de carbono orgânico, a maior parte presa no gelo há mais de 20.000 anos. Porém, este gelo está começando a derreter, o que pode acarretar consequências globais.

O Intergovernamental Panel on Climats Change prevê que as temperaturas no Ártico irão aumentar 7°C até 2100. Quando o pergelissolo derrete, ele se transforma em pântano, que é um dos principais hábitats para arqueias produtoras de metano (metanogênicas). O metano é um gás causador de efeito estufa, com um potencial de aquecimento 25 vezes maior que o do $CO_2$. Dessa forma, se o que aquecimento do Ártico mantiver o ritmo atual, muito do carbono contido no pergelissolo poderá se converter em metano, acelerando a mudança climática global de forma significativa.

Em Stordalen Mire, no norte da Suécia, microbiologistas estão investigando metanogênicos em pergelissolo derretido.[1] Câmaras são utilizadas para capturar e medir o metano produzido em pântanos originados do derretimento de pergelissolo (foto). Descobriu-se que a fonte da maior parte do metano era um metanogênico até então desconhecido, *Methanoflorens stordalenmirensis*, que cresce rapidamente em pergelissolo derretido. *M. stordalenmirensis* é um representante de uma nova ordem de metanogênicos, antigamente chamada *Rice Cluster II*. Estes organismos estão presentes em pântanos ao redor do mundo, mas *M. stordalenmirensis* é a primeira espécie caracterizada desta nova família taxonômica, a Methanoflorentaceae.

Além dos impactos humanos sobre o clima, o futuro controle da mudança climática global pode depender em grande parte das descobertas a respeito da ecologia da metanogênese por *M. stordalenmirensis*.

[1]Mondav R., et al. 2012. Microbial dynamics in a thawing world: Linking microbial communities to increased methane flux. *Proc. 14th Int. Symp. Microbial Ecology*, Copenhagen, Denmark.


I Euryarchaeota 518

II Thaumarchaeota, Nanoarchaeota e Korarchaeota 528

III Crenarchaeota 531

IV Evolução e a vida em altas temperaturas 537

Considera-se agora os organismos do domínio *Archaea*. Uma árvore filogenética de *Archaea* é mostrada na **Figura 16.1**. A árvore, baseada na comparação da sequências de proteínas ribossomais, revela vários filos, incluindo **Euryarchaeota**, **Crenarchaeota**, **Thaumarchaeota**, **Korarchaeota** e **Nanoarchaeota**. A exata ancestralidade destes grupos ainda é um tema controverso, e as árvores filogenéticas construídas a partir de sequências do gene RNAr 16S frequentemente estão em desacordo com árvores feitas utilizando outros *loci* genômicos (p. ex., comparar as Figuras 12.13 e 16.1).

A história evolutiva das arqueias é antiga e complexa, envolvendo transferência horizontal de genes entre os filos, e dentro deles também. Características comuns compartilhadas por todas as arqueias incluem lipídeos com ligação éter, ausência de peptideoglicano na parede celular (Capítulo 2) e RNA-polimerases estruturalmente complexas, lembrando aquelas de *Eukarya* (⇄ Figura 4.21). Todavia, além disso, as arqueias apresentam enorme diversidade fenotípica.

O domínio *Archaea* inclui espécies que realizam metabolismo quimiorganotrófico ou quimiolitotrófico, e espécies aeróbias e anaeróbias são comuns (resumidas posteriormente na Tabela 16.6). A quimiorganotrofia está amplamente difundida entre as arqueias, e fermentações e respirações anaeróbias são comuns. A quimiolitotrofia também está bem distribuída em arqueias, sendo $H_2$ um doador de elétrons comum (Seção 16.4), e a oxidação da amônia observada em espécies de Thaumarchaeota. A respiração anaeróbia, especialmente formas que empregam o enxofre elementar ($S^0$) como aceptor final de elétrons, é dominante entre as arqueias, especialmente em Crenarchaeota. Em contrapartida, a respiração aeróbia ocorre amplamente em Thaumarchaeota e é comum apenas em alguns grupos de Euryarchaeota, mas é característica de apenas poucas espécies de Crenarchaeota.

Muitas das características metabólicas encontradas nas arqueias podem também ser encontradas em bactérias, mas existem algumas características que são exclusivas. Os **metanogênicos**, por exemplo, são Euryarchaeota que conservam energia a partir da produção de metano (⇄ Seção 13.20). A *metanogênese* é um processo de importância global exclusivamente arqueal (⇄ Seções 13.20, 20.1 e 20.2). O domínio *Archaea* também é conhecido por possuir muitas espécies de **extremófilos**, incluindo espécies **hipertermófilas** (organismos com temperatura ótima de crescimento acima de 80°C), *halófilas* e *acidófilas* (Capítulo 5). No entanto, muitas das espécies de Euryarcheaota e a maioria das Thaumarchaeota não são extremófilas, sendo encontradas em solos, sedimentos, oceanos, lagos, em associação com animais e até mesmo nos intestinos de seres humanos!

Tendo em mente este breve resumo, bem como a filogenia de *Archaea* (Figura 16.1), agora será considerada a diversidade de organismos deste fascinante domínio da vida.

# I • Euryarchaeota

O filo Euryarchaeota engloba um grupo grande e filogeneticamente diverso de arqueias. Ele inclui arqueias metanogênicas, bem como muitos gêneros de arqueias extremamente halófilas (que crescem bem em altas concentrações de sal). Para um estudo de contrastes fisiológicos, esses dois grupos são notáveis: os metanogênicos são os mais estritos entre os anaeróbios, ao passo que os halofílicos extremos são, em sua maioria, aeróbios obrigatórios. Outros grupos de Euryarchaeota incluem os organismos hipertermófilos Thermococcus e *Pyrococcus*, o metanogênico hipertermófilo *Methanopyrus*, e *Thermoplasma*, um organismo desprovido de parede celular, fenotipicamente similar aos micoplasmas (⇄ Seção 15.9). Inicia-se nossa revisão de Euryarchaeota visitando as arqueias halófilas.

## 16.1 Arqueias extremamente halófilas

**Gêneros principais:** *Halobacterium, Haloferax, Natronobacterium*

Arqueias extremamente halófilas, comumente chamadas de "haloarqueias", são um grupo diverso que habita ambientes

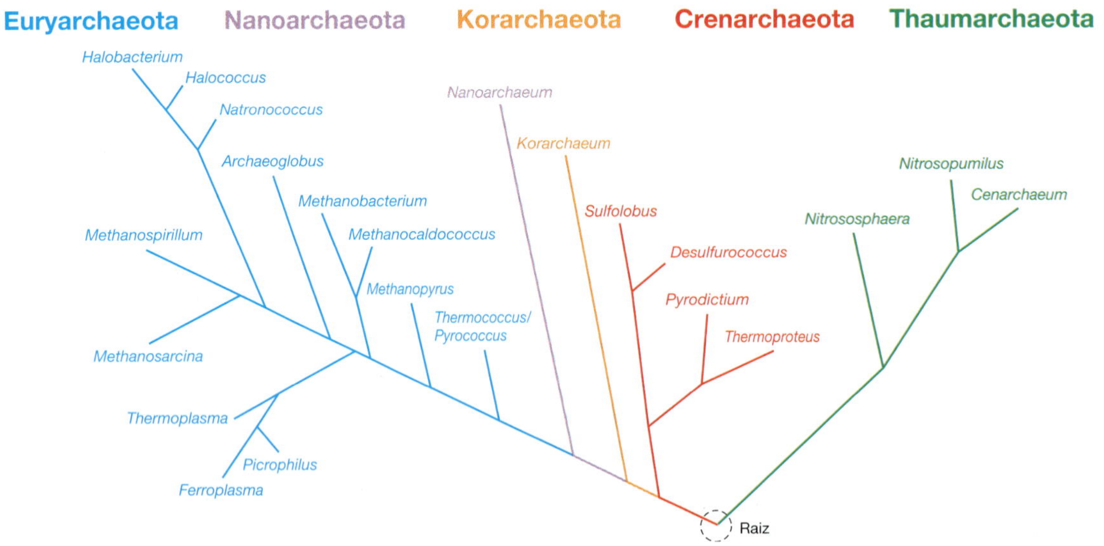


**Figura 16.1 Árvore filogenética detalhada de *Archaea*, baseada na comparação de proteínas ribossomais provenientes de genomas sequenciados.** Cada um dos cinco filos de *Archaea* é indicado por uma cor diferente. Os filos Korarchaeota e Nanoarchaeota são representados por uma única espécie conhecida de cada.

com altas concentrações de sais. Entre eles, ambientes naturalmente salinos, como salinas solares e lagos salinos, e hábitats artificialmente salinos, como a superfície de alimentos altamente salgados, como de alguns peixes e carnes. Tais hábitats salinos são denominados *hipersalinos* (**Figura 16.2**). O termo **halófilo extremo** é empregado para indicar que esses organismos não são apenas halofílicos, mas requerem concentrações extremamente elevadas de sal, em alguns casos chegando próximo ao nível de saturação (Figura 5.26).

Um organismo é considerado halófilo extremo quando requer, no mínimo, 1,5 M (cerca de 9%) de NaCl para seu crescimento. A maioria das espécies de halófilos extremos requer 2 a 4 M de NaCl (12-23%) para o crescimento ótimo. Praticamente, todos os halófilos extremos são capazes de crescer em 5,5 M de NaCl (32%, o limite de saturação para o NaCl), embora algumas espécies apenas cresçam lentamente nesta salinidade. Alguns organismos relacionados filogeneticamente com arqueias halófilas extremas, como, por exemplo, espécies de *Haloferax* e *Natronobacterium*, são capazes de crescer em salinidades mais baixas, como equivalente ou próximo àquela da água do mar (cerca de 2,5% de NaCl); contudo, esses organismos são filogeneticamente relacionados com outros halófilos extremos.

## Ambientes hipersalinos: química e produtividade

Os hábitats hipersalinos são comuns ao redor do mundo, porém hábitats extremamente hipersalinos são raros. A maioria desses ambientes é encontrada em regiões quentes e secas do mundo. Lagos salgados podem variar consideravelmente quanto à composição iônica. Os íons predominantes em um lago hipersalino dependem da topografia e geologia locais, além das condições climáticas gerais.

O Great Salt Lake, em Utah (Estados Unidos) (Figura 16.2*a*), por exemplo, é essencialmente água do mar concentrada. Neste lago hipersalino, as proporções relativas dos vários íons [p. ex., sódio ($Na^+$), cloreto ($Cl^-$) e sulfato ($SO_4^{2-}$)] são equivalentes àquelas da água do mar, embora a concentração global de íons seja muito mais alta. Além disso, o pH deste lago hipersalino é ligeiramente alcalino.

Os lagos ricos em carbonatos são ambientes hipersalinos e altamente alcalinos. A química da água de lagos ricos em carbonatos assemelha-se àquela de lagos hipersalinos, como o Great Salt Lake, entretanto, pela presença de altas concentrações de carbonatos nas camadas circundantes, o pH de lagos ricos em carbonatos é bastante elevado. Águas apresentando pH de 10 a 12 não são incomuns nesses ambientes (Figura 16.2*c*). Além disso, cálcio ($Ca^{2+}$) e $Mg^{2+}$ estão praticamente ausentes de lagos ricos em carbonatos, uma vez que são precipitados em ambientes de pH e concentrações de carbonato elevados.

As condições químicas diversas dos hábitats hipersalinos promoveram a seleção de uma ampla diversidade de microrganismos halofílicos. Alguns organismos são encontrados em apenas um ambiente, enquanto outros são amplamente disseminados em vários hábitats. Além disso, embora aparentando condições relativamente inóspitas, os lagos salgados podem

UNIDADE 3

**Figura 16.2** **Hábitats hipersalinos de arqueias halofílicas.** *(a)* O braço norte do Great Salt Lake, Utah, um lago hipersalino cuja proporção de íons é similar àquela da água do mar, embora as concentrações absolutas de íons sejam muitas vezes maiores do que daquelas da água do mar. A coloração verde é decorrente, principalmente, da presença de células de cianobactérias e algas verdes. *(b)* Visão aérea de uma região próxima à Baía de San Francisco, Califórnia, apresentando uma série de salinas solares, onde o sal é preparado. A coloração vermelho-púrpura decorre predominantemente da presença de bacteriorruberinas e bacteriorrodopsinas nas células de haloarqueias. *(c)* Lago Hamara, Wadi El Natroun, Egito. Um florescimento de haloalcalifílicos pigmentados crescendo neste lago rico em carbonatos, com pH 10. Observe os depósitos de trona ($NaHCO_3{\cdot}Na_2CO_3{\cdot}2\ H_2O$) ao redor das margens do lago. *(d)* Micrografia eletrônica de varredura de bactérias halofílicas, incluindo arqueias quadradas, presentes em uma salina na Espanha.

corresponder a ecossistemas altamente produtivos (nesse contexto, o termo *produtivo* significa níveis elevados de fixação de $CO_2$). As arqueias não são os únicos microrganismos presentes. A alga eucariótica *Dunaliella* (⇄ Figura 17.33*a*) é o principal, e talvez o único, organismo fototrófico oxigênico presente na maioria dos lagos salgados. Em lagos ricos em carbonatos, altamente alcalinos, onde *Dunaliella* não é encontrada, predominam as bactérias púrpuras fototróficas anoxigênicas dos gêneros *Ectothiorhodospira* e *Halorhodospira* (⇄ Seção 14.5). A matéria orgânica originada a partir da produção primária pelos organismos fototróficos oxigênicos ou anoxigênicos estabelece o cenário para o desenvolvimento de haloarqueias, sendo todas quimiorganotróficas. Além disso, algumas bactérias quimiorganotróficas halófilas extremas, como *Halanaerobium*, *Halobacteroides* e *Salinibacter*, desenvolvem-se em tais ambientes.

Salinas marinhas são também hábitats de halofílicos extremos. Salinas marinhas são pequenas bacias fechadas, preenchidas por água do mar, que permanecem expostas para que evaporem, visando a produção solar de sal marinho (Figura 16.2*b*, *d*). À medida que as salinas aproximam-se dos limites mínimos de salinidade para halófilos extremos, a água assume uma coloração púrpura avermelhada, resultante do crescimento intenso – denominado *florescimento* – de arqueias halofílicas (a coloração vermelha ilustrada nas Figuras 16.2*b* e *c* deve-se à presença de carotenoides e outros pigmentos, que serão discutidos posteriormente). Arqueias morfologicamente incomuns estão frequentemente presentes em salinas, inclusive espécies de morfologia quadrada ou em forma de taça (Figura 16.2*d*). Halófilos extremos são também encontrados em alimentos altamente salgados, como certos tipos de embutidos, peixes marinhos e carnes suínas salgadas.

**Tabela 16.1 Alguns gêneros de *Archaea* extremamente halofílicas**

| *Gênero* | *Morfologia* | *Hábitat* |
|---|---|---|
| ***Halófilos extremos*** | | |
| *Halobacterium* | Bacilos | Peixes salgados; peles; lagos hipersalinos; salinas |
| *Halorubrum* | Bacilos | Mar Morto; salinas |
| *Halobaculum* | Bacilos | Mar Morto |
| *Haloferax* | Discos achatados | Mar Morto; salinas |
| *Haloarcula* | Discos irregulares | Piscinas de sal, Death Valley, CA; salinas marinhas |
| *Halococcus* | Cocos | Peixes salgados; salinas |
| *Halogeometricum* | Células pleomórficas planas | Salinas solares |
| *Haloterrigena* | Bacilos, ovais | Solos salinos |
| *Haloquadratum* | Quadrados planos | Salinas |
| ***Haloalcalifílicos*** | | |
| *Natronobacterium* | Bacilos | Lagos ricos em carbonatos, altamente salinos |
| *Natrinema* | | |
| *Natrialba* | | |
| *Natronomonas* | Bacilos | Peixes salgados; peles |
| *Natronococcus* | Bacilos | Lagos ricos em carbonatos; areia de praia |
| *Natronorubrum* | | |
| | Bacilos | Lagos ricos em carbonatos |
| | Cocos | Lagos ricos em carbonatos |
| | Células achatadas | Lagos ricos em carbonatos |

## Taxonomia e fisiologia de arqueias halófilas extremas

A **Tabela 16.1** relaciona vários dos gêneros atualmente conhecidos de arqueias halófilas extremas. Além do termo haloarqueias, essas arqueias são comumente denominadas "halobactérias", pois o gênero *Halobacterium* (**Figura 16.3**) foi o primeiro desse grupo a ser descrito (anteriormente ao descobrimento das arqueias) e ainda é o representante mais bem-estudado do grupo. *Natronobacterium*, *Natronomonas* e organismos relacionados diferem de outros halófilos extremos por serem extremamente alcalifílicos, além de halofílicos. Em conformidade com seu hábitat em lagos ricos em carbonatos (Tabela 16.1 e Figura 16.2*c*), o crescimento de natronobactérias é ótimo em concentrações muito baixas de $Mg^{2+}$ e alto pH (9-11).

As haloarqueias coram-se gram-negativamente, reproduzem-se por fissão binária e não formam estágios de dormência ou esporos. As células de diversos gêneros cultiváveis apresentam morfologia, bacilar, cocoide ou em forma de taça, porém até mesmo células de morfologia quadrada são conhecidas (Figura 16.2*d*). As células de *Haloquadratum* apresentam formato quadrado e apenas 0,1 μm de espessura. *Haloquadratum* também forma vesículas de gás que permitem sua flutuação em seu hábitat hipersalino, provavelmente uma forma de manter contato com o ar, uma vez que a maioria dos halófilos extremos é aeróbio estrito. Muitas outras arqueias extremamente halofílicas também produzem vesículas de gás. A maioria das espécies de halófilos extremos não possui flagelo, mas algumas linhagens apresentam uma motilidade fraca, promovida por flagelos que rotacionam, impulsionando a célula para frente (⇄ Seção 2.17). Os genomas de *Halobacterium* e *Halococcus* são singulares, devido à presença de grandes plasmídeos, contendo até 30% do DNA celular total, e o conteúdo de bases GC desses plasmídeos (próximo a 60% GC) difere significativamente daquele observado para o DNA cromossômico (66-68% GC). Os plasmídeos de halófilos extremos estão entre os maiores plasmídeos de ocorrência natural conhecidos.

A maioria das espécies de arqueias halófilas extremas é aeróbia obrigatória. A maioria das haloarqueias utiliza aminoácidos ou ácidos orgânicos como doadores de elétrons, reque-

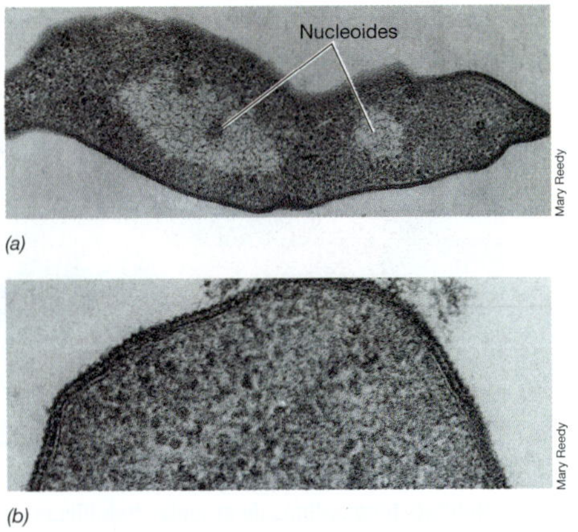


**Figura 16.3 Micrografias eletrônicas de secções finas do halófilo extremo *Halobacterium salinarum*.** Uma célula tem diâmetro aproximado de 0,8 μm. *(a)* Secção longitudinal de uma célula em divisão, apresentando os nucleoides. *(b)* Micrografia eletrônica em grande aumento, mostrando a estrutura da subunidade glicoproteica da parede celular.

rendo alguns fatores de crescimento, como vitaminas, para seu crescimento ótimo. Algumas haloarqueias oxidam carboidratos aerobiamente, porém essa capacidade é rara; a fermentação de açúcares é ausente. Cadeias de transporte de elétrons contendo citocromos dos tipos *a*, *b* e *c* estão presentes em *Halobacterium*, sendo a energia conservada durante o crescimento aeróbio por meio da força próton-motiva, originada a partir do transporte de elétrons. Foi demonstrado que algumas haloarqueias são capazes de crescer anaerobiamente, e o crescimento por meio de respiração anaeróbia (Seção 13.16) aliada à redução do nitrato ou fumarato já foi demonstrado para algumas espécies.

## Equilíbrio hídrico em halófilos extremos

Arqueias halofílicas extremas requerem grandes quantidades de sódio para seu crescimento. Estudos detalhados de salinidade realizados com *Halobacterium* revelaram que a exigência de $Na^+$ não pode ser satisfeita por nenhum outro íon, nem mesmo o íon relacionado quimicamente, $K^+$. No entanto, as células de *Halobacterium* necessitam de *ambos*, $Na^+$ e $K^+$, para seu crescimento, uma vez que cada um desempenha importante papel na manutenção do equilíbrio osmótico.

Conforme estudado na Seção 5.15, as células microbianas devem resistir às forças osmóticas associadas à vida. Para que isso ocorra em um ambiente com grande quantidade de solutos, como os hábitats ricos em sal de *Halobacterium*, os organismos devem realizar o acúmulo ou a síntese intracelular de solutos. Esses solutos são denominados **solutos compatíveis**. Tais compostos contrapõem a tendência da célula desidratar-se, quando sob condições da alta força osmótica, mantendo-a em um equilíbrio aquoso positivo em relação ao ambiente. As células de *Halobacterium*, no entanto, não sintetizam nem acumulam compostos orgânicos, em vez disso, bombeiam grandes quantidades de $K^+$ do meio externo para o citoplasma. Isso garante que a concentração *intracelular* de $K^+$ seja consideravelmente maior do que a concentração *extracelular* de $Na^+$ (**Tabela 16.2**). Essa condição iônica mantém o equilíbrio hídrico positivo.

A parede celular de *Halobacterium* (Figura 16.3*b*) é composta por glicoproteínas, sendo estabilizada por $Na^+$. Os íons sódio ligam-se à superfície externa da parede de *Halobacterium*, sendo absolutamente essenciais para a manutenção da integridade celular. Na presença de concentrações insuficientes de $Na^+$, a parede celular rompe-se, havendo a lise celular. Esse fenômeno é decorrente do teor excepcionalmente alto dos aminoácidos *ácidos* (de carga negativa) aspartato e glutamato, presentes na glicoproteína que compõe a parede celular de *Halobacterium*. As cargas negativas conferidas pelos grupos carboxil desses aminoácidos estão ligadas aos íons $Na^+$. Quando os íons $Na^+$ encontram-se diluídos, as regiões proteicas carregadas negativamente tendem a se repelir, levando à lise celular.

## Componentes citoplasmáticos halofílicos

Assim como as proteínas da parede celular, as proteínas citoplasmáticas de *Halobacterium* são altamente ácidas, precisando de íons $K^+$, e não $Na^+$, para suas atividades. Naturalmente, tal fato não surpreende, uma vez que $K^+$ é o cátion predominante no citoplasma das células de *Halobacterium* (Tabela 16.2). Além de serem compostas por um grande número de aminoácidos ácidos, as proteínas citoplasmáticas de halobactérias contêm, normalmente, quantidades menores de aminoácidos hidrofóbicos e de lisina, um aminoácido (básico) de carga positiva, quando comparadas às proteínas de organismos não halofílicos. Esse fato é também esperado, uma vez que em um citoplasma fortemente iônico, proteínas polares tendem a permanecer em solução, enquanto proteínas apolares tendem a agregar-se, talvez perdendo a atividade. Os ribossomos de *Halobacterium* também requerem altas concentrações de KCl para sua estabilidade, enquanto os ribossomos de organismos não halofílicos não têm exigências em relação a KCl.

Desse modo, as arqueias halofílicas extremas encontram-se interna e externamente adaptadas à vida em ambientes altamente iônicos. Os componentes celulares expostos ao meio ambiente externo requerem altas concentrações de $Na^+$ para sua estabilidade, enquanto os componentes internos requerem altos teores de $K^+$. Exceto por alguns membros de bactérias extremamente halófilos, que também utilizam $K^+$ como soluto compatível, em nenhum outro grupo de bactérias encontra-se essa necessidade singular de quantidades tão elevadas de cátions específicos.

**Tabela 16.2** Concentração de íons nas células de *Halobacterium salinarum*[a]

| *Íon* | *Concentração no meio (M)* | *Concentração nas células (M)* |
|---|---|---|
| $Na^+$ | 4,0 | 1,4 |
| $K^+$ | 0,032 | 4,6 |
| $Mg^{2+}$ | 0,13 | 0,12 |
| $Cl^-$ | 4,0 | 3,6 |

[a]Dados de *Biochim. Biophys. Acta 65*: 506-508 (1962).

## Bacteriorodopsina e a síntese de ATP mediada pela luz em halobactérias

Determinadas espécies de haloarqueias são capazes de realizar a síntese de ATP dirigida pela luz. Esse processo ocorre sem o envolvimento de clorofilas, não sendo, portanto, uma fotossíntese. No entanto, outros pigmentos sensíveis à luz estão presentes, incluindo carotenoides vermelhos e alaranjados – principalmente pigmentos $C_{50}$, denominados *bacteriorubeerinas* – como também pigmentos induzíveis, envolvidos na conservação de energia, conforme discutido a seguir.

Em condições de baixa aeração, *Halobacterium salinarum* e alguns outros halófilos extremos sintetizam e inserem, em suas membranas citoplasmáticas, uma proteína denominada **bacteriorodopsina**. A bacteriorodopsina recebeu essa denominação por sua similaridade estrutural e funcional com a rodopsina, o pigmento visual dos olhos. Conjugada à bacteriorodopsina, há uma molécula de retinal, uma molécula semelhante a um carotenoide, capaz de absorver a energia luminosa e bombear um próton através da membrana citoplasmática. O retinal confere à bacteriorodopsina uma tonalidade púrpura. Dessa forma, quando células de *Halobacterium*, desenvolvendo-se em condições de forte aeração, são transferidas para condições de crescimento com limitação de oxigênio (o sinal que dispara a síntese de bacteriorodopsina), elas gradualmente alteram sua coloração de laranja avermelhada para uma coloração púrpura avermelhada, à medida que sintetizam e inserem a bacteriorodopsina na membrana citoplasmática.

A bacteriorodopsina absorve a luz verde, com uma absorção máxima a 570 nm. Após a absorção, o retinal da bacteriorodopsina, normalmente presente na configuração *trans* ($Ret_T$), torna-se excitado, convertendo-se para a forma *cis* ($Ret_C$) (**Figura 16.4**). Essa transformação é acoplada à translocação de um próton através da membrana citoplasmática.

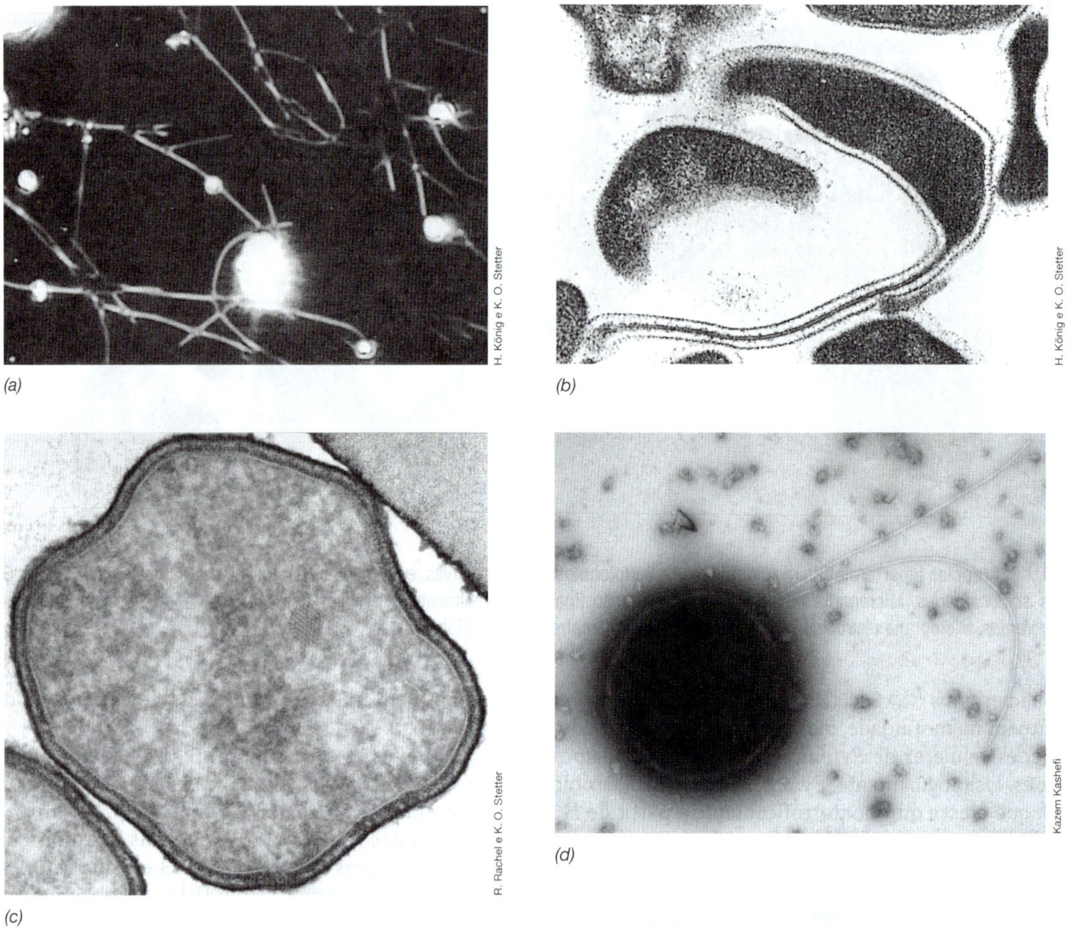


**Figura 16.21 Desulfurococcales com temperatura ótima de crescimento > 100°C.** *(a)* Micrografia de campo escuro de *Pyrodictium occultum* (temperatura ótima de crescimento de 105°C). *(b)* Micrografia eletrônica de uma secção fina de *P. occultum*. As células têm diâmetro variando de 0,3 a 2,5 μm. *(c)* Secção fina de uma célula de *Pyrolobus fumarii*, uma das mais termofílicas de todas as bactérias conhecidas (temperatura ótima de crescimento de 106°C); uma célula tem diâmetro aproximado de 1,4 μm. *(d)* Uma célula corada negativamente da Linhagem 121, capaz de crescer em temperaturas de 121°C; uma célula tem largura aproximada de 1 μm. Embora a ordem Desulfurococcales contenha o maior número de hipertermófilos capazes de crescimento acima dos 100°C, a mais termofílica das arqueias conhecidas é, na verdade, uma Euryachaeota, a *Methanopyrus* (Seção 16.4).

## *Desulfurococcus* e *Ignicoccus*

Outros membros notáveis dos Desulfurococcales incluem *Desulfurococcus*, o gênero que deu nome à ordem (**Figura 16.22**), e *Ignicoccus*. *Desulfurococcus* é um organismo redutor de $S^0$, estritamente anaeróbio como *Pyrodictium*, mas diferencia-se dele quanto à filogenia e pelo fato de ser muito menos termofílico, crescendo otimamente em temperaturas na faixa de 85°C.

*Ignicoccus* cresce otimamente a 90°C e seu metabolismo baseia-se em $H_2$ como doador de elétrons e $S^0$ como aceptor de elétrons, como aquele de várias arqueias hipertermofílicas (Tabela 16.6). Algumas espécies de *Ignicoccus* são hospedeiras da diminuta arqueia parasita *Nanoarchaeum equitans* (Seção 16.7). Os *Ignicoccus* (Figura 16.22*b*) possuem uma estrutura celular especial, desprovida de camada S, e apresentam uma singular *membrana celular externa*. Esta membrana celular externa é distinta em muitos aspectos daquela encontrada em bactérias gram-negativas (Seção 2.11). Notavelmente, a membrana celular externa de *Ignicoccus* contém ATPase e é o sítio de conservação de energia. *Ignicoccus* também apresenta uma membrana celular interna, que envolve o citoplasma e as enzimas responsáveis pela biossíntese e processamento da informação. Desse modo, nem a membrana externa nem a interna satisfazem a definição típica de membrana citoplasmática (Seção 2.7).

Entre as membranas celulares interna e externa de *Ignicoccus*, existe um amplo *compartimento intermediário*, análogo ao periplasma das bactérias gram-negativas, mais com volume muito maior, correspondendo a duas ou três vezes o volume do citoplasma (Figura 16.22*b*). O periplasma de *Ignicoccus* também contém vesículas ligadas à membrana (Figura 16.22*b*), que atuam na exportação de substâncias para fora da célula. Dessa forma, a estrutura celular de *Ignicoccus* lembra aquela de eucariotos. Assim, *Ignicoccus* tem sido considerado um descendente moderno do tipo celular ancestral que originou as células eucarióticas (Figura 12.9).

## *Staphylothermus*

Um membro morfologicamente incomum da ordem Desulfurococcales é o gênero *Staphylothermus* (**Figura 16.23**). As

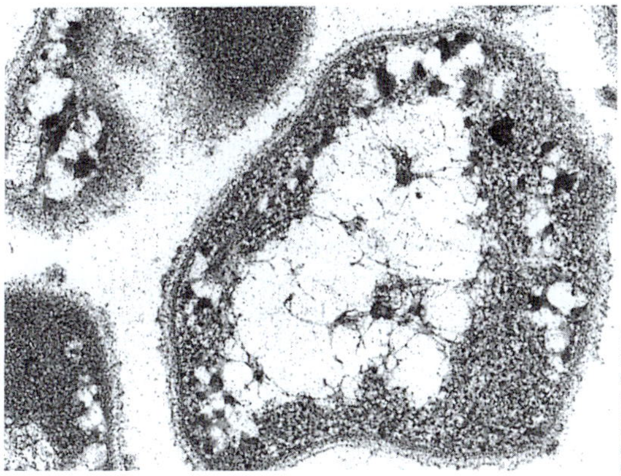


(a)

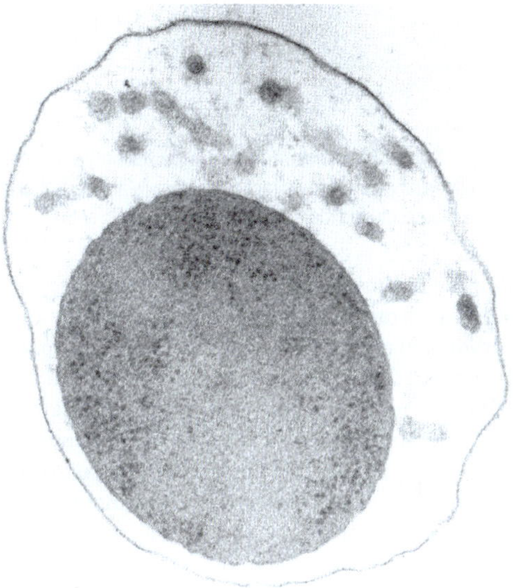


(b)

**Figura 16.22** **Desulfurococcales com temperatura ótima de crescimento < 100°C.** *(a)* Secção fina de uma célula de *Desulfurococcus saccharovorans*; uma célula tem diâmetro de 0,7 μm. *(b)* Secção fina de uma célula de *Ignicoccus islandicus*. A célula é circundada por um periplasma extremamente grande. O diâmetro da célula é de aproximadamente 1 μm, enquanto a célula e o periplasma medem, juntos, 1,4 μm.

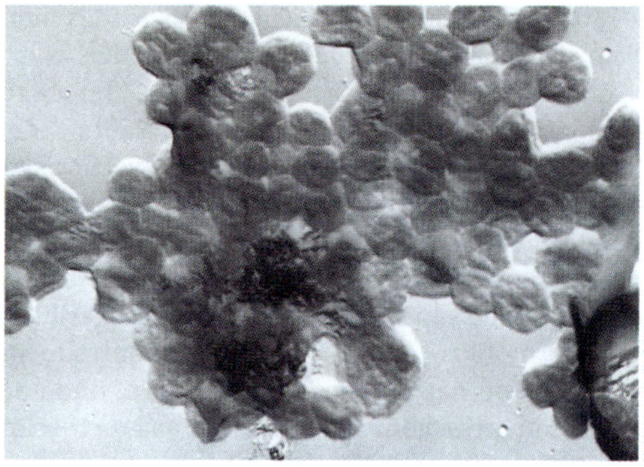


**Figura 16.23** **O hipertermófilo *Staphylothermus marinus*.** Micrografia eletrônica de células sombreadas. Uma célula individual tem diâmetro aproximado de 1 μm.

células de *Staphylothermus* são esféricas, com diâmetro aproximado de 1 μm, que originam massas de até 100 células, de forma semelhante ao seu correspondente morfológico entre as bactérias, *Staphylococcus* (⇄ Figuras 15.20 e 29.29*a*). *Staphylothermus* não é um quimiolitotrófico como a maioria dos organismos hipertermófilos relacionados, sendo, em vez disso, um quimiorganotrófico que cresce otimamente a 92°C. A energia é obtida pela fermentação de peptídeos, produzindo os ácidos graxos acetato e isovalerato como produtos da fermentação (Tabela 16.6).

Isolados de *Staphylothermus* foram obtidos tanto de fendas hidrotermais marinhas rasas quanto de fumarolas negras muito quentes (Figura 16.24; ⇄ Seção 19.13). Assim, esse organismo encontra-se amplamente distribuído em regiões termais submarinas, onde provavelmente seja um importante consumidor de proteínas liberadas por organismos mortos.

**MINIQUESTIONÁRIO**

- O que pode-se concluir a respeito do grupo dos *Pyrodictium/Pyrolobus* em termos de vida em altas temperaturas?
- Quais características estruturais incomuns estão presentes em *Ignicoccus* e *Staphylothermus*?

# IV • Evolução e a vida em altas temperaturas

A maioria dos hipertermófilos descobertos até o momento são as espécies de arqueias, e alguns crescem próximos ao que pode ser o limite superior de temperatura para a vida. Nesta seção, abordaremos os principais fatores que possivelmente definem o limite superior de temperatura para a vida, assim como as adaptações biológicas de hipertermófilos que permitem a existência deles em temperaturas extremamente altas, como 100°C ou superior. Encerra-se esta seção com uma discussão a respeito da importância do metabolismo do hidrogênio ($H_2$) para a biologia dos hipertermófilos.

## 16.12 Limite superior de temperatura para a vida microbiana

Os hábitats que contêm água em estado líquido, um pré-requisito para a vida celular, e que exibem temperaturas acima de 100°C são encontrados apenas onde ocorre o fluxo de água aquecida geotermicamente, a partir de fendas ou fissuras presentes no leito oceânico (⇄ Figuras 12.3 e 19.34 a 19.38). A pressão hidrostática sobre esses hábitats impede a ebulição da água, permitindo que ela atinja temperaturas de até 400°C em fendas a alguns milhares de metros de profundidade. Ao contrário, as fontes termais de superfície podem ferver, liberando calor e, consequentemente, atingir somente temperaturas próximas a 100°C. Não é surpresa, então, que as fendas hidrotermais sejam ricas fontes de arqueias hipertermófilas com temperatura ótima de crescimento acima dos 100°C (Tabela 16.7).

As fumarolas negras emitem fluidos a 250 a 350°C ou mais. Acúmulos metálicos ou estruturas mais verticais, denominadas *chaminés*, são formadas por sulfetos metálicos que se precipitam à medida que o fluido se mistura à água do mar circundante, significativamente mais fria (**Figura 16.24**). Até onde se sabe, a água superaquecida da fenda é estéril. Contudo, os hipertermófilos desenvolvem-se nos montes formados pelos acúmulos ou nas paredes das chaminés, onde a temperatura é compatível com sua sobrevivência e crescimento (Seção 19.13 e Figura 19.37). Por meio de estudos de estruturas como estas, podemos responder à questão "Qual o limite superior da temperatura para a vida microbiana (e, presumidamente, para qualquer forma de vida)?"

## Qual o limite superior para a vida?

Qual a maior temperatura suportada por hipertermófilos? Durante as últimas décadas, o limite superior de temperatura conhecido para a vida microbiana tornou-se gradativamente mais elevado, devido ao isolamento e à caracterização de novas espécies de termófilos e hipertermófilos (**Figura 16.25**). Até recentemente, o recorde pertencia a *Pyrolobus fumarii* (Figura 16.21*c*), com um limite superior de temperatura de crescimento correspondente a 113°C. O atual recordista, *Methanopyrus* (Seção 16.4 e Figura 16.12), no entanto, aumentou ainda mais o limite, com a habilidade de crescer em temperaturas de até 122°C e de sobreviver por períodos significativos em temperaturas ainda mais altas. Observando-se a tendência dos últimos anos (Figura 16.25), é possível predizer que arqueias ainda mais hipertermofílicas que *Methanopyrus* possam existir em ambientes hidrotermais, embora ainda não tenham sido isoladas. De fato, muitos especialistas estimam que a temperatura limite para a vida procariótica provavelmente exceda os 140°C, talvez até os 150°C, e que a temperatura máxima a permitir a sobrevivência, mas não o crescimento, seja ainda mais alta.

## Problemas bioquímicos em temperaturas supercríticas

Independente de qual seja o limite superior de temperatura para a vida, é provável que ele seja determinado por um ou mais empecilhos bioquímicos que a evolução não foi capaz de resolver.

**Figura 16.24** **Fendas hidrotermais.** Acúmulo hidrotermal do campo da fenda *Rainbow*, no sistema hidrotermal Dorsal Mesoatlântico. O fluido hidrotermal emitido das pequenas chaminés apresenta temperatura superior a 300°C.

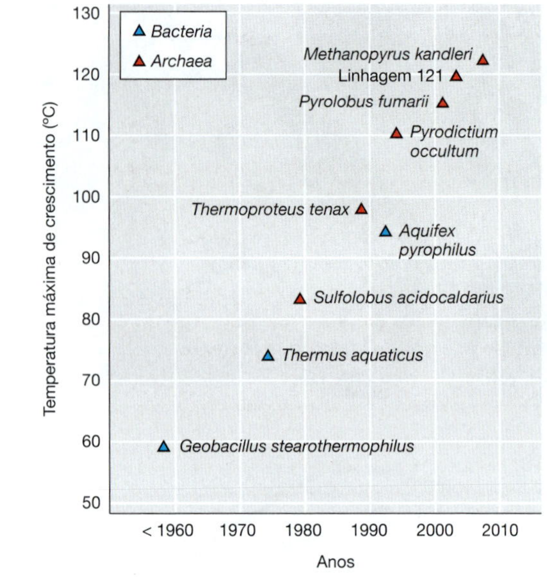


**Figura 16.25** **Procariotos termofílicos e hipertermofílicos.** O gráfico apresenta as espécies que foram os recordistas em relação à temperatura mais elevada para o crescimento, de antes de 1960 até o presente.

ver. É certo que um limite superior existe, porém não se sabe ainda qual é. Amostras de águas obtidas diretamente de descargas superaquecidas (> 250°C) das fendas hidrotermais são desprovidas de marcadores bioquímicos mensuráveis (DNA, RNA e proteínas) que sinalizam a existência de vida como a conhecemos, enquanto fendas que emitem águas a temperaturas abaixo de 150°C fornecem evidências de macromoléculas. Estes resultados são corroborados por experimentos laboratoriais envolvendo a estabilidade de biomoléculas-chave. Por exemplo, o ATP é degradado quase instantaneamente a 150°C. Assim, acima de 150°C qualquer forma de vida teria que lidar com a labilidade térmica de uma molécula que está, até onde se sabe, universalmente distribuída nas células. Entretanto, a estabilidade de moléculas pequenas como o ATP pode ser significativamente maior em condições citoplasmáticas com altos níveis de solutos dissolvidos do que em soluções puras testadas em laboratório. Não obstante, caso existam formas de vida acima de 150°C, elas devem ser singulares em muitos aspectos, utilizando diversas pequenas moléculas inéditas, ausentes nas células atualmente conhecidas, ou empregando sistemas de proteção especiais que mantenham as moléculas estáveis, permitindo assim o desenvolvimento de reações bioquímicas.

**MINIQUESTIONÁRIO**

- Onde estão localizados os hábitats microbianos potencialmente mais quentes da Terra?
- Por que seria impossível para os organismos crescer a 200 ou 300°C?

## 16.13 Adaptações moleculares à vida em altas temperaturas

Uma vez que todas as estruturas e atividades celulares são afetadas pelo calor, é provável que os hipertermófilos apresentem múltiplas adaptações às temperaturas excepcionalmente altas de seus hábitats. Nesta seção serão examinadas brevemente algumas das adaptações empregadas pelos hipertermófilos na proteção de suas proteínas e ácidos nucleicos em altas temperaturas.

## Dobramento das proteínas e termoestabilidade

Uma vez que a maioria das proteínas se desnatura em altas temperaturas, várias pesquisas têm sido realizadas para identificar as propriedades de proteínas termoestáveis. A termoestabilidade proteica é decorrente do dobramento da molécula em si, não dependendo da presença de nenhum aminoácido especial. Talvez surpreendentemente, no entanto, a composição de aminoácidos de proteínas termoestáveis não é particularmente incomum, exceto por uma tendência de concentrações aumentadas de aminoácidos que formam α-hélices. De fato, muitas enzimas de hipertermófilos contêm as mesmas principais características estruturais na estrutura primária e de ordem superior (⇄ Seção 4.14) que as suas equivalentes termolábeis de bactérias mesofílicas.

As proteínas termoestáveis normalmente têm algumas propriedades estruturais que aumentam sua termoestabilidade. Elas incluem cernes altamente hidrofóbicos, que diminuem a tendência de a proteína desdobrar-se em um ambiente iônico, assim como maiores interações iônicas nas superfícies das proteínas, o que também auxilia a manter a proteína organizada e evitar o desdobramento. Em última análise, é o *dobramento* da proteína que mais afeta sua termoestabilidade, e ligações iônicas não covalentes, denominadas *pontes de sal*, localizadas na superfície da proteína, provavelmente desempenhem um importante papel na manutenção da estrutura biologicamente ativa. No entanto, conforme afirmado anteriormente, muitas dessas alterações são possíveis apenas com mudanças mínimas na estrutura primária (sequência de aminoácidos), quando as formas termoestáveis e termolábeis da mesma proteína são comparadas.

## Chaperonas: auxiliando proteínas a permanecerem em seu estado nativo

Discutiu-se anteriormente uma classe de proteínas denominadas *chaperonas* (proteínas de choque térmico; ⇄ Seção 4.14), que atuam no redobramento de proteínas parcialmente desnaturadas. Arqueias hipertermofílicas produzem classes especiais de chaperonas, que atuam somente nas temperaturas de crescimento mais altas. Em células de *Pyrodictium abyssi* (**Figura 16.26**), por exemplo, uma importante chaperona é o complexo proteico denominado **termossomo**. Este complexo mantém as demais proteínas da célula apropriadamente dobradas e funcionais em alta temperatura, ajudando as células a sobreviver, mesmo em temperaturas acima de sua temperatura máxima de crescimento. Células de *P. abyssi* cultivadas próximas a sua temperatura máxima (110°C) contêm altas concentrações de termossomos. Possivelmente devido a isso, as células podem permanecer viáveis após um choque térmico, tal como um tratamento de uma hora em autoclave (121°C). No caso de células submetidas a tal tratamento e depois devolvidas à temperatura ótima, acredita-se que o termossomo, que é bastante resistente ao calor, possa promover o redobramento de cópias suficientes de proteínas essenciais desnaturadas, permitindo que *P. abyssi* novamente volte a crescer e dividir-se. Desse modo, em decorrência da atividade de chaperonas, o limite superior de temperatura em que muitos hipertermófilos podem *sobreviver* é maior do que a temperatura superior na qual são capazes de *crescer*. A "rede de segurança" da atividade da chaperonina provavelmente garante que as células submetidas a um breve

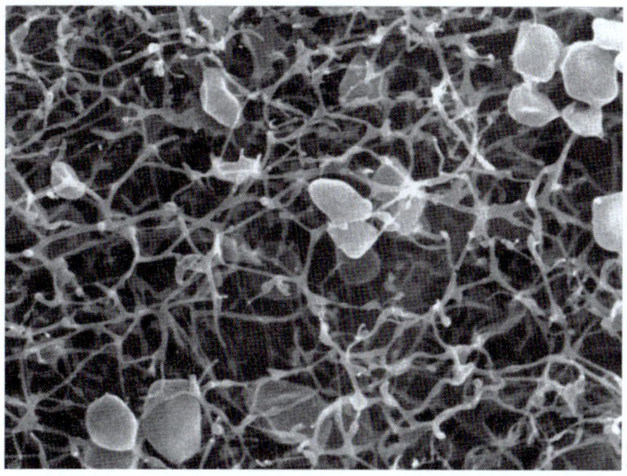


**Figura 16.26 Micrografia eletrônica de varredura de *Pyrodictium abyssi*.** O gênero *Pyrodictium* foi estudado como um modelo da estabilidade macromolecular em altas temperaturas. As células encontram-se embebidas em uma matriz glicoproteica viscosa, que as mantém juntas.

UNIDADE 3

tratamento térmico acima de sua temperatura máxima de crescimento não sejam mortas pela exposição.

## Estabilidade do DNA: solutos, girase reversa e proteínas de ligação do DNA

De que forma o DNA permanece intacto, sem sofrer desnaturação em altas temperaturas? Vários mecanismos podem estar envolvidos. Um desses mecanismos aumenta as concentrações de solutos celulares, como íons, particularmente potássio ($K^+$) ou compostos orgânicos compatíveis. Por exemplo, o citoplasma do organismo metanogênico hipertermofílico *Methanopyrus* (Seção 16.4) contém níveis molares de 2,3-difosfoglicerato cíclico de potássio. Esse soluto impede danos químicos ao DNA, como a despurinação ou despirimidização (perda de uma base nucleotídica por meio da hidrólise da ligação glicosídica), decorrentes das altas temperaturas, eventos estes que podem levar a mutações (⇄ Seção 10.2). Esse composto e outros solutos compatíveis, como di*mio*inositol-fosfato de potássio, que protegem contra o estresse osmótico, e as poliaminas putrescina e espermidina, que estabilizam os ribossomos e os ácidos nucleicos em altas temperaturas, ajudam a manter em suas formas ativas as macromoléculas celulares chaves para os hipertermófilos.

Uma proteína singular encontrada *somente* em hipertermófilos é responsável pela estabilidade do DNA nesses organismos. Todos os hipertermófilos produzem uma DNA-topoisomerase denominada **DNA-girase reversa**. A girase reversa introduz superenovelamentos positivos no DNA (ao contrário do superenovelamento negativo introduzido pela DNA-girase encontrada em todos os demais procariotos; ⇄ Seção 4.4). O superenovelamento positivo estabiliza o DNA contra o calor e, dessa forma, impede o desenovelamento espontâneo da dupla-hélice de DNA. A ausência da girase reversa em procariotos cuja temperatura ótima de crescimento encontra-se abaixo de 80°C sugere um papel específico para a girase reversa na estabilidade do DNA em altas temperaturas.

Espécies de Euryarchaeota também contêm proteínas de ligação ao DNA altamente básicas (carregadas positivamente), com semelhança marcante, quanto à sequência de aminoácidos e propriedades de dobramento, com as histonas cerne de eucariotos (⇄ Figura 2.61). As histonas da arqueia *Methanothermus fervidus* (Figura 16.7*c*) foram particularmente bem-estudadas. Estas proteínas enrolam-se e compactam o DNA, originando

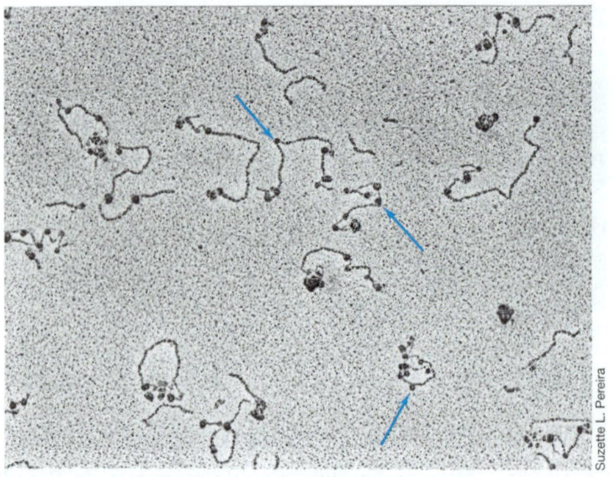


**Figura 16.27 Histonas de arqueias e nucleossomos.** Micrografia eletrônica de um DNA plasmidial linearizado, enrolado ao redor de cópias da histona Hmf (do organismo metanogênico hipertermofílico *Methanothermus fervidus*), formando estruturas semelhantes aos nucleossomos, grosseiramente esféricas, coradas em escuro (setas). Comparar esta micrografia com a ilustração de histonas e nucleossomos de eucariotos, apresentada na Figura 2.61*b*.

estruturas semelhantes a nucleossomos (**Figura 16.27**), mantendo o DNA na forma de dupla-fita em temperaturas muito elevadas. As histonas de arqueias são encontradas na maioria dos Euryarchaeota, incluindo arqueias halófilas extremas, como *Halobacterium*. Contudo, uma vez que os halófilos extremos não são termófilos, as histonas de arqueias podem possuir outras funções além de auxiliar na estabilidade do DNA, como na regulação da expressão gênica, abrindo a hélice de forma a permitir a ligação das proteínas envolvidas na transcrição.

### Estabilidade dos lipídeos e do RNA ribossomal

E de que maneira os lipídeos e as maquinarias de síntese proteica dos hipertermófilos ajustam-se às altas temperaturas? Praticamente todas as arqueias hipertermófilas sintetizam lipídeos do tipo dibifitanil tetraéter (Seção 2.7). Os lipídeos dibifitanil tetraéter são naturalmente resistentes ao calor, uma vez que a ligação covalente entre as unidades de fitanil origina uma estrutura de membrana do tipo *monocamada lipídica*, em vez da bicamada lipídica habitual (Figura 2.17). Esta estrutura resiste à tendência do calor em separar a bicamada lipídica composta por cadeias laterais de ácidos graxos ou fitanil, que não são covalentemente ligados.

Uma questão final em relação às adaptações à vida em altas temperaturas refere-se à composição de bases do RNAr. O RNA ribossomal é um componente-chave na estrutura e função dos ribossomos, o aparato celular de síntese proteica (Seção 4.13). As bactérias e arqueias hipertermófilas têm uma proporção de pares de bases GC em seus SSU RNAr superior em cerca de 15%, quando comparadas a outros organismos que crescem em temperaturas mais baixas. Os pares GC formam três ligações de hidrogênio, enquanto os AT formam apenas duas (Figura 4.2), e por isso um conteúdo maior de GC no RNA ribossomal poderia conferir maior estabilidade térmica aos ribossomos desses organismos, o que favoreceria a síntese proteica em altas temperaturas. Por outro lado, o conteúdo GC do DNA genômico dos hipertermófilos geralmente é bastante baixo, o que sugere que a estabilidade térmica do RNA ribossomal seja um fator especialmente importante para a vida sob condições hipertermofílicas.

**MINIQUESTIONÁRIO**

- Como os hipertermófilos impedem que suas proteínas e seu DNA sejam destruídos pelo calor?
- Como os lipídeos e os ribossomos dos hipertermófilos são protegidos da desnaturação induzida pelo calor?

## 16.14 Arqueias hipertermofílicas, $H_2$ e a evolução microbiana

Quando a vida celular surgiu, há aproximadamente 4 bilhões de anos, é quase certo que a Terra mostrava-se mais quente do que atualmente. Assim, por um período de milhões de anos, a Terra mostrava-se adequada somente para os organismos hipertermófilos. De acordo com a discussão sobre os limites de temperatura para a vida, surgiu a hipótese de que biomoléculas, processos bioquímicos e as primeiras células surgiram na Terra próximas às fontes e fendas hidrotermais do leito oceânico, à medida que elas foram resfriadas, atingindo temperaturas compatíveis com as moléculas biológicas (Seção 12.1 e Figuras 12.3 e 12.4). A filogenia de hipertermófilos modernos (Figura 16.1), assim como as semelhanças entre seus hábitats e metabolismo como aqueles da Terra remota, sugere que esses organismos possam ser os descendentes mais próximos de células hipertermofílicas primitivas, uma verdadeira janela para a compreensão da biologia da vida microbiana ancestral.

### Hábitats hipertermofílicos e $H_2$ como fonte de energia

A oxidação de $H_2$, acoplada à redução de $Fe^{3+}$, $S^0$, $NO_3^-$ ou, raramente, $O_2$, é uma propriedade comum a diversos hipertermófilos (Tabela 16.6 e **Figura 16.28**). Este fato, aliado à probabilidade

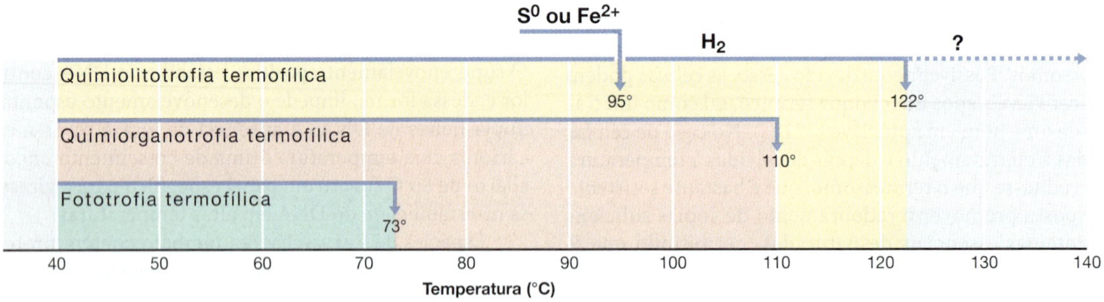


**Figura 16.28 Limites superiores de temperatura para o metabolismo energético.** O recordista entre os fototróficos é a *Synechococcus lividus* (*Bacteria*, cianobactéria); para a quimiorganotrofia, *Pyrodictium occultum* (*Archaea*); para quimiolitotrofia tendo $S^0$ como doador de elétrons, *Acidianus infernus* (*Archaea*); quimiolitotrofia tendo $Fe^{2+}$ como doador de elétrons, *Ferroglobus placidus* (*Archaea*); quimiolitotrofia tendo $H_2$ como doador de elétrons, *Methanopyrus kandleri* (*Archaea*, 122°C).

de que estes hipertermófilos sejam a melhor descrição dos fenótipos da vida ancestral na Terra, indica o papel importante desempenhado pelo $H_2$ na evolução da vida microbiana. O metabolismo de $H_2$ pode ter evoluído nos organismos primitivos em virtude da pronta disponibilidade de $H_2$ e de aceptores inorgânicos de elétrons adequados em seus ambientes primordiais, como também pelo fato de o catabolismo de $H_2$ precisar de poucas proteínas (Figura 12.5). Como quimiolitotróficos, estes organismos podem ter obtido todo seu carbono do $CO_2$ ou podem ter assimilado componentes orgânicos diretamente, suprindo sua necessidade de biossíntese. De qualquer modo, é provável que a oxidação de $H_2$ tenha sido a força energética que sustentou os processos relacionados à vida.

Se compararmos os mecanismos microbianos de conservação da energia em função da temperatura a partir de dados obtidos dos procariotos cultiváveis, somente organismos quimiolitotróficos são conhecidos em temperaturas muito altas (Figura 16.28). A quimiorganotrofia ocorre até no máximo 110°C, sendo esta a temperatura limite de crescimento para *Pyrodictium occultum*, um organismo que conserva energia e cresce por meio da fermentação e da quimiolitotrofia usando $H_2$, tendo $S^0$ como aceptor de elétrons (Tabela 16.6). A fotossíntese, entre os processos bioenergéticos, é a menos termo-tolerante, sendo desprovida de representantes hipertermofílicos conhecidos, e apresentando um limite superior aparente de 73°C. Esta observação é consistente com a conclusão de que a fotossíntese anoxigênica surgiu na Terra algumas centenas de milhões de anos após o provável surgimento das primeiras formas de vida (Figura 12.1).

As comparações das alternativas bioenergéticas em função da temperatura (Figura 16.28) indicam que as arqueias e bactérias hipertermofílicas oxidantes de $H_2$ são, muito provavelmente, representantes vivos das primeiras vidas celulares da Terra. Mais do que qualquer outro procarioto, estes organismos conservam as características metabólicas e fisiológicas que imagina-se tenham sido necessárias para a existência de vida nas elevadas temperaturas da Terra primitiva.

**MINIQUESTIONÁRIO**

- Quais evidências filogenéticas e fisiológicas sugerem que os hipertermófilos atuais sejam os elos viventes mais próximos das células mais primitivas da Terra?



# CONCEITOS IMPORTANTES

**16.1** • Arqueias extremamente halofílicas demandam altas quantidades de NaCl para seu crescimento, e acumulam grandes quantidades de KCl em seu citoplasma como soluto compatível. Estes sais afetam a estabilidade da parede celular e a atividade enzimática. A bomba de prótons mediada pela luz bacteriorodopsina auxilia os halofílicos extremos na síntese de ATP.

**16.2** • Arqueias metanogênicas são anaeróbios estritos cujo metabolismo está ligado à produção de $CH_4$. Metano pode ser produzido a partir da redução do $CO_2$ por $H_2$, de substratos metil, como $CH_3OH$, ou de acetato.

**16.3** • *Thermoplasma, Ferroplasma* e *Picrophilus* são termófilos acidófilos extremos que constituem sua própria família em *Archaea*. As células de *Thermoplasma* e *Ferroplasma* são desprovidas de parede celular, assemelhando-se às micoplasmas neste aspecto.

**16.4** • *Methanopyrus* é um metanogênico hipertermófilo que possui lipídeos incomuns e é capaz de crescer a 122°C, a maior temperatura a permitir crescimento de qualquer forma de vida.

**16.5** • *Archaeoglobus* e *Ferroglobus* são arqueias anaeróbias relacionadas, mas que realizam diferentes respirações anaeróbias. *Archaeoglobus* é um redutor de sulfato, enquanto *Ferroglobus* é um redutor de nitrato que oxida ferro ferroso.

**16.6** • Os Thaumarchaeota estão amplamente distribuídos e abundantes em solos e ambientes marinhos. Todas as espécies já cultivadas deste grupo são oxidantes de amônia autotróficos, e estes organismos são importantes no ciclo global do nitrogênio.

**16.7** • *Nanoarchaeum equitans* é um hipertermófilo que forma seu próprio filo, o Nanoarchaeota, e é um parasita do Crenarchaeota *Ignicoccus. N. equitans* possui um genoma diminuto, altamente compacto, e depende de *Ignicoccus* para suprir a maioria de suas necessidades celulares, incluindo carbono e energia.

**16.8** • *Korarchaeum cryptofilum* constitui seu próprio filo, o Korarchaeota, e é um hipertermófilo desprovido de importantes vias biossintéticas, obtendo elementos fundamentais a partir de seu ambiente. *K. cryptofilum* possui alguns genes similares aos de Crenarchaeota.

**16.9** • Uma grande variedade de metabolismos energéticos de quimiorganotróficos e quimiolitotróficos foi descrita em Crenarchaeotas hipertermófilas, incluindo fermentação e respiração anaeróbia. Estilos de vida estritamente autotróficos são comuns, mas a fotossíntese não está presente.

**16.10** • Crenarchaeota hipertermófilas desenvolvem-se bem em fontes termais terrestres de várias composições químicas diferentes. Entre elas, podemos citar em especial organismos como *Sulfolobus, Acidianus, Thermoproteus* e *Pyrobaculum*.

**16.11** • Em sistemas hidrotermais de mar profundo, *Crenarchaeota* como *Pyrolobus, Pyrodictium, Ignicoccus* e *Staphylothermus* desenvolvem-se bem. Com exceção do metanógeno *Methanopyrus* (Euryarchaeota), as espécies destes gêneros crescem nas maiores temperaturas encontradas em arqueias, em muitos casos bem acima da temperatura de ebulição da água.

**16.12** • A vida como a conhecemos provavelmente está limitada a temperaturas abaixo de 150°C. Pequenas moléculas-chave, como ATP, são rapidamente degradadas acima desta temperatura, embora algumas moléculas extremamente termoestáveis não o sejam.

**16.13 •** As macromoléculas em hipertermófilos são protegidas da desnaturação pelo calor por seu padrão de dobramento termorresistente (proteínas), seus solutos e proteínas de ligação (DNA), sua singular arquitetura de membrana de monocamada (lipídeos) e o alto conteúdo GC de seu RNA ribossomal.

**16.14 •** O metabolismo do hidrogênio provavelmente foi a força energética principal das células ancestrais na Terra. Metabolismos quimiolitotróficos baseados em $H_2$ como doador de elétrons podem ser encontrados nos procariotos mais termotolerantes.

## REVISÃO DOS TERMOS-CHAVE

**Bacteriorodopsina** proteína contendo retinal, encontrada nas membranas de algumas arqueias halófilas extremas, envolvida na síntese de ATP mediada pela luz.

**Crenarchaeota** filo de *Archaea* que contém organismos tanto hipertermofílicos quanto os que vivem em baixas temperaturas.

**DNA-girase reversa** proteína presente universalmente em organismos hipertermofílicos que introduz superenovelamentos positivos em um DNA circular.

**Euryarchaeota** filo de *Archaea* que contém principalmente organismos metanogênicos, os halófilos extremos, *Thermoplasma* e alguns hipertermófilos marinhos.

**Extremófilo** organismo cujo crescimento depende de extremos de temperatura, salinidade, pH, pressão ou radiação, que são geralmente inóspitos à maioria das formas de vida.

**Fenda hidrotermal** uma fonte termal de mar profundo, que emite água de morna (~20°C) a superaquecida (> 300°C).

**Fitanil** hidrocarboneto de cadeia ramificada, contendo 20 átomos de carbono, comumente encontrado nos lipídeos de arqueias.

**Halófilo extremo** organismo cujo crescimento depende de altas concentrações de NaCl (geralmente 9% ou mais).

**Halorodopsina** bomba de cloro dirigida pela luz, que promove o acúmulo de $Cl^-$ no interior do citoplasma.

**Hipertermófilo** organismo que apresenta um ótimo de temperatura de crescimento de 80°C ou superior.

**Korarchaeota** filo de *Archaea* que contém o hipertermófilo *Korarchaeum cryptophilum*

**Metanogênico** organismo produtor de $CH_4$.

**Nanoarchaeota** filo de *Archaea* que contém o parasita hipertermófilo *Nanoarchaeum equitans.*

**Solfatara** ambiente quente, rico em enxofre, geralmente ácido, comumente habitado por arqueias hipertermofílicas.

**Soluto compatível** substância orgânica ou inorgânica acumulada no citoplasma de um organismo halofílico, que mantém a pressão osmótica.

**Termossomo** complexo proteico de choque térmico (chaperona) que, em organismos hipertermofílicos, dobra novamente proteínas parcialmente desnaturadas pelo calor.

**Thaumarchaeota** filo de *Archaea* que contém espécies amplamente distribuídas, capazes de oxidar aerobiamente a amônia.

## QUESTÕES PARA REVISÃO

1. De que modo organismos como *Halobacterium* são capazes de sobreviver em ambientes com alta salinidade, enquanto um organismo como *Escherichia coli* não o é? (Seção 16.1)
2. Diferencie as funções da bacteriorodopsina, halorodopsina e rodopsina sensorial em *Halobacterium salinarum* (Seção 16.1).
3. Qual é o doador de elétrons na metanogênese quando $CO_2$ é reduzido a $CH_4$? (Seção 16.2)
4. Quais as duas principais características fisiológicas que unificam todos os membros de Thermoplasmatales? Por que elas lhes permitem colonizar com sucesso os escoadouros de minas? (Seção 16.3)
5. Qual a singularidade fisiológica de *Methanopyrus* quando comparado a outro organismo metanogênico, como *Methanobacterium*? (Seção 16.4) Qual a singularidade fisiológica de *Archaeoglobus*? (Seção 16.5)
6. Qual a singularidade fisiológica do Thaumarchaeota *Nitrosopumilus maritimus*? (Seção 16.6)
7. De que forma *Nanoarchaeum* é similar a outras arqueias? De que forma ele se diferencia? (Seção 16.7)
8. Por que é difícil determinar a posição filogenética de Nanoarchaeota e Korarchaeota? (Seções 16.7 e 16.8)
9. Quais formas de metabolismo energético estão presentes em Crenarchaeota? Que forma encontra-se ausente? (Seção 16.9)
10. De que forma é singular o metabolismo de $S^0$ por *Acidianus*? (Seção 16.10)
11. Qual a característica incomum do organismo *Pyrolobus fumarii*? (Seção 16.11)
12. Que organismo é o atual recordista em relação ao limite superior de temperatura para o crescimento? (Seção 16.12)
13. O que é uma DNA-girase reversa e qual sua importância para os hipertermófilos? (Seção 16.13)
14. Por que é possível que o metabolismo do $H_2$ tenha surgido como mecanismo de conservação de energia nos organismos mais primitivos da Terra? (Seção 16.14)

## QUESTÕES APLICADAS

1. Tendo a árvore filogenética da Figura 16.1 como referência, discuta o que indica que a bacteriorodopsina pode ter sido uma invenção evolutiva tardia, e que a respiração anaeróbia tendo $S^0$ como aceptor de elétrons pode ter sido uma invenção evolutiva ancestral.
2. Defenda ou refute a seguinte afirmação: o limite superior de temperatura para a vida não está relacionado com a estabilidade das proteínas e dos ácidos nucleicos.

CAPÍTULO

# 17 Diversidade dos microrganismos eucariotos

## microbiologiahoje

### Transferência horizontal de genes em um eucarioto extremófilo

A transferência horizontal de genes (THG) é uma marca registrada das bactérias e arqueias, mas e nos microrganismos eucariotos – a THG também ocorre? A resposta é sim, pois pesquisadores descobriram recentemente que um microrganismo eucarioto adquiriu vários genes importantes de bactérias e arqueias próximas.

A alga vermelha *Galdieria sulphuraria* habita ambientes quentes, ácidos, sulfúricos e ricos em metais (foto). Esta alga é extremamente tolerante ao calor, ácido, sal e metais tóxicos, incluindo arsênio, alumínio, cádmio e mercúrio. Uma inspeção no genoma de *G. sulphuraria* (destaque da foto) mostrou que pelo menos 75 genes haviam sido adquiridos por THG, a partir de microrganismos procariotos, e destes genes muitos são os que conferem as propriedades extremófilas a esta alga.[1] A principal destas propriedades é de uma família de genes que codificam ATPases solúveis encontradas em arqueias de fontes termais, que provavelmente contribuem para a tolerância ao calor; estas ATPases não foram encontradas em nenhum outro organismo eucarioto.

Outros genes importantes adquiridos por *G. sulphuraria* permitem que a alga consiga sobreviver ao estresse salino e metais tóxicos, além de sintetizar uma membrana citoplasmática com baixa permeabilidade aos prótons, necessária à sobrevivência em ambientes altamente ácidos. A alga *G. sulphuraria* também possui uma habilidade incomum para uma alga, a de crescer na ausência de luz e utilizar 50 fontes diferentes de carbono. Essas diversas capacidades têm sido ligadas a genes adquiridos por THG, incluindo genes que codificam transportadores de açúcares, aminoácidos, ácidos graxos e glicerol.

À medida que novos genomas de microrganismos eucariotos são conhecidos, a natureza mosaica do genoma de *G. sulphuraria* pode vir a ser bem mais comum. Mas, por enquanto, a fisiologia resistente desta alga vermelha se destaca como um exemplo de microrganismo eucarioto cujo genoma foi melhorado por transferência horizontal genética entre diversos domínios filogenéticos.

[1] Schönknecht, G., et al. 2013. Gene transfer from *Bacteria* and *Archaea* facilitated evolution of an extremophilic eukaryote. *Science 339:* 1207–1210.

I Organelas e filogenética dos microrganismos eucariotos 544

II Protistas 547

III Fungos 555

IV Algas verdes e vermelhas 562

# I • Organelas e filogenética dos microrganismos eucariotos

No Capítulo 2 é abordada a arquitetura celular dos microrganismos eucariotos. São revistos os componentes típicos das células eucariotas: o núcleo, as mitocôndrias, o retículo endoplasmático e o aparelho de Golgi (estruturas comuns a praticamente todos os eucariotos), além dos cloroplastos, presentes em eucariotos fototróficos (Seções 2.20-2.22). Neste capítulo, consideramos também a filogenética e diversidade dos microrganismos eucariotos. Começaremos com as mitocôndrias e cloroplastos, estruturas cuja história evolutiva é distinta da célula eucariota em si (Seções 2.21 e 12.3).

## 17.1 Endossimbiose e a célula eucariótica

Os biólogos acreditam que a célula eucariótica é uma quimera. A maior parte da célula eucariótica, incluindo o citoplasma (e provavelmente o núcleo) pode ser atribuída ao domínio *Eukarya,* enquanto as organelas produtoras de energia, como as mitocôndrias e os cloroplastos, que contêm seu próprio DNA, são claramente derivadas de *Bacteria.*

As primeiras especulações sobre a relação das organelas e bactérias remontam há mais de um século e baseou-se no fato de que os cloroplastos e mitocôndrias se "pareciam" microscopicamente com as bactérias. Ao longo dos anos esta ideia foi reunindo suporte científico para produzir a visão atual que as mitocôndrias e os cloroplastos são ancestrais de bactérias aeróbias ou fototróficas, respectivamente, que se estabeleceram dentro de outras células, como uma fonte de ATP, em troca de uma existência segura e estável. Esta **hipótese de endossimbiose** (Seção 12.3) é um importante princípio dentro da biologia moderna.

### Suporte para a hipótese endossimbiótica

Diversas evidências dão suporte a hipótese endossimbiótica:

1. **Mitocôndrias e cloroplastos contêm DNA.** Embora a maior parte das funções das mitocôndrias e dos cloroplastos seja codificada por DNA nuclear, alguns de seus componentes são codificados por um pequeno genoma presente na própria organela. Eles incluem RNA ribossomal, RNA transportador e determinadas proteínas da cadeia respiratória (mitocôndrias) e aparato fotossintético (cloroplasto). A maior parte do DNA mitocondrial e todo o DNA do cloroplasto têm forma circular covalentemente fechada, como aquela da maioria de bactérias (Seção 1.2). O DNA mitocondrial pode ser visualizado nas células pelo uso de métodos especiais de coloração (**Figura 17.1**).
2. **O núcleo eucariótico contém genes derivados de bactérias.** O sequenciamento genômico demonstrou claramente que vários genes nucleares codificam propriedades específicas de mitocôndrias e cloroplastos. Pelo fato de as sequências desses genes terem maior grau de similaridade com aqueles de bactérias do que com aqueles de arqueias ou de eucariotos, concluiu-se que tais genes foram transferidos ao núcleo a partir dos ancestrais de mitocôndrias e cloroplastos durante a transição evolutiva a partir da célula englobada a uma organela específica.
3. **Ribossomo de organelas e sua filogenética**. Os ribossomos podem ser da sua forma maior 80S, típica do citoplasma das células dos eucariotos, ou 70S, presente em bactérias e arqueias. As mitocôndrias e os cloroplastos também contêm ribossomos 70S, e análises filogenéticas das sequências de genes do RNA ribossomal (Capítulo 12) junto com estudos do genoma do DNA das organelas (Seção 6.5) mostra, de forma inequívoca, que estas estruturas têm origem de *Bacteria.*
4. **Especificidade de antibióticos.** Diversos antibióticos (a estreptomicina é um exemplo) matam ou inibem bactérias, interferindo especificamente na função do ribossomo 70S. Esses mesmos antibióticos também inibem a síntese proteica de mitocôndrias e cloroplastos.
5. **Hidrogenossomos.** Os hidrogenossomos são organelas envolvidas por membranas encontradas em certos eucariotos anaeróbios que não possuem mitocôndrias e se abastecem de ATP por reações fermentativas (Figura 2.64*b*). Como as mitocôndrias, os hidrogenossomos também contêm os seu próprio DNA e ribossomos. Análises filogenéticas dos RNA ribossomais dos hidrogenossomos têm revelado uma conexão com bactérias.

### Endossimbiose secundária

As mitocôndrias, cloroplastos e hidrogenossomos são estruturas originadas a partir dos eventos de endossimbiose *primária.* Isto é, estas estruturas são derivadas de células de bactérias. Esse evento de endossimbiose primária que acabamos de discutir originou o cloroplasto no ancestral comum de algas verdes, algas vermelhas e plantas (**Figura 17.2** e ver Figura 17.3). No entanto, após esse evento de endossimbiose primária, vários grupos de eucariotos não fototróficos adquiriram cloroplastos por endossimbiose *secundária,* o processo de englobamento de uma célula de alga verde ou de alga vermelha, retendo seu cloroplasto e tornando-se fototrófico.

**Endossimbiose secundária** distinta, envolvendo algas verdes, é responsável pelos cloroplastos presentes em euglenoides e cloroaracniófitas, enquanto alveolados (ciliados, apicomplexa e dinoflagelados) e estramenópilos obtiveram seus cloroplastos por meio de endossimbiose secundária com algas vermelhas (Figura 17.2 e ver Figura 17.3). Os cloroplastos ancestrais de algas vermelhas foram perdidos por algumas linha-

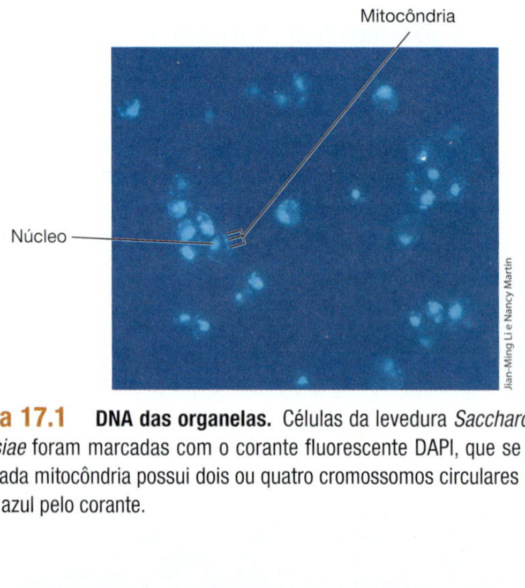


**Figura 17.1** **DNA das organelas.** Células da levedura *Saccharomyces cerevisiae* foram marcadas com o corante fluorescente DAPI, que se liga ao DNA. Cada mitocôndria possui dois ou quatro cromossomos circulares marcados de azul pelo corante.

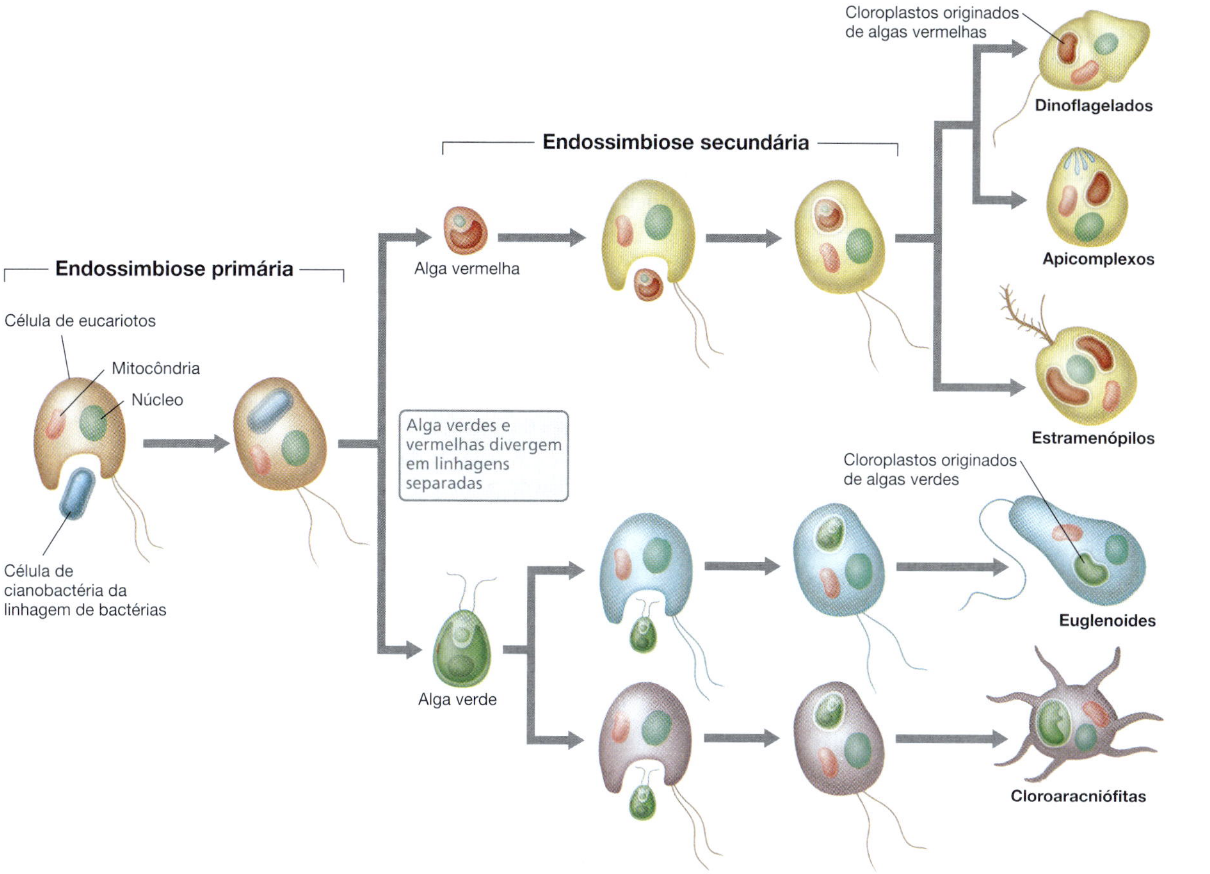


**Figura 17.2** **Endossimbiose.** Após a associação endossimbiótica que levou ao surgimento da mitocôndria, uma endossimbiose primária com bactérias fototróficas e algas verdes e vermelhas. A simbiose secundária de algas verdes e vermelhas disseminou a propriedade de fotossíntese a linhagens independentes de protistas.

gens, como os ciliados, ou tornaram-se reduzidos em outras, como os apicomplexa, ou foram substituídos em momentos diversos, como nos dinoflagelados, por um cloroplasto proveniente de uma alga diferente, incluindo algas verdes.

Estes exemplos salientam a importância da endossimbiose na evolução e na diversificação dos microrganismos eucariotos. É pouco provável que a endossimbiose primária tenha ocorrido apenas uma vez na história evolutiva, afinal, a tentativa e o erro são a essência da evolução, e com a endosssimbiose secundária, é quase certo que também tenha ocorrido com frequência (Figura 17.2). Ainda hoje existem diversos exemplos de protistas não fototróficos que englobam protistas fototróficos, e o organismo fototrófico englobado produz fotossíntese por longos períodos (Seção 22.14). Na verdade, endossimbiose é aparentemente uma ocorrência comum e permanente no mundo.

**MINIQUESTIONÁRIO**

- Qual é a hipótese endossimbiótica?
- Resuma a evidência molecular que dá suporte à relação das organelas com as bactérias.
- Qual a diferença entre a endossimbiose primária e a endossimbiose secundária?

## 17.2 Linhagem filogenética de *Eukarya*

A partir da árvore filogenética universal da vida (Figuras 1.6*b* e 12.13), estudamos que o domínio *Eukarya* é mais estreitamente relacionado com *Archaea* do que com *Bacteria*. A filogenética dos microrganismos eucariotos foi originalmente proposta a partir de sequências de RNA ribossomal (RNAr) obtidos dos ribossomos (18S) citoplasmáticos das células eucarióticas. Contudo, diferentemente da árvore filogenética de RNAr 16S dos procariotos, certos aspectos da árvore filogenética 18S dos eucariotos têm-se revelado pouco confiáveis e, portanto, a árvore filogenética atual dos eucariotos tem sido deduzida a partir de uma combinação de métodos comparativos de sequenciamento.

### O RNA ribossomal e outros pontos de vista na evolução eucariótica

A visão filogenética eucariótica com base no RNA ribossomal distingue microrganismos eucariotos, como os diplomonadídeos *Giardia*, o microsporídio *Encephalitozoon* e o parabasalídeo *Trichomonas*, como tendo divergido há muito tempo na história evolutiva, muito antes de outros eucariotos, como as algas e os fungos (Figura 1.6*b*). Em apoio a essa visão, representantes desses grupos eucarióticos fenotipicamente "primitivos", como, por exemplo, desprovidos de mitocôndria, tendo, portanto, surgido antes dos eventos de endossimbiose primária. Contudo, foi observado que eucariotos desprovidos de mitocôndrias possuem hidrogenossomos, estruturas análogas as mitocôndrias (Seção 17.1), por conseguinte, podem não ser tão "ancestrais" filogeneticamente como se pensava. Devido a estas inconsistências, outras ferramentas moleculares têm sido implantadas para ajudar a resolver a verdadeira filogenia dos microrganismos eucariotos.

O sequenciamento molecular de diversos genes de eucariotos, incluindo os genes que codificam a proteína tubulina do citoesqueleto, a RNA-polimerase, a ATPase e proteínas de choque térmico, tem sido usado para gerar a árvore filogenética moderna de *Eukarya*. A filogenia baseada nestes marcadores mostra diversas diferenças dos dados baseados nas sequências de RNA ribossomal. Primeiro, parece que houve uma importante radiação filogenética na forma de um evento precoce na evolução eucariótica. Essa radiação incluiu a evolução dos ancestrais de todos, ou basicamente todos, os organismos eucarióticos atuais. Segundo, a composição dos eucariotos na árvore mostra que os eucariotos sem mitocôndrias, que se pensava estarem em posição *basal* (início da evolução), são, em vez disso, organismos *altamente derivados*, e que os animais e fungos são estritamente relacionados (**Figura 17.3**).

A árvore de *Eukarya* também revela que a endossimbiose secundária é responsável pela origem de cloroplastos em alguns eucariotos fototróficos unicelulares. Após a endossimbiose primária do ancestral de cloroplastos de cianobactérias por um eucarioto remoto contendo mitocôndria, aquela linhagem divergiu nas algas vermelhas e verdes. Em seguida, em eventos distintos de endossimbiose secundária, os ancestrais de determinados euglenozoários e cercozoários englobaram algas verdes, e determinados alveolados e estramenópilos englobaram algas vermelhas (Figuras 17.2 e 17.3). Esses eventos de endossimbiose secundária auxiliaram na grande diversidade filogenética dos eucariotos fototróficos e, provavelmente, ocorreram de forma relativamente recente no processo evolutivo.

## Evolução eucariótica: o grande quadro

Embora a filogenia baseada no sequenciamento de genes do RNA ribossomal (Capítulo 12) confirme os três domínios da vida – *Bacteria*, *Archaea*, e *Eukarya* –, o retrato da evolução eucariótica tem sido mudado drasticamente com a incorporação de outros genes e sequências de proteínas. O conceito novo principal inclui o fato de que certos grupos de eucariotos, que se acreditava terem surgido no início da evolução, provavelmente surgiram mais recentemente, e que a endossimbiose secundária desempenhou um papel importante na dispersão da capacidade de fotossíntese microbiana dentro dos eucariotos (Figura 17.3).

A origem da mitocôndria pode ter pré-datado essa radiação principal das células eucarióticas, uma vez que todos os eucariotos existentes possuem mitocôndria ou hidrogenossoma ou ainda algum traço genético destas estruturas. A mitocôndria ou as estruturas similares pode ter fornecido à célula eucariótica primitiva novas capacidades metabólicas e, provavelmente, foi o que desencadeou a radiação evolutiva dos microrganismos eucarióticos. O que promoveu os eventos de endosimbiose primária ainda é desconhecido, mas muito possivelmente foi o acúmulo de $O_2$ na atmosfera, advindo da fotossíntese das cianobactérias (Figura 12.1). Posteriormente na evolução, o ancestral dos cloroplastos foi adquirido nos eventos de endossimbiose primária e através das endossimbioses secundárias ocorreu um aumento da diversidade eucariótica (Figura 17.2).

A árvore filogenética mostrada na Figura 17.3 não pode ser considerada como definitiva na evolução eucariótica. À medida que novos resultados são revelados, aparecem aspectos da biologia eucariótica anteriormente desconhecidos e,

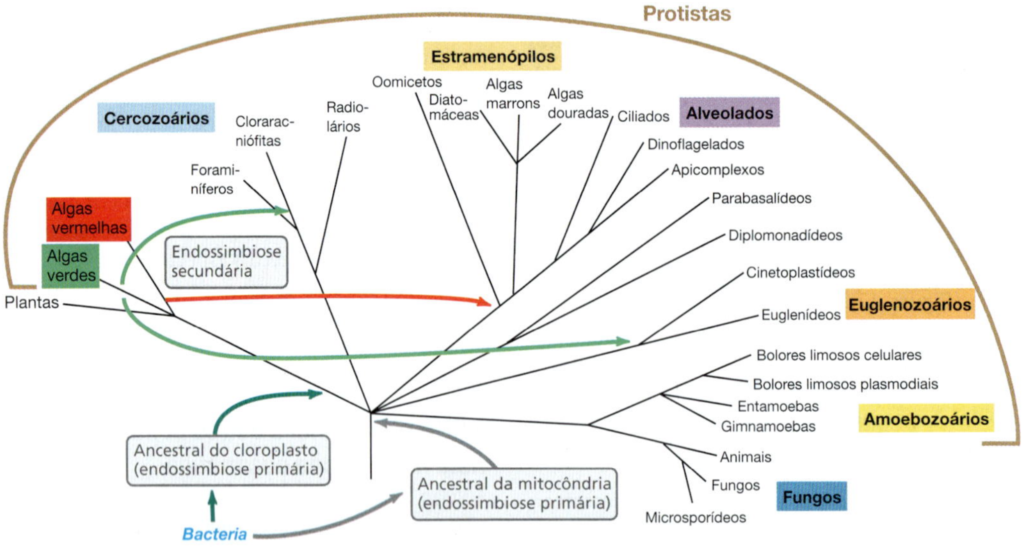


**Figura 17.3** **Árvore filogenética de Eukarya.** Esta árvore é composta pela sequência de diversos genes e proteínas. As setas verde-escuro e vermelhas indicam os eventos de endossimbiose primária para a aquisição da mitocôndria (em vermelho) e cloroplasto (em verde). As setas verde-claro indicam os eventos de endossimbiose secundária para a aquisição dos cloroplastos a partir das algas verdes e de vários protistas, e as setas vermelhas indicam a endossimbiose secundária para a aquisição dos cloroplastos a partir das algas vermelhas. Observe que a grande diversidade existente no mundo é de protistas.

assim, novas figuras da filogenia eucariótica vão surgir periodicamente. Contudo, neste momento, parece que dois pontos estão claros. Primeiro, a composição da árvore, uma vez que a árvore de RNA ribossomal 80S é a base sobre a qual a árvore da vida eucariótica se fundamentará; e segundo, a aquisição da mitocôndria pela *Eukarya* primitiva foi fundamental para o sucesso evolutivo desse domínio.

**MINIQUESTIONÁRIO**
- O que a hipótese endossimbiótica propõe?
- Como a composição da árvore dos eucariotas difere da árvore baseada no RNA ribossomal?
- Como a endossimbiose secundária ajuda a explicar a diversidade dos eucariotos fototróficos?

# II • Protistas

Agora que temos em mente a visão geral da filogenia de *Eukarya*, prosseguiremos examinando os principais grupos de microrganismos eucarióticos. Iniciaremos com os organismos tradicionalmente agrupados como protistas, seguidos pelos fungos e pelas algas vermelhas e verdes unicelulares. Os **protistas** compreendem os microrganismos eucariotos fototróficos e não fototróficos. Estes organismos são amplamente distribuídos na natureza e exibem uma ampla diversidade de morfologias com grande diversidade filogenética. De fato, os protistas representam uma grande parcela da diversidade encontrada no domínio *Eukarya* (Figura 17.3).

## 17.3 Diplomonadídeos e parabasalídeos

**Gêneros principais:** *Giardia, Trichomonas*

Os diplomonadídeos e parabasalídeos são protistas unicelulares, flagelados e desprovidos de mitocôndrias e cloroplastos. Eles vivem em hábitats anóxicos, como os intestinos de animais, de modo simbiótico ou como parasitas, empregando a fermentação para a geração de energia. Alguns diplomonadídeos causam doenças sérias e comuns em peixes, animais domésticos e seres humanos, e um parabasilídeo causa a principal doença sexualmente transmissível em seres humanos. Ambos os grupos compartilham relativamente um ancestral comum antes da divergência em linhagens filogenéticas relativamente separadas (Figura 17.3).

### Diplomonadídeos

Os diplomonadídeos (**Figura 17.4*a***), caracteristicamente possuem dois núcleos de mesmo tamanho, contêm mitossomos, mitocôndrias bastante reduzidas e desprovidas de proteínas de transporte de elétrons e enzimas do ciclo do ácido cítrico. O diplomonadídeo *Giardia* possui um genoma relativamente pequeno para eucariotos, de aproximadamente 12 pares de megabases. O genoma também é muito compacto, contendo poucos íntrons e ausência de genes responsáveis por diversas vias metabólicas, incluindo o ciclo do ácido cítrico (⇄ Figura 3.22). Estas características são próprias dos organismos com estilo de vida parasítico. A espécie *Giardia intestinalis* (Figura 17.4*a*), também conhecida como *Giardia lamblia*, provoca a giardíase, uma das doenças diarreicas transmitidas pela água mais comum nos Estados Unidos. As giardíases serão discutidas na Seção 32.4.

### Parabasalídeos

Os parabasalídeos contêm um *corpo parabasal* que, entre outras funções, fornece suporte estrutural ao aparelho de Golgi. Eles são desprovidos de mitocôndria, porém contêm hidrogenossomos para o metabolismo anaeróbio (⇄ Seção 2.21). Os parabasalídeos vivem nos tratos intestinal e urogenital de vertebrados e invertebrados como parasitas ou simbiontes comensais (⇄ Seção 32.4). O parabasalídeo *Trichomonas vaginalis* apresenta motilidade por possuir um tufo de flagelos (Figura 17.4*b*) e causa uma doença sexualmente transmissível e amplamente difundida em seres humanos.

Os genomas dos parabasalídeos são singulares entre os eucariotos, uma vez que a maioria deles não apresenta íntrons, as sequências não codificadoras características de genes eucarióticos (⇄ Seções 4.9 e 6.6). Além disso, o genoma de *T. vaginalis* é enorme para um organismo parasita, com aproximadamente 160 mega pares de bases, exibindo evidências de genes adquiridos de bactérias por transferência horizontal de genes. Grande parte do genoma de *T. vaginalis* contém sequências repetitivas e elementos transponíveis (⇄ Seção 10.11), o que torna difícil a análise do genoma. Porém o organismo ainda tem aproximadamente 60.000 genes, cerca do dobro daquele do genoma humano, e próximo do limite superior observado até o momento em genomas eucarióticos.

**MINIQUESTIONÁRIO**
- Como os diplomonadídeos obtêm energia?
- O que é incomum no genoma de *Trichomonas*?

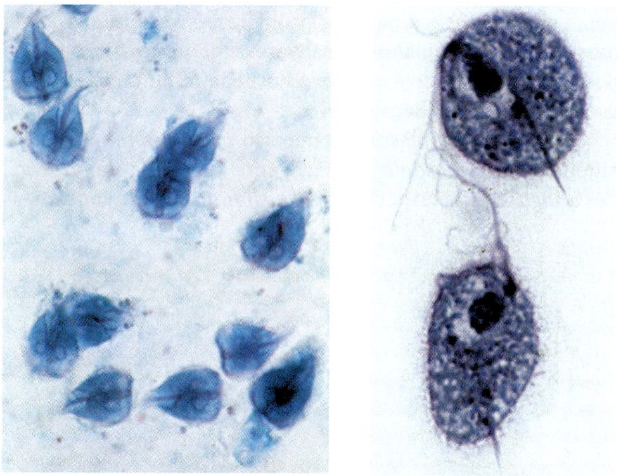

(*a*) (*b*)

**Figura 17.4 Diplomonadídeos e parabasalídeos.** (*a*) Fotomicrografia óptica de células de *Giardia intestinalis*, um diplomonadídeo típico. Observe o núcleo duplo. As células possuem aproximadamente 10 $\mu$m de extensão. (*b*) Fotomicrografia óptica das células do parabasalídeo *Trichomonas vaginalis*. A célula possui aproximadamente 6 $\mu$m de extensão. A estrutura parecida com uma lança (axóstilo) é usada para prender a célula ao tecido urogenital.

## 17.4 Euglenozoários

**Gêneros principais:** *Trypanosoma, Euglena*

Os euglenozoários são um grupo diverso de eucariotos unicelulares, de vida livre ou parasitas flagelados, que incluem os cinetoplastídeos e euglenídeos. Estes microrganismos eucariotos compartilham um ancestral comum recente, antes da separação em linhagens filogenéticas (Figura 17.3).

### Cinetoplastídeos

Os cinetoplastídeos são um grupo bem-estudado de euglenozoários e receberam essa denominação devido à presença do cinetoplasto, uma massa de DNA presente em sua mitocôndria única e grande. Os cinetoplastídeos vivem principalmente em hábitats aquáticos, onde alimentam-se de bactérias. Algumas espécies, no entanto, são parasitas de animais e causam inúmeras doenças graves em seres humanos e animais vertebrados. Em *Trypanosoma*, um gênero que infecta seres humanos, as células são pequenas, delgadas, com aproximadamente 20 m de comprimento e em forma de meia-lua. Os tripanossomos apresentam um único flagelo, que se origina em um corpo basal e dobra-se para trás, lateralmente, ao longo da célula, onde é envolto por uma aba da membrana citoplasmática (**Figura 17.5**). Tanto o flagelo quanto a membrana participam na propulsão do organismo, tornando possível uma movimentação eficaz mesmo em líquidos viscosos, como o sangue, onde são frequentemente encontrados como patogênicos.

*Trypanosoma brucei* (Figura 17.5) é a espécie causadora da *doença do sono africana*, uma enfermidade crônica e geralmente fatal. O parasita vive e cresce principalmente na corrente sanguínea, porém nos estágios tardios da doença, ele invade o sistema nervoso central, provocando uma inflamação no cérebro e na medula espinal, responsável pelos sintomas neurológicos característicos da doença. O parasita é transmitido de hospedeiro a hospedeiro pela mosca tsé-tsé, espécie *Glossina*, uma mosca hematófaga, encontrada apenas em determinadas regiões da África. Após deslocar-se do homem para a mosca pela via sanguínea, o parasita prolifera no trato intestinal da mosca e invade as glândulas salivares e peças bucais, de onde pode ser transmitido a um novo hospedeiro humano, pela picada da mosca (Seção 32.6).

Outros cinetoplastídeos que são parasitas humanos incluem o *Trypanosoma cruzi*, agente causador da *"doença de Chagas"*, e as espécies de *Leishmania*, que causam as leishmanioses cutâneas e sistêmicas. A "doença de Chagas" é disseminada pela picada do inseto conhecido como "barbeiro". A doença é geralmente autolimitada, mas pode tornar-se crônica e vir a ser fatal. A leishmaniose é uma doença de regiões tropicais e subtropicais transmitida para o homem e outros mamíferos pela picada de mosquito. Esta doença potencialmente fatal pode estar localizada na pele ao redor da picada do mosquito ou pode infectar o baço e o fígado e causar uma infecção sistêmica. Ambas as doenças são abordadas de forma mais detalhada na Seção 32.6.

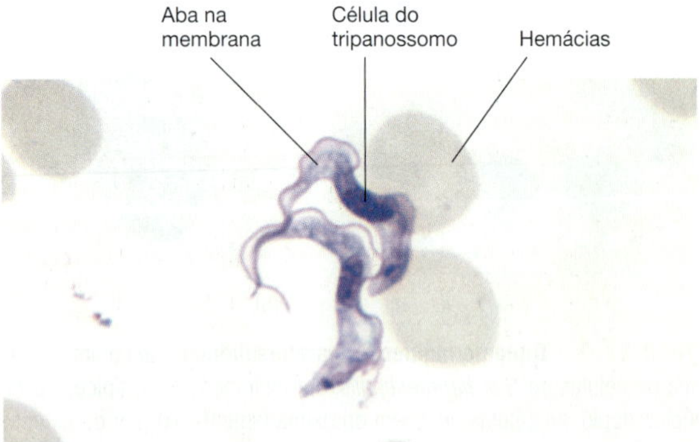


**Figura 17.5** **Tripanossomos.** Fotomicrografia do euglenozoário flagelado *Trypanosoma brucei*, o agente etiológico da doença do sono africana. Esfregaço sanguíneo. A célula possui aproximadamente 3 μm de extensão.

### Euglenídeos

Outro grupo bastante estudado de euglenozoários é o dos euglenídeos (**Figura 17.6**). Diferentemente dos cinetoplastídeos, estes microrganismos eucarióticos móveis não são patogênicos e podem ser quimiotróficos ou fototróficos. A maioria dos euglenídeos possui dois flagelos, dorsal e ventral, e sua motilidade permite que o organismo tenha acesso a ambientes iluminados e escuros para conseguir suportar seus hábitos alternativos de nutrição.

Os euglenídeos vivem exclusivamente em hábitats aquáticos, tanto água doce quanto no ambiente marinho, além disso, possuem cloroplastos, permitindo que apresentem crescimento fototrófico (Figura 17.6). Na ausência de luz, no entanto, as células de *Euglena*, um euglenídeo típico, podem perder seus cloroplastos, tornando-se organismos totalmente heterotróficos. Diversos euglenídeos são também capazes de alimentarem-se de bactérias por **fagocitose**, um processo em que uma partícula alimentar é englobada por uma porção de sua membrana citoplasmática flexível, sendo conduzida ao interior da célula, onde é digerida.

**MINIQUESTIONÁRIO**

- Contraste as duas possibilidades nutricionais da *Euglena*.
- Como as células de *Trypanosoma brucei* são transmitidas de um hospedeiro humano para outro?
- Quais doenças são causadas por *Trypanosoma cruzi* e espécies de *Leishmania*, respectivamente?

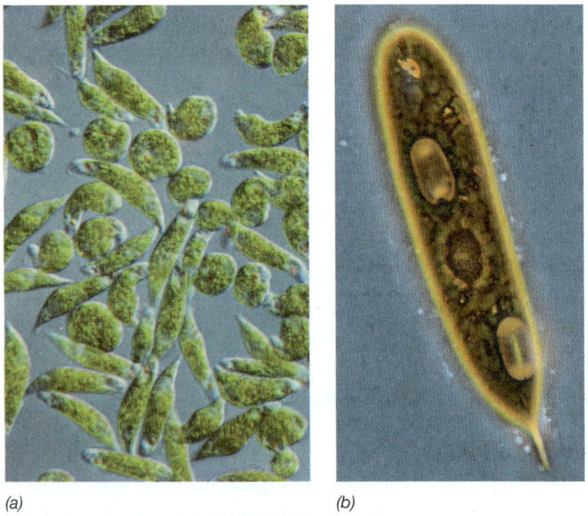


**Figura 17.6** ***Euglena*, um euglenozoário.** *(a)* Este protista fototrófico, assim como outros euglenozoários, não é patogênico. A célula tem aproximadamente 15 μm de extensão. *(b)* Imagem ampliada.

## 17.5 Alveolados

**Gêneros principais:** *Gonyaulax, Plasmodium, Paramecium*

Os alveolados são um grupo caracterizado pela presença de *alvéolos*, bolsas presentes abaixo da membrana citoplasmática. Embora a função dos alvéolos seja desconhecida, eles podem auxiliar a célula na manutenção do equilíbrio osmótico pelo controle do influxo e efluxo de água, e em dinoflagelados, pode funcionar como placas de blindagem (ver Figura 17.9). Três tipos de organismos filogeneticamente distintos, embora relacionados, são incluídos no grupo dos alveolados: os *ciliados*, que utilizam os cílios para a motilidade; os *dinoflagelados*, que são móveis pela presença de um flagelo; e os *apicomplexos*, que são parasitas de animais (Figura 17.3).

### Ciliados

Os **ciliados** apresentam *cílios* (**Figura 17.7**) em algum estágio de seu ciclo de vida. Os cílios são estruturas que atuam na motilidade e podem recobrir a célula ou formar tufos ou fileiras, dependendo da espécie. Provavelmente, os ciliados mais conhecidos e amplamente distribuídos sejam os do gênero *Paramecium* (Figura 17.7). Assim como outros ciliados, *Paramecium* não utiliza os cílios apenas para a motilidade, mas também para obter alimento, pela ingestão de materiais particulados, como células bacterianas, por meio de um sulco oral distintivo, em forma de funil. Os cílios que revestem o sulco oral deslocam o alimento do sulco até a boca da célula, também chamado de *citóstoma* (Figura 17.7*b*). Então, ele é envolvido em um vacúolo por fagocitose. Enzimas digestivas secretadas no interior do vacúolo em seguida clivam o material para ser utilizado como fonte de nutrientes.

Os ciliados são singulares entre os protistas pelo fato de terem dois tipos de núcleos, os *micronúcleos* e os *macronúcleos*. Os genes do macronúcleo regulam as funções celulares básicas, como o crescimento e a alimentação, enquanto os do micronúcleo estão envolvidos na reprodução sexuada, a qual ocorre por conjugação, uma fusão parcial de duas células de *Paramecium* com troca de micronúcleos. O genoma do *Paramecium* é enorme, com genes macronucleares numerando aproximadamente 40.000, quase duas vezes o dos seres humanos (⇄ Seção 6.6).

Diversas espécies de *Paramecium* (como também outros protistas) são hospedeiros de procariotos ou eucariotos endossimbiontes, estes últimos geralmente são algas verdes. Esses organismos podem desempenhar papel nutricional, sintetizando vitaminas ou outros fatores de crescimento utilizados pela célula hospedeira. Diversos protistas ciliados anaeróbios possuem procariotos endossimbióticos. Protistas ciliados comensais na porção terminal do intestino de cupins possuem metanogênicos endossimbiontes (arqueias) que metabolizam $H_2$ e $CO_2$ para produzir metano ($CH_4$). Os próprios ciliados podem ser simbióticos: ciliados anaeróbios obrigatórios estão presentes no rúmen, a primeira cavidade estomacal de animais ruminantes e desempenham um importante papel nos processos digestório e fermentativo do animal (⇄ Seção 22.7).

Contrariamente a esses exemplos de simbiose, alguns ciliados são parasitas de animais, embora essa forma de vida seja menos comum nos ciliados do que em outros grupos de protistas. A espécie *Balantidium coli* (**Figura 17.8**), por exemplo, é principalmente um parasita intestinal de animais domésticos, porém ocasionalmente infecta o trato intestinal de seres humanos, causando sintomas do tipo disentérico. As células de *B. coli* formam cistos (Figura 17.8) que promovem a transmissão da doença pela contaminação de alimentos e de água.

### Dinoflagelados

Os dinoflagelados são um grupo diverso de alveolados fototróficos marinhos ou de água doce (**Figura 17.9**) que adquiriram a capacidade de fotossintetizar (*dinos*, em grego, significa "giro"). Os dinoflagelados possuem dois flagelos de comprimentos distintos e com diferentes pontos de inserção na célula, transversal e longitudinal. O flagelo transversal liga-se lateralmente, enquanto o flagelo longitudinal origina-se a partir do sulco lateral da célula e estende-se ao longo do comprimento (Figura 17.10*b*). Alguns dinoflagelados são de vida livre, enquanto outros vivem simbioticamente com animais que formam recifes de coral, obtendo assim um hábitat abrigado e protegido, fornecendo em troca carbono fototroficamente

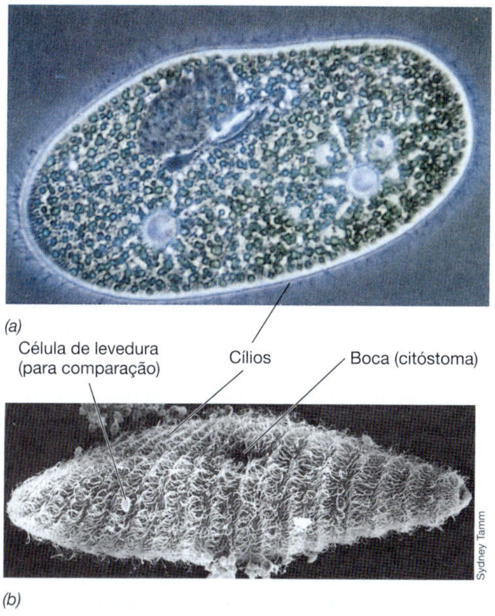


**Figura 17.7** ***Paramecium*, um protista ciliado.** *(a)* Fotomicrografia de contraste de fase. *(b)* Micrografia eletrônica de varredura. Observe os cílios em ambas as micrografias. Uma única célula de *Paramecium* tem diâmetro aproximado de 60 μm.

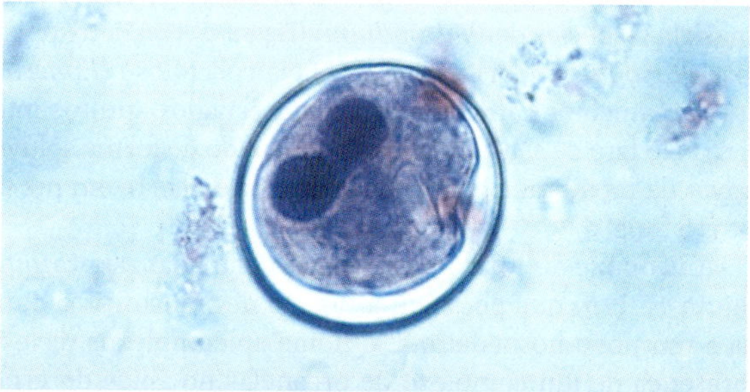

**Figura 17.8** ***Blantidium coli*, um protista ciliado causador de uma doença do tipo disentérica em seres humanos.** A estrutura corada em azul-escuro é o macronúcleo do cisto de *B. coli* obtido do intestino de um suíno. A célula tem largura aproximada de 50 μm.

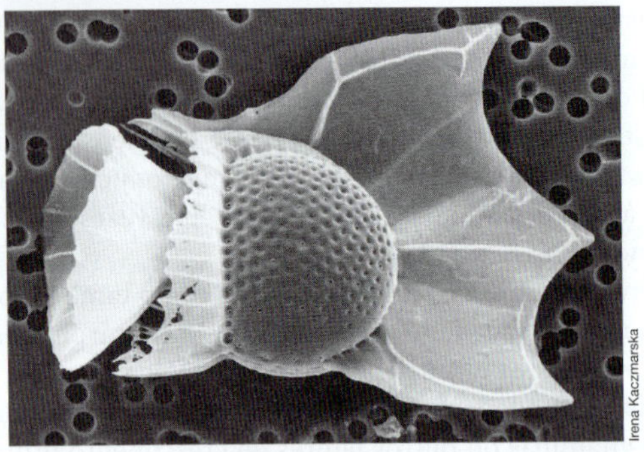


**Figura 17.9** **O dinoflagelado marinho *Ornithocercus magnificus* (um alveolado).** A célula propriamente dita é a estrutura globular central, as estruturas ornadas aderidas são denominadas listas. A célula tem largura aproximada de 30 μm.

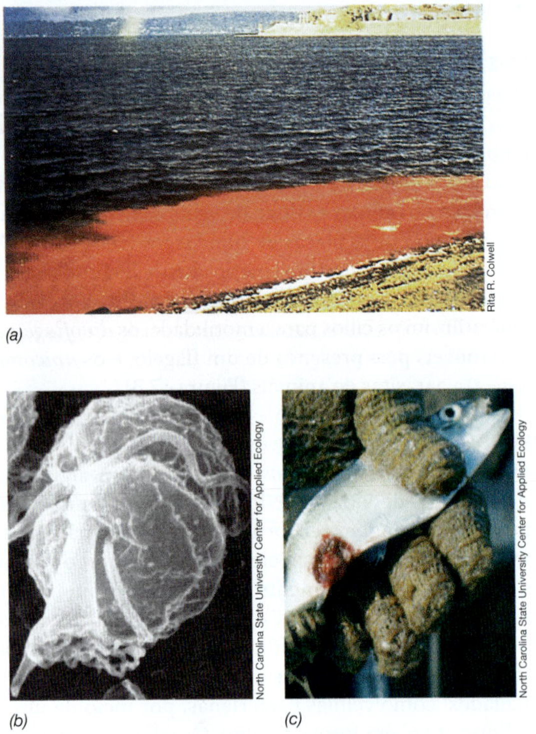


**Figura 17.10** **Dinoflagelados tóxicos (alveolados).** *(a)* Fotografia de uma "maré vermelha" causada pelo crescimento massivo de dinoflagelados produtores de toxina, como os *Gonyaulax*. A toxina é excretada na água e acumulada em mariscos que se alimentam de dinoflagelados. *(b)* Micrografia eletrônica de varredura de esporos tóxicos de *Pfiesteria piscida*; a estrutura tem aproximadamente 12 μm de largura. *(c)* Peixe morto por *P. piscida*; observe as lesões do tecido em decomposição.

fixado como fonte alimentar para o recife através da endossimbiose secundária.

Diversas espécies de dinoflagelados são tóxicas. Por exemplo, suspensões densas de células de *Gonyaulax*, chamadas de "marés vermelhas" (**Figura 17.10*a***) devido aos pigmentos vermelhos destes organismos, podem formar-se em águas costeiras mornas e geralmente poluídas. Tais florescimentos estão frequentemente associados à mortandade de peixes e ao envenenamento de seres humanos, após o consumo de mariscos contaminados que acumulam *Gonyaulax* decorrente de sua alimentação por filtração. A toxicidade é resultado de uma neurotoxina que causa uma condição chamada envenenamento paralisante de mariscos (PSP, *paralytic shellfish poisoning*) em seres humanos e alguns animais marinhos, como as lontras marinhas. Os sintomas podem incluir dormência nos lábios, tontura e dificuldade respiratória; em casos mais graves pode ocorrer insuficiência respiratória, levando à morte. *Pfiesteria* é outro gênero de dinoflagelados tóxicos. Os esporos tóxicos de *Pfiesteria piscicida* (Figura 17.10*b*) infectam peixes, eventualmente levando-os à morte, devido às neurotoxinas que afetam a motilidade e destroem a pele. As lesões formam-se em áreas onde a pele foi removida, permitindo, assim, o desenvolvimento de patógenos bacterianos oportunistas (Figura 17.10*c*). A toxemia em seres humanos decorrente do envenenamento por *Pfiesteria* causa sintomas de erupções na pele e problemas respiratórios.

## Apiclomplexos

Os apicomplexos são parasitas, não fototróficos, obrigatórios de animais e causam doenças graves em seres humanos, como a malária (espécies de *Plasmodium*) (**Figura 17.11*a***), a toxoplasmose (*Toxoplasma*) (Figura 17.11*b*) e a coccidiose (*Eimeria*). Esses organismos caracterizam-se por estágios adultos imóveis e pelo fato de seu alimento ser absorvido de forma solúvel, através da membrana citoplasmática, como ocorre em procariotos e fungos.

Apicomplexos formam estruturas chamadas *esporozoítas* (Figura 17.11*b*) que possuem a função de transmitir o parasita a um novo hospedeiro, e o nome apicomplexos deve-se a presença de um complexo de organelas no ápice do esporozoíto, que penetra nas células hospedeiras. Apicomplexos também possuem *apicoplastos*. Essas estruturas são cloroplastos degenerados, desprovidos de pigmentos e da capacidade fototrófica, mas que contêm alguns genes próprios. Apicoplastos catalisam a biossíntese de ácidos graxos, isoprenoides e heme, exportando seus produtos para o citoplasma. Há uma hipótese de que os apicoplastos sejam derivados de células de algas vermelhas englobadas por apicomplexos em uma endossimbiose secundária (Figuras 17.2 e 17.3). Ao longo do tempo, o cloroplasto da célula de alga vermelha eventualmente degenerou-se, passando a desempenhar papel não fototrófico na célula de apicomplexa.

Vertebrados e invertebrados podem ser hospedeiros dos apicomplexos. Em alguns casos, ocorre uma alternância de hospedeiros, com alguns estágios do ciclo de vida associados a um hospedeiro e outros estágios a um novo hospedeiro. Apicomplexos importantes são os coccídeos, normalmente parasitas de aves, e espécies do gênero *Plasmodium* (parasitas causadores da malária) (Figura 17.11*a*). Uma discussão detalhada sobre a malária – a doença que, ao longo da história, matou mais seres humanos que qualquer outra doença – pode ser encontrada na Seção 32.5.

**MINIQUESTIONÁRIO**

- Como é o movimento do organismo *Paramecium*?
- Quais os problemas de saúde associados ao organismo *Gonyaulax*?
- O que são apicoplastos, que organismo o possui, e quais as funções que ele realiza?

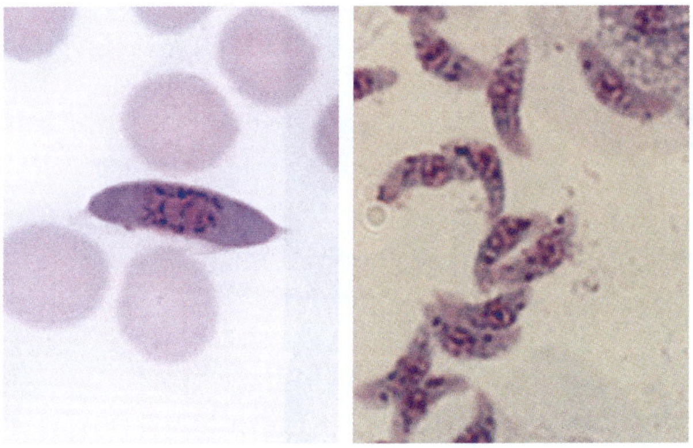


**Figura 17.11 Apicomplexos.** *(a)* Um gametócio de *Plasmodium falciparum* em esfregaço de sangue. O gametócio é o estágio do ciclo de vida do parasita da malária que infecta o mosquito vetor. *(b)* Esporozoíta de *Toxoplasma gondii*.

## 17.6 Estramenópilos

**Gêneros principais:** *Phytophthora, Nitzschia, Ochromonas, Macrocystis*

Os estramenópilos incluem tanto microrganismos quanto macrorganismos quimiorganotróficos ou fototróficos. Os membros desse grupo apresentam flagelos com várias extensões curtas semelhantes a pelos, sendo a denominação do grupo decorrente dessa propriedade morfológica (do latim, *stramen*, significando "palha", e *pilus*, significando "pelo"). As diatomáceas, os oomicetos, as algas douradas e as algas marrons constituem os mais importantes grupos dos estramenópilos (Figura 17.3).

### Diatomáceas

As diatomáceas consistem em mais de 200 gêneros de microrganismos eucarióticos fototróficos unicelulares e são os principais componentes planctônicos (suspensos) da comunidade de microrganismos do fitoplâncton marinho e de água doce. As diatomáceas caracteristicamente produzem uma parede celular composta por sílica, a qual são adicionadas proteínas e polissacarídeos. A parede, que atua como proteção contra a predação, exibe diferentes formatos em espécies distintas (**Figura 17.12**). A estrutura externa formada por essa parede, denominada *frústula*, frequentemente permanece após a morte da célula e do desaparecimento da matéria orgânica. As frústulas de diatomáceas normalmente têm simetria morfológica, incluindo *simetria pinulada* (que exibe partes similares organizadas em lados opostos de um eixo, como na diatomácea comum *Nitzschia*, Figura 17.12*b*), e *simetria radial*, como nas diatomáceas marinhas *Thalassiosira* e *Asterolampra* (Figura 17.12*c*, *d*). Pelo fato de as frústulas de diatomáceas serem compostas principalmente por sílica, elas se tornam resistentes à decomposição, e estas estruturas podem permanecer intactas por longos períodos de tempo e, muitas vezes, afundar-se e permanecer nos sedimentos por milhões de anos. As frústulas de diatomáceas constituem alguns dos fósseis eucarióticos unicelulares mais conhecidos, a partir da datação de amostras de frústulas, tem sido observado que as primeiras diatomáceas surgiram relativamente cedo na Terra, há aproximadamente 200 milhões de anos.

### Oomicetos

Os oomicetos, também denominados *bolores de água*, foram previamente agrupados com os fungos com base em seu crescimento filamentoso e na presença de hifas **cenocíticas** (i.e., multinucleada), propriedades morfológicas características dos fungos (Seção 17.9). Filogeneticamente, no entanto, os oomicetos encontram-se distantes dos fungos, sendo estreitamente relacionados com outros estramenópilos (Figura 17.3). Os oomicetos diferem dos fungos em outros pontos fundamentais. Por exemplo, as paredes celulares de oomicetos são geralmente compostas por celulose, e não por quitina como ocorre nos fungos, e apresentam células flageladas, as quais não existem em fungos, com algumas exceções. Apesar disso, ecologicamente, os oomicetos são similares aos fungos pelo fato de crescerem como uma massa de hifas, decompondo matéria morta vegetal e animal em hábitats aquáticos.

Os oomicetos exerceram importante impacto na sociedade humana, principalmente as espécies que são patógenos vegetais (fitopatógenos). O oomiceto *Phytophthora infestans*, causador da requeima da batata, contribuiu para uma grande escassez de alimentos na Irlanda durante o século XIX. A escassez acarretou a morte de um milhão de irlandeses e a migração de pelo menos mais um milhão para a América do Norte. Outros fitopatógenos importantes incluem o *Pythium*, um patógeno comum em mudas de estufas, e *Albugo*, causador da "ferrugem branca" em diversas culturas agrícolas.

### Algas douradas e marrons

Juntamente com as diatomáceas, as algas douradas e marrons formam os principais membros dos estramenópilos. As algas douradas, também denominadas *crisófitas*, são principalmente organismos unicelulares fototróficos marinhos e de água doce. Algumas espécies são quimiorganotróficas, nutrindo-se por fagocitose ou pelo transporte de compostos orgânicos solúveis através da membrana citoplasmática. Algumas algas douradas, como *Dinobryon* (**Figura 17.13*a***), encontradas em água doce são coloniais. No entanto, a maioria das algas douradas é unicelular e móvel pela ação de dois flagelos de comprimento desigual.

As algas douradas recebem essa denominação em virtude de sua coloração marrom-dourada (Figura 17.13*a*, *c*). Ela é decorrente da presença de pigmentos do cloroplasto, dominados pelo carotenoide de coloração marrom fucoxantina. Além disso, o principal pigmento de clorofila das algas douradas é a clorofila *c*, em lugar da clorofila *a*, e elas são desprovidas das ficobilinas presentes nos cloroplastos de algas vermelhas (Seção 17.15). As células da alga dourada unicelular *Ochromonas*, o gênero mais estudado desse grupo, possui apenas 1 a 2 cloroplastos (Figura 17.13*c*).

As algas marrons são principalmente marinhas, multicelulares e geralmente macroscópicas. Não são conhecidas algas marrons unicelulares. As algas marinhas, como a alga gigante *Macrocystis* (Figura 17.13*b*), que podem crescer 50 m de comprimento, são, talvez, as algas marrons mais difundidas. *Fucus*, outra alga marinha de zona intertidal, pode crescer até 2 m. Como o seu nome indica, as algas marrons são de cor marrom ou verde-amarronzada dependendo dos pigmentos carotenoides que produzem como a fucoxantina. A maioria das "algas marinhas" são algas marrons e de crescimento rápido, especialmente em águas marinhas geladas, podem causar problemas de poluição quando ocorre o assoreamento de terra.

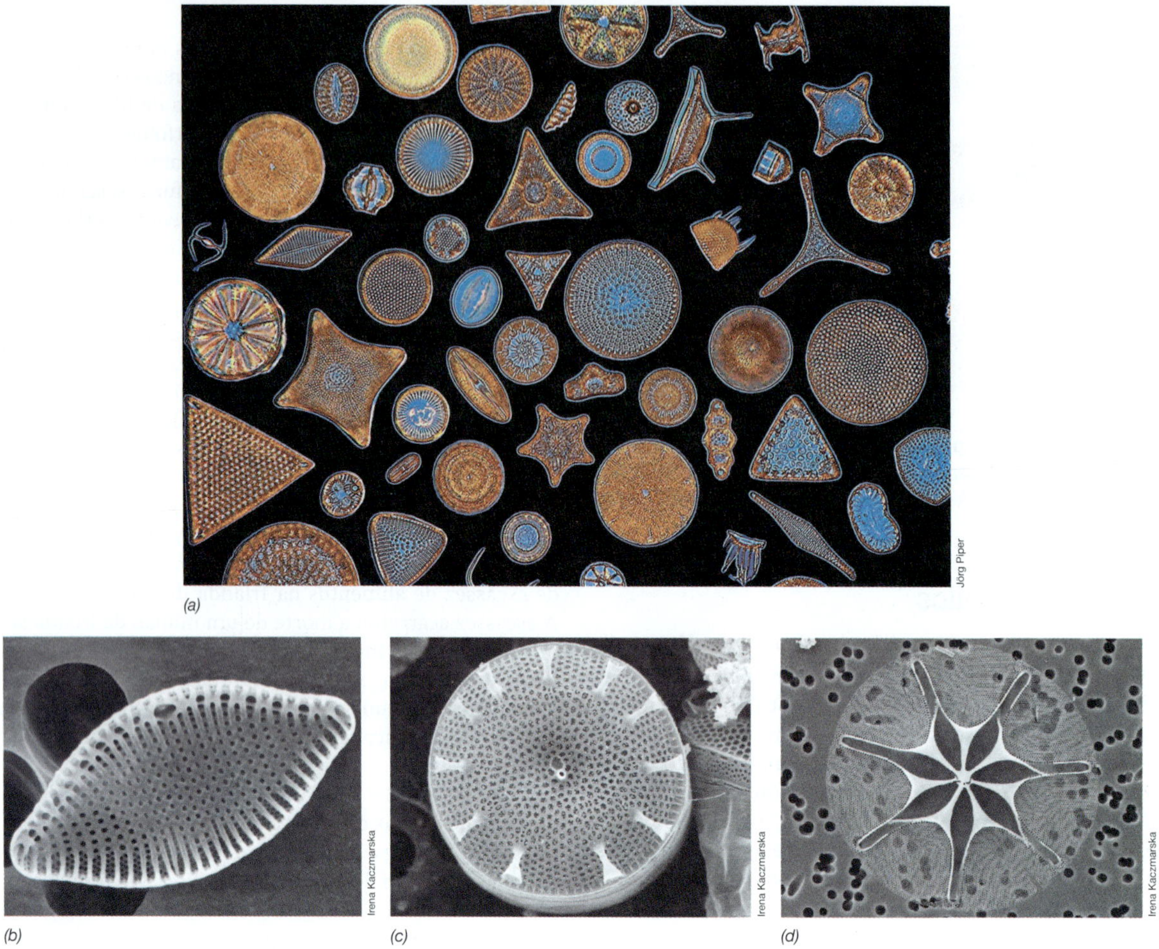


**Figura 17.12** **Frústula de diatomácea.** *(a)* Fotomicrografia de campo escuro de uma colagem de frústulas de diferentes espécies de diatomáceas com diversas formas e simetrias. *(b-d)* Micrografia eletrônica de varredura de frústulas de diatomáceas de simetria pinulada (parte b) ou radial (partes c e d). Diatomáceas variam consideravelmente de tamanho, de espécies muito pequenas, de aproximadamente 5 μm de extensão, a espécies grandes com mais de 200 μm de extensão.

**MINIQUESTIONÁRIO**

- Qual estrutura das diatomáceas é responsável por ser um excelente registro fóssil?
- De que forma os oomicetos diferem e assemelham-se aos fungos?
- Quais pigmentos de clorofila são encontrados nas algas douradas e marrons?

## 17.7 Cercozoários e radiolários

Os cercozoários e radiolários divergiram dos outros protistas recentemente (Figura 17.3) e são distinguidos dos outros protistas em virtude de suas extrusões citoplasmáticas filiformes (pseudópodos) por meio dos quais eles se movimentam e se alimentam. Inicialmente, os cercozoários foram denominados *amebas* em virtude de seus pseudópodos, no entanto, atualmente, sabe-se que muitos organismos filogeneticamente distintos utilizam pseudópodos para fins de motilidade e alimentação.

### Cercozoários

Os cercozoários incluem os cloraracniófitas e foraminíferos como os principais grupos. Os cloraracniófitas são organismos fototróficos de água doce ou marinha semelhantes a amebas e que desenvolveram um flagelo para sua dispersão; sua aquisição de cloroplastos é um exemplo de simbiose secundária (Figura 17.2) e mostraram extensivamente como este processo têm moldado diversas linhagens de microrganismos eucariotas (Figura 17.3).

Em contraste com os cloraracniófitas, os foraminíferos são organismos exclusivamente marinhos e formam estruturas semelhantes a conchas, denominadas *testas*, que exibem características distintivas, sendo frequentemente ornadas (**Figura 17.14*a***). As testas são geralmente compostas por materiais orgânicos reforçados com minerais, como carbonato de cálcio. A testa não se encontra fortemente aderida à célula, permitindo que ela, por ser semelhante a uma ameba, estenda-se parcialmente para fora da concha durante a alimentação. No entanto, devido ao peso da testa, a célula geralmente afunda na coluna de água, acreditando-se que o organismo alimenta-se de matéria orgânica dissolvida na água e depósitos particulados, principalmente bactérias, outros protistas e de restos de organismos mortos próximos aos sedimentos. As células de foraminíferos podem hospedar uma variedade de algas e formar uma relação de endossimbiose com o protista, suplementando-o com carbono orgânico, provavelmente em troca de nutrientes inorgânicos derivados da degradação

(a) (b) (c)

**Figura 17.13 Algas douradas e marrons.** *(a) Dinobryon*, uma alga dourada (família Chrysophyceae) que forma colônias ramificadas. *(b) Macrocyctis*, uma alga marinha pertencente às algas marrons. *(c) Ochromonas*, uma crisófita unicelular. As colorações douradas ou marrons dos cloroplastos destas algas são decorrentes do pigmento fucoxantina.



de organismos mortos. As algas fototróficas são encontradas principalmente em foraminíferos planctônicos que permanecem suspensos na coluna de água para proporcionar luz solar suficiente para a endossimbiose.

Testas foraminíferas (Figura 17.14*a*) são relativamente resistentes à deterioração e são facilmente fossilizadas. Essas testas enterradas e conservadas são bastante úteis para os geologistas. Uma vez que grupos taxonômicos particulares de foraminíferos são geralmente associados a um determinado registro de estrato geológico, testas fossilizadas obtidas de poços exploratórios são usadas como amostras por paleontólogos da indústria do petróleo, para avaliar o potencial de se encontrar petróleo em determinado local.

## Radiolários

Os radiolários são, em sua maioria, organismos planctônicos marinhos e, assim como os cercozoários, também apresentam pseudópodes semelhantes a fios (Figura 17.14 *b*). Os radiolários são estritamente heterotróficos e residem principalmente na parte superior a 100 m ou mais de águas oceânicas, onde eles consomem bactérias e partículas de matéria orgânica. Algumas espécies são associadas a algas e assumem um papel simbiótico (mas não endossimbiótico), fornecendo nutrientes para os radiolários.

A denominação "radiolário" deve-se à simetria radial de suas testas, esqueletos minerais transparentes ou transluzentes feitos de sílica em uma peça única fundida (Figura 17.14*b*). Juntamente com a acumulação de gotículas de lipídeos e grandes vacúolos citoplasmáticos, o pseudópodo em forma de agulha dos radiolários ajuda, provavelmente, a manter os organismos sem afundar principalmente em mar aberto (plactônicas). Contudo, quando as células eventualmente morrem, suas testas depositam-se no leito oceânico, podendo formar, ao longo do tempo, espessas camadas de material celular em decomposição.

**MINIQUESTIONÁRIO**

- Qual estrutura distingue os cercozoários e os radiolários dos outros protistas?
- Como as cloraracnióftas adquirem a capacidade de fotossintetizar?

## 17.8 Amoebozoários

**Gêneros principais:** *Amoeba, Entamoeba, Physarum, Dictyostelium*

Os amoebozoários são um grupo diverso de protistas terrestres e aquáticos que utilizam pseudópodes lobulares para a movimentação e nutrição, ao contrário dos pseudópodes em

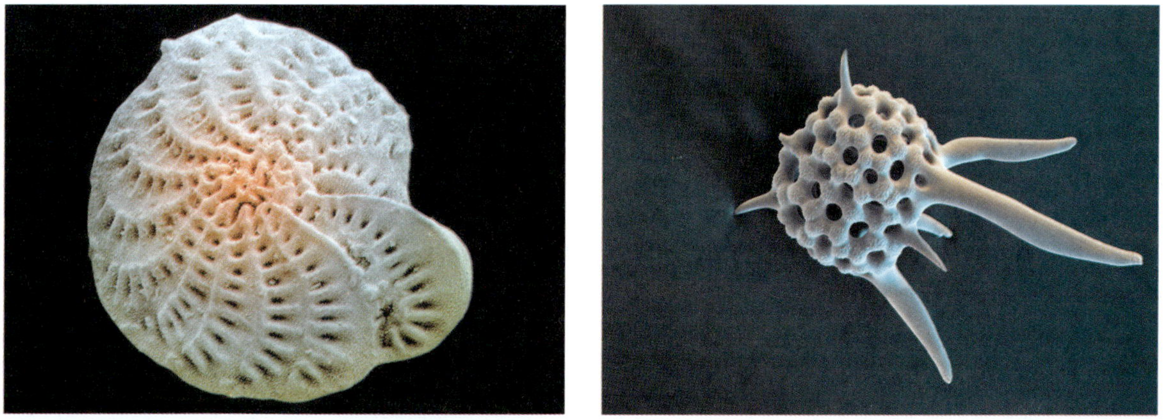

(a) (b)

**Figura 17.14 Cercozoário e radiolário.** *(a)* Um foraminífero. Observe a testa ornamentada e multilobada. A testa é de aproximadamente 1 mm de extensão. *(b)* O radiolário cravado do grupo *Nassellaria*. A testa é de aproximadamente 150 μm de extensão. Ambas as figuras *(a)* e *(b)* são micrografias eletrônicas de varredura coloridas artificialmente.

forma de fio de cercozoários e radiolários. Os principais grupos de amoebozoários são as *gimnamoebas*, as *entamoebas* e os *bolores limosos plasmodiais* e *celulares*. Filogeneticamente, os amoebozoários divergem da linhagem que levou aos fungos e animais (Figura 17.3).

## Gimnamoebas e entamoebas

As gimnamoebas são protistas de vida livre que habitam ambientes aquáticos e o solo. Eles utilizam pseudópodes para deslocar-se por *movimentos ameboides* (**Figura 17.15**) e alimentar-se fagocitando bactérias, outros protistas e partículas de matéria orgânica. O movimento ameboide resulta da corrente citoplasmática, na medida em que se desloca para frente até a extremidade celular menos contraída e viscosa, assumindo a via de menor resistência. O fluxo citoplasmático é facilitado por microfilamentos (Seção 2.22), presentes em uma camada delgada imediatamente abaixo da membrana citoplasmática. *Amoeba* (Figura 17.15) é um gênero comum em lagoas, com as espécies variando em tamanho de 15 μm de diâmetro – claramente microscópico – a mais de 750 μm – quase visível a olho nu.

Contrariamente às gimnamoebas, as entamoebas são parasitas de vertebrados e invertebrados. Seu hábitat habitual é a cavidade oral ou o trato intestinal de animais. A espécie *Entamoeba histolytica* é patogênica para seres humanos, podendo causar disenteria amebiana, uma ulceração do trato intestinal que resulta em diarreia sanguinolenta. Esse parasita é transmitido na forma de um cisto de pessoa para pessoa, a partir da contaminação fecal da água, alimentos ou de utensílios para a alimentação. Na Seção 32.3, discutiremos a etiologia e patogênese da disenteria amebiana, uma importante causa de mortes em seres humanos decorrentes de parasitas.

## Bolores limosos

Originalmente, os **bolores limosos** foram agrupados com os fungos, uma vez que realizam um ciclo de vida similar e produzem corpos de frutificação com esporos para sua dispersão. Contudo, assim como os protistas, os bolores limosos são móveis, sendo capazes de locomover-se sobre uma superfície sólida com relativa rapidez (Figuras 17.16 a 17.18). Os bolores limosos podem ser divididos em dois grupos, os *bolores limosos plasmodiais*, (também denominados **bolores limosos acelulares**), cujas formas vegetativas são massas de protoplasma de tamanho e forma indefinidos, denominadas plasmódios (**Figura 17.16**), e *bolores limosos celulares*, cujas formas vegetativas são amebas isoladas. Os bolores limosos vivem principalmente em matéria vegetal em decomposição, como restos de folhas, troncos e solo, onde eles consomem outros microrganismos, principalmente bactérias, que são ingeridos por fagocitose. Bolores limosos podem manter-se em um estado vegetativo por longos períodos, embora eventualmente formem estruturas diferenciadas semelhantes a esporos, que podem permanecer dormentes e germinar posteriormente, gerando novamente o estado ameboide ativo.

Na fase vegetativa, os bolores limosos plasmodiais, como *Physarum*, apresentam-se como uma massa única de protoplasma em expansão, denominada *plasmódio*, a qual contém diversos núcleos diploides (Figura 17.16). O plasmódio é ativamente móvel por meio de movimentos ameboides, e nesta fase, um esporângio contendo esporos haploides pode ser produzido; quando em condições favoráveis, os esporos germinam originando células haploides expansivas flageladas. A fusão de duas células expansivas regenera o plasmódio diploide.

Em contraste com seu parente plasmodial, os bolores limosos celulares são células haploides e formam células diploides somente em determinadas condições. O bolor limoso bastante estudado *Dictyostelium discoideum* passa por um ciclo de vida assexuada em que células vegetativas agregam-se, migram como uma massa celular e finalmente produzem corpos de frutificação, nos quais as células diferenciam-se e formam esporos (**Figuras 17.17** e **17.18**). Quando as células de *Dictyostelium* tornam-se nutricionalmente carentes, passam a agregar-se, formando um pseudoplasmódio; nesse estágio, as células perdem sua individualidade, mas não se fundem. A agregação é desencadeada pela produção de adenosina monofosfato cíclico (AMPc). As primeiras células de *Dictyostelium* que produzem esse composto tornam-se centros de atração para as células ameboides vizinhas, desencadeando sua agregação e formação de massas de células chamadas lesmas. A formação do corpo de frutificação inicia-se quando a lesma interrompe sua migração, passando a orientar-se verticalmente. Em seguida, o corpo de frutificação diferencia-se em talo e cabeça, com as células do talo secretando celulose, que confere a rigidez ao talo, e as células da cabeça

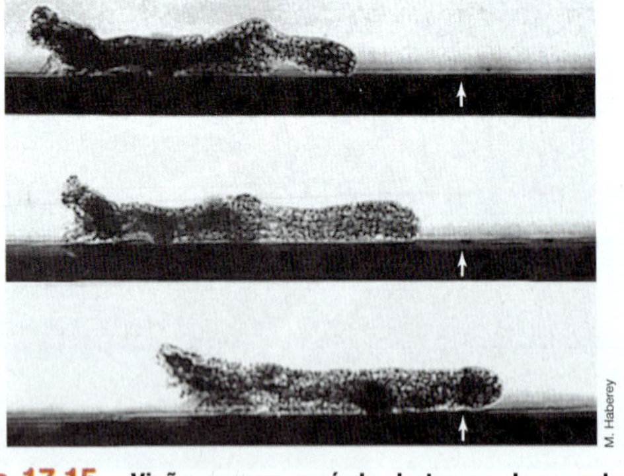


**Figura 17.15** **Visão por um período de tempo do amoebozoário, *Amoeba proteus*.** O intervalo entre os quadros superior e inferior é de aproximadamente 6 s. As setas assinalam um ponto fixo na superfície. Uma célula individual tem largura aproximada de 80 μm.

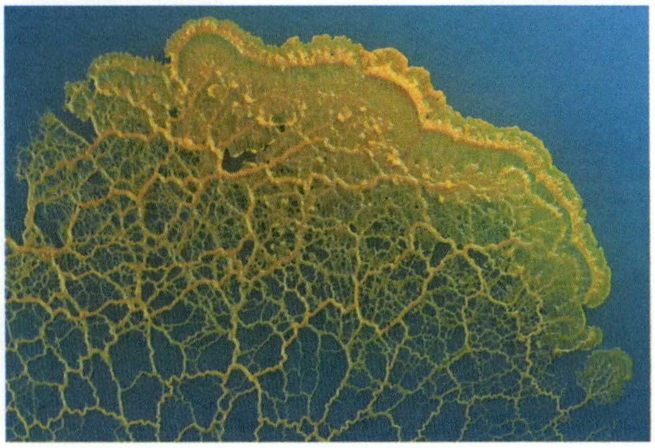

**Figura 17.16** **Bolores limosos.** Plasmódio do bolor limoso plasmodial *Physarum* crescendo na superfície de um meio sólido. O plasmódio é de aproximadamente 5 cm de comprimento e 3,5 cm de largura.

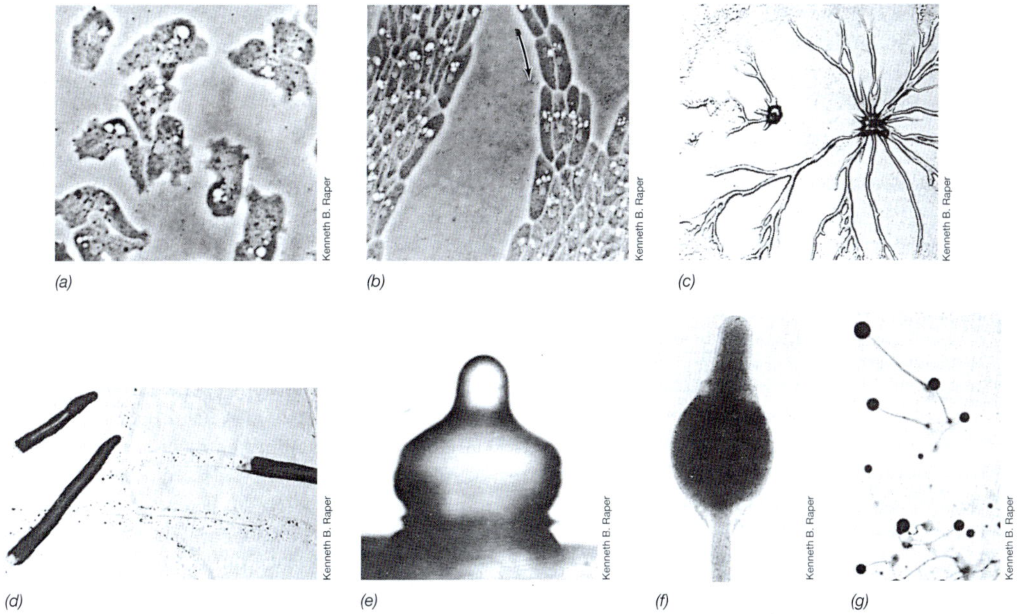


**Figura 17.17** **Fotomicrografias de vários estágios do ciclo de vida de um bolor limoso celular *Dictyostelium discoideum*.** *(a)* Amebas em estágio de pré-agregação. *(b)* Ameba em agregação. Ameba com aproximadamente 300 μm de diâmetro. *(c)* Imagem em pequeno aumento de amebas em agregação. *(d)* Pseudoplasmódios migratórios (lesmas) movendo-se sobre a superfície de um meio sólido, deixando rastros limosos em seu percurso. *(e, f)* Estágio inicial do corpo de frutificação. *(g)* Corpos de frutificação maduros. A Figura 17.18 mostra o tamanho destas estruturas.

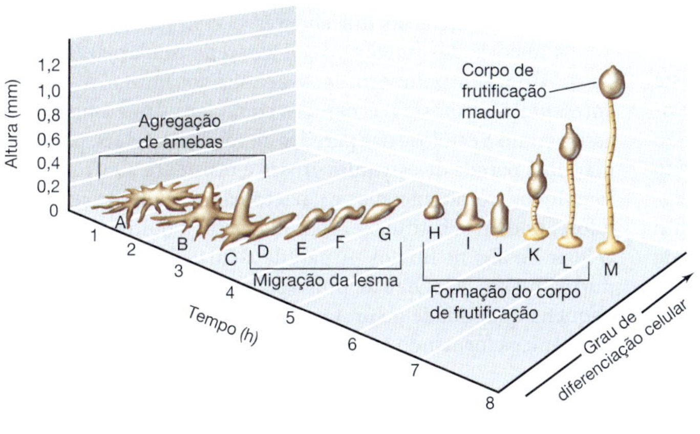


**Figura 17.18** **Estágios da formação do corpo de frutificação no bolor limoso celular *Dictyostelium discoideum*.** (A-C) Agregação das amebas. (D-G) Migração da lesma originada a partir da agregação das amebas. (H-I) Culminação da migração e formação do corpo de frutificação. (M) Corpo de frutificação maduro, composto por talo e cabeça. As células da porção posterior da lesma formam a cabeça e tornam-se esporos. *Dictyostelium* também podem realizar reprodução sexuada (não mostrado) quando a ameba se funde formando um macrocisto; após fusão do núcleo no macrocisto, pode retornar ao estágio haploide por meiose quando se formam novas amebas vegetativas.

diferenciando-se em esporos. Finalmente, os esporos são liberados e dispersos, cada esporo formando uma nova ameba (Figuras 17.17 e 17.18).

Em adição a este processo assexuado, *Dictyostelium* pode produzir esporos sexuados. Após a conjugação de duas amebas, uma única grande ameba é originada. Uma espessa parede de celulose se forma ao redor dessa ameba gigante, formando uma estrutura denominada *macrocisto*; ele pode permanecer dormente por longos períodos. Eventualmente, o núcleo diploide sofre meiose, formando núcleos haploides, que se integram a novas amebas, podendo iniciar o ciclo assexuado.

**MINIQUESTIONÁRIO**

- Como os amebozoários podem ser distinguidos dos cercozoários e radiolários?
- Compare e contraste e o modo de vida das gimnamoebas e entamoebas.
- Descreva as principais etapas do ciclo de vida do *Dictyostelium discoideum*.

# III • Fungos

Os **fungos** são um grupo grande, diverso e amplamente disseminado de organismos, consistindo de *bolores*, *cogumelos* e *leveduras*. Aproximadamente 100.000 espécies de fungos foram descritas, estimando-se a possibilidade de existirem até 1,5 milhão de espécies. Os fungos formam um grupo filogeneticamente distinto dos outros protistas e são um grupo de microrganismos estritamente relacionado com os animais (Figura 17.3).

A maioria dos fungos é microscópica e terrestre. Eles habitam o solo ou matéria vegetal morta e desempenham um papel crucial na mineralização do carbono orgânico. Inúmeros fungos são parasitas de plantas, enquanto outros podem causar diversas doenças em animais, inclusive no ser humano. Certos fungos também podem estabelecer associações simbióticas com diversas plantas, auxiliando-as na aquisição de minerais provenientes do solo, e muitos fungos beneficiam a vida humana por meio da fermentação e da síntese de antibióticos.

## 17.9 Fisiologia fúngica, estrutura e simbiose

Nesta seção descreveremos algumas características gerais dos fungos, incluindo sua fisiologia, estrutura celular e associação de simbiose desenvolvida com plantas e animais. Nas próximas seções examinaremos a reprodução e filogenia.

### Nutrição e fisiologia

Os fungos são quimiorganotróficos – geralmente apresentando exigências nutricionais simples – sendo a maioria aeróbia. Eles alimentam-se por meio da secreção de enzimas extracelulares que digerem materiais poliméricos, como polissacarídeos ou proteínas, em monômeros que são assimilados como recurso de carbono e energia. Como decompositores, os fungos digerem animais mortos e material vegetal. Como parasitas de plantas ou animais, os fungos utilizam o mesmo mecanismo de nutrição, mas captam seus nutrientes a partir das células vivas de plantas e animais que infectam e invadem em vez do que ocorre com material orgânico morto.

A principal atividade ecológica dos fungos, especialmente basidiomicetos, consiste na decomposição de madeira, papel, tecido e outros produtos derivados dessas fontes naturais. A lignina, um complexo de polímeros que são construídos em blocos por compostos fenólicos, é um importante constituinte de plantas lenhosas, em associação com a celulose, confere rigidez a elas. Na natureza, a lignina é decomposta quase que exclusivamente pelas atividades de certos basidiomicetos, denominados *fungos da podridão da madeira.* São conhecidos dois tipos de podridão da madeira: a *podridão parda*, em que a celulose é atacada preferencialmente e a lignina não é metabolizada, e a *podridão branca*, na qual tanto a celulose quanto a lignina são decompostas. Os fungos da podridão branca têm considerável interesse ecológico por desempenharem papel importante na decomposição de materiais lenhosos em florestas.

### Morfologia fúngica, esporos e parede celular

A maioria dos fungos é multicelular, formando uma rede de filamentos denominados *hifas*, a partir do qual os esporos assexuados são produzidos (**Figura 17.19**). As hifas são paredes celulares tubulares que envolvem a membrana citoplasmática. As hifas fúngicas frequentemente são septadas, com paredes transversais dividindo cada hifa em células separadas. Em alguns casos, no entanto, a célula vegetativa de uma hifa contém mais de um núcleo, frequentemente estão presentes centenas de núcleos devido à divisão repetida sem a formação de paredes transversais, condição denominada *cenocítica*. Cada filamento de hifa cresce principalmente a partir da extremidade, por meio da extensão da célula terminal (**Figura 17.19**).

As hifas normalmente crescem em conjunto, ao longo de uma superfície, formando tufos compactos macroscopicamente visíveis denominados *micélio* (**Figura 17.20*a***). A partir do micélio, hifas aéreas crescem acima da superfície, e esporos denominados conídios são formados nas suas pontas (Figura 17.20*b*). Os **conídios** são esporos assexuados e podem ter pigmento negro, verde, vermelho, amarelo ou marrom (Figura 17.20). A presença de tais esporos confere à massa miceliana um aspecto pulverulento (Figura 17.20*a*) e a função de dispersão dos fungos para novos ambientes. Alguns fungos formam estruturas reprodutivas macroscópicas denominadas *corpos de frutificação* (**cogumelos** *ou puff balls*, por exemplo) em que milhões de esporos podem ser dispersos pelo vento, água ou animais (**Figura 17.21**). Em contraste com os fungos filamentosos, alguns fungos são unicelulares; eles são as **leveduras**.

A maioria dos fungos possui a parede celular constituída de **quitina**, um polímero de *N*-acetilglicosamina. A quitina apresenta-se disposta nas paredes como feixes microfibrilares, assim como a celulose nas paredes de células vegetais, para formar uma parede de estrutura grossa e resistente. Outros polissacarídeos, como mananas e galactomananas ou mesmo a celulose, podem substituir ou complementar a quitina na parede celular de alguns fungos. A parede celular dos fungos possui normalmente 80 a 90% de polissacarídeos, com somente uma pequena quantidade de proteínas, lipídeos, polifosfatos e íons inorgânicos formando a matriz de cimentação da parede.

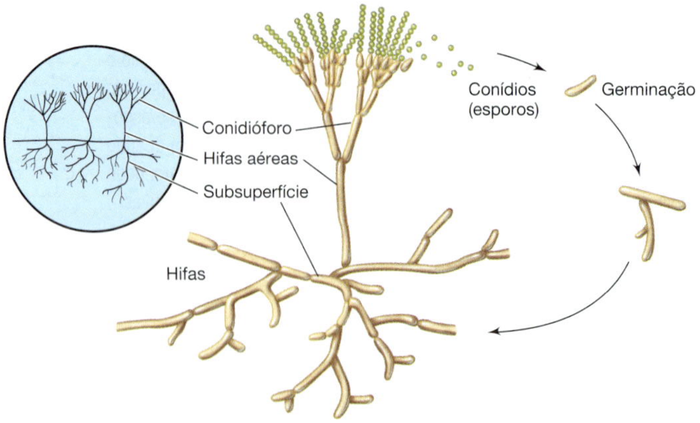


**Figura 17.19 Estrutura fúngica e crescimento.** *(a)* Fotomicrografia de um fungo típico. Estruturas esféricas nas extremidades das hifas aéreas são os esporos assexuados (conídios). *(b)* Diagrama do ciclo de vida de um bolor. Os conídios podem ser dispersos pelo vento ou por animais e são de aproximadamente 2 μm de diâmetro.

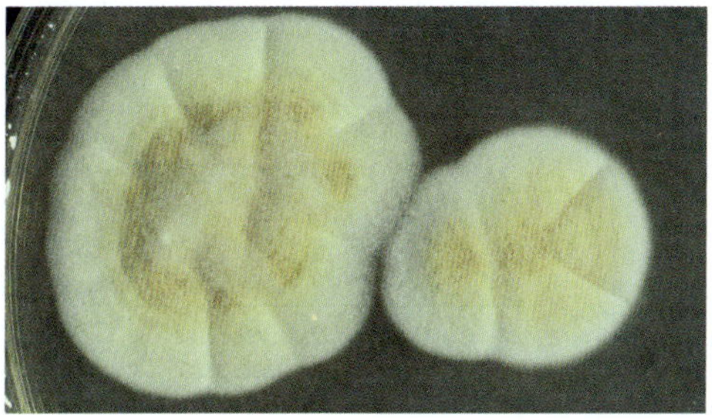


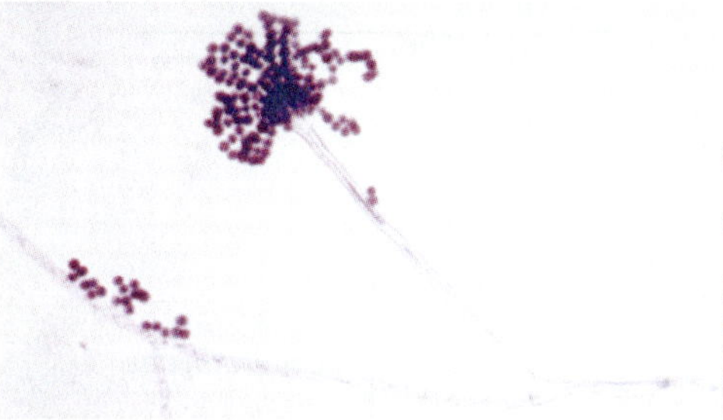


**Figura 17.20 Fungos filamentosos (bolores).** *(a)* Colônia de uma espécie de *Aspergillus* (ascomiceto) crescendo em placa de meio sólido. Observe as massas de células filamentosas (micélio) e os esporos assexuados que dão à colônia um aspecto pulverulento e emaranhado. *(b)* Conifióforo e conídios de *Aspergillus fumigatus* (Figura 17.19). O conidióforo tem comprimento aproximado de 300 μm e os conídios têm largura aproximada de 3 μm.

## Simbiose e patogênese

A maioria das plantas depende de certos fungos para facilitar sua captação de minerais a partir do solo. Os fungos formam associações simbióticas com as raízes de plantas, denominadas *micorrizas* (esse termo significa literalmente "raízes de fungos"). Os fungos de micorrízicos estabelecem contato físico íntimo com as raízes, auxiliando a planta na obtenção de fosfato e outros minerais, assim como de água a partir do solo. Em compensação, os fungos obtêm nutrientes, como açúcares, a partir da raiz da planta (Figura 22.24). Há dois tipos de associações de micorriza. Um deles são as *ectomicorrizas*, formadas geralmente entre fungos basidiomicetos (Seção 17.14) e as raízes de plantas lenhosas, enquanto o segundo tipo consiste nas *endomicorrizas*, formadas entre fungos glomeromicetos (Seção 17.12) e diversas plantas não lenhosas. Alguns fungos também formam associações com cianobactérias ou algas verdes. Eles são os *líquens* que podem ser vistos crescendo pigmentados e incrustados na superfície de árvores e rochas. Exploraremos a biologia dos líquens e das micorrizas com mais detalhes nas Seções 22.1 e 22.5, respectivamente.

Os fungos podem invadir e causar doenças em plantas e animais. Os fungos fitopatógenos podem causar dano a grandes plantações e são capazes de atacar plantas no mundo todo, em especial as culturas de frutas e grãos sofrem perdas anuais significativas devido à infecção fúngica. As doenças fúngicas humanas, chamadas de *micoses*, variam de diversas condições, desde doenças relativamente simples e de fácil cura, como o pé de atleta, a doenças mais sérias, sistêmicas e com risco de vida, como a histoplasmose. A Seção 32.2 descreve as principais doenças causadas pelos fungos.

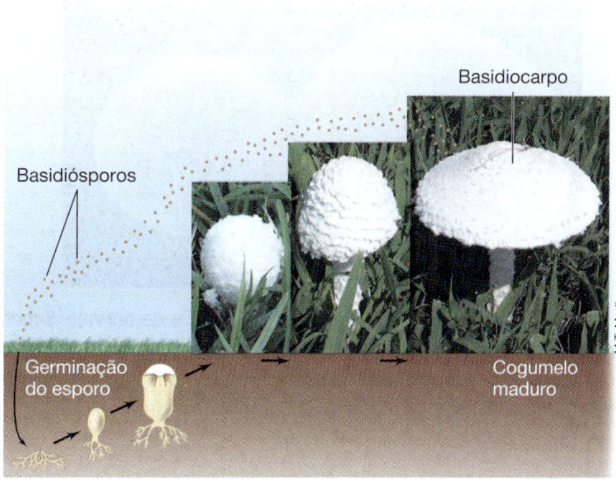


**Figura 17.21 Ciclo de vida dos cogumelos.** Os cogumelos desenvolvem-se geralmente no subsolo, emergindo na superfície de forma súbita (geralmente durante a noite), sendo desencadeados por um fluxo de umidade. Fotos dos estágios de formação de um cogumelo comum de grama (ver também Seção 17.14).

**MINIQUESTIONÁRIO**

- O que são conídios: Como um conídio difere de uma hifa? E de um micélio?
- O que é quitina e onde ela está presente nos fungos?
- Diferencie micorrizas e liquens.

## 17.10 Reprodução e filogenia dos fungos

Os fungos reproduzem-se *assexuadamente* de três formas: (1) pelo crescimento e pela disseminação de filamentos de hifas; (2) pela produção assexuada de esporos (conídio; Figuras 17.20 e 17.21); ou (3) pela simples divisão celular, como ocorre nas leveduras com brotamento (**Figura 17.22**). A maioria dos fungos também forma esporos sexuados, geralmente como parte de um ciclo de vida elaborado. Alguns fungos, como o já bem conhecido bolor *Penicillium* (fonte do antibiótico penicilina), por muito tempo se pensou que não possuíam um estágio sexuado e se reproduziam apenas por conídios. Mas atualmente já foi demonstrado que o *Penicillium* (e provavelmente todos os fungos desta classe taxonômica, os *Deuteromycetes*) possui um estágio sexuado em seus ciclos de vida.

### Esporos sexuados dos fungos

Alguns fungos produzem esporos como resultado da reprodução sexuada. Os esporos desenvolvem-se pela fusão de gametas unicelulares ou de hifas especializadas, denominadas *gametângios*. Alternativamente, esporos sexuados podem ser originados pela fusão de duas células haploides, originando uma célula diploide, que então sofre meiose e mitose originando esporos haploides individuais. Dependendo do grupo, são produzidos diferentes tipos de esporos sexuados. Esporos produzidos no interior de um saco fechado (asco) são denominados *ascósporos*. Muitas leveduras produzem ascósporos, e abordaremos esta situação em relação à levedura comum de panificação, *Saccharomyces cerevisiae*, na Seção 17.13. Os esporos sexuados produzidos nas extremidades de uma estrutura claviforme (basídio) são denominados *basidiósporos* (Figura 17.21 e ver Figura 17.30*c*). Os *zigósporos*, produzidos por fungos zigomicetos,

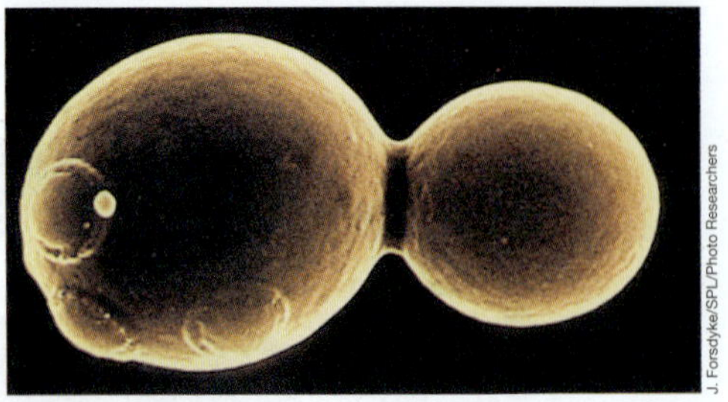


**Figura 17.22** **A levedura comum de padaria e de cerveja *Saccharomyces cereviseae* (ascomiceto).** Nesta micrografia eletrônica de varredura colorida, observe a divisão por brotamento e a cicatriz de brotamento prévio. A célula sozinha mede aproximadamente 6 μm de diâmetro.

como o bolor comum do pão, *Rhizopus* (Seção 17.12), são estruturas visíveis macroscopicamente e resultam da fusão de hifas e de troca genética. Eventualmente, o zigósporo amadurece e produz esporos assexuados, que se dispersam pelo ar e germinam, originando novos micélios fúngicos. Os fungos quitrídios produzem esporos sexuados móveis, chamados de *zoósporos*.

Os esporos sexuados de fungos são, em geral, resistentes à desidratação, ao aquecimento, ao congelamento e a alguns agentes químicos. No entanto, os esporos fúngicos sexuados são menos resistentes ao calor do que os endósporos bacterianos (Seção 2.16). Tanto um esporo assexuado como um sexuado de um fungo é capaz de germinar e desenvolver-se, originando uma nova hifa e micélio.

## A filogenia dos fungos

Os fungos compartilham com os animais um ancestral comum mais recente do que com qualquer outro grupo de organismos eucarióticos (Figura 17.3). Acredita-se que os fungos e os animais divergiram há aproximadamente 1,5 bilhão de anos. Provavelmente a linhagem fúngica mais antiga seja a dos quitridiomicetos, um grupo incomum de fungos com motilidade nas células com esporos flagelados (zoósporos, Seção 17.11). Dessa forma, a ausência de flagelos na maioria dos fungos indica que a motilidade é uma característica que foi perdida em épocas diferentes nas várias linhagens fúngicas.

Um quadro detalhado da filogenia fúngica é apresentado na árvore evolutiva da **Figura 17.23**. A filogenia apresentada nessa figura, baseada no sequenciamento comparativo do RNA ribossomal 18S (eles podem ser utilizados na determinação de relações relativamente próximas entre eucariotos, mas não as distantes, ver Seção 17.2), define várias classes fúngicas distintas: Chytridiomycetes, Zygomycetes, Glomeromycetes, Ascomycetes e Basidiomycetes. A Figura 17.23 também apoia o conceito de que os quitridiomicetos sejam filogeneticamente basais a todos os demais grupos fúngicos e que os grupos mais derivados de fungos sejam os basidiomicetos e os ascomicetos, que incluem os cogumelos (Figura 17.21 e ver Figura 17.30), e os ascomicetos, incluem leveduras como *Saccharomyces* (Figura 17.22) e os bolores como *Aspergillus* (Figura 17.20).

**MINIQUESTIONÁRIO**

- Por que o bolor *Penicillium* é economicamente importante?
- Qual a principal diferença entre ascósporos e conídios?
- Qual o principal grupo de macrorganismos com que os fungos estão mais estritamente relacionados?

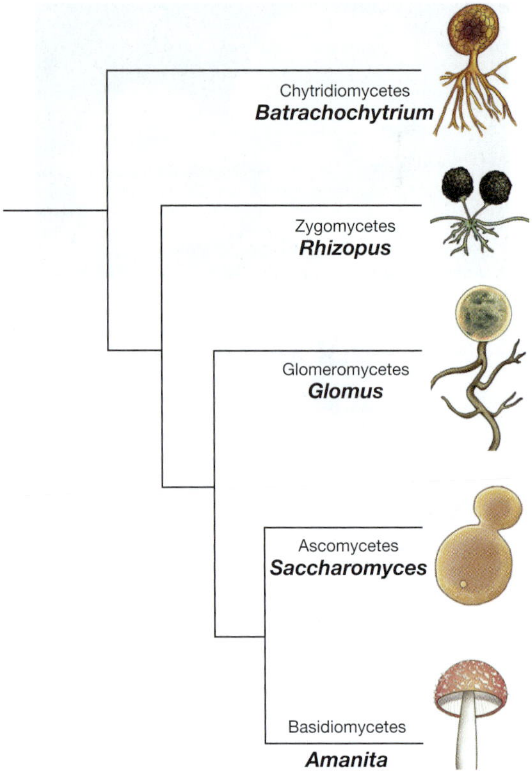


**Figura 17.23** **Filogenia dos fungos.** Esta árvore filogenética geral, baseada na sequência dos genes RNAr 18S, retrata as relações entre os principais grupos de (filos) fungos. Um gênero típico é listado em cada grupo e é representado na árvore.

## 17.11 Chytridiomycetes

**Principais gêneros:** *Allomyces, Batrachochytrium*

Os quitridiomicetos, ou *quitrídios*, são a linhagem fúngica de divergência mais antiga (Figura 17.23). Sua denominação refere-se à estrutura do corpo de frutificação, que contém os esporos sexuados (zoósporos). Estes esporos são incomuns entre os esporos fúngicos por serem flagelados e móveis, e são ideais para a dispersão desses organismos em ambientes aquáticos, principalmente água doce e solos úmidos, onde são comumente encontrados.

São conhecidas muitas espécies de quitrídios e algumas são constituídas por células únicas, enquanto outras formam colônias com hifas. Eles incluem formas de vida livre que degradam matéria orgânica, como *Allomyces*, e parasitas de animais, plantas e protistas. O quitrídio *Batrachochytrium dendrobatidis* causa a quitridiomicose em sapos (**Figura 17.24**), uma condição em que o organismo infecta a epiderme do sapo, interferindo em sua capacidade de respirar pela pele. Os fungos quitrídios foram implicados na mortandade intensa de anfíbios ao redor do mundo, possivelmente em resposta ao aumento da temperatura ambiental associado ao aquecimento global que estimula a proliferação dos quitrídios e aumenta a suscetibilidade do animal, decorrente da perda do hábitat e poluição aquática.

Alguns quitrídios são anaeróbios obrigatórios, uma característica altamente incomum nas células eucarióticas, e habitam o rúmen de animais ruminantes. O rúmen é uma parte

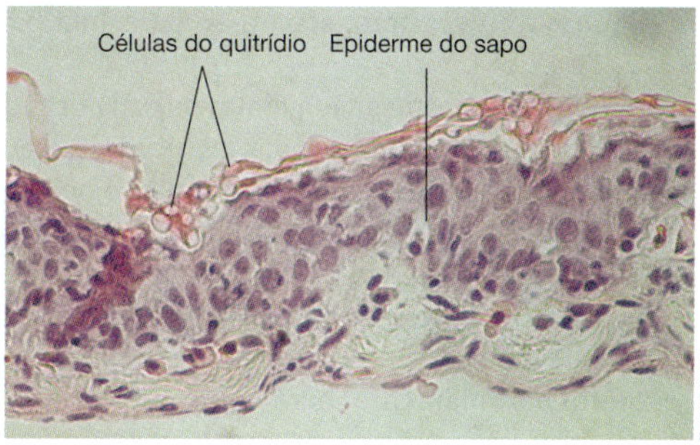


**Figura 17.24** **Quitridiomicetos.** Células do quitrídio *Batrachochytrium dendrobatidis* coradas de cor-de-rosa, crescendo na superfície da epiderme de um sapo.

do sistema digestório ruminante onde a celulose é quebrada em polissacarídeos relacionados (Seção 22.7). O quitrídio *Neocallimastix*, por exemplo, é um habitante do rúmen e converte energia da fermentação de açúcares em ácidos, álcool e $H_2$. As células de *Neocallimastix* não possuem mitocôndrias, e em vez disso possuem hidrogenossomas que auxiliam no seu estilo de vida fermentativo, degradando piruvato em acetato, $CO_2$ e $H_2$ (Figura 2.64).

Aspectos não solucionados da filogenia de quitrídios sugerem que esse grupo não é monofilético. Alguns organismos atualmente classificados como quitrídios podem, na realidade, exibir relação mais próxima com espécies de outros grupos fúngicos, como os zigomicetos. Assim como ocorre com os protistas, grande parte da evolução dos fungos ainda deve ser elucidada.

**MINIQUESTIONÁRIO**

- Qual grupo de animais pode ser afetado pelos quitrídios?
- Qual é a característica dos quitrídios que os distingue dos demais fungos?
- O que é fisiologicamente incomum no quitrídio *Neocallimastix*?

## 17.12 Zygomycetes e Glomeromycetes

**Gêneros principais:** *Rhizopus, Encephalitozoon, Glomus*

Consideramos aqui dois grupos de fungos, os Zygomycetes, conhecidos principalmente por seu papel na deterioração de alimentos, e os Glomeromycetes, fungos importantes em certas associações micorrízicas. Os zigomicetos são comumente encontrados no solo e em material vegetal em decomposição. Todos estes fungos são cenocíticos (multinucleados), e a característica unificadora é a formação de esporos sexuados chamados de *zigósporos* (Seção 17.10).

### *Rhizopus*, o bolor comum do pão

O bolor preto do pão, *Rhizopus* (**Figura 17.25*a***) é um zigomiceto comum. Esse organismo realiza um ciclo de vida complexo que inclui tanto a reprodução assexuada quanto a sexuada. Na fase assexuada, os micélios formam esporângios, no interior dos quais os esporos haploides são produzidos. Quando liberados, esporos geneticamente idênticos são dispersos e germinam, originando micélios de crescimento vegetativo. Na fase sexuada, gametângios miceliais de diferentes compatibilidades (análogos a macho e fêmea, ver Seção 17.13) se fundem para produzir uma célula com dois núcleos chamada de *zigosporângio*, que pode permanecer dormente e resistir a dessecação ou a outras condições desfavoráveis. Quando as condições são favoráveis, os diferentes núcleos haploides se fundem para formar um núcleo diploide, seguido por meiose que produz os esporos haploides. Assim como na fase assexuada, a liberação dos esporos, neste caso esporos geneticamente diferentes, dispersa o organismo, permitindo o crescimento vegetativo de hifas.

### Microsporídios e Glomeromycetes

Os microsporídios são pequenos (2 a 5 μm) e parasitas unicelulares de animais e protistas. Baseado no sequenciamento do gene do RNA ribossomal 18S e na ausência de mitocôndrias, acreditava-se que os microsporídios formavam uma linhagem de *Eukarya* de ramificação precoce. Contudo, a composição dos genes e o sequenciamento de proteínas têm mostrado que os microsporídios estão mais proximamente relacionados com os zigomicetos (Figura 17.3).

Os microsporídios adaptaram-se à vida parasita pela eliminação ou perda de vários aspectos essenciais da biologia eucariótica; eles são ainda mais simples estruturalmente que outros eucariotos desprovidos de mitocôndria. O microsporídeo *Encephalitozoon* (Figura 17.25*b*), por exemplo, é desprovido de mitocôndrias, hidrogenossomos e do aparelho de Golgi (Figura 2.60). Além disso, o organismo possui um genoma muito pequeno com somente 2,9 pares de megabases e contém aproximadamente 2.000 genes somente (i.e., 1,5 par de megabases e 2.600 genes menores que o da bactéria *Escherichia coli*). O genoma de *Encephalitozoon* é desprovido de genes de vias metabólicas principais, como do ciclo do ácido cítrico, indicando que esse patógeno deve ser altamente dependente de seu hospedeiro até mesmo para os processos metabólicos mais básicos. O *Encephalitozoon* é causador de doenças debilitantes de intestino, pulmão, olhos, músculos e alguns outros órgãos internos, mas é incomum entre adultos saudáveis com o sistema imune normal. Contudo, as doenças microsporidiais têm crescido em frequência em indivíduos com o sistema imune comprometido, tais como aqueles com Aids ou que utilizam medicamentos imunossupressores por um longo período de tempo.

Os glomeromicetos correspondem a um grupo relativamente pequeno e único de fungos simbióticos obrigatórios em que todas as espécies formam associações com plantas e são denominados *endomicorrizas* (Seção 17.9 e Seção 22.5). Aproximadamente 80% das espécies de plantas da Terra

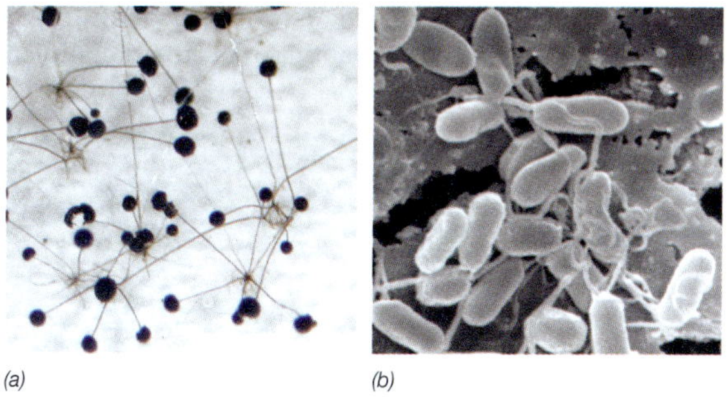


**Figura 17.25** **Zigomicetos e microsporídios.** *(a)* Micélio corado do bolor *Rhizopus* mostrando o esporângio esférico com os esporos assexuais. *(b)* Micrografia eletrônica de transmissão de células de *Encephalitozoon intestinalis*.

UNIDADE 3

formam associações em que as hifas de fungos penetram nas células das plantas e auxiliam na aquisição, pela planta, de minerais a partir do solo e em troca recebem carbono fixado da planta. Acredita-se que os glomeromicetos, na forma de simbiontes de plantas, desempenharam importante papel na capacidade de plantas vasculares primitivas colonizarem o solo. Pelo que se sabe, esses organismos têm apenas reprodução assexuada e a maioria apresenta morfologia cenocítica. Esporos de *Glomus* (Figura 17.23), o principal gênero de endomicorrizas, são coletados de raízes de plantas cultivadas e usados como inóculo na agricultura para assegurar uma associação simbiótica vigorosa.

**MINIQUESTIONÁRIO**

- Contraste o hábitat dos zigomicetos e dos glomeromicetos.
- O que é incomum no genoma dos microsporídios?
- Como o fungo *Glomus* auxilia na aquisição de nutrientes pelas plantas?

## 17.13 Ascomycetes

**Gêneros principais:** *Saccharomyces, Candida, Aspergillus*

Os Ascomycetes constituem um grupo grande e altamente diverso de fungos, que variam desde espécies unicelulares, como a levedura de padaria *Saccharomyces* (**Figura 17.26** e Figura 17.22), até as espécies que crescem na forma de filamentos, como o bolor comum *Aspergillus* (Figura 17.20). O grupo ascomiceto, do qual são encontrados representantes em ambientes aquáticos e terrestres, recebe essa denominação em virtude da produção de ascos, células onde dois núcleos haploides, provenientes de diferentes tipos de linhagens sexuais, unem-se para formar o núcleo diploide que eventualmente sofre meiose originando os ascósporos haploides. Em adição aos ascósporos, os ascomicetos reproduzem-se assexuadamente pela produção de conídios que se formam por mitose nas extremidades de hifas especializadas, denominadas *conidióforos* (Figura 17.20). Ambas as leveduras, saprofíticas ou patogênicas, como a *Candida albicans,* são comuns na natureza. Aqui enfocamos na levedura *Saccharomyces* como um modelo de ascomiceto.

### *Saccharomyces cerevisiae*

As células de *Saccharomyces* e outros ascomicetos unicelulares são normalmente esféricas, ovais ou cilíndricas, e a divisão celular ocorre geralmente por brotamento. No processo de brotamento, uma nova célula é formada como uma pequena protuberância da célula antiga; o broto gradualmente aumenta de tamanho e, então, separa-se da célula parental (Figuras 17.22 e 17.26).

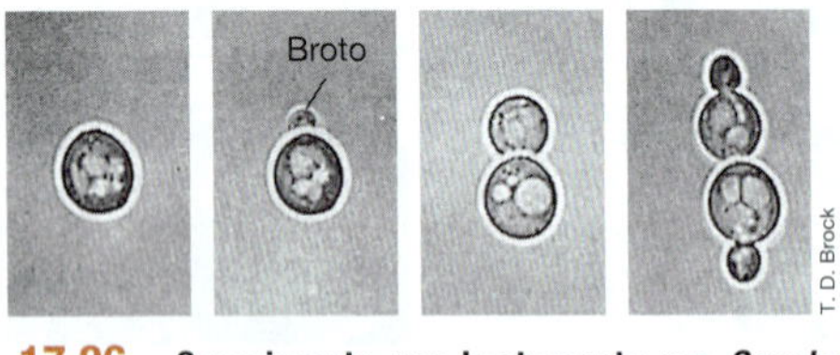


**Figura 17.26 Crescimento por brotamento em *Saccharomyces cerevisiae*.** Micrografia de contraste de fase de uma série em diferentes tempos, mostrando o processo de divisão do broto começando de uma célula única. Observe o núcleo acentuado. Uma célula sozinha de *S. cereviseae* tem aproximadamente 6 μm de diâmetro.

As células leveduriformes são geralmente maiores do que as células bacterianas e podem ser distinguidas das bactérias microscopicamente devido seu tamanho maior e pela presença óbvia de estruturas celulares internas, como o núcleo e vacúolos citoplasmáticos (Figura 17.26). As leveduras crescem em hábitats ricos em açúcar, como em frutas, flores e cascas de árvores. As leveduras são normalmente aeróbias facultativas, crescendo aerobiamente, bem como por fermentação. Diversas leveduras vivem simbioticamente com animais e seres humanos (⇄ Seção 32.2). As leveduras comerciais mais importantes são as leveduras de panificação e da cerveja, que são espécies de *Saccharomyces.* A levedura *S. cereviseae* tem sido estudada como um modelo eucarioto por muitos anos e foi o primeiro eucarioto a ter o seu genoma completamente sequenciado (⇄ Seção 6.6).

### Linhagens sexuais e reprodução sexuada em *Saccharomyces*

*Saccharomyces* podem se reproduzir por via sexuada, em que duas células se fundem. No interior da célula fundida, denominada *zigoto*, ocorre meiose e eventualmente são formados ascósporos. O ciclo de vida do *S. cerevisiae* é descrito na **Figura 17.27**. As células de *S. cerevisiae* podem ser encontradas na forma vegetativa em ambos os estágios haploides e diploides. *S. cerevisiae* forma dois diferentes tipos de células haploides chamadas de *linhagens sexuais.* Estes são designados como α (alfa) e *a* (codificadas pelos genes α e *a*), eles são análogos aos gametas masculinos e femininos. Os genes α e *a* regulam a produção de hormônios peptídicos fator α ou fator *a,* que são excretados pela levedura durante o cruzamento. Esses hormônios ligam-se às células do tipo de linhagem sexual oposta, promovendo modificações em sua superfície celular, de forma a permitir a fusão; uma vez ocorrido o acasalamento, os núcleos fundem-se, originando um zigoto diploide (**Figura 17.28**). O zigoto cresce vegetativamente por brotamento, mas em condições de privação nutricional ele sofrerá meiose, originando novamente os ascósporos (Figura 17.27).

Linhagens haploides de *S. cerevisiae* são predispostas geneticamente a ser *a* ou α, mas, no entanto, são capazes de alternar sua linhagem sexual. Esta alternância ocorre quando o gene de cruzamento ativo é substituído por um entre dois genes "silenciados", como mostra a **Figura 17.29**. Há uma única região em um dos cromossomos de *S. cerevisiae*, denominada lócus *MAT* (do inglês, *mating type*), onde apenas um gene *a* ou α pode ser inserido. Nesse *locus*, o promotor *MAT* controla a transcrição de qualquer gene que esteja presente. Quando um gene *a* encontra-se nesse *locus*, a célula será do tipo de linhagem sexual *a*, por outro lado, se for um gene α, a célula será do tipo linhagem sexual α. Em outras regiões do genoma da levedura, existem cópias dos genes *a* e α que não são expressos, e eles são fonte para o gene inserido. Quando ocorre a alternância (Figura 17.29), o gene apropriado, *a* ou α, é copiado a partir de seu sítio silencioso, e inserido no *locus MAT*, substituindo o gene presente. O gene do tipo de linhagem sexual antigo é removido e descartado, e o novo gene é inserido. Qualquer gene que seja inserido no *locus MAT* regulará o tipo de linhagem sexual da levedura. Isto é possível para células de uma cultura

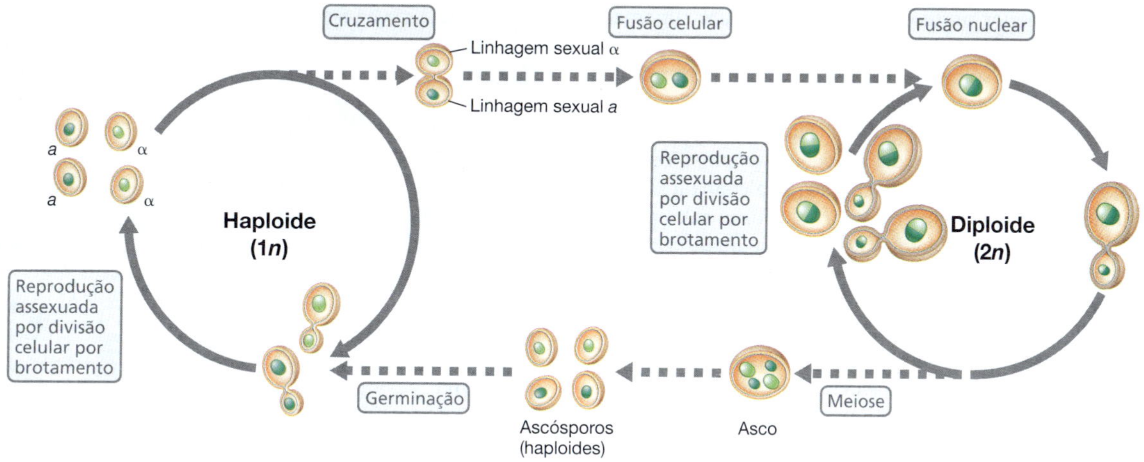


**Figura 17.27** **Ciclo de vida de uma levedura ascomicética típica, *Saccharomyces cerevisiae*.** As células podem crescer vegetativamente por longos períodos como células haploides ou diploides antes dos eventos do ciclo de vida (linhas tracejadas), gerando alternância na forma genética.

pura de *S. cerevisiae* derivada de uma única célula de linhagem sexual, seguida de uma alternância de linhagem sexual em uma ou mais células na cultura.

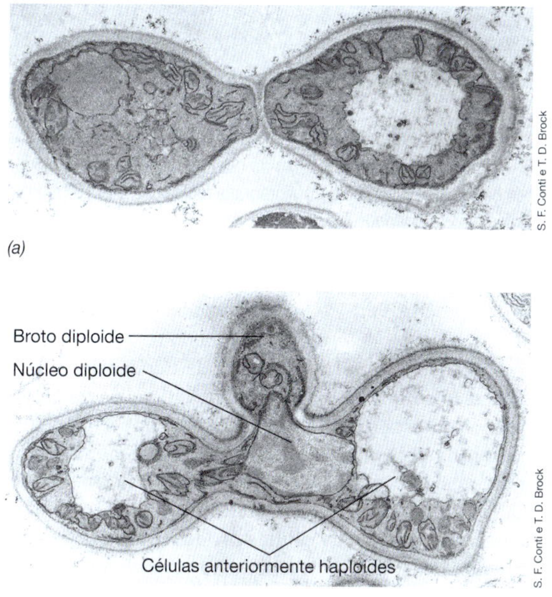


**Figura 17.28** **Micrografia eletrônica do cruzamento da levedura ascomicética *Hansenula wingei*.** *(a)* Duas células se fundiram a partir do ponto de contato. *(b)* Estágio tardio do cruzamento. Os núcleos das duas células fundiram-se, sendo originado um broto diploide, situado perpendicularmente às células em cruzamento. Este broto torna-se o progenitor de uma linhagem de células diploides. Uma célula de *Hansenula* tem aproximadamente 10 μm de diâmetro.

**MINIQUESTIONÁRIO**

- Os ascósporos são células haploides ou diploides?
- Explique como uma única célula haploide de *Saccharomyces* pode eventualmente formar uma célula diploide.

## 17.14 Cogumelos e outros Basidiomycetes

**Gêneros principais:** *Agaricus, Amanita*

Os Basidiomycetes constituem um grande grupo de fungos, com mais de 30.000 espécies descritas. Muitos correspondem aos comumente reconhecidos cogumelos e cogumelos venenosos, dos quais alguns são comestíveis, como o cogumelo *Agaricus* produzido comercialmente. Outros, como o cogumelo *Amanita* (**Figura 17.30*a***), são altamente venenosos. Outros basidiomicetos incluem *puffballs*,* *smuts*,** ferrugens e um importante patógeno fúngico humano, *Cryptococcus* (Seção 32.2). O que define a característica dos Basidiomycetes é o basídio, uma estrutura na qual os basidiósporos são formados por meiose. O basídio, conhecido como "pequeno pedestal" (Figura 17.30*c*), dá o nome a esse grupo.

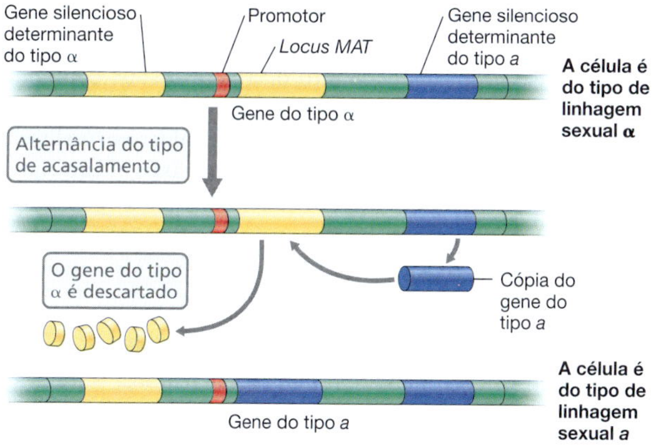


**Figura 17.29** **O mecanismo de cassete que alterna uma levedura ascomicética da linhagem sexual α para *a*.** O cassete inserido no *locus MAT* determina a linhagem sexual. O processo apresentado é reversível, de forma que a linhagem *a* também pode reverter à linhagem α.

* *Puffballs*: tipo de fungo cujo aspecto lembra uma bola inflada.
** *Smuts*: fungos causadores dos carvões.

Durante a maior parte de sua existência, um cogumelo desenvolve-se como um simples micélio haploide, crescendo vegetativamente no solo, em restos de folhas ou em troncos em decomposição. A fase reprodutiva sexuada dos basidiomicetos origina o conhecido cogumelo (Figuras 17.21 e 17.30). Nesse processo, os micélios de linhagens sexuais diferentes fundem-se, e o crescimento mais rápido do micélio dicariótico (dois núcleos por célula) formado por essa fusão sobrepõe-se aos micélios parentais haploides. Em seguida, quando as condições ambientais são favoráveis, geralmente após períodos de clima úmido e frio, o micélio dicariótico desenvolve-se em um corpo de frutificação.

O corpo de frutificação do cogumelo, denominado *basidiocarpo*, começa como um micélio que se diferencia em uma pequena estrutura com forma de botão subterrâneo e esta se expande até formar um basidiocarpo adulto que pode ser visto acima do solo, o cogumelo (Figuras 17.21 e 17.30). Os basídios dicarióticos são formados na face inferior do basidiocarpo, em regiões achatadas denominadas *lamelas*, que se encontram ligadas ao píleo do cogumelo (Figura 17.30*b*, *c*). Os basídios realizam então uma fusão dos dois núcleos, formando basídios com núcleos diploides. Os dois ciclos de divisão meiótica originam quatro núcleos haploides nos basídios e cada núcleo torna-se um basidiósporo. Os basidiósporos geneticamente distintos podem, então, ser dispersos pelo vento a novos hábitats, iniciando-se novamente o ciclo, germinando em condições favoráveis e desenvolvendo-se como micélios haploides (Figura 17.21).

**MINIQUESTIONÁRIO**
- Quais basidiomicetos são comestíveis?
- Os basidiósporos são haploides ou diploides?

**Figura 17.30 Cogumelos.** *(a) Amanita*, um cogumelo altamente venenoso. *(b)* Lamelas na parte de baixo do corpo de frutificação do cogumelo contendo basídios com esporos. *(c)* Micrografia óptica dos basídios e basidiósporos do cogumelo *Coprinus*.

# IV • Algas verdes e vermelhas

Concluímos nossa jornada pela diversidade microbiana eucariótica com as **algas**. Discutimos anteriormente somente as algas vermelhas e verdes originadas a partir da endossimbiose primária, enquanto outros protistas, contendo cloroplastos, foram resultantes da endossimbiose secundária (Figuras 17.2 e 17.3). Aqui focaremos nas algas vermelhas e verdes, um grupo amplo e diverso de organismos eucarióticos que possuem clorofila e realizam a fotossíntese aeróbia.

## 17.15 Algas vermelhas

**Gêneros principais:** *Polysiphonia, Cyanidium, Galdiera*

As algas vermelhas, também denominadas *rodófitas*, são encontradas principalmente em hábitats marinhos, porém algumas espécies vivem em hábitats de água doce e terrestres. Ambas as espécies unicelulares e multicelulares são conhecidas, e algumas destas são macroscópicas.

### Propriedades básicas

Algas vermelhas são fototróficas e contêm clorofila *a*; seus cloroplastos são desprovidos de clorofila *b*, mas contêm ficobiliproteínas, o principal pigmento captador das cianobactérias (Seção 13.2). A coloração avermelhada da maioria das algas vermelhas (**Figura 17.31**) resulta da ficoeritrina, um pigmento acessório que mascara a coloração verde da clorofila. Esse pigmento está presente juntamente com a ficocianina e aloficocianina em estruturas denominadas *ficobilissomos*, os componentes de captação de luz (antena) das cianobactérias. Em maiores profundidades de hábitats aquáticos, onde há menor penetração de luz, as células produzem maior quantidade de ficoeritrina, exibindo coloração vermelha mais escura, enquanto as espécies que vivem em menor profundidade frequentemente apresentam menos ficoeritrina, podendo exibir coloração verde (ver Figura 17.32).

A maioria das espécies de algas vermelhas é multicelular e desprovida de flagelos. Algumas são incluídas nas algas marinhas e atuam como fonte de ágar, o agente solidificador usado em meios bacteriológicos, e carrageninas, espessante e estabilizante utilizado na indústria alimentícia. Outras espécies de algas vermelhas, como as do gênero *Porphyra*, são coletadas, secas e utilizadas para fazer *sushi*. Diferentes espécies de algas vermelhas possuem morfologia filamentosa, folhosa ou, quando depositam carbonato de cálcio, *coralina* (semelhante a coral). A alga vermelha coralina possui um importante papel no desenvolvimento dos recifes de corais, ela auxilia os recifes a se fortalecerem contra os danos causados pelas ondas (Seção 22.14).

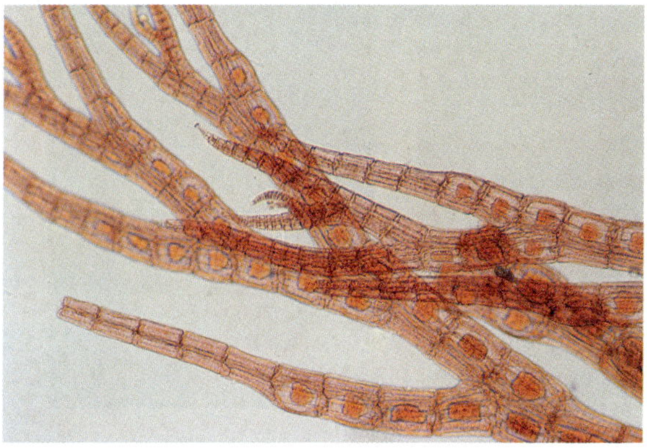

**Figura 17.31** ***Polysiphonia*, uma alga marinha filamentosa.** Micrografia óptica. *Polysophonia* crescendo aderida a superfície de plantas marinhas. As células são de aproximadamente 150 μm de extensão.

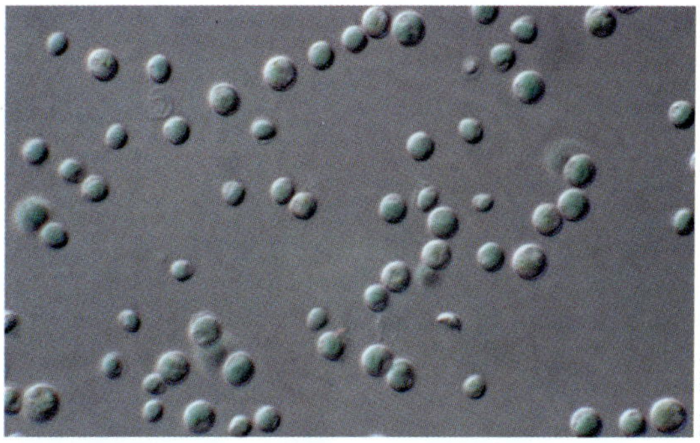

Richard W. Castenholz

**Figura 17.32** ***Galdieria*, uma alga unicelular vermelha.** Esta alga cresce em pH baixo e altas temperaturas em fontes termais. As células têm aproximadamente 25 μm de diâmetro exibindo coloração mais verde-azulada que vermelha porque *Galdieria* contém mais ficocianina que ficoeritrina e ficobilina. Consulte a página 543 para características interessantes do genoma de *Galdieria*.



### *Cyanidium* e relacionados

Também são conhecidas espécies unicelulares de algas vermelhas. Um deste grupo são os membros dos *Cyanidiales* que inclui os gêneros *Cyanadium*, *Cyanidioschyzon* e *Galdieria* (**Figura 17.32**), vivem em fontes termais ácidas, em temperaturas de 30° a 60°C e em valores de pH de 0,5 a 4,0; essas condições extremas impedem a existência de quaisquer outros microrganismos fototróficos (incluindo fototróficos anoxigênicos). As algas vermelhas unicelulares também são incomuns por outras razões. Por exemplo, as células de *Cyanidioschyzon merolae* são incomumente pequenas (diâmetro de 1 a 2 μm) para eucariotos, e o genoma dessa espécie, de aproximadamente 16,5 Mpb, é um dos menores conhecidos de um eucarioto fototrófico.

**MINIQUESTIONÁRIO**

- Quais características associam as cianobactérias às algas vermelhas?
- Quais as propriedades fisiológicas que podem ser necessárias para *Galdieria* viver em seu hábitat?

## 17.16 Algas verdes

**Gêneros principais:** *Chlamydomonas, Volvox*

As algas verdes, também denominadas *clorófitas*, possuem cloroplastos contendo clorofilas *a* e *b*, que lhes conferem a característica coloração verde, mas são desprovidas de ficobilinas e, por isso, não desenvolvem as cores vermelha ou verde-azulada das algas vermelhas (Figuras 17.31 e 17.32). Em relação à composição de seus pigmentos fotossintéticos, elas são similares às plantas, com as quais são estreitamente relacionadas no aspecto filogenético. Há dois grupos principais de algas verdes, as clorófitas, exemplificadas pelos organismos microscópicos *Chlamydomonas* e *Dunaliella* (**Figura 17.33*a***), e as carofíceas, como a *Chara* (Figura 17.33*b*), organismos macroscópicos que se assemelham às plantas terrestres e que são atualmente mais estritamente relacionadas com as plantas terrestres.

A maioria das algas verdes é encontrada em água doce, embora algumas sejam encontradas em solos úmidos ou crescendo na neve, à qual lhes confere coloração rósea (Figura 5.22). Outras algas verdes são simbiontes em líquens (Seção 22.1). A morfologia de clorófitas varia de unicelular (Figura 17.33*a*,*c*); a filamentosa, com células individuais organizadas extremidade com extremidade (Figura 17.33*e*); a **colonial**, na forma de agregados celulares (Figura 17.33*f*). Existem até mesmo espécies multicelulares, como no caso da alga marinha *Ulva*. A maioria das algas verdes possui um ciclo de vida complexo, com estágios reprodutivos sexuados e assexuados.

### Algas verdes muito pequenas e algas verdes coloniais

Um dos menores eucariotos conhecido é a alga verde *Ostreococcus tauri*, uma espécie unicelular comum do fitoplâncton marinho (Seção 19.10). As células de *O. tauri* possuem diâmetro de aproximadamente 2 μm e o menor genoma conhecido de eucarioto fototrófico, com aproximadamente 12.6 Mpb. *Ostreococcus* proporcionam, assim, um organismo-modelo para o estudo sobre a evolução do seu genoma e especialização em eucariotos.

No nível de organização colonial nas algas verdes temos o *Volvox* (Figura 17.33*f*). Esta alga forma colônias compostas por diversas células flageladas, algumas das quais são móveis e outras são principalmente para realizar a fotossíntese, outras ainda se especializaram na reprodução. Células nas colônias de *Volvox* são interconectadas por ligamentos finos de citoplasma que permitem que toda colônia nade em coordenação. *Volvox* tem sido um modelo, por muito tempo, de estudo do controle dos mecanismos genéticos multicelulares e de distribuição de funções entre as células em organismos multicelulares.

Algumas algas verdes coloniais têm potencial para ser fonte de biocombustíveis. Por exemplo, a alga colonial verde *Botryococcus braunii* excreta longas cadeias ($C_{30}$–$C_{36}$) de hidrocarbonetos que possuem a consistência de petróleo bruto (Figura 17.33*g*). Aproximadamente 30% das células secas de *B. braunii* consistem em petróleo, e tem havido maior interesse em usar esta e outras algas produtoras de óleo como fontes renováveis de petróleo. Evidências, a partir de estudos com biomarcadores, têm mostrado que, algumas reservas de petróleo conhecidas se originaram a partir de algas verdes

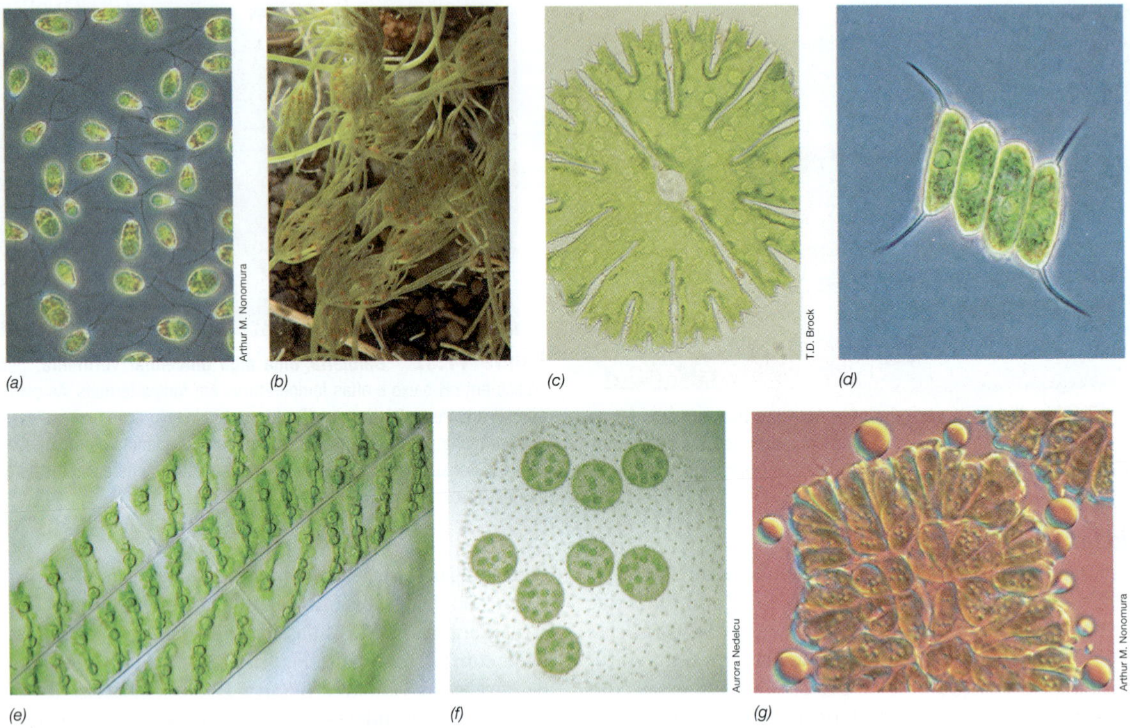


**Figura 17.33** **Algas verdes.** *(a)* Uma alga verde unicelular flagelada, *Dunaliella*. A célula tem aproximadamente 5 μm de extensão. *(b) Chara*, a alga verde parecida com planta. *(c) Micrasteriais*. Esta é uma célula única multilobada com aproximadamente 100 μm de extensão. *(d) Scenedesmus*, mostrando grupos de quatro células cada. *(e) Spirogyra*, uma alga filamentosa com células de aproximadamente 20 μm de extensão. Observe os cloroplastos verdes com forma de espiral. *(f)* Colônia de *Volvox carteri* com oito colônias-filhas. *(g)* O petróleo produzido pela alga verde *Botryococcus braunii*. Observe gotículas do óleo excretado ao redor da célula.

como *B. braunii*, que se estabeleceram em leitos de lagos há tempos. Assim, o aumento da produção comercial de petróleo poderia ser satisfeito a partir de algas, e é possível que algumas partes das provisões de petróleo mundial poderiam, algum dia, vir da fotossíntese pelas algas verdes. Além disso, a água absorvida pelas rochas porosas torna-as mais transparentes, fornecendo, dessa maneira, mais luz para as camadas contendo algas.

## Fototróficos endolíticos

Algumas algas verdes crescem no interior de rochas. Esses fototróficos *endolíticos* (*endo* significa "dentro") habitam rochas porosas, como, por exemplo, aquelas contendo quartzo, e são normalmente encontrados nas camadas próximas à superfície da rocha (**Figura 17.34**). Comunidades fototróficas endolíticas são mais comuns em ambiente secos, como os desertos, ou ambientes frios e secos, como a Antártida. Por exemplo, em McMurdo, nos Vales Secos da Antártida, onde as temperaturas e umidade são extremamente baixas (⇄ Figura 5.21*d*), a vida no interior das rochas apresenta vantagens. As rochas são aquecidas pelo sol, e a água proveniente do derretimento da neve pode ser absorvida e retida por longos períodos, suprindo a umidade necessária ao crescimento.

Uma grande variedade de organismos fototróficos pode formar comunidades endolíticas, incluindo as cianobactérias e diversas algas verdes (Figura 17.34). Além de fototróficas de vida livre, algas verdes e cianobactérias coexistem com fungos, em comunidades de líquens endolíticos (⇄ Seção 22.1 para a discussão da simbiose que origina os líquens). O metabolismo e crescimento dessas comunidades no interior das rochas promovem seu lento desgaste, levando ao desenvolvimento de fissuras por onde a água pode penetrar,

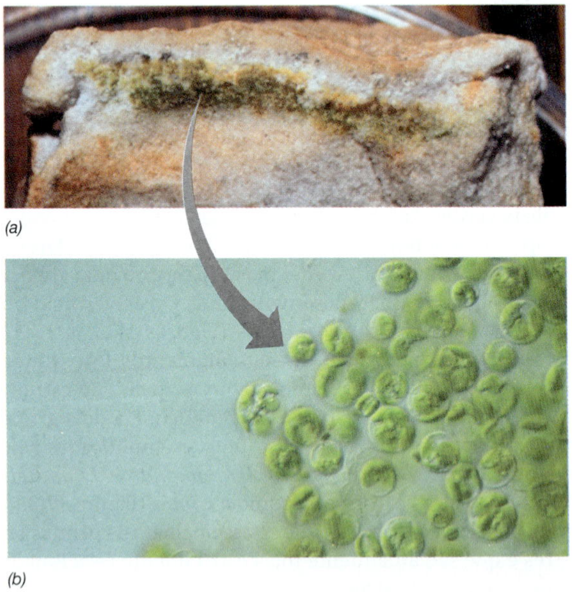


**Figura 17.34** **Fototróficos endolíticos.** *(a)* Fotografia de uma rocha calcária das regiões dos Vales Secos na Antártida, a quebra mostra uma camada de algas verdes endolíticas. *(b)* Micrografia óptica das células da alga verde *Trebouxia*, uma alga verde endolítica muito disseminada na Antártida.

congelar e descongelar, eventualmente produzindo fendas e gerando novos hábitats para a colonização microbiana. A decomposição das rochas também forma solo bruto que pode suportar o desenvolvimento de comunidades de plantas e animais em ambientes onde as condições (temperatura, umidade, entre outras) permitem.

**MINIQUESTIONÁRIO**

- Quais as propriedades que conectam as algas verdes às plantas?
- O que é incomum nas algas verdes *Ostreococcus*, *Volvox* e *Botryococcus*?
- O que são endolíticos fototróficos?

# CONCEITOS IMPORTANTES

**17.1** • As organelas fundamentais no metabolismo dos eucariotos são os cloroplastos, com função de fotossíntese, e as mitocôndrias e hidrogenossomos, com função de respiração e fermentação. Essas organelas foram orginalmente bactérias que estabeleceram residência permanente dentro de outras células (endossimbiose).

**17.2** • Sequências do gene do RNA ribossomal não produzem uma árvore filogenética confiável dos eucariotos, assim como outros genes e proteínas. A árvore moderna multigênica dos eucariotos mostra uma maior radiação da diversidade eucariótica emergindo após os eventos simbióticos que levaram a mitocôndria.

**17.3** • Diplomonadídeos, como a *Giardia*, são protistas não fototróficos unicelulares e flagelados. Parabasalídeos, como as *Trichomonas*, são patógenos humanos que possuem um genoma enorme com ausência de íntrons.

**17.4** • Euglenozoários são protistas flagelados unicelulares. Alguns são fototróficos. Este grupo inclui alguns patógenos humanos importantes, como os *Trypanosoma*, e outros não patógenos muito estudados como a *Euglena*.

**17.5** • Três grupos fazem parte dos alveolados: ciliados, dinoflagelados e os apicomplexos. A maioria dos ciliados e dinofalgelados são organismos de vida livre, enquanto os apicomplexos são parasitas animais obrigatórios.

**17.6** • Estramenópilos são protistas que apresentam um flagelo com extensões finas como pelos. Eles incluem os oomicetos, as diatomáceas e as algas douradas e marrons.

**17.7** • Cercozoários e radiolários são dois grupos relacionados de protistas. Os cercozoários incluem os cloraracniófitas e foraminíferos, enquanto os radiolários são quimiorganotróficos.

**17.8** • Amebozoários são protistas que usam pseudópodes para se mover e se alimentar. Dentro dos amebozoários estão as gymnamoebas, as entamoebas e os bolores limosos. Os bolores limosos plasmodiais formam uma massa de protoplasma móvel, enquanto os bolores limosos celulares são células individuais que se agregam formando um corpo de frutificação a partir do qual os esporos são liberados.

**17.9** • Os fungos incluem os bolores, cogumelos e as leveduras. Além da filogenia, os fungos diferem primariamente dos protistas por possuírem uma parede celular rígida, pela produção de esporos e ausência de motilidade.

**17.10** • Uma variedade de esporos sexuados é produzida pelos fungos, como os ascósporos, basidiósporos e zigósporos. A partir do ponto de vista da filogenética, os fungos são estritamente relacionados com os animais, e os quitridiomicetos são a linhagem mais antiga dos fungos.

**17.11** • Quitrídios são primariamente fungos aquáticos e acredita-se que são os fungos mais antigos, na base de todos os grupos de fungos da árvore genética do RNAr 18S. Alguns quitrídios são patógenos de anfíbios.

**17.12** • Zigomicetos possuem hifas cenocíticas e sofrem reproduções assexuada e sexuada, o bolor comum de pão *Rhizopus*, é um bom exemplo. Microsporídia, que se acreditava serem a linhagem ancestral dos eucariotos, são estritamente relacionados com os zigomicetos. Glomeromicetos são fungos que formam associações endomicorrízicas com as plantas.

**17.13** • Os ascomicetos são um grupo grande e diverso de fungos saprofíticos. Alguns como a *Candida albicans* podem ser patógenos humanos. Existem duas linhagens sexuais na levedura *Saccharomyces cerevisiae*, e as células leveduriformes podem se converter de um tipo a outro pelos mecanismos genéticos de troca.

**17.14** • Nos basidiomicetos estão os cogumelos, "*puffballs*", "*smuts*" e as ferrugens. Os basidiomicetos possuem ambas as reproduções vegetativas, como micélio haploide e a reprodução sexuada pela fusão de duas linhagens sexuais e formação de basidiósporos haploides.

**17.15** • As algas vermelhas são predominantemente marinhas e variam de unicelulares a multicelulares. Sua cor avermelhada é devido ao pigmento ficoeritrina, o principal pigmento das cianobactérias presente nos cloroplastos.

**17.16** • Algas verdes são comuns em ambientes aquáticos e podem ser unicelulares, filamentosas, coloniais e multicelulares. A alga verde unicelular, *Ostreococcus*, possui o menor genoma conhecido de eucariotos fototróficos, enquanto a alga verde *Volvox* é um modelo de fototrófico colonial.

## REVISÃO DOS TERMOS-CHAVE

**Algas** são eucariotos fototróficos, tanto microrganismos como organismos macroscópicos.

**Bolores limosos** protista não fototrófico, desprovido de parede celular e que se agrega, formando estruturas de frutificação (bolores limosos celulares) ou massas de protoplasma (bolores limosos acelulares).

**Cenocítico** presença de múltiplos núcleos em hifas fúngicas sem septos.

**Ciliados** protistas caracterizados em parte pela rápida motilidade, dirigida por inúmeros apêndices curtos, denominados cílios.

**Cogumelo** o corpo de frutificação situado acima do solo, ou basidiocarpo, de fungos basidiomicetos.

**Colonial** forma de crescimento apresentada por certos protistas e algas verdes, onde diversas células crescem juntas, cooperando na alimentação, motilidade ou reprodução; forma primitiva de multicelularidade.

**Conídios** esporos assexuados de fungos.

**Endossimbiose secundária** aquisição de uma célula de alga vermelha ou verde por uma célula eucariótica contendo mitocôndria.

**Fagocitose** mecanismo de ingestão de partículas alimentares, no qual uma porção da membrana citoplasmática circunda a partícula, conduzindo-a para o interior da célula.

**Fungos** microrganismos eucarióticos não fototróficos, contendo parede celular rígida.

**Hipótese da endossimbiose** a ideia de que uma bactéria aeróbia e uma cianobactéria foram estavelmente incorporadas em outro tipo de célula para originar a mitocôndria e o cloroplasto, respectivamente, das células eucarióticas.

**Levedura** a forma de crescimento unicelular de vários fungos.

**Protistas** microrganismos eucarióticos, unicelulares; podem ser flagelados ou não flagelados, fototróficos ou não fototróficos, e a maioria é desprovida de parede celular; também referidos como protozoários.

**Quitina** é um polímero de *N*-acetilglicosamina comumente encontrado nas paredes celulares de fungos.

## QUESTÕES PARA REVISÃO

1. Se a estreptomicina bloqueia a síntese nas organelas, o que isso pode informá-lo sobre as organelas, em relação às bactérias? (Seção 17.1)
2. Diferencie endossimbiose primária e secundária. Quais grupos de protistas são derivados dessa forma de endossimbiose? (Seção 17.1).
3. Examine a árvore filogenética da vida na Figura 1.6*b*. De que forma e por que ela difere da árvore na Figura 17.3? (Seção 17.2).
4. De que forma os diplomonadídeos e parabasalídeos diferem um do outro? (Seção 17.3).
5. Qual a característica morfológica que une os cinetoplastídeos e os euglenídeos? (Seção 17.4).
6. Quais organismos causam as "marés vermelhas" e por que estes organismos são tóxicos? (Seção 17.5).
7. A respeito dos pigmentos fotossintéticos, como as algas douradas e as algas marrons são similares? (Seção 17.6).
8. Quais as ligações morfológicas entre os cercozoários e os radiolários e diferencie-os dos demais protistas? (Seção 17.7).
9. Embora *Dictyostelium* e *Physarum* sejam fungos limosos, quais as principais diferenças entre eles? Explique. (Seção 17.8).
10. Qual a maior diferença entre um bolor e uma levedura? (Seção 17.9).
11. Liste as diferenças entre os dois tipos de esporos sexuados fúngicos. Os conídios são esporos sexuados ou assexuados? (Seção 17.10).
12. De que forma os quitrídios diferem dos demais fungos? (Seção 17.11).
13. Qual a principal característica ecológica dos glomeromicetos? (Seção 17.12).
14. Como a linhagem sexual das leveduras é determinada? (Seção 17.13).
15. Qual a característica morfológica que une os basidiomicetos, e onde esta característica é encontrada? (Seção 17.14).
16. Em quais tipos de hábitats é provável encontrar algas vermelhas? (Seção 17.15).
17. Quais características ligam as algas vermelhas e as plantas? (Seção 17.16).

## QUESTÕES APLICADAS

1. Explique por que o processo de endossimbiose pode ser considerado como um evento primitivo e um evento mais recente. Quais as vantagens que a endossimbiose pode promover ao endossimbionte e ao hospedeiro?
2. Resuma a evidência da endossimbiose. Como a hipótese da endossimbiose pode ter surgido antes da era da biologia molecular? Como a biologia molecular sustenta esta teoria?

CAPÍTULO

# 18 Métodos em ecologia microbiana

## microbiologia**hoje**

### Costurando genomas

Até os dias atuais, apenas uma pequena fração da diversidade microbiana já foi cultivada em laboratório. Apesar de serem discutidos neste capítulo métodos avançados que estão ajudando a cultivar microrganismos anteriormente incultiváveis, o sequenciamento de DNA recuperado diretamente a partir de uma amostra ambiental é uma forma alternativa para avaliar as capacidades metabólicas de uma comunidade microbiana natural.

Esta abordagem, chamada *metagenômica*, relata sequências genéticas para funções bioquímicas específicas, revelando a capacidade metabólica e outras características de uma comunidade microbiana. No entanto, as comunidades microbianas não são simplesmente uma coleção de genes; ao contrário, elas representam um sistema de organismos que interagem entre si, sendo que cada um contém um complemento de genes específicos que determinam as propriedades desse organismo. Para alcançar uma verdadeira compreensão de sua função no ecossistema, um passo essencial é compreender os genomas individuais.

A capacidade de reunir genomas completos contendo centenas de milhões de pequenos pedaços de sequência (geralmente com 50-200 nucleotídeos) obtidos em uma análise metagenômica tem recentemente se tornado possível por meio de métodos computacionais. A figura ao lado mostra um "gráfico de conexão", que retrata uma montagem de genomas de uma amostra de água marinha costeira. Um total de 58,5 *bilhões* de nucleotídeos no metagenoma foram usados para agregar estes genomas.[1] As linhas foram coloridas de acordo com as diferenças na porcentagem do conteúdo de guanina e citosina de seus DNAs genômicos. As linhas longas correspondem aos genomas procarióticos e as pequenas circulares são provavelmente de vírus ou plasmídeos.

Este estudo metagenômico maciço valeu a pena, uma vez que revelou a capacidade fisiológica de um abundante grupo de Euryarchaeota (*Archaea*) marinho não cultiváveis. Os genomas destes organismos mostraram que eles são foto-heterótrofos móveis, usam proteínas e lipídeos como fonte de carbono e utilizam a luz como fonte de energia.

[1] Iverson V., et al. 2012. Untangling genomes from metagenomes: Revealing an uncultured class of marine Euryarchaeota. *Science 335*: 587–590.

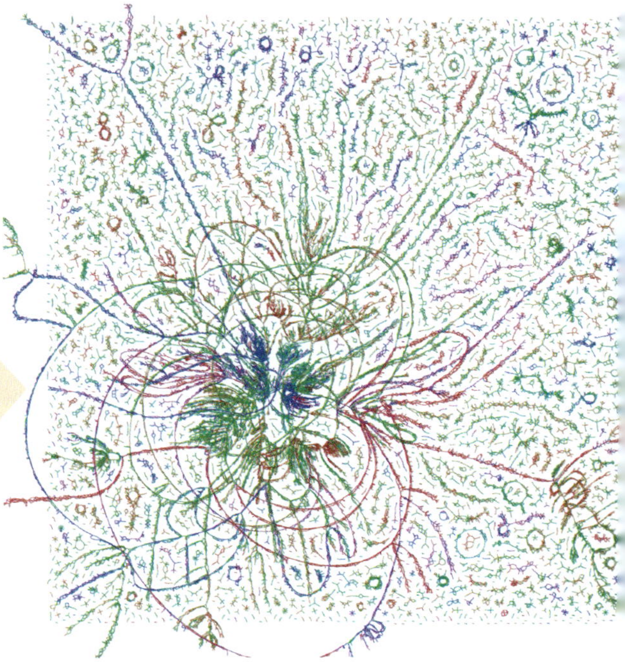


I Análises de comunidades microbianas dependentes de cultivo 568

II Análises microscópicas de comunidades microbianas independentes de cultivo 575

III Análises genéticas de comunidades microbianas independentes de cultivo 579

IV Medida das atividades microbianas na natureza 587

Começa-se agora uma nova unidade dedicada aos microrganismos em seus hábitats naturais. Estudou-se, no Capítulo 1, que as *comunidades microbianas* consistem em populações de células vivendo em associação com outras populações na natureza. A ciência da **ecologia microbiana** está focada na forma como as populações microbianas se agrupam para formar comunidades e a maneira pela qual as comunidades microbianas interagem entre si e com seu meio ambiente.

Os principais componentes da ecologia microbiana são a *biodiversidade* e a *atividade microbiana*. Para estudar a biodiversidade, os ecologistas microbianos devem ser capazes de identificar e quantificar os microrganismos diretamente em seus hábitats. Esse conhecimento é frequentemente útil no isolamento de organismos de interesse, outro importante objetivo da ecologia microbiana. Para o estudo da atividade microbiana, os ecologistas avaliam os processos metabólicos que os microrganismos executam em seus hábitats. Neste capítulo, serão considerados métodos modernos de avaliação da diversidade e atividade microbiana. O Capítulo 19 irá delinear os princípios básicos da ecologia microbiana e examinará os tipos de ambientes nos quais os microrganismos habitam. Os Capítulos 20, 21 e 22 concluirão nossa cobertura da ecologia microbiana com uma consideração sobre a ciclagem de nutrientes, aplicados em microbiologia, e o papel que os microrganismos exercem nas associações simbióticas com as formas de vida mais complexas.

Inicia-se com a caixa de ferramentas dos ecologistas microbianos, a qual inclui um conjunto de poderosas ferramentas para dissecar a estrutura e a função das comunidades microbianas em relação aos seus hábitats naturais.

# I • Análises de comunidades microbianas dependentes de cultivo

A maioria dos microrganismos, mais de 99% de todas as espécies, nunca foi cultivada em laboratório. O reconhecimento deste fato teve como base pesquisas de diversidade molecular (Seções 18.3-18.7) dos hábitats microbianos, e estas têm estimulado o desenvolvimento de novos métodos para *isolar* as espécies de microrganismos a fim de estabelecer culturas puras. O cultivo de um microrganismo permanece a única maneira de caracterizar completamente suas propriedades e prever o seu impacto no ambiente.

Na primeira parte deste capítulo, será abordado o enriquecimento, um método consagrado e útil para isolar microrganismos na natureza, mas com limitações. O método de enriquecimento baseia-se no cultivo em meio seletivo e as ferramentas e métodos utilizados nesta abordagem são retratados coletivamente como análises *dependentes do cultivo*. Como será visto, um progresso considerável tem sido feito em cultivar microrganismos mais evasivos em populações naturais, utilizando a robótica para criar um grande número de culturas de enriquecimento que pode ser monitorado usando ferramentas moleculares. Na segunda e terceira partes deste capítulo, serão consideradas algumas técnicas de análises *independentes de cultivo*, as quais podem nos dizer muito sobre a estrutura e função das comunidades microbianas, na ausência de culturas em laboratório. Na parte final deste capítulo, serão retratados métodos para avaliar a atividade microbiana na natureza e a relação dessas atividades a organismos específicos.

## 18.1 Enriquecimento

Para uma **cultura de enriquecimento**, são escolhidos um meio e um conjunto de condições de incubação que sejam *seletivos* para o organismo desejado e não seletivos para organismos indesejados. As culturas de enriquecimento eficazes reproduzem, da forma mais fiel possível, os recursos e as condições de um nicho ecológico em particular. Literalmente, centenas de estratégias de enriquecimento foram desenvolvidas, sendo uma visão geral sobre algumas bem-sucedidas apresentada nas **Tabelas 18.1** e **18.2**.

### Inóculo

Culturas de enriquecimento bem-sucedidas precisam de um inóculo apropriado, contendo o organismo de interesse. Assim, culturas de enriquecimento são iniciadas pela amostragem do hábitat apropriado (Tabelas 18.1 e 18.2). Culturas de enriquecimento são estabelecidas aplicando-se o inóculo em meios seletivos e realizando-se a incubação em condições específicas. Com esse procedimento, muitos procariotos comuns podem ser isolados. Por exemplo, o grande microbiologista holandês, Martinus Beijerinck, descobridor da técnica da cultura de enriquecimento (Seção 1.9), foi o primeiro a isolar a bactéria fixadora de $N_2$, *Azotobacter*, utilizando uma estratégia clássica de enriquecimento (**Figura 18.1**). Pelo fato de *Azotobacter* ser uma bactéria de crescimento rápido, capaz de fixar $N_2$ no ar (Seção 3.17), o enriquecimento utilizando meios destituídos de amônia ou outras formas de nitrogênio fixado e incubados no ar é altamente seletivo para essa bac-

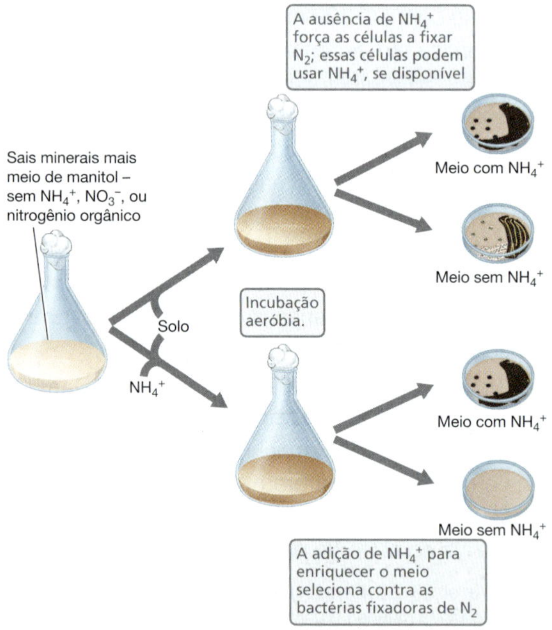


**Figura 18.1** **O isolamento de *Azotobacter*.** A seleção de bactérias aeróbias fixadoras de nitrogênio geralmente resulta no isolamento de *Azotobacter* ou bactérias relacionadas. Ver Seção 1.9 e Figura 1.23 para informações sobre a importância histórica da bactéria *Azotobacter*.

**Tabela 18.1 Alguns métodos de cultura de enriquecimento de bactérias fototróficas e quimiolitotróficas**

Bactérias fototróficas de luz: principal fonte de C, $CO_2$

| *Condição de incubação* | *Organismos enriquecidos* | *Inóculo* |
|---|---|---|
| *Incubação no ar* | | |
| $N_2$ como fonte de nitrogênio | Cianobactérias | Água de lago ou lagoa; lodos ricos em sulfeto; água estagnada; esgoto bruto; matéria úmida de folhas em decomposição; solo úmido exposto à luz |
| $NO_3^-$ como fonte de nitrogênio, 55°C | Cianobactérias termofílicas | Camadas microbianas de fontes termais |
| *Incubação anóxica* | | |
| $H_2$ ou ácidos orgânicos; $N_2$ como única fonte de nitrogênio | Bactérias púrpuras não sulfurosas, heliobactérias | Idem ao item anterior mais água de lagos hipolimnéticos; solo pasteurizado (heliobactérias); massas microbianas para espécies termofílicas |
| $H_2S$ como doador de elétrons | Bactérias púrpuras e verdes sulfurosas | |
| $Fe^{2+}$, $NO_2^-$ como doador de elétrons | Bactérias púrpuras | |

Bactérias quimiolitotróficas na ausência de luz: $CO_2$ como principal fonte de C (o meio deve ser desprovido de C orgânico)

| *Doador de elétrons* | *Aceptor de elétrons* | *Organismos enriquecidos* | *Inóculo* |
|---|---|---|---|
| *Incubação no ar: respiração aeróbia* | | | |
| $NH_4^+$ | $O_2$ | Bactérias oxidantes de amônia (*Nitrosomonas*) ou arqueias (*Nitrosopumilus*) | Solo, lodo; efluente de esgoto |
| $NO_2^-$ | $O_2$ | Bactérias oxidantes de nitrito (*Nitrobacter*, *Nitrospira*) | |
| $H_2$ | $O_2$ | Bactérias do hidrogênio (vários gêneros) | |
| $H_2S$, $S^0$, $S_2O_3^{2-}$ | $O_2$ | Espécies de *Thiobacillus* | |
| $Fe^{2+}$, pH baixo | $O_2$ | *Acidithiobacillus ferrooxidans* | |
| *Incubação anóxica* | | | |
| $S^0$, $S_2O_3^{2-}$ | $NO_3^-$ | *Thiobacillus denitrificans* | Lodo, sedimentos de lagos, solo |
| $H_2$ | $NO_3^-$ | *Paracoccus denitrificans* | |
| $Fe^{2+}$, pH neutro | $NO_3^-$ | *Acidovorax* e várias outras bactérias autotróficas gram-negativas | |

téria e outros microrganismos semelhentes. Dessa maneira, organismos não fixadores de nitrogênio ou fixadores de nitrogênio anaeróbios são excluídos.

## Resultados das culturas de enriquecimento

Para obter sucesso com culturas de enriquecimento, os cuidados em relação ao meio de cultura e às condições de incubação são importantes. Isto é, tanto os *recursos* (nutrientes) como as *condições* (temperatura, pH, considerações osmóticas, etc.) devem ser otimizados em uma cultura de enriquecimento, a fim de aumentar ao máximo a possibilidade de obtenção do organismo de interesse (⇄ Tabela 19.1). Algumas culturas de enriquecimento nada produzem. Isso pode ocorrer quando o organismo capaz de crescer nas condições de enriquecimento especificadas não se encontra presente no hábitat (i.e., nem todos os organismos são encontrados em todos os ambientes). Alternativamente, um enriquecimento negativo pode ocorrer mesmo quando o organismo de interesse encontra-se presente na amostra do hábitat, porque os recursos e as condições para seu cultivo laboratorial foram insuficientes para seu enriquecimento. Assim, as culturas de enriquecimento podem comprovar a presença (um organismo com determinadas capacidades existe em um ambiente particular), porém nunca podem comprovar que tal organismo não existe no ambiente. Além disso, o isolamento do organismo desejado a partir de uma cultura de enriquecimento não traz qualquer informação sobre a importância ecológica ou abundância do organismo em seu hábitat; um enriquecimento positivo apenas comprova que o organismo encontrava-se presente na amostra e, em teoria, requer a presença de apenas uma única célula viável.

## A coluna de Winogradsky

A **coluna de Winogradsky** é um ecossistema microbiano artificial que pode ser utilizado como fonte duradoura de bactérias para culturas de enriquecimento. Colunas de Winogradsky foram rotineiramente utilizadas no isolamento de bactérias púrpuras e verdes fototróficas, bactérias redutoras de sulfato e outros organismos anaeróbios. Assim denominada em homenagem ao famoso microbiologista russo, Sergei Winogradsky (⇄ Seção 1.9), a coluna foi primeiramente utilizada por ele no final do século XIX para estudar os microrganismos de solo.

Uma coluna de Winogradsky é preparada preenchendo-se cerca da metade de um cilindro de vidro com lodo orgânico, preferencialmente contendo sulfeto, ao qual foram misturados substratos contendo carbono. Os substratos determinarão quais organismos serão enriquecidos. Os substratos fermentativos, como a glicose, podem levar a condições indesejáveis de acidose e formação excessiva de gás (o que pode criar bolsões de ar que interrompem o enriquecimento). O lodo é

UNIDADE 4

**Tabela 18.2 Alguns métodos de cultura de enriquecimento para bactérias quimiorganotróficas e bactérias anaeróbias estritas[a]**

| *Doador de elétrons e fonte de nitrogênio* | *Aceptor de elétrons* | *Organismos típicos de meios enriquecidos* | *Inóculo* |
|---|---|---|---|
| *Incubação no ar: respiração aeróbia* | | | |
| Lactato + $NH_4^+$ | $O_2$ | *Pseudomonas fluorescens* | Solo, lodo; sedimentos de lagos; vegetação em decomposição; pasteurizar o inóculo (80°C por 15 min) para o enriquecimento de todos *Bacillus* |
| Benzoato + $NH_4^+$ | $O_2$ | *Pseudomonas fluorescens* | |
| Amido + $NH_4^+$ | $O_2$ | *Bacillus polymyxa*, outros *Bacillus* spp. | |
| Etanol (4%) + 1% de extrato de levedura, pH 6,0 | $O_2$ | *Acetobacter*, *Gluconobacter* | |
| Ureia (5%) + 1% de extrato de levedura | $O_2$ | *Sporosarcina ureae* | |
| Hidrocarbonetos (p. ex., óleo mineral, gasolina, tolueno) + $NH_4^+$ | $O_2$ | *Mycobacterium*, *Nocardia*, *Pseudomonas* | |
| Celulose + $NH_4^+$ | $O_2$ | *Cytophaga*, *Sporocytophaga* | |
| Manitol ou benzoato, $N_2$ como fonte de N | $O_2$ | *Azotobacter* | |
| $CH_4$ + $NO_3^-$ | $O_2$ | *Methylobacter, Methylomicrobium* | Sedimentos do lago, termoclina de lago estratificado (Seção 19.8) |
| *Incubação anóxica: respiração anaeróbia* | | | |
| Ácidos orgânicos | $NO_3^-$ | *Pseudomonas* (espécies desnitrificantes) | Solo, lodo; sedimentos de lagos |
| Extrato de levedura | $NO_3^-$ | *Bacillus* (espécies desnitrificantes) | |
| Ácidos orgânicos | $SO_4^{2-}$ | *Desulfovibrio*, *Desulfotomaculum* | |
| Acetato, propionato, butirato | $SO_4^{2-}$ | Oxidantes de ácidos graxos e redutores de sulfato | Como acima; ou digestor de lodo de esgoto; conteúdo do rúmen; sedimentos marinhos |
| Acetato, etanol | $S^0$ | *Desulfuromonas* | |
| Acetato | $Fe^{3+}$ | *Geobacter*, *Geospirillum* | |
| Acetato | $ClO_3^-$ | Várias bactérias redutoras de clorato | |
| $H_2$ | $CO_2$ | Metanogênicos (apenas espécies quimiolitotróficas), homoacetogênicos | Lodo, sedimentos, lodo de esgoto |
| $CH_3OH$ | $CO_2$ | *Methanosarcina barkeri* | |
| $CH_3NH_2$ ou $CH_3OH$ | $NO_3^-$ | *Hyphomicrobium* | |
| Hidrocarbonetos | $SO_4^{2-}$ ou $NO_3^-$ | Bactérias anóxicas degradadoras de hidrocarbonetos | Água doce ou sedimentos marinhos |
| Acetato + $H_2$ + $NH_4^+$ | Tetracloroeteno (PCE) | Espécies de *Dehalococcoides* | Águas subterrâneas poluídas por PCE |
| *Incubação anóxica: fermentação* | | | |
| Glutamato ou histidina | Nenhum aceptor de elétrons exógeno acrescentado | *Clostridium tetanomorphum* ou outras espécies proteolíticas de *Clostridium* | Lodo, sedimentos de lagos; matéria vegetal ou animal em decomposição; laticínios (bactérias lácticas e propiônicas); conteúdo de rúmen ou intestinal (bactérias entéricas); lodo de esgoto; solo; pasteurizar o inóculo para enriquecimentos de *Clostridium* |
| Amido + $NH_4^+$ | Nenhum | Espécies de *Clostridium* | |
| Amido + $N_2$ como fonte de N | Nenhum | *Clostridium pasteurianum* | |
| Lactato + extrato de levedura | Nenhum | Espécies de *Veillonella* | |
| Glicose ou lactose + $NH_4^+$ | Nenhum | *Escherichia*, *Enterobacter*, outros organismos fermentativos | |
| Glicose + extrato de levedura (pH 5) | Nenhum | Bactérias lácticas (*Lactobacillus*) | |
| Lactato + extrato de levedura | Nenhum | Bactérias propiônicas | |
| Succinato + NaCl | Nenhum | *Propionigenium* | |
| Oxalato | Nenhum | *Oxalobacter* | |
| Acetileno | Nenhum | *Pelobacter* e outros fermentadores de acetileno | |

[a]Todos os meios devem conter um sortimento de sais minerais, incluindo N, P, S, $Mg^{2+}$, $Mn^{2+}$, $Fe^{2+}$, $Ca^{2+}$ e outros elementos-traço (Seções 3.1 e 3.2). Determinados organismos podem requerer vitaminas ou outros fatores de crescimento. Esta tabela visa oferecer uma visão geral de métodos de enriquecimento e não menciona o efeito que a temperatura de incubação pode causar no isolamento de espécies termofílicas (alta temperatura), hipertermofílicas (temperatura muito alta) e psicrofílicas (baixa temperatura), ou o efeito que o pH ou a salinidade extremos pode exercer, presumindo-se ter havido disponibilidade de um inóculo apropriado. Alguns substratos de enriquecimento são naturalmente mais específicos do que os outros. Por exemplo, a glicose é um substrato de enriquecimento bastante inespecífico em comparação com o benzoato ou com o metanol.

suplementado com pequena quantidade de carbonato de cálcio ($CaCO_3$) como tampão e sulfato de cálcio ($CaSO_4$) como fonte de sulfato. O lodo é compactado no recipiente, tomando-se cuidado para evitar o aprisionamento de ar, e, em seguida, é recoberto com água de lagoa, lago ou de fosso (ou água do mar, se a finalidade for uma coluna marinha). O topo do cilindro é coberto para evitar a evaporação, sendo o cilindro colocado próximo a uma janela para receber a luz solar suave e desenvolver-se durante um período de meses.

Em uma coluna de Winogradsky típica, uma comunidade diversa de organismos desenvolve-se (**Figura 18.2a**). Algas e cianobactérias surgem rapidamente nas porções superiores da coluna de água; ao produzirem $O_2$, esses organismos ajudam a manter essa região óxica. Processos de decomposição ocorrendo no lodo levam rapidamente à produção de ácidos orgânicos, alcoóis e $H_2$, substratos adequados para as bactérias redutoras de sulfato (Seção 13.18). O sulfeto originado da redução do sulfato promove o desenvolvimento de bactérias púrpuras e verdes sulfurosas (anoxigênicas fototróficas, Seções 13.3), que utilizam o sulfeto como doador fotossintético de elétrons. Esses organismos geralmente crescem em trechos do lodo situado nas bordas da coluna, embora possam florescer na própria água se os organismos fototróficos oxigênicos forem escassos (Figura 18.2*b*). Células pigmentadas de fototróficos anoxigênicos podem ser amostradas com uma pipeta para uso na microscopia, no isolamento e na caracterização (Tabela 18.1).

As colunas de Winogradsky foram utilizadas no enriquecimento de uma variedade de procariotos tanto aeróbios quanto anaeróbios. Além de permitir um imediato suprimento de inóculos para culturas de enriquecimento, as colunas também podem ser suplementadas com um composto não habitual, quando se deseja testar a hipótese da existência naquele inóculo de um organismo ou organismos capazes de degradá-lo. Uma vez estabelecido um enriquecimento bruto na coluna, meios de cultura podem ser inoculados e culturas puras podem ser obtidas, conforme discutido na próxima seção.

## Distorção do enriquecimento

Embora a técnica de cultura de enriquecimento seja uma potente ferramenta observa-se uma distorção, algumas vezes bastante grave, no resultado dos enriquecimentos típicos. Essa distorção geralmente é mais acentuada em culturas de enriquecimento líquidas, em que os organismos que têm crescimento mais rápido diante do conjunto de condições selecionadas tornam-se dominantes. No entanto, atualmente sabe-se que os organismos de crescimento mais rápido em culturas laboratoriais frequentemente são, em relação à abundância, apenas componentes menores do ecossistema microbiano, em vez de serem os organismos ecologicamente mais relevantes realizando o processo de interesse. Isso ocorre porque as concentrações de recursos disponíveis em culturas laboratoriais são geralmente muito superiores àquelas encontradas na natureza, e as condições presentes no hábitat, incluindo os tipos e as proporções dos diferentes organismos presentes, assim como as condições físicas e químicas, são praticamente impossíveis de serem reproduzidas e mantidas por longos períodos em culturas laboratoriais.

A **distorção de enriquecimento** pode ser demonstrada comparando-se os resultados obtidos em culturas de diluição (Seção 18.2) com os enriquecimentos líquidos clássicos. A diluição do inóculo, seguida pelo enriquecimento líquido ou semeadura em meio sólido, frequentemente origina organismos diferentes que os enriquecimentos líquidos utilizando o mesmo inóculo, porém não diluído. Acredita-se que a diluição do inóculo elimine as espécies "indesejadas" quantitativamente insignificantes, mas de rápido crescimento, conferindo oportunidade ao desenvolvimento a outros organismos, frequentemente mais abundantes na comunidade, mas com crescimento lento. Dessa forma, a diluição do inóculo é atualmente uma prática comum na cultura de enriquecimento microbiológica. Conforme o tópico discutido a seguir, o problema do crescimento excessivo das espécies consideradas "ervas daninhas" também pode ser contornado por meio do isolamento físico dos organismos desejados, antes de introduzi-los em um meio de crescimento.

UNIDADE 4

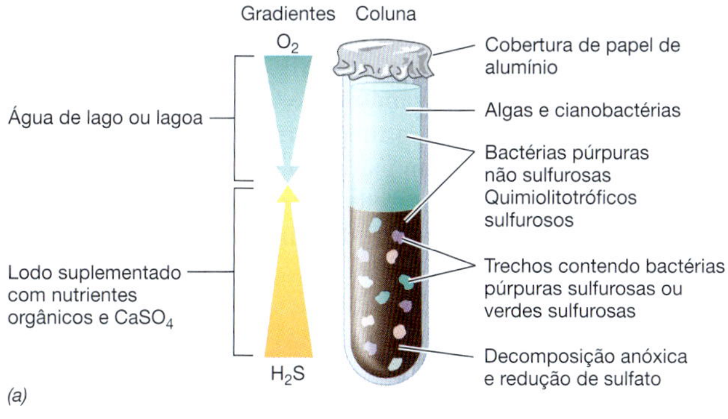

**Figura 18.2 A coluna de Winogradsky.** *(a)* Visão esquemática de uma coluna típica usada para enriquecer bactérias fototróficas. A coluna é incubada de modo a receber luz solar de baixa intensidade. A decomposição anóxica, levando à redução de sulfato, gera um gradiente de $H_2S$. *(b)* Foto de colunas de Winogradsky que permaneceram anóxicas até o topo; cada coluna apresentou crescimento de uma bactéria fototrófica diferente. Da esquerda para a direita: *Thiospirillum jenense, Chromatium okenii* (ambas bactérias púrpuras sulfurosas) e *Chlorobium limicola* (bactérias verdes sulfurosas).

Isto é, em parte, realizado por meio do método de diluição. No entanto, mais recentemente, métodos sofisticados têm sido desenvolvidos com a finalidade de isolar fisicamente as células de interesse (ou de mesmos tipos celulares) e colocá-las em um meio de crescimento que é isento de células indesejadas. Considera-se estes métodos na próxima seção.

**MINIQUESTIONÁRIO**

- Descreva a estratégia de enriquecimento por trás do isolamento de Beijerinck da *Azotobacter*.
- Por que o sulfato ($SO_4^{2-}$) é adicionado à coluna Winogradsky?
- O que é distorção de enriquecimento? Como a diluição pode reduzir essa distorção?

## 18.2 Isolamento

Uma *cultura pura* – contendo um único tipo de microrganismo – pode ser obtida de várias maneiras, a partir de culturas de enriquecimento. Métodos de isolamento frequentemente utilizados incluem semeadura por esgotamento, semeadura em profundidade em meios sólidos e a diluição líquida. Para os organismos que formam colônias em placas de meio sólido, a técnica de semeadura por esgotamento é rápida, fácil, sendo o método de escolha (**Figura 18.3**); a partir da coleta e semeadura repetidas de uma colônia isolada, pode-se obter uma cultura pura. Pela utilização de dispositivos apropriados de incubação (p. ex., jarras de anaerobiose, no caso de anaeróbios, (Seção 5.16), é possível purificar-se tanto organismos aeróbios quanto anaeróbios em placas de meio sólido, por meio da utilização do método de semeadura por esgotamento.

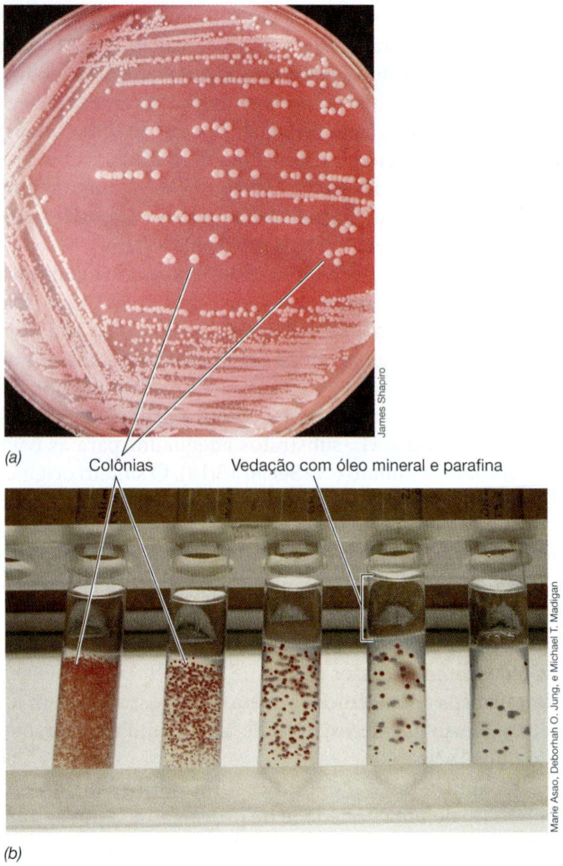


**Figura 18.3** **Métodos de culturas puras.** *(a)* Organismos que formam colônias distintas em placas geralmente são de fácil purificação. *(b)* Colônias de bactérias púrpuras fototróficas, em tubos de diluição em ágar; o ágar fundido foi arrefecido até aproximadamente 45°C antes da inoculação. Da esquerda para a direita, uma série de diluições foi estabelecida, originando colônias isoladas. Os tubos foram vedados com uma mistura estéril de parafina e óleo mineral 1:1, para manter a anaerobiose.

### Tubos de diluição em ágar e técnica do número mais provável

O método de diluição de meio sólido em tubos envolve a diluição de uma cultura mista em tubos contendo ágar fundido, resultando no desenvolvimento de colônias embebidas no ágar. Esta técnica é usada para a purificação de organismos anaeróbios, como bactérias fototróficas sulfurosas e bactérias redutoras de sulfato, oriundas de colunas de Winogradsky ou outras fontes. Uma cultura é purificada por meio de diluições sucessivas de suspensões celulares, em tubos contendo ágar fundido (Figura 18.3). A repetição desse processo, utilizando uma colônia originada do tubo com a maior diluição como inóculo de novas séries de diluições, eventualmente resulta na obtenção de culturas puras. Um procedimento similar, denominado *método "roll tube"*, utiliza tubos contendo uma fina camada de ágar na superfície interna. O ágar pode então ser semeado para colônias isoladas. Uma vez que gás desprovido de oxigênio pode ser introduzido nos tubos enquanto a semeadura é realizada, o método de *roll tube* é utilizado principalmente para o isolamento de procariotos anaeróbios.

Outra técnica de purificação é a diluição seriada de um inóculo em um meio líquido, até que o tubo final da série não apresente crescimento. Por exemplo, a partir da realização de diluições decimais em série, o último tubo a apresentar crescimento deve ter sido originado de 10 células ou menos. Além de ser um método para a obtenção de culturas puras, técnicas de diluição seriada são amplamente utilizadas para estimar a quantidade de células viáveis como na **técnica de número mais provável (NMP)** (**Figura 18.4**). A metodologia de NMP tem sido utilizada para estimar o número de microrganismos em alimentos, água de rejeitos e outras amostras em que a quantidade de células precisa ser avaliada de forma rotineira. Uma contagem de NMP de uma amostra natural pode ser realizada utilizando meios e condições de incubação altamente seletivos para atingir um ou um pequeno grupo de organismos ou ainda um patógeno particular. Alternativamente, a contagem pode ser feita utilizando meios complexos para obter uma estimativa geral do número de células viáveis (ver Seção 5.9 para uma ressalva que se aplica a tais estimativas).

O uso de vários tubos de replicação em cada diluição melhora a precisão da NMP final.

### Critérios de pureza

Independentemente dos métodos utilizados na purificação de uma cultura, uma vez obtida uma possível cultura pura, é essencial que sua pureza seja confirmada. Esse procedimento deve ser realizado pela combinação de (1) microscopia, (2) observação das características da colônia em placas ou tubos semeados em profundidade e (3) teste da cultura quanto ao crescimento em outros meios. Em relação a este último, é importante testar a cultura quanto ao crescimento em meios nos

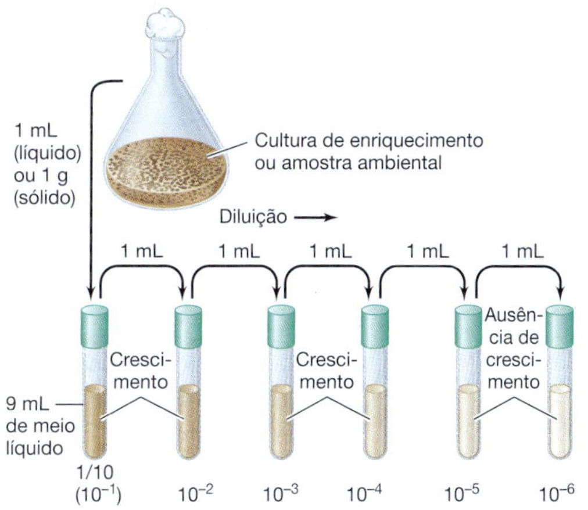


**Figura 18.4 Procedimento para análise do número mais provável (NMP).** O crescimento no tubo de $10^{-4}$ mas não na diluição $10^{-5}$ significa que os números de células eram pelo menos $10^4$ células/mL na amostra utilizada para a inoculação. Como os microrganismos ligados à partículas podem distorcer os números de forma significativa, métodos suaves para desassociar os microrganismos de partículas são frequentemente usados antes da diluição.

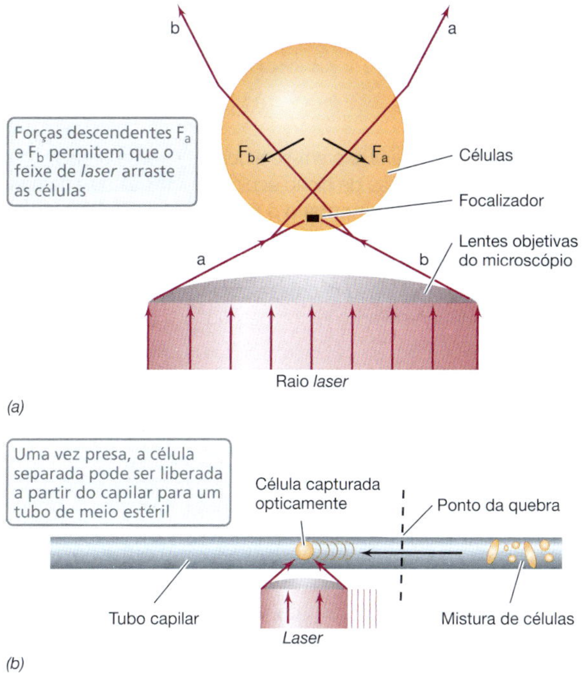


**Figura 18.5 A pinça *laser* para o isolamento de células únicas.** Técnica de isolamento físico de células individuais para subsequente crescimento em cultura pura.

quais seja previsto que o organismo desejado não cresça, ou cresça de forma discreta, porém que os contaminantes cresçam vigorosamente. Na análise final, a observação microscópica de um único tipo morfológico de célula, exibindo características uniformes de coloração (p. ex., na coloração de Gram), associada a características uniformes da colônia e ausência de contaminação em testes de crescimento em meios de cultura variados é uma boa evidência de que a cultura esteja de fato pura (também chamada *axênica*).

Os métodos moleculares descritos nas seções a seguir para caracterização de populações ambientais também podem ser aplicados para a verificação da pureza de uma cultura. No entanto, essas técnicas são geralmente complementares e não substituem as observações básicas de características da cultura e da morfologia celular.

## Isolamento seletivo de células individuais: pinças *laser* e citometria de fluxo

Além dos métodos descritos anteriormente, outras ferramentas mais tecnológicas e precisas para a obtenção de culturas puras estão disponíveis, incluindo pinças *laser* e citometria de fluxo. Estes métodos são especialmente úteis para isolar microrganismos de crescimento lento que de outra forma sua cultura em meio de enriquecimento seria invadida por espécies contaminantes ou para isolar os organismos presentes em pequena quantidade, a qual seriam perdidos usando métodos de enriquecimento à base de diluição.

**Pinças *laser*** consistem em um microscópio óptico invertido, equipado com *laser* infravermelho precisamente focado e um dispositivo de micromanipulação. A captura de uma única célula é possível porque o *laser* gera uma força que empurra uma célula microbiana (ou outro pequeno objeto), mantendo-a posicionada em um local (**Figura 18.5*a***). Quando o raio *laser* é movimentado, a célula capturada o acompanha. Se a amostra estiver em um tubo capilar, uma única célula pode ser capturada opticamente e afastada dos organismos contaminantes (Figura 18.5*b*). Em seguida, a célula pode ser isolada pela quebra do tubo em uma região entre a célula e os contaminantes e a célula pode, então, ser inoculada no interior de um pequeno tubo contendo meio estéril. As pinças *laser* quando associadas ao uso de técnicas de coloração capazes de identificar organismos em particular (Seções 18.3 e 18.4), podem ser utilizadas para selecionar organismos de interesse a partir de uma mistura, visando a purificação e posterior estudo laboratorial.

Um segundo método para o isolamento seletivo de células individuais emprega a **citometria de fluxo**, uma técnica para a contagem e avaliação de partículas microscópicas por meio da suspensão em um fluxo de fluido e passagem por meio de um detector eletrônico. Citômetros de fluxo avaliam critérios selecionados (incluindo o tamanho, forma ou propriedades fluorescentes) de células individuais à medida que passam por um detector de índices de muitos milhares de células por segundo, e também pode classificar as células individuais com base em critérios de medição (ver Seção 18.10 e Figura 18.29). Esta última capacidade do citômetro de fluxo pode ser utilizada para enriquecer um tipo particular de célula a partir de uma mistura de diversos tipos.

A capacidade de triagem de células individuais pode acomodar um tipo de células na superfície de um meio de crescimento sólido ou depositá-las em cavidades individuais de uma microplaca (microtitulação), em que cada poço contenha o mesmo meio de cultura ou meios ligeiramente diferentes. Devido aos requisitos de crescimento de alguns organismos incluírem compostos orgânicos e metabólitos produzidos por outros organismos que compartilham de seu ambiente, além de água esterilizada por filtração (para os organismos aquáticos) ou extrato de água no solo (para organismos do solo) tem sido bem-sucedida por trazer alguns organismos anteriormente não cultivados em laboratório.

O contínuo desenvolvimento dos métodos relacionados com a triagem de culturas originou um novo campo de

# EXPLORE O MUNDO MICROBIANO

## Cultivando o incultivável

Ecologistas em geral referem-se a duas distintas categorias de nicho ecológico, o **nicho fundamental** e o **nicho realizado**. O nicho fundamental refere-se a variedade de ambientes nos quais uma espécie pode crescer quando não há recurso limitado, tal como resultado de competição com outras espécies. Em contrapartida, o nicho realizado refere-se à variedade de ambientes naturais em que uma espécie consegue sobreviver quando ela é confrontada com fatores como a limitação de recursos, a predação e a competição com outras espécies. Esta distinção entre os nichos fundamentais e realizados nos fornece pistas do motivo de alguns microrganismos serem tão difíceis de isolar a partir do ambiente.

Estabelecer as condições de laboratório que se enquadram dentro do nicho fundamental será suficiente para manter um organismo em cultura pura, mas essas condições provavelmente não serão adequadas para uma espécie quando há competição com outros organismos presentes na amostra. Visto que o nicho realizado da maioria dos microrganismos é desconhecido, tem havido uma ênfase crescente no desenvolvimento de métodos de alto rendimento para o cultivo, usando robótica para configurar muitas tentativas de cultivo em paralelo. Métodos de alto rendimento permitem a investigação simultânea de diversas alternativas de condições de crescimento em uma tentativa de replicar o nicho realizado ou, em alternativa, para permitir que o organismo possa ocupar o seu nicho fundamental, diminuindo a competição. A última abordagem é mais comumente utilizada, uma vez que há uma necessidade menor do meio estar preparado para sustentar o crescimento.

Metodologias para coleção e deposição de uma única célula em meio nutriente estão sendo bem desenvolvidas, incluindo os métodos de diluição, bem como as mais recentes aplicações de citometria de fluxo na separação de células e pinças *laser*. Quando o cultivo de alto rendimento é acoplado com sondas moleculares para triagem do crescimento de novos organismos anteriormente identificados por métodos independentes de cultivo (Seção 18.5), há maior sucesso no isolamento de algumas bactérias interessantes majoritariamente incultiváveis. De fato, este método em geral foi utilizado para o isolamento bem-sucedido de um dos organismos mais abundantes na Terra, *Pelagibacter ubique* (**Figura 1**).[1] Como discutido na Seção 19.10, esta bactéria é uma espécie de bacterioplâncton marinha (células bacterianas suspensas) muito abundantes que se desenvolvem sobre uma poça muito diluída de matéria orgânica dissolvida presente nos oceanos abertos.

Dedicação e paciência são necessárias em qualquer cultivo, uma vez que a descoberta de organismos de crescimento lento ou dormentes pode exigir meses de incubação. Além disso, muitos ou talvez a maioria dos microrganismos na natureza estejam adaptados para crescer em concentrações de nutrientes extremamente baixas, sendo inibida por concentrações de nutrientes utilizados comumente em laboratório. Além disso, esses microrganismos podem depender de relações interespécies complexas que não podem ser substituídas por um meio de cultura definido. Assim, métodos de alto rendimento são adequados para pesquisar várias combinações de recursos para encontrar o conjunto de condições que melhor suporta uma cultura de laboratório dos mais interessantes e ecologicamente relevantes organismos da natureza.

Métodos independentes de cultivo têm identificado mais de 50 grandes divisões (filos) dentro do domínio *Bacteria*. Surpreendentemente, apenas 12 filos eram conhecidos em 1987! Entre as principais divisões bacterianas até agora identificadas, apenas cerca de metade tem agora representantes cultivados. Além disso, mesmo quando as culturas estão disponíveis para uma divisão, eles são geralmente em número reduzido e, por conseguinte, não abrangem inteiramente a diversidade filogenética dentro do grupo. Assim, o desafio da obtenção de culturas representativas é a *amplitude* da cobertura (obtenção de pelo menos um membro de cada divisão) e a *profundidade* da cobertura (o desenvolvimento de uma coleção de culturas que abrange a diversidade filogenética de cada divisão). A representação relativamente fraca da diversidade natural de bactérias nas atuais coleções de culturas (Figura 15.1) também se aplica aos eucariotas microbianos e às arqueias. No entanto, esta situação não é um problema, pois é uma oportunidade notável para uma nova geração de microbiologistas interessados em diversidade microbiana. Temos agora a compreensão e a tecnologia necessária para explorar plenamente a mais notável diversidade de vida microbiana por meio das análises baseadas em cultivo.[1]

[1] Rappé M.S., S.A. Connon, K.L. Vergin, & S.J. Giovannoni, 2002. Cultivation of the ubiquitous SAR11 marine bacterioplankton clade. *Nature 418:*630–633.

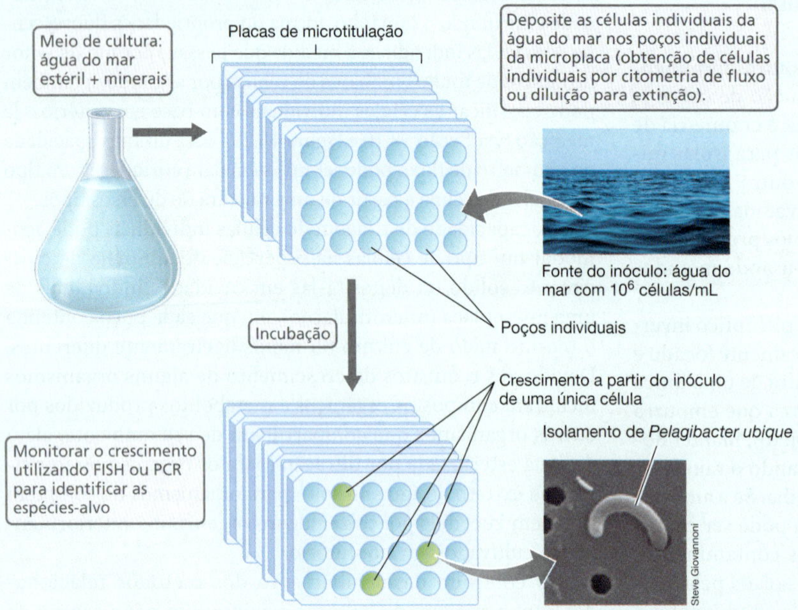


**Figura 1 Esquema metodológico de cultivo de alto rendimento de microrganismos anteriormente não cultiváveis.** A metodologia mostrada aqui foi utilizada para isolar *Pelagibacter ubique*, uma das bactérias mais abundantes na Terra. Após a adição de água do mar esterilizada por filtração e baixas concentrações de nutrientes nos poços individuais, foram obtidas culturas puras de *Pelagibacter* e de outras novas bactérias marinhas.

*tecnologia de alto rendimento* para o cultivo de organismos anteriormente não cultiváveis (ver Explore o mundo microbiano, "Cultivando o incultivável"). Métodos de alto rendimento também incluem o uso de sistemas robóticos para avaliar rapidamente centenas de combinações de nutrientes para o crescimento ou para testar centenas ou milhares de diferentes pontos para sequências de DNA que irão identificar os organismos que estão sendo enriquecidos, todos executados simultaneamente, para se obter resultados rápidos (i.e., alto rendimento).

**MINIQUESTIONÁRIO**

- Como o método de diluição em ágar difere do estriamento para obter colônias isoladas?
- Como você poderia isolar uma bactéria morfologicamente única presente em uma cultura de enriquecimento em número relativamente baixo?
- O que se entende por "alto rendimento" no cultivo de microrganismos? Como isso tem beneficiado a microbiologia?

# II • Análises microscópicas de comunidades microbianas independentes de cultivo

Os ecologistas microbianos quantificam as células presentes em um hábitat microbiano a fim de determinar as abundâncias relativas. Os corantes celulares são necessários à obtenção desses dados. Esses métodos serão detalhados nesta seção. Organismos presentes em ambientes naturais podem também ser detectados a partir de análises de seus genes. Genes codificadores de RNA ribossomal (RNAr, Seção 12.4) ou de enzimas associadas a uma fisiologia específica são os alvos comuns desses estudos. A *genômica ambiental* (Seção 18.7) é um método para a avaliação do conjunto completo de genes presentes em um hábitat, revelando simultaneamente a biodiversidade e as capacidades metabólicas da comunidade microbiana.

## 18.3 Métodos gerais de coloração

Diversos métodos de coloração são adequados à quantificação de microrganismos em amostras naturais. Embora esses métodos não informem quanto à fisiologia ou filogenia das células, eles são confiáveis e amplamente utilizados por ecologistas microbianos na determinação dos números totais de células. Outro método que será descrito também permite uma avaliação quanto à viabilidade da célula.

### Coloração fluorescente com corantes que se ligam a ácidos nucleicos

Corantes fluorescentes podem ser utilizados na coloração de microrganismos presentes em praticamente qualquer hábitat microbiano. O **DAPI** (4′,6-diamido-2-fenilindol) é um corante de ampla utilização para esse propósito, assim como o corante **laranja de acridina**. Há também uma utilização crescente de *SYBR Green I*, um corante que confere fluorescência brilhante a todos os microrganismos, incluindo vírus. Estes corantes se ligam ao DNA e fluorescem fortemente quando expostos a radiação ultravioleta (UV) (DAPI absorção, a 400 nm; máximo de absorção de laranja de acridina, 500 nm; SYBR Green I, máximo de absorção, 497 nm), fazendo com que as células microbianas fiquem visíveis e fáceis de enumerar. As células coradas com DAPI têm fluorescência azul, células coradas com laranja de acridina têm fluorescência cor de laranja ou verde-alaranjada, e as células marcadas com SYBR Green I fluorescem de verde (**Figura 18.6**).

Corantes para DNA são amplamente utilizados para a contagem de microrganismos no meio ambiente, alimentos e amostras clínicas. Dependendo da amostra, a coloração de fundo é ocasionalmente um problema para os corantes fluorescentes, contudo como estes corantes são específicos para ácidos nucleicos em sua maior parte não reagem com a matéria inerte. Assim, para muitas amostras de solo, assim como de fontes aquáticas, eles podem dar uma estimativa razoável da quantidade de células presentes. A coloração com o SYBR Green I também fornece excelente enumeração de populações de vírus aquáticos (Seção 19.11). Para amostras aquáticas diluídas, as células podem ser coradas após a coleta em uma superfície de membrana por filtração.

A coloração de DNA é um processo não específico; *todos* os microrganismos de uma amostra são corados. Embora isso possa parecer à primeira vista como desejável, não é necessariamente assim. Por exemplo, DAPI e laranja de acridina não conseguem diferenciar células vivas de mortas, ou entre diferentes espécies de microrganismos, de modo que eles não

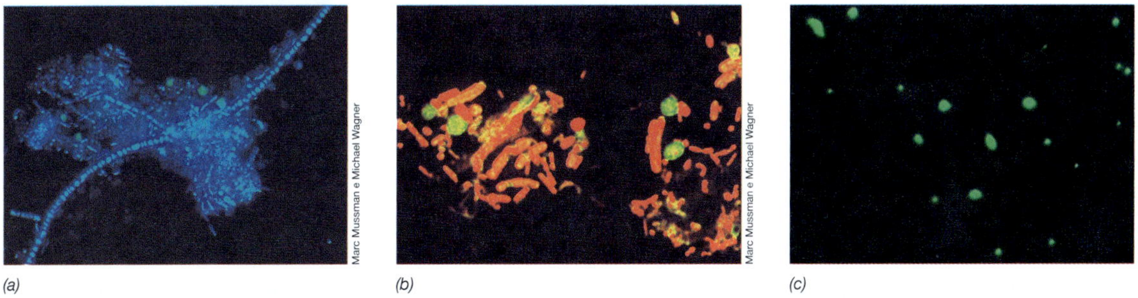


**Figura 18.6 Corantes fluorescentes não específicos.** *(a)* DAPI e *(b)* laranja de acridina corando comunidades microbianas presentes no lodo ativado de uma estação municipal de tratamento de água de rejeitos. Com laranja de acridina, as células contendo baixas concentrações de RNA coram-se em verde. *(c)* Amostra de água de superfície, proveniente de Puget Sound (Washington, Estados Unidos), corada com SYBR Green, mostrando células bacterianas com fluorescência verde. As células grandes próximas ao centro do campo são de 0,8 a 1,0 μm de diâmetro.

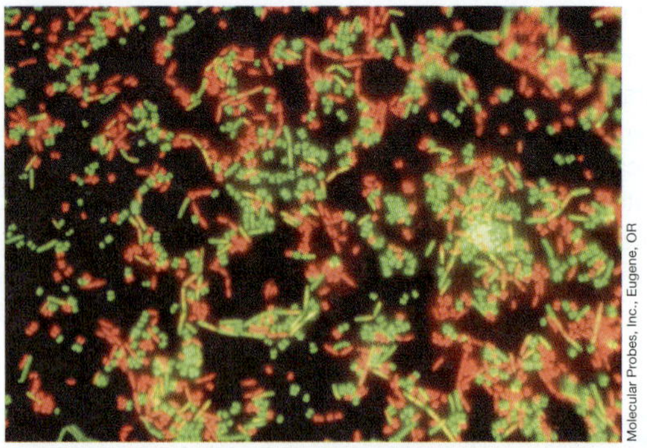


**Figura 18.7** **Coloração associada à viabilidade.** Células vivas (verdes) e mortas (vermelhas) de *Micrococcus luteus* (cocos) e *Bacillus cereus* (bacilos) coradas com o corante associado à viabilidade bacteriana LIVE/DEAD BacLight.

podem ser utilizados para avaliar a viabilidade celular ou para controlar espécies de microrganismos em um ambiente.

## Coloração associada à viabilidade

A coloração associada à viabilidade permite diferenciar células vivas de mortas. Os corantes associados à viabilidade, desse modo, informam o número de células e fornecem dados quanto à viabilidade, simultaneamente. A base para corar-se como célula viva ou morta está associada à integridade da membrana citoplasmática. Dois corantes, um verde e um vermelho, são adicionados à amostra; o corante fluorescente verde penetra em todas as células, viáveis ou não, enquanto o corante vermelho, que contém iodeto de propídio, penetra somente nas células cuja membrana celular não se apresente íntegra, estando, portanto, mortas. Dessa forma, quando visualizadas ao microscópio, as células verdes são computadas como vivas e as células vermelhas, como mortas, permitindo uma avaliação imediata tanto da abundância quanto da viabilidade (**Figura 18.7**).

Embora útil em situações de pesquisa utilizando culturas laboratoriais, o método de coloração vivas/mortas não é adequado à utilização em exames microscópicos diretos de amostras de vários hábitats naturais, em decorrência dos problemas associados à coloração inespecífica de materiais de fundo. No entanto, foram desenvolvidas técnicas envolvendo o uso da coloração vivas/mortas em análises da viabilidade em ambientes aquáticos; a amostra de água é filtrada e os filtros são corados por coloração vivas/mortas, sendo examinados ao microscópio. Assim, na microbiologia aquática, a coloração vivas/mortas é frequentemente utilizada para medir-se a viabilidade de populações de células presentes na coluna de água de lagos, oceanos, riachos e rios, assim como de outros ambientes aquáticos.

## Proteínas fluorescentes como marcadores celulares e genes repórteres

As células bacterianas podem ser alteradas por engenharia genética para torná-las autofluorescentes. Como discutido anteriormente (Secção 11.6), um gene que codifica a **proteína fluorescente** verde (GFP, *green fluorescent protein*) pode ser inserido dentro do genoma de praticamente qualquer bactéria em cultura. Quando o gene da GFP (*gfp*) é expresso, as células apresentam fluorescência verde quando observadas por microscopia de luz ultravioleta (**Figura 18.8**). Embora o GFP não seja útil para o estudo de populações naturais de microrganismos (porque estas células não possuem o gene GFP), as células marcadas com GFP podem ser introduzidas em um ambiente, como as raízes das plantas, e, em seguida, rastreadas ao longo do tempo por microscopia. Usando este método, ecologistas microbianos podem estudar a competição entre a microbiota nativa e um isolado marcado com GFP, o que permite avaliar o efeito das perturbações de um ambiente sobre a capacidade de sobrevivência do isolado introduzido. A marcação com GFP também é amplamente usada no estudo de associações simbióticas microbianas com plantas e animais (Capítulo 22). No entanto, a GFP requer $O_2$ para se tornar fluorescente, portanto este método não é adequado para o rastreamento de células em hábitats estritamente anóxicos. As propriedades fotofísicas da GFP e de outras proteínas fluorescentes isoladas a partir de diferentes invertebrados marinhos (águas-vivas, corais, anêmonas) já foram alteradas por meio de mutação a fim de produzir uma ampla variedade de proteínas fluorescentes com variadas propriedades espectrais (Figura 18.8*a*), oferecendo uma base experimental para o monitoramento simultâneo de várias espécies.

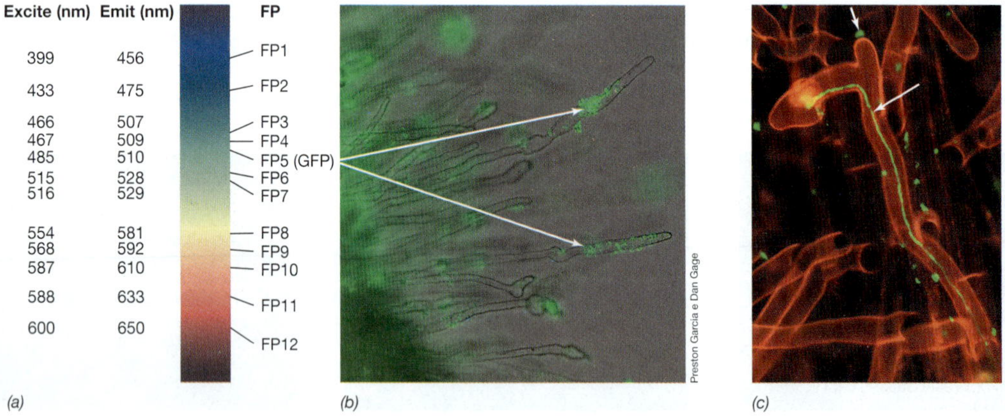


**Figura 18.8** **Proteínas repórteres fluorescentes.** *(a)* São conhecidas doze diferentes proteínas fluorescentes (FP1-FP12) com propriedades distintas de excitação (Excite) e de emissão (Emit). *(b)* As células de *Sinorhizobium meliloti* (setas) transportam um plasmídeo com um promotor alfagalactosídio indutível fundido a uma GFP (FP5); as células estão em raízes de plântulas de trevo. A fluorescência verde indica que os alfagalactosídios são liberados e disponíveis para suportar o crescimento da bactéria. *(c)* Células *S. meliloti* (seta) transportando um plasmídeo com um promotor succinato indutível fundido a GFP; a fluorescência verde indica que o succinato ou outro ácido dicarboxílico $C_4$ foram secretados nos pelos radiculares das plantas.

O gene *gfp* e outros genes codificadores de proteínas fluorescentes também têm sido utilizados extensivamente em culturas laboratoriais de várias bactérias e em ambientes controlados como um *gene repórter*. Quando este gene é fundido com um óperon sob o controle de uma proteína reguladora específica, a transcrição pode ser estudada usando a fluorescência como um indicador (um "repórter") da atividade. Isto é, quando os genes contendo o gene da proteína fluorescente são transcritos e traduzidos, tanto a proteína de interesse quanto a proteína fluorescente são produzidas, e as células apresentam fluorescência de cor característica (Seção 11.6 e Figura 11.11). Por exemplo, a expressão de *gfp* foi utilizada para demonstrar que a colonização de raízes de alfafa por *Sinorhizobium meliloti* (simbiose no nódulo da raiz de leguminosas, Seção 22.3) é promovida por açúcares e ácidos carboxílicos liberados pela planta (Figura 18.8*b*, *c*).

## Limitações da microscopia

O microscópio é uma ferramenta essencial para a exploração da diversidade microbiana, bem como para a quantificação e identificação de microrganismos presentes em uma amostra natural. No entanto, a microscopia de forma isolada não é suficiente para o estudo da diversidade microbiana por várias razões. Células pequenas podem ser um grande problema. Os procariotos variam amplamente em tamanho (Seção 2.6 e Tabela 2.1) e algumas células encontram-se próximas aos limites de resolução do microscópio óptico. Ao observar amostras naturais, tais células podem facilmente não ser percebidas, principalmente se a amostra contiver uma grande quantidade de matéria particulada ou um grande número de células maiores. Além disso, frequentemente é difícil diferenciar células vivas de células mortas, ou células de materiais inanimados presentes em amostras naturais. No entanto, a maior limitação em relação aos métodos de microscopia que discutiu-se até o momento é o fato de nenhum deles revelar a diversidade filogenética dos microrganismos presentes no hábitat em estudo.

Será visto, na próxima seção, após uma abordagem geral nesta seção (**Figura 18.9**), que existem métodos de coloração poderosos, capazes de revelar a *filogenia* de organismos observados em uma amostra natural. Esses métodos revolucionaram a ecologia microbiana. Eles auxiliaram os microbiologistas a superar a principal limitação da microscopia óptica em relação à ecologia microbiana, isto é, identificar aquilo que está sendo observado, a partir de uma perspectiva filogenética. Esses métodos também ensinaram aos ecologistas microbianos uma importante lição: ao observar populações naturais de microrganismos não corados, ou corados de modo inespecífico, deve-se ter em mente que a amostra, quase que certamente, contém uma comunidade geneticamente diversa, mesmo quando as células "parecem" iguais (Figura 18.9). As formas simples das bactérias escondem sua notável diversidade.

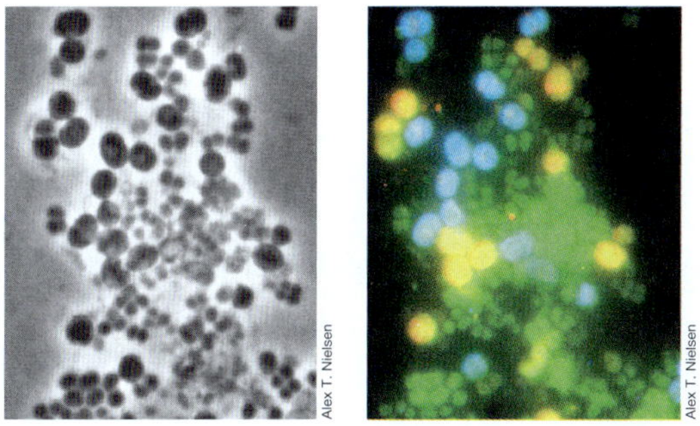


**Figura 18.9** **Morfologia e diversidade genética.** As fotomicrografias apresentadas, *(a)* contraste de fase e *(b)* FISH filogenética, são o mesmo campo de células. Embora as grandes células ovaladas apresentem morfologia e tamanho incomuns para células procarióticas e pareçam similares por microscopia de contraste de fase, os corantes filogenéticos revelam tratar-se de células geneticamente distintas (uma cora-se em amarelo e outra cora-se em azul). As células ovais coradas em azul ou amarelo têm cerca de 2,25 μm de diâmetro. As células verdes, em pares ou agrupamentos, têm diâmetro aproximado de 1 μm.

**MINIQUESTIONÁRIO**
- Como a coloração de viabilidade difere da coloração tipo DAPI?
- O que é um gene repórter?
- Por que é incorreto dizer que a GFP é um método de "coloração"?

## 18.4 Hibridização fluorescente *in situ* (FISH)

Em virtude de sua grande especificidade, as sondas de ácidos nucleicos são ferramentas poderosas de identificação e quantificação de microrganismos. Lembre-se de que uma **sonda de ácido nucleico** é um oligonucleotídeo de DNA ou RNA, complementar a uma sequência de um gene ou RNA-alvo; quando a sonda e o alvo se misturam, eles hibridizam (Seção 11.2). Sondas de ácido nucleico podem ser marcadas pela ligação de corantes fluorescentes. As sondas fluorescentes podem ser utilizadas na identificação de organismos que contêm uma sequência de ácido nucleico complementar à sonda. Essa técnica é denominada hibridização **fluorescente *in situ*** (**FISH**, *fluorescence in situ hybridization*) e aqui são descritas diferentes aplicações, incluindo métodos que têm como alvo a filogenia (**Figura 18.10**) ou a expressão gênica (Figura 18.12).

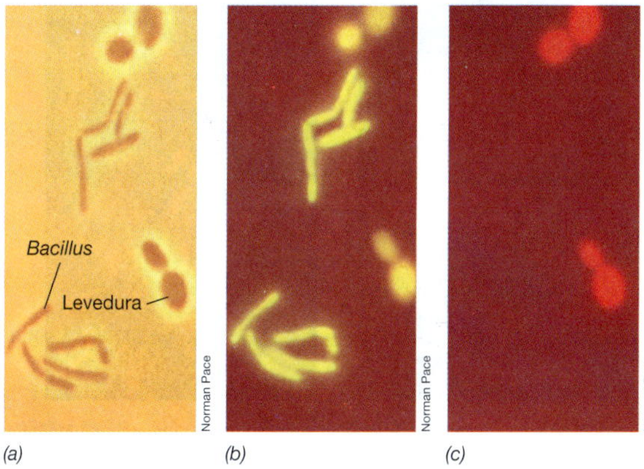


**Figura 18.10** **Sondas de RNAr marcadas com fluorescência: corantes filogenéticos.** *(a)* Fotomicrografia de contraste de fase de células de *Bacillus megaterium* (haste, *Bacteria*) e da levedura *Saccharomyces cerevisiae* (células ovais, *Eukarya*). *(b)* Mesmo campo; células coradas com uma sonda RNAr universal verde-amarela (esta sonda hibridiza com RNAr de organismos de qualquer domínio filogenético). *(c)* Mesmo campo; células marcadas com uma sonda eucariótica (reação apenas com células de *S. cerevisiae*). As células de *B. megaterium* são de aproximadamente 1,5 μm de diâmetro e as células de *S. cerevisiae* são de cerca de 6 μm de diâmetro.

UNIDADE 4

## Coloração filogenética utilizando FISH

Corantes filogenéticos FISH são oligonucleotídeos fluorescentes, cujas sequências de bases são complementares às sequências de RNA ribossomal (RNAr 16S ou 23S em procariotos, ou RNAr 18S ou 28S em eucariotos) (Seção 12.4). Corantes filogenéticos penetram na célula sem promover sua lise, formando híbridos com o RNA ribossomal. Uma vez que os ribossomos encontram-se distribuídos por toda a célula nos procariotos, toda a célula torna-se fluorescente (Figuras 18.9*b* e 18.10).

Os corantes filogenéticos podem ser desenvolvidos de modo a serem muito específicos, reagindo apenas com uma espécie ou poucas espécies microbianas relacionadas, bem como podem ser produzidos de modo mais genérico e reagirem, por exemplo, com todas as células de um determinado domínio filogenético. A utilização da técnica de FISH permite a identificação e o rastreamento de um organismo, ou domínio de interesse, presente em uma amostra natural. Por exemplo, se for de interesse determinar o percentual de arqueias presentes em uma determinada população microbiana, poderiam ser utilizados corantes filogenéticos específicos para arqueias, associados a DAPI (Seção 18.3) para determinar as arqueias e os números totais, respectivamente, sendo, então, a porcentagem calculada.

A tecnologia FISH pode também utilizar múltiplas sondas filogenéticas. Com o uso de um conjunto de sondas, cada uma projetada para reagir com um organismo ou grupo de organismos em particular, e contendo seu próprio corante fluorescente, FISH pode determinar a amplitude filogenética de um hábitat em um único experimento (**Figura 18.11**). Quando FISH é combinada à microscopia confocal (Seção 2.3), é possível explorar populações microbianas em profundidade, como, por exemplo, em um biofilme (Seção 19.4). Além da ecologia microbiana, FISH é uma importante ferramenta na indústria alimentícia e no diagnóstico clínico para a determinação microscópica de patógenos específicos.

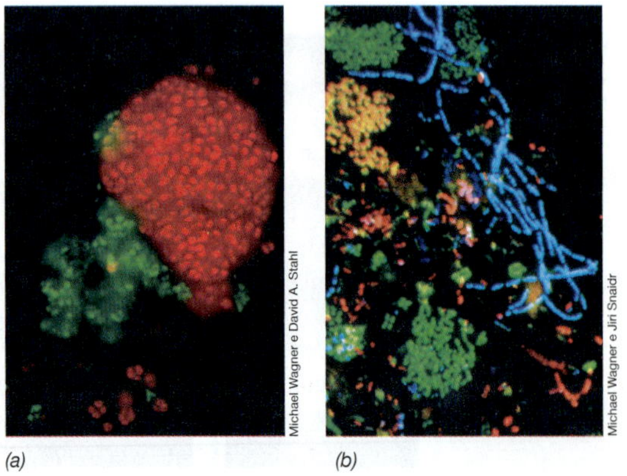


**Figura 18.11 Análise FISH de iodo de esgoto proveniente de águas de rejeitos de uma estação de tratamento.** *(a)* Bactérias nitrificantes. Em vermelho, bactérias oxidantes de amônia; em verde, bactérias oxidantes de nitrito. *(b)* Micrografia *laser* de varredura confocal de uma amostra de iodo de esgoto. A amostra foi tratada com três sondas filogenéticas FISH, cada qual contendo um corante fluorescente diferente (verde, vermelho ou azul), tendo como alvo um diferente grupo de Proteobacteria. As células coradas em verde, vermelho ou azul reagiram somente com uma única sonda; outras células reagiram com duas (turquesa, amarelo, roxo) ou três (branco) sondas.

## CARD-FISH

Além de caracterizar a diversidade filogenética de um hábitat, FISH pode ser utilizada para medir a *expressão gênica* de organismos presentes em uma amostra natural. Uma vez que o alvo nesse caso corresponde ao RNAm, o qual é menos abundante que o RNAr presente nos ribossomos de uma célula, as técnicas-padrão de FISH não podem ser aplicadas. Em vez disso, o alvo (RNAm) ou o sinal (fluorescência) deve ser amplificado. O método FISH que melhora o sinal é chamado de *FISH deposição catalisada do repórter* (*CARD-FISH, catalyzed reporter deposition FISH*).

Em CARD-FISH a sonda de ácido nucleico específica contém uma molécula da enzima peroxidase conjugada em vez de um corante fluorescente. Após o tempo para ocorrer a hibridização, a preparação é tratada com um polímero solúvel marcado por fluorescência chamado *tiramida*, o qual é um substrato para a peroxidase. Dentro das células que contêm a sonda de ácido nucleico, a tiramida é convertida pela atividade da peroxidase em um intermediário muito reativo que se liga de forma covalente às proteínas adjacentes; isso amplifica o sinal o suficiente para ser detectado por microscopia de fluorescência (**Figura 18.12**). Cada molécula de peroxidase ativa muitas moléculas de tiramida de modo que até mesmo os RNAm presentes em concentrações muito baixas podem ser visualizados.

Além de detectar RNAm, o CARD-FISH também é útil em estudos de filogenética de procariontes que podem estar crescendo muito lentamente, como, por exemplo, os organismos que habitam os oceanos abertos, onde as baixas temperaturas e concentração de nutrientes limitam as taxas de crescimento (Figura 18.12). Devido às células de procariontes terem poucos ribossomos em comparação com a maioria das células em crescimento ativo, o método de FISH muitas vezes rende apenas um sinal fraco.

**MINIQUESTIONÁRIO**

- Qual estrutura celular é o alvo para sondas fluorescentes em FISH filogenética?
- FISH e CARD-FISH podem ser usados para revelar coisas diferentes sobre as células na natureza. Explique.

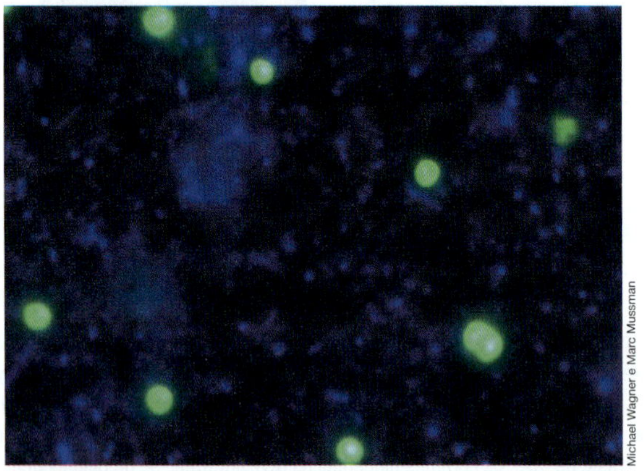


**Figura 18.12 Deposição catalisada de repórter FISH (CARD-FISH) na marcação de arqueias.** As células de arqueias desta preparação tiveram fluorescência intensa (em verde) em relação às células coradas com DAPI (em azul).

# III • Análises genéticas de comunidades microbianas independentes de cultivo

Em muitos estudos de biodiversidade microbiana não há a necessidade de realizar-se o isolamento dos organismos, ou mesmo sua quantificação ou identificação microscópica com o uso dos corantes descritos nas seções anteriores. Em vez disso, *genes específicos* são utilizados como medida da biodiversidade. Alguns genes frequentemente são associados a organismos específicos. Assim, a detecção de um gene específico em uma amostra ambiental implica a presença do organismo específico associado a esse gene. As principais técnicas empregadas nesse tipo de análise de comunidades microbianas são a reação de polimerização em cadeia (PCR, *polymerase chain reaction*), a análise de fragmentos de DNA por eletroforese em gel (DGGE, T-RFLP, ARISA) ou clonagem molecular e sequenciamento e análise de DNA. Além disso, conforme será abordado na Seção 18.7, genomas completos de células presentes em amostras ambientais podem ser utilizados como uma medida da biodiversidade das comunidades microbianas.

## 18.5 Método de PCR na análise de comunidades microbianas

### PCR e análise de comunidades microbianas

Discutiu-se o princípio da PCR na Seção 11.3. Recorde as principais etapas da PCR: (1) dois iniciadores de ácido nucleico são hibridizados a uma sequência complementar de um gene-alvo; (2) a DNA-polimerase copia o gene-alvo; e (3) múltiplas cópias do gene-alvo são sintetizadas pela desnaturação repetida das fitas complementares, hibridização dos iniciadores e nova síntese (Figura 11.5). A partir de uma única cópia de um gene, milhões de cópias podem ser produzidas.

Quais genes deveriam ser utilizados como genes-alvo para as análises de comunidades microbianas? Uma vez que os genes que codificam o RNA da subunidade menor do ribossomo são filogeneticamente informativos e as técnicas para sua análise são bem desenvolvidas (Seções 12.4 e 12.5), eles são amplamente utilizados na análise de comunidades. Além disso, como os genes de RNAr são universais e contêm várias regiões de alta conservação de sequência, é possível amplificá-los em todos os organismos, utilizando apenas alguns iniciadores de PCR diferentes, mesmo que os organismos sejam filogeneticamente distantes. Além disso, os genes de RNAr que codificam enzimas para funções metabólicas únicas em um organismo ou em um grupo específico de organismos relacionados podem ser os genes-alvo (**Tabela 18.3**).

Os genes como RNAr codificantes que mudaram de sequência ao longo do tempo quando as espécies divergiram são chamados de *ortólogos* (Seções 6.11 e 12.5). Organismos que compartilham genes ortólogos ou genes relacionados são chamados de **filotipo**. Em ecologia microbiana, o conceito filotipo é principalmente usado para fornecer um quadro natural (filogenética) para descrever a diversidade microbiana de um determinado hábitat, independentemente se os filotipos identificados são organismos cultiváveis ou não. Assim, a palavra *filotipo* é amplamente utilizada para descrever a diversidade microbiana de um hábitat baseado unicamente em sequências de ácidos nucleicos. Somente quando informações fisiológicas e genéticas adicionais se tornam disponíveis, geralmente após o organismo ser cultivado em laboratório, é que é proposto um nome de espécie e gênero para um filotipo.

**Tabela 18.3** Genes comumente utilizados para a avaliação de processos microbianos específicos no ambiente através de PCR

| *Processo metabólico*[a] | *Gene-alvo* | *Enzima codificada* |
|---|---|---|
| Desnitrificação | *narG* | Nitrato redutase |
| | *nirK, nirS* | Nitrito redutase |
| | *norB* | Óxido nítrico redutase |
| | *nosZ* | Óxido nitroso redutase |
| Fixação de nitrogênio | *nifH* | Nitrogenase |
| Nitrificação | *amoA* | Amônia monoxigenase |
| Oxidação de metano | *pmoA* | Metano monoxigenase |
| Redução de sulfato | *apsA* | Fosfossulfato de adenosina redutase |
| | *dsrAB* | Sulfito redutase |
| Produção de metano | *mcrA* | Metil-coenzima M redutase |
| Degradação de compostos do petróleo | *nahA* | Naftaleno dioxigenase |
| | *alkB* | Alcano hidroxilase |
| Fotossíntese anoxigênica | *pufM* | Subunidade M ou centro de reação fotossintética |

[a]Todos esses processos metabólicos são discutidos no Capítulo 13 e na Seção 3.17.

Em um experimento típico de análise de comunidades, o DNA total é isolado a partir de um hábitat microbiano (**Figura 18.13**). Alguns *kits* estão disponíveis comercialmente e produzem DNA de alta pureza a partir do solo e de outros hábitats complexos. O DNA obtido é uma mistura de DNAs genômicos de todos os microrganismos presentes na amostra daquele hábitat (Figura 18.13). A partir desta mistura, a PCR é utilizada para amplificar o gene-alvo e fazer várias cópias de cada variante (filotipo) do gene-alvo. Se o RNA é isolado em vez de DNA (para detectar os genes que estão sendo transcritos), o RNA pode ser convertido em DNA complementar (DNAc) pela enzima transcriptase reversa (Seções 9.11 e 27.10) e o DNAc é submetido a PCR tal como para o DNA isolado. No entanto, independentemente de ser DNA ou RNA originalmente isolado, os diferentes filotipos precisam ser classificados após a etapa de PCR antes do sequenciamento. A triagem pode ser realizada utilizando três metodologias diferentes: (1) separação física por eletroforese em gel (2) construção de uma biblioteca de clones, e (3) tecnologia de sequenciamento de última geração. Considera-se estes métodos a seguir.

### Eletroforese em gel desnaturante com gradiente: separando genes muito similares

Um método para identificar os filotipos é a **eletroforese em gel desnaturante com gradiente** (**DGGE**, *denaturing gradient gel electrophoresis*), que separa os genes do mesmo tamanho que diferem durante a fusão (desnaturação) do perfil devido às diferenças em sua *sequência de bases* (**Figura 18.14*a, b***). A DGGE

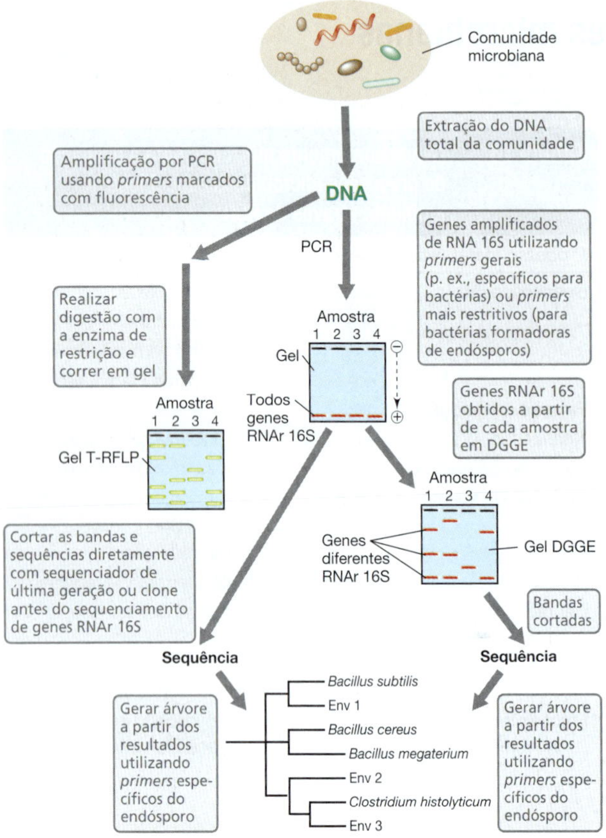


**Figura 18.13 Etapas de uma análise da biodiversidade de um único gene de uma comunidade microbiana.** A partir do DNA total da comunidade, os genes de RNAr 16S são amplificados utilizando, no exemplo de DGGE, iniciadores que têm como alvo apenas bactérias gram-positivas. As bandas originadas na PCR são cortadas e os diferentes genes de RNAr 16S são separados por clonagem ou DGGE. Após o sequenciamento, uma árvore filogenética é construída. "Env" indica uma sequência ambiental (filotipo). Em análises de T-RFLP, o número de bandas indica o número de filotipos. Em géis de DGGE ou T-RFLP, as bandas que migram para a mesma localização geralmente indicam o mesmo filotipo.

emprega um gradiente de DNA desnaturante, geralmente uma mistura de ureia e formamida. Quando um fragmento de DNA de dupla-fita em movimento por meio do gel atinge uma região contendo quantidade suficiente de desnaturante, as fitas começam a "fundir"; neste ponto, a sua migração é encerrada (Figuras 18.13 e 18.14*b*). Diferenças na sequência de bases provocam alterações nas propriedades de fusão de DNA. Assim, diferentes bandas observadas no gel de uma DGGE são filotipos que podem diferir em suas sequências de bases de forma significativa ou até por uma única mudança de base.

Uma vez que a DGGE foi realizada, as bandas individuais são cortadas e sequenciadas (Figura 18.13). Usando o RNAr 16S como gene-alvo, por exemplo, o padrão DGGE revela imediatamente o número de filotipos (distintos genes RNAr 16S) presente em um hábitat (Figura 18.14*c*). O método proporciona um mecanismo excelente para avaliar rapidamente as mudanças temporais e espaciais da estrutura da comunidade microbiana (Figura 18.14*c*). Após o sequenciamento de cada banda DGGE, as espécies atualmente presentes na comunidade podem ser determinadas por análises filogenéticas (Seções 12.4 e 12.5; Figura 18.13). Se *primers* específicos para outros genes diferentes do RNAr 16S são utilizados na PCR, tal como um gene metabólico (Tabela 18.3), as variantes deste gene específico existentes na amostra podem também ser avaliadas. Assim, embora o número de bandas em um gel DGGE seja uma visão geral da biodiversidade de um hábitat (Figura 18.14*c*), a análise da sequência continua a ser necessária para a identificação e para inferir relações filogenéticas.

## T-RFLP e ARISA

Outro método para a análise rápida da comunidade microbiana é denominado *polimorfismo de comprimento de fragmento de restrição terminal*, (*T-RFLP, terminal restriction fragment length polymorphism*). Neste método, um gene-alvo (geralmente um gene de RNAr) é amplificado por PCR a partir do DNA usando um conjunto de iniciadores (*primers*), no qual um dos iniciadores tem a extremidade marcada com um corante fluorescente. Os produtos da PCR são então tratados com uma enzima de restrição (Seção 11.1) que corta o DNA em sequências específicas. As enzimas de restrição capazes de reconhecer locais de apenas quatro pares de bases são comumente usadas devido à sua capacidade de cortar dentro de um produto relativamente curto da PCR. Isso gera uma série de fragmentos de DNA de comprimento variável, cujo número depende de quantos locais para cortes de restrição estão presentes no DNA. Os fragmentos com a extremidade terminal marcada por fluorescência são então separados por eletroforese em gel e os produtos da digestão são, então, separados e dimensionados em um sequenciador de DNA automatizado que detecta os fragmentos devido à fluorescência. Portanto, apenas os fragmentos com a extremidade terminal marcada com corantes são detectados. O padrão obtido mostra a variação da sequência de RNAr na comunidade microbiana amostrada (Figura 18.13).

Tanto o DGGE quanto o T-RFLP avaliam a diversidade de um único gene, mas de maneiras distintas. O padrão de bandas em um gel de DGGE reflete o número de sequências variantes do mesmo comprimento de um único gene (Figura 18.14), enquanto o padrão de bandas em um gel de T-RFLP reflete variantes que diferem em sequência de DNA de um único gene de acordo com os diferentes locais de corte das enzimas de restrição. As informações obtidas a partir de uma análise de T-RFLP, além de fornecer *insights* sobre a diversidade e abundância populacional de uma comunidade microbiana, também podem ser usadas para inferir a filogenia. Informações de diagnóstico para cada fragmento incluem o conhecimento de sequências próximas de ambas as extremidades (sítio de corte das enzimas de restrição e sequência de início), o conhecimento da inexistência de um segundo local de restrição dentro do fragmento e o comprimento do fragmento. Usando um *software* especializado, esta informação pode ser usada para pesquisar sequências correspondentes de RNAr 16S nos bancos de dados públicos. Embora isso seja de algum valor preditivo, muitas sequências estreitamente relacionadas muitas vezes não são diferenciadas por estes critérios. Assim, T-RFLP geralmente subestima a diversidade dentro de uma comunidade microbiana.

Uma técnica relacionada com a T-RFLP que fornece uma análise mais detalhada de comunidades microbianas é a *análise automatizada do espaço intergênico* (*ARISA, automated ribosomal intergenic spacer analysis*), que explora a proximidade dos genes do RNAr 16S e RNAr 23S em procariotas. O DNA

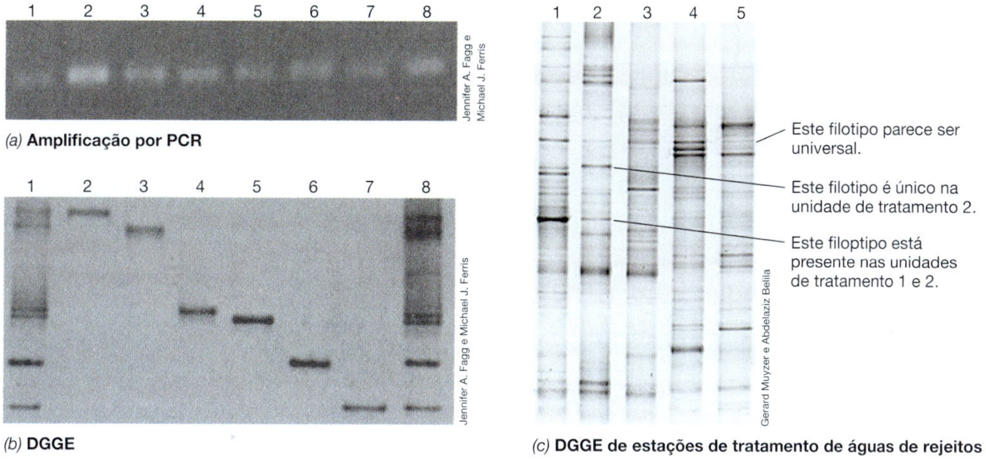
(a) Amplificação por PCR
(b) DGGE
(c) DGGE de estações de tratamento de águas de rejeitos
Este filotipo parece ser universal.
Este filotipo é único na unidade de tratamento 2.
Este filoptipo está presente nas unidades de tratamento 1 e 2.
Jennifer A. Fagg e Michael J. Ferris
Gerard Muyzer e Abdelaziz Bellia

**Figura 18.14** **Géis de PCR e DGGE.** O DNA foi isolado a partir de uma comunidade microbiana e amplificado por PCR utilizando iniciadores para genes de RNAr 16S de bactérias (*a*, faixas 1 e 8). Seis bandas corridas em gel de DGGE (*b*, faixas 2-7) foram cortadas e reamplificadas e cada uma deu origem a uma única banda na mesma posição no gel de PCR (*a*, faixas 2-7). No entanto, por meio da análise em DGGE, cada banda migrou para um local diferente no gel (*b*, faixas 2-7). Observe que todas as bandas migraram para a mesma posição no gel não desnaturante de PCR devido ao fato de todos terem o mesmo tamanho, mas migraram para locais diferentes no gel DGGE, pois eles possuem sequências diferentes. *(c)* Perfis de DGGE das comunidades microbianas de diferentes instalações de tratamento de águas residuais amplificados utilizando iniciadores para os genes RNAr 16S de bactérias.

separador destes dois genes, chamado de *região espaçadora do transcrito interno* (ITS, *internal transcribed spacer*), difere em comprimento entre as espécies e muitas vezes também difere em comprimento entre os vários óperons de RNAr de uma única espécie (**Figura 18.15*a***). Os iniciadores de PCR são complementares para a ARISA em sequências conservadas nos genes de RNAr 16S e 23S que flanqueiam a região espaçadora. A amplificação (Figura 18.15*b*) e análise (Figura 18.15*c*) são conduzidas como descrito para o T-RFLP, resultando em um padrão de bandas complexo que pode ser utilizado para análise da comunidade. No entanto, a ARISA difere do T-RFLP devido a ARISA não exigir digestão com enzimas de restrição após amplificação por PCR. A palavra "automatizada" na sigla ARISA refere-se à utilização de um sequenciador de DNA que identifica automaticamente e atribui tamanhos para cada fragmento marcado com corante (Figura 18.15*c*), como também pode ser feito em T-RFLP. A ARISA tem recebido maior aplicação em estudos de dinâmica da comunidade microbiana pelo monitoramento, por exemplo, de mudanças na presença e abundância relativa de um membro específico da comunidade por meio do tempo e do espaço.

## Estudos de diversidade usando bibliotecas de clones ou sequenciamento de última geração

A maioria das pesquisas sobre diversidade molecular microbiana se baseia na construção de bibliotecas de clones individuais para separar moléculas de DNA amplificadas (*amplicons*); cada clone na biblioteca contém uma sequência única que é utilizada como molde para a determinação da sequência (⇄ Seção 6.2). A Figura 18.14*a* mostra que uma mistura de amplicons do gene de RNAr 16S aparece como uma única banda quando selecionado em um gel não desnaturante. No entanto, devido ao gene-alvo amplificado vir de uma mistura de diferentes células, os filotipos precisam ser ordenados antes do sequenciamento. Isso pode ser feito a partir de qualquer DGGE (Figura 18.14*b, c*), clonagem molecular (Figura 18.13, ⇄ Seção 11.4), ou por sistemas de sequenciamento de alto rendimento (⇄ Seção 6.2) que não necessitam de clonagem para determinação da sequência.

A construção de uma biblioteca de clones e de sequenciamento permanece como método-padrão para a análise da diversidade filogenética e do potencial funcional da comunidade microbiana (Tabela 18.3). No entanto, uma vez que não requerem um passo de clonagem, os fragmentos de DNA individuais são separados e amplificados no próprio dispositivo de sequenciamento; assim, os produtos da PCR podem ser utilizados diretamente para o sequenciamento. Uma vez que centenas de milhares de reações de amplificação são realizadas simultaneamente em sequenciadores de última geração, o número total de sequenciamento lido excede amplamente o que é possível por meio do sequenciamento de clones individuais obtidos em uma biblioteca clone na base de um-por-um (**Figura 18.16**). O imenso volume de sequências geradas pela nova tecnologia de sequenciamento fornece uma *profunda análise de sequências*, significando que filotipos menores que foram possivelmente perdidos pelo método mais limitado de biblioteca de clones podem agora ser revelados (Figura 18.16*b*). Por exemplo, imagine que um filotipo especial esteja presente em apenas 0,01% de uma biblioteca de sequências clonadas. Seria então necessário sequenciar mais de mil clones individualmente, para ter uma chance razoável de se observar o filotipo específico. Em contrapartida, o poder do sequenciamento da última geração detectaria este filotipo de baixa abundância juntamente com outros mais abundantes. Uma coleção de filotipos menores, os quais representam uma fração substancial da diversidade total, mas apenas um menor componente da abundância total de organismos na maioria dos ambientes, tem sido referido como *biosfera rara* (Figura 18.16).

## Resultados de análises filogenéticas por PCR

Análises filogenéticas de comunidades microbianas fornecem resultados surpreendentes. Por exemplo, a partir da utilização do gene codificador de RNAr 16S como gene-alvo, as análises

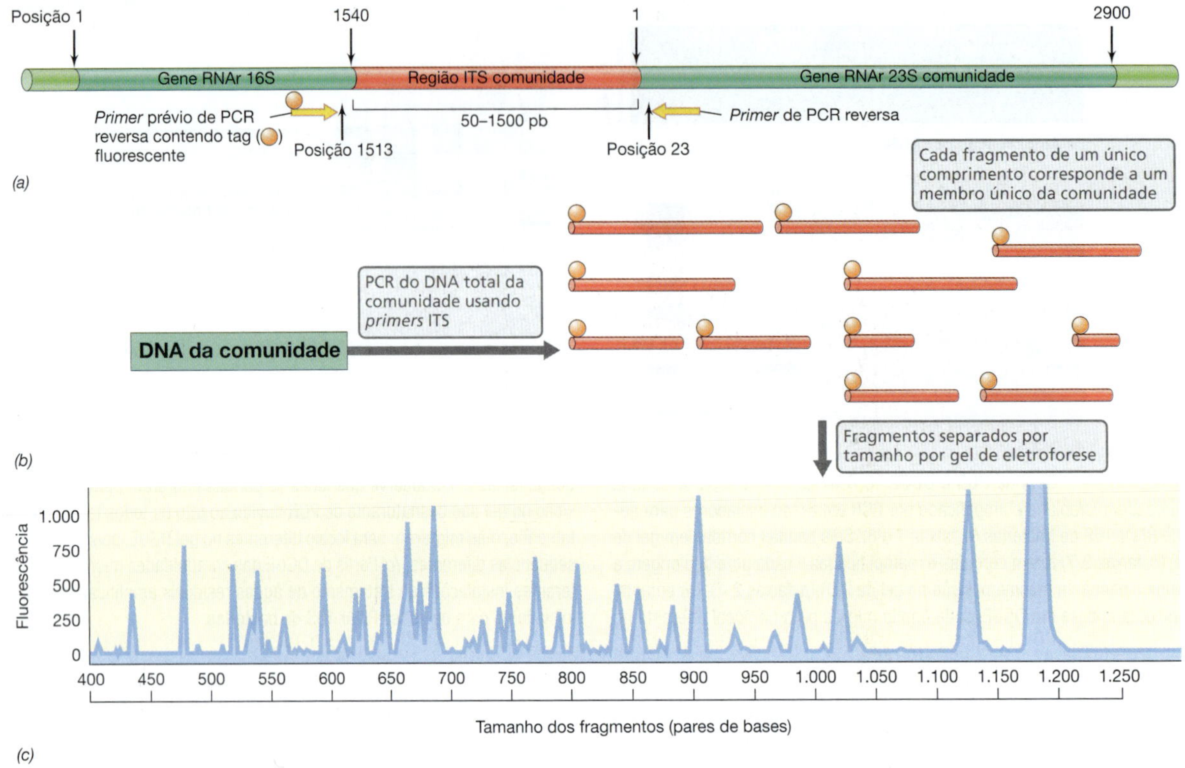


**Figura 18.15 Análise automatizada do espaço intergênico ribossomal (ARISA).** *(a)* Estrutura do óperon de RNAr abrangendo os genes de RNAr 16S (posições 1-1.540), um espaçador transcrito interno (ITS) da região de comprimento variável, e o gene de RNAr 23S (posições 1-2.900). Os *primers* de PCR, um marcado com um corante fluorescente, são complementares a sequências conservadas próximas da região ITS. *(b)* Fragmentos de DNA amplificados de comprimentos diferentes, cada um correspondendo a um membro da comunidade. *(c)* A análise do fragmento determinada por um sequenciador automatizado de DNA. Os picos, correspondentes a diferentes regiões ITS, podem ser identificados por clonagem e sequenciamento dos produtos amplificados.

de comunidades microbianas naturais geralmente revelam que muitos procariotos filogeneticamente distintos (filotipos) estão presentes em sequências de RNAr que diferem de todas as culturas laboratoriais conhecidas (Figura 18.13). Além disso, existem métodos adicionais que permitem uma avaliação quantitativa de cada filotipo e, com poucas exceções, as espécies mais abundantes em uma comunidade natural são aquelas que, até o momento, desafiaram o cultivo laboratorial. Esses resultados deixam evidente que nosso conhecimento sobre a diversidade microbiana, baseado em estudos de culturas de enriquecimento, ainda encontra-se bastante incompleto e que a distorção de enriquecimento (Seção 18.1) possivelmente seja um sério problema nos estudos sobre a biodiversidade dependentes de cultivo. De fato, os ecologistas microbianos estimam que, até o momento, menos de 0,1% dos filotipos revelados por análise molecular da comunidade exista na forma de culturas laboratoriais. É evidente que há muito trabalho para os microbiologistas, os quais buscam compreender a diversidade microbiana.

**MINIQUESTIONÁRIO**

- O que se pode concluir de análises por PCR/DGGE de uma amostra, a qual produziu uma banda na PCR e uma banda por DGGE? E uma banda por PCR e quatro bandas por DGGE?
- Que resultado surpreendente surgiu dos diversos estudos moleculares de hábitats naturais, utilizando o RNAr 16S como o gene-alvo?

## 18.6 Microarranjos para análise da diversidade filogenética e funcional de microrganismos

Consideramos anteriormente o uso de *chips* de DNA, um tipo de *microarranjo*, para avaliar a expressão de genes de microrganismos em geral (Seção 6.7). Em geral, muitos microarranjos podem ser construídos para análises rápidas da biodiversidade e do potencial funcional dos das comunidades naturais. Microarranjos projetados para estudos de biodiversidade, chamados *filochips*, têm sido desenvolvidos para a triagem nas comunidades microbianas de grupos específicos de procariotos. Outro tipo de microarranjo foi concebido para detectar genes que codificam funções bioquímicas, como genes que codificam as proteínas necessárias para a redução do sulfato na respiração, oxidação da amônia, desnitrificação ou fixação de nitrogênio (Tabela 18.3). Como os genes que codificam enzimas funcionalmente comparáveis podem variar significativamente nas suas sequências primárias, as matrizes de genes de funções específicas, por vezes referidas como *microarranjos de genes funcionais*, devem conter milhares de sondas, a fim de alcançar uma cobertura razoável da diversidade natural. Mesmo assim, essas matrizes só podem amostrar uma pequena fração da diversidade funcional natural.

Os filochips são construídos mediante a afixação de sondas de RNAr ou sondas de oligonucleotideos do gene-alvo de RNAr para a superfície do *chip* em um padrão conhecido.

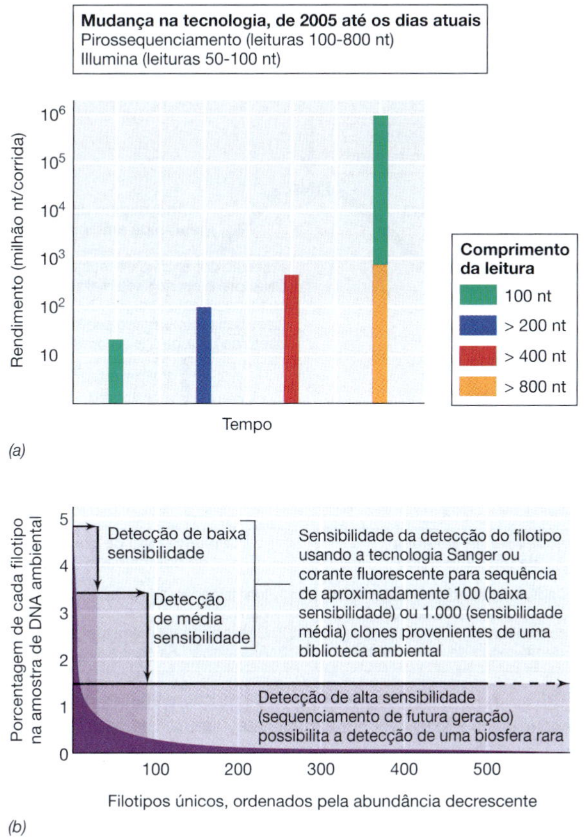


**Figura 18.16** **Análise da diversidade da comunidade usando tecnologia de sequenciamento de futura geração.** *(a)* Plataformas de sequenciamento atuais (Seção 6.2) têm a capacidade para gerar $10^{12}$ nucleotídeos (nt) de sequência em uma única corrida de sequenciamento (exigindo uma semana ou menos), com comprimentos de leitura individuais variando 100 a 800 nucleotídeos. *(b)* Essa enorme capacidade de sequenciamento revelou muitos filotipos exclusivos que não foram detectados utilizando DGGE ou biblioteca de clones de sequenciamento. Menos de 100 filotipos únicos poderiam ser detectados por sequenciamento Sanger de 1.000 clones em uma biblioteca de amplicons de PCR com genes de RNAr 16S. Jed Fuhrman é reconhecido pela parte b.

Cada filochip pode ser feito para ser mais específico ou generalista de acordo com o que for necessário no estudo, ajustando a especificidade das sondas, e milhares de sondas diferentes podem ser adicionadas a um único filochip. Como exemplo, considere um filochip concebido para avaliar a diversidade de bactérias redutoras de sulfato (Seções 13.18 e 14.9) em um ambiente sulfídico, tal como o sedimento marinho. Dispostos em um padrão conhecido no filochip estão os oligonucleotídeos complementares às sequências específicas nos genes de RNAr 16S de todas as bactérias redutoras de sulfato conhecidas (mais de 100 espécies). Em seguida, fazendo o isolamento do DNA total da comunidade do sedimento e a amplificação por PCR e marcação por fluorescência dos genes de RNAr 16S, o DNA ambiental é hibridizado com as sondas no filochip. As espécies que se encontram presentes são determinadas por avaliação das sondas hibridizadas da amostra de DNA (**Figura 18.17**). Alternativamente, o RNAr pode ser extraído diretamente da comunidade microbiana, marcado com um corante fluorescente e hibridizado diretamente para o filochip sem a etapa de amplificação. Filochips muito mais generalistas e inclusivos têm sido desenvolvidos. Por exemplo, um determinado filochip com 500.000 oligonucleotídeos de gene-específicos de RNAr com uma taxa microbiana individual maior que 8.000.

Um microarranjo de gene funcional chamado *GeoChip* contém cerca de 50 mil sequências de genes de mais de 290 categorias de genes. As categorias englobam capacidades metabólicas muito amplas, incluindo a produção e o consumo de metano, sistemas respiratórios alternativos (p. ex., redução de metais dissimilativos, halorespiração), resistência a metais pesados, a degradação de poluentes clorados e etapas oxidativas e redutoras nos ciclos do nitrogênio, carbono e enxofre (Capítulo 20).

Filochips e microarranjos de genes funcionais, como o GeoChip, contornam muitas etapas demoradas – PCR, DGGE e clonagem e sequenciamento – que são feitas na análise de comunidades microbianas que considerou-se anteriormente (Figura 18.13). Uma importante vantagem destes métodos em comparação aos métodos de sequenciamento é a reprodutibilidade, especialmente para os organismos de baixa abundância. No entanto, uma advertência importante para a interpretação de qualquer gene microarranjo é a possibilidade de hibridação não específica. Nesse caso, variantes genéticas que possuem sequências intimamente relacionadas não podem ser solucionadas, pois há sobreposição dos padrões de hibridização. Além disso, genes totalmente diferentes podem produzir resultados falso-positivos se forem suficientemente complementares à sonda de hibridação. No entanto, os filochips e as matrizes genéticas funcionais constituem outra ferramenta importante para a avaliação independente de cultura da biodiversidade de microrganismos e das potenciais atividades metabólicas.

**MINIQUESTIONÁRIO**

- O que é um filochip e quais informações ele fornece?
- Quais são as vantagens e desvantagens da tecnologia de microarranjo em comparação com os produtos de sequenciamento por PCR?
- Por que a análise T-RFLP geralmente não captura completamente a diversidade de filotipos em uma amostra ambiental?

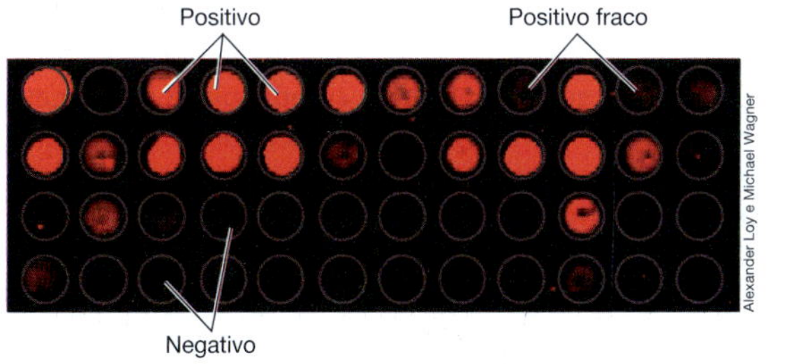


**Figura 18.17** **Análise com filochip da diversidade de bactérias redutoras de sulfato.** Cada ponto presente no microarranjo apresentado possui um oligonucleotídeo complementar a uma sequência do RNAr 16S de uma espécie distinta de bactéria redutora de sulfato. Após a hibridização com genes de RNAr 16S, amplificados por PCR, a partir de uma comunidade microbiana, e marcados por fluorescência, a presença ou ausência de cada espécie é assinalada por fluorescência (revelada como positivo ou positivo fraco) ou por ausência de fluorescência (apresentado como negativo), respectivamente.

## 18.7 Métodos relacionados com a genômica ambiental

A abordagem mais abrangente para o estudo molecular das comunidades microbianas é a **genômica ambiental**, também chamada de **metagenômica**. Nesta metodologia são empregados o sequenciamento e a análise de todos os genomas microbianos de um ambiente em particular, como um meio de caracterizar a totalidade do conteúdo genético deste ambiente. A metagenômica se preocupa inicialmente em capturar aleatoriamente fragmentos de DNA ambiental em pequenos ou grandes plasmídeos, os quais foram utilizados para criar bibliotecas de clones para sequenciamento de DNA ambiental; alternativamente, as bibliotecas podem ser rastreadas para novos genes, como aqueles que codificam a produção de antibióticos. No entanto, a introdução de tecnologia de sequenciamento de DNA de alto rendimento (Seções 6.2 e 18.5) acelerou esta técnica e eliminou a necessidade de clonagem do DNA. Em vez disso, o DNA pode ser sequenciado a partir do DNA total.

Antes da era metagenômica, a análise da comunidade microbiana era normalmente focada sobre a diversidade de um único gene em uma amostra ambiental. Em contrapartida, na genômica ambiental, todos os genes em uma dada comunidade microbiana podem ser localizados, e se feito com delineamento experimental adequado, a informação obtida pode levar a uma compreensão profunda da estrutura e função da comunidade, a qual pode analisar um único gene.

Não é objetivo imediato da genômica ambiental gerar sequências completas do genoma, como tem sido feito para muitos microrganismos cultivados (Capítulo 6). Em vez disso, a ideia é detectar genes que codificam proteínas conhecidas e, em seguida, se possível, determinar a filogenia do organismo a qual os genes pertencem. No entanto, essa limitação está sendo reduzida pelo aumento da cobertura possível, utilizando a mais recente tecnologia de sequenciamento de DNA de alto rendimento (Figura 18.16) e algoritmos melhorados utilizados para a montagem de dados da sequência metagenômica. Esses avanços permitiram a reconstrução rotineira de genomas a partir do DNA da comunidade (ver a página de abertura deste capítulo).

O problema dos genomas montados a partir de uma mistura de sequências de DNA ambiental é que eles não são suscetíveis à clonagem, em vez disso são compostos por fragmentos de DNA de isolados intimamente relacionados de uma espécie (**Figura 18.18**). A importância da "remontagem" de genomas ou de fragmentos genômicos quase completos de DNA metagenômico é avaliar se todos os genes necessários, para qualquer organismo vivo, estão presentes (tal como todos RNA estáveis necessários – RNAt e RNAr) e, por conseguinte, o diagnóstico de um genoma completo. Além disso, uma avaliação da abundância relativa dos genes que codificam as funções específicas é igualmente valiosa, uma vez que as mudanças de abundância sugerem interações entre espécie ou uma resposta comum a uma variável ambiental particular. Por exemplo, se um elevado número de genes for recuperado na via de fixação de nitrogênio, isso sugeriria que o ambiente amostrado era limitado em $NH_4^+$, $NO_3^-$ e outras formas de nitrogênio fixado, selecionando, assim, as bactérias fixadoras de nitrogênio. A Figura 18.18 contrasta a abordagem da genômica ambiental com a análise de genes individuais de comunidades microbianas.

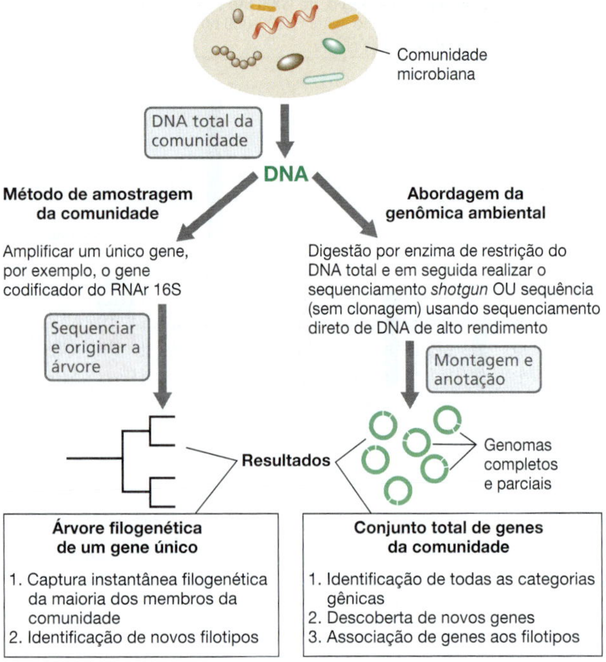


**Figura 18.18 Abordagens de análise de comunidades microbianas por gene único *versus* genômica ambiental.** Observe que, na abordagem da genômica ambiental, o DNA total da comunidade pode ser sequenciado. Os genomas são montados e anotados, porém não são obtidos genomas completos "finalizados". A recuperação total dos genes é variável e depende, entre outros fatores, da complexidade do hábitat e da quantidade de sequências determinadas. A recuperação é geralmente melhor quando a diversidade é baixa e a redundância das sequências é alta.

### Nova tecnologia metagenômica

Um estudo metagenômico inicial de procariontes no Mar dos Sargaços (uma região pobre em nutrientes do Oceano Atlântico, perto das Bermudas) revelou uma notável diversidade. Este estudo foi baseado na análise de cerca de 1 bilhão de pares de bases de dados de sequência de uma biblioteca de plasmídeos de DNA (Seção 6.2), obtidos a partir da superfície da água. Os resultados sugeriram que, pelo menos, 1.800 espécies de bactérias e arqueias estavam presentes, incluindo 148 filotipos previamente desconhecidos e muitos genes novos. Muitas destas espécies tinham anteriormente sido perdidas em análises de comunidade baseadas em RNAr. Isto é, em geral, devido à detecção de baixa sensibilidade proporcionada por bibliotecas de sequenciamento de clones, onde muitas vezes não se encontram as espécies que estão em menor número (Figura 18.16) e também porque nem todos os genes de RNAr 16S que estavam presentes na comunidade microbiana do Mar dos Sargaços poderiam ser amplificados com os iniciadores utilizados na PCR. Os genes que não são amplificados, naturalmente, permanecem indetectáveis nas análises da comunidade. A metagenômica contorna este problema de sequenciamento do DNA porque não tem a necessidade de *primeiro amplificá-lo* por PCR específica para o gene (Tabela 18.3). Assim, os genes são sequenciados sendo eles amplificados ou não por PCR.

Apesar de se obter 1 bilhão de sequências de pares de bases gerando um enorme conjunto de dados únicos, que custaram mais de US$ 1 milhão com a tecnologia disponível, isso ainda foi insuficiente para descrever totalmente a diversidade de espécies microbianas na amostra do Mar dos Sargaços! Na verdade, um mililitro de água deste mar contém cerca de 5 trilhões de pb de DNA genômico bacteriano (considerando um genoma de tamanho médio de 5 milhões de pb e uma densidade de 1 milhão de células) e exigiria, portanto, um esforço de sequenciamento 5.000 vezes maior para cobrir apenas cada par de base uma vez. Mesmo com a tecnologia atual capaz de gerar mais de 800 bilhões de sequências de pb em 10 dias (Figura 18.16), nenhum ambiente foi completamente sequenciado. Além disso, esta surpreendente capacidade de sequenciamento que permite análises metagenômicas de componentes raros e também de organismos abundantes de um determinado hábitat está aumentando em muito a demanda na capacidade computacional requerida para as análises de sequências. Na verdade, grandes saltos na eficiência de armazenamento e na capacidade computacional serão necessários para manter o ritmo do volume de dados metagenômicos do futuro.

## Alguns exemplos de genômica ambiental

A genômica ambiental pode detectar tanto novos genes de organismos conhecidos quanto genes conhecidos em novos organismos. Além disso, muitos dos fragmentos de sequências metagenômicas apresentam sequências motifs de DNA que sugerem que estes codificam proteínas, mas estas proteínas não possuem homólogos conhecidos nas bases de dados públicas existentes e não compartilham relação filogenética com nenhuma das espécies conhecidas. Estes são conhecidos como genes "órfãos" ou "ORFan", que é uma brincadeira com a sigla para sequência de leitura aberta (ORF, *open reading frame*). No estudo do Mar dos Sargaços mencionado anteriormente, os genes que codificam proteínas com funções metabólicas conhecidas foram encontrados ocasionalmente incorporados dentro dos genomas dos organismos previamente desconhecidos por realizar tais metabolismos. Por exemplo, a descoberta de genes relacionados com aqueles de codificação da amônia monoxigenase, uma enzima-chave de oxidação da amônia em bactérias (Tabela 18.3; ⇄ Seções 13.10, 14.13 e 16.6), em um fragmento de DNA que também continha os genes de arqueias sugerindo a possível existência de oxidantes de amônia em arqueias. Isso foi posteriormente confirmado quando microbiologistas isolaram arqueias nitrificantes do ambiente marinho (*Nitrosopumilus maritimus*, ⇄ Seções 13.10 e 16.6).

Em um segundo exemplo do estudo do Mar dos Sargaços, os genes que codificam a proteorrodopsina, uma bomba de prótons mediada por luz presente em certas proteobactérias e relacionada com bacteriorrodopsina de halófilos extremos (⇄ Seção 16.1), foram encontrados dentro dos genomas de várias novas linhagens filogenéticas de *Bacteria*. O gene para proteorrodopsina havia sido descoberto anteriormente em um grupo incultivável de Gammaproteobacteria marinha por meio de clonagem e sequenciamento de grandes fragmentos de DNA isolados a partir da água do oceano. Análises metagenômicas em andamento, desde então, revelaram que a proteorrodopsina é amplamente distribuída, inclusive em arqueias marinha e bactérias de água doce. Estas descobertas apontam para a importância da luz para a fisiologia e ecologia destes organismos e sugeriram novas estratégias para o isolamento e cultivo em laboratório. A proteorrodopsina tem sido identificada em um certo número de microrganismos cultiváveis (incluindo Alpha, Beta e Gammaproteobacteria, espécies de Bacteroidetes e dinoflagelados eucarióticos marinhos) e está associada principalmente a funções bioenergéticas.

Abordagens genômicas também revelaram variações nos genes associadas a um único filotipo; isto é, em isolados que contêm genes de RNAr idênticos ou quase idênticos. Por exemplo, em estudos de *Prochlorococcus*, a cianobactéria mais abundante (fototróficos oxigênicos) no oceano (⇄ Secção 14.3), comparando as sequências do genoma de isolados cultivados com genes de *Prochlorococcus* obtidos a partir de análises metagenômicas da água do oceano, foi identificada em extensas regiões entre as populações ambientais e cultivadas (**Figura 18.19**). Este alto nível de conservação dos genes confirma que os organismos em cultura são típicos de populações ambientais. No entanto, essas análises também identificaram várias regiões altamente variáveis, em que os genomas de isolados cultiváveis diferiram significativamente



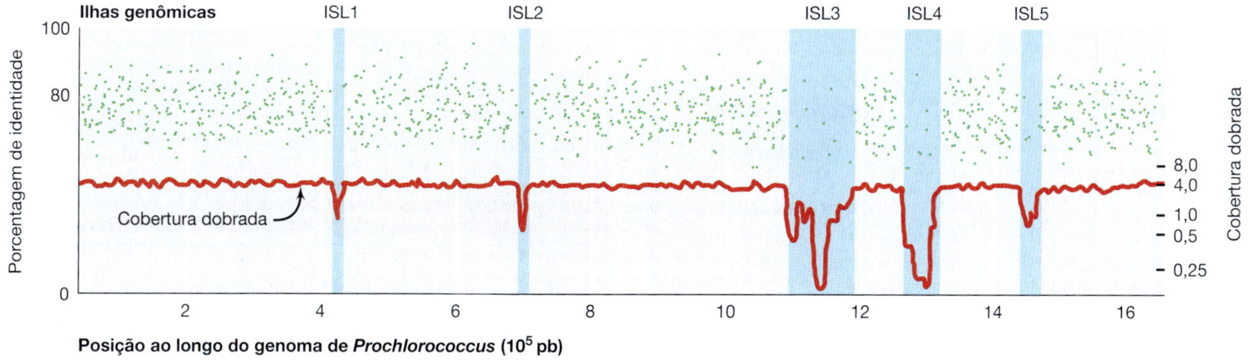


**Figura 18.19** **Análise metagenômica.** Sequências (representadas como pontos verdes) do metagenoma do Mar dos Sargaços que alinham com sequências do genoma de um *Prochlorococcus* cultivável, mostrando regiões onde os isolados cultivados têm genes de alta similaridade (% elevada de identidade) com sequências no metagenoma e outras regiões (sombreada), onde não há genes em comum (ilhas genômicas, ISL1-ISL5). Acredita-se que, uma vez que que a sequência de DNA contido dentro das ilhas genômicas serve para codificar funções nicho-específicas, o isolado cultivável provavelmente não exibe a mesma distribuição ambiental que isolados que contêm estas ilhas de genes. A cobertura dobrada é uma medida de quão completamente diversas são as regiões do genoma de *Prochlorococcus* que possuem sequências similares no metagenoma.

das populações ambientais. Estas regiões variáveis foram agrupadas no genoma como *ilhas genômicas*, também chamadas de *ilhas cromossômicas* (Seção 6.13), e, provavelmente, codificam funções que controlam a resposta particular de crescimento de populações de *Prochlorococcus* frente a variáveis ambientais, tais como a temperatura e a qualidade e intensidade de luz.

## Metatranscriptômica e metaproteômica

A aplicação de métodos genômicos gerou duas técnicas relacionadas, a *metatranscriptômica* e a *metaproteômica*. A **metatranscriptômica** é análoga à metagenômica, mas analisa as sequências de *RNA* da comunidade, em vez do *DNA*. O RNA isolado é convertido em DNAc por transcrição reversa (Seções 9.11 e 27.10) antes do sequenciamento. Embora a metagenômica descreva as capacidades funcionais da comunidade (p. ex., a abundância relativa de genes específicos), a metatranscriptômica revela se os genes da comunidade estão realmente sendo expressos e o nível relativo dessa expressão em um determinado tempo e lugar. Devido a expressão da maioria dos genes em procariotas ser controlada no nível de transcrição (Seção 7.1), a abundância de RNAm pode ser considerada um censo do nível de expressão de um gene individual. Assim, a abundância de transcritos gênicos determinada para uma comunidade inteira pode ser usada para inferir a operação dos principais processos metabólicos catalisados por essa comunidade no tempo de amostragem (**Figura 18.20**).

A **metaproteômica** avalia a diversidade e abundância de diferentes *proteínas* em uma comunidade, esta é uma medida mais direta da função das células que a metatranscriptômica. Isto é devido aos diferentes RNAm terem semividas e eficiências de tradução diferentes, e, portanto, nem todos irão produzir o mesmo número de cópias de proteínas. No entanto, a metaproteômica é muito mais desafiadora tecnicamente do que a metagenômica ou a metatranscriptômica (Seção 6.8). A identificação de proteínas, geralmente por espectrometria de massa para a caracterização de peptídeos liberados a partir da digestão enzimática do conjunto total de proteínas utilizando uma protease que cliva em arginina ou resíduos de lisina, depende do material naturalmente disponível, uma vez que não é possível amplificar sequências proteicas como se faz usando a PCR para amplificar ácidos nucleicos para o sequenciamento. A identificação de proteínas também requer, pelo menos, uma separação física parcial dos peptídeos individualmente, a fim de reduzir a complexidade das amostras ana-

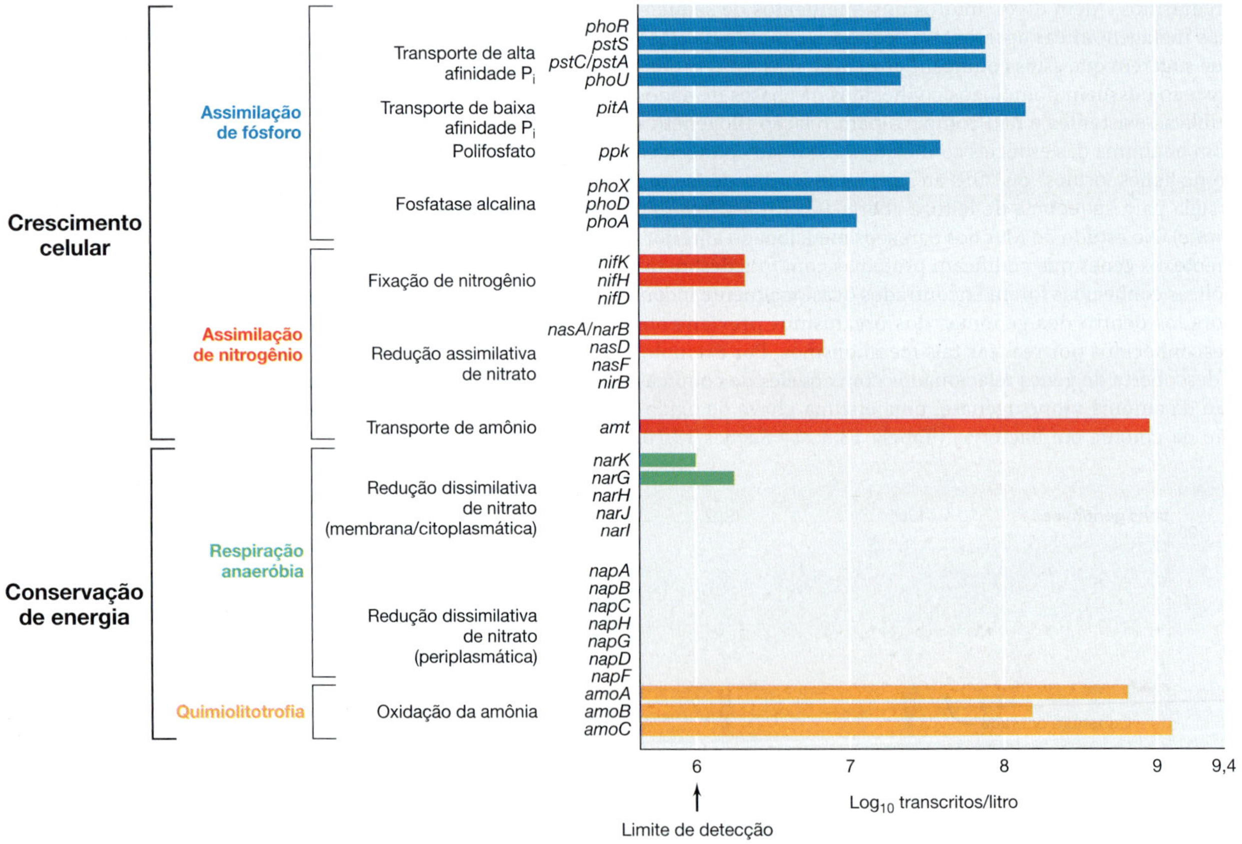


**Figura 18.20 Análise metatranscriptômica das águas superficiais marinhas costeiras.** Expressão de genes para etapas-chave no ciclo do N e P de uma amostra de água do mar determinada por sequenciamento de RNAm ambiental. Estes dados mostraram que a comunidade microbiana estava usando tanto formas de fosfato ($PO_4^{3-}$) inorgânico (alta expressão de transportadores de P) quanto orgânico (fosfatase alcalina). Os baixos níveis de genes transcritos necessários para assimilação de $NO_3^-$ contrastaram com a elevada expressão de genes para o transporte de $NH_3$ e oxidação $NH_3$ quimiolitotrófica. Além disso, como esperado para as águas superficiais marinhas óxicas, houve baixa expressão de genes para respiração de $NO_3^-$. Esses dados foram cortesia de Mary Ann Moran.

lisadas por espectrometria de massa. Uma complicação final é a recuperação variável das proteínas citoplasmáticas ligadas à membrana. Como consequência, a metaproteômica foi até agora restrita principalmente para a caracterização qualitativa das comunidades microbianas mais simples, como aquelas de alguns ambientes extremos, ou para a caracterização apenas de proteínas muito abundantes nas comunidades mais complexas. Discute-se como as proteínas são identificadas na análise proteômica e outros aspectos da metaproteômica na Seção 6.8.

**MINIQUESTIONÁRIO**

- O que é um metagenoma?
- Como a abordagem da genômica ambiental difere das análises ambientais de um único gene, como as baseadas na análise do gene RNAr 16S para a caracterização da comunidade microbiana?
- Como as populações de células metabolicamente mais ativas em uma comunidade são identificadas usando métodos da genômica ambiental?

# IV • Medida das atividades microbianas na natureza

Até o momento, neste capítulo, nossa discussão enfocou a medida da *diversidade* microbiana. Agora passaremos a discutir como os ecologistas microbianos medem a *atividade* microbiana; isto é, o que os microrganismos estão de fato *realizando* em seu ambiente. As técnicas a serem descritas incluem o uso de radioisótopos, microeletrodos, isótopos estáveis e vários métodos genômicos.

As medidas das atividades em amostras naturais são estimativas *coletivas* das reações fisiológicas ocorrendo em toda a comunidade microbiana, embora uma técnica discutida posteriormente (ver Seções 18.10 e 18.11) permita uma avaliação mais específica sobre a atividade fisiológica. As medidas de atividade revelam tanto os tipos quanto as proporções das principais reações metabólicas ocorrendo em um hábitat. Juntamente com as estimativas da biodiversidade e análise da expressão gênica, elas ajudam a definir a estrutura e função do ecossistema microbiano, o objetivo final da ecologia microbiana. As medidas de atividade também trazem importantes informações para o desenvolvimento de culturas de enriquecimento.

## 18.8 Ensaios químicos, métodos radioisotópicos e microssensores

Em muitos estudos, as medições químicas diretas das reações microbianas são suficientes para avaliar as atividades microbianas que ocorrem em um ambiente. Por exemplo, o destino da oxidação de lactato por bactérias redutoras de sulfato em uma amostra de sedimentos pode facilmente ser rastreado. Se bactérias redutoras de sulfato estiverem presentes e ativas em uma amostra de sedimento, o lactato adicionado ao sedimento será consumido, sendo o sulfato ($SO_4^{2-}$) reduzido a $H_2S$. O lactato, o $SO_4^{2-}$ e o sulfeto ($S^{2-}$) podem ser medidos com sensibilidade relativamente alta, utilizando-se ensaios químicos simples, as transformações destas substâncias em outra relacionada em uma amostra podem ser rastreadas facilmente (**Figura 18.21*a***).

### Radioisótopos

Quando uma sensibilidade muito elevada é necessária, as taxas de reciclagem devem ser determinadas ou o destino de partes de uma molécula deve ser rastreado, os *radioisótopos* são mais úteis que ensaios estritamente químicos. Por exemplo, caso a fotoautotrofia deva ser avaliada, pode-se medir a captação de dióxido de carbono ($^{14}CO_2$) dependente de luz pelas células microbianas (Figura 18.21*b*). Se a redução de $SO_4^{2-}$ for de interesse, a taxa de conversão de $^{35}SO_4^{2-}$ em $H_2{}^{35}S$ pode ser avaliada (Figura 18.21*c*). Atividades heterotróficas podem ser medidas rastreando-se a liberação de $^{14}CO_2$ a partir de compostos orgânicos marcados com $^{14}C$ (Figura 18.21*d*), e assim por diante.

Ambos os métodos químicos e isotópicos são amplamente utilizados na ecologia microbiana. Para serem validados, no entanto, eles devem ser realizados utilizando-se controles adequados, uma vez que algumas transformações isotópicas podem ser decorrentes de processos abióticos. O *controle de células mortas* é o principal controle em tais experimentos, ou seja, é absolutamente essencial demonstrar que a transformação sob análise é interrompida quando agentes químicos ou tratamentos térmicos que matam os microrganismos são aplicados na amostra. A formalina, em uma concentração final de 4%, é comumente utilizada como esterilizante químico nos estudos de ecologia microbiana. Ela mata todas as células, e as transformações de materiais marcados radioativamente na presença de formalina a 4% podem ser atribuídas a processos abióticos (Figura 18.21).

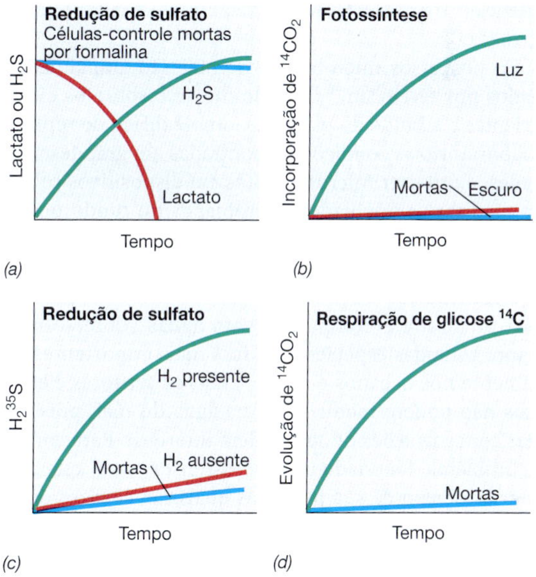


**Figura 18.21 Medidas das atividades microbianas.** *(a)* Análise química das transformações do lactato e $H_2S$ durante a redução de sulfato. Medidas radioisotópicas. *(b)* Medida da fotossíntese com $^{14}CO_2$. *(c)* A redução de sulfato medida com $^{35}SO_4^{2-}$. *(d)* Produção de $^{14}CO_2$ a partir de glicose $^{14}C$.

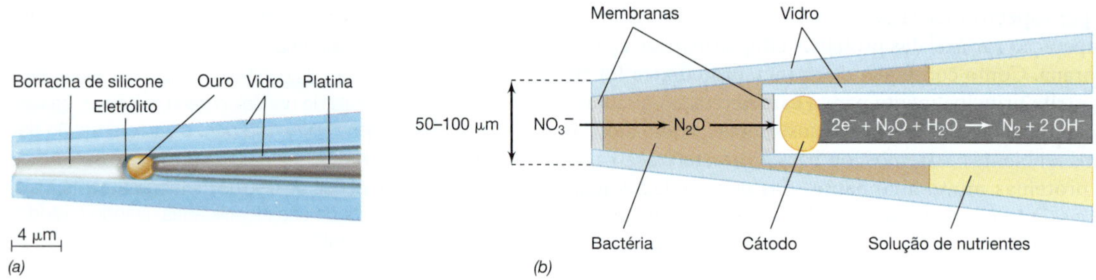


**Figura 18.22 Microssensores.** *(a)* Representação esquemática de um microssensor de oxigênio ($O_2$). O oxigênio difunde-se através da membrana de silicone na ponta do microssensor e reage com elétrons na superfície de ouro do cátodo, formando íons hidróxido ($OH^-$), o qual gera uma corrente proporcional à concentração de $O_2$ na amostra. Observe a escala do eletrodo. *(b)* Microssensor biológico para a detecção de nitrato ($NO_3^-$). As bactérias imobilizadas na ponta do sensor desnitrificam $NO_3^-$ ou $NO_2^-$ a $N_2O$, o qual é detectado por redução eletroquímica do $N_2$ no cátodo. Esquema desenhado por Niels Peter Revsbech.

## Microssensores

Os **microssensores** sob a forma de agulhas de vidro contendo um mecanismo de sensor na ponta têm sido usados para estudar a atividade de microrganismos na natureza. Têm sido construídos microssensores que avaliam diversas espécies químicas incluindo pH, $O_2$, $NO_2^-$, $NO_3^-$, óxido nitroso ($N_2O$), $CO_2$, $H_2$ e $H_2S$. Como o nome *microssensor* já indica, estes dispositivos são muito pequenos, as suas pontas variam em diâmetro de 2 a 100 μm (**Figura 18.22**). Os sensores são cuidadosamente inseridos no hábitat em pequenos incrementos para seguir as atividades microbianas em distâncias muito curtas.

Os microssensores têm diversas aplicações. Por exemplo, concentração de oxigênio presente em massas microbianas (Figura 19.19*c*), sedimentos aquáticos ou em partículas de solo (Figura 19.3) pode ser medida de maneira precisa, por intervalos muito próximos. Um micromanipulador é utilizado para imergir os sensores gradualmente através da amostra, de forma que leituras possam ser realizadas a cada 50 a 100 μm (**Figura 18.23**). Com o uso de um banco de microssensores, cada um sensível a um diferente composto químico, medidas simultâneas de várias transformações em um hábitat podem ser realizadas.

Os processos microbianos no mar são amplamente estudados por terem um profundo impacto sobre os ciclos de nutrientes e a saúde do planeta. Como é difícil de reproduzir em laboratório as condições encontradas em grandes profundidades, é útil usar microssensores em dispositivos robóticos para analisar as atividades microbianas no fundo oceânico. A **Figura 18.24** mostra a implementação de um instrumento "aterrisador" equipado com vários microssensores de modo que a distribuição de produtos químicos no sedimento possa ser analisada e comparada com águas sobrejacentes do oceano. Uma das espécies químicas mais importantes biologicamente nos oceanos é o $NO_3^-$, mas os sensores eletroquímicos não podem medir $NO_3^-$ na água do mar, pois as elevadas concentrações de sais podem interferir. Para contornar este problema, foi criado um microssensor "vivo" que contém bactérias dentro da sua ponta, as quais são capazes de reduzir $NO_3^-$ (ou $NO_2^-$) a $N_2O$. O $N_2O$ produzido pela bactéria é, então, detectado após a sua redução abiótica a $N_2$ no cátodo do microssensor (Figura 18.22*b*); isto fornece um impulso elétrico de sinalização da presença de $NO_3^-$. Na camada óxica de sedimentos marinhos, o $NO_3^-$ é produzido a partir da oxidação de $NH_4^+$ (nitrificação, Seção 13.10), por isso muitas vezes há um pico de $NO_3^-$ na camada superficial do sedimento (Figura 18.23). Nas camadas mais profundas do sedimento, anóxicas, o $NO_3^-$ é consumido pela desnitrificação e redução dissimilativa do nitrato a amônia (DRNA) (Seção 13.17), e o $NO_3^-$, por conseguinte, desaparece alguns milímetros abaixo da interface óxica-anóxica (Figura 18.23).

**MINIQUESTIONÁRIO**

- Por que os radioisótopos são úteis na análise das atividades microbianas?
- Se um grande pulso de matéria orgânica entrar no sedimento, como seriam alterados os perfis de $NO_3^-$ e $O_2$ mostrados na Figura 18.23?

## 18.9 Isótopos estáveis

Para muitos dos elementos químicos existem isótopos diferentes, variando quanto ao número de nêutrons. Determinados isótopos são instáveis, sofrendo clivagem como resultado do

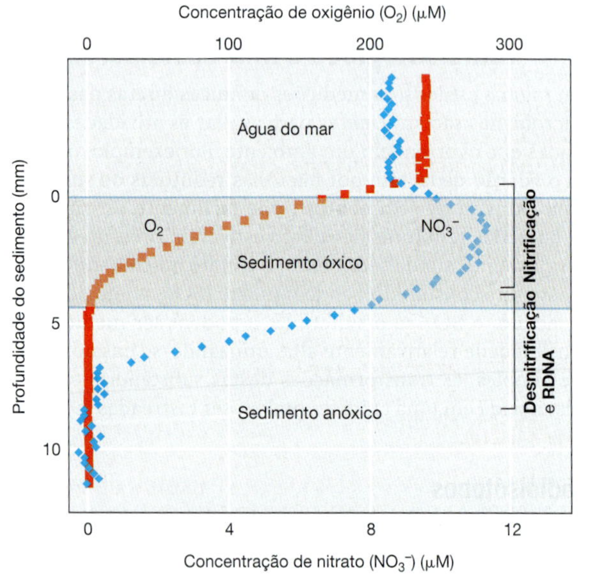


**Figura 18.23 Perfis de profundidade de $O_2$ e $NO_3^-$.** Os dados obtidos com o aterrizador (ver Figura 18.24) equipado com sensores de microeletrodos para caracterização química remota de sedimentos do fundo oceânico. Observe as zonas de nitrificação e desnitrificação. RDNA, redução dissimilativa de $NO_3^-$ para $NH_4^+$. Baseado nos dados desenhados por Niels Peter Revsbech.

**Figura 18.24** **Implantação de um aterrizador em alto-mar.** A sonda está equipada com um banco de microssensores (seta) para medir a distribuição de certas espécies químicas em sedimentos marinhos.

decaimento radioativo. Outros, denominados *isótopos estáveis*, não são radioativos, porém são metabolizados por microrganismos de forma diferenciada, podendo ser utilizados no estudo das transformações microbianas na natureza. Existem dois métodos nos quais os isótopos estáveis podem gerar informações sobre as atividades microbianas. Descreve-se o fracionamento isotópico nesta seção e isótopos estáveis na Seção 18.11.

## Fracionamento de isótopos

Os dois elementos que se mostraram mais úteis nos estudos de ecologia microbiana utilizando isótopos estáveis são o carbono (C) e o enxofre (S), embora o isótopo mais pesado do nitrogênio, $^{15}N$, também seja amplamente utilizado. O carbono existe na natureza principalmente sob a forma de $^{12}C$, mas cerca de 5% é encontrado como $^{13}C$. Da mesma maneira, o enxofre existe principalmente na forma de $^{32}S$, embora ele seja também encontrado como $^{34}S$ e em pequenas quantidades como $^{33}S$ e $^{36}S$. A abundância natural desses isótopos altera-se quando C ou S é metabolizado por microrganismos, uma vez que as enzimas geralmente favorecem o isótopo *mais leve*. Isto é, o isótopo mais pesado é discriminado em relação ao isótopo mais leve, quando ambos são metabolizados por uma enzima (**Figura 18.25**). Por exemplo, quando se fornece $CO_2$ a um organismo fototrófico, o carbono celular é *enriquecido* em $^{12}C$ e *depletado* de $^{13}C$, em relação a um carbono abiótico padrão. Da mesma forma, o átomo de enxofre no $H_2S$ produzido pela redução bacteriana de sulfato é "mais leve" do que o $H_2S$ ori-

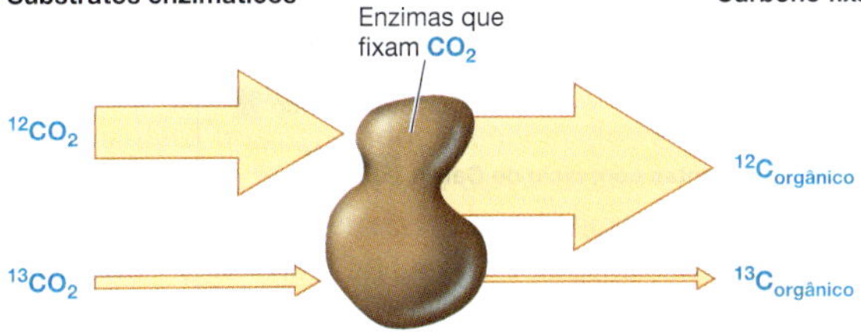


**Figura 18.25** **Mecanismo de fracionamento isotópico, utilizando carbono como exemplo.** As enzimas que fixam $CO_2$ fixam preferencialmente o isótopo mais leve ($^{12}C$). Tal fato resulta no enriquecimento de $^{12}C$ como carbono fixado e depleção de $^{13}C$, em relação ao substrato inicial. O grau de depleção de $^{13}C$ é calculado como um fracionamento isotópico. O tamanho das setas indica a abundância relativa de cada isótopo de carbono.

ginado geoquimicamente. Esses processos, conhecidos como **fracionamento isotópico** (Figura 18.25) são geralmente resultados de atividades biológicas. Esta técnica pode ser utilizada para determinar se uma transformação em particular foi ou não catalisada por microrganismos.

O fracionamento isotópico de uma amostra de C é calculado como a extensão da depleção de $^{13}C$ em relação a um padrão com uma composição isotópica de origem geológica. O padrão para a análise C é o isótopo de rochas do Cretáceo (65-150 milhões de anos de idade) com formação calcária (o Pee Dee belemnite). Uma vez que a magnitude do fracionamento é geralmente muito pequena, a depleção é calculada como "por mil" (‰, ou partes por mil) e referida como $\delta^{13}C$ (pronuncia-se "Delta C 13") de uma amostra utilizando a seguinte fórmula:

$$\delta^{13}C = \frac{(^{13}C/^{12}C \text{ amostra}) - (^{13}C/^{12}C \text{ padrão})}{(^{13}C/^{12}C \text{ padrão})} \times 1.000\text{‰}.$$

A mesma fórmula é usada para calcular o fracionamento isotópico de S, neste caso, utilizando o mineral sulfeto de ferro (FeS) a partir do meteorito Canyon Diablo como o padrão:

$$\delta^{34}S = \frac{(^{34}S/^{32}S \text{ amostra}) - (^{34}S/^{32}S \text{ padrão})}{(^{34}S/^{32}S \text{ padrão})} \times 1.000\text{‰}.$$

## O uso do fracionamento isotópico na ecologia microbiana

A composição isotópica de uma matéria revela seu passado biológico ou sua origem geológica. Por exemplo, a matéria vegetal e o petróleo (que é derivado de compostos vegetais) apresentam composições isotópicas similares (**Figura 18.26**). O carbono proveniente das plantas e do petróleo é isotopicamente mais leve que um padrão abiótico, uma vez que o carbono foi fixado como $CO_2$ por uma via bioquímica discriminatória em relação ao $^{13}CO_2$ (Figuras 18.25 e 18.26). Além disso, o metano produzido por arqueias metanogênicas (⇄ Seção 16.2) é isotopicamente muito leve, indicando que os metanogênicos são fortemente discriminatórios em relação ao $^{13}CO_2$, quando reduzem $CO_2$ a $CH_4$ (⇄ Seção 13.20). Por outro lado, os carbonatos marinhos, isotopicamente mais pesados, têm claramente origem geológica (Figura 18.26).

Em decorrência das diferenças na proporção de $^{12}C$ em relação ao $^{13}C$ nos carbonos de origem biológica e geológica, a proporção $^{13}C/^{12}C$ em rochas de diferentes idades foi utilizada a favor ou contra a atividade biológica primitiva nelas.

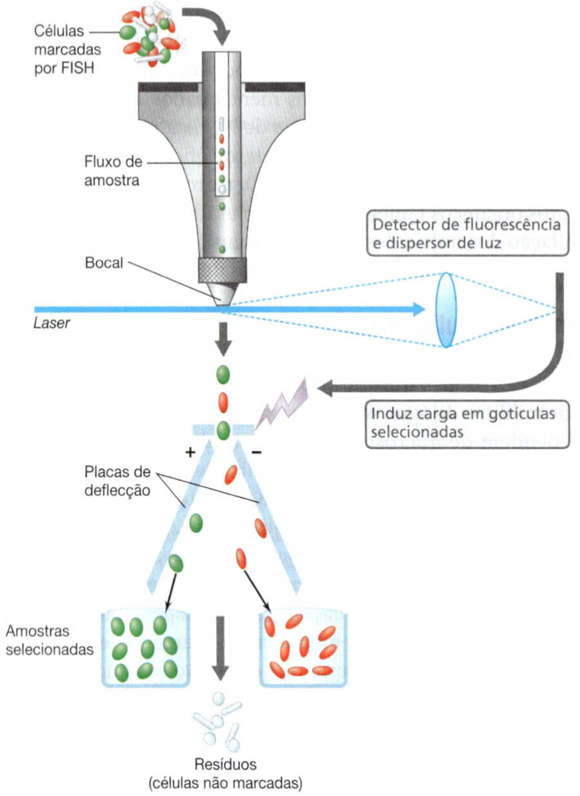


**Figura 18.29 Separação de células por citometria de fluxo.** À medida que a corrente de fluido sai do bocal, ela é dividida em gotículas contendo não mais do que uma única célula. As gotículas contendo os tipos de células desejadas (detectadas por fluorescência ou dispersão de luz) são coletadas por redirecionamento para tubos de coletores por placas de deflexão carregadas positiva ou negativamente.

bactérias marinhas, todas espécies do gênero *Prochlorococcus*. As células de *Prochlorococcus* são menores e têm propriedades fluorescentes diferentes da *Synechococcus*, outra cianobactéria marinha comum. Baseada nas diferenças de tamanho e de fluorescência, a citometria de fluxo separou estas duas populações e, posteriormente, foi demonstrado que *Prochlorococcus* é o fototrófico oxigênico predominante em águas oceânicas entre 40°S e 40°N de latitude, atingindo concentrações superiores a $10^5$ células/mL. Com base nesta constatação, pode-se dizer que *Prochlorococcus* é o organismo fototrófico mais abundante na Terra. Discute-se a biologia de *Prochlorococcus* em mais detalhe na Seção 19.10 e na Figura 18.19.

## Radioisótopos em combinação com FISH: microautorradiografia-FISH

Radioisótopos são usados como medidas da atividade microbiana em uma técnica microscópica chamada de **microautorradiografia** (**MAR**). Neste método, as células de uma comunidade microbiana são expostas a um substrato contendo um radioisótopo, como um composto orgânico ou $CO_2$. Os heterotróficos captam compostos orgânicos radioativos e os autótrofos, o $CO_2$ radioativo. Após a incubação no substrato, as células são fixadas em uma lâmina, que posteriormente é mergulhada em emulsão fotográfica. Enquanto a lâmina é deixada no escuro por um período, o decaimento radioativo do substrato incorporado induz a formação de grãos de prata na emulsão; estes aparecem como pontos pretos acima e ao redor das células. A **Figura 18.30a** ilustra um experimento MAR, no qual a célula autotrófica capta $^{14}CO_2$.

A microautorradiografia pode ser feito simultaneamente com FISH (Seção 18.4) em **FISH-MAR**, uma técnica poderosa que combina a identificação com a avaliação da atividade. A FISH-MAR possibilita a um ecologista microbiano determinar (por MAR) quais organismos em uma amostra natural estão metabolizando uma substância em particular radiomarcada e ao mesmo tempo identifica estes organismos (por FISH) (Figura 18.30). A FISH-MAR segue um passo além da identificação filogenética, pois revela informações fisiológicas sobre os organismos, como também ocorre na NanoSIMS. Tais dados são úteis não só para a compreensão da atividade de um ecossistema microbiano, mas também para direcionar as culturas de enriquecimento. Por exemplo, o conhecimento da filogenia e morfologia de um organismo metabolizando um determinado substrato em uma amostra natural pode ser utilizado para conceber um protocolo de enriquecimento para isolar o organismo. Além disso, os resultados de FISH-MAR podem ser quantificados por contagem dos grãos de prata como uma medida da quantidade de substrato consumido por células individuais, permitindo a distribuição da atividade em uma comunidade a ser descrita. A técnica é limitada somente pela disponibilidade de isótopos radioativos adequados. Por exemplo, embora os substratos com C marcados sejam eficientes, não é viável rastrear a incorporação de N usando FISH-MAR, uma vez que o isótopo radioativo $^{13}N$ tem uma meia-vida muito curta. No entanto, é

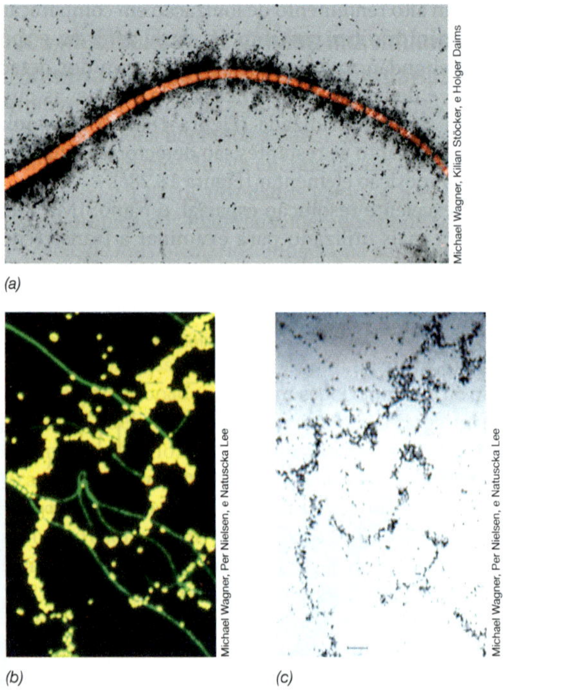


**Figura 18.30 FISH-MAR.** Hibridização fluorescente *in situ* (FISH) combinada com microautorradiografia (MAR). *(a)* Uma célula filamentosa não cultivável pertencente ao Gammaproteobacteria (como revelado por FISH) é mostrada como um autótrofo (como revelado pela avaliação MAR da absorção de $^{14}CO_2$). *(b)* Captação de $^{14}$C-glicose por uma cultura mista de *Escherichia coli* (células amarelas) e *Herpetosiphon aurantiacus* (células filamentosas verdes). *(c)* MAR do mesmo campo de células mostradas na parte *b*. A radioatividade incorporada expõe a película e mostra que a glicose foi assimilada principalmente por células de *E. coli*.

viável rastrear a incorporação de N usando o $^{15}$N não radioativo com NanoSIMS, como visto anteriormente (Figura 18.28).

**MINIQUESTIONÁRIO**

- Como NanoSIMS poderia ser usado para identificar uma bactéria fixadora de nitrogênio?
- Em comparação com a microscopia, quais são as vantagens e desvantagens da citometria de fluxo para caracterizar uma comunidade microbiana?
- Como a FISH-MAR se relaciona com a diversidade e atividade microbiana?

## 18.11 Funções e genes ligados a organismos específicos: sondas de isótopos estáveis e genômica de células individuais

Analisou-se na seção anterior como a combinação de FISH com MAR ou FISH com NanoSIMS permite a análise da atividade e diversidade microbiana. Esses são métodos poderosos para ligar as populações microbianas específicas com uma atividade ou nicho ecológico específico, mas, em ambos os casos, a filogenia dos organismos de interesse deve ser conhecida para que a sonda de FISH possa ser desenvolvida (Seção 18.4). Um método alternativo para acoplar a diversidade à atividade é a **sondagem com isótopo estável** (**SIP**), um método que emprega isótopos estáveis, como $^{13}$C ou $^{15}$N ou mesmo $^{18}$O para marcar o DNA de organismos em uma comunidade. Além da SIP, melhorias na tecnologia de sequenciamento do DNA permitiram que a genômica fosse realizada em células individuais obtidas a partir do ambiente. Discute-se a seguir o poder de ambos os métodos.

### Sondagem com isótopos estáveis

Como um experimento SIP é feito? Supõe-se que o objetivo de um projeto de pesquisa foi caracterizar organismos capazes de catabolizar compostos aromáticos em sedimentos de lago. Usando benzoato como um modelo de composto aromático, o benzoato enriquecido com $^{13}$C seria adicionado a uma amostra de sedimento, a qual seria incubada por um período adequado e depois o DNA total da amostra seria extraído (**Figura 18.31**). Como mostrado na Figura 18.13, tal DNA origina-se de *todos* os organismos da comunidade microbiana. No entanto, os organismos que incorporam benzoato-$^{13}$C irão sintetizar DNA contendo $^{13}$C. DNA-$^{13}$C é mais pesado, embora apenas ligeiramente mais pesado do que DNA-$^{12}$C, mas a diferença é suficiente para separar o DNA mais pesado do DNA mais leve por um tipo especial de técnica de centrifugação (Figura 18.31). Uma vez que o DNA-$^{13}$C é isolado, ele pode ser analisado utilizando várias técnicas de genômica para os genes de interesse.

Se o objetivo do estudo com benzoato foi caracterizar a filogenia do(s) organismo(s) catabolizante(s) de benzoato, a amplificação por PCR e a análise de genes de RNAr 16S do DNA-$^{13}$C pode ser utilizada (Figuras 18.13 e 18.14). No entanto, para além das análises filogenéticas, os genes funcionais também podem ser alvo uma vez que o DNA-$^{13}$C foi obtido. Por exemplo, o SIP tem sido utilizado em estudos de filogenia e metabolismo de metilotróficos, organismos que se especializam no catabolismo de compostos $C_1$ (Seção 13.23) em ambientes naturais. Nestes estudos, foram utilizados $^{13}CH_4$ ou metanol ($^{13}CH_3OH$) marcado com $^{13}$C para marcar o DNA dos metilotróficos seguido pela amplificação por PCR dos genes de RNAr 16S e genes que codificam funções específicas de oxidação do metano (Tabela 18.3) a partir do DNA-$^{13}$C. Todas as análises do genoma também são possíveis usando SIP. Por exemplo, em um segundo estudo com metilotróficos, o SIP foi utilizado em combinação com análises metagenômicas (Seção 18.7) e os resultados apontaram para um metilotrófico previamente insuspeito apresentando-se como uma espécie-chave para o catabolismo de compostos $C_1$ de um ambiente particular.

O SIP também pode ser feito com N marcado. Neste caso, o isótopo pesado de N, $^{15}$N, compete com o isótopo mais abundante e leve, $^{14}$N. Para estudar a fixação do nitrogênio, por exemplo, uma amostra seria fornecida com $^{15}N_2$ e os organismos capazes de fixar $N_2$ (Seção 3.17) irão incorporar alguns dos $^{15}N_2$. Alguns dos $^{15}$N chegam ao DNA do organismo, tornando-o isotopicamente "pesado"; tal DNA pode ser separado do DNA isotopicamente mais leve ($^{14}$N) por ultracentrifugação (Figura 18.31) e, em seguida, analisado para genes específicos.

### Genômica de células individuais

Um grande obstáculo no método de recuperação de genes baseado em PCR é a exigência de que um gene específico que irá reagir com os *primers* utilizados na amplificação seja identificado antes da análise. Novos métodos de amplificação de DNA agora fornecem um método alternativo para a associação de genes específicos com um organismo específico sem os problemas associados a PCR. Estes métodos empregam *genômica de célula única* (Seção 6.10 e Capítulo 6 Explore o mundo

UNIDADE 4

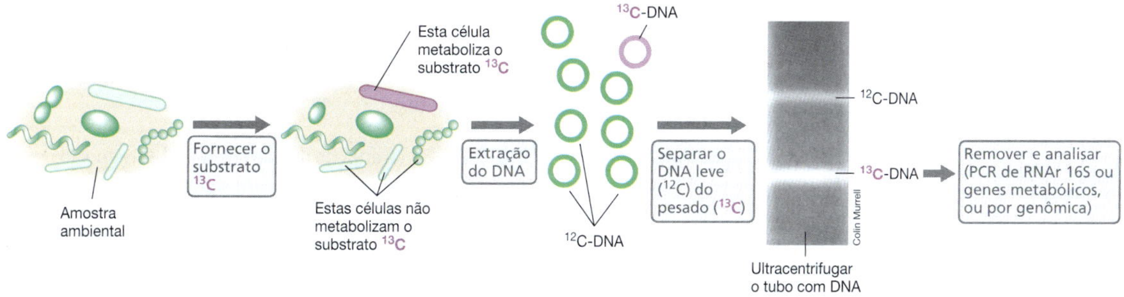


**Figura 18.31** **Sondagem com isótopos estáveis.** A comunidade microbiana de uma amostra ambiental é suplementada com substratos contendo $^{13}$C. Organismos que metabolizam o substrato produzem $^{13}$C-DNA à medida que eles se dividem e multiplicam; o $^{13}$C-DNA pode ser separado do $^{12}$C-DNA, que é mais leve, através de centrifugação em gradiente densidade (foto). O DNA isolado pode ser, então, utilizado para a análise de genes específicos ou usada para o estudo completo do genoma.

microbiano, "Genômica, uma célula de cada vez"), uma das ferramentas mais recentes da caixa de ferramentas da ecologia microbiana. A **amplificação de deslocamentos múltiplos (MDA**, *multiple displacement amplification*) (**Figura 18.32**) é a chave para a genômica de célula única e é usada para amplificar o DNA cromossômico a partir de uma única célula isolada de um ambiente natural usando uma técnica de separação de células, como a citometria de fluxo (Figura 18.29).

MDA utiliza uma polimerase de DNA de um bacteriófago específico para iniciar a replicação do DNA das células em pontos aleatórios no cromossomo, deslocando a cadeia complementar de cada molécula de polimerase para sintetizar novo DNA. Esta polimerase tem forte atividade de deslocamento de cadeia, resultando na síntese de vários produtos de DNA de elevado peso molecular. O número de cópias do genoma produzido por amplificação é suficiente para determinar a sequência completa, ou quase completa, do genoma utilizando plataformas de sequenciamento de futura geração. Dessa forma, tanto a filogenética quanto as funções metabólicas podem ser inferidas a partir de sequências do genoma, não sendo necessária PCR.

A MDA requer um controle rigoroso sobre a pureza a fim de eliminar a contaminação do DNA, mas quando combinada com métodos de sequenciamento DNA de alto rendimento, a MDA fornece uma ferramenta poderosa para a ligação de funções metabólicas específicas a células individuais que nunca tinham sido cultivadas em laboratório. Informações sobre a capacidade metabólica destes organismos não cultivados podem então ser usadas para desenvolver estratégias para recuperá-los por métodos de enriquecimento de cultura a fim de cultivá-los em laboratório.

**MINIQUESTIONÁRIO**

- Como a sondagem com isótopo estável pode revelar a identidade de um organismo que executa um processo em particular?
- Qual método-chave é requerido para fazer a genômica de uma única célula?
- Quando cultivado com $^{15}N_2$, o que faria o DNA de uma bactéria fixadora de nitrogênio ser mais leve ou mais pesado que o DNA de uma bactéria incapaz de fixar nitrogênio?

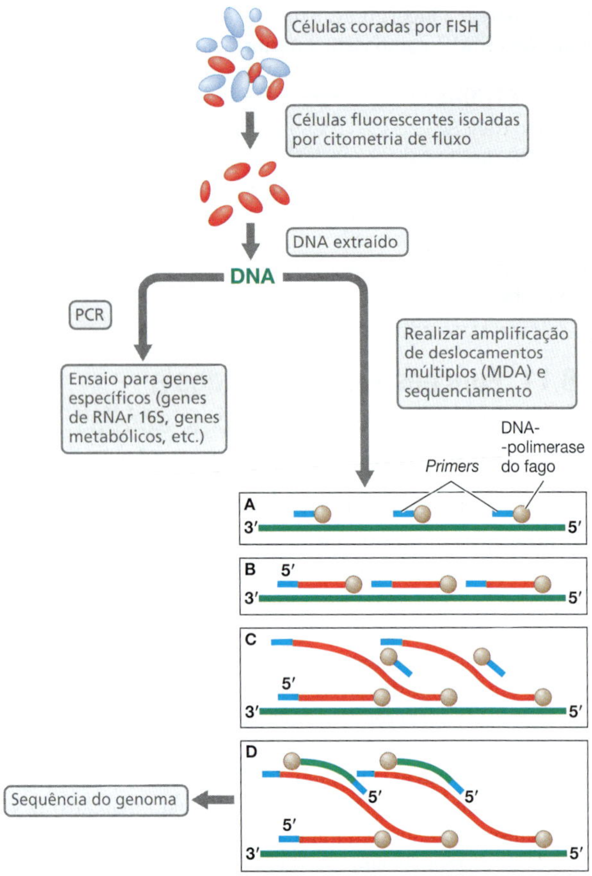


**Figura 18.32 Análise genética das células separadas.** O DNA é recuperado a partir de uma população específica de células após a marcação com FISH e da separação por citometria de fluxo (Figura 18.29). O DNA é caracterizado por amplificação via PCR e sequenciamento de genes específicos ou por amplificação do genoma completo por MDA seguido por sequenciamento. Para MDA, uma quantidade de DNA suficiente para a plena determinação da sequência do genoma é produzida utilizando sequências aleatórias de DNA curtos como *primers* (A) para iniciar a replicação do genoma por uma polimerase de DNA de bacteriófago. A DNA-polimerase copia o bacteriófago a partir de vários pontos no genoma e também desloca o DNA recém-sintetizado (B, C), liberando assim o DNA adicional para hibridização do *primer* e (D) para início da polimerização.

# CONCEITOS IMPORTANTES

**18.1** • A técnica de enriquecimento de cultura é um meio de obtenção de microrganismos a partir de amostras naturais. O enriquecimento e isolamento bem-sucedido provam que um organismo de um tipo metabólico específico estava presente na amostra, mas não indica a sua abundância ou importância ecológica.

**18.2** • Uma vez que haja sucesso na cultura de enriquecimento, culturas puras podem muitas vezes ser obtidas por meio de procedimentos microbiológicos convencionais, incluindo estriamento em placas, diluição em ágar e métodos de diluição em líquidos. Pinças *laser* e citometria de fluxo permitem isolar uma célula a partir de um campo microscópico e movê-la para longe de contaminantes.

**18.3** • DAPI, laranja de acridina e SYBR Green são colorações gerais para a quantificação de amostras de microrganismos naturais. Algumas colorações podem diferenciar células vivas de células mortas. O GFP torna as células autofluorescentes, sendo um meio de rastreamento de células introduzidas em um ambiente e reporta a expressão gênica. Em amostras naturais, células morfologicamente idênticas podem realmente ser geneticamente distintas.

**18.4** • Os métodos de FISH têm combinado o poder de sondas de ácidos nucleicos com corantes fluorescentes e são, portanto, altamente específicos em suas propriedades de coloração. Os métodos de FISH incluem colorações filogenéticas e CARD-FISH.

**18.5** • A PCR pode ser utilizada para amplificar os genes-alvo específicos, como genes de RNAr ou genes metabólicos fundamentais. A DGGE pode identificar as diferentes variantes destes genes presentes em diferentes espécies em uma comunidade.

**18.6** • Os filochips combinam tecnologias filogenéticas e microarranjos e são utilizados para pesquisar as comunidades microbianas para grupos específicos de procariotos.

**18.7** • A genômica ambiental (metagenômica) é baseada na clonagem, sequenciamento e análise de genomas coletivos dos organismos presentes em uma comunidade microbiana. A metatranscriptômica e metaproteômica são desdobramentos da metagenômica cujo foco é RNAm e proteínas, respectivamente.

**18.8** • A atividade de microrganismos em amostras naturais pode ser avaliada com alta sensibilidade utilizando radioisótopos ou microssensores, ou ambos. As medidas obtidas fornecem a atividade da comunidade microbiana.

**18.9** • As composições isotópicas podem revelar a origem biológica e/ou mecanismos bioquímicos envolvidos na formação de várias substâncias. O fracionamento isotópico é um resultado da atividade de enzimas que discriminam a forma mais pesada de um elemento quando ligados a seus substratos.

**18.10** • Uma variedade de tecnologias avançadas, como NanoSIMS e FISH-MAR, torna possível examinar a atividade metabólica, o conteúdo de genes e a expressão gênica em comunidades microbianas naturais. A NanoSIMS emprega a tecnologia de espectrometria de massa com íons secundários, enquanto FISH-MAR combina a absorção de substratos marcados (MAR) juntamente com a identificação filogenética (FISH).

**18.11** • A SIP emprega substratos marcados com isótopos pesados para gerar DNA "pesado" que pode ser separado do DNA remanescente ("leve"). As análises genômicas do DNA pesado permitem ligar processos a organismos específicos. A genômica de célula única incorpora métodos para analisar o genoma das células individuais isoladas a partir de uma comunidade microbiana natural.



## REVISÃO DOS TERMOS-CHAVE

**Amplificação de deslocamentos múltiplos (MDA)** é um método para gerar múltiplas cópias de DNA cromossômico a partir de um único organismo.

**Citometria de fluxo** é uma técnica para a contagem e avaliação de partículas microscópicas de uma suspensão em um fluxo fluido, passando-o por um dispositivo de detecção eletrônico.

**Coluna de Winogradsky** é uma coluna de vidro embalada com barro e coberta com água para imitar um ambiente aquático, no qual várias bactérias se desenvolvem ao longo de um período de meses.

**Cultura de enriquecimento** métodos de cultura de laboratório para a obtenção de microrganismos de amostras naturais.

**DAPI** é um corante fluorescente inespecífico que cora o DNA de células microbianas; utilizado para obter o número total de células em amostras naturais.

**Distorção do enriquecimento** é um problema com culturas de enriquecimento nas quais as espécies indesejáveis tendem a dominar o enriquecimento, muitas vezes com a exclusão dos organismos mais abundantes ou ecologicamente mais significativos no inóculo.

**Ecologia microbiana** é o estudo da interação de microrganismos, uns com os outros e com o ambiente.

**Eletroforese em gel desnaturante com gradiente (DGGE)** é uma técnica eletroforética capaz de separar fragmentos de ácido nucleico do mesmo tamanho, mas que diferem na sequência de bases.

**Filotipo** é um ou mais organismos com sequências iguais ou relacionadas de um gene marcador filogenético.

**FISH-MAR** é uma técnica que combina identificação de microrganismos com avaliação das atividades metabólicas.

**Fracionamento isotópico** é a discriminação por enzimas contra o isótopo mais pesado dos vários isótopos de C ou S, que conduzem ao enriquecimento dos isótopos mais leves.

**Genômica ambiental** (metagenômica) usa métodos genômicos (sequenciamento e análise de genomas) para caracterizar comunidades microbianas ambientais.

**Hibridização fluorescente *in situ* (FISH)** é um método que emprega um corante fluorescente covalentemente ligado a uma sonda de ácido nucleico específica para identificar ou rastrear organismos no ambiente.

**Laranja de acridina** é um corante fluorescente inespecífico utilizado para corar o DNA de células microbianas em amostras naturais.

**Metaproteômica** é a avaliação de toda a expressão proteica de uma comunidade usando a espectrometria de massa para atribuir peptídeos às sequências de aminoácidos codificados por genes únicos.

**Metatranscriptômica** é a avaliação de toda a expressão gênica de uma comunidade utilizando sequenciamento do RNA.

**Microautorradiografia (MAR)** é a avaliação da absorção de substratos radioativos por observação visual das células expostas a uma emulsão fotográfica.

**Microssensor** é um pequeno sensor de vidro ou eletrodo para a medição de pH ou compostos específicos, como $O_2$, $H_2S$ ou $NO_3^-$ que pode ser imerso em um hábitat microbiano em intervalos de microescala.

**Nicho fundamental** é a variedade de ambientes em que uma espécie pode ser sustentada quando não há recurso limitado, o que pode resultar de competição com outras espécies.

**Nicho realizado** é a variedade de ambientes naturais que suportam as espécies quando o organismo é confrontado com fatores, como a limitação de recursos, predação e competição com outras espécies.

**Número mais provável (NMP)** é uma técnica de diluição seriada de uma amostra natural para determinar a maior diluição que permite o crescimento.

**Pinças *laser*** é um dispositivo para a obtenção de culturas puras por captura óptica de uma única célula com um feixe de *laser*, movendo-a para longe das células circundantes em meio de cultura estéril.

**Proteína fluorescente** é qualquer grande grupo de proteínas que apresentam fluorescência de cores diferentes, incluindo a proteína fluorescente verde, para rastrear organismos geneticamente modificados e determinar as condições que induzem a expressão de genes específicos.

**Sonda de ácido nucleico** é um oligonucleotídeo, normalmente com 10 a 20 bases de comprimento, com sequência de bases complementares a uma sequência de ácido nucleico em um gene-alvo ou RNA.

**Sondagem com isótopo estável (SIP)** é um método para caracterizar um organismo que incorpora um substrato particular fornecendo o substrato em forma de $^{13}C$ ou $^{15}N$ e, em seguida, isolando o DNA enriquecido em isótopo pesado para analisar os genes.

## QUESTÕES PARA REVISÃO

1. Qual o princípio da técnica da cultura de enriquecimento? Por que um meio de enriquecimento geralmente é adequado apenas para o enriquecimento de um determinado grupo ou grupos de organismos? (Seção 18.1)

2. Qual o princípio da coluna de Winogradsky e que tipos de organismos ela enriquece? De que forma a coluna de Winogradsky pode ser utilizada no enriquecimento de organismos presentes em um ambiente extremo, como uma massa microbiana oriunda de uma fonte termal? (Seção 18.1)

3. Descreva o princípio da técnica de NMP na quantificação de bactérias presentes em uma amostra natural. (Seção 18.2)

4. Por que as pinças *laser* são um método mais adequado do que a diluição e o enriquecimento líquido na obtenção de um organismo presente em pequenos números, em uma amostra? (Seção 18.2)

5. O que é GFP? De que modo uma célula fluorescente verde diferencia-se de uma célula que fluoresce por ter sido corada, por exemplo, com um corante filogenético? (Seções 18.3 e 18.4)

6. Compare e diferencie o uso de FISH e filochips na quantificação de células microbianas em ambientes naturais. Quais as vantagens e limitações apresentadas por esses métodos? (Seções 18.3 e 18.6)

7. As sondas de ácido nucleico podem apresentar tanta sensibilidade quanto os métodos de cultura na ecologia microbiana? Que vantagens os métodos que utilizam ácidos nucleicos apresentam em relação aos métodos de cultivo? Quais as desvantagens? (Seções 18.4 e 18.6)

8. Como é possível obter-se um retrato filogenético de uma comunidade microbiana sem o cultivo dos habitantes? (Seção 18.5)

9. Após a amplificação do DNA total de uma comunidade por PCR, utilizando um conjunto de iniciadores específicos, por que é necessário realizar a clonagem ou a DGGE dos produtos antes de sequenciá-los? (Seção 18.5)

10. Por que um microarranjo não é adequado para caracterizar o nível de transcrição de uma comunidade? (Seções 18.6 e 18.7)

11. Dê um exemplo de como a genômica ambiental descobriu um metabolismo conhecido em um novo organismo. (Seção 18.7)

12. Por que a proteômica ambiental é limitada pela abundância natural das populações microbianas, enquanto a genômica ambiental e metatranscriptômica não são tão limitadas? (Seção 18.7)

13. Quais as principais vantagens dos métodos radioisotópicos nos estudos da ecologia microbiana? Que tipo de controles (discuta ao menos dois) você incluiria em um experimento radioisotópico para demonstrar a incorporação de $^{14}CO_2$ por bactérias fototróficas, ou para demonstrar a redução de $^{35}SO_4^{2-}$ por bactérias redutoras de sulfato? (Seção 18.8)

14. Os organismos autotróficos contêm mais ou menos $^{12}C$ em seus compostos orgânicos do que aquele presente no $CO_2$ utilizado em sua nutrição? (Seção 18.9)

15. O que pode ser revelado por FISH-MAR que FISH isoladamente não é capaz? (Seção 18.10)

16. Qual é a vantagem de se ter múltiplos detectores em um instrumento NanoSIMS? (Seção 18.10)

17. Como se pode combinar SIP e NanoSIMS para identificar novas células consumidoras de metano em uma comunidade natural? (Seções 18.10 e 18.11)

## QUESTÕES APLICADAS

1. Planeje um experimento para medir a atividade de bactérias oxidantes de enxofre no solo. Caso somente certas espécies de bactérias oxidantes de enxofre presentes fossem metabolicamente ativas, como você poderia determinar esse fato? Como provaria que sua medida da atividade é decorrente da atividade biológica?

2. Você deseja saber se existem arqueias presentes em uma amostra de água lacustre, porém não foi bem-sucedido no cultivo delas. Utilizando técnicas descritas neste capítulo, como você poderia determinar a presença ou não de arqueias na amostra e, em caso afirmativo, que proporção das células presentes na água lacustre seria de arqueias?

3. Desenvolva um experimento para solucionar a seguinte questão. Determinar a taxa de metanogênese ($CO_2 + 4\,H_2 \rightarrow CH_4 + 2\,H_2O$) em sedimentos de lagos anóxicos e se ela é limitada de $H_2$. Determinar também a morfologia do organismo metanogênico dominante (lembre-se de que são arqueias, Seção 16.2). Finalmente, calcular qual a porcentagem do metanogênico dominante em relação às populações totais de arqueias e de procariotos presentes nos sedimentos. Não se esqueça de especificar os controles necessários.

4. Projete um experimento SIP que lhe permitiria determinar qual(is) organismo(s) presente(s) em uma amostra de água lacustre seria(m) capaz(es) de oxidar o hexano ($C_6H_{14}$). Suponha que quatro espécies diferentes pudessem realizar este processo. Como você poderia associar a SIP com outras análises moleculares visando identificar essas quatro espécies?

CAPÍTULO

# 19 Ecossistemas microbianos

## microbiologia**hoje**

### Vivendo em um mundo com extrema limitação de energia

Sedimentos marinhos gelados e anóxicos compreendem o maior reservatório orgânico de carbono da Terra e um dos mais significativos de todos os hábitats microbianos, abrigando cerca de $3 \times 10^{29}$ células, este número é similar ao número total de microrganismos marinhos.

A matéria orgânica penetra nos sedimentos quando as células e as partículas orgânicas afundam na coluna de água. Componentes facilmente degradados são removidos por processos microbianos na coluna de água ou na superfície dos sedimentos, deixando para trás um tanque profundo de matéria orgânica enterrada que não é facilmente degradada. Devido a esta má qualidade nutricional, a maior parte da comunidade microbiana existente nos sedimentos profundos está em um estado metabólico lento, com populações dobrando a cada cem mil anos.

Arqueias são abundantes neste meio com falta de nutrientes e acredita-se que elas são mais bem adaptadas a falta de nutrientes que as bactérias.[1] Contudo, uma vez que as principais populações em sedimentos são representadas por novas linhagens de arqueias que ainda não foram cultivadas, a visão sobre sua fisiologia só surgiu mais recentemente com a utilização de ferramentas moleculares e analíticas adequadas para a análise de células únicas.

Diversas sequências de genomas parciais têm sido determinadas a partir de células únicas de arqueias retiradas de sedimentos coletados no fundo oceânico por testemunhador (foto). Análises genômicas confirmam seu parentesco com novos grupos de arqueias e revelam a capacidade fisiológica de degradar e assimilar proteínas. Assim, estes organismos são aparentemente especializados em degradar e assimilar proteínas que estão enterradas por sedimentação ou que são liberadas quando outros microrganismos presentes nos sedimentos morrem.

Uma vez que os microrganismos controlam em grande parte o destino do carbono neste vasto reservatório de matéria orgânica subterrânea, a descoberta destas arqueias que consomem proteínas vivendo na extremidade termodinâmica da vida deu aos ecologistas microbianos novas perspectivas sobre o ciclo do carbono nos sedimentos marinhos.

[1]Lloyd, K.G., et al. 2013. Predominant archaea in marine sediments degrade detrital proteins. *Nature 496:* 215–218.

I Ecologia microbiana 598
II O ambiente microbiano 600
III Ambientes terrestres 607
IV Ambientes aquáticos 613

Os microrganismos não vivem sozinhos na natureza, mas em vez disso interagem com outros organismos e com o meio ambiente. Ao fazer isso, os microrganismos realizam diversas atividades essenciais que sustentam todas as formas de vida na Terra. Neste capítulo, vamos explorar alguns dos maiores hábitats dos microrganismos; estes incluem o solo, a água doce e os oceanos. Em adição, os microrganismos também estabeleceram associações mais específicas e, muitas vezes, muito intimistas com plantas e animais. Examinaremos alguns exemplos dessas parcerias e simbioses no Capítulo 22.

# I • Ecologia microbiana

Começaremos com uma visão geral da ciência da ecologia microbiana, incluindo as formas com que os organismos interagem uns com os outros e seus ambientes, e a diferença entre a *riqueza* de espécies e a *abundância* de espécies. Estes conceitos ecológicos básicos permeiam este e os próximos dois capítulos.

## 19.1 Conceitos de ecologia geral

A distribuição dos microrganismos na natureza se assemelha aos macrorganismos no sentido de que uma dada espécie reside em certos lugares, mas não em outros, ou seja, tudo não está em todos os lugares. Além disso, os ambientes diferem em suas habilidades para oferecer suporte a diferentes populações microbianas. Examinaremos estes conceitos aqui.

### Ecossistemas e hábitats

Um **ecossistema** é um complexo dinâmico de comunidades de plantas, animais e microrganismos e seus arredores abióticos, todos interagindo como uma unidade funcional. Um ecossistema contém vários **hábitats** diferentes, porções do ecossistema mais adequadas a uma ou a um pequeno número de populações. Embora os microrganismos estejam presentes em qualquer hábitat que contenha plantas e animais, muitos hábitats microbianos são inadequados para as plantas e os animais. Por exemplo, os microrganismos são ubíquos na superfície da Terra e até mesmo na sua profundidade; eles habitam fontes termais ferventes e gelo sólido, ambientes ácidos próximo ao pH 0, águas supersalinas, ambientes contaminados com radionucleotídeos e metais pesados e o interior de rochas porosas que contém apenas traços de água. Portanto, alguns ecossistemas são principalmente, ou exclusivamente, microbianos.

Coletivamente, os microrganismos apresentam uma grande diversidade metabólica e são os principais catalisadores do ciclo de nutrientes na natureza (Capítulo 20). Os *tipos* de atividades microbianas possíveis em um ecossistema dependem da composição de espécies, do tamanho das populações e do estado fisiológico dos microrganismos presentes em cada hábitat. Por outro lado, as *taxas* de atividades microbianas são controladas pelos nutrientes e pelas condições de crescimento que prevalecem em seus hábitats. Dependendo de diversos fatores, a atividade microbiana pode ter um impacto mínimo ou profundo, diminuindo ou aumentando as atividades microbianas ou dos macrorganismos que coexistem com eles.

### Diversidade de espécies nos hábitats microbianos

Um grupo de microrganismos da mesma espécie que reside no mesmo local ao mesmo tempo constitui uma **população** microbiana. A população microbiana pode ser descendente de uma única célula. Como observado nos capítulos anteriores, a **comunidade** microbiana consiste em populações de uma espécie vivendo em associação com populações de uma ou outras espécies. A combinação de espécies que são encontradas em determinados hábitats são as mais capazes de crescer com os nutrientes e condições que lá prevalecem.

A diversidade de espécies microbiana em uma comunidade por ser expressa de duas maneiras (**Figura 19.1**). Uma é a **riqueza de espécies**, o número total de espécies diferentes presentes. Identificar as células é, obviamente, fundamental para determinar a riqueza microbiana de espécies, mas isso não exige o isolamento e cultivo. A riqueza de espécies pode também ser expressa em termos moleculares pela diversidade de filótipos (p. ex., genes RNA ribossomais, Seção 18.5) observada em determinada comunidade. Por outro lado, a **abundância de espécies**, é a *proporção* de cada espécie na comunidade. Riqueza de espécies e abundância podem mudar rapidamente em um curto espaço de tempo como mostrado na Figura 19.1. Um dos

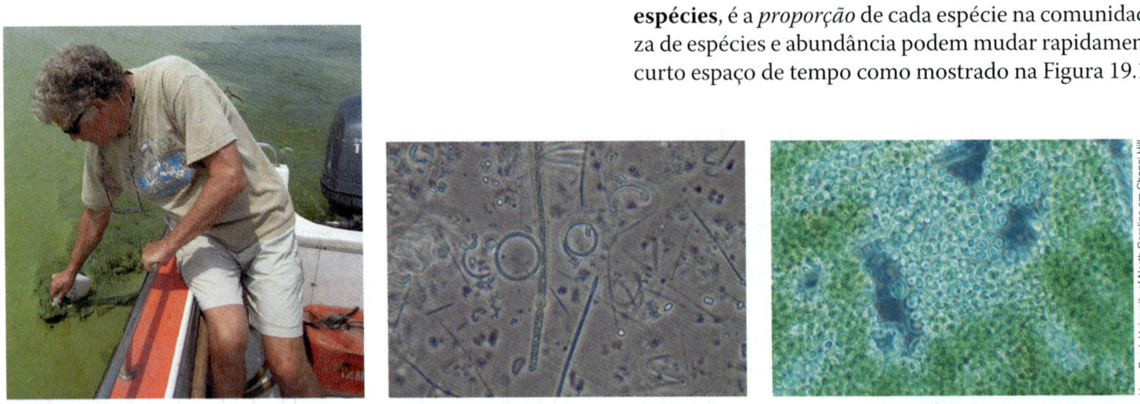

(a) (b) (c)

Hans Paerl, University of North Carolina em Chapel Hill

**Figura 19.1 Diversidade microbiana de espécies: riqueza *versus* abundância.** *(a)* Coleta de amostras do Lago Taihu, China, após um afloramento da cianobactéria *Microcystis*. *(b)* Alta riqueza de espécies no Rio St. John, Flórida, ilustrado por microscopia dos microrganismos planctônicos, incluindo cianobactérias, diatomáceas, algas verdes, flagelados e bactérias. *(c)* Mudança da comunidade do Rio St. John para baixa riqueza mas alta abundância após um afloramento da cianobactéria *Microcystis*.

**Tabela 19.1 Principais recursos e condições que determinam o crescimento microbiano na natureza**

| Recursos |
|---|
| Carbono (orgânico, $CO_2$) |
| Nitrogênio (orgânico, inorgânico) |
| Outros macronutrientes (S, P, K, Mg) |
| Micronutrientes (Fe, Mn, Co, Cu, Zn, Mn, Ni) |
| $O_2$ e outros aceptores de elétrons ($NO_3^-$, $SO_4^{2-}$, $Fe^{3+}$) |
| Doadores inorgânicos de elétrons ($H_2$, $H_2S$, $Fe^{2+}$, $NH_4^+$, $NO_2^-$) |
| **Condições** |
| Temperatura: frio → morno → quente |
| Potencial de água: seco → úmido → molhado |
| pH: 0 → 7 → 14 |
| $O_2$: óxico → micro-óxico → anóxico |
| Luz: intensa → suave → escuro |
| Condições osmóticas: água doce → água do mar → hipersalinas |

objetivos da ecologia microbiana é entender a riqueza e abundância de espécies em comunidades microbianas juntamente com as atividades associadas à comunidade e ao meio ambiente abiótico. Uma vez que todos estes fatores são conhecidos, os ecologistas microbianos podem ter um modelo de ecossistema perturbando-o, de alguma forma, e observando se as mudanças previstas coincidem com resultados experimentais.

A riqueza e a abundância de espécies microbianas de uma comunidade estão em função das condições que prevalecem e dos tipos e quantidades de nutrientes disponíveis no hábitat. A **Tabela 19.1** lista os nutrientes comuns e condições relevantes para o crescimento microbiano. Em alguns hábitats microbianos, como solos ricos em compostos orgânicos não perturbados, é comum uma elevada riqueza de espécies (ver Figura 19.14), estando a maioria das espécies presente apenas em abundância moderada. Em tais hábitats, os nutrientes são de vários tipos diferentes, auxiliando a selecionar uma grande riqueza de espécies. Em outros hábitats, como alguns ambientes extremos, a riqueza de espécies é frequentemente muito baixa e a abundância de uma ou poucas espécies é muito elevada. Isso ocorre porque as condições ambientais excluem um grande número de espécies, restando apenas algumas, e pelo fato de os principais nutrientes encontrarem-se em concentrações tão elevadas que as espécies altamente adaptadas são capazes de crescer, atingindo densidades celulares elevadas. As bactérias que catalisam os efluentes de minas ácidas, derivados da oxidação do ferro, são um bom exemplo. Esses organismos vivem em águas altamente ácidas, ricas em ferro, porém pobres em matéria orgânica, em que as condições ácidas e a ausência de matéria orgânica limitam a riqueza de espécies. No entanto, as altas concentrações de ferro ferroso presentes ($Fe^{2+}$), que é oxidado a $Fe^{3+}$ em reações que geram energia (⇄ Seção 13.9), propiciam grande abundância de espécies. Analisaremos as atividades de organismos oxidantes de ferro em ambientes ácidos nas Seções 20.5 e 21.1.

**MINIQUESTIONÁRIO**

- Qual a diferença entre riqueza e abundância de espécies?
- Como um ecossistema difere de um hábitat?
- Quais as características de uma população microbiana?

## 19.2 Serviços de ecossistemas: biogeoquímica e ciclos dos nutrientes

Em qualquer ecossistema cujos recursos e condições de crescimento são adequados, os microrganismos podem crescer formando populações. Populações microbianas metabolicamente semelhantes que exploram os mesmos recursos e de modo semelhante são chamadas de **associações.** Um hábitat que é compartilhado por uma associação e fornece os recursos e condições que as células necessitam para o crescimento é chamado de **nicho.** Os conjuntos de associações formam uma comunidade microbiana (**Figura 19.2**). As comunidades microbianas interagem com os organismos macroscópicos e com os fatores abióticos em um ecossistema determinando seu funcionamento.

### Absorção de energia para o ecossistema

A energia é introduzida nos ecossistemas pela luz solar, carbono orgânico e pela redução de substâncias inorgânicas. A luz é usada pelos fototróficos para produzir ATP e sintetizar matéria orgânica nova (Figura 19.2). Além do carbono (C), a matéria orgânica nova contém nitrogênio (N), enxofre (S), fósforo (P), ferro (Fe) e outros elementos da natureza (⇄ Seção 3.1). Essa matéria orgânica recém-sintetizada, juntamente com a matéria orgânica externa que penetra no ecossistema (denominada matéria orgânica *alóctone*), conduz as atividades catabólicas dos organismos quimiorganotróficos. Estas atividades oxidam a matéria orgânica a $CO_2$ pela respiração, ou fermentação em variadas substâncias reduzidas. Quando presentes e metabolicamente ativos no ecossistema, os quimiolitotróficos obtêm sua energia a partir de doadores inorgânicos de elétrons, como $H_2$, $Fe^{2+}$, $S^0$ ou $NH_3$ (Capítulos 13 e 14), contribuindo, assim, com a síntese de nova matéria orgânica por meio de suas atividades autotróficas (Figura 19.2).

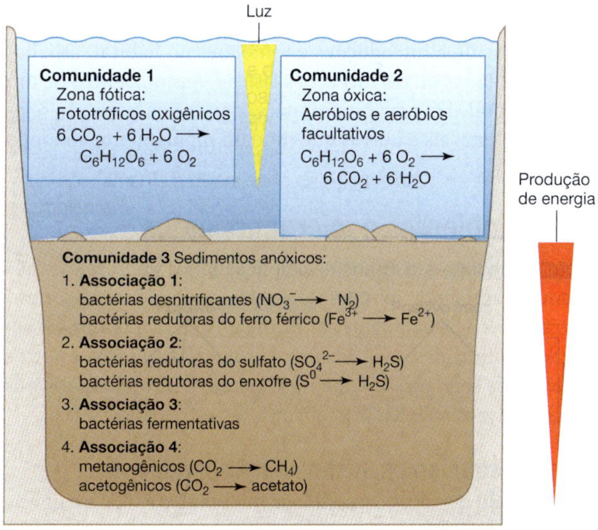


**Figura 19.2** **Populações, associações e comunidades.** As comunidades microbianas consistem em populações de células de várias espécies. Em um ecossistema lacustre de água doce, provavelmente existam várias comunidades, conforme aqui representado. A redução de $NO_3^-$, $Fe^{3+}$, $SO_4^{2-}$, $S^0$ e $CO_2$ são exemplos de respirações anaeróbias. A região de maior atividade, para cada um dos diferentes processos respiratórios, pode diferir com a profundidade do sedimento. Os receptores de elétrons mais favoráveis energeticamente são esgotados pela atividade de microrganismos próximos à superfície, as reações menos favoráveis ocorrem profundamente nos sedimentos.

UNIDADE 4

### Ciclos biogeoquímicos

Os microrganismos desempenham um papel essencial no ciclo de vários elementos, incluindo particularmente os elementos C, N, S e Fe, entre suas diferentes formas químicas. O estudo dessas transformações químicas é parte da **biogeoquímica**, uma ciência interdisciplinar que inclui a biologia, geologia e a química. A Figura 19.2 mostra como as atividades de diferentes associações de microrganismos influenciam a química de um ambiente, como um ecossistema lacustre. A sequência de mudanças químicas, com o aumento da profundidade nos sedimentos, corresponde a camadas de diferentes associações microbianas. A localização de cada associação, no ecossistema, é primeiramente determinada pela disponibilidade de doadores e aceptores de elétrons, ambos os quais tendem a diminuir com o aumento da profundidade dos sedimentos.

Um *ciclo biogeoquímico* descreve as transformações de um elemento, que é catalisado por agentes tanto biológicos quanto químicos (ou ambos). Muitos microrganismos diferentes participam das reações no ciclo biogeoquímico e, em muitos casos, os microrganismos são os *únicos* agentes biológicos capazes de regenerar as formas dos elementos necessários por outros organismos, particularmente as plantas. Portanto, os ciclos biogeoquímicos são muitas vezes os *ciclos dos nutrientes*, reações que geram importantes nutrientes para outros organismos.

Normalmente, os ciclos biogeoquímicos envolvem reações de oxidação-redução, à medida que o elemento é transferido através do ecossistema e são muitas vezes fortemente *acoplados*, com transformações em um ciclo impactando um ou mais outros. Por exemplo, o sulfeto de hidrogênio ($H_2S$) é oxidado por diversos microrganismos, tanto fototróficos quanto quimiotróficos, a enxofre ($S^0$) e sulfato ($SO_4^{2-}$), este último é um nutriente essencial para as plantas. Fototróficos e quimiolitotróficos são organismos autotróficos, e, portanto, afetam o ciclo de carbono pela produção de carbono orgânico novo a partir do $CO_2$. Contudo, o $SO_4^{2-}$ pode ser reduzido a $H_2S$ pela atividade das bactérias redutoras de sulfato, organismos que consomem o carbono orgânico, e esta redução fecha o ciclo biogeoquímico do enxofre, enquanto regenera $CO_2$. O ciclo do nitrogênio também é um processo microbiano-chave para a regeneração de formas de nitrogênio utilizável pelas plantas e outros organismos. O ciclo do nitrogênio é dirigido por ambas as bactérias quimiolitotróficas ou quimiorganotróficas, organismos que produzem e consomem carbono orgânico, respectivamente. Consideramos o tema dos ciclos biogeoquímicos juntamente com sua natureza com mais detalhes nos Capítulos 13, 14 e 20.

**MINIQUESTIONÁRIO**

- Como uma associação microbiana difere de uma comunidade microbiana?
- O que é um ciclo biogeoquímico? Dê um exemplo baseado no enxofre. Por que os ciclos biogeoquímicos são chamados também de ciclos de nutrientes?

# II • O ambiente microbiano

Os microrganismos definem os limites da vida ao longo do ambiente aquático e terrestre em nosso planeta. Condições específicas requeridas por organismos em particular ou por grupos de organismos podem estar sujeitas a mudanças rápidas, devido a introduções e remoções no hábitat, atividades microbianas ou perturbações físicas. Assim, dentro de um ambiente pode haver vários hábitats, alguns dos quais são relativamente estáveis e outros que mudam rapidamente ao longo do tempo e do espaço.

## 19.3 Ambientes e microambientes

Além dos hábitats comuns de solo e água, os microrganismos vivem em ambientes extremos, também podendo ser encontrados na superfície ou no interior de organismos superiores. A associação íntima desenvolvida entre os microrganismos e outros organismos será apresentada no Capítulo 22. Aqui vamos nos concentrar nos hábitats microbianos terrestres e aquáticos.

### Os microrganismos, nichos e microambientes

O hábitat em que uma comunidade microbiana reside e é governada por condições físicas e químicas (fisico-químicas) são determinadas em parte pelas atividades metabólicas da comunidade. Por exemplo, o material orgânico usado por uma espécie por ser um subproduto metabólico para uma segunda espécie. Outro exemplo é o oxigênio ($O_2$), que pode tornar limitante se o consumo biológico exceder a velocidade em que ele é fornecido.

Pelo fato de os microrganismos serem tão pequenos eles vivem apenas em ambientes pequenos; este espaço é chamado de **microambiente.** Por exemplo, para uma bactéria bacilar típica, de 3 μm, a distância de 3 mm equivale a uma distância de 2 km para um ser humano! Como consequência do pequeno tamanho dos microrganismos, as atividades metabólicas variam próximo aos microrganismos, ocorrem mudanças nas condições físico-químicas sob um curto intervalo de tempo e distância e inúmeros microambientes podem existir dentro de um mesmo hábitat. As condições que suportam o crescimento dentro de um microambiente correspondem aos requisitos gerais para o crescimento e foram consideradas no Capítulo 5.

A teoria ecológica estabelece que para cada organismo existe pelo menos um nicho, o *nicho realizado* (também chamado de *nicho primário*), no qual aquele organismo é mais bem-sucedido. O organismo domina o nicho realizado, mas também é capaz de competir. O conjunto de condições ambientais sob as quais um organismo pode existir é chamado de *nicho fundamental.* O termo "nicho" pode ser confundido com o termo "microambiente" porque o microambiente descreve condições de um local específico e podem mudar rapidamente. Em outras palavras, as condições gerais que descrevem o nicho específico podem ser transitórias em diversos locais de um microambiente.

Outra consequência importante de os microrganismos serem pequenos é que a difusão muitas vezes determina a disponibilidade de recursos. Consideramos, por exemplo, a distribuição de um importante nutriente microbiano, como o oxigênio ($O_2$), em uma partícula de solo. Utilizando-se microeletrodos (Seção 18.8), é possível medir as concentrações de oxigênio ao longo das pequenas partículas de solo. Como mostrado com os dados obtidos a partir de um experimento real com microeletrodos (**Figura 19.3**), as partículas de solo não são homogêneas em relação ao teor de oxigênio, tendo, em vez disso, vários mi-

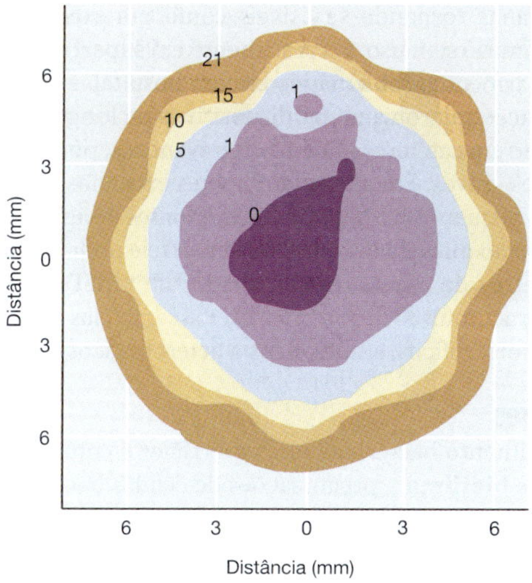


**Figura 19.3** **Microambientes de oxigênio.** Mapa de contorno das concentrações de $O_2$ em uma pequena partícula de solo, determinado por um microssensor (Seção 18.8). Os eixos indicam as dimensões da partícula. Os números nos contornos são porcentagem das concentrações de oxigênio (o ar contém 21% de $O_2$). Cada zona pode ser considerada como um microambiente diferente.

croambientes. As zonas mais externas de uma partícula de solo podem ser totalmente óxicas (21% de $O_2$), enquanto o centro, a uma distância mínima (em termos humanos, porém, obviamente, uma grande distância para o microrganismo), pode permanecer completamente anóxico (livre de $O_2$). Os microrganismos das bordas mais externas consomem todo o $O_2$ antes de ele ser difundido para o centro da partícula. Assim, organismos anaeróbios poderiam viver próximos ao centro da partícula, os microaerófilos (aeróbios que requerem concentrações muito baixas de oxigênio), um pouco mais externamente, e os organismos aeróbios obrigatórios, nas regiões ultraperiféricas da partícula. As bactérias aeróbias facultativas (organismos que podem crescem tanto aerobiamente quanto anaerobiamente) poderiam distribuir-se ao longo de toda a partícula (Seção 5.16). A transferência de nutrientes é particularmente importante em aglomerados espessos de células, como em biofilmes e tapetes microbianos, o que será explorado na próxima seção.

As condições físico-químicas de um microambiente podem sofrer rápidas alterações, tanto temporais quanto espaciais. Por exemplo, a concentração de $O_2$ na partícula de solo ilustrada na Figura 19.3 representa medidas "instantâneas". As medidas realizadas em uma mesma partícula após um período de intensa respiração microbiana, ou após algum distúrbio decorrente do vento, da chuva ou pela ação de animais de solo, poderiam diferir drasticamente daquelas apresentadas. Durante tais distúrbios, certas populações podem dominar temporariamente as atividades na partícula de solo, crescendo até atingir números elevados, enquanto outras permanecem dormentes ou praticamente dormentes. Contudo, caso os microambientes ilustrados na Figura 19.3 sejam eventualmente restabelecidos, as atividades microbianas características da partícula de solo original serão eventualmente também restabelecidas.

## Concentrações de nutrientes e taxas de crescimento

Os recursos (Tabela 19.1) normalmente são introduzidos de forma intermitente em um ecossistema. Um grande fornecimento de nutrientes – por exemplo, a introdução de restos de folhas ou a carcaça de um animal morto – pode ser acompanhado por um período de carência nutricional. Por essa razão, os microrganismos frequentemente enfrentam uma vida de "fartura ou fome" na natureza. Assim, é comum que eles produzam polímeros de armazenamento, sob a forma de compostos de reserva, quando os recursos são abundantes. Como exemplos de compostos de reserva, temos os poli-β-hidroxialcanoatos, polissacarídeos, polifosfato, e assim por diante (Seção 2.14).

Na natureza, longos períodos de crescimento microbiano exponencial são provavelmente raros. O crescimento ocorre geralmente em pulsos, estreitamente associados à disponibilidade e natureza dos nutrientes. Como as diferentes condições físico-químicas na natureza raramente são simultaneamente ótimas ao crescimento microbiano, as taxas de crescimento dos microrganismos geralmente encontram-se bem abaixo das taxas máximas de crescimento registradas em laboratório. Por exemplo, o tempo de geração de *Escherichia coli* no trato intestinal de um adulto sadio, que se alimenta em intervalos regulares, é de aproximadamente 12 horas (duas duplicações por dia), enquanto em cultura pura seu crescimento é muito mais rápido, com um tempo mínimo de geração de 20 minutos, quando nas melhores condições. Estimativas revelam que, na natureza, o crescimento de bactérias típicas de solo é de menos de 1% da taxa máxima de crescimento medida em laboratório.

Essas taxas de crescimento lento na natureza em relação a cultura de laboratório refletem o fato de (1) os nutrientes ou as condições de crescimento (Tabela 19.1) serem subótimos; (2) a distribuição dos nutrientes no hábitat microbiano não ser uniforme; e (3), exceto em raras ocasiões, os microrganismos crescerem em populações mistas, em vez de culturas puras, nos ambientes naturais. Um organismo que cresce rapidamente em cultura pura pode crescer mais lentamente em um ambiente natural, onde deve competir com outros microrganismos igualmente ou melhor adaptados aos recursos e às condições de crescimento disponíveis.

## Competição e cooperação microbianas

A competição entre os microrganismos pelos recursos disponíveis em um hábitat deve ser intensa, sendo o resultado dependente de vários fatores, incluindo as taxas de captação de nutrientes, taxas metabólicas inerentes e, finalmente, as taxas de crescimento. Um hábitat típico contém uma mistura de diferentes espécies (Figuras 19.1 e 19.2) e a densidade de cada população depende do quão similar seu nicho é em relação ao nicho primário.

Alguns microrganismos agem em conjunto para realizar transformações que nenhum seria capaz de realizar individualmente – um processo denominado *sintrofia* –, e estas parcerias microbianas são particularmente importantes para o ciclo anóxico do carbono (Seções 13.15 e 20.2). A cooperação metabólica também pode ser observada nas atividades de organismos que realizam metabolismos complementares. Por exemplo, discutimos previamente as transformações metabólicas realizadas por dois grupos distintos de organismos, como as bactérias nitrificantes (Seções 13.10, 14.13 e 16.6). Em conjunto, as bactérias nitrificantes oxidam amônia ($NH_3$) a nitrato ($NO_3^-$), embora nenhum grupo de oxidantes de amônia (tendo representantes tanto de arqueias quanto de bactérias) nem as oxidantes de nitrito sejam capazes de realizar tais reações

UNIDADE 4

de forma isolada. Como o produto das bactérias oxidantes de amônia ($NO_2^-$) consiste no substrato das bactérias oxidantes de nitrito, tais organismos normalmente vivem na natureza em estreita associação, em seus hábitats (Figura 18.11).

**MINIQUESTIONÁRIO**

- Quais características definem um nicho realizado de um microrganismo particular?
- Por que muitos grupos fisiologicamente diferentes de outros grupos conseguem viver em um único hábitat?

## 19.4 Biofilmes e superfícies

As superfícies são importantes hábitats microbianos, normalmente oferecem maior acesso aos nutrientes, proteção contra predadores e perturbações físico-químicas, e um local para que as células permaneçam em um hábitat favorável sem serem removidas. Além disto, o fluxo através da superfície colonizada aumenta o transporte de nutrientes para a superfície providenciando maiores recursos do que aqueles disponíveis às células planctônicas (células com uma existência flutuante) em um mesmo ambiente. Uma superfície pode também ser fornecida por outro organismo ou por um nutriente, como uma partícula de matéria orgânica. Em tais superfícies, os microrganismos aderidos catabolizam os nutrientes diretamente a partir da superfície da partícula. Por exemplo, as raízes de plantas são intensamente colonizadas por bactérias do solo, que crescem a partir dos exsudatos orgânicos da planta, sendo possível o uso de corantes fluorescentes para sua detecção (**Figura 19.4*a***).

Praticamente qualquer superfície natural ou artificial exposta aos microrganismos pode ser colonizada. Por exemplo, lâminas de microscopia podem ser utilizadas como superfícies experimentais, às quais os organismos se aderem e crescem. Uma lâmina pode ser imersa em um hábitat microbiano por um determinado período de tempo, sendo então retirada e examinada ao microscópio (Figura 19.4*b*). Aglomerados de poucas células que se desenvolvem a partir de uma única célula que colonizou são denominados *microcolônias*, e estas se desenvolvem facilmente em tais superfícies, assim como fazem nas superfícies encontradas na natureza. De fato, o exame microscópico periódico das lâminas imersas foi utilizado para medir-se as taxas de crescimento dos organismos aderidos na natureza. A colonização na superfície pode ser esparsa, consistindo apenas de microcolônias não visíveis a olho nu, ou pode consistir na acumulação de múltiplas células microbianas, tornando-se visíveis, como, por exemplo, em um vaso sanitário sem uso. O crescimento em superfícies pode ser particularmente problemático em um hospital, estabelecendo colonização microbiana em dispositivos de longa permanência, como em cateteres e acessos intravenosos, podendo causar infecções graves. Em alguns ambientes extremos, em que não existem pequenos herbívoros, (p. ex., fontes de água quente), a acumulação microbiana em uma superfície pode ser de vários centímetros de espessura. Chamados de **tapetes microbianos**, tais acumulações podem conter assembleias de microrganismos fototróficos, autotróficos e heterotróficos (Seção 19.5).

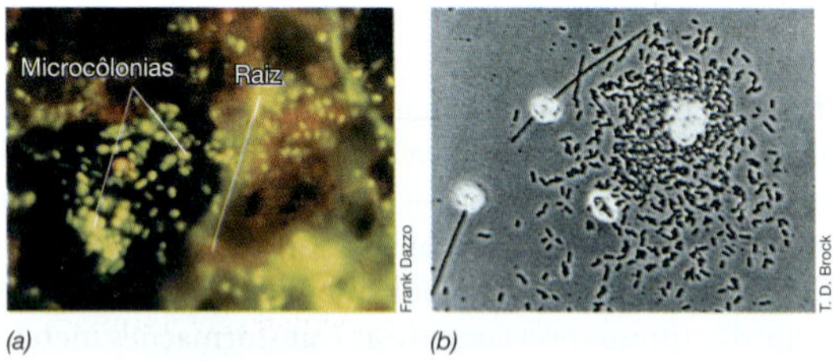


**Figura 19.4 Microrganismos em superfícies.** *(a)* Fotomicrografia de fluorescência de uma comunidade microbiana natural vivendo em raízes vegetais, no solo, corada com laranja de acridina. Observe o desenvolvimento da microcolônia. *(b)* Microcolônias bacterianas crescendo sobre uma lâmina de microscopia que foi imersa em um rio. As partículas brilhantes são compostos minerais. As pequenas células bacilares têm cerca de 3 μm de comprimento.

### Biofilmes

O crescimento bacteriano em superfícies é comumente chamado de **biofilme** – organizações de células bacterianas aderidas a uma superfície e envoltas por uma matriz adesiva excretada pelas células e por células mortas (**Figura 19.5**). A matriz geralmente é uma mistura de polissacarídeos, proteínas e ácidos nucleicos que unem as células. Os biofilmes aprisionam os nutrientes necessários ao crescimento microbiano e ajudam a impedir o destacamento das células de superfícies dinâmicas, como em sistemas de fluxo corrente (Figura 19.5*c*). Examinaremos algumas características da regulação genética das comunidades de biofilmes microbianos na Seção 7.9.

Normalmente, os biofilmes são compostos por várias camadas de células embebidas em uma matriz de material poroso, e as células presentes em cada camada podem ser examinadas por microscopia *laser* de varredura confocal (Seção 2.3; Figura 19.5*b*). Os biofilmes podem conter apenas uma ou duas espé-

**Figura 19.5 Exemplos de biofilmes microbianos.** *(a)* Visão de uma secção transversal de um biofilme experimental formado por células de *Pseudomonas aeruginosa*. A camada amarela (com aproximadamente 15 μm de espessura) contém as células, sendo coradas por uma reação que indica a atividade da enzima-fosfatase alcalina. *(b)* Microscopia a *laser* de varredura confocal de um biofilme natural (visão superior) na superfície de uma folha. As cores das células indicam sua profundidade no biofilme; em vermelho, células na superfície, em verde, 9-μm de profundidade; em azul, 18-μm de profundidade. *(c)* Um biofilme formado por bactérias oxidantes de ferro aderido a rochas do Rio Tinto, Espanha. À medida que a água rica em $Fe^{2+}$ flui sobre e através do biofilme, os organismos oxidam $Fe^{2+}$ a $Fe^{3+}$.

cies ou, mais comumente, várias espécies bacterianas. O biofilme formado ao redor da superfície dental, por exemplo, contém entre 100 e 200 filotipos diferentes (⇄ Seção 18.5), incluindo espécies de bactérias e arqueias; no total, a boca humana é o hábitat de cerca de 700 filotipos. Os biofilmes são comunidades microbianas funcionais, e não simplesmente células aprisionadas em uma matriz aderente. Diferenciamos o crescimento na forma de biofilmes e o crescimento planctônico (suspenso) no Capítulo 5 em Explore o mundo microbiano, "Grudar ou nadar".

Onde existirem superfícies submersas em ambientes naturais, o crescimento em biofilmes será quase sempre mais abundante e diverso do que no líquido que circunda tal superfície. Os biofilmes diferem das comunidades planctônicas no apoio crítico do transporte e processos de transferência, que geralmente controlam o crescimento em ambientes de biofilme. Por exemplo, se o consumo de $O_2$ por uma população próxima a superfície exceder a difusão de $O_2$ para as regiões mais profundas do biofilme, as regiões profundas ficarão anóxicas, formando assim novos nichos para a colonização de anaeróbios obrigatórios ou aeróbios facultativos. Isto é similar à depleção do $O_2$ no interior de uma partícula de solo que foi descrita na Figura 19.3.

Uma das mais relevantes propriedades das comunidades de biofilmes microbianos na clínica e indústria é a sua inerente tolerância aos antimicrobianos e outros estressores antimicrobianos. Uma determinada espécie crescendo em um biofilme pode ser até 1.000 vezes mais tolerante a uma substância antimicrobiana que as células planctônicas da mesma espécie. As razões para a maior tolerância incluem taxas de crescimento mais lento em biofilmes, reduzida penetração de substâncias antimicrobianas através da matriz extracelular, e a expressão de genes de aumento da tolerância ao estresse. Sua tolerância às substâncias antimicrobianas pode explicar por que razão os biofilmes são responsáveis por muitas infecções crônicas incuráveis ou de difícil tratamento, e também são difíceis de erradicar em sistemas industriais, onde os microrganismos crescem na superfície (incrustação) e podem prejudicar processos importantes.

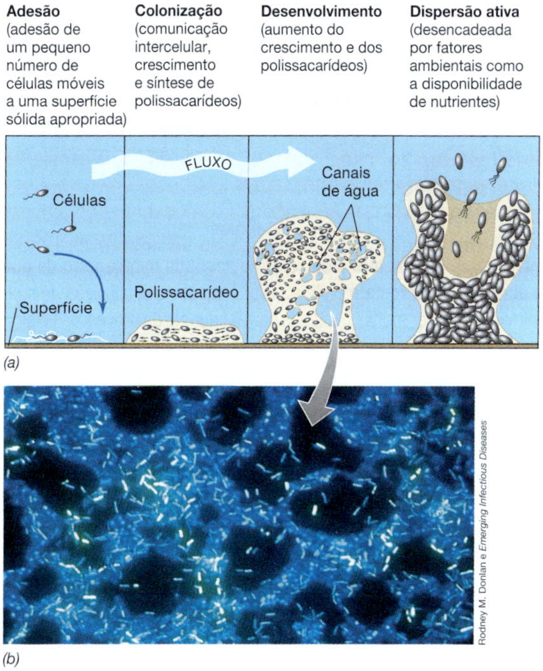


**Figura 19.6 Formação do biofilme.** *(a)* Os biofilmes são iniciados pela adesão de um pequeno número de células que então crescem e se comunicam com outras células. A matriz é formada, tornando-se mais extensa à medida que o biofilme cresce, eventualmente liberando células. *(b)* Fotomicrografia de um biofilme corado com DAPI formado em uma tubulação de aço inoxidável. Observe os canais de água.

## Formação de biofilmes

Como um biofilme é formado? A colisão aleatória de células com uma superfície causa uma fixação inicial das células, com a aderência promovida pela interação entre uma ou mais estruturas celulares e a superfície. As estruturas celulares que promovem a adesão incluem apêndices de proteínas (*pili*, flagelos) e proteínas de superfície celular (p. ex., a grande proteína LapA exposta na superfície celular é necessária para a adesão e formação de biofilme por *Pseudomonas fluorescens*, como veremos posteriormente nesta seção).

A adesão de uma célula a uma superfície é um sinal para a expressão de genes específicos do biofilme. Esses incluem genes codificadores de proteínas que sintetizam moléculas de sinalização intercelular e produção de polissacarídeos extracelulares que iniciam a formação da matriz (**Figura 19.6*a***). Uma vez comprometida com a formação do biofilme, uma célula previamente planctônica perde seus flagelos, tornando-se imóvel. Contudo, os biofilmes não são entidades estáticas e as células podem ser liberadas da matriz do biofilme em um processo ativo de dispersão (Figura 19.6*a*).

Embora o mecanismo ainda não tenha sido descoberto, as bactérias de alguma maneira "percebem" uma superfície adequada e coordenam os eventos que levam ao crescimento na forma de biofilme. De que forma a percepção da superfície ocorre é ainda tema de intensas pesquisas, porém a modificação do crescimento de planctônico para biofilme é desencadeado pela síntese de *diguanosina dimérica monofosfato cíclico* (*c-di-GMP, cyclic dimeric di-guanosine monophosphate*) (**Figura 19.7**). Examinaremos este segundo mensageiro como regulador na formação do biofilme na Seção 7.9, mostrando que a sinalização c-di-GMP é operada em múltiplos níveis para modular a expressão de genes e a atividade enzimática tal como se ligando a reguladores transcricionais RNAm (*riboswitches*, ⇄ Seção 7.15), e proteínas específicas para alterar a atividade enzimática. Por exemplo, c-di-GMP se liga a proteínas que reduzem a atividade do motor flagelar, regula as proteínas de superfície responsáveis pela adesão e medeia a biossíntese de polissacarídeos da matriz extracelular do biofilme.

## *Pseudomonas aeruginosa* e biofilmes

Além das atividades intracelulares desencadeadas por c-di-GMP, a comunicação intercelular é necessária para o desenvolvimento e manutenção dos biofilmes bacterianos. Por exemplo, em *Pseudomonas aeruginosa*, um notório formador de biofilme (**Figura 19.8**), as principais moléculas de sinalização intercelular são compostos denominados *homoserina lactonas aciladas*. À medida que essas moléculas se acumulam, sinalizam às células adjacentes de *P. aeruginosa* (um mecanismo denominado *quorum sensing*, ⇄ Seção 7.9). As lactonas de sinalização, em seguida, controlam a expressão de genes que contribuem para a formação do biofilme. Os genes expressos neste momento incluem, em particular, aqueles que aumentam os níveis de intracelulares de c-di-GMP.

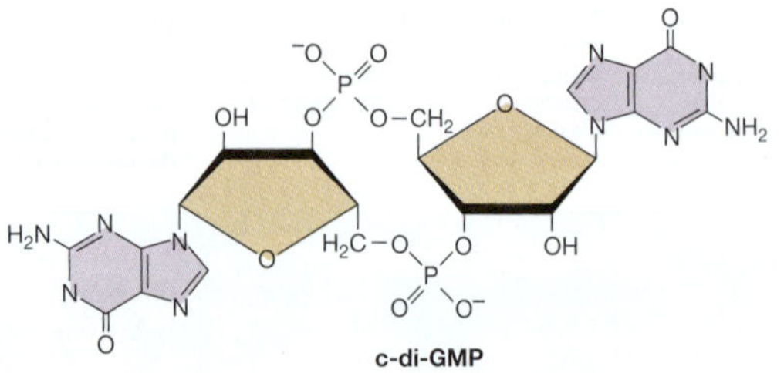


**Figura 19.7 Estrutura molecular no segundo mensageiro de guanosina dimérica monofosfato cíclica.** Este é usado na sinalização de moléculas intracelulares por muitas bactérias para o controle de processos fisiológicos específicos.

Níveis elevados de c-di-GMP iniciam a produção extracelular de polissacarídeos e diminuem a função flagelar. Ao longo do tempo, em condições ricas em nutrientes, *P. aeruginosa* pode desenvolver microcolônias com forma de cogumelos, com mais de 0,1 mm de altura contendo milhares de células mergulhadas em uma matriz polissacarídica (Figura 19.8). A arquitetura final do biofilme é determinada por múltiplos fatores em adição às moléculas sinalizadoras, incluindo fatores nutricionais e fluxo no local do ambiente.

*P. aeruginosa* forma biofilmes nos pulmões humanos de pacientes com a doença genética *fibrose cística*. Na forma de biofilme, *P. aeruginosa* é de difícil tratamento com antibióticos, e o biofilme parece ajudar a bactéria a persistir nos indivíduos com esta doença. Como a maioria dos biofilmes que se desenvolve nos pulmões de pacientes com fibrose cística possui mais do que uma espécie bacteriana (Capítulo 5 Explore o mundo microbiano, "Grudar ou nadar"). Portanto, em adição a sinalização *intra*espécies, a sinalização *inter*espécies provavelmente ocorre também em eventos que iniciam e mantêm os biofilmes contendo mais de uma espécie.

Em *P. fluorescens*, um organismo com formação de biofilme parecido, o aumento em c-di-GMP também promove a formação do biofilme. Contudo, a maquinaria do biofilme regulado pelo c-di-GMP nesta espécie é muito diferente do que ocorre com *P. aeruginosa*. Em *P. fluorescens*, mudanças no c-di-GMP afetam a secreção e a localização de uma proteína grande de adesão chamada LapA, que auxilia na adesão das células à superfície. Por exemplo, em resposta a baixa extracelular de fosfato, as células de *P. fluorescens* mantêm um baixo nível de c-di-GMP, o que impede a ocorrência da LapA na membrana extracelular, desativando assim o mecanismo de adesão necessário para iniciar a formação do biofilme. Se os níveis de fosfato continuarem a diminuir dentro do biofilme, a redução associada dos níveis de c-di-GMP também resultará na ativação de proteases que clivam a LapA; isso libera as células já aderidas e promove a dispersão para explorar nutrientes dos hábitats próximos (Figura 19.6). Outros estímulos ambientais para a dispersão de *P. fluorescens* incluem o esgotamento do carbono ou oxigênio e mudanças na temperatura ou na disponibilidade de ferro.

Embora a sinalização baseada no *quorum sensing* tenha sido primariamente associada à formação de biofilme, o sistema de *quorum sensing* de *Staphylococcus aureus* desempenha um papel na dispersão. Assim, não há um único programa de desenvolvimento para a formação de biofilme compartilhado entre as espécies. Esta falta de unidade tem complicado muito o desenvolvimento de estratégias para o controle dos biofilmes, como discutido no final desta seção.

## Por que as bactérias formam biofilmes?

Pelo menos quatro razões estão implicadas na formação de biofilmes. Primeiro, os biofilmes são um mecanismo de autodefesa microbiano. Os biofilmes resistem às forças físicas que poderiam remover as células não aderidas. Os biofilmes resistem à fagocitose pelos protozoários e células do sistema imune e retardam a penetração de moléculas tóxicas, como antibióticos. Todas essas vantagens aumentam as possibilidades de sobrevivência das células em um biofilme. Segundo, a formação do biofilme permite que as células permaneçam em um nicho favorável. Biofilmes aderidos a superfícies ricas em nutrientes, como tecidos animais, ou a superfícies em sistemas fluentes (Figura 19.5*c*) fixam as células bacterianas em locais onde os nutrientes são mais abundantes ou constantemente repostos. Terceiro, os biofilmes são formados porque permitem às células viverem em estreita associação umas com as outras. Como observamos no caso de *Pseudomonas aeruginosa* e o biofilme formado em pacientes portadores de fibrose cística, esse processo facilita a comunicação intercelular e aumenta as chances de sobrevivência. Além disso, quando as células encontram-se mais próximas umas das outras, as possibilidades de troca de nutrientes e permuta genética são aumentadas. Finalmente, os biofilmes parecem ser a forma típica de crescimento das células bacterianas na natureza. De fato, o biofilme pode representar o "modo-padrão" de crescimento de procariotos em ambientes naturais, que diferem drasticamente, nas concentrações de nutrientes, dos meios de cultura líquidos ricos utilizados em laboratório. O crescimento planctônico pode corresponder à norma apenas para aquelas bactérias adaptadas à vida em concentrações extremamente baixas de nutrientes (discutidas nas Seções 19.9 e 19.11).

## Controle dos biofilmes

Os biofilmes têm implicações significativas na medicina humana e no comércio. Em nosso corpo, as células bacterianas

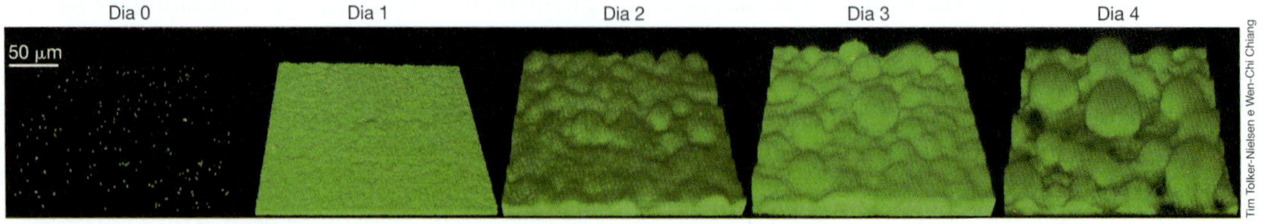


**Figura 19.8 Desenvolvimento do biofilme de *Pseudomonas aeruginosa*.** Micrografia de transmissão confocal a *laser* do desenvolvimento do biofilme de *Pseudomonas aeruginosa* em um fluxo celular continuamente irrigado com meio rico em nutrientes. As células de *P. aeruginosa* primeiramente se aderem na superfície de vidro (dia 0), e rapidamente crescem e cobrem toda a superfície (dia 1); no dia 4 desenvolvem-se microcolônias com forma de cogumelos com 0,1 mm de altura.

situadas no interior de um biofilme estão protegidas do ataque pelo sistema imune e, frequentemente, antibióticos e outros agentes antimicrobianos são incapazes de penetrar no biofilme. Além da fibrose cística, os biofilmes têm sido associados a diversas condições médicas e odontológicas, incluindo doenças periodontais, feridas crônicas, cálculos renais, tuberculose, doença dos legionários e infecções por *Staphylococcus.* Os implantes médicos são superfícies ideais para o desenvolvimento dos biofilmes. Eles incluem dispositivos de uso por curtos períodos, como cateteres urinários, bem como implantes de uso prolongado, como próteses articulares. Estima-se que, anualmente, nos Estados Unidos, cerca de 10 milhões de indivíduos sejam acometidos por infecções associadas a biofilmes presentes em implantes, ou decorrentes de procedimentos médicos invasivos. Os biofilmes justificam a importância da higiene oral rotineira na manutenção da saúde dental. A placa dental é um biofilme típico, que contém as bactérias produtoras de ácido responsáveis pelas cáries dentais (⇄ Seção 23.3).

Em situações industriais, os biofilmes podem retardar o fluxo de água, óleo ou outros líquidos por meio dos ductos, podendo acelerar sua corrosão. Os biofilmes também iniciam a degradação de objetos submersos, como os componentes estruturais de plataformas oceânicas de perfuração, barcos e instalações costeiras. A inocuidade da água potável pode ser comprometida por biofilmes que se desenvolvem em ductos de distribuição (Figura 19.6*b*), muitos dos quais, nos Estados Unidos, têm aproximadamente 100 anos (⇄ Seção 21.9). Embora os biofilmes presentes em ductos de água contenham predominantemente bactérias inofensivas, caso o biofilme seja colonizado por patógenos, as práticas-padrão de cloração podem ser insuficientes para eliminá-los. Liberações periódicas de células podem, então, provocar surtos de doenças. Acredita-se que *Vibrio cholerae*, o agente causador da cólera (⇄ Seção 31.3), possa ser disseminado desse modo.

O controle dos biofilmes é um tema complexo e, até o momento, dispomos apenas de um repertório limitado de ferramentas para combatê-los. Coletivamente, as indústrias investem altas somas no tratamento de ductos e outras superfícies com o intuito de mantê-los livres de biofilmes. Novos agentes antimicrobianos capazes de penetrar em biofilmes, bem como fármacos que impeçam sua formação por interferirem com o processo de comunicação intercelular, estão sendo desenvolvidos. Uma classe de compostos químicos, denominados *furanonas*, por exemplo, mostrou-se promissora na prevenção de biofilmes em testes em superfícies abióticas.

**MINIQUESTIONÁRIO**

- Por que um biofilme seria um bom hábitat para células bacterianas vivendo em um sistema de fluxo corrente?
- Cite um exemplo de um biofilme de relevância médica que é formado em, praticamente, todos os seres humanos saudáveis.
- Como diferentes moléculas de sinalização intercelulares e intracelulares modulam a formação e dispersão do biofilme?

## 19.5 Tapetes microbianos

Os tapetes microbianos estão entre as comunidades microbianas mais evidentes e podem ser considerados biofilmes extremamente grossos. Estas comunidades microbianas são formadas por bactérias fototróficas ou quimiolitotróficas e podem ter vários centímetros de espessura (**Figura 19.9**). As camadas são compostas por espécies de diferentes comunidades microbianas e suas atividades são regidas pela disponibilidade de luz e de outros recursos (Tabela 19.1). A combinação do metabolismo microbiano e do transporte de nutrientes é controlada pela difusão em gradientes acentuados de concentração de diferentes microrganismos e metabólitos, criando um nicho único em cada diferente intervalo de profundidade do tapete. Os tapetes fototróficos mais abundantes e versáteis são produzidos pelas cianobactérias filamentosas, fototróficos oxigênicos, muitos dos quais crescem em condições ambientais extremas. Por exemplo, algumas espécies de cianobactérias crescem em águas tão quentes quanto a 73°C ou geladas como a 0°C, e outras toleram excesso de salinidade de 12% ou altos valores de pH, como 10.

### Tapetes de cianobactérias

Os tapetes de cianobactérias são ecossistemas microbianos completos, contendo um grande número de **produtores primários** (cianobactérias e outras bactérias fototróficas) que utilizam a energia da luz para sintetizar material orgânico novo a partir do $CO_2$. Estes, juntamente com populações de consumidores na comunidade do tapete, medeiam todos os ciclos dos nutrientes essenciais. Embora os ecossistemas dos

**Figura 19.9 Tapetes microbianos.** *(a)* Amostra de tapete coletada a partir do fundo de uma lagoa hipersalina em Guerrero Negro, Baja California (México). A maior parte do fundo desta lagoa rasa é coberta com tapetes construídos pelo produtor primário principal, a cianobactéria filamentosa *Microcoleus chthonoplastes.* *(b)* Testemunho de tapete microbiano a partir de uma fonte termal e alcalina do Yellowstone National Park (Estados Unidos). A camada superior (em verde) contém principalmente cianobactérias, enquanto as camadas avermelhadas contêm bactérias fototróficas anoxigênicas. *(c)* Perfis de oxigênio ($O_2$), $H_2S$ e pH da amostra do tapete da fonte termal apresentada na parte b.

tapetes microbianos já existam há mais de 3,5 bilhões de anos, a evolução dos herbívoros metazoários e a concorrência com macrófitas (plantas aquáticas) desencadearam seu declínio há um bilhão de anos.

Tapetes microbianos desenvolvem-se atualmente somente em ambientes aquáticos onde estresses ambientais específicos restringem o alimento e a competição, condições mais comumente encontradas em hábitats hipersalinos ou geotérmicos. Os tapetes microbianos estudados são encontrados em bacias hipersalinas de evaporação solar, formadas naturalmente, como o Lago Solar (Sinai, Egito), ou construídas para recuperar o sal marinho (Figura 19.9*a*). Como os tapetes microbianos são restritos aos ambientes extremos, a maioria é encontrada em locais remotos e de difícil acesso para o estudo. Em contrapartida, contudo, os tapetes de cianobactérias que colonizam os canais de escoamento nas fontes termais de Yellowstone National Park (Estados Unidos) e muitas outras regiões termais no mundo são facilmente acessíveis para a pesquisa científica (Figura 19.9 *b, c*).

A estrutura química e biológica de um tapete microbiano pode mudar drasticamente durante um período de 24 h (chamado *ciclo diurno*) como consequência na mudança de intensidade da luz. Usando microssensores (Seção 18.8), é possível medir o pH, $H_2S$ e $O_2$ repetidamente durante o ciclo diurno em zonas do tapete separadas verticalmente por apenas alguns micrômetros. Durante o dia, há uma intensa produção de oxigênio na camada fótica na superfície do tapete microbiano e redução ativa de sulfato ao longo das regiões mais profundas. Perto da zona onde o $O_2$ e o $H_2S$ começam a se misturar, ocorre uma intensa atividade metabólica pelas bactérias sulfurosas fototróficas e quimiolitotróficas que consomem estes substratos rapidamente através de distâncias verticais muito pequenas. A detecção da taxa dessas mudanças revela as zonas de maior atividade microbiana (Figura 19.9*c*). Estes gradientes desaparecem à noite quando o tapete inteiro se transforma em anóxico com acúmulo de $H_2S$. Alguns organismos do tapete dependem de motilidade para seguir os deslocamentos dos gradientes químicos. Por exemplo, as bactérias fototróficas filamentosas oxidantes de enxofre, como as *Chloroflexus* e *Roseiflexus* (Seção 14.7), seguem movimentos de cima para baixo na interface de $O_2$–$H_2S$ em uma base diurna.

## Tapetes quimiolitotróficos

Os tipos mais comuns de tapetes quimiolitotróficos são compostos por bactérias filamentosas oxidantes de enxofre, como as espécies de *Beggiatoa e Thioploca* que crescem na superfície de sedimentos marinhos, na interface entre o $O_2$, fornecido da água sobreposta e o $H_2S$ produzido por bactérias redutoras de enxofre que vivem no sedimento. Nestes hábitats, as bactérias oxidam o $H_2S$ para dar suporte à conservação de energia e às reações autotróficas (Seções 13.8 e 14.11).

**Figura 19.10** **Tapetes de *Thioploca*.** *(a,c)* Filamentos da grande *Thioploca* quimiolitotrófica oxidante de enxofre estendidos na água acima dos sedimentos (87 m de profundidade) na Baía de Concepción ao longo da costa chilena. *(b)* 10 a 20 filamentos (tricomas) são agrupados em conjunto por uma bainha gelatinosa, cada agrupamento de aproximadamente 1,5 mm de diâmetro e 10 a 15 cm de comprimento. Duas espécies de *Thioploca* comumente habitam o mesmo agrupamento: *T. chileae*, aproximadamente 20 μm de diâmetro, e *T. araucae*, aproximadamente 40 μm de diâmetro. Tricomas individuais deslizam de forma independente dentro das bainhas e podem se estender até 3 cm para dentro da água. Consultar a página 631 para outro exemplo de bactéria filamentosa oxidante de enxofre e suas estratégias metabólicas únicas.

Os tapetes quimiolitotróficos compostos pelas espécies de *Thioploca* oxidantes de enxofre dos sedimentos da plataforma continental chilena e peruana são, provavelmente, os tapetes microbianos mais extensos da Terra (**Figura 19.10**). A *Thioploca* tem desenvolvido uma notável estratégia para ligar os recursos separados espacialmente. Estes tapetes de organismos quimiolitotróficos contêm vacúolos internos grandes que estocam altas concentrações de nitrato ($NO_3^-$) como aceptor de elétrons para sustentar a respiração anaeróbia. Muito parecido com um mergulhador que enche o interior dos tanques de oxigênio para mergulhar dentro da água, as células de *Thioploca* migram até a superfície dos sedimentos para carregar os vacúolos internos com $NO_3^-$ da coluna de água (Figura 19.10*a*, *b*). Elas então retornam ("mergulho") para as profundezas do sedimento anóxico (deslizando em velocidades de 3 a 5 mm por hora) para usar o seus estoques de $NO_3^-$ como aceptor de elétrons para a oxidação de $H_2S$.

As estruturas físicas e biológicas para ambos os biofilmes e tapetes microbianos são determinados pela interação entre microrganismos e difusão de nutrientes. Assim, enquanto os biofilmes se formam em uma superfície, se tornam cada vez mais complexos e, por isso, geram novos nichos para organismos de diferentes fisiologias. Esta diversidade atinge o seu máximo em um tapete microbiano maduro (Figura 19.9), enquanto estas estruturas têm sido demonstradas entre as mais complexas comunidades microbianas caracterizadas até agora por amostragem molecular da comunidade (Seção 18.5).

**MINIQUESTIONÁRIO**

- O que é um tapete microbiano?
- Como é a motilidade das bactérias aeróbias, no tapete microbiano, em resposta às mudanças na concentração de $O_2$ no ciclo diurno?

# III • Ambientes terrestres

Hábitats microbianos extensos na Terra estão em dois ambientes terrestres que são semelhantes na falta de luz solar, são periodicamente ou permanentemente anóxicos e possuem outras condições físico-químicas em comum. Os dois ambientes terrestres são o solo e a água encerrada dentro do solo e leitos rochosos. Em cada uma das próximas seções cobriremos estes hábitats microbianos, e em cada caso começaremos com a parte do ambiente abiótico e concluiremos com uma discussão sobre as comunidades microbianas que lá vivem.

## 19.6 Solos

O termo *solo* refere-se ao material externo e frouxo da superfície da Terra, uma camada distinta do leito rochoso subterrâneo (**Figura 19.11**). O solo desenvolve-se no decorrer de longos períodos de tempo, por meio de interações complexas entre o material geológico parental (rochas, areia, aluviões glaciais, e assim por diante), a topografia, o clima e a presença de atividade dos organismos vivos.

Os solos podem ser divididos em dois grandes grupos: *solos minerais*, que são derivados da desagregação das rochas e outros materiais inorgânicos, e *solos orgânicos*, que são derivados da sedimentação em pântanos e brejos. A maioria dos solos é uma mistura destes dois tipos básicos de solos. Embora os solos minerais, que são o foco principal desta seção, predominem na maioria dos ambientes terrestres, é crescente o interesse do papel que os solos orgânicos desempenham no armazenamento do carbono. A compreensão detalhada do armazenamento do carbono (sumidouros) e das fontes (como liberação de $CO_2$) é de grande relevância para a ciência da mudança climática. O ciclo do carbono será considerado no Capítulo 20.

### Composição e formação do solo

Os solos vegetais são compostos por pelos menos quatro componentes. Eles incluem (1) matéria mineral inorgânica, normalmente cerca de 40% do volume do solo; (2) matéria orgânica, geralmente cerca de 5%; (3) ar e água, aproximadamente 50%; e (4) microrganismos e organismos macroscópicos, aproximadamente 5%. Partículas de tamanhos variados são encontradas no solo. Os cientistas de solo classificam as partículas de acordo com o tamanho: aquelas variando em diâmetro de 0,1 a 2 mm são denominadas *areia*, aquelas entre 0,002 e 0,1 mm, *silte*, e aquelas com diâmetro inferior a 0,002 mm, *argila*. Solos de diferentes classes de textura recebem denominações como "argila arenosa" ou "silto-argiloso", com base no percentual de areia, silte e argila que contêm. Um solo onde não haja o predomínio de qualquer tamanho de partícula é denominado *marga*.

A combinação de processos físicos, químicos e biológicos contribui para a formação do solo. O exame de praticamente qualquer rocha exposta revela a presença de algas, líquens ou musgos. Estes organismos são fototróficos e produzem matéria orgânica, a qual sustenta o crescimento de bactérias e fungos quimiorganotróficos. As comunidades quimiorganotróficas mais complexas são compostas por bactérias, arqueias e eucariotos que se desenvolvem à medida que a colonização dos organismos anteriores aumenta. O dióxido de carbono produzido durante a respiração é dissolvido na água formando o ácido carbônico ($H_2CO_3$), o qual lentamente dissolve as rochas, especialmente aquelas contendo calcário ($CaCO_3$). Além disso, muitos quimiorganotróficos excretam ácidos orgânicos, que também promovem a dissolução da rocha, originando partículas menores.

O congelamento, degelo e outros processos abióticos auxiliam na formação do solo ao gerarem fendas nas rochas. A combinação das partículas geradas com a matéria orgânica origina um solo bruto nessas rachaduras, onde plantas pioneiras podem desenvolver-se. As raízes das plantas penetram ainda mais nas fendas, aumentando a fragmentação da rocha, enquanto suas excreções promovem o desenvolvimento na **rizosfera** (o solo que circunda as raízes das plantas e recebe as secreções das plantas) de alta abundância de células microbianas (Figura 19.4*a*). Quando as plantas morrem, seus restos são adicionados ao solo, transformando-se em nutrientes que permitem um desenvolvimento microbiano mais intenso. Os minerais são solubilizados e, à medida que a água é percolada, transportam algumas dessas substâncias para regiões mais profundas do solo.

UNIDADE 4

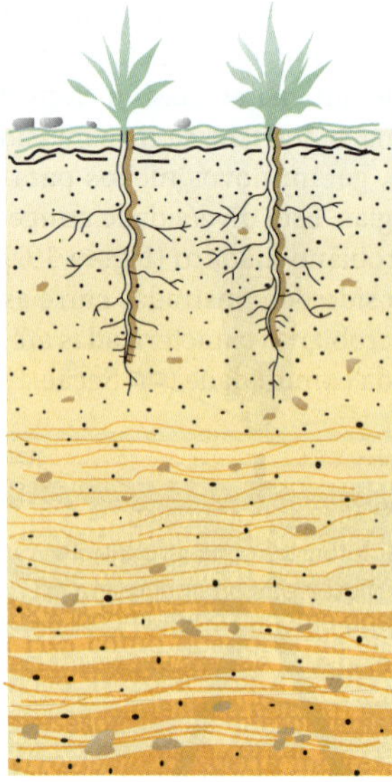

**Figura 19.11** **Solo** *(a)* Perfil de um solo maduro. Os horizontes do solo são zonas definidas pelos cientistas de solo. *(b)* Fotografia de um perfil de solo, apresentando os horizontes O, A e B. Este solo, de Carbondale, Illinois (Estados Unidos), é rico em argila e é muito compacto. Observe a definição clara de cor entre o horizonte A, rico em matéria orgânica, e o horizonte B, com menos matéria orgânica.

Com o prosseguimento das atividades climáticas, o solo aumenta em profundidade, permitindo-se, assim, o desenvolvimento de plantas maiores e pequenas árvores. Os animais do solo, como as minhocas, colonizam o solo e desempenham importante papel, mantendo as camadas superficiais do solo misturadas e aeradas. Eventualmente, o movimento descendente de compostos resulta na formação de camadas de solo, denominadas *perfil de solo* (Figura 19.11). A velocidade de desenvolvimento de um perfil de solo típico depende de fatores climáticos e outros, porém pode demandar de centenas a milhares de anos.

## Disponibilidade de água: vegetação e solos secos como hábitats microbianas

Os nutrientes limitantes em solos são muitas vezes nutrientes inorgânicos, como o fósforo e nitrogênio, principais componentes de várias classes de macromoléculas. Outro fator que afeta a atividade microbiana no solo é a disponibilidade de água. Foi analisada anteriormente a importância da água no crescimento microbiano (Seção 5.15).

A água é um componente altamente variável do solo, e o conteúdo de água no solo depende da composição do solo, precipitação, drenagem e cobertura vegetal. A água é retida no solo de duas maneiras: por adsorção em superfícies ou como água livre em camadas finas ou filmes entre partículas do solo (**Figura 19.12**). A água presente no solo possui materiais dissolvidos nela, e esta mistura é chamada de *solução do solo.* Em solos bem drenados, ar penetra facilmente, e a concentração de oxigênio na solução do solo pode ser alta, semelhante ao da superfície do solo. Em solos alagados, no entanto, o único oxigênio presente é aquele dissolvido na água, e este pode ser rapidamente consumido pela microbiota residente. Estes solos tornam-se, em seguida, anóxicos, e como descrito para ambientes de água doce (Seção 19.8), mostram mudanças profundas em suas atividades biológicas. Também existe água em canais maiores no solo, onde o grande fluxo de água é importante para o transporte rápido de microrganismos e de seus substratos e produtos.

## Solos áridos

A grande atividade microbiana no solo está nas camadas superficiais, ricas em material orgânico e em torno da rizosfera (Figura 19.4*a*). Contudo, alguns solos são tão secos que a cobertura vegetal é extremamente limitada e somente comunidades microbianas especiais conseguem prosperar. Estes são chamados de *solos áridos,* e aproximadamente 35% da massa terrestre da Terra é permanentemente ou sazonalmente árida. A aridez pode ser definida pelo *índice de aridez,* expresso como a razão da precipitação pelo potencial de evapotranspiração (P/PET). A evapotranspiração é a soma da perda de água através da evaporação e da transpiração das plantas. Uma região é classificada como árida quando há um P/PET menor que 1; ou seja, a entrada de água através de precipitação (e nevoeiro e orvalho) é menor do que o perdido por meio da evapotranspiração.

Solos áridos estão entre os ambientes mais extremos da Terra, com elevações de temperaturas acima de 60°C e mínimas de −24°C, alta insolação (exposição aos raios solares) e

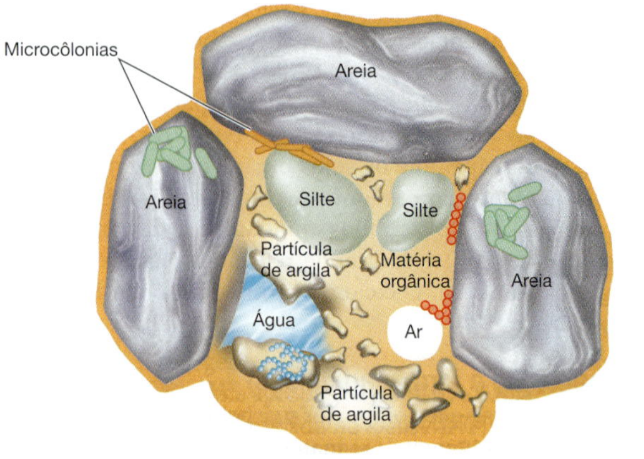


**Figura 19.12** **Um hábitat microbiano de solo.** Poucos microrganismos são encontrados livres na solução de solo; a maioria encontra-se em microcolônias aderidas às partículas de solo. Observe as diferenças relativas de tamanho entre as partículas de areia, argila e silte.

baixa atividade de água. Embora as regiões áridas sejam geralmente quase desprovidas de vegetais folhosos, elas sustentam comunidades microbianas importantes que se formam e estabilizam-se em superfícies de quase-solo e residem dentro e na superfície das rochas. Os microrganismos dominantes nestes ambientes com carbono limitante são cianobactérias, menor número de algas verdes, fungos, bactérias heterotróficas, líquens e musgos.

Hábitats microbianos de zonas áridas incluem *crostas biológicas de solo* (CBSs) (**Figura 19.13**), superfícies ventrais de pedras translúcidas (colonizadores *hipolíticos*), superfícies rochosas expostas (colonizadores *epilíticos*) e os interiores espaços porosos, rachaduras e fissuras das rochas (colonizadores *endolíticos*). As crostas de solo são dominadas pelas cianobactérias, espécies de *Microcoleus* (Figura 19.13 *b, c*), enquanto as espécies dos cocoides *Chroococcidiopsis* são predominantes na população endolítica. Os colonizadores das rochas possuem um importante papel na intempérie e na formação do solo como descrito anteriormente; aqui consideraremos primeiramente as comunidades CBSs.

As CBSs possuem uma função fundamental na estabilização dos solos em ecossistemas de deserto. A estabilização é fundamental devido à lenta taxa de formação do solo no deserto (< 1 cm em 1.000 anos). Aqui, as cianobactérias filamentosas (*Microcoleus*) e fungos do solo promovem coesão, o que é posteriormente estabilizado acima do solo por líquens e musgos, quando presentes. Estas funções de rede microbiana são importantes para eliminar a erosão do solo proveniente do vento e da água. As CBSs são os principais determinantes da infiltração da água, da influência local dos ciclos hidrológicos e da disponibilidade de água para vegetação. Notavelmente, quando as condições de umidade e temperatura são ótimas, as taxas fotossintéticas das CBSs são comparáveis aos das folhas das plantas vasculares. As cianobactérias e outras bactérias fixadoras de nitrogênio (Seções 3.17, 7.13 e 14.3) fornecem nitrogênio, e muito do nitrogênio fixado é liberado imediatamente e colocado à disposição de outra biota do solo.

A ruptura das CBSs é um dos principais contribuintes da *desertificação*, um processo exacerbado pela mudança do clima e pelas atividades humanas. As tempestades de poeira resultantes da destruição das CBSs reduzem a fertilidade do solo, e quando a poeira pesada é depositada sobre campos de neve das proximidades, as taxas de fusão e de evapotranspiração são aceleradas, levando, assim, à redução das descargas de água doce nos rios. Uma vez comprometidas, as crostas de solo possuem tempos de recuperação que podem variar de 15 a 50 anos. Tendo em conta a presença terrestre expansiva da CBS, sua importância para a humanidade, sua função no ecossistema, e o aumento projetado na aridez associada às alterações climáticas, uma melhor compreensão de formação da CBS e a reabilitação das CBSs comprometidas são importantes para a saúde do planeta Terra.

## A filogenética momentânea da diversidade procariótica do solo

Como vimos na Figura 19.3, até mesmo uma única partícula do solo pode conter muitos microambientes diferentes e pode, assim, suportar o crescimento de vários tipos fisiológicos de microrganismos. Para examinar os microrganismos diretamente das partículas de solo, microscópios de fluorescência são frequentemente usados, onde os organismos do solo são previamente marcados com corante fluorescente. Para visualizar um microrganismo específico de uma partícula de solo, anticorpos fluorescentes ou sondas de genes (Seções 18.3, 18.4) podem também serem usados. Os microrganismos podem também ser observados diretamente nas superfícies de solo por microscopia eletrônica de varredura (Figura 19.13*b,c*).

Aprendemos no Capítulo 18 que a análise da sequência dos genes do RNA ribossomal 16S (RNAr) obtida do ambiente pode ser usada para medir a diversidade procariótica (Seção 18.5). Por enquanto, ainda não há comunidades naturais que foram completamente caracterizadas por estas técnicas, em que todas as espécies residentes têm sido

(a) (c)

**Figura 19.13 Crostas biológicas de solo (CBSs).** *(a)* CBSs no Colorado Plateau mostrando ao lado perturbações mais leves dos solos. *(b, c)* Micrografia eletrônica de varredura de cianobactérias filamentosas (espécies de *Microcoleus*) que se ligam a grãos de areia junto com o material da bainha. Os grãos de areia na parte b são de aproximadamente 100 μm de diâmetro, e os filamentos na parte c, de aproximadamente 5 μm de diâmetro.

identificadas. No entanto, dentro de certos limites, o método é amplamente considerado uma medida válida de diversidade microbiana e evita os problemas mais sérios de parcialidade no enriquecimento dos estudos de diversidades dependentes de cultivo (⇄ Seção 18.1). Aqui e nas seções posteriores deste capítulo apresentamos uma "filogenética momentânea" dos principais hábitats dos microrganismos, com objetivo de enfatizar tendências e padrões em vez de dados absolutos.

Amostras de comunidades moleculares de uma superfície vegetada típica têm mostrado geralmente *milhares* de espécies diferentes de bactérias e arqueias em um único grama de solo, provavelmente refletindo o numeroso microambiente presente lá. Uma "espécie" é definida operacionalmente aqui como uma sequência do gene 16S de RNAr obtido de uma comunidade microbiana que difere de outras sequências por mais de 3% (⇄ Seção 12.8). Esta sequência ambiental é chamada de *filotipo*. Além do número grande de espécies, o estudo da diversidade microbiana dos solos também mostrou que esta diversidade varia com o tipo de solo e a localização geográfica. Por exemplo, a análise de um solo de uma floresta do Alaska, um solo de uma pradaria de Oklahoma e um solo agrícola de Minnesota (todos localizados nos Estados Unidos) revelou cerca de 5.000, 3.700 e 2.000 filotipos diferentes, respectivamente. Os solos do Alaska e de Minnesota mostraram distribuição taxonômica similar em nível de filo (p. ex., Proteobacteria, Acidobacteria, Bacteroidetes, Actinobacteria, Verrucomicrobia e Planctomycetes), mas compartilharam apenas cerca de 20% de suas espécies em comum. Isso indica que embora a *proporção* de filos dominantes em diferentes solos seja relativamente constante, as *reais espécies presentes* dentro do filo podem variar consideravelmente entre os diferentes solos. Em adição, uma baixa diversidade bacteriana foi observada nos

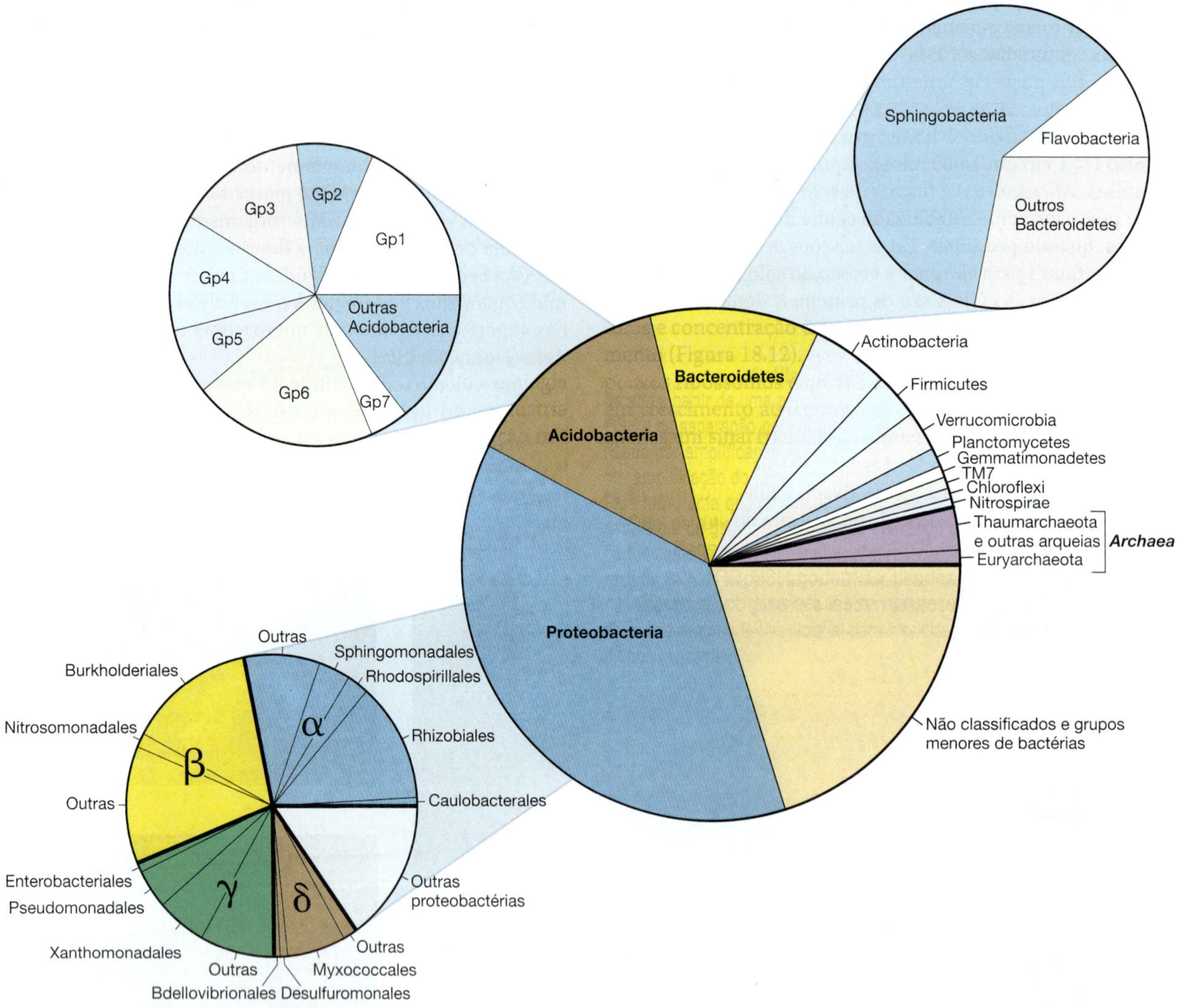


**Figura 19.14 Diversidade procariótica do solo.** Os resultados são análises de agrupamentos de 287.933 sequências do gene 16S de RNAr de diversos estudos no ambientes do solo. Muitos destes agrupamentos são abrangidos nos Capítulos 14 e 15 (*Bacteria*) ou 16 (*Archaea*). Para Proteobacteria, Acidobacteria e Bacteroidetes, os maiores subgrupos são indicados (Gp, grupo). Observe a riqueza de espécies indicada pela grande proporção da comunidade como um todo composta por grupos de bactérias não classificadas e menores. Observe também a relativa baixa proporção da comunidade total de procariotos do solo que consistem em *Archaea*, e que muitas arqueias não estão próximas aos parentes conhecidos Euryarchaeota ou Crenarchaeota. Dados montados e analisados por Nicolas Pinel.

solos agrícolas em comparação com os solos do Alaska, provavelmente devido às práticas agrícolas modernas e intensivas, dependentes de fortes fertilizações, baixa diversidade vegetal e supressão química das plantas e animais indesejados.

A **Figura 19.14** mostra a composição geral da comunidade do solo procarioto baseada em um *pool* de dados de sequências do 16S RNAr de diversos solos. Como pode ser observado, Proteobacteria (Capítulos 14 e 15) compõem quase metade do total de filotipos recuperados com todos os principais subgrupos, exceto para o bem representado por Epsilonproteobacteria. Acidobacteria e Bacteroidetes são também grupos abundantes; Actinobacteria e Firmicutes nem tanto. Além desses, uma parte importante de filotipos do solo são espécies não classificadas ou grupos bacterianos menores. Em contraste às bactérias, a diversidade das arqueias em solo é mínima com relativamente poucas sequências representantes dentro de cada grande filo de *Archaea (*Euryarchaeota, Thaumarchaeota e Crenarchaeota). Contudo, uma vez que existem menos estudos específicos da diversidade arqueal em solos, sua diversidade pode ser maior do que a conhecida.

Um estudo similar representado na Figura 19.14, mas realizado em solos contaminados com hidrocarbonetos, mostrou que a composição da taxonomia geral dos solos poluídos ou não poluídos é semelhante: Proteobacteria compreende uma grande fração em ambos os tipos de solo, seguida de uma representação significante de Acidobacteria, Bacteroidetes, Actinobacteria e Firmicutes. No entanto, houve uma significativa mudança na representação fracionária destes táxons nos dois solos. Os solos poluídos foram ricos em Actinobacteria e Euryarchaeota, mas com diminuição de Bacteroidetes, Acidobacteria e não bactérias não classificadas em relação aos solos não poluídos. Notavelmente, Crenarchaeota estavam ausentes em todas as pesquisas de solos poluídos com hidrocarbonetos, sugerindo que os hidrocarbonetos suprimem os Crenarchaeota e os oxidantes de amônia Thaumarchaeota (*Archaea*, ⮂ Seções 16.6, 16.9). O impacto da poluição em Bacteria foi refletido pela grande proporção de Gammaproteobacteria e um único dominante do filotipo Bacteroidetes (Figura 19.14). A diversidade de Acidobacteria, um grupo principal em solos não poluídos, foi também significantemente reduzida em solos não poluídos (Figura 19.14).

Embora a importância *funcional* da diversidade observada das comunidades microbianas em solos poluídos e não poluídos não seja conhecida, as mudanças observadas são sinal de que os dois solos provavelmente diferem na sua capacidade de processar o carbono e o nitrogênio e de realizar outros eventos importantes do ciclo de nutrientes. Contudo, devido a falta de conexão funcional, diferentes genes de RNAr 16S de pesquisas do solo concordam em duas coisas: (1) solos imperturbados e não poluídos suportam uma alta diversidade procariótica e (2) solos perturbados desencadeiam mudanças mensuráveis na composição da comunidade – provavelmente para espécies que são mais competitivas no ambiente do solo perturbado – e uma redução global na diversidade procariótica.

**MINIQUESTIONÁRIO**

- Qual o filo de *Bacteria* que domina a diversidade bacteriana em solo vegetado?
- Quais fatores governam a extensão e o tipo de atividade microbiana no solo?
- Qual a região do solo é mais microbiologicamente ativa?

## 19.7 A subsuperfície

Nos solos e rochas de subsuperfície da Terra existe água. Esta água de subsolo, denominada *água subterrânea*, é um vasto hábitat microbiano pouco explorado (ver microbiologia hoje, página 379). Mais recentemente, há três décadas, a maioria dos microbiologistas acreditava que os números microbianos significativos eram limitados a 100 m de profundidade ou somente à crosta terrestre. Contudo, a partir de pesquisas feitas foi possível desenvolver uma tecnologia para melhor perfuração e amostragem asséptica, sabe-se agora que a vida microbiana se estende a pelo menos 3 *km* de profundidade em regiões que contem água retida. A microbiologia de águas subterrâneas relativamente rasas é bastante semelhante à microbiologia dos solos. Contudo, existem microrganismos em subsuperfícies profundas de água que excedem 50°C, em ambiente anóxico e pobre em nutrientes. O que sabemos sobre estes microrganismos?

### Microbiologia de subsuperfície profunda

A microbiologia da subsuperfície inicialmente teve foco nas águas relativamente rasas e sistemas aquíferos facilmente acessíveis, revelando diversas populações de *Archaea* e *Bacteria* e uma presença limitada de protozoários e fungos. Um *aquífero* é uma camada de água subterrânea com material permeável, como pedras ou cascalho quebrado. Os microrganismos nos aquíferos são metabolicamente ativos e influenciados grandemente pela química das águas subterrâneas. Por exemplo, a presença de ferro ferroso ($Fe^{2+}$) nas águas subterrâneas é largamente atribuída a atividade de microrganismos como os *Geobacter*, que reduzem o ferro férrico ($Fe^{3+}$) como um aceptor de elétrons (⮂ Seção 13.21).

O período de tempo que uma massa de água permanece dentro de uma região de subsuperfície varia de semanas a milhões de anos, dependendo da sua proximidade com a superfície e da taxa de recarga (movimento de águas de superfície para as águas subterrâneas). A longa duração de isolamento dos microrganismos em águas subterrâneas profundas do subsolo não recarregada tem sido sugerida como um mecanismo para a especiação *alopátrica* (o surgimento de novas espécies microbianas como consequência do isolamento geográfico). Contudo, a diversidade microbiana descoberta na subsuperfície até hoje se utilizou de técnicas independentes de cultivo (Capítulo 18) e a maior parte sido normal; os organismos se assemelham às espécies de superfície ou próximas da superfície.

Pesquisas sobre os microrganismos da biosfera profunda têm sido facilitadas por operações de mineração e perfuração que expõem a água de rochas fraturadas em grandes profundidades. Por exemplo, amostras coletadas a partir de cerca de 3 km de profundidade em uma operação de mineração de ouro na África do Sul (**Figura 19.15**) revelaram a presença de bactérias e arqueias quimiolitotróficas e autotróficas. O DNA extraído da água da fenda mostrou que uma bactéria oxidante $H_2$ e redutora de sulfato era praticamente o único organismo presente. Análises do genoma do organismo, ainda não cultivado, mas com o nome provisório de *Desulforudis audaxviator*, indicou que este deve ser termofílico e pode ser capaz de crescimento autotrófico usando $H_2$ como doador de elétrons para respiração e fixação de $CO_2$. Além disso, o organismo contém genes que codificam proteínas fixadoras

UNIDADE 4

(a)

(b)

**Figura 19.15** **Amostragem do subsolo profundo.** *(a)* Amostragem de uma fenda de água quente (55°C) de 3.000 m de profundidade de uma mina de ouro em Tau Tona, na África do Sul. *(b)* Perfuração de 600 m em Allendale, SC (Estados Unidos), para o Departamento Norte-Americano de Energia (US. Department of energy – DOE) Programa de Microbiologia de Subsuperfícies Profundas.

de nitrogênio (Seção 3.17), significando que ele pode viver com uma dieta de poucos minerais, $CO_2$, $SO_4^{2-}$ e $H_2$. Este organismo bem adaptado ao isolamento profundo e de longa duração no subsolo poderia ser um modelo para os tipos de fisiologias que poderiam ser encontradas em ambientes deficientes em nutrientes.

As possíveis fontes de $H_2$ para os quimiolitotróficos nas superfícies profundas incluem a radiólise da água pelo urânio, tório e outros elementos radioativos, e processos geoquímicos como a liberação de $H_2$ da oxidação de minerais de silicato de ferro em aquíferos. Como doador de elétron, o $H_2$ pode satisfazer as necessidades das bactérias que realizam diferentes respirações anaeróbias, incluindo a redução de sulfato, metanogênese, acetogênese e a redução do ferro férrico (Capítulo 13), exemplos de todas estas fisiologias têm sido identificados em vários projetos de pesquisa microbiana de subsuperfície. Assim, o consenso atual é que estes tipos de quimiolitotróficos provavelmente dominam o subsolo profundo.

## Taxas de crescimento e o futuro da microbiologia de subsuperfície

O número de bactérias em águas subterrâneas não contaminadas pode variar em várias ordens de grandeza ($10^2$-$10^8$ por mL), refletindo primeiramente a disponibilidade de nutrientes, principalmente sob a forma de carbono orgânico dissolvido. Os tempos de geração das bactérias medidos e estimados para subsuperfície profunda variam por muitas ordens de magnitude, de dias a séculos, conforme determinado pelo ambiente físico-químico, a fisiologia da população residente e a disponibilidade de nutrientes. Contudo, dados relevantes são escassos e o conhecimento sobre a ecologia microbiana do subsolo poderá ser avançado grandemente pelas tecnologias emergentes como a genômica de uma única célula para caracterizar as células individuais no seu ambiente natural (Capítulo 6 Explore o mundo microbiano, "Genômica, uma célula de cada vez" e Seção 18.11). Por exemplo, microrganismos parecem estar ligados a superfícies ou dentro de biofilmes na subsuperfície pobre em nutrientes, mas não se sabe se estes são geneticamente ou fisiologicamente distintos dos microrganismos em populações planctônicas.

Estas muitas questões não respondidas da microbiologia de subsuperfície têm suportado o estabelecimento permanente de laboratórios de ciências a grande profundidade na Terra. Por exemplo, o Sanford Underground Research Facility em Lead, Dakota do Sul (Estados Unidos), está sendo construído a 2.400 m de profundidade na antiga mina de ouro de Homestake com apoio governamental e privado para a pesquisa em física, geologia e microbiologia. A Integrated Ocean Drilling Program, um esforço internacional, tem sondado por populações microbianas em grandes profundidades abaixo do fundo oceânico. Os resultados até agora têm mostrado arqueias e bactérias a 1.600 m abaixo do fundo oceânico em rochas com mais de 100 milhões de anos. Embora isso possa parecer antigo, tais idades são relativamente jovens em comparação com bactérias viáveis que foram recuperadas a partir de cristais de sal com quase meio bilhão de anos de idade. Obviamente, as células procarióticas podem permanecer viáveis por períodos de tempo extremamente longos.

**MINIQUESTIONÁRIO**

- Por que a especiação alopátrica pode ser possível em subsuperfície profunda?
- Quais os fatores ambientais que determinam a abundância e os tipos de células na subsuperfície profunda?

# IV • Ambientes aquáticos

Os ambientes aquáticos de água doce e marinhos diferem em diversos aspectos, incluindo a salinidade, média de temperatura, profundidade e composição de nutrientes, mas ambos podem fornecer hábitat excelente para os microrganismos. Nesta unidade focaremos primeiro o hábitat microbiano de água doce. Posteriormente, serão considerados dois ambientes marinhos: (1) águas costeiras e oceânicas e (2) mar profundo. Muitas informações novas surgem sobre os microrganismos marinhos de estudos utilizando ferramentas moleculares e ecologia microbiana, especialmente marcadores genéticos, amostras de comunidade microbiana e metagenômica (Capítulo 18).

## 19.8 Água doce

Os ambientes de água doce variam consideravelmente quanto aos recursos e às condições (Tabela 19.1) disponíveis ao crescimento microbiano. Organismos tanto consumidores quanto produtores de oxigênio são encontrados em ambientes aquáticos, e o equilíbrio entre a fotossíntese e a respiração (Figura 19.2) controla os ciclos do oxigênio, carbono e de outros nutrientes (nitrogênio, fósforo e metais) na natureza.

Entre os microrganismos oxigênicos fototróficos estão incluídas as algas e cianobactérias. Estes também podem ser *plactônicos* (flutuante) e se distribuírem em toda a coluna de água de lagos, às vezes acumulando em grande número a uma profundidade particular, ou *bentônicos*, o que significa que estão associados ao fundo ou nas laterais de um lago ou rio. Os fototróficos oxigênicos que obtêm energia da luz e usam a água como um doador de elétrons para reduzir $CO_2$ a material orgânico (Capítulo 13) são os principais produtores primários no ecossistema aquático de água doce.

A atividade e diversidade da comunidade microbiana aquática de quimiorganotróficos dependem principalmente da produção primária, em particular das taxas e distribuições espaciais e temporais. Os fototróficos oxigênicos produzem novos compostos orgânicos, bem como oxigênio. Quando as taxas de atividade primária são muito elevadas, o excesso de matéria orgânica pode levar à depleção de oxigênio da água profunda, pela respiração e desenvolvimento de condições anóxicas. Isso, por sua vez, desencadeia formas de metabolismo anaeróbio, como respirações e fermentações (Capítulo 13). Assim como os fototróficos oxigênicos, os fototróficos anoxigênicos também podem fixar $CO_2$ em matéria orgânica. No entanto, esses organismos utilizam substâncias reduzidas, como $H_2S$ ou $H_2$, como doadores de elétrons fotossintéticos (⇄ Seção 13.3). A matéria orgânica produzida por fototróficos anoxigênicos pode suportar e melhorar a respiração, acelerando a disseminação das condições anóxicas.

### Relações de oxigênio em ambientes de água doce

A estrutura biológica e de nutrientes nos lagos é grandemente influenciada pelas mudanças sazonais e gradientes físicos de temperatura e salinidade. Em muitos lagos de clima temperado, a coluna de água torna-se estratificada, separando em duas camadas de diferentes características físicas e químicas que constituem a **coluna de água estratificada**. Durante o verão, com as camadas superficiais mais mornas e menos densas, denominadas **epilímnio**, separadas das camadas inferiores, mais frias e densas (o **hipolímnio**). Uma *termóclina* é a área de transição do epilímnio ao hipolímnio (**Figura 19.16**).

No final do outono e começo do inverno, as águas superficiais de lagos temperados tornam-se mais frias e, portanto, mais densas que as camadas mais profundas. Isso, combinado com a mistura dirigida pelo vento, promove o afundamento da água fria e a "reciclagem" do lago, levando a uma mistura das águas e nutrientes da superfície e das águas profundas. A separação de uma camada superficial relativamente bem misturadas de uma camada de fundo relativamente estática limita a transferência de nutrientes entre as camadas até que a rotatividade novamente misture a coluna de água.

Durante períodos de estratificação, a transferência entre a superfície e as águas profundas é controlada não pela mistura, mas pelos processos lentos de difusão. Como resultado, as camadas profundas podem experimentar períodos sazonais de baixa ou nenhum $O_2$ dissolvido. Embora o $O_2$ seja um dos gases mais abundantes da atmosfera (21% do ar), ele tem relativamente pouca solubilidade na água, e em uma grande massa de água o seu intercâmbio com a atmosfera é lento. Supondo que um corpo de água se torna realmente depledado em $O_2$, isso vai depender de vários fatores, incluindo a quantidade de matéria orgânica presente e o grau de mistura da coluna de água. A matéria orgânica não é consumida nas camadas superiores e afunda e é decomposta pelos anaeróbios (Figura 19.2). Os lagos podem conter altos níveis de matéria orgânica dissolvida porque os nutrientes inorgânicos que são executados fora do terreno circundante podem desencadear a proliferação de algas e bactérias; estes organismos excretam geralmente diversos compostos orgânicos e liberam também compostos orgânicos complexos quando eles morrem e se decompõem. A combinação da estratificação do corpo de água durante o verão, alta carga orgânica e limite de transferência de $O_2$

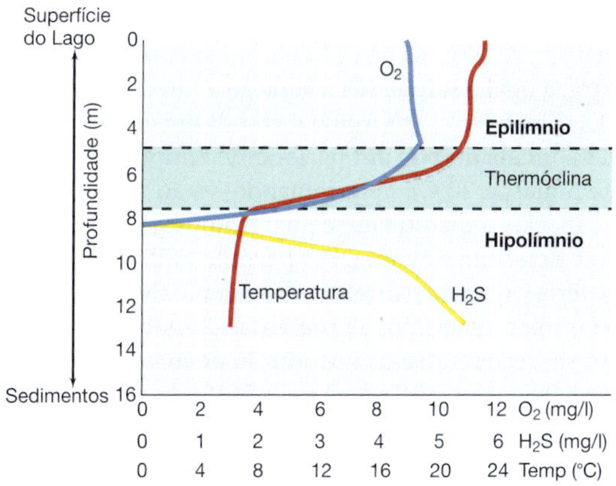


**Figura 19.16 Desenvolvimento de condições anóxicas em lago temperado devido à estratificação de verão.** As águas profundas são mais frias e mais densas e contêm $H_2S$ da redução bacteriana de sulfato. A termóclina é uma zona de rápida mudança de temperatura. Conforme as águas da superfície esfriam no outono e no início do inverno, elas atingem a temperatura e densidade das águas hipoliminéticas profundas, deslocando águas do fundo e efetuando a rotatividade das águas no lago. Dados de um pequeno lago de água doce no norte de Wisconsin (Estados Unidos).

resultam no esgotamento de $O_2$ das águas profundas (Figura 19.16), tornando o ambiente inadequado para organismos aeróbios, como plantas e animais.

O ciclo de rotatividade anual permite que as águas do fundo do lago passem de óxidas para anóxicas e voltem para óxidas. A atividade microbiana e a composição da comunidade são alteradas com estas mudanças no conteúdo de oxigênio, mas outros fatores que acompanham a rotatividade da coluna de água, principalmente mudanças de temperatura e níveis de nutrientes, também governam a diversidade e a atividade microbiana. Se a matéria inorgânica for escassa, como em lagos cristalinos e no oceano aberto, poderá haver substrato disponível insuficiente para os quimiorganotróficos consumirem todo o oxigênio. Os microrganismos que dominam estes ambientes são geralmente **oligotróficos**, organismos adaptados para crescer em condições muito diluídas (Seção 19.11). Alternativamente, onde as correntes são fortes, ou se houver turbulência devido à mixagem do vento, a coluna de água pode ser bastante misturada, e, consequentemente, a oxigenação pode ser transferida para as camadas mais profundas.

Os níveis de oxigênio nos rios e córregos também são de interesse, especialmente aqueles que recebem insumos de matéria orgânica das áreas urbanas, agrícolas ou de poluição industrial. Mesmo em um rio bem agitado, com rápido fluxo de água e turbulência, grandes insumos orgânicos podem levar a um déficit de oxigênio acentuado pela respiração bacteriana (**Figura 19.17*a***). Logo que a água se afasta do ponto de entrada do insumo, por exemplo, uma entrada de esgoto, a matéria orgânica é consumida gradualmente, e o conteúdo de oxigênio retorna aos níveis anteriores. Como nos lagos, as entradas de nutrientes dos rios e córregos de esgotos ou outros poluentes podem levar a maciças florações de cianobactérias e algas (Figura 19.1) e plantas aquáticas (Figura 19.17b), diminuindo, desse modo, a qualidade global da água e das condições de crescimento para os animais aquáticos.

## Demanda bioquímica de oxigênio

A capacidade de consumo microbiano de oxigênio em um corpo de água é denominada **demanda bioquímica de oxigênio (DBO)**. A DBO da água é determinada retirando-se uma amostra, a qual é submetida à aeração a fim de saturar a água com $O_2$ dissolvido e, em seguida, vertida em um frasco selado, o qual é incubado por um período de tempo padrão (geralmente 5 dias, a 20°C), determinando-se, ao final do período de incubação, a quantidade de oxigênio residual presente na água. A determinação da DBO permite avaliar a quantidade de matéria orgânica existente na água passível de ser oxidada pelos microrganismos ali presentes. À medida que um lago ou um rio recupera-se da introdução de matéria orgânica ou da excessiva produção primária, a DBO, inicialmente elevada, sofre um decréscimo, sendo acompanhada por um aumento correspondente de oxigênio dissolvido no ecossistema (Figura 19.17*a*). Outra medida relacionada com o material orgânico no corpo de água é a *demanda química de oxigênio (DQO)*. Esta determinação utiliza agentes oxidantes fortes, como o dicromato de potássio, para oxidar a matéria orgânica a $CO_2$, a quantidade de matéria orgânica presente é proporcional a quantidade de dicromato consumido. A DQO é muitas vezes utilizada como uma medida rápida da qualidade da água e da sua DBO potencial.

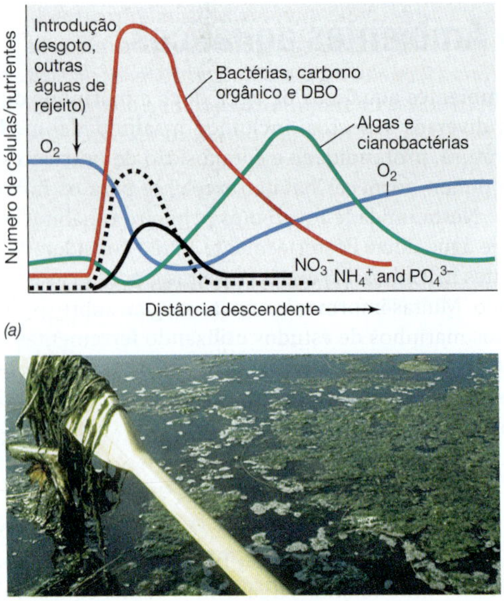


**Figura 19.17 Efeito da introdução de águas de rejeito ricas em matéria orgânica em sistemas aquáticos.** *(a)* Em um rio, há aumento no número de bactérias e diminuição nos níveis de $O_2$ imediatamente após a introdução de matéria orgânica. O aumento nos números de algas e cianobactérias ocorre em resposta aos nutrientes inorgânicos, especialmente $PO_4^{3-}$. *(b)* Fotografia de um lago eutrófico (rico em nutrientes), o Lago Mendota, Madison, Wisconsin (Estados Unidos), apresentando algas, cianobactérias e plantas aquáticas, que florescem em resposta à poluição por nutrientes, oriundos de descargas agrícolas (ver também Figura 19.1).

Dessa forma, pode-se observar que, em hábitats de água doce, os ciclos de oxigênio e carbono estão associados, sendo as concentrações de carbono orgânico e oxigênio inversamente relacionadas. Embora a fotossíntese oxigênica produza $O_2$, a produção correspondente de matéria orgânica promove deficiências de $O_2$. Ambientes aquáticos anóxicos, normalmente ricos em matéria orgânica, são o resultado final dos processos respiratórios que removem o oxigênio dissolvido do ecossistema, deixando a matéria orgânica restante para ser mineralizada por organismos que empregam metabolismos energéticos anaeróbios, discutidos no Capítulo 13. Também é importante reconhecer a importância das tempestades, inundações e secas na determinação da introdução, transporte e ciclismo de matéria orgânica e nutrientes inorgânicos em sistemas de água doce, incluindo córregos, rios, lagos e reservatórios.

## A filogenética atual da diversidade de procariotos de água doce

A importância dos procariotos em lagos, córregos e rios para a produção, regeneração e mobilização de nutrientes é bem conhecida. Contudo, somente mais recentemente, com o uso dos métodos moleculares, foram identificadas as populações microbianas participantes, suas interações e padrões sazonais. Como vimos para estudos de diversidade do solo (Seção 19.6), o sequenciamento do gene 16S do RNA ribossomal é utilizado como um método independente de cultura para identificar e quantificar filotipos microbianos (Seção 18.5). Uma vez que a maioria dos estudos moleculares dos sistemas de água doce se concentra nos lagos, a estrutura da imagem de uma comunidade de um lago é analisada aqui.

A **Figura 19.18** mostra os principais grupos de procariotos que habitam amostras de superfície em lagos (o epilímnio). Cinco grupos principais de bactérias, ou filos, são rotineiramente observados seguindo a ordem aproximada decrescente de representação: Proteobacteria, Actinobacteria, Bacteroidetes, Cyanobacteria e Verrucomicrobia. As *Archaea* afiliadas com Euryarchaeota, Crenarchaeota e Thaumarchaeota também estavam presentes. Esta composição a nível filo compartilha características em comum com o oceano, onde Proteobacteria e Bacteroidetes também compõem grande parte da diversidade (ver Figura 19.27). Contudo, diferente da grande diversidade de Betaproteobacteria nos lagos, nos oceanos as Gammaproteobacteria e Alphaproteobacteria são os subgrupos mais diversos de Proteobacteria (ver Figura 19.27).

A interpretação da diversidade funcional da estrutura da comunidade de procariotos nos lagos é limitado, pela reduzida viabilidade de representantes cultiváveis. Thaumarchaeota de água doce associam-se com espécies conhecidas por oxidar amônia, mas o metabolismo dos Euryarchaeota na água doce ainda não é conhecido. As Actinobacteria são bactérias quimiorganotróficas que nos lagos são responsáveis por degradar os ácidos nucleicos e proteínas. Além disso, análises metagenômicas (⇄ Seção 18.7) têm mostrado que pelo menos algumas Actinobacteria contêm genes relacionados com os que codificam a bacteriorrodopsina, uma proteína integrada de membrana que converte energia luminosa em ATP (Seção 19.11 e ⇄ Seção 16.1) em *Archaea* extremamente halofítica (a Actinobacteria análoga é chamada de *actinorrodopsina*). Daí que alguns Actinobacteria podem ser capazes de utilizar a luz como fonte de energia.

Os Bacterioidetes são bem representados em ecossistemas lacustres. Estes organismos são conhecidos por sua significante diversidade metabólica e são provavelmente importantes na degradação de diversos biopolímeros e materiais húmicos nos lagos. Os abundantes Betaproteobacteria tendem a ser espécies de crescimento rápido e que respondem rapidamente a impulsos de nutrientes orgânicos, ao passo que as Alphaproteobacteria são os mais competitivas sob condições de baixa disponibilidade de nutrientes orgânicos. Isso provavelmente explica a sua maior abundância em oceanos abertos oligotróficos (ver Figura 19.27).

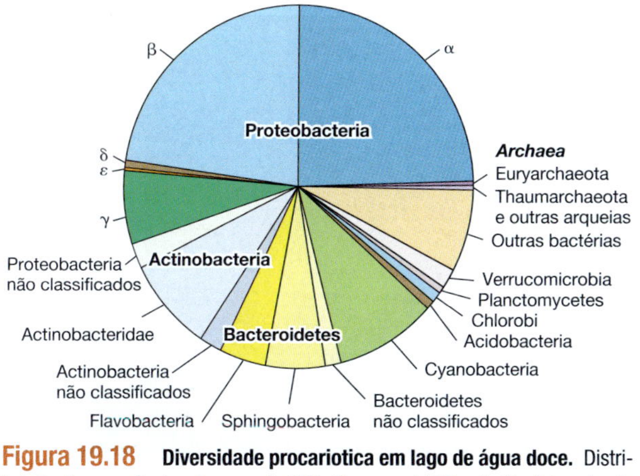


**Figura 19.18** **Diversidade procariotica em lago de água doce.** Distribuição das sequências do gene do RNA ribossomal 16S pelo filo determinado a partir das análises de um banco de dados coletivo dos genes 16S detectados no epilímnio de diversos lagos de água doce. Dados montados e analisados por Nicolas Pinel.

Tomado com um todo, a grande diversidade procariótica (Figura 19.18) reflete a característica dinâmica destes hábitats. Os lagos normalmente recebem insumos sazonalmente variáveis de nutrientes endógenos e exógenos, um padrão que sustenta uma comunidade procariota complexa filogenética e metabolicamente.

**MINIQUESTIONÁRIO**

- O que é um produtor primário? Em um lago de água doce, seria mais provável um produtor primário residir no epilímnio ou no hipolímnio e por quê?
- A adição de matéria orgânica em uma amostra de água aumenta ou diminui a DBO?
- Quais os fatores que podem explicar a diversidade de procariotos em lagos de água doce?

## 19.9 O ambiente marinho: fototróficos e a relação com o oxigênio

Quando comparadas a muitos ambientes de água doce, com exceção do oxigênio, as concentrações de nutrientes em oceano aberto (denominado *zona pelágica*) são frequentemente muito baixas. Esse fato é especialmente verdadeiro em relação aos nutrientes inorgânicos essenciais para organismos fototróficos, como nitrogênio, fósforo e ferro. Além disso, as temperaturas das águas oceânicas são mais frias e sazonalmente mais constantes do que aquelas da maioria dos lagos de água doce. A atividade dos fototróficos marinhos é limitada por esses fatores e, consequentemente, o número total de células microbianas é geralmente 10 vezes menor nos oceanos do que em ambientes de água doce ($\sim 10^6$/mL *contra* $10^7$/mL, respectivamente). Estes números são médias de estudos de diversidade marinha procariota que estão apenas começando a revelar padrões temporais recorrentes da diversidade e da abundância.

O Bermuda Atlantic Time-Series Study (BATS) tem uma história de monitoramento biogeoquímico contínuo nas águas oceânicas desde os meados de 1950, e agora incorporou as análises moleculares da estrutura da população microbiana. O BATS tem revelado três comunidades microbianas sazonais nos oceanos abertos: (1) a comunidade correspondente ao florescimento de primavera na superfície da água (caracterizadas com pequenas algas eucarióticas, actinobactérias marinhas e dois grupos de Alphaproteobacteria); (2) a comunidade de verão, na coluna de água superior associada à água da coluna de estratificação (caracterizada por *Pelagibacter*, *Puniceispirillum* e dois grupos de Gammaproteobacteria); e (3) a comunidade mais profunda e mais estável (caracterizada por Nitrosopumilus, representantes do grupo SAR11 com os afiliados do gênero *Pelagibacter*, um grupo de Deltaproteobacteria e espécies de dois grupos adicionais relacionados com os Chloroflexi e Fibrobacter). Assim, existe uma complexa e pouca interação compreendida das mudanças sazonais e físico-química das condições bióticas que controlam a estrutura desta comunidade microbiana oceânica em ciclos anuais recorrentes.

Muitos procariotos e eucariotos diferentes habitam as águas oceânicas, mas a maioria são células pequenas, uma característica típica dos organismos que vivem em ambientes pobres em nutrientes. O tamanho pequeno é uma característi-

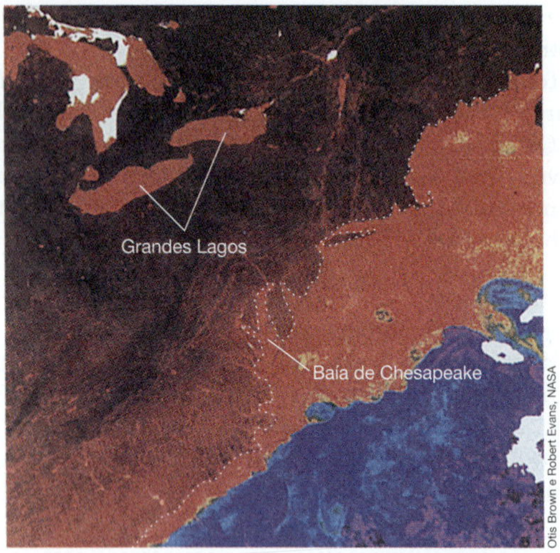


**Figura 19.19 Distribuição da clorofila na Região Oeste do Atlântico Norte, conforme registrado por satélite.** A Costa Leste dos Estados Unidos, das Carolinas ao norte do Maine, é assinalada pela linha pontilhada. As áreas ricas em fitoplâncton são apresentadas em vermelho (> 1 mg de clorofila/m$^3$); as áreas azuis e roxas apresentam concentrações menores de clorofila (< 0,01 mg/m$^3$). Observe agora a alta produtividade primária das regiões costeiras e dos Grandes Lagos.

ca adaptativa para os microrganismos que vivem em ambientes com nutrientes limitados, assim ele requer menos energia para manutenção celular. Em compensação, existe um grande número de enzimas transportadoras em relação ao volume da célula, elas são necessárias para que os organismos possam adquirir nutrientes de ambientes aquáticos com nutrientes muito diluídos (oligotróficos) que em ambientes ricos em nutrientes (eutróficos). Por exemplo, as arqueias oxidantes de amônia (*Nitrosopumilus*, Seção 16.6) são quimiolitotróficos dominantes em águas pelágicas e possuem sistemas de transporte com alta afinidade para adquirir amônia, que necessitam como doador de elétrons no metabolismo energético.

Nas águas pelágicas, há um baixo retorno de nutrientes das águas profundas do que ocorre em lagos de água doce, e, portanto, menor média de produtividade primária. No entanto, pelo fato de os oceanos serem tão amplos, o sequestro de dióxido de carbono e a produção de oxigênio decorrente da fotossíntese oxigênica que ocorrem coletivamente nos oceanos são os principais fatores no balanço do carbono na Terra. A salinidade é relativamente constante na zona pelágica, sendo mais variável nas áreas costeiras. Os insumos terrestres, a retenção de nutrientes e o ressurgimento de águas de ricas em nutrientes são combinações que levam a um maior número das populações de microrganismos fototróficos em águas costeiras do que em águas pelágicas (**Figura 19.19**); as águas costeiras mais produtivas, por sua vez, suportam altas densidades de bactérias quimiorganotróficas e animais aquáticos como peixes, crustáceos e moluscos.

Em águas marinhas rasas, como baías e enseadas marinhas, a entrada de nutrientes pode realmente levar as águas a tornarem-se intermitentemente anóxicas, a partir da remoção do $O_2$ pela respiração e produção de $H_2S$ pelas bactérias redutoras de sulfato. Uma região extensa, no Golfo do México, (6.000-7.000 Km$^2$) de depleção de oxigênio é associada a altas cargas de nitrogênio e fósforo transportadas pelo Rio Mississipi a partir do escoamento agrícola do Vale do Mississipi. Esta região é chamada de *Zona Morta do Golfo do México,* e contribui para a perda e comprometimento de peixes e da vida bentônica marinha que sustentam grandes indústrias de frutos do mar nesta região. O Golfo do México experimenta outros problemas ecológicos, que examinaremos agora.

## A catástrofe da plataforma Deepwater Horizon

Além da degradação ecológica crônica do Golfo do México pelo escoamento agrícola, o aumento da perfuração de petróleo no mar também representa um risco ambiental significativo. A maior catástrofe no Golfo do México foi em abril de 2010 pela explosão e afundamento da plataforma de perfuração marítima de Deepwater Horizon; a falha no controle de pressão resultou na ruptura da boca do poço a uma profundidade de 1,5 km e a libertação de mais de 4 milhões de barris de petróleo antes da ruptura ser contida, três meses mais tarde (**Figura 19.20**). Isso foi o maior derramamento de óleo marinho e o único em que a maior parte do óleo foi lançada como uma nuvem em grandes profundidades na coluna de água.

**Figura 19.20 O derramamento de petróleo de Deepwater Horizon no Golfo do México.** *(a)* Incêndio resultante da ruptura da boca do poço. *(b)* Imagem de satélite da Terra pela Nasa feita no dia 24 de maio de 2010, do Golfo do México próximo a New Orleans, Louisiana. A grande nuvem de óleo foi liberada a aproximadamente 1.500 m de profundidade, alguns dos quais atingiram a superfície onde a luz solar reflete fora da mancha de óleo (setas).

Em geral, os derramamentos de óleo marinhos contaminam principalmente as águas de superfície, resultando em uma rápida volatilização e perda para a atmosfera de componentes do óleo de baixo peso molecular (como o naftaleno, etilbenzeno, tolueno e xileno). Em contrapartida, o derramamento da Deepwater Horizon liberou ambos os componentes de baixo peso molecular *e* gás natural (metano, etano e propano) profundamente na coluna de água. Estes componentes constituem aproximadamente 35% da nuvem de hidrocarbono que se estendeu a muitas milhas para o Golfo a partir da superfície a profundidades superiores a 800 m (Figura 19.20 *b*).

A resposta microbiana à contaminação por hidrocarbonos foi rastreada ao longo de vários meses usando a cultura como também baseada em métodos moleculares, incluindo gene do RNA ribossomal 16S, o sequenciamento metagenômico e análise de microarranjo com sondas de filos (Seções 18.5 a 18.7). Estes métodos mostraram que a resposta inicial ao derramamento (maio a junho de 2010) foi um grande crescimento de espécies de Gammaproteobacteria degradadoras de hidrocarbono, espécies relacionadas com gêneros no grupo Oceanospirillales, e dos gêneros *Colwellia e Cycloclasticus.* O crescimento nos números de espécies de *Colwellia* e *Oceanospirillales* foi atribuído a utilização de gases de hidrocarbonetos por estas bactérias, uma vez que ambas cresceram rapidamente quando o etano ou o propano foi adicionado a culturas de enriquecimento (Seção 18.1). As espécies de *Colwellia* também contribuem para a degradação de uma variedade de outros hidrocarbonetos, como indicado pelo seu crescimento em petróleo cru nas culturas de enriquecimento, sem a presença de gás natural e com sondagem com isótopos estáveis nos experimentos (Seção 18.11) mostrando a incorporação do benzeno $^{13}C$. Embora permaneça uma grande incerteza sobre o destino de todos os hidrocarbonetos liberados durante o derramamento em Deepwater Horizon, parece que a estimulação inicial do florescimento de bactérias degradadoras de hidrocarbonetos mais facilmente degradáveis, como os componentes solúveis de baixo peso molecular, ajudou a reduzir o impacto ambiental deste imenso derramamento de petróleo.

### Zonas de mínimo oxigênio

Outras características da coluna de água marinha são as **zonas de mínimo oxigênio** (**ZMOs**), que são regiões de águas pobres em oxigênio, intermediárias entre as profundezas geralmente nas águas entre 100 e 1.000 m, que se estendem por grandes extensões no mar aberto e na região costeira. Estas regiões pobres em oxigênio surgem quando a demanda respiratória excede a disponibilidade de oxigênio, e estão associadas a regiões ricas em nutrientes e de alta produtividade. Dessa forma, eles são semelhantes ao esgotamento de oxigênio causado pelo escoamento agrícola em zonas costeiras, como contribuintes para a Zona Morta no Golfo do México. Contudo, as ZMOs antecedem a atividade humana e se originam naturalmente em regiões de elevada produção na superfície e pouca mistura com a água rica em oxigênio.

Os valores de saturação de oxigênio da maioria das ZMOs no leste do Pacífico, ao longo da Costa do Peru, são menores que 10% da superfície. Os níveis de oxigênio em determinados intervalos de profundidade nas ZMOs da Baía de Bengal, no Mar Árabe, são próximos a zero. Por causa disso, as ZMOs têm sido reconhecidas como importantes sumidouros para a perda de nitrogênio fixo através de desnitrificação (Seção 13.17) e processos anammox (Seção 13.10). Além de contribuir com uma fração significante de perda de 50% do nitrogênio fixado dos oceanos, estas regiões também são fontes de óxido nitroso ($N_2O$), um potente gás de efeito estufa, dos quais cerca de um terço é emitido a partir dos oceanos.

Estudos em andamento das ZMOs têm mostrado que estas regiões, com perda de oxigênio, têm se expandido, e que esta recente expansão é quase que certamente associada ao aquecimento global. Como os oceanos absorvem mais calor, o aquecimento das águas de superfície aumenta a estratificação das águas próximas da superfície e reduz a transferência de oxigênio, através de mistura, para as regiões mais profundas. A expansão das ZMOs pode favorecer os processos microbiológicos anaeróbios em detrimento dos processos aeróbios que sustentam cadeias alimentares oceânicas essenciais. Estas alterações podem afetar ainda mais a química da atmosfera, através do aumento da liberação de $N_2O$, com um impacto negativo nas cadeias alimentares marinhas, devido à redução dos níveis de nitrogênio fixo. Em última análise, essas mudanças devem impactar a pesca comercial.

**MINIQUESTIONÁRIO**

- O que o derramamento da Deepwater Horizon nos mostra sobre como a mistura de hidrocarbonetos é degradada na natureza?
- A adição de matéria orgânica em uma amostra de água aumenta ou diminui a DBO?
- O que é uma zona de mínimo oxigênio e por que a expansão dessas zonas é um problema para a ecologia marinha e global?

## 19.10 Principais fototróficos marinhos

Os oceanos possuem um grande número de microrganismos fototróficos, incluindo tanto os fototróficos oxigênicos procariotos e eucariotos bem como um significante número de grupos especiais de fototróficos (anóxigênicos) roxos. Consideramos estes organismos aqui como um prelúdio para explorar o mundo marinho de procariotos em geral na próxima seção.

### Produtividade primária: *Prochlorococcus*

Grande parte da produtividade primária em oceanos abertos, mesmo em grandes profundidades, deve-se à fotossíntese de proclorófitas, minúsculos procariotos fototróficos que são filogeneticamente relacionados com as cianobactérias (Seção 14.3); **proclorófitas** possuem clorofila *a* e *b*, mas não possuem ficobilinas. O organismo *Prochlorococcus* é um produtor primário particularmente importante no ambiente marinho (**Figura 19.21**). Uma vez que *Prochlorococcus* é desprovido de ficobilinas, os pigmentos acessórios das cianobactérias (Seção 13.2), suspensões de células de *Prochlorococcus* têm coloração verde-oliva (como as algas verdes), em vez da coloração mais verde-azulada das cianobactérias (comparar Figuras 19.1*c* e 19.21).

Os *Prochlorococcus* são responsáveis por cerca da metade da biomassa fotossintética e da produção primária nas regiões tropicais e subtropicais dos oceanos de todo o mundo, atingindo densidades celulares de $10^5$/mL. Pelo menos quatro linhagens de *Prochlorococcus* têm sido identificadas, e cada uma desenvolvendo-se em sua própria faixa de profundidade

**Figura 19.21** ***Prochlorococcus*, o fototrófico oxigênico mais abundante nos oceanos.** Uma garrafa de *Prochlorococcus* exibindo colocação verde-oliva das células contendo clorofila *a* e *b*. Inserção: células de *Prochlorococcus* marcadas com FISH em uma amostra de água marinha (Seção 18.4 e Figura 18.19).

nas águas oceânicas pelágicas. As diferentes linhagens de *Prochlorococcus* são consideradas como ecotipos distintos, com variação genética de espécies, que diferem fisiologicamente e dessa forma ocupam nichos ligeiramente diferentes. Os diferentes ecotipos de *Prochlorococcus* realizam a fotossíntese em diferentes intensidades de luz e usam diferentes fontes de nitrogênio inorgânico e orgânico e fósforo. Os *Prochlorococcus* encontram-se distribuídos tanto em águas de superfície quanto em águas mais profundas, a até 200 m, e quando estão presentes nas zonas de mínimo oxigênio (Seção 19.9), estendem-se para dentro das regiões superiores dessa zona. Isso está próximo da região inferior da zona fótica em que as intensidades luminosas são muito baixas (ver Figura 19.24). A sequência genômica de uma dúzia ou mais de ecotipos de *Prochlorococcus* tem sido determinada e comparações revelaram que, embora cada ecotipo contenha cerca de 2.000 genes, apenas cerca de 1.100 genes são compartilhados por todos os ecotipos. Cada ecotipo contém aproximadamente 200 genes únicos, que provavelmente têm significado adaptativo para o crescimento em seu nicho realizado. Isso foi ilustrado no Capítulo 18, em que comparamos o genoma de um único ecotipo de *Prochlorococcus* cultivado com sequências metagenômicas obtidas a partir de águas pelágicas (Seção 18.7 e Figura 18.19).

## Outros fototróficos pelágicos

Em oceanos tropicais e subtropicais, a cianobactéria filamentosa planctônica marinha, *Trichodesmium* (**Figura 19.22*a***) é um fototrófico abundante e amplamente distribuído. As células de *Trichodesmium* formam tufos de filamentos (colônias). Cada tufo contém muitas centenas de filamentos individuais, cada filamento é composto de 20 a 200 células. No Mar do Caribe, colônias de *Trichodesmium* podem se aproximar a $100/m^3$. *Trichodesmium* é uma cianobactéria fixadora de nitrogênio, e acredita-se que a produção de nitrogênio fixado por esse organismo seja um dos principais elos no ciclo do nitrogênio marinho. *Trichodesmium* contém ficobilinas, ausentes em proclorófitas, diferindo, assim, desses organismos em suas propriedades de absorção (Seção 13.2).

Diminutos eucariotos fototróficos são também encontrados em águas oceânicas costeiras e pelágicas, estando alguns deles entre as menores células eucarióticas conhecidas. Três gêneros comuns – *Bathycoccus*, *Micromonas* e *Ostreococcus* – possuem somente uma mitocôndria e uma cloroplasto por célula. Estes gêneros são agora atribuídos a *Prasinophyceae*, uma família de algas verdes que divergiu antes das outras linhagens de algas verdes (Seção 17.16). As células de *Ostreococcus* são cocos com diâmetro aproximado de apenas 0,7 μm (Figura 19.22*b*), ela é ainda menor que uma célula de *Escherichia coli*.

Embora as células de *Ostreococcus* e *Prochlorococcus* tenham aproximadamente as mesmas dimensões e sejam fototróficas oxigênicas, o genoma de *Ostreococcus* contém 12,6 Mpb (distribuídos em 20 cromossomos), o que corresponde a mais de sete vezes o tamanho do genoma de *Prochlorococcus*. Apesar dessa grande relação com as cianobactérias, o genoma dos *Ostreococcus* possui os genes muito densos, com cerca de 8.000 genes, e provavelmente próximo ao tamanho mínimo do genoma de um eucarioto fotossintético de vida livre. Como referência, o genoma de uma planta comum, o arroz japonês (*Oryza sativa* subsp. *japônica*) é de 420 Mpb e contém aproximadamente 50.000 genes.

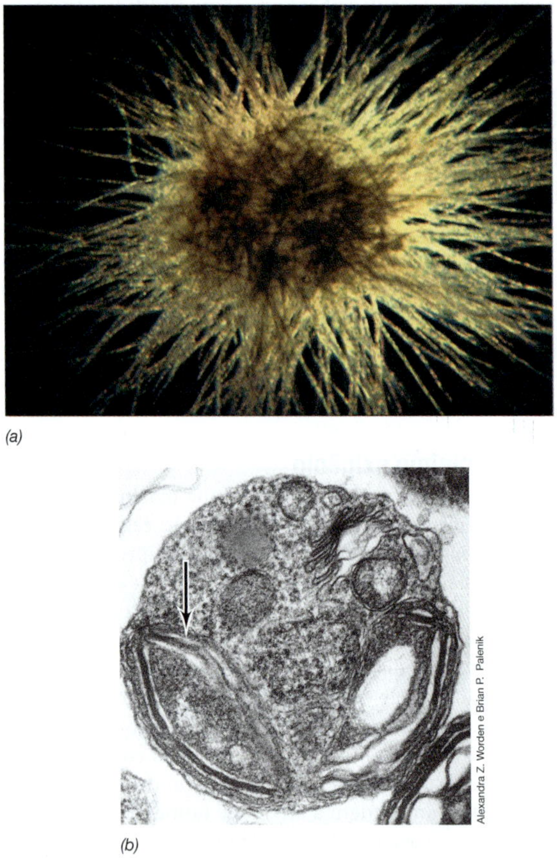


**Figura 19.22** ***Trichodesmium* e *Ostreococcus*.** *(a)* Fotomicrografia de um tufo de células da cianobactéria fixadora de nitrogênio *Trichodesmium*. Os filamentos em tufo são cadeias de células, cada uma com aproximadamente 6 μm de diâmetro. *(b)* Micrografia eletrônica de transmissão de células de *Ostreococcus*, uma alga verde pequena (eucariota) encontrada principalmente em águas marinhas costeiras. A seta aponta para o cloroplasto. Uma célula de *Ostreococcus* mede aproximadamente 0,7 μm de diâmetro.

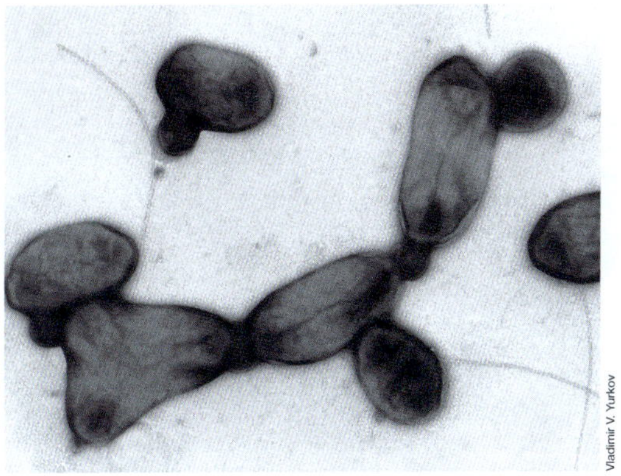

**Figura 19.23  Bactérias fototróficas anoxigênicas aeróbias.** Micrografia eletrônica de transmissão de células de *Citromicrobium* coradas negativamente. As células deste fototrófico anoxigênico aeróbio produzem bacterioclorofila *a* somente sob condições óxicas e se dividem por brotamento e fissão binária, originando células incomuns e com formas irregulares.

Em muitas águas marinhas, outras células eucarióticas estão presentes em cerca de $10^4$/mL. Embora muitos destes sejam *Ostreococcus* ou organismos relacionados, alguns são quimiorganotróficos e fototróficos não relacionados com *Ostreococcus* que incorporam pequenas quantidades de matéria orgânica para suplementar seu estilo de vida primeiramente fototrófico.

### Fototróficos anoxigênicos aeróbios

Além dos fototróficos *oxigênicos*, fototróficos *anoxigênicos* também estão presentes nas águas costeiras e águas marinhas. Como os fototróficos anoxigênicos púrpura (Seção 15.2), esses organismos contêm bacterioclorofila *a* (⊄ Seções 13.1, 13.3, 14.4 e 14.5). Todavia, contrariamente às bactérias púrpuras clássicas, que realizam a fotossíntese somente em condições anóxicas, estes fototróficos anoxigênicos aeróbios catalisam reações fotossintéticas luminosas apenas em condições *óxicas*.

Os fototróficos anoxigênicos aeróbios incluem bactérias como *Erythrobacter*, *Roseobacter* e *Citromicrobium* (**Figura 19.23**), todos gêneros de Alphaproteobacteria. Os fototróficos anoxigênicos aeróbios sintetizam ATP por fotofosforilação, na presença de oxigênio (que está o tempo todo em águas óxicas pelágicas), porém são incapazes de crescer autotroficamente e, portanto, dependem do carbono orgânico como fonte de carbono (uma condição nutricional chamada de *foto-heterotrófica*). Estes organismos usam o ATP produzido por fotofosforilação para complementar seu metabolismo, de outra forma, quimiotrófico.

Análises revelaram a existência de uma grande diversidade de fototróficos anoxigênicos aeróbios em águas oceânicas, especialmente em águas costeiras. Lagos de água doce altamente óxicos e oligotróficos também correspondem a hábitats dessas interessantes bactérias fototróficas. A fisiologia dos aeróbios anoxigênicos fototróficos é, assim, ideal para os seus hábitats iluminados e ricos em oxigênio.

> **MINIQUESTIONÁRIO**
> - Como os *Ostreococcus* diferem dos *Prochlorococcus*? O que eles têm em comum?
> - Como os organismos *Prochlorococcus* contribuem tanto para o ciclo do carbono quanto para o ciclo do oxigênio nos oceanos?
> - Como os *Roseobacter* diferem dos *Prochlorococcus*?

## 19.11 Bactéria pelágica, arqueias e vírus

Apesar dos níveis de nutrientes serem infinitamente baixos, um número significativo de procariontes planctônicos vive nas águas pelágicas. Estes incluem espécies tanto de bactérias quanto de arqueias, e um organismo em particular obteve atenção significativa, a bactéria nomeada *Pelagibacter*.

### Distribuição e atividade de arqueias e bactérias em águas pelágicas

O número de procariotos presentes em mar aberto diminui de acordo com a profundidade. Em águas superficiais, o número de células corresponde a cerca de $10^6$ células/mL. Em profundidades superiores a 1.000 m, no entanto, o número total diminui para $10^3$ a $10^5$/mL. A distribuição de bactérias e arqueias em relação à profundidade foi determinada nas águas pelágicas pela técnica de hibridização fluorescente *in situ* (FISH, *fluorescence in situ hybridization*) (⊄ Seção 18.4).

No geral, espécies de bactérias predominam nas águas mais superficiais acima de 1.000 m, embora as células de bactérias e arqueias sejam encontradas em quase a mesma abundância nas águas profundas (**Figura 19.24**). As arqueias presentes em águas mais profundas são quase que exclusivamente espécies de Crenarchaeota (⊄ Seção 16.6), e muitos ou quase a maioria talvez sejam quimiolitotróficos oxidantes de amônia (⊄ Seções 13.10 e 16.6); estes organismos desempenham um papel importante na ligação dos ciclos de carbono e nitrogênio marinhos (Capítulo 20). A partir da extrapolação dos dados na Figura 19.24, estimou-se que $1,3 \times 10^{28}$ e $3,1 \times 10^{28}$ células de arqueias e bactérias, respectivamente, são encontradas nos oceanos ao redor do mundo. Esses resultados indicam que os

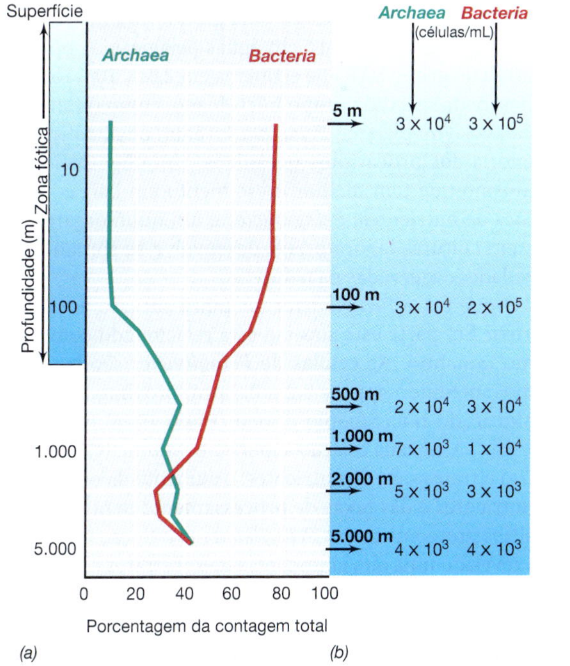

**Figura 19.24** Porcentagem de procariotos totais pertencentes aos domínios *Archaea* e *Bacteria* nas águas do Oceano Pacífico Norte. *(a)* Distribuição de arqueias e bactérias de acordo com a profundidade. *(b)* Números absolutos em milímetros de arqueias e bactérias em relação a profundidade no mar aberto.

| Profundidade | Archaea (células/mL) | Bacteria (células/mL) |
|---|---|---|
| 5 m | $3 \times 10^4$ | $3 \times 10^5$ |
| 100 m | $3 \times 10^4$ | $2 \times 10^5$ |
| 500 m | $2 \times 10^4$ | $3 \times 10^4$ |
| 1.000 m | $7 \times 10^3$ | $1 \times 10^4$ |
| 2.000 m | $5 \times 10^3$ | $3 \times 10^3$ |
| 5.000 m | $4 \times 10^3$ | $4 \times 10^3$ |

oceanos contêm a maior quantidade de biomassa microbiana na superfície da Terra.

Bactérias e arqueias pelágicas são ecologicamente importantes porque consomem o carbono orgânico dissolvido nos oceanos, uma das maiores fontes de carbono orgânico utilizável na Terra. Estes procariotas planctônicos pequenos e de vida livre consomem metade do total de carbono orgânico produzido pela fotossíntese, e são responsáveis por aproximadamente metade da respiração marinha e regeneração de nutrientes. Os procariotos planctônicos marinhos fazem o retorno do material orgânico para a cadeia alimentar marinha, caso contrário, este material seria perdido devido a incapacidade de os organismos marinhos superiores adquirirem estes nutrientes orgânicos diluídos. Isto é chamado de "produção secundária" e é equilibrado pela perda de células das bactérias pelo ataque de protistas e vírus (ver Figura 19.26), levando a um estado quase estacionário no qual a abundância de bactérias no oceano aberto permanece mais ou menos constante ao longo do tempo. Mas importante é que a produção secundária recicla os nutrientes e permite que parte do carbono orgânico dissolvido na água do mar chegue aos organismos superiores, incluindo peixes, porque os protistas são transmitidos na cadeia alimentar na alimentação dos organismos superiores.

## *Pelagibacter*

Bactérias planctônicas quimiorganotróficas muito pequenas habitam águas marinhas pelágicas em números entre $10^5$ e $10^6$ células/mL. O mais abundante deles são membros SAR11 dentro do grupo das Alphaproteobacteria, que incluem o gênero *Pelagibacter.* Estudos metagenômicos ambientais (⇄ Seções 6.10 e 18.7) e contagem de células feitas com FISH (⇄ Seção 18.4) têm revelado uma grande abundância de organismos do grupo SAR11 em águas pelágicas. A população oceânica do grupo SAR11 é estimada em $2{,}4 \times 10^{28}$, tornando-o mais bem-sucedido grupo microbiano, como refletido pela abundância, no planeta. *Pelagibacter* é um oligotrófico, como a maioria dos procariotos oceânicos. Um oligotrófico é um organismo que tem melhor crescimento em baixas concentrações de nutrientes. *Pelagibacter* é um quimiorganotrófico que, em culturas laboratoriais, desenvolve-se somente até as densidades observadas na natureza.

O que faz o *Pelagibacter* ter tanto sucesso em oceanos abertos? Em parte este sucesso está relacionado com seu pequeno tamanho. As células de *Pelagibacter* são bacilos pequenos, medindo apenas 0,2 a 0,5 μm, próximo ao limite de resolução do microscópio óptico (**Figura 19.25**) e volume de 0,01 $\mu m^3$. A elevada relação superfície-volume (⇄ Seção 2.6) facilita o transporte de nutrientes, o aumento da concentração de nutrientes e das taxas de processamento dentro da célula. Análises proteômicas em *Pelagibacter* (⇄ Seção 6.8) também têm revelado uma alta abundância de substratos periplasmáticos obrigatórios para as proteínas, como os nutrientes solúveis fosfatos, aminoácidos e açúcares.

Outra característica de *Pelagibacter* é o genoma muito pequeno, apenas 1,3 Mpb. Ele é o menor genoma conhecido para uma bactéria de vida livre (Capítulo 6). Consistente com a análise proteômica, o genoma codifica um grande número de sistemas de transporte tipo ABC – transportadores que possuem uma afinidade extremamente elevada por seus substratos (⇄ Seção 2.9) – e outras enzimas úteis para organismos oligotróficos. O genoma altamente reduzido é também extremamente "simplificado", possuindo menor espaço intergênico (uma média de apenas três pares de base) que qualquer genoma sequenciado. Ter um genoma altamente compacto e eficiente reduz os gastos com a replicação.

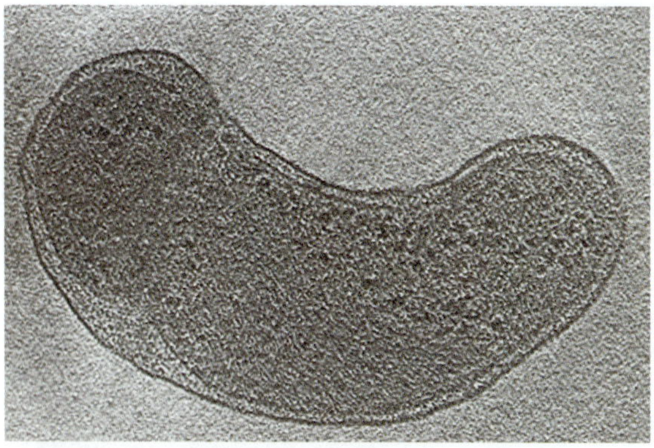


**Figura 19.25** ***Pelagibacter*, o procarioto mais abundante no oceano.** Micrografia eletrônica obtida por tomografia eletrônica, uma técnica que produz um efeito tridimensional em uma imagem. Uma célula individual de *Peligibacter* tem diâmetro aproximado de 0,2 μm.

Além do tamanho pequeno e genoma compacto, *Pelagibacter* possui genes que codificam uma forma do pigmento visual rodopsina que pode converter a energia luminosa em ATP. Na Seção 16.1, discutimos o caso bem estudado da *bacteriorrodopsina*, um complexo de proteínas ativadas pela luz presente no halofílico extremo, *Halobacterium* (*Archaea*); a bacteriorrodopsina atua na síntese de ATP, como uma simples bomba de prótons dirigida pela luz (⇄ Figura 16.4). O tipo de rodopsina encontrada em *Pelagibacter* e, provavelmente, em vários outros procariotos pelágicos, é muito similar à bacteriorodopsina, sendo denominada **proteorrodopsina** ("proteo" em referência a Proteobacteria). Embora a proteorrodopsina tenha sido descoberta em Proteobacteria, na verdade, ela é amplamente distribuída em *Bacteria*, incluindo muitas Gamma e Alphaproteobacteria, Bacteroidetes e Actinobacteria e tem sido encontrada em espécies não halóficas, espécies de *Archaea*, como as espécies marinhas Euryarchaeota. As diferentes variedades de proteorrodopsina em microrganismos marinhos possuem propriedades de absorção diferentes, que refletem as propriedades de mudanças espectrais da luz em profundidades na coluna de água, com variações próximas à superfície absorvendo a luz verde e os em maior profundidade absorvem em luz azul.

Estudos com diversas culturas de bactérias que possuem proteorrodopsina têm mostrado conclusivamente que estes organismos sobrevivem melhor à falta de nutrientes na presença de luz do que no escuro. Ou seja, em ambientes com falta de nutrientes as células usam a produção de ATP mediada pela luz para compensar a energia indisponível para a respiração do carbono devido aos níveis baixos de carbono orgânico presente. Notavelmente, tem sido estimado que 80% das bactérias marinhas de algumas águas possuem proteorrodopsina. A proteorrodopsina é, portanto, uma estratégia disseminada para complementar o metabolismo energético de procariontes marinhos, permitindo que ele não dependa do escasso carbono orgânico como fonte de carbono ou energia.

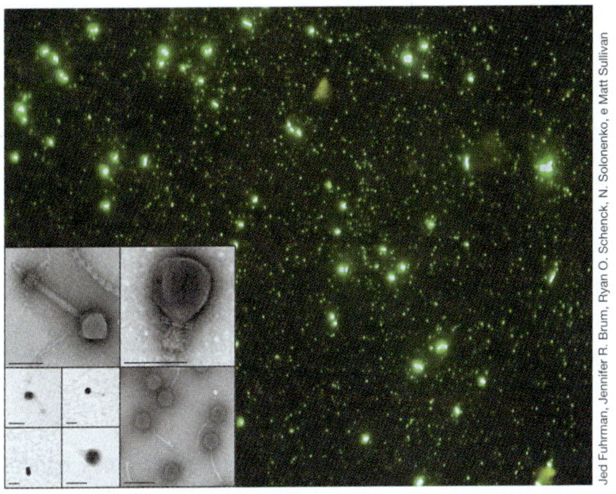


**Figura 19.26** **Vírus em água marinha.** Uma amostra de água coletada em filtro de 0,02 μm é marcada com SYBR Green e observada em microscópio de fluorescência. Os pequenos pontos verdes são vírus, enquanto os pontos maiores e mais brilhantes são procariotos com aproximadamente 0,5 μm de diâmetro. Os vírus são, em geral, 10 vezes mais abundantes que os procariotos nas águas marinhas. Inserção de uma micrografia eletrônica de transmissão mostrando vários vírus bacterianos marinhos (barra de escala, 100 nm em todas as imagens).

## Vírus marinhos

Os vírus são os microrganismos mais abundantes nos oceanos, na água do mar típica eles podem corresponder a $10^7$ partículas de vírions/mL (Seção 8.11). Nas águas costeiras, onde o número de células bacterianas é maior, o número de vírus é também maior, cerca de $10^8$/mL. A maioria destes vírus é bacteriófaga, que infecta espécies de bactérias e vírus de arqueias, que infectam espécies de arqueias. O número de partículas virais na água do mar é cerca de dez vezes maior do que o número médio de células procarióticas presentes, sugerindo que eles encontram-se ativamente infectando seus hospedeiros, replicando-se e sendo liberados na água do mar (Figura 19.26). Apenas uma pequena fração de vírus liberados (uma média de um por liberação) infecta com sucesso um novo hospedeiro, a maioria é inativada ou destruída pela luz solar e enzimas hidrolíticas. De qualquer forma, toda a população viral é substituída em períodos de poucos dias ou semanas. Consideraremos a diversidade viral de bactérias e arqueias no Capítulo 9.

Juntamente com a alimentação dos protistas, as infecções dos vírus marinhos provavelmente ajudam na manutenção dos números de procariotos nos níveis observados, porém poderiam também estar envolvidos em outras funções nos ecossistemas importantes. Elas incluem a troca genética entre células procarióticas e a lisogenia, um estado em que o genoma viral integra-se ao genoma celular; esse processo frequentemente confere novas propriedades genéticas à célula (Seções 8.8 e 10.7). A descoberta que alguns dos vírus que infectam *Prochlorococcus*, o fototrófico oxigênico mais abundante nos oceanos (Figura 19.21 e Seção 19.10), carreiam genes fotossintéticos em seus genomas é um exemplo de como uma importante propriedade metabólica poderia ser transferida entre ecotipos por veículos virais. Embora a diversidade genética dos vírus marinhos esteja sendo reconhecida, apenas agora estimou-se que a diversidade genética dos genomas virais marinhos poderia suplantar até mesmo aquela de todas as células procarióticas. Assim, as águas oceânicas são, claramente, um reservatório de diversidade genética.

## A filogenética atual da diversidade marinha procariótica

Diversos estudos têm tentado caracterizar a diversidade de procariontes planctônicos marinhos por meio da análise dos genes do RNA ribosomal 16S obtidos a partir da água do mar. A existência de populações abundantes de alfaproteobactérias, cujo grupo *Pelagibacter* é filogeneticamente relacionado, foi revelada primeiramente pela análise da sequência de RNAr 16S. Arqueias mesofílicas relacionadas com *Nitrosopumilus maritimus* (Seção 16.6) foram descobertas usando métodos similares.

A maioria dos grupos de bactérias conhecidas atualmente como abundantes nos oceanos abertos inclui Alpha e Gammaproteobacteria, Cyanobacteria, Bacteroidetes e em menor extensão Betaproteobacteria e Actinobacteria; Firmicutes são apenas componentes minoritários (Figura 19.27). Como no solo, uma grande proporção de bactérias não classificadas e grupos menores de bactérias também estão presentes na água do



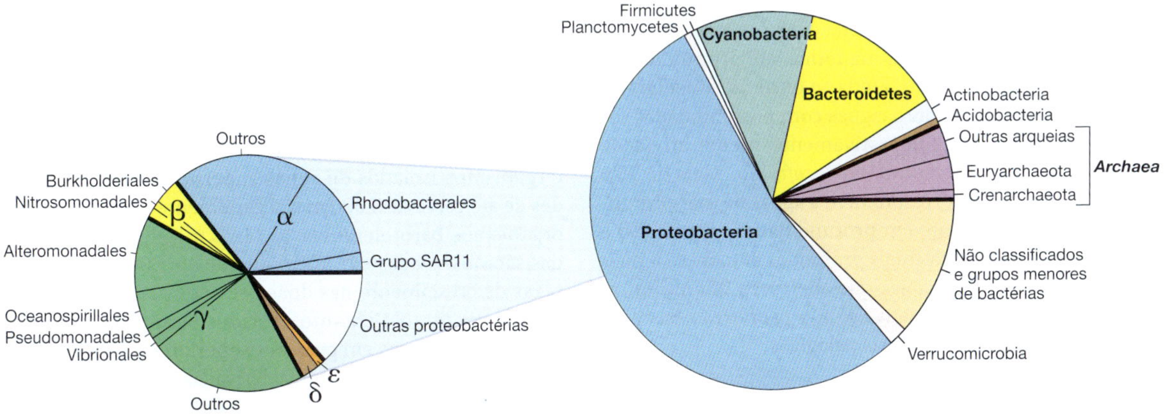


**Figura 19.27** **Diversidade procariótica nos oceanos.** Os resultados são de análises agrupadas de 25.975 sequências de RNA ribossomal de diversos estudos de águas pelágicas oceânicas. Muitos destes grupos são abordados nos Capítulos 14 e 15 (*Bacteria*) ou 16 (*Archaea*). Para Proteobacteria, os principais grupos são indicados. Observe a alta proporção de Cianobactérias e as sequências de Gammaproteobacteria. Dados montados e analisados por Nicolas Pinel. Comparar a diversidade procariótica das águas marinhas com a da água doce, mostrada na Figura 19.18.

mar. Um grande grupo marinho de Gammaproteobacteria, o "grupo SAR86" ainda não foi cultivado, o qual corresponde a aproximadamente 10% da totalidade da comunidade de procariotas nas camadas superficiais do oceano. Representando as arqueias nas águas pelágicas há uma diversidade bastante restrita de Euryarchaeota, Crenarchaeota e Thaumarchaeota, a maioria das quais ainda não foi cultivada em laboratório.

Com exceção das cianobactérias, a maioria das bactérias marinhas é considerada quimiorganotrófica adaptada à extrema baixa disponibilidade de nutrientes, algumas ampliam a conservação de energia através da proteorrodopsina ou são fototróficas anoxigênicas aeróbias (Seção 19.10). A descoberta do quimiolitotróficos *Nitrosopumilus* sugere a possibilidade de que muitas arqueias marinhas especializadas na oxidação da amônia provavelmente existam também, embora sejam espécies heterotróficas. Os métodos utilizando "culturas diluídas" foram bem-sucedidos em cultivar alguns procariotos pelágicos (Seção 18.2). Provavelmente a maioria destes organismos evoluiu para crescer em baixas concentrações de nutrientes, por isso é tão difícil ou impossível cultivá-los em densidades celulares altas. A densidade celular dos oligotróficos marinhos em culturas de laboratório é similar às encontradas no seu ambiente natural ($10^5$ a $10^6$/mL), o que torna muitas das ferramentas comuns para medir o crescimento celular (turbidez, contagem em microscópio), inútil em amostras que não foram primeiramente concentradas. No entanto, tem ocorrido notável sucesso com a diluição da cultura, um bom exemplo são as bactérias marinhas e o *Pelagibacter* citado anteriormente (Capítulo 18, Explore o mundo microbiano, "Cultivando o incultivável").

**MINIQUESTIONÁRIO**

- O que é proteorrodopsina e por que ela é assim nomeada? Por que a proteorrodopsina torna uma bactéria, como *Pelagibacter*, mais competitiva em seu hábitat?
- Como é a comparação dos números de procariotos e vírus pelágicos?
- Quais os filos e subgrupos de *Bacteria* que dominam as águas marinhas pelágicas?

## 19.12 O mar profundo e seus sedimentos

A luz visível não penetra além de cerca de 300 metros nas águas pelágicas; essa região iluminada é denominada *zona fótica* (Figura 19.24). Abaixo da zona fótica, até profundidades de aproximadamente 1.000 m, ainda se observa considerável atividade biológica. No entanto, águas com profundidades superiores a 1.000 m têm, comparativamente, menor atividade biológica, sendo referidas como *mar profundo*. Mais de 75% de toda a água oceânica correspondem a águas de mar profundo, situadas principalmente em profundidades entre 1.000 e 6.000 m. As águas oceânicas mais profundas situam-se a mais de 10.000 m. Contudo, uma vez que aberturas são muito raras nessas profundidades, apenas a uma proporção bastante pequena elas são de todas as águas pelágicas.

### Condições em mar profundo

Os organismos que habitam o mar profundo deparam-se com três importantes extremos ambientais: (1) baixa temperatura, (2) alta pressão e (3) baixas concentrações de nutrientes. Além disso, as águas de mar profundo são totalmente escuras, de modo que a fotossíntese é impossível. Assim, os microrganismos que vivem em mar profundo são quimiotróficos, sendo capazes de crescer sob elevada pressão e condições oligotróficas, em baixas temperaturas.

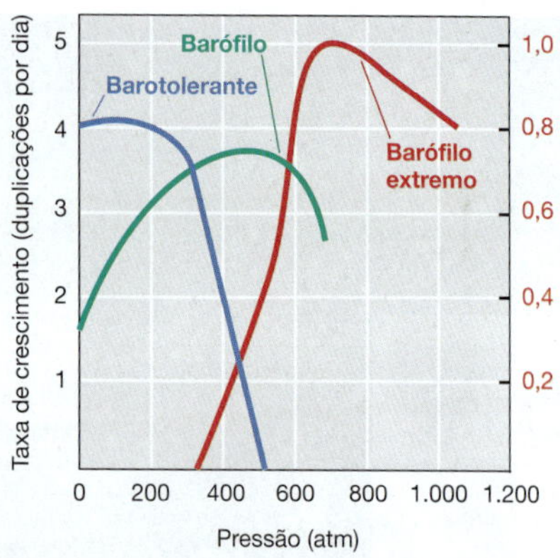


**Figura 19.28 Crescimento de bactérias barotolerantes, barofílicas e barófilas extremas.** O barófilo extremo (*Moritella*) foi isolado das Fossas Marianas nas Filipinas, Oceano Pacífico (Figura 19.30). Observe a taxa de crescimento mais lenta do barófilo extremo (ordenada à direita), quando comparado às bactérias barotolerantes (ordenada à esquerda) e também sua incapacidade de crescer em baixas pressões.

Em profundidades superiores a cerca de 100 m, a água oceânica apresenta temperaturas constantes, entre 2 e 3°C. As respostas dos microrganismos às mudanças de temperatura foram discutidas nas Seções 5.11 e 5.12. Como esperado, bactérias isoladas de águas oceânicas em profundidades superiores a 100 m são psicrofílicas (que têm afinidade pelo frio) ou psicrotolerantes. Os microrganismos de mar profundo devem também ser capazes de suportar a enorme pressão hidrostática associada às grandes profundidades. A pressão aumenta em 1 atm a cada 10 m de profundidade, em uma coluna de água. Assim, um organismo crescendo em uma profundidade de 5.000 m deve ser capaz de suportar pressões de 500 atm. Veremos que os microrganismos são notoriamente tolerantes a altas pressões hidrostáticas; muitas espécies são capazes de tolerar pressões de 500 atm e, em alguns casos, valores muito acima dele.

### Bactérias e arqueias barotolerantes e barofílicas

Diferentes respostas fisiológicas à pressão são observadas em diferentes procariotos de mar profundo. Alguns organismos simplesmente toleram altas pressões, porém não exibem melhor crescimento sob pressão; eles são denominados **barotolerantes** (Figura 19.28). Por outro lado, alguns, exibem *melhor crescimento* sob pressão; eles são denominados **barofílicos**. Organismos isolados de águas superficiais com profundidades de até cerca de 3.000 m são geralmente barotolerantes. Em organismos barotolerantes, as taxas metabólicas mais elevadas são observadas em 1 atm do que em 300 atm, embora as taxas de crescimento nas duas pressões possam ser similares (Figura 19.28). No entanto, isolados barotolerantes normalmente não crescem em pressões superiores a 500 atm.

Contrariamente, culturas derivadas de amostras coletadas em profundidades maiores, 4.000 a 6.000 m, são quase sempre barofílicas, com crescimento ótimo em pressões ao redor de 300 a 400 atm. No entanto, embora os barófilos cresçam melhor sob pressão, eles ainda crescem em 1 atm (Figura 19.28). Os **barófilos extremos** são encontrados em águas ainda mais

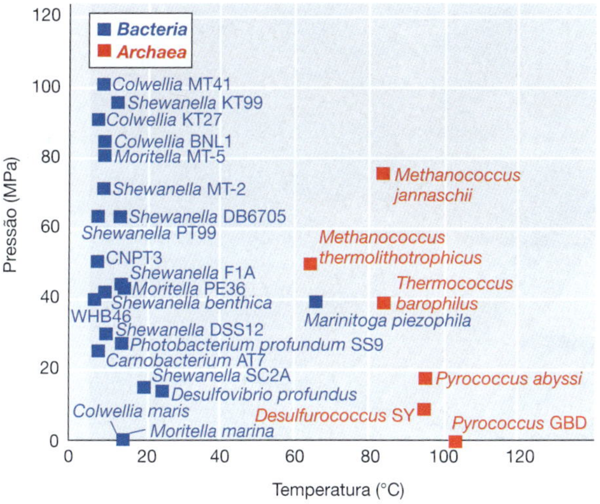


**Figura 19.29** **Pressão e temperatura ótima para cultura de bactérias e arqueias barofílicas.** Pressão está em pascal (Pa), a unidade do SI para pressão. Um megapascal (MPa) corresponde a aproximadamente 10 atm. Observe a diferença de espécies do mesmo gênero que possuem pressões ótimas muito diferentes. Dados montados por Doug Bartlett.

**Figura 19.30** **Coleta de amostra de mar profundo.** O submarino não tripulado Kaiko, coletando uma amostra de sedimento no fundo oceânico das Fossas Marianas a uma profundidade de 10.897 m. Os tubos contendo sedimento são utilizados no enriquecimento e isolamento de bactérias barofílicas.

profundas (p. ex., 10.000 m). Esses organismos apresentam necessidades absolutas e significativas de pressão para seu crescimento (**Figura 19.29**). Por exemplo, a bactéria barofílica *Moritella*, isolada das Fossas Marianas (Oceano Pacífico, profundidade > 10.000 m) (**Figura 19.30**), exibe crescimento ótimo a uma pressão de 700 a 800 atm, crescendo de forma similar em 1.035 atm, a pressão encontrada em seu hábitat natural.

## Efeitos moleculares da alta pressão

A pressão afeta a fisiologia e a bioquímica celular de várias maneiras. A pressão diminui a afinidade das enzimas por seus substratos. Em geral, a pressão diminui a habilidade das subunidades e multissubunidades de proteínas interagirem. Assim, as enzimas dos barófilos extremos devem ser dobradas de forma a minimizar os efeitos relacionados com a pressão. A síntese de proteínas, de DNA e o transporte de nutrientes são também sensíveis às altas pressões. Uma bactéria barofílica crescendo sob alta pressão apresenta maior proporção de ácidos graxos insaturados em sua membrana citoplasmática, quando comparada a um organismo crescendo em 1 atm. Os ácidos graxos insaturados permitem que as membranas mantenham-se funcionais, dificultando a gelificação em altas pressões ou em baixas temperaturas. As taxas de crescimento relativamente lentas dos barófilos extremos, como *Moritella*, em comparação com outras bactérias marinhas (Figura 19.28), devem-se, provavelmente, à combinação dos efeitos da pressão e da baixa temperatura; esta última diminui a velocidade das reações enzimáticas e isso tem efeito direto sobre o crescimento celular (⇄ Seções 5.11 e 5.12).

Os estudos de expressão gênica e das características adaptativas que contribuem para o crescimento em alta pressão têm exigido incubação especial em dispositivos pressurizados (**Figura 19.31**). Estes estudos têm mostrado que quando os barófilos gram-negativos crescem sob alta pressão, uma proteína específica de membrana externa, denominada OmpH (do inglês, *outer membrane protein H* [proteína H da membrana externa]) está presente, e esta se torna ausente nas células crescendo a 1 atm. OmpH é um tipo de porina. Porinas são proteínas que formam canais para a difusão de moléculas orgânicas através da membrana externa, em direção ao periplasma (⇄ Seção 2.11). Provavelmente, a porina presente na membrana externa de células cultivadas a 1 atm não é capaz de atuar adequadamente em pressões elevadas, sendo, assim, necessária a síntese de um novo tipo de porina. Interessantemente, a pressão controla a transcrição de *ompH*, o gene que codifica a OmpH. Nestas barofílicas o complexo de proteínas de membrana sensíveis à pressão está presente monitorando a pressão e desencadeando a transcrição da *ompH* somen-

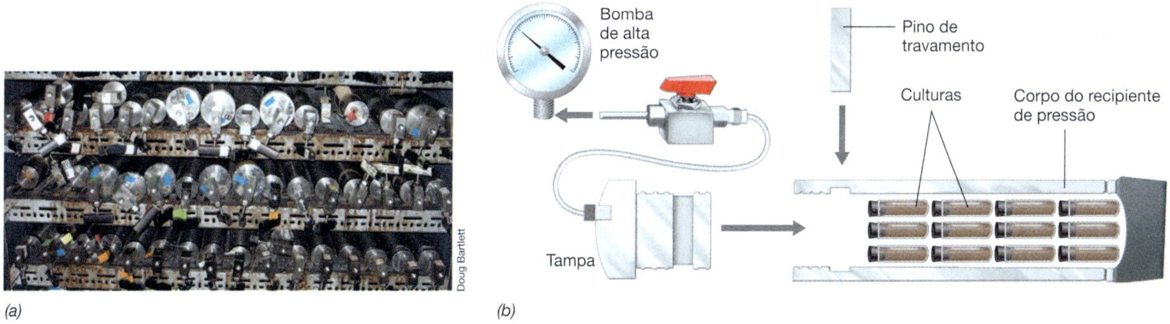


**Figura 19.31** **Pressão de células barofílicas para cultivo sob pressão elevada.** *(a)* Foto de diversas células incubadas sob pressão e em baixa temperatura (4°C). *(b)* Desenho esquemático de um recipiente de pressão de células. Estes recipientes foram projetados para manter as pressões de 1.000 atm. Ilustrações baseadas no desenho de Doug Bartlett.

(a) (b)

**Figura 19.32** **Perfuração de sedimentos do fundo oceânico.** *(a)* Recipiente de perfuração de sedimentos do fundo oceânico a JOIDES *Resolution*. Inserido: pontos vermelhos indicam a localização da coleta de sedimentos na Bacia do Peru. *(b)* Amostras de sedimentos coletados da Bacia do Peru a 4.800 m de profundidade. As amostras foram divididas longitudinalmente para permitir a subamostragem e caracterização molecular. Ver Seção 19.5 e Figura 19.10 para a discussão dos tapetes microbianos oxidantes de sulfeto que crescem na superfície de sedimentos ao longo das costas chilenas e peruanas.

te quando as condições de alta pressão justifiquem. Análises transcriptômicas (Seção 6.7) indicam que mesmo modificações relativamente modestas nas pressões hidrostáticas alteram a expressão de um grande número de genes em barofílicos, e por isso é provável que muitos outras proteínas monitoras de pressão existam nestes organismos.

## Sedimentos do mar profundo

Outro vasto e inexplorado ecossistema microbiano existe abaixo do fundo oceânico. Expedições de profunda perfuração para explorar as profundezas oceânicas marinhas revelaram existir duas populações de arqueias e bactérias tão profundas quanto 1.600 m (**Figura 19.32**). A maioria dos estudos, até hoje, tem focado nos sedimentos relativamente ricos organicamente do fundo do subsolo das margens continentais. Aqui, o número de células decresce geralmente de, aproximadamente, $10^9$ células/g, no sedimento de superfície, para aproximadamente $10^6$ células/g em profundidades abaixo de 1.000 m do fundo oceânico. O decréscimo de células com a profundidade está relacionado com a quantidade de entrada de carbono orgânico no sistema do sedimento, principalmente através do transporte de partículas produzidas na superfície da água.

Os melhores estudos das margens continentais e seus sedimentos não são representativos da maior parte dos sedimentos do fundo oceânico, aproximadamente 90% deles está a mais de 2.000 m de profundidade abaixo das marinhas e, portanto, a produtividade e teor de carbono nestes locais são significativamente menores. O número de células destes sedimentos é de diversas ordens de magnitude menores que nos sedimentos ricos em matéria orgânica, aproximadamente $10^3$ célula/grama, em profundidades de algumas centenas de metros. Devido a baixa atividade microbiana, o oxigênio ($O_2$) penetra muito mais profundamente nestes sedimentos, oposto do que ocorre a poucos centímetros nos sedimentos ricos organicamente.

Os ecossistemas abaixo do fundo oceânico são estimadas por conter cerca de 4 pentagramas (1 pentagrama é $10^{15}$ g) de carbono celular microbiano, aproximadamente 0,6% do total da biomassa viva da Terra. O sequenciamento dos genes do RNA ribosomal 16S amplificados seletivamente por PCR (Seção 18.5) usando o DNA extraído de amostras de perfuração, bem como pesquisas metagenômicas mais restritas, tem identificado relativamente poucas sequências relacionadas com as clássicas bactérias redutoras de sulfato (Seção 14.9) ou com as arqueias metagênicas ou oxidantes de metano (Seções 13.20, 13.24 e 16.2) comumente encontradas nos sedimentos de superfície. A maioria das arqueias presentes na subsuperfície, identificadas somente com as sequências de RNAr 16S, está próxima a novos clados em nível de filo nas arqueias ainda não cultivados. Por sua vez, linhagens distintas de novas arqueias habitam preferencialmente a margem costeira, rica em matéria orgânica e sedimentos pobres em matéria orgânica, compreendendo a maior parte do fundo dos oceanos, possivelmente refletindo a disponibilidade variada de doador e receptor de elétrons nesses dois tipos de sedimentos.

## A filogenética atual da diversidade procariótica dos sedimentos marinhos

A comunidade presente nos sedimentos marinhos tem sido pouco explorada, dada a grande dificuldade e despesa para a obtenção de amostras de perfurações não contaminadas em grandes profundidades (Figura 19.32). Análises disponíveis das sequências obtidas do gene do RNA ribossomal 16S a partir de perfurações profundas mostram comunidades distintas das encontradas no alto-mar ou do solo. Destacando a grande fração da diversidade de arqueias ainda não conhecidas (**Figura 19.33**). Já no sedimento marinho da superfície dominam as proteobactérias, como em todos os outros hábitats explorados por técnicas independentes de cultivo (Figuras 19.14, 19.18 e 19.27 e ver Figura 19.38). Dentro dos sedimentos marinhos encontram-se filotipos de Proteobacteria associados a bactérias redutoras de sulfato, como as comumente encontradas Desulfobacterales (Figura 19.33); a redução de sulfato é a melhor forma de respiração anaeróbia em sedimentos

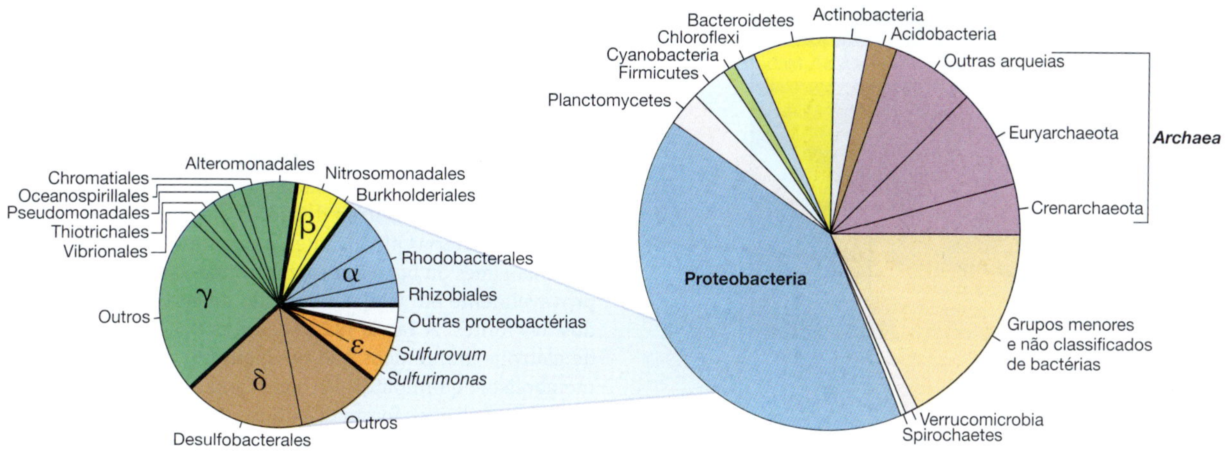


**Figura 19.33 Diversidade procariótica nos sedimentos marinhos.** Os resultados são um agrupamento de análises de 13.360 sequências do RNA ribossomal 16S de diversos estudos de sedimentos marinhos de regiões rasas e profundas. Muitos destes grupos são abrangidos nos Capítulos 14 e 15 (*Bacteria*) e 16 (*Archaea*). Para Proteobacteria, os principais grupos são indicados. Observe a alta proporção de sequências arqueais e Gamma, Delta e Epsilonproteobacteria. Dados montados e analisados por Nicolas Pinel. Compare com a diversidade procariótica dos sedimentos marinhos do mar aberto da Figura 19.27.

marinhos (Seções 13.18 e 14.9). Os Bacteroidetes e grupos menores ou não classificados estão presentes também nos sedimentos marinhos de regiões mais rasas.

Embora os principais organismos nas águas marinhas representem apenas uma pequena fração da população total de células nos sedimentos anóxicos e que estão permanentemente no escuro, eles representam provavelmente células que alcançaram o sedimento após a fixação de uma partícula ou animal morto que, eventualmente, afundou. Como os organismos presentes nos sedimentos marinhos, muito abaixo do fundo oceânico, sobrevivem a falta de nutrientes ainda não está claro, mas não será uma surpresa se eles utilizarem muitas das estratégias já observadas e utilizadas pelos procariotos pelágicos, incluindo pequeno tamanho e a presença de genomas compactos.

**MINIQUESTIONÁRIO**

- Como é a mudança de pressão com a profundidade na coluna de água?
- Como ocorrem as adaptações moleculares em barofílicos, permitindo que eles cresçam otimamente sob altas pressões?
- Por que as bactérias redutoras de sulfato são comuns nos sedimentos marinhos?

## 19.13 Fontes hidrotermais

Embora tenhamos descrito no mar profundo, ambiente remoto como baixas temperaturas e alta pressão, adequado apenas para o crescimento de microrganismos barotolerantes e barofílicos de crescimento lento, existem algumas exceções surpreendentes. Animais prósperos e comunidades de microrganismos são encontrados agrupados em fontes termais de águas marinhas em todo o mundo. Estas fontes são localizadas em profundidades inferiores a 1.000 m e maiores que 4.000 m nas superfícies oceânicas em regiões de magma vulcânico no fundo oceânico, gerando aquecimento das rochas, fendas na crosta além de propagação central (**Figura 19.34**) ou onde minerais como ferro e magnésio associados a rochas antigas reagem com a água do mar e geram calor. A água do mar se infiltrando nestas regiões de rachaduras da crosta reage com as rochas quentes, resultando nas fontes termais saturadas com produtos químicos inorgânicos e gases dissolvidos. Coletivamente, estes tipos de fontes termais abaixo da água são chamadas de **fontes hidrotermais**. Discutiremos diversas associações simbióticas importantes entre as fontes hidrotermais associadas a animais e microrganismos no Capítulo 22. Aqui consideraremos o ambiente das fontes como hábitat para microrganismos de vida livre.

### Tipos de fontes

Os sistemas de fontes hidrotermais vulcânicas são, em geral, quentes (~5 a > 50°C), fontes difusas ou quentes podem emitir fluidos hidrotemais de 270 a > 400°C. Os fluidos suaves, mornos e difusos são emitidos de fissuras no fundo oceânico e das paredes das *chaminés* hidrotermais. Os fluidos são originados da mistura de água gelada com as fontes hidrotermais nas regiões subsuperficiais dos sedimentos. As fontes quentes, chamadas de *fumarolas negras*, formam edificações verticais chamadas de *chaminés* de sulfeto que podem ter menos de 1 m ou mais de 30 m de altura. As chaminés, quando formam fluidos hidrotermais ácidos ricos em metais de gases magmáticos, são subitamente misturadas como águas do mar geladas e oxigenadas. A rápida mistura causa a formação de granulações finas de minerais sulfito, como pirita e esfalerita, que precipitam formando nuvens escuras, flutuantes que se elevam acima do fundo oceânico (**Figura 19.35**).

Um tipo muito diferente de ambiente de fonte hidrotermal é a "Cidade Perdida", formação localizada no meio do Oceano Pacífico. A Cidade Perdida foi formada pela exposição a minerais associados a crosta oceânica há 1 a 2 milhões de anos nas profundezas do mar oceânico. Falhas geológicas nestes sistemas se espalham lentamente e expõem rochas ricas em ferro e magnésio chamadas *peridotitos* no fundo oceânico. Reações químicas na água do mar recentemente expostas aos peridotitos são altamente exotérmicas, gerando calor e levando também a um aumento de pH tão alto quanto o pH 11.

UNIDADE 4

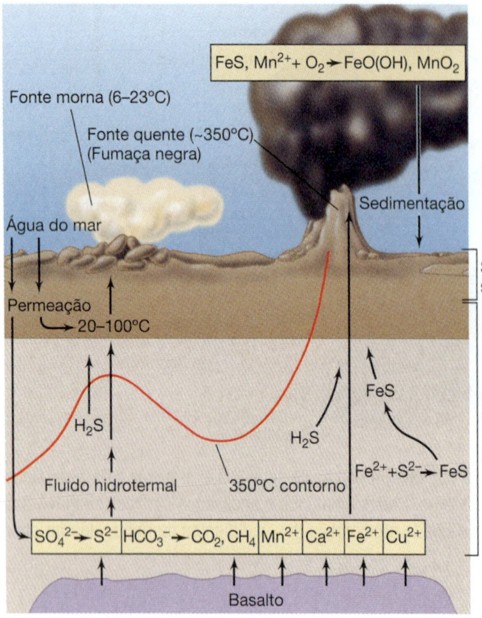


**Figura 19.34** **Fontes hidrotermais.** Esquema mostrando as formações geológicas e os principais produtos químicos inorgânicos que são emitidos das fontes quentes e das fumarolas negras. Nas fontes quentes, o fluido hidrotermal quente é resfriado pela água marinha gelada 2 a 3°C que permeia os sedimentos. Nas fumarolas negras, os fluidos hidrotemais quentes próximos a 350°C atingem o fundo oceânico diretamente. Superfície geológica é um termo utilizado para a superfície da Terra.

Níveis extremamente altos de $H_2$, $CH_4$ e outros hidrocarbonos de baixo peso molecular também estão presentes nos fluidos hidrotermais quentes (200°C). Em contraste com os sistemas de fumarolas negras vulcânicas ácidas (Figura 19.34), que são relativamente transitórias, a mistura destes fluidos alcalinos da água do mar com os resultados da formação de chaminés de carbonato de cálcio (calcário) podem chegar a até 60 m de altura e ficarem ativos por mais de 100.000 anos (**Figura 19.36**).

## Procariotos nas fontes hidrotermais

As bactérias que exibem um metabolismo quimiolitotrófico dominam os ecossistemas microbianos hidrotermais. As fontes sulfídicas suportam as bactérias sulfurosas, enquanto as fontes que emitem outros doadores eletrônicos inorgânicos suportam bactérias nitrificantes, oxidantes de hidrogênio, ferro e manganês ou bactérias metilotróficas, as últimas crescem provavelmente em $CH_4$ e monóxido de carbono (CO) emitidos das fontes. A **Tabela 19.2** resume os doadores e aceptores de elétrons inorgânicos que possuem um papel essencial no metabolismo quimiolitotrófico nas fontes hidrotermais. Todos estes metabolismos foram discutidos no Capítulo 13.

Embora procariotos possam não sobreviver em fluidos hidrotermais superquentes das fumarolas negras, organismos termofílicos e hipertermofílicos crescem nos *gradientes* que se formam, como na água superaquecida que se mistura com a água fria do mar. Por exemplo, as paredes das chaminés das fumarolas estão repletas de hipertermofílicos como os *Methanopyrus*, uma espécie de arqueia que oxida $H_2$ e produzem $CH_4$ (Seção 16.4). Marcação filogenética com FISH (Seção 18.4) tem detectado células tanto de bactérias quanto de arqueias nas paredes das chaminés de fumarolas (**Figura 19.37**). Os termofílicos mais conhecidos de todas as espécies de procariotos são os redutores de enxofre, como as espécies de *Pyrolobus* e *Pyrodictium* (Capítulo 16), que foram isolados das paredes das chaminés de fumarolas negras. Em contraste com a diversidade microbiana significante nas paredes das chaminés de fontes vulcânicas, como nas paredes das chaminés de carbonato das fontes da Cidade Perdida que

**Figura 19.35** **Fumarola hidrotermal negra emitindo água rica em mineral e sulfeto a temperatura de 350°C.** As paredes da chaminé da fumarola negra exibem um acentuado gradiente de temperatura e contêm vários tipos de procariotos.

**Figura 19.36** **Chaminé de formação maciça de carbonato da Cidade Perdida sediado pelo sistema de fonte de peridotito.** Colonização microbiana do mineral recém-exposto a superfície foi estudado coletando fragmentos de minerais estéreis no equipamento verde com tampo colocado sobre uma área da chaminé de ventilação ativa.

**Tabela 19.2 Procariotos quimiolitotróficos presentes próximos às fontes termais no fundo oceânico[a]**

| *Quimiolitotróficos* | *Doadores de elétrons* | *Aceptores de elétrons* | *Produtos dos doadores* |
|---|---|---|---|
| Oxidantes de enxofre | $HS^-$, $S^0$, $S_2O_3^{2-}$ | $O_2$, $NO_3^-$ | $S^0$, $SO_4^{2-}$ |
| Nitrificantes | $NH_4^+$, $NO_2^-$ | $O_2$ | $NO_2^-$, $NO_3^-$ |
| Redutores de sulfato | $H_2$ | $S^0$, $SO_4^{2-}$ | $H_2S$ |
| Metanogênicos | $H_2$ | $CO_2$ | $CH_4$ |
| Oxidantes de hidrogênio | $H_2$ | $O_2$,$NO_3^-$ | $H_2O$ |
| Oxidantes de ferro e manganês | $Fe^{2+}$, $Mn^{2+}$ | $O_2$ | $Fe^{3+}$, $Mn^{4+}$ |
| Metilotróficos | $CH_4$, CO | $O_2$ | $CO_2$ |

[a]Ver Capítulo 13 para uma discussão detalhada destes metabolismos e Capítulos 14 a 16 para uma cobertura adicional de cada grupo de organismos.

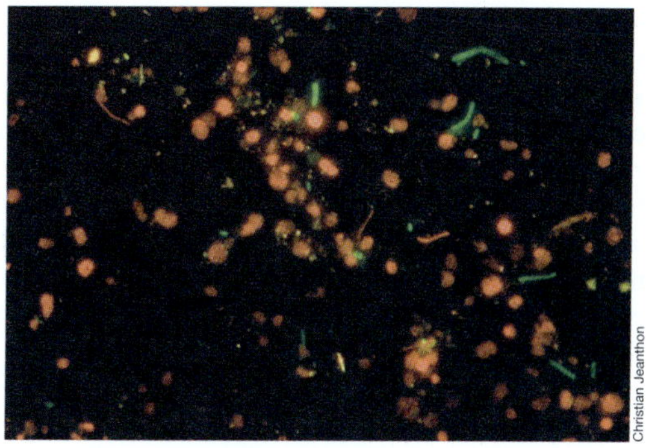


**Figura 19.37 Marcação filogenética com FISH de material das chaminés de fumarolas negras.** Coletado de uma área da fonte do Snake Pit no meio do Atlantic Ridge, em uma profundidade de 3.500 m. O corante fluorescente verde foi conjugado com uma sonda que reage com o RNAr 16S de todas as bactérias e o corante vermelho com uma sonda de RNAr 16S de arqueias. O centro do fluido hidrotermal desta chaminé está a 300°C.

são compostas principalmente de metanogênicos do gênero *Methanosarcina*. Estes organismos são provavelmente nutridos pelos fluidos ricos em $H_2$ que permeiam as paredes porosas das chaminés.

Quando restos de minerais se ligam às fumarolas, os hipertermófilos supostamente se afastam para colonizar fumarolas ativas e se integrarem à parede da chaminé em crescimento. Surpreendentemente, embora eles necessitem de altas temperaturas para o crescimento, os hipertermofílicos são notavelmente tolerantes a baixas temperaturas e oxigênio. Assim, o transporte de células de uma fonte para outro local com águas marinhas óxicas e frias aparentemente não é um problema.

## Filogenética moderna da diversidade procariótica de fontes hidrotermais

Usando ferramentas poderosas desenvolvidas para amostragem da comunidade microbiana (Seção 18.5), estudos da diversidade procariótica próxima às fontes hidrotermais têm revelado uma enorme diversidade de bactérias. Estas sequências de gene 16S do RNAr de ambas as pesquisas incluem fontes mornas e quentes. As comunidades microbianas de fontes hidrotermais são dominadas por Proteobacteria, principalmente Epsilonproteobacteria (Seção 15.5; **Figura 19.38**). As Alpha, Delta e Gammaproteobacteria são também abundantes, enquanto as Betaproteobacteria são muito menos. Muitas Epsilon e Gammaproteobacteria oxidam o sulfeto e o enxofre, como doadores de elétrons com $O_2$ ou nitrato ($NO_3^-$) como aceptores de elétrons.

Como mostrado no diagrama de Proteobacteria da Figura 19.38, fontes com filotipos de Epsilonproteobacteria estão mais estritamente relacionados com bactérias quimiolitotróficas de enxofre como as *Sulfurimonas*, *Arcobacter*, *Sulfurovum* e *Sulfurospirillum*. Estas bactérias oxidam e reduzem compostos de enxofre como doadores de elétrons (Seções 13.8 e 14.11), e sua fisiologia é consistente com a proximidade das fontes carregadas com enxofre e sulfeto. Além disso, a maioria das Deltaproteobacteria especializadas em metabolismo anaeróbio usa compostos de enxofre como aceptores.

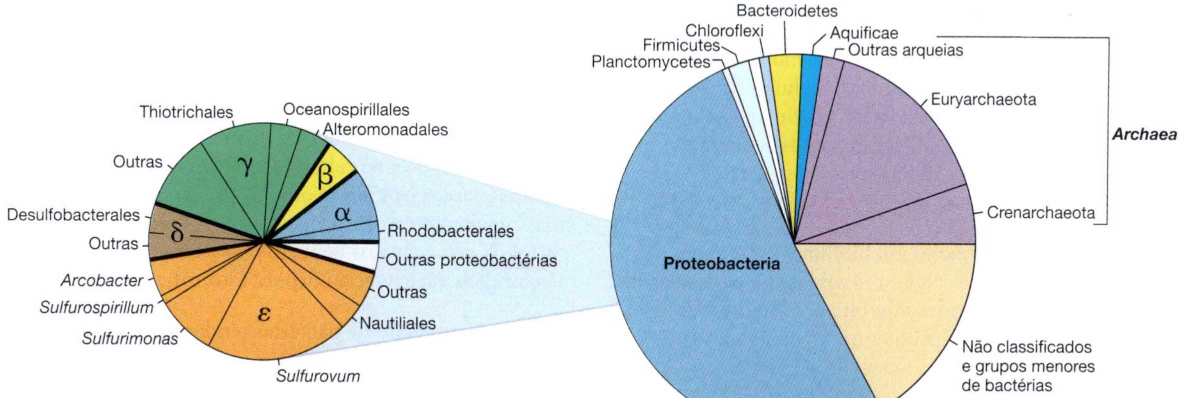


**Figura 19.38 Diversidade de procariotos nas fontes hidrotermais.** Os resultados são uma análise de uma mistura de diversos estudos de 14.293 sequências de genes de RNAr 16S presentes em fontes hidrotermais mornas e quentes. Muitos destes grupos foram cobertos nos Capítulos 14 e 15 (*Bacteria*) e 16 (*Archaea*). Para Proteobacteria, os principais subgrupos são indicados. Observe a grande proporção de arqueias e de Epsilonproteobacteria. A fisiologia de muitos destes organismos está resumida na Tabela 19.2. Dados montados e analisados por Nicolas Pinel.

Em contraste com as bactérias, a diversidade de arqueias nas fontes hidrotermais vulcânicas é bastante limitada. Estima-se que o número único de filotipos indica que a diversidade de bactérias próximos às fontes é aproximadamente 10 vezes maior que as arqueias. Contudo, arqueias são prevalentes em amostras das paredes das chaminés das fontes quentes (Figura 19.37). A maioria das arqueias detectadas próximas as fontes hidrotermais são também metanogênicas (Seção 16.2) ou espécies de Crenarchaeota e Euryarchaeota marinhas (Figura 16.1). Com exceção das taumarqueotas *Nitrosopumilus* oxidante de amônia (Seção 16.6), estes organismos não são cultiváveis e suas fisiologias são pobremente entendidas.

**MINIQUESTIONÁRIO**

- Como a fonte hidrotermal quente difere da fumarola negra tanto química quanto fisiologicamente?
- Por que a água a 350°C das fumarolas negras não ferve?
- Qual o filo de *Bacteria* e quais os subgrupos deste filo que dominam os ecossistemas das fontes hidrotermais quentes e por quê?

# CONCEITOS IMPORTANTES

**19.1** • Ecossistemas consistem em organismos, seus ambientes e todas as interações entre os organismos e o ambiente. Os organismos são membros de populações e comunidades e são adaptados aos hábitats. Riqueza e abundância de espécies são aspectos da diversidade de espécies em uma comunidade e um ecossistema.

**19.2** • Comunidades microbianas consistem em corporações de microrganismos de metabolismo similar. Os microrganismos desenvolvem um papel essencial nas transformações de energia e processos biogeoquímicos que resultam na ciclagem de elementos essenciais para o sistema de vida.

**19.3** • O nicho para os microrganismos consiste em uma variedade específica de fatores bióticos e abióticos dentro de um microambiente em que os microrganismos possam ser competitivos. Os microrganismos na natureza muitas vezes vivem de fartura ou falta de tal forma que só as espécies mais adaptadas conseguem alcançar alta densidade em um determinado nicho. A cooperação entre os microrganismos também é importante em muitas inter-relações microbianas.

**19.4** • Quando as superfícies estão disponíveis as bactérias crescem e se aderem em massas de células chamadas de biofilmes. A formação dos biofilmes envolve comunicações tanto intra quanto intercelulares e conferem diversas vantagens de proteção para as células. Os biofilmes podem ter importância médica e impactos econômicos para o homem quando se desenvolvem de forma indesejável em superfícies inertes.

**19.5** • Tapetes microbianos são biofilmes extremamente espessos consistindo de células microbianas e partículas de materiais presos. Os tapetes microbianos são difundidos em águas termais ou hipersalinas onde se impediu que animais se alimentassem do tapete de células.

**19.6** • Solos são hábitats microbianos complexos com inúmeros microambientes e nichos. Os microrganismos presentes nos solos são primeiramente aderidos nas partículas de solo. Os fatores mais importantes que influenciam a atividade microbiana no solo são a disponibilidade de água e nutrientes. Contudo, em solos muito áridos, os microrganismos possuem um papel importante na estabilidade da estrutura dos solos.

**19.7** • A subsuperfície profunda é um hábitat microbiano significante, a maioria das populações mais propensas a se manter neste ambiente é a população de quimiolitotróficos que podem viver com uma dieta de poucos minerais, $CO_2$, $SO_4^{2-}$, $N_2$ e $H_2$. Acredita-se que o hidrogênio seja produzido continuamente pela interação da água com os minerais ferro ou pela radiólise da água.

**19.8** • Nos ecossistemas aquáticos de água doce, os microrganismos fototróficos são os produtores primários principais. A maioria dos materiais orgânicos produzidos é consumida pelas bactérias, que podem levar à depleção do oxigênio no ambiente. A DBO em um corpo de água indica a relação entre a matéria orgânica presente que pode ser oxidada biologicamente.

**19.9** • As águas marinhas pelágicas são mais deficientes em nutrientes que a água doce, ainda assim um número considerável de procariotos habita os oceanos. Contudo, em algumas regiões oceânicas altamente produtivas e expansivas, o oxigênio pode cair a níveis baixos, nas profundidades entre 100 e 1.000 m, chamadas de zonas de mínimo oxigênio.

**19.10** • Os principais microrganismos fototróficos oxigênicos nos oceanos abertos incluem os procariotos *Prochlorococcus* e os eucariotos *Ostreococcus*; ambos são microrganismos fototróficos pequenos. Os fototróficos marinhos anoxigênicos incluem o *Roseobacter* e seus relacionados e a bactéria púrpura fototrófica aeróbia.

**19.11** • As espécies de bactérias tendem a dominar na superfície das águas marinhas, enquanto nas águas profundas as arqueias compreendem uma grande parte da comunidade microbiana. Muitas bactérias pelágicas usam a luz para produzir ATP utilizando a rodopsina como bomba de prótons. Os vírus superam em várias ordens de grandeza os procariontes nas águas marinhas.

**19.12** • O mar profundo é um hábitat gelado, escuro, a pressão hidrostática é alta e os níveis de nutrientes baixos. Os barofílicos crescem melhor sob pressão, mas não requerem pressão, enquanto os barofílicos requerem alta pressão, normalmente diversas centenas de atmosferas são necessárias para o crescimento.

**19.13** • Fontes hidrotermais são fontes quentes profundas no fundo oceânico onde a atividade vulcânica ou fluidos incomuns gerados quimicamente possuem uma grande quantidade de doadores de elétrons inorgânicos que podem ser usados pelas bactérias quimiolitotróficas.

## REVISÃO DOS TERMOS-CHAVE

**Abundância de espécies** a proporção de cada espécie na comunidade.
**Associação** população microbiana metabolicamente similar que explora os mesmos recursos de maneira semelhante.
**Barofílico** que apresenta melhor crescimento sob pressões acima de 1 atm.
**Barófilo extremo** organismo que necessita de pressão de várias centenas de atmosferas para o seu crescimento.
**Barotolerante** capaz de crescer sob pressões elevadas, embora apresentando melhor crescimento a 1 atm.
**Biofilme** colônias microbianas envoltas por uma matriz porosa e aderidas a uma superfície.
**Biogeoquímica** estudo das transformações químicas no ambiente mediadas biologicamente.
**Coluna de água estratificada** um corpo de água separado em camadas com distintas características físicas e químicas.
**Comunidade** duas ou mais populações de células coexistindo em certas áreas em determinado momento.
**Demanda bioquímica de oxigênio (DBO)** às propriedades microbianas de consumo de oxigênio em uma amostra de água.
**Ecossistema** complexo dinâmico de organismos e seu ambiente físico interagindo com uma unidade funcional.
**Epilímnio** as águas de superfície mais quentes e menos densas de um lago estratificado.
**Fontes hidrotermais** água morna ou quente emitida de fontes associadas a centros de dispersão na crosta marinha.
**Hábitat** porção de um ecossistema onde uma comunidade microbiana pode residir.
**Hipolímnio** as águas inferiores mais frias, mais densas e frequentemente anóxicas de um lago estratificado.
**Microambiente** ambiente imediatamente adjacente a uma célula ou um grupo de células microbianas.
**Nicho** na teoria ecológica, é o local onde um organismo vive em uma comunidade, incluindo os fatores bióticos e abióticos que contribuem para o sucesso competitivo do organismo.
**Oligotrófico** organismo que cresce apenas, ou cresce melhor, em concentrações muito baixas de nutrientes.
**População** um grupo de organismos da mesma espécie em um mesmo local em um mesmo tempo.
**Proclorófita** procarioto oxigênico fototrófico que contém as clorofilas *a* e *b* ou *d*, sendo desprovido de ficobilinas.
**Produtor primário** um organismo que utiliza a luz para sintetizar novos compostos orgânicos, a partir de $CO_2$ ou da oxidação de compostos inorgânicos.
**Proteorrodopsina** proteína sensível à luz, encontrada em alguns membros de *Bacteria* de mar aberto, que catalisa a formação de ATP.
**Riqueza de espécies** o número total de diferentes espécies presentes na comunidade.
**Rizosfera** região imediatamente adjacente às raízes de uma planta.
**Tapete microbiano** uma espessa camada de uma comunidade diversa que utiliza a luz como fonte de nutrição em um ambiente aquático hipersalino ou extremamente quente, em que as cianobactérias são essenciais; ou o crescimento de quimiolitotróficos na superfície dos sedimentos marinhos ricos em sulfeto.
**Zona de mínimo oxigênio (ZMO)** é uma região depledada de oxigênio em uma profundidade intermediária na coluna de água marinha.

UNIDADE 4

## QUESTÕES PARA REVISÃO

1. Liste alguns dos recursos e condições essenciais de que os microrganismos necessitam para prosperar em seus hábitats. (Seção 19.1)
2. De quais formas a energia potencial entra em um ecossistema microbiano? Quais as classes de microrganismos que podem utilizar cada uma? (Seção 19.2)
3. Explique por que bactérias tanto anaeróbias obrigatórias quanto aeróbias obrigatórias podem ser isoladas a partir da mesma amostra de solo. (Seção 19.3)
4. A superfície de uma rocha em um riacho corrente frequentemente apresentará um biofilme. Que vantagens poderiam ser conferidas a uma bactéria crescendo em um biofilme, em comparação a uma crescendo no riacho em movimento? (Seção 19.4)
5. Como os biofilmes dificultam o tratamento de doenças infecciosas? (Seção 19.4)
6. Compare os tapetes microbianos e os biofilmes em termos de dimensões de diversidade microbiana. (Seção 19.5)
7. Em que locais do solo os números e as atividades microbianas são mais elevados e porquê. (Seção 19.6)
8. O que são crostas biológicas do solo e quais as funções que elas fornecem em regiões áridas? (Seção 19.6)
9. Como os nutrientes são repostos para o crescimento microbiano na subsuperfície profunda ao contrário de próximo à subsuperfície? (Seção 19.7)
10. De que modo a introdução de matéria orgânica, como um esgoto, afeta o teor de oxigênio em um rio ou riacho? (Seção 19.8)
11. Por que as ZMOs são perigosas para a vida macrobiológica marinha? (Seção 19.9)
12. Quais microrganismos são os principais fototróficos nos oceanos? (Seção 19.10)

13. Muitos procariotos pelágicos podem usar a energia da luz, mas não são considerados "fototróficos" no mesmo sentido que as cianobactérias e as bactérias púrpuras. Explique. (Seção 19.11)

14. Qual é a diferença entre bactérias barotolerantes e barofílicas? E entre esses dois grupos e as barofílicas extremas? Quais características as bactérias barotolerantes, barofílicas e barofílicas extremas têm em comum? (Seção 19.12)

15. Por que as bactérias quimiolitotróficas também prevalecem nas fontes hidrotermais? (Seção 19.13)

## QUESTÕES APLICADAS

1. Imagine uma estação de tratamento de esgoto liberando esgoto com altas concentrações de amônia e fosfato e pequenas quantidades de carbono orgânico. Que tipos de organismos teriam seu crescimento estimulado por esse esgoto? Como o perfil de oxigênio, próximo e além do sítio de descarga, se diferenciaria daquele apresentado na Figura 19.17*a*?

2. Tendo em mente que as águas dos oceanos abertos são altamente óxicas, prediga os possíveis tipos metabólicos de arqueias e bactérias de mar aberto. Por que a proteorrodopsina estaria presente apenas em um grupo desses organismos e não no outro?

3. O aquecimento global tem sido sugerido como o resultado da transferência reduzida de oxigênio para as profundezas das águas oceânicas (Seção 19.9). Como pode também o aquecimento global resultar na redução da disponibilidade de nutrientes para espécies planctônicas em águas superficiais marinhas?

CAPÍTULO

# 20 Ciclos de nutrientes

## microbiologiahoje

### Linhas elétricas microbianas

Uma nova e excitante área de pesquisa microbiana envolve a forma como os aceptores de elétrons insolúveis, como o óxido de ferro e de manganês, são reduzidos em hábitats anóxicos. Embora se acreditasse amplamente que as estruturas condutoras de eletricidade existissem na superfície da célula bacteriana, a fim de entregar os elétrons para o receptor de elétrons insolúvel, os detalhes moleculares permanecem indescritíveis. No entanto, uma descoberta recente feita com um sistema receptor de elétron solúvel pode esclarecer este mistério.

Uma bactéria filamentosa, morfologicamente distinta, relacionada com as bactérias redutoras de sulfato foi encontrada oxidando o sulfeto de hidrogênio ($H_2S$) em sedimentos marinhos que utilizam o oxigênio ($O_2$) como aceptor de elétrons.[1] No entanto, o sulfeto e o oxigênio foram separados um do outro por *mais do que um centímetro*, levando à questão óbvia de como as reações dos doadores e aceptores de elétrons estavam acopladas.

Análises microscópicas e com microssensores revelaram que as bactérias filamentosas se estendiam verticalmente como filamentos individuais ligando-se às superfícies óxicas e à zona anóxica rica em sulfeto. A capacidade dos filamentos em acoplar a transferência de elétrons por meio de longas distâncias foi estabelecida por um fio muito fino entre as zonas óxicas e anóxicas; cortando estes filamentos a oxidação dos sulfetos é finalizada. Este notável sistema de transferência de elétrons foi associado a estruturas como cabos que formaram um anel ao redor de cada filamento e se estenderam ao longo do comprimento de cada filamento (foto). Acredita-se que funcionam como "cabos elétricos vivos", nos quais o acoplamento da transferência de elétrons a partir de derivados do sulfeto oxidado em uma extremidade do filamento leve à redução do oxigênio na outra extremidade.

O mecanismo desta façanha metabólica notável e sua relação com os sistemas utilizados por bactérias que reduzem de óxidos metálicos ainda precisa ser determinado. No entanto, é evidente que a transferência de elétrons mediada por bactérias pode ocorrer por longas distâncias entre o doador e o receptor.

[1]Pfeffer C., et al. 2012. Filamentous bacteria transport electrons over centimeter distances. *Nature 491:* 218–221.

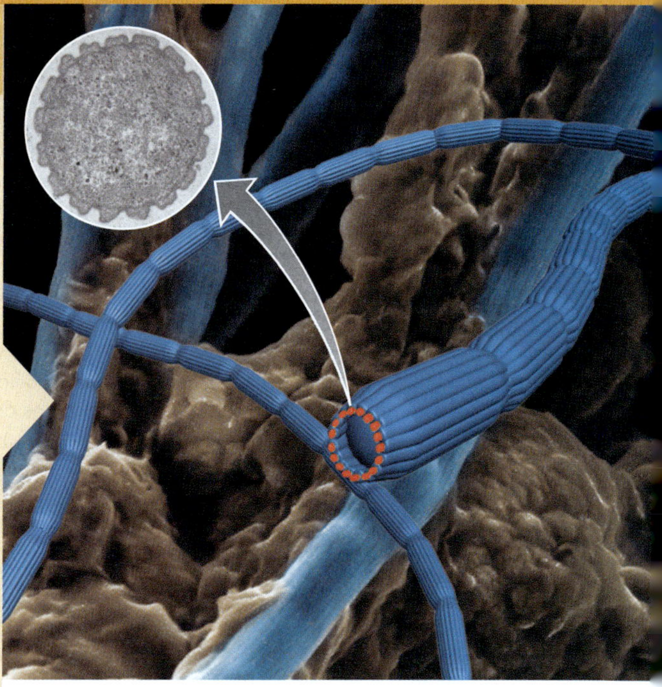


I Os ciclos do carbono, nitrogênio e enxofre 632

II Os ciclos de outros nutrientes 639

III A ciclagem de nutrientes e os seres humanos 645

No capítulo anterior, examinou-se uma variedade de hábitats microbianos a fim de preparar o caminho para a consideração de algumas das principais atividades microbianas neste capítulo. Aqui, exploraremos o conceito dos ciclos de nutrientes e o impacto que os seres humanos estão exercendo sobre os ciclos. Em particular, concentrando nas atividades biogeoquímicas dos microrganismos e como essas atividades se inter-relacionam.

# I • Os ciclos do carbono, nitrogênio e enxofre

Os nutrientes essenciais para a vida estão em um ciclo entre os microrganismos e os macrorganismos, mas para alguns nutrientes as atividades microbianas são predominantes. Compreender como trabalha um ciclo microbiano de nutrientes é importante, pois os ciclos e as suas retroalimentações são essenciais para a agricultura e a saúde global da vida vegetal sustentável.

Inicia-se a nossa cobertura dos ciclos de nutrientes com o ciclo do carbono. As principais áreas de interesse aqui são a magnitude dos reservatórios de carbono na Terra, as taxas de ciclagem de carbono dentro e entre os reservatórios e o acoplamento do ciclo do carbono com outros ciclos de nutrientes. Enfatiza-se os gases *dióxido de carbono* (*$CO_2$*) e *metano* (*$CH_4$*) como os principais componentes do ciclo do carbono e dos impactos humanos sobre o ecossistema global.

## 20.1 O ciclo do carbono

Em termos globais, o ciclo do carbono ocorre por meio de todos os principais reservatórios de carbono da Terra: a atmosfera, a terra, os oceanos e outros ambientes aquáticos, os sedimentos e rochas, e a biomassa (**Figura 20.1**). Como já visto em relação aos ambientes de água doce, os ciclos do carbono e do oxigênio estão intimamente interligados (Seção 19.8). Todos os ciclos de nutrientes vinculam de alguma forma para o ciclo do carbono, mas o ciclo do nitrogênio (N) apresenta ligações especialmente importantes porque, com exceção de água ($H_2O$), o C e o N compõem a maior parte dos organismos vivos (Seção 3.1; ver Figura 20.4).

### Reservatórios de carbono

O maior reservatório de carbono encontra-se nos sedimentos e rochas da crosta terrestre (Figura 20.1), mas o tempo necessário à sua reciclagem é tão longo que sua transferência desse compartimento é relativamente insignificante em uma escala humana. Uma grande quantidade de carbono é encontrada nas plantas terrestres. Esse é o carbono orgânico de florestas, pastos e plantações agrícolas, constituindo o principal sítio da fixação fototrófica de $CO_2$. No entanto, há uma quantidade maior de carbono presente na matéria orgânica morta, denominada **húmus**, do que nos organismos vivos. O húmus é uma mistura complexa de compostos orgânicos, derivada de microrganismos de solo mortos, que resistiram à decomposição, juntamente com a matéria orgânica vegetal. Algumas substâncias do húmus são relativamente estáveis, apresentando um tempo global de reciclagem de várias décadas, embora outros componentes do húmus decomponham-se mais rapidamente.

O mecanismo mais rápido de transferência global do carbono ocorre pela via atmosférica. O dióxido de carbono é removido da atmosfera principalmente pela fotossíntese das plantas terrestres e microrganismos marinhos, sendo devolvido à atmosfera por meio da respiração de animais e microrganismos quimiorganotróficos (Figura 20.1). A contribuição única e mais importante do $CO_2$ para a atmosfera é a decomposição microbiana da matéria orgânica morta, incluindo o húmus. No entanto, desde a Revolução Industrial, as atividades humanas aumentaram o nível de $CO_2$ atmosférico em aproximadamente 40%, principalmente devido à queima de combustíveis fósseis. Este aumento do $CO_2$, um dos principais

**Principais reservatórios de carbono na Terra**

| Reservatório | Porcentagem do carbono total na Terra[a] |
|---|---|
| Rochas e sedimentos | 99,5[b] |
| Oceanos | 0,05 |
| Hidratos de metano | 0,014 |
| Combustíveis fósseis | 0,006 |
| Biosfera terrestre | 0,003 |
| Biosfera aquática | 0,000002 |

[a]Carbono total, $76 \times 10^{15}$ tons
[b]80% inorgânico

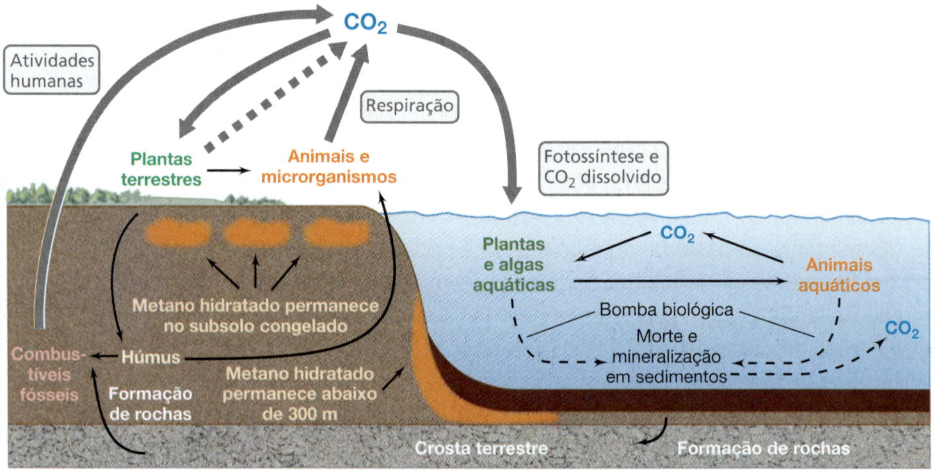


**Figura 20.1 O ciclo do carbono.** Os ciclos do carbono e do oxigênio são estreitamente associados, uma vez que a fotossíntese oxigênica tanto remove o $CO_2$ quanto produz $O_2$, enquanto os processos respiratórios produzem $CO_2$ e removem $O_2$. O maior reservatório de carbono na Terra são as rochas e os sedimentos, estando a maior parte na forma de carbono inorgânico (carbonatos).

*gases de efeito estufa*, desencadeou um período de constante aumento das temperaturas globais chamado de **aquecimento global** (Figura 20.18). Embora as consequências do aquecimento global sobre a ciclagem de nutrientes microbiana seja imprevisível, tudo o que se sabe sobre a biologia de microrganismos nos leva a crer que as atividades microbianas na natureza irão mudar em resposta a temperaturas mais elevadas. Se estas respostas serão favoráveis ou desfavoráveis para os organismos mais elevados, incluindo os seres humanos, é atualmente uma importante área de pesquisa ativa (Seção 20.8).

## Fotossíntese e decomposição

Os novos compostos orgânicos são biologicamente sintetizados na Terra apenas pela fixação de $CO_2$ por fototróficos e quimiolitotróficos. A maioria dos compostos orgânicos é originária da fotossíntese e assim os organismos fototróficos são a base do ciclo do carbono (Figura 20.1). No entanto, na natureza, os organismos fototróficos são abundantes apenas em hábitats onde a luz encontra-se disponível. Por esse motivo, o mar profundo e os outros hábitats permanentemente escuros são desprovidos de fototróficos nativos. Os organismos fototróficos oxigênicos podem ser divididos em dois grupos: *plantas* e *microrganismos*. As plantas são os organismos fototróficos dominantes em ambientes terrestres, enquanto os microrganismos fototróficos dominam os ambientes aquáticos.

O ciclo redox para o carbono C (**Figura 20.2**) começa com a fixação fotossintética do $CO_2$, impulsionado pela energia da luz:

$$CO_2 + H_2O \rightarrow (CH_2O) + O_2$$

Aqui, $CH_2O$ representa a matéria orgânica no estado de oxidação dos compostos celulares, como os polissacarídeos (a principal forma pela qual a matéria orgânica fotossintetizada é armazenada na célula). Os organismos fototróficos também

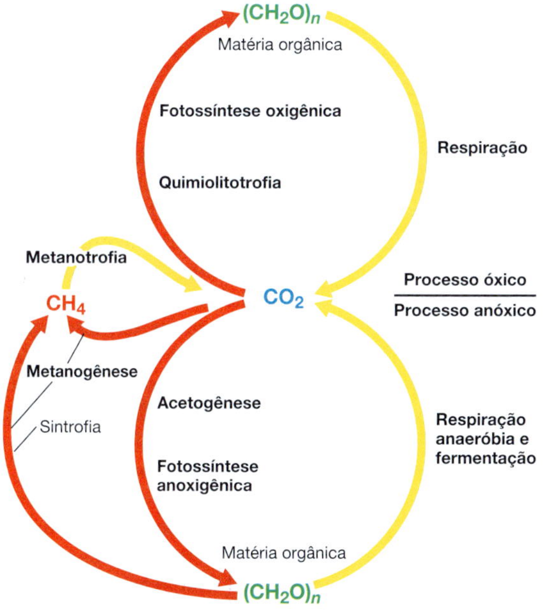


**Figura 20.2** **Ciclo redox para o carbono.** A figura diferencia os processos autotróficos ($CO_2 \rightarrow$ compostos orgânicos) e heterotróficos (compostos orgânicos $\rightarrow CO_2$). As setas amarelas indicam as oxidações; as setas vermelhas indicam as reduções.

realizam a respiração, tanto na luz quanto no escuro. A equação geral da respiração é o reverso da fotossíntese oxigênica:

$$(CH_2O) + O_2 \rightarrow CO_2 + H_2O$$

Para os compostos orgânicos que se acumulam, a taxa de fotossíntese deve exceder a taxa de respiração. Dessa forma, os organismos autotróficos constroem biomassa a partir do $CO_2$, e, em seguida, essa biomassa, de uma forma ou de outra, se torna as fontes de C que os organismos heterotróficos precisam. Fototróficos e quimilitotróficos anoxigênicos também produzem compostos orgânicos em excesso, mas na maioria dos ambientes as contribuições desses organismos para o acúmulo de matéria orgânica são menores em comparação com os fototróficos oxigênicos. Isso ocorre porque o redutor utilizado pelos fototróficos oxigênicos é a água ($H_2O$), uma fonte praticamente ilimitada.

Os compostos orgânicos são degradados biologicamente para $CH_4$ e $CO_2$ (Figura 20.2). O dióxido de carbono, a maior parte tem origem microbiana, é produzido pela respiração aeróbia e a anaeróbia (Seção 13.16). O metano é produzido em ambientes anóxicos por *metanogênicos* por meio da redução do $CO_2$ com o hidrogênio ($H_2$) ou a partir da divisão de acetato em $CH_4$ e $CO_2$. No entanto, qualquer composto orgânico que ocorre naturalmente, eventualmente pode ser convertido em $CH_4$ a partir das atividades de cooperação de metanogênicos e várias bactérias fermentativas, como será visto na próxima seção. O metano produzido em hábitats anóxicos é insolúvel e difunde-se para ambientes óxicos, onde é liberado para a atmosfera ou, então, oxidado a $CO_2$ por *metanotróficos* (Figura 20.2). Assim, a maior parte do C em compostos orgânicos eventualmente retorna ao $CO_2$ e as ligações do ciclo do carbono estão fechadas.

## Hidratos de metano

Embora presente na atmosfera em níveis inferiores ao $CO_2$, o $CH_4$ é um gás do efeito estufa 20 vezes mais eficaz na retenção de calor do que o $CO_2$. Algumas moléculas de $CH_4$ entram na atmosfera a partir da produção dos metanogênicos, contudo nem todas as moléculas biologicamente produzidas são consumidas ou liberadas para a atmosfera imediatamente. Grandes quantidades de $CH_4$, principalmente derivadas de atividades microbianas, ficam retidas no subsolo ou em sedimentos marinhos como os *hidratos de metano*, moléculas de $CH_4$ congeladas. Os hidratos de metano se formam quando uma quantidade suficiente de $CH_4$ está presente em ambientes de alta pressão e baixa temperatura, como sob o gelo permanente do subsolo no Ártico e em sedimentos marinhos (Figura 20.1). Estes depósitos podem ser de até várias centenas de metros de espessura e estima-se que contenha de 700 a 10.000 pentagramas (1 pentagrama = $10^{15}$ g) de $CH_4$. Isso excede as outras reservas de $CH_4$ conhecidas na Terra em várias ordens de magnitude.

Os hidratos de metano são altamente dinâmicos, absorvendo e liberando $CH_4$ em resposta às mudanças de pressão, temperatura (**Figura 20.3**) e movimento de fluidos. Os hidratos de metano também abastecem os ecossistemas de profundidade, chamados de *fontes frias*. Aqui, a lenta liberação de $CH_4$ a partir de hidratos do fundo oceânico alimenta não só arqueias (Seção 13.24), mas também comunidades de animais que contêm endossimbiontes aeróbios oxidantes de metano que oxidam $CH_4$ e liberam matéria orgânica para os animais (Seção 22.12). A oxidação anaeróbia do $CH_4$ é aco-

**Figura 20.3 Queimando hidrato de metano.** Gelo de metano congelado recuperado de sedimentos marinhos é inflamado.

plada à redução do sulfato ($SO_4^{2-}$), nitrato ($NO_3^-$) e óxidos de ferro e manganês [p. ex., FeO(OH)], e os cientistas do clima atualmente temem que o aquecimento global poderia catalisar uma liberação catastrófica de $CH_4$ a partir de hidratos de metano, um evento que iria afetar rapidamente o clima da Terra.

Na verdade, a súbita liberação de grandes quantidades de $CH_4$ a partir de hidratos de metano pode ter provocado as extinções do Permiano-Triássico cerca de 250 milhões de anos atrás. Estas extinções, as piores da história da Terra, eliminaram praticamente todos os animais marinhos e mais de 70% de todas as espécies de plantas e animais terrestres. Além da liberação de hidratos de metano, com o gelo permanente do subsolo derretido, a sua enorme reserva de matéria orgânica pode desencadear a formação de metano adicional (ver Arqueias e aquecimento global, página 517).

## Balanços de carbono e ciclos acoplados

Embora seja conveniente considerar a ciclagem do carbono como uma série de reações separadas de outros ciclos de nutrientes, a consciência de como os vários ciclos de nutrientes são interconectados é extremamente importante. Na realidade, todos os ciclos de nutrientes são *ciclos acoplados*; grandes mudanças em um ciclo podem afetar o funcionamento dos outros. Contudo, certos ciclos, como os ciclos do carbono e do nitrogênio (**Figura 20.4**), estão intimamente acoplados e a ocorrência de impactos humanos graves pode levar a consequências indesejáveis para a saúde do planeta (ver Seção 20.8). A taxa de produtividade primária (fixação de $CO_2$) é controlada por diversos fatores, em especial pela magnitude da biomassa fotossintética e pelo N disponível, muitas vezes um nutriente limitante. Assim, a redução em larga escala na biomassa, por exemplo, pelo desmatamento generalizado, pode reduzir os índices de produtividade e aumentar os níveis primários de $CO_2$. Altos níveis de C orgânico estimulam a fixação de nitrogênio ($N_2 \rightarrow NH_3$) e este, por sua vez, acrescenta mais N fixo para o montante de produtores primários; baixos níveis de C orgânico têm exatamente o efeito oposto (Figura 20.4). Altos níveis de amônia ($NH_3$) estimulam a produção primária e a nitrificação, mas inibem a fixação de nitrogênio. Altos níveis de nitrato ($NO_3^-$), uma fonte de N excelente para plantas e fototróficos aquáticos, estimulam a produção primária, mas também aumentam a taxa de desnitrificação; a segunda remove formas fixas de N a partir do ambiente e se alimenta de volta de forma negativa sobre a produção primária (Figura 20.4).

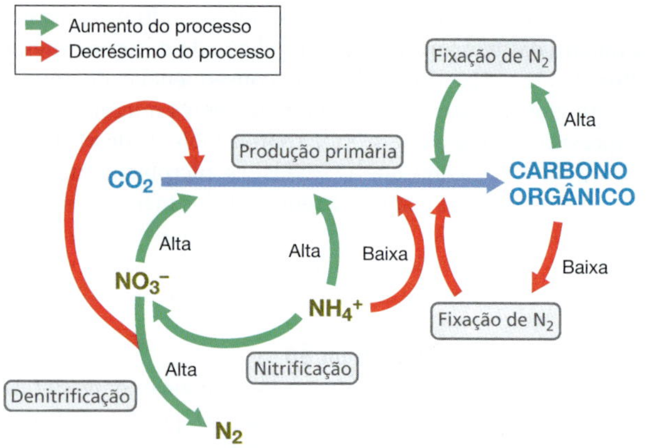


**Figura 20.4 Ciclos acoplados.** Todos os ciclos de nutrientes estão interligados, mas os ciclos do carbono e do nitrogênio estão intimamente acoplados. No ciclo de carbono, o $CO_2$ fornece o C para os compostos de carbono. O ciclo do N, mostrado em maiores detalhes na Figura 20.7, fornece N para muitos dos compostos.

Este exemplo simples ilustra como os ciclos de nutrientes não são entidades isoladas; são sistemas que mantêm um delicado equilíbrio de entradas e saídas acopladas. Assim, pode-se esperar que esses ciclos respondam a grandes entradas em pontos específicos (p. ex., por meio das entradas de $CO_2$ ou fertilizantes nitrogenados) de maneiras que nem sempre são benéficas para a biosfera (Seção 20.8). Isto é particularmente verdadeiro para os ciclos do C e do N, porque ao lado da $H_2O$, o C e N são os elementos mais abundantes nos organismos vivos e seus ciclos interagem com os outros em pontos essenciais.

**MINIQUESTIONÁRIO**

- Como nova matéria orgânica é produzida na natureza?
- De que forma a fotossíntese oxigênica está relacionada com a respiração?
- O que é um hidrato de metano?

# 20.2 Sintrofia e metanogênese

A maioria dos compostos orgânicos é oxidada na natureza por processos microbianos *aeróbios*. No entanto, devido à baixa solubilidade do gás oxigênio ($O_2$) e este ser ativamente consumido quando disponível, a quantidade de carbono orgânico ainda acaba em ambientes anóxicos. A metanogênese biológica é fundamental no ciclo do carbono em hábitats anóxicos. A metanogênese é realizada por um grupo de arqueias, os *metanogênicos*, os quais são anaeróbios estritos. Discute-se a bioquímica da metanogênese na Seção 13.20, e os metanogênicos, na Seção 16.2.

A maioria dos metanogênicos utiliza $CO_2$ como aceptor terminal de elétrons na respiração anaeróbia, reduzindo-o a $CH_4$, com a participação de $H_2$ como doador de elétrons. Somente um pequeno número de outros substratos, principalmente o acetato, é diretamente convertido a $CH_4$ pelos metanogênicos. Assim, para a conversão da maioria dos compostos orgânicos a $CH_4$, os metanogênicos devem associar-se a organismos parceiros chamados *sintróficos*, os quais podem supri-los dos precursores metanogênicos.

## Decomposição anóxica e sintrofia

Na Seção 13.5, discutimos a bioquímica da **sintrofia**, um processo em que dois ou mais organismos cooperam na degra-

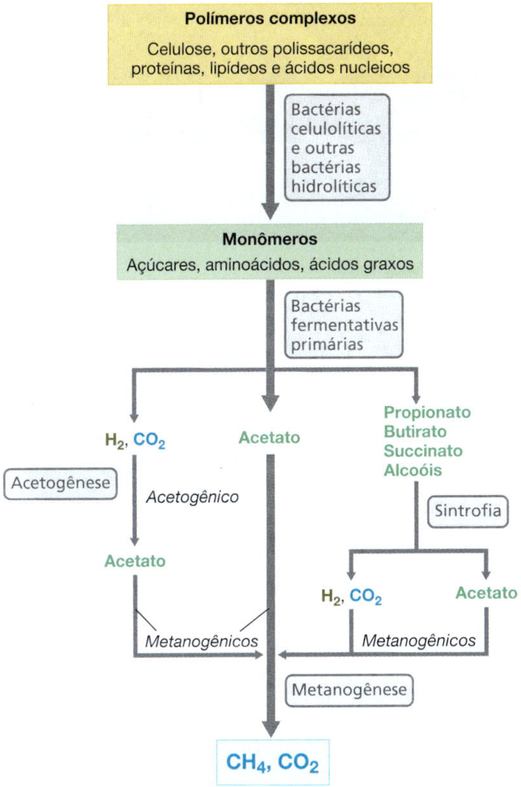


**Figura 20.5** **Decomposição anóxica.** É apresentado o processo geral de decomposição anóxica, em que vários grupos de anaeróbios fermentativos cooperam na conversão de compostos orgânicos complexos a metano ($CH_4$) e $CO_2$. Este quadro é representativo de ambientes onde as bactérias redutoras de sulfato desempenham apenas um papel secundário, por exemplo, em sedimentos de lagos de água doce, no lodo de esgoto de biorreatores ou no rúmen.

dação anaeróbia de compostos orgânicos. Aqui, abordaremos as interações entre bactérias sintróficas e seus organismos parceiros, assim como sua importância para o ciclo anóxico do carbono. Serão analisados os sedimentos anóxicos de água doce e o tratamento de água de rejeitos anóxicas, pois ambos são importantes fontes de $CH_4$.

Polissacarídeos, proteínas, lipídeos e ácidos nucleicos provenientes de organismos mortos se encontram em hábitats anóxicos, onde eles são catabolizados. Após a hidrólise, os monômeros provenientes são excelentes doadores de elétrons para o metabolismo energético. Na degradação de um polissacarídeo típico, como a celulose, o processo é iniciado pelas bactérias *celulolíticas* (**Figura 20.5**). Estes organismos hidrolisam a celulose em glicose, que é catabolizada por organismos fermentativos para ácidos graxos de cadeia curta (acetato, propionato e butirato), alcoóis, como etanol e butanol, e para gases $H_2$ e $CO_2$. O hidrogênio ($H_2$) e o acetato são consumidos diretamente por metanogênese, mas a maior parte do carbono permanece na forma de ácidos graxos e alcoóis; estes não podem ser diretamente catabolizados por metanogênese e exigem a atividade de bactérias sintróficas (Seção 13.15; Figura 20.5).

Bactérias sintróficas são fermentadoras *secundárias*, pois fermentam os produtos dos fermentadores primários, produzindo $H_2$, $CO_2$ e acetato como produtos. Por exemplo, *Syntrophomonas wolfei* oxida ácidos graxos de $C_4$ a $C_8$, produzindo acetato, $CO_2$ (se o ácido graxo contiver número ímpar de átomos de carbono) e $H_2$ (**Tabela 20.1** e Figura 20.5). Outras espécies de *Syntrophomonas* utilizam ácidos graxos de até $C_{18}$, incluindo alguns ácidos graxos insaturados. *Syntrophobacter wolinii* é especializado na fermentação de propionato ($C_3$), gerando acetato, $CO_2$ e $H_2$, enquanto *Syntrophus gentianae* degrada compostos aromáticos, como o benzoato, o acetato, $H_2$ e $CO_2$ (Tabela 20.1). Apesar da diversidade metabólica bastante extensa, os sintróficos são incapazes de realizar qualquer destas reações em cultura pura. Em vez disso, eles dependem de um organismo parceiro consumidor de $H_2$ devido à bioenergética incomum ligada ao processo sintrófico.

Conforme descrito na Seção 13.5, o consumo de $H_2$ pelo organismo parceiro é absolutamente essencial para o crescimento dos sintróficos (na ausência de outros aceptores de elétrons), e a associação do produtor de $H_2$ ao consumidor de $H_2$ pode ser muito íntima. Na verdade, acredita-se que a transferência de $H_2$ em algumas associações sintróficas pode ocorrer



**Tabela 20.1 Principais reações que ocorrem na conversão anóxica de compostos orgânicos em metano**[a]

| | | *Troca de energia livre (kJ/reação)* | |
|---|---|---|---|
| *Tipo de reação* | *Reação* | $\Delta G^{0\prime b}$ | $\Delta G^{c}$ |
| Fermentação de glicose a acetato, $H_2$ e $CO_2$ | Glicose + $4H_2O \rightarrow 2$ acetato$^-$ + $2HCO_3^-$ + $4H^+$ + $4H_2$ | −207 | −319 |
| Fermentação de glicose a butirato, $CO_2$ e $H_2$ | Glicose + $2H_2O \rightarrow$ butirato$^-$ + $2HCO_3^-$ + $2H_2$ + $3H^+$ | −135 | −284 |
| Fermentação de butirato a acetato e $H_2$ | Butirato$^-$ + $2H_2O \rightarrow 2$ acetato$^-$ + $H^+$ + $2H_2$ | +48,2 | −17,6 |
| Fermentação de propionato a acetato, $CO_2$ e $H_2$ | Propionato$^-$ + $3H_2O \rightarrow$ acetato$^-$ + $HCO_3^-$ + $H^+$ + $H_2$ | +76,2 | −5,5 |
| Fermentação de etanol a acetato e $H_2$ | 2 etanol + $2H_2O \rightarrow 2$ acetato$^-$ + $4H_2$ + $2H^-$ | +19,4 | −37 |
| Fermentação de benzoato a acetato, $CO_2$ e $H_2$ | Benzoato$^-$ + $7H_2O \rightarrow 3$ acetato$^-$ + $3H^+$ + $HCO_3^-$ + $3H_2$ | +70,1 | −18 |
| Metanogênese a partir de $H_2$ + $CO_2$ | $4H_2$ + $HCO_3^-$ + $H^+ \rightarrow CH_4$ + $3H_2O$ | −136 | −3,2 |
| Metanogênese a partir de acetato | Acetato$^-$ + $H_2O \rightarrow CH_4$ + $HCO_3^-$ | −31 | −24,7 |
| Acetogênese a partir de $H_2$ + $CO_2$ | $4H_2$ + $2HCO_3^-$ + $H^+ \rightarrow$ acetato$^-$ + $4H_2O$ | −105 | −7,1 |

[a]Dados adaptados de Zinder S. 1984. Microbiology of anaerobic conversion of organic wastes to methane: Recent developments. *Am. Soc. Microbiol.* 50:294-298.
[b]Condições-padrão: solutos, 1 M; gases, 1 atm; 25°C.
[c]Concentrações dos reagentes em um ecossistema de água doce anóxico típico: ácidos graxos, 1 mM; $HCO_3^-$, 20 mM; glicose, 10 μM; $CH_4$, 0,6 atm; $H_2$, $10^{-4}$ atm. Para calcular $\Delta G$ a partir de $\Delta G^{0\prime}$, ver Apêndice 1.

por meio da *condução direta*, em que os elétrons são transferidos entre as espécies que usam estruturas condutoras de eletricidade parecidas com arames (ver Explore o mundo microbiano, mais adiante neste capítulo). Contudo, não importa como a transferência ocorre, pois é a transferência de $H_2$ que faz o trabalho de associação sintrófica. Como isso é possível?

Quando as reações listadas na Tabela 20.1 para a fermentação do butirato, propionato, etanol ou benzoato são realizadas com todos os reagentes nas condições normais (solutos, 1 M; gases, 1 atm, 25°C), as reações produzem variações de energia livre ($\Delta G^{0\prime}$, ⇄ Seção 3.4) que são positivas quanto ao sinal de aritmética; isto é, as reações *absorvem* energia mais do que *liberam*. Contudo o consumo de $H_2$ afeta drasticamente a energética, tornando a reação favorável e permitindo que a energia seja conservada. Isso pode ser visto na Tabela 20.1, em que os valores de $\Delta G$ (variação da energia livre medida sob as condições reais do hábitat) são negativos em sinal de aritmética se as concentrações de $H_2$ forem mantidas perto de zero por um organismo parceiro que consome $H_2$. Isso permite à bactéria sintrófica conservar uma pequena quantidade de energia que é usada para a produção de ATP.

Os produtos finais da parceria sintrófica são $CO_2$ e $CH_4$ (Figura 20.5) e praticamente qualquer composto orgânico introduzido em um hábitat metanogênico acabará sendo convertido nesses produtos. Eles incluem até mesmo hidrocarbonetos aromáticos complexos e alifáticos. Outros organismos, além daqueles apresentados na Figura 20.5, podem estar envolvidos em tais degradações, porém ao final serão originados ácidos graxos e alcoóis, que serão convertidos a substratos metanogênicos pelos organismos sintróficos. O acetato produzido por sintrópicos (bem como pela atividade de bactérias acetogênicas, ⇄ Seção 13.19) é um substrato metanogênico direto e é convertido em $CO_2$ e $CH_4$ por vários organismos metanogênicos.

## Simbiontes metanogênicos e acetogênicos em cupim

Uma variedade de protistas anaeróbios que crescem sob condições estritamente anóxicas, incluindo ciliados e flagelados, desempenha um papel importante no ciclo do carbono. arqueias metanogênicas vivem dentro de algumas dessas células protistas como endossimbiontes consumidores de $H_2$. Por exemplo, metanogênicos estão presentes no *interior* das células de protistas tricomonas que habitam o intestino grosso de cupins (**Figura 20.6**), onde a metanogênese e a acetogênese são importantes processos metabólicos. Simbiontes metanogênicos de protistas são espécies dos gêneros *Methanobacterium* ou *Methanobrevibacter* (⇄ Seção 16.2).

No intestino grosso dos cupins, acredita-se que os metanogênicos endossimbiontes juntamente com as bactérias acetogênicas beneficiem seus hospedeiros consumindo o $H_2$ gerado a partir da fermentação da glicose por protistas celulolíticos. Os acetogênicos não são endossimbiontes, mas residem no intestino grosso do cupim consumindo $H_2$ a partir de fermentadores primários e reduzindo $CO_2$ para fazer acetato. Ao contrário dos metanogênicos, os acetogênicos podem fermentar a glicose originando diretamente o acetato. Os acetogênicos também podem fermentar compostos aromáticos metoxilados em acetato. Isso é especialmente importante no intestino grosso de cupins, os quais vivem na madeira, que contém lignina, um polímero complexo formado por compostos aromáticos metoxilados. O acetato produzido por acetogênicos no intestino grosso de cupins pode ser consumido pelo inseto como fonte de energia primária. As simbioses microbianas no intestino grosso de cupins são discutidas em mais detalhes na Seção 22.10.

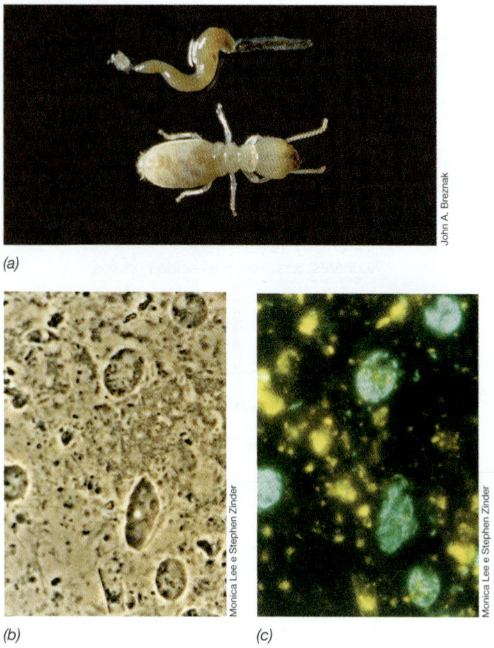


**Figura 20.6** **Cupins e seu metabolismo de carbono.** *(a)* Uma larva de cupim operário subterrâneo, apresentada abaixo da porção final do intestino extraído de outro cupim operário. O animal apresenta cerca de 0,5 cm de comprimento. Um mesmo campo microscópico foi fotografado por dois métodos diferentes: *(b)* contraste de fase e *(c)* epifluorescência. Metanogênicos endossimbiantes em células de protistas fluorescem em amarelo e verde devido à presença de altas concentrações da coenzima fluorescente $F_{420}$ (comparar com a Figura 13.48). O diâmetro médio de uma célula do protista é de 15 a 20 mm.

**MINIQUESTIONÁRIO**

- Por que o *Syntrophomonas* precisa de um organismo parceiro para fermentar ácidos graxos ou alcoóis?
- Quais tipos de organismos são utilizados em cocultura com *Syntrophomonas*?
- Qual é o produto final da acetogênese?

# 20.3 O ciclo do nitrogênio

O nitrogênio é um elemento essencial para a vida (⇄ Seção 3.1) e existe em diferentes estados de oxidação. Discutimos quatro grandes transformações do N microbiano até agora: nitrificação, desnitrificação, anamox e fixação do nitrogênio (Capítulo 13). Estas e outras transformações-chave do N encontram-se resumidas no ciclo redox mostrado na **Figura 20.7**.

## Fixação do nitrogênio e desnitrificação

O nitrogênio gasoso ($N_2$) é a forma mais estável do nitrogênio na Terra. Contudo, somente um número relativamente pequeno de procariotos é capaz de utilizar $N_2$ como fonte de nitrogênio celular por meio da *fixação de nitrogênio* ($N_2 + 8H \rightarrow 2\,NH_3 + H_2$) (⇄ Seção 3.17). A reciclagem de ni-

**Processos-chave e procariotos no ciclo do nitrogênio**

| Processos | Exemplos de organismos |
|---|---|
| **Nitrificação** ($NH_4^+ \rightarrow NO_3^-$) | |
| $NH_4^+ \rightarrow NO_2^-$ | *Nitrosomonas, Nitrosopumilus (Archaea)* |
| $NO_2^- \rightarrow NO_3^-$ | *Nitrobacter* |
| **Desnitrificação** ($NO_3^- \rightarrow N_2$) | *Bacillus, Paracoccus, Pseudomonas* |
| **Fixação de $N_2$** ($N_2 + 8\ H \rightarrow NH_3 + H_2$) | |
| De vida livre | |
| Aeróbios | *Azotobacter* Cyanobacteria |
| Anaeróbios | *Clostridium*, bactérias púrpuras e verdes *Methanobacterium (Archaea)* |
| Simbióticos | *Rhizobium* *Bradyrhizobium* *Frankia* |
| **Amonificação** (N-orgânico $\rightarrow NH_4^+$) | Diversos organismos são capazes de realizar esse processo |
| **Anamox** ($NO_2^- + NH_3 \rightarrow 2\ N_2$) | *Brocadia* |

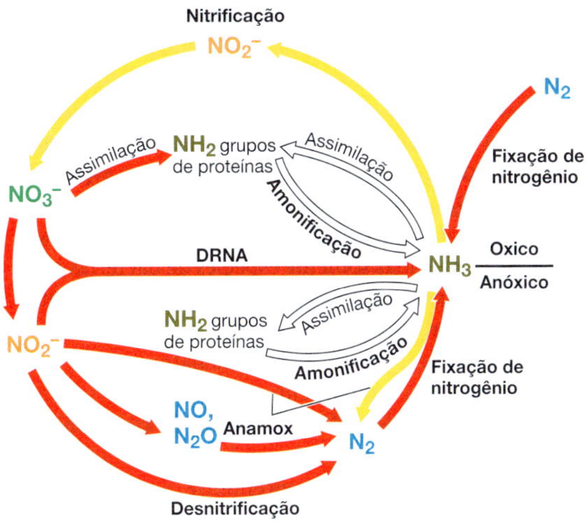


**Figura 20.7 Ciclo redox do nitrogênio.** As reações de oxidação são indicadas pelas setas amarelas, e as de redução, pelas vermelhas. As reações que não apresentam alteração redox estão em branco. A reação anamox é $NH_4^+ + NO_2^- \rightarrow N_2 + 2H_2O$. (Figura 13.28) DRNA, redução dissimilativa do nitrato para amônia.

trogênio na Terra envolve, em grande parte, as formas fixadas de nitrogênio, como a amônia ($NH_3$) e o nitrato ($NO_3^-$). Em muitos ambientes, no entanto, a pouca disponibilidade desses compostos favorece a fixação biológica do nitrogênio, e nesses hábitats, as bactérias fixadoras de nitrogênio florescem.

Discutiu-se o papel do nitrato como um aceptor alternativo de elétrons na respiração aeróbia na Seção 13.17. Na maioria das condições, o produto final da redução do nitrato é $N_2$, NO ou $N_2O$. A redução do nitrato a compostos de nitrogênio gasoso, denominada **desnitrificação** (Figura 20.7), é a principal maneira pela qual o $N_2$ gasoso é formado biologicamente. Por um lado, a desnitrificação é um processo prejudicial. Por exemplo, quando campos fertilizados com compostos à base de nitrato de potássio tornam-se encharcados após intensas chuvas, as condições anóxicas desenvolvem-se e a desnitrificação pode ser intensa; esse processo remove o nitrogênio do solo. Por outro lado, a desnitrificação pode auxiliar no tratamento de água de rejeitos (Seções 21.6 e 21.7). Pela remoção do nitrato, a desnitrificação minimiza o crescimento de algas quando o esgoto é vertido em lagos ou riachos. Ao converter $NO_3^-$ em formas voláteis de N, a desnitrificação minimiza o N fixado e o crescimento de algas quando o esgoto tratado é descarregado em lagos e córregos.

A produção de $N_2O$ e NO durante a desnitrificação pode ter outras consequências ambientais. O $N_2O$ pode ser oxidado quimicamente a NO na atmosfera. O NO reage com o ozônio ($O_3$) na atmosfera superior, formando nitrato ($NO_2^-$), e este retorna à Terra como ácido nítrico ($HNO_2$). Além disso, o $N_2O$ é um gás muito potente do efeito estufa. Apesar das moléculas de $N_2O$ persistirem em média apenas cerca de 100 anos por causa de sua reatividade, em uma base por peso, a contribuição de $N_2O$ para o aquecimento é cerca de 300 vezes a do $CO_2$. Assim, a desnitrificação contribui para o aquecimento global, para a destruição da camada de ozônio, levando a uma maior passagem de radiação ultravioleta para a superfície da Terra, e para a chuva ácida, o que aumenta a acidez dos solos. O aumento da acidez dos solos pode alterar a estrutura e função de comunidades microbianas e, consequentemente, a fertilidade do solo, causando impactos na diversidade das plantas e na produção de produtos agrícolas.

## Fluxos de amônia e amonificação

A amônia é produzida durante a decomposição de compostos orgânicos nitrogenados, como aminoácidos e nucleotídeos, um processo denominado *amonificação* (Figura 20.7). Outro processo que contribui para a geração de $NH_3$ é a redução respiratória do $NO_3^-$ para $NH_3$, chamado *redução dissimilativa do nitrato para amônia* (DRNA, *dissimilative reduction of nitrate to ammonia,* Figura 20.7). A DRNA domina a redução do nitrato ($NO_3^-$) e nitrito ($NO_2^-$) em ambientes anóxicos redutores, como os sedimentos marinhos altamente orgânicos e o trato gastrintestinal humano. Acredita-se que as bactérias redutoras de nitrato exploram esta via principalmente quando o $NO_3^-$ é limitante, porque a DRNA consome oito elétrons em comparação com os 4 e 5 elétrons consumidos, quando o $NO_3^-$ é reduzido a $N_2O$ ou $N_2$, respectivamente.

Em pH neutro, a amônia encontra-se na forma de íon amônio ($NH_4^+$). Nos solos, a maior parte da amônia liberada na decomposição aeróbia é rapidamente reciclada e convertida em aminoácidos nas plantas e nos microrganismos. No entanto, uma vez que a amônia é volátil, parte dela pode ser perdida pelos solos alcalinos por vaporização, com as principais perdas de amônia para a atmosfera ocorrendo em áreas contendo densas populações animais (p. ex., pastagens de gado). No entanto, em termos globais, a amônia representa somente cerca de 15% do nitrogênio liberado na atmosfera, o restante correspondendo principalmente a $N_2$ ou $N_2O$ proveniente de desnitrificação.

## Nitrificação e anamox

A *nitrificação*, a oxidação de $NH_3$ a $NO_3^-$, ocorre facilmente em solos bem drenados, com pH neutro, pelas atividades dos

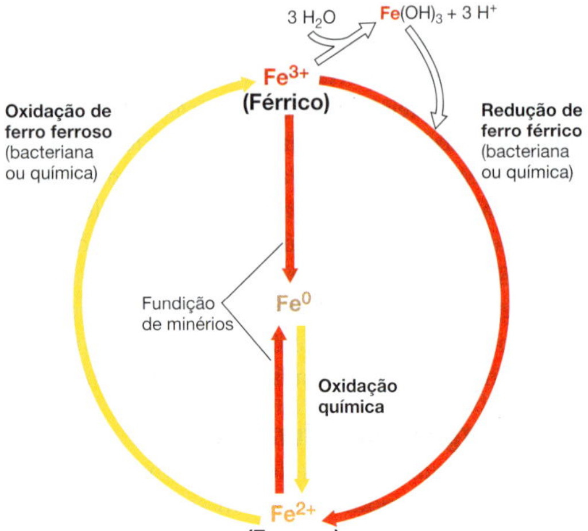


**Figura 20.9** **O ciclo redox do ferro.** As principais formas do ferro na natureza são $Fe^{2+}$ e $Fe^{3+}$. $F^0$ é um produto originado principalmente a partir das atividades humanas de fundição de minérios de ferro. As oxidações são indicadas pelas setas amarelas, e as reduções, pelas vermelhas. O $Fe^{3+}$ forma vários minerais, como hidróxido férrico, $Fe(OH)_3$.

encontrado em dois estados de oxidação, ferroso ($Fe^{2+}$) e férrico ($Fe^{3+}$). Um terceiro estado de oxidação, $F^0$, é um importante produto das atividades humanas a partir da fundição de minérios de ferro, originando ferro fundido.

Na natureza, os ciclos de ferro, principalmente entre as formas $Fe^{2+}$ e $Fe^{3+}$ e as transições redox são oxidações e reduções de um elétron. O $Fe^{3+}$ é reduzido quimicamente ou como uma forma de respiração anaeróbia, enquanto a oxidação de $Fe^{2+}$ pode ser de natureza química ou como um tipo de metabolismo quimiolitotrófico (**Figura 20.9**). O manganês (Mn), embora esteja presente em abundância de 5 a 10 vezes menos que o Fe no ambiente próximo de superfície, é outro metal redox-ativo de significância microbiológica, existente principalmente em dois estados de oxidação ($Mn^{2+}$ e $Mn^{4+}$; ver Figura 20.10).

Uma das principais características dos ciclos do ferro e do manganês são as diferentes solubilidades destes metais em suas formas oxidadas *versus* reduzidas. O ferro reduzido ($Fe^{2+}$) e o manganês ($Mn^{2+}$) são solúveis. Em contrapartida, os minerais oxidados de ferro, como óxido de ferro [p. ex., hidróxidos, $Fe(OH)_3$, FeOOH e $Fe_2O_3$] e óxido de manganês ($MnO_2$) são insolúveis e tendem a precipitar em ambientes aquáticos. Como consequência, esses oxidantes fortes podem compreender uma grande porcentagem do peso de sedimentos marinhos e de água doce, colocando-os entre os mais abundantes aceptores de elétrons potenciais em muitos sistemas de anoxia (ver Figura 20.10).

## Redução bacteriana do ferro e óxido de manganês

Algumas bactérias e arqueias podem utilizar o ferro férrico como aceptor de elétrons na respiração anaeróbia (Seção 13.21). Esses organismos comumente também têm a capacidade de usar $Mn^{4+}$ como um aceptor de elétrons, e alguns têm a capacidade de reduzir o urânio oxidado (Seção 21.3).

A redução do ferro férrico e do óxido de manganês é comum em solos alagados, pântanos e sedimentos lacustres anóxicos (**Figura 20.10**). Quando o ferro reduzido e o manganês solúvel atingem regiões óxicas, por exemplo, por meio da difusão pelos sedimentos a partir de regiões anóxicas, eles são oxidados

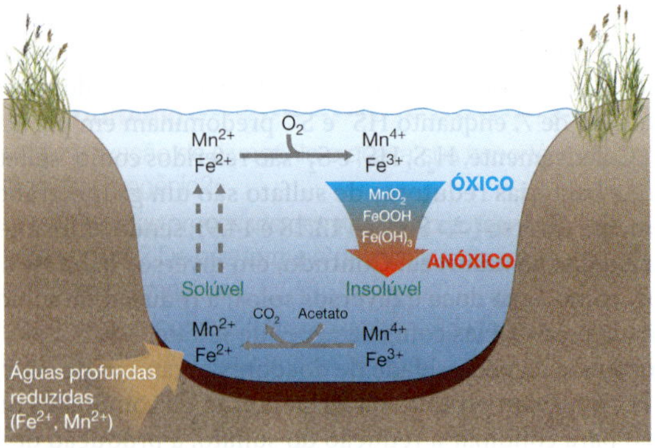


**Figura 20.10** **Ciclo redox do ferro e do manganês em um sistema típico de água doce.** Óxidos de ferro e manganês em sedimentos são usados como aceptores de elétrons por bactérias redutoras de metal. As formas reduzidas resultantes são solúveis e difundem-se para as regiões óxicas da coluna de sedimento ou de água, onde eles são oxidados microbiologicamente ou quimicamente. A precipitação dos metais oxidados insolúveis, então, retorna os metais para os sedimentos, completando o ciclo redox.

quimicamente [p. ex., $Fe^{2+} + \frac{1}{4}O_2 + 2\frac{1}{2}H_2O \rightarrow Fe(OH)_3 + 2H^+$] ou microbiologicamente (Figura 20.9). A oxidação química do $Fe^{2+}$ é muito rápida em pH quase neutro. Embora a oxidação espontânea do $Mn^{2+}$ seja muito lenta em pH neutro, a taxa de oxidação pode ser aumentada até cinco ordens de grandeza por uma variedade de bactérias oxidantes de manganês e até por fungos. Os óxidos de metais oxidados e hidróxidos precipitam, permitindo o retorno dos metais oxidados para os sedimentos, onde novamente eles podem servir como aceptores de elétrons, completando o ciclo.

O ferro oxidado ($Fe^{3+}$) e o manganês ($Mn^{4+}$) são quimicamente muito reativos. O fosfato é preso como precipitados de fosfato férrico insolúveis. A oxidação química de compostos orgânicos refratários pelo óxido $Mn^{4+}$ pode render mais fontes de carbono disponíveis para o crescimento microbiano. Outros metais [p. ex., cobre (Cu), cádmio (Cd), cobalto (Co), chumbo (Pb), arsênio (As)] formam complexos insolúveis com óxidos de ferro e de manganês. Quando estes óxidos são subsequentemente reduzidos, o fosfato ligado e os metais são liberados juntamente com as formas solúveis destes metais.

Nos últimos anos, tem sido reconhecido que as superfícies e os apêndices das células de bactérias que interagem

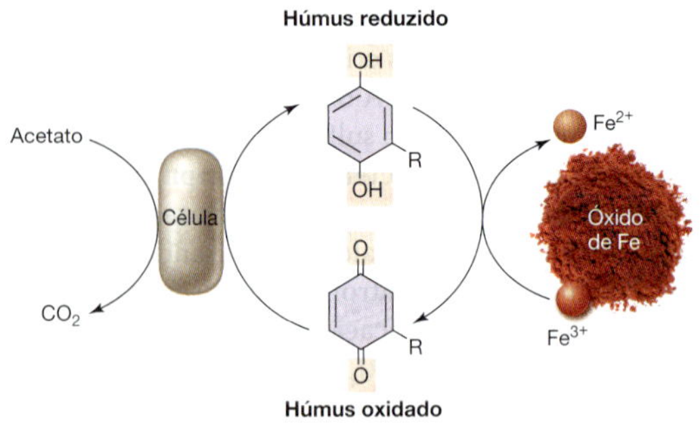


**Figura 20.11** **Papel das substâncias húmicas em húmus como um condutor de elétrons na redução microbiana do metal.** Grupos funcionais tipo quinona em húmus são reduzidos por bactérias oxidantes de acetato. O húmus reduzido então doa elétrons para os óxidos metálicos, liberando ferro reduzido solúvel ($Fe^{2+}$) e húmus oxidado. O ciclo continua com o húmus oxidado sendo novamente reduzido pelas bactérias.

# EXPLORE O MUNDO MICROBIANO

## Fios microbiológicos

Independentemente do aceptor de elétrons utilizado quando as bactérias respiram, elas realizam oxidações e reduções que geram eletricidade. Elas fazem isso quando oxidam um doador de elétrons orgânico ou inorgânico e elétrons separados de prótons durante o transporte de elétrons. Os elétrons, eventualmente, reduzem alguns aceptores de elétrons e os prótons geram uma força próton-motiva.

Em qualquer tipo de respiração, a eliminação de elétrons é necessária para a conservação de energia. Quando o aceptor de elétrons é o oxigênio ($O_2$), nitrato ($NO_3^-$) ou muitas das outras substâncias solúveis usadas pelas bactérias como aceptores de elétrons (⮂ Seções 13.16 a 13.21), o produto final se difunde para longe da célula. Muitas bactérias reduzem o ferro férrico ($Fe^{3+}$) como um aceptor de elétrons sob condições anóxicas, incluindo a bactéria *Geobacter sulfurreducens* (**Figura 1**). No entanto, ao contrário dos aceptores de elétrons solúveis, o $Fe^{3+}$ está geralmente presente na natureza como um mineral insolúvel, como um óxido de ferro (Figura 20.11), e, portanto, a redução do $Fe^{3+}$ ocorre *fora da* célula. Sob tais condições, as funções do ferro férrico como um ânodo elétrico e a célula bacteriana facilita a transferência de elétrons a partir do doador de elétrons para o ânodo.[1]

Pesquisas têm mostrado que a *Geobacter* faz conexões elétricas diretas com materiais insolúveis que podem aceitar ou doar elétrons. A transferência de elétrons envolve citocromos localizados ao longo do comprimento de *pili* que são geralmente de 10 a 20 micrômetros de comprimento (Figura 14.35c). Estas estruturas eletricamente condutoras funcionam como nanofios elétricos, tanto quanto um fio de cobre em um circuito elétrico doméstico. Sendo estruturas condutoras, os nanofios podem formar conexões elétricas diretas com materiais insolúveis que aceitam ou doam elétrons, ou, em alternativa, os nanofios podem formar conexões entre as células. Desse modo, os elétrons obtidos pela *Geobacter* a partir da oxidação de doadores de elétrons orgânicos ou de $H_2$ podem ser transportados para um aceptor de elétrons adequados. Embora os citocromos sejam necessários para obter o máximo de transferência de elétrons, como, por exemplo, para a redução do óxido de ferro aceptor de elétrons, estudos do processo sugerem que o material orgânico que compreende o *pillus* em si é eletricamente condutor.

Surpreendentemente, o trânsito de elétrons na bactéria pode ocorrer ao longo de grandes distâncias espaciais, muito maiores do que a própria célula. Em estudos sobre a oxidação do sulfeto de hidrogênio ($H_2S$) em sedimentos marinhos anóxicos (sulfeto é o produto de bactérias redutoras de sulfato), a oxidação de $H_2S$ em profundidade nos sedimentos libera elétrons que reduzem o $O_2$ na interface sedimento-água, cerca de 20 cm de distância (ver "Linhas elétricas microbianas" na página 631).[2] Os condutores elétricos no sedimento são as bactérias filamentosas pertencentes à família de bactérias redutoras de sulfato Desulfobulbaceae (⮂ Seção 14.9). Embora filogeneticamente afiliadas às bactérias *redutoras de sulfato*, as bactérias filamentosas realmente funcionam como *oxidantes de sulfeto*, usando $O_2$ como aceptor terminal de elétrons.

A superfície das células bacterianas filamentosas tem sulcos ao longo de todo o seu comprimento. Microscopicamente esses sulcos se assemelham a cabos, cada filamento microbiano é cercado por 15 a 17 estruturas com 400 a 700 nm de largura, que funcionam de forma contínua ao longo do comprimento do filamento. Estas estruturas estão envolvidas na transferência de elétrons a partir do sulfeto oxidado de uma extremidade do filamento para a redução do $O_2$ próximo a superfície do sedimento da outra extremidade do filamento. Embora proveniente de nanofios de *Geobacter*, o mecanismo de transferência de elétrons ao longo de grandes distâncias é desconhecido.

**Figura 1** **Células de *Geobacter* ligadas a precipitados de ferro férrico (setas) para reduzir $Fe^{3+}$ a $Fe^{2+}$.**

Na natureza, a comunicação elétrica entre as células bacterianas pode ser uma maneira importante pela qual os elétrons gerados a partir do metabolismo microbiano em hábitats anóxicos são transportados para regiões óxicas. Além disso, a pesquisa sobre a microbiologia do processo indica que essa eletricidade microbiana poderia ser aproveitada na forma de "células de combustível" microbianas que poderiam oxidar os compostos de carbono e resíduos tóxicos em ambientes anóxicos com os elétrons resultantes acoplados a geração de energia. Nesse esquema, as bactérias seriam exploradas como catalisadores para desviar elétrons de doadores diretamente para ânodos artificiais, com a corrente elétrica resultante sendo desviada para abastecer uma parte das necessidades de energia dos seres humanos.

[1]Lovley, D.R. 2006. Bug juice: Harvesting electricity with microorganisms. *Nat. Rev. Microbiol. 4:* 497–508.

[2]Pfeffer, C., S. Larsen, J. Song M.D. Dong F. Besenbacher, R.L. Meyer, K.U. Kjeldsen, L. Schreiber, Y.A. Gorby, M.Y. El-Naggar, K.M. Leung, A. Schramm, N. Risgaard-Petersen, e L.P. Nielsen. 2012. Filamentous bacteria transport electrons over centimetre distances. *Nature 491:* 218–221.



com óxidos de ferro e de manganês, como *Geobacter,* são condutores de eletricidade, funcionando como "nanofios" para o deslocamento dos elétrons nos hábitats microbianos. Esse movimento de elétrons é uma forma de energia elétrica e o processo pode eventualmente ter aplicações comerciais para a geração de energia (ver Explorando o mundo microbiano, "Fios microbiológicos"). Substâncias húmicas (Seção 20.1) podem também facilitar a redução microbiana do metal. Uma vez que alguns componentes de húmicos podem alternar entre as formas oxidada e reduzida, eles podem funcionar como condutores de elétrons a partir da bactéria para a redução dos óxidos de ferro ou manganês (**Figura 20.11**).

### Oxidação microbiana de ferro reduzido e manganês

Em pH neutro, o ferro ferroso ($Fe^{2+}$) é rapidamente oxidado abioticamente em ambientes óxicos. De forma oposta, em pH

**Figura 20.12 Oxidação do ferro ferroso ($Fe^{2+}$).** Uma massa microbiana crescendo no Rio Tinto, na Espanha. O tapete é composto por algas verdes acidofílicas (eucariontes) e diversos procariontes quimiolitotróficos oxidantes de ferro. O Rio Tinto tem um pH próximo de 2 e contém níveis elevados de metais dissolvidos, em especial de $Fe^{2+}$. Os precipitados marrom-avermelhados consistem em $Fe(OH)_3$ e outros minerais férricos.

*ácido* (pH < 4) o $Fe^{2+}$ não é oxidado espontaneamente. Assim, grande parte da pesquisa sobre a oxidação microbiana de ferro está focada em hábitats ácidos ricos em ferro, onde os quimiolitotróficos acidofílicos, como *Acidithiobacillus ferrooxidans* e *Leptospirillum ferrooxidans*, oxidam $Fe^{2+}$ a $Fe^{3+}$ (**Figura 20.12**).

A oxidação de $Fe^{2+}$ a $Fe^{3+}$ produz um único elétron e, consequentemente, muito pouca energia pode ser conservada (Seções 13.9 e 14.15), dessa forma, estas bactérias precisam oxidar grandes quantidades de $Fe^{2+}$ para crescerem. Em tais ambientes, uma parte relativamente pequena da população de células é capaz de precipitar uma grande quantidade de minerais de ferro. Embora $O_2$ seja o receptor de elétrons mais significativo do ambiente, a oxidação do $Fe^{2+}$ também pode ser acoplada à redução do $NO_3^-$ por alguns organismos (Seções 13.9 e 14.15) e funciona como um doador de elétrons na fotossíntese para alguns fototróficos anoxigênicos (Seções 13.9, 14.2 e 14.5). Embora a oxidação de $Mn^{2+}$ para $Mn^{4+}$ também seja energeticamente favorável para o crescimento, e diversos microrganismos catalisam a oxidação do $Mn^{2+}$, nenhum organismo foi conclusivamente identificado como produtor de energia a partir da oxidação do manganês reduzido.

Devido à oxidação abiótica de ferro reduzido ser rápida em pH próximo a neutralidade, as bactérias oxidantes de ferro que habitam ambientes não ácidos são restritas a uma região redox muito estreita, na qual a água rica em ferro ferroso colide com a água oxigenada (Figura 20.10). Estes hábitats micro-óxicos incluem: água doce e sedimentos costeiros, córregos lentos, águas ricas em ferro ferroso a partir de nascentes e fontes hidrotermais (**Figura 20.13**). Por exemplo, quando as águas subterrâneas ricas em ferro ferroso são expostas ao ar, o $Fe^{2+}$ é oxidado na interface destas duas zonas por bactérias oxidantes de ferro, como *Gallionella* e *Leptothrix* (Figura 20.13*b*, *c*, *d*; Seções 13.9 e 14.15). Assim, a sua fisiologia os obriga a permanecerem dentro de um ambiente estreito com baixos níveis de $O_2$ e altos níveis de metais reduzidos. Ainda não é bem compreendido como esses organismos garantem e mantêm sua localização em condições abióticas tão estritas, mas as estruturas de invólucro e de haste normalmente encontradas em oxidantes de ferro podem contribuir para o seu posicionamento correto (Figura 20.13*b*, *d*, *f*; Figuras 14.36 e 14.60).

Como visto, os organismos que reduzem óxidos metálicos insolúveis podem usar condutores extracelulares para a transferência de elétrons, como *pili* eletricamente condutivos ou citocromos associados à superfície celular. No entanto, um problema semelhante ocorre com os organismos que oxidam metais: os óxidos metálicos insolúveis são o produto da oxidação do metal e o organismo deve assegurar que estes óxidos insolúveis sejam depositados externamente à célula. Assim, os organismos que oxidam o $Fe^{2+}$ ou $Mn^{2+}$ usam proteínas de transferência de elétrons associadas à superfície para assegurar que os metais sejam oxidados *fora* do citoplasma. Os citocromos participam tanto na oxidação quanto na redução do ferro, e os genomas das espécies oxidantes de metais *Gallionella* e *Sideroxydans* contêm genes que codificam citocromos associados à superfície (p. ex., MtrA) que se assemelham às proteínas de codificação conhecidas por reduzir os óxidos metálicos em *Shewanella*, o que sugere que vias mecanicamente semelhantes de transferência de elétrons provavelmente sejam utilizadas para a redução e oxidação de metais extracelulares.

Embora possivelmente compartilhem mecanismos de transferência eletrônica semelhantes, as bactérias oxidantes de metais são confrontadas com outro problema – o seu metabolismo pode rapidamente prender a célula em uma camada de óxido de ferro. Para evitar isso, os oxidantes metálicos produzem um material orgânico extracelular que captura os óxidos metálicos e os deposita a certa distância da célula. Alguns oxidantes metálicos, como *Gallionella*, produzem hastes orgânicas estendidas que se tornam incrustadas com óxidos metálicos a certa distância da célula (Figura 20.13*d*; ver também a Figura 14.36). Uma estratégia alternativa é utilizada por espécies de *Leptothrix*. Estas bactérias produzem uma bainha orgânica em torno das células que fica incrustada com óxidos metálicos (Figura 20.13*b* e Figura 14.60). Neste caso, as células podem se mover para fora do invólucro, deixando o óxido metálico da crosta para trás.

Embora nem todos os oxidantes metálicos produzam tais estruturas morfologicamente conspícuas, acredita-se que a maioria, se não todos, os oxidantes metálicos são forçados a produzirem alguma forma de material orgânico extracelular, a fim de sequestrar o produto insolúvel do seu metabolismo energético. Além disso, a incorporação de matéria orgânica presente em óxidos metálicos altera as propriedades físicas e químicas dos próprios minerais.

**MINIQUESTIONÁRIO**

- Em que estado de oxidação o ferro se encontra no mineral $Fe(OH)_3$? E em FeS? Como $Fe(OH)_3$ é formado?
- Por que a oxidação biológica de $Fe^{2+}$ em condições óxicas ocorre principalmente em pH ácido?
- Por que é excretada matéria orgânica importante para muitos oxidantes de ferro?

## 20.6 Os ciclos do fósforo, do cálcio e da sílica

Muitos outros elementos químicos participam da ciclagem microbiana e nos concentramos nos três elementos-chave: fósforo (P), cálcio (Ca) e sílica (Si). A ciclagem destes elementos é importante em ambientes aquáticos, particularmente nos

**Figura 20.13** **Massa microbiana de oxidantes do ferro.** *(a)* Massa microbiana de água doce em um fluxo de baixa rotatividade, onde a água subterrânea enriquecida com $Fe^{2+}$ é misturada com a água oxigenada da superfície, provocando o crescimento de bactérias oxidantes de $Fe^{2+}$ e a precipitação de óxidos de ferro. *(b, c)* Fotomicrografias de contraste de fase e epifluorescência da formação de bainha do oxidante de ferro *Leptothrix ochracea* (o invólucro é de cerca de 2 μm de largura). *(d)* Formação do talo da oxidante de $Fe^{2+}$ *Gallionella ferruginea,* mostrando células em forma de feijão no processo de divisão celular com óxido de ferro incrustado na extremidade da haste (cada célula em forma de feijão tem cerca de 2 μm de comprimento). *(e)* Um tapete de oxidantes de ferro em uma fonte hidrotermal em alto-mar (profundidade de 1.000 metros) em Lō'ihi Seamount. *(f)* Imagem de TEM de óxidos biogênicos produzidos em Lō'ihi; observe a variedade de hastes helicoidais e filamentos como bainhas tubulares (os filamentos variam de 2 a 4 μm de largura). *(g)* Fotomicrografia de contraste de fase de oxidantes de $Fe^{2+}$ marinhos crescendo nas extremidades dos filamentos de óxido de ferro (células indicadas pelas setas) a partir de uma incubação experimental em Lō'ihi (os filamentos são de aproximadamente 2 μm de largura).

oceanos, os quais são os principais reservatórios de Ca e Si. Nos oceanos, enormes quantidades de Ca e Si são incorporadas nos exoesqueletos de certos microrganismos. No entanto, ao contrário dos ciclos do C, N e S, nos ciclos do P, Ca e Si não há alterações redox ou formas gasosas que podem escapar e alterar a química da atmosfera da Terra. No entanto, a manutenção do equilíbrio desses ciclos, especialmente a de Ca, é importante para manter a vida sustentável na Terra.

## Fósforo (P)

O fósforo existe na natureza principalmente como fosfatos orgânicos e inorgânicos. Os reservatórios de fósforo incluem minerais contendo fosfato em rochas, fosfatos dissolvidos em águas doces e águas marinhas e os ácidos nucleicos e fosfolipídeos de organismos vivos. Embora o P tenha vários estados de oxidação, a maioria dos fosfatos ambientais está no estado de oxidação + 5 (p. ex., fosfato inorgânico, $HPO_4^-$). Na natureza, o P percorre os organismos vivos (como P celular), águas e solos (como P inorgânico e orgânico) e a crosta da Terra (como P inorgânico). O fósforo é comumente o nutriente limitante para a fotossíntese nas águas doces, as quais o recebem a partir do intemperismo das rochas.

Nos oceanos, uma fração do P dissolvido é orgânica sob a forma de ésteres de fosfatos e *fosfonatos*. Os fosfonatos são compostos organofosforados que contêm uma ligação direta entre os átomos de P e C. Os fosfonatos são produzidos por certos microrganismos e compreendem cerca de um quarto do fosfato orgânico na natureza. Contudo, para muitos organismos, fosfonatos são uma fonte disponível menor de fosfato que o $HPO_4^-$ devido às enzimas necessárias para degradar os fosfonatos. Organismos sem essas enzimas podem ser fósforo-limitados, mesmo quando o P suficiente está presente como fosfonato. Além disso, a degradação do metil-fosfonato ($CH_5O_3P$) por alguns microrganismos marinhos (um processo que libera $CH_4$) pode explicar a observação anteriormente intrigante de que níveis relativamente elevados de $CH_4$ estão presentes nas águas de superfície oxigenadas do oceano (arqueias metanogênicas são anaeróbias obrigatórias; Seção 16.2).

## Cálcio (Ca)

Os principais reservatórios globais de cálcio são as rochas calcárias e os oceanos. Nos oceanos, onde o Ca dissolvido está na forma de $Ca^{2+}$, o ciclo do cálcio é um processo altamente dinâmico, embora a concentração de $Ca^{2+}$ na água do mar se mantenha constante em cerca de 10 mM. Vários microrganismos fototróficos eucarióticos marinhos captam o $Ca^{2+}$ para formar seus exoesqueletos calcários; estes incluem, nomeadamente, os *cocolitóforos* e os *foraminíferos* (**Figura 20.14**; Seção 17.7).

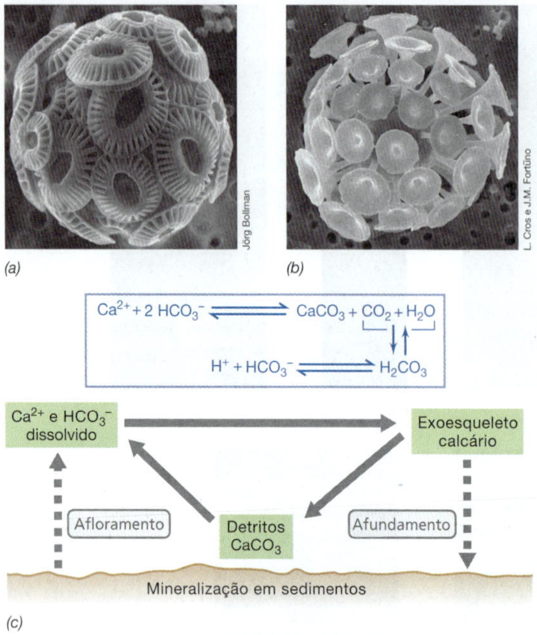


**Figura 20.14** **O ciclo do cálcio marinho (Ca).** Microscopia eletrônica de varredura de células do fitoplâncton calcário *(a) Emiliania huxleyi* e *(b) Discosphaera tubifera*. Os exoesqueletos destes cocolitóforos são compostos por carbonato de cálcio ($CaCO_3$). Uma célula de *Emiliania* tem cerca de 8 μm de largura e uma célula de *Discosphaera*, cerca de 12 μm de largura. *(c)* O ciclo do cálcio marinho; fontes dinâmicas de $Ca^{2+}$ estão sombreadas em verde. Detritos de $CaCO_3$ como resíduos fecais e outras matérias orgânicas a partir de organismos mortos. Observa-se como a formação $H_2CO_3$ diminui o pH do oceano quando se dissolve para formar $H^+$ e $HCO_3^-$.

As atividades de ciclagem do cálcio destes fototróficos planctônicos também estão fortemente acopladas aos componentes inorgânicos do ciclo do carbono.

A precipitação de carbonato de cálcio ($CaCO_3$) para formar as conchas do fitoplâncton calcário controla o fluxo de $CO_2$ em águas superficiais do oceano e o transporte de C inorgânico nas águas profundas do oceano e nos sedimentos. Além disso, a formação de $CaCO_3$ tanto esgota o bicarbonato dissolvido na superfície ($HCO_3^-$) quanto aumenta o nível de $CO_2$ dissolvido (Figura 20.14*c*). Este último reduz o influxo de $CO_2$ atmosférico em águas da superfície do oceano e isso ajuda a manter o pH ligeiramente alcalino nos oceanos. Quando esses organismos calcários morrem e mergulham em direção aos sedimentos, o C orgânico e inorgânico e o $Ca^{2+}$ são transportados para o fundo oceânico a partir do qual eles são liberados lentamente durante longos períodos.

A formação de exoesqueletos de $CaCO_3$ põe em questão um equilíbrio delicado entre o $Ca^{2+}$ e o C e é um processo sensível a mudanças nos níveis de $CO_2$ na atmosfera. Isso ocorre porque o aumento dos níveis de $CO_2$ na atmosfera aumenta a formação de ácido carbônico ($H_2CO_3$) e como este se dissocia para formar $HCO_3^-$ e $H^+$, acaba dissolvendo o $CaCO_3$ e o pH da água do mar diminui (Figura 20.14*c*). Os oceanos mais ácidos que resultarão do aumento do $CO_2$ na atmosfera irão reduzir a taxa de formação das conchas calcárias, o que provavelmente terá efeitos em outros ciclos de nutrientes microbianos e em comunidades de plantas e animais (Seção 20.8).

## Sílica (Si)

O ciclo da Si marinha é controlado principalmente por eucariotos unicelulares (diatomáceas, silicoflagelados e radiolários) que constroem esqueletos ornamentados externos à célula chamados de *frústula* (**Figura 20.15*a***) (⇄ Seções 17.6 e 17.7). Estas estruturas não são construídas de $CaCO_3$ como os cocolitóforos, mas de opala ($SiO_2$), cuja formação começa com a absorção por parte da célula de ácido silícico dissolvido (Figura 20.15*b*).

As diatomáceas são eucariontes fototróficos de crescimento rápido e muitas vezes dominam o fitoplâncton em águas costeiras e em mar aberto. No entanto, ao contrário de outros grandes grupos de fitoplâncton, as diatomáceas exigem Si e podem se tornar sílica-limitadas no período das florações. Além disso, devido ao seu grande tamanho, as células de diatomáceas tendem a afundar mais rapidamente do que outras partículas orgânicas e, desse modo, contribuem significativamente para o retorno da Si e do C para as águas mais profundas do oceano. O transporte do material orgânico por meio da produção primária em águas próximas da superfície de águas oceânicas mais profundas, principalmente por afundamento de partículas, é chamado de *bomba biológica* e é um aspecto importante do ciclo do carbono em termos de enterramento do carbono e mineralização em ambientes marinhos (Figura 20.1).

Além das principais necessidades de nutrientes de todo organismo fototrófico ($CO_2$, N, P, Fe), as diatomáceas exigem Si dissolvida suficiente, e na natureza a sílica se origina principalmente de Si liberada dos esqueletos de diatomáceas mortas (Figura 20.15*b*). Embora a Si seja liberada de forma bastante rápida após a morte celular, durante os períodos de alta produção de diatomáceas em águas relativamente rasas, uma fração significativa da Si dissolvida pode ser enterrada em sedimentos

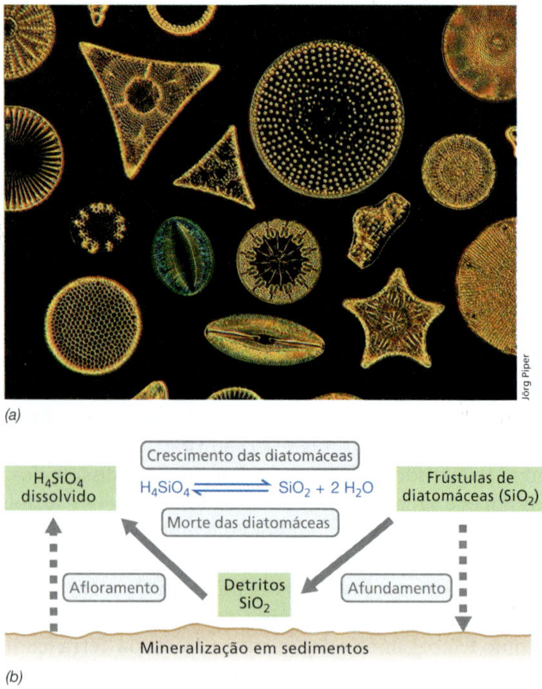


**Figura 20.15** **O ciclo da sílica marinha.** *(a)* Fotomicrografia de campo escuro de uma coleção de conchas de diatomáceas (frústulas). As frústulas são feitas de $SiO_2$. *(b)* O ciclo da sílica marinha; fontes dinâmicas de Si são sombreadas em verde.

e permanece lá por milhões de anos. Isso tem consequências para o crescimento das diatomáceas e seu consumo fototrófico de $CO_2$ dissolvido em águas oceânicas. O fluxo de $CO_2$ para dentro e fora da água dos oceanos afeta seu pH (Figura 20.14*c*), e por meio desta ligação os ciclos de Si e C são acoplados de forma semelhante ao que temos visto com os ciclos de Ca e C.

**MINIQUESTIONÁRIO**

- Como a formação de esqueletos de $CaCO_3$ pelo filoplâncton calcário atrasa a captação de $CO_2$ e ajuda a manter o pH da água do oceano?
- Como a depleção de Si na zona fática influencia a bomba biológica?

# III • A ciclagem de nutrientes e os seres humanos

Os seres humanos têm um profundo impacto sobre os ciclos microbianos de nutrientes, adicionando e removendo componentes dos ciclos em grandes quantidades. Aqui, considera-se insumos humanos de três espécies principais: mercúrio (Hg), $CO_2$ e outros gases atmosféricos e vários compostos de N fixado. Estes compostos ou causam problemas tóxicos (Hg) ou afetam o nosso planeta de formas globalmente significativas (gases e compostos N). Inicia-se com o metal de elevada toxicidade Hg, o qual é transformado por bactérias em muitas formas diferentes.

## 20.7 Transformações do mercúrio

O mercúrio não é um nutriente biológico, mas as transformações microbianas de vários compostos de mercúrio ajudam a reduzir a toxicidade de algumas das suas formas mais tóxicas. O mercúrio é um produto industrial amplamente utilizado, especialmente na indústria de eletrônicos. O mercúrio é também um ingrediente ativo em muitos pesticidas, um poluente das indústrias químicas e de mineração e da combustão de combustíveis fósseis e de resíduos urbanos e um contaminante comum de ecossistemas aquáticos e zonas úmidas. Devido à sua propensão para se concentrar em tecidos vivos, o Hg é de considerável importância ambiental. A principal forma do Hg na atmosfera é o mercúrio elementar ($Hg^0$), que é volátil e é oxidado a íon mercúrio ($Hg^{2+}$) fotoquimicamente. A maioria do mercúrio entra como $Hg^{2+}$ em ambientes aquáticos (**Figura 20.16**).

### Ciclo redox microbiano do mercúrio

O íon mercúrio $Hg^{2+}$ é adsorvido à matéria particulada com facilidade, podendo ser metabolizado por microrganismos. A atividade microbiana resulta na metilação do mercúrio, produzindo *metil-mercúrio*, $CH_3Hg^+$ (Figura 20.16). O metil-mercúrio é extremamente tóxico aos animais, pois pode ser absorvido pela pele e é uma potente neurotoxina. Além disso, o metil-mercúrio é solúvel, podendo ser concentrado na cadeia alimentar, principalmente em peixes, ou ser adicionalmente metilado por microrganismos, produzindo o composto volátil *dimetil-mercúrio*, $CH_3—Hg—CH_3$. Tanto o metil-mercúrio quanto o dimetil-mercúrio acumulam-se nos animais, especialmente nos tecidos musculares. O metil-mercúrio é cerca de 100 vezes mais tóxico do que o $Hg^0$ ou $Hg^{2+}$, e seu acúmulo parece ser um problema em particular em lagos de água doce e águas costeiras, onde níveis aumentados foram observados em anos recentes em peixes capturados para o consumo humano. O mercúrio pode também causar danos hepáticos e renais no ser humano e em outros animais.

Várias outras transformações do mercúrio ocorrem em escala global, incluindo reações realizadas por bactérias redutoras de sulfato ($H_2S + Hg^{2+} \rightarrow HgS$) e metanogênicos ($CH_3Hg^+ \rightarrow CH_4 + Hg^0$) (Figura 20.16). A solubilidade do HgS é muito baixa, de modo que em sedimentos anóxicos redutores de sulfato, a maior parte do mercúrio é encontrada como HgS. Contudo, sob aeração, o HgS pode ser oxidado para $Hg^{2+}$ e $SO_4^{2-}$ por bactérias oxidantes de metais (Seção 20.5) e o $Hg^{2+}$ é convertido em $CH_3Hg^+$. Observa-se, no entanto, que não é o Hg em HgS que é oxidado aqui, mas, em vez disso, o *sulfeto*, provavelmente por organismos relacionados com *Acidithiobacillus* (Seção 14.11).

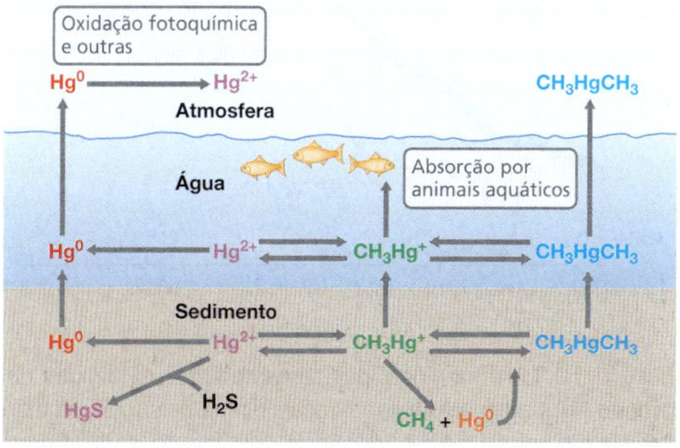


**Figura 20.16** **Ciclo biogeoquímico do mercúrio.** Os principais reservatórios de mercúrio encontram-se na água e em sedimentos, onde ele pode ser concentrado nos tecidos animais ou precipitar-se na forma de HgS, respectivamente. As formas do mercúrio comumente encontradas em ambientes aquáticos são apresentadas em cores diferentes.

### Resistência ao mercúrio

Em concentrações suficientemente altas, $Hg^{2+}$ e $CH_3Hg^+$ podem ser tóxicos tanto aos organismos superiores como também aos microrganismos. No entanto, um grande número de bactérias gram-positivas e gram-negativas pode realizar a biotransformação das formas tóxicas de mercúrio em formas atóxicas. Estas bactérias mercúrio-resistentes empregam a enzima *organomercúrio liase* para degradar o altamente tóxico $CH_3Hg^+$ para $Hg^{2+}$ e metano ($CH_4$), e o NADPH (ou NADH) ligado à enzima *mercúrio-redutase* para reduzir $Hg^{2+}$ a $Hg^0$, que é volátil e, portanto, móvel (**Figura 20.17**).

Em muitas bactérias mercúrio-resistentes os genes que codificam a resistência ao Hg residem em plasmídeos ou transposons (Seções 4.3 e 10.11). Estes genes *mer* estão dispostos em um óperon sob controle da proteína reguladora MerR, a qual pode funcionar como um repressor ou ativador da transcrição (Seções 7.3 e 7.4), de acordo a disponibilidade de Hg. Na ausência de $Hg^{2+}$, a MerR funciona como um *repressor* e se liga à região do operador do óperon *mer*, impedindo, assim, a transcrição dos genes estruturais, *merTPABD*.

UNIDADE 4

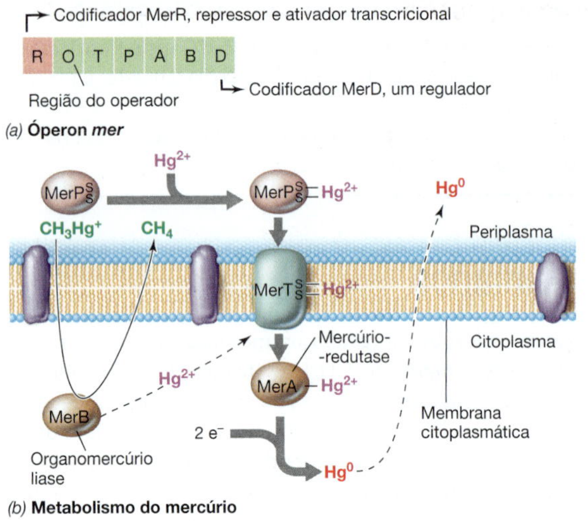


**Figura 20.17 Mecanismo de resistência e transformação do mercúrio.** *(a)* O óperon *mer*. MerR pode atuar como repressor (na ausência de $Hg^{2+}$) ou como ativador transcricional (na presença de $Hg^{2+}$). *(b)* Transporte e redução de $Hg^{2+}$ e $CH_3Hg^+$. O $Hg^{2+}$ é ligado por resíduos de cisteína às proteínas MerP e MerT. MerA é uma enzima mercúrio-redutase e MerB é uma organomercúrio liase.

No entanto, quando $Hg^{2+}$ está presente, ele forma um complexo com MerR, o qual, em seguida, se liga ao óperon *mer* e atua como um *ativador* da transcrição dos genes estruturais *mer* (Figura 20.17).

A proteína MerP é uma proteína de ligação de íons de mercúrio periplasmático. A MerP se liga ao $Hg^{2+}$ e o transfere para a proteína de transporte de membrana MerT, a qual interage com a mercúrio-redutase (MerA) para reduzir $Hg^{2+}$ a $Hg^0$ (Figura 20.17*b*). Assim, $Hg^{2+}$ não é liberado para o citoplasma e o resultado final é a liberação de $Hg^0$ a partir da célula. O íon mercúrio produzido a partir da atividade da MerB é preso pela MerT e reduzido pela MerA, liberando novamente $Hg^0$ (Figura 20.17*b*). Dessa forma, $Hg^{2+}$ e $CH_3Hg^+$ são convertidos em $Hg^0$, o qual é relativamente atóxico.

**MINIQUESTIONÁRIO**

- Quais formas do mercúrio são mais tóxicas para os organismos?
- Como o mercúrio é detoxificado pelas bactérias?

## 20.8 Impactos humanos sobre o ciclo do carbono e do nitrogênio

As atividades humanas representam grandes impactos sobre os ciclos do carbono e nitrogênio, e esses impactos são significativos para a saúde do nosso planeta em geral. O período da influência humana marcado nesses ciclos de nutrientes começou com a Revolução Industrial e é informalmente denominado *Antropoceno*, uma nova época geológica. Embora os maiores impactos humanos tenham sido sobre a liberação de $CO_2$, por meio da queima de combustíveis fósseis (petróleo, gás e carvão) e do desmatamento extenso e contínuo, a atividade humana também afetou profundamente o ciclo do nitrogênio. Discutiu-se anteriormente o acoplamento dos ciclos do carbono e nitrogênio (Seção 20.1) e aqui considera-se algumas das consequências biogeoquímicas projetadas da alteração humana nestes dois ciclos de nutrientes críticos.

### $CO_2$ e aquecimento global

Os níveis de $CO_2$ atmosférico aumentaram cerca de 40% desde o início da Revolução Industrial, em 1800, e agora são mais elevados do que em qualquer momento nos últimos 800 mil anos. O dióxido de carbono é um dos *diversos gases* (principalmente vapor de água, $CO_2$, $CH_4$, e $N_2O$) que compreendem menos de 0,5% da atmosfera, mas contribuem de forma significativa para o aquecimento da atmosfera terrestre devido ao *efeito de estufa*, que é a capacidade destes gases para armazenar a radiação infravermelha emitida pela Terra. O aumento da concentração de $CO_2$ atmosférico, medido por meio de uma rede global de estações de amostragem (**Figura 20.18**), é atualmente cerca de 2 partes por milhão por ano. Este aumento seria muito mais rápido se não fosse a alta solubilidade do $CO_2$ na água, o que produz ácido carbônico. A maior parte do $CO_2$ antropogênico se dissolve assim nos oceanos (Figuras 20.1 e 20.14).

As águas superficiais dos oceanos têm absorvido cerca de 500 bilhões de toneladas de $CO_2$ da atmosfera, de um total de 1.300 bilhões de toneladas do total das emissões antropogênicas, modulando assim o efeito estufa. O aumento da temperatura média do ar da Terra (estima-se que aumentou 0,75°C no século XX e projeta-se que aumente em 1,1 a 6,4°C no século XXI) também teria sido mais rápido sem a influência de tamponamento dos oceanos. Uma vez que três ordens de grandeza a mais de energia são necessárias para elevar a temperatura de um metro cúbico de água do que um metro cúbico de ar, mais de 80% do calor retido na Terra devido ao efeito estufa entrou efetivamente no oceano.

Embora haja uma considerável incerteza sobre as consequências do aquecimento do oceano e do consumo de $CO_2$ em sistemas biológicos da Terra, não há acordo sobre como essas mudanças afetarão a biogeoquímica. As águas mais quentes da superfície do oceano são mais flutuantes (devido à sua menor densidade) do que as águas mais profundas. Assim, como ocorre sazonalmente em lagos (⇄ Seção 19.8), os oceanos ficarão mais estratificados com o futuro aquecimento global. A estrati-

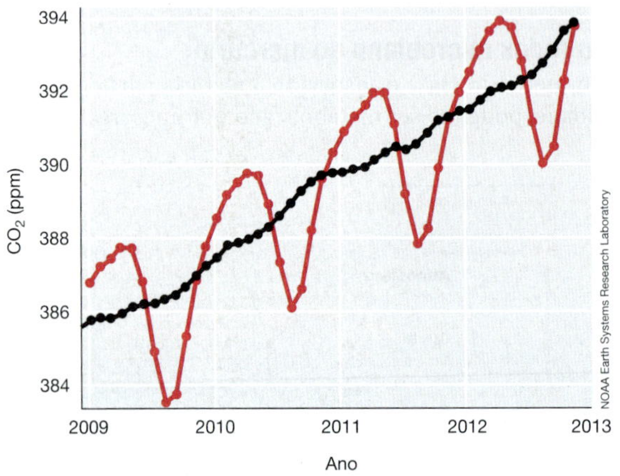


**Figura 20.18 Média global das concentrações de dióxido de médio carbono ($CO_2$) mensais no ar em locais acima da superfície marinha.** Estes dados são recolhidos continuamente pela Divisão de Monitoramento Global de NOAA/Earth System Research Laboratory. A curva vermelha mostra as variações nos valores médios mensais associados às flutuações anuais de temperatura e precipitação afetando a fotossíntese e a respiração em terra. A curva preta mostra o aumento médio mensal de $CO_2$ após a correção pela influência do ciclo sazonal.

ficação tende a retardar a transferência de nutrientes das águas mais profundas que são necessárias para alimentar a produção de fitoplâncton na base da cadeia alimentar em águas superficiais. Isso reduz a produtividade do oceano e exporta uma porção da produção para o oceano profundo por meio da sedimentação (a bomba biológica, Figura 20.1). A bomba biológica é importante para a remoção em longo prazo de carbono da atmosfera. O derretimento do gelo do mar polar pelo aquecimento global pode, no entanto, mitigar este efeito pela abertura de novas águas para a produção de fitoplâncton.

O aquecimento dos oceanos também tem contribuído para a expansão das zonas mínimas de oxigênio (OMZs, *oxygen minimum zones*), as quais são regiões de ocorrência natural de baixa concentração de $O_2$ em águas subsuperficiais, entre 100 e 1.000 m de profundidade (⇄ Seção 19.9). As OMZs são uma consequência da redução na solubilidade de $O_2$ nas águas mais quentes e da estratificação crescente associada ao aquecimento da superfície, o que reduz a mistura das águas superficiais e do subsolo. Os animais serão excluídos da expansão das OMZs, enquanto os processos microbianos anaeróbios, tais como a desnitrificação e a anamox que influenciam diretamente o ciclo de nitrogênio e produção do gás de efeito estufa $N_2O$, serão reforçados.

A acidificação do oceano resultante da captação contínua de $CO_2$ antropogênico reduziu o pH oceânico em 0,1 unidades de pH desde o início da Revolução Industrial e pode reduzir ainda mais o pH por 0,3 a 0,4 unidades até o ano de 2100. Espera-se que a atual diminuição da concentração do carbonato ($CO_3^{2-}$) em consequência do aumento da acidificação seja prejudicial para calcificadores marinhos (organismos que sintetizam conchas ou esqueletos de $CaCO_3$, Figura 20.14). Uma vez que a concentração de cálcio na água do mar é relativamente constante, a redução contínua do $CO_3^{2-}$ pode chegar a um ponto em que a dissolução de $CaCO_3$ existente seja quimicamente favorecida, em última análise, liberando o $CO_2$ dissolvido (Figura 20.14), o que reduz a capacidade dos oceanos de absorverem mais $CO_2$ atmosférico.

Embora a resposta biológica à acidificação dos oceanos seja desconhecida, é provável que os ecossistemas dos recifes de coral, um dos principais componentes da biosfera marinha (⇄ Seção 22.14), vai deixar naturalmente de existir na Terra, caso as emissões de $CO_2$ continuem em sua taxa atual (Figura 20.18). A calcificação dos foraminíferos (⇄ Seção 17.7) provavelmente será significativamente prejudicada pela acidificação do oceano, assim como a calcificação dos cocolitóforos (Figura 20.14). Durante o período de um século, a invasão de $CO_2$ antropogênico no oceano profundo, em última instância, irá resultar em uma redução significativa nos níveis de $CaCO_3$ sequestrado, o que acredita-se que possa interromper as principais vias do ciclo do carbono.

## Efeitos das atividades antrópicas sobre o ciclo de nitrogênio

Os impactos antropogênicos sobre o ciclo do nitrogênio são tão profundos quanto os do ciclo de carbono (Figura 20.1). A produção industrial anual de fertilizantes nitrogenados por meio do processo Haber-Bosch, o qual combina $N_2 + H_2$ para formar $NH_3$ sob alta temperatura e pressão, agora é comparável à quantidade de nitrogênio fixado que entra na biosfera por meio da fixação biológica de nitrogênio, um elo fundamental no ciclo do nitrogênio (Seção 20.3). Isso inclui a fixação de nitrogênio por ambos os microrganismos que vivem sozinhos e aqueles que vivem em associações simbióticas com plantas ou algas. A maioria do N produzido industrialmente é aplicada a terra, mas uma fração significativa foge para os oceanos e contribui para a eutrofização costeira (⇄ Seção 19.9). Grandes quantidades também são perdidas como compostos de nitrogênio ($N_2$, $N_2O$ e NO) da nitrificação e desnitrificação de $NH_3$ de $NO_3^-$ (Seção 20.3).

O transporte de N a partir de centros industriais e agrícolas por meio da atmosfera fertiliza ambos os sistemas terrestres e marinhos. A deposição atmosférica de $N_2$ fixado para os oceanos é agora a mesma que a quantidade que entra por meio da fixação biológica de nitrogênio. As consequências ecológicas desta fertilização são desconhecidas. Por um lado, se a deposição suprime a fixação do nitrogênio microbiano, este poderia até certo grau mitigar o efeito de fertilização. Por outro lado, um maior fornecimento de $CO_2$ e ferro (causada por uma maior deposição de poeira a partir de áreas de crescente desertificação, ⇄ Seção 19.6) juntamente com o aumento da deposição de N podem melhorar a produção primária, uma vez que o ferro é também muitas vezes um nutriente limitante. De qualquer maneira, grandes efeitos sobre o ciclo do carbono devem ser esperados a partir da interferência humana no ciclo do nitrogênio.

Embora as mudanças na biosfera da Terra a partir da intervenção humana nos ciclos de nutrientes microbianos sejam uma certeza, o que estas mudanças trarão não está tão claro. No entanto, devido aos grandes ciclos de nutrientes estarem intimamente acoplados (Seção 20.1 e Figura 20.4), é provável que qualquer alteração significativa nos ciclos do carbono e do nitrogênio traga, também, efeitos de retroação em outros ciclos. Coletivamente, esses eventos poderiam perturbar as inter-relações dos ciclos de nutrientes que explorou-se neste capítulo e ter consequências significativas (e provavelmente negativas) para os organismos superiores da Terra.

**MINIQUESTIONÁRIO**

- O que é efeito estufa e o que ele faz?
- Qual é o destino da maioria do nitrogênio utilizado nas aplicações agrícolas?
- Por que as OMZs estão expandindo e quais são os prováveis impactos sobre os ciclos de nutrientes?

UNIDADE 4

# CONCEITOS IMPORTANTES

**20.1** • Os ciclos do oxigênio e de carbono estão interligados por meio de atividades complementares de organismos autotróficos e heterotróficos. A decomposição microbiana é a maior fonte de $CO_2$ liberado na atmosfera.

**20.2** • Em condições de anoxia, a matéria orgânica é degradada para $CH_4$ e $CO_2$. O metano é formado essencialmente a partir da redução do $CO_2$ por meio do $H_2$ e do acetato, ambos fornecidos por bactérias sintróficas; estes organismos dependem do consumo de $H_2$ como a base da sua energética. Em uma base global, o $CH_4$ biogênico é uma fonte muito maior do que o $CH_4$ abiogênico.

**20.3** • A principal forma de nitrogênio na Terra é o $N_2$, que pode ser usado como uma fonte de N somente pelas bactérias fixadoras de nitrogênio. A amônia produzida pela fixação de nitrogênio ou pela amonificação pode ser assimilada à matéria orgânica ou oxidada para $NO_3^-$. A desnitrificação e a anamox causam grandes perdas de nitrogênio fixado a partir da biosfera.

**20.4** • As bactérias desempenham papéis importantes em ambos os lados oxidativos e redutores do ciclo do enxofre. As bactérias oxidantes de sulfeto e de enxofre produzem $SO_4^{2-}$, enquanto as bactérias redutoras de sulfato consumem $SO_4^{2-}$, produzindo $H_2S$. Devido à toxicidade do sulfeto ser tóxica e a reatividade com vários metais, a redução do $SO_4^{2-}$ é um importante processo biogeoquímico. O dimetil-sulfeto é o principal composto orgânico de enxofre de importância ecológica na natureza.

**20.5** • O ferro e o manganês existem naturalmente em dois estados de oxidação, $Fe^{2+}/Fe^{3+}$ e $Mn^{2+}/Mn^{4+}$. As bactérias reduzem os metais oxidados em ambientes anóxicos e oxidam as formas reduzidas, principalmente em ambientes óxicos. Em pH neutro, as bactérias competem com a oxidação abiótica na presença de $O_2$. A oxidação do ferro ferroso é comum em regiões de mineração de carvão, onde causa um tipo de poluição chamada drenagem ácida de mina.

**20.6** • O P, Ca e Si são elementos ciclados por atividades microbianas, principalmente em ambientes aquáticos. O cálcio e a sílica desempenham papéis importantes na biogeoquímica dos oceanos como componentes dos exoesqueletos de cocolitóforos e diatomáceas, respectivamente.

**20.7** • A principal forma tóxica do Hg na natureza é o $CH_3Hg^+$, o qual pode originar $Hg^{2+}$, que é reduzido a $Hg^0$ por bactérias. Os genes que conferem a resistência à toxicidade do Hg, como aqueles que codificam as enzimas que podem desintoxicar ou bombear este metal, frequentemente residem em plasmídeos ou transposons.

**20.8** • As emissões antropogênicas de $CO_2$ e nitrogênio reativo estão impactando os principais ciclos de nutrientes. Embora algumas consequências sejam razoavelmente bem compreendidas, incluindo a expansão das OMZs e o crescimento prejudicado de organismos calcários, as mudanças a longo prazo para os ciclos de nutrientes que sustentam a biosfera da Terra não são bem compreendidos.

## REVISÃO DOS TERMOS-CHAVE

**Aquecimento global** é o aquecimento previsto e em curso da atmosfera e dos oceanos atribuído à liberação antropogênica de gases do efeito estufa, principalmente o $CO_2$, que retém a radiação infravermelha emitida pela Terra.

**Desnitrificação** é a redução biológica do nitrato ($NO_3^-$) a compostos gasosos de nitrogênio.

**Húmus** é a matéria orgânica morta, algumas das quais funcionam como fonte de elétrons para a redução microbiana dos óxidos metálicos.

**Sintrofia** é a cooperação de dois ou mais microrganismos para degradar anaerobiamente uma substância que não pode se degradar sozinha.

## QUESTÕES PARA REVISÃO

1. Por que se pode dizer que os ciclos do carbono e do nitrogênio são "acoplados"? (Seção 20.1)
2. Como pode organismos como *Syntrophobacter* e *Syntrophomonas* crescerem quando seu metabolismo é baseado em reações termodinamicamente desfavoráveis? Como a cocultura desses sintróficos com outras bactérias lhes permitem crescer? (Seção 20.2)
3. Compare e contraste os processos de nitrificação e desnitrificação em termos dos organismos envolvidos, das condições ambientais que favorecem cada processo e das mudanças na disponibilidade de nutrientes que acompanham cada processo. (Seção 20.3)
4. Que grupo de bactérias compõe o ciclo do enxofre sob condições anóxicas? Se os quimiolitotróficos do enxofre nunca evoluíram, haveria algum problema na ciclagem microbiana de compostos de enxofre? Quais os compostos orgânicos de enxofre são mais abundantes na natureza? (Seção 20.4)
5. Por que a maioria dos quimiolitotróficos oxidantes de ferro é aeróbia obrigatória e por que os oxidantes de ferro acidofílicos são melhor estudados? (Seção 20.5)
6. De que forma a ciclagem do Ca e da Si em águas oceânicas é semelhante e de que forma eles diferem? Como os ciclos do cálcio e da sílica se acoplam ao ciclo do carbono? (Seção 20.6)
7. Como o $Hg^{2+}$ e o $CH_3Hg^+$ é desintoxicado pelo sistema *mer*? (Seção 20.7)
8. Quais são os efeitos negativos sobre os oceanos exercidos pelos crescentes níveis de $CO_2$? (Seção 20.8)

## QUESTÕES APLICADAS

1. Compare e contraste os ciclos do carbono, enxofre e nitrogênio em termos da fisiologia dos organismos que participam do ciclo. Quais fisiologias são parte de um ciclo, mas não de outro?
2. Celulose marcada com $^{14}C$ é adicionada a um frasco contendo uma pequena quantidade de lodo de esgoto, o qual é selado sob condições anóxicas. Após algumas horas, há o aparecimento de $^{14}CH_4$ no frasco. Discuta o que pode ter acontecido para que acontecesse tal resultado.
3. O carbono pode ser sequestrado no oceano em uma variedade de formas. Discuta as diferentes formas, suas fontes biológicas e como o aquecimento global pode influenciá-las.

CAPÍTULO

# 21 Microbiologia dos ambientes construídos

## microbiologiahoje

### No seu sistema de metrô: o que há no ar?

A aglomeração de pessoas em edifícios e sistemas de transportes influencia a microbiota destes "ambientes construídos"? Um estudo recente da qualidade do ar em um sistema de transporte metropolitano levantou essa mesma pergunta usando métodos de cultura independentes para caracterizar a diversidade e a abundância da microbiota transportada no ar interno e o seu possível impacto na saúde pública[1].

O sistema municipal de metrô da cidade de New York transportou um total de 1,6 bilhão de passageiros em 2011 e foi o local da primeira vistoria molecular intensiva da microbiologia de aerossóis em estruturas fechadas de trânsito intenso. Investigadores colocaram amostradores de ar projetados para capturar de maneira eficiente partículas do tamanho de bactérias em vários locais de áreas de embarque do sistema do metrô (fotos). Após a coleta da microbiota de diversos metros cúbicos de ar, o DNA foi extraído para análise filogenética de genes do RNA ribossomal como uma medida da diversidade microbiana.

Surpreendentemente, as análises filogenéticas não mostraram evidência de patógenos. Em vez disso, a microbiota foi majoritariamente composta por organismos associados com o ar exterior, juntamente com um componente muito menor de microrganismos normalmente encontrados em seres humanos. Por exemplo, cerca de 5% da microbiota do ar do metrô eram organismos encontrados na pele humana. Uma vez que a microbiota normal da pele humana foi muito bem caracterizada e mostrou que varia dependendo do local do corpo, estes pesquisadores também poderiam concluir que os microrganismos derivados de pele no ar do metrô de New York vieram principalmente a partir dos pés, mãos, braços e cabeças dos passageiros – geralmente das áreas mais expostas do corpo humano.

Esta pesquisa é reconfortante na sua descoberta de que sérios patógenos microbianos não estão flutuando em torno do sistema de ar do metrô. Mas o estudo também serviu como um protótipo para a forma como a composição microbiana do ambiente construído pode ser monitorada de forma cientificamente correta e objetiva.

[1]Robertson, C.E., et al. 2012. Culture-independent analysis of aerossol microbiology in a metropolitan subway system. *Appl. Environ. Microbiol. 79:* 3485–3493.

I Recuperação mineral e drenado ácido de mina 650
II Biorremediação 653
III Água de rejeitos e tratamento de água potável 657
IV Corrosão microbiana 664

Este capítulo aborda a microbiologia dos sistemas construídos. Estes incluem a infraestrutura para distribuição e tratamento de água potável e água de rejeitos, transmissão de gás e óleo, materiais de construção e ambientes modificados para extração mineral ou para limpeza de poluentes. Os sistemas construídos criam novos hábitats microbianos, promovendo atividades microbianas desejadas e indesejadas. Exemplos de sistemas destinados a selecionar atividades microbianas desejáveis incluem a construção de reatores biológicos para o tratamento de água de rejeitos e a estimulação da atividade microbiana em aquíferos para limpar poluentes ambientais.

Um exemplo notável de uma atividade indesejável é a corrosão microbiana de ductos utilizados para a transmissão de água de rejeitos, água potável e óleo. Estes são processos naturais em que os microrganismos simplesmente exploram os recursos que são fornecidos a eles no ambiente construído. Infraestruturas essenciais custando bilhões de dólares são perdidas todos os anos pela corrosão microbiológica. Por exemplo, a Associação Americana de Engenheiros Civis estima que nos próximos 30 anos cerca de 30% do sistema de distribuição de água potável nos Estados Unidos terá que ser substituído por um custo anual de US$ 11 bilhões.

# I • Recuperação mineral e drenado ácido de mina

A capacidade biogeoquímica dos microrganismos parece quase ilimitada, muitas vezes é dito que os microrganismos são "os maiores químicos da Terra". A atividade desses pequenos-grandes químicos tem sido explorada de várias maneiras. Aqui, consideramos como as atividades microbianas ajudam a extrair metais valiosos de minérios de baixa qualidade.

## 21.1 Mineração com microrganismos

Uma das formas mais comuns de ferro na natureza é a **pirita** ($FeS_2$), que é muitas vezes presente em carvões betuminosos e em minérios metálicos. O sulfeto ($HS^-$) também forma minerais insolúveis com muitos metais, e muitos minérios como fontes destes metais são minérios de sulfeto. Se a concentração do metal no minério for baixa, a extração do minério poderá ser economicamente viável somente se os metais de interesse forem primeiro concentrados por **lixiviação microbiana** (**Figura 21.1**). O aumento da produção de ácido e a dissolução de $FeS_2$ por bactérias acidófilas, tais como *Acidithiobacillus ferrooxidans,* é usado para lixiviar os minérios metálicos em operações de mineração em grande escala. A lixiviação é especialmente útil para os minérios de cobre porque o sulfato de cobre ($CuSO_4$) formado durante a oxidação de minérios de sulfureto de cobre é muito solúvel em água. Na realidade, cerca de um quarto de todo o cobre minerado ao redor do mundo é obtido por processos de lixiviação.

### O processo de lixiviação

A suscetibilidade à oxidação varia entre os minerais, sendo aqueles mais rapidamente oxidados os mais adequados à lixiviação microbiana. Assim, minérios de sulfeto de ferro e de cobre, como a pirrotita (FeS) e a covelita (CuS), são prontamente lixiviados, enquanto minérios de chumbo e molibdênio o são em menor grau. No processo de lixiviação microbiana, o minério de baixo teor é acumulado em uma grande pilha (a *pilha de lixiviação*), sendo uma solução diluída de ácido sulfúrico (pH 2) filtrada por meio da pilha (Figura 21.1). O líquido que emerge do fundo da pilha (Figura 21.1*b*) é rico em metais dissolvidos e é transportado para uma planta de precipitação

**Figura 21.1 A lixiviação de minérios de cobre de baixo teor utilizando bactérias oxidantes de ferro.** *(a)* Uma típica pilha de lixiviação. O minério de baixo teor foi triturado e despejado em uma grande pilha, com a área superficial exposta o mais alto possível. Tubos distribuem a água ácida de lixiviação sobre a superfície da pilha. A água ácida é filtrada lentamente, sendo escoada na base. *(b)* Efluente de um despejo de lixiviação de cobre. A água ácida é muito rica em $Cu^{2+}$. *(c)* Recuperação de cobre na forma de cobre metálico ($Cu^0$) pela passagem da água rica em $Cu^{2+}$ sobre ferro metálico, ao longo de uma extensa calha. *(d)* Uma pequena pilha de cobre metálico removido da calha, pronta para posterior purificação.

(Figura 21.1*c*) onde o metal desejado é precipitado e purificado (Figura 21.1*d*).Em seguida, o líquido é bombeado de volta ao topo da pilha, sendo o ciclo repetido. Quando necessário, mais ácido é acrescentado a fim de manter-se o pH baixo.

Ilustramos a lixiviação microbiana do cobre com o minério de cobre comum CuS, no qual o cobre existe como $Cu^{2+}$. *A. ferrooxidans* oxida o sulfeto de CuS para $SO_4^{2-}$, liberando $Cu^{2+}$, como mostrado na **Figura 21.2**. No entanto, essa reação também ocorre espontaneamente. Com efeito, a reação fundamental na lixiviação do cobre não é a oxidação bacteriana do sulfureto em CuS, mas a oxidação espontânea de sulfureto de ferro férrico ($Fe^{3+}$) gerado a partir da oxidação bacteriana do ferro ferroso ($Fe^{2+}$) (Figura 21.2). Em qualquer minério de cobre, o $FeS_2$ também está presente e a sua oxidação por bactérias leva à formação de $Fe^{3+}$ (Figura 21.2). A reação espontânea de CuS com $Fe^{3+}$ ocorre na ausência de $O_2$ e forma $Cu^{2+}$ mais $Fe^{2+}$, importante para o processo de lixiviação, essa reação pode ocorrer em regiões profundas da pilha de lixiviação, em que as condições são anóxicas.

## Recuperação do metal

A planta de precipitação é o local onde o $Cu^{2+}$ é recuperado a partir da solução de lixiviação (Figura 21.1*c, d*). Fragmentos de ferro, $Fe^0$, são adicionados ao tanque de precipitação para recuperar o cobre a partir do líquido de lixiviação, por intermédio da reação apresentada na parte inferior da Figura 21.2, resultando novamente na formação de $Fe^{2+}$. Este líquido, rico em $Fe^{2+}$, é transferido a um tanque de oxidação raso, onde *A. ferrooxidans* desenvolve-se e oxida o $Fe^{2+}$ a $Fe^{3+}$. Esse líquido, agora rico em ferro férrico, é bombeado ao topo da pilha, sendo o $Fe^{3+}$ utilizado para oxidar mais CuS (Figura 21.1). Desse modo, a operação de lixiviação total é mantida pela oxidação de $Fe^{2+}$ a $Fe^{3+}$ pelas bactérias oxidantes de ferro.

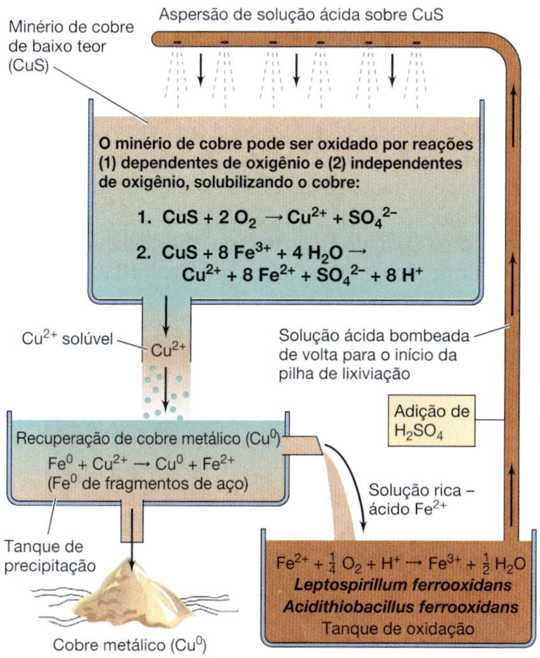


**Figura 21.2** **Organização de uma pilha de lixiviação e reações envolvidas na lixiviação microbiana de minerais de sulfeto de cobre para produzir cobre metálico.** A reação 1 ocorre biológica e quimicamente. A reação 2 é estritamente química e é a reação mais importante nos processos de lixiviação de cobre. Para que a reação 2 ocorra, é essencial que o $Fe^{2+}$ produzido a partir da oxidação do sulfeto em CuS a sulfato seja oxidado novamente a $Fe^{3+}$ por organismos quimiolitotróficos de ferro (ver a química na lagoa de oxidação).

A temperatura elevada pode ser um problema nas operações de lixiviação. *A. ferrooxidans* é mesofílico, porém as temperaturas no interior da pilha de lixiviação podem elevar-se espontaneamente devido ao calor originado pelas atividades microbianas. Assim, organismos quimiolitotróficos oxidantes de ferro, como espécies termofílicas de *Thiobacillus*, *Leptospirillum ferrooxidans* e *Sulfobacillus* ou em temperaturas mais elevadas (60 a 80°C), o organismo *Sulfolobus* (⇄ Seção 16.10), também são importantes na lixiviação de minérios.

## Outros processos de lixiviação microbiana: urânio e ouro

As bactérias também são utilizadas na lixiviação de urânio (U) e minérios de ouro (Au). *A. ferrooxidans* oxida $U^{4+}$ em $U^{6+}$ com o $O_2$ como aceptor de elétrons. No entanto, a lixiviação de U depende mais da oxidação abiótica de $U^{4+}$ pelo $Fe^{3+}$ com *A. ferrooxidans* contribuindo para o processo principalmente por meio da oxidação de $Fe^{2+}$ a $Fe^{3+}$, como na lixiviação do cobre (Figura 21.2). A reação observada é a seguinte:

$$\underset{(U^{4+})}{UO_2} + \underset{(Fe^{3+})}{Fe_2(SO_4)_3} \rightarrow \underset{(U^{6+})}{UO_2SO_4} + \underset{(Fe^{2+})}{2\ FeSO_4}$$

Ao contrário de $UO_2$, o sulfato de urânio ($UO_2SO_4$) formado é altamente solúvel, podendo ser recuperado por outros processos.

O ouro está geralmente presente na natureza em depósitos associado a minerais contendo arsênio (As) e $FeS_2$. *A. ferrooxidans* e bactérias relacionadas podem liberar os minerais de arsenopirita, liberando o ouro (Au) preso:

$$2\ FeAsS[Au] + 7\ O_2 + 2\ H_2O + H_2SO_4 \rightarrow Fe_2(SO_4)_3 + 2\ H_3AsO_4 + [Au]$$

O Au é então complexado cm cianeto ($CN^-$) pelo tradicional método de mineração de ouro. Ao contrário da lixiviação do cobre, que é feita em uma enorme pilha (Figura 21.1 *a*), a lixiviação do ouro ocorre em tanques fechados e relativamente pequenos (**Figura 21.3**), onde mais de 95% do ouro preso podem ser liberados. Além disso, os resíduos de As e $CN^-$ potencialmente tóxicos do processo de mineração são removidos no biorreator de lixiviação do ouro. O arsênio é removido como um precipitado férrico e o $CN^-$ é removido por sua oxidação bacteriana com $CO_2$ com ureia em fases posteriores do processo de recuperação de Au. Em pequena escala, a lixiviação no biorreator microbiano tornou-se popular como uma alternativa às técnicas de mineração de ouro ambientalmente devastadoras que deixam um rastro tóxico de As e $CN^-$ no local de extração. Processos-piloto também estão sendo desenvolvidos para biorreatores de lixiviação de minério de zinco, chumbo e níquel.

**MINIQUESTIONÁRIO**

- O que é necessário para oxidar CuS sob condições anaeróbias?
- Qual o papel-chave que *Acidithiobacillus ferrooxidans* desempenha no processo de lixiviação de cobre?

**Figura 21.3** **Biolixiviação de ouro.** Tanques de lixiviação de ouro em Gana (África). Dentro dos tanques, uma mistura de *Acidithiobacillus ferrooxidans*, *Acidithiobacillus thiooxidans*, e *Leptospirillum ferrooxidans* solubiliza o mineral pirita/arsênio que contém ouro, liberando-o.

## 21.2 Drenado ácido de mina

Embora a lixiviação microbiana tenha um enorme valor na mineração, o mesmo processo tem contribuído para extensa destruição do meio ambiente onde as operações de mineração manejam ou eliminam de forma inadequada a pirita contida nos depósitos de carvão e minerais. A oxidação bacteriana e espontânea de sulfetos é a principal causa de **drenado ácido de mina**, um problema ambiental no mundo inteiro causado pelas operações de mineração de superfície. Conforme descrito para a oxidação de sulfetos de cobre promovido pela mineração microbiana (Seção 21.1), a oxidação de $FeS_2$ é uma combinação de reações catalisadas quimicamente e por bactérias, em que dois aceptores de elétrons participam do processo: $O_2$ e $Fe^{3+}$. Quando $FeS_2$ é exposto primeiro em uma exploração de mineração (**Figura 21.4*b***), uma reação química lenta com $O_2$ inicia (Figura 21.4*c*). Essa reação, chamada *reação de iniciação*, leva a oxidação de $HS^-$ a $SO_4^{-2}$ e o desenvolvimento de condições ácidas como $Fe^{2+}$ é liberado. *A. ferrooxidans* e *L. ferrooxidans* em seguida oxidam $Fe^{2+}$ a $Fe^{3+}$, e o $Fe^{3+}$ formado sob essas condições ácidas, sendo solúvel, reage espontaneamente com mais $FeS_2$ e oxida o $HS^-$ do ácido sulfúrico ($H_2SO_4$), que imediatamente se dissocia em $SO_4^{2-}$ e $H^+$:

$$FeS_2 + 14\,Fe^{3+} + 8\,H_2O \rightarrow 15\,Fe^{2+} + 2\,SO_4^{2-} + 16\,H^+$$

Novamente, as bactérias oxidam $Fe^{2+}$ a $Fe^{3+}$, e este $Fe^{3+}$ reage com mais $FeS_2$. Assim, existe uma taxa progressiva, aumentando rapidamente o $FeS_2$ que é oxidado, o chamado *ciclo de propagação* (Figura 21.4*c*). Em condições naturais, parte do $Fe^{2+}$ gerado pelas bactérias lixiviado para longe e é posteriormente transportado por águas subterrâneas anóxicas em córregos circunvizinhos. No entanto, a oxidação bacteriana ou espontânea do $Fe^{2+}$ ocorre em seguida nas correntes gasosas, como o $O_2$ está presente, o $Fe(OH)_3$ insolúvel é formado.

Como vimos (Figura 21.4*c*), a quebra do $FeS_2$, em última análise, leva à formação de $H_2SO_4$ e $Fe^{2+}$; nas águas em que estes produtos foram formados os valores de pH podem ser inferiores a 1. A mistura de águas ácidas de minas em rios (**Figura 21.5**) e lagos degrada seriamente a qualidade da água, porque o ácido e os metais dissolvidos (além do ferro, há o alumínio, e outros metais pesados, como cádmio e chumbo) são tóxicos para os organismos aquáticos.

A exigência de $O_2$ para a oxidação de $Fe^{2+}$ a $Fe^{3+}$ explica como o drenado ácido de mina se desenvolve. Se o material pirítico não for extraído, o $FeS_2$ não pode ser oxidado porque o $O_2$, a água e as bactérias não conseguem alcançá-lo. No entanto, quando um mineral ou carvão for exposto (Figura 21.4*b*), $O_2$ e água são introduzidos, fazendo com que tanto a oxidação espontânea como a bacteriana de $FeS_2$ seja possível. O ácido formado pode, então, lixiviar para sistemas aquáticos ao redor (Figura 21.5).

Quando o drenado ácido de mina é extenso e os níveis de $Fe^{2+}$ são altos, uma espécie altamente acidofílica de arqueia,

**Figura 21.4** **Carvão e pirita.** *(a)* O carvão da formação de Black Mesa, no norte do Arizona (Estados Unidos); os discos esféricos de cor dourada (cerca de 1 mm de diâmetro) são partículas de pirita ($FeS_2$). *(b)* Um veio de carvão em uma operação de mineração de carvão de superfície. A exposição do carvão ao oxigênio e a umidade estimula as atividades de bactérias oxidantes de ferro crescendo na pirita presente no carvão. *(c)* Reações na degradação da pirita. A reação iniciadora originalmente não biológica prepara o ambiente para a oxidação bacteriana principalmente de $Fe^{2+}$ a $Fe^{3+}$. O $Fe^{3+}$ ataca e oxida o $FeS_2$ de maneira abiótica no ciclo de propagação.

**Figura 21.5** **Drenado ácido de mina de uma operação de mineração de superfície de carvão.** A cor vermelho-amarelada é decorrente de óxidos de ferro precipitados no escoamento (ver Figura 21.4*c* para as reações de drenado ácido de minas).

*Ferroplasma*, está presente. Este organismo aeróbio oxidante de ferro é capaz de crescer em pH 0 e temperaturas de até 50°C. As células do *Ferroplasma* desprovidas de parede celular são filogeneticamente relacionadas com *Thermoplasma*, uma célula sem parede e fortemente acidofílica (mas quimiorganotrófica) membro do *Archaea* (Seção 16.3).

**MINIQUESTIONÁRIO**

- Em qual estado de oxidação está o mineral de ferro em $Fe(OH)_3$? Em FeS? Como o $Fe(OH)_3$ é formado?
- Depósitos piríticos naturais, como jazidas de carvão subterrâneas, não contribuem para a drenado ácido de mina; por quê?

# II • Biorremediação

O termo **biorremediação** refere-se à limpeza microbiológia de óleo, produtos químicos tóxicos ou outros poluentes ambientais, geralmente por estimulação das atividades de microrganismos nativos. Esses poluentes incluem materiais naturais, como produtos do petróleo, **xenobióticos** químicos e químicos sintéticos não produzidos por organismos na natureza.

Embora a biorremediação de muitas substâncias tóxicas tenha sido proposta, a maioria do sucesso tem sido obtida em limpar o derramamento de óleo bruto ou o escape de hidrocarbonetos dos tanques de armazenamento. Mais recentemente, a destruição do meio ambiente por poluentes clorados, como solventes e pesticidas, tem levado ao uso da biorremediação como um resultado da melhor compreensão da microbiologia. Houve também crescente sucesso na biorremediação de ambientes contaminados com urânio, muitos dos quais são um legado do passado mal regulamentado da mineração de urânio para combustível nuclear e armas.

## 21.3 Biorremediação de ambientes contaminados com urânio

As principais classes de poluentes inorgânicos são os metais e radionuclídeos que não podem ser destruídos, mas somente alterados na forma química. Muitas vezes, o nível de poluição do meio ambiente é tão grande que a remoção física do material contaminado é impossível. Assim, a *contenção* é a única opção real, e um objetivo comum na biorremediação de poluentes inorgânicos é mudar a sua mobilidade, tornando-os menos propensos a mover-se com as águas subterrâneas e assim contaminar ambientes no entorno. Aqui, consideraremos como o elemento radioativo urânio pode ser contido pelas atividades das bactérias.

### Biorremediação do urânio

A contaminação de águas subterrâneas por urânio tem ocorrido em locais nos Estados Unidos e em outros lugares onde os minérios de urânio têm sido transformados ou armazenados (**Figura 21.6**), e o movimento de materiais radioativos externos por meio de águas subterrâneas é uma ameaça para a saúde humana e ambiental. Devido à contaminação ser muitas vezes generalizada, tornando os métodos mecânicos muito caros, microbiologistas uniram forças com engenheiros para desenvolver tratamentos que exploram a capacidade de algumas bactérias de reduzir $U^{6+}$ a $U^{4+}$. O urânio como $U^{6+}$ é solúvel, enquanto o $U^{4+}$ forma um mineral de urânio imóvel chamado *uraninita*, limitando assim o movimento de U em águas subterrâneas e o contato potencial com seres humanos e outros animais.

### Transformações bacterianas de urânio

A principal estratégia para a imobilização de urânio tem sido usar bactérias para mudar o estado de oxidação do U nos principais contaminantes de urânio para uma forma que estabiliza o elemento. Nesse sentido, bactérias, incluindo as espécies redutoras de metal *Shewanella* e *Geobacter* (Seção 14.14) e a espécie *Desulfovibrio* redutora de sulfato (Seção 14.9), acoplam a oxidação da matéria orgânica e $H_2$ para a redução de $U^{6+}$ para $U^{4+}$.

Estudos de campo em que os doadores de elétrons orgânicos têm sido injetados em aquíferos contaminados por urânio para estimular a redução de $U^{6+}$ demonstraram que essa abordagem pode reduzir os níveis de U abaixo dos padrões de água potável da Agência de Proteção Ambiental dos Estados Unidos, de 0,126 μM. No entanto, mesmo que a uraninita seja estável em condições de redução, se as condições se tornarem óxicas, ela reoxida. Assim, pesquisas de biorremediação do urânio em curso são focadas em questões para saber se o urânio reduzido por microrganismos é estável, se a composição das comunidades microbianas muda ou se oxidantes, como $O_2$, $NO^{3-}$, e $Fe^{3+}$, são intro-

**Figura 21.6** **Biorremediação de urânio.** Uma unidade experimental em uma área contaminada com urânio no Departamento de Energia dos Estados Unidos. O carbono orgânico (acetato) está sendo infundido no local (ver detalhe na foto) e desloca em águas subterrâneas na direção da seta mostrada na foto principal. O acetato é um doador de elétrons para a redução de $U^{6+}$ para $U^{4+}$, que imobiliza o urânio.

UNIDADE 4

duzidos por meio de águas subterrâneas. Esta é uma questão obviamente importante porque a estabilidade da uraninita deve ser de longo prazo, devido à longa meia-vida de decaimento nuclear do urânio.

**MINIQUESTIONÁRIO**

- Que reação, oxidação ou redução é a chave para a biorremediação de urânio?
- Por que a imobilização é uma boa estratégia para tratar a poluição de urânio?

## 21.4 Biorremediação de poluentes orgânicos: hidrocarbonetos

Os poluentes orgânicos, ao contrário dos poluentes inorgânicos, podem ser completamente degradados por microrganismos, eventualmente à $CO_2$. Isto é válido para o petróleo liberado nos derramamentos de óleo (**Figura 21.7**), que pode ser atacado por diferentes microrganismos. Estes organismos têm sido expostos a misturas complexas de hidrocarbonetos por meio de infiltrações naturais de petróleo por milênios, assim, a maquinaria catabólica necessária para degradar este poluente natural tem evoluído. Ao contrário, poluentes xenobióticos tendem a ser mais persistentes e são degradados por grupos mais especializados de microrganismos. Nesta seção, vamos focar em hidrocarbonetos e na próxima seção, nos xenobióticos.

### Biorremediação de petróleo e hidrocarbonetos

O petróleo é uma fonte rica em matéria orgânica e, por isso, seus hidrocarbonetos são facilmente atacados por microrganismos quando entra em contato com o ar e a umidade. Em determinadas circunstâncias, como em tanques de armazenamento em massa, o crescimento microbiano é indesejável. No entanto, em derramamentos de petróleo, a biodegradação é desejável e pode ser promovida pela adição de nutrientes inorgânicos para equilibrar o enorme fluxo de carbono orgânico a partir do óleo (Figura 21.7).

A bioquímica do catabolismo do petróleo foi abordada nas Seções 13.22-13.24. A biodegradação pode ser tanto anóxica quanto óxica. Em condições óxicas, enfatizamos o importante papel desempenhado pelas enzimas oxigenases ao introduzirem átomos de oxigênio em hidrocarbonetos. Aqui, enfocaremos os processos *aeróbios*, pois somente na presença de oxigênio as enzimas oxigenases tornam-se ativas e a oxidação dos hidrocarbonetos é um processo rápido.

Diversas bactérias, alguns fungos e algumas cianobactérias e algas verdes são capazes de oxidar produtos do petróleo aerobiamente. A poluição por óleo, em pequena escala, de ecossistemas aquáticos e terrestres a partir das atividades humanas, assim como naturais, é muito comum. Microrganismos oxidantes de petróleo desenvolvem-se rapidamente em películas de óleo e manchas, e a oxidação de hidrocarbonetos é mais extensa se a temperatura for quente e os suprimentos de nutrientes inorgânicos (principalmente N e P) forem suficientes.

Como o óleo é insolúvel em água e é menos denso, ele flutua para a superfície, formando as manchas. Ali, as bactérias que degradam hidrocarbonetos ligam-se a gotículas de óleo (**Figura 21.8**), ocasionando no final a decomposição do óleo e a dispersão da mancha. Determinadas espécies especializadas na degradação do óleo, como *Alcanivorax borkumensis*, uma bactéria que cresce somente a partir de hidrocarbonetos, ácidos graxos ou piruvato, produzem surfactantes glicolipídicos que auxiliam na degradação do óleo e promovem sua solubilização. Uma vez solubilizado, o óleo pode ser captado mais rapidamente e catabolizado como fonte de energia.

Em grandes derramamentos de óleo, as frações de hidrocarbonetos voláteis evaporam rapidamente, restando componentes aromáticos e alifáticos de cadeias médias a longas, os quais devem ser removidos pelas equipes de limpeza ou pela ação microbiana. Os microrganismos consomem o óleo oxidando-o a $CO_2$. Quando as atividades de biorremediação são promovidas pela aplicação de nutrientes inorgânicos, as bactérias oxidantes de óleo geralmente se desenvolvem rapidamente em um derramamento de óleo (Figura 21.7*b*), e em condições ideais, 80% ou mais dos componentes não voláteis do petróleo podem ser oxidados no prazo de um ano. No entanto, determinadas frações de óleo, como aquelas contendo hidrocarbonetos de cadeia ramificada ou policíclicos, permanecem no ambiente por mais tempo. O óleo derramado que migra para os sedimentos marinhos é degradado mais lentamente, podendo ser um importante impacto de longo prazo

(*a*) (*b*) (*c*)

**Figura 21.7 Consequências ambientais de grandes derramamentos de petróleo e o efeito da biorremediação.** *(a)* Uma praia contaminada ao longo da costa do Alasca, contendo óleo do vazamento do *Exxon Valdez* de 1989. *(b)* A região retangular central (seta) foi tratada com nutrientes inorgânicos para estimular a biorremediação do óleo derramado por microrganismos, enquanto as áreas acima e à esquerda não foram tratadas. *(c)* Óleo derramado no mar Mediterrâneo pela usina Jiyeh (Líbano) que fluiu para o porto de Byblos, durante a guerra de 2006, no Líbano.

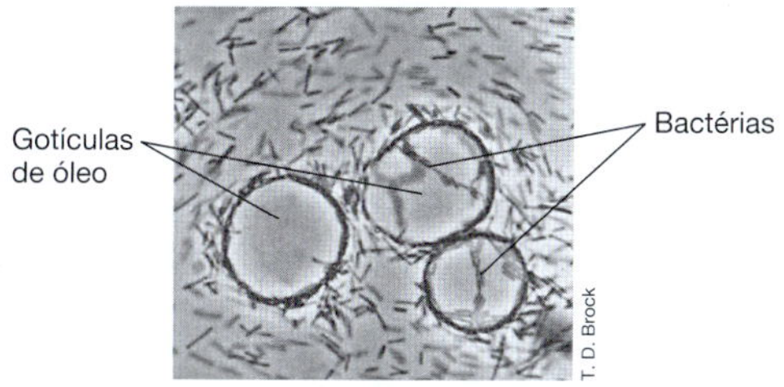


**Figura 21.8 Bactérias oxidantes de hidrocarbonetos associadas a gotículas de óleo.** As bactérias são concentradas em grandes números na interface óleo-água, e não no interior da própria gotícula.

para a pesca e as atividades relacionadas, as quais dependem de águas despoluídas para sua produtividade.

Uma exceção notável ao derramamento de óleo de superfície mais comum foi o naufrágio da plataforma de petróleo marítima Deepwater Horizon no Golfo do México em 2010, que resultou na ruptura do poço, a uma profundidade de 1,5 km e na liberação de mais de 4 milhões de barris de óleo no fundo do oceano (⇄ Seção 19.9 e Figura 19.20). Aproximadamente 35% da nuvem de hidrocarbonetos resultantes eram constituídos de componentes de baixo peso molecular e de gás natural (metano, etano, propano). A disponibilidade destes componentes do óleo facilmente degradados parece ter acelerado o processo de degradação natural, estimulando o desenvolvimento de um grande aumento de bactérias com capacidade para oxidar os componentes de hidrocarbonetos de fácil degradação e os mais recalcitrantes. Permanece incerto se a decisão da indústria para promover a dispersão do petróleo (que visava aumentar a área de superfície e a biodisponibilidade do óleo) por meio da injeção de milhares de litros de dispersantes químicos diretamente na nuvem de hidrocarbonetos realmente acelerou a degradação microbiana. Independentemente, apesar de alguns dos legados deste grande derramamento de petróleo existirem, a maior parte do óleo desapareceu a partir de uma combinação de volatilização e atividades microbianas.

## Degradação de hidrocarbonetos armazenados

Interfaces, regiões onde o óleo e a água encontram-se, muitas vezes ocorrem em grande escala. Além da água que é separada do óleo bruto durante o armazenamento e transporte, a umidade pode condensar o interior dos tanques de armazenamento de combustível em massa (**Figura 21.9**), onde há vazamentos. Esta água acumula-se eventualmente em uma camada abaixo do petróleo. Tanques de armazenagem de gasolina e de óleo bruto são, portanto, potenciais hábitats para microrganismos oxidantes de hidrocarboneto. Se existir sulfato ($SO_4^{2-}$) suficiente no petróleo, como muitas vezes está no óleo bruto, as bactérias redutoras de sulfato podem crescer em tanques consumindo hidrocarbonetos em condições anóxicas (⇄ Seções 13.24 e 14.9). O sulfureto ($H_2S$) produzido é altamente corrosivo e provoca corrosão e subsequente vazamento dos tanques juntamente com a acidificação do combustível. A degradação aeróbia dos componentes de combustível armazenados é o menor dos problemas porque os tanques de armazenamento são selados e o próprio combustível contém $O_2$ pouco dissolvido.

**Figura 21.9 Tanques de armazenamento de petróleo.** Os tanques de combustível muitas vezes suportam crescimento microbiano nas interfaces óleo-água.

**MINIQUESTIONÁRIO**

- Por que as bactérias degradadoras de petróleo precisam se anexar à superfície de gotículas de óleo?
- O que é singular na fisiologia da bactéria *Alcanivorax*?

## 21.5 Biorremediação de poluentes orgânicos: pesticidas e plásticos

Ao contrário dos hidrocarbonetos, muitos produtos químicos que os seres humanos colocaram no ambiente nunca estiveram lá antes. Estes são os xenobióticos, e consideraremos sua degradação microbiana aqui.

### Catabolismo de pesticidas

Xenobióticos incluem pesticidas, bifenilos policlorados (PCB), munições, corantes e solventes clorados, entre muitos outros produtos químicos. Alguns xenobióticos diferem quimicamente das estruturas que os organismos têm encontrado na natureza e os biodegradam muito lentamente, se degradados. Outros xenobióticos são estruturalmente relacionados com um ou mais compostos naturais e, algumas vezes, podem ser degradados lentamente por enzimas que normalmente degradam compostos naturais estruturalmente relacionados. Focamos aqui na biorremediação de pesticidas.

Mais de 1.000 tipos de pesticidas foram comercializados globalmente visando o controle químico de pragas. Os pesticidas incluem *herbicidas*, *inseticidas* e *fungicidas*. Os pesticidas podem ser de uma ampla variedade de tipos químicos, incluindo compostos clorados, aromáticos, compostos contendo nitrogênio e fósforo (**Figura 21.10**). Algumas dessas substâncias podem ser utilizadas como fontes de carbono e doadores de elétrons por microrganismos, enquanto outras não. Compostos altamente clorados são normalmente os pesticidas mais resistentes ao ataque microbiano. No entanto, os compostos relacionados podem variar consideravelmente na sua degradabilidade. Por exemplo, os compostos clorados, tais como o DDT, persistem relativamente inalterados durante anos nos

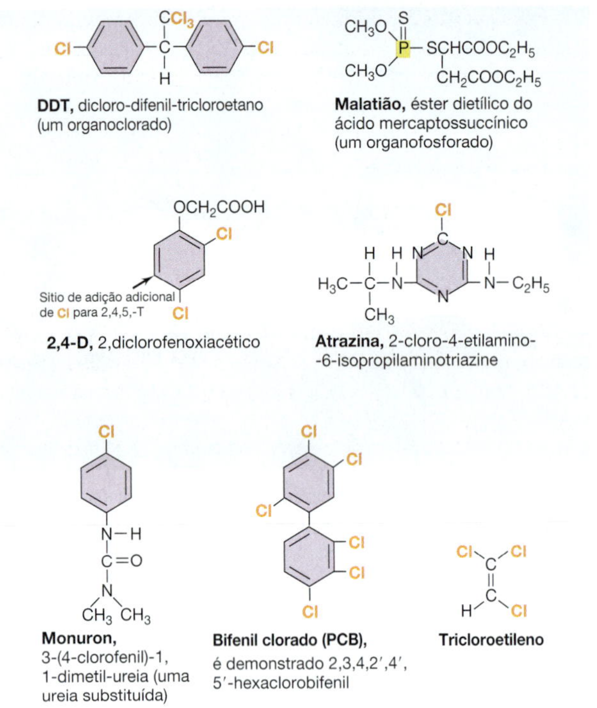


**Figura 21.10** **Exemplos de compostos xenobióticos.** Embora nenhum destes compostos exista naturalmente, existem microrganismos que podem degradá-los.

solos, enquanto os compostos clorados, como 2,4-D, são significativamente degradados em apenas algumas semanas.

Fatores ambientais, como temperatura, pH, aeração e teor de matéria orgânica do solo, influenciam a taxa de decomposição do pesticida, e alguns pesticidas podem desaparecer dos solos não biologicamente, mas por volatilização, lixiviação, ou decomposição química espontânea. Além disso, alguns pesticidas são degradados apenas quando outro material orgânico presente pode ser usado como a fonte primária de energia, um fenômeno chamado de *cometabolismo*. Na maioria dos casos, os pesticidas que são cometabolizados são degradados parcialmente, gerando novos compostos xenobióticos, que podem ser ainda mais tóxicos ou difíceis de degradar do que o composto inicial. Assim, do ponto de vista ambiental, o cometabolismo nem sempre é bom.

## Descloração

Muitos xenobióticos são compostos clorados e sua degradação procede por meio de *descloração*. Por exemplo, a bactéria *Burkholderia* promove a descloração do pesticida 2,4,5-T aerobiamente, liberando o íon cloreto ($Cl^-$) no processo (**Figura 21.11**); esta reação é catalisada por enzimas oxigenase (⮂ Seção 13.22). Após a descloração, uma enzima dioxigenase quebra o anel aromático para obter compostos que podem entrar no ciclo do ácido cítrico e na produção energética.

Embora a decomposição aeróbia de xenobióticos clorados seja, sem dúvida, ecologicamente importante, a **descloração redutora** pode ser ainda mais, devido à rapidez com que condições anóxicas se desenvolvem em hábitats microbianos poluídos. Anteriormente descrevemos a descloração redutiva como uma forma de respiração anaeróbia em que os compostos orgânicos clorados, como clorobenzoato ($C_7H_4O_2Cl^-$), são aceptores terminais de elétrons, quando reduzidos, liberam o cloreto ($Cl^-$), uma substância não tóxica (⮂ Seção 13.21).

Muitos compostos podem ser desclorados redutivamente incluindo dicloro, tricloro e tetracloro (percloro) de etileno, clorofórmio, diclorometano e bifenilas policloradas (Figura 21.10). Além disso, vários compostos bromados e fluorados orgânicos podem ser desalogenados de uma maneira análoga. Muitos destes compostos clorados ou halogenados são altamente tóxicos e alguns têm sido associados ao câncer (particularmente tricloroetileno). Alguns destes compostos, tais como PCB, têm sido amplamente utilizados como isolantes em transformadores elétricos, e em ambientes anóxicos pode ocorrer vazamento lento do transformador ou de recipientes de armazenamento. Eventualmente, estes compostos acabam nas águas subterrâneas ou sedimentos, onde estão entre os contaminantes mais comuns nos Estados Unidos. Há, portanto, grande interesse em descloração redutiva como uma estratégia de biorremediação para sua remoção de ambientes anóxicos.

## Plásticos

Os plásticos são exemplos clássicos de xenobióticos, e a indústria de plásticos em todo o mundo produz mais de 40 milhões de toneladas de plástico por ano, quase metade dos quais são descartados em vez de reciclados. Os plásticos são polímeros de vários produtos químicos (**Figura 21.12*a***). Muitos plásticos permanecem essencialmente inalterados por longos períodos em aterros, lixeiras e como lixo no ambiente. Esse problema estimulou a busca por alternativas biodegradáveis denominadas **biopolímeros**, em substituição a alguns dos polímeros sintéticos.

Os poli-hidroxialcanoatos (PHAs) são polímeros comuns produzidos por bactérias (⮂ Seção 2.14), e estes polímeros biodegradáveis possuem muitas propriedades desejáveis de plásticos xenobióticos. Os PHAs podem ser biossintetizados em diversas formas químicas, cada um com suas próprias propriedades físicas (rigidez, resistência ao impacto e cisalhamento e outros). Um *copolímero* PHA contendo quantidades iguais de poli-β-hidroxibutirato e poli-β-hidroxivalerato (Figura 21.12*b*) tem sido comercializado na Europa como um recipiente para produtos de higiene pessoal e tem tido o

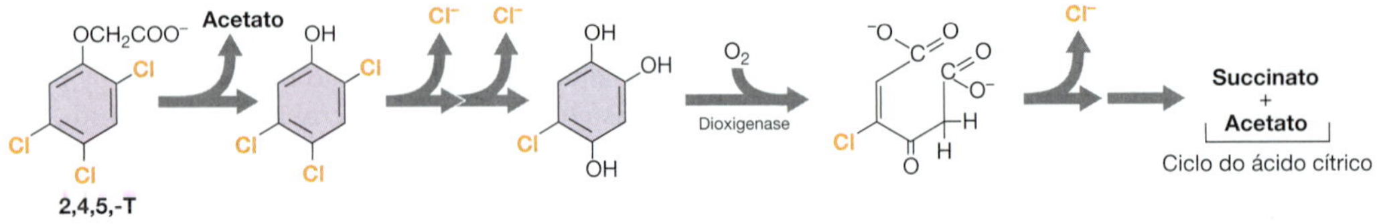


**Figura 21.11** **Biodegradação do herbicida de 2,4,5-T.** Mecanismo da biodegradação aeróbia do 2,4,5-T; observe a importância de uma enzima dioxigenase (⮂ Seção 13.22) no processo de degradação.

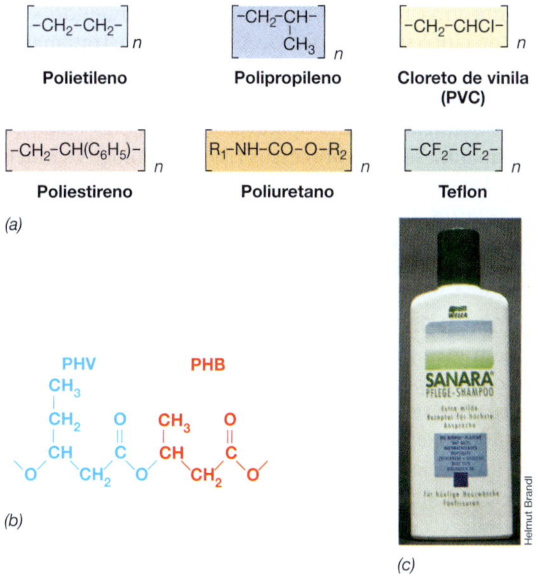


**Figura 21.12** **Plásticos sintéticos e biopolímeros.** *(a)* A estrutura monomérica de vários plásticos sintéticos. *(b)* Estrutura do copolímero de poli-hidroxibutirato-β (PHB) e poli-β-hidroxivalerato (PHV). *(c)* Uma marca de *shampoo* anteriormente comercializado na Alemanha e embalado em uma embalagem feita do copolímero PHB/PHV.

maior sucesso como um substituto do plástico até o momento (Figura 21.12*c*). Entretanto, devido ao fato de que plásticos sintéticos são atualmente mais baratos do que plásticos microbianos, os plásticos sintéticos baseados com petróleo compõem virtualmente a totalidade do mercado corrente de plásticos.

A bactéria *Ralstonia eutropha* tem sido usada como organismo-modelo para a produção comercial de PHAs. Esta bactéria geneticamente manipulável e metabolicamente diversificada produz PHAs com elevado rendimento, e copolímeros específicos podem ser obtidos por modificações nutricionais simples. No entanto, a indústria de biopolímeros é afetada pelo fato de que os melhores substratos para a biossíntese de PHA são a glicose e compostos orgânicos afins, substâncias obtidas a partir de milho ou outras culturas. E mesmo com os preços atuais do petróleo, produtos vegetais não conseguem competir com o petróleo como matéria-prima para a indústria de plásticos.

**MINIQUESTIONÁRIO**

- Por que a adição de nutrientes inorgânicos estimula a degradação do petróleo enquanto a adição de glicose não o faria?
- O que é declorinação redutora e como ela difere das reações mostradas na Figura 21.11?
- Qual a principal vantagem que os biopolímeros têm sobre os plásticos sintéticos?

UNIDADE 4

# III • Água de rejeitos e tratamento de água potável

A água é a principal fonte comum potencial de doenças infecciosas, podendo ser também uma fonte de intoxicações induzidas por compostos químicos. Isso ocorre porque uma única fonte de água frequentemente atende grande número de indivíduos, como, por exemplo, em grandes cidades. Nessas circunstâncias, todos devem utilizar a água disponível e a água contaminada apresenta o potencial de disseminar uma doença a todos os indivíduos expostos. Do mesmo modo, o tratamento adequado das águas de rejeitos é essencial para manter a qualidade do ambiente e para reduzir a disseminação de doenças.

O surto de cólera no Haiti após o terremoto de 2010 é um lembrete da importância da boa conservação dos sistemas de resíduo e tratamento de água potável para garantir a saúde pública. Aqui analisaremos os sistemas construídos para o tratamento químico e biológico de água e os sistemas de transmissão utilizados para a entrega de água tratada para os consumidores. Também examinamos a importância da ecologia microbiana para a saúde humana que se desenvolve dentro das tubulações dos sistemas de distribuição de água municipais e encanamentos domésticos.

## 21.6 Tratamento primário e secundário de água de rejeitos

A **água de rejeitos** corresponde ao esgoto doméstico ou aos rejeitos líquidos industriais que não podem ser descartados, sem tratamento, em lagos ou rios por questões de saúde pública, econômicas, ambientais e estéticas. O tratamento de água de rejeitos baseia-se no uso em escala industrial de microrganismos para a bioconversão. As águas de rejeitos são coletadas por estações de tratamento e, após, a **água efluente** – a água de rejeitos após descartada pela estação de tratamento – encontra-se em condições adequadas para ser liberada em águas de superfície, como lagos ou riachos, assim como em estações de purificação de água potável (**Figura 21.13**).

### Água de rejeitos e esgoto

A água de rejeitos originada do esgoto doméstico ou de fontes industriais não pode ser lançada sem tratamento em lagos ou rios. O **esgoto** corresponde ao efluente líquido contaminado por matéria fecal de seres humanos ou animais. A água de

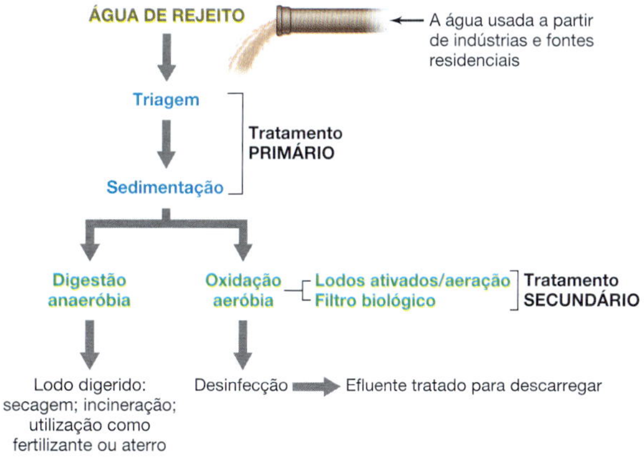


**Figura 21.13** **Processos de tratamento de águas de rejeito.** Um sistema eficaz de tratamento da água usa os métodos de tratamento primário e secundário mostrados aqui. O tratamento terciário também pode ser usado para reduzir os níveis de (BOD) de demanda bioquímica de oxigênio em águas de rejeito para níveis indetectáveis.

rejeitos habitualmente contém compostos inorgânicos e orgânicos potencialmente nocivos, assim como microrganismos patogênicos. O tratamento de água de rejeitos pode utilizar processos físicos, químicos e biológicos (microbiológicos), a fim de remover ou neutralizar os contaminantes.

Em média, cada indivíduo, nos Estados Unidos, consome 100 a 200 galões de água por dia em atividades de lavar, cozinhar, beber e de higiene. A água de rejeitos resultante dessas atividades deve ser tratada a fim de remover os contaminantes antes de ser liberada em águas de superfície. Existem aproximadamente 16.000 estações públicas de tratamento (POTW, *publicly owned treatment works*) nos Estados Unidos. A maioria delas é de porte relativamente pequeno, realizando o tratamento diário de um milhão de galões (3,8 milhões de litros), ou menos, de água de rejeitos. No entanto, essas estações tratam, em conjunto, aproximadamente 32 bilhões de galões de água de rejeitos diariamente. As estações de tratamento de água de rejeitos geralmente são construídas de forma a lidar com os rejeitos tanto domésticos quanto industriais. A água de rejeitos de origem doméstica é composta por esgoto, "água cinza" (água resultante dos procedimentos de lavagem, banho e cocção) e água de rejeitos originada do processamento de alimentos.

A água de rejeitos industrial inclui efluentes de indústrias petroquímicas, de pesticidas, de alimentos e laticínios, de plásticos, farmacêuticas e metalúrgicas. As águas de rejeitos industriais podem conter substâncias tóxicas; a A U.S. Environmental Protation Agency (EPA) exige que algumas estações realizem o pré-tratamento de efluentes tóxicos ou altamente contaminados antes de sua liberação nas POTWs. O pré-tratamento pode envolver processos mecânicos, pelos quais os fragmentos grandes são removidos. No entanto, certas águas de rejeitos são submetidas a um pré-tratamento biológico ou químico, a fim de remover substâncias altamente tóxicas, como cianeto; metais pesados, como arsênico, chumbo e mercúrio; ou compostos orgânicos, como acrilamida, atrazina (um herbicida) e benzeno. Essas substâncias são convertidas em formas menos tóxicas pelo tratamento com compostos químicos ou por microrganismos, capazes de neutralizar, oxidar, precipitar ou volatilizar esses rejeitos. A água de rejeitos pré-tratada pode então ser liberada no POTW.

## Tratamento de água de rejeitos e demanda bioquímica de oxigênio

Uma estação de tratamento de água de rejeitos tem como objetivo promover a redução dos compostos orgânicos e inorgânicos presentes na água de rejeitos a um nível que não permita o crescimento microbiano, bem como eliminar outros compostos potencialmente tóxicos. A eficiência do tratamento é expressa em termos de uma redução da **demanda bioquímica de oxigênio** (**DBO**), a quantidade relativa de oxigênio dissolvido consumido por microrganismos, na oxidação completa de toda a matéria orgânica e inorgânica presente em uma amostra de água (Seção 19.8). A presença de grandes quantidades de compostos orgânicos e inorgânicos em uma água de rejeitos resulta em uma DBO elevada.

Os valores típicos para água de rejeitos de origem doméstica, incluindo o esgoto, são de aproximadamente 200 unidades DBO. Em relação à água de rejeitos de origem industrial, como, por exemplo, de fontes como indústrias de laticínios, os valores podem elevar-se a 1.500 unidades DBO. A água liberada por uma estação eficiente de tratamento de água de rejeitos apresenta uma redução dos altos níveis, atingindo valores abaixo de cinco unidades DBO. As estações de tratamento de água de rejeitos devem tratar tanto o esgoto com baixa DBO quanto os rejeitos industriais de alta DBO.

O tratamento é uma operação de múltiplas etapas, empregando uma série de processos físicos e biológicos independentes (Figura 21.13). Os tratamentos *primário*, *secundário* e, algumas vezes, tratamentos adicionais são realizados para reduzir a contaminação biológica e química da água de rejeitos, e cada etapa de tratamento utiliza tecnologias mais complexas.

## Tratamento primário de água de rejeitos

O **tratamento primário de água de rejeitos** utiliza apenas métodos de separação física para separar os sólidos e materiais orgânicos e inorgânicos particulados da água de rejeitos. A água de rejeitos captada pela estação de tratamento atravessa uma série de grades e redes, que removem os objetos maiores. O efluente é mantido em repouso por algumas horas, permitindo, assim, a sedimentação dos sólidos no fundo do reservatório de separação (**Figura 21.14**).

Os municípios que realizam somente o tratamento primário despejam água extremamente poluída e com alta DBO nos cursos de água adjacentes, uma vez que elevadas concentrações de matéria orgânica solúvel e suspensa e outros nutrientes permanecem na água após o tratamento primário. Esses nutrientes podem desencadear o crescimento microbiano indesejável, reduzindo, assim, a qualidade da água. Por esse motivo, a maioria das estações de tratamento realiza o tratamento secundário e até mesmo o *terciário*, a fim de reduzir o teor de matéria orgânica presente na água de rejeitos, antes de sua liberação em cursos de águas naturais. Os processos de tratamento secundário utilizam a digestão microbiana aeróbia e anaeróbia para a redução adicional dos nutrientes orgânicos presentes na água de rejeitos.

## Tratamento secundário anóxico de água de rejeitos

O **tratamento secundário anóxico de água de rejeitos** envolve uma série de reações digestórias e fermentativas, realizadas por vários procariotos em condições anóxicas. O tratamento anóxico é habitualmente empregado para tratar a água de rejeitos contendo grandes quantidades de matéria orgânica insolúvel (e, dessa forma, DBO muito elevada), como rejeitos de fibras e celulose oriundos de indústrias de processamento de alimentos e laticínios. O processo de degradação anóxica é realizado

John M. Martinko e Deborah O. Jung

**Figura 21.14** **O tratamento primário da água de rejeitos.** A água de rejeitos é bombeada para o reservatório (à esquerda), onde ocorre a sedimentação dos sólidos. À medida que o nível da água se eleva, ela verte por meio das grades para níveis sucessivamente mais baixos. A água situada no nível mais baixo, agora praticamente livre de sólidos, penetra no vertedouro (seta) e é bombeada para uma instalação de tratamento secundário.

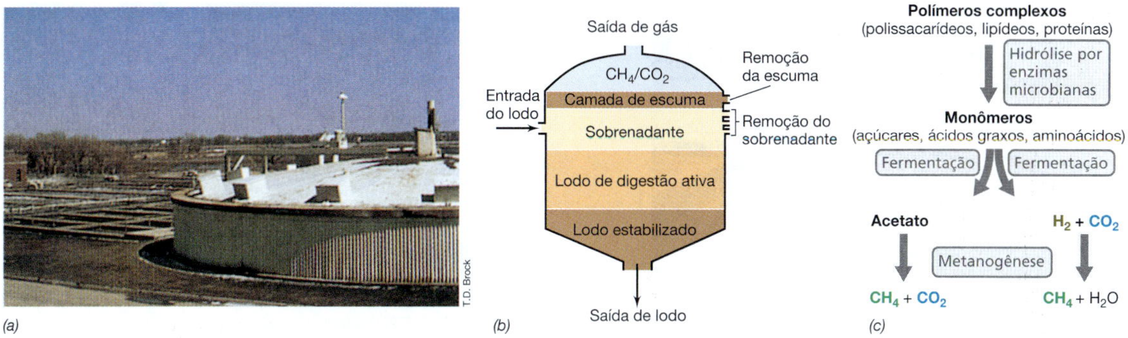


**Figura 21.15** **Tratamento secundário anaeróbio de água de rejeitos.** *(a)* Digestor de lodo anaeróbio. Apenas a parte superior do tanque está demonstrada; o restante é subterrâneo. *(b)* Funcionamento interno de um digestor de lodo. *(c)* Os principais processos microbianos no que ocorrem durante a digestão anóxica do lodo. O metano ($CH_4$) e dióxido de carbono ($CO_2$) são os principais produtos da biodegradação anaeróbia.

em grandes tanques fechados denominados *digestores de lodo* ou *biorreatores* (**Figura 21.15**). O processo requer as atividades coletivas de vários tipos diferentes de procariotos. As principais reações encontram-se resumidas na Figura 21.15*c*.

Inicialmente, os anaeróbios utilizam polissacaridases, proteases e lipases para digerir rejeitos suspensos e macromoleculares, originando componentes solúveis. Em seguida, esses componentes solúveis são fermentados, gerando uma mistura de ácidos graxos, $H_2$ e $CO_2$; os ácidos graxos são adicionalmente fermentados por bactérias sintróficas (⇄ Seção 13.15), originando acetato, $CO_2$ e $H_2$. Esses produtos são então utilizados como substratos por arqueias metanogênicas (⇄ Seção 16.2), as quais fermentam o acetato, produzindo metano ($CH_4$) e dióxido de carbono ($CO_2$), os principais produtos do tratamento anóxico do esgoto (Figura 21.15*c*). O $CH_4$ é queimado ou utilizado como combustível para o aquecimento ou a geração de energia para a estação de tratamento de água de rejeitos.

## Tratamento secundário aeróbio de água de rejeitos

O **tratamento secundário aeróbio de água de rejeitos** utiliza reações digestivas realizadas por microrganismos em condições aeróbias para o tratamento de água de rejeitos contendo baixos níveis de matérias orgânicas (**Figura 21.16*a, b***). De maneira geral, as águas de rejeitos de origem residencial podem ser de maneira eficiente tratadas realizando-se apenas um tratamento aeróbio. Diversos tipos de processos de decomposição aeróbia são utilizados no tratamento de água de rejeitos, porém os métodos de *lodo ativado* são os mais comuns (Figura 21.16*a, b*). Aqui, o esgoto é constantemente misturado e aerado em grandes tanques. Bactérias formadoras de limo, incluindo *Zoogloea ramigera*, entre outras, crescem e formam flocos (massas agregadas) (**Figura 21.17**). A biologia de *Zoogloea* é discutida na Seção 15.2. Protistas, pequenos animais, bactérias filamentosas e fungos ligam-se aos flocos. A oxidação então ocorre como no filtro percolador. O efluente aerado contendo os flocos é bombeado para um tanque de contenção ou clarificador, onde os flocos são decantados. Parte do material floculado (denominado lodo ativado) é devolvida ao aerador, para atuar como inóculo para nova água de rejeitos, enquanto o restante é enviado ao digestor anóxico de lodo (Figura 21.15), ou removido, seco e incinerado, ou utilizado como fertilizante.

A água de rejeitos é normalmente mantida em um tanque de lodo ativado por 5 a 10 horas, um período muito curto para permitir a oxidação completa de toda a matéria orgânica. Contudo, durante esse tempo, grande parte da matéria orgânica solúvel é adsorvida ao floco, sendo incorporada pelas células microbianas. A DBO do efluente líquido é consideravelmente reduzida (em até 95%), quando comparada à água de rejeitos captada; a maior parte da matéria com alta DBO está contida nos flocos decantados. Os flocos podem então ser transferidos ao digestor anóxico de lodo para conversão em $CO_2$ e $CH_4$.

O método de *filtro biológico* também é comumente usado para tratamento secundário aeróbio (Figura 21.16*c*). Um filtro biológico é uma cama de brita, com cerca de 2 m de espessura. O esgoto é pulverizado em cima das rochas e, lentamente, passa pelo leito. O material orgânico do esgoto é absorvido pelas rochas, e os microrganismos crescem sobre as grandes superfícies das rochas expostas. A mineralização completa da matéria orgânica em $CO_2$, amônia, nitrato, sulfato e fosfato ocorre em extensos biofilmes microbianos que se desenvolvem sobre as pedras.

A maioria das estações de tratamento realiza a cloração do efluente após o tratamento secundário, visando reduzir ainda mais a possibilidade de contaminação biológica. O efluente tratado pode então ser lançado em riachos ou lagos. No leste dos Estados Unidos, muitas estações de tratamento de água de rejeitos utilizam a radiação UV para desinfetar a água efluente. O ozônio ($O_3$), um forte agente oxidante que corresponde a um bactericida e viricida efetivo, também é utilizado para a desinfecção da água de rejeitos em mais de 40 estações nos Estados Unidos.

**MINIQUESTIONÁRIO**

- O que é a demanda bioquímica de oxigênio (DBO), e por que a sua redução é importante no tratamento de água de rejeitos?
- Como diferem os métodos de tratamento de água de rejeitos primárias e secundárias?
- Além da água tratada, quais são os produtos finais resultantes do tratamento de água de rejeitos? Como esses produtos finais podem ser utilizados?

## 21.7 Tratamento avançado do esgoto

O tratamento avançado do esgoto é qualquer processo destinado a produzir um efluente de maior qualidade do que normalmente alcançado pelo tratamento secundário. Ele inclui tratamento terciário, tratamento físico-químico, ou tratamento físico-biológico combinado. **Tratamento do esgoto terciário** é definido como qualquer processo de tratamento em que as operações unitárias são adicionadas para o processamento posterior do tratamento secundário do efluente.

(a)

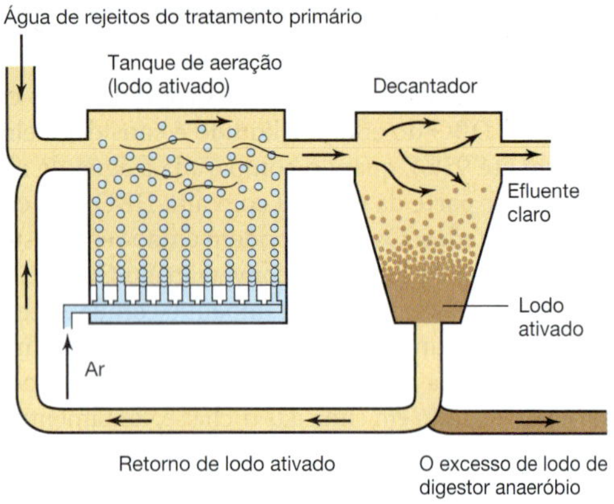


(b)

(c)

**Figura 21.16 Processos de tratamento secundário aeróbio de água de rejeitos.** Partes a e b mostram o método de lodo ativado. *(a)* Tanque de aeração de uma instalação de lodo ativado, de uma estação de tratamento metropolitana de água de rejeitos. O tanque tem 30 m de comprimento, 10 m de largura e 5 m de profundidade. *(b)* o fluxo de água residual passa por uma instalação de lodos ativados. A recirculação do lodo ativado para o tanque de aeração introduz os microrganismos responsáveis pela digestão oxidativa dos componentes orgânicos da água residual. *(c)* Método de gotejamento de filtro. Os aspersores giram, distribuindo as águas de rejeitos de forma lenta e uniforme sobre o leito de rochas. As rochas têm 10 a 15 cm de diâmetro e 2 m de profundidade.

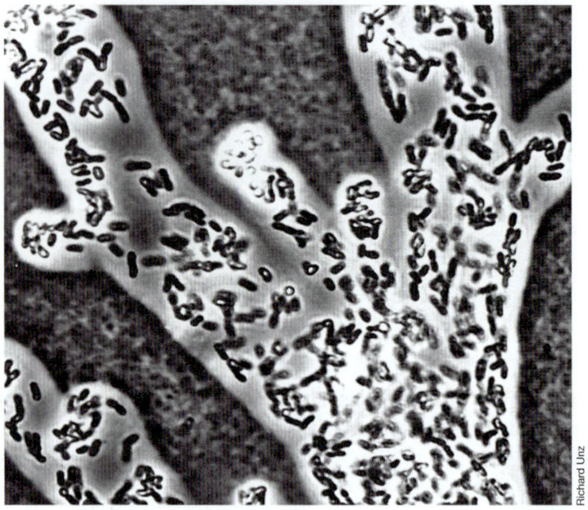


**Figura 21.17 Um floco de água de rejeitos formado pela bactéria *Zoogloea ramigera*.** O floco formado no processo de lodo ativado é composto por um grande número de pequenas células de *Z*, em forma de bastonete. *Ramigera* rodeado por uma camada limosa polissacarídica, disposto em projeções digitiformes nesta coloração negativa com tinta nanquim.

Os objetivos típicos do tratamento avançado incluem a remoção adicional de matéria orgânica e os sólidos em suspensão, remoção de nutrientes inorgânicos essenciais necessários para o crescimento microbiano (incluindo amônia, nitrato, nitrito, fósforo, ou o carbono orgânico dissolvido) e a degradação de quaisquer materiais potencialmente tóxicos. O tratamento avançado da água é um método mais completo de tratamento do que o do esgoto, mas não tem sido amplamente adotado devido aos custos associados a essa remoção completa de nutrientes. Aqui, examinaremos a remoção biológica de fósforo e de rastreamento dos contaminantes, duas áreas de tratamento avançado de importância crescente para o tratamento de água de rejeitos.

## Remoção biológica do fósforo

O tratamento secundário biológico convencional remove apenas cerca de 20% de fósforo dos esgotos, necessitando tratamento químico ou biológico adicional. A precipitação química é o processo mais utilizado, remove até 90% do fósforo do afluente. A remoção é conseguida pela adição de Fe ou Al, ou sais como o cloreto ou sulfato, com $Fe^{2+}$ ou $Fe^{3+}$ sais mais comumente usados. Em pH quase neutro, o $Fe^{3+}$ forma fosfato férrico ($FePO_4$) insolúvel ou complexos de hidróxido-fosfato férrico. Estes então precipitam e são removidos como lodo.

O processo de precipitação química resulta em até 95% mais lodo, contribuindo para os problemas adicionais de eliminação. Como alternativa, o tratamento terciário que estimula o crescimento de bactérias acumuladoras de fósforo também pode remover até 90% de fósforo, um processo chamado de *remoção biológica de fósforo avançada* (EBPR, *enhanced biological phosphorus removal*). Aqui, o fluxo de resíduos é processado por uma passagem sequencial por meio de biorreatores aeróbios e anaeróbios (**Figura 21.18**). No reator anaeróbio, os *organismos acumuladores de fósforo* (PAOs, *phosphorus-accumulating organisms*) utilizam a energia disponível a partir do polifosfato armazenado para assimilar os ácidos graxos de cadeia curta e produzir poli-hidroxialcanoatos intracelulares (PHAs) (Figura 21.18*a*; Seção 2.14); à medida que isso acontece, o ortofosfato solúvel ($PO_4^{3-}$) é liberado. Durante a fase seguinte do tratamento aeróbio, o PHA armazenado é metabolizado, fornecendo energia e carbono para novo crescimento celular. A energia é usada para formar polifosfato intracelular, a remoção de ortofosfato da solução (Figura 21.18*a*). A nova biomassa (lodo) com alto teor de polifosfato é então recolhida na remoção de fósforo (Figura 21.18*b*).

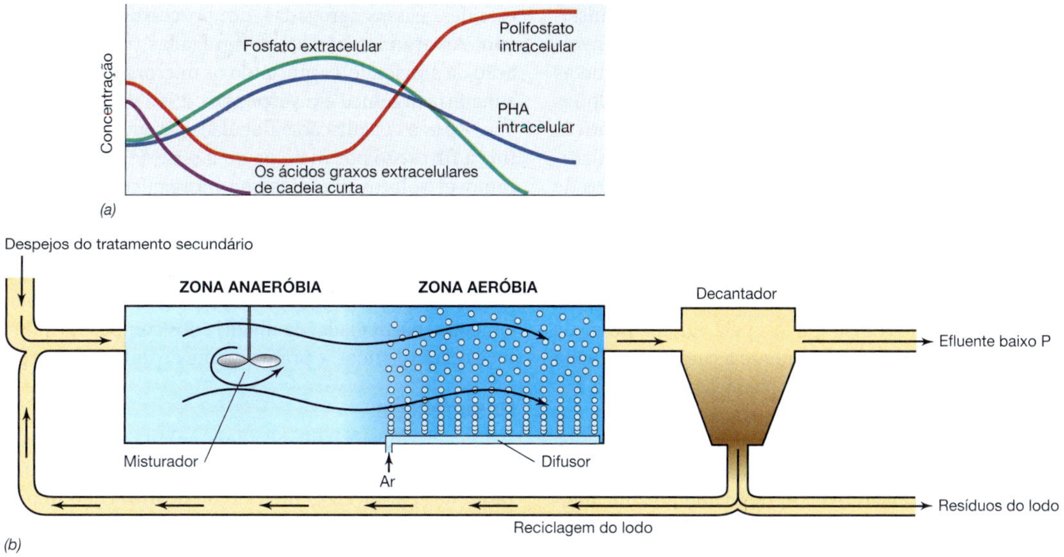


**Figura 21.18 Processo de remoção biológica melhorada de fósforo.** Durante a passagem por meio do sistema de reatores, a comunidade microbiana faz uma transição entre crescimento anaeróbio e aeróbio. Na zona anaeróbia, ácidos graxos de cadeia curta são retomados e as reservas internas de polifosfato (poliP) são liberadas como ortofosfato extracelular. Na zona aeróbia, o fosfato extracelular é reassimilado como poliP, e as reservas intracelulares de poli-hidroxialcanoatos (PHAs) são metabolizadas. O lodo com alta concentração de fósforo é retirado para a eliminação.

O processo EBPR algumas vezes falha devido ao crescimento excessivo de populações microbianas competidoras, microrganismos que acumulam comumente glicogênio em oposição ao átomo de fósforo, tornando assim o processo menos eficiente. Por isso, um controle mais preciso do processo vai exigir melhor compreensão da ecologia e fisiologia dos PAOs. Os recentes progressos nesta área têm sido feitos com a identificação de um dos principais PAOs, *Accumulibacter phosphatis*. *A. phosphatis* é parte de um "clado" de Betaproteobacteria relacionadas com a acumulação do fósforo (⇄ Seção 15.2) que tenham sido identificados em diferentes sistemas EBPR. Apesar das culturas puras ainda não estarem disponíveis, sistemas reatores de laboratório enriquecidos nesses organismos estão agora fornecendo informações sobre as condições de funcionamento necessárias para um funcionamento estável do EBPR.

## Contaminantes de preocupação emergente

Até recentemente, os estudos sobre o destino ambiental de produtos químicos focaram principalmente em poluentes prioritários, incluindo os produtos agrícolas e substâncias químicas muito utilizadas que demonstram toxicidade aguda ou carcinogenicidade. No entanto, atualmente é sabido que existem novos poluentes bioativos entrando no ambiente e estes representam os novos desafios para biorremediação microbiana. Estes poluentes incluem produtos farmacêuticos, ingredientes ativos em produtos de higiene pessoais, fragrâncias, produtos domésticos, protetores solares e muitas outras moléculas incomuns ou xenobióticas.

Ao contrário dos pesticidas, estes "novos" poluentes são mais ou menos continuamente descarregados para o meio ambiente, principalmente pela libertação de esgoto tratado ou não tratado, e, por causa disso, não precisam persistir para ter efeitos ambientais. Por exemplo, compostos sintéticos de estrogênio, excretados na urina das mulheres que tomam pílulas anticoncepcionais e, eventualmente, lançados nas estações de tratamento de águas de rejeitos, podem ativar genes de resposta de estrogênio em animais aquáticos, como peixes e contribuir para a feminização dos machos.

Estações de tratamento de água de rejeitos foram originalmente projetadas para lidar com materiais naturais, principalmente dejetos humanos e industriais, mas agora há um crescente interesse em pesquisar cuidadosamente o projeto de futuras instalações de tratamento para estimular a biorremediação destes contaminantes emergentes. Como esses contaminantes estão frequentemente presentes em concentrações muito baixas e são, muitas vezes, novas classes de xenobióticos químicos, eles podem realmente não suportar o crescimento microbiano, mas serem degradados apenas pelo cometabolismo ou por espécies altamente especializadas. Podemos, portanto, esperar que a biorremediação de contaminantes emergentes seja uma área ativa de pesquisa microbiológica e políticas públicas nos próximos anos.

**MINIQUESTIONÁRIO**

- Quais são as vantagens de EBPR em relação à remoção química tradicional de fósforo? Há alguma desvantagem?
- Dê um exemplo de um contaminante "emergente".

## 21.8 Purificação e estabilização de água potável

As águas de rejeitos tratadas pelos métodos secundários geralmente podem ser lançadas diretamente em rios e riachos. No entanto, tal água não é **potável** (segura para o consumo humano). A produção de água potável requer tratamento adicional, a fim de remover patógenos potenciais, eliminar o sabor e o odor, reduzir os produtos químicos indesejáveis, como ferro e manganês, bem como diminuir a **turbidez**, que corresponde a uma medida dos sólidos em suspensão. Os **sólidos em suspensão** são pequenas partículas de poluentes sólidos, que resistem à separação por métodos físicos comuns.

Infecções intestinais causadas por patógenos transmissíveis pela água ainda são comuns, mesmo em países desenvolvidos (Seção 31.1), e algumas estimativas indicam que as doenças transmissíveis pela água impactam a saúde de milhões de pessoas a cada ano somente nos Estados Unidos. Práticas de tratamento de água, no entanto, têm melhorado significativamente o acesso à água potável, começando com projetos de obras públicas, juntamente com a aplicação e desenvolvimento da microbiologia da água no início do século XX.

Um século atrás, a purificação de água nos Estados Unidos foi limitada à *filtração* para reduzir a turbidez, e isso resultou em altas taxas de doenças transmissíveis pela água. Apesar de a filtração ter diminuído significativamente a carga microbiana na água, muitos microrganismos ainda passavam por meio dos filtros. No entanto, por volta de 1913, a **cloração** usando $Cl_2$ entrou em uso como desinfetante para as grandes fontes de água. O gás cloro era um desinfetante, em geral, eficaz e barato para água potável, e a sua utilização reduziu rapidamente a incidência de doenças de origem hídrica (Seção 28.5). Principais melhorias na saúde pública nos Estados Unidos foram em grande parte devido à adoção de filtragem de água e procedimentos de tratamento de desinfecção. Obras públicas da engenharia e microbiologia trabalhando lado a lado foram, assim, os principais contribuintes para os avanços drásticos na saúde pública nos Estados Unidos e outros países desenvolvidos no século XX.

## Purificação química e física

Uma típica estação municipal de tratamento de água potável é apresentada na **Figura 21.19a**. A Figura 21.19*b* apresenta o processo que purifica a **água bruta** (também denominada **água não tratada**) que flui pela estação de tratamento. Inicialmente, a água bruta é bombeada a partir da fonte, nesse caso um rio, até um tanque de sedimentação, onde são acrescentados polímeros aniônicos, alume (sulfato de alumínio) e cloro. O **sedimento**, incluindo terra, areia, partículas minerais e outras partículas grandes, sofre decantação. Em seguida, a água livre de sedimentos é bombeada a um **clarificador** ou tanque de coagulação, um grande tanque de armazenagem, onde ocorre a **coagulação**. O alume e os polímeros aniônicos promovem a formação de partículas grandes, a partir dos sólidos bem menores em suspensão. Após a mistura, as partículas continuam a interagir, formando grandes massas agregadas, um processo denominado **floculação**. As grandes partículas agregadas (flocos) decantam pela ação da gravidade, capturando os microrganismos e absorvendo a matéria orgânica em suspensão, e são sedimentadas.

Após a coagulação e floculação, a água clarificada é submetida à **filtração** por meio de uma série de filtros projetados para remover solutos orgânicos ou inorgânicos, assim como quaisquer partículas em suspensão e microrganismos. Os filtros consistem normalmente em espessas camadas de areia, carvão ativado e meios de filtração de troca iônica. Após ser submetida às etapas anteriores, a água filtrada apresenta-se desprovida de toda a matéria particulada, da maioria dos compostos químicos orgânicos e inorgânicos, e praticamente de todos os microrganismos.

## Desinfecção

A água clarificada e filtrada deve então ser desinfetada antes de sua liberação para o sistema de abastecimento, como **água tratada** pura, potável. O método de **desinfecção mais comum** é a cloração. Quando em doses suficientes, o cloro mata a maioria dos microrganismos no decorrer de 30 minutos. Alguns poucos protistas patogênicos, como *Cryptosporidium*, no entanto, não são facilmente mortos pelo tratamento com cloro (Seções 28.7 e 32.4). Além de matar os microrganismos, o cloro oxida e efetivamente neutraliza a maioria dos compostos orgânicos, melhorando o sabor e odor da água, uma vez que a maioria dos compostos produtores de sabor e odor é de natureza orgânica. O cloro é acrescentado à água seja a partir de uma solução concentrada de hipoclorito de sódio ou de cálcio, ou na forma de gás, a partir de tanques pressurizados. O gás de cloro é comumente utilizado em estações de tratamento de água de grande porte, por se sujeitar mais satisfatoriamente ao controle automático. Para manter os níveis residuais de cloro por todo o sistema de distribuição, a maioria das estações municipais de tratamento de água também adiciona gás de amônia com o cloro, visando formar o composto contendo cloro, estável e não volátil, **cloramina**, $HOCl + NH_3 \rightarrow NH_2Cl + H_2O$.

O cloro é consumido à medida que reage com os compostos orgânicos. Dessa forma, quantidades suficientes de cloro devem ser acrescentadas à água contendo matéria orgânica, a fim de que uma pequena quantidade, denominada *cloro residual*, seja mantida. O cloro residual reage matando quaisquer microrganismos

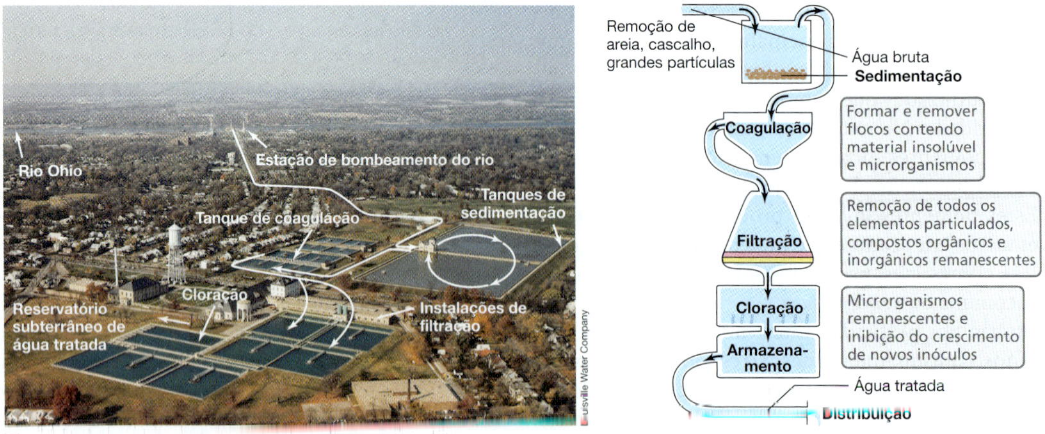


(*a*) (*b*)

**Figura 21.19 Estação de purificação de água.** (*a*) Visão aérea de uma estação de tratamento de água em Louisville, Kentucky, Estados Unidos. As setas indicam a direção do fluxo de água por meio da estação. (*b*) Visão esquemática de um típico sistema de purificação de águas públicas.

remanescentes. O operador da estação de tratamento realiza análises de cloro na água tratada para determinar a concentração de cloro a ser acrescentada para **desinfecção secundária**, a manutenção de cloro residual ou outro residual desinfetante no sistema de distribuição de água para inibir o crescimento microbiano. Uma concentração de cloro residual na faixa de 0,2 a 0,6 mg/mL é adequada para a maioria dos sistemas de abastecimento de água. Após o tratamento com cloro, a água agora potável é bombeada para os tanques de armazenagem, a partir dos quais flui, por ação da gravidade ou de bombas, por meio do **sistema de distribuição** dos tanques de armazenagem e das redes de abastecimento, chegando aos consumidores. Os níveis residuais de cloro garantem que a água tratada será fornecida ao consumidor sem sofrer contaminação (presumindo-se que não ocorra qualquer falha catastrófica, como uma tubulação rompida, no sistema de distribuição). O cloro gasoso, mesmo quando dissolvido na água, é extremamente volátil, podendo dissipar-se da água tratada em questão de horas.

A radiação ultravioleta (UV) é também utilizada como uma forma eficaz de desinfecção. Conforme discutimos na Seção 5.18, a radiação UV é empregada para tratar o efluente submetido ao tratamento secundário em estações de tratamento de água. Na Europa, a irradiação UV é habitualmente utilizada na água potável e seu uso tem sido considerado nos Estados Unidos. Com a finalidade de desinfecção, a luz UV é gerada por lâmpadas de vapor de mercúrio. A principal saída de energia delas tem 253,7 nm, um comprimento de onda bactericida e que também mata cistos e oocistos de protistas, como *Giardia* e *Cryptosporidium*, importantes patógenos eucarióticos encontrados na água (⇄ Seção 32.4). Vírus, no entanto, são mais resistentes.

O uso de radiação UV apresenta muitas vantagens em relação aos procedimentos de desinfecção química, como a cloração. Primeiro, a irradiação UV é um processo físico que não introduz compostos químicos na água. Segundo, períodos de contato curtos permitem que seja utilizada em sistemas fluentes existentes, mantendo os custos muito baixos. Terceiro, muitos estudos indicam que não há a formação de subprodutos associados à desinfecção. Especialmente em sistemas menores, em que a água tratada não é bombeada por longas distâncias, nem mantida por longos períodos (reduzindo a necessidade de cloro residual), a desinfecção por UV pode ser preferível à cloração.

**MINIQUESTIONÁRIO**

- Quais os objetivos específicos da sedimentação, coagulação, filtração e desinfecção durante o processo de tratamento da água potável?
- Quais procedimentos em geral são usados para reduzir os números microbianos (carga microbiana) no abastecimento de água?
- Quais são as vantagens da desinfecção UV *versus*, ou como um complementar para, desinfecção química com cloro?

## 21.9 Sistemas de distribuição de águas municipais

Assim que a água potável deixa a estação de tratamento, a água muitas vezes percorre quilômetros de tubulações municipais e de sistemas de distribuição para chegar ao consumidor (**Figura 21.20**). Além de problemas de sabor e odor associado frequentemente à fonte de água, o transporte e o tempo de permanência podem também contribuir para o sabor e odor indesejável proveniente de processos biológicos e químicos. Embora indesejáveis, o sabor e odor sozinhos geralmente não sinalizam uma ameaça à saúde. No entanto, o sistema de distribuição de água também pode favorecer o crescimento de patógenos obrigatórios ou oportunistas, reter e proteger patógenos, ou selecionar formas de microrganismos mais patogênicos e resistentes. Apesar da água potável muitas vezes não ser associada à doença, apenas nos Estados Unidos entre 2007 e 2008, 36 surtos de doenças associadas à água potável afetaram pelo menos 4.000 pessoas e foram relacionadas com três mortes.

### A microbiologia dos sistemas de distribuição de água municipais

O crescimento microbiano em sistemas de distribuição de água potável pode ser eliminado apenas por meio da remoção completa de nutrientes (eliminação dos substratos de crescimento provenientes da fonte de água e dos materiais estruturais do sistema de distribuição), ou por meio da manutenção de níveis de cloro residual apropriado ao longo do sistema de distribuição. Na realidade, nenhum destes é possível. O crescimento é inevitável em consequência da redução na concentração de cloro com a distância crescente do local de produção em conjunto com a tendência dos microrganismos em formar biofilmes sobre as paredes das tubulações. Microrganismos em biofilmes são mais resistentes à desinfecção (⇄ Seção 19.4), e com isso a acumulação microbiana pode ser encontrada em todos os sistemas de distribuição, mais de 90% dos quais estão na forma de biofilmes que revestem as paredes do tubo.

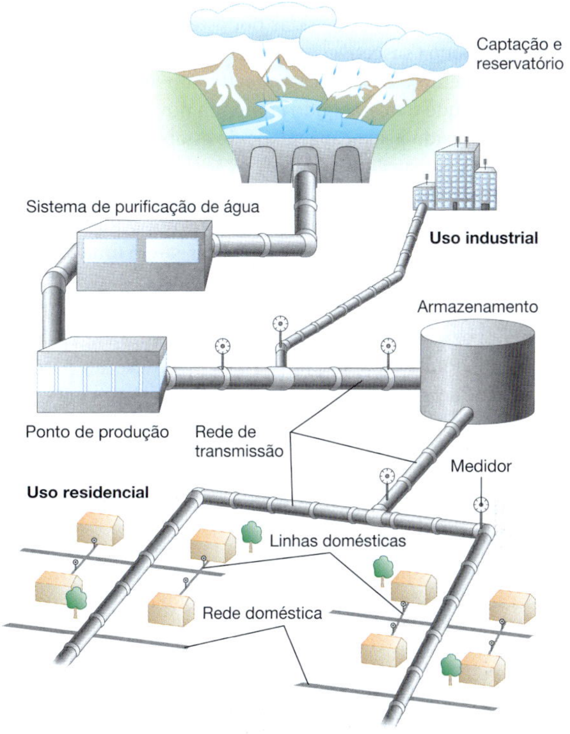


**Figura 21.20** **Sistema de distribuição de água potável.** Um sistema de distribuição municipal inclui reservatório de superfície, sistema de purificação de água, rede de distribuição, e linhas domésticas que englobam quilômetros de tubos em uma comunidade típica.

UNIDADE 4

Só recentemente é que as técnicas moleculares independentes de cultivo, incluindo análise de sequências do gene 16S RNAr (⇄ Seção 18.5), iniciaram para elucidar as espécies que colonizam comumente as tubulações de distribuição de água. Embora esses estudos mostrem que as espécies patogênicas são raras, alguns patógenos oportunistas (⇄ Seção 23.6) estão presentes e podem infectar os seres humanos sensíveis, incluindo crianças e idosos ou pessoas com sistemas imunes comprometidos. Patógenos oportunistas que foram encontrados no sistema de distribuição de água incluem (1) micobactérias não tuberculosas (incluindo *Mycobacterium avium, M. intracellulare, M. kansasii* e *M. fortuitum*) associadas a milhares de casos clínicos todos os anos nos Estados Unidos; (2) *Legionella pneumophila* (o agente causador da doença do legionário, ⇄ Seção 31.4); (3) *Pseudomonas aeruginosa* (que pode infectar os olhos, ouvidos, pele e pulmões); e (4) protozoários oportunistas patogênicos, como *Naegleria* e *Acanthamoeba* (⇄ Seção 32.3), que podem causar ceratite e encefalite.

Uma vez que a infecção por estes e outros patógenos oportunistas é muitas vezes de origem pouco clara e muitas doenças transmissíveis pela água não são denunciadas, a importância dos sistemas de distribuição de água como fonte (ou reservatório) para os microrganismos patogênicos não é clara. No entanto, devido ao potencial risco em larga escala para a saúde, o problema de agentes patogênicos na água potável vem recebendo muito mais atenção nos últimos anos, incluindo o uso da ecologia microbiana molecular (Capítulo 18) para investigar o problema.

Os sistemas de distribuição de água também oferecem suporte a inúmeros protistas que subsistem consumindo bactérias. Até 300 amebas/cm$^2$ têm sido observadas em alguns sistemas de distribuição de água. As bactérias que sobrevivem e se replicam após serem ingeridas por estes protistas são potencialmente menos suscetíveis ao sistema imune dos mamíferos. O melhor exemplo disso é a *Legionella*, um agente patogênico oportunista, que tem emergido como um novo risco para a saúde pública devido à sua capacidade de estabelecer residência e replicar em protistas que habitam os sistemas de manuseio de água (**Figura 21.21**), incluindo tubulações residenciais, chuveiros e sistemas de ar-condicionado. Os mecanismos celulares básicos que *Legionella* utiliza para entrar e replicar-se em uma ampla variedade de protistas (incluindo *Acanthamoeba, Hartmannella, Naegleria* e *Tetrahymena*) também permitem infectar mais facilmente as células humanas. Ainda tem sido sugerido que os protistas têm sido a força motriz da evolução do patógeno *Legionella*. Patógenos oportunistas reconhecidos recentemente pela capacidade de sobreviver ou crescer dentro de protistas incluem espécies de *Legionella, Pseudomonas* e *Mycobacterium*.

### A microbiologia dos sistemas de distribuição de água domiciliar

Uma das preocupações microbiológicas mais reconhecidas com relação às águas domiciliares é a *Legionella pneumophila*

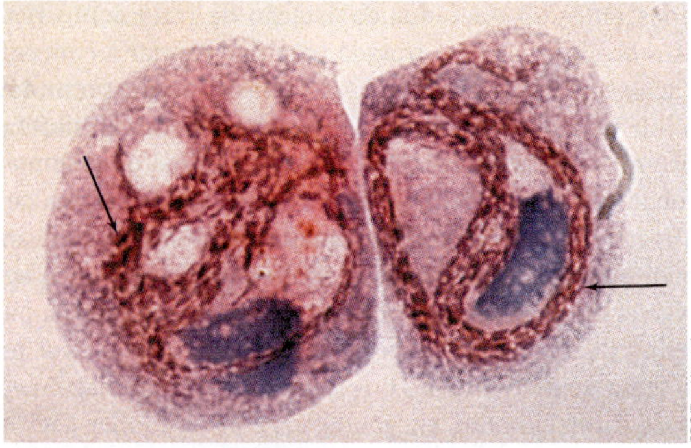

CDC/Don Howard

**Figura 21.21 Protistas como reservatórios de *Legionella*.** Duas células do protista *Tetrahymena* contêm cadeias do patógeno *Legionella pneumophila* em forma de haste (setas). Em sistemas de água encanada, protistas podem persistir e ser reservatórios de patógenos bacterianos.

(⇄ Seção 31.4). Este patógeno se multiplica em sistemas de água encanada a temperaturas entre 20 e 46°C. Ele sobrevive por meses na água potável, e a sobrevivência é aumentada pela presença de outras bactérias e protozoários – em que o crescimento intracelular é possível (Figura 21.21) – e também por meio da fixação em biofilmes. Temperaturas maiores do que 50°C conduzem a um decréscimo nos números, e as temperaturas superiores a 60°C resultam na eliminação rápida (morte celular). Assim, para evitar o crescimento de *L. pneumophila*, a água encanada deve ser mantida abaixo de 20°C ou acima de 50°C a partir das unidades de armazenamento para a torneira.

Micobactérias não tuberculosas (incluindo *Mycobacterium avium, M. intracellulare, M. kansasii* e *M. fortuitum*) são também mais resistentes à desinfecção com cloro e protozoários, são atualmente conhecidos por crescerem em chuveiros, que recebem água municipal, e que ainda apresentam cloro residual. A importância dos chuveiros como um reservatório de agentes patogênicos oportunistas ainda é desconhecida. No entanto, com o aumento da frequência do banho de chuveiro em oposição ao banho de banheira, e a possível aerosolização de patógenos oportunistas por meio do banho de chuveiro, levou a um maior número de pesquisas nesta área. O quadro geral que está emergindo é que a mudança nos processos de tratamento e a arquitetura dos sistemas de distribuição de água, juntamente com a condição de envelhecimento de alguns sistemas, podem comprometer a saúde humana.

**MINIQUESTIONÁRIO**

- Descreva o tratamento de água em uma estação de tratamento de água potável, desde a entrada da água até o ponto de distribuição final (torneira).
- Que características do sistema de distribuição de água domiciliar podem aumentar o crescimento de *Legionella*? E o que pode inibir o crescimento?

## IV • Corrosão microbiana

Milhares de milhões de dólares em metal, pedra e infraestrutura de concreto são perdidos pela corrosão todos os anos. A corrosão é um processo complexo que pode ser influenciado e acelerado por atividades microbianas. Microrganismos aceleram a corrosão por meio da alteração do pH ou redox, produção de metabólitos corrosivos, e criação de microambientes corrosivos em biofilmes. No entanto, uma vez que o equilíbrio entre a química e a biologia muitas vezes não é bem resolvido, a corrosão em que os microrganismos estão implicados é referida como **corrosão microbiana (CM)**.

Nesta seção, vamos examinar alguns casos em que a contribuição microbiana para a corrosão é relativamente bem compreendida. No entanto, é provável que os modelos gerais para CM sejam modificados à medida que aprendemos mais sobre como os microrganismos interagem e modificam diferentes estruturas de materiais.

## 21.10 Corrosão microbiana de metais

O ferro é o metal mais usado no ambiente construído. Em uma base global, milhões de milhas de ductos de distribuição de água, gás e petróleo são feitos deste metal, e a sua corrosão contribui para a maior perda da infraestrutura no ambiente construído. A corrosão do ferro pelo oxigênio do ar é considerada unicamente um processo eletroquímico. No entanto, grande parte da infraestrutura crítica está enterrada ou submersa, limitando a exposição ao oxigênio. Em pH neutro, na ausência de oxigênio, a corrosão do ferro e do aço é significativamente acelerada pela atividade microbiana. Grupos microbianos envolvidos no CM incluem redutores de sulfato (Seções 13.18 e 14.9), bactérias redutoras de ferro férrico (Seções 14.14 e 20.5), bactérias oxidantes de ferro ferroso (Seções 13.9, 14.15 e 20,5) e metanogênicas (Seções 13.20, 16.2 e 20.2).

### Corrosão do metal por bactérias redutoras de sulfato

Estruturas metálicas submersas no ambiente marinho e oleodutos usados para levar o óleo de baixo teor são particularmente sujeitas ao CM por meio das atividades dos microrganismos redutores de sulfato. A corrosão por bactérias redutoras de sulfato é em parte atribuível à natureza química corrosiva do sulfeto de hidrogênio ($H_2S$), o produto do seu metabolismo (Seção 14.9). Óleos brutos, contendo mais do que 0,5% de peso de enxofre, são chamados "ácidos" e podem ser naturalmente corrosivos devido ao $H_2S$ presente. Em campos de petróleo perto do oceano, como no Oriente Médio e no Alasca, a água do mar é injetada para manter a pressão do reservatório e forçar o óleo para o poço produtor. Uma vez que a água do mar contém quase 30 mM de sulfato, uma consequência indesejável da injeção é uma maior acidificação, estimulando o crescimento de microrganismos redutores de sulfato.

A estratégia usada atualmente pela indústria petrolífera para controlar a acidificação é a inclusão de nitrato ($NO_3^-$) na injeção da água, estimulando o crescimento de microrganismos redutores de nitrato. Uma vez que a respiração do nitrato é energeticamente mais favorável do que a respiração do sulfato (Seções 13.17 e 19.2), os redutores de nitrato se sobrepõem aos redutores de sulfato para utilizar doadores de elétrons orgânicos do óleo. O nitrato também estimula o crescimento de microorganismos oxidantes de sulfetos e redutores de nitratos (Seções 13.8 e 14.11) impedindo, assim, a degradação pela remoção do sulfeto.

### Mecanismos de corrosão do metal

Os mecanismos pelos quais os redutores de sulfato contribuem diretamente para a corrosão são mais controversos, representados atualmente por dois principais modelos concorrentes. Um modelo é baseado na "teoria de despolarização catódica", no qual o hidrogênio consumido pelo redutor de sulfato acelera a corrosão eletroquímica de superfície do ferro (**Figura 21.22*a***). Este modelo baseia-se na capacidade de muitos redutores de sulfato utilizarem o hidrogênio ($H_2$) como um doador de elétron, acelerando, assim, a produção de $H_2$ energeticamente favorável, mas cineticamente lenta proveniente da oxidação química do ferro ($Fe + 2\,H^+ \rightarrow Fe^{2+} + H_2$), com a seguinte estequiometria global, cuja variação ($\Delta G^{0\prime}$) da energia livre é altamente favorável:

$$4\,Fe^0 + SO_4^{2-} + 3\,HCO_3^- + 5\,H^+ \rightarrow FeS + 3\,FeCO_3 + 4\,H_2O$$
$$(\Delta G^{0\prime} = -925\ kJ)$$

No entanto, este modelo tem sido questionado porque a formação de $H_2$ a partir da superfície de ferro com um pH neutro é um gargalo intrínseco, controlada pela disponibilidade limitada de prótons necessários para as reações de geração de $H_2$.

Estudos eletroquímicos detalhados mostraram, mais tarde, que algumas bactérias redutoras de sulfato, como *Desulfopila corrodens*, possuem a capacidade de utilizar elétrons diretamente a partir do metal ($Fe^0$, Figura 21.22*b*). Neste modelo, os redutores de sulfato ligados à superfície metálica se envolvem na captação direta de elétrons (catódica) a partir do metal por meio de uma camada de corrosão sulfídica eletrocondutora (Figura 21.22*b*). Capacidade semelhante para captar elétrons diretamente do $Fe^0$ tem sido observada por um metanogênico parecido com *Methanobacterium*, que produz o metano ($CH_4$) em vez de sulfeto a partir do crescimento em ferro elementar. O modelo de captação direta de elétrons também sugere que proteínas redox-ativas associadas à superfície celular, ou outras estruturas condutoras, conduzem elétrons

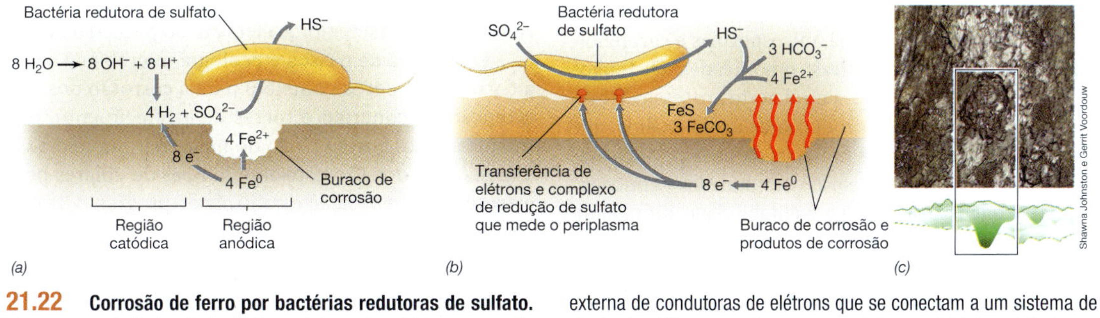


**Figura 21.22 Corrosão de ferro por bactérias redutoras de sulfato.** Dois modelos para as atividades de bactérias redutoras de sulfato na corrosão de metais. *(a)* Acelerar a oxidação do ferro metálico por meio do consumo de $H_2$ produzido abioticamente, por redução de prótons para a superfície metálica. *(b)* Transferência eletrônica direta do metal usando estruturas de parede celular externa de condutoras de elétrons que se conectam a um sistema de transferência de elétron que atravessa o periplasma. *(c)* Acima: foto de um modelo de superfície de ferro submetido à corrosão sulfídica. Resumindo: varredura de uma visão lateral da superfície do metal no foto revelando as áreas em que tenha ocorrido a corrosão e o buraco de corrosão da superfície do metal.

da camada de corrosão para a célula. Isso representa mais um do número crescente de exemplos do uso de estruturas celulares microbianas condutoras para a oxidação ou redução de aceptores de elétrons insolúveis ou doadores de elétrons, respectivamente (Seções 14.14 e 20.5).

**MINIQUESTIONÁRIO**

- Como a adição de nitrato evita a acidificação de sulfeto no petróleo bruto?
- Por que a corrosão microbiana do metal ferro é acelerada, considerando existir uma interação direta entre os redutores de sulfato e a superfície metálica?

## 21.11 Biodeterioração de pedra e concreto

Da mesma forma que os microrganismos contribuem para a formação do solo pela dissolução de superfícies minerais por meio de atividades físicas e metabólicas combinadas (Seção 19.6), materiais de construção compostos de pedras naturais ou concreto também estão sujeitos a colonização microbiana que pode contribuir para uma lenta perda da integridade estrutural mediante suas atividades metabólicas. Este processo é referido como *biodeterioração*.

### Biodeterioração de pedra de materiais de construção

A colonização microbiana de pedra de material de construção natural e estrutural é ubíqua. Os microrganismos podem colonizar a superfície e penetrar alguns milímetros no material rochoso de acordo com suas características físicas (p. ex., a rugosidade da superfície, porosidade, a penetração da luz). Os organismos também podem crescer sobre e dentro das fachadas de edifícios construídos de calcário, arenito, granito, basalto e pedra-sabão. Estes "dentro da pedra", ou *endolíticos*, são comunidades (Seção 17.16) filogeneticamente diversificadas, compostas por bactérias quimiorganotróficas e quimiolitotróficas, arqueias, fungos, algas e cianobactérias. As cianobactérias e algas alimentam principalmente a comunidade, vivendo em associação próxima ou simbiótica com outros membros microbianos. Por exemplo, fungos endolíticos foram observados juntamente com os fototróficos em associações semelhantes aos liquens.

Embora não sejam geralmente incluídos nas discussões sobre "ambientes extremos", a vida sobre e dentro da pedra de materiais de construção requer adaptação a múltiplas condições extremas, incluindo intensa radiação solar, dessecação, flutuações de temperatura e umidade, e falta de nutrientes. Proteção contra a radiação solar é conferida pela produção de pigmentos de absorção de UV (p. ex., melanina, micosporinas e carotenoides) por fungos e membros de outras comunidades. Os fungos também desempenham um papel central neste processo de biodeterioração lenta por meio da produção de ácido oxálico, que dissolve e mobiliza constituintes minerais da pedra. A dissolução mineral e mobilização fornecem às comunidades os nutrientes e acredita-se que isso aumenta a habitabilidade, ampliando os espaços porosos dentro da pedra e acelerando a deterioração.

### Corrosão da coroa de sistemas de distribuição de água de rejeitos

Uma forma muito rápida de biodeterioração microbiana é observada na **corrosão da coroa** do concreto do esgoto, um processo que conduz, em ultima análise, para a ruína do tubo. A corrosão é uma consequência de uma complexa ecologia entre bactérias redutoras de sulfato (Seções 13.18 e 14.9) e bactérias quimiolitotróficas oxidantes de enxofre (Seções 13.8 e 14.11) nas águas de rejeitos dos sistemas de transmissão no subsolo (Figura 21.23).

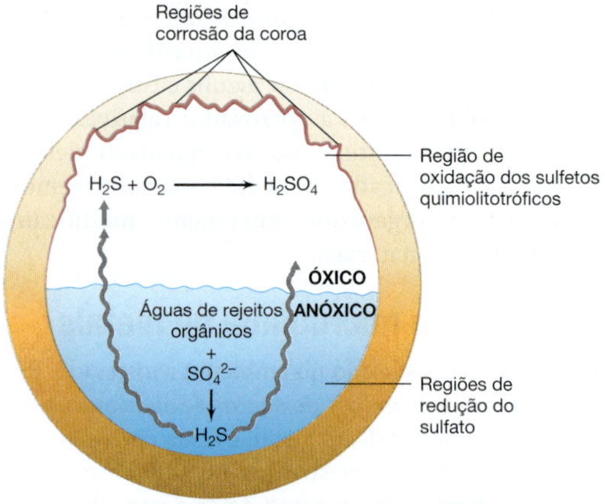


**Figura 21.23 Corrosão da coroa das tubulações de esgoto de concreto.** A corrosão é o resultado do ciclo de enxofre microbiano que se desenvolve no interior da tubulação de transporte. Bactérias redutoras de sulfato consomem matéria orgânica na água de rejeitos anóxicos, produzindo $H_2S$. Este último é oxidado por bactérias oxidantes de enxofre quimiolitotróficas que se ligam à superfície do tubo óxico superior (coroa), acelerando a corrosão a partir da produção de $H_2SO_4$ (ácido sulfúrico).

O primeiro passo na corrosão da coroa é a redução de sulfato em águas de rejeitos para o $H_2S$ por bactérias redutoras de sulfato, utilizando doadores de elétrons orgânicos principalmente disponíveis no fluxo de água de rejeitos para a redução de sulfato. Os $H_2S$ então fluem para dentro do espaço superior do tubo onde as condições são óxicas. O sulfureto, ou os intermediários parcialmente oxidados, como tiossulfato ou enxofre, são então oxidados pelos *thiobacilli* neutrofílicos, como *Thiobacillus thioparus* (Seção 14.11). À medida que o pH desce para 4 a 5 com continuação da produção microbiana de ácido sulfúrico, espécies acidófilas oxidantes de enxofre, como *Acidithiobacillus thiooxidans*, afastam as espécies neutrofílicas. A destruição e ruína final do concreto resultam da reação do ácido sulfúrico com cal livre no concreto, produzindo $CaSO_4$-$2H_2O$ (gesso) que penetra no concreto. O gesso, em seguida, reage com o aluminato de cálcio do concreto, que leva à produção de $(CaO)_3 \cdot (Al_2O_3) \cdot (CaSO_4)_3 \cdot 32H_2O$ (etringita), que por meio do aumento da pressão interna contribui para rachaduras e uma maior aceleração do processo de corrosão.

Uma série de passos e ecologia microbiana semelhantes à corrosão da coroa contribui para a corrosão dos tanques de retenção de concreto e torres de arrefecimento, particularmente aqueles em/ou perto do meio marinho. Só nos Estados Unidos, tal corrosão consome bilhões de dólares por ano em estruturas de reposição e controle do progresso da corrosão.

**MINIQUESTIONÁRIO**

- Como a produção de ácido oxálico por fungos contribui para a deterioração de materiais de construção em pedra?
- Antes de um melhor controle regulador da liberação de metal nos sistemas de água de rejeitos domésticos, a corrosão da coroa de ladrilhos do esgoto era um problema menor. Por quê?

## CONCEITOS IMPORTANTES

**21.1** • A capacidade das bactérias de oxidar $Fe^{2+}$ aerobiamente a pH ácido é usada para minas de metais, principalmente cobre, urânio e minérios de baixo grau, contendo ouro por um processo chamado de lixiviação microbiana. A oxidação bacteriana de $Fe^{2+}$ a $Fe^{3+}$ é a reação-chave na maioria dos processos de lixiviação microbiana porque o $Fe^{3+}$ pode oxidar metais extraíveis nos minérios sob condições aeróbias ou anaeróbias.

**21.2** • A oxidação microbiana espontânea de ferro ferroso em minério pirítico ou carvão que tenha sido exposto ao ar e à água, como ocorre durante algumas operações de mineração de carvão, provoca um tipo de poluição chamada de drenado ácido de mina.

**21.3** • Embora um poluente inorgânico como o urânio não possa ser destruído, a contenção é possível por meio da redução da sua mobilidade. Por exemplo, microrganismos redutores de metal em uma região de contaminação de urânio podem ser estimulados para reduzir $U^{6+}$ a $U^{4+}$, formando um mineral de urânio imóvel, *uraninita*, que não se move para o lençol freático.

**21.4** • Os hidrocarbonetos são excelentes fontes de carbono e doadores de elétrons para bactérias e são facilmente oxidados quando o $O_2$ está disponível. Bactérias oxidantes de hidrocarbonetos fazem a biorremediação de óleo derramado e suas atividades podem ser melhoradas por adição de nutrientes inorgânicos.

**21.5** • Alguns xenobióticos (substâncias químicas novas para a natureza) persistem, ao passo que outros são facilmente degradados, dependendo do composto químico. Desclorinação é um dos principais meios de retirar a toxicidade de xenobióticos que atingem ambientes anóxicos. Com exceção de plásticos microbianos facilmente degradáveis, plásticos sintéticos recalcitrantes são as principais preocupações ambientais.

**21.6** • O tratamento do esgoto e do esgoto industrial reduz a DBO de água de rejeitos. O tratamento primário, secundário e terciário de água de rejeitos emprega processos físicos, biológicos e físico-químicos. Após o tratamento secundário ou terciário, a água efluente tem reduzido significativamente a BOD e é adequada para a liberação no meio ambiente.

**21.7** • O tratamento de água de rejeitos avançado, como o aumento da remoção biológica de fósforo, é usado para melhorar a qualidade do efluente tratado. Uma preocupação crescente são os produtos farmacêuticos e de cuidados pessoais que não são degradadas por sistemas convencionais de tratamento e podem ter efeitos ambientais adversos, mesmo em concentrações muito baixas.

**21.8** • Sistemas de purificação de água potável empregam sistemas físicos e químicos de escala industrial que neutralizam ou removem contaminantes biológicos, inorgânicos e orgânicos de catástrofes naturais, comunidade e fontes industriais. Sistemas de purificação de água empregam clarificação, filtração e processos de cloração para produzir água potável.

**21.9** • Os quilômetros de tubos para canalização de sistemas de distribuição de água potável municipal e local criaram novos hábitats microbianos. A maioria dos microrganismos está associada às paredes do tubo, como biofilmes, resultando em uma comunidade que é mais resistente ao cloro e que pode sustentar ou sequestrar bactérias patogênicas oportunistas, como *Mycobacterium*, *Legionella* e *Pseudomonas*. A capacidade de alguns deles de crescer dentro de células protistas pode aumentar a sua patogenicidade.

**21.10** • A corrosão de estruturas metálicas expostas ao ambiente pode ser acelerada pela atividade microbiana durante a corrosão microbiana. Estruturas na água salgada ou perto a ela são particularmente suscetíveis à corrosão em consequência das atividades diretas e indiretas de bactérias redutoras de sulfato.

**21.11** • A contribuição microbiana à degradação estrutural de pedra e concreto é chamada de biodeterioração. Comunidades microbianas complexas colonizam a pedra e produzem substâncias que dissolvem e mobilizam os seus constituintes minerais. A corrosão da coroa das tubulações de esgoto de concreto é resultado das atividades de bactérias redutoras de sulfato e oxidantes de enxofre que crescem dentro das águas de rejeitos e no espaço superior de tubulações de esgoto, respectivamente. O ácido sulfúrico é o principal responsável pela destruição do concreto.

UNIDADE 4

## REVISÃO DE TERMOS-CHAVE

**Água bruta** água de superfície ou subterrânea, que não foi submetida a qualquer tratamento (também denominada água não tratada).

**Água de rejeitos** líquido originado de esgoto doméstico ou de fontes industriais, que não pode ser despejado em lagos ou rios antes do tratamento.

**Água efluente** água de rejeitos tratada e descartada por uma estação de tratamento de água de rejeitos.

**Água não tratada** água de superfície ou subterrânea, não submetida a qualquer tratamento (também denominada água bruta).

**Água tratada** água liberada pelo sistema de distribuição, após tratamento.

**Biopolímeros** polímeros constituídos por substâncias produzidas microbianamente (e, portanto, biodegradável), como os poli-hidroxialcanoatos.

**Biorremediação** limpeza do óleo, compostos químicos tóxicos e outros poluentes realizada por microrganismos.

**Cloramina** um composto químico desinfetante produzido pela combinação de cloro e amônia, em proporções precisas.

**Cloração** desinfetação da água com $Cl_2$ em uma concentração suficientemente alta que um nível residual é mantido durante todo o sistema de distribuição.

**Coagulação** formação de grandes partículas insolúveis, a partir de partículas coloidais muito menores, pela adição de sulfato de alumínio e polímeros aniônicos.

**Corrosão de coroa** a destruição da metade superior, ou coroa, de tubulações de concreto de esgoto com ácido sulfúrico produzido pelas ações combinadas de bactérias oxidantes de enxofre e redutoras de sulfato.

**Corrosão influenciada por microrganismos (CIM)** a contribuição das atividades metabólicas microbianas em acelerar a corrosão de metais e estruturas de concreto.

**Descloração redutora** uma respiração anaeróbia na qual um composto orgânico clorado é utilizado como aceptor de elétrons, geralmente com a libertação de $Cl^-$.

**Demanda bioquímica de oxigênio (DBO)** quantidade relativa de oxigênio dissolvido consumido por microrganismos para a oxidação completa do compostos orgânico e inorgânico em uma amostra de água.

**Desinfecção primária** a introdução de cloro suficiente ou outro desinfetante clarificador em água filtrada para matar os microrganismos existentes ou inibir novo crescimento microbiano.

**Desinfecção secundária** a manutenção de cloro ou outro desinfetante residual suficiente no sistema de distribuição de água para inibir o crescimento microbiano.

**Drenado ácido de mina** água ácida contendo $H_2SO_4$, derivado da oxidação microbiana de minerais contendo sulfeto de ferro.

**Esgoto** efluentes líquidos contaminados por matéria fecal de seres humanos ou outros animais.

**Filtração** remoção de partículas em suspensão na água, pela sua passagem por meio de uma ou mais membranas ou meios permeáveis (p. ex., areia, antrácito ou terra de diatomáceas).

**Floculação** processo de tratamento da água, realizado após a coagulação, mediante o emprego de agitação suave, fazendo com que partículas suspensas associem-se, originando massas maiores e agregadas (flocos).

**Lixiviação microbiana** extração de metais valiosos, como cobre, de minérios de sulfeto, por meio de atividades microbianas.

**Pirita** um minério que contém ferro comum, $FeS_2$.

**Potável** que pode ser bebido; seguro para o consumo humano.

**Sedimento** terra, areia, minerais e outras partículas grandes presentes na água bruta.

**Sistema de distribuição** tubulações de água, reservatórios de armazenagem, tanques e outros equipamentos empregados na distribuição de água potável aos consumidores ou na armazenagem desta antes de sua distribuição.

**Sólido em suspensão** partícula pequena de poluente sólido que resiste à separação por métodos físicos comuns.

**Tratamento primário de água de rejeitos** separação física dos contaminantes presentes na água de rejeitos, geralmente por separação e decantação.

**Tratamento secundário aeróbio de água de rejeitos** reações digestórias realizadas por microrganismos em condições aeróbias, utilizadas no tratamento de água de rejeitos contendo baixas concentrações de materiais orgânicos.

**Tratamento secundário anóxico de água de rejeitos** reações digestórias e fermentativas realizadas por microrganismos em condições anóxicas, utilizadas no tratamento de água de rejeitos contendo altas concentrações de materiais orgânicos insolúveis.

**Tratamento terciário de água de rejeitos** processamento físico-químico da água de rejeitos para reduzir os níveis de nutrientes inorgânicos.

**Turbidez** uma medida da quantidade de sólidos em suspensão na água.

**Xenobióticos** composto sintético que não ocorre naturalmente na natureza.

## QUESTÕES DE REVISÃO

1. Qual a utilidade de *Acidithiobacillus ferrooxidans* na mineração de minérios de cobre? Que etapa crucial, na oxidação indireta de minérios de cobre, é realizada por *A. ferrooxidans*? Como o cobre é recuperado de soluções de cobre produzidas por lixiviação (Seção 21.1)?
2. Quais bactérias e arqueias desempenham um papel importante no drenado ácido de mina? Por que realizam estas reações? Por que o ar é necessário para este processo? (Seção 21.2)
3. Descreva uma estratégia para biorremediação de um ambiente que contém enterrado armas nucleares com vazamento de urânio. O que poderia frustrar seus esforços de biorremediação? (Seção 21.3)
4. Que condições físicas e químicas são necessárias à rápida degradação microbiana do óleo em ambientes aquáticos? Planeje um experimento que permita testar quais condições otimizam o processo de oxidação do óleo (Seção 21.4)
5. O que são compostos xenobióticos e por que microrganismos podem ter dificuldade de catabolizá-los? (Seção 21.5)
6. Descreva o tratamento de esgoto em um sistema típico de entrada e saída de água. Qual é a redução global na BOD para esgoto doméstico? Qual é a redução global da BOD para esgoto industrial? (Seção 21.6)
7. Por que o tratamento de esgoto avançado é desejável do ponto de vista ambiental? (Seção 21.7)
8. Identificar (passo a passo) o processo de purificação da água potável. Quais contaminantes importantes são visados por cada etapa no processo? (Seção 21.8)
9. Discuta os hábitats microbianos que se desenvolvem dentro dos sistemas de distribuição de água potável e premissa de encanamento. Como os microrganismos persistem na presença de cloro? Que características do hábitat do sistema de distribuição podem contribuir para um risco microbiano sanitário? (Seção 21.9)
10. Por que a presença ou ausência de sulfato ($SO_4^{2-}$) é tão importante na extensão de corrosão do metal? (Seção 21.10)
11. Que tipos de estruturas estão sujeitas à corrosão da coroa? Por que o sulfato é importante assim como na corrosão do metal? (Seção 21.11)

## QUESTÕES APLICADAS

1. O drenado ácido de mina é um processo parcialmente químico e parcialmente biológico. Discuta os aspectos químicos e microbiológicos que levam à formação do drenado ácido de mina, destacando a(s) reação(ões) essencial(is) de natureza biológica. De que forma você poderia impedir a formação do drenado ácido de mina?
2. Por que a redução na DBO da água de rejeitos corresponde ao objetivo primário do tratamento da água de rejeitos? Quais as consequências da liberação da água de rejeitos com DBO elevada em fontes de águas locais, como lagos ou riachos?
3. Discuta a ecologia microbiana que contribui para corrosão da coroa de linhas de esgoto de concreto. Em relação a esta ecologia, quais estratégias de intervenção podem ser úteis na redução ou na eliminação da corrosão?

CAPÍTULO

# 22 Simbioses microbianas

## microbiologia**hoje**

### Um trio simbiótico sustenta os ecossistemas de algas marinhas

Os prados marinhos são hábitats fundamentais para vários animais que habitam regiões costeiras, incluindo peixes, corais migrantes, aves aquáticas e tartarugas. As algas marinhas (foto superior) também protegem os litorais da erosão e funcionam como um importante reservatório de carbono e nutrientes. No entanto, o notável sucesso das algas marinhas em águas tanto tropicais quanto temperadas é um enigma; como estas plantas evitam o envenenamento pelo sulfeto de hidrogênio altamente tóxico produzido por bactérias redutoras de sulfato, que são especialmente ativas em sedimentos costeiros? Um recente estudo finalmente resolveu este mistério.

O sucesso dos ecossistemas de alga marinha está ligado às atividades de um diminuto molusco (fotos inferiores), uma espécie de bivalve da família Lucinidae, que habita próximo ao sistema radicular da alga marinha[1]. O molusco atua como um reservatório de sulfeto, utilizando o oxigênio liberado das raízes da erva marinha para oxidar o sulfeto. Esta habilidade é, por sua vez, resultado da associação simbiótica do molusco com bactérias oxidantes de sulfeto, que residem em seu tecido branquial. Estas bactérias quimiolitotróficas sintetizam carboidratos que sustentam tanto elas quanto os moluscos. Experimentos nos quais a alga marinha foi crescida isoladamente ou juntamente com os moluscos confirmaram o papel fundamental destes últimos na depleção do sulfeto, potencializando o crescimento das plantas.

Pesquisas de campo realizadas nos leitos de alga marinha confirmaram uma associação global entre lucinídeos e alga marinha, e registros paleontológicos demonstram que esta associação existe desde o surgimento destes vegetais, aproximadamente 100 milhões de anos atrás. O sucesso ecológico da alga marinha pode então ser atribuído a uma parceria longa e incrivelmente bem-sucedida entre planta, animal e bactérias, um trio simbiótico. O entendimento da importância desta parceria singular é essencial na restauração dos prados marinhos em áreas costeiras onde estes importantes hábitats foram degradados pela poluição.

[1]van der Heide, T., et al. 2012. A three-stage sybmbiosis forms the foundation of seagrass ecosystems. *Science 336:* 1432-1434.


I Simbioses entre microrganismos 670

II As plantas como hábitats microbianos 672

III Os mamíferos como hábitats microbianos 682

IV Os insetos como hábitats microbianos 691

V Invertebrados aquáticos como hábitats microbianos 696

Neste capítulo, consideraremos as relações dos microrganismos com outros microrganismos ou com macrorganismos – relações duradouras e íntimas de um tipo denominado **simbiose**, um termo que significa "vida conjunta". Microrganismos que habitam a superfície ou o interior de plantas e animais podem ser agrupados de acordo com a forma como afetam seus hospedeiros. Os *parasitas* são microrganismos que se beneficiam em detrimento de seu hospedeiro, os *patógenos* causam doença, os *comensais* não apresentam efeito detectável e os *mutualistas* são benéficos a seus hospedeiros. De uma forma ou outra, todas as simbioses microbianas beneficiam o microrganismo.

As associações patogênicas e parasitárias serão tratadas no Capítulo 23 e em capítulos posteriores que tratarão de doenças infecciosas específicas. Neste capítulo, enfocaremos os **mutualismos** – relações em que ambos os envolvidos se beneficiam. Veremos os microrganismos como parceiros evolutivos íntimos, que influenciam tanto a evolução quanto a fisiologia de seus hospedeiros. Muitas das simbioses mutualísticas entre microrganismos e plantas ou animais têm sua origem milhões de anos atrás. Um mutualismo que persista ao longo da evolução modifica, de forma benéfica, a fisiologia das duas partes. Este processo de alterações recíprocas entre microrganismo e hospedeiro é chamado de **coevolução** e, ao longo do tempo, as mudanças podem ser tão numerosas que a simbiose se torna obrigatória – microrganismo e/ou hospedeiro não podem sobreviver separadamente.

# I • Simbioses entre microrganismos

Muitas espécies microbianas – procarióticas e eucarióticas – apresentam associações íntimas benéficas com outras espécies de microrganismos. Observações diretas ao microscópio de amostras retiradas da natureza revelam que muitos microrganimos não são entidades solitárias, mas estão em associação com outros microrganismos em substratos ou em suspensão, como agregados de células. Na maioria dos casos, as vantagens conferidas pela associação são desconhecidas. Ecologistas microbianos reconhecem que as *comunidades* de populações microbianas – e não organismos individuais – controlam processos ambientais críticos e, por isso, as pesquisas voltadas à descoberta dos benefícios de comunidades simbióticas estritamente microbianas aumentaram. Apresentaremos na Parte I dois tipos de mutualismos microbianos nos quais os benefícios para ambos os integrantes são claros.

## 22.1 Líquens

Os **líquens** são simbioses microbianas foliáceas ou incrustantes, frequentemente encontrados sobre rochas nuas, troncos de árvores, telhados e superfícies de solos nus – superfícies nas quais outros microrganismos geralmente não crescem (Figura 22.1). Os líquens consistem em uma relação mutualista entre dois microrganismos, um fungo e uma alga ou cianobactéria. A alga, ou cianobactéria, é a parceira fototrófica, produzindo matéria orgânica, a qual é utilizada na nutrição do fungo. O fungo, incapaz de realizar a fotossíntese, fornece uma base firme, na qual o componente fototrófico pode crescer, protegido da erosão pela chuva ou vento. As células do fototrófico são incorporadas em camadas definidas ou aglomerados em meio às células do fungo (Figura 22.2). A morfologia do líquen é determinada principalmente pelo fungo, havendo uma grande variedade de fungos capazes de originar associações liquenáceas. A diversidade entre os fototróficos é bem menor, com diferentes tipos de líquens apresentando o mesmo componente fototrófico. Os líquens que contêm cianobactérias muitas vezes albergam espécies fixadoras de $N_2$, organismos como *Anabaena* ou *Nostoc* (Seções 3.17 e 14.3).

O fungo é claramente beneficiado pela associação com o fototrófico na simbiose do líquen, mas de que forma o fototrófico é beneficiado? Os *ácidos liquenáceos*, compostos orgânicos complexos excretados pelo fungo, promovem a dissolução e a quelação dos nutrientes inorgânicos, provenientes de rochas ou outras superfícies, que são necessários ao fototrófico. Outro

(a)

(b)

**Figura 22.1** **Líquens.** *(a)* Líquen crescendo em um galho de uma árvore morta. *(b)* Líquens cobrindo a superfície de uma grande rocha.

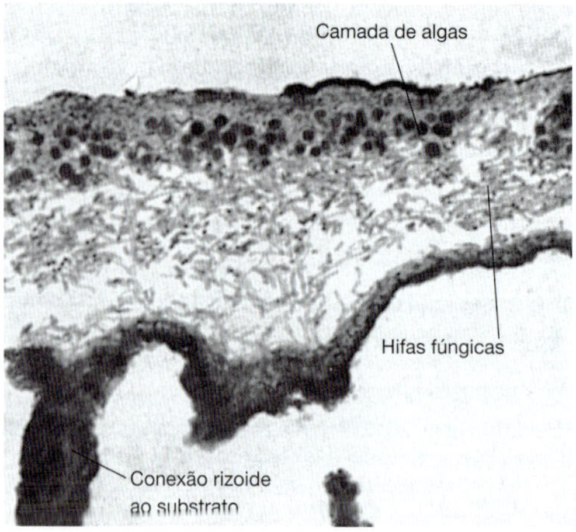


**Figura 22.2** **Estrutura do líquen.** Fotomicrografia de uma secção transversal de um líquen. A camada de algas está posicionada na estrutura do líquen de modo a receber a maior parte da luz solar.

papel do fungo consiste na proteção do organismo fototrófico contra o dessecamento; a maioria dos hábitats onde os líquens desenvolvem-se é seca, sendo os fungos geralmente mais capazes de tolerar as condições secas do que os fototróficos. De fato, o fungo facilita a captação de água pelo fototrófico.

A maioria dos líquens cresce de forma extremamente lenta. Por exemplo, um líquen com 2 cm de diâmetro, desenvolvendo-se na superfície de uma rocha, pode ter, na realidade, vários anos de idade. Medidas do crescimento de líquens revelam que eles se desenvolvem de 1 mm ou menos, a até mais de 3 cm por ano, dependendo dos organismos que compõem a simbiose, da quantidade de chuva e da luz solar recebida.

**MINIQUESTIONÁRIO**

- Quais são os benefícios para ambos os componentes no mutualismo do líquen?
- Além de compostos orgânicos, qual benefício o mutualismo com *Anabaena* traz ao fungo?

## 22.2 "*Chlorochromatium aggregatum*"

Em ambientes de água doce, existem mutualismos microbianos denominados **consórcios**. Um consórcio normal desenvolve-se entre bactérias verdes sulfurosas, não móveis, fototróficas, que podem ser verdes ou marrons (⇄ Seção 14.6), e bactérias móveis não fototróficas. Estes consórcios são encontrados no mundo todo, em lagos sulfídricos estratificados de água doce, e podem representar 90% das bactérias verdes sulfurosas e quase 70% da biomassa bacteriana nestes lagos. A base do mutualismo nestes consórcios é a produção fototrófica de matéria orgânica pelas bactérias verdes sulfurosas e a motilidade do organismo parceiro. Cada consórcio recebe um nome de gênero e espécie, mas, como estes nomes não denotam verdadeiras espécies (uma vez que não se tratam de um único organismo), os nomes são dotados de aspas. Examinamos a biologia geral destes consórcios na Seção 14.6.

### A natureza do consórcio

A morfologia de um consórcio de bactérias verdes sulfurosas depende da composição das espécies. O consórcio geralmente consiste em 13 a 69 bactérias verdes sulfurosas, chamadas *epibiontes*, aderidas ao redor de uma bactéria bacilar, flagelada, incolor (**Figura 22.3**). Diversos consórcios móveis fototróficos distintos já foram identificados, com base em sua cor, morfologia e na presença ou ausência de vesículas de gás (⇄ Seção 2.15) dos epibiontes. Por exemplo, em "*Chlorochromatium aggregatum*", a bactéria central está cercada por bactérias verdes bacilares. Em "*Pelochromatium roseum*", o epibionte é marrom. O consórcio "*Chlorochromatium glebulum*" é curvo e contém epibiontes verdes que apresentam vesículas gasosas (Figura 22.3).

As bactérias verdes sulfurosas são fototróficos anaeróbios obrigatórios que formam um filo distinto (Chlorobi, ⇄ Seção 14.6). As espécies verdes e marrons diferem no tipo de bacterioclorofila e carotenoides que possuem. Espécies verdes e marrons são encontradas em lagos estratificados, onde a luz penetra a profundidades onde a água contém sulfeto de hidrogênio ($H_2S$). Nestes lagos estratificados, o consórcio móvel reposiciona-se rapidamente, de modo a permanecer em locais favoráveis à fotossíntese, neste ambiente de constantes

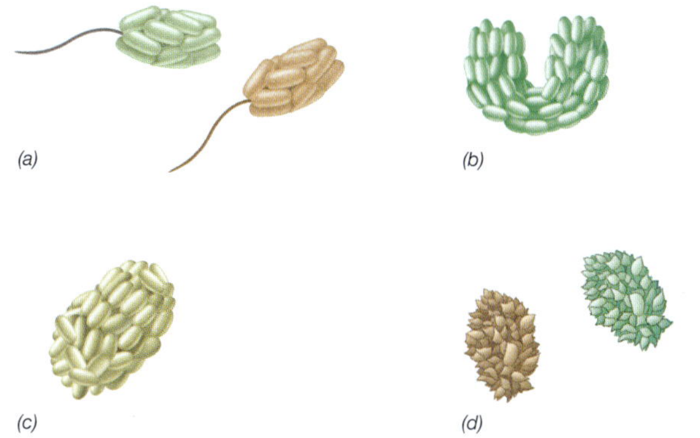


**Figura 22.3 Desenhos de alguns consórcios móveis fototróficos encontrados em lagos de água doce.** Epibiontes verdes: *(a)* "*Chlorochromatium aggregatum*", *(b)* "*C. glebulum*", *(c)* "*C. magnum*", *(d)* "*C. lunatum*". Epibiontes marrons: *(a)* "*Pelochromatium roseum*", *(d)* "*P. selenoides*". Os epibiontes apresentam 0,5 a 0,6 μm de diâmetro. Adaptada de Overmann, J. & van Gemerden, 2000. *FEMS Microbiol. Rev. 24*: 591-599.

alterações nos gradientes de luz, oxigênio e sulfeto. Amostras de água coletadas de profundidades onde estas condições são favoráveis são enriquecidas neste consórcio morfologicamente notável (**Figura 22.4**). Os consórcios apresentam aversão ao escuro (escotofobotaxia, ⇄ Seção 2.19) e quimiotaxia positiva em direção ao sulfeto. Algumas bactérias verdes sulfurosas de vida livre, como *Pelodictyon phaeoclathratiforme*, possuem vesículas gasosas que regulam sua flutuabilidade e posição vertical na coluna d'água. Entretanto, o tempo exigido para reposicionamento é de um a vários dias, o que não é rápido o bastante para acompanhar as mudanças mais rápidas dos gradientes. Já os consórcios móveis movimentam-se para cima e para baixo na coluna d'água rápido o bastante para acompanhar os gradientes de luz e sulfeto à medida que eles mudam diariamente.

Embora os consórcios de bactérias verdes tenham sido descobertos há quase um século, somente com o surgimento de técnicas moleculares e novos métodos de cultura foi possível estudar certos aspectos destas notáveis associações. O sequenciamento dos genes 16S RNAr revelou uma significativa biogeografia dos epibiontes em lagos da Europa e

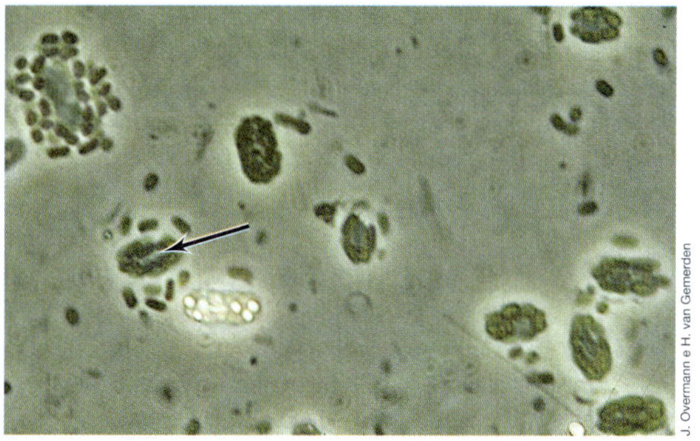


**Figura 22.4 Micrografia de contraste de fase de "*Pelochromatium roseum*" do lago Dagow (Brandemburgo, Alemanha).** A preparação foi comprimida entre uma lâmina de microscópio e uma lamínula, de modo a revelar a bactéria bacilar central (seta). Um consórcio apresenta aproximadamente 3,5 μm de diâmetro. Utilizada, com permissão, de J. Overmann e H. van Gemerden, 2000. *FEMS Microbiol. Rev. 24*: 591-599.

dos Estados Unidos. *Biogeografia* é o estudo da distribuição geográfica dos organismos; neste caso, dos diferentes consórcios fototróficos filogeneticamente em diferentes lagos. Os epibiontes de lagos vizinhos apresentam sequências idênticas de 16S RNAr, enquanto as sequências de epibiontes morfologicamente similares, mas de lagos distantes entre si, eram diferentes. Análises filogenéticas demonstraram que o mecanismo de reconhecimento célula-célula responsável pela morfologia estável apresentada evoluiu a partir de epibiontes específicos e suas bactérias centrais.

### Filogenia e metabolismo de um consórcio

O epibionte de "*Chlorochromatium aggregatum*" já foi isolado e cultivado em cultura pura. Embora esta bactéria verde sulfurosa, denominada *Chlorobium chlorochromatii*, possa ser cultivada em cultura pura, nenhum representante de vida livre foi observado na natureza, o que corrobora a visão de que, na natureza, um estilo de vida simbiótico seja obrigatório para os epibiontes. A bactéria central de "*Chlorochromatium aggregatum*" pertence à classe Betaproteobacteria (Seção 15.2). Curiosamente, esta bactéria requer α-cetoglutarato, um intermediário do ciclo do ácido cítrico (Seção 3.12), sendo esta molécula presumidamente fornecida pelo epibionte. No entanto, a célula central só assimila carbono fixado na presença de luz e sulfeto – condições nas quais os epibiontes estão ativos e são capazes de transferir nutrientes à bactéria central.

Estudos recentes comparando o transcriptoma e o proteoma (Seções 6.7 e 6.8) de *C. chlorochromatii* crescendo isoladamente ou em associação com o bacilo bacteriano central identificaram algumas características especialmente relacionadas com a simbiose. Aproximadamente 50 proteínas são exclusivas do estado simbiótico. A maioria dos aproximadamente 350 genes diferentemente regulados é reprimida quando o organismo está associado em simbiose, enquanto apenas 19 genes são expressos de forma aumentada. Muitos destes genes positivamente regulados codificam proteínas relacionadas com o metabolismo de aminoácidos e com a regulação do nitrogênio. Entre estas estão a enzima glutamato sintase e um transportador ABC de aminoácidos de cadeia ramificada (Seção 2.9), o que sugere que o acoplamento metabólico entre o epibionte e a bactéria bacilar central envolve troca de aminoácidos. Embora ainda não se saiba se a bactéria central transfere compostos orgânicos ao epibionte, esta hipótese pode ser testada agora que a sequência genômica da bactéria central é conhecida.

A microscopia eletrônica de varredura do consórcio (**Figura 22.5**) revelou que extensões tubulares do periplasma da bactéria central (Seção 2.11) cobrem grande parte de sua superfície e aparentemente fundem-se ao periplasma do epibionte. Caso ambos os componentes bacterianos realmente compartilhem um espaço periplasmático comum, a transferência de nutrientes do fototrófico ao quimiotrófico seria facilitada.

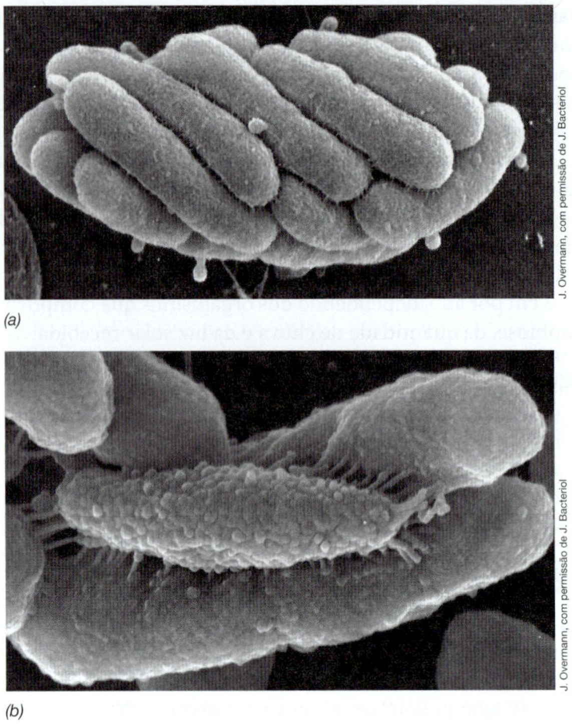


**Figura 22.5 Micrografias eletrônicas de varredura de "*Chlorochromatium aggregatum*".** *(a)* Epibiontes *Chlorobium chlorochromatii* intimamente agrupados em torno de uma bactéria central flagelada. *(b)* A bactéria central exibe inúmeras protrusões de sua membrana externa que fazem contato íntimo com os epibiontes, possivelmente fundindo os periplasmas dos dois organismos gram-negativos. As células do epibionte possuem aproximadamente 0,6 μm de diâmetro. Imagens utilizadas, com permissão, de G. Wanner et al., 2008. *J. Bacteriol. 190*: 3721-3730.

**MINIQUESTIONÁRIO**

- Qual é a evidência de que "*Chlorochromatium aggregatum*" é um produto estável da evolução?
- Que vantagem a motilidade oferece ao consórcio fototrófico?
- De que forma nutrientes poderiam ser transportados entre o fototrófico e o quimiotrófico no consórcio?

## II • As plantas como hábitats microbianos

As plantas interagem de forma íntima com microrganismos em suas raízes e na superfície de suas folhas, e de forma ainda mais íntima em seus tecidos vasculares e células. A maioria dos mutualismos entre plantas e microrganismos aumenta a disponibilidade de nutrientes para as plantas ou fornece proteção contra patógenos. Consideraremos três exemplos nas próximas seções: (1) um mutualismo (nódulos radiculares, Seção 22.3), (2) uma simbiose danosa à planta (galha-da-coroa, Seção 22.4) e (3) um mutualismo no qual as plantas aumentam e interconectam seus sistemas radiculares por meio da associação a um fungo (micorriza, Seção 22.5).

## 22.3 A simbiose do nódulo radicular das leguminosas

Um dos mutualismos planta-bactéria mais importantes para o homem é aquele entre plantas leguminosas e bactérias fixadoras de nitrogênio. As *leguminosas* são plantas que albergam suas sementes em vagens. Este grupo, que é a terceira maior família de plantas que produzem flores, inclui plantas de importância agrícola, como soja, trevo, alfafa, feijões e ervilhas. Essas plantas são produtos essenciais para as indústrias agrícola e de alimentos, e a possibilidade de plantas leguminosas crescerem sem o uso de fertilizantes nitrogenados economiza milhões de dólares aos fazendeiros em fertilizantes anualmente, além de reduzir os efeitos da poluição causada pelo escoamento dos fertilizantes.

Os componentes de uma simbiose são chamados de *simbiontes*, e a maioria dos simbiontes bacterianos de plantas capazes de fixar nitrogênio são coletivamente chamados rizóbios, nome derivado do principal gênero dessas bactérias, *Rhizobium*. Os rizóbios são espécies de Alpha ou Betaproteobacteria (Seções 15.1 e 15.2) (**Figura 22.6**) capazes de crescer livremente no solo ou infectar as plantas leguminosas, estabelecendo uma relação de simbiose. Um mesmo gênero (ou até mesmo uma mesma espécie) pode conter linhagens rizobiais e não rizobiais. A infecção das raízes de uma planta leguminosa por essas bactérias leva à formação de **nódulos radiculares** (**Figura 22.7**), nos quais a bactéria fixa o nitrogênio gasoso ($N_2$) (Seção 3.17). A fixação de nitrogênio nos nódulos radiculares representa um quarto de todo $N_2$ fixado anualmente na Terra, e possui imensa importância na agricultura, uma vez que aumenta a quantidade de nitrogênio fixada no solo. Leguminosas com nódulos crescem bem em solos nus não fertilizados, deficientes em nitrogênio, enquanto outras plantas apresentam dificuldades para crescer nestes solos (**Figura 22.8**).

## Leg-hemoglobina e grupos de inoculação cruzada

Na ausência da bactéria simbiôntica correta, uma leguminosa é incapaz de fixar nitrogênio. Em cultura pura, os rizóbios são capazes de fixar $N_2$ quando cultivados em condições de microaerofilia (um ambiente com baixas concentrações de oxigênio é necessário porque as nitrogenases são inativadas por altos níveis de $O_2$, Seção 3.17). No nódulo, as concentrações de $O_2$ são precisamente controladas pela **leg-hemoglobina**, uma proteína de ligação ao $O_2$. A produção desta proteína, que contém ferro, em nódulos fixadores de $N_2$ saudáveis (**Figura 22.9**) é induzida pela interação entre planta e bactéria. A leg-hemoglobina atua como um "tampão de oxigênio", alternando-se entre as formas oxidada ($Fe^{3+}$) e reduzida ($Fe^{2+}$) do ferro, mantendo $O_2$ livre no interior do nódulo em concentrações baixas. A proporção entre a leg-hemoglobina ligada ao $O_2$ e o $O_2$ livre no nódulo radicular é mantida na ordem de 10.000:1.

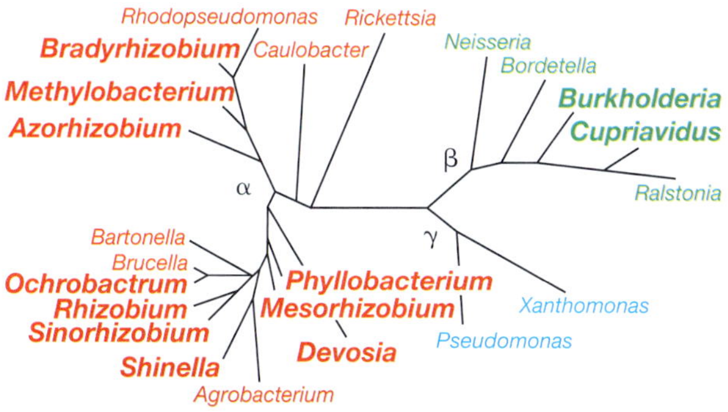


**Figura 22.6 Filogenia dos rizóbios (nomes em negrito) e dos gêneros relacionados, inferida pela análise das sequências do gene 16S RNAr.** Existem rizóbios em 12 gêneros e em mais de 70 espécies de Alpha e Betaproteobacteria.

**Figura 22.7 Nódulos radiculares da soja.** Os nódulos desenvolvem-se pela infecção por *Bradyrhizobium japonicum*. A haste principal da soja tem diâmetro aproximado de 0,5 cm.

Há uma acentuada especificidade entre as espécies de leguminosas e as espécies de rizóbios no estabelecimento do estado simbiótico. Uma única espécie de rizóbio é capaz de infectar determinadas espécies de leguminosas e não outras. Um grupo de leguminosas relacionadas, as quais podem ser infectadas por uma espécie em particular de rizóbios, é denominado *grupo de inoculação cruzada* – por exemplo, há um grupo de trevos, grupo de feijões, grupo de alfafa e assim por diante (**Tabela 22.1**). Quando a linhagem correta é utilizada, resulta em nódulos radiculares fixadores de nitrogênio e ricos em leg-hemoglobina (Figuras 22.7 – 22.9).

## Etapas da formação do nódulo radicular

O processo de formação dos nódulos radiculares é bem conhecido para a maioria dos rizóbios (**Figura 22.10**). As etapas são as seguintes:

**Figura 22.8 Efeito da nodulação no crescimento de plantas.** Uma plantação de soja apresentando plantas desprovidas de nódulos (à esquerda) e plantas nodulosas (à direita), desenvolvendo-se em um solo pobre em nitrogênio. A cor amarelada é típica da clorose, resultado da falta de nitrogênio.

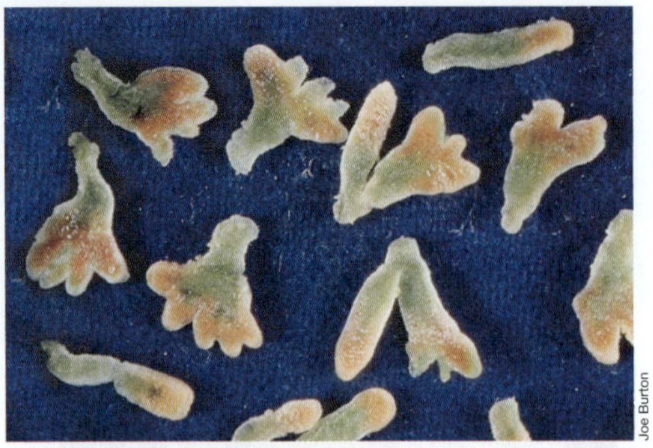


**Figura 22.9** **Estrutura do nódulo radicular.** Secções de nódulos radiculares da leguminosa *Coronilla varia*, apresentando o pigmento avermelhado da leg-hemoglobina.

**Tabela 22.1 Principais grupos de inoculação cruzada em plantas leguminosas**

| *Planta hospedeira* | *Nodulada por* |
|---|---|
| Ervilha | *Rhizobium leguminosarum* biovar *viciae*[a] |
| Feijão | *Rhizobium leguminosarum* biovar *phaseoli*[a] |
| Feijão | *Rhizobium tropici* |
| Lótus | *Mesorhizobium loti* |
| Trevo | *Rhizobium leguminosarum* biovar *trifolii*[a] |
| Alfafa | *Sinorhizobium meliloti* |
| Soja | *Bradyrhizobium japonicum* |
| Soja | *Bradyrhizobium elkanii* |
| Soja | *Sinorhizobium fredii* |
| *Sesbania rostrata* (uma leguminosa tropical) | *Azorhizobium caulinodans* |

[a]Existem diversas variedades (biovares) de *Rhizobium leguminosarum*, cada uma capaz de formar nódulos em diferentes leguminosas.

1. Reconhecimento do parceiro correto por parte tanto da planta quanto da bactéria e ligação da bactéria aos pelos radiculares.
2. Secreção de moléculas de oligossacarídeos sinalizadores (fatores de nodulação) pela bactéria.
3. Invasão do radicular pela bactéria.
4. Migração da bactéria para a raiz principal por meio do conduto de infecção.
5. Formação de células bacterianas modificadas (bacteroides) no interior das células vegetais e no desenvolvimento do estado fixador de nitrogênio.
6. Divisão continuada da planta e da bactéria, formando o nódulo radicular maduro.

Outro mecanismo de formação do nódulo que não requer fatores de nodulação é utilizado por algumas espécies de rizóbios fototróficos. Este mecanismo ainda não foi completamente elucidado, mas parece demandar a produção de *citocininas* pelas bactérias. Citocininas são hormônios vegetais, derivados da adenina e fenilureia, necessários para o crescimento e diferenciação das células.

## Ligação e infecção

As raízes das plantas leguminosas secretam compostos orgânicos que estimulam o crescimento de uma diversificada comunidade microbiana de rizosfera. Havendo a presença de rizóbios do grupo de inoculação cruzada correto no solo, eles formarão grandes populações e, por fim, serão ligados aos pelos radiculares que se estendem das raízes da planta (Figura 22.10). Uma proteína de adesão, denominada *ricadesina*, é encontrada na superfície das células de rizóbios. Outras substâncias, como proteínas contendo carboidratos, denominadas *lectinas*, e receptores específicos na membrana citoplasmática das plantas, também desempenham papel na ligação planta-bactéria.

Após a ligação, uma célula de rizóbio penetra nos pelos radiculares, que se curvam em resposta às substâncias secretadas pela bactéria. A bactéria, então, induz a planta a formar um tubo celulósico, denominado **conduto de infecção** (Figura 22.11*a*), que se expande ao longo do pelo radicular. As células da raiz, adjacentes aos pelos radiculares, são subsequentemente infectadas pelos rizóbios, ocorrendo a divisão da célula vegetal. A divisão continuada da célula vegetal leva à formação de um nódulo semelhante a um tumor (Figura 22.11*b-d*). Um mecanismo diferente de infecção é utilizado pelos rizóbios adaptados às leguminosas tropicais aquáticas ou semiaquáticas (ver Figura 22.16). Estes rizóbios penetram a planta por meio das junções celulares frouxas das

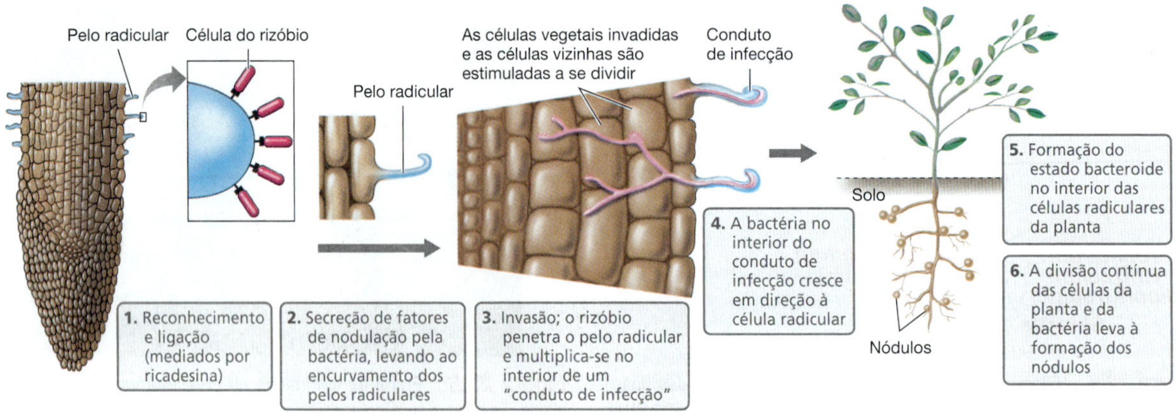


**Figura 22.10** **Etapas na formação de um nódulo radicular em uma leguminosa infectada por *Rhizobium*.** A formação do estado de bacteroide é um pré-requisito para a fixação de nitrogênio. A Figura 22.15 mostra as atividades fisiológicas no nódulo.

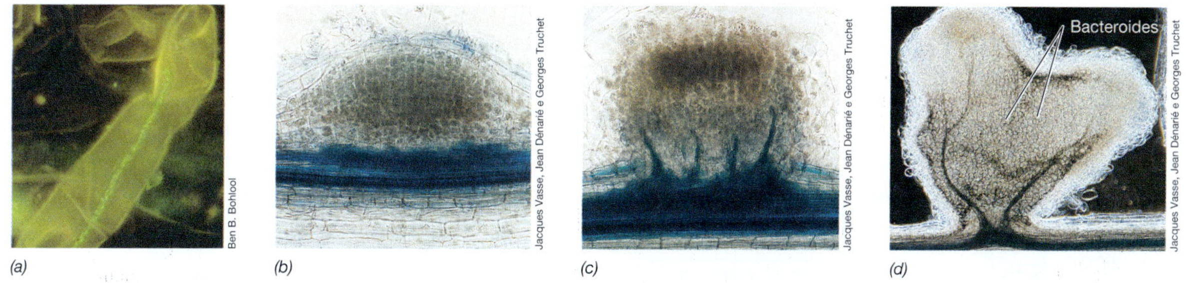


**Figura 22.11 O conduto de infecção e formação de nódulos radiculares.** *(a)* Um conduto de infecção formado por células de *Rhizobium leguminosarum* biovar *trifolii* em um pelo radicular de um trevo branco (*Trifolium repens*). O conduto de infecção consiste em um tubo celulósico, por meio do qual as bactérias movem-se até as células radiculares. *(b-d)* Nódulos de raízes de alfafa infectadas por células de *Sinorhizobium meliloti*, apresentados em diferentes estágios de desenvolvimento. As células de *R. leguminosarum* biovar *trifolii* e *S. meliloti* apresentam comprimento aproximado de 2 mm. O curso de tempo dos eventos da nodulação, a partir da infecção até a formação efetiva do nódulo, é de um mês, tanto na soja quanto na alfafa. Os bacteroides têm comprimento aproximado de 2 μm. As fotos *(b-d)* foram publicadas, com permissão, de *Nature 351*:670-673 (1991), © Macmillan Magazines Ltd.

raízes que emergem perpendicularmente às raízes já estabelecidas (*raízes laterais*). Após penetrar a planta, alguns rizóbios desenvolvem condutos de infecção, e outros não.

## Bacteroides

Os rizóbios multiplicam-se rapidamente no interior das células da planta, sendo transformados em células intumescidas, deformadas e ramificadas, denominadas **bacteroides**. As microcolônias de bacteroides são envoltas por porções da membrana citoplasmática da célula vegetal, originando uma estrutura denominada *simbiossomo* (Figura 22.11*d*), e somente após a formação do simbiossomo, a fixação de nitrogênio é iniciada. Nódulos fixadores de nitrogênio podem ser detectados experimentalmente pela redução de acetileno a etileno (Seção 3.17). Quando a planta morre, o nódulo deteriora-se, liberando bacteroides no solo. Embora os bacteroides sejam incapazes de se dividir, um pequeno número de células dormentes de rizóbio sempre está presente no nódulo. Elas então se proliferam, utilizando alguns dos produtos do nódulo em deterioração como nutrientes. As bactérias podem então iniciar uma infecção na próxima estação de crescimento ou permanecer em vida livre no solo.

## Formação dos nódulos: genes *nod*, proteínas Nod e fatores Nod

Os genes dos rizóbios que controlam as etapas na nodulação de uma leguminosa são denominados *genes nod*. Acredita-se que a habilidade de formar nódulos tenha surgido independentemente múltiplas vezes por meio da transferência horizontal de genes como *nod* e *nif*, localizados em plasmídeos ou em regiões transferíveis do DNA cromossômico. Em *Rhizobium leguminosarum* biovar *viciae*, que nodula em ervilhas, foram identificados dez genes de nodulação. Os genes *nodABC* codificam as proteínas que produzem oligossacarídeos denominados **fatores Nod** (de nodulação); esses fatores induzem o encurvamento do pelo radicular e desencadeiam a divisão celular na ervilha, eventualmente resultando na formação do nódulo (ver Figura 22.15 para obter uma descrição da bioquímica do nódulo radicular).

Os fatores Nod consistem em oligossacarídeos de lipoquitina, aos quais estão ligados diversos substituintes (**Figura 22.12**) que atuam como moléculas primárias de sinalização dos rizóbios, desencadeando o desenvolvimento de novos órgãos vegetais nas leguminosas: nódulos radiculares que abrigam as bactérias na forma de bacteroides fixadores de nitrogênio (**Figura 22.13**). O descobrimento de todos os detalhes relativos à via de sinalização disparada pela adesão de Nod a receptores na superfície celular (NFR1 e NFR2), levando à indução da organogênese (formação do nódulo) é uma pesquisa que ainda está em andamento. Foi demonstrado recentemente que muitos elementos da via de sinalização que leva à nodulação são também utilizados por fungos micorrízicos na infecção das raízes das plantas (Figura 22.13 e Seção 22.5).

A especificidade pelo hospedeiro é determinada, em parte, pela estrutura do fator Nod produzido por uma determinada espécie de *Rhizobium*. Além dos genes *nodABC*, que são universais e cujos produtos sintetizam o esqueleto do fator de nodulação, cada grupo de inoculação cruzada contém genes

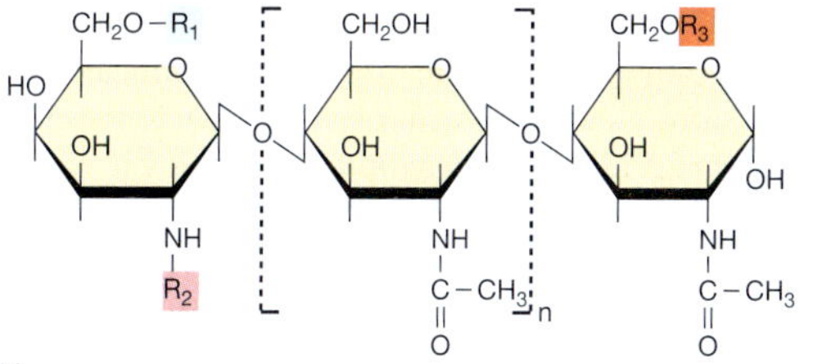


(a)

| Espécie de rizóbio ou fungo MA | $R_1$ | $R_2$ | $R_3$ |
|---|---|---|---|
| *Sinorhizobium meliloti* (alfafa) | Ac | C16:2 ou C16:3 | $SO_3H$ |
| *Rhizobium leguminosarum* biovar *viciae* (ervilha) | Ac | C18:1 ou C18:4 | H ou Ac |
| *Glomus intraradices* (várias plantações agrícolas) | H | C16 ou C16:1 ou C16:2 ou C18 ou C18:1Δ9Z | H ou $SO_3H$ |

(b)

**Figura 22.12 Fatores Nod e Myc.** *(a)* Estrutura geral dos fatores Nod produzidos por espécies de rizóbios (*Sinorhizobium meliloti* e *Rhizobium leguminosarum* biovar *viciae*) e o fator Myc produzido por *Glomus intraradices*, um fungo micorrízico arbuscular (MA) (Seção 22.5). *(b)* Tabela das diferenças estruturais ($R_1$, $R_2$, $R_3$) que definem o fator de sinalização exato de cada espécie. A unidade central de hexose pode ser repetida por até três vezes em fatores Nod diferentes, e duas ou três vezes para os fatores Myc diferentes. C16:1, C16:2 e C16:3, ácido palmítico contendo uma, duas ou três ligações duplas, respectivamente; C18:1, ácido oleico contendo uma ligação dupla; C18:1Δ9Z, o isômero *trans* do ácido oleico com uma ligação dupla na nona ligação C-C; C18:4, ácido oleico contendo quatro ligações duplas; Ac, acetil.

UNIDADE 4

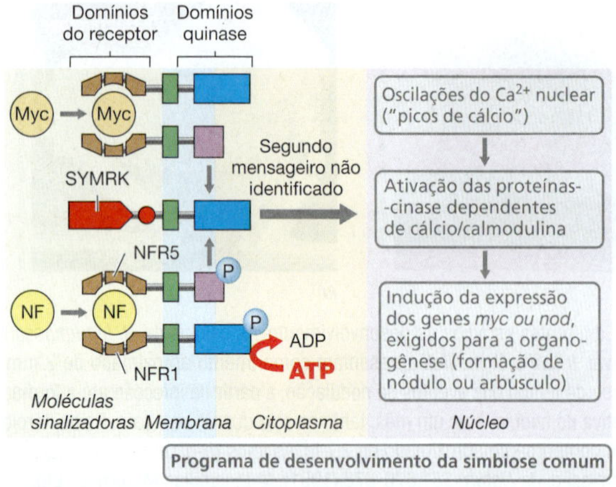


**Figura 22.13 Vias sinalizadoras Nod e Myc na formação do nódulo radicular e do arbúsculo.** A sinalização do fator do fator Nod, envolve ao menos três receptores associados a membrana (NFR1, NFR5 e SYMRK) que, conjuntamente, iniciam o desenvolvimento da nodulação via fosforilação proteica. NFR1 e SYMRK possuem domínios com função de cinase ativos (em azul), enquanto a cinase de NFR5 é inativa. A ligação direta de NF a um complexo formado por NFR1 e NFR5 na membrana plasmática da célula vegetal inicia a transdução de sinal por meio da ativação da cinase de NFR1. Este evento resulta na auto ou transfosforilação do domínio citoplasmático de NFR, o que desencadeia uma série de eventos que levarão à formação do conduto de infecção. A transdução do sinal até SYMRK pelo complexo NFR1-NFR5-Fator Nod (ou por um receptor não identificado do fator Myc) é parte de um programa de simbiose conservado, no qual a indução de sinalização por cálcio no nucleoplasma da célula vegetal promove mudança na expressão gênica e produção dos hormônios de crescimento vegetais (citocininas) exigidos para a formação de nódulos ou arbúsculos. Ainda não foram esclarecidas a identidade do segundo mensageiro e a participação de receptores do tipo NFR na via de sinalização Myc. Na Seção 22.5 é apresentada uma discussão sobre as micorrizas.

*nod* que codificam proteínas que modificam quimicamente a estrutura do fator Nod para formar sua molécula espécie-específica (Figura 22.12). Em *R. leguminosarum* biovar *viciae*, o gene *nodD* codifica a proteína reguladora NodD, que controla a transcrição de outros genes *nod*. Após a interação com moléculas indutoras, NodD promove a transcrição, sendo, portanto, um tipo de proteína reguladora positiva (Seção 7.4). Os indutores de NodD são flavonoides vegetais, moléculas orgânicas amplamente secretadas por plantas. Alguns flavonoides que apresentam estreita relação estrutural com os indutores de *nodD* em *R. leguminosarum* biovar *viciae* inibem a indução dos genes *nod* em outras espécies de rizóbios (**Figura 22.14**). Isso sugere que parte da especificidade observada entre a planta e a bactéria na simbiose rizóbio-leguminosas pode estar associada à natureza química dos flavonoides secretados pelas espécies de leguminosa.

## Bioquímica dos nódulos radiculares

Conforme discutido na Seção 3.17, a fixação de nitrogênio envolve a atividade da enzima *nitrogenase*. A nitrogenase dos bacteroides apresenta as mesmas características bioquímicas das enzimas de bactérias fixadoras de $N_2$ de vida livre, incluindo a sensibilidade ao $O_2$ e a capacidade de reduzir acetileno, assim como $N_2$. Os bacteroides dependem da planta para supri-los do doador de elétrons para a fixação de $N_2$. Os principais compostos orgânicos transportados através da membrana

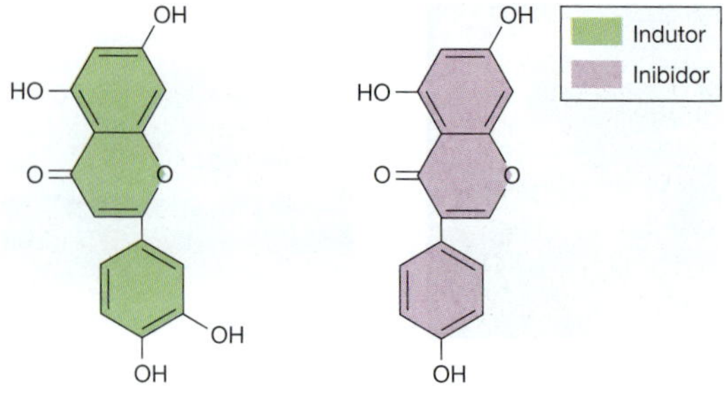


5,7,3′,4′-Tetra-hidroxiflavona (a)    5,7,4′-Tri-hidroxisoflavona (b)

**Figura 22.14 Flavonoides vegetais e nodulação.** Estrutura de moléculas flavonoides que são *(a)* indutoras da expressão dos gene *nod* e *(b)* inibidoras da expressão do gene *nod* em *Rhizobium leguminosarum* biovar *viciae*. Observe as similaridades estruturais das duas moléculas. A denominação comum da estrutura apresentada em *(a)* é *luteolina*, sendo um derivado de flavona. A estrutura em *(b)* é denominada *genisteína* e é um derivado de isoflavona.

do simbiossomo para o bacteroide são os intermediários do ciclo do ácido cítrico – particularmente, os ácidos orgânicos $C_4$, *succinato*, *malato* e *fumarato* (**Figura 22.15**). Eles são utilizados como doadores de elétrons para a síntese de ATP e, após sua conversão a piruvato, como fonte final de elétrons para a redução de $N_2$.

O produto da fixação de $N_2$ corresponde à amônia ($NH_3$), e a planta assimila grande parte desta amônia, formando compostos orgânicos nitrogenados. A enzima assimiladora de amônia, glutamina sintase, é encontrada em altas concentrações no citoplasma das células vegetais, podendo converter o glutamato e a amônia em glutamina (Seção 3.15). Ela e outros compostos orgânicos nitrogenados transportam o nitrogênio fixado por toda a planta.

## Rizóbios formadores de nódulos em caules

Embora muitas plantas leguminosas formem nódulos fixadores de nitrogênio em suas *raízes*, algumas poucas espécies apresentam nódulos em seus *caules*. Plantas leguminosas com nódulos nos caules são amplamente distribuídas em regiões tropicais, onde os solos frequentemente são deficientes em nitrogênio, em decorrência da lixiviação e intensa atividade biológica. O sistema mais bem estudado é a leguminosa aquática tropical *Sesbania*, a qual é nodulada pela bactéria *Azorhizobium caulinodans* (**Figura 22.16**). Os nódulos caulinares normalmente são formados nas porções submersas dos caules ou em porções situadas imediatamente acima do nível da água. A sequência geral dos eventos na formação dos nódulos de caule em *Sesbania* é extremamente semelhante àquela observada nos nódulos radiculares: ligação, formação de um conduto de infecção e formação do bacteroide.

Alguns rizóbios de nodulação caulinar produzem bacterioclorofila *a* e, desse modo, exibem o potencial de realizar a fotossíntese anoxigênica (Seção 13.3). Rizóbios contendo bacterioclorofila, denominados *Bradyrhizobium* fotossintetizantes, são amplamente distribuídos na natureza, particularmente em associação com leguminosas tropicais. Nestas espécies, a energia luminosa convertida em energia química (ATP) pela fotossíntese provavelmente fornece pelo menos parte da energia exigida pela bactéria para conduzir a fixação de $N_2$.

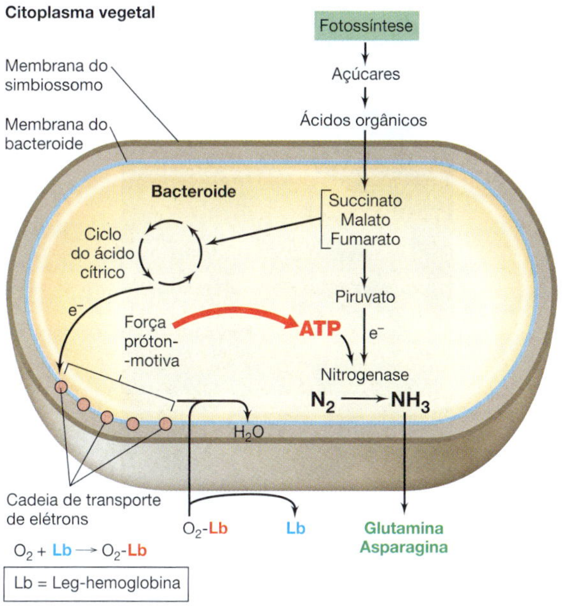


**Figura 22.15** **O bacteroide do nódulo radicular.** Diagrama esquemático das principais reações metabólicas e trocas de nutrientes que ocorrem no bacteroide. O simbiossomo é um conjunto de bacteroides circundados por uma única membrana oriunda da planta.

## Simbioses fixadoras de $N_2$ em não leguminosas: *Azolla-Anabaena* e *Alnus-Frankia*

Várias plantas não leguminosas formam simbioses fixadoras de $N_2$ com bactérias diferentes dos rizóbios. Por exemplo, a samambaia aquática *Azolla* abriga dentro de pequenos poros de suas folhagens uma espécie de cianobactéria fixadora de $N_2$ e formadora de heterocistos (Seção 14.3), denominada *Anabaena azollae* (**Figura 22.17**). *Azolla* foi utilizada por séculos para enriquecer os campos de arroz com nitrogênio fixado. Antes do plantio do arroz, a superfície dos campos de arroz é densamente recoberta por *Azolla*. À medida que o arroz cresce, acaba sobrepujando a *Azolla*, levando a samambaia à morte, com a liberação do nitrogênio, o qual é assimilado pelo arroz. A repetição desse processo a cada período de plantio permite uma elevada produção de arroz, sem a necessidade da utilização de fertilizantes nitrogenados.

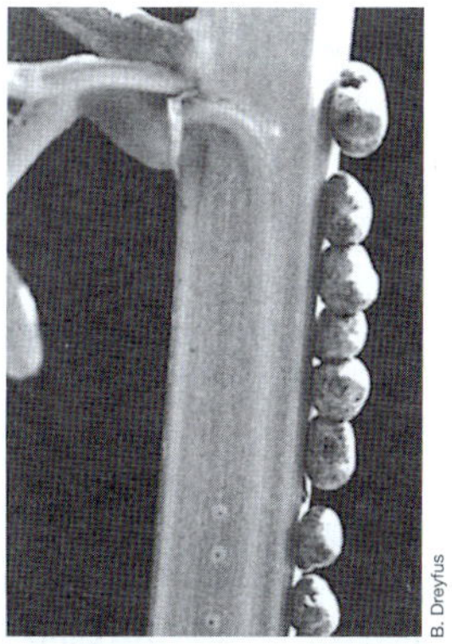


**Figura 22.16** **Nódulos caulinares produzidos por *Azorhizobium*.** A porção à direita do caule da leguminosa tropical *Sesbania rostrata* foi inoculada com *Azorhizobium caulinodans*, enquanto a porção à esquerda não.

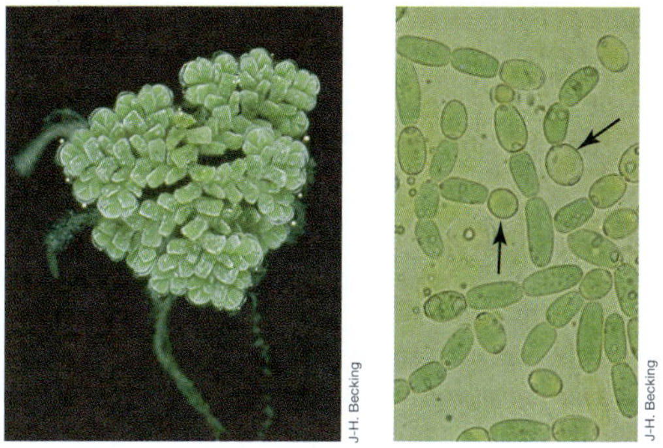


(a) (b)

**Figura 22.17** **Simbiose *Azolla-Anabaena*.** *(a)* Associação intacta ilustrando uma única planta de *Azollapinnata*. O diâmetro da planta é de aproximadamente 1 cm. *(b)* A cianobactéria simbionte, *Anabaenaazollae*, observada em folhas trituradas de *A. pinnata*. Cada célula de *A. azollae* tem largura aproximada de 5 $\mu$m. As células vegetativas apresentam formato oblongo; os heterocistos esféricos (coloração mais clara, setas) são diferenciadas para fixação de nitrogênio.

O almieiro (gênero *Alnus*) possui nódulos radiculares fixadores de nitrogênio (**Figura 22.18*a***) que abriga actinomicetos filamentosos fixadores de $N_2$, do gênero *Frankia*. Quando analisada a partir de extratos celulares, a nitrogenase de *Frankia* é sensível ao oxigênio molecular, no entanto células de *Frankia* fixam $N_2$ na presença de altas tensões de oxigênio. Esse fenômeno é observado devido ao fato de as células de *Frankia* protegerem sua nitrogenase contra $O_2$ localizando-a em intumescimentos terminais, denominados *vesículas* (Figura 22.18*b*). As vesículas possuem paredes espessas que retardam a difusão de $O_2$, mantendo, assim, a tensão de $O_2$ no interior das vesículas compatível com a atividade da nitrogenase. Nesse aspecto, as vesículas de *Frankia* assemelham-se aos heterocistos produzidos por algumas cianobactérias filamentosas, correspondendo a sítios localizados de fixação de $N_2$ (Seção 14.3).

O almieiro é uma árvore caracteristicamente pioneira, capaz de colonizar solos pobres em nutrientes, provavelmente devido a sua capacidade de estabelecer uma relação simbiótica fixadora de nitrogênio com as células de *Frankia*. Outras plantas lenhosas pequenas ou arbustos são nodulados por *Frankia*.

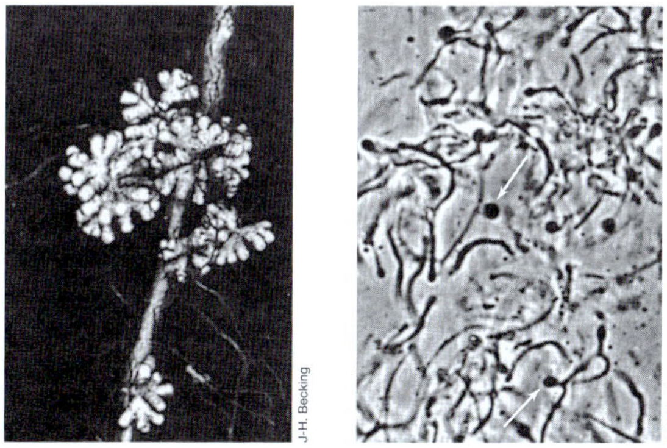


(a) (b)

**Figura 22.18** **Nódulos e células de *Frankia*.** *(a)* Nódulos radiculares do almieiro comum, *Alnus glutinosa*. *(b)* Cultura de *Frankia* purificada a partir dos nódulos de *Comptonia peregrina*. Observe as vesículas (setas) situadas nas extremidades das hifas.

No entanto, contrariamente à relação *Rhizobium*-leguminosas, uma única linhagem de *Frankia* pode formar nódulos em diferentes espécies de plantas, sugerindo que a simbiose *Frankia*-nódulo radicular é menos específica do que aquela de plantas leguminosas.

**MINIQUESTIONÁRIO**

- De que forma os nódulos radiculares rizobiais beneficiam uma planta?
- O que são os fatores Nod e o que eles fazem?
- O que é um bacteroide e o que ocorre em seu interior? Qual a função da leghemoglobina?
- Quais são as principais semelhanças e diferenças entre *Frankia* e os rizóbios?

## 22.4 *Agrobacterium* e a doença da galha-da-coroa

Alguns microrganismos desenvolvem simbioses parasitas com as plantas. O gênero *Agrobacterium*, um organismo relacionado com a bactéria do nódulo radicular, *Rhizobium* (Figura 22.6), é um organismo desse tipo, promovendo a formação de crescimentos tumorais em diversas plantas. As duas espécies mais intensamente estudadas de *Agrobacterium* são *Agrobacterium tumefaciens* (também conhecida como *Rhizobium radiobacter*), que causa a doença da *galha-da-coroa*, e *Agrobacterium rhizogenes*, que causa a *raiz em cabeleira*.

### O plasmídeo Ti

Embora plantas lesadas frequentemente formem acúmulos benignos de tecido, denominados *calos*, o crescimento na galha-da-coroa (**Figura 22.19**) é diferente, uma vez que se trata de crescimento descontrolado, assemelhando-se a um tumor observado em animais. As células de *A. tumefaciens* induzem a formação de tumores somente quando possuem um grande plasmídeo, denominado **plasmídeo Ti** (do inglês, *tumor induction* [indução de tumor]). Em *A. rhizogenes*, um plasmídeo similar, denominado *plasmídeo Ri*, é necessário à indução da doença denominada raiz em cabeleira. Após a infecção, uma parte do plasmídeo Ti, denominada *DNA de transferência* (T-DNA), integra-se ao genoma da planta. O T-DNA contém tanto os genes responsáveis pela formação do tumor quanto aqueles envolvidos na produção de alguns aminoácidos modificados denominados *opinas*. *Octopina* [$N^2$-(1,3-dicarboxietil)-L-arginina] e *nopalina* [$N^2$-(1,3-dicarboxipropil)-L-arginina] são as duas opinas comuns. As opinas são produzidas por células vegetais transformadas com o T-DNA, correspondendo a uma fonte de carbono e nitrogênio e, algumas vezes, de fosfato, para as células de *Agrobacterium* parasitas. Esses nutrientes são o aspecto benéfico da simbiose para a bactéria.

### Reconhecimento e transferência de T-DNA

Para estabelecer o estado tumoral, inicialmente as células de *Agrobacterium* devem ligar-se ao sítio de lesão na planta. Após a ligação, a síntese de microfibrilas de celulose pelas bactérias auxilia na sua fixação ao sítio da lesão, formando aglomerados bacterianos sobre a superfície da célula da planta. Tal processo estabelece as condições para a transferência do plasmídeo da bactéria para a planta.

**Figura 22.19** **Galha-da-coroa.** Fotografia de um tumor de galha-da-coroa (seta) em uma planta de tabaco, provocado pela bactéria do gênero *Agrobacterium tumefaciens*. A doença normalmente não provoca a morte da planta, porém pode torná-la mais fraca e mais suscetível ao ressecamento e a outras doenças.

A estrutura geral do plasmídeo Ti é apresentada na **Figura 22.20**. Somente este plasmídeo é, de fato, transferido para a planta. O T-DNA contém genes que induzem a formação do tumor. Os genes *vir*, presentes no plasmídeo Ti, codificam proteínas essenciais à transferência do T-DNA. A transcrição dos genes *vir* é induzida por metabólitos sintetizados pelos tecidos lesados da planta. Exemplos destes indutores incluem os componentes fenólicos acetoseringona e ferulato. Os genes da transmissibilidade no plasmídeo Ti (Figura 22.20) permitem que o plasmídeo seja transferido de uma bactéria a outra por meio da conjugação.

Os genes *vir* são essenciais para a transferência do T-DNA. O gene *virA* codifica uma proteína-cinase (VirA) que interage com moléculas indutoras, fosforilando em seguida o produto do gene *virG* (**Figura 22.21**). *VirG* é ativado pela fosforilação e atua na ativação de outros genes *vir*. O produto do gene *virD* (VirD) possui atividade de endonuclease, clivando o DNA do plasmídeo Ti em uma região adjacente ao T-DNA.

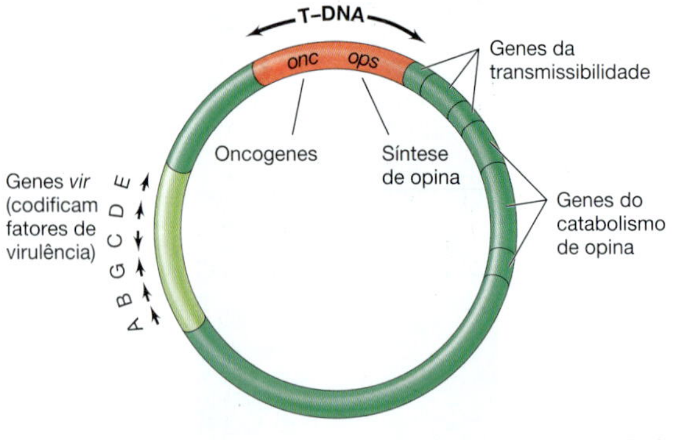


**Figura 22.20** **Estrutura do plasmídeo Ti de *Agrobacterium tumefaciens*.** O T-DNA é a região transferida à planta. As setas indicam a direção da transcrição de cada gene. O plasmídeo Ti completo apresenta cerca de 200 kpb de DNA e o T-DNA, cerca de 20 kpb.

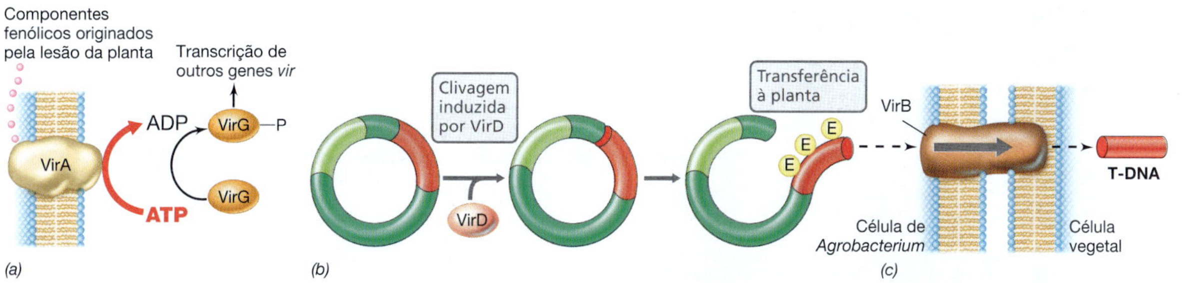


**Figura 22.21 Mecanismo de transferência do T-DNA para a célula da planta por *Agrobacterium tumefaciens*.** *(a)* VirA ativa VirG fosforilando-o, e VirG ativa a transcrição de outros genes *vir*. *(b)* VirD é uma endonuclease que cliva o plasmídeo Ti, liberando o T-DNA. *(c)* VirB atua como uma ponte de conjugação entre a célula de *Agrobacterium* e a célula vegetal, enquanto VirE é uma proteína de ligação ao DNA de fita simples, que auxilia a transferência do T-DNA. A DNA-polimerase da planta produz a fita complementar à fita simples de T-DNA transferida.

O produto do gene *virE* é uma proteína de ligação a DNA que se liga à fita simples do T-DNA na célula vegetal, protegendo-a da degradação pelas endonucleases. O óperon *virB* codifica 11 proteínas diferentes que formam um sistema de secreção do tipo IV (Seção 4.14) para a transferência de T-DNA e proteínas entre a bactéria e a planta (Figura 22.21), lembrando uma conjugação bacteriana (Seção 10.8). Estudos em laboratório de *A. tumefaciens* demonstraram que esta bactéria é capaz de transferir T-DNA a diversos tipos de células eucarióticas, incluindo fungos, algas, protistas e até linhagens celulares humanas.

Uma vez dentro da célula vegetal, o T-DNA é então inserido no genoma da planta. Os genes tumorigênicos (*onc*) do plasmídeo Ti (Figura 22.20) codificam enzimas envolvidas na produção de hormônios pela planta e, no mínimo, uma enzima essencial da biossíntese de opinas. A expressão desses genes leva à formação do tumor e produção de opinas. O plasmídeo Ri, responsável pela doença da raiz em cabeleira, também apresenta genes *onc*. No entanto, nesse caso, os genes conferem à planta uma maior sensibilidade a auxinas, e esse fato promove a superprodução de tecido radicular, resultando nos sintomas da doença. O plasmídeo Ri também codifica diversas enzimas envolvidas na biossíntese de opinas.

## Engenharia genética utilizando o plasmídeo Ti

Do ponto de vista da microbiologia e da patologia vegetal, tanto a doença da galha-da-coroa quanto a raiz em cabeleira envolvem interações estreitas entre a planta e a bactéria, as quais levam à transferência de genes da bactéria para a planta. Isto é, Ti corresponde a um sistema natural de transformação de plantas. Assim, em anos recentes, o interesse no sistema Ti-galha-da-coroa foi desviado da própria doença, para as aplicações desse processo natural de permuta genética, na biotecnologia de plantas.

Vários plasmídeos Ti modificados, desprovidos dos genes envolvidos na doença, mas ainda capazes de transferir DNA para plantas, foram desenvolvidos por engenharia genética. Eles foram utilizados na obtenção de plantas modificadas geneticamente (transgênicas). Diversas plantas transgênicas foram desenvolvidas até o momento, incluindo plantas de interesse agrícola carreando genes de resistência a herbicidas, ataques de insetos e ressecamento. Discutimos o uso do plasmídeo Ti como um vetor na biotecnologia vegetal na Seção 11.13.

**MINIQUESTIONÁRIO**

- O que são opinas e a quem elas trazem benefícios?
- Qual a diferença entre os genes *vir* e o T-DNA no plasmídeo Ti?
- De que forma o entendimento da doença da galha-da-coroa trouxe benefícios à agricultura?

## 22.5 Micorrizas

As **micorrizas** são associações mutualistas entre raízes de plantas e fungos nas quais os nutrientes são transferidos em ambos os sentidos. O fungo transfere nutrientes – especialmente fósforo e nitrogênio – do solo à planta, e a planta, por sua vez, transfere ao fungo carboidratos. Estes mutualismos são muito aproveitados na agricultura. Esporos fúngicos produzidos em cultura ou provenientes da raspagem das raízes de plantas infectadas são utilizados na produção de inóculos de solo, que promovem o crescimento vegetal.

### Classes de micorrizas

Existem duas classes de micorrizas. Nas *ectomicorrizas*, as células fúngicas formam uma extensa bainha ao redor da face externa da raiz, havendo pequena penetração no tecido radicular (**Figura 22.22**). Nas *endomicorrizas*, o micélio fúngico encontra-se embebido profundamente no tecido da raiz. As ectomicorrizas são encontradas principalmente em árvores de florestas, especialmente coníferas, faias e carvalhos, sendo altamente desenvolvidas em florestas boreais e temperadas. Nessas florestas, praticamente todas as raízes das árvores correspondem a uma micorriza. O sistema radicular de uma árvore apresentando micorrizas, como o pinheiro (gênero *Pinus*), é composto por raízes longas e curtas. As raízes curtas, que são caracteristicamente de ramificação dicotômica em *Pinus* (Figura 22.2*a*), exibem típica colonização fúngica, enquanto as raízes longas são também frequentemente colonizadas. A maioria dos fungos de micorrizas não cataboliza a celulose e outros polímeros de folhas em decomposição. Em vez disso, eles catabolizam carboidratos simples e geralmente requerem uma ou mais vitaminas. Eles obtêm o carbono a partir das secreções radiculares, captando os minerais inorgânicos presentes no solo. Fungos de micorriza raramente são encontrados na natureza, exceto em associação com raízes, e muitos são, provavelmente, simbiontes obrigatórios.

Apesar da associação simbiótica estreita entre o fungo e a raiz, uma única espécie de árvore é capaz de formar múlti-

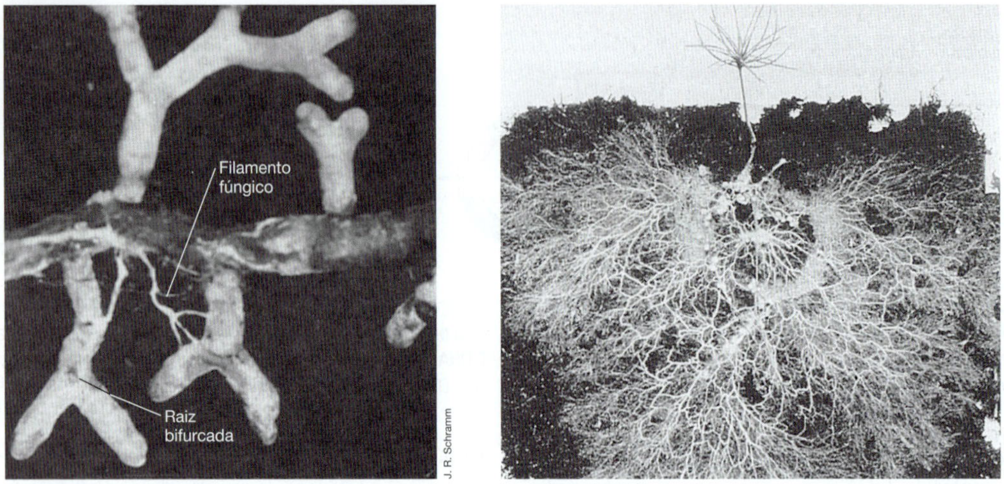


(a) (b)

**Figura 22.22** **Micorrizas.** *(a)* Raiz do pinheiro *Pinus rigida* apresentando uma típica ectomicorriza, com filamentos do fungo *Thelephora terrestris*. *(b)* Muda de *Pinus contorta* (um tipo de pinheiro), revelando o extenso desenvolvimento do micélio de absorção de seu fungo associado, *Suillus bovinus*. Ele cresce a partir das raízes da ectomicorriza, originando uma formação em leque responsável pela captação de nutrientes presentes no solo. A muda tem altura aproximada de 12 cm.

plas associações do tipo micorriza. Uma única espécie de pinheiro é capaz de se associar a mais de 40 espécies de fungos. A relativa falta de especificidade em relação aos hospedeiros permite que os micélios das ectomicorrizas interconectem árvores, criando ligações para transferência de carbono e outros nutrientes entre plantas da mesma espécie ou de espécies diferentes. Imagina-se que a transferência de nutrientes de plantas localizadas em planos superiores e mais bem iluminados para plantas localizadas em ambientes sombreados ajude a equalizar a disponibilidade de recursos, subsidiando árvores jovens, aumentando a biodiversidade e promovendo a coexistência de diferentes espécies.

## Micorrizas arbusculares

Embora os fungos ectomicorrízicos desempenhem um papel importante na ecologia das florestas, existe uma diversidade maior dos fungos endomicorrízicos. A maioria são *micorrizas arbusculares* (MA), grupo que compreende uma divisão de fungos filogeneticamente distinta, a Glomeromycota (Seção 17.12), na qual todas ou quase todas as espécies são mutualistas obrigatórios de plantas (o termo "arbuscular" significa "árvores pequenas"). As MA colonizam 70 a 90% de todas as plantas terrestres, incluindo a maioria das espécies de campinas, e muitas espécies agrícolas. Acredita-se que a associação entre plantas e Glomeromycota seja a forma ancestral de micorriza, estabelecida 400 a 460 milhões de anos atrás e um importante estágio evolutivo na invasão da terra seca pelas plantas terrestres.

Sabe-se que fungos MA produzem fatores de sinalização oligossacarídeos de lipoquitina (**fatores Myc**), bastante similares aos fatores Nod (Seção 22.3), e estes fatores iniciam a formação do estado de micorriza (Figuras 22.12 e 22.13). A colonização da raiz por um fungo MA começa com a germinação de um esporo proveniente do solo, produzindo um micélio de germinação curto que reconhece a planta hospedeira por meio de sinalização química recíproca; o fungo, então, forma uma estrutura de contato com as células epidérmicas da raiz, denominada *hifopódio* (**Figura 22.23**). A hifa de penetração estende-se para dentro da planta a partir de cada hifopódio, geralmente tomando um caminho intracelular, por meio das camadas de células da epiderme e do córtex da raiz, posteriormente formando estruturas de hifas ramificadas ou enoveladas dicotomicamente, chamadas **arbúsculos**, no interior das células vegetais do córtex interno, próximo aos tecidos vasculares. No entanto, as hifas arbusculares permanecem isoladas do protoplasma da planta por uma vasta membrana citoplasmática vegetal que forma uma região denominada *apoplasto* (**Figura 22.24**), que aumenta a superfície de contato entre planta e fungo. Nitrogênio e fósforo inorgânicos são "garimpados" do solo pelo fungo,

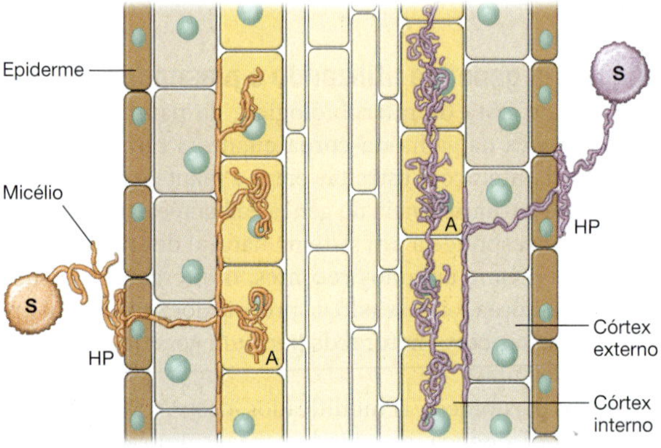


**Figura 22.23** **Colonização da raiz por micorrizas arbusculares.** Um esporo (S) próximo a uma raiz de planta origina um micélio curto que é atraído à planta por meio de sinalização química, formando uma estrutura de adesão, denominada hifopódium (HP). O micélio, então, adentra a região do córtex interno da raiz penetrando células epidermais e células do córtex externo. Arbúsculos (invaginações dicotomicamente ramificadas, A) são formados pelo espalhamento dos micélios no meio intercelular (à esquerda) ou intracelular (à direita).

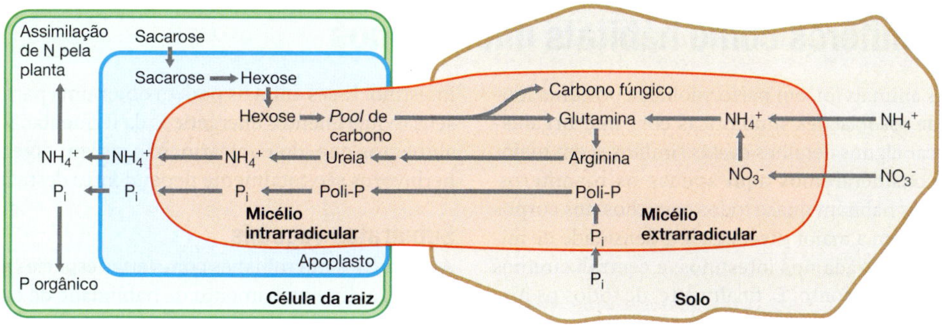


**Figura 22.24** **Vias de troca de N, P e C entre plantas e fungos MA.** Nitrogênio inorgânico ($NH_4^+$ e $NO_3^-$) e fósforo ($P_i$) obtidos do solo pelos micélios extrarradiculares (associados ao solo) são translocados à planta sob a forma de arginina e polifosfato (poli-P) por meio da rede de micélios, e entregues à planta na região do micélio intrarradicular (associado às células vegetais). A amônia e o fosfato são regenerados no micélio intrarradicular para serem transferidos à célula vegetal. Em troca de N e P, a planta fornece carbono orgânico ao fungo.

convertidos em arginina e polifosfato, e translocados pelas hifas até a planta (Figura 22.24).

Os fatores Myc são bastante similares aos fatores Nod rizobiais, e a especificidade é conferida por modificações relativamente pequenas da estrutura da quitina (Figura 22.12). Atualmente, suspeita-se que os sistemas básicos de sinalização e desenvolvimento da simbiose do nódulo radicular em leguminosas (Seção 22.3), que surgiu há cerca de 60 milhões de anos, evoluíram a partir da simbiose planta-fungo MA, muito mais antiga. Aparentemente, o sistema do fungo MA foi recrutado e adaptado para a simbiose leguminosa-nódulo radicular (Figura 22.13).

Embora as micorrizas arbusculares sejam uma simbiose entre planta e microrganismo muito mais antiga e amplamente distribuída, a compreensão de sua sinalização e de seu desenvolvimento tem sido muito mais lenta porque os fungos MA não podem ser mantidos em cultura pura. Estes fungos são *biotróficos* (organismos que obtém seus nutrientes a partir de células vivas de seus parceiros simbiontes) obrigatórios, e não apresentam um sistema genético de apoio, como os que foram utilizados para ajudar a desvendar os complexos estágios no desenvolvimento que levam à formação dos nódulos radiculares nas leguminosas.

## Benefícios para a planta

O efeito benéfico que o fungo da micorriza confere à planta é mais bem observado em solos pobres, onde árvores providas de micorrizas sobrevivem, enquanto aquelas desprovidas delas não o fazem. Por exemplo, quando árvores plantadas em pradarias, as quais geralmente não possuem um inóculo fúngico adequado, são inoculadas artificialmente no ato do plantio, crescem mais rapidamente do que as árvores não inoculadas (**Figura 22.25**). As plantas contendo micorrizas são capazes de absorver nutrientes de seu ambiente com maior eficiência e, dessa forma, apresentam vantagens competitivas (Figura 22.24). Esse maior poder de absorção nutricional é decorrente da maior área superficial fornecida pelo micélio fúngico. Por exemplo, na muda de pinheiro apresentada na Figura 22.22*b*, o micélio fúngico da ectomicorriza é a porção dominante da capacidade absortiva do sistema radicular da planta. A planta com micorriza é capaz de manter seu funcionamento fisiológico e competir com sucesso em uma comunidade rica em espécies vegetais, e o fungo beneficia-se com um fluxo constante de nutrientes orgânicos. Além de auxiliar as plantas na absorção de nutrientes, as micorrizas também desempenham um importante papel no controle da diversidade vegetal. Experimentos de campo demonstraram de forma evidente uma correlação positiva entre a abundância e diversidade de micorrizas no solo com o grau de diversidade vegetal presente nele.

Embora a maioria das micorrizas sejam uma simbiose verdadeiramente mutualística, existem também micorrizas parasitas. Nestas simbioses micorrízicas menos comuns, ou a planta parasita o fungo, ou, em alguns casos, o fungo parasita a planta.

UNIDADE 4

**MINIQUESTIONÁRIO**

- Qual a diferença entre ectomicorrizas e endomicorrizas?
- Qual característica dos fungos micorrízicos pode ter ajudado na colonização da terra seca pelas plantas?
- De que forma os fungos micorrízicos promovem a diversidade vegetal?

**Figura 22.25** **Efeito dos fungos de micorrizas sobre o crescimento das plantas.** Mudas de seis meses de pinheiro de Monterey (*Pinus radiata*) crescendo em vasos contendo solo de pradarias: à esquerda, desprovida de micorriza; à direita com micorriza.

# III • Os mamíferos como hábitats microbianos

A evolução dos animais foi, em parte, moldada por uma longa história de associações simbióticas com microrganismos. Para enforcar alguns detalhes destas simbioses em maior profundidade, consideraremos aqui apenas os mamíferos. Os microrganismos habitam quase todos os nichos nos corpos dos mamíferos, porém a maior diversidade e densidade de microrganismos é encontrada nos intestinos, e centralizaremos nossas discussões neste ponto. E, finalmente, de todos os mamíferos do planeta, voltaremos nossa atenção aos ruminantes e aos seres humanos, os animais mais bem estudados em termos de microbiota intestinal.

## 22.6 O trato gastrintestinal dos mamíferos

Alguns mamíferos são *herbívoros*, consumindo apenas materiais vegetais, enquanto outros são *carnívoros*, alimentando-se primariamente da carne de outros animais. Os *onívoros* se alimentam tanto das plantas quanto dos animais. Como indicado na **Figura 22.26**, mamíferos filogeneticamente relacionados desenvolveram adaptações para diferentes dietas. Observe que mamíferos de diferentes linhagens desenvolveram o estilo de vida herbívoro de maneira independente, a maioria durante o período Jurássico, uma era da história do nosso planeta que durou aproximadamente 60 milhões de anos, tendo início há 200 milhões de anos.

A grande irradiação dos mamíferos durante o Jurássico levou à evolução de diversas estratégias de alimentação. A maioria das espécies de mamíferos desenvolveu estruturas gastrintestinais que promovem associações mutualísticas com microrganismos. Conforme as diferenças anatômicas foram surgindo, a fermentação microbiana continuou sendo importante ou mesmo essencial na digestão dos mamíferos. Mamíferos *monogástricos*, como o ser humano, possuem apenas um compartimento, o estômago, posicionado anteriormente ao intestino. Esses animais podem obter uma parte substancial de seus requerimentos energéticos da fermentação microbiana de alimentos que, do contrário, não seriam digeríveis, porém os herbívoros são totalmente dependentes destas fermentações.

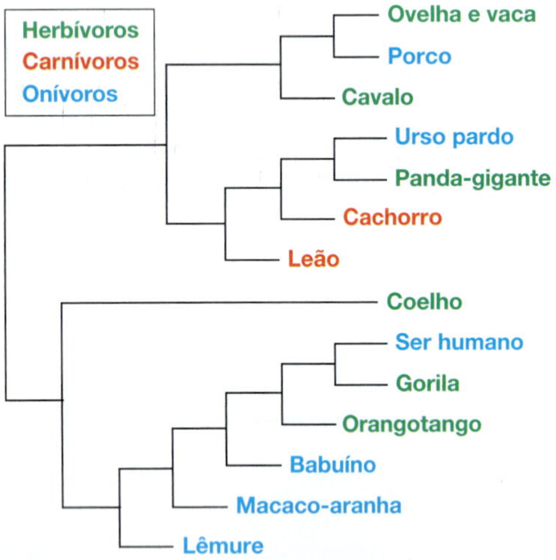


**Figura 22.26 Árvore filogenética demonstrando a múltipla origem da herbivoria nos mamíferos.** Alguns dos herbívoros mostrados são fermentadores do pré-estômago, enquanto outros são fermentadores do intestino grosso (Figura 22.27). Em vez de ingerirem carne animal, alguns mamíferos carnívoros se alimentam apenas de insetos (os insetívoros, como os morcegos), ou peixes (os piscívoros, como as lontras de rio).

### Substratos vegetais

Associações microbianas com várias espécies animais possibilitaram o desenvolvimento da habilidade de catabolizar fibras vegetais, o componente estrutural por parede da célula vegetal. A fibra é composta principalmente por polissacarídeos insolúveis, entre os quais a celulose é o mais abundante. Os mamíferos – e, de fato, quase todos os animais – não possuem as enzimas necessárias à digestão da celulose e de outros polissacarídeos vegetais. Apenas os microrganismos possuem genes que codificam as glicosídeo hidrolases e as polissacarídeo liases necessárias para a decomposição destes polissacarídeos.

Como composto orgânico mais abundante na Terra constituído exclusivamente de glicose, a celulose oferece uma rica fonte de carbono e energia para os animais que a conseguem digerir. As duas principais características que evoluíram de forma a permitir a estilo de vida herbívoro são (1) uma câmara aumentada de fermentação anaeróbia que retém o material vegetal ingerido e (2) um tempo de retenção estendido – o tempo que o material ingerido permanece no trato gastrintestinal. Um tempo prolongado de retenção permite um tempo de associação mais longo entre microrganismos e o material ingerido e assim, uma degradação mais completa dos polímeros vegetais.

### Fermentadores do pré-estômago *versus* do intestino grosso

Dois padrões digestórios evoluíram em animais herbívoros. Em animais com fermentação no *pré-estômago*, a câmara de fermentação microbiana *precede* o intestino delgado. Esta arquitetura de trato gastrintestinal originou-se de forma independente em ruminantes, macacos-colobos, preguiças e marsupiais macropodídeos (**Figura 22.27**). Todos eles compartilham um caractere comum: os nutrientes ingeridos são degradados pela microbiota gastrintestinal *antes* de alcançar o ácido estomacal e o intestino delgado. Examinaremos os processos digestórios dos ruminantes, como exemplos de fermentadores do pré-estômago, na próxima seção.

Cavalos e coelhos são mamíferos herbívoros, mas não são fermentadores do pré-estômago. Estes animais são fermentadores do *intestino grosso*. Eles apresentam apenas um estômago, mas utilizam um órgão chamado *ceco*, um órgão digestor localizado entre os intestinos delgado e grosso, como câmara de fermentação. O ceco contém microrganismos digestores de fibras e celulose (celulolíticos). Mamíferos, como os coelhos, que dependem primariamente da quebra das fibras das plantas por microrganismos no ceco, são chamados de *fermentadores cecais*. Em outros fermentadores do intestino grosso, tanto o ceco quanto o colo são importantes sítios de quebra de fibras pelos microrganismos.

Diferenças anatômicas entre mamíferos monogástricos, fermentadores do pré-estômago e fermentadores do intestino grosso estão resumidas na Figura 22.27. Nutricionalmente, os fermentadores do pré-estômago levam vantagem sobre os

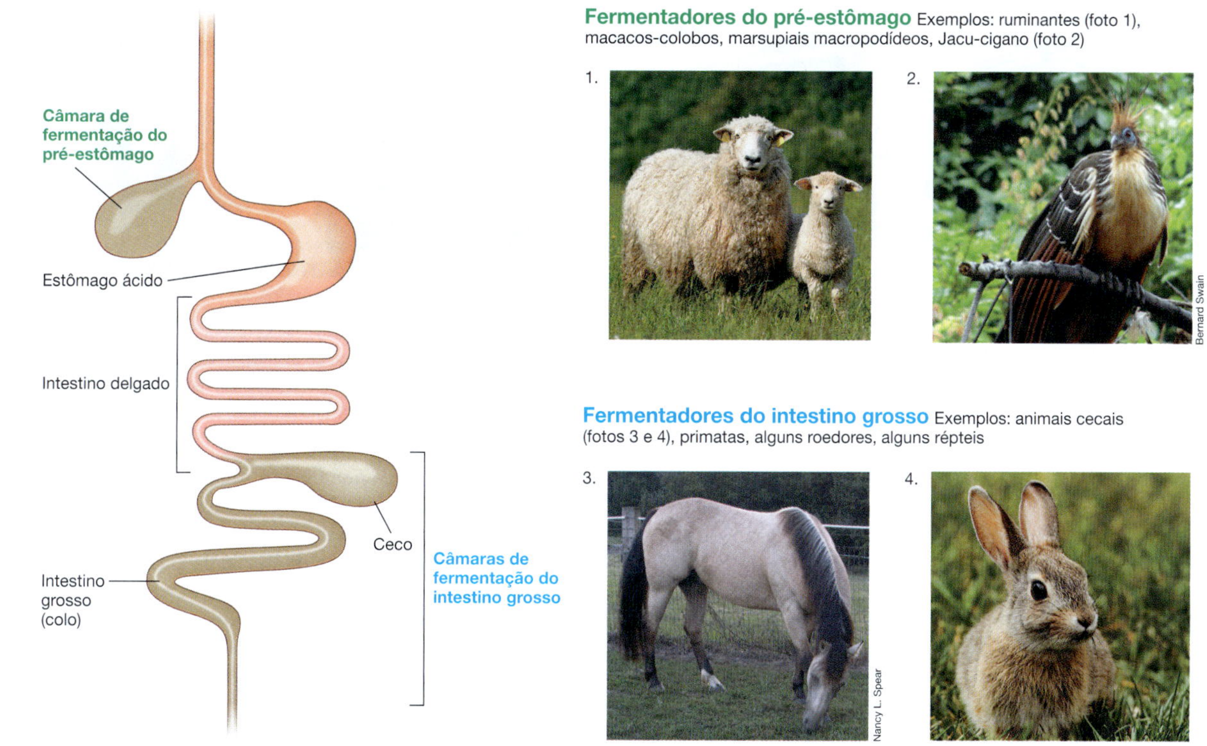


**Figura 22.27** **Variações da arquitetura do trato gastrintestinal em vertebrados.** Todos os vertebrados possuem intestino delgado, porém variam em relação a outras estruturas do trato gastrintestinal. A maior parte da absorção de nutrientes se dá no intestino delgado, enquanto a fermentação microbiana pode ocorrer no pré-estômago, ceco ou intestino grosso (colo). A fermentação do pré-estômago pode ser encontrada em quatro grandes clados de mamíferos e em uma espécie aviária (Jacu-cigano). A fermentação do intestino grosso, tanto no ceco quanto no intestino grosso/colo, é comum em muitos clados de mamíferos (incluindo seres humanos), aves e répteis. Comparar com a Figura 22.26.

fermentadores do intestino grosso, pois a comunidade microbiana celulolítica do pré-estômago eventualmente passa pelo estômago ácido. Quando isso ocorre, a maioria das células microbianas é morta pela acidez, e se torna uma fonte de proteína para o animal. Já nos animais como o cavalo e o coelho, os restos da comunidade celulolítica são enviados para fora do animal nas fezes, devido à sua posição posterior ao estômago ácido.

**MINIQUESTIONÁRIO**

- Quais as diferenças entre os animais com fermentação no pré-estômago e no intestino grosso em relação à recuperação dos nutrientes vegetais?
- De que forma o tempo de retenção afeta a digestão microbiana de alimentos em um compartimento do trato gastrintestinal?

## 22.7 O rúmen e os animais ruminantes

Um grupo de fermentadores do pré-estômago que obteve muito sucesso são os *ruminantes*, mamíferos herbívoros que possuem um órgão digestório especial, o **rúmen**, dentro do qual a celulose e outros polissacarídeos vegetais são digeridos pelos microrganismos. Alguns dos animais domesticados mais importantes – vacas, ovelhas e cabras – são ruminantes. Camelos, búfalos, veados, renas, caribus e uapitis também são ruminantes. De fato, estes animais são os herbívoros dominantes na Terra. Como a indústria alimentícia depende em grande parte de animais ruminantes, a microbiologia do rúmen possui considerável importância e significância econômica.

### Anatomia e atividade do rúmen

As características exclusivas do rúmen enquanto sítio de digestão de celulose são: seu tamanho relativamente grande (capaz de reter de 100 a 150 litros em uma vaca, e seis litros em uma ovelha) e sua posição no trato gastrintestinal, *anterior* ao estômago ácido. A temperatura elevada (39°C) e constante do rúmen, sua variação pequena de pH (5,5 a 7, dependendo de quando foi a última alimentação do animal) e seu ambiente anóxico são também fatores importantes na função geral do rúmen.

A **Figura 22.28*a*** mostra a relação entre o rúmen e os outros componentes do sistema digestório dos ruminantes. Os processos digestórios e a microbiologia do rúmen são bastante conhecidos, em parte por ser possível criar-se uma porta de amostragem, denominada *fístula*, no rúmen de uma vaca (Figura 22.28*b*) ou de uma ovelha, permitindo-se a coleta de amostras para análise.

Após a deglutição do alimento pela vaca, a comida adentra o primeiro de quatro compartimentos do estômago, o retículo. Matéria vegetal parcialmente digerida flui livremente entre o rúmen e o retículo, que por isso são referidos algumas vezes conjuntamente como o *retículo-rúmen*. A principal função do retítulo é coletar pequenas partículas alimentares e transportá-las ao omaso. Partículas alimentares maiores (denominadas bolo alimentar) são regurgitadas, mastigadas, misturadas com saliva contendo bicarbonato de sódio e devolvidas ao retículo-rúmen, onde serão digeridas por bactérias do rúmen. Partículas sólidas podem permanecer no rúmen por mais de um dia durante a digestão. Eventualmente, partículas menores e

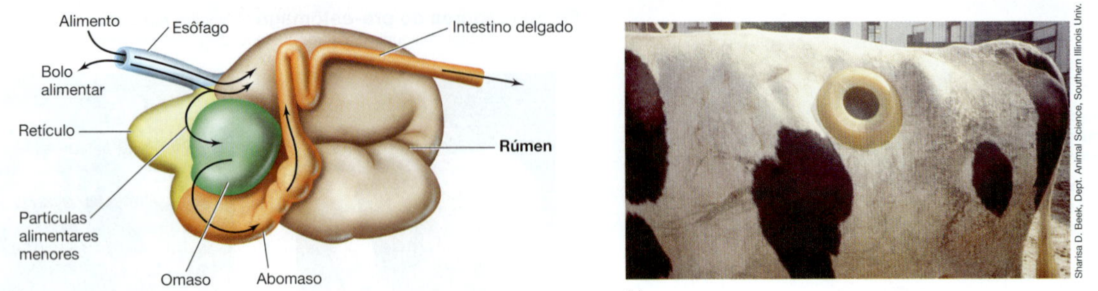


**Figura 22.28** **O rúmen.** *(a)* Diagrama esquemático do rúmen e sistema gastrintestinal de uma vaca. O alimento desloca-se do esôfago ao retículo-rúmen, composto pelo retículo e pelo rúmen. O bolo alimentar é regurgitado e mastigado até que as partículas alimentares sejam pequenas o suficiente para passar do retículo ao omaso, abomaso e intestinos, nessa ordem. O abomaso é um compartimento ácido, análogo ao estômago de animais monogástricos, como porcos e seres humanos. *(b)* Fotografia de uma vaca Holstein fistulada. A fístula, ilustrada aberta, é uma porta de amostragem, que permite o acesso ao rúmen.

mais bem digeridas são transferidas ao omaso, e de lá ao abomaso, um órgão semelhante a um estômago ácido verdadeiro. No abomaso começam os processos químicos digestórios, que continuarão nos intestinos delgado e grosso.

## Fermentação microbiana no rúmen

O alimento permanece no rúmen por 20 a 50 h, dependendo do cronograma de alimentação e também de outros fatores. Durante este tempo de retenção relativamente longo, microrganismos celulolíticos hidrolisam a celulose, originando unidades livres de glicose. Em seguida, a glicose é submetida à fermentação bacteriana, com a produção de **ácidos graxos voláteis** (**AGVs**), principalmente *acético*, *propiônico* e *butírico*, e os gases dióxido de carbono ($CO_2$) e metano ($CH_4$) (**Figura 22.29**). Esses ácidos graxos atravessam a parede do rúmen, atingindo a corrente sanguínea, e são oxidados pelo animal como sua principal fonte de energia. Os produtos gasosos da fermentação, $CO_2$ e $CH_4$, são liberados pela eructação (arrotos).

O rúmen contém enorme número de procariotos ($10^{10}$–$10^{11}$ células/g de fluido ruminal). A maioria das bactérias encontra-se fortemente aderida às partículas de alimento. Esses materiais prosseguem pelo trato gastrintestinal do animal, onde sofrem processos digestórios adicionais, similares àqueles observados em animais não ruminantes. Células microbianas do rúmen são digeridas no abomaso ácido. Como as bactérias habitantes do rúmen sintetizam aminoácidos e vitaminas, as células bacterianas digeridas são uma importante fonte de proteínas e vitaminas para o animal.

## Bactérias do rúmen

Embora alguns microrganismos eucariotos anaeróbios também estejam presentes, as bactérias anaeróbias dominam o rúmen porque se trata de um compartimento estritamente anóxico. A celulose é convertida em ácidos graxos, $CO_2$ e $CH_4$ em uma cadeia alimentar microbiana de múltiplas etapas, com a participação de vários anaeróbios diferentes nesse processo. Estimativas recentes da diversidade microbiana do rúmen obtidas a partir de análises de sequências do gene 16S RNAr sugerem que um rúmen típico possui de 300 a 400 "espécies" bacterianas (definidas como "unidades taxonômicas operacionais", apresentando menos de 97% de identidade entre sequências, Seção 12.8) (**Figura 22.30**). Este valor é 10 vezes maior que as estimativas de diversidade baseadas em culturas. Investigações moleculares mostram que espécies de Firmicutes e Bacteroidetes dominam entre as bactérias do rúmen, enquanto os metanogênicos compõem praticamente toda a população arqueal (Figura 22.30).

Uma variedade de anaeróbios provenientes do rúmen já foi cultivada e sua fisiologia caracterizada (**Tabela 22.2**). Várias bactérias diferentes do rúmen hidrolisam a celulose em açúcares, fermentando-os em ácidos graxos voláteis. *Fibrobacter succinogenes* e *Ruminococcus albus* são dois dos anaeróbios celulolíticos mais abundantes no rúmen. Embora ambos os organismos produzam celulases, *Fibrobacter*, uma bactéria gram-negativa, produz enzimas localizadas na membrana externa. Já *Ruminococcus*, uma bactéria gram-positiva que, portanto, não possui membrana externa, produz um complexo de proteínas de degradação de celulose que é estabilizado por proteínas e ligado à parede celular. Portanto, ambos os organismos precisam ligar-se às partículas de celulose para degradá-las.

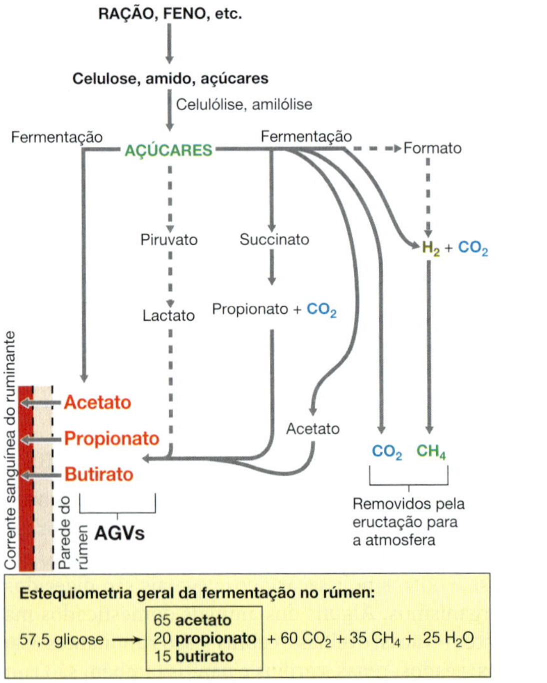


**Figura 22.29** **Reações bioquímicas no rúmen.** As principais vias são apresentadas em linhas sólidas; as linhas pontilhadas indicam vias secundárias. As concentrações aproximadas de ácidos graxos voláteis (AGVs) no rúmen, em estado de equilíbrio, são acetato, 60 mM; propionato, 20 mM; butirato, 10 mM.

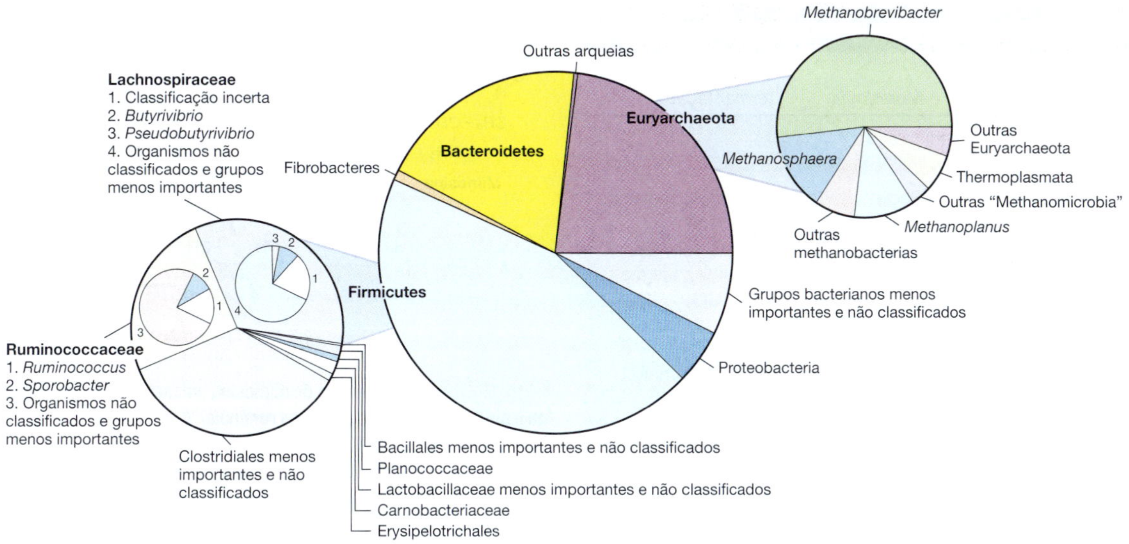


**Figura 22.30 Comunidade microbiana ruminal inferida a partir de sequências do gene 16S RNAr.** Os resultados representam análises agrupadas de 14.817 sequências provenientes de diversos estudos de animais ruminantes, incluindo vacas, ovelhas, cabras e cervos. São fornecidas informações principalmente a respeito da diversidade, não da abundância relativa. Dados agrupados e analisados por Nicolas Pinel.

Se a dieta de um ruminante for gradualmente modificada de celulósica a rica em amido (grãos, por exemplo), haverá o desenvolvimento de bactérias que degradam o amido, como *Ruminobacter amylophilus* e *Succinomonas amylolytica*. Em uma dieta pobre em amido, esses organismos são geralmente minoritários. Se um animal é alimentado com feno de leguminosas, que é rico em pectina, um polissacarídeo complexo que apresenta açúcares tanto do tipo hexoses quanto pentoses, a bactéria que digere pectina, *Lachnospira multiparus* (Tabela 22.2), torna-se um membro abundante na comunidade microbiana ruminal. Alguns dos produtos de fermentação da microbiota sacarolítica do rúmen são utilizados como fontes de energia por fermentadores secundários presentes no rúmen. Assim, o succinato é fermentado a propionato e $CO_2$ (Figura 22.29) pela bactéria *Schwartzia*, e o lactato é fermentado a ácido acético e outros ácidos por *Selenomonas* e *Megasphaera* (Tabela 22.2).O hidrogênio ($H_2$) produzido no rúmen nos processos fermentativos nunca se acumula, pois é rapidamente consumido pelos metanogênicos na redução de $CO_2$ a $CH_4$. A remoção do $H_2$ promove maior atividade fermentativa, uma vez que a acumulação de $H_2$ afeta negativamente o balanço energético das reações fermentativas que produzem $H_2$ (Seção 13.15).

## Alterações perigosas da comunidade microbiana ruminal

Alterações na composição microbiana do rúmen podem causar doenças ou mesmo a morte do animal. Por exemplo, se a dieta de uma vaca for modificada abruptamente de forragem para grãos, observa-se um crescimento explosivo de *Streptococcus bovis* no rúmen. A quantidade normal de *S. bovis*, cerca de $10^7$ células/g, é insignificante em relação ao número total de bactérias no rúmen. No entanto, quando grandes quantidades de grãos são dadas ao animal, o número de células de *S. bovis* pode aumentar rapidamente, passando a ser dominante na microbiota ruminal, com mais de $10^{10}$ células /g. Isso ocorre porque a forragem contém basicamente celulose, que não favorece o crescimento de *S. bovis*, enquanto os grãos possuem altos níveis de amido, que permite o crescimento rápido de *S. bovis*.

Sendo uma bactéria láctica (Seções 13.12 e 15.6), quando em grandes populações, o metabolismo fermentativo de *S. bovis* eleva as concentrações de ácido láctico no rúmen. O ácido láctico é um ácido mais forte do que os AGVs produzidos durante a função normal do rúmen. Assim, a produção de lactato acidifica o rúmen abaixo de seu limite funcional inferior, de pH 5,5, interrompendo as atividades do rúmen. A acidificação do rúmen, uma condição denominada *acidose*, provoca inflamação do epitélio ruminal e a acidose intensa pode causar hemorragia no rúmen, acidificação do sangue e morte do animal.

Apesar dos problemas relacionados com *S. bovis*, ruminantes como gado bovino podem receber uma dieta exclusivamente de grãos. No entanto, para evitar a acidose, as rações de forragem devem ser *gradativamente* substituídas por grãos, ao longo de um período de muitos dias. A introdução lenta de amido seleciona as bactérias decompositoras de amido, que produzem AGVs (Tabela 22.2), em vez de *S. bovis* e, assim, as funções normais do rúmen prosseguem e o animal permanece saudável.

## Alterações protetoras na comunidade microbiana do rúmen

O crescimento excessivo de *S. bovis* é um exemplo de como uma única espécie microbiana pode ter um efeito deletério na saúde do animal. Mas existe também ao menos um exemplo bem conhecido de como uma única espécie bacteriana pode *melhorar* a saúde de animais ruminantes; neste caso, animais alimentados com o legume tropical *Leucaena leucocephala*. Este vegetal possui um valor nutricional extremamente alto, mas contém um composto similar a um aminoácido, denominado *mimosina*, que é convertido aos compostos tóxicos 3-hidroxi-4(1H)-piridona e 2,3-di-hidroxipiridina (DHP) pelos microrganismos do rúmen (**Figura 22.31**). A descoberta que ruminantes no Hawaii, mas não na Austrália, podiam alimentar-se de *Leucaena* sem apresentar os efeitos tóxicos levou os

**Tabela 22.2 Características de alguns dos procariotos do rúmen**

| *Organismo*[a] | *Morfologia* | *Produtos de fermentação* |
|---|---|---|
| Decompositores de celulose *gram-negativos* | | |
| *Fibrobacter succinogenes*[b] | Bacilo | Succinato, acetato, formato |
| *Butyrivibrio fibrisolvens*[c] | Bacilo curvo | Acetato, formato, lactato, butirato, $H_2$, $CO_2$ |
| *Gram-positivos* | | |
| *Ruminococcus albus*[c] | Coco | Acetato, formato, $H_2$, $CO_2$ |
| *"Clostridium lochheadii"* | Bacilo (endósporos) | Acetato, formato, butirato, $H_2$, $CO_2$ |
| Decompositores de amido *gram-negativos* | | |
| *Prevotella ruminicola*[d] | Bacilo | Formato, acetato, succinato |
| *Ruminobacter amylophilus* | Bacilo | Formato, acetato, succinato |
| *Selenomonas ruminantium* | Bacilo curvo | Acetato, propionato, lactato |
| *Succinomonas amylolytica* | Oval | Acetato, propionato, succinato |
| *Gram-positivos* | | |
| *Streptococcus bovis* | Coco | Lactato |
| Decompositores de lactato *gram-negativos* | | |
| *Selenomonas ruminantium* subsp. *Lactilytica* | Bacilo curvo | Acetato, succinato |
| *Megasphaera elsdenii* | Coco | Acetato, propionato, butirato, valerato, caproato, $H_2$, $CO_2$ |
| Decompositor de succinato *gram-negativos* | | |
| *Schwartzia succinovorans* | Bacilo | Propionato, $CO_2$ |
| Decompositor de pectina *gram-positivos* | | |
| *Lachnospira multipara* | Bacilo curvo | Acetato, formato, lactato, $H_2$, $CO_2$ |
| Metanogênicos | | |
| *Methanobrevibacter ruminantium* | Bacilo | $CH_4$ (de $H_2$+ $CO_2$ ou formato) |
| *Methanomicrobium mobile* | Bacilo | $CH_4$ (de $H_2$+ $CO_2$ ou formato) |

[a]Com exceção dos metanogênicos, que são arqueias, todos os organismos listados são espécies de bactérias.
[b]Estas espécies também degradam xilana, um dos principais polissacarídeos da parede celular vegetal.
[c]Também degrada amido.
[d]Também fermenta aminoácidos, produzindo $NH^3$. Diversas outras bactérias do rúmen também fermentam aminoácidos, incluindo *Peptostreptococcus anaerobius* e *Clostridium sticklandii*.

investigadores a imaginar que um metabolismo adicional de DHP conduzido por bactérias presentes em ruminantes havaianos aliviava os efeitos tóxicos do DHP. Estas observações foram posteriormente confirmadas pelo isolamento da bactéria

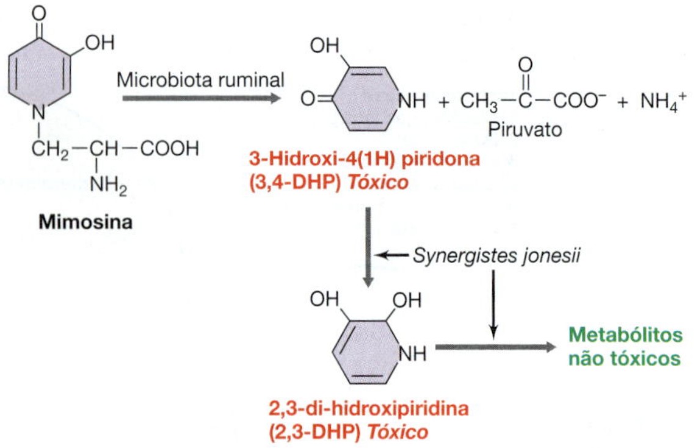


**Figura 22.31 Conversão de mimosina em metabólitos tóxicos de piridina e piridona por microrganismos ruminais.** A mimosina é convertida em 3,4-DHP, que é tóxico, pela microbiota ruminal normal. A bactéria *Synergistes jonesii* converte 3,4-DHP em um metabólito não tóxico passando pelo composto intermediário 2,3-DHP, prevenindo o acúmulo de metabólitos tóxicos de mimosina.

*Synergistes jonesii*, um anaeróbio singular, relacionado com o grupo *Deferribacter* (Seção 15.21), e sem relação próxima com qualquer outra bactéria do rúmen. A inoculação de células de *S. jonesii* em ruminantes australianos conferiu resistência aos subprodutos da mimosina, permitindo que os animais se alimentassem de *Leucaena* sem apresentar os efeitos deletérios.

O sucesso desta modificação de um único organismo na comunidade microbiana do rúmen encorajou estudos posteriores semelhantes, incluindo alguns envolvendo engenharia genética de bactérias para melhorar sua habilidade em utilizar os nutrientes disponíveis ou em detoxificar substâncias. Um sucesso notável foi a inoculação do rúmen de ovelhas com células geneticamente modificadas de *Butyrivibrio fibrisolvens* (Tabela 22.2), contendo o gene que codifica a enzima fluoroacetato dehalogenase; esta inoculação impediu a intoxicação por fluoroacetato em ovelhas alimentadas com vegetais contendo altos níveis deste inibidor do ciclo do ácido cítrico, altamente tóxico.

## Protistas e fungos do rúmen

Além de grandes populações de procariotos, o rúmen também possui populações características de protistas ciliados (Capítulo 17), presentes em uma densidade de aproximadamente $10^6$ células/mL. Muitos desses protistas são anaeróbios obrigatórios, uma propriedade rara entre os eucariotos. Embora esses protistas não sejam essenciais para a fermentação no rúmen, contribuem com o processo global. De fato, alguns deles são capazes de hidrolisar celulose e amido e fermentar glicose, com a produção dos mesmos AGVs formados pelas bactérias (Figura 22.29 e Tabela 22.2). Os protistas do rúmen também ingerem bactérias ruminais e protistas menores, e acredita-se que desempenhem um papel no controle da densidade bacteriana no rúmen. Uma interação comensal interessante foi observada entre os protistas ruminais produtores de AGVs e $H_2$ e bactérias metanogênicas que consomem $H_2$ produzindo $CH_4$. Uma vez que suas células autofluorescem (Seção 13.20), os metanogênicos são facilmente observados no fluido ruminal ligados à superfície de protistas produtores de $H_2$.

Fungos anaeróbios também habitam o rúmen, desempenhando um papel nos processos digestórios. Os fungos do rúmen são normalmente espécies que alternam entre uma forma flagelada e uma forma em talo, e estudos com culturas puras revelam que eles são capazes de fermentar a celulose em AGVs. *Neocalimastix*, por exemplo, é um fungo anaeróbio obrigatório que fermenta glicose em formato, acetato, lactato, etanol, $CO_2$ e $H_2$. Embora um eucarioto, esse fungo é desprovido de mitocôndrias e citocromos, apresentando, assim, uma existência fermentativa obrigatória. No entanto, as células de *Neocalimastix* contêm uma organela redox, denominada *hidrogenossomo*; esse análogo mitocondrial produz $H_2$, tendo sido encontrado, até o momento, somente em determinados protistas (Seção 2.21).

Os fungos do rúmen desempenham um papel importante na degradação de polissacarídeos diferentes da celulose, incluindo a degradação parcial da lignina (o agente que reforça as paredes celulares de plantas lenhosas), hemicelulose (um derivado da celulose que contém pentoses e outros açúcares) e pectinas.

**MINIQUESTIONÁRIO**

- Quais condições químicas e físicas predominam no rúmen?
- O que são AGVs e qual a sua importância para os animais ruminantes?
- Por que o metabolismo de *Streptococcus bovis* causa preocupação especial em relação à nutrição dos ruminantes?

## 22.8 O microbioma humano

O microbioma humano engloba todos os sítios do corpo humano habitados por microrganismos. Entre eles estão boca, cavidade nasal, garganta, estômago, intestinos, trato urogenital e a pele (Seções 23.1 a 23.5). Estima-se que o número de microrganismos presentes no microbioma humano é de aproximadamente $10^{14}$, dez vezes mais que o total de células humanas em um ser humano.

### Importância para a saúde humana

Anteriormente, considerava-se que a comunidade microbiana intestinal em seres humanos saudáveis era composta por microrganismos meramente comensais, mas hoje sabe-se que essa comunidade é importante no desenvolvimento inicial, na saúde geral e na predisposição a doenças. A descoberta que os microrganismos intestinais atuam como mutualistas e desempenham um papel central na saúde humana promoveu a criação de dois grandes programas de pesquisa internacionais. O primeiro, com sede nos Estados Unidos, é chamado *Human Microbione Project*, HMP e o segundo, mantido pela Comissão Europeia, é chamado *Metagenomics of the Human Intestinal Tract*, Meta HIT.

Até o presente momento, o HMP examinou a diversidade microbiana em 250 voluntários saudáveis em duas cidades dos Estados Unidos, sequenciando mais de 5.000 amostras coletadas de cada voluntário, de uma a três vezes, de 15 a 18 sítios diferentes do corpo (nove da cavidade oral, quatro da pele, uma da cavidade nasal, uma das fezes e três da vagina). Estes e outros estudos em andamento relacionados com o microbioma humano – incluindo sua relação com as doenças, origem étnica e dieta – são coordenados pelo International Human Genome Conortium. Algumas das principais questões levantadas por estes projetos integrados incluem: (1) Os indivíduos compartilham um microbioma humano central? (2) Existe alguma relação entre a estrutura da população microbiana e o genótipo do hospedeiro? (3) As diferenças no microbioma humano podem ser relacionadas com diferenças na saúde humana? (4) As diferenças na abundância relativa de diferentes bactérias são importantes?

Estudos do microbioma humano baseados em investigações da microbiota do intestino humano utilizando o sequenciamento do gene 16S RNAr e análises metagenômicas demonstraram que a variação entre pessoas diferentes é tão grande que nenhuma espécie microbiana é encontrada em grande abundância em todos os indivíduos. Similaridades entre indivíduos são mais evidentes em níveis taxonômicos bacterianos mais altos (como filos), e na distribuição de genes de função similar na comunidade intestinal. Os possíveis benefícios dessas análises na medicina clínica incluem o desenvolvimento de biomarcadores para prever a predisposição a doenças específicas, a criação de medicamentos voltados especificamente a alguns membros da comunidade microbiana intestinal, terapias médicas personalizadas e probióticos feitos sob medida (Seção 23.4).

### A comunidade microbiana do trato gastrintestinal humano

Os seres humanos são animais monogástricos onívoros (Figura 22.27). No duodeno humano, o alimento ingerido que atravessou o estômago é misturado a bile, bicarbonato e enzimas digestivas. Cerca de 1 a 4 h após a ingestão, o alimento chega ao intestino grosso e, neste ponto, apresenta pH próximo da neutralidade e um aumento no número de bactérias, de $10^4$/g para $10^8$/g (**Figura 22.32**). O hospedeiro e seus microrganismos intestinais compartilham os nutrientes facilmente digeríveis. O intestino grosso é a área mais abundantemente colonizada do trato gastrintestinal, apresentando $10^{11}$ a $10^{12}$ células bacterianas por grama.

A colonização de um trato gastrintestinal inicialmente estéril começa imediatamente após o parto; populações microbianas alternam-se sucessivamente até que uma comunidade microbiana adulta e estável seja estabelecida. A origem dos colonizadores iniciais ainda não é clara, embora algumas espécies sejam claramente transmitidas da mãe para o filho. A comunidade gastrintestinal dos bebês é dominada por bifidobactérias, espécies fermentativas da classe Actinobacteria (Seção 15.10), e só atinge uma composição semelhante à adulta próximo aos 3 anos de idade. Estudos recentes relacionaram a fragilidade na população idosa a dois fatores principais: (1) uma diminuição geral da diversidade intestinal, e (2) níveis reduzidos de Firmicutes e aumentados de Bacteroidetes. Este segundo fator também relaciona-se a quantidades mais baixas de glutarato livre e do ácido graxo anti-inflamatório de cadeia curta butirato na população mais idosa.

Como agora é sabido para a maioria das comunidades microbiana, as descrições iniciais da diversidade, baseadas no cultivo dos microrganismos, subestimaram bastante a verdadeira diversidade. Por exemplo, embora consideremos *Escherichia coli* como uma bactéria significativa no intestino, todo o filo Gammaproteobacteria (do qual *E. coli* faz parte; Seção 15.3) representa menos de 1% de todas as bactérias intestinais. *E. coli* simplesmente cresce extremamente bem em condições de cultivo laboratoriais e pode ser rapidamente detectada mesmo quando presente em baixas quantidades.

De modo surpreendente, as comunidades gastrintestinais de mamíferos são compostas por apenas alguns filos principais, e apresentam uma composição de espécies diferente de qualquer comunidade microbiana de vida livre (Capítulo 19). A vasta maioria (~98%) dos filotipos do sistema gastrintestinal humano pertence a um dos quatro filos principais: Firmicutes, Bacte-

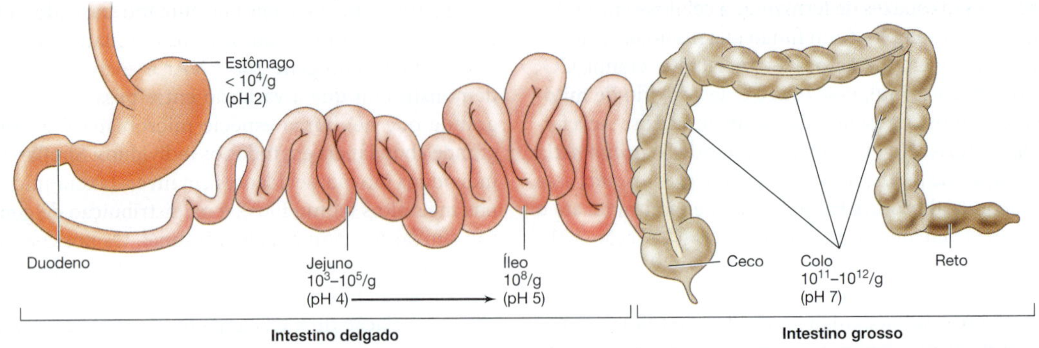


**Figura 22.32 Número de bactérias no trato gastrintestinal monogástrico humano.** O intestino delgado é composto por duodeno, jejuno e íleo. Os números em cada secção individual são estimativas do número de bactérias por grama de conteúdo intestinal em seres humanos saudáveis.

roidetes, Proteobacteria e Actinobacteria (**Figura 22.33**). Os filos Bacteroidetes e Firmicutes predominam, mas variam tremendamente em abundância relativa entre indivíduos – as diferenças nas abundâncias entre indivíduos variam de > 90% para Bacteroidetes e > 90% para Firmicutes. Em contrapartida à limitada diversidade de filos, a diversidade de espécies encontradas no trato gastrintestinal de mamíferos é enorme. O mais recente censo da diversidade de amostras de fezes humanas, baseado em milhões de sequências de 16S RNAr, identificou entre 3.500 e 35.000 "espécies". Esta grande divergência ocorre principalmente devido aos diferentes limiares de similaridade de 16S RNAr estabelecidos para determinação de espécies (Seção 12.8), se estabelecido um mínimo de 97% de identidade ou se o limiar é mais estringente (98-99% de identidade mínima). Arqueias (representadas por um filotipo estreitamente relacionado com os metanogênicos *Methanobrevibacter smithii*), leveduras, fungos e protistas compõem apenas uma pequena parte da comunidade gastrintestinal humana (comparar com o rúmen, Seção 22.7).

Estudos comparativos também demonstraram que os seres humanos compartilham mais gêneros entre si do que com qualquer outra espécie de mamífero. Esse fato sugere que a microbiota gastrintestinal dos mamíferos pode ser finamente regulada a cada espécie de mamíferos. Curiosamente, embora haja grande variabilidade da composição da microbiota gastrintestinal entre pessoas, a comunidade de um indivíduo é relativamente estável ao longo do tempo. Além disso, estudos envolvendo o sequenciamento metagenômico em andamento indicam a existência de um número limitado de padrões gerais de comunidades gastrintestinais equilibradas distintas. Três destas comunidades gastrintestinais, denominadas *enterótipos*, já foram propostas. A associação de um indivíduo a um enterótipo transcende fronteiras nacionais, história nutricional e etnicidade. Reconstruções das vias metabólicas baseadas nas anotações de sequências de genes por metagenômica sugerem que os enterótipos são funcionalmente distintos, diferindo, por exemplo, em suas capacidades de produção de vitaminas. A existência de estados simbióticos alternativos, refletidos pelos enterótipos, sugerem que o enterótipo de um indivíduo pode influenciar sua resposta a dietas e terapias medicamentosas, ou mesmo seu estado de saúde geral. Estes dados, se confirmados, poderiam trazer novos conceitos e práticas no campo da medicina clínica.

## A contribuição dos microrganismos gastrintestinais ao metabolismo humano

Os microrganismos gastrintestinais humanos sintetizam uma grande variedade de enzimas que permitem o processamento de carboidratos complexos em monossacarídeos e a produção de AGVs. Genomas de espécies de *Bacteroides* comuns

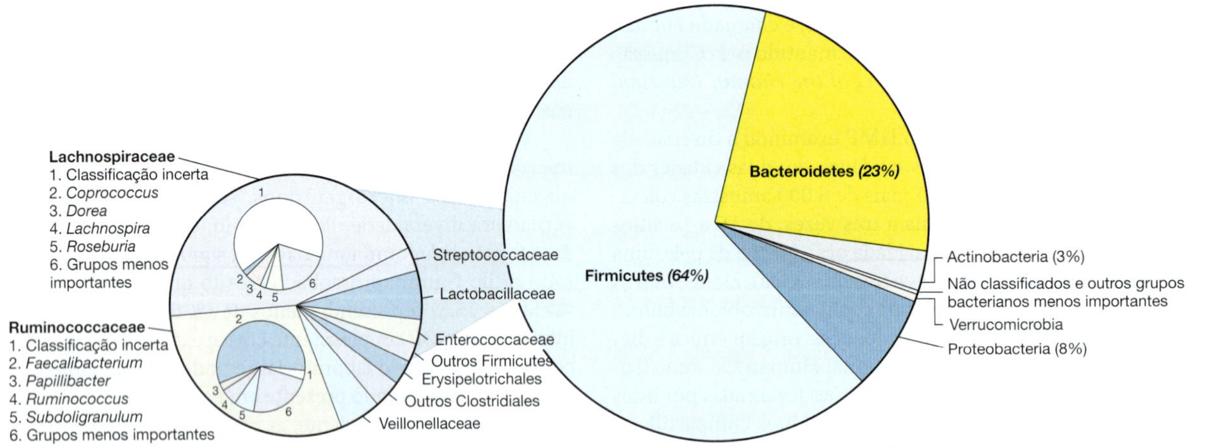


**Figura 22.33 Composição microbiana do colo humano inferida por meio de sequências do gene 16S RNAr.** Os resultados são análises agrupadas de 17.242 sequências obtidas principalmente do colo distal (amostras fecais) de diversos indivíduos. Os dados fornecem informações principalmente a respeito da diversidade, não da abundância relativa. Estudos dos padrões de abundância revelaram que a relação Firmicutes-Bacteroidetes é altamente variável entre indivíduos. Dados agrupados e analisados por Nicolas Pinel.

em seres humanos adultos codificam enzimas que catabolizam polissacarídeos, fato consistente com a adaptação destas bactérias ao ambiente gastrintestinal, rico em polissacarídeos. Embora a relação Bacteroidetes-Firmicutes varie grandemente entre indivíduos, o metagenoma da comunidade gastrintestinal (⇄ Seção 6.10) apresenta um conjunto de genes relacionados com a degradação de carboidratos complexos bastante similar. Microrganismos gastrintestinais também atuam no metabolismo do nitrogênio. Dos 20 aminoácidos que os seres humanos necessitam, 10 são considerados nutrientes essenciais, porque não conseguimos sintetizá-los em quantidades suficientes. Embora adquiramos aminoácidos essenciais, como a lisina, da nossa dieta, estes nutrientes podem também ser produzidos e secretados por determinados microrganismos gastrintestinais. Por exemplo, o microbioma dos bebês possui um nível maior de enzimas produtoras de ácido fólico que o microbioma de adultos, provavelmente porque adultos podem obter o ácido fólico (uma vitamina essencial) a partir de dietas mais complexas.

Microrganismos gastrintestinais também sabidamente contribuem para o "amadurecimento" do trato gastrintestinal. Este amadurecimento inclui a ativação da expressão de genes cujos produtos catalisam a captação de nutrientes e o metabolismo nas células do epitélio intestinal, a primagem do sistema imune no início da vida, de modo a reconhecer a microbiota gastrintestinal normal como própria, e o desenvolvimento de uma barreira mucosa que previne a colonização por bactérias externas. Estudos envolvendo a colonização experimental de camundongos isentos de germes com espécies microbianas individuais ou comunidades microbianas demonstraram que a colonização induz a expressão de genes para captação da glicose e absorção de lipídeos e transporte no íleo. Este fato também indica que pode haver uma ligação entre a composição microbiana gastrintestinal e a habilidade do hospedeiro em captar energia de sua dieta, o que pode contribuir para anormalidades relacionadas com a nutrição, como a obesidade, como veremos a seguir.

## O papel dos microrganismos gastrintestinais na obesidade

A obesidade representa um risco significativo à saúde, contribuindo para a ocorrência de pressão sanguínea alta, doenças cardiovasculares e diabetes. Os microrganismos gastrintestinais provavelmente desempenham um papel na obesidade humana, embora os mecanismos de como isso acontece permaneçam hipotéticos. As evidências iniciais relacionando microrganismos gastrintestinais e a acumulação de gordura pelo hospedeiro são provenientes de estudos envolvendo camundongos isentos de germes. Nestes experimentos, camundongos normais apresentavam 40% mais gordura corporal total que camundongos mantidos em condições isentas de germes, embora ambas as populações recebessem a mesma dieta. Após a inoculação dos animais isentos de germes com material fecal proveniente dos camundongos normais, eles desenvolveram uma microbiota gastrintestinal e sua gordura corporal total aumentou, embora não houvesse qualquer alteração em sua dieta ou em seu gasto de energia.

Camundongos geneticamente obesos possuem comunidades microbianas gastrintestinais diferentes daquelas de camundongos normais, com 50% menos Bacteroidetes, um aumento proporcional nos Firmicutes e um número maior de arqueias metanogênicas (**Figura 22.34**). Acredita-se que os metanogênicos aumentem a eficiência da conversão microbiana de substratos fermentáveis por meio da remoção de hidrogênio ($H_2$), como foi mencionado para a fermentação no rúmen (Seção 22.7). A remoção do hidrogênio estimula a fermentação, aumentando a disponibilidade de nutrientes para absorção pelo hospedeiro, contribuindo, assim, para a obesidade.

Inferências de modelos animais são difíceis de demonstrar em seres humanos, uma vez que um rígido controle da dieta e do genótipo do hospedeiro não são possíveis, e a manipulação da microbiota gastrintestinal é muito mais difícil de se conseguir. Não obstante, estudo em seres humanos, embora não confirmem a relação Bacteroidetes-Firmicutes estabelecida em camundongos, demonstraram que indivíduos obesos são mais propensos a abrigar espécies de *Prevotella* (um gênero de Bacteroidetes) e arqueias metanogênicas. Assim, o modelo geral de seres humanos parece assemelhar-se ao modelo de camundongos (Figura 22.34). Isto é, os metanogênicos provavelmente removem o $H_2$ produzido por *Prevotella*, facilitando a fermentação por *Prevotella* e aumentando a disponibilidade de ácidos graxos de cadeias curtas para o hospedeiro. Este modelo geral é também corroborado pelo estudo de camundongos cocolonizados por *Bacteroides thetaiotaomicron* (que possui um metabolismo similar ao de *Prevotella*) e o metanogênicos *Methanobrevibacter smithii*. Em relação aos controles monocolonizados, estes camundongos apresentam um maior número de bactérias gastrintestinais, maiores níveis de acetato no lúmen intestinal e no sangue e mais gordura corporal. A descoberta que a microbiota gastrintestinal pode influenciar na obesidade oferece ao menos uma explicação não genética para o porquê da obesidade geralmente "ser de família".

Notavelmente, o aumento da gordura corporal associada à gravidez pode também ser influenciado pela microbiota gastrintestinal. O período entre o primeiro e o terceiro trimestres de gravidez é associado a uma redução na diversidade microbiana e aumento das espécies de Proteobacteria e Actinobacteria na comunidade gastrintestinal. Estas mudanças, por sua vez, estão associadas a um aumento da gordura corporal e na insensibilidade à insulina, que se desenvolve posteriormente durante a gestação. Uma interpretação simples destes fatos é que o corpo da mulher grávida manipula seu microbioma gastrintestinal como forma de preparação para uma maior demanda de armazenamento de reservas energéticas.

## Comunidades microbianas da boca e da pele

Assim como os intestinos, a boca e a pele também são sítios densamente colonizados por microrganismos. O microbioma oral é essencialmente tão diverso quanto o gastrintestinal, porém as pessoas compartilham uma maior proporção de táxons comuns na boca do que nos intestinos. Gêneros abundantes neste sítio incluem *Streptococcus*, *Haemophilus*, *Veillonella*, *Actinomyces* e *Fusobacterium*. Da mesma forma que ocorre para todas as comunidades microbianas que são reexaminadas por métodos moleculares, investigações baseadas em sequências do 16S RNAr da cavidade oral demonstraram que os métodos baseados em cultivo haviam fornecido um censo muito incompleto da diversidade. Ao menos 750 espécies de microrganismos aeróbios e anaeróbios, incluindo uma pequena quantidade de arqueias metanogênicas e leveduras, sabidamente habitam a cavidade oral, distribuídas entre dentes, superfícies de tecido e saliva. Devido à alta diversidade de espécies, as pesquisas atuais têm enfocado os gêneros de maior abundância em adultos saudáveis.

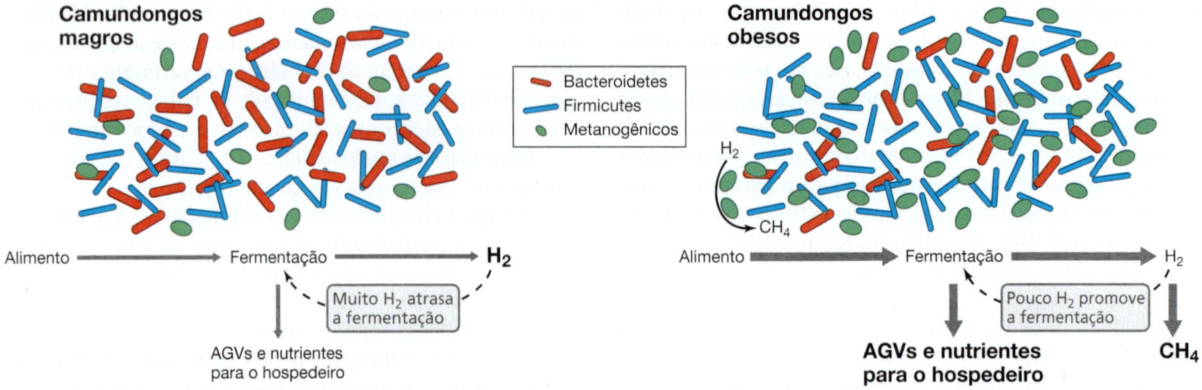


**Figura 22.34 Diferenças nas comunidades microbianas gastrintestinais entre camundongos magros e obesos.** Camundongos obesos apresentam mais metanogênicos, uma redução de 50% nos Bacteroidetes e um aumento proporcional nas espécies do filo Firmicutes. A produção de nutrientes por meio da fermentação é maior em camundongos obesos devido à remoção de $H_2$ pelos metanogênicos.

A cavidade oral possui uma variedade de hábitats, cada um colonizado por espécies que estão presentes principalmente na forma de biofilmes (⇄ Seção 19.4). Os colonizadores primários da superfície limpa dos dentes são espécies de *Streptococcus*; anaeróbios obrigatórios, como *Veillonella* e *Fusobacterium*, colonizam hábitats abaixo da linha da gengiva. A maioria destes organismos contribui para a saúde dos hospedeiros, mantendo as espécies patogênicas sob controle, impedindo que elas venham a se aderir na superfície mucosa. Cárie dentária, inflamação da gengiva e doença periodontal são algumas das manifestações visíveis do desequilíbrio destes mutualismos, geralmente estáveis. Discutiremos mais sobre a comunidade microbiana normal da cavidade oral na Seção 23.3.

A pele é um órgão essencial que tem como função primária prevenir a desidratação e restringir a entrada de patógenos. Ela também é parte do microbioma humano. Embora o número total de microrganismos seja pequeno quando comparado à boca ou aos intestinos, análises moleculares demonstraram que a pele abriga uma comunidade microbiana rica e diversa, composta por bactérias e fungos (principalmente leveduras) que variam significativamente de acordo com a localização no corpo. Uma comparação entre as sequências de 16S RNAr de 20 sítios diferentes da pele, classificados como úmidos, secos ou oleosos, revelou grande diversidade e variação entre eles e entre os indivíduos coletados, mas também mostrou alguns padrões em comum. De modo geral, quase 20 filos bacterianos foram detectados, porém a maioria das sequências está em quatro grupos: Actinobacteria (52%), Firmicutes (24%), Proteobacteria (16%) e Bacteroidetes (6%). Uma discussão mais aprofundada a respeito da microbiota normal da pele pode ser encontrada na Seção 23.2 e na Figura 23.2.

## Alterações no microbioma humano associadas a doenças

Alterações no microbioma humano há muito tempo já foram associadas à doença inflamatória do intestino (DII), que é a inflamação crônica do trato digestório, todo ou em partes. Já está bem estabelecido que a DII não é causada por um patógeno específico, mas por um desequilíbrio entre o sistema imune e a microbiota normal do trato gastrintestinal. Este tipo de ruptura na homeostase entre microbiota e hospedeiro é chamada de **disbiose**.

Modelos de camundongos indicam uma etiologia complexa, mas transmissível, para DII. A criação de camundongos saudáveis juntamente com camundongos com predisposição à DII, ou mesmo a mera manutenção destes animais em uma mesma gaiola, é suficiente para causar o surgimento de DII nos animais saudáveis, e está relacionada com a transferência de Enterobacteriaceae, espécies *Klebsiella pneumoniae* e *Proteus mirabilis* dos camundongos com DII para os saudáveis. Entretanto, da mesma forma que a relação entre microbiota gastrintestinal e obesidade, as causas de DII em seres humanos não são tão bem compreendidas. Análises metagenômicas de indivíduos saudáveis e pacientes com DII mostraram que a microbiota intestinal de pacientes com DII compartilha menos genes com indivíduos saudáveis do que os saudáveis entre si. A comunidade microbiana de pacientes com DII também tende a apresentar uma capacidade funcional significativamente reduzida, demonstrada pela redução no número de genes não redundantes em relação a indivíduos saudáveis (Figura 22.35).

Outras doenças sabidamente associadas a mudanças no microbioma humano incluem o diabetes tipo 2 (não dependente de insulina), asma, dermatite atópica, câncer colorretal, cálculo renal, periodontite e psoríase. À medida que aumentamos nosso conhecimento a respeito da relação entre o

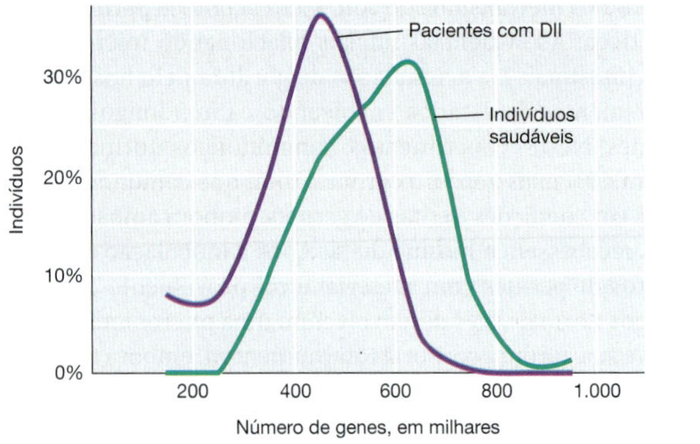


**Figura 22.35 Capacidade funcional reduzida do microbioma gastrintestinal em pacientes com doença inflamatória do intestino.** Análises metagenômicas da microbiota gastrintestinal humana em indivíduos saudáveis e com doença inflamatória do intestino (DII) revelaram uma tendência à presença de menos genes bacterianos não redundantes em pacientes com DII.

microbioma humano e saúde/doença, intervenções terapêuticas podem ser possíveis. Tais intervenções podem envolver a promoção do crescimento de bactérias simbióticas protetoras ou a inibição do crescimento de microrganismos individuais (ou um grupo de microrganismos) que podem comprometer a saúde, além do transplante de comunidades microbianas de indivíduos saudáveis a indivíduos doentes.

**MINIQUESTIONÁRIO**

- Qual filo bacteriano domina o trato gastrintestinal humano?
- De que forma o aumento do número de metanogênicos nos intestinos contribui para a obesidade?
- Enumere algumas das aplicações da caracterização do microbioma humano.

# IV • Os insetos como hábitats microbianos

Os insetos compõem a classe mais abundante de animais no planeta, com mais de um milhão de espécies conhecidas. Estima-se que 20% dos insetos abriguem algum microrganismo simbiótico de forma mutualista. A simbiose contribui para o sucesso ecológico dos insetos fornecendo vantagens nutricionais ou proteção. Alguns simbiontes são encontrados na superfície externa dos insetos ou em seu trato digestório. *Endossimbiontes* são bactérias intracelulares, e estão localizadas geralmente em órgãos especializados dos insetos.

## 22.9 Simbiontes hereditários de insetos

A forma como os simbiontes são transferidos de uma geração à próxima determina como o mutualismo irá funcionar e quão estável ele é. Simbiontes microbianos podem ser adquiridos por um hospedeiro a partir de um reservatório ambiental (transmissão horizontal) ou transferidos diretamente da geração parental à próxima geração (transmissão *hereditária* ou *vertical*). O modo de transmissão do simbionte está relacionado com a especificidade e com a persistência de uma associação. Em geral, a transmissão horizontal está associada a uma menor especificidade. Nesta seção enfocaremos apenas os mutualismos nos quais os simbiontes microbianos não apresentam forma de vida livre; isto é, os simbiontes são transmitidos de forma vertical.

### Tipos de simbiontes hereditários

Todos os simbiontes que podem ser herdados de insetos conhecidos não possuem um estágio replicativo de vida livre. Assim, eles são simbiontes *obrigatórios*. No entanto, embora essas bactérias necessitem de um hospedeiro para replicação, nem todos os hospedeiros dependem de seus simbiontes. Em relação à dependência de seus hospedeiros, os simbiontes hereditários podem ser *simbiontes primários* ou *simbiontes secundários*. Simbiontes primários são necessários para a reprodução do hospedeiro. Eles estão restritos a uma região especializada, denominada **bacterioma**, presente em diversos grupos de insetos; dentro do bacterioma, as células bacterianas habitam células especializadas, chamadas de **bacteriócitos**. Simbiontes secundários não são necessários para a reprodução dos hospedeiros. Diferentemente dos simbiontes primários, os secundários não estão sempre presentes em todos os indivíduos de uma espécie e não estão restritos a apenas alguns tecidos do hospedeiro.

Os simbiontes secundários estão amplamente distribuídos entre os grupos de insetos. Assim como os patógenos, eles invadem diferentes tipos celulares e podem viver de forma extracelular na *hemolinfa* do inseto (o fluido que banha as cavidades corporais). Em insetos com bacteriomas, os simbiontes secundários podem invadir os bacteriócitos, dividindo o espaço com os simbiontes primários ou, algumas vezes, substituindo-os (**Figura 22.36**). Entretanto, para permanecer no inseto hospedeiro, o simbionte secundário precisa conferir a ele alguns benefícios, como vantagem nutricional ou proteção contra estresses ambientais, como o calor. Por exemplo, moscas-brancas infectadas pela bactéria *Rickettsia* (Seção 15.1) reproduzem-se em uma taxa duas vezes maior que moscas não infectadas, e uma parte maior da prole sobrevive até a idade adulta. Simbiontes secundários podem também promover proteção contra a invasão por patógenos ou predadores. A bactéria *Spiroplasma* (Seção 15.9), inicialmente observada em *Drosophila neotestacea* na década de 1980, confere proteção contra um verme nematódeo parasita. Na maioria dos casos, a razão da proteção ou da melhor adaptação ao meio obtida é desconhecida, mas em um caso conhecido a toxina codificada por um bacteriófago lisogênico (Seção 8.8) carreado pelo simbionte confere proteção ao inseto contra infecções por uma vespa parasita.

Existem simbiontes parasitas hereditários que manipulam o sistema reprodutor do hospedeiro, aumentando a frequência da progênie feminina (distorção da razão sexual, Figura 15.27). Como a maioria dos simbiontes hereditários é transmitida pela mãe, a supressão da progênie masculina aumenta o número de indivíduos infectados e, assim, aumenta a taxa de dispersão da bactéria em uma população de insetos. Uma vez que as funções conferidas pelos simbiontes podem se espalhar rapidamente em uma população, a aquisição de características codificadas pelos simbiontes proporciona um mecanismo de adaptação mais rápida do que seria possível apenas pela mutação genética nos insetos. A infecção por *Rickettsia*

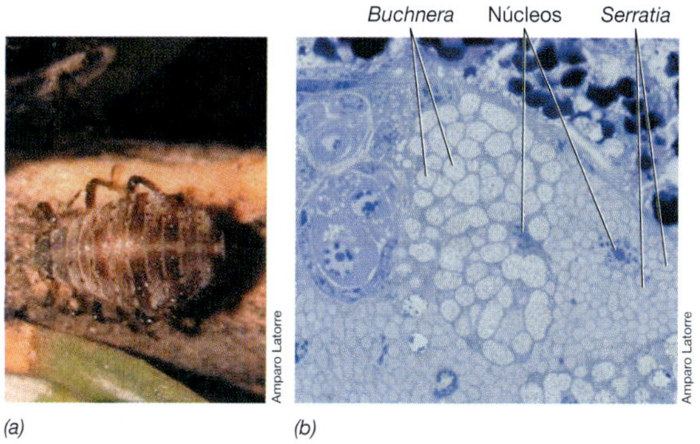


**Figura 22.36** **Simbiontes primário e secundário de um pulgão.** *(a)* O pulgão de cedro *Cinara cedri*, organismo-modelo para estudos de simbiose. *(b)* Micrografia eletrônica de transmissão do bacterioma de *C. cedri*, mostrando dois bacteriócitos. Agrupadas dentro de cada bacteriócito estão as células de *Buchnera aphidicola* (o simbionte primário) ou *Serratia symbiotica*, menores, o simbionte secundário. As setas identificam o núcleo de cada bacteriócito. O bacteriócito que contém as células de *Buchnera* possui aproximadamente 40 μm de largura.

em populações de moscas-brancas fornece um exemplo de quão rapidamente uma característica conferida por simbiontes pode se espalhar em uma população. Apenas 1% das moscas-brancas estava infectada por *Rickettsia* em 2000. Em 2006, 97% das moscas estavam infectadas. Em outro exemplo, uma linhagem de *Wolbachia* (Seção 15.1) varreu as populações de *Drosophila simulans* na Califórnia em apenas três anos.

Um importante benefício aplicado da compreensão básica da simbiose em insetos é o aumento da utilização de simbiontes no controle de pragas de insetos e de doenças transmissíveis por vetores, como a malária e a filariose em seres humanos (Seções 32.5 e 32.7). Por exemplo, simbiontes do gênero *Wolbachia*, que são manipuladores da reprodução, estão amplamente distribuídos em espécies de insetos (infectando possivelmente 60 a 70% de todas as espécies de insetos). O esperma de machos infectados por *Wolbachia* pode esterilizar fêmeas não infectadas. Embora o mecanismo envolvido na esterilização ainda não esteja completamente compreendido, este fenômeno tem sido testado como meio de suprimir a transmissão de doenças. A liberação de um grande número de mosquitos *Culex quinquefasciatus* machos, o vetor da nematose filarial que causa elefantíase (Seção 32.7), em Mianmar (Birmânia), efetivamente eliminou a população local de mosquitos.

Em alguns casos, a presença do simbionte reduz a capacidade do inseto em transmitir doenças. Mosquitos *Aedes aegypti* infectados por *Wolbachia* são menos propensos a transmitir o vírus causador da febre do dengue (Seção 30.5). No entanto, em outros casos, a presença do simbionte *aumenta* a capacidade de transmissão de doenças. Por exemplo, moscas-brancas infectadas pela bactéria *Hamiltonella* (um simbionte da família Enterobacteriacea) são mais propensas a transmitir o vírus do frisado amarelo do tomateiro que moscas não infectadas.

## Importância nutricional dos simbiontes intracelulares obrigatórios de insetos

A associação de bactérias e insetos permitiu que muitos insetos utilizassem recursos alimentares ricos em alguns nutrientes, mas pobres em outros. Para obter uma nutrição adequada, alguns insetos exploram o potencial metabólico de seus simbiontes. Por exemplo, os pulgões alimentam-se da seiva do floema de plantas, rica em carboidratos, mas pobre em nutrientes. Antigamente suspeitava-se que simbiontes obrigatórios poderiam favorecer o inseto fornecendo alguns nutrientes que não são obtidos em sua dieta primária, e hoje sabe-se que estas suspeitas estavam corretas.

Análises moleculares mostraram que a maioria das espécies de pulgões abriga a bactéria *Buchnera* em seu bacterioma (Seção 6.5). O papel da *Buchnera* na nutrição do hospedeiro foi inicialmente indicado por experimentos utilizando dietas específicas para examinar as necessidades nutricionais dos pulgões. Quando comparados com os controles infectados, os pulgões livres de simbiontes requeriam uma dieta contendo todos os aminoácidos ausentes ou presentes em baixa quantidade na seiva do floema. Estudos genômicos posteriores detectaram em *Buchnera* genes codificadores da biossíntese de nove dos aminoácidos ausentes nesta seiva. Existem ainda exemplos de sinergismo entre hospedeiro e simbionte nos quais a síntese de aminoácidos torna-se um empreendimento conjunto. Por exemplo, *Buchnera* não possui as enzimas necessárias nas últimas etapas da biossíntese de leucina, mas o gene codificador destas enzimas está presente no genoma do pulgão. Presumidamente, esta enzima é sintetizada pelo pulgão e participa da via de biossíntese de leucina juntamente com as enzimas bacterianas.

Um simbionte secundário também pode contribuir em um empreendimento conjunto. Por exemplo, *Buchnera*, simbionte do pulgão do cedro, não é capaz de fornecer triptofano ao seu hospedeiro. Dois genes da via de biossíntese do triptofano estão presentes em *Buchnera*, porém os demais genes da via estão presentes no cromossomo de um simbionte secundário (Figura 22.36). Assim, diferentes partes de uma via metabólica essencial podem ser codificadas por endossimbiontes diferentes presentes em um mesmo inseto. As formigas que cultivam fungos fornecem outro exemplo de uma simbiose complexa que se formou entre um inseto e múltiplos microrganismos (ver Explore o mundo microbiano, "Os simbiontes microbianos múltiplos das formigas que cultivam fungos").

A cochonilha (*Planococcus citri*) apresenta um dos mais incomuns exemplos de parceria entre dois simbiontes que infectam o mesmo inseto. A cochonilha possui dois simbiontes bacterianos estáveis, "*Candidatus Tremblaya princeps*" (uma Betaproteobacteria) e "*Candidatus Moranella endobia*" (uma Gammaproteobacteria) (o termo "*Candidatus*" significa que estes organismos ainda não foram isolados em cultura pura). Estes simbiontes cooperam para o fornecimento de aminoácidos essenciais que o hospedeiro não obtém na sua dieta, como é comum para vários simbiontes de insetos que se alimentam de seiva. Entretanto, a bactéria *Moranella* vive no interior da *Tremblaya*! Este é o único exemplo conhecido de uma simbiose onde uma bactéria vive dentro de outra bactéria. O genoma de *Tremblaya*, extremamente reduzido, perdeu todos os seus genes relacionados com as RNAts sintases, uma função essencial que é suprida pelo hospedeiro ou pela *Moranella* em seu citoplasma.

## Redução do genoma e eventos de transferência gênica

Redução extrema do genoma (Tabela 6.1), alto conteúdo de adenina mais timina e taxas de mutação aceleradas são características comuns dos simbiontes primários. Os genomas dos simbiontes de insetos variam entre 0,14 e 0,80 Mpb e 16,5 a 33% de G+C (**Tabela 22.3**). O genoma de "*Candidatus Tremblaya princeps*", com 0,14 Mb, é o menor genoma conhecido para um organismo celular. Em contraste, os genomas de bactérias de vida livre filogeneticamente relacionadas variam de 2 a 8 Mpb, com uma composição de bases próxima de 50% G+C. Dois tipos comuns de mutação espontânea, a desanimação da citosina e a oxidação da guanosina, quando não reparados, alteram um par GC para um par AT (Seção 10.2). Simbiontes com genomas reduzidos apresentam menos enzimas de reparo de DNA (Seção 10.4), o que provavelmente facilita uma mudança para genomas com baixo conteúdo de G+C ao longo do tempo.

Os genomas simplificados de simbiontes de insetos apresentam perda de genes na maioria das categorias funcionais (Capítulo 6), e tendem a reter apenas os genes essenciais para adaptação ao hospedeiro e processos moleculares essenciais, como tradução, replicação e transcrição. A redução do genoma significa que os simbiontes são dependentes dos hospedeiros para muitas funções que não estão mais codificadas em seu genoma (Seção 6.5). Por exemplo, em muitos casos, os genes necessários à biossíntese de componentes da parede

# EXPLORE O MUNDO MICROBIANO

## Os simbiontes microbianos múltiplos das formigas que cultivam fungos

As formigas atíneas são um exemplo de uma elaborada associação simbiótica entre múltiplas espécies microbianas e um inseto. Essas formigas desenvolveram um mutualismo obrigatório com um fungo que elas cultivam em jardins de fungos para obtenção de alimento, utilizando pequenos fragmentos de folhas para cobrir esses jardins. Uma relação simbiótica estreita entre a formiga e o fungo foi inicialmente indicada ao observar-se que um fungo específico era cultivado por cada linhagem de formigas. As formigas e seus respectivos fungos mutualistas podem ser agrupados em cinco sistemas agrícolas, cada um baseado em uma linhagem de formigas e fungos. Formigas agrupadas ao sistema "atíneas menos agricultoras" formam associações com tipos específicos de fungos que elas obtêm do ambiente. Por outro lado, o grupo das "atíneas mais agricultoras" cultiva fungos que aparentemente não são mais capazes de existir sem o mutualismo com a formiga.

(a) (b)

**Figura 1** **Formigas atíneas.** *(a)* Rainha e formigas operárias no jardim de fungos. *(b)* O mutualismo com Actinobacteria pode cobrir boa parte do exoesqueleto das operárias (áreas cobertas de branco).

Além da estreita relação mutualista entre espécies de formigas e o fungo específico que elas cultivam, hoje sabe-se que essa simbiose envolve também quatro outros microrganismos simbiontes: um pequeno fungo que parasita o jardim de fungos, bactérias fixadoras de nitrogênio (Seção 3.17) associadas aos fungos do jardim, uma actinobactéria que possui atividade antagonista sobre o fungo parasita e uma levedura negra que interfere no crescimento da actinobactéria.

O fungo é transmitido verticalmente por meio das gerações de formigas pelas rainhas que fundam as colônias. Essas rainhas coletam uma porção de fungos antes de seu voo de acasalamento, armazenando-o em um compartimento na cavidade oral. Após o acasalamento, elas usam esses fungos para estabelecer um novo ninho e um novo jardim (**Figura 1*a***). Espécies de *Klebsiella* e *Pantoea* fixadoras de nitrogênio associadas ao fungo aumentam a qualidade nutricional do jardim adicionando nitrogênio novo ao substrato de crescimento de folhas, pobre em nitrogênio. Uma única colônia de formiga cortadeira pode contribuir com até 1,8 kg de nitrogênio fixado por ano. Este novo nitrogênio beneficia a colônia de formigas e também resulta em uma maior diversidade vegetal próximo às colônias de formigas cortadeiras.

No entanto, o jardim está sob constante ameaça de ser destruído por um fungo parasita do gênero *Escovopsis*. Para repelir o microfungo parasita, as formigas desenvolveram outra associação simbiótica com uma actinobactéria (gênero *Pseudonocardia*) que surge como uma "flor de cera" crescendo na cutícula da formiga (**Figura 1*b***). Estas bactérias, mantidas em modificações cuticulares especiais no corpo das formigas, secretam metabólitos secundários que inibem o crescimento de *Escovopsis*. A *Pseudonocardia* provavelmente recebe sua nutrição da formiga, por meio de secreções glandulares que passam por poros localizados nas regiões das modificações cuticulares. O sequenciamento genômico comparativo revelou coerência entre as filogenias de formigas, os cultivares fúngicos, *Escovopsis*, e *Pseudonocardia*, indicando uma interação bastante específica entre os microrganismos e as formigas nesta complexa simbiose.

O quarto e último microrganismo identificado nesta simbiose é uma levedura que cresce na mesma região cuticular colonizada pela bactéria *Pseudonocardia*. Esta levedura de pigmentação negra interfere com a proteção química do jardim roubando nutrientes de *Pseudonocardia*, reduzindo indiretamente sua habilidade em suprimir o crescimento de *Escovopsis*. A simbiose microbiana das formigas atíneas é, portanto, um complexo labirinto de interações entre formiga, fungos e bactérias. Outro exemplo de um trio simbiótico – neste caso, uma planta, um animal e uma bactéria – foi descrito na página 669.



celular estão ausentes, inclusive os relacionados com o lipídeo A e o peptideoglicano, sugerindo que o hospedeiro supre estas funções ou que estas estruturas não são necessárias para geração de células estáveis no interior do bacteriócito.

Existe um contraste interessante entre os simbiontes primários e bactérias causadoras de doença típicas (patógenos). Enquanto os simbiontes primários tendem a perder os genes codificadores de proteínas relacionadas com as vias catabólicas, bactérias patogênicas geralmente retêm tais genes, mas perdem os genes para vias anabólicas. Este fato reflete as diferentes relações com o hospedeiro; o simbionte do inseto fornece ao seu hospedeiro nutrientes biossintéticos essenciais, enquanto o patógeno obtém nutrientes biossintéticos essenciais de seu hospedeiro.

Como sequências genômicas de um grande número de insetos e seus simbiontes estão agora sendo descritas, os microbiologistas podem começar a avaliar a frequência de transferência gênica entre eles. A transferência horizontal de genes é o movimento de informações genéticas por meio das barreiras de acasalamento normais (Capítulos 10 e 12). Embora pesquisas anteriores tenham demonstrado que o DNA da bactéria *Wolbachia* já foi transferido para o genoma nuclear de seus hospedeiros insetos e nematoides, a investigação de outros mutualismos de insetos para os quais o genoma tanto do hospedeiro quanto do simbionte estão agora disponíveis (p. ex., pulgão e piolho) indicam que a transferência de DNA é bastante rara. Estes dados sugerem que a transferência horizontal é altamente variável, por razões ainda desconhecidas.

**Tabela 22.3 Características genômicas de alguns endossimbiontes de animais[a]**

| *Hospedeiro* | *Simbionte (gênero)* | *Tamanho do genoma (Mpb)* | *G+C (%)* | *Número de genes* |
|---|---|---|---|---|
| Afídeo | Heterótrofo (*Buchnera*) | 0,42 - 0,62 | 20 - 26 | 362 - 574 |
| Mosca tsé-tsé | Heterótrofo (*Wigglesworthia*) | 0,70 | 22 | 617 |
| Formiga carpinteira | Heterótrofo (*Blochmannia*) | 0,71 - 0,79 | 27 - 30 | 583 - 610 |
| Cigarra | Heterótrofo (*Sulcia*) | 0,25 | 22 | 227 |
| Cochonilha | Heterótrofo ("*Candidatus Moranella endobia*" Gammaproteobacteria) | 0,54 | 43,5 | 406 |
| Cochonilha | Heterótrofo ("*Candidatus Tremblaya princeps*" Betaproteobacteria) | 0,14 | 58,8 | 121 |
| Mexilhão (*Calyptogena okutanii*) | Oxidante de enxofre (não nomeado) | 1,0 | 32 | 975 |
| Mexilhão (*Calyptogena magnifica*) | Oxidante de enxofre (*Ruthia*) | 1,2 | 34 | 1.248 |
| Verme de tubo gigante (*Riftia pachyptila*) | Oxidante de enxofre (não nomeado) | 3,3[b] | NA | NA |

[a]Todos os simbiontes listados estão obrigatoriamente associados a seus hospedeiros, com exceção do simbionte *Riftia*, que também possui um estágio de vida livre.
[b]A bactéria oxidante de enxofre de vida livre *Thiomicrospira crunogena* possui um genoma significativamente menor (2,4 Mb) que este simbionte.

**MINIQUESTIONÁRIO**

- Quais fatores estabilizam a presença de um simbionte secundário de insetos?
- Quais são as consequências da redução do genoma do simbionte?
- Como seria possível determinar se um simbionte e seu hospedeiro possuem um longo período de coevolução?

## 22.10 Cupins

Os microrganismos são os principais responsáveis pela degradação de madeira e celulose em ambientes naturais. Entretanto, as atividades desempenhadas por microrganismos de vida livre foram também exploradas por alguns grupos de insetos, que estabeleceram associações simbióticas com protistas e bactérias capazes de digerir materiais de lignocelulose. Como o rúmen de animais herbívoros, o trato gastrintestinal de insetos fornece um nicho protegido para simbiontes microbianos e, em troca, o inseto tem acesso a nutrientes derivados de uma fonte de carbono que, do contrário, não seria digerível. Os cupins estão entre os representantes mais abundantes deste tipo de associação simbiótica.

### A história natural e a bioquímica dos cupins

Os simbiontes microbianos nos cupins decompõem a maior parte da celulose (74 a 99%) e da hemicelulose (65 a 87%) presente no material vegetal que eles ingerem. Ao contrário dos exemplos de insetos discutidos na última seção, a maioria dos cupins não abriga bactérias *intracelulares*. Em vez disso, as bactérias simbiontes estão presentes nos órgãos digestores (trato gastrintestinal), como acontece nos mamíferos.

A dieta dos cupins inclui materiais vegetais com lignocelulose (tanto intacta quanto em vários estágios de degradação), esterco e matéria orgânica do solo (húmus). Cerca de dois terços dos ambientes terrestres possuem uma ou mais espécies de cupins, com maior representação nas regiões tropical e subtropical, onde os cupins podem constituir até 10% de toda a biomassa animal e 95% da biomassa de insetos no solo. Nas savanas, seu número algumas vezes excede $4.000/m^2$, e sua densidade de biomassa (1 a $10 g/m^2$) pode ser maior que a de mamíferos herbívoros que pastam.

Os cupins são classificados como superiores ou inferiores com base em sua filogenia, e esta classificação relaciona-se com as diferentes estratégias simbióticas. O trato gastrintestinal posterior dos cupins superiores (família Termitidae, que compreende cerca de três quartos das espécies de cupins) contém uma comunidade densa e diversa, composta principalmente por bactérias anaeróbias, incluindo espécies celulolíticas. Em contrapartida, os cupins *inferiores* abrigam populações diversas de bactérias anaeróbias e protistas celulolíticos. As bactérias dos cupins inferiores não participam, ou participam pouco, da digestão da celulose; somente os protistas fagocitam e degradam as partículas de madeira ingeridas pelos cupins. O próprio cupim produz celulases em suas glândulas salivares ou no epitélio do intestino médio, porém as contribuições relativas das enzimas microbianas e do cupim na quebra da lignocelulose não são conhecidas.

O trato gastrintestinal dos cupins consiste em um intestino anterior (que inclui o papo e a moela muscular), um intestino médio tubular (sítio de secreção de enzimas digestivas e absorção de nutrientes) e um intestino posterior relativamente grande, com cerca de 1 $\mu$l de volume (**Figura 22.37**). Nos cupins inferiores, o intestino posterior consiste basicamente em uma única câmara, a *pança* (Figura 22.37*a*). O intestino posterior da maioria dos cupins superiores é mais complexo, sendo dividido em vários compartimentos (Figura 22.37*b*). Tanto para os cupins superiores quanto para os inferiores, o intestino posterior abriga uma comunidade microbiana densa e diversa, e é um importante local de absorção de nutrientes. Acetato e outros ácidos orgânicos são produzidos durante a fermentação microbiana de carboidratos no intestino posterior, sendo estes produtos a principal fonte de carbono e energia para o cupim (Figura 22.37*c*). As altas taxas de consumo de $O_2$ pelas bactérias próximas à parede intestinal mantêm o interior do intestino posterior anóxico. No entanto, medições com microssensores (Seção 18.8) demonstraram que o $O_2$ pode penetrar até 200 $\mu$m no interior do intestino antes de ser completamente removido pela atividade respiratória microbiana. Assim, este minúsculo compartimento intestinal oferece diferentes nichos microbianos em relação à presença de $O_2$, e pode permitir diferentes atividades microbianas.

### Diversidade bacteriana e digestão de lignocelulose em cupins superiores

Nos diferentes gêneros de cupins, as comunidades microbianas do trato gastrintestinal variam significativamente.

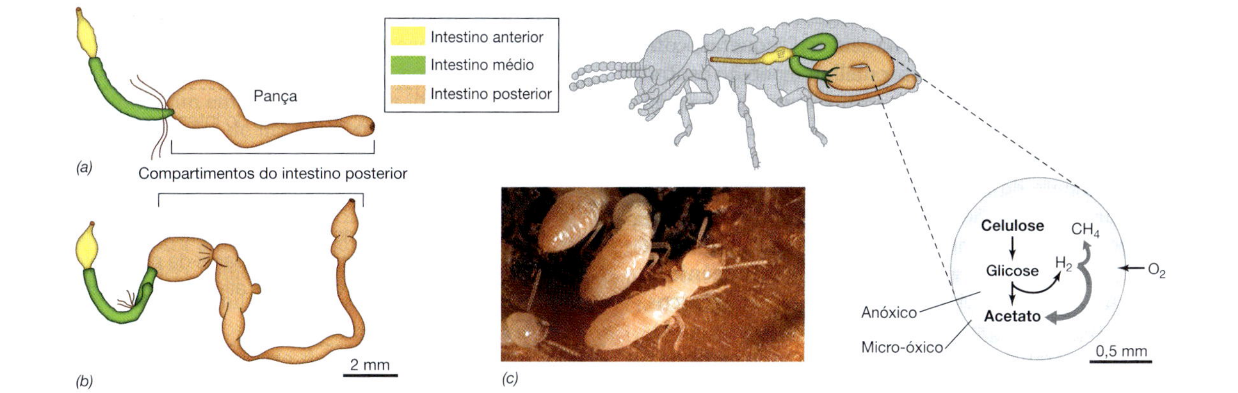


**Figura 22.37** **Anatomia e função do trato gastrintestinal do cupim.** A arquitetura do trato gastrintestinal e cupins inferiores *(a)* e superiores *(b)*, mostrando os intestinos anterior, médio e diferenciando a complexidade dos compartimentos do intestino posterior. *(c)* Foto de operários, arquitetura do trato gastrintestinal e atividades bioquímicas do cupim inferior *Coptotermes formosanus*. O acetato e outros produtos da fermentação microbiana são assimilados pelo cupim. O hidrogênio produzido pela fermentação é consumido principalmente pelos acetogênicos redutores de $CO_2$, ficando uma pequena parte com os metanogênicos hidrogeniotróficos. A metanogênese e a acetogênese são discutidas nas Seções 13.20 e 13.19, respectivamente.

Análises das sequências do gene 16S RNAr obtidas do intestino posterior de espécies de cupins superiores do gênero *Nasutitermes* revelaram uma grande diversidade de espécies microbianas de 12 filos diferentes de bactérias, porém poucas arqueias (**Figura 22.38**). Espiroquetas do gênero *Treponema* (Seção 14.20) são os dominantes, com uma menor contribuição de organismos até então não cultiváveis distantemente relacionados ao filo Fibrobacteres (Seção 15.21), um grupo também presente no rúmen (Figura 22.30). Análises metagenômicas (Seção 6.10) da comunidade microbiana do intestino posterior de *Nasutitermes* revelaram a existência de genes bacterianos que codificam glicosil hidrolases que hidrolisam celulose e hemicelulose. Os dados metagenômicos relacionam claramente espiroquetas e Fibrobacteres na digestão da lignocelulose, embora uma bactéria celulolítica correspondente não tenha ainda sido isolada de cupins superiores (Figura 22.38). A cada muda, simbiontes gastrintestinais dos cupins são perdidos, mas uma boa parte da comunidade gastrintestinal é conservada em cada espécie de cupim. A transmissão horizontal estável dos simbiontes gastrintestinais provavelmente ocorre devido ao comportamento social íntimo dos cupins, que envolve contato próximo entre eles.

## Acetogênese e fixação de nitrogênio no trato gastrintestinal dos cupins

Genes que codificam enzimas da via do acetil-CoA são abundantemente representados em espiroquetas do intestino posterior de *Nasutitermes,* o que é coerente com seu papel de maiores acetógenos redutores de $CO_2$ (Seção 13.19). As comunidades microbianas do trato gastrintestinal dos cupins há muito tempo já foram reconhecidas como importantes no metabolismo de nitrogênio do hospedeiro, fornecendo novas moléculas de nitrogênio fixado por meio da fixação do nitrogênio (Seção 3.17) e ajudando na conservação do nitrogênio reciclando nitrogênio excretado de volta ao inseto para biossíntese. Em acordo com estes dados, análises metagenômicas revelaram que muitas bactérias, incluindo Fibrobacteres e espiroquetas treponemas, contêm genes que codificam a nitrogenase, a enzima necessária para fixação do $N_2$.

De um ponto de vista meramente energético, a metanogênese utilizando $H_2$ e $CO_2$ é mais favorável que a acetogênese com os mesmos substratos (– 34kJ/mol de $H_2$ contra – 26kJ/mol de $H_2$, respectivamente), e, por isso, os metanogênicos contam com essa vantagem em qualquer hábitat onde estes dois processos venham a competir (Seções 13.19-13.20). Entretanto, isso não acontece dentro dos cupins. Existem ao menos dois fatores que explicam essa diferença. Em primeiro lugar, ao contrário dos metanogênicos, os acetogênicos são capazes de utilizar outros substratos, como açúcares ou grupos metil obtidos da degradação da lignina, como doadores de elétrons no metabolismo

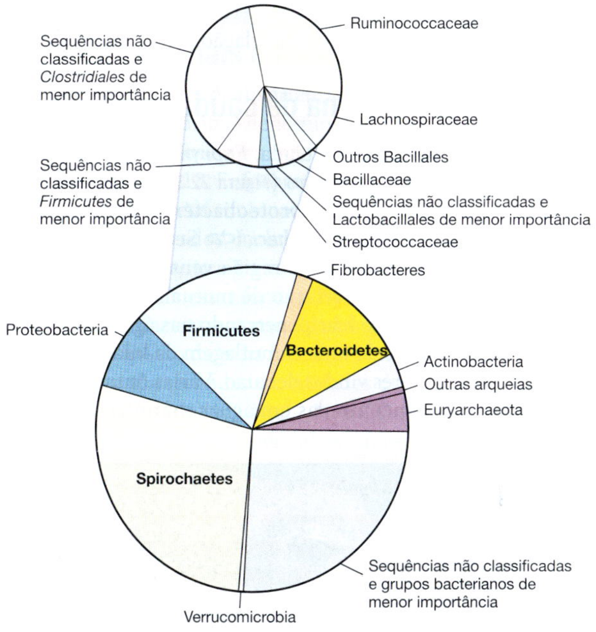


**Figura 22.38** **Composição microbiana do intestino posterior de um cupim inferida por meio de sequências do 16S RNAr.** Os resultados representam análises agrupadas de 5.075 sequências de estudos de amplificados ou de sequenciamento metagenômico de três gêneros de cupins superiores que se alimentam de madeira, *Nasutitermes*, *Reticulitermes* e *Microcerotermes*. Os dados fornecem informações principalmente a respeito da diversidade, não da abundância relativa. Dados reunidos e analisados por Nicolas Pinel.

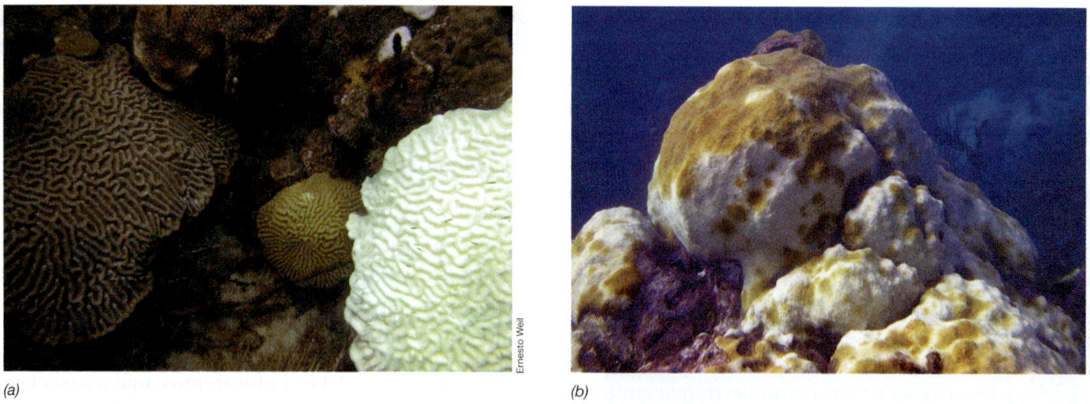


**Figura 22.45** **Branqueamento dos corais.** *(a)* Duas colônias do coral *Colpophylia natans*. O coral à esquerda apresenta uma coloração marrom saudável, enquanto o coral à direita está completamente branqueado. *(b)* Uma grande colônia de *Montastraea faveolata* parcialmente branqueada.

## Branqueamento de corais – o risco de abrigar um simbionte fototrófico em um mundo em mudança

Muitos dos vários sistemas de recifes de corais nos oceanos pelo mundo enfrentam hoje uma ameaça de extinção, principalmente devido a atividades humanas. Acredita-se que a atual redução desse belo e produtivo ecossistema é resultado dos efeitos do aumento de $CO_2$ atmosférico; a saber, o aumento da temperatura da superfície dos oceanos, o aumento do nível do mar e a acidificação dos oceanos (Seções 20.6 e 20.8). O desenvolvimento de cidades litorâneas também ameaça o ecossistema de recifes, contribuindo para a poluição causada por descargas de dejetos, eutrofização causada pelo escoamento de nutrientes e a pesca extensiva. Estas mudanças ambientais estão contribuindo para uma alta taxa de mortalidade causada por doenças, perda da estrutura dos corais devido à redução da calcificação causada pela acidificação e branqueamento. Corais saudáveis abrigam milhões de células de *Symbiodinium* por centímetro quadrado de tecido. O branqueamento dos corais consiste na perda da cor dos tecidos dos hospedeiros causada pela lise das células dos simbiontes, expondo o esqueleto de calcário branco subjacente (**Figura 22.45**).

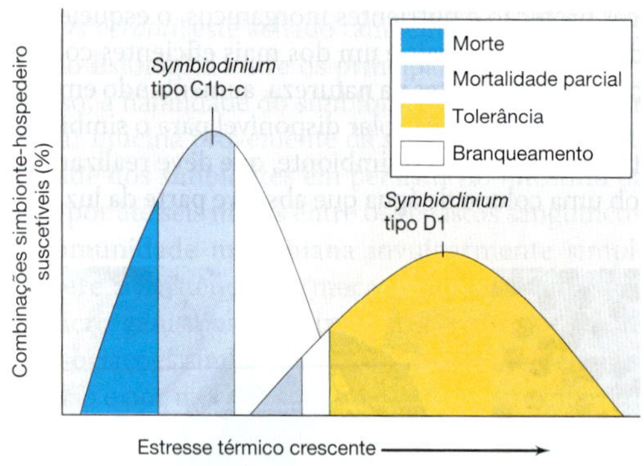


**Figura 22.46** **Diferentes tolerâncias ao estresse das espécies de corais associadas a diferentes filotipos de *Symbiodinium*.** Corais do gênero *Pocillopora* simbioticamente associados ao tipo C1b-c de *Symbiodinium* são muito mais sensíveis a eventos de estresse térmico que a mesma espécie de coral associada ao tipo D1 de *Symbiodinium*. A mais tolerante das associações *Symbiodinium-Pocillopora* apresentou mortalidade extremamente baixa. Esta resposta também sugere a existência de outra variação genética, entre linhagens de um mesmo tipo de *Symbiodinium*, uma vez que ambos os mutualismos apresentaram uma variação de sensibilidade a níveis crescentes de estresse térmico.

Os recifes de corais vivem próximos à sua temperatura ótima, e o efeito sinergético do aumento da temperatura da superfície dos oceanos e a irradiância causam esse branqueamento extensivo. Temperaturas elevadas e irradiância prejudicam o aparato de fotossíntese do dinoflagelados, resultando na produção de espécies reativas de oxigênio (p. ex., o oxigênio singleto e o superóxido (Seção 5.16) que causam danos tanto ao hospedeiro quanto ao simbionte. Acredita-se que o branqueamento seja causado por respostas imunes protetoras do hospedeiro que destroem os simbiontes danificados. Mesmo pequenos aumentos da temperatura da superfície dos oceanos, na ordem de 0,5 a 1,5°C acima do máximo local, quando mantidos por várias semanas, podem induzir um rápido branqueamento dos corais. Uma redução significativa na temperatura, atingindo níveis abaixo do nível ótimo para o crescimento dos corais, pode causar um impacto similar. O estresse térmico, acentuado pelo aumento sazonal da radiação eletromagnética de ultravioleta e de outros comprimentos de onda do espectro visível, têm causado o branqueamento de extensões gigantescas de recifes de corais.

Embora os recifes de corais estejam nitidamente ameaçados, existe muita incerteza em relação às projeções para o futuro. As projeções mais negativas, baseadas no aumento da temperatura do mar, indicam um colapso do sistema de recifes de corais do Oceano Índico dentro de alguns (poucos) anos, e um possível colapso global dos recifes de corais na metade deste século. Entretanto, estas previsões ainda carecem de conhecimento básico a respeito da vulnerabilidade de cada espécie de corais e da capacidade de adaptação de cada mutualismo coral-simbionte. Por exemplo, a tolerância térmica é conferida, em parte, pela espécie ou linhagem de *Symbiodinium*, e após um evento de branqueamento, o mutualismo pode alterar-se em favor de um simbionte mais termicamente tolerante (**Figura 22.46**).

Resultados moleculares indicam que existem mais de 150 filotipos diferentes de *Symbiodinum*, cada um possivelmente representando uma espécie diferente, com diferente capacidade de tolerar estresses. Tanto a troca quanto a permuta de simbiontes já foram propostas como mecanismos por trás das mudanças de simbiontes. Na troca, o simbionte é capturado da população da coluna de água. Na permuta, a mudança resulta do crescimento diferencial de um variante genético que já está associado ao coral, porém em números muito pequenos, trocando de lugar com o mutualista anteriormente dominante após um evento de branqueamento. A maioria dos estudos indica que a permuta é o mecanismo adaptativo mais comum, mas ainda não se sabe ao certo. Como o tipo do simbionte influencia a habilidade do coral em adaptar-se ao estresse associado a mudanças climáticas, uma maior compreensão a respeito dos mecanismos alternativos de resposta adaptativa, incluindo uma possível mudança de simbionte, é essencial para projetar a saúde futura dos corais, de seus simbiontes e dos recifes por eles construídos.

**MINIQUESTIONÁRIO**

- Qual a origem das cores espetaculares dos corais?
- Quais são os dois mecanismos de transferência de *Symbiodinium* aos corais em desenvolvimento?
- Quais são os principais fatores ambientais que contribuem para o branqueamento dos corais?

## CONCEITOS IMPORTANTES

**22.1** • Líquens são associações mutualistas entre fungos e um fototrófico oxigênico.

**22.2** • O consórcio "*Chlorochromatium aggregatum*" consiste em um mutualismo entre uma bactéria verde sulfurosa fototrófica e um heterotrófico móvel. O benefício mútuo é baseado no fornecimento de matéria orgânica do fototrófico para o heterotrófico em troca de motilidade, que permite um rápido reposicionamento em lagos estratificados, de forma a obter um nível ótimo de luminosidade e nutrientes.

**22.3** • Uma das simbioses planta-microrganismo mais importantes para a agricultura é a que ocorre entre bactérias fixadoras de nitrogênio e plantas leguminosas. A bactéria induz a formação dos nódulos radiculares, dentro dos quais ocorre a fixação de nitrogênio. A planta fornece a energia necessária às bactérias do nódulo, e as bactérias fornecem nitrogênio fixado à planta.

**22.4** • A bactéria *Agrobacterium*, causadora da galha-da-coroa, possui uma relação distinta com os vegetais. Parte do plasmídeo Ti, presente na bactéria, pode ser transferida ao genoma da planta, dando início à doença da galha-da-coroa. O plasmídeo Ti já foi utilizado em engenharia genética de plantas para plantio.

**22.5** • Micorrizas são associações mutualistas entre fungos e raízes de plantas, que permitem à planta estender seu sistema radicular por meio da interação íntima com uma extensa rede de micélio fúngicos. São conhecidas formas ectomicorrízicas e endomicorrízicas. A rede de micélios fornece nutrientes inorgânicos essenciais à planta, que em troca fornece compostos orgânicos ao fungo.

**22.6** • A fermentação microbiana é importante para a digestão em todos os mamíferos. Vários mutualismos microbianos desenvolveram-se em diferentes mamíferos, permitindo a digestão de diferentes tipos de alimentos. Os herbívoros obtêm quase todo o seu carbono e energia das fibras vegetais.

**22.7** • O rúmen, o órgão digestório dos animais ruminantes, é especializado na digestão de celulose, que é realizada por microrganismos. Bactérias, protistas e fungos habitantes do rúmen produzem ácidos graxos voláteis, que fornecem energia ao ruminante. Os microrganismos do rúmen sintetizam vitaminas e aminoácidos, e também são uma importante fonte de proteínas – sendo todos estes compostos utilizados pelo ruminante.

**22.8** • O microbioma humano engloba todos os sítios do corpo humano habitados por microrganismos. Os microrganismos são essenciais ao desenvolvimento inicial, saúde e predisposição a doenças. A comunidade microbiana do trato gastrintestinal humano é especial quando comparada à de outros mamíferos. A microbiota gastrintestinal afeta a obtenção de energia provenientes dos alimentos, e uma alteração na estrutura da comunidade gastrintestinal pode ser um importante fator causador da obesidade.

**22.9** • Grande parte dos insetos estabelece mutualismo obrigatório com alguma bactéria, sendo a base deste mutualismo geralmente a biossíntese bacteriana de nutrientes, como aminoácidos, que não estão presentes na alimentação do inseto. Mutualismos obrigatórios de longa data são marcados por uma redução extrema no genoma do simbionte, havendo retenção apenas dos genes essenciais ao mutualismo.

**22.10** • Cupins associam-se simbioticamente a bactérias e protistas capazes de digerir a parede das células vegetais. A configuração singular do trato gastrintestinal dos cupins e a comunidade microbiana do intestino posterior, composta em sua maioria por bactérias celulolíticas, protistas e bactérias acetogênicas, resultam em altos níveis de acetato, a principal fonte de carbono e energia dos cupins.

**22.11** • Um órgão de luz na região ventral da lula havaiana de cauda ondulada proporciona um hábitat para as células bioluminescentes de *Aliivibrio fischeri*. Deste mutualismo no órgão de luz, a lula recebe proteção contra predadores, enquanto a bactéria recebe um hábitat no qual pode crescer rapidamente e gerar células para sua população de vida livre.

**22.12** • A maioria dos invertebrados que habitam o fundo oceânico próximo a regiões que recebem fluidos hidrotermais estabelece mutualismo obrigatório com bactérias quimiolitotróficas. Estes mutualismos são nutricionais, permitindo aos invertebrados desenvolver-se em um ambiente enriquecido com materiais inorgânicos reduzidos, como $H_2S$, que são abundantes nos fluidos das fendas. Os invertebrados fornecem aos simbiontes um ambiente nutricional ideal, em troca de nutrientes orgânicos.

**22.13** • Sanguessugas e espécies bacterianas particulares formam simbioses em regiões importantes para a nutrição e retenção de nitrogênio no corpo do hospedeiro. A existência de mecanismos para transmissão vertical dos simbiontes indica que este mutualismo é altamente desenvolvido e de grande importância funcional.

**22.14** • O mutualismo entre o dinoflagelado *Symbiodinium* e os corais de recifes produz os extensos ecossistemas de recifes de corais presentes em todo o mundo, que sustentam uma enorme diversidade de vida marinha. O branqueamento dos corais, causado pelas mudanças climáticas, ameaça estes ecossistemas.

## REVISÃO DOS TERMOS-CHAVE

**Ácidos graxos voláteis (AGVs)** os principais ácidos graxos (acetato, propionato e butirato) produzidos durante a fermentação no rúmen.

**Arbúsculo** estrutura de hifas ramificada ou enovelada, presente no interior das células do córtex interno de plantas com infecção micorrízica.

**Bacteriócito** célula especializada de insetos, onde reside um simbionte bacteriano.

**Bacterioma** região especializada, presente em vários grupos de insetos, que contém células agrupadas de bacteriócitos de insetos contendo os simbiontes bacterianos.

**Bacteroide** células deformadas de rizóbios presentes dentro do nódulo radicular em plantas leguminosas; fixam $N_2$.

**Coevolução** evolução que ocorre de forma conjunta em um par de espécies intimamente associadas, cada uma respondendo ao efeito induzido pela outra.

**Conduto de infecção** tubo celulósico por meio do qual as células de *Rhizobium* podem se deslocar, durante a formação dos nódulos radiculares, para atingir e infectar as células radiculares.

**Consórcio** mutualismo entre determinados tipos de bactérias, como, por exemplo, uma bactéria verde sulfurosa fototrófica e outras bactérias não fototróficas móveis.

**Disbiose** alteração ou desbalanço do microbioma de um indivíduo em relação ao estado normal, saudável, observado na maioria das vezes na microbiota do trato digestório ou da pele.

**Fatores Myc** oligossacarídeos de lipoquitina produzidos por fungos micorrízicos para iniciar a simbiose com a planta.

**Fatores Nod** oligossacarídeos de lipoquitina produzidos por bactérias no nódulo radicular que ajudam a iniciar a simbiose planta-bactéria.

**Leg-hemoglobina** proteína que se liga ao $O_2$, encontrada nos nódulos radiculares.

**Líquen** associação simbiótica entre um fungo e uma alga (ou cianobactéria).

**Micorriza** associação simbiótica entre um fungo e as raízes de uma planta.

**Mutualismo** simbiose na qual ambos os parceiros beneficiam-se.

**Nódulo radicular** crescimento tumoroso na raiz de uma planta que abriga bactérias simbióticas fixadoras de nitrogênio.

**Plasmídeo Ti** plasmídeo conjugativo da bactéria *Agrobacterium tumefaciens* que pode transferir genes para plantas.

**Rúmen** primeira câmara do trato digestório poligástrico de animais ruminantes, onde ocorre a digestão da celulose.

**Simbiose** relação íntima entre dois organismos, geralmente desenvolvida por meio de um longo processo de associação e coevolução.

## QUESTÕES PARA REVISÃO

1. Descreva as semelhanças e diferenças entre as simbioses do líquen e dos corais. (Seções 22.1, 22.14)
2. Na simbiose "*Chlorochromatium*", como cada parceiro se beneficia? (Seção 22.2)
3. Descreva as etapas de desenvolvimento dos nódulos radiculares em plantas leguminosas. Qual a natureza do reconhecimento entre planta e bactéria e como os fatores Nod ajudam a controlar este evento? Como esse reconhecimento pode ser comparado com o reconhecimento no sistema *Agrobacterium*-planta? (Seções 22.3 e 22.4)
4. Compare e diferencie a produção de um tumor vegetal por *Agrobacterium tumefaciens* e de um nódulo radicular por uma espécie de rizóbio. Quais as semelhanças entre essas estruturas? E quais as diferenças? Qual a importância dos plasmídeos no desenvolvimento de cada uma delas? (Seções 22.3 e 22.4)
5. De que maneira as micorrizas favorecem o crescimento das plantas? Qual(is) a(s) semelhança(s) entre a simbiose do nódulo radicular e das micorrizas? (Seção 22.5)
6. O que é um rúmen e como ocorre o processo de digestão no trato digestório dos ruminantes? Quais são as principais vantagens e desvantagens do sistema ruminal? Como um animal cecal pode ser comparado a um ruminante? (Seções 22.6 e 22.7)
7. Cite um exemplo de uma única espécie microbiana que contribui para a saúde de um herbívoro. Cite um exemplo de uma única espécie microbiana que contribui para patologia em um herbívoro. (Seção 22.7)
8. Por meio de qual mecanismo a comunidade microbiana gastrintestinal humana é capaz de aumentar a obtenção de energia, contribuindo para a obesidade? (Seção 22.8)
9. Por que *Escherichia coli* foi considerada por muito tempo um membro dominante da comunidade microbiana gastrintestinal humana? (Seção 22.8)
10. Como os pulgões são capazes de se alimentar apenas de seiva do floema, rica em carboidratos, mas pobre em nutrientes? (Seção 22.9)
11. Por que os simbiontes transmitidos horizontalmente apresentam menor redução do genoma quando comparados aos simbiontes hereditários, que apresentam redução significativa? (Seção 22.9)
12. Como diferenciam-se as comunidades microbianas gastrintestinais dos cupins superiores e inferiores em relação à composição e degradação de celulose? (Seção 22.10)
13. Como o simbionte bacteriano correto é selecionado na simbiose *Aliivibrio*-lula? (Seção 22.11)
14. Como um verme tubular obtém nutrientes sendo desprovido de boca, intestino e ânus? (Seção 22.12)
15. Compare as comunidades microbianas do papo, intestino e bexiga da sanguessuga medicinal. (Seção 22.13)
16. De que maneira a estrutura corporal dos corais influencia sua habilidade de associar-se simbioticamente a *Symbiodinium*? (Seção 22.14)

## QUESTÕES APLICADAS

1. Imagine que você descobriu uma nova espécie animal que se alimenta exclusivamente de gramíneas. Você suspeita que este animal seja ruminante, e tem em mãos um espécime para inspeção anatômica. Caso esse animal seja de fato um ruminante, descreva a posição e os componentes básicos do trato digestório que você esperaria encontrar, e os microrganismos e as substâncias-chave que você procuraria. Quais tipos metabólicos de microrganismos ou genes específicos você esperaria encontrar?

CAPÍTULO
# 23 Interações dos microrganismos com o homem

## microbiologiahoje

### O microbioma fúngico da pele

Um dos principais desafios para o desenvolvimento de um quadro preciso do microbioma humano é a sua incrível diversidade e as questões inerentes à captura de dados que refletem com precisão esta diversidade. Além das bactérias, outros microrganismos habitam o corpo humano, em particular os fungos, e é importante incluir esses organismos ao se criar um censo do microbioma humano. Um estudo recente sobre o assunto aplica justamente isto.[1]

Dez voluntários humanos saudáveis foram amostrados em 14 locais diferentes do corpo, e as amostras foram processadas tanto para a diversidade fúngica quanto para a bacteriana. Utilizando métodos genômicos que analisaram um gene-chave na filogenética fúngica, os pesquisadores geraram mais de 5 milhões de sequências para comparação com sequências gênicas do RNAr 16S, derivadas de bactérias obtidas a partir das mesmas amostras. Ao analisar e comparar a diversidade em suas amostras, os pesquisadores compilaram uma lista inclusiva do microbioma da pele humana, que inclui mais de 200 gêneros de fungos e bactérias.

A análise dos dados mostrou que o fungo *Malassezia* (fotos) estava presente em todos os locais do corpo e foi o gênero predominante em todos eles, com exceção dos sítios localizados no pé. Este último apresentou alta diversidade de fungos, mas relativamente baixa diversidade bacteriana. Geralmente, a diversidade fúngica está relacionada com o local do corpo, sendo que a maior diversidade pode ser encontrada no pé. A diversidade bacteriana, por outro lado, depende mais da fisiologia dos locais da pele (úmida, seca ou oleosa), como veremos ainda mais adiante neste capítulo.

A nossa compreensão da função da pele na saúde e na doença depende do nosso entendimento de sua microbiota normal, incluindo os fungos. O papel da microbiota normal na proteção contra doenças e o(s) mecanismo(s) pelo qual o sistema imune aprende a tolerar a microbiota normal são importantes questionamentos para o futuro deste campo.

[1] Findley K, et al. 2013. Topographical diversity of fungal and bacterial communities inhuman skin. *Nature* doi:10.11038/nature12171.

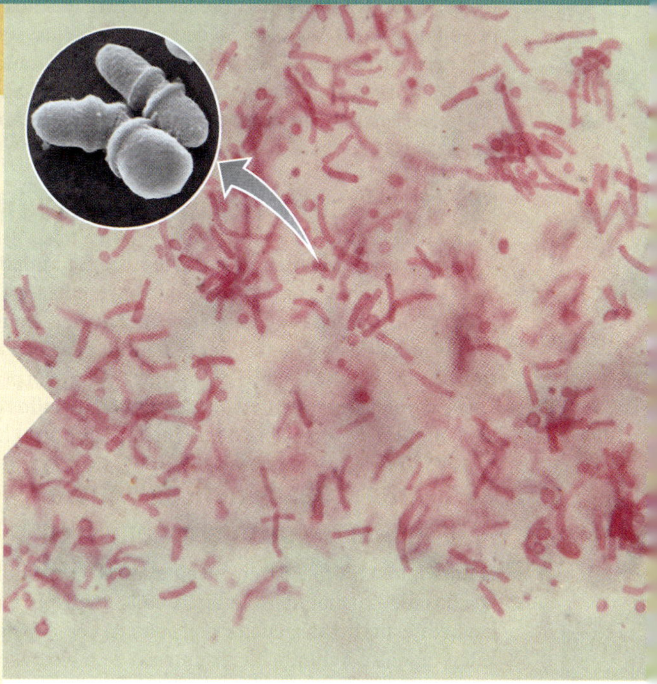


I Interações normais entre homem e microrganismos 706

II Patogênese 714

III Fatores do hospedeiro na infecção e doença 725

O corpo humano hospeda uma vasta população de microrganismos, incluindo grandes populações de bactérias e fungos, na pele e nas membranas mucosas que revestem a cavidade oral, as vísceras e os sistemas excretor e reprodutor. O corpo humano é composto por cerca de $10^{13}$ células, porém aproximadamente dez vezes mais desses microrganismos vivem sobre ou dentro do nosso corpo de forma benéfica, sendo inclusive necessários para a manutenção de uma boa saúde.

Microrganismos denominados *patógenos* invadem, infectam e causam danos ao corpo humano. Os patógenos utilizam estruturas especializadas de ligação, fatores de crescimento, enzimas e toxinas para ter acesso e danificar os tecidos do hospedeiro. Começamos nossa abordagem aqui com microrganismos normalmente encontrados dentro e fora do corpo humano. Em seguida, analisaremos patógenos selecionados e algumas de suas estratégias para desencadear doenças. Concluiremos com a introdução dos mecanismos de defesa inespecíficos que nossos corpos utilizam para suprimir ou destruir a maioria dos patógenos.

# I • Interações normais entre homem e microrganismos

Em suas atividades diárias normais, o corpo humano está exposto a inúmeros microrganismos presentes no ambiente. Além disso, centenas de espécies e incontáveis células microbianas individuais, coletivamente referidas como a **microbiota normal**, crescem sobre ou no interior do corpo humano. Este é o *microbioma humano*, a soma total de todos os microrganismos que vivem sobre ou no interior do corpo humano.

## 23.1 Interações benéficas entre o homem e os microrganismos

A microbiota normal desenvolveu uma relação simbiótica com seu hospedeiro mamífero. A microbiota contribui para a saúde e o bem-estar do hospedeiro por meio da geração de produtos microbianos e inibindo o crescimento de microrganismos perigosos. Em contrapartida, o hospedeiro disponibiliza diversos microambientes que permitem o crescimento microbiano. A microbiota normal é, inicialmente, introduzida a seu hospedeiro durante o nascimento.

### Colonização

Os mamíferos, quando no útero, desenvolvem-se em um ambiente estéril, sem qualquer exposição a microrganismos. A **colonização**, o crescimento de um microrganismo após o acesso aos tecidos hospedeiros, inicia-se à medida que os animais são expostos aos microrganismos a partir do nascimento. As superfícies da pele são prontamente colonizadas por várias espécies. Da mesma forma, a cavidade oral e o trato gastrintestinal adquirem microrganismos por meio da alimentação e exposição ao corpo materno que, juntamente com outras fontes ambientais, iniciam a colonização da pele, da cavidade oral, dos tratos respiratório superior e gastrintestinal (**Figura 23.1**).

Diferentes populações de microrganismos colonizam diferentes locais dos indivíduos, em diferentes momentos. Além disso, a microbiota normal é altamente diversa e pode diferir significativamente entre os indivíduos, mesmo em uma determinada população. À medida que avançamos, apontaremos padrões de colonização por grupos particulares de microrganismos que habitam nichos específicos, presumivelmente devido a sua capacidade de acessar o suporte nutricional e o metabólico em locais específicos do corpo.

Os hospedeiros mamíferos são ricos em nutrientes orgânicos e fatores de crescimento requeridos por bactérias, fornecendo condições controladas de pH, pressão osmótica e temperatura que são favoráveis ao crescimento de microrganismos. No entanto, o corpo de um animal não é um ambiente uniforme. Cada região do corpo como a pele, o trato respiratório e o trato gastrintestinal difere química e fisicamente umas das outras, sendo um ambiente seletivo, onde o crescimento de determinados microrganismos é favorecido ou não. Assim, cada um desses diferentes ambientes suporta o crescimento de uma microbiota diversificada e regionalmente única. Por exemplo, o ambiente relativamente seco da pele favorece o crescimento de espécies resistentes à desidratação, tais como estreptococos e estafilococos gram-positivos (Seções 15.6 e 15.7), enquanto o ambiente anóxico do intestino grosso suporta o crescimento de bactérias anaeróbias obrigatórias como *Bacteroides* (Seção 15.13).

A **Tabela 23.1** mostra alguns dos principais tipos de microrganismos normalmente encontrados em associação com várias superfícies do corpo em seres humanos. A microbiota normal não coloniza os órgãos internos, sangue, linfa ou o sistema nervoso. O crescimento de microrganismos nestes ambientes, normalmente estéreis, é um indício de doença infecciosa grave.

### Sítios de colonização

As infecções frequentemente iniciam-se em sítios localizados nas **membranas mucosas** (Figura 23.1). As membranas mucosas consistem em *células epiteliais*, células fortemente associadas que fazem interface com o ambiente externo. Elas são encontradas por todo o corpo, revestindo os tratos urogenital, respiratório e gastrintestinal. As células epiteliais nas membranas mucosas secretam **muco**, uma secreção líquida e espessa que contém proteínas solúveis em água e glicoproteínas. O muco retém a umidade e inibe a adesão microbiana; invasores são normalmente afastados por processos físicos, como engolir ou espirrar, mas alguns microrganismos aderem à superfície epitelial e a colonizam.

Os microrganismos também são encontrados em superfícies do corpo que não são membranas mucosas, mas são expostas ao meio ambiente, especialmente a pele. Como vere-

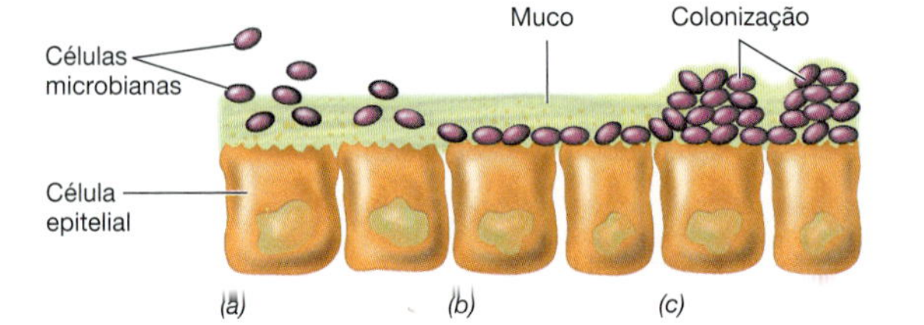


**Figura 23.1** **Interações bacterianas com as membranas mucosas.** *(a)* Associação fraca. *(b)* Adesão. *(c)* Colonização.

**Tabela 23.1 Microbiota normal representativa de seres humanos**

| *Sítio anatômico* | *Táxon mais prevalente*[a] |
|---|---|
| Pele | *Acinetobacter, Corynebacterium, Enterobacter, Klebsiella, Malassezia* (f), *Micrococcus, Propionibacterium, Proteus, Pseudomonas, Staphylococcus, Streptococcus* |
| Boca | *Streptococcus, Lactobacillus, Fusobacterium, Veillonella, Corynebacterium, Neisseria, Actinomyces, Geotrichum* (f), *Candida* (f), *Capnocytophaga, Eikenella, Prevotella*, espiroquetas (diversos gêneros) |
| Trato respiratório | *Streptococcus, Staphylococcus, Corynebacterium, Neisseria, Haemophilus* |
| Trato gastrintestinal[b] | *Lactobacillus, Streptococcus, Bacteroides, Bifidobacterium, Eubacterium, Peptococcus, Peptostreptococcus, Ruminococcus, Clostridium, Escherichia, Klebsiella, Proteus, Enterococcus, Staphylococcus, Methanobrevibacter*, bactérias gram-positivas, Proteobacteria, Actinobacteria, Fusobacteria |
| Trato urogenital | *Escherichia, Klebsiella, Proteus, Neisseria, Lactobacillus, Corynebacterium, Staphylococcus, Candida* (f), *Prevotella, Clostridium, Peptostreptococcus, Ureaplasma, Mycoplasma, Mycobacterium, Streptococcus, Torulopsis* (f) |

[a]Esta lista não pretende ser exaustiva, e nem todos estes organismos são encontrados em todos os indivíduos. A distribuição pode variar com a idade (adultos vs. crianças) e sexo. Muitos desses organismos são patógenos oportunistas em certas condições. Alguns táxons são encontrados em mais de uma área do corpo. (f), fungos.
[b]Para uma imagem molecular da diversidade procariota do intestino grosso humano, consulte a Seção 22.8.

mos a seguir, a pele é na verdade um órgão complexo constituído por vários microambientes distintos, cada um com a sua microbiota própria característica.

**MINIQUESTIONÁRIO**

- Identifique os fatores necessários para a colonização de superfícies corporais pela microbiota normal.
- Em que locais do corpo a microbiota é encontrada?

## 23.2 Microbiota da pele

Um ser humano adulto normal apresenta cerca de 2m$^2$ de pele, que varia acentuadamente quanto à composição química e ao teor de umidade. Um microambiente distinto inclui áreas úmidas da pele, tais como o interior da narina, a axila e o umbigo. A pele úmida é separada por apenas alguns centímetros de microambientes secos, como os antebraços e as palmas das mãos. Um terceiro microambiente consiste em áreas com altas concentrações de glândulas sebáceas que produzem uma substância oleosa chamada *sebo*. Áreas sebáceas são aquelas ao lado do nariz, a parte de trás do couro cabeludo, parte superior do tórax e costas.

A microbiota da pele vem sendo estudada por métodos de ecologia molecular que empregam sequenciamento gênico comparativo do RNAr (Seção18.5). Em um estudo, 19 filos de *Bacteria* diferentes foram detectados, porém quatro filos predominaram: Actinobacteria, Firmicutes, Proteobacteria e Bacteroidetes (**Figura 23.2*a***). Mais de 200 gêneros diferentes foram identificados, porém os membros de três gêneros, *Corynebacterium* (Actinobacteria), *Propionibacterium* (Actinobacteria) e *Staphylococcus* (Firmicutes), compreenderam mais de 60% das sequências (Figura 23.2*b*). Cada microambiente apresentou uma microbiota única. Locais úmidos foram dominados pelas corinebactérias e pelos estafilococos, enquanto locais mais secos apresentaram uma população mista dominada por Betaproteobacteria, *Corynebacterium* e Flavobacteriales. Áreas sebáceas apresentaram predominantemente propionibactérias e estafilococos (Figura 23.2*b*).

A análise desses dados fornece uma visão geral da microbiota humana normal, porém os indivíduos apresentaram variações nos padrões de seus componentes, significando que não existe um padrão único para a microbiota normal. Em vez disso, é esperado que um grupo previsível de microrganismos faça parte da microbiota normal de um determinado indiví-

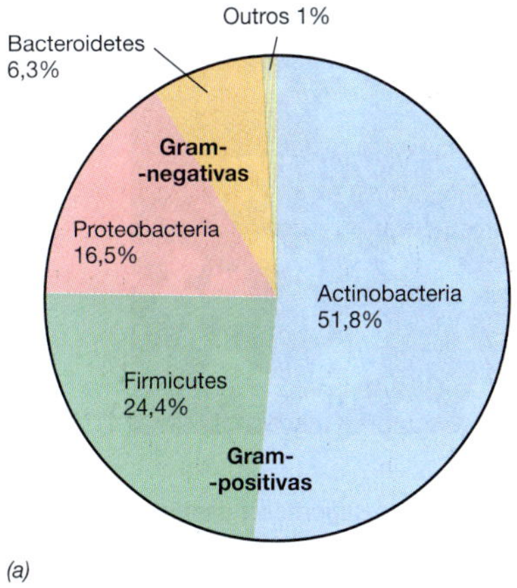


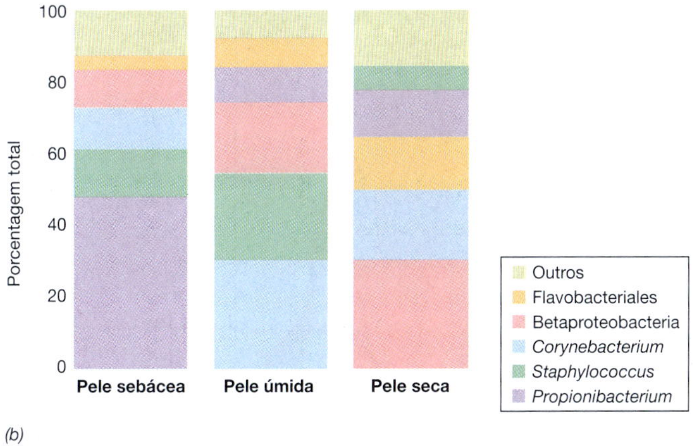


**Figura 23.2 Microbiota normal da pele.** *(a)* A análise do microbioma da pele de 10 voluntários humanos saudáveis identificou 19 filos de *Bacteria*. Quatro filos foram predominantes. *(b)* As populações compostas por bactérias dos mesmos voluntários foram divididas de acordo com os microambientes da pele: sebáceo, úmido e seco. Os dados foram adaptados de Grice et al., 2009, *Science* 324:1190.

duo. Este é o caso do microbioma do intestino (Seção 22.8), em que análises metagenômicas não conseguem definir o número total de organismos presentes, mas apenas estimam o número das diferentes espécies; assim, tais análises são estimativas de *diversidade* em vez de *abundância*.

Microrganismos eucarióticos também estão presentes na pele. A vinheta de abertura do capítulo (página 705) destaca estudos de microbioma que definiram o gênero e a localização de fungos comuns. Espécies de *Malassezia* são os fungos mais comumente encontrados na pele, e pelo menos cinco espécies dessa levedura são geralmente observadas em indivíduos saudáveis. Quando o hospedeiro apresenta menor resistência, como no caso de pacientes com HIV/Aids, ou naqueles indivíduos em que a microbiota normal está comprometida, *Candida* e outros fungos também podem colonizar, causando graves infecções de pele.

Vários fatores ambientais e do hospedeiro podem influenciar a composição da microbiota normal da pele. Por exemplo, o *clima* pode provocar um aumento na temperatura e umidade da pele, aumentando a densidade da microbiota cutânea. A *idade* do hospedeiro também apresenta efeitos; crianças novas possuem uma microbiota mais variada, e carregam um número maior de bactérias gram-negativas potencialmente patogênicas do que os adultos. A *higiene pessoal* interfere na microbiota residente; indivíduos pouco asseados geralmente apresentam maior densidade populacional microbiana na pele. Finalmente, muitos microrganismos que em outras situações seriam capazes de colonizar a pele não conseguem sobreviver neste ambiente simplesmente devido ao seu baixo teor de umidade e pH ácido.

**MINIQUESTIONÁRIO**

- Compare as populações de microrganismos nos três principais microambientes da pele.
- Descreva as propriedades dos microrganismos que têm um bom crescimento na pele.

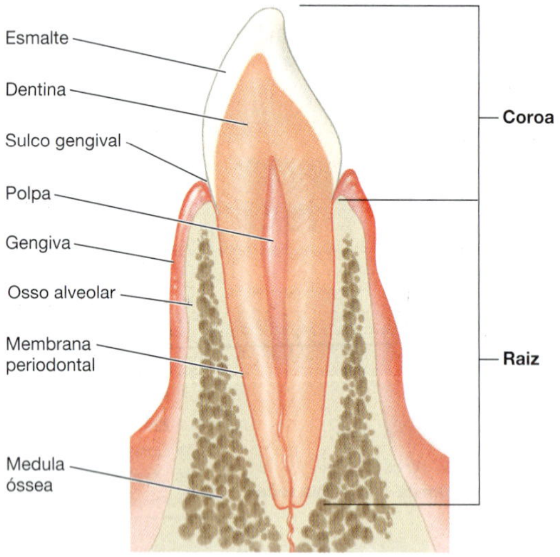


**Figura 23.3 Secção de um dente.** O diagrama ilustra a arquitetura dental e os tecidos circundantes que ancoram o dente à gengiva.

## 23.3 Microbiota da cavidade oral

A cavidade oral é um hábitat microbiano complexo e heterogêneo. Existem diversos microambientes diferentes na cavidade oral que podem suportar uma ampla diversidade microbiana.

### O microambiente oral

A saliva contém nutrientes microbianos, contudo não é um meio de cultura especialmente adequado, uma vez que os nutrientes estão presentes em baixas concentrações e a saliva possui substâncias antibacterianas. Por exemplo, a saliva contém *lisozima*, uma enzima que cliva as ligações glicosídicas do peptideoglicano presente na parede celular bacteriana, promovendo o seu enfraquecimento e a lise celular (Seção 2.10). Outra enzima, a *lactoperoxidase*, presente tanto no leite quanto na saliva, mata as bactérias por meio de uma reação que gera oxigênio singleto (Seção 5.16). Apesar da atividade antibacteriana dessas substâncias, a presença de partículas de alimentos e fragmentos celulares propicia altas concentrações de nutrientes nas superfícies próximas, como dentes e gengivas, criando condições favoráveis ao intenso crescimento microbiano local, ao dano tecidual e à doença.

O dente consiste em uma matriz mineral de cristais de fosfato de cálcio (esmalte), que envolve os tecidos vivos do dente (dentina e polpa) (**Figura 23.3**). As bactérias encontradas

**Figura 23.4 Colonização das superfícies dentárias.** *(a)* As colônias estão crescendo em uma superfície dentária modelo, inserida na boca por 6 horas. *(b)* Observação da preparação em a, em maior aumento. Observe a morfologia diversa dos organismos presentes, assim como a camada limosa (setas) unindo-os.

na cavidade oral durante o primeiro ano de vida (quando os dentes estão ausentes) são predominantemente anaeróbias aerotolerantes, como estreptococos e lactobacilos, e alguns aeróbios. A partir da erupção dos dentes, as novas superfícies criadas são rapidamente colonizadas pelos anaeróbios, que são especificamente adaptados para o crescimento em biofilmes nas superfícies dentais e sulcos gengivais (**Figura 23.4**).

### Microbiota oral

Análises metagenômicas da microbiota oral humana mostram uma comunidade microbiana complexa. Amostras obtidas de alguns indivíduos apresentaram mais de 600 táxons (**Tabela 23.2**). A maioria desses microrganismos possui metabolismo aeróbio facultativo, mas alguns, como Bacteroidetes, são obrigatoriamente anaeróbios, e outros possuem ainda metabolismo aeróbio, como os gêneros *Neisseria*, *Acinetobacter* e *Moraxella* no filo Proteobacteria. Os gêneros mais abundantes estão entre os Firmicutes; *Veillonella parvula*, um anaeróbio obrigatório, é a única espécie mais abundante, e *Streptococcus* é o gênero mais abundante na boca, compreendendo cerca de 25% das bactérias encontradas em alguns indivíduos. Os gêneros relacionados aos Firmicutes; *Abiotrophia*, *Gemella* e *Granulicatella* também são extremamente comuns; espécies desses gêneros estavam entre os 10 táxons mais frequentemente detectados. A maioria está presente em números muito mais baixos, com apenas 17 táxons cada, contribuindo em mais de 1% do microbioma oral. Como é o caso do microbioma da pele (Seção 23.2), nem todos os táxons estão presentes ou similarmente distribuídos em todos os indivíduos.

**MINIQUESTIONÁRIO**

- Compare os microambientes microbianos na cavidade oral de recém-nascidos e indivíduos adultos.
- Identifique os microrganismos que predominam na cavidade oral de adultos pelo táxon e requerimento metabólico.

## 23.4 Microbiota do trato gastrintestinal

O trato gastrintestinal dos seres humanos compreende o estômago, intestino delgado e intestino grosso (**Figura 23.5**). O trato gastrintestinal é responsável pela digestão dos alimentos e absorção de nutrientes, e muitos nutrientes importantes são produzidos pela microbiota endógena. Iniciando no estômago, o trato gastrintestinal corresponde a uma coluna de nutrientes misturada a microrganismos, primariamente bactérias. Os nutrientes deslocam-se ao longo dessa coluna e à medida que eles o fazem, estabelecem contato com comunidades microbianas em constante mudança. Aqui abordaremos os microrganismos, bem como suas funções e propriedades especiais ao longo de todo o trato gastrintestinal. Na Seção 22.8, examinaremos a diversidade microbiana do intestino grosso humano, enfatizando a natureza simbiótica da comunidade microbiana e seu hospedeiro.

O trato gastrintestinal possui cerca de 400 $m^2$ de área superficial e abriga uma média de $10^{14}$ células microbianas. Nosso conhecimento atual sobre a diversidade e quantidade dos microrganismos presentes no intestino grosso resulta de uma combinação de métodos dependentes de cultura e de métodos moleculares independentes de cultivo (Capítulo 18).

**Tabela 23.2 Táxons e filos microbianos predominantes na cavidade oral[a]**

| *Domínio e filo* | *Número de táxons (porcentagem)* |
|---|---|
| ***Bacteria*** | |
| Firmicutes | 227 (36,7) |
| Bacteroidetes | 107 (17,3) |
| Proteobacterias | 106 (17,1) |
| Actinobacterias | 72 (11,6) |
| Espiroquetas | 49 (7,9) |
| Fusobacterias | 32 (5,2) |
| TM7 | 12 (1,9) |
| Synergistetes | 10 (1,6) |
| Chlamydiae | 1 (0,2) |
| Chloroflexi | 1 (0,2) |
| SR1 | 1 (0,2) |
| ***Archaea*** | |
| Euryarchaeota | 1 (0,2) |
| **Total** | **619 (100)** |

[a]Dados obtidos de Dewhirst FE, *et al.* 2010. *J. Bacteriol.* 192: 5002–5017. *Bacteria* é discutida nos Capítulos 14 e 15, e *Archaea*, no Capítulo 16.

### Estômago

Uma vez que os fluidos estomacais são altamente ácidos (pH 2, aproximadamente), o estômago é uma barreira química à entrada de microrganismos no trato gastrintestinal. Contudo, os microrganismos conseguem colonizar este ambiente aparentemente hostil. A população microbiana estomacal consiste em diversos táxons bacterianos diferentes. Cada indivíduo apresenta populações únicas, porém todos contêm espécies de bactérias gram-positivas, bem como de Proteobacteria, Bacteroidetes, Actinobacteria e Fusobacteria (Figura 23.5). *Helicobacter pylori*, o organismo mais comumente observado, coloniza a parede estomacal de muitos, mas não de todos, os indivíduos, podendo provocar úlceras em hospedeiros suscetíveis (Seção 29.10). Algumas das bactérias que colonizam o estômago correspondem a organismos encontrados na cavidade oral, os quais são introduzidos pela passagem dos alimentos.

Distalmente ao estômago, o trato intestinal consiste no intestino *delgado* e no intestino *grosso*, cada um dividido em segmentos anatômicos diferentes. A composição da microbiota intestinal de seres humanos varia consideravelmente e depende, em parte, da dieta. Por exemplo, indivíduos que consomem quantidades consideráveis de carne exibem números mais elevados de *Bacteroides* e números menores de coliformes e bactérias lácticas, quando comparados a indivíduos com dieta vegetariana. Microrganismos representativos encontrados no trato gastrintestinal são apresentados na Figura 23.5.

### Intestino delgado

O intestino delgado possui dois ambientes distintos, o *duodeno* e o *íleo*, que são conectados pelo *jejuno*. O duodeno, adjacente ao estômago, é bastante ácido, e sua microbiota normal assemelha-se àquela encontrada no estômago. Do duodeno ao íleo, o pH torna-se gradativamente menos ácido, havendo um aumento no número de bactérias. Na porção inferior do íleo, é

UNIDADE 5

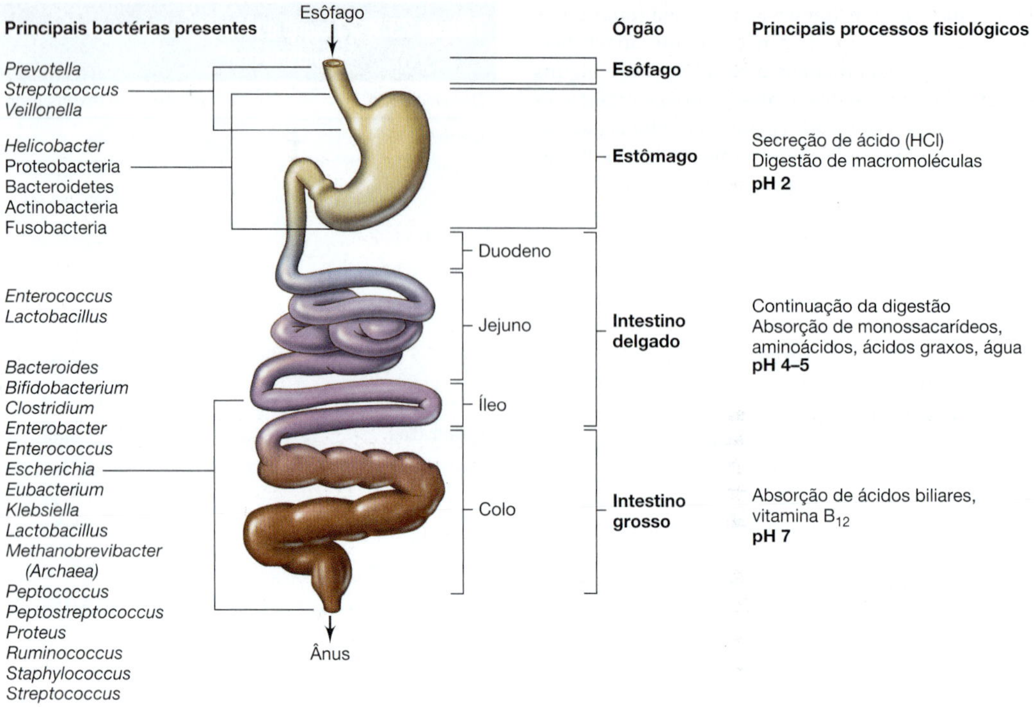


**Figura 23.5** **Microbiota do trato gastrintestinal humano.** Estes táxons são representativos dos microrganismos frequentemente encontrados em indivíduos sadios. Nem todos os indivíduos abrigam estes microrganismos.

comum um número de células de $10^5$ a $10^7$/grama de conteúdo intestinal, apesar de o ambiente tornar-se progressivamente mais anóxico. Bactérias anaeróbias fusiformes são geralmente encontradas nessa região, ligadas à parede intestinal por uma de suas extremidades (**Figura 23.6**, ⇄ Figura 1.10*b*).

## Intestino grosso

O íleo encerra-se no *ceco*, a porção de conexão ao intestino grosso. O *colo* corresponde ao restante do intestino grosso. No colo, há uma enorme quantidade de procariotos. O colo é essencialmente um frasco de fermentação *in vivo*; com a presença de muitas bactérias, as quais utilizam os nutrientes derivados da digestão dos alimentos (Figura 23.5). Organismos aeróbios facultativos, como *Escherichia coli*, estão presentes, embora em menor número do que outras bactérias; a contagem total de aeróbios facultativos é inferior a $10^7$/grama de conteúdo intestinal. Os aeróbios facultativos consomem qualquer oxigênio remanescente, tornando o intestino grosso estritamente anóxico. Essa condição promove o crescimento de anaeróbios obrigatórios, incluindo espécies de *Clostridium* e *Bacteroides*.

O número total de anaeróbios obrigatórios presentes no colo é enorme. Contagens bacterianas de $10^{10}$ a $10^{11}$ células/grama no intestino distal e conteúdo fecal são normais, sendo Bacteroidetes e espécies gram-positivas correspondentes a mais de 99% de todas as bactérias. O metanogênico *Methanobrevibacter smithii* (⇄ Seção 16.2) pode também estar presente em números significativos. Protistas não são encontrados no trato gastrintestinal de indivíduos sadios, porém estes podem causar infecções gastrintestinais se ingeridos em alimentos ou água contaminados (Capítulo 31). A Seção 22.8 fornece uma visão molecular da diversidade bacteriana no intestino grosso humano.

## Produtos da microbiota intestinal

Os microrganismos intestinais realizam ampla variedade de reações metabólicas, as quais produzem vários compostos essenciais (**Tabela 23.3**). A composição da microbiota intestinal e a dieta influenciam o tipo e a quantidade de compostos

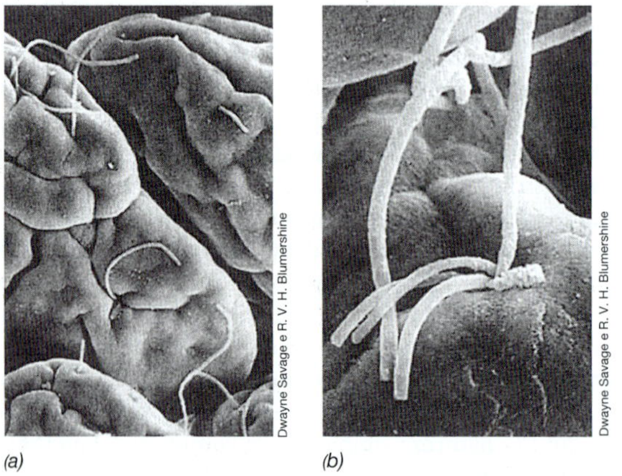


**Figura 23.6** **Microbiota do intestino delgado.** Microscopia eletrônica de varredura da comunidade microbiana em células epiteliais do íleo de camundongo. *(a)* Uma visão geral, em pequeno aumento. Observe as bactérias fusiformes longas e filamentosas sobre a superfície. *(b)* Maior aumento, revelando diversos filamentos aderidos a uma única depressão. Observe que a ligação ocorre apenas pela extremidade dos filamentos. As células individuais têm comprimento de 10 a 15 μm.

# EXPLORE O MUNDO MICROBIANO

## Probióticos

Os microrganismos que fazem parte da microbiota normal crescem sobre e dentro do corpo, e são essenciais para o bem-estar de todos os organismos superiores. Os microrganismos que adquirimos e retemos competem em vários locais do corpo com patógenos, inibindo a colonização por estes organismos. Comensais que residem no intestino são participantes ativos na digestão dos alimentos e fabricação de nutrientes essenciais.

Acontece que os seres humanos podem manipular suas bactérias comensais, alterando, regulando ou reforçando a flora normal para aumentar os benefícios positivos de certas bactérias selecionadas. Em teoria, a ingestão de microrganismos selecionados pode ser utilizada para alterar ou restabelecer nossa microbiota gastrintestinal promovendo a saúde, especialmente em indivíduos que experimentam grandes mudanças na sua microbiota normal devido a doenças, cirurgias ou outros tratamentos médicos, ou cuja microbiota normal é alterada por outras razões, como a má alimentação. Microrganismos ingeridos intencionalmente para este propósito são denominados *probióticos* (**Figura 1**). Os probióticos são suspensões de microrganismos vivos que, quando administrados em quantidades adequadas, conferem benefícios notáveis à saúde do hospedeiro.

Os probióticos são realmente úteis? Alguns estudos mostram conclusivamente que a alteração das populações microbianas comensais em adultos saudáveis tem grandes efeitos positivos e duradouros para a saúde. A maioria dos produtos probióticos (Figura 1) é direcionada para substituir ou reconstituir a microbiota intestinal de seres humanos por meio da ingestão de culturas microbianas concentradas vivas; os produtos são direcionados para a prevenção ou correção de problemas digestórios. Produtos probióticos podem, assim, conferir benefícios de curto prazo, mas há pouca evidência para o estabelecimento ou restabelecimento de uma microbiota alterada de longa duração sem o consumo continuado do probiótico.

Os probióticos são rotineiramente utilizados em animais de fazendas de produção, como parte da sua dieta normal para evitar problemas digestórios. Esses mesmos tratamentos probióticos também podem ser benéficos na redução do uso de antibióticos e na prevenção do desenvolvimento de patógenos alimentares resistentes a antibióticos. O foco aqui é sobre a natureza preventiva desses tratamentos; probióticos animais não são utilizados como uma cura para doenças. Linhagens de *Saccharomyces* (levedura), *Lactobacillus*, *Bacillus* e *Propionibacterium* vêm sendo utilizadas para esses fins. É concebível que tratamentos semelhantes também possam ser benéficos para os seres humanos.

Uma série de transtornos humanos responde positivamente à administração de probióticos, embora os mecanismos pelos quais isso ocorre não sejam claros. Por exemplo, a diarreia aquosa comum em crianças, consequência da infecção por rotavírus, pode ser encurtada pela administração de várias preparações probióticas. *Saccharomyces* pode reduzir a recorrência da diarreia e encurtar infecções por *Clostridium difficile*. Lactobacilos probióticos também vêm sendo utilizados para tratar infecções urogenitais em seres humanos.

A composição da microbiota intestinal pode alterar rapidamente quando os probióticos são administrados. Em muitos casos, os fabricantes de probióticos recomendam que os suplementos microbianos sejam consumidos em uma base regular durante um longo período de tempo para atingir o resultado esperado; se o consumo é interrompido, a microbiota intestinal retorna ao seu estado original, indicando que os efeitos dos probióticos são provavelmente apenas de curto prazo. Assim, embora os probióticos possam oferecer diversas vantagens, especialmente para restabelecer a microbiota normal do intestino após eventos catastróficos, tais como uma diarreia grave, evidências para os benefícios positivos e duradouros dos mesmos ainda não está bem estabelecida. Estudos cuidadosamente projetados e cientificamente controlados devem ser conduzidos para se documentar os resultados do tratamento probiótico. Os estudos devem utilizar preparações padronizadas de probióticos contendo organismos conhecidos e administrados em doses precisas para se testar a eficácia.

*Fontes:* Walker, R., M. e Buckley. 2006. *Probiotic Microbes: The Scientific Basis*. American Academy of Microbiology. Goldin BR and Gorbach, SL. 2008. *Clinical Indications for Probiotics: An Overview. Clinical Infectious Diseases 46*: S96–100.



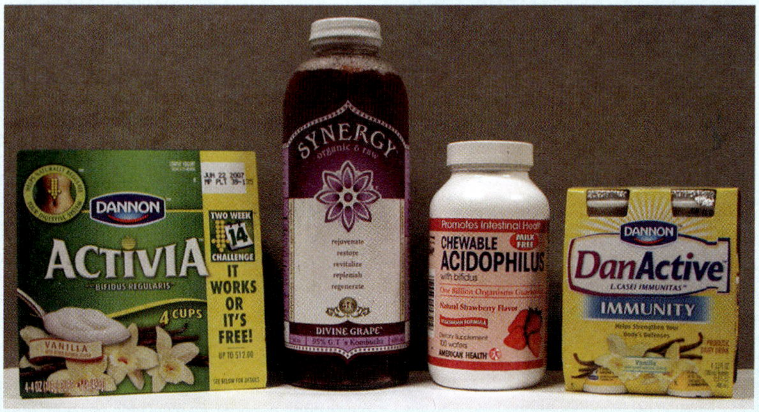


Deborah O. Jung e John Martinko

**Figura 1** **Probióticos.** Alimentos e suplementos probióticos disponíveis comercialmente nos Estados Unidos e alguns disponíveis no Brasil.

produzidos. Entre esses produtos estão as vitaminas $B_{12}$ e K. Essas vitaminas essenciais não são sintetizadas pelo homem (e a vitamina $B_{12}$ não se encontra presente nas plantas), sendo produzidas pela microbiota intestinal e absorvidas a partir do colo. Adicionalmente, os esteroides, produzidos no fígado e liberados no intestino pela vesícula biliar na forma de ácidos biliares, são modificados no intestino pela microbiota; os compostos esteroides modificados bioativos são então absorvidos no intestino.

Outros produtos gerados pela ação de bactérias fermentativas e organismos metanogênicos incluem gases e diversas substâncias produtoras de odor (Tabela 23.3). Os adultos normais expelem centenas de mililitros de gás (flatos) diariamente a partir do intestino, dos quais cerca da metade é resultante do nitrogênio ($N_2$) deglutido a partir do ar. Alguns dos alimentos metabolizados por bactérias fermentativas intestinais resultam na produção de hidrogênio ($H_2$) e dióxido de carbono ($CO_2$). Os metanogênicos, encontrados no intestino de muitos, mas não de todos os adultos saudáveis, convertem o $H_2$ e $CO_2$ produzidos pelas bactérias fermentativas a metano ($CH_4$). Os metanogênicos presentes no rúmen do gado bovino (Seção 22.7) produzem quantidades significativas de metano, correspondendo a cerca de um quarto da produção global total.

Durante a passagem do alimento pelo trato gastrintestinal, a água é absorvida da matéria digerida, que se torna gradativamente mais concentrada, sendo convertida em fezes. As bactérias correspondem a cerca de um terço do peso da matéria fecal. Organismos que habitam o lúmen do intestino grosso são continuamente removidos pelo fluxo do material, e essas bactérias eliminadas são continuamente substituídas a partir de novo crescimento, similarmente a um sistema de cultivo contínuo *in vitro* (Seção 5.7). O tempo necessário para a passagem do material ao longo de todo o trato gastrintestinal do homem é de cerca de 24 horas, e a taxa de crescimento das bactérias no lúmen corresponde a uma ou duas duplicações por dia. O número de células bacterianas liberadas diariamente nas fezes humanas é da ordem de $10^{13}$.

## Alterando a microbiota normal

Quando um antibiótico é administrado por via oral, ele inibe o crescimento tanto da microbiota normal quanto dos patógenos, levando à perda das bactérias sensíveis ao antibiótico, presentes no trato intestinal; essa alteração da comunidade microbiana intestinal é frequentemente indicada por fezes brandas ou diarreia. Na ausência da flora normal completa, patógenos oportunistas, como *Staphylococcus*, *Proteus*, *Clostridium difficile* resistentes a antibióticos, ou a levedura *Candida albicans*, podem estabelecer-se e alterar funções digestivas, ou até mesmo causar doenças. Por exemplo, o tratamento com antibióticos permite o crescimento de bactérias menos suscetíveis, como *C. difficile*, sem competição da microbiota normal, levando à infecção e colite.

Após o término da terapia antimicrobiana, a microbiota normal é restabelecida de forma bastante rápida nos adultos. Para acelerar este processo, a recolonização do intestino por espécies desejáveis pode ser realizada pela administração de **probióticos**, culturas vivas de bactérias intestinais que, quando administradas ao hospedeiro, podem promover benefícios à saúde. Uma rápida recolonização intestinal pode restabelecer uma flora local competitiva capaz de se impor sobre os patógenos e fornecer os produtos metabólicos microbianos desejáveis (ver Explore o mundo microbiano, "Probióticos").

**MINIQUESTIONÁRIO**

- Por que o intestino delgado é mais adequado ao crescimento de aeróbios facultativos que o intestino grosso?
- Identifique diversos compostos essenciais produzidos por microrganismos intestinais indígenas.

**Tabela 23.3 Contribuições bioquímicas/metabólicas dos microrganismos intestinais**

| *Processo* | *Produto* |
|---|---|
| Síntese de vitaminas | Tiamina, riboflavina, piridoxina, $B_{12}$, K |
| Produção de gás | $CO_2$, $CH_4$, $H_2$ |
| Produção de odor | $H_2S$, $NH_3$, aminas, indol, escatol, ácido butírico |
| Produção de ácidos orgânicos | Ácidos acético, propiônico, butírico |
| Reações de glicosidases | β-glucuronidase, β-galactosidase, β-glicosidase, α-glicosidase, α-galactosidase |
| Metabolismo de esteroides (ácidos biliares) | Esteroides esterificados, desidroxilados, oxidados ou reduzidos |

## 23.5 Microbiota dos tecidos mucosos

As membranas mucosas suportam o crescimento de uma microbiota normal, que impede a infecção por microrganismos patogênicos. Aqui discutiremos dois ambientes mucosos e seus microrganismos residentes.

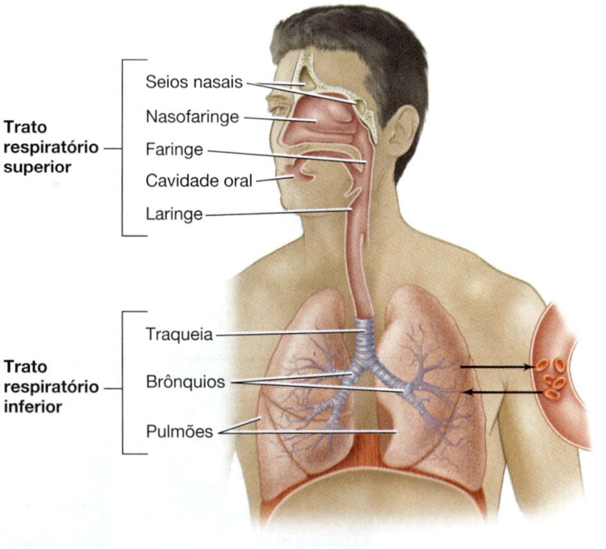


**Figura 23.7 O trato respiratório.** Em indivíduos saudáveis, o trato respiratório superior é colonizado por uma grande variedade e quantidade de microrganismos. Por outro lado, o trato respiratório inferior de uma pessoa saudável apresenta poucos microrganismos ou nenhum.

## Trato respiratório

A anatomia do trato respiratório é apresentada na **Figura 23.7**. No **trato respiratório superior** (nasofaringe, cavidade oral, laringe e faringe), os microrganismos vivem em áreas banhadas pelas secreções das membranas mucosas. As bactérias continuamente penetram no trato respiratório superior a partir do ar inalado durante a respiração, porém a maioria delas fica presa no muco das vias nasal e oral, sendo expelidas com as secreções nasais, ou engolidas. No entanto, um grupo restrito de microrganismos coloniza as superfícies mucosas respiratórias de todos os indivíduos. Os microrganismos encontrados com maior frequência são os estafilococos, estreptococos, bacilos difteroides e cocos gram-negativos.

Ocasionalmente, patógenos em potencial como *Staphylococcus aureus* e *Streptococcus pneumoniae* são encontrados na microbiota normal da nasofaringe de indivíduos sadios (Tabela 23.1). Esses indivíduos são *portadores* desses patógenos, porém geralmente não desenvolvem doenças, provavelmente devido à competição bem-sucedida com os demais microrganismos residentes pelos recursos nutricionais e metabólicos disponíveis, limitando, assim, as atividades dos patógenos. O sistema imune inato (Seção 24.2) e os componentes do sistema imune adaptativo, como anticorpos que são secretados (Seção 25.7), são particularmente ativos nas superfícies mucosas, podendo também inibir o crescimento e a colonização por patógenos potenciais.

O **trato respiratório inferior** (traqueia, brônquios e pulmões) de adultos saudáveis não apresenta uma microbiota residente, apesar do grande número de organismos potencialmente capazes de alcançar essa região durante a respiração. As partículas de poeira, relativamente grandes, tendem a sedimentar-se no trato respiratório superior. À medida que o ar passa para o trato respiratório inferior, seu fluxo diminui, havendo a deposição de organismos nas paredes das passagens respiratórias. As paredes de todo o trato respiratório são revestidas por um epitélio ciliado, em que o movimento ciliar ascendente empurra as bactérias e outras partículas em direção ao trato respiratório superior, as quais são expelidas pela saliva e pelas secreções nasais, ou são engolidas. Somente partículas de diâmetro inferior a cerca de 10 μm chegam aos pulmões. No entanto, alguns patógenos são capazes de atingir estes locais, causando doenças, principalmente pneumonias, provocadas por determinadas bactérias ou vírus (Seção 29.2 e 29.6).

## Trato urogenital

No trato urogenital masculino e feminino saudável (**Figura 23.8**), os rins e a bexiga são normalmente estéreis; no entanto, as células epiteliais que revestem a porção distal da uretra são colonizadas por bactérias aeróbias facultativas gram-negativas (Tabela 23.1). Patógenos em potencial, como *Escherichia coli* e *Proteus mirabilis*, normalmente presentes em pequeno número no corpo ou no ambiente local, podem multiplicar-se na uretra, tornando-se patogênicos diante de condições alteradas, como alterações no pH. Tais organismos frequentemente provocam infecções do trato urinário, especialmente em mulheres.



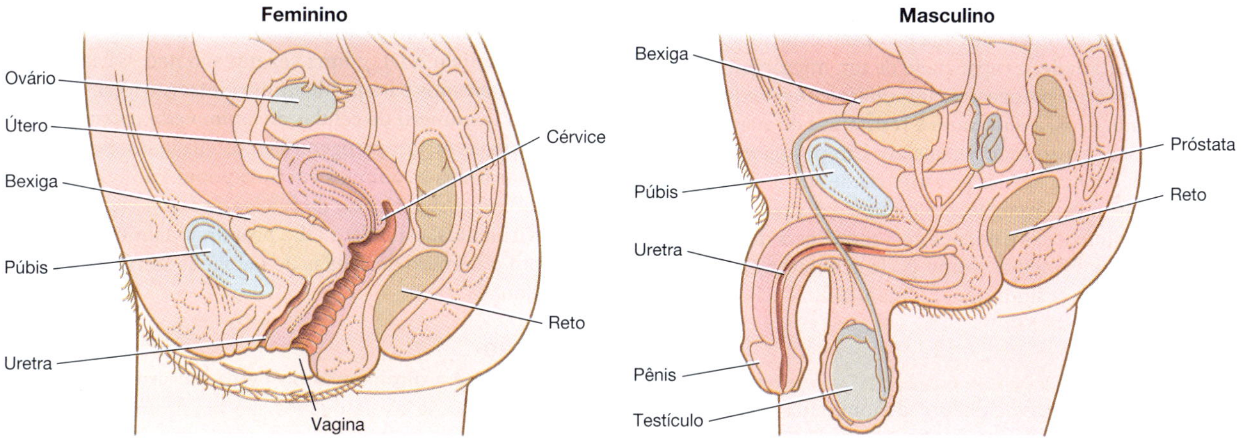


(a)

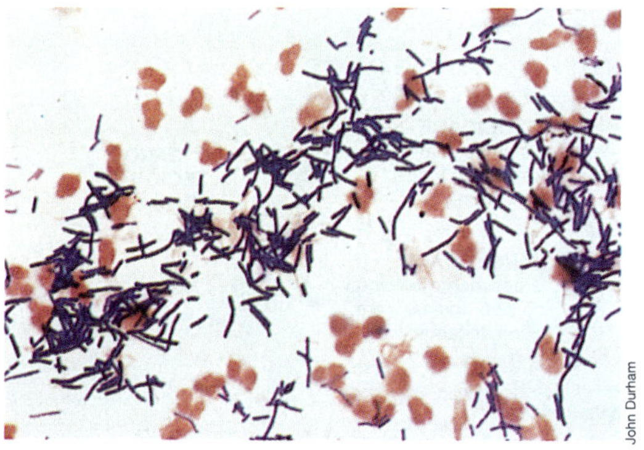


(b)

**Figura 23.8 Crescimento microbiano no trato urogenital.** *(a)* Os tratos urogenitais feminino e masculino de seres humanos, ilustrando as regiões (em vermelho) onde frequentemente há crescimento microbiano. Em indivíduos sadios, as regiões superiores do trato geniturinário tanto de homens quanto de mulheres são estéreis. *(b)* Coloração de Gram de *Lactobacillus acidophilus*, o organismo predominante na vagina de mulheres entre a puberdade e o final da menopausa. As células bacilares individuais gram-positivas têm comprimento de 3 a 4 μm.

A vagina da mulher adulta é ligeiramente ácida (pH < 5), e contém quantidades significativas de glicogênio. *Lactobacillus acidophilus*, um organismo residente na vagina, fermenta o polissacarídeo glicogênio, produzindo ácido láctico, que mantém um ambiente local ácido (Figura 23.8*b*). Outros organismos, como leveduras (espécies de *Torulopsis* e *Candida*), vários estreptococos e *E. coli* podem também estar presentes. Antes da puberdade, a vagina é alcalina e não produz glicogênio, não sendo detectada a presença de *L. acidophilus*, com a microbiota sendo composta predominantemente por estafilococos, estreptococos, difteroides e *E. coli*. Após a menopausa, a produção de glicogênio é interrompida, o pH eleva-se e a microbiota volta a assemelhar-se àquela presente antes da puberdade.

**MINIQUESTIONÁRIO**

- Patógenos em potencial são frequentemente encontrados na microbiota normal do trato respiratório superior. Por que, na maioria dos casos, eles não causam doenças?
- Qual a importância dos *Lactobacillus* encontrados no trato urogenital de mulheres adultas saudáveis?

# II • Patogênese

*Patogênese microbiana* é o processo pelo qual os microrganismos causam doença. A patogênese microbiana se inicia com a exposição e aderência dos microrganismos às células hospedeiras (Figura 23.1), seguida pela invasão, infecção e, finalmente, a doença (**Figura 23.9**). Começaremos com alguns termos importantes comumente utilizados na microbiologia médica.

## 23.6 Patogenicidade e virulência

A **infecção** é o crescimento de microrganismos que não estão normalmente presentes dentro do hospedeiro. Um **hospedeiro** é um organismo que abriga um **patógeno**, outro organismo que vive sobre ou dentro do hospedeiro e provoca a doença. A **doença** é o dano ou lesão tecidual que prejudica as funções do hospedeiro.

Propriedades únicas de cada patógeno contribuem para a sua **patogenicidade**, a capacidade de um microrganismo em causar doença. A patogenicidade difere consideravelmente entre os patógenos, assim como a resistência ou suscetibilidade do hospedeiro ao microrganismo. Um **patógeno oportunista** causa doença apenas na ausência de resistência normal do hospedeiro. Por exemplo, até mesmo a microbiota normal pode causar infecções e doença se a resistência do hospedeiro estiver comprometida, como pode acontecer em doenças como o câncer e a síndrome da imunodeficiência adquirida (Aids) (Seção 29.14).

### Virulência

A medida da patogenicidade é denominada **virulência**, a capacidade relativa de um patógeno em provocar doenças. A virulência é o resultado de interações patógeno-hospedeiro, uma relação dinâmica entre os dois organismos, influenciada pelas constantes alterações do patógeno, do hospedeiro e do ambiente. Nem a virulência do patógeno, nem a resistência relativa do hospedeiro são fatores constantes.

A virulência de um patógeno pode ser estimada por estudos experimentais da $DL_{50}$ (dose letal$_{50}$), o número de células de um agente patogênico capaz de matar 50% dos animais em um grupo teste. Patógenos altamente virulentos frequentemente apresentam pequenas diferenças no número de células requeridas para matar 100% da população, quando comparados ao número necessário para matar 50% da população. Essa propriedade é ilustrada na **Figura 23.10**, em infecções experimentais em camundongos. Apenas algumas poucas células de linhagens virulentas de *Streptococcus pneumoniae* são necessárias para estabelecer uma infecção fatal e matar todos os animais em uma população teste de camundongos. De fato, é difícil determinar a $DL_{50}$, uma vez que são necessários muito poucos organismos para produzir uma infecção letal. Em contrapartida, o número de células de *Salmonella enterica* sorovar *typhimurium*, um patógeno menos virulento, necessárias para matar todos os animais em uma população teste é cerca de 10.000 vezes superior ao de células de *S. Pneumoniae* altamente virulentas, estando a $DL_{50}$ proporcionalmente relacionada com o número de células do patógeno introduzidas nos camundongos teste.

### Atenuação

A **atenuação** é a diminuição ou perda da virulência de um patógeno. Quando os patógenos são mantidos em culturas laboratoriais, em vez de isolados a partir de animais doentes, sua virulência geralmente é diminuída ou mesmo totalmente

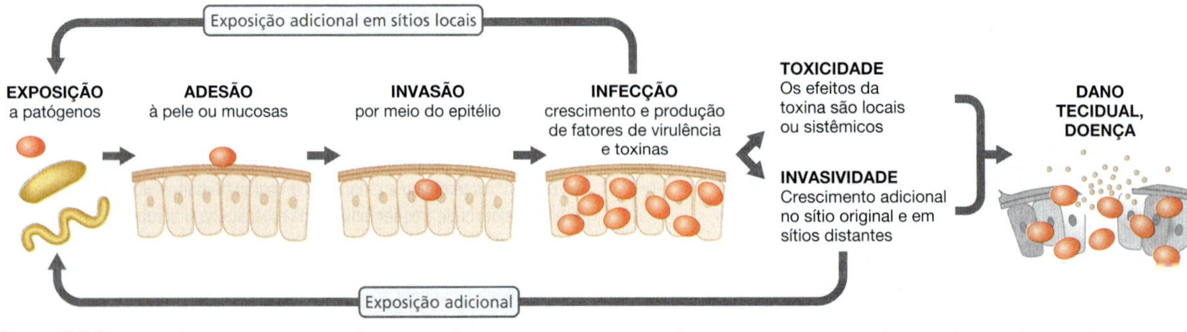


**Figura 23.9** **Patogênese microbiana.** Após a exposição a um microrganismo patogênico, os eventos da patogênese podem resultar em doença.

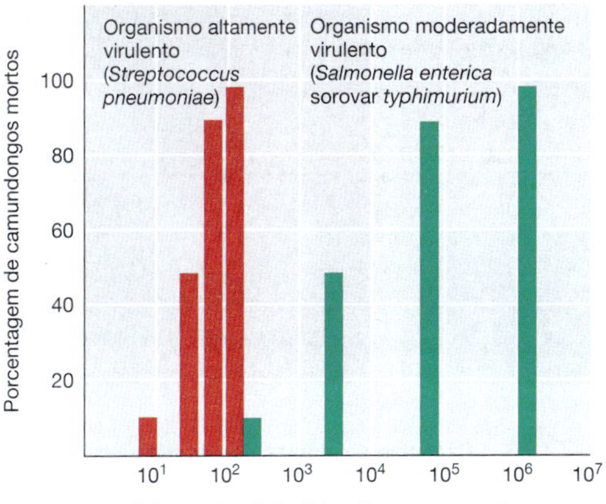


**Figura 23.10** **Virulência microbiana.** Diferenças na virulência microbiana, demonstradas com base no número de células de *Streptococcus pneumoniae* e *Salmonella enterica* sorovar *typhimurium* necessárias para matar os camundongos.

perdida. Linhagens que reduziram sua virulência ou que não são mais virulentas são denominadas *atenuadas*. A atenuação provavelmente ocorre porque mutantes não virulentos ou fracamente virulentos crescem mais rapidamente do que os mutantes virulentos em meio de cultura, onde a virulência não apresenta nenhuma vantagem seletiva. Após sucessivas transferências a meios frescos, tais mutantes são seletivamente favorecidos. Se uma cultura atenuada for reinoculada em um animal, o organismo pode recuperar sua virulência original, especialmente com passagens *in vivo* contínuas. Contudo, em muitos casos, a perda da virulência é permanente. Entretanto, linhagens atenuadas podem ser muito valiosas, sendo frequentemente utilizadas na produção de vacinas, especialmente vacinas virais. As vacinas contra sarampo, caxumba e rubéola, e as vacinas de raiva para animais, por exemplo, são compostas por vírus atenuados.

**MINIQUESTIONÁRIO**

- Como o ensaio da $DL_{50}$ pode ser utilizado para definir a virulência de um patógeno?
- Quais circunstâncias contribuem para a atenuação de um patógeno?

## 23.7 Adesão

As bactérias ou vírus capazes de iniciar uma infecção frequentemente aderem-se a células epiteliais por meio de interações específicas entre moléculas do patógeno e moléculas presentes nos tecidos do hospedeiro. Além disso, os patógenos comumente se aderem uns aos outros formando biofilmes (Seção 19.4). Na microbiologia médica, a **adesão** é a capacidade de um microrganismo de se ligar a uma célula ou superfície.

### Fatores de adesão não covalentes

Algumas macromoléculas responsáveis pela adesão bacteriana não se encontram covalentemente ligadas às bactérias. Essas moléculas de superfície são coletivamente conhecidas como **glicocálix**, um polímero secretado por uma bactéria que reveste a sua superfície. Esses polímeros, geralmente, são macromoléculas de polissacarídeos. Por exemplo, no caso de *Bacillus anthracis* (a bactéria que causa o antraz), o glicocálix é uma cápsula composta por um polímero de ácido D-glutâmico. Essa cápsula pode ser facilmente visualizada, e as células encapsuladas de *B. Anthracis* formam colônias geralmente lisas e viscosas (**Figura 23.11**).

Estruturas de superfície celular foram abordadas na Seção 2.13. Uma rede frouxa de fibras poliméricas, estendendo-se para fora da célula, é denominada **camada limosa** (Figura 23.4*b*). Um envoltório polimérico consistindo em uma camada densa e bem definida que circunda a célula é denominado **cápsula** (**Figura 23.12*a***). Essas estruturas são importantes para adesão a outras bactérias, bem como aos tecidos do hospedeiro, contudo muitos patógenos, como, por exemplo, *Vibrio cholerae*, o agente causador da cólera, não necessitam de camadas limosas ou cápsulas para a sua adesão (Figura 23.12*b*).

As cápsulas são particularmente importantes para proteger as bactérias patogênicas dos mecanismos de defesa do hospedeiro. Por exemplo, o único fator de virulência conhecido de *Streptococcus pneumoniae* é a sua cápsula polissacarídica (**Figura 23.13**). Linhagens encapsuladas de *S. Pneumoniae* crescem em quantidades significativas em tecidos pulmonares, onde iniciam a resposta do hospedeiro que leva à pneumonia, interferência na função pulmonar e causam grandes danos ao hospedeiro ou até mesmo a morte (Seção 29.2). Em contrapartida, linhagens não encapsuladas são ingeridas rápida e de maneira eficiente e destruídas pelos fagócitos, as células brancas do sangue que ingerem e matam as bactérias



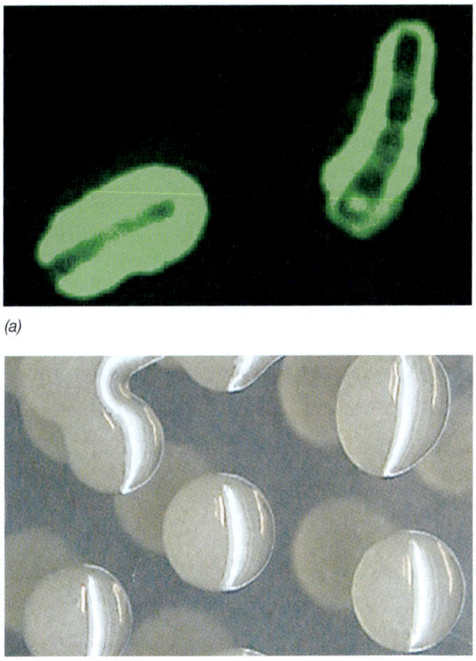

CDC / Larry Stauffer, Oregon State PHL/PHIL

*(a)*

CDC / Larry Stauffer, Oregon State PHL/PHIL

*(b)*

**Figura 23.11** **Cápsulas de *Bacillus anthracis*.** *(a)* Coloração fluorescente de cápsulas de *B. anthracis*. Anticorpos para as cápsulas de *B. Anthracis* são preparados com um corante fluorescente acoplado que cora a cápsula em verde; a cápsula se estende por até 1 μm da célula. *(b) B. Anthracis* crescendo em placa de ágar. As colônias capsuladas apresentam cerca de 0,5 cm de diâmetro e aspecto mucoide.

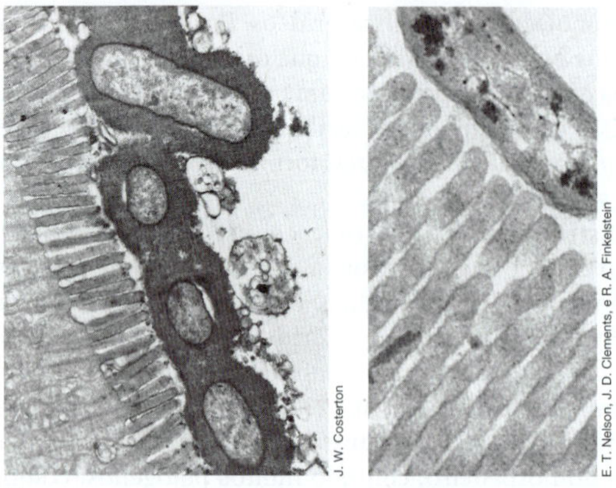


**Figura 23.12** **Aderência dos patógenos a tecidos.** *(a) Escherichia coli* enteropatogênica aderida à borda em escova das microvilosidades intestinais por meio de sua cápsula distinta. As células de *E.coli* possuem cerca de 0,5 μm de diâmetro. *(b)* Micrografia eletrônica de transmissão de uma secção fina de *Vibrio cholerae* aderido à borda em escova das microvilosidades intestinais. Este organismo não possui cápsula.

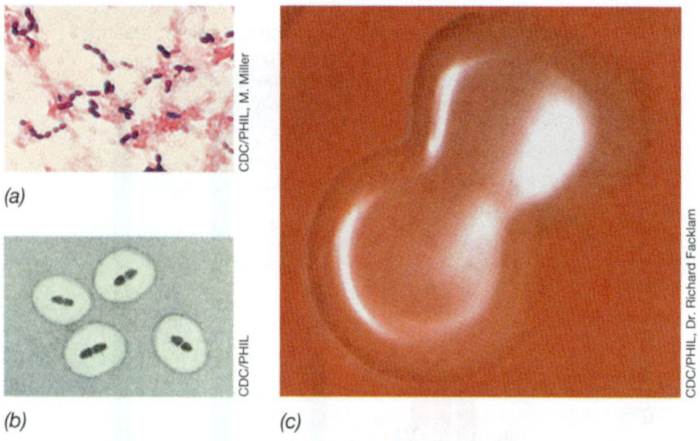


**Figura 23.13** **Cápsulas e colônias de *Streptococcus pneumoniae*.** *(a)* Coloração de Gram de células de *S. pneumoniae*; as cápsulas não são visíveis. *(b) S. pneumoniae* tratado com anticorpos anticapsulares (reação de Quellung) que tornam a cápsula visível. *(c)* Colônias de células encapsuladas de *S. pneumoniae* cultivadas em ágar-sangue apresentam uma morfologia mucoide com um centro afundado. As colônias apresentam cerca de 2 a 3 μm de diâmetro.

por um processo denominado *fagocitose*. Dessa forma, cápsulas de *S. pneumoniae* (Figura 23.13*b*) são essenciais para a sua patogenicidade; as cápsulas conseguem vencer um importante mecanismo de defesa do hospedeiro para evitar a invasão (⇄ Seção 24.2).

## Outros fatores de adesão: fímbrias, *pili* e flagelos

Muitos patógenos aderem-se seletivamente a tipos particulares de células por meio de estruturas de superfície celulares diferentes de cápsulas e camadas limosas. Por exemplo, *Neisseria gonorrhoeae,* o patógeno causador da doença sexualmente transmissível gonorreia, adere-se especificamente a células epiteliais da mucosa do trato geniturinário, olhos, reto e garganta; outros tecidos não são infectados. *N. gonorrhoeae* possui uma proteína de superfície, denominada Opa (do inglês, *opacity associated protein*, proteína associada à opacidade), que se liga especificamente a uma proteína do hospedeiro, denominada CD66, encontrada somente na superfície dessas células, que permite a adesão do patógeno às células hospedeiras (**Tabela 23.4**). Similarmente, o vírus *influenza* possui como alvo as células da mucosa pulmonar e adere-se, especificamente, às células epiteliais do pulmão por meio da proteína hemaglutinina presente na superfície dos vírus (⇄ Seção 29.8).

Fímbrias e *pili* são estruturas proteicas da superfície da célula bacteriana (⇄ Seção 2.13) que atuam no processo de adesão. Por exemplo, os *pili* de *Neisseria gonorrhoeae* desempenham um papel essencial na ligação ao epitélio urogenital, e linhagens fimbriadas de *Escherichia coli* (**Figura 23.14**) são, com mais frequência, a causa de infecções do trato urinário do que as linhagens desprovidas de fímbrias. Entre as fímbrias melhor caracterizadas estão as *fímbrias tipo I* de bactérias entéricas (*Escherichia, Klebsiella, Salmonella* e *Shigella*). Fímbrias tipo I são distribuídas uniformemente sobre a superfície das células. Os *pili* são normalmente mais longos que as fímbrias, estando os *pili* presentes em menor número na superfície celular. Tanto os *pili* quanto as fímbrias atuam na ligação às glicoproteínas da superfície da célula hospedeira, iniciando o processo de aderência. Os flagelos também podem aumentar a adesão às células hospedeiras (ver Figura 23.17).

Estudos da diarreia causada por algumas linhagens patogênicas de *E. coli* fornecem evidências das interações

**Tabela 23.4** **Principais fatores de aderência utilizados para facilitar a ligação de patógenos microbianos aos tecidos do hospedeiro**[a]

| *Fator* | *Exemplo* |
|---|---|
| Cápsula/camada limosa (Figuras 23.4, 23.11, 23.12, 23.13, 23.15) | *Escherichia coli* patogênica – a cápsula promove a aderência à borda em escova das microvilosidades intestinais |
| | *Streptococcus mutans* – a camada limosa de dextrana promove a ligação às superfícies dentárias |
| Proteínas de aderência | *Streptococcus pyogenes* – a proteína M na célula liga-se a receptores da mucosa respiratória |
| | *Neisseria gonorrhoeae* – a proteína Opa na célula liga-se aos receptores CD66 do epitélio |
| Ácido lipoteicoico (⇄ Figura 2.27) | *Streptococcus pyogenes* – o ácido lipoteicoico facilita a ligação ao receptor da mucosa respiratória (em conjunto com a proteína M) |
| Fímbrias (*pili*) (Figura 23.14) | *Neisseria gonorrhoeae* – os *pili* facilitam a ligação ao epitélio |
| | Espécies de *Salmonella* – fímbrias tipo I facilitam a ligação ao epitélio do intestino delgado |
| | *Escherichia coli* patogênica – antígenos de fatores de colonização (CFAs) facilitam a ligação ao epitélio do intestino delgado |

[a]A maioria dos sítios receptores nos tecidos hospedeiros corresponde a glicoproteínas ou lipídeos complexos, como gangliosídeos ou globosídeos.

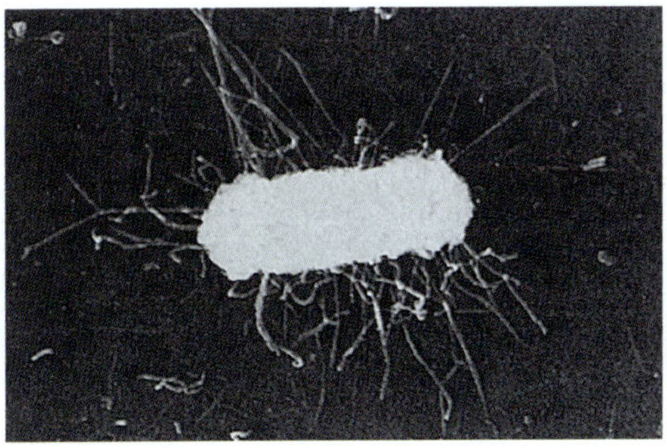

James A. Roberts

**Figura 23.14 Fímbrias.** Micrografia eletrônica por sombreamento da bactéria *Escherichia coli*, ilustrando fímbrias tipo P, as quais se assemelham às fímbrias tipo I, porém são um pouco mais longas. A célula ilustrada apresenta cerca de 0,5 μm de diâmetro.

específicas entre o epitélio mucoso e os patógenos. A maioria das linhagens de *E. Coli* são habitantes não patogênicas do ceco e do colo (Figura 23.5). Diversas linhagens não patogênicas de *E. coli* estão geralmente presentes no corpo simultaneamente, e um grande número desses organismos passa de forma rotineira pelo organismo, sendo eliminados nas fezes. No entanto, linhagens enterotoxigênicas de *E. coli* contêm genes que codificam antígenos de fator de colonização fimbrial; essas são proteínas que se ligam especificamente às células do intestino delgado. Nesse local, as bactérias podem colonizar e produzir enterotoxinas, as quais causam diarreia, assim como outras enfermidades (Seção 31.11).

Outro patógeno notório, *Streptococcus pyogenes*, o agente causador de infecções na garganta, escarlatina e febres reumáticas (Seção 29.2), utiliza ácido lipoteicoico associado a fímbrias, juntamente com duas proteínas específicas, F e M, para facilitar a ligação às células hospedeiras (Tabela 23.4). A proteína M também é responsável pela resistência à fagocitose pelos neutrófilos, células imunitárias importantes na resistência antibacteriana (Seções 24.2 e 29.2).

**MINIQUESTIONÁRIO**

- Descreva o glicocálix, as camadas limosas e as cápsulas.
- Como as proteínas OPA em *Neisseria gonorrhoeae* e os antígenos de fator de colonização fimbrial nas células de *Escherichia coli* e *Salmonella* influenciam na adesão aos tecidos mucosos?

## 23.8 Invasão, infecção e fatores de virulência

O inóculo inicial de um patógeno é geralmente insuficiente para causar danos ao hospedeiro, mesmo se um patógeno tiver acesso aos tecidos. O patógeno deve, então, multiplicar-se e colonizar o tecido (Figura 23.9). Para isso, o patógeno deve encontrar nutrientes e condições ambientais adequados para crescer e provocar infecção no hospedeiro.

### Invasão

Após a colonização, um patógeno geralmente precisa invadir os tecidos para dar início ao processo de doença. **Invasão** é a capacidade de um patógeno entrar nas células ou tecidos hospedeiros, propagar-se e causar doença. Na maioria dos casos, as infecções microbianas iniciam-se a partir de rupturas, ou feridas na pele ou nas membranas mucosas dos tratos respiratório e digestivo, ou trato geniturinário, superfícies que são normalmente barreiras microbianas. Em alguns casos, o crescimento pode também iniciar em superfícies mucosas intactas, especialmente se a microbiota normal foi alterada ou eliminada, como, por exemplo, por terapia antibiótica.

Após a sua entrada inicial, alguns patógenos permanecem localizados multiplicando-se e produzindo um único foco de infecção, como pode ser observado nos furúnculos, que podem surgir a partir de infecções cutâneas por *Staphylococcus* (Seção 29.9). Em caso de crescimento bacteriano, os organismos podem ocasionar **bacteriemia**, a presença de bactérias no sangue, podendo a partir daí viajar para partes distantes do corpo. A disseminação do patógeno por meio dos sistemas sanguíneo e linfático também pode resultar em uma infecção sanguínea sistêmica denominada **septicemia**, de modo que o organismo pode espalhar-se para outros tecidos. A septicemia pode levar à inflamação maciça, culminando em choque séptico e morte rápida, como discutiremos na Seção 24.5. A bacteriemia e a septicemia geralmente se iniciam como uma infecção em um órgão específico, tal como o intestino, rim ou pulmão.

### Infecção e doença

Infecção refere-se a qualquer situação em que um microrganismo e não um membro da microbiota local se estabelece e se desenvolve em um hospedeiro, independente se o hospedeiro encontra-se prejudicado. A infecção não é sinônimo de doença, uma vez que o crescimento de um microrganismo, mesmo um agente patogênico, em um hospedeiro nem sempre causa danos a este. A microbiota normal também se desenvolve no hospedeiro e geralmente é inofensiva, entretanto esta pode infectar o hospedeiro como um patógeno oportunista e provocar doenças se a resistência do hospedeiro estiver comprometida, por exemplo, por câncer ou síndrome da imunodeficiência adquirida (Aids) (Seção 29.14).

A infecção requer o crescimento de microrganismos após a sua ligação a superfícies. Isso requer que o meio ambiente do hospedeiro forneça nutrientes adequados para suportar o crescimento. No entanto, nem todos os fatores de crescimento, tanto orgânicos como metais-traço, estão presentes em quantidades adequadas em todos os tecidos em todos os momentos, mesmo em um hospedeiro vertebrado. Por exemplo, o ferro é um dos principais micronutrientes limitantes do crescimento microbiano. Proteínas do hospedeiro denominadas de *transferrina* e *lactoferrina* possuem alta afinidade de ligação ao ferro e atuam sequestrando esse micronutriente do hospedeiro, o que pode limitar infecções. No entanto, muitos patógenos produzem compostos quelantes de ferro, chamados de *sideróforos*, que auxiliam na obtenção de ferro no hospedeiro, e alguns destes sideróforos são tão eficazes que podem inclusive remover o ferro a partir de tecidos do hospedeiro.

O processo de fixação e infecção tem sido bem estudado com a formação de biofilmes (Seção 19.4) nas superfícies dos dentes pela microbiota oral. Mesmo em uma superfície dentária recém-limpa, glicoproteínas ácidas da saliva formam uma fina película orgânica de vários micrômetros de espessura; este filme fornece um sítio de ligação para as células bacterianas. Estreptococos rapidamente colonizam o filme glicoproteico. Estes incluem, em particular, as duas espécies relacionadas com cárie dentária, *Streptococcus sobri-*

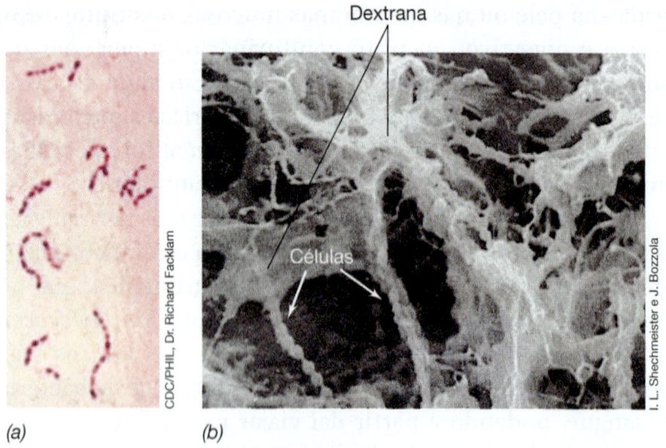


**Figura 23.15 Micrografia eletrônica de varredura da bactéria cariogênica *Streptococcus mutans*.** *(a)* Células coradas visualizadas em uma micrografia óptica mostram as correntes celulares características dos estreptococos. *(b)* Micrografia eletrônica de varredura do composto aderente dextrana que mantém as células unidas em filamentos. As células individuais de *S. mutans* apresentam cerca de 1 μm de diâmetro.

*nus* e *S. mutans* (**Figura 23.15**). *S. sobrinus* possui afinidade por glicoproteínas salivares secretadas em superfícies dentárias lisas (Figura 23.4). *S. mutans*, por outro lado, reside em sulcos e pequenas fissuras, onde produz dextrana, um polissacarídeo fortemente aderente, que é utilizado para sua ligação às superfícies dentárias (ver Figura 23.16). Ambos, *S. sobrinus* e *S. mutans, são* bactérias do ácido láctico que fermentam a glicose em ácido láctico, o agente que destrói o esmalte do dente.

O extensivo crescimento bacteriano resulta em um biofilme oral espesso denominado **placa dental** (**Figura 23.16**). Havendo a continuidade do processo de formação da placa, organismos anaeróbios filamentosos, como espécies de *Fusobacterium*, também começam a crescer. As bactérias filamentosas embebidas na matriz formada pelos estreptococos estendem-se perpendicularmente à superfície dentária, formando um biofilme de espessura crescente. Associados às bactérias filamentosas, são encontrados espiroquetas, como espécies de *Borrelia*, bacilos gram-positivos e cocos gram-negativos. Em placas bastante desenvolvidas, pode haver a predominância de organismos filamentosos anaeróbios obrigatórios, como *Actinomyces*. Desse modo, a placa dental pode ser considerada um biofilme de culturas mistas, composta por bactérias de diferentes gêneros, assim como de seus produtos bacterianos acumulados.

As populações microbianas no interior da placa dentária existem em um microambiente de sua própria criação, e conseguem se manter frente a grandes variações nas condições macroambientais da cavidade oral. À medida que a placa dental acumula-se, a microbiota produz altas concentrações locais de ácidos orgânicos, em particular ácido láctico, que promovem a descalcificação do esmalte dentário, resultando na **cárie dental** (destruição do dente). O esmalte dentário é tecido calcificado, e a capacidade dos microrganismos em invadir este tecido desempenha um papel importante na extensão da cárie dentária. Assim, a cárie dental é uma doença infecciosa.

## Fatores de virulência

Muitos patógenos produzem *fatores de virulência* que, direta ou indiretamente, aprimoram a capacidade de invasão promovendo uma infecção patogênica. Vários desses fatores de virulência

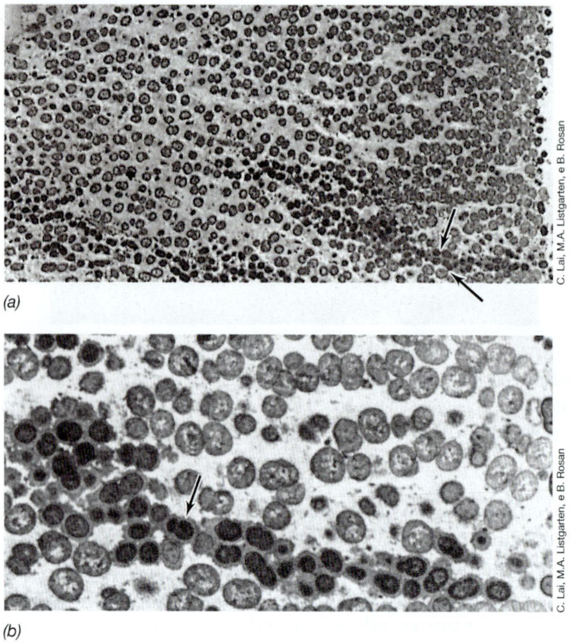


**Figura 23.16 Placa dental.** O lado esquerdo da micrografia eletrônica de transmissão corresponde à base da placa; o lado direito corresponde à porção exposta à cavidade oral. *(a)* Micrografia eletrônica de pequeno aumento, apresentando predominantemente estreptococos. *Streptococcus sobrinus*, marcado por uma técnica microquímica utilizando anticorpos, exibe coloração mais escura que as demais células. As células de *S. sobrinus* são visualizadas como duas cadeias distintas (setas). *(b)* Micrografia eletrônica de maior aumento, apresentando a região contendo as células de *S. sobrinus* (seta escura). Observe a extensa camada limosa ao redor das células de *S. sobrinus*. As células individuais apresentam cerca de 1 μm de diâmetro. O gênero *Streptococcus* faz parte do filo Firmicutes e é discutido na Seção 15.6.

são enzimas. Por exemplo, estreptococos, estafilococos e determinados clostrídios produzem *hialuronidase* (**Tabela 23.5**), uma enzima que promove a disseminação dos organismos pelos tecidos, por meio da degradação do polissacarídeo ácido hialurônico. Esse último é um cimento intercelular em animais, e a sua degradação permite a disseminação dos patógenos a partir do sítio inicial de infecção. De maneira similar, os clostrídios causadores da gangrena gasosa (Seção 30.9) produzem *colagenase*, que destrói a rede de colágeno que sustenta os tecidos, impedindo a disseminação destes organismos pelo corpo. Muitos estreptococos e estafilococos também produzem proteases, nucleases e lipases, que degradam as proteínas, os ácidos nucleicos e os lipídeos do hospedeiro, respectivamente (Tabela 23.5).

Dois fatores de virulência são enzimas que afetam a fibrina, a proteína insolúvel do sangue que forma os coágulos. O mecanismo de coagulação, desencadeado pela lesão do tecido, isola os patógenos e limita a infecção a uma região localizada. Alguns patógenos são capazes de conter esse processo, produzindo enzimas fibrinolíticas que dissolvem os coágulos de fibrina, tornando possível a disseminação da invasão. Um composto fibrinolítico produzido por *Streptococcus pyogenes* é denominado *estreptocinase* (Tabela 23.5).

Contrariamente à atividade destrutiva da estreptocinase, alguns patógenos produzem enzimas que promovem a formação de coágulos de fibrina. Estes coágulos protegem os patógenos das defesas do hospedeiro. Por exemplo, a *coagulase* (Ta-

**Tabela 23.5 Exotoxinas e outros fatores extracelulares de virulência produzidos por patógenos humanos**

| *Organismo* | *Doença* | *Toxina ou fator*[a] | *Tipo de ação/enzima* |
|---|---|---|---|
| *Bacillus antracis* | Antraz | Fator letal (LF)<br>Fator de edema (EF)<br>Antígeno protetor (PA) (AB) | PA é o componente B de ligação celular, EF causa edema, LF causa a morte celular |
| *Bacillus cereus* | Intoxicação alimentar | Complexo de enterotoxinas | Induz a perda de fluidos nas células intestinais |
| *Bordetella pertussis* | Coqueluche | Toxina pertussis (AB) | Bloqueia a transdução de sinal pela proteína G, mata células |
| *Clostridium botulinum* | Botulismo | Neurotoxina (AB) | Paralisia flácida (Figura 23.21) |
| *Clostridium tetani* | Tétano | Neurotoxina (AB) | Paralisia espástica (Figura 23.22) |
| *Clostridium perfringens* | Gangrena gasosa, intoxicação alimentar | α-toxina (CT)<br>β-toxina (CT)<br>γ-toxina (CT)<br>δ-toxina (CT)<br>κ-toxina (E)<br>λ-toxina (E)<br>Enterotoxina (CT) | Hemólise (lecitinase, Figura 23.18*b*)<br>Hemólise<br>Hemólise<br>Hemólise (cardiotoxina)<br>Colagenase<br>Protease<br>Altera a permeabilidade do epitélio intestinal |
| *Corynebacterium diphtheriae* | Difteria | Toxina diftérica (AB) | Inibe a síntese proteica em eucariotos (Figura 23.20) |
| *Escherichia coli* (somente linhagens enterotoxigênicas). | Gastrenterite | Enterotoxina (toxina do tipo Shiga) (AB) | Inibe a síntese de proteínas, induz diarreia sanguinolenta e síndrome hemolítico-urêmica |
| *Haemophilus ducreyi* | Cancroide | Toxina citoletal distensora (AB)[b] | Genotoxina (lesões no DNA causam apoptose de células hospedeiras) |
| *Pseudomonas aeruginosa* | Infecções por *P. aeruginosa* | Exotoxina A (AB) | Inibe a síntese proteica |
| *Salmonella* spp. | Salmonelose, febre tifoide, febre paratifoide | Enterotoxina (AB)<br>Citotoxina (CT)<br>Injectiossomo | Inibe a síntese proteica, lisa as células hospedeiras<br>Induz perda de fluidos pelas células intestinais<br>Mecanismo para injeção de toxinas nas células hospedeiras (Figura 4.43) |
| *Shigella dysenteriae* | Disenteria bacteriana | Toxina Shiga (AB) | Inibe a síntese proteica, induz diarreia sanguinolenta e síndrome hemolítico-urêmica |
| *Staphylococcus aureus* | Infecções piogênicas (formadoras de pus) (furúnculos, e assim por diante), infecções respiratórias, intoxicação alimentar, síndrome do choque tóxico, síndrome da pele escaldada | α-toxina (CT)<br>Toxina da síndrome de choque tóxico (SA)<br>Toxina esfoliativa A e B (SA)<br>Leucocidina (CT)<br>β-toxina (CT)<br>γ-toxina (CT)<br>δ-toxina (CT)<br>Enterotoxina A, B, C, D e E (SA)<br>Coagulase (E) | Hemólise<br>Choque sistêmico<br>Descamação da pele, choque<br>Destrói leucócitos<br>Hemólise<br>Mata as células<br>Hemólise, leucólise<br>Induz vômitos, diarreia, choque<br>Induz coagulação de fibrina |
| *Streptococcus pyogenes* | Infecções piogênicas, amigdalites, febre escarlatina | Estreptolisina O (CT)<br>Estreptolisina S (CT)<br>Toxina eritrogênica (SA)<br>Estreptocinase (E)<br>Hialuronidase (E) | Hemólise<br>Hemólise (Figura 23.18*a*)<br>Causa febre escarlatina<br>Dissolve coágulos de fibrina<br>Dissolve o ácido hialurônico em tecidos conectivos |
| *Vibrio cholerae* | Cólera | Enterotoxina (AB) | Induz perda de fluidos pelas células intestinais (Figura 23.23) |

[a]AB, toxinas A-B; CT, toxina citolítica; E, fator de virulência enzimático; SA, toxina que atua como superantígeno, ver Seção 24.9.

[b]A toxina citoletal distensora é encontrada em outros patógenos gram-negativos, incluindo *Campylobacter jejuni*, *Escherichia coli*, *Helicobacter* sp., *Salmonella enterica* sorovar *typhi* e *Shigella dysenteriae*.

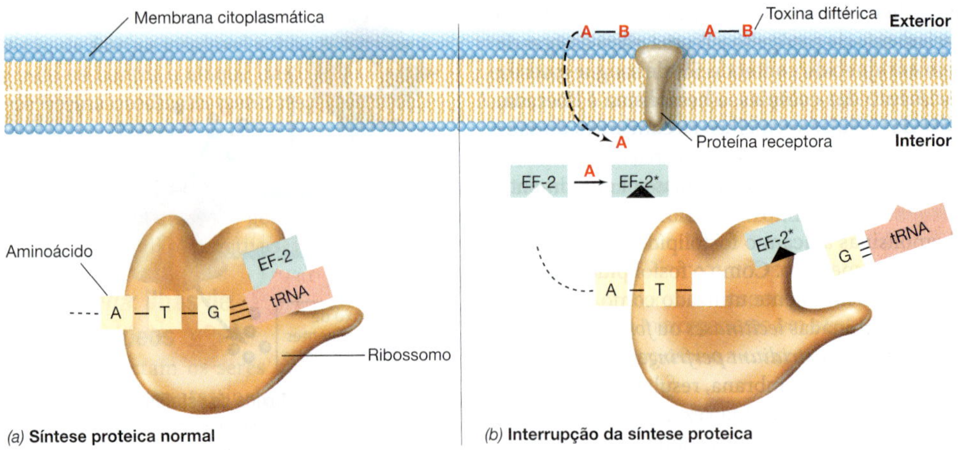


**Figura 23.20 A ação da toxina diftérica.** A toxina diftérica é uma toxina AB produzida por *Corynebacterium diphtheriae*. *(a)* Em uma célula eucariótica normal, o fator de elongação 2 (EF-2, *elongation factor*) normalmente liga-se ao ribossomo, facilitando a conexão de um RNAt carregado com um aminoácido ao ribossomo, promovendo a elongação proteica. *(b)* A toxina diftérica liga-se à membrana citoplasmática pela subunidade B. A clivagem da toxina permite que a subunidade A seja internalizada pela célula, onde catalisa a ADP-ribosilação do fator de elongação 2 (EF-2 ⟶ EF-2*). Este fator de elongação modificado deixa de se ligar ao ribossomo, resultando na interrupção da síntese proteica e morte celular.

## Toxinas botulínica e tetânica

*Clostridium botulinum* e *Clostridium tetani* são bactérias formadoras de endósporos comumente encontradas no solo. Esses organismos ocasionalmente provocam doenças em animais, a partir de potentes exotoxinas AB que atuam como *neurotoxinas* (⇄ Seções 30.9 e 31.9). Nenhuma das espécies é demasiadamente invasiva e, portanto, a patogenicidade é quase que exclusivamente devido à neurotoxicidade. As toxinas botulínica e tetânica bloqueiam a liberação de neurotransmissores envolvidos no controle muscular, porém a forma de atuação de cada uma e os sintomas das doenças são bastante distintos (**Figura 23.21** e **Figura 23.22**).

*C. botulinum* algumas vezes cresce diretamente no corpo, causando o botulismo infantil ou de ferimentos. Frequentemente, no entanto, *C. botulinum* cresce e produz toxinas em alimentos inadequadamente conservados. Como resultado, a infecção e o crescimento no corpo são desnecessários, e a ingestão de toxina pré-formada é o método comum de aquisição do botulismo.

A toxina botulínica consiste em sete toxinas AB relacionadas, que são as toxinas biológicas mais potentes conhecidas. Um nanograma ($10^{-9}$ g) de toxina botulínica é suficiente para matar uma cobaia. Das sete toxinas botulínicas diferentes conhecidas, pelo menos duas são codificadas por bacteriófagos

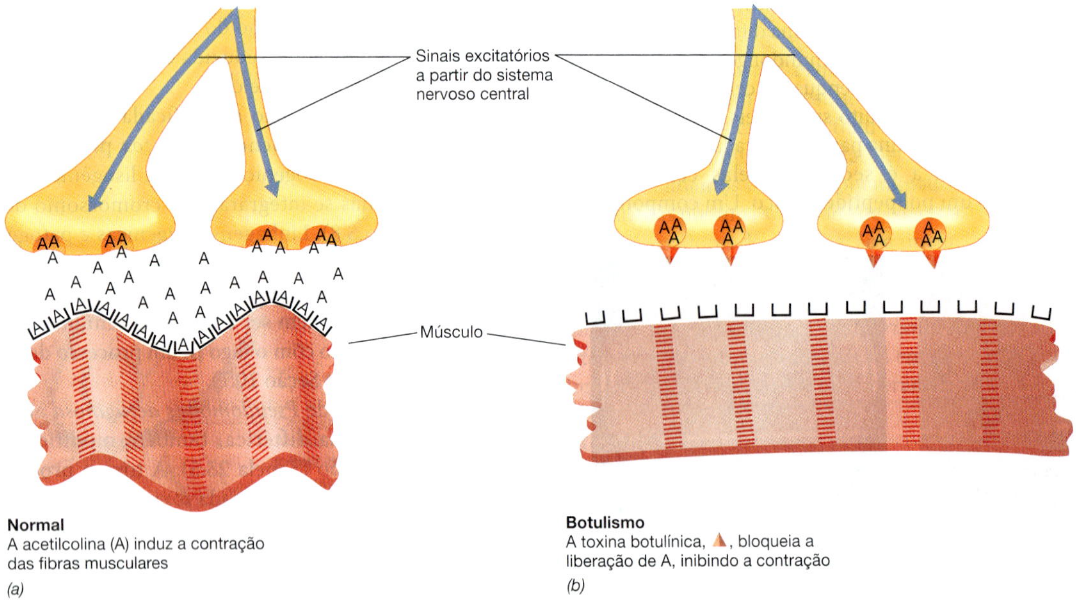


**Figura 23.21 A ação da toxina botulínica de *Clostridium botulinum*.** *(a)* Após a estimulação de nervos periféricos e cranianos, a acetilcolina (A) é normalmente liberada a partir das vesículas da porção neural da placa motora terminal. A acetilcolina liga-se então a receptores musculares específicos, induzindo a contração. *(b)* A toxina botulínica atua na placa motora terminal, impedindo a liberação de acetilcolina (A) pelas vesículas, resultando em uma ausência de estímulo às fibras musculares, relaxamento irreversível dos músculos e paralisia flácida.

lisogênicos específicos de *C. botulinum*. A principal toxina é uma proteína que forma complexos com proteínas botulínicas atóxicas, originando um complexo proteico bioativo. O complexo então liga-se às membranas pré-sinápticas nas terminações de neurônios motores estimulatórios, na junção neuromuscular, bloqueando a liberação de acetilcolina. A transmissão normal do impulso nervoso ao músculo requer a interação da acetilcolina com um receptor muscular; a toxina botulínica impede que o músculo acometido receba o sinal estimulatório da acetilcolina (Figura 23.21). Isso impede a contração muscular e provoca a paralisia flácida e morte por asfixia, o resultado fatal do botulismo.

Por outro lado, *C. tetani* cresce no corpo em ferimentos profundos, os quais se tornam anóxicos, tais como as punções. As células de *C. tetani* raramente deixam o sítio inicial de infecção, crescendo de forma relativamente lenta no local da ferida. A toxina dissemina-se sistematicamente pelas células neurais e provoca paralisia espástica, o sinal indicativo do tétano (Seção 30.9 e Figura 30.22*b*). Quando em contato com o sistema nervoso central, essa toxina é transportada por meio dos neurônios motores até a medula espinal, onde se liga especificamente a lipídeos gangliosídeos nas terminações dos interneurônios inibidores. Os interneurônios inibidores normalmente atuam pela liberação de um neurotransmissor inibidor, normalmente o aminoácido glicina, que se liga aos receptores dos neurônios motores. A glicina dos interneurônios inibidores interrompe a liberação de acetilcolina pelos neurônios motores e inibe a contração muscular, permitindo o relaxamento das fibras musculares. Contudo, se a toxina tetânica bloquear a liberação de glicina, os neurônios motores não podem ser inibidos, resultando na liberação contínua de acetilcolina e contração descontrolada dos músculos acometidos (Figura 23.22). Como resultado, há uma paralisia espástica e brusca, que mantém os músculos afetados em constante estado de contração. Quando os músculos da boca são afetados, a contração prolongada restringe os movimentos bucais, resultando em uma condição denominada *trismo*. Quando os músculos respiratórios são envolvidos, a contração prolongada pode resultar em morte por asfixia.

## Toxina colérica

A toxina da cólera é uma enterotoxina do tipo AB produzida por *V. Cholerae* (Seção 31.3). A cólera caracteriza-se por perda maciça de fluidos pelos intestinos, resultando em uma diarreia grave, desidratação que traz risco de vida, e depleção de eletrólitos (**Figura 23.23**). A doença tem início pela ingestão de células de *V. cholerae* presentes em alimentos ou água contaminados. O organismo chega ao intestino, onde promove a colonização e secreção da toxina colérica (Figura 23.23). No intestino, a subunidade B da toxina, que consiste em cinco monômeros idênticos, liga-se especificamente ao gangliosídeo GM1, um glicolipídeo complexo presente na membrana citoplasmática de células epiteliais intestinais.

A subunidade B dirige a toxina especificamente ao epitélio intestinal, embora não cause qualquer alteração na permeabilidade da membrana; a atividade tóxica encontra-se na cadeia A, que atravessa a membrana citoplasmática e ativa a adenilato-ciclase, a enzima que converte ATP em adenosina monofosfato cíclico (AMPc). Esta molécula é um nucleotídeo cíclico (Figura 7.14) mediador de diferentes sistemas guladores nas células, incluindo o equilíbrio iônico. Os níveis aumentados de AMPc, induzidos pela enterotoxina colérica, induzem a secreção de íons de cloro e bicarbonato ($HCO_3^-$) no lúmen intestinal, a partir das células epiteliais do intestino

UNIDADE 5

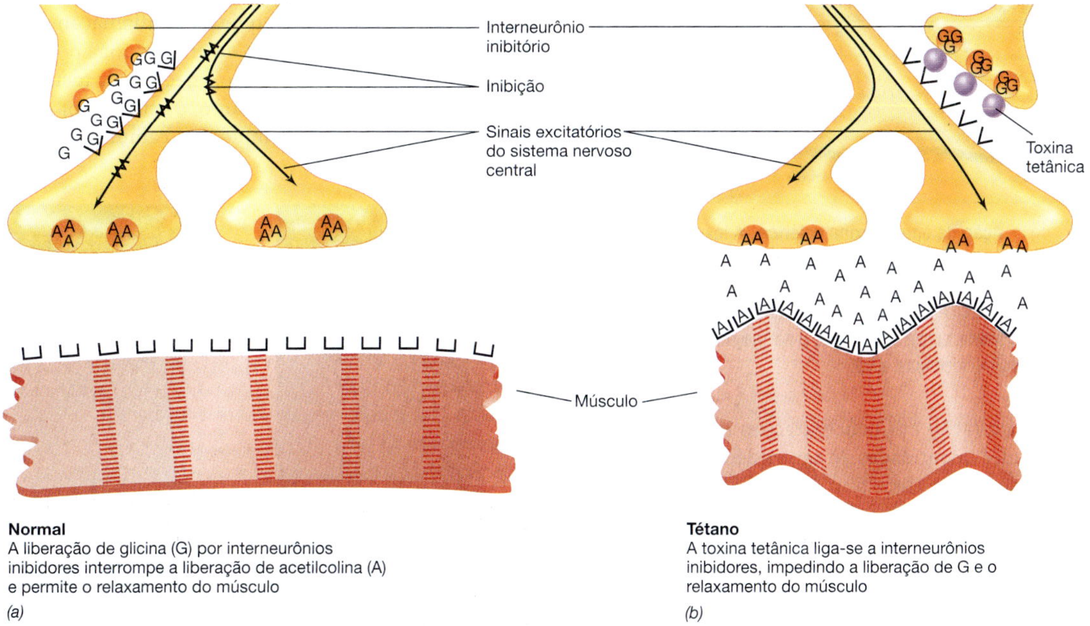


**Figura 23.22 A ação da toxina tetânica de *Clostridium tetani*.** *(a)* O relaxamento muscular normalmente é induzido pela liberação de glicina (G) a partir dos interneurônios inibidores. A glicina atua sobre os neurônios motores, bloqueando a excitação e liberação de acetilcolina (A) na placa motora terminal. *(b)* A toxina tetânica liga-se ao interneurônio e impede a liberação de glicina pelas vesículas, resultando em uma ausência de sinais inibidores para os neurônios motores, liberação constante de acetilcolina nas fibras musculares, contração irreversível dos músculos e paralisia espástica. Para fins de ilustração, o interneurônio inibidor é apresentado perto da placa motora terminal, porém está localizado, na verdade, na medula espinal.

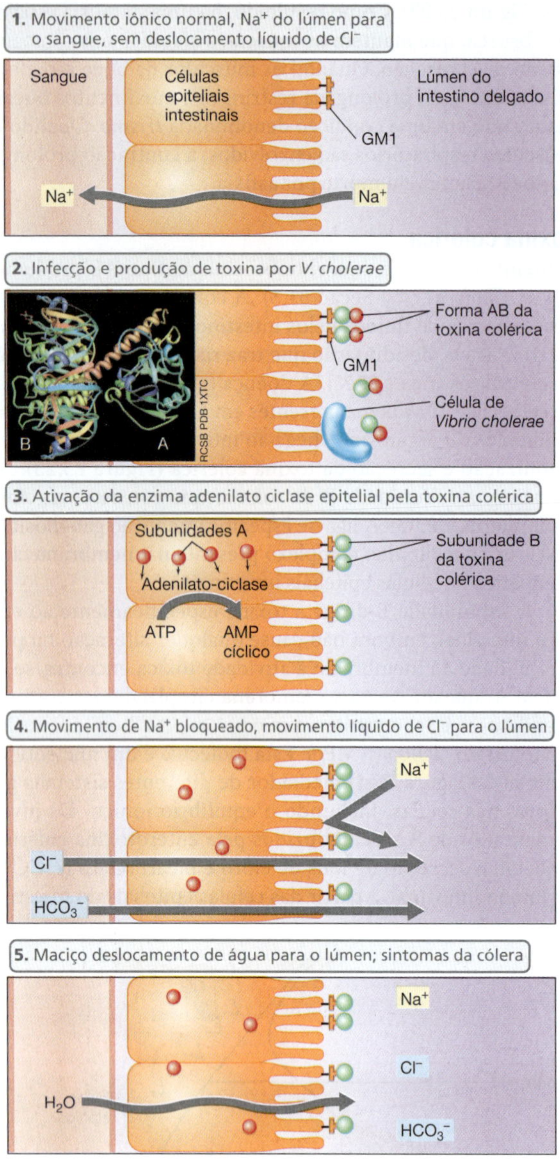


**Figura 23.23** **Ação da enterotoxina colérica.** A toxina colérica é uma enterotoxina AB termoestável que ativa uma via de segundo mensageiro, interrompendo o fluxo iônico normal no intestino, resultando em uma diarreia potencialmente fatal. A foto em miniatura da estrutura tridimensional apresenta uma vista lateral da toxina, com a subunidade B de ligação às células separada da subunidade A enzimaticamente ativa.

delgado. Essa alteração nas concentrações iônicas leva à secreção de grandes quantidades de água no lúmen intestinal; a taxa de perda de água no intestino delgado é maior do que sua possível reabsorção pelo intestino grosso, resultando em uma perda maciça global de fluidos e diarreia aquosa.

**MINIQUESTIONÁRIO**

- Que características essenciais são compartilhadas por todas as exotoxinas AB?
- O crescimento bacteriano no hospedeiro e a infecção são essencialmente necessários para a produção de toxinas? Explique e cite exemplos para a sua resposta.

## 23.10 Endotoxinas

As **endotoxinas** são os lipopolissacárides tóxicos encontrados na maioria das bactérias gram-negativas. Estas são componentes estruturais da membrana externa gram-negativa (Seção 2.11) e, assim, ao contrário das exotoxinas, não são produtos solúveis de bactérias em crescimento.

### Estrutura e função das endotoxinas

A estrutura geral do lipopolissacarídeo (LPS) foi esquematizada nas Figuras 2.28 e 2.29. O LPS consiste em três subunidades ligadas covalentemente: o polissacarídeo O-específico distal à membrana, o lipídeo A e um cerne polissacarídico proximal à membrana. A porção correspondente ao lipídeo A do LPS é responsável pela toxicidade, enquanto a fração polissacarídica torna o complexo solúvel em água e imunogênico, porém tanto o lipídeo quanto a fração polissacarídica são necessários para o efeito tóxico. Contrariamente às exotoxinas, que consistem em produtos secretados por células vivas, as endotoxinas estão ligadas à célula, sendo liberadas em quantidades tóxicas apenas quando as células sofrem lise. As endotoxinas foram estudadas principalmente em *Escherichia*, *Shigella* e, especialmente, *Salmonella*, consistindo em um dos muitos fatores de virulência que contribuem para a sua patogênese (Figura 23.17). As propriedades das exotoxinas e endotoxinas são comparadas na **Tabela 23.6**.

As endotoxinas provocam vários efeitos fisiológicos. A febre é um resultado quase universal da exposição à endotoxina, pois esta estimula as células hospedeiras a liberarem citocinas, proteínas solúveis secretadas pelos fagócitos e outras células, que atuam como *pirogênios endógenos*, proteínas que afetam o centro cerebral que controla a temperatura, provocando a febre. As citocinas liberadas em resposta a exposição à endotoxina também podem causar diarreia, rápida diminuição no número de linfócitos e plaquetas, e inflamação generalizada (Seção 24.5). Altas doses de endotoxinas podem causar a morte por choque hemorrágico e necrose de tecidos. A toxicidade das endotoxinas, no entanto, é bem menor do que aquela das exotoxinas. Por exemplo, em camundongos, a $DL_{50}$ da

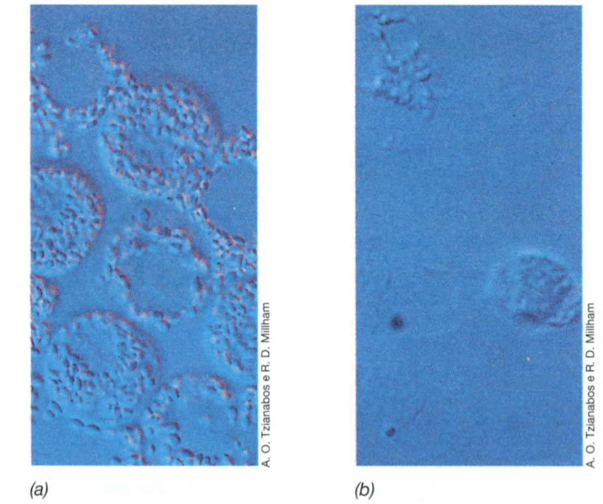


**Figura 23.24** **Amebócitos de *Limulus*.** *(a)* Amebócitos normais do caranguejo-ferradura, *Limulus polyphemus*. *(b)* Amebócitos após a exposição ao lipopolissacarídeo (LPS) bacteriano. O LPS induz a degranulação e lise das células.

**Tabela 23.6** Propriedades de exotoxinas e endotoxinas

| *Propriedade* | *Exotoxinas* | *Endotoxinas* |
|---|---|---|
| Propriedades químicas | Proteínas, excretadas por determinadas bactérias gram-positivas ou gram-negativas; geralmente termolábeis | Complexos lipopolissacarídeo- lipoproteína, liberados pela lise celular como parte da membrana externa de bactérias gram-negativas; extremamente termoestáveis |
| Mecanismo de ação; sintomas | Específico; geralmente ligam-se a receptores ou estruturas celulares específicas; atuam como citotoxina, enterotoxina ou neurotoxina, com ação específica em células ou tecidos | Geral; febre, diarreia, vômitos |
| Toxicidade | Frequentemente altamente tóxicas em quantidades de picogramas a microgramas, algumas vezes fatais | Pouco tóxicas em dezenas a centenas de microgramas, raramente fatais |
| Resposta de imunogenicidade | Altamente imunogênicas; estimulam a produção de anticorpos neutralizantes (antitoxina) | Relativamente pouco imunogênicas; resposta imune insuficiente para neutralizar a toxina |
| Potencial toxoide | O tratamento da toxina com químicos ou calor pode eliminar a sua toxicidade, mas a toxina tratada (toxoide) permanece imunogênica | Nenhum |
| Potencial de febre | Apirogênica; não produz febre no hospedeiro | Pirogênica, frequentemente induz febre no hospedeiro |
| Origem genética | Frequentemente codificada em elementos extracromossômicos | Genes cromossômicos |

endotoxina é de 200 a 400 microgramas por animal, enquanto a $DL_{50}$ da toxina botulínica é de aproximadamente 25 picogramas, cerca de 10 milhões de vezes menor.

### Ensaio do lisado de amebócito de *Limulus* para endotoxinas

Pelo fato de as endotoxinas serem pirogênicas, produtos farmacêuticos, como antibióticos e soluções intravenosas, devem ser desprovidos de endotoxinas. Um ensaio altamente sensível a endotoxinas foi desenvolvido pelo uso de lisados de amebócitos do caranguejo-ferradura, *Limulus polyphemus*. A endotoxina promove a lise específica dos amebócitos (**Figura 23.24**). No ensaio padrão do lisado de amebócito de *Limulus* (LAL), extratos de amebócitos de *Limulus* são misturados com a solução a ser testada. Caso a endotoxina esteja presente, o extrato de amebócito sofrerá gelificação, precipitando-se e causando uma alteração na turbidez. Essa reação pode ser analisada quantitativamente em espectrofotômetro, sendo possível detectar pequenas quantidades, como 10 pg/mL de LPS.

O ensaio LAL é utilizado na detecção da presença da endotoxina em amostras clínicas, como soro ou fluido cerebrospinal. Um teste positivo é uma evidência presuntiva de infecção por uma bactéria gram-negativa. A água potável, a água utilizada na formulação de fármacos injetáveis, e soluções aquosas injetáveis são rotineiramente testadas pelo ensaio LAL para identificar e eliminar potenciais fontes de contaminação por patógenos gram-negativos. Um ensaio disponível comercialmente utiliza o fator C do caranguejo-ferradura produzido por meio de técnicas de DNA recombinante (o fator C é a proteína-chave ativada pela endotoxina no ensaio LAL). Este permite um protocolo de ensaio mais padronizado e tem a vantagem de ser livre de produtos de origem animal.

**MINIQUESTIONÁRIO**

- Por que bactérias gram-positivas não produzem endotoxinas?
- Por que é necessário testar a água utilizada em preparações farmacológicas injetáveis para a presença de endotoxinas?

# III • Fatores do hospedeiro na infecção e doença

Os seres humanos possuem certos fatores de resistência inata que os protegem de contrair doenças infecciosas. Estes incluem várias barreiras físicas e químicas à infecção microbiana, o pré-requisito clássico para o desenvolvimento de uma doença. Além disso, o estado do hospedeiro pode desempenhar um papel no estabelecimento, ou não, da doença. Concluímos este capítulo com uma discussão desses fatores, que são muitas vezes o ponto de inflexão entre a saúde e a doença.

## 23.11 Resistência inata à infecção

A presença da microbiota normal é um mecanismo criticamente importante na resistência à infecção patogênica, especialmente na pele e no intestino. Os patógenos não infectam facilmente os tecidos sobre os quais a microbiota normal já está estabelecida, uma vez que a microbiota normal limita os nutrientes microbianos disponíveis e os locais para infecção. Aqui, apresentaremos vários outros fatores comuns de resistência aos hospedeiros vertebrados. Esses fatores não inibem especificamente a infecção pela maioria dos patógenos (**Figura 23.25**).

### Resistência natural do hospedeiro

A capacidade de um patógeno em particular causar doença em uma determinada espécie animal é altamente variável. Na raiva, por exemplo, determinadas espécies animais são muito mais suscetíveis do que outras. Guaxinins e cangambás, por exemplo, são extremamente sensíveis à raiva, quando com-

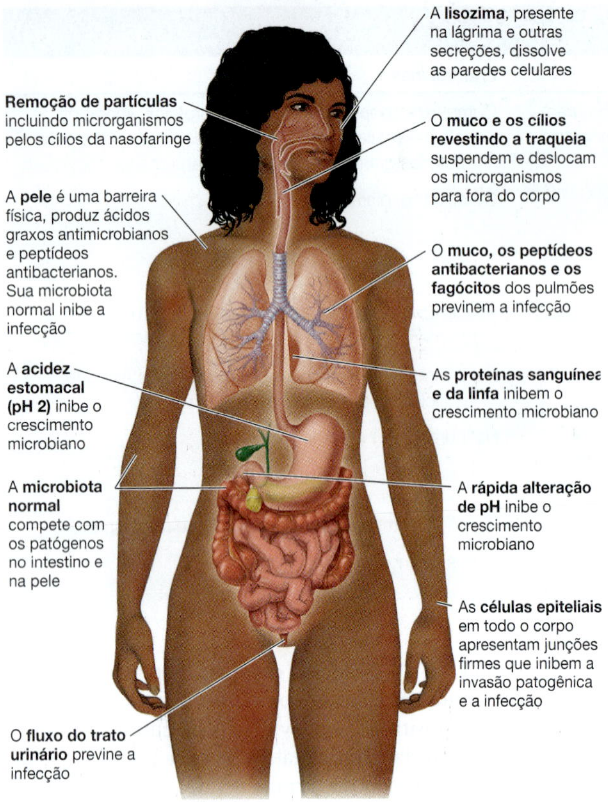
A **lisozima**, presente na lágrima e outras secreções, dissolve as paredes celulares
**Remoção de partículas** incluindo microrganismos pelos cílios da nasofaringe
**O muco e os cílios revestindo a traqueia** suspendem e deslocam os microrganismos para fora do corpo
A **pele** é uma barreira física, produz ácidos graxos antimicrobianos e peptídeos antibacterianos. Sua microbiota normal inibe a infecção
O **muco, os peptídeos antibacterianos e os fagócitos** dos pulmões previnem a infecção
As **proteínas sanguíneas e da linfa** inibem o crescimento microbiano
A **acidez estomacal (pH 2)** inibe o crescimento microbiano
A **microbiota normal** compete com os patógenos no intestino e na pele
A **rápida alteração de pH** inibe o crescimento microbiano
As **células epiteliais** em todo o corpo apresentam junções firmes que inibem a invasão patogênica e a infecção
**O fluxo do trato urinário** previne a infecção

**Figura 23.25 Barreiras físicas, químicas e anatômicas contra a infecção.** As barreiras fornecem resistência natural contra a colonização e infecção por patógenos.

parados aos gambás, que raramente desenvolvem a doença. O antraz infecta uma variedade de animais, provocando sintomas que variam de intoxicação sanguínea fatal, no gado bovino, até pústulas moderadas, no antraz cutâneo em seres humanos (Seção 30.8). No entanto, a introdução do mesmo patógeno por vias diferentes pode desafiar a resistência do hospedeiro. Por exemplo, o antraz pulmonar, ou transmitido pelo ar, como aquele induzido por linhagens utilizadas em bioterrorismo (Seção 28.8), é normalmente fatal em seres humanos.O antraz provoca uma infecção localizada quando adquirido por meio da pele, porém desencadeia uma infecção sistêmica letal, quando adquirido por meio das membranas mucosas dos pulmões.

Como outro exemplo de resistência inata do hospedeiro, as doenças em animais de sangue quente raramente são transmitidas a espécies de sangue frio, e vice-versa. Provavelmente, as características anatômicas e metabólicas de um grupo não são compatíveis com os patógenos que infectam o outro grupo.

## Sítio de infecção e especificidade tecidual

A maioria dos patógenos deve primeiramente aderir e colonizar o sítio exposto para iniciar a infecção. Mesmo quando os patógenos aderem-se a um sítio exposto, se este não for compatível com suas necessidades nutricionais e metabólicas, os organismos não são capazes de colonizá-lo. Assim, se células de *Clostridium tetani* forem ingeridas, o tétano não se desenvolverá porque o patógeno é morto pela acidez estomacal, ou não é capaz de competir com a microbiota intestinal normal abundante. Se, por outro lado, células ou endósporos de *C. tetani* forem introduzidos em um ferimento profundo, o organismo poderá crescer e produzir a toxina tetânica nas zonas anóxicas criadas pela morte tecidual localizada. Por outro lado, bactérias entéricas, como *Salmonella* e *Shigella*, não causam infecções em ferimentos, porém colonizam com sucesso o trato intestinal, causando doença.

Em alguns casos, os patógenos interagem exclusivamente com membros de poucas espécies hospedeiras estreitamente relacionadas, uma vez que os hospedeiros compartilham receptores tecido-específicos. O vírus da imunodeficiência humana (HIV), por exemplo, infecta somente primatas superiores, incluindo grandes símios e seres humanos. Isso acontece porque a proteína CXCR4 dos linfócitos T humanos (células do sistema imune) e uma proteína denominada CCR5 encontrada em macrófagos humanos (fagócitos encontrados em diversos tecidos humanos) são também expressas em grandes símios. Essas proteínas são os únicos receptores de superfície celular para o HIV, e ligam-se à proteína gp120 do vírus (Seção 29.14). Outros animais, mesmo a maioria dos primatas, são desprovidos das proteínas CXCR4 e CCR5, não se ligam ao HIV e, portanto, não são suscetíveis a infecção por HIV. Da mesma forma, os vírus *influenza* são específicos para suas espécies de origem, infectando normalmente apenas aves ou seres humanos e, ocasionalmente, suínos (Seção 29.8). A **Tabela 23.7** apresenta exemplos de especificidade tecidual.

## Barreiras físicas e químicas

A integridade estrutural das superfícies teciduais constitui uma barreira contra a penetração dos microrganismos. As firmes junções entre as células epiteliais de todos os tecidos corporais inibem a invasão e a infecção. Na pele e nos tecidos mucosos, os patógenos em potencial devem primeiro aderir à superfície do tecido e, em seguida, crescer nestes sítios antes de deslocarem-se para outras regiões do corpo. Superfícies mucosas são banhadas em muco. Células epiteliais contêm cílios que expulsam patógenos suspensos e os impedem de aderir aos tecidos. Além da microbiota normal crescendo nos sítios potenciais de infecção, a resistência à infecção e invasão é reforçada por peptídeos antibacterianos denominados *defensinas*, produzidos na pele, pulmões e intestino.

As glândulas sebáceas presentes na pele secretam ácidos graxos e ácido láctico, reduzindo a acidez da pele a um pH 5, inibindo a colonização de muitas bactérias patogênicas (o sangue e os órgãos internos exibem pH ao redor de 7,4). Os microrganismos inalados por meio do nariz ou da boca são removidos pela ação das células epiteliais ciliadas das superfícies mucosas da nasofaringe e da traqueia. Os patógenos em potencial que penetram no estômago por meio da água ou alimentos contaminados devem sobreviver à elevada acidez (pH 2) e às enzimas digestivas, como a pepsina no estômago. O pH se modifica rapidamente no trato intestinal inferior e, se os patógenos sobreviverem, eles devem em seguida, competir de forma bem-sucedida com a microbiota residente gradativamente crescente, presente nos intestinos delgado e grosso (Figura 23.5). O lúmen renal, a superfície ocular, o sistema respiratório e a mucosa cervical são constantemente banhados por secreções como lágrimas e muco contendo lisozima, uma enzima que mata as bactérias por meio da degradação

**Tabela 23.7 Especificidade tecidual nas doenças infecciosas**

| *Doença* | *Tecido infectado* | *Organismo* |
|---|---|---|
| Síndrome da imunodeficiência adquirida (Aids) | Linfócitos T auxiliares | Vírus da imunodeficiência humana (HIV) |
| Botulismo | Placa motora terminal | *Clostridium botulinum* |
| Cólera | Epitélio do intestino delgado | *Vibrio cholerae* |
| Cáries dentais | Epitélio oral | *Streptococcus mutans, S. sobrinus, S. mitis* |
| Difteria | Epitélio da garganta | *Corynebacterium diphtheriae* |
| Gonorreia | Epitélio da mucosa | *Neisseria gonorrhoeae* |
| Gripe | Epitélio respiratório | Vírus *influenza A* e *B* |
| Malária | Sangue (eritrócitos) | *Plasmodium* spp. |
| Pielonefrite | Medula renal | *Proteus* spp. |
| Aborto espontâneo (gado) | Placenta | *Brucella abortus* |
| Tétano | Interneurônio inibidor | *Clostridium tetani* |

da parede celular. No geral, o corpo é protegido por inúmeras estruturas físicas, produtos químicos e secreções, todas elas destinados a suprimir a invasão do patógeno e a infecção.

**MINIQUESTIONÁRIO**

- Descreva a especificidade tecidual do hospedeiro para os patógenos.
- Identifique as barreiras físicas e químicas contra os patógenos. Como essas barreiras podem ser comprometidas?

## 23.12 Fatores de risco para infecção

Além das barreiras à infecção discutidas na seção anterior, alguns fatores inatos contribuem para a suscetibilidade do hospedeiro à infecção e doença. Concluímos nossa abordagem sobre as interações microbianas com o hospedeiro, considerando como esses fatores podem facilitar a invasão por patógenos elevar ao estabelecimento de doenças infecciosas.

### Idade, estresse e dieta

A idade do hospedeiro é um fator importante na determinação da suscetibilidade a uma doença infecciosa. No geral, as doenças infecciosas são mais comuns em indivíduos muitos jovens ou idosos. Nas crianças, por exemplo, o desenvolvimento da microbiota intestinal ocorre de forma rápida, porém a microbiota normal da criança não é igual à do adulto. Antes do desenvolvimento de uma microbiota adulta, especialmente nos dias logo após o nascimento, os patógenos têm maior oportunidade de estabelecer-se e causar doenças. Assim, crianças com menos de um ano de idade frequentemente são acometidas por diarreias causadas por linhagens enteropatogênicas de *Escherichia coli* ou vírus, como os rotavírus.

Em indivíduos com idade acima de 65 anos, as doenças infecciosas são mais comuns do que em adultos jovens. Por exemplo, os idosos são mais suscetíveis às infecções respiratórias, particularmente àquelas causadas pelo vírus *influenza*, provavelmente por uma menor capacidade de gerar uma resposta imune eficaz contra os patógenos respiratórios. As alterações anatômicas associadas à idade também podem favorecer a infecção. O aumento da próstata, uma condição comum em homens com mais de 50 anos de idade, frequentemente leva a uma diminuição do fluxo urinário, favorecendo a colonização do trato urinário masculino por patógenos, levando a um aumento nas infecções deste trato (Figura 23.8).

O estresse pode predispor um indivíduo saudável a doenças. Em estudos com animais, fontes de estresse fisiológico, como fadiga, exercícios, dieta pobre, desidratação ou mudanças climáticas drásticas aumentam a incidência e gravidade das doenças infecciosas. Por exemplo, ratos submetidos à intensa atividade física por longos períodos de tempo apresentam maior taxa de mortalidade por infecções experimentais com *Salmonella*, quando comparados a animais controle em repouso. Os hormônios produzidos sob estresse podem inibir as respostas imunes normais, podendo desempenhar um papel na doença mediada pelo estresse. Por exemplo, o cortisol, um hormônio produzido em níveis mais altos em períodos de estresse, é um agente anti-inflamatório que inibe a ativação de fagócitos e da resposta imune.

A dieta desempenha um papel na suscetibilidade do hospedeiro à infecção. As dietas inadequadas, pobres em proteínas e calorias alteram a microbiota normal, propiciando a multiplicação de patógenos oportunistas e aumentando a suscetibilidade do hospedeiro a patógenos conhecidos. Por exemplo, o número necessário de células de *Vibrio cholerae* para produzir a cólera em um indivíduo exposto reduz-se consideravelmente se ele estiver subnutrido. Além disso, o consumo de alimentos contaminados por patógenos é uma forma óbvia de adquirir infecções, e a ingestão de patógenos associados ao alimento algumas vezes pode aumentar a capacidade do patógeno em promover a doença. O número de organismos necessários para induzir a cólera, por exemplo, é reduzido significativamente quando *V. cholerae* é ingerido com os alimentos, possivelmente porque o alimento neutraliza os ácidos estomacais que normalmente destruiriam o patógeno em seu percurso para colonizar o intestino delgado.

A presença de uma determinada substância na dieta também pode ser um gatilho para o desenvolvimento das doenças. A cárie dental foi discutida na Seção 23.8. Talvez o fator mais importante no desenvolvimento da cárie dental é uma dieta rica em sacarose (açúcar de mesa). Uma bactéria produtora de ácido láctico encontrada com frequência na placa dental, *Streptococcus mutans*, produz dextrana por meio da atividade da enzima dextran sacarase, porém apenas na presença de sacarose, o substrato para esta enzima:

$$n \text{ sacarose} \xrightarrow{\text{dextran sacarase}} \text{dextrana } (n \text{ glicose}) + n \text{ frutose}$$

A pegajosa dextrana fornece um alicerce para um maior crescimento de *S. mutans* e permite a coinfecção por *S. sobrinus*, o organismo que juntamente com *S. mutans* provoca as cáries dentárias (Figuras 23.15 e 23.16). Sem uma fonte de sacarose, o altamente cariogênico *Streptococcus mutans* torna-se incapaz de sintetizar a camada de dextrana necessária para manter as células bacterianas aderidas aos dentes.

## O hospedeiro comprometido

Um *hospedeiro comprometido* é aquele no qual um ou mais mecanismos de defesa estão inativos e a probabilidade de infecção é, por esta razão, aumentada. Diversos pacientes hospitalares, portadores de doenças não infecciosas (p. ex., câncer e doenças cardíacas), adquirem infecções microbianas mais rapidamente por tratarem-se de hospedeiros comprometidos (Seção 27.2). Essas *infecções associadas aos cuidados de saúde*, também denominadas *infecções nosocomiais*, afetam cerca de dois milhões de indivíduos anualmente nos Estados Unidos, causando até 100.000 mortes. Procedimentos hospitalares invasivos, como cateterismo, injeção hipodérmica, punção espinal, biópsia e cirurgia podem, acidentalmente, introduzir microrganismos no paciente. O estresse cirúrgico e os fármacos anti-inflamatórios utilizados na redução da dor e do inchaço também podem diminuir a resistência do paciente. Por exemplo, pacientes transplantados são tratados com fármacos imunossupressores para prevenir a rejeição ao transplante, porém a imunidade suprimida também diminui a capacidade do paciente de resistir à infecção.

Alguns fatores podem comprometer a resistência do hospedeiro, mesmo fora do hospital. O tabagismo, consumo excessivo de álcool, uso de fármacos intravenosos, falta de sono, dieta pobre e presença de infecção aguda ou crônica por outro agente são condições que comprometem a resistência do hospedeiro. Por exemplo, a infecção pelo vírus da imunodeficiência humana (HIV) predispõe um paciente a infecções por microrganismos que não são patogênicos em indivíduos não infectados. O HIV causa a imunodeficiência adquirida (Aids) pela destruição de um tipo de célula imune, os linfócitos T CD4, envolvidos na resposta imune. A redução das células T CD4 compromete a imunidade, permitindo que um patógeno oportunista, um microrganismo que não causa doença em um hospedeiro saudável, provoque uma doença grave ou mesmo a morte (Seções 28.9 e 29.14).

Finalmente, determinadas condições genéticas comprometem o hospedeiro. Por exemplo, doenças genéticas que eliminam componentes importantes do sistema imune predispõem os indivíduos às infecções. Indivíduos com tais condições frequentemente morrem jovens, não pela própria condição genética, mas por infecções microbianas.

**MINIQUESTIONÁRIO**

- Identifique os fatores que influenciam a suscetibilidade a doenças infecciosas em crianças, adultos e idosos.
- Identifique os fatores que influenciam a suscetibilidade à infecção que podem ser controlados pelo hospedeiro.

# CONCEITOS IMPORTANTES

**23.1** • O corpo do animal é um ambiente favorável para o crescimento de microrganismos, a maioria dos quais é benéfica. O número de microrganismos sobre o nosso corpo e dentro dele é maior do que o número de células.

**23.2** • A pele possui pelo menos três microambientes diferentes, o sebáceo, o úmido e o seco, que abrigam distintamente diferentes populações de microrganismos. Os fatores ambientais e do hospedeiro influenciam na quantidade e na composição da microbiota normal da pele.

**23.3** • A microbiota da cavidade oral é extremamente complexa, sem taxa predominante. A microbiota desenvolve-se em microambientes variáveis, associada a dentes e gengivas.

**23.4** • O trato gastrintestinal suporta uma população diversificada de microrganismos, propiciando uma grande variedade nutricional e de condições ambientais. As populações dos microrganismos são influenciadas pela dieta do indivíduo e pelas condições físicas únicas em cada local distinto ao longo do trato gastrintestinal.

**23.5** • Uma população robusta de microrganismos não patogênicos normais nos tratos respiratório e urogenital é essencial para a função ótima do órgão em indivíduos saudáveis. A microbiota normal auxilia na prevenção da colonização por patógenos, competindo por nutrientes e sítios de adesão.

**23.6** • Virulência é uma medida quantitativa da patogenicidade. Os agentes patogênicos utilizam uma grande variedade de mecanismos e fatores de virulência para estabelecer uma infecção.

**23.7** • Os patógenos têm acesso aos tecidos do hospedeiro por meio da adesão em superfícies mucosas, por meio de interações entre o patógeno e macromoléculas do hospedeiro em superfícies teciduais.

**23.8** • O processo de invasão do patógenos e inicia no local de aderência e pode se espalhar pelo hospedeiro por meio dos sistemas circulatório ou linfático. Um patógeno precisa ter acesso a nutrientes e condições de crescimento adequadas, antes de conseguir infectar os tecidos do hospedeiro. Fatores de virulência, como algumas enzimas ou cápsulas celulares, auxiliam no estabelecimento da infecção.

**23.9** • As exotoxinas contribuem paraa virulência dos patógenos. As citotoxinas, tais como as hemolisinas, e as toxinas AB, como as toxinas diftérica e colérica, são potentes exotoxinas. Cada exotoxina afeta uma função específica da célula hospedeira. Enterotoxinas são exotoxinas que afetam o intestino delgado. Exotoxinas bacterianas, como as toxinas botulínica e tetânica, são algumas das substâncias mais tóxicas conhecidas.

**23.10** • As endotoxinas são lipopolissacarídeos derivados da membrana externa de bactérias gram-negativas, como a *Salmonella*. Tanto o componente lipídico quanto o polissacarídico da endotoxina são necessários para a toxicidade.

**23.11** • Fatores da imunidade inata, bem como as barreiras físicas, anatômicas e químicas, previnem a colonização pela maioria dos patógenos. A quebra dessas defesas passivas pode resultar em suscetibilidade a infecção e a doença.

**23.12** • A idade, o estado geral de saúde, a composição genética, fatores relacionados com o estilo de vida, como estresse e dieta, e doenças crônicas podem também contribuir para a suscetibilidade do hospedeiro a doenças infecciosas.

## REVISÃO DOS TERMOS-CHAVE

**Adesão** a capacidade aumentada de um microrganismo em aderir a uma célula ou superfície.
**Atenuação** diminuição ou perda da virulência
**Bacteriemia** presença de microrganismos no sangue.
**Camada limosa** camada difusa de fibras poliméricas, normalmente polissacarídeos, que forma uma camada superficial externa sobre a célula.
**Cápsula** camada densa, bem definida, de natureza polissacarídica ou proteica, que envolve intimamente uma célula.
**Cárie dental** destruição dental resultante de uma infecção bacteriana.
**Colonização** crescimento de um microrganismo após ter acesso aos tecidos do hospedeiro.
**Doença** dano a um hospedeiro, causado por um patógeno ou outro fator, prejudicando suas funções.
**Endotoxina** a porção lipopolissacarídica do envoltório celular de determinadas bactérias gram-negativas, que atua como uma toxina, quando solubilizada.
**Enterotoxina** proteína liberada extracelularmente por um microrganismo à medida que este cresce, produzindo dano imediato ao intestino delgado do hospedeiro.
**Exotoxina** proteína liberada extracelularmente por um microrganismo à medida que cresce, produzindo dano imediato à célula hospedeira.
**Glicocálix** polímero secretado por um microrganismo que recobre a superfície deste.
**Hospedeiro** organismo que alberga um patógeno.
**Infecção** um microrganismo, que não é um membro da flora local, se estabelece e cresce em um hospedeiro, esteja ou não o hospedeiro comprometido.
**Infecção nosocomial** infecção contraída em ambientes associados aos cuidados da saúde.
**Invasão** a capacidade de um patógeno de penetrar células e tecidos do hospedeiro, disseminar-se e causar infecção.
**Membrana mucosa** camadas de células epiteliais revestidas de muco que interagem com o ambiente externo.
**Microbiota normal** microrganismos geralmente encontrados associados a tecidos corporais sadios.
**Muco** uma secreção líquida de glicoproteínas e proteínas solúveis, que retêm umidade e auxiliam na resistência à invasão microbiana em superfícies mucosas.
**Parasita** organismo que cresce no interior ou na superfície de um hospedeiro, provocando danos.
**Patógeno** um organismo, geralmente um microrganismo, que se desenvolve em um hospedeiro e provoca doença.
**Patógeno oportunista** organismo que causa doença na ausência da resistência normal do hospedeiro.
**Patogenicidade** capacidade de um patógeno causar doença.
**Placa dental** células bacterianas envoltas por uma matriz de polímeros extracelulares e produtos salivares, encontrada nos dentes.
**Probiótico** um microrganismo vivo que pode conferir benefícios à saúde, quando administrado a um hospedeiro.
**Septicemia** infecção sistêmica originária no sangue.
**Toxicidade** capacidade de um organismo em causar doença, por meio de uma toxina pré-formada que inibe as funções celulares ou mata a célula hospedeira.
**Trato respiratório inferior** traqueia, brônquios e pulmões.
**Trato respiratório superior** nasofaringe, cavidade oral e garganta.
**Virulência** capacidade relativa de um patógeno em causar doença.

UNIDADE 5

## QUESTÕES PARA REVISÃO

1. Identifique os órgãos do corpo humano normalmente colonizados por microrganismos. Que órgãos são normalmente desprovidos de microrganismos? O que eles têm em comum? (Seção 23.1)
2. Identifique os microrganismos residentes mais comumente encontrados na pele. Como estes microrganismos foram identificados experimentalmente? (Seção 23.2)
3. Descreva os microambientes da cavidade oral. Como bactérias anaeróbias sobrevivem na boca? (Seção 23.3)
4. De que modo o pH e o oxigênio afetam as comunidades microbianas que crescem em cada região diferente do trato gastrintestinal? (Seção 23.4)
5. Descreva a relação entre *Lactobacillus acidophilus* e o glicogênio do trato vaginal. Que fatores influenciam as diferenças entre a flora vaginal normal de mulheres adultas e aquela de mulheres na pré-puberdade? (Seção 23.5)

6. Defina virulência e identifique os parâmetros de distinção de patógenos altamente virulentos e moderadamente virulentos. (Seção 23.6)
7. Identifique o papel da cápsula e das fímbrias bacterianas na aderência microbiana. (Seção 23.7)
8. Explique o papel da disponibilidade de fatores nutricionais na infecção por microrganismos no corpo. (Seção 23.8)
9. Diferencie os mecanismos das citotoxinas e das toxinas AB. Dê um exemplo de cada categoria de toxina. (Seção 23.9)
10. Identifique as características estruturais, origem e principais efeitos das endotoxinas. (Seção 23.10)
11. Identifique pelo menos quatro mecanismos pelos quais um hospedeiro saudável resiste ao processo de infecção. (Seção 23.11)
12. Identifique fatores comuns que levam ao comprometimento do hospedeiro. Indique quais fatores são controlados pelo hospedeiro. Indique quais fatores não são controlados pelo hospedeiro. (Seção 23.12)

## QUESTÕES APLICADAS

1. As membranas mucosas são barreiras à colonização e ao crescimento de microrganismos. No entanto, as membranas mucosas, por exemplo, na garganta e no intestino, são colonizadas por diferentes microrganismos, alguns dos quais são patógenos em potencial. Explique como estes patógenos em potencial são controlados em circunstâncias normais. Em seguida, descreva ao menos um conjunto de circunstâncias que pode estimular a patogenicidade.
2. A coagulase é um fator de virulência de *Staphylococcus aureus* que atua provocando a formação de coágulos no sítio de crescimento de *S. aureus*. A estreptocinase é um fator de virulência de *Streptococcus pyogenes* que atua dissolvendo os coágulos no sítio de crescimento de *S. pyogenes*. Concilie essas estratégias opostas na intensificação da patogenicidade.
3. Embora o isolamento de mutantes incapazes de produzir exotoxinas seja relativamente fácil, mutantes incapazes de produzir endotoxinas são mais difíceis de serem isolados. Baseado em seu conhecimento sobre a estrutura e função desses tipos de toxinas, explique as diferenças na recuperação de mutantes.

CAPÍTULO

# 24 Imunidade e defesas do hospedeiro

## microbiologiahoje

### Uma cura para a alergia a amendoim?

As alergias podem ser curadas? Algumas alergias são curáveis por *dessensibilização*, um processo em que a substância exógena, o *alérgeno*, é injetado no paciente. Isso funciona bem para alérgenos como o pólen de plantas, mas não para os alérgenos alimentares, como o amendoim. Alergias a amendoins e nozes são as causas mais comuns de reações alérgicas graves, e por vezes fatais, induzidas por alimentos, como ilustrado na foto da criança. Estas reações graves, chamadas de *anafilaxia*, estão se tornando mais comuns, sobretudo nos países desenvolvidos. Atualmente, no entanto, uma equipe de pesquisa desenvolveu um método para dessensibilizar pacientes alérgicos a amendoim.

Os pesquisadores imaginaram que se técnicas de dessensibilização utilizando alérgenos injetados não funcionam para a alergia a amendoim, então provavelmente a rota de dessensibilização pudesse mudar o resultado do processo. Talvez uma pequena dose do alérgeno ministrada às células imunes da cavidade oral induzisse tolerância (incapacidade de resposta) ao alérgeno. Para testar esta hipótese, o alérgeno foi administrado por via *sublingual* – debaixo da língua – e a resposta foi mensurada.

Os resultados desta "ingestão" de alérgenos de amendoim foram espantosos. Quando pequenas doses do alérgeno foram administradas via sublingual durante longos períodos de tempo, quase todos os pacientes puderam posteriormente comer amendoins. E quanto mais tempo os pacientes tomassem as doses sublinguais dessensibilizantes, mais amendoins eles poderiam comer sem desenvolver anafilaxia. A chave foi administrar a dose dessensibilizante pela *mesma rota* em que o alérgeno normalmente entraria em contato com o sistema imune – neste caso, pela boca. Quando administrados dessa forma, o sistema imune torna-se tolerante aos alérgenos de amendoim e não mais respondem às altas doses provenientes da ingestão do alimento de fato.

Espera-se que esta abordagem funcione para outras alergias alimentares, como as de mariscos e algumas frutas. Se funcionar, será de grande benefício para aquelas pessoas que sofrem com estas respostas imunes nocivas.

Fleischer, D.M., et al. 2013. Sublingual immunotherapy for peanut allergy: A randomized, double-blind, placebo-controlled multicenter trial. *J. Allergy Clin. Immunol.* *131:* 119–127.

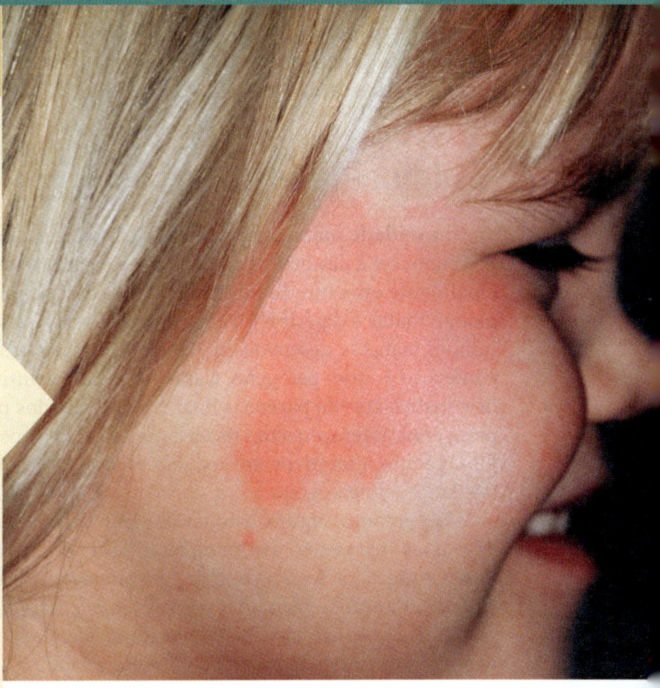

I Imunidade 732
II Defesas do hospedeiro 739
III Doenças da resposta imune 747

Discutimos a proteção passiva contra a invasão de patógenos, a infecção e a doença no Capítulo 23. Nos próximos três capítulos, focamos nos mecanismos ativos utilizados pelos vertebrados para resistir à infecção por patógenos e à doença. Neste capítulo, apresentamos uma visão geral da **imunidade,** a capacidade ativa de resistir à doença. Organismos multicelulares possuem um sistema imune intrínseco, ou inato, que tem como alvo patógenos comuns, independente de sua identidade. Uma segunda parte da imunidade, o sistema imune adaptativo, tem como alvo patógenos específicos, de forma a minimizar seus efeitos nocivos.

Inicialmente, consideraremos as características básicas da resposta imune a patógenos. Em seguida, discutiremos a vacinação, uma ferramenta prática utilizada para recrutar a resposta imune adaptativa, para uma proteção contra desafios patogênicos futuros. Concluímos descrevendo as reações do sistema imunológico, como as alergias, que causam doenças.

# I • Imunidade

A **imunidade inata**, a capacidade intrínseca do corpo em reconhecer e destruir os patógenos ou seus produtos, é principalmente uma função dos **fagócitos**, células capazes de englobar, matar e digerir a maioria dos patógenos. As respostas imunes inatas se desenvolvem dentro de horas após o contato e infecção por um patógeno. Características estruturais, como os constituintes da parede celular compartilhados por muitos patógenos, interagem com receptores universais nos fagócitos. Os fagócitos interativos, em seguida, ativam genes que levam à destruição do patógeno.

No entanto, alguns patógenos são tão virulentos que as respostas inatas não são completamente eficazes. Quando isso acontece, os fagócitos inatos responsivos ativam a **imunidade adaptativa** para lidar com tais infecções. A imunidade adaptativa consiste na capacidade adquirida de reconhecer e destruir um patógeno específico ou seus produtos. As respostas adaptativas são direcionadas para moléculas distintas dos patógenos, denominadas **antígenos**. Os fagócitos apresentam as moléculas antigênicas aos linfócitos, células essenciais na resposta adaptativa. Os antígenos interagem com receptores específicos nos linfócitos, ativando genes que promovem a multiplicação destas células e a produção de proteínas patógeno-específicas que então interagem com o organismo, marcando-o para a destruição. Uma resposta adaptativa protetora normalmente leva vários dias para desenvolver-se; a intensidade da resposta adaptativa aumenta à medida que o número de linfócitos reativos aos antígenos aumenta.

Começaremos com as células e os órgãos comuns a todo o sistema imune, e então passaremos a considerar as células e os mecanismos envolvidos na imunidade inata e adaptativa.

## 24.1 Células e órgãos do sistema imune

As células envolvidas na imunidade inata e adaptativa desenvolvem-se a partir de precursores comuns, denominados **células-tronco**. A imunidade resulta da ação de células que circulam por todo o corpo, principalmente por meio do sangue e da **linfa**, fluido semelhante a sangue que contém células nucleadas e proteínas, mas carece de hemácias. O sangue e a linfa interagem direta ou indiretamente com todos os principais órgãos do sistema.

### Células-tronco, sangue, e linfa

As células-tronco multipotentes são células precursoras que podem se diferenciar em qualquer célula do sangue (**Figura 24.1**). As células-tronco crescem na medula óssea, onde se diferenciam em uma variedade de células maduras sob a influência de **citocinas** e **quimiocinas** solúveis, proteínas que influenciam em muitos aspectos da diferenciação das células imunes. As células diferenciadas viajam por meio do sangue e da linfa para outras partes do corpo.

O sangue consiste em componentes celulares e acelulares, incluindo muitas células e moléculas ativas na resposta imune. As células mais numerosas no sangue humano são os *eritrócitos* (hemácias), células anucleadas que atuam transportando o oxigênio dos pulmões para os tecidos (**Tabela 24.1**). Entretanto, cerca de 0,1% das células do sangue são células nucleadas denominadas **leucócitos** ou *células brancas do sangue*. Os leucócitos incluem os fagócitos do sistema imune inato, bem como **linfócitos**, as células ativas na resposta adaptativa.

O sangue total é composto por células em suspensão e **plasma**, um líquido contendo proteínas e outros solutos. Fora do corpo, o sangue total ou o plasma rapidamente formam um coágulo de fibrina insolúvel, permanecendo líquido apenas quando anticoagulantes como citrato de potássio ou heparina são adicionados. Quando o sangue coagula, as proteínas insolúveis capturam as células em uma grande massa insolúvel. O fluido remanescente, denominado **soro**, não contém células ou proteínas de coagulação. Contudo, o soro apresenta altas concentrações de outras proteínas, incluindo proteínas imunes solúveis denominadas *anticorpos*, que se ligam a antígenos patogênicos.

### Circulação sanguínea e linfática

O sangue é bombeado pelo coração por meio das artérias e capilares por todo o corpo, retornando pelas veias (**Figura 24.2*a, b***). Nos leitos capilares, os leucócitos e os solutos passam do sangue para o sistema linfático e vice-versa; o sistema linfático é um sistema circulatório distinto que contém a linfa (Figura 24.2*a-c*).

O fluido linfático é drenado a partir de tecidos extravasculares para os capilares linfáticos, ductos linfáticos, e então para os linfonodos por meio do sistema linfático (Figura 24.2*d*). Os **linfonodos** são órgãos que contêm altas concentrações de linfócitos e fagócitos, dispostos de tal maneira que encontram microrganismos e antígenos à medida que estes viajam pela circulação linfática. O **tecido linfoide associado às mucosas** (**MALT**, *mucosa-associated lymphoid tissue*) também compõe o sistema linfático, interagindo com antígenos e microrganismos originários de membranas mucosas, incluindo as do intestino, trato geniturinário e tecidos brônquicos. O MALT possui também fagócitos e linfócitos. O fluido linfático contendo anticorpos e células imunes é direcionado ao sistema circulatório sanguíneo por meio do ducto linfático torácico.

O baço é constituído de uma polpa vermelha, que é rica em hemácias, e de uma polpa branca, que consiste em linfócitos e fagócitos organizados para filtrar o sangue, análogos aos

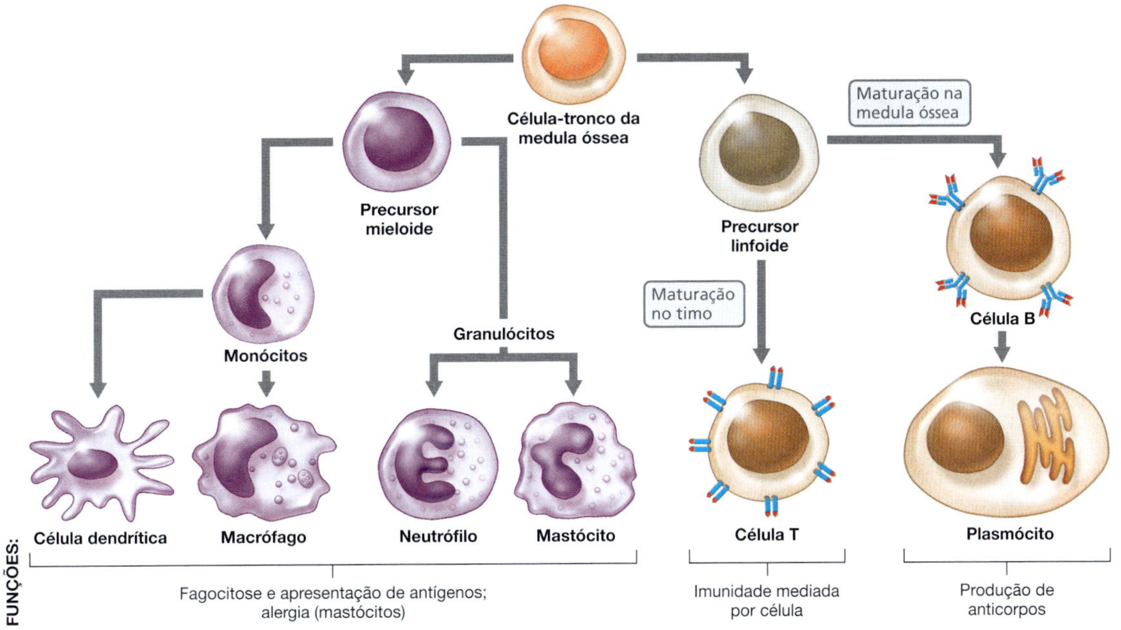


**Figura 24.1** **Células da resposta imune.** Células imunes desenvolvem-se em precursores mieloides ou precursores linfoides a partir de células-tronco multipotentes da medula óssea. Estes precursores, por sua vez, se diferenciam em células terminais que possuem várias funções imunes.

linfonodos e ao MALT no sistema linfático. Coletivamente, os linfonodos, MALT e o baço são chamados de **órgãos linfoides secundários**. Os órgãos linfoides secundários são os locais onde os antígenos interagem com fagócitos apresentadores de antígeno e linfócitos para gerar uma resposta imune adaptativa (Figura 24.2*a*).

**Tabela 24.1** Principais tipos celulares encontrados no sangue humano normal

| *Tipo de célula* | *Células por mililitro* |
|---|---|
| Eritrócitos | 4,2-6,2 × $10^9$ |
| Leucócitos[a] | 4,5-11 × $10^6$ |
| Linfócitos | 1,0-4,8 × $10^6$ |
| Granulócitos e monócitos | Até 7,0 × $10^6$ |

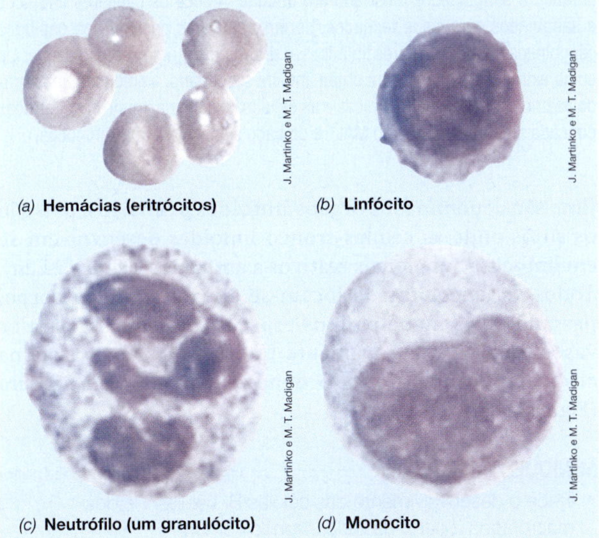


(*a*) **Hemácias (eritrócitos)** (*b*) **Linfócito** (*c*) **Neutrófilo (um granulócito)** (*d*) **Monócito**

[a]Leucócitos incluem todas as células sanguíneas nucleadas. Incluem linfócitos e células derivadas de células-tronco mieloides, os monócitos e granulócitos, como os neutrófilos.

## Leucócitos

Os leucócitos são células sanguíneas brancas, nucleadas, encontradas no sangue e na linfa. Vários leucócitos distintos (Tabela 24.1 e Figura 24.1) participam das funções imunes inatas e adaptativas.

As células mieloides, ativas na imunidade inata, são derivadas de uma célula mieloide precursora. As células mieloides maduras podem ser divididas em duas linhagens, os monócitos e os granulócitos (Figura 24.1). A linhagem monocítica desenvolve-se em células fagocíticas especializadas, as **células apresentadoras de antígeno** (**APCs**, *antigen-presenting cells*). Estas células, em adição às células B que discutiremos a seguir, englobam, processam e apresentam antígenos aos linfócitos. As APCs incluem *macrófagos* e *células dendríticas*. Células imaturas denominadas monócitos são os precursores circulantes dos macrófagos e das células dendríticas. Os **macrófagos** são geralmente as primeiras células de defesa que interagem com um patógeno. Eles são abundantes em muitos tecidos, especialmente no baço, nos linfonodos e no MALT. As **células dendríticas** são fagócitos que se especializaram na apresentação de antígenos aos linfócitos.

Uma segunda linhagem de células derivadas de precursores mieloides consiste nos granulócitos. Os granulócitos contêm inclusões citoplasmáticas, ou grânulos, que podem ser visualizados utilizando-se técnicas de coloração. Esses grânulos contêm toxinas ou enzimas que são liberadas para matar as células-alvo. A atividade fagocítica de um granulócito, o **neutrófilo**, também chamado de *leucócito polimorfo nuclear* (*PMN*), é central para a imunidade inata. A liberação de grânulos, um processo chamado de *degranulação*, a partir de um granulócito denominado mastócito pode provocar sintomas alérgicos e inflamação.

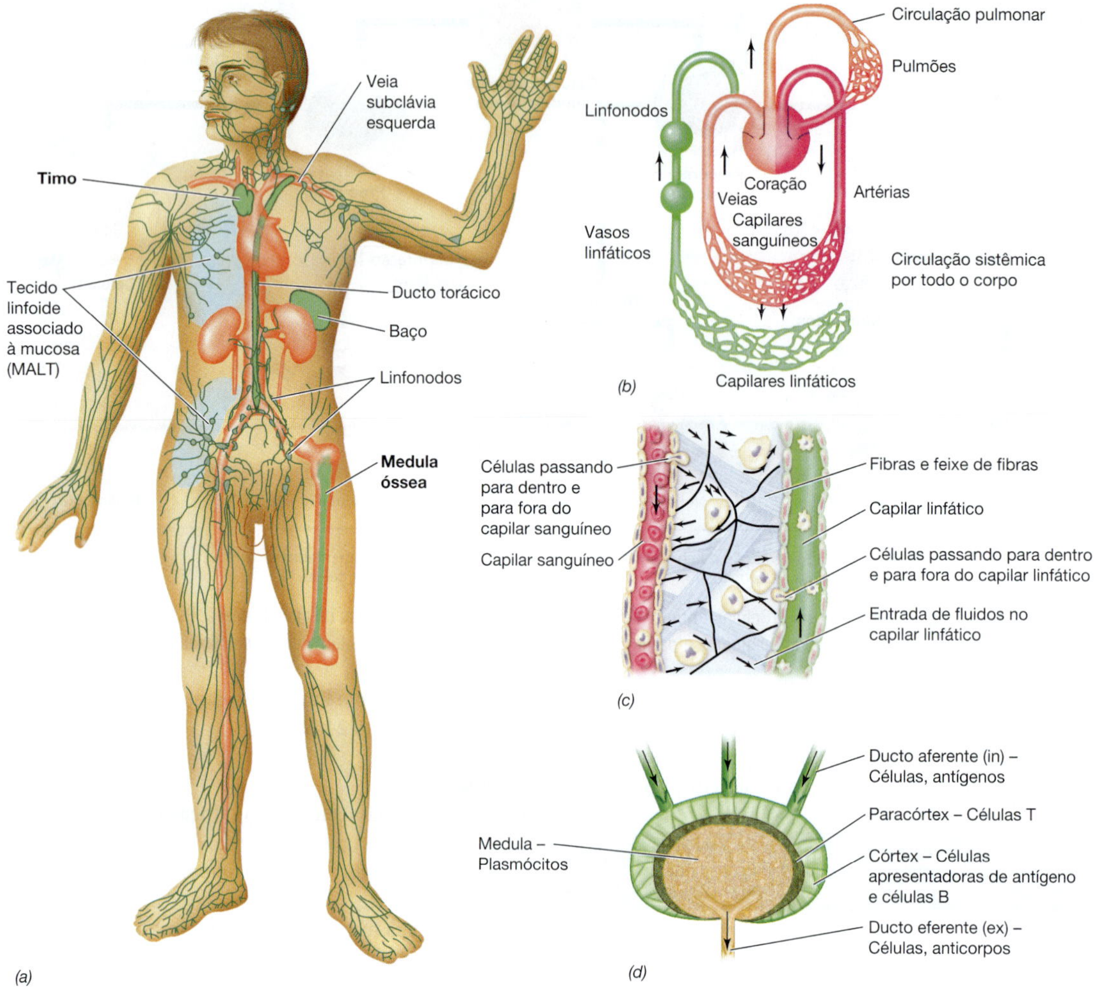


**Figura 24.2** **Sistemas linfático e sanguíneo.** *(a)* Os sistemas circulatórios sanguíneo e linfático. Os vasos sanguíneos principais e órgãos associados são mostrados em vermelho. Os principais órgãos linfáticos e vasos são mostrados em verde. Os órgãos linfoides primários são a medula óssea e o timo. Os órgãos linfoides secundários são os linfonodos, baço e MALT. *(b)* As conexões entre os sistemas linfático e sanguíneo. O sangue flui das veias para o coração, para os pulmões e, em seguida, por meio das artérias para os capilares teciduais. A troca de solutos e células ocorre entre o sangue e os capilares linfáticos. A linfa drena do ducto torácico para a veia subclávia esquerda do sistema circulatório sanguíneo. *(c)* O intercâmbio de células entre os sistemas linfático e sanguíneo é mostrado em detalhe. Ambos os capilares linfáticos e sanguíneos são vasos fechados, porém as células passam dos capilares sanguíneos para os capilares linfáticos, e retornam por um processo conhecido como extravasamento. *(d)* Um órgão linfoide secundário, o linfonodo, mostrando as principais áreas anatômicas e as células do sistema imune concentradas em cada área. A anatomia do MALT e do baço é análoga a dos linfonodos.

Os linfócitos são leucócitos especializados, envolvidos exclusivamente na resposta imune adaptativa. Os linfócitos maduros circulam por meio dos sistemas sanguíneo e linfático, porém estão concentrados nos linfonodos e no baço, onde interagem com os antígenos. Existem dois tipos de linfócitos, as células B (linfócitos B) e as células T (linfócitos T) (Figura 24.1). As **células B** originam-se e sofrem maturação na **medula óssea**. Estes linfócitos são APCs especializadas e os precursores dos **plasmócitos** produtores de anticorpos. **Anticorpos**, também chamados de **imunoglobulinas** (**Igs**), são proteínas solúveis produzidas por células B e plasmócitos. Os anticorpos interagem com antígenos específicos. As **células T**, que interagem com o antígeno, iniciam o seu desenvolvimento na medula óssea, mas deslocam-se para o **timo** para a maturação. Em mamíferos, a medula óssea e o timo são denominados **órgãos linfoides primários**, pois são os sítios onde as células-tronco linfoides desenvolvem-se em linfócitos funcionais reativos a antígenos (Figura 24.2*a*). Todos os leucócitos deslocam-se ativamente pelo corpo, passando do sangue para os espaços intersticiais, para os vasos linfáticos, e novamente retornando para o sistema circulatório, um processo denominado *extravasamento* (Figura 24.2*c*).

**MINIQUESTIONÁRIO**

- Trace o desenvolvimento das células B, células T e dos macrófagos a partir da célula-tronco comum.
- Descreva a circulação de um leucócito a partir do sangue para a linfa, e de volta para o sangue.

## 24.2 Imunidade inata

A imunidade inata é a capacidade preexistente não induzível em reconhecer e destruir um patógeno ou os seus produtos. A imunidade inata não requer exposição prévia a um patógeno ou seus produtos e é mediada pelos fagócitos. Eucariotos, desde as menores plantas até os vertebrados mais evoluídos, possuem mecanismos de reconhecimento fagocíticos funcionalmente similares que conduzem a uma defesa do hospedeiro rápida e efetiva. Sabemos que os receptores do sistema inato presentes nos vertebrados, por exemplo, possuem homólogos estruturais e evolutivos em grupos filogenéticos distantes como o inseto *Drosophila* (mosca-da-fruta).

### Padrões moleculares associados a patógenos

As macromoléculas localizadas no interior e na superfície celular de patógenos apresentam uma variedade de **padrões moleculares associados a patógenos** (**PAMPs**, *pathogen-associated molecular patterns*), que consistem em subunidades repetitivas. Um exemplo de PAMP são as subunidades repetitivas do lipopolissacarídeo (LPS) comum a todas as membranas externas de bactérias gram-negativas (Seção 2.11). Outros PAMPs incluem a flagelina bacteriana, o RNA dupla-fita (dsRNA) de determinados vírus, e os ácidos lipoteicoicos de bactérias gram-positivas (Seção 2.10). Estas macromoléculas consistem em elementos estruturais repetitivos compartilhados entre patógenos amplamente relacionados.

### Moléculas de reconhecimento de padrão

Os fagócitos, como macrófagos e neutrófilos, são a primeira linha de defesa contra os patógenos, especialmente aqueles com os quais o nosso corpo nunca entrou em contato. Os fagócitos interagem rápida e efetivamente com os patógenos porque desenvolveram moléculas especializadas que interagem diretamente com os PAMPs. Estas moléculas especializadas são denominadas **receptores de reconhecimento de padrão** (**PRRs**, *pattern recognition receptors*) (**Figura 24.3**). Cada PRR interage com um PAMP específico para ativar o fagócito. Um único PRR encontrado em todos os fagócitos, por exemplo, interage com o LPS de bactérias gram-negativas, incluindo linhagens patogênicas de *Salmonella* spp., *Escherichia coli* e *Shigella* spp. Outro PRR de fagócito interage com o peptideoglicano de bactérias gram-positivas. Ainda, outros PRRs interagem com características conservadas dos patógenos, tais como os do RNA encontrado em alguns vírus e a flagelina em determinadas bactérias móveis. A interação de um PAMP comum PRR ativa o fagócito a ingerir e destruir o patógeno-alvo por fagocitose. Todos os fagócitos possuem PRRs que se encontram instantaneamente disponíveis para interagirem com patógenos invasivos.

**MINIQUESTIONÁRIO**

- Identifique um padrão molecular associado a patógeno compartilhado por um grupo de microrganismos.
- Identifique os tipos celulares que utilizam mecanismos de reconhecimento de padrão para conferir imunidade inata aos patógenos.

## 24.3 Imunidade adaptativa

Os fagócitos responsáveis pela resposta inata frequentemente também iniciam a imunidade *adaptativa* em animais vertebrados. Em comparação com os alvos comuns que desencadeiam a imunidade inata, a imunidade adaptativa é dirigida a um componente molecular do patógeno denominado antígeno. Na imunidade adaptativa, os receptores patógeno-específicos são produzidos em grandes quantidades apenas após a exposição ao patógeno ou a seus produtos.

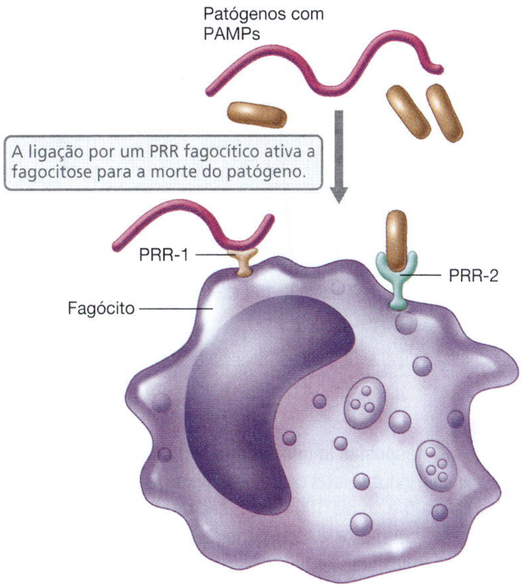


**Figura 24.3** **Imunidade inata.** Os fagócitos interagem com os patógenos por intermédio do reconhecimento de padrões moleculares associados a patógenos (PAMPs) por meio dos receptores de reconhecimento de padrões (PRRs) pré-formados. A interação de um PAMP por um PRR fagocítico estimula o fagócito a destruir o patógeno e ativa outros fagócitos.

A primeira exposição a um antígeno gera uma **resposta imune primária**: o contato com o antígeno estimula o crescimento e a multiplicação de células antígeno-reativas, criando **clones**, grandes números de células antígeno-reativas idênticas. Estes clones persistem por anos e conferem uma imunidade específica de longa duração.

Os linfócitos antígeno-reativos são divididos em células T e células B. Cada linfócito produz uma proteína exclusiva que interage com um único antígeno. Estas proteínas, portanto, exibem **especificidade** para esse antígeno. As proteínas das células T que se ligam aos antígenos são os **receptores de célula T** (**TCRs**); os anticorpos de superfície das células B são os **receptores de células B** (**BCRs**).

Quando comparada à imunidade inata, a resposta adaptativa é induzida apenas quando desencadeada por um único antígeno ou patógeno. Por exemplo, o antígeno polissacarídico do LPS de uma bactéria gram-negativa em particular é único para um determinado gênero, e algumas vezes até mesmo para uma espécie dentro deste gênero. Assim, um clone individual de linfócito poderia interagir com um LPS de *Salmonella*, mas não com o LPS de outra bactéria. Os açúcares terminais que constituem os polissacarídeos de *Salmonella* spp. são antígenos de identificação únicos para o gênero e não são compartilhados por outras bactérias, nem mesmo outras bactérias entéricas gram-negativas como *Escherichia coli* e *Shigella* spp.

Uma segunda exposição ao mesmo antígeno ativa os clones já expandidos de células antígeno-específicas, gerando uma **resposta imune adaptativa secundária** mais rápida

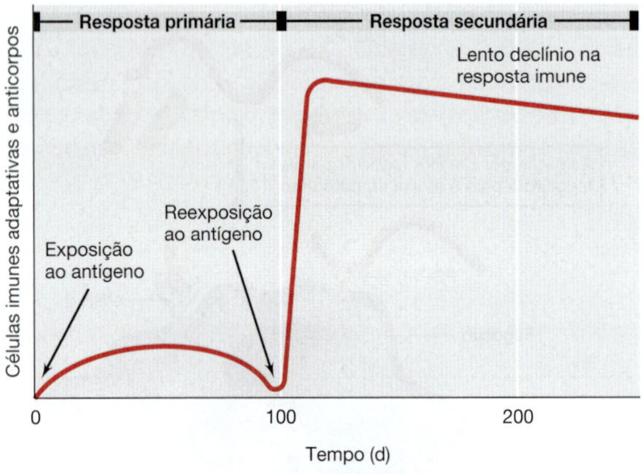


**Figura 24.4 Respostas imunes adaptativas primárias e secundárias.** A resposta primária induz células do sistema imune e anticorpos. Os antígenos ministrados no dia 0 e no dia 100 devem ser idênticos para se induzir uma resposta secundária. A resposta secundária pode gerar um aumento maior do que 10 vezes nas concentrações de células imunes e anticorpos.

e mais intensa, cujo pico ocorre em vários dias (**Figura 24.4**). Os produtos desta resposta imune secundária rapidamente marcam o patógeno para a destruição. Este aumento rápido na resposta imune adaptativa após uma segunda exposição ao antígeno é denominado **memória**. Finalmente, o sistema de resposta imune adaptativa exibe **tolerância**, a *incapacidade* adquirida de originar uma resposta imune voltada contra antígenos próprios. A tolerância garante que a imunidade adaptativa seja dirigida contra agentes externos que representem ameaças genuínas ao hospedeiro, e não às proteínas do próprio hospedeiro.

## Células T e apresentação de antígeno

A imunidade adaptativa é iniciada pela interação dos linfócitos T imunes com os antígenos peptídicos ou células infectadas. As células infectadas inicialmente reconhecidas pelas células T podem incluir os mesmos fagócitos envolvidos na resposta imune inata. A célula T, com seu TCR, pode reconhecer os peptídeos apenas quando estes são apresentados em proteínas próprias, conhecidas como proteínas do **complexo principal de histocompatibilidade** (**MHC**), encontradas na superfície celular do hospedeiro (**Figura 24.5**). Todas as células do hospedeiro apresentam proteínas de MHC de classe I que apresentam peptídeos virais e outros patógenos intracelulares para o reconhecimento imune; APCs (macrófagos, células dendríticas e células B) também possuem uma proteína apresentadora de antígenos adicional, o MHC de classe II. Os macrófagos são encontrados em todos os órgãos do corpo, mas as outras APCs estão localizadas nos órgãos linfoides secundários – baço, linfonodos e MALT. Estes órgãos linfoides secundários são os locais onde a resposta imune adaptativa se inicia. As APCs caracterizam-se por sua capacidade de ingerir bactérias, vírus e outros materiais antigênicos por fagocitose (macrófagos e células dendríticas), ou por meio da internalização de antígenos moleculares ligados a um BCR. Após a ingestão, as APCs degradam os antígenos em pequenos peptídeos. As proteínas do MHC no interior da APC ligam-se aos peptídeos derivados dos patógenos digeridos. Os peptídeos embebidos no MHC são então transportados para a superfície do fagócito, onde o complexo é apresentado, um processo denominado *apresentação de antígeno*. Por exemplo, um fagócito infectado pelo vírus *influenza* irá apresentar proteínas do MHC I e II embebidas com peptídeos do vírus *influenza*. Esses complexos MHC-peptídeos são alvos para as células T.

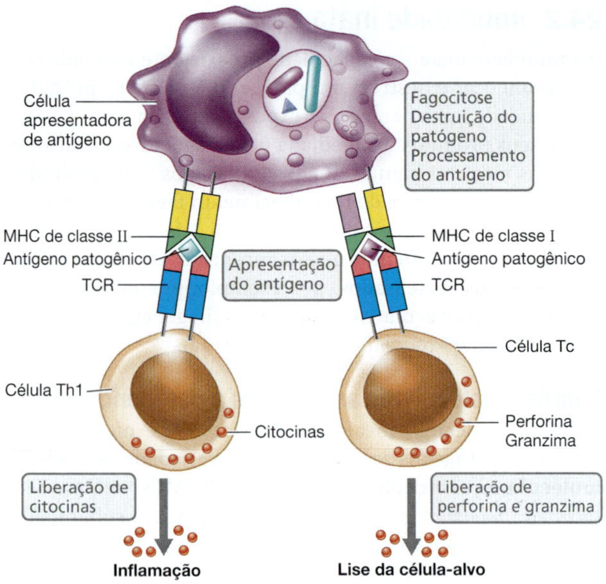


**Figura 24.5 Imunidade mediada pela célula T.** Células apresentadoras de antígenos, como os fagócitos da imunidade inata, ingerem, degradam e processam antígenos. Estes então apresentam os antígenos às células T que secretam citocinas proteicas que ativam a resposta imune adaptativa. As células T antígeno-reativas incluem as células T auxiliares inflamatórias (Th1) que produzem citocinas que ativam outras células, e as células T citotóxicas (Tc) que produzem perforinas e granzimas, proteínas que penetram e lisam as células-alvo nas proximidades.

## Subconjuntos de linfócitos T

As células T interagem com o complexo MHC-peptídeo, utilizando o TCR. Cada célula T expressa um TCR específico para um único complexo MHC-peptídeo. As células T específicas ao antígeno também são encontradas estreitamente associadas a APCs no baço, nos linfonodos e no MALT. As células T constantemente verificam as APCs das proximidades, em busca de complexos MHC-peptídeo; os complexos MHC-peptídeo que interagem com o TCR enviam um sinal para a célula T crescer e se dividir, produzindo clones reativos ao antígeno que interagem diretamente para matar as células que exibem o mesmo antígeno exógeno, ou auxiliar outras células neste processo.

Esses clones de célula T reativos ao antígeno consistem em três subconjuntos de células T, diferenciados com base em suas propriedades funcionais. Esses subconjuntos de células T interagem com outras células, para iniciar as reações imunes. As *células T auxiliares (Th)* interagem com complexos MHC de classe II-peptídeo na superfície de APCs. Essa interação promove a diferenciação das células Th, resultando em dois subconjuntos que medeiam indiretamente as reações imunes. Esses subconjuntos de células T ativadas pelo antígeno, denominados Th1 e Th2, respondem proliferando-se e produzindo citocinas solúveis. As citocinas interagem com receptores em outras células, ativando-as então a iniciarem uma resposta imune. As células Th1 antígeno-específicas interagem com complexos MHC de classe II-peptídeo na superfície de macró-

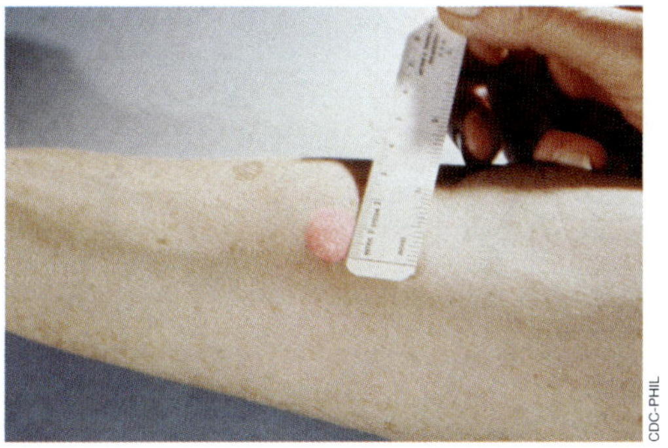


**Figura 24.6** **Células Th1 e ativação de macrófagos.** Este teste de tuberculina apresenta uma reação positiva. Os macrófagos ativados pelas células Th1 antígeno-específicas provocaram a reação localizada a um antígeno da tuberculose, a tuberculina, no local da injeção. A área elevada da inflamação no antebraço é de cerca de 1,5 cm de diâmetro.

fagos estimulando a célula Th1 a produzir citocinas, que ativam os macrófagos, intensificando a fagocitose da célula portadora do antígeno e promovendo reações inflamatórias que limitam a disseminação da infecção (Figura 24.5, **Figura 24.6**). Por exemplo, *Mycobacterium tuberculosis* infecta macrófagos e outras células pulmonares, causando a tuberculose. Os macrófagos ativados matam *M. tuberculosis* intracelulares, limitando a disseminação da infecção para outras células. Uma reação inflamatória associada a *M. tuberculosis é* denominada *reação de tuberculina*, a qual é utilizada como um teste diagnóstico da exposição a *M. tuberculosis*. Esse teste emprega a *tuberculina*, um extrato de *M. tuberculosis*, para atrair células Th1 imunes que produzem citocinas, ativando os macrófagos e originando uma área vermelha, quente, endurecida e intumescida, que tipifica a inflamação e a imunidade efetiva. As células Th2 diferenciadas, o outro subconjunto de células T auxiliares, utilizam citocinas para estimular ("auxiliar") as células B reativas ao antígeno a produzirem anticorpos, conforme discutiremos em seguida. As *células T citotóxicas* (*Tc*) reconhecem o antígeno apresentado por uma proteína do MHC de classe I em uma célula infectada. Quando as células Tc interagem com a célula infectada, secretam proteínas que matam a célula infectada portando o antígeno (Figura 24.5).

**MINIQUESTIONÁRIO**
- Explique o processo de apresentação de antígenos às células T.
- Defina o papel das células Tc e Th1 na imunidade adaptativa.

## 24.4 Anticorpos

Anticorpos são proteínas solúveis sintetizadas pelas células B e plasmócitos (Figura 24.1) em resposta à exposição antigênica. Cada anticorpo liga-se especificamente a um único antígeno. A imunidade mediada por anticorpos controla a disseminação da infecção por meio do reconhecimento de patógenos e seus produtos em ambientes extracelulares, como o sangue ou as secreções mucosas.

### Funções das células B

As células B são linfócitos especializados que possuem anticorpos em sua superfície; cada célula B apresenta múltiplas cópias de um único anticorpo, o qual é específico para um único antígeno. Para sintetizar anticorpos, as células B devem inicialmente ligar-se a antígenos por meio de interações com os BCRs (**Figura 24.7**). A interação anticorpo-antígeno de superfície induz a célula B a ingerir o patógeno contendo o antígeno por fagocitose. A célula B então mata e digere o patógeno, produzindo um conjunto de antígenos peptídicos derivados do patógeno. Estes peptídeos são então complexados ao MHC de classe II e exibidos, ou *apresentados*, na superfície das células B às células Th2 antígeno-específicas.

UNIDADE 5

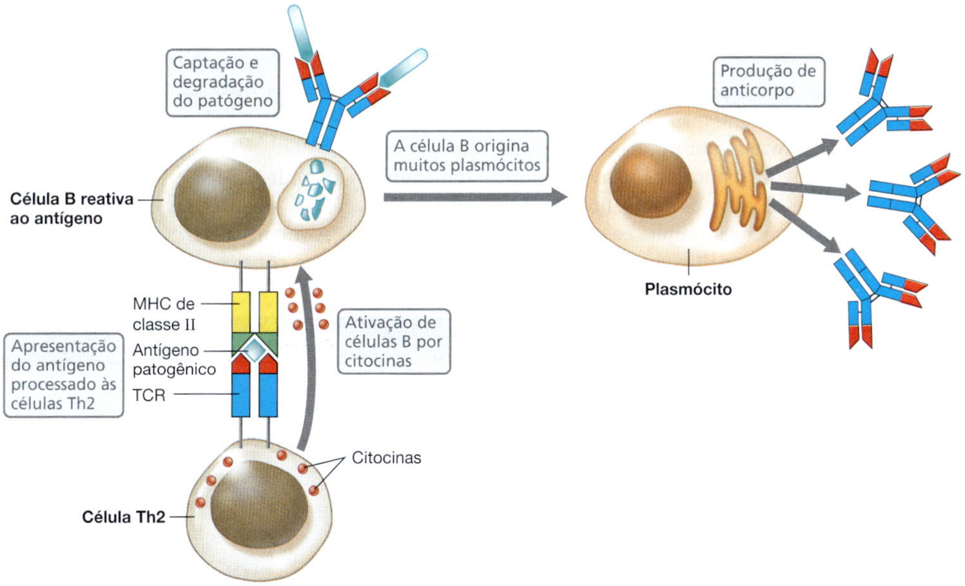


**Figura 24.7** **Imunidade mediada por anticorpos.** O anticorpo nas células B liga-se a um antígeno e, por meio do auxílio de uma célula Th2, a célula B origina clones que podem diferenciar-se em plasmócitos produtores de anticorpos.

As células Th2 não interagem diretamente com o patógeno, mas estimulam ("auxiliam") outras células, nesse caso, as células B apresentadoras de antígeno nas quais se reconhece o MHC I-peptídeo. As células Th2 produzem citocinas que estimulam as células B antígeno-reativas que, por sua vez, respondem crescendo e dividindo-se, originando clones da célula B original reativos ao antígeno. Muitas destas células B ativadas então diferenciam-se em plasmócitos, que produzem anticorpos solúveis (Figura 24.7). Essa resposta primária de anticorpos é detectável em cinco dias após a exposição ao antígeno, havendo um pico na quantidade de anticorpos em várias semanas. Algumas das células B ativadas a partir do clone permanecem em circulação no sistema imunitário como células B de memória. A exposição subsequente ao mesmo antígeno, por exemplo, pela reinfecção com o mesmo patógeno, estimula as células B de memória antígeno-reativas, produzindo uma resposta secundária de anticorpos, caracterizada por um desenvolvimento mais rápido de quantidades maiores de anticorpos (Figura 24.4). A resposta secundária, também chamada de *memória imunológica*, é a base para a vacinação, como discutiremos adiante. A resposta de anticorpos é altamente específica para o antígeno indutor; a ligação do antígeno por anticorpos pode desencadear a neutralização ou destruição dos patógenos, ou seus produtos, por meio de vários mecanismos (**Figuras 24.8** e **24.9**).

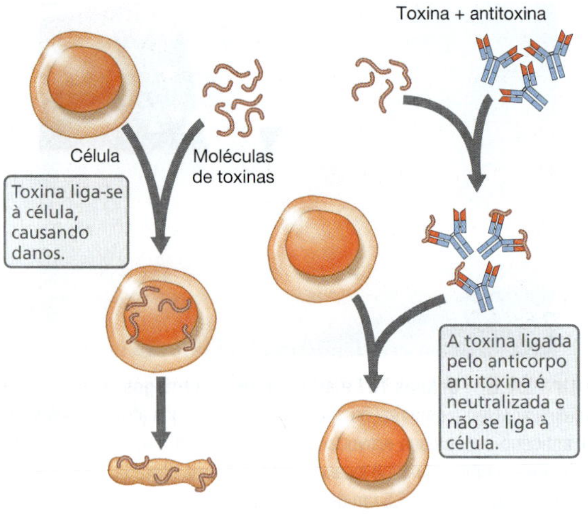


**Figura 24.8 Neutralização de uma exotoxina por um anticorpo antitoxina.** *(a)* A toxina resulta na destruição celular. *(b)* A antitoxina previne a destruição celular.

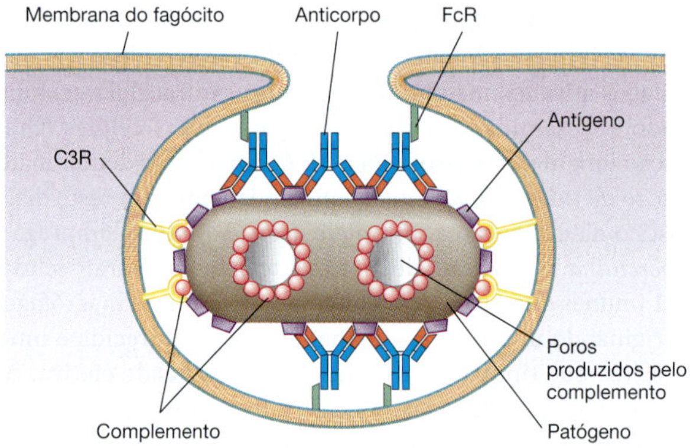


**Figura 24.9 Anticorpo, complemento e opsonização.** Os fagócitos possuem receptores que se ligam a anticorpos (FcR; verde). As proteínas do complemento (vermelho) se ligam aos complexos antígeno-anticorpo e aderem-se a célula por meio dos receptores do complemento (C3R; amarelo). A interação com FcR e C3R aumenta a fagocitose, um fenômeno chamado de opsonização. O complemento também pode formar poros e diretamente causa a lise da célula.

## Classes de anticorpos e suas funções

Várias classes diferentes de anticorpos diferenciam-se com base em suas sequências primárias de aminoácidos. Cada classe de anticorpos apresenta uma função geral específica (**Tabela 24.2**). IgM e IgG são encontradas no sangue. A resposta primária de anticorpos caracteriza-se principalmente pela produção de anticorpos IgM, enquanto a resposta secundária é caracterizada pela produção de grandes quantidades de IgG (Figura 24.4). IgA é encontrada no sangue e em altas concentrações em secreções de membranas mucosas, como pulmões e intestino. IgE é encontrada ligada a mastócitos, envolvida na imunidade contra parasitas e em alergias. IgD é encontrada primariamente como uma imunoglobulina de superfície em células B.

Os anticorpos secretados pelos plasmócitos interagem com os antígenos nos patógenos. O anticorpo pode ter um ou mais efeitos sobre o patógeno, mas a maioria das interações de anticorpos não mata diretamente o microrganismo. Muitos anticorpos bloqueiam as interações entre os patógenos ou seus produtos e as células hospedeiras. Por exemplo, os anticorpos IgA presentes em secreções mucosas e direcionados contra o vírus *influenza* podem interagir com os antígenos do vírus que se ligam às células hospedeiras, bloqueando a ligação do vírus a esta célula. Anticorpos séricos específicos também podem ligar-se a toxinas como a do tétano, novamente bloqueando

**Tabela 24.2 Principais classes de anticorpos**

| *Classe de anticorpo* | *Localização* | *Concentração no soro* | *Funções* |
|---|---|---|---|
| IgA | Soro e secreções mucosas | 2,1 mg/mL no soro e altas concentrações locais nas superfícies mucosas | Resposta secundária e imunidade da mucosa para patógenos extracelulares |
| IgE | Mastócitos | Baixas quantidades no soro; todos ligados a mastócitos | Imunidade contra parasitas, alergias |
| IgG | Soro | 13,5 mg/mL (mais elevado no soro) | Resposta secundária para patógenos extracelulares |
| IgM | Soro | 1,5 mg/mL | Resposta primária para patógenos extracelulares |

a ligação da toxina aos receptores da célula hospedeira. Este processo é chamado de *neutralização* (Figura 24.8). Em muitos casos, os anticorpos marcam o patógeno para a destruição por fagocitose. Os fagócitos apresentam receptores genéricos para anticorpos, denominados *receptores de Fc (FcR)*, os quais ligam-se a qualquer anticorpo ligado a um antígeno. Essa interação resulta em uma maior fagocitose das células sensibilizadas pelo anticorpo, um processo conhecido como *opsonização* (Figura 24.9).

### Complemento

A destruição dos patógenos mediada por anticorpos pode também envolver um grupo de proteínas conhecidas coletivamente como *complemento* (Figura 24.9). As proteínas do complemento ligam-se a superfície do patógeno, atraídas por anticorpos IgM ou IgG ligados a ele. As proteínas do complemento, concentradas na superfície celular pelo anticorpo, podem provocar dois efeitos possíveis no patógeno. Primeiro, as proteínas do complemento podem formar um poro na membrana citoplasmática do patógeno, lisando diretamente a célula. Essa interação complemento-anticorpo afeta apenas aquelas células patogênicas com anticorpos ligados. Por exemplo, anticorpos específicos contra proteínas de superfície celular de *Salmonella* interagem apenas com *Salmonella*. O complemento provoca a lise apenas da célula de *Salmonella* sensibilizada pelo anticorpo, mas não de uma célula de *Escherichia coli* presente nas proximidades, a qual não foi sensibilizada pelo anticorpo. Muitos patógenos, como espécies de *Streptococcus*, um organismo gram-positivo com parede celular espessa, são relativamente resistentes à lise mediada pelo complemento, pois sua parede celular torna a membrana citoplasmática menos acessível às proteínas do complemento. Entretanto, anticorpos contra os componentes externos da parede celular ainda atraem proteínas do complemento para a superfície do patógeno. O segundo efeito da ligação do complemento é a estimulação da fagocitose. As proteínas do complemento associadas ao patógeno são reconhecidas por receptores do complemento denominados *receptores de C3* (*C3R*) encontrados na superfície de fagócitos, como neutrófilos e macrófagos. Essa interação resulta na opsonização e fagocitose de células sensibilizadas por anticorpos e complemento (Figura 24.9).

**MINIQUESTIONÁRIO**

- Explique o processo de síntese de anticorpos, iniciado pela interação do patógeno com uma célula B.
- Defina o papel dos anticorpos e do complemento na destruição do patógeno.

## II • Defesas do hospedeiro

O sistema imunológico protege o hospedeiro por meio de diversos mecanismos, incluindo inflamação e respostas imunes passivas e adaptativas ativas que livram o corpo de patógenos. Também podemos gerar imunidade protetora sem infecção por meio da vacinação com antígenos derivados de patógenos.

## 24.5 Inflamação

A **inflamação** é uma reação geral, inespecífica a estímulos nocivos, como toxinas e patógenos. A inflamação provoca vermelhidão (eritema), inchaço (edema), dor e calor, normalmente localizados no sítio de infecção (Figura 24.6 e **Figura 24.10**). Os mediadores moleculares da inflamação incluem um grupo de ativadores celulares e quimioatrativos, incluindo citocinas equimiocinas. Esses ativadores são produzidos por várias células. As quimiocinas e citocinas mais importantes são as denominadas *pró-inflamatórias*, devido às suas habilidades de indução da inflamação; estas são produzidas em concentrações elevadas por fagócitos e linfócitos.

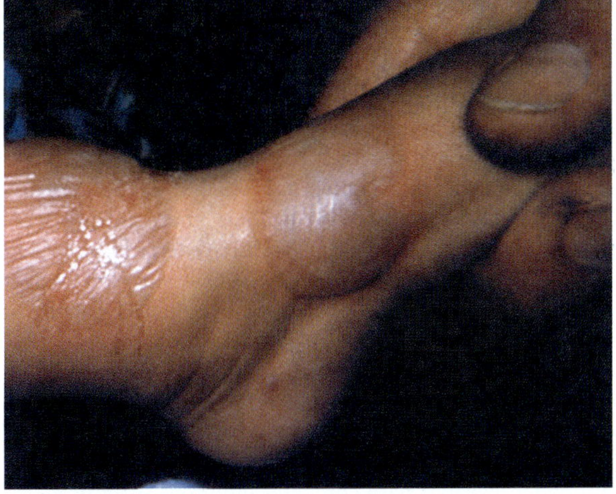


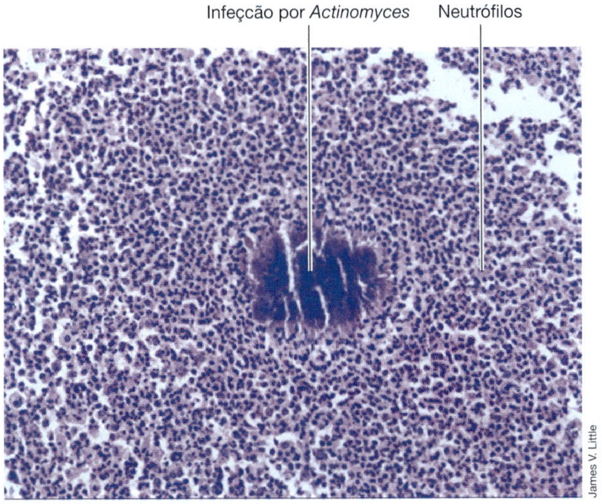


**Figura 24.10** **Inflamação.** (*a*) Fotografia do pé de uma criança exibindo inchaço em decorrência da infecção pelo *Vaccinia* vírus; acumulação de fluido como resultado das atividades inflamatórias. (*b*) A massa escura no centro da fotomicrografia é resultado da infecção por *Actinomyces*, uma bactéria filamentosa. As células escuras coradas em torno da massa são os neutrófilos, indicando inflamação aguda.

Tanto a resposta imune inata quanto a adaptativa a uma infecção podem causar inflamação; ambos os sistemas de reconhecimento imune induzem os ativadores que recrutam e ativam células efetoras como os neutrófilos. Normalmente, uma resposta imune ativa a inflamação para isolar e limitar os danos tissulares, destruindo os patógenos invasores e removendo as células danificadas. Em alguns casos, no entanto, a inflamação pode ocasionar danos consideráveis em tecidos saudáveis do hospedeiro.

## Células inflamatórias e inflamação local

A inflamação imunomediada é uma condição aguda que se inicia no sítio de entrada do patógeno no corpo. As PRRs inatas nos macrófagos e em outras células teciduais no local da infecção envolvem os PAMPs dos patógenos (Figura 24.3). Esta ação ativa as células locais para produzirem e liberarem mediadores, incluindo citocinas e quimiocinas, que interagem com receptores de citocinas e quimiocinas em outras células, tais como os neutrófilos. Por exemplo, macrófagos teciduais locais que são ativados pela interação PAMP-PRR secretam uma quimiocina chamada CXCL8. A CXCL8, por meio de um receptor de CXCL8, ativa neutrófilos que migram então ao longo do gradiente de quimiocina na direção da origem da CXCL8, onde eles começam a ingerir e matar o patógeno. Os neutrófilos, por sua vez, secretam ainda mais CXCL8, atraindo mais neutrófilos e ampliando a resposta, eventualmente destruindo os patógenos (Figura 24.10*b*).

Os mediadores de quimiocinas e citocinas liberados pelas células danificadas e fagócitos contribuem para a inflamação. Por exemplo, os macrófagos e outras células no local da infecção produzem citocinas pró-inflamatórias, incluindo a interleucina-1 (IL-1), a IL-6 e o fator de necrose tumoral α (TNF-α). Essas citocinas aumentam a permeabilidade vascular, promovendo o inchaço (edema), a vermelhidão (eritema) e o aquecimento do local, associados à inflamação. O edema estimula os neurônios locais, causando dor (**Figura 24.11*a***).

O resultado comum da resposta inflamatória consiste em uma rápida localização e destruição do patógeno pelos neutrófilos e macrófagos recrutados. À medida que o patógeno é destruído, as células inflamatórias deixam de ser estimuladas, há uma redução de seu número no local, a produção de citocinas diminui, a quimioatração é interrompida e a inflamação regride.

## Inflamação sistêmica e choque séptico

Em alguns casos, a resposta inflamatória não circunscreve o patógeno, havendo a ampla disseminação da reação. Uma inflamação sistêmica não controlada pode ser mais perigosa do que a infecção original, com células e mediadores inflamatórios contribuindo para a inflamação em larga escala. Uma resposta inflamatória que dissemina células e mediadores inflamatórios ao longo dos sistemas circulatório e linfático pode levar ao choque séptico, uma condição de risco à vida.

A causa mais comum de choque séptico é a infecção sistêmica por bactérias entéricas como *Salmonella* ou *Escherichia coli*, frequentemente ocasionada pela ruptura ou extravasamento intestinal, que promove a liberação dos organismos gram-negativos na cavidade peritoneal ou na corrente sanguínea. A infecção primária é frequentemente eliminada por fagócitos, ou tratada de forma bem-sucedida com antibióticos.

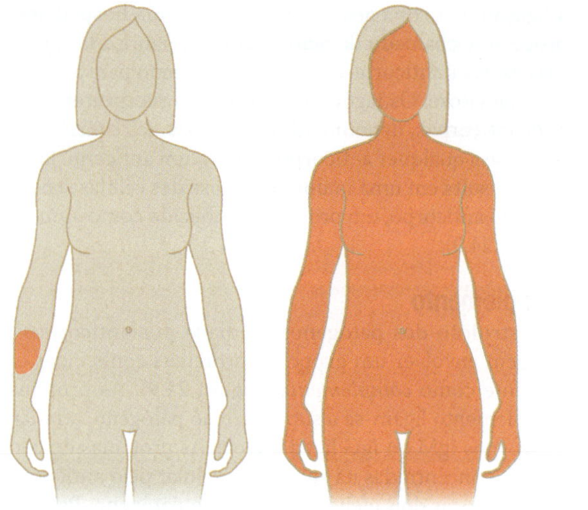

(*a*) A infecção local leva à inflamação em uma pequena parte do corpo, seguida de cura.

(*b*) A infecção sistêmica leva à inflamação e doença em todo o corpo.

**Figura 24.11 Inflamação local e sistêmica.** *(a)* Infecção local, mediada por citocinas pró-inflamatórias de macrófagos locais, que resulta em uma inflamação que regride à medida que a infecção é contida. *(b)* A infecção sistêmica provoca a liberação sistêmica de citocinas pró-inflamatórias, resultando em sintomas inflamatórios sistêmicos generalizados, incluindo edema grave, febre e choque séptico, mesmo quando a infecção é controlada.

No entanto, os lipopolissacarídeos (LPS) endotóxicos da membrana externa desses microrganismos interagem com um PRR nos fagócitos, estimulando a produção de citocinas pró-inflamatórias, que são liberadas na circulação sistêmica. As citocinas então induzem respostas sistêmicas paralelas à resposta inflamatória localizada, porém em uma escala maior, envolvendo vários sistemas orgânicos, levando, em última análise, a um grande evento inflamatório em todo o corpo com consequências potencialmente fatais (Figura 24.11*b*).

Por exemplo, as citocinas pró-inflamatórias IL-1, IL-6 e TNF-α são *pirogênios endógenos*. Elas estimulam o cérebro a liberar prostaglandinas, sinais químicos que aumentam a temperatura corporal, provocando febre. Em contraste, as mesmas citocinas liberadas em pequenas quantidades nos sítios locais de infecção produzem aquecimento local; isso aumenta o fluxo sanguíneo e promove a cura. As grandes quantidades de pirogênios endógenos liberados na circulação geral, como resultado de uma infecção sistêmica, induzem o aquecimento de todo o organismo, caracterizado por febre alta incontrolável. Além disso, as grandes quantidades de mediadores inflamatórios liberados sistemicamente, em vez de provocarem edema local, devido à vasodilatação, e aumento da permeabilidade vascular, causam as mesmas reações em uma escala sistêmica global. O resultado é um efluxo massivo de fluidos a partir do tecido vascular central com perda de pressão arterial sistêmica, devido à redução do volume sanguíneo, e edema grave, devido à entrada de fluidos dos tecidos vasculares em espaços extravasculares.

Em suma, as citocinas pró-inflamatórias, produzidas em quantidades elevadas para combater infecções sistêmicas, induzem febre alta, pressão arterial muito baixa e edema grave. Esta condição, denominada choque séptico, causa a morte em até 30% dos indivíduos afetados.

**MINIQUESTIONÁRIO**

- Identifique os mediadores moleculares da inflamação e defina suas funções individuais.
- Identifique os principais sintomas da inflamação localizada e do choque séptico.

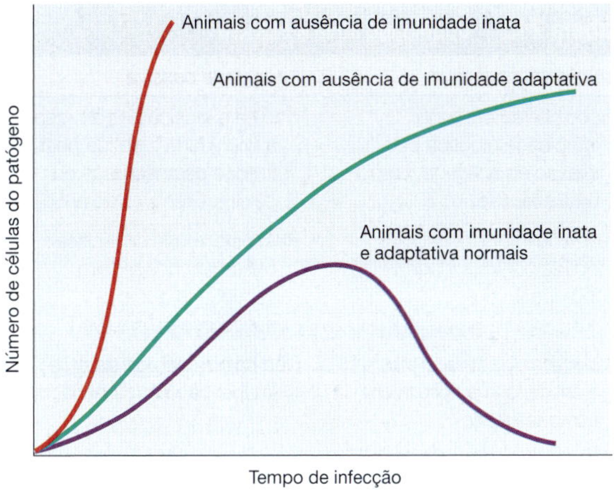


**Figura 24.12** **Infecção e eliminação do patógeno em animais saudáveis e imunodeficientes.** Os animais com defeitos genéticos que impedem o desenvolvimento de fagócitos, críticos para a imunidade inata, apresentam infecções recorrentes, incuráveis e letais. Defeitos genéticos que impedem o desenvolvimento de células B e T antígeno-reativas, maduras, fundamentais para a imunidade adaptativa, também permitem infecções recorrentes, porém a resposta inata controla essas infecções por um tempo maior e estes animais vivem por mais tempo do que os animais com ausência de imunidade inata. Os animais com imunidade inata e adaptativa normais rapidamente eliminam a maioria das infecções.

## 24.6 Imunidade e imunização

Tanto a resposta imune inata quanto a adaptativa protegem o hospedeiro de infecções por patógenos, e ambas são essenciais para a sobrevivência (**Figura 24.12**). Por exemplo, em indivíduos com ausência de imunidade inata devido à incapacidade de produção de fagócitos, desenvolvem-se infecções recorrentes por bactérias, vírus, fungos e estes indivíduos morrem precocemente, sem intervenções extraordinárias. Indivíduos que não têm imunidade adaptativa têm as mesmas consequências, mas podem sobreviver por mais tempo, se o sistema imune inato for funcional.

A imunidade pode ser de ocorrência natural ou artificial induzida pela exposição a antígenos (vacinação). Adquirimos imunidade *ativamente*, por exemplo, quando geramos uma resposta imune após uma exposição a um antígeno, ou *passivamente*, por exemplo, quando recebemos anticorpos ou células imunitárias de um indivíduo imune. As imunidades ativa e passiva são ilustradas na **Figura 24.13** e contrastadas na **Tabela 24.3**.

### Imunidade natural

Normalmente, os animais desenvolvem a *imunidade ativa natural* ao adquirir uma infecção natural, a qual inicia uma resposta imune adaptativa (Figura 24.13). A imunidade ativa natural resulta da exposição a antígenos em decorrência de infecções, frequentemente levando a uma imunidade protetora, conferida por anticorpos e células T. Por exemplo, praticamente todos os adultos já adquiriram imunidade ativa natural para muitas linhagens de vírus *influenza* e vírus de resfriados por meio das respostas imunes às infecções. A imunidade natural, no entanto, requer que uma infecção ocorra, o que em alguns casos pode envolver patógenos que são potencialmente perigosos.

A imunidade ativa é fundamental para a resistência a doenças infecciosas. Isto é conhecido devido a complicações causadas por defeitos genéticos e doenças que afetam o sistema imunitário. Por exemplo, pacientes que não produzem anticorpos devido a defeitos genéticos em suas células B são acometidos por sérias infecções por patógenos extracelulares, especialmente bactérias. Indivíduos com distúrbios genéticos que impedem o desenvolvimento de células T são acometidos por infecções recorrentes graves causadas por vírus e outros patógenos intracelulares. Os indivíduos com *síndrome da imunodeficiência combinada grave* (SCID, *severe combined immune deficiency syndrome*) possuem um defeito genético que impede a formação correta tanto de células B quanto de células T; eles não possuem nenhuma imunidade adaptativa eficiente e morrem de múltiplas infecções recorrentes (Figura 24.12), a menos que recebam terapia suporte, como um transplante de medula óssea e antibióticos. A imunodeficiência também

**Figura 24.13** **Imunidade natural e passiva.** Fotos, da esquerda para a direita: (1) O sarampo infantil apresentando a erupção cutânea sistêmica típica do sarampo. A imunidade ativa natural requer a infecção por um patógeno para ativar a resposta imune adaptativa. (2) Um cartaz de 1934, do governo dos Estados Unidos, promovendo a amamentação. A imunidade passiva natural ocorre quando a imunidade é transferida de um indivíduo para outro, por meios naturais, como a transferência de anticorpos no leite materno. (3) A vacinação por inalação nasal de antígeno. A imunidade ativa artificial ocorre por meio da exposição a antígenos específicos por meio de uma vacina. (4) As cascavéis-madeira produzem um veneno altamente potente. Um antiveneno, que consiste em anticorpos antiveneno da cascavel-madeira purificados, pode ser preparado em cavalos e a imunidade passiva artificial pode ser conferida a uma vítima de picada de cobra, injetando-se o antiveneno na vítima.

**Tabela 24.3 Imunidade ativa e passiva**

| *Imunidade ativa* | *Imunidade passiva* |
|---|---|
| Exposição ao antígeno; imunidade é obtida pela injeção do antígeno, ou por uma infecção | Não há exposição ao antígeno; a imunidade é obtida pela injeção de anticorpos ou células T reativas ao antígeno |
| Resposta imune específica obtida por imunidade individual | Resposta imune específica obtida em hospedeiro secundário que doa anticorpos ou células T |
| Sistema imune ativado contra o antígeno; memória imune como resultado | Não há ativação do sistema imune; não há memória imune |
| A resposta imune pode ser mantida pela estimulação de células de memória (i.e., imunização de reforço) | A imunidade não pode ser mantida e decai rapidamente |
| O estado imune desenvolve-se em um período de semanas | A imunidade desenvolve-se imediatamente |

pode ser provocada por reações tóxicas a drogas, contaminantes ambientais ou infecções. Por exemplo, a perda da resposta imune adaptativa é a característica que define a *síndrome da imunodeficiência adquirida* (*Aids*). Em pacientes com Aids, a infecção pelo vírus da imunodeficiência humana (HIV, *human immunodeficiency virus*) provoca a depleção das células Th, resultando em uma ausência de imunidade efetiva (**Figura 24.14**). Nos casos de imunodeficiência, as consequências são similares; os pacientes sofrem com infecções recorrentes potencialmente fatais.

A *imunidade passiva natural* (Figura 24.13) ocorre quando uma pessoa não imune adquire células imunes pré-formadas ou anticorpos, por meio da transferência natural de células, ou anticorpos a partir de uma pessoa imune. Por exemplo, por vários meses após o nascimento, os recém-nascidos possuem anticorpos IgG maternos em seu sangue; estes anticorpos protetores são transferidos por meio da placenta antes do nascimento. Similarmente, anticorpos IgA são também transferidos ao recém-nascido pelo leite materno. Em ambos os casos, os anticorpos que protegem a criança são produzidos pela mãe e são passivamente adquiridos por meios naturais. Esses anticorpos pré-formados conferem proteção contra doenças, enquanto o sistema imune do recém-nascido está em processo de maturação.

## Imunidade passiva artificial

Na *imunidade passiva artificial*, o indivíduo que recebe os anticorpos não desempenha nenhum papel ativo na produção destes anticorpos; ele ou ela recebe anticorpos pré-formados por meio da injeção de um *antissoro* (soro contendo anticorpos do sangue de um indivíduo imune) ou anticorpos purificados (imunoglobulinas) derivados de um indivíduo imune. Estes anticorpos desaparecem gradualmente do corpo e uma exposição tardia ao antígeno não pode provocar uma resposta secundária.

A imunidade passiva artificial é utilizada para prevenir ou curar doenças infecciosas agudas como o tétano, ou no tratamento de picadas por animais peçonhentos (Figura 24.13). Células ou anticorpos de um indivíduo imune são transferidos para um indivíduo não imune. Por exemplo, o antissoro tetânico pode ser administrado para imunizar passivamente um indivíduo suspeito de ter sido exposto ao *Clostridium tetani*, em decorrência de um ferimento traumático, como um acidente automobilístico. A injeção de anticorpos fornece uma proteção imune imediata contra a toxina tetânica. A preparação contendo anticorpos é conhecida como *antissoro*, *antitoxina* se os anticorpos são dirigidos contra uma toxina, ou *antiveneno* se os anticorpos são direcionados contra um veneno. Os antissoros são obtidos de animais imunizados como cavalos, ou indivíduos com níveis elevados de anticorpos. A associação de imunoglobulinas do soro de uma quantidade determinada de indivíduos também é utilizada para a imunização passiva na prevenção de certas doenças virais, uma vez que a união de vários soros contém anticorpos contra diversos patógenos comuns, como a hepatite A.

## Imunidade ativa artificial: vacinação

**Vacinação** ou **imunização** é a indução proposital e artificial de imunidade ativa, e consiste na principal arma para o tratamento e prevenção de muitas doenças infecciosas. A imunidade artificial pode ser induzida ativamente por meio da injeção de um patógeno ou seus produtos em um indivíduo (Figura 24.13).

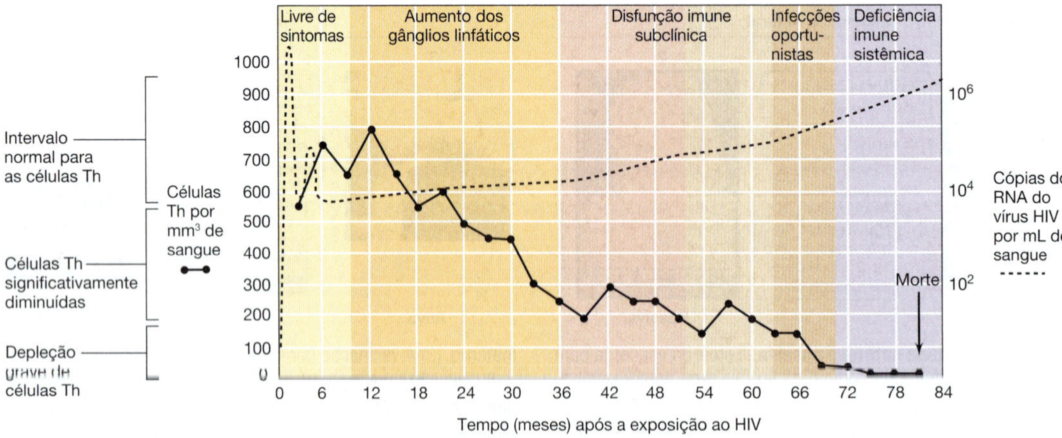


**Figura 24.14 Declínio de linfócitos T auxiliares (Th) e progresso do HIV/Aids.** Uma infecção não tratada pelo HIV progride à Aids. O número e a capacidade funcional das células Th diminuem gradualmente, enquanto a carga viral, medida por cópias de RNA HIV-específicas por mililitro de sangue, aumenta após um declínio inicial. A falta de uma resposta imune efetiva leva a um aumento das infecções com risco de vida e a morte.

O objetivo é produzir uma resposta imune protetora contra o patógeno. Na imunidade ativa, a introdução do antígeno induz alterações no hospedeiro: o sistema imune produz anticorpos em uma resposta primária e, o mais importante, produz uma grande quantidade de células imunes de memória. Uma segunda dose ("reforço") do mesmo antígeno resulta em uma resposta mais rápida, a qual é expressa em concentrações muito mais elevadas de anticorpos e de células T devido à memória, ou resposta imune secundária. A imunidade ativa pode permanecer por toda a vida, como resultado da memória imune.

A imunidade ativa artificial é utilizada para proteger um indivíduo contra um ataque futuro por um patógeno, porém demanda vários dias ou semanas para induzir uma imunidade protetora. Por exemplo, a imunização com toxoide tetânico, uma versão não tóxica da exotoxina de *C. Tetani* (tétano), protege a pessoa sem contatos futuros com a exotoxina, mas não é uma terapia eficaz para a vítima de trauma do acidente automobilístico citada anteriormente, pois uma imunidade adaptativa eficiente leva uma semana ou mais para se desenvolver.

## Vacinas

O antígeno ou a mistura de antígenos utilizados para induzir a imunidade ativa artificial são também referidos como uma **vacina**, ou um *imunógeno*. Um resumo das doenças para as quais existem vacinas para uso humano é apresentado na **Tabela 24.4**. A imunização com uma vacina desenvolvida visando a obtenção de uma imunidade ativa artificial pode apresentar riscos de infecção ou outras reações adversas. Para reduzir os riscos, os patógenos ou seus produtos são frequentemente inativados, ou são modificados para apresentarem-se inofensivos. Por exemplo, muitos imunógenos consistem em patógenos mortos por agentes químicos como fenol ou formaldeído, ou por agentes físicos, como o calor. O formaldeído é também utilizado para inativar vírus vacinais, como no caso da vacina inativada contra a poliomielite (Salk). De modo similar, a forma ativa de muitas exotoxinas não pode ser utilizada como um imunógeno devido a seus efeitos tóxicos. Muitas exotoxinas, no entanto, podem ser modificadas quimicamente de forma a reter sua antigenicidade e perder a toxicidade. Tal exotoxina modificada é denominada **toxoide**. Os toxoides, como a vacina para a exotoxina de *C. tetani*, podem ser administrados de maneira segura. As vacinas de toxoides induzem uma imunidade protetora antitoxina duradoura. Em outros casos, os componentes antigênicos são extraídos do patógeno crescido *in vitro*, purificados e então injetados como uma vacina. Um exemplo é o caso de algumas vacinas pneumocócicas; elas consistem em uma mistura de antígenos polissacarídicos capsulares pneumocócicos derivados das linhagens patogênicas mais comuns.

A imunização empregando células ou vírus vivos é geralmente mais eficiente que a imunização com materiais mortos ou inativados. Frequentemente, é possível isolar uma linhagem mutante de um patógeno, o qual perdeu sua virulência, mas que ainda possui os antígenos imunizantes; linhagens desse tipo são denominadas *linhagens atenuadas* (Seção 27.6). Contudo, pelo fato de as linhagens atenuadas serem ainda viáveis, alguns indivíduos, especialmente aqueles imunocomprometidos, podem adquirir a doença ativa. Ocorreram casos graves de doenças decorrentes de infecções transmitidas pela vacina em indivíduos imunocomprometidos, como, por exemplo, por vacinas atenuadas contra a poliomielite e vacinas contra a varíola.

**Tabela 24.4** Vacinas contra doenças infecciosas em seres humanos

| *Doença* | *Tipo de vacina utilizada* |
|---|---|
| **Doenças bacterianas** | |
| Antraz | Toxoide |
| Cólera | Células mortas ou extrato celular (*Vibrio cholerae*) |
| Difteria | Toxoide |
| Meningite por *Haemophilus influenzae* tipo b | Vacina conjugada (polissacarídeo de *Haemophilus influenzae* tipo b conjugado à proteína) |
| Meningite | Polissacarídeos purificados de *Neisseria meningitidis* |
| Febre paratifoide | Bactérias mortas (*Salmonella enterica* sorovar *paratyphi*) |
| Coqueluche | Bactérias mortas (*Bordetella pertussis*) ou proteínas acelulares |
| Peste bubônica | Células mortas ou extrato celular (*Yersinia pestis*) |
| Pneumonia (bacteriana) | Polissacarídeo purificado de *Streptococcus pneumoniae* ou o conjugado polissacarídeo-toxoide |
| Tétano | Toxoide |
| Tuberculose | Linhagem atenuada de *Mycobacterium tuberculosis* (BCG) |
| Febre tifoide | Bactérias mortas (*Salmonella enterica* sorovar *typhi*) |
| Tifo | Bactérias mortas (*Rickettsia prowazekii*) |
| **Doenças virais** | |
| Hepatite A | Vacina de DNA recombinante |
| Hepatite B | Vacina de DNA recombinante ou vírus inativado |
| Papilomavírus humano (HPV) | Vacina de DNA recombinante |
| Gripe (sazonal) | Vírus inativado ou atenuado |
| Gripe (H1N1) | Vírus inativado ou atenuado |
| Encefalite japonesa | Vírus inativado |
| Sarampo | Vírus atenuado |
| Varíola do macaco | Vírus de reação cruzada (vaccínia) |
| Caxumba | Vírus atenuado |
| Poliomielite | Vírus atenuado |
| Raiva | Vírus atenuado (Sabin) ou vírus inativado (Salk) |
| Rotavírus | Vírus inativado (seres humanos) ou vírus atenuado (cães e outros animais) |
| Rubéola | Vírus atenuado |
| Varíola | Vírus de reação cruzada (vaccínia) |
| Varicela (catapora/cobreiro) | Vírus atenuado |
| Febre amarela | Vírus atenuado |

Muitas vacinas virais efetivas são vacinas vivas atenuadas. Vacinas atenuadas tendem a proporcionar uma imunidade de longa duração mediada por célula T, bem como uma intensa imunidadede anticorpos, além de uma forte resposta secundária após a revacinação ou infecção como patógeno-alvo. No entanto, linhagens vacinais atenuadas são difíceis de serem selecionadas, padronizadas e mantidas. Vacinas vivas atenuadas, como a maioria das vacinas contra o sarampo, possuem uma vida útil limitada e necessitam de refrigeração para o seu armazenamento. Vacinas de vírus mortos, por outro lado, tendem a proporcionar respostas imunes de curta duração, com uma memória de longo prazo menor, porém a sua potência é relativamente fácil de ser mantida e armazenada por longos períodos de tempo.

A maioria das vacinas bacterianas é fornecida como antígenos inativados, como toxoides que protegem contra o tétano e a difteria. Uma vacina inativada acelular atual contra a coqueluche (tosse comprida) consiste nos antígenos da toxina pertússis da coqueluche (PT) e da hemaglutinina filamentosa (FHA). Vacinas bacterianas inativadas induzem proteção mediada por anticorpos, sem exposição dos indivíduos a que se destinam ao risco de infecção, porém as respostas primária e secundária são um tanto variáveis em cada vacina e indivíduo, exigindo reimunização periódica para o estabelecimento e manutenção da imunidade.

## Práticas de imunização

Os recém-nascidos adquirem a imunidade passiva natural a partir dos anticorpos maternos transferidos por meio da placenta ou pelo leite materno. Como resultado, os bebês são relativamente imunes às doenças infecciosas comuns, durante os primeiros seis meses de vida. No entanto, assim que possível, os bebês devem ser imunizados para prevenir doenças infecciosas chave, para que sua própria imunidade ativa substitua a imunidade passiva materna. Conforme discutido na Seção 24.3, uma única exposição ao antígeno não resulta em altos *títulos* de anticorpos, ou quantidades de anticorpos. Após uma imunização inicial, uma série de imunizações secundárias ou de "reforço" é administrada para produzir uma resposta secundária e um alto título de anticorpos. As recomendações atuais de vacinação nos Estados Unidos são apresentadas na Figura 24.15.*

A importância da imunização no controle de doenças infecciosas é bem estabelecida. Por exemplo, a introdução de uma vacina eficaz em uma população reduziu a incidência de doenças infantis anteriormente epidêmicas, como sarampo, caxumba e rubéola (Seção 29.6) e eliminou completamente a varíola (Seção 28.8). O grau de imunidade obtido pela vacinação, no entanto, varia significativamente de acordo com o indivíduo, bem como com a qualidade e quantidade da vacina. A imunidade por toda a vida é raramente obtida por uma única injeção, ou mesmo uma série de injeções, e as células imunes e os anticorpos induzidos pela imunização gradualmente desaparecem do corpo. Por outro lado, infecções naturais podem estimular respostas de memória. Na ausência completa da estimulação antigênica, a duração da imunidade efetiva varia consideravelmente com diferentes vacinas. Por exemplo, a imunidade protetora contra o tétano a partir da imunização com o toxoide pode durar vários anos, mas não é vitalícia. Assim, as recomendações atuais preconizam a reimunização de adultos a cada 10 anos, para manter a imunidade protetora. A imunidade induzida por uma determinada vacina inativada contra um vírus da gripe desaparece no período de 1 a 2 anos quando não há a reimunização por uma infecção ativa ou revacinação.

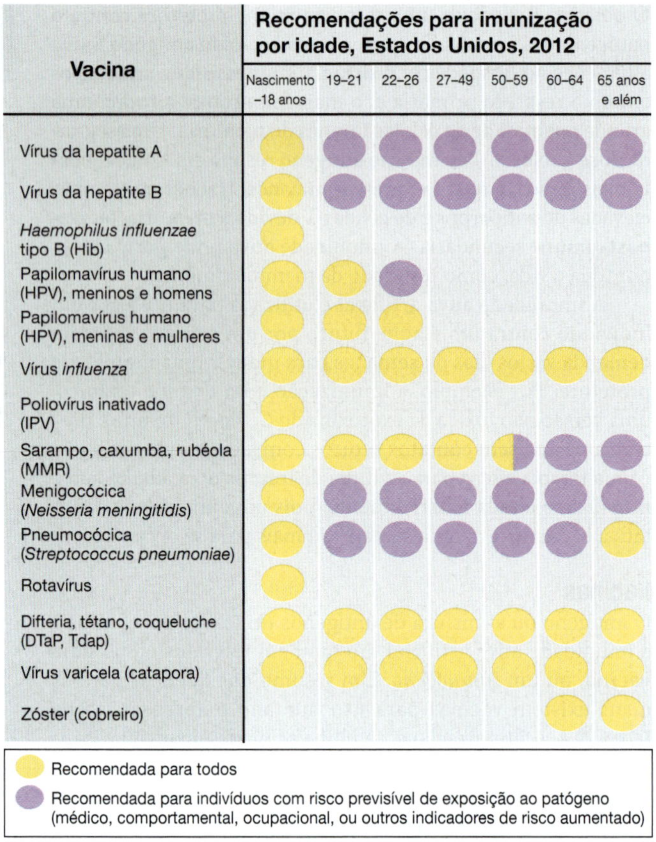


**Figura 24.15 Imunizações recomendadas para crianças e adultos nos Estados Unidos.** Este cronograma de imunização foi definido pelo Centers for Disease Control and Prevention, em Atlanta, Geórgia, em 2012. O *website* do Programa Nacional de Vacinas e Imunização do CDC (http://www.cdc.gov) apresenta recomendações específicas em relação aos períodos e ao número de imunizações para todas as faixas etárias, e fornece ainda instruções especiais para viajantes internacionais, mulheres em idade fértil e indivíduos com condições médicas específicas como imunodeficiências e doenças crônicas.

As imunizações trazem benefícios para os indivíduos prevenindo as doenças agudas, além de favorecerem toda a população. A *imunidade coletiva* é o conceito de que as infecções não conseguem se espalhar adequadamente em populações com grandes proporções de indivíduos imunes. A imunização é, dessa forma, uma importante ferramenta para os programas de controle de doenças infecciosas.

**MINIQUESTIONÁRIO**

- Diferencie entre a imunidade ativa natural e artificial, e entre a imunidade passiva natural e artificial.
- Reveja as recomendações de vacinação para os indivíduos em seu grupo de idade. Como estas imunizações ativas artificiais beneficiam o indivíduo imunizado? A população?

# 24.7 Estratégias de imunização

Historicamente, a maioria das vacinas é produzida a partir de patógenos inteiros inativados ou atenuados. Atualmente, métodos de engenharia genética podem gerar antígenos derivados de patógenos para utilização como vacinas, evitando completamente a exposição a patógenos inteiros vivos ou mortos.

* N. de R.T. As vacinas constantes do calendário nacional de vacinação disponibilizados pelo Ministério da Saúde Brasileiro podem ser encontrados no endereço eletrônico www.portalsaude.saude.gov.br.

## Vacinas sintéticas ou produzidas por engenharia genética

No Capítulo 11, discutimos como as ferramentas de engenharia genética podem ser utilizadas para sintetizar novos genes e proteínas. A abordagem alternativa mais simples para o desenvolvimento de vacinas consiste na utilização de *peptídeos sintéticos*. Para se produzir uma vacina, um engenheiro genético pode sintetizar um peptídeo correspondente a um antígeno conhecido de um agente infeccioso. Por exemplo, a estrutura da toxina do vírus da febre aftosa, um importante patógeno de animais, é conhecida. Uma vez que toda a molécula proteica é tóxica, esta não pode ser utilizada como vacina. No entanto, um peptídeo sintético constituído por 20 aminoácidos é um importante determinante antigênico da proteína, porém o peptídeo é muito pequeno para ser uma vacina efetiva por si só. Então, os engenheiros genéticos acoplaram a versão sintética deste peptídeo pequeno a uma proteína grande e inócua que atua como uma molécula carreadora. A *vacina conjugada* sintética produz assim uma resposta protetora para o vírus da febre aftosa. Esta estratégia é uma grande promessa no desenvolvimento de vacinas para um grande número de patógenos, porém toda a sequência da proteína associada à doença deve ser conhecida, e um antígeno protetor reconhecido pelos linfócitos deve ser identificado antes que uma vacina eficaz possa ser construída. Entretanto, as sequências genômicas completas de muitos patógenos são atualmente conhecidas, fornecendo, assim, a informação necessária para se identificar os determinantes antigênicos de cada uma delas.

Duas vacinas conjugadas amplamente disponíveis acoplam o extrato bacteriano polissacarídico a uma proteína toxoide, desencadeando uma resposta imune mais robusta, com uma melhor memória imunológica do que a injeção do antígeno polissacarídico sozinho. Uma vacina pneumocócica utiliza o polissacarídeo pneumocócico acoplado ao toxoide diftérico (**Figura 24.16**). Do mesmo modo, a vacina contra o *Haemophilus influenzae* tipo b (Hib) utiliza o polissacarídeo de Hib acoplado ao toxoide tetânico. Antígenos polissacarídeos não são processados de forma eficiente pelas células B e, geralmente, proporcionam apenas uma resposta imune primária com pouca memória, porém a proteína conjugada ao toxoide é processada e ativa células Th2, resultando em uma resposta primária seguida por uma forte resposta secundária e memória imunológica.

A informação genômica é particularmente útil na produção de vacinas virais. Por exemplo, genes que codificam antígenos de praticamente qualquer vírus podem ser clonados no genoma do vírus vaccínia e serem expressos. A inoculação do vírus vaccínia modificado geneticamente pode ser realizada para induzir a imunidade ao produto do gene clonado. Tal preparação é denominada *vacina de vetor recombinante*. Esse método depende da identificação e clonagem do gene que codifica o antígeno, bem como da capacidade de o vírus vaccínia expressar o gene clonado como uma proteína antigênica. Uma vacina vaccínia-raiva recombinante efetiva foi desenvolvida para uso em animais. (Métodos de DNA recombinante para o desenvolvimento de vacinas foram discutidos na Seção 11.14).

Outra estratégia de imunização envolve a utilização de proteínas oriundas de DNA recombinante como imunógenos (ver Explore o mundo microbiano: vacinas e saúde pública). Inicialmente, um gene do patógeno deve ser clonado em um hospedeiro microbiano apropriado, que expresse a proteína codificada pelo gene clonado. A proteína do patógeno pode ser coletada e utilizada como uma vacina; tal tipo de vacina é denominado *vacina de antígeno recombinante* (⇄ Seção 11.14). Por exemplo, a vacina atual contra o vírus da hepatite B é constituída pela principal proteína antigênica de superfície (HBsAg), expressa por células de levedura geneticamente modificadas. Uma vacina eficaz contra o papilomavírus humano (HPV) é também uma vacina recombinante produzida em células de levedura.

UNIDADE 5

## Vacinas de DNA

Um novo método de imunização baseia-se na expressão de genes clonados nas células do hospedeiro. *Vacinas de DNA* são plasmídeos bacterianos contendo o DNA clonado com o an-

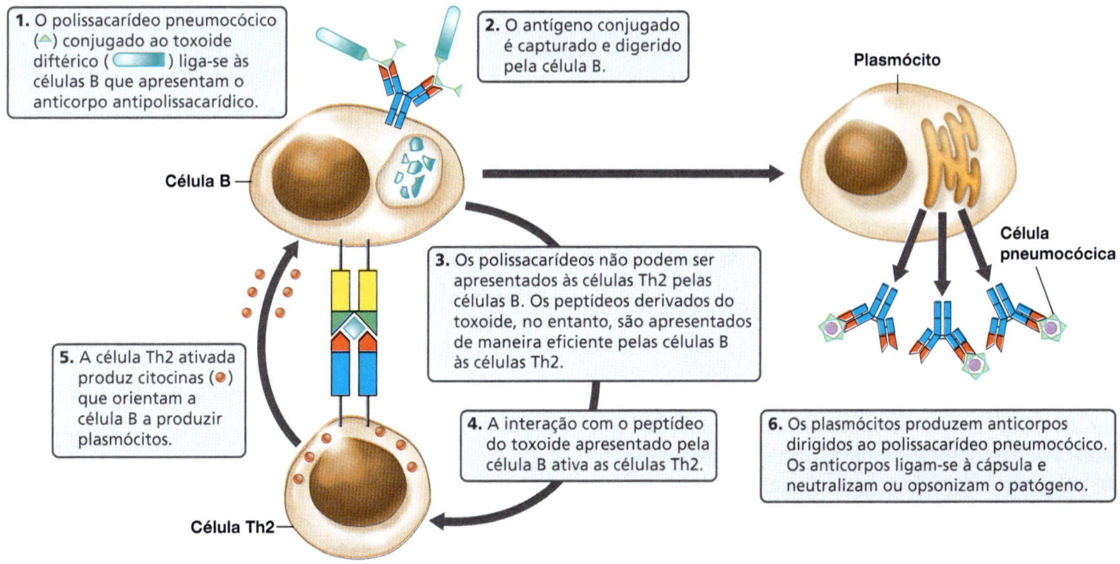


**Figura 24.16** **Vacinas conjugadas.** As vacinas conjugadas, como o polissacarídeo de *Streptococcus pneumoniae* (pneumococos) conjugado covalentemente ao toxoide diftérico, e o polissacarídeo de *Haemophilus influenzae* tipo b (Hib) acoplado ao toxoide tetânico, produzem uma imunidade efetiva a antígenos polissacarídicos. Polissacarídeos são imunógenos fracos na ausência de proteínas transportadoras, tais como os toxoides.

# EXPLORE O MUNDO MICROBIANO

## Vacinas e saúde pública

Várias linhagens do papilomavírus humano (HPV) infectam cerca de 75% dos indivíduos sexualmente ativos e causam verrugas genitais, bem como cânceres vulvar, vaginal e cervical em mulheres infectadas (**Figura 1**), e verrugas genitais e câncer anal no homem. Nos Estados Unidos, aproximadamente 12.000 mulheres desenvolvem câncer cervical a cada ano, e cerca de 4.000 morrem. Em todo o mundo, cerca de meio milhão de mulheres desenvolvem câncer cervical anualmente e cerca de 250.000 morrem em decorrência disso. As vacinas direcionadas a antígenos do HPV são altamente protetoras contra a infecção viral, e previnem as verrugas genitais e os cânceres causados pelos HPVs-alvo.

Duas vacinas contra o HPV são aprovadas para uso. Uma destas vacinas, a *Gardasil*, é dirigida contra os HPVs dos tipos 6, 11, 16 e 18. Outra vacina, a *Cervarix*, é eficiente contra os HPVs 16 e 18, duas linhagens que respondem por 70% dos cânceres cervicais e 90% das verrugas genitais (Figura 1). A *Gardasil* foi aprovada para o uso em mulheres e homens entre 9 e 26 anos de idade, e a *Cervarix* é aprovada para uso em mulheres com idades entre 9 e 25. A imunização é recomendada para mulheres e homens com idades entre 9 e 26.

As vacinas são preparações de partículas virais similares a vírus (VLPs, *virus like particles)*, constituídas pela proteína L1, principal proteína do capsídeo viral das linhagens de HPV. As proteínas L1 foram modificadas por engenharia genética, a fim de serem expressas na levedura *Saccharomyces cerevisiae* e serem liberadas pelo rompimento das células de levedura na forma de VLPs automontadas. Após a purificação, as VLPs são adsorvidas a um adjuvante químico, uma substância inócua que imobiliza as partículas, intensificando sua capacidade de serem fagocitadas após a injeção.

Uma vez que o HPV é responsável pela maioria dos cânceres cervicais, a imunização de indivíduos suscetíveis com vacinas contra o HPV linhagem-específicas prevenirá o aparecimento de muitos cânceres nos indivíduos imunizados. Entretanto, talvez tão importante quanto, a imunidade coletiva resultante da imunização de uma grande parcela da população interrompa significativamente a disseminação do vírus, conferindo proteção inclusive àqueles indivíduos que não foram imunizados (⇄ Seção 28.2). Modelos sugerem que a imunidade coletiva pode ser elevada a níveis significativos por meio da imunização de cerca de 80% das mulheres jovens. A imunização recomendada de meninos e homens pode fornecer a imunidade adicional necessária para interromper a transmissão das linhagens de HPV-alvo, sendo também eficaz na prevenção de verrugas genitais e cânceres anais nos homens. As vacinas contra o HPV são as únicas efetivas contra qualquer infecção sexualmente transmissível em seres humanos.

A vacina contra o HPV é um exemplo recente do desenvolvimento e da implementação de uma vacina efetiva, porém uma série de doenças infecciosas importantes ainda não pode ser prevenida por meio de vacinação. Por exemplo, não existem vacinas para a maioria das doenças diarreicas (2,2 milhões de mortes anuais no mundo) ou doenças respiratórias (cerca de 4 milhões de mortes anuais em todo o mundo), com as exceções notáveis das vacinas de *influenza* e pneumocócicas. Ainda não existem vacinas eficientes para três das doenças infecciosas mais letais do mundo: a tuberculose (1,5 milhão

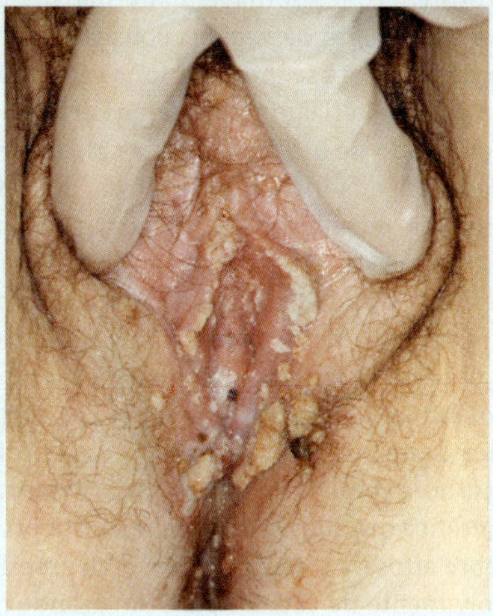

**Figura 1** **Verrugas genitais em uma mulher causadas pela infecção pelo papilomavírus humano.**

de mortes anuais em todo o mundo), a malária (cerca de 900.00 mortes anuais em todo o mundo) e HIV/Aids (2 milhões de mortes anuais em todo o mundo). Mesmo as vacinas efetivas possuem graves limitações. Por exemplo, as vacinas contra a gripe são eficientes por apenas um ano; estas são reformuladas a cada ano para atingir os antígenos H e N linhagem-específicos circulantes naquele período (⇄ Seções 28.2 e 28.11). Foi proposto o desenvolvimento de uma vacina universal contra a gripe que tenha como alvo um antígeno comum deste vírus, o M1, e a imunidade a todas as linhagens de *influenza* deveria ser induzida em uma única vacina. A imunogenicidade e a proteção contra a gripe fornecida por M1 e outros antígenos compartilhados, no entanto, não foi comprovada.

tígeno de interesse. Normalmente, a vacina é injetada por via intramuscular em um animal hospedeiro. Ao ser captado pelas células do hospedeiro, o DNA é transcrito e traduzido, produzindo as proteínas imunogênicas e desencadeando uma resposta imune convencional incluindo células Tc, Th1, e anticorpos dirigidos contra a proteína codificada pelo DNA clonado.

As estratégias de vacina de DNA podem oferecer vantagens significativas, quando comparada às imunizações convencionais. Por exemplo, como normalmente apenas um dos genes do patógeno é clonado em um plasmídeo e injetado, não há possibilidade de ocorrer uma infecção, como no caso das vacinas atenuadas. Genes de antígenos individuais, como antígenos tumorais específicos, podem ser clonados visando direcionar a resposta imune contra um componente celular em particular. Um único plasmídeo manipulado geneticamente codificando um antígeno pode ser utilizado para infectar as células hospedeiras e elicitar uma resposta imune completa, incluindo células T e anticorpos. Em pelo menos um caso, uma vacina experimental de DNA, consistindo em um complexo MHC-peptídeo manipulado geneticamente, protegeu camundongos da infecção por um papilomavírus produtor de câncer.

**MINIQUESTIONÁRIO**

- Identifique as estratégias alternativas de imunização já utilizadas em vacinas aprovadas.
- Quais as vantagens de estratégias alternativas de imunização em relação aos procedimentos tradicionais de imunização?

# III • Doenças da resposta imune

As reações imunes podem causar danos às células e doenças no hospedeiro. As respostas de **hipersensibilidade** são respostas imunes inapropriadas, que resultam em danos ao hospedeiro. As doenças de hipersensibilidade são categorizadas de acordo com os antígenos e os mecanismos efetores que produzem a doença. Aqui vamos discutir estas doenças, e aquelas produzidas por superantígenos, proteínas produzidas por determinadas bactérias e vírus. Superantígenos causam danos ao hospedeiro pela ativação de respostas inflamatórias imunes massivas.

## 24.8 Alergias, hipersensibilidade e autoimunidade

A **hipersensibilidade imediata** mediada por anticorpos é comumente denominada *alergia*. As reações mediadas por células também causam doenças semelhantes a alergias, mas devido ao aparecimento tardio dos sintomas estas reações mediadas por células são chamadas de **hipersensibilidade do tipo tardia** (**DTH**, *delayed-type hypersensitivity*). A **autoimunidade** é uma reação imune prejudicial dirigida contra antígenos próprios. Essas doenças são classificadas como hipersensibilidades dos tipos I, II, III e IV, com base nos efetores imunes, antígenos e sintomas (Tabela 24.5).

### Hipersensibilidade imediata

A hipersensibilidade imediata, ou hipersensibilidade do tipo I, é causada pela liberação de produtos vasoativos de mastócitos recobertos por anticorpos do tipo IgE (Figura 24.17). As reações de hipersensibilidade imediata ocorrem minutos após a exposição a um *alérgeno*, o antígeno que desencadeia a reação de hipersensibilidade do tipo I. Dependendo do indivíduo e do alérgeno, as reações de hipersensibilidade imediata podem ser bastante amenas ou causar uma reação de risco à vida, denominada *anafilaxia*.

Cerca de 20% da população sofre de alergias de hipersensibilidade imediata a pólen, bolores, pelos de animais, certos alimentos (morangos, nozes e frutos do mar), venenos de insetos, ácaros oriundos da poeira de casa, e outros agentes. A maioria dos alérgenos penetra no corpo pela superfície de membranas mucosas como as dos pulmões ou do intestino. A exposição inicial aos alérgenos estimula as células Th2 associadas às mucosas a produzirem citocinas, que induzem as células B a sintetizarem anticorpos do tipo IgE. Em vez de circularem como as IgG ou IgM, os anticorpos IgE alérgeno-específicos ligam-se aos receptores de IgE presentes em mastócitos (Figura 24.17). Os mastócitos são granulócitos imóveis (Seção 24.1), associados ao tecido conectivo adjacente aos capilares ao longo de todo o corpo. Após a exposição subsequente ao alérgeno imunizante, as moléculas de IgE ligadas aos mastócitos ligam-se ao antígeno. A ligação cruzada de duas ou mais IgEs por um antígeno desencadeia a liberação de mediadores alérgicos solúveis pelos mastócitos, um processo denominado *degranulação*. Esses mediadores provocam os sintomas alérgicos minutos após a exposição ao antígeno. Após a sensibilização inicial por um alérgeno, o indivíduo alérgico responde a cada reexposição subsequente ao antígeno.

Os mediadores químicos primários liberados pelos mastócitos são histamina e serotonina, aminoácidos modificados que provocam uma rápida dilatação dos vasos sanguíneos e contração dos músculos lisos, iniciando os sintomas que variam de um desconforto local leve ao *choque anafilático sistêmico*. Os sintomas locais normalmente incluem produção de muco; pele avermelhada; espirros; coceira, olhos lacrimejantes; e formigamento (Figura 24.18). Os sintomas do choque anafilático podem incluir vasodilatação (que causa uma queda acentuada na pressão sanguínea) e desconforto respiratório grave causado pela constrição dos músculos lisos nos pulmões. A anafilaxia grave é tratada imediatamente com epinefrina para reverter a contração da musculatura lisa, aumento da pressão sanguínea e facilitação da respiração. Sintomas alérgicos menos graves são tratados com fármacos denominados *anti-histamínicos*, que neutralizam o mediador histamina. O tratamento dos sintomas



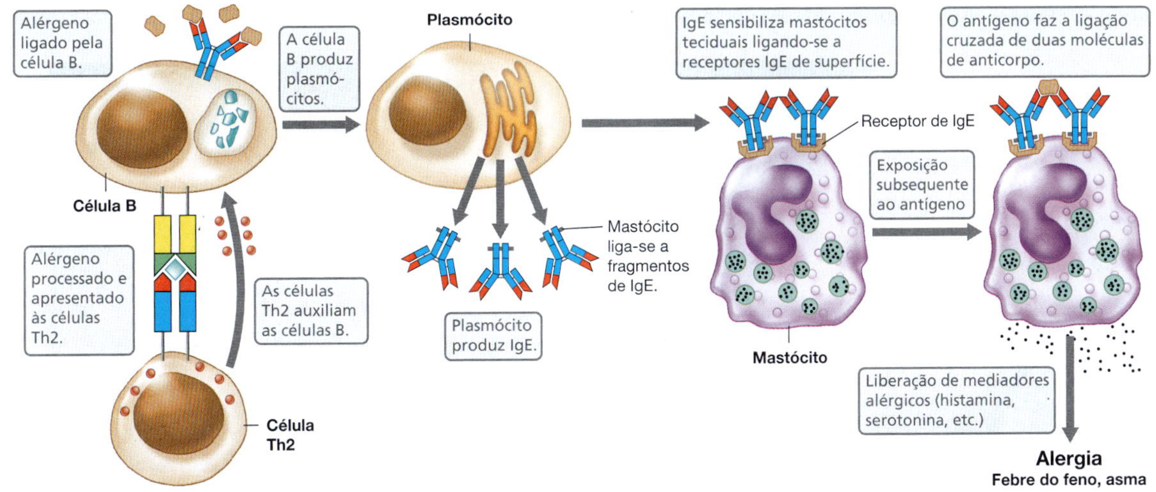


**Figura 24.17 Hipersensibilidade Imediata.** Certos antígenos, como pólen, estimulam a produção de IgE. A IgE liga-se a mastócitos por meio de um receptor de superfície de alta afinidade, sensibilizando o mastócito. O contato com o antígeno promove a ligação cruzada das IgEs de superfície, causando a liberação de mediadores solúveis como a histamina. Esses mediadores produzem sintomas que variam de alergias brandas a anafilaxias de risco à vida.

**Tabela 24.5 Hipersensibilidade**

| *Classificação* | *Descrição* | *Mecanismo imune* | *Tempo de latência* | *Exemplo* |
|---|---|---|---|---|
| Tipo I | Imediata | Sensibilização de mastócitos por IgE | Minutos | Reação a veneno de abelha (picada)<br>Febre do feno |
| Tipo II | Citotóxica[a] | Interação de IgG com antígenos de superfície celular | Horas | Reações a fármacos (penicilina) |
| Tipo III | Complexo imune | Interação de IgG com antígenos solúveis ou circulantes | Horas | Lúpus eritematoso sistêmico (LES) |
| Tipo IV | Tipo tardio | Ativação de macrófagos por células Th1 inflamatórias | Dias (24–48 h) | Hera venenosa<br>Teste de tuberculina |

[a]Doenças autoimunes podem ser causadas por reações dos tipos II, III ou IV.

pode também incluir o uso de fármacos anti-inflamatórios, como os esteroides. Finalmente, a imunização com doses crescentes do alérgeno pode ser realizada com a finalidade de promover uma mudança da produção de IgE para a produção de IgG e IgA. A IgG e a IgA interagem com o alérgeno, impedindo as interações com as IgEs nos mastócitos sensibilizados, interrompendo os sintomas alérgicos e inibindo a produção de mais IgE. Esse processo é conhecido como *dessensibilização*.

## Hipersensibilidade do tipo tardia

A hipersensibilidade do tipo tardia (DTH), ou hipersensibilidade do tipo IV, é uma hipersensibilidade mediada por células, caracterizada por danos tissulares devido às respostas inflamatórias produzidas por células Th1 (Tabela 24.5). Os sintomas da hipersensibilidade do tipo tardia surgem várias horas após uma exposição secundária ao antígeno, com uma resposta máxima ocorrendo geralmente em 24 a 48 horas. Antígenos típicos da DTH incluem vários compostos químicos que normalmente não são antigênicos, porém adquirem esta característica quando se ligam covalentemente a proteínas da pele, que podem criar novos antígenos e estimular uma resposta DTH. A hipersensibilidade a esses tipos de antígenos recém-criados é conhecida por *dermatite de contato* e resulta, por exemplo, em reações cutâneas à hera venenosa (**Figura 24.19**), bijuterias, cosméticos, látex e outros produtos químicos que reagem com os tecidos do hospedeiro. Várias horas após a segunda ou subsequente exposição ao antígeno, a pele começa a coçar no local do contato. Há o surgimento de vermelhidão e inchaço, muitas vezes com a destruição localizada do tecido sob a forma de bolhas, que atinge um pico máximo em alguns dias. O início tardio e o progresso da resposta inflamatória são as marcas características da reação de DTH. Como discutido abaixo, certos antígenos próprios também podem induzir respostas de DTH, resultando em uma doença autoimune.

Outro exemplo de hipersensibilidade do tipo tardia é o desenvolvimento de imunidade protetora contra o agente causador da tuberculose, *Mycobacterium tuberculosis* (Seção 29.4). Essa resposta imune celular foi descoberta por Robert Koch, em seus estudos clássicos sobre a tuberculose (Seção 1.8). Quando os antígenos derivados da bactéria são injetados por via subcutânea em uma pessoa previamente infectada por *M. tuberculosis*, ocorre uma reação cutânea denominada *reação de tuberculina*. Uma reação de tuberculina positiva se desenvolve plenamente em 24 a 48 horas (Figura 24.6), contrariamente à hipersensibilidade imediata mediada por IgE, que se desenvolve minutos após a exposição ao antígeno. Células Th1 estimuladas pelos antígenos de micobactéria liberam citocinas na região em que os antígenos foram introduzidos, que atraem e ativam um grande número de macrófagos que, por sua vez, produzem uma inflamação local característica incluindo intumescimento (endurecimento), edema, eritema, dor e aquecimento da pele. Os macrófagos ativados então ingerem e destroem os antígenos invasores. O teste cutâneo de tuberculina baseado em DTH determina a ocorrência de uma exposição atual ou prévia a *M. Tuberculosis*, ou a imunização com a vacina atenuada BCG para tuberculose.

Um grande número de doenças infecciosas desencadeadas por patógenos intracelulares incita respostas DTH. Estas incluem doenças bacterianas como a hanseníase, brucelose, psitacose; doenças virais como a caxumba; e doenças fúngi-

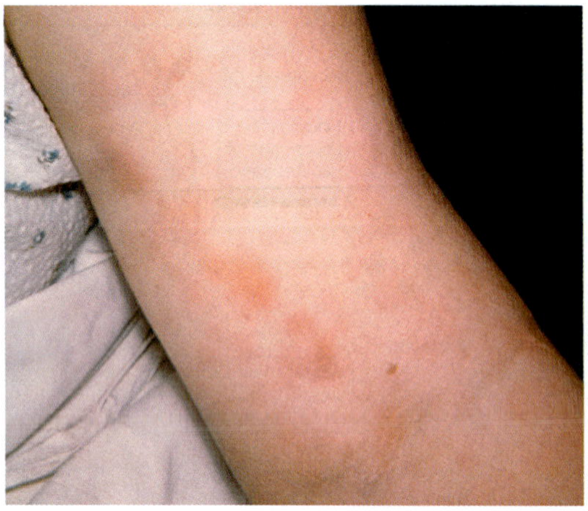


**Figura 24.18** **Urticária devido à hipersensibilidade imediata.** As áreas elevadas em vermelho são sintomas típicos após um contato com alérgenos que causam a hipersensibilidade imediata.

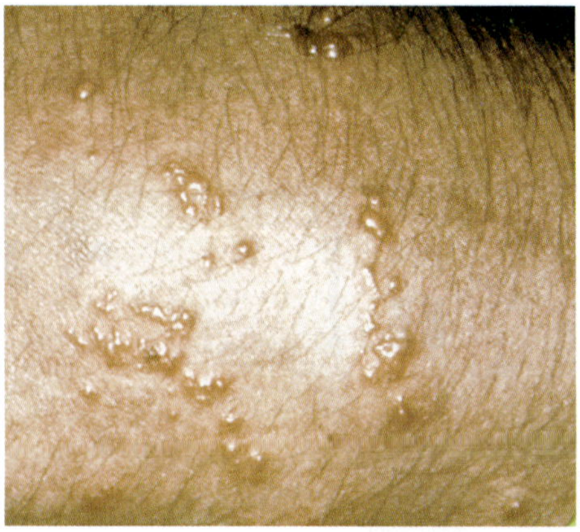


**Figura 24.19** **Hipersensibilidade do tipo tardia.** Bolhas após o contato com hera venenosa em um braço. A erupção cutânea aumentada aparece de 24 a 48 horas após a exposição a plantas do gênero *Rhus*, devido à ativação de macrófagos por células Th1 sensibilizadas aos antígenos *Rhus*.

cas como a coccidiodomicose, histoplasmose e blastomicose. Respostas cutâneas visíveis, específicas ao antígeno, similares à reação de tuberculina, ocorrem após a inoculação dos antígenos derivados dos patógenos, indicando uma exposição prévia àquele patógeno e imunidade mediada por Th1.

## Autoimunidade

À medida que os linfócitos se desenvolvem, células T e B que conseguem reagir com antígenos próprios são normalmente eliminadas. As doenças autoimunes acontecem quando estas células, em vez disso, são ativadas a produzirem reações imunes contra antígenos próprios (**Tabela 24.6**). Por exemplo, a DTH mediada por células Th1 pode causar respostas autoimunes dirigidas contra antígenos próprios, como no caso da resposta mediada por Th1 a antígenos derivados do cérebro na encefalite alérgica. No diabetes melito do tipo I (juvenil), as células Th1 direcionadas a antígenos nas células pancreáticas provocam reações inflamatórias que destroem as células beta produtoras de insulina do pâncreas. Entretanto, muitas doenças autoimunes são mediadas por **autoanticorpos**, anticorpos que interagem com antígenos próprios.

Em muitos casos, os anticorpos são direcionados contra certos antígenos órgão específicos. Por exemplo, na *doença de Hashimoto*, autoanticorpos são produzidos contra a tireoglobulina, um produto da glândula tireoide. Nesse caso, anticorpos contra a tireoglobulina ligam-se a proteínas do complemento, levando a uma inflamação local e destruição das células e função da glândula tireoide, as marcas características da hipersensibilidade do tipo II (Tabela 24.6).

O *lúpus eritematoso sistêmico* (LES) é um exemplo de uma doença causada por hipersensibilidade do tipo III. Essa doença e outras similares são causadas por autoanticorpos direcionados contra autoantígenos solúveis e circulantes. No LES, os antígenos incluem nucleoproteínas e DNA. Os anticorpos ligam-se às proteínas solúveis, formando complexos imunes insolúveis. A doença ocorre quando os complexos antígeno-anticorpo circulantes depositam-se em diferentes tecidos corpóreos, como rins, pulmões e baço. Nestes órgãos, os anticorpos fixam complemento, resultando em inflamação e danos celulares locais, frequentemente graves. Assim, a hipersensibilidade do tipo III é um distúrbio decorrente da formação de complexos imunes (Tabela 24.5).

Doenças autoimunes órgão-específicas são, algumas vezes, de mais fácil controle clínico que doenças que afetam múltiplos órgãos. Por exemplo, os produtos das atividades dos órgãos, como a tiroxina no hipotireoidismo autoimune, ou a insulina no diabetes juvenil, podem frequentemente ser supridos em sua forma pura, a partir de outra fonte. O LES, a artrite reumatoide e outras doenças autoimunes que afetam múltiplos órgãos e sítios podem frequentemente ser controlados somente por terapias imunossupressoras generalizadas, como pelo uso de fármacos esteroides. A imunossupressão geral, no entanto, aumenta significativamente as possibilidades de ocorrência de infecções oportunistas.

A hereditariedade influencia a incidência, o tipo e a gravidade das doenças autoimunes. Muitas doenças autoimunes estão fortemente relacionadas com a presença de certas proteínas do MHC (⇄ Seção 25.4). Estudos de doenças autoimunes modelos em camundongos sustentam tal vínculo genético, porém, as precisas condições necessárias ao desenvolvimento da autoimunidade podem também depender de outros fatores como infecções prévias, gênero, idade e estado de saúde. Por exemplo, a ocorrência de LES é provavelmente 20 vezes maior em mulheres que em homens.

**MINIQUESTIONÁRIO**

- Diferencie a hipersensibilidade imediata da hipersensibilidade do tipo tardia, em relação aos antígenos e efetores imunes.
- Dê exemplos e mecanismos de uma doença autoimune mediada por anticorpos direcionada contra um órgão específico e um exemplo envolvendo imunocomplexos circulantes.



**Tabela 24.6 Doenças autoimunes de seres humanos**

| *Doença* | *Órgão, célula ou molécula afetada* | *Mecanismo (tipo de hipersensibilidade)*[a] |
|---|---|---|
| Diabetes juvenil (diabetes melito dependente de insulina) | Pâncreas | Imunidade mediada por células e autoanticorpos contra antígenos de superfície e citoplasmáticos das células beta das ilhotas pancreáticas (II e IV) |
| Miastenia grave | Musculatura esquelética | Autoanticorpos contra receptores de acetilcolina nos músculos esqueléticos (II) |
| Síndrome de Goodpasture | Rim | Autoanticorpos contra a membrana basal dos glomérulos renais (II) |
| Artrite reumatoide | Cartilagem | Autoanticorpos contra IgGs próprias, que formam complexos que se depositam em articulações, causando inflamação e destruição da cartilagem (III) |
| Doença de Hashimoto (hipotireoidismo) | Tireoide | Autoanticorpos contra antígenos de superfície da tireoide (II) |
| Infertilidade masculina (alguns casos) | Espermatozoides | Autoanticorpos aglutinam espermatozoides do hospedeiro (II) |
| Anemia perniciosa | Fator intrínseco | Autoanticorpos impedem a absorção de vitamina $B_{12}$ (III) |
| Lúpus eritematoso sistêmico | DNA, cardiolipina, nucleoproteína, proteínas da coagulação sanguínea | Autoanticorpos respondem a vários constituintes celulares, resultando na formação de complexos imunes (III) |
| Doença de Addison | Glândulas suprarrenais | Autoanticorpos contra antígenos celulares da suprarrenal (II) |
| Encefalite alérgica | Cérebro | Resposta mediada por células contra o tecido cerebral (IV) |
| Esclerose múltipla | Cérebro | Resposta mediada por células e autoanticorpos contra o sistema nervoso central (II e IV) |

[a]Consultar a Tabela 24.5.

## 24.9 Superantígenos: superativação de células T

Discutimos os mecanismos de ação de várias categorias diferentes de toxinas bacterianas no Capítulo 23. A maioria das toxinas interage diretamente com as células do hospedeiro, causando danos aos tecidos. As endotoxinas, por exemplo, interagem diretamente com muitos tipos celulares e provocam a liberação de pirogênios endógenos e outros mediadores solúveis, produzindo febre e inflamação generalizada (Seção 24.5). A maioria das exotoxinas também interage diretamente com as células, promovendo danos celulares. No entanto, algumas exotoxinas, os superantígenos, agem indiretamente nas células do hospedeiro, subvertendo o sistema imune de forma que as células T e suas citocinas desencadeiem danos extensos às células hospedeiras (**Figura 24.20**).

**Superantígenos** são proteínas capazes de elicitar uma resposta muito intensa, porque ativam mais células T que uma resposta imune normal. Os superantígenos interagem diretamente com os TCRs e proteínas do MHC (**Figura 24.21**). Eles são produzidos por muitos vírus e bactérias. Os estreptococos e estafilococos, por exemplo, produzem vários superantígenos diferentes e muito potentes (Seções 29.2 e 29.9).

A interação do superantígeno com o TCR difere da ligação convencional entre o antígeno e o TCR apresentada na Figura 24.5. Antígenos exógenos convencionais, apresentados por uma proteína do MHC, ligam-se ao TCR em um sítio de ligação ao antígeno definido. Entretanto, os superantígenos ligam-se a um sítio no TCR localizado externamente ao sítio de ligação antígeno-específico do TCR. Um superantígeno liga-se a todos os TCRs que apresentam uma estrutura similar, sendo que vários TCRs diferentes compartilham a mesma estrutura externamente ao sítio de ligação do antígeno. Em alguns casos, os superantígenos podem ligar-se a 5 a 25% de todas as células T, sendo que menos de 0,01% de todas as células T disponíveis interagem com um antígeno convencional exógeno em uma resposta imune típica. Os superantígenos também ligam-se às moléculas de MHC de classe II presentes em APCs, novamente em um sítio específico, fora do sítio normal de ligação ao peptídeo. Essas interações mimetizam a apresentação antigênica convencional e estimulam um grande número de células T a dividirem-se e crescerem. Como nas respostas convencionais, as células T ativadas produzem citocinas que estimulam outras células, como macrófagos e outros fagócitos. A produção maciça de citocinas pela grande proporção de células T ativadas pelo superantígeno desencadeia uma resposta mediada por células disseminadas, caracterizada por reações inflamatórias sistêmicas. Os sintomas resultantes, febre, diarreia, vômitos, produção de muco, e até choque sistêmico, podem ser fatais em casos extremos. Clinicamente, o choque por superantígenos é indistinguível do choque séptico (Seção 24.5).

Uma doença muito comum provocada por superantígenos é a intoxicação alimentar por *Staphylococcus aureus*, caracterizada por febre, vômitos e diarreia, e desencadeada por uma das várias enterotoxinas superantigênicas estafilocóccicas. *S. aureus* também produz o superantígeno responsável pela *síndrome do choque tóxico* (Figura 24.20). *Streptococcus pyogenes* produz uma toxina eritrogênica, o superantígeno responsável pela escarlatina (Seção 29.2).

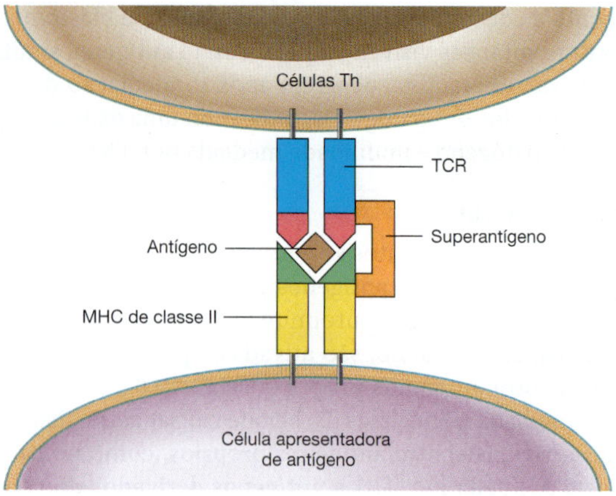


**Figura 24.21 Superantígenos.** Os superantígenos se ligam a regiões conservadas tanto da molécula do MHC quanto ao TCR, em posições externas ao sítio normal de ligação. Os superantígenos interagem com um grande número de células T, causando ativação em larga escala destas células, liberação de citocinas e inflamação sistêmica..

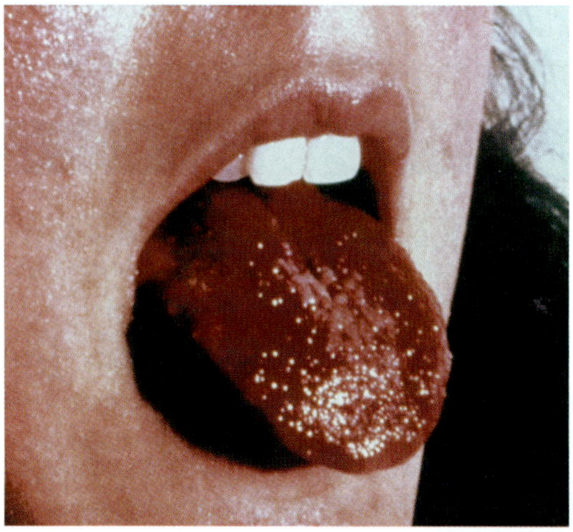


**Figura 24.20 Síndrome do choque tóxico.** Este indivíduo apresenta a "língua de morango," um sintoma da síndrome do choque tóxico causado por um superantígeno de *Staphylococcus aureus*.

**MINIQUESTIONÁRIO**

- Diferencie a ativação normal de células T e aquela causada por superantígenos.Identifique o sítio de ligação dos superantígenos nas células T e nas APCs.

## CONCEITOS IMPORTANTES

**24.1** • Células envolvidas na imunidade inata e na adaptativa são originadas a partir de células-tronco da medula óssea. Os sistemas sanguíneo e linfático circulam células e proteínas que são componentes importantes da resposta imune. Vários leucócitos diferentes participam das respostas imunes em todas as partes do corpo.

**24.2** • A imunidade inata é uma resposta protetora natural à infecção, caracterizada pelo reconhecimento de padrões moleculares associados a patógenos comuns. Os fagócitos reconhecem esses padrões por meio de receptores de reconhecimento de padrão pré-formados, e o processo de reconhecimento e interação estimula os fagócitos a destruirem os patógenos.

**24.3** • A imunidade adaptativa é desencadeada por interações específicas de células T com os antígenos apresentados nas APCs. Os antígenos peptídicos embebidos em proteínas MHC são apresentados às células T. As células Tc matam as células-alvo portadoras do antígeno diretamente. As células Th agem por meio de citocinas para promover reações imunes. As células Th1 iniciam a inflamação e a imunidade ativando macrófagos.

**24.4** • As células Th2 estimulam as células B que foram expostas a antígenos a se diferenciarem em plasmócitos, que produzem então anticorpos. Os anticorpos são proteínas solúveis, antígeno-específicas, que interagem com os antígenos. Os anticorpos fornecem alvos para a interação com proteínas do sistema do complemento, resultando na destruição dos antígenos por meio de lise ou opsonização.

**24.5** • A inflamação, caracterizada por dor, inchaço (edema), vermelhidão (eritema) e calor, é sintoma normal e geralmente desejável devido à ativação de efetores da resposta imune inespecíficos. A inflamação sistêmica não controlada, chamada de choque séptico, pode levar a doenças graves e morte.

**24.6** • A imunidade adaptativa desenvolve-se naturalmente e de forma ativa por meio de respostas imunes a infecções, ou naturalmente e passivamente por meio da transferência de anticorpos da placenta ou do leite materno. A incapacidade de se gerar uma resposta imune inata ou adaptativa resulta em infecções recorrentes e incontroláveis. A imunidade passiva artificial ocorre quando anticorpos ou células imunes são transferidos a partir de um indivíduo imune a um indivíduo não imune. A imunização induz a imunidade ativa artificial e é amplamente utilizada na prevenção de doenças infecciosas. As vacinas são produzidas a partir de patógenos inativados ou atenuados, a partir de produtos de patógenos, ou de antígenos geneticamente modificados.

**24.7** • Estratégias de imunização utilizando moléculas derivadas da bioengenharia eliminam a exposição aos microrganismos e, em alguns casos, até mesmo ao antígeno proteico. A aplicação destas estratégias propicia o surgimento de vacinas mais seguras que têm como alvo antígenos de patógenos individuais.

**24.8** • Hipersensibilidade é a indução por antígenos exógenos de respostas imunes mediadas por células ou mediadas por anticorpos, que causa danos ao tecido hospedeiro. Na autoimunidade, a resposta imune é direcionada contra antígenos próprios. Os danos ao tecido hospedeiro são causados pela inflamação produzida por mecanismos imunes.

**24.9** • Os superantígenos são componentes de determinados patógenos bacterianos e virais que se ligam e ativam um grande número de células T. As células T ativadas pelos superantígenos podem produzir doenças caracterizadas por reações inflamatórias sistêmicas.



## REVISÃO DOS TERMOS-CHAVE

**Anticorpo** proteína solúvel produzida por células B e plasmócitos que interage com antígenos; também denominado imunoglobulina.

**Antígeno** molécula capaz de interagir com componentes específicos do sistema imune.

**Autoanticorpo** um anticorpo que reage com antígenos próprios.

**Autoimunidade** uma reação imune prejudicial direcionada a antígenos próprios.

**Célula apresentadora de antígeno** um macrófago, célula dendrítica ou célula B que capta e processa o antígeno, e o apresenta a uma célula T-auxiliar.

**Célula B** linfócito que possui imunoglobulinas como receptores de superfície, produz imunoglobulinas e pode apresentar antígenos às células T.

**Célula dendrítica** célula fagocítica apresentadora de antígenos encontrada em vários tecidos corporais; transporta antígenos para os órgãos linfoides secundários.

**Célula T** linfócito que interage com antígenos por meio de um receptor de células T para antígenos; as células T são divididas em subconjuntos funcionais, incluindo as células T citotóxicas (Tc) e as células T auxiliares (Th). As células Th são ainda subdivididas em células Th1 (inflamatórias) e células Th2, que ajudam as células B na formação de anticorpos.

**Célula-tronco** célula progenitora capaz de desenvolver-se em vários tipos de células.

**Citocina** proteína solúvel produzida por leucócitos que modula uma resposta imune.

**Clone** cópia de um linfócito reativo a um antígeno.

**Complexo principal de histocompatibilidade (MHC)** região genética que codifica várias proteínas importantes no processamento e apresentação de antígenos. As proteínas do MHC de classe I são expressas em todas as células. As proteínas do MHC de classe II são expressas apenas em células apresentadoras de antígenos.

**Especificidade** capacidade da resposta imune de interagir com antígenos individuais.

**Fagócito** célula que engloba partículas exógenas, e pode ingerir, matar e digerir a maioria dos patógenos.

**Hipersensibilidade** resposta imune que leva a danos aos tecidos do hospedeiro.

**Hipersensibilidade do tipo tardia (DTH)** resposta inflamatória alérgica mediada por linfócitos Th1

**Hipersensibilidade imediata** resposta alérgica mediada por produtos vasoativos liberados por mastócitos teciduais sensibilizados por IgE.

**Imunidade** a habilidade de um organismo resistir a infecções.

**Imunidade adaptativa** a capacidade adquirida de reconhecer e destruir um patógeno em particular ou seus produtos, a qual é dependente de uma exposição prévia ao patógeno ou seus produtos; também chamada de imunidade específica e imunidade antígeno-específica.

**Imunidade inata** capacidade não induzível de reconhecer e destruir um patógeno individual ou seus produtos, que não depende de uma exposição prévia ao patógeno ou seus produtos; também chamada de imunidade inespecífica.

**Imunoglobulina (Ig)** proteína solúvel produzida por células B e plasmócitos, que interage com antígenos; também denominada anticorpo.

**Inflamação** reação inespecífica a um estímulo nocivo, como toxinas e patógenos, caracterizada por vermelhidão (eritema), inchaço (edema), dor e calor (febre), geralmente localizada no sítio de infecção.

**Leucócito** célula nucleada encontrada no sangue; também chamada de célula branca do sangue.

**Linfa** fluido que circula por meio do sistema linfático; similar ao sangue, porém carente de hemácias.

**Linfócitos** um subconjunto de células nucleadas encontradas no sangue, envolvido na resposta imune adaptativa.

**Linfonodos** órgãos que contêm linfócitos e fagócitos organizados de modo a encontrarem microrganismos e antígenos à medida que viajam por meio da circulação linfática.

**Macrófagos** grande leucócito encontrado em tecidos, que exibe capacidades fagocítica e de apresentação de antígenos.

**Medula óssea** órgão linfoide primário que contém as células multipotentes precursoras de todas as células do sangue e do sistema imunológico.

**Memória (memória imune)** capacidade de produzir rapidamente grandes quantidades de células imunes ou anticorpos específicos após uma exposição subsequente a um antígeno previamente encontrado.

**Neutrófilo** tipo de leucócito que exibe propriedades fagocíticas, citoplasma granular (granulócitos) e núcleo multilobado; também chamados de leucócitos polimorfonucleares ou PMN.

**Órgão linfoide primário** um órgão em que linfócitos antígeno-reativos se desenvolvem e tornam-se funcionais; a medula óssea é o órgão linfoide primário para as células B; o timo é o órgão linfoide primário para as células T.

**Órgão linfoide secundário** um órgão em que os antígenos interagem com fagócitos apresentadores de antígenos e linfócitos para gerar uma resposta imune adaptativa; incluem linfonodos, baço e o tecido linfoide associado à mucosa.

**Padrão molecular associado a patógenos (PAMP)** componente estrutural repetitivo de um microrganismo ou vírus, reconhecido por um receptor de reconhecimento de padrão (PRR).

**Plasma** porção líquida do sangue que contém proteínas e outros solutos.

**Plasmócitos** célula B diferenciada que produz anticorpos solúveis.

**Quimiocina** proteína solúvel que modula uma resposta imune.

**Receptor de célula B (BCR)** anticorpo de superfície que atua como receptor antigênico na célula B.

**Receptor de célula T (TCR)** proteína receptora antígeno-específica, presente na superfície de células T.

**Receptor de reconhecimento de padrão (PRR)** proteína ligada à membrana de um fagócito, que reconhece um padrão molecular associado a patógenos (PAMP).

**Resposta imune adaptativa primária** produção de anticorpos ou células T imunes após a primeira exposição ao antígeno; os anticorpos são principalmente da classe IgM.

**Resposta imune adaptativa secundária** elevada produção de anticorpos ou células T imunes em uma segunda exposição ao antígeno; os anticorpos são principalmente da classe IgG.

**Soro** porção líquida do sangue após a remoção das proteínas de coagulação.

**Superantígeno** produto de patógenos capaz de provocar uma resposta imune inflamatória inadequadamente intensa, devido à ativação de um número de células T maior que o normal.

**Tecido linfoide associado à mucosa (MALT)** uma parte do sistema linfático, que interage com antígenos e microrganismos que penetram no corpo por meio de membranas mucosas, incluindo as do intestino, do trato geniturinário e tecidos brônquicos.

**Timo** órgão linfoide primário no qual as células T se desenvolvem.

**Tolerância** incapacidade adquirida de produzir uma resposta imune a um antígeno específico.

**Toxoide** forma de uma toxina que retém a imunogenicidade, mas perde a toxicidade.

**Vacina** patógeno inativado ou atenuado, ou um produto inócuo do patógeno, utilizado para estimular a imunidade ativa artificial.

**Vacinação (imunização)** inoculação do hospedeiro com patógenos inativos ou atenuados, ou produtos de patógenos, para estimular a imunidade protetora ativa.

## QUESTÕES PARA REVISÃO

1. Qual a origem dos fagócitos e linfócitos ativos na resposta imune? Descreva a maturação das células B e T. (Seção 24.1)
2. Identifique as células que expressam os receptores de reconhecimento de padrão (PRRs). Como os PRRs associam-se aos padrões moleculares associados a patógenos (PAMPs) para promover a imunidade inata? (Seção 24.2)
3. Identifique os linfócitos e os receptores antígeno-específicos envolvidos na imunidade adaptativa mediada por células. (Seção 24.3)
4. Identifique os linfócitos e os receptores antígeno-específicos envolvidos na imunidade adaptativa mediada por anticorpos. (Seção 24.4)
5. Identifique as células que iniciam a inflamação e as células que são ativadas pelos sinais inflamatórios. (Seção 24.5)
6. Liste as imunizações recomendadas para adultos, nos Estados Unidos. (Seção 24.6)
7. Liste as doenças contra as quais você foi imunizado. Liste as doenças contra as quais você pode ter adquirido imunidade naturalmente. (Seções 24.6 e 24.7)
8. A vacina acelular de coqueluche utiliza a biotecnologia como base para esta estratégia de imunização, que foi adaptada para que a vacina fosse aprovada. Quais são as vantagens desta vacina, que utiliza uma plataforma biotecnológica, em relação a uma vacina convencional? Quais as desvantagens, se existirem? (Seção 24.7)
9. Defina as diferenças entre as hipersensibilidades imediata e tardia, em termos de efetores imunes, tecidos-alvo, antígenos e resultado clínico. (Seção 24.8)
10. Descreva o mecanismo geral utilizado pelos superantígenos para ativar as células T. Como a ativação por superantígeno difere da ativação de células T por antígenos convencionais. (Seção 24.9)

## QUESTÕES APLICADAS

1. Descreva a importância relativa da imunidade inata comparada à imunidade adaptativa. Uma é mais importante que a outra? Podemos sobreviver em um ambiente normal sem imunidade?
2. A inflamação é a marca característica de uma resposta imune ativa. Explique como a inflamação é desencadeada por mecanismos imunes tanto inatos quanto adaptativos. As células inflamatórias são as mesmas para ambos os métodos de ativação? Por que a inflamação diminui à medida que a infecção é controlada?
3. Muitas doenças infecciosas não dispõem de vacinas efetivas. Selecione várias dessas doenças (p. ex., Aids, malária e resfriado comum) e explique por que as estratégias atuais de vacinação não se mostraram efetivas. Prepare algumas estratégias alternativas de imunização contra as doenças que você escolheu.
4. As reações a superantígenos são desejáveis para o hospedeiro? Elas conferem proteção ao hospedeiro ou beneficiam o patógeno?

CAPÍTULO

# 25 Mecanismos imunes

## microbiologiahoje

### Por que há alume na sua vacina?

O alume é um sal insolúvel de alumínio que tem sido utilizado há mais de 80 anos em vacinas humanas. O alume é um *adjuvante*, uma substância que aprimora a resposta imune de forma não específica quando administrada juntamente com uma vacina. O alume é o único adjuvante que é aprovado para utilização em vacinas para seres humanos. Por exemplo, a vacina difteria-tétano-coqueluxe acelular (DTaP) contém um adjuvante de alume. Como o alume funciona?

É bem conhecido que as vacinas administradas sem o alume são ineficazes e que as vacinas proteicas (antígenos) adsorvem à superfície das partículas de alume. Sabe-se também que, sem o alume, poucas células T auxiliares antígeno-específicas são induzidas e a resposta imune é fraca. A explicação é que o alume aumenta a meia-vida do antígeno no corpo, estendendo assim a exposição do antígeno às células do sistema imunológico. Mas esta é a história toda?

Quando uma vacina é injetada por via intramuscular (ver foto), monócitos migram para o local da injeção, desencadeando um processo inflamatório. Uma pesquisa[1] descobriu que o alume se acumula em nódulos que são mantidos unidos por cromatina do hospedeiro (incluindo DNA), obtida a partir dos monócitos inflamatórios. Cromatina, DNA e as proteínas vacinais adsorvidas movem-se no citosol das células dendríticas apresentadoras de antígenos. A partir daí, o DNA do hospedeiro ativa vias que ampliam a capacidade das células dendríticas de interagirem com as células T auxiliares antígeno-específicas.

O alume, dessa forma, funciona como um adjuvante não apenas por prolongar o tempo que o antígeno permanece no corpo, mas também por reforçar a sinalização do DNA. Este, por sua vez, promove uma apresentação antigênica mais vigorosa pelas células dendríticas e uma melhor estimulação das células T auxiliares. O resultado final é uma resposta imune mais forte e mais eficiente.

[1]McKee, A.M., et al. 2013. Host DNA released in response to aluminum adjuvantenhances MHC class II-mediated antigen presentation and prolongs CD4 T-cellinteractions with dendritic cells. *Proc. Natl. Acad. Sci. (USA) 110*(12): E1122–1131.doi:10.1073/pnas.1300392110.

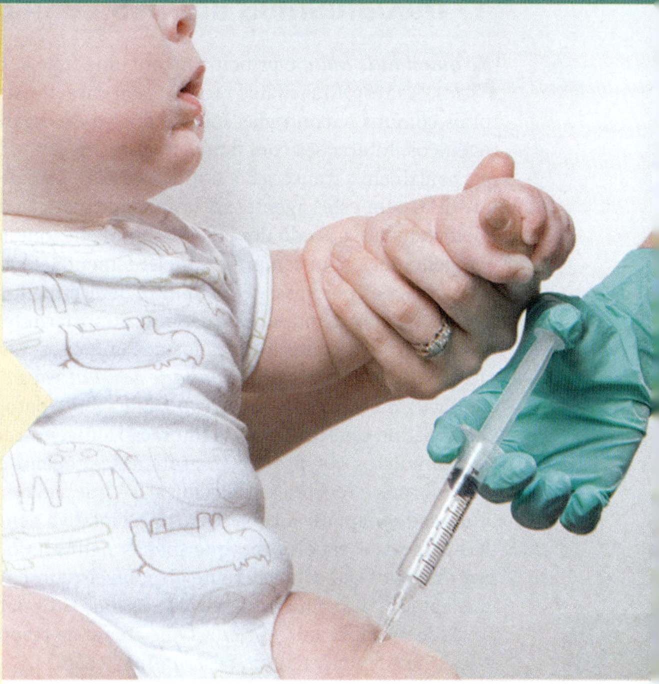


I Mecanismos imunes básicos 754
II Antígenos e apresentação antigênica 757
III Linfócitos T e imunidade 761
IV Anticorpos e imunidade 764

Discutimos as características principais das imunidades inata e adaptativa, em termos de proteção contra infecções patogênicas e doenças, no Capítulo 24. Aqui nosso foco será nos *mecanismos* pelos quais a imunidade é alcançada, por meio da análise dos processos celulares e moleculares centrais à imunidade inata e à adaptativa.

# I • Mecanismos imunes básicos

A *imunidade inata* é principalmente uma função dos *fagócitos*. As respostas inatas reconhecem características estruturais comuns encontradas sobre e dentro de organismos patogênicos. Interações com patógenos ativam genes fagocíticos que controlam a transcrição, tradução e expressão de proteínas que destroem estes agentes. A imunidade inata se desenvolve imediatamente quando um fagócito entra em contato com um patógeno, mas nem sempre é suficientemente eficaz para impedir infeções perigosas. No entanto, determinados fagócitos também ativam a imunidade adaptativa transferindo os antígenos para os receptores localizados nos linfócitos. Os linfócitos são as células efetoras da *imunidade adaptativa*, a capacidade adquirida de reconhecer e destruir um agente patogênico em particular ou seus produtos. A interação antígeno-receptor ativa os linfócitos que produzem proteínas patógeno-específicas – anticorpos e receptores de células T – que são os agentes da imunidade adaptativa. Uma resposta adaptativa demora vários dias para se desenvolver porque apenas alguns linfócitos patógeno-reativos estão inicialmente disponíveis; a força da resposta adaptativa aumenta à medida que os linfócitos patógeno-reativos se multiplicam. As células que atuam na resposta imune inata e na adaptativa foram descritas na Seção 24.1

## 25.1 Mecanismos imunes inatos

Os patógenos bem-sucedidos rompem as barreiras físicas e químicas do hospedeiro, levando à infecção do hospedeiro. Quando a infecção começa, o sistema imune deve ser mobilizado para proteger o hospedeiro contra danos adicionais. A imunidade inata é a primeira linha de defesa no início da infecção e é crítica para a proteção do hospedeiro por cerca de quatro dias após o início da mesma. Fagócitos englobam e destroem os patógenos, frequentemente iniciando reações inflamatórias complexas mediadas pelo hospedeiro (Seção 24.5).

### Fagócitos

O primeiro tipo celular ativo na resposta inflamatória é normalmente um *fagócito* (literalmente, uma célula que come). A principal função de um fagócito consiste em englobar e destruir os patógenos. Uma função secundária é o processamento de patógenos a antígenos que iniciam as respostas imune e adaptativa.

Os fagócitos incluem monócitos, neutrófilos, macrófagos e células dendríticas (**Figura 25.1**). Presentes em tecidos e fluidos ao longo do corpo, a maioria possui inclusões denominadas *lisossomos*, vacúolos intracelulares que contêm substâncias bactericidas, como peróxido de hidrogênio, lisozima, proteases, fosfatases, nucleases e lipases. Os fagócitos capturam e englobam os patógenos presentes em superfícies como paredes de vasos sanguíneos ou coágulos de fibrina. A membrana que envolve o patógeno é constrita e forma um *fagossomo*. O fagossomo, um vacúolo que contém o patógeno engolfado, então se desloca pelo citoplasma e funde-se com um lisossomo, originando um fagolisossomo. As substâncias tóxicas e enzimas presentes no fagolisossomo normalmente matam e digerem a célula microbiana engolfada (**Figura 25.2**).

O *neutrófilo* é um fagócito ativamente móvel que contém lisossomos (Figura 25.1*a*). Derivado das células-tronco mieloides (Figura 24.1), os neutrófilos são encontrados predominantemente na corrente sanguínea e na medula óssea, de onde migram para os sítios de infecção ativa, nos tecidos. A presença de números de neutrófilos acima do normal no sangue ou em um sítio de inflamação indica uma resposta ativa a uma infecção corrente.

Os monócitos são os precursores circulantes dos *macrófagos*, um dos principais tipos de célula fagocítica (Figura 25.1*a*). Os macrófagos são grandes células fagocíticas não circulantes, encontradas em quase todos os tecidos (Figura 25.1*b*), onde podem constituir de 10 a 15% do total de células. Uma vez que ingerem e destroem a maioria dos patógenos e das moléculas

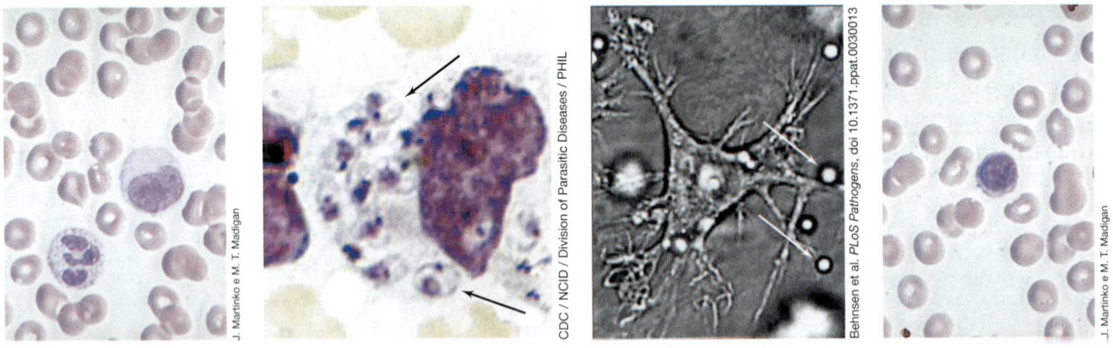


(a) (b) (c) (d)

**Figura 25.1 Principais tipos de células imunes.** *(a)* A célula nucleada na porção central inferior esquerda é um neutrófilo (leucócito polimorfonuclear, PMN), caracterizado por um núcleo segmentado (coloração violeta) e citoplasma granular. A célula nucleada à direita, ligeiramente acima do PMN, é um monócito. Esses fagócitos apresentam diâmetro de 12 a 15 m. As hemácias anucleadas possuem diâmetro aproximado de 6 $\mu$m. *(b)* Um macrófago da pele que ingeriu inúmeros *Leishmania* (setas), um protozoário. *(c)* Uma célula dendrítica interagindo com conídios fúngicos (setas). *(d)* A célula nucleada é um linfócito circulante. O linfócito quase não apresenta citoplasma visível e possui cerca de 10 $\mu$m de diâmetro.

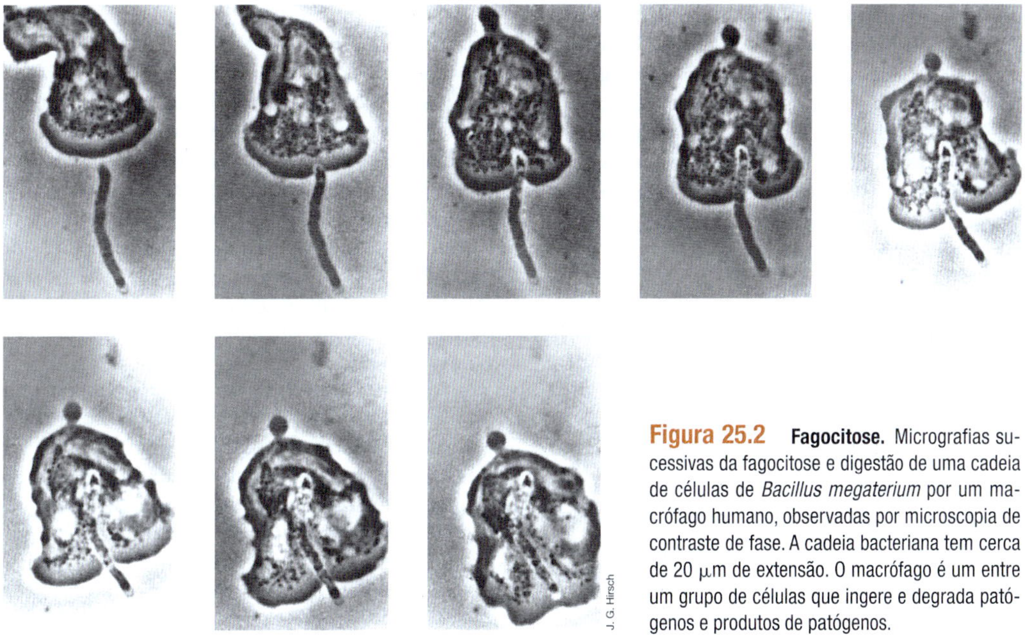


**Figura 25.2** **Fagocitose.** Micrografias sucessivas da fagocitose e digestão de uma cadeia de células de *Bacillus megaterium* por um macrófago humano, observadas por microscopia de contraste de fase. A cadeia bacteriana tem cerca de 20 μm de extensão. O macrófago é um entre um grupo de células que ingere e degrada patógenos e produtos de patógenos.

exógenas que invadem o corpo, os macrófagos são essenciais para a resposta inata. Os macrófagos também são criticamente importantes para o início das respostas imunes adaptativas apresentando antígenos aos linfócitos T.

As *células dendríticas* (Figura 25.1*c*) também exibem a função dupla de fagocitose e apresentação de antígenos. Derivadas do mesmo progenitor monocítico que os macrófagos, as células dendríticas imaturas são encontradas ao longo dos tecidos do corpo, onde agem como fagócitos ativos. Quando as células dendríticas capturam um antígeno, migram para os linfonodos, onde apresentam o antígeno para os linfócitos T. As propriedades especializadas de apresentação de antígenos de macrófagos e células dendríticas são discutidas na Seção 25.4.

## Reconhecimento do patógeno por fagócitos

Os fagócitos apresentam um sistema de reconhecimento geral de patógenos, projetado para desencadear uma resposta apropriada, no momento adequado, que geralmente resulta no reconhecimento, contenção e destruição do patógeno. Este sistema emprega *receptores de reconhecimento de padrões* (PRRs, *pattern-recognition receptors*) conservados evolutivamente. Os PRRs são proteínas ligadas à membrana do fagócito, que reconhecem um *padrão molecular associado a patógenos* (PAMP, *pathogen-associated molecular pattern*), um componente estrutural exclusivo de uma célula microbiana ou de um vírus (⇄ Figura 24.3). As PRRs foram inicialmente observadas em fagócitos de *Drosophila*, a mosca-da-fruta, onde são denominadas *receptores Toll*. Cada **receptor semelhante ao Toll** (**TLR**, *Toll-like receptor*) de fagócitos humanos reconhece um PAMP específico. Por exemplo, o TLR-2, um PRR de fagócitos humanos, interage com o peptideoglicano, um PAMP presente na parede celular de quase todas as bactérias (⇄ Seção 2.10); a interação ativa os fagócitos, visando patógenos gram-positivos com peptideoglicano exposto (**Figura 25.3**). O acesso ao peptideoglicano de paredes celulares gram-negativas é bloqueado pelos lipopolissacarídeos de superfície. Outros TLRs reconhecem PAMPs como oligonucleotídeos CpG, o lipopolissacarídeo de bactérias gram-negativas, e o RNA dupla-fita de determinados vírus. Várias moléculas solúveis do hospedeiro apresentam funções similares a estes PRRs associados a fagócitos. Adiante neste capítulo iremos discutir estas PRRs solúveis, em relação a sua capacidade de ativar proteínas que levam à intensificação da fagocitose e à destruição de patógenos (Seção 25.9). A interação PAMP-PRR desencadeia um sinal transmembrânico que resulta na produção de importantes proteínas de defesa, incluindo a produção de compostos tóxicos de oxigênio, que podem provocar a morte do patógeno.

## Morte oxigênio-dependente em fagócitos

Genes que controlam a produção de compostos de oxigênio tóxicos para os patógenos são altamente transcritos em fagócitos ativados. Estes compostos incluem peróxido de hidrogênio

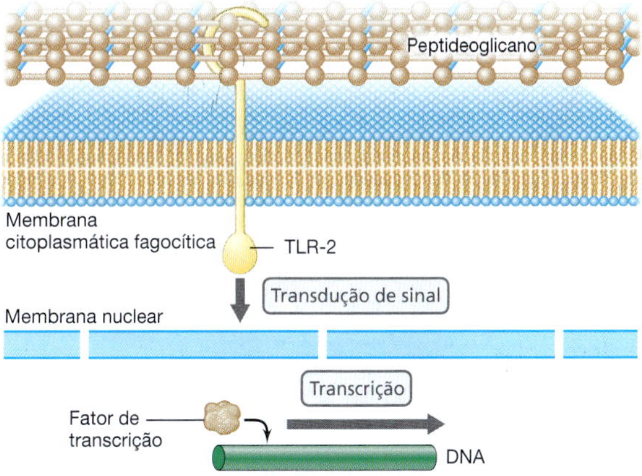


**Figura 25.3** **Receptor semelhante ao Toll.** TLR-2 que atravessam a membrana interagem com o peptideoglicano de patógenos gram-positivos. Esta interação estimula a transdução de sinal, ativando fatores de transcrição no núcleo. O resultado é a tradução de proteínas que induzem a inflamação e outras funções fagocíticas. Todos os receptores semelhantes ao Toll possuem mecanismos análogos para ativar a imunidade inata.

($H_2O_2$), ânions superóxido ($O_2^-$), radicais hidroxila (OH •), oxigênio singleto ($^1O_2$), ácido hipocloroso (HOCl) e óxido nítrico (NO) (**Figura 25.4**) (Seção 5.16). As condições ácidas do fagolisossomo favorecem a geração desses compostos altamente reativos. As células fagocíticas usam os compostos tóxicos de oxigênio para matar as células bacterianas ingeridas pela oxidação de constituintes celulares essenciais. A oxidação ocorre no interior da célula fagocítica, a qual não é danificada pelos produtos tóxicos de oxigênio.

### Inibição de fagócitos

Alguns patógenos desenvolveram mecanismos para neutralizar os produtos tóxicos de fagócitos, matar os fagócitos, ou evitar a fagocitose. Por exemplo, *Staphylococcus aureus* produz compostos pigmentados, denominados carotenoides, que neutralizam o oxigênio singleto, impedindo, assim, sua morte (Seção 29.9). Patógenos intracelulares, como *Mycobacterium tuberculosis* (que causa a tuberculose), crescem e persistem no interior de células fagocíticas (Seção 29.4). *M. tuberculosis* utiliza os glicolipídeos da parede celular para absorver os radicais hidroxila e ânions superóxido, as espécies mais letais de oxigênio tóxico produzidas por fagócitos.

Alguns patógenos intracelulares produzem proteínas letais aos fagócitos, denominadas *leucocidinas*. Nesses casos, o patógeno é ingerido da maneira habitual, mas a leucocidina mata o fagócito e o patógeno é liberado. Os fagócitos mortos correspondem a grande parte do material chamado *pus*; organismos como *Streptococcus pyogenes* e *S. aureus*, importantes produtores de leucocidina, são denominados patógenos *piogênicos* (formadores de pus). Infecções localizadas causadas por bactérias piogênicas frequentemente resultam em furúnculos ou abscessos.

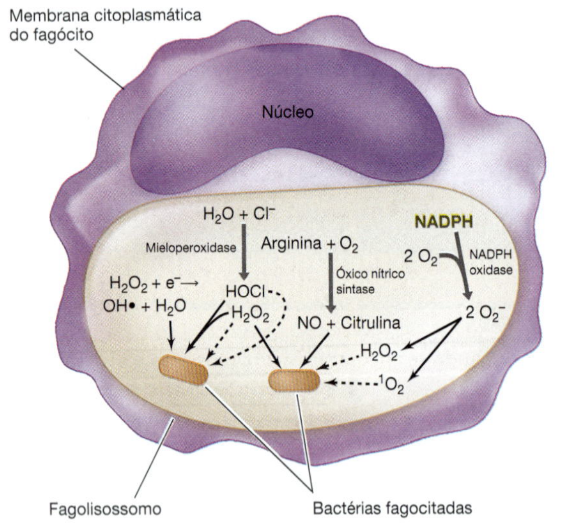


**Figura 25.4** **Ação das enzimas do fagócito na geração de espécies tóxicas de oxigênio.** Estas incluem peróxido de hidrogênio ($H_2O_2$), o radical hidroxila (OH •), ácido hipocloroso (HOCl), ânion superóxido ($O_2^-$), oxigênio singleto ($^1O_2$) e óxido nítrico (NO). A formação desses compostos tóxicos requer um aumento substancial na captação e utilização do oxigênio molecular, $O_2$. Este aumento na captação e no consumo de oxigênio por fagócitos ativados é conhecido como explosão respiratória.

Outra importante defesa microbiana contra a fagocitose consiste na cápsula bacteriana (Seção 2.13). Bactérias capsuladas frequentemente exibem maior resistência à fagocitose, porque a cápsula impede a aderência do fagócito à célula bacteriana. Por exemplo, menos de dez células de uma linhagem capsulada de *Streptococcus pneumoniae* podem matar um camundongo em poucos dias após a exposição (Figura 23.10). Ao contrário, linhagens desprovidas de cápsula são completamente avirulentas. Componentes de superfície, além da cápsula, podem também inibir a fagocitose. Por exemplo, *S. pyogenes* patogênicos produzem a proteína M, uma substância que altera a superfície da célula bacteriana e inibe a fagocitose.

Anticorpos ou PRRs solúveis que interagem com cápsulas ou outras moléculas de superfície celular frequentemente revertem o efeito protetor dos mecanismos de defesa bacterianos e intensificam a fagocitose, um processo conhecido como opsonização. Como um exemplo, a eficiente vacina direcionada contra *Streptococcus pneumoniae*, um organismo que causa grave pneumonia bacteriana, utiliza polissacarídeos capsulares para induzir anticorpos protetores (Seção 24.7).

**MINIQUESTIONÁRIO**

- Descreva a localização celular e a especificidade molecular de PAMPs e PRRs.
- Identifique o mecanismo utilizado pelos fagócitos para induzir a morte do patógeno.

## 25.2 Propriedades da resposta adaptativa

A resposta imune adaptativa é a capacidade adquirida de reconhecer e destruir um patógeno em particular ou seus produtos. Em contraste com a imunidade inata, uma resposta imune adaptativa efetiva requer ativação pela exposição ao patógeno. Os linfócitos B produzem anticorpos, os quais protegem contra antígenos extracelulares. Os linfócitos T, por meio de seus receptores de células T antígeno-específicos (TCR, *T cell receptor*), protegem contra patógenos intracelulares, tais como vírus e determinadas bactérias. A imunidade adaptativa é caracterizada pelas propriedades de *especificidade*, *memória*, e *tolerância*. Nenhuma destas propriedades é encontrada na resposta inata.

### Especificidade

A resposta imune é incrivelmente específica, porém os sistemas inato e adaptativo diferem neste quesito. A imunidade inata é direcionada contra características comuns aos patógenos, como o peptideoglicano de todas as bactérias gram-positivas ou o lipopolissacarídeo de todas as bactérias gram-negativas. Em contrapartida, a imunidade adaptativa é direcionada a interações com macromoléculas patógeno-específicas especiais, tais como o antígeno de proteína M em uma única linhagem de *Streptococcus pyogenes* (Seção 29.2). A especificidade da interação antígeno-anticorpo ou antígeno – TCR é dependente da capacidade do receptor da célula linfocítica de interagir com antígenos específicos. Assim, em contraste como o sistema inato, a resposta imune adaptativa, desencadeada por contato antigênico, é exclusiva e especificamente direcionada para o antígeno em questão (**Figura 25.5*a***).

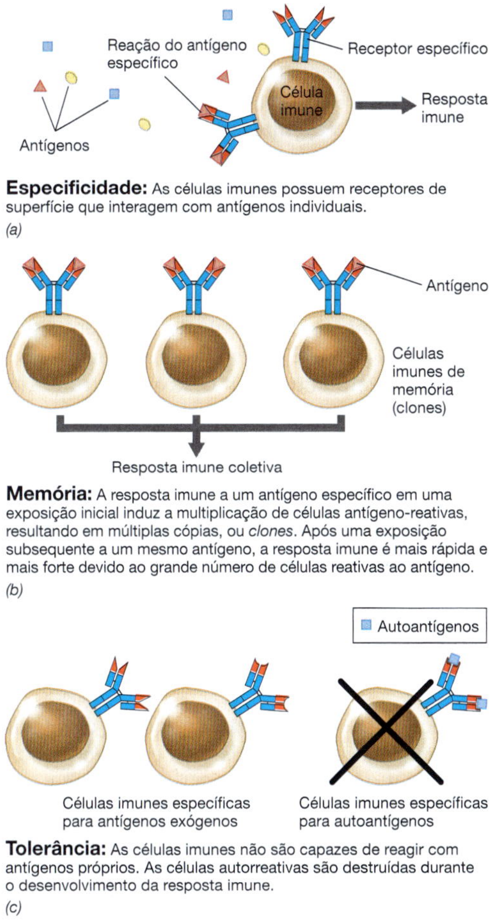
Reação do antígeno específico
Receptor específico
Célula imune
Resposta imune
Antígenos
Especificidade: As células imunes possuem receptores de superfície que interagem com antígenos individuais.
(a)
Antígeno
Células imunes de memória (clones)
Resposta imune coletiva
Memória: A resposta imune a um antígeno específico em uma exposição inicial induz a multiplicação de células antígeno-reativas, resultando em múltiplas cópias, ou clones. Após uma exposição subsequente a um mesmo antígeno, a resposta imune é mais rápida e mais forte devido ao grande número de células reativas ao antígeno.
(b)
Autoantígenos
Células imunes específicas para antígenos exógenos
Células imunes específicas para autoantígenos
Tolerância: As células imunes não são capazes de reagir com antígenos próprios. As células autorreativas são destruídas durante o desenvolvimento da resposta imune.
(c)

**Figura 25.5** **A resposta imune adaptativa.** As características essenciais da imunidade mediada por anticorpos e da imunidade mediada por células são: *(a)* especificidade, *(b)* memória e *(c)* tolerância.

### Memória e tolerância

O sistema imune deve encontrar o antígeno, a fim de estimular a produção detectável e efetiva de anticorpos antígeno-específicos ou TCRs. Uma exposição posterior ao mesmo antígeno estimula a produção rápida de grandes quantidades das mesmas células T e anticorpos reativos ao antígeno. Essa capacidade de responder mais rápida e vigorosamente a exposições subsequentes ao mesmo antígeno estimulador é conhecida como *memória imune* (Figura 25.5*b*). A memória imune fornece ao hospedeiro resistência imediata a patógenos previamente encontrados. A medicina clínica tira vantagem da memória imune por meio da imunização de indivíduos suscetíveis com patógenos mortos ou atenuados, ou seus produtos, para estimular e intensificar artificialmente a imunidade contra um grande número de patógenos perigosos (⇄ Seção 24.7).

Além dos aspectos importantes da especificidade e memória, a *tolerância* também é importante para o sistema imune e é definida como a *incapacidade* adquirida de gerar uma resposta imune adaptativa a um antígeno *individual* próprio. Uma vez que todas as macromoléculas do hospedeiro também são antígenos em potencial, o sistema imune deve evitar o reconhecimento de macromoléculas do hospedeiro, pois elas poderiam sofrer danos caso fossem reconhecidas por anticorpos ou células T. Assim, a resposta imune adaptativa deve desenvolver a capacidade de discriminar entre os antígenos *exógenos* (não próprios e perigosos) e os antígenos *hospedeiros* (próprios e inócuos) (Figura 25.5*c*).

**MINIQUESTIONÁRIO**

- O que controla a especificidade de uma célula imune?
- Diferencie os termos memória imune e tolerância imune.
- Qual seria a consequência de uma falha na especificidade, na memória ou na tolerância imune para o hospedeiro?

# II • Antígenos e apresentação antigênica

A resposta imune adaptativa reconhece um grande espectro de macromoléculas derivadas de patógenos. As macromoléculas são degradadas e processadas pelas células do hospedeiro, produzindo moléculas denominadas antígenos, que são, por sua vez, apresentadas aos linfócitos T. Discutiremos inicialmente os antígenos, para então enfocarmos os mecanismos de processamento e apresentação de antígenos às células T.

## 25.3 Imunógenos e antígenos

**Antígenos** são substâncias que reagem com anticorpos ou TCRs. A maioria dos antígenos, mas não todos, é **imunógena**, substâncias que induzem uma resposta imune. Aqui examinaremos as características de imunógenos efetivos e, em seguida, definiremos as características dos antígenos que promovem interações com anticorpos e TCRs.

### Propriedades intrínsecas dos imunógenos

Os imunógenos compartilham diversas propriedades intrínsecas que lhes permitem induzir uma resposta imune adaptativa. Primeiro, o *tamanho molecular* é uma propriedade importante da imunogenicidade; para uma molécula ser imunogênica ela precisa ser grande o suficiente. Por exemplo, compostos de baixa massa molecular, denominados *haptenos*, não induzem uma resposta imune, mas podem ligar-se a anticorpos. No entanto, uma vez que haptenos são ligados por anticorpos, eles são antígenos, mesmo não sendo imunogênicos. Os haptenos, como os açúcares, aminoácidos e outros compostos orgânicos de baixa massa molecular, se tornam imunógenos efetivos apenas quando se encontram acoplados a uma proteína maior, geralmente de massa molecular de 10.000 ou mais. Assim, um tamanho molecular suficiente é um pré-requisito para a imunogenicidade; esta propriedade e outras propriedades essenciais discutidas a seguir estão resumidas na **Tabela 25.1**.

Polímeros complexos e não repetitivos como as proteínas são, normalmente, imunógenos efetivos. Carboidratos complexos também podem ser imunógenos muito efetivos. Ao contrário, ácidos nucleicos, polissacarídeos simples com subunidades repetitivas e lipídeos, uma vez que são compostos de cadeias de monômeros idênticos ou quase, tendem a comportar-se como imunógenos fracos. Assim, a *complexidade molecular adequada* de uma substância é outra propriedade da imunogenicidade.

**Tabela 25.1 Propriedades dos imunógenos**

| | |
|---|---|
| *Propriedades intrínsecas ao imunógeno* | |
| Tamanho | Massa molecular > 10.000 |
| Complexidade | Polímeros > monômeros |
| Forma | Agregado > solúvel |
| *Propriedades extrínsecas ao imunógeno* | |
| Dose | 10 μg a 1 g |
| Via | Intravenosa, intradérmica ou subcutânea >oral ou tópica |
| Natureza exógena | Não próprio >> próprio |

Macromoléculas grandes e complexas, na forma de agregados ou insolúveis (p. ex., proteínas precipitadas pelo calor) normalmente são excelentes imunógenos. O material insolúvel é prontamente internalizado pelos fagócitos, levando a uma resposta imune adaptativa. Por outro lado, a forma solúvel da mesma molécula pode ser um imunógeno fraco, porque moléculas solúveis geralmente não são ingeridas de maneira eficiente pelos fagócitos. Assim, uma *forma física apropriada* é outra propriedade da imunogenicidade.

## Propriedades extrínsecas dos imunógenos

Apesar de muitas substâncias serem intrinsecamente imunogênicas, fatores extrínsecos também influenciam na imunogenicidade. Três fatores extrínsecos importantes incluem a *dose*, a *via* de administração e a *natureza exógena* do imunógeno, em relação ao hospedeiro.

A dose de um imunógeno administrado a um hospedeiro pode ser importante para uma resposta imune efetiva, embora uma grande variação de doses normalmente resulte em uma imunidade satisfatória. Em geral, doses de 10 μg a 1 g são efetivas para a maioria dos mamíferos. Doses acima de 1 g ou abaixo de 10 μg de um imunógeno podem não estimular uma resposta imune, mas podem, em vez disso, suprimir uma resposta imune específica e induzir tolerância.

A via de administração de um imunógeno é também importante. Imunizações administradas por via parenteral (fora do trato gastrintestinal), normalmente por injeção, são, em geral, mais eficientes que aquelas administradas tópica ou oralmente. Quando administrados por via oral ou tópica, os antígenos podem sofrer degradação significativa, antes de estabelecerem contato com um fagócito.

Finalmente, um imunógeno eficiente precisa ser de origem exógena em relação ao hospedeiro. O sistema imune adaptativo reconhece e elimina somente antígenos exógenos. Autoantígenos não são reconhecidos, uma vez que os indivíduos são tolerantes às suas próprias moléculas (Seção 25.2).

## Ligação do antígeno por anticorpos e receptores de células T

Os anticorpos ou os TCRs não interagem com as macromoléculas antigênicas como um todo, mas sim apenas com uma porção distinta da molécula, denominada **epítopo** antigênico (**Figura 25.6**). Os epítopos podem ser açúcares, peptídeos curtos e outras moléculas orgânicas.

Os anticorpos interagem com uma sequência de 4 a 6 aminoácidos que corresponde ao tamanho ótimo de um epítopo. Assim, proteínas normalmente constituídas por centenas ou até milhares de aminoácidos são arranjos de epítopos sobrepostos. A superfície de uma célula bacteriana ou de um vírus é um mosaico de proteínas, polissacarídeos e outras macromoléculas, todos contendo epítopos individuais. Em muitos casos, os anticorpos reconhecem *epítopos conformacionais* compostos de, por exemplo, aminoácidos situados em duas regiões distintas da molécula, que encontram-se distantes em termos de sua estrutura primária, mas que podem estar situados próximos em decorrência do enovelamento que origina as estruturas secundária, terciária e quaternária de uma macromolécula.

Os TCRs somente reconhecem os epítopos proteicos após a degradação parcial dos imunógenos, ou *processamento*. O processamento antigênico destrói a estrutura conformacional de uma macromolécula, clivando as proteínas em peptídeos com menos de 20 aminoácidos em extensão. Como resultado, os TCRs reconhecem apenas *epítopos lineares* na estrutura proteica primária. Antígenos processados são apresentados às células T na superfície de APCs especializadas, ou de células-alvo, como discutiremos na Seção 25.4.

Os anticorpos, por outro lado, são capazes de reconhecer epítopos conformacionais em proteínas ou polissacarídeos, expressos em conformações nativas na superfície de macromoléculas. Adicionalmente, os anticorpos reconhecem epítopos lineares.

Os anticorpos e os TCRs são capazes de distinguir entre epítopos estreitamente relacionados. Por exemplo, os anticorpos são capazes de distinguir entre os açúcares glicose e galactose, que diferem apenas na orientação de um único grupamento hidroxila. Entretanto, a especificidade não é absoluta, e um único anticorpo ou TCR pode reagir com vários epítopos diferentes, porém estruturalmente similares. O antígeno que induziu o anticorpo ou o TCR é denominado antígeno *homólogo*, enquanto os antígenos não indutores, que reagem com o anticorpo, são denominados antígenos *heterólogos*. A interação entre um anticorpo ou TCR e um antígeno heterólogo é denominada *reação cruzada*.

**MINIQUESTIONÁRIO**

- Diferencie imunógenos de antígenos.
- Identifique as propriedades intrínsecas e extrínsecas de um imunógeno.
- Descreva um epítopo reconhecido por um anticorpo e compare-o a um epítopo reconhecido por um TCR.

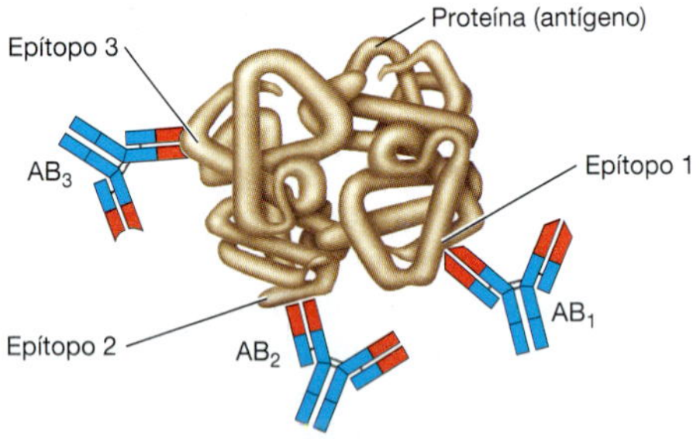


**Figura 25.6 Antígenos e epítopos para anticorpos.** Os antígenos podem conter vários epítopos diferentes, cada um capaz de reagir com um anticorpo (AB) específico distinto. O epítopo reconhecido por $AB_1$ é um epítopo conformacional. O epítopo 1 consiste em duas porções não lineares do polipeptídeo enovelado; o enovelamento aproxima as duas partes distantes do polipeptídeo, originando um único epítopo.

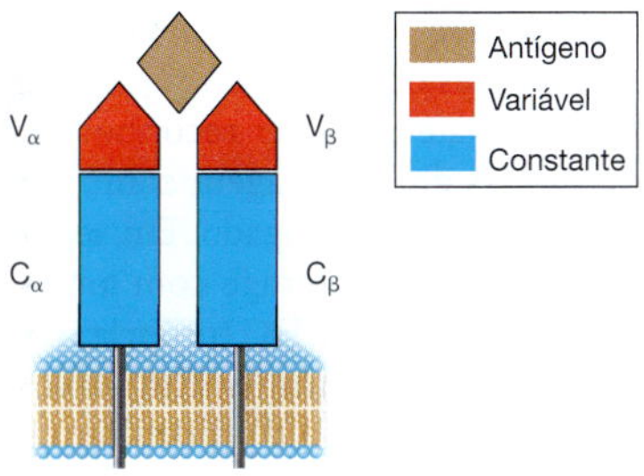


**Figura 25.7** **O receptor de célula T.** Os domínios V das cadeias α e β combinam-se, formando o sítio de ligação ao antígeno.

## 25.4 Apresentação de antígenos a células T

As células T são linfócitos derivados do timo, que interagem com antígenos e ativam a resposta imune adaptativa por meio de TCRs (Seção 24.3). Nesta seção, veremos como o TCR interage com antígenos presentes em uma célula fagocítica apresentadora de antígenos ou em uma célula-alvo infectada.

### Receptor de célula T

O TCR é uma proteína transmembrânica que se estende da superfície da célula T em direção ao meio extracelular. Cada célula T possui milhares de cópias do mesmo TCR em sua superfície. Um TCR funcional consiste em dois polipeptídeos, uma cadeia α e uma cadeia β. Cada polipeptídeo é constituído de vários **domínios**, regiões da proteína que possuem propriedades estruturais e funcionais definidas. Cada uma dessas cadeias apresenta um domínio variável (V) e um domínio constante (C) (**Figura 25.7**). Os domínios $V_\alpha$ e $V_\beta$ interagem cooperativamente, formando o sítio de ligação ao antígeno. Como veremos na Seção 26.7, a resposta imune adaptativa pode gerar TCRs que se ligarão a praticamente todos os antígenos peptídicos conhecidos. Os TCRs reconhecem apenas peptídeos-MHC; outros antígenos, como polissacarídeos complexos, não são reconhecidos por TCRs, mas podem ser ligados por receptores de imunoglobulinas presentes em células B. Os TCRs reconhecem e ligam-se a antígenos peptídicos apenas quando estes encontram-se ligados a uma proteína *própria*, a proteína do complexo principal de histocompatibilidade.

### Proteínas do complexo principal de histocompatibilidade

Um conjunto de genes ligados denominados *complexo principal de histocompatibilidade* (MHC, major histocompatibility complex) é encontrado em todos os vertebrados. O MHC codifica um grupo de proteínas importantes na apresentação de antígenos. Em seres humanos, as proteínas MHC, coletivamente denominadas *antígenos leucocitários humanos*, ou *HLAs* (do inglês, *human leukocyte antigens*), foram inicialmente identificadas como os principais antígenos contra os quais a rejeição a órgãos transplantados, mediada pelo sistema imune, era dirigida. Atualmente, sabemos que as proteínas do MHC atuam principalmente como moléculas apresentadoras de antígenos, ligando-se a peptídeos derivados de patógenos e exibindo-os para interação com os TCRs.

Existem duas classes de proteínas do MHC denominadas classe I e classe II. As proteínas do **MHC de classe I** são encontradas na superfície de todas as células nucleadas. As **proteínas do MHC de classe II** são encontradas apenas na superfície de linfócitos B, macrófagos e células dendríticas, todas consistindo em APCs. Essa distribuição celular diferencial das proteínas de classe I e de classe II está associada às suas funções individuais.

As proteínas de MHC de classe I são compostas por dois polipeptídeos, uma cadeia alfa embebida na membrana, codificada pela região gênica do MHC, e uma pequena proteína denominada *beta-2-microglobulina* ($\beta_2 m$), codificada por um gene não MHC (**Figura 25.8*a***). As proteínas de MHC de classe II consistem em dois polipeptídeos ligados não covalentemente, denominados α e β. Assim como as cadeias α de classe I, esses polipeptídeos encontram-se embebidos na membrana citoplasmática e projetam-se para fora, a partir da superfície celular (Figura 25.8*b*).

Em diferentes membros de uma mesma espécie, as proteínas do MHC não são estruturalmente idênticas. Indivíduos diferentes normalmente apresentam diferenças sutis na sequência de aminoácidos de proteínas de MHC homólogas. Essas variantes de MHC geneticamente codificadas, das quais existem mais de 3.500 em seres humanos, são descritas como *polimorfismos*. Os polimorfismos nas proteínas do MHC são as principais barreiras antigênicas nos transplantes de tecidos de um indivíduo para outro; transplantes de tecidos que não combinam em relação à identidade do MHC são reconhecidos como não próprios pelo sistema imune, sendo rejeitados. A estrutura molecular e organização genética detalhada dos genes e proteínas do MHC são apresentadas no Capítulo 26.

### Apresentação e processamento de antígeno

As proteínas do MHC não conseguem ser expressas na superfície da célula se não estiverem complexadas a peptídeos. Esses complexos MHC-peptídeos refletem a composição das proteínas do interior da célula. Por exemplo, uma célula que não contém patógenos ou antígenos exógenos apresentará as proteínas do MHC complexadas a peptídeos próprios, derivados do catabolismo normal de proteínas, durante o crescimento celular. Por outro lado, células que ingeriram proteínas exógenas ou patógenos, e células infectadas por vírus, produzem peptídeos que também interagem com proteínas do MHC. A célula hospedeira então degrada (processa) os antígenos originando peptídeos menores. Nesse caso, as proteínas MHC expressas na superfície celular estão complexadas a peptídeos exógenos. Essas proteínas MHC contendo peptídeos embebidos atuam como pontos de referência molecular que permitem às células T identificar os antígenos exógenos. As células T, por meio de seus TCRs, verificam continuamente a superfície de outras cé-

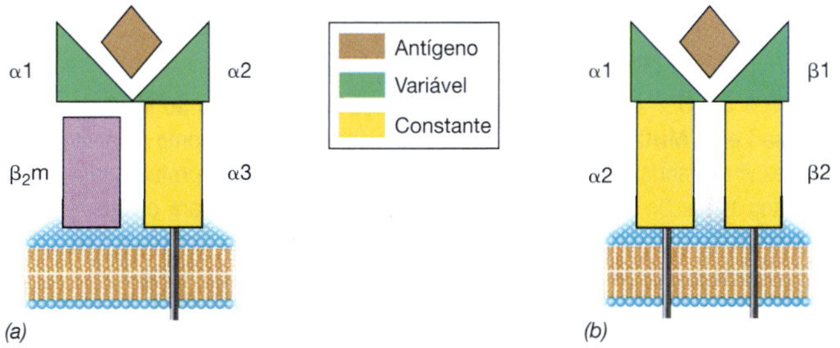


**Figura 25.8** **As proteínas MHC.** *(a)* Proteína do MHC de classe I. Os domínios α1 e α2 interagem para formar o sítio de ligação ao antígeno peptídico. *(b)* Proteína do MHC de classe II. Os domínios α1 e β1 combinam-se para formar o sítio de ligação ao antígeno peptídico.

lulas, para identificar células que carreiam antígenos não próprios; o TCR interage com o antígeno exógeno apresentado em uma proteína MHC. Nenhuma célula T consegue reagir com complexos MHC-peptídeos em células não infectadas, uma vez que as células T autorreativas foram eliminadas durante o desenvolvimento da tolerância do sistema imune. Dois esquemas distintos de processamento de antígenos atuam, um para apresentação de antígenos por MHC de classe I e um para apresentação de antígenos por MHC de classe II (**Figura 25.9**).

As proteínas de MHC de classe I apresentam os epítopos peptídicos, derivados de proteínas de patógenos, no citoplasma de células infectadas por vírus e outros patógenos intracelulares; tais células infectadas são denominadas *células-alvo* (Figura 25.9*a*). Proteínas derivadas de vírus infectantes, por exemplo, são captadas e digeridas no citoplasma, em uma estrutura denominada *proteassoma*. Peptídeos com cerca de dez aminoácidos de extensão são transportados para o interior do retículo endoplasmático (RE) por meio de um poro formado por duas proteínas, denominadas *transportadoras associadas ao processamento de antígenos* (TAP, *transporters associated with antigen processing*). Uma vez que os peptídeos entram no RE, são ligados à proteína do MHC de classe 1, a qual situa-se em um local próximo ao sítio de TAP, por um grupo de proteínas denominadas *chaperonas*, até que o peptídeo seja ligado. O complexo MHC de classe I-peptídeo é então liberado das chaperonas e desloca-se para a superfície celular, onde integra-se à membrana e pode ser reconhecido pelas células T. Assim, as proteínas do MHC agem como uma plataforma à qual o peptídeo exógeno está ligado. Em seguida, o TCR na superfície de uma célula T interage com ambos, o peptídeo (não próprio) e a proteína do MHC (própria) na superfície da célula-alvo. Essa interação célula T-célula-alvo induz células T citotóxicas (Tc) especializadas a produzirem proteínas citotóxicas, denominadas perforinas, que matam a célula-alvo infectada por vírus (Seção 25.5). Qualquer célula nucleada pode atuar como uma célula-alvo para o reconhecimento pelas células T dos complexos MHC I-peptídeos.

As proteínas do MHC de classe II participam da segunda via de apresentação de antígenos (Figura 25.9*b*). As proteínas do MHC de classe II são expressas exclusivamente nas APCs fagocíticas, onde atuam na apresentação de peptídeos a partir de patógenos extracelulares englobados, como bactérias. As proteínas do MHC de classe II são inicialmente montadas no retículo endoplasmático, de maneira similar às proteínas do MHC de classe I. Entretanto, diferentemente da via de montagem das proteínas do MHC de classe I, uma chaperona denominada Ii, ou cadeia invariante, liga-se à proteína de MHC classe II, bloqueando o carregamento com o peptídeo

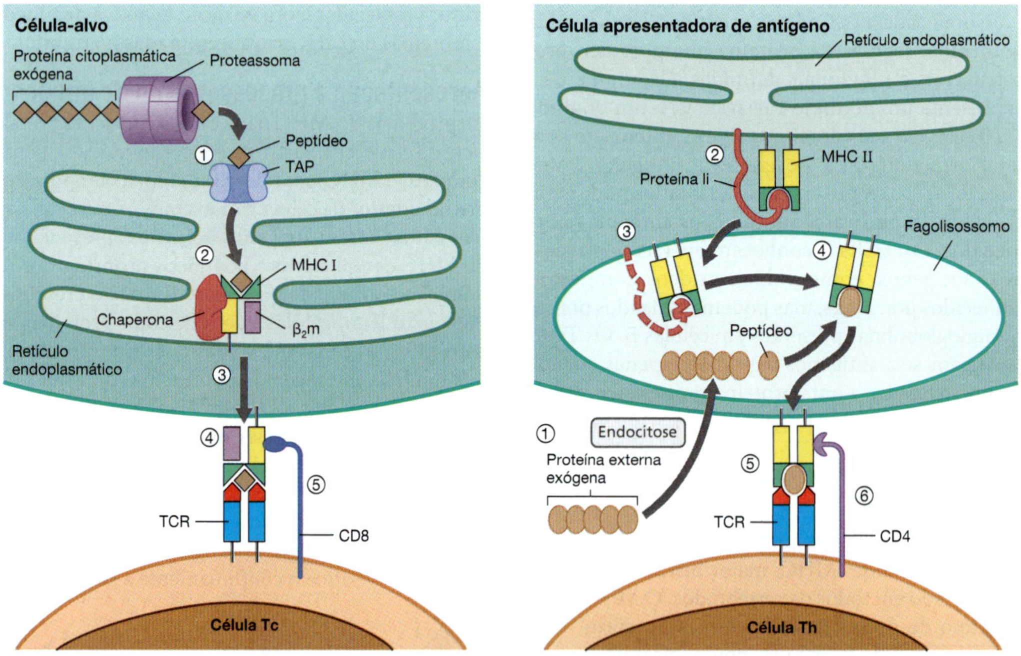


(*a*) **Apresentação de antígenos via MHC de classe I**

(*b*) **Apresentação de antígenos via MHC de classe II**

**Figura 25.9 Apresentação de antígenos por proteínas do MHC de classe I e do MHC de classe II.** *(a)* ① Antígenos proteicos, como componentes virais fabricados dentro da célula, são degradados pelo proteassoma no citoplasma. Os fragmentos peptídicos são transportados para o retículo endoplasmático (RE) por meio de um poro formado pelas proteínas TAP. ② As proteínas do MHC de classe I no RE são estabilizadas por chaperonas até que fragmentos peptídicos sejam ligados. ③ Quando fragmentos peptídicos são ligados ao MHC de classe I, o complexo é transportado para a superfície celular. ④ O complexo peptídeo-MHC I interage com os receptores de células T (TCRs), na superfície de células Tc. ⑤ O correceptor CD8 na célula Tc liga-se ao MHC de classe I, resultando em um complexo mais forte. As células Tc são então ativadas pelos eventos de ligação, levando a liberação de citocinas e toxinas citolíticas, matando a célula-alvo. *(b)* ① Proteínas exógenas, importadas de fora da célula por endocitose, são digeridas a fragmentos peptídicos em fagossomos. ② As proteínas do MHC de classe II no RE são organizadas juntamente com Ii, uma proteína bloqueadora que impede o MHC de classe II de complexar-se com peptídeos presentes no RE. ③ A organização MHC II-Ii é transportada para o lisossomo, onde permanece até que o lisossomo se funda com o fagossomo, formando fagolisossomos, onde Ii é degradada, ④ liberando a proteína do MHC II para se ligar aos fragmentos peptídicos exógenos. ⑤ O complexo peptídeo-MHC II é transportado para a superfície celular, onde interage com TCRs ⑥ e com o correceptor CD4, nas células Th. As células Th liberam então citocinas que agem em outras células, promovendo a resposta imune.

no interior do retículo endoplasmático. Esses complexos MHC II-Ii são transportados do retículo endoplasmático para os lisossomos. Após a fagocitose de um patógeno, o fagossomo contendo o antígeno exógeno funde-se com o lisossomo, formando o fagolisossomo. Neste último, os antígenos exógenos, bem como o peptídeo Ii, são digeridos por enzimas lisossomais. Os peptídeos exógenos, geralmente com cerca de 11 a 15 aminoácidos de extensão (um pouco maiores do que os peptídeos que se ligam ao MHC de classe I), ligam-se no sítio de ligação recém-aberto do antígeno de MHC de classe II. O complexo é transportado para a membrana citoplasmática, onde é apresentado na superfície celular às **células T auxiliares (Th)**. As células Th, por meio do TCR, reconhecem o complexo MHC de classe II-peptídeo. Essa interação ativa as células Th a secretarem citocinas, estimulando a produção de anticorpos por células B, ou promovendo uma inflamação.

### Os correceptores CD4 e CD8

Além do TCR, cada célula T expressa uma única proteína de superfície celular que atua como um correceptor. As células Th expressam uma proteína **correceptora CD4**, e as células Tc expressam uma proteína **correceptora CD8** (Figura 25.9). Quando o TCR se liga ao complexo MHC-peptídeo, o correceptor na célula T também se liga à proteína do MHC na célula apresentadora de antígeno, intensificando as interações moleculares entre as células e aumentando a ativação das células T. O CD4 se liga apenas a proteínas MHC de classe II, fortalecendo a interação da célula Th com as APCs que expressam a proteína MHC II. De maneira similar, o CD8 se liga apenas a células-alvo apresentando MHC I, intensificando a ligação das células Tc às células-alvo contendo MHC I. As proteínas CD4 e CD8 são também utilizadas em testes *in vitro*, como marcadores de células T, para diferenciar células Th (CD4) de células Tc (CD8).

**MINIQUESTIONÁRIO**

- Identifique as células que preferencialmente apresentam proteínas do MHC de classe I e MHC de classe II em suas superfícies.
- Defina a sequência de eventos do processamento e apresentação de antígenos a partir de patógenos intracelulares e extracelulares.

# III • Linfócitos T e imunidade

A apresentação de antígenos ativa os precursores de linfócitos T a se diferenciarem em células T, responsáveis pela imunidade mediada por célula antígeno-específica. Estas funções incluem a morte mediada por células, respostas inflamatórias, e o "auxílio" a células B produtoras de anticorpos. Na ausência de células T antígeno-ativadas, existe pouca imunidade antígeno-específica e nenhuma memória imunológica.

## 25.5 Células T citotóxicas e células *natural killer*

Na seção anterior, introduzimos dois subconjuntos de linfócitos T, as células T citotóxicas e as células T auxiliares. Agora, examinaremos em detalhes a função de morte celular antígeno-específica, desempenhada pelas células T citotóxicas. Introduziremos também a célula *natural killer* (NK), uma célula similar aos linfócitos, que utiliza outro mecanismo para reconhecer e matar células infectadas por patógenos intracelulares.

### Células T citotóxicas (Tc)

As **células T citotóxicas (Tc)**, também conhecidas como linfócitos T citotóxicos (CTLs), são células T CD8 que matam diretamente células que apresentam antígenos de superfície exógenos. Como discutimos na Seção 25.4, as células $T_C$ reconhecem peptídeos exógenos embebidos nas proteínas do MHC de classe I. As células que exibem o antígeno exógeno são mortas pelas células Tc. Por exemplo, um peptídeo viral embebido em MHC de classe I, apresentado por uma célula infectada por vírus, marca a célula para interação e pode ser morta por células Tc.

O contato entre uma célula Tc e a célula-alvo é requerido para a morte celular (Figura 25.10). O ponto de contato inicial é entre o TCR e o complexo peptídeo-MHC de classe I. A proteína CD8 na célula Tc liga-se então a proteína MHC de classe I, reforçando a interação. No contato com a célula-alvo, grânulos na célula Tc migram para o local do contato, onde o conteúdo dos grânulos é liberado (degranulação). Os grânulos contêm perforina e proteases denominadas *granzimas*. A perforina se insere na membrana da célula-alvo, formando um poro por meio do qual as granzimas penetram nesta célula. As granzimas são citotoxinas que provocam *apoptose*, ou morte celular programada, caracterizada pela morte e degradação celular a partir de seu interior. Contudo, as células Tc permanecem inalteradas; suas membranas não são danificadas pelas perforinas. As células Tc matam apenas aquelas células que apresentam antígenos exógenos, uma vez que os grânulos são liberados apenas na superfície de contato entre a célula Tc e a célula-alvo que possui o peptídeo-MHC de classe I. Células desprovidas do peptídeo reconhecido pelas células Tc não estabelecem contato e, portanto, não são mortas.

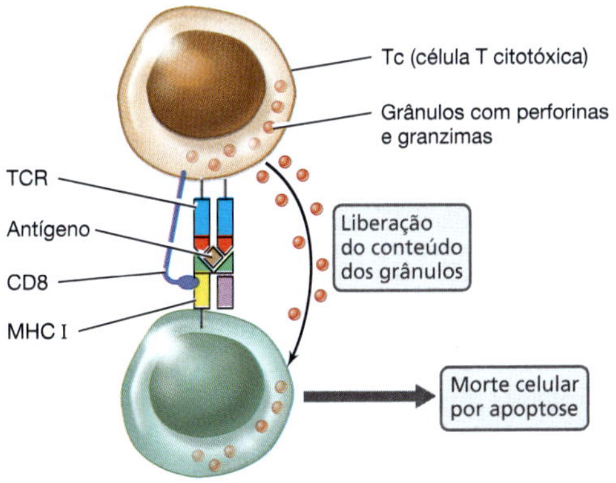


**Figura 25.10** **Células T citotóxicas.** Quandoo TCR em uma célula Tc liga-se a um complexo MHC I-peptídeo em qualquer célula, a célula Tc libera grânulos que contêm perforinas e granzimas, citotoxinas que perfuram a célula-alvo e provocam apoptose, respectivamente.

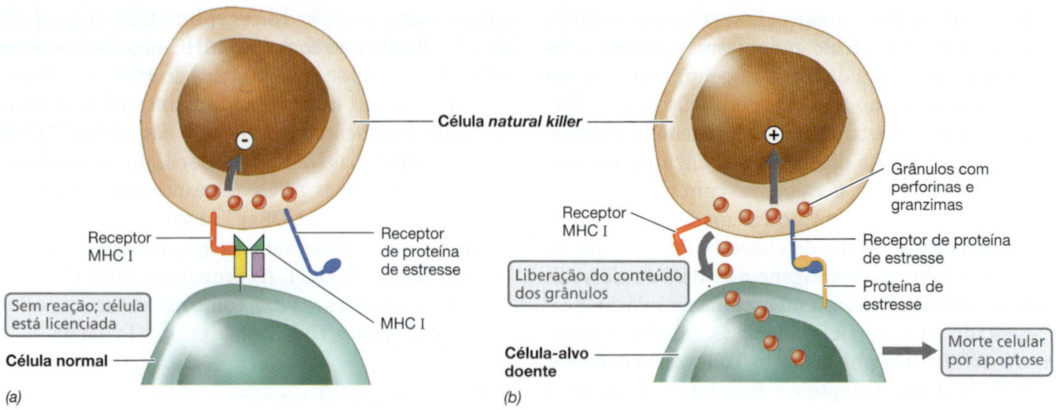


**Figura 25.11** **Células *natural killer*.** As células *natural killer* (NK) possuem dois tipos de receptores: um interage com o MHC I em células saudáveis; o segundo interage com as proteínas de estresse celular, encontradas apenas em células tumorais ou células infectadas por patógenos. *(a)* O reconhecimento do MHC I licencia as células saudáveis, evitando que as células NK liberem o seu conteúdo. (*b*) As células infectadas por patógenos ou células tumorais expressam proteínas de estresse e muitas vezes reduzem a expressão do MHCI. Na ausência do reconhecimento do MHC I, a célula NK interage com a proteína de estresse e libera perforinas e granzimas, matando a célula doente.

## Células *natural killer*

As **células *natural killer*** (**células NK**) são linfócitos citotóxicos distintos das células T e B. No entanto, células NK assemelham-se a células Tc por sua capacidade de destruir células cancerígenas e células infectadas com patógenos intracelulares. As células NK também empregam perforinas e granzimas para matar seus alvos, destruindo células cancerígenas e células infectadas por vírus sem a exposição prévia ou o contato com as células exógenas (**Figura 25.11**). Isto é um fato importante, pois muitas células tumorais e infectadas por vírus reduzem ou eliminam a expressão normal de proteínas do MHC de classe I, para evadir da resposta imune Tc antígeno-específica. Neste processo, o número de células NK não aumenta, e as células não exibem memória após interação com a célula-alvo.

As células NK reconhecem e destroem células tumorais ou infectadas por patógenos utilizando um sistema de dois receptores. O alvo molecular das células NK são proteínas na superfície de outras células (Figura 25.11*a*). À medida que as células NK circulam e interagem com as células no corpo, elas utilizam receptores de MHC de classe I especiais, para reconhecer proteínas de MHC I em células normais, saudáveis. A ligação dos receptores NK a MHC de classe I desativa a célula NK, inativando os mecanismos de morte mediados por perforinas e granzimas, um processo denominado *licenciamento*. Células tumorais ou infectadas por patógenos, no entanto, podem expressar proteínas de estresse em sua superfície; as células NK possuem fatores complementares para muitas destas proteínas de estresse. Especialmente na ausência da interação de licenciamento do MHC, os receptores de estresse nas células NK ligam-se às proteínas de estresse nas células-alvo. As células NK respondem por meio da liberação de perforinas e granzimas citotóxicas, destruindo assim as células infectadas pelo patógeno ou células tumorais que expressam as proteínas de estresse indicativas de doença, e não mais expressam as proteínas MHC de células saudáveis (Figura 25.11*b*).

**MINIQUESTIONÁRIO**

- Identifique e compare os alvos e os mecanismos de reconhecimento utilizados por células Tc e NK.
- Descreva o sistema efetor comum (o sistema de morte celular) utilizado por células Tc e NK.

## 25.6 Células T auxiliares

A interação com APCs leva à diferenciação de células Th CD4 em vários subconjuntos, cada um produzindo combinações únicas de citocinas que recrutam células efetoras, tais como os macrófagos, células B produtoras de anticorpos, e os neutrófilos. As células dos subconjuntos Th1 e Th2 desempenham um papel na imunidade adaptativa, promovendo a inflamação e a produção de anticorpos, respectivamente. Células Th17 amplificam a resposta imune inata, e as células Treg suprimem a imunidade quando esta não é necessária (**Tabela 25.2**).

### Células Th1 e ativação de macrófagos

Os macrófagos desempenham um papel central como APCs na imunidade mediada por células. Como ilustrado na **Figura 25.12**, os macrófagos englobam os antígenos, que são então processados e apresentados às células **Th1**. As células Th1 produzem IL-2 (interleucina-2), uma citocina que promove o crescimento e a ativação de outras células T, e ativam os macrófagos por meio de outras citocinas. Em geral, mesmo macrófagos inativos fagocitam e matam a maioria das bactérias, porém alguns patógenos sobrevivem e se multiplicam dentro do fagolisossomo. Estes patógenos intracelulares incluem *Mycobacterium tuberculosis, Mycobacterium leprae* e *Listeria monocytogenes*, as bactérias que causam tuberculose, hanseníase e listeriose, respectivamente. Animais inoculados com doses moderadas de *M. tuberculosis* são capazes de debelar a infecção e desenvolver uma resposta imune protetora por meio das células T, mediada por células T inflamatórias, o subconjunto Th1. As células Th1 ativam os macrófagos por meio da secreção de citocinas, que incluem interferon gama (IFN-$\gamma$), fator de necrose tumoral alfa (TNF-$\alpha$) e o fator estimulador de colônia granulócito-monócito (GM-CSF) (Figura 25.12). Os macrófagos Th1 ativados capturam e matam células exógenas de forma mais eficiente do que o restante dos macrófagos. Surpreendentemente, os macrófagos ativados também fagocitam e matam células infectadas com patógenos intracelulares não relacionados, como *Listeria*. A especificidade é ao nível de células Th1 e de ativação de macrófagos, macrófagos efetores atuam de forma não específica; macrófagos ativados matam bactérias intracelulares que normalmente se multiplicam em macrófagos não ativados ou outros tipos de células.

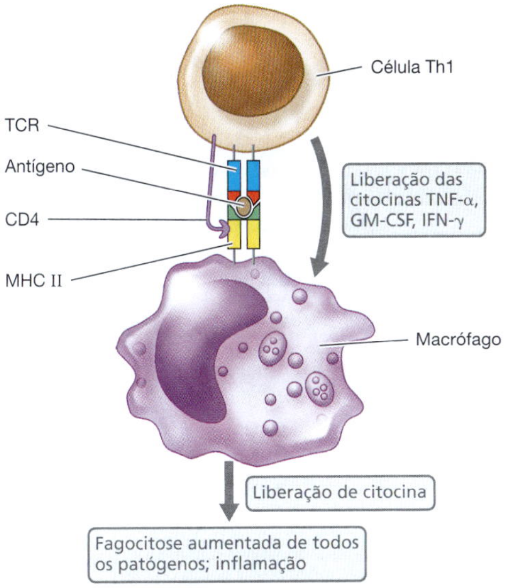


**Figura 25.12** **Células Th1.** As células Th1 (células T inflamatórias) são ativadas por antígenos apresentados em macrófagos no contexto da proteína do MHC II. Células Th1 ativadas produzem citocinas que estimulam os macrófagos a aumentarem a atividade fagocítica e promover a inflamação.

**Tabela 25.2 Subconjuntos de células T auxiliares**

| | *Subconjuntos* | | | |
|---|---|---|---|---|
| | *Th1* | *Th2* | *Th17* | *Treg* |
| Célula apresentadora de antígeno | Macrófago | Célula B | Célula dendrítica ativada | Células dendríticas não ativadas |
| Principais citocinas produzidas | IL-2, IFN-γ, TNF-α | IL-4, IL-5 | IL-17, IL-6 | IL-10, TGF-β |
| Efeitos celulares | Ativação de células T (IL-2) e macrófagos | Ativação de células B | Ativação e recrutamento de neutrófilos | Supressão das células imunes adaptativas |
| Efeitos sistêmicos | Imunidade mediada por células | Imunidade mediada por anticorpos | Amplificação da imunidade inata | Controle da imunidade Th |

Macrófagos Th1 ativados não apenas matam as células infectadas por patógenos, mas também auxiliam a destruir células tumorais, uma vez que as células tumorais frequentemente produzem antígenos tumorais específicos não encontrados em células normais. As células tumorais podem ser destruídas por macrófagos ativados por células Th1, que reagem com o antígeno tumoral específico. A rejeição a transplantes, um problema importante que ocorre após o transplante de órgãos e tecidos de uma pessoa para a outra, é também mediada por macrófagos ativados por Th1. Nesse caso, as células Th1 reconhecem as proteínas do MHC não próprias do transplante, desencadeando a ativação dos macrófagos e a destruição do transplante.

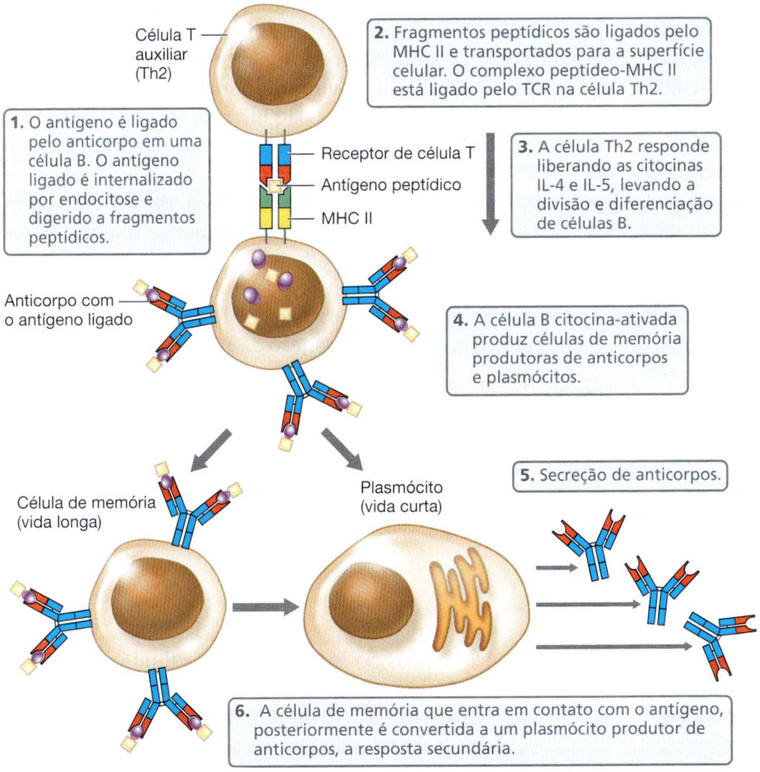


**Figura 25.13** **Interação célula T-célula B e a produção de anticorpos.** As células B interagem com o antígeno e com as células Th2 para a produção de anticorpos. As células B inicialmente atuam como células apresentadoras de antígenos via receptor de Ig antígeno-específico, para aprisionar o antígeno. O processamento do antígeno pela célula B e apresentação às células Th2 induz as células Th2 a produzirem citocinas que ativam as células B a se tornarem plasmócitos produtores de anticorpos ou uma célula de memória.

## Células Th2

As células **Th2** desempenham papel central na ativação de células B e na produção de anticorpos. Como discutido na Seção 24.4, as células B produzem anticorpos. As células B maduras são revestidas por anticorpos que agem como receptores de antígenos. O antígeno liga-se aos receptores de célula B, mas a célula B não produz imediatamente anticorpos solúveis (**Figura 25.13**). O antígeno ligado ao anticorpo é primeiramente endocitado e degradado na célula B. Os peptídeos gerados a partir do antígeno degradado são então apresentados nas proteínas do MHC de classe II da célula B. Dessa maneira, a célula B desempenha um papel duplo, primeiro como uma APC, e segundo, como produtora de anticorpos. No papel de APC, a célula B capta e processa o antígeno a peptídeos, carregando-os no MHC II. A célula B então apresenta o peptídeo-MHC II a uma célula Th2. A célula Th2 responde produzindo IL-4 e IL-5, citocinas que ativam a célula B. A célula B ativada diferencia-se em uma célula de plasma que produz e secreta anticorpos, como discutiremos na Seção 25.8.

## Células Th17 e Treg

A apresentação de antígenos pelas células dendríticas desempenha um papel crítico no

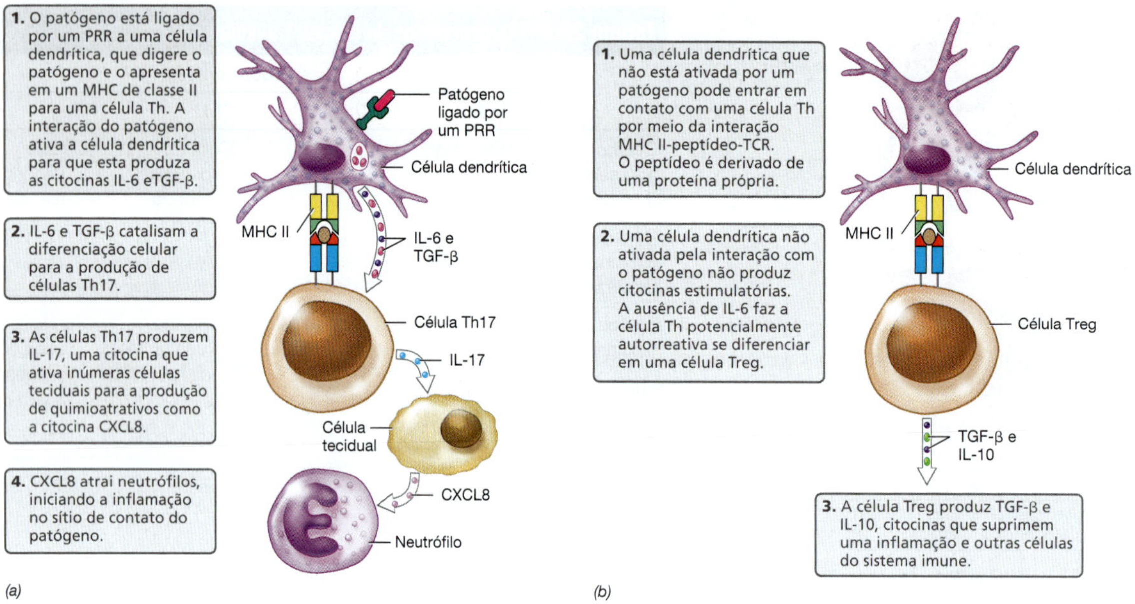


**Figura 25.14** **Células Th17 e Treg.** *(a)* As células Th17 interagem com células dendríticas estimuladas por patógenos para atrair os neutrófilos ao local do patógeno, levando a inflamação e controle do agente. *(b)* As células Treg interagem com células dendríticas não ativadas e respondem produzindo citocinas imunossupressoras que controlam as reações a antígenos próprios.

desenvolvimento de células Th17 e Treg. As células **Th17** são importantes nas primeiras fases da resposta imune adaptativa; estimuladas por interações antigênicas, as células Th17 recrutam neutrófilos, células da resposta imune inata importantes na inflamação. Células Th não diferenciadas, ou *naive*, se diferenciam em células Th17 por meio da ação de células dendríticas. Quando as células dendríticas encontram os patógenos, estas apresentam o antígeno e secretam duas citocinas, IL-6 e o fator de transformação do crescimento-β (TGF-β), que catalisa a diferenciação de Th em células Th17 (**Figura 25.14*a***). As células Th17, em seguida, produzem IL-17, uma citocina que ativa outras células teciduais a produzirem citocinas e quimiocinas que atraem neutrófilos para o local da infecção. Assim, a função das células Th17 é produzir IL-17, iniciando uma cascata que atrai neutrófilos para os locais de infecção. Por meio do recrutamento de neutrófilos, as células Th17 amplificam a imunidade inata estimulada pela interação de um patógeno com uma célula dendrítica.

As células **Treg** são importantes no controle da imunidade. Células Th não diferenciadas permanecem neste estado a menos que sejam estimuladas a amadurecer por determinadas citocinas, como é o caso da estimulação de IL-6 para a produção de células Th17. No entanto, na ausência de um patógeno, as células Th ainda podem interagir com as células dendríticas por meio do MHCII-peptídeo-TCR (Figura 25.14*b*). Neste caso, o peptídeo é geralmente um autopeptídeo; imunidade a este pode desencadear uma doença autoimune. Entretanto, uma vez que as células dendríticas não interagem com o patógeno, estas não podem produzir IL-6 para promover a diferenciação de células Th17. Em vez disso, a ausência de IL-6 "empurra" o processo de diferenciação para as células Treg que produzem IL-10 e TGF-β, duas citocinas que suprimem a imunidade e a inflamação. Na presença de autoantígenos e na ausência de IL-6, as células Treg desligam a resposta imune e inibem a inflamação. Isto é importante para o controle das respostas imunes a autoantígenos e para a prevenção da autoimunidade.

**MINIQUESTIONÁRIO**

- Descreva o papel das células Th1 na ativação de macrófagos.
- Descreva o papel das células Th2 na ativação de células B.
- Descreva o papel das células Th17 na ativação de neutrófilos.

# IV • Anticorpos e imunidade

Os anticorpos fornecem a imunidade antígeno-específica que protege contra patógenos extracelulares e proteínas solúveis nocivas, como as toxinas. Após considerarmos a estrutura e a diversidade genética que são decisivas às funções dos anticorpos, abordaremos os mecanismos pelos quais estes neutralizam e destroem os antígenos.

## 25.7 Estrutura dos anticorpos

Anticorpos, ou *imunoglobulinas* (*Ig*), são moléculas proteicas que interagem especificamente com epítopos antigênicos. Estes são encontrados no soro e em outros fluidos corpóreos como as secreções mucosas e o leite. O soro contendo anticorpos antígeno-específicos é denominado *antissoro* (➪ Seção 24.6). As imunoglobulinas podem ser separadas em cinco classes principais, com base em suas propriedades físicas, químicas e imunológicas: *IgG*, *IgA*, *IgM*, *IgD* e *IgE* (**Tabela 25.3**).

### Estrutura da imunoglobulina G

IgG, o anticorpo circulante mais comum, compreende cerca de 80% das imunoglobulinas séricas. IgG é composto por quatro cadeias polipeptídicas (Figura 25.15). Ligações dissulfeto (ligações S-S) conectam as cadeias individuais. Em cada proteína IgG, duas cadeias leves idênticas estão pareadas a duas cadeias pesadas idênticas. Cada cadeia leve possui cerca de 220 aminoácidos e cada cadeia pesada, cerca de 440 aminoácidos. Cada cadeia pesada interage com uma cadeia leve, formando um sítio funcional de ligação ao antígeno. Portanto, um anticorpo IgG é *bivalente*, uma vez que contém dois sítios de ligação idênticos que podem se ligar a dois epítopos idênticos.

Cadeias pesadas e leves consistem em uma série de domínios proteicos distintos com cerca de 110 aminoácidos (Figura 25.15). Um domínio variável de cadeia pesada é conectado a três domínios constantes de cerca de 110 aminoácidos de comprimento. A sequência de aminoácidos do domínio variável difere nos diferentes anticorpos. O domínio variável liga-se ao antígeno. Os três domínios constantes de cada cadeia pesada são idênticos em todas as moléculas de Ig da mesma classe. Cada cadeia leve consiste em um domínio variável e um domínio constante. O domínio variável da cadeia leve interage com o domínio variável da cadeia pesada para ligar-se ao antígeno. A sequência de aminoácidos no domínio constante não difere entre as cadeias leves do mesmo tipo.

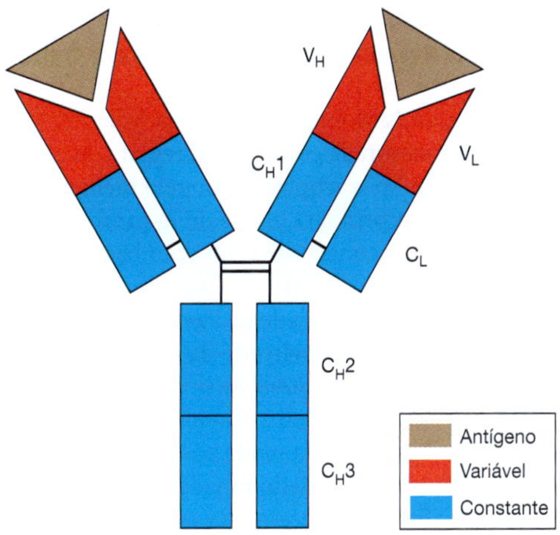


**Figura 25.15** **Estrutura da imunoglobulina G.** A IgG consiste em duas cadeias pesadas (massa molecular de 50.000) e duas cadeias leves (massa molecular de 25.000), com uma massa molecular total de 150.000. Uma cadeia pesada e uma cadeia leve interagem, formando uma unidade de ligação ao antígeno. Os domínios variáveis das cadeias pesada e leve ($V_H$ e $V_L$) ligam-se ao antígeno. Os domínios constantes ($C_H1$, $C_H2$, $C_H3$, $C_L$) são idênticos em todas as proteínas de IgG. As cadeias são covalentemente unidas por ligações dissulfeto.

## Sítio de ligação ao antígeno

O sítio de ligação ao antígeno da IgG, e de todos os outros anticorpos, é formado por meio de uma interação cooperativa entre os domínios variáveis das cadeias pesada e leve (Figura 25.16). Os domínios variáveis das duas cadeias interagem, formando um receptor que se liga intensamente ao antígeno, porém não covalentemente. A intensidade mensurável da ligação do anticorpo ao antígeno é denominada *afinidade de ligação*. Anticorpos de alta afinidade ligam-se fortemente ao antígeno.

Cada sistema imune individual tem a capacidade de reconhecer, ou ligar-se, a incontáveis antígenos, com cada antígeno sendo reconhecido por um sítio de ligação ao antígeno exclusivo. Para acomodar todos os antígenos possíveis, cada indivíduo pode produzir bilhões de diferentes sítios de ligação ao antígeno em seus anticorpos, cada um deles codificado por um gene formado por meio de recombinação somática e eventos de mutação. A interação do antígeno com o anticorpo da célula B estimula a célula B a produzir e secretar cópias do anticorpo pré-formado.

## Outras classes de anticorpos

Os anticorpos de outras classes diferem da IgG. A classe de uma dada molécula de anticorpo é definida pela sequência de aminoácidos de seus domínios constantes da cadeia pesada. A cadeia pesada denominada *gama* (γ) define a classe IgG; *alfa* (α) define IgA; *delta* (δ) define IgD; *mu* (μ) define IgM; e *épsilon* (ε) define IgE (Tabela 25.3). As sequências do domínio



**Tabela 25.3 Propriedades das imunoglobulinas humanas**

| *Classe/ cadeia H*[a] | *Massa molecular/fórmula*[b] | *Soro (mg/mL)* | *Sítios de ligação ao antígeno* | *Propriedades* | *Distribuição* |
|---|---|---|---|---|---|
| IgG γ | 150.000 2(H + L) | 13,5 | 2 | Principal anticorpo circulante; quatro subclasses: $IgG_1$, $IgG_2$, $IgG_3$ e $IgG_4$; $IgG_1$ e $IgG_3$ ativam o complemento | Fluido extracelular; sangue e linfa; atravessa a placenta |
| IgM μ | 970.000 (pentâmero) 5[2(H + L)] + J<br>175.000 (monômero) 2(H + L) | 1,5<br>0 | 10<br>2 | Primeiro anticorpo a aparecer após a imunização; forte ativador de complemento | Sangue e linfa; o monômero é o receptor de superfície da célula B |
| IgA α | 150.000 2(H + L)<br>385.000 (dímero secretado) 2[2(H + L)] + J + CS | 3,5<br>0,05 | 2<br>4 | Importante anticorpo circulante<br>Principal anticorpo secretor | Secreções (saliva, colostro, fluidos celulares e sanguíneos); monômeros no sangue e dímeros nas secreções |
| IgD δ | 180.000 2(H + L) | 0,03 | 2 | Anticorpo circulante secundário | Sangue e linfa; superfícies de linfócitos B |
| IgE ε | 190.000 2(H + L) | 0,00005 | 2 | Envolvido em reações alérgicas e imunidade a parasitas | Sangue e linfa; o $C_H4$ se liga a mastócitos e eosinófilos |

[a]Todas as imunoglobulinas podem apresentar uma cadeia leve λ ou κ, mas nunca ambas.

[b]Baseada no número e arranjo das cadeias pesadas (H) e leves (L) em cada molécula funcional. J é uma proteína de junção presente na IgM sérica e na IgA secretora. CS é o componente secretor encontrado na IgA secretada.

constante constituem três quartos das cadeias pesadas de IgG, IgA e IgD, respectivamente, e quatro quintos das cadeias pesadas de IgM e IgE (**Figura 25.17**).

A estrutura da IgM é apresentada na **Figura 25.18**. A IgM normalmente é encontrada como um agregado de cinco moléculas de imunoglobulinas acopladas por pelo menos uma cadeia J (junção). A IgM é a primeira classe de Ig produzida em uma resposta imune típica contra uma infecção bacteriana, porém as IgMs normalmente apresentam baixa *afinidade* (força de ligação) ao antígeno. A intensidade da ligação ao antígeno é relativamente potencializada em virtude da alta *valência* da molécula de IgM pentamérica; existem 10 sítios ligantes disponíveis para a interação com o antígeno (Tabela 25.3 e Figura 25.18). A intensidade de ligação combinada aos múltiplos sítios de ligação ao antígeno na IgM é denominada *avidez*. Assim, a IgM apresenta *baixa* afinidade, porém *alta* avidez, pelos antígenos. Até 10% dos anticorpos séricos são do tipo IgM. Monômeros de IgM são também encontrados na superfície de células B.

Dímeros de IgA estão presentes em fluidos corpóreos como saliva, lágrima, colostro do leite materno e secreções mucosas dos tratos gastrintestinal, respiratório e geniturinário. Essas superfícies mucosas estão associadas ao tecido linfoide associado às mucosas (MALT), que produz IgA. Em um adulto comum, as superfícies mucosas totalizam cerca de 400 m$^2$ (a pele possui cerca de 6 m$^2$), e grandes quantidades de IgA secretora são produzidas – cerca de 10 g por dia. Ao contrário, a IgG sérica produzida por um indivíduo corresponde a cerca de 5 g por dia, apenas a metade da IgA. A forma secretora consiste em duas moléculas de IgA covalentemente ligadas por uma cadeia peptídica J e uma proteína denominada *componente secretor*, que auxilia no transporte da IgA por meio das membranas (**Figura 25.19**). A IgA é também encontrada no soro, como um monômero (Tabela 25.3).

A IgE é encontrada em quantidades extremamente baixas no soro (cerca de 1 entre 50.000 moléculas de Igs séricas corresponde a uma IgE). A maioria das IgEs está ligada a células. Por exemplo, o anticorpo IgE, por meio de suas regiões constantes, se liga a eosinófilos, conferindo a esses granulócitos a capacidade de atacar parasitas eucarióticos como esquistossomas e outros vermes. A IgE também liga-se a mastócitos teciduais. A ligação do antígeno às regiões de ligação ao

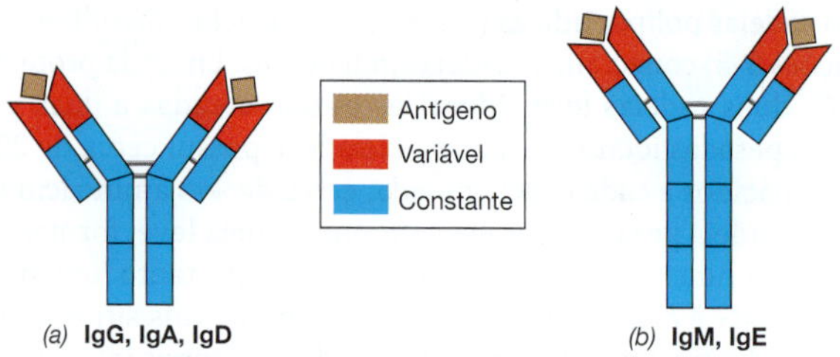


**Figura 25.17** **Classes de imunoglobulinas.** Todas as classes de Igs possuem $V_H$ e $V_L$ que se ligam ao antígeno. *(a)* IgG, IgA e IgD possuem três domínios constantes. *(b)* As cadeias pesadas de IgM e IgE possuem um quarto domínio constante.

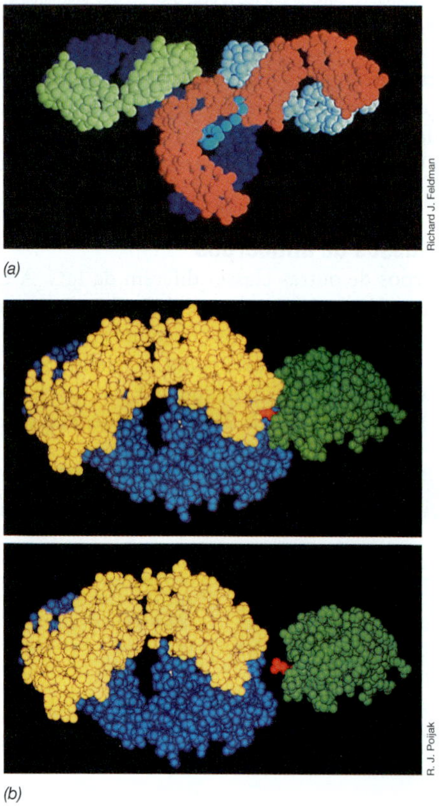


**Figura 25.16** **Estrutura de imunoglobulina e o sítio de ligação ao antígeno.** *(a)* Visão tridimensional de uma molécula de IgG. As cadeias pesadas são apresentadas em vermelho e em azul-escuro. As cadeias leves estão em verde e em azul-claro. *(b)* Visão tridimensional das interações de ligação entre um antígeno e uma imunoglobulina. O antígeno (lisozima) está em verde. O domínio variável da cadeia pesada de Ig é ilustrado em azul; o domínio variável da cadeia leve é ilustrado em amarelo. O aminoácido apresentado em vermelho é um resíduo de glutamina, na lisozima. A glutamina acopla-se em um bolso na molécula de Ig, mas a interação global antígeno-anticorpo envolve contatos com muitos outros aminoácidos na superfície tanto da Ig quanto do antígeno. Reproduzida com a permissão de *Science* 233:747 (1986). ©AAAS.

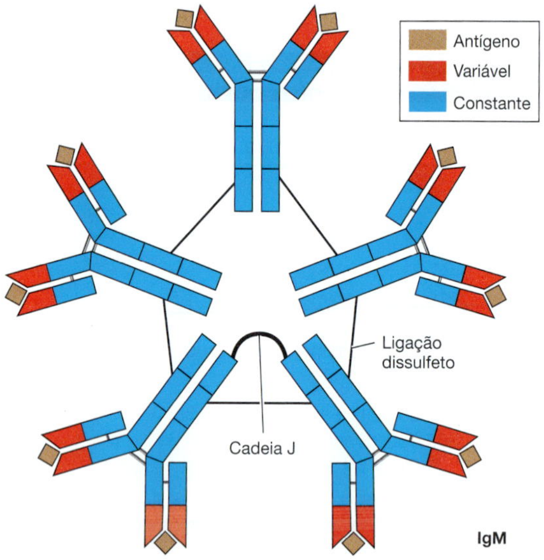


**Figura 25.18** **Imunoglobulina M.** A IgM é encontrada no soro como uma proteína pentamérica, consistindo em cinco proteínas de IgM covalentemente ligadas umas as outras por meio de ligações dissulfeto e uma cadeia proteica J. Por ser um pentâmero, a IgM pode ligar-se a até 10 moléculas de antígeno, como ilustrado.

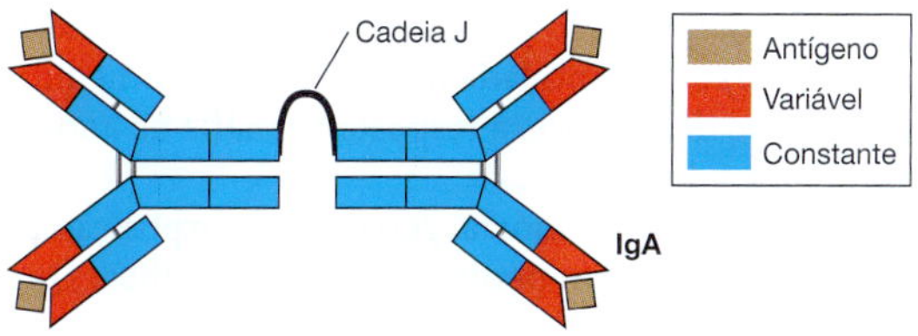


**Figura 25.19** **Imunoglobulina A.** IgA secretora (sIgA) é frequentemente encontrada em secreções corpóreas como um dímero consistindo de duas proteínas de IgA covalentemente ligadas uma a outra via uma cadeia proteica de junção (J). Um componente secretor, não mostrado, auxilia no transporte da IgA por meio das membranas mucosas.

antígeno variáveis de IgE, em mastócitos teciduais, provoca a liberação do conteúdo da célula mastocítica em um processo denominado degranulação. A degranulação de mastócitos desencadeia uma hipersensibilidade do tipo imediata (alergias, Seção 24.8). A massa molecular de uma molécula de IgE é significantemente maior do que a da maioria das demais Igs (Tabela 25.3) porque, como a IgM, a IgE possui um quarto domínio constante (Figura 25.17). Essa região constante adicional atua ligando a IgE à superfície de eosinófilos e mastócitos, uma etapa crítica na ativação de reações protetoras e alérgicas associadas a esses tipos celulares (Figura 24.17).

A IgD (Figura 25.17), presente no soro em baixas concentrações, não tem uma função imune protetora conhecida. Contudo, a IgD, como a IgM, é abundante nas superfícies das células B, especialmente em células B de memória.

**MINIQUESTIONÁRIO**

- Identifique os domínios das cadeias pesada e leve de um anticorpo que se ligam ao antígeno.
- Diferencie as classes de anticorpos, de acordo com as suas características estruturais, seus padrões de expressão e seus papéis funcionais.

## 25.8 Produção de anticorpos

Uma sequência previsível de eventos leva à produção efetiva de anticorpos, após a exposição ao antígeno. No nível genético, células B e células T utilizam mecanismos de recombinação gênica e mutação, para originar genes rearranjados que codificam um número ilimitado de receptores antigênicos específicos. No nível celular, interações complexas entre as células B e as células T produzem anticorpos que proporcionam uma imunidade antígeno-específica efetiva.

### Geração da diversidade de receptores de antígeno

Cada indivíduo é capaz de produzir bilhões de anticorpos e TCRs distintos, sendo cada receptor voltado à interação específica com um dos inúmeros antígenos do nosso ambiente. Como o sistema imune direciona a produção de todas essas proteínas antígeno-específicas? A diversidade de receptores imunes é gerada por um mecanismo singular, exclusivo de células T e B. A produção de anticorpos é iniciada por rearranjo sequencial dos genes que codificam as Ig. Durante o desenvolvimento das células B na medula óssea, tanto os genes da cadeia pesada quanto os de cadeia leve são rearranjados. Os genes são combinados – segmentos gênicos individuais são misturados e reunidos em uma variedade de combinações – por *splicing* e rearranjos gênicos nas células B em diferenciação, processo conhecido como *recombinação somática*.

A **Figura 25.20** ilustra como o rearranjo de uma única cadeia leve humana do gene kappa resulta na formação de uma proteína da cadeia leve. O complexo gênico da cadeia pesada possui ainda mais segmentos gênicos, permitindo mais recombinações e, assim, potenciais cadeias pesadas (Figura 26.8). Apenas um rearranjo, no entanto, é realizado em qualquer célula B. O resultado final consiste em um único gene funcional de cadeia pesada e um único gene funcional de cadeia leve. Cada um desses genes rearranjados é transcrito e traduzido originando um anticorpo que consiste em duas proteínas de cadeia pesada e duas proteínas de cadeia leve. O anticorpo específico é então expresso na superfície da célula B.

A exposição ao antígeno é necessária para a estimulação da célula B, de forma que esta produza cópias solúveis do anticorpo e se diferencie em plasmócito, que produzirá mais cópias solúveis de anticorpos. Além disso, a exposição ao antígeno induz mutações genéticas em genes produtores de anticorpos em taxas aceleradas, um fenômeno conhecido como *hipermutação somática*. Este processo modifica e diversifica ainda mais os anticorpos produzidos.



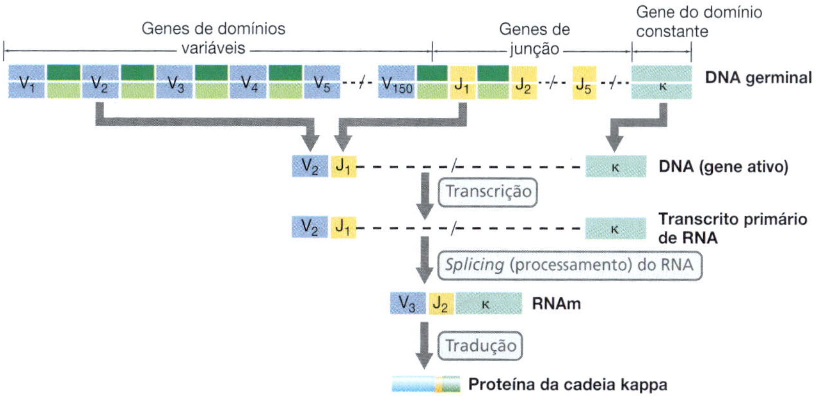


**Figura 25.20** **Rearranjo gênico da cadeia kappa de imunoglobulina em células B humanas.** Os segmentos gênicos estão organizados em *tandem* nos genes da cadeia leve kappa (κ), no cromossomo 2. Os rearranjos de DNA são completados na célula B em processo de maturação. Qualquer uma das 150 sequências V (variáveis) pode se combinar com qualquer uma das 5 sequências J. Assim, 750 (150 × 5) recombinações são possíveis, codificando 750 domínios variáveis kappa distintos, porém apenas um rearranjo produtivo ocorre em cada célula.

O grande número de possíveis rearranjos gênicos, somado aos eventos de hipermutação somática após a exposição ao antígeno, propiciam uma diversidade quase ilimitada de anticorpos. Rearranjos similares também ocorrem durante o desenvolvimento das células T, resultando na geração de diversidade considerável de TCRs. Todavia, as células T não utilizam a hipermutação para expandir sua diversidade.

## Produção de anticorpos e memória imune

Começando por uma célula B, a produção de anticorpos é iniciada pela exposição ao antígeno, e culmina com a produção e secreção de um anticorpo antígeno-específico, de acordo com a sequência a seguir:

1. Os antígenos são disseminados pelos sistemas circulatórios linfático e sanguíneo, para os órgãos linfoides secundários, como linfonodos, baço ou tecido linfoide associado às mucosas (MALT) (Seção 24.1 e Figura 24.2). A via de exposição ao antígeno influencia a classe de anticorpos produzida. Antígenos introduzidos na corrente sanguínea por injeção ou infecção trafegam pelo sangue até o baço, onde são formados anticorpos das classes IgM, IgG e IgA sérica. Antígenos introduzidos por vias subcutânea, intradérmica, tópica ou intraperitoneal são transportados pelo sistema linfático aos linfonodos mais próximos, onde novamente estimulam a produção de IgM, IgG e IgA sérica. Antígenos introduzidos em superfícies mucosas são levados ao MALT mais próximo. Por exemplo, antígenos introduzidos por via oral são levados ao MALT do trato intestinal, estimulando, preferencialmente, a produção de IgA secretora no intestino.
2. Após a exposição inicial ao antígeno, cada célula B estimulada pelo antígeno multiplica-se e diferencia-se, originando plasmócitos secretores de anticorpos e células de memória (Figura 25.13). Os *plasmócitos* apresentam uma vida relativamente curta (menos de uma semana), mas produzem e secretam grandes quantidades, principalmente de anticorpos IgM, na *resposta primária de anticorpos* (**Figura 25.21**). Há um período de latência antes do surgimento de anticorpos específicos no sangue, o qual é acompanhado por um aumento gradual no *título de anticorpos* (quantidade de anticorpos). À medida que o antígeno desaparece, a resposta primária de anticorpos diminui gradualmente.
3. As **células B de memória**, geradas pela exposição inicial ao antígeno, podem perdurar por muitos anos. Quando ocorre uma reexposição posterior ao antígeno imunizante, as células B de memória não necessitam da ativação de células T; estas rapidamente transformam-se em plasmócitos e começam a produzir anticorpos. A segunda, e cada nova exposição ao antígeno, provocam um rápido aumento do título de anticorpos, em níveis frequentemente 10 a 100 vezes superiores àqueles alcançados após a primeira exposição. Esse aumento no título de anticorpos consiste na *resposta secundária de anticorpos*. A resposta secundária ilustra a memória imune, resultando em uma resposta de anticorpos mais rápida e mais abundante, quando comparada à resposta primária. A resposta secundária também induz uma alteração da produção majoritária de IgM, para a produção de outra classe de anticorpos. No soro, as mudanças de classe de anticorpos mais comuns são de IgM para IgG e IgA. Este fenômeno é denominado *mudança de classe* (Figura 25.21).
4. O título diminui lentamente ao longo do tempo, porém uma exposição subsequente ao mesmo antígeno pode desencadear outra resposta de memória. A resposta de memória rápida e intensa é a base do procedimento de imunização conhecido como "dose de reforço" (p. ex., a vacina anual contra a raiva, aplicada em animais domésticos). A reimunização periódica mantém altos níveis de células B de memória e anticorpos circulantes específicos contra um determinado antígeno, conferindo proteção ativa e duradoura contra doenças infecciosas individuais.

**MINIQUESTIONÁRIO**

- Explique como um número limitado de genes codificantes de imunoglobulinas pode ser rearranjado para formar números quase ilimitados de proteínas de anticorpos.
- Explique as razões da vacinação periódica em crianças e adultos.

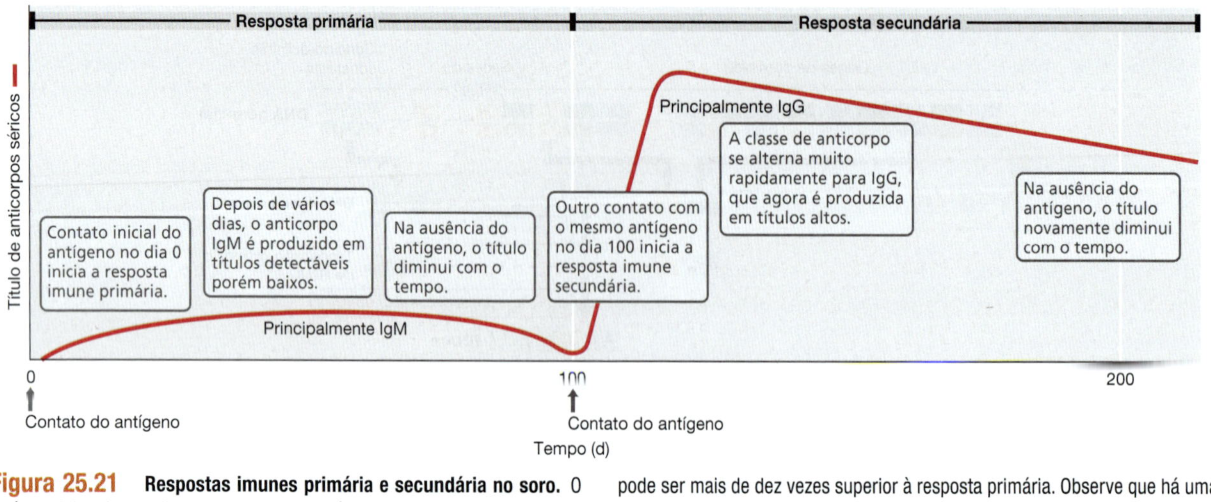


**Figura 25.21 Respostas imunes primária e secundária no soro.** O antígeno injetado nos dias 0 e 100 deve ser idêntico para induzir uma resposta secundária. A resposta secundária, também denominada resposta de reforço, pode ser mais de dez vezes superior à resposta primária. Observe que há uma mudança de classe, de IgM, produzida na resposta primária, para IgG, produzida na resposta secundária.

## 25.9 Anticorpos, complemento e destruição do patógeno

O **complemento** é composto por um grupo de proteínas que interagem sequencialmente, muitas com atividade enzimática, que desempenham um papel efetor tanto na imunidade inata quanto na imunidade adaptativa. A atividade do sistema complemento pode ser iniciada por mecanismos das imunidades inata e adaptativa.

### Ativação clássica do complemento e dano celular

As proteínas do complemento reagem de forma sequencial com complexos antígeno-anticorpo em uma célula-alvo. O resultado pode manifestar-se como danos na membrana celular e lise da célula-alvo, ou fagocitose aumentada da célula-alvo, um processo chamado de *opsonização*. O soro contém o complemento, e a maioria das IgG e das IgM que se ligam ao antígeno podem ligar-se ao complemento (Tabela 25.3).

As proteínas individuais do sistema complemento são designadas C1, C2, C3 e assim por diante. A ativação clássica do complemento ocorre quando anticorpos IgG ou IgM ligam-se a antígenos, especialmente em superfícies celulares. Nesses casos, os anticorpos são referidos como *fixadores* (ligam-se) das proteínas do complemento, sempre presentes. As proteínas do complemento reagem em uma sequência definida, com a ativação de uma proteína do complemento, promovendo a ativação da próxima, e assim por diante. As etapas essenciais, ilustradas na **Figura 25.22**, são iniciadas pela ligação do anticorpo ao antígeno (iniciação) e ligação dos componentes de C1 (C1q, C1r e C1s) ao complexo antígeno-anticorpo, levando à deposição de C4-C2 em um sítio adjacente da membrana. Este complexo é chamado de *C3 convertase*, uma enzima que cliva C3 a C3a e C3b. C3b liga-se então à convertase, formando um complexo que inicia uma interação C5-C6-C7 em um segundo sítio na membrana. C8 e C9 são então depositados com o complexo C5-C6-C7. Os componentes de ligação à membrana C5-9, denominados *complexo de ataque à membrana* (MAC, *membrane attack complex*), inserem-se na membrana, formando um poro que permite que o conteúdo celular saia, levando à lise da célula (**Figura 25.23**).

Subprodutos da ativação do complemento incluem quimioatrativos, denominados *anafilatoxinas;* estas moléculas provocam reações inflamatórias no sítio de deposição do complemento. Por exemplo, C3 é clivado em C3a e C3b. C3b fixa-se à célula-alvo, conforme delineado anteriormente. A liberação de C3a solúvel atrai e ativa fagócitos, resultando em

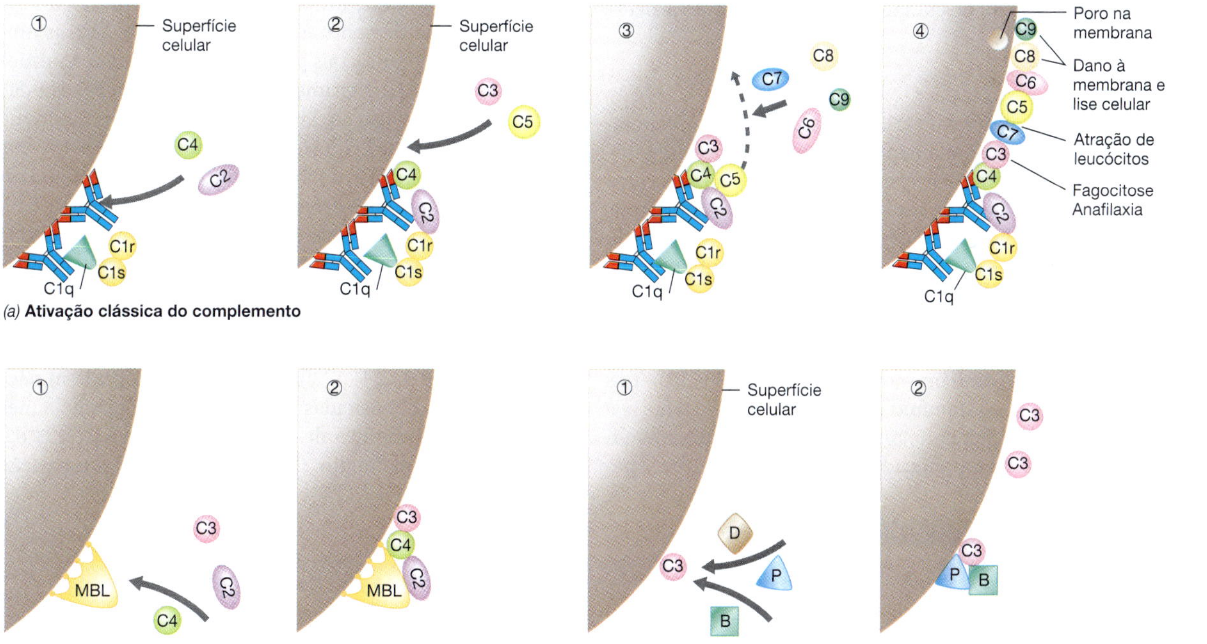


*(a)* **Ativação clássica do complemento**

*(b)* **Via de ativação por lectina de ligação à manose (MBL)**

*(c)* **Via alternativa de ativação**

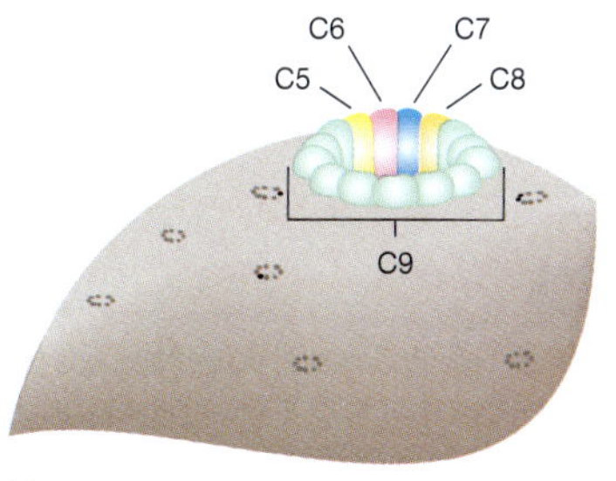


*(d)*

**Figura 25.22 Ativação do complemento.** *(a)* A sequência, orientação e atividade dos componentes da via clássica do complemento, na forma como interagem para lisar uma célula. ① A ligação do anticorpo e o complexo proteico C1 (C1q, C1r e C1s). ② O complexo C42 interage com C3. ③ O complexo C423 ativa C5, que se liga em um sítio adjacente na membrana. ④ Ligação sequencial de C6, C7, C8 e C9 a C5, produzindo um poro na membrana. C5-C9 é o complexo de ataque à membrana (MAC). *(b)* A via de lectina de ligação à manose (MBL, *mannose-binding lectin*). MBL se liga à manose na membrana bacteriana e ancora a formação do complexo C423. C3 ligado à membrana ativa C5, como apresentado em ③, acima, e inicia a formação do MAC (acima, em ④). *(c)* A via alternativa. C3 ligado à célula atrai as proteínas B e D, que ativam C3. O complexo C3B é adicionalmente estabilizado na membrana pelo fator P (properdina). C3B então age em C3 do sangue, promovendo a ligação de outros C3 à membrana. C3 ligado ativa então C5, como ilustrado em ③, da via de ativação clássica acima, e inicia a formação do MAC (acima, em ④). *(d)* Uma visão esquemática do poro formado pelos componentes do complemento C5 a C9.

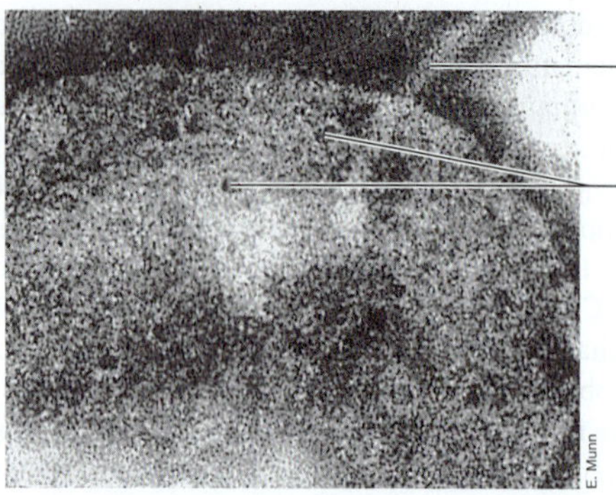


**Figura 25.23 Atividade de complemento em células bacterianas.** Micrografia eletrônica de uma *Salmonella enterica* sorovar *paratyphi* apresenta os orifícios criados no envelope celular bacteriano, resultantes de uma reação envolvendo antígenos do envelope celular, anticorpos específicos e complemento.

uma fagocitose aumentada. Reações envolvendo o produto de clivagem de C5a levam à atração de células T, liberação de citocinas e inflamação.

Quando ativado por um anticorpo específico, o complemento promove a lise de muitas bactérias gram-negativas. As bactérias gram-positivas, por outro lado, não são lisadas pelo complemento e anticorpos específicos. As bactérias gram-positivas podem, no entanto, ser destruídas pelo processo de opsonização.

## Opsonização

A **opsonização** é o aumento da fagocitose devido à deposição de anticorpo ou complemento na superfície de um patógeno ou outro antígeno. Por exemplo, uma célula bacteriana tem maior probabilidade de ser fagocitada quando anticorpos ligam-se aos antígenos presentes em sua superfície. Quando o complemento liga-se a um complexo antígeno-anticorpo na superfície celular, a célula torna-se ainda mais passível de ser ingerida. Isso ocorre porque a maioria dos fagócitos, incluindo neutrófilos, macrófagos e células B, possui receptores de anticorpos (FcR), assim como receptores de C3 (C3R). Tais receptores ligam-se ao domínio constante dos anticorpos e à proteína C3 do complemento, respectivamente. Processos fagocíticos normais são amplificados em cerca de dez vezes pelas interações anticorpos-FcR, e amplificados ainda mais dez vezes pelas interações C3-C3R. Os anticorpos ligados aos antígenos de superfície de bactérias gram-positivas ativam a via clássica do complemento e promovem a opsonização, levando a uma fagocitose aumentada e à destruição do patógeno.

## Via da lectina de ligação à manose e a via alternativa

Além da ativação do complemento pela via clássica, C3 pode ser depositada sobre as membranas, e o MAC pode ser ativado pela via da lectina de ligação à manose (MBL, *mannose-binding lectin*) e pela via alternativa. Estas vias dependem do reconhecimento de componentes compartilhados por patógenos e são uma parte importante do sistema imune inato (**Figura 25.24**).

A via MBL depende da atividade uma proteína MBL sérica. MBL é um PRR solúvel (Seção 25.1) que se liga a polissacarídeos contendo manose, encontrados apenas na superfície de células bacterianas (Figura 25.24). O complexo MBL-polissacarídeo assemelha-se aos complexos C1 do sistema complemento clássico e fixa os componentes C4, C2, novamente produzindo C3 convertase, e ligando C3b a C42. Como anteriormente, este complexo catalisa a formação de C5-9 MAC, levando à lise ou opsonização da célula bacteriana.

A via alternativa é um mecanismo inespecífico de ativação do complemento, que utiliza muitos dos componentes da via clássica do complemento e diversas proteínas séricas únicas. Atuando em conjunto, tais proteínas induzem a opsonização e ativam C5-9 MAC. A primeira etapa da via alternativa de ativação consiste na ligação de C3b, gerado pela via clássica ou de MBL, na superfície celular bacteriana. O C3b ligado à membrana pode então ligar o fator proteico B, uma proteína sérica da via alternativa, que é clivado pelo fator P produzindo Ba e Bb solúveis. O complexo C3bBb é outra C3 convertase. O fator P, ou properdina, também se liga às paredes celulares bacterianas. P pode juntar-se a C3bBb para formar C3bBbP. Esta é uma C3 convertase muito estável, uma vez que é fixa na célula, assim como são as convertases produzidas pelas vias clássica e MBL (Figura 25.24). C3bBbP então atrai outras moléculas de C3, que são depositadas na membrana, iniciando a mesma reação que o complexo de ligação à membrana C423 da via clássica do complemento. Como resultado, há a formação de

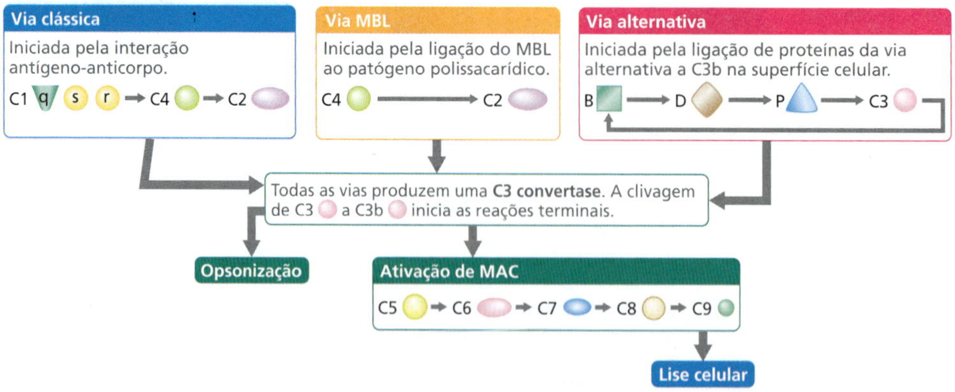


**Figura 25.24 A ativação do sistema do complemento.** As proteínas que ativam o sistema complemento pela via clássica, pela via da lectina de ligação à manose (MBL), e pela via alternativa são apresentadas. As proteínas interagem em uma sequência ordenada, como mostrado pelas setas, com cada via conduzindo independentemente à produção de C3 convertase, que cliva C3 para produzir C3b, uma proteína necessária para a iniciação dos resultados terminais mediados pelo complemento da opsonização ou lise celular.

C5-9 MAC e a destruição celular ou opsonização aumentada por receptores fagocíticos de C3.

Tanto a via alternativa quanto a via de MBL atacam de maneira inespecífica invasores bacterianos, levando à ativação do complexo de ataque à membrana e aumentando a opsonização por meio da formação de C3 convertases estáveis. A MBL, os fatores B, D e P, e as proteínas clássicas do complemento são parte do sistema imune inato. A via alternativa ou a via de MBL não requer uma exposição prévia ao antígeno, ou a presença de anticorpos para a sua ativação. Por meio das vias alternativa e de MBL, C3 convertase desencadeia a formação de C5-9 MAC ou intensifica a opsonização via receptores de C3 em fagócitos.

**MINIQUESTIONÁRIO**

- Que classes de anticorpos fixam o complemento?
- O que é opsonização e como a opsonização auxilia na prevenção de doenças bacterianas?
- Por que a via da lectina de ligação à manose e a via alternativa são consideradas parte do sistema imune inato?

## CONCEITOS IMPORTANTES

**25.1** • Fagócitos utilizam seus receptores de reconhecimento de padrões (PRRs) para reconhecer padrões moleculares associados a patógenos (PAMPs). Interações PRR-PAMP ativam a morte dos patógenos via fagocitose e provocam inflamação. Muitos patógenos desenvolveram mecanismos para inibir os fagócitos.

**25.2** • A resposta imune adaptativa é caracterizada pela *especificidade* antigênica, pela capacidade de responder mais vigorosamente quando reexposta ao mesmo antígeno (*memória*), e pela incapacidade adquirida em interagir com autoantígenos (*tolerância*).

**25.3** • Os imunógenos são macromoléculas exógenas que induzem uma resposta imune. Imunógenos iniciam uma resposta imune quando introduzidos em um hospedeiro. Os antígenos são moléculas reconhecidas por anticorpos ou TCRs. Os anticorpos reconhecem epítopos lineares e conformacionais; TCRs reconhecem epítopos lineares peptídicos.

**25.4** • As células T interagem com as células contendo antígenos, incluindo APCs destinadas e células infectadas pelo patógeno. TCRs ligam antígenos peptídicos apresentados pelas proteínas do MHC nas células infectadas ou APCs. Estas interações ativam as células T para que estas possam matar as células que contêm o antígeno, ou promover a inflamação ou a produção de anticorpos.

**25.5** • Células T citotóxicas (Tc) reconhecem antígenos nas células infectadas por vírus e nas células tumorais por meio de TCRs antígeno-específicos. O reconhecimento antígeno-específico desencadeia a morte via perforinas e granzimas. Células NK não requerem a presença do antígeno, porém respondem a proteínas de estresse em células tumorais e infectadas com vírus, utilizando perforinas e granzimas para matar seus alvos.

**25.6** • Por meio da ação de citocinas, células Th1 inflamatórias ativam células macrofágicas efetoras; células Th2 auxiliares ativam células B. Células Th17 são ativadas por células dendríticas patógeno-ativadas e pelo recrutamento de neutrófilos. Células Treg produzem citocinas que suprimem a imunidade adaptativa.

**25.7** • Cada proteína imunoglobulina (anticorpo) consiste em duas cadeias pesadas e duas cadeias leves. O local de ligação ao antígeno é formado pela interação das regiões variáveis de uma cadeia pesada e uma cadeia leve. Cada classe de anticorpos possui diferentes características estruturais, padrões de expressão e papéis funcionais.

**25.8** • A produção de anticorpos é iniciada quando um antígeno entra em contato com uma célula B antígeno-específica. A célula B antígeno-reativa processa o antígeno e o apresenta a uma célula Th2 antígeno-específica. A célula Th2 torna-se ativada, produzindo citocinas que sinalizam a célula B antígeno-específica, para que esta se expanda clonalmente e se diferencie para produzir anticorpos. Células B ativadas vivem durante anos como células de memória e podem rapidamente expandir-se e se diferenciarem para produzir altos títulos de anticorpos após reexposição ao antígeno.

**25.9** • O sistema do complemento catalisa a opsonização bacteriana e a destruição celular. O complemento é desencadeado por interações de anticorpo ou por interações com ativadores inespecíficos, tais como a lectina de ligação à manana. A ativação do complemento pode ser um produto da imunidade inata ou adaptativa. O complemento pode aumentar a fagocitose ou provocar a lise das células-alvo.

## REVISÃO DOS TERMOS-CHAVE

**Antígeno** molécula capaz de interagir com componentes específicos do sistema imune.

**Células B de memória** células de vida longa, que respondem a um antígeno específico.

**Células *natural killer* (NK)** linfócito especializado, que reconhece e destrói células exógenas ou células do hospedeiro infectadas de maneira inespecífica.

**Células T auxiliares (Th)** linfócitos que interagem com complexos MHC-peptídeos por meio de seus receptores de células T e produzem citotoxinas que atuam em outras células. Os subconjuntos Th incluem células Th1 que ativam macrófagos; células Th2 que ativam células B; células Th17 que ativam neutrófilos, e células Treg que suprimem a imunidade adaptativa.

**Células T citotóxicas (Tc)** um linfócito que interage com o complexo MHC I-peptídeo por meio de seus receptores de células T e produz citotoxinas que matam as células-alvo interativas.

**Complemento** uma série de proteínas que reagem de maneira sequencial com complexos antígeno-anticorpo, lectina de ligação à manose, ou proteínas da via alternativa de ativação, que amplificam ou potencializam a destruição da célula-alvo.

**Correceptor CD4** uma proteína encontrada exclusivamente em células Th que interage com o MHC II em células apresentadoras de antígeno.

**Correceptor CD8** uma proteína encontrada exclusivamente em células Tc que interage como MHC I em uma célula-alvo.

**Domínio** região de uma proteína apresentando estrutura e função definidas

**Epítopo** a porção de um antígeno que reage com um anticorpo específico, ou com o receptor de célula T.

**Imunógeno** molécula capaz de estimular uma resposta imune.

**Opsonização** o aumento da fagocitose devido à deposição de anticorpo ou complemento na superfície de um patógeno ou outro antígeno.

**Proteína do MHC de classe I** molécula apresentadora de antígeno, encontrada em todas as células nucleadas de vertebrados.

**Proteína do MHC de classe II** molécula apresentadora de antígeno encontrada principalmente em macrófagos, células B e células dendríticas.

**Receptor semelhante ao Toll (TLR)** receptor de reconhecimento de padrão em fagócitos, que interage com um padrão molecular associado a patógenos.

## QUESTÕES PARA REVISÃO

1. Identifique alguns padrões moleculares associados a patógenos (PAMPs) que são reconhecidos por moléculas de reconhecimento de padrão (PRRs). Qual a importância das interações entre essas moléculas? (Seção 25.1)
2. Explique como os fagócitos englobam e destroem os microrganismos, dando atenção especial aos mecanismos dependentes de oxigênio. (Seção 25.1)
3. Identifique as três características mais importantes da resposta imune adaptativa (Seção 25.2).
4. Que moléculas induzem respostas imunes? Quais propriedades são necessárias para uma molécula induzir uma resposta imune? (Seção 25.3)
5. Descreva a estrutura básica das proteínas dos complexos principais de histocompatibilidade (MHC) de classe I e de classe II. Como estas diferem em termos funcionais? (Seção 25.4)
6. Diferencie as células Tc de células NK. Qual o sinal de ativação para cada um desses tipos celulares? (Seção 25.5)
7. Como as células Th diferem das células Tc? Diferencie os papéis funcionais das células Th1, Th2, Th17 e Treg. (Seção 25.6)
8. Descreva as diferenças estruturais e funcionais das cinco classes principais de anticorpos. (Seção 25.7)
9. Identifique as interações celulares envolvidas na produção de anticorpos pelas células B. (Seção 25.8)
10. Descreva a cascata do sistema complemento. A ordem das interações proteicas é importante? Por que sim ou por que não? Identifique os componentes da via de ativação do complemento pela lectina de ligação à manose. Identifique os componentes da via alternativa de ativação do complemento. (Seção 25.9)

## QUESTÕES APLICADAS

1. Descreva os problemas potenciais que surgiriam caso um indivíduo se tornasse incapaz de fagocitar patógenos. Esse indivíduo sobreviveria em um ambiente normal como um campus universitário? Que defeitos no fagócito poderiam causar a ausência de fagocitose? Explique.
2. Especificidade e tolerância são características necessárias a uma resposta imune adaptativa. Entretanto, a memória parece ser menos crítica, pelo menos à primeira vista. Defina o papel da memória imune e explique como a produção e a manutenção das células de memória poderiam beneficiar o hospedeiro em longo prazo. A memória é uma característica desejável para a imunidade inata? Explique.
3. Descreva os problemas potenciais que surgiriam caso um indivíduo apresentasse uma deficiência hereditária que resultasse na incapacidade de apresentar antígenos para as células Tc? E para células Th1? E para células Th2? E para todas as células T? Quais moléculas seriam deficientes em cada um desses indivíduos? Qualquer um destes indivíduos poderia sobreviver em um ambiente normal? Explique para cada um.
4. Anticorpos da classe IgA são provavelmente mais prevalentes do que aqueles da classe IgG. Explique por que isso é verdadeiro e que vantagem esse fato confere ao hospedeiro.
5. O complemento é um mecanismo de defesa humoral crítico. Você concorda com essa afirmação? Explique sua resposta. O que aconteceria com um indivíduo que não apresentasse o componente C3 do complemento? E C5? Fator B (via alternativa)? Lectina de ligação à manose (MBL)?

CAPÍTULO

# 26 Imunologia molecular

## microbiologiahoje

I Receptores e imunidade 774

II O complexo principal de histocompatibilidade 778

III Anticorpos e receptores de células T 781

IV Mudanças moleculares na imunidade 785


### Antigos hominídeos ajudaram a moldar a imunidade moderna

Genes que codificam as proteínas do complexo principal de histocompatibilidade de classe I (também chamados de antígenos leucocitários humanos ou HLAs) do sistema imune humano são altamente pleomórficos, apresentando várias centenas de alelos em alguns *loci*. Os produtos dos genes HLA são criticamente importantes para a apresentação de antígenos às células T em etapas precoces da resposta imune. Podemos traçar a ancestralidade de um indivíduo por meio da inspeção do seu espectro de genes HLA, o que constitui também um método de provar (ou refutar) paternidade. Contudo, em novas e empolgantes pesquisas sobre as origens do homem, os genes HLA estão sendo utilizados para se estudar a ancestralidade e as migrações dos antigos seres humanos[1].

A pesquisa sugere que alguns dos genes HLA em seres humanos modernos foram adquiridos por meio da miscigenação precoce entre pelo menos duas linhagens relacionadas de hominídeos que mais tarde se tornaram extintos, os Neandertais e os Denisovanos. Os Denisovanos, uma linhagem recentemente descoberta na Sibéria, eram um grupo de hominídeos proximamente relacionados com os Neandertais (foto) que habitavam amplas partes da Eurásia.

Genes HLA de Denisovanos são encontrados hoje em seres humanos contemporâneos que habitam as ilhas do Pacífico Sul e nos povos Aborígenes da Austrália. Pode-se inferir que os Denisovanos viviam na Eurásia e se miscigenaram com seres humanos à medida que estes migravam para fora da África e eventualmente colonizaram as ilhas do Pacífico Sul e além. Entretanto, considerando-se que outros povos asiáticos modernos não possuem HLAs de Denisovanos, uma segunda migração deve ter ocorrido, e dessa vez não houve miscigenação com Denisovanos, presumivelmente porque estes já se encontravam extintos.

Genes HLA Denisovanos não são encontrados em povos africanos. Dessa forma, nossos ancestrais humanos que migraram para fora da África só podem ter adquiridos genes Denisovanos após a ocorrência das migrações. Os genes HLA Denisovanos proveram seres humanos modernos com uma diversidade genética adicional e, possivelmente, acentuaram a resposta imune geral, melhorando nossas taxas de sobrevivência.

[1]Abi-Rached et al., 2011. The shaping of modern human imune systems by multiregional admixture with archaic humans. *Science 334: 89-94*.

Neste capítulo, examinaremos as moléculas das respostas imunes inata e adaptativa, assim como os mecanismos que afetam a diferenciação celular e a ativação da imunidade. Primeiramente, examinaremos as proteínas da resposta imune inata que interagem com alvos moleculares comuns a diversos patógenos. Discutiremos, então, a estrutura e o desenvolvimento de receptores da resposta imune adaptativa. Por fim, concluiremos com a apresentação de mecanismos que ativam a resposta imune adaptativa.

# I • Receptores e imunidade

## 26.1 Imunidade inata e reconhecimento de padrões

Um sistema *inato* de reconhecimento para identificar e controlar patógenos é amplamente distribuído em organismos multicelulares, desde plantas primitivas até animais vertebrados. Muitos invertebrados possuem genes homólogos àqueles que codificam receptores de reconhecimento de padrão encontrados em animais superiores.

### Padrões moleculares associados a patógenos e receptores de reconhecimentos de padrões

*Padrões moleculares associados a patógenos (PAMPs, pathogen-associated molecular patterns)* são componentes estruturais comuns a um grupo particular de agentes infecciosos. Frequentemente, os PAMPs são macromoléculas que incluem polissacarídeos, proteínas, ácidos nucleicos e até mesmo lipídeos. O lipopolissacarídeo (LPS) da parede celular de bactérias gram-negativas (⇄ Seção 2.11) é um excelente exemplo de PAMP.

Os *sensores de reconhecimento de padrão (PRRs, patterns recognition receptors)* formam um grupo de proteínas solúveis ou ligadas às membranas do hospedeiro que interagem com os PAMPs (**Tabela 26.1**). Um exemplo de um PRR solúvel é a lecitina de ligação à manose (MBL, *mannose-binding lectin*) (⇄ Seção 25.9). O PAMP reconhecido pela MBL consiste no açúcar manose, encontrado na forma de subunidades repetitivas nos polissacarídeos bacterianos e fúngicos (a manose das células de mamíferos encontra-se inacessível à MBL). A proteína C-reativa, um PRR solúvel e extracelular, é uma *proteína de fase aguda* produzida pelo fígado em resposta à inflamação. A proteína C-reativa interage com moléculas de fosfocolina encontradas nas paredes celulares de bactérias gram-positivas. Ambos os PRRs mencionados têm como alvo PAMPs na superfície dos patógenos, e ambos se ligam a proteínas do complemento, levando à lise ou opsonização da célula-alvo.

**Tabela 26-1** Receptores e alvos na resposta imune inata

| *Receptores de reconhecimento de padrão PRRs* | *Padrões moleculares associados a patógenos (PAMPs) e alvos* | *Resultado da interação* |
|---|---|---|
| *PRRs solúveis extracelulares* | | |
| Lecitina de ligação à manose[a] (solúvel) | Componentes da superfície microbiana que contêm manose, como no caso das bactérias gram-positivas | Ativação do complemento |
| Proteína C-reativa (solúvel) | Componentes da parede celular gram-positiva | |
| *PRRs associados à membrana plasmática* | | |
| TLR-1[b] (Receptor semelhante ao Toll 1) | Lipoproteínas de micobactérias | Transdução de sinal, ativação de fagócitos e inflamação[c] |
| TLR-2 | Peptideoglicano na parede de bactérias gram-positivas; zimosam em fungos | |
| TLR-4 | LPS (lipopolissacárides) em bactérias gram-positivas | |
| TLR-5 | Flagelina em bactérias | |
| TLR-6 | Lipoproteínas em micobacterias; zimosam em fungos | |
| *PRRs associados à membrana endossomal* | | |
| TLR-3 | RNA viral de dupla-fita | Transdução de sinal, ativação de fagócitos e inflamação[c] |
| TLR-7 | RNA viral de fita simples | |
| TLR-8 | RNA viral de fita simples | |
| TLR-9 | Oligonucleotídeos não metilados de bactérias | |
| *PRRs citoplasmáticos* | | |
| NLRs (Receptores do tipo NOD) | | Estímulo da produção de peptídeos antimicrobianos e citocinas pró-inflamatórias |
| NOD1 | Peptideoglicano de bactérias gram-positivas | |
| NOD2 | Peptidoglicano de bactérias gram-positivas | |
| NLRP3 | Componente do inflamossoma | Ativação da liberação de citocinas pró-inflamatórias, aumentando a inflamação |

[a]Os PRRs extracelulares são produzidos pelas células do fígado em resposta a citocinas inflamatórias.
[b]Receptores semelhantes ao Toll são PRRs integrados a membranas expressos em fagócitos. TLRT-1, -2, -4, -5 e -6 se encontram na membrana citoplasmática, enquanto TLR-3, -7, -8 e -9 são encontrados em membranas de organelas intracelulares, tais como em lisossomos.
[c]Receptores semelhantes ao Toll estão envolvidos na ativação de fagócitos por meio da transdução de sinais.

# EXPLORE O MUNDO MICROBIANO

## Receptores Toll de *Drosophila* – uma antiga resposta a infecções

Organismos multicelulares como plantas e invertebrados não possuem imunidade adaptativa, no entanto possuem uma imunidade inata bem adaptada contra uma ampla variedade de patógenos. Praticamente todos estes organismos respondem por meio do reconhecimento de moléculas encontradas nas células do patógeno ou nos vírus. Essas moléculas contêm estruturas conservadas e repetitivas denominadas padrões moleculares associados a patógenos (PAMPs), os quais incluem estruturas, como o LPS e a flagelina das bactérias gram-negativas, o peptideoglicano de bactérias gram-positivas, e as moléculas de RNA de dupla-fita típicas de certos vírus, entre outros. Ao reconhecer características comuns a muitos patógenos, o mecanismo de imunidade inata evoluiu para prover proteção contra a maioria dos patógenos mais comuns.

O estudo das respostas contra patógenos da mosca-da-fruta, *Drosophila melanogaster*, tem permitido o entendimento de mecanismos da imunidade inata em muitos outros grupos de organismos. Diversas proteínas necessárias ao desenvolvimento da mosca-da-fruta são também importantes receptores responsáveis pelo reconhecimento de bactérias invasoras, funcionando como receptores de reconhecimento de padrões (PRRs) que interagem com PAMPs presentes nas macromoléculas produzidas por patógenos. O melhor exemplo destes PRRs é o Toll de *Drosophila*, uma proteína transmembrana que é essencial para a formação do eixo dorsoventral do inseto e também para a resposta imune inata da mosca.

A sinalização imune por Toll é iniciada pela interação de um patógeno ou seus componentes com a proteína Toll presente na superfície de fagócitos. O Toll de *Drosophila*, no entanto, não interage diretamente com o patógeno. Eventos de transdução de sinal se iniciam com a ligação de um PAMP, tal como o lipopolissacarídeo (LPS) de bactérias gram-negativas (Seção 2.11), a uma ou mais proteínas acessórias (a Figura 26.1 mostra o sistema análogo TLR-4 em seres humanos). O complexo formado pelo LPS mais a proteína acessória se liga, então, a Toll. A proteína integral de membrana Toll inicia uma cascata de transdução de sinal, ativando um fator nuclear de transcrição e induzindo a transcrição de diversos genes que codificam peptídeos de ação antimicrobiana. Fatores de transcrição associados a Toll induzem a expressão de peptídeos antimicrobianos que incluem a drosomicina, ativa contra fungos; a diptericina, ativa contra bactérias gram-negativas; e defensina, ativa contra bactérias gram-positivas. Estes peptídeos, produzidos pelo corpo gorduroso da *Drosophila*, órgão análogo ao fígado, são liberados no sistema circulatório da mosca, onde eles interagem com os organismos-alvo, causando a lise celular.

Estruturalmente, as proteínas Toll são relacionadas com as lecitinas, um grupo de proteínas encontradas em todos os organismos multicelulares, incluindo invertebrados e plantas. As lecitinas interagem especificamente com certos monômeros de oligossacarídeos. Em seres humanos, os receptores semelhantes ao Toll (TLRs, *Toll-like receptors*) reagem com uma ampla variedade de PAMPs. Assim como o Toll de *Drosophila*, o TLR-4 humano proporciona imunidade inata contra bactérias gram-negativas por meio de contato indireto com seus LPS, iniciando uma cascata de sinalização que ativa o fator de transcrição nuclear NFκB. O NFκB ativa a transcrição de citocinas e outras proteínas indutoras de fagocitose envolvidas na resposta do hospedeiro (Figura 26.1).

**Figura 1** ***Drosophila melanogaster*, a mosca-da-fruta comum.** A proteína Toll, um homólogo dos receptores semelhantes ao Toll de vertebrados superiores, foi primeiramente descoberta na mosca-da-fruta.

O Toll de *Drosophila* é relacionado evolutiva, estrutural e funcionalmente com os receptores semelhantes ao Toll de vertebrados superiores, inclusive os de seres humanos. Toll e seus homólogos são componentes evolutivamente antigos e altamente conservados do sistema imune inato de animais, tendo sido encontrados até mesmo em plantas.



Os PRRs foram primeiramente reconhecidos como receptores associados a membranas evolutivamente conservados no invertebrado *Drosophila* (mosca-da-fruta), onde foram chamados de receptores semelhantes ao Toll (*ver* Explore o mundo microbiano, "Receptores Toll de *Drosophila* – uma antiga resposta a infecções"). Homólogos estruturais, funcionais e evolutivos dos receptores semelhantes ao Toll, denominados *Toll-like receptors* (TLRs), são amplamente expressos em células da imunidade inata de mamíferos. Os TLRs são encontrados em associação a membranas superficiais ou em vesículas intracelulares de macrófagos, monócitos, células dendríticas e neutrófilos, os quais são fagócitos que possuem a capacidade de engolfar e destruir patógenos. Pelo menos nove TLRs de seres humanos interagem com vários PAMPs de superfície celular ou solúveis de vírus, bactérias e fungos.

Os *receptores do tipo NOD* (NLRs, *NOD-like receptors*) constituem uma família de PRRs que possui um domínio de oligomerização que se liga a nucleotídeos (daí a sigla NOD, *nucleotide-binding oligomerization domain*). Os NLRs são PRRs solúveis encontrados no citoplasma. NOD1 e NOD2 interagem com componentes peptideoglicanos nas paredes celulares de bactérias gram-negativas e gram-positivas, respectivamente, estimulando a produção de peptídeos antimicrobianos e citocinas inflamatórias (Tabela 26.1). O receptor do tipo NOD pirina 3 (NLRP3) interage com outras proteínas para formar uma estrutura denominada *inflamossoma*. O inflamossoma citoplasmático é capaz de detectar indicadores de estresse celular, como a perda de íons de potássio ($K^+$) em células danificadas, levando à produção de citocinas pró-inflamatórias e iniciando a inflamação.

## 26.4 Polimorfismo do MHC, poligenia e ligação ao antígeno peptídico

Os genes do MHC de classes I e II humanos codificam proteínas de ligação a peptídeos que se ligam aos antígenos peptídicos para apresentá-los às células T. As muitas variações destas proteínas são capazes de se ligar, coletivamente, a todos os peptídeos conhecidos.

### Polimorfismo e poligenia

**Polimorfismo** é definido como a ocorrência, em uma população, de múltiplos alelos (formas alternativas de um gene) em um *locus* (local do gene no cromossomo) específico, com frequências que não podem ser explicadas devido a mutações randômicas recentes. O *locus HLA-A* do MHC de classe I, por exemplo, tem 2.013 alelos. Estas variações genéticas codificam 2.013 proteínas HLA-A diferentes. Cada pessoa, no entanto, apresenta apenas 2 dos alelos HLA-A; um alelo tem origem paterna e o outro tem origem materna; o polimorfismo reside na população humana como um todo. As duas proteínas alélicas variantes são expressas de forma *codominante* (igualmente) (**Figura 26.6*a***).

Adicionalmente, eventos de duplicação de genes durante a evolução resultaram em dois outros *loci* polimórficos geneticamente, estruturalmente e funcionalmente relacionados, *HLA-B* e *HLA-C*. A ocorrência de múltiplas cópias de genes evolutivamente, geneticamente, estruturalmente e funcionalmente relacionados é chamada de **poligenia**. *HLA-B* possui 2.605 variantes alélicos conhecidos; *HLA-C* tem 1.551 alelos conhecidos. Assim, um indivíduo geralmente apresenta seis proteínas estruturalmente distintas derivadas dos três *loci* polimórficos de classe I (três produtos de origem materna três produtos de origem paterna) (Figura 26.6*b*). Da mesma forma, alelos altamente polimórficos codificam proteínas do MHC de classe II nos *loci HLA-DR*, *HLA-DP*, e *HLA-DQ*, cadeias alfa e beta. Os produtos gênicos de classe II também são expressos codominantemente, resultante dos 12 alelos que codificam proteínas alfa e beta, distintas, de classe II.

Como resultado da poligenia, a maioria dos indivíduos apresenta perfis de MHC únicos; apenas parentes próximos poderiam apresentar todos os mesmos genes e proteínas do MHC. Essas variações altamente polimórficas nas proteínas do MHC são barreiras importantes ao sucesso do transplante de tecidos, uma vez que as proteínas do MHC do doador do tecido (enxerto) são reconhecidas como antígenos estranhos pelo sistema imune do receptor. Uma resposta imune direcionada contra as proteínas do MHC do enxerto leva à morte do tecido e sua rejeição. A rejeição do tecido do enxerto, no entanto, pode ser minimizada pela compatibilidade entre os alelos do MHC do doador e do receptor. O controle da rejeição pode também ser conseguido por meio do uso de fármacos que suprimem a ação do sistema imune.

### Ligação ao peptídeo

As variações alélicas das proteínas do MHC são traduzidas em alterações nos aminoácidos, concentradas no sulco de ligação ao antígeno, onde cada variação polimórfica da proteína do MHC se liga a um conjunto diferente de antígenos peptídicos. Os peptídeos ligados por uma única proteína do MHC compartilham um padrão estrutural comum, ou **motivo** peptídico, com cada proteína do MHC distinta ligando-se a um motivo diferente. Por exemplo, para uma determinada proteína de classe I, os peptídeos ligados contêm oito aminoácidos, tendo uma fenilalanina (F) na posição 5 e uma leucina (L) na posição 8. Todas as outras posições no peptídeo podem ser ocupadas por qualquer aminoácido (X). Assim, todos os peptídeos com a sequência X-X-X-X-**F**-X-X-**L** poderiam se ligar àquela proteína do MHC. Uma proteína do MHC de classe I codificada por um alelo de MHC distinto liga-se a um motivo diferente, com nove aminoácidos, contendo os aminoácidos invariantes tirosina na posição 2 e isoleucina na posição 9 (X-**Y**-X-X-X-X-X-X-**I**).

Os aminoácidos não variáveis de cada motivo são referidos como *resíduos âncora*. Eles se ligam direta e especificamente no interior do sulco de ligação ao peptídeo de uma determinada proteína do MHC. Assim, uma única proteína do MHC pode ligar-se e apresentar muitos peptídeos distintos, desde que estes contenham os mesmos resíduos âncora. Como cada proteína do MHC liga-se a um motivo diferente com diferentes resíduos âncora, as seis possíveis proteínas de MHC de classe I em um indivíduo se ligam a seis diferentes motivos. Dessa forma, cada indivíduo pode apresentar um grande número de diferentes antígenos usando o número limitado de moléculas de MHC de classe I disponíveis. Proteínas do MHC de classe II se ligam a peptídeos de maneira análoga. Como resultado, dentro da espécie humana, pelo menos alguns antígenos peptídicos de cada patógeno conterá um motivo que se ligará e será apresentado pelas proteínas do MHC de classe II.

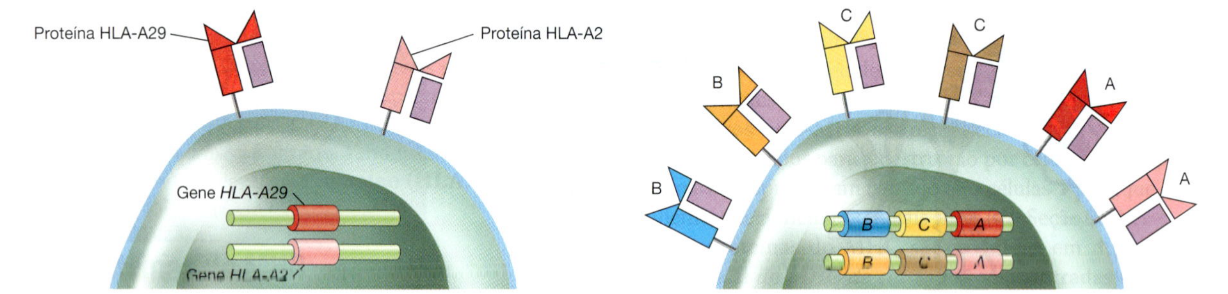


(*a*) **Polimorfismo**

(*b*) **Poligenia**

**Figura 26.6 Polimorfismo e poligenia em genes e proteínas do MHC.** *(a)* O polimorfismo em *loci HLA-A* resulta na expressão codominante de proteínas codificadas por ambos os alelos. Existem mais de 2.000 alelos HLA-A na população humana, mas apenas dois (um em cada *locus*) são encontrados em cada indivíduo. *HLA-B* e *HLA-C* exibem níveis similares de polimorfismo. *(b)* A poligenia no MHC resulta na duplicação de genes polimórficos *HLA-A*, *HLA-B* e *HLA-C* que codificam potencialmente três pares diferentes de proteínas do MHC. As cores representam alelos alternativos de cada gene e sua respectiva proteína.

Este sistema é bem diferente dos mecanismos empregados por Igs e TCRs que também se ligam a antígenos. Cada Ig ou TCR interage muito especificamente com apenas um *único* antígeno. Como veremos, estas proteínas utilizam mecanismos genéticos únicos para gerar uma diversidade praticamente ilimitada (Seções 26.6 e 26.7).

**MINIQUESTIONÁRIO**

- Defina polimorfismo e poligenia da forma como eles se aplicam aos genes do MHC.
- Como uma única proteína do MHC pode apresentar diferentes peptídeos às células T?

# III • Anticorpos e receptores de células T

Neste ponto analisaremos a estrutura, função de ligação a antígeno, organização genética e geração de diversidade nas infinitamente variáveis imunoglobulinas e receptores de células T.

## 26.5 Anticorpos e ligação a antígenos

Os anticorpos consistem em quatro polipeptídeos, sendo duas cadeias pesadas (H, *heavy*) e duas cadeias leves (L, *light*) (Figura 26.2), arranjados como um par de heterodímeros. Cada heterodímero consiste em um par cadeia-leve-cadeia-pesada e forma uma unidade completa de ligação ao antígeno. As cadeias pesada e leve são ainda divididas em domínios C (constante) e V (variável), sendo os domínios C responsáveis pelas funções comuns, como a ligação ao complemento (⇄ Seção 25.9), enquanto os domínios V de uma cadeia H e uma cadeia L interagem, originando o sítio de ligação ao antígeno (**Figura 26.7**). Nesta seção, examinaremos as características estruturais dos domínios V e do sítio de ligação ao antígeno.

### Domínios variáveis

As sequências de aminoácidos dos domínios variáveis de diferentes Igs apresentam diferenças consideráveis (Figura 26.7). Essa variabilidade é especialmente evidente nas várias **regiões determinantes de complementaridade** (**CDR**, *complementarity-determining region*). As três CDRs de cada domínio V são responsáveis pela maioria dos contatos moleculares com o antígeno. As CDR1 e CDR2 exibem ligeiras diferenças em imunoglobulinas distintas, enquanto as CDR3s diferem acentuadamente entre si. A CDR3 da cadeia pesada apresenta estrutura particularmente complexa, codificada por três segmentos gênicos distintos, como veremos em breve. A CDR3 consiste na porção carboxiterminal do domínio V, seguida por um pequeno segmento de "diversidade" (D), contendo 3 aminoácidos, e por uma região de "junção" (J) mais longa, contendo cerca de 13 a 15 aminoácidos de extensão. A CDR 3 da cadeia leve apresenta arranjo similar, embora seja desprovida da região D. Todas as CDRs das cadeias pesada e leve cooperam na ligação ao antígeno.

### Ligação ao antígeno

A estrutura tridimensional da Ig foi apresentada na Figura 25.16. O princípio de todas as reações dos anticorpos se baseia na combinação específica de determinantes do antígeno com os domínios variáveis das cadeias pesada e leve associados. O sítio de ligação ao antígeno de uma molécula mede cerca de 2 × 3 nm, sendo grande o suficiente para acomodar uma pequena porção do antígeno, denominada *epítopo*, contendo aproximadamente 10 a 15 aminoácidos de extensão. A ligação ao antígeno ocorre, em última instância, em função do padrão de dobramento das cadeias polipeptídicas pesada e leve da Ig. O dobramento da Ig na região V aproxima as seis CDRs (CDR1, 2 e 3 das cadeias pesada e leve), o que resulta na formação de um sítio de ligação ao antígeno único e específico (⇄ Figura 25.16 e Figura 26.7).



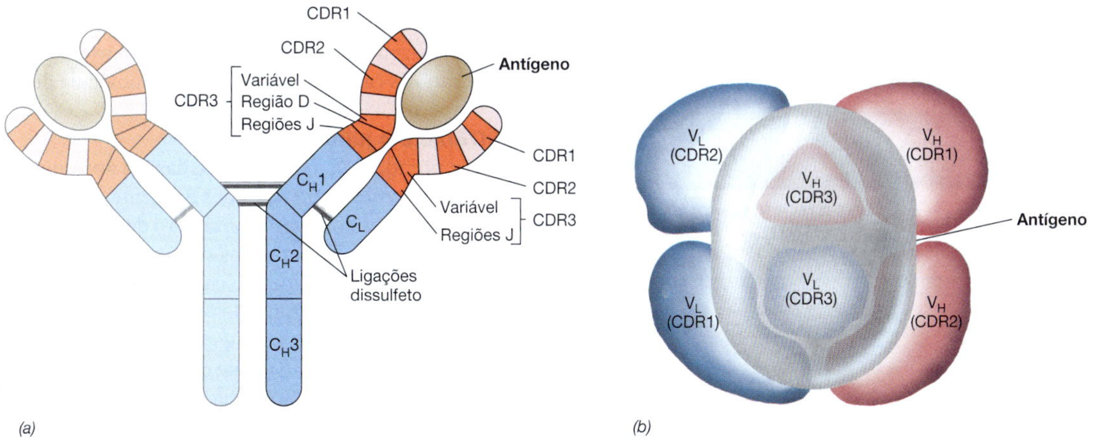


**Figura 26.7 Ligação a antígeno pelas cadeias eleve e pesada da imunoglobulina.** *(a)* Uma Ig com um antígeno ligado é esquematicamente mostrada. Os domínios V nas cadeias H e L são mostrados em vermelho, juntamente com as regiões de ligação ao antígeno CDR1, CDR2 e CDR3. $C_H1$, $C_H2$ e $C_H3$ são domínios constantes na cadeia H, e $C_L$ é o domínio constante na cadeia L. *(b)* Regiões determinantes de complementariedade (CDRs) tanto da cadeia H (vermelho) quanto da cadeia L (azul), vistos de cima, se distribuem para formar um único sítio de ligação a antígeno na Ig. Os CDR3s altamente variáveis tanto da cadeia H quanto L cooperam ao centro do sítio. O antígeno, mostrado em cinza, pode entrar em contato com todos os CDRs. A forma do sítio pode ser um sulco raso ou um bolsão profundo, dependendo do par antígeno-anticorpo envolvido.

Na próxima seção, discutiremos os mecanismos genéticos que geram a enorme diversidade encontrada nas proteínas Ig.

Cada anticorpo se liga a cada antígeno com uma afinidade característica (força de ligação). A afinidade de um anticorpo é normalmente maior para com o antígeno para o qual foi selecionado, e anticorpos normalmente não se ligam a outros antígenos. Entretanto, alguns anticorpos podem interagir, de forma normalmente mais fraca, com outros antígenos diferentes daquele para o qual foi selecionado. Este fenômeno é denominado *reação cruzada*.

**MINIQUESTIONÁRIO**

- Desenhe uma molécula de Ig completa e identifique os sítios de ligação a antígenos neste anticorpo.
- Descreva a ligação do antígeno às regiões CDR1, 2 e 3 dos domínios variáveis das cadeias pesada e leve.

## 26.6 Genes codificadores de anticorpos e diversidade

Para a maioria das proteínas, um gene codifica uma proteína. Todavia, este não é o caso quando se trata das cadeias pesada e leve de imunoglobulinas. Como os anticorpos devem, coletivamente, reconhecer e ligar-se a uma ampla variedade de estruturas moleculares, o sistema imune deve ser capaz de gerar uma quantidade quase ilimitada de variantes de anticorpos. Diversos mecanismos, incluindo a *recombinação somática*, o *rearranjo* aleatório de cadeias leve e pesada e a *hipermutação* contribuem conjuntamente para a diversidade quase ilimitada gerada a partir de um número de genes codificadores de Igs relativamente pequeno. A **Tabela 26.2** resume estes mecanismos geradores de diversidade.

### Genes codificadores de imunoglobulinas

O gene que codifica cada cadeia H ou L de uma imunoglobulina é composto por vários segmentos gênicos. Em cada célula B, os segmentos gênicos de Ig sofrem uma série de rearranjos somáticos aleatórios (recombinação seguida da perda de sequências internas), gerando um único gene codificador de anticorpo funcional, derivado do grupo de genes para anticorpos. Estudos moleculares confirmaram a hipótese de "genes aos pedaços" ao demonstrar que os segmentos gênicos V, D e J, que codificam os domínios variáveis da cadeia pesada, bem como os genes que codificam os domínios C, encontram-se separados no genoma. À medida que a célula B sofre maturação, os segmentos gênicos são reunidos (recombinados somaticamente) para formar um único gene codificador da cadeia pesada de Ig (**Figura 26.8**). Um único gene V codifica a CDR1 e a CDR2, enquanto a CDR3 é codificada por um mosaico formado pela extremidade 3′ do gene V, seguido pelos genes D e J.

**Tabela 26.2 Geração de diversidade de receptores de ligação a antígenos em células B e T**

| *Mecanismo gerador de diversidade* | *Células B receptoras de Ig, cadeias leve e pesada* | *Células T receptoras, cadeias* $\alpha$ *e* $\beta$ |
|---|---|---|
| Recombinação somática de genes sequenciais | Sim | Sim |
| Rearranjo aleatório | Sim | Sim |
| Junção V-D-J ou V-J imprecisa | Sim | Sim |
| Adição de nucleotídeos nas junções V-D-J ou V-J | Sim | Sim |
| D's em três fases de leitura | Não | Sim |
| Hipermutação somática | Sim | Não |

Em cada célula B ocorre apenas um único rearranjo produtor de proteínas nos genes das cadeias pesada e leve. Esse mecanismo, denominado *exclusão alélica*, garante que *cada célula B produzirá apenas uma única Ig*. Finalmente, os domínios constantes que definem a classe das Igs são codificados por genes C distintos. Assim, quatro segmentos gênicos diferentes, V, D, J e C, recombinam-se para formar um gene funcional de cadeia pesada. De maneira similar, as cadeias leves são codificadas pelos produtos de recombinação dos genes V e J de cadeia leve.

Os segmentos gênicos necessários a todas as Igs são encontrados em todas as células, porém sofrem recombinação apenas nos linfócitos B em desenvolvimento. Conforme ilustrado na Figura 26.8, cada célula B contém múltiplos genes V e J de cadeia leve kappa (κ) e correspondente lambda (λ) organizados sequencialmente. Cada célula B também contém os genes V, D e J de cadeia pesada dispostos sequencialmente. Além disso, os genes dos domínios constantes de cadeia pesada ($C_H$) e os genes do domínio constante de cadeia leve ($C_L$) encontram-se presentes. Os genes V, D, J e C são separados por sequências não codificadoras (íntrons), típicas de arranjos gênicos de eucariotos. A recombinação genética acontece em cada célula B durante seu desenvolvimento. Um entre cada segmento V, D e J recombina-se aleatoriamente formando um gene codificador de cadeia pesada funcional. Em outro cromossomo, V e J são também aleatoriamente recombinados, formando um gene completo de cadeia leve. O gene ativo, ainda contendo as sequências intervenientes entre os segmentos gênicos VDJ ou VJ e os segmentos gênicos C, é transcrito, e o RNA primário resultante é processado para dar origem ao RNA mensageiro (RNAm) final. Esse RNAm é então traduzido, gerando as cadeias pesada e leve da molécula de Ig.

### Rearranjo e a junção de VDJ

Até esse ponto, toda a diversidade das Igs apresentada foi gerada pela recombinação de genes existentes. Em seres humanos, por exemplo, com base no número de genes de cadeia leve kappa (κ), 40 V × 5 J rearranjos são possíveis, ou seja, 200 cadeias leves κ podem existir. No caso da cadeia leve lambda (λ), 30 V × 4 J, ou 120 combinações de cadeias são possíveis. Em relação às cadeias pesadas, 40 V × 25 D × 6 J, ou 6.000 combinações, são possíveis. Cada gene codificador de cadeias leves e pesadas tem, em teoria, a mesma possibilidade de ser expresso em cada célula B, rearranjando aleatoriamente todas as cadeias leves e pesadas. As cadeias leve e pesada produzidas por uma determinada célula B resultam da montagem dos genes para cadeias leves e pesadas, os quais são os únicos a serem traduzidos na célula (Figura 26.8*c*). Partindo-se do princípio que cada cadeia leve e cada cadeia pesada têm a mesma chance de ser

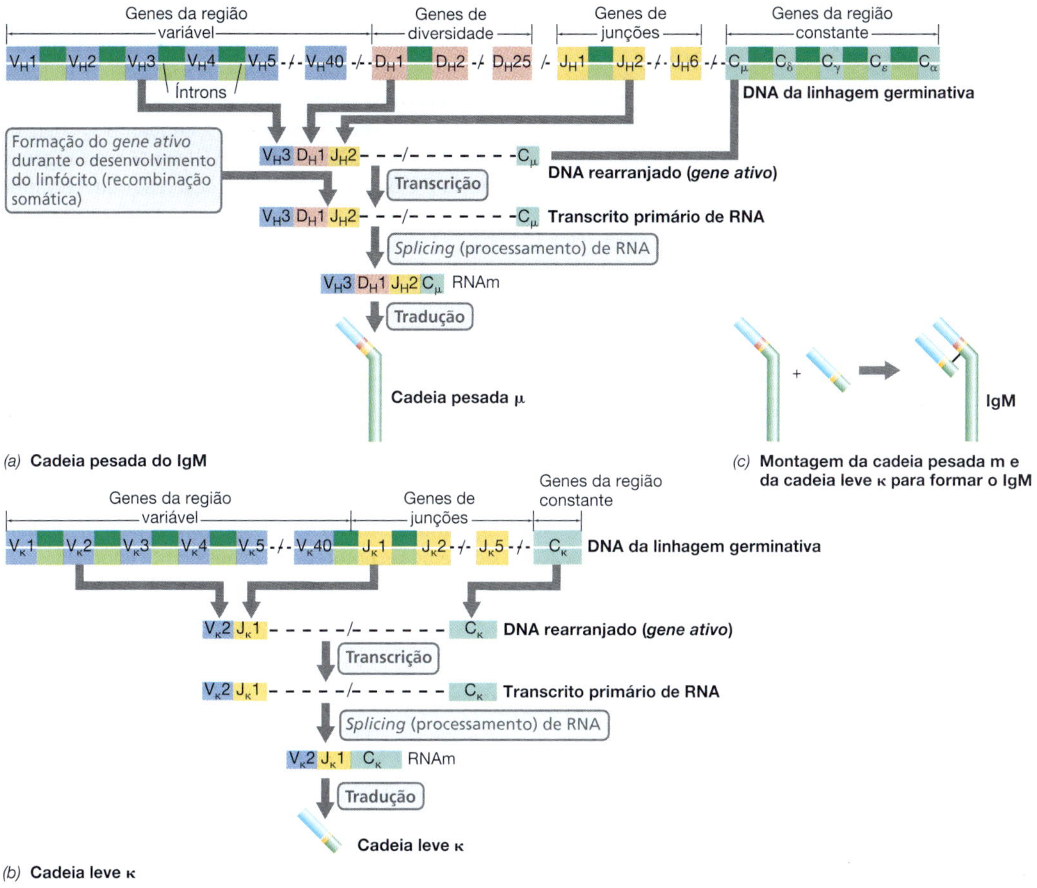


**Figura 26.8 Rearranjo do gene codificador de imunoglobulina em células B humanas.** Genes para Ig são arranjados sequencialmente em três cromossomos diferentes. *(a)* O complexo gênico da cadeia H no cromossomo 14. As caixas preenchidas representam os genes codificadores de Ig. As linhas tracejadas indicam sequências intermediárias e não estão representadas em escala. *(b)* O complexo gênico da cadeia leve κ no cromossomo 2. Os genes para a cadeia leve λ estão em um complexo similar presente no cromossomo 22. *(c)* Montagem de metade de uma molécula de anticorpo.

expressa, existem 6.000 × 200, ou 1.200.000, imunoglobulinas possíveis, com cadeia leve κ, e 6.000 × 120, ou 720.000, imunoglobulinas possíveis, com cadeia leve λ. Assim, pelo menos 1.920.000 anticorpos possíveis podem ser expressos!

Diversidade adicional é gerada no CDR3 de ambas as cadeias, leve e pesada, por meio de diversos mecanismos específicos. Primeiramente, o mecanismo de junção de DNA responsável pela construção dos segmentos V-D ou D-J na cadeia pesada ou dos segmentos gênicos V-J na cadeia leve é impreciso; a sequência final nestas regiões que codificam junções frequentemente varia por alguns nucleotídeos da sequência genômica. Ainda mais diversidade nucleotídica é gerada nas regiões codificadoras das junções V-D e D-J nos genes da cadeia pesada e nas regiões codificadoras das junções V-J nos genes da cadeia leve. Pode ocorrer tanto a adição randômica (N) de nucleotídeos quanto a adição mediada por molde (P). Essa diversidade N e P nas junções codificadores do domínio V modifica ou adiciona aminoácidos na CDR3 das cadeias pesada e leve.

## Hipermutação

Finalmente, a diversidade de anticorpos é ainda mais expandida nas células B pela **hipermutação somática**, a mutação de genes de Ig que ocorre com taxas muito superiores às taxas de mutação observadas em outros genes. A hipermutação somática de genes Ig torna-se geralmente evidente após uma segunda exposição a um antígeno imunizante. A hipermutação somática ocorre apenas nas regiões V dos genes rearranjados de cadeias pesada e leve, gerando células B com receptores Ig modificados. Estas células B mutantes, então, competem por antígenos disponíveis. Tal processo seleciona os receptores de célula B que se ligam de forma mais eficiente e intensa ao antígeno (afinidade) que os receptores das células B originais. Esse mecanismo de *maturação da afinidade* é um dos fatores responsáveis por uma resposta imune secundária drasticamente mais potente (Figura 25.21). O mecanismo de maturação da afinidade adiciona mais possibilidades à geração da diversidade de Ig, fazendo com que o repertório potencial de anticorpos seja quase ilimitado.

**MINIQUESTIONÁRIO**

- Descreva os eventos de recombinação que produzem um gene codificador de cadeia pesada maduro.
- Descreva outros eventos somáticos específicos de células B que aumentam ainda mais a diversidade de anticorpos.

## 26.7 Receptores de células T: proteínas, genes e diversidade

Os receptores de células T (TCRs) são receptores de antígenos na superfície celular, integrados à membrana citoplasmática das células T. Os TCRs se ligam a antígenos estranhos ao organismo no contexto das proteínas MHC. Os TCRs desempenham esta função de ligação dual por meio de um sítio de ligação composto de domínios V nas cadeias α e β do TCR. Os domínios V das cadeias α e cadeias β dos TCRs contêm segmentos CDR1, CDR2 e CDR3, os quais se ligam diretamente ao complexo MHC-peptídeo antigênico (Seção 25.4).

### Proteínas do TCR

A estrutura tridimensional do TCR ligado ao MHC-peptídeo está apresentada na **Figura 26.9**. Tanto o TCR quanto o MHC se ligam diretamente ao antígeno peptídico. A proteína MHC liga-se a uma face do peptídeo, o motivo MHC, enquanto o TCR liga-se à outra face do peptídeo, o epítopo de célula T. As regiões CDR do TCR ligam-se diretamente ao complexo MHC-peptídeo, com cada CDR desempenhando uma atividade específica na ligação. As regiões CDR3 das cadeias α e β do TCR ligam-se ao epítopo do antígeno, enquanto as regiões CDR1 e CDR2 das cadeias α e β do TCR ligam-se principalmente às proteínas do MHC.

### Genes codificadores de TCR e diversidade

As células T geram diversidade de receptores de maneiras similares à geração de diversidade de Ig nas células B. A Tabela 26.2 resume e compara os mecanismos geradores de diversidade de receptores em cada um destes tipos celulares. De forma análoga às cadeias H e L das imunoglobulinas, as cadeias α e β do TCR são codificadas por segmentos gênicos para domínios constantes e variáveis distintos. Os genes da região V do TCR estão arranjados como uma série de segmentos sequenciais. A cadeia α inclui cerca de 80 genes V e 61 genes J, enquanto a cadeia β engloba 52 genes V, 2 genes D e 13 genes J (**Figura 26.10**). Os genes V, D e J da cadeia β e os genes V e J da cadeia α sofrem recombinação para formar genes da região V funcionais. Como acontece no caso das Igs, mutações somáticas resultam da diversidade N e P nas junções codificadoras V-D e D-J da cadeia β e na junção codificadora V-J da cadeia α. Finalmente, a região D da cadeia β pode ser transcrita nas três fases de leitura, resultando na produção de três transcritos distintos a partir de cada gene da região D, o que gera uma maior diversidade em relação àquela esperada a partir dos segmentos gênicos D isoladamente. Conforme discutimos em relação à combinação das cadeias H e L de Igs, cadeias α e β individuais são produzidas aleatoriamente por cada célula T e unidas, formando um heterodímero α:β. Os mecanismos de hipermutação somática responsáveis pelo incremento da diversidade de receptores nos genes codificadores de Ig não operam nas células T e, portanto, não geram diversidade adicional de TCRs. O potencial do TCR para diversidade, no entanto, ainda é enorme, e ao redor de $10^{15}$ TCRs podem ser gerados.

**MINIQUESTIONÁRIO**

- Aponte as diferenças nas funções dos segmentos CDR1, CDR2 e CDR3 nos receptores de células T.
- Identifique mecanismos geradores de diversidade que são únicos aos TCRs quando comparados aos mecanismos geradores de diversidade de Igs.

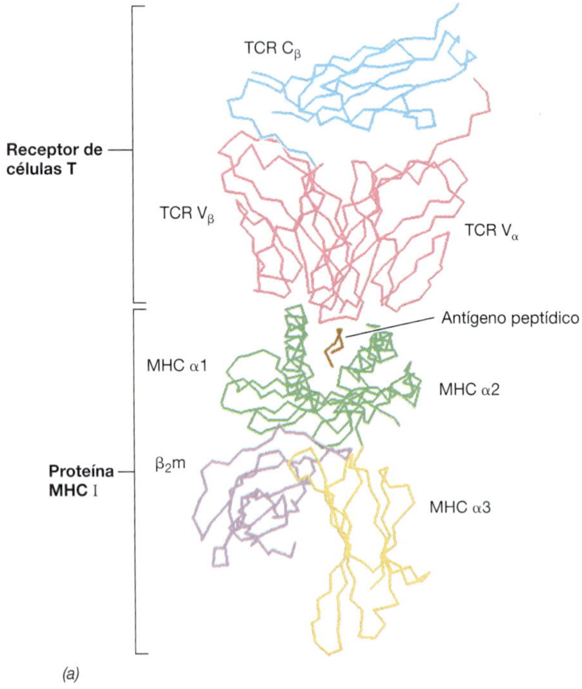


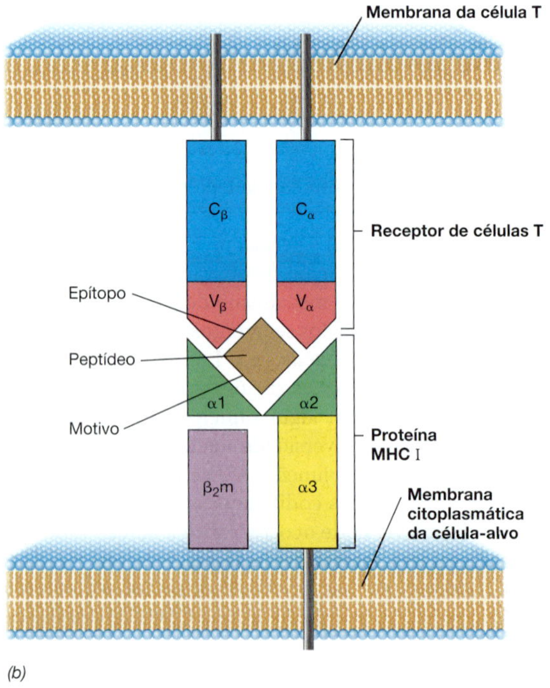


**Figura 26.9 O complexo TCR:MHC I – Peptídeo.** *(a)* Estrutura tridimensional mostrando a orientação do TCR, do peptídeo (em marrom) e do MHC. Esta estrutura é derivada de dados depositados no *Protein Data Bank* (Banco de dados de Proteínas). *(b)* Diagrama mostrando a estrutura do TCR:MHC-Peptídeo. Note que o peptídeo está ligado tanto ao MHC quanto ao TCR e possui estruturas superficiais distintas que interagem com cada um deles.

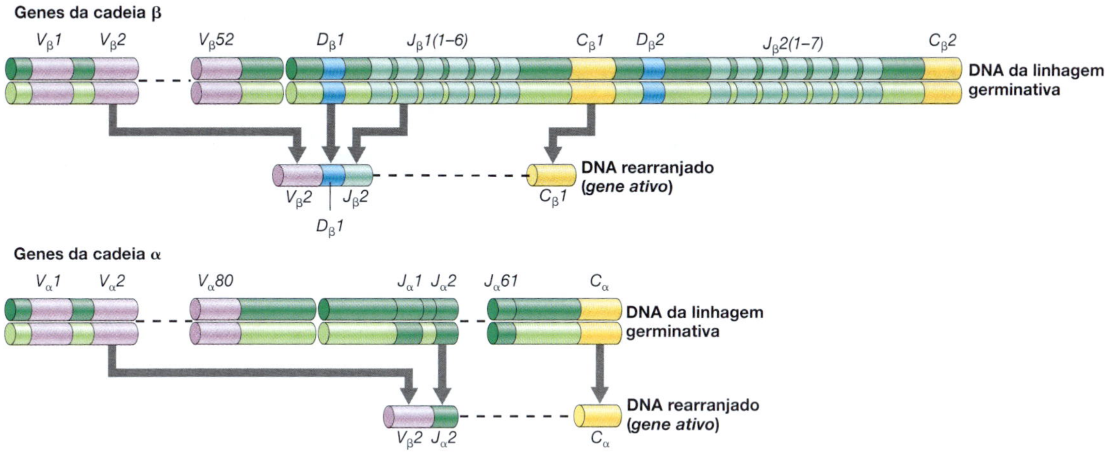


**Figura 26.10** **Organização dos genes das cadeias α e β do TCR humano.** Os genes da cadeia α estão localizados no cromossomo 14, e os genes da cadeia β estão no cromossomo 6.

# IV • Mudanças moleculares na imunidade

Adicionalmente às interações com antígenos, diversos fatores controlam a atividade imune. A seleção clonal seleciona células que reagem a antígenos estranhos enquanto ignoram antígenos próprios. Um grupo de sinais moleculares na superfície da célula é necessário para a ativação de células T ou B. Finalmente, citocinas e quimiocinas produzidas por células ativadas recrutam outras células durante a resposta imune.

## 26.8 Seleção clonal e tolerância

As células T precisam ser capazes de discriminar entre antígenos não próprios potencialmente perigosos e antígenos próprios inofensivos que compõem os tecidos de nosso corpo. Assim, as células T adquirem *tolerância*, ou irresponsividade específica aos antígenos próprios. Linfócitos imunes maduros interagem apenas com antígenos não próprios.

### Seleção clonal

A teoria da **seleção clonal** afirma que cada célula B ou célula T antígeno-reativa possui um receptor de superfície celular para um único epítopo de um antígeno. Quando estimuladas pela interação com aquele antígeno, cada célula é capaz de se replicar, e as células B e T antígeno estimuladas crescem e diferenciam-se, produzindo um grupo de células que expressam os mesmos receptores antígeno-específicos. Um *clone* consiste na progênie idêntica da célula antígeno-reativa inicial (Figura 26.11). Células que não interagiram com o antígeno não proliferam.

Para responder a uma variedade aparentemente infinita de antígenos, é necessária a presença de um número praticamente infinito de células antígeno-reativas no corpo. Conforme discutido anteriormente, o sistema imune produz um número quase ilimitado de receptores de células B e T antígeno-específicos. Inevitavelmente, alguns desses receptores apresentarão o potencial de reagir com antígenos próprios do hospedeiro; o sistema imune deve eliminar ou suprimir estes clones autorreativos, realizando simultaneamente a seleção das células que podem ser úteis contra antígenos exógenos.

### Seleção de células T e tolerância

As células T sofrem uma seleção imune *a favor* de células T antígeno-reativas e uma seleção *contra* aquelas células que reagem intensamente com os antígenos próprios. A seleção contra os clones autorreativos resulta no desenvolvimento da tolerância. A incapacidade de desenvolver tolerância pode resultar em reações danosas com os antígenos próprios, uma condição denominada *autoimunidade* (⇄ Seção 24.8).

Os precursores de linfócitos T deixam a medula óssea e entram no timo, um órgão linfoide primário, por meio da circulação sanguínea (Figura 26.12). Durante o processo de maturação da célula T no timo, as células T imaturas sofrem uma seleção que ocorre em duas etapas, para (1) selecionar as potenciais células antígeno-reativas (seleção positiva) e (2) eliminar as células que reagem com os antígenos próprios (seleção negativa). A **seleção positiva** requer a interação das novas células T no timo com os autoantígenos tímicos; os antígenos peptídicos no timo são de origem endógena. Empregando seus TCRs, algumas células T ligam-se a complexos MHC-peptídeo no tecido tímico. As células T que não se ligam aos complexos MHC-peptídeo sofrem *apoptose*; ou morte celular programada, sendo permanentemente eliminadas. De forma contrária, aquelas células T que se ligam às proteínas MHC do timo recebem sinais de sobrevivência e continuam a se dividir e multiplicar. Dessa forma, a seleção positiva mantém as células T que reconhecem complexos MHC-peptídeo e remove células T que não reconhecem MHC-peptídeo, as quais seriam incapazes de realizar esse reconhecimento fora do timo.

O segundo estágio da maturação das células T é a **seleção negativa**. Nesse ponto, as células T positivamente selecionadas continuam a interagir com complexos MHC-peptídeo tímicos. As células T que reagem com antígenos próprios no timo são potencialmente perigosas se elas reagirem muito fortemente com estes antígenos (autoimunidade). Essas células T que reagem fortemente com antígenos próprios ligam-se de maneira intensa às células do timo; elas ficam, assim, inca-

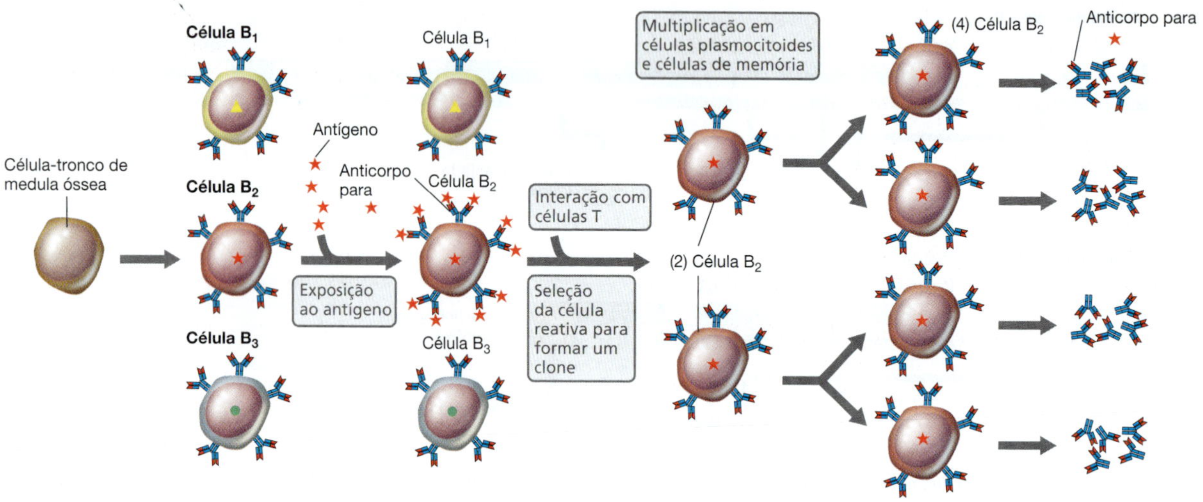


**Figura 26.11** **Seleção clonal.** Células B individuais, específicas para um único antígeno, proliferam e se expandem para formar um clone após a interação com o antígeno específico. O antígeno induz a seleção e proliferação da célula B antígeno-específica individual. Cópias clonais da célula antígeno-reativa original apresentam o mesmo anticorpo de superfície específico para o antígeno. A contínua exposição ao antígeno resulta na expansão continuada do clone.

pazes de se dividir e, eventualmente, morrem. Os TCRs que reagem menos fortemente com complexos MHC-peptídeo próprios sobrevivem a esta seleção. Este processo de seleção tímica de dois estágios, que seleciona células T antígeno-reativas, autotolerantes, resulta na **remoção clonal**. Os precursores dos clones de células T inúteis (que não se ligam), ou perigosos (ligam-se fracamente) morrem no timo; mais de 95% de todas as células T que chegam ao timo não sobrevivem ao processo de seleção.

As células T selecionadas remanescentes são destinadas a interagir de forma muito intensa com antígenos exógenos. Elas não são destruídas no timo porque suas fracas interações com os antígenos tímicos próprios servem como sinal para que estas proliferem. As células T selecionadas e proliferativas deixam o timo e migram para o baço, para tecidos linfoides associados a mucosas, e para os linfonodos, onde estas células podem interagir com peptídeos exógenos apresentados pelos linfócitos B e por outras APCs.

## Tolerância das células B

É necessário que as células B também adquiram tolerância imune, pois anticorpos produzidos por células B autorreati-

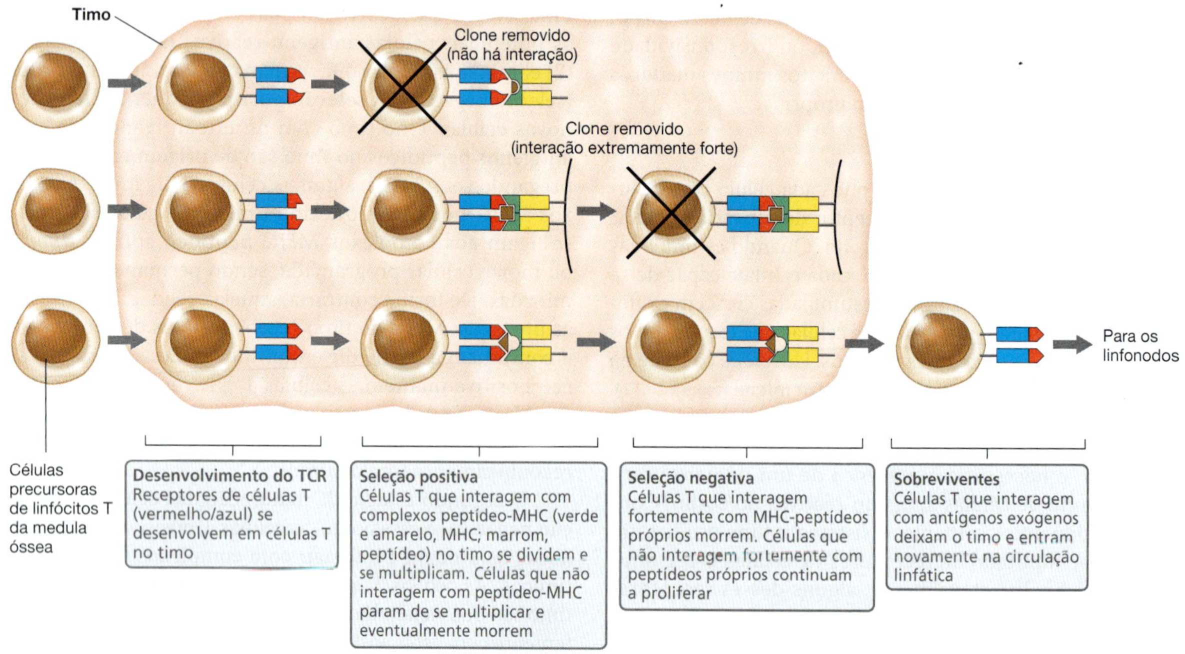


**Figura 26.12** **Seleção de células T e remoção clonal.** Células T sofrem seleção para o reconhecimento de antígenos exógenos perigosos no timo.

vas (autoanticorpos) podem provocar autoimunidade e danificar tecidos hospedeiros (⇄ Seção 24.8). As células B também sofrem um processo de remoção clonal. Muitas células B autorreativas são eliminadas durante seu desenvolvimento na medula óssea, o órgão linfoide primário responsável pelo desenvolvimento de células B em mamíferos.

Adicionalmente à remoção clonal, a **anergia clonal** (irresponsividade clonal) também desempenha um papel na seleção final do repertório de células B. Algumas células B imaturas reagem com antígenos próprios, porém não se tornam ativadas mesmo quando expostas a altas concentrações destes antígenos. Isso ocorre porque a ativação de células B requer um segundo sinal advindo das células Th, como veremos a seguir. Se nenhum sinal secundário é gerado, em razão do fato de que as células Th disponíveis se tornaram tolerantes ao antígeno no timo, a célula B permanece irresponsiva.

**MINIQUESTIONÁRIO**

- Indique as diferenças entre os processos de seleção positiva e negativa de células T. Como as seleções positiva e negativa controlam o desenvolvimento da tolerância nas células T?
- Diferencie os processos de remoção clonal e anergia clonal nas células B.

## 26.9 Ativação das células T e B

As células T e B requerem sinais moleculares adicionais para a sua ativação, além das interações de antígenos aos Igs ou TCRs. A falta destes sinais resulta em células irresponsivas, mesmo quando estas são expostas ao antígeno. Este mecanismo ajuda a prevenir a autoimunidade.

### Ativação das células T

Como discutido anteriormente, as células T que reagem intensamente com antígenos próprios são removidas no timo. Contudo, vários autoantígenos não são expressos no timo. Como resultado, muitos clones de células T responsivos a antígenos não tímicos escapam da remoção clonal no timo. Estas células T autorreativas tornam-se anérgicas, mas podem persistir como células T não responsivas. A chave da manutenção da anergia clonal dessas células T autorreativas, potencialmente perigosas, consiste no mecanismo de sinalização usado para ativar as células T depois que estas deixam o timo.

Quando as células T selecionadas positiva e negativamente deixam o timo, elas migram para os órgãos linfoides secundários (linfonodos, baço e tecido linfoide associado às mucosas; ⇄ Seção 24.1). Estas células T reativas a antígenos ainda não foram expostas ao antígeno específico; elas são células T *naive**, ou não comprometidas. Células T não comprometidas precisam ser ativadas por uma APC para que se tornem células efetoras competentes.

O primeiro passo na ativação de células T não comprometidas é a ligação do complexo antígeno-peptídico-proteína do MHC da APC ao TCR (**Figura 26.13**). Este primeiro sinal é absolutamente necessário para a ativação. Sem a interação entre o TCR e o complexo MHC-peptídeo, uma Tc não pode ser ativada. O próximo passo requer a interação de duas outras proteínas, uma denominada B7, presente na APC, e outra encontrada somente em células T, denominada CD28. A ligação de B7 a CD28, que corresponde a um segundo sinal, ativa a célula Tc, tornando-a uma célula efetora. Na ausência da interação B7-CD28, a célula T não é ativada (Figura 26.13). Uma célula Tc ativada destruirá qualquer célula-alvo que apresente o complexo MHC-peptídeo exógeno, mesmo aquelas que não apresentem a proteína B7. Após a ativação de uma célula T, apenas o primeiro sinal (ligação do TCR ao MHC-peptídeo) é necessário para induzir a atividade efetora. Uma situação análoga ocorre com as células Th.

### Anergia das células T

A necessidade de um segundo sinal de ativação traz importantes implicações para o estabelecimento e manutenção da anergia clonal. Antígenos próprios que não são encontrados no timo estão presentes em muitas outras células do corpo. Uma célula Tc não comprometida que interage com um antígeno próprio, presente em outra célula que não uma APC, receberá apenas o sinal MHC-peptídeo, uma vez que células que não são APCs não apresentam a proteína B7, a qual é necessária para se completar o segundo sinal. Na ausência da interação B7-CD28, uma célula Tc que se liga ao MHC-peptídeo é permanentemente anergizada e nunca mais poderá ser ativada (Figura 26.13); o segundo sinal, B7-CD28, é absolutamente necessário para a ativação. Linfócitos Th não comprometidos são ativados da mesma maneira, também utilizando o segundo sinal correceptor B7-CD28.

### Ativação das células B

As células B também necessitam de sinais independentes da interação ao antígeno para a sua ativação e produção de anticorpos. Entretanto, os sinais que ativam as células B são diferentes daqueles que ativam as células T. Como vimos anteriormente, as células B são responsáveis pela captação, processamento e apresentação do antígeno, bem como pela síntese de anticorpos específicos (**Figura 26.14** e ⇄ Seção 25.8). O primeiro sinal para a célula B é a ligação do antígeno e reação cruzada às imunoglobulinas de superfície.

O segundo sinal para a ativação das células B envolve diversas moléculas. O primeiro sinal, a interação antígeno Ig, gera um evento de transdução de sinal na membrana, que estimula a célula B a expressar CD40 em sua superfície. Simultaneamente, a célula B internaliza o antígeno ligado às Igs, processando-o em peptídeos e apresentando estes antígenos peptídicos embebidos no MHC de classe II às células Th próximas (tanto as células Th1 como Th2 podem estar envolvidas neste processo). A interação TCR: complexo MHC-peptídeo estimula a expressão de CD40L (ligante de CD40) pelas células Th, que, por sua vez, se liga ao CD40 presente na célula B. A interação CD40-CD40L inicia um evento de transdução de sinal na célula Th, o que leva à transcrição de diversas proteínas na célula T, incluindo IL-4 e outras citocinas solúveis. As citocinas secretadas pela célula T interagem com receptores de citocinas na célula B, completando o segundo sinal de ativação das células B e estimulando a produção de anticorpos.

* N. de T. O termo *naive* quer dizer ingênuo, inocente. No entanto, a literatura em língua portuguesa não se utiliza desta tradução para se referir a células T não comprometidas ou não expostas ao antígeno específico. Em vez disso, usa-se majoritariamente o termo em inglês *naive*; um caso típico de adoção de neologismo.

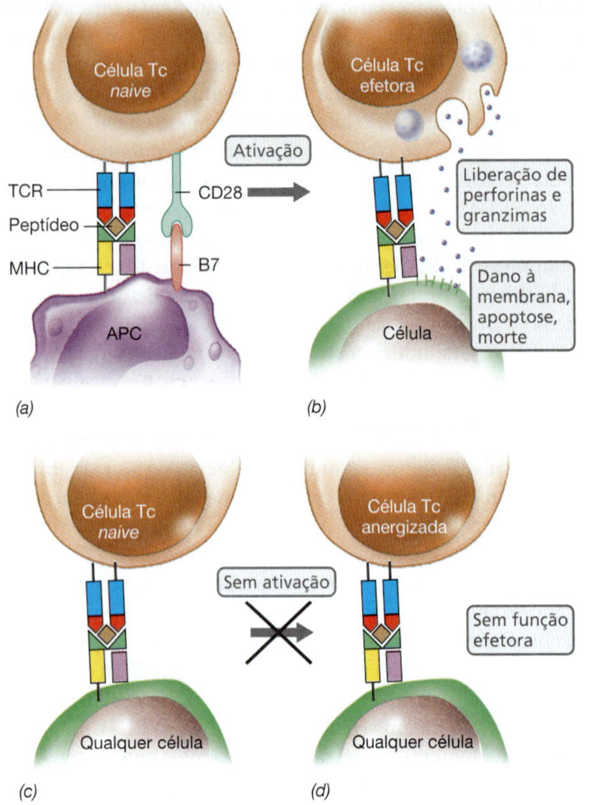


**Figura 26.13** **Ativação de células T.** *(a)* Uma célula Tc *naive* interage, por meio de seu TCR, com o complexo MHC-peptídeo na célula APC, o primeiro sinal de ativação necessário. O CD28 na célula Tc interage com B7 presente na APC, o que constitui o segundo sinal de ativação necessário para a ativação da célula T *naive*. *(b)* A célula Tc ativada pode eliminar qualquer célula-alvo que apresente o mesmo complexo MHC-peptídeo. *(c)* Uma célula Tc *naive* interage, por meio de seu TCR, com o complexo MHC-peptídeo de qualquer célula. As condições para o primeiro sinal de ativação (interação entre o TCR e o complexo MHC-peptídeo) acontecem, mas o segundo sinal não ocorre porque apenas as APCs possuem a proteína B7. *(d)* Na ausência de um segundo sinal, a célula Tc se torna permanentemente irresponsiva, ou anergizada.

Dessa forma, o segundo sinal completo para a ativação da célula B requer duas interações distintas: (1) a interação entre CD40 na célula B e CD40L na célula Th; e (2) a interação de uma citocina produzida pela célula Th ao receptor de citocina presente na célula B.

Depois que uma célula B é ativada ela não mais precisa da interação a células T ou citocinas para fazer anticorpos; a interação com o antígeno, por si só, pode estimular a produção de anticorpos. Algumas células B ativadas se transformarão em células plasmocitoides e passarão a produzir grandes quantidades de anticorpos na resposta imune primária. Outras permanecerão como células B de memória, tendo um importante papel na resposta imune secundária, durante a exposição subsequente a um antígeno (Seção 25.8).

**MINIQUESTIONÁRIO**

- Defina os sinais de ativação de uma célula T não comprometida.
- Defina os sinais de ativação de uma célula B não comprometida.

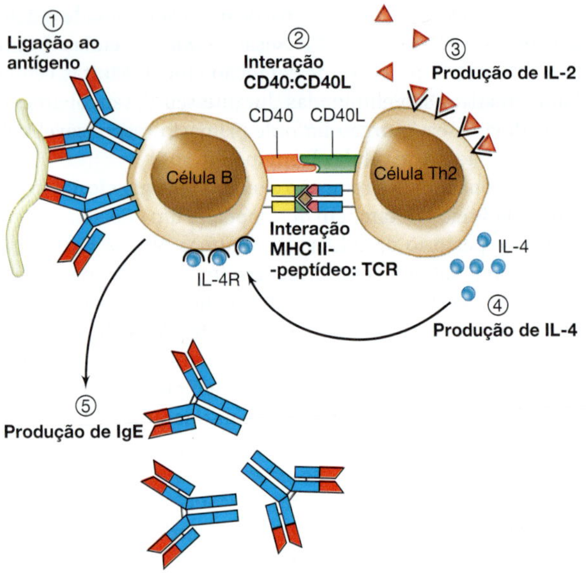


**Figura 26.14** **Ativação de células B.** ① Antígeno se liga cruzadamente ao receptor Ig em uma célula B *naive*, estimulando a célula B a produzir CD40 e expressando-o em sua superfície. A célula B processa o antígeno e o apresenta a uma célula Th2 por meio do MHC II. ② O TCR da célula Th2 interage com o MHC II-peptídeo. O CD40L da célula Th2 então interage com o CD40 da célula B. ③ Essas interações estimulam a célula Th2 a produzir IL-2, o que, por sua vez, estimula a mesma célula Th2 (função autócrina). ④ A célula Th2 estimulada pode produzir diversas citocinas, entre as quais a IL-4. A IL-4 é um sinal ativador final para a célula B. ⑤ A célula B estimulada pela IL-4 passa, então, a produzir IgE. Citocinas Th2 estimulam tanto linfócitos T quanto B.

## 26.10 Citocinas e quimiocinas

A comunicação intercelular no sistema imune é realizada, em muitos casos, por uma família heterogênea de proteínas solúveis conhecidas como *citocinas*, proteínas solúveis produzidas por leucócitos e outras células. As citocinas regulam as funções de células imunes e ativam vários tipos celulares. As citocinas produzidas por linfócitos são denominadas *linfocinas* ou *interleucinas* (ILs).

As citocinas se ligam a receptores específicos. Algumas citocinas ligam-se a receptores da célula que as produziu. Assim, tais citocinas apresentam capacidade autócrina (autoestimulatória). Outras citocinas ligam-se a receptores de outras células. A ligação da citocina ao receptor geralmente ativa uma via de transdução de sinal que controla a transcrição e síntese de proteínas. Estes sinais resultam, em última instância, na diferenciação celular e proliferação clonal.

As *quimiocinas* formam um grupo de pequenas proteínas produzidas por macrófagos, linfócitos e outras células em resposta a produtos bacterianos, vírus e outros agentes danosos às células. As quimiocinas atraem fagócitos e células T para o sítio onde ocorreu o dano, estimulando a geração de uma resposta inflamatória e recrutando as células necessárias para iniciar uma resposta imune específica.

A **Tabela 26.3** relaciona algumas importantes citocinas e quimiocinas, suas células produtoras, suas células-alvo mais comuns e seus efeitos biológicos mais importantes. Mais de 50 citocinas são conhecidas, a maioria das quais produzidas por células T, além de monócitos e macrófagos. Cerca de 40 quimiocinas são conhecidas. Primeiramente, analisaremos a atividade de citocinas necessárias à indução de uma resposta imune antígeno-específica mediada por anticorpos. Em seguida, abordaremos as citocinas produzidas por células Th1, as quais ativam macrófagos a produzirem as citocinas e quimiocinas que iniciam a inflamação mediada por macrófagos.

## Citocinas e produção de anticorpos

As células B são responsáveis pela captação, pelo processamento e pela apresentação do antígeno, bem como pela produção de anticorpos específicos. Conforme discutimos na seção anterior, as células B requerem dois sinais independentes para a ativação e produção de anticorpos. As células B são ativadas pelas imunoglobulinas de superfície ligadas ao antígeno (sinal 1), seguida pela interação da CD40 na célula B com a CD40L na célula T (Figura 26.14). A célula Th ativada responde produzindo IL-2, a qual é secretada, ligando-se ao IL-2R presente na superfície de células Th. Assim, IL-2 pode ativar a mesma célula que a secreta. Sob a influência de IL-2, a célula se divide, originando cópias clonais. Nesse processo, a célula Th também produz outras citocinas, como IL-4 e IL-5.

A IL-4 então se liga ao IL-4R na célula B apresentadora de antígeno original. A interação IL-4:IL-4R estimula a diferenciação de células B em células plasmocitoides, as quais passam a sintetizar anticorpos (Seção 25.8). A IL-4 gerada pela célula T correspondente é o segundo sinal (sinal 2) necessário à iniciação da síntese de anticorpos. Além disso, a interação com IL-4 pode promover a mudança de classe de imunoglobulinas. A interação IL-4:L-4R pode mudar a produção de anticorpos de IgM para IgE ou IgG1.

Alternativamente, a IL-5 produzida pelas células Th pode ser ligar ao IL-5R na célula B apresentadora de antígeno. Paralelamente à estimulação por meio de IL-4:L-4R, IL-5:IL-5R também estimula células B a se diferenciarem em células plasmocitoides, as quais produzem anticorpos, e também estimula uma mudança de classe, dessa vez para IgA.

Como estes dois exemplos mostram, as citocinas IL-2, IL-4 e IL-5 são mediadores solúveis e ativadores tanto de linfócitos B quanto de linfócitos T. Eles interagem para induzir a resposta imune mediada por anticorpos; células Th em diferentes locais produzem diferentes citocinas ativadoras de células B de forma a focar a resposta por anticorpos para aquele ambiente. Por exemplo, células Th localizadas proximamente à pele produzem mais IL-4, induzindo a produção de IgE, ao passo que células Th no intestino produzem mais IL-5, induzindo a produção de IgA secretora. Assim, IL-4 e IL-5 não apenas controlam a ativação da célula B, mas também controlam a qualidade da resposta por anticorpos, dirigindo a mudança de classe de anticorpos de IgM para IgE ou IgA, respectivamente, adaptando a produção de anticorpos para um ambiente em particular.

## Ativação Th1 de macrófagos

A Tabela 26.3 mostra a atividade de diversas citocinas produzidas por algumas células Th1. Essas citocinas são importantes na ativação de macrófagos. As citocinas IFN-γ (interferon gama), GM-CSF (fator estimulador de colônia de granulócitos e monócitos) e TNF-α (fator de necrose tumoral alfa) são produzidas por células Th1 ativadas por antígenos. Estas citocinas estimulam a diferenciação e ativação de macrófagos.

Macrófagos estimulados produzem diversas citocinas e quimiocinas, muitas das quais possuem um importante papel na iniciação da inflamação. Algumas das mais importantes citocinas *pró-inflamatórias* produzidas por macrófagos incluem IL-1β, TNF-α, IL-6 e IL-12. IL-1β e TNF-α induzem a ativação do endotélio vascular. IL-6 ativa linfócitos, e todas elas, com

UNIDADE 5

**Tabela 26.3 Principais citocinas e quimiocinas imunes**

| *Citocina (quimiocina)* | *Principais células produtoras* | *Principais células-alvo* | *Principais efeitos* |
|---|---|---|---|
| IL-4[a] | Th2 | Células B | Ativação, proliferação, diferenciação, síntese de IgG1 e IgE |
| IL-5 | Th2 | Células B | Ativação, proliferação, diferenciação, síntese de IgA |
| IL-2 | Células T *naive*, Th1 e Tc | Células T | Proliferação (frequentemente autócrina) |
| IFN-γ[b] | Th1 | Macrófagos | Ativação |
| GM-CSF[c] | Th1 | Macrófagos | Multiplicação e diferenciação |
| TNF-α[d] | Th1 | Macrófagos | Ativação, produção de citocinas pró-inflamatórias |
| | Macrófagos | Epitélio vascular | Ativação, inflamação |
| IL-1β | Macrófagos | Epitélio vascular, linfócitos | Ativação, inflamação |
| IL-6 | Macrófagos, células dendríticas | Linfócitos | Ativação |
| IL-12 | Macrófagos, células endoteliais | Células NK, células T *naive* | Ativação, intensifica a diferenciação de células para Th1 |
| IL-17 | Th17 | Neutrófilos | Ativação |
| CXCL8 (quimiocina) | Macrófagos | Neutrófilos, basófilos, células T | Fator quimiotático |
| CCL2 (MCP-1[e]) (quimiocina) | Macrófagos | Macrófagos, células T | Fator quimiotático, ativador |

[a]IL, interleucina; [b]IFN, interfron; [c]GM-CSF, fator estimulador de colônia de granulócitos e monócitos; [d]TNF, fator de necrose tumoral; [e]MCP, proteína quimioatrativa de macrófago.

exceção da IL-12, induzem febre em nível sistêmico. A IL-12 age no estímulo de células *natural killer** (NK) e também na indução de células T *naive* para que estas se diferenciem em células Th1 (Tabela 26.3).

Quimiocinas produzidas por macrófagos ativados incluem a CXCL8 e a CCL2, também chamada de MCP-1. CXCL8 é secretada pelas células ativadas e se liga a receptores nas células T e neutrófilos, agindo como um quimioatrativo. Isso resulta em uma resposta inflamatória mediada por neutrófilos seguida por uma resposta imune específica oriunda das células T atraídas para o local. Assim como acontece no caso dos receptores de citocinas, receptores de quimiocinas ligados, nas células-alvo, agem por meio de vias de tradução de sinal para induzir a ativação de células efetoras, como os neutrófilos ou as células T.

A CCL2 é produzida por macrófagos ou outras células. Esta quimiocina atrai basófilos, eosinófilos, monócitos, células dendríticas, células *natural killer* e células T, estimulando a produção de mais mediadores inflamatórios e potencialmente organizando uma resposta imune antígeno-específica.

* N. de T. A denominação *natural killer* quer dizer matadora natural. No entanto, a maior parte da literatura em língua portuguesa não se utiliza desta tradução para se referir a estas células. Em vez disso, usa-se majoritariamente o termo em inglês *natural killer*; um caso típico de adoção de neologismo.

**MINIQUESTIONÁRIO**

- Identifique as principais citocinas e quimiocinas produzidas por células Th1, células Th2 e macrófagos.
- Identifique as citocinas pró-inflamatórias, as células que as produzem e os seus efeitos em outras células.

## CONCEITOS IMPORTANTES

**26.1** • Os PRRs interagem com PAMPs presentes em vários patógenos, ativando o complemento e fagócitos que localizam e destroem patógenos. A interação PRR-PAMP inicia cascatas de transdução de sinal que ativam células efetoras.

**26.2** • A superfamília de genes para Ig codifica proteínas que são evolutiva, estrutural e funcionalmente relacionadas com as imunoglobulinas. As Igs de ligação a antígeno, TCR e proteínas MHC são membros desta família. A ligação de antígenos à Ig ou ao TCR facilita a transdução de sinal por meio de moléculas adaptadoras contendo ITAMs.

**26.3** • Proteínas do MHC de classe I são expressas em todas as células nucleadas e sua função é apresentar peptídeos antigênicos endógenos para os TCRs das células Tc. As proteínas do MHC de classe II são expressas somente em APCs. Elas têm a função de apresentar peptídeos antigênicos de origem exógena para os TCRs de células Th.

**26.4** • Genes do MHC codificam proteínas usadas para apresentar peptídeos antigênicos para as células T. Genes do MHC de classes I e II são altamente polimórficos. Alelos do MHC de classes I e II codificam proteínas que se ligam a peptídeos com motivos estruturais conservados, apresentando-os.

**26.5** • O sítio de ligação ao antígeno da Ig é composto pelo domínio V (variável) de uma cadeia pesada e pelo domínio V de uma cadeia leve. Cada região V contém três regiões determinantes de complementariedade, ou CDRs, que se dobram juntas para formar o sítio de ligação ao antígeno.

**26.6** • A diversidade das imunoglobulinas é gerada por meio de diversos mecanismos. A recombinação somática de segmentos gênicos permite a mistura de vários segmentos de genes codificadores de Igs. O rearranjo aleatório de genes codificadores das cadeias leve e pesada, a junção imprecisa de segmentos gênicos VDJ e VJ, e os mecanismos de hipermutação contribuem para uma diversidade quase ilimitada de imunoglobulinas.

**26.7** • Receptores de células T se ligam a peptídeos antigênicos apresentados por proteínas do MHC. As regiões CD3 tanto da cadeia α quanto da cadeia β se ligam aos epítopos do antígeno; as regiões CD1R e CD2R se ligam à proteína do MHC. O domínio V da cadeia β é codificado pelos segmentos gênicos VDJ. O domínio V da cadeia α é codificado pelos segmentos gênicos VJ. A diversidade de TCRs, gerada por diversos mecanismos, é quase ilimitada.

**26.8** • O timo é um órgão linfoide primário que provê um ambiente para a maturação de células T reativas a antígenos. Células T imaturas que não interagem com MHC-peptídeo (seleção positiva) ou que reagem fortemente com antígenos próprios (seleção negativa) são eliminadas por remoção clonal no timo. Células T que sobrevivem às seleções positiva e negativa deixam o timo e podem participar da resposta imune. A reatividade das células B a antígenos próprios é controlada por meio da remoção clonal e anergia.

**26.9** • Células T não comprometidas são ativadas em órgãos linfoides secundários primeiramente por meio da ligação de um MHC-peptídeo a seus TCRs (sinal 1), e em seguida por meio da ligação da proteína B7 de uma APC à proteína CD28 da célula T (sinal 2). A ativação das células B é iniciada pela interação de um antígeno à imunoglobulina de superfície (sinal 1), seguida pela interação entre a proteína CD40 da célula B e o CD40L na célula T, o que leva à produção de citocinas (sinal 2).

**26.10** • As citocinas produzidas por leucócitos e outras células são mediadores solúveis que regulam interações entre células. Diversas citocinas, tais como IL-2 e IL-4, afetam linfócitos e são componentes críticos na geração de respostas imune específicas. Outras citocinas, como o IFN-γ e o TNF-α, afetam uma ampla variedade de tipos celulares. Quimiocinas produzidas por diversas células são liberadas em resposta a danos teciduais e são fortes atraentes para células inflamatórias não específicas e células T.

## REVISÃO DOS TERMOS-CHAVE

**Anergia clonal** incapacidade de produzir uma resposta imune contra antígenos específicos, devido à neutralização de células efetoras.

**Antígeno Leucocitário Humano** uma proteína de apresentação de antígeno codificada pelo gene codificador do complexo principal de histocompatibilidade humano.

**Hipermutação somática** mutação dos genes de imunoglobulinas, que ocorre com taxas mais elevadas que aquelas observadas em outros genes.

**Motivo** em relação à apresentação de antígenos, sequência conservada de aminoácidos, encontrada em todos os peptídeos que se liga a uma determinada proteína do MHC.

**Poligenia** a ocorrência de múltiplas cópias de genes relacionados genética, estrutural e funcionalmente.

**Polimorfismo** ocorrência, em uma população, de alelos múltiplos em um lócus, com frequências que não podem ser explicadas devido a mutações randômicas recentes.

**Região determinante de complementariedade (CDR)** sequência de aminoácidos variável que ocorre no interior dos domínios variáveis de imunoglobulinas ou receptores de células T, em que a maioria dos contatos com o antígeno é realizada.

**Remoção clonal** em relação à seleção de células T no timo, corresponde à morte de clones sem função ou autorreativos.

**Seleção clonal** produção, por uma célula B ou célula T, de cópias de si mesmas, após a interação com um antígeno.

**Seleção negativa** em relação à seleção de células T, corresponde à deleção de células T que interagem com antígenos próprios, no timo (*ver também* remoção clonal).

**Seleção positiva** em relação à seleção de célula T, corresponde à multiplicação e desenvolvimento de células T que interagem com MHC-peptídeos próprios, no timo.

**Superfamília dos genes de imunoglobulinas** família de genes relacionada evolutiva, estrutural e funcionalmente com as imunoglobulinas.

## QUESTÕES PARA REVISÃO

1. Identifique pelo menos uma molécula de reconhecimento de padrão (PRM) ligada à membrana, seu padrão molecular associado a patógenos (PAMP) correspondente e a resposta hospedeira resultante. (Seção 26.1)
2. Defina os critérios que caracterizam um gene e seu produto proteico como pertencentes à superfamília de genes de Igs. (Seção 26.2)
3. Identifique as principais características estruturais de proteínas do MHC de classes I e II. (Seção 26.3)
4. O polimorfismo implica que cada proteína do MHC distinta se ligue a um motivo peptídico diferente. Em relação aos polimorfismos de MHC de classe I, quantas proteínas do MHC diferentes são expressas por um indivíduo? E em relação à população humana como um todo? (Seção 26.4)
5. Quais cadeias de Ig são utilizadas na formação de um sítio completo de ligação ao antígeno? Quais domínios? Quais CDRs? (Seção 26.5)
6. Calcule o número total de domínios $V_H$ e $V_L$ que podem ser originados a partir dos genes Ig disponíveis. Compare os números de domínios $V_\beta$ e $V_\alpha$ de TCR codificados pelas linhagens germinativas. Como essa diversidade é expandida para cada par de proteínas antígeno-receptor? (Seção 26.6)
7. No caso dos TCRs, a diversidade pode ser gerada por meio de eventos de recombinação e rearranjo, como ocorre com as Igs. Como no caso das Igs, diversidade adicional é gerada por eventos somáticos, tais como adição de nucleotídeos N e a leitura do segmento D em todas as três fases abertas de leitura possíveis. Explique estes mecanismos geradores de diversidade. (Seção 26.7)
8. Explique as seleção positiva e a seleção negativa da células T. (Seção 26.8)
9. Que interações moleculares são necessárias para ativar células T não comprometidas? E para ativar células B não comprometidas? (Seção 26.9)
10. Quais são as principais citocinas e seus efeitos em uma resposta mediada por anticorpos? E em uma resposta mediada por células Th1? (Seção 26.10)

## QUESTÕES APLICADAS

1. Identifique as consequências de uma mutação genética que elimine um PRR, prevendo os resultados para o hospedeiro. Faça isso para pelo menos um PRR solúvel e um PRR associado a membrana.
2. Polimorfismos significam que cada proteína do MHC diferente se liga a um diferente motivo peptídico. Entretanto, no caso das proteínas do MHC de classe I, apenas seis motivos peptídicos podem ser reconhecidos por um indivíduo, enquanto mais de 6.000 motivos podem ser reconhecidos por toda a população humana. Que vantagens o reconhecimento de múltiplos motivos traz para o indivíduo? Que vantagens potenciais o reconhecimento de um número extremamente amplo de motivos traz para a população? Cada um de nós pode processar e apresentar os mesmos antígenos?
3. Embora eventos de recombinação genética sejam importantes para a geração de uma diversidade significativa no sítio de ligação a antígeno das Igs, eventos somáticos que ocorrem após a recombinação podem ser ainda mais importantes para a aquisição global da diversidade de Igs. Você concorda ou discorda dessa afirmação? Explique.
4. Qual seria o resultado da ativação de todas as células T que entram em contato com antígenos? Como o mecanismo de múltiplos sinais previne a ocorrência dessa situação?

UNIDADE 5

CAPÍTULO

# 27 Microbiologia diagnóstica

## microbiologiahoje

### Antibióticos e abelhas

As abelhas (*Apis mellifera*, foto) produzem mel e são polinizadoras essenciais na agricultura. Na década de 1950, o antibiótico de amplo espectro oxitetraciclina foi introduzido em colmeias de abelhas nos Estados Unidos para prevenir doenças de abelhas causadas por patógenos bacterianos. Após mais de 50 anos de uso rotineiro do antibiótico, um estudo recente mostra que a microbiota intestinal da maioria das abelhas dos Estados Unidos contém um conjunto de oito genes de resistência à tetraciclina em um elevado número de cópias.[1]

A composição da comunidade bacteriana intestinal das abelhas é surpreendentemente conservada, e é predominada por oito espécies que contribuem para a defesa contra infecções parasitárias e auxiliam nutricionalmente. Os genes de resistência são carreados entre e dentro das espécies em plasmídeos e outros elementos genéticos móveis. Comparações de abelhas americanas com aquelas da Europa e da Nova Zelândia, onde o uso de antibióticos em abelhas não é permitido, demonstram que a comunidade bacteriana das abelhas em colmeias não tratadas não adquiriram genes de resistência. Isso também é verdade para abelhas dos Estados Unidos que não foram expostas aos antibióticos por mais de 25 anos e para os zangões, que compartilham uma microbiota intestinal semelhante à das abelhas, porém não são domesticados e, portanto, não são expostos a oxitetraciclina.

Será que é realmente preciso tratar as abelhas com antibióticos, e podemos prever com precisão as consequências de longo prazo do uso destes fármacos? Não há evidências de que as bactérias de abelhas resistentes à tetraciclina foram transferidas ou causam doenças em seres humanos, mas estas bactérias resistentes aos antibióticos são um reservatório de genes de resistência que pode ser transferido para outros patógenos de abelhas e outras bactérias. Mais importante, a exposição prolongada a um único antibiótico pode alterar a microbiota das abelhas de formas ainda desconhecidas que podem afetar a saúde dos insetos em longo prazo, bem como sua resistência a doenças.

[1]Tian, B., et al. 2012. *Long-term exposure to antibiotics has caused accumulation of resistance determinants in the gut microbiota of honeybees*. *mBio 3(6)*: e00377–12.doi:10.1128/mBi.oo377–12.

I O ambiente clínico 794
II Identificação microbiológica dos patógenos 797
III Métodos diagnósticos independentes de cultivo 803
IV Fármacos antimicrobianos 811
V Resistência a fármacos antimicrobianos 819

Os laboratórios de microbiologia clínica devem identificar os patógenos com segurança, rapidez e eficiência. O microbiologista clínico examina as amostras de pacientes utilizando a observação direta, cultura, ensaios imunológicos e ferramentas moleculares para a identificação dos patógenos. A identificação dos patógenos guia o controle da infecção, localizando fármacos antimicrobianos específicos para o patógeno em questão.

# I • O ambiente clínico

## 27.1 Segurança no laboratório de microbiologia

A segurança em um laboratório clínico evita a propagação de infecções para os trabalhadores do local. Práticas laboratoriais padrão para o manuseio de amostras clínicas foram estabelecidas para a prevenção de infecções laboratoriais acidentais.

### Segurança no laboratório

Os laboratórios de microbiologia clínica trazem importantes riscos biológicos aos profissionais que os frequentam e especialmente às pessoas que não são treinadas e não empregam as precauções necessárias. Todos os laboratórios que lidam com tecidos humanos ou de primatas devem possuir um plano de controle da exposição ocupacional para a manipulação de patógenos transmitidos pelo sangue, estabelecido especificamente para proteger os indivíduos contra as infecções pelo vírus da hepatite B (HBV, o agente etiológico da hepatite infecciosa, Seção 29.11) e pelo vírus da imunodeficiência humana (HIV, o agente etiológico da síndrome da imunodeficiência adquirida [Aids], Seção 29.14). O plano de exposição ocupacional limita a infecção por todos os patógenos.

As duas causas mais comuns de acidentes laboratoriais são a ignorância e a falta de cuidados. O treinamento e o reforço dos procedimentos de segurança estabelecidos, no entanto, podem impedir a maioria das infecções acidentais. A maioria das infecções adquiridas no laboratório não resulta de exposições identificáveis, como uma cultura que respinga no manipulador, mas sim da manipulação rotineira de amostras de pacientes. Aerossóis infectantes, gerados durante os processos microbiológicos, são a causa mais comum de infecções laboratoriais. Os laboratórios clínicos seguem as normas gerais de segurança descritas na **Tabela 27.1** a fim de minimizar as infecções laboratoriais. A adesão às regras de segurança garante um ambiente laboratorial seguro em conformidade com as normas governamentais.

Essas normas de segurança são regra geral em todos os laboratórios que manipulam agentes infecciosos em potencial e representam a base para todos os aspectos do controle de infecções e da saúde. Laboratórios que lidam com agentes particularmente perigosos ou transmissíveis devem possuir regras e procedimentos adicionais visando a obtenção de um ambiente de trabalho seguro, conforme discutido a seguir. Em última análise, a segurança no local de trabalho é de responsabilidade dos profissionais de laboratório.

**Tabela 27.1** Normas de segurança em laboratórios de microbiologia

| *Regra* | *Implementação* |
|---|---|
| Acesso restrito | Apenas os profissionais do laboratório e a equipe de apoio têm acesso |
| Boas práticas de higiene pessoal | Comer, beber e aplicar produtos cosméticos são proibidos no laboratório. A lavagem das mãos impede apropagação de agentes patogênicos |
| Uso de equipamento de proteção individual | Jalecos, luvas, proteção para os olhos e respiradores são recomendados ou exigidos dependendo do patógeno que está sendo manuseado |
| Vacinação | As pessoas devem ser vacinadas contra os patógenos que poderão entrar em contato |
| Bom manuseio de espécimes | Considerar os espécimes clínicos como infecciosos e manuseá-los de forma adequada |
| Descontaminação | Após a utilização ou exposição, descontaminar as amostras, superfícies e materiais por desinfecção, autoclavagem ou incineração |

### Contenção biológica e níveis de biossegurança

O nível de contenção usado para impedir infecções acidentais ou a contaminação ambiental acidental (vazamento) em laboratórios clínicos, de pesquisa e de ensino deve ser ajustado a fim de conter o risco biológico potencial dos organismos manipulados em tais locais. Os laboratórios são classificados de acordo com seu potencial de contenção, do menor para o maior, por meio do seu *nível de biossegurança (NBS)*, sendo designados *NBS-1*, *NBS-2*, *NBS-3* e *NBS-4* (**Figura 27.1**). Profissionais laboratoriais que trabalham em todos os níveis de biossegurança devem seguir as boas práticas laboratoriais, as quais garantem a limpeza básica e limitam a contaminação, conforme descrito na Tabela 27.1. A **Tabela 27.2** apresenta os requisitos para cada nível de biossegurança. A cada nível superior, as precauções, os equipamentos e os custos aumentam.

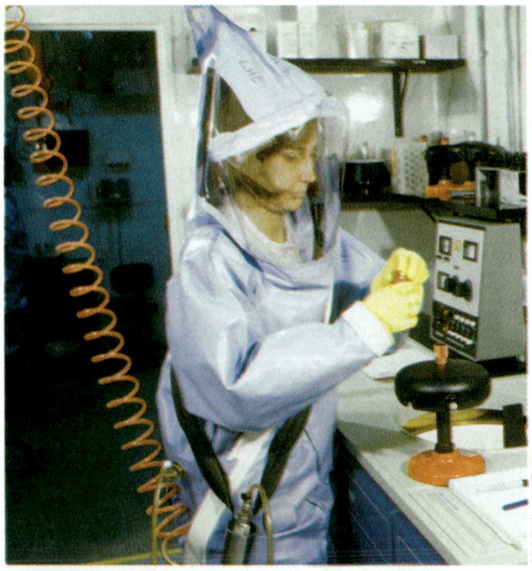


**Figura 27.1 Um profissional em um laboratório NBS-4 (nível de biossegurança 4).** NBS-4 corresponde ao maior nível de controle biológico, oferecendo ao profissional maior segurança e maior contenção do patógeno. O profissional usa uma vestimenta totalmente selada, adaptada com um dispositivo para fornecimento de ar externo e um sistema de ventilação. Válvulas de ar controlam todos os acessos ao laboratório. Todo o material que deixa o laboratório é autoclavado ou descontaminado quimicamente.

**Tabela 27.2** Níveis de biossegurança e diretrizes para os laboratórios de microbiologia

| *Nível de biossegurança* | *Acesso* | *Precauções/equipamentos especializados*[a] | *Exemplos e objetivos* | *Exemplos de microrganismos* |
|---|---|---|---|---|
| NBS-1 | Deve ser limitado | Barreiras de proteção (jalecos, luvas) *devem* ser utilizadas | Laboratório de ensino que não trabalha com agentes patogênicos conhecidos | *Bacillus subtilis* |
| NBS-2 | Precisa ser limitado | Barreiras de proteção *devem* ser utilizadas. Manipulações que podem gerar aerossóis devem ser executadas em uma cabine de segurança biológica | Laboratório que trabalha com patógenos de risco moderado | *Streptococcus pyogenes*, *Escherichia coli* |
| NBS-3 | Precisa ser limitado; separado dos corredores públicos | Barreiras de proteção *devem* ser utilizadas. O laboratório é negativamente pressurizado e equipado com filtros para prevenir a saída do patógeno para o meio externo. Manipulações devem ser realizadas em uma cabine de segurança biológica | Laboratório que trabalha com patógenos emergentes e de alto risco | *Mycobacterium tuberculosis*, vírus da imunodeficiência humana (HIV) |
| NBS-4 | Precisa ser limitado; separado dos corredores públicos | Barreiras de proteção *devem* ser utilizadas. Manipulações devem ser realizadas em uma cabine de segurança biológica selada ou por pessoas utilizando vestimentas de pressão positiva com fornecimento de ar externo, além dos requisitos do NBS-3 (Figura 27.1). | Laboratório que trabalha com patógenos emergentes e de alto risco, especialmente aqueles disseminados por aerossóis, ou para os quais não existe nenhum tratamento, cura ou vacina | Vírus Ebola, *Mycobacterium tuberculosis* resistente a fármacos |

A maioria das universidades possui instalações NBS-1 e NBS-2 para o ensino e pesquisa. Os laboratórios clínicos padrões operam em NBS-2. Os requisitos físicos específicos das instalações NBS-3 limitam a sua existência aos principais laboratórios clínicos e centros de pesquisa. Como laboratórios NBS-4 são projetados para realizar o isolamento e a contenção máxima de patógenos, menos de 50 instalações NBS-4 são operacionais em todo o mundo. A maioria dos laboratórios NBS-4 está associada a instalações governamentais como o Centers for Diseases Control and Prevention (Atlanta, Georgia, EUA) e o U.S. Army Medical Research Institute of Infectious Diseases (USAMRIID; Fort Detrick, Maryland, USA).

**MINIQUESTIONÁRIO**

- Quais as principais causas de infecções laboratoriais?
- Identifique as características básicas de contenção de risco biológico em laboratórios de NBS-1 a NBS-4.

## 27.2 Infecções associadas aos cuidados de saúde

Uma **infecção associada aos cuidados de saúde** (IAC) é uma infecção local ou sistêmica adquirida por um paciente em uma unidade de saúde, particularmente durante a sua estadia na instalação. As IACs causam significativa morbidade e mortalidade. Cerca de 1 em cada 20 pacientes internados em unidades de saúde adquirem IACs, também chamadas de *infecções nosocomiais* (*nosocomium* é a palavra em latim para "hospital"). Aproximadamente 1,7 milhão de IACs ocorre anualmente nos Estados Unidos, levando direta ou indiretamente a cerca de 100.000 mortes.

### Mecanismos de transferência de infecções nosocomiais

Algumas IACs são adquiridas a partir de pacientes com doenças contagiosas, enquanto outras são causadas por patógenos selecionados e mantidos no ambiente hospitalar, disseminados por infecções cruzadas entre pacientes ou a partir dos profissionais da área de saúde. Os patógenos nosocomiais são frequentemente encontrados como membros da flora normal de pacientes ou dos profissionais.

Os estabelecimentos de saúde são ambientes de alto risco para a propagação de doenças infecciosas, uma vez que estas instalações concentram os indivíduos que possuem doenças infecciosas ou estão em risco de adquirir estas doenças devido às suas condições de saúde limitantes. Alguns dos fatores de risco comuns para a aquisição de doenças infecciosas nos estabelecimentos de saúde encontram-se resumidos na **Tabela 27.3**.

Os sítios mais comuns de IACs são ilustrados na **Figura 27.2**. Das aproximadamente 100.000 mortes anuais estimadas devido a infecções hospitalares nos Estados Unidos, cerca de 36.000 foram por pneumonia, 31.000 por infecções sanguíneas, 13.000 por infecções do trato urinário, 8.000 por infecções cirúrgicas

**Tabela 27.3** Fatores de risco para infecções hospitalares

| *Fator de risco* | *Análise* |
|---|---|
| Pacientes | Os pacientes já estão doentes ou comprometidos |
| Recém-nascidos e idosos | Não são completamente imunocompetentes |
| Pacientes com doenças infecciosas | Reservatórios de patógenos |
| Proximidade com o paciente | Aumenta a infecção cruzada |
| Profissionais de saúde | É possivel a transmissão de patógenos entre os pacientes |
| Procedimentos médicos (drenos sanguíneos, etc.) | O rompimento da barreira cutânea pode introduzir patógenos |
| Cirurgias | A exposição de órgãos internos pode introduzir agentes patogênicos, e o estresse diminui a resistência à infecção |
| Fármacos anti-inflamatórios | Baixa resistência à infecção |
| Tratamento com antibióticos | Pode selecionar patógenos resistentes e oportunistas |

e 11.000 pelos demais sítios. Um número relativamente pequeno de patógenos ocasiona a maioria das IACs (**Tabela 27.4**), mas uma série de outros agentes patogênicos também pode provocar infecções hospitalares.

## Patógenos comuns nas infecções nosocomiais

Um dos patógenos hospitalares mais importantes e mais disseminados é o *Staphylococcus aureus* (Seção 29.9). Ele é a causa mais comum de pneumonias, a terceira causa mais comum de infecções sanguíneas, e também é particularmente problemático em berçários. Muitas linhagens hospitalares de *S. aureus* são incomumente virulentas, sendo resistentes aos antibióticos comuns, dificultando bastante o seu tratamento. Os estafilococos constituem a maior causa de infecções sanguíneas nosocomiais, sendo também muito prevalentes em infecções de ferimentos.

*Staphylococcus, Enterococcus, Escherichia coli, Klebsiella pneumoniae* e outras Enterobacteriaceae têm o potencial para causar infecções nosocomiais, mas também podem ser membros da flora normal em alguns indivíduos, tornando-se difícil eliminá-los nos estabelecimentos de saúde. Além disso, estes organismos podem adquirir resistência a fármacos. Patógenos que não fazem parte da flora normal, tais como *Acinetobacter* e *Mycobacterium* spp., podem ser eliminados a partir do ambiente de saúde. Estes patógenos são carreados para unidades de saúde por pessoas infectadas ou, no caso de algumas micobactérias, como contaminantes ambientais por meio da poeira e do ar.

**Tabela 27.4** Patógenos associados aos cuidados de saúde

| *Patógeno* | *Sítios comuns de infecção e doenças* |
|---|---|
| [a]*Acinetobacter* | Ferimentos/sítios cirúrgicos, corrente sanguínea, pneumonia, trato urinário |
| *Burkholderia cepacia* | Pneumonia |
| *Clostridium difficile,* | Gastrintestinal |
| *C. sordellii* | Pneumonia, endocardite, artrite, peritonite, mionecrose |
| [a]Enterobacteriaceae, resistentes ao carbapenem, especialmente *Escherichia* coli e *Klebsiella* | Pneumonia, ferimentos/sítios cirúrgicos, corrente sanguínea, meningite |
| [a]*Enterococcus* resistentes a vancomicina (VRE) | Ferimentos/sítios cirúrgicos, corrente sanguínea, trato urinário |
| Hepatite | Infecção hepática crônica |
| Vírus da imunodeficiência humana (HIV) | Imunodeficiência |
| Vírus *influenza* | Pneumonia |
| *Mycobacterium abscessos* | Infecções de pele e tecidos moles |
| [a]*M. tuberculosis* | Infecção pulmonar crônica (tuberculose) |
| *Norovirus* | Gastrenterite |
| [a]*Staphylococcus aureus* resistente a meticilina (MRSA), com suscetibilidade intermediária a vancomicina, e resistente a vancomicina (VISA, VRSA) | Corrente sanguínea, pneumonia, endocardite, osteomielite |

*Micrografias*[b]

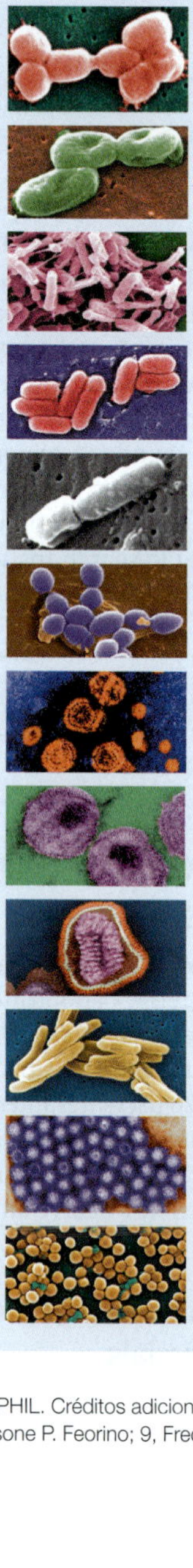

*Acinetobacter*
*B. cepacia*
*C. difficile*
*E. coli*
*Klebsiella*
*Enterococcus*
Vírus da hepatite B
HIV
Vírus *influenza*
*M. tuberculosis*
*Norovirus*
*S. aureus*

[a]Organismos resistentes a antibióticos que apresentam resistência a múltiplos fármacos.
[b]Todas as micrografias inseridas são digitalizações coloridas ou micrografias eletrônicas de transmissão oriundas de CDC /PHIL. Créditos adicionais referentes às micrografias (números de cima para baixo): 1-5, 10 e 12, Janice Carr Haney; 6, Peta Wardell; 7, Erskine Palmer; 8, A. Harrisone P. Feorino; 9, Frederick Murphy; 11, Charles D. Humphrey.

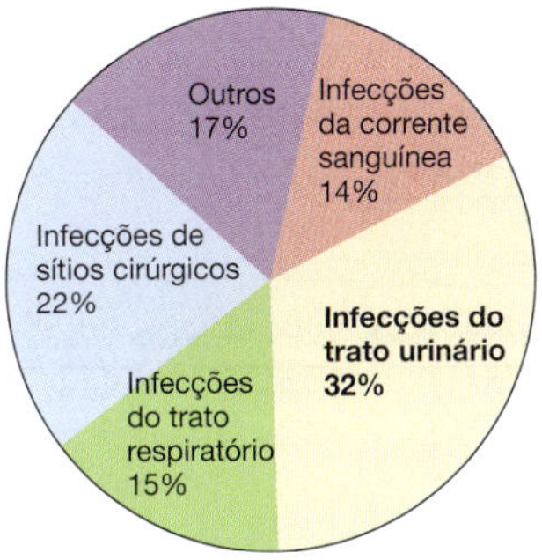


**Figura 27.2** **Infecções associadas aos cuidados de saúde.** Cerca de 1,7 milhão de infecções associadas aos cuidados de saúde ocorrem anualmente nos Estados Unidos. Os dados foram obtidos de Klevens e colaboradores, *Public Health Reports 122*:160-166, 2007.

A prevenção de IACs envolve a cooperação entre a equipe de controle de infecção da unidade de saúde e o pessoal da instituição, incluindo profissionais que lidam diretamente com os cuidados de saúde e funcionários de apoio, como o serviço de limpeza. O controle da infecção se inicia com a gestão dos pacientes que chegam à unidade de saúde, desde o momento da sua entrada; novos pacientes devem ser avaliados para possíveis infecções e isolados conforme necessário para evitar a propagação de infecções para outros funcionários e pacientes. A partir deste ponto, a equipe de cuidados da saúde do local emprega procedimentos-padrão que limitam a infecção, aplicando as mesmas precauções gerais descritas para os profissionais de laboratório na Tabela 27.1.

**MINIQUESTIONÁRIO**

- Por que pacientes em unidades de saúde são mais suscetíveis aos patógenos, em relação àqueles indivíduos que não frequentam estes locais?
- Como a disseminação das IACs pode ser controlada?

# II • Identificação microbiológica dos patógenos

A observação e o cultivo de agentes patogênicos a partir de espécimes de pacientes são estratégias importantes para a identificação do agente causador de uma doença infecciosa. A identificação leva ao teste de sensibilidade antimicrobiana aos fármacos e ao desenvolvimento de um plano de tratamento específico. Iniciaremos analisando os métodos de observação, crescimento e isolamento de patógenos, seguindo para o estudo dos métodos de identificação e teste de suscetibilidade aos fármacos.

## 27.3 Detecção direta de patógenos

Para o isolamento e a identificação de organismos clinicamente relevantes, o espécime deve ser obtido e manipulado corretamente para se garantir a sobrevivência do patógeno. Em primeiro lugar, a amostra deve ser obtida a partir do local real da infecção; a amostra deve ser coletada assepticamente para evitar a contaminação com microrganismos irrelevantes. Em seguida, o tamanho da amostra deve ser suficientemente grande para garantir um inóculo suficiente para o crescimento. Em terceiro lugar, os requisitos metabólicos para a sobrevivência do organismo devem ser mantidos durante a amostragem, armazenamento e o transporte da amostra. Finalmente, a amostra deve ser processada o mais rápido possível para evitar a degradação do material. Por exemplo, amostras coletadas a partir de locais anóxicos devem ser obtidas, armazenadas e transportadas sob condições anóxicas para se garantir a sobrevivência de potenciais patógenos anaeróbios.

Amostras de tecidos ou fluidos são coletadas e submetidas a análises microbiológicas, imunológicas e de biologia molecular, se um profissional da saúde suspeitar de uma doença infecciosa causada por um agente patogênico (**Figura 27.3**). As amostras típicas podem incluir sangue, urina, fezes, escarro, líquido cerebrospinal ou pus de um ferimento. *Swabs* estéreis são frequentemente utilizados na obtenção de amostras a partir de áreas com suspeita de infecção como ferimentos, pele, narinas ou garganta (**Figura 27.4**). O *swab* é então utilizado para inocular a amostra na superfície de um meio sólido, ou um tubo com meio de cultura líquido. Em alguns casos, pequenos fragmentos de tecido (biópsia) podem ser obtidos para a cultura ou exame microscópico. Sangue e outros fluidos são analisados inicialmente utilizando métodos microbiológicos automatizados.

A maioria dos patógenos é detectada por metodologias diretas, utilizando um ou mais de vários testes diagnósticos. A confiabilidade de qualquer teste diagnóstico depende da *especificidade* e da *sensibilidade* do ensaio. A **especificidade** refere-se à capacidade de um teste em reconhecer um único patógeno. Um grau ótimo de especificidade implica que um teste é específico para um único patógeno, e não será capaz de identificar nenhum outro organismo. Uma alta especificidade reduz resultados falso-positivos. Por exemplo, para a detecção de *Neisseria gonorrhoeae*, o organismo que causa a gonorreia, a especificidade de esfregaços corados pelo Gram de exsudatos uretrais de homens é de cerca de 99% e cerca de 95% para exsudatos endocervicais de mulheres; testes falso-positivos para gonorreia, portanto, são raros.

A **sensibilidade** define a menor quantidade de um patógeno ou de um produto patogênico capaz de ser detectada. O maior grau de sensibilidade requer que o teste utilizado seja capaz de identificar um único organismo ou molécula. A alta sensibilidade evita a ocorrência de reações falso-negativas. Por exemplo, para a detecção de *N. gonorrhoeae*, a sensibilidade dos esfregaços corados pelo Gram de exsudatos uretrais de homens é de cerca de 90%, e cerca de 50% para exsudatos endocervicais de mulheres. Assim, o ensaio é um indicador sensível para a gonorreia nos homens, mas é muito menos sensível para as mulheres. Em casos de suspeita de gonorreia em mulheres, reações de Gram falso-negativas são relativamente comuns e, portanto, estas mulheres devem ser examinadas por métodos mais sensíveis, incluindo técnicas de cultura.

### Observação direta e cultura

A observação direta de patógenos em espécimes clínicas é uma ferramenta importante para o diagnóstico de várias doenças infecciosas. Exemplos incluem a observação de colorações de *Mycobacterium tuberculosis* acidorresistentes em escar-

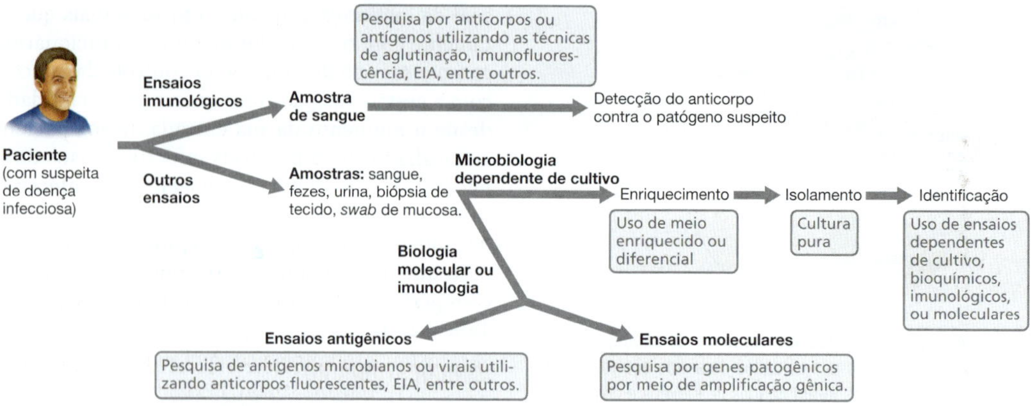


**Figura 27.3** **Identificação laboratorial de patógenos microbianos.** O fluxograma apresenta vias alternativas para a identificação de patógenos ou da exposição a patógenos em um laboratório clínico.

ros de pacientes, comprovando a infecção por *M. tuberculosis* (⇄ Seção 29.4 e Figura 29.16*a*). Da mesma forma, a infecção por *N. gonorrhoeae* pode ser diagnosticada por meio da observação direta de esfregaços corados pelo Gram de amostras de pacientes, tais como o exsudato uretral de homens. A presença de diplococos gram-negativos em grupos e em inclusões em neutrófilos é de uso diagnóstico para a doença (**Figura 27.5*a***). No entanto, em mulheres, os esfregaços cervicais frequentemente não revelam a presença do organismo infeccioso; culturas ou técnicas moleculares são utilizadas para estabelecer ou confirmar o diagnóstico de gonorreia (⇄ Seção 29.12 e Figura 27.5*b*).

A maioria dos patógenos pode ser rapidamente crescida em culturas de laboratório. A **cultura de enriquecimento**, o uso de meios de cultura e condições de incubação específicos para o isolamento de microrganismos a partir de amostras (⇄ Seção 18.1), é uma importante ferramenta do laboratório clínico. A maioria dos microrganismos de importância clínica pode ser cultivada, isolada e identificada empregando-se meios de cultura especializados. As amostras clínicas são cultivadas em **meios de uso geral**, como o *ágar-sangue* (**Figura 27.6*a***) e o *ágar-chocolate* (Figura 27.6*b*), que permitem o crescimento de muitos patógenos aeróbios e aeróbios facultativos. O ágar chocolate, assim denominado devido a sua aparência marrom profunda, contém sangue lisado pelo calor. O sangue lisado interage com outros componentes do meio, absorvendo compostos que são tóxicos para microrganismos fastidiosos, como *N. gonorrhoeae*. Meios mais especializados também podem ser utilizados.

A próxima etapa no processo de identificação utiliza *meio enriquecido* para a cultura de patógenos selecionados. **Meios enriquecidos** contêm fatores de crescimento específicos que aprimoram o crescimento de patógenos selecionados. Por exemplo, o meio de Thayer-Martin auxilia no crescimento de bactérias como *N. gonorrhoeae* (Figura 27.5*b*). **Meios seletivos** permitem que alguns organismos cresçam, enquanto o crescimento de outros é inibido, devido à presença de agentes inibidores. Finalmente, **meios diferenciais** são meios especializados que permitem a identificação de organismos com base no seu crescimento, cor e aparência do meio. O ágar eosina-azul de metileno (EAM) é um meio seletivo que inibe o crescimento de organismos gram-positivos, enquanto suporta o crescimento de organismos gram-negativos. Além disso, o ágar EAM é um meio diferencial, pois distingue fermentadores de lactose, como a *Escherichia coli*, dos organismos gram-negativos não fermentadores de lactose, como *Pseudomonas aeruginosa* (Figura 27.6*c*). A **Tabela 27.5** apresenta os espécimes geralmente inoculados em cada um dos meios de uso geral em eios de cultura enriquecidos mais utilizados.

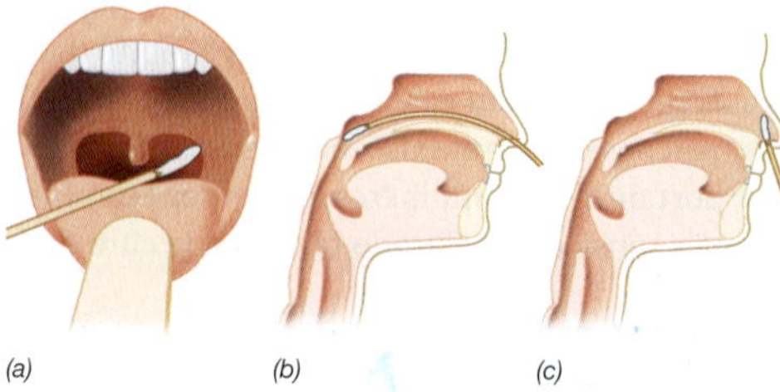


**Figura 27.4** **Métodos de obtenção de espécimes a partir do trato respiratório superior.** *(a) Swab* de garganta. *(b) Swab* nasofaríngeo aplicado por meio do nariz. *(c) Swab* no interior do nariz.

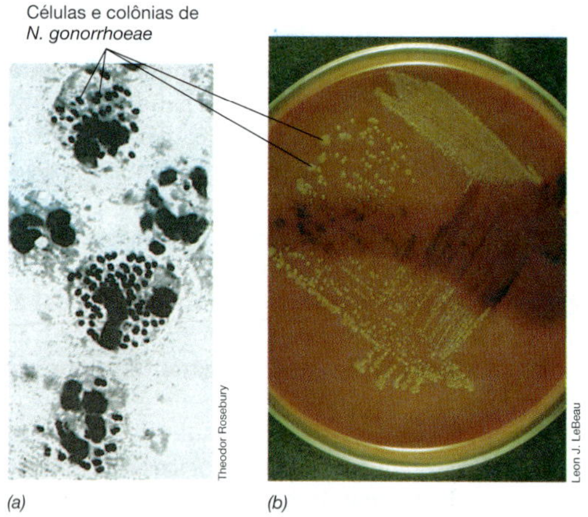


**Figura 27.5** **Identificação de *N. gonorrhoeae*.** *(a)* Fotomicrografia de células de *Neisseria gonorrhoeae* no interior de leucócitos polimorfonucleares humanos em uma secreção uretral. Observe os pares de diplococos (traços). *(b) N. gonorrhoeae* crescendo em uma placa de ágar Thayer-Martin. A região central do meio de cultura foi corada com um reagente que torna as colônias azuis, caso as células possuam o citocromo *c* (teste de oxidase). As colônias de *N. gonorrhoeae* que entraram em contato com o reagente tornaram-se azuis, indicando ser oxidase positivas.

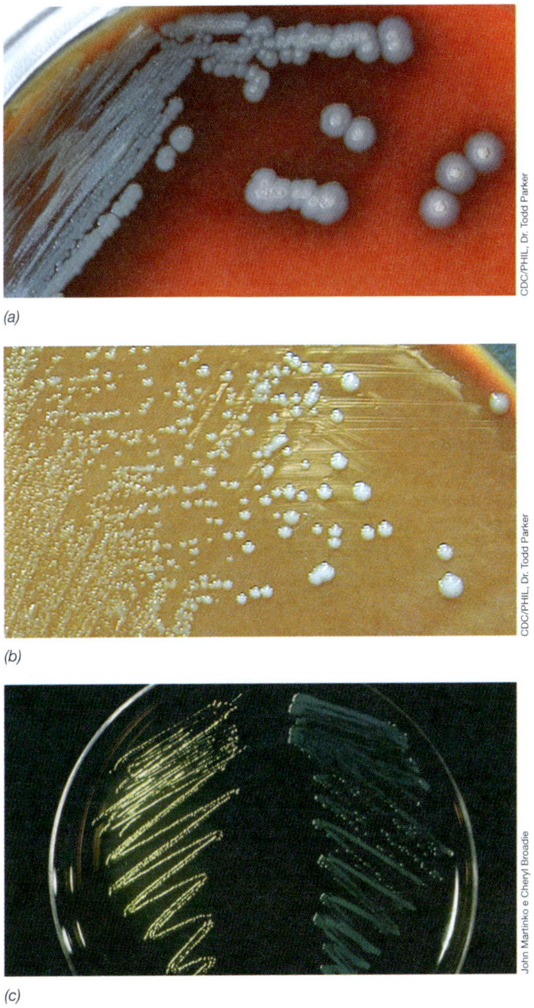


**Figura 27.6** **Meio enriquecido.** *(a) Burkholderia* crescendo em ágar-sangue de ovelha (SBA, do inglês *sheep blood agar*); a cor vermelha é proveniente do sangue suspenso em um meio enriquecido, como o ágar tripticase soja. *(b) Francisella tularensis* crescendo em ágar-chocolate; a cor marrom é devido ao sangue lisado pelo calor em um meio enriquecido como o ágar tripticase soja. *(c) Escherichia coli*, um fermentador de lactose (esquerda), e *Pseudomonas aeruginosa*, bactéria não fermentadora de lactose (direita), crescendo em ágar eosina azul de metileno (EAM). O brilho verde metálico das colônias identifica *E. coli* como um microrganismo fermentador de lactose.

## Sangue e amostras líquidas

Patógenos em amostras líquidas de grande volume como o sangue e o fluido cerebrospinal são rotineiramente detectados utilizando-se sistemas de cultura automatizados, seguido por exame microscópico e subcultura.

O procedimento-padrão para a obtenção de hemoculturas é realizado pela coleta asséptica de 10 a 20 mL de sangue venoso, o qual é injetado em dois frascos de hemocultura contendo um anticoagulante e um meio de cultura de uso geral. Um dos frascos é incubado sob condições de aerobiose e o segundo é incubado em condições anóxicas, sendo ambos mantidos a 35°C durante um máximo de 5 dias. Os sistemas de cultura automatizados detectam o crescimento por meio do monitoramento do consumo de gás (em condições óxicas) ou pela sua produção (dióxido de carbono em condições anóxicas) a cada 10 minutos. Alguns sistemas também medem a turbidez. A maioria das bactérias de importância clínica é recuperada em um período de dois dias, embora o crescimento detectável de organismos como micobactérias e fungos possa levar de 3 a 5 dias, ou mais. Os frascos que contêm o crescimento são examinados primeiramente pela coloração de Gram (Seção 2.2) e, em seguida, as amostras são inoculadas em meios de enriquecimento e diferenciais para posterior isolamento e identificação.

O termo **bacteriemia** refere-se à presença de bactérias no sangue. A bacteriemia é extremamente incomum em indivíduos sadios, normalmente ocorrendo de maneira transitória, em resposta a processos invasivos como a escovação dos dentes, cirurgias odontológicas ou traumas. A presença prolongada de bactérias no sangue normalmente é indicativa de uma infecção sistêmica. A **septicemia**, ou **sepse**, resulta de uma infecção sanguínea por um organismo virulento que invade o sangue, a partir de um foco de infecção, e passa, então, a multiplicar-se, dirigindo-se a vários tecidos corporais para iniciar novas infecções. A sepse é extremamente grave e pode ser fatal.

Os patógenos mais comuns encontrados no sangue incluem os gram-positivos *Staphylococcus* spp. e *Enterococcus* spp., mas cerca de 2 a 3% das hemoculturas são contaminadas por microrganismos como *Staphylococcus epidermidis*, bactérias corineformes, ou propionibactérias da pele introduzidas durante a amostragem do sangue. No entanto, estes organismos também podem infectar o coração (endocardite bacteriana subaguda) ou colonizar válvulas cardíacas artificiais. Assim, o resultado de uma hemocultura positiva deve ser conciliado com observações clínicas para um diagnóstico preciso.

## Trato urinário e culturas fecais

Infecções do trato urinário são bastante comuns, especialmente em mulheres. A interpretação dos achados microbiológicos de culturas urinárias pode ser complicada, uma vez que agentes

**Tabela 27.5** **Meios enriquecidos e seletivos recomendados para o isolamento primário de patógenos**

| | *Meios*[a] | | |
|---|---|---|---|
| *Espécime* | *Ágar-sangue* | *AC* | *Ágar entérico* |
| Fluidos torácicos, abdominais, pericárdicos, articulares | + | + | + |
| Fezes: *swabs* retais ou entéricos de transporte | + | + | + |
| Biópsias teciduais cirúrgicas | + | - | + |
| Garganta, escarro, tonsilas, nasofaringe, pulmões, linfonodos | + | + | + |
| Uretra, vagina, cérvice | + | + | + |
| Urina | + | - | + |
| Sangue[b] | + | + | + |
| Ferimentos, abscessos, exsudatos | + | + | + |

[a]Ágar-sangue, 5% de sangue total de carneiro adicionado ao ágar tripticase soja; AC, ágar chocolate (sangue aquecido em ágar tripticase soja); ágar entérico, por exemplo, ágar eosina-azul de metileno (EAM).
[b]O sangue é inicialmente cultivado em caldo. Dependendo das características dos isolados na coloração de Gram, é realizado o subcultivo em ágar entérico (gram-negativos) ou ágar-chocolate (gram-positivos).

causadores de doenças frequentemente são membros da flora normal (p. ex., *Escherichia coli*). Na maioria dos casos, o trato urinário é infectado em decorrência do movimento ascendente dos organismos, da uretra para a bexiga. As infecções do trato urinário também são a forma mais comum de infecção nosocomial, frequentemente introduzidas por meio de cateteres.

O exame microscópico direto da urina pode ser realizado para indicar a ocorrência de *bacteriúria*, presença de quantidades anormais de bactérias na urina, entretanto, quase todas as amostras de urina apresentam certo grau de crescimento bacteriano. Uma coloração de Gram pode ser realizada diretamente nas amostras de urina, para identificar a morfologia dos potenciais patógenos do trato urinário. Este método pode ser utilizado para supostamente identificar bastonetes gram-negativos, incluindo bactérias entéricas, cocos gram-negativos, como *Neisseria,* e cocos gram-positivos, como *Enterococcus*. A coloração de Gram e os outros métodos diretos de coloração são também úteis para a detecção direta de bactérias em outros fluidos corpóreos, como escarro e exsudatos de ferimentos.

Uma intensa infecção urinária geralmente é acompanhada de contagens bacterianas da ordem de $10^5$ ou mais organismos por mililitro de um espécime de urina. Os patógenos mais comuns que acometem o trato urinário são as bactérias entéricas, sendo *E. coli* responsável por aproximadamente 90% dos casos. Dois meios de cultura são utilizados para o cultivo de potenciais patógenos do trato urinário. O ágar-sangue pode ser utilizado para o isolamento inicial. Meios seletivos e diferenciais para bactérias entéricas, como o ágar eosina-azul de metileno (EAM), permitem a diferenciação inicial entre organismos fermentadores e não fermentadores de lactose e inibem o crescimento de possíveis contaminantes, como as espécies de *Staphylococcus* (Figura 27.6*c*). Meios seletivos e diferenciais adicionais podem ser usados para se diferenciar entre os patógenos gram-negativos potenciais (**Figura 27.7**).

Culturas de urina podem ser realizadas quantitativamente, pela contagem das colônias crescidas em ágar-sangue ou em um meio ágar seletivo. Uma alça calibrada é utilizada para administrar uma quantidade de urina específica, geralmente 1 μL, como inóculo para uma placa. Quando não é possível a obtenção do crescimento bacteriano, apesar da persistência dos sintomas característicos de infecção urinária, o médico pode solicitar culturas adicionais para organismos nutricionalmente mais exigentes, como *N. gonorrhoeae* e *Chlamydia trachomatis.*

A coleta e a conservação adequadas das fezes são importantes para o isolamento de patógenos intestinais. Durante o armazenamento, a acidez fecal é aumentada, de forma que longos intervalos entre a coleta e o processamento das amostras devem ser evitados. Esse fato é especialmente importante no isolamento de espécies de *Shigella* e *Salmonella*, sensíveis ao pH ácido.

Amostras fecais recém-coletadas são acondicionadas em um frasco selado estéril para o transporte ao laboratório. Fezes contendo sangue ou pus ou fezes de pacientes com suspeita de infecções alimentares ou transmitidas pela água são inoculadas em diversos meios seletivos para o isolamento das bactérias individuais. Patógenos intestinais eucarióticos são identificados por meio da observação microscópica direta de cistos nas fezes, ou por meio de ensaios de detecção de antígenos, em vez de métodos envolvendo seu cultivo. Vários laboratórios também empregam uma variedade de meios seletivos e diferenciais, a fim de identificarem *E. coli* O157:H7 e *Campylobacter*, dois importantes patógenos intestinais, geralmente adquiridos a partir de alimentos ou água contaminados (Seções 31.11 e 31.12).

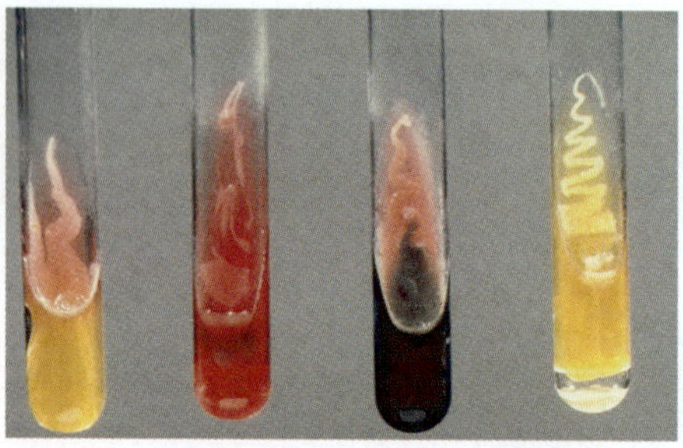


**Figura 27.7 Métodos diagnósticos dependentes do cultivo para patógenos gram-negativos.** Quatro bactérias entéricas são apresentadas crescendo em ágar tríplice-açúcar-ferro (*TSI, triple sugar iron*). O meio contém glicose, lactose e sacarose. Organismos capazes de fermentar apenas a glicose promovem a acidificação somente da porção inferior do meio, enquanto organismos fermentadores de lactose ou sacarose promovem a acidificação da porção superior do meio. A formação de gás é indicada pela ruptura do ágar, na porção mais inferior do tubo. A produção de sulfeto de hidrogênio (a partir da degradação de proteínas, ou da redução do tiossulfato presente no meio) é revelada pelo enegrecimento do meio, decorrente da reação do $H_2S$ com o ferro ferroso presente no meio. O meio é inoculado na superfície e na porção inferior do ágar sólido. Da esquerda para a direita: 1. Fermentação somente de glicose, típico de *Shigella*. 2. Crescimento sem fermentação, típico de *Pseudomonas*, um aeróbio obrigatório não fermentador. 3. Formação de sulfeto de hidrogênio, típico de *Salmonella*. 4. Fermentação de açúcares e produção de gás hidrogênio, típico de *Escherichia coli*.

## Ferimentos e abscessos

Infecções associadas a traumatismos, tais como mordidas de animais ou humanas, queimaduras, cortes ou penetração de objetos estranhos, devem ser cuidadosamente coletadas a fim de permitir a recuperação do patógeno de interesse. Os resultados devem ser interpretados criteriosamente para se diferenciar entre infecção e contaminação. Ferimentos ou abscessos são frequentemente contaminados pela flora normal e, por esta razão, as amostras coletadas dessas lesões muitas vezes produzem resultados errôneos. No caso de abscessos e outras lesões purulentas, o melhor método de coleta é a aspiração do pus por meio de seringa e agulha estéreis, após a desinfecção da superfície da pele. Lesões purulentas internas são geralmente coletadas por intermédio de biópsias ou de tecidos removidos cirurgicamente.

Os patógenos comumente associados às infecções de ferimentos são *Staphylococcus aureus,* bactérias entéricas, *Pseudomonas aeruginosa* e anaeróbios, tais como espécies de *Bacteroides* e *Clostridium.* Devido às diversas necessidades de oxigênio destas bactérias, as amostras devem ser obtidas, transportadas e cultivadas em condições de anaerobiose e aerobiose. Os principais meios de cultura utilizados no isolamento desses organismos são o ágar-sangue, meios seletivos para bactérias entéricas e meios de enriquecimento contendo suplementos adicionais e agentes redutores para os anaeróbios obrigatórios. Colorações de Gram de tais espécimes são examinadas diretamente ao microscópio.

## Espécimes genitais e cultivo para gonorreia

Nos homens, a presença de uma secreção uretral purulenta é um sintoma de uma infecção sexualmente transmissível (IST). Estas ISTs são classificadas como uretrite gonocócica e não gonocócica. A uretrite não gonocócica é geralmente causada por *Chlamydia trachomatis*, *Ureaplasma urealyticum* ou *Trichomonas vaginalis* (Seção 29.13). A uretrite gonocócica é causada por *Neisseria gonorrhoeae* (Seção 29.12).

As células de *N. gonorrhoeae* são geralmente encontradas como diplococos gram-negativos. Nenhum outro microrganismo semelhante é encontrado entre os membros da microbiota normal do trato urogenital, dessa forma, a detecção de diplococos gram-negativos em esfregaço uretral, vaginal ou cervical é indicador presumível de gonorreia. O exame microscópico de secreções purulentas normalmente revela a presença de diplococos gram-negativos no interior de neutrófilos (Figura 27.5*a*). O ágar-chocolate, um meio de enriquecimento, não seletivo, é frequentemente empregado no isolamento de *N. gonorrhoeae* de amostras suspeitas. Um dos meios seletivos utilizados no isolamento primário é o ágar Thayer-Martin modificado (TMM) (Figura 27.5*b*). Este meio incorpora os antibióticos vancomicina, nistatina, trimetroprima e colistina, visando suprimir o crescimento da flora normal. Estes antibióticos não afetam o crescimento de *N. gonorrhoeae* ou *N. meningitidis*, o agente etiológico da meningite bacteriana (Seção 29.5).

Após a inoculação das amostras, as placas devem ser incubadas em um ambiente úmido, com atmosfera contendo 3 a 7% de $CO_2$, por 24 e 48 horas, e testadas para a sua reação à oxidase, uma vez que as espécies de *Neisseria* são oxidase-positivas (Figura 27.5*b*). A detecção de diplococos gram-negativos oxidase-positivos, crescendo em ágar-chocolate ou em meios seletivos, é considerada como identificação presumível de gonococos, caso o inóculo seja oriundo de amostras do trato geniturinário. A identificação definitiva de *N. gonorrhoeae* requer a determinação dos padrões de utilização de carboidratos, além de testes imunológicos ou análises empregando sondas de ácidos nucleicos. O ensaio laboratorial de amostras urogenitais para *N. gonorrhoeae* (e para a *C. trachomatis*, frequentemente associada) é realizado comumente utilizando-se a amplificação de DNA por meio da reação em cadeia da polimerase (PCR) ou outros métodos moleculares.

### Cultivo de microrganismos anaeróbios

Bactérias anaeróbias obrigatórias são causas comuns de infecções, e sua identificação requer métodos especiais de isolamento e cultivo. De modo geral, os meios para anaeróbios não diferem significativamente daqueles empregados para organismos aeróbios, excetuando o fato de (1) serem normalmente mais ricos em compostos orgânicos, (2) apresentarem agentes redutores (geralmente cisteína ou tioglicolato) para remover o oxigênio, e (3) conterem um indicador de redox para avaliar se as condições encontram-se anóxicas. A coleta, o manuseio e o processamento dos espécimes são realizados de modo a excluir a contaminação pelo oxigênio, uma vez que este é tóxico aos organismos anaeróbios obrigatórios.

Vários hábitats em nosso organismo, como partes da cavidade oral e o trato intestinal inferior, são geralmente anóxicos e permitem o crescimento de uma flora normal anaeróbia. Entretanto, outras regiões corpóreas podem também tornar-se anóxicas em decorrência de ferimentos teciduais ou traumas, reduzindo o suprimento sanguíneo e a perfusão de oxigênio nas áreas lesadas. Esses sítios anóxicos podem então ser colonizados por anaeróbios obrigatórios. Geralmente, as bactérias anaeróbias potencialmente patogênicas são membros da flora normal, mas são mantidas controladas pela competição de outros membros da flora normal. Contudo, em certas condições, estas bactérias normalmente benignas podem tornar-se patógenos oportunistas. Por exemplo, *Clostridium difficile* é geralmente um membro inofensivo da flora normal do trato intestinal inferior, mas frequentemente surge como um patógeno nosocomial após intensa terapia antibiótica que destrói a competição normal da flora microbiana (Tabela 27.4).

O isolamento, o cultivo e a identificação de patógenos anaeróbios são dificultados pela contaminação do espécime e pelo desafio constante de manter-se um ambiente anóxico para o crescimento durante a coleta, o transporte e o cultivo. Amostras coletadas por sucção em uma seringa ou a partir de biópsias devem ser imediatamente transferidas para um tubo contendo ambiente gasoso desprovido de oxigênio, geralmente com uma solução salina diluída adicionada de um agente redutor, como o tioglicolato, além de um indicador de redox como a resarzurina (Figura 5.27), para monitorar a contaminação do espécime pelo oxigênio.

Para incubação anóxica, as amostras são inoculadas em frascos de cultura anaeróbios, em um sistema de cultura automatizado, ou incubadas sob condições anóxicas após a inoculação do meio de cultura contendo agentes redutores, geralmente em uma "jarra selada" anóxica preenchida com um gás isento de oxigênio, como o nitrogênio ou hidrogênio (Figura 5.28*b*).

**MINIQUESTIONÁRIO**

- Identifique os métodos e as condições utilizadas para a cultura de amostras de sangue, ferida, urina, fezes e genitais.
- Descreva os métodos utilizados na manutenção de condições ótimas ao isolamento de patógenos anaeróbios.

## 27.4 Métodos de identificação dependentes de cultivo

Se o crescimento for detectado após a inoculação de uma amostra em um meio de uso geral, o microbiologista clínico deve identificar o(s) organismo(s) presente(s). Muitos microrganismos recuperados a partir de amostras clínicas podem ser identificados utilizando-se ensaios dependentes de cultivo.

A partir das características de crescimento dos organismos nos meios enriquecidos utilizados no isolamento primário, um patógeno presuntivo é subcultivado em meios especializados, confeccionados de modo a avaliar uma ou várias reações bioquímicas. Aqui damos exemplos de alguns testes bioquímicos laboratoriais padrão. Cada ensaio é desenhado para se diferenciar o crescimento e metabolismo bacteriano padrão, com o objetivo de identificar um patógeno individual com base no seu padrão único de crescimento no meio seletivo.

Os meios utilizados são seletivos, diferenciais ou ambos. Por exemplo, o ágar eosina-azul de metileno (EAM) é um meio seletivo e diferencial, amplamente utilizado no isolamento e na diferenciação de bactérias entéricas. O corante azul de metileno é seletivo, pois inibe o crescimento das bactérias gram-positivas, de modo que somente organismos gram-negativos são capazes de crescer. O ágar EAM apresenta um pH inicial de 7,2 e contém lactose e sacarose, mas não glicose, como fontes de energia. A acidificação do meio altera a cor da eosina, o componente diferencial do meio, de incolor para vermelho ou negro. Bactérias que fermentam intensamente a lactose, como *Escherichia coli*, acidificam o meio, originando colônias negras, com aspecto verde-metálico. Bactérias entéricas, como *Klebsiella* ou *Enterobacter*, produzem menos ácido, originando colônias róseas a avermelhadas no meio EAM. Colônias de organismos não fermentadores de lactose, como *Salmonella*, *Shigella* e *Pseudomonas*, têm aspecto translúcido ou róseo (Figura 27.6*c*). Assim, o ágar EAM seleciona preferencialmente o crescimento de bactérias gram-negativas e, ao mesmo tempo, diferencia os representantes de bactérias entéricas mais comuns.

Muitos meios diferenciais incorporam testes bioquímicos que avaliam a presença ou ausência de enzimas envolvidas no catabolismo de um ou mais substratos específicos. Centenas de ensaios bioquímicos diferenciais são conhecidos, mas apenas cerca de 20 são utilizados rotineiramente. Um exemplo é o ensaio diferencial ágar tríplice-açúcar-ferro (TAF) utilizado para diferenciar patógenos entéricos. A fermentação e produção de gás padrão diferenciam estas bactérias quanto ao gênero e às vezes até em nível de espécie (Figura 27.7). Outro ensaio utiliza substratos cromogênicos que alteram a cor das colônias dos organismos-alvo. Por exemplo, o CHROMagar, um meio seletivo e diferencial patenteado, inibe o crescimento da maioria dos microrganismos. No entanto, *Staphylococcus aureus* resistente à meticilina (MRSA) produz colônias de cor rósea distintivas; o meio fluorogênico contém compostos que fluorescem quando metabolizados por MRSA.

Os perfis bioquímicos dos patógenos são armazenados em um banco de dados em um computador. À medida que os resultados dos testes diferenciais obtidos com um patógeno desconhecido são introduzidos no computador, ele passa a comparar as características do organismo desconhecido em relação aos padrões metabólicos dos patógenos conhecidos, permitindo, assim, sua identificação. No caso de vários patógenos, cerca de três ou quatro testes essenciais são suficientes para uma identificação precisa. Todavia, em algumas situações, procedimentos mais sofisticados de identificação são necessários. O microbiologista clínico decide quais testes de diagnóstico serão utilizados com base na origem do espécime clínico, nas características de uma cultura pura da amostra crescida em meios de uso geral (p. ex., morfologia e coloração de Gram), e experiência anterior com casos semelhantes.

**MINIQUESTIONÁRIO**

- Diferencie meios de uso geral, seletivos e diferenciais. Dê um exemplo de um meio utilizado para cada uma dessas finalidades.
- Identifique os componentes seletivos e diferenciais do ágar EAM e explique como cada um funciona.

## 27.5 Teste de sensibilidade a fármacos antimicrobianos

Os patógenos isolados de espécimes clínicos são identificados visando confirmar o diagnóstico médico e guiar a terapia antimicrobiana. Para muitos patógenos, o tratamento antimicrobiano adequado e eficiente baseia-se nas práticas e experiências correntes. Contudo, no caso de um grupo selecionado de patógenos, as decisões acerca da terapia antimicrobiana apropriada devem ser tomadas analisando-se caso a caso. Tais patógenos incluem aqueles para os quais a resistência aos fármacos antimicrobianos é comum (p. ex., bactérias entéricas gram-negativas), aqueles que provocam infecções que trazem risco de morte (p. ex., meningite causada por *Neisseria meningitidis*) e aqueles que requerem fármacos bactericidas, em vez de bacteriostáticos (Figura 5.19), para impedir a progressão da doença e de danos teciduais. Os agentes bactericidas são indicados, por exemplo, para os organismos causadores da endocardite bacteriana, em que a morte completa e rápida do patógeno é crítica à sobrevivência do paciente.

### Concentração inibidora mínima

A sensibilidade de uma cultura é mensurada pela determinação da menor quantidade de um agente, necessária para inibir completamente o crescimento do organismo testado *in vitro*, um valor denominado **concentração inibidora mínima (CIM)**. Para se determinar a CIM de um agente determinado contra um dado organismo, uma série de tubos de cultura é preparada e inoculada com o mesmo número de microrganismos. Cada tubo contém meio com uma concentração crescente do agente antimicrobiano. Após a incubação, os tubos são verificados quanto ao crescimento visível (turbidez). Na prática, isto é feito de forma automatizada utilizando-se quantidades de microlitros de meios e reagentes. A CIM é a concentração mais baixa de um agente que inibe completamente o crescimento do organismo testado (Figura 5.40). Uma versão miniaturizada deste teste apresenta um método de microtitulação padrão para a determinação da CIM, utilizando duas diluições de vários antibióticos, em meio inoculado com uma quantidade-padrão da bactéria testada (**Figura 27.8*a***). Em laboratórios de microbiologia clínica, os ensaios de rotina para a determinação da CIM são automatizados.

### Mensurando a suscetibilidade antimicrobiana

O procedimento-padrão de determinação da atividade antimicrobiana corresponde ao *teste de difusão em discos* (Figura 27.8*b-f*). Placas de Petri contendo meio ágar são inoculadas pelo espalhamento homogêneo de uma suspensão de cultura pura do patógeno suspeito sobre a superfície do ágar. Discos de papel-filtro contendo uma quantidade definida de um agente antimicrobiano são então depositados sobre a superfície do ágar. Durante um período de incubação específico, o agente antimicrobiano se difunde do disco para o ágar, estabelecendo um gradiente; quanto mais o antimicrobiano se difunde para longe do papel-filtro, menor é a concentraçãodo agente. Depois de uma determinada distância a partir do disco, a CIM eficaz é alcançada. Além deste ponto, o microrganismo consegue crescer, contudo, mais perto do disco, o crescimento é ausente. Uma *zona de inibição* é formada com um diâmetro proporcional à quantidade de agente antimicrobiano adicionado ao disco, à solubilidade do agente, ao coeficiente de difusão e à efetividade global do agente.

A Figura 27.8*g* demonstra a sensibilidade aos antibióticos utilizando um gradiente pré-formado e pré-definido de um agente antimicrobiano impregnado em uma tira de plástico. O gradiente de concentração abrange uma faixa de CIM ao longo de 15 diluições duplicadas. Quando aplicado na superfície de uma placa de meio sólido inoculada, o gradiente é transferido da fita para o meio e permanece estável por um período que engloba a ampla faixa de tempos críticos associados às características de crescimento de diferentes bactérias patogênicas. Após um período de incubação adequado, uma zona de inibição elíptica, centrada ao longo do eixo da fita, é criada. O valor da CIM (em microgramas por mililitro) pode ser lido onde a borda da elipse realiza uma interseção com a fita teste pré-calibrada, fornecendo, assim, um valor preciso da CIM.

A CIM não é uma constante para um agente específico; ela varia de acordo com o organismo testado, o tamanho do inócu-

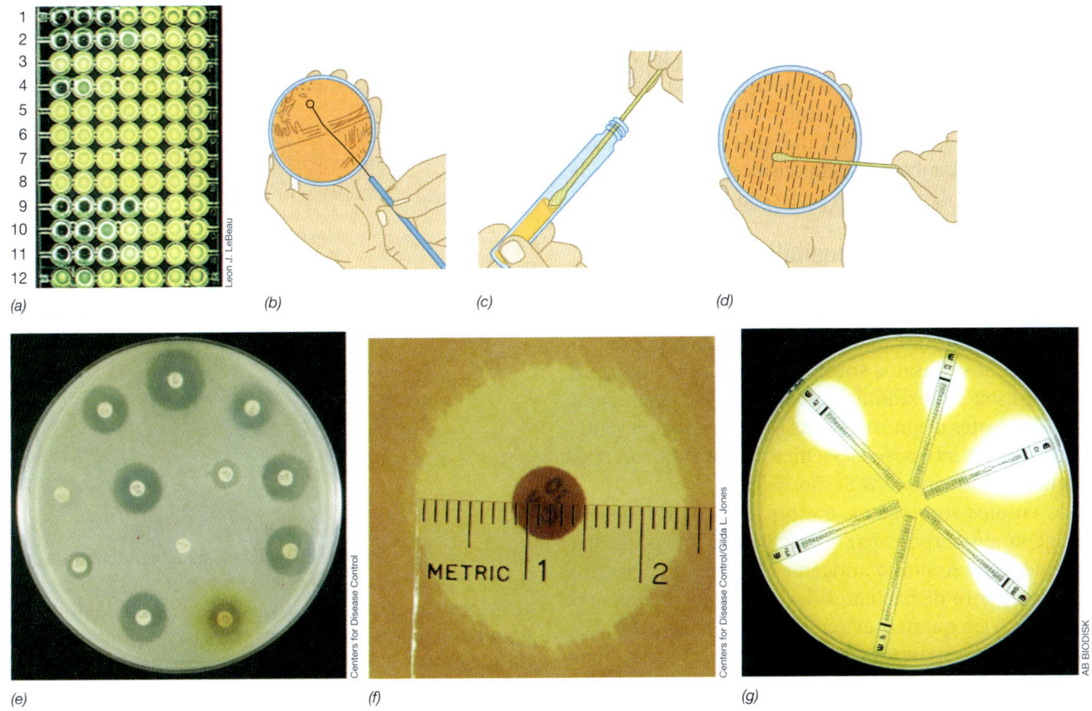


**Figura 27.8 Teste de sensibilidade aos antibióticos.** Métodos de determinação da sensibilidade de um organismo aos antibióticos. *(a)* Sensibilidade a antibióticos conforme determinado pelo método de diluição em caldo em uma placa de microtitulação. Nesse caso, o organismo analisado é *Pseudomonas aeruginosa*. Cada linha corresponde a um antibiótico diferente. A diluição final refere-se ao primeiro poço com a menor concentração do antibiótico que não apresenta crescimento bacteriano visível. A maior concentração de antibiótico encontra-se no poço à esquerda; diluições seriadas com um fator de diluição dois são realizadas nos poços à direita. Nas linhas 1 e 2, a diluição final corresponde ao terceiro poço. Na linha 3, o antibiótico é ineficaz nas concentrações testadas, uma vez que se observa o crescimento bacteriano em todos os poços. Na linha 4, a diluição final corresponde ao primeiro poço. *(b)* Para o teste de difusão em discos, colônias puras isoladas são homogeneizadas em um tubo contendo um meio líquido de turbidez-padrão. *(c,d)* Um *swab* de algodão estéril é imerso na suspensão bacteriana e estriado uniformemente sobre a superfície de um meio ágar apropriado. *(e)* Discos contendo concentrações conhecidas de diferentes antibióticos são depositados sobre o meio, após a inoculação da cultura bacteriana. *(f)* Após a incubação, as zonas de inibição são observadas e medidas; a sensibilidade do organismo é determinada a partir da comparação com um quadro interpretativo de tamanho de zonas. *(g)* Sensibilidade a diferentes antibióticos, determinada pelo Etest (AB BIODISK, Solna, Suécia). Cada fita, colocada sobre uma placa inoculada antes da incubação, é calibrada em $\mu$g/mL, começando com a menor concentração a partir do centro da placa. A menor concentração de antibiótico que inibe o crescimento bacteriano define o valor da CIM para aquele agente em particular. Por exemplo, a CIM para cefotaxima é de 16 $\mu$g/mL. Este organismo é resistente ao imipenem (IP); CIM $>$ 27 $\mu$g/mL.



lo, a composição do meio de cultura, o tempo de incubação e as condições de incubação, tais como temperatura, pH e aeração. No entanto, quando as condições de cultura são padronizadas, diferentes agentes antimicrobianos podem ser comparados para se determinar qual é o mais eficaz contra o patógeno isolado. Os padrões para agentes antimicrobianos são constantemente atualizados pelo Clinical and Laboratory Standards Institute, uma organização que desenvolve e estabelece padrões consenso voluntários para ensaios antimicrobianos (http://www.clsi.org). A U.S. Food and Drug Administration, define padrões para instrumentos automatizados utilizados para os testes de suscetibilidade nos Estados Unidos.

Microbiologistas hospitalares que atuam no controle de infecções produzem e analisam dados de suscetibilidade para gerar relatórios periódicos denominados **antibiogramas**. Esses relatos definem a sensibilidade de organismos clinicamente isolados aos antibióticos de uso corrente. Os antibiogramas são utilizados no monitoramento de controle de patógenos conhecidos, para rastrear a emergência de novos patógenos e para identificar a emergência de resistência a antibióticos em nível local.

**MINIQUESTIONÁRIO**

- Descreva a técnica de difusão em disco de sensibilidade a antimicrobianos. No caso de um organismo e um agente antimicrobiano em particular, o que os resultados indicam?
- Qual a importância do teste de sensibilidade aos fármacos antimicrobianos para o microbiologista, o médico e o paciente?

# III • Métodos diagnósticos independentes de cultivo

Os ensaios imunológicos são utilizados em laboratórios clínicos, de referência e de pesquisa na detecção de patógenos específicos ou produtos de patógenos. Quando os métodos de cultivo para os patógenos não estão rotineiramente disponíveis ou são proibitivamente complicados de serem executados, como acontece em muitas infecções virais ou bacterianas, os imunoensaios ou ensaios de amplificação de ácido nucleico patógeno-específico utilizando a reação em cadeia da polimerase (PCR) permitem a identificação dos patógenos individuais ou da exposição do hospedeiro a estes.

## 27.6 Imunoensaios para doenças infecciosas

A resposta imune foi discutida nos Capítulos 24-26. Muitos imunoensaios empregam anticorpos específicos contra patógenos ou seus produtos, permitindo a realização de testes *in vitro* de detecção de agentes infecciosos individuais. As respostas imunes dos pacientes também podem ser monitoradas a fim de obterem-se evidências de exposição e infecção por um patógeno.

### Sorologia, especificidadee sensibilidade

O estudo das reações antígeno-anticorpo *in vitro* é denominado **sorologia**. Quando estendida para a microbiologia diagnóstica, a sorologia significa a detecção de anticorpos induzidos por patógenos. Ensaios sorológicos avaliam o soro do paciente para o seu conteúdo de anticorpos e representam a base para vários testes diagnósticos. As reações antígeno-anticorpo baseiam-se na interação específica de um antígeno com uma molécula de anticorpo (Seção 25.7).

Para os ensaios sorológicos, a *especificidade* refere-se à reação antígeno-anticorpo capaz de identificar a exposição a um único patógeno. Assim, o antígeno utilizado na detecção de anticorpos no soro de pacientes deve ser específico para o agente patogênico em questão, evitando reações falso-positivas. A *sensibilidade* de alguns testes sorológicos comuns, em termos das quantidades necessárias de anticorpos para a detecção do antígeno, varia consideravelmente. Reações de *aglutinação* passiva, que são fáceis e rápidas de serem realizadas, requerem concentrações de anticorpos acima de 6 nanogramas (ng, $10^{-9}$g) por mL, enquanto o muito sensível, porém tecnicamente mais exigente *ensaio imunoenzimático* (EIA, *enzyme immunoassay*) requer apenas 0,1 ng de anticorpo por mL, e pode detectar quantidades tão pequenas de antígeno quanto 0,1 ng (Seção 27.9). Ensaios de aglutinação e EIAs são utilizados na detecção de antígenos ou anticorpos no soro de pacientes.

### Títulos de anticorpos

Uma abordagem alternativa para o isolamento e cultivo de um patógeno que oferece fortes evidências indiretas de infecção corresponde à mensuração do *título* (quantidade) de anticorpos contra um antígeno, produzidos pelo patógeno suspeito. Quando um indivíduo é infectado por um patógeno suspeito, a resposta imune – neste caso, o título de anticorpos – contra tal patógeno deve ser elevada. Diluições seriadas do soro do paciente são analisadas por métodos que serão discutidos nas Seções 27.7 a 27.9. O **título** é definido como a maior diluição (menor concentração) de soro na qual a reação antígeno-anticorpo é observada (**Figura 27.9**).

Um título positivo de anticorpos indica a infecção prévia ou exposição ao patógeno. No caso de patógenos raramente encontrados na população, um único ensaio positivo para um anticorpo patógeno-específico, sem um teste suplementar, pode indicar a ocorrência de uma infecção ativa em curso. Esse é o caso, por exemplo, das doenças causadas por hantavírus (Seção 30.2). Todavia, na maioria dos casos, a mera presença de anticorpos não indica uma infecção ativa. Os títulos de anticorpos, em geral, permanecem detectáveis por longos períodos, após a cura de uma infecção prévia. Para a associação de uma doença aguda a um determinado patógeno, é essencial a demonstração de uma *elevação* do título de anticorpos, em amostras de soro coletadas do paciente na fase aguda e posteriormente na fase de convalescença da doença.

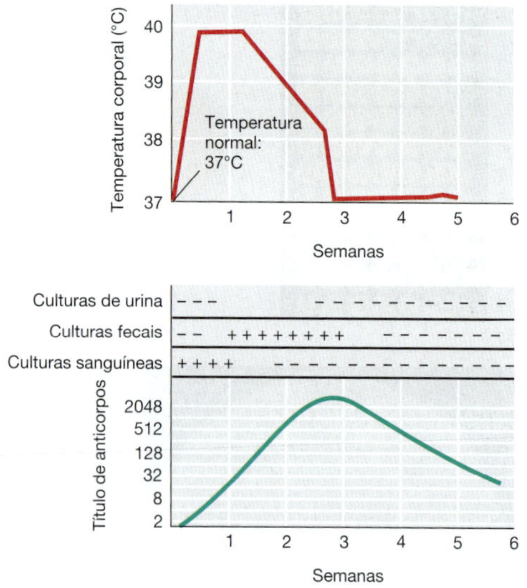


**Figura 27.9 Infecção e imunidade na febre tifoide.** Os dados representam uma composição do padrão observada em pacientes não tratados. A medida da temperatura corporal fornece uma avaliação do curso da doença aguda em relação ao tempo. O título de anticorpos foi medido, determinando-se a maior diluição (série de fator dois) do soro capaz de promover a aglutinação de *Salmonella enterica* sorovar *typhi* (Seção 31.5). O título é expresso como a *recíproca* da maior diluição onde se observa a reação de aglutinação. A presença de bactérias viáveis no sangue, nas fezes e na urina foi determinada por meio de culturas. Observe que o patógeno não é mais detectado no sangue, a partir do aumento do título de anticorpos, enquanto nas fezes e na urina tal evento requer um tempo maior. A temperatura corporal gradualmente retorna aos valores normais, à medida que ocorre a elevação do título de anticorpos. A febre tifoide era uma grande ameaça à saúde pública nos Estados Unidos antes da água potável ser filtrada e clorada rotineiramente (Seção 28.5).

Frequentemente, o título de anticorpos permanece baixo durante o estágio agudo da infecção, apresentando uma elevação durante a convalescença (Figura 27.9). Essa elevação no título de anticorpos é uma forte evidência circunstancial de que a doença está sendo provocada pelo agente suspeito.

### Testes cutâneos

Vários agentes patogênicos induzem uma resposta de hipersensibilidade do tipo tardia (DTH) mediada por células Th1 (Seções 24.3 e 24.8). Para estes patógenos, os testes cutâneos podem ser úteis na determinação da exposição. Como um exemplo, o teste cutâneo mais comumente realizado é o *teste da tuberculina*, que consiste em uma injeção intradérmica de um extrato solúvel de células de *Mycobacterium tuberculosis*. Uma reação inflamatória positiva no sítio de inoculação, em um período de 48 horas, indica infecção atual ou uma exposição prévia a *M. tuberculosis*. Esse teste identifica respostas provocadas por células Th1 inflamatórias, patógeno-específicas (Figura 24.6). Os testes cutâneos são rotineiramente utilizados no diagnóstico de tuberculose e hanseníase (hanseníase) e algumas doenças fúngicas, uma vez que a resposta humoral para infecções fúngicas e intracelulares é frequentemente muito fraca ou indetectável.

Se um patógeno encontra-se extremamente localizado, pode haver pequena indução de uma resposta imunológica sistêmica sem ocorrer elevação no título de anticorpos ou reatividade em testes cutâneos, mesmo que o patógeno esteja proliferando-se intensamente no sítio de infecção. Um bom exemplo é a gonorreia, causada pela infecção das superfícies mucosas por *Neisseria gonorrhoeae*. A gonorreia não provoca resposta imune sistêmica ou protetora, não induz título de anticorpos ou reatividade em testes cutâneos, sendo comum a reinfecção dos indivíduos (Seção 29.12).

**MINIQUESTIONÁRIO**

- Explique as razões para as alterações no título de anticorpos contra um único agente infeccioso, desde a fase aguda até a fase de convalescença da infecção.
- Descreva o método, o período de cobertura e o princípio envolvido no teste cutâneo da tuberculina. Que tipo de componente da resposta imune é detectado por esse teste?

## 27.7 Aglutinação

A **aglutinação** é uma reação entre um anticorpo e um antígeno particulado, resultando em uma aglomeração de partículas visíveis. Ensaios de aglutinação podem ser realizados em tubos de ensaio ou em placas de microtitulação de pequeno volume, ou podem ser realizados por meio da mistura de reagentes em lâminas de vidro. Os testes de aglutinação são amplamente utilizados em laboratórios clínicos e de diagnóstico; estes são de execução simples, altamente específicos, de baixo custo, rápidos e de sensibilidade razoável. Testes padronizados de aglutinação são utilizados na determinação de antígenos do grupo sanguíneo (hemácias) (**Figura 27.10*a***) e na identificação de muitos patógenos e seus produtos. Na determinação de grupos sanguíneos, amostras de sangue são misturadas a antissoros anti-A ou antissoros anti-B, e a aglutinação das hemácias é avaliada (Figura 27.10).

A *aglutinação direta* ocorre quando anticorpos solúveis promovem a formação de agregados em decorrência de sua interação com um antígeno que é parte integral da superfície de uma célula, ou de outras partículas insolúveis como hemácias

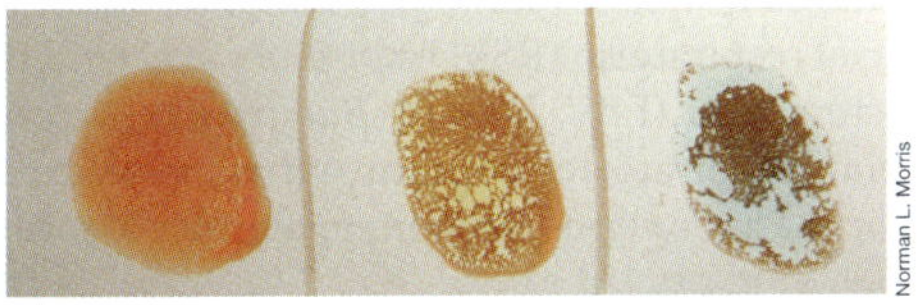


*(a)*

| Tipo sanguíneo | Caucasiano | Africano americano | Hispânico | Asiático |
|---|---|---|---|---|
| O | 45% | 51% | 57% | 40% |
| A | 40% | 26% | 31% | 28% |
| B | 11% | 19% | 10% | 25% |
| AB | 4% | 4% | 2% | 7% |

*(b)*

**Figura 27.10 Aglutinação direta de hemácias humanas: tipagem sanguínea ABO.** *(a)* Uma gota de sangue total foi misturada a antissoros antígeno-específicos para cada reação. Na reação à esquerda não ocorre aglutinação com anticorpos, típico do grupo sanguíneo O. A reação no centro apresenta um padrão de aglutinação difusa, que indica uma reação positiva para o grupo sanguíneo B. A reação à direita apresenta um padrão de aglutinação intensa, com grandes agregados, típicos do grupo sanguíneo A. *(b)* Tipos sanguíneos ABO, por raça e etnia, para a população dos Estados Unidos. Os dados obtidos são da Cruz Vermelha Americana.

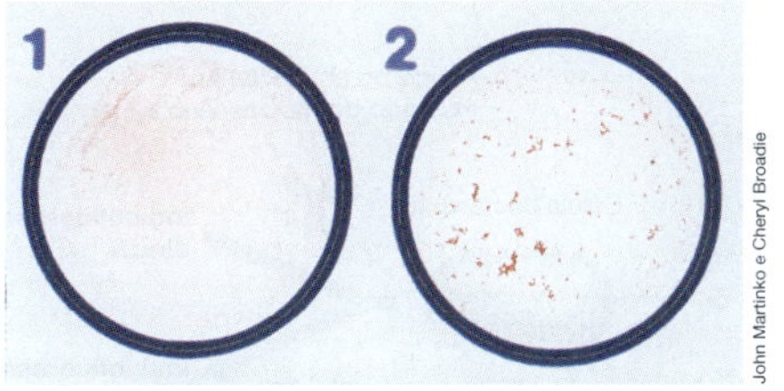


**Figura 27.11 Teste de aglutinação de esferas de látex para *Staphylococcus aureus*.** O painel 1 apresenta um controle negativo. Observe a coloração rósea uniforme das partículas de látex em suspensão, revestidas com anticorpos dirigidos contra a proteína A e o fator de agregação, dois antígenos encontrados exclusivamente na superfície de células de *S. aureus*. O painel 2 apresenta a mesma suspensão após a inoculação de uma colônia bacteriana, a qual foi misturada à suspensão. A formação de agregados vermelho-brilhantes indica uma reação de aglutinação positiva, revelando a presença de células de *S. aureus* na colônia testada.

(eritrócitos). A aglutinação de hemácias é um processo denominado *hemaglutinação*, que é a base da tipagem sanguínea de seres humanos (Figura 27.10). A *aglutinação passiva* é a aglutinação de antígenos solúveis ou anticorpos, os quais foram adsorvidos ou quimicamente acoplados a partículas insolúveis, como esferas de látex ou partículas de carvão vegetal.

Esses antígenos insolúveis ou anticorpos podem então ser detectados por reações de aglutinação. A célula, ou as partículas, atuam como um carreador inerte. As reações de aglutinação passiva podem ser até cinco vezes mais sensíveis que os testes de aglutinação direta.

A aglutinação de esferas de látex revestidas por antígenos ou anticorpos, mediada por anticorpos complementares ou antígenos oriundos de um paciente, corresponde a um típico método de diagnóstico rápido. Pequenas esferas de látex (0,8 μm de diâmetro), revestidas por um antígeno específico, são misturadas ao soro de um paciente em uma lâmina de microscopia e incubadas por um curto período de tempo. Se os anticorpos do paciente ligarem-se ao antígeno acoplado à esfera, a suspensão leitosa do látex formará um agregado visível, indicando uma reação positiva de aglutinação e exposição ao patógeno.

A aglutinação de látex é também utilizada na detecção de antígenos superficiais de bactérias, misturando-se uma pequena quantidade de uma colônia bacteriana a esferas de látex revestidas com anticorpos. Por exemplo, há no mercado uma suspensão de esferas de látex contendo anticorpos dirigidos contra a proteína A e o fator de agregação, duas proteínas encontradas exclusivamente na superfície de células de *Staphylococcus aureus*, a qual é específica para a identificação de isolados clínicos desse microrganismo. Contrariamente aos testes tradicionais dependentes do cultivo para *S. aureus*, o teste empregando esferas de látex é realizado em menos de um minuto, podendo ser realizado diretamente a partir de espécimes clínicos, com materiais oriundos de infecções purulentas com suspeita de serem causadas por *S. aureus* (**Figura 27.11**). Outros ensaios de aglutinação utilizando esferas de látex foram desenvolvidos para a identificação de outros patógenos comuns, como *Streptococcus pyogenes*, *Neisseria gonorrhoeae*, *Escherichia coli* O157:H7, o fungo *Candida albicans* e muitos outros.

Os ensaios de aglutinação passiva não requerem equipamentos dispendiosos ou grande experiência, podendo ser altamente específicos e muito sensíveis. Além disso, os baixos custos desses ensaios os tornam adequados para programas de

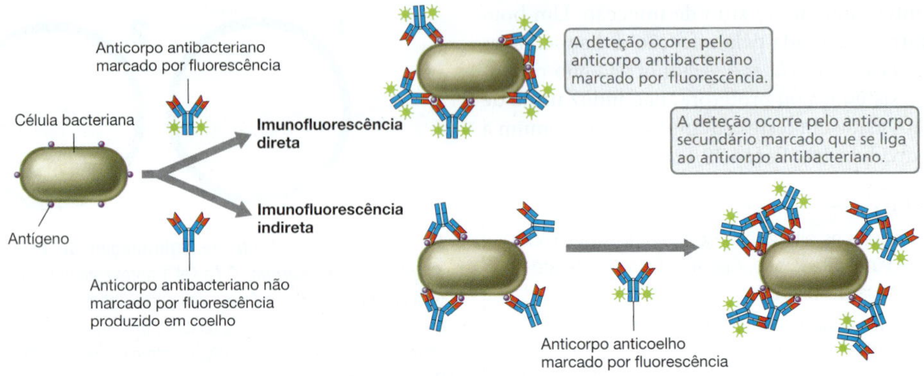


**Figura 27.12 Métodos baseados em anticorpos fluorescentes para a detecção de antígenos de superfície microbianos.** Note como a imunofluorescência indireta requer um anticorpo secundário marcado, que se liga ao anticorpo primário.

análises em larga escala. Portanto, tais testes são amplamente utilizados com finalidades clínicas.

**MINIQUESTIONÁRIO**

- Diferencie a aglutinação direta da aglutinação passiva. Qual teste é mais sensível?
- Quais as vantagens que os testes de aglutinação apresentam em relação aos demais imunoensaios? Quais as desvantagens?

## 27.8 Imunofluorescência

Anticorpos contendo corantes fluorescentes conjugados podem ser utilizados na detecção de antígenos em células intactas. Tais **anticorpos fluorescentes** são amplamente empregados com finalidades diagnósticas e de pesquisa.

### Métodos fluorescentes

Os métodos de coloração com anticorpos fluorescentes podem ser diretos ou indiretos (**Figura 27.12**). No *método direto*, o anticorpo dirigido contra os antígenos de superfície é ligado covalentemente ao corante fluorescente. No *método indireto*, a presença de um anticorpo não fluorescente ligado à superfície celular é detectada pelo uso de um anticorpo fluorescente, dirigido contra o anticorpo não fluorescente.

Anticorpos podem ser covalentemente modificados por corantes fluorescentes como a rodamina B, que fluoresce em vermelho, ou isotiocianato de fluoresceína, que fluoresce em um tom verde-amarelado. A ligação dos corantes não altera a especificidade do anticorpo, mas torna possível a sua detecção, pelo uso de microscópios de fluorescência, quando este se encontra ligado a antígenos de superfície celular ou de tecidos. Células apresentando anticorpos fluorescentes ligados emitem uma coloração fluorescente característica quando excitadas por uma luz de determinados comprimentos de onda. Os anticorpos fluorescentes podem ser utilizados na identificação direta de um microrganismo a partir do espécime de um paciente (*in situ*), tornando desnecessário o isolamento e cultivo do organismo.

### Aplicações

Em um teste típico empregando anticorpos fluorescentes, um espécime contendo um patógeno suspeito é submetido à reação com um anticorpo fluorescente específico, sendo então observado ao microscópio de fluorescência. Caso o patógeno contenha antígenos de superfície que reagem com o anticorpo utilizado, as células do patógeno se tornarão fluorescentes (**Figura 27.13**). Os anticorpos fluorescentes podem ser aplicados diretamente em tecidos infectados do hospedeiro, permitindo o diagnóstico muito mais rápido do que as técnicas de isolamento primário do patógeno suspeito. Por exemplo, no diagnóstico da legionelose (ou doença do legionário), um tipo de pneumonia infecciosa (Seção 31.4), uma identificação positiva pode ser realizada por meio da coloração de biópsias de tecidos pulmonares diretamente com anticorpos fluorescentes específicos para antígenos da parede celular de *Legionella pneumophila* (Figura 27.13*b*), o agente etiológico da doença. De forma similar, um teste com anticorpos fluorescentes dirigidos contra a cápsula de *Bacillus anthracis* pode ser utilizado como confirmação para um diagnóstico de antraz (Figura 23.11*a*).

Testes diretos ou indiretos com anticorpos fluorescentes são também utilizados para auxiliar no diagnóstico de infecções virais envolvendo patógenos como o vírus linfotrópico B humano (HBLV, *human B lymphotropic virus*), o vírus sincicial respiratório (RSV, *respiratory syncytial virus*) e o vírus Epstein-Barr (EBV, *Epstein–Barr virus*) (**Figura 27.14**). Os patógenos respiratórios comuns, vírus *influenza* A e B, *parainfluenza* e adenovírus também podem ser identificados

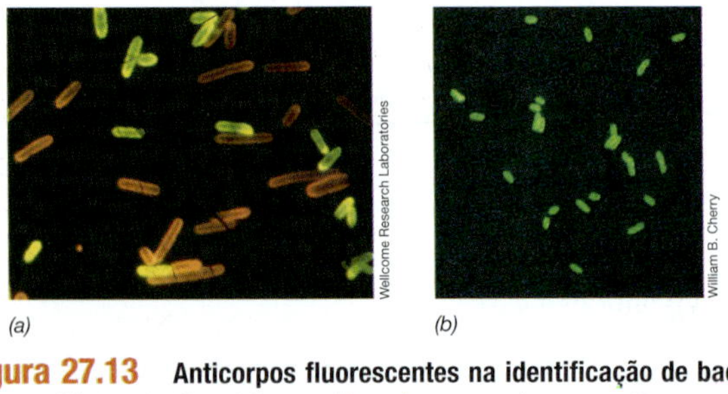


**Figura 27.13 Anticorpos fluorescentes na identificação de bactérias.** *(a)* Células de *Clostridium septicum* foram coradas com anticorpos conjugados ao isotiocianato de fluoresceína, que fluoresce em verde-amarelado. Células de *Clostridium chauvoei* foram coradas com um anticorpo conjugado à rodamina B, que fluoresce em vermelho-alaranjado. *(b)* Células de *Legionella pneumophila* coradas por imunofluorescência, o agente causador da legionelose. A amostra foi obtida a partir de uma biópsia de tecido pulmonar. Os organismos individuais possuem 2 a 5 μm de comprimento. As células foram coradas em verde por anticorpos conjugados ao isotiocianato de fluoresceína.

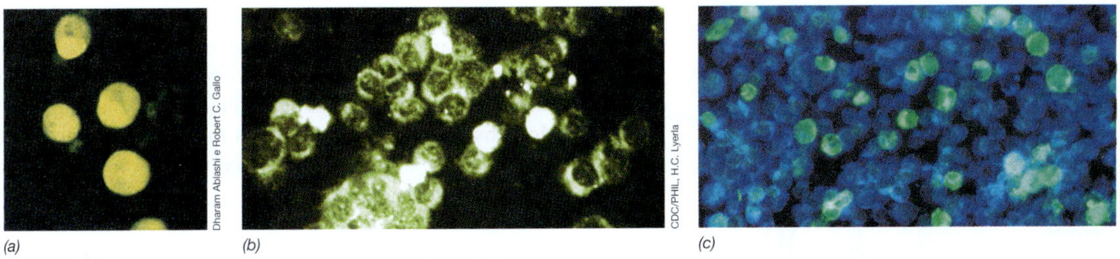


**Figura 27.14 Anticorpos fluorescentes na identificação de patógenos virais.** *(a)* Detecção de células infectadas por vírus, por meio de imunofluorescência. Células de baço infectadas pelo herpes-vírus humano 6 (HHV-6) foram incubadas com soro contendo anticorpos contra o HHV-6. As células foram então tratadas com anticorpos anti-IgG humano conjugados ao isotiocianato de fluoresceína. As células infectadas pelo HHV-6 fluorescem em amarelo brilhante. As células não coradas não reagiram com o soro. As células individuais apresentam cerca de 10 μm de diâmetro. *(b)* Detecção de células infectadas pelo vírus sincicial respiratório (RSV,) utilizando imunofluorescência indireta. As células coradas, brilhantes, estão infectadas. *(c)* Detecção de células infectadas pelo vírus Epstein-Barr (EBV) utilizando imunofluorescência indireta. O EBV provoca a mononucleose e linfoma. As células coradas em verde estão infectadas.

por meio da imunofluorescência, a partir da cultura de células teciduais infectadas com os vírus, de espécimes do trato respiratório.

**MINIQUESTIONÁRIO**

- Explique e compare os ensaios diretos e indiretos empregando anticorpos fluorescentes, incluindo as vantagens e desvantagens de cada um.
- Por que os anticorpos fluorescentes podem ser utilizados na identificação de células específicas em misturas complexas como o sangue?

## 27.9 Ensaios imunoenzimáticos, testes rápidos e imunoblots

Os métodos de **ensaio imunoenzimático** (**EIA**), ou *ensaio de imunoabsorção ligado a enzimas (ELISA)*, são técnicas imunológicas muito sensíveis, amplamente utilizadas com finalidades clínicas e de pesquisa. Um EIA pode detectar quantidades pequenas como 0,01 ng de antígeno ou anticorpo. A velocidade (normalmente o ensaio pode ser executado em algumas horas), baixo custo, a ausência de resíduos perigosos, a longa vida útil, alta especificidade e alta sensibilidade dos testes EIAs os tornam ferramentas imunodiagnósticas particularmente úteis. Os *testes rápidos* são semelhantes aos EIAs, com a exceção de que os resultados, frequentemente, podem ser avaliados em minutos. Muitos testes rápidos são designados como testes de pronto atendimento, mas geralmente não são tão específicos ou sensíveis como os EIAs. O comparativamente complexo e demorado **imunoblot** (***Western blot***) utiliza proteínas imobilizadas de patógenos que ligam-se a anticorpos de amostras de pacientes, como soro, proporcionando uma evidência altamente específica de exposição ao patógeno. O imunoblot é frequentemente usado para confirmar os resultados obtidos a partir de outros testes sorológicos, como os testes rápidos ou EIAs.

### EIA

Nos testes EIAs, uma enzima é covalentemente ligada a um antígeno ou molécula de anticorpo, criando, assim, uma ferramenta imunológica de alta especificidade e sensibilidade. As propriedades catalíticas da enzima e as propriedades de ligação específicas do antígeno ou anticorpo marcado permanecem inalteradas. As enzimas normalmente ligadas a antígenos ou anticorpos incluem a peroxidase, fosfatase alcalina e β-galactosidase, as quais interagem com substratos enzima-específicos, formando produtos coloridos desta reação, que podem ser detectados em quantidades muito pequenas.

Quatro metodologias de EIA são normalmente utilizadas na avaliação de espécimes para doenças infecciosas, uma para a detecção do antígeno (*EIA direto*), uma para a detecção de anticorpos (*EIA indireto*), uma que detecta o anticorpo utilizando uma técnica de "sanduíche" (*EIA sanduíche*) e uma que detecta ambos, antígeno e anticorpo (*EIA de combinação*). As principais características de cada plataforma são apresentadas na **Figura 27.15**.

O método de EIA direto é utilizado para a detecção de antígenos, como partículas virais, a partir de espécimes sanguíneos ou fecais (Figura 27.15*a*). Anticorpos específicos para o antígeno a ser detectado são revestidos sobre uma matriz, como uma placa plástica de microtitulação. A amostra do paciente, como soro, é então adicionada à placa. Depois do antígeno presente na amostra ligar-se ao anticorpo, um segundo anticorpo é adicionado. Este anticorpo também é específico para o antígeno, e é acoplado a uma enzima. Finalmente, o substrato da enzima é adicionado, e a enzima converte o substrato ao seu produto colorido, proporcionalmente à quantidade de antígeno do paciente ligado pelo complexo enzima-anticorpo. EIAs diretos são úteis na detecção de antígenos incluindo a toxina da cólera, a toxina de *Escherichia coli* enteropatogênica e a enterotoxina de *Staphylococcus aureus*. Os vírus que são atualmente detectados utilizando-se técnicas de EIA direto incluem *influenza*, rotavírus, vírus da hepatite, vírus da rubéola, buniavírus, vírus do sarampo, vírus da caxumba e *parainfluenza*.

EIAs indiretos são utilizados na detecção de anticorpos contra patógenos em fluidos corporais (Figura 27.15*b*). O teste indireto inicia-se com o antígeno do patógeno imobilizado na matriz. O soro do paciente é adicionado, e se os anticorpos estiverem presentes, estes ligam-se ao antígeno. Em seguida, um complexo anticorpo-enzima específico para os anticorpos do paciente é adicionado. Finalmente, a adição do substrato da enzima resulta na produção de um produto colorido que é proporcional à concentração de anticorpo do paciente presente na amostra.

EIAs indiretos foram desenvolvidos para a detecção de anticorpos séricos para *Salmonella* (doenças gastrintestinais), *Yersinia* (peste), riquétsias (febre maculosa, tifo, febre Q), *Vibrio cholerae* (cólera), *Mycobacterium tuberculosis* (tuberculose), *Legionella pneumophila* (legionelose), *Borrelia burgdorferi* (doença de Lyme) e *Treponema pallidum* (sífilis), entre ou-

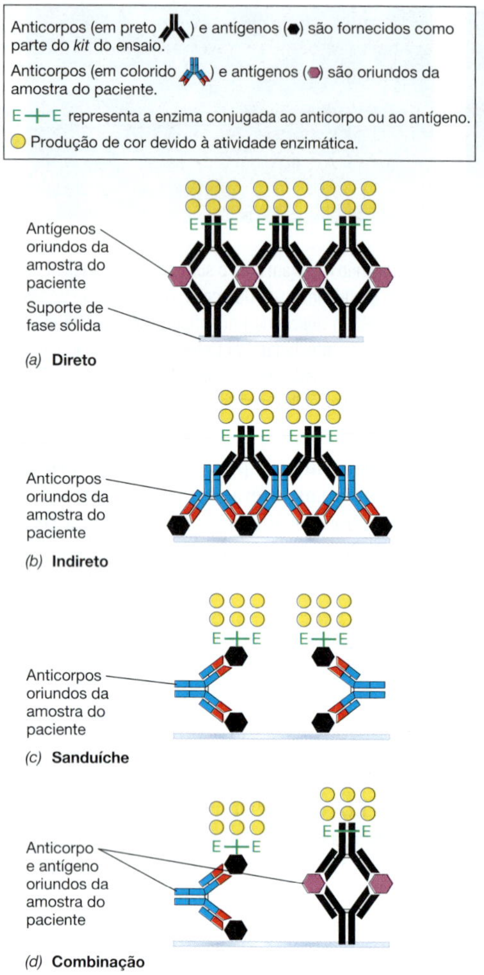


**Figura 27.15 Ensaios imunoenzimáticos (EIAs).** As amostras dos pacientes se apresentam em colorido. Os reagentes do ensaio são apresentados em preto. Todos os ensaios são fixados a um suporte de fase sólida (azul-azul). A enzima ligada a um antígeno ou anticorpo converte o substrato a um produto colorido, mostrado em amarelo. Em cada ensaio, a quantidade de produto colorido produzido é proporcional à quantidade de anticorpo ou antígeno patógeno-específico oriundo da amostra do paciente. *(a)* O *EIA direto* utiliza anticorpos patógeno-específicos imobilizados e anticorpos patógeno-específicos marcados com uma enzima para a detecção de antígenos patogênicos em amostras de pacientes, como o sangue. *(b)* O *EIA indireto* utiliza antígenos patogênicos imobilizados e anticorpos marcados com uma enzima direcionados à imunoglobulina, para a detecção de anticorpos patógeno-específicos em amostras de pacientes, como o sangue. *(c)* O *EIA sanduíche* utiliza antígenos patogênicos imobilizados e antígenos patogênicos marcados com uma enzima, na detecção de anticorpos patógeno-específicos em amostras de pacientes, como o sangue. O EIA sanduíche é mais sensível do que os métodos de EIA direto ou indireto. *(d)* O *EIA de combinação* utiliza os ensaios sanduíche e direto em uma única plataforma para identificar anticorpos e antígenos em amostras de pacientes, maximizando a sensibilidade. Embora seja um ensaio menos sensível, o imunoblot (ver a Figura 27.17) possui uma maior especificidade em relação aos EIAs.

tros (Capítulos 29, 30 e 31). EIAs também foram desenvolvidos para a detecção de anticorpos para *Candida* (levedura) e outros patógenos eucarióticos, incluindo aqueles que causam amebíase, doença de Chagas, esquistossomose e malária (Capítulo 32).

O EIA sanduíche também detecta anticorpos contra patógenos em fluidos corporais (Figura 27.15*c*). O ensaio sanduíche inicia-se como antígeno patogênico imobilizado na matriz. O soro do paciente é adicionado, e se os anticorpos estiverem presentes, estes ligam-se ao antígeno. Em seguida, o mesmo antígeno acoplado a enzima é adicionado. Finalmente, a adição do substrato da enzima resulta na produção de um produto colorido que é proporcional à concentração de anticorpo do paciente presente na amostra.

A técnica de EIA sanduíche é considerada o método mais sensível para a triagem de anticorpos, uma vez que detecta anticorpos patógeno-específicos independentemente do isotipo do anticorpo. Este método é utilizado para a triagem de amostras positivas para o HIV (terceira geração de ensaios para HIV), e tem preferência em relação aos ensaios de EIA indiretos, já que ensaio sanduíche consegue detectar o isotipo IgM, produzido na resposta imune primária ao HIV, cerca de quatro semanas após a infecção. A maioria dos testes indiretos utiliza anti-IgG como o conjugado enzima-anticorpo, retardando a observação de anticorpos anti-HIV até o momento do aparecimento de uma resposta secundária de anticorpos, cerca de cinco semanas após a infecção (Figura 25.21).

O EIA de combinação, apresentado na Figura 27.15*d*, faz uso do EIA direto para detectar o antígeno patogênico e do método sanduíche para detectar anticorpos patógeno-específicos, ambos em uma única matriz. Este método é utilizado na quarta geração de testes para HIV. Este ensaio de quarta geração é mais sensível do que o ensaio sanduíche de terceira geração; o antígeno pode ser detectado tão precocemente quanto 2,5 semanas após a infecção pelo HIV, reduzindo o tempo de tratamento.

## Testes rápidos

Procedimentos de imunoensaio rápidos empregam reagentes absorvidos a suportes fixos, como tiras de papel, membranas de nitrocelulose ou membranas plásticas. Esses testes promovem uma alteração de coloração na fita em curto período de tempo. Tais testes "de pronto atendimento" auxiliam no diagnóstico rápido de doenças infecciosas como HIV/Aids (Seção 29.14), faringites estreptocóccicas (infecções faringeanas provocadas por *Streptococcus pyogenes*, Seção 29.2), *influenza* (Seção 29.8) e gonorreia (Seção 29.12). Os resultados muitas vezes podem ser obtidos em minutos; no entanto, a sensibilidade e a especificidade dos testes rápidos geralmente não são tão boas como nos testes de EIA para os mesmos patógenos.

Na maioria destes ensaios, um fluido corpóreo, geralmente urina, sangue, saliva ou catarro, é aplicado a uma matriz reagente suporte (**Figura 27.16**). Para a detecção de anticorpos de um paciente positivos contra um determinado antígeno, da mesma forma que nos testes rápidos para HIV, a matriz contém um antígeno solúvel conjugado a uma molécula colorida denominada *cromóforo*. À medida que a amostra líquida difunde-se por meio da matriz, os anticorpos ligam-se ao antígeno marcado. Incorporada à matriz existe uma linha única de antígeno fixado a ela. O complexo antígeno-anticorpo marcado migra por meio da matriz, onde entra em contato e liga-se ao antígeno fixado, imobilizando o complexo antígeno-anticorpo marcado. À medida que a concentração do complexo marcado acumula-se, o cromóforo torna-se visível como uma linha colorida na linha do antígeno fixado, indicando um ensaio positivo para o anticorpo.

Da mesma forma, para se detectar antígenos em amostras de pacientes, por exemplo, para a identificação de uma infecção por *S. pyogenes* (faringite estreptocócica), o mesmo sistema é

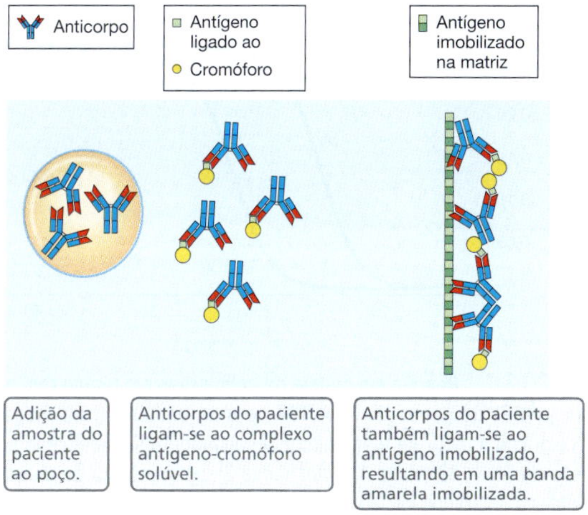


**Figura 27.16** **Testes rápidos.** Um fluido corporal, como urina, sangue, saliva ou catarro, é aplicado à matriz de suporte reagente contendo antígeno solúvel conjugado a um cromóforo. A amostra líquida difunde-se por meio da matriz, e os anticorpos ligam-se ao antígeno marcado com cromóforo. Incorporado a matriz existe uma linha única de antígeno fixado à matriz. Quando o complexo antígeno-anticorpo marcado entra em contato e se liga ao antígeno fixado, a concentração do complexo marcado aumenta e o cromóforo torna-se visível como uma linha colorida sobre a linha do antígeno fixado, indicando um teste positivo para o anticorpo.

utilizado, porém o cromóforo é ligado agora ao anticorpo, e a amostra supostamente antigênica é aplicada à matriz, onde liga-se ao complexo solúvel anticorpo-cromóforo. À medida que a amostra líquida difunde-se por meio da matriz, o antígeno do paciente liga-se ao anticorpo marcado. Fixada à matriz existe uma linha única de anticorpo. O complexo antígeno-anticorpo, agora marcado, migra por meio da matriz, onde entra em contato com o anticorpo fixado. O complexo antígeno-anticorpo marcado liga-se ao anticorpo fixado, imobilizando todo o complexo. À medida que a concentração do complexo marcado acumula-se, o cromóforo torna-se visível na linha do anticorpo fixado, indicando um ensaio positivo para o antígeno.

Estes ensaios são valiosos para a análise de pronto atendimento no local em que a amostra é coletada (p. ex., quando se encontra distante de um laboratório clínico) e em testes rápidos em laboratório. Os resultados podem ser obtidos quase que imediatamente, evitando-se atrasos na assistência ao paciente ou a necessidade de visitas de acompanhamento a fim de obter-se os resultados das análises. O inconveniente destes ensaios, no entanto, é que eles são muitas vezes menos específicos ou menos sensíveis do que os testes mais elaborados. Como resultado, os testes rápidos são frequentemente confirmados por EIA ou outros ensaios.

## Imunoblots

O procedimento de imunoblot envolve três técnicas: (1) a *separação* de proteínas em géis de poliacrilamida, (2) a *transferência* (*blotting*) das proteínas do gel para uma membrana de nitrocelulose ou náilon, e (3) a *identificação* das proteínas por anticorpos específicos. O imunoblot para HIV (**Figura 27.17**) é amplamente utilizado na confirmação de infecções por HIV. *Imunoblots* para HIV são geralmente menos sensíveis, mais trabalhosos, mais demorados e mais dispendiosos do que o EIA-HIV, de forma que estes não são utilizados como ferramenta de triagem para a exposição ao HIV. No entanto, os imunoblots são utilizados para a confirmação da infecção pelo HIV, uma vez que o EIA-HIV, embora muito sensível, ocasionalmente produz resultados falso-positivos. Um imunoblot mais específico é usado para confirmar resultados EIA positivos. Os procedimentos de imunoblot para o HIV são semelhantes aos utilizados nos imunoblots para o diagnóstico de infecções por outros patógenos. No geral, os procedimentos de imunoblot são utilizados na detecção de anticorpos patógeno-específicos em amostras de pacientes.

Para a realização de um imunoblot para HIV, as tiras de membrana são incubadas com a amostra de soro teste. Caso a amostra seja positiva para o HIV, os anticorpos do paciente contra as proteínas do HIV estarão presentes e se ligarão às proteínas do HIV presentes na membrana. Para determinar se os anticorpos presentes na amostra de soro ligaram-se aos antígenos do HIV, um anticorpo de detecção, uma anti-IgG humana conjugada à enzima, é adicionado às tiras. Havendo a ligação do anticorpo de detecção, a atividade da enzima conjugada, após a adição do substrato, formará uma banda colorida na tira situada na região onde o anticorpo ligou-se ao antígeno viral. O paciente é considerado HIV-positivo se a posição das bandas revelada pela exposição a seu soro e a um soro-controle positivo forem idênticas; soros-controle negativos são também analisados em paralelo, devendo se apresentar sem quaisquer bandas (Figura 27.17). Embora a intensidade das bandas geradas no imunoblot para HIV possa variar nas diferentes amostras, a interpretação de um imunoblot é geralmente inequívoca; o tes-



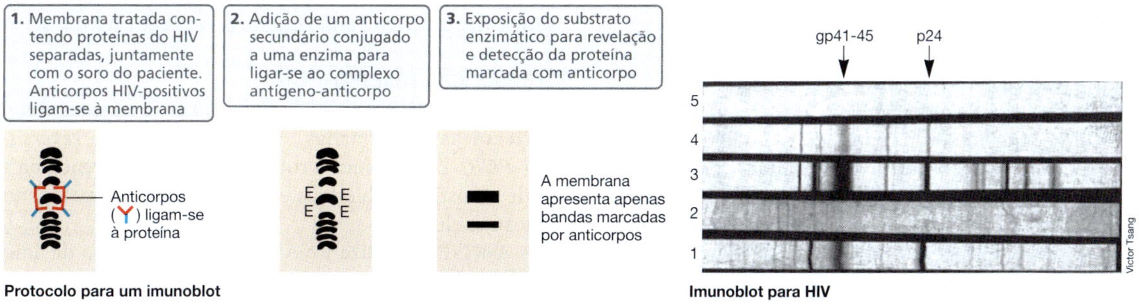


**Figura 27.17** **O imunoblot (*Western blot*) e seu uso no diagnóstico da infecção pelo vírus da imunodeficiência humana (HIV).** As moléculas p24 (proteína do capsídeo) e gp41 (glicoproteína do envelope) são diagnósticas para o HIV. Faixa 1, soro-controle positivo (oriundo de um paciente com Aids); faixa 2, soro-controle negativo (de um voluntário sadio); faixa 3, reação positiva intensa, de uma amostra de paciente; faixa 4, reação positiva discreta, de uma amostra de paciente; faixa 5, reação "branco" para verificar o grau de ligação inespecífica.

te é mais comumente utilizado na confirmação dos resultados de EIA-HIV positivos e na eliminação de falso-positivos.

**MINIQUESTIONÁRIO**

- Compare o EIA indireto, o EIA direto e o EIA de combinação com relação à capacidade de identificar uma infecção por HIV.
- Compare as vantagens e desvantagens do EIA, dos testes rápidos, e imunoblots com relação a sua velocidade, sensibilidade e especificidade.

## 27.10 Amplificação de ácidos nucleicos

Discutimos na Seção 11.3 como a reação em cadeia da polimerase (PCR) amplifica os ácidos nucleicos, formando múltiplas cópias das sequências-alvo. As técnicas de PCR utilizam iniciadores para um gene específico do patógeno para analisar amostras de DNA derivadas de tecidos infectados suspeitos, mesmo na ausência de um agente patogênico cultivável e observável. Como resultado, ensaios baseados em PCR são amplamente utilizados para a identificação de vários patógenos individuais e são particularmente úteis na identificação de infecções virais e intracelulares, em que a cultura dos agentes causadores pode ser muito difícil ou até mesmo impossível. Métodos extremamente sensíveis baseados na análise de ácidos nucleicos são largamente utilizados na microbiologia clínica para a detecção de patógenos.

Estes métodos não dependem do isolamento ou crescimento do patógeno, ou da detecção de uma resposta imune contra o agente. Em vez disso, o que é detectado nos ensaios são as sequências de ácidos nucleicos espécie-específicas.

### Ensaio de PCR e análise dos dados

Ensaios baseados em PCR incluem três componentes básicos. Primeiro, o DNA ou RNA deve ser extraído da amostra a ser testada. Em segundo lugar, o ácido nucleico deve ser amplificado utilizando iniciadores de ácido nucleico gene-específicos. Oligonucleotídeos curtos (com geralmente 15 a 27 nucleotídeos de comprimento) são utilizados como iniciadores na reação de PCR para a amplificação de um gene específico ou de características gênicas de um determinado patógeno. Isso requer o conhecimento das sequências dos genes-alvo do patógeno. Em terceiro lugar, o produto de ácido nucleico amplificado (*amplicon*) deve ser visualizado, um procedimento que pode envolver a eletroforese em gel ou outros métodos. A presença do segmento gênico amplificado de interesse confirma a presença do patógeno. Os métodos diagnósticos por meio de PCR são utilizados para a identificação de quase todos os agentes patogênicos.

### PCR quantitativo

Muitos ensaios de PCR empregam o *PCR em tempo real quantitativo* (*PCRq*). O PCRq utiliza amplicons do PCR marcados com fluorescência, que produzem um resultado quase imediato, evitando a necessidade de procedimentos de purificação e visualização dos ácidos nucleicos via eletroforese posterior à amplificação. A acumulação do DNA-alvo é monitorada durante o processo de PCRq. Isto é possível pela adição de sondas fluorescentes às reações de PCR. A fluorescência das sondas aumenta após a ligação ao DNA. À medida que o DNA é amplificado, o nível de fluorescência aumenta proporcionalmente. As sondas fluorescentes podem ser específicas para a sequência de DNA-alvo, ou inespecíficas. Por exemplo, o corante verde SYBR liga-se *inespecificamente* ao DNA dupla-fita, porém não liga-se ao DNA ou ao RNA fita simples; o corante SYBR quando adicionado à reação de PCR torna-se fluorescente somente quando ligado, indicando que a dupla fita de DNA está presente, neste caso, devido ao processo de amplificação (**Figura 27.18**). Sondas fluorescentes *gene-específicas* são produzidas ligando-se um corante fluorescente a uma pequena sonda de DNA que pareia-se com a sequência-alvo que está sendo amplificada: O corante fluoresce apenas quando o DNA dupla-fita da sequência correta é acumulado.

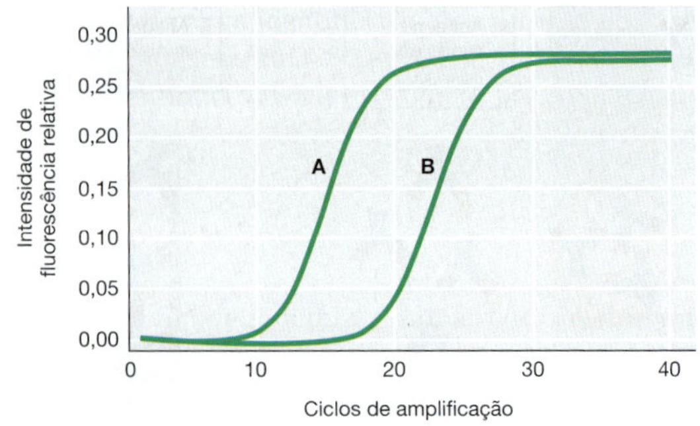


**Figura 27.18 Reação em cadeia da polimerase em tempo real quantitativa (qPCR) de genes do RNA 16S de uma bactéria gram-negativa.** O DNA extraído a partir de uma cultura de laboratório foi monitorado para a expressãodo RNA 16S (curva A) e *npt* (curva B), um marcador de resistência a kanamicina, utilizando iniciadores específicos para o gene. *SYBR Green*, um corante fluorescente que acende apenas quando ligado a DNA dupla-fita, foi adicionado a reação de PCR e utilizado para visualizar o DNA amplificado à medida que este era formado. A curva à esquerda (A) apresenta 0,15 unidades de fluorescência após 15 ciclos, enquanto a curva à direita (B) apresenta 0,15 unidades de fluorescência após 22 ciclos, indicando que o RNA 16S possuía moldes em maior abundância nesta linhagem, em comparação com a abundância do molde para *npt*.

Uma vez que a amplificação por PCRq pode ser monitorada continuamente, não é necessária a visualização por eletroforese em gelo ou outros métodos de detecção para se confirmar a amplificação; a detecção de um gene para diagnóstico de um dado patógeno em uma amostra clínica pode ser realizada em algumas horas, por meio do processamento durante a noite habitual requerido pelo PCR convencional. Além disso, por meio do monitoramento da *taxa* de aumento da fluorescência na reação de PCR, é possível se determinar com precisão a *quantidade* de DNA-alvo presente na amostra original; o PCRq pode ser utilizado para se avaliar a abundância de um patógeno em uma amostra, por meio da quantificação de um gene característico para o organismo em questão.

### Transcrição reversa-PCR

O poder da PCR foi ampliado a partir do desenvolvimento de técnicas relacionadas, como a *transcrição reversa-PCR (RT-PCR)*. Essa técnica é rotineiramente empregada na análise de amostras ambientais e no diagnóstico de patógenos em amostras clínicas.

A RT-PCR utiliza RNA patógeno-específico de amostras de pacientes para gerar uma cópia de DNA complementar (DNAc), e pode ser utilizada na detecção de RNA de retrovírus como HIV e outros vírus de RNA (Figura 11.6). A primeira etapa na RT-PCR consiste na utilização da enzima transcriptase reversa (Seção 9.11) para gerar uma cópia de DNAc de uma amostra de RNA. Em seguida, a PCR é utilizada para am-

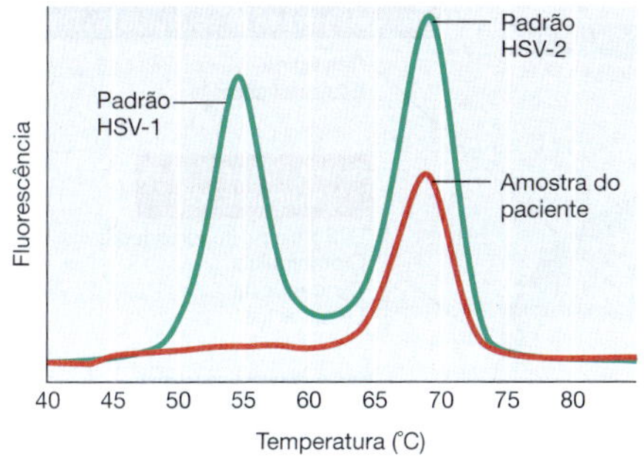


**Figura 27.19** **Reação em cadeia da polimerase em tempo real qualitativa para o gene *pol* de HSV-1 (herpes-vírus simples 1) e HSV-2.** O DNA obtido a partir de uma amostra de paciente foi testado para a presença do gene *pol* de HSV-1 e HSV-2 por meio de PCR quantitativo (PCRq). O ensaio utiliza duas sondas de hibridização que se incorporam ao *amplicon*, produto do PCRq. As sondas são marcadas com corantes fluorescentes que se hibridizam com uma sequência interna do fragmento amplificado de cada genoma viral durante o ciclo de PCR. Após hibridização ao DNA-molde, as sondas são excitadas por uma fonte luminosa e sua fluorescência é mensurada. Após o ciclo de PCR, os DNAs são fundidos e cada um dos vírus apresenta uma curva de fusão (curva de *melting*) distinta. O ponto de fusão na amostra do paciente (vermelho) corresponde ao padrão de HSV-2 (verde), indicando que o paciente está infectado com o HSV-2.

plificar o DNAc. A expressão de um determinado gene de um patógeno pode ser monitorada pelo isolamento do RNA e utilização do PCRq para a produção de cópias de DNA do gene(s) correspondente(s). O DNA amplificado pode, então, ser sequenciado ou utilizado como sonda para identificar os genes.

### PCR qualitativo

Alguns testes diagnósticos baseados na metodologia do PCRq utilizam um protocolo de amplificação ligeiramente diferente e um passo adicional para identificar genes associados a patógenos. Este método, chamado de *PCR qualitativo*, utiliza iniciadores de hibridização marcados, que se incorporam em um produto amplicon de uma reação de PCRq (**Figura 27.19**). No exemplo mostrado, as sondas de hibridização se hibridizam ao gene *pol* de DNA dos herpes-vírus simples 1 e 2 (HSV-1 e HSV-2, *herpes simplex virus*).

O amplicon é detectado por fluorescência utilizando um par de sondas de hibridização específicas. As sondas são dois oligonucleotídeos distintos, marcados com corantes fluorescentes. As sondas se hibridizam a uma sequência interna do fragmento amplificado durante a fase de anelamento do ciclo de PCR. Após a hibridização ao molde de DNA, as sondas são excitadas por uma fonte luminosa na máquina de PCR. A fluorescência emitida é então mensurada e, após o ciclo de PCR, é realizada uma análise da curva de *melting* (curva de fusão) para se diferenciar entre as amostras positivas para HSV-1 e HSV-2. A curva de *melting* apresentará um comportamento de fusão tipo-específico devido ao polimorfismo dos nucleotídeos nas sequências de hibridização-alvo de HSV-1 e HSV-2. Devido aos polimorfismos, os pontos de fusão para HSV-1 e HSV-2 são significativamente diferentes e permitem uma determinação clara do subtipo de HSV.

Este método fornece resultados em poucas horas. Os resultados são comparados a reações controle de ensaios internos, evitando a necessidade da purificação e visualização dos ácidos nucleicos pós-amplificação.

**MINIQUESTIONÁRIO**

- Quais as vantagens que a amplificação de ácidos nucleicos possui sobre os métodos de cultivo convencionais na identificação de microrganismos? E as desvantagens?
- Em que diferem o PCRq e o PCR qualitativo?

UNIDADE 5

# IV • Fármacos antimicrobianos

*Fármacos antimicrobianos* são compostos que matam ou controlam o crescimento de microrganismos no hospedeiro (*in vivo*). Os fármacos antimicrobianos efetivos apresentam uma **toxicidade seletiva**; inibem ou matam os patógenos, sem afetar adversamente o hospedeiro. Os fármacos antimicrobianos são classificados com base na sua estrutura molecular, mecanismo de ação (**Figura 27.20**) e espectro de atividade antimicrobiana (**Figura 27.21**). No mundo inteiro, 10.000 toneladas ou mais de vários fármacos antimicrobianos são fabricados e utilizados anualmente (**Figura 27.22**). Os agentes antimicrobianos se dividem em duas grandes categorias, *fármacos antimicrobianos sintéticos* e *antibióticos*.

## 27.11 Fármacos antimicrobianos sintéticos

Fármacos antimicrobianos sintéticos incluem *análogos de fatores de crescimento* que interferem no metabolismo microbiano e *quinolonas* que interferem no empacotamento do DNA em bactérias.

### Análogos de fatores de crescimento

Os *fatores de crescimento* são substâncias químicas específicas, cuja presença no meio é necessária, uma vez que os organismos não são capazes de sintetizá-las. Como resultado, uma fonte externa é essencial para a sua sobrevivência (⇄ Seção 3.1). Um **análogo de fator de crescimento** é um composto sintético, estruturalmente similar a um fator de crescimento, porém diferenças estruturais sutis entre o análogo e o fator de crescimento autêntico impedem a ação do análogo na célula, perturbando, assim, o metabolismo celular. São conhecidos análogos de várias biomoléculas importantes, incluindo vitaminas, aminoácidos e nucleosídeos. Alguns análogos de fatores de crescimento são antibacterianos. Aqueles eficazes no tratamento de infecções virais e fúngicas serão discutidos nas Seções 27.15 e 27.16.

As *sulfas* foram os primeiros análogos de fatores de crescimento amplamente utilizados para inibir especificamente o crescimento bacteriano. A descoberta da primeira sulfa resultou de uma pesquisa em larga escala de compostos químicos que exibissem atividade contra infecções estreptocóccicas em animais experimentais. A sulfanilamida, a sulfa mais simples, é um análogo do ácido *p*-aminobenzoico, um componente da vitamina do ácido fólico, um precursor de ácidos nucleicos (**Figura 27.23**).

A sulfanilamida bloqueia a síntese de ácido fólico, inibindo, portanto, a síntese de ácidos nucleicos. A sulfanilamida é seletivamente tóxica em bactérias, pois as bactérias sintetizam seu próprio ácido fólico, enquanto os seres humanos e a maioria dos animais obtêm o ácido fólico a partir da dieta.

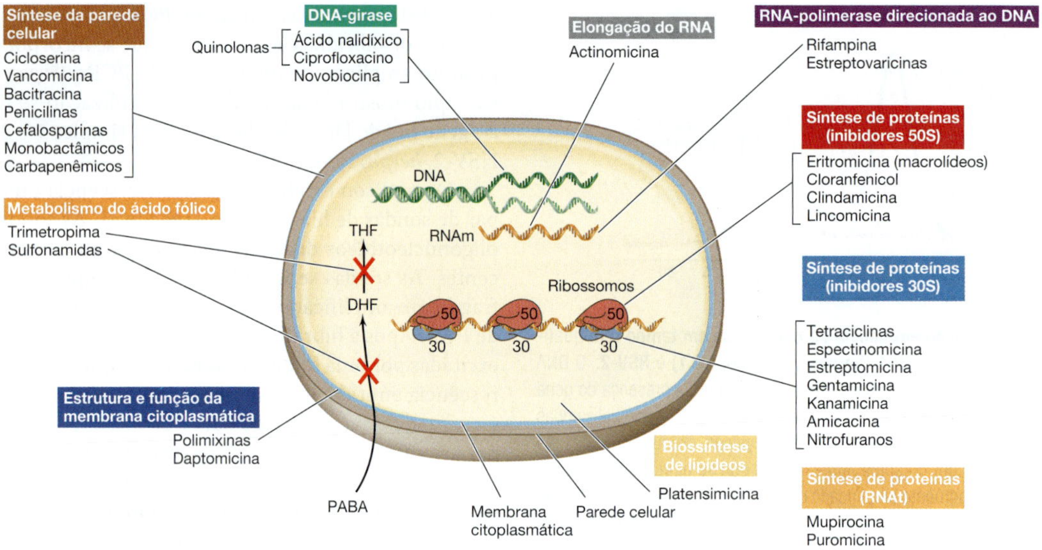


**Figura 27.20** **Alvos dos principais agentes antibacterianos.** Os agentes são classificados de acordo com suas estruturas-alvo na célula bacteriana. THF, tetra-hidrofolato; DHF, di-hidrofolato; RNAm, RNA mensageiro.

Inicialmente, as sulfas foram amplamente utilizadas no tratamento de infecções estreptocócicas. No entanto, a resistência às sulfonamidas tem aumentado, uma vez que vários patógenos anteriormente suscetíveis desenvolveram a capacidade de captar o ácido fólico do ambiente. A terapia antimicrobiana com sulfametoxazol (uma sulfa) associado à trimetroprima, um competidor relacionado da síntese de ácido fólico, ainda é eficaz em muitas circunstâncias, pois a combinação dos fármacos promove o bloqueio sequencial de duas vias de síntese do ácido fólico; a resistência a essa combinação de fármacos requer a ocorrência de duas mutações em genes da mesma via, um evento relativamente raro.

A isoniazida (⇄ Figura 29.17) é um importante análogo de fator de crescimento que apresenta espectro de ação bastante estrito (Figura 27.21). A isoniazida é eficaz apenas contra *Mycobacterium*, porque interfere na síntese de ácido micólico, um componente específico da parede celular de micobactérias. Um análogo da nicotinamida (uma vitamina), a isoniazida, é o fármaco único mais eficiente usado no controle e tratamento da tuberculose (⇄ Seção 29.4).

## Quinolonas

As **quinolonas** são compostos antibacterianos sintéticos que perturbam o metabolismo microbiano interferindo no DNA-girase bacteriano, impedindo o superenovelamento do DNA, uma etapa necessária ao empacotamento do DNA na célula bacteriana (⇄ Seção 4.3). Como o DNA-girase é encontrada em todas as bactérias, as fluoroquinolonas são efetivas no tratamento de infecções por bactérias gram-positivas e gram-negativas (Figura 27.21). As fluoroquinolonas, como o ciprofloxacino (**Figura 27.24*a***), são rotineiramente utilizadas no tratamento de infecções do trato urinário em seres humanos e têm sido amplamente utilizadas nas indústrias frigoríficas e avícolas na prevenção e tratamento de doenças respiratórias nestes animais. O ciprofloxacino é também o fármaco preferido no tratamento do antraz, pois algumas linhagens de *Bacillus anthracis*, o agente etiológico do antraz (⇄ Seção 30.8), são resistentes à penicilina. O moxifloxacino (Figura 27.24*b*) é um dos poucos fármacos comprovadamente efetivos no tratamento da tuberculose. Em combinação com outros fármacos antituberculose (⇄ Seção 29.4), o moxifloxacino pode reduzir

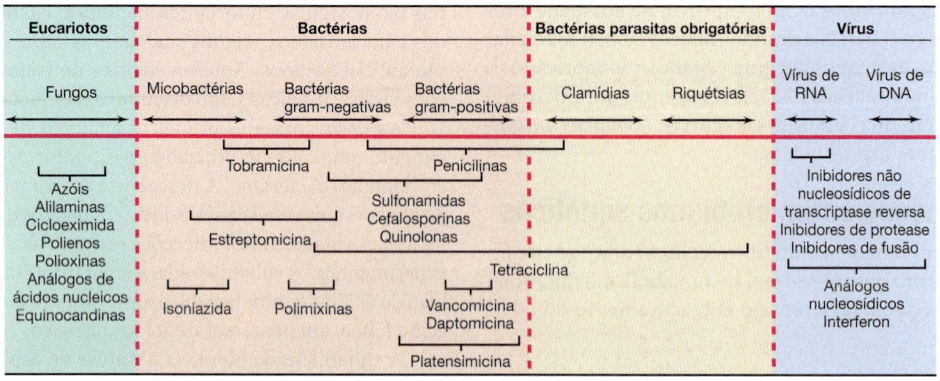


**Figura 27.21** **Espectro de ação antimicrobiana.** Cada agente quimioterápico antimicrobiano afeta um grupo limitado e bem definido de microrganismos. Alguns poucos agentes são muito específicos e afetam o crescimento de apenas um único gênero. Por exemplo, a isoniazida afeta somente organismos do gênero *Mycobacterium*.

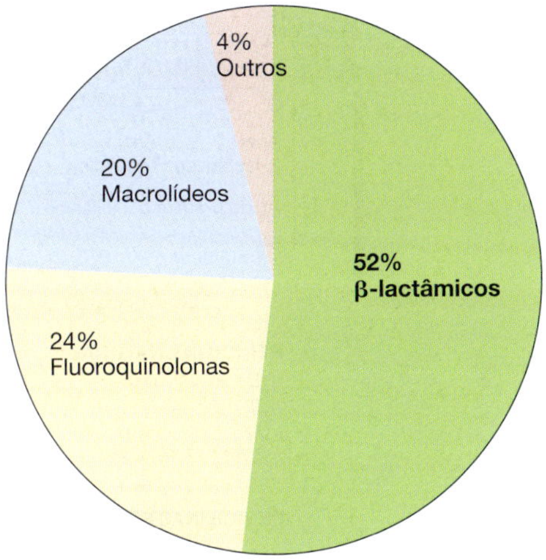


**Figura 27.22** **Produção anual mundial e uso de antibióticos.** Estima-se que cerca de 10.000 toneladas métricas de agentes antimicrobianos são fabricadas anualmente em todo o mundo. Os antibióticos β-lactâmicos incluem as cefalosporinas (30%), as penicilinas (7%) e outros β-lactâmicos (15%). "Outros" incluem as tetraciclinas, os aminoglicosídeos e todos os outros fármacos antimicrobianos.

significativamente o tempo de tratamento, um dos principais problemas das terapias baseadas em isoniazida.

**MINIQUESTIONÁRIO**

- Explique o conceito de toxicidade seletiva em relação à terapia antimicrobiana.
- Descreva o mecanismo de ação de qualquer um dos fármacos antimicrobianos sintéticos.

## 27.12 Fármacos antimicrobianos de ocorrência natural: antibióticos

Os **antibióticos** são agentes antimicrobianos produzidos por microrganismos. Os antibióticos são produzidos por uma variedade de bactérias e fungos (*Eukarya*), e aparentemente funcionam na natureza da mesma forma que atuam clinicamente: inibem ou matam outros microrganismos. Embora milhares de antibióticos sejam conhecidos, menos de 1% apresenta utilidade clínica, frequentemente devido à toxicidade ou por não serem captados pelas células hospedeiras. No entanto, os antibióticos

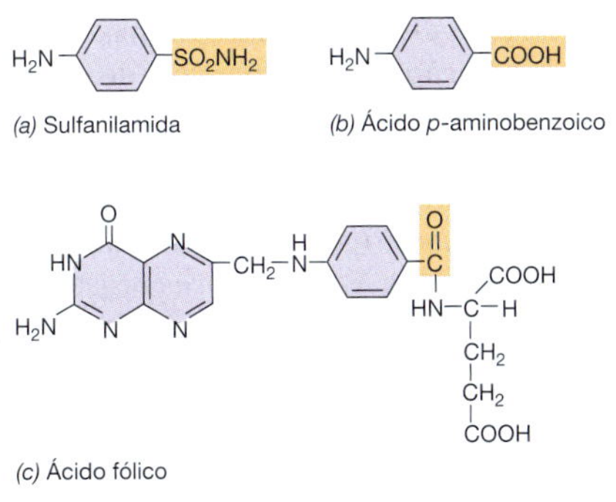


**Figura 27.23** **Sulfas.** *(a)* A sulfa mais simples, sulfanilamida. *(b)* A sulfanilamida é um análogo do ácido *p*-aminobenzoico, um precursor do *(c)* ácido fólico, um fator de crescimento.

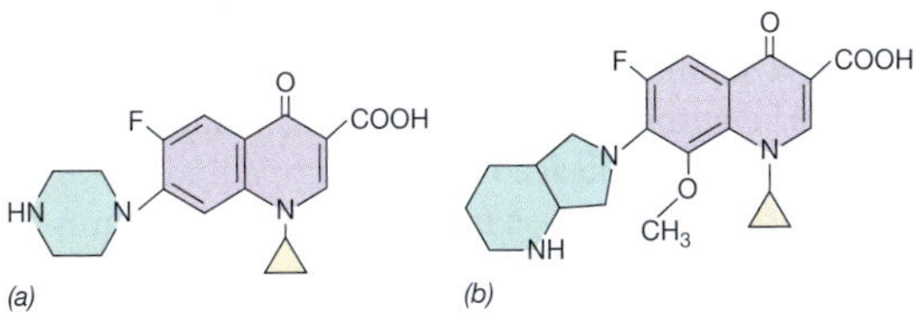

**Figura 27.24** **Quinolonas.** *(a)* O ciprofloxacino, um derivado fluorado do ácido nalidíxico com amplo espectro de atividade, é mais solúvel do que o composto original, permitindo-lhe alcançar níveis terapêuticos no sangue e nos tecidos. *(b)* O moxifloxacino, uma fluoroquinolona aprovada para o tratamento de infecções por *Mycobacterium*.

clinicamente úteis tiveram um impacto drástico no tratamento de doenças infecciosas. Antibióticos naturais com frequência podem ser modificados artificialmente para aumentar sua eficácia. Estes são referidos como antibióticos *semissintéticos*.

### Antibióticos e toxicidade antimicrobiana seletiva

A suscetibilidade de microrganismos individuais a agentes antimicrobianos individuais varia significativamente (Figura 27.21). Por exemplo, bactérias gram-positivas e gram-negativas diferem quanto à suscetibilidade a um antibiótico individual, tal como a penicilina; bactérias gram-positivas geralmente são afetadas, enquanto a maioria das bactérias gram-negativas é naturalmente resistente. Contudo, **antibióticos de amplo espectro**, como a tetraciclina, são eficazes contra ambos os grupos. Como resultado, um antibiótico de amplo espectro apresenta maior uso clínico do que um antibiótico de pequeno espectro. No entanto, um antibiótico de espectro limitado pode ser útil no controle de patógenos que não respondem a outros antibióticos. Um bom exemplo é a vancomicina, um antibiótico de pequeno espectro, que é um agente bactericida altamente eficaz contra bactérias gram-positivas, enterococos resistentes à penicilina, bem como *Staphylococcus*, *Bacillus* e *Clostridium* (Figuras 27.21). Em bactérias, os ribossomos, a parede celular, a membrana citoplasmática, enzimas envolvidas na biossíntese de lipídeos, e elementos da replicação e transcrição de DNA são importantes alvos de antibióticos (Figura 27.20).

### Antibióticos que afetam a tradução

Muitos antibióticos inibem a síntese proteica, interrompendo a tradução por meio de interações com os ribossomos, frequentemente envolvendo ligação ao RNA ribossomal (RNAr) (Figura 27.20). Muitos fármacos como o cloranfenicol, a estreptomicina e as tetraciclinas têm como alvo ribossomos de apenas um domínio filogenético, *Bacteria*, não possuindo efeito nos ribossomos citoplasmáticos de *Eukarya*. No entanto, uma vez que os ribossomos de mitocôndrias e cloroplastos de *Eukarya* possuem uma origem evolutiva nos ribossomos bacterianos (i. e., eles são ribossomos 70S), os antibióticos que inibem a síntese proteica em *Bacteria* também inibem a síntese proteica dessas organelas (⇄ Seção 17.1). Por exemplo, a tetraciclina inibe os ribossomos 70S, porém ainda é considerada de utilidade médica, uma vez que os ribossomos mitocondriais 70S eucarióticos somente são afetados por concentrações mais elevadas que aquelas utilizadas na terapia antimicrobiana.

### Antibióticos que afetam a transcrição bacteriana

Alguns antibióticos inibem especificamente a transcrição por inibirem a síntese de RNA (Figura 27.20). Por exemplo, a rifampina e as estreptovaricinas inibem a síntese de RNA, ligando-se à subunidade β da RNA-polimerase em bactérias, cloroplastos e mitocôndrias. A actinomicina inibe a síntese de RNA por meio de sua ligação ao DNA, impedindo a elongação do RNA. Esse agente liga-se mais fortemente aos pares de bases guanina-citosina do DNA, acoplando-se ao sulco maior da dupla-fita, onde o RNA é sintetizado.

**MINIQUESTIONÁRIO**

- Diferencie antibióticos e análogos de fatores de crescimento em relação ao seu mecanismo de ação.
- O que é um antibiótico de amplo espectro?

## 27.13 Antibióticos β-lactâmicos: penicilinas e cefalosporinas

Os **antibióticos β-lactâmicos** são inibidores da síntese de parede celular que incluem penicilinas e cefalosporinas de importância médica. Esses antibióticos compartilham um componente estrutural característico, o *anel β-lactâmico* (**Figura 27.25**). Em conjunto, os antibióticos β-lactâmicos correspondem a mais da metade de todos os antibióticos produzidos e utilizados no mundo (Figura 27.22).

### Penicilinas

Em 1929, Alexander Fleming caracterizou o primeiro antibiótico, um produto antibacteriano denominado **penicilina** (Figura 27.25) isolado do fungo *Penicillium chrysogenum*. Este novo antibiótico β-lactâmico mostrou-se surpreendentemente eficaz no controle de infecções estafilocóccicas e pneumocóccicas, sendo mais eficaz no tratamento de infecções estreptocóccicas do que as sulfas. A penicilina revolucionou o tratamento das doenças infecciosas quando tornou-se disponível para uso após a II Guerra Mundial.

Os antibióticos β-lactâmicos são inibidores da síntese de parede celular bacteriana. Uma característica importante da síntese da parede celular bacteriana é a *transpeptidação*, a reação que resulta na ligação cruzada de duas cadeias peptídicas ligadas ao glicano (Seção 5.4). Uma vez que a parede celular e seus mecanismos de síntese são exclusivos das bactérias, os antibióticos β-lactâmicos são altamente seletivos e não tóxicos para as células hospedeiras.

A penicilina G (Figura 27.25) é ativa principalmente contra bactérias gram-positivas, uma vez que bactérias gram-negativas são impermeáveis ao antibiótico, contudo uma modificação química na estrutura da penicilina G altera significativamente as propriedades do antibiótico resultante; muitas penicilinas semissintéticas modificadas quimicamente são bastante eficazes contra bactérias gram-negativas. Por exemplo, a ampicilina e a carbenicilina, penicilinas semissintéticas, são eficazes contra algumas bactérias gram-negativas. As diferenças estruturais encontradas nessas penicilinas semissintéticas permitem seu transporte através da membrana externa gram-negativa (Seção 2.11), onde inibem a síntese da parede celular. A penicilina G é também sensível à β-lactamase, uma enzima produzida por algumas bactérias resistentes à penicilina (ver Seção 27.17). A oxacilina e meticilina são penicilinas semissintéticas resistentes à β-lactamase, amplamente utilizadas.

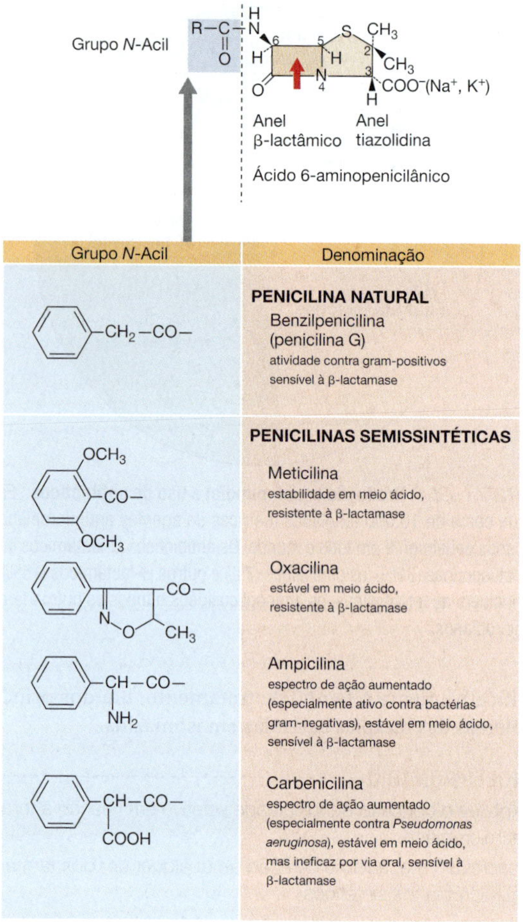


**Figura 27.25** **Penicilinas.** A seta vermelha (painel superior) é o sítio de ação da maioria das β-lactamases.

### Cefalosporinas

As cefalosporinas, produzidas pelo fungo *Cephalosporium* sp., diferem estruturalmente das penicilinas. Essas possuem o anel β-lactâmico, porém apresentam um anel di-hidrotiazina de seis membros, no lugar do anel tiazolidina de cinco membros (**Figura 27.26**). As cefalosporinas possuem o mesmo mecanismo de ação das penicilinas; ligam-se irreversivelmente às PBPs e impedem a formação da ligação cruzada do peptideoglicano. Cefalosporinas de importância clínica são antibióticos semissintéticos que apresentam espectro de ação mais amplo que as penicilinas. Além disso, as cefalosporinas são geralmente mais resistentes à ação das enzimas que destroem os anéis β-lactâmicos, as β-lactamases. Por exemplo, a ceftriaxona (Figura 27.26) é altamente resistente às β-lactamases, tendo substituído a penicilina no tratamento de infecções causadas por *Neisseria gonorrhoeae* (gonorreia), em razão do surgimento de muitas linhagens de *N. gonorrhoeae* resistentes à penicilina (Seção 29.12).

**MINIQUESTIONÁRIO**

- Como os antibióticos β-lactâmicos atuam?
- Qual a importância clínica das penicilinas semissintéticas em relação às penicilinas naturais?

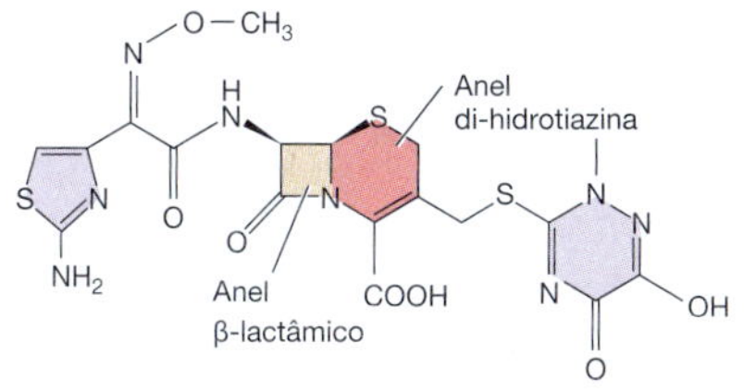


**Figura 27.26 Ceftriaxona.** A ceftriaxona é um antibiótico β-lactâmico resistente à maioria das β-lactamases em razão do anel adjacente de di-hidrotiazina de seis membros. Compare esta estrutura com o anel tiazolidina de cinco membros presente nas penicilinas sensíveis às β-lactamases (Figura 27.25).

## 27.14 Antibióticos de bactérias

Muitos antibióticos ativos contra bactérias são também produzidos por bactérias. Eles incluem os vários antibióticos com importantes aplicações clínicas.

### Aminoglicosídeos

Antibióticos contendo aminoaçúcares unidos por ligações glicosídicas são denominados **aminoglicosídeos**. Os aminoglicosídeos de utilidade clínica incluem a estreptomicina (produzida por *Streptomyces griseus*) e seus relacionados, kanamicina (**Figura 27.27**), neomicina e gentamicina. Os aminoglicosídeos têm como alvo a subunidade ribossomal 30S, inibindo a síntese proteica (Figura 27.20), e são clinicamente úteis no tratamento de infecções causadas por bactérias gram-negativas (Figura 27.21).

O uso de aminoglicosídeos no tratamento de infecções por gram-negativos diminuiu a partir do desenvolvimento das penicilinas semissintéticas (Seção 27.13) e das tetraciclinas (discutidas posteriormente nesta seção). Atualmente, os antibióticos aminoglicosídicos são utilizados sobretudo quando outros antibióticos falham.

### Macrolídeos

Os antibióticos macrolídeos contêm anéis lactona ligados a açúcares (**Figura 27.28**). Variações tanto no anel lactona quanto nos açúcares resultam em uma grande variedade de antibióticos macrolídeos. Os antibióticos macrolídeos mais comuns são a eritromicina (produzida por *Streptomyces erythreus*), claritromicina, azitromicina e telitromicina. Os macrolídeos representam 20% da produção e uso mundiais de antibióticos (Figura 27.22). A eritromicina é um antibiótico de amplo espectro que tem como alvo a subunidade 50S do ribossomo bacteriano, inibindo parcialmente a síntese proteica (Figura 27.20). A inibição parcial da síntese proteica leva à tradução preferencial de algumas proteínas e restringe a tradução de outras, resultando em um desequilíbrio no proteoma, o que pode perturbar as funções metabólicas em todos os níveis. Comumente utilizada em substituição à penicilina em pacientes alérgicos à penicilina ou outros antibióticos β-lactâmicos, a eritromicina é particularmente útil no tratamento da legionelose (Seção 31.4).

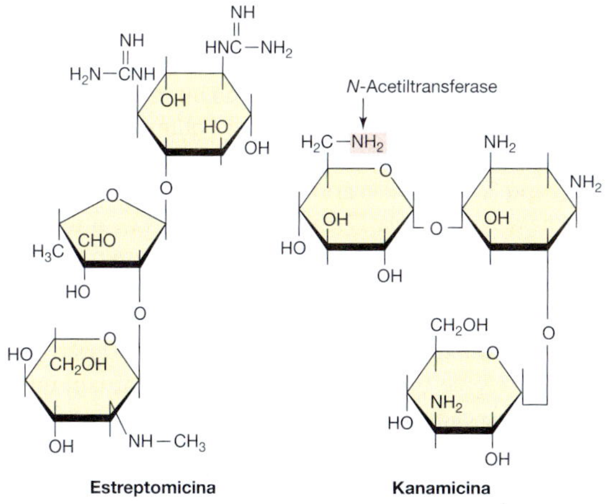


**Figura 27.27 Antibióticos aminoglicosídicos: estreptomicina e kanamicina.** Os aminoaçúcares estão assinalados em amarelo. Na posição indicada, a kanamicina pode ser modificada por um plasmídeo de resistência que codifica a *N*-acetiltransferase. Após a acetilação, o antibiótico torna-se inativo. A kanamicina e a estreptomicina são sintetizadas por espécies de *Streptomyces*.

### Tetraciclinas

As **tetraciclinas**, produzidas por várias espécies de *Streptomyces*, são antibióticos de amplo espectro que inibem praticamente todas as bactérias gram-positivas e gram-negativas (Figura 27.21). A estrutura básica das tetraciclinas consiste em um sistema de anel naftaceno (**Figura 27.29**). Substituições no anel naftaceno básico ocorrem naturalmente, originando novos análogos de tetraciclina. Tetraciclinas semissintéticas, com substituições no sistema do anel naftaceno, foram também desenvolvidas. Assim como a eritromicina e os antibióticos aminoglicosídicos, a tetraciclina é um inibidor da síntese proteica, interferindo na função da subunidade ribossomal 30S bacteriana (Figura 27.20).

As tetraciclinas e os antibióticos β-lactâmicos são os dois grupos mais importantes de antibióticos na medicina. As tetraciclinas também são amplamente utilizadas na medicina veterinária e, em alguns países, são empregadas como suplemento nutricional para aves domésticas e suínos. A intensa utilização dos antibióticos de importância médica em outras áreas além da medicina contribuiu para a vasta disseminação da resistência aos antibióticos entre os patógenos, sendo tal prática atualmente desencorajada.

### Novos antibióticos: daptomicina e platensimicina

Alguns antibióticos apresentam estruturas ou alvos novos. Por exemplo, a daptomicina é um antibiótico produzido por espécies de *Streptomyces* e é um lipopeptídeo cíclico (**Figura 27.30**), exibindo um mecanismo de ação singular.

Utilizada principalmente no tratamento de infecções por bactérias gram-positivas, como estafilococos e estreptococos

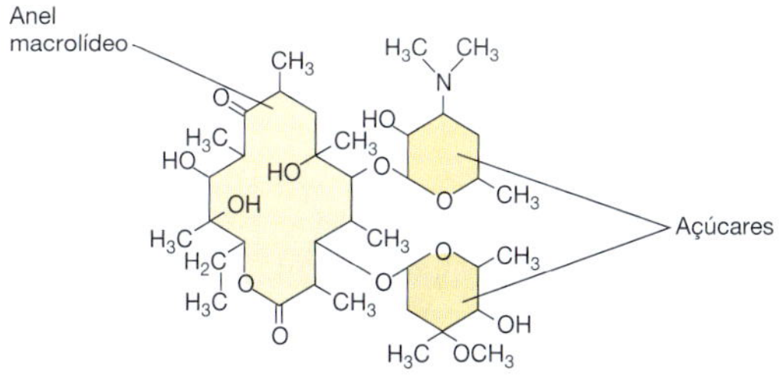


**Figura 27.28 Eritromicina, um antibiótico macrolídeo.** A eritromicina é um antibiótico de amplo espectro amplamente utilizado.

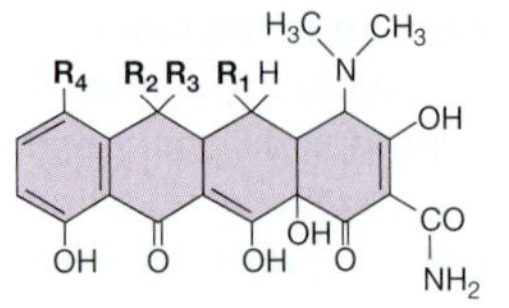

| Análogo de tetraciclina | $R_1$ | $R_2$ | $R_3$ | $R_4$ |
|---|---|---|---|---|
| Tetraciclina | H | OH | $CH_3$ | H |
| 7-clortetraciclina (aureomicina) | H | OH | $CH_3$ | Cl |
| 5-oxitetraciclina (terramicina) | OH | OH | $CH_3$ | H |

**Figura 27.29** **Tetraciclina.** A tetraciclina é um antibiótico de amplo espectro que possui muitos análogos semissintéticos ativos.

patogênicos (Seções 29.2 e 29.9), a daptomicina liga-se especificamente à membrana citoplasmática bacteriana, forma um poro e induz a rápida despolarização da membrana. A célula despolarizada perde rapidamente sua capacidade de sintetizar macromoléculas, como ácidos nucleicos e proteínas, resultando na morte celular. Alterações na estrutura da membrana citoplasmática, no entanto, podem levar à resistência.

A platensimicina (**Figura 27.31**), produzida por *Streptomyces platensis,* é o primeiro membro de uma nova classe de antibióticos que inibe a biossíntese de ácidos graxos, bloqueando, assim, a biossíntese de lipídeos. A platensimicina é eficaz contra uma ampla variedade de bactérias gram-positivas, incluindo infecções de tratamento particularmente difícil causadas por *Staphylococcus aureus* resistentes à meticilina e enterococos resistentes à vancomicina. A platensimicina exibe um mecanismo de ação singular, não apresenta toxicidade ao hospedeiro, e não há qualquer potencial conhecido de desenvolvimento de resistência em patógenos. Discutiremos a descoberta da platensimicina na Seção 27.18.

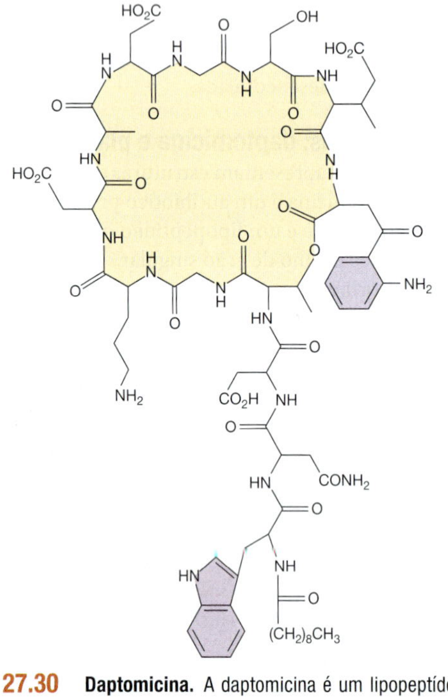

**Figura 27.30** **Daptomicina.** A daptomicina é um lipopeptídeo cíclico que despolariza a membrana citoplasmática de bactérias gram-positivas.

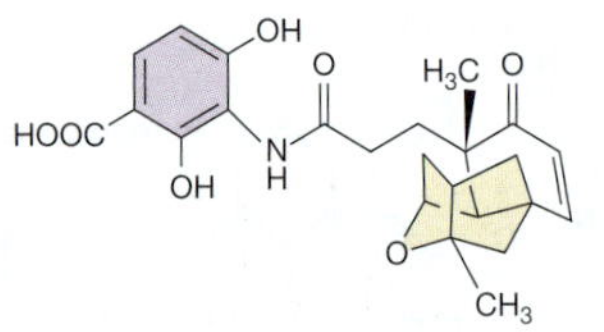

**Figura 27.31** **Platensimicina.** A platensimicina inibe seletivamente a biossíntese de lipídeos em *Bacteria.*

**MINIQUESTIONÁRIO**

- Quais são as fontes biológicas de aminoglicosídeos, tetraciclinas, macrolídeos, daptomicina e plantensimicina?
- Como a atividade de cada classe de antibióticos leva ao controle dos patógenos afetados?

## 27.15 Fármacos antivirais

Os fármacos que controlam o crescimento de vírus eucarióticos frequentemente também afetam as células hospedeiras, uma vez que os vírus dependem da maquinaria biossintética da célula hospedeira para a sua replicação. Como resultado, a toxicidade seletiva para os vírus é muito difícil de ser obtida; apenas os agentes quimioterápicos que afetam preferencialmente as vias virais envolvidas na replicação ou empacotamento dos componentes estruturais específicos do patógeno são úteis. Apesar destas limitações, vários fármacos são mais tóxicos para os vírus do que para o hospedeiro, e alguns agentes visam especificamente vírus específicos. O desenvolvimento e a utilização de agentes antivirais têm sido bem-sucedidos, em grande parte, devido aos esforços para o controle de infecções pelo vírus da imunodeficiência humana (HIV) (Seção 29.14).

### Agentes antivirais contra o HIV

Os agentes de maior sucesso e mais comumente utilizados na quimioterapia antiviral são os análogos nucleosídicos (**Tabela 27.6**). O primeiro composto de aceitação universal nessa categoria foi a zidovudina, ou *azidotimidina* (*AZT*) (Figura 29.48*a*). A AZT inibe a multiplicação do HIV e de outros retrovírus bloqueando a transcrição reversa e a produção do intermediário de DNA codificado pelo vírus (Seção 29.14); é quimicamente relacionada com a timidina, porém é um derivado didesoxi, desprovido do grupo 3′-hidroxil. Vários outros análogos nucleosídicos, como o aciclovir (Tabela 27.6 e Figura 29.42), apresentando mecanismos similares, foram desenvolvidos para o tratamento do HIV e outros vírus.

Praticamente todos os análogos nucleosídicos são **inibidores nucleosídicos da transcriptase reversa** (**NRTI**, *nucleoside reverse transcriptase inhibitors*), e atuam inibindo a elongação da cadeia do ácido nucleico viral por uma polimerase de ácido nucleico. Uma vez que a função de replicação do ácido nucleico da célula normal é um alvo, esses fármacos em geral exibem algum grau de toxicidade para o hospedeiro. Com o tempo, muitos deles perdem sua potência antiviral em razão do surgimento de vírus resistentes a eles (Seção 29.14).

Vários agentes antivirais têm como alvo a enzima essencial dos retrovírus, a transcriptase reversa. A nevirapina, um **inibidor não nucleosídico da transcriptase reversa**

**Tabela 27.6 Compostos quimioterápicos antivirais**

| *Categoria/fármaco* | *Mecanismo de ação* | *Vírus afetado* |
|---|---|---|
| **Inibidor de fusão** | | |
| Enfuvirtide | Bloqueia a fusão HIV-membrana do linfócito T | HIV (vírus da imunodeficiência humana) |
| **Interferons** | | |
| Interferon α, Interferon β, Interferon γ | Induzem proteínas que inibem a replicação viral | Amplo espectro (hospedeiro-específico) |
| **Inibidores de neuraminidase** | | |
| Oseltamivir (Tamiflu®) Zanamivir (Relenza®) | Bloqueiam o sítio ativo da neuraminidase do vírus *influenza* | *Influenza* A e B |
| **Inibidor não nucleosídico da transcriptase reversa (NNRTI)** | | |
| Nevirapina | Inibidor da transcriptase reversa | HIV |
| **Análogos nucleosídicos** | | |
| Aciclovir (Figura 29.42) | Inibidor da polimerase viral | Herpes-vírus, *Varicella zoster* |
| Zidovudina (AZT) (Figura 29.48*a*) | Inibidor da transcriptase | HIV |
| Ribavirina | Bloqueia a adição de *cap* no RNA viral | Vírus sincicial respiratório, *influenza* A e B, febre de Lassa |
| **Análogos nucleotídicos** | | |
| Cidofovir | Inibidor da polimerase viral | Citomegalovírus, herpes-vírus |
| Tenofovir (TDF) | Inibidor da transcriptase reversa | HIV |
| **Inibidores de protease** | | |
| Indinavir, Saquinavir (ver Figura 27.37) | Inibidores de protease viral | HIV |

(**NNRTI**, *nonnucleoside reverse transcriptase inhibitor*), liga-se diretamente à transcriptase reversa, inibindo a transcrição reversa. O ácido fosfonofórmico, um análogo de pirofosfato inorgânico, inibe as ligações normais entre os nucleotídeos, impedindo a síntese de ácidos nucleicos virais. Como observado nos NRTIs, os NNRTIs geralmente induzem algum grau de toxicidade ao hospedeiro, pois sua atividade também afeta a síntese de ácidos nucleicos da célula hospedeira normal.

Os **inibidores de protease** são outra classe de fármacos antivirais eficazes no tratamento do HIV (Tabela 27.6 e ver Figura 27.37). Eles impedem a replicação viral pela ligação ao sítio ativo de protease do HIV, inibindo o processamento de grandes proteínas virais em seus componentes individuais, impedindo, assim, a maturação viral (Seção 9.11).

Outra categoria de fármacos anti-HIV é representada por um único fármaco, o enfuvirtide, um **inibidor de fusão** composto por um peptídeo sintético de 36 aminoácidos que se liga à proteína de membrana gp41 do HIV (Tabela 27.6 e Seção 29.14). A ligação do enfuvirtide à proteína gp41 bloqueia as modificações conformacionais necessárias à fusão do HIV com as membranas dos linfócitos T, impedindo, assim, a infecção das células pelo HIV.

### Outros fármacos antivirais

Uma categoria de fármacos limita efetivamente as infecções pelo vírus da gripe. Os inibidores de neuraminidase, oseltamivir (Tamiflu®) e zanamivir (Relenza®), bloqueiam o sítio ativo da neuraminidase dos vírus *influenza* A e B, inibindo a liberação dos vírus pelas células infectadas. Zanamivir é utilizado apenas no tratamento da gripe, enquanto oseltamivir é utilizado tanto no tratamento quanto na profilaxia (Tabela 27.6).

A *interferência viral* é um fenômeno em que a infecção por um vírus interfere com a infecção subsequente por outro vírus. Várias proteínas pequenas denominadas interferons são responsáveis pela interferência. **Interferons** são proteínas pequenas da família das citocinas (Seção 26.10) que impedem a multiplicação viral, estimulando a produção de proteínas antivirais em células não infectadas. Interferons são produzidos em resposta a vírus vivos, vírus inativados e ácidos nucleicos virais. Interferons são produzidos em grandes quantidades por células infectadas por vírus de baixa virulência, porém no caso de vírus altamente virulentos a síntese proteica do hospedeiro é inibida antes do interferon ser produzido, reduzindo significativamente a produção desta citocina. Os interferons são também induzidos por moléculas de RNA de dupla-fita (RNAdf). Na natureza, o RNAdf é encontrado apenas em células infectadas por vírus, como a forma replicativa de vírus de RNA, como os rinovírus (vírus do resfriado) (Seção 29.7); o RNAdf do vírus infectante atua como um sinal para a produção de interferon pela célula animal.

Os interferons têm atividades *hospedeiro-específicas*, e não *vírus-específicas*. Isto é, o interferon produzido por um membro de uma espécie reconhece receptores específicos somente em células da mesma espécie. Como resultado, o interferon produzido pelas células de um animal em resposta, por exemplo, a um rinovírus poderia também inibir a multiplicação, por exemplo, de um vírus *influenza* em células da mesma espécie, mas não apresenta efeito na multiplicação de qualquer vírus, incluindo rinovírus, em células de outra espécie animal.

A utilidade clínica dos interferons depende da nossa capacidade de promover a liberação do interferon em áreas localizadas do hospedeiro, por meio de injeções ou aerossóis, para estimular a produção de proteínas antivirais nas células não infectadas. Alternativamente, sinais apropriados de estimulação de interferons, como nucleotídeos virais, vírus não virulentos ou até mesmo nucleotídeos sintéticos quando administrados às células hospedeiras antes da infecção viral, podem estimular a produção natural de interferon.

**MINIQUESTIONÁRIO**

- Por que existem relativamente poucos agentes quimioterápicos antivirais eficazes? Por que tais agentes não são utilizados no tratamento de doenças virais comuns, como os resfriados?
- Que etapas do processo de maturação viral são inibidas por análogos nucleosídicos? E pelos inibidores de protease? E por interferons?

## 27.16 Fármacos antifúngicos

Assim como os vírus, os fungos representam problemas especiais para o desenvolvimento de quimioterápicos. Uma vez que os fungos pertencem ao domínio *Eukarya*, os agentes antifúngicos que afetam as vias metabólicas dos fungos frequentemente afetam as vias correspondentes das células hospedeiras, tornando-os tóxicos. Como resultado, muitos fármacos antifúngicos podem ser utilizados apenas em aplicações tópicas (superficiais). Entretanto, alguns têm toxicidade seletiva para fungos, uma vez que são dirigidos contra estruturas ou processos metabólicos específicos dos fungos. Os fármacos fungo-específicos vêm exibindo importância crescente à medida que as infecções fúngicas em indivíduos imunodeprimidos estão se tornando mais prevalentes (Seções 32.1 e 32.2).

Os inibidores de ergosterol abrangem dois tipos de compostos antifúngicos que atuam por meio da interação com o ergosterol ou inibição de sua síntese (**Tabela 27.7**). Nas membranas citoplasmáticas dos fungos, o ergosterol substitui o colesterol encontrado nas membranas citoplasmáticas de animais. Os inibidores de ergosterol incluem os antibióticos *polienos*, um grupo de fármacos antifúngicos produzidos por espécies de *Streptomyces*. Os polienos ligam-se especificamente ao ergosterol, alterando as atividades da membrana, promovendo sua permeabilização e a morte celular (**Figura 27.32**).

Os *azóis* e as *alilaminas* constituem um segundo grupo de fármacos antifúngicos funcionais que afetam o ergosterol. Eles atuam inibindo seletivamente a biossíntese do ergosterol e, por isso, têm atividade antifúngica de amplo espectro. O tratamento com azóis resulta em membranas citoplasmáticas fúngicas anormais, que provocam danos e alterações críticas nas funções de transporte através da membrana. As alilaminas também inibem a biossíntese do ergosterol, no entanto elas são restritas ao uso tópico, pois não são prontamente captadas por células e tecidos animais.

As equinocandinas são inibidoras de parede celular e atuam inibindo a atividade da 1,3 β-D-glucano sintase, a enzima que forma os polímeros de β-glucano da parede celular fúngica (Figura 27.32 e Tabela 27.7). Uma vez que as células de mamíferos não apresentam 1,3 β-D-glucano sintase (ou paredes celulares), a ação desses agentes é específica, resultando na morte seletiva das células fúngicas. Esses agentes são utilizados no tratamento de infecções por fungos, como *Candida* e alguns fungos resistentes a outros agentes (Seção 32.1).

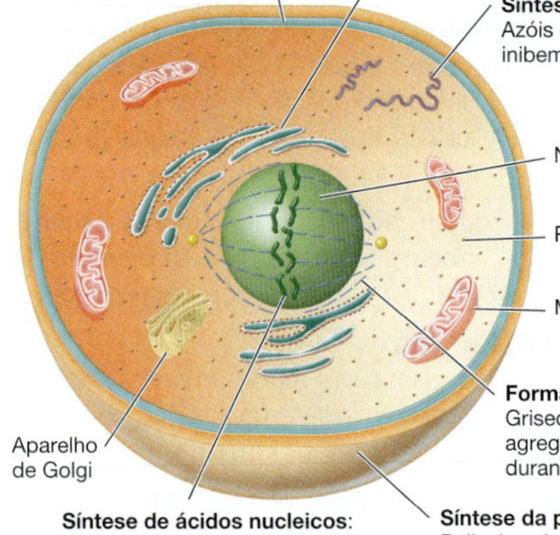


**Figura 27.32** **Ação de alguns agentes quimioterápicos antifúngicos.** Os agentes antibacterianos tradicionais geralmente são ineficazes porque os fungos são células eucarióticas. Os alvos da membrana e parede celular, aqui ilustrados, são estruturas exclusivas, não sendo encontrados em células de hospedeiros vertebrados.

As paredes celulares de fungos também contêm quitina, um polímero de *N*-acetilglicosamina, encontrado somente em fungos e insetos. Diversas polioxinas inibem a síntese da parede celular, interferindo na biossíntese de quitina. As polioxinas são amplamente utilizadas como fungicidas agrícolas, porém não são usadas clinicamente.

Outros fármacos antifúngicos inibem a biossíntese de folato, interferem com a topologia do DNA durante a replicação ou, como no caso de fármacos como a griseofulvina, bloqueiam a agregação dos microtúbulos, durante a mitose. Além disso, o análogo de ácido nucleico, 5-fluorocitosina (flucitosina), é um potente inibidor da síntese de ácidos nucleicos em fungos. Alguns fármacos antifúngicos bastante eficientes também têm outras aplicações. Por exemplo, a vincristina e

**Tabela 27.7** Agentes antifúngicos

| *Categoria* | *Alvo* | *Exemplos* | *Uso* |
|---|---|---|---|
| Alilaminas | Síntese de ergosterol | Terbenafina | Oral, tópico |
| Antibiótico aromático | Inibidor de mitose | Griseofulvina | Oral |
| Azóis | Síntese de ergosterol | Clotrimazol<br>Fluconazol<br>Itraconazol<br>Cetoconazol<br>Miconazol<br>Posoconazol | Tópico<br>Oral<br>Oral<br>Oral<br>Tópico<br>Experimental |
| Inibidor de síntese de quinina | Síntese de quitina | Nicomicina Z | Experimental |
| Equinocandinas | Síntese da parede celular | Caspofungina | Intravenoso |
| Análogos de ácido nucleico | Síntese de DNA | 5-fluorocitosina | Oral |
| Polienos | Síntese de ergosterol | Anfotericina B<br>Nistatina | Oral, intravenoso<br>Oral, tópico |
| Polioxinas | Síntese de quitina | Polioxina A<br>Polioxina B | Agrícola<br>Agrícola |

a vinblastina são agentes antifúngicos eficazes, apresentando também propriedades antineoplásicas.

De modo previsível, o uso de fármacos antifúngicos resultou no surgimento de populações de fungos resistentes, assim como de "novos" patógenos fúngicos oportunistas. Por exemplo, espécies de *Candida*, normalmente não patogênicas, atualmente provocam doenças em indivíduos imunodeprimidos. Estas infecções por *Candida* resistentes aos fármacos agora se desenvolvem em indivíduos tratados com fármacos antifúngicos e, atualmente, são resistentes a múltiplos agentes antifúngicos de uso corrente (ver Figura 27.35).

**MINIQUESTIONÁRIO**

- Por que existem tão poucos agentes antifúngicos clinicamente eficazes?
- Que fatores estão contribuindo para o aumento de infecções fúngicas?

# V • Resistência a fármacos antimicrobianos

A **resistência aos fármacos antimicrobianos** consiste na capacidade adquirida por um organismo de resistir aos efeitos de um agente quimioterápico, ao qual ele é normalmente suscetível. Nenhum antibiótico, individualmente, inibe todos os microrganismos, e algumas formas de resistência são uma propriedade inerente de praticamente todos os microrganismos.

## 27.17 Mecanismos de resistência e disseminação

Conforme discutimos, os produtores de antibióticos são microrganismos e sabemos que os genes que codificam a resistência estão presentes em praticamente todos os organismos que produzem antibióticos. A resistência disseminada aos fármacos antimicrobianos é rotineiramente transmitida por meio da transferência gênica horizontal e entre os microrganismos. Assim, por várias razões distintas, alguns microrganismos são resistentes a certos antibióticos.

### Mecanismos de resistência

Alguns exemplos específicos de resistência bacteriana aos antibióticos são apresentados na **Tabela 27.8**. Sítios de modificação enzimática de alguns antibióticos selecionados são apresentados na **Figura 27.33**. A resistência aos antibióticos pode ser codificada geneticamente pelo microrganismo, quer pelo cromossomo bacteriano quer por um plasmídeo, denominado *plasmídeo R* (de *resistência*) (Seção 4.3) (Tabela 27.8). Em virtude da ampla resistência aos antibióticos atuais e à contínua emergência de novas resistências, patógenos isolados a partir de espécimes clínicos devem ser submetidos aos testes de sensibilidade aos antibióticos para assegurar o tratamento apropriado de uma infecção (Seção 27.5).

A maioria das bactérias resistentes a fármacos isolados de pacientes possui genes de resistência a fármacos localizados nos plasmídeos R horizontalmente transmissíveis, e não no cromossomo. Os plasmídeos R codificam enzimas que modificam e inativam o fármaco (Figura 27.33), ou possuem genes que codificam enzimas que impedem a captação do fármaco ou ainda que o bombeiam ativamente para fora. Por exemplo, bactérias que carreiam plasmídeos R que codificam resistência ao aminoglicosídeo estreptomicina sintetizam enzimas que fosforilam, acetilam ou adenilam o fármaco. O fármaco modificado perde, então, a atividade antibiótica.

No caso das penicilinas, os plasmídeos R codificam a enzima *β-lactamase*, que cliva o anel β-lactâmico, inativando o antibiótico (Figura 27.33). A resistência ao cloranfenicol é decorrente de uma enzima codificada pelo plasmídeo R que acetila o antibiótico. Os plasmídeos R podem conter vários genes diferentes de resistência, podendo conferir resistência a múltiplos antibióticos a uma célula anteriormente sensível a cada antibiótico individualmente.

Os plasmídeos R e os genes de resistência são anteriores à utilização generalizada dos antibióticos. Uma linhagem de *Escherichia coli* congelada e desidratada em 1946 continha um plasmídeo com genes conferindo resistência à tetraciclina e estreptomicina, embora nenhum desses antibióticos tenha sido utilizado clinicamente, a não ser vários anos mais tarde. Similarmente, os genes de resistência a penicilinas semissintéticas em plasmídeos R existiam antes das mesmas terem sido sintetizadas. Outro estudo avaliou subsolos congelados de 30.000 anos de idade e encontrou genes bacterianos para β-lactamases, bem como genes de resistência a tetraciclina e a vancomicina. A conclusão inevitável é que o uso humano e veterinário de antibióticos não produz resistência, mas sim seleciona microrganismos com mecanismos de resistência preexistentes.

Possivelmente, o fato de maior importância ecológica tenha sido a descoberta de plasmídeos R com genes de resistência a antibióticos em muitas bactérias gram-negativas de solo não patogênicas. Enquanto o papel ecológico dos antibióticos e dos plasmídeos R na natureza é puramente especulativo – as concentrações de antibióticos em ambientes naturais são tão bai-

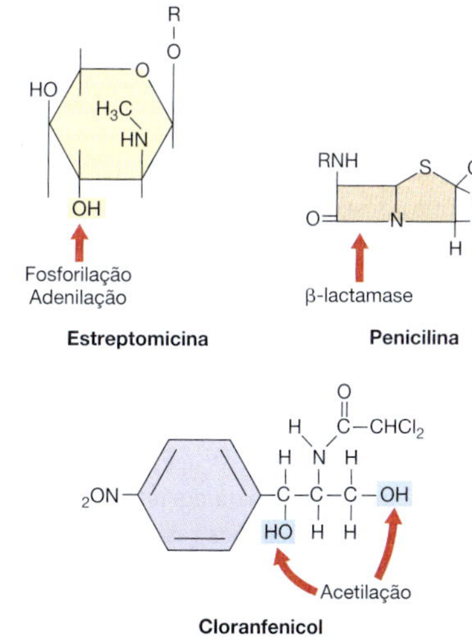


**Figura 27.33 Sítios onde os antibióticos são modificados por enzimas codificadas por plasmídeos R.** Os antibióticos podem ser seletivamente inativados por modificação química ou clivagem. Ver, na Figura 27.27, a estrutura completa da estreptomicina, e, na Figura 27.25, a da penicilina.

**Tabela 27.8 Mecanismos de resistência bacteriana aos antibióticos**

| *Mecanismo de resistência* | *Exemplo de antibiótico* | *Base genética da resistência* | *Mecanismo presente em:* |
|---|---|---|---|
| Redução da permeabilidade | Penicilinas | Cromossômica | *Pseudomonas aeruginosa*<br>Bactérias entéricas |
| Inativação do antibiótico<br>Exemplos: β-lactamases; enzimas modificadoras, tais como metilases, acetilases, fosforilases e outras | Penicilinas | Plasmidial e cromossômica | *Staphylococcus aureus*<br>Bactérias entéricas |
| | Cloranfenicol | Plasmidial e cromossômica | *Neisseria gonorrhoeae*<br>*Staphylococcus aureus* |
| | Aminoglicosídeos | Plasmidial | Bactérias entéricas<br>*Staphylococcus aureus* |
| Alteração do alvo<br>Exemplos: RNA-polimerase, rifamicina; ribossomo, eritromicina e estreptomicina; DNA-girase, quinolonas | Eritromicina | Cromossômica | *Staphylococcus aureus* |
| | Rifamicina | | Bactérias entéricas |
| | Estreptomicina | | Bactérias entéricas |
| | Norfloxacino | | Bactérias entéricas<br>*Staphylococcus aureus* |
| Desenvolvimento de uma via bioquímica resistente | Sulfonamidas | Cromossômica | Bactérias entéricas<br>*Staphylococcus aureus* |
| Efluxo (bombeamento para fora da célula) | Tetraciclinas | Plasmidial | Bactérias entéricas |
| | Cloranfenicol | Cromossômica | *Staphylococcus aureus*<br>*Bacillus subtilis* |
| | Eritromicina | Cromossômica | *Staphylococcus* |

xas que não representam ameaça para as bactérias vizinhas –, alguns pesquisadores sugerem que os antibióticos atuam como moléculas de sinalização entre as células vizinhas. Independente de sua real função é evidente que os genes de resistência a antibióticos surgiram em bactérias muito antes destes fármacos terem sido utilizados na medicina clínica. Estes genes de ocorrência natural têm sido fortemente selecionados por volta dos últimos 80 anos, pelo uso regular dos antibióticos na medicina humana e veterinária e em certas atividades agrícolas.

## Disseminação da resistência aos fármacos antimicrobianos

O uso extensivo de antibióticos na medicina, veterinária e agricultura propicia condições altamente seletivas para a disseminação de plasmídeos R com genes de resistência que conferem uma vantagem seletiva imediata. Os plasmídeos R e outras fontes de genes de resistência constituem-se em limitações significativas ao uso, a longo prazo, de qualquer antibiótico como agente quimioterápico eficaz.

O uso inadequado de fármacos antimicrobianos é a principal causa do rápido desenvolvimento de resistência específica a estes em microrganismos causadores de doenças. A descoberta e o uso clínico de vários antibióticos conhecidos foram concomitantes à emergência de bactérias a eles resistentes. A **Figura 27.34** apresenta uma correlação entre a quantidade e os tipos de antibióticos utilizados, e o número e o fenótipo de bactérias resistentes a cada antibiótico.

O uso excessivo de antibióticos acelera o surgimento de resistência. O uso de antibióticos na agricultura correlaciona-se com o aparecimento de infecções resistentes a antibióticos em seres humanos (Figura 27.34*a*). O uso indiscriminado e não medicinal dos antibióticos também contribui para a emergência de linhagens resistentes. Além da sua utilização convencional no tratamento de infecções, os antibióticos são utilizados na agricultura como suplementos de rações animais, tanto como substâncias promotoras de crescimento quanto como aditivos profiláticos para impedir a ocorrência de doenças. Em escala mundial, cerca de 50% de todos os antibióticos produzidos são utilizados com finalidades agropecuárias. Em um estudo na China, estercos provenientes de granjas de suínos que utilizam antibióticos foram testados para a presença de genes de resistência, utilizando matrizes de PCR; os ensaios detectaram 149 genes de resistência únicos. Os genes mais prevalentes foram enriquecidos 28.000 vezes em comparação com fazendas ou solos livres de antibióticos. Além disso, o próprio esterco ainda continha antibióticos residuais, aumentando ainda mais a seleção potencial para os genes de resistência fora do hospedeiro animal.

As fluoroquinolonas de amplo espectro, como o ciprofloxacino, têm sido intensamente utilizadas há mais de 20 anos na agricultura, como agentes promotores de crescimento e profiláticos. Como resultado, linhagens de *Campylobacter jejuni* resistentes a fluoroquinolonas emergiram como patógenos transmitidos por alimentos em aves domésticas (⇄ Seção 31.12), provavelmente devido ao tratamento de rotina de granjas avícolas com fluoroquinolonas para a prevenção de doenças respiratórias. Diretrizes voluntárias utilizadas por avicultores e produtores de fármacos visam monitorar e reduzir o uso de fluoroquinolonas, com o objetivo de prevenir o desenvolvimento de resistência a novas fluoroquinolonas.

Cada vez mais, a prescrição de um agente antimicrobiano para o tratamento de uma infecção em particular deve ser alterada, devido à maior resistência do microrganismo causador da doença. Um exemplo clássico é o desenvolvimento de resistência à penicilina e a outros fármacos antimicrobianos por *Neisseria gonorrhoeae*, a bactéria causadora da gonorreia, uma doença sexualmente transmissível (Figura 27.34*b*). A penicilina, amplamente utilizada até depois de 1980, foi substituída pelo ciprofloxacino, porém o seu uso efetivo para o tratamento da gonorreia em populações selecionadas durou apenas cerca de 10 anos, o que levou a uma alteração nas recomendações de tratamento para esta doença, para a utilização de um antibiótico β-lactâmico resistente à penicilinase, a ceftriaxona (Figura 27.34*c*). As orientações de tratamento são atualizadas praticamente a

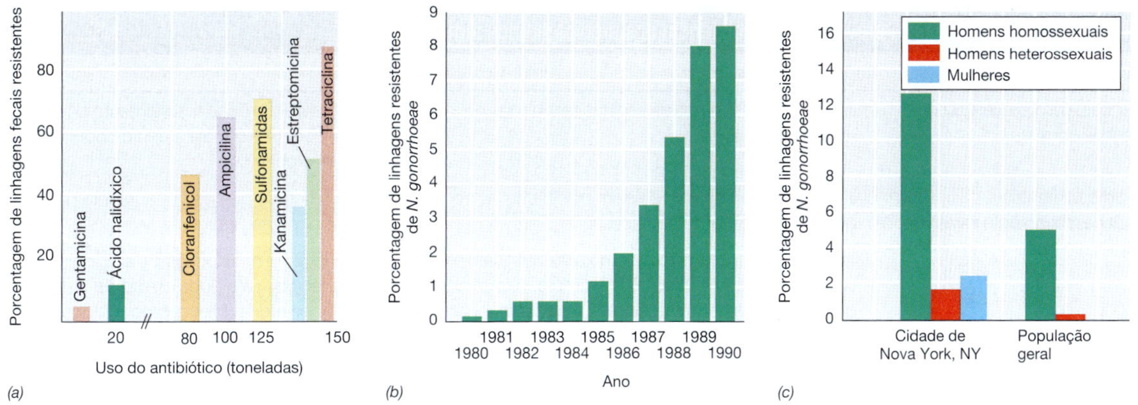


**Figura 27.34 Padrões de resistência a fármacos observados em patógenos.** *(a)* Relação entre o uso do antibiótico e a porcentagem de bactérias resistentes ao antibiótico, isoladas de pacientes diarreicos. Os agentes utilizados em maior quantidade, conforme indicado pela quantidade produzida comercialmente, correspondem àqueles aos quais linhagens resistentes ao fármaco são mais frequentes. *(b)* Porcentagem de casos relatados de gonorreia, provocados por linhagens resistentes aos fármacos. O número real de casos de resistência a fármacos relatados em 1985 foi de 9.000. Esse número aumentou para 59.000, em 1990. Mais de 95% dos casos relatados de resistência aos fármacos são decorrentes de linhagens de *Neisseria gonorrhoeae* produtoras de penicilinase. Desde 1990, a penicilina não é mais recomendada para o tratamento da gonorreia, em razão do surgimento da resistência a ela. *(c)* Prevalência de *Neisseria gonorrhoeae* resistentes à fluoroquinolona em determinadas populações dos Estados Unidos, em 2003. A fluoroquinolona ciprofloxacino não é mais recomendada como fármaco principal de escolha para o tratamento de infecções por *N. gonorrhoeae*.

cada ano, a fim de controlar o surgimento contínuo de resistência ao fármaco em *Neisseria gonorrhoeae* (Seção 29.12).

Os antibióticos ainda são excessivamente utilizados na prática clínica. O tratamento com antibióticos é justificado em cerca de 20% dos indivíduos que procuram tratamento em decorrência de doenças infecciosas, no entanto, os antibióticos são prescritos em quase 80% dos casos. Além disso, as doses prescritas ou a duração do tratamento não são corretas em cerca de 50% dos casos. Esses fatos somam-se à desobediência do paciente: muitos pacientes interrompem o uso da medicação, especialmente os antibióticos, tão logo apresentam melhoras. Por exemplo, o surgimento da tuberculose resistente à isoniazida está relacionada com a falha do paciente em tomar a medicação oral diariamente pelo período completo de 6 a 9 meses (Seção 29.4). A exposição de patógenos virulentos a doses subletais de antibióticos por períodos de tempo inadequados seleciona linhagens resistentes ao fármaco. Todavia, outros estudos recentes indicam que essa tendência está se modificando nos Estados Unidos. Os médicos prescrevem cerca de um terço menos de antibióticos para o tratamento de infecções em crianças do que no ano 2000. Essa redução resulta principalmente dos esforços visando educar médicos, profissionais da área de saúde e pacientes quanto ao uso adequado de terapia antibiótica.

## Patógenos resistentes a antibióticos

Especialmente devido a falhas no uso apropriado de antibióticos e no monitoramento da resistência, muitos microrganismos patogênicos desenvolveram resistência a alguns agentes quimioterápicos, desde que a quimioterapia antimicrobiana passou a ser amplamente utilizada, nos anos 1950 (**Figura 27.35**). As penicilinas e sulfas, os primeiros agentes quimioterápicos largamente utilizados, atualmente não são intensamente empregados, devido ao grande número de patógenos resistentes. Mesmo organismos com sensibilidade uniforme à penicilina, como *Streptococcus pyogenes* (a bactéria causadora da faringite estreptocóccica, escarlatina e febre reumática, Seção 29.2), atualmente requerem doses significativamente maiores de penicilina para um tratamento bem-sucedido.

Alguns patógenos desenvolveram resistência a todos os agentes antimicrobianos conhecidos (Figura 27.35). Entre eles há vários isolados de *Staphylococcus aureus* resistentes à meticilina (MRSA; meticilina é uma penicilina semissintética) (Seção 27.9). Embora MRSA seja geralmente associada a ambientes hospitalares, também causa quantidades significativas de infecções associadas à comunidade. Um número crescente de linhagens MRSA derivadas independentemente desenvolveu menor sensibilidade até mesmo à vancomicina, sendo tais linhagens referidas como "*Staphylococcus aureus* vancomicina intermediárias" (VISA, *vancomycin intermediate Staphylococcus aureus*).

*Enterococcus faecium* resistentes à vancomicina (VRE, *vanconycin-resistant Enterococcus faecium*) e alguns isolados

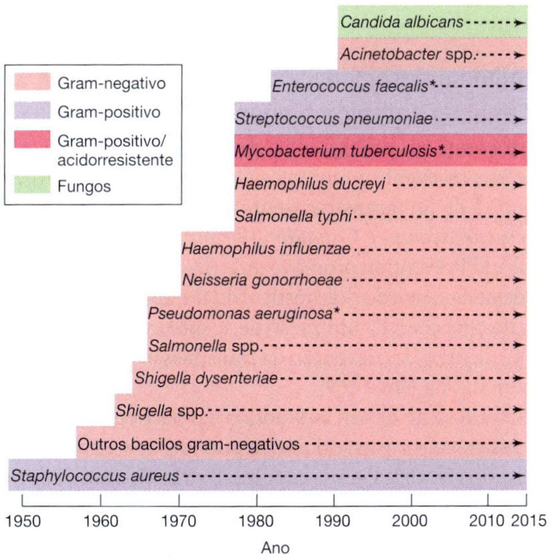


**Figura 27.35 O surgimento da resistência aos fármacos antimicrobianos em alguns patógenos de seres humanos.** Os asteriscos indicam que algumas linhagens destes patógenos atualmente não podem ser tratadas com os fármacos antimicrobianos conhecidos.

**Tabela 27.9 Diretrizes para a prevenção da resistência aos medicamentos antimicrobianos**

| *Diretiva* | *Ações/exemplos* | *Análise* |
|---|---|---|
| Vacinação para a prevenção de doenças comuns | Imunizar com DPT e outras vacinas requeridas e recomendadas | A imunização previne o surgimento de doenças que podem exigir tratamento com fármacos antimicrobianos |
| Evitar procedimentos desnecessariamente invasivos | Evitar cateteres, biópsias, e assim por diante, a menos que seja absolutamente necessário | Procedimentos parenterais aumentam o risco de exposição ao patógeno |
| Identificar e visar o patógeno | Utilizar o antibiótico que tem como alvo seletivamente o patógeno de interesse. Por exemplo, o tratamento da infecção de garganta estreptocócica deve ser feito com penicilina, em vez de eritromicina | A exposição a antibióticos de amplo espectro é desnecessária e pode prejudicar a microbiota local, levando à infecção por patógenos oportunistas |
| Tratamento com o antimicrobiano efetivo mais antigo | Por exemplo, o tratamento de infecções de garganta estreptocócicas com penicilina em vez de vancomicina | O tratamento com os antimicrobianos mais novos aumenta o potencial de seleção de resistência |
| Monitorar o uso de antimicrobianos | Interromper o tratamento após o tempo prescrito | O tratamento desnecessário aumenta o potencial de seleção de resistência a antibióticos |
| Quebrar a cadeia de transmissão | Isolar os pacientes, quando viável, e manter boas práticas de limpeza e higiene pessoal | Reduzindo o contato com os pacientes doentes e praticando uma boa higiene, limita-se o potencial de contaminação cruzada dos profissionais de saúde e dos pacientes |
| Procurar especialistas | Consultar equipes de controle de infecções associadas aos cuidados de saúde | A informação oriunda de especialistas locais pode auxiliar na seleção da melhor terapia antibiótica |

de *Mycobacterium tuberculosis* e *Candida albicans* também desenvolveram resistência a todos os fármacos antimicrobianos conhecidos. A resistência aos antibióticos pode ser minimizada se os fármacos forem utilizados somente no tratamento de doenças suscetíveis, sendo administrados em doses altas o suficiente e por períodos de tempo suficientes para a redução da população microbiana, antes do desenvolvimento de mutantes resistentes. O uso combinado de dois agentes quimioterápicos não relacionados também pode reduzir a resistência; é menos provável que uma linhagem mutante resistente a um dos antibióticos seja resistente também ao segundo antibiótico. No entanto, determinados plasmídeos R comuns conferem resistência a múltiplos fármacos, tornando a terapia com múltiplos antibióticos menos eficaz como estratégia de tratamento clínico.

## Prevenindo o desenvolvimento de resistência aos fármacos antimicrobianos

Para prevenir a emergência futura de *Mycobacterium tuberculosis* resistente a múltiplos fármacos (MDR, *multi-drug-resistant*) e de linhagens resistentes de *Staphylococcus aureus*, *Enterococcus faecium* e *Candida albicans*, o Centers for Disease Control and Prevention promove diretrizes salientando a importância da prevenção, do diagnóstico, do tratamento rápido e conclusivo de infecções, da utilização de agentes antimicrobianos de forma prudente e da prevenção da transmissão do patógeno, que são resumidas na **Tabela 27.9**.

Se a utilização de um antibiótico em particular é interrompida, a resistência a este antibiótico pode ser revertida, pelo menos temporariamente, em um curso de vários anos. Por outro lado, organismos resistentes a antibióticos podem persistir, por exemplo, no intestino, durante algum tempo. Isso implica que a eficácia de alguns antibióticos pode ser restabelecida mediante a retirada do antibiótico de circulação, porém um plano cuidadosamente monitorado e prudente de reintrodução do fármaco, para uso futuro na prevenção da recorrência de resistência, deve ser seguido. Finalmente, como discutiremos a seguir, novos agentes antimicrobianos estão sendo desenvolvidos.

**MINIQUESTIONÁRIO**

- Identifique os seis mecanismos básicos da resistência a antibióticos entre as bactérias.
- Que medidas práticas estimulam o surgimento de patógenos resistentes aosantibióticos?

## 27.18 Novos fármacos antimicrobianos

A resistência a todos os fármacos antimicrobianos conhecidos eventualmente se desenvolverá. O uso conservador e adequado dos antibióticos pode prolongar ou restituir a vida clínica útil desses fármacos, porém a solução para a resistência microbiana em longo prazo consiste na descoberta ou construção de novos fármacos antimicrobianos.

Os candidatos a fármacos antimicrobianos devem então ser testados quanto à sua eficácia e toxicidade em animais e, finalmente, em ensaios clínicos em seres humanos. Todo este processo, desde a descoberta até os ensaios clínicos em laboratório e em seres humanos, demanda normalmente de 10 a 25 anos até sua aprovação para o uso clínico. A cada ano, a indústria farmacêutica gasta até 4 bilhões de dólares no desenvolvimento de novos fármacos antimicrobianos, e para cada novo fármaco aprovado para o uso em seres humanos, é necessário um investimento industrial de cerca de 500 milhões de dólares.

### O desenvolvimento de fármacos

Novos análogos de compostos antimicrobianos existentes são frequentemente eficazes, uma vez que os novos compostos têm o mesmo mecanismo comprovado de ação. O análogo pode, na verdade, ser mais efetivo do que o composto original e, devido ao fato de que a resistência se baseia no reconhecimento estrutural, os análogos podem não ser reconhecidos por fatores de resistência. Por exemplo, a Figura 27.29

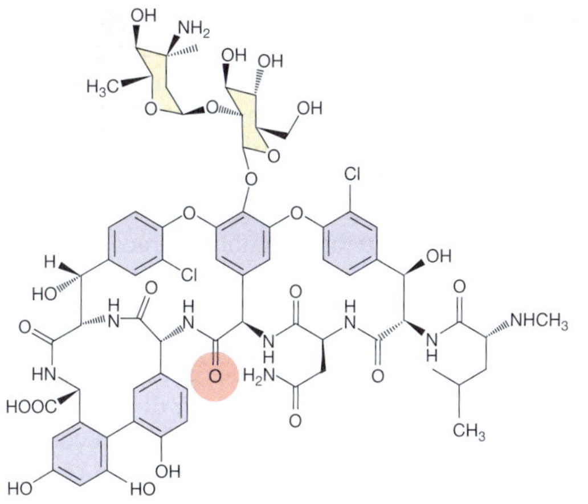


**Figura 27.36** **Vancomicina.** A resistência intermediária à estrutura parental da vancomicina surgiu em anos recentes. No entanto, a modificação na posição ilustrada em vermelho, pela substituição do grupo metileno (=$CH_2$) pelo oxigênio carbonil restaura parte da atividade perdida. Assim como a penicilina, a vancomicina atua prevenindo a ligação cruzada do peptidoglicano e é mais efetiva contra patógenos Gram-positivos.

apresenta a estrutura da tetraciclina. Utilizando a tetraciclina natural como o composto precedente, substituições químicas sistemáticas nos quatros sítios do grupo R podem gerar uma série praticamente interminável de análogos de tetraciclina. Usando esta estratégia básica foram sintetizados os análogos semissintéticos da tetraciclina, os antibióticos β-lactâmicos (Seção 27.13) e a vancomicina (**Figura 27.36**).

Compostos antimicrobianos novos são muito mais difíceis de serem identificados do que os análogos de fármacos existentes, uma vez que compostos antimicrobianos novos devem atuar em sítios únicos do metabolismo ou serem estruturalmente diferentes dos compostos existentes, a fim de evitar a indução de mecanismos de resistência conhecidos. As técnicas de tecnologia computacional e biologia estrutural tornaram possível o desenho de novos fármacos, maximizando a sua ligação e eficácia em um ambiente virtual, com custos relativamente baixos.

Um dos sucessos mais significativos no desenho computacional de novos fármacos é o desenvolvimento do *saquinavir*, um inibidor de protease utilizado para retardar o crescimento do vírus da imunodeficiência humana (HIV) em indivíduos infectados (**Figura 27.37**). O saquinavir liga-se ao sítio ativo da protease do HIV. A estrutura do fármaco foi desenhada com base no conhecimento da estrutura tridimensional do complexo protease-substrato. A protease do HIV normalmente cliva uma proteína precursora codificada pelo vírus, originando o cerne viral maduro e ativando a enzima transcriptase reversa, necessária à replicação (Seções 8.10 e 9.11). O saquinavir é um análogo peptídico de alta afinidade da proteína precursora do HIV, que desloca o substrato da proteína original, inibindo a maturação do vírus. Vários outros inibidores de protease computacionalmente desenvolvidos estão sendo utilizados como fármacos quimioterápicos no tratamento do HIV/Aids.

## Novos alvos para os antibióticos

Biomoléculas isoladas a partir de fontes naturais, como culturas de *Streptomyces* ou *Penicillium*, foram candidatos tradicionais a fármacos antimicrobianos, sendo sistematicamente

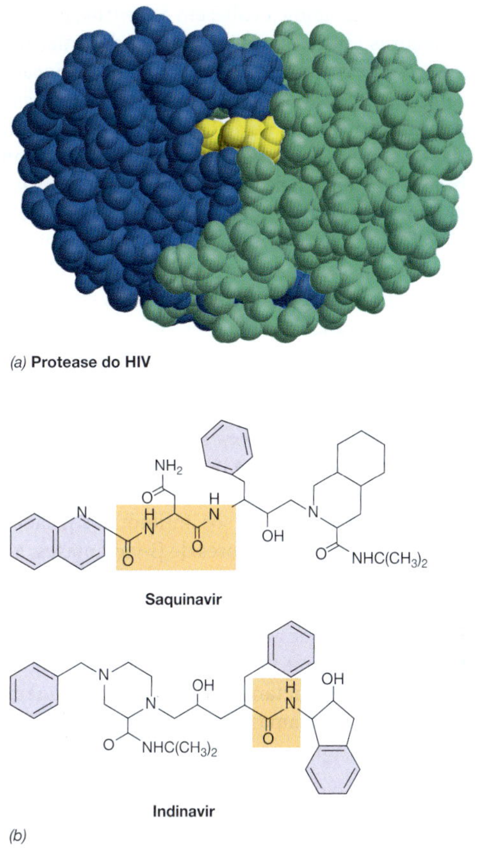


**Figura 27.37** **Fármacos anti-HIV gerados por computador.** *(a)* O homodímero da protease do HIV. As cadeias polipeptídicas individuais estão ilustradas em verde e azul. Um peptídeo (em amarelo) encontra-se ligado ao sítio ativo. A protease do HIV cliva uma proteína precursora do HIV, uma etapa necessária à maturação viral. O bloqueio do sítio da protease pelo peptídeo apresentado inibe o processamento do precursor e a maturação do HIV. Esta estrutura é derivada de informações disponibilizadas no Protein Data Bank. *(b)* Estes fármacos anti-HIV são análogos de peptídeos, referidos como inibidores de protease, desenvolvidos computacionalmente para bloquear o sítio ativo da protease do HIV. As regiões destacadas em laranja apresentam as regiões análogas às ligações peptídicas nas proteínas.

analisados quanto à atividade antimicrobiana. Estas fontes e seus derivados semissintéticos isolados por meio dos métodos de química combinatória e desenvolvimento computacional, discutidos anteriormente, estão extensivamente esgotadas.

Uma chave para superar este problema é a escolha de antibióticos que interagem com alvos que são relativamente inexplorados. Uma segunda solução é aumentar a sensibilidade dos ensaios, para selecionar antibióticos que são produzidos em quantidades menores do que aqueles reconhecidos pelos métodos tradicionais de teste de sensibilidade a antibióticos. A platensimicina (Figura 27.31) foi descoberta utilizando estes princípios. Primeiramente, a platensimicina é o primeiro fármaco antimicrobiano direcionado a interromper a biossíntese de lipídeos bacterianos. É especialmente ativa contra patógenos gram-positivos, incluindo estafilococos e enterococos resistentes a fármacos. Para selecionar um agente como um alvo definido, neste caso uma enzima da via biossintética de lipídeos de bactérias gram-positivas, os cientistas reduziram a quantidade da molécula lipídica alvo introduzindo um defeito no gene da sintase lipídica FabF, em *Staphylococcus aureus*. Os pesquisadores chegaram a isso utilizando uma linhagem capaz de expressar o RNA FabF antissenso (⇄ Seção 7.14). O RNA antissenso gene-específico reduziu a expressão de FabF, diminuindo a síntese de ácidos graxos e aumentando a sensibilidade da linhagem defeituosa de *S. aureus* aos antibióticos inibidores da síntese de ácidos graxos. Após a varredura de 83.000 linhagens de potenciais produtores de antibióticos, os cientistas identificaram e isolaram a platensimicina de um organismo de solo, *Streptomyces platensis*. Este método identifica antibióticos alvo-específicos, presentes em baixas concentrações. Essa estratégia é aplicável a praticamente qualquer alvo cuja sequência gênica (e, consequentemente, a sequência do RNA antissenso correspondente) seja conhecida.

## Combinações de fármacos

A eficácia de alguns antibióticos pode ser preservada se forem administrados em associação com compostos que inibem a resistência aos antibióticos. Diversos antibióticos β-lactâmicos podem ser combinados a inibidores de β-lactamases, a fim de preservar a atividade antibiótica em microrganismos resistentes à β-lactamase. Por exemplo, a ampicilina (Figura 27.25), um antibiótico β-lactâmico de amplo espectro, pode ser associada ao sulbactam (Unasyn) ou ao ácido clavulânico (Augmentin), ambos inibidores de β-lactamase. Os inibidores ligam-se irreversivelmente à β-lactamase, impedindo a degradação da ampicilina. Essa combinação preserva a eficácia da ampicilina sensível à β-lactamase contra produtores de β-lactamase, como estafilococos. Da mesma forma, já mencionamos o uso de sulfametoxazol-trimetroprima (Bactrin), uma mistura de dois inibidores da síntese de ácido fólico, para evitar a perda de eficácia pela mutação e seleção da resistência (Seção 27.11).

As abordagens baseadas em terapia de combinação de fármacos têm revolucionado o tratamento das infecções pelo HIV. Atualmente, uma terapia combinada recomendada consiste em análogos de nucleosídeos e um inibidor de protease. Este protocolo de tratamento com fármacos é denominado HAART, destinado à terapia antirretroviral altamente ativa. Da mesma forma que nos regimes de combinação antimicrobiana, a HAART é projetada para atingir duas funções virais independentes; os análogos de nucleosídeo têm como alvo a replicação viral, e os inibidores de protease têm como alvo a maturação do vírus. Devido ao fato da probabilidade de um único vírus desenvolver resistência a múltiplos fármacos ser inferior à probabilidade de desenvolvimento de resistência a um único fármaco, linhagens HAART-resistentes são relativamente incomuns (⇄ Seção 29.14).

**MINIQUESTIONÁRIO**

- Explique as vantagens e desvantagens do desenvolvimento de novos fármacos com base em análogos de fármacos existentes.
- Identifique outros métodos de desenvolvimento de novos fármacos.

# CONCEITOS IMPORTANTES

**27.1** • A segurança de um laboratório clínico requer treinamento e planejamento para se evitar contaminação e possíveis infecções dos profissionais do laboratório. Precauções e procedimentos específicos, proporcionais ao risco de infecção por um determinado agente, designados por níveis de biossegurança (NBS), devem estar instituídos no local para se lidar com materiais contaminados e amostras de pacientes.

**27.2** • Os pacientes em unidades de saúde são excepcionalmente suscetíveis a doenças infecciosas, devido à sua saúde debilitada e uma potencial exposição a vários patógenos no local. Muitas infecções associadas aos cuidados de saúde são resistentes a fármacos.

**27.3** • Técnicas apropriadas de amostragem, observação e cultura são necessárias para se isolar e identificar patógenos potenciais. A seleção das técnicas requer um conhecimento acerca da ecologia, fisiologia e metabolismo dos patógenos suspeitos.

**27.4** • A maioria dos patógenos apresenta padrões metabólicos únicos quando cultivados em meios diferenciais e seletivos especializados. Padrões dependentes de cultivo fornecem informações essenciais para a identificação precisa do patógeno.

**27.5** • Patógenos isolados a partir de amostras clínicas são frequentemente testados para a suscetibilidade a antibióticos, para se assegurar uma terapia antibiótica adequada. O teste é baseado na concentração inibidora mínima de um agente, necessária para inibir completamente o crescimento de um patógeno.

**27.6** • Uma resposta imune é comumente o resultado natural de uma infecção. Respostas imunes específicas envolvendo um aumento nos títulos de anticorpos e ensaios cutâneos positivos mediados por células T podem ser usados para se fornecer evidências de infecções e para se monitorar a convalescença da doença.

**27.7** • Testes de aglutinação diretos são utilizados na determinação de tipos sanguíneos. Ensaios de aglutinação passiva estão disponíveis para a identificação de uma variedade de patógenos e de produtos relacionados a estes. Testes de aglutinação são rápidos, relativamente sensíveis, altamente específicos, de execução simples e de baixo custo.

**27.8** • Anticorpos fluorescentes são usados para uma identificação rápida e precisa de patógenos e outras substâncias antigênicas em amostras de tecido, sangue e outras misturas complexas. Metodologias baseadas em anticorpos fluorescentes podem ser utilizadas na identificação de uma variedade de tipos celulares procarióticos e eucarióticos.

**27.9** • Imunoensaios enzimáticos, testes rápidos e imunoblots são ensaios imunológicos sensíveis e específicos. Estes testes podem ser realizados a fim de se detectar anticorpos ou antígenos, para o diagnóstico de infecções por um grande número de agentes patogênicos.

**27.10** • Métodos de amplificação de ácidos nucleicos (PCR) são aplicados como ferramentas diagnósticas extremamente específicas e são utilizadas para um grande número de patógenos. PCRq e técnicas de PCR qualitativo permitem a quantificação e a identificação dos patógenos.

**27.11** • Agentes antimicrobianos sintéticos são seletivamente tóxicos para bactérias, vírus e fungos. Análogos de fatores de crescimento sintéticos são inibidores metabólicos. As quinolonas inibem a ação da DNA-girase em bactérias.

**27.12** • Os antibióticos são compostos antimicrobianos quimicamente diversos produzidos por microrganismos. Embora muitos antibióticos sejam conhecidos, apenas alguns são clinicamente efetivos. Cada antibiótico funciona inibindo um processo celular específico no microrganismo-alvo.

**27.13** • Os antibióticos β-lactâmicos, incluindo as penicilinas e cefalosporinas são as classes mais importantes de antibióticos clínicos. Estes antibióticos e seus derivados semissintéticos têm como alvo a síntese da parede celular em bactérias. Eles possuem baixa toxicidade para o hospedeiro e coletivamente possuem um amplo espectro de atividade.

**27.14** • Os antibióticos aminoglicosídeos, macrolídeos e a tetraciclina seletivamente interferem na síntese de proteínas em bactérias. A daptomicina e a platensimicina são estruturalmente novos antibióticos que têm como alvo funções da membrana citoplasmática e a biossíntese de lipídeos, respectivamente. Estes antibióticos são moléculas estruturalmente complexas produzidas por bactérias e são ativas contra outras bactérias.

**27.15** • Os agentes antivirais seletivamente têm como alvo enzimas e processos específicos do vírus. Agentes úteis neste âmbito incluem os análogos e compostos que inibem polimerases de ácidos nucleicos e a replicação do genoma viral. Os inibidores de protease interferem nas etapas de maturação viral. As células hospedeiras também produzem proteínas interferon antiviral que cessam a replicação viral.

**27.16** • Os agentes antifúngicos que exibem toxicidade seletiva são difíceis de serem descobertos, uma vez que os fungos pertencem ao domínio *Eukarya*, porém alguns agentes antifúngicos efetivos estão disponíveis. O tratamento de infecções fúngicas é uma questão emergente de saúde humana.

**27.17** • Utilização de fármacos antimicrobianos inevitavelmente conduz a uma resistência nos microrganismos-alvo. O desenvolvimento de resistência pode ser acelerado pelo uso indiscriminado dos fármacos. Muitos patógenos desenvolveram resistência aos antimicrobianos de uso comum.

**27.18** • Novos compostos antimicrobianos estão constantemente sendo descobertos e desenvolvidos a fim de se lidar com os patógenos resistentes aos fármacos e para aprimorar a nossa capacidade de tratar doenças infecciosas.



## REVISÃO DOS TERMOS-CHAVE

**Aglutinação** reação entre anticorpos e antígenos ligados a partículas, resultando na formação de agregados visíveis das partículas.

**Aminoglicosídeo** antibiótico, como a estreptomicina, contendo aminoaçúcares unidos por ligações glicosídicas.

**Análogo de fator de crescimento** agente químico que é relacionado e bloqueia a captação de um fator de crescimento.

**Antibiograma** análise que indica a sensibilidade de um microrganismo isolado clinicamente aos antibióticos de uso corrente.

**Antibiótico** substância química produzida por um microrganismo, que mata ou inibe o crescimento de outro microrganismo.

**Antibiótico β-lactâmico** penicilina, ou um antibiótico relacionado, que contém o anel β-lactâmico heterocíclico de quatro membros.

**Antibiótico de amplo espectro** antibiótico que age em bactérias gram-positivas e gram-negativas.

**Anticorpo fluorescente** modificação covalente de uma molécula de anticorpo, por um corante fluorescente, que torna o anticorpo visível sob luz fluorescente.

**Bacteriemia** presença de bactérias no sangue.

**Concentração inibidora mínima (CIM)** a menor concentração de uma substância, necessária para impedir completamente o crescimento microbiano *in vitro.*

**Cultura de enriquecimento** uso de meios de cultura e condições de incubação específicos, visando o isolamento de microrganismos a partir de amostras naturais.

**Especificidade** capacidade de um anticorpo ou um linfócito em reconhecer um único antígeno, ou de um teste diagnóstico em identificar um patógeno específico.

**Imunoblot *(Western blot)*** utilização de anticorpos marcados na detecção de proteínas específicas, após separação por eletroforese e transferência para uma membrana.

**Ensaio imunoenzimático (EIA)** ensaio que utiliza anticorpos acoplados a enzimas na detecção de antígenos ou anticorpos em fluidos corpóreos.

**Inibidor de fusão** peptídeo que bloqueia a fusão do vírus com as membranas citoplasmáticas-alvo.

**Inibidor de protease** inibidor de uma protease viral.

**Inibidor não nucleosídico da transcriptase reversa (NNRTI)** análogo não nucleosídico utilizado para inibir a transcriptase reversa viral.

**Inibidor nucleosídico da transcriptase reversa (NRTI)** análogo nucleosídico utilizado para inibir a transcriptase reversa viral.

**Infecções associadas aos cuidados de saúde (IAC)** infecção local ou sistêmica adquirida por um paciente em uma unidade de saúde, particularmente durante uma estadia no local. Também chamada de *infecção nosocomial.*

**Interferon** citocina proteica produzida por células infectadas por vírus, que induz a transdução de sinal em células próximas, resultando na transcrição de genes antivirais e expressão de proteínas antivirais.

**Meios de uso geral** meios de crescimento que permitem o crescimento da maioria dos organismos aeróbios e aeróbios facultativos.

**Meios diferenciais** meios de crescimento que permitem a identificação de microrganismos com base em suas propriedades fenotípicas.

**Meios enriquecidos** meios que permitem o crescimento de organismos metabolicamente fastidiosos, devido à adição de fatores de crescimento específicos.

**Meios seletivos** meios que favorecem o crescimento de certos organismos enquanto retardam o crescimento de outros, devido à adição de determinados componentes.

**Penicilina** classe de antibióticos que inibem a síntese de parede celular bacteriana, caracterizados por um anel β-lactâmico.

**Quinolona** composto antibacteriano sintético que interage com a DNA-girase, impedindo o superenovelamento do DNA bacteriano.

**Resistência a fármacos antimicrobianos** capacidade adquirida por um microrganismo de resistir aos efeitos de um fármaco antimicrobiano, ao qual ele é normalmente sensível.

**Sensibilidade** a menor quantidade de um antígeno que pode ser detectada por meio de um teste diagnóstico.

**Septicemia (sepse)** infecção do sangue.

**Sorologia** estudo das reações antígeno-anticorpo *in vitro*.

**Tetraciclina** antibiótico caracterizado pela presença da estrutura de anel naftaceno de quatro membros.

**Título** refere-se à quantidade de anticorpos presentes em uma solução.

**Toxicidade seletiva** capacidade de um composto inibir ou matar microrganismos patogênicos, sem produzir efeitos adversos no hospedeiro.

## QUESTÕES PARA REVISÃO

1. Como a maioria das infecções associadas a laboratórios são adquiridas? Quais procedimentos podem ser tomados para se evitar esta contaminação laboratorial? (Seção 27.1)
2. Unidades de saúde são propícias para a propagação de doenças infecciosas. Reveja as razões para esta maior propagação de infecções em unidades de saúde. Quais são as fontes da maioria das infecções nosocomiais? (Seção 27.2)
3. Descreva o procedimento-padrão para a obtenção e o cultivo de bactérias a partir de uma cultura de faringe e uma amostra de sangue. Que precauções especiais devem ser adotadas na obtenção da cultura de sangue? (Seção 27.3)
4. Por que é importante que os espécimes clínicos sejam processados rapidamente? Que procedimentos e cuidados especiais são necessários no isolamento e cultivo de anaeróbios? (Seção 27.3)
5. Diferencie meios seletivos de meios diferenciais. O ágar eosina-azul de metileno (EAM) é um meio seletivo ou diferencial? Como e por que tal meio é utilizado em laboratórios clínicos? (Seção 27.4)
6. Descreva o teste de difusão em disco para a análise da sensibilidade aos antibióticos. Por que patógenos em potencial isolados de pacientes devem ser testados por esse método? (Seção 27.5)
7. Por que o título de anticorpos se eleva após uma infecção? Um título elevado de anticorpos é indicativo de uma infecção em curso? Explique. Por que é necessária a obtenção de amostras de sangue das fases aguda e de convalescença para a monitoração das infecções? (Seção 27.6)
8. Os testes de aglutinação são amplamente utilizados com finalidades de diagnóstico clínico. Por quê? (Seção 27.7)
9. Como os anticorpos fluorescentes são utilizados no diagnóstico de doenças virais? Que vantagens os anticorpos fluorescentes apresentam em relação aos anticorpos não marcados para infecções virais? (Seção 27.8)
10. Os imunoensaios enzimáticos (EIA) são extremamente sensíveis quando comparados à aglutinação. Por quê? (Seção 27.9)
11. Por que o procedimento de imunoblot (*Western blot*) é empregado na confirmação dos resultados positivos para o vírus da imunodeficiência humana (HIV)? (Seção 27.9)
12. Diferencie PCR quantitativo e qualitativo. (Seção 27.10)
13. Os análogos de fatores de crescimento geralmente diferem dos antibióticos por um único importante critério. Explique. (Seção 27.11)
14. Identifique fontes comuns para a ocorrência da resistência antimicrobiana natural a fármacos. (Seção 27.12)
15. Descreva o mecanismo de ação que caracteriza um antibiótico β-lactâmico. Por que esses antibióticos são geralmente mais eficazes contra bactérias gram-positivas que contra bactérias gram-negativas? (Seção 27.13)
16. Diferencie os mecanismos de ação de três antibióticos inibidores da síntese proteica. (Seção 27.14)
17. Por que os fármacos antivirais geralmente apresentam toxicidade para o hospedeiro? (Seção 27.15)
18. Identifique os alvos que conferem toxicidade seletiva aos agentes quimioterápicos para fungos. (Seção 27.16)
19. Descreva seis mecanismos responsáveis pela resistência aos antibióticos. (Seção 27.17)
20. Explique como a seleção de mutantes metabólicos pode ampliar os métodos tradicionais de seleção de produtos naturais para a descoberta de novo antibióticos. (Seção 27.18)

## QUESTÕES APLICADAS

1. Você obtém uma hemocultura positiva para *Staphylococcus epidermidis*. Explique este achado. É possível que o paciente esteja apresentando uma bacteriemia por *S. epidermidis*? Prepare uma lista de possibilidades e questões para discutir com o médico responsável pelo caso. Que informações adicionais serão necessárias para confirmar ou descartar a hipótese de bacteriemia por *S. epidermidis*?
2. Defina os procedimentos que você usaria para isolar e identificar um novo patógeno. Tenha em mente os postulados de Koch (Seção 1.8) à medida que você formula a sua resposta. Certifique-se de incluir ensaios dependentes de cultivo, imunoensaios e ensaios moleculares. Onde você relataria os seus achados? Quais dos seus ensaios poderiam ser adaptados para serem utilizados como um teste de rotina, de alto rendimento para o diagnóstico clínico rápido?
3. Assim como os vírus, os fungos apresentam problemas quimioterápicos especiais. Explique os problemas inerentes à quimioterapia em ambos os grupos e explique se você concorda ou não com a afirmação acima. Dê exemplos específicos, sugerindo no mínimo um grupo de agentes quimioterápicos que possa ter como alvo os dois tipos de agentes infecciosos.
4. Explique a base genética da resistência adquirida aos antibióticos β-lactâmicos em *Staphylococcus aureus*. Planeje um conjunto de experimentos para reverter a resistência aos antibióticos β-lactâmicos. Você acredita ser tal feito possível em laboratório? O seu experimento pode ser realizado "no campo" para promover a eliminação de organismos resistentes a antibióticos?

CAPÍTULO

# 28 Epidemiologia

## microbiologia**hoje**

### MERS-CoV: uma doença emergente

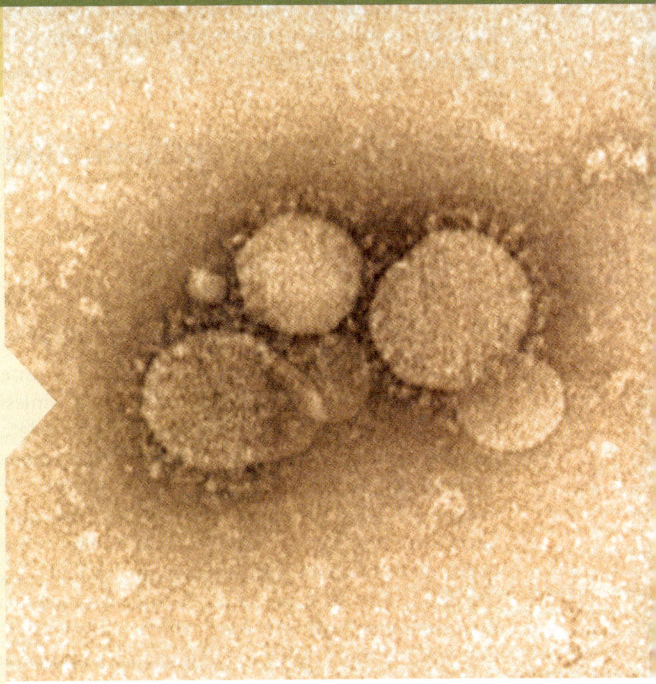

Novas doenças emergentes muitas vezes aparecem de repente. Por exemplo, o coronavírus causador da síndrome respiratória do Oriente Médio (MERS-CoV, do inglês *"Middle East Respiratory Syndrome Coronavirus"*) foi primeiro identificado como a causa de casos graves de pneumonia em 2012. O primeiro surto ocorreu na Arábia Saudita e se disseminou para outros países árabes e para a Europa por meio de viajantes. De setembro de 2012 a junho de 2013, 58 casos foram confirmados, com 33 mortes.[1]

Um grupo de investigação viajou até a Arábia Saudita para observar a rotina de cuidados de saúde relacionados com o surto de MERS-CoV e reportaram que o vírus se disseminava facilmente de paciente para paciente em três unidades de saúde diferentes. Dois agentes de saúde também tinham sido infectados, resultando em 15 fatalidades em 23 casos totais. O tempo de incubação da infecção é de cerca de 5 dias, com rápida disseminação para o próximo hospedeiro. Dados do sequenciamento do genoma confirmam que um único grupo de vírus proximamente relacionados (foto) foi responsável pelo surto.

Os casos confirmados e os dois possíveis casos foram associados ao contato com indivíduos infectados em unidades de saúde. MERS-CoV é altamente virulento e dissemina facilmente em ambientes de saúde, provavelmente por meio de perdigotos ou contatos indiretos. Assim, as instalações de saúde que cuidam de pacientes com MERS-CoV estão em alerta máximo para proteger trabalhadores e pacientes de uma propagação maior da doença.

Outro coronavírus, SARS-CoV, discutido posteriormente neste capítulo, causa uma doença similar à MERS-CoV e com taxas de mortalidades igualmente elevadas. Assim como SARS-CoV, MERS-CoV é provavelmente originária de morcegos. Todos os seus reservatórios são desconhecidos, mas incluem os camelos. Será transmitida de morcegos e camelos por gotículas no ar e contato? Devido ao fato de que MERS-CoV se dissemina tão facilmente de pessoa para pessoa e tem essa alta mortalidade, os epidemiologistas precisam responder a essas perguntas para que possam quebrar a cadeia da infecção e evitar uma possível pandemia de MERS-CoV.

[1]Assiri, A., et al. 2013. Hospital outbreak of Middle East respiratory syndrome coronavirus. *New England Journal of Medicine*, 369: 407–416.


I Princípios da epidemiologia 828
II Epidemiologia e saúde pública 836
III Doenças infecciosas emergentes 840
IV Pandemias atuais 847

**Epidemiologia** é o estudo da ocorrência, distribuição e de determinantes de doença e saúde em uma população; ela lida com a **saúde pública**, a saúde da população como um todo. Aqui, consideramos a epidemiologia de doenças infecciosas e os métodos de saúde pública usados para controlá-las.

No Capítulo 1, comparamos as causas atuais de óbitos nos Estados Unidos com aquelas registradas no início do século XX (Figura 1.8). Nos Estados Unidos e em outros países desenvolvidos, as doenças infecciosas não matam como faziam antigamente, mas em termos globais elas ainda são responsáveis por quase um quarto das mortes anuais. Mesmo os países desenvolvidos são afetados por patógenos resistentes a antibióticos e pandemias de *influenza* que causam novas infecções e novas doenças infecciosas que continuam a emergir em todo o mundo (**Figura 28.1**). A identificação e resolução dos problemas associados às doenças infecciosas são os objetivos do epidemiologista.

# I • Princípios da epidemiologia

Aqui, consideramos os princípios da epidemiologia das doenças infecciosas e definimos palavras-chave na linguagem do epidemiologista.

## 28.1 Fundamentos da epidemiologia

O epidemiologista rastreia a disseminação de uma doença a fim de identificar sua origem e forma de transmissão. Os dados epidemiológicos são obtidos a partir da coleta de informações em uma *população*. Dados oriundos de redes de vigilância de notificação de doenças, de estudos clínicos e de entrevistas com pacientes são reunidos, visando definir os fatores comuns que constituem uma doença. Esse processo difere do tratamento e diagnóstico de um único paciente em um laboratório ou uma clínica. O conhecimento de ambos, da dinâmica populacional e dos problemas clínicos associados a uma determinada doença, é importante para que as medidas de saúde pública no controle de doenças sejam eficazes.

### O vocabulário da epidemiologia

Um patógeno bem adaptado vive em equilíbrio com seu hospedeiro, tomando aquilo que necessita para sua existência e provocando apenas um mínimo de dano. Tais patógenos podem causar **infecções crônicas** (infecções de longa duração) no hospedeiro. Quando ocorre um equilíbrio entre o hospedeiro e o patógeno, ambos, hospedeiro e patógeno, sobrevivem. Por outro lado, o hospedeiro pode ser prejudicado quando sua resistência encontra-se baixa devido a fatores como dieta pobre, idade e outros fatores geradores de estresse (Seção 23.12). Além disso, novos patógenos surgem ocasionalmente, contra os quais um determinado hospedeiro, uma população específica, ou até mesmo uma espécie como um todo, não desenvolveu resistência. Tais patógenos emergentes frequentemente causam **infecções agudas**, que se caracterizam por um estabelecimento rápido e drástico.

Alguns termos possuem um significado específico na epidemiologia. Uma doença é denominada **epidêmica** quando, simultaneamente, infecta um número anormalmente elevado de indivíduos em uma população; uma **pandemia** corresponde a uma epidemia amplamente distribuída, geralmente em escala mundial. Em contrapartida, uma **doença endêmica** é aquela que está constantemente presente na população, geralmente com baixa incidência (**Figura 28.2**). Uma doença endêmica implica que o patógeno pode não ser altamente virulento, ou que a maioria dos indivíduos na população escolhida pode ser imune, resultando em uma baixa incidência, porém persistente, da doença. Indivíduos infectados com um organismo causador de uma doença endêmica são denominados **reservatórios** da infecção, uma fonte de agentes infecciosos pelos quais os indivíduos suscetíveis podem ser infectados.

A **incidência** de uma determinada doença refere-se ao *número de novos casos* de uma doença em uma população, em um determinado período de tempo. Por exemplo, em 2010, foram registrados 47.500 casos novos de Aids nos Estados

**Figura 28.1** **Doenças infecciosas emergentes em escala global, 1940-2004.** O número de doenças infecciosas emergentes e reemergentes é significativo, apesar dos extensivos programas de saneamento, vacinação e terapias com fármacos antimicrobianos que reduziram a mortalidade de doenças infeciosas no último século no mundo desenvolvido. Cada ponto vermelho indica uma doença infecciosa emergente. Adaptada de Jones et al., Nature 451:990-993, 2008.

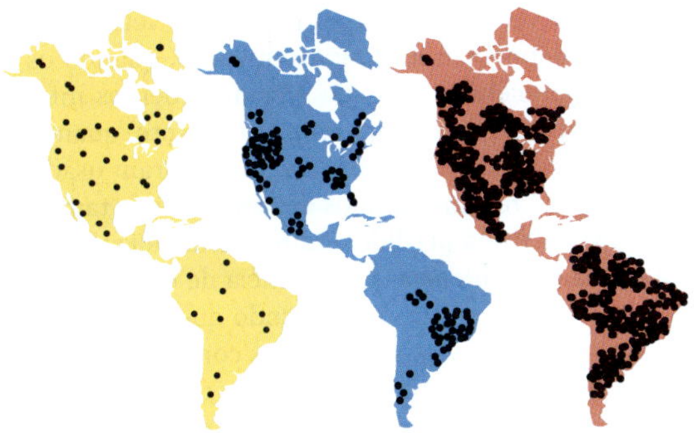


**Figura 28.2** **Doença endêmica, epidêmica e pandêmica.** Cada ponto representa um surto de uma doença. *(a)* Doenças endêmicas estão presentes em populações com determinadas áreas geográficas limitadas. *(b)* Doenças epidêmicas apresentam alta incidência em uma área mais ampla, geralmente desenvolvidas a partir de um foco endêmico. *(c)* Doenças pandêmicas são distribuídas mundialmente.

Unidos, com uma incidência de 15,5 novos casos por 100.000 pessoas, por ano. A **prevalência** de uma determinada doença corresponde ao *número total de casos novos e existentes da doença*, registrados em uma população, em um determinado período de tempo. Por exemplo, nos Estados Unidos, havia 803.771 pessoas vivendo com HIV/Aids no final de 2010. Dito de outra forma, a prevalência de HIV/Aids nesta população foi de 262 casos por 100.000 em 2010. Assim, a *incidência* fornece um registro dos novos casos de uma doença, ao passo que a *prevalência* indica o impacto total da doença em uma população. A incidência e a prevalência de uma doença são indicadores de saúde pública de um grupo em particular, tais como a população total do globo ou de uma população de uma região localizada, com uma cidade, estado ou país.

Casos *esporádicos* de uma doença ocorrem quando casos individuais são registrados em áreas geograficamente separadas, indicando que tais incidentes não estão relacionados. Um **surto** de uma doença, por outro lado, ocorre quando são observados vários casos, geralmente em um período de tempo relativamente curto, em uma área onde previamente ocorriam apenas casos esporádicos da doença. Indivíduos doentes, que não manifestam sintomas ou exibem apenas sintomas brandos, apresentam *infecções subclínicas*. Indivíduos infectados subclinicamente são frequentemente **portadores** de um determinado patógeno, com este agente se reproduzindo dentro do hospedeiro e sendo disseminado no meio ambiente. Finalmente, o termo **virulência** é frequentemente utilizado na linguagem epidemiológica e é uma medida da capacidade relativa de um patógeno em causar doenças.

As condições e os interesses da saúde pública variam em relação aos diferentes locais e épocas. Ou seja, análises da saúde pública em uma determinada época correspondem apenas a um instantâneo de uma situação dinâmica. Políticas e leis de saúde pública são avaliadas por meio da análise de estatísticas de saúde pública por longos períodos de tempo, com o objetivo de reduzir a incidência e a prevalência das doenças.

## Mortalidade e morbidade

A **mortalidade** corresponde à incidência de *mortes* na população. Em 1900, as doenças infecciosas foram as principais causas de morte em todos os países e regiões geográficas, embora fossem menos prevalentes em países desenvolvidos. Doenças não infecciosas, associadas ao "estilo de vida", como doenças cardíacas e cânceres, são atualmente muito mais prevalentes, sendo responsáveis por uma maior taxa de mortalidade que as doenças infecciosas (Figura 1.8). No entanto, a situação atual poderia sofrer uma rápida modificação, caso as medidas de saúde pública deixassem de ser aplicadas. Em todo o mundo, especialmente em países em desenvolvimento, as doenças infecciosas ainda correspondem às principais causas de mortalidade (**Tabela 28.1** e Seção 28.6).

A **morbidade** refere-se à incidência das *doenças* nas populações, incluindo as doenças fatais e não fatais. As estatísticas da morbidade definem a saúde da população de forma mais precisa que as estatísticas da mortalidade, visto que muitas das doenças exibem taxas de mortalidade relativamente baixas. Posto de outra forma, as principais causas de *doença* são bastante diferentes das principais causas de *morte*. Por exemplo, a alta morbidade de doenças infecciosas inclui as enfermidade respiratórias agudas, como o resfriado comum, e os distúrbios digestórios agudos. No entanto, raramente estas doenças causam morte em países desenvolvidos. Assim, ambas as doenças têm alta morbidade, mas baixa mortalidade. Por outro lado, o vírus Ebola infecta apenas algumas centenas de pessoas no mundo a cada ano, mas a mortalidade em alguns surtos se aproxima de 70%. Dessa forma, o Ebola tem baixa morbidade, mas alta mortalidade.

## Progressão da doença

A progressão dos sintomas clínicos para uma típica doença infecciosa aguda pode ser dividida em estágios:

1. *Infecção.* O organismo invade, coloniza e começa a crescer no hospedeiro.

**Tabela 28.1 Mortes causadas por doenças infecciosas no mundo, 2004[a]**

| *Doença* | *Mortes* | *Agente(s) causador(es)* |
|---|---|---|
| Infecções respiratórias[b] | 4.259.000 | Bactérias, vírus, fungos |
| Diarreias | 2.163.000 | Bactérias, vírus |
| Síndrome da imunodeficiência adquirida (Aids) | 2.040.000 | Vírus |
| Tuberculose[c] | 1.464.000 | Bactéria |
| Malária | 889.000 | Protozoário |
| Rubéola | 424.000 | Vírus |
| Meningite bacteriana[c] | 340.000 | Bactéria |
| Coqueluche | 254.000 | Bactéria |
| Tétano[c] | 163.000 | Bactéria |
| Hepatite (todos os tipos)[d] | 159.000 | Vírus |
| Outras doenças comunicáveis | 1.645.000 | Vários agentes |

[a]Os dados mostram as dez principais causas de morte por doenças infecciosas. Globalmente, há cerca de 58,7 milhões de mortes por estas causas em 2004. Cerca de 13,8 milhões de mortes, ou 23,5%, eram por doenças infecciosas, quase todas em países em desenvolvimento. Os dados são da Organização Mundial de Saúde (OMS), em Genebra, Suíça.
[b]Para alguns agentes respiratórios agudos, como *Influenza* e *Streptococcus pneumoniae*, existem vacinas eficazes; para outros, como os resfriados, não há vacinas.
[c]Doenças para as quais estão disponíveis vacinas eficazes.
[d]Vacinas estão disponíveis para os vírus das hepatites A e B. Não há vacinas para agentes de outras hepatites.

2. *Período de incubação.* O período de tempo decorrido entre a infecção e o aparecimento dos sinais e sintomas da doença. Algumas doenças, como a gripe, apresentam períodos de incubação muito curtos, medido em dias; outras, como a Aids, apresentam períodos mais longos, algumas vezes estendendo-se por anos. O período de incubação de uma dada doença é determinado pelo tamanho do inóculo, a virulência e o ciclo de vida do patógeno e a resistência do hospedeiro. Ao final do período de incubação, os primeiros sinais e sintomas, por exemplo, no caso de um resfriado, uma ligeira tosse e um sentimento de fadiga geral costumam aparecer.
3. *Período agudo.* A doença encontra-se no clímax, com sintomas evidentes, como febre e calafrios.
4. *Período de declínio.* Diminuição dos sinais e sintomas. Em caso de febre, há queda da temperatura, geralmente após um período de sudorese intensa, com o desenvolvimento de uma sensação de bem-estar. O período de declínio pode ser rápido (no decorrer de um dia), no qual o caso é descrito como *crise*, ou mais lento, estendendo-se por vários dias, no qual é descrito como *lise*.
5. *Período de convalescença.* O paciente recupera as forças e retorna à condição normal.

Após o período agudo, os mecanismos de resposta imunológica do hospedeiro tornam-se cada vez mais importantes para a completa recuperação da doença.

**MINIQUESTIONÁRIO**

- Por que os epidemiologistas adquirem dados baseados na população sobre doenças infecciosas?
- Diferencie entre uma doença endêmica, uma doença epidêmica e uma doença pandêmica.

## 28.2 A comunidade do hospedeiro

A colonização de uma população hospedeira suscetível por um patógeno pode promover inicialmente infecções explosivas, transmissão a hospedeiros não infectados e uma epidemia. No entanto, à medida que a população de hospedeiros desenvolve resistência, a disseminação do patógeno é controlada e, por fim, atinge-se um estado de balanço, em que o hospedeiro e o patógeno encontram-se em equilíbrio. Em um caso extremo, a incapacidade de se atingir o equilíbrio pode resultar na morte e extinção eventual da espécie hospedeira. Se um patógeno não tem mais um hospedeiro, então a extinção do hospedeiro também resulta na extinção do patógeno. Assim, o sucesso evolutivo de um patógeno pode depender de sua capacidade de estabelecer um equilíbrio balanceado com o hospedeiro, em vez de sua capacidade de destruí-lo. Na maioria dos casos, a evolução do hospedeiro e do patógeno é afetada uma pela outra, isto é, o hospedeiro e o parasita *coevoluem*.

### Coevolução de um hospedeiro e de um patógeno

Um exemplo notável da coevolução de hospedeiros e patógenos é um caso de um vírus mixoma que foi intencionalmente introduzido na Austrália, com a finalidade de controlar a população de coelhos selvagens que causavam dano massivo nas culturas e na vegetação. O vírus, transmitido por picada de mosquitos, é extremamente virulento e causa infecções fatais em animais suscetíveis. Em alguns meses, a infecção pelo vírus se espalhou por uma grande área, chegando ao pico de incidência no verão, quando os mosquitos vetores estavam presentes, e depois em declínio no inverno, quando os mosquitos desapareceram. Mais de 95% dos coelhos infectados morreram durante o primeiro ano. No entanto, quando vírus isolados que coelhos selvagens infectados foram usados para infectar coelhos recém-nascidos de laboratório e também selvagens, o vírus tinha perdido alguma virulência. Juntamente com a perda de virulência, a resistência de coelhos selvagens tinha aumentado drasticamente; sendo que os coelhos selvagens não eram tão suscetíveis ao vírus como os coelhos de laboratório. Em 6 anos, a mortalidade dos coelhos decaiu cerca de 84% (**Figura 28.3**). No momento, todos os coelhos selvagens adquiriram resistência. Em 30 anos, a população de coelhos na Austrália estava próxima dos níveis pré-vírus mixoma e novamente passaram a causar danos ambientais de grande alcance.

Alguns anos mais tarde, autoridades australianas liberaram o vírus da doença hemorrágica dos coelhos (RHDV), um patógeno que é altamente virulento para coelhos suscetíveis. Sendo que o RHDV é transmitido por contato hospedeiro-hospedeiro e mata os animais em poucos dias da infecção inicial, as autoridades acreditavam que esta infecção poderia matar todos os coelhos da população local, impedindo o desenvolvimento de resistência à RHDV. No início, a introdução de RHDV foi muito efetiva na redução da população de coelhos locais. Entretanto, a infecção natural de alguns coelhos por um vírus local não letal da febre hemorrágica conferiu imunidade cruzada ao RHDV. Esta imunidade não prevista reduziu a virulência de RHDV em algumas áreas. Tal como aconteceu com o vírus mixoma, o hospedeiro desenvolveu resistência ao RHDV, movendo a balança hospedeiro-parasita para o equilíbrio.

Para patógenos que não dependem da transmissão hospedeiro-hospedeiro, como o *Clostridium tetani*, uma bactéria comum do solo que causa o tétano, não há seleção para diminuir a virulência de forma a suportar a coexistência mútua. Patógenos que necessitam de vetores, geralmente transmitidos por picada de carrapatos ou outros artrópodes, também não estão sob pressão evolutiva para poupar o hospedeiro humano. Contanto que o vetor possa realizar o repasto sanguíneo após a infecção e antes do hospedeiro morrer, o patógeno pode

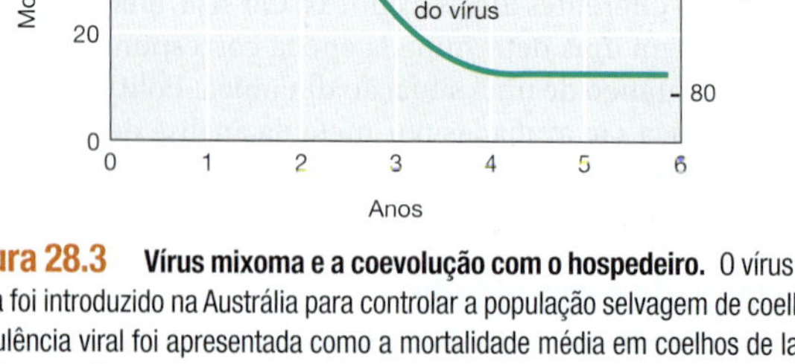


**Figura 28.3** **Vírus mixoma e a coevolução com o hospedeiro.** O vírus mixoma foi introduzido na Austrália para controlar a população selvagem de coelhos. A virulência viral foi apresentada como a mortalidade média em coelhos de laboratório para vírus recuperado em campo a cada ano. A mortalidade dos coelhos foi determinada pela remoção de coelhos jovens selvagens das tocas e inoculação de amostras virais que mataram 90 a 95% dos coelhos-controle de laboratório.

manter altos níveis de virulência e ser capaz de matar seu hospedeiro humano. Por exemplo, os parasitas da malária (*Plasmodium* spp.) apresentam variações antigênicas em proteínas de revestimento que ajudam a evitar a resposta imune do hospedeiro. Esta habilidade em escapar da imunidade do hospedeiro aumenta a virulência do patógeno, independente do grau de suscetibilidade do hospedeiro.

Outra evidência do fenômeno de aumento contínuo da virulência de patógenos foi obtida a partir de estudos de doenças diarreicas altamente virulentas em recém-nascidos. Em ambientes hospitalares, *Escherichia coli* pode causar graves enfermidades diarreicas, ou mesmo a morte, sendo sua virulência aparentemente aumentada a cada transmissão do patógeno a um paciente hospitalizado. O patógeno se replica em um hospedeiro, sendo então inadvertidamente transmitidas a outro paciente por intermédio de portadores, como atendentes hospitalares, ou por fômites, como roupas de cama sujas e móveis. Esforços extraordinários, tais como a completa desinfecção de berçários e móveis, juntamente com a transferência do pessoal da saúde para outros serviços, às vezes são necessários para interromper o ciclo de infecções altamente virulentas.

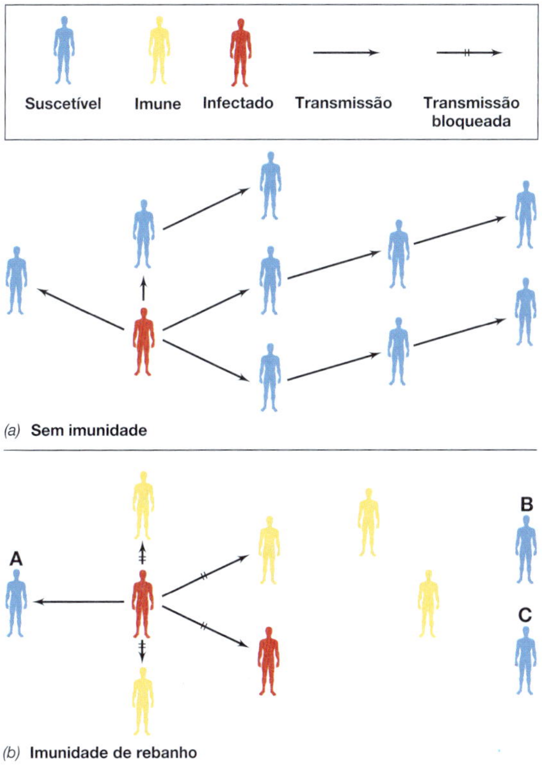


**Figura 28.4 Imunidade de rebanho e a transmissão da infecção.** A imunidade em alguns indivíduos protege outros sem imunidade contra uma infecção. *(a)* Em uma população sem imunidade, a transferência de um patógeno de um indivíduo infectado pode finalmente infectar (setas) todos os indivíduos, e estes, recém-infectados, são capazes de transferir o patógeno a outros indivíduos. *(b)* Em uma população que é apenas razoavelmente densa e que tem algum grau de imunidade contra um patógeno moderadamente transmissível, como o agente da gripe, um indivíduo infectado não pode transferir o patógeno a todos os indivíduos suscetíveis porque aqueles indivíduos resistentes, imunes devido a uma exposição prévia ou a uma imunização, quebram o ciclo de transmissão do agente patogênico. O indivíduo suscetível A se torna infectado, mas os indivíduos suscetíveis B e C estão protegidos. A proporção de uma população que precisa ser imune para que a imunidade de rebanho seja efetiva também varia com a doença; doenças altamente infecciosas requerem uma proporção maior de indivíduos imunes para que a imunidade de rebanho previna a transmissão.

### Imunidade de rebanho

Se uma alta proporção de indivíduos em um grupo é imune a um patógeno, então toda a população estará protegida; esta resistência à infecção é nomeada **imunidade de rebanho**, ou imunidade coletiva (**Figura 28.4**). A avaliação da imunidade coletiva é importante no entendimento de como as epidemias surgem. Quanto mais infeccioso for um patógeno, ou mais longo for seu período de infecciosidade, maior será a proporção de indivíduos imunes necessários para prevenir a disseminação da doença. Para uma doença altamente infecciosa como o sarampo, 90 a 95% da população precisa ser imune para conferir uma imunidade de rebanho. Em contrapartida, uma proporção menor de indivíduos pode impedir uma epidemia causada por um agente menos infeccioso ou com um período de infecciosidade mais breve. O vírus da caxumba, que é menos infeccioso que o vírus do sarampo, exibe este padrão. Na ausência de imunidade, mesmo um agente fracamente infeccioso pode ser transmitido de pessoa a pessoa se hospedeiros suscetíveis estiverem em contato repetitivo ou constante com um indivíduo infectado. Este é o caso para a transmissão do vírus da gripe aviária H5N1 entre seres humanos (Sessão 28.11).

**MINIQUESTIONÁRIO**

- Explique coevolução do hospedeiro e patógeno. Cite um exemplo específico.
- Como a imunidade de rebanho previne um indivíduo não imune de adquirir uma doença? Dê um exemplo.

## 28.3 Transmissão de doenças infecciosas

Os epidemiologistas acompanham a transmissão de uma doença pela correlação dos dados geográficos, climáticos, sociais e demográficos com a incidência da doença. Essas correlações são usadas na identificação dos possíveis meios de transmissão. Uma doença limitada a uma área geográfica restrita pode, por exemplo, sugerir um vetor em particular. Este é o caso da malária, uma doença de regiões tropicais que é transmitida unicamente por espécies de mosquitos restritas e regiões tropicais (Sessão 32.5).

Uma acentuada sazonalidade ou periodicidade de uma doença é frequentemente indicativa de certas formas de transmissão. Por exemplo, a gripe ocorre em um padrão cíclico anual, causando epidemias propagadas entre crianças em idade escolar e outras populações de indivíduos suscetíveis. A infectividade do vírus *influenza* é elevada em ambientes superlotados, como as escolas, porque este vírus é transmitido por via respiratória. Os sorotipos epidêmicos do vírus *influenza* variam praticamente a cada ano e, como resultado, a maioria das crianças é suscetível à infecção. Na introdução de um vírus na escola, a resultante é uma propagação explosiva da epidemia. Quase todos os indivíduos são infectados e então se tornam imunes. Com o aumento da população imune, a epidemia retrocede, mas a introdução de um novo vírus *influenza*, normalmente no próximo ano, vai desencadear outra epidemia.

A forma de transmissão de patógeno é geralmente relacionada com o hábitat de preferência do patógeno no corpo. Por exemplo, patógenos respiratórios geralmente são transmitidos pelo ar, enquanto patógenos intestinais são dissemi-

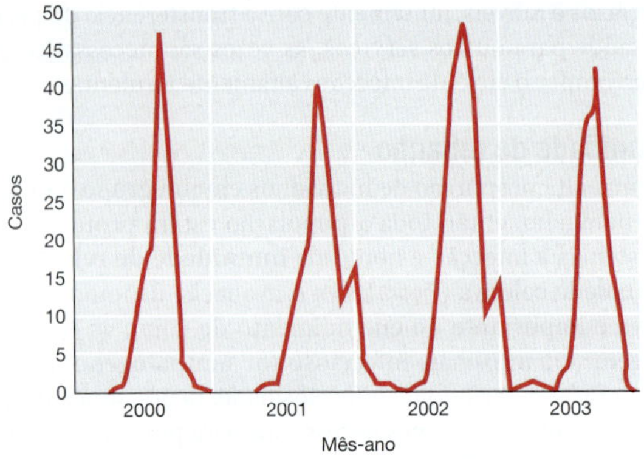


**Figura 28.5** **Encefalite californiana nos Estados Unidos.** A incidência da doença mostra um aumento acentuado no último verão, seguido por um declínio completo no inverno. O ciclo da doença segue o ciclo anual do mosquito vetor, que morre nos meses de inverno. Os dados são do CDC, Atlanta, Georgia, EUA.

nados por alimentos ou água contaminados. Em alguns casos, fatores ambientais, como as condições climáticas, podem ter influência na sobrevivência do patógeno. Por exemplo, o vírus da encefalite da Califórnia e outros vírus de encefalites causam doença durante os meses do verão e outono e desaparecem todo inverno em um padrão clínico (**Figura 28.5**). O vírus é transmitido por mosquitos vetores que morrem durante os meses de inverno, sendo esta a causa do desaparecimento da doença até que o inseto vetor reapareça e novamente transmita o vírus nos meses de verão.

Os patógenos podem ser classificados de acordo com seus mecanismos de transmissão, porém todos os mecanismos apresentam estes estágios em comum: (1) escape do hospedeiro, (2) migração e (3) entrada em um novo hospedeiro. A transmissão do patógeno pode ocorrer por mecanismos diretos ou indiretos.

## Transmissão direta de hospedeiro a hospedeiro

A transmissão de hospedeiro a hospedeiro ocorre quando um hospedeiro infectado transmite a doença diretamente a um hospedeiro sensível sem o auxílio de um hospedeiro intermediário ou de um objeto inanimado. Infecções do trato respiratório superior, como o resfriado comum e a gripe, são frequentemente transmitidas diretamente por gotículas geradas por espirros ou tosse (⇄ Figura 29.1). Muitas dessas gotículas, no entanto, não permanecem em suspensão no ar por muito tempo. Portanto, a transmissão requer o contato interpessoal próximo, embora não necessariamente íntimo.

Alguns patógenos são extremamente sensíveis a fatores ambientais como dessecamento e calor, sendo incapazes de sobreviver por períodos significativos de tempo fora do hospedeiro. Esses patógenos, transmitidos somente pelo contato interpessoal íntimo, como a troca de fluidos corporais durante uma relação sexual, incluem aqueles responsáveis pelas doenças sexualmente transmissíveis como a sífilis (*Treponema pallidum*), a gonorreia (*Neisseria gonorrhoeae*) e o HIV/Aids.

O contato direto também transmite patógenos cutâneos como estafilococos (furúnculos e pústulas) e fungos (tíneas). Contudo, esses patógenos são relativamente resistentes às condições ambientais, como o dessecamento, sendo frequentemente disseminados também por vias indiretas.

## Transmissão indireta hospedeiro a hospedeiro

A transmissão indireta de um agente infeccioso pode ser facilitada tanto por agentes vivos quanto inanimados. Agentes vivos que transmitem patógenos são denominados **vetores**. De maneira geral, insetos artrópodes (ácaros, carrapatos ou pulgas) ou vertebrados (cães, gatos ou roedores) atuam como vetores. Os vetores artrópodes podem não ser hospedeiros do patógeno, mas podem carrear o agente de um hospedeiro a outro. Muitos artrópodes obtêm seus nutrientes quando picam e sugam o sangue e, caso o patógeno esteja presente no sangue, o vetor artrópode pode ingeri-lo e transmiti-lo quando picar outro indivíduo. Em alguns casos, patógenos virais replicam-se no artrópode vetor, o qual passa a ser considerado um *hospedeiro alternativo*. Esse é o caso do vírus do oeste do Nilo (⇄ Seção 30.6). Tal replicação leva a um aumento no número de patógenos, aumentando a probabilidade de uma picada subsequente promover uma infecção.

Agentes inanimados, como roupas de cama, brinquedos, livros e instrumentos cirúrgicos, podem também transmitir doenças. Os objetos inanimados que, quando contaminados com patógenos viáveis, podem transferir o patógeno para o hospedeiro são denominados **fômites**. O termo **veículo** é utilizado para descrever fontes não vivas de patógenos que transmitem doença para um grande número de indivíduos. Veículos comuns de doenças são alimentos e água contaminados. Embora os fômites também possam ser veículos de doenças, as principais epidemias originadas por uma fonte de veículo único estão geralmente relacionadas a alimentos ou à água, uma vez que são consumidos em grandes quantidades por vários indivíduos de uma população.

## Epidemias

As principais epidemias são geralmente classificadas como epidemias de fonte comum e de hospedeiro a hospedeiro. Esses dois tipos de epidemia são diferenciados na **Figura 28.6**. A **Tabela 28.2** resume as características epidemiológicas essenciais das principais doenças epidêmicas.

Uma **epidemia por fonte comum** surge como resultado da infecção (ou intoxicação) de um grande número de indivíduos a partir de uma fonte comum contaminada, como um alimento ou a água. Tais epidemias são frequentemente causadas

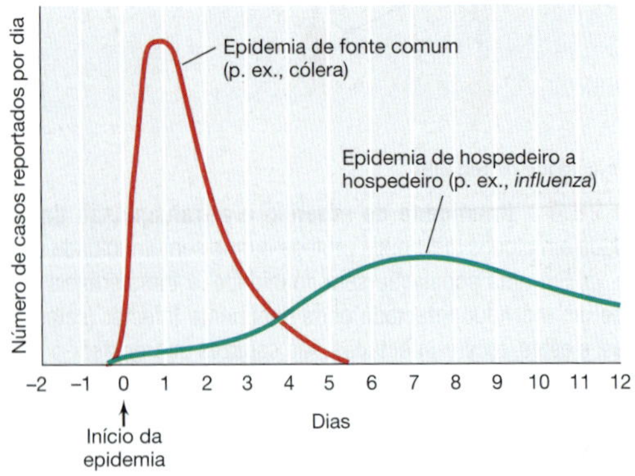


**Figura 28.6** **Tipos de epidemias.** O formato da curva que representa graficamente a incidência de uma doença epidêmica contra o tempo identifica o tipo provável da epidemia. Para uma epidemia de fonte comum, como aquela resultante do compartilhamento de alimentos e água contaminados por pessoas que se tornam infectadas, a curva apresenta um aumento acentuado até um pico que declina rapidamente. A incidência de infecções hospedeiro a hospedeiro aumenta relativamente devagar de acordo com o acúmulo de novos casos.

**Tabela 28.2 Seleção de doenças epidêmicas/pandêmicas**

| *Doença* | *Agente causador* | *Fontes de infecção* | *Reservatórios* | *Medidas de controle* |
|---|---|---|---|---|
| Epidemia de fonte comum | | | | |
| Cólera | *Vibrio cholerae* (B[a]) | Contaminação fecal de alimentos e água | Seres humanos | Descontaminação de fontes públicas de água; imunização |
| Epidemias de hospedeiro a hospedeiro *Doenças respiratórias* | | | | |
| Tuberculose | *Mycobacterium tuberculosis* (B) | Escarro, em casos humanos; leite infectado | Seres humanos, gado | Tratamento com fármacos antimicrobianos; pasteurização do leite |
| Gripe | Vírus *influenza* (V) | Aerossol e disseminação por fômites, em casos humanos | Seres humanos, animais | Imunização |
| Epidemias de hospedeiro a hospedeiro *Doenças sexualmente transmissíveis* | | | | |
| HIV/Aids (vírus da imunodeficiência humana/síndrome da imunodeficiência adquirida) | Vírus da imunodeficiência humana (HIV) | Fluidos corporais infectados, especialmente sangue e sêmen | Seres humanos | Tratamento com inibidores metabólicos (sem cura) |
| Doenças transmissíveis por vetores | | | | |
| Malária | *Plasmodium* spp. (P) | Picada do mosquito *Anopheles* | Seres humanos, mosquitos | Controle da população do mosquito, tratamento e prevenção de infecções humanas com fármacos antimalariais |

[a]B, Bactéria; V, vírus; P, protozoário.

em decorrência de falhas nos procedimentos de sanitização de sistemas centrais de distribuição de água ou alimentos, mas elas também podem ser mais locais, como as derivadas de alimentos contaminados de um restaurante em particular. As epidemias de fonte comum transmitidas pelos alimentos ou pela água são principalmente intestinais; o patógeno é eliminado pelas fezes, contamina fontes de alimentos e água devido a procedimentos sanitários inadequados, e então entra no trato intestinal do hospedeiro durante a ingestão deste alimento ou água. As doenças transmissíveis pela água e pelos alimentos são, em geral, controladas por medidas de saúde pública, discutidas em maior detalhe no Capítulo 31. A cólera é um exemplo clássico de epidemia por fonte comum. Em 1855, o médico inglês John Snow relacionou a incidência de cólera com a contaminação fecal das águas dos sistemas de distribuição em Londres. Snow mostrou claramente que o agente infeccioso, a bactéria *Vibrio cholerae*, foi transmitida durante o consumo de um veículo de fonte comum contaminado, a água. (Seção 28.10 e ⇄ Seção 31.3).

A incidência da doença, em casos de surtos por fonte comum, caracteriza-se por uma rápida elevação, com a formação de um pico, devido ao grande número de pessoas que adoecem em um período relativamente curto de tempo (Figura 28.6). Quando a fonte comum contaminada pelo patógeno é identificada e sanitizada, a incidência da enfermidade por fonte comum também declina rapidamente, embora o declínio seja mais lento do que a elevação. Casos continuam a ser relatados por um período de tempo aproximadamente equivalente a um período de incubação da doença.

Em uma **epidemia hospedeiro a hospedeiro**, a incidência da doença apresenta uma elevação progressiva, relativamente lenta (Figura 28.6), com um declínio gradual. Casos continuam a ser relatados por um período de tempo equivalente a vários períodos de incubação da doença. Uma epidemia hospedeiro a hospedeiro pode ser iniciada pela introdução de um único indivíduo infectado em uma população suscetível, em que este infecta uma ou mais pessoas. O patógeno então se replica nos indivíduos suscetíveis, atinge um estágio transmissível, sendo transferido a outros indivíduos suscetíveis, em que novamente se replica e torna-se transmissível. A gripe e a varicela são exemplos de doenças normalmente disseminadas em epidemias hospedeiro a hospedeiro. O Capítulo 29 discute essas e outras doenças propagadas pela transmissão hospedeiro a hospedeiro.

## Número básico de reprodução ($R_0$)

A infectividade de um patógeno pode ser predita usando modelos matemáticos que estimam o **número básico de reprodução (*$R_0$*)**, definido como o número de transmissões secundárias esperadas de cada caso único de doença em uma população totalmente suscetível. A **Tabela 28.3** mostra os valores de $R_0$ para algumas doenças selecionadas.

O valor de $R_0$ prediz o risco de uma doença disseminar em uma determinada população. Um valor de $R_0$ igual a 1 significa que cada pessoa infectada irá transmitir a doença para uma pessoa suscetível, mantendo a doença na população. Um valor de $R_0$ superior a 1 indica que cada pessoa infectada irá transmitir a doença para *mais de uma* pessoa suscetível, propagando o surto e levando a uma possível epidemia ou mesmo uma pandemia. Em contraste, um valor de $R_0$ inferior a 1 indica que cada pessoa infectada irá transmitir a doença para *menos de uma* pessoa suscetível, e a doença irá extinguir sob estas circunstâncias.

O $R_0$ correlaciona diretamente com a imunidade de rebanho necessária para prevenir a disseminação de uma infecção; sendo que quanto maior o valor de $R_0$, maior é a imunidade de rebanho requerida para parar a infecção. Por exemplo, sob circunstâncias ideais, para impedir a disseminação de vírus altamente infeccioso do sarampo ($R_0 = 18$), 94% da população

UNIDADE 6

**Tabela 28.3 Número básico de reprodução ($R_0$) e imunidade de rebanho necessários para a proteção da comunidade de doenças infecciosas selecionadas**

| *Doença* | *[a]$R_0$* | *Imunidade de rebanho* |
|---|---|---|
| Difteria | 7 | 85% |
| Ebola | 1,8 | |
| Gripe[b] | 1,6 | 29% |
| Sarampo | 18 | 94% |
| Caxumba | 7 | 86% |
| Coqueluche | 17 | 94% |
| Pólio | 7 | 86% |
| Rubéola | 7 | 85% |
| SARS-CoV | 3,6 | |
| Varíola | 7 | 85% |

[a]Valores de $R_0$ e da imunidade de rebanho são os maiores estimados para cada doença. Os valores de imunidade de rebanho são mostrados unicamente para as doenças que têm vacinas disponíveis.

[b]Valores referentes à pandemia de *influenza* (2009). Cada epidemia de *influenza* tem valores diferentes de $R_0$ e imunidade de rebanho. Os valores de imunidade de rebanho consideram uma vacina 100% eficaz. A eficácia vacinal para *influenza* é cerca de 60%, e os valores de imunidade de rebanho observados são de 40% ou maiores, dependendo da suscetibilidade da população hospedeira.

precisa ser imune, enquanto apenas 29% da população precisa ser imune para parar a disseminação da gripe ($R_0$ = 1,6) (Tabela 28.3). Infelizmente, as condições não são sempre ideais e os modelos matemáticos que predizem o valor de $R_0$ podem não levar em conta fatores como o número de indivíduos recuperados, a densidade populacional (contato próximo), a duração do tempo de contato, populações de indivíduos de alto risco, e outras variáveis que podem afetar a propagação da doença. Como resultado, $R_0$ pode apenas estimar a infecciosidade teórica, mas ainda é útil como um indicador comparativo da infecciosidade relativa de um patógeno e ajuda a estabelecer metas para a cobertura de vacinação necessária para prevenir a disseminação da doença.

O *número observado de reprodução, R*, calculado a partir de estudos de propagação real da doença, é um termo mais útil, pois leva em consideração as transmissões observadas de indivíduos infectados para indivíduos suscetíveis. Para a maioria dos surtos de doenças, o valor de *R* não pode ser obtido de forma confiável, porque informações precisas sobre a disseminação das doenças não estão disponíveis e muitos indivíduos estão envolvidos para determinar com precisão a origem de cada infecção. No entanto, para o surto de SARS de 2003 (ver "Explore o mundo microbiano, SARS – um modelo de sucesso epidemiológico"), o valor observado de *R* foi de 3,6. Funcionários da saúde pública, reconhecendo o potencial para uma epidemia grave, instituíram controles de infecção, tais como o isolamento de indivíduos infectados e uma barreira de proteção rigorosa para os profissionais de saúde. Essas medidas reduziram o valor de *R* de SARS para 0,7, encerrando a ameaça de maior propagação da doença. Da mesma forma, em um surto do filovírus Ebola (Tabela 28.5), o número de reprodução foi reduzido para um $R_0$ teórico de 1,8 e um *R* de 0,7, novamente utilizando medidas de controle estritas que impediram a propagação da infecção e, assim, evitaram uma potencial epidemia.

**MINIQUESTIONÁRIO**

- Diferencie transmissão direta de transmissão indireta de uma doença. Cite pelo um exemplo de cada.
- Defina o número básico de reprodução para um patógeno.

## 28.4 Reservatórios de doenças e epidemias

Reservatórios são sítios onde os agentes infecciosos permanecem viáveis e a partir dos quais os indivíduos podem se tornar infectados. Os reservatórios podem ser animados ou inanimados. Alguns patógenos, cujos reservatórios não estão em animais, apenas incidentalmente infectam seres humanos e causam doença. Por exemplo, organismos do gênero *Clostridium*, bactéria comum do solo, ocasionalmente infectam seres humanos, causando doenças potencialmente fatais, como o tétano, o botulismo, gangrena e certas doenças gastrintestinais. Danos ao hospedeiro e até eventuais mortes não causam nenhum mal às populações do patógeno porque estes são habitantes naturais do solo; o patógeno não é dependente do hospedeiro para sobreviver, portanto o equilíbrio patógeno-hospedeiro não é necessário para a sobrevivência do patógeno. Um agente infeccioso como este pode causar uma doença aguda devastadora, sem consequências para o patógeno.

Todavia, no caso de muitos outros patógenos, os seres vivos são seus únicos reservatórios. Nessas situações, o hospedeiro reservatório é essencial ao ciclo de vida do agente infeccioso. Alguns patógenos vivem apenas no ser humano e, nesses casos, a sua manutenção requer a transmissão interpessoal. Muitos patógenos respiratórios virais e bacterianos e patógenos causadores de doenças sexualmente transmitidas requerem hospedeiros humanos; determinados estafilococos e estreptococos são exemplos de patógenos restritos ao homem, assim como os agentes causadores de difteria, gonorreia e caxumba. Como veremos, os patógenos cujo ciclo de vida completo depende de uma única espécie de hospedeiro, especialmente o ser humano, podem ser erradicados, sendo muitos deles controlados. A Tabela 28.2 lista algumas doenças infecciosas humanas com potencial epidêmico e seus respectivos reservatórios.

### Zoonoses

Algumas doenças infecciosas são causadas por patógenos que se reproduzem tanto em seres humanos quanto em animais. Uma doença que infecta primariamente animais, mas que ocasionalmente é transmitida para seres humanos, é denominada **zoonose**. Em razão de as medidas de saúde pública em relação às populações animais serem menos desenvolvidas que para os seres humanos, a taxa de infecção de doenças veterinárias pode ser mais elevada nos casos quando a via de transmissão ocorre principalmente de animal para animal. Ocasionalmente, a transmissão ocorre de um animal para o ser humano; a transmissão interpessoal é rara, embora ocorra. Fatores que promovem a emergência de doenças zoonóticas incluem a existência e propagação do agente infeccioso no hospedeiro animal, o ambiente adequado à propagação e transferência do agente, e a presença de uma nova espécie de hospedeiro suscetível. Quando a transmissão animal-homem ocorre, uma nova doença infecciosa pode emergir repentinamente na população humana exposta. Este foi o caso, por exemplo, da SARS (ver "Explore o mundo microbiano, SARS – um modelo de sucesso epidemiológico").

Em muitos casos, o controle de uma doença zoonótica na população humana não a elimina na forma de um potencial

# EXPLORE O MUNDO MICROBIANO

## SARS – Um modelo de sucesso epidemiológico

A forma como os profissionais lidaram com a epidemia da síndrome respiratória aguda severa (SARS), no início desta década, é um excelente exemplo de sucesso na aplicação dos princípios epidemiológicos. Assim como outras doenças de emergência rápida, a SARS apresentava origem viral e zoonótica. Tais características têm o potencial de desencadear uma doença explosiva em seres humanos, quando os agentes infecciosos atravessam a barreira das espécies.

A epidemia de SARS teve seu início no final de 2002, na Província de Guangdong, na China. Em fevereiro do ano seguinte, o vírus já havia disseminado para 28 países. As viagens internacionais forneceram o principal veículo para a disseminação da SARS. A etiologia da SARS foi rapidamente rastreada a um coronavírus derivado de uma fonte animal. O coronavírus entrou na cadeia alimentar do homem por meio do consumo de alimentos exóticos de origem animal, como gatos almiscarados (um pequeno animal noturno, similar aos gatos domésticos). O coronavírus da SARS (SARS-CoV) (**Figura 1**) é provavelmente originário de morcegos. Os gatos almiscarados aparentemente adquirem o vírus consumindo frutos contaminados por fezes de morcegos. O SARS-CoV provavelmente evoluiu ao longo de um período de tempo nos morcegos e desenvolveu, provavelmente de forma acidental, a capacidade de infectar gatos almiscarados e, então, seres humanos.

Assim como muitos vírus do resfriado comum, o SARS-CoV é um vírus de RNA relativamente robusto, de fácil disseminação e difícil contenção ($R_0$ de 3,6). Uma vez no ser humano, o SARS-CoV dissemina rapidamente de pessoa para pessoa por espirros e tosse e pelo contato com fômites ou fezes contaminadas. Em uma situação comum, o surgimento de um novo vírus do tipo de um resfriado não é considerado preocupante, porém o SARS-CoV provocou infecções com mortalidade significativa. Ocorreram cerca de 8.500 infecções comprovadas por SARS-CoV, com mais de 800 mortes, correspondendo a uma taxa de mortalidade de aproximadamente 10%. Em indivíduos acima de 65 anos, a taxa de mortalidade chegou próxima aos 50%, atestando a virulência de SARS-CoV como um patógeno humano.

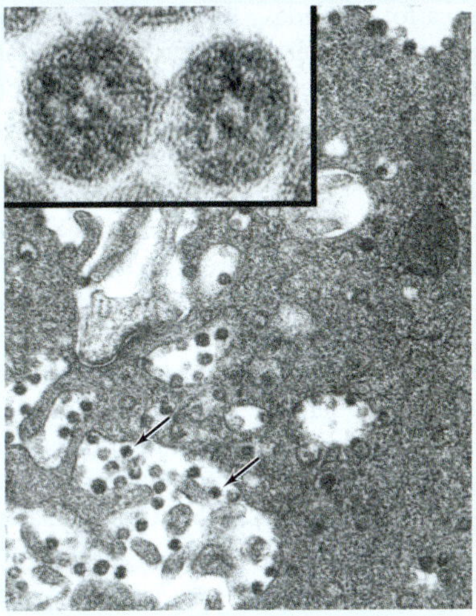


**Figura 1** **Coronavírus causador da síndrome respiratória aguda severa (SARS-CoV).** O painel superior à esquerda mostra vírions isolados de SARS-CoV. Um vírion individual possui 128 mm de diâmetro. O painel maior apresenta coronavírus no interior de vacúolos citoplasmáticos envoltos por membrana e no retículo endoplasmático rugoso de células hospedeiras. O vírus replica-se no citoplasma e deixa a célula por meio dos vacúolos citoplasmáticos.

Cerca de 20% dos casos de SARS acometeram profissionais da área de saúde, o que demonstrava a alta infectividade do vírus. A adoção de métodos-padrão de controle e contenção da infecção pelos profissionais de saúde mostrou-se inadequadas no controle da disseminação da doença. Quando tal ineficácia foi percebida, os pacientes com SARS passaram a ser confinados em isolamento estrito durante o curso da doença, em quartos com pressão negativa. Para evitar a infecção, os profissionais de saúde utilizavam máscaras respiratórias quando lidavam com o paciente ou manuseavam fômites (roupas de cama, talheres, e assim por diante) contaminados com o SARS-CoV.

O reconhecimento e a contenção do surto de SARS consistiu no início de uma resposta internacional, que envolveu a participação de médicos, cientistas e autoridades públicas. Quase que imediatamente, as viagens para e das áreas endêmicas foram restritas, limitando-se assim surtos adicionais. O SARS-CoV foi rapidamente isolado e mantido em cultura celular, e seu genoma foi sequenciado. As informações obtidas foram utilizadas no desenvolvimento de um teste de PCR para a detecção do vírus nas amostras. À medida que os trabalhos laboratoriais progrediam, os epidemiologistas conseguiram rastrear o vírus até a fonte que distribuía gatos almiscarados para consumo humano na China, interrompendo, assim, a transmissão adicional para o homem, pela suspensão da comercialização de gatos almiscarados e outros alimentos de origem silvestre. O conjunto dessas ações interrompeu o surto.

A SARS é um exemplo de uma infecção grave, que emergiu rapidamente a partir de uma única fonte. Contudo, a rápida identificação e a caracterização do patógeno da SARS permitiram o estabelecimento quase que imediato de procedimentos mundiais de notificação e de diagnóstico, além de um esforço concentrado para melhor compreender a biologia molecular desse novo patógeno, que resultou no rápido controle da doença; não houve qualquer outro caso de SARS desde o início de 2004. A rápida emergência da SARS e o igualmente rápido sucesso decorrente do esforço internacional de identificar e controlar o surto forneceram um modelo para o controle de epidemias emergentes.

Com o aumento das viagens e do comércio internacionais, as chances de propagação e rápida disseminação de novas doenças exóticas tende a aumentar. Por exemplo, no início de 2013, uma doença viral similar à SARS emergiu na Arábia Saudita e países vizinhos que causou sintomas graves (e, em alguns casos, fatais) similares aos sintomas da SARS. Este vírus, denominado MERS-CoV (síndrome respiratória do Oriente Médio-coronavírus) (ver a página inicial deste capítulo), é um novo coronavírus que apareceu repentinamente nos serviços de saúde e que pode ser rapidamente transmitido de pessoa para pessoa. Por causa destes desafios, epidemiologistas e profissionais da área da saúde precisam estar preparados para a emergência de outras doenças infecciosas graves, incluindo pandemias de *influenza*. Entretanto, esperamos que as lições aprendidas com a epidemia de SARS rendam dividendos quando outras doenças emergentes surgirem.



problema de saúde pública. A erradicação da forma humana de uma doença zoonótica somente pode ser realizada por meio da eliminação da doença no reservatório animal. Isso ocorre porque a manutenção do patógeno na natureza depende da transferência de animal para animal, sendo os seres humanos hospedeiros acidentais, não essenciais. Por exemplo, a peste é uma doença que afeta, principalmente, roedores. O controle efetivo da peste é realizado pelo controle da população de roedores infectados e do inseto vetor (pulga). Esses métodos são mais eficientes na prevenção da transmissão da peste do que medidas como a vacinação do hospedeiro acidental, o homem (Seção 30.7). Como outro exemplo, a tuberculose bovina é facilmente disseminada para seres humanos e é clinicamente indistinguível da tuberculose humana. A doença foi mantida sob controle nos países desenvolvidos principalmente por meio da identificação e destruição dos animais infectados. A pasteurização do leite também foi de considerável importância, pois o leite correspondia ao principal veículo de transmissão da tuberculose bovina aos seres humanos (Seção 29.4).

Determinadas doenças infecciosas, particularmente aquelas causadas por organismos como os protistas, apresentam ciclos de vida mais complexos, envolvendo uma transferência obrigatória de um hospedeiro não humano ao homem, acompanhada da transferência de volta para o hospedeiro não humano (p. ex., a malária, Seção 32.5). Em tais casos, a doença pode ser potencialmente controlada tanto nos seres humanos quanto no hospedeiro animal alternativo.

### Portadores

Um *portador* vivo é aquele indivíduo infectado que tem uma infecção subclínica e não apresenta sintomas ou apenas sintomas leves da doença clínica. Os portadores correspondem a fontes em potencial de infecção para outros indivíduos. Os portadores podem ser indivíduos que se encontram no período de incubação da doença, em que o estado de portador antecede o desenvolvimento dos sintomas reais. Infecções respiratórias, como gripes e resfriados, por exemplo, são frequentemente disseminadas por portadores, pois eles não estão cientes de sua infecção e, por esta razão, não estão adotando quaisquer precauções para evitar a infecção de outros indivíduos. No caso de tais portadores agudos, o estado de portador perdura por um curto período de tempo. Por outro lado, portadores crônicos podem disseminar a doença por longos períodos de tempo. Os portadores crônicos geralmente aparentam estar perfeitamente saudáveis. Eles podem ser indivíduos que se recuperaram de uma doença clínica, mas que ainda albergam patógenos viáveis, ou podem ser indivíduos com infecções inaparentes.

Os portadores podem ser identificados nas populações por meio de técnicas diagnósticas como análises de culturas ou imunoensaios sorológicos. Por exemplo, testes cutâneos com antígenos de *Mycobacterium tuberculosis* para avaliar a hipersensibilidade tardia. Essa reação revela a infecção prévia ou atual por este patógeno e é amplamente utilizada na identificação de portadores de *M. tuberculosis* (Seção 24.3). Outras doenças para as quais os portadores são agentes importantes de disseminação incluem a hepatite, febre tifoide e Aids. A vigilância, por meio da cultura ou imunoensaios de manipuladores de alimentos e profissionais da área de saúde, é, algumas vezes, realizada para identificar indivíduos que ofereçam risco por corresponderem a fontes comuns de infecção.

Um exemplo clássico de um portador crônico foi a mulher conhecida por Mary Tifoide, uma cozinheira da cidade de Nova York, no início do século XX. Mary Tifoide (seu nome verdadeiro era Mary Mallon) foi contratada como cozinheira durante uma epidemia de febre tifoide em 1906. As investigações revelaram que Mary estava associada a alguns surtos de febre tifoide. Ela era a provável fonte de infecção porque suas fezes apresentavam números muito elevados de *Salmonella enterica* sorovar *typhi*, a bactéria responsável pela febre tifoide. Mary permaneceu como portadora por toda sua vida, provavelmente devido à infecção de sua vesícula biliar, que secretava continuamente os organismos em seu intestino. Mary não permitiu que sua vesícula fosse removida, e foi, então, presa. Ela foi posta em liberdade diante do compromisso de cessar suas atividades como cozinheira ou manipular alimentos destinados a outras pessoas. No entanto, Mary desapareceu, mudou de nome e continuou a trabalhar como cozinheira em restaurantes e instituições públicas, deixando atrás de si surtos epidêmicos de febre tifoide. Após vários anos, Mary foi novamente detida e presa, permanecendo sob custódia até sua morte, em 1938.

**MINIQUESTIONÁRIO**

- O que é uma doença zoonótica? E um reservatório de doenças?
- Diferencie portadores agudos de portadores crônicos. Dê um exemplo de cada.

# II • Epidemiologia e saúde pública

Aqui identificaremos alguns dos métodos empregados na identificação, rastreamento, contenção e erradicação de doenças infecciosas em populações. Abordaremos também algumas importantes ameaças atuais e futuras associadas às doenças infecciosas.

## 28.5 Saúde pública e doenças infecciosas

O termo saúde pública refere-se à saúde da população em geral e às atividades exercidas pelas autoridades de saúde visando ao controle das doenças. A incidência e prevalência de várias doenças infecciosas foram grandemente reduzidas no século passado, especialmente em países desenvolvidos, devido às melhorias universais nas condições básicas de vida. Melhor alimentação, acesso à água potável tratada, melhor tratamento do esgoto público, bairros menos populosos e menor carga de trabalho contribuíram significativamente ao controle de doenças, principalmente por reduzir a exposição aos agentes infecciosos. Várias doenças historicamente importantes, como varíola, febre tifoide, difteria, brucelose e poliomelites foram controladas, e, em alguns casos, erradicadas (p. ex., a varíola) por medidas de saúde pública doença-específicas ativas, como quarentenas e vacinação.

### Controles dirigidos a veículos comuns

*Veículos comuns* para propagação de patógenos incluem alimentos, água e ar. A transmissão de patógenos em água e alimentos pode ser eliminada por meio da prevenção da contaminação (Capítulo 31). Por exemplo, métodos de purificação da água reduziram drasticamente a incidência de febre tifoide (**Figura 28.7**). Leis que controlam o grau de pureza dos alimentos e sua preparação diminuíram grandemente a probabilidade de transmissão de patógenos de origem alimentar para seres humanos. Como mencionamos anteriormente, o sacrifício de rebanhos infectados e a pasteurização do leite praticamente eliminaram a disseminação da tuberculose bovina para seres humanos.

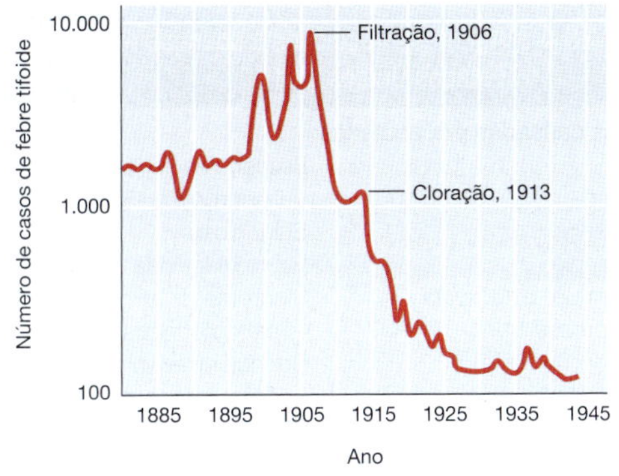


**Figura 28.7** **Febre tifoide na Filadélfia.** A introdução dos métodos de filtração e cloração eliminou a febre tifoide da Filadélfia e de outras cidades com abastecimento de água bem regulamentado.

A transmissão de patógenos respiratórios propagados pelo ar é mais difícil de prevenir. As tentativas de desinfecção química do ar não foram bem-sucedidas. A filtração do ar é um método viável, sendo, no entanto, limitada a áreas fechadas. No Japão, diversos indivíduos fazem uso de máscaras faciais quando acometidos por infecções do trato respiratório superior, a fim de evitar a transmissão a terceiros, porém, tais métodos, embora eficazes, são voluntários, sendo dificilmente instituídos como medidas de saúde pública.

## Controles dirigidos a reservatórios

Quando os reservatórios da doença são principalmente os animais domésticos, a infecção em seres humanos pode ser evitada se a doença for eliminada da população de animais infectados. A imunização ou o sacrifício dos animais infectados pode eliminar a doença nos animais e, consequentemente, em seres humanos. Tais procedimentos praticamente erradicaram a brucelose e a tuberculose bovina em seres humanos. Essas medidas foram também adotadas no controle da encefalite espongiforme bovina (mal da vaca louca), causada por um príon (⇄ Seções 9.13 e 31.14) no gado do Reino Unido, do Canadá e dos Estados Unidos. Com esse processo, a saúde da população de animais domésticos foi também melhorada.

Quando o reservatório da doença é um animal silvestre, a erradicação torna-se muito mais difícil. A raiva, por exemplo, é uma doença que ocorre tanto em animais silvestres quanto em domésticos, sendo transmitida aos animais domésticos principalmente pelos animais selvagens. Assim, o controle da raiva em animais domésticos e no homem pode ser realizado pela imunização dos animais domésticos. No entanto, como a maioria dos casos de raiva nos Estados Unidos ocorre, sobretudo, nos animais silvestres (⇄ Seção 30.1), a erradicação da raiva requereria a imunização ou eliminação de todos os animais reservatórios silvestres, incluindo espécies tão diversas quanto guaxinins, morcegos, gambás e raposas. Embora a imunização contra a raiva por via oral seja prática e recomendada para o controle da doença em populações de animais silvestres em áreas restritas, sua eficácia não foi testada em grandes populações animais diversas, como em reservas de animais silvestres, nos Estados Unidos.

Quando insetos, como os mosquitos vetores que transmitem a malária, também são os reservatórios da doença, o controle efetivo pode ser realizado eliminando-se o reservatório com inseticidas ou outros agentes. O uso de produtos químicos tóxicos ou cancerígenos, no entanto, deve ser consonante com as preocupações ambientais porque, em alguns casos, a eliminação de um problema de saúde pública apenas cria outro. Por exemplo, o inseticida dicloro-difenil-tricloroetano (DDT) é muito eficaz contra mosquitos, tendo sido responsável pela erradicação da febre amarela e da malária na América do Norte. No entanto, seu uso foi banido nos Estados Unidos, em 1972, devido às preocupações ambientais. O DDT é ainda utilizado em muitos países em desenvolvimento no controle de doenças transmissíveis por mosquitos, embora seu uso tenha diminuído em escala mundial.

Quando seres humanos são o reservatório da doença (p. ex., Aids), o controle e a erradicação podem ser difíceis, especialmente quando existem portadores assintomáticos. Por outro lado, certas doenças limitadas aos seres humanos não apresentam uma fase assintomática. Caso elas possam ser prevenidas por imunização, ou tratadas com fármacos antimicrobianos, a doença pode ser erradicada se todos aqueles que a contraíram e todos os possíveis contatos forem submetidos à quarentena, imunizados e tratados. Tal estratégia foi empregada com sucesso pela Organização Mundial de Saúde na erradicação da varíola, sendo atualmente adotada na erradicação da poliomielite (discutida a seguir).

## Imunização

Varíola, difteria, tétano, coqueluche (tosse comprida), sarampo, caxumba, rubéola e poliomielite foram controladas principalmente pela imunização. A difteria, por exemplo, não é mais considerada uma doença endêmica nos Estados Unidos. Estão disponíveis vacinas para um número de outras doenças infecciosas (⇄ Tabela 24.4). Como discutido na Seção 28.2, a imunização de 100% dos indivíduos não é necessária para controlar uma doença em uma população por causa da imunidade de rebanho, embora a porcentagem necessária para garantir o controle das doenças varie de acordo com a infectividade e virulência do patógeno e com as condições de vida da população (p. ex., aglomerações).

As epidemias de sarampo representam um exemplo dos efeitos da imunidade de rebanho. O reaparecimento ocasional do vírus do sarampo altamente contagioso ($R_0$ = 18, Tabela 28.3) enfatiza a importância da manutenção de níveis adequados de imunização contra um determinado patógeno. Até 1963, ano em que uma vacina eficaz contra o sarampo foi licenciada, praticamente todas as crianças nos Estados Unidos contraíam sarampo por infecção natural, resultando em mais de 300.000 casos por ano. Após a introdução da vacina, o número anual de infecções de sarampo caiu vertiginosamente (**Figura 28.8**). O número de casos baixou a 1.497 em 1983. No entanto, em 1990, a porcentagem de crianças imunizadas contra o sarampo caiu para 70%, havendo uma elevação do número de casos novos para 27.786. Um esforço concentrado para aumentar as taxas de imunização contra o sarampo a níveis acima de 90% praticamente eliminou a transmissão endógena de sarampo nos Estados Unidos, com um total de 312 casos de sarampo relatados em 1993. Atualmente, cerca de 100 casos de sarampo são relatados anualmente nos Estados Unidos, sendo mais da metade decorrente de infecções importadas de visitantes de outros países.

Atualmente, a maioria das crianças dos Estados Unidos está adequadamente imunizada, embora cerca de 80% dos adultos não apresentem imunidade efetiva contra importantes doenças infecciosas, uma vez que a imunidade oriunda das

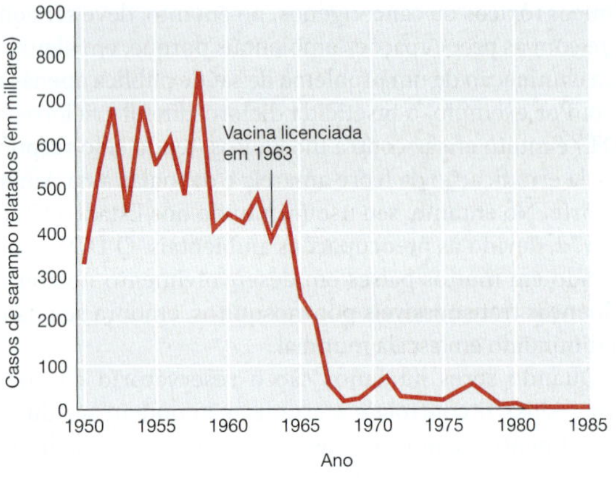


**Figura 28.8** **Imunização contra o sarampo nos Estados Unidos.** A introdução de uma vacina contra o sarampo eliminou a doença, comum durante a infância, no prazo de 20 anos.

vacinações na infância sofra um declínio ao longo do tempo. Quando as doenças da infância ocorrem em adultos, podem apresentar efeitos devastadores. Por exemplo, se uma mulher contrai rubéola (uma doença viral que pode ser prevenida pela vacinação) (⇄ Seção 29.6) durante a gestação, o feto pode ser acometido por graves distúrbios neurológicos e de desenvolvimento. O sarampo, a caxumba e a varicela são também doenças mais graves em adultos do que em crianças.

Recomenda-se que todos os adultos verifiquem seu grau de imunização, consultando seus registros médicos (caso disponíveis) para averiguar as datas das imunizações. Isso é particularmente verdadeiro para indivíduos que realizam viagens internacionais. A imunização contra o tétano, por exemplo, deve ser renovada, no mínimo, a cada 10 anos, para conferir uma imunidade efetiva. Investigações de populações adultas revelaram que mais de 10% dos adultos, abaixo dos 40 anos, e mais de 50% daqueles com idade acima dos 60, não se encontram adequadamente imunizados. Recomendações gerais em relação à imunização foram discutidas na Seção 24.6, enquanto aquelas relativas a infecções específicas serão discutidas nos Capítulos 29 a 32.

## Isolamento, quarentena e vigilância

**Isolamento** é a separação de pessoas que têm uma doença infecciosa daquelas que estão saudáveis. **Quarentena** é a separação e restrição de pessoas saudáveis que podem ter sido expostas a um agente infeccioso, para verificar se estas pessoas desenvolvem a doença. A extensão do isolamento ou da quarentena de uma determinada doença corresponde ao maior período de transmissibilidade daquela doença. Para que sejam eficientes, estas medidas devem impedir que os indivíduos infectados ou potencialmente infectados estabeleçam contato com indivíduos suscetíveis não expostos.

Com base em um acordo internacional, seis doenças requerem isolamento e quarentena: *varíola, cólera, peste, febre amarela, febre tifoide e febre recorrente.* Cada uma delas é considerada doença extremamente grave e particularmente contagiosa. A disseminação de outras doenças altamente contagiosas, como a febre hemorrágica pelo vírus Ebola, SARS, gripe H5N1 e a meningite, podem também ser controladas pela quarentena ou isolamento, quando da ocorrência de surtos.

A **vigilância** refere-se à observação, ao reconhecimento e ao relato de doenças, à medida que ocorrem. A **Tabela 28.4** lista as doenças atualmente sob vigilância nos Estados Unidos. Algumas das doenças epidêmicas (listadas na Tabela 28.2) e das doenças emergentes (ver Tabela 28.5) não estão incluídas na lista de doenças sob vigilância. Contudo, muitas outras doenças, como as gripes sazonais, são investigadas por laboratórios regionais que identificam os *casos índices* – aqueles casos da doença que exibem uma incidência anormalmente elevada, novas síndromes ou características, ou que estão associadas a patógenos novos, indicando um alto potencial de desencadear novas epidemias.

O **Centers for Disease Control and Prevention** (CDC) é a agência do Serviço de Saúde Pública dos Estados Unidos que acompanha as tendências das doenças, fornece informações para o público e os profissionais de saúde, e forma as políticas públicas em relação à prevenção e intervenção em caso de

**Tabela 28.4** **Agentes infecciosos e doenças relatáveis nos Estados Unidos, 2013**

| | |
|---|---|
| **Doenças causadas por bactérias** | |
| Antrax | *Escherichia coli* produtora da toxina shiga (STEC) |
| Botulismo | Shiguelose |
| Brucelose | Febre maculosa |
| Cancro mole | Síndrome do choque tóxico por estreptococos |
| Infecções por *Chlamydia trachomatis* | Doença invasiva por *Streptococcus pneumoniae* |
| Cólera | Sífilis, todos os estágios |
| Difteria | Tétano |
| Erliquiose/Anaplasmose | Síndrome do choque tóxico por estafilococos |
| Gonorreia | Tuberculose |
| Doença invasiva por *Haemophilus influenzae* | Tularemia |
| Hanseníase (hanseníase) | Febre tifoide |
| Síndrome hemolítico-urêmica | *Staphylococcus aureus* com resistência intermediária à vancomicina (VISA) |
| Legionelose | *Staphylococcus aureus* com resistência à vancomicina (VRSA) |
| Listeriose | Vibriose (infecções por outros vibriões, que não o causador da cólera) |
| Doença de Lyme | |
| Doença meningocócica (*Neisseria meningitidis*) | |
| Coqueluche | |
| Praga | |
| Psitacose | |
| Febre Q | |
| Salmonelose | |
| **Doenças causadas por vírus** | **Doenças causadas por protistas** |
| Arboviroses (encefalites e doenças não neuroinvasivas) | Babesiose |
| Dengue | Criptosporidiose |
| Síndrome pulmonar por hantavírus | Ciclosporíase |
| Hepatites A, B e C | Malária |
| Infecções por HIV/Aids | Giardíase |
| Novos vírus *influenza* A | **Doença causada por helmintos** |
| Sarampo | Triquinelose (triquinose) |
| Caxumba | **Doença causada por fungos** |
| Poliomielite | Coccidiomicose |
| Raiva | |
| Rubéola | |
| Síndrome respiratória aguda grave (SARS-CoV) | |
| Varíola | |
| Varicela (catapora) | |
| Febres hemorrágicas virais | |
| Vírus do Nilo Ocidental | |
| Febre amarela | |

doenças. O CDC opera uma série de programa de vigilância de doenças infecciosas. Para alguns exemplos, as doenças listadas na Tabela 28.4 são relatadas ao CDC por meio do National Notifiable Diseases Surveillance System (NNDSS), fornecendo uma base de dados que localiza as tendências por todo o país e permite o planejamento nacional de saúde. Infecções adquiridas em ambientes hospitalares ou associadas a instalações de saúde são reportadas à National Healthcare Safety Network (NHSN) (⇄ Seção 27.2). O Programa de Agentes Selecionados lida com relatos de potenciais incidentes bioterroristas (Seção 28.8). Surtos de doenças infecciosas emergentes em todo o mundo são relatados para a Rede Sentinela de Infecções Globais Emergentes (GeoSentinel). O objetivo geral da vigilância é formular e implementar planos para o diagnóstico e tratamento das infecções.

### Erradicação de patógenos

Um programa conjunto de erradicação de doenças foi responsável pela erradicação da varíola de ocorrência natural. A varíola era uma doença cujo reservatório consistia apenas nos indivíduos apresentando infecções agudas, sendo sua transmissão exclusivamente interpessoal. Os indivíduos infectados transmitiam a doença pelo contato direto com indivíduos não expostos previamente. Embora a varíola, uma doença viral, não possa ser tratada depois de adquirida, as práticas de imunização mostraram-se bastante eficazes; a vacinação com o vírus da vaccínia relacionado conferia imunidade completa.

Em 1967, a Organização Mundial de Saúde (OMS) implementou um plano de erradicação da varíola. Graças a programas de vacinação bem-sucedidos em todo o mundo, a varíola endêmica tornou-se confinada à África, ao Oriente Médio e à Índia subcontinental. Os profissionais da OMS, então, vacinaram todos os indivíduos que habitavam as regiões endêmicas remanescentes, com o propósito de prover imunidade direta ou de rebanho para todos os contatos possíveis. A cada surto subsequente ou suspeito, os profissionais da OMS viajavam para o local, colocavam os indivíduos com doença ativa em quarentena e vacinavam todos os contatos. Para interromper a cadeia de uma possível infecção, imunizavam até mesmo os contatos dos contatos. Essa política agressiva resultou na eliminação da doença ativa no decorrer de uma década, sendo a erradicação da varíola declarada pela OMS em 1980.

A poliomielite, outra doença viral que tem como reservatório apenas o ser humano, também é passível de prevenção por uma vacina eficaz e está sendo alvo de erradicação (a pólio endêmica já se encontra erradicada no hemisfério ocidental). Empregando uma estratégia bastante similar àquela contra a varíola, a OMS executou um programa de intensa imunização em 1988, concentrando os esforços nas áreas endêmicas remanescentes. Em todas estas áreas, mais de 2 bilhões de indivíduos, em sua maioria crianças, foram vacinados. Estima-se que foram prevenidos 5 milhões de casos de poliomielite paralítica. Em 2012, a pólio endêmica restringia-se à Nigéria, ao Paquistão e ao Afeganistão. Apenas 650 casos foram relatados em 2011. Surtos individuais são tratados pela imunização de todas as pessoas suscetíveis da região onde ocorreu o surto.

A hanseníase, outra doença restrita ao ser humano, é também alvo para erradicação. Casos ativos de hanseníase atualmente podem ser de maneira eficiente tratados com uma terapia à base de múltiplos fármacos, os quais curam o paciente e também evitam a disseminação de *Mycobacterium leprae*, o agente etiológico (⇄ Seção 29.4).

Outras doenças transmissíveis estão sendo possíveis alvos de erradicação. Elas incluem a doença de Chagas (por meio do tratamento dos casos ativos e destruição do inseto vetor do parasita *Trypanosoma cruzi*, na América tropical) (⇄ Seção 32.6) e a dracunculíase (por meio do tratamento da água potável na África, Arábia Saudita, Paquistão e outros locais na Ásia para prevenir a transmissão de *Dracunculus medinensis*, o helminto parasita da Guiné). A erradicação da sífilis também é possível, por ser uma doença apenas de seres humanos e por ser tratável. A difteria, causada pelo *Corynebacterium diphtheriae*, não é mais endêmica na América do Norte. Esta doença poderia ser globalmente erradicada pela aplicação de protocolos estritos de imunização, que praticamente eliminaram a doença na América do Norte.

**MINIQUESTIONÁRIO**

- Compare as medidas públicas no controle de doenças infecciosas causadas por insetos como reservatórios e por portadores humanos.
- Descreva as etapas realizadas para a erradicação da varíola e da poliomielite.

## 28.6 Considerações sobre a saúde mundial

A Organização Mundial de Saúde dividiu o mundo em seis regiões geográficas com o objetivo de coletar e registrar informações sobre a saúde, como relatos de morbidade e mortalidade. Essas regiões geográficas são a África, as Américas (América do Norte, Caribe, América Central e América do Sul), o Mediterrâneo Oriental, a Europa, o sudeste da Ásia e o Pacífico ocidental. Nesta seção, compararemos os dados de mortalidade de uma região relativamente desenvolvida, as Américas, com aqueles de uma região em desenvolvimento, a África.

### Doenças infecciosas nas Américas e na África: uma comparação

As estatísticas de mortalidade em países desenvolvidos e em desenvolvimento são significativamente diferentes, como ilustrado pela comparação dos dados das Américas e da África em 2008, quando a população mundial era próxima de 6,9 bilhões. No mundo inteiro 60,8 milhões de pessoas morreram, tornando a taxa de mortalidade de 8,8 mortes por 1.000 habitantes por ano. Cerca de 15,8 milhões (26%) dessas mortes são atribuídas a doenças infecciosas. Havia 924 milhões de pessoas nas Américas em 2008 e ocorreram 5,6 milhões de mortes, ou 6,1 mortes por 1.000 habitantes por ano. Na África, havia 837 milhões de pessoas em 2008 e ocorreram 14,1 milhões de mortes, ou 16,8 mortes por 1.000 habitantes por ano. Essas estatísticas mostram claramente as diferenças em mortalidade geral entre países em desenvolvimento e desenvolvidos, mas um exame comparativo sobre as *causas* da mortalidade é ainda mais instrutivo.

A **Figura 28.9** indica que a maioria das mortes na África decorre de doenças infecciosas, enquanto nas Américas, o câncer, o diabetes e as doenças cardiovasculares são as principais causas de mortalidade. Na África, ocorreram cerca de 6,6 milhões de mortes devido a doenças infecciosas e a expectativa de vida era de 54 anos de idade. O número de mortes por

UNIDADE 6

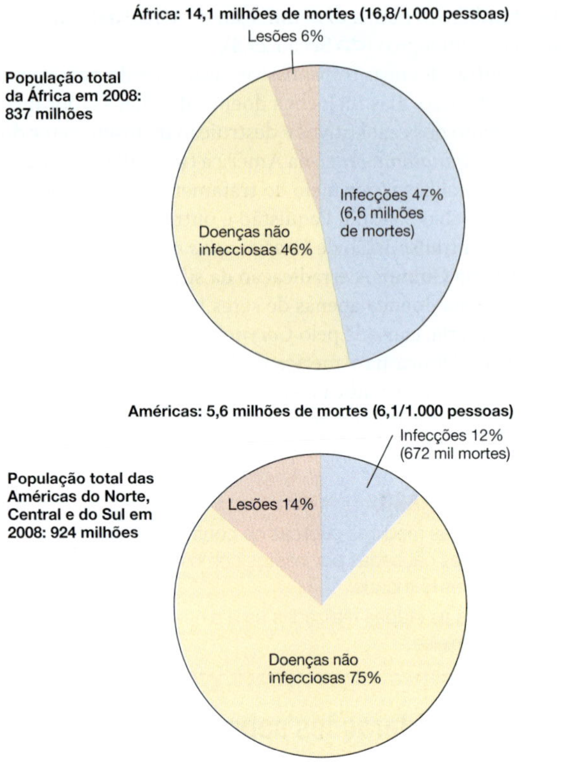


**Figura 28.9** **Causas de morte na África e nas Américas, 2008.** Doenças não infecciosas incluem câncer, doenças cardiovasculares e diabetes. Lesões incluem acidentes, assassinatos, suicídio e guerra. Os dados são da Organização Mundial de Saúde.

doenças infecciosas na África corresponde a 10% das mortes totais no mundo. Em contrapartida, apenas 672 mil morreram por doenças infecciosas nas Américas e a expectativa de vida era de 76 anos de idade. Em países desenvolvidos, o aumento da expectativa de vida é uma consequência direta da redução nas taxas de mortalidade por infecções durante o último século (Figura 1.8). A maior parte desses ganhos é decorrente dos avanços na saúde pública. Por outro lado, a falta de recursos em países em desenvolvimento limita o acesso a um saneamento adequado, alimentos e água seguros, imunizações, condições de saúde e medicamentos – levando ao aumento da ocorrência de doenças infecciosas e, por extensão, a uma expectativa de vida drasticamente menor.

### Viajando para áreas endêmicas

A alta incidência de doenças em diversas partes do mundo é uma preocupação para pessoas que viajam para tais regiões. Contudo, é possível ser imunizado contra várias dessas doenças endêmicas de países estrangeiros. Algumas recomendações específicas de imunização para aqueles que viajam para o exterior são atualizadas bianualmente e publicadas pelo CDC (http://www.cdc.gov/).

Para muitos países, certificados de imunização para febre amarela são necessários para entrada de áreas endêmicas. Essas áreas incluem parte da América do Sul equatorial e África. A maioria das demais imunizações, como aquelas para raiva e a praga, são recomendadas apenas para indivíduos com possibilidade de encontrarem-se sob condições de alto risco, tais como os profissionais da saúde veterinária. O CDC resume todas as informações atuais em relação à transmissão de doenças infecciosas pelo mundo, incluindo aquelas doenças contra as quais não existem vacinas eficazes (p. ex., Aids, malária, febre hemorrágica por Ebola, dengue, amebíase, encefalite e tifo). Os viajantes são advertidos a adotar algumas precauções como manter relações sexuais somente com proteção, evitar a picada de insetos e mordidas de animais, beber somente água tratada adequadamente, ingerir somente alimentos armazenados e preparados de forma apropriada e, no caso de suspeita de exposição, submeter-se a programas de profilaxia com antibióticos e quimioterápicos. Embora essas precauções não garantam que o viajante permanecerá livre de doença, aderir a elas reduz em muito o risco de infecção.

**MINIQUESTIONÁRIO**

- Compare a mortalidade decorrente de doenças infecciosas na África e nas Américas.
- Liste as doenças infecciosas contra as quais você não foi imunizado, e com as quais você poderá ter contato no próximo ano.

# III • Doenças infecciosas emergentes

Novas doenças infecciosas estão constantemente emergindo e doenças estabelecidas estão reemergindo em uma frequência alarmante. Aqui discutimos algumas destas doenças e as razões para a sua súbita emergência ou reemergência. Também investigamos o potencial uso intencional de microrganismos infecciosos como agentes de guerra e terror.

## 28.7 Doenças infecciosas emergentes e reemergentes

As doenças infecciosas são problemas globais e dinâmicos de saúde pública. Nesta seção, examinaremos alguns padrões recentes de doenças infecciosas, algumas razões para as modificações dos padrões e os métodos utilizados pelos epidemiologistas para identificar e lidar com novas ameaças à saúde pública.

### Doenças emergentes e reemergentes

A distribuição mundial das doenças pode se modificar de forma drástica e rápida. Alterações no patógeno, no ambiente ou na população de hospedeiros contribuem para a disseminação de novas doenças, potencialmente aquelas de elevadas morbidade e mortalidade. As doenças que subitamente se tornam prevalentes são referidas como **doenças emergentes**, sendo doenças infecciosas nas quais a incidência aumentou recentemente ou que há uma tendência a aumentar em um futuro próximo. Doenças emergentes não se limitam a apenas doenças "novas", mas também incluem **doenças reemergentes**, que são aquelas que anteriormente estavam sobre controle, mas que de repente aparecem como uma nova epidemia.

Exemplos de doenças emergentes e reemergentes globais são apresentados na Figura 28.1, e exemplos recentes são

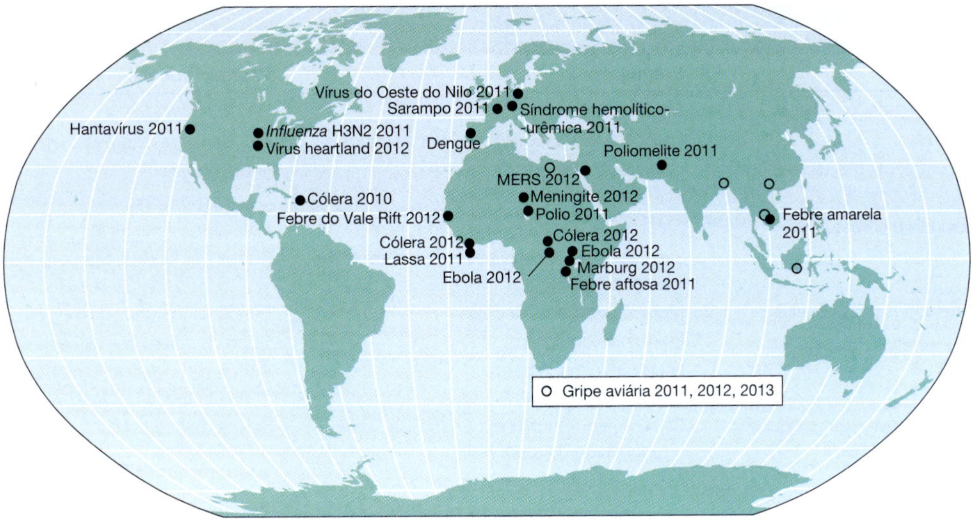


**Figura 28.10 Surtos recentes de doenças infecciosas emergentes e reemergentes.** As doenças mostradas são surtos locais capazes de produzir epidemias amplamente disseminadas e pandemias. As doenças não mostradas são doenças pandêmicas estabelecidas como HIV/Aids e cólera, e doenças epidêmicas anualmente preditas como a epidemia sazonal de gripe humana.

mostrados na Figura 28.10. Doenças com alto potencial para emergência ou reemergência são descritas na Tabela 28.5. As doenças epidêmicas listadas na Tabela 28.2 também têm um potencial para emergir ou reemergir como formas epidêmicas ou pandêmicas.

O fenômeno da emergência de doenças epidêmicas não é novo. Como exemplos de doenças que emergiram subitamente, tornando-se catastróficas no passado, temos a sífilis (causada por *Treponema pallidum*) e a peste (causada por *Yersinia pestis*). Na Idade Média, cerca de um terço da população mundial foi morta na epidemia de peste que varreu a Europa, Ásia e África (Capítulo 1, Explorando o mundo microbiano, "A morte negra decodificada" e Seção 30.7). A gripe provocou uma pandemia mundial devastadora em 1918-1919, ceifando 100 milhões de vidas. Na década 1980, a Aids e a doença de Lyme emergiram como novas doenças. Patógenos emergentes importantes na última década incluem o vírus do Oeste do Nilo (Seção 30.6) e o vírus *influenza* pandêmico de 2009 (H1N1), uma cepa que surgiu no México durante o verão de 2009 e rapidamente disseminou pelo mundo (Seção 28.11).

**Tabela 28.5 Doenças infecciosas epidêmicas emergentes e reemergentes**

| *Agente* | *Doença e sintomas* | *Forma de transmissão* | *Causa da emergência* |
|---|---|---|---|
| Bactérias, riquétsias e clamídias | | | |
| *Borrelia burgdorferi* | Doença de Lyme: exantema, febre, anormalidades cardíacas e neurológicas, artite | Picada do carrapato *Ixodes* infectado | Aumento das populações de cervo e seres humanos em áreas arborizadas |
| *Mycobacterium tuberculosis* | Tuberculose: tosse, perda de peso, lesões no pulmão | Gotículas de escarro (exaladas por tosse ou espirro) de uma pessoa com doença ativa | Resistência aos medicamentos antimicrobianos, como tuberculose multirresistente a fármacos (MDR) e extensivamente resistente a fármacos (XDR) |
| *Vibrio cholerae* | Cólera: diarreia intensa, desidratação rápida | Água contaminada com fezes de pessoas infectadas, alimentos expostos a água contaminada. | Falta de saneamento e higiente; carreados para áreas não endêmicas por viajantes e por comércio |
| Vírus | | | |
| Dengue | Febre hemorrágica | Picada de um mosquito infectado (principalmente *Aedes aegypti*) | Falta de controle do vetor, aumento da urbanização nos trópicos, aumento de viagens e expedições |
| Filoviroses (Marburg, Ebola) | Fulminante, alta mortalidade, febre hemorrágica | Contato direto com sangue contaminado, órgãos, secreções e sêmen | Contato com reservatório vertebrados |
| Gripe H5N1 (gripe aviária) | Febre, dor de cabeça, tosse, pneumonia, alta mortalidade | Contato direto com animais infectados ou seres humanos, não é facilmente propagado via aerossóis respiratórios | Perigo de rearranjo viral homem-animal, mudança antigênica |
| Fungos | | | |
| *Candida* | Candidíase: infecções fúngicas no trato gastrintestinal, vagina e cavidade oral | Flora endógena torna-se um patógeno oportunista; contato com secreções ou excreções de pessoas infectadas | Imunossupressão; dispositivos médicos (cateteres); utilização de antibióticos |

**Tabela 28.6 Fatores de emergência para doenças infecciosas**

| *Fator de emergência* | *Exemplo* | *Patógeno/doença* |
|---|---|---|
| Demografia humana e comportamento | Urbanização | HIV/Aids, dengue |
| Tecnologia e indústria | Infecções associadas a centros de saúde | Patógenos resistentes a fármacos |
| Desenvolvimento econômico e uso da terra | Construção da represa de Assuã | Febre do Vale Rift |
| | Alterações nos padrões de lazer e habitação | Doença de Lyme |
| Viagens internacionais e comércio | Centrais de distribuição de alimentos | Infecções alimentares por *E. coli* O157:H7 |
| | Expedição de animais por meio de fronteiras internacionais | Surtos por filovírus Marburg e Ebola-Reston |
| Adaptação de alterações no patógeno | Mutações de vírus de RNA | Pandemia de gripe (H1N1) em 2009 |
| Falhas de saúde pública | Epidemias de cólera | Surto de cólera no Haiti em 2010 |
| | Imunização inadequada | Surtos de coqueluche na Europa Oriental e nos Estados Unidos |
| Eventos incomuns que perturbar o equilíbrio patógeno-hospedeiro habitual | Clima ameno permitindo a expansão da população de roedores | Surtos de hantaviroses nos Estados Unidos |

As autoridades de saúde do mundo inteiro estão preocupadas com o potencial de rápida emergência de uma gripe pandêmica decorrente da gripe aviária H5N1 (⇄ Seção 29.8).

## Fatores de emergência: demografia, uso da terra e transporte

Alguns fatores responsáveis pela emergência de novos patógenos, alguns exemplos atuais e algumas epidemias atribuídas a pelo menos um desses fatores estão listados na **Tabela 28.6**. A demografia humana e seu comportamento podem afetar a disseminação de uma doença. Em 1800, menos de 2% da população mundial vivia em áreas urbanas. Atualmente, aproximadamente metade da população mundial vive em cidades. A alta densidade de hospedeiros humanos em cidades pode facilitar a transmissão de doenças. Por exemplo, a dengue (Tabela 28.4) é uma grave doença agora concentrada em áreas tropicais e subtropicais urbanas, com mais de 100 milhões de infecções devido à disseminação do vírus em mosquitos *Aedes aegypti* (**Figura 28.11**). Antes de 1981, a febre da dengue era desconhecida nas Américas, assim como o mosquito vetor *Aedes aegypti* não estava presente (⇄ Seção 30.5). Entretanto, em 2003, tanto o mosquito quanto o vírus da dengue estavam presentes em toda a América Central e nos países tropicais da América do Sul, possivelmente importados para os centros populacionais da África via navios de carga que transportavam mosquitos infectados, juntamente com mercadorias. O comportamento

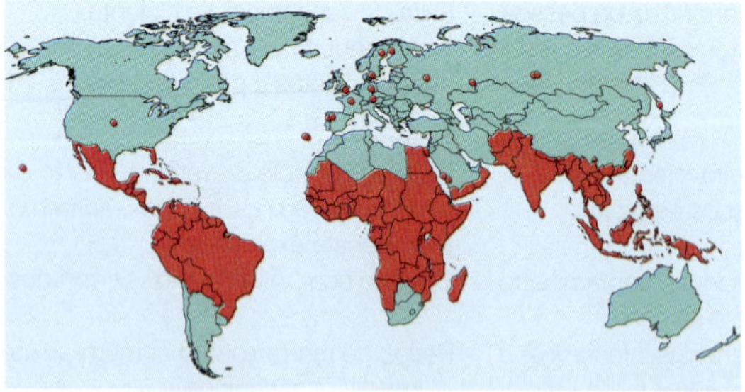

**Figura 28.11** **O vírus da dengue, 2013.** O vírus da dengue é agora encontrado em todos os países tropicais e subtropicais devido à propagação do mosquito vetor *Aedes aegypti*. As áreas vermelhas são agora epidêmicas para o vírus e o mosquito vetor. Os pontos vermelhos indicam surtos fora das áreas sabidamente endêmicas. Antes de 1981, o vírus da dengue era desconhecido nas Américas. Dados do CDC, Atlanta, Georgia, EUA.

humano, especialmente em grandes centros populacionais, também contribui para a propagação da doença. Por exemplo, práticas sexuais promíscuas contribuem para a disseminação de hepatite e HIV/Aids.

Avanços tecnológicos e o desenvolvimento industrial têm um impacto geral positivo sobre os padrões de vida em todo o mundo, mas, em alguns casos, esses avanços têm contribuído para a propagação de doenças. Por exemplo, o número e tipo de infecções associadas aos centros de saúde têm aumentado drasticamente nos últimos anos (⇄ Seção 27.2). A resistência a antibióticos em microrganismos é outro resultado negativo das práticas modernas de assistência médica. Por exemplo, enterococos e estafilococos resistentes à vancomicina e *Streptococcus pneumoniae* e *Mycobacterium tuberculosis* são patógenos emergentes em países desenvolvidos.

O desenvolvimento econômico e as mudanças no uso da terra também podem promover a disseminação de doenças. Por exemplo, a febre do Vale Rift, uma doença viral transmitida por mosquito, tem aumentado desde a conclusão da Represa de Assuã no Rio Nilo, no Egito, em 1970. A primeira epidemia importante de febre do Vale Rift ocorreu no Egito em 1977, quando uma população de aproximadamente 200.000 pessoas adoeceu, havendo 598 mortes. Graves surtos epidêmicos ocorreram na região desde então, e a doença se tornou endêmica nas regiões próximas ao reservatório. A doença de Lyme, a doença transmissível por vetor mais comum nos Estados Unidos, tem aumentado significativamente em virtude das modificações nos padrões de uso da terra (⇄ Seção 30.4). O reflorestamento e o consequente aumento no número de cervos e camundongos (os reservatórios naturais de *Borrelia burgdorferi*, o agente etiológico da doença), resultaram em maior número de carrapatos infectados, o artrópode vetor. Além disso, o grande número de residências e áreas recreacionais nas florestas e regiões próximas aumentou o contato entre os carrapatos infectados e os seres humanos, consequentemente aumentando a incidência da doença.

Os métodos de transporte, processamento em larga escala e distribuição centralizada passaram a apresentar crescente importância, garantindo a qualidade e a redução de custos na indústria alimentícia. Contudo, esses mesmos fatores podem aumentar a possibilidade da ocorrência de epidemias por fonte comum, quando ocorrem falhas nas medidas sanitárias. Por exemplo, uma única indústria de processamento de carne nos Estados Unidos foi responsável pela disseminação de *Escherichia coli* O157:H7 para pessoas de pelo menos oito estados em 2009. A fonte de alimento contaminada, carne bovina moída, foi recolhida, sendo a epidemia, por fim, interrompida, mas não antes de causar a morte de diversas pessoas.

As viagens e o comércio internacionais também afetam a disseminação de patógenos. Por exemplo, os filovírus (Filoviridae), um grupo de vírus de RNA, causam febre, culminando em doença hemorrágica nos hospedeiros infectados (Explorando o mundo microbiano, "manipulando vírus que causam febres hemorrágicas", no Capítulo 30). Essas doenças virais não são tratáveis e geralmente apresentam uma taxa de mortalidade acima de 20%. A maioria dos surtos tem se restringido à África equatorial central, onde os hospedeiros primatas e vetores naturais habitam (Figura 28.10), mas viagens de hospedeiros em potencial para ou de áreas endêmicas normalmente estão implicadas na transmissão de doenças. Por exemplo, um dos filovírus foi importado para Marburg, Alemanha, em 1967, por um carregamento de macacos verdes africanos utilizados em laboratório. O vírus disseminou-se rapidamente do hospedeiro primata para alguns dos tratadores humanos. Sete pessoas, de 31 infectadas, morreram nesse surto do *vírus Marburg*, como ficou conhecido. Em 1989, outro embarque de macacos de laboratório trouxe um filovírus diferente para Reston, Virgínia, nos Estados Unidos. Esse vírus, agora conhecido como Ebola-Reston, não causou doenças evidentes em seres humanos, mas devido a sua eficiente transmissão por via respiratória, o vírus Ebola-Reston infectou e matou, em poucos dias, a maioria dos macacos do laboratório de Reston. A alta mortalidade potencial de infecções por filovírus, especialmente aqueles com transmissão respiratória, pode devastar centros populacionais no mundo inteiro em questão de semanas.

## Fatores de emergência: modificações nos patógenos, colapsos da saúde pública e mudanças climáticas

A adaptação e as alterações do patógeno podem contribuir para sua emergência. Por exemplo, praticamente todos os vírus de RNA, incluindo o da gripe (Seção 29.8), HIV e vírus de febres hemorrágicas sofrem mutações rápidas. Os vírus de RNA não possuem mecanismos de correção da replicação, incorporando mutações em seus genomas com taxas extremamente elevadas, quando comparados à maioria dos vírus de DNA. Estes vírus mutantes de RNA são considerados importantes problemas epidemiológicos porque seus genomas em constante alteração podem afetar seus antígenos, tornando a imunidade aos antigos vírus ineficientes em neutralizar os mutantes (ver um exemplo com *influenza* em Figura 29.27). Mecanismos de genética bacteriana são capazes de aumentar a virulência, promovendo a emergência de novas epidemias. Fatores que aumentam a virulência são comumente carreados por bacteriófagos, plasmídeos e transposons como elementos móveis genéticos que podem ser transferidos entre membros de uma mesma espécie, e às vezes a outras espécies e gêneros. A **Tabela 28.7** lista alguns dos fatores móveis de virulência que podem contribuir para a emergência de um patógeno.

Uma falha nas medidas de saúde pública é, às vezes, responsável pela emergência e reemergência de doenças. Por exemplo, a cólera (causada pelo *Vibrio cholerae*) pode ser adequadamente controlada, mesmo em áreas endêmicas, pelo tratamento da água e descarte apropriado do esgoto. Em 2010, o abastecimento de água contaminada, causada por medidas sanitárias inadequadas realizadas pelas forças pacificadoras das Nações Unidas, levou a cólera ao Haiti pela primeira vez em 100 anos (Seção 28.10). Em 1993, o abastecimento de água municipal de Milwaukee, Wisconsin, estava contaminado com o protista *Cryptosporidium* cloro-resistente, resultando em mais de 400.000 casos de doença intestinal.

Programas públicos inadequados de vacinação podem ser responsáveis pelo reaparecimento de doenças previamente controladas. Por exemplo, a coqueluche, doença respiratória da infância prevenida por vacinação, aumentou recentemente na Europa Oriental e nos Estados Unidos, parcialmente em decorrência da imunização inadequada de adultos e crianças.

Finalmente, às vezes ocorrências naturais anormais interferem no equilíbrio entre o hospedeiro e o patógeno. Por exemplo, o hantavírus é um patógeno de seres humanos que é endêmico em algumas populações de roedores (Seção 30.2). Um número anormalmente alto de infecções levando a várias mortes foi relatado em 1993 no sudoeste americano, estando associados à exposição de urina e excrementos de ratos silvestres. A maior probabilidade de exposição aos animais e suas fezes foi relacionada com o aumento maior que o normal da população de camundongos silvestres, resultante de chuvas abundantes, uma longa estação de cultivo e um inverno moderado – levando a um aumento considerável de hospedeiro zoonótico, da densidade do patógeno e da exposição de hospedeiros humanos suscetíveis. Fatores similares levaram ao surto



**Tabela 28.7 Fatores de virulência codificados por bacteriófagos, plasmídeos e transposons**

| *Elemento genético* | *Organismo* | *Fatores de virulência* |
|---|---|---|
| Bacteriófago | *Streptococcus pyogenes* | Toxina eritrogênica |
| | *Escherichia coli* | Toxina shiga |
| | *Staphylococcus aureus* | Enterotoxinas A, D, E, estafilocinase, toxina 1 da síndrome do choque tóxico (TSST-1) |
| | *Clostridium botulinum* | Neurotoxinas C, D, E |
| | *Corynebacterium diphtheriae* | Toxina diftérica |
| Plasmídeo | *Escherichia coli* | Enterotoxinas, fator de colonização dos *pili*, hemolisina, urease, fator de resistência do soro, fatores de aderência, fatores de invasão celular |
| | *Bacillus anthracis* | Fatores edema, fator letal, antígeno protetor, cápsula de ácido poli-D-glutâmico |
| | *Yersinia pestis* | Coagulase, fibrinolisina, toxina murina |
| Transposon | *Escherichia coli* | Enterotoxinas termoestáveis, sideróforo aerobactina, hemolisina, óperons de *pili* |
| | *Shigella dysenteriae* | Toxina shiga |
| | *Vibrio cholerae* | Toxina colérica |

de hantavirose no Parque Nacional de Yosemite (California, EUA) em 2011 (Figura 28.10). Como o aquecimento global avança, estamos propensos a ver alterações permanentes no clima que alteram significativamente a variedade de hospedeiros, vetores e patógenos.

## Definindo doenças emergentes

Doenças emergentes têm, pelo menos inicialmente, baixa incidência e não constam da lista oficial de doenças notificáveis dos Estados Unidos (Tabela 28.4). As chaves para definir doenças emergentes correspondem ao reconhecimento da doença e à intervenção para prevenir a transmissão do patógeno.

Doenças epidêmicas são primeiramente reconhecidas por sua incidência epidêmica única, pelos seus agrupamentos e outros padrões epidemiológicos, e por sintomas clínicos não relacionados com patógenos conhecidos. Estas doenças justificam uma intensiva vigilância na Saúde Pública, seguida por intervenções específicas destinadas a controlar novos surtos. A intervenção específica em relação à doença é a chave para o controle de surtos individuais. Métodos como quarentena, imunização e terapia com fármacos devem ser aplicados para conter e isolar os surtos de doenças específicas. Finalmente, nas doenças transmissíveis por vetores ou nas zoonóticas, devemos identificar o hospedeiro não humano ou o vetor a fim de interferir no ciclo de vida do patógeno e, por fim, interromper a transferência para os seres humanos.

Programas internacionais de vigilância e intervenção na saúde pública foram fundamentais no controle da emergência da síndrome respiratória aguda severa (SARS), uma doença que emergiu de maneira rápida, explosiva e imprevisível a partir de uma fonte zoonótica. Por outro lado, até mesmo uma resposta rápida e focada foi insuficiente em conter a disseminação da pandemia de gripe (H1N1) em 2009 (Seção 28.11).

**MINIQUESTIONÁRIO**

- Que fatores são importantes na emergência ou reemergência de patógenos em potencial?
- Cite métodos gerais e específicos que poderiam ser úteis para identificar doenças infecciosas emergentes.

## 28.8 Guerras biológicas e armas biológicas

**Guerra biológica** é a utilização de agentes biológicos visando incapacitar ou matar uma população militar ou civil, em um ato de guerra ou terrorismo. A utilização e o desenvolvimento de armas biológicas são proibidos por lei internacional. Apesar disso, armas biológicas foram utilizadas contra alvos nos Estados Unidos, e as fábricas envolvidas na produção de armas biológicas parecem estar nas mãos de vários governos, assim como de grupos extremistas.

### Características das armas biológicas

As armas biológicas são organismos ou toxinas (1) de fácil produção e liberação, (2) de manipulação segura pelos soldados ofensivos, e (3) capazes de incapacitar ou matar os indivíduos sob ataque, de forma sistemática e consistente. Embora as armas biológicas sejam potencialmente úteis nas mãos de forças militares convencionais, elas tendem a ser utilizadas com maior probabilidade por grupos terroristas. Essa observação deve-se, em parte, à disponibilidade e ao baixo custo de produção e propagação de vários dos organismos úteis em guerras biológicas.

Praticamente, quaisquer bactérias ou vírus patogênicos são potencialmente úteis à guerra biológica, sendo vários dos organismos candidatos mais prováveis relativamente fáceis de serem cultivados e disseminados. Os *agentes selecionados* que têm significativo potencial para uso como armas biológicas estão listados na **Tabela 28.8**. Os candidatos à arma biológica mais frequentemente mencionados são o vírus da varíola e o *Bacillus anthracis*, o agente etiológico do antraz.

Os agentes selecionados são classificados em três categorias pelo CDC de acordo com o seu potencial como armas biológicas. O mais alto nível de ameaça vem de agentes da Categoria A. Eles podem ser facilmente disseminados por, por exemplo, aerossóis, ou são facilmente transmitidos de pessoa para pessoa. Estes agentes caracteristicamente causam alta mortalidade e, consequentemente, têm alto impacto na saúde

**Tabela 28.8** Agentes selecionados e doenças por categoria de ameaça de armas biológicas[a]

| |
|---|
| **Categoria A** |
| Agentes de maior prioridade e que representam um risco para a segurança nacional. Estes agentes são facilmente disseminados ou transmitidos e resultam em altas taxas de mortalidade. Eles requerem ações especiais para a prevenção. |
| *Doença/Patógeno* |
| Antraz (*Bacillus anthracis*) |
| Botulismo (toxina do *Clostridium botulinum*) |
| Peste (*Yersinia pestis*) |
| Varíola (*Variola major*) |
| Tularemia (*Francisella tularensis*) |
| Febres hemorrágicas virais (filovírus [p.ex. Ebola, Marburg] e arenavírus [p.ex. Lassa, Machupo]) |
| **Categoria B** |
| Agentes de segunda maior prioridade. Estes agentes são moderadamente fáceis de disseminar, resultando em uma morbidade moderada e baixa mortalidade, e requerem esforços específicos da capacidade de diagnóstico da saúde pública e vigilância da doença |
| *Doença/Patógeno* |
| Brucelose (espécies de *Brucella*) |
| Toxina épsilon do *Clostridium perfringens* |
| Ameaças de segurança alimentar (p. ex., *Salmonella* spp., *Escherichia coli* O157:H7, *Shigella*) |
| Mormo (*Burkholderia mallei*) |
| Melioidose (*Burkholderia pseudomallei*) |
| Psitacose (*Chlamydophila psittaci*) |
| Febre Q (*Coxiella burnetii*) |
| Toxina ricina do *Ricinus communis* (mamona) |
| Enterotoxina B de estafilococos (*Staphylococcus aureus*) |
| Tifo (*Rickettsia prowazekii*) |
| Encefalites virais (alphavírus como a encefalite equina venezuelana, encefalite equina do leste, encefalite equina do oeste) |
| Ameaças de segurança da água (*Vibrio cholerae*, *Cryptosporidium parvum* e outros) |
| **Categoria C** |
| Agentes de terceira maior prioridade. São patógenos emergentes que estão disponíveis, facilmente produzidos e disseminados, com alto potencial para alta morbidade e mortalidade |
| *Patógenos* |
| Doenças infecciosas emergentes como as hantaviroses |

[a]Fonte: The Centers for Disease Control and Prevention, Atlanta, Georgia, EUA.

pública. Os preparativos para ataques por estes agentes exigem planos específicos para cada agente. Agentes da Categoria B são moderadamente fáceis de propagar, resultando em uma morbidade moderada e uma baixa mortalidade, e requerem recursos especializados de diagnóstico e vigilância. Agentes de Categoria C são patógenos emergentes para os quais planos específicos de controle e contenção não podem ser antecipados.

## Varíola

O vírus da varíola tem um potencial intimidador como arma biológica de categoria A, uma vez que pode ser facilmente transmitido por contato ou aerossóis e tem uma taxa de mortalidade de 30% ou mais. No entanto, seu uso potencial como arma biológica é considerado baixo porque os únicos estoques conhecidos do vírus da varíola encontram-se guardados em repositório nos Estados Unidos e na Rússia, e as tropas militares são rotineiramente vacinadas. Uma possibilidade permanece, entretanto, de grupos terroristas ou forças militares obterem acesso ao vírus da varíola e disseminá-lo entre o público em geral. Por essa razão, o governo dos Estados Unidos providenciou a imunização de profissionais da área de saúde e funcionários públicos ligados à segurança contra a varíola.

Embora exista uma vacina altamente eficaz contra a varíola, empregando um vírus altamente relacionado – o vírus vaccínia, como imunógeno, ela deixou de ser utilizada há quase 40 anos, uma vez que a varíola foi mundialmente erradicada há mais de 35 anos. A imunização com o vírus vaccínia é muito eficiente, mas carrega um risco significativo, porque uma a cada duas pessoas por milhão que receberam a vacina morreram, provavelmente, por uma complicação da vacinação. Consequentemente, a vacina não é recomendada e mais de 90% da atual população mundial não se encontram adequadamente vacinados, estando suscetíveis à doença. Medidas contra um potencial ataque de varíola nos Estados Unidos incluem a imunização de indivíduos selecionados: aqueles que estabelecem contato íntimo com pacientes de varíola; profissionais que avaliam, cuidam ou transportam pacientes com varíola; pessoal laboratorial que manipula espécimes clínicos de pacientes com varíola; e outros profissionais de manutenção que podem entrar em contato com materiais infecciosos de pacientes com varíola.

## Antraz

*Bacillus anthracis*, uma bactéria saprófita e ubíqua do solo, é um dos agentes de Categoria A para guerras biológicas e atos de bioterrorismo. Suas propriedades únicas o tornam particularmente utilizável como uma arma biológica. Ele cresce como um bacilo gram-positivo aeróbio e produz endósporos resistentes ao calor e ao dessecamento, e forma colônias distintas em placas de ágar-sangue (**Figura 28.12**). A formação de endósporos aumenta a capacidade de disseminação de *B. anthracis* na forma de aerossóis.

Os endósporos de *B. anthracis* são a forma mais comum de se contrair o antraz; a patologia do antraz é discutida em detalhes na Seção 30.8. Os animais e seres humanos ocasionalmente adquirem os esporos a partir do contato com plantas ou solo contaminados. Existem três formas da doença. O *antraz cutâneo* (**Figura 28.13*a***) é contraído quando a pele que sofreu abrasão é contaminada com esporos de *B. anthracis* produzidos por uma cepa toxigênica encapsulada por ácido poli-D-glutâmico. Casos de antraz cutâneo em seres humanos são raros nos Estados Unidos. O *antraz gastrintestinal* é contraído a partir do consumo de plantas ou carcaças de animais contaminadas com endósporos. Casos de antraz gastrintestinal humano também são raros nos Estados Unidos. O *antraz pulmonar* é contraído por meio da inalação de endósporos. A inalação de endósporos ou bactérias vivas resulta em infecções pulmonares caracterizadas por hemorragia pulmonar e cerebral (Figura 28.13*b*). Infecções por antraz pulmonar não tratadas têm taxa de mortalidade próxima de 100%. Felizmente, casos de antraz pulmonar, mesmo em trabalhadores agrícolas, são bastante raros. O último caso de antraz pulmonar contraído por vias naturais nos Estados Unidos foi registrado em 1976. Contu-

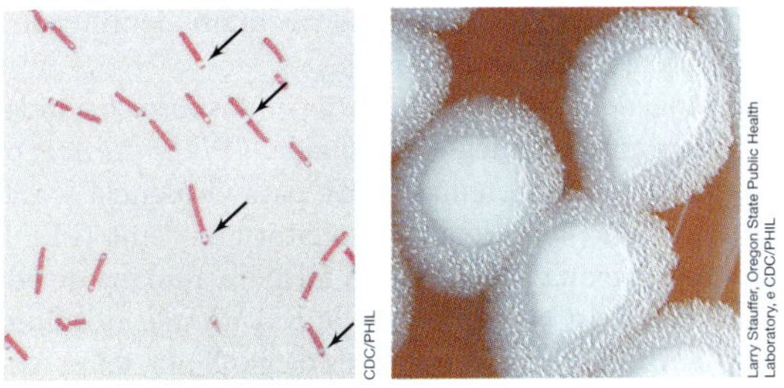


(a) (b)

**Figura 28.12** ***Bacillus anthracis.*** *(a) Bacillus anthracis* é bastão gram-positivo, formador de endósporos, de aproximadamente 1 μm de diâmetro e 3 a 4 μm de comprimento. Observe os endósporos em desenvolvimento (setas). *(b)* Aparência característica de "vidro moído" das colônias de *B. anthracis* em placas de ágar-sangue.

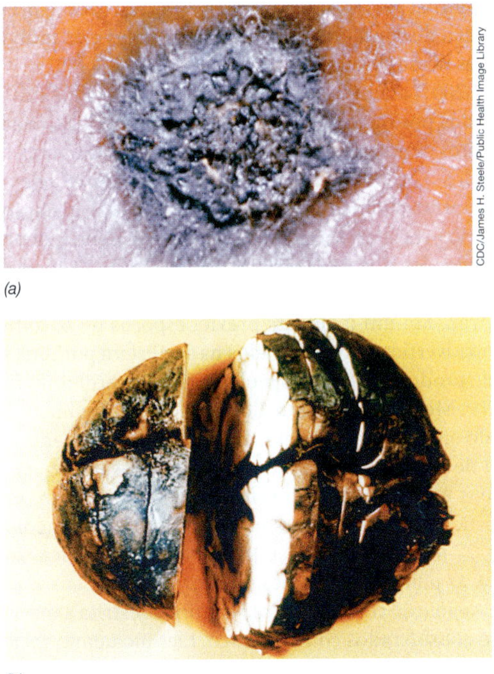


(a) (b)

**Figura 28.13** **Antraz.** *(a)* Antraz cutâneo. A lesão escurecida no antebraço de um paciente, cerca de 2 cm de diâmetro, resultado da necrose tecidual. *(b)* Antraz pulmonar. Pode causar hemorragia cerebral, como demonstrado pela coloração negra neste cérebro humano fixado e seccionado. Veja também a Figura 30.21.

UNIDADE 6

do, diversos casos de antraz pulmonar foram identificados em 2001, devido a ações de terroristas.

A patogênese resulta da inalação endósporos oriundos de uma linhagem toxigênica encapsulada. O *B. anthracis* patogênico produz três proteínas-chave para virulência – antígeno protetor (PA), fator letal (LF) e fator de edema (EF). PA e LF formam a toxina letal. PA e EF formam a toxina de edema (⇄ Tabela 23.5). O crescimento de *B. anthracis* nos linfonodos e tecidos linfáticos leva a dores de garganta, febre e dores musculares. Os sintomas da toxemia crescente aumentam com o decorrer dos dias até culminar em dificuldade respiratória, seguida de choque sistêmico. As taxas de mortalidade podem aproximar-se de 90%, mesmo quando a exposição é reconhecida e tratada rapidamente, sendo que pode atingir aproximadamente 100% em casos em que o tratamento é iniciado somente após o surgimento dos sintomas.

O termo *transformado em arma* refere-se a linhagens ou preparações de *B. anthracis*, geralmente na forma de endósporos, que têm propriedades que aumentam sua disseminação e seu uso como armas biológicas. Tais linhagens e preparações foram desenvolvidas em vários países, em períodos após a Segunda Guerra Mundial, embora o desenvolvimento de novas armas biológicas tenha sido interrompido após a assinatura de um tratado internacional em 1972. As características físicas das preparações de antraz transformadas em armas incluem, geralmente, um pequeno tamanho da partícula, geralmente misturada a agentes finos particulados, como talco. Essas pequenas partículas sob a forma de pó garantem a fácil disseminação dos esporos por correntes de ar. Assim, a abertura de um envelope contendo endósporos, ou a liberação da mistura de esporos e partículas em um sistema de ventilação, ou outra forma de ar encanado, apresenta o potencial de contaminar as áreas adjacentes e os indivíduos presentes nesses locais.

Em 2001, ataques com antraz foram realizados nos Estados Unidos por meio do envio de correspondências contendo endósporos de antraz transformados em armas. No total, foram registrados 22 casos de infecção por antraz. Onze deles eram do tipo antraz cutâneo e 11 casos de antraz por inalação, dos quais cinco resultaram em óbito. Esses incidentes ocorridos nos Estados Unidos não foram os primeiros ou os mais sérios em relação ao uso de armas biológicas resultando em infecções por antraz. Em um incidente prévio, esporos de *B. anthracis* foram inadvertidamente liberados na atmosfera por uma instalação de produção de armas biológicas em Sverdlovsk, Rússia, em 1979. Menos de um grama de endósporos foi liberado, resultando em medidas de imunização e antibioticoterapia profilática de todos os indivíduos que encontravam-se em áreas próximas à fábrica, após o primeiro caso de antraz ter sido diagnosticado. Contudo, mesmo com estas rápidas medidas de reação, 77 indivíduos que não trabalhavam na fábrica contraíram antraz pulmonar e, desses, 66 morreram.

A vacinação contra o antraz continua restrita a indivíduos que são considerados como de risco. Eles incluem trabalhadores agrícolas que lidam com animais e militares.

## Liberação de armas biológicas

Como o antraz, a maioria dos organismos adequados para uso como arma biológica pode ser disseminada na forma de aerossóis, permitindo a transmissão simples, rápida e ampla, levando à infecção. Exemplos de diversas exposições envolvendo aerossóis são instrutivos.

Em 1962, um dos últimos surtos de varíola em um país desenvolvido ocorreu na Alemanha. Um trabalhador alemão foi acometido de varíola após retornar do Paquistão, um país com varíola endêmica. O indivíduo foi imediatamente hospitalizado e posto em quarentena, mas como o paciente apresentava tosse, o vírus em suspensão provocou a doença em 19 indivíduos vacinados; no mínimo, um indivíduo morreu em decorrência da infecção resultante.

Ataques bioterroristas planejados já ocorreram nos Estados Unidos e em outros países antes mesmo dos ataques de antraz em 2001 (Seção 33.12). Em 1984, em Dalles, no Oregon (Estados Unidos), fanáticos inocularam bufês de saladas com uma cultura de *Salmonella enterica* sorovar *typhimurium* na forma de aerossol em 10 restaurantes locais, provocando 751 casos de salmonelose transmitida pelo alimento, em uma região que, geralmente, apresentava menos de 10 casos por ano. Em 1995, um grupo radical liberou o gás *Sarin* em um metrô de Tóquio, matando diversas pessoas e ferindo inúmeras outras. Embora essa tenha sido uma arma química, esse grupo também possuía culturas de antraz, meios bacteriológicos, aviões teleguiados e frascos de *spray*. Eles tentaram pelo menos um ataque biológico, mas não obtiveram sucesso.

A liberação de toxinas bacterianas pré-formadas como a toxina botulínica ou enterotoxina estafilocóccica em grandes populações é impraticável, pois a maioria das exotoxinas potentes é proteína, a qual perde sua efetividade ao ser diluída ou é destruída em fontes comuns, como a água potável. Contudo, a liberação de toxinas poderia ser dirigida contra indivíduos ou pequenos grupos escolhidos, ou liberadas aleatoriamente a fim de instigar o pânico.

## Prevenção e resposta às armas biológicas

Medidas ativas contra a liberação de armas biológicas foram iniciadas a partir dos esforços de atualização dos acordos internacionais da Convenção de Armas Biológicas e Tóxicas de 1972. A quinta e mais recente atualização ocorreu em 2002. Em termos práticos, atualmente os governos vêm apoiando a produção e distribuição em larga escala de vacinas, assim como o desenvolvimento de planos estratégicos e táticos para evitar e conter as armas biológicas.

O governo dos Estados Unidos, por meio do CDC, desenvolveu e aprimorou sistemas de vigilância do Programa de Agente Selecionado para monitorar a posse e o uso de potenciais agentes de bioterrorismo. A Rede de Resposta Laboratorial do CDC e a Rede de Alerta à Saúde foram atualizadas a fim de aprimorar suas capacidades diagnósticas e de notificação aos centros de saúdes locais e regionais, visando identificar rapidamente eventos bioterroristas assim como as doenças emergentes (Tabela 28.5).

**MINIQUESTIONÁRIO**

- Que características tornam um patógeno ou seus produtos particularmente úteis como uma arma biológica?
- Indique os passos que você tomaria para identificar e tratar infecções por vírus varíola ou antraz em um ataque de bioterrorismo.

# IV • Pandemias atuais

Aqui examinamos os dados coletados por programas de vigilância de doenças nacionais e mundiais que fornecem um quadro dos padrões de doenças atuais e emergentes para as três principais pandemias: HIV/Aids, cólera e gripe.

## 28.9 A pandemia de HIV/Aids

HIV/Aids é uma doença caracterizada como de *"continuum"* (ou "cascata"), começando com a infecção de um indivíduo com o vírus da imunodeficiência humana (HIV), que conduz a uma doença clínica, a síndrome da imunodeficiência adquirida (Aids), que é uma doença que ataca o sistema imune (Seção 29.14).

### Números do HIV/Aids

Os primeiros casos relatados de Aids foram diagnosticados nos Estados Unidos em 1981. Desde então, mais de um milhão de casos foram reportados nos Estados Unidos, com mais de 500.000 mortes. Um total de 36.870 pessoas em 2009 e 35.741 pessoas em 2010 adquiriram novas infecções de HIV. Mais de 33.000 novos casos de Aids foram diagnosticados e relatados todo o ano desde 1989 (**Figura 28.14**). Nos Estados Unidos, 800.000 a 1,3 milhão de pessoas estão vivendo com HIV/Aids.

Em todo o mundo, de 1981 até 2010, mais de 80 milhões de pessoas foram infectadas com HIV. Cerca de 46 milhões de pessoas já morreram de Aids, e cerca de 34 milhões estão atualmente infectadas com HIV (**Tabela 28.9**) e, destas, 23,5 milhões vivem na África Subsaariana. Globalmente, 2,5 milhões de indivíduos são recentemente infectados com HIV e cerca de 1,7 milhão de mortes ocorrem a cada ano, com 1,2 milhão de mortes ocorrendo na África Subsaariana.

### Epidemiologia do HIV/Aids

Estudos de casos nos Estados Unidos na década de 1980 inicialmente sugeriram uma alta prevalência de Aids entre homens

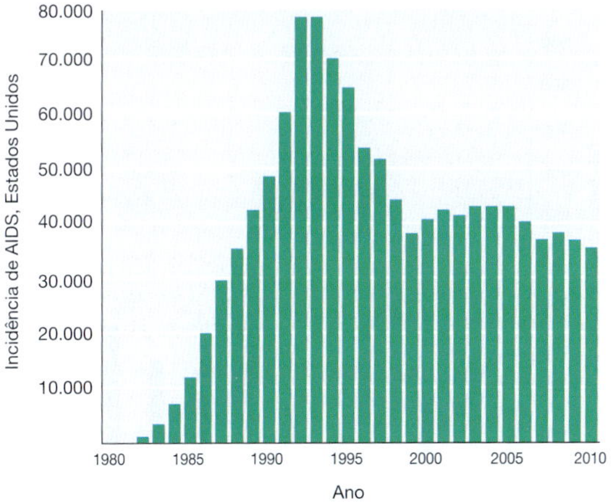


**Figura 28.14 Novos casos de síndrome da imunodeficiência adquirida (HIV/Aids) nos Estados Unidos.** De forma acumulada, havia cerca de 1,1 milhão de casos de HIV/Aids pela metade de 2010. Em 2009, a definição de casos de HIV/Aids foi modificada para incluir todas as novas infecções por HIV e os diagnósticos para Aids. Os dados são do Relatório de Vigilância em HIV/Aids e da Divisão de Prevenção, Vigilância e Epidemiologia de HIV/Aids, CDC, Atlanta, Georgia, EUA.

**Tabela 28.9 Infecções por HIV/Aids no mundo, 2011[a]**

| *Localização* | *Infecções por HIV/Aids* |
|---|---|
| Américas | 3,0 milhões |
| Europa Ocidental e Central | 0,9 milhão |
| Europa Oriental e Ásia Central | 1,4 milhão |
| África | 23,8 milhões |
| Leste Asiático e Pacífico | 0,9 milhão |
| Sul e Sudeste da Ásia | 4,0 milhões |
| Oceania | 53.000 |

[a]O número total de indivíduos vivendo com HIV/Aids é estimado em 34 milhões. Cerca de 1,7 milhão de pessoas morreram de Aids em 2011. Dados da Organização Mundial de Saúde.

que mantinham sexo com outros homens e entre usuários de drogas injetáveis. Este fato indicava a transmissibilidade do agente, presumivelmente transmitido durante a atividade sexual ou por agulhas contaminadas com sangue. Os indivíduos que receberam sangue ou hemoderivados eram igualmente de alto risco: hemofílicos que necessitaram de infusões de produtos derivados do sangue, geralmente proveniente de múltiplos doadores, adquiriram Aids, assim como um pequeno número de indivíduos que receberam transfusões de sangue ou transplantes de tecidos antes de 1982 (quando os procedimentos de triagem sanguínea foram implementados). Hoje, a incidência de HIV em hemofílicos e receptores de órgãos e de transfusão de sangue foi praticamente eliminada após triagens rigorosas de sangue e produtos biológicos.

Logo após a descoberta do HIV, ensaios de laboratório de imunoabsorção e imunotransferência (Seção 27.9) foram desenvolvidos para detectar anticorpos contra o vírus em amostras de sangue. Extensas pesquisas sobre a incidência e a prevalência de HIV definiram a propagação do vírus e asseguram que novos casos não serão transmitidos por transfusões sanguíneas. O padrão ilustrado na **Figura 28.15** é típico de um agente transmissível por sangue ou outros fluidos corporais. A identificação de grupos de alto-risco bem definidos implica que o HIV não é



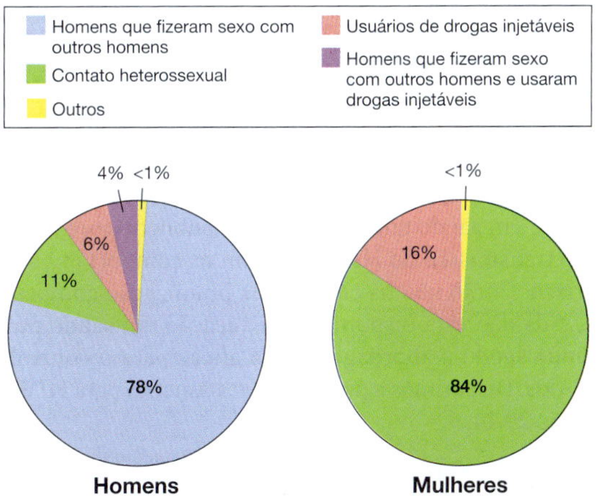


**Figura 28.15 Distribuição de casos de Aids por grupos de risco e sexo em adolescentes e adultos nos Estados Unidos, 2010.** As informações foram obtidas a partir de 38.000 homens e 9.500 mulheres diagnosticados com HIV/Aids em 2010. Os dados são do CDC, Atlanta, Georgia, EUA.

transmitido de pessoa para pessoa por contato casual, como por via respiratória ou por água e alimentos contaminados. Em vez disso, fluidos corporais, principalmente sangue e sêmen, foram identificados com veículos para a transmissão do HIV.

A Figura 28.15 mostra que nos Estados Unidos o número de casos de Aids é desproporcionalmente alto em homens que mantiveram relações sexuais com outros homens, mas os padrões em mulheres e em determinados grupos raciais e étnicos indicam que o sexo entre homens não é o único fator de risco para a aquisição de Aids. Entre mulheres, por exemplo, as heterossexuais são o maior grupo de risco, enquanto entre homens afro-americanos e hispânicos a utilização de drogas injetáveis bem como a atividade sexual estão relacionadas com a infecção pelo HIV.

Diferenças raciais nas taxas de incidência de HIV nos Estados Unidos indicam que fatores sociais e econômicos também contribuem para o risco de infecção. Em 2010, afro-americanos adquiriram 44% do total de infecções por HIV, mas eles representam 14% da população americana. Homens negros representavam 70% dessas infecções; a incidência de novas infecções por HIV em homens negros é sete vezes maior do que em homens brancos.

Os estudos de indivíduos que estão em alto risco de adquirir Aids indicam que praticamente todos que contraem o vírus hoje compartilham dois padrões específicos de comportamento. Primeiro, eles se envolvem em atividades (sexo e uso de drogas) nas quais fluidos corporais, geralmente sêmen e sangue, são transferidos. Em segundo lugar, há troca de fluidos corporais entre múltiplos parceiros durante atividade sexual, compartilhamento de agulhas, ou ambos. A cada encontro, existe a probabilidade de receber fluidos corporais de um indivíduo infectado com o vírus e, portanto, a chance de ser também infectado pelo HIV.

O HIV pode ser transmitido para o feto por mães infectadas e também pelo leite materno; em 2010, houve 162 novos casos de infecções perinatais por HIV nos Estados Unidos. Bebês nascidos de mães infectadas têm anticorpos de origem materna em seu sangue. No entanto, o diagnóstico positivo para infecção por HIV em recém-nascidos deve esperar um ano ou mais após o nascimento para ser realizado, porque cerca de 70% das crianças que apresentam anticorpos anti-HIV maternos no nascimento não mostram sinais de estarem infectados mais tarde.

A transmissão heterossexual do HIV é a norma na África. Em algumas regiões, menos homens do que mulheres estão infectados com o vírus. A identificação de grupos de alto risco, como prostitutas, levou ao desenvolvimento de campanhas de educação em saúde que informam ao público sobre os métodos de transmissão do HIV e definem os comportamentos de alto risco. Como não há cura e uma imunização comprovada para Aids não está disponível, a educação em saúde pública continua sendo a abordagem mais eficaz para o controle do HIV/Aids. Discutimos a patologia e tratamento para HIV/Aids na Seção 29.14.

**MINIQUESTIONÁRIO**

- Descreve os principais fatores de risco para aquisição de uma infecção por HIV. Adeque sua resposta ao seu país de origem.
- Preveja quantas pessoas estarão vivendo com HIV/Aids nos próximos dois anos.

## 28.10 A pandemia de cólera

A cólera é uma doença diarreica grave que está, atualmente, em grande parte restrita ao mundo em desenvolvimento. A cólera é um exemplo de uma importante doença veiculada pela água que pode ser controlada aplicando-se medidas adequadas de saúde pública para o tratamento da água. Estimativas de incidência globais variam de 3 a 5 milhões de casos por ano, a maior parte não declarada, causando um número estimado de 100.000 a 120.000 mortes. A biologia, a patogênese e o tratamento da cólera são discutidos na Seção 31.1. Aqui, o foco é na epidemiologia das pandemias de cólera, incluindo o surto recente no Haiti.

### Epidemiologia

A cólera é geralmente causada pela ingestão de água contaminada com *Vibrio cholerae*, uma espécie de bastonete gram-negativo de *Proteobacteria*. Como várias outras doenças transmissíveis pela água, a cólera também pode ser adquirida pelo consumo de alimentos contaminados (Seção 31.3).

A cólera é endêmica na África, no Sudeste Asiático, no subcontinente Indiano e nas Américas Central e do Sul. A cólera epidêmica ocorre frequentemente nas áreas onde o tratamento de esgoto é inadequado ou completamente ausente. Em todo o mundo, em 2008, 190.130 casos e 5.143 mortes foram relatados, com mais de 98% de todos os casos relatados ocorrendo na África. Cerca de 100.000 ou mais casos são reportados anualmente desde 2000, com uma queda de 95.560 casos em 2004, e um pico de 598.854 casos em 2011 (**Figura 28.16**).

A Organização Mundial de Saúde estima que apenas 5 a 10% dos casos de cólera são relatados, portanto, o total de incidência de cólera excederia um milhão de casos por ano. Mesmo em países desenvolvidos, a doença é uma ameaça. Certa quantidade de casos é relatada anualmente nos Estados Unidos, mas raramente a partir de fontes de água potável. A maioria destes casos é importada, muitas vezes nos alimentos. Poucos casos são possivelmente derivados de fontes

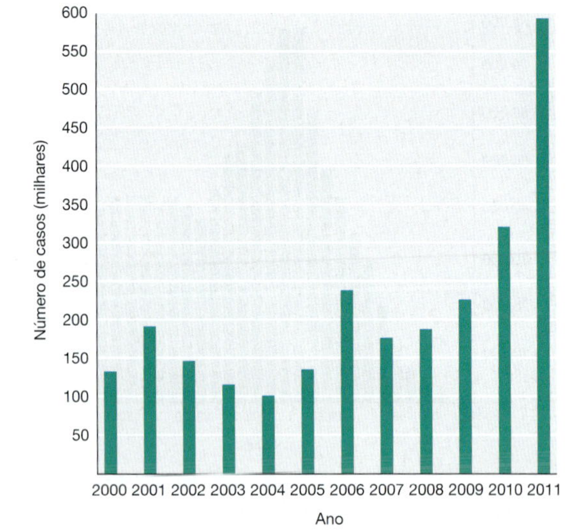


**Figura 28.16 Casos de cólera.** Os casos de cólera notificados em 2000-2011 mostram uma tendência crescente de casos, indicando uma continuação da sétima pandemia (ou o início da oitava pandemia). Até 95% dos casos de cólera não são relatados. Os dados foram fornecidos pela Organização Mundial de Saúde.

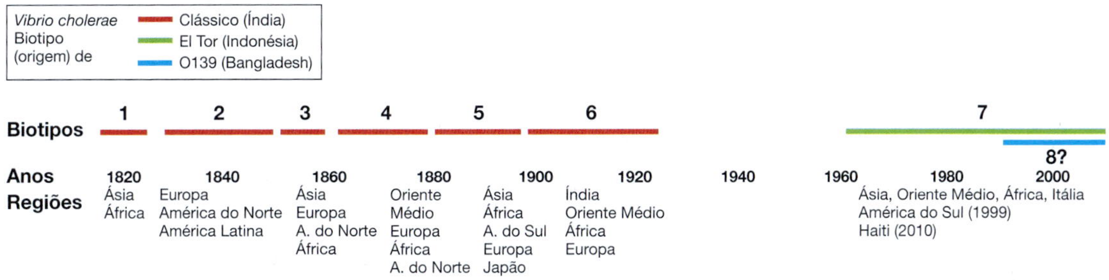


**Figura 28.17** **Cronologia das pandemias de cólera.** Ocorreram sete pandemias de cólera, quase contíguas, durante mais de 200 anos. A sétima pandemia começou em 1961 e ainda está em curso. A cepa O139 que apareceu em 1991 é endêmica em Bangladesh e no Golfo de Bengala e está causando epidemias que podem ser o prelúdio para a oitava pandemia.

endêmicas; mariscos crus parecem ser o veículo mais comum, provavelmente porque *V. cholerae* pode ser um organismo de vida livre em águas costeiras, onde o patógeno adere à microbiota marinha que o molusco ingere (Seção 31.3).

Epidemias de cólera podem desenvolver-se em pandemias quando viajantes de áreas endêmicas carreiam o patógeno para novas localidades com populações suscetíveis. Desde 1817, a cólera varreu o mundo em sete grandes, e quase contínuas, pandemias (**Figura 28.17**). Todas as pandemias foram originadas a partir do subcontinente indiano, onde a cólera é endêmica. Duas cepas pandêmicas distintas de *V. cholerae* são reconhecidas, denominadas como os biotipos 'clássico' e 'El Tor'. O biotipo *V. cholerae* O1 El Tor começou a sétima pandemia na Indonésia, em 1961, e sua disseminação continua até o presente. Essa pandemia causou mais de 5 milhões de casos de cólera e pelo menos 250.000 mortes, e continua a ser a maior causa de morbidade e mortalidade, especialmente em países em desenvolvimento. Em 1992, uma variante genética do biotipo El Tor, conhecido como *V. cholerae* O139 Bengal, surgiu em Bangladesh e causou uma extensa epidemia. Esta cepa continuou a se propagar desde 1992, causando diversas e importantes epidemias, e pode ser o agente para a oitava pandemia.

### Surto no Haiti

Em outubro de 2010, o Haiti teve seu primeiro surto de cólera em mais de 100 anos. Até julho de 2012, o Haiti vivenciou 581.952 casos e 7.455 mortes devido à cólera, sem um fim à vista. O surto começou como consequência de um catastrófico terremoto em 2010. Havia dois possíveis desencadeadores para o surto de cólera, sendo o primeiro um cenário clássico de falta de saneamento e o segundo uma importação acidental de uma fonte externa. Com base nos dados climáticos e a possibilidade do que o terremoto tenha perturbado as águas costeiras onde *Vibrio cholerae* é endêmico na microbiota local, alguns cientistas hipotetizaram que os vibriões haviam crescido explosivamente em alto-mar e foram levados até a água doce costeira, contaminando as fontes de água potável. As más condições sanitárias após o terremoto incluem o colapso na infraestrutura de tratamento de água e esgoto, o que possibilitou o cenário perfeito para o surto.

Uma segunda possibilidade para a ocorrência do surto era relacionada com a falta de saneamento e eliminação de resíduos provenientes de uma batalhão das tropas de manutenção da paz enviada pela Nações Unidas (ONU). As tropas tinham chegado do Nepal, onde havia ocorrido um surto recente de cólera. O esgoto de seu acampamento ia diretamente para o Rio Artibonite, a principal fonte de água para grande parte do Haiti. Os primeiros casos eram de cidades próximas ao Rio Artibonite e o acampamento da ONU, no interior das áreas costeiras que seriam os locais iniciais prováveis para um surto derivado de uma fonte em alto-mar. Toda a sequência genômica confirmou que a cepa responsável pelo surto no Haiti era quase idêntica ao *V. cholerae* sorogrupo O1, sorotipo Ogawa – cepa que causou o surto recente no Nepal. Este sorotipo nunca antes tinha sido visto no Hemisfério Ocidental.

Embora os cientistas não estivessem autorizados a recolher amostras dos soldados nepaleses, os dados epidemiológicos clássicos e moleculares conduzem a uma conclusão quase certa de que as tropas nepalesas introduziram a cólera no Haiti. A cólera desde então se espalhou para a República Dominicana, país-irmão do Haiti na ilha Hispaniola, e para outras áreas do Caribe e México.

**MINIQUESTIONÁRIO**

- Identifique os meios mais prováveis para se adquirir a cólera.
- Por que as pandemias de cólera continuam ocorrendo?

## 28.11 A pandemia de gripe

A pandemia de gripe de 2009-2010 começou com um surto no México. As pandemias de gripe ocorrem a cada 10 a 40 anos, devido a grandes mudanças genéticas no genoma do vírus *influenza* A (Tabela 29.2). A gripe é discutida em detalhes na Seção 29.8.

### Pandemia de gripe suína (H1N1) em 2009

A pandemia de gripe começou em março de 2009 com um surto epidêmico no México. A variação típica anual do vírus, denominada 'variação antigênica' (do inglês *antigenic drift*), é causada por mutações pontuais no genoma de RNA do vírus *influenza*. Essas mutações raramente causam pandemias, mas causam surtos anuais de gripe. As cepas pandêmicas do vírus *influenza* surgem de uma mudança muito maior do genoma viral, denominada 'mudança genética' (do inglês *antigenic shift*). Na "gripe suína", oficialmente gripe pandêmica (H1N1) 2009, suínos no México foram simultaneamente infectados com o vírus *influenza* de suínos, aves e seres humanos (Figura 29.27). Durante a maturação viral, segmentos de RNA genômico viral, neste caso das três fontes distintas, foram misturados e embalados para formar vírus geneticamente únicos, um processo chamado *rearranjo*. Tais *vírus recombinantes* causam novas pandemias, onde novas cepas são misturadas em animais suscetíveis e propagam para populações humanas suscetíveis (Seção 29.8).

UNIDADE 6

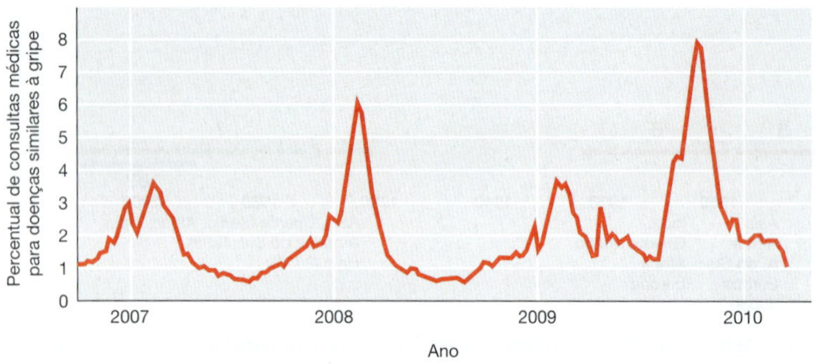


**Figura 28.18** **Incidência de gripe nos Estados Unidos.** O vírus *influenza* pandêmico (H1N1) de 2009 causou uma incidência mais alta do que o normal a partir dos meados de 2009 até 2010. Na temporada de gripe de 2009-2010, o pico de incidência estava mais elevado do que os picos das três temporadas anteriores e ocorreu 3 a 4 meses mais cedo do que o habitual. Os dados são adaptados do CDC, Atlanta, Georgia, EUA.

Os vírus que resultam de uma mudança antigênica têm o potencial de conter antígenos aos quais nenhum ser humano foi previamente exposto. Isso significa que a imunidade a um novo vírus é inexistente; a única forma dos seres humanos obterem imunidade a uma nova amostra viral é se tornando infectado (ou artificialmente imunizado) e produzir uma resposta imune. Para o vírus da gripe pandêmica de 2009 (H1N1), quase ninguém com menos de 50 anos tinha qualquer imunidade ao vírus, porque eles nunca foram expostos a uma variante similar a H1N1. Como resultado, muitas mortes derivadas desta pandemia foram de pessoas com menos de 50 anos que eram saudáveis, até que foram infectadas pelo vírus. No entanto, o vírus H1N1 está relacionado com a gripe pandêmica de 1957, denominada "gripe asiática", e, mais antigamente, ao vírus *influenza* pandêmico de 1918, que matou mais de 2 milhões de pessoas em todo o mundo. Assim, pessoas com 50 anos ou mais já tinham contato com um vírus similar ao H1N1 e tinham células imunes e anticorpos (memória imunológica) que responderam para controlar este vírus pandêmico. Para os mais jovens, infelizmente, a memória imune à gripe pandêmica (H1N1) de 2009 foi inexistente.

Em seis meses de sua emergência, a gripe pandêmica (H1N1) de 2009 se espalhou para quase todos os países do mundo, causando mortalidade significativa na maioria destes. O padrão de propagação foi semelhante ao da gripe sazonal, mas teve uma grande diferença. O vírus começou a disseminar de um foco inicial da infecção no México e no Sudoeste dos Estados Unidos em março, no final da temporada tradicional de gripe no inverno. Em vez de acabar, o vírus *influenza* pandêmico continuou a disseminar por meio dos meses de verão nos Estados Unidos, especialmente em populações suscetíveis, como crianças e acampamentos de jovens. A temporada de gripe de 2009-2010 nos Estados Unidos, portanto, diferiu do padrão típico de infecção pelo vírus *influenza*; sua maior incidência ocorreu nos meses de outubro e novembro e gradualmente foi reduzida durante a temporada habitual do pico da gripe, em janeiro a março (**Figura 28.18**). No Hemisfério Sul, onde a temporada de gripe vai de abril a setembro, a gripe pandêmica propagou com todas as características da gripe sazonal.

## O futuro das pandemias de gripe

Talvez a maior ameaça para a biossegurança mundial é outra pandemia de gripe que tenha a virulência e infecciosidade da pandemias de 1918. Autoridades de saúde pública em todo o mundo estão observando a emergência de um potencialmente devastador vírus *influenza* A H5N1 aviário, também denominado 'gripe aviária'. O vírus H5N1 surgiu pela primeira vez em Hong Kong em 1997, saltando diretamente do hospedeiro aviário para um hospedeiro humano. Este vírus ressurgiu várias vezes ao longo da última década, com os surtos mais recentes ocorridos no Egito, Indonésia, Camboja, Bangladesh e China (Figura 28.10). Por meio dos casos de 2012, 610 casos de infecções humanas por H5N1 foram confirmadas, resultando em 360 mortes e uma taxa de mortalidade de quase 60%.

O vírus H5N1 é disseminado diretamente de aves, como as galinhas e patos domésticos, para seres humanos por meio do contato prolongado ou consumo da carne infectada; a gripe aviária é transmitida de ser humano para ser humano somente após contato próximo prolongado. Alguns relatos indicam que o vírus H5N1 foi capaz de infectar porcos. No caso de ocorrerem mais rearranjos com estirpes humanas, um novo vírus recombinante para o qual não há imunidade pode desencadear uma pandemia de gripe com um potencial sem precedentes para a mortalidade. Existem planos nacionais e internacionais para fornecer vacinas e apoio adequados para potenciais pandemias iniciadas por essa e outras cepas virais emergentes. A vacina recombinante para o vírus H5N1 está disponível de forma limitada.

**MINIQUESTIONÁRIO**

- Identifique as características que diferenciam a gripe pandêmica (H1N1) de 2009 de uma epidemia de gripe sazonal.
- Por que a gripe aviária H5N1 é considerada uma importante ameaça à saúde?

# CONCEITOS IMPORTANTES

**28.1** • Epidemiologia é o estudo da ocorrência, da distribuição e de determinantes de saúde e doença nas populações. Uma doença endêmica é continuamente presente com uma baixa incidência em uma população, ao passo que uma doença epidêmica é aquela na qual a incidência aumentou a níveis anormalmente elevados na população. Incidência é o registro de novos casos de uma doença, enquanto a prevalência é o registro total de casos da doença em uma população. Doenças infecciosas causam morbidade (doença) e podem causar mortalidade (morte). Uma doença infecciosa segue um padrão clínico previsível no hospedeiro.

**28.2** • Efeitos tanto sobre a população quanto sobre o indivíduo devem ser estudados para compreender doenças infecciosas. As interações entre patógenos e hospedeiros podem ser dinâmicas, afetando a evolução em longo prazo e a sobrevivência de todas as espécies envolvidas. A imunidade de rebanho fornece proteção contra doenças para os hospedeiros não infectados ou não imunizados.

**28.3** • As doenças infecciosas podem ser transmitidas diretamente de um hospedeiro para outro, indiretamente de vetores vivos ou objetos inanimados (fômites), ou a partir de veículos de fonte comum, como alimentos e água. Epidemias podem ser de origem hospedeiro a hospedeiro ou originarem de uma fonte comum.

**28.4** • Muitos patógenos existem unicamente em seres humanos e são mantidos unicamente por transmissão pessoa a pessoa. Muitos outros patógenos humanos, entretanto, têm reservatórios no solo, na água ou nos animais. A compreensão dos reservatórios, carreadores e do ciclo de vida do patógeno é crucial para controlar epidemias.

**28.5** • Regulamentos de pureza para alimentos e água, controle de vetores, imunização, quarentena, isolamento e vigilância das doenças são medidas de saúde pública que reduzem a incidência de doenças transmissíveis.

**28.6** • Doenças infecciosas são responsáveis por aproximadamente 25% de toda a mortalidade no mundo. A maioria dos casos de doenças infecciosas ocorre em países em desenvolvimento. O controle das doenças infecciosas pode ser realizado por meio de medidas de saúde pública.

**28.7** • Alterações nas condições do hospedeiro, vetor ou patógeno, naturais ou artificiais, podem incentivar a emergência de forma explosiva ou a reemergência de doenças infecciosas. A vigilância global e os programas de intervenção devem estar no local para prevenir novas epidemias e pandemias.

**28.8** • O bioterrorismo é uma ameaça em um mundo em que as viagens internacionais são rápidas e há informações técnicas de fácil acesso. Agentes biológicos podem ser utilizados como armas por forças militares e por grupos terroristas. Aerossóis ou fontes comuns, como água e alimentos, são as formas mais prováveis de distribuição dos patógenos. Medidas de prevenção e contenção dependem de uma infraestrutura de saúde pública bem preparada.

**28.9** • HIV/Aids é um importante problema de saúde pública mundial que afeta aqueles indivíduos que trocam fluidos corporais. Aqueles que se envolvem em sexo desprotegido ou utilizam drogas injetáveis estão particularmente em risco.

**28.10** • Pandemias de cólera ocorreram quase que constantemente ao longo dos últimos 200 anos. O controle da cólera pode ser alcançado mantendo medidas adequadas para limpeza das águas e saneamento dos esgotos.

**28.11** • Pandemias de gripe ocorrem ciclicamente. Novas cepas virais pandêmicas resultantes do rearranjo entre vírus de origem aviária, suína e humana apresentam a maior e predizível ameaça de doenças infecciosas no mundo.

UNIDADE 6

## REVISÃO DOS TERMOS-CHAVE

**Centers for Disease Control and Prevention (CDC)** agência do Serviço de Saúde Pública dos Estados Unidos, que fornece informações sobre doenças para o público e os profissionais da área de saúde, e que estabelece políticas públicas em relação à prevenção e intervenção em casos de doenças.

**Doença emergente** doença infecciosa cuja incidência aumentou recentemente, ou cuja incidência apresenta risco de aumentar em um futuro próximo.

**Doença endêmica** doença que está constantemente presente, geralmente em baixos números.

**Doença reemergente** doença infecciosa, anteriormente considerada sob controle, que produz uma nova epidemia.

**Epidemia** ocorrência de uma doença, em um número anormalmente elevado de indivíduos, em uma população localizada.

**Epidemia de fonte comum** a infecção (ou intoxicação) de um grande número de indivíduos, a partir de uma única fonte de contaminação, como água e alimentos.

**Epidemia hospedeiro a hospedeiro** epidemia resultante do contato interpessoal, caracterizada pelo aumento e pela redução graduais no número de casos.

**Epidemiologia** estudo da ocorrência, distribuição e determinantes da saúde e doença em uma população.

**Fômites** objetos inanimados que, quando contaminados com um patógeno viável, podem transmiti-lo a um hospedeiro.

**Guerra biológica** uso de agentes biológicos para incapacitar ou matar uma população civil ou militar em um ato de guerra ou terrorismo.

**Imunidade de rebanho** resistência que uma população apresenta contra um patógeno, devido à imunidade de uma grande parte da população.

**Incidência** número de novos casos da doença relatados em uma população, em um determinado período de tempo.

**Infecção aguda** infecção de progresso rápido, normalmente caracterizada por um início violento.

**Infecção crônica** infecção que dura por longo período de tempo.

**Infecção nosocomial** infecção adquirida no ambiente hospitalar.

**Isolamento** no contexto de doenças infecciosas, é a separação de pessoas que têm uma doença infecciosa daquelas que são saudáveis.

**Morbidade** incidência da doença em uma população.

**Mortalidade** incidência de mortes em uma população.

**Número básico de reprodução ($R_0$)** número de transmissões secundárias esperadas de cada único caso de uma doença em uma população completamente suscetível.

**Pandemia** epidemia mundial.

**Portador** indivíduo infectado subclinicamente, que pode disseminar uma doença.

**Prevalência** número total de casos novos e existentes relatados em uma população, em um determinado período de tempo.

**Quarentena** separação e restrição de pessoas saudáveis que podem ter sido expostas a doenças infecciosas para observar se há desenvolvimento da doença.

**Reservatório** fonte de agentes infecciosos viáveis, a partir do qual os indivíduos podem ser infectados.

**Saúde pública** a saúde de uma população considerada como um todo.

**Surto** ocorrência de um grande número de casos de uma doença, em um curto período de tempo.

**Vetor** agente vivo capaz de transmitir um patógeno (observe uso alternativo no Capítulo 26).

**Veículo** fonte inanimada de patógenos que infecta um grande número de indivíduos; a água e os alimentos são considerados veículos comuns.

**Vigilância** observação, reconhecimento e relato de doenças, à medida que elas ocorrem.

**Virulência** é a habilidade relativa de um patógeno causar doença.

**Zoonose** doença que ocorre principalmente em animais, mas que pode ser transmitida aos seres humanos.

## QUESTÕES PARA REVISÃO

1. Diferencie os termos agudo e crônico, mortalidade e morbidade, prevalência e incidência, e epidemia e pandemia, em relação às doenças infecciosas. (Seção 28.1)
2. Como a imunidade de rebanho protege os membros não imunes de uma população contra a aquisição de uma doença? Essa imunidade coletiva atua contra doenças que apresentam uma fonte comum, como a água? Por que sim ou por que não? (Seção 28.2)
3. Dê exemplos de transmissão hospedeiro a hospedeiro de uma doença por contato direto. Dê também exemplos de transmissão indireta hospedeiro a hospedeiro, por vetores e fômites. (Seção 28.3)
4. Identifique os reservatórios para as doenças botulismo, gonorreia e peste. Como os reservatórios influenciam nossa capacidade de controlar e erradicar a doença? (Seção 28.4)
5. Descreva as principais medidas médicas e de saúde pública desenvolvidas no século XX responsáveis pelo controle da disseminação de doenças infecciosas em países desenvolvidos. (Seção 28.5)
6. Compare a contribuição das doenças infecciosas na mortalidade em países desenvolvidos e em países em desenvolvimento. (Seção 28.6)
7. Revise as principais razões para a emergência de novas doenças infecciosas. Que métodos estão disponíveis para a identificação e controle da emergência de novas doenças infecciosas? (Seção 28.7)
8. Descreva as propriedades gerais de um agente eficaz na guerra biológica. De que forma o vírus da varíola e o *Bacillus antracis* atendem a esses critérios? Identifique outro organismo que apresente os requisitos básicos para ser considerado uma arma biológica. (Seção 28.8)
9. Identifique os principais fatores de risco para ser infectado pelo vírus da imunodeficiência humana (HIV) nos Estados Unidos. Este padrão permanece o mesmo para outras regiões geográficas? (Seção 28.9)
10. Revise a pandemia de cólera atual. Onde e quando a pandemia começou? (Seção 28.10)
11. Por que o vírus da gripe H5N1 é considerado uma ameaça biológica muito importante? (Seção 28.11)

## QUESTÕES APLICADAS

1. A varíola, uma doença restrita aos seres humanos, foi erradicada. A peste, uma doença zoonótica cujos reservatórios são os roedores (⇄ Seção 30.7), jamais poderá ser erradicada. Explique essa afirmação e por que você concorda ou discorda da possibilidade de erradicação da peste em âmbito mundial. Elabore um plano para a erradicação da peste em um ambiente limitado, como uma cidade ou um município. Certifique-se de utilizar métodos que envolvem o reservatório, o patógeno e o hospedeiro.
2. Identifique um patógeno específico que você considere como um agente adequado para uma guerra biológica eficaz e que não esteja listado como agentes de Categoria A ou B (Tabela 28.8). Descreva as propriedades do patógeno, no contexto de seu uso como arma biológica. Descreva os equipamentos e demais recursos necessários ao cultivo de grandes quantidades do patógeno. Identifique um método adequado para sua liberação. Uma vez que você irá propagar e liberar o patógeno, descreva as precauções que adotará para sua própria proteção. Agora inverta seu papel. Como autoridade de saúde pública de sua comunidade, descreva como você reconheceria e diagnosticaria a doença causada pelo agente. Indique as medidas que adotaria para tratar a doença causada pelo agente. Qual seria a melhor forma de limitar os danos? Os métodos de quarentena e de isolamento seriam úteis? E quanto à imunização e ao uso de antibióticos?
3. O vírus HIV/Aids é uma doença que pode ser eliminada, uma vez que sua propagação ocorre por contato interpessoal e não existem reservatórios animais conhecidos. Você concorda ou discorda dessa afirmação? Justifique sua resposta. Elabore um programa para a eliminação da Aids em um país desenvolvido e em um país em desenvolvimento. Como esses programas se diferenciariam? Que fatores poderiam agir contra o sucesso de seu programa, tanto em termos de comportamento humano quanto em termos da progressão da HIV/Aids propriamente dita? Por que os números de pacientes infectados pelo HIV e acometidos pela Aids continuam a crescer, especialmente nos países em desenvolvimento? A incidência do HIV/Aids (novos casos) em países desenvolvidos praticamente não sofreu alterações neste século (Figura 28.14). O número de indivíduos vivendo com HIV/Aids, no entanto, está aumentando. Explique essa contradição.
4. A gripe aviária H5N1 tem um alto potencial para causar uma pandemia de gripe, em determinadas circunstâncias. Discuta as condições nas quais a gripe aviária pode disseminar em seres humanos como uma epidemia. Se uma cepa humano-aviária evoluir na Ásia, a partir da perspectiva de uma autoridade em saúde pública, quais medidas você empregaria para impedir a propagação deste novo vírus *influenza* nos Estados Unidos? Se você falhar em conter este vírus, baseado nos números de mortalidade conhecidos para esta gripe aviária atual, e assumindo que 10% da população foram infectados, preveja o número total de mortes nos Estados Unidos.

CAPÍTULO

# 29 Doenças virais e bacterianas de transmissão interpessoal

## microbiologia**hoje**

### Há outra pandemia de gripe a caminho?

Em 1918, uma pandemia (epidemia de escala mundial) de gripe varreu o mundo, infectando 500 milhões de pessoas e matando quase um quinto delas. A cepa pandêmica do vírus da gripe foi particularmente virulenta, matando muitas pessoas que estavam previamente saudáveis. Em 2005, cientistas reativaram a amostra viral de 1918 (foto) de tecidos de uma das vítimas, a fim de determinar por que esta cepa foi tão virulenta.

Autoridades da saúde estão preocupadas, hoje, com o fato de que novas estirpes virais altamente virulentas podem ser formadas pela troca de genes entre diferentes cepas. É amplamente sabido que os vírus *influenza* que infectam seres humanos também podem infectar aves e suínos. Quando um animal é infectado por mais de uma cepa viral, seus genes podem se misturar – um processo denominado rearranjo – para formar partículas virais com novas propriedades. A principal preocupação atualmente é que a estirpe do vírus *influenza* H5N1, que tem causado grandes surtos de gripe em aves de criação e aves selvagens – mas que não transmite bem para/ou entre pessoas, poderia sofrer um rearranjo e desencadear uma nova pandemia humana de gripe.

Os cientistas estão focados em como H5N1 adquiriu transmissibilidade em um novo hospedeiro. Em um importante estudo,[1] os pesquisadores ficaram surpresos ao descobrir que qualquer um de dois genes diferentes transferidos para o vírus H5N1 de cepas recentes de vírus *influenza* humano (H1N1) permitiram que o vírus H5N1 pudesse se disseminar por via respiratória entre cobaias, um fenômeno novo para este vírus. Mudanças nos padrões de transmissão do vírus podem ocorrer rapidamente e a partir de uma quantidade mínima de troca genética. Os vírus da gripe são patógenos particularmente perigosos, por que são fáceis de disseminar através de gotículas infecciosas e a sua genética lhes permite se tornar rapidamente transmissíveis a novos hospedeiros. Estaria uma nova pandemia humana de gripe em formação? Fique atento.

[1]Zhang, Y., et al. 2013. H5N1 hybrid viruses bearing 2009/H1N1 virus genes transmit in guinea pigs by respiratory droplet. *Science 340: 1459–1463.*

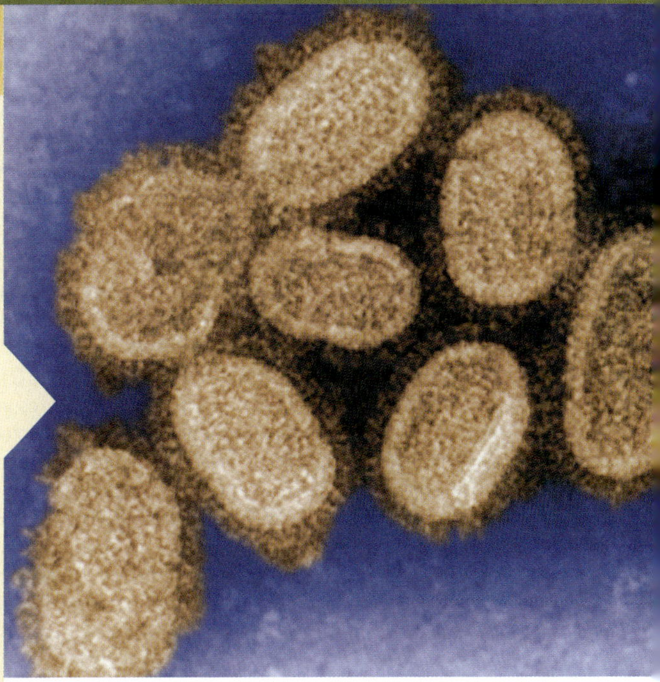


**I Doenças bacterianas transmissíveis pelo ar 854**

**II Doenças virais transmissíveis pelo ar 862**

**III Doenças transmissíveis por contato direto 868**

**IV Doenças sexualmente transmissíveis 872**

Talvez exista mais de um milhão de espécies microbianas na natureza, mas somente poucas centenas delas provocam doenças. Neste e nos próximos três capítulos, nos concentraremos neste subconjunto do mundo microbiano de vital importância. Vamos investigar a biologia dos agentes patogênicos, bem como as doenças que eles causam, incluindo o diagnóstico, tratamento e prevenção.

A organização das doenças está relacionada com o *modo de transmissão* do patógeno. Neste capítulo, são exploradas as doenças transmissíveis de pessoa para pessoa, ou seja, pelo ar, por contato direto ou através do contato íntimo. Usando esta abordagem, serão estabelecidas as conexões ecológicas entre patógenos biologicamente diferentes. Nos Capítulos 30 e 31, o foco será em doenças transmissíveis por vetores animais e artrópodes e doenças transmitidas por fontes comuns, como água e alimentos, respectivamente. No Capítulo 32, serão examinadas infecções fúngicas e parasitárias, doenças causadas por microrganismos *Eukarya*.

# I • Doenças bacterianas transmissíveis pelo ar

No mundo inteiro, as infecções respiratórias agudas matam mais de 4 milhões de pessoas por ano, principalmente nos países em desenvolvimento. As crianças e os idosos constituem a maior parte das mortes, mas, em geral, as infecções respiratórias são as doenças humanas mais comuns. Os aerossóis, como aqueles gerados em um espirro humano (**Figura 29.1**), pela tosse, pela fala ou respiração, são importantes veículos de transmissão interpessoal de muitas doenças infecciosas. Além de diretamente infectar um novo hospedeiro, o muco infeccioso de um aerossol pode contaminar objetos, como a maçaneta de uma porta, e transmitir a infecção bem depois do evento que gerou o aerossol. Nesses casos, as doenças respiratórias rapidamente propagam, especialmente em áreas congestionadas, evidenciando a capacidade dos patógenos transmitidos pelo ar de explorarem uma forma simples, porém eficaz, de infectar novos hospedeiros.

## 29.1 Patógenos transmitidos pelo ar

Os microrganismos encontrados no ar são provenientes do solo, da água, das plantas, dos animais, das pessoas, das superfícies ou de outras fontes. A maioria dos microrganismos dificilmente sobrevive no ar. Como resultado, sua transmissão eficaz entre seres humanos ocorre apenas se a distância for pequena. Contudo, certos patógenos sobrevivem em condições secas, permanecendo vivos por longos períodos de tempo na poeira. Bactérias gram-positivas (*Staphylococcus, Streptococcus*) são geralmente mais resistentes ao dessecamento do que as bactérias gram-negativas, em virtude de sua parede celular ser mais espessa e rígida. Da mesma forma, a camada cerosa das paredes celulares de *Mycobacterium* resiste ao dessecamento e permite a sobrevivência de patógenos como o *Micobacterium tubercullosis.*

Inúmeras gotículas de umidade são expelidas durante o espirro (Figura 29.1). Cada gotícula infecciosa apresenta um diâmetro aproximado de 10 μm, podendo conter uma ou duas células microbianas ou vírions. A velocidade inicial da gotícula é de cerca de 100 m/s (mais de 325 km/h) em um espirro violento, e varia de 15 a 50 m/s durante a tosse ou um grito. O número de bactérias presentes em um único espirro varia de $10^4$ a $10^6$, e o número de vírus pode ser muito maior que isso. Devido ao pequeno tamanho, as gotículas úmidas evaporam rapidamente no ar, deixando núcleos de matéria orgânica e muco seco, aos quais as bactérias permanecem ligadas.

O trato respiratório humano é dividido nas regiões superior e inferior, e patógenos respiratórios específicos tendem a explorar uma ou outra região, ou ambas em alguns casos (**Figura 29.2**). A velocidade com a qual o ar se desloca através do trato respiratório varia, sendo mais lenta no trato respiratório inferior. À medida que o ar perde velocidade, as partículas cessam sua movimentação, depositando-se. As partículas maiores são depositadas mais rapidamente do que as menores; somente partículas inferiores a 3 μm atingem os bronquíolos, no trato respiratório inferior (Figura 29.2).

Infecções respiratórias *superiores*, como o resfriado comum, são geralmente agudas e não fatais. Em contrapartida, infecções respiratórias *inferiores*, como pneumonias bacterianas ou virais, são muitas vezes crônicas e podem ser muito graves, especialmente em idosos e pessoas imunocomprometidas. Além disso, embora a maioria das infecções respiratórias comuns não seja grave em um hospedeiro saudável, elas podem servir de cenário para infecções secundárias que podem ser fatais. Por exemplo, a morte de um idoso por pneumonia em consequência de um caso grave de gripe não é um evento incomum.

A maioria dos patógenos respiratórios humanos é transmitida de indivíduo para indivíduo, uma vez que os seres humanos são os únicos reservatórios desses patógenos. No entanto, muitos patógenos respiratórios, como *Streptococcus* spp., e vírus que causam resfriados e gripe, podem ser transmitidos por contato direto (p. ex., por um aperto de mãos) ou por fômites. Diagnósticos e tratamentos precisos e rápidos de infecções respiratórias estão bem desenvolvidos no contexto

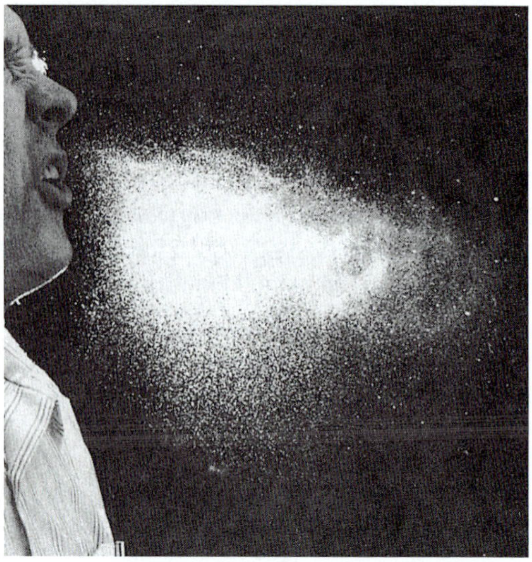

T. D. Brock

**Figura 29.1 Fotografia de alta velocidade de um espirro não reprimido.** Efluente está emergindo a mais de 325 km/s (200 milhas/s).

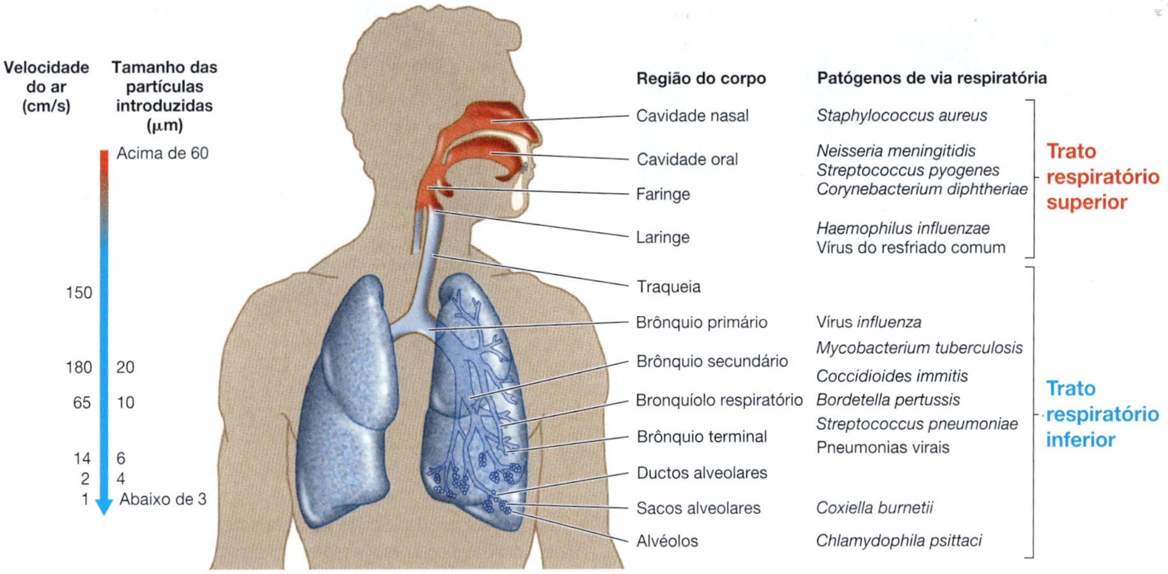


**Figura 29.2** **O sistema respiratório humano.** Os microrganismos relacionados geralmente iniciam as infecções nos locais indicados.

clínico e, se efetivamente praticados, podem limitar os danos ao hospedeiro. A maioria dos patógenos bacterianos e virais pode ser controlada pela imunização, e a maioria dos patógenos respiratórios bacterianos responde prontamente à terapia com antibióticos. Por outro lado, terapias antivirais são bastante limitadas e a recuperação de infecções virais muitas vezes é devida, exclusivamente, à resposta imune.

**MINIQUESTIONÁRIO**

- Por que se pode dizer que os patógenos respiratórios têm explorado uma forma efetiva de transmissão?
- Identifique os patógenos que são comumente encontrados no trato respiratório superior. Identifique os patógenos que são comumente encontrados no trato respiratório inferior.

## 29.2 Doenças estreptocóccicas

As bactérias *Streptococcus pyogenes* (**Figura 29.3**) e *Streptococcus pneumoniae* são importantes patógenos respiratórios humanos. Os estreptococos são cocos gram-positivos, aerotolerantes, homofermentativos e não esporulantes (Seção 15.6). As células de *S. pyogenes* (Figura 29.3) normalmente crescem originando cadeias alongadas, assim como muitas outras espécies do gênero. Linhagens patogênicas de *S. pneumoniae* geralmente crescem aos pares ou em cadeias curtas, e as linhagens virulentas produzem uma grande cápsula polissacarídica (ver Figura 29.11). As estirpes virulentas de *Streptococcus* podem formar feridas purulentas em seres humanos e outros animais de sangue quente (**Figura 29.4** e ver Figura 29.10). Mas, além disso, muitas outras condições graves, cujos sintomas são menos graves que estes, estão associados a infecções por estreptococos.

### *Streptococcus pyogenes*

*Streptococcus pyogenes* (Figura 29.3), também denominado *estreptococo* do *grupo A*, é frequentemente isolado do trato respiratório superior de adultos sadios. Embora o número de *S. pyogenes* endógenos seja geralmente baixo, quando as defesas do hospedeiro encontram-se debilitadas, ou quando uma nova linhagem altamente virulenta é introduzida, infecções graves podem ocorrer.

O *S. pyogenes* é o agente etiológico da *faringite estreptocóccica*, também conhecida por *"amigdalite estreptocóccica"* (**Figura 29.5**). A maioria dos isolados provenientes de casos clínicos de faringite estreptocócica produz uma exotoxina (Seção 23.9) que lisa as hemácias em um meio de cultura, uma condição denominada *β-hemólise* (Figura 29.4*b* e ver Figura 29.8). A faringite estreptocócica caracteriza-se por dor de garganta intensa com aumento das amígdalas e pontos vermelhos no palato mole (Figura 29.5), nódulos linfáticos cervicais dolorosos, febre moderada e uma sensação de mal-estar geral. O *S. pyogenes* pode também causar infecções associadas à orelha interna (*otite média*), às glândulas mamárias (*mastite*), infecções das camadas superficiais da pele, chamadas de *impetigo* (**Figura 29.6**), assim como *erisipela*, uma infecção estreptocóccica aguda da pele (**Figura 29.7**) – e outras condições associadas às sequelas de infecções por estreptococos.

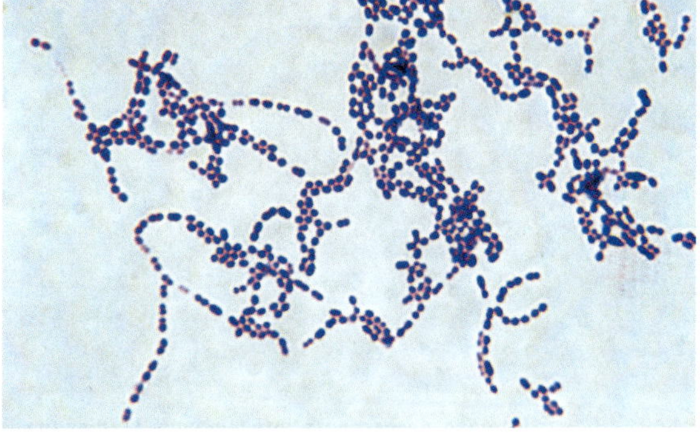

**Figura 29.3** ***Streptococcus pyogenes.*** Células de *S. pyogenes* crescem em cadeias, e as células apresentam um diâmetro médio de 0,6 a 1 μm.

UNIDADE 6

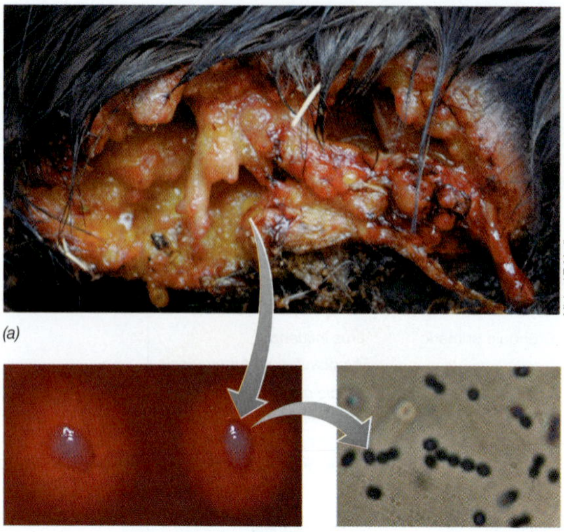


**Figura 29.4** **Ferida purulenta em cavalo com estreptococos β-hemolíticos.** *(a)* Sangue coagulado e pus de uma infecção por *Streptococcus equi* em glândulas salivares de equinos (as glândulas romperam em decorrência da infecção). *(b)* Colônias de *S. equi*, demonstrando a β-hemólise em ágar-sangue. *(c)* Fotomicrografia de contraste de fase de células de *S. equi*. As células têm 1 μm de diâmetro.

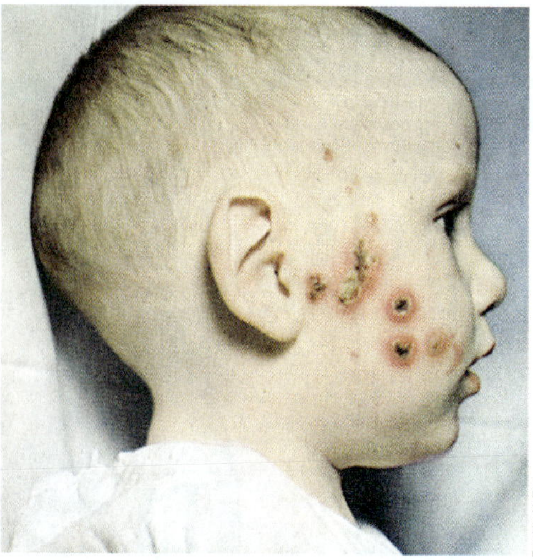


**Figura 29.6** **Típicas lesões de impetigo.** O impetigo geralmente é causado por *Streptococcus pyogenes* ou *Staphylococcus aureus*.

Cerca da metade dos casos clínicos de amigdalites graves é provocada por *Streptococcus pyogenes*, sendo a maioria dos demais decorrentes de infecções virais. Devido a isso, um diagnóstico rápido e preciso da causa da amigdalite é importante. Se a infecção for decorrente de *S. pyogenes*, o tratamento imediato da faringite estreptocóccica é importante, uma vez que infecções estreptocóccicas não tratadas podem ocasionar doenças secundárias graves, como escarlatina, febre reumática, glomerulonefrite aguda e síndrome do choque tóxico estreptocóccico. Por outro lado, se a faringite for decorrente de um vírus, o tratamento com fármacos antibacterianos (antibióticos) será ineficaz e poderá promover a resistência ao antibiótico por parte de microbiota normal.

Ferramentas clínicas para diagnosticar rapidamente as infecções de garganta estão amplamente disponíveis e em uso de rotina em unidade de saúde de cuidados básicos. Essas ferramentas incluem, em particular, sistemas de detecção rápida de antígenos que contêm anticorpos específicos para proteínas da superfície celular de *S. pyogenes* (⇄ Seção 27.9). Uma confirmação mais sensível e precisa é possível pela obtenção de uma cultura *S. pyogenes* a partir da garganta ou de outra lesão suspeita em uma placa de ágar-sangue. (**Figura 29.8**). Em contrapartida aos testes rápidos, entretanto, resultados de cultura de amostras provenientes de garganta podem levar até 48 horas para processar, e tal demora no tratamento pode ter efeitos adversos, como os considerados agora.

## Escarlatina, febre reumática e outras síndromes causadas por estreptococos do grupo A

Certas linhagens de estreptococos do grupo A apresentam um bacteriófago lisogênico que codifica a produção das exotoxinas estreptocóccicas pirogênicas A (SpeA, do inglês *streptococcal*

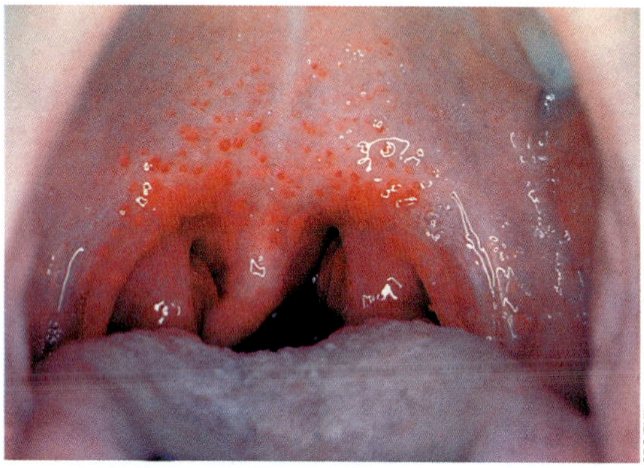


**Figura 29.5** **Um caso de garganta infeccionada ocasionada por *Streptococcus pyogenes*.** O fundo da garganta está inflamado e apresenta pequenos pontos vermelhos, típicos de faringite estreptocócica.

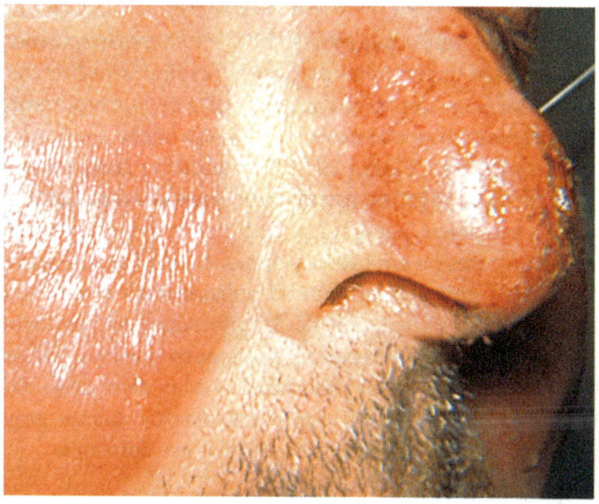


**Figura 29.7** **Erisipela.** A erisipela, aqui ilustrada no nariz e nas bochechas, é uma infecção de pele causada por *Streptococcus pyogenes*, caracterizada por vermelhidão e margens distintas da infecção. Outros locais corporais comuns de infecção incluem as orelhas e as pernas.

*pyrogenic exotoxin A*), SpeB, SpeC e SpeF. Essas exotoxinas são responsáveis pela maioria dos sintomas da *síndrome do choque tóxico estreptocóccico* e da **escarlatina** (Figura 29.9). As Spe são superantígenos que recrutam grandes números de células T para os tecidos infectados (Seção 23.9). O choque tóxico ocorre quando as células T ativadas secretam citocinas, as quais ativam um grande número de macrófagos e neutrófilos, provocando inflamação sistêmica e destruição de tecidos.

A escarlatina, sinalizada por uma grave dor de garganta, febre e exantema característico (Figura 29.9), pode ser autolimitante e é facilmente tratável com antibióticos. Entretanto, o tratamento é sempre aconselhável porque diversas condições indesejáveis podem emergir de casos de escarlatina. Ocasionalmente, estreptococos do grupo A provocam uma infecção sistêmica invasiva fulminante (súbita e grave), como celulite, uma infecção das camadas subcutâneas da pele, ou a *fasceíte necrosante*, uma doença rápida e progressiva, resultante da extensa destruição de tecidos subcutâneos, músculos e gordura (Figura 29.10). A fasceíte necrosante é o termo clínico para as condições causadas pelas "bactérias carnívoras". Nesses casos, as exotoxinas SpeA, SpeB, SpeC e SpeF, assim como a proteína M de superfície atuam como superantígenos. Essas doenças causam inflamação e extensa destruição tecidual e podem ser fatais (Figura 29.10).

Casos não tratados, ou inadequadamente tratados, de infecções por *S. pyogenes*, podem levar a outras doenças de 1 a 4 semanas após o aparecimento da infecção. Por exemplo, a resposta imune ao patógeno invasor pode produzir anticorpos que reagem cruzadamente com antígenos teciduais do hospedeiro no coração, nas articulações e nos rins, levando a danos nesses tecidos. A mais grave dessas doenças é a **febre reumática**, causada por linhagens reumatogênicas de *S. pyogenes*. Essas linhagens contêm antígenos de superfície celular semelhantes em estrutura às proteínas das válvulas cardíacas e articulações. A febre reumática é uma *doença autoimune* (Seção 24.8), em que os anticorpos contra os antígenos estreptocóccicos também reagem cruzadamente contra os antígenos das válvulas cardíacas e articulações, causando inflamação e destruição tecidual. Os danos aos tecidos do hospedeiro podem ser permanentes, sendo frequentemente exacerbados por infecções estreptocóccicas posteriores, com subsequentes acessos de febre reumática. Outra síndrome é a *glomerulonefrite aguda pós-estreptocóccica*, uma dolorosa doença renal. Essa doença se desenvolve transitoriamente, sendo resultante da formação de complexos de anticorpos estreptocóccicos e antígenos na corrente sanguínea. Os complexos imunes alojam-se nos glomérulos (membranas filtrantes dos rins), promovendo a inflamação renal, condição denominada *nefrite*.

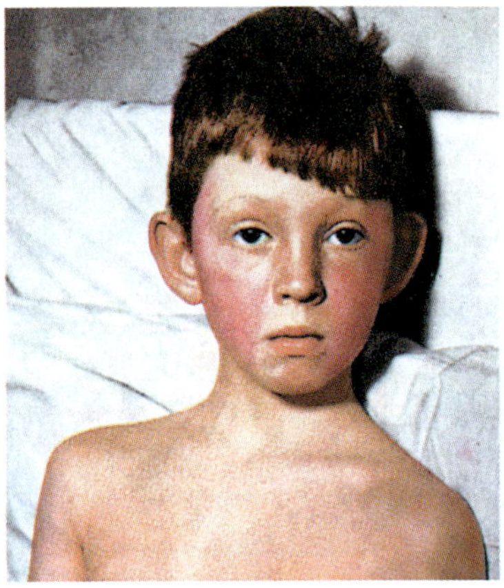


**Figura 29.9** **Escarlatina.** A típica erupção da escarlatina resulta da ação da exotoxina pirogênica produzida por *Streptococcus pyogenes*.

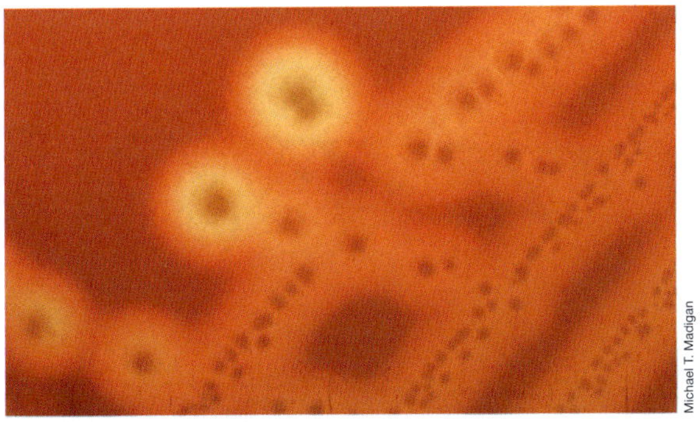


**Figura 29.8** **β-hemólise.** A capacidade de uma bactéria lisar hemácias e clarificar a área ao redor das colônias em placas de ágar-sangue indica a secreção da proteína β-hemolisina. Ver também Figuras 23.18*a* e 29.4*b*.

## *Streptococcus pneumoniae*

A outra importante espécie patogênica de estreptococos, *Streptococcus pneumoniae* (Figura 29.11), causa infecções pulmonares invasivas que, frequentemente, desenvolvem-se como infecções secundárias a outros distúrbios respiratórios. Linhagens encapsuladas de *S. pneumoniae* (Figura 29.11) são particularmente patogênicas por serem potencialmente muito invasivas. As células invadem os tecidos alveolares do trato respiratório inferior, onde a cápsula permite que as células resistam à fagocitose, gerando uma intensa resposta inflamatória no hospedeiro. A função pulmonar reduzida, denominada *pneumonia*, pode ser resultante do acúmulo de células fagocitárias e fluidos. As células de *S. pneumoniae* podem então disseminar-se do foco de infecção como uma bacteriemia, às vezes resultando em infecções ósseas, infecções do ouvido interno e endocardite. A infecção por *S. pneumoniae* é, muitas vezes, causa de morte por "falha respiratória" em pessoas idosas.

Ao contrário de *S. pyogenes*, vacinas eficazes estão disponíveis para prevenir infecções pelas linhagens mais comuns de

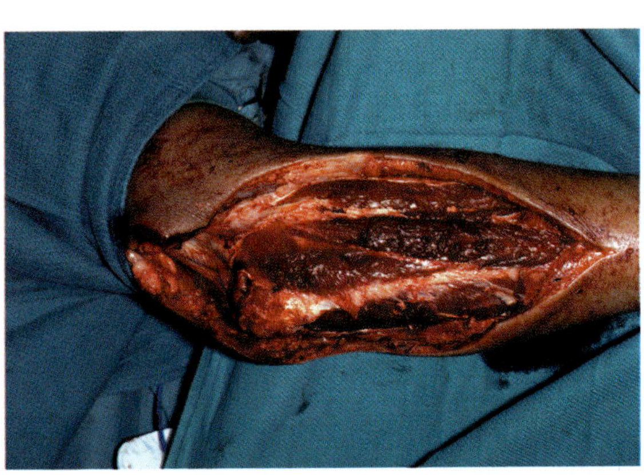

**Figura 29.10** **Fasceíte necrosante (popularmente conhecida com "bactéria comedora de carne").** Infecção de tecidos moles do antebraço de um homem, causada por *Streptococcus pyogenes* do grupo A. A carne do braço se abriu em dois para revelar a fáscia do músculo e os tecidos internos infectados.

UNIDADE 6

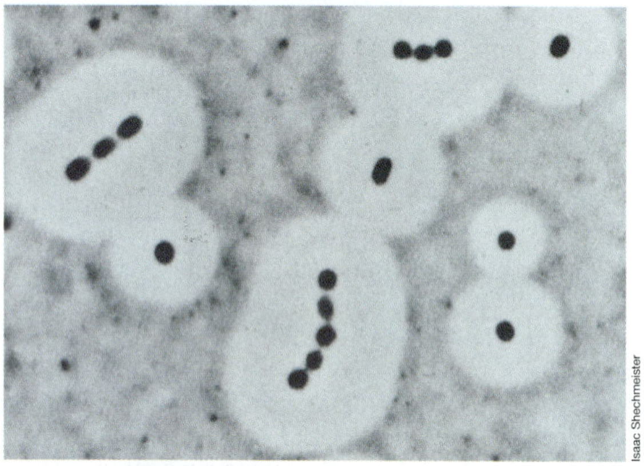


**Figura 29.11** ***Streptococcus pneumoniae*****.** Coloração negativa com tinta nanquim. Uma extensa cápsula envolve as células. As células apresentam cerca de 1,0 a 1,2 μm de diâmetro.

*S. pneumoniae*. A vacina para adultos consiste em uma mistura de 23 polissacarídeos capsulares (Figura 29.11) das linhagens patogênicas mais prevalentes. A vacina é recomendada para pessoas acima de 60 anos, profissionais da área de saúde, indivíduos com a imunidade comprometida e outros pacientes que apresentem alto risco de infecções respiratórias. Infecções por *S. pneumoniae* frequentemente respondem rapidamente a terapias com penicilina, mas mais de 30% dos isolados patogênicos exigem, atualmente, resistência ao fármaco. Resistência aos antibióticos eritromicina e cefotaxima também é encontrada, mas, até o presente momento, todas as linhagens são sensíveis à vancomicina, um antibiótico reservado para o tratamento de pneumonia e várias outras doenças bacterianas em que a resistência a antibióticos é comum.

**MINIQUESTIONÁRIO**

- De que forma a infecção por *Streptococcus pyogenes* leva à febre reumática?
- Qual o principal fator de virulência de *S. pneumoniae*?

## 29.3 Difteria e coqueluche

A *difteria* é uma doença respiratória grave que geralmente infecta as crianças. A difteria é causada por *Corynebacterium diphtheriae*, uma bactéria gram-positiva, imóvel e aeróbia, que origina células bacilares irregulares ou claviformes durante o crescimento e forma colônias pequenas e lisas em placas de ágar-sangue (**Figura 29.12**). A **coqueluche**, também conhecida por **pertússis**, é uma doença respiratória grave causada pela infecção por *Bordetella pertussis*, um pequeno cocobacilo gram-negativo aeróbio (Figura 29.14*a*). A coqueluche afeta principalmente crianças, mas também pode causar doença respiratória grave em adultos. Ambos, difteria e coqueluche, podem ser prevenidas por vacinação e curadas por antibioticoterapia.

### Difteria

O *Corynebacterium diphtheriae* (Figura 29.12*a*) penetra no corpo por via respiratória, com as células infectando os tecidos da garganta e das amígdalas. A resposta inflamatória dos tecidos da orofaringe à infecção por *C. diphtheriae* resulta na formação de uma lesão característica, denominada *pseudomembrana* (**Figura 29.13**), que consiste em células hospedeiras lesadas e células de *C. diphtheriae*. Linhagens patogênicas de *C. diphtheriae* carreiam um bacteriófago lisogênico, cujo genoma codifica uma potente exotoxina denominada *toxina diftérica*. A toxina diftérica inibe a síntese proteica no hospedeiro, promovendo, assim, a morte celular (⇄ Figura 23.20). A pseudomembrana pode bloquear a passagem de ar, sendo a morte por difteria geralmente decorrente de uma combinação dos efeitos de asfixia parcial e destruição tecidual pela exotoxina. O isolamento de *Corynebacterium diphtheriae* da orofaringe é diagnóstico para a difteria. *Swabs* nasais ou da garganta são utilizados para a inoculação em meio ágar-sangue, contendo telurito (Figura 29.12*b*), ou meio seletivo de Loeffler, que inibe o crescimento da maioria dos demais patógenos respiratórios.

A prevenção da difteria é realizada pelo uso de uma vacina altamente eficaz. A vacina é produzida pelo tratamento da exotoxina diftérica com formalina, originando uma preparação de toxoide imunogênico. O toxoide diftérico é um dos componentes da *vacina DTP* (toxoide diftérico, toxoide tetânico e pertússis acelular) (⇄ Seção 24.6). A difteria é ausente em países desenvolvidos, onde a vacina é amplamente utilizada. A penicilina, eritromicina e gentamicina geralmente são eficazes no tratamento para difteria, mas em casos de risco de vida, a antitoxina diftérica (um antissoro produzido em cavalos) pode ser administrada em adição à terapia com antibióticos.

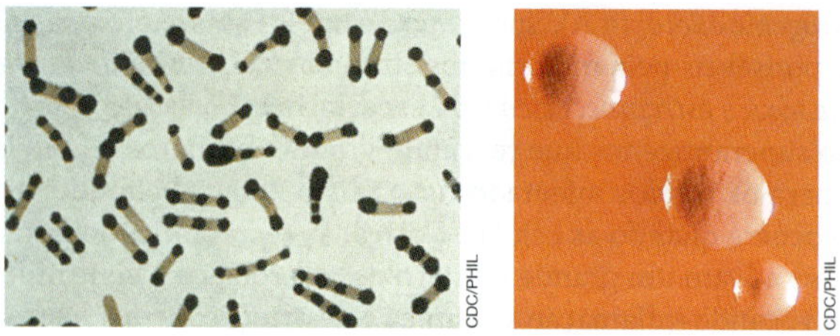


(a) (b)

**Figura 29.12** ***Corynebacterium*** **e difteria.** *(a)* Células de *Corynebacterium diphtheriae* apresentando a típica aparência claviforme. As células gram-positivas têm diâmetro de 0,5 a 1,0 μm, podendo ter comprimento de vários micrômetros. *(b)* Colônias de *C. diphtheriae* crescem em meio seletivo ágar-sangue com adição de telurito.

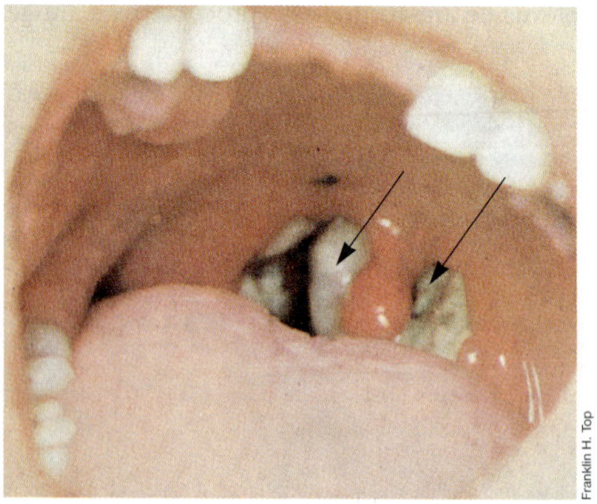


**Figura 29.13** **A pseudomembrana na difteria.** Pseudomembrana (setas) em um caso ativo de difteria, que restringe o fluxo de ar e a deglutição e está associada a uma grave dor de garganta.

## Coqueluche

A coqueluche, também conhecida como pertússis, é uma doença respiratória aguda, altamente infecciosa. As crianças com idade inferior a seis meses, muito novas para serem efetivamente vacinadas, apresentam a maior incidência da doença, sofrendo também sua forma mais grave. As células de *B. pertussis* (**Figura 29.14*a***) aderem-se às células do trato respiratório superior e secretam a *exotoxina pertússis*. Essa potente toxina induz a síntese de adenosina monofosfato cíclico (AMP cíclico, Figura 7.14), o qual é parcialmente responsável pelos eventos que levam a dano tecidual no hospedeiro. *B. pertussis* também produz uma endotoxina (Seção 23.10), a qual pode induzir alguns dos sintomas da coqueluche. Clinicamente, a coqueluche é caracterizada por tosse violenta e recorrente, podendo perdurar por até seis semanas. A natureza espasmódica da tosse deu origem ao nome da doença na língua inglesa*, devido ao som característico em guincho resultante da inalação profunda para obtenção de ar suficiente.

No mundo, ocorrem até 50 milhões de casos de coqueluche, com mais de 250.000 mortes a cada ano, principalmente nos países em desenvolvimento. *B. pertussis* é endêmica em todo o mundo e a coqueluche continua a ser um problema, mesmo em países desenvolvidos, geralmente devido à imunização inadequada. Nos Estados Unidos, tem-se observado uma tendência crescente de coqueluche desde a década de 1980, com picos de casos relatados em 2005, 2010 e 2012 (Figura 29.14*b*); sendo que muitos desses casos ocorreram em adultos jovens com idade inferior a 20 anos. Nos Estados Unidos, a coqueluche causa menos de 20 mortes por ano. Mas a coqueluche é uma doença endêmica clássica, em que a incidência aumenta clinicamente quando novas populações se tornam suscetíveis e são expostas ao patógeno. A combinação de protocolos de vacinação negligentes e o fato de que a coqueluche é uma doença muito mais comum que a difteria provavelmente têm promovido a maior incidência global de coqueluche nos últimos anos.

A coqueluche pode ser tratada com ampicilina, tetraciclina ou eritromicina, embora os antibióticos utilizados isoladamente não levem à cura completa e os pacientes continuem a apresentar os sintomas e a permanecer infectados por até duas semanas após o início da antibioticoterapia. Isso indica que a resposta imune pode ser tão importante quanto os antibióticos na tentativa de eliminar o patógeno do organismo.

**MINIQUESTIONÁRIO**

- Compare os sintomas de difteria e coqueluche.
- Que medidas podem ser adotadas para diminuir a atual incidência de coqueluche em uma população?

## 29.4 Tuberculose e hanseníase

O famoso microbiologista pioneiro, Robert Koch, o fundador do campo da microbiologia médica, isolou e descreveu o agente etiológico da tuberculose, o *Mycobacterium tuberculosis*, em 1882 (Seção 1.8). Uma espécie de *Mycobacterium* relacionada, o *Mycobacterium leprae*, causa a hanseníase (hanseníase). As micobactérias são bactérias gram-positivas e compartilham propriedades de *acidorresistência* devido ao constituinte ceroso, ácido micólico, presente na parede celular (Seção 15.11). O ácido micólico permite que esses organismos retenham a carbolfucsina, um corante vermelho, mesmo após a lavagem com solução de 3% de ácido hidroclórico, em álcool. As colônias de *M. tuberculosis* crescem lentamente em placas e têm uma morfologia rugosa característica (**Figura 29.15**).

### Tuberculose

A tuberculose (TB) é facilmente transmitida pela via respiratória e houve uma época em que era a doença infecciosa humana de maior importância no mundo. Em termos mundiais, a TB é ainda responsável por aproximadamente 1,5 milhão de mortes por ano. Cerca de um terço da população mundial está infectada com o *M. tuberculosis*, embora a maioria não apresente a doença ativa por causa da imunidade mediada por células (Seções 24.3, 24.8 e 25.1), que desempenha um papel crítico na prevenção de uma doença ativa após a infecção.

A tuberculose pode assumir diversas formas. Ela pode ser classificada como uma infecção *primária* (infecção inicial) ou *pós-primária* (reinfecção). A infecção primária geralmente resulta da inalação de gotículas contendo células de

UNIDADE 6

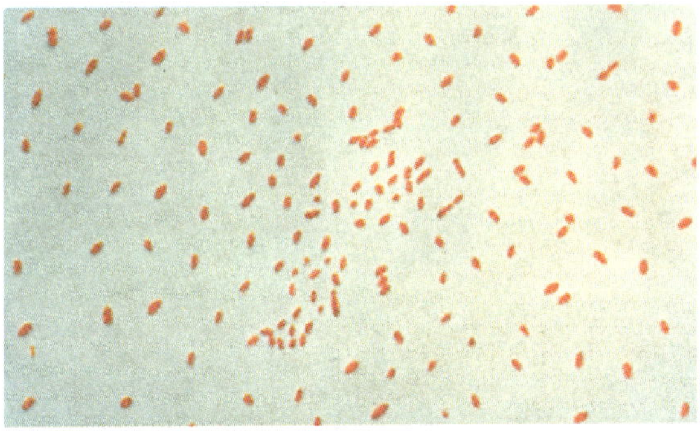


(*a*) **Células de *Bordetella pertussis*, agente causador da coqueluche, coradas por Gram.**

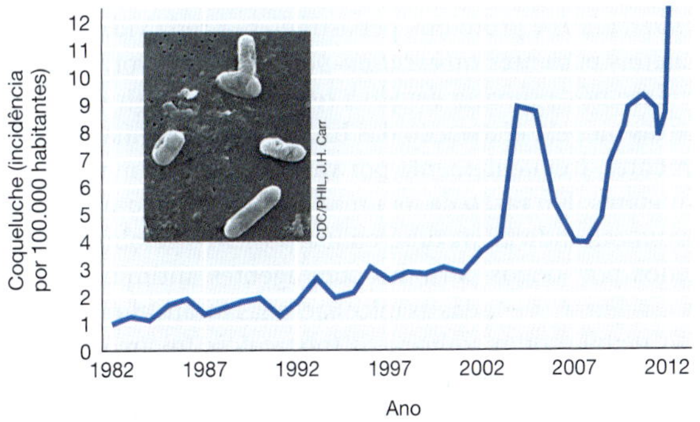


(*b*) **Coqueluche nos Estados Unidos, com a inserção de uma microscopia eletrônica de varredura (MEV) de células da *Bordetella* sp.**

**Figura 29.14** ***Bordetella* e coqueluche.** Células de *B. pertussis* são tipicamente cocobacilos de 0,2 a 0,5 μm de diâmetro sobre 1 μm de comprimento. O número de casos de coqueluche está aumentando rapidamente, com mais de 41.000 casos reportados em 2012. Dados fornecidos pelo Centers for Disease Control and Prevention, Atlanta, Georgia, EUA.

* N. de T. *Whooping cough*, em que *whooping* significa estridente.

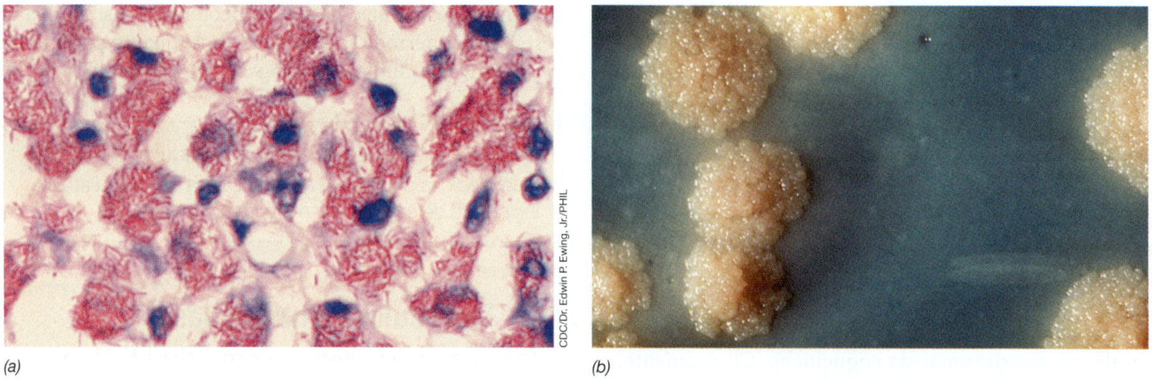


**Figura 29.15** **Micobactéria.** *(a) Mycobacterium avium* presente em uma biópsia de linfonodo, em uma coloração para organismos acidorresistentes, de um paciente com Aids. Múltiplos bacilos, corados em vermelho por carbolfucsina, são evidentes no interior de cada célula. Os bacilos individuais têm aproximadamente 0,4 µm de diâmetro e comprimento de até 4 µm. *(b)* Colônias de *Mycobacterium tuberculosis*. A superfície enrugada e áspera é típica de colônias de micobactérias.

*M. tuberculosis* viáveis oriundas de um indivíduo com infecção pulmonar ativa. As bactérias inaladas alojam-se nos pulmões e se multiplicam. O hospedeiro reage exibindo uma resposta imune a *M. tuberculosis*, resultando na formação de agregados de macrófagos ativados, denominados *tubérculos*. As bactérias são encontradas na expectoração de pessoas com a doença ativa e as respiratórias de tecido destruído podem ser observadas em radiografias de tórax (**Figura 29.16**). As micobactérias sobrevivem e crescem no interior dos macrófagos presentes nos tubérculos, formando granulomas e, se a doença não for controlada, pode ocorrer uma destruição extensiva do tecido pulmonar. Se a doença atingir esta fase, a infecção pulmonar pode ser fatal.

No entanto, na maioria dos casos de TB, não há o desenvolvimento de uma infecção aguda evidente. Contudo, essa infecção inicial hipersensibiliza o indivíduo contra as bactérias ou os seus produtos, consequentemente protege o indivíduo a exposições posteriores a *M. tuberculosis*. Um teste diagnóstico cutâneo, denominado **teste de tuberculina**, pode ser realizado para avaliar essa hipersensibilidade (Figura 24.6), e muitos adultos podem ser tuberculina-positivos por uma infecção prévia ou por uma infecção atual não aparente. Na maioria dos casos, a resposta imune mediada por células ao *M. tuberculosis* é protetora, persistindo por toda vida. Contudo, alguns pacientes *tuberculina-positivos* desenvolvem a tuberculose pós-primária devido à reinfecção a partir de fontes externas ou pela reativação das bactérias que permaneceram dormentes, frequentemente por vários anos, nos macrófagos pulmonares. Em razão da natureza latente da infecção por *M. tuberculosis*, indivíduos tuberculina-positivos geralmente são tratados por longos períodos com agentes antimicrobianos para assegurar que todas as micobactérias foram eliminadas.

A terapia antimicrobiana da tuberculose foi um dos principais fatores no controle da doença. A estreptomicina foi o primeiro antibiótico eficaz, contudo a verdadeira revolução no tratamento da TB ocorreu com a descoberta da hidrazida do ácido isonicotínico, denominada *isoniazida* (INH) (**Figura 29.17**). Esse fármaco é altamente efetivo e facilmente absorvido quando administrado oralmente. A isoniazida é um de fator de crescimento análogo (Seção 27.11) à molécula estruturalmente relacionada, nicotinamida. Nas micobactérias, este fármaco inibe a síntese de ácido micólico e compromete a integridade da parede celular. Após o tratamento com isoniazida, as micobactérias perdem suas propriedades de acidorresistência, uma vez que o ácido micólico é responsável por essa característica tintorial.

O tratamento típico envolve a administração de doses diárias de isoniazida e rifampina por dois meses, seguida de doses bissemanais, por um período total de nove meses. Esse tratamento promove a erradicação dos bacilos da tuberculose

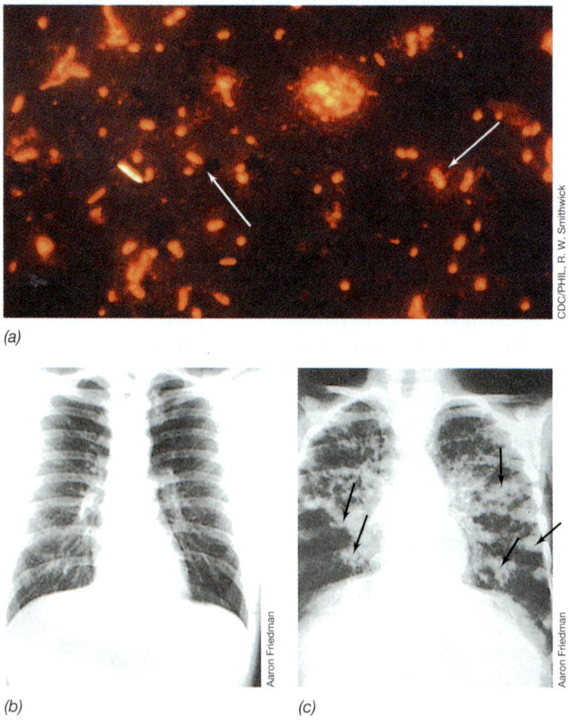


**Figura 29.16** **Sintomas de tuberculose.** *(a)* Amostras de expectoração de um paciente com tuberculose, corada pelo método laranja de acridina (Smithwick). Células de *M. tuberculosis* são estruturas no formato de bastonete com coloração amarelo-alaranjada (setas). *(b)* Radiografia de tórax normal. As linhas brancas tênues correspondem às artérias e outros vasos sanguíneos. *(c)* Radiografia de tórax de um caso avançado de tuberculose pulmonar; as manchas brancas (setas) indicam áreas de tubérculos que contêm células viáveis de *Mycobacterium tuberculosis*.

e impede a emergência de organismos resistentes aos antibióticos. A terapia com múltiplos fármacos reduz a possibilidade de emergirem linhagens apresentando resistência a mais de um fármaco. A resistência de *M. tuberculosis* à isoniazida e a outros fármacos, no entanto, está aumentando, especialmente em pacientes com HIV/Aids, nos quais a tuberculose é uma infecção comum (ver Figura 29.45*g*). O tratamento dessas linhagens, denominadas *linhagens tuberculosas resistentes a múltiplos fármacos* (MDR TB), requer o uso de fármacos de segunda linha contra tuberculose, os quais geralmente são mais tóxicos, menos eficazes e de maior custo que a rifampina e isoniazida.

## Hanseníase

O *Mycobacterium leprae*, um parente do *M. tuberculosis*, causa a doença chamada *hanseníase*, mais formalmente denominada *doença de Hansen*. A forma mais grave da hanseníase, denominada forma *lepromatosa*, é caracterizada por lesões rugosas e nodulares em todo o corpo, especialmente nas porções mais frias do corpo, como face e extremidades (**Figura 29.18**). Essas lesões são decorrentes do crescimento de células de *M. leprae* na pele e contêm um grande número de células bacterianas. Assim como outras micobactérias (Figura 29.15*a*), as células de *M. leprae* isoladas das lesões coram-se em vermelho-escuro pela fucsina carbólica, utilizada na técnica de coloração de organismos acidorresistentes, permitindo uma comprovação rápida e definitiva de infecção ativa.

Em casos graves não tratados, as lesões desfigurantes levam à destruição de nervos periféricos, os músculos atrofiam e a função motora é comprometida. A perda de sensibilidade das extremidades leva a lesões inaparentes, como queimaduras e cortes. A perda de cálcio ósseo leva a uma diminuição lenta dos dedos e a sua transição para formas parecidas com garras em uma fase final da doença. A patogenicidade de *M. leprae* é decorrente de uma combinação entre a hipersensibilidade tardia (Seção 24.8) e a alta invasividade do organismo, que pode crescer no interior de macrófagos e gerar lesões características (Figura 29.18). A transmissão envolve tanto o contato direto quanto a via respiratória, mas não tem o elevado potencial de contágio da tuberculose. Historicamente, a hanseníase era associada à pobreza, desnutrição, falta de saneamento e higiene. Entre outros, estes fatores afetam, sem dúvida, a capacidade do indivíduo de resistir à infecção.

Muitos pacientes exibem lesões menos pronunciadas, nas quais a recuperação de células bacterianas não é possível. Esses indivíduos apresentam a forma *tuberculoide* da doença. A hanseníase tuberculoide é caracterizada por uma vigorosa resposta imune e um prognóstico favorável de recuperação espontânea. O mal de Hansen em ambas as formas, assim como nas formas intermediárias entre esses dois extremos, é tratado empregando-se um protocolo de terapia de múltiplos fármacos (TMD). Este protocolo inclui uma terapia extensa de mais de um ano com uma combinação de *dapsona* (4,4′-sulfonil-bis-benzenamina, um inibidor da síntese do ácido fólico), *rifampina* (um inibidor da RNA-polimerase bacteriana) e *clofazimina* (um fármaco que tem como alvo a respiração bacteriana e o transporte de íons).

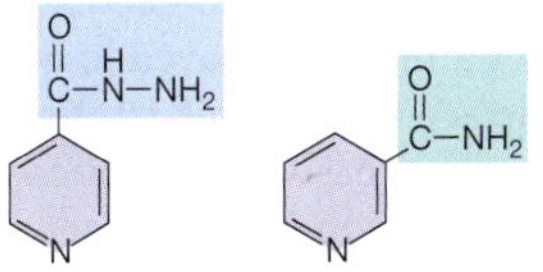


**Figura 29.17 Estrutura da isoniazida (hidrazida do ácido isonicotínico).** A isoniazida é um agente quimioterápico eficaz contra a tuberculose. Observe a semelhança estrutural com a nicotinamida.

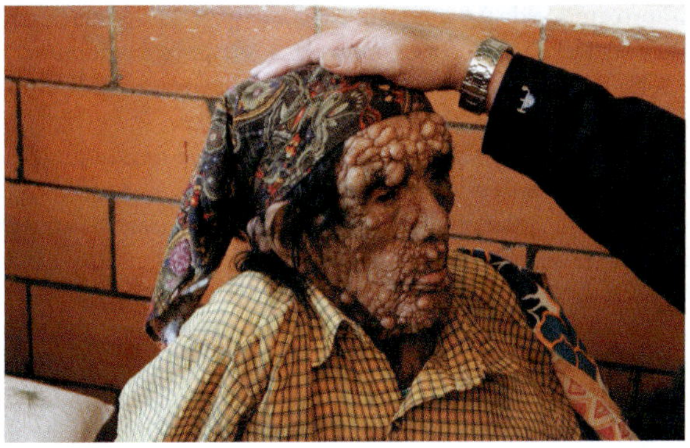

**Figura 29.18 Lesões cutâneas de hanseníase lepromatosa.** A hanseníase lepromatosa é causada pela infecção por *Mycobacterium leprae*. As lesões podem conter até 109 células bacterianas por grama de tecido, indicando uma infecção ativa não controlada, com prognóstico desfavorável.

Aproximadamente 250.000 novos casos de hanseníase foram relatados em 2009, com a maioria dos casos ocorrendo na África, no Subcontinente Indiano e no Brasil. Nos Estados Unidos, apenas cerca de 200 casos ocorrem por ano, principalmente em imigrantes. Até recentemente, o diagnóstico para hanseníase era baseado na identificação de células de *M. leprae* a partir de lesões. Entretanto, um exame de sangue rápido, barato e específico está disponível agora – o que deve ajudar muito na identificação de hanseníase na fase inicial, a forma mais tratável.

Além de *M. tuberculosis* e *M. leprae*, várias outras micobactérias são agentes patogênicos humanos. Estes incluem, em particular, *M. bovis* - um parente próximo do *M. tuberculosis* e um patógeno comum de gado leiteiro. *M. bovis* pode iniciar sintomas clássicos da tuberculose em seres humanos, entretanto, uma combinação de pasteurização de leite e abate de bovinos infectados reduziu consideravelmente a incidência de transmissão bovina para seres humanos desta forma de tuberculose.

**MINIQUESTIONÁRIO**

- Por que *Mycobacterium tuberculosis* é um patógeno respiratório tão amplamente distribuído?
- Descreva três características comuns de micobactérias patogênicas.

# 29.5 Meningite e meningococcemia

A **meningite** é uma inflamação das meninges, as membranas que revestem o sistema nervoso central, especialmente a medula espinal e o cérebro. A meningite pode ser causada por infecções virais, bacterianas, fúngicas ou por protistas. Aqui abordaremos diversas formas bacterianas da doença, denominada *meningite infecciosa*, causada pela bactéria *Neisseria meningitidis*.

## Patógeno e síndromes da doença

*Neisseria meningitidis*, frequentemente denominada meningococo, é um coco gram-negativo e aeróbio obrigatório, com diâmetro aproximado de 0,6 a 1,0 μm (**Figura 29.19*a***); sendo relacionado com a bactéria que causa a gonorreia, a *Neisseria gonorrhoeae*. A bactéria é transmitida a um novo hospedeiro, geralmente por via respiratória de um indivíduo infectado, e adere-se às células da nasofaringe. A partir de então, pode atingir a corrente sanguínea rapidamente, causando bacteriemia e sintomas no trato respiratório superior. A meningite caracteriza-se pelo desenvolvimento súbito de cefaleia, acompanhada de vômitos e rigidez da nuca, podendo progredir para o coma e morte em questão de horas. Em vez de ou em adição a uma meningite completamente desenvolvida, a bacteriemia por *N. meningitidis* por vezes conduz a uma **meningococcemia** fulminante, uma condição caracterizada por coagulação intravascular e destruição tecidual (gangrena, Figura 29.19*b*), choque e morte em mais de 10% dos casos.

A meningite meningocóccica frequentemente ocorre na forma de epidemias, geralmente em populações confinadas, como em instalações militares e dormitórios universitários. Qualquer um pode ter uma doença meningocócica, mas a incidência é muito maior em lactentes, crianças em idade escolar e adultos jovens. Aproximadamente 30% dos indivíduos albergam *N. meningitidis* na nasofaringe, sem efeitos danosos aparentes, e o estímulo para a conversão de um estado de portador assintomático a uma infecção patogênica aguda não é conhecido.

### Diagnóstico, tratamento e vacinas

A meningite meningocócica é diagnosticada definitivamente de culturas de *N. meningitidis* isolados de *swabs* nasofaríngeos, sangue ou líquido cerebrospinal. O meio Thayer-Martin (⇄ Figura 27.5), seletivo para o crescimento de espécimes de *Neisseria* patogênicos (incluindo *N. meningitidis* e *N. gonorrhoeae*), é utilizado para o isolamento de *N. meningitidis*, e colônias contendo diplococos gram-negativos (Figura 29.19*a*) são posteriormente testadas. Entretanto, devido ao rápido aparecimento de sintomas de risco à vida na meningite infecciosa, o diagnóstico preliminar é baseado, frequentemente, nos sintomas clínicos, sendo o tratamento iniciado antes

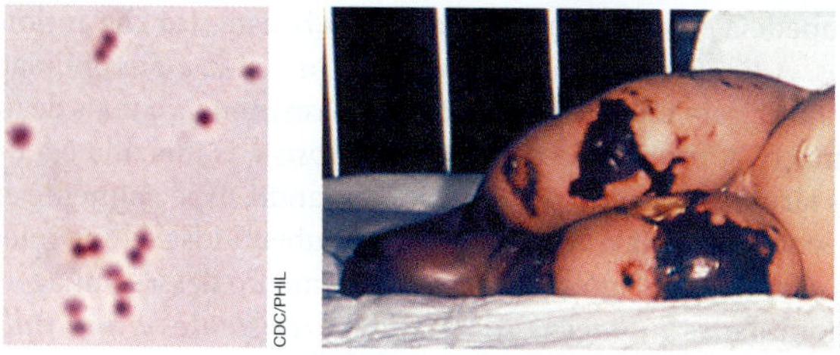


**Figua 29.19** ***Neisseria meningitidis.*** *(a)* Células coradas de *N. meningitidis* são cocos e apresentam diâmetro aproximado de 0,6 a 1,0 μm. *(b)* Criança de 4 meses de idade, com gangrena nas pernas devido à meningococcemia.

que os testes de cultura confirmem a infecção por *N. meningitidis*. O tratamento é geralmente realizado com penicilina, e administrações intravenosas são frequentemente necessárias para tornar a infusão de antibióticos mais rápida.

Anticorpos linhagem-específicos de ocorrência natural, devido a infecções subclínicas, são eficientes na prevenção de infecções na maioria dos adultos. Existem vacinas compostas por polissacarídeos purificados ou polissacarídeos conjugados a proteínas das linhagens patogênicas mais prevalentes, as quais são utilizadas para imunizar indivíduos suscetíveis. As vacinas são utilizadas para prevenir a infecção em determinadas populações suscetíveis, como militares e estudantes residindo em alojamentos, especialmente se o surto já tiver ocorrido. Além disso, a rifampina é frequentemente empregada como agente antimicrobiano quimioprofilático, para prevenir a doença em contatos próximos de indivíduos infectados.

**MINIQUESTIONÁRIO**

- Identifique os sintomas e as possíveis causas da meningite.
- Descreva a infecção por *Neisseria meningitidis* e o desenvolvimento resultante da meningococcemia.

# II • Doenças virais transmissíveis pelo ar

## 29.6 Vírus e as infecções respiratórias

De todas as doenças infecciosas humanas, as mais prevalentes e difíceis de tratar são aquelas causadas por vírus. Isso se explica pelo fato de que os vírus frequentemente permanecem infecciosos por um longo período de tempo em muco seco (Figura 29.1) ou em fômites, e porque os vírus requerem células hospedeiras para sua replicação. Por isso, matar o vírus também significa matar a célula.

A maioria das doenças virais são infecções agudas e autolimitantes, mas algumas podem ser problemáticas para adultos sadios. Iniciaremos descrevendo o sarampo, a rubéola, a caxumba e a catapora, todas doenças virais transmitidas por via respiratória, por intermédio de gotículas compostas por fluidos respiratórios infecciosos.

### Sarampo e rubéola

O *sarampo* (ou *sarampo de sete dias*) geralmente manifesta-se em crianças suscetíveis como uma doença aguda, altamente infecciosa, frequentemente epidêmica. O vírus do sarampo (Figura 29.20*a*) é um *paramixovírus*, um vírus de RNA de fita negativa (⇄ Seção 9.9) transmitido pelo ar que, ao penetrar no nariz e na orofaringe, promove rapidamente uma viremia sistêmica. Os sintomas da infecção iniciam-se por uma secreção nasal e vermelhidão nos olhos. À medida que a doença progride, surgem a febre e a tosse, que rapidamente se intensificam, com o desenvolvimento das erupções características (Figura 29.20*b,c*).

Os sintomas do sarampo geralmente persistem por um período de 7 a 10 dias, e não há nenhum fármaco disponível capaz de eliminar estes sintomas. Entretanto, o vírus do sarampo gera uma resposta imune forte. Os anticorpos circulantes contra o vírus do sarampo são detectáveis cerca de cinco dias após o início da infecção, havendo a combinação entre os anticorpos séricos e linfócitos T citotóxicos para eliminar o vírus do organismo. Possíveis complicações pós-infecção incluem infecção do ouvido interno, pneumonia e, em casos raros, encefalomielite por sarampo.

Embora antes considerada uma doença comum da infância, hoje o sarampo ocorre geralmente na forma de surtos isolados nos Estados Unidos, em virtude dos amplos programas de imu-

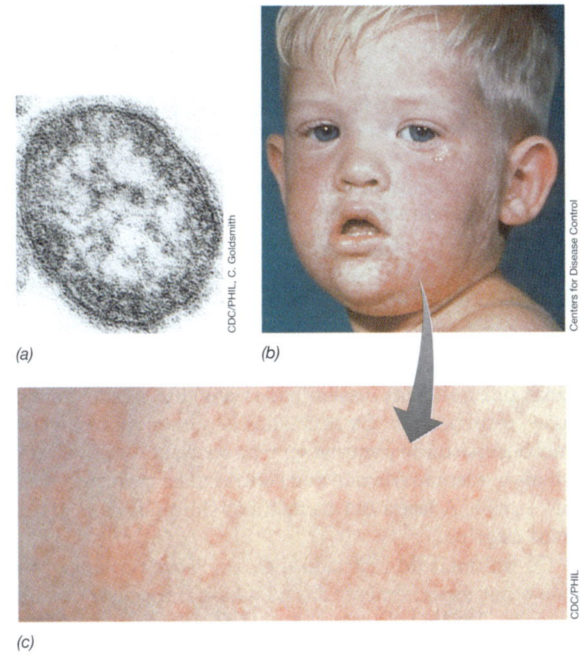


**Figura 29.20** **Sarampo em crianças.** *(a)* Microscopia eletrônica de transmissão de um vírion do vírus do sarampo, que tem aproximadamente 150 nm de diâmetro. *(b,c)* Erupção cutânea do sarampo. A erupção rósea inicia-se na cabeça e pescoço e pode disseminar para o peito, o tronco e os membros. Pápulas discretas coalescem em manchas, à medida que a erupção progride por vários dias.

nização iniciados na década de 1960. A ocorrência destes surtos está relacionada com a ocorrência da doença em populações não imunizadas ou inadequadamente imunizadas. Mundialmente, no entanto, ocorrem mais de 400.000 mortes anuais, principalmente em crianças. A imunização ativa é realizada com uma preparação de vírus atenuados, componentes da vacina MMR (do inglês, *measles, mumps and rubella*; sarampo, caxumba e rubéola, respectivamente) (Figura 24.15). Nos Estados Unidos, em virtude da natureza altamente infecciosa da doença, as escolas públicas exigem o atestado de vacina antes da matrícula da criança. O sarampo adquirido na infância geralmente confere imunidade por toda vida contra a reinfecção.

A *rubéola* (*sarampo alemão* ou *sarampo de três dias*) é causada por um vírus de RNA de fita simples de sentido positivo (Seção 9.8). Os sintomas da doença assemelham-se àqueles do sarampo (**Figura 29.21**), sendo, contudo, geralmente restritos à parte superior do tronco. A rubéola é menos contagiosa do que o sarampo e, por essa razão, uma grande proporção da população nunca foi infectada. No entanto, durante os três primeiros meses de gestação, o vírus da rubéola pode infectar o feto por meio de sua transmissão transplacentária, causando graves anomalias fetais, incluindo natimortos, surdez, anomalias cardíacas e oculares, e danos cerebrais nos nascidos vivos. Estes eventos são chamados de *síndrome congênita da rubéola*. Assim, as mulheres não devem ser imunizadas com a vacina da rubéola, nem contrair a rubéola durante a gravidez. Nesse sentido, a imunização rotineira contra a rubéola na infância deveria ser uma prática constante. Uma vacina com o vírus atenuado é administrada como componente da vacina MMR. Os baixos números de casos desde 2001 associados ao alto grau de proteção decorrente da vacina e a infectividade relativamente baixa do vírus combinam-se para tornar a rubéola muita rara nos Estados Unidos. Em todo o mundo, programas ativos de vacinação também apresentaram diminuição significativa do número de casos da doença, como observado no número total de casos ativos declarados em 2009, que foram menos de 125.000 casos e 165 casos de rubéola congênita.

## Caxumba

A caxumba, assim como o sarampo, é causada por um paramixovírus, sendo também altamente infecciosa. A caxumba é transmitida pelo ar por meio de gotículas compostas por fluidos respiratórios infecciosos, sendo caracterizada por uma inflamação das glândulas salivares, comumente a glândula parótida, levando ao intumescimento da região mandibular e do pescoço (**Figura 29.22**). O vírus dissemina-se pela corrente sanguínea, podendo infectar outros órgãos, incluindo testículos e pâncreas, podendo causar encefalite em casos mais graves. Assim como para o sarampo, é a resposta imune que cura o indivíduo da infecção. A resposta imune do hospedeiro envolve a produção de anticorpos contra as proteínas de superfície do vírus da caxumba, geralmente levando a um rápido restabelecimento e imunidade duradoura contra reinfecção.

Uma vacina atenuada (parte do MMR) é altamente eficaz na prevenção da caxumba. Assim, a incidência da caxumba nos países desenvolvidos é extremamente baixa, estando a doença geralmente restrita aos indivíduos que não receberam a vacina. No entanto, um surto de caxumba no oeste dos Estados Unidos em 2006 envolveu mais de 5.000 casos, o que é significativamente mais elevado que o número típico de menos de 300 casos por ano desde 2001. Este surto afetou, principalmente, jovens adultos (18 a 34). Como resultados, recomendações para vacinação foram revistas para crianças na faixa etária escolar, trabalhadores de unidades de saúde, e adultos que não tiveram caxumba anteriormente.

## Catapora e herpes-zóster

A *catapora* (*varicela*) é uma doença comum da infância causada pelo vírus varicela-zóster (VZV), um herpes-vírus com genoma de dupla-fita de DNA (Seção 9.7). O VZV é altamente contagioso, sendo transmitido por gotículas infecciosas, especialmente quando indivíduos suscetíveis mantêm contato próximo. Em crianças na fase escolar, por exemplo, o confinamento durante os meses de inverno leva à disseminação da catapora por meio das gotículas expelidas por crianças infectadas, transmitidas pelo ar, assim como pelo contato com fômites contaminados. Ao penetrar no trato respiratório, o vírus multiplica-se e rapidamente se dissemina pela corren-

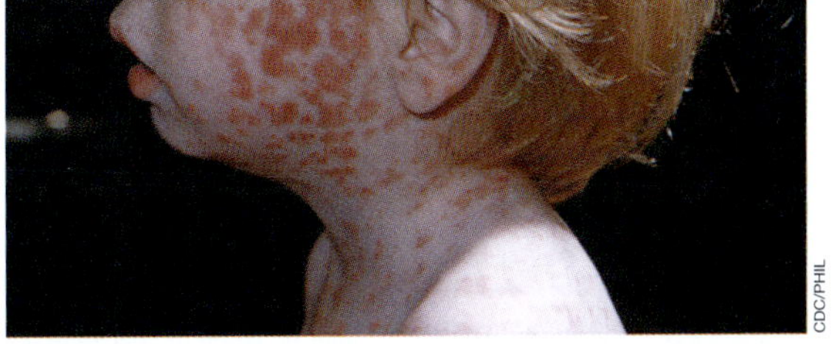


**Figura 29.21** **Rubéola.** A erupção cutânea da rubéola (sarampo alemão) na face de uma criança.

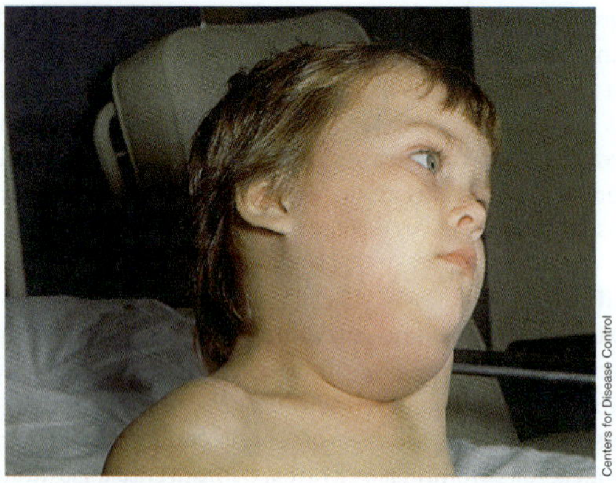


**Figura 29.22** **Caxumba.** O intumescimento glandular caracteriza a infecção pelo vírus da caxumba. Os sintomas duram normalmente uma semana e a pessoa está em estágio contagioso tanto antes quanto durante a ocorrência dos sintomas.

te sanguínea, resultando em uma erupção papular sistêmica (**Figura 29.23**) que prontamente regride, raramente deixando cicatrizes desfigurantes. Atualmente, uma vacina de vírus atenuado (Varivax) é utilizada nos Estados Unidos, mas não como largamente empregada como a vacina para sarampo, rubéola e caxumba (MMR). Como consequência, a incidência anual de catapora é de cerca de 40.000 casos por ano, mas este é apenas 25% do número de casos relatados antes de 1995, o ano em que a vacina foi licenciada pela primeira vez.

O vírus VZV promove uma infecção latente permanente nas células nervosas. O vírus pode permanecer dormente indefinidamente, mas em alguns indivíduos o vírus migra do reservatório para a superfície da pele, com frequência depois de anos ou décadas, provocando uma dolorosa erupção cutânea, denominada *herpes-zóster* (*cobreiro*). O herpes-zóster acomete com maior frequência indivíduos imunossuprimidos ou idosos, comumente causando bolhas e erupções cutâneas graves na cabeça, no pescoço e na parte superior do torso. Uma vacina razoavelmente efetiva contra herpes-zóster contém um concentrado de vírus atenuados (Zostavax) e está disponível para imunização de indivíduos com idade acima de 50 anos. A vacina estimula a imunidade mediada por anticorpos e células T citotóxicas contra o VZV, impedindo sua migração para as células da pele a partir dos gânglios neurais.

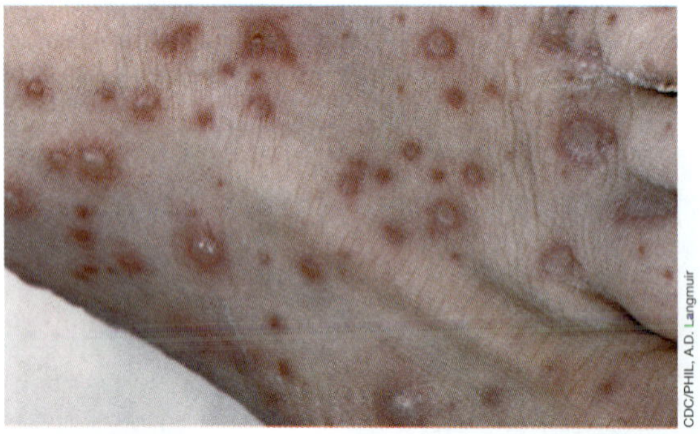


**Figura 29.23** **Catapora.** Erupção papular no pé de um paciente adulto. As pápulas estão associadas à infecção pelo vírus varicela-zóster (VZV), o herpes-vírus que causa a catapora.

**MINIQUESTIONÁRIO**

- Como os genomas dos vírus do sarampo e da rubéola se diferem?
- Descreva os problemas potenciais graves que podem decorrer de infecções pelos vírus do sarampo, da caxumba, da rubéola e pelo VZV.
- Identifique os efeitos da imunização na incidência de sarampo, caxumba, rubéola e catapora.

## 29.7 Resfriados

Os resfriados são as doenças infecciosas mais comuns. São infecções típicas do trato respiratório superior que são transmitidas por gotículas disseminadas por tosse, espirros e secreções respiratórias. Os resfriados geralmente são de curta duração, persistindo por uma semana ou menos, e os sintomas são mais moderados do que os de outras doenças respiratórias, como a gripe. A **Tabela 29.1** compara os sintomas de resfriados com os da gripe.

Os sintomas do resfriado incluem *rinite* (inflamação da região nasal, especialmente das membranas mucosas), obstrução nasal, descargas nasais aquosas, dores musculares e uma sensação geral de mal-estar, geralmente sem febre. Os rinovírus são vírus de RNA de fita simples sentido positivo, pertencente ao grupo dos picornavírus (**Figura 29.24*a***) (Seção 9.8) e são os mais comuns agentes causadores do resfriado. Até o momento, mais de 100 rinovírus diferentes foram identificados, entretanto, cerca de um quarto de todos os resfriados são devido a infecções por outros vírus incluindo, particularmente, o coronavírus (Figura 29.24*b*). Outros exemplos, como o adenovírus, o vírus de Coxsackie, o vírus sincicial respiratório (VSR) e os ortomixovírus são conjuntamente responsáveis por uma pequena porcentagem dos resfriados comuns.

A transmissão do vírus por aerossóis representa a principal forma de disseminação dos resfriados, embora experimentos com voluntários sugiram que o contato direto e contato com fômites também sejam uma importante via de transmissão, talvez até mais importante que os aerossóis. A incidência do número de casos de resfriado comum aumenta quando as pessoas estão confinadas às casas nos meses de inverno, em-

**Tabela 29.1 Resfriados e gripes**

| *Sintomas* | *Resfriado* | *Gripe* |
|---|---|---|
| Febre | Rara | Comum (39-40ºC) início repentino |
| Cefaleia | Rara | Comum |
| Mal-estar geral | Discreto | Comum; frequentemente bastante grave; pode durar várias semanas |
| Secreção nasal | Comum e abundante | Menos comum; em geral não abundante |
| Faringite | Comum | Menos comum |
| Vômito e/ou diarreia | Raro | Comum em crianças |
| Incidência[a] | 340 | 50 |

[a]Casos/100 pessoas por ano, nos Estados Unidos. Incidência de todas as outras doenças infecciosas totaliza 30 casos/100 pessoas por ano.

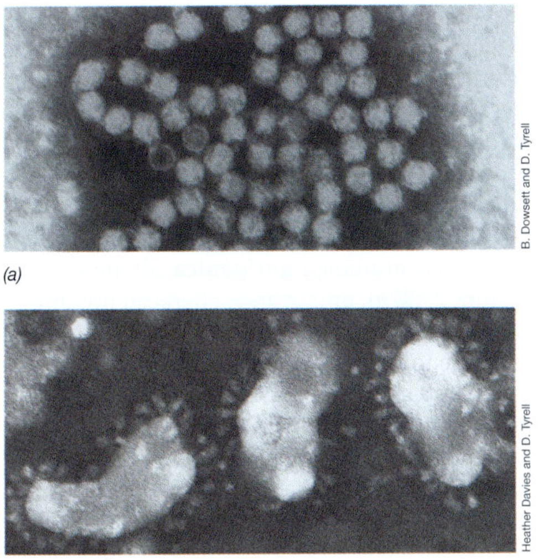


**Figura 29.24 Micrografias eletrônicas de transmissão do vírus do resfriado comum.** *(a)* Rinovírus de seres humanos. Cada vírion de rinovírus apresenta diâmetro aproximado de 30 nm. *(b)* Coronavírus de seres humanos. Cada vírion de coronavírus tem aproximadamente 60 nm de diâmetro.

bora seja possível "pegar um resfriado" em qualquer momento do ano. A maioria dos fármacos antivirais é ineficaz contra o resfriado comum, entretanto, alguns foram promissores em prevenir o início dos sintomas após exposição ao rinovírus. Além disso, novos fármacos antivirais experimentais estão sendo desenvolvidos com base nas informações derivadas de estruturas tridimensionais dos vírus. Por exemplo, um fármaco antirrinovírus que se liga ao vírus e modifica suas propriedades superficiais, de forma a bloquear sua ligação ao receptor da célula hospedeira. Todavia, até o momento, a maioria dos fármacos para resfriado no mercado simplesmente auxilia na redução da intensidade dos sintomas – como a tosse, as descargas nasais, a dor de cabeça e similares.

Uma vez que os resfriados geralmente são autolimitantes e não são doenças graves, o tratamento visa ao controle sintomático, envolvendo fármacos anti-histamínicos e descongestionantes, dirigidos especialmente contra as secreções nasais. Os vírus do resfriado também induzem uma resposta imune mediada por anticorpos, embora o número de amostras virais imunologicamente distintas para cada vírus torne com que esta imunidade derivada de prévia exposição seja inverossímil. Além disso, o resfriado comum é um evento recorrente, sendo que a gravidade dos sintomas esteja relacionada tanto com o tipo de vírus infectante quanto da saúde geral e do bem-estar do indivíduo acometido.

**MINIQUESTIONÁRIO**

- Defina a causa e os sintomas dos resfriados comuns.
- Discuta as possibilidades de tratamento e prevenção eficazes contra resfriados.

## 29.8 Gripe

A gripe é uma doença respiratória altamente infecciosa e de origem viral. O vírus da gripe, ou vírus *influenza*, contém um genoma segmentado de RNA de fita simples, de sentido negativo, envolto por um envelope composto por proteínas, uma bicamada lipídica e glicoproteínas externas (**Figura 29.25**) (Seção 9.9). Existem três tipos diferentes de vírus da gripe: *influenza* A, *influenza* B e *influenza* C. Uma vez que se trata do patógeno humano mais importante, limitaremos nossa discussão ao *influenza* A.

### Variação antigênica e mudança antigênica

Cada subtipo do vírus *influenza* A pode ser identificado por um conjunto único de glicoproteínas de superfície. Estas proteínas são a *hemaglutinina* (HA ou antígeno H) e a *neuraminidase* (NA ou antígeno N). Cada vírus tem um tipo de HA e um tipo de NA em seu capsídeo. O antígeno HA é o responsável pelo *ancoramento* do vírus *influenza* nas células hospedeiras, enquanto o antígeno NA contribui para a *liberação* do vírus da célula hospedeira; sendo que cada antígeno é composto por diversas proteínas individuais (**Figura 29.26**).

A infecção ou imunização com o vírus *influenza* resulta na produção de anticorpos que reagem com as glicoproteínas HA e NA. Quando estes anticorpos se ligam às glicoproteínas, o vírus é bloqueado em seu ancoramento ou em sua liberação e é efetivamente neutralizado, impedindo o processo de infecção. Entretanto, com o tempo, os genes virais que codificam os antígenos das glicoproteínas HA e NA sofrem mutações, gerando pequenas alterações nas sequências de aminoácidos e, consequentemente, alterações na estrutura antigênica viral. Mutações que alteram poucos ou um aminoácido podem afetar a forma como o anticorpo se liga a estes antígenos. Esta delicada variação na estrutura dos antígenos de superfície viral é o centro do fenômeno da biologia do vírus *influenza* denominado **variação antigênica*** (do inglês, *"antigenic drift"*). Como resultado destas sutis, contudo, importantes alterações, a imunidade do hospedeiro para certo subtipo viral diminui conforme este subtipo sofre mutações, e a reinfecção com esta variante mutada pode ocorrer. Este fenômeno é a explicação de por que a vacina contra gripe do ano passado

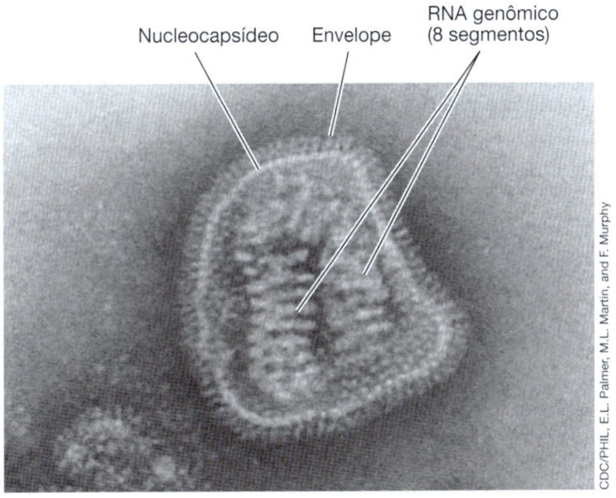


**Figura 29.25 Vírus *influenza* A.** O vírus contêm genoma composto por oito segmentos de RNA de fita simples, sentido negativo. Cada vírion apresenta diâmetro de aproximadamente 100 nm. Os fatores mais importantes do sucesso patogênico do vírus da gripe envolvem os processos de mudança antigênica ("*antigenic drift*") e variação antigênica ("*antigenic shift*") (ver Figura 29.27).

* N. de R.T. A variação antigênica também é comumente denominada **deriva genética**.

UNIDADE 6

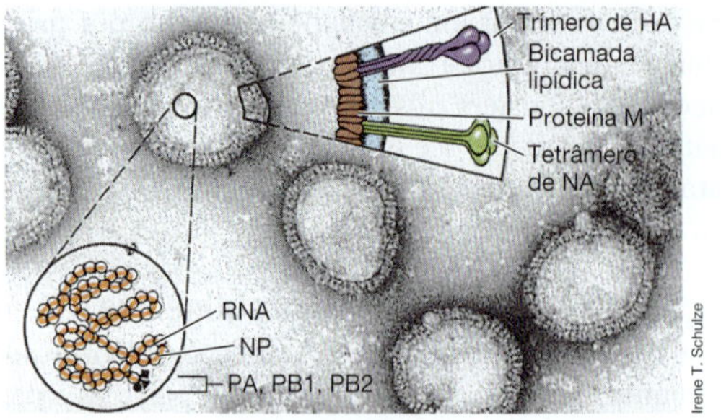


**Figura 29.26** **Estrutura do vírus *influenza*.** As proteínas de superfície mais importantes são: HA, hemaglutinina (três cópias originam a espícula HA do envoltório); NA, neuraminidase (quatro cópias originam a espícula NA do envoltório); M, proteína do envoltório; NP, nucleoproteína; PA, PB1, PB2, outras proteínas internas, algumas das quais podem apresentar funções enzimáticas.

pode funcionar fracamente contra a cepa atual e circulante do vírus (**Figura 29.27*a***).

Além da variação antigênica, existe uma segunda característica da biologia do vírus que auxilia em sua virulência. O genoma de RNA de fita simples do vírus da gripe é *segmentado*, havendo genes em cada um dos oito fragmentos distintos (⇄ Figura 9.19*b*). Durante a maturação do vírus no interior da célula hospedeira, os segmentos de RNA virais são empacotados aleatoriamente. Para ser infeccioso, o vírus precisa ser empacotado de forma a conter uma cópia de cada um dos oito genes segmentados. Ocasionalmente, entretanto, mais de uma linhagem viral pode infectar o mesmo animal ao mesmo tempo. Nesses casos, se duas linhagens infectarem a mesma célula, ambos os genomas virais serão replicados e, no momento em que ocorrer o empacotamento do genoma, os segmentos das duas variantes distintas podem se misturar. O resultado é a geração de vírus geneticamente únicos, que agora são conhecidos como *novas linhagens*. A mistura de fragmentos genômicos entre diferentes linhagens virais de *influenza* é denominada *rearranjo*.

*Rearranjos virais* únicos são o gatilho para o fenômeno conhecido como **mudança antigênica** (do inglês, *"antigenic shift"*) (Figura 29.27*b*), uma grande alteração nos antígenos de superfície, resultante da substituição total do RNA que codifica este antígeno. Esta mudança antigênica pode mudar imediata e completamente uma ou ambas as glicoproteínas virais mais importantes, HA e NA, de forma bastante significativa. Como resultado, vírus rearranjados não são reconhecidos pela resposta imune prévia a infecções pelo vírus da gripe. Estes vírus também frequentemente exibem uma ou mais propriedades raras de virulência, que ajudam a gerar sintomas clínicos estranhamente fortes e são catalisadores de *pandemias* de gripe, o que consideramos brevemente.

## Sintomas e tratamento da gripe

O vírus da gripe humana é transmitido de uma pessoa a outra pelo ar, principalmente a partir de gotículas expelidas durante a tosse e o espirro (Figura 29.1). O vírus infecta as membranas mucosas do trato respiratório superior, ocasionalmente invadindo os pulmões. Os sintomas incluem febre baixa, com duração de até uma semana, calafrios, fadiga, cefaleia e dor muscular generalizada, tosse e/ou dores de garganta e mal-estar (Tabela 29.1). A maioria das consequências graves da gripe

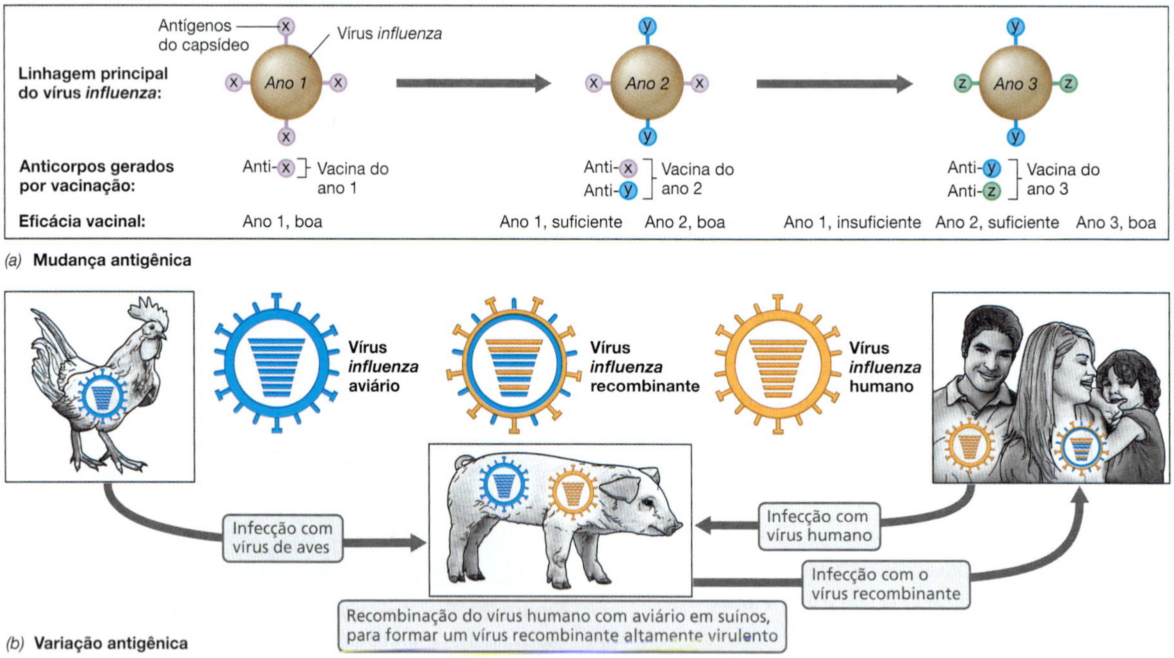


**Figura 29.27** **Processos de mudança antigênica ("*antigenic drift*") e variação antigênica ("*antigenic shift*") na biologia do vírus *influenza*.** *(a)* Mudança antigênica. Uma nova vacina é preparada a cada ano contra a linhagem viral mais circulante na população. Entretanto, a eficácia vacinal diminui com o tempo devido a antígenos de superfície imunologicamente distintos que aparecem de mutações nos genes codificadores das proteínas virais. *(b)* Variação antigênica. Linhagens do vírus originárias de aves e seres humanos também podem infectar suínos. Se o suíno for infectado ao mesmo tempo com ambos os vírus, o genoma viral pode ser misturar, formando vírus recombinantes. Se este vírus, que contém muitos antígenos únicos, infectar seres humanos, pode desencadear pandemias de gripe (ver página 853).

ocorre por infecções secundárias bacterianas em indivíduos cuja resistência encontra-se comprometida pela infecção da gripe. Por exemplo, em crianças e idosos a gripe frequentemente é acompanhada de pneumonia bacteriana (Sessão 29.2), algumas vezes de forma fatal.

A maioria dos indivíduos infectados torna-se imune ao vírus infectante, impossibilitando que uma linhagem de tipo antigênico similar cause uma infecção de ampla disseminação, até que o vírus encontre outra população suscetível. A imunidade ocorre por resposta imune mediada tanto por anticorpo quanto por células e é direcionada pelas glicoproteínas HA e NA. As epidemias de gripe podem ser controladas por imunização. O desenvolvimento de uma vacina efetiva, entretanto, é complicado pelo grande número de linhagens virais resultantes das variações e mudanças antigênicas (Figura 29.27). Através de uma cuidadosa vigilância mundial, amostras das principais variantes emergentes são obtidas a cada ano antes do início das epidemias sazonais e utilizadas para preparar a vacina anual. Na maioria dos anos, esta abordagem conferiu proteção imune adequada.

A maioria dos vírus de gripe humana responde a fármacos antivirais. Os adamantanos – *amantadina* e *rimantadina* – são aminas sintéticas que inibem a replicação viral; e o *oseltamivir* (Tamiflu) e o *zanamivir* (Relenza), inibidores do neuraminidase (Tabela 27.6), bloqueiam a liberação de vírions recém-produzidos. Estes fármacos são frequentemente utilizados no início da infecção para encurtar sua duração e diminuir sua gravidade, especialmente em pessoas imunocomprometidas ou idosos.

## Pandemias de gripe

As pandemias de gripe, como são chamadas as epidemias mundiais, ocorrem com menor frequência em comparação com os surtos e as epidemias clássicas, podendo acontecer com intervalos de 10 a 40 anos (**Tabela 29.2**). Estas pandemias são resultados das mudanças antigênicas e praticamente todas foram devido ao rearranjo entre linhagens aviárias e humanas às linhagens suínas (Figura 29.27*b*), uma vez que os suínos podem propagar ambos os vírus humanos e aviários. Isso resulta em linhagens altamente virulentas para as quais não existe imunidade preexistente em seres humanos.

A pandemia da "gripe espanhola" de 1918 foi a mais catastrófica registrada na história, provocando a morte de 20 a 50 milhões de indivíduos no mundo, incluindo 2 milhões nos Estados Unidos. A extrema virulência do vírus H1N1 de 1918 aparentemente estimulou a produção e a liberação de grandes quantidades de substâncias inflamatórias, resultando em inflamação sistêmica e sintomas mais graves do que os típicos de uma epidemia de gripe anual. A pandemia da "gripe asiática" de 1957 também foi memorável (**Figura 29.28**), iniciando na China e sendo disseminada para os Estados Unidos, de onde rapidamente se espalhou para Europa e América do Sul. Neste caso, a linhagem pandêmica era o altamente virulento H2N2, amostra diferente antigenicamente da linhagem anterior. Assim, a imunidade para esta variante era ausente, o que permitiu ao vírus disseminar rapidamente pelo mundo, matando aproximadamente 2 milhões de pessoas. Entretanto, a detecção precoce deste vírus asiáticos e os recursos mais sofisticados para produção de vacinas permitiu melhor controle desta pandemia do que a de 1918, onde vacinas efetivas não estavam disponíveis.

**Tabela 29.2 Pandemias de gripe**

| *Ano* | *Nome* | *Linhagem* |
|---|---|---|
| 1889 | Russa | H2N2 |
| 1900 | Antiga Hong Kong | H3N8 |
| 1918 | Espanhola | H1N1 |
| 1957 | Asiática | H2N2 |
| 1968 | Hong Kong | H3N2 |
| 2009 | Suína | H1N1 |

O vírus *influenza* A H1N1 pandêmico de 2009, nomeado "gripe suína", disseminou ainda mais rápido em 2009 do que a gripe asiática de 1957, iniciando no México e espalhando rapidamente para os Estados Unidos, Europa e Américas Central e do Sul. O H1N1 foi um caso clássico de rearranjo genômico em suínos (Figura 29.27*b*), e, de um reservatório suíno, um vírus altamente virulento emergiu para infectar seres humanos. Embora o H1N1 tenha se disseminado rapidamente, a taxa de mortalidade total foi estimada em 0,1 a 0,2%, o que é apenas um pouco mais alta que a mortalidade da gripe sazonal e foi muito mais baixa do que a da pandemia de H1N1 de gripe espanhola.

Uma linhagem de *influenza* A H5N1, também denominada gripe aviária, surgiu em Hong Kong em 1997, sendo diretamente transferida da ave hospedeira aos seres humanos, sem uma etapa anterior de rearranjo. A linhagem H5N1 já foi detectada em aves na Ásia, Europa, Oriente Médio e África do Norte. Aparentemente, a efetiva transmissão interpessoal de H5N1 ocorre apenas após contato próximo prolongado e, por isso, esta linhagem ainda não desencadeou uma pandemia. No entanto, se este vírus infectar suínos e produzir um vírus



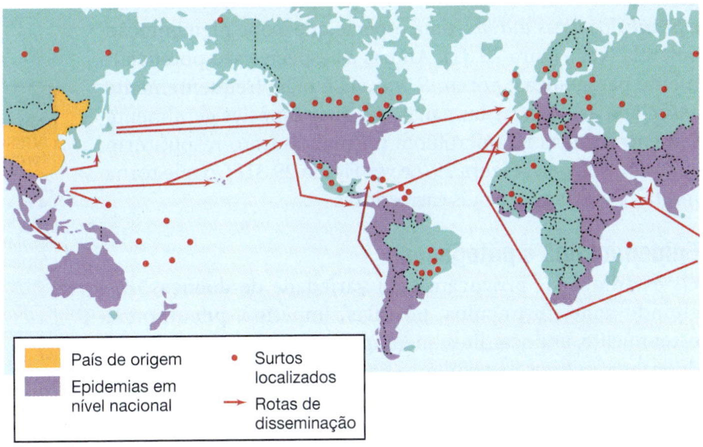


**Figura 29.28 Uma pandemia de gripe.** Mapa da disseminação da pandemia de gripe asiática de 1957. As evidências sugerem que as atividades agrícolas envolvendo aves domésticas e suínos, assim como as interações de seres humanos com estes animais, permitiram o rearranjo dos genomas dos vírus da gripe a partir de três espécies hospedeiras, originando uma nova linhagem contra a qual não havia memória imune em seres humanos.

recombinante facilmente transmissível que, posteriormente, poderá infectar seres humanos (Figura 29.27*b*), este tipo de vírus poderia iniciar uma nova pandemia de gripe. Organizações de saúde em todo o mundo reconheceram este potencial e desenvolveram planos para prover vacinas apropriadas e suporte para potenciais pandemias iniciadas por este ou outro vírus emergente (ver a página de abertura deste capítulo).

**MINIQUESTIONÁRIO**

- Faça a diferenciação entre a variação antigênica e mudança antigênica, em relação à gripe.
- Discuta as possibilidades de programas efetivos de imunização contra a gripe, comparando-os com as possibilidades de imunização contra os resfriados.

# III • Doenças transmissíveis por contato direto

Alguns patógenos são transmitidos principalmente por meio do contato direto com um indivíduo infectado ou a partir do contato com o sangue ou produtos de excreção da pessoa infectada. Muitas das doenças respiratórias que discutimos anteriormente também podem ser disseminadas por meio do contato direto, mas aqui consideramos as doenças transmissíveis principalmente por contato direto com indivíduos infectados em vez da via respiratória. Isso inclui as infecções estafilocóccicas, as úlceras e alguns tipos de hepatite.

## 29.9 Infecções por *Staphylococcus aureus*

O gênero *Staphylococcus* compreende patógenos do homem e outros animais. Os estafilococos geralmente infectam a pele e ferimentos e podem causar pneumonia. A maioria das infecções estafilocóccicas é decorrente da transferência de estafilococos presentes na microbiota normal de um indivíduo infectado, porém assintomático, a um indivíduo suscetível. Outras infecções resultam de toxemia após ingestão de comidas contaminadas ("envenenamento alimentar por estafilococos", Seção 31.8).

Os estafilococos são cocos gram-positivos, não esporulados, com diâmetro aproximado de 0,5 a 1,5 μm. Eles se dividem em diferentes planos, formando massas irregulares (**Figura 29.29**). Eles são resistentes ao dessecamento e tolerantes a altas concentrações de sal (até 10% NaCl) quando crescem em meios de cultura. Os estafilococos são facilmente disseminados pelas partículas de poeira presentes no ar e nas superfícies. Duas espécies apresentam importância para o homem: *Staphylococcus epidermidis*, uma espécie não pigmentada, geralmente encontrada na pele ou nas membranas mucosas, e *Staphylococcus aureus*, uma espécie que exibe pigmentação amarela (ver Figura 29.31). Ambas as espécies são potencialmente patogênicas, porém *S. aureus* é mais frequentemente associado às doenças humanas. As duas espécies geralmente são encontradas na microbiota normal do trato respiratório superior e da pele (Figura 29.2 e ver Figura 29.31*b*), o que torna muitas pessoas potenciais carreadores.

### Epidemiologia e patogênese

Os estafilococos provocam uma variedade de doenças, incluindo acne, furúnculos, pústulas, impetigo, pneumonia, osteomielite, endocardites, meningite e artrite. Muitas dessas doenças resultam na produção de pus, sendo, por isso, referidas como *piogênicas* (formadoras de pus) (**Figura 29.30*a***). As linhagens de *S. aureus* que provocam doenças em seres humanos com maior frequência produzem fatores de virulência (Tabela 23.5). Pelo menos quatro *hemolisinas* (proteínas que lisam hemácias, ver Figura 29.8) diferentes foram reconhecidas e, frequentemente, uma única linhagem é capaz de produzir várias. Outro fator-chave de virulência produzido por *S. aureus* é a *coagulase*, uma enzima que converte fibrina em fibrinogênio, formando um coágulo localizado. A formação de coágulos induzida pela coagulase resulta no acúmulo de fibrina ao redor das células bacterianas, dificultando o acesso das células de defesa do sistema imune às bactérias, impedindo sua fagocitose. A maioria das linhagens de *S. aureus* também produz *leucocidina*, uma proteína que provoca a destruição dos leucócitos. A produção de leucocidina em lesões de pele, como furúnculos e pústulas, promove uma considerável destruição das células hospedeiras, sendo um dos fatores responsáveis pela formação de pus (Figura 29.30). Algumas linhagens de *S. aureus* também produzem outras proteínas associadas à virulência, incluindo *hialuronidase*, *fibrinolisina*, *lipase*, *ribonuclease* (RNAse) e *desoxirribonuclease* (DNAse).

Certas linhagens de *S. aureus* foram implicadas como os agentes responsáveis pela **síndrome do choque tóxico**

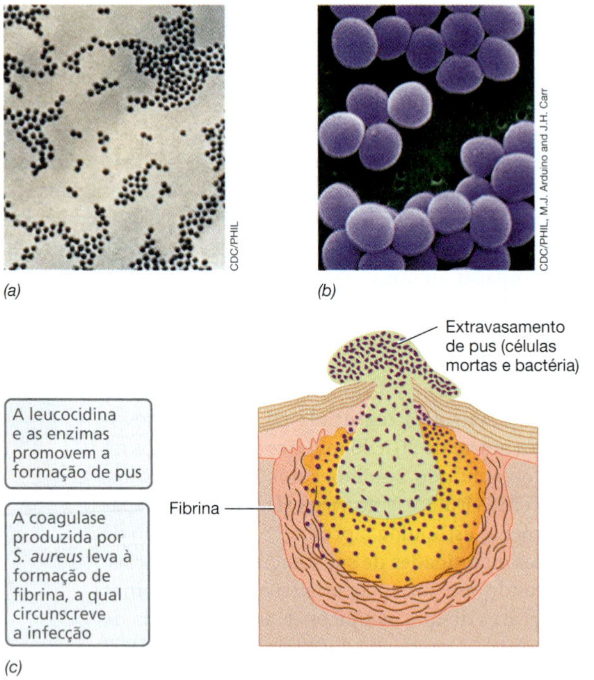


**Figura 29.29** ***Staphylococcus aureus* e suas infecções.** As células dividem-se em vários planos, dando a aparência de um aglomerado de uvas. *(a)* Coloração de Gram; um coco individual com cerca de 1 μm de diâmetro. *(b)* Microscopia eletrônica de varredura de uma célula. *(c)* A estrutura de um furúnculo. Os estafilococos iniciam uma infecção localizada na pele, sendo cercados por sangue coagulado e fibrina, como resultado da ação da coagulase, um importante fator de virulência da bactéria. A ruptura do furúnculo libera pus, que é constituído por células mortas e bactéria. Ver também Figura 29.30.

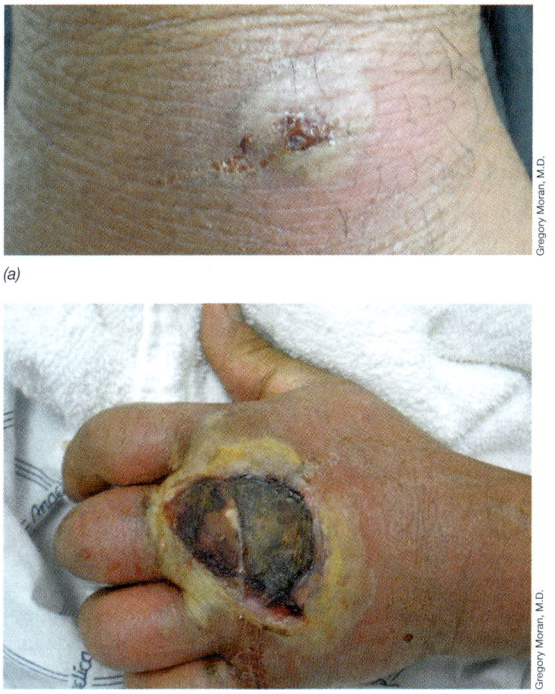


(a)

(b)

**Figura 29.30** **Feridas estafilocócicas com formação de pus.** *(a)* Ferida típica com formação de pus em uma mão. O pus encontra-se logo abaixo da camada epidérmica. *(b)* Abscesso em uma mão, causado por uma linhagem meticilina-resistente (MRSA). Se o tratamento não for procurado, ou se a penicilina não for administrada primeiro, as infecções por MRSA podem causar destruição extensa do tecido, como mostrado aqui.

(**TSS**, *toxic shock syndrome*), um grave quadro decorrente de uma infecção estafilocóccica, caracterizado por febre alta, erupções, vômitos, diarreia e, ocasionalmente, morte. O choque tóxico foi inicialmente identificado em mulheres em período de menstruação, tendo sido associado ao uso de absorventes higiênicos internos. Entretanto, atualmente a síndrome do choque tóxico é observada tanto em homens quanto em mulheres, sendo geralmente iniciada por infecções estafilocóccicas pós-cirúrgicas. Os sintomas da TSS resultam da ação de uma exotoxina denominada *toxina da síndrome do choque tóxico 1* (TSST-1). A TSST-1 é uma toxina muito potente e corresponde a um superantígeno (⇄ Seção 24.9) liberado pelos estafilococos durante o crescimento, que provoca um intenso recrutamento de células T para o local da infecção. Esta reação culmina em uma importante resposta inflamatória, que é fatal em 70% dos casos. Uma doença similar à TSS pode também ser causada por superantígenos produzidos por outras bactérias patogênicas, incluindo *Streptococcus pyogenes* (Seção 29.2).

## Diagnóstico e tratamento

Para diagnosticar uma infecção de *S. aureus* por cultura laboratorial, a espécime, geralmente obtida de uma ferida purulenta (Figura 29.30*a*), é cultivada em um meio seletivo e diferencial contendo 7,5% de NaCl, manitol e vermelho de fenol - um indicador de pH (ágar hipertônico manitol, **Figura 29.31**). O sal inibe o crescimento de bactérias não halofílicas enquanto permite o crescimento dos estafilococos. Além disso, como o *S. aureus* fermenta manitol, há uma mudança de coloração do meio de vermelho para amarelo por causa de sua acidificação. Entretanto, outros estafilococos, como o *S. epidermidis*, não fermentam manitol (Figura 29.31).

Em grandes laboratórios clínicos, a reação em cadeia da polimerase (PCR) é utilizada para amplificar genes únicos de *S. aureus* de DNA isolados de amostras clínicas, o que acelera o diagnóstico da doença considerando que resultados de culturas laboratoriais demandam 24 horas de espera. Para identificação de linhagens de *S. aureus* resistentes à meticilina (MRSA, do inglês *methicillin-resistant S. aureus*) está disponível um meio seletivo e diferencial especial, assim como um protocolo de PCR para identificação de *mecA*, um gene que codifica a resistência a meticilina em linhagens MRSA.

Historicamente, infecções por *S. aureus* foram tratadas com diversos antibióticos, como penicilina e cefalosporina. Entretanto, o uso extensivo destes antibióticos por muitos anos resultou em uma seleção de linhagens resistentes que agora predominam, especialmente em ambientes clínicos. Pacientes cirúrgicos, por exemplo, podem adquirir estafilococos de profissionais hospitalares que são portadores assintomáticos de linhagens resistentes a fármacos. Por esse motivo, o tratamento de infecções por *S. aureus* com fármacos antimicrobianos apropriados consiste em um dos principais problemas em ambientes hospitalares. O antibiótico clindamicina e diversos fármacos associados à tetraciclina são atualmente utilizados para tratar infecções por MRSA.

Infecções por MRSA (Figura 29.30*b*) estão se tornando cada vez mais comuns. Mais de 100.000 casos de infecção por *S. aureus* resistentes à meticilina são relatados anualmente, embora seja provável que o número real de infecções seja 10 vezes maior que esse valor. Muitos desses casos são de MRSA adquiridos em ambientes hospitalares (infecções nosocomiais), mas muitas não são. De acordo com o alto potencial de gravidade das infecções por MRSA, é de suma importância a rápida identificação dos espécimes clínicos infectantes, para que o tratamento efetivo tenha início o mais breve possível. O tratamento tardio de uma infecção por MRSA, devido à hesitação em procurar tratamento ou à terapia com um antibiótico ineficaz, pode levar a importantes lesões teciduais (Figura 29.30*b*).

A prevenção de infecções estafilocóccicas é praticamente impossível, uma vez que muitos indivíduos são portadores assintomáticos, tanto na pele quanto no trato respiratório superior (Figura 29.31*b*). Entretanto, em ambientes hospitalares,

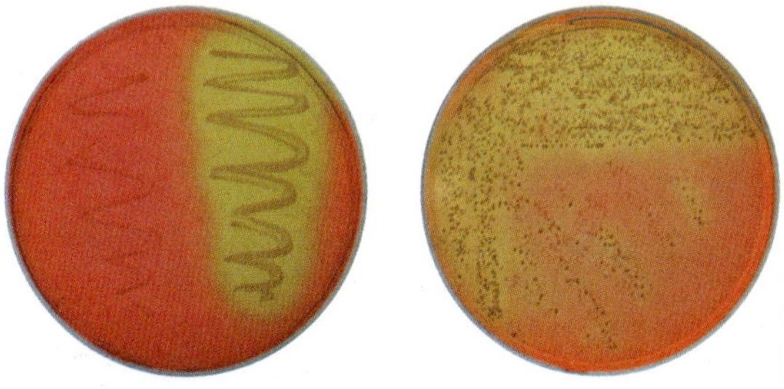


(a) (b)

**Figura 29.31** **Ágar hipertônico manitol para isolamento de estafilococos.** *(a)* Ágar hipertônico manitol é tanto seletivo quanto diferencial para estafilococos. A presença de 7,5% de NaCl torna o meio seletivo e o vermelho de fenol o torna diferencial. Esquerda, *Staphylococcus epidermidis*; direita, *Staphylococcus aureus*. *(b)* Um *swab* nasal de um adulto sustenta a observação do que a maioria das pessoas é portadora de *S. aureus*.

como alas cirúrgicas e berçários, a identificação e tratamento ou isolamento dos indivíduos identificados como portadores têm auxiliado a limitar a transmissão destas linhagens mais agressivas. Assim como para outras doenças transmissíveis por contato direto, a transmissão de MRSA pode ser grandemente diminuída através da instituição de boas práticas de higiene básica, evitando o contato com itens pessoais (incluindo roupas e toalhas) de terceiros e mantendo as feridas cobertas.

**MINIQUESTIONÁRIO**

- Qual o hábitat normal de *Staphylococcus aureus*? De que forma ocorre a disseminação interpessoal de *S. aureus*?
- O que é MRSA e por que isso é um problema de saúde?

## 29.10 *Helicobacter pylori* e as úlceras gástricas

*Helicobacter pylori* é uma bactéria gram-negativa, altamente móvel, de morfologia helicoidal (**Figura 29.32**), associada a gastrites, úlceras e câncer gástrico. Esse organismo coloniza a mucosa estomacal não secretora de ácidos e o trato intestinal superior. Até 80% de pacientes com úlcera gástrica têm infecções concomitantes de *H. pylori*, e até 50% de adultos assintomáticos em países em desenvolvimento são cronicamente infectados. Apesar de não serem conhecidos quaisquer reservatórios de *H. pylori*, com exceção dos seres humanos, a infecção ocorre com alta incidência em determinadas famílias, sugerindo uma via de transmissão inter-hospedeiros. No entanto, as infecções por *H. pylori* algumas vezes também ocorrem como epidemias localizadas, sugerindo a participação de uma fonte comum, como alimentos ou a água.

A bactéria é pouco invasiva, colonizando as superfícies da mucosa gástrica, onde é protegida dos efeitos dos ácidos estomacais pela camada de muco gástrico. Após a colonização da mucosa, uma combinação dos fatores de virulência e das respostas do hospedeiro provoca inflamação, destruição tecidual e ulceração. Os produtos do patógeno, como a citotoxina VacA, urease e a resposta imune desencadeada por lipopolissacarídeos da bactéria, podem contribuir para a destruição tecidual localizada e ulceração. Os indivíduos acometidos por *H. pylori* tendem a apresentar infecções crônicas, exceto quando tratados com antibióticos. O tratamento é tanto simples quanto importante, porque uma gastrite crônica decorrente de infecção não tratada por *H. pylori* pode levar ao desenvolvimento de câncer gástrico.

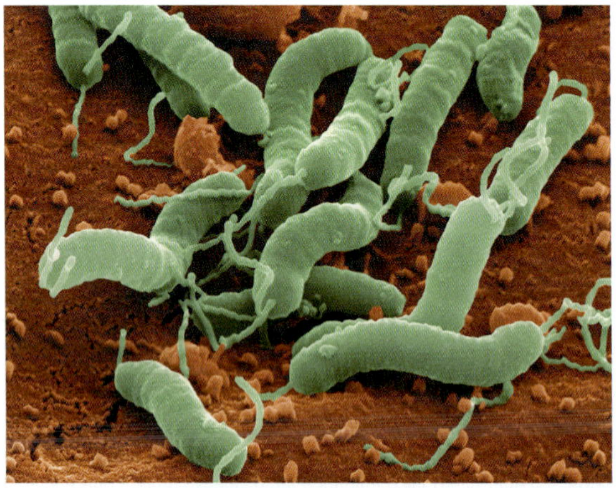

**Figura 29.32** ***Helicobacter pylori.*** Micrografia eletrônica de varredura colorida de células aderidas ao revestimento mucoso do estômago. As células variam em comprimento de 3 a 5 μm de comprimento e têm cerca de 0,5 μm de diâmetro. Observe os flagelos.

Os sinais clínicos de infecção por *H. pylori* incluem eructação e dor estomacal (epigástrica). O diagnóstico definitivo envolve a recuperação e cultura ou a observação de *H. pylori* a partir da biópsia de uma úlcera gástrica. Um teste diagnóstico simples para a enzima urease é utilizado como diagnóstico não invasivo. Nesse teste, o paciente ingere ureia marcada com $^{13}$C- ou $^{14}$C- ($H_2N–CO–NH_2$). Havendo a presença de urease, a ureia será hidrolisada em $CO_2$ e amônia. A presença de $CO_2$ marcado no ar exalado pelo paciente é altamente sugestiva de uma infecção por *H. pylori*.

As melhores evidências indicando uma associação entre *H. pylori* e as úlceras gástricas são decorrentes do tratamento da doença com antibióticos. A maioria dos pacientes apresenta recorrências no intervalo de um ano após o tratamento de longa duração de úlceras à base de preparados antiácidos. No entanto, tratando-se a causa em vez do efeito da doença, realmente é possível obter a cura. O tratamento de infecções por *H. pylori* geralmente consiste em uma combinação de fármacos, incluindo o composto antibacteriano metronidazol, um antibiótico, como tetraciclina ou amoxicilina, e um preparado antiácido contendo bismuto. Esse tratamento combinado, administrado durante 14 dias, elimina a infecção por *H. pylori*, levando a uma cura duradoura.

Por suas contribuições no descobrimento da associação entre *H. pylori* e as úlceras pépticas e duodenais, os cientistas australianos Robin Warren e Barry Marshal foram agraciados com o Prêmio Nobel de Fisiologia ou Medicina, em 2005.

**MINIQUESTIONÁRIO**

- Descreva a infecção por *H. pylori* e o consequente desenvolvimento de uma úlcera.
- Como as úlceras gástricas podem ser diagnosticadas? E como elas podem ser curadas?

## 29.11 Os vírus da hepatite

A **hepatite** é uma inflamação do fígado, normalmente causada por um agente infeccioso. Algumas vezes, a hepatite resulta em uma doença aguda, seguida da destruição de células e alteração da anatomia funcional do fígado, uma condição conhecida como **cirrose**. A hepatite decorrente de uma infecção pode provocar doenças crônicas ou agudas, enquanto algumas formas podem levar ao câncer hepático.

Embora diversos vírus e algumas poucas bactérias possam causar hepatite, um grupo restrito de vírus está frequentemente associado às doenças hepáticas. Os vírus da hepatite são um grupo diverso, em que nenhum está relacionado filogeneticamente, porém todos infectam células hepáticas (**Tabela 29.3**). Os vírus da hepatite A e E, embora ocasionalmente sejam transmitidos por contato, são mais comumente transmitidos por alimentos (vírus da hepatite A) ou água (vírus da hepatite E). Discutiremos o vírus da hepatite A no Capítulo 31. Aqui, focaremos no vírus da hepatite transmitidos por contato direto.

A incidência da hepatite tipos A e B, as formas mais comuns, diminuiu significativamente nos últimos 20 anos por cau-

**Tabela 29.3 Vírus da hepatite**

| *Doença* | *Vírus e genoma* | *Vacina* | *Doença clínica* | *Via de transmissão* |
|---|---|---|---|---|
| Hepatite A | *Hepatovirus* (HAV) RNAfs | Sim | Aguda | Entérica (alimentos) |
| Hepatite B | *Orthohepadnavirus* (HBV) DNAdf | Sim | Aguda, crônica, oncogênica | Parenteral, sexual |
| Hepatite C | *Hepacivirus* (HCV) RNAfs | Não | Crônica, oncogênica | Parenteral |
| Hepatite D | *Deltavirus* (HDV) RNAfs | Não | Fulminante, somente quando associado ao HBV | Parenteral |
| Hepatite E | Família Calciviridae (HEV) RNAfs | Não | Doença fulminante em mulheres gestantes | Entérica (água) |

sa de vacinas efetivas (**Figura 29.33**) e do aumento da vigilância. Comparativamente às infecções por hepatite A e B, as infecções por hepatite C têm uma incidência mais baixa (Figura 29.33).

## Epidemiologia

A infecção causada pelo *vírus da hepatite B* (HBV) é frequentemente denominada *hepatite sérica*, porque é transmissível por sangue ou fluidos corporais em contato com sangue. O HBV é um hepadnavírus, um vírus de DNA parcialmente de dupla-fita (Seção 9.11). A partícula viral madura, contendo o genoma viral, é denominada *partícula de Dane* (**Figura 29.34**). O HBV provoca uma doença aguda e frequentemente grave, a qual pode levar, em casos extremos, à falência hepática e morte. A infecção crônica por HBV pode provocar cirrose e câncer hepático.

O HBV é geralmente transmitido por *via parenteral* (fora do intestino), como em transfusões de sangue, pelo uso compartilhado de agulhas hipodérmicas contaminadas por sangue infectado, ou da mãe para o filho durante o parto. O HBV pode também ser transmitido por meio da troca de fluidos corporais, como nas relações sexuais. O número de novas infecções por HBV tem se mantido baixo e mais ou menos constante desde o ano 2000 (Figura 29.33). No entanto, mais de 100.000 indivíduos em todo o mundo, e aproximadamente 5.000 indivíduos nos Estados Unidos, morrem anualmente em decorrência de complicações, como câncer e falha hepática, originadas pela infecção crônica por HBV.

O *vírus da hepatite D* (HDV) é um *vírus defectivo* (Seção 10.7), desprovido dos genes que codificam seu próprio envoltório proteico. O HDV é também transmitido por via parenteral, contudo, por tratar-se de um vírus defectivo, não é capaz de replicar-se e de formar um vírion intacto, exceto nos casos em que a célula também se encontra infectada pelo HBV. O genoma do HDV replica-se de forma independente, mas utiliza o HBV para produzir proteínas do capsídeo e formar vírions infecciosos. Assim, as infecções por HDV estão sempre associadas às infecções por HBV.

O *vírus da hepatite C* (HCV) também é transmitido por via parenteral. Em geral, o HCV provoca inicialmente uma doença branda ou mesmo assintomática, porém cerca de 85% dos indivíduos desenvolvem hepatite crônica que, em até 20% dos casos, leva a quadros de doenças hepáticas crônicas e cirrose. A infecção crônica é responsável pelo desenvolvimento do hepatocarcinoma (câncer hepático) em 3 a 5% dos indivíduos infectados. O período de latência para o desenvolvimento do câncer pode ser de várias décadas após a infecção primária. Os novos casos de infecções por HCV registrados nos Estados Unidos (Figura 29.33) correspondem a somente uma fração das aproximadamente 25.000 novas infecções anuais estimadas. Um grande número de mortes relacionadas com o HCV ocorre anualmente, e são decorrentes de infecções crônicas por HCV que evoluíram para câncer hepático. Atualmente, a doença induzida por HCV é a doença hepática mais comum observada em clínicas nos Estados Unidos, sendo responsável por aproximadamente 10.000 das 25.000 mortes anuais decorrentes de câncer hepático, outras doenças hepáticas crônicas e cirrose.*

## Outros aspectos das síndromes hepáticas

A hepatite é uma doença aguda do fígado, um órgão vital que tem papel-chave em vários processos metabólicos, incluindo sínteses de carboidratos, lipídeos e proteínas, assim como desintoxicação e muitas outras funções. Os sintomas de hepatite incluem febre, icterícia (coloração amarelada da pele e de es-

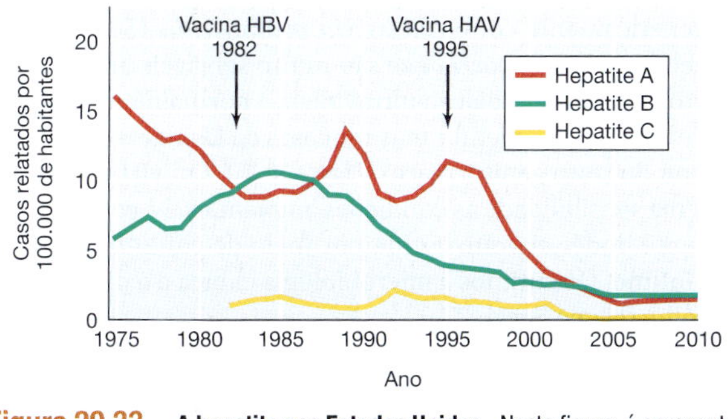


**Figura 29.33 A hepatite nos Estados Unidos.** Nesta figura, é apresentada a incidência da hepatite por agentes virais. Em 2010, foram relatados 1.670 casos de hepatite A, 3.350 casos de hepatite B e 850 casos de hepatite C. Dados fornecidos pelo Centers for Disease Control and Prevention, Atlanta, GA, EUA.

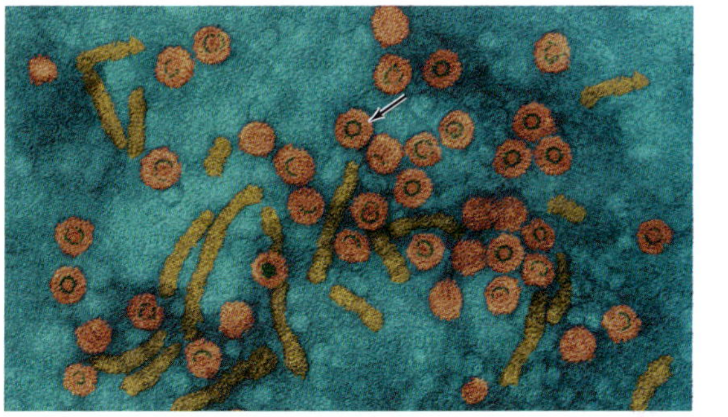

**Figura 29.34 Vírus da hepatite B (HBV).** A seta indica uma partícula completa do HBV, denominada 'partícula de Dane'. Esta partícula apresenta diâmetro de aproximadamente 40 nm.

* N. de R. T. No Brasil, a hepatite induzida pelo vírus da hepatite A é a causa mais frequente de doença hepática infecciosa, seguida pelas infecções causadas pelos vírus da hepatite B e C, respectivamente.

UNIDADE 6

clerótica), hepatomegalia (aumento do fígado) e cirrose (destruição da arquitetura normal do fígado, incluindo fibrose). Todos os vírus da hepatite provocam doenças clínicas agudas similares, não sendo possível sua rápida diferenciação apenas com base nos achados clínicos. As hepatites crônicas, geralmente causadas por HBV ou HCV, frequentemente são assintomáticas ou produzem sintomas muitos brandos, podendo, contudo, causar doenças hepáticas graves, mesmo na ausência de hepatocarcinoma.

O diagnóstico da hepatite é baseado principalmente em achados clínicos e testes laboratoriais que detectam disfunções hepáticas, especialmente através de alterações de enzimas importantes. A cirrose é diagnosticada pelo exame visual de biópsias de tecido hepático. Testes moleculares vírus-específicos são comumente utilizados para confirmar o diagnóstico, identificar o agente infeccioso e definir um protocolo de tratamento. O isolamento e cultura dos vírus da hepatite não são geralmente realizados.

Muitas das ferramentas diagnósticas moleculares e imunológicas discutidas no Capítulo 27 são utilizadas para o diagnóstico de hepatite. Elas incluem imunoensaios enzimáticos que identificam proteínas virais específicas ou anticorpos antivírus em amostras de sangue, *imunoblots* (*Western blots*) e métodos de imunofluorescência (microscopia). O genoma viral pode ser detectado por PCR em amostras de sangue ou tecido hepático obtido em biópsias.

As infecções por HAV ou HBV podem ser evitadas por meio de vacinas eficazes. A vacinação contra o HBV é recomendada, sendo, em muitos casos, exigida para crianças em idade escolar nos Estados Unidos.* Não existem vacinas eficazes contra os demais vírus da hepatite. Para pessoas não vacinadas, a prática das *precauções universais* irá prevenir a infecção. As precauções determinam uma vigilância de alto nível e procedimentos assépticos ao se lidar com pacientes, fluidos corporais e materiais de descarte infectados (Seção 27.1). O tratamento da hepatite tem, em grande parte, um caráter acessório, sendo necessários o repouso e um período de tempo para o sistema imune atacar a infecção e para permitir a cura dos danos hepáticos. Em certos casos, principalmente nas infecções por HBV, alguns fármacos antivirais estão disponíveis e oferecem um tratamento eficaz.

**MINIQUESTIONÁRIO**

- Qual é o órgão do hospedeiro que os vírus da hepatite atacam? Como os vírus da hepatite A, B e C são transmitidos?
- Descreva os métodos potenciais de prevenção e tratamento para os vírus da hepatite A, B e C.

# IV • Doenças sexualmente transmissíveis

As **infecções sexualmente transmssíveis**, ou **ISTs**, também denominadas *doenças sexualmente transmssíveis* (*DSTs*) ou *doenças venéreas*, são causadas por uma ampla variedade de bactérias, vírus, protistas e até mesmo fungos (**Tabela 29.4**). Em contrapartida aos patógenos respiratórios, que são constantemente liberados em grandes números por um indivíduo infectado, os patógenos sexualmente transmitidos são geralmente encontrados apenas nos fluidos corporais do trato geniturinário (e sangue, no caso do HIV), que são trocados durante o ato sexual. Isso ocorre porque esses patógenos são muito sensíveis ao dessecamento e a outras condições ambientais, como o calor e a luz. O hábitat desses organismos, o trato geniturinário de seres humanos, é um ambiente protegido e úmido. Assim, esses patógenos colonizam preferencialmente, e algumas vezes exclusivamente, o trato geniturinário.

Pelo fato de a transmissão das DSTs restringir-se ao contato físico íntimo, geralmente durante a relação sexual, a disseminação pode ser controlada por meio da abstinência sexual ou pelo uso de barreiras físicas, como os preservativos, que impedem a troca de fluidos corporais durante atividade sexual. Com exceção do HIV/Aids a maioria das DSTs é curável e pode desencadear apenas sintomas leves. Esta realidade, combinada com o fato de que a maioria dos infectados se mostra relutante em procurar tratamento, torna o tratamento das DSTs um desafio de saúde pública. Entretanto, atrasar ou renunciar o tratamento de uma DST apenas irá manter as linhas de transmissão e pode levar a problemas de saúde futuros, como infertilidade, câncer, doenças coronárias, doenças neuronais degenerativas, defeitos de nascimento, natimortos, ou destruição do sistema imune, qualquer um dos quais pode resultar em morte.

## 29.12 Gonorreia e sífilis

A *gonorreia* e a *sífilis* são DSTs antigas, mas em virtude das diferenças em seus sintomas, o padrão geral das duas doenças é significativamente diferente ente elas. Nos Estados Unidos, os casos de gonorreia atingiram um pico após a introdução das pílulas anticoncepcionais no mercado, em meados da década de 1960, sendo a gonorreia muito prevalente ainda hoje. Por outro lado, a sífilis atualmente apresenta uma incidência muito menor (**Figura 29.35**). Essa situação se deve, em parte, ao fato de a sífilis exibir sintomas muito óbvios em seu estágio primário, com os indivíduos infectados geralmente buscando imediatamente o tratamento.

### Gonorreia

A *Neisseria gonorrhoeae*, frequentemente denominada gonococo, provoca a gonorreia. A *N. gonorrhoeae* é um diplococo gram-negativo, aeróbio obrigatório, relacionado bioquímica e filogeneticamente com a *Neisseria meningitidis* (Seção 29.5). As células de *N. gonorrhoeae* são muito sensíveis ao dessecamento, luz solar e radiação ultravioleta e normalmente não sobrevivem fora das membranas mucosas da faringe, conjuntiva, reto ou do trato geniturinário (**Figura 29.36**). Em virtude de sua extrema sensibilidade às condições ambientais, *N. gonorrhoeae* somente pode ser transmitida por meio de contato interpessoal íntimo. Discutimos a microbiologia clínica e o diagnóstico da gonorreia na Seção 27.3.

* N. de R. T. No Brasil, a vacina contra o HBV faz parte do Programa Nacional de Imunizações (PNI), sendo aplicada na criança ao nascer. A partir da adolescência a vacina pode ser reaplicada, em três doses, a depender da situação vacinal anterior. A vacina contra hepatite causada pelo HAV também faz parte do PNI, e é aplicada em dose única aos 12 meses de idade.

**Tabela 29.4 Doenças sexualmente transmissíveis e guia de tratamento**

| *Doença* | *Organismo(s) causador(es)*[a] | *Tratamento recomendado*[b] |
|---|---|---|
| Gonorreia | *Neisseria gonorrhoeae* (B) | Cefixima ou ceftriaxona, e azitromicina ou doxiciclina |
| Sífilis | *Treponema pallidum* (B) | Penicilina G benzatina |
| Infecções por *Chlamydia trachomatis* | *Chlamydia trachomatis* (B) | Doxiciclina ou azitromicina |
| Uretrite não gonocóccica | *C. trachomatis* (B) ou *Ureaplasma urealyticum* (B) ou *Mycoplasma genitalium* (B) ou *Trichomonas vaginalis* (P) | Azitromicina ou doxiciclina (Metronidazol para infecções por *T. vaginalis*) |
| Linfogranuloma venéreo | *C. trachomatis* (B) | Doxiciclina |
| Cancroide | *Haemophilus ducreyi* (B) | Azitromicina |
| Herpes genital | *Herpes simplex* 2 (V) | Sem cura conhecida; os sintomas podem ser controlados por vários fármacos antivirais |
| Verrugas genitais | Papilomavírus humano (HPV) (certas linhagens) | Sem cura conhecida; as verrugas sintomáticas podem ser removidas cirurgicamente, quimicamente ou por crioterapia |
| Tricomoníase | *Trichomonas vaginalis* (P) | Metronidazol |
| Síndrome da imunodeficiência adquirida (Aids) | Vírus da imunodeficiência humana (HIV) | Sem cura conhecida; diversos fármacos antivirais podem retardar a progressão da doença |
| Doença pélvica inflamatória | *N. gonorrhoeae* (B) ou *C. trachomatis* (B) | Cefotetan e doxiciclina |
| Candidíase vulvovaginal | *Candida albicans* (F) | Butoconazol |

[a]B, bactéria; V, vírus; P, protista; F, fungo.
[b]Recomendações do Departamento de Saúde e Serviços Humanos, Serviço de Saúde Pública, EUA. Existem várias alternativas possíveis para muitos protocolos de tratamento.

Os sintomas da gonorreia são bastante distintos no homem e na mulher. Em mulheres, ela pode ser assintomática ou causar uma vaginite branda, sendo difícil sua diferenciação de infecções vaginais causadas por outros organismos e, por esse motivo, a infecção pode facilmente passar despercebida. As complicações da gonorreia não tratada em mulheres, contudo, podem levar a uma condição conhecida como *doença pélvica inflamatória* (*DPI*). A DPI é uma doença inflamatória crônica que pode levar a complicações a longo prazo, como a esterilidade. Em homens, o organismo provoca uma infecção dolorosa do canal uretral. As complicações decorrentes da gonorreia não tratada, tanto em homens quanto em mulheres, incluem danos às válvulas cardíacas e aos tecidos articulares devido à deposição de complexos imunes nestas áreas. Além da doença em adultos, *N. gonorrhoeae* também provoca infecções oculares em recém-nascidos. Crianças nascidas de mães infectadas podem ser acometidas por infecções oculares durante o parto. Por esse motivo, geralmente é indicado o tratamento ocular profilático de todos os recém-nascidos, por meio da aplicação de uma pomada contendo eritromicina, para evitar a infecção gonocóccica em crianças.

O tratamento da gonorreia com penicilina foi o método de escolha até a década de 1980, quando linhagens de *N. gonorrhoeae* resistentes à penicilina surgiram. As quinolonas ciprofloxacino, oflaxacino ou levofloxacino também foram utilizadas; porém, por volta de 2006, uma fração importante das linhagens de *N. gonorrhoeae* isoladas nos Estados Unidos havia desenvolvido resistência a todos estes fármacos. As linhagens resistentes à penicilina e quinolonas respondem à terapia antibiótica alternativa com uma única dose dos antibióticos β-lactâmicos cefixima ou ceftriaxona.

Apesar do fato de que fármacos ainda tratam efetivamente a gonorreia, sua incidência permanece relativamente elevada



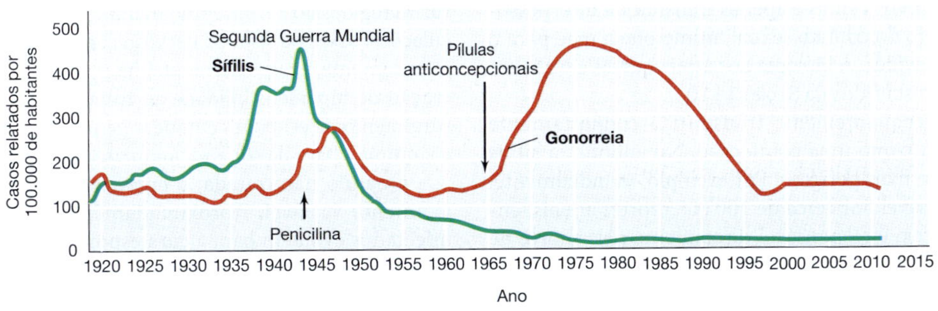


**Figura 29.35** **Casos relatados de gonorreia e sífilis nos Estados Unidos.** Observe a tendência de declínio na incidência das doenças após a introdução dos antibióticos, e a tendência de elevação na incidência da gonorreia após a introdução das pílulas anticoncepcionais. Em 2011, ocorreram 321.849 novos casos de gonorreia e 46.042 novos casos de sífilis primária e secundária nos Estados Unidos.

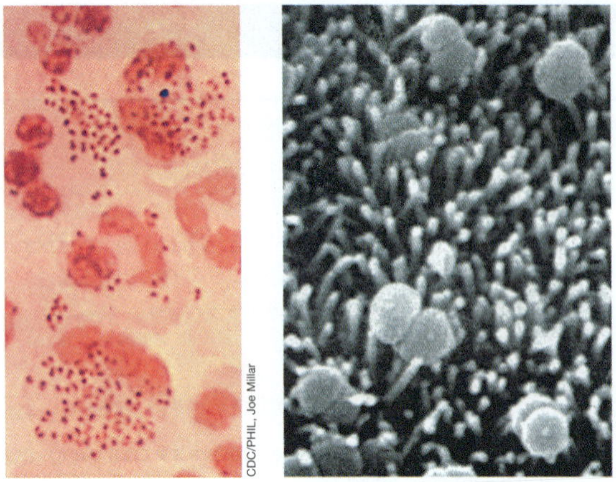


(a) (b)

**Figura 29.36 O agente causador da gonorreia, *Neisseria gonorrhoeae*.** *(a)* Coloração de Gram de secreção uretral. *(b)* Micrografia eletrônica de varredura de microvilosidades presentes na mucosa da trompa de Falópio humana ilustra como as células de *N. gonorrhoeae* aderem-se à superfície das células epiteliais. As células de *N. gonorrhoeae* apresentam diâmetro aproximado de 0,8 μm. Espécies de *Neisseria* são *Betaproteobacteria* (⟲ Seção 15.2).

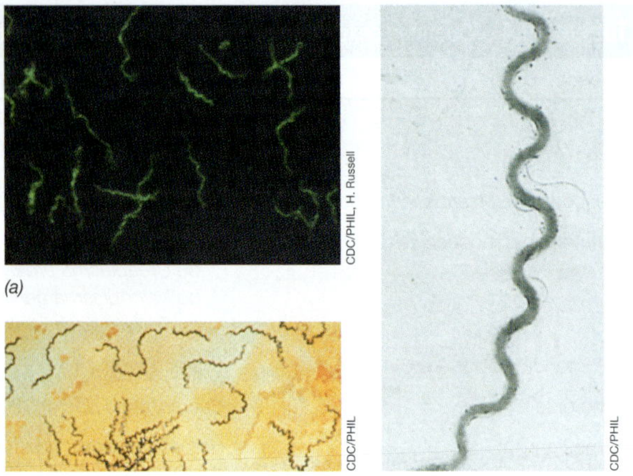


(a) (b) (c)

**Figura 29.37 *Treponema pallidum*, o espiroqueta causador da sífilis.** *(a)* Células marcadas com anticorpo de fluorescência medem 0,15 μm de largura e 10 a 15 μm de comprimento. *(b)* Marcação por prata (método Fontana) de um espécime derivado de um cancro sifilítico. *(c)* Micrografia eletrônica de sombreamento de uma célula de *T. pallidum*. Os endoflagelos são típicos de espiroquetas (⟲ Seção 14.20).

(Figura 29.35) pelas seguintes razões: (1) embora anticorpos antigonococal sejam gerados pela infecção, eles são linhagem específicos e não desenvolvem imunidade protetora para a infecção por outras linhagens de *N. gonorrhoeae*; assim, a reinfecção é possível e até mesmo comum em populações de alto risco. Além disso, em uma única linhagem de *N. gonorrhoeae* podem ocorrer trocas antigênicas que podem frustrar a resposta imune. Por exemplo, por mutação, *N. gonorrhoeae* pode alterar a estrutura da proteína pilina criando, assim, novos sorotipos que desafiam a resposta imune. (2) O uso de contraceptivos orais elevam o pH vaginal. As bactérias lácticas normalmente encontradas na vagina de mulheres adultas (⟲ Figura 23.8*b*) são incapazes de desenvolver-se nessas condições, facilitando a colonização por células de *N. gonorrhoeae* transmitidas pelo parceiro infectado. (3) Em mulheres, os sintomas são tão discretos que a doença pode não ser identificada e uma mulher infectada que tenha muitos parceiros pode infectar muitos homens.

## Sífilis

A sífilis é causada por um espiroqueta, *Treponema pallidum*, que apresenta células enroladas extremamente longas e delgadas (**Figura 29.37**). De maneira semelhante à *N. gonorrhoeae*, *T. pallidum* é demasiadamente sensível aos estresses ambientais; por esse motivo, a sífilis é apenas transmitida interpessoalmente, por meio do contato sexual íntimo ou da mãe para o feto durante a gravidez. A biologia dos espiroquetas e o gênero *Treponema* são discutidos na Seção 14.20.

A sífilis é frequentemente transmitida conjuntamente com a gonorreia como uma coinfecção. No entanto, a sífilis é potencialmente mais perigosa. Por exemplo, mundialmente, a sífilis é responsável por cerca de 100.000 mortes anuais, enquanto a gonorreia é responsável diretamente pela morte de apenas 1.000 indivíduos a cada ano. Principalmente devido às diferenças nos sintomas e na patobiologia das duas doenças, a incidência da sífilis nos Estados Unidos é muito menor do que a incidência da gonorreia. Entretanto, nos últimos anos, esta incidência aumentou, com mais de 10.000 infecções diagnosticadas por ano, sendo que até 1997 a incidência era cerca de 6.000 novos casos por ano.

O espiroqueta da sífilis (Figura 29.37) é incapaz de atravessar a pele íntegra, sendo a infecção inicial decorrente de pequenas rupturas localizadas na camada epidérmica. Em homens, a infecção inicial ocorre geralmente no pênis; em mulheres, ela ocorre mais frequentemente na vagina, na cérvice ou na região perineal. Em aproximadamente 10% dos casos, a infecção é extragenital, geralmente na região oral (**Figura 29.38**). Durante a gravidez, o organismo pode ser transmitido ao feto pela mulher infectada; a doença adquirida pela criança é denominada **sífilis congênita**.

A sífilis é doença extremamente complexa e pode progredir até um estágio muito grave. A doença sempre se inicia com uma infecção localizada, denominada *sífilis primária*. Na sífilis primária, *T. pallidum* multiplica-se no sítio inicial de entrada, originando uma lesão primária característica, denominada cancro, em um período de duas semanas a dois meses (Figura 29.38*a,b*). A microscopia do exsudato dos cancros sifilíticos revela os espiroquetas altamente móveis (Figura 29.37). Na maioria dos casos, o cancro regride espontaneamente e *T. pallidum* desaparece do sítio. No entanto, em casos não tratados, algumas células podem disseminar-se a partir do sítio inicial, atingindo várias regiões do corpo, como membranas mucosas, olhos, articulações, ossos ou sistema nervoso central, onde se multiplicam intensamente. Frequentemente, há o desenvolvimento de uma reação de hipersensibilidade ao treponema, evidenciada pelo surgimento de erupções cutâneas generalizadas; essa erupção é o sintoma-chave da *sífilis secundária* (Figura 29.38*c*).

Quando não tratada, o curso subsequente da doença é altamente variável. Aproximadamente 25% dos indivíduos infectados evoluem para a cura espontânea e não apresentam mais nenhum sintoma. Cerca de outros 25% dos pacientes não exibem qualquer sintoma adicional, embora uma infecção persistente, crônica e sifilítica seja mantida. Cerca de metade dos pacientes não tratados desenvolvem a *sífilis terciária*, cujos sintomas podem variar de infecções relativamente dis-

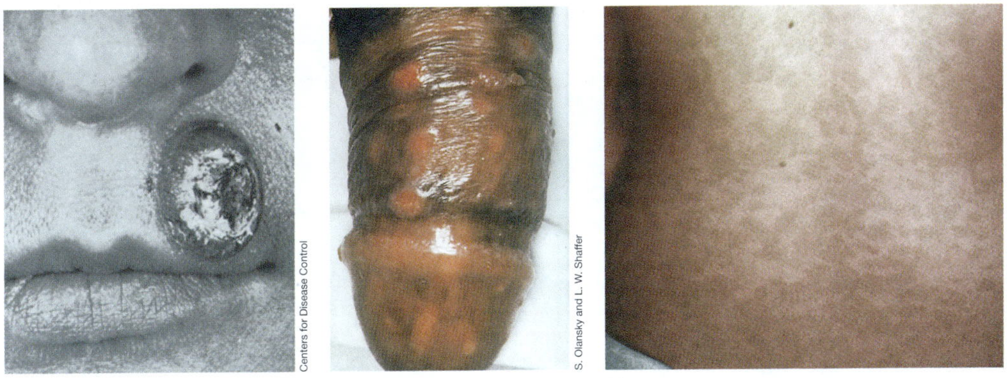


(*a*) (*b*) (*c*)

**Figura 29.38** **Lesões da sífilis primária e secundária.** (*a*) Cancro localizado na região labial e (*b*) peniana, em casos de sífilis primária. O cancro corresponde à lesão característica da sífilis primária, localizada no sítio de infecção por *Treponema pallidum*. (*c*) Exantema sifilítico na porção inferior das costas de um paciente apresentando sífilis secundária.

cretas da pele e ossos a infecções graves ou até mesmo fatais que acometem o sistema cardiovascular ou sistema nervoso central. Isso pode ocorrer até mesmo anos depois da infecção primária. O comprometimento do sistema nervoso pode causar paralisia e outros distúrbios neurológicos graves. Na sífilis terciária, poucas células de *T. pallidum* encontram-se presentes, sendo a maioria dos sintomas provavelmente decorrente de inflamação devido a reações de hipersensibilidade tardia aos espiroquetas (Seção 24.8). A sífilis terciária ainda pode ser tratada, normalmente com administrações intravenosas longas de antibióticos, mas os danos neurológicos iniciais são, na maioria das vezes, irreversíveis.

Diversos testes de diagnóstico laboratoriais da sífilis foram discutidos no Capítulo 27. Entretanto, o sinal físico individual mais importante de uma infecção primária de sífilis, o cancro (Figura 29.38*a,b*), é também diagnóstico da doença. Os indivíduos infectados geralmente procuram tratamento para a sífilis devido ao surgimento do cancro. A penicilina continua sendo altamente eficaz na terapia da sífilis, e os estágios primário e secundário da doença podem ser normalmente curados por meio de uma única injeção de penicilina G benzatina.

**MINIQUESTIONÁRIO**

- Explique pelo menos uma razão potencial para a elevada incidência da gonorreia, quando comparada à da sífilis.
- Descreva a progressão da gonorreia e sífilis não tratadas. Os tratamentos são capazes de curar cada uma dessas doenças?

## 29.13 Clamidiose, herpes e papilomavírus humano

As DSTs causadas por *Chlamydia* (uma bactéria), por herpe-vírus e por papilomavírus são muito prevalentes entre adultos sexualmente ativos e, frequentemente, são mais difíceis de diagnosticar e tratar do que a sífilis e a gonorreia.

### Clamidioses

Várias doenças sexualmente transmitidas podem ser atribuídas às infecções pela bactéria intracelular obrigatória *Chlamydia trachomatis* (**Figura 29.39**). Este organismo pertence a um pequeno grupo de bactérias parasitárias que formam seu próprio filo (Chlamydiae) (Seção 15.15). Devido à exigência de crescimento no interior de células hospedeiras (cultura tecidual), seu rápido isolamento e identificação não são tão simples como é para *Neisseria gonorrhoeae.*

A incidência total de infecções por *C. trachomatis* provavelmente excede, de forma significativa, a incidência da gonorreia. A cada ano, mais de 1 milhão de casos de clamidiose são notificados nos Estados Unidos, mas, devido a seu caráter inaparente, pode ocorrer mais de 4 milhões de novos casos de infecções sexualmente transmitidas por ano. Por causa disso, esse organismo é a causa mais prevalente de DSTs, sendo a doença mais notificada nos Estados Unidos. A *C. trachomatis* causa também uma grave infecção ocular denominada *tracoma*, contudo as linhagens de *C. trachomatis* responsáveis por DSTs são distintas daquelas responsáveis pelo tracoma. As infecções clamidiais podem também ser transmitidas congenitamente ao recém-nascido, que é contaminado durante a passagem pelo canal vaginal, podendo apresentar quadros de conjuntivite e pneumonia.

A *uretrite não gonocóccica* (*UNG*) provocada por *C. trachomatis* é uma das doenças sexualmente transmitidas mais frequentemente observadas em homens e mulheres, porém as infecções geralmente são inaparentes. Em uma pequena porcentagem de casos, a UNG clamidial pode provocar sérias complicações agudas, incluindo edema testicular e inflamação de próstata em homens, assim como cervicite, doenças pélvicas inflamatórias e danos às trompas de Falópio em mulheres. Durante a UNG, as células de *C. trachomatis* aderem-se às microvilosidades das células das trompas de Falópio, onde penetram, multiplicam-se e por fim promovem a lise celular (Figura 29.39*b*). A UNG não tratada em mulheres pode levar à infertilidade. Infecções com o organismo protista *Trichomonas vaginalis* podem causar sintomatologia similar à UNG clamidial, e descrevemos a tricomoníase junto com outras infecções parasitárias no Capítulo 32.

Frequentemente, a UNG clamidial é observada como uma infecção secundária à gonorreia. Ambas, *Neisseria gonorrhoeae* e *C. trachomatis*, são comumente transmitidas a um novo hospedeiro simultaneamente, no entanto, o tratamento da gonorreia não elimina as clamídias. Embora curados da gonorreia, tais pacientes ainda encontram-se infectados por clamídias e acabam apresentando uma aparente recorrência

(a) (b)

**Figura 29.39** **Células de *Chlamydia trachomatis* (setas) aderidas aos tecidos da trompa de Falópio humana.** *(a)* Células aderidas às microvilosidades de uma trompa de Falópio. *(b)* Uma trompa de Falópio lesionada, contendo uma célula de *C. trachomatis* (seta) na lesão.

da gonorreia que, na realidade, trata-se de um caso de UNG clamidial. Por esse motivo, recomenda-se que para os pacientes tratados com fármacos como cefixime e ceftroaxona também sejam tratados com azitromicina ou doxiciclina, a fim de tratar uma possível, e geralmente não diagnosticada, infecção coexistente por *C. trachomatis*. Uma variedade de técnicas clínicas, incluindo análises de ácidos nucleicos e imunológicos, está disponível para o diagnóstico positivo de uma infecção por *C. trachomatis*, mas as terapias com fármacos na ausência do diagnóstico positivo são frequentemente prescritas.

O *linfogranuloma venéreo* (*LGV*) é uma doença sexualmente transmissível causada por linhagens distintas de *C. trachomatis* (LGV 1, 2 e 3). A doença ocorre mais frequentemente em homens, caracterizando-se por infecção e intumescimento dos nódulos linfáticos situados na virilha e em áreas próximas. A partir dos nódulos linfáticos infectados, as células de clamídias podem migrar para o reto, provocando uma inflamação dolorosa dos tecidos retais, denominada *proctite*. O LGV tem potencial de acarretar danos aos nódulos linfáticos locais e às complicações da proctite. Esta é a única infecção clamidial que invade além da camada de células epiteliais.

## Herpes

Os herpes-vírus são um grande grupo de vírus de DNA de dupla-fita (Seção 9.7), muitos dos quais são patógenos do homem. Um subgrupo de herpes-vírus, os herpes-vírus simples, são responsáveis tanto por lesões herpéticas labiais quanto por infecções genitais.

O *herpes-vírus simples 1* (*HSV-1*)* infecta as células epiteliais ao redor da boca e dos lábios, provocando "úlceras frias" (vesículas febris) (**Figura 29.40**). O HSV-1 é disseminado por contato direto ou pela saliva, sendo o período de incubação das infecções curto (3 a 5 dias), havendo a regressão das lesões sem tratamento em 2 a 3 semanas. Entretanto, as infecções latentes de herpes são comuns, porque os vírus persistem em baixos números nos tecidos nervosos. A recorrência de infecções agudas de herpes pode ser resultado do desencadeamento por coinfecções com outros patógenos ou por estresse. O herpes labial, causado por HSV-1, é relativamente comum e, aparentemente, não causa efeitos nocivos no hospedeiro além do desconforto provocado pelas vesículas labiais.

As *infecções pelo herpes-vírus simples 2* (*HSV-2*)* estão associadas principalmente à região anogenital, onde, em homens, o vírus promove a formação de vesículas dolorosas no pênis ou no cérvice, na vulva ou vagina, em mulheres (**Figura 29.41**). As infecções por HSV-2 são geralmente transmitidas por meio do contato sexual direto, sendo a doença transmissível mais facilmente durante o estágio ativo, com a presença de vesículas, porém também podem ser transmitidas durante os períodos assintomáticos, mesmo quando a infecção encontra-se presumidamente latente. Ocasionalmente, HSV-2 infecta outros sítios, como as membranas mucosas orais. HSV-2 também pode ser transmitido ao recém-nascido durante o parto pelo contato com lesões herpéticas presentes no canal do parto. Em recém-nascidos, a doença varia de infecções latentes sem danos aparentes a uma doença sistêmica, resultando em dano cerebral ou morte. Para evitar infecções herpéticas em recém-nascidos, recomenda-se a cesariana no caso de grávidas apresentando herpes genital.

Os efeitos a longo prazo das infecções de herpes genital não são bem compreendidos. Contudo, os estudos indicam

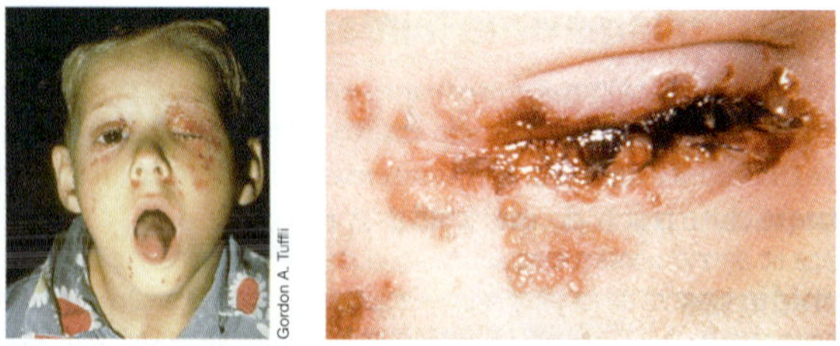


(a) (b)

**Figura 29.40** **Infecções por *herpes simplex 1*.** *(a)* Caso grave de vesículas herpéticas localizadas na face, devido à infecção pelo herpes-vírus simples 1. *(b)* Visão de perto das vesículas na região ocular.

* N. de R.T. A nomenclatura oficial dos herpes-vírus que infectam seres humanos foi alterada pelo Comitê Internacional de Taxonomia Viral (ICTV), órgão que regulamenta internacionalmente a classificação taxonômica dos vírus. De acordo com a nova classificação, o *herpes-vírus simples tipo 1* (HSV-1) agora se denomina *herpes-vírus humano tipo 1* (*HHV-1*), e o *herpes-vírus simples tipo 2* (*HSV-2*) passou a ser denominado *herpes-vírus humano tipo 2* (*HHV-2*). Neste livro respeitaremos a escolha do autor em manter a nomenclatura antiga, ou seja, utilizando os vernáculos herpes-vírus simples 1 e 2.

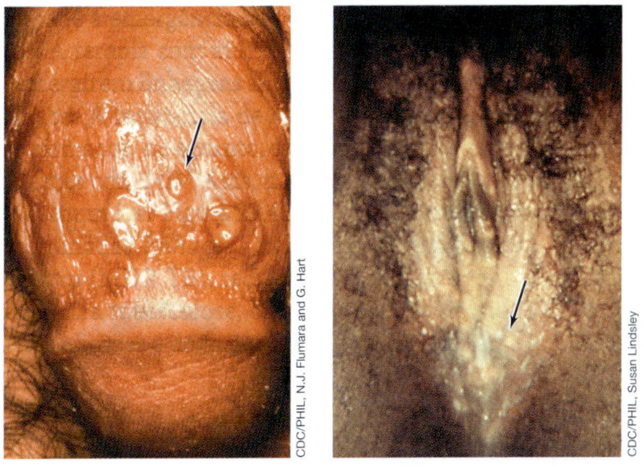


**Figura 29.41** **Infecções por *herpes simplex 2*.** Herpes genital decorrente de infecção pelo herpes-vírus simples 2, localizado *(a)* no pênis e *(b)* na vulva. Assim com o vírus tipo 1, infecções agudas pelo tipo 2 podem, aparentemente, serem curadas apenas para reaparecer posteriormente devido à infecção persistente do vírus (Figura 8.22).

uma correlação significativa entre as infecções de herpes genital e o câncer de cérvice, em mulheres. As infecções de herpes genital são incuráveis, embora uma quantidade limitada de fármacos tenha se mostrado bem-sucedida no controle das infecções quando no estágio de vesículas. O análogo de guanina, aciclovir (**Figura 29.42**), administrado por via oral ou aplicado topicamente, mostra-se particularmente efetivo, limitando a liberação de vírus ativos presentes nas vesículas e promovendo a regressão das lesões vesiculares (Figura 29.41). O aciclovir, o valciclovir e a vidarabina são análogos nucleosídicos que interferem com a DNA-polimerase do herpes-vírus, inibindo a replicação do DNA viral (⇄ Seção 27.15).

## Papilomavírus humano

Assim como os herpes-vírus, os **papilomavírus humanos (HPV)** constituem uma família de vírus de DNA de dupla-fita. Entre as mais de 100 linhagens diferentes, cerca de 30 são transmitidas sexualmente e muitas delas causam verrugas genitais e câncer de cérvice (⇄ Capítulo 24, Explorando o mundo microbiano, "vacinas e saúde pública"). Nos Estados Unidos, cerca de 20 milhões de pessoas estão infectadas, e até 80% das mulheres com idade acima de 50 anos apresentaram pelo menos uma infecção por HPV. Mais de seis milhões de indivíduos adquirem novas infecções por HPV anualmente, levando ao desenvolvimento de quase 10.000 casos de câncer cervical, com cerca de 3.700 mortes.

A maioria das infecções por HPV é assintomática, com algumas progredindo e causando verrugas genitais. Outras provocam neoplasias cervicais (anormalidades nas células do cérvice) e algumas induzem o câncer do cérvice. A maioria das infecções por HPV regride espontaneamente, porém, como ocorre em grande parte das infecções virais, não há tratamento ou cura adequados para as infecções ativas. Em virtude de seu potencial como vírus oncogênico, uma vacina contra HPV foi desenvolvida e é atualmente recomendada para mulheres com idade entre 11 e 26 anos. A vacina também é recomendada para os homens, uma vez que eles podem ser portadores do vírus e também podem desenvolver câncer anal ou peniano decorrente de infecções por HPV.

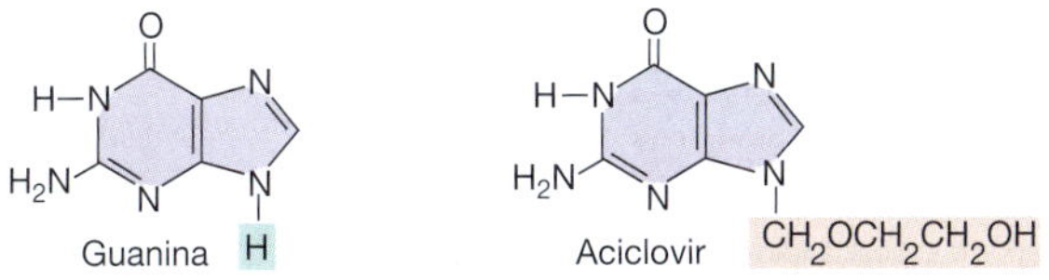


**Figura 29.42** **Guanina e aciclovir, um análogo da guanina.** O aciclovir tem sido empregado terapeuticamente no controle das vesículas de herpes genital (HSV-2) (Figura 29.41).

**MINIQUESTIONÁRIO**

- Descreva as características clínicas pertinentes e os protocolos de tratamento em relação à clamidiose, ao herpes, à tricomoníase e ao papilomavírus humano.
- Por que essas doenças são mais difíceis de diagnosticar do que gonorreia ou sífilis?

## 29.14 HIV/Aids

A síndrome da imunodeficiência adquirida (Aids) é causada pelo vírus da imunodeficiência humana (HIV). Em todo o mundo, mais de 80 milhões de indivíduos foram infectados pelo HIV, e ocorrem aproximadamente 3 milhões de novas infecções e 2 milhões de mortes por ano. Discutimos a epidemiologia da Aids na Seção 28.9.

### HIV e a definição de Aids

O HIV é classificado em dois tipos, *HIV-1* e *HIV-2*, mas uma vez que mais de 99% dos casos mundiais de Aids são decorrentes de infecções pelo HIV-1, focaremos nossa discussão neste vírus. O HIV-1 é um retrovírus (⇄ Seções 8.10 e 9.11) que replica em macrófagos e células T do sistema imune (Capítulos 24 e 25). A infecção pelo HIV eventualmente leva à destruição de células importantes para o sistema imune, incapacitando consideravelmente a resposta imune do hospedeiro. A morte por Aids é o resultado de uma infecção secundária, geralmente causada por um ou mais **patógenos oportunistas**, que são patógenos potenciais que, em indivíduos saudáveis, poderiam sem controlados pelo sistema imune.

A definição atual de um caso de HIV/Aids é um paciente que apresenta teste positivo imunológico e/ou teste baseado em ácidos nucleicos para o HIV e apresenta um dos dois seguintes critérios:

1. Número de células T CD4 inferior a 200/$mm^3$ de sangue total (a contagem normal é de 600 a 1.000/$mm^3$) ou uma porcentagem de células T CD4/linfócitos totais inferior a 14%.
2. Número de células T CD4 acima de 200/$mm^3$ *e* qualquer uma das seguintes doenças: candidíase, coccidiodomicose, criptococose, histoplasmose, isosporíase, pneumonia por *Pneumocystis carinii*, criptosporidiose ou toxoplasmose cerebral (todas doenças fúngicas) (⇄ Seção 32.2); tuberculose pulmonar ou outras infecções por *Mycobacterium* spp., ou septicemia recorrente por *Salmonella* (doenças bacterianas); infecção por citomegalovírus, encefalopatia relacionada com o HIV, síndrome do emagrecimento relacionado com o HIV, úlcera crônica, ou bronquite devido ao *herpes simplex* (infecções virais); ou doenças malignas, como câncer cervical invasivo, sarcoma de Kaposi, linfoma de Burkitt, linfoma cerebral primário, ou linfoma imunoblástico; ou pneumonia recorrente devido a qualquer agente.

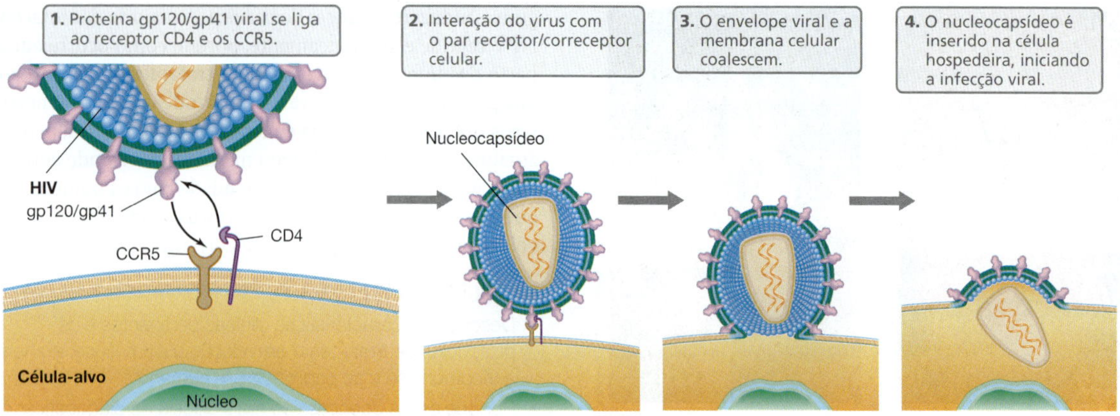


*(a)* **Interação do HIV com a célula do hospedeiro** *(b)* **Fusão do envelope de HIV com a célula hospedeira**

**Figura 29.43** **Infecção de uma célula CD4 pelo vírus da imunodeficiência humana (HIV).** *(a)* Reconhecimento e interação do HIV ao receptor CD4 e ao correceptor CCR5. *(b)* O nucleocapsídeo viral eventualmente penetra a célula. Detalhes da replicação do genoma do HIV são mostrados nas Figuras 8.24 e 9.21.

## Patogênese do HIV/Aids

O HIV infecta células que possuem a proteína de superfície celular CD4. Os dois tipos celulares mais habitualmente infectados correspondem aos macrófagos e uma classe de linfócitos denominados células T auxiliares (ou *helper*, Th), que são importantes componentes do sistema imune (Capítulo 24). A infecção por HIV, em geral, ocorre inicialmente nos macrófagos. Na superfície da célula do macrófago, a molécula de CD4 se liga à proteína do capsídeo viral gp120/gp41, enquanto o vírus interage com o receptor CCR5 do macrófago (**Figura 29.43**). A proteína CCR5 atua como um correceptor para o HIV e, juntamente com o CD4, forma um sítio de ancoragem onde o envelope do HIV se funde à membrana citoplasmática da célula hospedeira; isso permite a inserção do nucleocapsídeo viral na célula. No interior do macrófago o HIV replica (Figura 9.21) e produz uma forma diferente de gp120, que interage com outro correceptor, o CXCR4 presente nas células Th. Os vírions são então liberados dos macrófagos e o HIV irá infectar e replicar nos linfócitos T auxiliares; as células Th que produzem HIV não mais dividem e eventualmente diminuem por atrito.

Em alguns pacientes, a infecção por HIV não progride imediatamente para a morte das células imunes do hospedeiro. O HIV pode existir em um estado dormente como um *provírus* e, sob esta condição, o genoma de HIV transcrito reversamente, agora na forma de DNA, será integrado ao DNA cromossômico do hospedeiro (Figura 8.24). Até este momento a célula pode não ter externado sinais de infecção. De fato, o DNA proveniente do vírus pode permanecer latente por longos períodos, replicando apenas quando o DNA do hospedeiro se replica. Entretanto, mais cedo ou mais tarde o HIV começa a replicar, e a progênie viral será produzida e liberada pela célula hospedeira.

## Sintomas do HIV/Aids

Infecções por HIV em andamento resultam no declínio progressivo do número de células CD4. Em seres humanos saudáveis, as células CD4 constituem cerca de 70% do total de células T. Nos pacientes com HIV/Aids, os números começam a decrescer gradualmente, e quando as infecções oportunistas começam a aparecer, o número de células CD4 é quase ausente (**Figura 29.44**). A progressão da infecção por HIV não tratada para Aids segue um padrão previsível. Inicialmente, há uma intensa resposta imune contra o HIV, promovendo uma redução nos números do vírus. No entanto,

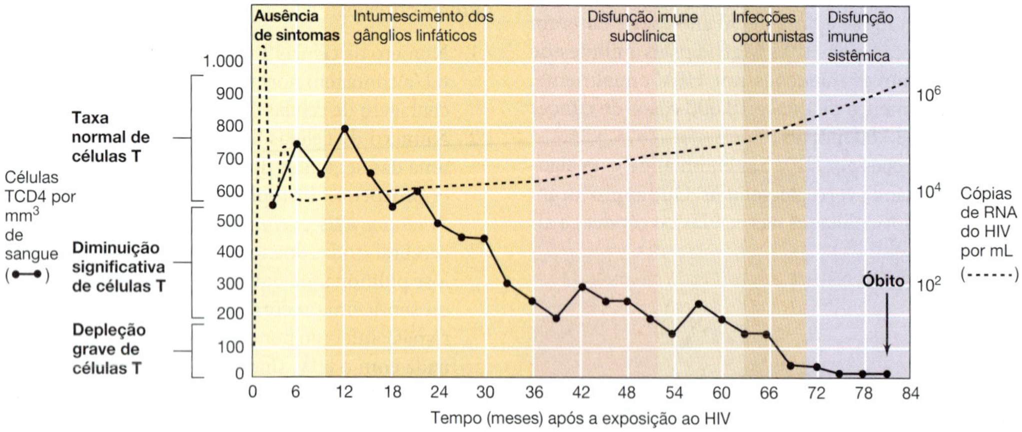


**Figura 29.44** **Diminuição dos linfócitos T CD4 e progressão da infecção por HIV.** Durante a típica progressão da Aids não tratada, há uma perda gradual no número e na capacidade funcional das células T CD4, enquanto a carga viral, medida pela concentração de RNA específico de HIV por mililitro de sangue, gradativamente aumenta, após um declínio inicial.

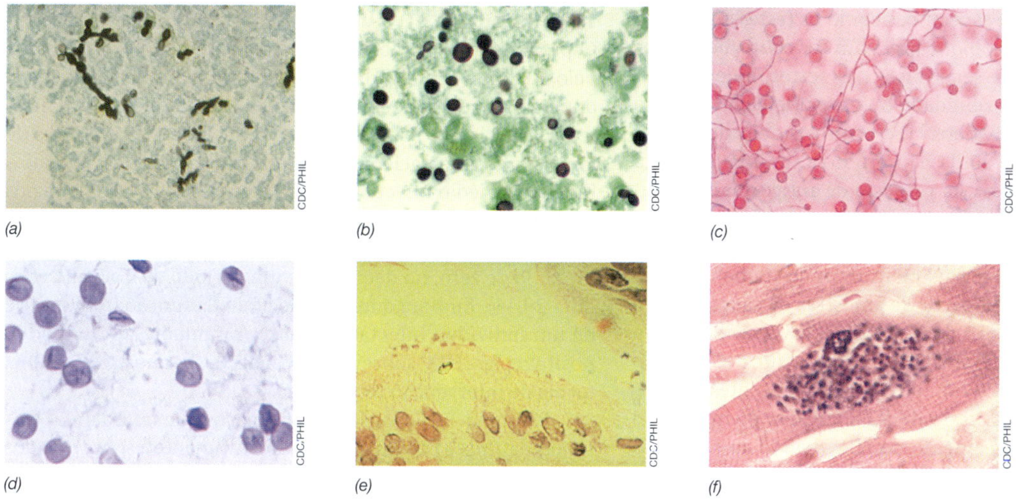


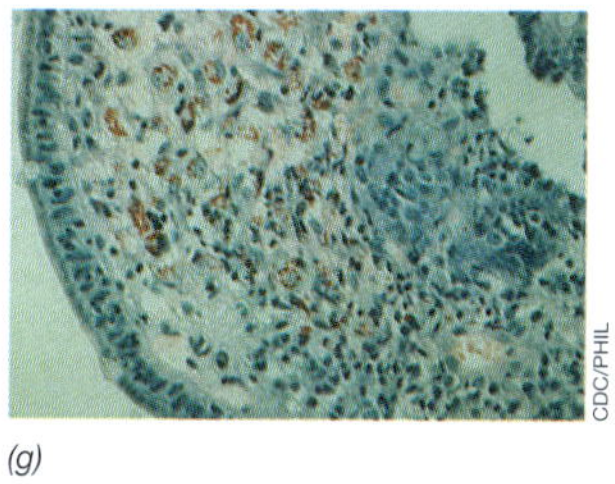


**Figura 29.45** **Patógenos oportunistas associados à síndrome da imunodeficiência adquirida (Aids).** *(a) Candida albicans* em tecido cardíaco de paciente com infecção sistêmica por *Candida*. *(b) Cryptococcus neoformans* em tecido pulmonar de um paciente com Aids. *(c) Histoplasma capsulatum*, mostrando estruturas reprodutivas denominadas macroconídios. *(d) Pneumocystis jiroveci*, do pulmão de pacientes imunocomprometidos. *(e) Cryptosporidium* sp. oriundo do intestino delgado de um paciente com criptosporidiose. *(f) Toxoplasma gondii* em tecido do coração de um paciente com toxoplasmose. *(g)* Infecção de intestino delgado por *Mycobacterium* spp. (coloração para organismos acidorresistentes). A descrição de muitas destas doenças fúngicas e parasitárias pode ser encontrada no Capítulo 32.

eventualmente, o sistema imune é sobrecarregado e os níveis de HIV lentamente começam a elevar, enquanto os níveis de células T CD4 lentamente diminuem. Quando o número de células T cai abaixo de aproximadamente 200/mm$^3$ de sangue, a porta está aberta para as infecções por patógenos oportunistas (Figura 29.44).

Infecções oportunistas ocasionadas por protistas, fungos, bactérias e vírus normalmente benignos ocorrem em alta prevalência nos pacientes com HIV/Aids e são geralmente a causa real de morte (**Figura 29.45**). As doenças oportunistas mais comuns em pacientes com HIV/Aids é a pneumonia causada pelo fungo *Pneumocystis jiroveci* (Figura 29.45*d*), mas infecções por vários outros fungos, leveduras e bactérias também são observadas (Figura 29.45). Quase todos estes patógenos oportunistas são de difícil tratamento. Por exemplo, muitos fármacos utilizados para tratar infecções fúngicas e protistas (ambos *Eukarya*) tiverem efeitos colaterais significativos no hospedeiro, e as infecções por micobactérias são frequentemente de linhagens resistentes a fármacos (Seção 29.4). Um câncer comumente observado em pacientes com HIV/Aids é o sarcoma de Kaposi, câncer das células que revestem os vasos sanguíneos, caracterizado por manchas roxas na pele, especialmente nas extremidades (**Figura 29.46**). O sarcoma de Kaposi é causado pela coinfecção do HIV com o herpes-vírus humano 8 (HHV-8), o que é raramente observado em pacientes que não são HIV/Aids positivos.

## Diagnóstico de HIV/Aids

A infecção por HIV pode ser geralmente diagnosticada por métodos de identificação de anticorpos em amostras de sangue do paciente. O teste de imunoensaio enzimático para o vírus, o HIV-ELISA (⇄ Figura 27.15*b,c*) é utilizado, por exemplo, para triagem em larga escala em doações de sangue. Um HIV-ELISA positivo deve ser confirmado por um segundo procedimento, denominado *imunoblot* (*Western blot*, ⇄ Figura 27.17), ou por imunofluorescência (⇄ Figura 27.14), de forma a eliminar as amostras falso-positivas do teste de triagem. Testes rápidos, de pronto atendimento, também estão disponíveis para identificar indivíduos infectados por HIV em amostras clínicas de sangue para triagem. Um teste utiliza uma única gota de sangue do paciente e detecta o antígeno gp41 de superfície do HIV (Figura 29.43), através da formação de uma aglutinação visível. Em outro teste, a saliva é utilizada como fonte de anticorpos secretores contra o HIV e gera um produto colorido ao final do teste. De modo geral, entretanto, estes testes rápidos

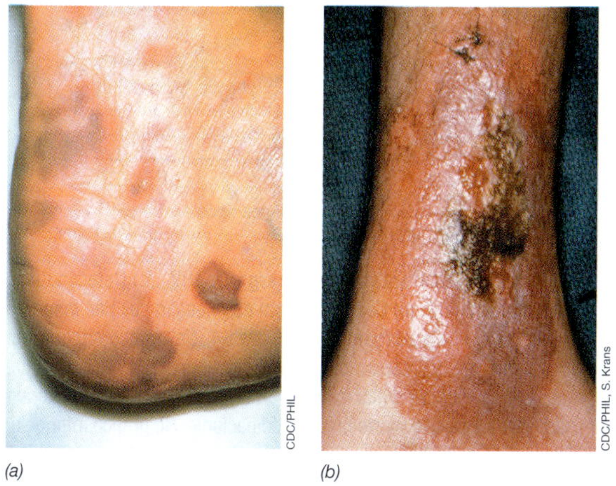


**Figura 29.46** **Sarcoma de Kaposi.** Lesões localizadas *(a)* no calcanhar e na face lateral do pé e *(b)* na porção distal da perna e tornozelo.

não são tão sensíveis ou específicos como os testes-padrão de HIV-ELISA e HIV-imunoblot e precisam ser confirmados por testes mais específicos e sensíveis. Esses testes, independentemente do grau de sensibilidade ou especificidade, não são capazes de detectar indivíduos HIV-positivos que adquiriram recentemente o vírus e ainda não produziram uma resposta detectável de anticorpos; esta resposta de anticorpo pode necessitar de um período de 6 semanas ou mais após uma infecção para se formar.

Vários testes laboratoriais mensuram diretamente o número de vírions de HIV a partir de amostras de sangue. Esses testes utilizam uma reação de transcrição reversa-reação em cadeia da polimerase (RT-PCR), vírus-específica (Seção 11.3). A RT-PCR estima o número de vírus presentes no sangue, ou a **carga viral**. O teste de RT-PCR não é empregado rotineiramente no rastreamento do HIV devido ao seu custo elevado e por requerer procedimentos técnicos complexos. Contudo, após o diagnóstico inicial da infecção, o teste de RT-PCR é utilizado na monitoração da progressão da Aids e da eficácia da quimioterapia (**Figura 29.47**).

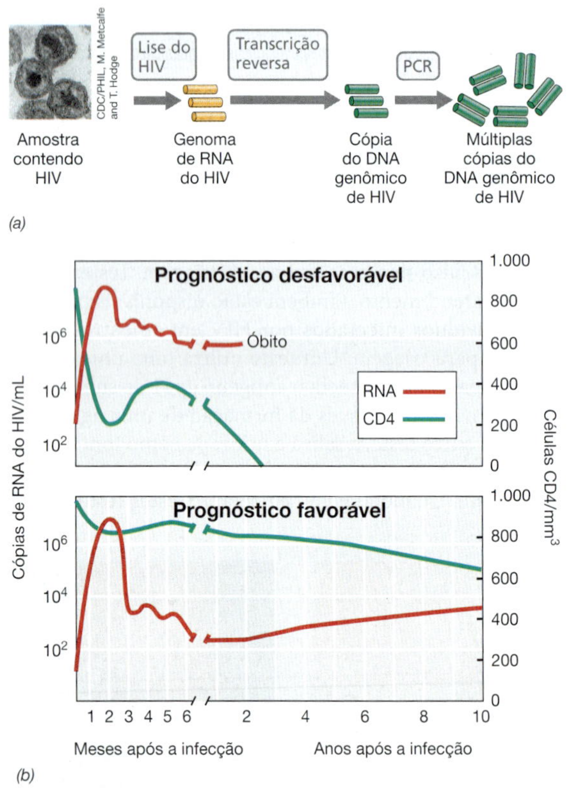


**Figura 29.47 Monitoramento da carga de HIV.** *(a)* Detecção do HIV pelo técnicas de RT-PCR. *(b)* Curso temporal da infecção por HIV, monitorada pela carga viral e pela contagem de células CD4. No gráfico superior, uma carga viral superior a $10^4$ cópias por mililitro está correlacionada a números de células CD4 abaixo do normal (normal = 600 a 1.500/mm$^3$), indicando um prognóstico desfavorável e morte precoce do paciente. No gráfico inferior, uma carga viral abaixo de $10^4$ cópias por mililitro está relacionada a números normais de células CD4, indicando um prognóstico favorável e maior sobrevida do paciente. Dados adaptados do Centers for Disease Control and Prevention, Atlanta, GA, EUA.

## Tratamento do HIV/Aids

O prognóstico é sombrio nos casos de indivíduos infectados pelo HIV que não se submetem ao tratamento. Os patógenos oportunistas ou as doenças malignas acabam causando a morte da maioria dos pacientes acometidos por Aids. Estudos de longo prazo com pacientes acometidos por Aids indicam que o indivíduo médio infectado pelo HIV passa por vários estágios de diminuição da função imune, com o número de células CD4 variando de uma faixa normal de 600 a 1.000/mm$^3$ de sangue a próximo de zero, no decorrer de um período de 5 a 7 anos (Figura 29.44). Embora a taxa de declínio da função imune varie de um indivíduo infectado a outro, raramente um indivíduo positivo para HIV sobrevive por mais de 10 anos sem alguma forma de intervenção terapêutica.

Foram identificados vários fármacos que retardam os sintomas da Aids e prolongam significativamente a sobrevida dos indivíduos infectados pelo HIV. A terapia tem por objetivo a redução da carga viral nos indivíduos infectados por HIV a níveis abaixo do detectável (Figura 29.44). A estratégia para alcançar esse objetivo é denominada *terapia antirretroviral altamente ativa* (HAART, *highly active anti-retroviral therapy*), sendo realizada pela administração simultânea de pelo menos três fármacos antirretrovirais, visando inibir a replicação do vírus e prevenir o desenvolvimento de HIV resistentes a fármacos. A terapia com múltiplos fármacos, contudo, não é a cura para a infecção pelo HIV. Em indivíduos que não exibem carga viral detectável após o tratamento medicamentoso, há um aumento significativo na carga viral quando a terapia é interrompida ou descontinuada, bem como se houver o desenvolvimento de resistência aos múltiplos fármacos.

Os fármacos anti-HIV efetivos enquadram-se em quatro categorias, incluindo duas classes de *inibidores da trasnscriptase reversa*, diversos *inibidores de protease*, *inibidores de fusão* e *inibidores da integrase*. A transcriptase reversa é a enzima que converte a informação genética contida no RNA de fita simples em um DNA complementar e é essencial para a replicação viral (Seções 8.10 e 9.11). Células não têm transcriptase reversa e, portanto, fármacos inibidores da transcriptase reversa são vírus-específicos. A *azidotimidina* (AZT) é um efetivo inibidor da replicação do HIV, uma vez que é extremamente semelhante ao nucleosídeo timidina, não apresentando o sítio correto de ligação para a base seguinte de uma cadeia nucleotídica em processo de replicação, resultando na terminação de uma cadeia de DNA em crescimento. Dessa forma, o AZT e outros análogos nucleosídicos são os **inibidores nucleosídicos de transcriptase reversa** (NRTIs, do inglês *nucleoside reverse transcriptase inhibitors*), interrompendo a replicação do HIV (**Figura 29.48*a***). A segunda categoria de fármacos anti-HIV são os **inibidores não nucleosídicos de transcriptase reversa** (NNRTIs, do inglês *nonnucleoside reverse transcriptase inhibitors*), como a *nevirapina* (Figura 29.48*b*). Os NNRTIs inibem diretamente a ação da transcriptase reversa por meio de sua interação com a proteína, alterando a conformação do sítio catalítico.

Outra categoria de fármacos anti-HIV são os **inibidores de protease**, como o *saquinavir* (Figura 29.48*c*). Os inibidores de protease são análogos peptídicos que inibem o processamento dos polipeptídeos virais (Figura 9.22) pela ligação ao sítio ativo da enzima de processamento, a protease do HIV; esse processo inibe a maturação viral. Outra categoria de fár-

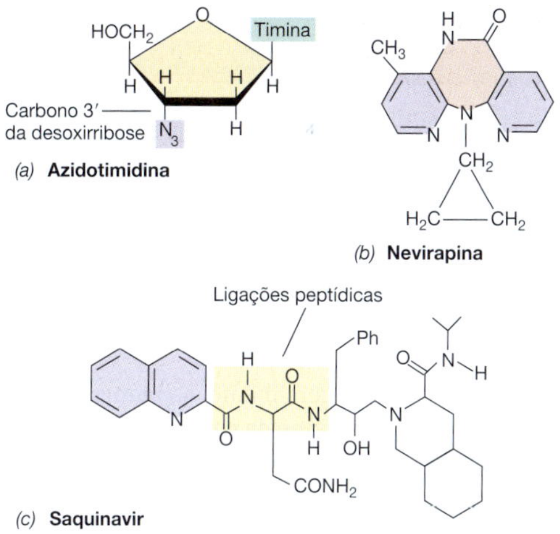


**Figura 29.48 Fármacos quimioterápicos contra HIV/Aids.** *(a)* Azidotimidina (AZT), um inibidor nucleosídico da transcriptase reversa. A ausência de um grupo OH no carbono 3′ provoca a interrupção da elongação da cadeia nucleotídica, quando esse análogo é incorporado, inibindo a replicação viral. *(b)* Nevirapina, um inibidor não nucleosídico da transcriptase reversa, liga-se diretamente ao sítio catalítico da transcriptase reversa do HIV, inibindo também o enlogamento da cadeia nucleotídica. *(c)* Saquinavir, um inibidor da protease, foi desenvolvido por modelagem computacional a fim de adaptar-se ao sítio ativo da protease do HIV. O saquinavir é um análogo peptídico: a área ressaltada em bege ilustra a região análoga às ligações peptídicas. O bloqueio da atividade da protease do HIV impede o processamento das proteínas do HIV e a maturação viral.

macos anti-HIV aprovados corresponde ao *enfuvirtide*, um **inibidor de fusão**, composto por um peptídeo sintético que atua ligando-se à proteína gp41 no capsídeo do HIV (Figura 29.43). A ligação do peptídeo bloqueia as alterações conformacionais necessárias para a fusão do envelope viral e as membranas citoplasmáticas de células CD4. Por fim, existem os **inibidores de integrase**, como o *elvitegravir* e o *raltegravir*. Estes fármacos interferem na integração do DNA viral de dupla-fita ao DNA da célula hospedeira, interrompendo, dessa forma, o ciclo de replicação do HIV.

Todos os fármacos anti-HIV rapidamente diminuem a carga viral em indivíduos infectados, mas vírus resistentes a estes medicamentos rapidamente aparecem se estes fármacos forem administrados separadamente. Devido à resistência, um protocolo HAART típico, recomendado para o tratamento de um indivíduo com infecção já estabelecida pelo HIV, inclui pelo menos um inibidor de protease ou um NNRTI, associado a uma combinação de dois NRTIs. A terapia com múltiplos fármacos reduz a possibilidade de emergência de um vírus resistente a eles, uma vez que este vírus necessitaria desenvolver resistência a três fármacos simultaneamente. Essa terapia combinada é monitorada por RT-PCR, visando identificar alterações na carga viral. Quando a carga viral atinge novamente níveis detectáveis, o coquetel de fármacos é modificado, uma vez que o aumento da carga viral indica a emergência de HIV resistentes a eles.

Além do problema associado à resistência aos fármacos, alguns dos fármacos antivirais são tóxicos ao hospedeiro. Em muitos casos, os análogos nucleosídicos não são bem tolerados pelos pacientes, possivelmente por interferirem com funções da célula hospedeira, como a divisão celular. De maneira geral, os NNRTIs e os inibidores de protease são melhor tolerados, uma vez que interferem somente em funções específicas do vírus. No entanto, a resistência aos fármacos e a toxicidade ao hospedeiro são os principais problemas relacionados com a terapia contra o HIV. Assim, novos agentes quimioterápicos e protocolos estão constantemente sendo desenvolvidos e adaptados às necessidades individuais dos pacientes.

## Prevenção do HIV/Aids

Promover campanhas públicas e evitar comportamentos de alto risco se mantém como uma das principais ferramentas utilizadas na prevenção de HIV/Aids. A disseminação do HIV está associada às atividades sexuais promíscuas e a outras atividades que envolvem a troca de fluidos corporais, que não incluem apenas a homossexualidade masculina, mas também a prostituição feminina e o uso de drogas intravenosas com compartilhamento de agulhas. Em alguns países, a via de transmissão que tem crescimento mais acelerado refere-se a parceiros heterossexuais. Para uma efetiva prevenção é necessário evitar-se comportamentos de alto risco, independentemente dos parceiros sexuais.

O United States Surgeon General (órgão regulamentador médico americano) publicou um relatório com recomendações específicas que podem ser seguidas por indivíduos que desejam minimizar a probabilidade de infecção pelo HIV. Entre as recomendações, constam as seguintes:

1. Evitar o contato oral com o pênis, a vagina ou o reto.
2. Evitar atividades sexuais que poderiam provocar cortes ou lacerações nos tecidos de revestimento do reto, da vagina ou do pênis.
3. Evitar atividades sexuais com indivíduos pertencentes a grupos de alto risco. Estes incluem indivíduos que se prostituem (masculinos e femininos); aqueles que possuem múltiplos parceiros, particularmente homossexuais masculinos e indivíduos bissexuais; e usuários de drogas intravenosas.
4. Se um indivíduo manteve relações sexuais com um membro de um dos grupos de alto risco, deve ser realizado um teste sanguíneo para determinar se houve infecção pelo HIV. Lembre-se de que o teste deve ser repetido em intervalos, por um ano ou mais, em virtude da demora da resposta imune. Se o teste for positivo, os parceiros sexuais do indivíduo HIV-positivo devem proteger-se durante a relação sexual com o uso de preservativo.

**MINIQUESTIONÁRIO**

- Reveja a definição de HIV/Aids. Que sintomas de HIV/Aids são compartilhados por todos os pacientes desta doença?
- O que faz a enzima transcriptase reversa e por que este é um bom alvo terapêutico para fármacos anti-HIV?
- Quais são as diretrizes atuais de prevenção para as infecções por HIV? Elas são eficazes?

## CONCEITOS IMPORTANTES

**29.1** • Patógenos respiratórios virais e bacterianos são transmitidos pelo ar. A maioria dos patógenos respiratórios é transmitida de pessoa para pessoa via aerossóis respiratórios gerados por tosse, espirro, fala ou expiração, ou por contato direto ou por fômites. Patógenos respiratórios infectam tanto o trato respiratório superior quanto o inferior e, em alguns casos, ambos.

**29.2** • As doenças estreptocócicas incluem infecções de garganta e pneumonia pneumocócica. Infecções por *Streptococcus pyogenes* podem progredir para condições graves, como escarlatina e febres reumáticas, e a pneumonia pneumocócica pode apresentar alta mortalidade. Ambos os patógenos podem ser cultivados e ambos são tratáveis com fármacos antimicrobianos, incluindo penicilina.

**29.3** • A difteria é uma doença respiratória aguda causada por *Corynebacterium diphtheriae*. A imunização durante a primeira infância é efetiva para prevenir esta grave doença respiratória. A coqueluche é uma doença endêmica causada pela *Bordetella pertussis*. A imunização de crianças, adolescentes e adultos pode controlar a propagação e a disseminação da doença.

**29.4** • A tuberculose é uma das doenças mais prevalentes e perigosas do mundo. Sua incidência está aumentando em países em desenvolvimento, em parte pela emergência de linhagens de *Mycobacterium tuberculosis* resistentes a fármacos. A patologia da tuberculose e de outras doenças micobacterianas, como a hanseníase, é influenciada pela resposta imune celular.

**29.5** • A *Neisseria meningitidis* é uma causa comum de meningococcemia e meningites em jovens adultos e, ocasionalmente, ocorre em epidemias em populações confinadas. Meningite bacteriana e meningococcemia podem ter altas taxas de mortalidade, e estratégias de tratamento e prevenção, incluindo vacinas, estão disponíveis.

**29.6** • Doenças respiratórias virais são altamente infecciosas e podem causar sérios problemas de saúde, embora a maioria seja controlável e não fatal. A vacina MMR para sarampo, caxumba e rubéola é altamente efetiva no controle destas doenças.

**29.7** • Os resfriados são as doenças infecciosas virais mais comuns. Geralmente causados por rinovírus, os resfriados são doenças geralmente leves e autolimitantes. Os fármacos para resfriados podem ajudar a moderar os sintomas, mas não promovem a cura. Cada infecção induz uma imunidade protetora específica, mas o grande número de vírus opõe-se a uma imunidade protetora completa ou à produção de vacinas.

**29.8** • A gripe é causada por um vírus de RNA que contém um genoma segmentado e pode ser facilmente transmitida por via respiratória. Surtos de gripe podem ocorrer anualmente devido à plasticidade do genoma viral. A variação antigênica modifica a natureza do envelope viral com pequenas alterações, causando as epidemias sazonais. Por outro lado, a mudança antigênica proporciona grandes alterações no genoma viral, o que pode desencadear pandemias de gripe periódicas. Vigilância e imunização são utilizadas para controlar esta doença.

**29.9** • Estafilococos são, geralmente, habitantes benignos do trato respiratório superior e da pele, mas várias doenças graves podem ser resultado da infecção piogênica por estas bactérias ou pela atividade de suas exotoxinas. A resistência a antibióticos é comum, até mesmo em infecções adquiridas em comunidade. As linhagens MRSA de *Staphylococcus aureus* podem ser muito difíceis de tratar e pode causar significativo dano tecidual.

**29.10** • Infecções por *Helicobacter pylori* são causas comuns de úlceras gástricas. Estas úlceras são, atualmente, tratadas com antibióticos como nas doenças infecciosas, proporcionando a cura permanente.

**29.11** • A hepatite viral pode levar a doenças agudas do fígado, as quais podem ser seguidas por doenças crônicas (cirrose). Os vírus da hepatite B e C, em particular, são transmitidos por contato direto e podem causar infecções crônicas, levando ao câncer de fígado. Estão disponíveis vacinas para os vírus da hepatite A e B. As hepatites virais são importantes problemas de saúde pública devido tanto à alta infectividade dos vírus quanto à falta de tratamento efetivo contra a doença.

**29.12** • A gonorreia e a sífilis, causadas por *Neisseria gonorrhoeae* e *Treponema pallidum*, respectivamente, são organismos que transmitem DSTs com potencial de causar sérias consequências, se as infecções não forem tratadas. Nos Estados Unidos, a incidência de gonorreia diminuiu nos últimos anos, mas a da sífilis se elevou.

**29.13** • Das DSTs, a clamidiose é a mais prevalente e, se permanecer não tratada, pode causar complicações graves tanto em homens quanto em mulheres. O herpes-vírus simples pode causar infecções incuráveis transmitidas por contato oral ou genital com herpes 1 ou herpes 2, respectivamente. O papilomavírus humano causa doenças sexualmente transmissíveis generalizadas e que podem culminar no câncer cervical e outros, mas vacinas eficazes contra HPV já são comercializadas.

**29.14** • O HIV é um retrovírus que destrói células do sistema imune, levando à Aids. Dessa forma, patógenos oportunistas podem, eventualmente, matar o hospedeiro. Não há cura ou vacina contra a infecção por HIV, embora fármacos antivirais possam retardar o progresso da doença. A prevenção contra a infecção por HIV requer educação e meios de evitar comportamentos de alto-risco que envolva troca de fluidos corporais.

## REVISÃO DOS TERMOS-CHAVE

**Carga viral** avaliação quantitativa do número de vírus presentes em um organismo hospedeiro, geralmente no sangue.

**Cirrose** destruição da arquitetura normal do fígado, resultando em fibrose.

**Doença sexualmente transmissível (DST)** infecção cuja forma usual de transmissão dá-se pelo contato sexual.

**Escarlatina** característica erupção avermelhada, resultante da ação de uma exotoxina produzida por *Streptococcus pyogenes*.

**Febre reumática** doença inflamatória autoimune, desencadeada por uma resposta imune a uma infecção por *Streptococcus pyogenes*.

**Hepatite** inflamação do fígado, geralmente causada por um agente infeccioso.

**Inibidor da integrase** fármaco que interrompe o ciclo de replicação do HIV, interferindo na integrase – uma proteína do HIV que catalisa a integração do DNA de dupla-fita de origem viral ao DNA celular.

**Inibidor de fusão** um polipeptídeo sintético que se liga às glicoproteínas virais, inibindo a fusão do vírus às membranas da célula hospedeira.

**Inibidor de protease** composto que inibe a ação da protease viral, ligando-se diretamente ao sítio catalítico e impedindo o processamento de proteínas virais.

**Inibidor nucleosídico de transcriptase reversa (NRTI)** composto análogo a um nucleosídeo que inibe a ação da transcriptase reversa viral, pela competição com nucleosídeos.

**Inibidor não nucleosídico de transcriptase reversa (NNRTI)** composto não nucleosídico que inibe a atividade da transcriptase reversa viral, ligando-se diretamente ao sítio catalítico.

**Meningite** inflamação das meninges (tecido cerebral), algumas vezes causada por *Neisseria meningitidis*, caracterizada pela instalação rápida de um quadro de cefaleia, vômitos e rigidez no pescoço, muita vezes progredindo para o coma em horas.

**Meningococcemia** doença grave de rápido progresso causada por *Neisseria meningitidis*, caracterizada por septicemia, coagulação intravascular e choque.

**Mudança antigênica** grandes mudanças nos antígenos do vírus da gripe, devido a um rearranjo gênico.

**Papilomavírus humano (HPV)** um vírus sexualmente transmitido que provoca verrugas genitais, neoplasia cervical e câncer.

**Patógeno oportunista** é um organismo que causa doença na ausência da resistência normal do hopedeiro.

**Pertússis (coqueluche)** doença causada por uma infecção do trato respiratório superior por *Bordetella pertussis*, caracterizada por tosse profunda e persistente.

**Sífilis congênita** sífilis transmitida da mãe para o bebê durante a gestação.

**Síndrome do choque tóxico (TSS)** choque sistêmico agudo, resultante da resposta de um hospedeiro a uma exotoxina produzida por *Staphylococcus aureus*.

**Teste de tuberculina** teste cutâneo para verificar a ocorrência de infecção prévia por *Mycobacterium tuberculosis*.

**Variação antigênica** pequenas mudanças nos antígenos do vírus da gripe, decorrentes de mutação gênica.

## QUESTÕES PARA REVISÃO

1. Por que as bactérias gram-positivas provocam doenças respiratórias com maior frequência do que as bactérias gram-negativas? (Seção 29.1)

2. Quais os sintomas típicos de uma infecção respiratória estreptocóccica? Por que as infecções estreptocóccicas devem ser prontamente tratadas? (Seção 29.2)

3. Descreva o agente etiológico e os sintomas da difteria e da coqueluche. Por que a incidência de difteria declinou nos Estados Unidos, enquanto a de coqueluche é mais elevada do que uma década atrás? (Seção 29.3)

4. Descreva o processo de infecção por *Mycobacterium tuberculosis*. A infecção sempre resulta em tuberculose ativa? Por que sim ou por que não? Como é a exposição do *M. tuberculosis* detectado em seres humanos? (Seção 29.4)

5. Descreva os sintomas da meningococcemia e da meningite. De que forma essas doenças são tratadas? Qual o prognóstico para cada uma delas? (Seção 29.5)

6. Compare e diferencie sarampo, caxumba e rubéola. Inclua uma descrição do patógeno, os principais sintomas e quaisquer consequências potenciais dessas infecções. Por que é importante que as mulheres sejam vacinadas contra a rubéola antes da puberdade? (Seção 29.6)

7. Por que os resfriados são as doenças respiratórias mais comuns? Por que as vacinas não são utilizadas na prevenção de resfriados? (Seção 29.7)

8. Por que a gripe é uma doença respiratória tão comum? De que forma as vacinas contra gripe são escolhidas e produzidas? (Seção 29.8)

9. Faça a diferenciação entre os estafilococos patogênicos e aqueles que pertencem à microbiota normal. (Seção 29.9)

10. Descreva que evidências relacionam *Helicobacter pylori* às úlceras gástricas. Como você trataria um paciente com úlcera? (Seção 29.10)

11. Descreva os principais vírus patogênicos causadores da hepatite. Como estes vírus se relacionam entre si? Como ocorre a disseminação de cada um? (Seção 29.11)

12. Por que a incidência da gonorreia sofreu um significativo aumento em meados da década de 1960, enquanto a incidência da sífilis diminuiu nesse mesmo período? (Seção 29.12)

13. Em relação às doenças sexualmente transmissíveis, clamidiose, herpes e papilomavírus humano, descreva o organismo que causa cada uma. Em cada caso, responda se o tratamento é possível, e em caso afirmativo se corresponde a uma cura efetiva. Por que sim ou por não? (Seção 29.13)

14. Descreva de que forma o vírus da imunodeficiência humana (HIV) interrompe, de forma eficaz, a imunidade humoral, assim como a imunidade celular. Por que o desenvolvimento de vacinas contra o HIV é tão difícil? (Seção 29.14)

## QUESTÕES APLICADAS

1. Por que você tem um ou mais episódios de resfriados por ano, mas, se você tem sarampo, a doença é de ocorrência única?

2. Por que a tuberculose frequentemente promove uma redução permanente da capacidade pulmonar, enquanto a maioria das demais doenças respiratórias provoca somente problemas respiratórios temporários? Mundialmente, a prevalência da tuberculose é muito elevada, porém a doença ativa é bastante inferior. Explique.

3. Seu colega de dormitório retorna para casa durante o fim de semana, adoece gravemente, recebendo o diagnóstico de meningite bacteriana em um hospital local. Pelo fato de o indivíduo encontrar-se ausente, as autoridades universitárias não estão cientes de sua doença. Que medidas você deve adotar para proteger-se contra a meningite? Você deveria notificar as autoridades de saúde da universidade?

4. Diferencie uma infecção por HIV em comparação com qualquer outra infecção viral descrita neste capítulo, independentemente do modo de transmissão. Por que os casos não tratados de infecção por HIV inevitavelmente levam à morte, enquanto casos não tratados de catapora, gripe ou mesmo hepatite normalmente não o fazem?

5. Discuta a biologia molecular da mudança antigênica em vírus *influenza* e comente as consequências imunológicas para o hospedeiro. Por que a mudança antigênica impede a produção de uma única vacina de eficácia universal contra a gripe? Em seguida, compare a mudança antigênica com a variação antigênica. Qual provoca maior modificação antigênica? Qual traz maiores problemas para o desenvolvimento de vacinas? Por quê?

6. Como diretor do grupo de orientação de saúde pública de seu alojamento estudantil, você está encarregado de prestar informações sobre clamidiose, herpes, tricomoníase (ver Capítulo 32) e papilomavírus humano, todas DSTs. Além do conteúdo deste livro, onde você pode obter informações confiáveis sobre DSTs e qual informação você poderia apresentar? Para cada uma dessas doenças, discuta as questões individuais e de saúde pública que devem ser abordadas.

CAPÍTULO

# 30 Doenças virais e bacterianas transmitidas por vetores e pelo solo

## microbiologiahoje

### Morcegos vampiros e a raiva

A raiva é uma doença que se manifesta em animais de sangue quente – principalmente mamíferos – causada por um vírus de RNA. O vírus da raiva desencadeia uma encefalite aguda e pode eventualmente provocar a morte do animal. Mais de 55.000 pessoas, principalmente crianças, morrem todos os anos de raiva no mundo todo. A maioria das mortes por raiva está conectada a mordidas de cães raivosos. Os casos de raiva humana oriundos de mordidas de animais selvagens, como raposas, guaxinins ou gambás, são raros. Nos Estados Unidos, a maioria dos casos de raiva humana, que ocorrem em uma média de cerca de três por ano, estão ligados a mordidas de morcegos.

Ao menos 47 espécies de morcegos habitam os Estados Unidos e o Canadá. A maioria destes possui uma dieta de insetos ou frutas. Um morcego que não é nativo desta parte da América do Norte é o morcego vampiro – uma espécie que se alimenta de sangue (foto). Os morcegos vampiros são animais do Novo Mundo e habitam climas quentes. Eles habitam desde o México até regiões do extremo sul, como a Argentina, e até 2010 nenhum caso de raiva humana nos Estados Unidos havia sido associado a uma mordida de morcego vampiro. No entanto, em agosto do mesmo ano, um trabalhador imigrante morreu de raiva em Louisiana. O trabalhador havia sido mordido por um morcego duas semanas antes, no México, e estava começando a apresentar alguns dos sintomas neurológicos da raiva. Menos de um mês depois o trabalhador faleceu, e amostras coletadas no momento da necropsia revelaram a infecção por uma linhagem de vírus da raiva anteriormente associada ao morcego vampiro.[1]

Esta morte em decorrência da raiva sinaliza a possibilidade de surgimento de um novo meio de transmissão grave da doença nos Estados Unidos. Com as mudanças climáticas mundiais impulsionando o aparecimento de climas subtropicais, considerados ideais para o morcego vampiro, em regiões mais ao norte, é provável que estes morcegos comecem em breve a habitar regiões ao sul dos Estados Unidos. E uma vez que os morcegos vampiros se alimentam de sangue, estes poderiam se tornar novos e importantes vetores da raiva, transmitindo a doença para animais de criação e outros que não são normalmente associados à doença.

[1]Balsamo, G., et al. 2011. Human rabies from exposure to a vampire bat in Mexico–Louisiana, 2010. *Morbidity and Mortality Weekly Report. 60:* 1050–1052.

I Doenças virais transmitidas por animais 886

II Doenças virais e bacterianas transmitidas por artrópodes 888

III Doenças bacterianas transmitidas pelo solo 898

Neste capítulo, enfocaremos as doenças virais e bacterianas transmitidas aos seres humanos por animais, artrópodes e pelo solo. Patógenos transmitidos por animais se originam em hospedeiros vertebrados não humanos, e estas populações de animais infectados podem transmitir infecções aos seres humanos. Alguns artrópodes são vetores de doenças, disseminando patógenos a novos hospedeiros por meio da picada. Os patógenos transmitidos pelo solo são disseminados por meio do contato direto com o solo ou pelo contato com peles/couros de animais infectados. Algumas das doenças que iremos explorar neste capítulo produzem apenas sintomas brandos e são normalmente autolimitadas. Porém, a maioria das doenças é altamente perigosa e apresenta sintomas que representam risco de vida, bem como altas taxas de mortalidade. Estas incluem doenças temidas como a raiva, síndromes causadas por hantavírus, febre amarela e peste.

# I • Doenças virais transmitidas por animais

Uma **zoonose** é uma doença de animais transmissível aos seres humanos, geralmente por contato direto, aerossóis ou mordidas. A imunização e o cuidado veterinário controlam várias doenças infecciosas de animais domésticos, reduzindo a transmissão de muitas doenças zoonóticas aos seres humanos. No entanto, os animais selvagens (silvestres) não são imunizados, nem recebem cuidados veterinários, tornando-se potenciais fontes de zoonoses. As doenças em animais podem ser **enzoóticas**, presentes endemicamente em determinadas populações, ou **epizoóticas**, com a incidência alcançando proporções epidêmicas. Nesta unidade, enfocamos nossa discussão em duas importantes doenças enzoóticas virais, a raiva e as síndromes por hantavírus, ambas potencialmente transmissíveis aos seres humanos.

## 30.1 Vírus da raiva e a raiva

A **raiva** ocorre em animais selvagens, e os principais reservatórios enzoóticos do vírus são guaxinins, gambás, coiotes, raposas e morcegos (ver página 885). Um pequeno número de casos de raiva pode ser observado anualmente em animais domésticos (**Figura 30.1**).

### Sintomas e patologia da raiva

A raiva é causada por um rabdovírus, um vírus de RNA de fita simples negativa (⇄ Seção 9.9), que infecta as células do sistema nervoso central da maioria dos animais de sangue quente, provocando invariavelmente a morte, uma vez que os sintomas já tenham se desenvolvido. O vírus (**Figura 30.2*a***), presente na saliva de animais raivosos, penetra no corpo por meio da lesão decorrente de uma mordedura ou pela contaminação de membranas mucosas pela saliva infectada. O vírus da raiva multiplica-se no sítio de inoculação, migrando em seguida ao sistema nervoso central. O período de incubação até o aparecimento dos sintomas é altamente variável, dependendo do animal, da extensão, da localização e da profundidade da lesão, assim como do número de partículas virais transmitidas pela mordedura. Em cães, o período de incubação da doença é de menos de duas semanas. Em seres humanos, contrariamente, podem decorrer nove meses ou mais antes de os sintomas da raiva tornarem-se aparentes.

A proliferação do vírus ocorre no cérebro (especialmente no tálamo e no hipotálamo). A infecção provoca febre, excitação, dilatação das pupilas, salivação excessiva e ansiedade. O receio em deglutir (hidrofobia, um nome antigo para a doença) é decorrente de espasmos incontroláveis da musculatura da garganta, e a morte eventualmente resulta de paralisia respiratória. Em seres humanos, a raiva *não tratada* que progride para o estágio sintomático geralmente é fatal. Felizmente para ambos, animais domésticos e seres humanos, existe uma vacina contra a raiva bastante eficaz. Esta vacina mantém baixa a incidência de raiva em animais domésticos (Figura30.1*a*) e é uma raridade o aparecimento de casos em seres humanos.

### Diagnóstico, tratamento e prevenção da raiva

O diagnóstico laboratorial da raiva é realizado por meio de exames de amostras de tecido para o vírus. Testes com anticorpos fluorescentes que identificam o vírus da raiva em tecidos cerebrais são utilizados para confirmar o diagnóstico da doença em

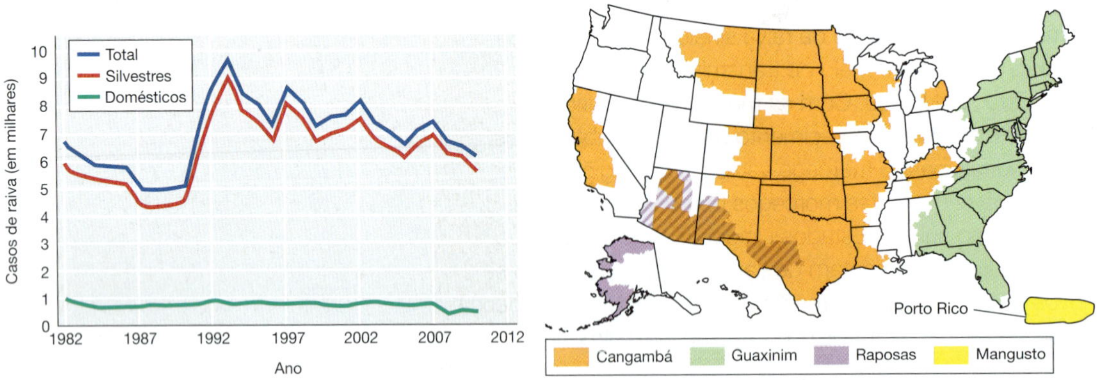


*(a)* **Incidência de raiva nos Estados Unidos**

*(b)* **Principais vetores da raiva nos Estados Unidos**

**Figura 30.1 Casos de raiva em animais silvestres e domésticos nos Estados Unidos.** *(a)* Incidência anual de raiva. Casos em seres humanos correspondem a menos de 5 por ano.*(b)* Os principais reservatórios do vírus da raiva. Em algumas áreas, por exemplo, sudoeste do Texas, cangambás e raposas são os principais reservatórios da raiva. Mais de 90% de todos os casos de raiva relatados ocorrem em animais selvagens. Entretanto, os números reais são provavelmente significativamente maiores do que os apresentados, em parte devido aos casos não diagnosticados e às carcaças de animais raivosos que não são encontradas. Dados fornecidos pelo Centers for Disease Control and Prevention, Atlanta, Georgia, EUA.

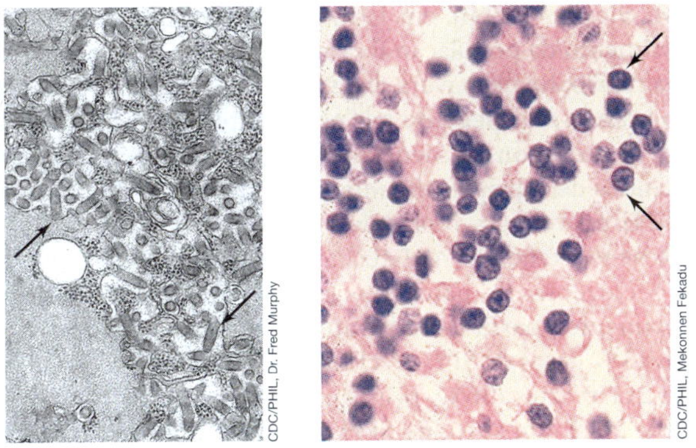


(a) (b)

**Figura 30.2 Vírus da raiva.** *(a)* Os vírus da raiva, em forma de projétil (setas), apresentados nesta micrografia eletrônica de transmissão de uma secção de tecido proveniente de um animal infectado, medem cerca de 75 × 180 nm. *(b)* Patologia da raiva em seres humanos. No tecido cerebral, o vírus da raiva origina inclusões citoplasmáticas características denominadas corpúsculos de Negri (setas), que contêm os antígenos do vírus da raiva. Os corpúsculos de Negri possuem cerca de 2 a 10 μm diâmetro.

exames *post mortem*. A presença de corpos de inclusão do vírus, denominados *corpúsculos de Negri*, é observada no citoplasma de células nervosas coradas para observação sob microscopia óptica, de modo que a presença destas estruturas características confirma a infecção pelo vírus da raiva (Figura 30.2*b*).

Como a raiva é uma doença extremamente grave, foram estabelecidas orientações concretas para o tratamento de uma possível exposição humana à raiva, cujos detalhes podem ser encontrados na seção de raiva do *site* da Organização Mundial de Saúde (http://www.WHO.int). Em resumo, as diretrizes afirmam que se um animal selvagem ou de rua for suspeito de ser raivoso, este deve ser imediatamente examinado para se comprovar a presença do vírus da raiva. Se um animal doméstico, geralmente cão, gato ou furão, morder um ser humano, especialmente em casos de mordedura não provocada, o animal deve ser mantido em quarentena por um período de 10 dias, verificando-se quanto ao desenvolvimento dos sinais clínicos da raiva. Caso o animal exiba os sintomas da raiva, ou se a determinação definitiva do diagnóstico não for possível após 10 dias, o paciente deve ser submetido à imunização passiva com imunoglobulina antirrábica (anticorpos humanos purificados contra o vírus da raiva), inoculada tanto no sítio da mordedura quanto por via intramuscular. O paciente deve também ser imunizado ativamente com uma vacina contendo vírus rábicos. Devido à progressão bastante lenta da raiva em seres humanos, essa combinação de terapia imune passiva e ativa (Seção 24.6) apresenta eficácia próxima a 100%, interrompendo o desenvolvimento da doença ativa.

A disseminação da raiva é prevenida principalmente pela imunização. Nos Estados Unidos, vacinas antirrábicas contendo vírus inativados são utilizadas na imunização tanto de seres humanos quanto de animais domésticos. A imunização antirrábica profilática é recomendada para indivíduos sob risco elevado, como veterinários, tratadores de animais, pesquisadores de animais e indivíduos que trabalham em pesquisas com a raiva ou em laboratórios que produzem a vacina antirrábica. O problema da raiva está relacionado principalmente com os animais selvagens (Figura 30.1), em que estratégias de vacinação tradicionais são impossíveis de serem concretizadas. No entanto, ensaios experimentais com uma vacina antirrábica oral administrada na forma de "iscas" alimentares reduziram a incidência e a propagação da raiva em regiões geográficas limitadas. Se a imunidade coletiva (Seção 28.2) puder ser estabelecida em alguns dos principais carreadores da raiva (Figura 30.1*b*), é possível reduzir a incidência da doença de forma drástica. Alguns estados e países, como o Havaí e a Grã-Bretanha, são livres de raiva, e qualquer animal importado para estas áreas está sujeito à quarentena.

Embora a raiva seja prevenível por vacina, cerca de 55.000 pessoas morrem anualmente de raiva, principalmente nos países em desenvolvimento da Ásia e África, onde a raiva é enzoótica em animais domésticos devido a práticas de vacinação inadequadas. Em todo o mundo, aproximadamente 14 milhões de pessoas recebem anualmente tratamento profilático para a raiva após exposição, e nos Estados Unidos, mais de 20.000 indivíduos recebem este tratamento. Menos de três casos de raiva humana são relatados nos Estados Unidos a cada ano, quase sempre como resultado de mordidas de animais selvagens. Como animais domésticos são com frequência expostos a animais selvagens, cães e gatos são rotineiramente vacinados contra a raiva desde os 3 meses de idade. Animais de fazenda de grande porte, especialmente cavalos, também são imunizados com frequência contra a raiva.

**MINIQUESTIONÁRIO**

- Qual é o procedimento adequado para se tratar um indivíduo que foi mordido por um animal se este último não puder ser encontrado?
- Qual a principal vantagem que uma vacina oral possui sobre uma vacina parenteral (injetada) para o controle da raiva em animais selvagens?

## 30.2 Hantavírus e síndromes por hantavírus

Os hantavírus causam duas doenças graves e emergentes, a **síndrome pulmonar por hantavírus (SPH)**, uma doença respiratória e cardíaca aguda, e a **febre hemorrágica com síndrome renal (FHSR)**, uma doença aguda, caracterizada por choque e insuficiência renal. Ambas as doenças são causadas por hantavírus transmitidos por roedores infectados. A denominação hantavírus é derivada de Hantaan, Coreia, o sítio de um surto de febre hemorrágica onde o vírus foi reconhecido pela primeira vez como um patógeno de seres humanos.

### Sintomas e patologia das síndromes por hantavírus

Os hantavírus são vírus envelopados, que contêm um genoma de RNA de fita simples negativa, organizado de forma segmentada (**Figura 30.3**; Seção 9.9); os hantavírus são relacionados com outros vírus de febres hemorrágicas, como o vírus da febre de Lassa e o vírus Ebola (Seção 28.7). Os hantavírus infectam roedores, incluindo camundongos, ratos, lemingues e ratos do mato, sem provocar a doença nestes animais. O vírus é transmitido a partir destes reservatórios para os seres humanos por meio da inalação de excrementos de roedores contaminados pelo vírus. Os seres humanos são hospedeiros acidentais e são infectados apenas quando entram em contato com roedores, seus resíduos ou a sua saliva.

A SPH é caracterizada por um aparecimento súbito de febre, dor muscular, redução do número de plaquetas no sangue, juntamente com um aumento no número de leucócitos

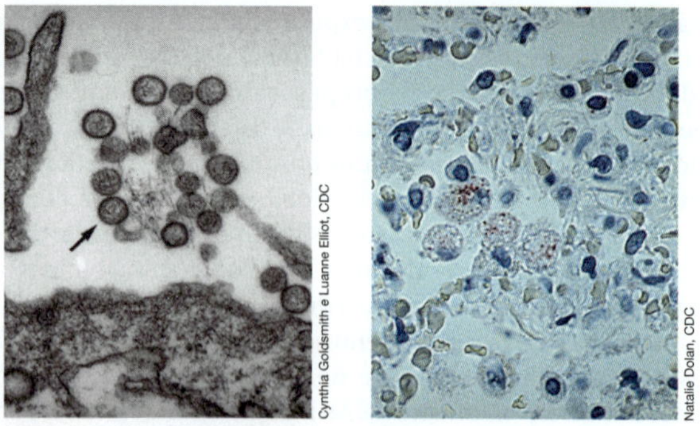


(a) (b)

**Figura 30.3** **Hantavírus.** *(a)* Micrografia eletrônica do hantavírus *Sin Nombre*. A seta indica um de diversos vírions que possuem cerca de 100 nm de diâmetro. *(b)* Imunocoloração de antígenos de hantavírus Andes presentes em macrófagos alveolares. Cada região granular corada em azul-escuro corresponde à infecção celular de um macrófago individual (cada célula possui diâmetro aproximado de 15 μm).

circulantes e hemorragia. A morte, quando acontece, leva vários dias, e normalmente é consequência de choque sistêmico e complicações cardíacas precipitadas pela saída de fluido para dentro dos pulmões, provocando asfixia e falência cardíaca. Estes sintomas são característicos dos hantavírus, mas outros sintomas, como insuficiência renal, são comuns dependendo da linhagem do vírus que está causando a doença. A FHSR é caracterizada por dor de cabeça intensa, dores nas costas e abdominal, disfunção renal e diversas complicações hemorrágicas. As linhagens SPH são mais prevalentes nas Américas, enquanto as linhagens FHSR estão mais comumente associadas a surtos ocorridos na Eurásia. As linhagens SPH normalmente apresentam uma taxa de mortalidade significativamente maior do que as linhagens FHSR.

Os hantavírus podem ser cultivados, porém devem ser manipulados sob cuidados de biossegurança de nível 4 (NBS-4; ⟲ Seção 27.1). No mundo das doenças infecciosas, os hantavírus e outros patógenos virais NBS-4 são considerados "os piores dos piores" e, dessa forma, são manipulados nos Estados Unidos pela Divisão de Patógenos Especiais, do Centers for Disease Control and Prevention em Atlanta (Georgia, EUA) (Explore o mundo microbiano, "Manipulando vírus de febres hemorrágicas").

### Epidemiologia, diagnóstico e prevenção das síndromes por hantavírus

Um importante surto de SPH ocorreu nos Estados Unidos próximo a "Four Corners", uma região do Arizona, Colorado, Novo México e Utah, em 1993. O surto resultou do rápido crescimento da população do camundongo silvestre existente na região, na primavera de 1993. O inverno anterior havia sido brando e foi seguido por abundantes chuvas de primavera, o que levou ao fornecimento de níveis elevadamente incomuns de suprimentos alimentares para os ratos. O surto de SPH provocou a morte de 32 das 53 pessoas infectadas (60% de mortalidade), enfatizando o perigo potencial de surtos decorrentes de patógenos que podem ser transmitidos diretamente a partir de reservatórios animais. No total, ocorreram 587 casos de SPH nos Estados Unidos, de 1993 a 2011, com 211 mortes (36%), principalmente nos estados do oeste. Em 2012, um surto de SPH afetando 10 pessoas ocorreu no Parque Nacional de Yosemite (Califórnia, EUA), com três mortes. A incidência de infecções por linhagens FHSR é muito maior do que por linhagens SPH. É estimado que 200.000 infecções ocorram anualmente, principalmente na China, Coreia e Rússia, porém as taxas de mortalidade são normalmente muito baixas.

As síndromes por hantavírus podem ser diagnosticadas por técnicas imunológicas que identificam anticorpos anti-hantavírus em amostras de sangue. Estas incluem imunoensaios (Figura 30.3*b* e ⟲ Seção 27.9) que detectam tanto uma exposição ao vírus quanto a robustez da resposta imune. A presença do genoma RNA dos vírions circulantes também pode ser detectada por RT-PCR (⟲ Seções 11.3 e 27.10), a partir de amostras de tecidos ou sangue do paciente.

Não existe tratamento ou vacina vírus-específico para as doenças causadas por hantavírus. O tratamento equivale ao isolamento, repouso, reidratação e alívio dos demais sintomas. As infecções por hantavírus podem ser prevenidas evitando-se o contato com roedores e seus hábitats. A destruição dos hábitats dos camundongos, da restrição de suprimentos alimentares (p. ex., mantendo os alimentos em recipientes fechados), e medidas agressivas de extermínio de roedores são as únicas formas de controle efetivas, uma vez que as medidas de vigilância revelaram que em áreas que sofreram surtos por hantavírus, uma elevada porcentagem da população de roedores carreia o vírus.

**MINIQUESTIONÁRIO**

- Por que os hantavírus são considerados um importante problema de saúde públicanos Estados Unidos?
- Descreva a propagação dos hantavírus para os seres humanos. Quais são algumas das medidas eficazes na prevenção da infecção por hantavírus?

# II • Doenças virais e bacterianas transmitidas por artrópodes

Os patógenos podem ser disseminados aos hospedeiros a partir da picada de um artrópode vetor infectado pelo patógeno. Nas doenças virais e bacterianas que consideraremos aqui – doenças causadas por riquétsias, febre amarela e da dengue, doença de Lyme e a peste –, os seres humanos são apenas *hospedeiros acidentais* do patógeno. O *reservatório* do patógeno é o vetor artrópode. No entanto, as enfermidades podem ser devastadoras e frequentemente fatais.

## 30.3 Doenças por riquétsias

As **riquétsias** são bactérias pequenas, de existência estritamente intracelular, e são associadas a artrópodes hematófagos, como pulgas, piolhos ou carrapatos. Discutimos a biologia das riquétsias na Seção 15.1. Das doenças que as riquétsias podem causar em seres humanos e outros vertebrados, as mais importantes são *febre do tifo*, *febre maculosa (febre maculosa das*

# EXPLORE O MUNDO MICROBIANO

## Manipulando vírus de febres hemorrágicas

A Divisão de Patógenos Especiais do Centers for Disease Control and Prevention (CDC) em Atlanta, Geórgia (EUA), é especializado na manipulação de um subgrupo de patógenos perigosos, os *vírus de febres hemorrágicas*. Esses vírus são os agentes mais letais conhecidos e causam uma série de febres hemorrágicas virais (FHV), incluindo as síndromes por hantavírus e o Ebola.

CDC/PHIL, James Gathany

**Figura 1** **Nível de biossegurança 4.** Os microbiologistas se preparam adequadamente antes de entrarem no laboratório de NBS-4 do CDC. As vestimentas possuem fornecimento de ar filtrado e são positivamente pressurizadas a fim de prevenir a retrolavagem do ar ou de partículas provenientes do laboratório.

Os vírus de febres hemorrágicas são manipulados com padrões de biossegurança de nível 4 (NBS-4) (**Figura 1**). O NBS-4 corresponde ao nível de contenção biológica mais elevado, sendo utilizado somente na manipulação de amostras que apresentam doenças de grande risco à vida e para as quais não existe tratamento ou vacinas efetivas. Os vírus FHV definitivamente se enquadram nesta categoria, uma vez que causam sintomas graves que afetam múltiplos sistemas corporais e apresentam uma alta taxa de mortalidade.

Nos Estados Unidos, as únicas FHVs endêmicas são causadas por hantavírus. Em relação aos hantavírus, conhecemos os vetores e hospedeiros e também como prevenir as infecções em seres humanos. Contudo, os vetores e mecanismos de transmissão de vários vírus de febres hemorrágicas são desconhecidos. Por exemplo, o vírus Ebola (**Figura 2**) é endêmico em regiões rurais na África Central e dissemina-se rapidamente entre os seres humanos. Ocorreram sete surtos importantes de Ebola na África desde 1976, sendo o último em 2009, e os resultados foram devastadores. Por exemplo, de 1.748 casos confirmados de Ebola, 1.162 foram fatais (mortalidade de 67%). Obviamente, infecções por Ebola em indivíduos de uma área de alta densidade populacional acarretariam emergências médicas devastadoras. O principal objetivo da Divisão de Patógenos Especiais é avaliar algo que não acontece todo dia.

As taxas de mortalidade altamente esmagadoras das FHVs as tornam algumas das doenças mais temidas, e, assim, pesquisas para a produção de vacinas e para a busca de tratamentos estão em um processo contínuo. Enquanto isso, a Divisão

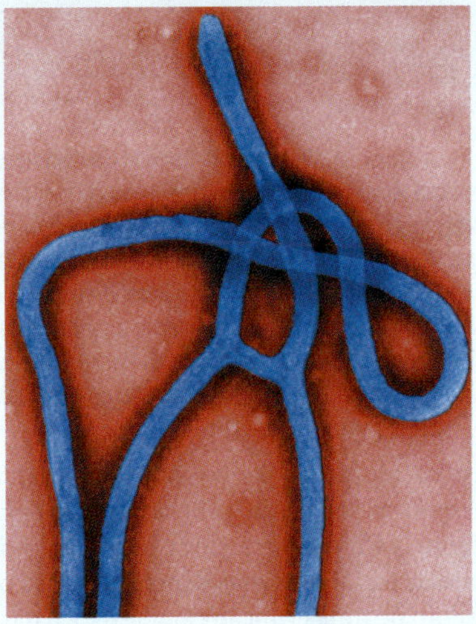

CDC/PHIL, Cynthia Goldsmith

**Figura 2** **Vírus Ebola.** Micrografia eletrônica de transmissão colorida de uma preparação corada negativamente de vírions do vírus Ebola. Um único vírion possui cerca de 80 nm de diâmetro.

de Patógenos Especiais do CDC continua focada no atual cenário da doença. A divisão é responsável pelo manejo de pacientes acometidos por hantavírus nos Estados Unidos, desenvolvendo ferramentas de diagnóstico para identificar vírus conhecidos e emergentes causadores de FHVs, e atuam na compreensão da biologia, patologia e transmissão destes perigosos agentes patogênicos. Um objetivo importante é ser capaz de prever surtos de FHVs, identificando-os rapidamente quando ocorrerem, implementando medidas adequadas para interromper o surto o mais rápido possível. Para mais informações sobre a Divisão de Patógenos Especiais do CDC, acesse o *site*: http://www.cdc.gov/.



*Montanhas Rochosas)* e *erliquiose*. As riquétsias ainda não foram cultivadas em meios artificiais, contudo podem ser cultivadas em animais de laboratório, piolhos e carrapatos, culturas celulares de tecidos de mamíferos e em saco vitelino de embriões de galinha (ver Figura 30.6*b*). Em animais, o crescimento ocorre principalmente em fagócitos, como os macrófagos.

As riquétsias são divididas em três grupos, de acordo com as doenças clínicas que provocam. Os grupos são: (1) o *grupo do tifo*, tipificado por *Rickettsia prowazekii*; (2) o *grupo da febre maculosa*, tipificado por *Rickettsia rickettsii*; e (3) o *grupo de erliquiose*, caracterizado por *Ehrlichia chaffeensis*.

### O grupo do tifo: *Rickettsia prowazekii*

O **tifo** é transmitido de um ser humano a outro pelo piolho comum, presente no corpo ou na cabeça (**Figura 30.4*a***), e os seres humanos são os únicos mamíferos hospedeiros conhecidos para o tifo. Durante a I Guerra Mundial, uma epidemia de tifo disseminou-se pela Europa Oriental, provocando aproximadamente três milhões de mortes. Historicamente, o tifo foi um problema para as tropas militares em períodos de guerra. Em virtude das condições restritas e de pouca higiene características das operações de infantaria militar em período de guerra, os piolhos foram facilmente transmitidos entre os soldados e o tifo disseminou-se em proporções epidêmicas. Até a II Guerra Mundial, o tifo causou mais mortes em militares do que os próprios combates.

As células de *R. prowazekii* são introduzidas por meio da pele, quando a lesão causada pela picada do piolho é contaminada por suas fezes, a principal fonte de células de riquétsias. Durante um período de incubação de 1 a 3 semanas, o orga-

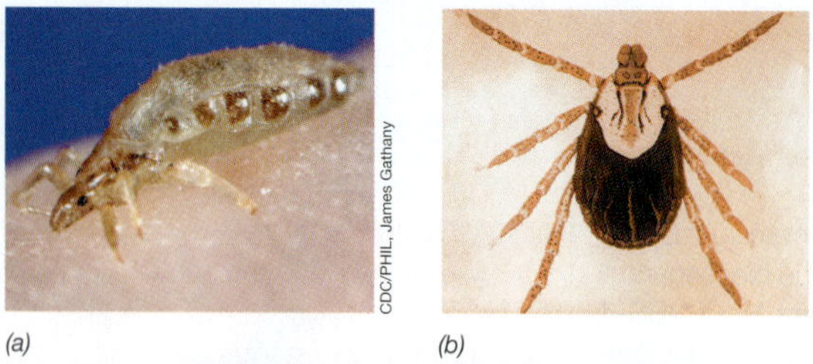


**Figura 30.4** **Vetores artrópodes das doenças causadas por riquétsias.** *(a)* Uma fêmea de piolho, cerca de 3 mm de comprimento, que pode transportar *Rickettsia prowazekii*, o agente desencadeador do tifo. Além disso, o piolho pode transportar *Borrelia recurrentis*, o agente da febre recorrente, e *Bartonella quintana*, o agente da febre das trincheiras. *(b)* O carrapato-do-cão americano que carreia *Rickettsia rickettsii*, o agente causador da febre maculosa das Montanhas Rochosas, possui cerca de 5 mm de comprimento, mas pode se expandir para três vezes este tamanho quando cheio de sangue.

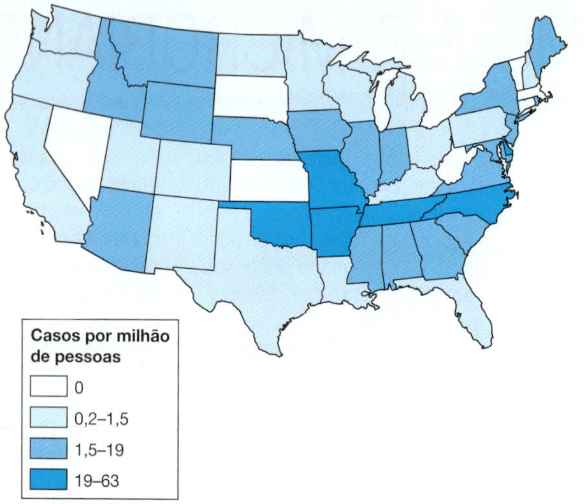


**Figura 30.5** **Febre maculosa (febre maculosa das Montanhas Rochosas) nos Estados Unidos, em 2010.** Apesar do nome, os casos de febre maculosa estão atualmente concentrados nos estados do Leste e Centro-Sul, a Oeste de Oklahoma.

nismo multiplica-se no interior das células que revestem os pequenos vasos sanguíneos. Em seguida, os sintomas do tifo (febre, cefaleia e fraqueza corporal generalizada) tornam-se evidentes. Alguns dias depois, pode-se observar o desenvolvimento de uma erupção característica nas axilas, que geralmente se dissemina por todo o corpo, exceto face, regiões palmares das mãos e sola dos pés. As complicações do tifo não tratado incluem danos ao sistema nervoso central, aos pulmões, aos rins e ao coração. O tifo epidêmico apresenta taxa de mortalidade de até 30%. A tetraciclina e o cloranfenicol são comumente empregados no controle de infecções causadas por *R. prowazekii*. *Rickettsia typhi*, o organismo causador do tifo murino, é outro importante patógeno do grupo do tifo e também pode infectar os seres humanos. Uma vacina contra o tifo encontra-se disponível, porém é normalmente administrada apenas para aqueles indivíduos que viajam para áreas endêmicas para a doença.

## O grupo da febre maculosa: *Rickettsia rickettsii*

A **febre maculosa,** comumente chamada de *febre maculosa das Montanhas Rochosas (FMMR)*, foi inicialmente reconhecida no oeste dos Estados Unidos por volta de 1900, embora atualmente seja mais prevalente na Região Centro-Sul (**Figura 30.5**). A FMMR é causada por *R. rickettsii*, sendo transmitida aos seres humanos por várias espécies de carrapatos, principalmente o carrapato-do-cão (Figura 30.4*b*) e o carrapato-do-mato. Mais de 2.000 indivíduos são acometidos pela doença anualmente nos Estados Unidos, um aumento significativo desde 2002, provavelmente devido ao aumento das atividades humanas em áreas infestadas por carrapatos. Os seres humanos contraem o patógeno a partir da picada de um carrapato; as células de riquétsia estão presentes na glândula salivar do carrapato e nos ovários das fêmeas.

As células de *R. rickettsii*, diferentemente de outras riquétsias, desenvolvem-se no interior do núcleo da célula hospedeira, assim como no citoplasma (**Figuras 30.6*a, c***). Após um período de incubação de 3 a 12 dias, há o aparecimento dos sintomas característicos, incluindo febre e cefaleia intensa. Alguns dias depois, surgem erupções cutâneas sistêmicas (Figura 30.6*d*), geralmente acompanhadas por problemas gastrintestinais, como diarreia e vômitos. Os sintomas clínicos da FMMR persistem por mais de duas semanas, quando a doença não é tratada. A tetraciclina ou o cloranfenicol geralmente promove a pronta recuperação da FMMR, quando administrado precocemente no curso da infecção, e os pacientes tratados exibem mortalidade inferior a 1%. A taxa de mortalidade nos casos não tratados é

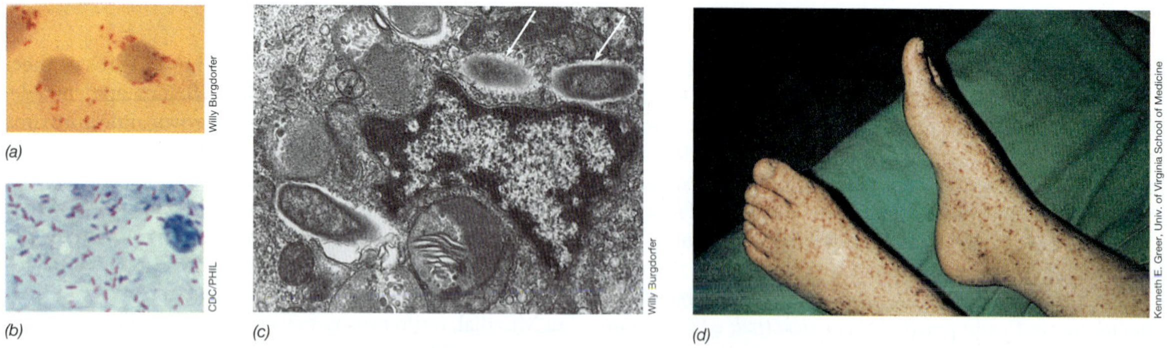


**Figura 30.6** ***Rickettsia rickettsii* e a febre maculosa das Montanhas Rochosas.** *(a)* Células de *R. rickettsii* desenvolvendo-se no citoplasma e núcleo de hemócitos de carrapato e *(b)* no saco vitelino de embriões de galinha; as células apresentam aproximadamente 0,4 μm de diâmetro. *(c)* Micrografia eletrônica de transmissão de *R. rickettsii* (setas) presente em um hemócito granular de um carrapato-do-mato infectado. *(d)* Erupção típica da febre maculosa das Montanhas Rochosas, localizada nos pés. O aparecimento de erupções ao longo de todo o corpo é indicativo da febre maculosa das Montanhas Rochosas, auxiliando na diferenciação clínica entre esta doença e o tifo, em que as erupções não são observadas em todo o corpo.

semelhante à da febre do tifo, de até 30%. Não existe nenhuma vacina efetiva comercialmente disponível contra a FMMR.

## Erliquiose e anaplasmose transmitidas por carrapatos

O gênero *Ehrlichia* e outros relacionados (Seção 15.1) são responsáveis por duas doenças emergentes transmitidas por carrapatos, nos Estados Unidos, *erliquiose monocítica humana (EMH)* e *anaplasmose granulocítica humana (AGH)*. As riquétsias que causam a EMH são *Ehrlichia chaffeensis* e *Rickettsia sennetsu*, e aquelas que causam a AGH são *Ehrlichia ewingii* e *Anaplasma phagocytophilum*.

O início dessas doenças causadas por riquétsias, clinicamente indistinguíveis, caracteriza-se por sintomas semelhantes àqueles da gripe, podendo incluir febre, cefaleia, indisposição, alterações na função hepática e diminuição do número de leucócitos. Os leucócitos periféricos apresentam visíveis inclusões de células, um indicador diagnóstico para as doenças (Figura 30.7). Os sintomas, exceto as inclusões, são similares a outras infecções por riquétsias e as doenças podem variar de subclínicas a fatais. As complicações em longo prazo decorrentes da evolução de casos não tratados podem incluir insuficiência respiratória e renal, assim como um grave comprometimento neurológico.

AGH e EMH são disseminadas por carrapatos infectados de várias espécies, e os mamíferos reservatórios do patógeno incluem cervos, alguns roedores, além dos hospedeiros humanos. Nos Estados Unidos, a AGH ocorre principalmente no Centro-Oeste superior e no litoral da Nova Inglaterra, enquanto a EMH está concentrada no Centro-Oeste inferior e na Costa Leste; em conjunto, são reportados cerca de 2.000 casos de AGH e EMH anualmente, com predominância de casos de EMH. O diagnóstico das síndromes causadas por riquétsias não é específico, uma vez que a erupção cutânea observada pode ser confundida com outras doenças, como a febre escarlatina, ou até mesmo sarampo e sífilis. O diagnóstico confirmativo dessas doenças por riquétsias requer ensaios imunológicos, incluindo anticorpos fluorescentes ou imunoensaios, ou ainda análises baseadas em PCR a fim de detectar a presença do DNA do patógeno.

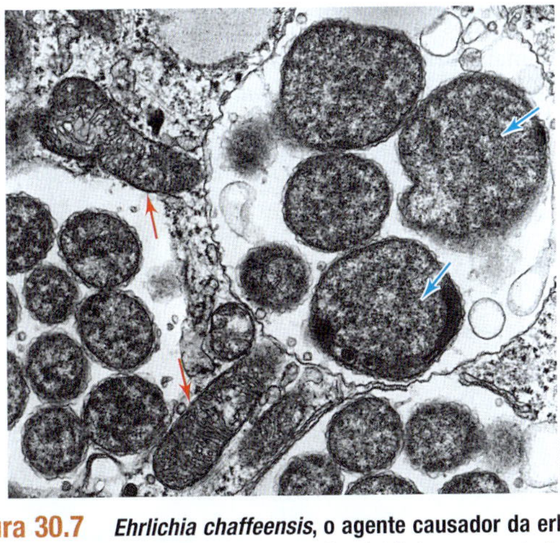


**Figura 30.7** ***Ehrlichia chaffeensis*, o agente causador da erliquiose monocítica humana (EMH).** A micrografia eletrônica apresenta inclusões presentes em um monócito humano, o qual contém grandes números de células de *E. chaffeensis*. As setas azuis indicam duas entre muitas bactérias presentes em cada inclusão. As células de *E. chaffeensis* apresentam diâmetro variando de 0,3 a 0,9 μm. As mitocôndrias são indicadas por setas vermelhas.

A prevenção da AGH e da EMH envolve a minimização da exposição aos carrapatos e suas picadas, evitando-se os hábitats dos carrapatos, fazendo uso de vestimentas apropriadas e pela aplicação de repelentes contendo dietil-*m*-toluamida (DEET). Outra boa prática preventiva é realizar um autoexame cuidadoso a procura de carrapatos, após caminhar por trajetos que são hábitats destes artrópodes, e removê-los imediatamente, tomando cuidado para que todo o aparato bucal do carrapato seja removido caso o mesmo já se encontre aderido à pele. A doxiciclina, um antibiótico tetraciclina, é o fármaco de escolha no tratamento de AGH e EMH. Não existem vacinas disponíveis comercialmente para a prevenção da AGH e da EMH.

## Febre Q

A *febre Q* é uma infecção semelhante à pneumonia, causada por um parasita intracelular obrigatório, *Coxiella burnetii*, uma bactéria relacionada com as riquétsias (Seção 15.1). Embora não transmitida diretamente aos seres humanos por picada de inseto, as células de *C. burnetii* são transmitidas a animais, como ovelhas, gado bovino e caprinos, por picadas de insetos, e destes reservatórios para os seres humanos. Os animais domésticos geralmente desenvolvem infecções inaparentes, porém podem liberar grandes quantidades de células de *C. burnetii* em na urina, fezes, leite e outros fluidos corporais. Os animais infectados ou os produtos oriundos de animais contaminados, tais como lã, carne e leite, são fontes potenciais de infecção para os seres humanos. A doença resultante, similar à gripe, pode progredir, promovendo quadros de febre prolongada, cefaleia, calafrios, dores no peito, pneumonia e endocardite (inflamação do revestimento interno do coração). Nos Estados Unidos, a febre Q é mais prevalente nos estados rurais que possuem grandes populações de animais de fazenda ou rancho, e apenas cerca de 150 casos são relatados anualmente.

Da mesma forma que as infecções causadas por riquétsias, o diagnóstico laboratorial da infecção por *C. burnetii* é normalmente realizado por meio de testes imunológicos, desenvolvidos para detectar os anticorpos produzidos pelo hospedeiro contra o patógeno. O agente da febre Q responde bem à tetraciclina, e a terapia antibiótica deve ser iniciada rapidamente em qualquer caso suspeito para se evitar o desenvolvimento de endocardite e danos às válvulas do coração. A febre Q também corresponde a um potencial agente de guerra biológica (Seção 28.8).

**MINIQUESTIONÁRIO**

- Quais são os vetores artrópodes e os hospedeiros animais do tifo, febre maculosa, riquetsiose, erliquiose e anaplasmose?
- Quais medidas preventivas podem ser tomadas para se evitar infecções por riquétsias?

## 30.4 Doença de Lyme e *Borrelia*

A **doença de Lyme** é uma doença transmissível por carrapatos que acomete seres humanos e outros animais. A doença de Lyme recebeu esta denominação porque os primeiros casos foram reconhecidos em Old Lyme, Connecticut, sendo atualmente a doença transmissível por carrapatos mais prevalentes nos Estados Unidos. A doença de Lyme é causada pela infecção por um espiroqueta, *Borrelia burgdorferi* (Figura 30.8; Seção 14.20), transmitido pela picada de carrapatos infectados. Os carrapatos que albergam as células de *B. burgdorferi*

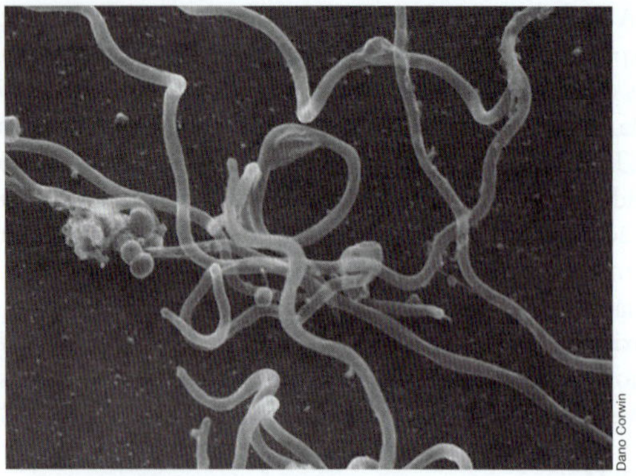

**Figura 30.8** **Micrografia eletrônica de varredura do espiroqueta de Lyme, *Borrelia burgdorferi*.** O diâmetro de uma única célula é de aproximadamente 0,4 μm.

alimentam-se do sangue de pássaros, animais domésticos, vários animais silvestres e seres humanos.

A *B. burgdorferi* também é de interesse para outras áreas além da medicina, uma vez que é apenas uma entre várias bactérias que contêm um cromossomo linear (em oposição a um circular); cromossomos não lineares são conhecidos em arqueias (⇄ Seção 4.3).

## Patologia, diagnóstico e tratamento da doença de Lyme

As células de *B. burgdorferi* são transmitidas aos seres humanos enquanto o carrapato se alimenta do sangue (**Figura 30.9*a***). Há o desenvolvimento de uma infecção sistêmica, levando aos sintomas agudos da doença de Lyme, que incluem cefaleia, dor nas costas, calafrios e fadiga. Em cerca de 75% dos casos de Lyme, em uma semana observa-se uma erupção cutânea circular concêntrica, também chamada de "olho de boi", no local da picada do carrapato (Figura 30.9*b,c*). Durante a fase aguda, a doença de Lyme pode ser prontamente tratada com tetraciclina ou penicilina.

Quando não tratada, a doença de Lyme pode evoluir para um estágio crônico, que se estabelece de semanas a meses após a picada inicial do carrapato, provocando artrite em cerca da metade dos indivíduos infectados. Comprometimentos neurológicos, como paralisia, fraqueza dos membros e danos cardíacos também podem ser observados. Em casos não tratados, as células de *B. burgdorferi* que infectam o sistema nervoso central podem permanecer dormentes por longos períodos antes de causarem sintomas crônicos adicionais, incluindo distúrbios visuais, problemas na movimentação dos músculos faciais ou convulsões. Interessantemente, os sintomas da doença de Lyme crônica, especialmente o comprometimento neurológico, assemelham-se aos sintomas da sífilis crônica, causada por um espiroqueta distinto, *Treponema pallidum* (⇄ Seções 14.20 e 29.12). Todavia, diferente da sífilis, a doença de Lyme não é transmitida por contato humano.

Até o momento, não foram identificadas toxinas ou outros fatores de virulência associados à patogênese da doença de Lyme, porém o patógeno desencadeia uma resposta imune robusta. Anticorpos surgem em resposta a *B. burgdorferi* de 4 a 6 semanas após a infecção, podendo ser detectados por meio de vários ensaios imunológicos. No entanto, pelo fato de os anticorpos contra os antígenos de *B. burgdorferi* persistirem por anos após a infecção, a presença de anticorpos não indica necessariamente infecção recente. Um teste de PCR (⇄ Seção 11.3) também se encontra em uso para a detecção do DNA de *B. burgdorferi* em fluidos e tecidos corporais. A doença de Lyme é geralmente diagnosticada clinicamente e apenas confirmada posteriormente por meio de ensaios laboratoriais. Se um paciente apresenta sintomas da doença de Lyme e outros achados, como tiques faciais ou artrite, história de exposição recente a carrapatos ou exibe o eritema característico da doença (Figura 30.9), é realizado um diagnóstico presuntivo de doença de Lyme, iniciando-se o tratamento com antibióticos.

O tratamento da doença de Lyme aguda é normalmente realizado com doxiciclina ou amoxicilina por 20 a 30 dias. No caso de pacientes apresentando sintomas neurológicos ou cardíacos decorrentes da infecção por *B. burgdorferi*, a administração intravenosa de ceftriaxona é indicada, uma vez que este antibiótico atravessa a barreira hematoencefálica, eliminando os espiroquetas presentes no sistema nervoso central.

## Epidemiologia e prevenção da doença de Lyme

Os cervos e o camundongo do campo de pata branca são os principais mamíferos reservatórios de *B. burgdorferi*, na região Nordeste dos Estados Unidos, um foco de infecção (ver Figura 30.11). Estes animais tornam-se infectados por meio das picadas de carrapatos-de-cervos, *Ixodes scapularis* (**Figura 30.10**), embora

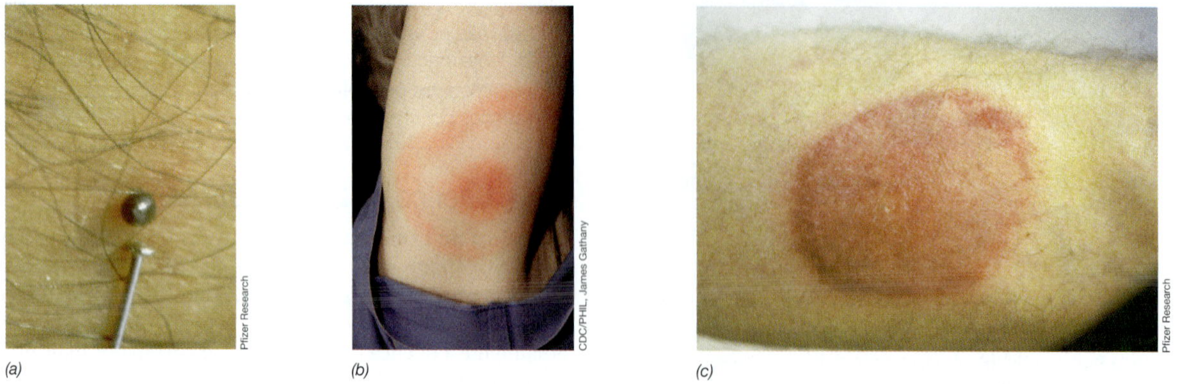

**Figura 30.9** **Infecção da doença de Lyme.** *(a)* Transmissão a partir de um carrapato-do-cervo alimentando-se de sangue humano. *(b), (c)* Erupção característica associada à doença de Lyme. A erupção inicia-se no sítio da picada e desenvolve-se de forma circular concêntrica, *(b)* ou na forma de "olho de boi" *(c)* durante um período de vários dias. Este exemplo típico de erupção apresenta diâmetro aproximado de 5 cm.

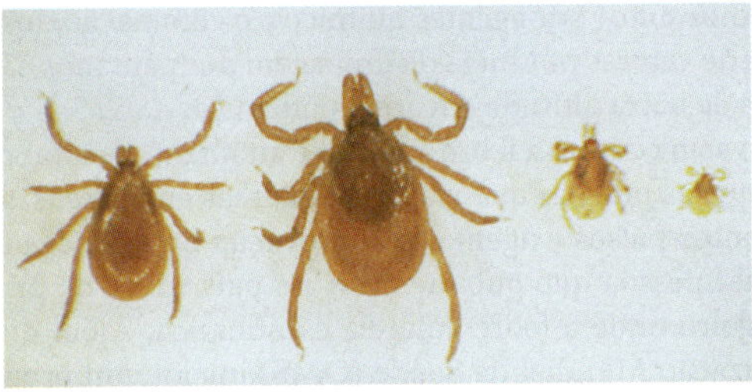


**Figura 30.10 Carrapatos-de-cervos, os principais vetores da doença de Lyme.** Da esquerda para a direita encontram-se carrapatos adultos macho e fêmea, ninfa e larva. O comprimento da fêmea adulta é de aproximadamente 3 mm. Embora todos os estágios alimentem-se de sangue humano, a ninfa e a forma adulta da fêmea do carrapato são as principais responsáveis pela transmissão de *Borrelia burgdorferi*.

alguns outros carrapatos possam também transmitir o espiroqueta de Lyme. A doença de Lyme foi também identificada na Europa e Ásia. Nestes países, tanto o carrapato vetor quanto as espécies de *Borrelia* diferem daqueles dos Estados Unidos, o que reflete que a doença de Lyme apresenta uma ampla distribuição geográfica. Porém, em todos os casos, a doença é provocada por espécies relacionadas de *Borrelia* patogênicas, transmitidas aos seres humanos pelos carrapatos vetores.

Os carrapatos vetores são geralmente menores que vários outros carrapatos, podendo facilmente passar despercebidos. Além disso, ao contrário dos vetores de outras doenças transmissíveis por carrapatos (Figura 30.4), uma porcentagem muito elevada dos carrapatos de cervos alberga células de *B. burgdorferi*.

Ambos estes fatores – pequeno tamanho do vetor e alta ocorrência do patógeno – sem sombra de dúvidas contribuem para o fato da doença de Lyme ser a infecção transmitida por vetores mais frequentemente relatada nos Estados Unidos. Nos Estados Unidos, a maioria dos casos de doença de Lyme foi relatada no Nordeste e Centro-Oeste – regiões do país com abundância de cervos –, porém foram observados casos em praticamente todos os Estados (**Figura 30.11**). A incidência da doença de Lyme nos Estados Unidos é significativa, com mais de 30.000 casos notificados em 2011.

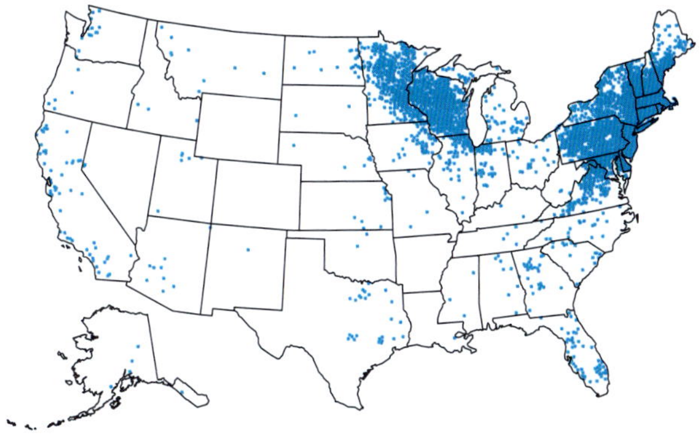

**Figura 30.11 A doença de Lyme nos Estados Unidos, em 2011.** Cada ponto representa um caso confirmado. Casos confirmados e prováveis totalizaram mais de 36.000, com 96% destes localizados em 13 estados nas regiões superiores do Centro-Oeste e da Costa Leste. A doença de Lyme é notificada ao Sistema Nacional de Vigilância de Doenças Notificáveis, do Centers for Disease Control and Prevention, Atlanta, Georgia, EUA.

Como no caso de qualquer infecção transmitida por carrapatos, a prevenção da doença de Lyme se inicia evitando o contato com o vetor. Os repelentes de insetos contendo DEET ou a utilização de camisas de manga comprida com colarinho alto e punhos são bastante eficazes, assim como um autoexame criterioso de corpo inteiro, a fim de se verificar a presença de carrapatos após a estadia em um ambiente infestado por estes vetores. Vacinas contra a doença de Lyme estão disponíveis para a imunização de animais domésticos, porém nenhuma vacina humana está em uso atualmente.

**MINIQUESTIONÁRIO**

- Quais são os principais sintomas da doença de Lyme?
- Nos Estados Unidos, onde a doença é mais prevalente?
- Defina métodos de prevenção da infecção por *Borrelia burgdorferi*.

## 30.5 Febre amarela e febre da dengue

Várias doenças transmissíveis por artrópodes são causadas por flavivírus. Estes são vírus de RNA fitas imples, sentido positivo (Seção 9.8), transmitidos pela picada de um artrópode infectado. Devido a esta forma de transmissão característica, estes vírus são também chamados de *arbovírus* (vírus transmitidos por *ar*trópodes).

Muitas doenças humanas graves são causadas por arbovírus, incluindo vários tipos de encefalite e febres hemorrágicas. Aqui, consideramos duas doenças potencialmente fatais causadas por flavivírus, ainda bastante comuns em países em desenvolvimento, a febre amarela e a dengue. Ambos os vírus são transmitidos pelo mesmo vetor, mosquitos infectados do gênero *Aedes** (**Figura 30.12**), e alguns dos sintomas das doenças são similares.

### Febre amarela

A febre amarela é uma doença endêmica de climas tropical e subtropical, especialmente na América Latina e na África. Brasil, Colômbia, Venezuela e partes da Bolívia e Peru, em conjunto com a maioria dos países da África Central Subsaariana, apresentam a maior incidência. A febre amarela está ausente dos Estados Unidos, exceto em indivíduos não vacinados que contraem a doença por meio de viagens para áreas endêmicas. O vírus da febre amarela é relacionado ao vírus da dengue (ver adiante), ao vírus do Oeste do Nilo (Seção 30.6) e determinados vírus que causam encefalite. A febre amarela

* N. de R.T. Entre os anos de 2012 e 2014, foram introduzidos no Brasil dois novos vírus também capazes de serem transmitidos pelo mosquito *Aedes aegypti:* os vírus Chikungunya e Zika. O vírus Chikungunya causa infecções de sintomatologia inicial semelhante à dengue, porém, os sintomas mais importantes incluem dores intensas na articulações (artralgia). Diferentemente da dengue, que é uma doença aguda, os sintomas da febre chikungunya (especificamente o acometimento das articulações) podem perdurar por períodos superiores a oito meses. Outra diferença importante é que o vírus Chikungunya não é um flavivírus, como o vírus da dengue, mas sim um alfavírus da família **Togaviridae** (mesma família dos vírus da caxumba e rubéola). O vírus Zika, por sua vez, é um flavivírus que normalmente causa infecções brandas em seres humanos, caracterizadas pelo surgimento de febre súbita e exantema máculo-papular, com raro acometimento das articulações. Estes sintomas perduram por quatro a oito dias e desaparecem sem deixar sequelas. Em 2015, no entanto, numerosos casos de microcefalia em crianças recém-nascidas, no Brasil, têm sido atribuídos à infecção da gestante, principalmente no primeiro trimestre de gestação. Embora dados epidemiológicos relacionem a infecção pelo vírus Zika ao desenvolvimento da microcefalia, ainda não há, até o momento da escrita desta nota, comprovação causal científica desta relação.

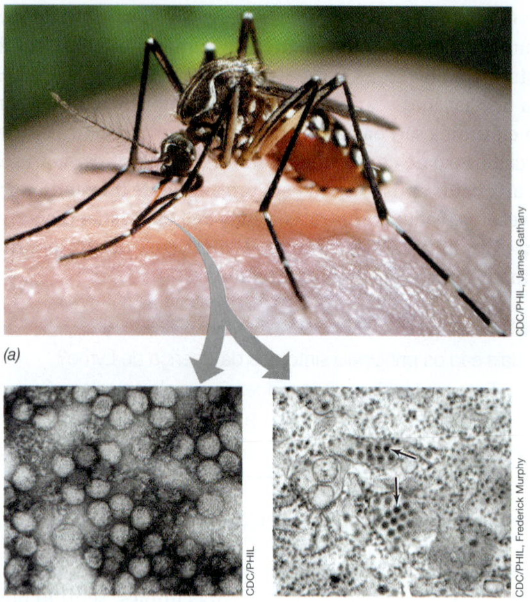


**Figura 30.12 Febre amarela e febre da dengue.** *(a)* Os vírus da febre amarela e da dengue são ambos transmitidos pela picada de um mosquito *Aedes aegypti* infectado. Micrografias eletrônicas de transmissão do *(b)* vírus da febre amarela e *(c)* do vírus da dengue (setas, em uma amostra de tecido). Ambos os vírus da febre amarela e da dengue possuem cerca de 50 nm de diâmetro e são vírus de RNA sentido positivo, que se replicam por meio da formação de uma poliproteína, como no poliovírus (Figura 9.16).

é apenas uma entre várias doenças infecciosas para as quais são realizados o isolamento e a quarentena (Seção 28.5). No caso da febre amarela, embora a doença não seja transmitida de pessoa a pessoa, o isolamento dos casos ativos impede que os mosquitos locais se alimentem de sangue de indivíduos infectados e transmitam a doença para outras pessoas.

Após a picada de um mosquito infectado, o vírus da febre amarela se multiplica nos linfonodos e em certas células do sistema imunológico e, eventualmente, se desloca para o fígado. Uma vez que o indivíduo esteja infectado, os sintomas variam de nenhum a importantes falências de órgãos e morte. A maioria dos indivíduos infectados apresenta febre moderada acompanhada de calafrios, dor de cabeça e nas costas, náuseas e outros sintomas que não são úteis para o diagnóstico. Provavelmente, estes são casos em que o sistema imune tem a infecção sob controle. No entanto, em cerca de um em cada cinco casos de febre amarela, a doença entra em sua fase tóxica, caracterizada por icterícia (daí a origem do nome, *febre amarela*) e por uma hemorragia na boca, olhos e trato gastrintestinal. Esta fase desencadeia o aparecimento de crises de vômitos sanguinolentos, e com a permanência do sangramento ocorre choque tóxico e falência múltipla de órgãos. Cerca de 20% dos casos que chegam a este estágio são fatais. Os seres humanos e primatas não humanos são os principais reservatórios para o vírus da febre amarela.

A febre amarela é completamente prevenível por uma vacina eficaz. Uma vacina contra a febre amarela foi desenvolvida na década de 1930, sendo amplamente utilizada por militares e equipes de apoio em campos de batalha em áreas tropicais. Historicamente, a doença tem sido controlada por uma combinação de vacinação e eliminação da população do vetor (mosquito) por agentes químicos, e eliminação dos criadouros de vetores por meio da drenagem dos pântanos e zonas úmidas de baixa altitude em áreas endêmicas.

A vacina contra a febre amarela é altamente recomendada para aquelas pessoas que viajam para áreas endêmicas, sendo que muitos países exigem a comprovação de vacinação para qualquer pessoa que queira entrar no país vindo de um país estrangeiro onde a febre amarela é endêmica. Além disso, a Organização Mundial de Saúde (OMS) iniciou um programa de vacinação em massa na África. Apesar da disponibilidade de uma vacina, a OMS estima que a cada ano cerca de 200.000 casos de febre amarela sejam relatados, a maioria casos não declarados, e que cerca de 15% de todos os casos são fatais. Nenhum tratamento para a febre amarela é conhecido. No entanto, uma vez que a doença é diagnosticada, geralmente por meio da detecção de anticorpos contra o vírus em amostras de sangue, o paciente é isolado, com orientações de repouso e medicamentos para o controle dos sintomas. A recuperação sem a passagem pela fase de toxemia se deve à resposta imune.

## Febre da dengue

Como a febre amarela, a febre da dengue é transmitida por mosquitos do gênero *Aedes* (Figura 30.12) e é uma doença de regiões tropicais e subtropicais. Até 100 milhões de casos de dengue são estimados em todo o mundo anualmente, concentrados no México, América Latina, Índia, Indonésia e África (Figura 28.11).

A dengue se inicia com febre alta, dor de cabeça ou nas articulações e, em alguns pacientes, dor intensa nos olhos e erupção cutânea sistêmica. A maioria dos indivíduos infectados se recupera sem cuidados médicos em uma semana, sem sintomas adicionais, provavelmente devido a uma resposta imune ao vírus da dengue. Contudo, da mesma forma que na febre amarela, a infecção de dengue pode apresentar um curso mais grave da doença e resultar na *febre hemorrágica da dengue*. Esta condição é caracterizada por sintomas intensos que podem incluir sangramentos do nariz e gengivas, vômitos e/ou fezes sanguinolentas, dor abdominal intensa, estresse respiratório e uma sensação geral de mal-estar. A pressão sanguínea de um paciente com dengue pode cair drasticamente durante a fase de febre hemorrágica, e uma pequena porcentagem destes casos é fatal. O tratamento para a dengue consiste principalmente no alívio dos sintomas, particularmente a desidratação pela perda de sangue e outros fluidos. Diferente da febre amarela, não existe nenhuma vacina eficaz para a dengue, e, assim, repouso e alívio dos sintomas, mesmo em casos de febre hemorrágica da dengue, é o único tratamento eficiente.

A dengue pode ser controlada por meio da eliminação do vetor ou do contato com o vetor. Uma extensa pulverização química para a erradicação do mosquito foi amplamente praticada em centros urbanos do sul dos Estados Unidos, o que manteve a dengue em evidência no século XX. Atualmente, no entanto, programas de pulverização são menos comuns e as mudanças climáticas globais estão alterando os padrões de temperatura nas regiões situadas mais ao norte para um perfil tropical. Em resposta, o mosquito *Aedes* se consolidou nas regiões Sul e Central dos Estados Unidos. Além do *Aedes aegypti* (Figura 30.12), o mosquito tigre asiático (*Aedes albopictus*), que está se disseminando rapidamente nos Estados Unidos, também carreia o vírus da dengue. A drenagem de pequenas poças de água, como aquelas localizadas em pneus descartados ou outros locais de acúmulo de água, remove os criadouros do mosquito e reduz consideravelmente as chances de um surto de dengue. A proteção pessoal contra picadas de mosquitos utilizando repelentes de insetos eficientes e roupas apropriadas também é um meio comprovado de prevenção da infecção.

A OMS estima que cerca de meio milhão de casos de febre hemorrágica da dengue ocorram anualmente, com cerca de 22.000 fatais. Casos de dengue nos Estados Unidos são raros, e praticamente todos são importados de áreas endêmicas. A dengue é um excelente exemplo de uma *doença emergente* (Seção 28.7), uma vez que os casos foram geograficamente restritos até meados do século XX, quando acredita-se que o comércio global possa ter transmitido espécies do mosquito *Aedes* para além de sua distribuição regional original.

**MINIQUESTIONÁRIO**

- Identifique o vetor e os reservatórios para os vírus da febre amarela e dengue.
- Diferencie os mecanismos de prevenção de infecção adotados para a febre amarela e febre da dengue.

## 30.6 Febre do Oeste do Nilo

O vírus do Oeste do Nilo (WNV, *West Nile virus*) causa a **febre do Oeste do Nilo**, uma doença viral humana que é transmitida pela picada de um mosquito, sendo assim uma doença sazonal. WNV é membro do grupo flavivírus, assim como os vírus da dengue e da febre amarela (Seção 30.5), possui capsídeo envelopado (Figura 30.13*b*), contendo um genoma de RNA de fita simples, de sentido positivo (Seção 9.8). O vírus pode invadir o sistema nervoso de seus hospedeiros de sangue quente, os quais incluem algumas espécies de pássaros e mamíferos.

### Transmissão e patologia de WNV

WNV causa doença ativa em mais de 100 espécies de aves, sendo transmitido a hospedeiros suscetíveis pela picada de um mosquito infectado. Mais de 40 espécies de mosquito podem transportar o vírus, incluindo espécies de *Culex* (Figura 30.13*a*), comum em estados centrais e orientais do Estados Unidos e em centros urbanos em todo o país. As aves infectadas desenvolvem uma infecção viral sistêmica (viremia) que é frequentemente fatal. Os mosquitos que se alimentam de aves virêmicas são infectados, podendo, então, infectar outras aves suscetíveis, reiniciando o ciclo. Diferentemente dos pássaros, os seres humanos e outros animais são hospedeiros terminais, pois não desenvolvem a viremia necessária para infectar os mosquitos.

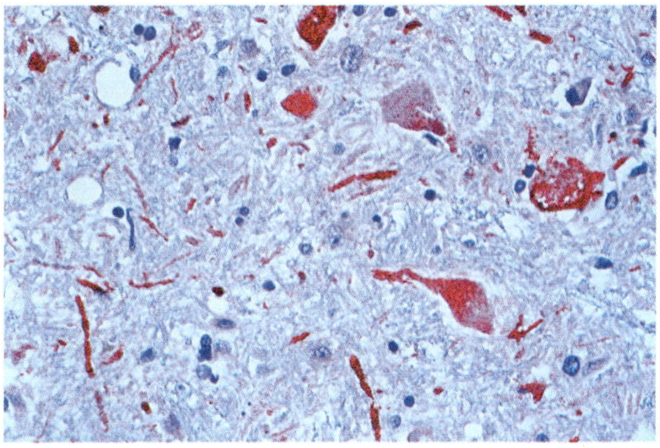


**Figura 30.14 Encefalite do Oeste do Nilo.** Secção de tecido cerebral de uma vítima de encefalite do Oeste do Nilo. As áreas vermelhas no tecido são neurônios contendo o vírus do Oeste do Nilo, detectado por meio de uma técnica de imunomarcação.

As taxas de mortalidade para as infecções por WNV são espécie-específicas. Por exemplo, a taxa de mortalidade em seres humanos com infecções diagnosticadas corresponde a 4%, enquanto a taxa de mortalidade em cavalos é significativamente maior, e atinge aproximadamente 40%. A maioria de infecções em seres humanos é assintomática ou muito branda e não é relatada. Após um período de incubação de 3 a 14 dias, cerca de 20% dos indivíduos infectados desenvolvem a febre do Oeste do Nilo, uma enfermidade branda, que perdura por 3 a 6 dias. A febre pode ser acompanhada por cefaleia, náuseas, mialgia, erupções, linfadenopatia (edema de nódulos linfáticos) e mal-estar geral. Menos de 1% dos indivíduos infectados desenvolve doenças neurológicas graves, como *encefalite* ou *meningite do Oeste do Nilo*, devido à replicação viral nos tecidos neurais (Figura 30.14). Os adultos com mais de 50 anos parecem ser mais suscetíveis a complicações neurológicas que os demais, e os efeitos neurais podem ser permanentes. Cerca de 5% dos casos da doença que progridem para complicações neurológicas são fatais. O diagnóstico da doença por WNV inclui a avaliação dos sintomas clínicos, acompanhada pela confirmação por ensaios imunológicos da presença de anticorpos contra WNV no sangue.

### Controle e epidemiologia do WNV

A infecção por WNV em seres humanos foi primeiramente identificada na região do Oeste do Nilo na África, em 1937,

(a)

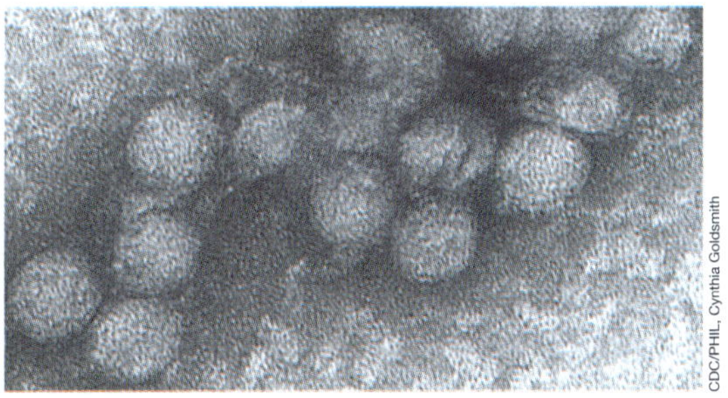


(b)

**Figura 30.13 Vírus do Oeste do Nilo.** *(a)* O mosquito *Culex quinquefasciatus*, aqui apresentado repleto de sangue humano, é um vetor do vírus do Oeste do Nilo. *(b)* Micrografia eletrônica de um vírus do Oeste do Nilo. O vírion icosaédrico tem diâmetro aproximado de 40 a 60 nm.

UNIDADE 6

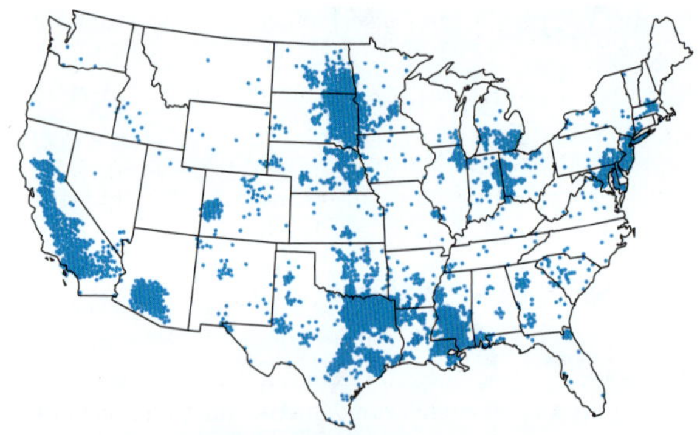

**Figura 30.15** **Doença do Oeste do Nilo nos Estados Unidos, em 2012.** O vírus provocou 5.674 casos de doença em seres humanos, com 286 mortes. Atualmente, o vírus do Oeste do Nilo é endêmico em mosquitos e pássaros ao longo dos Estados Unidos. Dados fornecidos pelo Centro de Controle e Prevenção de Doenças, Atlanta, Georgia, EUA.

disseminando-se a partir daí para o Egito e Israel. Na década de 1990, ocorreram surtos por WNV em cavalos, aves e seres humanos em países da África e Europa. Em 1999, foram relatados os primeiros casos nos Estados Unidos, na Região Nordeste, próximo à Nova York. Em três anos esta doença emergente deslocou-se da Costa Leste para o Centro-Oeste, com um ápice de casos notificados em Illinois e um número total de casos de 4.156 em todo o país. Logo em seguida, a doença se espalhou ainda mais para a região oeste, e em 2012 a maioria dos 5.674 casos totais relatados consolidou-se principalmente nas regiões Central e Centro-Sul dos Estados Unidos e Califórnia (**Figura 30.15**). Atualmente, a doença do Oeste do Nilo é enzoótica na população de aves dos Estados Unidos e apenas em baixa incidência na população humana, o seu hospedeiro acidental.

O controle da doença de WNV consiste basicamente nas mesmas medidas preventivas adotadas para outras enfermidades transmitidas por artrópodes: limitar a exposição ao mosquito utilizando repelentes de insetos ou roupas apropriadas de manga comprida com colarinho alto e punhos. A pulverização para os mosquitos possui eficácia limitada, porém a remoção dos criadouros dos vetores, particularmente fontes de água parada, é bastante útil no controle das populações. Uma vacina veterinária para o WNV é amplamente utilizada em cavalos, em que as altas taxas de mortalidade exigem um tratamento profilático adequado, porém nenhuma vacina para os seres humanos encontra-se disponível atualmente.

**MINIQUESTIONÁRIO**

- Identifique o vetor e o reservatório para o vírus do Oeste do Nilo.
- Descreva a disseminação do vírus do Oeste do Nilo nos Estados Unidos desde 1999.

## 30.7 Peste

As pandemias da **peste bubônica** foram responsáveis por mais mortes de seres humanos que quaisquer outras doenças infecciosas, exceto a malária e tuberculose (Capítulo 1 Explore o mundo microbiano, "A peste negra decifrada"). A peste é principalmente uma zoonose de roedores silvestres, porém os seres humanos podem se tornar hospedeiros acidentais quando as populações de roedores apresentam um desaparecimento gradual. A peste é causada por *Yersinia pestis*, uma bactéria Gram-negativa, aeróbia facultativa, bacilar, membro do grupo de bactérias entéricas encapsuladas (Seção 15.3) que pode ser facilmente cultivada em laboratório (**Figura 30.16**).

### Patologia e tratamento da peste

A patogênese da peste não é inteiramente conhecida, mas as células de *Y. pestis* produzem diversos fatores de virulência que contribuem para o processo da doença. Os antígenos V e W presentes na parede celular de *Y. pestis* são complexos contendo proteína-lipoproteína, os quais inibem a fagocitose pelas células do sistema imune. A *toxina murina*, uma exotoxina letal para camundongos, é produzida por linhagens virulentas de *Y. pestis*. A toxina murina é um inibidor respiratório que provoca choque sistêmico, danos hepáticos e dificuldade respiratória em camundongos. A toxina provavelmente também desempenha um papel na peste humana, uma vez que estes sintomas são comuns em pacientes com a doença. *Y. pestis* produz também uma endotoxina altamente imunogênica que pode desempenhar um papel no curso da doença.

A peste pode manifestar-se de várias formas (ver Figura 30.19). A *peste silvestre* é enzoótica entre os roedores silvestres. A peste é transmitida por diversas espécies de pulgas, sendo a principal delas a *Xenopsylla cheopis*, a pulga-do-rato (**Figura 30.17*a***). As pulgas ingerem ascélulas de *Y. Pestis* no momento em que se alimentam de sangue infectado e a bactéria se multiplica no intestino da pulga. A partir daí, a pulga infectada transmite a doença a roedores ou seres humanos na próxima picada. A forma mais comum de peste em seres humanos é a

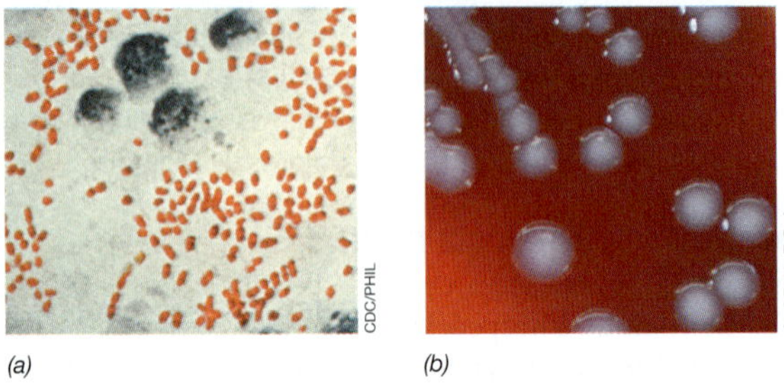


**Figura 30.16** ***Yersinia pestis.*** *(a)* Esfregaço sanguíneo contendo células de *Y. pestis* (vermelho) e algumas células brancas do sangue. As células bacterianas possuem cerca de 0,8 μm de diâmetro. *(b)* Colônias de *Y. Pestis* cultivadas em ágar-sangue.

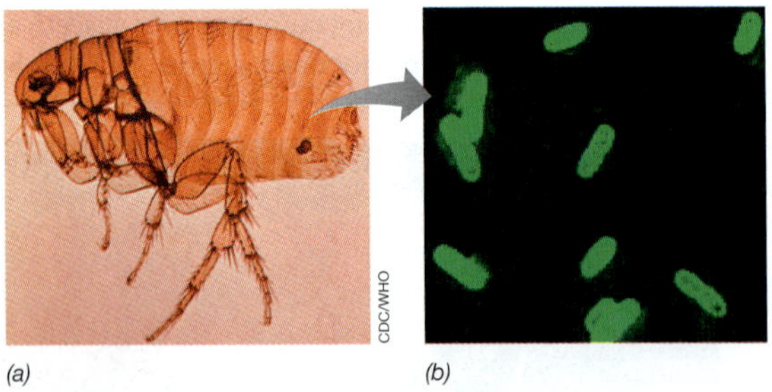


**Figura 30.17** **A pulga-do-rato, o principal vetor da peste.** *(a)* A pulga-do-rato *Xenopsylla cheopsis* carreia células de *Yersinia pestis*. A bactéria replica-se no intestino das pulgas e *(b)* células de *Y. pestis* são transmitidas a um hospedeiro por meio de uma picada do vetor. A pulga do rato foi o principal vetor nas pandemias de peste que devastaram a Europa medieval no século XIV. As células na parte *b* foram coradas com um anticorpo fluorescente, preparado contra antígenos de superfície celular de *Y.pestis*.

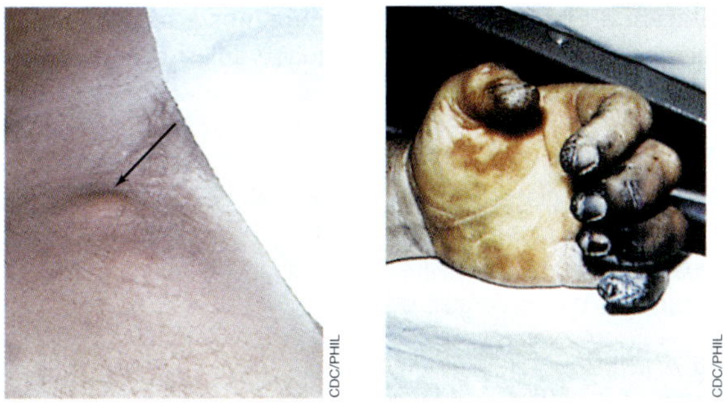


(a) (b)

**Figura 30.18** **Peste em seres humanos.** *(a)* Um bubão formado na virilha. *(b)* Gangrena e descamação da pele observadas na mão de uma vítima da peste. A peste humana pode manifestar-se de três formas diferentes: bubônica, pneumônica e septicêmica (ver Figura 30.19).

*peste bubônica.* Neste caso, as células de *Y. pestis* se deslocam para os linfonodos, onde se reproduzem e provocam inchaço local. Os linfonodos regionais e pronunciadamente intumescidos são chamados de *bubões*, estruturas que originaram o nome da doença (**Figura 30.18*a***). Os bubões tornam-se preenchidos de *Y. pestis* e a cápsula presente nas células de *Y. pestis* impede sua fagocitose e destruição pelas células do sistema imune. Bubões secundários formam-se nos linfonodos periféricos e, por fim, as células penetram na corrente sanguínea, causando septicemia. Múltiplas hemorragias locais originam manchas escuras na pele, fato que deu à peste sua denominação histórica de "Peste Negra" (Figura 30.18*b*). Se a infecção não for tratada rapidamente, os sintomas da peste (dor e intumescimento nos linfonodos, prostração, choque e delírio) geralmente progridem e causam a morte em um período de 3 a 5 dias.

A *peste pneumônica* ocorre quando células de *Y. pestis* são inaladas diretamente ou quando alcançam os pulmões por meio da circulação sanguínea ou linfática. Geralmente, os sintomas significativos estão ausentes até os últimos um ou dois dias da doença, quando são produzidas grandes quantidades de escarro sanguinolento. Cerca de 90% dos casos não tratados de peste pneumônica evoluem a óbito em 48 horas. Além disso, a peste pneumônica é altamente contagiosa, podendo disseminar-se rapidamente de um indivíduo a outro se os indivíduos infectados não forem imediatamente isolados em quarentena. A *peste septicêmica* envolve a rápida disseminação de *Y. pestis* por todo corpo humano pela corrente sanguínea, sem a formação de bubões, sendo tão grave que geralmente provoca a morte antes de ser diagnosticada.

A peste bubônica pode ser tratada com sucesso pela administração parenteral de estreptomicina ou gentamicina. Alternativamente, doxiciclina, ciprofloxacino ou cloranfenicol podem ser administrados intravenosamente. Se o tratamento for prontamente iniciado, a mortalidade decorrente da peste bubônica pode ser reduzida a menos de 5%. As pestes pneumônica e septicêmica podem também ser tratadas, contudo essas formas progridem tão rapidamente que a terapia antibiótica, mesmo quando iniciada assim que surgem os sintomas, geralmente é tardia. *Y. pestis* é um organismo que poderia ser utilizado em um ataque bioterrorista (Seção 28.8), e, nessa situação, a administração oral de doxiciclina e ciprofloxacino é recomendada como terapia antibiótica.

## Epidemiologia e controle da peste

A peste silvestre é enzoótica em diversos roedores, incluindo esquilos da terra, cães de pradaria, tâmias e camundongos; os ratos são os hospedeiros primários em comunidades urbanas e normalmente eram hospedeiros associados a episódios de peste silvestre que desencadearam pandemias humanas durante a Idade Média. As pulgas são hospedeiras intermediárias e vetores da peste, disseminando a doença entre hospedeiros roedores e seres humanos (**Figura 30.19**). A maioria dos ratos ou outros roedores infectados morre logo após os sintomas aparecerem, porém uma pequena proporção de vetores sobreviventes desenvolve uma infecção crônica, criando um reservatório persistente de células de *Y. pestis* capaz de iniciar novos surtos.

A peste é endêmica em países em desenvolvimento da África, Ásia, Américas e no centro-sul da Eurásia; a maioria dos casos é relatado na África Subsaariana. A peste pandêmica foi historicamente associada a locais insalubres, um fator importante no suporte de grandes populações de ratos. Nas zonas rurais pouco povoadas, a insalubridade não é um problema tão grande, uma vez que a doença segue seu curso à medida que a população de roedores decai gradualmente, deixando uma escassez de hospedeiros. Porém nos centros urbanos, onde hospedeiros alternativos (seres humanos) são abundantes, um surto de peste silvestre pode preparar o cenário para



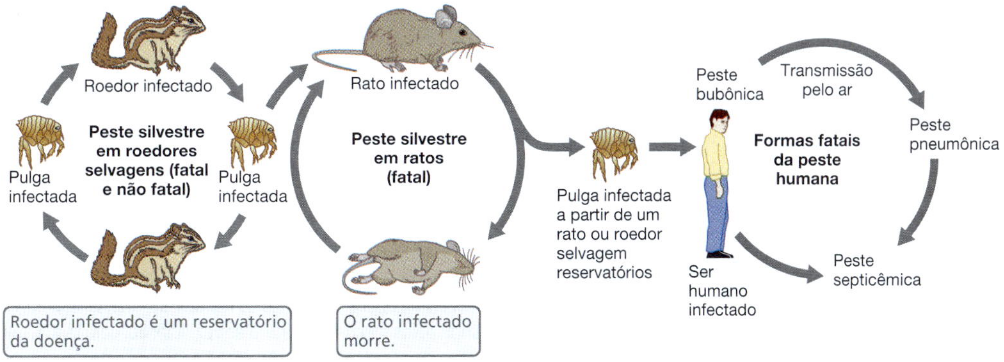


**Figura 30.19** **A epidemiologia da peste.** Em alguns roedores selvagens, a peste silvestre geralmente desencadeia apenas uma infecção branda, porém os animais doentes permanecem um reservatório de *Yersinia pestis*. Em roedores que atuam como hospedeiros disseminadores da infecção, por exemplo, ratos e em seres humanos, a peste é frequentemente fatal.Quando o roedor doméstico reservatório morre em uma epidemia, as pulgas infectadas procuram nos seres humanos um hospedeiro alternativo.

uma epidemia de peste humana. Nos Estados Unidos, apenas alguns casos de peste são diagnosticados anualmente, a maioria nos estados do sudoeste, onde a peste silvestre é enzoótica entre os roedores silvestres (Figura 30.19).

O controle da peste é realizado por meio de boas práticas sanitárias, vigilância e controle dos roedores reservatórios e vetores (pulgas de ratos), isolamento dos casos ativos e ordem de quarentena para os indivíduos que tiveram contato com pessoas doentes. Indubitavelmente, o aperfeiçoamento de práticas de saúde pública e o controle das populações de roedores limitaram a exposição dos seres humanos à peste, sendo as principais razões associadas à raridade dos surtos da doença nos países desenvolvidos.

**MINIQUESTIONÁRIO**

- Faça a diferenciação entre as pestes silvestre, bubônica, septicêmica e pneumônica.
- Qual o inseto vetor, o reservatório hospedeiro natural e o tratamento para a peste?

# IIII • Doenças bacterianas transmitidas pelo solo

## 30.8 Antraz

Algumas doenças humanas são causadas por microrganismos cujo principal hábitat é o solo, sendo o antraz um excelente exemplo. Abordamos alguns aspectos da doença do antraz na Seção 28.8, no contexto de seu uso como um potencial agente de bioterrorismo ou guerra biológica. Aqui focaremos na biologia do organismo e no processo da doença.

### Descoberta do antraz e suas propriedades

O famoso microbiologista médico pioneiro Robert Koch (Seção 1.8) foi o primeiro a isolar o agente causador da doença antraz, a bactéria formadora de endósporo *Bacillus anthracis* (**Figura 30.20*a***). Empregando camundongos capturados na natureza como animais experimentais, Koch utilizou a doença do antraz para desenvolver seus princípios de ligação de causa e efeito em doenças infecciosas – os postulados de Koch (Figura 1.20). O antraz é rapidamente fatal em camundongos, mas em seres humanos pode assumir diversas formas diferentes de infecções de pele brandas a graves, até insuficiência respiratória e morte.

O antraz é uma doença enzoótica de ocorrência mundial. O *B. anthracis* exibe uma existência saprófita em solos, se desenvolvendo como um quimiorganotrófico aeróbio e formando endósporos (Figura 30.20*b*) quando as condições forem favoráveis. A partir do solo, células ou esporos de *B. Anthracis* podem incorporar-se em pelos de animais, peles, ou outros materiais de origem animal, podendo ainda ser ingeridos, o que favorece o desenvolvimento da doença, permitindo que esporos de *B. Anthracis* sejam transmitidos para seres humanos. O antraz é observado principalmente em animais domésticos de criação, particularmente no gado bovino, ovelhas e cabras, sendo transmitido a partir destes animais para os seres humanos.

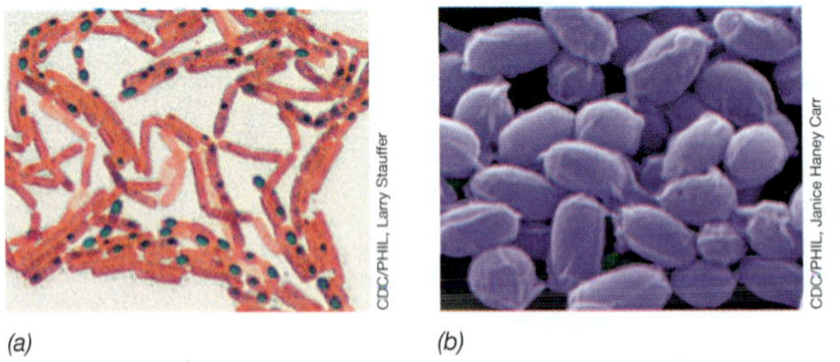


**Figura 30.20** ***Bacillus anthracis.*** O patógeno do antraz produz endósporos. *(a)* Micrografia óptica de um esfregaço corado com verde-malaquita de células de *B. anthracis* apresentando endósporos azul-esverdeados. *(b)* Micrografia eletrônica de varredura colorida de endósporos de *B. anthracis.* As células de *B. anthracis* possuem cerca de 1,2 μm de diâmetro.

### Manifestações do antraz humano

A doença antraz pode manifestar-se de uma entre três formas: cutânea (sobre a pele), intestinal e respiratória (inalação do agente). Em todas as formas, os sintomas da doença são associados a uma série de toxinas, cujo mecanismo de ação foi discutido quando consideramos o antraz como um agente de bioterrorismo na Seção 28.8. As diferentes formas do antraz apresentam uma gravidade crescente, o que é primariamente dependente do local do corpo onde estas toxinas são excretadas. A cápsula proteica incomum que circunda as células de *B. anthracis* (**Figura 30.21*a***) também é um importante fator de virulência, uma vez que previne a destruição da bactéria após a sua ingestão por macrófagos. Em vez disso, as células de *B. anthracis* se desenvolvem dentro do macrófago,eventualmente matando a célula e fornecendo ao agente acesso à corrente sanguínea.

Praticamente todos os casos de antraz humano manifestam-se sob a forma de *antraz cutâneo,* em que esporos de *B. anthracis* penetram na pele por meio de uma lesão, germinam e originam uma pústula indolor, intumescida, de coloração

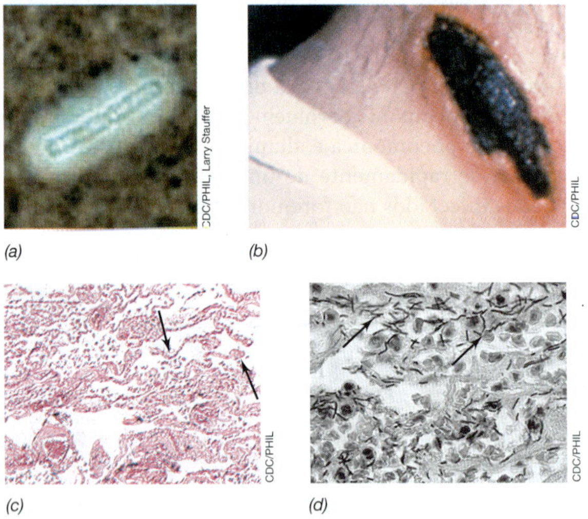


**Figura 30.21** **Patologia do antraz.** *(a)* A cápsula proteica das células de *Bacillus anthracis* é um importante fator de virulência, uma vez que previne a morte pelos macrófagos. *(b)* O antraz cutâneo, com a sua aparência característica de casca negra, no pescoço de um paciente. *(c, d)* Antraz por inalação. *(c)* O pulmão se preenche de células bacterianas (setas) e fluidos (zonas claras). *(d)* A partir da infecção sistêmica, as células de *B. anthracis* podem ser encontradas em quase todos os locais, incluindo o revestimento do sistema nervoso central (setas).

negra (Figura 30.21*b*); isto é altamente característico da doença e permite um diagnóstico efetivo, apesar do antraz humano raramente ser observado na medicina clínica. No antraz cutâneo, a bactéria geralmente permanece localizada e a doença é facilmente tratável. Embora o antraz cutâneo seja fatal em cerca de 20% dos indivíduos não tratados, a maioria dos casos é detectada e tratada devido aos sintomas bastante óbvios, e, dessa forma, fatalidades são raras. O *antraz intestinal* é bastante incomum e desenvolve-se a partir da ingestão de esporos de *B. anthracis* (Figura 30.20*b*) presente na carne malpassada de animais doentes. Os sintomas do antraz intestinal incluem dor abdominal, diarreia sanguinolenta e lesões semelhantes à úlcera ao longo de todo o trato intestinal. A doença ainda é tratável neste estágio, porém devido a sua raridade, o diagnóstico é facilmente realizado de maneira equivocada. Como resultado, cerca da metade de todos os casos de antraz intestinal é fatal.

O *antraz por inalação* é a forma mais grave da doença e é fatal em quase todos os casos (Figura 30.21 *c, d*). O antraz por inalação desenvolve-se a partir da inalação de endósporos de *B. anthracis* e, juntamente com o antraz cutâneo, é um risco ocupacional para trabalhadores agrícolas que processam lã e peles (o antraz por inalação é também conhecido como "doença dos classificadores de lã"). No antraz por inalação, o organismo penetra na corrente sanguínea a partir do pó inalado ou dos pelos de animais, e se multiplica tornando-se sistêmico. A toxemia estabelecida a partir deste crescimento descontrolado de *B. anthracis* desencadeia um choque séptico e acúmulo de líquido nos pulmões (Figura 30.21*c*), o que pode levar um paciente a óbito em menos de um dia.

### Prevenção e vacinas

A prevenção completa do antraz é impossível tendo em vista que o reservatório do organismo é o solo. No entanto, o antraz é passível de prevenção limitando-se uma exposição muito próxima a animais de fazenda, sendo facilmente tratável com antibióticos. Este é um tratamento de rotina para a forma cutânea, porém a terapia antibiótica é menos efetiva nos quadros de antraz intestinal, e especialmente nos casos de antraz por inalação. No momento em que este último é diagnosticado, a doença geralmente já progrediu ao ponto em que é tarde demais para salvar o paciente. Existe uma vacina contra o antraz disponível comercialmente, entretanto como a doença é muito rara, esta só é recomendada para indivíduos expostos a riscos elevados, como cientistas que trabalham com o organismo, trabalhadores de matadouros ou que lidam com o gado e militares (por razões de guerra biológica). Uma vacina eficiente e de baixo custo contra o antraz encontra-se disponível para a vacinação do gado, sendo utilizada em bovinos, ovelhas, cabras e cavalos.

**MINIQUESTIONÁRIO**

- Quais são os principais fatores de virulência de *B. anthracis*?
- Quais são as três formas de manifestação do antraz e qual destas é a mais perigosa?

## 30.9 Tétano e gangrena gasosa

O *tétano* é uma doença grave, que traz risco à vida. Embora o tétano seja uma doença que pode ser prevenida por imunização, a doença ainda é responsável por cerca de 150.000 mortes anuais, a maioria em países da África e do Sudeste Asiático. A *gangrena gasosa* é provocada pelo crescimento em tecidos mortos de bactérias relacionadas com o patógeno do tétano, que conduzem a uma putrefação gasosa e perda do membro infectado, ou ainda morte em detrimento do choque sistêmico. Ambas as doenças são causadas por clostrídios.

### Biologia e epidemiologia do tétano

O **tétano** é provocado por uma exotoxina produzida por *Clostridium tetani*, um bacilo anaeróbio obrigatório e formador de endósporos (**Figura 30.22*a***, Seção 15.7). O reservatório natural de *C. tetani* é o solo, onde o organismo é um residente ubíquo, embora possa ocasionalmente ser encontrado no intestino de seres humanos saudáveis, assim como outras espécies de *Clostridium*.

As células de *C. tetani* normalmente têm acesso ao corpo por meio de um ferimento contaminado pelo solo, normalmente uma perfuração profunda. As condições anóxicas presentes no ferimento permitem a germinação dos endósporos, crescimento do organismo e produção de uma potente exotoxina, a *toxina tetânica*. O organismo é essencialmente não invasivo; a única forma de provocar a doença é por meio da toxemia, e dessa forma, o tétano é observado apenas como um resultado de ferimentos teciduais profundos não tratados. O aparecimento dos sintomas do tétano pode variar de 4 dias a várias semanas, dependendo do número de endósporos inoculados por ocasião da lesão.

### Patogênese do tétano

Nós já abordamos a ação da toxina tetânica em níveis celular e molecular (Seção 23.9). A toxina afeta diretamente a liberação de moléculas sinalizadoras inibidoras no sistema nervoso. Esses sinais inibidores controlam a fase de "relaxamento" da contração muscular. A ausência de moléculas sinalizadoras inibitórias resulta em uma paralisia rígida da musculatura voluntária, frequentemente denominada *trismo*, uma vez que é inicialmente observada nos músculos da mandíbula e face. Precedentes ao trismo verdadeiro, os sintomas do tétano geralmente incluem espasmos brandos dos músculos faciais, dos músculos do pescoço e da porção superior das costas. Posteriormente, a paralisia estende-se para o torso e para a porção inferior do corpo (Figura 30.22*b*). Quando o tétano é fatal, a morte ocorre geralmente devido à insuficiência respiratória. A mortalidade é relativamente elevada, ocorrendo em cerca de 10% de todos os casos relatados, e em até 50% dos casos em que o tratamento é adiado até que o tétano generalizado esteja estabelecido em todo o corpo.

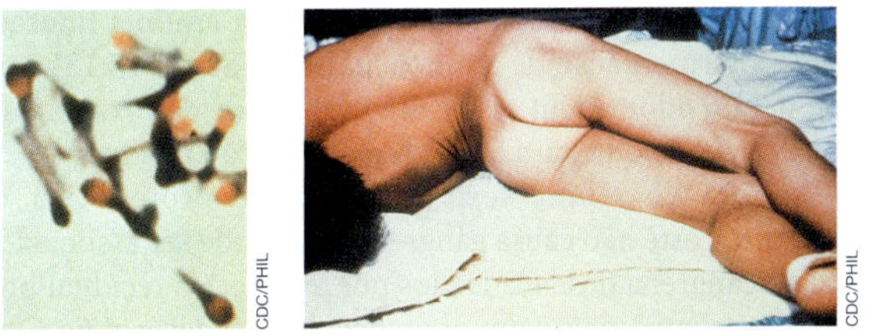


(*a*) (*b*)

**Figura 30.22** **Tétano.** (*a*) *Clostridium tetani* apresentando a aparência de "baqueta" das células esporuladas com os seus endósporos terminais. As células de *C. tetani* possuem cerca de 0,8 μm de diâmetro. (*b*) Um paciente com tétano apresentando a paralisia rígida característica da doença. A paralisia do tétano normalmente se inicia nos músculos faciais ("trismo") e descende para as regiões inferiores do corpo.

## Diagnóstico, controle, prevenção e tratamento do tétano

O diagnóstico de tétano é baseado na exposição, nos sintomas clínicos (Figura 30.22*b*) e, raramente, na detecção da toxina no sangue ou nos tecidos do paciente. O reservatório natural de *C. tetani* é o solo, assim as medidas de controle devem ser concentradas na prevenção da doença e não na remoção do patógeno. A vacina de toxoide tetânico existente é totalmente eficaz na prevenção da doença, dessa forma, praticamente todos os casos de tétano ocorrem em indivíduos que foram imunizados inadequadamente.

Uma segunda linha de proteção contra o tétano envolve o tratamento médico apropriado de ferimentos por cortes sérios, lacerações e perfurações. Apesar da vacinação contra o tétano ser amplamente praticada, qualquer ferimento grave deve ser cuidadosamente limpo e os tecidos danificados, removidos. Se o estado de vacinação do indivíduo não for conhecido ou se a última vacinação antitetânica tiver sido administrada há mais de 10 anos, a revacinação é recomendada. Se uma ferida profunda for grave ou fortemente contaminada por solo, o tratamento também pode incluir a administração de uma preparação de antitoxina tetânica, especialmente se o estado de imunização do paciente for desconhecido ou está desatualizado.

O tratamento do tétano agudo sintomático (Figura 30.22*b*) envolve a administração de antibióticos, geralmente penicilina, a fim de interromper o crescimento e produção de toxina por *C. tetani*, assim como a administração de antitoxina intramuscular (ou no interior da bainha em torno da medula espinal, se necessário), visando evitar a ligação de toxina recém-liberada às células. Terapia de apoio, como sedação, administração de relaxantes musculares e auxílio respiratório mecânico, pode ser necessária para controlar os efeitos da paralisia. O tratamento não promove uma rápida reversão dos sintomas, uma vez que a toxina já ligada aos tecidos não pode ser neutralizada. Apesar do tratamento com a antitoxina, dos antibióticos e das medidas terapêuticas de apoio, os pacientes acometidos por tétano apresentam significativa morbidade e mortalidade. A recuperação completa do tétano frequentemente leva vários meses.

## Gangrena gasosa

A destruição tecidual devido ao crescimento de clostrídios proteolíticos e produtores de gás é denominada **gangrena gasosa**. Nesta condição que oferece risco à vida, aminoácidos obtidos a partir da degradação das proteínas musculares são fermentados a gases $H_2$ e $CO_2$, além de uma variedade de compostos orgânicos malcheirosos, incluindo ácidos graxos de cadeia curta e outras moléculas pútridas; a amônia liberada durante a fermentação de aminoácidos (Seção 13.13) contribui para o odor. Além disso, uma variedade de toxinas bacterianas é produzida para acelerar a destruição tecidual.

Embora *C. tetani* seja uma espécie proteolítica de *Clostridium*, este não causa gangrena, mas pode ser associado a casos de gangrena desencadeados por uma ferida tecidual profunda. Os agentes mais comuns associados à gangrena são *Clostridium perfringens* (**Figura 30.23*a***), que também é um agente comum de doenças transmissíveis por alimentos não relacionadas com gangrena, *C. novyi* e *C. septicum*. Estes organismos residem no solo e também fazem parte da flora intestinal humana normal. Quando estas espécies atingem os tecidos profundamente, em geral a partir de uma invasão tecidual traumática, como uma ferida de guerra ou outro ferimento, ou ocasionalmente

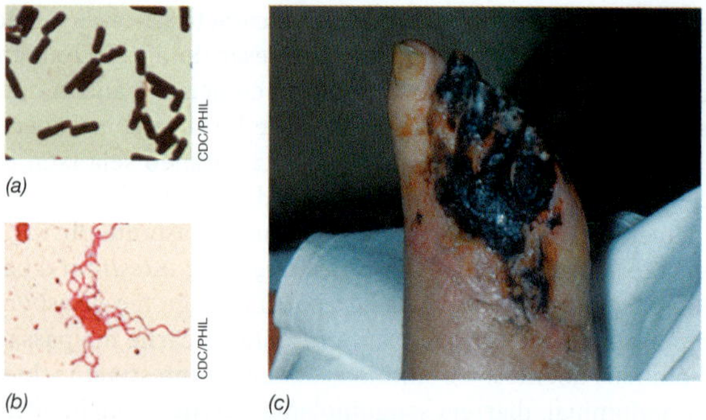


**Figura 30.23** **Gangrena gasosa.** *(a)* Coloração de Gram de células de *Clostridium perfringens*, o agente mais comum da gangrena. *(b)* Coloração flagelar apresentando uma célula de *Clostridium novyi*, que também é um agente causador da gangrena. *(c)* Um caso de gangrena gasosa. As células de ambos, *C. perfringens* e *C. novyi*, possuem cerca de 1,2 μm de diâmetro.

por meio de uma cirurgia no trato gastrintestinal, esporos e células vegetativas de clostrídios proteolíticos são inseridos no que agora se configuram em tecidos mortos. À medida que as bactérias se desenvolvem, estas liberam enzimas que destroem o colágeno e proteínas teciduais, além de excretarem uma série de toxinas. A *alfa toxina* de *C. perfringens* (Figura 30.23*a*), que é distinta das toxinas produzidas por *perfringens* na intoxicação alimentar (Seção 31.9), é um importante fator de virulência na gangrena, assim como a capacidade geral do patógeno em crescer rapidamente no ambiente quente e úmido gerado por uma lesão invasiva. A alfa toxina é uma fosfolipase que hidrolisa os fosfolipídeos da membrana das células hospedeiras, conduzindo à lise celular e à típica acumulação de gás e fluidos que acompanham a gangrena gasosa (Figura 30.23*c*).

Em casos graves de gangrena gasosa, a toxemia pode tornar-se sistêmica e provocar a morte. A terapia com antibióticos é apresentada como uma medida preventiva em casos de gangrena, adicionalmente ao tratamento característico, embora drástico: a amputação do membro infectado. Os tecidos gangrenosos estão mortos e não serão regenerados, dessa forma, a amputação impede que a infecção alcance os tecidos saudáveis.

O tratamento do membro infectado com oxigênio hiperbárico é testado em alguns casos na tentativa de salvá-lo, com os níveis elevados de $O_2$ inibindo o crescimento dos clostrídios anaeróbios obrigatórios. No tratamento hiperbárico, o paciente é acomodado em uma câmara fechada contendo 100% de $O_2$ a cerca de duas vezes a pressão atmosférica. Isso enriquece o sangue com $O_2$ e auxilia os vasos sanguíneos ainda vivos na formação de um novo tecido. Vários tratamentos hiperbáricos são administrados e podem ser acompanhados de uma remoção cirúrgica de parte do tecido morto. Se um fornecimento de sangue adequado puder ser estabelecido nos tecidos danificados, um enxerto de pele também pode ser realizado a fim de auxiliar na conexão e regeneração dos tecidos comprometidos.

**MINIQUESTIONÁRIO**

- Descreva a infecção por *Clostridium tetani* e a produção da toxina do tétano.
- Descreva as medidas de prevenção do tétano necessárias em um indivíduo que tenha sofrido um ferimento.
- Como a fisiologia de *Clostridium perfringens* o permite se desenvolver em ferimentos?

## CONCEITOS IMPORTANTES

**30.1** • A raiva ocorre principalmente em animais silvestres, mas pode ser transmitida aos seres humanos e animais domésticos. Nos Estados Unidos, a raiva é transmitida principalmente a partir do animal silvestre reservatório para os animais domésticos ou, muito raramente, para os seres humanos. A vacinação de animais domésticos é a chave para o controle da raiva. A maioria das mortes humanas em decorrência da raiva ocorre nos países em desenvolvimento.

**30.2** • Os hantavírus estão presentes em todo o mundo nas populações de roedores e são responsáveis por doenças zoonóticas como a síndrome pulmonar por hantavírus e a febre hemorrágica, juntamente com a síndrome renal em seres humanos. O hantavírus é um vírus altamente perigoso de febre hemorrágica relacionado com o Ebola. Nas Américas, as infecções por hantavírus possuem taxas de letalidade de mais de 30%.

**30.3** • As riquétsias são bactérias parasitas intracelulares obrigatórias, transmitidas aos hospedeiros por vetores artrópodes. A incidência de febre maculosa e de outras síndromes associadas às riquétsias está aumentando devido a vários fatores. A maioria das infecções por riquétsias pode ser controlada por terapia com antibióticos, porém o reconhecimento imediato e o diagnóstico destas doenças ainda são bastante difíceis.

**30.4** • A doença de Lyme é causada pelo espiroqueta *Borrelia burgdorferi*, e atualmente é a doença transmissível por artrópodes mais prevalentes nos Estados Unidos. A doença de Lyme é transmitida por meio de vários vetores hospedeiros de mamíferos para os seres humanos, por meio dos carrapatos. A prevenção e o tratamento da doença de Lyme são bastante simples, porém o diagnóstico preciso e em tempo da infecção é essencial.

**30.5** • A febre amarela e a dengue são causadas por flavivírus relacionados transmitidos aos seres humanos por meio da picada de mosquitos. Ambas as doenças são disseminadas em países tropicais e subtropicais, e as duas podem apresentar sintomas brandos a muito graves, incluindo febres hemorrágicas. Uma vacina efetiva para a febre amarela encontra-se em uso, mas não existe nenhuma vacina para prevenir a infecção por dengue.

**30.6** • A febre do Oeste do Nilo é uma doença viral transmitida por mosquitos. No ciclo natural do patógeno, as aves são infectadas com o WNV por meio da picada de mosquitos infectados. Os seres humanos e outros vertebrados são ocasionalmente hospedeiros terminais. A maioria das infecções humanas é assintomática e não é diagnosticada, porém complicações decorrentes de algumas infecções respondem por cerca de 5% de mortalidade.

**30.7** • A peste pode ser transmitida para indivíduos que mantiveram contato com populações de roedores e suas pulgas parasitas, os reservatórios enzoóticos da bactéria da peste, *Yersinia pestis*. Uma infecção sistêmica ou uma infecção pneumônica conduz a uma morte rápida, porém a forma bubônica é tratável com antibióticos.

**30.8** • O antraz é causado pela bactéria formadora de endósporos *Bacillus anthracis*, e pode assumir uma entre três formas diferentes: cutânea, intestinal ou por inalação. O antraz cutâneo é mais comum e, juntamente com o antraz por inalação, corresponde a um risco ocupacional para trabalhadores que lidam com o gado, em que endósporos de *B. anthracis* podem ser transmitidos a partir de peles de animais para os seres humanos.

**30.9** • *Clostridium tetani* éuma bactéria do solo que causa o tétano, uma doença potencialmente fatal caracterizada por uma toxemia e paralisia rígida. O tratamento para o tétano agudo inclui antibióticos e imunização ativa e passiva, além disso, a doença pode ser prevenida por meio da vacinação utilizando toxoide. A gangrena gasosa ocorre a partir do crescimento de várias espécies proteolíticas de clostrídios em feridas traumáticas, levando à formação de gás e toxina.



## REVISÃO DOS TERMOS-CHAVE

**Doença de Lyme** doença transmissível por carrapatos, causada pelo espiroqueta *Borrelia burgdorferi*.

**Enzoótico** doença endêmica presente em uma população animal.

**Epizoótico** doença epidêmica presente em uma população animal.

**Febre do Oeste do Nilo** doença neurológica causada pelo vírus do Oeste do Nilo, um vírus transmitido por mosquitos, dos pássaros aos seres humanos.

**Febre hemorrágica com síndrome renal (FHSR)** doença viral aguda, emergente, caracterizada por choque e insuficiência renal, adquirida pela transmissão de hantavírus a partir de roedores.

**Febre maculosa das Montanhas Rochosas** doença causada por *Rickettsia ricketsii*, transmitida por carrapatos, caracterizada por febre, cefaleia, erupções e sintomas gastrintestinais; também chamada de febre maculosa.

**Gangrena gasosa** destruição tecidual devido ao crescimento de clostrídios proteolíticos, produtores de gás.

**Peste** doença enzoótica em roedores, causada por *Yersinia pestis*, podendo ser transmitida aos seres humanos pela picada de pulgas.

**Raiva** doença neurológica, geralmente fatal, causada pelo vírus da raiva, o qual é geralmente transmitido pela mordida ou saliva de um animal infectado.

**Riquétsias** bactérias intracelulares obrigatórias do gênero *Rickettsia*, responsáveis por doenças, incluindo tifo, febre maculosa das Montanhas Rochosas e erliquiose.

**Síndrome pulmonar por hantavírus (SPH)** doença viral aguda, emergente, caracterizada por pneumonia, transmitida por hantavírus a partir de roedores.

**Tétano** doença caracterizada por paralisia rígida da musculatura voluntária, causada pela exotoxina produzida por *Clostridium tetani*.

**Tifo** doença causada por *Rickettsia prowazekii*, transmitida por piolhos, caracterizada por febre, cefaleia, fraqueza, erupções e danos ao sistema nervoso central e órgãos internos.

**Zoonose** doença de animais transmitida aos seres humanos.

## QUESTÕES PARA REVISÃO

1. Identifique que animais são prováveis portadores da raiva nos Estados Unidos. Por que a raiva é tão rara em seres humanos e animais domésticos em países desenvolvidos? (Seção 30.1)
2. Descreva as condições que podem promover a emergência da síndrome pulmonar por hantavírus (SPH). De que forma a SPH pode ser prevenida? (Seção 30.2)
3. Identifique as três principais categorias de organismos que causam doenças por riquétsias. Identifique o reservatório e vetor mais comum, em relação ao tifo, à febre maculosa das Montanhas Rochosas e à erliquiose. (Seção 30.3)
4. Identifique o reservatório e vetor mais comum para a doença de Lyme nos Estados Unidos. De que forma a disseminação da doença de Lyme pode ser controlada? Como a doença de Lyme pode ser tratada? (Seção 30.4)
5. De que forma a febre amarela e a dengue são similares? De que forma estas doenças diferem? (Seção 30.5)
6. Descreva a disseminação das infecções pelo vírus do Oeste do Nilo nos Estados Unidos. Que animais são os hospedeiros primários? Os seres humanos são hospedeiros alternativos produtivos? (Seção 30.6).
7. Por que vacinas contra uma doença potencialmente grave, como a peste bubônica, não são rotineiramente recomendadas para a população em geral? Identifique medidas de saúde pública utilizadas no controle desta doença. (Seção 30.7)
8. Qual a característica fundamental da bactéria *Bacillus anthracis* que permite que este organismo persista por longos períodos de tempo em peles de animais ou em outros ambientes onde o crescimento não é favorável? Qual a forma de antraz é a mais grave? (Seção 30.8)
9. Discuta o principal mecanismo de patogênese para o tétano e defina medidas de prevenção e tratamento. Por que é possível que uma perfuração traumática possa acabar provocando tanto tétano quanto gangrena gasosa? (Seção 30.9)

## QUESTÕES APLICADAS

1. Descreva a sequência de procedimentos que você deveria adotar em relação a uma criança que sofreu uma mordedura (provocada ou não) por um cão abandonado e sem registro de imunização contra a raiva. Apresente uma situação em que foi possível a captura e detenção do animal e outra em que o cão escapou. De que forma esses procedimentos se diferenciam, em relação a uma situação em que a criança tenha sido mordida por um cão imunizado contra a raiva e com a vacinação em dia?
2. Discuta pelo menos três propriedades comuns aos agentes causadores de doenças e faça uma revisão sobre o processo de doença, em relação à febre maculosa das Montanhas Rochosas, tifo e erliquiose. Por que a erliquiose está emergindo como uma importante doença por riquétsias? Compare a emergência desta doença com aquela da doença de Lyme.
3. Desenvolva um plano para impedir a disseminação do vírus do Oeste do Nilo aos seres humanos em sua comunidade. Identifique os custos envolvidos em tal plano, em níveis individual e comunitário. Descubra se existe um programa ativo de combate a mosquitos em sua comunidade. Que métodos, caso existam, são utilizados em sua região para reduzir as populações de mosquitos? Qual é uma maneira simples de limitar os números de mosquitos ao redor de sua residência?

CAPÍTULO

# 31 Água e alimentos como veículos de transmissão de doenças bacterianas

## microbiologia**hoje**

### O risco à vida do vinho prisional

As condições oferecidas dentro das penitenciárias frequentemente levam os prisioneiros a atitudes extremas. Dentro da prisão, os internos produzem um vinho caseiro – uma bebida poderosa chamada de “pruno.” No entanto, mesmo submetidos a uma vida atrás das grades, os prisioneiros não são imunes às doenças transmissíveis por alimentos. E no caso do pruno, esta pode ser uma doença de origem alimentar potencialmente fatal.

O pruno é produzido a partir de uma mistura de laranjas, uvas, maçãs e açúcar, juntamente com batatas, milho e, muitas vezes, até pão é adicionado. Cada lote produzido é único e é um reflexo dos ingredientes disponíveis naquele período. Os ingredientes (foto) são macerados em água quente, armazenados em um saco plástico e deixados para fermentação por até 2 semanas. O produto fermentado é então filtrado, por meio da passagem em uma meia ou fronha de travesseiro, a fim de se obter um sumo de coloração laranja-amarelado a vermelho (dependendo dos ingredientes) contendo algo entre 2 a 14% de álcool. Este último é semelhante ao teor alcoólico de um vinho tinto encorpado.

Desde 2011, o pruno da prisão tem sido associado a pelo menos 20 casos de botulismo, uma forma grave de intoxicação alimentar. Em 2012, oito prisioneiros do Sistema Correcional do Arizona quase vieram a óbito após a ingestão de pruno contendo toxina botulínica.[1] Todos os reclusos afetados receberam antitoxina botulínica (anticorpos que neutralizam a toxina), e muitos precisaram de intubação gastrintestinal, um procedimento médico utilizado para remover conteúdo intestinal. Todos os prisioneiros tiveram a sorte de sobreviver ao caso, uma vez que sem intervenção médica a morte teria sido uma consequência inevitável.

O botulismo é causado pela bactéria gram-positiva anaeróbia, formadora de endósporos, *Clostridium botulinum*, comumente encontrada no solo. Nos surtos do Arizona e de outras penitenciárias, os ingredientes em comum encontrados nos lotes contaminados de pruno foram batatas cruas. É provável que os esporos de *C. Botulinum* penetraram no pruno, durante o processo de fermentação, por meio do solo presente nas batatas, e o estado anóxico da bebida fermentada tornou-se o ambiente perfeito para o crescimento e produção da toxina.

[1]Briggs, G., et al. 2013. Botulism from drinking prison-made illicit alcohol—Arizona,2012. *Morbidity and Mortality Weekly Report. 62:* 88.


I A água como veículo de transmissão de doenças 904

II Doenças transmissíveis pela água 906

III Os alimentos como veículo de transmissão de doenças 909

IV Intoxicação alimentar 913

V Infecção alimentar 915

Neste capítulo, abordaremos os patógenos microbianos cujo mecanismo de transmissão é por meio da água ou alimentos. As doenças provocadas por estes patógenos são chamadas de doenças de "fonte-comum", uma vez que só ocorrem naqueles indivíduos que consumiram a mesma água ou o mesmo alimento contaminado. As doenças transmissíveis pela água e aquelas de origem alimentar são doenças infecciosas comuns em todo o mundo.

# I • A água como veículo de transmissão de doenças

A água é um recurso amplamente utilizado, e a sua segurança microbiológica encontra-se nas mãos dos engenheiros e microbiologistas responsáveis pela supervisão das águas de rejeitos e da água potável. De fato, a qualidade da água é o fator individual mais importante para garantir a saúde pública. No Capítulo 21, avaliamos a microbiologia das águas de rejeitos e analisamos como os cursos d´água altamente poluídos podem ser purificados por meio de atividades microbianas e reutilizados para muitos fins, incluindo o consumo. Aqui estudaremos o que pode acontecer quando a água destinada ao consumo humano torna-se um veículo para a transmissão de doenças.

As doenças transmissíveis pela água se iniciam como infecções (ou, ocasionalmente, como toxemias), e a água contaminada pode ocasionar uma infecção mesmo se o patógeno em particular estiver presente em pequenas quantidades. Se a exposição ao patógeno em questão desencadeia ou não a doença depende da virulência do agente patogênico e da capacidade do hospedeiro em resistir à infecção.

## 31.1 Agentes e fontes de doenças transmissíveis pela água

Muitos microrganismos diferentes podem ocasionar doenças infecciosas transmitidas pela água, e alguns dos mais importantes encontram-se resumidos na Tabela 31.1. Os patógenos transmissíveis pela água incluem bactérias, vírus e protistas parasitas. Consideraremos aqui os patógenos bacterianos com um foco principal na cólera, uma doença transmissível pela água de proporções pandêmicas. Consideraremos as doenças parasitárias no Capítulo 32, e alguns dos patógenos virais transmitidos pela água, que também são transmitidos por meio de alimentos, serão abordados posteriormente neste capítulo.

**Tabela 31.1 Principais patógenos transmitidos pela água**

| *Patógeno* | *Doença* |
|---|---|
| Bactérias[a] | |
| *Vibrio cholerae* | Cólera |
| *Legionella pneumophila* | Legionelose |
| *Salmonella enterica* sorovar *typhi* | Febre tifoide |
| *Escherichia coli* | Doença gastrintestinal |
| *Pseudomonas aeruginosa* | Pneumonia nosocomial, septicemia e infecções cutâneas |
| Vírus | |
| Norovírus | Doença gastrintestinal |
| Vírus da hepatite A | Hepatite viral |
| Parasitas[b] | |
| *Cryptosporidium parvum* | Criptosporidiose |
| *Giardia intestinalis* | Giardíase |
| *Schistosoma* | Esquistossomose |

[a]Com exceção de *S. Enterica* sorovar *typhi*, estas bactérias têm sido associadas a surtos importantes de doenças transmissíveis pela água nos Estados Unidos nos últimos anos, assim como as bactérias *Shigella sonnei*, *Campylobacter jejuni* e *Leptospira* sp.
[b]Ver Capítulo 32.

Iniciaremos considerando o veículo de transmissão de doenças em questão, a água. As doenças transmissíveis por esta via podem ser repassadas por meio da água que não é tratada ou que é tratada indevidamente, utilizada para o consumo e preparo de alimentos, ou por meio da água utilizada em piscinas (fontes de água recreacionais). As principais doenças transmissíveis pela água, que estão associadas à água potável e às águas recreacionais, são geralmente bastante diferentes, e estes padrões distintos de doença são apresentados na Tabela 31.2.

### Água potável

Os suprimentos de água em países desenvolvidos geralmente atendem aos rígidos padrões de qualidade, limitando a disseminação de doenças transmissíveis pela água. A água para consumo, particularmente, passa por um extensivo tratamento que inclui filtração e cloração. Embora a filtração remova a turbidez e muitos microrganismos, é a *cloração* que torna a água segura para o consumo. O gás clorínico ($Cl_2$) é um forte oxidante que oxida tanto a matéria orgânica dissolvida na água quanto as células microbianas em si. As instalações destinadas à cloração da água para consumo adicionam quantidades suficientes de cloro, de modo que um nível residual permaneça no produto durante todo o percurso até o consumidor. A água apropriada para o consumo humano é chamada de água **potável** (Seções 21.6 a 21.9).

Apesar dos processos de filtração e cloração, surtos de doenças transmissíveis pela água, oriundas da água potável, ocorrem ocasionalmente. Nos Estados Unidos, uma média de 25 surtos de doenças associadas à água potável é registrada anualmente (um surto de origem hídrica é definido como duas ou mais doenças humanas, especificamente conectadas ao consumo da mesma água, no mesmo período de tempo). Cerca de 60% dos surtos de doenças oriundos da água potável são devido a patógenos *bacterianos*, principalmente *Legionella*, o agente causador da legionelose (Tabela 31.2 e Seção 31.4).

**Tabela 31.2 Fontes de surtos de doença gastrintestinal aguda na água potável e em águas recreacionais[a]**

| | *Água potável (%)* | *Águas recreacionais (%)* |
|---|---|---|
| Bactérias[a] | 58 | 16 |
| *Legionella pneumophila* | 33 | 8 |
| Outras | 25 | 9 |
| Parasitas | 8 | 51 |
| Vírus | 14 | 4 |
| Substâncias químicas/toxinas | 3 | 7 |
| Não identificadas | 11 | 22 |
| Múltiplos casos | 5 | 1 |

[a]Dados para os Estados Unidos, em 2007-2008. Todos os números são arredondados para a porcentagem mais próxima e foram obtidos do Centers for Disease Control and Prevention, Divisão de Doenças Transmissíveis Pela Água, e do Sistema de Vigilância de Surtos.

### Águas recreacionais

As águas recreacionais incluem sistemas aquáticos de água doce, como lagoas, riachos e lagos, bem como piscinas públicas para adultos e crianças. As águas recreacionais também podem ser fontes de doenças transmissíveis pela água, e, em média, estão associadas a surtos de doenças em níveis ligeiramente inferiores àqueles causados pela água potável, com cerca de 20 surtos anuais. Contrariamente à água potável, onde patógenos *bacterianos* são mais frequentes, surtos de doenças associados a águas recreacionais são mais comumente vinculados a patógenos *parasitários*. Além disso, as águas recreacionais, muitas vezes, transmitem doenças gastrintestinais de origem microbiana desconhecida ou devido a produtos químicos ou outros materiais tóxicos (Tabela 31.2).

Nos Estados Unidos, o funcionamento de piscinas públicas é regulamentado pelos departamentos de saúde estaduais e locais. A Environmental Protection Agency (EPA), agência de proteção ambiental dos Estados Unidos, estabelece os limites para a presença de bactérias em fontes de água potável e de água doce recreacional, porém as autoridades locais e estaduais podem estabelecer padrões acima ou abaixo destas diretrizes para fontes não potáveis. Em contrapartida, a qualidade das águas recreacionais *particulares*, como as piscinas destinadas à natação, spas e banheiras de hidromassagem, é totalmente sem regulamentação, e estes são, portanto, os principais veículos de surtos de doenças transmissíveis pela água.

**MINIQUESTIONÁRIO**

- O que é a água potável?
- Identifique os principais patógenos comumente responsáveis por surtos de doenças causadas pela água para consumo e pela água recreacional contaminada.

## 31.2 Saúde pública e qualidade da água

A água que parece perfeitamente transparente também pode estar contaminada com um elevado número de microrganismos e, assim, representar um risco para a saúde. É impraticável examinar a água para cada organismo patogênico que possa estar presente (Tabelas 31.1 e 31.2), e, por isso, a água potável e a água recreacional são rotineiramente testadas para a presença de *organismos indicadores* específicos, cuja presença sugere o potencial de transmissão de doenças da amostra.

### Coliformes e qualidade da água

Um indicador amplamente utilizado para avaliar a contaminação microbiana da água é o grupo de microrganismos denominados **coliformes**. Os coliformes são indicadores úteis de contaminação da água, uma vez que normalmente estão presentes em grandes quantidades no trato intestinal de seres humanos e outros animais. Assim, sua presença na água indica uma provável contaminação fecal. Os coliformes são definidos como bactérias bacilares, gram-negativas, aeróbias facultativas e não formadoras de esporos, que fermentam a lactose produzindo gás, no decorrer de um período de 48 horas, a 35°C. No entanto, esta definição inclui várias bactérias que não são necessariamente restritas ao intestino; por esta razão, os microrganismos importantes na avaliação de segurança da água são os *coliformes fecais*. *Escherichia coli*, um coliforme cujo único hábitat é o intestino e que sobrevive apenas por um período de tempo relativamente curto fora deste ambiente, é o principal coliforme de interesse. A presença de células de *E. coli* em uma amostra de água indica contaminação fecal, tornando a água imprópria para o consumo humano. Por outro lado, no entanto, a ausência de *E. coli* não garante que uma fonte de água seja potável, uma vez que outras bactérias, vírus ou protistas patogênicos podem ainda estar presentes.

### Teste para coliformes e a importância da *Escherichia coli*

Vários métodos bem desenvolvidos e padronizados são utilizados rotineiramente para verificar a presença de coliformes e coliformes fecais em amostras de água. Um método comum consiste no procedimento que utiliza uma *membrana filtrante (MF)*, em que um mínimo de 100 mL da amostra de água recém-coletada é filtrado por meio de uma membrana filtrante estéril, a qual retém quaisquer bactérias na superfície do filtro. O filtro é depositado em uma placa contendo o meio de cultura de eosina-azul de metileno (EAM), que é seletivo para bactérias gram-negativas, fermentadoras de lactose. O meio EAM também é diferencial, permitindo que espécies fortemente fermentativas, como *E. coli*, sejam diferenciadas das espécies pouco fermentativas, como *Proteus* (**Figura 31.1*a***).

Meios seletivos também se encontram disponíveis e são capazes de detectar não somente os coliformes totais, como também identificam especificamente *E. coli* de modo simultâneo. Considerados como *testes de substrato definido*, eles são, em geral, mais rápidos e mais precisos do que os testes baseados em ágar EAM. Um teste de placa bastante popular baseia-se na capacidade de *E. coli*, e não de outras bactérias entéricas, de metabolizar uma combinação de duas substâncias químicas específicas de modo a se formar um composto fluorescente azul (Figura 31.1*b*). Um ensaio líquido comumente utilizado revela a presença de coliformes e também detecta especificamente *E. coli* em amostras de água (Figura 31.1*c*).

Em sistemas de fornecimento de água potável controlados adequadamente, os testes para coliformes totais e coliformes fecais do tipo *E. coli* devem ser negativos. Um teste positivo indica que houve uma falha no sistema de purificação ou distribuição (ou ambos). Nos Estados Unidos, os padrões em relação à água potável são especificados pelo *Ato da Água Potável Segura* e são administrados pela EPA. As distribuidoras de água devem relatar os resultados dos testes para coliformes à EPA mensalmente e, caso não atendam aos padrões estabelecidos, estas devem notificar a população e adotar as medidas necessárias para sanar o problema.

As principais melhorias na saúde pública dos Estados Unidos, desenvolvidas no começo do século XX, foram em grande parte devido à adoção de procedimentos de filtragem e cloração em águas de rejeitos de grande escala e em estações de tratamento de água (Figura 28.7). Nos locais em que os padrões de tratamento da água potável não atingiram este nível de eficiência, especialmente nos países subdesenvolvidos, várias doenças transmissíveis pela água são comuns. Voltaremos nossa atenção agora para estas doenças, abordando primeiramente a cólera, a doença transmissível pela água mais disseminada e devastadora de todas.

**MINIQUESTIONÁRIO**

- Por que a bactéria *Escherichia coli* é utilizada como um organismo indicador em análises microbianas da água?
- Quais procedimentos são utilizados para se garantir a segurança dos sistemas de fornecimento de água potável?

UNIDADE 6

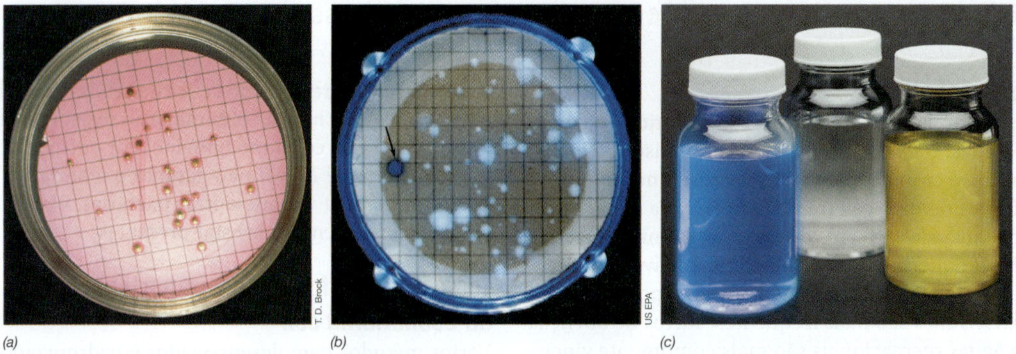


**Figura 31.1** **Coliformes fecais e sua detecção em amostras de água.** *(a)* Crescimento de colônias em um filtro de membrana. Uma amostra de água potável foi passada por meio do filtro e este foi depositado sobre um meio de cultura eosina-azul de metileno (EAM) (este meio é seletivo e diferencial para coliformes; espécies mais fortemente fermentativas formam colônias com a região central mais escura). *(b)* Coliformes totais e *Escherichia coli.* Um filtro exposto a uma amostra de água potável foi incubado a 35°C, por 24 horas, em um meio contendo compostos especiais que fluorescem quando metabolizados. O filtro foi então examinado sob luz UV. A única colônia de *E. coli* na amostra apresenta uma fluorescência de coloração azul-escura (seta). Os coliformes que não metabolizam os compostos formam colônias que fluorescem de branco a azul-claro. *(c)* Sistema de teste de qualidade da água IDEXX Colilert. Quando os reagentes específicos são adicionados às amostras de água e incubados durante 24 horas, estes desenvolvem uma coloração amarela quando na presença de coliformes (direita). Amostras contendo *Escherichia coli* exibem coloração amarela, mas também fluorescem em azul (à esquerda). As amostras negativas para coliformes permanecem transparentes (centro).

# II • Doenças transmissíveis pela água

## 31.3 *Vibrio cholerae* e cólera

A cólera é uma doença diarreica gastrintestinal grave, que atualmente é amplamente restrita aos países em desenvolvimento. A cólera é causada pela ingestão de água contaminada contendo células de *Vibrio cholerae*, uma espécie de proteobactéria gram-negativa de aparência curva e móvel (**Figura 31.2**). A cólera também pode ser contraída a partir de alimentos contaminados, especialmente mariscos preparados de forma inadequada.

É necessária a ingestão de um grande número de células de *V. cholerae* para se desencadear o estado de doença. As células ingeridas aderem-se às células epiteliais do intestino delgado, onde se desenvolvem e liberam a *toxina colérica*, uma potente enterotoxina (⇄ Figura 23.23). Estudos realizados com voluntários humanos revelaram que a acidez estomacal (pH em torno de 2) é responsável pela necessidade de um grande inóculo de células de *V. cholerae* para desencadear a doença. Os voluntários humanos que ingeriram bicarbonato para neutralizar a acidez gástrica desenvolveram a cólera pela administração de somente $10^4$ células. A infecção pode ser iniciada até mesmo quando números menores de células de *V. cholerae* são ingeridas com alimentos, possivelmente devido à proteção que os alimentos conferem aos vibriões contra a destruição pela acidez estomacal.

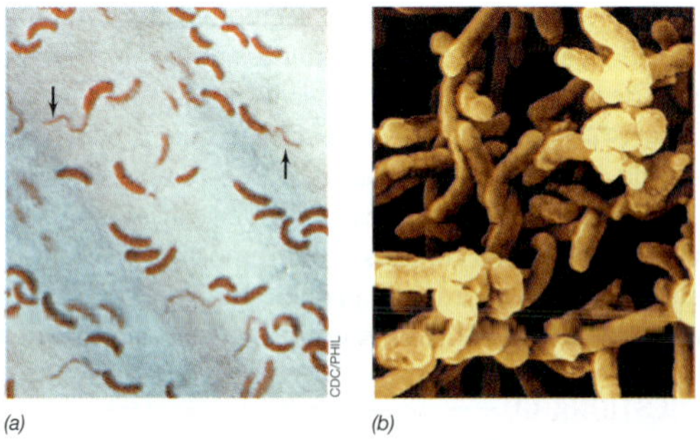


**Figura 31.2** ***Vibrio cholerae*, o agente causador da cólera.** *(a)* A preparação corada pelo Gram revela as células geralmente curvas desta bactéria (em forma de víbrio) e seus flagelos polares (setas). *(b)* Micrografia eletrônica de varredura colorizada de células de *V. cholerae.* Uma única célula apresenta cerca de 0,5 × 2 μm.

A enterotoxina colérica provoca diarreia grave, que pode resultar em desidratação e morte, caso o paciente não receba tratamento com fluidos e eletrólitos. A enterotoxina provoca a perda de fluidos de até 20 litros (20 kg) por pessoa, por dia, causando uma desidratação grave. A taxa de mortalidade decorrente da cólera *não tratada* é geralmente de 25 a 50%, podendo tornar-se mais elevada em condições de superpopulação e má nutrição, como é observado frequentemente em campos de refugiados ou em áreas atingidas por catástrofes naturais como inundações, terremotos e similares. Nestas situações, muitas vezes ocorre uma deterioração quase completa das condições de saneamento básico, levando a uma contaminação fecal da água potável e, consequentemente, a uma rápida transmissão da cólera.

### Diagnóstico, tratamento e prevenção da cólera

Nas unidades de tratamento, em grandes surtos de cólera, cada paciente colérico é acomodado sobre uma "cama de cólera", que consiste em uma cama de dobragem convencional, contendo uma abertura dentro da qual as fezes podem ser expelidas (**Figura 31.3*a***). As fezes de um paciente com cólera são mais líquidas do que sólidas, e o diagnóstico da doença é preciso, uma vez que o patógeno é facilmente cultivável em meios de ágar seletivos (Figura 31.3*b-d*).O tratamento da cólera é simples e eficaz. A reposição oral (ou, em casos graves, endovenosa) de líquidos e eletrólitos é a medida mais efetiva de tratamento da cólera. O tratamento oral é preferido uma vez que não requer equipamentos especiais ou procedimentos estéreis. A solução de reidratação consiste em uma mistura de glicose, sal (NaCl), bicabornato de sódio ($NaHCO_3$) e cloreto de potássio (KCl). Se esta solução for rapidamente administrada durante um surto, as taxas de mortalidade pela cólera podem ser significativamente reduzidas, uma vez que a reidratação permite que os pacientes tenham o tempo necessário para produzir uma resposta imune.

Os antibióticos podem reduzir o curso da infecção e a liberação de células viáveis, porém os fármacos são de pequena utilidade se não houver a reposição simultânea de fluidos e eletrólitos. Medidas de saúde pública, como o tratamento adequado do esgoto e uma fonte confiável de água potável segura, são as medidas mais importantes de prevenção da cólera.

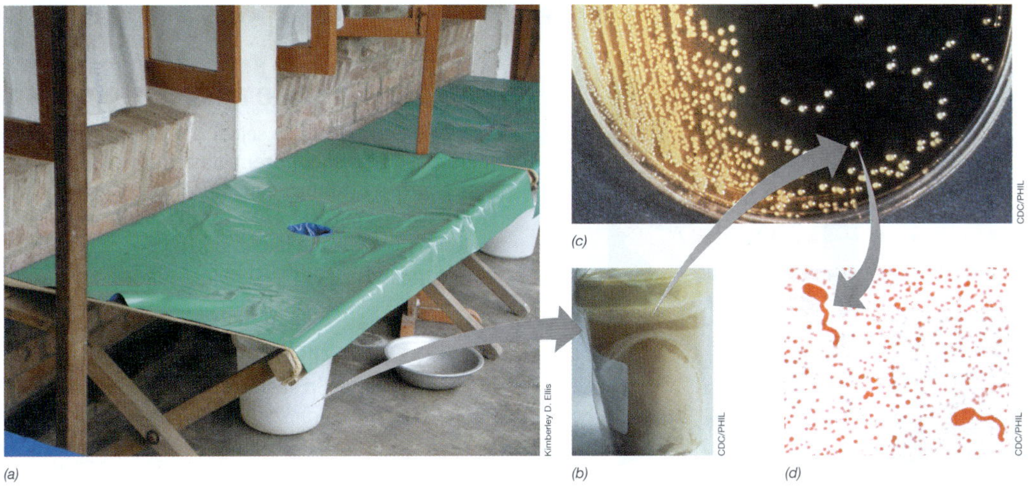


**Figura 31.3 A cólera e seu diagnóstico.** *(a)* Uma cama de cólera. A cama permite a acomodação de uma pessoa prostrada e possibilita a evacuação das fezes diretamente em um balde. As camas de cóleras ão utilizadas durante os surtos da doença para o tratamento de casos de doença ativa com terapia de reidratação. *(b)* As fezes de um paciente acometido pela cólera. As fezes "água de arroz" são em sua maioria líquidas (o material sólido na parte inferior corresponde ao muco). *(c)* O *Vibrio cholerae* é facilmente cultivado em meio TCBS, que é ao mesmo tempo seletivo e diferencial. O meio TCBS contém níveis elevados de sais biliares e citrato, os quais inibem bactérias entéricas e bactérias gram-positivas, além de tiossulfato e sacarose, os quais são utilizados pelas células de *V. cholerae (d)* como fontes de enxofre e de carbono/energia, respectivamente.

*V. cholerae* é eliminado da água de rejeitos durante os procedimentos apropriados de tratamento de esgoto e purificação de água potável (Capítulo 21). Indivíduos que viajam para áreas com cólera endêmica devem adotar cuidados com a higiene pessoal e evitar o consumo de água ou gelo não tratados, alimentos crus, além de peixes e mariscos crus ou malcozidos que podem se alimentar de fitoplâncton contaminado com *V. cholerae* (**Figura 31.4**), para a prevenção da coléra.

Desde 1817, a cólera varreu o mundo em sete importantes pandemias, sendo que uma oitava pandemia provavelmente já se encontra em andamento (Seção 28.10 e Figura 28.17). A Organização Mundial de Saúde estima que somente 5 a 10% dos casos da doença são relatados, de modo que a incidência mundial total da cólera provavelmente seja de mais de um milhão de casos por ano. Apenas alguns casos são relatados anualmente nos Estados Unidos, normalmente derivados de mariscos importados que são consumidos crus ou após um cozimento mínimo.

**MINIQUESTIONÁRIO**

- Qual o agente patogênico da cólera e quais são os sintomas da doença?
- Descreva como a cólera pode ser prevenida e tratada.

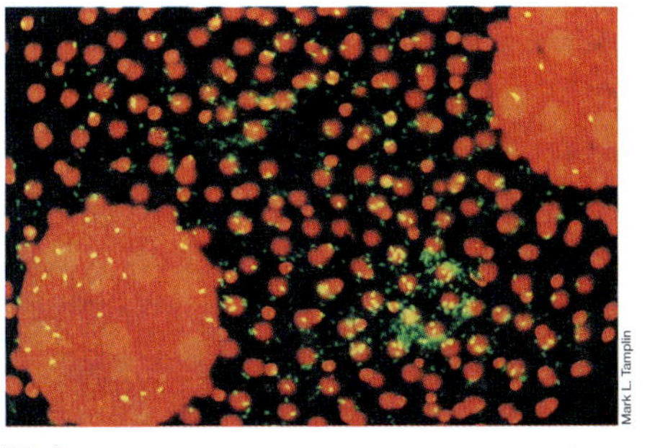


**Figura 31.4 Células de *Vibrio cholerae* aderidas à superfície de *Volvox*, uma alga de água doce.** A amostra foi obtida de uma área de cólera endêmica de Bangladesh. As células de *V. cholerae* estão coradas em verde por um anticorpo marcado com fluorescência dirigido contra proteínas da superfície celular bacteriana. A coloração vermelha é decorrente da fluorescência da clorofila *a* presente nas algas.

## 31.4 Legionelose

*Legionella pneumophila*, a bactéria causadora da *legionelose*, é um importante patógeno transmitido pela água, normalmente disseminado por aerossóis derivados de dispositivos de refrigeração evaporativos. No entanto, *L. pneumophila* (**Figura 31.5**) é atualmente conhecida como um dos principais patógenos presente em sistemas de água residenciais, onde o organismo persiste em biofilmes que se formam na superfície dos tubos de distribuição de água e também no interior das células microbianas de certos parasitas. Nestes locais, *L. pneumophila* é protegida do cloro presente na água potável, de forma que os biofilmes e os parasitas infectados são os reservatórios para a transmissão da legionelose por meio da água (Seção 21.9 e Figura 21.21).

### Patogênese, diagnóstico e tratamento

As células de *L. pneumophila* invadem os pulmões e se desenvolvem em macrófagos e monócitos alveolares. Frequentemente, as infecções são assintomáticas ou provocam tosse moderada, faringite, cefaleia branda e febre; esses casos autolimitados geralmente não exigem tratamento e a cura ocorre em dois a cinco dias. No entanto, indivíduos mais idosos, cuja resistência foi naturalmente reduzida, e aqueles com o sistema imune comprometido frequentemente exibem infecções mais sérias por *Legionella*, que resultam em pneumonia. Antes do estabelecimento da pneumonia, são comuns distúrbios intestinais, seguidos de febre alta, calafrios e dores musculares. Esses sintomas precedem a tosse seca e dores torácicas e abdominais, típicas da legionelose. A morte ocorre em até 10% dos casos que atingem este estágio, sendo geralmente decorrente de insuficiência respiratória.

A detecção clínica de *L. pneumophila* geralmente é realizada por meio de cultura do organismo a partir de lavados brônquicos, fluido pleural ou outros fluidos e tecidos corporais (Figura 31.5*a*). Diversos testes sorológicos conseguem detectar anticorpos anti-*Legionella* ou células do microrganismo nas amostras mencionadas e também na urina do paciente, sendo esta última utilizada para a confirmação do diagnóstico (Figura 31.5*b*). A legionelose pode ser tratada com os antibióticos rifampina e eritromicina, e a administração intravenosa de eritromicina é o tratamento de escolha em casos que oferecem risco à vida do paciente.

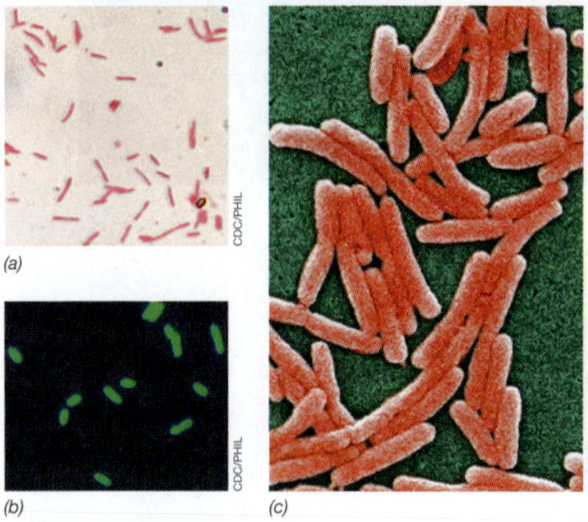

**Figura 31.5** ***Legionella pneumophila.*** *(a)* Células de *L. pneumophila*, coradas pelo Gram, recuperadas de tecido pulmonar oriundo de uma vítima de legionelose. *(b)* As células de *L. pneumophila* podem ser identificadas positivamente utilizando anticorpos fluorescentes anti-*L. pneumophila*. *(c)* Micrografia eletrônica de varredura colorizada de células de *L. pneumophila*. As células apresentam cerca de 0,5 × 2 μm.

## Epidemiologia

*L. pneumophila* é uma gamaproteobactéria bacilar, gram-negativa, aeróbia obrigatória (Figura 31.5), com exigências nutricionais complexas, incluindo uma necessidade incomum de elevado teor de ferro. O organismo pode ser isolado de hábitats terrestres e aquáticos, assim como de pacientes acometidos por legionelose. *Legionella pneumophila* foi primeiro reconhecida como o patógeno responsável por um surto de pneumonia fatal na Filadélfia (EUA), em 1976. Além da legionelose, a mesma bactéria também pode provocar uma síndrome mais branda denominada *febre Pontiac*.

*L. pneumophila* é encontrada em águas doces e no solo. O organismo é relativamente resistente ao calor e à cloração, sendo por isso capaz de disseminar-se por meio dos sistemas de distribuição de água potável (Seção 21.9). Frequentemente, o organismo é encontrado em grandes números em torres de refrigeração higienizadas inadequadamente e condensadores de evaporação de grandes sistemas de ar-condicionado. O patógeno desenvolve-se na água, sendo disseminado por aerossóis umidificados. A infecção humana ocorre a partir de gotículas transmitidas pelo ar, porém não é transmitida de pessoa a pessoa.

Além dos condensadores de evaporação e dos sistemas de água domésticos, *L. pneumophila* foi também encontrada em tanques de água quente e banheiras de hidromassagem de *spas;* neste último, a bactéria se desenvolve abundantemente em água morna (35-45°C) e parada, especialmente se os níveis de cloro (ou outro desinfetante) não são mantidos. Muitos surtos da doença têm sido associados a piscinas. O patógeno pode ser eliminado dos suprimentos de água por meio da hipercloração ou pelo aquecimento da água acima de 63°C. Embora ocorram picos de incidência nos meses de verão, estudos epidemiológicos indicam que as infecções por *L. pneumophila* podem ocorrer durante todo o ano, principalmente em consequência dos aerossóis gerados pelos sistemas de aquecimento/refrigeração e pela água sabidamente contaminada (Seção 21.9) utilizada para banhos ou duchas. Nos Estados Unidos, normalmente são reportados a cada ano alguns milhares de casos de legionelose.

**MINIQUESTIONÁRIO**

- Como a legionelose é transmitida?
- Identifique medidas específicas para o controle da *L. pneumophila*.

## 31.5 Febre tifoide e doença por norovírus

Embora a cólera ainda seja a doença transmissível pela água mais disseminada e potencialmente perigosa, outros agentes patogênicos também causam doenças graves. Abodaremos aqui dois dos patógenos mais importantes, o agente causador da febre tifoide (uma bactéria) e da doença gastrintestinal por norovírus (um vírus de RNA).

### Febre tifoide

Em escala mundial, provavelmente as bactérias patogênicas mais importantes transmitidas pela água são *Vibrio cholerae* (Seção 31.3) e *Salmonella enterica* sorovar *typhi*, o organismo causador da febre tifoide. *S.enterica* sorovar *typhi* é uma bactéria de flagelo peritríquio, gram-negativa, relacionada com *Escherichia coli* e outras bactérias entéricas (**Figura 31.6*a***). O organismo é transmitido por meio da água contaminada por fezes, e, dessa forma, a febre tifoide, assim como a cólera, é primariamente restrita a áreas onde o tratamento de esgoto e as condições gerais de saneamento são ausentes ou ineficientes. A febre tifoide atualmente é uma doença endêmica bem estabelecida na África Subsaariana, no subcontinente indiano e na Indonésia, porém aparece de forma esporádica na América do Norte, Europa, norte da Ásia e Austrália.

A febre tifoide progride em várias etapas. As células do patógeno (Figura 31.6*a*) ingeridas por meio da água contaminada (ou ocasionalmente alimentos) atingem o intestino delgado, onde se desenvolvem, e penetram no sistema linfático e na circulação sanguínea; a partir daí, o patógeno pode se deslocar para diversos órgãos diferentes. Uma a duas semanas depois, os primeiros sintomas da febre tifoide aparecem; estes incluem febre branda, cefaleia e mal-estar geral. Durante este período, o fígado e baço do paciente doente tornam-se fortemente infectados. Cerca de uma semana mais tarde, a febre se torna mais intensa (até 40°C) e o paciente geralmente apresenta delírios; diarreia pode ser observada neste estágio da doença e a dor abdominal pode ser intensa. Podem aparecer complicações, incluindo hemorragia intestinal e perfuração do intestino delgado. A perfuração do intestino libera um grande número de células bacterianas no abdome, levando a uma condição chamada de *sepse* (infecção sistêmica e inflamação) e, possivelmente, ao choque séptico; ambas são condições potencialmente fatais (até 40% dos casos de sepse são fatais). Depois de permanecer cerca de uma semana nesta fase crítica, os sintomas da febre tifoide começam a declinar e ocorre a recuperação do paciente.

Nos Estados Unidos, menos de 400 casos de febre tifoide são relatados anualmente, porém a doença costumava ser uma grande ameaça à saúde pública antes da água potável ser

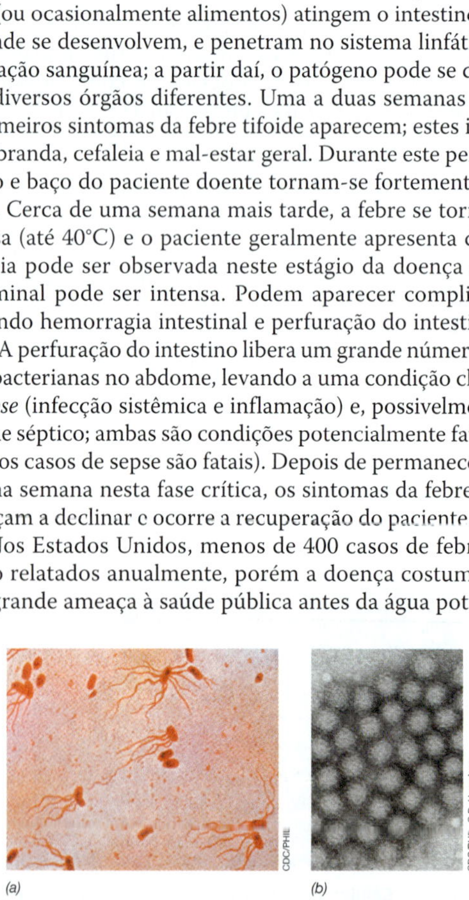

**Figura 31.6** **Agentes bacterianos e virais transmitidos pela água que causam doenças gastrintestinais graves.** *(a)* Coloração de flagelos de células de *Salmonella enterica* sorovar *typhi* apresentando flagelação peritríquia. Uma única célula mede aproximadamente 1 × 2 μm. *(b)* Micrografia eletrônica de transmissão de vírions de norovírus. Um único vírion possui cerca de 30 nm de diâmetro.

rotineiramente filtrada e clorada (⇄ Figura 28.7). No entanto, uma anormalidade nos métodos de tratamento de água, a contaminação da água durante inundações, terremotos e outros desastres, ou a contaminação dos tubulações de abastecimento de água por meio de vazamentos de tubulações de esgoto são fatores que podem propagar epidemias de febre tifoide, mesmo em países desenvolvidos.

Em alguns pacientes acometidos pela doença, a vesícula biliar torna-se infectada como patógeno. Se estes indivíduos também possuírem cálculos biliares, estes podem tornar-se colonizados com células de *S. enterica* sorovar *typhi* e atuarem como reservatórios de longo prazo do agente patogênico, a partir dos quais a bactéria é continuamente eliminada nas fezes e urina. Tais indivíduos são "portadores" saudáveis da febre tifoide e podem transmitir a doença por longos períodos. A famosa cozinheira, "Mary tifoide", foi um exemplo clássico de uma portadora da doença (⇄ Seção 28.4).

### Doença por norovírus

Os vírus podem ser transmitidos pela água e causar doenças em seres humanos. O norovírus (Figura 31.6*b*) é um destes vírus, e é uma causa comum de doenças gastrintestinais devido à ingestão de água contaminada (ou alimentos, Seção 31.14). O norovírus é um vírus de RNA fita-simples, sentido positivo (⇄ Seção 9.8), e é a principal causa mundial de doenças gastrintestinais (ver Tabela 31.5).

A infecção pelos norovírus apresenta como sintomas vômitos, diarreia e mal-estar relativamente de curta duração. A doença é raramente fatal, embora em indivíduos comprometidos (muito jovens, idosos ou imunodeficientes), a significativa desidratação que acompanha as repetidas crises de vômito e diarreia desencadeadas pelo vírus, pode apresentar um risco à vida do paciente. O diagnóstico clínico da doença gastrintestinal causada pelos norovírus é realizado por meio de uma combinação entre observação dos sintomas e a detecção direta de RNA viral por RT-PCR (⇄ Seções 11.3 e 27.10) ou de antígenos virais por imunoensaio enzimático em amostras de fezes ou vômitos.

A doença do norovírus é facilmente transmissível de pessoa para pessoa ou por meio de alimentos pela via fecal-oral. A dose infecciosa é muito pequena, uma vez que a exposição a somente 10 a 20 vírions de norovírus (Figura 31.6*b*) é suficiente para iniciar a doença. As fontes de surtos de norovírus transmitidos pela água são mais frequentemente associadas a águas de cisternas ou recreacionais que foram contaminadas por esgotos. Muitas vezes, os norovírus também são os responsáveis por doenças gastrintestinais de fonte comum, que acometem em massa pessoas que frequentaram navios de cruzeiro, unidades de longos cuidados de saúde ou cenários semelhantes. Nestas situações, o vírus pode ser transmitido de pessoa para pessoa por alimentos ou água contaminados (normalmente alimentos), ou por uma combinação destes dois.

**MINIQUESTIONÁRIO**

- Diferencie os agentes causadores da febre tifoide e da doença gastrintestinal dos norovírus.
- Quais condições de saúde pública permitem o aparecimento de surtos de febre tifoide?

# III • Os alimentos como veículo de transmissão de doenças

Os alimentos que consumimos, estejam eles frescos, prontos ou em conserva, raramente são estéreis. Em vez disso, eles quase sempre se encontram contaminados com diversos microrganismos associados à deterioração dos alimentos e ocasionalmente com patógenos. As atividades microbianas são essenciais para a produção de alguns alimentos, como aqueles fermentados, mas a maioria dos microrganismos encontrados são indesejados e diminuem a qualidade ou segurança (ou ambos) do produto. Nesta unidade, vamos explorar os contrastantes processos de deterioração e conservação, a forma como a segurança alimentar é avaliada e a transmissão de patógenos por meio dos alimentos. Nas próximas duas unidades, focaremos nas principais doenças transmissíveis por alimentos.

## 31.6 Deterioração e conservação dos alimentos

Muitos alimentos fornecem um meio excelente para o crescimento de bactérias e fungos. Alimentos armazenados corretamente também podem sofrer deterioração, mas geralmente não constituem um veículo para a transmissão de doenças se estiverem inicialmente livres de patógenos. Isso se deve ao fato de que, com raras exceções, os organismos responsáveis pela deterioração dos alimentos não são os mesmos que desencadeiam as doenças alimentares.

### Deterioração alimentar

A **deterioração alimentar** é definida como qualquer alteração na aparência, odor ou sabor de um produto alimentício, tornando-o impróprio para o consumo, seja devido ao crescimento microbiano ou não. Os alimentos são ricos em compostos orgânicos, e suas características físicas e químicas determinam seu grau de suscetibilidade à atividade microbiana. Em relação à deterioração, os alimentos são classificados em três categorias: (1) **alimentos perecíveis**, incluindo diversos alimentos frescos, como carnes e muitos legumes; (2) **alimentos semiperecíveis**, como batatas, algumas maçãs e nozes; e (3) **alimentos não perecíveis**, como farinha e açúcar. Essas categorias alimentares exibem diferenças principalmente quanto ao *teor de umidade*, mensurado pela atividade de água dos alimentos ($a_w$, ⇄ Seção 5.15). Alimentos não perecíveis apresentam baixa atividade de água, podendo geralmente ser estocados por longos períodos de tempo sem sofrer deterioração. Os alimentos perecíveis e semiperecíveis, por outro lado, normalmente apresentam atividade de água mais elevada e, portanto, tais alimentos devem ser armazenados sob condições capazes de inibir o crescimento microbiano.

Alimentos frescos podem ser deteriorados por diversos tipos de bactérias e fungos (**Tabela 31.3**). As propriedades químicas dos alimentos variam amplamente, sendo que cada produto é caracterizado de acordo com seu teor de umidade, os nutrientes que contém, bem como por outros fatores, como acidez ou alcalinidade. Como consequência, cada alimento suscetível é geralmente deteriorado por um grupo específico de microrganismos. O tempo necessário para uma população microbiana alcançar um nível significativo em determinado produto alimentício depende do tamanho do inóculo inicial e da velocidade de crescimento durante a fase exponencial. A quantidade de microrganismos inicialmente presentes em um produto alimentício pode ser tão baixa que não permite a observação de qualquer efeito mensurável, sendo que somente os últimos períodos de duplicação celular levam a uma de-

**Tabela 31.3 Deterioração microbiana de alimentos frescos[a]**

| *Produto alimentício* | *Tipo de microrganismo* | *Organismos deteriorantes comuns, por gênero* |
|---|---|---|
| Frutas e legumes | Bactérias | *Erwinia, Pseudomonas, Corynebacterium* (patógenos principalmente de legumes; raramente causam a deterioração de frutas) |
| | Fungos | *Aspergillus, Botrytis, Geotrichium, Rhizopus, Penicillium, Cladosporium, Alternaria, Phytophthora*, várias leveduras |
| Carnes frescas, aves domésticas, ovos e frutos do mar | Bactérias | *Acinetobacter, Aeromonas, Pseudomonas, Micrococcus, Achromobacter, Flavobacterium, Proteus, Salmonella, Escherichia, Campylobacter, Listeria* |
| | Fungos | *Cladosporium, Mucor, Rhizopus, Penicillium, Geotrichium, Sporotrichium, Candida, Torula, Rhodotorula* |
| Leite | Bactérias | *Streptococcus, Leuconostoc, Lactococcus, Lactobacillus, Pseudomonas, Proteus* |
| Alimentos com elevado teor de açúcar | Bactérias | *Clostridium, Bacillus, Flovobacterium* |
| | Fungos | *Saccharomyces, Torula, Penicillium* |

[a]Os organismos relacionados correspondem aos agentes deteriorantes mais comumente observados em alimentos frescos e perecíveis. Muitos destes gêneros incluem espécies que são patógenos humanos (Capítulos 29, 30 e 32).

terioração visível. Dessa forma, uma porção de um alimento que não tenha sido consumida, que esteja palatável em um dia, pode estar drasticamente deteriorada no próximo.

O tipo de deterioração e a composição da comunidade microbiana presente neste processo (Tabela 31.3) estão relacionados ao tipo de alimento e à temperatura de armazenamento do mesmo. Os microrganismos relacionados com deterioração dos alimentos são frequentemente *psicotolerantes*, e, apesar de exibirem um crescimento mais efetivo em temperaturas superiores a 20°C, também são capazes de desenvolverem-se em temperaturas de refrigeração (3-5°C) (⇄ Seção 5.12). No entanto, em qualquer temperatura de armazenamento, algumas espécies crescem mais rapidamente do que outras, e, assim, a composição da comunidade microbiana responsável pela deterioração de um mesmo produto alimentar, armazenado sob diferentes temperaturas, pode variar significativamente.

## Conservação dos alimentos e fermentação

Os métodos de armazenamento e preservação de alimentos retardam ou interrompem o crescimento de microrganismos que acarretam a deterioração e as doenças transmissíveis por alimentos. Os principais métodos utilizados na conservação dos alimentos incluem a alteração da temperatura, acidez, teor de umidade, ou o tratamento com radiação ou substâncias químicas que impedem o crescimento microbiano.

A refrigeração retarda o crescimento microbiano, porém um número notável de microrganismos, especialmente bactérias, consegue se desenvolver nestas condições. O armazenamento em freezer doméstico reduz consideravelmente o desenvolvimento microbiano, porém um crescimento lento ainda pode ser observado nos bolsões de água líquida que ficam aprisionados dentro dos alimentos congelados. Geralmente, uma temperatura de armazenamento inferior resulta em um menor crescimento microbiano e uma deterioração mais lenta, porém a estocagem em temperaturas inferiores a –20°C têm um custo muito alto para o uso de rotina e também podem afetar negativamente a aparência, a consistência e o sabor dos alimentos.

O calor reduz a carga bacteriana de um produto alimentício ou pode até mesmo esterilizá-lo, sendo especialmente útil para a preservação de líquidos e de alimentos com alto teor de umidade. O tratamento térmico denominado **pasteurização** (⇄ Seção 5.17) é limitado e não esteriliza os líquidos, porém reduz a carga microbiana e elimina os patógenos. O *enlatamento*, em contrapartida, geralmente esteriliza o produto alimentício, porém requer um cuidadoso processo de selagem do recipiente em uma temperatura correta e pelo tempo adequado. Caso microrganismos viáveis permaneçam em uma lata ou jarro, o crescimento dos organismos pode originar gás, resultando em estufamento ou até mesmo na explosão do recipiente (**Figura 31.7**). O ambiente no interior de uma lata ou jarro selado é anóxico, ideal para o desenvolvimento de um importante gênero de bactérias anaeróbias que são capazes de crescer em alimentos enlatados, os *Clostridium* formadores de endósporos, uma espécie que causa o botulismo (Seção 31.9).

Os alimentos podem ser dessecados pela remoção física da água ou pela adição de solutos, tais como sal ou açúcar. Alimentos extremamente secos ou carregados de solutos auxiliam na prevenção do crescimento bacteriano, porém a deterioração ainda pode ocorrer, e, neste caso, o processo é realizado basicamente pelos fungos. Muitos alimentos são conservados pela adição de pequenas quantidades de substâncias químicas antimicrobianas. Estas substâncias, que incluem nitritos, sulfitos, propionato, benzoato e alguns outros, são fortemente utilizadas na indústria alimentícia para aprimorar ou preservar a textura, cor, a frescura ou o sabor dos alimentos. Embora não seja amplamente praticada em muitos países, a *irradiação* dos alimentos com radiação ionizante também é um método eficaz para a redução da contaminação microbiana.

Vários alimentos e bebidas comuns são preservados por meio da atividade metabólica dos microrganismos; estes são os *alimentos fermentados* (**Figura 31.8** e **Tabela 31.4**). O processo

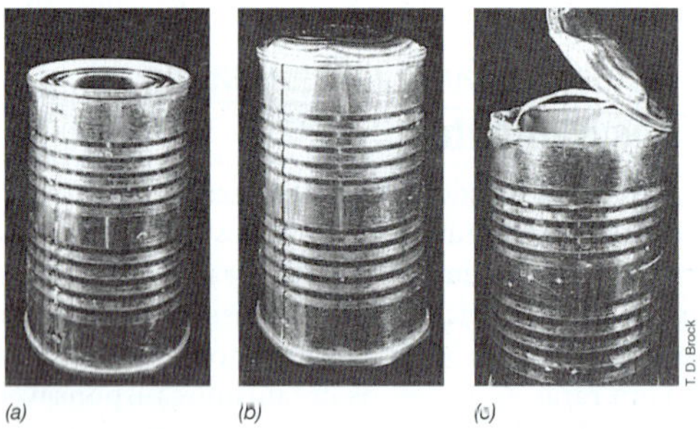


**Figura 31.7 Alterações em latas seladas, resultantes da deterioração microbiana.** *(a)* Um lata normal. A porção superior da lata apresenta-se ligeiramente côncava em decorrência do vácuo normal criado no interior do recipiente. *(b)* Estufamento resultante da produção de gás. *(c)* A lata apresentada em *(b)* foi derrubada, explodindo violentamente em decorrência da pressão exercida pelo gás, separando a tampa.

John M. Martinko e Cheryl Broadie

**Figura 31.8** **Alimentos fermentados.** Pães, carnes para embutidos, queijos, vários laticínios bem como os legumes fermentados e em conserva são alimentos produzidos ou aprimorados por reações fermentativas catalisadas por microrganismos (Tabela 31.4).

de fermentação (Capítulos 3 e 13) produz grandes quantidades de produtos químicos conservantes. As principais bactérias de importância na indústria de alimentos fermentados incluem as bactérias produtoras de ácidos orgânicos, como as bactérias lácticas (nos leites fermentados), as bactérias acéticas (na decapagem) e as bactérias propiônicas (em alguns queijos) (Tabela 31.4). A levedura *Saccharomyces cerevisiae* produz álcool que é utilizado como conservante na fabricação de bebidas alcoólicas. O nível elevado de ácidos orgânicos ou álcool gerado a partir destas fermentações previne o crescimento de organismos relacionados com a deterioração e de agentes patogênicos no produto fermentado.

**MINIQUESTIONÁRIO**

- Liste os principais grupos de alimentos de acordo com a sua suscetibilidadeà deterioração.
- Identifique os métodos físicos e químicos utilizados na conservação dos alimentos. Como cada método limita o crescimento dos microrganismos?
- Liste alguns alimentos, como laticínios, carne, bebidas e legumes que são produzidos por meio da fermentação microbiana. Qual é o agente conservante em cada caso?

## 31.7 Doenças transmissíveis por alimentos e epidemiologia alimentar

As doenças transmissíveis por alimentos se assemelham às doenças transmissíveis pela água por serem enfermidades de *fonte comum.* A maioria dos surtos de doenças transmissíveis por alimentos é decorrente da manipulação e preparação inadequadas do alimento pelos consumidores domésticos; estas doenças geralmente afetam um pequeno número de indivíduos e raramente são reportadas. No entanto, surtos ocasionais causados por falhas na manipulação e preparação seguras em restaurantes, indústrias de processamento e distribuidoras de alimentos podem afetar um grande número de indivíduos, em regiões geograficamente disseminadas.

### Doenças transmissíveis por alimentos e amostragem microbiana

As doenças transmissíveis por alimentos de maior prevalência nos Estados Unidos são as *infecções alimentares* e as *intoxicações alimentares*; algumas doenças transmissíveis por alimentos se enquadram em ambas as categorias. As infecções alimentares são as doenças transmissíveis por alimentos mais comuns nos Estados Unidos, e respondem por quatro das cinco doenças líderes no país. A **Tabela 31.5** lista os principais microrganismos que provocam infecções e intoxicações alimentares nos Estados Unidos.

**Tabela 31.4** Alimentos fermentados e microrganismos fermentativos

| *Categoria de alimentos/ conservante* | *Microrganismos de fermentação primária*[a] |
|---|---|
| Laticínios/ácido láctico, ácido propiônico | |
| Queijos | *Lactococcus, Lactobacillus, Streptococcus thermophilus, Propionibacterium* (queijo suiço) |
| Produtos lácteos fermentados | |
| Leitelho e creme de leite | *Lactococcus* |
| Iogurte | *Lactobacillus, Streptococcus thermophilus* *Streptococcus thermophilus* |
| Bebidas alcoólicas/etanol | *Zymomonas, Saccharomyces*[b] |
| Pães fermentados/cozimento | *Saccharomyces cerevisiae*[b] |
| Produtos cárneos/ácido láctico e outros ácidos | |
| Embutidos secos (calabreza, salame) e embutidos semissecos (embutido tipo *summer*, mortadela) | *Pediococcus, Lactobacillus, Micrococcus, Staphylococcus* |
| Legumes/ácido láctico | |
| Repolho (chucrute) | *Leuconostoc, Lactobacillus* |
| Pepinos (picles)[c] | Bactérias lácticas |
| Vinagre/ácido acético | *Acetobacter* |
| Molho de soja/ácido láctico e muitas outras substâncias | *Aspergillus*[d], *Tetragenococcus halophilus*, leveduras |

[a]Salvo disposição em contrário, estes microrganismos são todos espécies de *Firmicutes*, exceto *Micrococcus*, que pertence à *Actinobacteria*, e *Zymomonas* e *Acetobacter*, que pertencem à *Alphaproteobacteria*.
[b]Levedura. Diversas espécies de *Saccharomyces* são utilizadas em fermentações alcoólicas. *S. cerevisiae* é o fermento comumente utilizado na panificação.
[c]Picles não fermentados são pepinos marinados em vinagre (ácido acético 5-8%).
[d]Um fungo.

Oito microrganismos são responsáveis pela maioria das doenças de origem alimentar, internações e mortes nos Estados Unidos: espécies de *Salmonella, Clostridium perfringens, Campylobacter jejuni, Staphylococcus aureus, Listeria monocytogenes* e *Escherichia coli* (todas bactérias); norovírus; e *Toxoplasma* (um protista) (Tabela 31.5). Quatro destes – norovírus, *Salmonella, Clostridium perfringens* e *Campylobacter* – respondem por aproximadamente 90% de todas as doenças de origem alimentar, sendo que os norovírus (Seções 31.5 e 31.14) são os organimos mais comumente associados a estes quadros (60%).

O **envenenamento alimentar**, também denominado **intoxicação alimentar**, é uma doença resultante da ingestão de alimentos contendo toxinas microbianas pré-formadas. Não é necessário que os microrganismos produtores de toxinas cresçam no hospedeiro, e estes muitas vezes nem estão vivos quando o alimento contaminado é consumido; a ingestão e a atividade da toxina é o que desencadeia a doença. Discutimos anteriormente algumas dessas toxinas, especialmente a exotoxina de *Clostridium botulinum* e as toxinas que atuam como superantígenos de *Staphylococcus* e *Streptococcus* (Seções 23.9 e 24.9). Contrariamente à intoxicação alimentar, a **infecção alimentar** é uma infecção microbiana resultante da ingestão de alimento contaminado, contendo quantidades suficientes de patógenos viáveis capazes de promover a colonização e o crescimento do microrganismono hospedeiro, finalmente resultando em doença.

Métodos rápidos de diagnóstico que não requerem o crescimento ou cultura do patógeno foram desenvolvidos para a

**Tabela 31.5** Principais patógenos transmitidos por alimentos[a]

| *Organismo* | *Doença*[b] | *Alimento* |
|---|---|---|
| Bactérias | | |
| *Bacillus cereus* | EA e IA | Arroz e alimentos ricos em amido, alimentos ricos em açúcar, carnes, molhos de carne, pudim, leite em pó |
| *Campylobacter jejuni* | IA (4)[c] | Aves domésticas, laticínios |
| *Clostridium perfringens* | EA e IA (3)[c] | Carne e legumes estocados em uma temperatura de armazenamento impróprio |
| *Escherichia coli* O157:H7 | IA | Carne, especialmente carne moída, legumes crus |
| Outras *Escherichia coli* enteropatogênicas | IA | Carne, especialmente carne moída, legumes crus |
| *Listeria monocytogenes* | IA | Alimentos "prontos para consumo" refrigerados |
| *Salmonella* spp. | IA (2)[c] | Aves domésticas, carne, laticínios, ovos |
| *Staphylococcus aureus* | EA (5)[c] | Carne, sobremesas |
| *Streptococcus* spp. | IA | Laticínios, carne |
| *Yersinia enterocolitica* | IA | Carne de porco, leite |
| Todas as outras bactérias | EA e IA | |
| Protistas[d] | | |
| *Cryptosporidium parvum* | IA | Carne crua e malcozida |
| *Cyclospora cayetanensis* | IA | Hortifrutigranjeiros frescos |
| *Giardia intestinalis* | IA | Carne contaminada ou infectada |
| *Toxoplasma gondii* | IA | Carne crua e malcozida |
| Vírus | | |
| Norovírus | IA (1)[c] | Marisco, muitos outros alimentos |
| Vírus da hepatite A | IA | Marisco e alguns outros alimentos que são consumidos crus |

[a]Dados obtidos do Centers for Disease Control and Prevention, Atlanta, Georgia, EUA.
[b]EA, envenenamento alimentar; IA, infecção alimentar.
[c]O número entre parênteses é a classificação dos cinco (top cinco) principais patógenos transmitidos por alimentos nos Estados Unidos.
[d]Todos estes protistas são discutidos no Capítulo 32.

detecção de importantes patógenos de alimentos, e muitos destes foram descritos no Capítulo 27. O isolamento de patógenos de alimentos geralmente requer um tratamento preliminar, a fim de suspender os microrganismos embebidos ou aprisionados no interior do alimento. O método-padrão emprega um misturador denominado *homogeneizador* (**Figura 31.9**), um dispositivo que processa as amostras de alimentos seladas em sacos estéreis. As pás do homogeneizador maceram, misturam e homogenizam as amostras de forma semelhante ao movimento realizado pelo peristaltismo estomacal, porém sob condições controladas que previnem a contaminação da amostra. As amostras homogeneizadas são então analisadas para a presença de patógenos específicos ou seus produtos.

Além da identificação dos agentes patogênicos no alimento em si, os patógenos transmitidos por alimentos devem ser recuperados dos pacientes doentes, a fim de ser estabelecida uma relação de causa e efeito entre o patógeno e a doença. Assim, a identificação de uma *mesma linhagem* de um patógeno em particular nos pacientes e nos alimentos com suspeita de contaminação consiste no padrão-ouro para a ligação entre causa e efeito em um surto de doenças transmissíveis por alimentos, e, para isso, uma variedade de técnicas microbiológicas, imunológicas e de biologia molecular estão disponíveis para estes fins (Capítulo 27).

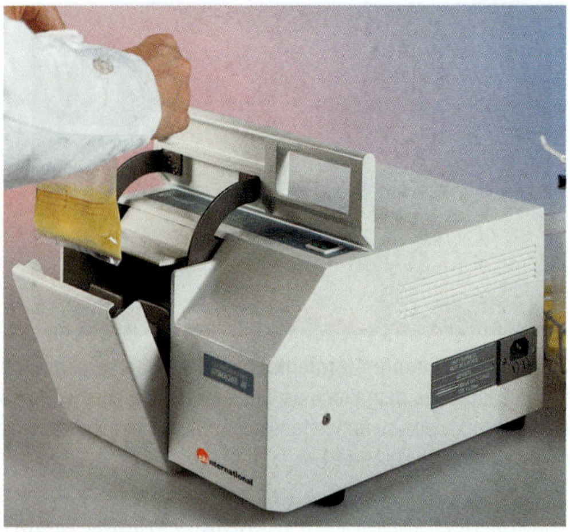

**Figura 31.9** **Um homogeneizador.** As pás deste misturador especializado homogeneizam a amostra de alimento dentro de um saco estéril e selado. A amostra é primeiramente suspensa em uma solução estéril para a produção de uma mistura uniforme.

## Epidemiologia das doenças transmissíveis por alimentos

Um surto de doenças transmissíveis por alimentos pode ocorrer em casa, na cafeteria de uma escola, no salão de jantar da faculdade, em um restaurante, em um refeitório militar, ou em qualquer lugar em que um alimento contaminado é consumido por muitos indivíduos. Além disso, a sede das indústrias de processamento de alimentos e os centros de distribuição criam oportunidades para que os alimentos contaminados provoquem surtos de doenças em locais distantes de onde o alimento foi originalmente processado. É a função do epidemiologista de alimentos rastrear os surtos de doença, bem como determinar a sua origem, muitas vezes até a localização precisa em que o alimento foi contaminado.

Um bom exemplo de um rastreamento eficiente de doenças transmissíveis por alimentos é o caso do surto causado pela *Escherichia coli* O157:H7 (ver Seção 31.11 e Figura 31.14) nos Estados Unidos em 2006. Por meio de estudos moleculares e métodos de cultivo, este surto foi associado ao consumo de espinafre contaminado embalado e foi rapidamente rastreado até uma unidade de processamento de alimentos, na Califórnia. O espinafre contaminado foi distribuído da sede localizada na Califórnia para todo o país, porém a maioria dos casos da doença foi detectada na região Centro-Oeste. No verão de 2013, outro surto proveniente de produtos "embalados" ocorreu na região Centro-Oeste, contudo, neste caso, o problema foi associado à alface e não ao espinafre, e o agente patogênico foi o parasita *Cyclospora cayetanensis* (Seção 32.4) em vez da bactéria *E. coli*.

Para serem efetivos na resolução do problema, os rastreadores de doenças transmissíveis por alimentos devem trabalhar rapidamente. Por exemplo, quando o primeiro caso do surto de *E. coli* no espinafre apareceu no final de agosto, a conexão com o produto contaminado específico foi realizada menos de um mês depois. Devido ao fato da *E.coli* O157:H7 ser um patógeno bem estudado, os funcionários da saúde pública foram capazes de identificar rapidamente a linhagem responsável pela contaminação do espinafre embalado. Em seguida, as autoridades rastrearam esta linhagem até a sede de processamento e, eventualmente, identificaram um campo agrícola específico, próximo a sede, como a fonte do agente patogênico. Embora não tenha ficado claro como o espinafre foi contaminado, a provável fonte de origem é o esterco proveniente dos animais domésticos. Durante o surto, duas redes de vigilância de doenças de origem alimentar, a *FoodNet* (Centers for Disease Control and Prevention) e a *PulseNet* (uma rede internacional de tipagem molecular para doenças transmissíveis por alimentos), desempenharam papéis importantes na identificação e na interrupçãodo surto.

A epidemia de *E. coli* nos espinafres, embora grave e até mesmo fatal para alguns indivíduos, foi descoberta, contida e interrompida muito rapidamente. No entanto, este incidente demonstra como as unidades centralizadas de processamento de alimentos podem rapidamente disseminar uma doença para populações distantes. Devido a isso, padrões altíssimos de higiene alimentar e vigilância em restaurantes, centrais de processamento e unidades de distribuição de alimentos devem ser constantemente mantidos.

**MINIQUESTIONÁRIO**

- Diferencie infecção alimentar de intoxicação alimentar.
- Descreva os procedimentos de amostragem microbiana de alimentos sólidos, como a carne.
- Descreva como um surto de doença de origem alimentar é rastreado.

# IV • Intoxicação alimentar

A intoxicação alimentar pode ser provocada por diversas bactérias e alguns fungos. Aqui, consideraremos *Staphylococcus aureus*, *Clostridium botulinum* e *Clostridium perfringens*, os agentes mais comuns associados à intoxicação alimentar bacteriana. Duas destas bactérias – *S. aureus* e *C. perfringens* – fazem parte das cinco principais de bactérias causadoras de doenças transmissíveis por alimentos (Tabela 31.5).

## 31.8 Intoxicação alimentar por estafilococos

Uma forma poderosa de intoxicação alimentar é aquela causada pelas enterotoxinas produzidas pela bactéria gram-positiva *Staphylococcus aureus* (**Figura 31.10**; Seção 15.7). Este organismo é comumente associado à pele e ao trato respiratório superior, sendo frequentemente encontrado nas feridas formadoras de pus (Seção 29. 9 e Figura 29.30). *S. aureus* pode crescer de forma aeróbia ou anaeróbia em muitos alimentos consumidos rotineiramente e produzir enterotoxinas termoestáveis. Quando consumidas, as toxinas provocam sintomas gastrintestinais, caracterizados por uma ou mais das seguintes manifestações clínicas: náuseas, vômitos, diarreia e desidratação. O início dos sintomas é rápido, em até 1 a 6 horas após a ingestão do alimento, dependendo da quantidade de enterotoxina consumida, porém os sintomas geralmente regridem em menos de 48 horas.

### Enterotoxinas de estafilococos

*S. aureus* pode produzir diversas enterotoxinas relacionadas. Muitas destas toxinas são relativamente termoestáveis e todas elas são estáveis frente à acidez estomacal. A maioria das linhagens de *S. aureus* produz somente uma ou duas dessas toxinas, ao passo que algumas linhagens não são produtoras. No entanto, qualquer uma dessas toxinas pode causar a intoxicação alimentar por estafilococos. As toxinas passam pelo estômago para o intestino delgado, e neste local desencadeiam os sintomas da doença. Além de suas atividades gastrintestinais normais, as enterotoxinas estafilocócicas são também *superantígenos* e podem provocar a síndrome do choque tóxico, que é potencialmente letal (Seções 23.9 e 24.9).

As enterotoxinas de *S. aureus* foram nomeadas com siglas que se iniciam com o prefixo "SE" (de "enterotoxina estafilocócica", do inglês, "***s***taphylococcus ***e***nterotoxin): SEA, SEB, SEC e SED, que são codificadas pelos genes *sea*, *seb*, *sec* e *sed*. Nem todos estes genes estão localizados no cromossomo de *S. aureus*, porém, de acordo com suas sequências gênicas, estes são altamente relacionados. Os genes *seb* e *sec* são codificados no cromossomo bacteriano, *sea* em um bacteriófago lisogênico (Seção 8.8), e *sed*, em um plasmídeo. Os genes codificados no fago e no plasmídeo podem transferir a capacidade de produção da toxina para linhagens não toxigênicas de *Staphylococcus* por meio de transferência gênica horizontal (Capítulo 10). SEA é mundialmente a causa mais comum de intoxicação alimentar por estafilococos.

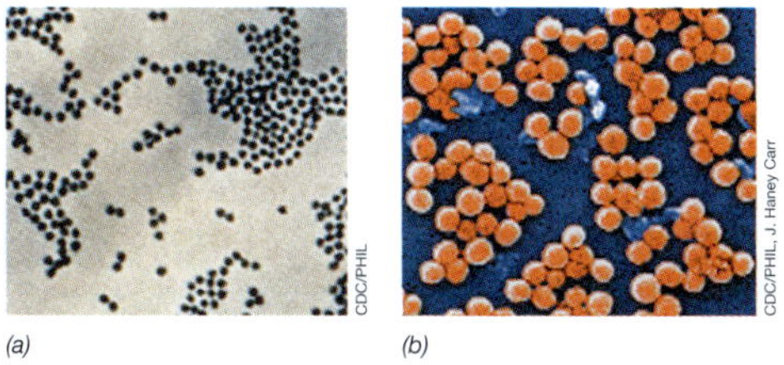


(a) (b)

**Figura 31.10** ***Staphylococcus aureus.*** *(a)* Micrografia óptica corada pelo Gram apresentando a morfologia típica em "cacho de uvas" dos estafilococos. *(b)* Micrografia eletrônica de varredura colorizada de células de *S. aureus*. Uma única célula possui cerca de 0,8 μm de diâmetro.

### Propriedades da doença e prevenção

Os alimentos podem apresentar células de *S. aureus* por diversas razões. O organismo pode estar presente na própria fonte inicial do alimento; por exemplo, em uma carne. Porém, mais frequentemente, as células de *S. aureus* são introduzidas no alimento pela contaminação proveniente do cozinheiro, por meio da contaminação do produto alimentar com carne crua, ou ainda por meio de molho ou recheio contaminado. Um cenário propício comum para uma incidência de intoxicação alimentar por estafilococos é observado quando um cozinheiro introduz *S. aureus*, presente em secreções nasais, em uma ferida cutânea descoberta ou em um curativo malfeito, no alimento durante a sua preparação. Se o alimento contaminado é então armazenado à temperatura ambiente ou em uma temperatura superior, as condições são demasiadamente favoráveis para o rápido crescimento de *S. aureus* e para a produção de enterotoxinas por este organismo.

A cada ano são estimados cerca de 250 mil casos de intoxicação alimentar estafilocócica nos Estados Unidos. Os alimentos mais comumente associados a estes casos são as sobremesas e os produtos de panificação com recheios cremosos, aves, ovos, carne crua e processada, pudins e molhos cremosos para saladas. Saladas preparadas com recheio à base de maionese ou aquelas que contêm mariscos, frango, massas, atum, batata, ovo ou carne também são veículos de transmissão comuns. Alimentos salgados, como o presunto, podem ser veículos transmissionais devido à capacidade do *S. aureus* de se desenvolver rapidamente em ambientes salinos (Seção 29.9). Se qualquer um destes alimentos estiver contaminado com *S. aureus*, mas forem imediatamente refrigerados após a sua preparação, eles geralmente permanecem seguros, uma vez que o organismo apresenta baixas taxas de crescimento em temperaturas inferiores. Contudo, se a enterotoxina já tiver sido produzida, apenas um aquecimento leve pode não ser o suficiente para tornar o alimento seguro, tendo em vista que as enterotoxinas de estafilococos são estáveis a temperaturas de 60°C.

O tratamento de uma intoxicação alimentar por estafilococos com antibióticos não é eficiente, uma vez que as células de *S. aureus* ingeridas são destruídas pela acidez estomacal e os antibióticos não possuem efeito sobre as enterotoxinas. Como para qualquer doença de origem alimentar, a intoxicação por estafilococos pode ser evitada por meio de medidas de saneamento e higiene adequadas na produção, preparação e armazenamento dos alimentos. Assim, os manipuladores de alimentos devem praticar a lavagem frequente e minuciosa das mãos, adotar medidas de segurança que impeçam que os alimentos entrem em contato com os tecidos nasais e secreções, e utilizar rotineiramente, além de realizar a troca com frequência, luvas descartáveis ao manusear produtos alimentares, especialmente se estes indivíduos possuírem uma ferida coberta por um curativo na região das mãos.

**MINIQUESTIONÁRIO**

- Identifique os sintomas e o mecanismo da intoxicação alimentar por estafilococos.
- Por que o tratamento com antibióticos não possui efeito sobre as consequências ou a gravidade de uma intoxicação alimentar estafilocócica?

## 31.9 Intoxicação alimentar por clostrídios

As bactérias anaeróbias formadoras de endósporos *Clostridium perfringens* e *Clostridium botulinum* (Seção 15.8) causam graves intoxicações alimentares. Os procedimentos de enlatamento e cocção matam as células vegetativas, sem necessariamente matar os endósporos. Caso isso aconteça, os endósporos viáveis presentes no alimento germinam e a toxina é produzida.

Existe uma clara distinção no processo de doença entre a intoxicação alimentar por *perfringens* e o botulismo. No caso do botulismo, a toxina é uma neurotoxina e apenas esta é necessária para se desencadear a doença; o crescimento de *C. botulinum* no corpo humano não é essencial, contudo pode ocorrer, especialmente nos casos de botulismo infantil. Por outro lado, na intoxicação alimentar por *perfringens*, um grande número de células precisa ser ingerido, a fim de que a toxina – neste caso, uma enterotoxina – possa ser produzida.

### Intoxicação alimentar por *Clostridium perfringens*

*C. perfringens* (**Figura 31.11*a***) é comumente encontrado no solo, todavia também pode ser encontrado no esgoto, principalmente por habitarem em pequenos números, o trato intestinal de seres humanos e outros animais. *C. perfringens* é a terceira causa mais prevalente de intoxicações alimentares notificadas nos Estados Unidos, ficando atrás apenas da doença do norovírus (Seções 31.5 e 31.14) e das infecções por *Salmonella* (Seção 31.10 e Tabela 31.5). Em 2011, foram estimados que aproximadamente 1 milhão de casos de *perfringens* ocorreram nos Estados Unidos.

*C. perfringens* é uma bactéria proteolítica; as proteínas são catabolizadas por meio da fermentação (Seção 13.13). A intoxicação alimentar por este organismo é resultante da ingestão

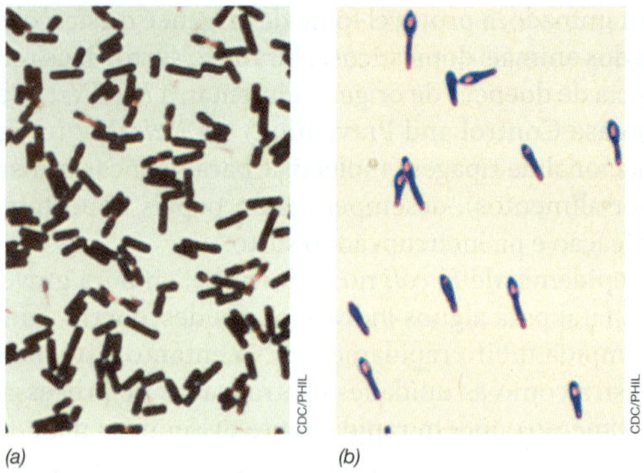


**Figura 31.11 Clostrídios que causam intoxicação alimentar.** *(a)* Coloração de Gram de uma cultura em crescimento de *Clostridium perfringens*, a bactéria que causa a intoxicação alimentar por *perfringens*. Uma célula mede cerca de 1 × 3 μm. *(b)* Coloração de Gram de uma cultura em esporulação de *Clostridium botulinum*, o agente causador do botulismo. Uma única célula mede cerca de 1 × 5 μm.

de uma grande dose de células de *C. perfringens* (>$10^8$ células), presente em alimentos cozidos ou crus contaminados, especialmente alimentos com alto teor de proteínas, como carnes, aves domésticas e peixes. O microrganismo pode crescer em carnes, quando cozidas em grandes pedaços, onde a penetração de calor é frequentemente insuficiente. *C. perfringens* cresce rapidamente na carne, especialmente se o alimento for deixado para esfriar a temperatura ambiente. É justamente quando o processo de esporulação se inicia que a enterotoxina é produzida. A enterotoxina *perfringens* altera a permeabilidade do epitélio intestinal, provocando náuseas, diarreia e cólicas intestinais. A intoxicação alimentar por *perfringens* estabelece-se em um período de 7 a 15 horas após o consumo do alimento contaminado, mas geralmente desaparece em 24 horas; fatalidades decorrentes da intoxicação alimentar por *perfringens* são raras.

O diagnóstico de intoxicação alimentar por *perfringens* é realizado pelo isolamento de *C. perfringens* das fezes ou, de maneira mais confiável, por um imunoensaio visando detectar a presença da enterotoxina de *C. perfringens* nas fezes. A prevenção da intoxicação alimentar por *perfringens* requer a adoção de medidas para evitar que alimentos crus contaminem os alimentos cozidos, assim como o controle dos procedimentos de cocção e enlatamento, garantindo que todos os alimentos sejam submetidos a um tratamento térmico adequado. A enterotoxina *perfringens* é termolábil e, dessa forma, qualquer toxina que possa ter se formado em um produto alimentar é destruída pelo aquecimento apropriado (75°C). Os alimentos cozidos devem ser refrigerados o mais breve possível a fim de reduzir as temperaturas rapidamente e inibir o crescimento de *C. perfringens*.

### Botulismo

O **botulismo** é uma grave intoxicação alimentar, potencialmente fatal, que ocorre após o consumo de alimentos contendo a exotoxina produzida por *C. botulinum* (Figura 31.11*b* e ver a página 903). Tal bactéria é habitante normal do solo ou da água, porém suas células ou endósporos podem contaminar alimentos crus e processados. Se endósporos viáveis de *botulinum* permanecerem no alimento eles poderão germinar e produzir a toxina; a ingestão de mesmo uma pequena quantidade desta substância altamente perigosa pode ocasionar uma doença grave ou até a morte.

A toxina botulínica é uma neurotoxina que afeta os nervos autônomos que controlam funções corporais essenciais, como a respiração e os batimentos cardíacos; a consequência típica é a paralisia flácida (Seção 23.9). São conhecidos pelo menos sete tipos distintos de toxinas botulínicas. As toxinas são destruídas pelo calor (80°C por 10 minutos) e, dessa forma, os alimentos bastante cozidos, mesmo se contaminados pela toxina, podem ser totalmente inofensivos. A maioria dos casos de botulismo alimentar ocorre em decorrência da ingestão de conservas caseiras processadas de maneira inadequada, especialmente de alimentos não ácidos, como milho e feijão. Em tais condições, os endósporos viáveis de *C. botulinum* que permanecerem nas embalagens seladas (que se tornam anóxicas) podem germinar durante a estocagem e produzir a toxina. Muitos destes alimentos são consumidos sem cocção no preparo de saladas frias, e, portanto, qualquer toxina botulínica presente não é destruída. Dessa forma, a prevenção do botulismo alimentar requer uma atenção especial com relação às práticas de enlatamento e conservação de alimentos relacionados.

Embora os recém-nascidos possam ser infectados por alimentos contaminados pela toxina, a maioria dos casos de botulismo infantil ocorre em decorrência da produção de toxina após uma *infecção* real da criança por *C. botulinum*. O botulismo infantil acomete mais frequentemente recém-nascidos de até aproximadamente os 2 meses de idade, tendo em vista a ausência de uma microbiota intestinal bem desenvolvida capaz de competir com *C. botulinum*. Os endósporos de *C. botulinum* ingeridos germinam no intestino da criança, desencadeando o crescimento do organismo e a produção da toxina. O botulismo de ferimento também pode ocorrer por infecção, possivelmente pela introdução, por via parenteral, de material contaminado por endósporos. O botulismo de ferimento é mais comumente associado ao uso de drogas injetáveis ilícitas.

Todas as formas de botulismo são bastante raras. Nos Estados Unidos, são observados anualmente cerca de 150 casos, sendo 70% casos de botulismo infantil, 15% de ferimentos e 15% de origem alimentar. Contudo, o botulismo é muito grave, em razão da elevada taxa de mortalidade associada à doença não tratada. Como a maioria dos casos são diagnosticados e tratados, menos de 5% de todos os casos de botulismo resultam em morte. O botulismo é diagnosticado por meio da detecção da presença da toxina botulínica ou de células de *C. botulinum* no paciente (ou na comida contaminada), associada à observação clínica de paralisia localizada (deficiência visual e da fala) com início entre 18 a 24 horas após a ingestão do alimento contaminado. O tratamento envolve a administração de antitoxina botulínica nos casos de diagnóstico precoce e ventilação mecânica diante de paralisia respiratória. Se a dose de toxina envolvida no processo de doença não for muito elevada, o botulismo infantil geralmente é autolimitado, e a maioria dos recém-nascidos se recupera apenas com terapia de suporte, como a ventilação assistida.

**MINIQUESTIONÁRIO**

- Compare e diferencie a produção de toxina e a toxemia no botulismo e na intoxicação alimentar por *perfringens*.
- Descreva as diferenças na transmissão do botulismo em adultos e nos recém-nascidos.

# V • Infecção alimentar

A infecção alimentar resulta da ingestão de alimento contendo quantidade suficiente de patógenos viáveis para causar o desenvolvimento do patógeno e doença no hospedeiro. A infecção alimentar é muito comum, e, nos Estados Unidos, a soma total de infecções alimentares supera de forma gigantesca (em cerca de 10 vezes) os casos de intoxicação alimentar. As Seções 23.1 e 23.6a a 23.8 revisam o processo de infecção, resumindo as etapas por meio das quais os microrganismos – patogênicos ou não – se ligam e se estabelecem nos tecidos do hospedeiro.

## 31.10 Salmonelose

A **salmonelose** é uma doença gastrintestinal decorrente geralmente da ingestão de alimentos contaminados por *Salmonella* ou por meio do manuseio de animais ou produtos animais contaminados pela bactéria (Figura 31.12). A salmonelose é a infecção alimentar bacteriana mais comum nos Estados Unidos, perdendo apenas para os norovírus no número total de casos. Os sintomas iniciam-se após o patógeno – um bacilo gram-negativo, móvel, aeróbio facultativo, relacionado com *Escherichia coli* (Seção 15.3 e ver Figura 31.13) – colonizar o epitélio intestinal. As espécies de *Salmonella* normalmente habitam o intestino de animais de sangue quente e de muitos animais de sangue frio (Figura 31.12), sendo também comuns em esgotos. Dessa forma, alguns casos de salmonelose são infecções transmitidas pela água, e não de origem alimentar, como é o caso em particular da febre tifoide (Seção 31.5).

O epíteto de espécie aceito para os membros patogênicos do gênero *Salmonella* é *enterica*, e existem sete subespécies de *S. enterica*. A maioria dos patógenos humanos classifica-se na subespécie *S. enterica*, grupo *enterica*. Cada subespécie pode ser dividida em *sorovares* (variantes sorológicas). Assim, existem os organismos *Salmonella enterica* sorovar *typhi*, *Salmonella enterica* sorovar *typhimurium*, e assim por diante. Os sorovares *Salmonella typhimurium* e *Salmonella Enteriditis* são mais frequentemente associados à salmonelose transmitida por alimentos.

### Patogênese e epidemiologia

A forma mais comum de salmonelose é a *enterocolite*. A ingestão de alimentos contaminados contendo células de *Salmonella* viáveis resulta na colonização do intestino delgado e grosso. Destes órgãos, as células de *Salmonella* invadem os fagócitos, desenvolvendo-se como um patógeno intracelular, disseminando-se para as células adjacentes à medida que as células hospedeiras morrem. Após a invasão, a *Salmonella* patogênica produz diversos fatores de virulência incluindo endotoxinas, enterotoxinas e citotoxinas que danificam e matam as células hospedeiras (Seções 23.9 e 23.10). Os sintomas da enterocolite geralmente aparecem entre 8 a 48 horas após a ingestão do alimento e incluem cefaleia, calafrios, vômitos e diarreia, seguidos de febre que pode persistir por vários dias. A doença normalmente desaparece sem qualquer intervenção, em 2 a 5 dias. Contudo, mesmo após a recuperação, os pacientes eliminam células de *Salmonella* em suas fezes durante várias semanas e alguns se tornam portadores saudáveis. Alguns sorovares de *S. enterica* também podem causar septicemia (uma infecção sanguínea), bem como febre entérica ou tifoide, uma doença potencialmente fatal caracterizada por infecção sistêmica e febre alta, que perdura por várias semanas (Seção 31.5).

**Figura 31.12** **Algumas fontes de transmissão de *Salmonella*.** *(a)* As aves domésticas contêm *Salmonella* em seus intestinos e fezes. *(b)* A *Salmonella* também pode ser transferida para os seres humanos a partir de *(b)* répteis e *(c)* anfíbios. *(d)* Porções de aves domésticas e ovos frescos.

A incidência de salmonelose nos Estados Unidos tem se mantido estável ao longo da última década, com aproximadamente um milhão de casos estimados a cada ano. Existem diversas vias por meio das quais a bactéria pode ser introduzida nos estoques alimentares. O organismo pode ter acesso ao alimento pela contaminação fecal provocada pelos indivíduos que manipulam os alimentos. Animais destinados à produção de alimentos, como frangos, porcos e gado bovino, podem também albergar sorovares de *Salmonella* patogênicas ao homem e transmitir as bactérias a alimentos frescos, como ovos, carnes e laticínios (Figura 31.12). As infecções alimentares por *Salmonella* são frequentemente vinculadas a produtos preparados à base de ovos crus, como cremes, bolos contendo creme, merengues, tortas e licores de ovos. Outros alimentos habitualmente implicados em surtos de salmonelose são as carnes e produtos cárneos, especialmente aves domésticas, salsichas e outras carnes defumadas, porém cruas, leites e produtos lácteos. O simples manuseio de animais contaminados pela bactéria (Figura 31.12) também pode desencadear a salmonelose.

## Diagnóstico, tratamento e prevenção

O diagnóstico de salmonelose alimentar é realizado pela observação dos sintomas clínicos, do histórico recente de consumo de alimentos de alto risco e pela cultura do organismo a partir das fezes. Meios de cultura seletivos e diferenciais são utilizados para o isolamento de *Salmonella* e para a sua distinção de outras bactérias entéricas gram-negativas (**Figura 31.13**). Testes para a presença do organismo são comumente realizados em produtos alimentícios de origem animal, como carne crua, aves domésticas, ovos e leite em pó. Os ensaios incluem vários testes rápidos (Capítulo 27), no entanto, até mesmo este tipo de ensaio geralmente recorre a técnicas de enriquecimento, a fim de aumentar o número de células de *Salmonella* de forma que estas sejam detectáveis.

No caso da enterocolite, geralmente não é necessário qualquer tipo de tratamento e a terapia antibiótica não reduz o período de doença, como também não elimina o estado de portador. Alimentos contaminados aquecidos a 70ºC geralmente são considerados seguros se consumidos imediatamente, mantidos a 50ºC, ou refrigerados prontamente. Quaisquer alimentos que sejam contaminados por um manipulador infectado podem permitir o crescimento de *Salmonella*, caso sejam mantidos por longos períodos de tempo sem aquecimento ou sob refrigeração.

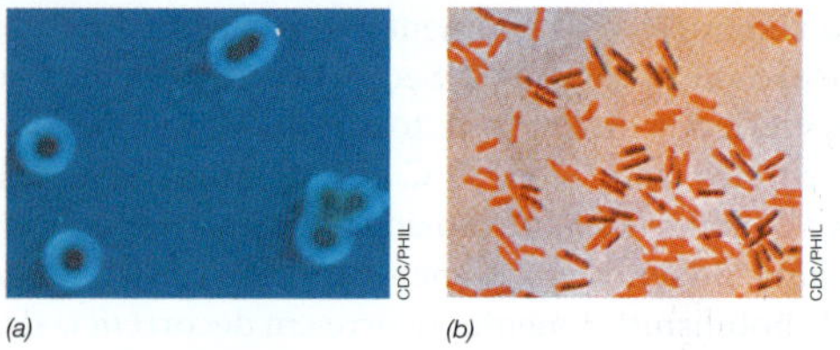


**Figura 31.13** **Isolamento de *Salmonella*.** *(a)* Colônias de *S. enterica* sorovar *typhimurium* em ágar Hektoen, que contém inibidores de bactérias gram-positivas, bem como lactose e peptona como fontes de carbono. O tiossulfato no meio é reduzido a $H_2S$ pela *Salmonella*, que se associa ao ferro para formar FeS negro. Assim, a *Salmonella* forma colônias brancas (uma vez que não fermenta a lactose) com centros FeS negros, um padrão único entre as bactérias entéricas. *(b)* Coloração de Gram de células de *Salmonella*.

**MINIQUESTIONÁRIO**

- Descreva a infecção alimentar por salmonelas. Como ela se diferencia da intoxicação alimentar?
- Como a contaminação de animais de produção por *Salmonella* pode ser contida?

## 31.11 *Escherichia coli* patogênica

A maioria das linhagens de *Escherichia coli* não é patogênica, sendo membros comuns da microbiota entérica do colo de seres humanos. Contudo, poucas linhagens são potenciais patógenos transmitidos por alimentos (e ocasionalmente pela água) (**Figura 31.14**) e produzem potentes enterotoxinas. Estas linhagens patogênicas são agrupadas com base no tipo de toxina que produzem e nas doenças específicas que acarretam. Focaremos aqui na bactéria *E. coli* produtora de toxina Shiga e consideraremos brevemente algumas outras linhagens de *E. coli* toxigênicas.

Embora não façam parte do grupo dos principais patógenos causadores de infecções de origem alimentar (Tabela 31.5), as linhagens de *E. coli* patogênicas provocam sintomas de doença tão graves, que muitas vezes necessitam de hospitalização. Assim, as infecções por *E. coli* patogênicas podem ocasionar doenças diarreicas que oferecem risco a vida e problemas no trato urinário.

### *Escherichia coli* produtora de toxina Shiga (STEC)

As linhagens de *Escherichia coli* produtoras de toxina Shiga (STEC) produzem *verotoxina*, uma enterotoxina simi-

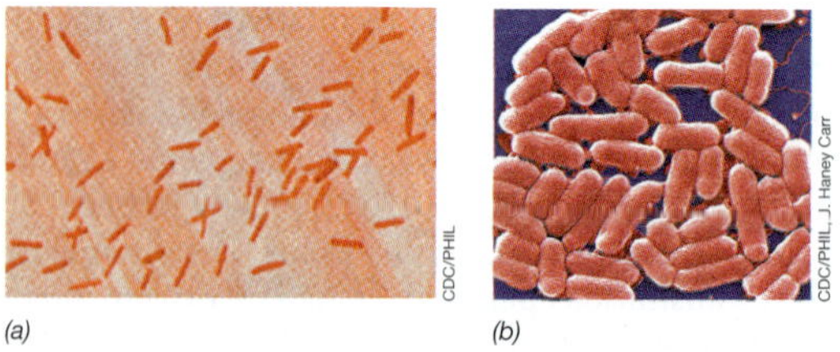


**Figura 31.14** ***Escherichia coli* patogênica.** *(a)* Células de *E. coli* coradas pelo Gram, apresentando a morfologia típica em forma de bastonete das bactérias gram-negativas. *(b)* Micrografia eletrônica de varredura colorizada de células de *E.coli* O157:H7. As células medem aproximadamente $1 \times 3$ μm.

lar àquela toxina Shiga produzida por *Shigella dysenteriae* (↻ Tabela 23.5), um parente próximo de *E. coli*. Linhagens STEC de *E. coli* são também chamadas de *E. coli êntero-hemorrágicas* (EHEC). A STEC mais amplamente distribuída é a *E. coli* O157:H7 (Figura 31.14*b*). Após um indivíduo ingerir alimento ou água contaminados com STEC, a bactéria infecta o intestino delgado, onde se desenvolve e produz verotoxina, processos que desencadeiam uma diarreia sanguinolenta e iniciam sinais de insuficiência renal.

Cerca da metade das infecções por STEC são ocasionadas pelo consumo de carne contaminada crua ou malcozida, principalmente carne moída processada em massa. *E. coli* O157:H7 é normalmente encontrada nos intestinos de bovinos saudáveis, sendo introduzida nos alimentos de seres humanos por meio da carne contaminada, durante o abate e processamento, com conteúdo intestinal dos animais. Linhagens STEC também foram associadas a surtos de infecção alimentar causados por laticínios (especialmente produtos à base de leite cru), frutas frescas e legumes crus. A contaminação dos alimentos frescos por matéria fecal, geralmente proveniente do gado portador da linhagem STEC, foi implicada em vários desses casos (Seção 31.7).

### Outras *Escherichia coli* patogênicas

Em países em desenvolvimento, as crianças frequentemente contraem doenças diarreicas causadas por *E. coli*, e a bactéria também pode ser a causa da "diarreia do viajante", uma infecção entérica extremamente comum, que provoca quadros de diarreia aquosa (em oposição à diarreia sanguinolenta causada pelas linhagens de STEC) em indivíduos que viajam para países em desenvolvimento. Os principais agentes etiológicos correspondem a *E. coli enterotoxigênicas* (ETEC). Estas linhagens infectam o intestino delgado e produzem uma entre duas enterotoxinas termolábeis causadoras de diarreia.

Estudos realizados com cidadãos norte-americanos que viajam para o México revelaram que a taxa de infecção por ETEC é frequentemente superior a 50%. Os principais veículos são alimentos perecíveis, como legumes frescos (p. ex., a alface utilizada em saladas), e água proveniente de sistemas públicos de abastecimento. A população local habitualmente mostra-se resistente às linhagens ETEC devido ao contato prolongado com o organismo. Outras linhagens de *E. coli* patogênicas incluem as *E. coli enteropatogênicas* (EPEC), que são responsáveis por doenças diarreicas em bebês e crianças pequenas, porém não causam doença invasiva nem produzem toxinas, e as linhagens de *E. coli enteroinvasivas* (EIEC), que provocam doença invasiva do colo, produzindo diarreia aquosa e às vezes sanguinolenta.

### Diagnóstico, tratamento e prevenção

O padrão geral estabelecido para o diagnóstico, tratamento e prevenção de infecções por STEC reflete os procedimentos correntes utilizados para todas as linhagens patogênicas de *E. coli*. O diagnóstico laboratorial envolve a cultura a partir das fezes e a identificação dos antígenos O (lipopolissacarídico) e H (flagelar), assim como das toxinas, por métodos imunológicos. A identificação e tipagem das linhagens também podem ser realizadas por meio de diversos métodos de análise molecular.

O tratamento das infecções por STEC inclui terapia de apoio para a desidratação e o monitoramento da função renal, de hemoglobina e plaquetas. Os antibióticos podem ser prejudiciais, uma vez que podem promover a liberação de grandes quantidades de verotoxina por células de *E. coli* em fase de morte, que, caso contrário, seriam eliminadas intactas nas fezes. Em relação a outras infecções por *E. coli* patogênicas, o tratamento geralmente envolve terapia de apoio e, nos casos graves e de doença invasiva, o uso de fármacos antimicrobianos a fim de reduzir a duração e eliminar a infecção.

A maneira mais eficaz de prevenir a infecção por *E.coli* patogênicas de quaisquer tipos é lavar vigorosamente os alimentos crus e se certificar de que a carne, especialmente a carne moída, seja completamente cozida, ou seja, ela deve possuir uma aparência cinza ou marrom, com um sumo claro, e ter atingido uma temperatura superior a 70°C. De modo geral, a manipulação adequada dos alimentos, a purificação da água e uma higiene apropriada também previnem a disseminação de *E. coli* patogênicas. Ao viajar, a diarreia causada por *E.coli* patogênicas pode ser prevenida por meio da ingestão de água somente proveniente de garrafas bem seladas e evitando-se todos os alimentos crus.

**MINIQUESTIONÁRIO**

- Como as linhagens STEC de *Escherichia coli* se diferem das demais *E. coli* patogênicas?
- Por que as carnes são os principais veículos de transmissão de *E. coli* patogênicas? Como a carne contaminada pode ser processada de forma a se tornar segura para o consumo?

## 31.12 *Campylobacter*

Juntamente com a salmonelose (Seção 31.10) e a intoxicação alimentar por *perfringens* (Seção 31.9), as infecções por *Campylobacter* são a causa mais comum de infecções bacterianas transmitidas por alimentos nos Estados Unidos (Tabela 31.5). As células de *Campylobacter* são epsilonproteobactérias gram-negativas, móveis, com morfologia em espiral (↻ Seção 15.5), que crescem de forma mais apurada em baixas tensões de oxigênio (microaerofílicas). Várias espécies de *Campylobacter* são reconhecidas, porém *C. jejuni* e *C. fetus* (**Figura 31.15**) são comumente associadas principalmente a doenças transmissíveis por alimentos em seres humanos.

### Epidemiologia e patologia

*Campylobacter* é transmitido ao homem por alimentos contaminados, principalmente aves domésticas ou carne de porco malcozida, mariscos crus ou, ocasionalmente, por água contaminada com resíduos fecais oriunda de fontes superficiais. *C. jejuni* é um habitante normal do trato intestinal de aves domésticas, e, de acordo com o Departamento de Agricultura dos EUA, até 90% das carcaças de perus e frangos estão contaminadas por *Campylobacter*. Os porcos também podem carrear a bactéria, enquanto a carne bovina raramente é um veículo de transmissão. Espécies de *Campylobacter* também infectam animais domésticos, como cães, provocando uma forma mais branda de diarreia que aquela observada em seres humanos. Casos de infecções por *Campylobacter* em crianças, em particular, são frequentemente relacionados a animais domésticos infectados, especialmente cães.

Após um indivíduo ingerir células de *Campylobacter*, o organismo multiplica-se no intestino delgado, invade o epitélio e causa inflamação. Pelo fato de *C. jejuni* ser sensível ao ácido gástrico, podem ser necessárias $10^4$ células para iniciar a infecção. Contudo, a ingestão de patógeno diretamente no alimento, ou a ingestão por indivíduos fazendo uso de medicação para reduzir a produção de ácido no estômago, pode reduzir esse número a menos de 500 células. A infecção por *Campylobacter* provoca febre alta (geralmente acima de 40°C),

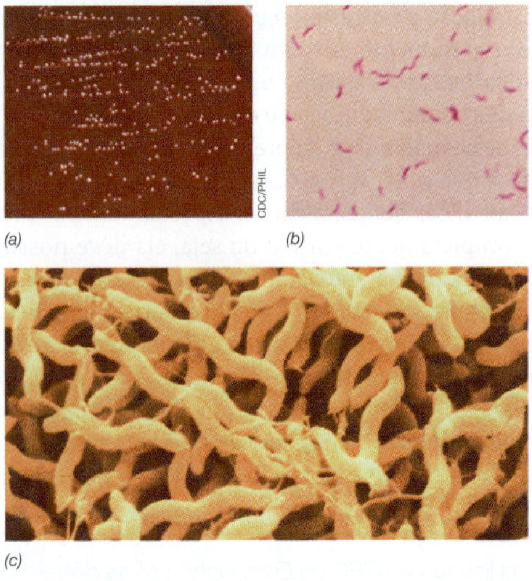

Figura 31.15 ***Campylobacter.*** *(a)* Colônias de *C. jejuni* cultivadas em ágar *Campylobacter*, um meio seletivo. O meio contém diversos antibióticos aos quais as espécies de *Campylobacter* são naturalmente resistentes. *(b)* Coloração de Gram e *(c)* micrografia eletrônica de varredura de células de uma espécie de *Campylobacter.* O tamanho médio das células individuais é de 0,4 × 2 μm.

cefaleia, mal-estar, náuseas, cólicas abdominais e diarreia intensa, com fezes aquosas e frequentemente sanguinolentas; os sintomas regridem em cerca de uma semana.

## Diagnóstico, tratamento e prevenção

O diagnóstico de infecção alimentar por *Campylobacter* requer o isolamento do organismo a partir de amostras de fezes, sendo a identificação realizada por meio de testes dependentes de cultivo, ensaios imunológicos ou análises genômicas. Meios de cultura contendo diversos antibióticos aos quais as espécies de *Campylobacter* são naturalmente resistentes têm sido desenvolvidos para o isolamento seletivo deste organismo (Figura 31.15*a*). Vários métodos imunológicos também se encontram disponíveis para o diagnóstico da infecção por *Campylobacter.*

O tratamento antibiótico com o fármaco eritromicina é amplamente empregado em casos de diagnóstico confirmado por métodos de cultura ou de ensaios independentes de cultivo. Além disso, casos graves de desidratação a partir de uma infecção por *Campylobacter* podem exigir perfusão intravenosa e hospitalização. Uma higiene pessoal rigorosa, especialmente em unidades de preparação de alimentos, a lavagem criteriosa da carne crua de aves domésticas (assim como dos utensílios que entram em contato com a carne), além da cocção completa da carne são as principais formas de prevenção dasinfecções por *Campylobacter.*

**MINIQUESTIONÁRIO**

- Descreva a patologia da infecção alimentar por *Campylobacter*. Quais são os principais veículos de transmissão deste patógeno?
- Como a contaminação de animais de produção por *Campylobacter* pode ser controlada?

# 31.13 Listeriose

*Listeria monocytogenes* causa a **listeriose**, uma infecção alimentar gastrintestinal que pode levar à bacteriemia (presença de bactérias no sangue) e meningite. *L. monocytogenes* é um cocobacilo gram-positivo (*Firmicutes*), não formador de esporos, o qual é tolerante ao ácido, ao sal e ao frio e é aeróbio facultativo (**Figura 31.16**) (Seção 15.7). Embora seja um patógeno transmitido por alimentos, secundário, em termos de número de casos observados anualmente, as infecções por *Listeria* podem ser muito graves e causam estimadamente 20% de todos os óbitos em decorrência de doenças de origem alimentar nos Estados Unidos.

## Epidemiologia

*L. monocytogenes* é encontrada no solo e água e, embora não seja comum em alimentos, praticamente nenhuma fonte alimentar é considerada segura em relação à possível contaminação pela bactéria. Os alimentos podem ser contaminados em qualquer fase da produção ou processamento. As carnes prontas para o consumo, os queijos cremosos frescos, os laticínios não pasteurizados e o leite pasteurizado inadequadamente são os principais veículos alimentares desse patógeno, mesmo quando os alimentos são armazenados adequadamente em temperatura de refrigerador (4°C). A conservação dos alimentos por refrigeração, que habitualmente retarda o crescimento microbiano de outros patógenos transmitidos por alimentos, é ineficaz na limitação do crescimento de *Listeria,* uma vez que esta é psicrotolerante. As células de *L. monocytogenes* produzem uma série de ácidos graxos de cadeia ramificada que mantêm a membrana citoplasmática funcional em temperaturas mais baixas (Seção 5.12).

Evidências obtidas a partir de estudos em animais e de observações de casos de listeriose em seres humanos, juntamente com a elevada frequência de contaminação por *Listeria monocytogenes* de alimentos crus e processados, sugerem que o organismo não seja altamente invasivo e que provavelmente seja necessário um grande inóculo para iniciar os sintomas da doença. A listeriose acomete principalmente idosos, mulheres grávidas, recém-nascidos e adultos com o sistema imunológico debilitado. Geralmente, menos de mil casos de listeriose são relatados nos Estados Unidos anualmente, porém a mortalidade pode ser elevada, chegando a 25% das pessoas que apresentam os sintomas.

## Patologia

A imunidade contra *L. monocytogenes* é mediada por células Th1 inflamatórias (Seção 25.6). No entanto, se as células de *Listeria* conseguirem escapar destas células imunes, da mesma forma que o fazem naqueles indivíduos que apresentam este sistema comprometido, o organismo é captado por células fagocíticas intestinais. Embora se acredite que esta interceptação seja positiva, do ponto de vista da defesa do hospedeiro, na verdade não é, uma vez que a captação fagocítica inicia o ciclo de infecção por *Listeria.*

As células de *Listeria* são captadas pelas células fagocíticas do hospedeiro em um vacúolo chamado de *fagossoma.*

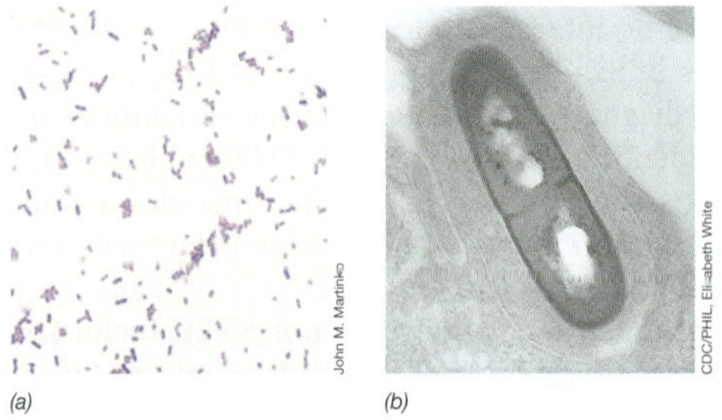

Figura 31.16 ***Listeria monocytogenes.*** *(a)* Coloração de Gram e *(b)* micrografia eletrônica de transmissão de células de *L. monocytogenes*, o agente causador da listeriose. A célula de *Listeria* apresentada em *(b)* encontra-se no interior dos tecidos do hospedeiro (ver Figura 31.17).

Esta captação desencadeia a produção do principal fator de virulência de *Listeria*, a toxina *listeriolisina O*, que lisa o fagossomo e libera a bactéria no citoplasma (**Figura 31.17**). No citoplasma, a bactéria se multiplica e produz um segundo fator de virulência importante, *ActA*, uma proteína que induz a polimerização de actina da célula hospedeira; a actina reveste a célula bacteriana e auxilia no movimento do patógeno em direção à membrana citoplasmática da célula hospedeira. Uma vez na membrana citoplasmática, o complexo proteico forma projeções para fora da célula, desenvolvendo saliências denominadas *filopódios*, que são captados pelas células fagocíticas circundantes (Figura 31.17). A formação de filopódios permite que as células de *L. monocytogenes* se movimentem entre os tecidos do hospedeiro sem ficarem expostas às principais armas do sistema imunológico: anticorpos, complemento e neutrófilos (Capítulos 24 e 25).

As células de *Listeria* no intestino cruzam a barreira intestinal e são carreadas pela linfa e pelo sangue para outros órgãos, em especial o fígado, e lá se multiplicam da mesma forma que nos fagócitos intestinais (Figura 31.17). A partir do fígado, as células de *L. monocytogenes* podem infectar o sistema nervoso central, onde se desenvolvem nos neurônios, levando à inflamação das meninges (os tecidos que recobrem o cérebro e medula espinal), causando meningite. Além da listeriolisina O, que também permite que a bactéria estabeleça infecções crônicas em muitos tecidos do hospedeiro, outros fatores de virulência importantes incluem as fosfolipases, que podem destruir as membranas da célula hospedeira, antioxidantes que combatem as substâncias oxidantes produzidas pelas células fagocíticas, e uma série de "proteínas de estresse" comuns em muitas bactérias (⇄ Seção 7.10).

## Diagnóstico, tratamento e prevenção

O diagnóstico de listeriose é realizado pelo cultivo de *L. monocytogenes* (Figura 31.16) a partir do sangue ou fluido cerebrospinal. *L. monocytogenes* podem ser identificados no

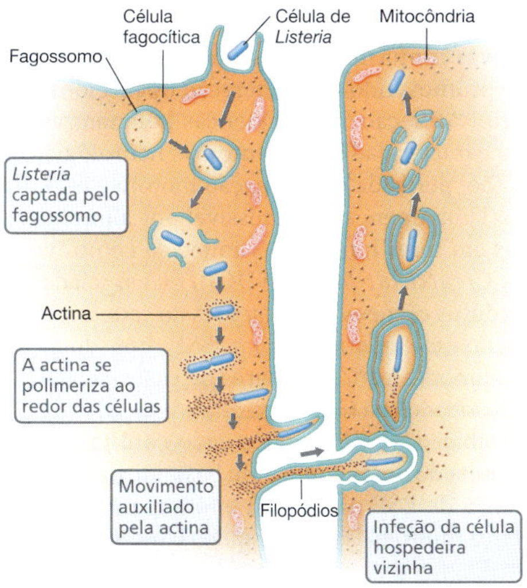


**Figura 31.17** **Transmissão de *Listeria* durante a listeriose.** As células de *Listeria* são captadas em fagossomos pelas células fagocíticas. Os fagossomos eventualmente são lisados pelo fator de virulência listeriolisina O para a liberação das células de *Listeria*. As células bacterianas, em seguida, são recobertas pela actina que auxilia na movimentação da célula em direção à periferia celular. Os filopódios facilitam a transferência de células de *Listeria* para as células hospedeiras vizinhas, onde o ciclo se inicia novamente.

alimento por meio de cultivo direto ou por diversos métodos moleculares. Estes últimos também são utilizados na subtipagem de isolados clínicos a fim de rastrear a(s) fonte(s) de infecção. O tratamento antibiótico intravenoso com penicilina, ampicilina ou trimetoprima suplementado com sulfametoxazol é recomendado no caso de doença invasiva.

As medidas de prevenção incluem a devolução dos alimentos contaminados e adoção de medidas visando limitar a contaminação por *L. monocytogenes* nos locais de processamento de alimentos. Uma vez que *L. monocytogenes* é suscetível ao calor e à radiação, os alimentos crus e os utensílios utilizados em sua manipulação podem ser prontamente descontaminados. No entanto, quando o produto final não é pasteurizado ou cozido adequadamente, o risco de contaminação não pode ser eliminado, devido à ampla distribuição do patógeno.

**MINIQUESTIONÁRIO**

- Qual o provável resultado da exposição à *Listeria monocytogenes* em indivíduos normais saudáveis?
- Quais populações são mais suscetíveis ao desenvolvimento de doença grave após infecção por *L. monocytogenes*?

# 31.14 Outras doenças infecciosas transmitidas por alimentos

Mais de 200 microrganismos, vírus e outros agentes infecciosos podem provocar doenças de origem alimentar, e até agora resumimos os mais importantes. Aqui consideraremos alguns outros patógenos bacterianos que são bastante incomuns em comparação com os microrganismos principais (Tabela 31.5), e analisaremos novamente os norovírus (anteriormente considerados como patógenos transmitidos pela água, Seção 31.5) em seu contexto mais frequente, os agentes patogênicos de transmissão alimentar e a causa número um de doença gastrintestinal nos Estados Unidos.

## Bactérias

Além dos principais patógenos *bacterianos* transmitidos por alimentos que já abordamos, diversas outras bactérias causam doença gastrintestinal em seres humanos. *Yersinia enterocolitica* é uma bactéria entérica, comumente encontrada no intestino de animais domésticos, sendo responsável por infecções transmitidas por alimentos devido à ingestão de carnes e laticínios contaminados. A consequência mais grave da infecção por *Y. enterocolitica* corresponde à *febre entérica*, uma infecção grave de risco à vida. *Y. enterocolitica* pode ser isolada no mesmo meio seletivo/diferencial utilizado para o isolamento de *Salmonella* (**Figura 31.18*a,b***), sendo facilmente distinguida deste último organismo no meio (compare as Figuras 31.13*a* e 31.18*b*).

*Bacillus cereus* é responsável por um número relativamente pequeno de casos de intoxicação alimentar. Esta bactéria produtora de endósporos (⇄ Seções 2.16 e 15.8) produz duas enterotoxinas que provocam diferentes sintomas. Na *forma emética*, os sintomas são principalmente náuseas e vômitos. Na *forma diarreica*, diarreia e dor gastrintestinal são observadas. O organismo desenvolve-se em alimentos cozidos e mantidos em temperatura ambiente para o resfriamento lento, como arroz, massas, carnes ou molhos. Quando os endósporos desta bactéria germinam, a toxina é produzida. O reaquecimento pode matar as células de *B. cereus*, porém a toxina é termoestável e pode permanecer ativa. *B. cereus* é facilmente cultivável e pode ser experimentalmente identificado por uma

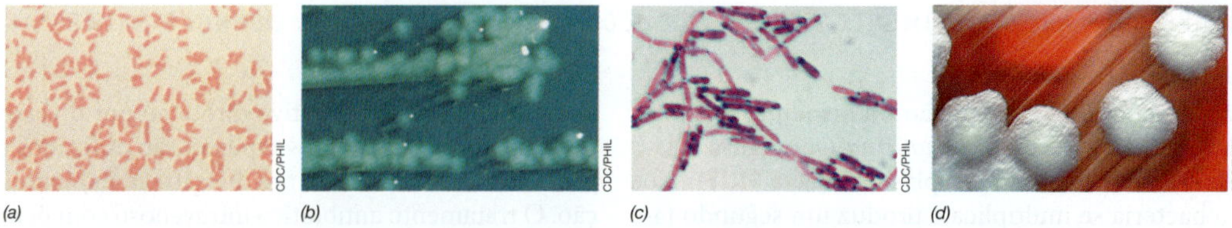


**Figura 31.18 Patógenos bacterianos transmitidos por alimentos menos comuns: *Yersinia enterocolitica* e *Bacillus cereus*.** *(a)* Células de *Y. enterocolitica* coradas pelo Gram. *(b)* Colônias de *Y. enterocolitica* em ágar Hektoen, um meio seletivo e diferencial (compare estas colônias com aquelas observadas para *Salmonella*, em ágar Hektoen, na Figura 31.13*a*). *(c)* Células de uma cultura em esporulação de *B. cereus* coradas pelo Gram. *(d)* Colônias grandes de *B. cereus*, com aparência cristalina, formadas em ágar-sangue. Doenças transmissíveis por alimentos ocasionadas por *Y. enterocolitica* ou *B. cereus* são menos comuns do que as doenças causadas por *Salmonella*, *Campylobacter* ou *Clostridium perfringens*.

combinação de microscopia e observação de suas colônias que possuem aspecto grande, granuloso e difuso (Figura 31.18*c,d*).

A bactéria entérica *Shigella* causa a infecção alimentar *shigelose*, e espécies de *Vibrio* também podem ocasionar intoxicação alimentar, principalmente pelo consumo de mariscos contaminados. A maioria das infecções por *Shigella* é resultado da contaminação fecal-oral, porém a água e os alimentos são veículos ocasionais. Discutimos a produção da toxina do tipo Shiga por algumas linhagens patogênicas de *Escherichia coli* na Seção 31.11.

## Vírus

Cerca de 70% das infecções anuais de origem alimentar nos Estados Unidos são causadas por norovírus (**Figura 31.19*a***) (Seção 31.5). O vírus é também conhecido como *vírus de Norwalk* e apresenta RNA fita-simples, sentido positivo, sendo relacionado com os poliovírus (⇄ Seção 9.8). Em um panorama geral, doenças transmissíveis por alimentos, causadas por norovírus, são caracterizadas por diarreia, frequentemente acompanhada de náuseas e vômitos. A recuperação das infecções por norovírus é geralmente rápida e espontânea, geralmente em 24 a 48 horas (portanto, a doença é muitas vezes chamada de "o *bug* de 24 horas").

Os rotavírus, astrovírus e o vírus da hepatite A compõem a maior parte das infecções *virais* remanescentes transmitidas por alimentos. Esses vírus habitam o intestino, sendo frequentemente transmitidos por meio de alimentos ou água contaminados com matéria fecal. O vírus da hepatite A (HAV, Figura 31.19*b*) é um vírus de RNA que, assim como os norovírus, é relacionado com os poliovírus, com a característica distinta de se replicar nas células hepáticas. Consideramos os vírus da hepatite transmitidos principalmente por meio do sangue na Seção 29.11, porém o HAV é fundamentalmente um vírus de origem alimentar. O HAV geralmente desencadeia sintomas leves, e em muitos casos subclínicos, porém casos raros de doença grave do fígado por HAV também podem ocorrer. Os veículos alimentares mais importantes para o HAV são os mariscos, normalmente ostras ou moluscos, resgatados de água contaminada por fezes humanas que são consumidos crus. Nos últimos anos, o HAV também tem sido detectado em hortifrutigranjeiros frescos servidos sem cocção adequada.

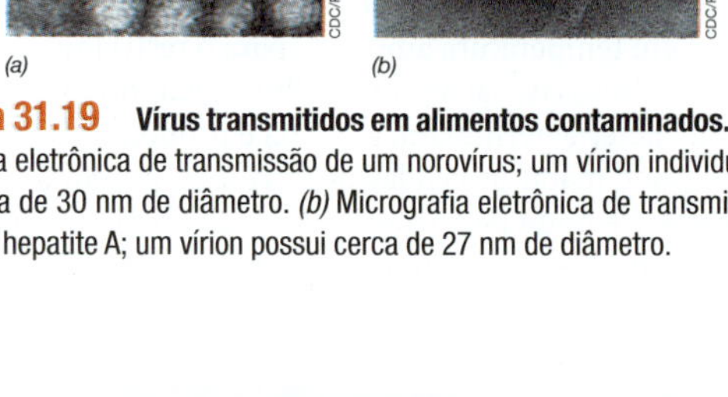


**Figura 31.19 Vírus transmitidos em alimentos contaminados.** *(a)* Micrografia eletrônica de transmissão de um norovírus; um vírion individual possui cerca de 30 nm de diâmetro. *(b)* Micrografia eletrônica de transmissão do vírus da hepatite A; um vírion possui cerca de 27 nm de diâmetro.

A tendência geral de incidência de hepatites de origem alimentar e daquelas transmitidas pelo sangue diminuiu gradualmente e atualmente são registrados níveis constantemente inferiores, em parte devido à disponibilidade de vacinas eficazes contra ambos, HAV e HAB (Figura 29.33). O HAV é responsável por mais casos de hepatite viral do que qualquer outro vírus de hepatite, e mais de 30% dos indivíduos nos Estados Unidos possuem anticorpos circulantes contra HAV, indicando infecções subclínicas anteriores.

## Protistas e outros agentes

A Tabela 31.5 relaciona importantes doenças alimentares de origem protista. Os principais patógenos neste contexto incluem *Giardia intestinalis*, *Cryptosporidium parvum* e *Toxoplasma gondii*. *Giardia intestinalis* e *C. parvum* são disseminados por meio dos alimentos quando a água contaminada é utilizada na lavagem, irrigação e pulverização de colheitas. Alimentos frescos, como as frutas, estão frequentemente implicados como veículos de transmissão de tais protistas. *Toxoplasma gondii* é um protista disseminado principalmente a partir das fezes de gatos, porém também é encontrado em carnes cruas ou pouco cozidas, especialmente na carne de porco. As doenças giardíase, criptosporidiose e toxoplasmose foram abordadas no Capítulo 32.

Pelo menos um agente patogênico responsável pelas doenças transmissíveis por alimentos não possui origem celular ou viral; estes são os príons. *Príons* são proteínas que adotam novas conformações, inibindo as atividades proteicas normais e promovendo a degeneração dos tecidos neurais do hospedeiro (⇄ Seção 9.13). Doenças humanas associadas a príons são caracterizadas por sintomas neurológicos incluindo depressão, perda da coordenação motora e eventualmente demência. Uma doença transmissível por alimentos causada por príons em seres humanos, conhecida como "*variante da doença de Creutzfeldt-Jakob*" (vDCJ), foi associada ao consumo de produtos cárneos provenientes de gado acometido pela *encefalopatia espongiforme bovina (BSE)*, uma doença causada por príon. Embora vários milhares de casos de vDCJ tenham sido diagnosticados na Grã-Bretanha em meados da década de 1990, a proibição de alimentar o gado com rações à base de carne e farinha de ossos contribuiu bastante para a diminuição da incidência de BSE na Europa e têm mantido a incidência desta doença muito baixa nos Estados Unidos.

**MINIQUESTIONÁRIO**

- Quais as duas formas que a intoxicação alimentar por *Bacillus cereus* podem se manifestar?
- Em comparação com todos os outros patógenos de origem alimentar ou transmitidos pela água, o que é considerado singular com relação aos príons?

## CONCEITOS IMPORTANTES

**31.1** • A água potável e as águas recreacionais contaminadas são fontes de agentes patogênicos transmissíveis pela água. Nos Estados Unidos, o número de surtos de doenças relacionados com essas fontes é relativamente pequeno em relação à grande exposição da população à água. Mundialmente, a ausência de unidades de tratamento adequado e o acesso escasso à água potável contribuem significativamente para a disseminação de doenças infecciosas.

**31.2** • A qualidade da água potável é determinada pela contagem de coliformes e bactérias em coliformes fecais por meio de técnicas padronizadas. A filtração e a cloração da água diminuem significativamente a quantidade de microrganismos. Os métodos de purificação da água utilizados nos países desenvolvidos têm contribuido de forma importante na melhoria da saúde pública, embora nos países em desenvolvimento as doenças transmissíveis pela água ainda representem uma fonte significativa de doenças infecciosas.

**31.3** • A bactéria *Vibrio cholerae* provoca a cólera, uma doença diarreica aguda associada à desidratação grave. A cólera ocorre em pandemias, principalmente nos países em desenvolvimento onde o tratamento de esgoto e o saneamento são ausentes. A reidratação oral e a reposição de eletrólitos são bastante efetivas no tratamento da cólera e reduzem significativamente as taxas de mortalidade da doença.

**31.4** • *Legionella pneumophila* é um patógeno respiratório que provoca a febre Pontiac e a legionelose, uma infecção mais grave, que pode resultar em pneumonia. *L. pneumophila* cresce em números elevados em águas mornas e é disseminada por meio de aerossóis oriundos de torres de resfriamento e pelos sistemas de distribuição de água doméstica em que a bactéria se desenvolve em biofilmes.

**31.5** • A febre tifoide, causada por uma espécie de *Salmonella*, e a doença do norovírus são importantes doenças transmissíveis pela água. A febre tifoide é comum em países em desenvolvimento, enquanto a doença do norovírus é disseminada mundialmente. Ambas as doenças podem ser controladas por meio de boas práticas de saneamento e por um tratamento efetivo da água.

**31.6** • O potencial para a deterioração microbiana dos alimentos depende dos nutrientes e dos níveis de umidade dos mesmos. O crescimento dos microrganismos em alimentos perecíveis pode ser controlado por meio de refrigeração, congelamento, enlatamento, decapagem, desidratação, substâncias químicas e irradiação. As fermentações microbianas podem ser utilizadas para se preservar naturalmente muitos alimentos, incluindo laticínios, carnes, frutas e legumes e bebidas alcoólicas.

**31.7** • As intoxicações alimentares resultam das atividades das toxinas microbianas, enquanto as infecções alimentares ocorrem devido ao crescimento do agente patogênico no interior do hospedeiro. A identificação de características comuns aos patógenos de surtos alimentares aparentemente isolados pode detalhar a origem da contaminação do alimento e rastrear a propagação da doença. Os cinco patógenos principais transmitidos por meio dos alimentos nos Estados Unidos, em ordem decrescente, são: os norovírus, *Salmonella* spp., *Clostridium perfringens*, *Campylobacter jejuni* e *Staphylococcus aureus*.

**31.8** • A intoxicação alimentar estafilocócica resulta da ingestão de uma enterotoxina estafilocócica pré-formada, um superantígeno produzido pelas células de *Staphylococcus aureus* enquanto a bactéria se desenvolve nos alimentos. A preparação, o manuseio e o armazenamento adequado dos alimentos podem prevenir a intoxicação alimentar estafilocócica.

**31.9** • A intoxicação alimentar por *Clostridium* resulta da ingestão de toxinas produzidas pelo crescimento microbiano nos alimentos ou a partir do crescimento microbiano, seguido da produção de toxinas no corpo. A intoxicação alimentar por *perfringens* é bastante comum e geralmente é uma doença gastrintestinal autolimitada. O botulismo é uma doença rara, porém grave, com uma mortalidade significativa.

**31.10** • Mais de um milhão de casos de salmonelose ocorrem anualmente nos Estados Unidos. A infecção resulta da ingestão de células de *Salmonella*, introduzidas nos alimentos principalmente a partir de produtos alimentícios de origem animal ou por meio dos manipuladores de alimentos.

**31.11** • *Escherichia coli* toxigênicas ocasionam muitas infecções alimentares, e, entre estas, as linhagens STEC são as mais graves. A contaminação dos alimentos com fezes de animais é a responsável pela disseminação destas linhagens patogênicas de *E.coli*, contudo boas práticas de higiene e medidas antibacterianas específicas, tais como a irradiação ou a cocção cuidadosa da carne moída, um dos principais veículos de transmissão, são capazes de controlar os surtos das doenças.

**31.12** • A infecção por *Campylobacter* é a terceira infecção bacteriana de origem alimentar mais prevalente nos Estados Unidos. As aves domésticas são um dos principais veículos de transmissão de *Campylobacter*, enquanto a carne bovina e a suína não representam perigo. A preparação e a cocção apropriada de aves domésticas podem prevenir a doença causada por *Campylobacter*.

**31.13** • *Listeria monocytogenes* é uma bactéria ubíqua e, em indivíduos saudáveis, raramente provoca infecção. No entanto, em indivíduos imunocomprometidos, a *Listeria* pode ocasionar doenças graves à medida que se desenvolve como um patógeno intracelular e invade o sistema nervoso central. A listeriose é incomum, porém apresenta alta mortalidade.

**31.14** • Os vírus, especialmente os norovírus, causam a maioria das doenças transmissíveis por alimentos, enquanto as bactérias *Bacillus cereus* e *Yersinia enterocolitica* são conectadas apenas ocasionalmente a surtos de doenças de origem alimentar. O vírus da hepatite A também é um importante patógeno que pode ser transmitido por meio dos alimentos. Alguns protistas e príons também causam doenças transmissíveis por alimentos, contudo são patógenos alimentares muito menos comuns do que as bactérias e os vírus.

## REVISÃO DOS TERMOS-CHAVE

**Alimento não perecível** alimento contendo baixa atividade de água, apresentando grande vida útil, sendo resistente à deterioração pelos microrganismos.

**Alimento perecível** alimento fresco, geralmente contendo alta atividade de água, de pequena vida útil devido ao potencial de deterioração decorrente do crescimento de microrganismos.

**Alimento semiperecível** alimento com atividade de água intermediária, exibindo vida útil limitada, devido ao potencial de deterioração decorrente do crescimento de microrganismos.

**Botulismo** intoxicação alimentar decorrente da ingestão de alimentos contendo a toxina botulínica, produzida por *Clostridium botulinum.*

**Coliformes** bacilos gram-negativos, aeróbios facultativos e não formadores de esporos, que fermentam a lactose produzindo gás, no decorrer de um período de 48 horas a 35°C.

**Deterioração alimentar** alteração na aparência, no odor ou no sabor de um alimento, que o torna inaceitável para o consumo.

**Envenenamento alimentar (intoxicação alimentar)** doença resultante da ingestão de alimento contaminado com toxinas microbianas pré-formadas.

**Infecção alimentar** infecção microbiana resultante da ingestão de alimento contaminado por patógenos, seguida pelo desenvolvimento do patógeno no hospedeiro.

**Listeriose** infecção gastrintestinal de origem alimentar, causada por *Listeria monocytogenes*, que pode levar à bacteriemia e meningite.

**Pasteurização** o uso supervisionado de calor a fim de reduzir a carga microbiana tanto de patógenos quanto de organismos associados à deterioração em líquidos sensíveis ao calor.

**Potável** associada à purificação da água, bebível; segura para o consumo humano.

**Salmonelose** enterocolite ou outra doença gastrintestinal causada por qualquer uma das diversas espécies de *Salmonella.*

## QUESTÕES PARA REVISÃO

1. Quais são as duas principais categorias que definem uma determinada amostra de água? Como a água oriunda de uma fonte superficial, como, por exemplo, um lago, pode tornar-se segura para o consumo? (Seção 31.1)
2. Defina o termo coliforme e explique o teste para coliformes. Por que o teste para coliformes é utilizado para avaliar a pureza da água potável? (Seção 31.2)
3. Por que os antibióticos são ineficazes no tratamento da cólera? Que métodos são úteis para tratar as vítimas de cólera? (Seção 31.3)
4. Quais são os principais reservatórios do patógeno responsável pela legionelose? Quais aspectos da patogênese diferenciam esta doença de outras enfermidades transmitidas pela água? (Seção 31.4)
5. Diferencie a febre tifoide da salmonelose. Em que aspectos elas são similares e no que elas se diferem? Qual é a doença mais grave? (Seções 31.5 e 31.10)
6. Identifique e defina as três principais categorias de perecibilidade dos alimentos. Por que o leite é mais perecível do que o açúcar, sendo que ambos são ricos em matéria orgânica? (Seção 31.6)
7. Identifique os métodos mais importantes utilizados na conservação dos alimentos e a principal categoria de alimentos fermentados. (Seção 31.6)
8. Diferencie infecção alimentar de intoxicação alimentar e dê um exemplo de cada. (Seção 31.7)
9. O que provoca os sintomas da intoxicação alimentar estafilocócica? Por que os casos de intoxicação alimentar por estafilococos frequentemente estão associados a um manipulador de alimentos que possui uma ferida aberta na mão? (Seção 31.8)
10. Identifique os dois principais tipos de intoxicação alimentar por clostrídios. Qual é o mais prevalente? Qual o mais perigoso? Por quê? (Seção 31.9)
11. Quais são as possíveis fontes de *Salmonella* spp. responsáveis por infecções alimentares? (Seção 31.10)
12. Como a *Escherichia coli* O157:H7 tem acesso à carne moída? A qual classe de *E. coli* patogênica esta linhagem pertence? (Seção 31.11)
13. Cite um produto alimentar capaz de transmitir simultaneamente *Salmonella* e *Campylobacter.* Como este alimento pode ser processado de forma a se tornar seguro para o consumo? (Seção 31.12)
14. Identifique as fontes alimentares das infecções por *Listeria monocytogenes*. Como a *Listeria* consegue escapar do sistema imunológico? (Seção 31.13)
15. Cite duas bactérias que raramente ocasionam doenças transmissíveis por alimentos. Qual patógeno é a causa número um de doenças gastrintestinais? (Seção 31.14)
16. O que é o agente causador da vDCJ? Como a estrutura deste agente difere daquela apresentada pelo patógeno causador da doença dos norovírus transmitida por alimentos? (Seção 31.14)

## QUESTÕES APLICADAS

1. Sendo um visitante de um país em que a cólera é uma doença endêmica, quais medidas específicas você tomaria para reduzir o seu risco de exposição à doença? Estas precauções também reduzirão os riscos de você contrair outras doenças transmissíveis pela água? Em caso afirmativo, quais doenças? Identifique algumas doenças transmissíveis pela água para as quais as suas medidas preventivas podem não evitar a infecção.
2. Argumente por que a doença transmissível por alimentos causada por *perfringens* pode ser considerada tanto uma intoxicação quanto uma infecção alimentar.
3. Saladas de batata manuseadas inadequadamente frequentemente são fontes de intoxicação alimentar estafilocócica e salmonelose. Liste algumas razões pelas quais isso ocorre.

CAPÍTULO

# 32 Patógenos eucarióticos: doenças fúngicas e parasitárias

## microbiologiahoje

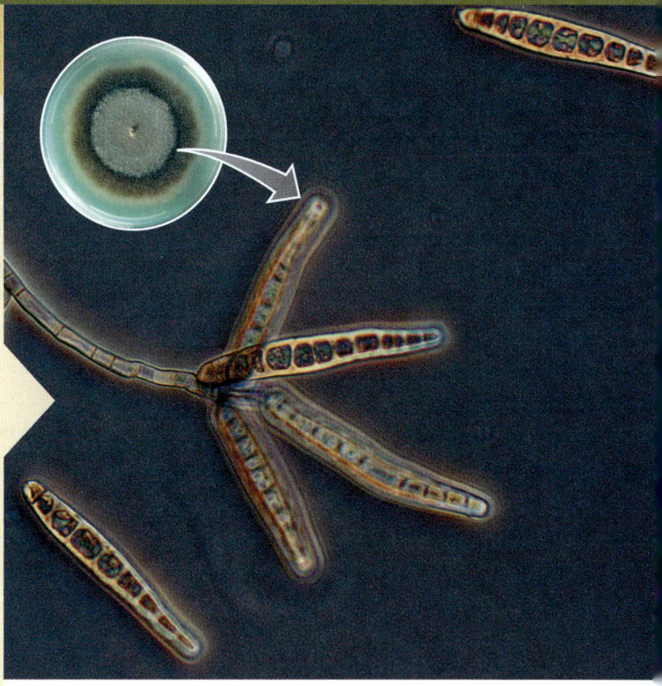

### Fungos mortais

As pessoas normalmente associam fungos à matéria orgânica em decomposição ou, em um contexto médico, a infecções fúngicas superficiais, tais como o pé-de-atleta. Mas os fungos podem causar infecções sérias e até mortais, como exemplificado pelo episódio em que fungos patogênicos iniciaram um amplo surto de meningite fúngica nos Estados Unidos, em 2012[1].

Glicocorticoides, como a metil-prednisolona, são frequentemente prescritos para o alívio da dor, especialmente em adultos que sofrem de dor nas costas. O fármaco é normalmente injetado diretamente dentro da parte mais externa do canal espinal (injeção epidural). Descobriu-se que diversos lotes de metil-prednisolona, formulados por uma pequena companhia farmacêutica de Massachusetts, estavam contaminados com fungos, inclusive com o bolor *Exserohilum rostratum* (foto). O *E. rostratum* é comumente encontrado no solo e pode infectar naturalmente diversos tecidos humanos, particularmente a córnea, os pulmões e as membranas cardíacas (pericárdio). No início de dezembro de 2012, havia 590 infecções fúngicas – a maior parte casos de meningites – ligadas à injeção do fármaco contaminado. Destes, 37 foram casos fatais.

Usando técnicas epidemiológicas padrão, o Centers for Disease Control and Prevention (Atlanta, Georgia, EUA), em conjunto com uma equipe interestadual de profissionais, rapidamente conectaram a medicação contaminada à companhia de Massachusetts e, mais especificamente, a determinados lotes do fármaco produzido por esta companhia. O fungo *E. rostratum* foi encontrado em frascos selados de metil-prednisolona, e a levedura não patogênica *Rhodotorula*, o bolor *Rhizopus* foram encontrados em alguns outros frascos.

Este surto de doença fúngica ressalta a importância crítica de se garantir que medicamentos sejam estéreis e livres de substâncias estranhas contaminantes, especialmente no caso de medicamentos injetáveis. Adicionalmente, a ação rápida das autoridades de saúde pública, que identificaram a fonte da doença e preveniram outras infecções, é um testemunho da eficiência deste setor do sistema de saúde americano.

[1]Smith R.M., et al. 2012. Fungal infections associated with contaminated methylprednisolone injections—Preliminary report. *N. Engl. J. Med. DOI: 10.1056/NEJMoa1213978*

I Infecções fúngicas 924
II Infecções parasitárias viscerais 927
III Infecções parasitárias do sangue e tecidos 931

Neste capítulo focamos nos microrganismos patogênicos eucarióticos. Entre estes estão incluídos diversos fungos – tanto bolores quanto leveduras – e vários parasitas protistas. Alguns vermes também causam doenças infecciosas e abordamos os mais significativos entre estes na seção final.

Um problema comum ao se tratar doenças causadas por patógenos eucariotos é o fato de que seus hospedeiros também são eucariotos. Isso limita o uso de muitas estratégias terapêuticas e frequentemente torna estas doenças altamente refratárias e de longa duração ou crônicas. Este aspecto é especialmente prevalente no caso de patógenos fúngicos sistêmicos.

# I • Infecções fúngicas

Fungos causam diversas doenças humanas. Algumas são leves e autolimitadas, enquanto outras podem ser doenças sistêmicas firmemente estabelecidas. Iniciaremos por considerar alguns dos principais patógenos fúngicos seguido pela descrição das principais doenças fúngicas, as micoses.

## 32.1 Fungos de importância médica e mecanismos de doença

Os fungos incluem os organismos eucarióticos comumente conhecidos por *leveduras*, que normalmente crescem na forma de células únicas, e os *bolores*, que crescem formando filamentos ramificados (*hifas*) com ou sem septos (paredes transversais). Eventualmente, as hifas irão se entrelaçar para formar massas visíveis (mycelia). A diversidade biológica desses organismos foi discutida no Capítulo 17.

### Patógenos fúngicos comuns

Felizmente, a maioria dos fungos é inofensiva para os seres humanos. A maioria dos fungos cresce, na natureza, como saprófitas que agem sobre material orgânico morto; dessa forma, fungos são importantes catalisadores no ciclo do carbono, especialmente em ambientes ricos em oxigênio no solo. Apenas cerca de 50 espécies provocam doenças em seres humanos, sendo relativamente baixa a incidência global de infecções fúngicas sérias em indivíduos saudáveis, embora certas infecções fúngicas superficiais sejam bastante comuns. No caso daqueles que apresentam seu sistema imune comprometido, por outro lado, infecções fúngicas podem se tornar sistêmicas, alcançando até mesmo os mais profundos tecidos internos. Tais infecções podem causar sérios problemas de saúde e trazer risco à vida.

Os patógenos fúngicos mais comuns incluem tanto leveduras quanto bolores (**Figura 32.1**). Entretanto, muitos fungos patogênicos são *dimórficos*, o que significa que podem existir *tanto* como levedura *quanto* na forma filamentosa. No caso do *Histoplasma*, por exemplo, as células em culturas laboratoriais formam hifas e micélio, existindo na forma de bolor (Figura 32.1*a*). Em contrapartida, quando o *Histoplasma* causa a histoplasmose, as células crescem na forma de leveduras no hospedeiro (Figura 32.5*a*). Na forma micelial, esporos assexuados – *conidiosporos* – ou sexuados são produzidos (Seções 17.9 e 17.10). Quando fungos filamentosos são cultivados a partir de uma infecção, a morfologia destas estruturas portadoras de esporos pode ser observada e constituir, frequentemente, uma pista importante para se chegar a um diagnóstico. Em adição à microscopia, uma variedade de tes-

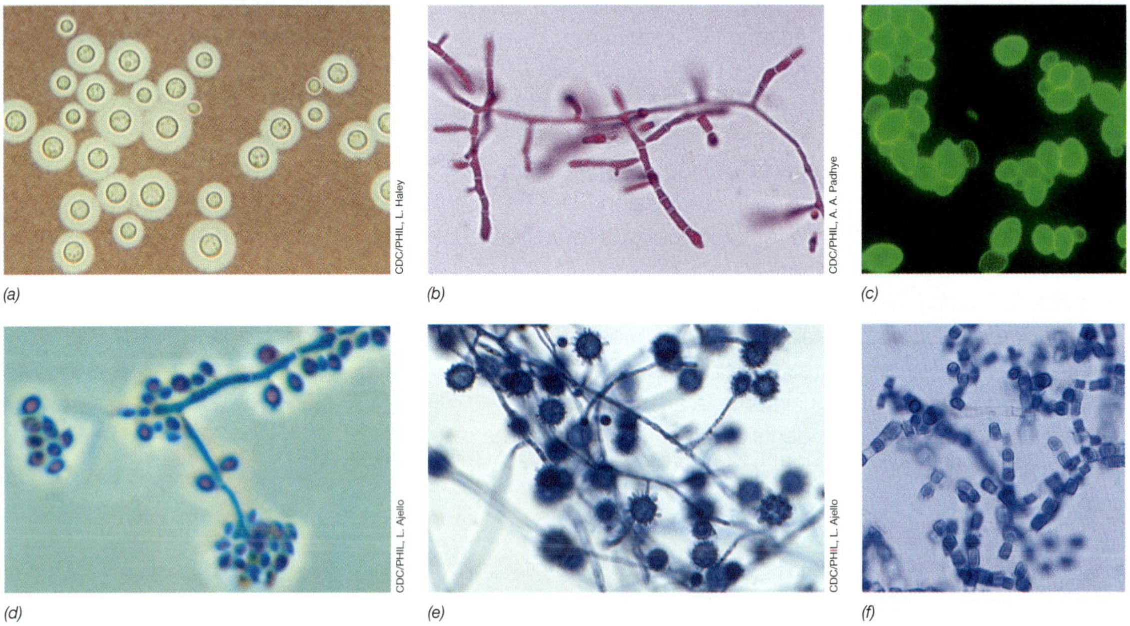


**Figura 32.1 Fungos patogênicos.** Estes organismos possuem de 4 a 20 $\mu$m de diâmetro. *(a)* Células leveduriformes de *Criptococcus neoformans* coradas de forma a revelar a cápsula. *(b)* Micélio e conídeos de *Trychophyton* spp. *(c)* Formas leveduriformes de *Candida albicans* coradas com anticorpos fluorescentes. *(d)* Micélio e conídeos de *Sporothrix schenckii*. *(e)* Micélio e conídeos grandes de *Histoplasma capsulatum*. *(f)* Conídeos de *Coccidioides immitis*. Ver sintomas de doenças fúngicas na Figura 32.5.

**Tabela 32.1** Principais doenças fúngicas patogênicas[a]

| *Classe e doença* | *Organismo causador* | *Local da infecção* |
|---|---|---|
| **Micoses superficiais** | | |
| Pé-de-atleta | *Epidermophyton, Trichophyton* | Entre os dedos dos pés, pele |
| Tínea crural | *Trichophyton, Epidermophyton* | Região genital |
| Tínea comum | *Microsporum, Trichophyton* | Escalpo, face |
| **Micoses subcutâneas** | | |
| Esporotricose | *Sporothrix schenckii* | Braços, mãos |
| Cromoblastomicose | *Phialophora verrucosa*, outros fungos | Pernas, pés, mãos |
| **Micoses sistêmicas** | | |
| Aspergilose | *Aspergillus* spp.[b] | Pulmões |
| Blastomicose | *Blastomyces dermatitidis* | Pulmões, pele |
| Candidíase | *Candida albicans*[c] | Cavidade oral, trato intestinal, vagina |
| Coccidioidomicose | *Coccidioides immitis*[c] | Pulmões |
| Paracoccidioidomicose | *Paracoccidioides brasiliensis* | Pele |
| Criptococose | *Cryptococcus neoformans*[c] | Pulmões, meninges |
| Histoplasmose | *Histoplasma capsulatum*[c] | Pulmões |
| Pneumonia por *Pneumocystis* | *Pneumocystis jiroveci*[c] | Pulmões |

[a]Sintomas de muitas destas doenças são mostrados nas Figuras 32.3-32.5.
[b]*Aspergillus* podem também causar alergias, toxemia e infecções limitadas.
[c]Um patógeno oportunista frequentemente associado à patogênese do HIV/Aids.

tes moleculares e imunológicos úteis (Figura 32.1*c*) se encontra também disponível para o diagnóstico de infecções fúngicas. A **Tabela 32.1** lista alguns dos principais patógenos fúngicos e os tipos de infecções que causam.

## Classes de doenças fúngicas e tratamentos

Os fungos causam doenças por meio de três mecanismos principais: respostas imunes inapropriadas; produção de toxinas; e micoses. Alguns fungos desencadeiam respostas imunes que resultam em reações alérgicas (hipersensibilidade) após a exposição a antígenos fúngicos específicos. A reexposição aos mesmos fungos, seja desenvolvendo-se no hospedeiro ou no ambiente, pode provocar o desenvolvimento de sintomas alérgicos. Por exemplo, *Aspergillus* spp. (**Figura 32.2*a***), um saprófita comum geralmente encontrado na natureza como um bolor de folhas, produz alérgenos potentes, com frequência provoca asma e outras reações de hipersensibilidade em indivíduos suscetíveis.

Doenças fúngicas podem decorrer da produção e ação de *micotoxinas*, um grupo grande e diverso de exotoxinas fúngicas. Os exemplos mais conhecidos de micotoxinas são as *aflatoxinas* (Figura 32.2*b*), produzidas por *Aspergillus flavus*, uma espécie que habitualmente desenvolve-se em alimentos armazenados inadequadamente, como grãos. As *aflatoxinas* são altamente tóxicas e carcinogênicas, induzindo a formação de tumores com alta frequência em alguns animais, especialmente aves alimentadas com grãos contaminados. Embora as aflatoxinas sejam conhecidas por causar dano hepático em seres humanos, incluindo cirrose e câncer, adultos não são seriamente afetados pela exposição leve às aflatoxinas. No entanto, a exposição crônica em crianças pode causar sérias doenças hepáticas e outros problemas de saúde.

O último mecanismo fúngico de geração de doença ocorre por meio da infecção do hospedeiro, propriamente dita. O crescimento de um fungo sobre ou no interior do corpo é denominado **micose**. As micoses são infecções fúngicas que podem variar em gravidade, de infecções relativamente inócuas e superficiais a doenças sérias, trazendo risco à vida. As micoses são subdivididas em três categorias (Tabela 32.1). **Micoses superficiais** são aquelas em que os fungos colonizam a pele, o cabelo ou as unhas, infectando apenas as camadas superficiais (**Figura 32.3**). **Micoses subcutâneas** são aquelas que envolvem camadas mais profundas da pele (Figura 32.4) e são geralmente causadas por fungos diferentes daqueles que causam infecções superficiais (Tabela 32.1). As **micoses sistêmicas** correspondem à mais grave categoria de infecções fúngicas. Elas envolvem o crescimento fúngico em órgãos internos do corpo (ver Figura 32.5), sendo subclassificadas em infecções primária ou secundária. Uma infecção *primária* corresponde àquela resultante diretamente da presença do patógeno fúngico em indivíduos anteriormente normais e sadios; estas são infecções relativamente incomuns. Ao contrário, uma infecção *secundária* envolve a infecção do patógeno em hospedeiros exibindo uma condição predisponente, como terapia antibiótica ou imunossupressão, o que torna o indivíduo mais suscetível à infecção.

Micoses superficiais e subcutâneas são em sua maioria fáceis de tratar com fármacos tópicos, incluindo o tolnaftato (aplicado topicamente), vários fármacos azólicos (aplicados de forma tópica ou oral), e a griseofulvina, um fármaco relativamente atóxico que pode ser administrado oralmente, mas que passa por meio da circulação sanguínea para a pele, onde inibe o crescimento fúngico. A quimioterapia contra fungos sistêmicos é mais difícil devido a problemas de toxicidade para o hospedeiro (Seção 27.16). Por exemplo, um dos agentes antifúngicos mais efetivos, a anfotericina B, é amplamente usado para tratar infecções fúngicas sistêmicas, mas pode afetar também as funções renais, além de outros efeitos colaterais indesejados. Dessa forma, o tratamento efetivo das micoses mais graves é, às vezes, bastante difícil.

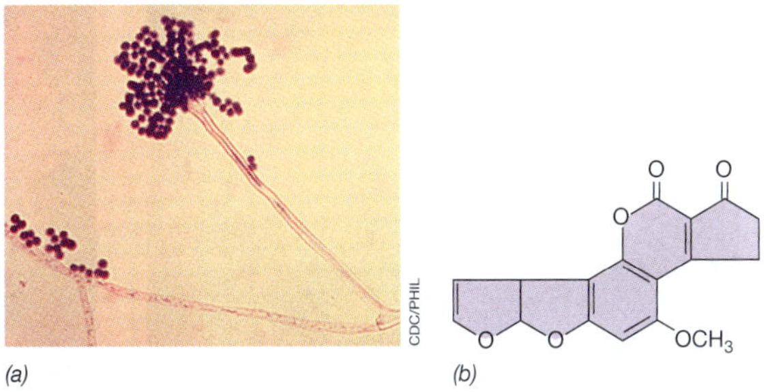


**Figura 32.2** ***Aspergillus* e aflatoxina.** *(a)* Micélio e conídeos de uma espécie de *Apergillus*. *(b)* Estrutura da aflatoxina B1. Esta toxina é uma entre outros compostos relacionados produzidos pelo *Aspergillus flavus*.

**MINIQUESTIONÁRIO**

- Diferencie micoses superficiais, subcutâneas e sistêmicas.
- O que é um fungo dimórfico?
- Qual a diferença entre uma doença fúngica primária e uma secundária?

## 32.2 Micoses

Os dois extremos das infecções fúngicas são as micoses superficiais e as micoses sistêmicas. As *micoses superficiais* são bastante comuns, e a maioria das pessoas apresenta estas infecções em algum momento de sua vida. Ao contrário, *infecções sistêmicas* são muito menos comuns e afetam primariamente os idosos ou aqueles imunossuprimidos de alguma forma. À medida que as pessoas envelhecem, a imunidade mediada por células declina lentamente em razão de cirurgias, transplantes, tratamentos com fármacos imunossupressores contra reumatismos e doenças autoimunes, além da ocorrência de outras condições, tais como declínio da função pulmonar, diabetes e câncer. Qualquer destas condições predispõe os idosos à doença. As micoses sistêmicas também afetam aqueles de qualquer idade cujo sistema imune tenha sido afetado ou destruído, por exemplo, pelo HIV/Aids (↻ Figura 29.45). Micoses sistêmicas são, portanto, doenças causadas por **patógenos oportunistas**, microrganismos que causam doença somente naqueles cujas defesas imunes não podem mais controlá-los.

### Micoses superficiais

A Tabela 32.1 lista alguns dos fungos que causam micoses superficiais; coletivamente, estes patógenos são chamados de *dermatófitos*. De forma geral, as micoses superficiais são infecções incômodas e frequentemente recorrentes, mas não constituem problemas sérios de saúde. Fungos, como o *Trichophyton* (Figura 32.1*b*), causam infecções nos pés (pé-de- atleta) e em outras superfícies úmidas da pele, e são bastante comuns (**Figura 32.3*a***). Estas infecções causam descamação e coceira na pele e são facilmente transmitidas por células ou esporos presentes em pisos de banheiros, ginásios e vestiários contaminados; artigos contaminados que sejam compartilhados, como toalhas ou roupas de cama; ou por meio de contato interpessoal próximo. As micoses superficiais podem ser tratadas com antifúngicos tópicos na forma de cremes ou aerossóis líquidos, embora a aplicação profilática de longa duração possa ser necessária se a exposição constante ao patógeno for inevitável (p. ex., a presença do *Trichophyton* no piso de vestiários).

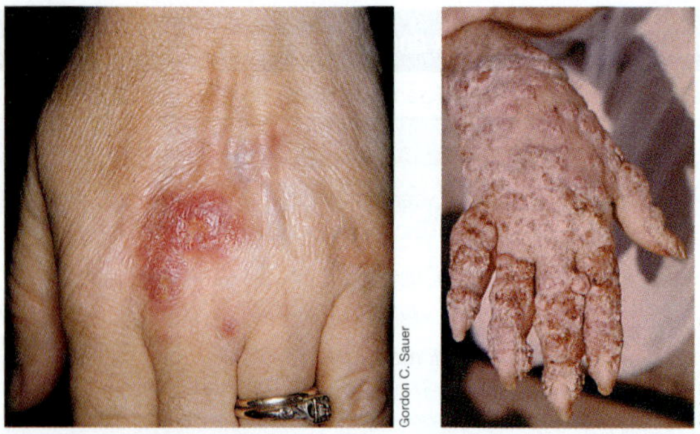


(a) (b)

**Figura 32.4. Micoses subcutâneas.** *(a)* Esporotricose, uma infecção subcutâneas causada pelo *Sporothrix schenckii*. *(b)* Cromoblastomicose na mão causada pelo fungo *Phialophora verrucosa*. A cromoblastomicose também pode ser causada por espécies de fungos dos gêneros *Fonsecaea* e *Cladosporium*.

Micoses superficiais relacionadas incluem a tínea crural, uma infecção pruriginosa na virilha, dobras da pele ou ânus, e a tínea comum (Tabela 32.1). Apesar do nome em inglês da tínea comum (*ringworm*), esta é uma infecção fúngica, geralmente localizada no couro cabeludo ou nas extremidades corpóreas; a infecção causa perda de cabelo e reações inflamatórias (Figura 32.3*b, c*). O tratamento de casos graves é realizado pela aplicação tópica de nitrato de miconazol ou griseofulvina.

### Micoses subcutâneas

As micoses subcutâneas são infecções fúngicas de camadas da pele mais profundas do que aquelas acometidas nas micoses superficiais (Tabela 32.1). Uma doença dessa categoria é a esporotricose (**Figura 32.4*a***), um risco ocupacional para agricultores, mineradores e outros trabalhadores que estabelecem contato próximo e contínuo com o solo. O organismo causador, *Sporothrix schenckii* (Figura 32.1*d*), é um saprófita ubíquo do solo cujos esporos podem entrar por meio de cortes e abrasões na pele e infectar tecidos subcutâneos (Figura 32.4*a*). A *cromoblastomicose* é causada pelo crescimento fúngico tanto na superfície (cutânea) quanto nas camadas subcutâneas da pele, causando lesões crostosas semelhantes a verrugas nas mãos (Figura 32.4*b*) e pernas. A doença ocorre primariamente em países tropicais e subtropicais e ocorre quando o fungo

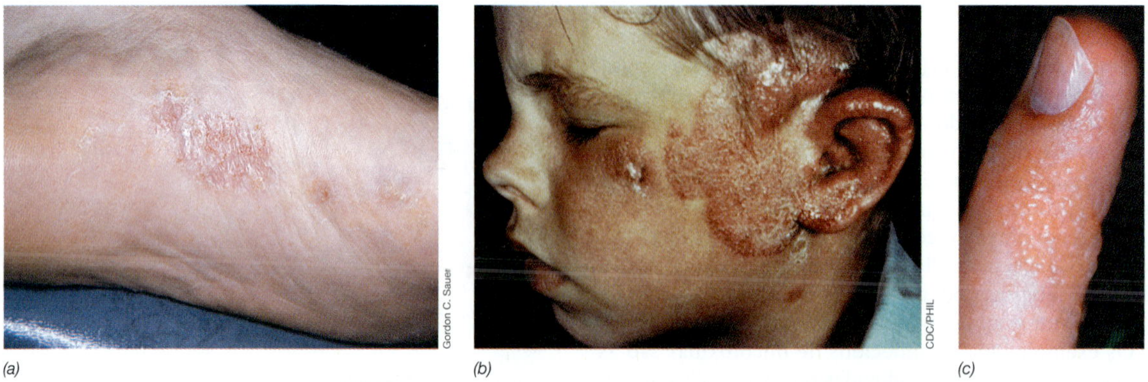


(a) (b) (c)

**Figura 32.3 Micoses superficiais causadas pelo *Trychophyton* spp.** *(a)* Pé-de-atleta. *(b)* Tínea comum no rosto de uma criança e *(c)* no dedo indicador de um adulto. A tínea crural (tínea da virilha) é outra infecção comum causada pelo *Trichophyton* e pode ocorrer tanto em homens quanto em mulheres.

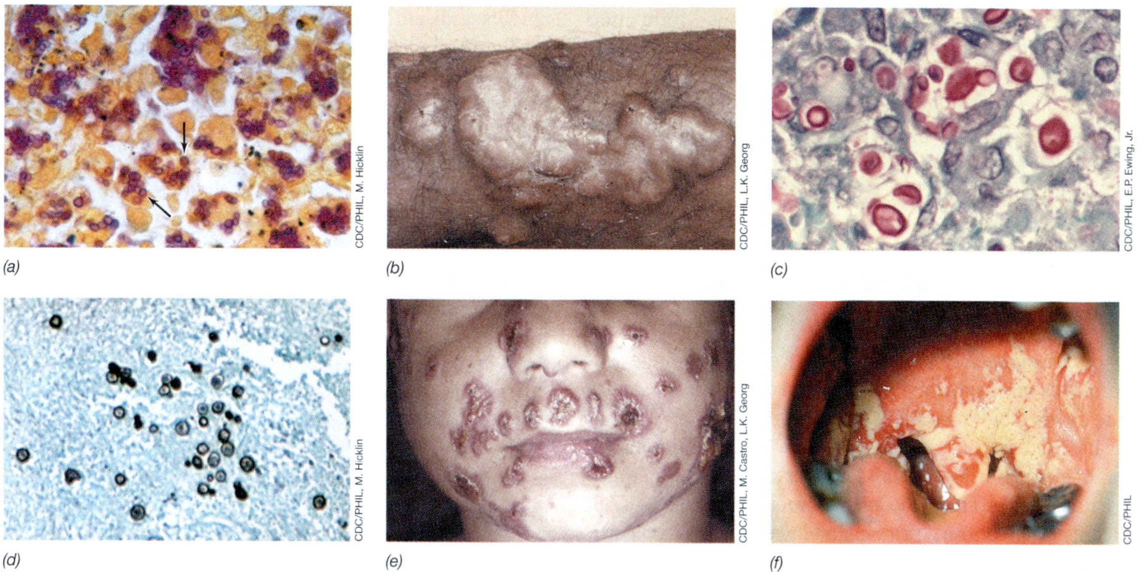


**Figura 32.5** **Micoses sistêmicas.** *(a)* Histoplasmose; células leveduriformes de *Histoplasma* (setas) no tecido do baço. *(b)* Blastomicose cutânea no braço. *(c)* Criptococose; células leveduriformes (coradas em vermelho) em tecido pulmonar. *(d)* Coccidiomicose; células leveduriformes (corada em azul-escuro /preto) em tecido pulmonar. *(e)* Lesões de paracoccidiomicose no rosto. *(f)* Candidíase oral. Massas celulares de *Candida albicans* (amarelo) cobrem o fundo da garganta. Veja microfotografias de culturas dos patógenos que causam a maioria destas infecções na Figura 32.1.

é implantado sob a pele por meio de uma ferida perfurante. Tanto a esporotricose quanto a cromoblastomicose podem ser tratadas pela administração oral de azóis.

### Micoses sistêmicas

Fungos patogênicos sistêmicos normalmente vivem no solo, e os seres humanos se tornam infectados por meio da inalação de esporos carreados pelo ar que mais tarde germinam e crescem nos pulmões. De lá o organismo migra para todo o corpo, causando infecções profundas nos pulmões e em outros órgãos, assim como na pele. Nos Estados Unidos, as três principais micoses sistêmicas em ordem de incidência são: a histoplasmose, a coccidiomicose e a blastomicose. A mortalidade nestas infecções é alta, em torno de 10%.

A *histoplasmose* (**Figura 32.5*a***) é causada pelo *Histoplasma capsulatum* (Figura 32.1*e*) e a *coccidioidomicose* (febre do Vale de São Joaquim, Figura 32.5*d*) é causada pelo *Coccidioides immitis* (Figura 32.1*f*). A histoplasmose corresponde principalmente a uma doença de áreas rurais do Centro-Oeste dos Estados Unidos, especialmente nos vales dos rios Ohio e Mississippi, ao passo que a coccidiomicose é geralmente restrita às regiões desérticas do Sudoeste dos Estados Unidos. Em climas mais tropicais, a *blastomicose*, causada pelo *Blastomyces dermatitidis*, é prevalente (Figura 32.5*b*). A *paracoccidiomicose*, causada pelo fungo *Paracoccidioides brasiliensis*, é primariamente uma doença subtropical, gerando lesões na face (Figura 32.5*e*) e em outras extremidades.

A *criptococose* (Figura 3.5*c*), causada pela levedura dimórfica *Cryptococcus neoformans* (Figura 32.1a), pode ocorrer em praticamente qualquer órgão do corpo, e é a principal micose encontrada em pacientes com HIV/Aids. A levedura dimórfica *Candida albicans* (Figura 32.1*c*) está frequentemente presente como um componente secundário da microbiota normal humana. Entretanto, este fungo pode causar uma variedade de doenças, incluindo infecções vaginais brandas, infecções orais mais graves como a candidíase oral (Figura 32.5*f*) e infecções sistêmicas em praticamente qualquer órgão no caso de pacientes com HIV/Aids. Assim como *Histoplasma* e *Coccidioides*, *Candida* e *Cryptococcus* são patógenos primariamente oportunistas e raramente causam infecções potencialmente fatais em pacientes que não são imunocomprometidos.

Nossa discussão agora mudará dos fungos para parasitas patogênicos. Assim como os fungos, os parasitas são microrganismos eucariotos, mas os parasitas patogênicos atacam geralmente órgãos e tecidos bem diferentes daqueles acometidos pelos fungos patogênicos.

**MINIQUESTIONÁRIO**

- Dê um exemplo de uma micose superficial, uma subcutânea e uma sistêmica.
- Por que os fungos patogênicos sistêmicos são chamados de "oportunistas"?



## II • Infecções parasitárias viscerais

O parasitismo é uma relação simbiótica entre dois organismos, o parasita e o hospedeiro (Capítulo 22). O parasita obtém nutrientes essenciais do hospedeiro e pode causar nenhum ou poucos efeitos deletérios ao hospedeiro. No entanto, em muitos casos, o parasita causa doença no hospedeiro. Muitos grupos filogenéticos diferentes de protistas (Capítulo 17) causam doenças humanas parasitárias, e examinaremos algumas das principais aqui.

As infecções parasitárias podem ser viscerais – induzindo vômitos, diarreia e outros sintomas intestinais – ou infecções do sangue e tecidos internos. Algumas das doenças mais importantes da história da humanidade, a malária, por exemplo, são doenças parasitárias. Iniciaremos a discussão com os parasitas viscerais e, em seguida, consideraremos os parasitas do sangue e tecidos. A **Tabela 32.2** resume algumas das principais doenças parasitárias humanas.

## 32.3 Amebas e ciliados: *Entamoeba*, *Naegleria* e *Balantidium*

Os gêneros *Entamoeba* e *Naegleria* pertencem a um grande grupo de protistas que se movem por meio da extensão de pseudópodes de forma lobular, os *Amoebozoa* (Seção 17.8). Ambos os parasitas podem causar infecções sérias e até mesmo fatais, embora infecções por *Naegleria* sejam bastante raras. O *Balantidium* é uma espécie ciliada do grupo alveolado (Seção 17.5) e é uma doença encontrada principalmente em países tropicais.

A *Entamoeba histolytica* (**Figura 32.6*a***) é transmitida pela água contaminada e ocasionalmente por alimentos contaminados. A *E. histolytica* é um anaeróbio, e seus trofozoítos (estágio do parasita que se alimenta, é ativo e móvel) não possuem mitocôndrias. Como outro patógeno comum transmitido pela água, a *Giardia* (Seção 32.4), os trofozoítos da *E. histolytica* produzem cistos os quais constituem a forma transmissível. Os cistos ingeridos germinam e formam amebas que crescem tanto na superfície quanto no interior das mucosas intestinais. Isso leva à invasão tecidual e ulceração, culminando em diarreias e cólicas intestinais graves.

Enquanto continua a crescer, a ameba pode invadir a parede intestinal – uma condição chamada de *disenteria*, caracterizada por inflamação intestinal e a defecação de sangue e muco intestinal. Se a infecção não for tratada, a *E. histolytica* pode invadir o fígado, os pulmões e até mesmo o cérebro. O crescimento nestes tecidos causa a formação de abscessos que podem ser fatais. Aproximadamente 100.000 pessoas, primariamente de países em desenvolvimento onde o esgoto não tratado se mistura com águas superficiais, morrem todo ano vítimas de amebíase disentérica invasiva. A amebíase por *E. histolytica* pode ser tratada por uma variedade de fármacos, mas ainda assim o sistema imune do hospedeiro apresenta um papel crucial na recuperação do doente. Não obstante, imunidade protetora não decorre da infecção primária, e a reinfecção é comum.

A *Naegleria fowleri* também pode causar amebíase, mas de uma maneira bem diferente daquela de *E. histolytica*, e é uma ameba de vida livre, presente no solo e em águas paradas. A infecção por *N. fowleri* decorre da natação ou do banho em águas contaminadas com solo, como é o caso de fontes termais e lagos e riachos durante os verões. A *N. fowleri* penetra no corpo por meio do nariz e se aloja diretamente no cérebro. Ali o organismo se propaga, causando hemorragia extensa e dano cerebral (Figura 32.6*b*), uma condição denominada **meningoencefalite**. O diagnóstico da infecção por *N. fowleri* requer a observação da ameba no fluido cerebrospinal. Se o diagnóstico definitivo for feito rapidamente, o fármaco anfotericina B pode salvar o paciente; infecções não tratadas são quase sempre fatais.

O *Balantidium coli* é um parasita ciliado presente no intestino de seres humanos e porcos, cuja forma se alterna entre os estágios de trofozoíto e cisto (Figura 32.6*c*); apenas os cistos são infecciosos. *B. coli* é o único parasita ciliado humano conhecido. Os cistos, geralmente transmitidos em águas contaminadas por fezes, germinam no colo e infectam tecidos mucosos, gerando sintomas que se assemelham àqueles causados por amebíases, com a qual a doença é eventualmente confundida. Um paciente infectado normalmente evolui para a cura espontânea, ou pode se tornar um carreador assintomático, eliminando continuamente os cistos de *B. coli* nas fezes. Comparado à amebíase, as infecções por *B. coli* são incomuns, e os casos são raramente fatais.

**Tabela 32.2** Principais doenças parasitárias humanas

| *Doença parasitária por sítio* | *Organismo causador*[a] |
|---|---|
| **Gastrintestinal** | |
| Amebíase | *Entamoeba histolytica* |
| Giardíase | *Giardia intestinalis* |
| Criptosporidíase | *Cryptosporidium parvum* |
| Toxoplasmose | *Toxoplasma gondii* |
| **Sangue e tecidos** | |
| Malária | *Plasmodium* spp. |
| Leishmaniose | *Leishmania* spp. |
| Tripanossomíase (doença do sono africana) | *Trypanosoma brucei* |
| Doença de Chagas | *Trypanosoma cruzi* |
| Esquistossomose | *Schistosoma mansoni* |

[a] Todos são protistas (Capítulo 17), com exceção do *Schistosoma*, que é um helminto.

**MINIQUESTIONÁRIO**

- Diferencie uma infecção por *Entamoeba* de uma por *Naegleria* em termos de tecidos infectados e sintomas.
- Descreva um cenário propício à infecção por *Naegleria*.

## 32.4 Outros parasitas viscerais: *Giardia*, *Trichomonas*, *Cryptosporidium*, *Toxoplasma* e *Cyclospora*

Os protistas *Giardia intestinalis* e *Trichomonas vaginalis* são parasitas anaeróbios, flagelados, que possuem ou mitossomos ou hidrogenossomos no lugar das mitocôndrias

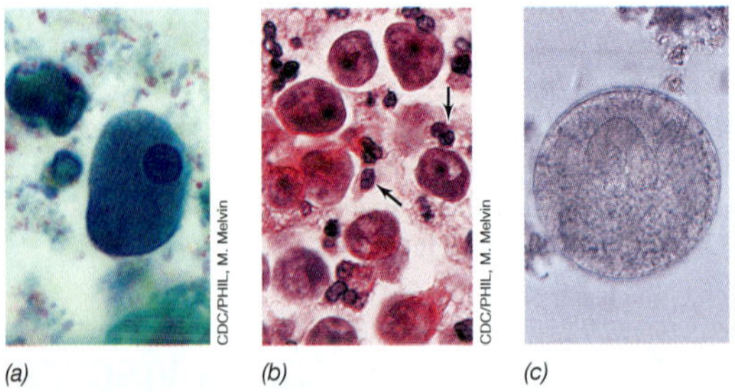


(a) (b) (c)

**Figura 32.6** **Amebas e ciliados parasitas.** *(a)* Estágio de crescimento (trofozoíto) da *Entamoeba histolytica*; eles podem ter até 60 μm de comprimento. *(b)* Trofozoítos (setas) de *Naegleria fowleri* em cortes corados de tecido cerebral; os parasitas possuem de 10 a 25 μm de comprimento. *(c)* Cisto de *Balantidium coli* presente em uma amostra fecal.

(Seções 2.21 e 17.3); estes parasitas causam doença intestinal e sexualmente transmissível, respectivamente. O protista *Cryptosporidium* é relacionado com o *Toxoplasma*, mas diferentemente do último, que é primariamente transmitido por alimentos contaminados (caso também do protista *Cyclospora*), o *Cryptosporidium* é transmitido primariamente por meio de água contaminada. Abordaremos todos estes cinco prasitas humanos importantes aqui.

## Giardíase

A *Giardia intestinalis* (também chamada de *Giardia lamblia*) é normalmente transmitida para seres humanos por meio de água contaminada com fezes e causa uma gastrenterite aguda, a giardíase. Os trofozoítos da *Giardia* (**Figura 32.7*a*, *c***) produzem cistos altamente resistentes (Figura 32.7*f*) que estão associados à transmissão. Cistos ingeridos germinam no intestino delgado e formam trofozoítos. Estes se deslocam até o intestino grosso onde se ligam à parede intestinal e causam os sintomas da giardíase: uma diarreia aquosa, malcheirosa e explosiva, cólicas intestinais, flatulência, náuseas, perda de peso e indisposição. O mau cheiro da diarreia e a ausência de sangue nas fezes distinguem a giardíase de diarreias causadas por bactérias ou vírus.

A *G. intestinalis* causa um número significativo de surtos de doença infecciosa transmitida pela água nos Estados Unidos. Os cistos de parede espessa são resistentes aos desinfetantes clorados e a maioria dos surtos tem sido associada a sistemas de água que usam apenas estes desinfetantes como forma de purificação*. Águas sujeitas a condições propícias de clarificação e filtração seguida de cloração ou outro método de desinfecção (Seção 21.8) devem ser livres de cistos de *Giardia*. A maioria das fontes superficiais de água (lagos, lagoas e riachos) contém cistos de *Giardia*, uma vez que castores e outros roedores que habitam esses ambientes são carreadores deste patógeno. Por isso, águas superficiais não devem nunca ser bebidas sem tratamento, mas devem ser filtradas e desinfetadas com iodo, cloro, ou alternativamente filtradas e fervidas. Os quimioterápicos quinacrina, furazolidona e metronidazol são úteis no tratamento da giardíase aguda.

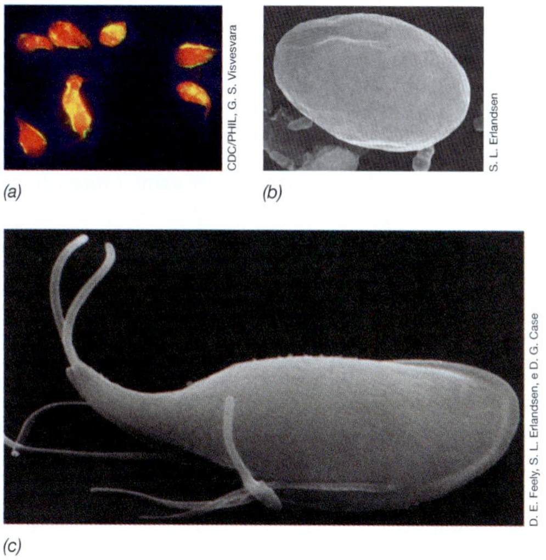


**Figura 32.7** ***Giardia.*** *(a)* Células de *Giardia intestinalis* coradas por fluorescência. *(b, c)* Microfotografias eletrônicas de varredura de *(b)* um cisto de *Giardia* e *(c)* de um trofozoíto móvel de *G. intestinalis.* O trofozoíto tem 15 μm de comprimento e o cisto tem aproximadamente 11 μm de diâmetro.

* N. de T.: O termo correto aqui seria "desinfecção", uma vez que cloro não é usado para a filtração da água, e sim para sua desinfecção. No entanto, o texto original apresenta o termo "filtration (filtração)".

## Tricomoníase

O *Trichomonas vaginalis* (**Figura 32.8**) causa uma infecção sexualmente transmitida, a *tricomoníase*. O *T. vaginalis* não produz células de latência ou cistos, importantes no ciclo de vida de muitos protistas. Como resultado, a transmissão ocorre de forma interpessoal, geralmente por meio da relação sexual. Contudo, células de *T. vaginalis* podem sobreviver por 1 a 2 horas em superfícies úmidas, 30 a 40 minutos na água e até 24 horas na urina ou no sêmen. Assim, *T. vaginalis* algumas vezes é transmitido a partir de vasos sanitários, assentos de saunas e toalhas contaminadas.

Em mulheres, *T. vaginalis* infecta a vagina e, em homens, a próstata e as vesículas seminais, infectando a uretra em ambos os sexos. Muitos casos de tricomoníase são totalmente assintomáticos em homens. Em mulheres, a tricomoníase caracteriza-se por uma secreção vaginal amarelada (Figura 32.8*b*) que causa prurido e sensação de queimação persistente na vagina. A infecção é mais comum em mulheres; análises revelam que 25 a 50% das mulheres sexualmente ativas são infectadas; aproximadamente apenas 5% dos homens são infectados. A tricomoníase é diagnosticada por meio da observação do protista móvel em uma preparação a fresco de secreções do paciente (Figura 32.8*b*). O fármaco com atividade antiprotozoária metronidazol é particularmente efetivo no tratamento da tricomoníase.

## Criptosporidiose, toxoplasmose e ciclosporíase

*Cryptosporidium*, *Toxoplasma* e *Cyclospora* são gêneros pertencentes aos coccídeos parasíticos (que se agrupam entre os alveolados, Seção 17.5). Estes parasitas são transmitidos aos seres humanos por meio de água ou alimentos contaminados com fezes e podem causar episódios graves de diarreia ou, no caso do *Toxoplasma*, sérios danos a órgãos internos.

O *Cryptosporidium parvum* infecta diversos animais de sangue quente, em particular o gado bovino. O organismo for-



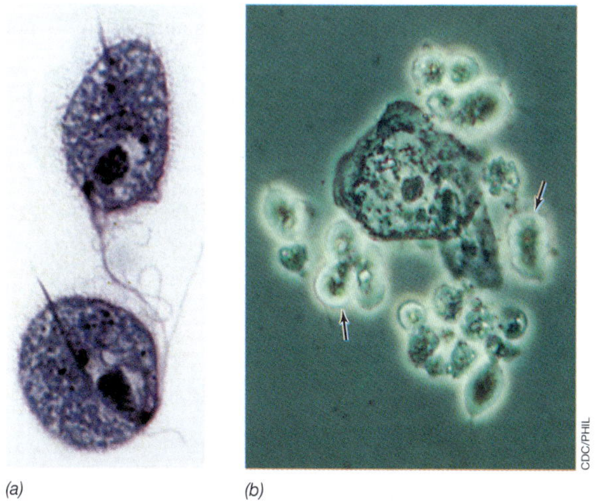


**Figura 32.8** ***Trichomonas vaginalis.*** *(a)* Microscopia ótica de células coradas; as células variam de 10 a 20 μm de diâmetro. *(b)* Descarga vaginal de uma paciente com tricomoníase. Células do *T. vaginalis* (setas) estão presentes juntamente com secreções vaginais e células epiteliais.

ma pequenas células cocoides que invadem e se multiplicam intracelularmente nas células da mucosa epitelial do estômago e do intestino (**Figura 32.9*a***), resultando na doença gastrintestinal denominada criptosporiodiose. O *C. parvum* produz cistos de parede espessa, altamente resistentes, chamados de *oocistos* (Figura 32.9*b*), os quais alcançam a água por meio das fezes de animais infectados. A infecção é, então, transmitida a outros animais e a seres humanos quando estes bebem a água contaminada com fezes.

Os oocistos do *Cryptosporidium* são altamente resistentes aos desinfetantes clorados e, por isso, sedimentação e filtração são as únicas formas seguras de removê-los das fontes de água. Em um ano normal, o *Cryptosporidium* é responsável pela maioria dos surtos de doenças adquiridas em águas recreacionais nos Estados Unidos (Capítulo 31), embora seja também associado a surtos associados à água potável. Não obstante, *C. parvum* foi responsável pelo maior surto único de doença associada à água potável já documentado nos Estados Unidos. Na primavera de 1993, um quarto da população de Milwaukee, Wisconsin (EUA), desenvolveu criptosporidiose após consumir água potável oriunda de uma fonte municipal de água. Chuvas de verão e enxurradas contaminadas com esterco bovino proveniente de fazendas escoaram para o Lago Michigan (a fonte de água da cidade) e sobrecarregaram o sistema de purificação de água, levando à contaminação pelo *C. parvum*.

A criptosporidiose geralmente causa apenas uma diarreia leve e autolimitada, fazendo com que tratamentos sejam desnecessários. No entanto, indivíduos com a imunidade comprometida, o que ocorre no caso de HIV/Aids, ou pessoas muito jovens ou idosas podem desenvolver complicações sérias a partir da infecção pelo *C. parvum*. O principal método de diagnóstico laboratorial para a criptosporidiose é a demonstração da presença de oocistos nas fezes (Figura 32.9*b*). Ferramentas imunológicas e moleculares de diagnóstico também estão disponíveis para uma identificação mais precisa da linhagem do patógeno quando este tipo de abordagem é necessário.

De maneira semelhante ao *C. parvum*, o parasita *Cyclospora cayetanensis* também forma oocistos e causa gastrenterite leve ou eventualmente grave, as quais são denominadas ciclosporíase. Entretanto, ao contrário de *C. parvum*, *C. cayetanensis* é primariamente transmitido por produtos alimentícios – normalmente alimentos frescos – contaminados por fezes, em vez de água contaminada. A maior parte dos casos de ciclosporíase é associada a frutas e vegetais contaminados, sendo que um importante surto acontecido nos Estados Unidos, no verão de 2013, foi associado a alface embalada (Seção 31.7).

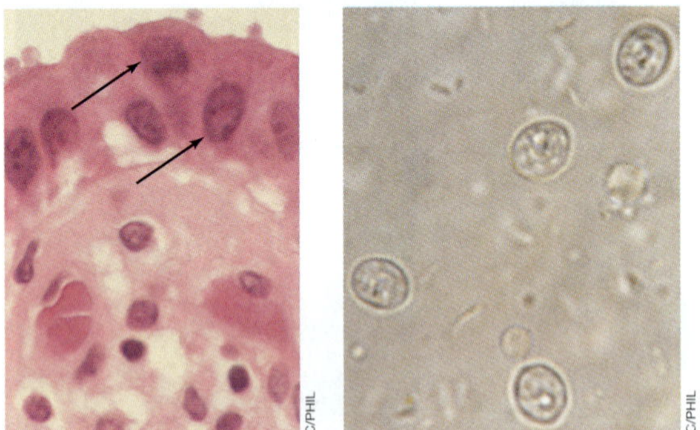


**Figura 32.9** ***Cryptosporidium parvum.*** *(a)* As setas indicam trofozoítos intracelulares de *C. parvum* inseridos no epitélio gastrintestinal humano. Os trofozoítos apresentam cerca de 5 μm de diâmetro. *(b)* Oocistos de parede espessa do *C. parvum*, nesta amostra de fezes, possuem cerca de 3 μm de diâmetro.

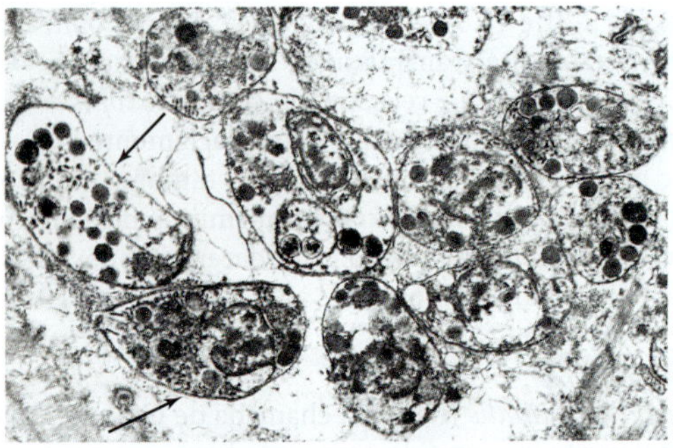


**Figura 32.10** ***Toxoplasma.*** Taquizoítos (células de crescimento rápido) de *Toxoplasma gondii*, um parasita intracelular. Nesta microfotografia eletrônica de transmissão, os taquizoítos (setas) formam uma estrutura semelhante a um cisto dentro de uma célula cardíaca do hospedeiro. Os taquizoítos do *Toxoplasma* possuem de 4 a 7 μm de comprimento.

A *toxoplasmose* é causada pelo *Toxoplasma gondii* (**Figura 32.10**). Este parasita infecta muitos animais de sangue quente e aproximadamente a metade de todos os adultos nos Estados Unidos são infectados assintomaticamente, pois seus sistemas imunitários mantêm o organismo sob controle. O *T. gondii* é geralmente transmitido aos seres humanos na forma de cistos presentes na carne malcozida de boi, porco ou carneiro, por meio de contato direto com gatos – os quais são importantes carreadores de *T. gondii*, e ocasionalmente por meio de água contaminada. Um passo-chave no ciclo de vida do *T. gondii* se completa nos felinos e, assim, estes são hospedeiros obrigatórios; seres humanos e outros animais são apenas hospedeiros incidentais. Assim, a maior parte da transmissão aos seres humanos acontece, provavelmente, a partir dos gatos.

A toxoplasmose pode ser associada a sintomas leves ou graves. Quando os cistos do *T. gondii* são ingeridos, eles penetram a parede do intestino delgado. A partir desta infecção inicial, os sintomas podem ser inaparentes ou aparentes, porém, indistinguíveis dos sintomas de um caso leve de gripe (dores de cabeça, dores musculares e prostração geral). No entanto, em algumas pessoas infectadas os cistos do *T. gondii* migram do intestino delgado e circulam pelo corpo. Subsequentemente, o parasita pode penetrar células nervosas e infectar tecidos dos olhos e cérebro. Embora os sintomas da doença sejam incomuns em adultos saudáveis, em indivíduos imunocomprometidos a toxoplasmose pode causar danos aos olhos, cérebro e outros órgãos internos. Adicionalmente, uma primoinfecção por *T. gondii* em mulheres grávidas pode ocasionar defeitos de nascença nos bebês; assim, mulheres grávidas que não tiveram contato com gatos devem evitar estes animais até o nascimento da criança.

**MINIQUESTIONÁRIO**

- Quais sintomas da giardíase sugerem que uma gastrenterite não seria causada por um patógeno bacteriano?
- Como um indivíduo contrai a tricomoníase? E a toxoplasmose?
- O que é incomum à cerca dos oocistos de *Cryptosporidium* que facilita sua transmissão pela água?

# III • Infecções parasitárias do sangue e tecidos

Diversos parasitas humanos infectam órgãos e tecidos além do trato gastrintestinal e são geralmente transmitidos por insetos vetores. Iniciaremos nossas considerações por estes com a malária, a mais devastadora e difundida doença parasitária, e que permanece como um dos maiores problemas de saúde global hoje.

## 32.5 *Plasmodium* e malária

A **malária** é uma doença causada por *Plasmodium* spp., um grupo de protistas membros do grupo dos alveolados (Seção 17.5). *Plasmodium* spp. causam doenças semelhantes à malária em hospedeiros de sangue quente; até 500 milhões de pessoas em todo mundo contraem malária anualmente e cerca de um milhão delas morre em decorrência da doença. Assim, a malária é uma das causas de morte mais comuns por doenças infecciosas, em todo o globo, e certamente a mais prevalente entre todas as doenças parasitárias.

Na malária, o ciclo de vida complexo do parasita requer um mosquito vetor. Quatro espécies de *Plasmodium* – *P. vivax, P. falciparum, P. ovale* e *P. malariae* – causam a maior parte dos casos de malária humana. A doença mais amplamente distribuída é causada por *P. vivax*, enquanto a doença mais grave é causada por *P. falciparum*. Os seres humanos são os únicos reservatórios para essas quatro espécies. Parte do ciclo de vida do protista desenvolve-se no interior do reservatório humano e parte na fêmea do mosquito *Anopheles*, o único vetor que transmite a malária. O vetor transmite o protista de indivíduo para indivíduo.

### O ciclo de vida da malária

O ciclo de vida do protista da malária é complexo e envolve diversos estágios (**Figura 32.11**). Primeiro, o hospedeiro humano é infectado por *esporozoítos* plasmodiais, células alongadas, pequenas produzidas no interior do mosquito, localizadas na glândula salivar do inseto. O mosquito (Figura 32.11, inserção) injeta saliva (contendo um anticoagulante), juntamente com os esporozoítos, no hospedeiro humano, quando se alimenta do sangue. Os esporozoítos migram por meio da corrente sanguínea até o fígado, onde permanecem quiescentes ou replicam-se, tornando-se maiores, atingindo um estágio conhecido como *esquizonte* (ver Figura 32.12*b*). Em seguida, os esquizontes segmentam-se, originando várias células pequenas, denominadas *merozoítos*, as quais são liberadas pelo fígado na corrente sanguínea. Posteriormente, alguns dos merozoítos infectam as hemácias (eritrócitos).

O ciclo de vida plasmodial no interior dos eritrócitos ocorre com a divisão, crescimento e liberação dos merozoítos (**Figura 32.12**); isso resulta na destruição das hemácias do hospedeiro. O crescimento de *P. vivax* nas hemácias geralmente repete-se a intervalos sincronizados de 48 horas. Durante este período de 48 horas, o hospedeiro apresenta os sintomas clínicos típicos da malária, caracterizados por calafrios seguidos de febre de até 40°C. O padrão calafrios-febre coincide com a liberação de merozoítos de *P. vivax* a partir dos eritrócitos, durante o ciclo sincronizado de reprodução assexuada. Vômitos e cefaleia intensa podem acompanhar os ciclos de calafrios-febre e, em longo prazo, os sintomas característicos da malária geralmente alternam-se a períodos assintomáticos. Em virtude da destruição de hemácias, a malária geralmente provoca anemia e aumento do baço (esplenomegalia).

Merozoítos plasmodiais eventualmente se desenvolvem em *gametócitos* e infectam somente os mosquitos. Os gametócitos são ingeridos quando outro mosquito *Anopheles* alimenta-se do sangue do indivíduo infectado; eles amadurecem no interior do mosquito, originando *gametas*. Dois gametas fundem-se, formando um zigoto. Em seguida, o zigoto migra, por movimentos ameboides, até a parede externa do intestino do inseto, onde cresce e gera uma série de esporozoítos.



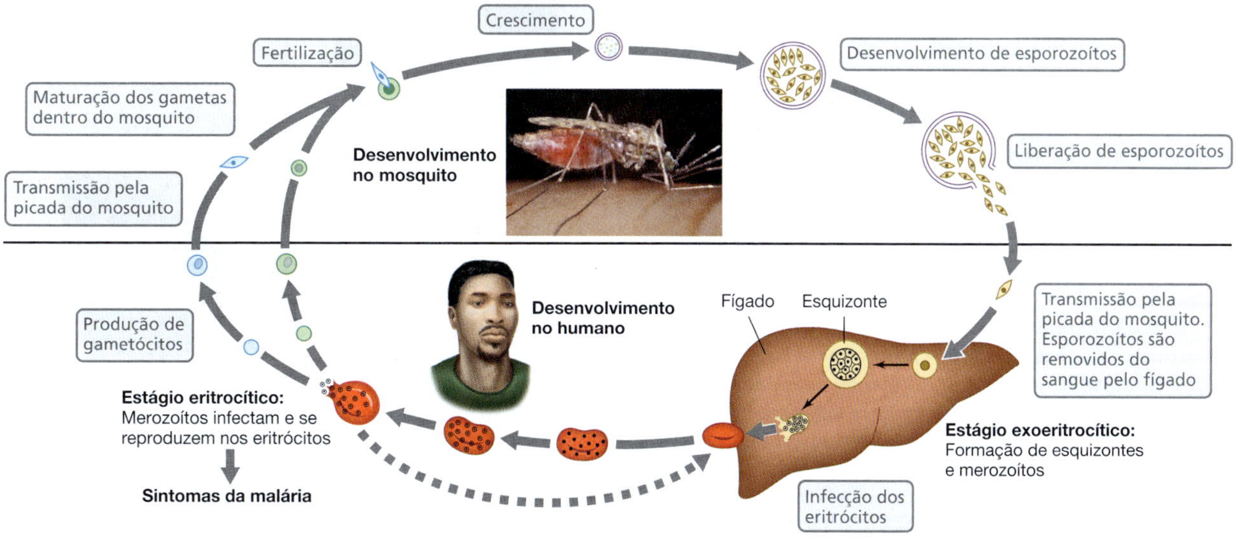


**Figura 32.11** **Ciclo de vida do *Plasmodium*.** O ciclo de vida do *Plasmodium* requer tanto um hospedeiro de sangue quente quanto um mosquito vetor. A transmissão do protista para e do hospedeiro de sangue quente ocorre por meio da picada de um mosquito do gênero *Anopheles** (inserto). A foto do mosquito é uma cortesia do CDC/PHIL, J. Gathany.

* N. de T. A tradução exata do original seria "...da picada de um mosquito *Anopheles gambiae*". No entanto, no Brasil o mosquito anofelino envolvido na transmissão da malária não é o *A. gambiae*, que ocorre na África, mas sim outras espécies do gênero *Anopheles*.

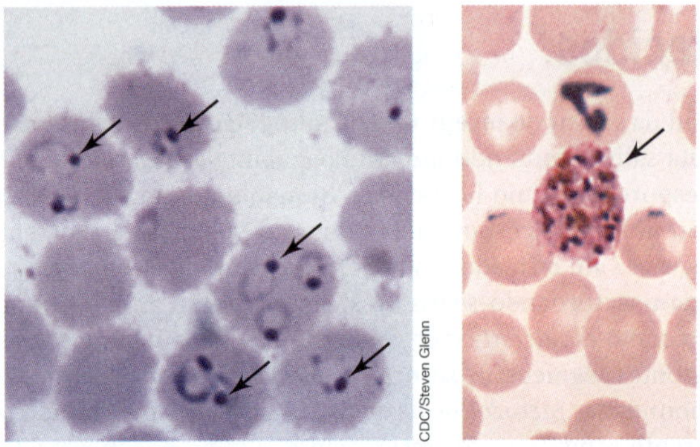


(a) (b)

**Figura 32.12** ***Plasmodium* e malária.** *(a)* Merozoítos do *Plasmodium falciparum* (setas) se reproduzindo dentro de eritrócitos humanos. *(b)* Um esquizonte de *P. vivax* (seta) juntamente com eritrócitos. Quando liberados dos esquizontes, o merozoítos infectam eritrócitos (Figura 32.11). Os eritrócitos têm cerca de 6 μm de diâmetro.

Esses são liberados e alcançam a glândula salivar do mosquito, podendo ser inoculados em outro ser humano, reiniciando o ciclo (Figura 32.11).

## Epidemiologia, diagnóstico, tratamento e controle

Os mosquitos *Anopheles* (Figura 32.11, inserto) habitam predominantemente as regiões tropicais e subtropicais e constituem o vetor da malária. O diagnóstico da malária requer a identificação de eritrócitos infectados por *Plasmodium* em esfregaços de sangue (Figura 32.12). Corantes de ácidos nucleicos fluorescentes, sondas de ácidos nucleicos, teste de PCR e vários métodos de detecção de antígenos podem ser úteis na verificação de infecções por *Plasmodium*, ou para diferenciar entre as infecções por espécies distintas de *Plasmodium*.

O tratamento para a malária é normalmente realizado com o fármaco cloroquina. A cloroquina mata merozoítos situados no interior das hemácias, contudo não mata os esporozoítos. O fármaco relacionado, primaquina, elimina esporozoítos de *P. vivax* e *P. ovale* que podem ter permanecido no fígado. Assim, o tratamento com ambos os fármacos, cloroquina e primaquina, é capaz de curar a maior parte dos casos de malária. Entretanto, em alguns indivíduos, a malária recorre anos após a infecção primária, quando alguns esporozoítos não eliminados do fígado liberam uma nova geração de merozoítos. Hoje, linhagens de *Plasmodium* resistentes a quininas ocorrem amplamente no mundo, de modo que *terapias combinadas*, em que o paciente com malária é tratado com vários fármacos ao mesmo tempo, se tornaram formas comuns de tratamento.

A malária pode ser controlada por meio da drenagem de pântanos e áreas similares de procriação, ou pela eliminação do mosquito por meio do uso de inseticidas. Juntas, estas estratégias eliminaram a malária dos Estados Unidos, sendo que a maioria dos casos, hoje, é importada. Diversas vacinas contra a malária estão também em desenvolvimento, incluindo vacinas de peptídeos sintéticos, vacinas de partículas recombinantes e vacinas de DNA (Seção 24.7), mas até o momento nenhuma das vacinas antimaláricas se mostrou efetiva e confiável para serem usadas em programas de vacinação em massa.

**MINIQUESTIONÁRIO**

- Quais estágios do ciclo de vida do plasmódio ocorrem em seres humanos? E quais ocorrem no mosquito?
- Quais são os reservatórios e vetores para as espécies de *Plasmodium*? Como a malária pode ser prevenida ou erradicada?
- Que fármacos podem ser usados para se tratar a malária?

## 32.6 Leishmaniose, tripanosomíase e doença de Chagas

Parasitas dos gêneros *Leishmania* e *Trypanosoma* são transmitidos por insetos que se alimentam de sangue. Estes parasitas são hemoflagelados, organismos que habitam o sangue ou tecidos relacionados, tais como o fígado e o baço, e causam importantes doenças humanas, principalmente em países tropicais e subtropicais.

### Leishmaniose

A **leishmaniose** é uma doença parasitária que possui várias formas e é causada por espécies do gênero *Leishmania*, um protozoário flagelado relacionado com o *Trypanosoma*. A doença é transmitida aos seres humanos por meio da picada do mosquito-palha*. A leishmaniose cutânea, causada tanto por *L. tropica* quanto por *L. mexicana*, é a forma de leishmaniose mais frequente. Após a transmissão do parasita durante o repasto sanguíneo (**Figura 32.13*a, b***), o parasita infecta e se reproduz dentro dos macrófagos humanos, levando, eventualmente (semanas ou meses depois), à formação de pequenos nódulos na pele. Estes nódulos, então, se tornam ulcerados e podem aumentar de tamanho gerando uma grande lesão da pele (Figura 32.13*c*), onde estão presentes parasitas ativos. Na ausência de uma infecção bacteriana secundária, o que é comum se a lesão é mantida aberta, as lesões se curam espontaneamente em um período de vários meses, embora possa deixar uma cicatriz permanente.

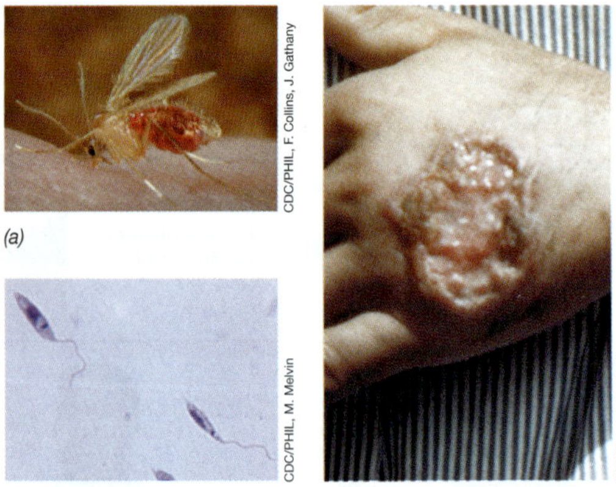


(a) (b) (c)

**Figura 32.13** **Leishmaniose.** *(a)* O mosquito-palha (do gênero *Lutzomyia**) transmite a leishmaniose durante o repasto sanguíneo. *(b) Leishmania* spp. são protozoários flagelados que causam a leishmaniose. *(c)* Leishmaniose cutânea apresentando uma úlcera aberta na mão. Infecções bacterianas secundárias nestas lesões são comuns.

* N. de T.: No Brasil, este mosquito, membro da família dos flebotomíneos, é também conhecido como birigui.

A leishmaniose tem sido historicamente tratada com injeções de compostos à base de antimônio pentavalente ($Sb^{5+}$). Embora o modo de ação destes compostos seja desconhecido, é sabido que o $Sb^{5+}$, de alguma forma, estimula ou ativa a resposta imune de modo que esta combata de maneira mais eficiente os parasitas *Leishmania*. Nos dias de hoje, no entanto, muitas espécies de *Leishmania* são resistentes aos compostos de antimônio, mas uma variedade de outros fármacos se encontra disponível para tratar as formas cutâneas resistentes da doença. Estima-se que a prevalência mundial de leishmaniose seja de cerca de 1 milhão de indivíduos afetados.

A *leishmaniose visceral* é causada pela *Leishmania donovani* e constitui a forma mais grave da doença. Na leishmaniose visceral, o parasita se dissemina do sítio da infecção para órgãos internos, particularmente para o fígado, baço e medula óssea; se não tratada, a leishmaniose visceral é quase sempre fatal. Sintomas comuns da leishmaniose visceral incluem febre e calafrios cíclicos, uma lenta redução dos níveis de leucócitos e eritrócitos, e um aumento significativo do tamanho do fígado e do baço, levando a uma intensa distensão abdominal. O tratamento inclui injeções de antimônio (de forma semelhante à leishmaniose cutânea), longos períodos de repouso e transfusões sanguíneas quando a contagem de eritrócitos se torna perigosamente baixa. Estima-se que a prevalência mundial da leishmaniose gire em torno de 300.000 indivíduos afetados.

## Tripanosomíase e doença de Chagas

Protozoários flagelados do gênero *Trypanosoma* (Seção 17.4) causam duas formas de **tripanossomíase**. Duas subespécies de *Trypanosoma brucei* nativas da África, *T. brucei gambiense* (**Figura 32.14*a***) e *T. brucei rhodesiense*, causam a tripanossomíase africana, mais conhecida como *doença do sono*. Já a espécie *T. cruzi* causa a doença de Chagas, também conhecida como *tripanossomíase americana*. Estas doenças são transmitidas por picadas de insetos, uma mosca e um barbeiro, respectivamente.

A doença do sono é transmitida pela mosca tsé-tsé (gênero *Glossina*), um inseto semelhante em dimensões à mosca doméstica e nativo somente das regiões tropicais da África; assim, a doença do sono é endêmica de países da África Subsaariana. A doença se inicia com febre intermitente, dores de cabeça e prostração. O parasita se multiplica no sangue e mais tarde infecta o sistema nervoso, se reproduzindo no fluido espinal. Rapidamente os sintomas neurológicos se iniciam, o que inclui padrões de sono que não são mais circadianos. O parasita produz o álcool aromático *triptofol*, derivado do aminoácido triptofano, e que é responsável por iniciar as respostas de sono. Sem tratamento, a infecção progride gradualmente para o coma, falência múltipla de órgãos e eventualmente a morte, depois de meses ou anos, dependendo do caso. Uma variedade de fármacos antitripanossômicos se encontra disponível para o tratamento da doença do sono; alguns são usados principalmente para o tratamento da infecção sanguínea, enquanto outros são utilizados para o caso da doença progredir ao estágio neurológico. Cerca de 10.000 novos casos da doença do sono são descritos anualmente, porém sabe-se que a maioria dos casos não é notificada.

A doença de Chagas, que recebeu seu nome em virtude de seu descobridor, é causada pelo *T. cruzi*, um parente próximo do *T. brucei*, e é transmitida pela picada do barbeiro (Figura 32.14*b, c*). A doença de Chagas ocorre principalmente em países da América Latina. O parasita afeta diversos órgãos, incluindo o coração, o trato gastrintestinal e o sistema nervoso, causando reações inflamatórias e destruição tecidual. A doença aguda é normalmente autolimitada, mas se a doença crônica se desenvolver, o dano cardíaco é significativo e causa a morte prematura do paciente. Cerca de 20.000 mortes acontecem todo ano, por causa da doença de Chagas, em países latino-americanos.

Atualmente, não há vacinas disponíveis para a prevenção das tripanossomíases africana ou americana.

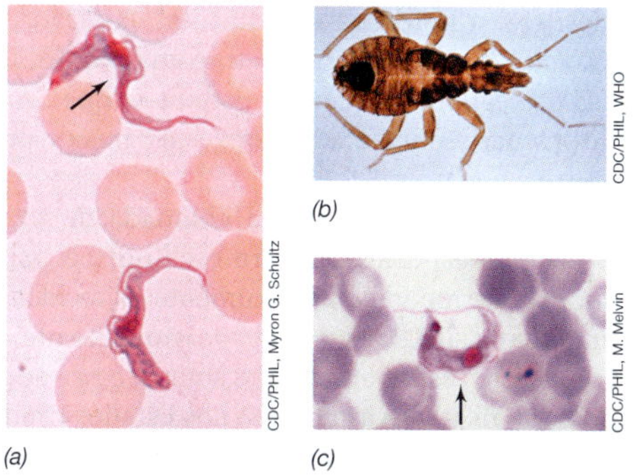


**Figura 32.14** **Tripanosomíase africana e doença de Chagas.** *(a)* Duas células de *Trypanosoma brucei* (setas), o agente causador da doença do sono africana (tripanossomíase africana), em um esfregaço sanguíneo. *(b)* O barbeiro (*Triatoma infestans*), um dos vetores da doença de Chagas (tripanossomíase americana). *(c)* Uma célula de *Trypanosoma cruzi* (seta), o agente causador da doença de Chagas, em um esfregaço sanguíneo.

**MINIQUESTIONÁRIO**

- Quais as similaridades entre as doenças tripanossômicas e a malária? E quais as diferenças?
- Quais as diferenças entre as leishmanioses cutânea e visceral?
- Como os padrões de sono ficam alterados em decorrência da tripanossomíase africana?



# 32.7 Helmintos parasíticos: esquistossomose e filarioses

Algumas doenças parasitárias são causadas por helmintos, pequenos vermes que invadem o hospedeiro humano e causam doenças debilitantes e morte. Consideraremos o mais difundido entre estes aqui, a esquistossomose, juntamente com uma breve descrição de outras duas infecções helmínticas menos comuns.

## Esquistossomose

A **esquistossomose**, também conhecida por *febre do caramujo* (do inglês *snail fever*), é uma doença parasitária crônica causada por espécies de trematodos (vermes chatos) do gênero *Schistosoma*; a principal espécie é o *S. mansoni*, sendo que exemplares adultos podem ter até 1 cm de comprimento (**Figura 32.15*a***). O ciclo de vida do parasita requer tanto o caramujo quanto o homem (ou outro mamífero) como hospedeiros. Ovos do *Schistosoma* (Figura 32.15*b*) liberados na água produzem miracídeos, a forma do verme que infecta os caramujos. No caramujo, os miracídeos se transformam em *cercárias* (Figura 32.15*c*), estágio móvel do parasita que é liberado e infecta os seres humanos.

As cercárias penetram a pele deixando uma pequena lesão superficial (Figura 32.15*d*) e, então, migram para os

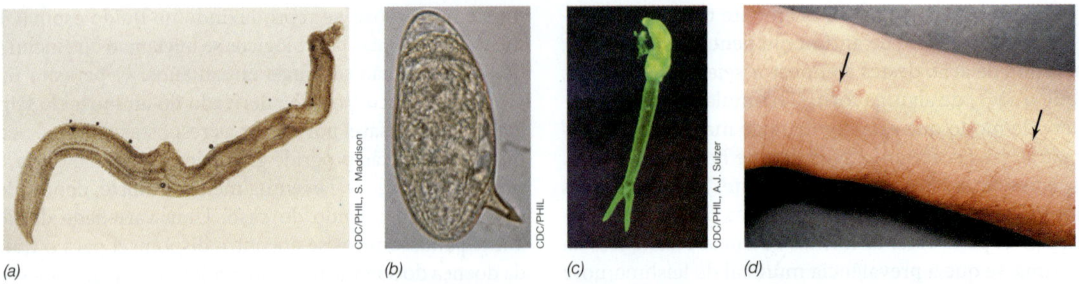


**Figura 32.15** ***Esquistossomose.*** *(a)* Verme *Schistosoma mansoni* adulto; o verme tem aproximadamente 1 cm de comprimento. *(b)* Um ovo de *S. mansoni*, com cerva de 0,15 mm de comprimento. O espinho lateral é característico dos ovos dessa espécie. *(c)* A cercária, a forma infecciosa do *S. mansoni*, corada por fluorescência. Da cabeça (alto) até a cauda bifurcada o verme tem aproximadamente 1 mm. *(d)* Infecção por cercárias no antebraço. Cinco sítios de infecção (setas) são aparentes.

pulmões e para o fígado; neste processo, o verme estabelece uma infecção de longa duração nos vasos sanguíneos do hospedeiro. A partir do fígado, o parasita infecta a bexiga urinária, os rins e a uretra, e a fêmea do verme produz uma enorme quantidade de ovos. Os ovos são excretados na urina e também passam por meio da parede intestinal, sendo excretados nas fezes. Grandes massas de ovos também acabam por se prenderem, juntamente com fluidos, na bexiga urinária, no fígado e em outros órgãos, gerando uma resposta inflamatória e intensa distensão do abdome, condição comumente vista em crianças infectadas (**Figura 32.16*a***). Outros sintomas incluem urina sanguinolenta, diarreia e dor abdominal. Ovos e vermes adultos podem viver no hospedeiro por anos, causando sintomas crônicos que podem durar da infância à idade adulta.

A esquistossomose é uma doença de países tropicais, principalmente na África, mas casos também ocorrem em países subtropicais, tais como aqueles da América Latina e do Caribe. A esquistossomose pode ser efetivamente tratada com o fármaco praziquantel, e o diagnóstico é relativamente fácil de ser realizado por meio da análise dos sintomas e da observação de ovos do parasita na urina e nas fezes. A mortalidade decorrente da esquistossomose é baixa, em torno de 0,1%, mas a esquistossomose só fica atrás da malária em termos do número total de infecções em todo mundo. Em 2011, quase 250 milhões de casos da doença foram tratados e muitos outros, provavelmente, seguiram sem tratamento.

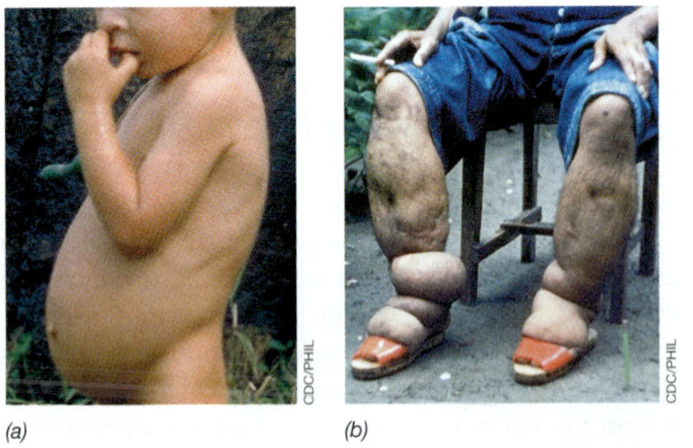


**Figura 32.16** **Sintomas de infecções parasitárias helmínticas.** *(a)* Esquistossomose em uma criança pequena. O abdome inchado em razão do acúmulo de fluidos e ovos dos vermes é característico da infecção. *(b)* Filariose de Bancroft (elefantíase). As pernas inchadas resultam do edema causado pela infecção de tecidos linfáticos pelo verme cilíndrico *Wuchereria bancrofti*.

## Filarioses

Muitas outras infecções parasitárias helmínticas são conhecidas, e entre as mais importantes estão as *filarioses*, infecções causadas por nematódeos parasitários (vermes cilíndricos). Diferentemente do parasita da esquistossomose, estes vermes são claramente macroscópicos em seu estágio adulto (vários centímetros de comprimento, dependendo da filariose).

A *filariose de Bancroft* (também conhecida como "elefantíase") é uma doença crônica do sistema linfático causada pela *Wuchereria bancrofti*. O verme é transmitido a seres humanos na forma de minúsculas *microfilárias* pela picada de um mosquito. Uma vez no hospedeiro humano, as microfilárias se desenvolvem em vermes adultos, os quais interrompem o fluxo de linfa, o que leva a um maciço acúmulo de fluidos (edema). O acúmulo de líquidos nas regiões inferiores do corpo pode causar um intenso aumento no volume das pernas (Figura 32.16*b*). Mais de 120 milhões de pessoas em regiões tropicais sofrem de infecção por *W. bancrofti*, mas o estágio de microfilária da doença é facilmente tratável.

A *oncocercose* (também chamada de *cegueira dos rios*) ocorre devido à infecção crônica pelo enorme verme cilíndrico *Onchocerca volvulus*. Os seres humanos são os únicos hospedeiros conhecidos deste parasita, mas moscas podem se tornar infectadas com microfilárias durante um repasto sanguíneo, transmitindo-as para seres humanos não infectados durante uma picada. As larvas microfilárias invadem a córnea e de lá alcançam a íris e a retina, gerando uma resposta inflamatória que gera lesões e a perda parcial ou total da visão. A infecção pelo *O. volvulus* só fica atrás do tracoma (⇄ Seção 29.13) como causa de cegueira infecciosa. Estima-se que cerca de 20 milhões de pessoas são infectadas com este parasita, principalmente na África equatorial.

A doença *triquinose* (também chamada de *triquinelose*) é causada por espécies do verme cilíndrico parasitário *Trichinella*. Este verme infecta comumente os tecidos musculares de mamíferos silvestres e pode, ocasionalmente, infectar animais domésticos, especialmente os suínos; cerca de 20 casos de triquinose são relatados a cada ano nos Estados Unidos, normalmente oriundos do consumo de carne de caça malcozida. Infecções humanas pela *Trichinella* se iniciam quando as larvas do verme entram nas células da mucosa intestinal, levando a uma condição assintomática ou a uma gastrenterite leve. À medida que a larva se torna madura e reproduz, novas larvas passam a circular pelo corpo, levando a reações inflamatórias sistêmicas que induzem mal-estar, inchaço facial e febre. Casos não tratados de triquinose podem progredir para sintomas órgão-específicos mais graves, incluindo dano cardíaco, encefalite e até mesmo a morte. Entretanto, se diagnosticada corretamente – normalmente por meio de ensaios imunológicos –, a triquinose é tratável por uma variedade de fármacos anti-helmínticos.

**MINIQUESTIONÁRIO**

- Como o patógeno causador da esquistossomose se difere de todos os outros patógenos considerados neste capítulo?
- Qual é a fonte de infecção da maioria dos casos de triquinose?

## CONCEITOS IMPORTANTES

**32.1** • Os fungos incluem os bolores e as leveduras, e alguns fungos são dimórficos, o que quer dizer que ambas as fases micelial e leveduriforme podem ocorrer. Micoses superficiais, subcutâneas e sistêmicas se referem a infecções fúngicas da pele, da região interna da pele e de órgãos internos, respectivamente. Infecções fúngicas podem ser leves ou graves, dependendo da condição de saúde e do estado imunológico daqueles indivíduos infectados.

**32.2** • Micoses superficiais, como o pé-de-atleta ou a tínea crural, são leves e facilmente tratáveis, ao passo que micoses subcutâneas, como a esporotricose, ou especialmente as micoses sistêmicas, como a hisptoplasmose, são mais difíceis de tratar efetivamente. A habilidade dos fungos que causam infecções sistêmicas de infectar órgãos internos faz com que estes patógenos sejam particularmente perigosos para os idosos ou aqueles que apresentam sua imunidade comprometida.

**32.3** • Os gêneros *Entamoeba* e *Naegleria* incluem parasitas humanos ameboides que causam infecções gastrintestinais e cerebrais, respectivamente. A *Entamoeba* é transmitida em águas contaminadas por fezes, enquanto *Naegleria* habita águas mornas, contaminadas pelo solo. O *Balantidium* é um parasita ciliado intestinal transmitido por águas contaminadas por fezes.

**32.4** • Os protistas *Giardia intestinalis* e *Cryptospotidium parvum* são importantes patógenos parasitários transmitidos pela água, ao passo que *Toxoplasma gondii* é um parasita transmitido principalmente por gatos ou em alimentos contaminados e o Trichomonas vaginalis é um parasita sexualmente transmitido. O parasita patogênico *Cyclospora* é transmitido principalmente em vegetais frescos, tais como alface e espinafre contaminados com fezes de animais. Nenhum destes parasitas causa infecções que trazem risco à vida de indivíduos saudáveis, embora *T. gondii* possa gerar infecções graves e mesmo fatais em hospedeiros imunocomprometidos.

**32.5** • Infecções pelo *Plasmodium* spp. causam malária, uma doença do sangue, transmitida por mosquitos, amplamente dispersa, e que causa morbidade e mortalidade significativas em regiões tropicais e subtropicais do globo. A malária é tratável pelo do uso de quininas e outros fármacos, mas ainda não pode ser prevenida por meio de vacinação.

**32.6** • A leishmaniose é uma doença parasitária causada por espécies de *Leishmania*; a forma cutânea da doença é a mais comum. O *Trypanosoma brucei* causa a tripanossomíase africana (doença do sono), enquanto a espécie relacionada *Trypanosoma cruzi* causa a doença de Chagas. Todas estas doenças são transmitidas pela picada de um inseto vetor, mosquitos ou barbeiros.

**32.7** • A esquistossomose é uma importante doença parasitária causada por um verme microscópico, o *Schistosoma mansoni*. O ciclo de vida do parasita requer tanto caramujos quanto mamíferos. O verme infecta o fígado e os rins, produzindo grandes massas de ovos que se acumulam no corpo e levam a inflamações sistêmicas e distensão abdominal. Outras doenças parasitárias causadas por vermes, tais como a elefantíase e a cegueira dos rios, também geram sinais facilmente visíveis da infecção.

UNIDADE 6

## REVISÃO DOS TERMOS-CHAVE

**Esquistossomose** é uma doença crônica causada por um verme parasita que leva ao dano de órgãos internos e ao acúmulo de fluidos e massas de ovos.

**Leishmaniose** é uma doença visceral ou cutânea causada pela infecção por espécies de protozoários flagelados do gênero *Leishmania*.

**Malária** é uma doença caracterizada por episódios recorrentes de febre e anemia, causada pelo protista *Plasmodium* spp., normalmente transmitido entre mamíferos pela picada do mosquito *Anopheles*.

**Meningoencefalite** é a invasão, inflamação e destruição do tecido cerebral pela ameba *Naegleria fowleri* e por uma variedade de outros patógenos.

**Micose** constitui qualquer infecção causada por um fungo.

**Micoses sistêmicas** são infecções fúngicas nos órgãos internos do corpo.

**Micoses subcutâneas** são infecções fúngicas nas camadas mais profundas da pele.

**Micoses superficiais** são infecções fúngicas nas camadas superficiais da pele, pelos e unhas.

**Patógenos oportunísticos** são organismos que causam doença na ausência da resistência normal do hospedeiro.

**Tripanosomíase** é qualquer doença parasitária do sangue e tecidos internos causada por espécies do protozoário flagelado *Trypanosoma*. A doença do sono africana e a doença de Chagas são as duas principais tripanossomíases.

## QUESTÕES PARA REVISÃO

1. Quais micoses são mais comuns, as superficiais ou as sistêmicas? Você já teve um caso de alguma delas? (Seção 32.1)
2. Quais são as micoses sistêmicas mais comuns nos Estados Unidos? Quais populações são mais suscetíveis a tais infecções? (Seção 32.2)
3. Se você fosse ter uma infecção ou outra, qual você preferiria: uma infecção por *Entamoeba* ou por *Naegleria?* (Seção 32.3)
4. Ao contrário da doença causada por *Trychomonas*, o que a giardíase e a criptosporidíase têm em comum? (Seção 32.4)
5. Os sintomas da malária incluem febre seguida de calafrios. Estes sintomas estão relacionados com atividades do patógeno. Descreva os estágios do crescimento de *Plasmodium* spp. em seres humanos e associe-os ao padrão febre-calafrios. (Seção 32.5)
6. Diferencie a leishmaniose dos dois tipos de tripanossomíase em termos dos agentes causadores, dos sintomas e dos vetores transmissores. (Seção 32.6)
7. Diferencie a esquistossomose de todas as outras infecções parasitárias cobertas neste capítulo. Em qual principal característica ela se diferencia? (Seção 32.7)

## QUESTÕES APLICADAS

1. A erradicação da malária tem sido um objetivo de programas de saúde pública por pelo menos 100 anos. Que fatores têm impedido que sejamos capazes de erradicar a malária?
2. Em termos de saúde pública, qual é o problema comum que une muitas das infecções parasitárias viscerais cobertas neste capítulo? Como este problema poderia ser enfrentado? Por que estas doenças são raras em países desenvolvidos?
3. Explique por que as doenças malária, leishmaniose e tripanossomíase são doenças primariamente presentes em regiões tropicais. Como os seres humanos podem afetar a futura dispersão geográfica destas doenças?
4. Explique por que as doenças fúngicas sistêmicas ocorrem geralmente em apenas certos indivíduos, embora muitas pessoas tenham contato com o patógeno, ao passo que um surto de giardíase afeta praticamente todos que entram em contato com o patógeno.

# Apêndice 1 Cálculos de energia na bioenergética microbiana

A informação contida no Apêndice 1 tem por finalidade auxiliar no cálculo das alterações de energia livre que acompanham as reações químicas realizadas pelos microrganismos. Ele inicia com as definições dos termos necessários à realização de tais cálculos, e prossegue indicando como o conhecimento do estado redox, o equilíbrio atômico e de cargas, além de outros fatores, são necessários para o correto cálculo dos problemas envolvendo energia livre.

## I. Definições

1. $\Delta G^0$= variação-padrão da energia livre de uma reação sob "condições-padrão" (1 atm de pressão e concentrações de 1M); $\Delta G$ = variação da energia livre em condições especificadas; $\Delta G^{0\prime}$ = variação da energia livre em condições-padrão, em pH 7. O apóstrofo (′) que aparece ao longo deste apêndice indica pH 7 (condições celulares aproximadas).
2. Cálculo do $\Delta G^0$ para uma reação química, a partir da energia livre de formação, $G_f^0$, dos produtos e reagentes:

$$G^0 = \Sigma \quad G_f^0 \text{ (produtos)} - \Sigma \quad G_f^0 \text{ (reagentes)}$$

Isto é, somar o $G_f^0$ dos produtos, somar o $G_f^0$ dos reagentes, e subtrair o último do primeiro.
3. Para reações que geram energia, envolvendo $H^+$, converter as condições-padrão (pH 0) para condições celulares (pH 7):

$$\Delta G^{0\prime} = G^0 + m\, G_f^0(H^+)$$

em que *m* é o número líquido de prótons na reação (*m* é negativo quando mais prótons são consumidos do que formados) e $\Delta G_f^0$ ($H^+$) corresponde a energia livre de formação de um próton em pH 7 (–39,83 kJ) a 25°C.
4. Efeitos das concentrações no $\Delta G$: Com substratos solúveis, as proporções na concentração dos produtos formados a partir de substratos exógenos utilizados são geralmente iguais ou inferiores a $10^{-2}$ no início do crescimento e iguais ou superiores a $10^{-2}$ na fase final do crescimento. A partir da relação entre $\Delta G$ e a constante de equilíbrio (ver item 8), pode ser calculado que o $\Delta G$ da liberação de energia livre nestas situações difere da liberação de energia livre em condições-padrão, por, no máximo, 11,7 kJ, de maneira que, para uma primeira aproximação, as liberações de energia livre padrão podem ser utilizadas na maioria das situações. Entretanto, sendo $H_2$ um produto, as bactérias consumidoras de $H_2$ presentes podem manter a concentração de $H_2$ tão baixa que a liberação de energia livre é significativamente afetada. Assim, na fermentação de etanol a acetato e $H_2$ por bactérias sintróficas ($C_2H_5OH + H_2O \rightarrow C_2H_3O_2^- + 2H_2 + H^-$), o $\Delta G^{0\prime}$ (a 1 atm de $H_2$) é de +9,68 kJ, enquanto a $10^{-4}$ atm de $H_2$ é de –36,03 kJ. Portanto, na presença de bactérias consumidoras de $H_2$, a fermentação de etanol por bactérias sintróficas converte-se de uma reação endergônica para uma exergônica. (Ver também item 9.)
5. Potenciais de redução: por convenção, as equações de eletrodo são escritas como *reduções*, isto é, na direção, oxidante + $ne^- \rightarrow$ redutor, em que *n* corresponde ao número de elétrons transferidos. O potencial de redução padrão ($E_0$) do eletrodo hidrogênio, $2H^+ + 2e^- \rightarrow H_2$, é ajustado, por definição, a 0,0 V a 1 atm de pressão do gás $H_2$ e 1,0 *M* de $H^+$, a 25°C. $E_0'$ corresponde ao potencial de redução-padrão, em pH 7. Ver também a Tabela A1.2.
6. Relação da energia livre com o potencial de redução:

$$\Delta G^{0\prime} = {}^-nF\Delta E_0' \text{ ou } \Delta G^{0\prime} = {}^-RT \ln K'_{eq}$$

em que *n* corresponde ao número de elétrons transferidos, *F* à constante de Faraday (96,48 kJ/V) e $\Delta E_0'$ corresponde ao $E_0'$ do par *aceptor* de elétrons menos o $E_0'$ do par *doador* de elétrons. *R* e *T* são constantes (ver item 8) e para $K_{eq}$, ver item 7.
7. Constante de equilíbrio, $K_{eq}$. Para a reação geral $a\text{A} + b\text{B} \leftrightarrow c\text{C} + d\text{D}$,

$$K_{eq} = \frac{[C]^c[D]^d}{[A]^a[B]^b}$$

em que A, B, C e D representam os reagentes e produtos; *a*, *b*, *c* e *d* representam o número de moléculas de cada; as chaves indicam as concentrações. Isto é verdadeiro apenas quando o sistema químico está em equilíbrio. $K'_{eq}$ é $K_{eq}$ em pH 7.
8. Relação entre a constante de equilíbrio, $K_{eq}$, e a variação de energia livre. Em condições de temperatura, pressão e pH constantes,

$$\Delta G' = \Delta G^{0\prime} + RT \ln K'_{eq}$$

em que *R* é uma constante gasosa universal (8,315 J/mol/Kelvin) e *T* é a temperatura absoluta (em Kelvin).
9. Em uma reação redox, duas substâncias podem reagir mesmo que os potenciais-padrão sejam desfavoráveis, desde que as concentrações sejam favoráveis.
Levar em conta que, normalmente, a forma reduzida de A doaria elétrons para a forma oxidada de B. Entretanto, se a concentração da forma reduzida de A fosse baixa e a concentração da forma reduzida de B fosse elevada, seria possível que a forma reduzida de B doasse elétrons à forma oxidada de A. Assim, a reação ocorreria na direção oposta àquela predita pelos potenciais-padrão. Um exemplo prático dessa situação é a utilização de $H^+$ como aceptor de elétrons, na produção de $H_2$. Normalmente, a produção de $H_2$ pelas bactérias fermentativas não é intensa, uma vez que $H^+$ é um fraco aceptor de elétrons; o $E_0'$ do par $2H^+/H_2$ é de –0,41 V. Entretanto, se a concentração de $H_2$ for mantida baixa por sua contínua remoção (p. ex., um processo realizado por arqueias metanogênicas, que utilizam $H_2 + CO_2$ na produção de metano, $CH_4$, ou por muitos outros anaeróbios capazes de consumir o $H_2$ anaerobiamente), o potencial será mais positivo e o $H^+$ atuará como um aceptor de elétrons adequado.

## II. Estado ou número de oxidação

1. O estado de oxidação de um elemento em uma substância elementar (p. ex, $H_2$, $O_2$) é zero.
2. O estado de oxidação do íon de um elemento é igual a sua carga (p. ex., $Na^+ = +1$, $Fe^{3+} = +3$, $O^{2-} = -2$).
3. A soma dos números de oxidação de todos os átomos em uma molécula neutra é igual a zero. Assim, $H_2O$ é neutro porque possui dois H, de valor +1 cada, e um O de valor −2.
4. Em um íon, a soma dos números de oxidação de todos os átomos é igual à carga daquele íon. Assim, no íon $OH^-$, O (−2) + H(+1) = −1.
5. Em compostos, o estado de oxidação do O é praticamente sempre −2, enquanto o de H é +1.
6. Em compostos simples de carbono, o estado de oxidação do C pode ser calculado pela soma dos átomos H e O presentes e utilizando os estados de oxidação desses elementos, como citado no item 5, porque em um composto neutro, a soma de todos os números de oxidação deve ser zero. Assim, o estado de oxidação do carbono no metano, $CH_4$, é −4 (4 H com valor +1 cada, = +4); no dióxido de carbono, $CO_2$, o estado de oxidação do carbono é +4 (2 O com valor −2 cada, = −4).
7. Em compostos orgânicos contendo mais de um átomo de C, pode não ser possível atribuir um número de oxidação específico a cada átomo de C, embora seja útil para o cálculo do estado de oxidação do composto como um todo. As mesmas convenções são utilizadas. Assim, o estado de oxidação do carbono na glicose, $C_6H_{12}O_6$, é zero (12 H com valor +1 = 12; 6 O com valor −2 = −12) e o estado de oxidação do carbono no etanol, $C_2H_6O$, é −2 cada (6 H com valor +1 = +6; um O com valor −2).
8. Em todas as reações de oxidação-redução há um equilíbrio entre os produtos oxidados e reduzidos. Para calcular um balanço de oxidação-redução, o número de moléculas de cada produto é multiplicado por seu estado de oxidação. Por exemplo, no cálculo do balanço de oxidação-redução na fermentação alcoólica (glicose $\rightarrow$ 2 $C_2H_6O$ + 2$CO_2$), há duas moléculas de etanol, cada uma com valor −4 (para um total de −8) e duas moléculas de $CO_2$, cada uma com valor +4 (para um total de +8), de forma que o balanço líquido é zero. Na construção de reações modelo, o cálculo inicial dos balanços redox é útil para verificar se a reação é possível.

## III. Calculando a liberação de energia livre em reações hipotéticas

As liberações de energia podem ser calculadas tanto a partir das energias livres de formação de reagentes e produtos quanto das diferenças dos potenciais de redução das reações parciais de doação de elétrons e captação de elétrons.

### Cálculos a partir da energia livre

As energias livres de formação são fornecidas na **Tabela A1.1**. O procedimento utilizado no cálculo das liberações de energia das reações deve ser feito como a seguir.

1. **Reações de balanceamento**. Em todos os casos, é essencial garantir que a reação acoplada de oxidação-redução esteja *balanceada*. O balanceamento envolve três aspectos: (*a*) *o número total de cada tipo de átomo* deve ser idêntico nos dois lados da equação; (*b*) deve haver um *balanço iônico* de forma que, quando íons positivos e negativos são adicionados à direita da equação, a carga iônica total (seja positiva, negativa ou neutra) deve estar exatamente equilibrada com a carga iônica à esquerda da equação; e (*c*) deve haver um *balanço de oxidação-redução* de modo que todos os elétrons removidos de uma substância devem ser transferidos à outra substância. Geralmente, quando reações balanceadas são construídas, elas são realizadas na ordem inversa das três etapas listadas. Normalmente, se as etapas (*c*) e (*b*) foram realizadas adequadamente, a etapa (*a*) torna-se automaticamente correta.
2. **Exemplos:** (a) Qual a reação balanceada para a oxidação de $H_2S$ a $SO_4^{2-}$ com $O_2$? Primeiro, defina quantos elétrons estão envolvidos na oxidação de $H_2S$ a $SO_4^{2-}$. Isso pode ser facilmente calculado a partir dos estados de oxidação dos compostos, utilizando-se as regras anteriormente citadas. Como H tem um estado de oxidação de +1, o estado de oxidação de S em $H_2S$ é −2. Como O tem um estado de oxidação de −2, o estado de oxidação de S em $SO_4^{2-}$ é +6 (como este é um íon, utilizar as regras descritas nos itens 4 e 5 da seção anterior). Assim, a oxidação de $H_2S$ a $SO_4^{2-}$ envolve a *transferência de oito elétrons* (de −2 a +6). Como cada átomo O pode receber dois elétrons (o estado de oxidação de O em $O_2$ é zero, mas em $H_2O$ é −2), isso significa que duas moléculas de oxigênio molecular, $O_2$, são necessárias para fornecer uma capacidade suficiente de captação de elétrons. Assim, nesse momento, sabemos que a reação requer 1 $H_2S$ e 2 $O_2$ à esquerda da equação e 1 $SO_4^{2-}$ à direita. Para obter-se um balanço iônico, devemos ter duas cargas positivas à direita da equação para balancear as duas cargas negativas do $SO_4^{2-}$. Assim, 2 $H^+$ devem ser adicionados à direita da equação, originando a reação global

$$H_2S + 2\,O_2 \longrightarrow SO_4^{2-} + 2\,H^+$$

Analisando esta equação, podemos observar que ela também se encontra balanceada em termos do número total de átomos de cada tipo, em cada lado da equação.

(b) Qual é a reação balanceada para a oxidação de $H_2S$ a $SO_4^{2-}$, com $Fe^{3+}$ como aceptor de elétrons? Acabamos de verificar que a oxidação de $H_2S$ a $SO_4^{2-}$ envolve a transferência de oito elétrons. Como a redução de $Fe^{3+}$ a $Fe^{2+}$ envolve a transferência de apenas um elétron, serão necessários 8 $Fe^{3+}$. Nesse momento, a reação pode ser descrita como

$$H_2S + 8\,Fe^{3+} \longrightarrow 8\,Fe^{2+} + SO_4^{2-} \text{ (não balanceada)}$$

Podemos observar que o balanço iônico está incorreto. Temos 24 cargas positivas à esquerda e 14 cargas positivas à direita (16+ do Fe, 2− do sulfato). Para igualar as cargas, adicionamos 10 $H^+$ à direita. Agora, nossa equação pode ser descrita como

$$H_2S + 8\,Fe^{3+} \longrightarrow 8\,Fe^{2+} + 10\,H^+ + SO_4^{2-} \text{ (não balanceada)}$$

Para fornecer os hidrogênios necessários ao $H^+$ e o oxigênio necessário ao sulfato, devemos adicionar 4 $H_2O$ à esquerda, para encontramos a equação balanceada:

$$H_2S + 4\,H_2O + 8\,Fe^{3+} \longrightarrow 8\,Fe^{2+} + 10\,H^+ + SO_4^{2-} \text{ (balanceada)}$$

**Tabela A1.1** Energias livres de formação, ($G_f^0$) de algumas substâncias (kJ/mol)[a]

| *Composto de carbono* | *Composto de carbono* | *Metal* | *Não metal* | *Composto de nitrogênio* |
|---|---|---|---|---|
| CO, –137,34 | Glutamina, –529,7 | $Cu^{2+}$, +50,28 | $H_2$, 0 | $N_2$, 0 |
| $CO_2$, –394,4 | Gliceraldeído, –437,65 | $Cu^{2+}$, +64,94 | $H^+$, 0 em pH 0; –39,83 em pH 7 (–5,69 por unidade de pH) | NO, +86,57 |
| $CH_4$, –50,75 | Glicerato, –658,1 | CuS, –49,02 | $O_2$, 0 | $NO_2$, +51,95 |
| $H_2CO_3$, –623,16 | Glicerol, –488,52 | $Fe^0$, 0<br>$Fe^{2+}$,-78,87 | $OH^-$, –157,3 em pH 14; –198,76 em pH 7; –237,57 em pH 0 | $NO_2^-$, –37,2 |
| $HCO_3^-$, –586,85 | Glicina, –370,8 | $Fe^{3+}$, –4,6 | $H_2O$, –237,17 | $NO_3^-$, –111,34 |
| $CO_3^{2-}$, –527,90 | Glicolato, –530,95 | $FeCO_3$, –673,23 | $H_2O_2$, –134,1 | $NH_3$, –26,57 |
| Acetaldeído, –139,9 | Glioxalato, –468,6 | $FeS_2$, –150,84<br>FeS, –100,4 | $PO_4^{3-}$, –1,026,55 | $NH_4^+$, –79,37 |
| Acetato, –369,41 | Guanina, +46,99 | $FeSO_4$, –829,62 | $Se^0$, 0 | $N_2O$, +104,18 |
| Acetona, –161,17 | α-Cetoglutarato, –797,55 | PbS, –92,59 | $H_2Se$, –77,09 | $N_2H_4$, +128 |
| Alanina, –371,54 | Lactato, –517,81 | $Mn^{2+}$, –227,93 | $SeO_4^{2-}$, –439,95 | |
| Arginina, –240,2 | Lactose, –1515,24 | $Mn^{3+}$, –82,12 | $S^0$, 0 | |
| Aspartato, –700,4 | Malato, –845,08 | $MnO_4^-$, –506,57 | $SO_3^{2-}$, –486,6 | |
| Benzeno, +124,5 | Manitol, –942,61 | $MnO_2$, –456,71 | $SO_4^{2-}$, –744,6 | |
| Ácido benzoico, –245,6 | Metanol, –175,39 | $MnSO_4$, –955,32 | $S_2O_3^{2-}$, –513,4 | |
| *n*-Butanol, –171,84 | Metionina, –502,92 | HgS, –49,02 | $H_2S$, –27,87 | |
| Butirato, –352,63 | Metil-amina, –40,0 | $MoS_2$, –225,42 | $HS^-$, +12,05 | |
| Caproato, –335,96 | Oxalato, –674,04 | ZnS, –198,60 | $S^{2-}$, +85,8 | |
| Citrato, –1,168,34 | Ácido palmítico, –305 | | | |
| *o*-Cresol, –37,1 | Fenol, –47,6 | | | |
| Crotonato, –277,4 | *n*-Propanol, –175,81 | | | |
| Cisteína, –339,8 | Propionato, –361,08 | | | |
| Dimetil-amina, –3,3 | Piruvato, –474,63 | | | |
| Etanol, –181,75 | Ribose, –757,3 | | | |
| Formaldeído, –130,54 | Succinato, –690,23 | | | |
| Formato, –351,04 | Sacarose, –370,90 | | | |
| Frutose, –951,38 | Tolueno, +114,22 | | | |
| Fumarato, –604,21 | Trimetil-amina, –37,2 | | | |
| Gluconato, –1128,3 | Triptofano, –112,6 | | | |
| Glicose, –917,22 | Ureia, –203,76 | | | |
| Glutamato, –699,6 | Valerato, –344,34 | | | |

[a]Valores de energia livre de formação de vários compostos podem ser obtidos em Dean, J.A. 1973. *Lange's Handbook of Chemistry*, 11th ed. McGraw-Hill, New York; Garrels, R.M., and C.L. Christ. 1965. *Solutions, Minerals, and Equilibria*. Harper e Row, New York; Burton, K. 1957. Em Krebs, H.A., e H.L. Kornberg. Energy transformations in living matter, *Ergebnisse der Physiologie* (apêndice). Springer-Verlag, Berlin; e Thauer, R.K., K. Jungermann, e K. Decker. 1977. Energy conservation in anaerobic chemotrophic bacteria. *Bacteriol. Rev.* 41:100-180.

Geralmente, o balanço iônico pode ser obtido pela adição de $H^+$ ou $OH^-$ à esquerda ou direita da equação e, como todas as reações ocorrem em um meio aquoso, moléculas de $H_2O$ podem ser adicionadas quando necessário. A adição de $H^+$ ou $OH^-$ depende de as reações estarem ocorrendo em condições ácidas ou alcalinas.

3. **Cálculo da liberação de energia em equações balanceadas a partir das energias livres de formação.** Uma vez que uma equação tenha sido balanceada, a energia livre liberada pode ser calculada a partir da inserção dos valores de energia livre de formação de cada reagente e produto, obtidos da Tabela A1.1, empregando-se a fórmula descrita no item 2 da primeira seção deste apêndice. Por exemplo, na equação

$$H_2S + 2\,O_2 \longrightarrow SO_4^{2-} + 2\,H^+$$

$$\text{valores de } G_f^0\text{: } (-27{,}87) + (0) \longrightarrow (-744{,}6) + 2\,(-39{,}83) \text{ (presumindo-se um pH 7)}$$

$$\begin{aligned}\Delta G^{0\prime} &= [(-744{,}6) + 2\,(-39{,}83)] - [(-27{,}87) + (0)] \\ &= -796{,}39 \text{ kJ}\end{aligned}$$

**Infecção nosocomial (infecção associada aos cuidados de saúde)** Infecção adquirida no ambiente hospitalar ou em serviços de atendimento à saúde.
**Infecção oportunista** Uma infecção habitualmente observada somente em um indivíduo apresentando uma disfunção no sistema imune.
**Infecção sexualmente transmissível (IST)** Infecção geralmente transmitida por contato sexual.
**Inflamação** Reação inespecífica desenvolvida em resposta a estímulos danosos, como toxinas e patógenos, caracterizada por vermelhidão (eritema), inchaço (edema), dor e calor, geralmente localizados no sítio de infecção.
**Inibição** Em relação ao crescimento, refere-se à redução do crescimento microbiano devido a um decréscimo do número de microrganismos presentes, ou a alterações no meio ambiente microbiano.
**Inibição por retroalimentação** Diminuição na atividade da primeira enzima de uma via bioquímica em consequência da síntese do produto final da via.
**Inibidor de fusão** Um polipeptídeo sintético que se liga a glicoproteínas virais, inibindo a fusão do vírus às membranas celulares do hospedeiro.
**Inibidor de integrase** Fármaco que interrompe o ciclo de replicação do HIV por meio da interferência com a integrase, proteína do HIV que catalisa a integração do DNA dupla fita viral ao DNA da célula hospedeira.
**Inibidor de protease** Composto que inibe a ação de proteases virais, ligando-se diretamente ao sítio catalítico, impedindo o processamento de proteínas virais.
**Inibidor não nucleosídico de transcriptase reversa (NNRTI)** Composto não nucleosídico que inibe a atividade da transcriptase reversa retroviral, ligando-se diretamente ao sítio catalítico.
**Inibidor nucleosídico de transcriptase reversa (NRTI)** Composto análogo a um nucleosídeo, que inibe a ação da transcriptase reversa viral ao competir pelos nucleosídeos.
**Iniciador** Pequena extensão de DNA ou RNA, utilizada para iniciar a síntese de uma nova fita de DNA.
**Inóculo** Material celular utilizado para iniciar uma cultura microbiana.
**Inserção** Fenômeno genético em que um fragmento de DNA é inserido no meio de um gene.
**Integração** Processo pelo qual uma molécula de DNA se incorpora a outro genoma.
**Integrase** A enzima que insere cassetes em um integron.
**Integron** Elemento genético que acumula e expressa genes carreados por cassetes móveis.
**Inteína** Sequência interveniente de uma proteína; segmento de uma proteína capaz de se autorremover.
**Interações hidrofóbicas** Forças atrativas entre moléculas, devido ao posicionamento próximo das regiões não hidrofílicas das duas moléculas.
**Interatoma** O conjunto total de interações entre proteínas (ou outras macromoléculas) em um organismo.
**Interferon** Citocinas proteicas produzidas por células infectadas por vírus, que induzem a transdução de sinal de células das proximidades, resultando na transcrição de genes antivirais e expressão de proteínas antivirais.
**Interleucina (IL)** Citocina ou quimiocina mediadora solúvel, secretada por leucócitos.
**Íntron de *autosplicing*** Íntron que apresenta atividade de ribozima, capaz de se autorremover.
**Íntrons** Sequências intervenientes não codificadoras de um gene interrompido. Diferenciar de *éxons*, as sequências codificadoras.
**Invasão** Capacidade de um patógeno em penetrar nas células ou tecidos do hospedeiro, disseminar-se e provocar doença.
**Irradiação** Na microbiologia de alimentos, refere-se à exposição dos alimentos à radiação ionizante, visando inibir os microrganismos e insetos, ou retardar o crescimento ou amadurecimento.
**Isolamento** No contexto das doenças infecciosas, a separação físicas das pessoas que possuem uma doença infecciosa daquelas que são saudáveis. Comparar com *quarentena*.
**Isômero** Duas moléculas de mesma fórmula molecular, mas estruturalmente distintas.
**Isótopos** Diferentes formas de um mesmo elemento, contendo o mesmo número de prótons e elétrons, mas diferindo no número de nêutrons.

**Joule (J)** Unidade de energia equivalente a $10^7$ ergs, 1.000 Joules equivalem a 1 quilojoule (kJ).

**Korarchaeota** Filo de *Archaea* que contém o organismo hipertermófilo *Korarchaeum cryptophilum*.

**Laranja de acridina** Corante fluorescente inespecífico, utilizado para corar células microbianas presentes em uma amostra natural.
**Leg-hemoglobina** Proteína de ligação a $O_2$ encontrada em nódulos radiculares.
**Leishmaniose** Doença da pele ou das vísceras causada pela infecção por espécies do protozoário flagelado parasita, *Leishmania*.
**Leucocidina** Substância capaz de destruir fagócitos.
**Leucócito** Célula nucleada encontrada no sangue; célula branca do sangue.
**Leucócito polimorfonuclear (PMN)** Glóbulo branco móvel, contendo muitos lisossomos e especializado na fagocitose. Caracterizado por um núcleo segmentado distintivo. Também chamado de *neutrófilo*.
**Levedura** Forma de crescimento unicelular de diferentes fungos.
**Ligação covalente** Ligação química não iônica, formada pelo compartilhamento de elétrons entre dois átomos.
**Ligação de hidrogênio** Ligação química fraca entre um átomo de hidrogênio e um segundo elemento mais eletronegativo, geralmente um átomo de oxigênio ou nitrogênio.
**Ligação fosfodiéster** Tipo de ligação covalente que une os nucleotídeos em um polinucleotídeo.
**Ligação glicosídica** Um tipo de ligação covalente, que conecta unidades de açúcar em um polissacarídeo.
**Ligação peptídica** Um tipo de ligação covalente que une os aminoácidos em um polipeptídeo.
**Linfa** Fluido similar ao sangue, desprovido de hemácias, que circula por um sistema circulatório distinto (o sistema linfático) contendo os linfonodos.
**Linfócito** Um subconjunto de leucócitos encontrados no sangue, envolvidos na resposta imune adaptativa.
**Linfonodos** Orgãos que contêm linfócitos e fagócitos, organizados de modo que possam encontrar microrganismos e antígenos, à medida que estes se deslocam por meio da circulação linfática.
**Linhagem mutadora** Uma linhagem mutante na qual a taxa de mutações é aumentada.
**Linhagem** População de células de uma única espécie, em que todos são descendentes de uma única célula; um clone.
**Lipídeo** Molécula orgânica insolúvel em água, importante componente estrutural da membrana citoplasmática e da parede celular (de alguns organismos). Ver também *fosfolipídeo*.
**Lipopolissacarídeo (LPS)** Estrutura lipídica complexa, contendo açúcares e ácidos graxos pouco usuais, encontrada na maioria das bactérias gram-negativas, compondo a estrutura química da membrana externa.
**Líquen** Associação simbiótica entre um fungo e uma alga (ou cianobactéria).
**Lise** Perda da integridade celular com liberação do conteúdo citoplasmático.
**Lisina** Anticorpo que induz a lise.
**Lisogenia** Estado após a infecção viral, no qual o genoma viral é replicado na forma de um provírus juntamente com o genoma do hospedeiro.
**Lisógeno** Procarioto albergando um prófago. Ver também *vírus temperado*.
**Lisossomo** Organela que contém enzimas digestivas para a hidrólise de proteínas, gorduras e polissacarídeos.
**Listeriose** Infecção gastrintestinal de origem alimentar, causada por *Listeria monocytogenes*, que pode levar a uma bacteriemia e à meningite.
**Lixiviação** Remoção de metais valiosos, a partir de minérios, por atividades microbianas.
**Lixiviação microbiana** Extração de metais valiosos, como o cobre, a partir de minérios de sulfetos, pela ação de microrganismos.
**Lofotríquio** Que apresenta um tufo de flagelos polares.
**Luminescência** Produção de luz.

**Macrófago** Leucócito grande encontrado em tecidos, que apresenta capacidade fagocítica e de apresentação de antígenos.
**Macromolécula** Uma grande molécula (polímero) formada pela união de várias moléculas pequenas (monômeros); as proteínas, os ácidos nucleicos, os lipídeos e os polissacarídeos presentes em uma célula.
**Macromolécula informacional** Qualquer molécula polimérica grande que carreia informação genética, incluindo DNA, RNA e proteína.
**Magnetossomo** Pequena partícula de $Fe_3O_4$, presente em células que exibem magnetotaxia (bactérias magnéticas).

**Magnetotaxia** Movimentação de células bacterianas dirigida por um campo magnético.
**Malária** Doença transmitida por inseto, caracterizada por episódios recorrentes de febre e anemia; causada pelo protista *Plasmodium* spp., geralmente transmitida entre mamíferos pela picada do mosquito *Anopheles*.
**Maligno** Referente a um tumor, um crescimento metastático infiltrante, que perde o controle normal do crescimento.
**Mapa de restrição** Mapa que apresenta a localização de sítios de clivagem de enzimas de restrição em um segmento de DNA.
**Mapa genético** Corresponde ao arranjo dos genes em um cromossomo.
**FISH-MAR** Técnica que combina a identificação de microrganismos com a mensuração de atividades metabólicas (ver *microautorradiografia* e *FISH*).
**Mar profundo** Águas marinhas situadas a uma profundidade superior a 1.000 m.
**Mastócitos** Células teciduais, situadas adjacentes aos vasos sanguíneos ao longo do corpo, que apresentam grânulos contendo mediadores inflamatórios.
**Matriz extracelular (MEC)** Proteínas e polissacarídeos que envolvem uma célula animal e na qual a célula encontra-se embebida.
**Medula óssea** Órgão linfoide primário que contém as células pluripotentes precursoras de todas as células sanguíneas e imunes, incluindo as células B.
**Megabase (Mb)** Um milhão de bases nucleotídicas (ou pares de bases, abreviada por Mpb).
**Meio** Em microbiologia, refere-se a uma solução nutriente utilizada para o cultivo de microrganismos.
**Meio complexo** Meios de cultura cuja composição química precisa é desconhecida. São também denominados meios indefinidos.
**Meio de cultura** Solução aquosa contendo variados nutrientes, adequada para o crescimento de microrganismos.
**Meio de uso geral** Meio que permite o crescimento da maioria dos organismos aeróbios e aeróbios facultativos.
**Meio definido** Meio de cultura cuja composição química exata é conhecida. Comparar com *Meio complexo*.
**Meio seletivo** Meio que, simultaneamente, favorece o crescimento de certos organismos e inibe o crescimento de outros, devido à adição de determinados componentes.
**Meios diferenciais** Meio de cultura que permite a identificação de microrganismos com base em suas propriedades fenotípicas.
**Meios enriquecidos** Meios que possibilitam o crescimento de organismos metabolicamente fastidiosos, devido à adição de fatores de crescimento específicos.
**Meiose** Forma especializada de divisão nuclear na qual o número diploide de cromossomos é dividido pela metade, originando o número haploide, em gametas de células eucarióticas.
**Membrana** Qualquer camada ou lâmina delgada. Ver especialmente *membrana citoplasmática*.
**Membrana citoplasmática** Barreira semipermeável que separa o interior da célula (citoplasma) do meio externo.
**Membrana externa** Unidade de membrana contendo fosfolipídeos e polissacarídeos, situada externamente à camada de peptideoglicano em células de bactérias gram-negativas.
**Membranas mucosas** Camadas de células epiteliais que interagem com o ambiente externo.
**Memória (memória imune)** Capacidade de produzir rapidamente grandes quantidades de células imunes ou anticorpos específicos após a exposição subsequente a um antígeno anteriormente encontrado.
**Memória imune** Capacidade de responder de forma rápida e vigorosa a uma segunda exposição e exposições subsequentes a um antígeno indutor.
**Meningite** Inflamação das meninges (tecido cerebral), algumas vezes causada por *Neisseria meningitidis*, caracterizada pela instalação rápida de um quadro de cefaleia, vômitos e rigidez no pescoço, muita vezes progredindo para o coma em horas.
**Meningococcemia** Doença fulminante causada por *Neisseria meningitidis*, caracterizada por septicemia, coagulação intravascular e choque.
**Meningoencefalite** Invasão, inflamação e destruição do tecido cerebral pela ameba *Naegleria fowleri*, ou por vários outros patógenos.
**Mesófilo** Organismo que vive em uma faixa de temperatura próxima àquela observada nos animais de sangue quente e que normalmente apresenta uma temperatura ótima de crescimento variando entre 20 e 40°C.
**Metabolismo** Todas as reações bioquímicas de uma célula, tanto anabólicas quanto catabólicas.
**Metabólito primário** Metabólito excretado durante a fase exponencial de crescimento.
**Metabólito secundário** Produto excretado por um microrganismo na fase exponencial tardia do crescimento e durante a fase estacionária.
**Metaboloma** O conjunto total de pequenas moléculas e intermediários metabólicos de uma célula ou organismo.
**Metagenoma** O conjunto genético total de todas as células presentes em um determinado ambiente.
**Metagenômica** Análise genômica conjunta de DNA ou RNA oriundos de uma amostra ambiental, sem o isolamento ou a identificação dos organismos individuais. Também chamada de genômica ambiental.
**Metanogênese** Produção biológica de metano ($CH_4$).
**Metanogênico** Espécies de arqueias produtoras de metano.
**Metanotrófico** Organismo capaz de oxidar metano.
**Metaproteômica** A mensuração da expressão proteica de toda uma comunidade, utilizando espectrometria de massa para atribuir peptídeos às sequências de aminoácidos codificados por genes particulares.
**Metatranscriptômica** A mensuração da expressão proteica de toda uma comunidade utilizando sequenciamento de RNA.
**Metazoários** Animais multicelulares.
**Metilotrófico** Organismo capaz de oxidar compostos orgânicos que não apresentam ligações carbono-carbono; se este for capaz de oxidar $CH_4$ é também considerado um metanotrófico.
**Micorriza** Associação simbiótica entre um fungo e as raízes de uma planta.
**Micose** Qualquer infecção causada por fungos.
**Micose sistêmica** Crescimento fúngico nos órgãos internos do corpo.
**Micoses subcutâneas** Infecções fúngicas das camadas profundas da pele.
**Micoses superficiais** Infecções fúngicas das camadas superficiais da pele, cabelos ou unhas.
**Microaerófilo** Organismo que requer $O_2$ em tensões inferiores à tensão do ar.
**Microambiente** Região física e química de escala micrométrica imediatamente adjacente a um microrganismo.
**Microarranjos** Pequenos suportes sólidos aos quais os genes ou partes de genes são fixados e organizados espacialmente em um padrão conhecido (também denominados *chip genético).*
**Microarranjos genéticos** Pequenos suportes sólidos aos quais os genes ou partes de genes são fixados e organizados espacialmente em um padrão conhecido. Também denominados *microarranjos*.
**Microautorradiografia (MAR)** Medida da captação de substratos radioativos por meio da observação visual de células em uma emulsão fotográfica exposta.
**Microbiologia industrial** A utilização de microrganismos em larga escala para a geração de produtos de valor comercial.
**Microbiota normal** Microrganismos que geralmente estão associados aos tecidos saudáveis do corpo.
**Microssensor** Pequeno sensor de vidro ou eletrodo utilizado para medir o pH ou compostos específicos como $O_2$, $H_2S$, ou $NO_3^-$, que pode ser imerso em um hábitat microbiano em intervalos de microescala.
**Microfilamento** Polímero filamentoso da proteína actina, que auxilia na manutenção da forma de uma célula eucariótica.
**Micrômetro** Unidade de medida correspondente a um milionésimo do metro, ou $10^{-6}$ m (abreviação μm) empregada na mensuração de microrganismos.
**Microrganismo** Organismo microscópico, que consiste em uma única célula, ou grupo de células, incluindo também os vírus, os quais não apresentam natureza celular.
**Microtúbulo** Polímero filamentoso das proteínas α-tubulina e β-tubulina, que atua na morfologia e motilidade da célula eucariótica.
**Mieloma** Tumor maligno de plasmócitos (células produtoras de anticorpos).
**Mitocôndria** Organela eucariótica responsável pelos processos de respiração e fosforilação por transporte de elétrons.
**Mitose** Forma normal da divisão nuclear de células eucarióticas, na qual os cromossomos são replicados e segregados para os dois núcleos filhos.

**Mixotrófico** Organismo que utiliza compostos orgânicos como fonte de carbono, mas que utiliza compostos inorgânicos como doadores de elétrons no metabolismo energético.
**Molécula** Associação de dois ou mais átomos quimicamente ligados entre si.
**Monócitos** Leucócitos circulantes que contêm muitos lisossomos e que podem se diferenciar em macrófagos.
**Monofilético** Na filogenia, refere-se a um grupo descendente de um ancestral.
**Monômero** Unidade formadora de um polímero.
**Monotríquio** Organismo que apresenta um único flagelo polar.
**Morbidade** Incidência de uma doença em uma população.
**Morfologia** A forma de um organismo.
**Mortalidade** Incidência de mortes em uma população.
**Motilidade** Capacidade de uma célula movimentar-se ativamente.
**Motivo** Na apresentação de antígenos, refere-se à sequência conservada de aminoácidos encontrada em todos os antígenos peptídicos que se ligam a uma determinada proteína dos MHC.
**Movimento ameboide** Tipo de motilidade em que a corrente citoplasmática desloca o organismo para frente.
**Muco** Glicoproteínas solúveis, secretadas por células epiteliais que revestem as membranas mucosas.
**Mutação** Alteração hereditária na sequência de bases do genoma de um organismo.
**Mutação de troca de sentido** Mutação em que um único códon é alterado de modo que um aminoácido presente em uma proteína é substituído por um aminoácido distinto.
**Mutação de mudança de fase** Uma mutação em que a inserção ou deleção de nucleotídeos modifica os grupos de três bases em que o código genético é interpretado dentro de um RNAm, resultando normalmente em um produto defeituoso.
**Mutação espontânea** Uma mutação que ocorre "naturalmente" sem o auxílio de composto químicos mutagênicos ou radiação.
**Mutação induzida** Mutação causada por agentes externos, como compostos químicos mutagênicos ou radiação.
**Mutação pontual** Mutação que envolve um único par de bases.
**Mutação sem sentido** Mutação em que o códon de um aminoácido é modificado em um códon de terminação.
**Mutação silenciosa** Modificação na sequência de DNA que não acarreta efeito no fenótipo.
**Mutagênese por cassete** Criação de mutações pela inserção de um cassete de DNA.
**Mutagênese por transposon** Inserção de um transposon em um gene; este processo inativa o gene hospedeiro, originando um fenótipo mutante, conferindo também um fenótipo associado ao gene presente no transposon.
**Mutagênese sítio-dirigida** Técnica em que se pode construir, *in vitro*, um gene com uma mutação específica.
**Mutagênico** Agente que induz mutações, como a radiação ou determinados compostos químicos.
**Mutante** Um organismo cujo genoma carreia uma mutação.
**Mutualismo** Tipo de simbiose em que os dois organismos beneficiam-se na relação.

**Nanoarchaeota** Filo de *Archaea* que contém o parasita hipertermófilo *Nanoarchaeum equitans.*
**Neutralização** Interação de anticorpos com antígenos, que reduz ou bloqueia a atividade biológica do antígeno.
**Neutrófilo** Tipo de leucócito que exibe propriedades fagocíticas, citoplasma granular (granulócito) e um núcleo multilobado. Também chamado de *leucócito polimorfonuclear (PMN).* Organismo que apresenta melhor crescimento em pH próximo a 7.
**Nicho** Na teoria ecológica, refere-se ao local onde um organismo cresce em uma comunidade, incluindo fatores tanto bióticos quanto abióticos.
**Nicho fundamental** Os variados ambientes nos quais uma espécie será mantida quando os recursos não são limitados, como pode-se resultar da competição com outras espécies.
**Nicho realizado** A variedade de ambientes naturais que suportam uma espécie quando este organismo enfrenta fatores como limitação de recursos, predação e competição de outras espécies.
**Nitrificação** Oxidação microbiana de amônia a nitrato ($NH_3$ a $NO_3^-$).
**Nitrogenase** Complexo enzimático necessário para a redução do $N_2$ a $NH_3$ na fixação de nitrogênio biológica.
**Nódulo radicular** Crescimento com aspecto de tumor, observado em raízes de certas plantas que apresentam bactérias simbióticas fixadoras de nitrogênio.
***Northern blot*** Procedimento de hibridização em que o RNA encontra-se no gel e DNA ou RNA corresponde à sonda. Comparar com *Southern blot* e Imunoblot.
**Núcleo** Estrutura eucariótica envolta por membrana, que contém o material genético (DNA) organizado em cromossomos.
**Nucleocapsídeo** O complexo total de ácido nucleico e proteínas empacotados em uma partícula viral.
**Nucleoide** Massa agregada de DNA que compõe o cromossomo de células procarióticas.
**Nucleosídeo** Um nucleotídeo desprovido do grupamento fosfato.
**Nucleossomo** Complexo esférico composto pelo DNA eucariótico e pelas histonas.
**Nucleotídeo** Unidade monomérica de um ácido nucleico, consistindo em um açúcar, um grupamento fosfato e uma base nitrogenada.
**Nucleotídeo regulador** Um nucleotídeo que atua como um sinal, em vez de ser incorporado ao RNA ou DNA.
**Número básico de reprodução ($R_0$)** O número de transmissões secundárias esperadas para cada um dos casos de uma doença, em uma população totalmente suscetível.
**Nutriente** Substância captada por uma célula a partir do ambiente, utilizada em reações catabólicas ou anabólicas.

**Obrigatório** Se refere a uma condição ambiental sempre necessária ao crescimento (p. ex., "anaeróbio obrigatório").
**Oligonucleotídeo** Pequena molécula de ácido nucleico, obtida a partir de um organismo ou sintetizada quimicamente.
**Oligotrofo** Organismo que cresce somente, ou melhor, quando exposto a níveis de nutrientes muito baixos.
**Oligotróficos** (1) Descreve um hábitat onde os nutrientes encontram-se em pequenas quantidades. (2) Descreve organismos que crescem melhor em condições de baixa de nutrientes.
**Oncogene** Gene cuja expressão leva à formação de um tumor.
**Operador** Região específica no DNA, localizada na extremidade inicial de um gene, onde a proteína repressora liga-se e bloqueia a síntese de RNAm.
**Óperon** Um ou mais genes transcritos em um único RNA, sob o controle de um único sítio regulador.
**Opsonização** Aumento da atividade fagocítica devido à deposição de anticorpo ou complemento na superfície de um patógeno ou outro antígeno.
**Organela** Estrutura envolta por uma bicamada de membrana, como a mitocôndria, encontrada em células eucarióticas.
**Organismo geneticamente modificado (OGM)** Organismo cujo genoma foi alterado por meio de engenharia genética. Esta abreviação é também utilizada para composições, como *alimentos GM* e *culturas GM.*
**Organismo transgênico** Planta ou animal que apresenta DNA exógeno inserido em seu genoma.
**Órgão linfoide primário** Órgão no qual as células linfoides precursoras desenvolvem-se em linfócitos maduros.
**Órgão linfoide secundário** Órgão no qual os antígenos interagem com fagócitose, linfócitos apresentadores de antígenos, para gerar uma resposta imune adaptativa; estes incluem os linfonodos, baço e o tecido linfoide associado à mucosa.
**Ortólogo** Gene encontrado em um organismo, similar a outro de um organismo diferente, mas que difere devido à especiação. Ver também *parálogo.*
**Oscilação** Em relação à síntese proteica, refere-se à forma menos rígida de pareamento de bases, permitida somente no pareamento códon-anticódon.
**Osmófilo** Organismo que exibe melhor crescimento na presença de altas concentrações de soluto, normalmente um açúcar.
**Osmose** Processo de difusão de água por meio de uma membrana, a partir de uma região com baixa concentração de soluto para uma região de maior concentração.
**Óxico** Contendo oxigênio; aeróbio. Termo geralmente usado em relação a um hábitat microbiano.
**Oxidação** Processo pelo qual um composto doa elétrons (ou átomos de H), tornando-se oxidado.

**Oxidante dissimilativo de enxofre** Microrganismo que conserva energia para seu crescimento por meio da oxidação de compostos de enxofre reduzidos.
**Oxigenase** Enzima que catalisa a incorporação de oxigênio em compostos orgânicos ou inorgânicos, a partir do $O_2$.

**Padrão molecular associado a patógenos (PAMP)** Componente estrutural repetitivo de uma célula microbiana ou vírus, reconhecido por um receptor de reconhecimento de padrão.
**Palíndromo** Sequência de nucleotídeos presente em uma molécula de DNA, onde a mesma sequência é encontrada em cada fita, porém na direção oposta.
**Pangenoma** A totalidade de genes presente em diferentes linhagens de uma espécie.
**Pandemia** Epidemia mundial.
**Papilomavírus humano (HPV)** Vírus sexualmente transmissível que causa verrugas genitais, neoplasia cervical e câncer.
**Parálogo** Gene encontrado em um organismo, cuja similaridade com um ou mais genes do mesmo organismo é resultante da duplicação gênica (comparar com *ortólogo*).
**Parasita** Organismo capaz de viver no interior ou sobre um hospedeiro, causando doença.
**Parasitismo** Relação simbiótica entre dois organismos, em que o organismo hospedeiro é prejudicado no processo.
**Parede celular** Camada rígida presente externamente à membrana citoplasmática, que confere rigidez estrutural à célula e proteção contra a lise osmótica.
**Pasteurização** Redução da carga microbiana em um líquido termossensível por meio do uso controlado de calor, incluindo microrganismos causadores de doença e microrganismos deteriorantes.
**Patogenicidade** Capacidade de um patógeno causar uma doença.
**Patógeno** Microrganismo causador de doença.
**Patógeno oportunista** Organismo que provoca uma doença em virtude da ausência da resistência normal do hospedeiro.
**Pedúnculo** Estrutura alongada, de natureza celular ou de material secretado, que ancora uma célula a uma superfície.
**Penicilina** Classe de antibióticos que inibem a síntese da parede celular bacteriana; caracterizam-se por um anel β-lactâmico.
**Penicilina natural** Estrutura parental da penicilina, produzida por culturas de *Penicillium* não suplementadas com precursores de cadeia lateral.
**Penicilina semissintética** Penicilina natural que foi quimicamente alterada.
**Peptideoglicano** A camada rígida das paredes celulares de bactérias, uma camada delgada composta por *N*-acetilglicosamina, ácido *N*-acetilmurâmico e alguns aminoácidos.
**Periplasma** Região situada entre a membrana citoplasmática e a membrana externa de bactérias gram-negativas.
**Permuta genética** A transferência ou aceitação de genes entre células procarióticas.
**Peroxissomos** Organelas que atuam livrando as células de substâncias tóxicas, como peróxidos, alcoóis e ácidos graxos.
**Pertússis (coqueluche)** Doença causada pela infecção do trato respiratório superior por *Bordetella pertussis*, caracterizada por tosse intensa e persistente.
**Peste** Doença endêmica de roedores causada por *Yersinia pestis*, podendo ocasionalmente ser transmitida ao homem pela picada de pulgas.
**pH** Logaritmo negativo da concentração de íons hidrogênio ($H^+$) em uma solução.
**Pigmentos da antena** Clorofilas ou bacterioclorofilas de armazenamento de luz, presentes em fotocomplexos que canalizam a energia ao centro da reação.
***Pilus* (plural, *pili*)** Estrutura filamentosa que se estende a partir da superfície de uma célula e, dependendo do tipo, facilita a ligação a células, a permuta genética ou a motilidade por contração.
**Pinças *laser*** Dispositivo utilizado na obtenção de culturas puras, pelo qual uma única célula é opticamente capturada com um raio *laser* e separada das células circundantes em um meio de cultura estéril.
**Pinocitose** Em eucariotos, corresponde à fagocitose de moléculas solúveis.
**Piogênico** Formador de pus; causador de abscessos.
**Pirimidina** Uma das bases nitrogenadas de ácidos nucleicos que contém um único anel; citosina, timina e uracila.
**Pirita** Minério de ferro comum, $FeS_2$.
**Pirogênico** Indutor de febre.
**Placa** Zona de lise ou de inibição celular, decorrente da infecção viral de um tapete de células hospedeiras.
**Placa dental** Células bacterianas envoltas por uma matriz de polímeros extracelulares e produtos salivares encontradas nos dentes.
**Plaqueta** Estrutura discoide acelular, contendo protoplasma, encontrada em grande quantidade no sangue e que atua no processo de coagulação sanguínea.
**Plasma** Porção líquida do sangue contendo proteínas e outros solutos.
**Plasmídeo** Elemento genético extracromossomal, que não é essencial ao crescimento e não exibe forma extracelular.
**Plasmídeo Ti** Plasmídeo conjugativo presente na bactéria *Agrobacterium tumefaciens*, capaz de transferir genes para plantas.
**Plasmócito** Linfócito B, grande, diferenciado e de vida curta, especializado na produção abundante (porém de curto prazo) de anticorpos.
**Polar** Que possui características hidrofílicas e geralmente solúveis em água.
**Poligenia** A ocorrência de múltiplas cópias de genes relacionados evolutivamente, geneticamente, estruturalmente e funcionalmente.
**Polímero** Molécula grande, formada pela polimerização de unidades monoméricas. Na purificação da água, corresponde a um composto químico em estado líquido, utilizado como um coagulante para produzir a floculação no processo de clarificação.
**Polimorfismo** Em uma população, a ocorrência de alelos múltiplos em um *locus* gênico, em uma frequência maior do que aquela que pode ser explicada como resultado de recentes mutações aleatórias.
**Polinucleotídeo** Polímero de nucleotídeos unidos entre si por ligações fosfodiéster.
**Polipeptídeo** Vários aminoácidos unidos entre si por ligações peptídicas.
**Poliproteína** Uma grande proteína expressa por um único gene, subsequentemente clivada para gerar várias proteínas individuais.
**Polissacarídeo** Longa cadeia de monossacarídeos (açúcares), unidos por ligações glicosídicas.
**População** Grupo de organismos de uma mesma espécie, em um mesmo lugar, ao mesmo tempo.
**Porinas** Proteínas formadoras de canais, presentes na membrana externa de bactérias gram-negativas, por meio das quais moléculas pequenas e médias podem passar.
**Posição a jusante** Refere-se a sequências de ácidos nucleicos localizados na região 3′ de um determinado sítio de uma molécula de DNA ou RNA. Comparar com *posição a montante*.
**Posição a montante** Refere-se a sequências de ácidos nucleicos situadas na porção 5′ de um determinado sítio de uma molécula de DNA ou RNA. Comparar com *posição a jusante*.
**Postulados de Koch** Conjunto de critérios para comprovar que um determinado microrganismo causa determinada doença.
**Potável** Na purificação da água, significa bebível; segura para o consumo humano.
**Potencial de redução ($E_0'$)** Tendência inerente, medida em volts, do composto oxidado de um par redox tornar-se reduzido.
**Precipitação** Reação entre anticorpos e antígenos solúveis, que resulta na formação de complexos visíveis de anticorpo-antígeno.
**Prevalência** Número total de casos novos e existentes de uma doença, registrados em uma população, em um determinado período de tempo.
**Primase** Enzima que sintetiza o iniciador de RNA utilizado na replicação do DNA.
**Príon** Proteína infecciosa cuja forma extracelular não contém ácido nucleico.
**Probiótico** Um microrganismo vivo que, quando administrado a um hospedeiro, traz benefícios à saúde.
**Procarioto** Célula ou organismo desprovido de um núcleo e outras organelas envoltas por membrana, geralmente apresentando o DNA na forma de uma única molécula circular. Membros dos domínios *Bacteria* e *Archaea*.
**Processamento de RNA** Conversão de uma molécula precursora de RNA em sua forma madura.

**Proclorófita** Bactéria fototrófica oxigênica que contém clorofilas *a* e *b*, mas não contém ficobilinas.

**Produção de cervejas** Manufatura de bebidas alcoólicas, como cerveja e ale, a partir da fermentação de grãos maltados.

**Produtor primário** Organismo que sintetiza nova matéria orgânica a partir de $CO_2$ e obtém energia a partir da luz ou da oxidação de compostos inorgânicos. É também um *autotrófico*.

**Prófago** Estado do genoma de um vírus temperado, quando este se replica em sincronia com o genoma do hospedeiro procariótico, geralmente integrando-se a seu genoma. Ver *provírus*.

**Profilático** Tratamento, geralmente imunológico ou quimioterápico, visando proteger um indivíduo de um futuro ataque por um patógeno.

**Promotor** Sítio no DNA onde a RNA-polimerase se liga, iniciando a transcrição.

**Proporção de bases GC** No DNA (ou RNA) de qualquer organismo, a porcentagem de ácido nucleico total que consiste em bases de guanina mais citosina (expresso na forma de mol% de GC).

**Prosteca** Extrusão citoplasmática delimitada pela parede celular, como um brotamento, uma hifa ou um pedúnculo.

**Proteína** Molécula polimérica composta por um ou mais polipeptídeos.

**Proteína alostérica** Uma enzima que contém dois sítios de ligação, um sítio ativo para ligação ao substrato e um sítio alostérico para a ligação a uma molécula efetora, como o produto final de uma via bioquímica.

**Proteína ativadora** Proteína regulatória que se liga a sítios específicos do DNA, estimulando a transcrição; envolvida no controle positivo.

**Proteína de fusão** Proteína que resulta da fusão de duas proteínas diferentes pela união de suas sequências codificadoras em um único gene.

**Proteína de MHC de classe I** Molécula apresentadora de antígeno encontrada em todas as células nucleadas de vertebrados.

**Proteína de MHC de classe II** Molécula apresentadora de antígeno encontrada em macrófagos, linfócitos B e células dendríticas de vertebrados.

**Proteína intermediária** Uma proteína com função estrutural ou catalítica sintetizada após as proteínas precoces em uma infecção viral.

**Proteína precoce** Proteína sintetizada logo após a infecção viral, antes da replicação do genoma viral.

**Proteína-cinase sensora** Um dos membros do sistema de dois componentes; corresponde a uma cinase encontrada na membrana celular, que se autofosforila em resposta a um sinal externo e então transfere o grupamento fosforil para uma proteína reguladora de resposta (ver *proteína reguladora de resposta*).

**Proteína reguladora de resposta** Um dos membros do sistema regulador de dois componentes; proteína regulatória que é fosforilada por uma proteína sensora (ver *proteína-cinase sensora*).

**Proteína repressora** Proteína regulatória que se liga a sítios específicos no DNA e bloqueia a transcrição; envolvida no controle negativo.

**Proteína tardia** Proteína sintetizada posteriormente na infecção viral, após a replicação do genoma viral.

**Proteína fluorescente** Qualquer proteína que fluoresce em diferentes colorações; inclui a *proteína verde fluorescente (GFP),* utilizada no rastreamento de organismos geneticamente modificados e na determinação das condições que induzem a expressão de um gene específico.

**Proteínas de choque térmico** Proteínas induzidas por alta temperatura (ou outros determinados fatores de estresse) que protegem contra altas temperaturas, especialmente pelo redobramento de proteínas parcialmente desnaturadas, ou por sua degradação.

**Proteína verde fluorescente (GFP)** Proteína que fluoresce em verde e é amplamente utilizada em análises genéticas. Ver também *proteína fluorescente.*

**Proteobacteria** Um grande filo de *Bacteria*, que inclui muitas das bactérias gram-negativas comuns, incluindo *Escherichia coli.*

**Proteoma** Conjunto total de proteínas codificadas por um genoma, ou o conjunto total de proteínas de um organismo.

**Proteômica** Estudo em larga escala, ou em escala genômica, da estrutura, função e regulação das proteínas de um organismo.

**Proteorrodopsina** Proteína sensível à luz, contendo retinal, encontrada em algumas bactérias marinhas, que abastece a bomba de prótons que produz ATP.

**Protista** Microrganismo eucariótico unicelular; pode ser flagelado ou não, fototrófico ou não fototrófico, sendo a maioria desprovida de parede celular; inclui algas e protozoários.

**Protoplasma** Conteúdo celular completo, incluindo membrana citoplasmática, citoplasma e núcleo/nucleoide de uma célula.

**Protoplasto** Designação dada a uma célula que teve sua parede celular removida.

**Prototrófico** Linhagem parental da qual um mutante auxotrófico se origina. Comparar com *auxotrófico.*

**Protozoários** microrganismos eucarióticos unicelulares, desprovidos de parede celular.

**Provírus** O genoma de um vírus animal latente ou temperado, quando este se replica em sincronia com o cromossomo hospedeiro.

**Pseudomônada** Termo utilizado para referir-se a qualquer bastonete gram-negativo, de flagelação polar, aeróbio, capaz de usar um conjunto diversificado de fontes de carbono.

**Psicrófilo** Organismo capaz de crescer em temperaturas baixas, exibindo um crescimento ótimo em temperaturas $<15°C$.

**Psicrotolerante** Organismo capaz de crescer em baixas temperaturas, porém com temperatura ótima de crescimento $>20°C$.

**Purina** Uma das bases nitrogenadas dos ácidos nucleicos, que contém dois anéis fundidos; adenina e guanina.

**Quarentena** A prática de isolar e restringir o deslocamento de indivíduos que foram expostos a uma doença infecciosa, a fim de observar o desenvolvimento ou não da enfermidade. Comparar com *isolamento.*

**Quilobase (kb)** Fragmento de ácido nucleico contendo 1.000 bases. Um *par de quilobases* (kpb) é um fragmento contendo 1.000 pares de bases.

**Quimiocina** Pequena proteína solúvel produzida por uma variedade de células, que modula as reações inflamatórias e a imunidade.

**Quimiolitotrófico** Organismo que obtém energia a partir da oxidação de compostos inorgânicos.

**Quimiorganotrófico** Organismo que obtém energia a partir da oxidação de compostos orgânicos.

**Quimiosmose** Uso de gradientes iônicos, especialmente de prótons, ao longo da membrana para gerar ATP.

**Quimiostato** Equipamento utilizado para a realização de culturas contínuas, controlado pela concentração de um nutriente limitante e pela taxa de diluição.

**Quimiotaxia** Movimento em direção ou contra um composto químico.

**Quimioterapia** Tratamento de doenças infecciosas com compostos químicos ou antibióticos.

**Quinolonas** Compostos antibacterianos sintéticos que interagem com o DNA-girase, impedindo o superenovelamento do DNA bacteriano.

**Quitina** Um polímero de *N*-acetilglicosamina, geralmente encontrado nas paredes celulares de fungos.

***Quorum sensing*** Sistema regulador que monitora o tamanho de uma população e controla a expressão gênica com base na densidade celular.

**Radioisótopo** Isótopo de um elemento que sofre decaimento espontâneo, liberando partículas radioativas.

**Raiva** Doença neurológica geralmente fatal causada pelo vírus da raiva, normalmente transmitido pela mordida ou saliva de um carnívoro infectado.

**Reação de oxidação-redução (redox)** Um par de reações, em que um composto é oxidado enquanto o outro é reduzido, captando os elétrons liberados na reação de oxidação.

**Reação em cadeia da polimerase (PCR)** Amplificação artificial de uma sequência de DNA, a partir de ciclos repetidos envolvendo a separação e a replicação das fitas.

**Reação de Stickland** Fermentação de um par de aminoácidos em que um dos aminoácidos atua como doador de elétrons e o outro atua como aceptor de elétrons.

**Reação endergônica** Reação química que requer o fornecimento de energia para que ocorra.

**Reação exergônica** Reação química que ocorre com a liberação de energia.

**Reações anabólicas (anabolismo)** Processos bioquímicos envolvidos na síntese dos componentes celulares a partir de moléculas mais simples, geralmente requerendo energia.

**Reações catabólicas (catabolismo)** Processos bioquímicos envolvidos na degradação de compostos orgânicos ou inorgânicos, geralmente levando à produção de energia.
**Recalcitrante** Resistente ao ataque microbiano.
**Receptor de célula B (BCR)** Anticorpo de superfície celular que atua como receptor antigênico na célula B.
**Receptor de célula T (TCR)** Proteína receptora antígeno-específica presente na superfície de linfócitos T.
**Receptor de reconhecimento de padrão (PRR)** Proteína ligada à membrana de um fagócito, que reconhece um padrão molecular associado a patógenos (PAMP), como um componente da estrutura de superfície da célula microbiana.
**Receptor semelhante ao Toll (TLR)** Membro de uma família de receptores de reconhecimento de padrão (PRRs), encontrado em fagócitos, relacionado estrutural e funcionalmente com receptores *Toll* de *Drosophila*, que reconhece um padrão molecular associado a patógenos (PAMP).
**Recombinação** Reordenamento ou rearranjo de fragmentos de DNA, resultando em uma nova combinação de sequência.
**Redox** Ver *reação de oxidação-redução*.
**Redução** Processo no qual um composto recebe elétrons e torna-se reduzido.
**Redutor dissimilativo de enxofre** Microrganismo anaeróbio que conserva energia por meio da redução de $S^0$, porém não é capaz de reduzir o $SO_4^{2-}$.
**Redutor dissimilativo de sulfato** Microrganismo anaeróbio que conserva energia por meio da redução de $SO_4^{2-}$.
**Regiões determinantes de complementaridade (CDR)** Sequência de aminoácidos variante presente no interior dos domínios variáveis de imunoglobulinas ou receptores de células T, onde a maioria dos contatos moleculares com o antígeno é realizada. Também chamada de região hipervariável.
**Regulação** Processos que controlam as taxas de síntese de proteínas, como a indução e a repressão.
**Regulon** Conjunto de óperons que são controlados pela mesma proteína regulatória (repressora ou ativadora).
**Relógio molecular** Uma sequência de DNA, como o gene que codifica o RNA ribossomal, que pode ser utilizada como medida temporal comparativa de divergência evolutiva.
**Reparo SOS** Sistema de reparo do DNA ativado por um dano a esta molécula.
**Replicação** Processo de síntese de DNA, utilizando DNA como molde.
**Replicação por círculo rolante** Mecanismo, utilizado por alguns plasmídeos e vírus, na replicação de DNA circular, o qual é iniciado pela clivagem e desenovelamento de uma das fitas. Para um genoma de dupla-fita, a fita desenovelada é utilizada como molde para a síntese de DNA; para um genoma de fita simples, a outra fita, ainda circular, é utilizada como molde para a síntese de DNA.
**Replicação semiconservativa** Processo de síntese de DNA, originando duas novas duplas hélices, em que cada uma é composta por uma fita parental e outra recém-sintetizada.
**Repressão** Processo de inibição da síntese de uma enzima em resposta a um sinal.
**Repressão catabólica** A supressão de vias catabólicas alternativas por uma fonte preferencial de carbono e energia.
**Reservatório** Fontes de agentes infecciosos viáveis, a partir das quais os indivíduos podem ser infectados.
**Resistência a fármacos antimicrobianos** Capacidade adquirida por um microrganismo de resistir aos efeitos de um fármaco antimicrobiano, ao qual ele é normalmente sensível.
**Resolução** Em microbiologia, corresponde à capacidade de diferenciar dois objetos distintos e distingui-los ao microscópio.
**Respiração** Reações catabólicas que produzem de ATP, nas quais compostos orgânicos ou inorgânicos atuam como doadores iniciais de elétrons e compostos orgânicos ou inorgânicos atuam como aceptores finais de elétrons.
**Respiração anaeróbia** Uso de um aceptor de elétrons diferente do $O_2$ em uma oxidação baseada no transporte de elétrons, originando uma força próton-motiva.
**Resposta ao choque térmico** Resposta à alta temperatura que inclui a síntese de proteínas de choque térmico, associada a outras alterações na expressão gênica.
**Resposta estringente** Controle regulador global, ativado por carência de aminoácidos ou deficiência energética.
**Resposta imune adaptativa primária** A produção de anticorpos ou células T imunes na primeira exposição a um antígeno; os anticorpos pertencem em sua maioria a classe IgM.
**Resposta imune adaptativa secundária** O aumento da produção de anticorpos ou células T imunes em uma segunda e subsequente exposição ao antígeno; os anticorpos são em sua maioriada classe IgG.
**Resposta primária de anticorpos** Anticorpos sintetizados após a primeira exposição ao antígeno; em sua maioria da classe IgM.
**Resposta secundária de anticorpos** Anticorpos sintetizados a partir de uma segunda (subsequente) exposição a um antígeno; principalmente da classe IgG.
**Retículo endoplasmático** Extenso conjunto de membranas internas em eucariotos.
**Retrovírus** Vírus cujo genoma de RNA apresenta um intermediário de DNA como parte de seu ciclo de replicação.
**Reversão** Alteração no DNA que reverte os efeitos de uma mutação prévia.
**Ribossomo** Estrutura composta por RNA e proteínas, sobre os quais novas proteínas são sintetizadas.
***Riboswitches*** Domínio de RNA, geralmente em uma molécula de RNAm, capaz de ligar uma pequena molécula específica e alterar sua estrutura secundária; isso, por sua vez, controla a tradução do RNAm.
**Ribotipagem** Forma de identificação de microrganismos pela análise de fragmentos de DNA gerados pela digestão com enzimas de restrição dos genes que codificam seus RNA ribossomais.
**Ribozima** Molécula de RNA que catalisa uma reação química.
**Riquétsias** Bactérias intracelulares obrigatórias que causam doenças, incluindo tifo, febre maculosa das Montanhas Rochosas e erliquiose.
**Riqueza de espécies** A quantidade total das diferentes espécies presentes em uma comunidade.
**Rizosfera** Região localizada imediatamente adjacente às raízes das plantas.
**RNA** Ácido ribonucleico; atua na síntese proteica como RNA mensageiro, RNA de transferência e RNA ribossomal.
**RNA da subunidade menor (SSU)** RNA ribossomal da subunidade ribossomal 30S de bactérias e arqueias ou da subunidade ribossomal 40S de eucariotos, isto é, RNA ribossomal 16S ou 18S, respectivamente.
**RNA de interferência (RNAi)** Resposta desencadeada pela presença de RNA de dupla-fita, que resulta na degradação de RNAfs homólogo ao RNA indutor.
**RNA de interferência pequeno (RNAsi)** Moléculas curtas de RNA dupla-fita que desencadeiam o RNA de interferência.
**RNA transportador (RNAt)** Pequena molécula de RNA utilizada na tradução, que possui um anticódon em uma extremidade e os aminoácidos correspondentes ligados à outra extremidade.
**RNA mensageiro (RNAm)** Molécula de RNA que contém a informação genética necessária para codificar um ou mais polipeptídeos.
**RNA não codificador (RNAnc)** Molécula de RNA que não é traduzida em proteína.
**RNA-polimerase** Enzima que promove a síntese de RNA, no sentido 5′-3′, utilizando uma fita antiparalela de DNA como molde, no sentido 3′-5′.
**RNA-replicase** Enzima capaz de sintetizar RNA a partir de um molde de RNA.
**RNA ribossomal (RNAr)** Tipos de RNA encontrado nos ribossomos; alguns RNAr participam ativamente no processo de síntese proteica.
**RNAr 16S** Polinucleotídeo extenso (~ 1.500 bases) integrante da subunidade menor do ribossomo de bactérias e arqueias e a partir de sua sequência podem-se estabelecer relações evolutivas; equivalente eucariótico, RNAr 18S.
**RubisCO** Acrônimo de ribulose bifosfato carboxilase, uma enzima-chave do ciclo de Calvin.
**Rúmen** Um dos primeiros compartimentos do estômago de animais ruminantes, onde ocorre a digestão da celulose.
**Ruptura gênica** Também denominada nocaute gênico. Inativação de um gene pela inserção de um fragmento de DNA que interrompe a sequência codificadora.

**Salmonelose** Enterocolite ou outra doença gastrintestinal causada por qualquer uma das diversas espécies da bactéria *Salmonella*.
**Santizantes** Agentes que reduzem, porém não eliminam, os números microbianos a um nível seguro.

**Saúde pública** A saúde de uma população como um todo.
**Sedimento** (1) Na purificação da água, refere-se a terra, areia, minerais e outras partículas grandes encontradas na água bruta. (2) Em grandes corpos de água (lagos, oceanos), corresponde aos materiais (lodo, rochas e similares) formados no leito do corpo de água.
**Seleção** Procedimento em que os organismos são submetidos a condições que favorecem ou inibem o crescimento de um determinado fenotipo ou genótipo.
**Seleção clonal** Teoria que postula que cada linfócito B ou T, quando estimulado por um antígeno, divide-se originando um clone de si próprio.
**Seleção negativa** Na seleção de células T, as células T que interagem com autoantígenos no timo e são deletadas. Ver *deleção clonal*.
**Seleção positiva** Na seleção de células T, refere-se a estimulação do crescimento e desenvolvimento de células T que interagem com peptídeos do MHC próprios no timo.
**Sensibilidade** A menor quantidade de antígeno que pode ser detectada por um teste diagnóstico.
**Septicemia (sepse)** Infecção sistêmica da corrente sanguínea.
**Sequência-consenso** Sequência de ácido nucleico onde a base presente em uma determinada posição corresponde àquela base mais comumente encontrada, quando várias sequências experimentalmente determinadas são comparadas.
**Sequência de inserção** Tipo mais simples de elemento transponível, que carreia somente os genes envolvidos na transposição.
**Sequência de Shine-Dalgarno** Pequeno segmento nucleotídico encontrado no RNAm de células procarióticas, situado a montante ao sítio de iniciação da tradução, no qual o RNA ribossomal se liga, posicionando o ribossomo no códon de iniciação no RNAm. Também chamado de sítio de ligação ao ribossomo.
**Sequência-sinal** Sequência N-terminal especial, contendo aproximadamente 20 aminoácidos, a qual sinaliza que a proteína deve ser exportada por meio da membrana citoplasmática.
**Sequenciamento** Em relação aos ácidos nucleicos, refere-se à dedução da ordem dos nucleotídeos presentes em uma molécula de DNA ou RNA.
**Sequenciamento do tipo *shotgun*** Sequenciamento do DNA a partir de pequenos fragmentos de um genoma, previamente clonados de forma aleatória, acompanhado de métodos computacionais para reconstruir a sequência completa do genoma.
**Sideróforo** Um quelante de ferro capaz de ligar-se ao ferro presente em concentrações muitos baixas.
**Sífilis congênita** Sífilis contraída por um recém-nascido durante a gestação, a partir de sua mãe.
**Simbiose** Relação íntima entre dois organismos, muitas vezes desenvolvida por meio de associação prolongada e coevolução.
**Síndrome do choque tóxico (TSS)** Quadro de choque sistêmico agudo resultante da resposta de um hospedeiro a uma exotoxina produzida por *Staphylococcus aureus*.
**Síndrome pulmonar por hantavírus (SPH)** Doença viral aguda emergente, caracterizada por pneumonia, adquirida pela transmissão de hantavírus a partir de roedores.
**Sintrofia** A cooperação de dois ou mais organismos para catabolizar anaerobiamente uma substância que não é catabolizada por nenhum deles, isoladamente.
**Sistema binomial** Sistema de nomenclatura dos organismos desenvolvido por Linnaeus, no qual um organismo recebe um nome de gênero e um epíteto de espécie.
**Sistema de distribuição** Tubulações de água, reservatórios de armazenagem, tanques e outras formas empregadas para a distribuição de água potável aos consumidores, ou para a armazenagem antes da distribuição.
**Sistema de transporte simples** Transportador que consiste somente de uma proteína transmembrânica, geralmente dirigido pela energia da força próton-motiva.
**Sistema regulador de dois componentes** Sistema regulador que consiste em uma proteína sensora e uma proteína reguladora de resposta (ver *proteína quinase sensora* e *proteína reguladora de resposta*).
**Sistemática** Estudo da diversidade dos organismos e suas relações; engloba a taxonomia e filogenia.
**Sistêmico** Não localizado no corpo; infecção amplamente disseminada por todo o corpo.
**Sítio ativo** Região de uma enzima diretamente envolvida na ligação ao(s) substrato(s).
**Solfatara** Ambiente quente, rico em enxofre, geralmente ácido, comumente habitado por membros hipertermófilos de *Archaea*.
**Sólido em suspensão** Pequena partícula de poluente sólido que resiste à separação por métodos físicos comuns.
**Solutos compatíveis** Compostos orgânicos (ou íons potássio) que atuam como solutos citoplasmáticos para equilibrar as relações aquosas em células crescendo em ambientes ricos em sais ou açúcares.
**Sonda** Ver *sonda de ácido nucleico*.
**Sonda de ácido nucleico** Uma fita de ácido nucleico que pode ser marcada e utilizada na hibridização com uma molécula complementar, presente em uma mistura de outros ácidos nucleicos. Na microbiologia clínica ou na ecologia microbiana, corresponde a sequências únicas de oligonucleotídeos curtos utilizadas como sondas de hibridização para a identificação de genes específicos.
**Sonda filogenética** Um oligonucleotídeo, algumas vezes fluorescente devido à ligação de um corante, de sequência complementar a algumas sequências assinatura de RNA ribossomal.
**Sondagem com isótopo estável (SIP)** Método para a caracterização de um organismo, que incorpora um substrato particular por meio do fornecimento do substrato nas formas $^{13}C$ ou $^{15}N$, realizando, em seguida, o isolamento do DNA enriquecido com o isótopo pesado, e analisando-se os genes.
**Soro** Porção fluida do sangue que resta após a remoção das células sanguíneas e dos fatores envolvidos na coagulação.
**Sorologia** Estudo das reações antígeno-anticorpo *in vitro*.
***Southern blot*** Procedimento de hibridização onde o DNA encontra-se no gel, e o RNA ou DNA correspondem à sonda. Comparar com *Northern blot* e *Imunoblot*.
**Spliceossomo** Complexo de ribonucleoproteínas que catalisa a remoção de íntrons de transcritos primários de RNA.
***Splicing*** Etapa de processamento do RNA onde os íntrons são removidos e os éxons unidos.
***Splicing* proteico** Remoção de sequências intervenientes de uma proteína.
**Substrato** Molécula que sofre uma reação específica, mediada pela ação de uma enzima.
**Superantígeno** Produto de um patógeno, capaz de elicitar uma resposta imune intensa e inadequada ao estimular um número de células T acima do normal.
**Superenovelado** Forma intensamente torcida de um DNA circular.
**Superfamília gênica de imunoglobulinas** Família gênica evolutiva, estrutural e funcionalmente relacionada às imunoglobulinas.
**Supressor** Mutação que restaura um fenótipo selvagem, sem alterar a mutação original, geralmente decorrente de uma mutação em outro gene.
**Surto** Ocorrência de um grande número de casos de uma doença, em um pequeno intervalo de tempo.

**T-DNA** Segmento do plasmídeo Ti de *Agrobacterium*, que é transferido para as células das plantas.
**Talassemia** Característica genética que confere resistência à malária, mas que promove uma redução na eficiência das hemácias, devido à alteração de uma enzima destas células.
**Tapete microbiano** Uma comunidade espessa, estratificada e diversa, nutrida pela luz em um ambiente aquático hipersalino ou em um ambiente aquático extremamente quente, no qual as cianobactérias são essenciais; ou por quimiolitotróficos em crescimento na superfície de sedimentos marinhos ricos em sulfeto.
**Taxa de crescimento** A proporção com que o crescimento ocorre, geralmente expressa na forma de tempo de geração.
**Taxia** Movimento em direção ou contra um determinado estímulo.
**Taxonomia** Ciência da identificação, classificação e nomenclatura.
**Tecido linfoide associado a mucosas (MALT)** Uma parte do sistema linfático que interage com antígenos e microrganismos que penetram no corpo por meio das membranas mucosas, incluindo as membranas do intestino, do trato geniturinário e dos tecidos bronquiais.
**Técnica asséptica** Manipulação de instrumentos ou meios de cultura estéreis, de maneira a manter sua esterilidade.

**Técnica de enriquecimento de cultura** A utilização de meios de cultura e condições de incubação seletivos para o isolamento de microrganismos específicos de amostras naturais.
**Técnica de número mais provável (NMP)** Série de diluições de uma amostra natural para determinar a maior diluição que resulta em crescimento.
**Telomerase** Complexo enzimático que replica o DNA na extremidade de cromossomos eucarióticos.
**Temperaturas cardeais** As temperaturas mínima, máxima e ótima para o crescimento de um determinado organismo.
**Tempo de geração** Tempo necessário para que uma população celular duplique seu número. Também denominado tempo de duplicação.
**Terapia gênica** Tratamento de uma doença causada por um gene não funcional, pela introdução de uma cópia funcional deste gene.
**Terminação** Interrupção da elongação de uma molécula de RNA, em um sítio específico.
**Termóclina** Zona de água em um lago estratificado, em que a temperatura e a concentração de oxigênio decrescem rapidamente com a profundidade.
**Termófilo** Organismo que apresenta uma temperatura ótima de crescimento variando de 45 a 80°C.
**Termossomo** Complexo proteico de choque térmico (chaperonina) que atua no redobramento de proteínas desnaturadas parcialmente pelo calor, em hipertermófilos.
**Teste de tuberculina** Teste cutâneo para verificar uma infecção prévia por *Mycobacterium tuberculosis.*
**Tétano** Doença que resulta em uma paralisia rígida da musculatura voluntária, causada por uma exotoxina produzida por *Clostridium tetani.*
**Tetraciclina** Membro de uma classe de antibióticos caracterizado pela presença de um anel naftaceno de quatro membros.
**$Th_1$, $Th_2$, $Th_{17}$** Ver *células T-auxiliares (Th).*
***Thaumarchaeota*** Filo de *Archaea* que contém espécies amplamente disseminadas capazes de realizar a oxidação aeróbia da amônia.
**Tifo** Doença causada por *Rickettsia prowazekii*, sendo transmitida por piolhos, que provoca febre, cefaleia, fraqueza, urticária e danos ao sistema nervoso central e aos órgãos internos.
**Tilacoides** Camada de membranas contendo os pigmentos fotossintéticos, presente em cloroplastos e cianobactérias.
**Timo** Órgão linfoide primário, responsável pelo desenvolvimento de células T.
**Tipagem de sequências de multilócus (MLST)** Ferramenta taxonômica para a classificação de organismos, com base em variações de sequências gênicas de vários genes *house keeping.*
**Título** (1) Em imunologia, medida da quantidade de anticorpos presentes em uma solução. (2) Em virologia, o número de vírions infecciosos presentes em uma suspensão viral.
**Tipo selvagem** Linhagem de microrganismo isolada da natureza ou a linhagem parental utilizada em estudos de engenharia genética. Corresponde à forma nativa ou habitual de um gene ou organismo.
**Tolerância** Incapacidade adquirida de produzir resposta imune a um antígeno específico.
**Toxicidade** A capacidade de um organismo em causar doença por meio de uma toxina pré-forma da que inibe a função ou mata as células hospedeiras.
**Toxicidade seletiva** Capacidade exibida por um composto de inibir ou matar microrganismos patogênicos, sem acarretar danos ao hospedeiro.
**Toxigenicidade** Potencial que um organismo apresenta de elicitar sintomas tóxicos.
**Toxina** Substância microbiana capaz de causar dano a um hospedeiro.
**Toxoide** Toxina modificada de maneira a perder a toxicidade, mas ainda capaz de induzir a formação de anticorpos.
**Traço falciforme** Característica genética que confere resistência à malária, mas que provoca uma redução na eficiência das hemácias em carrear oxigênio, pela redução da expectativa de vida dos eritrócitos afetados.
**Tradução** Síntese de proteínas, utilizando como molde a informação genética contida no RNA mensageiro.
**Transcrição** Processo de síntese de uma molécula de RNA, complementar a uma das fitas de uma molécula de DNA de dupla-fita.
**Transcrição reversa** Processo de reprodução da informação encontrada no RNA em DNA.
**Transcriptase reversa** Enzima retroviral que produz uma cópia de DNA utilizando RNA como molde.
**Transcriptoma** Conjunto de todos os RNA produzidos em um organismo sob um conjunto específico de condições.
**Transcrito primário** Molécula não processada de RNAm, que corresponde ao produto direto da transcrição.
**Transdução** Transferência de genes do hospedeiro de uma célula a outra por meio de um vírus.
**Transdução de sinal** Transferência indireta de um sinal externo a um alvo celular (ver *sistema regulador de dois componentes*).
**Transfecção** Transformação de uma célula procariótica por DNA ou RNA de origem viral. Termo também utilizado para descrever o processo de transformação genética em células eucarióticas.
**Transferência horizontal de genes** Transferência unidirecional de informação genética entre organismos não relacionados, em oposição a sua herança vertical a partir de organismo(s) parental(is). Também denominada *transferência lateral de genes.*
**Transferência interespécies de hidrogênio** Processo pelo qual a matéria orgânica é degradada pela interação de vários grupos de microrganismos, em que há o acoplamento estreito entre a produção e o consumo de $H_2$.
**Transformação** (1) Transferência de informação genética a partir de moléculas de DNA livres. (2) Também corresponde a um processo, algumas vezes iniciado pela infecção com certos vírus, em que uma célula animal normal torna-se uma célula cancerosa.
**Transição** Mutação em que uma base de pirimidina é substituída por outra pirimidina, ou uma purina é substituída por outra purina.
**Translocação de grupo** Sistema de transporte dependente de energia, no qual a substância transportada é quimicamente modificada durante o processo de transporte por uma série de proteínas.
**Transpeptidação** Formação de ligações peptídicas entre os peptídeos curtos presentes no peptideoglicano, o polímero que compõe a parede celular de bactérias.
**Transportadoras** Proteínas de membrana que transportam substâncias para dentro e para fora da célula.
**Transportador ABC (cassete de ligação a ATP)** Sistema de transporte localizado na membrana, consistindo em três proteínas, uma das quais hidrolisa ATP, outra liga-se ao substrato e uma atua como o canal de transporte através da membrana.
**Transporte ativo** Processo de transporte de substâncias para dentro ou para fora da célula dependente de energia, no qual as substâncias transportadas não são modificadas quimicamente.
**Transporte reverso de elétrons** Deslocamento de elétrons dependente de energia, contra o gradiente termodinâmico, que origina um doador de elétrons forte a partir de um doador fraco de elétrons.
**Transposase** Enzima que catalisa a inserção de segmentos de DNA em outras moléculas de DNA.
**Transposon** Tipo de elemento transponível que, além dos genes envolvidos na transposição, carreia outros genes; frequentemente genes que conferem fenótipos selecionáveis, como a resistência aos antibióticos.
**Transversão** Mutação em que uma base de pirimidina é substituída por uma purina, ou vice-versa.
**Tratamento primário de água de rejeitos** Separação física dos contaminantes da água de rejeitos, geralmente por separação e decantação.
**Tratamento secundário aeróbio da água de rejeitos** Reações digestivas realizadas por microrganismos em condições aeróbias, utilizadas no tratamento de água de rejeitos contendo baixas concentrações de materiais orgânicos.
**Tratamento secundário aeróbio da água de rejeitos** Reações oxidativas realizadas por microrganismos em condições aeróbias, para o tratamento de águas de rejeitos contendo baixos níveis de matéria orgânica.*
**Tratamento secundário anóxico de água de rejeitos** Reações digestivas e fermentativas realizadas por microrganismos em condições anóxicas para tratamento de água de rejeitos contendo altas concentrações de materiais orgânicos insolúveis.
**Tratamento secundário anaeróbio de água de rejeitos** Reações de degradação e fermentativas, realizadas por microrganismos em condições

* N. de T. O glossário coloca duas definições distintas para a mesma expressão. Uma sendo: *Secondary aerobic wastewater treatment* e a outra *Aerobic secondary wastewater treatment.*

anóxicas, para o tratamento de águas de rejeitos contendo altos níveis de materiais orgânicos insolúveis.

**Tratamento terciário de água de rejeitos** Processamento físico-químico ou biológico da água de rejeitos, visando reduzir os níveis de nutrientes inorgânicos.

**Trato respiratório inferior** Traqueia, brônquios e pulmões.

**Trato respiratório superior** Nasofaringe, cavidade oral e garganta.

**$T_{reg}$** Ver *células T-auxiliares (Th)*.

**Turbidez** Medida dos sólidos em suspensão na água.

**Vacina** Patógeno inativado ou atenuado, ou um produto inócuo do patógeno, utilizado para induzir uma imunidade ativa artificial.

**Vacina de DNA** Vacina que utiliza o DNA de um patógeno para elicitar uma resposta imune.

**Vacina vetorial** Vacina produzida pela inserção de genes de um vírus patogênico em um vírus carreador, relativamente inofensivo.

**Vacina polivalente** Uma vacina que imuniza contra mais de uma doença.

**Vacinação (imunização)** Inoculação de um hospedeiro com patógenos inativados ou atenuados, ou produtos do patógeno, para estimular a imunidade ativa protetora.

**Vacúolo** Pequeno espaço envolto por membrana, presente em uma célula, que contém fluidos. Contrariamente a uma vesícula, o vacúolo não é rígido.

**Varredura** Procedimento que permite a identificação de organismos por seu fenótipo ou genótipo, mas que não inibe ou estimula o crescimento de fenótipos ou genótipos em particular.

**Veículo** Fonte inanimada de patógenos que transmite estes organismos a um grande número de indivíduos; a água e os alimentos são considerados veículos comuns.

**Vesícula de gás** Estrutura formada por proteínas e preenchida por gás; confere à célula a capacidade de flutuar quando presentes em grande número no citoplasma.

**Vetor** (1) Molécula autorreplicante de DNA que carreia segmentos de DNA entre organismos e pode ser utilizada como vetor de clonagem para transportar genes clonados, ou outros segmentos de DNA, na engenharia genética. (2) Agente vivo, geralmente um inseto ou outro animal, capaz de transmitir patógenos de um hospedeiro para outro.

**Vetor bifuncional** Vetor de clonagem capaz de se replicar em dois ou mais organismos distintos; utilizado para transportar DNA entre organismos não relacionados.

**Vetor de expressão** Um vetor de clonagem que contém as sequências regulatórias necessárias à transcrição e tradução de um ou mais genes clonados.

**Vetor de substituição** Vetor de clonagem, como um bacteriófago, no qual parte do DNA do vetor pode ser substituída por um DNA exógeno.

**Vetor integrativo** Vetor de clonagem que pode ser integrado ao cromossomo da célula hospedeira.

**Vetores de clonagem** Elementos genéticos nos quais genes podem ser recombinados e replicados.

**Via da pentose-fosfato** Importante via metabólica para a produção e o catabolismo de pentoses (açúcares $C_5$).

**Via da ribulose-monofosfato** Série de reações presente em determinados metilotróficos nas quais o formaldeído é assimilado em compostos celulares pelo uso da ribulose-monofosfato como molécula aceptora de $C_1$.

**Via da serina** Uma série de reações presente em determinados metilotróficos, em que formaldeído é assimilado em compostos celulares por intermédio do aminoácido serina.

**Via do acetil-CoA** Via de fixação autotrófica de $CO_2$ e oxidação de acetato, amplamente distribuída em vários anaeróbios obrigatórios, incluindo bactérias metanogênicas, acetogênicas, diversos clostrídios e bactérias redutoras de sulfato.

**Via do hidroxipropionato** Via autotrófica encontrada em *Chloroflexus* e algumas arqueia.

**Via lisogênica** Série de etapas após a infecção viral, levando a um estado (lisogenia) em que o genoma viral é replicado na forma de um provírus juntamente com aquele do hospedeiro.

**Via lítica** Série de etapas após a infecção viral que leva à replicação de vírus e destruição (lise) da célula hospedeira.

**Viável** Vivo; capaz de reproduzir-se.

**Vida de RNA** Forma de vida ancestral hipotética, desprovida de DNA e proteínas, na qual o RNA apresentava funções tanto codificadoras quanto catalíticas.

**Viés de códons** Utilização não randômica de múltiplos códons que codificam um mesmo aminoácido. Também chamado de utilização de códons.

**Viés de enriquecimento** Um problema enfrentado em culturas de enriquecimento, em que espécies "indesejáveis, daninhas" tendem a predominar na cultura, muitas vezes excluindo os organismos mais abundantes ou significativos ecologicamente presentes no inóculo.

**Vigilância** Observação, reconhecimento e relato de doenças, à medida que elas ocorrem.

**Vírion** Uma partícula viral; corresponde ao ácido nucleico viral envolto por um capsídeo proteico e, em alguns casos, outros materiais.

**Viroide** Pequena molécula de RNA circular e de fita simples que provoca certas doenças em plantas.

**Virulência** A habilidade relativa de um patógeno em causar doença.

**Vírus** Elemento genético contendo RNA ou DNA, que se replica apenas no interior de células hospedeiras; exibe forma extracelular.

**Vírus auxiliar** Vírus que fornece alguns componentes necessários a um vírus defectivo.

**Vírus de fita negativa** Vírus apresentando genoma de fita simples, de sentido oposto (é complementar) ao RNAm viral.

**Vírus de fita positiva** Vírus que apresenta genoma de fita simples, o qual possui a mesma complementaridade que o RNAm viral.

**Vírus defectivo** Vírus que depende de outro vírus, o vírus auxiliar, para fornecer alguns de seus componentes.

**Vírus latente** Vírus presente em uma célula, sem causar qualquer efeito detectável.

**Vírus temperado** Vírus cujo genoma pode replicar-se em sincronia com o genoma da célula hospedeira, sem provocar a morte celular em um estado denominado lisogenia.

**Vírus virulento** Vírus que lisa ou mata a célula hospedeira após a infecção; vírus não temperado.

***Western blot*** Ver Imunoblot.

**Xenobiótico** Composto sintético que não é produzido por organismos na natureza.

**Xerófilo** Organismo adaptado a crescer em condições de potenciais de água muito baixos

**Zigoto** Em eucariotos, corresponde à célula diploide resultante da união de dois gametas haploides.

**Zona de mínimo oxigênio (ZMO)** Região pobre em oxigênio, de profundidade intermediária, na coluna de água marinha.

**Zoonose** Qualquer doença predominante em animais que é ocasionalmente transmitida ao homem.

# Créditos das fotografias

**Elementos pré-textuais** AU.1: Nancy L. Spear;AU.2: Mary Heer; FM.3: Dusan Kostic/Fotolia.

**Capítulo 1** Abertura: Alison E. Murray e superior, Peter Glenday; inferior esquerdo, Emanuele Kuhn; inferior direito, Christian H. Fritsen e Clinton Davis; 1.1: Paul V. Dunlap; 1.2a: John Bozzola e Michael T. Madigan; 1.2b: Reinhard Rachel e Karl O. Stetter, Archives of Microbiology 128:288-293 (1981). ©1981 por Springer-Verlag GmbH & Co. KG; 1.2c: Samuel F. Conti e Thomas D. Brock; 1.4a: Imagem produzida por M. Jentoft-Nilsen, F. Hasler, D. Chesters (NASA/Goddard) e T. Nielsen (Univ. of Hawaii)/Sede da NASA; 1.5a: Norbert Pfennig e Michael T. Madigan; 1.5b: Norbert Pfennig, University of Konstanz, Alemanha; 1.5c: Thomas D. Brock; 1.7a: Douglas E. Caldwell, University of Saskatchewan; 1.7b: De R. Amann, J. Snaidr, M. Wagner, W. Ludwig, e K.-H. Schleifer, 1996. In situ visualization of high genetic diversity in a natural bacterial community. Journal of Bacteriology 178:3496-3500, Fig. 2b. © 1996 American Society for Microbiology Foto: Jiri Snaidr; 1.7c: Steve Gschmeissner/ Photo Researchers; 1.9a: Joe Burton; 1.10.1: Scimat/Photo Researchers, Inc; 1.11.1: mylisa/Fotolia;1.11.2: M. T. Madigan; 1.11.3: Vankad/Shutterstock; 1.11.4: Pearson Education; 1.12a(t): Stephen Ausmus/ Agricultural Research Service DAEUA;1.12a(b): Lola 1960/ Shutterstock; 1.12b: U.S. Department of Energy; 1.13: Library of Congress; 1.14a: Thomas D. Brock; 1.14b: Library of Congress; 1.14c: Brian J. Ford; 1.15: Ilustrado por Ferdinand Cohn, originalmente publicado em Hedwigia 5:161-166 (1866); 1.16a: CDC/PHIL; 1.18a: Pearson Education; 1.18b: MT Madigan; 1.19: Images from the History of Medicine, The National Library of Medicine; 1.21:Walter Hesse, 1884. "Uber quantitative Bestimmung der in der luft enthaltenen Mikroorganismen," em H. Struck (ed.), Mittheilungen aus dem Kaiserlichen Gesundheitsamte. Verlag AugustHirschwald; 1.22: Robert Koch, 1884."Die Aetiologie der Tuberkulose."Mittheilungen aus dem Kaiserlichen Gesundheitsamte 2:1-88; 1.23a: Fotografia feita por Lesley A. Robertson for the Kluyver Laboratory Museum, Delft University of Technology, Delft, The Netherlands; 1.23b: Pinturas de Henriette Wilhelmina Beijerinck, fotografadas por Lesley A. Robertson para o Kluyver Laboratory Museum, Delft University of Technology, Delft, The Netherlands; 1.24a: De Sergei Winogradsky, Microbiologiedu Sol, parte de Plate IV. Paris, France: Masson et Cie Editeurs, 1949. Reproduzido com a permissão de Dunod Editeur, Paris, France; 1.24b: Sergei Winogradsky, Microbiologie du Sol. Paris, France: Masson, 1949; 1.EMW.1:CDC; 1.EMW.2: CDC/William Archibald.

**Capítulo 2** Abertura: Electron Microscope Lab, Berkeley; 2.1a(t): Marie Asao e M.T. Madigan; 2.1a(b): LEO Electron Microscopy; 2.2a: Thomas D. Brock; 2.2b: Norbert Pfennig, University of Konstanz, Germany; 2.3.1: LEO Electron Microscopy; 2.3.2: Marie Asao e M.T. Madigan; 2.4b: Leon J. Le Beau, University of Illinois at Chicago; 2.4c: Sondas moleculares; 2.5: MT Madigan; 2.6a,b: Richard W. Castenholz, University of Oregon; 2.6c: Nancy J. Trun, National Cancer Institute; 2.7:Linda Barnett e James Barnett, University of East Anglia, U.K; 2.8a: Subramanian Karthikeyan, University of Saskatchewan; 2.8b: Gernot Arp, University of Gottingen, Gottingen, Alemanha, e Christian Boker, Carl Zeiss Jena, Germany; 2.9: ZELMI, TU-Berlin, Germany; 2.10a: Stanley C. Holt, University of Texas Health Science Center; 2.10b: Robin Harris; 2.10c: F. Rudolf Turner, Indiana University; 2.11.1-2.11.3: Norbert Pfennig, University of Konstanz, Germany; 2.11.4: Ercole Canale-Parola, University of Massachusetts; 2.11.5: Norbert Pfennig, University of Konstanz, Germany; 2.11.6: Thomas D. Brock; 2.12a: Esther R. Angert, Cornell University; 2.12b: Heide Schulz-Vogt/University of CA Davis; 2.14c: Gerhard Wanner, University of Munich, Germany; 2.24b: Leon J. Le Beau, University of Illinois at Chicago; 2.24c: J.L. Pate; 2.24d: Thomas D. Brock e Samuel F. Conti; 2.24e,f: Akiko Umeda e K. Amako; 2.26a: Leon J. Le Beau, University of Illinois at Chicago; 2.29b: Terry J. Beveridge, University of Guelph, Guelph, Ontario; 2.29c: Georg E. Schulz; 2.31: Susan F. Koval, University of Western Ontario; 2.32a: Elliot Juni, University of Michigan; 2.32b: M.T. Madigan; 2.32c: Frank B. Dazzo e Richard Heinzen; 2.33: J. P. Duguid e J. F. Wilkinson; 2.34: Charles C. Brinton, Jr., University of Pittsburgh; 2.35b1: Michael T. Madigan; 2.35b2: Mercedes Berlanga e International Microbiology; 2.36a: M.T. Madigan; 2.36b: Norbert Pfennig, University of Konstanz, Germany; 2.37: CNRS, Karim Benzerara & Stephan Borensztajn; 2.38a: Stefan Spring, Technical Universityof Munich, Germany; 2.38b: Richard Blakemore e W. O'Brien; 2.38c: Dennis A. Bazylinski, Iowa State University; 2.39: Thomas D. Brock; 2.40a: A. E. Walsby, University of Bristol, Bristol, England; 2.40b: S. Pellegrini e Maria Grilli Caiola; 2.41a: Reproduzido de A. E. Konopka et al., Isolation and characterization of gas vesicles from *Microcyclus aquaticus*. Archives of Microbiology 112: 133-140 (March 1,1977). © 1977 por Springer-Verlag GmbH& Co. KG; 2.42: Hans Hippe, Deutsche Sammlung von Mikroorganismen und Zellkulturen GmbH, Braunschweig, Germany 2.43: Hans Hippe, Deutsche Sammlung von Mikroorganismen und Zellkulturen GmbH, Braunschweig, Germany; 2.44: Judith F.M. Hoeniger e C.L. Headley; 2.45a: H.S. Pankratz,T.C. Beaman, e Philipp Gerhardt; 2.45b: Kirsten Price, Harvard University; 2.48: Elnar Leifson; 2.49: Carl E. Bauer, Indiana University; 2.50a: R. Jarosch; 2.50b: Norbert Pfennig, University of Konstanz, Germany; 2.51a: David DeRosier; 2.52: Ken F. Jarrell; 2.55a,b: Richard W. Castenholz, University of Oregon; 2.55c,d: Mark J. McBride, University of Wisconsin, Milwaukee; 2.58: Nicholas Blackburn, Marine Biological Laboratory, University of Copenhagen, Dinamarca; 2.59a: Norbert Pfennig, University of Konstanz, Germany; 2.59b: Carl E. Bauer, Indiana University; 2.61: E. Guth, T. Hashimoto, e S.F. Conti; 2.62: Elisabeth Pierson, FNWI-Radboud University Nijmegen, Pearson Education; 2.63: Don W. Fawcett, M.D., Harvard Medical School; 2.64: Helen Shio e Miklos Muller, The Rockefeller University; 2.65a: Thomas D. Brock; 2.65b: A. Wellma/NaturimBild/ Blickwinkel/age footstock; 2.65c: T. Slankis e S. Gibbs, McGill University; 2.66: SPL/Photo Researchers; 2.67a: Rupal Thazhath e Jacek Gaertig, University of Georgia; 2.67b: Michael W. Davidson/The Florida State University Research Foundation; 2.67c: Ohad Medalia & Wolfgang Baumeister; 2.68: Melvin S. Fuller.

**Capítulo 3** Abertura: Daniel H. Buckley; 3.2, 3.4: James A. Shapiro, University of Chicago; 3.7: Richard J. Feldmann, Instituto Nacional da Saúde; 3.15: Pearson Education; 3.17b: Richard J. Feldmann, National Institutes of Health; 3.21b: Siegfried Engelbrecht-Vandre; 3.32a,b: Wael Sabra, Centre for Biotechnology, Braunschweig, Germany; 3.32c: Alicia M. Muro-Pastor; 3.T02: Cheryl L. Broadie e John Vercillo, Southern Illinois University at Carbondale.

**Capítulo 4** Abertura: Somenath Bakshi e James Weisshaar; 4.5: Stephen P. Edmondson e Elizabeth Parker; 4.6e: S. B. Zimmerman, J. Struct. Biol. 156:255 (2006); 4.9: Huntington Potter e David Dressler; 4.20: Sarah French; 4.21:Dr. Katsu Murakami, The Pennsylvania State University; 4.35b: Reproduzido com a permissão de M. Ruff et al., Class IIaminoacyl transfer RNA synthetases: crystal structure of yeast aspartyl-tRNA synthetase complexed with tRNA (Asp). Science 252:1682-1689 (1991). © 1991, American Association for the Advancement of Science. Foto por Dino Moras; 4.43: Thomas C. Marlovits e Lisa Konigsmaier.

**Capítulo 5** Abertura: Patricia Dominguez-Cuevas; 5.2b: T. den Blaauwen e Nanne Nanninga, University of Amsterdam, The Netherlands; 5.5b: Alex Formstone; 5.5c: Christine-Jacobs Wagner; 5.6b: Akiko Umeda e K. Amako; 5.16: Deborah O. Jung e M.T. Madigan; 5.21a-c: John Gosink e James T. Staley, University of Washington; 5.21d: Michael T. Madigan; 5.22a: Katherine M. Brock; 5.22b, 5.23: Thomas D. Brock; 5.24: Nancy L. Spear;5.28a: Deborah O. Jung e MichaelT. Madigan; 5.28b: Coy Laboratory Products; 5.31: Thomas D. Brock; 5.33, 5.34: John M. Martinko; 5.36: Thomas D. Brock; 5.37: John M. Martinko; 5.38a: Carlos Pedros-Alio e Thomas D. Brock; 5.38b: Janice Carr e Rob Weyant, HIP, NCID, CDC; 5.40:Thomas D. Brock; 5.MS.1: Deborah Jung; 5.MS.2: Soren Molin.

**Capítulo 6** Abertura: Jose de la Torre e David Stahl; 6.2b: Michael T. Madigan; 6.15: Jonathan Eisen (PLoS Biol. 2006 Jun; 4(6):e188. Metabolic complementarity and genomics of the dual bacterial symbiosis of sharpshooters. The Institute for Genomic Research, Rockville, Maryland, USA); 6.18a: GeneChip® Genoma Humano U133 Mais 2.0 Array, Affymetrix; 6.18b: Affymetrix; 6.20: Jack Parker.

**Capítulo 7** Abertura: Todd Ciche; 7.2: T. Doan, R. Losick, e D. Rudner; 7.4b(l): Stephen P. Edmondson, Southern Illinois University at Carbondale; 7.4b(r): Fenfei Leng; 7.10: Reproduzido com a permissão de S. Schultz et al., Crystal structure of a CAP-DNA complex: The DNA is bent by 90 degrees. Science 253:1001-1007 (1991). ©1991 pela the American Association for the Advancement of Science. Foto por Thomas A. Steitz e Steve C. Schultz; 7.21: Timothy C. Johnston, Murray State University; 7.23: Olga E. Petrova e Karin Sauer 2009. PLoS Pathogens 5(11): e 1000668; 7.26: C. Fernandez-Fernandez E J. Collier; 7.28: Alicia M. Muro-Pastor.

**Capítulo 8** Abertura: CDC/PHIL, Dr. Fred Murphy, Sylvia Whitfield; 8.3: John T. Finch, Medical Research Council/Laboratory of Molecular Biology, Cambridge, U.K.; 8.4c: W.F. Noyes; 8.4d: Timothy S. Baker e Norman H. Olson, Purdue University; 8.5a: P.W. Choppin e W. Stoeckenius; 8.5b: CDC; 8.8b: Jack Parker; 8.9(l): Paul Kaplan; 8.9(r): Thomas D. Brock; 8.16: A. Dale Kaiser, Stanford University; 8.18: Lanying Zeng; 8.20:

M. Wurtz; 8.25: Jed Fuhrman, University of Southern California.

**Capítulo 9** Abertura: Mark Young; 9.4: Dr. D. Raoult, CNRS, Marseille, França; 9.9: F. Grundy e Martha Howe; 9.10a,b: Mark Young; 9.10c: Claire Geslin; 9.10d: David Prangishvili, Institut Pasteur; 9.11: CDC/Dr. Fred Murphy; Sylvia Whitfield; 9.12: CDC/ Dr. G. William Gary, Jr; 9.13: Alexander Eb e Jerome Vinograd; 9.14: CDC/Fred Murphy, Sylvia Whitfield; 9.15: R. C. Valentine; 9.16a: CDC/Dr. Joseph J. Esposito; F. A. Murphy; 9.16b: Arthur J.Olson, Olson, Molecular Graphics Laboratory, Scripps Research Institute; 9.17, 9.18:CDC; 9.19: CDC/C. S. Goldsmith, e T. Tumpey; 9.20: Timothy S. Baker e Norman H. Olson, Purdue University; 9.23: CDC; 9.24: Biao Ding & Yijun Qi;9.27: CDC/Teresa Hammett.

**Capítulo 10** Abertura: A. B. Westbye, P.C. Fogg, J. T. Beatty; 10.1a: Thomas D. Brock; 10.1b: S. R. Spilatro, Marietta College, Marietta, OH; 10.1c: Shiladitya Das Sarma, Priya Arora, Lone Simonsen; 10.2: Derek J. Fisher; 10.6: Thomas D. Brock; 10.17: Charles C. Brinton, Jr., University of Pittsburgh; 10.18: A. Babic, M. Berkmen, C. Lee, e A. D. Grossman; 10.23: Masaki Shioda e S. Takayanago.

**Capítulo 11** Abertura: Dinesh Chandra e Claudia Gravekamp; 11.2a:Elizabeth Parker; 11.2b: Jack Parker;11.3a: Laurie Ann Achenbach, SouthernIllinois University at Carbondale; 11.3b:M. Kempher; 11.4: Alex Valm e GaryBorisy, Marine Biological Lab, WoodsHole, MA; 11.11: Jason A. Kahana e Pamela A. Silver, Harvard Medical School; 11.14: Daniel L. Nickrent; 11.16(l): Norbert Pfennig, University of Konstanz, Germany; 11.16(m): Hans Hippe, Deutsche Sammlung Von Mikroorganismen und Zellkulturen GmbH, Braunschweig, Germany;11.16(r): Michael T. Madigan; 11.20: Jack Parker; 11.29: Stephen R. Padgette, Companhia Monsanto; 11.30: Kevin McBride, Calgene;11.31: Aqua Bounty Tecnologies; 11.33(t): Klagyi/Shutterstock; 11.33(m): Puchan/Shutterstock; 11.33(b): Karen Lau/Shutterstock; 11.35: Aaron Chevalier e Matt Levy.

**Capítulo 12** Abertura: Yan Boucher; (destaque): Phil Kirchberger; 12.2: Frances Westall, Lunar and Planetary Institute; 12.3: Anna-Louise Reysenbach e Instituto Oceanográfico de Woods Hole; 12.6a,b: Malcolm R. Walter, Macquarie University, New South Wales, Austrália 12.6c: Dan Buckley; 12.6d: Thomas D. Brock; 12.6e: Malcolm R. Walter, Macquarie University, New South Wales, Australia; 12.7: J. William Schopf, University of California at Los Angeles; 12.8: John M. Hayes; 12.14(t): Norbert Pfennig, University of Konstanz, Germany; 12.14(b): Jennifer Ast e Paul V. Dunlap; 12.21: Kazuhito Inoue;12.28: Carl A. Batt, Cornell University; 12.29: Jennifer Ast e Paul V. Dunlap;12.T03: Norbert Pfennig, University of Konstanz, Germany.

**Capítulo 13** Abertura: Kenneth H. Williams; 13.1(r,m): Norbert Pfennig, University of Konstanz, Alemanha; 13.1(l): Thomas D. Brock; 13.4: Simon Scheuring; 13.5: Yuuji Tsukii, Protist Information Server, (protist.i.hosei.ac.jp); 13.6: Michael T. Madigan; 13.7: Niels Ulrik Frigaard; 13.10a: Susan Barns e Norman R. Pace, University of Colorado; 13.10c: Kaori Ohki, Tokai University, Shimizu, Japão; 13.11a: George Feher, University of California at San Diego; 13.11b: Marianne Schiffer e James R. Norris, Argonne National Laboratory; 13.15: Yehuda Cohen e Moshe Shilo; 13.18: Jessup M. Shively, Clemson University; 13.21: Thomas D. Brock; 13.23a: William Strode; 13.23b:Thomas D. Brock; 13.25: Reproduzido de Armin Ehrenreich e Friedrich Widdel, Applied and Environmental Microbiology 60:4517-4526 (1994), com a permissão da American Society for Microbiology. 13.28a: Marc Strous, University of Nijmegen, Holanda; 13.28b: John A. Fuerst, University of Queensland, Australia; 13.38: H.J.M. Harmsen; 13.46: John A. Breznak, Michigan State University; 13.48: Thomas D. Brock; 13.53: DianneK. Newman e Stephen Tay, previamente publicado em Applied and Environmental Microbiology 63:2022-2028 (1997); 13.61: Antje Boetius e Armin Gieseke, Max Planck Institute for Marine Microbiology, Bremen, Germany.

**Capítulo 14** Abertura: Katharina Ettwig; (destaque): Laura van Niftrik e Mingliang Wu; 14.2a: Susan Barns e Norman R. Pace, University of Colorado; 14.2b-e: Daniel H. Buckley; 14.4: M.R. Edwards; 14.5: Daniel H. Buckley; 14.6: Thomas D. Brock; 14.7a: Rachel Foster; 14.7b,c: Angel White; 14.8: Daniel H. Buckley; 14.9a:Thomas D. Brock; 14.9b: Jorg Overmann, University of Munich, Alemanha; 14.9c: Douglas E. Caldwell, University of Saskatchewan; 14.10ac: Norbert Pfennig, University of Konstanz, Alemanha; 14.10d: Johannes F. Imhoff, University of Kiel, Germany; 14.11a: Charles C. Remsen, University of Wisconsin at Milwaukee; 14.11b: Jeffrey C. Burnham e Samuel F. Conti; 14.12, 14.13a-e: Norbert Pfennig, University of Konstanz, Germany; 14.13f: Peter Hirsch, University of Kiel, Germany; 14.14: Norbert Pfennig,University of Konstanz, Germany 14.15: F. Rudolph Turner e Michael T. Madigan; 14.16: Deborah O. Jung; 14.17a,d: Douglas E. Caldwell, University of Saskatchewan; 14.17b,c: Jorg Overmann, University of Munich, Germany; 14.18a: Michael T. Madigan; 14.18b: Vladimir M. Gorlenko, Instituto de Microbiologia, Russian Academy of Sciences; 14.18c: Charles A. Abella, University of Girona, Girona, Espanha; 14.18d: Deborah Jung; 14.20a: F. Rudy Turner e Howard Gest, Indiana University; 14.20b,c: John Ormerod e Michael T. Madigan; 14.21a: Don Bryant; 14.21b: Amaya Garcia Costas e Donald A. Bryant; 14.23a,b,f: Norbert Pfennig, University of Konstanz, Germany; 14.23c-e: Friedrich Widdel, Max Planck Institute for Marine Microbiology, Bremen, Germany; 14.23g: Matt Sattley e Deborah O. Jung; 14.24a: Michael F. McGlannan, Florida International University; 14.24b: Andreas Teske; 14.25a: Jessup M. Shively, Clemson University; 14.25b: Hans-Dietrich Babenzien, Institute of Freshwater Ecology and Inland Fisheries, Neuglobsow, Germany; 14.26a: Verena Salman; 14.26b: Michael F. McGlannan, Florida International University; 14.27a: Michael Richard, Colorado State University; 14.27b: Markus Huttel, Max Planck Institute for Marine Microbiology, Bremen, Germany; 14.28: Verena Salman; 14.29: Tom Fenchel; 14.31: J.-H. Becking, Wageningen Agricultural University, Wageningen, Holanda;14.32: Harold L. Sadoff, Michigan State University; 14.33: S.W. Watson; 14.34: Holger Daims; 14.35: Derek R. Lovley; 14.36a: William C. Ghiorse, Cornell University; 14.36b: Reproduzido com a permissão de W.C. Ghiorse, Biology of iron-and manganese-depositing bacteria. Annual Review of Microbiology 38:515-550 (1984), Fig. 1.© 1984 por Annual Reviews, Inc. Foto: William C. Ghiorse, Cornell University; 14.37: Frank Mayer, University of Gottingen, Germany; 14.38: Douglas W. Ribbons, Technical University of Graz, Austria; 14.39: Charles R. Fisher, Pennsylvania State University; 14.40: Thomas D. Brock 14.41: Susan Koval e Ryan Chanyi; 14.42: Susan F. Koval, University of Western Ontario; 14.43: Hans Reichenbach, Gesellschaft fur Biotechnologische Forschung mbH, Braunschweig, Alemanha; 14.45: HerbertVoelz; 14.46: Hans Reichenbach,Gesellschaft fur Biotechnologische Forschung mbH, Braunschweig, Germany; 14.47: P.L. Grillone; 14.48a: Hans Reichenbach, Gesellschaft fur Biotechnologische Forschung mbH, Braunschweig, Germany; 14.48b: David White, Indiana University; 14.49, 14.50: Ercole Canale-Parola, University of Massachusetts; 14.51a: Noel R. Krieg, Virginia Polytechnic Institute and State University; 14.51b: Stanley L. Erlandsen, University of Minnesota Medical School; 14.51c: H.D. Raj; 14.52: A. Ryter; 14.53a: Reproduzido de B.J. Paster e E. Canale-Parola, *Treponema saccharophilum* sp. nov., a large pectinolytic spirochete from the bovinerumen. Applied and Environmental Microbiology 50:212-219 (1985), com permission of the American Society for Microbiology; 14.53b: Susan F. Koval & George Chaconas; 14.56a: Peter Hirsch, University of Kiel, Alemanha; 14.56b: Samuel F. Conti e Peter Hirsch; 14.57a: Elnar Leifson; 14.57b,c: Germaine Cohen-Bazire; 14.58a: J. L. Pate; 14.58b: James T. Staley, University of Washington; 14.58c: Heinz Schlesner, University of Kiel, Germany; 14.60: Reproduzido com a permissão de W. C. Ghiorse, Biology of iron-andmanganese-depositing bacteria. Annual Review of Microbiology 38:515-550(1984), Fig. 7. © 1984 por Annual Reviews, Inc. Foto: William C. Ghiorse, Cornell University; 14.61a: Thomas D. Brock; 14.61b,c: Judith F.M. Hoeniger; 14.62: Richard Blakemore, University of New Hampshire; 14.63: Kenneth H. Nealson, University of Wisconsin.

**Capítulo 15** Abertura: Matthew Stott; 15.4: Odile Berge; 15.5a: Willy Burgdorfer, Laboratórios de Rocky Mountain Laboratories Microscopy Branch, NIAID, NIH; 15.5b: G.J. Devauchelle, INRA-URA CNRS, Saint Christol-les-Ales, France; 15.6: Richard Stouthamer e Merijn Salverda; 15.8: James A. Shapiro, University of Chicago; 15.9a: CDC; 15.9b: Thomas D. Brock; 15.11: Arthur Kelman, University of Wisconsin-Madison; 15.12: Cheryl L. Broadie e John Vercillo, Southern Illinois University at Carbondale; 15.13a: Daniel E. Snyder; 15.13b: James A. Shapiro, University of Chicago; 15.14: Cheryl L. Broadie e John Vercillo, Southern Illinois University at Carbondale; 15.15: Arthur Kelman, University of Wisconsin-Madison; 15.18a,b: Otto Kandler, University of Munich, Germany; 15.18c: V. Bottazi; 15.19a: Bryan Larsen, Des Moines University; 15.19b,c: Thomas D. Brock; 15.20a: Akiko Umeda, Kyushu University School of Medicine, Fukuoka, Japão; 15.20b: Susan F. Koval, University of Western Ontario; 15.21: Terry J. Beveridge, University of Guelph, Guelph, Ontario; 15.22: Hans Hippe, Deutsche Sammlung von Mikroorganismen und Zellkulturen GmbH, Braunschweig, Germany; 15.23: James R. Norris; 15.24: Dieter Claus, University of Gottingen, Germany; 15.25: Alan Rodwell; 15.26: Thomas D. Brock; 15.27: David L. Williamson; 15.28, 15.29: Terry A. Krulwich, Mount Sinai School of Medicine; 15.30: Hans Veldkamp; 15.32a: N. Rist; 15.32b: Victor Lorian; 15.32c: CDC; 15.34: Hubert e Mary P. Lechevalier; 15.35a: Peter Hirsch, University of Kiel, Germany; 15.35b: Hubert e Mary P. Lechevalier; 15.38a: Michael T. Madigan; 15.38b: David A. Hopwood, Centro John Innes, U.K.; 15.39a: Eli Lilly and Company. Utilizado com permissão; 15.39b: David A. Hopwood, John Innes Centre, U.K.; 15.42: Hans Reichenbach, Gesellschaftfur Biotechnologische Forschung mbH, Braunschweig, Germany; 15.44: Morris D. Cooper, Southern Illinois University School of Medicine; 15.45: Robert R. Friis, Tiefenau Laboratory, Bern, Suiça; 15.46: John A. Fuerst, University of Queensland, Austrália;15.47: John Bauld, Australian Geological Survey Organisation; 15.48: Heinz Schlesner, University of Kiel, Germany; 15.49: Reinhard Rachel e Karl O. Stetter, University of Regensburg, Germany; 15.50: Friedrich Widdel, Max Planck Institute for Marine Microbiology, Bremen, Germany; 15.51a: David Ward; 15.51b: Michael T. Madigan; 15.51c: Reinhard Rachele Karl O. Stetter, University of Regensburg, Germany; 15.52 a,b: Diane Moyles e R.G.E. Murray, University of Western Ontario; 15.52c: Michael T. Madigan.

**Capítulo 16** Abertura: Carmody McCalley; 16.2a: Thomas D. Brock; 16.2b: NASA Headquarters; 16.2c: Michael T. Madigan; 16.2d: Francisco Rodriguez-Valera, Universidad Miguel Hernandez, San Juan de Alicante, Spain; 16.3: Mary C. Reedy, Duke University Medical Center; 16.5: Alexander Zehnder, Swiss Federal Institute for Environmental Science and Technology, Dubendorf, Suiça; 16.6: J. Gregory Zeikus e V.G. Bowen; 16.7a,c: Helmut Konig e Karl O. Stetter, University of Regensburg, Alemanha; 16.7b: Reinhard Rachel e Karl O. Stetter, University of Regensburg, Germany; 16.7d: Stephen H. Zinder, Cornell University; 16.8a: Thomas D. Brock; 16.8b: A. Segerer e Karl O. Stetter, University of Regensburg, Germany;16.9: T. D. Brock; 16.11a: Helmut Konig e Karl O. Stetter, University of Regensburg, Germany; 16.11b: G. Fiala e Karl O. Stetter, University of Regensburg, Germany; 16.12: Karl O. Stetter, University of Regensburg, Regensburg, Germany; 16.13: Reinhard Rachel e Karl O. Stetter, University of Regensburg, Germany; 16.14: Martin Konneke; 16.15: Edward DeLong, Monterey Bay Aquarium Research Institute; 16.16: Reinhard Rachel; 16.17:K. O. Stetter, University of Regensburg, Germany, e reproduzido com a permissão da National Academy of Sciences from Elkins, J.G. et al., Akorarchaeal genome reveals insights intothe evolution of the Archaea. Proc. Natl. Acad. Sci. 105: 8102–8107 (2008); 16.18: Thomas D. Brock; 16.19a: Thomas D. Brock; 16.19b: Helmut Konig e Karl O. Stetter, University of Regensburg, Germany; 16.20a: Helmut Konig, University of Regensburg, Germany; 16.20b: Helmut Konig e Karl O. Stetter, University of Regensburg, Germany; 16.20c: Reinhard Rachel e Karl O. Stetter, University of Regensburg, Germany; 16.21a,b: Helmut Konig e Karl O. Stetter, University of Regensburg, Germany 16.21c: Karl O. Stetter e Reinhard Rachel, University of Regensburg, Germany; 16.21d: Kazem Kashefi; 16.22a: Helmut Konig e Karl O. Stetter, University of Regensburg, Germany; 16.22b: Reinhard Rachel e Karl O. Stetter, University of Regensburg, Germany; 16.23: Helmut Konig e Karl O. Stetter, University of Regensburg, Germany; 16.24: Anna-Louise Reysenbach e Woods Hole Oceanographic Institution; 16.26: Gertraud Rieger, R. Hermann, Reinhard Rachel, e Karl O. Stetter, University of Regensburg, Germany; 16.27: Suzette L. Pereira, Ohio State University.

**Capítulo 17** Abertura: Christine Oesterhelt e Gerald Schonknecht;17.1: Jian-ming Li e Nancy Martin, University of Louisville School of Medicine; 17.4a: Michael Abbey/Photo Researchers; 17.4b: Steve J. Upton, Kansas State University; 17.5: Blaine Mathison, CDC; 17.6a: M. I. Walker/Science Source; 17.6b: Biophoto Associates/ Science Source; 17.7a: Michael T. Madigan; 17.7b: Sydney Tamm; 17.8: Steve J. Upton, Kansas State University; 17.9: Irena Kaczmarska-Ehrman, Mount Allison University; 17.10a: Rita R. Colwell, National Science Foundation; 17.10b,c: North Carolina State University Center for Applied Ecology; 17.11a: Mae Melvin, CDC; 17.11b: Silvia Botero Kleiven, The Swedish Institute for Infectious Disease Control; 17.12a: Jorg Piper;17.12b-d: Irena Kaczmarska-Ehrman, Mount Allison University; 17.13a: GERD GUENTHER/Science Source; 17.13b: Epic StockMedia/ Fotolia; 17.13c: Michael Plewka; 17.14a: Andrew Syred/Photo Researchers; 17.14b: Eye of Science/Science Source; 17.15: M. Haberey;17.16: Stephen Sharnoff (sharnoffphotos.com); 17.17: Kenneth B. Raper; 17.19:MYCOsearch, Inc; 17.20a: Cheryl L. Broadie, Southern Illinois University at Carbondale; 17.20b: CDC; 17.21: M.T. Madigan; 17.22: J. Forsdyke/SPL/Photo Researchers; 17.24: Forest Brem;17.25a: Alena Kubatova (http://botany.natur.cuni.cz/cs/sbirka-kultur-hubccf); 17.25b: Hossler/Custom Medical Stock Photo; 17.26: Thomas D. Brock;17.28: Samuel F. Conti e Thomas D. Brock; 17.30a: Shutterstock; 17.30b: Departamento de Agriculturados E.U.A.; 17.30c: EdReschke/Getty Images; 17.31: Patrick J. Lynch/Science Source; 17.32: Richard W. Castenholz, University of Oregon; 17.33a: Arthur M. Nonomura, Scripps Institution of Oceanography; 17.33b: Bob Gibbons/Alamy; 17.33c: Thomas D. Brock; 17.33d: Ralf Wagner (dr-ralfwagner.de); 17.33e: Naturim Bild/blickwinkel/Alamy; 17.33f: Dr. Aurora M. Nedelcu; 17.33g: Arthur M. Nonomura; 17.34a: Guillaume Dargaud (www.gdargaud.net); 17.34b: Yuuji Tsukii, Protist Information Server(protist.i.hosei.ac.jp), Hosei University, Japão.

**Capítulo 18** Abertura: Vaughn Iverson e Ginger Armbrust; 18.2b: Norbert Pfennig, University of Konstanz, Germany; 18.3a: James A. Shapiro, University of Chicago; 18.3b: Marie Asao, Deborah O. Jung, e Michael T. Madigan; 18.6a,b: Marc Mussman e Michael Wagner; 18.6c: Willm Martens-Habbena; 18.7: Sondas Moleculares; 18.8: Preston Garcia e Dan Gage; 18.9a: Reproduzido com a permissão of the American Society for Microbiology from A.T. Nielsen et al., Identification of a novel group of bacteria in sludge from a deteriorated biological phosphorus removal reactor. Applied Environmental Microbiology 65:1251-1258 (1999), fig. 5B. Imagem: Alex T. Nielsen, Technical University of Denmark, Lyngby, Denmark. 18.10: Norman R. Pace, University of Colorado; 18.11a: David A. Stahl, Northwestern University; 18.11b: De R. Amann, J. Snaidr, M. Wagner, W. Ludwig, e K.-H. Schleifer, 1996. In situ visualization of high genetic diversity in a natural bacterial community. Journal of Bacteriology 178:3496-3500, Fig. 2b. © 1996 American Society for Microbiology. Foto: Jiri Snaidr; 18.12: Marc Mussmann e Michael Wagner; 18.14a,b: Jennifer A. Fagg e Michael J. Ferris, Montana State University; 18.14c: Gerard Muyzer; 18.17: Alexander Loy e Michael Wagner; 18.24: Niels Peter Revsbech; 18.28: Jennifer Pett-Ridge, Peter K. Weber; 18.30: Michael Wagner; 18.31: Colin J. Murrell; 18. EMW.01: Excellent backgrounds /Shutterstock;18. EMW.02: Steve Giovannoni.

**Capítulo 19** Abertura: Andreas Teske; 19.1: Hans Paerl; 19.4a: Frank B. Dazzo, Michigan State University; 19.4b: Thomas D. Brock; 19.5a: C.-T. Huang, Karen Xu, Gordon McFeters, e Philip S. Stewart; 19.5b: Cindy E. Morris, INRA, Centre de Recherche d'Avignon, France. Previamente publicado em Appliedand Environmental Microbiology 63:1570-1576; 19.5c: J. M. Sanchez, J. Lidel Lope e Ricardo Amils; 19.6: Rodney M. Donlan & Emerging Infectious Diseases; 19.8: Tim Tolker-Nielsen e Wen-Chi Chang; 19.9a: Jesse Dillon e David A. Stahl;19.9b: David M. Ward, Montana State University. Reproduzido com a permissão da American Society for Microbiology; 19.10: Andreas Teske e Markus Huettel; 19.11: Michael T. Madigan; 19.13: Jayne Belnap; 19.15a: Esta van Heerden; 19.15b: Terry C. Hazen; 19.17b: Thomas D. Brock; 19.19: Foto da NASA processada por Otis Browne Robert Evans, obtida por meio de Dawn Cardascia, Earth Science Support Office; 19.20a: U.S. Coast Guard; 19.20b: NASA; 19.21: Penny Chisholm; 19.21 (inserção): Alexandra Z. Worden e Mya E. Breitbart, Scripps Institution of Oceanography, University of California at San Diego; 19.22a: Hans W. Paerl, University of North Carolina at Chapel Hill; 19.22b: Alexandra Z. Worden e Brian P. Palenik, Scripps Institution of Oceanography, University of California at San Diego; 19.23: Vladimir Yurkov; 19.25: Daniela Nicastro; 19.26: Jed Fuhrman, Jennifer R. Brum, Ryan O. Schenck, N. Solonenko, e Matt Sullivan; 19.30: Hideto Takami, Japan Marine Science and Technology Center, Kanagawa, Japan; 19.31a: Douglas Bartlett; 19.32a,b: Andreas Teske; 19.35: Instituto de Oceanografia Woods Hole; 19.36: Deborah Kelley, University of Washington; 19.37: Christian Jeanthon, Centre National de la Recherche Scientifique, France.

**Capítulo 20** Abertura: Karen Elna Thomsen (TEM); Mingdong Dong (ilustração); Jie Song, Nils Risgaard-Petersen, e Lars Peter Nielsen (SEM); 20.3: Evan Solomon; 20.6a: John A. Breznak, Michigan State University; 20.6b,c: Monica Lee e Stephen H. Zinder; 20.12: J. M. Sanchez, J. Lidel Lope e Ricardo Amils; 20.13: David Emerson (painéis A, B, C, D, G), Clara Chan (painel F), Courtesy of Woods Hole Oceanographic Institution (painel E); 20.14a: Jorg Bollmann; 20.14b: M.L. Cros Miguel e J.M. Fortuno Alos; 20.15:Jorg Piper; 20.EMW.1: Eye of Science/Photo Researchers.

**Capítulo 21** Abertura: Norman Pace; 21.1: Thomas D. Brock; 21.3: Ashanti Goldfields Corp., Ghana; 21.4a: Ravin Donald, Northern Arizona University; 21.4b, 21.5: Thomas D. Brock; 21.6: Ken Williams 21.7a,b: U.S. Environmental Protection Agency Headquarters; 21.7c: Bassam Lahoud, Lebanese American University; 21.8: Thomas D. Brock; 21.9: WimL/Fotolia; 21.12: Dr. Helmut Brandl, University of Zurich, Switzerland; 21.14: Michael T. Madigan; 21.15: Thomas D. Brock; 21.16a: John M. Martinko e Deborah O. Jung; 21.16c: Michael T. Madigan; 21.17: Richard F. Unz, Penn State University; 21.19: Louisville Water Company; 21.21: CDC/Don Howard; 21.22: Shawna Johnston e Gerrit Voordouw.

**Capítulo 22** Abertura: Tjisse van der Heide, Marjolijn J. A. Christianen, e Laura L. Govers; 22.1a: Thomas D. Brock; 22.1b: Michael T. Madigan; 22.2: Thomas D. Brock; 22.4: J. Overmann e H. van Gemerden; 22.5: Gerhard Wanner e Jorg Overmann, Ultrastructural Characterization of the Prokaryotic Symbiosis in "*Chlorochromatium aggregatum*" Journal of Bacteriology, Maio 2008, pp. 3721–3730, Vol. 190, No. 10. ©2008, American Society for Microbiology. Reproduzido com permissão; 22.7: Joe Burton; 22.8: Ben B. Bohlool, University of Hawaii; 22.9: Joe Burton; 22.11a: Ben B. Bohlool, University of Hawaii; 22.11b-d: Reproduzido com a permissão de G. Truchet et al., Sulphated lipooligosaccharide signals of *Rhizobium meliloti* elicit root nodule organogenesisin alfalfa. Nature 351:670-673 (1991).©1991 Macmillan Magazines Limited. Foto por Jacques Vasse, Jean Denarie, e Georges Truchet; 22.16: B. Dreyfus, Institut de Recherche pour le Developpement (ORSTOM), Dakar, Senegal; 22.17, 22.18: J.-H. Becking, Wageningen Agricultural University, Wageningen, Netherlands 22.19: Jo Handelsman, University of Wisconsinat Madison; 22.22a: Foto por Jacob R. Schramm; 22.22b: D.J. Read, Universityof Sheffield, England; 22.25: S.A. Wilde; 22.27.1: gallas/Fotolia; 22.27.2: Bernard Swain; 22.27.3: Nancy L. Spear; 22.27.4: D e D Foto de Sudbury/Shutterstock; 22.28: Sharisa D. Beck, Southern Illinois University at Carbondale; 22.36: Amparo Latorre; 22.37: Michael Pettigrew/Shutterstock; 22.39a: Chris Frazee e Margaret J. Mcfall-Ngai, University of Wisconsin; 22.39b: Margaret J. Mcfall-Ngai, University of Wisconsin; 22.40a: Dudley Foster, Woods Hole Oceanographic Institution; 22.40b: Carl Wirsen, Woods Hole Oceanographic Institution; 22.41a: Reproduzido de C.M. Cavanaugh et al., Prokaryoticcells in the hydrothermal vent tubeworm *Riftia pachyptila* Jones: Possiblechem oautotrophic symbionts. Science 213:340-342 (Julho 17, 1981), Fig. 1b. ©1981 American Association for the Advancement of Science. Foto por Colleen M. Cavanaugh, Harvard University; 22.41b: Reproduzido com a permissão de Nature 302:58-61, Fig. 3a. © 1983 Macmillan Magazines Limited. Foto: Colleen M. Cavanaugh, Harvard University; 22.42a: Michele Maltz e Jorg Graf; 22.43: Jorg Graf; 22.44: Kazuhiko Koike e Kiroshi Yamashita; 22.45: Ernesto Weil; 22.EMW.01: Michael Poulsen e Cameron Currie.

**Capítulo 23** Abertura: CDC/PHIL; (destaque): CDC/PHIL, Janice Haney Carr; 23.4: Thomas J. Lie, University of Washington; 23.6: Dwayne C. Savage e R.V.H. Blumershine; 23.8: John Durham/Photo Researchers; 23.11:Larry Stauffer, Oregon State Public Health Laboratory, CDC; 23.12a: J. William Costerton, Montana State University; 23.12b: Edward T. Nelson, J.D. Clemments, e R.A. Finkelstein; 23.13a: CDC/PHIL, M. Miller; 23.13b: CDC/PHIL; 23.13c: CDC/PHIL, Dr. Richard Facklam; 23.14: James A. Roberts; 23.15a: CDC/PHIL, Dr. Richard Facklam; 23.15b: Isaac L. Schechmeister e John J. Bozzola, Southern Illinois University at Carbondale; 23.16: C. Lai, Max A. Listgarten, e B. Rosan; 23.18a: Thomas D. Brock; 23.18b: Leon J. LeBeau, University of Illinois at Chicago; 23.19: 2-methyl-2, 4-pentanediol inducesspontaneous assembly of staphylococcalα-hemolysin into heptameric por estructure. Tanaka, Y. Hirano, N., Kaneko, J., Kamio, Y., Yao, M., Tanaka, I. (2011)Protein Sci. 20: 448-456; 23.23: Zang, R.G., Scott, D.L., Westbrook, M.L., Nance, S., Spangler, B.D., Shipley, G.G., Westbrook, E.M. Journal: (1995) J. Mol.Biol. 251: 563-573; 23.24: Arthur O. Tzianabos e R.D. Millham; 23. EMW.1: Deborah O. Jung e John Martinko.

**Capítulo 24** Abertura: Dr. P. Marazzi/Science Source; 24.6: CDC 24.10a: CDC/PHIL; 24.10b: James V. Little; 24.13.1: CDC/PHIL; 24.13.2: WPAEUA/Library of Congress; 24.13.3: CDC/PHIL, D. Jordan, M.A.; 24.13.4: CDC/PHIL, Edward J. Wozniak, D.V.M, PH.D; 24.18: CDC/PHIL/Emory University, T.F. Sellers, Jr.; 24.19, 24.20, 24. EMW.1: CDC/PHIL; 24.T01: John M. Martinko e Michael T. Madigan.

**Capítulo 25** Abertura: CDC/PHIL, Amanda Mills; 25.1a: John M. Martinkoe Michael T. Madigan; 25.1b: Division of Parasitic Diseases, NCID, CDC;25.1c: Behnsen et al. PLoS Pathogens, doi:10.1371.ppat. 0030013; 25.1d: John M. Martinko e Michael T. Madigan; 25.2: J.G. Hirsch; 25.16a: Richard J. Feldmann, National Institutes of Health; 25.16b: Reproduzido com a permissão de A.G. Amit et al., Three--dimensionals tructure of an antigen--antibodycomplex at 2.8 A resolution. Science 233:747-753 (Agosto 15, 1986), Fig. 3. ©1986 Associação Americana para o Avanço da Ciência. Imagens: Roberto J. Poljak; 25.23: E. Munn.

**Capítulo 26** Abertura: Arco Images GmbH/Alamy; 26.5a: Don C. Wiley, Instituto Médico Howard Hughes; 26.5b: Aideen C.M. Young, Albert Einstein College of Medicine, Bronx, New York; 26.5c: Reproduzido com a permissão de J.H. Brown et al., Three-dimensional structure of the human class II histocompatibility antigen HLA-DR1. Nature 364:33-39 (1993). ©1993 Macmillan Magazines Limited. Imagens por Don C. Wiley, Harvard University; 26.EMW.1:Jarmo Holopainen.

**Capítulo 27** Abertura: CDC/PHIL; 27.1: CDC/PHIL; 27.5a: Theodor Rosebury; 27.5b: Leon J. Le Beau, University of Illinois at Chicago; 27.6a,b: CDC/PHIL, Dr. Todd Parker; 27.6c: John M. Martinko e Cheryl L. Broadie; 27.7, 27.8a: Leon J. Le Beau, University of Illinois at Chicago; 27.8e,f: CDC; 27.8g: AB BIODISK; 27.10: Norman L. Morris, American Red Cross Blood Services; 27.11: John M. Martinko e Cheryl L. Broadie; 27.13a: Wellcome Research Laboratories; 27.13b: CDC;27.14a: Dharam V. Ablashi e Robert C. Gallo, National Cancer Institute, Bethesda, Maryland; 27.14b: CDC/PHIL, H.C. Lyerla; 27.14c: CDC/PHIL, P.M. Feorino; 27.17b: Victor Tsang, Division of Parasitic Diseases, National Center for Infectious Diseases, CDC;27.T04.1-5: CDC/PHIL, Janice Haney Carr; 27.T04.6: CDC/PHIL, Peta Wardell; 27.T04.7: CDC/PHIL, Erskine Palmer; 27.T04.8: CDC/PHIL, A. Harrison e P. Feorino; 27.T04.9:CDC/PHIL, Frederick Murphy; 27.T04.10: CDC/PHIL, Janice Haney Carr; 27.T04.11: CDC/PHIL, Charles D. Humphrey; 27.T04.12: CDC/PHIL, Janice Haney Carr.

**Capítulo 28** Abertura: CDC/PHIL, Maureen Metcalfe; Azaibi Tamin; 28.12a: CDC/PHIL; 28.12b: Larry Stauffer, Oregon State Public Health Laboratory, CDC/PHIL; 28.13a: James H. Steele, CDC; 28.13b: CDC; 28. EMW.1: C.S. Goldsmith/T.G. Ksiazek/S.R. Zaki, CDC.

**Capítulo 29** Abertura: CDC/PHIL, Cynthia Goldsmith; 29.1: Thomas D. Brock; 29.3: Eye of Science/Science Source; 29.4: Michael T. Madigan;29.5: CDC/PHIL; 29.6: FranklinH. Top, Jr; 29.7: Thomas F. Sellers, CDC; 29.8: Michael T. Madigan; 29.9: Franklin H. Top, Jr; 29.10: Biomedical Communications Custom Medical Stock Photo/Newscom; 29.11: Isaac L. Schechmeister, Southern Illinois University at Carbondale; 29.12: CDC/PHIL; 29.13: Franklin H. Top, Jr; 29.14a: CDC/PHIL; 29.14b: CDC/PHIL, J.H. Carr; 29.15a: CDC/PHIL, Edwin P. Ewing, Jr; 29.15b: CDC/PHIL; 29.16a: CDC/PHIL, R. W. Smithwick; 29.16b,c: Aaron L. Friedman, M.D., University of Wisconsin Medical School; 29.18: Jorge Adorno/Reuters/Corbis; 29.19: CDC/PHIL; 29.20a: CDC/PHIL, C. Goldsmith; 29.20b,c–29.22: CDC/PHIL; 29.23: CDC/PHIL, A. D. Langmuir; 29.24a: B. Dowsett e D. Tyrell; 29.24b: Heather Davies e David A.J. Tyrrell; 29.25: CDC/PHIL, E.L. Palmer, M.L. Martin, e F. Murphy; 29.26: Irene T. Schulze, Saint Louis University School of Medicine; 29.29a: CDC/PHIL; 29.29b:CDC/PHIL, J. H. Carr; 29.30: GregoryMoran; 29.31: Michael T. Madigan;29.32: Juergen Berger/Science Source;29.34: Eye of Science/Photo Researchers; 29.36a: CDC/PHIL, Joe Millar; 29.36b:Morris D. Cooper, Southern Illinois University School of Medicine; 29.37a: CDC/PHIL, H. Russell; 29.37b,c: CDC/PHIL; 29.38a: CDC; 29.38b: Sidney Olansky e L.W. Shaffer; 29.38c: CDC/PHIL, Robert Sumpter; 29.39: Morris D. Cooper, Southern Illinois University School of Medicine; 29.40a: Gordon A. Tuffli, University of Wisconsin Medical School; 29.40b, 29.41, 29.45, 29.46:CDC/PHIL; 29.47: CDC/PHIL, M. Metcalfe e T. Hodge.

**Capítulo 30** Abertura: Barry Mansell/Nature Picture Library; 30.2, 30.3: CDC/PHIL; 30.4a: CDC/PHIL, James Gathany; 30.4b: CDC/PHIL; 30.6a: Willy Burgdorfer, M.D., Rocky Mountain Laboratories Microscopy Branch,, NIAID, NIH; 30.6b: CDC/PHIL; 30.6c:S.F. Hayes e Willy Burgdorfer, Rocky Mountain Laboratories Microscopy Branch, NIAID, NIH; 30.6d: Kenneth E. Greer, University of Virginia School of Medicine; 30.7: Reproduzido de David H. Walker e J. Stephen Dumler, Emergence of the ehrlichioses as human health problems. Emerging Infectious Diseases 2:1 (Janeiro-Março 1996), Fig. 3. Foto por Vsevolod Popov, University of Texas Medical Branch at Galveston; 30.8: Dano Corwin, Rocky Mountain Laboratories Microscopy Branch, NIAID, NIH; 30.9a: Pfizer Central Research; 30.9b: James Gathany, CDC/PHIL; 30.9c: Pfizer Central Research; 30.10: Pfizer Central Research; 30.12a: CDC/PHIL, James Gathany; 30.12b: CDC/PHIL; 30.12c: CDC/PHIL, Frederick Murphy; 30.13, 30.14,30.16a: CDC/PHIL; 30.16b: CDC/PHIL, T. Parker; 30.17a: CDC/WHO;30.17b: CDC/PHIL, Larry Stauffer; 30.18: CDC/PHIL; 30.20a: CDC/PHIL, Larry Stauffer; 30.20b: CDC/PHIL, Janice Haney Carr; 30.21a: CDC/PHIL, Larry Stauffer; 30.21b–d, 30.22,30.23a,b: CDC/PHIL; 30.23c: Biophoto Associates/Science Source; 30.EMW.1:CDC/PHIL, James Gathany; 30.EMW.2:CDC/PHIL, Cynthia Goldsmith.

**Capítulo 31** Abertura: monticello/Shutterstock; 31.1a: Thomas D. Brock; 31.1b: U.S. Environmental Protection Agency Headquarters; 31.1c: IDEXX Laboratories; 31.2a: CDC/PHIL;31.2b: Stem Jems/Photo Researchers; 31.3a: Kimberley Seed, Tufts University School of Medicine; 31.3b–d: CDC/PHIL; 31.4: Mark L. Tamplin, AnneL. Gauzens, e Rita R. Colwell; 31.5a,b: CDC/PHIL; 31.5c: CDC/PHIL, Janice Haney Carr; 31.6a: CDC/PHIL;31.6b: CDC/PHIL, Charles D. Humphrey; 31.7: Thomas D. Brock; 31.8: John M. Martinko e Cheryl Broadie; 31.9:International PBI S.p.A., Milano, Itália; 31.10a: CDC/PHIL; 31.10b: CDC/PHIL, Janice Haney Carr; 31.11: CDC/PHIL;31.12a: CDC/PHIL, Eric Grafman; 31.12b,c: CDC/PHIL, James Gathany; 31.12d: Michael T. Madigan; 31.13,31.14a: CDC/PHIL; 31.14b: CDC/PHIL, Janice Haney Carr; 31.15a,b: CDC/PHIL;31.15c: Medical--on-Line/Alamy; 31.16a: John M. Martinko; 31.16b: CDC/PHIL, Elizabeth White; 31.18, 31.19: CDC/PHIL.

**Capítulo 32** Abertura: CDC/PHIL; (inserção): CDC/PHIL, L. Ajello; 32.1a: CDC/PHIL, Leanor Haley; 32.1b: CDC/PHIL, A.A. Padhye; 32.1c: CDC/PHIL, M. Jalbert, L. Kaufman; 32.1d,e: CDC/PHIL, L. Ajello; 32.1f: CDC/PHIL, L. Georg; 32.2: CDC/PHIL; 32.3a: Gordon C. Sauer; 32.3b,c: CDC/PHIL; 32.4a: Gordon C. Sauer; 32.4b: CDC/PHIL,L.K. Georg; 32.5a: CDC/PHIL, M. Hicklin; 32.5b: CDC/PHIL, L.K. Georg; 32.5c: CDC/PHIL, E.P. Ewing, Jr; 32.5d: CDC/PHIL, M. Hicklin; 32.5e: CDC/PHIL, M. Castro, L.K. Georg; 32.5f:CDC/PHIL; 32.6a,b: CDC/PHIL, M. Melvin; 32.6c: CDC/PHIL, L.L.A. Moore, Jr; 32.7a: CDC/PHIL, G.S. Visvesvara; 32.7b: Stanley L. Erlandsen, University of Minnesota Medical School;32.7c: Dennis E. Feely, Stanley L. Erlandsen, e David G. Case; 32.8a: Steve J. Upton, Kansas State University; 32.8b, 32.9: CDC/PHIL; 32.10: CDC/PHIL, Edwin P. Ewing, Jr; 32.11: CDC/PHIL, Jim Gathany; 32.12a: Steven Glenn, CDC; 32.12b: CDC/PHIL, M. Melvin; 32.13a: CDC/PHIL, F. Collins, J. Gathany; 32.13b: CDC/PHIL, M. Melvin; 32.13c: CDC/PHIL, D.S. Martin; 32.14a: CDC/PHIL, Myron G. Schultz; 32.14b: CDC/PHIL, WHO; 32.14c:CDC/PHIL, M. Melvin; 32.15a: CDC/PHIL, S. Maddison; 32.15b: CDC/PHIL;32.15c: CDC/PHIL, A.J. Sulzer; 32.15d,32.16: CDC/PHIL.

# Índice


## A

Abelha espiroplasmose, 499
Abelhas, antibióticos, 793
Abequose, 44
Abertura numérica, 27
*Abiotrophia*, 709
Abomaso, 684
Aborto espontâneo, 727-728
Abscesso, 756
  cultura do material do abscesso, 799-800
Absorbância, 157-160
Abundância das espécies, 598-599, 629
*Acanthamoeba*, 269, 664
Acasalamento, 560-561
*Accumulibacter phosphatis*, 661
Aceptor de elétron , 82-84, 104, 421-423
  compostos halogenados como, 421, 422
  metabolismos quimiolitotróficos nas fontes hidrotermais, 627
  orgânico, 421, 422
  respiração anaeróbia, 95-96, 411, 421-423
  terminal, 84, 86, 410
Aceptor final, 131
Acetato, 66, 407, 427-428, 447, 448, 513-514, 523-525
  carbono e fonte de energia, 501-502
  conversão ao metano, 419-420, 524, 633, 634
  decomposição anóxica, 635
  origem do metano, 419-420
  oxidação, 416-417, 421
    bactéria redutora de sulfato, 414-415
  produção, 461-463
  produto da fermentação, 401-403, 405, 406, 408, 487, 496, 497, 635, 636, 694
  rúmen, 684-687
Acetato de metano-sulfonato, 297
Acetil-ACP, 99
Acetilases, 820
Acetil-CoA, 67, 85, 95, 401, 402-403, 405, 406, 414, 424, 426
  carboxilação, 391, 392
  ciclo ácido cítrico, 92-94
  síntese, 425, 426
Acetilcolina, 722-723
Acetileno, 402-403
Acetil-fosfato, 85, 401-403, 414
*N*-acetilglicosamina, 42-46, 148
*N*-acetiltransferase, 815
*Acetitomaculum ruminis*, 416
Acetoacetil-CoA, 99
*Acetoanaerobium noterae*, 416
*Acetobacter*, 462-463, 481-482, 484, 570, 911
*Acetobacter aceti*, 462-463
*Acetobacterium*, 402-403
*Acetobacterium wieringae*, 416
*Acetobacterium woodii*, 416
Acetogênese, 415-417, 431, 462-463, 612, 633, 635, 636
  conservação de energia em, 417
  cupim, 633, 635, 636
*Acetogenium kivui*, 416
Acetógeno, 461-463, 467, 477
Acetoína, 404, 493-494
Acetona, 402-403
  produto da fermentação, 402-403, 405, 496
Acetosiringona, 679
*Acholeplasma*, 498
*Achromatium*, 449, 450
*Achromatium oxaliferum*, 34
*Achromobacter*, 910
Aciclovir, 817, 877-878
*Acidaminococcus fermentans*, 402-403
Acidez, 165, 166
  barreira para infecção, 725-726
  preservação de alimentos, 910
*Acidianus*, 273, 392, 449, 532-534
*Acidianus convivator*, 274
*Acidianus infernus*, 535-536, 540
Acidificação, oceano, 647
Acidithiobacillales, 486
*Acidithiobacillus*, 100, 457, 481, 486, 639, 645
*Acidithiobacillus ferrooxidans*, 166, 396-398, 450, 526, 569, 641, 650-652
*Acidithiobacillus thiooxidans*, 395, 652, 666
Ácido 3-fosfoglicérico (PGA), 423
6- Ácido aminopenicilânico, 813-814
Ácido ascórbico, produção comercial, 462-463
Ácido aspártico
  biossíntese de pirimidina, 99
  código genético, 129
Ácido butírico, 405
Ácido caproico, 45
Ácido carbônico, 644
Ácido desoxirribonucleico. *Ver* DNA-Desoxirribonucleotídeo, 116, 188
Ácido D-glutâmico, 42, 43
Ácido diaminopimélico (DAP), 42, 43, 149
Ácido dipicolínico, 54, 55, 71, 446
Ácido fólico, 74-75, 99, 419, 812, 813
Ácido fosfoglicérico (PGA), 390
Ácido fosfonofórmico (Foscarnet), 817
Ácido gordo de cadeia ramificada, 100
Ácido graxo
  análises de FAME, 373-374
  cadeia longa, 468
  cadeia ramificada, 100
  classes, em *Bacteria*, 373
  efeitos de alta pressão, 623
  insaturado, 100, 163, 165
  número ímpar de carbonos, 100
  oxidação, 447, 449
  polinsaturado, 163
  saturado, 163, 165
  síntese, 99-100
  volátil, 684-689, 704
Ácido hialurônico, 718
Ácido hipocloroso, 756
Ácido inosínico, 98, 99
Ácido isobutírico, 497
Ácido isovalérico, 497
Ácido láctico, 491
Ácido láurico, 45
Ácido lipoico, 74-75
Ácido lipoteicoico, 44, 716, 717, 735
Ácido liquênico, 671
Ácido micólico, 500, 859, 861
Ácido mirístico, 45
Ácido *N*-acetilmurâmico, 42, 43, 45-46, 148
Ácido nalidíxico, 111, 812, 813
Ácido nicotínico (niacina), 74-75
Ácido nitroso, 297
Ácido nucleico, 108, 140
  componentes, 108
  hibridação. *Ver* Hibridização
  síntese, 98, 817-818
Ácido oleico, 675
Ácido orgânico, descarboxilação, 407
Ácido orótico, 99
Ácido oxálico, 666
Ácido palmítico, 45, 675
Ácido *p*-aminobenzóico, 811-812, 813
Ácido pantotênico, 74-75, 419
Ácido peracético, 176-178
Ácido poli-hidroxibutírico-β, 49
Ácido propiônico, 406, 500
Ácido ribonucleico. *Ver* RNA
Ácido saminurônico *N*-acetiltalo, 45-47
Ácido siálico, 281
Ácido tartárico, 14, 15
Ácido teicoico, 44, 71
Acidobacteria, 357, 434, 435, 446, 456, 462-463, 513-514, 610, 611, 615, 620-621, 625
*Acidobacterium capsulatum*, 513-514
Acidófilo, 9, 165, 166, 180, 518, 641-643, 653
  extremo, 359
Ácidorresistente, 500, 515
Ácidos biliares, 710, 712
Ácidos graxos de cadeia longa, 468
Ácidos graxos de número ímpar de carbonos, 100
Ácidos graxos polinsaturados, 163
Ácidos graxos voláteis, 684-689, 704
Acidose, 685-686
*Acidovorans delftia*, 462-463
*Acidovorax*, 458, 569
*Acinetobacter*, 47-48, 302, 707, 709, 796, 797, 910
  resistência antimicrobiana, 821
Acne, 868, 869
Acondicionamento em lata, 11, 910
Aconitato, 94, 402-403
Acoplamento fumarato-succinato, 83
Acridina, 297-299
Acrilato, 639
Actina, 68-69
  proteína procariótica similar à, 147, 148
Actinobacteria, 357, 358, 434, 453, 457, 459-460, 480, 491, 499-504, 610, 611, 615, 620-621, 625, 686-690, 693, 695, 707, 709, 710. *Ver também* Bactéria gram-positiva com alto teor de GC
  filamentosa, 501-504
  *Mycobacterium*, 500-502
  ordens maiores, 492
Actinobacteridae, 615
Actinomecetos, 501-504
Actinomicetos filamentosos, 501-504
Actinomicina, 812-814
*Actinomyces*, 492, 501-502, 689-690, 707, 718
Actinomycetales, 492, 499
Actinorrodopsina, 615
Açúcar
  biossíntese, 97
  captação, 40-41
  conservação de alimentos, 910
  fermentação, 87-88, 294, 403, 405
  fosforilado, 40
  metabolismo, 98
Adamantanes, 866-867
Adaptabilidade, 363, 367, 377
  experimento da evolução de longo termo de *Escherichia coli* (LTEE), 365, 366
  hipótese da Rainha Negra, 368, 530
Adaptação, 227
  molecular, para a vida em altas temperaturas, 538-540
Adaptação microbiana, 842-844
Adaptador, DNA, 321
Adaptador de proteínas, 776, 778
Adenilato-ciclase, 223,724
Adenililação, 241
Adenina, 108, 109, 111
*S*-Adenosilmetionina, 238
Adenosina difosfato (ADP), 402-403
Adenosina difosfoglucose (ADPG), 97
Adenosina fosfosulfato (APS) redutase, 395, 414, 415
Adenosina fosfosulfato (APS) 401, 414, 415
Adenosina trifosfato. *Ver* ATP
Adenovírus, 258, 275-276, 806, 865
  genoma, 275
Aderência
  patógeno para hospedeiro, 47-49
  vírus, 249, 251, 252
Aderência, 714-717, 720, 729
Adesão, biofilme, 603, 604
Adjuvante, vacina, 753

ADP-ribosilação, 721-722
Aerobactina, 843-844
Aeróbio, 7, 79, 168-169, 180
facultativo, 79, 168-172
hábitat, 169-170
obrigatório, 169-170
técnicas de cultura para, 169-171
Aeromonadales, 486
*Aeromonas*, 457, 486, 910
*Aeromonas veronii*, 700-701
*Aeropyrum*, 534
Aerotaxia, 62, 63, 228-229
Afídeo, 694
significância nutricional de simbiontes obrigatórios, 692
simbiontes primários e secundários, 691
Afinidade de ligação, 764-765
Afinidade de maturação, imunoglobulina, 783-784
Afinidade na ligação do antígeno, 765-766
Aflatoxina, 925
África, doenças infecciosas em, 839-842, 848-849
Afta. *Ver* Herpes labial
Ágar, 17, 18, 20, 77, 78, 562. *Ver também tipos específicos*
ensaio de placa usando camadas de, 250
tubos de ágar molten, 448
Agar de soja tripticase, 799
Ágar EMB. *Ver* eosina azul de metileno (EMB) Ágar
Ágar entérico, 799
Ágar eosina azul de metileno (EMB), 799-802, 905
Ágar ETI. *Ver* Tríplice ágar açúcar-ferro (TSI)
Ágar Hektoen, 915-916
Ágar hipertônico manitol, 869
Ágar Thayer-Martin, 797-799, 862
modificado (MTM), 800-801
Ágar-chocolate, 797-801
*Agaricus*, 561
Agarose, 317
Agente alquilante, 297
Agente antimicrobiano, 176-177, 180. *Ver também* Antibiótico
detectando a atividade microbiana, 176-178
efeito de crescimento, 176-177
eficácia, 177
tipos, 176-178
uso externo, 176-177
uso *in vivo*, 811-819
Agente bactericida, 176-177, 180
Agente bacteriolítico, 176-177
Agente bacteriostático, 176-177, 180
Agente *-cida*, 176-177
Agente fotoprotetor, 383
Agente fungicida, 176-177, 180, 655
Agente fungistático, 176-177, 180
Agente intercalante, 297-299
Agente quimioterapêutico, 815-817
Agente redutor, 169-170, 448
Agente virostático, 176-177, 181
Agente-*estático*, 176-177
Agentes antivirais contra a gripe, 817
Agentes de doenças, 08-10
Agentes de transferência gênica (GTAs), 291, 693-694
Agentes selecionados, armas biológicas, 844-845
Agentes subvirais, 284-287
Agentes viricidas, 176-177, 181
Aglutinação, 805, 825
direta, 805
passiva, 805
Agravos de notificação nacional
Agricultura
antibióticos usados em, 820
microbiologia, 10-11, 22
plantas transgênicas, 336-338
*Agrobacterium*, 115, 678-679
*Agrobacterium rhizogenes*, 678
*Agrobacterium tumefaciens*, 336-337, 481-482, 678, 679
Agrupamento de vizinhos, 361
Água
águas subterrâneas, 611-613
como veículo de doença, 904-906
divisão, 387-388
na fotossíntese aeróbia, 387-388
no solo, 608
permeabilidade das membranas à, 37
Terra primitiva, 348-349
Água bruta (água não tratada), 661-662, 668
Água do mar, vírus e bactérias em, 261
Água finalizada, 661-663, 668
Água fresca ambiental anóxica, 613, 614
Água não tratada (bruta), 661-662, 668
Água potável, 906
fonte de doenças transmissíveis pela água, 661-662, 664, 904-905, 928-929
microbiologia, 22
padrões, 605, 654
purificação e estabilização, 661-663
sistemas de distribuição, 663-664
corrosão influenciada microbiologicamente, 650, 664-665
Águas de rejeitos, 657, 668. *Ver também* Tratamento esgoto
doméstico, 657-658
industrial, 657-658
Águas recreacionais, doenças veiculadas pela água, 904-905, 930
Aids, 259, 560, 708, 714, 727-728, 742, 794, 809, 829, 830, 872, 877-878. *Ver também* HIV; HIV/Aids
definição, 877-878
distribuição por grupo de risco e sexo, 847
epidemiologia de HIV/Aids, 847
HIV/Aids casos ao redor do mundo, 847
HIV-EIA, 808, 809, 879
HIV-*immunoblot*, 809
mortalidade, 846-847
pediátrica, 848-849
prevenção, 881
progressão de HIV não tratado infecção de, 878-880
transmissão de HIV, 847-849
tratamento, 880-881
Akinete, 438
Alanina
código genético, 129
estrutura, 128
fermentação, 405, 406
síntese, 98
D-alanina, 42-44, 149
L-alanina, 42, 43
*Albugo*, 551
Alça de retroalimentação, 225-226
Alcalifilo, 9, 166, 180
*Alcaligenes*, 100, 115, 484
Alcalinidade, 165, 166
*Alcanivorax borkumensis*, 654
Álcool, 402-403. *Ver também* Etanol
antisséptico, 176-178
desinfetante, 176-178
esterilizador, 176-178
produto de fermentação, 635
Aldolase, 86, 87, 403
Alelo, 363, 371, 377
Alergênico, 747-748
desenssibilização, 731
dose sublingual, 731
Alergia, 747-748, 767, 925
amendoim, 731
Alergias alimentares, 731
Alfavírus, 844-845
Algas, 3, 562-566
bêntica, 613
calcárias, 562-563
colonial, 563, 564
coralina, 562-563
decomposição de hidrocarbonos, 654
douradas, 551, 553
filamentosas, 562-564
florescimento, 614
Líquen. *Ver* Líquen
marrom, 551, 553
microfóssil, 351, 352
neve, 162
psicrofílico, 162
recifes de coral, 700-702
solutos compatíveis, 167-169
unicelular, 562, 563
verdes, 67, 161, 162, 544-546, 549, 562-565
vermelha, 543-546, 550, 562-563
Algoritmo, 361
*Alicyclobacillus*, 495
*Alicyclobacillus acidocaldarius*, 495
*Aliivibrio*, 486, 489
*Aliivibrio fischeri*, 167-168, 228-229, 474, 696-697
Alilamina, 812, 817-818
Alimentação animal, antibióticos, 820
Alimento
atividade de água, 167-168, 910
cólera, 906, 907
como veículo de doença, 909-912
congelado, 11, 910
conteúdo úmido, 910
dessecado, 910-911
deterioração, 11, 172-173, 448, 559, 909-910, 922
enlatado, 915
envasamento em lata, 11, 910
esterilização por radiação, 174-175
fermentado, 911
irradiado, 911
não perecível, 910, 922
perecível, 909, 922
preservação, 910-911
preservação química, 911
probiótico, 711
salgado, 518-519, 910, 914
semiperecível, 909-910, 922
Alimento congelado, 11, 910
Alimento geneticamente modificado (alimento GM), 337
Alinhamento de sequência, 359, 360, 377
*Allochromatium vinosum*, 441
*Allochromatium warmingii*, 374
*Allomyces*, 559
Almofada de arroz, 677
*Alnus glutinosa*, 677
Aloficocianina, 383-384, 386
Alongamento, tradução, 133-135
Alta pressão, de efeitos moleculares, 623-624
*Alternaria*, 910
Alteromonadales, 486, 620-621, 625, 627
Alume, adjuvantes para vacinas, 753
Alumínio, ácido para drenagem de minas, 652
Alveolados, 357, 544-546, 549-551
Alvéolos, 549
*Alvinella*, 491
*Amanita*, 557-558, 561, 562
Amantadina, 866-867
Ambiente, 600-602
efeito sobre o crescimento, 157-172
microambientes, 600-601, 629
Ambiente aquático, 613-628
Ambiente clínico, 794-797
Ambiente de água doce, 613-615
Ambiente de alta temperatura, 163-165
Ambiente extremo, 1, 161-165, 440
tolerância, 7-8
Ambiente frio, 161-163
Ambiente hospitalar, 795-797, 831, 869
Ambiente óxico (oxidativo), 601
ambiente de água doce, 614
Ambiente terrestre, 6, 606-613
Ambientes construídos, microbiologia de, 649-668
águas residuais e água potável tratamento, 657-663
biorremediação, 12, 422, 484, 653-655, 667
corrosão influenciada microbiologicamente, 650, 664-666, 668
microbiota no ar interior, 649
recuperação mineral e ácido de mina
drenagem, 650-653
Ambientes térmicos, 163
Amebíase, 807, 840-842, 927-928
Amebócitos, 724, 725
Américas, doenças infecciosas em, 839-842
Ames, Bruce, 296
Amfotericina B, 504, 817-818, 925
Amicacina, 812
Amido, 86, 88, 97
degradação, 685-687
Amigdalite, 719
Amilase, 88
Aminoácido , 76, 140
apolar, 127, 128
captação, 521-522
enantiômero, 127
esqueleto carbônico, 98
essencial, 688-689, 692
estrutura, 127-128
famílias, 98, 127
fermentação, 88, 402-403, 405-406, 496, 497
grupo amino, 98, 99
grupo R, 128
sequência, 202
síntese, 98
Aminoácido aromático, síntese, 240
D-aminoácido, 127
L-aminoácido, 127
Aminoácidos essenciais, 688-689, 692

Aminoacil-AMP, 132
Aminoglicosídeo, 813, 815, 825
  resistência, 820
Aminoglicosídeos, 504
2-Aminopurina, 297
Aminotransferase, 98
*Ammonifex*, 449
*Amoeba*, 552-554
  bolor limoso, 555
*Amoeba proteus*, 553-554
*Amoebae*, parasítica, 927-928
*Amoebobacter purpureus*, 440
*Amoebozoa*, 357, 545-546, 553-555, 927-928
Amônia
  a partir da fixação do nitrogênio, 224, 676
  ciclo de nitrogênio, 637, 638
  doador de elétrons, 398
  em oceanos, nível de, 529
  fermentação de aminoácido por clostrídios, 405
  fonte de energia, 96
  fonte de nitrogênio, 74-75, 98-100
  nitrito como aceptor de elétrons, 399
  oxidação, 398-400, 455, 528, 529
  produção em desnitrificação, 412-413
  redução dissimilativa de nitrato para (DRNA), 588, 637
Amônia anidro, 638
Amônia monoxigenase, 398, 399, 455, 585
Amônia oxidando arqueia, 399, 455, 616
Amônia oxidando bactéria, 398, 601
Amônia oxidando quimiolitotróficos, 619
Amonificação, 637
*Amonium*, 392-393, 452
Amostra atenuada, 714-715, 742-744
Amostra fecal, 799-800
Amostra líquida, 799-800
Amostra tipo, 375
Amoxicilina, 870, 892
AMP cíclico (AMPc), 243
  agregação de bolor limoso, 555
  estrutura, 223
  pertússis, 859
  repressão catabólica, 223
  toxina da cólera, 724
*Amphibacillus*, 495
Ampicilina, 813-814, 824, 859
  resistência, 326-327
Ampliação, 26, 27
Amplicon, 581
  visualizando, 810-812
Amplificação de ácidos nucleicos, 810-812
Amplificação de fragmento por polimorfismo de tamanho (AFLP), 372
Amplificação por deslocamento múltiplo (MDA), 205, 593-594, 596
*Anabaena*, 52, 100, 101, 232, 234-235, 436, 438-440, 591, 670
*Anabaena azollae*, 677
*Anabaena variabilis*, 437, 453
*Anaerobacter*, 495
Anaeróbio, 7, 79, 168-170, 180
  aerotolerante, 168-172, 180, 491
  cultura, 169-171, 800-801
  *Entamoeba histolytica*, 927-928
  hábitat, 169-170
  intestinal, 710
  obrigatório, 169-170, 181, 399, 400, 411, 462-463, 504, 522, 526, 530, 531
  rúmen, 685-687
*Anaeroplasma*, 498
Anafilatoxinas, 769-770
Anafilaxia, 731, 747
Análise bayesiana, 361
Análise comunitária, 568-587
  cultura de enriquecimento, 568-572
  filochips, 582-583
  FISH, 578
  genômica ambiental, 584-585
    abordagem de gene único *versus*, 584
    montagem de genomas em "gráfico de conexão", 567
  isolamento, 572-575
  ligando genes específicos para determinados organismos, 579
  métodos de coloração, 575-577
  reação em cadeia da polimerase (PCR), 579-582
  sequenciamento de tecnologia de última geração, 581, 583
Análise da curva de fusão, 811-812
Análise de microarranjo por *filochip*, 617
Análise de RNA-Seq, 200-201
Análise de sequenciamento profundo, 581
Análise do genoma completo, 372
Análise fenotípica, 369-370, 373-374
Análise filogenética, 369-370
  alinhamento de sequências, 359, 360
  diversidade de procariotos de água doce, 614-615
  diversidade procariótica de sedimentos marinhos, 624-625
  diversidade procariótica do solo, 609-611
  diversidade procariótica marinha, 620-622
  genes usados em, 359
  obtenção de sequências de DNA, 359, 360
  procariotos hidrotermais de diversidade, 627-628
Análise genotípica, 369-370
Análise multigene, 371, 372
  análise filogenética, 371
Análises da comunidade microbiana. *Ver* Análise comunitária
Análises de sequências, 370-371, 580, 581, 583
  de próxima geração, 581, 583
  do gene, 370-371
  profunda, 581
Análises de sequências gênicas. *Ver* Análise de sequências
Análises dependentes de cultivo, 568-575
Análises independentes de cultivo, 568, 574-587
Análises multiparamétricas, citometria de fluxo, 591-592
Análogo de fator de crescimento, 811-812, 825
Análogo de nucleosídeo, 812, 815-817, 824, 881
Análogo de pirofosfato, 817
Análogos de ácido nucleico, 812, 817-819
Análogos de bases de nucleotídeos, 297
Análogos de nucleotídeos, 817
Anammox, 398-400, 431, 638
  ecologia, 400
  zona mínima de oxigênio, 617
*Anammoxoglobus*, 400
Anammoxossomo, 399-400, 508
*Anaplasma phagocytophilum*, 891
Anaplasmose granulocítica humana (HGA), 890-891
Anaplasmoses, 838-839
  *tickborne*, 890-891
*Ancalomicrobium*, 471
*Ancalomicrobium adetum*, 470
Ancestral comum. *Ver* Último ancestral universal comum (LUCA)
*Ancylobacter aquaticus*, 52, 467
Anel β-lactâmico, 813-814
Anel C, 56-57, 59
Anel de fase, 28
Anel FtsZ, 144-146, 148
Anel L, 56-59
Anel MS, 56-59
Anel P, 56-59
Anel pirrólico, 90
Anemia perniciosa, 749-750
Anergia, 786-787, 791
Anergia clonal, 786-787, 791
Anfíbios, morte massiva de, 559
Anfitrião, 706, 714, 729, 830-835
  clonagem. Ver Clonagem de anfitrião
  coevolução do hospedeiro e patógeno, 830-831
  suplente, 832
  vírus, 246
    receptores, 251
    restrição e modificação por hospedeiro, 252-253
Anidrase carbônica, 74-75, 391
Animais, 357
Animais de ceco, 683
Ânion superóxido, 170-172, 756
Anotação, 189-90
Antígeno H, 720
Antibiograma, 803, 825
Antibiótico, 176-178, 309, 813-816, 825. *Ver também compostos específicos*
  alimentação animal, 820
  baixo espectro, 813
  biofilme, 159, 603, 604
  β-lactâmico, 813-815, 822, 825
  combinado com compostos inibindo resistência a antibióticos, 824
  efeito na microbiota intestinal, 711
  efeito na mitocôndria e nos cloroplastos, 544
  efeito na RNA-polimerase, 813-814
  grande espectro, 813, 815, 825
  inibição da DNA-girase, 111
  macrolídeo, 815
  mel de abelhas, 793
  modo de ação, 813-814
  natural, 813-816
  peptídeo, 127
  procura por novos antibióticos, 822-824
  produção, 495, 503-504, 815-816
  produção comercial, 504
  produção mundial anual e uso, 813
  produto natural como, 823-824
  semissintético, 813-816
  síntese de proteínas, 813
  testando a suscetibilidade, 802, 803
  tratamento de antraz, 846-847
  uso inapropriado de, 820-821
  uso não médico, 820
  usos na agricultura, 820
Anticoagulantes, 732
Anticódon, 129, 131-132, 135, 140
Anticorpo, 732, 734-736, 737-739, 751, 756, 757, 781-784. *Ver também* imunoglobulina (Ig)
  aglutinação, 805, 825
  ativação de complemento, 769-771
  citocinas e, 789
  controle genético, 767
  detectando, 807, 809
  diversidade, 781-784
  especificidade, 758
  fluorescente. *Ver* Anticorpo fluorescente-teste
  imunidade, 763-771
  ligação antigênica, 758, 782, 788
  outras classes, 765-767
  produção, 767-769
  reação antígeno-anticorpo, 769, 770, 804
  título, 744, 768-769, 804
  transferência para neonatos, 742
Antígeno, 322, 493-494, 732, 751, 757-762, 772
  diversidade de receptor, 767-769
  heterólogos, 758
  homólogos, 758
  ligação antígeno-peptídeo, 780-781
  polissacarídeo, 745
  superantígeno, 747, 749-750
Antígeno capsular Vi, 720
Antígeno do fator de colonização (CFA), 716, 717
Antígeno heterólogo, 758
Antígeno homólogo, 758
Antígeno leucocitário humano (HLA), 759, 780, 791
  antigo hominídeo, 773
  complexo (complexo HLA), 778
  mapa genético, 779
Antígeno M1, 745-746
Antígeno O, 720
Antígeno protetor (PA), 719, 843-845
Antígeno sanduíche EIA, 807-808
Antígenos de polissacarídeos, 745
Antígenos próprios, 758, 785-787
Anti-histaminas, 748
Antimicrobianos naturais, 813-816. *Ver também* Antibiótico
Antimicrobianos sintéticos, 811-813
Antiporter, 40
Antisséptico (germicida), 176-178, 180
Antissoro, 742, 764-765
Antitoxina, 738, 742
Antraz, 15, 16, 714-715, 719, 725-726, 812, 838-839, 844-847, 897-900
  armamento, 845-847
  biologia e crescimento, 845
  descoberta e propriedades, 897-899
  formas de ser humano, 898-899
  infecção e patogênese, 845
  patologia, 898-899
  tratamento, 846-847
  vacinação, 742-743, 846-847, 898-899
Antraz cutâneo, 845-847, 898-899
Antraz gastrintestinal, 845
Antraz intestinal, 898-899
Antraz pulmonar, 845
Aparelho de Golgi, 3, 64, 68

APC. *Ver* Células apresentadoras de antígeno (APCs)
Apicomplexos, 544, 545, 549-551
Apicoplasto, 550
Apodrecimentos, 555-556
Apoplasto, 681
Apoptoses, 761-762, 786-787
Apresentação de antígeno, 736, 755
Apressório, 470, 471
APS-cinase, 414
APS-redutase, 395, 414, 415
*Aquabacterium*, 458
*AquAdvantage*TM salmão, 338
Aquaporinas, 37
*Aquaspirillum*, 47, 463
Aquecimento ártico, 517
Aquecimento dos oceanos, 646-647
Aquecimento global, 633, 648
  arqueias e, 517
  dióxido de carbono, 646-647
  liberação de metano a partir de hidratos de metano, 633-634
  zonas mínimas de oxigênio, 617
Aquífero, 611
*Aquifex*, 7, 391, 449, 510, 511
*Aquifex aeolicus*, 185, 511
  genoma, 191
*Aquifex pyrophilus*, 510, 538
Aquificae, 357, 434, 449
*Arabidopsis*, 198, 203, 207
*Arabidopsis thaliana*, 197
Arbovírus, 838-839, 893-895
Arbúsculos, 676, 680, 681, 703
*Archaea*, 3, 5-6, 348, 356, 377
  alcalífico, 166
  aquecimento global, 517
  árvore filogenética, 6, 7
  desnitrificando, 456
  distribuição gênica, 192-193
  diversidade procariótica do sedimento marinho, 624, 625
  diversidade procariótica hidrotermal, 627-628
  energia de metabolismo, 518
  *Eukarya* similaridades a, 353-354, 358
  evolução, 5-6, 536-541
  filogenia, 357-359, 518
  flagelos, 57
  genômica e novidades, 183
  halófilos extremos, 518-522
  hipertermófilos, 163, 165, 526-527, 530-537
  membrana citoplasmática, 36
  metabolismo, 350-352, 518
  metanogênico, 522-525
  morfologia celular, 147
  *Nanoarchaeum*. *Ver* *Nanoarchaeum*
  nitrificação, 183, 454-455
    Thaumarchaeota e, 528-529
  oceano aberto, 619-620
  oxidando amônia, 399, 455, 616
  parede celular, 43-47
  perda de parede celular, 525-526
  piezófilos, 622-623
  piezotolerante, 622
  propriedades fenotípicas, 358
  reduzindo enxofre, 449
  resposta ao choque térmico, 231
  RNA-polimerase, 122
  sedimento de fundo oceânico, 597
  sequências interventoras, 126
  sistema CRISPR, 311-312
  traços funcionais maiores mapeados por meio do filo maior, 434
  transcrição, 125-126
    controle de, 224
  transferência gênica, 309
  vírus, 273-274
Archaeoglobales, 527-528
*Archaeoglobus*, 414, 448, 518, 527-528, 532-533, 638
*Archaeoglobus fulgidus*, 527
*Arcobacter*, 490, 627-628
Ar-condicionado, 664
Área de superfície, 34-35
Areia, 606-607
Arenavírus, 258, 844-845
Argila, 606-607
Arginina
  cianoficina, 438
  código genético, 129
  estrutura, 128
  fermentação, 406
  síntese, 98, 219
Arginina regulon, 221
ARISA, 580-582
Armas biológicas, 844-847
  candidato, 844-845
  características, 844-845
  entrega, 846-847
  prevenção e resposta, 846-847
Armatimonadetes (OP10), 479
Arqueias redutoras de enxofre, 449
Arsenato, 421
  redução, 513-514
Arsênico, 651, 652
Arsenito, 421
*Arthrobacter*, 492, 499-500
*Arthrobacter crystallopoietes*, 499
*Arthrobacter globiformis*, 500
*Arthrospira*, 436
*Arthrospira maxima*, 437
Artrite, 493-494, 796, 868
Artrite reumatoide, 749-750
Árvore, micorrízicos, 679
Árvore alder, 677-678
Árvore filogenética, 4, 6, 7, 353, 355, 360-363, 377, 580
  construção, 360-361
  eucariótica, 545-547
  limitações, 361-363
  multigene, 359
  não enraizadas e enraizadas, 360, 361
  nós e ramos, 360, 361
  universal, 357
Árvore universal da vida, 355, 377
Asci (singular, ascus), 560
Ascomicetos, 557-558, 560-561
Ascósporo, 557-558
Asma, 691, 747
Asparagina, 677
  código genético, 129
  estrutura, 128
  síntese, 98
Aspartato
  estrutura, 128
  síntese, 98, 99
  síntese de purina, 99
*Aspergillus*, 14, 557-558, 560, 910, 911, 925
  intestino fúngico, 206
*Aspergillus flavus*, 925
*Aspergillus fumigatus*, 557
*Aspergillus nidulans*, 197
*Aspergillus niger*, 174-175
Aspergilose, 925
Assimilação de um carbono, 425-426
Associações patogênicas, 670
*Asterolampra*, 551
*Asteroleplasma*, 498
*Asticcacaulis*, 471, 481
*Asticcacaulis biprosthecum*, 470
Astrovírus, 920
Atenuação, 238-239, 243, 714-715, 729
Atenuador, 238
Aterro de lixo, 656
Atiradores de elite, 694
Ativação alternativa da via de complemento, 769-771
Ativador do plasminogênio tecidular, 335-337
Atividade corretora de exonucleases, 120
Atividade de água, 167-168
  alimentos, 167-168, 910
  crescimento e, 167-168
  definição, 181
  solo, 609
Atividade de ensaio antimicrobiano, 176-177
Atividade microbiana
  na natureza, 568
  no solo, 608
  taxas, 598
  tipos, 598
Atividade revisora, DNA-polimerase III, 120
Atmosfera
  acumulação de oxigênio, 350-352
  terra primitiva, 351-352
Ato da Água Potável Segura (Safe Drinking Water Act), 905
ATP, 79, 85, 108. *Ver também* Mitocôndria
  estrutura, 85
  fixação de nitrogênio, 101, 102
  hidrólise livre de energia, 85
  produção
    acetogenes, 417
    acetogênese, 416
    ácidos orgânicos de decarboxilação, 407
    bactéria nitrificante, 398
    bactéria oxidadora de ferro, 397
    bactéria oxidadora de hidrogênio, 394
    bactéria redutora de sulfato, 414
    bactéria sulfúrica, 395, 396
    células primitivas, 350
    fermentação, 86-89, 401-403
    força próton-motiva, 92, 96
    fosforilação oxidativa, 92-93
    fotossíntese, 380, 384-388
    fotossíntese oxigênica, 387-388
    glicólise, 86-89
    halófilos extremos, 521-522
    metanogenes, 420-421
    metanogênese, 416
    quimiolitotrófico, 392-393
    respiração, 89
    sintrofia, 409, 410
    sistema de transporte de elétrons, 91-93
  síntese, decarboxilando tipo fermentações, 408
  uso
    ativação de aminoácidos, 132
    ciclo de Calvin, 390, 391
    fixação de nitrogênio, 102
    formação de proteínas, 137
    glicólise, 86-89
ATP sintase, 92-93, 104, 195, 387-388
  reversibilidade de, 92-93
ATP sulfurilase, 414
ATPase. *Ver* ATP sintase
Atraente, 61-63, 226, 227
Atrazina, 656
ATV, 273-274
Aureomicina. *Ver* Clortetraciclina
Autoanticorpo, 749-751
Autoclave, 77-78, 172-174, 180
Autofluorescência, 29, 419
Autofosforilação, 225-226
Autoimunidade, 748-751, 786-787
Autoindução, 474, 477
Autoindutor, 228-229, 243
Autólise, 148
Autolisina, 148, 149, 302
Automontagem, vírus, 247, 254, 278
Autotrofia, 390
  *Aquifex*, 511
  arqueia oxidadora de amônia, 399
  bactéria anammox, 400
  bactéria hidrogênica, 394
  bactéria oxidadora de ferro, 397
  bactéria verde não sulforosa, 391-392, 443, 445
  fotoautotrófico, 380
  metanogênicos, 420
  Thaumarchaeota, 528, 529
  via acetil-CoA uso e, 415
  via autotrófica, 390-392
Autotrófico, 21, 74-75, 96, 104, 380, 431
  evolução, 350, 351
  fixação do dióxido de carbono, 391, 392
  fotoautotrófico, 96, 386-387, 444-445, 587
  oxidação do fosfito, 415
  via acetil-CoA, 416
Auxotrófico, 292-293, 313
Auxotróficos de histidina, 293
Auxótrofo nutricional, 292-293
Avanços tecnológicos, contribuição para o aparecimento de agentes patogênicos, 842
Avidez, imunoglobulina, 765-766
Azidotimidina (AZT), 815-817, 880, 881
Azitromicina, 815, 872, 875
*Azoarcus*, 484
Azole, 812, 817-818, 925
*Azolla*, 677
*Azolla pinnata*, 677
*Azomonas*, 100
*Azorhizobium*, 481-482, 672-673
*Azorhizobium caulinodans*, 673-674, 676, 677
*Azospirillum*, 100, 453, 481-482, 484
*Azospirillum brasilense*, 453
*Azotobacter*, 20, 100, 453-454, 481, 568-570, 637
*Azotobacter chroococcum*, 21, 454
*Azotobacter vinelandii*, 101, 454
AZT. *Ver* Azidotimidina (AZT)
Azul de metileno, 27

## B

B horizonte, 608
Babesiose, 838-839
Bacia de coagulação, 661-662

Bacia de sedimentação, 661-662
Bacillaceae, 695
Bacillales, 492-494, 685, 695
*Bacillus*, 13, 53-55, 302, 456, 494-496, 570, 637, 711, 813, 910
características, 495
esporulação, 53-55, 232, 241
estrutura de endósporo, 53-54
expressão gênica durante a esporulação, 216, 217
formação de endósporo e germinação, 53-55
*Bacillus anthracis*, 16, 47-48, 115, 185, 495, 714-715, 719, 806, 812, 843-847, 897-899
*Bacillus brevis*, 47
*Bacillus cereus*, 28, 495, 576, 580, 719, 720, 912, 919, 920
*Bacillus circulans*, 495
*Bacillus coagulans*, 495
*Bacillus firmus*, 166
*Bacillus globigii*, 317
*Bacillus licheniformis*, 495
*Bacillus macerans*, 495
*Bacillus megaterium*, 54, 495, 577, 580, 755
*Bacillus polymyxa*, 570
*Bacillus sphaericus*, 495
*Bacillus subtilis*, 147, 174-175, 184-185, 301, 302, 306, 495, 580, 795-796, 820
clonagem de hospedeiro, 328-329
esporulação, 54, 55
fissão binária, 144
formação de endósporo, 232, 233
genoma, 185, 192
*Bacillus thuringiensis*, 337-338, 495-496
Bacilos formadores de endosporo, 495-497
Bacilos gram-negativos, aeróbios facultativos, 486
Bacitracina, 495, 812
Baço, 732, 734, 736, 768-769, 786-787
*Bacteria* (domínio), 3, 5-6, 348, 356, 377. *Ver também* Bactéria nitrificante
árvore filogenética, 6, 7
biomassa, 8
classes de ácidos graxos, 373
desnitrificante, 456
distribuição gênica, 192-193
evolução, 5-6
filo, 480
filogenia, 358
fóssil, 351
metabolismo, 350-351
modelo de regulação do desenvolvimento, 232-236
NC–10, 433
nitrificante, 454-455
oceano aberto, 619-620
parede celular, 40-46
piezófilos, 622-624
piezotolerante, 622
produção de antibiótico, 815
propriedades fenotípicas, 358
relacionamentos entre mitocôndrias e cloroplastos e, 67, 544
sedimento marinho
diversidade, 624-625
similaridades a *Eukarya*, 353-354, 358
sistema CRISPR, 311-312
traços funcionais mapeados do filo maior, 434
transferência gênica, 299-308
ventilação hidrotermal diversidade procariótica, 627-628
Bactéria ácido acética, 461-463, 477, 911
suboxidantes, 462-463
Bactéria acidófila aeróbia ferro-oxidante, 457
Bactéria anaeróbia ferro-oxidante, 458
Bactéria apendiculada, 31-33, 468-471, 508, 509
Bactéria aquífera, metabolismo descoberto por meio da análise de sequências 379
"Bacteria comedora de carne," 856-857
Bactéria fusiforme, 710
Bactéria oxidante de enxofre, 639, 666
dissimilativa, 449-452, 477
diversidade e estratégias ecológicas, 450-452
diversidade fisiológica, 449-450
filamentosa, 450-451, 606-607
hidrotermal, 696-700
Bactéria oxidante de hidrogênio, 394
características, 458-460
ecologia, 459-460
fisiologia, 459-460
metabolismo energético, 458
Bactéria oxidante de nitrito, 398-399, 455-456, 601
Bactéria semelhante a *Rikenella*, 700-701
Bactéria verde não sulfurosa, 351, 381, 383-385, 477
autotrófica, 391-392
diversidade funcional, 444-445
Bactéria verde sulfurosa, 381, 382, 384-385, 477
autotrófica, 391, 392
centro de reação, 389-390
composição de carbono isotópico, 590
consórcio, 444, 671-672
cultivo de enriquecimento, 569
diversidade funcional, 443-444
ecologia, 444
fluxo de elétrons, 386-389
pigmentos, 443-444
Bactérias filamentosas oxidantes de oxigênio, 450-451, 606-607
Bactérias, 396-398, 599
acidofílicas, 396, 397
aeróbio acidofílico, 457
aeróbio neutrofílico, 457-458
anaeróbia, 458
anoxigênicas fotoautotróficas, 398
dissimilativa, 457-458
energia a partir de ferro ferroso, 397-398
ferro-oxidantes, 642-643
lixiviação de minérios de cobre de baixo grau utilizando, 650
pH neutro, 396-397
Bactérias axidantes de ácidos graxos, produtoras de hidrogênio, 409, 410, 635
Bactérias carboxidotróficas, 459-460
Bactérias celulolíticas, 635
Bactérias corineformes, 499-500, 515
Bactérias de enxofre, 21, 49-50, 392-393
ácido-tolerante ou acidófilo, 395
energética, 395
não pigmentadas, 395
Bactérias do ácido láctico, 74-75, 87, 88, 491, 515, 872-873, 911
cultura de enriquecimento, 570
deterioração do leite, 151
diferenciação, 491
heterofermentativas, 403-404, 491
homofermentativas, 403, 404, 491, 500
ribotipagem, 372
Bactérias do ácido propiônico, 406, 500, 515, 570, 911
Bactérias do ferro, 392-393
Bactérias em forma de bastonete, 31-34. *Ver também* Bacilo
Bactérias embainhadas, 472
Bactérias entéricas, 402-403, 486-488, 515, 799-802
características, 486
identificação, 486
padrões de fermentação, 404, 486-487
Bactérias filamentosas, 31-33
Bactérias fosfito, 392-393
Bactérias fototróficas, diversidade funcional de, 435-446
Acidobacteria, 446
anoxigênicos, 435
bactérias púrpuras não sulfurosas, 442
bactérias púrpuras sulfurosas, 440-441
bactérias verdes não sulfurosas, 444-445
bactérias verdes sulfurosas, 443-444
cianobactérias, 436-440
fototróficos anoxigênicos aeróbios, 442-443
heliobacteria, 446
visão geral, 435
Bactérias gram-negativas, 27, 28, 40-42, 71
clamídia, 506-508
membrana externa, 44-46
motilidade deslizante, 59-60
parede celular, 40-43, 47
Planctomycetes, 508-509
secreção de moléculas em, usando sistema "injectiossomo" tipo III, 138
sistema de transporte ABC, 40-41
teste diagnóstico dependente de crescimento, 799-800
transpeptidação, 149
Bactérias gram-positivas, 7, 27, 28, 40-41, 71, 491-504, 685-686, 707, 709, 710
Actinobacteria, 499-504
filamentosa, 501-504
alto teor de GC, 491, 515
autoindutoras, 228-229
baixo teor de GC, 491, 515
Firmicutes, 481, 491-97
parede celular, 40-45
síntese, 148
principais ordens, 492
sistema de transporte ABC, 40-41
transformação, 302
Bactérias hidrogênio, 392-393, 458-460. *Ver também* Bactéria oxidante de hidrogênio
cultura de enriquecimento, 569
em autotrofia, 394
Bactérias luminescentes, 474-475
Bactérias magnéticas, 472-473
Bactérias nitrificantes, 392-393, 398-399, 454-456, 578, 601
cultura de enriquecimento, 455
ecologia, 455
energética, 398-399
metabolismo de carbono, 399
Bactérias oxidantes de ferro ferroso, 665
Bactérias oxidantes de metano, 455
Bactérias oxidantes de sulfetos de, diversidade ecológica e estratégias, 450-452
Bactérias pectinolíticas, 467, 468
Bactérias pedunculadas, 468-471
*Planctomyces*, 508-509
Bactérias predadoras, 462-465
Bactérias prostecadas. *Ver* Bactérias pedunculadas
Bactérias púrpuras, 5-6, 381, 382, 384-387. *Ver também* Proteobacteria
aparato fotossintético, 389
centro de reação, 387-389
enxofre. *Ver* Bactérias púrpuras sulfurosas
fluxo de elétrons, 384-388
Bactérias púrpuras não sulfurosas, 442, 458, 477, 485, 569
Bactérias púrpuras sulfurosas, 50, 458, 477
composição isotópica do carbono, 590
cultura de enriquecimento, 569
diversidade funcional, 440-441
Bactérias que brotam, 468-469
*Planctomyces*, 508, 509
Bactérias que metabolizam hidrogênio, 458-460
Bactérias quimiotróficos, diversidade funcional de, 447-465
acetogênse, 461-463, 467, 477
bactérias de ácido acético, 461-463, 477, 911
bactérias predatórias, 462-465
bactérias que metabolizam hidrogênio, 458-460
ferro-oxidantes dissimilativos, 457-458
metabolismo do enxofre dissimilativo, 447-452
metanotrófica e metilotrófica bactérias, 459-462
no ciclo do nitrogênio, 452-456
redutores de ferro dissimilativos, 456-457
Bactérias redutoras de clorato, 570
Bactérias redutoras de enxofre dissimilativo, 448-449, 477
fisiologia e ecologia, 449
Bactérias redutoras de ferro, dissimilativas, 456-457
Bactérias redutoras de ferro férrico, 665
Bactérias redutoras de perclorato, 422
Bactérias redutoras de sulfato, 412-415, 423, 427-429, 569-572, 600, 616, 635, 641
análise por filochips, 583
autotrófica, 416
ciclo do enxofre, 639
corrosão do metal, 665-666
desproporcionação, 415
dissimilativa, 447-448, 477
ecologia, 448
estudos de fracionamento isotópico de enxofre, 590

etil-oxidante, 414-415, 447
fisiologia, 447-448
isolamento, 448
oxidação de fosfito, 415
oxidação de lactato por, 587
transformações de mercúrio, 645
Bactérias sulfurosas incolores, 395
Bactérias transmissíveis por artrópodes e doenças virais, 888-889-897-898
Bacteriemia, 505, 717, 729, 799-800, 825
Bacteriocina, 115, 140
Bacteriócito, 691, 703
Bacterioclorofila, 380-381, 431, 443
estrutura, 382
Bacterioclorofila *a*, 63, 381-385, 441, 443, 445, 446, 619, 677
Bacterioclorofila *b*, 382, 441
Bacterioclorofila *c*, 382, 383, 443, 445, 446
Bacterioclorofila *cs*, 382
Bacterioclorofila *d*, 382, 383, 443
Bacterioclorofila *e*, 382, 383, 443
Bacterioclorofila *g*, 382, 446
Bacteriófago, 246, 263. *Ver também* Bacteriófago lambda; T4 bacteriófago
agentes de transferência gênica (GTAs), 291, 693-694
cabeça e corpo, 247-248, 257-258, 261
ciclo de vida, 251-257
controle de transcrição, 330-331
converção fágica, 304-306
DNA de dupla-fita, 272-273
DNA de fita simples, 270-271
DNA filamentoso, 271
engenharia genética, 271
ensaio de placa, 250
*Escherichia coli*, 272, 277
fago β, 305-306, 721-722
fatores de virulência, 843-844
lisogênico, 857-859
marinho, 620-621
MS2, 277-278
Mu, 251, 257, 272-273, 310-311
receptores, 251
revisão de, 257-258
RNA, 277-278
T7, 257, 266, 272, 330-331
temperado, 211, 255-257
transdução, 261
Bacteriófago β, 305-306, 721-722
Bacteriófago f1, 251
Bacteriófago fd, 251, 257
Bacteriófago lambda, 247, 251, 255-257, 267
genoma, 255-256
integração, 256
interruptor genético, 257
lise vs. lisogenização, 256-257, 304
replicação, 255-256
transdução, 304
vetor de clonagem, 331-332
via lítica , 255-257
Bacteriófago lisogênico, 857-859
Bacteriófago M13, 251, 257, 271
Bacteriófago MS2, 251, 257, 266, 277-278
Bacteriófago Mu, 251, 257, 272-273, 310-311
crescimento lítico, 273
integração, 273
replicação, 273
repressora, 273
variedade de hospedeiros, 273
Bacteriófago P1, 303
Bacteriófago P22, 303
Bacteriófago T1, 251
Bacteriófago T2, 257
Bacteriófago T3, 251, 257
Bacteriófago T4, 248, 250-255, 257, 267, 272
adsorção, 251, 252
estrutura, 257-258
genoma, 252-253
penetração, 251-252
proteínas intermediárias, 253, 254
proteínas precoces, 253, 254
proteínas tardias, 253, 254
replicação, 253-254
transcrição e tradução, 253-254
Bacteriófago T7, 251, 257, 330-331
replicação, 272
Bacteriófago temperado, 211, 255-257
ciclo de replicação, 255
Mu, 251, 257, 272-273, 310-311
Bacteriófago $\varepsilon^{15}$, 304
Bacteriófago φX174, 251, 257, 267
genoma, 184-185, 270-271
mapa genético, 270
transcrição e tradução, 270
Bacteriófagos cabeça-e-cauda, 247-248, 257-258, 261
Bacteriófagos filamentosos, 271
Bacteriofeofitina, 384-387
Bacterioma, 691, 692, 703
Bacteriorrodopsina, 518-519, 521-522, 542, 620
Bacteriorruberina, 518-519, 521
*Bacterium*-dentro-de-*bacterium* simbiose, 692
Bacteriúria, 799-800
Bacteroidales, 504-505
Bacteroide, 673-677, 704
*Bacteroides*, 402-403, 504-505, 686-687, 706, 707, 709, 710, 799-800
*Bacteroides thetaiotaomicron*, 505, 688-689
Bacteroidetes, 196, 205, 357, 358, 434, 459-460, 463, 480, 504-506, 610, 611, 615, 620-621, 625, 627, 685, 688-690, 700-701, 707, 709, 710
Bactoprenol, 148, 149
Baculovírus, 328-329
Bainha exterior, espiroquetas, 465-467
Balanço hídrico positivo, 167-168
*Balantidium coli*, 549, 927-928
Balão de Pasteur, 15, 16
*Bal*I, 317
Baltimore, David, 266
Banda da parede, 148
Banho de cultura, 151-154, 180
Barbeiro, 548, 933
Barófilo, 9
Barreira de proteção, laboratório, 795-796
*Bartonella*, 481-483
*Bartonella quintana*, 481-482, 890-891
Bartonelose, 481-482
Basal, 545-546
Base análoga, 297
Base de nitrogênio, 108
Basidiocarpo, 557, 562
Basidiomas, 502
Basidiomicetos, 555-558, 561-562
Basidiósporo, 557-558, 562
*Basidium*, 557-558, 562
*Bathycoccus*, 618
*Bathymodiolus puteoserpentis*, 698-699
*Batrachochytrium*, 557-558
*Batrachochytrium dendrobatidis*, 559
*Baumannia cicadellinicola*, 196
*Bdelloplasto*, 462-463
*Bdellovibrio*, 462-464, 490
*Bdellovibrio bacteriovorus*, 185, 463
Bdellovibrionales, 490, 610
Bebida alcoólica, 11-12, 462-463, 911
Bedrock, 606-608
*Beggiatoa*, 13, 14, 21, 34, 395, 449-451, 481, 486, 606-607, 638
Beijerinck, Martinus, 20-21, 568
*Beijerinckia*, 453, 454, 481-482
*Beijerinckia indica*, 453
Benstonite, 50
Benzeno, 425, 427-428, 617
Benzeno epóxido, 425
Benzeno monoxigenase, 425
Benzenodiol, 425
Benzil-penicilina, 813-814
Benzoato de metilo, 402-403, 422, 427-428, 593, 911
doador de elétrons, 423
fermentação, 635, 636
Benzoil-CoA, 427-428
Betaína glicina, 167-169
Bexiga, sanguessuga, 699-701
*BglII*, 317
Biblioteca de DNA (biblioteca genômica), 186, 213, 322, 331-332, 344
Biblioteca genômica, 186, 213, 322, 331-332, 344
Biblioteca metagenômica, 340-342
Bicamada de fosfolipídeos, 35, 36, 350
Bicamada lipídica, 350, 540
Bifenil clorado (PCB), 656
Bifenilos policlorados (PCB), 655, 656
descloração redutiva, 422
Bifidobacteriales, *492*
*Bifidobacterium, 492, 707, 710*
Bifitanil, 38
*Bigelowiella natans* nucleomorfo, 197
Bilin, 383
Biobricks, 342-343
Biocombustível, 12
Biodeterioração de concreto, 666
Biodeterioração de pedra e concreto, 666
Biodeterioração de rochas, 666
Biodiversidade, 568. *Ver também* Análise comunitária
avaliação por meio do enriquecimento e isolamento, 568-575
genômica ambiental, 584-585
Bioenergética, 80-81
Biofilme, 47-48, 157-160, 177, 180, 230, 602-605, 629, 714-715, 907
boca humana, 689-690
controle, 604-605
estágios de formação, 159
estrutura, 603
formação, 603
razões de formação subjacente, 604
rosa-pigmentada, 481-482
sistemas de distribuição de água municipais, 663-664
Biogeografia, 672
Biogeoquímica, 600, 629
Bioinformática, 189, 208, 213
Biologia de sistemas, 203-204, 213
Biologia molecular, 22
Biologia sintética, 342-343
Bioluminescência, 474-475, 477
regulação, 228-229
"Bioma" estudos, metagenômica e, 205-206
Biomarcadores, 686-687
Biomassa, 2, 8
Biomineralização, 50, 51, 422
Bioquímica microbiana, 22
Biorreator, 657-659
Biorremediação, 12, 422, 653-657, 667
contaminantes de preocupação emergente, 661
definida, 653
esfingomonados, 484
hidrocarbonetos, 654-655
poluentes inorgânicos, 653-654
poluentes orgânicos, 654-657
Biosfera
diversificação metabólica e, 350-351
rara, 581, 583
Biossíntese, 96-102
ácidos graxos e lipídeos, 99-100
açúcares e polissacarídeos, 97-98
aminoácidos, 98
ciclo do ácido cítrico, 95
nucleotídeos, 98
Biossomas, 675-677, 701
Biotecnologia, 12, 22, 333-344. *Ver também* Engenharia genética; Microbiologia industrial
biologia sintética, 342-343
engenharia via, 341-343, 345
expressão de genes de mamíferos em bactérias, 333-336
*Listeria monocytogenes* a estirpe entregar agentes anticancerígenos, 315
mineração de genomas, 340-342
organismos transgênicos na agricultura e da aquicultura, 336-340
planta, 336-338, 679
somatotropina e outros mamíferos proteínas, 335-337
uso de hipertermófilos, 184-185
vacinas, 275, 339-341
Biotecnologia vegetal, 336-338, 679
Bioterrorismo, 725-726, 845-847, 897-898
Biotina, 74-75
1,3-Bisfosfoglicerato, 85-87, 401, 422-423
BLAST (ferramenta básica de busca de alinhamento local), 190-191
*Blastobacter*, 468-469, 471
Blastomicose, 749-750, 925, 927
*Blastomyces dermatitidis*, 925, 927
*Blochmannia*, 694
Boca
comunidades microbianas em seres humanos, 689-690
microbiota normal, 707-709
*Paramecium*, 549
Bolor, 555-556, 924-925
Bolor aquático, 551
Bolor de pão, 559
Bolor limoso, 553-555, 566
acelular, 553-554
celular, 553-555
hábitat, 553-554
Bomba biológica, 644, 647
Bomba de prótons, 423
Bomba de sódio, 416, 417
Bombardeamento de microprojéteis, 337-38
Bombardeamento de partículas, 337
Bons tampões, 166

*Bootstrapping*, 361
*Bordetella*, 209, 484
*Bordetella bronchiseptica*, 209
*Bordetella pertussis*, 47-48, 209, 719, 742-743, 855, 857-859
Boro, 74-75
*Borrelia*, 465-468, 718
*Borrelia burgdorferi*, 467-468, 807, 841, 842, 891-893
  genoma, 184-185
  plasmídeos, 113-114
*Borrelia recurrentis*, 890-891
Borreliose, 465-466
*Botryococcus braunii*, 563-564
*Botrytis*, 910
Botulismo, 497, 719, 721-723, 727-728, 838-839, 844-845, 903, 914-915, 922
  diagnóstico, 915
  especificidade do tecido, 727-728
  ferida, 915
  incidência nos Estados Unidos, 915
  infante, 915
  prevenção, 915
  tratamento, 915
Bouba, 465-466
β-oxidação, 424, 427-428
*Brachyspira*, 465-466
*Bradyrhizobium*, 100, 453, 481-482, 637, 672-673
  fotossintética, 677
*Bradyrhizobium elkanii*, 673-674
*Bradyrhizobium* fotossintético, 677
*Bradyrhizobium japonicum*, 185, 192, 453, 672-674
Branqueamento dos corais, 701-702
BRE (elemento de reconhecimento B), 125
*Brevibacterium albidum*, 317
Brevinema, 465-466
*Brocadia*, 637, 638
*Brocadia anammoxidans*, 399, 400, 508
Brocadiales, 507, 508
Brock, Thomas, 511, 512
Brometo de etílio, 297-299, 317
5-Bromodeoxiuridina, 339-340
Bromoperoxidase, 74-75
5-Bromouracila, 297
Brotamento
  levedura, 557-558, 560, 561
  liberação sem morte celular, 271
*Brucella*, 481-482, 844-845
*Brucella abortus*, 700-701, 727-728
Brucelose, 172-173, 749-750, 836, 838-839, 844-845
Bubo, 896-898
*Buchnera*, 692, 694
*Buchnera aphidicola*, 185, 691
Buniavírus, 258, 807
*Burkholderia*, 453, 484, 656, 672-673, 799
*Burkholderia cepacia*, 484-485, 796
*Burkholderia mallei*, 844-845
*Burkholderia nodosa*, 453
*Burkholderia pseudomallei*, 844-845
Burkholderiales, 484-485, 610, 620-621, 625
Butanodiol, 404
Butanol, 402-403, 405, 496
Butirato, 402-403, 405, 416
  fermentação, 636
  produção no rúmen, 684-686
  produto de fermentação, 402-403, 405, 496, 497, 635
  sintrofia, 409, 410
Butiril-CoA, 401, 405
Butoconazol, 872
*Butyrivibrio*, 685
*Butyrivibrio fibrisolvens*, 685-686

## C

C3 convertase, 769, 770, 771
Cabeça, vírion, 247-248, 252, 254
Cabine de segurança biológica, 175
Cadaverina, 406, 497
Cadeia J, 765-767
Cadeia leve, imunoglobulina, 781-783
  domínio constante, 764-765
  domínio variável, 764-766
  ligação ao antígeno, 782
Cadeia negativa, 289
Cadeia pesada, imunoglobulina, 764-765, 781-783
  domínio constante, 764-766
  domínio variável, 764-766
  ligação ao antígeno, 782
*Caenorhabditis elegans*, 197, 198
Caixa de luvas anóxicas, 170-171, 800-801
Caixa Pribnow, 122, 123
Cálcio, 74-75
  ciclo, 642-644
*Caldivirga*, 534
Caldo de tioglicolato, 169-170
Caliciviridae, 871
Callus (planta), 678
*Calothrix*, 436, 439, 440
Calvin, ciclo de, 66, 71, 390-391, 394, 431, 441, 442, 449, 450, 698-700
  bactérias ferro-oxidantes, 397-398
  bactérias nitrificantes, 399
  bactérias sulfurosas, 396
  enzimas, 390, 391
  estequiometria, 391
*Calyptogena magnifica*, 452, 694, 698-700
*Calyptogena okutanii*, 694
Camada de ozônio, 352
Camada limosa, 47-48, 708, 714-716, 718, 729
Camada S, 47, 71
  paracristalinos, 530, 531
Camada superficial paracristalina, 530, 531
Câmara de contagem, 154-155
Câmara de contagem de Petroff-Hausser, 154-155
Câmara de fluxo laminar, radiação ultravioleta para desinfetar, 173-175
*Campylobacter*, 481, 490, 491, 799-800, 910
  infecção alimentar, 917-918
*Campylobacter fetus*, 917
*Campylobacter jejuni*, 820, 904-905, 911, 912, 917, 918
  interatoma de proteínas de motilidade, 202-203
Campylobacterales, 490
Canamicina, 358, 812, 815, 821
Câncer
  cervical, 745-746, 877-878
  colorretal, 691
  estirpe de *Listeria* "matadora de tumor", 315
  HPV e, 745-746
  pâncreas, 315
  vírus e, 260
Câncer cervical, 745-746, 877-878
Câncer colorretal, 691
Câncer de fígado, 871
Câncer de pâncreas, 315
Câncer de vulva, 745-746
Câncer vaginal, 745-746
Câncro, 874, 875
Cancroide, 719, 838-839, 872
*Candida*, 206, 228-229, 560, 707, 708, 714, 807, 817-819, 841, 879, 910, 927
*Candida albicans*, 560, 712, 805, 821, 822, 872, 879, 924, 925, 927
*Candidatus moranella endobia*, 692, 694
*Candidatus tremblaya princeps*, 692, 694
Candidíase, 841, 877-878, 925
Candidíase vulvovaginal, 872
Capacidade biossintética, nutricional requisitos e, 77
*Capnocytophaga*, 707
Caproate/butirato de fermentação, 88
Caproato, 496, 497
  produção no rúmen, 685-686
  produto de fermentação, 402-403
Caproil-CoA, 401
Capsídeo, vírus, 245, 246, 263, 269, 284
Capsômeros, 247, 263
Cápsula, 47-48, 71, 714-716, 729, 756, 855, 857-858, 898-899
Cápsula de ácido poli(D) glutâmico, 843-844
Carbapenema, 812
Carbenicilina, 813-814
Carboidratos. *Ver também* Polissacarídeos
  fermentação de clostrídios, 496
Carbonato, 95
Carbonato de cálcio, 644
Carbono
  caminho entre a planta e arbusculares
    fungos micorrizídicos, 681
  ciclo redox para, 633
  em células, 74-75
  estudos de isótopos estáveis, fracionamento 589-590
  nutriente, 79
  reservatórios, 632-633
  saldos, 634
  sondagem de isótopo estável, 593
Carboxissoma, 391, 431, 449, 450, 477
CARD-FISH, 578, 591
Cardite, 868
Carga microbiana, 172-174
Carga viral, 883
  HIV, 880-881
Cárie dentária, 492, 605, 689-690, 718, 727-729
Carnívoros, 682
Carnobacteriaceae, 685
β-Caroteno, 383-385
γ-Caroteno, 384-385
Carotenoide, 381, 383, 431, 441-445, 460-461, 465, 501-502, 506, 520, 521, 551, 756
  estrutura, 384-385
Carrageninas, 562
Carrapato do cão, 890-891
Carrapato do mato, 890-891
Carreador, 832, 834-836, 909
  agudo, 836
  crônico, 836
  doença infecciosa, 713, 829, 851
Carreadores de elétrons, 83-84
  livremente difusível, 84
  não proteico, 89-91
  orientação na membrana, 92
  respiração, 89-91
*Carsonella*, 196
*Carsonella ruddii*, 185
Caso esporádico, 829
Caso índice, 838-839
Caspofungina, 817-818
Cassete de DNA, 324-325, 344
Cassete de ligação de ATP. *Ver* Sistema de transporte ABC
Cassete kan, 324-325
Catabolismo, 79
Catalase, 74-75, 170-172, 486, 495
Catalisador, 81, 104
Catálise, 81-82
Catapora, 276, 833, 837-839, 863-864
Catecol, 425
Catecol 1,2-dioxigenase, 425
Catecol dioxetano, 425
Cauda, vírus, 252
Cauda poli A RNAm, 127
*Caulobacter*, 167-168, 207, 232, 468-469, 471, 481-482, 484, 508-509
  células em enxame, 147
  ciclo de vida, 233-235
  diferenciação, 233-235
  fissão binária, 144
  modelo para o ciclo de célula eucariótica, 233
*Caulobacter crescentus*, 147, 185
Caulobacterales, 481-482, 484, 610
Cavalo, digestão, 682-683
Cavidade oral, 855
  comunidade microbiana em seres humanos, 689-690
  microbiota normal, 707-709
Caxumba, 749-750, 831, 838-839, 863-864
  número básico de reprodução, 833
CCA-acrescentando enzima, 131
CCL2 (MCP-1), 789, 790
Ceco, 682-683, 710
Cefalosporina, 812-814
  estrutura, 815
  modo de ação, 813-814
Cefixima, 872-873, 875
Cefotaxima, 857-858
Cefotetano, 872
Ceftriaxona, 813-815, 820, 872-873, 875, 892
Cegueira, infecciosa, 934
Cegueira dos rios (oncocercose), 934
*Cellulosum Sorangium*, 185, 192
  genoma, 192
Célula, 2-6
  atividades, 4-6
  compartimentalização, 508
  estrutura, 2-4
  evolução, hipótese de, 245
  origem, 536
  primitivo
    energia, 350-351
    fonte de carbono, 350
    metabolismo, 350-351
    mundo de RNA, 349-350
    origem de DNA como material genético, 349-350
    primeiro eucarioto, 353-354
    síntese de proteínas, 349, 350
  taxas de crescimento, de superfície para volume rácio e, 34-35
  último ancestral universal comum (LUCA), 5-6, 350, 357
Célula B, 733-736, 751, 756
  ativação, 763-764, 786-788
  autorreativo, 786-787
  funções, 737-738

interações entre células T e B, 767
memória, 767-769, 772, 788
produção de anticorpos, 767-769
rearranjamento genético de imunoglobulinas, 782, 783
tolerância imune, 786-787
transdução de sinal em antígeno reativo, 777-778
Célula doadora, conjugação, 305-306
Célula estaminal, 732, 733, 752
Célula Hfr, 307, 313
Célula hospedeira, 246, 263, 285-287
*Rickettsias*, 483
Célula permissiva, 252
Célula receptora, conjugação, 305-306
Células apresentadoras de antígeno (APCs), 733, 736, 751, 759-763, 777-779, 786-788
Células brancas. *Ver* Leucócitos
Células de enxame, bolor limoso, 553-554
Células de mamíferos, hospedeiro de clonagem, 328-329, 331-332
Células de memória, 768-769
células B de memória, 767-769, 772, 788
Células dendríticas, 733, 751, 754, 755
apresentação de antígeno, 753
Células epiteliais, 706
Células epiteliais ciliadas, 713, 725-726
Células hospedeiras não permissivas, de SV40, 276
Células inflamatórias, 740
Células microbianas subsuperficiais, 8
Células *natural killer* (NK), 761-762, 772
Células pedunculadas, 555
Células permissivas, 276
Células planctônicas, 602
formação de biofilme, 603
Células plasmáticas, 733, 734, 737, 738, 747, 752, 768-769
Células precursoras linfoides, 733
Células precursoras mieloides, 733
Células T, 733, 734, 735, 752, 756, 757, 759
ajudante. *Ver* Células T auxiliares (Th)
anergia, 786-787
apresentação de antígeno, 736, 759-760
ativação, 749-750, 786-788
autorreativa, 785-787
CD4, 728, 760-762, 877-878, 880
CD8, 760-762, 772
citotóxica. *Ver* Células T citotóxicas
desenvolvimento
seleção negativa, 786-787, 792
seleção positiva, 786-787, 792
específica para o antígeno, 736-737
identificando antígenos estranhos, 759-760
infecção por HIV, 877-878, 880
*naive*, 786-790
tolerância, 785-787
transdução de sinal em células autorreativas, 777-778
Células T auxiliares ou (Th), 736-737, 761-764, 772, 777, 786-788, 877-878
ativação de macrófagos, 789-790
células Treg, 763-764, 772
específica para o antígeno, 753
hipersensibilidade tardia, 748-751
HIV/Aids e declínio de, 742
Th1, 762-763, 772, 789-790
Th17, 763-764, 772
Th2, 763-764, 772
Células T citotóxicas, 736, 737, 760-762, 772, 777
Células T efetoras, 762
Células Th. *Ver* Céluas T auxiliares (Th)
Células T-reg, 763-764, 772
Células tumorais, ativação dos macrófagos, 762-763
Células viáveis, 155-156, 181
Células-alvo, 760-762
Celulase, 88, 506, 685
Células-filhas, 144, 146
Celulite, 856-857
Celulose, 88, 682
degradação, 479, 505-506, 555-556, 635, 685
cupins, 694-695
produção bacteriana, 462-463
*Cenarchaeum*, 518
Centers for Disease Control and Prevention (CDC), 838-842, 844-847, 851, 923
Centro de reação, 381-383, 387-388, 431, 435
bactérias púrpuras, 384-389
bactérias verdes sulfurosas, 389-390
Centrômero, 331-332
*Cephalosporium*, 813-814
Cercária, 933-934
Cercozoários, 357, 545-546, 552-553
Cerebrosídeos, 505
Cerne do endósporo, 54
Cerne enzimático, RNA-polimerase, 121, 123
Cerne polissacarídico, 44, 45, 724
Cervarix, 745-746
Cerveja, 462-463
Cervicite, 875
Cetoconazol, 817-818
Cetodeoxioctonato (KDO), 44, 45
α-Cetoglutarato, 94, 95, 98, 99, 224, 235, 391, 672
CFA. *Ver* Antígeno do fator de colonização (CFA)
*Chamaesiphon*, 436
Chaminé hidrotermal, 535-536, 538, 625, 626
Chaminé hidrotermal de mar profundo. *Ver* Chaminé hidrotermal
Chaperona. *Ver* Chaperona molecular
Chaperona molecular, 137, 140, 231, 334
Chaperonas de RNA, 237
*Chara*, 564
*Charophyceans*, 563
*Chips* de DNA (microarranjos), 199-200, 582-583
*Chips* de genes, 199-200, 213
*Chlamydia*, 191, 480, 507, 508, 875-876
ciclo infeccioso, 507
epidemias emergentes e reemergentes
doenças infecciosas, 841
transferência horizontal de genes, 208
*Chlamydia trachomatis*, 508, 799-801, 838-839, 872, 875-876
genoma, 208
Chlamydiae, 357, 434, 506-508, 709
ciclo de vida, 507
gêneros notáveis, 507-508
principais ordens, 507
propriedades moleculares e metabólicas, 508
Chlamydiales, 506, 507
*Chlamydomonas*, 381, 563
*Chlamydomonas nivalis*, 162
*Chlamydophila*, 507, 508
*Chlamydophila pneumoniae*, 508
*Chlamydophila psittaci*, 508, 844-845, 855
*Chloracidobacterium*, 513-514
*Chloracidobacterium thermophilum*, 446
*Chlorarachnea*, 545, 552
*Chlorella*, 701
*Chlorobactene*, 384-385
*Chlorobaculum*, 443
*Chlorobaculum tepidum*, 185, 384
Chlorobi, 357, 434, 435, 453, 458, 615, 671
*Chlorobium*, 100, 380, 381, 391, 443, 453
*Chlorobium chlorochromatii*, 672
*Chlorobium clathratiforme*, 443
*Chlorobium ferrooxidans*, 458
*Chlorobium limicola*, 443, 453, 571
*Chlorobium phaeobacteroides*, 443
*Chlorobium tepidum*, 443, 444
*Chlorochromatium aggregatum*, 444, 671-672
*Chlorochromatium glebulum*, 671
*Chlorochromatium lunatum*, 671
*Chlorochromatium magnum*, 671
Chloroflexi, 357, 434, 435, 444, 453, 480, 610, 615, 625, 627, 709
*Chloroflexus*, 351, 381, 384-385, 387-388, 392, 423, 444-445, 606
autotrofia, 391-392
*Chloroflexus aurantiacus*, 166, 445
*Chlorogloeopsis*, 436
*Chlorogloeopsis fritschii*, 437
*Chloronema*, 445
*Chondromyces crocatus*, 463, 465
Choque anafilático, 747
Choque séptico, 740-741, 909
Choque superantigênico, 750
CHROMagar, 802
Chromatiales, 440, 486, 625
*Chromatium*, 100, 398, 440, 441, 450, 453, 486
*Chromatium okenii*, 21, 441, 571
*Chromobacterium*, 484, 485
*Chromobacterium violaceum*, 485
Chroococcales, 436, 437
*Chroococcidiopsis*, 436, 609
*Chryseobacterium*, 504
*Chrysiogenes arsenatis*, 513-514
*Chrysiogenetes*, 513-514
*Chrysophytes*, 551
*Chthonomonas calidirosea*, 479
Chumbo, 651, 652
*Chytridiomycetes* (quitrídeos), 557-559
Cianobactérias, 5-6, 29, 100, 101, 348, 350-353, 357, 434-440, 453, 477, 480, 562, 598, 615, 620-621, 625, 637, 700-701
biomineralização, 50, 51
cianoficina, 438
classificação, 436-437
composição isotópica do carbono, 590
crostas biológicas do solo, 609
cultura de enriquecimento, 569
diversidade funcional, 436-440
ecologia, 440
endolítica, 565
evolução da fotossíntese aeróbia, 350-352, 389-390
filamentosa, 50, 234-235, 436-440
motilidade delta, 60
filogenia, 437
fisiologia, 437-438
fixação de nitrogênio, 234-440, 677
flor, 51, 440, 614
gêneros e agrupamento, 436
heterocisto, 234-236, 436, 438-439
motilidade e estruturas celulares, 438
neurotoxina, 440
*nonheterocystous* filamentosos, 436
oxigenação da atmosfera, 5-6
ramificação filamentosa, 436
solutos compatíveis, 168-169
termofílica, 165
unicelular, 436
vesículas de gás, 51-52, 438
Cianoficina, 438
Ciclagem do NAD / NADH, 83-84
Ciclagem em água redox do ferro e magnésio doce, 640
Ciclização, replicação de adenovírus DNA, 275, 276
Ciclo biogeoquímico, 600
Ciclo da ribulose monofosfato, 460-461
Ciclo da sílica, 642-645
Ciclo de ácido cítrico, 66, 92-95, 104, 422, 425, 427-428
esqueletos de carbono para os aminoácidos, 98
reversa, 391, 392, 431, 443, 511, 698-699
Ciclo de crescimento, população, 151-153
Ciclo de ferro, 639-643
Ciclo de manganês, 639-643
Ciclo de propagação, 652
Ciclo Diel, 606
Ciclo do ácido cítrico reverso, 391, 392, 431, 443, 511, 698-699
Ciclo do carbono, 600, 632-634
bomba biológica, 644
ciclo de cálcio e, 643-644
ciclo do nitrogênio e, 634
impactos humanos, 646-647
Ciclo do enxofre, 600, 638-639
diversidade funcional bacteriana, 447-452
Ciclo do glioxilato, 95, 104
Ciclo do mercúrio, 645
Ciclo do nitrogênio, 600, 636-638
ciclo do carbono e, 634
diversidade bacteriana, 452-456
impactos antropogênicos, 647
Ciclo Q, 92
Ciclo redox
de carbono, 633
enxofre, 638, 639
ferro, 640
manganês, 640
mercúrio, 645
nitrogênio, 637
Ciclo redutivo da pentose. *Ver* Ciclo de Calvin
Ciclo vital
bacteriófago, 251-257
bolor, 555-556
*Caulobacter*, 471
Chlamydiae, 507
fago temperado, 255

  *Hyphomicrobium*, 468-469
  mixobactérias, 464-465
  *Plasmodium*, 931-932
  *Saccharomyces cerevisiae*, 560, 561
Ciclo-heximida, 812
Ciclos acoplados, 634, 643, 647
Ciclos de nutrientes, 631-648
  acoplado, 634, 643, 647
  cálcio, 642-644
  de carbono, 600, 632-634, 646-647
  de enxofre, 600, 638-639
  ferro, 639-643
  fósforo, 642-643
  impactos antropogênicos, 646-647
  insumos humanos, 645-647
  manganês, 639-643
  nitrogênio, 600, 636-638, 647
  sílica, 642-645
  sintrofia e metanogênese, 634-636
Ciclosporíase, 838-839, 930
Ciclosserina, 812
Cidofovir, 817
Ciência biológica aplicada, microbiologia como, 2
Ciência biológica básica, microbiologia como, 2
Ciliados, 544, 545, 549, 566
  endossimbiontes de, 549
  parasitária, 927-928
  rúmen, 549, 686-687
Cilindro protoplasmático, espiroqueta, 465-466
Cílios, 549, 725-726
  eucarióticos, 68-69
*Cinara cedri*, 691
Cinase, cascata, 776, 778
Cinase, sensor, 225-227
Cinase IRAK4, 776
Cinases de histidina, 225-226
Cinetoplastídeos, 548
Cinetoplasto, 548
Ciprofloxacino, 111, 812, 813, 820, 821
Circovírus, 266
Circulina, 495
Cirrose, 870-872, 883
*cis, cis*-Muconato, 425
Cisteína, 136
  código genético, 129
  estrutura, 128
  síntese, 98
Cisto, 663
  *Azotobacter*, 454
  *Balantidium coli*, 927-928
  *Cryptosporidium*, 930
  *Entamoeba*, 927-928
  *Giardia*, 928-929
  *Toxoplasma gondii*, 930
Citocinas, 732, 736-738, 740-741, 748, 750, 751, 760-764, 817, 856-857
  produção de anticorpos, 789
  pró-inflamatória, 740-741, 775-776, 789, 790
Citocininas, 673-674
Citocromo, 89, 90, 384-389, 426
  associado à superfície, 642-643
Citocromo *a*, 91, 92, 521
Citocromo $a_3$, 91, 92
Citocromo *aa*, 397, 398
Citocromo *b*, 421-423, 521
Citocromo *c*, 90-92, 395-399, 521
Citocromo *c* oxidase, 74-75
Citocromo $c_2$, 384-387
Citocromo $c_3$, 414, 415, 423
Citoesqueleto, 68-69, 71
Citoesqueleto celular, 68-69
Citomegalovírus, 276-277, 877-878
Citomegalovírus humano, 267
Citometria de fluxo, 573, 574, 593-595
  análise multiparamétrica, 591-592
Citômetro de fluxo, 154-155
Citoplasma, 3, 23
  halofílico, 521
Citosina, 108, 109, 111, 275, 276
Citosina desaminação, 692
Citotoxina, 719-722, 725
Citrato, 94, 95, 365
  fermentação, 402-403
  metabolismo, 95
Citrato liase, 391, 392
Citrato sintase, 391
*Citrobacter*, 487
*Citromicrobium*, 619
Civeta, 835
*Cladosporium*, 910, 926
Clarificador, 661-662, 667
Claritromicina, 815
Classe de comutação, 768-769, 789
Classe de energia de microrganismos, 79
Classes de microrganismos em relação ao oxigênio, 168-170
Classificação, 374
  cianobactérias, 436-437
  espiroquetas, 465-466
  metanotróficos, 460-461
  vírus animal, 258-259
Clima, microbiota normal da pele e, 708
Climatização, 606-609
Clindamicina, 504, 812, 869
Clivagem de anel, 425, 427-428
Clivagem pós-traducional, 278
Clofazimina, 861
Clonagem, 271, 318, 321-324
  construção da biblioteca de clonagem e sequenciamento, 581
  em plantas, 336-337
  encontrando o clone desejado, 322
    detecção de proteínas por anticorpos, 322
    gene exógeno expresso no hospedeiro, 322
    sonda de ácido nucleico para gene, 322
  gene da insulina humana, 334-336
  genes de mamíferos em bactérias, 333, 334
  inserção de fragmento de DNA no vetor de clonagem, 321
  isolamento e fragmentação do DNA, 321
  molecular, 345, 579
  passos, 321-322
  sequenciamento de genomas, 186-187
  *shotgun*, 186-187, 322, 345
  sítio múltiplo de clonagem, 326-327, 329-332, 334
  transferência de DNA para o hospedeiro, 321-322
Clonagem *shotgun*, 186-187, 322, 345
Clones (linfócitos), 735-736, 751, 785
Cloração, 661-663, 667, 904-905, 928-929
Cloramina, 663, 667
Cloranfenicol, 358, 812, 813, 819, 889-891
  produção, 504
  resistência, 819, 820
Clorato, 421, 422
Cloreto, 37
Cloreto de polivinilo, 657
Cloro, 176-178, 661-663
  purificação de água, 663, 664
Cloro residual, 663, 664
Clorobenzoato, 422, 656
Clorofíceas. *Ver* Algas verdes
Clorofila, 66, 67, 380-383, 384, 431, 562
  centro de reação, 381, 382
  distribuição no oeste do Oceano Atlântico Norte, 616
  espectro de absorção, 380-382
  estrutura, 381
  fotossistemas I e II, 387-388, 389
  pigmentos antenas, 381, 382, 431
Clorofila *a*, 380-381, 386-388, 437-438, 441, 551, 562, 563, 617, 618
Clorofila *b*, 438, 441, 562, 563, 617, 618
Clorofila *c*, 551
Clorofila P680, 387-389
Clorofila P700, 387-389
Clorofórmio, 656
Cloroplastos, 3, 27, 64, 66-67, 71, 381, 383, 387-388, 562, 563
  DNA, 113, 544
  efeitos antibióticos, 544
  endosimbiose secundária, 544-547
  estrutura, 66-67
  evolução, 353-354, 359
  filogenia, 544
  genoma, 194-195
  ribossomo, 67, 544
Cloroquina, 932
Clorose, 672-673
Clorossomo, 381, 384, 431, 443-477
Clortetraciclina, 504
7-Clortetraciclina, 815-816
Clostridiales, 492-494, 685, 688, 695
Clostrídios proteolíticos, 405, 497
Clostrídios sacarolíticos, 404-405, 496
*Clostridium*, 54, 100, 115, 169-170, 402-406, 416, 453, 492, 494-497, 570, 637, 707, 710, 799-800, 813, 834-836, 910
  análise Seq-RNA, 201
  clostrídios proteolíticos, 405, 497
*Clostridium aceticum*, 402-403, 416, 496
*Clostridium acetobutylicum*, 402-403, 405, 453, 496
*Clostridium acidurici*, 496
*Clostridium bifermentans*, 495, 496
*Clostridium botulinum*, 174-175, 496, 497, 719, 721-723, 727-728, 843-845, 903, 912-915
*Clostridium butyricum*, 88, 402-403, 496
*Clostridium cadaveris*, 495
*Clostridium cellobioparum*, 496
*Clostridium chauvoei*, 806
*Clostridium difficile*, 711, 712, 796, 800-801
*Clostridium formicaceticum*, 416, 496
*Clostridium histolyticum*, 496, 580
*Clostridium kluyveri*, 402-403, 406, 496
*Clostridium ljungdahlii*, 416
*Clostridium lochheadii*, 685-686
*Clostridium methylpentosum*, 496
*Clostridium novyi*, 900
*Clostridium pascui*, 53
*Clostridium pasteurianum*, 21, 496, 570
*Clostridium perfringens*, 496, 497, 719-722, 844-845, 899-900, 911, 912, 914
  toxina $\alpha$, 900
*Clostridium propionicum*, 402-403, 496
*Clostridium putrefaciens*, 496
*Clostridium septicum*, 806, 900
*Clostridium sordellii*, 796
*Clostridium sporogenes*, 405, 495-497
*Clostridium tetani*, 405, 496, 497, 719, 721-723, 725-728, 742, 830, 899-900
*Clostridium tetanomorphum*, 496, 570
*Clostridium thermocellum*, 496
Clotrimazol, 817-818
Cnidários, recifes de coral, 700-701
Coagulação, 661-662, 667
Coagulase, 115, 718, 719, 843-844, 868, 869
Coágulo de fibrina, 718, 868, 869
CoA-transferase, 406
Cobalamina. *Ver* Vitamina B12
Cobalt, 74-75, 420
Cobertura do esporo, 54
Coccídeos, 550, 928-929
*Coccidioides*, 927
*Coccidioides immitis*, 855, 924, 925, 927
Coccidioidomicose, 749-750, 838-839, 877-878, 925, 927
Coccidiose, 550
Cochonilha, 692, 694
Cocolitóforos, 643, 644
  calcificação, 647
Cocos, 31-33
Cocos formadores de endósporo, 495, 497
Código degenerado, 129
Código genético, 128-130, 140
  degeneração, 129, 294, 333
  *Mycoplasma*, 130
  oscilação, 129
  propriedades, 129-130
  variabilidade em, 196
Códon, 109, 128-131, 133-135, 140
  início, 130, 133-134, 189-191
  término, 130, 135, 141, 189-191, 196, 294-296
Códon de início, 130, 133-134, 141, 189-191
Códon de término, 130, 135, 141, 189-191, 196, 294-296
Códon preferencial, 129-130, 140, 189, 190-191, 213
Códon sem sentido. *Ver* Códon de término
Coelho
  coelhos australianos e vírus mixoma, 830
  digestão, 682-683
Coenzima, 74-75, 81, 83-84, 104, 527-528
  de metanogênese, 417-419
  NADPH, 97
  redox, 417, 419
Coenzima A, 85
Coenzima B (COB), 418, 419
Coenzima $F_{420}$, 418, 419
Coenzima $F_{430}$, 418, 419
Coenzima M, 418, 419
Coenzima Q, 91
Coenzimas redox, 417
Coevolução, 670, 698-699, 704
  hospedeiro e patógeno, 830-831
Cofator de ferro-molibdênio. *Ver* FeMo-co
Cogumelo, 555-557, 566
  ciclo de vida, 562

Cogumelo de riachos, 562
Cohn, Ferdinand, 13, 14
Colagenase, 718, 719
Coleções de cultivo, 374, 375
Cólera, 20, 347, 489, 605, 657, 719, 727-728, 832, 833, 838-839, 841-844, 904-907
 aves, 15
 biologia, 906
 diagnóstico, 906, 907
 epidemiologia, 848-849
 pandemias, 848-849, 907
 patogênese, 906
 tratamento e prevenção, 906-907
Cólera aviária, 15
Colheita, sanguessuga, 699-701
Colicina, 115
Coliformes, 905-906, 922
Coliformes fecais, teste de água para, 905-906
Colina, 412-413
Colite, 712
Colitose, 44
Colo, 710, 712
 microrganismos do, 10, 11
Colônia, 77-78
 isolamento de colônia única, 17-18
Colônia rugosa, 294
Colônias epilíticas, 609
Colônias hipolíticas, 609
Colonização, 706, 717, 729
 coevolução do hospedeiro e patógeno, 830-831
 colonos endolíticos, epilíticos, e hipolíticos, 609
 resistência, 725-726
 superfícies dentárias, 708
Colonizadores endolíticos, 609
Coloração, 575-577. *Ver também* *colorações específicas*
 amostras naturais, 575-577
 capsular, 47-48
 coloração de viabilidade, 576
 coloração fluorescente, 575-577
  usando DAPI, 575-576
 endósporo, 54
 filogenética, 577, 578, 610
 negativa, 31-32
 para microscopia, 27-28
  microscopia confocal de varredura a *laser*, 30
  microscopia eletrônica, 31-32
 por anticorpo fluorescente, 610
 procedimentos, 27-28
 proteína verde fluorescente como marcador celular, 576-577
Coloração de flagelos, 56
Coloração de Gram, 27-28, 40-42, 45, 71
Coloração de viabilidade, 576
Coloração filogenética, 577, 578
Coloração fluorescente, 155-156, 575-577
Coloração indicadora de viabilidade VIVO/MORTO, 230
Coloração inespecífica de materiais de fundo, 575-576
Coloração negativa, 31-32
Coloração simples, 27
Colorações genéticas, 577-578
*Colpophyllia natans*, 701-702
Coluna de água estratificada, 613-615, 629
Coluna de Winogradsky, 569-571, 596
*Colwellia*, 617, 623
Combinação EIA, 807, 808
Combustão, autoaquecimento do refugo de carvão, 525, 526
Combustível fóssil, 645
Comensais, 711
Comensalismo, 670
Cometabolismo, 656
Comparações globais em saúde, 839-842
Compartimento intermédio, *Ignicoccus*, 536
Competência, 302
Competência específica da proteína, 302
Competição, entre microrganismos, 576, 601
Complementação, 301
Complemento, 738, 739, 768-770, 772
 ativação, 769-770, 774
 ativação independente de anticorpo, 770-771
Complexidade molecular, imunogenicidade, 758
Complexo C3bBb, 771
Complexo C3bBbP, 771
Complexo citocromo (Hmc), 414, 415
Complexo citocromo $bc_1$, 90-92, 384-387
Complexo citocromo-oxidase, 195
Complexo de ácido cálcio-dipicolínico, 54-55
Complexo de ataque à membrana (MAC), 769, 770, 771
Complexo de início, 133-134
Complexo desidrogenase do succinato, 91, 92
Complexo enterotoxina, 719
Complexo enzima-substrato, 81
Complexo enzimático de metil redutase, 419
Complexo *Hmc*, 414, 415
Complexo MHC-peptídeo, 736-737, 745-746
Complexo NADH desidrogenase, 195
Complexo peptídeo-MHC, 736-737, 745-746
Complexo principal de histocompatibilidade, proteínas do (MHC), 736-737, 749-750, 752, 777-780
 apresentação de antígeno, 736
 classe I, 736, 737, 745-746, 759-762, 772, 773, 777-779, 781
 classe II, 736, 737, 750, 759, 763-764, 772, 777-781
 complexo MHC-peptídeo, 736-737, 745-746
 co-receptores CD4 e CD8, 760-762
 estrutura, 759
 estrutura de proteína, 779
 funções, 759
 genética, 759, 779, 780
 polimorfismo e ligação a peptídeo, 780-781
 TCR: complexo MHC-I-peptídeo, 784
 variações estruturais, 780
Complexo TCR:MHCI-peptídeo I, 784
Componente orgânico
 metabolismo energético, 79
 terra primitiva, 349
Componente secretor, imunoglobulina A, 767-769
Comportamento humano, a contribuição para o aparecimento de agentes patogênicos, 842
Compostagem, 163
Composto arsênico, aceptor de elétron, 421, 422
Composto de amônio quaternário, 176-178
Composto de chumbo, 822
Composto de enxofre orgânico, 639
Composto estrogênico sintético, 661
Composto fenólico, 176-178
Composto inorgânico, o metabolismo de energia, 79
Compostos aromáticos, 635, 636
 fermentação, 89
 metabolismo, 402-403
Compostos de antimônio, 932-933
Compostos de cloro, 176-178
Compostos de petróleo, os genes utilizados para avaliar a degradação, 579
Compostos metílicos, metanogênese, 419-420
Compostos ricos em energia, 84-86, 401
Comprimento de onda, flagelos, 56
Computador
 janela aberta de leitura encontrada por, 189-191
 montagem da sequência de DNA, 189
Comunicação, 4, 23
Comunicação elétrica entre células bacterianas, 641
Comunidade, 4, 6, 24, 568, 598, 599, 629
 boca humana, 689-690
 endolítico, 666
 hipótese Rainha Negra e evolução da dependência em, 368
 hospedeiro, 830-831
 intestino humano, 686-689
 pele humana, 689-690
 sanguessuga, 699-701
 sazonal, 615
 sedimento profundo, 597
 simbioses entre microrganismos, 670-672
Comunidade do hospedeiro, 830-831
Comunidade microbiana de sedimento de fundo oceânico 597
Comunidades endolíticas, 666
Comunidades microbianas. *Ver* Comunidades
Comunidades microbianas da pele, 689-690
Concatâmero, 263
 DNA, 252, 253, 255-256, 272, 277
Conceito de espécie, 369-371
Conceito de espécie filogenética, 369-370
Conceitos ecológicos, 598-599
Concentração inibidora mínima (CIM), 176-177, 181, 802, 803, 825
Concepção de medicamentos, computador, 822-823
Condições anóxicas, 458, 601, 619
Condução direta, 636
Congelamento, 163
Conidióforos, 555-557, 560
Conídios, 924, 925
 estreptomicetos, 502-503
 fúngicos, 555-557, 566
Conjugação, em arqueias, 309
Conjugação bacteriana, 49, 115, 299, 300, 305-307, 313
 descoberta, 305-306
 mapeamento genético, 305-306
 mobilização do cromossomo, 307-308
 transferência de DNA, 305-308
Conservação de energia, 79-86
 acetogênese, 417
 ciclo do ácido cítrico, 95
 fermentação e respiração, 86-96
 membrana citoplasmática, 36, 39
 metanogênese, 420-421
 opções metabólicas para, 79
Conservação química de alimentos, 911
Conservas, 11, 911
*Consortium*, 427-429, 444, 477, 671-672, 704
 filogenia e metabolismo, 672
Contagem de células microscópicas, 154-156
Contagem de células viáveis, 152-153, 155-158, 181. *Ver também* Contagem em placas
 amostras naturais, 576
Contagem de colônias. *Ver* Contagem de placas
Contagem de placas, 155-158, 181
 alvo, 156-158
 aplicações, 156
 diluição em série, 156
 fontes de erro, 156
 grande anomalia da contagem de placas, 157-158
Contagem direta ao microscópio, 154-155
Contagem total de células, 154-155
Contaminação fecal, 657-658, 905-906
Contaminante, 77, 78
Contenção, 653
Contenção biológica, 794-796
Contraceptivos orais, 872-873
Contraste de interferência diferencial (DIC)
 microscopia, 26, 29, 30
Controle, crescimento. *Ver* Controle de crescimento
Controle, mosquito, 837, 895, 932
Controle antimicrobiano
 físico, 171-175
 fúngico, 817-819
 procura por novos fármacos, 822-824
 químico, 176-177
 vírus, 815-817
Controle da tradução, 238, 325
Controle de células mortas, 587
Controle do crescimento. *Ver também* Esterilização
 físico, 171-175
 químico, 176-177
Controle do crescimento físico, 171-175
Controle global, 222-224
 *quorum sensing*, 228-230, 243, 302, 474, 475, 603, 604, 696-697
 repressão catabólica, 222-223, 230, 231, 243
Controle negativo, 219-220, 243
Controle positivo, 220-222, 243
Controle químico do crescimento, 176-177
Convenção de Armas Biológicas e Tóxicas (1972), 846-847

Conversão de fago, 304-306, 721-722
Conversão lisogênica, 255
Cooperação, entre microrganismos, 601
Cooperação metabólica, 601
Cópias silenciosas de genes, 560, 561
Copolímero, 657
*Coprococcus*, 688
*Coptotermes formosanus*, 695
Coqueluche, 719, 829, 838-839, 842-844, 857-859, 883
  diagnóstico, prevenção e tratamento, 859
  epidemiologia, 859
  número básico de reprodução, 833
Corais construtores de recifes, 700-702
Corantes filogenéticos tipo FISH, 577, 578
Coriobacteriales, 492
*Coriobacterium*, 492
Corismato, 98
Coronavírus, 258, 266, 278-280, 827, 835, 865
Coronavírus da síndrome respiratória do Oriente Médio (Mers-COV), 827, 835
Corpo basal, flagelo, 57, 58, 71, 548
Corpo de frutificação, 464
  bolor limoso, 553-555
  cogumelo, 557, 562
  mixobactérias, 463-465
Corpo elementar, 507
Corpo parabasal, 547
Corpo parasporal, 495-496
Corpo reticulado, 507, 508
Corpos de inclusão, 334
Corpúsculo de Negri, 887
Correceptor CCR5, 725-726, 877-878
Correceptor CD4, 760-762, 772
Correceptor CD8, 760-762, 772
Correceptores, 760-762, 772
Correpressor, 219-220
Corridas, motilidade, 61-63, 227
Corrinoide, 420
*Corrodens desulfopila*, 665
Corrosão, 605
  influenciada microbiologicamente, 650, 664-666, 668
Corrosão do aço, 665
Corrosão do metal, 665-666
Corrosão em coroa, 666, 668
Corrosão microbiologicamente influenciada (MIC), 650, 664-666, 668
Corte fino, 31
Córtex, endósporo, 54, 55
*Corynebacterium*, 492, 499-500, 707, 910
*Corynebacterium diphteriae*, 304-306, 499, 719, 721-722, 727-728, 839, 843-844, 855, 857-859
Cosmídeo, 331-332
Covelite, 651
*Coxiella burnetii*, 844-845, 855, 891
*Crenarchaeol*, 36, 38, 529
Crenarchaeota, 357, 358, 434, 449, 456, 518, 528, 531-537, 542, 610, 611, 615, 620-622, 625, 627-628
  hábitats, 531-532
    vulcanismo submarino, 534-537
    vulcanismo terrestre, 532-533
  metabolismo energético, 531-532
  vírus, 273, 274
Crescentina, 147-148
Crescimento, 24
  alimentos, 910
  aspectos quantitativos, 149-151
  características celulares, 4
  controle de, 144
  críticos, 152-153
  definição, 144, 180
  diáuxico, 222
  disponibilidade de água, 167-168
  efeito da temperatura, 157-165
  efeito de agentes antimicrobianos, 176-177
  efeito do pH, 165-166
  exponencial, 149-151, 180
  influências do ambiente, 157-172
  intercalante, 468
  limite superior para, 164
  mensuração, 154-160
  métodos de identificação dependentes de crescimento, 800-802
  métodos diagnósticos independentes de crescimento, 803-809
  na natureza, 599, 600
  osmolaridade e, 167-169
  oxigênio, 168-172
  parâmetros, 151
  patógeno, 714, 717-718
  plotagem de dados, 149-150
  população, 149-155
  replicação genômica em células de crescimento rápido, 146
  síntese de peptideoglicanos, 145, 148-149
  temperaturas extremas, 161-165
Crescimento balanceado, 144
Crescimento celular. *Ver* Crescimento
Crescimento colonial, 566
Crescimento exponencial, 149-151, 180
  consequências, 150-151
  matemática, 150
Crescimento populacional, 149-155
  ciclo de crescimento, 151-153
Crioprotetor, 163
Criptococose, 877-878, 925, 927
Criptosporidiose, 838-839, 877-879, 904-905, 927-930
Cristas, 66, 71
*Cristispira*, 465-468
Critério ótimo, 361
*Crocosphaera*, 436, 438-439
Cromatóforo, 381, 384
Cromatografia líquida de alta pressão (HPLC), 202
Cromatografia líquida de alta pressão; 202
Cromoblastomicose, 925, 927
Cromóforo, 808, 809
Cromossomo, 111, 140
  artificial, 331-332, 344
  bacteriano, 113, 301
  domínios superenrolados, 111, 112
  duplicação, divisão celular vs., 120
  eucariótico, 64, 112
  procariótico, 111-113, 301
Cromossomo artificial levedura (YAC), 331-332, 345
Cromossomos bacterianos artificiais (BACs), 331-332, 340-342, 344
Crostas biológicas do solo (CBS), 609
Crotonato, 409-410
CRP, 221, 223
CRP de ligação local, 223
*Cryptococcus*, 562, 927
*Cryptococcus neoformans*, 879, 924, 925, 927
*Cryptosporidium*, 661-663, 843-844, 879, 904-905, 928-929
*Cryptosporidium parvum*, 197, 844-845, 904-905, 912, 920, 927-928, 930
C-terminal, 128
CtrA, 233, 234-235
*Culex*, 894-895
*Culex quinquefasciatus*, 895
Cultura
  aeróbio/anaeróbio, 169-171
  amplitude e profundidade de cobertura, 574
  anaeróbios, 800-801
  consórcio de bactérias verde, 444
  contínua, 152-155
  enriquecimento. *Ver* Cultura de enriquecimento
  lote, 151-154, 180
  pura, 17, 18, 20, 24, 77-78, 568, 572-575
Cultura axênica. *Ver* Cultura pura
Cultura de células, animais, 250
Cultura do trato urinário, 799-800
Culturas de garganta, *Streptococcus pyogenes*, 856-857
Culturas de tecidos, vírus animal, 250
Culturas viáveis, 375
Cupim, 636, 694-696
  acetogênese, 636, 695-696
  acetogênese e fixação de nitrogênio em intestino, 695-696
  anatomia e função do intestino, 694, 695
  anterior, diversidade bacteriana e a digestão de lignocelulose em, 694-695
  história natural e bioquímica, 694
  inferior, 694
  simbiontes metanogênicos e acetogênese em, 636
*Cupriavidus*, 672-673
Curva de crescimento, 151-153
Curva de crescimento de ciclo único, 249
Curva de morte para radiação ionizante, 174-175
Curva-padrão, a medição da turbidez, 157-160
CXCL8, 740, 789, 790
Cyanidiales, 563
*Cyanidioschyzon*, 563
*Cyanidioschyzon merolae*, 563
*Cyanidium*, 563
*Cyanothece*, 436, 438-439
*Cycloclasticus*, 617
*Cyclospora*, 928-929
*Cyclospora cayetanensis*, 912, 913, 930
*Cylindrospermum*, 436
*Cytophaga*, 60, 504-506, 570
*Cytophaga columnaris*, 506
*Cytophaga hutchinsonii*, 505, 506
*Cytophaga psychrophila*, 506
Cytophagales, 504-506


## D


2,4-D, 656
DAHP sintase, 240
Dano celular, ativação do complemento, 769-770
DAP. *Ver* Ácido diaminopimélico (DAP)
DAPI, 29, 155-156, 529, 595
  coloração fluorescente utilizando, 575-576
Dapsona, 861
*Daptobacter*, 463
Daptomicina, 812, 815-816
Darwin, Charles, 348, 355, 359, 363
dATP, 116
DBO. *Ver* Demanda bioquímica de oxigênio (DBO)
dCTP, 116
DDT, 656, 837
De cobre, 74-75
  recuperação do líquido de lixiviação, 650, 651
Decaimento dentário. *Ver* Cárie dentária
Declorinação
  aeróbia, 656
  redutiva, 411, 422, 431, 656, 668
Decomposição
  anóxica, 401, 633-636
  ciclo do carbono, 633, 635
Decompositor de pectina, 685-686
Decompositores de amido, 685-686
Decompositores de celulose, 685-686
Decompositores de lactato, 685-686
Dedo de zinco, 218
DEET, 891, 893
Defeitos genéticos, imunidade, 741-742
Defensinas, 725-726, 775-776
*Deferribacter*, 480, 513-514
Deferribacteres, 449, 456, 513-514
Defesa biofilmes como, 604
Defesa do hospedeiro, 739-746. *Ver também* Sistema imune; Imunidade
  imunidade ativa artificial (vacinação), 741-746, 752
  imunidade natural, 741-742
  imunidade passiva artificial, 741, 742
  inespecífica, 725-728
  inflamação, 739-741
  resistência natural, 725-726
Degenerescência, código genético, 294, 333
Degranulação, 733, 747, 761-762, 767
*Dehalobacterium*, 422, 423
Dehalococcoides, 422, 423, 444, 570
*Dehalorespiration*, 422
Deinococcales, 512
*Deinococcus radiodurans*, 174-175, 185
  reparo do DNA, 513-514
  resistência à radiação, 512-514
Deinococcus-Thermus, 357, 434, 449, 456, 480, 512
Deleção clonal, 786-787, 791
*Deltavirus*, 871
Demanda bioquímica de oxigênio (DBO), 614, 629, 657-658, 667
Demanda química de oxigênio (DQO), 614
Demografia, contribuição para a emergência de patógenos, 840-842
Denisovanos, 773
Densidade celular, quimiostato, 153-154
Dente, anatomia, 708, 709
Dependência em comunidades microbianas, hipótese Rainha Negra, 368
Depirimidização, 539
Deriva genética, 363-364, 367, 377
Derivada, 545-546
Dermatite
  atópica, 691
  de contato, 748
Dermatófitos, 926

*Dermocarpa*, 436
*Dermocarpella*, 436
Derramamento de óleo, 654-655
Deepwater Horizon, 616-617, 655
Derramamento de óleo em águas profundas – evento *Horizon*, 616-617, 655
*Derxia*, 481
*Derxia gumosa*, 454
Descloração redutiva, 411, 422, 431, 656, 668
Descontaminação, 171-172, 180
Desenho de iniciadores, 359
Desenvolvimento econômico, contribuição para o aparecimento de agentes patogênicos, 842
Desenvolvimento industrial, a contribuição para aparecimento de agentes patogênicos, 842
Desertificação, 609, 647
designação, 292
Desinfecção, 171-172, 180
água, 661-663
primária, 661-663, 668
secundária, 663, 668
Desinfetante, 171-172, 176-178, 180
Desnaturação, 137, 140, 171-172
DNA, 117-118
proteínas, 137, 539
Desnitrificação, 358, 411-413, 431, 647, 648
ciclo do nitrogênio, 637
genes utilizados para avaliar, 579
oxidação do metano e, 433
zonas mínimas de oxigênio, 617
Desnitrificadoras, 412-413, 452, 454, 456, 477
arqueias, 456
bactérias, 410, 412-413, 427-429, 456
Desova de transmissão , 701
Desoxirribonuclease, 869
Desoxirribose, 97, 108, 120
Despejo de lixiviação, 650, 651
Desproporcionamento, enxofre, 415, 638
Dessensibilização, 731, 748
sublingual, 731
*Desulfacinum*, 447
Desulfarculales, 490
*Desulfarculus*, 447, 490
*Desulfitobacterium*, 423, 449, 495
*Desulfobacter*, 447, 490, 638
*Desulfobacter postgatei*, 448
Desulfobacterales, 490, 624, 625, 627
*Desulfobacterium*, 447
*Desulfobotulus*, 447
Desulfobulbaceae, 641
*Desulfobulbus*, 447
*Desulfobulbus propionicus*, 448
*Desulfococcus*, 447
*Desulfofustis*, 447
*Desulfomicrobium*, 447
*Desulfomonas*, 447
*Desulfomonile*, 422, 423, 447
*Desulfonema*, 447
*Desulfonema limicola*, 448
*Desulforhabdus*, 447
*Desulforudis audaxviator*, 612
*Desulfosarcina*, 447, 481
*Desulfosarcina variabilis*, 448
*Desulfosporosinus*, 447
*Desulfotignum phosphitoxidans*, 415
*Desulfotomaculum*, 100, 422, 447, 448, 495, 570
*Desulfotomaculum auripigmentum*, 422
*Desulfotomaculum orientis*, 416
*Desulfovibrio*, 95, 303, 412-414, 447, 448, 453, 481, 490, 510, 570, 638, 654
*Desulfovibrio desulfuricans*, 412-413, 448
*Desulfovibrio gigas*, 453
*Desulfovibrio magneticus*, 473
*Desulfovibrio oxyclinae*, 448
*Desulfovibrio sulfodismutans*, 415
Desulfovibrionales, 490
*Desulfurella*, 449, 490
Desulfurellales, 490
Desulfurilação, 638
*Desulfurobacterium*, 449
Desulfurococcales, 534-537
*Desulfurococcus*, 518, 532-536
*Desulfurococcus saccharovorans*, 536-537
Desulfuromonadales, 490
Desulfuromonales, 610
*Desulfuromonas*, 449, 456, 490, 570, 638
*Desulfuromonas acetoxidans*, 415, 448
*Desulfuromusa*, 456, 490
Detector de luz, 342-343
Detergentes catiônicos, 176-178
Deterioração alimentar, 11, 172-173, 448, 559, 909-910, 922
*Dethiosulfovibrio*, 449
*Devosia*, 481-482, 672-673
Dextrano, 716-718, 727-728
Dextrasucrase, 727-728
DGGE, 581
dGTP, 116
3,4-DHP, tóxico, 685-686
Diabetes
juvenil, 749-750
tipo 2 (não insulina-dependente), 691
Diacetil, 493-494
Diagnósticos de DNA, primários, 810-811
1,2-Diálcoois, 445
Diaponeurosporeno, 384-385
Diarreia do viajante, 917
Diatomácea, 161, 551, 552, 644-645, 701
Diazotrofia, 453
Diazotróficos, 452, 453, 477
de vida livre, 453-454
simbiótica, 453
Dicloroetileno, 423
Diclorometano, 656
*Dictyostelium*, 197, 555
*Dictyostelium discoideum*, 68, 197, 553-555
Didesoxi-hexoses, 44
Didesoxinucleotídeos, sequenciamento Sanger, 185, 186
Dieta, suscetibilidade a doenças infecciosas, 727-728
Diferenciação, 4, 23
Diferenciação celular, 54
Difteria, 719, 727-728, 836-839, 843-844
epidemiologia, patologia, prevenção, e tratamento, 857-859
número básico de reprodução, 833
Difteria antitoxina, 859
Difteria-tétano-pertússis acelular (DTaP), 753, 859
Difusão, 37-39
Digestão por protease, 335-336
Digestor de lodo, 657-660
Diglicerol tetraéter, 36, 38
Di-hidrouridina, 131
Di-hidroxi-indol, 341-342
Diluição em série, 156, 572
Dímero, 217, 218
Dímero da proteína, 217, 218
Dímero de pirimidina, 297-299
Dimetil dissulfeto, 639
Dimetil guanosina, 131
Dimetil mercúrio, 645
Dimetil sulfeto, 421, 422, 460-461, 523, 639
Dimetil sulfoniopropionato, 167-169, 639
Dimetil sulfóxido (DMSO), 163, 421, 422, 638, 639
Dimetilamina, 523
*dinB*, 298-299
Dinitrogenase, 100, 102, 234-235
Dinitrogenase redutase, 101, 102, 234-235
Dinitrogênio, utilização biológica. *Ver* Fixação de nitrogênio
*Dinobryon*, 551, 553
Dinoflagelado, 544, 545, 549-550
recifes de corais, 701-702
Dinoflagelados tóxicos, 550
Dióxido de carbono, 523, 524
aceptor de elétrons, 411, 415
acetogênese, 415, 416
aquecimento global, 646-647
atmosférico, 632, 644, 646, 701
buracos em queijo suíço, 406, 500
concentrações no ar acima da superfície marinha, 646
do ciclo do ácido cítrico, 92-95
fonte de carbono, 96
na fotossíntese, 380
produção no rúmen, 684-686
produto de fermentação, 87, 89, 403, 404, 486, 487, 491, 635
redução de metano, 417, 419
síntese de purinas, 98, 99
Dióxido de enxofre, 412-413, 638
Dióxido de nitrogênio, 412
Dioxigenase, 424, 425, 656
Dioxigenases sequenciais, 425
Dipeptídeo, 127
Dipicolinato de cálcio, 172-173
Diploide, 65, 301, 308
Diplomonadídeos, 357, 545-547
Diptericina, 775-776
Disbiose, 689-690, 704
Disco, técnica de difusão, 176-178, 802, 803
*Discosphaera tubifera*, 644
Disenteria, 487, 549, 553-554, 719, 927-928. *Ver também* Amebíase
Disenteria amebiana, 553-554
Disenteria bacilária, 487
Disenteria suína, 465-466
Dissacarídeos, fermentação, 87-88
Dissimilativas, bactérias ferro-oxidantes, 457-458
Dissimilativas, bactérias redutoras de ferro, 456-457
ecologia, 457
fisiologia, 456-457
Dissulfeto de carbono, 639
Distância filogenética, padrões de trocas gênicas e, 367
Distúrbio do complexo imune, 748-750
Diversidade catabólica, 95-96
Diversidade da região N, 785
Diversidade da região P, 785
Diversidade de plantas, 681-682
Diversidade ecológica, 435
Diversidade filogenética, 434
Diversidade fisiológica, 435
Diversidade funcional, 433-478
bactéria fototrófica, 435-446
bactéria quimiotrófica, 447-465
ciclco do nitrogênio, 452-456
ciclo do enxofre, 447-452
conceito, 434-435
diversidade morfológica, 465-475
Diversidade genética
morfologia e, 577
origens, 363
Diversidade metabólica, 379-432, 598. *Ver também* Autótrofos; Quimiolitotrofia; Quimiorganotrofia; Fixação do nitrogênio; fototróficos
consequências para a biosfera da Terra, 350-351
Diversidade microbiana, 5-7, 369-371. *Ver também* Diversidade funcional; Diversidade metabólica; Diversidade morfológica
aumento de, 20-21
eucariótica, 543-566
procariótica, 521-524, 609-611, 627-628
Diversidade morfológica, 435, 465-475
bactérias com bainha, 472
bactérias de brotamento e prostecadas, pedunculadas, 468-472
bactérias magnéticas, 472-473
bioluminescência bacteriana, 474-475, 477
espiroquetas e espirilos, 465-468, 477
Divisão celular
brotamesnto e bactérias prostecadas/com talo
bactérias, 468-472
*Caulobacter*, 470, 471
duplicação cromossômica vs., 120
eucariótica, 65-66
evolução, 148
produtos desiguais, 468-469
produtos iguais, 468-469
proteínas STF e, 144-147
síntese do peptideoglicano e, 148-149
Divisão do septo, 145
Divisão por quebra, 499
Divissomo, 144-145, 180
$DL_{50}$, 714
DMSO. *Ver* Dimetil sulfóxido (DMSO)
DMSO redutase TMAO, 74-75
DNA, 3. *Ver também* Transcrição
alvo, 369-371
amplificada, 319-320
amplificação por deslocamentos múltiplos (MDA), 205, 593-594, 596
cadeia antiparalela, 109, 111, 140
circular, 111-114, 118, 119, 255-256, 270, 273-274
circular covalentemente fechado, 544

cloroplastos, 113, 544
complementar, 199, 200, 333, 335-336, 810-811
complementaridade das cadeias, 109, 111
concatemérico, 252, 253, 255-256, 272, 277
cortado, 300
cromatina, 753
definição, 140
desenovelamento, 122
desnaturação, 117-118
detectados em hábitats naturais, 204
determinação da sequência, 318
vetores de clonagem para, 331-332
do sulco menor, 110, 111
dupla-hélice, 109-111
eletroforese em gel, 317-318
em oceanos, 204
estabilidade a temperaturas elevadas, 539
estrutura, primário, 109
estrutura toroidal, 513-514
eucarioto, 4, 65
extremidades cegas, 316, 321
extremidades coesivas, 255, 316, 321
glicosilado, 253
hipertermófilos, 539, 540
história de vida, 355-363
interações com proteínas, 109, 110
linear, 252, 255, 272, 273, 468
localizações de hidrogênio, 109, 111
macromolécula informativa, 108, 110
marcado com $^{13}C$, 593
metilação, 252, 317
métodos para manipular, 316-325
mitocondrial, 113, 544
móvel, 209, 310-312
mutações. *Ver* Mutação
origem como material genético, 349-350
origem viral, a hipótese de, 268-269
palíndromo, 316
permutação circular, 252, 253
procarioto, 4
radiação ultravioleta, 173-174
RecA-independente, 513-514
recombinante, 321-322, 345
relaxado, 111, 112
repetições invertidas, 123, 124, 217-218, 310-311
repetições terminais 272, 252, invertidas, 275, 276
replicação. *Ver* Replicação
sequência de base, 109
sinalização, e alume, 753
sintético, 321, 323-324
sulco maior, 109-111, 217
superenovelado, 110-114
tamanho de, 110
terminalmente redundante, 252
DNA complementar (DNAc), 199, 200, 320-321, 333, 335-336, 810-811
DNA cromatina, 753
DNA de bacteriófagos, 270-273
DNA *fingerprinting*, 372
DNA linear, 252, 255, 272, 273, 468
DNA móvel, 209, 310-312
DNA RecA-independente, 513-514
DNA recombinante, 321-322, 345
DNA sintético, 321, 323-324
DNA superenrolado, 110-111, 113-114
superenrolamento negativo, 111, 112
superenrolamento positivo, 111
DNA transferido (T-DNA),678-679
DnaA, 116-119, 233-235
DNA-alvo, 369-371
DnaB, 116-118
DnaC, 116-118
DNAc. *Ver* DNA Complementar
DNA-girase, 111, 112, 116-119, 140, 812, 820
inibição, 111, 811-812
reverso, 539, 542
DNA-girase reversa, 539, 542
DNA-helicase, 116-119, 140
DNA-ligase, 117-118, 140, 321
DNA-polimerase, 109, 110, 116, 140, 186, 188, 284, 319, 320, 323-324
amplificação por deslocamentos múltiplos (MDA), 205, 593-594, 596
atividade corretora, 120, 320
Pfu, 320
Taq, 164-165, 320, 512
DNA-polimerase I, 116-118
DNA-polimerase III, 116-120
DNase I, humana, 336-337
Doador de elétron , 82-84, 104, 384-387, 389
fonte de energia, 82
inorgânico, 392-394
metabolismos quimiolitotróficos nas fontes hidrotermais, 627
metanogênese, 419, 420
primária, 84
Doador de elétrons primário, 84
Doadores de bactérias (masculino), 278
Dobramento de proteínas, 135-138, 334
dobramento incorreto do príon, 285-286
secreção de proteínas dobradas, 137-138
Doença autoimune, 749-750, 856-857
Doença cíclica, 832
Doença clamidial, 508
Doença colunar, 506
Doença da arranhadura do gato, 481-482
Doença da infância, em adultos, 837
Doença da mão, boca e pés, 841
Doença da raiz em cabeleira, 678, 679
Doença da requeima, 551
Doença da vaca louca. *Ver* Encefalopatia espongiforme bovina
Doença de Addison, 749-750
Doença de água fria, 506
Doença de Chagas, 548, 807, 839, 927-928, 933
Doença de Creutzfeldt-Jakob, 285-286
variante (vCJD), 285-286, 920
Doença de Hansen. *Ver* Lepra
Doença de Hashimoto, 749-750
Doença de Lyme, 184-185, 465-466, 468, 838-839, 840-842, 891-893, 901
epidemiologia e prevenção, 892-893
erupção cutânea, 892
incidência e geografia, 892-893
patologia, diagnóstico e tratamento, 892
transmissão, 892
Doença de Newcastle, 339-340
Doença de notificação compulsória, 838-839
Doença de Woolsorter. *Ver* Inalação de antraz
Doença debilitante crônica, 285-286
Doença diarreica, 487, 711, 712, 717, 721-725, 745-746, 829, 831, 906, 909, 928-930, 934
*Campylobacter*, 918
diarreia do viajante, 917
Doença do "enfezamento vermelho" do milho, 498
Doença do mosaico do tabaco, 20
Doença do príon infeccioso, 285-287
Doença do sono, 933
Doença do sono africana (tripanossomíase africana), 197, 548, 927-928, 933, 935
Doença emergente, 840-845, 851, 894-895
reconhecimento e intervenção, 843-845
Doença endêmica, 827-829, 851
Doença enzoótica, 886-887, 901
Doença estafilocócica, 868-870
Doença estreptocócica, 855-858
diagnóstico, 856-857
Doença genética, hospedeiro comprometido, 728
Doença imune, 747-750
Doença infecciosa, 8-9
as Américas e a África, 839-842
doenças de veiculação hídrica, 661-662, 664, 832-833, 836, 904-909
emergentes, 827, 840-845, 851
especificidade do tecido, 725-728
estágios clínicos, 829-830
imunoensaios, 804-805
morbidade, 829
mortalidade, 829, 839, 851
número básico de reprodução e imunidade de rebanho necessária para proteção da comunidade, 833-836
postulados de Koch, 16-20
prevenção, 742-746
reemergentes, 840-845, 851
reportável, 838-839
reservatório, 829, 834-837
saúde pública e, 836-839
taxas de morte nos Estados Unidos, 9
teoria do germe da doença, 15-17
transmissão. *Ver* Transmissão
Doença inflamatória do intestino, 206, 689-691
Doença inflamatória pélvica, 872-873, 875
Doença leitosa, 495
Doença letárgica, 499
Doença meningocócica, 744, 838-839
Doença periodontal, 514, 605, 689-690
Doença reemergente, 840-845, 851
Doença teimosa dos cítricos, 498
Doença transmissível pelo piolho, 888-891
Doença vesicular de Crown, 336-337, 678-679
Doença viral endêmica, 862
Doenças, 706, 714, 729. *Ver também* Doença infecciosa; Doenças microbianas pessoa a pessoa; Transmissão; *doenças específicas*
alterações no microbioma humano, 689-691
biofilmes e, 159
fungos, 557
papel da cápsula, 47-48
príon, 285-287
viroide, 285-286
Doenças bacterianas originadas no solo, 897-900
Doenças do coração, do plasminogênio tecidual ativador e, 335-336
Doenças infecciosas comuns de código-fonte
por vias navegáveis, 657, 661-662, 664, 904-909
transmitidas por alimentos, 911-920
Doenças microbianas transmissíveis de pessoa a pessoa, 831, 834-836, 853-884
infecções sexualmente transmissíveis, 465-466, 508, 745-746, 800-801, 833, 872-881, 928-929
transmissão por contato direto, 868-872
transmissão via aérea, 831, 832, 854-868
doenças bacterianas, 854-862
doenças virais, 862-868
Doenças por contato direto, 868-872
Doenças transmissíveis pela água, 661-662, 664, 832-833, 836, 904-909
amebíase, 807, 840-842
cólera, 657, 904-907
criptosporidiose, 930
doença causada por norovírus, 796, 904-905, 909, 912,919, 920
febre tifoide, 907-909
fontes, 657, 664, 904-905
legionelose (doença de Legionários), 664, 907-908
nos países em desenvolvimento, 848-849, 906
surtos, 663, 904-905
Doenças transmissíveis por carrapatos, 468, 841, 842, 890-893
prevenção de fixação de carrapato, 891, 893
Doenças transmissíveis por vetores, 830-831, 833, 885-898
doenças bacteriana e virais transmissíveis por artrópodes, 888-898
doenças virais transmissíveis por animais, 886-889
Doenças trasmissíveis por alimentos, 832-833, 836, 842, 846-847, 911-920, 930
amostra microbiana, 912
epidemiologia, 912-913
Doenças virais
transmissão por via aérea, 862-868
transmissíveis por animal, 886-889
transmissíveis por artrópodes, 893-896
Dogma central da biologia molecular, 109
Domínio (proteína), 202, 217-218, 772, 776
receptor de células T, 759
Domínio (taxonomia), 5-7, 23, 31-32, 243, 356, 377, 545-546
análise gênica, 208
características, 358
características moleculares de três, 354
Domínio superenrolado, cromossomo, 111, 112
Domínios de ligação a metais, 202
Domínios de ligação a nucleotídeos, 202

Domínios de proteína, 202, 217-218, 776
Dor de garganta por estreptococos, 717, 808, 855, 856
*Dorea*, 688
Dose de imunógeno, 758
Dose de radiação absorvida, 173-175
Dose letal, 174-175, 714
Doxiciclina, 872, 875, 891, 892
Dracunculíase, 839
*Dracunculus medinensis*, 839
Drenagem ácida de mina, 396, 397, 513-514, 526, 599, 652-653, 667
*Drift* antigênico, 281, 849, 865-867, 883
Drosomicina, 775-776
*Drosophila melanogaster*
genoma, 197
receptores toll, 775-776
dTTP 116
Ducto torácico, 732
Dulbecco, Renato, 266
*Dunaliella*, 168-169, 520, 563, 564
Duodeno, 709, 710
Dupla-hélice, 109-111
Duplicação de genes, 206-208, 363

## E

2,4,5-T, 656
Ebola, febre hemorrágica, 829, 833, 838-842, 889
Ebola-Reston vírus, 842-844
EBPR, 660-661
Ecologia microbiana, 7, 22, 24, 568, 596, 598-600
contagem de células microscópicas, 154-156
fracionamento isotópico, 589-590
métodos, 567-596
Ecologia viral, 261
*Eco*RI, 316, 317, 324-325
*Eco*RV, 316, 317
Ecossistema, 6-7, 23, 597-630
ambientes aquáticos, 613-628
ambientes e microambientes, 600-602, 629
ambientes terrestres, 6, 606-613
biogeoquímicos e nutrientes, ciclos, 599-600, 629
conceitos ecológicos, 598-599
definido, 598
insumos energéticos, 599-600
superfícies e biofilmes, 602-605
tapetes microbianos, 605-607
Ecossistema aquático, 6
Ecossistemas de algas marinhas, 669
Ecossistemas marinhos, 613, 615-628
comunidades microbianas sazonais, 615
zonas mínimas de oxigênio (OMZs), 617, 629, 647
Ecotipo, 617-618
Ectoína, 168-169
Ectomycorrhizae, 557, 679, 681
*Ectothiorhodospira*, 384, 441, 520
*Ectothiorhodospira mobilis*, 441
Edema, 739, 740, 741
Efeito estufa, 646
Efeito glicose, 222
Efetor, 219, 220, 225-226, 241
Eficiência de plaqueamento, 251
Eflorescência (*bloom*), 614
bactérias sulfurosas púrpuras, 440
cianobactérias, 440, 614
gás-vesiculadas, 51
halófilo extremo, 518-520
Efluentes industriais, 657-658
Efluentes líquidos, 657-658, 660, 661, 668
Efluxo, 820
*Ehrlichia*, 481, 483, 890-891
*Ehrlichia chaffeensis*, 888-889, 891
*Ehrlichia ewingii*, 891
EIA. *Ver* Ensaio imunoenzimático (EIA)
EIA direto, 807, 808
EIA indireto, 807, 808
*Eikenella*, 707
*Eimeria*, 550
Eixos de simetria, 247
Elefantíase (filaríase de Bancroft), 934
Elemento transponível, 112, 113, 141, 209, 272-273, 295, 310-312, 314
Bacteriófago Mu. *Ver* Bacteriófago Mu
Elementos gênicos, 108, 111-115, 140
não cromossômicos, 111-115
Eletroforese em gel, 344
DNA, 317-318
gradientes desnaturante (DGGE), 579-581, 595
poliacrilamida bidimensional, 201-202
Eletroforese em gel de poliacrilamida, bidimensional, 201-202
Eletromicrografia, 3, 31-32
Eletroporação, 302, 326-329
ELISA. *Ver* Ensaio imunoenzimático (EIA)
Elongamento do RNA, 812
Elvitegravir, 880
Embalagem cabeça cheia, 252
*Emiliania huxleyi*, 644
Emissário de esgoto, 614
Emparelhamento de bases complementares, 109, 111, 116, 120, 140, 236, 237
Emparelhamento oscilatório, 196
Enantiômero, 140
Encefalite, 838-842, 844-845
alérgica, 749-750
Califórnia, 831-832
espongiforme bovina, 837
vacina para encefalite japonesa, 742-743
Encefalite equina venezuelana, 844-845
Encefalite espongiforme bovina, 837
Encefalite ou meningite do Oeste do Nilo, 895
Encefalomielite, sarampo, 863
Encefalopatia espongiforme bovina, 285-287, 920
Encefalopatias espongiformes transmissíveis, 285-286
*Encephalitozoon*, 545-546, 559-560
genoma de, 560
*Encephalitozoon cuniculi*, 197, 198
*Encephalitozoon intestinalis*, 559
Encharcamento do solo, 638, 640
Endocardite, 796
Endocelular, processo, 506
Endocelulase processiva, 506
Endoflagelos, 465-467
Endomicorrizas, 557, 560, 679, 680
Endósporo, 52-55, 71, 358
ativação, 53, 54
células vegetativas vs., 53-55
central, 53
coloração, 53
desenvolvimento, 232, 233
estrutura, 53-54
excrescência, 53, 54
formação, 53-55
germinação, 53
heliobactéria, 446
resistência ao calor, 13, 53-55, 172-173
subterminal, 53
terminal, 53
Endossimbionte, 691
de ciliados, 549
genomas, 191
Endossimbiose, 67, 353-354, 544-545
primária, 544-547, 562
secundário, 544-547, 550, 562, 566
simbiontes metanogênicos e acetogênicos em cupins, 636
Endotoxina, 45, 487, 724-725, 729
ensaio de *Limulus*, 725
estrutura e biologia, 724-725
propriedades, 725
*Yersinia pestis*, 896
Energia, 80
armazenamento, 85-86
ativação, 81, 104
células primitivas, 350-351
de formação, 80
entradas em ecossistema, 599-600
livre, 80, 83, 104
oxidação do enxofre, 396
Energia livre, 104
de formação, 80
mudança de padrão *versus* real, 80
torre redox e mudança de padrão, 83
Enfuvirtida, 817, 880
Engenharia de vias, 341-343, 345
Engenharia genética, 12, 315-346. *Ver também* Clonagem
agricultura, 336-338
bacteriófago, 271
biologia sintética, 342-343
definido, 316
fago M13, 271
plasmídeo-Ti, 679
produtos geneticamente alterados microorganismos, 333-343
vacinas, 745-746
Enolase, 87
Enriquecimento, 568-572
Enriquecimento da cultura, 20, 23, 442, 568-572, 595, 797-798, 825
bactérias nitrificantes, 455
bactérias redutoras de sulfato, 448
citófagos, 506
*Cryptofilum korarchaeum*, 530, 531
cultura pura de isolamento, 572-575
*Hyphomicrobium*, 468-469
MAR-FISH para orientar, 592-593
para bactérias fototróficas e quimiolitotróficas, 569
para quimiorganotróficas e bactérias anaeróbias estritas, 570
resultados, 569
Ensaio de aglutinação de esferas de látex, 805
Ensaio de diluição de antibiótico, 802, 803
Ensaio de filtro de membrana, coliformes, 905
Ensaio de placa, vírus, 250-251
Ensaio do amebócito de *limulus*, endotoxina, 725
Ensaio imunoenzimático (EIA), 804, 807-808, 825
combinação, 807, 808
direta, 807, 808
hepatite, 872
indireta, 807, 808
sanduíche de antígeno, 807-808
teste de HIV-anticorpo EIA, 808, 809, 879
Ensaios imunes, 803-809
Ensaios químicos, 587
*Entamoeba*, 545-546, 553-554
*Entamoeba histolytica*, 197, 553-554, 927-928
*Enterobacter*, 402-403, 486-488, 570, 707, 800-801
*Enterobacter aerogenes*, 404, 487, 488
Enterobacteriaceae, 691, 797
resistente à carbapenema, 796
*Enterobacteriales*, 486-488, 610
Enterobactérias, 710
*Enterococcaceae*, 688
*Enterococcus*, 492, 707, 710, 797, 799-800
resistentes à vancomicina (VRE), 796
*Enterococcus faecalis*
resistência antimicrobiana, 821, 822
resistentes à vancomicina, 821
*Enterococcus faecium* resistente à vancomicina (VRE), 821
*Enterococcus* resistente à vancomicina (VRE), 796
Enterocolite, *Salmonella*-induzida, 915-916
Enterótipos, 688-689
Enterotoxina, 115, 487, 719-725, 729, 843-844
colérica, 724, 906
estafilocócica, 913, 914
perfringens, 914
*Entomoplasma*, 498
Entomoplasmatales, 492
Entubação gastrintestinal, 903
Envelope viral, 248
Envenenamento alimentar, 719, 720, 750, 868, 900, 903, 912-915, 922
clostridial, 914-915
estafilocócico, 912-914
Envenenamento paralítico causado por moluscos, 550
Enxame, 487, 488
*Myxococcus*, 464, 465
Enxame celular, 147, 233, 470-473, 509
Enxofre
aceptor de elétrons, 526, 530, 532-533
compostos orgânicos de enxofre, 639
desproporcionação, 415, 638
doador de elétrons, 392-393, 532-533
elementar. *Ver* Enxofre elementar
estados de oxidação, 447
estudos de isótopos estáveis, fracionamento, 589-590
metabolismo dissimilativo do enxofre, 447-452
necessidade das células, 74-75
oxidação, 395-396, 531, 532, 600, 639
bioquímica e energética, 395-396
sulfato, 395-396
redução, 350, 415
Enxofre elementar, 50, 85, 396
aceptor de elétrons , 412-413, 518, 526, 527, 530
de oxidação-redução, 639

desproporcionamento, 415
doador de elétrons, 386-387, 389, 392-393, 395
Enzima, 4, 23, 81-82, 104, 127, 140
ativa sob frio, 162-163
catálise, 81-82
coenzimas com metais-traço, 74-75
constitutiva, 216
destruição de oxigênio tóxico, 170-172
em vírion, 246, 248-249
especificidade, 81
estrutura, 81
extracelulares (exozimas), 506
indução, 219-221
isoenzima, 240
modificação covalente, 241
piezófila, 623
regulação da atividade, 240-241
regulação da síntese, 216-226
replicação do DNA, 115-118
repressão, 219-220
reversibilidade de reação, 81
sítio ativo, 81, 82
tampões para ensaios *in vitro*, 166
termófilo e hipertermófilo, 164
Enzima *Bam*HI, 324-325
Enzima constitutiva, 216
Enzima de restrição, 252-253, 316-318, 321, 326-327, 345
sequência de reconhecimento, 316, 317
Enzima TRAI, 306
Enzimas ativas no frio, 162-163
Enzimas de modificação, 317, 345
Enzimas digestoras, 68, 549
Enzimas hidrolíticas, 45
Epibionte, 444, 671-672, 696-697
Epibióticos, predadores, 463
Epidemia, 828-844, 851
controle, 837-839
fonte comum, 832-833, 842, 851
hospedeiro para hospedeiro, 832, 833, 851
Epidemiologia, 827-852
HIV/Aids, 847-849
princípios, 828-836
saúde pública, 836-842
terminologia, 828-829
*Epidermophyton*, 925
Epilímnio, 613, 615, 629
Epissomo, 307
Epítopo, 758, 772, 782, 784
Epítopos conformacionais, 758
Epítopos lineares, 758
Epizoótia, 886-887, 901
Épsilon, toxina, 844-845
*Epulopiscium fishelsoni*, 33-34
Equilíbrio da água
em halófilos extremos, 521
positivo, 167-168
Equilíbrio de oxidação-redução, 401-403
Equilíbrio redox, 401-403
Equinocandinas, 812, 817-818
Equipamentos de proteção, segurança em laboratórios, 794-796
Erisipela, 856
Eritema, 739, 740
Eritrócitos, 732
Eritromicina, 812, 815, 857-859, 907-908
produção, 504
resistência, 820
Eritropoietina, 336-337
Eritrose-4-fosfato, 240
Erliquiose, 838-839, 888-891
Erliquiose monocítica humana (HME), 890-891
Eructação, ruminantes, 684
*Erwinia*, 115, 487, 910
*Erwinia cartovora*, 486
Erysipelotrichales, 685, 688
*Erythrobacter*, 443, 481, 484, 619
Escada de DNA, 318
Escarlatina, 717, 719, 750, 856-857, 883
Escarro, 590, 591
*Escherichia*, 167-168, 303, 402-403, 481, 486, 487, 570, 707, 710, 725, 910
endotoxina, 45
*Escherichia coli*, 29, 115, 184-185, 200, 321, 337, 422, 486, 487, 592, 720, 735, 736, 795-796, 799-800, 911
16RNAr 356
aceptores de elétrons na respiração anaeróbia, 95
aquaporina AqpZ, 37
ataque de *Bdellovibrio*, 463
atenuação, 239
bacteriófago, 251-255, 272, 277
biossíntese de aminoácidos aromáticos, 240
catabolismo de maltose, 220-222
chaperonas em, 137
códons, 129
códons preferenciais, 190-191
colicinas, 115
coloração de Gram, 28
controle de choque térmico em, 231
controle global, 230, 231
crescimento diáuxico, 222
cromossomo, 113, 119
culturas líquidas, 159
divisão celular, 144
DNA, 112
DNA-polimerase, 116
doenças transmissíveis pela água, 904-906
domínios superenovelados, 111
eletroforese em gel de poliacrilamida de proteínas, 201
em água, 905-906
endonucleases de restrição, 316
êntero-hemorrágico, , 487
enteroinvasiva, 917
enteropatogênica, 487, 716, 721-722, 727-728, 807, 912, 917
enterotoxigênica, 717, 719, 917
estirpe K-12, 366, 371
estrutura reversível e função da ATP sintase (ATPase) em, 92-93
experimento de evolução a longo prazo (LTEE), 365, 366
fatores de adesão, 716, 717
fatores de virulência, 843-844
fatores sigma, 122-123
fermentação de ácido misto, 487
fímbrias, 716, 717
fissão binária, 144
flagelos, 57
fotografia bacteriana, 342-343
FtsZ, 145
gasto de energia para a síntese de ATP, 85
genoma, 185, 191, 192, 194
natureza dinâmica, 366-367
tamanho, 110
hospedeiro de clonagem, 328-329, 335-337
identificação, 799-801
ilhas de patogenicidade, 211
indução enzimática, 219
infecção hospitalar, 831
inflamação sistêmica, 740
intestino, 710
intestino humano, 688
Lac permease, 40
linhagens diferenciadoras, 319
mapa genético, 113
meio de cultura, 76, 77, 800-801
modelo procariótico, 108
mutação *hisC*, 292
necessidade de oxigênio, 169-170
neutrófilos, 166
número de genes, 4
O157: H7, 366, 371-372, 487, 805, 842, 844-845, 912, 915-917
espinafre, 912-913
óperon do triptofano, 238
pangenoma, 210
parede celular, 42, 43, 45-46
patogênica, 211
patógenos associados aos cuidados de saúde, 796, 797
periplasma, 45-46
peso de, 74
*pili*, 49
plasmídeo F, 305-307, 331-332
plasmídeos, 113-114
produção de índigo, 341-342
produtora de toxina *Shiga* (STEC) (anteriormente êntero--hemorrágica), 721-722, 838-839, 915-917
promotor, 329-330
proteína de ligação à maltose, 334
proteínas de choque frio, 163
proteínas quimiotáticas aceptoras de metil, 227
quimiotaxia, 61
redução de nitrato, 412-413
regulação de proteínas da membrana externa, 226
regulon da maltose, 221-222
replicação, 118, 119
replicação do genoma, 146
RNA-polimerase, 121
sensibilidade à radiação, 174-175
sistema de reparo do SOS, 298-299
sistema de transporte de elétrons, 91, 412-413
sistema fosfotransferase, 40-41
sistemas reguladores de dois componentes, 225-226
subunidades ribossomais, 133-134
tamanho, 34
temperaturas cardeais, 160
tempo de duplicação, 118
tempo de geração, 601
transcrição, 121
RNA antissenso, 237
transdução, 303
transformação, 302
transmissíveis por alimentos, 912-913, 915-917
transpeptidação, 149
trato urogenital, 713
unidades de transcrição de RNAr, 124
vírus T4, 248, 251-255
*Escherichia coli* produtora de toxina Shiga (STEC), 721-722, 838-839, 915-917
Esclerose múltipla, 336-337, 749-750
Escotocromogênese, 501-502
Escotofobotaxia, 63, 671
*Escovopsis*, 693
Esferoidenona, 384-385
Esfingolipídeos, 505
Esfingomielina, 505
Esfingosina, 505
Esgoto, 657-661, 668
corrosão em coroa de tubos de esgoto de concreto, 666
surto de cólera, 849
Esmalte, dente, 708, 709, 718
Esôfago, 549, 710
Espaçadores, 311-312
Espaço da matriz , 381
Espaço ribossomal intergênico autômato análise (ARISA), 580-582
Especiação
alopátrica, 611
diversidade de hábitats microbianos, 598-599
relógio molecular, 365-366
Especiação alopátrica, 611
Especiação bacterial, 370-371
Especiarias, esterilização por radiação, 174-175
Espécies, 377
descrevendo novas, 374
diversidade microbiana, 369-371
Espécies monofiléticas, 369-370
Especificidade, 735, 752, 756-757, 797, 804, 826
teste de diagnóstico, 797, 804
Especificidade do tecido, de agentes patogênicos, 716, 725-728
Espécime
coleção, 797-798
isolamento de patógeno, 797-806
manuseio seguro, 794
Espécime genital, cultura, 800-801
Espectinomicina, 504, 812
Espectro de absorção, 380-383
Espectrofotometria, 157-160
Espectrometria de massa, 202
análises de metaboloma, 203, 204
Espectrometria de massa secundária (SIMS), 590-591
Espermidina, 539
Espinafre, doença associada à *E. coli* O157: H7, 912-913
Espinhas, 493-494, 720, 832, 868, 869
Espirilos magnetotáticos, 473
Espiriloxantina, 384-385
Espiroplasma da razão de sexos, 499
Espiroqueta, 31-33, 465-468, 477, 707
características, 465-466
classificação, 465-466
motilidade, 465-467
rúmen, 468
via oral, 467
Espirro, 832, 854, 863-864
Esporângios, 559
Esporicidas, 176-178
Esporo
actinomicetos, 501-502
bolor limoso, 553-555
endósporo. *Ver* Endósporo
fúngico, 555-558
*Streptomyces*, 502, 503
Esporotricose, 925-927
Esporozoíto, 550, 551, 931
Esporulação, 52, 53
*Bacillus*, 53-55, 232, 241
bacteriana, 54, 55
Esquema de classificação de Baltimore, 266-267

Esquema Z, 387-389
Esquistossomose, 807, 904-905, 927-928, 933-935
Esquizonte, 931, 932
Estabilização da hélice, 218
Estado de equilíbrio, 152-155
Estafilocinase, 843-844
Estafilococos, 707
Esteira microbiana, 351, 588, 602, 605-607, 629
  cianobactérias, 605-606
  ferro-oxidante, 643
  quimiolitotrófica, 606-607
Esteiras de cianobactérias, 605-606
Esteiras quimiolitotróficas, 606-607
Esterase, 341-342
Esterilidade, 7, 15, 24
Esterilização, 15, 171-172, 181
  a frio, 176-178
  calor, 171-174, 910
  filtro, 174-175
  machos infectados com *Wolbachia*, 692
  meio de cultura, 77-78
  radiação, 173-175
Esterilizante (esterilizador) (esporicida), 176-178, 181
Esteroide, 712
Esterois, 35
  membrana, 35, 460-461, 497, 498
Estilo cristalino, molusco, 465-466
Estirpe 121, 534-536, 538
Estômago, 709
  barreira à infecção, 725-728
  microbiota normal, 709, 710
Estomatite vesicular, 279-280
Estramenópilos, 357, 544-546, 551-552
Estratificação, aquecimento dos oceanos e, 646-647
Estreptocinase, 718, 719
Estreptococos, homofermentativos, 500
Estreptococos do grupo A. *Ver Streptococcus pyogenes*
Estreptococos homofermentativos, 500
Estreptolisina O, 719, 721-722
Estreptolisina S, 719
Estreptomicetos, 502-504
Estreptomicina, 358, 812, 813, 815, 819
  produção, 504
  resistência, 820
Estreptovaricina, 812-814
Estresse, fator de risco de infecção, 727-728
Estresse oxidativo, 231
Estriagem em placa, 78, 572
Estrogênio sintético, 661
Estroma, 66, 67, 71, 381, 383
Estromatólito, 351, 377
Estrutura celular / função, 25-72
Estrutura haste-alça
  RNA, 123, 124, 239
  RNAm, 239
Estrutura primária, 109, 140
  DNA, 109
  proteína, 128
  RNA, 121
Estrutura quaternária, proteínas, 136, 140
Estrutura secundária, 121, 140
  proteína, 136
  RNA, 121
Estrutura terciária, 136, 141
  proteínas, 136, 141
Estruturas de superfície celular, 47-49
Estudo Bermuda Atlantic Time-Series (BATS), 615
Etanol, 11, 12, 402-403, 412-413. *Ver também* Bebida alcoólica
  fermentação, 409
  produto de fermentação, 87, 89, 402-406, 462-463, 486, 487, 491, 496, 635
Eteno, 422, 423
Etileno, 102, 656
*Eubacterium*, 707, 710
*Eubacterium limosum*, 416
Eucariota amitocondriato, 545-546
Eucarioto, 5-6, 23, 64
  amitocondriado, 545-546
  aparelho de Golgi, 68
  associação simbiótica com enxofre bactéria, 452
  cromossomos, 64, 112, 113
  cromossomos artificiais, 331-332
  diversidade, 543-566
  divisão celular, 65-66
  DNA, 4
  endossimbiose e origens, 353-354, 544-545
  esteróis, 35
  estrutura celular, 3, 64
  evolução, 353-354, 545-547
  expressão gênica, 236
  extremófilos, transferência horizontal de genes, 543
  filamentos intermediários, 68-69
  flagelos e cílios, 68-69
  fóssil, 352, 353
  frequência de íntron, 198
  genética, 109
  genomas, 197-198, 543
  genomas de organelas, 194-197
  hospedeiro de clonagem, 328-329
  lisossomos, 68-69
  microfilamentos e microtúbulos, 68-69
  núcleo, 64-65
  organelas, 544-545
  organelas respiratórias, 66
  primitivos, 545-546
  processamento de RNA, 126-127
  retículo endoplasmático, 68
  ribossomos, 65
  RNA-polimerase, 122
  transcrição, 109, 125-127
  transfecção, 328-329, 337
  vetores de clonagem, 331-332
*Euglena*, 548-549
Euglenoidea, 544, 545, 548-549
Euglenozoários, 357, 545-546, 548-549
*Eukarya*, 3, 5-6, 348, 354, 356, 377
  árvore filogenética, 6, 7
  as principais características de bactérias, arqueias e, 358
  características fenotípicas, 358
  evolução, 5-6
  filogenia, 357, 359, 545-547
*Euprymna scolopes*, 696-697
Euryarchaeota, 357, 358, 434, 518-528, 542, 610, 611, 615, 620-622, 625, 627-628, 685, 695, 709
  halófilos extremos, 518-522
  hipertermófilos, 526-528
  lipídeos de membrana, 36
  metanogênicos, 522-525
  Thermoplasmatales, 525-526
  vírus, 273, 274
Eutrofização, 647
Evapotranspiração, 609
Eventos catalíticos na célula, 4
Evolução, 3-6, 23, 347, 363-368, 377. *Ver também* Célula
  arqueia, 6, 536-541
  árvore filogenética universal, 357
  autotróficos, 350, 351
  características celulares, 4
  células, hipótese das, 245
  cloroplasto, 353-354, 359
  convergente (homoplasia), 361-362, 377, 435, 477
  diversidade filogenética, 434
  eucariotos, 353-354, 545-547
  experimento da evolução de longo termo de *Escherichia coli* (LTEE), 365, 366
  famílias gênicas e duplicações, 206-208
  fotossíntese, 350-352, 389-390
  genoma, 206-211, 366-367
  hipótese da Rainha negra, 368, 530
  mitocôndrias, 130, 353-354, 357, 359
  mudanças nas taxas de mutação e, 298-299
  mudanças ribossomais e, 238
  mutações e, 35
  patogenicidade, 347
  processo, 363-366
  proteínas de ligação a antígeno, 777
  razões entre superfície e volume e, 34-35
  rRNA, 356-357
  Terra e diversificação da vida, 348-354
  *Vibrio* marinho, 347
  viral, 268-269
  virulência, 210-211
  vírus de arqueias, 261
Evolução convergente, 361-362, 435, 477
Exclusão, 295, 297, 363. *Ver também* Microdeleção
  dinâmica do genoma microbiano, 367
  viés em direção à mutação, 367, 368
Exclusão alélica, 782
Exigência nutricional, capacidade biossintética e, 77
Exocelulase processiva, 506
Exoenzima, 506
Exoesqueleto, calcário, 643
Exoesqueletos de calcário, 643
Exogenicidade dos imunógenos, 758
Éxon, 126, 127, 140
Exonuclease, 118
Exósporo, 54
Exotoxina, 719-724, 729, 855
  neutralização, 738, 739
  pertússis, 859
  pirogênica estreptocócica (SpeA, SpeB, SpeC, SpeF), 856-857
  propriedades, 725
  superantígenos, 749-750
  tétano, 899-900
  toxoide, 742-743
Exotoxina A, 719, 721-722
Exotoxina pertússis, 859
Experimento de evolução a longo prazo (LTEE), *E. coli*, 365, 366
Explosão respiratória, 756
Exposição a patógenos, 714
Expressão de genes, 184-185, 202, 216, 243. *Ver também* Regulação
  análise metatranscriptômica, 586
  análises RNA-Seq, 201
  biofilme-específica, 159
  CARD-FISH, 578
  *chips* de DNA para ensaio, 200
  eucariotos, 236
  procariotos, 225-226, 236
  sistema regulador de dois componentes controle, 225-226
*Exserohilum rostratum*, 923
Extinções do Permiano-Triássico, 634
Extravasamento, 734
Extremidade 3' não traduzida (3'-UTR), 216
Extremidade 5' não traduzida (5'-UTR), 216
Extremófilo, 8, 9, 23, 161, 518, 542, 543
Extrusão limosa, motilidade deslizante, 60
*Exxon Valdez*, 654

## F

Factor *a*, 560-561
FAD, 90, 92-94, 234-235
*Faecalibacterium*, 688
Fago auxiliar, 304
Fagócitos, 720, 732, 733, 735-736, 738-741, 752, 754-756
  imunidade adaptativa, 735, 736
  inibir, 756
  receptores de reconhecimento-padrão, 735, 740, 752, 755-756, 774-776
  reconhecimento do patógeno, 755-756
  resposta imune inata, 754-756
  transdução de sinal, 775-776
Fagocitose, 549, 553-554, 566, 716, 733, 735-739, 755, 769, 770, 776
  defesa contra, 756
  em protistas, 549
Fagolisossomo, 754, 756, 760-762
Fagos. *Ver* Bacteriófagos
Fagossomo, 754, 760-762
Faixa de pH circum-neutro, 165
FAME, 373-374, 377
Família aromática, síntese, 98
Família gênica, 213
  evolução, 206-208
Família Methylophilaceae, tensão htcc2181, 185
Faringite, 855, 856
Fármaco, a interferência com divisão da célula bacteriana, 146
Fármacos antimicrobianos, 811-819. *Ver também* Antibiótico
  antifúngico, 817-819
  antiviral, 815-817, 865-867
  espectro de atividade, 812
  modo de ação, 812
  natural, 813-816
  sintético, 811-813
Fármacos a bse de Sulfa, 811-813
Fármacos antirrinovírus, 865
Fasciíte necrosante, 856-857
Fase de eclipse, replicação viral, 249
Fase de maturação, replicaçao viral, 249
Fase de morte, 152-153
Fase estacionária, 152-153
Fase exponencial, 151-153, 910
Fase *Lag*, 151-153
Fase latente, a replicação do vírus, 249

Fator *a*, 560-561
Fator corda, 501-502
Fator de colonização de *pili*, 843-844
Fator de crescimento, 74-75
Fator de crescimento do nervo, 336-337
Fator de crescimento epidérmico, 336-337
Fator de crescimento transformante α (TGF-α), 763-764
Fator de edema (FE), 719, 843-845
Fator de elongação, 2, 133-134, 721-722
Fator de liberação, 133-134
Fator de necrose tumoral, 336-337
Fator de necrose tumoral α, 740, 762, 789, 790
Fator de resistência sérica, 843-844
Fator de virulência, 210, 718-720, 843-844, 900
- regulação do *quorum sensing*, 228-230

Fator estimulante de colônias, 336-337
Fator letal (FL), 719, 843-845
Fator nuclear kappa B, 776
Fator sigma, 121-123
- alternativo, 122, 123, 216, 217
- codificado por T4, 253
- desenvolvimento do endósporo, 232, 233

Fator sigma RpoH, 231, 241
Fatores antissigma, 253
Fatores de aderência, 843-844
Fatores de coagulação, 336-337, 718
Fatores de esporulação, 232
Fatores de invasão de células, 843-844
Fatores de tradução, 109
Fatores de transcrição, 125
Fatores do hospedeiro em infecção, 727-728
Fatores Myc, 675, 676, 704
- via de sinalização, 676

Fatores Nod, 675-676, 704
- via de sinalização, 676

Fauna de Ediacara, 353
Febre, 725, 740, 790
Febre amarela, 838-842, 893-895
- fase tóxica, 894-895

Febre da dengue, 692, 838-842, 893-895
Febre das trincheiras, 481-482
Febre de Lassa, 844-845
Febre de Pontiac, 907-908
Febre de San Joaquin Valley. *Ver* Coccidioidomicose
Febre do caramujo. *Ver* Esquistossomose
Febre do feno, 747, 748
Febre do Oeste do Nilo, 894-895, 902
Febre do vale do Rift, 841, 842
Febre hemorrágica, 841, 842
- viral, 838-839, 844-845, 889

Febre hemorrágica com síndrome renal (HFRS), 887-889, 901
Febre maculosa das montanhas rochosas (febre maculosa por riquétsia), 483, 838-839, 888-891, 901
Febre paratifóide, 719
Febre Q, 172-173, 838-839, 844-845, 891
Febre recorrente, 465-466, 838-839
Febre reumática, 717, 856-857, 883
Febre tifoide, 172-173, 487, 719, 804, 836, 838-839, 904-905, 907-909, 915-916
- fases, 907-909

FeMo-co, 100, 101, 234-235
Fendas gengivais, 708, 709
Fenilalanina
- código genético, 129
- estrutura, 128
- síntese, 98, 240

Fenótipo, 292, 314, 373, 377
Feofitina *a*, 387-388
Fermentação, 11-12, 14, 86, 104, 401-410, 431, 633, 635, 636, 911. *Ver também tipos específicos*
- 2,3-butanodiol, 404, 486-488
- acetogênica, 88, 402-403
- ácido lático, 403-404, 491, 492
- ácido propiônico, 88, 402-403, 406-407
- ácido-misto, 88, 402-404, 486, 487
- açúcar, 87-88, 294, 403, 405
- alcoólica, 14, 88, 89, 402-403, 462-463
- bases da, 401
- clostridial, 404-406
- considerações redox, 401-403
- de butanol, 88
- diversidade, 88-89, 402-408
- do ácido butírico, 88, 402-403
- energética, 401-403
- estômago anterior, 682, 683
- estômago posterior, 682-683
- glicólise, 86-88
- heterolática, 88, 402-403
- homolática, 88, 402-403
- láctica, 403-404
- levedura, 87-89
- no estômago anterior, 682, 683
- no intestino de mamíferos, 682-683
- produção de energia em organismos fermentativos, 401-403
- reações acopladas, 409. *Ver também* Sintrofia
- rúmen, 684
- secundária, 406, 431, 500
- sem fosforilação a nível de substratos, 407-408
- secundária, 406, 431, 500

Fermentador
- primário, 635, 636
- secundário, 635
- de ceco, 683
- de intestino posterior, 682-683

Fermento de pão, 911
Ferredoxina, 90, 102, 386-388, 391, 392, 401-403, 405
*Ferrimonas*, 457, 486
Ferro, 454, 717
- citocromos, 90, 91
- corrosão, 665
- férrico
  - acceptor de elétrons, 532, 641
  - lixiviação microbiana, 651
  - redução, 456
- função celular, 74-75
- necessidade para células, 74-75
- oxidação, 392-393, 396-398, 527, 528, 639-643
- redução, 639-643

*Ferroglobus*, 528, 532-533
*Ferroglobus placidus*, 527, 540
Ferro-oxidante aeróbio, 457-458
*ferrooxydans Mariprofundus*, 489
*Ferroplasma*, 396, 518, 525, 526, 653
Ferrugem da batata, 551
Fertilizante, nitrogênio, 637, 638, 647
Ferulato, 679
Fervura, 493-494, 717, 719, 720, 756, 832, 868, 869
Fezes, 712
Fibra, 682
Fibra da cauda, vírus, 248, 252, 254, 258
Fibrina, 732
Fibrinolisina, 843-844, 869
*Fibrobacter*, 615
*Fibrobacter succinogenes*, 685-686
Fibrobacteres, 357, 434, 513-514, 685, 695
Fibrose cística, 159, 336-337, 485, 604
Ficobilina, 383, 386, 437-438, 477, 617, 618
Ficobiliproteína, 383, 386, 431, 562, 563
Ficobilissoma, 383-384, 386, 431, 562
Ficocianina, 383, 386, 437, 438
Ficocianobilina, 342-343
Ficodnavírus, 269
Ficoeritrina, 383, 437, 562, 563
Ficoxantina, 551, 553
Filamentos intermediários, 68-69, 71, 148
Filaríases, 934
Filariose de Bancroft ("elefantíase"), 934
Filo, 358, 377
Filo OP10, 479
Filochips, 200, 582-583
Filogenia, 6, 355, 377
- *Archaea*, 518
- baseado no gene para SSU RNAr, 356-359
- cloroplastos, 544
- do gene, 362-363
- *Eukarya*, 545-547
- hipertermófilo, 540
- mitocôndrias, 544
- molecular, 355-363
  - árvore da vida e, 355-359
  - sequências moleculares, 359-363
- organismal, 363
- viral, 269

Filópodos, 919
Filotipos, 358, 480, 579-584, 596, 611, 624-625, 627-628
- biofilme, 602

Filovírus, 841-845
Filtração, purificação da água, 661-662, 668
Filtração por membranas, 175
Filtro
- de ar particulado de alta eficiência (HEPA), 175, 181
- de gotejamento, 659, 660
- de profundidade, 174-175
- HEPA (High-Efficiency Particulate Air), 175, 181
- nucleoporo, 175

Fímbrias, 47-49, 716-717, 720
- P, 717
- tipo I, 716

Firmicutes, 205, 357, 358, 409, 423, 434, 435, 446, 453, 456, 457, 459-460, 462-463, 480, 491-497, 580, 610, 611, 620-621, 625, 627, 685-689, 695, 700-701, 709, 918
- bactérias redutoras de enxofre , 449
- formadores de endósporos (esporulantes), 494-497. *Ver também* Endósporo
- Lactobacillales, 491-494
- não esporulantes, 493-494
- principais ordens, 492

*Fischerella*, 436, 439
*Fischerella major*, 437
FISH, 319, 529, 531, 577-578, 595, 627
- com SIMS e NanoSIMS, 591
- MAR-FISH, 592-593, 595

FISH deposição catalisada do repórter (CARD-FISH), 578, 591
"FISH elementar" (EL-FISH), 591
Fisiologia, microbiana, 22
Fissão binária, 144, 180, 468
- desigual, 471

Fístula, 684
Fita positiva, 289
Fita tardia, 117-120, 140
Fita-líder, 117-120, 140
Fitanil, 36, 38, 510, 527, 542
Fitas antiparalelas de DNA, 140
Fitopatógeno, 489, 551
Fixação de complemento, 769
Fixação de dióxido de carbono, 633
- autotrófico, 391, 392
- bactérias fototróficas, 435
- bactérias nitrificantes, 399
- bactérias sulfurosas, 396
- fotossíntese anoxigênica, 386-387
- via acetil-CoA, 400, 416-417

Fixação de nitrogênio, 10, 21, 74-75, 100-102, 104, 358, 453, 459-460, 568-569, 612, 647, 672-673
- aeróbios de vida livre, 100
- anaeróbios de vida livre, 100
- bactérias do nódulo de raiz, 672-678
- bioquímica, 676
- cianobactérias, 234-236, 438-440
- ciclo do nitrogênio, 636-637
- ciclos acoplados e, 634
- *Clostridium*, 496
- crostas de solo biológico, 609
- detecção, 102
- diazotróficos de vida livre, 453-454
- diversidade funcional de bactérias fixadoras de nitrogênio, 453-454
- fluxo de elétrons, 101-102
- genes utilizados para avaliar, 579
- inibição por oxigênio, 101, 234-235
- intestino de cupins, 695-696
- regulação, 224, 234-236
- simbiose em leguminosas, 672-678
- simbiose em não leguminosas, 677-678
- simbiótica, 100, 637
- sondas de isótopo estável para se estudar, 593

Flagelação
- anfitríquia, 56, 57
- lofotríquia, 56-58
- peritríquia, 56, 58, 59, 61, 171, 462-463, 486, 488
- polar, 56, 58-59, 62, 71, 462-463, 465-467, 473, 488, 489
- quimiotaxia, 62

Flagelina, 56-59, 735
Flagelo, flagelos, 49, 56-59, 64, 71
Flatulência, 712
Flavina mononucleotídeo. *Ver* FMN
Flavina-adenina dinucleotídeo. *Ver* FAD
Flavivírus, 893
*Flavobacteria*, 610, 615
- *meningosepticum*, 506

Flavobacteriales, 504, 506, 707
*Flavobacterium*, 60, 504, 506, 910
- *johnsoniae*, 60

Flavodoxina, 101, 102, 235
Flavonoide, 676
Flavoproteína, 89-90, 92, 426
*Flectobacillus*, 505
Fleming, Alexander, 813-814

*Flexibacter*, 504, 506
Flexirrubinas, 506
Flocos, 659-662
Floculação, 485, 661-662, 668
Floroglucinol, 402-403
*Floydiella terrestris*, 194
Fluconazol, 817-818
Fluoresceína de isotiocianato, 806, 807
Fluorescência, 28-29
Fluoroacetato desalogenase, 685-686
5-Fluorocitosina, 817-819
Fluoroquinolonas, 812, 813, 820, 821
Fluxo de informação
biológico, 109, 110
passos, 109
Fluxos de amônia, 637
FMN, 90, 92
Folha β, 136, 162
Fômite, 832, 833, 835, 851, 854
irlandesas, 551
*Fonsecaea*, 926
Fonte de carbono, 74-75
células primitivas, 350
cianobactérias, 437
meio de cultura, 76
Fonte de energia, 82
hidrogênio como fonte primitiva, 540-541
produtos químicos inorgânicos, 96, 392-393
repressão catabólica, 222, 223
Fonte de nitrogênio, 74-75, 98
Fonte
termal, 698-699
de Yellowstone, segmentos de RNA viral genômico encontrados em, 265
Fontes (*geisers*) sulfúricas, 440, 531, 532
Fontes frias, 633
FoodNet (CDC), 913
Foraminífera, 643
calcificação, 647
Foraminíferos, 552, 553
Força próton-motiva, 36, 39, 40, 57, 58, 60, 91-93, 104, 381, 384-389, 396-398, 410, 414-416, 421, 422, 426, 427, 521, 522, 532
conservação de energia, 92
diversidade catabólica e, 96
formação de ATP, 92-93
geração, 91, 92
Força sódio-motiva, 407, 416, 417, 420, 421
Forma da célula, 31-33, 40-41
em procariotos, 147-148
evolução, 148
Forma replicativa (RF), 257, 263, 266, 270, 271, 289
Formação de ligação de ferro (BIF), 352, 377
Formações de ferro, faixas, 352
Formaldeído, 176-178, 425, 426, 468-469
esterilização a frio, 176-178
Formalina, 587
Formamida, 579
Formato, 468-469, 523, 524
desidrogenase, 74-75
doador de elétrons, 422, 423
hidrogenliase, 404, 487
produção no rúmen, 684-686
produto de fermentação, 401-404
Formiga
antíneas, 693
de carpinteiro, 694
*N*-Formilmetionina, 129, 130
Forquilha de replicação, 116-118, 140
múltipla, 146
Foscarnet, 817
Fosfatase, 225-226, 754
Fosfatase alcalina, 602, 807
Fosfatidilcolina, 720
Fosfatidiletanolamina, 36
Fosfato de butirilo, 401
Fosfato de carbamilo, 401
Fosfato de di-hidroxiacetona, 86, 87
Fosfato-triose, 403
Fosfito, 392-393
Fosfoadenosina fosfossulfato (PAPS), 414
Fosfocetolase, 403
Fosfoenolpiruvato (PEP), 39-41, 84-85, 87, 97, 98, 401, 426
Fosfoenolpiruvato (PEP) carboxilase, 95
3-Fosfoglicerato, 98
Fosfoglicerocinase, 87
Fosfogliceromutase, 87
Fosfolipase, 720-722
Fosfolipídeo, 35, 37
Fosfonatos, 415, 643
Fosforilação, 241
a nível de substrato, 86, 88, 94, 96, 104, 396, 401, 404-406, 409, 415-417, 423, 491
fermentações sem, 407-408
oxidativa, 86, 92-94, 96, 104, 195, 409
Fosforilase, 820
Fósforo, 74-75
assimilação, 586
ciclo, 642-643
remoção de fósforo biologicamente melhorada (EBPR), 660-661
via entre plantas e fungos micorrízicos arbusculares, 681
Fosforribulocinase, 390, 391, 699-700
Fóssil, 349
conchas foraminíferas, 553
eucarioto, 551
vivo, 355-63
Fotoautotrofia, 380
Fotoautotrófico, 5-6, 79, 96, 104, 351, 380, 431, 600, 633
anoxigênicos, 5-6, 435, 440-446, 481, 613
aeróbio, 442-443, 477, 619
comunidades endolíticas, 564-565
eucariontes flagelados, 548
medição na natureza, 591-592
oxigênicos, 387-390
pelágico, 617-619
*prochlorophytes*, 436, 438
Fotocomplexos, 381
Fotocromogênese, 501-502
Fotofosforilação, 96, 104, 386-387, 431, 443
acíclica, 387-389
cíclica, 386-389
Fotografia bacteriana, 342-343
Foto-heterotrofia, 380, 437, 619
Foto-heterotrófico, 96, 380, 442, 444, 446
Fotolitografia, 199
Fotorreceptores, 63
Fotossíntese, 194, 198, 358, 380-383, 431, 541, 545
anoxigênicas, 79, 363-364, 380, 381, 384-388, 398, 431, 435, 440, 443, 619
ferro-oxidante, 398
fluxo de elétrons, 384-388
fototróficos oxigênicos, 387-390
genes utilizados para avaliar, 579
bactérias púrpuras, 384-387, 389
ciclo do carbono, 632, 633
evolução, 350-352, 389-390
fluxo de elétrons, 384-388
fósforo como um nutriente limitante, 643
fotofosforilação, 386-387
medição na natureza, 587
mutações afetando, 363-365
oxigênica, 79, 350, 351, 380, 387-390, 431, 435, 633
pigmentos, 380-383
pigmentos acessórios, 383, 386
produção de energia, 380
Fotossíntese aeróbia, 79, 350, 351, 380, 387-390, 431, 435, 633. *Ver também* Cianobactérias
Fotossistema
I, 387-390, 435
I, 387-390, 435
II, 387-390, 435
II, 387-390, 435
Fototaxia, 61, 63, 71, 228-229
Fototrofia, 380-392
anoxigênicas, 5-6, 435, 440-446, 481, 613
aeróbio, 442-443, 477, 619
endolíticos, 564-565
limites máximos de temperatura para o metabolismo energético, 540
*Fowlpox virus*, 339-340
Fracionamento isotópico, 589-590, 595
Fragmentos de Okazaki, 117-118
*Francisella tularensis*, 799, 844-845
*Frankia*, 100, 453, 637, 677, 678
*alni*, 453
Frústula, 551, 552, 644
Frutose, produto de fermentação, 402-403
Frutose-1,6-bifosfato, 86, 87, 426
Frutose-6-fosfato, 86, 87, 391
FtsA, 145
FtsI, 149
FtsK, 145, 146
FtsZ, 120, 144-147, 180, 508
Fucsina básica, 500
*Fucus*, 551
Fumarato, 94, 95, 406-407, 412-413, 421, 422, 423, 427
bioquímica da fixação de nitrogênio, 676
metabolismo, 95
Fungos, 3, 357, 545-546, 555-562, 566
apodrecimento da madeira, 555-556
ascomicetos, 557, 560-561
basidiomicetos, 555-557, 561-562
biodeterioração da rocha, 666
cogumelos, 557
da podridão branca, 555-556
dimórfico, 924
doença notificável, 838-839
drogas antifúngicas, 817-819
em esgotos, 472
endolítico, 666
epidemias emergentes e reemergentes
doenças infecciosas, 841
estrutura e crescimento, 555-556
filamentoso. *Ver Bolor*
filogenia, 557-558
formigas cortadeiras, 693
glomeromicetos, 559, 560
hábitat, 555-557
líquen. *Ver* Líquen
lodoso acelular, 553-554
macroscópico, 555-558
micobioma, 205-206
micorriza, 676, 679-682
microbioma fúngico da pele, 705
morfologia, 555-557
nutrição e fisiologia, 555-556
paredes celulares, 555-557
patogênico, 557, 924-925
quitridiomicetos, 557-559
reprodução, 557-558, 560-561
rúmen, 686-687
simbiose, 557
tolerância ácida, 165
unicelular, 559-560
zigomicetos, 559
Furanonas, 605
Furazolidona, 928-929
Fusão
de genes, 324-325, 344
de óperons, 325, 345
Fusobacteria, 357, 434, 513-514, 709
*Fusobacterium*, 689-690, 707, 710, 718
*nucleatum*, 514

## G

α-Galactosidase, 712
β-Galactosidase, 88, 219, 220, 222, 223, 325-327, 331-332, 342-343, 712, 807
*Galdieria*, 563
*sulphuraria*, 543
*Gallionella*, 458, 471, 481, 484, 642-643
*ferruginea*, 397, 458, 643
Gameta, 66, 931
Gametângio, 557-559
Gametócito, 551, 931
Gancho, flagelar, 56, 58, 59
Gangliosídeo, 505
GM1, 724
Gangrena
gasosa, 497, 718, 719, 899-901
peste, 896
Gardasil, 745-746
Gás
de cloro, 176-178
estufa, 433, 456, 517, 617
dióxido de carbono, 632-633
metano, 517, 633
natural. *Ver* Metano
sarin, 846-847
intestinais, 712
Gases-traço, 646
Gastrenterite, 487, 489, 497, 719, 796
Gastrite, 491, 870
Gelatina nutriente, 17, 18
Gelo do mar, 161, 162
*Gemella*, 709
*Gemmata*, 508, 509
*obscuriglobus*, 509
Gemmatimonadetes, 357, 434, 610
GenBank, 190-191
Gene, 3-4, 108, 140
componentes dos bacterianos, 216
constitutivo, 347, 370-371
definição, 140
duplicação, 363
filogenia, 362-363
fluxo de informação, 109
homólogo, 206, 359
janela aberta de leitura, 130
ligando genes específicos e funções a organismos específicos, 590-593-594

número por célula, 4
repórter, 217, 325, 345, 576-577
resistência, 819-820
sobreposição, 257, 263, 270, 276, 277, 289
Gene
*alkB*, 579
*amoA*, 579, 586
*amoB*, 586
*amoC*, 586
*amt*, 586
*apsA*, 579
C, 782
*cat*, 331-332
D, 782-785
da cadeia leve, ativo, 782, 783
da timidina-cinase, 339-340
de cadeia pesada, ativo, 782, 783
de mamífero
clonagem e expressão em bactérias, 333-336
encontrando gene por meio das proteínas, 333-334
isolamento do gene por meio de RNAm, 333
síntese do gene completo, 333-334
*dnaQ*, 299
*dsrAB*, 579
*env*, 260, 284-285
*gag*, 260, 284
*gfp*, 576, 577
*gyr*B, 370-371
*invH*, 720
J, 782-785
*lacl*, 330-331, 334
*lacZ*, 325-329, 331-332, 334, 342-343
*malE*, 334
*mcrA*, 579
*mecA*, 869
*nahA*, 579
*napA*, 586
*napB*, 586
*napC*, 586
*napD*, 586
*napf*, 586
*napG*, 586
*napH*, 586
*narB*, 586
*narG*, 579, 586
*narH*, 586
*narI*, 586
*narJ*, 586
*nark*, 586
*nasA*, 586
*nasF*, 586
*nifD*, 586
*nifH*, 453, 579, 586
*nifK*, 586
*nirB*, 586
*nirK*, 579
*nirS*, 579
*norB*, 579
*nosZ*, 579
*oriS*, 331-332
*phoA*, 586
*phoD*, 586
*phoR*, 586
*phoU*, 586
*phOx*, 586
*pitA*, 586
*pmoA*, 579
*pol*, 284
retrovírus, 260, 284
*ppk*, 586
*pstA*, 586
*pstC*, 586
*pstS*, 586
*pufM*, 579
*rbcL*, 194
*rbcS*, 194
*recA*, 370-371
*repE*, 331-332
repórter, 217, 325, 345, 576-577
*sopA*, 331-332
*sopB*, 331-332
*tox*, 721-722
*umuCD*, 298-299
*uvrA*, 299
V, 782-785
*nasD* , 586
"órfãos" ou "ORFan" 585
de manutenção, 347, 370-371
homólogos, 206, 213, 359
integron, 347
*Inv*, 720
*luxABFE*, 371
*luxCDABE*, 474
*mer*, 645
*nod*, 675-676
*onc*, 679
*se*, *Staphylococcus aureus*, 913
*vir*, 678-679
Genética
eucariótica, 109
microbiana, 22
procariótica, 109
processos moleculares por trás do fluxo da informação genética, 109
Genética microbiana. *Ver* Genética
Gengiva, 708
Genisteína, 676
Genoma, 3-4, 24, 108, 140, 184-185, 213
adenovírus, 275
análise, 191, 367
arqueias marinhas de sedimentos profundos, 597
análise completa do genoma baseada na sequência, 372
anotação, 189-191
*Archaeoglobus*, 528
bacteriófago lambda, 255-256
biologia sintética, 342-343
busca, 340-342
características divididas em três domínios, 354
cerne, 209-211, 213, 366, 367, 377
cloroplasto, 194-195
complementação mínima de genes necessária, 22
elementos móveis e, 209
estabilidade, transferência horizontal de genes e, 208-209
estrutura do genoma bacteriano, 108-115
eucariótico, 197-198, 543
evolução, 206-211, 366-367
fechado, 189
hepadnavírus, 284-285
*Korarchaeum cryptofilum*, 531
levedura, 197, 198
*Methanocaldococcus jannaschii*, 525
micoplasma, 497, 498
mitocondrial, 195
montagem, 189
"enxerto de conexão," 567
*Nanoarchaeum*, 529, 530
natureza dinâmica, 366-367
nuclear, 197
organelas, 194-197
pan, 209-211, 213, 366, 367, 377
parabasalídeos, 547-548
procariótico, 184-193
bioinformática e anotação de genomas, 189
conteúdo genético de, 192-194
tamanhos, 185, 190-192
processo de aumento da genômica estabilidade, hipótese da, 245
redução, 692-693
reovírus, 281-282
replicação em T7, 272
retrovírus, 259-260, 282, 284
RNA, 282
segmentado, 279-281, 865, 866
sequenciamento, 184-189
amplificação por deslocamento múltiplo (MDA), 205, 593-594, 596
simbiontes de insetos, 692-694
sistema CRISPR e preservação da integridade, 311-312
SV40, 276
tamanho, 191, 497, 498
categorias gênicas em função do tamanho, 192, 194
taxa de mutação e, 245
*Thermoplasma*, 526
vírus, 246-248, 261, 266-269
evolução, 268-269
tamanho e estrutura, 266-267
T4, 252-253
viral. *Ver* Vírus
vírus da hepatite B humana, 284
Genômica, 12, 22, 24, 184-185, 213
ambiental (metagenômica), 201, 204-206, 213, 265, 341-342, 379, 567, 575, 584-585, 595, 617, 620
comparativa, 202, 206, 208, 372
de célula única, 205, 593-594
funcional, 198-206. *Ver também* Metagenômica
metabolômica e biologia sistêmica, 203-204, 213
microarranjo e transcriptoma, 198-201, 213
proteômica e interatoma, 201-203, 213
introdução, 184-185
ligação com a Peste Negra, 19
metagenômica ou ambiental, 201, 213, 584-585, 595, 620
microarranjos (*chips* de DNA), 199-200, 213, 582-583
novas arqueias e, 183
proteômica, 22, 201-202, 213
simbioses em ventos hidrotermais, 698-700
Genótipo, 292, 313
designação, 292
recombinação homóloga, 301, 308
Genotoxina, 719
Gentamicina, 812, 815
*Geobacillus stearothermophilus*, 160, 495, 538
*Geobacter*, 95, 422, 449, 456, 457, 490, 570, 611, 640-641, 654
*metallireducens*, 453
*sulfurreducens*, 641
Geobacteraceae, 456
Geo*Chip*, 583
Geosmina, 440, 503
*Geospirillum*, 570
*Geothrix*, 456
*fermentans*, 513-514
*Geotrichum*, 707, 910
*Geovibrio*, 449, 456, 513-514
Geração, 144, 150
Geração espontânea, 13-16, 24
Geranilgeraniol, 527
Germicida (antisséptico), 176-178, 180
Germinação, endósporo, 53, 55
Geyser, 160
GFP. *Ver* Proteína verde fluorescente (GFP)
*Giardia*, 545-547, 663
*intestinalis*, 197, 547, 904-905, 912, 920, 927-929
*lamblia*. *Ver Giardia intestinalis*
Giardíase, 547, 838-839, 904-905, 927-929
Gimnamebas, 553-554
Gipso, 638, 666
Glaciais, 161, 162
Glândula sebácea, 707, 725-726
*Gleomargarita*, 50, 51
1,3-β-D-Glicano sintase, 817-818
Gliceraldeído-3-fosfato, 86, 87, 390, 391, 404, 422-423, 426
Gliceraldeído-3-fosfato desidrogenase, 86
Glicerato, 426
Glicerol, 36-38, 163, 445, 505, 510
estrutura, 168-169
fermentação, 402-403
solução compatível, 167-169
Glicerol diéster, 36, 38
Glicina, 426, 723
código genético, 129
estrutura, 128
fermentação, 405, 406
síntese, 98
síntese de purina, 99
Glicocálix, 714-715, 729
Glicocorticoides, 923
Glicogênio, 49, 85, 97, 714
Glicolipídeos, 36
Glicólise, 86-88, 104, 403, 404, 422-423
esqueleto carbônico para aminoácidos, 98
Gliconeogênese, 97, 98
Glicoproteína
parede celular, 520, 521
vírus-específica, 279-280
Glicose, 97
absorção, 40-41
fermentação, 86-88, 403, 635, 636
permeabilidade de membranas à, 37
respiração, 92-93
Glicose-6-fosfato, 84-87, 98
Glicosidase, 712
α-Glicosidase, 712
β-Glicosidase, 712
Glicosilação, 68, 340-341
Glicosilação, DNA, 253
α-Glicosilglicerol, 168-169
Glioxilato, 402-403, 426
Global Emerging Infections Sentinel Network (GeoSentinel), 838-839
*Globobulimina pseudospinescens*, 412-413
Glóbulos de enxofre, 50, 51
Glóbulos vermelhos. *Ver* Eritrócitos
*Gloeobacter*, 436
*violaceus*, 437
*Gloeocapsa*, 436
*Gloeothece*, 436
*Glomeribacter*, 453

*Glomeromicetes*, 557-560
Glomeromycota, 680
Glomérulo, 856-857
Glomerulonefrite, aguda, 856-857
Glomerulonefrite pós-estreptococal aguda, 856-857
*Glomus*, 557-558, 560
*intraradices*, 675
β-Glucocerebrosidase, 336-337
*Gluconacetobacter*, 481
*Gluconobacter*, 462-463, 481-482, 484, 570
β-Glucuronidase, 712
Glutamato, 224
código genético, 129
estrutura, 128
síntese, 98
soluto compatível, 168-169
Glutamato desidrogenase, 98, 99
Glutamato sintase, 99
Glutamina, 676, 677
código genético, 129
estrutura, 128
síntese, 98, 99
Glutamina sintase, 98, 99, 224, 241, 676
adenilação, 241
Glutaminil-RNAt sintase, 132
Glutaraldeído, 176-178
GM-CSF, 762, 789-790
Golfo do México, Deepwater Horizon catástrofe, 616-617, 655
Gonococo. *Ver Neisseria gonorrhoeae*
Gonorreia, 485, 716, 727-728, 804, 808, 820, 821, 832, 838-839, 872-875
casos relados nos Estados Unidos, 872-873
cultura, 800-801
diagnóstico, 797-798
*Gonyaulax*, 550
Gordura, papel dos microrganismos intestinais na obesidade, 205, 688-690
Gorduras. *Ver* Lípides
Gotícula infecciosa, 854
Gradiente, 61-63
vento hidrotermal, 627
Gradiente temporal, 61
Gradiente térmico, fontes termais, 164
Gráfico de conexão, 567
Gramicidina, 495
Grana, 381, 383
Grande Evento Oxidante, 348, 352, 528
*Granulicatella*, 709
Grânulo de volutina. *Ver* Polifosfato
Granulócitos, 733, 747
Grânulos de enxofre, 389, 395
Granzimas, 736, 761-762
Gravidez
microbiota intestinal e aumento da gordura corporal, 688-689
rubéola, 863
Gray (unidade de radiação), 174-175
Great Salt Lake , 518-520
Gripe. *Ver Influenza*
Gripe asiática (vírus H2N2), 849, 866-868
Gripe das aves. *Ver* Gripe aviária
Gripe Espanhola (vírus H1N1 de 1918), 866-868
Gripe suína, 849-850, 866-868
pandemia de H1N1 de 2009, 840-842, 844-845, 849-850, 866-868
Griseofulvina, 817-818, 925, 926
Grupamento de arroz II, 517
Grupo
amino, 98, 99, 127, 128
de ácido carboxílico, 127, 128
de genes, 113
de inoculação cruzada, 672-674
*Rhizobium*, 676
monofilético, 369-370, 377
prostético, 81
R, aminoácido, 128
SAR 86, 620-621
SAR11, 615, 620-621
de células em forma de V, 499
terroristas, armas biológicas, 844-847
GTP, 108
hidrolização de FtsZ, 146
na síntese de proteína, 133-134
Guanina, 108, 109, 111, 877-878
Guanosina tetrafosfato (ppGpp), 223
Guerra biológica, 844-847, 851, 891
Guia de ondas zero-mode, 188
Guilda, 599, 629

## H

HAART, 824, 880-881
Habilidades autócrinas, 789
Hábitat, 6, 7, 24, 598, 600-602, 629. *Ver também hábitats específicos*
ambientes extremos, 7-8
efeitos dos organismos em, 7
geotermal, 531, 532
insetos como, 691-696
invertebrados aquáticos como, 696-702
mamíferos como, 682-691
metanogênicos, 522, 523
microbiano anóxico, 169-170, 401
microbiano antártico e, microrganismos, 161-162
no solo, 192
plantas como, 672-682
propriedades químicas, 6
solo, 192
salino, 518-520
vulcânico, 532-537
vulcânico submarino, 534-537
Haeckel, Ernst, 355, 356
*Haemophilus*, 302, 689-690, 707
*ducreyi*, 719, 821, 872
*haemolyticus*, 317
*influenzae*, 184-185, 302, 317, 742-745, 838-839, 855
genoma, 194
resistência antimicrobiana, 821
HAI. *Ver* Infecção associada a cuidados médicos (HAI)
Haiti, surto de cólera, 848-849
Halanaerobium, 520
Haloalcalófilos, 518-520
Haloarcula, 520
*Haloarcula marismortui*, 185
*Halobacterium*, 57, 115, 167-169, 293, 309, 518, 520-522, 620
*salinarum*, 167-168, 185, 520-522
Halobacteroides, 520
*Halobaculum*, 520
*Halococcus*, 47, 167-168, 518, 520
*Haloferax*, 309, 518-520
Halófilo, 7, 9, 167-168, 180, 518
balanço hídrico em, 521
componentes citoplasmáticos, 521
definição, 518-519
extremo, 167-169, 180, 359, 518-522, 542
fisiologia, 520-521
hábitat, 518-521
parede celular, 47
síntese de ATP mediada pela luz, 521-522
taxonomia, 520-521
*Halogeometricum*, 520
*Haloquadratum*, 520
*Halorhodospira*, 441, 520
Halorrodopsina, 522, 542
*Halorubrum*, 520
*Haloterrigena*, 520
*Halothiobacillus neapolitanus*, 391, 450
Halotolerância, 167-169, 180
*Hamiltonella*, 692
Hanseníase, 749-750, 804, 838-839, 859, 861-862
tuberculoide, 861
virchowiana, 861
*Hansenula wingei*, 561
Hantavírus, 804, 841-845, 887-889
Sin Nombre, 888-889
*Hapalosiphon*, 436
Haploide, 65
Hapteno, 757-758
*Hartmannella*, 664
HBLV. *Ver* linfotrófico B humano vírus (HBLV)
Helicase, 116-119, 140, 300
Hélice α, 136, 162-163
Hélice de reconhecimento, 218
*Helicobacter*, 148, 490, 491, 710
*pylori*, 491, 709, 870
diagnóstico e tratamento, 870
epidemiologia, 870
*Heliobacillus*, 446
*mobilis*, 446
Heliobacteria, 382, 384-388, 390, 446, 477, 569
*Heliobacterium*, 446, 492, 495
*gestii*, 446
*modesticaldum*, 3, 50
*Heliomonas*, 446
*Heliophilum*, 446, 495
*fasciatum*, 446
*Heliorestis*, 446, 495
*Heliothrix*, 445
Helminto
doença infecciosa, 838-839
parasitária, 933-934
Hemaglutinação, 805
Hemaglutinina, 279-281, 865, 866
Heme, 81, 90
Hemicelulose, 686-687
Hemócitos, sanguessuga, 700-701
Hemofilia, 336-337
Hemoflagelados, 932
Hemoglobina, 720
Hemolinfa, 691
Hemólise, 492-494, 719, 720-722
β-Hemólise, 493-494, 855-857
Hemolisina, 720, 843-844, 868
*Hepacivirus*, 871
Hepadnavírus, 258, 282, 284-285, 289
genoma, 284-285
replicação, 284-285
Heparina, 732
Hepatite, 796, 829, 870-872, 883
epidemiologia, 871
patologia e diagnóstico, 871-872
prevenção e tratamento, 872
Hepatite A , 838-839, 871
Hepatite B, 838-839, 871
Hepatite C, 336-337, 838-839, 871
Hepatite D, 871
Hepatite do soro. *Ver* Hepatite B
Hepatite E, 871
Hepatite infecciosa. *Ver* Hepatite A
Hepatocarcinoma, 871
*Hepatovirus*, 871
Hera venenosa, 748
*Herbaspirillum*, 484
Herbicida, 655
biodegradação, 656
resistência, 337
Herbívoros, 682-687
Herpes genital, 872, 876-878
Herpes labial, 276, 876
Herpes venéreas. *Ver* Herpes genital
Herpes-zóster, 276, 863-864
Herpes-vírus, 258, 259, 276-277, 876-878
infecção latente, 277
RNAm imediatamente precoce, 277
RNAm precoce, 277
RNAm tardio, 277
Herpes-vírus simples, 8, 259-260, 275, 277, 872, 876-878, 876
qPCR para o gene *pol* de, 810-812
tipo 1, 267, 275, 876
tipo 2, 876-878
*Herpetosiphon aurantiacus*, 592
Hesse, Walther, 17, 20
Heterocisto, 101, 234-235, 438-439, 677, 678
formação, 234-236, 241
Heterodímero, 777, 779, 781, 785
Heterodissulfeto redutase, 421
Heterofermentativo, 431, 515
Heterotrófico, 79, 104, 587
foto-heterotrófico, 96, 380, 437, 442, 444, 446, 619
Hexaclorofeno, 176-178
Hexose, 97
fermentação, 402-403
metabolismo, 97
Hexulose-6-P-isomerase, 426
Hexulose-fosfato sintase, 426
Hfr tensão, 307-308
formação e comportamento, 307-308
*Hha*I, 317
Hialuronidase, 718, 719, 869
Hibridação de ácidos nucleicos, 318-319, 369-370
Hibridação de colônias, 322
Hibridação de DNA-DNA, 369-371, 377
Hibridização, 213, 318-319, 344. *Ver também* Sonda de ácido nucleico
ácido nucleico, 318-319, 369-370
colônia, 322
DNA-DNA, 369-371, 377
fluorescente *in situ* (FISH), 319, 529, 577-578, 591-593, 595
genômico, 369-371
microarranjos, 199-200, 213, 583
Hibridização fluorescente *in situ* (FISH), 319, 529, 531, 577-578, 595
com SIMS e NanoSIMS, 591
MAR-FISH, 592-593, 595
Hibridização genômica, 369-371
Hibridização halogênica *in situ* -SIMS (HISH-SIMS), 591
Hidratos de metano, 633-634
Hidrazina, 400
Hidrazina desidrogenase, 400
Hidrazina hidrolase, 400
Hidrocarbonetos, 503
aromático, 425, 427-428
biorremediação, 654-655

contaminação catástrofe, Deepwater Horizon, 616-617
decomposição, 654
degradação, 617
bactérias de degradação anóxica de hidrocarbonetos, 570
genômica de única célula para analisar, 205
hidrocarbonetos armazenados, 655
metabolismo aeróbio, 424
oxidação anóxica, 427-429
Hidrocarbono aromático, 425
degradação aromática de, 427-428
metabolismo, 425
Hidrocarbonos alifáticos, metabolismo, 424, 427, 636
Hidrofobia, 886-887
Hidrogenase, 74-75, 394, 401-403, 414, 415, 431, 458-460
Hidrogênio, 74
acetogênicos que utilizam o hidrogênio, 462-463
doador de elétrons, 392-393, 412-413, 415, 416, 422, 423, 458, 540-541, 634, 665, 698-699
fonte, para células primitivas, 350, 351
fonte de energia, 96
hipótese da origem de vida celular, 349
macronutrientes, 74-75
metanogênese, 419
oxidação, 394, 458-460
produto de fermentação, 401, 402-403, 409, 486, 487, 635
Hidrogenossomo, 66, 67, 71, 544-547, 559, 686-687
Hidrotaxia, 63
3-Hidroxi-4 (1H) -piridona e 2, 3-di-hidroxipiridina (DHP), 685-686
Hidroxiclorofila *a* , 386-387
Hidróxido férrico, 396, 397, 471, 472
Hidróxidos de óxido de ferro, 640
Hidroxilamina, 297, 398, 399, 455
5-Hidroximetil-citosina, 252, 253, 255-257
Hidroxipiruvato, 426
Hidroxiprolina, 406
3-Hidroxipropionato/4-ciclo do hidroxibutirato, 529
Hifa
bacteriana, 468-469, 471
cenocíticas, 551, 555-556
estreptomicetos, 501-502
fúngica, 555-560, 924
Hifas cenocíticas, 551, 555-556, 566
Higiene pessoal, microbiota da pele normal e, 708
*Hin*dIII, 317
Hipermutação, somática, 767, 783-785, 792
Hipermutação somática, 767, 783-785, 792
Hipersensibilidade, 747-751
do tipo tardia, 747-751, 804
imediata, 747-748, 751, 767
Hipersensibilidade imediata, 747-748, 751, 767
Hipersensibilidade tardia, 747-751
teste de pele, 804
Hipertermófilo, 9, 160, 163-165, 172-173, 181, 191, 309, 358, 422, 510-511, 518, 530-537, 542, 627
anaeróbios obrigatórios, 531
aplicações biotecnológicas, 184-185
área vulcânica submarina, 534-537
características, 534
estabilidade térmica de membranas e de proteínas, 164-165
Euryarchaeota, 526-528
evolução, 536-541
filogenia, 540
hábitats vulcânicos, 532-537
lipídeos, 540
macromoléculas, 539
quimiolitotrófico, 531-533
quimioragnotrófico, 526, 531-533
reações produtoras de energia, 532-533
usos comerciais, 164-165
vírus, 273-274
Hipótese de hidrogênio, 353, 354
Hipótese endossimbiótica, 67, 71, 353, 377, 544, 566
genoma do cloroplasto, 195
suporte, 67, 544
Hipótese Rainha Negra, 368, 530
*Hirudo verbana*, 699-701
HISH-SIMS, 591
Histamina, 748
Histidina, 292
código genético, 129
estrutura, 128
fermentação, 406
Histona, 64, 65, 71, 526, 539, 540
*Histoplasma*, 924, 927
*Histoplasma capsulatum*, 879, 924, 925, 927
Histoplasmose, 557, 749-750, 877-878, 924, 925, 927
HIV, 259, 260, 282, 336-337, 725-728, 742, 794-796, 808, 833, 872, 877-881. *Ver também* Aids; HIV/Aids
agentes antivirais, 815-817
carga viral, 880-881
detecção de infecção, 879-880
ensaio de EIA combinado, 808
inibidor de protease para retardar o crescimento de, 823
interações das células T, 877-878
receptor da superfície celular, 877-878
resistência aos medicamentos, 880-881
terapia de combinação de fármacos HAART, 824, 880-881
teste de aglutinação, 879
teste EIA de antígeno em sanduíche, 808
tipos, 877-878
transmissão, 847-849
HIV *immunoblot*, 809, 879
HIV/Aids, 708, 745-746, 823, 829, 833, 836-842, 859-860, 877-881, 925, 930
carga viral, 880-881
declínio de células T auxiliares, 742
definição, 877-878
diagnóstico, 808, 879-880
epidemiologia, 847-849
incidência e prevalência, 829
pandemia, 846-849
patogênese, 877-878
prevenção, 881
sintomas, 878-879
suscetibilidade a patógeno fúngico, 925-927
tratamento, 880-881
tuberculose, 861
HIV-AIA, 808, 809, 879
Hives, 748
HLA (antígeno leucocitário humano), 791
complexo HLA, 778
*Hodgkinia*, 191, 196
*Hodgkinia cicadicola*, 185
Holoenzima, RNA-polimerase, 122
*Holophaga foetida*, 513-514
Hominídeos, moderno e imunidade antiga, 773
*Homo sapiens*, genoma, 197
Homoacetogênios, 462-463, 570
Homofermentativas, 431, 515
Homogeneizador de amostras, 912
Homologia, 359, 377
Homólogos (genes homólogos), 206, 213, 359
Homoplasia, 361-362, 377, 435, 477
Hooke, Robert, 13
Hopanoide, 35
Horizonte, 608
Horizonte C, 608
Horizonte do solo, 608
Horizonte O, 608
Hormogonia, 438
Hormônio folículo estimulante, 336-337
Hormônios, geneticamente modificados, 333-336
Hospedeiro alternativo, 832
Hospedeiro comprometido, 727-728, 828
Hospedeiro de clonagem, 322, 328-329
do gene exógeno expresso em, 322
eucariótica, 328-329
procariótica, 328-329
HPV. *Ver* Papilomavírus humano (HPV)
HTCC2181, 191
Húmus, 632, 640, 641, 648
*Hydrogenobacter*, 511
Hydrogenophilales, 484, 485
*Hydrogenophilus*, 484
*Hydrogenophilus thermoluteolus*, 485
*Hyperthermus*, 532-534
*Hyphomicrobium*, 460-461, 468-471, 481-482, 570
*Hyphopodium*, 680-681
*Hypolimnion*, 613, 629

## I

Icosaédro, 247, 248
Icterícia, 872, 894-895
Idade
microbiota normal da pele e, 708
suscetibilidade a doenças infecciosas, 727-728
Identificação, microarranjos utilizados para, 200
Identificação de Especialista em Alimentos, 200
Ig. *Ver* Imunoglobulina (Ig)
*Ignicoccus*, 532-536
hospedeiro de *Nanoarchaeum*, 529-530
*Ignicoccus hospitalis*, 529
*Ignicoccus islandicus*, 536-537
IL. *Ver* Interleucina (IL)
Íleo, 709-710
Ilhas cromossômicas, 210, 213, 585
Ilhas de patogenicidade, 210-211, 213, 720
Ilhas genômicas. *Ver* Ilhas cromossômicas
*Immunoblot*, 807, 809, 825, 879
*imunoblot* para HIV, 809, 879
Impetigo, 856, 868
Implante médico, 605
Impressão digital do genoma, 372
Impulsionador de tiro, 742-744, 768-769
Imune, memória, 736, 738, 742-745, 752, 757, 768-769, 849
Imunidade, 732-738, 751
adaptativa, 732, 735-737, 741, 751, 754
ativa, 741-742
baseado no RNA, 311-312
de lisogenia a novas infecções, 304
hominídeos antigos, 773
inata, 732, 733, 735, 741, 751, 754
receptores e metas, 774
reconhecimento de padrões, 774-776
transdução de sinal, 775-776
interruptores moleculares, 785-787
linfócitos T, 761-764
mecanismos de resposta adaptativa, 735-736
mecanismos de resposta inata, 754-756
mecanismos imunitários básicos, 754-757
mediada por anticorpos, 737-739, 744, 757, 763-771
mediada por células, 733, 742-743, 748-750, 757, 761-762
passiva, 741, 742, 744
prevenção de doenças infecciosas, 742-746
propriedades da resposta adaptativa, 756-757
rebanho, 744-746, 831, 833-836, 851
receptores da superfície celular, 776
Imunidade antígeno-específica. *Ver* Imunidade adaptiva
Imunidade artificial passiva, 741, 742
Imunidade ativa, 741-742
artificial, 742-746
natural, 741-742
Imunidade ativa natural, 741-742
Imunidade baseada no RNA, 311-312
Imunidade celular. *Ver* Imunidade mediada por células
Imunidade inata, 732, 733, 735, 741, 751, 754
receptores e alvos, 774
reconhecimento de padrões, 774-776
transdução de sinal, 775-776
Imunidade mediada por anticorpos, 737-739, 744, 757, 763-771
Imunidade mediada por células, 733, 742-743, 748-750, 757, 761-762
Imunidade natural passiva, 741, 742, 744
Imunidade passiva, 741, 744
artificial, 742, 744
natural, 741, 742, 744
Imunização, 742-746, 752, 758, 768-769
antraz, 846-847
controle de epidemias, 837-839
estratégias, 744-746
imunidade de rebanho, 745-746, 831, 851
pessoal de laboratório, 794
programação para crianças, 744
programas públicos inadequados, 843-845, 859

toxoide tetânico, 899-900
via de administração, 758
viajar para países em desenvolvimento, 840-842
Imunodeficiência, 742
Imunoensaios
doença infecciosa, 804-805
enzima (EIA), 804, 807-808, 825
rápido, 808-809
Imunofluorescência, 806-807
Imunofluorescência direta, 806
Imunofluorescência indireta, 806
Imunogênio, 742-743, 757-758, 772
Imunoglobulina (Ig), 734, 738, 751, 764-771, 776-777
avidez, 765-766
cadeia leve, 764-765, 781-783
cadeia pesada, 764-765, 781-783
classes, 765-767
domínios variáveis, 781
estrutura, 765-766
genética, 782
maturação de afinidade, 783-784
propriedades, 764-765
proteínas adaptadoras, 778
rearranjo de genes da cadeia kappa em células B humanas, 767
regiões determinante de complementaridade, 781
superfamília de genes, 776-778, 791
valência, 765-766
Imunoglobulina A (IgA), 738, 742, 764-766, 768-769
secretora, 767-769
Imunoglobulina α, 778
Imunoglobulina anti-rábica, 887
Imunoglobulina β, 778
Imunoglobulina D (IgD), 764-767
Imunoglobulina E (IgE), 738, 764-767
hipersensibilidade imediata, 747, 748
Imunoglobulina G (IgG), 738, 739, 742, 764-765, 768-769
cadeia leve, 764-765
cadeia pesada, 764-765
estrutura, 764-765
sítios de ligação ao antígeno, 765-766
soro, 767
Imunoglobulina M (IgM), 738, 739, 764-765, 768-769
estrutura, 765-766
Imunologia, 22
Inalação de antraz, 845-847, 898-899
Inativação por inserção, 327
Incidência da doença, 829, 851
Inclinação da razão de sexos, 692
Inclusão, 49-51
Inclusão celular, 49-51
Índice de aridez, 609
Índigo, via de engenharia para produção, 341-343
Indinavir, 817, 823
Indol, 341-343
Indoxil, 341-342
Indução, 219-220, 243
prófago, 255
Indústria alimentícia, 11
*chips* de DNA usados em , 200
Indústria de couro, 176-178
Indústria de papel, 176-178
Indústria metalúrgica, 176-178
Indústria petrolífera, 176-178
Indústria têxtil, 176-178
Indutor, 219-221, 329-331, 334
Infecção, 714, 717-718, 729, 829. *Ver também* Infecção respiratória
aguda, 828, 851
associada aos cuidados de saúde (hospitalares), 728, 795-797, 825, 827, 835, 842, 869-870
bacteriófago lambda, 256-257
bacteriófago temperado, 255
biofilmes e, 159
crônica, 828, 851
fatores de risco para o hospedeiro, 727-728
fúngica, 923-927
latente, 259, 268, 277
lise e, 248, 250
local de infecção e especificidade para o tecido, 725-728
localização no corpo, 718-720
nosocomial, 485, 489, 728, 842, 869-870
parasitária, 927-934
receptores para 251
resistência inata, 725-728
secundária, 854
sexualmente transmissível (DST), 465-466, 508, 745-746, 800-801, 833, 872-881, 883, 928-929
transmissível por alimentos, 930
vírus, 246, 268, 838-839
latente, 268
Infecção adquirida em hospital. *Ver* Infecção hospitalar
Infecção adquirida em laboratório, 794
Infecção aguda, 828, 851
Infecção alimentar, 911, 912, 915-920, 922
Infecção associada a cuidados médicos (HAI), 728, 795-797, 825, 842, 869-870
fatores de risco, 795-796
MERS-CoV, 827, 835
prevenção, 797
Infecção crônica, 828, 851
Infecção cruzada, 795-796
Infecção da ferida, 725-726
cultura, 799-801
Infecção do trato urinário, 487-489, 714, 716, 799-800, 812
nosocomial, 795-796
Infecção fúngica primária, 925
Infecção fúngica secundária, 925
Infecção hospitalar, 485, 489, 728, 795-797, 842, 904-905
estafilococos, 869-870
fatores de risco, 795-796
Infecção latente, 268
herpes-vírus, 277
vírus animal, 259
Infecção lítica, 246
Infecção oportunista, 712, 878-879, 925-927
Infecção persistente, vírus animal, 259
Infecção por *Staphylococcus aureus*
diagnóstico e tratamento, 869-870
epidemiologia e patogenia, 868-869
Infecção respiratória, 719, 829, 833, 836, 854-855, 862-868
bacteriana, 854-855
controle de transmissão, 836
viral, 854-855, 862-868
Infecção secundária, 854
Infecção sistêmica, 717
Infecção subclínica, 829
Infecção virulenta (lítico), 246
Infecções fúngicas, 923-927
classes de doenças e tratamento, 925
micoses, 557, 926-927, 935
Infecções parasitárias, 927-934
principais, 927-928
sangue e tecido, 927-928, 931-934
visceral, 927-930
Infecções parasitárias do tecido, 927-928, 933-34
Infecções parasitárias viscerais, 927-930
Infecções piogênicas, 719
Infecções sexualmente transmissíveis (DSTs), 465-466, 508, 745-746, 800-801, 833,
872-881, 883, 928-929. *Ver também doenças específicas*
Infertilidade masculina, 749-750
Inflamação, 733, 736, 737, 751, 775-776
defesa do hospedeiro, 739-741
fagócitos e, 755
produzido por macrófagos de citocinas pró-inflamatórias, 790
Inflamação de gengiva, 689-690
Inflamação local, 740
Inflamação sistêmica, 740-741
Inflamossomo, 775-776
*Influenza* A H5N1 (gripe aviária), 831, 841, 850, 853, 868
*Influenza* aviária, 866-867
H5N1, 831, 841, 850, 853, 868
Inibição, 171-172
zona de, 176-178
Inibição alostérica, 240
Inibição por retroalimentação, 240, 243
Inibidor da mitose, 817-818
Inibidor da síntese de quitina, 817-818
Inibidor de fusão, 812, 817, 825, 880, 883
Inibidor de nitrificação, 638
Inibidor ergosterol, 817-818
Inibidor não nucleosídico da transcriptase reversa (NNRTI), 812, 817, 825, 880, 881, 883
Inibidor nucleosídico da transcriptase reversa (NRTI), 817, 826, 880, 881, 883
Inibidores da neuraminidase, 817
Inibidores de β-lactamase, 824
Inibidores de integrase, 880, 883
Inibidores de protease, 812, 817, 823, 824, 826, 880, 883
Inibidores de transcriptase reversa, 880
não nuclesídicos (NNRTI), 812, 817, 826, 880, 881, 883
nucleosídicos (ITRN), 817, 826, 880, 881, 883
Iniciador, 140, 185, 213, 579-582
RNA. *Ver* RNA primário
Iniciador de reação, 652
Iniciador oligonucleotídico
mutagênese sítio-dirigida, 323-324
técnica de PCR, 319, 372
Iniciadores de ácido nucleico, 810-811
Injectiossomo, 138, 719, 720
Inóculo, 78
diluição, 571-572
enriquecimento, 568-572
Inosina, 131
Inserção, 295, 297, 363, 367. *Ver também* Microinserção
Inseticida, 495, 655, 837, 932
Inseto. *Ver também* Doenças bacterianas e virais transmissíveis por artrópodes
desinfestação, 174-175
hábitats microbianos, 691-696
cupins, 694
simbiontes hereditários, 691
infecção por *Wolbachia*, 483
patógenos, 495-496
proporção de sexo em espiroplasma, 499
Inseto reservatório, 837
Inseto vetor, 832, 932
Insulina, 12, 136, 335-337
geneticamente modificada, 334
Integração, bacteriófago lambda, 256
Integrase, 210, 260, 284
lambda, 256
Interações entre células T e B, 767
Interações humano-micróbios, 705-730
benéfico, 706
fatores do hospedeiro em infecção e doença, 725-728
microbioma fúngico da pele, 705
patogênese, 714-725
Interações microbianas, 6
Interatoma, 202-203, 213
Interface, óleo e água, 655
Interface água-óleo, 655
Interferência viral, 817
Interferon, 334, 812, 817, 825
geneticamente modificado, 336-337
Interferon γ, 762, 789
(IL), 789
1 (IL-1), 740
10 (IL-10), 763-764
12 (IL-12), 789, 790
Interleucina 17 (IL-17), 763-764, 789
1β (IL-1β), 789, 790
2 (IL-2), 336-337, 762, 789
4 (IL-4), 763, 789
5 (IL-5), 763, 789
6 (IL-6), 740, 763-764, 789, 790
International Code of Nomenclature of Bacteria, 374-375
International Committee on Systematics of Prokaryotes *(ICSP)*, 375
International Journal of Systematic Evolutionary Microbiology *and* (IJSEM), 375
Interrupção de genes, 324-325, 344
Interruptor genético, 329-330
lambda, 257
Intestino
de mamífero, 682-683
delgado, 688, 709-710
enterotoxina, 720-722, 724
microbiota normal, 727-728
grosso, 686-687, 710, 712
microbiota normal, 710
posterior, composição microbiana de cupins, 695
Intoxicação alimentar. *Ver* Envenenamento alimentar
Intoxicação alimentar clostridial, 914-915
Íntron, 126, 127, 140, 189, 331-334
cloroplastos, 195
levedura, 198
Íntrons *Drosophila*, 198
Invasão, 714, 718

Invasão de fita, 300
Invasião, 729
pelo patógeno, 714, 717
Invertase, 88
Invertebrados aquáticos como hábitat microbiano, 696-702
Iodeto de propídeo, 576
Iodóforo, 176-178
Iogurte, 11
Íon ferroso, 421
Íon mangânico, 411, 421
Íon manganoso, 421
IPTG. *Ver* Isopropiltiogalactosídeo (IPTG)
IRAK4, 776
Iridovírus, 258, 269
Irradiação, 911
IS. *Ver* Sequência de inserção (IS)
*Isochromatium buderi*, 50
Isocitrato, 94, 95
liase, 95
Isoenzima, 240
Isolamento, 568, 851
em cultura pura, 572-575
nicho fundamental e distinção, 574
seletivo de uma única célula, 573-575
Isoleucina
código genético, 129
estrutura, 128
fermentação, 406
síntese, 98
Isômero, 14, 15, 127
aminoácidos, 127
ópticos, 14, 15, 127
Isoniazida, 811-812, 861
estrutura, 861
Isopreno, 36, 37, 38
Isopropanol, 496
Isopropiltiogalactosídeo (IPTG), 219
Isorenierateno, 384-385, 443
β-Isorenierateno, 384-385
*Isosphaera*, 507, 509
Isosporíase, 877-878
Isótopo estável, 589
medições de atividade microbiana, 589-590
Itraconazol, 817-818
*Ixodes scapularis*, 892

## J

Janela aberta de leitura (ORF), 113, 124, 130, 140, 189-191, 213
mudança da, 295
não caracterizados, 190-191
tamanho do genoma e, 191
Jarra anóxica, 170-171
Jejuno, 709, 710
*Jettenia*, 400
Junção VDJ (VJ), 782-783

## K

Kaiko (submersível), 623
KDO. *Ver* Cetodeoxioctonato (KDO)
*Klebsiella*, 100, 402-403, 453, 486-488, 693, 707, 710, 716, 796, 800-801
*Klebsiella pneumoniae*, 234-235, 317, 488, 691, 797
Koch, Robert, 13-20, 501-502, 748, 859, 897-898
Korarchaeota, 357, 358, 434, 518, 530-531, 542
*Korarchaeum*, 518, 530-533
*cryptofilum*, 530-531
*Kpnl*, 317
*Kuenenia*, 400
Kuru, 285-286

## L

Laboratório clínico, segurança, 794-796
Laboratório de cultura de microrganismos, 74-78
macronutrientes, 74-75
meios de comunicação e, 76-78
micronutrientes, 74-75
química da célula e, 74-75
Laboratórios
NBS1 (*BSL-1*), 794-796
NBS2 (*BSL-2*), 794-796
NBS3 (*BSL-3*), 794-796
NBS4 (*BSL-4*), 794-796, 889
Lac permease, 40
*Lachnospira*, 688
*Lachnospira multipara*, 685-686
Lachnospiraceae, 685, 688, 695
β-Lactamase, 813-815, 819, 820
Lactato, 685-687
desidrogenase, 87, 206
doador de elétrons, 412-413, 423
fermentação, 402-403, 407, 500
oxidação, 587
produto de fermentação, 87, 402-404, 406, 487, 491
Lactobacillaceae, 685, 688
Lactobacillales, 491-494, 695
*Lactobacillus*, 74-75, 206, 402-403, 492-494, 570, 707, 710, 711, 910, 911
*acidophilus*, 492, 713, 714
*brevis*, 174-175, 492
*delbrueckii*, 492
*Lactococcus*, 492, 910, 911
*Lactococcus lactis*, 493-494
Lactoferrina, 717
Lactonas careadoras acil (AHLs), 228-229, 230, 474, 603
Lactonas homosserínicas, acilo, 228-230, 474, 603
Lactoperoxidase, 708
Lactose, 915-916
captação, 40
fermentação, 87-88
*LacZ*, 223
Lagarta da beterraba, 338
Lago, 613-615
consórcios em água doce, 671-672
diversidade procariótica em água doce, 614-615
estratificação, 613-614
eutrófico (rico em nutrientes), 614
renovação, 613, 614
teor de oxigênio, 613-614
de soda, 518-520
hipersalino, 518-520
salino, 440
Vida (vales secos de McMurdo, Antártida), bactérias em, 1
Lagos, 605
eutrofizados (ricos em nutrientes), 614
meromíticos, 441
salinos , 167-168, 518-520
Lamelas, 384
membrana fotossintética, 381
Lâmina de microscópio, imersão, 602
*Lamprocystis roseopersicina*, 440
Laranja de acridina, 395, 575, 595, 602
Lavando as mãos, 794
Lecitinase, 719-722
Lectina, 673-674, 775-776
Lectina de ligação à manose (MBL), 771, 774
via, 769-771
Leeuwenhoek, Antoni van, 13, 14
Leg-hemoglobina, 672-674, 704
*Legionella*, 486, 664, 904-905
*pneumophila*, 664, 806, 807, 904-905, 907-908
Legionellales, 486
Legionelose (doença dos legionários), 605, 664, 806, 815, 838-839, 904-905, 907-908
diagnóstico e tratamento, 907-908
epidemiologia, 907-908
patogênese, 664, 907-908
Leguminosa, 10, 100, 672-673, 685-686
nódulos radiculares, 672-678, 681
nódulo-tronco, 676-677
*Leishmania*, 548, 927-928, 932
*donovanii*, 933
*mexicana*, 932
*tropica*, 932
Leishmaniose, 548, 927-928, 932-933, 935
cutânea, 932
visceral, 933
Leite
estragado, 151
para manteiga, 11, 492
pasteurização, 172-173, 834-836, 861
produtos lácteos fermentados, 911
Leito capilar, 732
Lençol freático, 611-613
contaminação com urânio, 653, 654
microbiologia de subsuperfície profunda, 611
Lente de imersão em óleo, 27
Lente objetiva, 26, 27
Lente ocular, 26, 27
Lentisphaerae, 357, 434
*Leptonema*, 465-466, 468
*Leptospira*, 465-466, 468, 904-905
*biflexa*, 468
*interrogans*, 175, 468
*Leptospirillum*, 457, 513-514
*ferrooxidans*, 396, 526, 641, 651, 652
Leptospirose, 465-466, 468
*Leptothrix*, 458, 472, 484, 642-643
*discophora*, 397
*ochracea*, 643
Lesma (bolor limoso), 555
*Leucaena leucocephala*, 685-686
Leucina
código genético, 129
estrutura, 128
fermentação, 406
síntese, 98
Leucocidina, 719, 721-722, 756, 868, 869
Leucócitos, 732-734, 751
Leucócitos polimorfonucleares (PMN). *Ver* Neutrófilos
*Leuconostoc*, 74-75, 402-403, 492-494, 910, 911
*mesenteroides*, 76, 77, 491, 493-494
Levedura, 11-12, 402-403, 555-558, 560-561, 566
autoindutores, 228-229
Baker's, 557-558, 560
cervejeiro, 557-558, 560
ciclo de vida, 560, 561
complemento genético mínimo, 198
fermentação, 87-89
genoma, 197, 198
hospedeiro de clonagem, 328-329
íntrons, 198
mitocôndria, 195
padaria, 557-558, 560
patogênica, 924
príon [URE3], 287
solutos compatíveis, 168-169
tipo de acasalamento, 560-561
vetores de clonagem, 329-330
Liase alginato, 336-337
Licenciamento, 762
Licopeno, 384-385
Ligação
a peptídeo, 780-781
anídrica, fosfato, 84-85
cruzada de tetrapeptídeo, parede celular, 43
de antígeno, 758, 781, 782, 788
de fosfato, rica em energia, 84-85
de hidrogênio
DNA, 109, 111
proteína, 136
dissulfeto, 127, 136
dupla, 100
conjugada, 384
éster, fosfato, 84, 85
fosfodiéster, 108, 109, 140
glicosídicas β-1, 4
interna, 506
terminal, 506
peptídica, 127, 128, 133-136, 140
química. *Ver* Ligação peptídeo, 127, 128, 133-134, 136, 140
tioéster, 85
Ligante de CD40L , 788, 789
Ligante de DNA, 321
Ligantes, DNA, 321
Lignina
catabolismo de, 459-460
degradação, 503, 555-556, 636, 686-687
Lignocelulose, 694-695
Limitação de energia, extrema, 597
Limo, 101, 454, 465, 659, 660
*Limulus polyphemus*, 725
Lincomicina, 812
Linfa, 725-726, 732, 751
circulação, 732, 734
Linfocina, 789
Linfócitos, 732-737, 752, 754
antígeno reativo, transdução de sinal, 777-778
rearranjos de gene, 782, 783
Linfócitos antígenos reativos, transdução de sinal em, 777-778
Linfócitos T. *Ver também* Células T
imunidade e, 761-764
subpopulações, 736-737
Linfócitos T citotóxicos. *Ver* Células T citotóxicas
Linfócitos TCD4, 728, 760-762, 877-878, 880
Linfogranuloma venéreo, 872, 875-876
Linfoma de Burkitt, 276
Linfonodos, 732, 734, 736, 751, 768-769, 786-787
Linha de infecção, 673-676, 704
Linhagem
mutante, 299, 314
selvagem, 292-294, 296, 314
multirresistentes da tuberculose, 861
Linhagem $F^-$, 306-308

Linnaeus, Carl, 374
Lipase, 341-342, 718, 754, 869
Lipídeo A, 44-46, 724
Lipídeos
arqueias, 36
biossíntese, 812
dibifitanil tetraéter, 540
espingolipídio, 505
estrutura, 36, 37
hipertermófilos, 540
ladderane, 400
ligado a éster, 36
ligado a éter, 36, 38, 510, 527
síntese, 100
tetraéter, 526
*Thermomicrobium*, 445
Lipoglicano, 44, 497, 498, 526
Lipopolissacarídeo (LPS), 44-46, 71, 251, 735, 740, 755, 774-776, 870
endotoxina, 724
química, 44-45
Lipoproteína, membrana externa, 45-46
Líquen, 440, 557, 563, 565, 670-671, 700-701, 704
Lise, 43, 47, 176-177, 248-250, 254, 256-257, 259, 769, 770, 830
autólise, 148, 149
bacteriófago φX174, 270
fase de morte, 152-153
Lisina, 521, 688-689
código genético, 129
estrutura, 128
peptideoglicano, 42, 43
síntese, 98
Lisogenia, 255-257, 259, 261, 263, 304-306
Lisogênico, 255-257, 263
Lisogenização, bacteriófago lambda,304
Lisossomo, 43, 64, 68-69, 71, 81, 248, 252, 281, 336-337, 708, 725-728, 754, 760-762, 765-766
T4, 252, 254
Lisozima T4, 252, 254
Listas, 550
Lister, Robert, 16
*Listeria*, 492-494, 910
linhagem "matadora de tumores", 315
*monocytogenes*, 315, 493-494, 762, 911, 912, 918-919
Listeriolisina O, 918, 919
Listeriose, 315, 493-494, 838-839, 918-919, 922
diagnóstico, tratamento e prevenção, 919
epidemiologia, 918
patologia, 918-919
Litoral, 616, 618
Lixiviação microbiana, 650-653, 668
cobre, 650, 651
ouro, 651, 652
urânio, 651
Locomoção, microbiana, 56-63
flagelos, 56-59
fototaxia, 63
motilidade delta, 59-60
quimiotaxia, 61-63
*Locus* MAT, 560-561
Lodo, 606-607, 640
Lombriga, 934
Lost City, 625-627
LPS. *Ver* Lipopolissacárido (LPS)
LTR. *Ver* Terminação Longa Repetida (LTR)
Luciferase, 187, 188, 228-229
bacteriana, 474
Lucinídeos, algas marinhas e, 669
Lula havaiana de rabo cortado, 696-697
Lúpus eritematoso sistêmico, 748-750
Luteolina, 676
Luz, fonte de energia, 5-6
Luz ultravioleta germicida, 173-174
*Lyngbya*, 436
*majuscula*, 34
sp. PCC81068, 437
*Lysobacter*, 463, 486

## M

Macrocisto, 555
Macroconídios, 879
*Macrocystis*, 551, 553
Macrófagos, 725-726, 733, 735, 736, 739, 740, 752, 754-755
ativação, 762-763, 789-790
CD4, 877-878, 880
citocinas pró-inflamatórias, 790
quimiocinas produzidas por, 789, 790
Macrolídeos, 504, 815
Macromolécula informativa, 108, 110, 140
Macromoléculas, 3, 24, 774
hipertermófilos, 539
imunógenos, 757-758
informacional, 108, 110, 140
Macromoléculas de fosfocolina, 774
Macronúcleo, 549
Macronutrientes, 74-75
Magnésio, 74-75
*Magnetobacterium bavaricum*, 34
*Magnetospirillum*, 210, 481-482, 484
*magnetotacticum*, 51, 473
Magnetossomos, 50-51, 71, 210, 472-473
Magnetotaxia, 51, 472
Maior número provável (NMP) técnica, 572, 573, 596
*Makinoella*, 383
Malária, 197, 550, 551, 727-728, 807, 829-831, 833, 837-842, 927-928, 931-932, 935
diagnóstico, tratamento e controle, 932
epidemiologia, 932
*Malassezia*, 705, 707, 708
Malation , 656
Malato, 94, 95, 412-413, 426
bioquímica da fixação de nitrogênio, 676
metabolismo, 95
Malato sintase, 95
MALDI (espectrometria de ionização e dessorção a *laser* assistida por matriz), 203, 204
MALDI-TOF, 203, 204
Malil-CoA, 426
Mallon, Mary, 836, 909
Malonato, 99-100, 407
Malonil-ACP, 99, 100
*Malonomonas*, 407, 408
MALT. *Ver* Tecido linfoide associado à mucosa (MALT)
Mamíferos como hábitats microbianos, 682-691
Mamíferos monogástricos, 682
seres humanos, 686-691
Mancha diferencial, 27-28
Mandíbula travada, 723, 899-900
Manejo de pragas, simbiontes de insetos, 692
Manganês, 74-75
função celular, 74-75
oxidação, 640, 642-643
redução, 411, 456, 640-641
Manipulador de alimentos, 836, 915-917
Manitol, 168-169
*Manual do Bergey*, 375
Mapa genético
bacteriano, 113
cromosomo artificial bacteriano, 331-332
*Escherichia coli*, 113
linhagens 536
073, K-12, comparado, 211
genoma do cloroplasto, 194
MHC, 779
mitocôndria, 195
MS2 bacteriófago, 278
plasmídeo de resistência R100, 113-114
plasmídeo F, 305-306
plasmídeo R100, 113-114
retrovírus, 260
vetor de expressão pSE420, 330-331
vetor de transferência usado em leveduras, 329-330
φ174, 270
Mapeamento. *Ver* Mapeamento genético
Mapeamento genético, conjugação, 305-306
Mar aberto, 615-622
Thaumarchaeota, 528-529
Mar dos Sargaços, 584-585
Mar Morto, 520
Mar profundo, 622
condições, 622
sedimentos, 624
Marcador de seleção, 301, 326-327, 329-332
Marés vermelhas, 550
MAR-FISH, 592-593, 595
*Marinobacter*, 458
*Mariprofundus*, 458, 481
Marshall, Barry, 870
Mary Tifoide, 836, 909
Máscara facial, 836
Mastite, 856
Mastócitos, 733, 747, 748
Matéria orgânica
alóctone, 599
hábitat aquático, 613-614
marinho, 639
Matriz, mitocondrial, 66
espectrometria de ionização e dessorção a *laser* assistida por matriz, 203, 204
Maturação da proteína, fago MS2, 277, 278
Mau cheiro de sulfetos, 448
Máxima verossimilhança, 361
McMurdo Vales Secos da Antártida, 564-565
MCP. *Ver* Proteína quimiotática aceptora de metil (MCP)
Mecanismo de cassete, tipo de acasalamento de levedura, 561
Mecanismo de junção de DNA, 783
Medição da atividade microbiana, 587-594
controle de células mortas, 587
ensaios químicos, e radioisótopos microssensores, 587-589
métodos de isótopos estáveis, 589-590
Medição da turbidez, 157-160
curva-padrão, 157-160
prós e contras, 157-160
Medula óssea, 732-734, 751, 767
*Megasphaera*, 685
*elsdenii*, 685-686
*Megavirus*, 266
Meia reação, 82-83
Meio. *Ver* Meio de cultura
Meio complexo, 76, 104
Meio de crescimento, 797-799
Meio de cultura, 76-78, 104
complexo, 76
definido, 76, 77
diferencial, 76-77, 800-802
enriquecida, 76
esterilização, 77-78
seletivo, 76, 799, 799-802, 826
sólido, 17, 20
vs. líquida, 77
tampões, 166
tecido, 250
testes para suscetibilidade a antimicrobianos fármacos, 802, 803
tipos, 797-801
Meio de cultura sólido, 17, 20
Meio de Loeffler, 859
Meio definido, 76, 77, 104
Meio diferencial, 76-77, 799-802, 825
Meio para propósitos gerais, 797-799, 825
Meios enriquecidos, 76, 799, 825
Meios seletivos, 76, 799-802, 826
Meiose, 65-66, 71
Melioidose, 844-845
Membrana, célula. *Ver também* Membrana citoplasmática
Membrana citoplasmática, 3, 23, 35-39, 44, 45, 71
acidófilo, 165
arqueia, 36
composição química, 35
danos de complemento, 769
esteróis e hopanoides, 35
estrutura, 35-37, 812
fluidez, 35, 160
função, 36-39
micoplasma, 497
permeabilidade, 37, 39
seletivo, 35
piezofílico, 623
proteínas, 35-36
psicrófilo, 163
rigidez, 35
transporte através de 38-39
Membrana externa, 40-41, 44-46, 71
bactérias gram-negativas, 44-46
cloroplastos, 66
*Ignicoccus*, 536
mitocôndrias, 66
piezofílico, 623
Membrana fotossintética, 381, 382, 384-387
cianobactérias, 437-438
Membrana interna
cloroplastos, 66
mitocôndrias, 66
Membrana mucosa, 706, 725-729
microbiota dos tecidos das mucosas, 712-714
Membrana não unitária, 49, 51

- Membrana nuclear, 64
- Membrana periodontal, 708
- Membrana púrpura, 521
- Memória, 736, 738, 742-745, 752, 757, 849
  - produção de anticorpos e, 768-769
- Meninges, 862
- Meningite, 485, 493-494, 506, 796, 829, 838-839, 841, 862, 868, 883
  - diagnóstico, 862
  - infecção fúngica, 923
  - infeccioso, 862
  - meningocócica, 862
  - patógenos e doenças, síndromes, 862
  - prevenção e tratamento, 862
- Meningococcemia, 862, 883
- Meningococo. *Ver Neisseria meningitidis*
- Meningoencefalite, 927-928, 935
- Menopausa, 713
- Mercúrio, 645
  - transformações, 645-646
- Mercúrio elementar, 645
- Mercúrio redutase, 645
- *Merismopedia*, 436
- Merodiploides, 301
- Merozoíto, 931-932
- MERS, 841
- MERS-CoV, 827, 835
- *merTPABD*, 645
- Mesófilos, 160, 162, 181
- Mesoplasma, 498
- *Mesorhizobium*, 453, 481-482, 672-673
  - *loti*, 453, 673-674
- Metabolismo, 4-6, 24, 73-105. *Ver também* Fermentação; Respiração
  - assimilativa, 411
  - biossíntese, 96-102
  - células primitivas, diversificação metabólica, 350-351
  - complementar, 601
  - conservação de energia, 79-86
  - dissimilativo, 411
  - enxofre dissimilativo, 447-452
  - fototrófico, 96
  - hidrocarbonetos, 424-429
  - microrganismos do intestino humano e, 688-689
  - química celular e nutrição, 74-76
  - quimiolitotrófico, 96, 351
- Metabolismo aeróbio do hidrocarbono, 424-425
- Metabolismo assimilativo, 411
  - redução de sulfato, 412-414
- Metabolismo complementar, 601
- Metabolismo de hidrocarbonetos, 424-429
  - aeróbio, 424-425
  - anóxica, 427-429
  - metanotrofia aeróbia, 425-426
- Metabolismo de um carbono, 460-461
- Metabolismo dissimilativo, 411
  - redução de nitrato, 412-413
  - redução de sulfato, 412-414
  - do enxofre, 447-452
- Metabolismo do hidrocarbono anóxico, 427-429
- Metabolismo energético
  - Crenarchaeota, 531-532
  - limites máximos de temperatura, 540
- Metabolismo energético à base de rodopsina, 358
- Metabolismo hexano, 427
- Metabólito, 341-342
- Metabólito secundário, 203
- Metaboloma, 203, 213
- Metabolômica, 22, 203
- Metaclorobenzoato, 423
- Metagenoma, 199, 204, 213, 340-341, 585
  - viral, 261
- Metagenômica, 201, 204-206, 213, 341-342, 379, 575, 584-585, 595, 620
  - abordagem à diversidade viral, 265
  - análise usando RNA-Seq, 201
  - estudos de "bioma" e, 205-206
  - exemplos de estudos, 204
  - montagem de genomas completos, 567
- Metagenômica do trato intestinal humano (MetaHIT), 686-687
- Metais-traço, 74-75
- *Metallosphaera*, 392, 532-534
- Metano, 12
  - ciclo do carbono, 633, 634
  - composição isotópica do carbono, 590
  - gás de efeito estufa, 517, 633
  - oxidação, 425, 459-460
    - anaeróbia, 433
    - anóxica, 427-429
    - genes utilizados para avaliar, 579
    - tecnologia NanoSIMS para rastrear, 591
  - produção, 579
    - no rúmen, 684-686
  - produto de fermentação, 409
- Metano monoxigenase, 425, 426, 460-462
- Metanocondroitina, 522
- Metanofurano, 417-419
- Metanogênese, 409, 410, 416-421, 431, 517, 518, 522, 634, 636, 639
  - a partir de compostos de metil e de etil, 419-420
  - autotrófico, 420
  - coenzimas, 417-419
  - coenzimas redox, 417, 419
  - conservação de energia, 420-421
  - energética, 417-421
  - portadores de um carbono, 417-419
  - redução de dióxido de carbono para metano, 417, 419
  - substratos, 523-525
- Metanogênio, 12, 45-47, 66, 415-417, 419, 431, 518-519, 542, 665
  - acetotrófico, 416, 523, 525
  - arqueias, 522-525
  - autotrófico, 420
  - características, 523
  - ciclo do carbono, 633, 634
  - coenzimas, 417-419
  - cultura de enriquecimento, 570
  - diversidade, 522-525
  - endossimbiose, 549
  - fisiologia, 522-525
  - hábitats, 522, 523
  - intestinal, 710, 712
  - intestino de cupins, 695-696
  - metano a partir de compostos de metil e etil, 419-420
  - obesidade e, 688-690
  - permafrost derretido, 517
  - redução de dióxido de carbono para metano, 417, 419
  - rúmen, 685-687
  - substratos, 523-525
  - substratos do tipo dióxido de carbono, 523, 524
  - transformações de mercúrio, 645
  - tratamento de águas de rejeitos, 659
- Metanogênio acetotrófico, 523, 525
- Metanol, 425, 459-461, 468-469, 523-525
  - conversão para metano, 419-420
- Metanopterina, 418, 419
- Metanossulfonato, 639
- Metanotiol, 639
- Metanotrófico, 425, 427-429, 431, 459-462, 477, 591, 698-700
  - aeróbio, 460-461
  - características, 460-461
  - ciclo da ribulose-monofosfato , 460-461
  - ciclo do carbono, 633
  - classificação, 460-461
  - ecologia, 460-462
  - isolamento, 461-462
  - membranas internas, 460-461
  - oxidação do metano, 460-461
  - reações e bioenergética da metanotrofia aeróbia, 425
  - simbiontes de animais, 461-462
  - via da serina, 460-461
- Metaproteômica, 586-587, 595
- Metatranscriptômica, 586, 595
- *Methanimicrococcus*, 523
- *Methanobacterium*, 47, 518, 522, 523, 636, 637
  - *formicicum*, 169-170, 419
- *Methanobrevibacter*, 523, 636, 685, 707, 710
  - *arboriphilus*, 522
  - *ruminantium*, 522, 524, 685-686
  - *smithii*, 688-689, 710
- *Methanocaldococcus*, 100, 518, 522, 523, 532-533
  - *jannaschii*, 47, 185, 191, 524, 525
- Methanococcoides, 523
- *Methanococcus*, 100, 309, 523
  - *maripaludis*, 58, 224
- *Methanocorpusculum*, 523
- *Methanoculleus*, 523
  - *stordalenmirensis*, 517
- Methanoflorentaceae, 517
- *Methanofollis*, 523
- *Methanogenium*, 523
- *Methanohalobium*, 523
- *Methanohalophilus*, 523
- *Methanolacinia*, 523
- *Methanolobus*, 523
- *Methanomicrobium*, 523
  - *mobile*, 685-686
- *Methanophenazine*, 421
- *Methanoplanus*, 522, 523, 685
- *Methanopyrus*, 163, 518-519, 523, 526, 527, 532-533, 535-536, 538, 539, 627
- *Methanopyrus kandleri*, 527, 538, 540
- *Methanosaeta*, 416, 523
- *Methanosaeta thermophila*, 524
- *Methanosalsum*, 523
- *Methanosarcina*, 47, 100, 309, 416, 421, 453, 518, 522, 523, 627
- *Methanosarcina acetivorans*, 185, 453
- *Methanosarcina barkeri*, 101, 419, 522, 524, 570
- *Methanosphaera*, 523, 685
- *Methanospirillum*, 518, 522, 523
- *Methanospirillum hungatei*, 522
- *Methanothermobacter thermoautotrophicus*, 303
- *Methanothermobacter*, 523
- *Methanothermococcus*, 523
- *Methanothermus*, 523, 532-533
- *Methanothermus fervidus*, 524, 539, 540
- *Methanotorris*, 523
- *Methanotorris igneus*, 524
- *Methylacidiphilum*, 460-462, 509
- *Methylobacter*, 460-461, 481, 570
- *Methylobacterium*, 481, 484, 672-673
- *Methylocella*, 460-461
- Methylococcales, 486
- Methylococcus, 460-461, 486
- *Methylococcus capsulatus*, 425, 461-462
- *Methylocystis*, 460-461, 481
- *Methylomicrobium*, 460-461, 570
- *Methylomirabilis oxyfera*, 429, 433, 461-462
- *Methylomonas*, 100, 460-461, 486
- *Methylophilales*, 484, 485
- *Methylophilus*, 481, 484, 485
- *Methylosinus*, 460-462, 468-469, 481
- Meticilina, 813-814
- Metil catecol-2,3-dioxigenase , 425
- Metil-redutase, 421
- Metilação, 645
  - DNA, 252, 317
- Metilamina, 460-461, 468-469, 523
- Metilases, 820
- Metileno tetra-hidrofolato, 426
- Metil-fosfonato, degradação, 643
- Metil-guanosina, 131
- Metil-inosina, 131
- Metil-malonil-CoA, 392, 407
- Metil-mercaptano, 406, 497, 523
- Metil-mercúrio, 645
- Metilotrófico, 425-426, 431, 459-461, 477
  - aeróbio facultativo, 459-460
  - cor-de-rosa-pigmentado facultativo, 481-482
  - sonda de isótopo estável, 593
  - substratos, 459-460
- Metilotróficos aeróbios facultativos, 459-461
- Metilotróficos facultativos de pigmentação rósea, 481-482
- 1-Metil-pentasuccinato, 427
- Metil-prednisolona, 923
- Metionina
  - código genético, 129
  - estrutura, 128
  - síntese, 98
- Método de captura de DNA, 19
- Método de diluição de ágar em tubo, isolamento de cultura pura, 572
- Método de espalhamento em placa, contagem de células viáveis, 155-156
- Método de isótopos, medição da atividade microbiana, 587, 589-590
- Método de pareamento não ponderado com média aritmética (UPGMA), 361
- Método de sequenciamento Ilumina / Solexa, 186, 187
- Método Etest, 803
- Método *pour-plate*, contagem de células viáveis, 155-156
- Método sequenciamento íon *torrent*, 186, 188
- Métodos de coloração celular, 575-577
- Métodos de diagnóstico, 793-826. *Ver também* Fármacos antibióticos; antimicrobianos
  - ambiente clínico, 794-797
  - dependente de crescimento, 800-802

EIA, 807-808
ensaios de aglutinação, 804, 805, 879
especificidade e sensibilidade, 797-798, 804
identificação de patógenos, 797-803
*immunoblot*, 809
independente de crescimento, 803-811
testes de anticorpos fluorescentes, 806-807
testes de suscetibilidade antimicrobiana, 802-803
testes rápidos, 807-809
Métodos de difusão, ensaio de suscetibilidade usando agente antimicrobiano, 176-178
Métodos de diluição, 571-572, 622
Métodos de diluição, agente antimicrobiano
ensaio de suscetibilidade usando, 176-178
Métodos de sequenciamento de DNA massivamente paralelos, 186, 187
Métodos isotópicos, ligando genes e funções específicas a organismos específicos, 590-594
Métodos que utilizam radioisótopos, 587
MAR-FISH, 592-593, 595
Metronidazol, 870, 872, 928-929
Mevinolina, 309
Mexilhão, 696-700
metanotróficos como simbiontes, 461-462
*Miastenia gravis*, 749-750
MIC (concentração inibidora mínima), 176-177, 181, 802, 803, 825
*Micavibrio*, 463, 481
Micélio, 501-502, 555-558, 562, 924
Micobactérias
características, 500-502
coloração de Gram, 500
crescimento lento, 500-502
crescimento rápido, 500
morfologia da colônia, 501-502
pigmentação, 501-502
resistência ao ácido, 500
Micobioma, 205-206
Miconazol, 817-818
Micoplasmas, 497-499
crescimento, 498
genomas, 191-92
propriedades, 497-498
*Micorrhizae arbuscular*, 680-681
Micorrizas, 557, 676, 679-682, 704
Micose sistêmica, 925-927, 935
Micose subcutânea, 925-927, 935
Micoses, 557, 926-927, 935
sistêmica, 925-927, 935
subcutânea, 925-927, 935
superficial, 925, 926, 935
Micoses superficiais, 925, 926, 935
Micotoxinas, 925
*Micrasterias*, 564
Microaerófilo, 168-170, 181, 453
Microambiente, 600-601, 629, 707
Microarranjo de genes funcionais, 582, 583
Microarranjos (*chips* de DNA), 199-200, 213, 582
Microautorradiografia (MAR), 592-593, 596
Microautorradiografia-FISH (MAR-FISH), 592-593, 595
Microbiologia
agrícola, 22
água potável, 22
aplicada, 2, 22
aquática, 22
ciência da, 2
de base, 2, 22
definição, 2
história, 13-22
molecular, era da, 22
saúde pública. *Ver* Epidemiologia
século XX, 22
solo, 22
Microbiologia clínica, 794
Microbiologia de aerossóis, 649
Microbiologia de águas profundas, 622-625
Microbiologia do solo, 22
Microbiologia do subsolo profundo, 611-612
Microbiologia industrial, 12, 22. *Ver também* Biotecnologia
Microbiologia médica, 17, 22
Microbiologia molecular, era da, 22
Microbioma humano, 205-206, 686-691, 706
Microbiota do ar interior, 649
Microbiota normal, 706-714, 729
cavidade oral, 706-709
colonização, 706
trato gastrintestinal, 709-712
trato respiratório, 707, 713
trato urogenital, 707, 713-714
Microbiota transportada pelo ar, interior, 649
*Microcerotermes*, 695
Microcistos, 506
*Micrococcus*, 492, 707, 910, 911
*Micrococcus luteus*, 169-170, 576
*Microcoleus*, 436, 609
*Microcoleus chthonoplastes*, 437, 605
Microcolônia, 602, 608
*Microcystis*, 52, 598
Microdeleção, 295
Microfilamentos, 64, 68-69, 71, 148
Microfilárias, 934
Microfóssil, 349, 351, 352
Microglobulina β-2, 777, 779
Microglobulina beta-2 (p2m), 759
Micrografias, 3, 31-32
Microinjeção, 328-329
Microinserção, 295
Micromanipulador, 588
*Micromonas*, 618
Micronúcleos, 549
Micronutrientes, 74-75
Microrganismo oxidante de óleo, 654, 655
Microrganismos, 2, 24, 598
agentes de doenças, 10
agricultura, 10-11
benéfico, 10-12
distribuição, 8, 10
evolução e diversidade de, 5-6
impacto sobre atividades humanas, 8-12
importância, 2
indústria de alimentos, 11
na natureza, 7-8, 598-601
necessidades energéticas da sociedade, 12
terra primitiva, 349
Microrganismos oxidantes de hidrocarbonetos, 655
Microscopia, corante de, 27-28
Microscopia confocal de varredura a *laser* (CSLM), 29-30, 602
Microscopia eletrônica de transmissão (TEM), 31-32
Microscópio
ampliação, 26, 27
contraste de fase, 26, 28, 29, 577
de campo claro, 26, 27, 29
de campo escuro, 26, 28, 29
de fluorescência, 26, 28-29, 806
de Hooke, 13
de Leeuwenhoek, 13, 14
elétrons. *Ver* Microscópio eletrônico
história, 13
imagiologia tridimensional, 29-30
limitações, 577
microscopia confocal de varredura a *laser* (CSLM), 29-30, 602
microscopia de contraste por interferência diferencial (DIC), 29, 30
resolução, 26, 27
Microscópio de luz composto, 26-27
Microscópio eletrônico, 26, 30-32
digitalização, 31-32, 175, 610
transmissão, 31-32
Microscópio eletrônico de varredura (MEV), 31-32, 175, 610
Microscópio óptico, 26-29
melhorar o contraste em, 27-29
Microsporídeos, 545-546, 559-560
*Microsporum*, 925
Microssensor, 588, 596, 600, 601, 606
medição da atividade microbiana, 588, 589
Microssensor de nitrato, 588
Microssensor de oxigênio, 588
Microtúbulos, 64, 68-69, 71, 148, 817-818
*Mimivirus*, 248, 269
Mimosina, 685-686
MinC, 145
MinD, 145
MinE, 145
Mineração com microrganismos, 650-652
Mineração de carvão, 652-53
Mineração de cobre, lixiviação microbiana, 650, 651
Mineração de gene ambiental, 340-342
Minerais de carbonato, 520
Mionecrose, 796
Miracídios, 933
Mitocôndrias, 3, 64, 71, 353
código genético, 130
DNA, 113, 544
efeitos antibióticos, 544
estrutura, 66
evolução, 353-354, 357
filogenia, 544
genoma, 195
mapa genético, 195
proteínas, 195
ribossomos, 67, 544
Mitomicina, 297
Mitose, 65, 71
Mitossomos, 547
Mixósporo, 464, 465
Mixotrófico, 392-393, 431, 450-451, 477
Mobilização do cromossomo, 307-308
Modelo, replicação, 115-120
Modelo da "turbina de próton", 57, 58
Modelo de captação de elétron direto de corrosão de metais, 665
Modificação covalente, enzima, 241
Modificação pós-traducional, 216, 328-329
Modificações químicas, 297
Módulo de sinalização, 342-343
Molde, 130, 295
Molho de soja, 911
Molibdênio, 74-75, 100, 101, 412-413, 454, 651
Mollicutes, 497-499
Molusco, estilo cristalino, 465-466
Moluscos, 700-701
Monera, 355, 356
Monobactâmico, 812
Monocamada, lipídeos, 540
Monocamada lipídica, 36, 38, 165
Monócitos, 733, 753-755
Monofosfato cíclico de di-(c-di-GMP) guanosina, 230, 603, 604
Monofosfato de guanosina cíclico (GMP cíclico), 223
Monofosfato de uridina (UMP), 226
Monômero, 74
Mononucleose infecciosa, 276
Monóxido de carbono, 523, 524
oxidação, 459-460
Monóxido de carbono desidrogenase, 74-75, 416-417, 420, 459-460
Monoxigenase, 424, 425
Montagem, genoma, 189
*Montastraea faveolata*, 701-702
Monuron, 656
*Moorella thermoacetica*, 416, 496
*Moraxella*, 49, 709
Morbidade, 829, 851
Morcegos vampiros, raiva e, 885
Mordida de feridas, 886-887
raiva, 885
Morfologia, 31-33, 71
diversidade genética e, 577
Morfologia celular, determinantes de, 147-148
*Moritella*, 622-623
Mormo, 844-845
Mortalidade, 829, 851
Aids, 846-847
as Américas e a África, 839
Mosca tsé-tsé, 548, 694, 933
Mosquito, 842, 931-932, 934
vetor, 830-832, 841-842, 893-895
Mosquito pólvora, 548, 932
Mostarda nitrogenada, 297
Motilidade, 4, 24
características celulares, 4
espiroquetas, 465-467
procariotos, 56-63
Motilidade por contração, 49, 60
Motilidade por deslizamento, 56, 59-60, 438, 504
mecanismos, 60
Motivo, 780, 784, 792
Motivo hélice-volta-hélice, 218
Motivos de ativação de tirosina baseados na imunidade (ITAMs), 778
Motor flagelar, 56-58, 227
interruptor do motor, 57
Movimento. *Ver* Motilidade
Movimento ameboide, 553-554
Movimento rotatório, flagelo, 57
Moxifloxacina, 812, 813

MRSA. *Ver Staphylococcus aureus* resistente à meticilina (MRSA)
MtrA, 642-643
Muco, 696-697, 706, 725-729
*Mucor*, 910
Mudança climática. *Ver também* Aquecimento global
contribuição para doenças emergentes, 843-844
transmissão da raiva, 885
Mundo RNA, 238, 349-350
vírus e transição de DNA para o mundo a partir de, 268-269
Mupirocina, 812
Mureína. *Ver* Peptideoglicano
*Mus musculus*, 197
Mutação, 35, 292-299, 313, 363, 370-371, 377. *Ver também tipos específicos de mutações*
adaptabilidade, 363
adaptativa, 363, 365
bacteriófago Mu, 273
base molecular, 293-295
benéfica, 363
complementação, 301
deletério, 363
envolvendo muitos pares de bases, 295
erros de replicação, 120
erros durante o reparo do DNA, 298-299
espontânea, 293, 314, 692
hipermutações somáticas, 767, 783-785, 792
inserção, 324-325
mudança de fase de leitura, 295, 297, 313
nocaute, 198, 324-325
pontos quentes (*hot spots*), 297
recorrente, problema de homoplasia devido à, 362
selecionável, 292, 293
taxa, 296-297
alterações na, 298-299
mudança evolutiva rápida, 363-365
tamanho do genoma e, 245
tendência a exclusões, 367, 368
Mutação de inserção, 324-325
Mutação de mudança de fase de leitura, 295, 297, 313
Mutação induzida, 293, 313
Mutação não seletiva, 292, 293
Mutação pontual, 294, 314
reversões, 295-296
transição, 295
transversão, 295
Mutação reversa. *Ver* Reversão
Mutação sem sentido , 295, 296, 314
Mutação silenciosa, 294, 296, 314
Mutação tipo nocaute, 198, 324-325
Mutações letais, 295
Mutagênese, 297-299
teste de Ames, 296
transposon, 309, 311-312
Mutagênese de cassete, 324-325, 344
Mutagênese por ação de transposons, 309, 311-312
Mutagênese sítio-dirigida, 323-325, 331-332, 335-336, 345
Mutagênico, 297-299, 313
química, 297-299
radiação, 297-299
resistência, 512
teste de Ames, 296
Mutagênico químico, 297-299
Mutante, 292-293, 313
fenótipo, 292
isolamento, 292-293
tipos de, 294
Mutante não encapsulado, 294
Mutante sem motilidade, 294
Mutante sem pigmentação, 294
Mutante sensível à temperatura, 294
Mutante sensível ao frio, 294
Mutualismo, 670, 704
ecossistemas de recifes de coral, 700-702
insetos como hábitats microbianos, 691-696
microbiano, 670-672
microbioma humano, 686-691
nódulo da raiz de legume, 672-678
*Mycobacterium*, 499-502, 570, 664, 707, 797, 811-812, 854, 859-862, 879
propriedades resistentes ao ácido , 859
*Mycobacterium abscessus*, 796
*Mycobacterium avium*, 500-502, 664, 859-860
*Mycobacterium bovis*, 500-502, 861-862
*Mycobacterium chelonae*, 500-502
*Mycobacterium fortuitum*, 664
*Mycobacterium gordonae*, 500, 501-502
*Mycobacterium intracellulare*, 664
*Mycobacterium kansasii*, 664
*Mycobacterium leprae*, 762, 839, 859, 861
*Mycobacterium parafortuitum*, 500-502
*Mycobacterium phlei*, 500-502
*Mycobacterium smegmatis*, 500-502
*Mycobacterium tuberculosis*, 20, 177, 191, 499-502, 737, 742-743, 748-750, 756, 762, 795-796, 804, 807, 833, 836, 841, 842, 854, 855, 859-861
genoma, 185, 191
observação direta, 797-798
resistência antimicrobiana, 822
*Mycoplasma*, 44, 130, 191, 492, 497, 707
*Mycoplasma capricolum*, 342-343
*Mycoplasma genitalium*, 196, 872
genoma, 185, 191, 194
*Mycoplasma mycoides*, 342-343, 498
*Mycoplasma pneumoniae*, 34
Mycoplasmatales, 492
Myxobacteria, 191-193, 463
ciclo de vida, 464-465
Myxococcales, 490, 610
*Myxococcus*, 60, 207, 463, 464, 481, 490
*Myxococcus fulvus*, 463, 464
*Myxococcus stipitatus*, 463
*Myxococcus xanthus*, 60, 192, 464
*Myxosarcina*, 436

## N

*N10*-Formiltetra-hidrofolato, 401
NADH, 91
na fotossíntese, 380
na glicólise, 86-87
no ciclo do ácido cítrico, 92-94
NADH: quinona oxidorredutase, 91
NADH desidrogenase, 89
$NADP_+$
em reações de oxidação-redução, 84
na fotossíntese, 380, 387-388
$NADP_+$/NADPH, 84
NADPH, 392
ciclo de Calvin, 390, 391
síntese, 97
*Naegleria*, 664
*Naegleria fowleri*, 927-928
Naftaleno, 425, 427-428
Naftaleno oxigenase, 341-342
Nanismo, 335-336
Nanoarchaeota, 357, 358, 434, 518, 529-530, 542
*Nanoarchaeum*, 518, 529
*Nanoarchaeum equitans*, 185, 191, 529-530, 536
filogenia, 530
genoma, 530
genômica, 530
Nanocontainers , 188
Nanofios, transporte de elétrons por bactérias, 641
NanoSIMS, 590-593
Nanquim, 47-48
Nascentes de água quente, 160, 163, 164, 440, 444, 457, 510-514, 530-532, 563, 606
gradiente térmico, 164
hipertermófilos, 163, 164
*Nassellaria*, 553
*Nasutitermes*, 694-695
*Natrialba*, 520
*Natrinema*, 520
*Natronobacterium*, 518-520
*Natronobacterium gregoryi*, 166
*Natronococcus*, 518, 520
*Natronomonas*, 520
*Natronorubrum*, 520
NC-10, 433
Neandertais, 773
Nefrite, 856-857
*Neisseria*, 302, 481, 484, 485, 707, 709
*Neisseria gonorrhoeae*, 47-49, 485, 716, 727-728, 797-801, 804, 805, 813-814, 820, 832, 862, 872-873, 875
identificação, 800-801
observação direta, 797-798
resistência antimicrobiana, 820, 821
*Neisseria meningitidis*, 485, 742-743, 744, 800-802, 838-839, 855, 862
Neisseriales, 484, 485
*Neocallimastix*, 559, 686-687
Neomicina, 309, 815
produção, 504
Neuraminidase, 248, 281, 865, 866
Neurosporeno, 384-385
Neurotoxina, 440, 719, 721-722, 843-844
Neutralização, 738, 739
Neutrofilia, 754
Neutrófilo aeróbio de bactérias ferro-oxidantes, 457-458
Neutrófilos, 165, 166, 181, 717, 733, 735, 739, 740, 752, 754
Nevirapina, 817, 880, 881
*Nevskia*, 471
Nicho, 574, 599, 600, 603, 629
fundamental, 574, 595, 600
percebido (primordial), 574, 596, 600
Nicho real, 574, 596, 600
Nicho superior. *Ver* Nicho real
Nicomicina Z, 817-818
Nicotinamida, 861
Níquel, 74-75, 419, 459-460, 651
Nistatina, 817-818
produção, 504
Nitrapirina, 638
Nitrato, 74-75
aceptor de elétrons, 396, 398, 411, 412, 449
ciclo do nitrogênio, 637-638
deterioração reversível de petróleo cru, 665
redução dissimilativa à amônia (DRNA), 588, 637
Nitrato de miconazol, 926
Nitrato redutase, 74-75, 412-413
Nitrificação, 21, 358, 398-399, 431, 647
*Archaea*, 183, 454-455
Thaumarchaeota e, 528-529
bioenergética e enzimologia, 398-399
ciclo do nitrogênio, 637-638
genes utilizados para avaliar, 579
Nitrificantes, 452, 454-456, 477
fisiologia, 454-455
oxidantes de nitrito, 398-399, 455-456, 601
oxidantes do amoníaco, 454-455
Nitrito, 412-413
aceptor de elétrons, 399, 411
doador de elétrons, 392-393, 398
em alimentos, 911
Nitrito oxidorredutase, 398, 399, 455
Nitrito redutase, 412-413
*Nitrobacter*, 398, 399, 455, 456, 468-469, 481-482, 569, 637
*Nitrobacter winogradskyi*, 455
*Nitrococcus*, 455, 486
Nitrofurano, 812
Nitrogenase, 74-75, 100-101, 104, 438, 439, 453-454, 676, 677
alternativa, 101, 454
ensaio, 102
inibição por oxigênio, 438, 453, 672-673
Nitrogenase alternativa, 101, 454
Nitrogênio
aceptor de elétrons, 411-412
assimilação, 224-226, 586
atmosfera, 637, 638
ciclo do nitrogênio, 636-638
ciclo redox para, 637
em células, 74-75
estados de oxidação de compostos de nitrogênio importantes , 411-412
na natureza, 74-75
produção em desnitrificação, 412
sonda de isótopo estável, 593
vias do nitrogênio entre as plantas e os fungos micorrízicos arbusculares, 681
*Nitrosoarchaeum*, 455
*Nitrosocaldus*, 455
*Nitrosococcus*, 455, 481, 486
*Nitrosococcus oceani*, 455
Nitrosoguanidina, 297, 512
*Nitrosolobus*, 455
Nitrosomonadales, 484, 485, 610, 620-621, 625
*Nitrosomonas*, 398, 399, 455, 481, 484, 485, 569, 637
*Nitrosopumilus*, 183, 399, 455, 518, 615, 616, 622, 627-628, 637
*Nitrosopumilus maritimus*, 528, 529, 585, 620-621
*Nitrososphaera*, 455, 518
*Nitrososphaera viennensis*, 529
Nitrosospira, 455, 484, 485
*Nitrosotalea devanaterra*, 529

*Nitrosovibrio*, 455
*Nitrospina*, 455, 481
*Nitrospira*, 357, 434, 447, 455-456, 480, 513-514, 569, 610
Nitrospirae, 457, 513-514
*Nitzschia*, 551
Níveis de biossegurança, 794-796, 889
Nivelamento, RNAm, 127
NNRTI (inibidor não nucleosídico da transcriptase reversa ), 812, 817, 825, 880, 881, 883
*Nocardia*, 492, 502, 570
*Nocardia otitidiscaviarum*, 317
*Nodularia*, 436, 440
*Nodularia spumigena*, 437
Nódulo. *Ver* Nódulo de raiz; Nódulo de caule
Nódulo de raiz, 10, 672-678, 704
  bioquímica da fixação de nitrogênio, 676
  formação, 673-676
  genética da formação de nódulos, 675-676
  ligação e infecção, 673-675
  simbiose, 210
Nódulo do caule, 676-677
Nomenclatura taxonômica, 374-375
Nopalina, 678
Norfloxacinao, 820
Norovírus, 796, 904-905, 909, 912, 919, 920
*Northern blot*, 318, 345
*Nostoc*, 234-235, 436, 670
*Nostoc punctiforme*, 437
Nostocales, 436-439
*Not*I, 317
Novobiocina, 111, 309, 812
NRTI (inibidor nucleosídico da transcriptase reversa ), 817, 826, 880, 881, 883
NtcA, 235
N-terminal, 128
Nuclease, 718, 754
Núcleo (celular), 3, 4, 24, 71
  estrutura, 64-65
  eucariótico, os genes derivados de em bactérias, 544
  origem, 353-354
Nucleocapsídeo, 246, 248, 260, 263, 274, 275, 277, 279-282, 284-285
Nucleoide, 3, 4, 24
Nucléolo, 64, 65
Nucleomorfo, 197, 198
Nucleosídeo, 108, 140
Nucleossomos, 64, 65, 539, 540
Nucleotídeo, 108-109, 140
  estrutura, 108
  função, 108
  regulador, 223, 230, 243
  síntese, 98-99
Nucleotídeo guanina metilado, 127
Nucleotídeo regulador, 223, 230, 243
Número de células, medição, 150, 157-158, 575
Número de cópias, 113-114, 326-327
Número de reprodução básico (*R0*), 833-836, 851
Número de reprodução observada (R), 834-836
Nutrição, 74-75
  animais perto de fontes hidrotermais, 698-700
  importância nutricional dos simbiontes intracelulares obrigatórios de insetos, 692
Nutriente, 74-75
  ciclagem, 10
  formação de endósporo, 232
  infecções e doenças, 717
  níveis na natureza, 601
  solo, 608, 611
  transporte, 39-41
Nutriente limitante, quimiostático, 153-154

## O

O citrato de potássio, 732
Obesidade, o papel dos microrganismos intestinais, 205
Observação direta, 797-798
Oceano. *Ver também* Microbiologia de águas profundas
  aberto, 615-622
  acidificação, 647
  DNA, 204
  microbiologia de águas profundas, 622-625
Oceanospirillales, 617, 620-621, 625, 627
*Ochrobactrum*, 481-482, 672-673, 700-701
*Ochromonas*, 551, 553
Ocorrências naturais, anormais, contribuição para emergência de patógenos, 843-844
Octenidina, 176-178
Octopina, 678
OH-Esferoidenona, 384-385
Óleo
  degradação, 665
  tubulações, corrosão por bactérias redutoras de enxofre, 665
Óleos de pinho, 176-178
Oligoelementos, 717. *Ver também* Micronutrientes
Oligonucleotídeo, 319
  síntese, 185
Oligossacarídeo, 675
Oligossacarídeos de lipoquitina, 675
Oligotróficos, 481, 515, 614, 615, 619, 620, 629
Omaso, 684
φ6, 257
*Onchocerca volvulus*, 934
Oncocercose (cegueira dos rios), 934
Oncogene, 678
Onívoros, 682
  seres humanos, 686-691
Oocistos, 663
  *Cryptosporidium*, 930
  *Cyclospora cayetanensis*, 930
*Oomycetes*, 551
OPA (ortofalaldeído), 176-178
Opal, 644
Operador, 238, 239, 329-331
Operador *lac*, 330-331
Óperon, 113, 124-125, 140, 220, 243
  regulons vs., 221
Óperon da maltose, 221
Óperon *lac*, 217, 219, 220
  controle global e, 222, 223
Óperon Lux, 228-229
Óperon *mer* , 645, 646
Óperon *trp*, 238-239
Óperons *pili*, 843-844
Opina, 678, 679
Opitutales, 507
*Opitutus*, 507
Oportunista, 484, 550
Opsonização, 738, 739, 756, 769-772
Oquenona, 384-385
ORF. *Ver* Janela aberta de leitura (ORF)
ORF funcional, 189-190-191
ORF homóloga, 190-191
Organela, 3, 24, 66-67
  endossimbiose, 67, 353
  eucariótica, 544-545
  fotossintética, 544
  genomas, 194-197
  respiratória, 66
  simbiontes e, 196-197
Organelas fermentativas, 66
Organismo biotrófico, 681
Organismo facultativo, 180
Organismo geneticamente modificado (GMO), 336-337, 344. *Ver também* Organismo transgênico
Organismo indicador, 905
Organismo piogênico, 756
Organismo psicrotolerante, 162, 181, 622, 910, 918
Organismo séssil, 159
Organismo transgênico, 336-340, 345
  engenharia genética, 336-340
Organismos acumuladores de fósforo (PAO), 660
Organismos planctônicos, 51, 159, 529, 613
Organização Mundial da Saúde (OMS), 838-839, 848-849, 894-895
Órgão linfoide primário, 734, 752
Órgãos linfoides secundários, 732, 734, 736, 752
Órgãos produtores de luz, peixes, 474
Origem da vida celular, 349-350
Origem de replicação, 116-119, 276, 329-332
*Ornithocercus magnificus*, 550
Ornitina, 497
*Orthohepadnavirus*, 871
Ortofosfato, 660-661
Ortólogos, 206, 207, 213, 359, 377, 579
Ortomixovírus, 258, 865
*Oryza sativa*, 197
*Os Procariotos*, 375
Oscilação, 129, 141
Oscillatoria, 60, 436-438
*Oscillatoria limnetica*, 389
*Oscillatoriales*, 437
*Oscillochloris*, 445, 453
Oseltamivir, 817, 866-867
Osmófilo, 167-168, 181
Osmolaridade, crescimento microbiano e, 167-169
Osmose, atividade de água, 167-169
Osmotaxia, 63
Osteomielite, 493-494, 796, 868
Ostras gigantes, 698-699
*Ostreococcus*, 563, 618-619
*Ostreococcus tauri*, 197, 563
Otite média, 856
Ouro, lixiviação, 651, 652
Oxacilina, 813-814
Oxalacetato, 92-95, 98, 99
Oxalato, 407-408
*Oxalobacter*, 408, 570
*Oxalobacter formigenes*, 407-408
Oxford Nanopore Technologies , 186, 188-189
Oxidação, 79
Oxidação alifática do hidrocarbono, 424
Oxidação anaeróbia de metano, 433
Oxidação de fosfito, 415
Oxidação de guanosina, 692
Oxidação do ferro, ferroso, 396-398
Oxidação do ferro ferroso, 396-398, 639-643
Oxidação do metano anóxico (AMO), 427-429
Oxidação em anel, 427-428
Oxidante de amônia, 454-455
Oxidante dissimilativo de enxofre, 449-452, 477
Oxidantes de acetato, 490
Oxidantes de metal, 642-643
Oxidantes de sulfetos, 641
Óxido de etileno, 176-178
Óxido de ferro, 472
Óxido de trimetilamina (TMAO), 422
Óxido nítrico, 696-697, 756
Óxido nítrico redutase, 412-413
Óxido nitroso, 412
  zonas mínimas de oxigênio, 617
Óxido nitroso redutase, 412-413
Oxidorredutase de hidroxilamina, 398, 399
Óxidos de manganês, 640-641
Oxigenase, 74-75, 424, 425, 431, 656
Oxigênio
  aceptor de elétrons, 410, 424, 458
  acumulação na atmosfera, 350-352
  carência bioquímica de oxigênio, 614, 629, 657-658
  condições de cultura, 169-171
  crescimento e, 168-172
  demanda química de oxigênio (DQO), 614
  endossimbiose, 353
  formas tóxicas, 170-171, 383, 756
  inibição da fixação de nitrogênio, 101, 234-235
  inibição da nitrogenase, 234-235, 438, 672-673
  lagos, 613-614
  macronutrientes, 74-75
  microambientes, 600-601
  morte por fagocitose, 756
  partículas do solo, 600-601
  produção na fotossíntese, 380
  reagente em processos bioquímicos, 410, 411, 424
  redução de quatro elétrons para água, 170-171
  rios, 614
  singleto, 383, 756
  sistema de transporte de elétrons, 91
Oxigênio atômico, 383, 756
5-Oxitetraciclina, 793, 815-816
*N*-3-Oxo-hexanoíl-homosserina-lactona, 228-229
Oxotransferase, 74-75
Ozônio, 176-178, 352, 659

## P

P870, 384-388
PABA (ácido paraminobenzoico), 74-75
Pacific Biosciences SMRT , 186, 188
Padrão molecular associada a patógeno (PAMP), 735, 740, 752, 755-756, 774-776
*Paenibacillus*, 492, 495
*Paenibacillus abekawaensis*, 453
*Paenibacillus larvae*, 495
*Paenibacillus polymyxa*, 495

*Paenibacillus popilliae*, 495, 496
Painel Intergovernamental sobre Mudança do Clima, 517
Países em desenvolvimento, doenças infecciosas, 839-842, 848-849, 906
Palíndromo, 316
Palmitato, 99
Pandemia de gripe A (H1N1) 2009, 840-842, 844-845, 849-850, 866-868
Pandêmico, 828, 829, 851
  atual, 846-849
  cólera, 848-849, 907
  gripe, 849-850, 866-868
  HIV/Aids, 846-849
Pangenoma, 209-211, 213, 366, 367, 377
Panificação, 89
Pântano, 606-607
*Pantoea*, 693
*Papillibacter*, 688
Papilomavírus, 247, 248, 872
Papilomavírus humano (HPV), 745-746, 872, 877-878, 883
Papovavírus, 258
PAPS. *Ver* Fosfoadenosina fosfossulfato (PAPS)
Par especial, 384-386
Parabasalídeos, 357, 545-548
*Parachlamydia*, 507
*Paracoccidioides brasiliensis*, 925, 927
Paracoccidioidomicose, 925, 927
*Paracoccus*, 459-460, 481-482, 484, 637
*Paracoccus denitrificans*, 92, 412-413, 456, 459-460, 569
*Paracoccus pantotrophus*, 396
*Parainfluenza*, 806
Paralisia clonal. *Ver* Anergia clonal
Parálogos, 206, 207, 213, 359, 377
*Paramecium*, 33, 130, 196, 197, 549
*Paramecium tetraaurelia*, 197
Paramixovírus, 258, 863
Parasita, 670
  doenças transmissíveis por alimentos, 913
  intracelular obrigatório, 246, 483, 506-508
Parasita intracelular obrigatório, 246, 483, 506-508. *Ver também* Vírus
Parasita intracelular obrigatório, 483, 506
Parasitismo
  *Agrobacterium* e galha-da-coroa, 678-679
  parasitas simbiontes hereditários, 691-693
  sanguessugas, 699-701
Paratose, 44
Parcimônia, árvore filogenética com base em, 361
Parede celular, 3, 23, 358
  arqueias, 43-47
  bactérias gram-negativas, 40-43, 47
  bactérias gram-positivas, 40-45
  células faltando, 44
  cianobactérias, 437
  diatomáceas, 551
  fungos, 555-557
  *Halobacterium*, 520, 521
  *Nanoarchaeum*, 530
  Oomycetes, 551
  procariótica, 40-47
  síntese, 147-149, 812-814, 817-818
Pares de megabases, 110, 191
Pares de quilobases, 110
Pares redox, 83
Partenogênese, induzida por *Wolbachia*, 483
Partícula de Dane, 871
Partícula de transdução, 303-304
Partícula de transdução defeituosa, 304
Partícula do solo, 600-601, 608-610
Partículas de reconhecimento de sinal (SRP), 137, 138, 236
Partículas semelhantes a vírus (VLP), 745-746
Partilha, água, 387-388
Parvovírus, 258
Parvovírus H-1, 267
Pasteur, Louis, 12-17, 172-173
Pasteurella, 486
*Pasteurellales*, 486
Pasteurização, 15, 172-173, 181, 910, 922
  *flash*, 172-173
  granel, 172-173
  leite, 172-173, 834-836, 861
  vinho, 172-173
Pasteurização em volume, 172-173
Pasteurização por luz, 172-173
PatA, 236
Patogênese, 714-725
Patogenicidade, 714, 729
  evolução, 347
Patógeno, 9, 24, 705, 714, 729
  adesão, 714-717, 720
  associada à assistência médica, 795-797
  atenuado, 714-715
  capacidade de invasão, 714, 718
  coevolução entre hospedeiro e, 830-831
  colonização, 717
  crescimento, 714, 717
  derivado do solo, 886-887, 923, 924
  erradicação, 838-839
  especificidade de tecido, 716, 725-728
  eucariótico, 923-36
  fúngico, 557, 924-925
  hospitalar, 831
  identificação, 797-802. *Ver também* Métodos de diagnóstico
    detecção direta, 797-798
    métodos dependentes de crescimento, 800-802
    testando a suscetibilidade antimicrobiana, 802-803
  invasão, 714, 717
  isolamento a partir de amostras clínicas, 797-806
  linhagens de *Listeria* "matadoras de tumor", 315
  linhagens diferenciadoras, 371-372
  localização no corpo, 718-720
  número de reprodução básica, 833-836, 851
  observação direta, 797-798
  oportunista, 550, 664, 714, 729, 877-880, 883, 935
  resistente a antibióticos, 821-822. *Ver também* Resistência aos antibióticos
  respiratório, 854-855
  simbiontes primário em contraste a, 693
  toxicidade, 720
  transmissíveis por artrópodes, 888-898
  transmissível por animal, 886-889
  transportado via aérea, 854-855
  virulência, 714-715, 717-720
Patógenos associados aos cuidados de saúde, 795-797
Patógenos habitantes do solo, 886-887, 923, 924
Patógenos hospitalares, 831
Patógenos oportunistas, 550, 664, 714, 729, 877-880, 883, 935
Patógenos saprófitas, 845
Patógenoss eucarióticos, 923-936
  infecções fúngicas, 924-927
  infecções parasíticas
    sangue e tecidos, 931-934
    viscerais, 927-930
PAV1, 274
PBP. *Ver* Proteína de ligação à penicilina (PBP)
PCR. *Ver* Reação em cadeia da polimerase (PCR)
PCR de transcrição reversa (RT-PCR), 320, 333, 810-811
  diagnóstico HIV/Aids, 880
  síntese de DNAc a partir de RNAms isolados, 333
PCR em tempo real, quantitativo, 810-811
PCR palindrômico extragênico repetitivo (rep-PCR), 372
PCR quantitativa (qPCR), 320-321
PCR quantitativa em tempo real (qPCR), 810-811
Pé de atleta, 557, 925, 926
Pectina, 686-687
*Pediococcus*, 911
*Pedomicrobium*, 468-469, 471
Pedras nos rins, 605, 691
Pedúnculo, 468-471
Peixe
  órgaos leves, 474
  transgênico, 338
Peixe lanterna, 474
Peixes transgênicos, 338
*Pelagibacter*, 481-483, 615, 619-622
  genoma, 620
*Pelagibacter ubique*, 34, 191, 483, 574
Pele
  barreira aos agentes patogênicos, 725-726
  microambientes, 707
  microbioma fúngico humano, 705
  microbiota normal, 706-708
*Pelobacter*, 449, 456-457, 490, 570
*Pelobacter acetylenicus*, 402-403
*Pelobacter acidigallici*, 402-403
*Pelobacter carbinolicus*, 457
*Pelobacter massiliensis*, 402-403
*Pelochromatium roseum*, 444, 671
*Pelochromatium selenoides*, 671
*Pelodictyon phaeoclathratiforme*, 671
*Pelotomaculum*, 408-409
Penetração, vírus, 249, 251-252
Penicilina, 43, 47, 145, 146, 358, 812-814, 819-821, 826, 857-858, 862, 892, 899-900
  estrutura, 813-814
  inibição da transpeptidação, 149
  modo de ação, 813-814
  naturais, 813-814
  resistência, 820
  semi-sintética, 813-815, 819, 821
  terapia contra sífilis, 874-875
  tipos, 813-814
Penicilina benzatina g, 872, 875
Penicilina G, 813-814, 875
Penicilina natural, 813-814
Penicilina semi-sintética, 813-815, 819, 821
Penicilinase, 820, 821
*Penicillium*, 167-168, 823, 910
*Penicillium chrysogenum*, 813-814
Pentapeptídeo, 148, 149
Pentose, 98
  metabolismo, 97
PEP. *Ver* Fosfoenolpiruvato (PEP)
Peptídeo antibiótico, 127
Peptídeo conector, parede celular, 43
Peptídeo PatS, 235, 236, 241
Peptideoglicano, 40-44, 71, 97, 127, 437, 508, 509, 696-697, 755
  estrutura, 43
  química, 40-43
  síntese, 145, 148-149
Peptídeo-líder, 238, 239
*Peptococcus*, 492, 707, 710
*Peptostreptococcus*, 492, 707, 710
Pequenas proteínas de esporos solúveis em ácido (SASPs), 54, 55, 172-173
Pequenos RNAs (sRNAs), 137, 236-237
  tipos, 237
Pequenos RNAs de interferência (RNAsis), 285-286
Perda de genes, 435
Perfil do solo, 608
Perforina, 736, 760-762
Perfuração em plataformas, Deepwater Horizon
  catástrofe, 616-617, 655
Peridotito, 626
Período agudo, 830
Período Antropoceno, 646-647
Período de convalescença, 830
Período de declínio, 830
Período de incubação, 829-830
Periodontite, 691
Periplasma, 40-41, 45, 71, 465-466
  *Ignicoccus*, 536
Peritonite, 796
Permafrost, emissões de carbono e fusão, 517
Permeabilidade, 37, 39
  seletiva, 35
Permutação circular, DNA, 252, 253
Peroxidase, 74-75, 170-172, 578, 807
Peróxido de hidrogênio, 54, 170-172, 176-178, 754, 756
Perquenos animálculos, 13
Peso a seco, 157-160
Peste, 834-836, 838-842, 844-845, 896-898, 901
  bubônica, 19, 896-898
  incidência nos Estados Unidos, 897-898
  pneumônica, 896-898
  septicêmica, 896-97
  silvestre, 896-898
Peste bubônica, 19, 896-898
Peste Negra, 19. *Ver também* Peste
Peste pneumônica, 896-898
Peste septicêmica, 896-898
Peste silvestre, 896-898
Pesticida, 645
  biodegradação, 656
  catabolismo, 655-656
Petri, Richard, 17
Petróleo. *Ver também* Hidrocarbonetos; Óleo
  biorremediação, 654-655
  tubulações, corrosão por bactérias redutoras de sulfetos, 665
*Pfiesteria*, 550

*Pfiesteria piscicida*, 550
Pfu-polimerase, 320
pH, 181
diversidade de aeróbios ferro-oxidantes, 457-458
efeito sobre o crescimento, 165-166
esterilização por calor e ácido, 172-173
intracelular, 166
oceano, 647
próximo ao neutro, 165
*Phaeospirillum fulvum*, 442
*Phaeospirillum molischianum*, 382
PHB. *Ver* Poli-β-hidroxibutirato; Ácido Poli-β-hidroxibutírico
*Phialophora verrucosa*, 925, 926
*Photobacterium*, 2, 371, 486, 489
*Photobacterium iliopiscarium*, 371
*Photobacterium kishitanii*, 371
*Photobacterium phosphoreum*, 371, 474
*Photoblepharon palpebratus*, 474
*Photorhabdus*, 474
*Phyllobacterium*, 481-482, 672-673
*Physarum*, 553-554
*Phytophthora*, 910
*Phytophthora infestans*, 551
PI. *Ver* Inibidor da protease
Picoplâncton, 529
Picornavírus, 258, 865
*Picrophilus*, 518, 525, 526
*Picrophilus oshimae*, 165, 166
Pielonefrite, 727-728
Piezófilos, 622-624, 629
extremo, 622-623, 629
Piezófilos extremos, 622-623, 629
Piezotolerância, 622, 629
Pigmentação, micobactérias, 501-502
Pigmento acessório, 386
carotenoides, 383
ficobilina, 383-384
Pigmentos coletores de luz (antenas), 381, 382, 431
Pigmentos de antena, 381, 382, 431
*Pili*, 47-49, 71, 277, 278, 456, 716-717
conjugação, 305-307
sexo, 305-306
tipo IV, 49
*Pili* F, 305-306
*Pilus* sexual, 305-306
Pinça, *laser*, 573, 574, 595
Pinças a *laser*, 573, 574, 595
Pinheiro de Monterey, 681
Pinta, 465-466
*Pinus*, 679-680
*Pinus contorta*, 680
*Pinus radiata*, 681
*Pinus rigida*, 680
*Pirellula*, 468-469
Pirelulossomo, 508
Piridoxal, 74-75
Piridoxina, 712
Pirimidina, 76, 108, 140, 402-403
fermentação, 88-89
síntese, 99
Pirita, 638, 639, 650, 652, 668
oxidação, 652
ciclo de propagação, 652
iniciador de reação, 652
Pirógeno, endógeno, 725, 740
Pirógeno endógeno, 725, 740
Pirossequenciamento, 186-188, 454
Pirrolisina, 130
estrutura, 128
Pirrotite, 651
Piruvato, 86, 88, 98, 402-407, 446-448, 523, 524, 529
ciclo do ácido cítrico, 92-93, 95
doador de elétrons, 412-413, 423
metabolismo, 425
oxidação, 66
redução, 86-88
Piruvato-carboxilase, 95
Piruvato-cinase, 87
Piruvato-descarboxilase, 87
Piscinas, doenças transmissíveis pela água, de 904-905
Pistola de partículas, 337
Placa, 250
*Bdellovibrio*, 464
dentária, 514, 605, 718, 727-729
viral, 263
Placa de ágar-sangue, 720-722
Placa de microtitulação, 802, 803, 805, 807
Placa de Petri, 17
Placa dentária, 514, 605, 718, 727-729
*Planctomyces*, 507-509
*Planctomyces maris*, 509
Planctomycetes, 357, 399, 434, 480, 508-509, 610, 611, 615, 620-621, 625, 627
compartimentalização, 508
principais ordens, 507
Plano de divisão celular, 145
Planococcaceae, 685
Planta transgênica, 336-338, 679
Plantas, 357
Plasma, 732, 752
Plasmídeo, 3, 4, 113-115, 140, 189, 302
conjugativo, 299, 305-307
fatores de virulência, 843-844
halófilos extremos, 520
mitocondrial, 195
número de cópias, 113-114, 326-327
pUC19, 326-327
R, 113-114, 489, 720, 819-820
R100, 113-114
replicação, 113-114, 326-327
resistência. *Ver* Plasmídeo R
resistência a metal, 645
Ti, 336-337, 345, 678-679, 704
tipos, 113-115
vacinas de DNA, 745-746
vetor de clonagem, 326-327
virulência, 113-115
virulência em *Salmonella*, 720
Plasmídeo conjugativo, 299, 305-307
Plasmídeo D-Ti, 336-337
Plasmídeo F, 305-308, 331-332
integração, 307-308
mapa genético, 305-306
transferência gênica cromossômicos para, 305-306, 308
Plasmídeo R, 113-114, 489, 720, 819-820
mecanismo de resistência mediado por, 819
origem, 819-820
R100, 113-114
Plasmídeo-Ri, 678, 679
Plasmídeo-Ti, 336-337, 345, 678-679, 704
Plasmodesmata, 284-286
Plasmódios (bolores limosos), 553-554
*Plasmodium*, 197, 198, 550, 553-554, 727-728, 830, 833, 927-928, 931-932
*Plasmodium falciparum*, 197, 551, 931, 932
*Plasmodium malariae*, 931
*Plasmodium ovale*, 931, 932
*Plasmodium vivax*, 931, 932
Plástico microbiano, 656, 657, 668
Plásticos, 176-178
biodegradação, 656-657
microbiano, 656, 657, 668
sintético, 656, 657
Plásticos sintéticos, biodegradação, 656, 657
Plastídeos, 357
Plastocianina, 74-75, 387-388
Platelmintos, 700-701
Platensimicina, 812, 815-816, 823
*Pleurocapsa*, 436
Pleurocapsales, 436, 437
Plotagem semilogarítmica, 149-150
*Pneumocystis jiroveci*, 877-879, 925
Pneumonia, 276, 493-494, 795-796, 796, 841, 868, 907-908
*Legionella*, 664
nosocomial, 904-905
pneumocócica, 744, 745, 882
*pneumocystis*, 925
*Pneumocystis jiroveci*, 877-878
vacina, 745
Pneumonia por *Pneumocystis*, 925
Podridão mole, 485, 489
Podridão parda, 555-556
Poeira, transportada por via aérea, 854
*Polaribacter*, 504, 506
*Polaromonas*, 161
*Polaromonas vacuolata*, 160
Poli-β hidroxialcanoato, 49, 50, 358, 601
Poli-β-hidroxibutirato, 71, 85, 657
Poli-β-hidroxivalerato, 657
Polieno, 504, 812, 817-818
Poliestireno, 657
Polietileno, 657
Polifosfato, 49, 50, 601
Poligenia, 780, 792
Poli-hidroxialcanoato, 85, 656-657, 660, 661
Polimerase Vent. *Ver* Polimerase Pfu
Polimerases de ácido nucleico, 74-75
Polímero, purificação de água, 661-662
Polímero de alume, 661-662
Polímero de armazenamento, 85-86, 601
Polímero de cloro, 661-662
Polímero de reserva. *Ver* Polímero de armazenamento
Polímeros de armazenamento de carbono, 49
Polimixina, 489, 495, 812
Polimorfismo, 759, 780, 792, 811-812
Polimorfismo de tamanho do fragmento terminal de restrição (T-RFLP), 580, 581
Polinucleotídeo, 108, 140
Pólio, 742-743, 837-839, 841
número básico de reprodução, 833
Poliomavírus, 276
Poliomielite, 836, 837, 839
Poliovírus, 247, 259, 265, 267, 278, 279, 920
estrutura, 278
replicação, 278, 279
Polioxina, 812, 817-818
Polipeptídeo, 109, 127, 130, 132-137, 140
estrutura terciária, 136
Polipropileno, 657
Poliproteína, 278, 284, 289
formação, 265
Polissacarídeo, 97, 601, 602-604
fermentação, 87-88
*O*-específico, 44, 724
síntese, 97
Polissomo, 133-135
Poliuretano, 657
Poluentes
biorremediação de inorgânicos, 653-654
biorremediação de orgânicos, 654-657
contaminantes de preocupação emergente, 661
Poluentes inorgânicos, biorremediação, 653-654
Poluentes orgânicos, biorremediação, 654-657
*Polysiphonia*, 563
Ponte dissulfeto, 136
Pontes salinas, 539
Pontos ativos (*hot spots*) de mutações, 297
Pontos isoelétricos, 201
População, 6-7, 598, 599, 629
deriva genética, 363-364, 367, 377
epidemiologia, 828
eventos "gargalo", 363
*Populus trichocarpa*, 197
Porfirina, 90
Porifera, 700-701
Porina, 45-46, 623
específica, 45
inespecífica, 45
Poro nuclear, 64, 65
Poros, membrana nuclear, 64, 65
*Porphyra*, 562
*Porphyromonas*, 505
Portador, 40
Portadores de um carbono, metanogênese, 417-419
Posaconazol, 817-818
Postulados de Koch, 16-20, 24
Potássio, 37
exigência de células, 74-75
soluto compatível, 521
Potássio 2,3-difosfoglicerato cíclico, 539
Potássio di-mio-inositol-fosfato, 539
Potencial de redução, 83-84, 104
Potencial eletroquímico, 91
Poxvírus, 248, 258, 269, 274-275
PpGpp, 223
Prasinophyceal, 618
Precauções universais, 872
Precipitação para evapotranspiração potencial (P/PET), 609
Predadores citoplasmáticos, 463
Predadores periplasmáticos, 463
Predadores sociais, 463
Presunto, 914
Preto fumante, 527, 535-538, 625-627
Prevalência da doença, 829, 851
*Prevotella*, 504, 505, 688-689, 707, 710
*Prevotella ruminicola*, 685-686
Primaquina, 932
Primase, 116-119, 140
Primossomo, 118, 119
Príon, 285-287, 289
doenças transmissíveis por alimentos, 920
não mamíferos, 287
Príons bovinos, 837
Probiótico, 711, 712, 729
Procapsídeo, 254

Procarioto, 24
análise por filochips, 582
cromossomo, 4, 112, 113, 301
diversidade
hidrotermal, 627-628
marinho, 620-622
sedimento marinho, 623-624
solo, 609-611
diversidade de procariotos em lagos de água doce, 614-615
DNA, 4
em fontes hidrotermais, 626-627
estrutura celular, 3
expressão gênica, 225-226, 236
extremofílico, 8, 9
genética, 109
hospedeiro de clonagem, 328-329
intercâmbio genético, 291
morfologia, 31-33
motilidade, 56-63
parede celular, 40-47
planctônicos, 51
proteína determinante da forma celular, 147-148
ribossomos, 133-135
RNAm, 124
tamanho da célula, 33-35
transferência gênica (troca de material genético), 299-311
vetor de expressão, 331-332
vírus, 261. *Ver também* Bacteriófago
Procedimento didesoxi de Sanger, 184-186
Processamento de RNA, 126-127, 140
Processo de Haber-Bosch, 647
Processo de lamas ativadas, 659, 660
Processo de liberação de energia. *Ver* Reações catabólicas (catabolismo)
*Prochlorococcus*, 436-438, 440, 585, 592, 617-618, 620-621
*Prochlorococcus marinus*, 185
*Prochloron*, 436, 438
Proclorofita, 436, 438, 477, 617-618, 629
Proctita, 875-876
Procura de genes, ambiente, 340-342
Procura por gene-alvo, 341-342
Prodigiosina, 488
Produção de fitoplâncton, 646-647
Produção secundária, 620
Produto, 81
Produto de armazenamento de nitrogênio, 438
Produtor primário, 605, 613, 617-618, 629
autotrófico, 79
Produtos da fermentação, 87, 89, 401-408, 486-487, 491, 496, 497
Produtos de carne, 911
Produtos fermentados, 403-404, 491, 492
Produtos lácteos, 11
fermentados, 911
Prófago, 255, 263
Programa de vigilância de agentes selecionados (Select Agent Program surveillance), 838-839, 846-847
Programa Integrado de Perfuração Oceânica, 612-613
Projeto microbioma humano (HMP), 686-687
Prolina
código genético, 129
estrutura, 128
fermentação, 406
síntese, 98
soluto compatível, 168-169
Promotor, 121, 122, 140, 216, 221, 224, 238-331, 334
caixa Pribnow, 122, 123
de arqueias, 125
eucariótico, 125
forte, 122, 329-331
região 35, 122, 123
vetor de expressão, 329-331
Promotor do óperon *lac*, 329-330
Promotor do óperon *trp*, 329-330
Promotor forte, 122
Promotor *tac*, 329-330, 334
Promotor *trc*, 329-331
Propenso a erros, reparo, 298-299
Properdina (fator P), 771
Propionato, 406-407, 911
fermentação, 636
produção no rúmen, 684-686
produto de fermentação, 402-403, 500, 635
*Propionibacteria*, 707
Propionibacterium, 402-403, 406, 407, 492, 500, 707, 711, 911
*Propionigenium*, 407, 408, 417, 500, 570
*Propionigenium modestum*, 407
Propionil-CoA, 401, 406, 407
Propriedades emergentes, 204
Prosteca, 468-471, 477, 509-510
*Prosthecobacter*, 471, 507, 509-510
*Prosthecomicrobium*, 471
Protease, 230, 231, 233, 241, 718, 754
codificados por vírus, 278
poliovírus, 278
retrovírus, 260
Protease codificada por vírus, 278
Protease do HVI, 823, 880
Proteassomo, 760
Proteína, 4, 6, 140
alostérica, 220, 243
catalítico, 127
degradação e assimilação, arqueias marinhas de sedimentos profundos, 597
desnaturação, 137, 539
dobramento incorreto do príon, 285-286
engenharia genética, 335-337
estrutura, 127-128
estrutura primária, 128
estrutura quaternária, 136, 140
estrutura secundária, 136
estrutura terciária, 136, 141
estrutural, 127
fluorescente, 576-577, 595
hipertermófilos, 539-540
hipotético, 190-191, 193, 197
inibidores de síntese, 813
ligações de hidrogênio, 136
metaproteômica, 586-587
motilidade, 60
príon, 285-287
reguladora, 217-218, 221, 222, 224, 233, 236
secretora, 137-138
síntese, 3, 127-138, 812. *Ver também* Tradução
papel de RNA ribossomal, 133-135
passos, 133-134
sistema de exportação de proteína TAT, 137, 138
viral, 267-268
Proteína A, 270, 271
Proteína A*, 270
Proteína ActA, 918-919
Proteína alostérica, 220, 243
Proteína ativadora, 220-221, 243
fixação de nitrogênio, 234-235
Proteína ativadora de maltose, 220, 221
Proteína B7, 786-788
Proteína carreadora acil (ACP), 99-100
Proteína CD28, 786-788
Proteína CD40, 788, 789
Proteína CD66, 716
Proteína ciii, 256, 257
Proteína cl, 256-57
Proteína cll, 256, 257
Proteína corrinoide, 420
Proteína cristalina, 495-496
Proteína CXCR4, 725-726
Proteína da nucleocapsídeo, rabdovírus, 279-280
Proteína de choque térmico (HSP), 137, 230-231, 243, 545-546, 775-776
Proteína de ferro-enxofre, 74-75, 90, 384-385, 386-387
não heme, 90
Proteína de fusão, 325, 345
Proteína de fusão, 334-336, 342-343
Proteína de ligação a LPS (LBP), 776
Proteína de ligação à maltose, 334
Proteína de ligação à penicilina (PBP), 145, 149, 813-814
Proteína de ligação a TATA, 125
Proteína de ligação ao DNA, 220, 221, 302, 539, 540
estrutura, 218
interação com os ácidos nucleicos, 217-218
Proteína de ligação de fita simples simples, 116-119, 300, 679
Proteína de ligação periplasmática, 40-41
Proteína de lise, fago MS2, 277, 278
Proteína de membrana
integral, 36, 37
periférica, 36
proteína de transporte, 38-41
Proteína de revestimento, 270
fago MS2, 277, 278
Proteína de secreção, 137-138
sistemas de secreção dos tipos I-VI, 138
Proteína de transporte
aquaporinas, 37
eventos de transporte e transportadores, 39-40
necessidade, 38
síntese regulada, 39
Proteína DnaK, 231, 241
Proteína do envelope, rabdovírus, 279-280
Proteína do gene A, 270, 271
Proteína do receptor AMP cíclico (PCR), 221, 223
Proteína F, 717
Proteína fluorescente, 576-577, 595
Proteína FMO, 383, 384
Proteína FNR (regulador de fumarato nitrito), 226
Proteína Hfq, 237
Proteína HPr, 40
Proteína Ii, 760-762
Proteína integral da membrana, 36, 37
Proteína LapA, 604
Proteína LexA, 298-299
Proteína LuxR, 474
Proteína M, 717, 756, 856-857
Proteína MreB, 147-148
Proteína MyD88, 776
Proteína NrpR, 224
Proteína NtrC, 234-235
Proteína OmpC, 225-226
Proteína OmpF, 225-226
Proteína OmpH, 623
Proteína OmpR, 225-226, 342-343
Proteína *Opa*, 716
Proteína periférica de membrana, 36
Proteína periplasmática, 35
Proteína Pho2, 325
Proteína precoce, 263
bacteriófago T4, 253, 254
vírus, 267-268
Proteína quimioatrativa de macrófagos – 1 (MCP-1), 789, 790
Proteína quimiotática aceptora de metil (MCP), 203, 227-229
Proteína RecA, 298-300
Proteína reguladora, 217-218, 221, 222, 224, 233, 236
Proteína reguladora de fumarato nitrito (FNR), 226
Proteína reguladora de resposta, 225-227, 243
Proteína reguladora InvJ, 720
Proteína repressora, 220, 221, 243, 255
em arqueias, 224
Proteína Rho, 123
Proteína SecA, 137, 138
Proteína SurR, 224
Proteína terminal, 275-276
Proteína tirosina-cinase (PTK), 776, 778
Proteína transmembrana, 45
Proteína Tus, 117-118, 120
Proteína verde fluorescente (GFP), 216, 217, 243, 325, 344
como marcador celular, 576-577
Proteína verde fluorescente como marcador celular, 576-577
Proteína VPg, 278, 279
Proteínas Cas, 312
Proteínas chaperonas, 760
Proteínas Che, 227-229
Proteínas de aderência, 716
Proteínas de choque frio, 163, 232
Proteínas de fase aguda, 774
Proteínas de ferro não heme, 90
Proteínas de ligação, 45
Proteínas de mamíferos, engenharia genética, 335-337
Proteínas do complemento, 738
Proteínas do MHC. *Ver* Proteínas do complexo principal de histocompatibilidade p (MHC)
Proteínas Fli, 57, 58
Proteínas Fts, 144-148
Proteínas Gvp, 52
Proteínas hipotéticas, 190-191, 193, 197
Proteínas homodiméricas, 217
Proteínas intermediárias, 263
bacteriófago T4, 253, 254
Proteínas ligadoras de antígeno
estrutura e evolução, 777
proteínas TCR, 784
Proteínas Mer, 645-646
Proteínas Min, 145
Proteínas Mot, 57-59
Proteínas Nod, 675-676
Proteínas PII, 226
Proteínas tardias, 263
bacteriófago T4, 253, 254
vírus, 267, 268

Proteínas virais específicas, 248
Proteobacteria, 7, 357-359, 435, 453, 480-491, 515, 610, 611, 615, 624, 685, 695, 707, 709, 710, 848-849
bactérias anaeróbias ferro-oxidantes, 458
bactérias de ácido acético, 462-463
bactérias desnitrificantes, 412-413
bactérias entéricas, 486-488
bactérias nitrificantes, 455, 456
bactérias oxidantes de enxofre, 450-451
bactérias oxidantes de hidrogênio, 459-460
bactérias predadoras, 462-463
bactérias púrpuras não sulfurosas, 442
bactérias púrpuras sulfurosas, 440-442
gêneros notáveis, 481-482
gêneros-chave, 481
genoma, 196
grupo α, 196, 207, 353, 434, 442, 443, 453, 455, 456, 458-463, 468-469, 473, 480-484, 585, 610, 615, 619-621, 625, 627-628, 672-673, 700-701
grupo β, 196, 434, 442, 443, 450, 453, 455, 457, 459-460, 472, 480, 481, 484-485, 585, 610, 615, 620-621, 625, 627, 661, 672, 672-673, 692, 694, 700-701, 707
principais ordens, 484
grupo Δ, 409, 423, 434, 449, 453, 455, 456, 458, 463, 464, 473, 480, 481, 489, 490, 610, 615, 620-621, 625, 627, 627-628
principais ordens, 490
grupo γ, 196, 434, 440, 449-451, 455, 457-461, 463, 473, 480, 481, 486-489, 585, 592, 610, 611, 615, 617, 620-621, 625, 627-628, 688, 692, 694, 700-701
Enterobacteriales, 486-488, 610
principais ordens, 486
Pseudomonadales, 486, 488-489, 610, 620-621, 625
Vibrionales, 486, 489, 620-621, 625
grupo ξ, 434, 449, 463, 480, 481, 489-491, 610, 611, 615, 620-621, 625, 627-628, 917
características dos gêneros-chave, 490
principais ordens, 490
grupo ζ, 434, 458, 489
metanotróficos e metilotróficos, 459-462
microbioma humano, 688-690
neutrófilos aeróbios ferro-oxidantes, 457-458
no oceano, metagenômica de, 204, 206
principais ordens, 481
redução dissimilativa de ferro, 456
Proteoma, 195, 201, 203, 213
mitocondrial, 195
Proteômica, 22, 201-202, 205, 213
comparativa, 202
Proteômica estrutural, 202
Proteorrodopsina, 522, 585, 620, 622, 629
*Proteus*, 486-488, 707, 710, 712, 727-728, 905, 910
*Proteus mirabilis*, 488, 691, 713-714
*Proteus vulgaris*, 317, 488
Protistas, 3, 545-546, 547-555, 566
alveolados, 544-546, 549-551
amoebozoários, 545-546, 553-555
cercozoários, 545-546, 552-553
diplomonadídeos, 357, 545-547
doenças infecciosas, 838-839
doenças transmissíveis por alimentos, 912, 920, 930
estramenópilos, 544-546, 551-552
euglenozoários, 545-546, 548-549
infecções parasitárias viscerais, 927-930
parabasalídeos, 545-548
radiolários, 552-554
rúmen, 686-687
sistemas de distribuição de água como reservatórios, 664
Protoplastos, 497
Prototrófica, 293
Protozoários. *Ver* Protistas
Provírus, 260, 261, 263, 283
$PrP^{C}$, 285-287
$PrP^{Sc}$, 285-287
Pruno, 903
*Pseudanabaena*, 436
*Pseudoalteromonas*, 486
*Pseudobutyrivibrio*, 685
Pseudomembrana, 857-859
Pseudomonadales, 486, 488-489, 610, 620-621, 625
Pseudomonadídeos, 404, 488-489, 515
*Pseudomonas*, 49, 95, 115, 167-168, 303, 404, 429, 459-460, 481, 486, 488-489, 570, 637, 664, 707, 799-800, 802, 910
características, 489
patogênica, 489
*Pseudomonas aeruginosa*, 28, 30, 77, 159, 230, 336-337, 489, 602-604, 664, 719, 721-722, 799-800, 820, 904-905
genoma, 184-185
resistência antimicrobiana, 821
*Pseudomonas fluorescens*, 489, 570, 603, 604
*Pseudomonas marginalis*, 489
*Pseudomonas mendocina*, 449
*Pseudomonas putida*, 489
*Pseudomonas stutzeri*, 412-413, 489
*Pseudomonas syringae*, 489
Pseudomureína, 45-47
Pseudonocardia, 693
*Pseudoplasmodium*, 555
Pseudópodes, 552-554
Pseudouridina, 131
Psicrófilo, 1, 9, 160, 162, 181, 622
adaptações moleculares, 162-63
Psitacose, 508, 749-750, 838-839, 844-845
Psoríase, 691
*Psychroflexus*, 504, 506
*Psychromonas*, 162
Pulga do rato, 896
PulseNet, 913
*Puniceispirillum*, 615
Purificação de água, 836, 906, 928-929
Purina, 76, 108, 140
fermentação, 88-89, 402-403, 496
síntese, 98-99
Puromicina, 309, 812
Pus, 756, 855, 856
Putrefação, 14, 15, 405, 497
Putrescina, 402-403, 406, 497, 539
*PvuI*, 317
*Pyrobaculum*, 456, 532-534
*Pyrobaculum aerophilum*, 535-536
*Pyrococcus*, 209, 518, 526, 532-533
vírus, 274
*Pyrococcus abyssi*, 274
*Pyrococcus furiosus*, 224, 320, 411, 422, 423, 527
*Pyrococcus horikoshii*, 185
*Pyrodictium*, 449, 518, 532-536, 627
*Pyrodictium abyssi*, 539
*Pyrodictium occultum*, 536, 538, 540, 541
*Pyrolobus*, 358, 532-536, 627
*Pyrolobus fumarii*, 160, 534-536, 538
*Pythium*, 551


## Q


Qualidade da água, 905-906
Qualidade da água, potável, 605
Quarentena, 837-839, 851
Quebra de DNA, 112
Quebra organomercúrica, 645
Queijo, 11, 911
Queijo suíço, 406, 500
Quilobases, 110
Quilojoule, 80
Quimera, como célula eucariótica, 353
Química combinatória, 823, 824
Quimiocina, 732, 740, 751, 763-764, 789, 790
produzido por macrófagos, 790
Quimiolitotrofia, 21, 23, 79, 358, 392-400, 518
análise metatranscriptômica de genes expressos, 586
energética, 392-394
limites máximos de temperatura para produção de energia metabolismo, 540
Quimiolitotrófico, 21, 79, 96, 104, 392-393, 431, 454, 477, 481, 599-600, 616
bactéria oxidante de enxofre, 449-452, 639
bactéria oxidante de hidrogênio, 394, 458-460
bactérias nitrificantes, 454-456
em subsuperfície profunda, 612
facultativa, 394, 449, 459-460, 485
fontes hidrotermais, 627, 696-699
obrigatório, 449, 458
oxidantes de amônia, 619
Quimiolitotróficos obrigatórios, 449, 458
Quimiorganotrófico, 79, 96, 104, 392-393, 415-416, 484, 485, 606-607, 622
arqueias, 518, 530
desnitrificantes, 456
limite superior de temperatura para o crescimento, 540, 541
Quimiorreceptor, 45, 61, 62
Quimiostático, 152-155, 180
concentração de nutriente limitante, 153-154
densidade de células, 153-154
taxa de diluição, 153-154
usos experimentais, 153-155
Quimiotaxia (*che*) gênica, 193
Quimiotaxia, 61-63, 71, 226-229
mecanismo, 227
proteínas, 202, 203
técnica capilar para estudar, 62
Quimiotróficas, 79
Quimolitotrófico facultativo, 394, 449, 459-460, 485
Quinacrina, 928-929
Quinolonas, 811-813, 820, 826
Quinona, 89-92, 384-389, 394, 426
$^{15}N$ como detector, fixação do nitrogênio, 102
Quitina, 506, 557, 566, 817-818
Quitinase, 341-342
Quitridiomicose, 559
*Quorum sensing*, 228-230, 243, 302, 474, 475, 603, 604, 696-697
fatores de virulência, 228-230
formação de biofilme, 230
mecanismo, 228-229


## R


$R_0$ (número básico de reprodução), 833-836
Rabdovírus, 258, 279-280, 886-887
Racemase, 127
*Rad*, 174-175
Radiação
esterilização, 173-175
mutagênese, 297-299
Radiação eletromagnética, 173-174
Radiação ionizante
esterilização, 173-175
fontes, 174-175
mutagênese, 297-299
Radiação ultravioleta, 512
desinfecção, 663
esterilização, 173-174
mutagênese, 297-299
Radicais livres, 298-299
Radical hidreto, 173-174
Radical hidroxila , 170-171, 173-174, 298-299, 756
Radiografia de tórax, tuberculose, 859-860
Radiolários, 552-554
Radionuclídeos, terapêutico, 315
Raios cósmicos, 298-299
Raios gama, 298-299
esterilização, 173-175
Raios X
esterilização, 173-175
mutagênese, 297-299
Raiva, 15, 275, 279, 725-726, 838-842, 886-887, 901
diagnóstico, tratamento e prevenção, 887
morcegos vampiros e, 885
mortes, 885
sintomas e patologia, 886-887
Raiz
comunidade microbiana, 602
lateral, 675
Raiz capilar, 673-675
Raízes laterais 675,
*Ralstonia*, 459-460, 481, 484
*Ralstonia eutropha*, 394, 459-460, 657
Raltegravir, 880
Ramo de Patógenos Especiais dos Centers for Disease Control and Prevention, 888-889
Rastro limoso, 464, 465, 555
Rato-do-mato, 888-889
RBS, *Ver* Sítio de ligação ao ribossomo
Reação à tuberculina, 737, 748
Reação antígeno-anticorpo, 769, 770, 804
Reação cruzada entre antígenos, 758
Reação de aglutinação, 805
Reação de polimerização, 146
Reação de Stickland, 405, 431, 497
Reação de transferase de peptídeo, 135

Reação em cadeia da polimerase (PCR), 164-165, 187, 319-321, 345
alta temperatura, 320
amplificação dos genes para RNAr, 359, 360, 579, 580
aplicações, 320-321
diagnóstico clínico, 810-812
PCR de transcrição reversa (RT-PCR), 320, 333, 810-811, 880
PCR quantitativo em tempo real (qPCR), 810-811
qualitativa, 810-812
testes e análises, 810-811
iniciador oligonucleotídico, 319, 372
métodos de análise comunitários, 579-582
mutagênese sítio-dirigida, 323-325, 331-332, 335-336, 345
palindrômico repetitivo extragênico (rep-PCR), 372
polimorfismo do tamanho de fragmento amplificado (AFLP), 372
quantitativa (qPCR), 320-321
sensibilidade, 320
Taq-polimerase, 512
Reação endergônica, 80-82, 104
Reação exergônica, 80-82, 104
Reação química
de formação, 80-82
endergônica, 80-82
energia livre, 80
exergônica, 80-82
Reação redox, 82-84
da glicólise, 86-87
equilibrada internamente, 82, 87
Reações anabólicas (anabolismo), 84, 96-100, 104
Reações catabólicas (catabolismo), 82, 104
Reações de oxidação-redução, 82-84, 87
Reações falso-negativas, 797-798
Reagente de terminação de cadeia, 186
Rearranjo, 782-783, 849, 850, 853, 866, 868
Rearranjo gênico, 767-769
gene da imunoglobulina, 782
Rearranjos somáticas, 782
Rebanho, imunidade, 744-746, 831, 851
necessárias para impedir a propagação da infecção, 833-836
Receptor
células B, 735-737, 751
vírus, 251
Receptor de célula B (BCR), 735-737, 751
Receptor de células T (TCR), 735-737, 750, 752, 756-759, 761-763, 777
diversidade, 767, 784-785
domínio constante, 759, 777, 784
domínio variável, 759, 777, 784
estrutura, 759, 784, 785
genética, 784-785
ligação ao antígeno, 759, 784
Receptor de quimiocina CXCR4, 877-878
Receptor de reconhecimento de padrões (PRR), 735, 740, 752, 755-756, 774-776
Receptor terminal de elétrons, 84, 86, 410
Receptores C3 (C3R), 739
Receptores *Fc*, 738, 739
Receptores NOD-like (NLRs), 775-776
pirina 3 (NLRP3), 775-776
Receptores semelhantes ao Toll (TLRs), 755, 772, 774-776
Receptores Toll, 755, 775-776
Recife de coral, 563, 647
ecossistemas, 700-702
Recombinação, 209, 292, 300-301, 314, 363, 377
detecção, 301
eventos moleculares, 300-301
homóloga, 300-301, 303, 308, 363
na transdução, 303, 304
na transformação, 302
não homóloga, 363, 367
rearranjo somático, 782
Recombinação genética. *Ver* Recombinação
Recombinação homóloga, 300-301, 303, 308, 363
Recombinação não homóloga, 363, 367
Recombinação somática, 767
Recuperação de metal, 651
Recuperação mineral, 650-652
Rede Nacional de Segurança em Saúde (NHSN), 838-839
Redução. *Ver* Reação redox
Redução assimilativa, 411
Redução de enxofre, 415
células primitivas, 350
Redução de nitrato, 411-413
assimilativo, 411
dissimilativo, 412-413
Redução de prótons, 411, 422-423
Redução de sulfato, 395, 638-639
assimilação, 412-414
bioquímica, 414-415
dissimilativa, 412-414
energética, 414-415
genes utilizados para avaliar, 579
medição na natureza, 571, 587
Redução dissimilativa, 411
Redução dissimilativa de nitrato para amônia (DRNA), 588, 637
Redução dissimilativa de sulfato, 447-448, 477
Redução em anel, 427-428
Redutor dissimilativo de enxofre, 448-449, 477
Redutores de sulfato oxidantes de ácidos graxos, 570
Refrigeração, 162
Região, 35, 122, 123
Região alça-D, 195
Região do espaçador interno transcrito (ITS), 580, 582
Região heterodúplex, 301, 313
Região operadora, 220
Região tra, 305-306
Regiões determinantes de complementaridade (CDR), 781, 782, 791
Regulação, 215-244
alça de retroalimentação, 225-226
baseado no RNA, 236-39
enzimas e outras proteínas, 240-241
fusão de genes para estudar, 325
modelo de desenvolvimento em bactérias, 232-236
negativa, 234-235
principais modos, 216-217
*quorum sensing*, 228-230, 243, 302, 474, 475, 603, 604, 696-697
transcricional, 216-224, 325
transdução de sinal, 225-232, 243, 775-776
visão geral, 216-217
Regulação da transcrição, 216-224, 325
negativa, 219-220
positiva, 220-222
Regulação de porina, 225-226
Regulação metabólica. *Ver* Regulação
Regulação negativa, 234-235
Regulação positiva, 234-235
Regulação pós-traducional, 241
Regulador de nitrogênio I (NRI), 225-226
Regulador de nitrogênio II (NRII), 226
Regulador GcrA, 233-235
Regulon, 221-222, 230, 234-235, 243
sistema SOS, 298-299
Regulon da maltose, 221, 222
Regulon NIF, 234-235
Regulon *Pho*, 226
Reidratação, cólera, 906
Reinos, 356
Rejeição de transplantes, 780
Rejeitos de carvão, 525, 526
Relação superfície-volume, 34-35, 468-469
Relaxina, 336-337
Relógio molecular, 365-366, 377
Remoção biológica de fósforo, reforçada, 660-661
Remoção biológica melhorada de fósforo (EBPR), 660-661
Reovírus, 258, 259, 281-282
replicação, 281-282
tipo 3, 267
Reparo de danos ao DNA de fita simples, 298-299
Reparo do DNA, 298-299
*Deinococcus radiodurans*, 513-514
propensa a erros, 298-299
Repelente, 61, 62, 226, 227
Repelente de insetos, 891, 893-895
Repetição invertida, DNA, 123-125, 217-218, 310-311
enzimas de restrição, 316
Repetição terminal, DNA, invertida 252, 272, 275, 276
Repetição terminal invertida, DNA, 275, 276
Repetições palindrômicas curtas regularmente interespaçadas e agrupadas (CRISPR), 311-312
Réplica de placas, 292-293, 318-319, 322
Replicação, 4, 109, 115-120, 140
ácido nucleico viral, 249-250
adenovírus, 275-276
bacteriófago lambda, 256-257
bacteriófago Mu, 273
bacteriófago T4, 252-254
bacteriófago T7, 272
bidirecional, 118, 119, 272, 276
células de crescimento rápido, 146
círculo rolante, 255-256, 263, 270, 271, 277, 289, 306, 307, 314
conservadora, 282
coronavírus, 279-280
desenrolamento do DNA, 116-118
direção, 118, 119
do vírus da gripe, 281
erros, 120, 295, 297
estruturas teta, 118, 119
fago temperado, 255
fidelidade, 120
fita atrasada, 116-120
fita-líder, 116-120
formação de anel FtsZ, 145-146
genoma, em células de crescimento rápido, 146
hepadnavírus, 284-285
herpes-vírus, 277
iniciação, 116-118
iniciadores, 116-121
modelos, 115-120
origem, 116-119, 276, 329-332
plasmídeo, 113-114, 326-327
poliovírus, 278, 279
rabdovírus, 279-280
reovírus, 281-282
retrovírus, 260, 282
revisão, 120
semiconservativa, 115, 140, 270
terminação, 120
vírus, 246
vírus animais de DNA de dupla-fita, 274-276
vírus da varíola, 274-275
Replicação bidirecional, 118, 119, 272, 276
células de crescimento rápido, 146
Replicação conservativa, 282
Replicação por círculo rolante, 255-256, 263, 270, 271, 277, 289, 306, 307, 314
Replicação semiconservativa, 115, 140, 270
Replicação Teta, 118, 119
Replicação viral, 246
Replissoma, 118-120, 140
Repressão, 219-220, 243
Repressão catabólica, 222-223, 230, 231, 243
Repressor, 225-226, 329-331
lambda, 218, 256
vírus, 256
Repressor Cro, 256-257
Repressor de arginina, 220, 221
Repressor *lac*, 217, 218, 330-331, 334
repressor trp, 218
Reprodução sexuada, fúngica, 557-558, 560-561
Resazurina, 169-170, 800-801
Reservatório, doença infecciosa, 829, 834-837, 851
Resfriado comum, 863-865
Resfriado comum, 863-865
Resíduos ancorados, 780-781
Resistência, antibiótico. *Ver* Resistência antibiótica
Resistência a antibiótico, 113-115, 293, 310-312, 485, 815-816, 869. *Ver também* Plasmídeo R; bactéria específica
contribuição para emergência de patógenos, 842
genes, 113-114
genes cromossômicos, 819, 820
infecções nosocomiais, 797, 842
mel de abelhas, 793
mutação selecionável, 292
mutagênese de transposon, 311-312
revertendo, 822
superação, 823-824
testando a suscetibilidade ao antibiótico, 802-803
Resistência a fármacos, 294, 819-822, 825, 841. *Ver também* Resistência a antibióticos; Fármacos antimicrobianos
Resistência a insetos, 337-338
Resistência a múltiplos fármacos, 113-114, 822, 824

Resistência à radiação, *Deinococcus radiodurans*, 512-514
Resistência à tetraciclina, 793, 820
Resistência antimicrobiana, 821
Resistência ao fármaco antimicrobiano, 819-822, 825, 841. *Ver também* Resistência a antibiótico
espalhar, 820-821
mecanismos, 819-820
prevenção, 822
teste de suscetibilidade a antibiótico, 802-803
Resistência ao glifosato, 337, 338
Resistência ao mercúrio, 645-646
Resistência gênica, 819-820
Resistência plasmidial. *Ver* Plasmídeo R
Resistência viral, 294
Resistente à carbapenema Enterobacteriaceae, 796
Resolução, 71
microscópio, 26, 27, 31
Resolvases, 301
Resorcinol, 402-403
Respiração, 86, 89-96, 104
aeróbia, 89-95, 231, 411-413, 422
anaeróbia. *Ver* Respiração anaeróbia
ciclo do carbono, 633, 634
força próton-motiva, 91-93
carreadores de elétrons, 89-91
ciclo do ácido cítrico, 92-95
controle global, 231
energéticos, 94
Respiração anaeróbia, 89, 95, 104, 410-423, 431, 513-514, 518, 521, 525, 599
aceptor de elétrons, 95-96, 411, 421-423
acetogênese, 415-17
análise metatranscriptônica de genes expressos, 586
controle global, 231
desnitrificação e redução de nitrato, 411-413
energéticos, 95-96
metanogênese, 417-421
oxidação anóxica do hidrocarbono ligado ao, 427-429
redução de sulfato e enxofre, 412-415
Respiração de carbonato, 411
Respiração de fumarato, 411
Respiração por enxofre, 411
Respiração por Nitrato , 411
Respiração por sulfato, 411
Respiração usando ferro, 411
Resposta a anticorpos,
primária, 738, 768-769
secundária, 738, 768-769
Resposta ao choque térmico, 230-232, 241, 243
Resposta de anticorpo primário, 738, 768-769
Resposta imune
adaptativa, 733, 735, 756-757
primária, 735-736, 752
secundária, 736, 752
alume em vacinas, 753
ativação de células T auxiliares, 762
inata, 754-756
Resposta secundária de anticorpos, 738, 768-769
Resposta SOS, 231
*Reticulitermes*, 695
Retículo, 684
Retículo endoplasmático, 3, 64, 68
Retículo endoplasmático liso, 64, 68
Retículo endoplasmático rugoso, 64, 68
Retículo-rúmen, 684
Retina, 521, 522
Retinite, 276-277
Retrovírus, 249, 258-260, 263, 266-267, 282-285, 289, 331-332, 877-878
estrutura, 260
genes, 284
genoma, 259-260, 282, 284
HIV como, 282
integração, 283, 284
replicação, 260, 282
transcrição reversa, 283, 284
Reversão, 295-296, 314
teste de Ames, 296
Reversibilidade da ATPase, 92-93
Revertente, 295, 296
mesmo local, 295
segundo local, 295
verdade, 295
Revertente de mesmo sítio, 295
Revertente verdadeiro, 295
Revertentes de segundo sítio, 295
RF. *Ver* Forma replicativa (RF)
RFLP. *Ver* Polimorfismo do tamanho de fragmentos de restrição
Rhizobiales, 481-483, 610, 625
*Rhizobium*, 100, 115, 208, 481-482, 591, 637, 672-673, 678
grupo de inoculação cruzada, 672-674, 676
nodulação de caule, 676-677
*Rhizobium leguminosarum*, 673-674
biovar *phaseoli*, 673-674
biovar *trifolii*, 673-675
biovar *viciae*, 673-676
*Rhizobium mongolense*, 481-482
*Rhizobium radiobacter*, 481-482, 678
*Rhizobium trifolii*, 47-48
*Rhizobium tropici*, 673-674
*Rhizopus*, 557-559, 910, 923
*Rhodobacter*, 100, 303, 363-365, 384, 442, 481-482, 484
*Rhodobacter capsulatus*, 47-48, 291, 365
*Rhodobacter sphaeroides*, 62, 442
Rhodobacterales, 481-482, 484, 620-621, 625, 627
*Rhodoblastus acidophilus*, 442
*Rhodococcus*, 303
Rhodocyclales, 484, 485
*Rhodocyclus*, 481, 484, 485
*Rhodocyclus purpureus*, 442
*Rhodoferax*, 442, 484
*Rhodomicrobium*, 468-469, 471
*Rhodomicrobium vannielii*, 442
*Rhodopila globiformis*, 166, 442
*Rhodopseudomonas*, 442, 468-469, 471, 481-482
*Rhodopseudomonas palustris*, 381, 427-428, 458
*Rhodospirillates*, 481-482, 484, 610
*Rhodospirillum*, 442, 481, 484
*Rhodospirillum centenum*, 56, 63
*Rhodospirillum photometricum*, 57
*Rhodospirillum rubrum*, 442
*Rhodothermus*, 504
*Rhodotorula* 910, 923
Ribavirina, 817
Riboflavina, 74-75, 90, 712
Ribonuclease, 124, 136, 283, 284, 869
Ribonucleoproteínas, 126
Ribonucleotídeo redutase, 97, 98
Ribose, 97, 98, 120-121
Ribose-5-fosfato, 98, 99
Ribosomal Database Project II, 357
Ribossomo, 3, 24, 64, 109, 133-134, 140, 353, 820
antibióticos que afetam, 813
cloroplastos, 67, 544
estrutura, 133-134
eucariótico, 64, 65
liberando retidos, 135
mitocondrial, 67, 544
procariótico, 133-135
sítio A, 133-135
sítio E, 133-134
sítio P, 133-135
subunidades, 133-134
tradução, 133-135
*Riboswitch*, 237-238, 243
Ribotimidina, 131
Ribotipagem, 372, 377
Ribotipo, 372
Ribozima, 237
Ribulose-1,5-bifosfato, 390, 391
Ribulose-5-fosfato, 97, 390, 391, 426
Ribulose-bifosfato-carboxilase (RubisCO), 66, 194, 390-391, 431, 699-700
Ribulose-bisfosfato, 390-391
Ricadesina, 673-674
*Richelia*, 436, 439, 440
*Ricinus communis*, 844-845
*Rickettsia*, 191, 208, 481-483, 691, 692, 807
comparação com clamídia e vírus, 507, 508
*Rickettsia popilliae*, 483
*Rickettsia prowazekii*, 483, 742-743, 844-845, 888-891
genoma, 185
*Rickettsia rickettsii*, 483, 888-891
*Rickettsia sennetsu*, 891
*Rickettsia typhi*, 889
Rickettsiales, 481-483
Rifamicina, 820
Rifampicina, 812-814, 861, 862, 907-908
*Riftia*, 452, 698-699
*Riftia pachyptila*, 694, 699-700
Rimantadina, 866-867
*Rimicaris*, 491
Rinite, 863-864
Rinovírus, 817, 863-865
Rio, 614
oxigênio, 614
Riquétsias, 888-891, 901
Riquetsiose, 888-891
controle, 889
diagnóstico, 891
doenças infecciosas epidêmicas emergentes e reemergentes , 841
Riqueza de espécies, 598-599, 629
Rizóbios, 481-482, 672-678
Rizosfera, 606-608, 629
RNA, 4, 140. *Ver também* Transcrição; Tradução
antissenso, 237, 823
auto-replicação, 349, 350
*capping* , 127
catalítico, 135, 349
de dupla-fita, 735
estável, 124
estrutura em haste-alça, 123, 124, 239
estrutura primária, 121
estrutura secundária, 121
genomas, vírus com, 277-285
longevidade, 123-124
macromolécula informacional, 108, 110
mensageiro. *Ver* RNA mensageiro (RNAm)
metatranscritômica, 586, 595
não codificante, 190-191, 236, 243
nu, 284-285
pequeno (RNAs), 137, 236-237
pequeno RNA interferente (RNAsi), 285-286
regulador, 230, 236-237, 285-286
ribossomal. *Ver* RNA ribosomal (RNAr)
RNAc, 199, 200, 320-321, 333, 335-336, 810-811
transportador. *Ver* RNA transportador (RNAt)
RNA antissenso, 237, 823
RNA antissenso pequeno, 237
RNA de dupla-fita, 735
RNA de fita simples, 109
RNA mensageiro (RNAm), 109, 140
CARD-FISH, 578
cauda poli(A) 127
classes, 277
clonagem de genes de mamífero por meio de, 333
de fita simples, 109
específicos de vírus, 266
estrutura de haste-volta, 239
eucariótico, 127
inserção de *cap*, 127
interações RNAr, 135
local de ligação ribossomal, 133-134
metaproteômica, 586, 595
metatranscriptômica, 586, 595
policistrônico, 124-125, 133-134, 220
possíveis janelas de leitura, 130
procariótico, 124
processamento de RNA, 127
retrovírus, 284-285
*riboswitches*, 237-238, 243
tradução, 133-135
transcrição, 121
RNA não codificante (RNAnc), 190-191, 236, 243
RNA primário
replicação, 116-121
replicação em círculo rolante do genoma de lambda, 256
RNA regulador, 230, 236-237, 285-286
RNA ribossomal (RNAr), 109, 121, 140, 377
16S, 353, 356, 359, 360, 369-371, 374, 377, 479, 480, 481, 484, 491, 504, 507, 508, 528, 530, 578, 580-584, 593, 610, 611, 617, 672, 685, 686-689, 695, 705
18S, 359, 545, 557-558, 578
23S, 578, 580, 582
28S, 578
codificado nas mitocôndrias, 195
codificado no cloroplasto, 194
diversidade microbiana, 6
filogenia de eucariotos com base em, 545-546
interações de RNAs, 135
*Nanoarchaeum*, 530
relação evolutiva, 7
sequências e evolução, 355, 360
síntese de proteínas, 133-135
síntese no nucléolo, 65
sondas para amostras naturais, 578

subunidade menor do RNA ribosomal (SSU RNAr), 358, 359, 363, 377
análise de comunidade, 579
árvore da vida com base em, 357-358
estabilidade, 540
filogenia baseada em, 356-359
ribotipagem, 372
tradução, 135
unidade de transcrição, 123-124
RNA transportador (RNAt), 109, 121, 131-132, 141
alça anticódon, 131
alça D, 131, 132
alça TψC, 131
ativação, 132
bases modificadas, 131
carregamento, 132
codificado nas mitocôndrias, 195
codificado no cloroplasto, 194
estrutura, 131
estrutura em trevo, 131
extremidade 3' ou aceptor final, 131
iniciador, 133-134
iniciador para a transcrição reversa, 283, 284
reconhecimento, 132
sítio aceptor, 131, 132
supressores de mutações, 295-296
tradução, 133-134
unidade de transcrição, 123-124
RNA-endonucleases, vírus da gripe, 281
RNAm. *Ver* RNA mensageiro (RNAm)
RNAm imediatamente precoce, herpes-vírus, 277
RNAm policistrônico, 124-125, 133-134, 220
RNAm tardio, herpes-vírus , 277
RNA-polimerase, 109, 110, 121-123, 140, 274, 275, 279-280, 284-285, 820
arqueias, 122, 125
bacteriófago T7, 272
cerne enzimático, 121, 123
comparação dos três domínios, 122
controle positivo ativando ligação de, 220-221
dependente de DNA, 812
dependente de RNA, 266
específica dos vírus, 266
estrutura, 122
eucariótica, 122, 125
fator sigma. *Ver* Fator sigma
interacção com o promotor bacteriano, 122, 123
RNA-polimerase de T7, 272
RNA-polimerase II, 125
RNAr. *Ver* RNA ribosomal (RNAr)
18S RNAr, 359, 545, 557-558, 578
RNAr 16S, 353, 356, 359, 360, 369-371, 374, 377, 479, 480, 481, 484, 491, 504, 507, 508, 528, 530, 578, 580-584, 593, 610, 611, 617, 672
composição microbiana do intestino de cupins inferida a partir de, 695
comunidade microbiana ruminal inferida a partir de, 685
microbioma fúngico da pele, 705
microbioma humano inferido a partir de, 686-689
RNAr 28S, 578
RNA-replicase, 248, 257, 263, 265, 266, 277-281, 289
coronavírus, 279
fago MS2, 277-278
poliovírus, 278, 279
rabdovírus, 279-280
RNAs CRISPR (RNAcrs), 312
RNAs estáveis, 124
RNAs nus, 284-285
RNaseH, 321
RNAt. *Ver* RNA transportador (RNAt)
RNAt para formilmetionina, 133-134
RNAt supressor, 295-296
RNAtm, 135
Rochas, antigo, 349
Rochas sedimentares, 349
Rodamina B, 806
Rodófitas, 562
Rodopsina, 521, 522, 620
Rodopsinas sensoriais, 522
Roentgen, 173-174
*Roseburia*, 688
*Roseiflexus*, 445, 606
*Roseobacter*, 443, 481-482, 484, 619
Roseta, 450-451, 470, 471
Rotavírus, 742-744, 807, 920
RT-PCR. *Ver* PCR de transcrição reversa (RT-PCR)
Rubéola, 838-839, 863
número básico de reprodução, 833
Rubíola. *Ver* Sarampo
Rubisco, 66, 194, 390-391, 431, 699-700
duplicação de genes, 207
*Rubrivivax*, 442, 484
Rúmen, 10, 467, 683, 704, 712
anatomia e ação, 683-684
bactérias, 684-686
bovino, 491
ciliados, 549
espiroquetas, 468
fermentação microbiana, 684
fungos, 686-687
protistas, 686-687
quitrídios, 559
Ruminantes, 682, 683. *Ver também* Rúmen
*Ruminobacter amylophilus*, 685-686
Ruminococcaceae, 685, 688, 695
*Ruminococcus*, 685, 688, 707, 710
*Ruminococcus albus*, 685, 685-686
Rusticianina, 397
*Ruthia*, 694


## S


Sacarose, 167-169, 727-728
fermentação, 87-88
*Saccharomyces*, 557-558, 560-561, 711, 910, 911
fungos intestinais, 206
*Saccharomyces bailii*, 167-168
*Saccharomyces cerevisiae*, 3, 29, 65, 89, 122, 174-175, 192, 197, 226, 228-229, 311-312, 325, 331-332, 544, 557-558, 560-561, 577, 745-746, 911. *Ver também* Levedura
ciclo de vida, 560, 561
duplicação de genes, 207
expressão de genes, 200
genoma, 195, 198
genoma mitocondrial, 195
hospedeiro de clonagem, 328-329
*Saccharomyces rouxii*, 167-168
*Saccharopolyspora erythraea*, 504
*Safranina*, 27, 28
Salinas marinhas, 520
*Salinibacter*, 504, 520
Saliva, 708
Salmão, de crescimento rápido, 338
*Salmonella*, 11, 47-48, 115, 303, 402-403, 486, 487, 716, 725-728, 735-736, 739, 740, 799-800, 802, 807, 821, 844-845, 910-912
endotoxina, 45
epíteto de espécies aceitas, 915-916
fatores de virulência, 720
infecção alimentar, 915-916
isolamento, 915-916
lipopolissacarídeo, 44
septicemia, 877-878
virulência, 720
*Salmonella enterica*, 296, 303
pangenoma, 210
sorovar *anatum*, 304
sorovar *enteritidis*, 915-916
sorovar *paratyphi*, 742-743, 770
sorovar *typhi* (*Salmonella typhi*), 49, 742-743, 804, 821, 836, 846-847, 904-905, 907-909, 915-916
sorovar *typhimurium* (*Salmonella typhimurium*), 57, 174-175, 366, 714-715, 720, 915-916
teste de Ames, 296
*Salmonelose*, 719, 838-839, 846-847, 915-916, 922
diagnóstico, tratamento e prevenção, 915-916
patogenia e epidemiologia, 915-916
Salsicha, 11, 911, 915-916
Sanger, Frederick, 184-185
Sangria, 699-700
Sangue, 725-728, 732-734
circulação, 732
cultura, 797-800
infecção de corrente sanguínea, 795-797
infecções parasitárias, 927-928, 931-932
sistema circulatório, 734
tipos de células, 733
Sangue ágar, 797-800
Sanguessugas, 699-701
Saquinavir, 817, 823, 880, 881
Sarampo, 829, 831, 837-839, 841, 862-863
número reprodução básica, 833-836
sarampo alemão. *Ver* Rubéola
Sarampo alemão. *Ver* Rubéola
*Sarcina*, 31-32, 492-494
*Sarcina ventriculi*, 493-494
Sarcoma de Kaposi, 877-879
Sarcoma de Kaposi, 877-879
SARS, 278, 834-836, 838-839, 843-845
número de reprodução observada (R), 834-836
SARS-CoV, 827, 835, 838-839
número básico de reprodução, 833
SASP. *Ver* Pequenas proteínas de esporos solúveis em ácido (SASPs)
Saúde pública, 828, 829, 836-842, 851. *Ver também* Epidemiologia
doenças infecciosas e, 836-839
falência do sistema, 843-844
qualidade da água, 905-906
Sauerkraut, 11, 911
Sazonalidade, doença infecciosa, 831-832
*Scalindua*, 400
*Scenedesmus*, 564
*Schistosoma*, 904-905, 933
*Schistosoma mansoni*, 927-928, 933, 934
*Schwartzia*, 685
*Schwartzia succinovorans*, 685-686
SCID. *Ver* síndrome de imunodeficiência combinada grave (SCID)
*Scrapie*, 285-286, 287
*Scytonema*, 436
Sebo, 707
Sedimento, 661-662, 668
mar profundo, 624
Sedimento anóxico, 625
Segundo mensageiro, 603
Segundo sinal, 786-789
Segurança, laboratório clínico, 794-796
Seleção, 292, 301, 314, 331-332, 363, 377
inativação por inserção detectada por, 327
mutações e, 363-365
remoção de genes nos genomas microbianos, 367
Seleção negativa, as células T, 786-787, 792
Seleção positiva, células T, 786-787, 792
Selecção clonal, 785, 786, 791
Selenato, 421, 422
Selênio, 74-75, 422
Selenito, 421, 422
Selenocisteína, 128, 130
*Selenomonas*, 685
*Selenomonas ruminantium*, 685-686
subespécie *lactilytica*, 685-686
SEM. *Ver* Microscópio eletrônico de varredura (SEM)
Semmelweis, Ignaz, 16
Sensibilidade, 797-798, 826
teste de diagnóstico, 797-798, 804
Sensibilidade à radiação, 174-175
Sensor de EnvZ, 343
Sensor de proteína-cinase, 243
Sensor-cinase, 225-227
Separação de ácidos nucleicos, 317-318
Septicemia (sepsis), 717, 729, 799-800, 826, 877-878, 904-905, 909
Septo, 144
divisão, 145
formação, 144, 146
Sequência conscensual, 122, 123, 221
Sequência de inserção (IS), 113-114, 209, 307-308, 310-311, 313
elemento transponível, 295
IS2, 310-311
IS50, 310-311
Sequência de ligação ao ribossomo, 190-191
Sequência de Shine-Dalgarno. *Ver* Sítio de ligação ao ribossomo
Sequência-base, 579-580
Sequência-líder, 238, 239
Sequenciamento, 184-185, 213. *Ver também* Sequenciamento de DNA
*shotgun* , 186-187, 213
Sequenciamento de DNA, 184-189
alinhamento de sequências, 359, 360
amplificação por deslocamentos múltiplos (MDA), 205, 593-594, 596
árvore filogenética, 360-363
automatizado, 186, 320
obtenção de sequências de DNA, 359, 360
Sequenciamento de DNA de segunda geração, 186, 187
Sequenciamento de quarta geração, 186, 188-189

Sequenciamento de terceira geração, 186, 187
Sequenciamento HeliScope uma única molécula, 186-188
Sequenciamento metagenômico, 617
Sequenciamento pós-luz, 188-189
Sequenciamento *shotgun*, 186-187, 213
Sequência-sinal, 137-138, 141, 335-336
Serina
código genético, 129
estrutura, 128
síntese, 98
Serina trans-hidroximetilase, 425, 426
Serotonina, 747
*Serratia*, 486-488
*Serratia marcescens*, 77, 293, 317, 488
*Serratia Symbiotica*, 691
*Sesbania*, 676
*Sesbania rostrata*, 677
*Shewanella*, 422, 449, 456, 457, 474, 486, 642-643, 654
*Shift* antigênico, 281, 289, 849, 865-867, 883
*Shigella*, 45, 115, 209, 402-403, 487, 716, 725-726, 735, 736, 799-800, 802, 844-845, 919-920
resistência antimicrobiana, 821
*Shigella dysenteriae*, 487, 719, 721-722, 821, 843-844, 917
*Shigella flexneri*, 77, 209
*Shigella sonnei*, 904-905
Shigelose, 838-839, 919-920
*Shinella*, 672-673
*Sideróforos*, 717, 720, 843-844
*Sideroxydans*, 642-643
Sífilis, 465-467, 832, 838-842, 872, 874-875, 892
casos notificados nos Estados Unidos, 872-873
congênita, 874, 883
primária, 874-875
secundária, 874, 875
terciário, 874
Sífilis congênita, 874, 883
Sífilis primária, 874-875
Sífilis secundária, 874, 875
Sífilis terciária, 874
SIFV, 273, 274
Silagem, 163, 492
Simbionte de transmissão vertical, 691-694, 701
Simbionte secundário, 691-692
Simbiontes, 529, 672-673
bactérias bioluminescentes como órgão luminoso, 474
genomas, 196-197
hereditária, 691-694
Simbiontes hereditários de insetos, 691-694
Simbiontes metanogênicos, 636
Simbiontes obrigatórios, 691, 692
Simbiontes primários, 691, 693
Simbiose, 669-704
*Azolla-Anabaena* e *Alnus-Frankia*, 677-678
bactéria-dentro-da-bactéria, 692
bactérias oxidantes de sulfeto e eucariotos, 452
comensalismo, 670
diazotróficas, 453
insetos como hábitats microbianos, 691-696
lula-*Aliivibrio*, 696-697
mamíferos como hábitats microbianos, 682-691
metanotrófica, 461-462
microbioma humano, 686-691
mutualismo, 670
ecossistemas de recifes de coral, 700-702
entre plantas e bactérias, 672-678
micorrizas, 679-682
microbiana, 670-672
nódulo na raiz de leguminosas, 672-678, 681
parasitismo, 670
*Agrobacterium* e galha-da-coroa, 678-679
parasitas simbiontes hereditários, 691-693
sanguessugas, 699-701
planta microbial, 672-682
trio simbiótico em ecossistemas de algas marinhas, 669
Simbiose animal-bacteriana, 461-462
Simbiose lula-*Aliivibrio*, 696-697
Simbioses fototróficas com animais, 700-701
Simetria, vírus, 247-248
Simetria penada, 551
Simetria radial, 551-553
SIMS, 590-591
SIMS hibridação *in situ* ou SIMFISH, 591
Sinalização célula a célula, 603, 604
Sinalização interespécies, 604
Sinalização química, 4
Síndrome da imunodeficiência adquirida, *Ver* Aids
Síndrome da imunodeficiência combinada grave (SCID), 742
Síndrome da pele escaldada, 719
Síndrome da rubéola congênita, 863
Síndrome de Goodpasture, 749-750
Síndrome do choque tóxico (TSS), 719, 750, 838-839, 869, 883, 913
estreptocócica, 856-857
Síndrome do choque tóxico estreptocócico, 838-839, 856-857
Síndrome hemolítico-urêmica, 721-722, 838-839, 841
Síndrome respiratória aguda grave (SARS), 278, 834-836, 838-839, 843-845
Síndrome respiratória aguda grave por coronavírus (SARS-CoV), 827, 833, 835, 838-839
Síndromes de hantavírus
epidemiologia, diagnóstico e prevenção, 888-889
síndrome pulmonar por hantavírus, 838-839, 887-889, 901
sintomas e patologia, 887-889
*Sinorhizobium*, 100, 453, 481-482, 672-673
*Sinorhizobium fredii*, 673-674
*Sinorhizobium meliloti*, 576, 577, 673-675, 700-701
Sintase baminoacil-RNAt, 131, 132, 140
Sintenia, 372
Síntese de translesão, 298-299
Sintrofia, 408-410, 431, 490, 601, 634-636, 648
ecologia de sintróficos, 410
energética, 409-410
Sistema *Arc*, 226
Sistema binomial, 374, 377
Sistema circulatório, 732, 734
Sistema CRISPR, 311-312
Sistema de complemento, 770
ativação, 770
Sistema de distribuição, água, 663-664, 668
Sistema de metrô municipal de New York, microbiota do, 649
Sistema de reparo SOS, 298-299, 314
Sistema de resposta sensorial, 61
Sistema de restrição-modificação, 252-253
Sistema de Transporte ABC, 39, 40-41, 71, 193
Sistema de Vigilância, 838-839
Sistema fosfotransferase, 40-41
Sistema imune
células e órgãos, 732-735
origens de células envolvidas na resposta imune, 733
evolução, 777
Sistema linfático, 732, 734
Sistema para teste de qualidade da água IDEXX Colilert, 905
Sistema regulador de dois componentes, 225-226, 243
exemplos, 225-226
vários reguladores, 225-226
Sistema regulador Nar, 226
Sistema regulador Ntr, 225-226, 231
Sistema Sox, 396
Sistema TAT de exportação de proteína, 137, 138
Sistemas de detecção rápida do antígeno (RAD), 856
Sistemas de distribuição de água municipal, 663
Sistemas reguladores positivos de arqueias, 224
Sistemática, 22, 369-375, 377
análise fenotípica, 373-374
classificação e nomenclatura, 374-375
conceito de espécies, 369-371
métodos taxonômicos, 370-374
Sistemática microbiana. *Ver* Sistemática
Sítio A-, ribossomo, 133-135
Sítio aceptor (sítio A), 133-135
Sítio alostérico, 240
Sítio ativo, 81, 82, 240
Sítio *att*, 304
Sítio *cos*, 255, 304, 331-332
Sítio de clonagem múltipla, 326-327, 329-332, 334
Sítio de ligação ao aminoácido, 131
Sítio de ligação ao ribossomo, 130, 133-135, 190-191, 329-331, 335-336
Sítio de ligação ao ribossomo de Shine-Dalgarno, 237
Sítio de ligação do ativador, 220, 221
Sítio de pausa da transcrição, 239
Sítio de saída (sítio E), 133-134
Sítio de terminação Rho-dependente, 123
Sítio E do ribossomo, 133-134
Sítio ligador de antígeno, imunoglobulina, 759, 764-766, 781
Sítio *oriT*, 305-307
Sítio P, ribossomo, 133-135
Sítio peptídico (sítio-P), 133-135
Sítios *ter*, 120
*SmaI*, 317
Snow, John, 833
Sobreposição de genes, 257, 263, 270, 276, 277, 289
Sobrevivência, endósporo, 53, 54
Sobrevivência do mais apto, 365
Sódio, 37
necessidade das células, 74-75
necessidade dos halófilos extremos, 521
Soja, 672-674
resistência ao glifosato, 337
Solemyidae, 452
Solfatara, 526, 531, 532, 542
SOLiD método de sequenciamento da Applied Biosystems, 186, 187
Sólidos em suspensão, 657-659, 661-662, 668
células não permissivas, 276
genoma, 276
vírus SV40, 267, 276
Solo, 606-611
ácido, 529
árido, 608-609
atividade de água, 609
ciclo do nitrogênio, 637-638
coluna de Winogradsky, 569-571
como hábitat microbiano, 608-609
deserto, 440
diversidade procariótica, 609-611
estado nutricional, 608, 611
formação, 606-608
mineral, 606-607
orgânico, 606-607
*Streptomyces*, 503
Solo ácido, 529
Solo do deserto, 440
Solo mineral, 606-607
Solo orgânico, 606-607
Solos áridos, 608-609
Solução do solo, 608
Soluto compatível, 167-169, 180, 521, 539, 542
Solvente, produção, 405
Somatotrofina (hormônio do crescimento), 336-337
geneticamente modificada, 335-336
Somatotropina bovina, 335-336
Somatotropina bovina recombinante (rBST), 335-336
Somatotropina humana recombinante (rHST), 335-336
Sonda, ácido nucleico. *Ver* Sonda de ácido nucleico
Sonda. *Ver* Sonda de ácido nucleico
Sonda de DNA, 369-371
Sonda de oligonucleotídeos, deduzindo a melhor sequência para, 334
Sonda filogenética, 578
Sondagem por isótopo estável, 593, 596
Sondas de ácido nucleico, 199, 213, 318, 319, 345, 596
amostras naturais, 578
detecção de clones recombinantes, 322
marcado por fluorescência, 577-578
Sondas fluorescentes, 810-811
gene-específicas, 810-811
Sondas fluorescentes gene-específicas, 810-811
Sorbitol, 462-463
Sorbose, 462-463
Soro, 732, 742, 752
Sorologia, 804, 826
*Southern blot*, 318, 345
*Sphaerotilus*, 458, 472, 484
*Sphaerotilus natans*, 397, 473
Sphingobacteria, 505, 610, 615
Sphingobacteriales, 504, 506

Sphingomonadales, 481-482, 484, 610
*Sphingomonas*, 481-482, 484
*Spirillum*, 31-33, 167-168, 465-467, 477, 481
*Spirillum volutans*, 169-170, 467
*Spirochaeta*, 453, 465-466
*Spirochaeta plicatilis*, 465-467
*Spirochaeta stenostrepta*, 465-467
*Spirochaeta zuelzerae*, 467
*Spirochaetes*, 357, 434, 453, 462-463, 480, 625, 695, 709
*Spirogyra*, 67, 440, 564
*Spiroplasma*, 492, 498-499, 691
*Spiroplasma citri*, 498
*Spirulina*, 436, 438, 465-466
Spliceossomo, 126, 127, 141
*Splicing* , 126-127
*Sporobacter*, 685
*Sporocytophaga*, 504-506, 570
*Sporocytophaga myxococcoides*, 505
*Sporohalobacter*, 495
*Sporolactobacillus*, 495
*Sporomusa*, 407, 495
*Sporomusa paucivorans*, 416
*Sporosarcina*, 492, 495, 497
*Sporosarcina pasteurii*, 495
*Sporosarcina ureae*, 497, 570
*Sporothrix schenckii*, 924-927
*Sporotrichum*, 910
SR1, 709
SSU RNAr. *Ver* Subunidade menor do RNA ribosomal (SSU RNAr)
SSV, 273
SSV1, 274
*Staphylococcus*, 31-32, 115, 156, 167-168, 303, 492-494, 605, 707, 710, 712, 717, 799-800, 813, 854, 868-870, 911, 912
  intoxicação alimentar, 912-914
*Staphylococcus aureus*, 28, 42, 43, 167-168, 493-494, 604, 713, 718-720, 750, 756, 795-797, 799-800, 802, 805, 807, 815-816, 820, 823, 843-845, 855, 856, 868, 911-914
  enterotoxina B, 844-847
  ilhas de patogenicidade, 211
  MRSA, 796, 802, 821, 869-870
  parede celular, 43
  resistência antimicrobiana, 821, 822
  resistentes à vancomicina (VRSA), 796, 838-839
  sistema de *quorum sensing*, 229
  vancomicina-intermediário (VISA), 796, 821, 838-839
*Staphylococcus aureus* resistente à meticilina (MRSA), 796, 802, 821, 869-870
*Staphylococcus aureus* resistente à vancomicina (VRSA), 796, 838-839
*Staphylococcus epidermidis*, 493-494, 799-800, 868, 869
*Staphylothermus*, 532-534, 536-537
*Staphylothermus marinus*, 34, 536-537
STD. *Ver* Infecções sexualmente transmissíveis (DSTs)
STEC. *Ver Escherichia coli* produtoras de toxina Shiga (STEC)
*Stella*, 470, 471
*Stetteria*, 534
STI. *Ver* Infecções sexualmente transmissíveis (DSTs)
*Stigmatella aurantiaca*, 465
*Stigonema*, 436
Stigonematales, 436-439
Stordalen Mire, Suécia, metanogênicos no permafrost descongelado, 517
Streptococcaceae, 688, 695
*Streptococcus*, 31-32, 74-75, 167-168, 302, 402-403, 492-494, 689-690, 707, 709, 710, 739, 854, 910, 912
  características, 492
*Streptococcus bovis*, 685-686
*Streptococcus hemolyticus*, 148
*Streptococcus mitis*, 727-728
*Streptococcus mutans*, 492, 716-718, 727-728
*Streptococcus pneumoniae*, 47-48, 302, 713-716, 742-745, 756, 838-839, 842, 855, 857-858
*Streptococcus pyogenes*, 49, 169-170, 185, 492-494, 716-719, 721-722, 750, 756, 757, 795-796, 805, 808, 821, 843-844, 855-857, 869
  diagnóstico, 856-857
  epidemiologia e patogenia, 855-857
*Streptococcus sobrinus*, 717, 718, 727-728
*Streptococcus thermophilus*, 312, 911
*Streptomyces*, 115, 184-185, 492, 815-818, 823
  características, 501-504
  ecologia, 503
  isolamento, 503
  produção de antibiótico, 503-504
*Streptomyces aureofaciens*, 504
*Streptomyces coelicolor*, 185, 503
*Streptomyces erythreus*, 815
*Streptomyces fradiae*, 504
*Streptomyces griseus*, 504, 815
*Streptomyces lincolnensis*, 504
*Streptomyces nodosus*, 504
*Streptomyces noursei*, 504
*Streptomyces platensis*, 815-816, 824
*Streptomyces venezuelae*, 504
*Stygiolobus*, 532-534
*Subdoligranulum*, 688
Subgrupo *pyogenes, Streptococcus*, 492
Subgrupo *viridans, Streptococcus*, 492-494
Substâncias cancerígenas, teste de Ames, 296. *Ver também* Câncer
Substituição de pares de bases, 294-295
Substituições, 363
Substrato, 81
Substratos desnaturados, 523-525
Substratos para plantas, 682
Subsuperfície, 611-613
  microbiologia de subsolo profundo, 611-612
Subunidade de polipetídeo, 136
Subunidade estrutural, 247
Subunidade menor do RNA ribosomal (SSU RNAr), 358, 359, 363, 377
  análise de comunidade, 579
  árvore da vida com base em, 357-358
  estabilidade, 540
  filogenia baseada em, 356-359
  ribotipagem, 372
Succinato, 94, 95, 406, 421, 425
  bioquímica da fixação de nitrogênio, 676
  decompositor de succinato, 685-686
  fermentação, 406-408, 496, 500
  metabolismo, 95
  produção no rúmen, 685-686
  produto de fermentação, 402-404, 487, 635
Succinil-CoA, 94, 95, 401, 406, 407
  carboxilação, 391
*Succinomonas amylolytica*, 685-686
Suco de frutas, 462-463
*Suillus bovinus*, 680
Sulbactam, 824
*Sulcia*, 196, 694
*Sulcia muelleri*, 196
Sulfametoxazol, 811-812
Sulfametoxazol-trimetoprima, 824
Sulfanilamida, 811-813
Sulfato, 396, 600
  aceptor de elétrons, 412-413
  ciclo do enxofre, 638
  oxidação do enxofre, 395-396
  redução, 666
Sulfato de cobre, 176-178, 650
Sulfeto, 645, 650
  aceptor de elétrons, 412-413
  doador de elétrons, 392-393
  fracionamento isotópico, 590
  oxidação, 395, 396, 638, 639, 651
  toxicidade, 639
Sulfeto de hidrogênio, 405, 497, 600
  ciclo do enxofre, 638-639
  de redução de enxofre, 415
  doador de elétrons, 386-387, 389, 395, 440, 443
  fonte de energia, 96
  hipótese da origem de vida celular 349
  oxidação, 641
  produção a partir da redução de sulfato, 412-415
  teste de produção, 799-800
Sulfito, 395, 396, 412-413
  desproporcionação, 415
  em alimentos, 911
  produção por redução de sulfatos, 414, 415
  redução, 414, 415
Sulfito oxidase, 74-75, 395, 396
Sulfito redutase, 414, 415
*Sulfobacillus*, 651
Sulfolobales, 532-533
*Sulfolobus*, 209, 273, 309, 391, 449, 518, 531-534, 651
  vírus de, 273, 274
*Sulfolobus acidocaldarius*, 395, 535-536, 538
*Sulfolobus solfataricus*, 122, 185, 274, 309
Sulfonamida, 812
  resistência, 820
*Sulfophobococcus*, 534
*Sulfurimonas*, 481, 625, 627-628
*Sulfurisphaera*, 534
*Sulfurococcus*, 534
*Sulfurospirillum*, 449, 490, 491, 627-628
*Sulfurovum*, 625, 627-628
Superantígeno, 747, 749-750, 752, 869, 912, 913
  exotoxinas pirogênicas estreptocócicas, 856-857
Superenrolamento negativo, 111, 112
Superenrolamento positivo, 111
Superfamília gênica, 776-778
Superfície
  crescimento microbiano, 602-604
  partícula de solo, 608-610
Superóxido dismutase, 74-75, 170-172
Superóxido redutase, 170-172
Supressor de mutação, 295-296
Suprimentos médicos, esterilização por radiação, 174-175
Surto, 829, 834-836, 838-839, 842, 851
  cólera, no Haiti, 848-849
  fonte comum, 833
  recente, 841-844
*Swab*, 797-798
*Swab* de garganta, 797-798
*Swab* nasofaríngeo, 797-798
*Swab* retal, 799
SYBR Green, 620-621, 810-811
SYBR Green I, 575
*Symbiodinium*, 701-702
*Synechococcus*, 165, 436, 438, 440, 592
*Synechococcus lividus*, 437, 540
*Synechocystis*, 342-343, 386, 436
  genoma, 185
*Synergistes jonesii*, 514, 685-686
*Synergistetes*, 449, 513-514, 709
*Syntrophobacter*, 409, 490
*Syntrophobacter wolinii*, 490, 635
Syntrophobacterales, 490
*Syntrophomonas*, 409-410, 635
*Syntrophomonas wolfei*, 635
*Syntrophospora*, 495
*Syntrophus*, 409
*Syntrophus aciditrophicus*, 402-403
Syntrophus gentianae, 635

## T

Tabela periódica, 74
Tamanho celular, 33-35, 498, 527, 528
  limites inferiores, 35
Tamanho de rompimento, 249-250, 254
Tamanho molecular, a imunogenicidade, 757-758
Tampão, 166
Tampão, 869
Tampão de bicarbonato de sódio, 166
Tampão fosfato de potássio, 166
Tanino, 503
Tanque de estocagem de combustível, 655
Tanque de estocagem de gasolina, 655
Tanques de biorreatores, 651
TaqI, 317
Taq-polimerase, 164-165, 320, 327, 512
Taquizoítos, 930
Taxa de crescimento, 150, 601
  microbiologia de subsuperfície, 612-613
Taxa de crescimento específico, 150
Taxa de diluição, quimiostato, 153-154
Taxa de divisão, 150
Taxias, 56, 61-63
  fototaxia, 61, 63
  outras, 63
  quimiotaxia, 61-63
Taxonomia, 369-375, 377
  abordagem polifásica, 369-371
  características fenotípicas de valor taxonômico, 373
  classificação e nomenclatura, 374-375
  halófilos extremos, 520-521
  métodos, 370-374
    análise fenotípica, 369-370, 373-374
    análises de sequências gênicas, 370-371
    análises multigênicas e de genoma completo, 371, 372
    *fingerprinting* de genoma, 372
    tipagem de sequência multilocus, 370-372, 377
  posição taxonômica formal, 375

TBP (proteína de ligação a TATA), 125
TCR. *Ver* Receptor de células T (TCR)
T-DNA, 336-337, 345
transferência, 678-679
Tecido linfoide associado à mucosa (MALT), 732, 733, 734, 736, 752, 765-766, 768-769, 786-787
Técnica asséptica, 78, 104
Técnica capilar, estudos de quimiotaxia, 62
Técnica de anticorpos, detectando anticorpo desejado, 322
Técnica de redução do acetileno, nitrogenase, 102
Técnicas *in vitro*, 316-325
bacteriófago lambda como vetor de clonagem, 331-332
clonagem molecular, 321-324
enzimas de restrição, 316-318
fusões de genes, 324-325, 344
genes repórteres, 324-325
mutagênese sítio-dirigida, 323-325
plasmídeos como vetores de clonagem, 326-327
reação em cadeia da polimerase (PCR), 319-321
Tecnologia de alto rendimento, 574, 575, 593-594
Tecnologia de nanoporos, 186, 188-189
Teflon, 657
Telômero, 331-332
Telurito, 859
TEM. *Ver* Microscópio eletrônico de transmissão (TEM)
Temin, Howard, 266
Temperatura
adaptações moleculares para a vida em altas, 538-540
aumento no ar médio da Terra, 646
cardinal, 157-160, 180
classes de organismos, 160
deterioração dos alimentos, 910
efeito sobre o crescimento, 157-165
evolução e a vida em altas, 536-541
limites máximos para o crescimento, 164, 165
limites para a existência microbiana, 536-538
limites superiores para a vida, 540
máxima de crescimento, 160, 162
mínima de crescimento, 160
ótima, 160
Temperatura máxima, 160, 162
Temperatura mínima, 160
Temperatura ótima, 160
Temperaturas cardinais, 157-160, 180
Tempo de duplicação. *Ver* Tempo de geração
Tempo de geração, 144, 149-153, 180, 601
cálculo, 151
crescimento exponencial, 150
múltiplas forquilhas de replicação no DNA, 146
Tempo de morte térmica, 171-173
Tempo de redução decimal, 171-173
*Tenericutes*, 357, 434, 491, 497-499
principais ordens, 492
Tenofovir, 817
Teoria da despolarização catódica, 665
Teoria da doença baseada no germe, 15-17
Teoria dos três domínios, 269
Terapia antirretroviral altamente ativa (HAART), 824, 880-881
Terapia com vários fármacos, 861
hanseníase, 861
HIV/Aids, 880
Terapia combinada, 824, 932
Terapia de combinação de fármacos, 824, 932
Terbinafina, 817-818
*Teredinibacter*, 453
Terminação, 141
replicação, 120
síntese de proteínas, 133-134
transcrição, 123-125, 239
Terminação longa repetida (LTR), 283, 284
Terminador da transcrição, 121, 123, 330-331
Terminal-oxidase, 91
Terminologia ômica, 199
Termitidae, 694
Termocicladores, 320
Termóclino, 613
Termosfera, 534
Termossomo, 539, 542
Terra
evidência de vida microbiana, 349
evolução, 348
formação e história inicial, 348-351
origem do planeta, 348-349
primitivo
microrganismos, 349
origem da vida, 540-541
vida, através do tempo, 5-6
Teste, 552-553
Teste cutâneo, 748-750, 804
Teste de aglutinação, 804, 805
aglutinação passiva, 805
HIV, 879
Teste de Ames, 296
Teste de catalase, 486
Teste de coliformes
método de filtração em membrana, 905
testes de substratos definidos, 906
Teste de oxidase, 486, 488, 489
Teste do anticorpo fluorescente, 806-807
aplicações clínicas, 806
direto, 806
indireto, 806
microorganismos em partículas do solo, 610
Teste MPN. *Ver* Número mais provável (MPN)
Teste tuberculínico, 748-750, 804, 859-861, 883
Testes "rápidos", 808-809
Testes de substrato definidos, 906
Testes rápidos, 807-809
Testes sorológicos, 804
Tétano, 497, 719, 723, 725-728, 742, 829, 838-839, 899-901
biologia e epidemiologia, 899-900
controle, 899-900
diagnóstico, 899-900
patogênese, 899-900
prevenção e tratamento, 899-900
Tetraciclina, 812, 813, 815, 819, 822, 826, 859, 869, 870, 889, 890-892
estrutura, 815-816
genes de resistência em abelhas, 793
modo de ação, 815
produção, 504
Tetracloroetileno, 422, 423
*Tetragenococcus halophilus*, 911
Tetra-hidrofolato, 417, 426
5,7,3 ', 4'-Tetra-hidroxiflavona, 676
*Tetrahymena*, 68, 664
Tetrapeptídeo glicânico, 42, 43
Tetrapirroles, 383
TFB (factor de transcrição B), 125
TGF-α, 763-764
*Thalassiosira*, 551
*Thaumarchaea* planctônica, 529
Thaumarchaeota, 36, 38, 183, 261, 357-359, 434, 455, 518, 542, 610, 611, 615, 622
características fisiológicas, 528-529
distribuição ambiental, 529
hábitats, 619
nitrificação de arqueias, 528-529
*Thelephora terrestris*, 680
Thermales, 512
*Thermoanaerobacter*, 495
*Thermochromatium*, 481
*Thermocladium*, 534
Thermococcales, 526
*Thermococcus*, 518, 526-527, 532-533
*Thermococcus celer*, 160, 527
*Thermocrinis*, 511
*Thermocrinis ruber*, 511
Thermodesulfobacteria, 357, 434, 447, 448, 480, 510
*Thermodesulfobacterium mobile*, 510
*Thermodesulfobacterium thermophilum*, 510
*Thermodesulfovibrio*, 448
*Thermodiscus*, 449, 534
Thermófilo, 160, 163-165, 181, 479
aplicações comerciais, 164-165
estabilidade térmica de proteínas e em membranas, 164-165
*Thermofilum*, 532-534
*Thermofilum librum*, 535-536
*Thermomicrobium*, 445
*Thermomicrobium roseum*, 445
*Thermoplasma*, 44, 359, 518-519, 525-526
*Thermoplasma acidophilum*, 185, 525, 526
*Thermoplasma volcanium*, 525
*Thermoplasmata*, 685
Thermoplasmatales, 525-526
Thermoproteales, 532-534
*Thermoproteus*, 391, 518, 532-534
*Thermoproteus neutrophilus*, 3, 535-536
*Thermoproteus tenax*, 538
*Thermotoga*, 357, 456, 457, 480, 510
*Thermotoga maritima*, 510
genoma, 185, 192
sistemas de transporte, 193
transferência horizontal de genes, 208
vias metabólicas, 193
Thermotogae, 357, 434, 456
*Thermus*, 302, 456, 457, 512
*Thermus aquaticus*, 122, 164, 317, 320, 512, 538
*Thiobacillus*, 449, 450, 456, 481, 484, 485, 569, 638, 639
*Thiobacillus denitrificans*, 396, 458, 569
*Thiobacillus thioparus*, 76, 77, 666
*Thiocapsa*, 441
*Thiocystis*, 440
*Thiomargarita*, 449-452
*Thiomargarita namibiensis*, 33, 34, 449-451
*Thiomicrospira*, 391, 449
*Thiomicrospira denitrificans*, 449
*Thiopedia rosea*, 441
*Thioploca*, 450-452, 606-607
*Thiospirillum jenense*, 63, 441, 571
*Thiothrix*, 449-451, 486
Thiotrichales, 486, 625, 627
*Thiovulum*, 449, 452, 481, 490
*Thiovulum majus*, 34
Tiamina, 74-75, 712
Tifo, 483, 840-842, 844-845, 888-891, 902
Tifo epidêmico. *Ver* Tifo
Tifo murino, 889
Tilacoide, 67, 71, 381, 431, 437
Timina, 108, 109, 111, 121
Timo, 734, 752, 786-787
Tínea, 832, 925, 926
Tinha crural, 925, 926
Tintura, células marcadas, 27
Tioglicolato, 169-170, 800-801
Tiossulfato, 396
aceptor de elétrons, 412-413
desproporcionação, 415
doador de elétrons, 395
Tipagem de sequências multilocus (MLST), 370-372, 377
Tipagem sanguínea, 805
Tipo de acasalamento, 560-561
levedura, 560-561
Tipo sanguíneo ABO, 805
Tiramida, 578
Tireoglobulina, 749-750
Tirocidina, 495
Tirosina
código genético, 129
códon, 294
estrutura, 128
síntese, 98, 240
Título, 250, 251, 263, 826
anticorpo, 744, 768-769, 804
Tivelose, 44
TM7, 610, 709
TMAO, 422
Tobramicina, 812
Toga, 510
Togavírus, 258
Tolerância, 736, 752, 757, 785-787
Tolerante ao ácido, modelo para, 526
Tolueno, 422
catabolismo, 427-428
Tolueno dioxigenase, 425
Tombamento, 61, 63
Topoisomerase, 111, 120
Topoisomerase II, 111
Topoisomerase IV, 117-118, 120
Torre redox, 83, 411
*Torula*, 910
*Torulopsis*, 707, 714
Tosse, 832, 854, 865
pertússis, 859
Tosse convulsa. *Ver* Coqueluche
Toxicidade, 714, 720, 729
seletiva, 811-813, 826
Toxicidade seletiva, 811-812, 826
antibióticos e, 813
Toxina, 719-725, 844-845. *Ver também* Endotoxina; Enterotoxina; Exotoxina
alfa, 900
armas biológicas, 844-847
codificação por plasmídeos, 115
Toxina α, 719-722
Toxina α, 900
Toxina AB, 720-722
Toxina β, 719
Toxina botulínica, 721-723, 846-847, 903, 915

Toxina Bt, 337-338, 496
Toxina da cólera, 723-724, 807, 843-844, 906
Toxina da difteria, 304, 719, 721-722, 843-844, 859
Toxina da síndrome do choque tóxico, 719, 843-844, 869
Toxina distensora citoletal, 719
Toxina do edema , 845
Toxina do tétano, 721-722, 739, 899-900
Toxina eritrogênica, 719, 750, 843-844
Toxina esfoliante, 719
Toxina letal, 845
Toxina murina, 843-844, 896
Toxina pertússis, 719
Toxina ricina, 844-845
Toxina semelhante a Shiga, 719, 721-722, 843-844, 915-916
Toxina superantigênica, 720
  *Staphylococcus aureus*, 913
Toxina γ, 719
Toxina δ, 719
Toxina κ, 719
Toxina λ, 719
Toxinas, 720-722 citolítica
Toxinas inibidoras da síntese de proteínas, 721-722
Toxoide, 742-743, 752
Toxoide do tétano, 742-745
*Toxoplasma*, 550, 928-929
*Toxoplasma gondii*, 551, 879, 912, 920, 927-928, 930
Toxoplasmose, 550, 877-879, 920, 930
Tracoma, 508, 875
Tracto urogenital
  anatomia, 713
  microbiota normal, 707, 713-714
Tradução, 4, 109, 128-130, 133-135, 141
  acoplado para transcrição, 239
  antibióticos que afectam, 813
  bacteriófago T4, 253-254
  características partilhada por três domínios 354
  elongamento, 133-135
  início, 130, 133-135
  proteínas mitocondriais, 195
  reinício, 270
  RNAm de retrovírus, 284-285
  φ174, 270X
TRAF6-cinase, 776
Transaminase, 98, 99
Transcarboxilase, 74-75
Transcrição, 4, 109, 120-127, 141, 198
  acoplado para tradução, 239
  antibióticos que afetam, 813-814
  atenuação, 238-239
  bacteriófago T4, 253-254
  características compartilhadas por três domínios, 354
  direção, 122
  elongamento, 121
  em arqueias, 125-126
    controle de, 224
  eucariótico, 109, 125-127
  início, 121, 122
  regulação, 216-224
  reverter. *Ver* Transcrição reversa
  RNA antissenso, 237
  término, 123-125, 239
  teste de fluorescência, 577
  unidade de, 123-125
  vetores de expressão, 329-331
  φ174, 270X
Transcrição reversa, 260, 267, 283, 284, 289, 345, 586
  passos, 283
  vírus de DNA de transcrição reversa, 284-285
  vírus de RNA de transcrição reversa, 282-285
Transcriptase reversa, 249, 260, 263, 267-269, 320, 321, 331-332, 340-341, 810-811, 823, 880
  atividades enzimáticas, 283, 284
  usando vírus, 282-285
Transcriptoma, 198-201, 213
Transcriptômica, 22, 198-199, 205
Transcrito primário, 126, 127, 140
Transdução, 299, 300, 303-306, 309, 314
  bacteriófagos como agentes de, 261
  especializada, 303, 304
  generalizada, 303-304
Transdução de sinal, 225-232, 243, 775-776
  linfócito antígeno-reativo, 777-778
Transdução especializada, 303, 304
Transdução generalizada, 303-304
Transfecção, 328-329, 337
Transferência de elétrons
  mediada por bactérias, utilizando filamentos duplos, 631
  nanofios, 641
Transferência de hidrogênio, interespécies, 409
Transferência gênica
  em arqueias, 309
  em bactérias, 299-308
  horizontal (lateral), 208-209, 213, 357, 363, 377
Transferência horizontal de genes, 208-209, 213, 292, 357, 363, 367, 377, 435, 477, 693-694
  estabilidade do genoma e, 208-209
  eucariótica extremofílica, 543
  evolução e, 347
  limitações de árvores filogenéticas, 362-363
Transferrina, 717
Transformação, 299, 300
  celular (por vírus), 259, 276
  em arqueias, 309
  em bactérias, 49, 301-303, 314, 321
    competência, 302
    incorporação de DNA, 302
    integração do DNA, 302-303
Transformação, em eucariotos. *Ver* Transfecção
Transformação genética. *Ver* Transformação
Transfusão de sangue, 847, 871
Transgene, 336-338
Transglicosilases, 148, 149
Transições, 295, 314
Translocação (proteínas), 133-135
  grupo, 39-41, 71
Translocação de grupo, 39-41, 71
Translocases, 137
Transmissão, 831-836, 871. *Ver também* Doenças transmissíveis por alimentos; Doenças transmissíveis pela água; Zoonose; *vetores específicos*
  aerotransportado, 831, 832, 854-868
  água como veículo de doença, 904-906
  alimentos como veículo de doença, 909-912
  bacteriana transmissível por artrópodes e
  direta hospedeiro a hospedeiro, 832
  doenças bacterianas transmissíveis pelo solo, 897-900
  doenças virais, 888-898
  doenças virais transmissíveis or animais,886-889
  hospedeiro a hospedeiro 832, 833
  indireta hospedeiro a hospedeiro, 832
  infecções nosocomiais, 795-796
  métodos de controle dirigidos a, 836-839
  número de reprodução básica, 833-836, 851
  número de reprodução observado, 834-836
Transmissão direta hospedeiro a hospedeiro, 832
Transmissão horizontal de simbiontes, 691, 701
Transmissão hospedeiro para hospedeiro, 833
  direta, 832
  indireta, 832
Transmissão indireta de hospedeiro para hospedeiro, 832
Transmissão pelo ar, 831, 832, 854-868
  doenças bacterianas, 854-862
  doenças virais, 862-868
Transmissão por simbionte, 691-694, 701
Transpeptidação, 149, 181, 813-814
Transportador agudo, 836
Transporte
  através da membrana citoplasmática, 38-41
  grupo translocação, 39-41, 71
  Lac permease, 40
  mediada por transportador, 38-39
  sistema ABC, 40-41
Transporte, contribuição para aparecimento de agentes patogênicos, 842
Transporte ativo, psicrófilos, 163
Transporte de elétrons
  bactérias ferro-oxidantes, 397
  bactérias redutoras de sulfato, 414, 415
  bactérias sulfurosas, 396
  conservação de energia, 91
  dióxido de carbono e combustível para, 92-95
  fixação de nitrogênio, 101-102
  fotossíntese, 384-388
  fotossíntese aeróbia, 387-389
  fotossíntese anoxigênica, 384-388
  halófilos extremos, 521
  metanogênese, 421
  na membrana, 89-90
  respiração anaeróbia, 410
  reversa, 386-388, 392-393, 396, 399, 431
Transporte de elétrons mediado por membrana, 89-90
Transporte direto, 40
Transporte mediado por carreador, 38-39
  efeito de saturação, 38
  elevada especificidade, 39
  especificidade, 40-41
  síntese regulamentada, 39
Transporte nuclear, 64
Transporte retrógrado de sódio-próton, 522
Transporte reverso de elétrons, 386-388, 392-393, 397, 399, 431
Transporte simples, 39, 71
  Lac permease de *Escherichia coli*, 40
Transportes associados ao processamento de antígenos, (TAP), 760
Transposase, 273, 289, 310-312
Transposição, 272, 310-312
  conservadora, 311-312
  mecanismo, 310-312
  replicativa, 311-312
Transposição conservadora, 311-312
Transposição replicativa, 311-312
Transposon, 113-114, 310-312, 314, 645
  composição, 310-311
  conjugativo, 210, 310-311
  e evolução do genoma, 209
  fatores de virulência, 843-844
  Tn10, 310-312
  Tn5, 310-312
Transposon composto, 310-311
Transposon conjugativo, 310-311
Trans-sRNAs, 237
Transversões, 295, 314
Trasnmissão citoplasmática, 553-554
Tratamento aeróbio de dejetos, secundário, 659, 660, 668
Tratamento anaeróbio de dejetos, secundário, 657-659, 668
Tratamento com oxigênio hiperbárico, gangrena gasosa, 900
Tratamento de água de rejeitos, 485, 657-661
  avançada, 659-660
  contaminantes de preocupação emergente, 661
  níveis, 657-661
  primário, 657-658
  secundário aeróbio, 659, 660
  secundário anaeróbio, 657-659
  sistemas de distribuição, corrosão em coroa, 666
  terciário, 657-660
Tratamento de esgoto, 450-451, 472
  de volume, 472
  desnitrificação, 412-413
  nitrificantes e, 399
Tratamento de esgoto em volume (*bulking*), 472
Tratamento de esgoto secundário aeróbio, 659, 660, 668
Tratamento de esgoto secundário anaeróbio, 657-659, 668
Tratamento primário de águas de rejeitos, 657-658, 668
Tratamento terciário de esgotos, 657-660, 668
Trato gastrintestinal, 10, 11
  anatomia, 710
  "maturação" do ser humano, 688-689
  microbiota normal, 707, 709-712, 727-728
Trato gastrintestinal humano (GI), 10, 11, 688-689, 707, 709-712, 727-728
Trato respiratório, 854-855
  anatomia, 712
  microbiota normal, 707, 713
Trato respiratório inferior, 712, 713, 729, 854, 855
Trato respiratório superior, 712, 713, 729, 854, 855
  barreiras à infecção, 725-726
  coleta da amostra, 797-798
  microbiota normal, 713

Trealose, 167-169
*Trebouxia*, 564
*Tremblaya*, 196
Treonina
código genético, 129
estrutura, 128
síntese, 98
*Treponema*, 453, 465-466, 468, 695
*Treponema azotonutricium*, 467
*Treponema denticola*, 467
*Treponema pallidum*, 467, 807, 832, 840-842, 872, 874, 892
genoma, 185, 192
*Treponema primitia*, 416, 453, 467
*Treponema saccharophilum*, 467, 468
T-RFLP, 580, 581
Triagem, 292, 314, 322
auxótrofos nutricionais, 293
*Trichinella*, 934
*Trichinosis* (triquinose), 838-839, 934
*Trichodesmium*, 436, 439, 440, 618
*Trichodesmium erythraeum*, 437
*Trichogramma kaykai*, 483
*Trichomonas*, 66, 197, 545-546, 548
genoma, 184-185
*Trichomonas vaginalis*, 67, 197, 547-548, 800-801, 872, 875, 928-929
*Trichophyton*, 924-926
*Trichosporon*, fungos intestinais, 206
Tricloroetileno, 423, 656
Tricomoníase, 872, 875, 928-929
*Trifolium repens*, 675
5,7,4'-Tri-hidroxi-isoflavona, 676
Trimetilamina, 421, 422, 523
Trimetilamina-*N*-óxido, 421, 422
Trimetoprima, 811-812
Tripanossomíase (doença do sono), 197, 548, 927-928, 933, 935
Tripanossomíase americana. *Ver* Doença de Chagas
Tripanossomo, 548
Tripeptídeo, 127
Tríplice ágar açúcar-ferro (TSI) , 799-800, 802
Triptofanase, 341-343
Triptofano, 341-342
código genético, 129, 130
estrutura, 128
fermentação, 406
permeabilidade das membranas a, 37
síntese, 98, 238-240
Triptofol, 933
Troca genética, 4, 24
origem viral do DNA, hipótese da, 268-269
Troca genética, procariotos, 291
Trofossoma, 696-699
Trofozoíto, 927-930
*Trypanosoma*, 548, 932, 933
*Trypanosoma brucei*, 197, 548, 927-928, 933
*Trypanosoma brucei gambiense*, 933
*Trypanosoma brucei rhodesiense*, 933
*Trypanosoma cruzi*, 548, 839, 927-928, 933
TSS. *Ver* Síndrome do choque tóxico (TSS)
Tuberculina, 737, 859-860
Tuberculina positiva, 859-860
Tubérculo, 859-860
Tuberculose, 172-173, 177, 605, 737, 756, 796, 804, 821, 829, 833, 836, 838-839, 841, 859-861, 877-878
bovina, 834-837, 862
controle, 861
epidemiologia, 859-860
linhagens multirresistentes a fármacos, 861
patologia, 859-861
pós-primário (reinfecção), 859-860
postulados de Koch, 18-20
primário, 859-860
sintomas, 859-860
tratamento, 811-812, 861
Tuberculose bovina, 834-837, 862
Tubos de rolo, 572
Tubulina, 68-69, 144, 510
Tufo de flagelos, 56, 57
Tularemia, 838-839, 844-845
Tumor, 259
linhagem de *Listeria* "matadora de tumor", 315
maligno. *Ver* Câncer
Tumor maligno. *Ver* Câncer
Tungstênio, 74-75
Turbidez, 661-662, 668

## U

Ubiquinona, 398, 399
UDPG. *Ver* Uridina difosfoglicose (UDPG)
Úlcera gástrica, 870
Úlcera péptica, 491
Úlcera Pilórica, 494
Último ancestral universal comum (LUCA), 5-6, 245, 350, 357
Último ancestral universal comum, 5-6, 350, 357
Ultracentrifugação, 593
Ulva, 563
Undecaprenol-fosfato. *Ver* Bactoprenol
Unidade de formação de colônia, 156
Unidade de membrana, 35
Unidade formadora de placa, 250-51
Unidades de densidade óptica, 157-160
relacionando densidade óptica à quantidade de células, 157-160
Unidades Svedberg, 133-134
Uniporter, 40
Uracila, 108, 121
Uraninite, 653, 654
Urânio
biorremediação de ambientes contaminados por urânio 653-654
lixiviação, 651
transformações bacterianas, 653-654
*Ureaplasma*, 498, 707
*Ureaplasma urealyticum*, 800-801, 872
Urease, 74-75, 487, 843-844, 870
Ureia, 529, 579
degradação, 497
Uretra, microbiota normal, 713-714
Uretrite, não gonocócica. *Ver* Uretrite não gonocócica
Uretrite não gonocócica, 872
clamídia, 875
Uridilato, 99
Uridina difosfoglicose (UDPG), 97
Urochordata, 700-701
Urocinase, 336-337
Uso abusivo de drogas, intravenosa, 847
Uso da terra, contribuição para emergência de patógenos, 842
Utilização de códons, 330-333
Utilização de compostos de três carbonos, 95

## V

vacA, 870
Vacina, 15, 275, 742-743, 752. *Ver também doenças específicas*
alume como adjuvante, 753
antígeno recombinante, 745-746
antraz, 846-847
catapora, 742-744, 863-864
caxumba, 742-744, 837, 863-864
conjugado, 742-743, 745
coqueluche, 742-744, 837, 859
de DNA, 745-746
difteria, 742-744, 837, 859
DTaP, 753, 859
engenharia genética, 275, 339-341
febre amarela, 742-743, 840-842, 894-895
febres hemorrágicas virais, 889
gripe, 742-746, 850, 866-868
herpes-zóster, 742-744, 863-864
HPV, 877-878
meningite, 742-743, 862
MMR, 863-864
peptídeo sintético, 745
polivalente, 339-341, 345
produção, 714-715
raiva, 340-341, 742-743, 768-769, 837, 840-842, 886-887
recombinante, 339-341
rubéola, 742-744, 837
sarampo, 742-744, 837, 863
*Streptococcus pneumoniae*, 857-858
subunidade, 340-341
tuberculose, 742-743, 745-746
varíola, 274, 275, 742-743, 837, 839, 844-845
vetor, 339-341, 345
vetor recombinante, 745
vírus vaccinia, 339-341, 838-839, 844-845
Vacina antirrábica, 340-341, 742-743, 768-769, 837, 840-842, 886-887
Vacina BCG, 749-750
Vacina conjugada, 742-743
sintética, 745
Vacina contra a cólera, 742-743
Vacina contra a encefalite japonesa, 742-743
Vacina contra a febre amarela, 742-743, 840-842, 894-895
Vacina contra a febre paratifoide, 742-743
Vacina contra a febre tifoide, 742-743
Vacina contra a malária, 745-746
Vacina contra a meningite, 742-743, 862
Vacina contra a peste, 742-743
Vacina contra a tuberculose, 742-743, 745-746
Vacina contra a varíola, 274, 275, 742-743, 837, 839, 844-845
Vacina contra caxumba, 742-744, 837, 863-864
Vacina contra coqueluche, 742-744, 837, 859
Vacina contra doença de Lyme, 893
Vacina contra gripe, 742-746, 850, 866-868
Vacina contra herpes zóster, 742-744, 863-864
Vacina contra herpes zóster, 744
Vacina contra o papilomavírus humano (HPV), 742-746
Vacina contra o sarampo, 742-744, 837, 863
Vacina contra o tétano, 742-743, 837, 899-900
Vacina contra o tifo, 742-743
Vacina contra rubéola, 742-744, 837
Vacina contra varíola símia, 742-743
Vacina da difteria, 742-744, 837, 859
Vacina da hepatite, 742-744, 871
Vacina da hepatite B, 340-341, 742-745, 871
Vacina da poliomielite, 742-744, 837, 839
Sabin, 742-743
Salk, 742-743
Vacina da varicela, 742-744
Vacina de DNA, 745-746
Vacina de peptídeos sintéticos, 745
Vacina de subunidade, 340-341
Vacina de vírus vaccinia, 838-839, 844-845
vacina recombinante, 339-341
Vacina DTaP, 753, 859
Vacina MMR, 863-864
Vacina para antraz, 742-743, 846-847, 898-899
Vacina para catapora, 742-744, 863-864
Vacina para peneumonia bacteriana, 742-743
Vacina polivalente, 339-341, 345
Vacina Sabin, 742-743
Vacina Salk, 742-743
Vacinação, 742-746, 752. *Ver também* Imunização
Vacinas recombinantes, 339-341, 745-746
Vacúolo alimentar, 549
Vacúolos gasosos, 52
Vagina, microbiota normal, 713, 714
Valaciclovir, 877-878
Valência, imunoglobulina, 765-766
Valerato, 685-686
Valil-RNAt-sintase, 132
Valina
código genético, 129
estrutura, 128
fermentação, 406
síntese, 98
Valor de redução decimal, 174-175
Valor nutricional, a deterioração dos alimentos, 910
*Vampirococcus*, 463
Vanádio, 74-75, 454
Vancomicina, 812, 813, 815-816, 822, 823, 857-858
Vancomicina-intermediário *Staphylococcus aureus* (VISA), 796, 821, 838-839
Vapor, 614
Varicela. *Ver* Catapora
Varíola, 744, 836, 838-839, 844-847
número básico de reprodução, 833
Varíola bovina, 274
*Varíola major*, 844-845
Varivax, 863-864
Vegetais e produtos vegetais, fermentados, 911
Veia, 732, 734
Veículo, 832, 851
água como, 904-906
alimentos como, 909-912
comum, 836
Veículo de mar profundo, 588, 589
Veículos comuns, controles dirigidos contra, 836

*Veillonella*, 570, 689-690, 707, 710
*Veillonella parvula*, 709
Veillonellaceae, 688
Veneno de abelha (picada), 748
Ventas de gás, 698-699
Vento hidrotermal, 160, 163, 444, 449, 491, 510, 511, 527-529, 531, 534, 536-538, 540, 542, 625-629, 696-697
 associações simbióticas, 452
 esteira de organismos ferro-oxidantes, 642-643
 hipótese da origem de vida celular, 349
 invertebrados marinhos, 696-700
 metabolismos quimiolitotróficos, 626, 627
 nutrição de animais perto, 698-700
 procariótico, 626-627
 quente, 698-699
 tipos, 625-626
Verme tubícola, 694, 696-700
Vermelho de rutênio, 47-48
Verotoxina, 915-917
Verrucomicrobia, 357, 434, 459-461, 480, 509-510, 610, 611, 615, 620-621, 688, 695
 principais ordens, 507
Verrucomicrobiales, 507, 509
*Verrucomicrobium*, 507, 509-510, 625
*Verrucomicrobium spinosum*, 509, 510
Verrugas genitais, 745-746, 872, 877-878
Vesícula, *Frankia*, 677, 678
Vesícula de gás, 51-52, 71, 358, 398, 438, 520, 524
Vetor artrópode, 832, 842
Vetor binário, 336-337
Vetor de clonagem, 321
 bacteriófago lambda, 331-332
 binário, 336-337
 clonagem em plantas, 336-337
 cosmídeo, 331-332
 cromossomo artificial, 331-332
 hospedeiros de, 328-329
 para o sequenciamento de DNA, 331-332
 plasmídeo, 326-327
 vetor de expressão, 328-332
 vetor de trasnferência 328-330
Vetor de expressão, 328-332, 344
 códons preferenciais, 330-333
 dobramento proteico e estabilidade, 334
 eucariótico, 333
 início da tradução, 330-332
 interruptores reguladores, 329-330
 promotor, 329-331
 pSE420, 330-331
 regulação da transcrição, 329-331
 vetor de fusão, 334
Vetor de fusão, 334
Vetor de tranferência, 328-330, 345
Vetor vacinal, 339-341, 345
Via benzoil-CoA, 427-428
Via da pentose-fosfato, 97, 98
Via da ribulose monofosfato, 425-426, 431
Via da serina, 425, 426, 431, 460-461
Via de administração de imunógeno, 758
Via de Embden-Meyerhof-Parnas. *Ver* Glicólise
Via do acetil-CoA, 400, 414-416, 419, 420, 431, 461-463
 acetogênese, 416-417
Via do hidroxipropionato, 392, 431, 445
Via Entner-Doudoroff, 403, 404
Via lisogênica, 255
Via lítica, 255, 263
 bacteriófago lambda, 255-257
 bacteriófago Mu, 273
Via Ljungdahl-Wood. *Ver* Via acetil-CoA
Via parenteral de transmissão, 871
Viagem
 contribuição para o aparecimento de agentes patogênicos, 842-844
 imunização para viagens a países em desenvolvimento, 840-842
 pandemias de cólera, 848-849
Vias metabólicas
 engenharia, 341-343
 genes que codificam, 341-343
*Vibrio*, 167-168, 474, 481, 486, 489
 marinho, 347
*Vibrio cholerae*, 49, 489, 605, 714-716, 719, 720, 723, 727-728, 742-743, 807, 833, 841, 843-845, 848-849, 904-908
 evolução, 347
 sorogrupo O1, sorotipo Ogawa, 849
 sorotipo bengala, 848-849
 tipo clássico, 848-849
 tipo El Tor, 848-849
*Vibrio metecus*, 347
*Vibrio parahaemolyticus*, 489
Vibrionales, 486, 489, 620-621, 625
Vibriose, 838-839
Vida
 árvore filogenética universal da, 357-358
 árvore universal da, 355, 377
 filogenia molecular e a árvore da, 355-359
 história, indicações do DNA, 355-363
 na Terra através dos tempos, 5-6
 origem celular da, 349-541
Vidarabina, 877-878
Viés de enriquecimento, 571-572, 582, 595
Vigilância (epidemiologia), 838-839, 844-845, 851, 913
Vinagre, 911
 conserva, 11
 produção, 462-463
Vinblastina, 819
Vincristina, 819
Vinho, 89
 pasteurização, 172-173
23S, 578, 580, 582
Violaceína, 485
Violeta de cristal, 27
Viremia, 894-895
Vírion, 246-249, 259, 260, 263
 adenoviral, 275, 276
 ATV, 273-274
 bacteriófago filamentoso de DNA de fita simples, 271
 coronavírus, 278-279
 denudamento, 259
 do vírus da gripe, 279-281
 estrutura, 247
 fago Mu de dupla-fita de DNA, 273
 hepadnavírus, 284-285
 herpes-vírus, 277
 MS2, 278
 PAV1, 274
 poliovírus, 278
 rabdovirus, 279-280
 reovírus, 281, 282
 retrovírus, 282, 284
 SSV, 273
 SV40, 276
 T4, 254, 257-258
 vaccinia, 274-275
Viroide, 284-286, 289
Viroide *cadang-cadang* do coco, 284-285
Viroide do tubérculo afilado da batata, 284-285
Virologia, 22, 246
Virosfera, 261
Virulência, 714-715, 729, 851
 evolução, 210-211
 medição da, 714-715
 plasmídeo, 113-115
 *Salmonella*, 720
Vírus Ebola, 841, 844-845, 887, 889
Vírus Epstein-Barr, 276
Vírus, 113, 245-264. *Ver também* Bacteriófago; Vírus de DNA; Vírus de RNA; *vírus específicos*
 adsorção, 249, 251, 252
 animal. *Ver* Vírus animal
 auto-montagem, 247, 254
 carreador, 339-340
 ciclo da vida
  bacteriófago, 251-257
  visão geral, 249-250
 com genoma de RNA, 277-285
 complexo, 247-248
 coronavírus da síndrome respiratória do Oriente Médio (Mers-COV), 827, 835
 cultura, detecção e contagem, 250-251
 de arqueias, 273-274
 de procariotos, 261
 de RNA em arqueias, 265
 defectivo, 291, 871
 descrição do primeiro, 20-21
 diversidade, 265
 doenças transmissíveis por alimentos, 912, 920
 doenças virais no ar, 862-868
 encapsidação do ácido nucleico, 249
  T4, 254
 entrada, 249, 251-252
 envelopado, 246, 248, 258-260, 263, 277-280
 epidemias de doenças infecciosas emergentes e reemergentes, 841
 esquema de classificação de Baltimore, 266-267
 estado extracelular, 246
 estratégias de sobrevivência e diversidade em natureza, 261
 evolução, 268-269
 fármacos antivirais, 815-817, 865-867
 filogenia, 269
 genoma, 113, 246-248, 261, 266-269
  evolução, 268-269
  sentido negativo, 246
  sentido positivo, 246
  T4, 252-253
  tamanho e estrutura, 266-267
 genomas virais na natureza, 261
 helicoidal, 247
 hospedeiro, 246
 icosaédrico, 247, 248, 270, 275-278
 infecção, 246, 268, 838-839
 infecções respiratórias, 854-855, 862-868
 interferon para controlar, 817
 liberação, 249, 271
  T4, 254
 liberação do vírion, 270
 marinho, 620-621
 material genético, 246
 métodos de diagnóstico, 806-812
 montagem, 249
  T4, 254
 nu, 246
 origem viral do DNA, a hipótese de, 268-269
 origens, hipóteses de, 245
 penetração, 249, 251-252
 planta. *Ver* Vírus de plantas
 proteínas precoces, 267-268
 proteínas tardias, 267, 268
 receptores, 251
 recombinante, 849, 850, 866-868
 replicação, 249-257
  T4, 253-254
 restrição e modificação pelo hospedeiro, 252-253
 RNA. *Ver* Vírus RNA
 simetria, 247-248
 síntese de ácido nucleico e da proteína, 249
 síntese de proteínas, 267-268
 sistema de defesa CRISPR, 311-312
 tamanho, 247
 temperado, 255-257
 transcriptase reversa, 282-285
 transdução, 303-306, 309
 vacina recombinante, 339-341
 virulento, 263. *Ver também* Bacteriófago T4
Vírus animal, 246, 258-260
 classificação, 258-259
 consequências da infecção, 259
 cultura de tecido, 250
 DNA dupla-fita, 274-276
 ensaio de placa, 250-251
 infecção latente, 259
 infecção lítica, 259
 infecção persistente, 259
 RNA dupla-fita, 281-282
 RNA fita negativa, 279-281
 transformação, 259
Vírus bacteriano. *Ver* Bacteriófago
Vírus carreador, 339-340
Vírus complexo, 247-248
Vírus Coxsackie, 174-175, 865
Vírus da caxumba, 807
Vírus da doença hemorrágica do coelho (RHDV), 830
Vírus da encefalite equina venezuelana, 844-845
Vírus da estomatite vesicular, 279-280
Vírus da febre aftosa, 174-175
 vacina, 745
Vírus da febre amarela, 893
Vírus da febre hemorrágica, 889
Vírus da gripe *(influenza* vírus), 248, 275, 279-281, 716, 736, 738, 796, 806, 833, 854, 855, 865-868
 estrutura, 866
 mudança antigênica/tração, 281, 865-867
Vírus da gripe *(influenza)*, 725-728, 807, 808, 833, 838-842, 863-868
 H3N2, 841
 número reprodução básica, 833-836
 pandemias, 849-850, 866-868
  futuro, 850, 853
  pandemia de H1N1 de 2009, 840-842, 844-845, 849-850, 866-868
 sintomas e tratamento, 866-867

Vírus da hepatite, 807
Virus da hepatite A, 871, 872, 904-905, 912, 920
Vírus da hepatite B, 275, 284-285, 794, 871, 872
Vírus da hepatite B humana, 284-285
Vírus da hepatite C, 871, 872
Vírus da hepatite D, 871
Vírus da hepatite E, 871
Vírus da imunodeficiência humana. *Ver* HIV
Vírus da raiva, 279-280, 886-887
Vírus da rubéola, 807
Vírus da varíola, 247, 274, 275
  agente de guerra biológica, 844-845
Vírus de RNA de dupla-fita, 246, 247, 257, 281-282
Vírus de DNA, 245, 246
  classificação, 258
  de dupla-fita, 245-247, 252, 257, 266-267, 272-273
    linear, 275, 282
  de fita-simples, 245-247, 252, 257, 260, 266, 267, 270-271
  de fita-simples do fago filamentoso, 271
  vírus animal, 274-276
Vírus de DNA de dupla-fita, 245-247, 252, 257, 266-267, 272-273
  linear, 275, 282
  vírus de animais, 274-276
Vírus de Lassa, 841, 844-845, 887
Vírus de plantas, 246
Vírus de polaridade negativa, 266, 267
  vírus de RNA, 266, 267, 279-281
Vírus de RNA, 245, 246, 266-267, 842-844, 893
  bacteriófago, 277-278
  classificação, 258
  de dupla-fita, 246, 247, 257, 281-282
  de fita negativa, 266, 267, 279-281
  de fita positiva, 266, 267, 277-279
  de fita simples, 245-247, 257, 260, 284-286
  mutação, 296
Vírus de RNA de arqueias, 265
Vírus de RNA de polaridade positiva, 266, 267, 277-279
Vírus de transcrição reversa do RNA, 282-285
Vírus defectivo, 291, 871
Vírus DNA de fita simples, 245-247, 252, 257, 260, 266, 267, 270-271
Vírus do frisado amarelo do tomateiro, 692
Vírus do mosaico da couve-flor, 267
Vírus do mosaico do feijão, 267
Vírus do mosaico do tabaco (TMV), 247
Vírus do Oeste do Nilo, 832, 838-842, 893-896
  controle e epidemiologia, 895
  transmissão e patologia, 894-895
Vírus do sarampo, 807
Vírus envelopados, 246, 248, 258-260, 263, 277-280
Vírus gigantes de DNA nucleocitoplasmáticos (NCLDV), 269
Vírus Heartland, 841
Vírus helicoidal, 247
Vírus icosaédrico 247, 248, 270, 275-278
Vírus linfotrófico de células B humano (HBLV), 806
Vírus Machupo, 844-845
Vírus Marburg , 841-845
Vírus mixoma, 830
Vírus MS2, 184-185
Vírus nus, 246
Vírus *parainfluenza*, 807
Vírus pequenos de RNA, taxas de mutação, 245
Vírus rearreanjados, 849, 850, 866-868
Vírus RNA de fita simples, 245-247, 257, 260, 284-286
Vírus RNA de polaridade positiva (+), 266, 267, 277-279
Vírus símio 40 (SV40), 267, 276
Vírus sincicial respiratório, 806, 865
Vírus temperado, 263
Vírus tumorais de DNA, 276-277
Vírus tumoral, 276-277
Vírus vaccinia, 274-275, 739
  geneticamente modificado, 745
Vírus varicela-zóster, 863-864
Vírus virulento, 263
Vitamina, 74-75, 81
Vitamina B1. *Ver* Tiamina
Vitamina B12, 74-75, 417, 420, 710, 712
Vitamina K, 74-75, 487, 712
Volta de anticódon, 131
*Volvox*, 563, 907
*Volvox carteri*, 564

## W

Warren, Robin, 870
*Western blot. Ver Immunoblot*
Whittaker, Robert H., 355, 356
Wigglesworthia, 694
Winogradsky, Sergei, 14, 21, 49-50, 79, 395, 569
Woese, Carl, 356-357
*Wolbachia*, 481-483, 692
  transferência horizontal de genes, 694
*Wolbachia pipientis*, 483
*Wolinella*, 449, 481, 490, 491
Wolinella succinogenes, 491
*Wuchereria bancrofti*, 934

## X

*Xanthobacter*, 303
Xanthomonadales, 486, 610
*Xanthomonas*, 486
Xantofilas, 384-385
Xenobióticos, 653, 654-657, 668
  compostos, 656
*Xenococcus*, 436
*Xenopsylla cheopis*, 896
Xerófila, 167-168, 181
*Xeromyces bispora*, 167-168
Xgal, 325, 327, 343
Xilana, 479
Xilulose-5-P, 403

## Y

YAC. *Ver* Cromossomo artificial de levedura (YAC)
Yersin, Alexandre, 19
*Yersinia*, 115, 209, 486, 487, 807
*Yersinia enterocolitica*, 912, 919, 920
*Yersinia pestis*, 19, 742-743, 840-845, 896-898

## Z

Zanamivir, 817, 866-867
Zidovudina (AZT), 815-817
Ziehl-Neelsen, 500. *Ver também* Resistência a ácido
Zigomicetos, 557-559
Zigósporo, 557-558
Zigoto, 560
Zimosan, 774
Zinco, 74-75, 651
Zinderia, 196
Zipa, 145
Zíper de leucina, 218
Zona atingida, Golfo do México, 616, 617
Zona de inibição, 176-178, 802
Zona fótica, 617-618, 622
Zona pelágica, 615-622
Zonas mínimas de oxigênio (OMZs), 617, 629
  aquecimento dos oceanos, 647
*Zoogloea*, 484, 485
*Zoogloea ramigera*, 485, 659, 660
Zoonose, 834-836, 851, 886-887, 902
Zoósporos, 557-559
Zostavax, 863-864
Zóster. *Ver* Herpes zóster
*Zygosporangium*, 559
*Zymomonas*, 402-404, 481-482, 911